HANDBUCH DER MEDIZINISCHEN RADIOLOGIE

ENCYCLOPEDIA OF MEDICAL RADIOLOGY

HERAUSGEGEBEN VON · EDITED BY

L. DIETHELM   O. OLSSON   F. STRNAD
MAINZ   LUND   FRANKFURT/M.

H. VIETEN   A. ZUPPINGER
DÜSSELDORF   BERN

BAND/VOLUME IX
TEIL/PART 4c

SPRINGER-VERLAG BERLIN · HEIDELBERG · NEW YORK 1973

RÖNTGENDIAGNOSTIK DER
OBEREN SPEISE- UND ATEMWEGE, DER
ATEMORGANE UND DES MEDIASTINUMS
TEIL 4c

ROENTGENDIAGNOSIS OF THE
UPPER ALIMENTARY TRACT AND AIR
PASSAGES, THE RESPIRATORY ORGANS,
AND THE MEDIASTINUM
PART 4c

GESCHWÜLSTE DER BRONCHIEN,
LUNGEN UND PLEURA (c)

VON / BY

W. SCHULZE

REDIGIERT VON · EDITED BY

F. STRNAD

FRANKFURT/M.

MIT 341 ABBILDUNGEN (1001 EINZELDARSTELLUNGEN)
WITH 341 FIGURES (1001 SEPARATE ILLUSTRATIONS)

SPRINGER-VERLAG BERLIN · HEIDELBERG · NEW YORK 1973

Professor Dr. WERNER SCHULZE
Direktor des Radiologischen Zentralinstituts
am Krankenhaus Nordwest
6000 Frankfurt a. M. 91, Steinbacher Hohl 2—26

ISBN-13: 978-3-642-95226-5 e-ISBN-13: 978-3-642-95225-8
DOI: 10.1007/978-3-642-95225-8

Das Werk ist urheberrechtlich geschützt. Die dadurch begründeten Rechte, insbesondere die der Übersetzung, des Nachdruckes, der Entnahme von Abbildungen, der Funksendung, der Wiedergabe auf photomechanischem oder ähnlichem Wege und der Speicherung in Datenverarbeitungsanlagen bleiben, auch bei nur auszugsweiser Verwertung, vorbehalten.

Bei Vervielfältigungen für gewerbliche Zwecke ist gemäß § 54 UrhG eine Vergütung an den Verlag zu zahlen, deren Höhe mit dem Verlag zu vereinbaren ist.

© by Springer-Verlag Berlin · Heidelberg 1973 Library of Congress Catalog Card Number 62-22437.
Softcover reprint of the hardcover 1st edition 1973

Die Wiedergabe von Gebrauchsnamen, Handelsnamen, Warenbezeichnungen usw. in diesem Werk berechtigt auch ohne besondere Kennzeichnung nicht zu der Annahme, daß solche Namen im Sinn der Warenzeichen- und Markenschutz-Gesetzgebung als frei zu betrachten wären und daher von jedermann benutzt werden dürften

Vorwort

Im Vorwort des Bandes IX/1 (Röntgendiagnostik der oberen Speise- und Atemwege, der Atemorgane und des Mediastinums) heißt es unter dem Datum vom Juni 1968 wörtlich: „Im Laufe von über 7 Jahrzehnten ist ein heute kaum übersehbares Schrifttum entstanden. In allen Kulturländern der Erde sind ausgezeichnete Lehrbücher der Diagnostik und der Differentialdiagnostik der Erkrankungen des Respirationstraktes erschienen. Ebenso informieren in allen Kulturländern der Erde entsprechende Zeitschriften den Röntgendiagnostiker vom Fortschritt in der Untersuchungstechnik und damit der Untersuchungs- und Forschungsergebnisse. Aufgabe dieses Handbuches muß es sein, das Bedeutende aus diesem Schrifttum zusammenzutragen und den anfallenden Stoff sinngemäß geordnet abzuhandeln. Die Fülle des Stoffes macht es notwendig, den Band IX mit 5 Teilbänden zu planen."

Vor 5 Jahren konnte niemand ahnen, daß der Teilband IX/4 mit drei weiteren Unterbänden wird erscheinen müssen. Der Autor dieser drei Bände, Prof. SCHULZE (vormals Leipzig, später Münster, jetzt Frankfurt a. M.), hat in fast 14 Jahren andauernder Arbeit das röntgenologische Bild der raumbeschränkenden Prozesse bösartiger und gutartiger Natur, im Bereich der Lungen, der Bronchien und der Pleura zusammengetragen und legt nun im Band IX/4c eine übersichtliche Zusammenstellung über die röntgenologische Differenzierung der nichtcarcinomatösen malignen Tumoren des bronchopulmonalen Systems vor, der verschiedenen Formen semimaligner und gutartiger Bronchial- und Lungengeschwülste, einschließlich der Pseudotumoren und ferner der sekundären Bronchial- und Lungenneoplasmen sowie der autochthonen metastatischen Pleuragewächse.

Die Tatsache, daß der Umfang dieses Teilbandes IX/4c und der weiteren Bände IX/4a und b den Rahmen eines reinen röntgendiagnostischen Lehrbuches praktisch sprengt, ergibt sich einmal aus der weitgespannten Thematik, zum anderen aus der Erfordernis, in einem Handbuch einen umfassenden Abriß des in der thoraxchirurgischen Ära beträchtlich vertieften Wissensstandes auf den behandelten Gebieten zu geben, wobei es nicht unterlassen werden durfte, das kaum noch übersehbare Schrifttum aus der aktuellen und früheren Periode zu berücksichtigen und entsprechend einzubauen. Wenn die Darstellung daher nicht nur ausschließlich radiologische Probleme der Diagnostik und der Differentialdiagnostik behandelt, ist dies deswegen geschehen, um die bezweckte Information nicht unvollständig zu lassen. Die Analyse eines bestimmten Schattenbildes auf einem Röntgenfilm muß sich auf eingehende Kenntnisse des morphologischen Substrates stützen und bedarf grundsätzlich ergänzender Aufschlüsse über die anamnestisch-klinischen Daten. Um eine klare Gesamtkonzeption der geschilderten Krankheitszustände zu gewinnen, müssen zur Abhandlung der strahlendiagnostischen Thematik einschließlich der methodischen Leistungsfähigkeit, der Irrtumsquellen und der Grenzen, auch die pathologisch-anatomischen Grundzüge und manche funktionspathologische Zusammenhänge sowie die klinische Symptomatologie und die therapeutischen Aspekte in die Betrachtung einbezogen werden. Die gleichen Motive waren führend bei der Auswahl des notwendigen Bildmaterials und bei der Abfassung der erläuternden Texte bzw. Legenden.

Bei allen im Teilband IX/4c abgehandelten röntgenologischen Zeichen der Geschwulstarten mußte die vorrangige Differentialdiagnose gegenüber denen der bronchogenen Karzinome berücksichtigt werden, deren vielfältige röntgenologische Erscheinungsformen in den Bänden IX/4a und b unter gleichen Gesichtspunkten eingehend erörtert sind. Sie beinhalten auch die Hinweise auf die Epidemiologie, auf statistische Angaben, auf die pathologische Anatomie, auf die Klinik und Strahlendiagnostik. Diese drei Teilbände bilden somit eine thematische Einheit, die auch dadurch zum Ausdruck kommt, daß zahlreiche vergleichende Rückverweise im Text und in den Abbildungen der verschiedenen Kapitel enthalten sind.

Die Dreiteilung des Bandes IX/4 bedeutet zwar in gewisser Hinsicht einen Schönheitsfehler, konnte aber unter den gegebenen Umständen nicht verhindert werden, da das angefallene Weltschrifttum derart groß geworden ist, daß eine gründliche Analyse desselben und eine Beurteilung der Wertigkeit der einzelnen Angaben diesen Text- und Bildumfang auf jeden Fall erforderlich machten. Der Verlag und die Herausgeber schätzen sich glücklich, in dem Autor einen Mann gefunden zu haben, der hier in diesen drei Teilbänden eine in seiner röntgenologischen Jugendzeit begonnene Arbeit, die für ihn zu einer Lebensaufgabe geworden war, in Schrift und Bild niedergelegt hat.

Frankfurt a. M., Februar 1973   F. STRNAD

Preface

In the Preface to Vol. IX/1 of this work (Roentgen Diagnosis of the Upper Alimentary Tract and Air Passages, the Respiratory Organs, and the Mediastinum) the following statement appears over the date June 1968:

"The literature generated in the course of more than 70 years is so vast as to be almost unassimilable. Excellent textbooks on diagnostic technique and differential diagnosis of diseases of the respiratory organs have been published in all civilized countries of the world, and their radiologists are currently informed about advances in examination techniques etc. by the appropriate journals.

The aim of this encyclopedia must be to select the most important items from this literature and to impose a logical order on the material so obtained. There is so much material that Volume IX has had to be planned in five sub-volumes."

Five years ago nobody would have thought it possible that subvolume IX/4 would run to three parts. Prof. SCHULZE (formerly of Leipzig, then Münster, and now of Frankfurt a. M.) has spent nearly 14 years compiling material on the X-ray appearance of space-filling lesions, both malignant and benign, of the lungs, bronchi, and pleura. In Vol. IX/4c he presents a clear overview of the differential radiology of non-carcinomatous malignant tumors of the bronchopulmonary system and the various forms of semi-malignant and benign tumors of bronchi and lungs, including pseudotumors, secondary neoplasms in bronchi and lungs, and autochthonous metastatic growths in the pleura.

One reason why subvolume IX/4 has broken out of the straitjacket of a single volume is that the theme is a broad one; another is that an encyclopedic work of this kind must offer a comprehensive treatment of the state of the art which, in this era of thoracic surgery, has made tremendous progress in the disciplines dealt with here. It was further necessary to consult and include references to an enormous volume of literature from recent and more distant times. Moreover, it is not possible to treat the radiologic problems of diagnosis and differential diagnosis in isolation. Before he is equipped to analyze the pattern of shadows on an X-ray film, the radiologist must possess a thorough knowledge of the morphological substrate as well as of the relevant data on the patient's history. In order to form a clear conception of the disease condition present, he must be familiar with the capabilities of the method, its limitations and sources of error, and be able to relate them to pathological anatomy and pathophysiologic dysfunction, clinical symptoms, and therapeutic considerations. These needs were borne in mind by the author in the selection of the illustrative material and supporting descriptions.

With all the roentgenologic signs of the various tumors treated in subvolume IX/4c it was necessary to compare the most likely diagnosis with those of the bronchogenic carcinomas, whose protean appearance forms will be treated with equal thoroughness in parts a and b of this subvolume. The other two parts will also present data on the epidemiology and statistics, pathological anatomy, and clinical versus radiological diagnostic procedures. Thus, the three parts of subvolume IX/4 form a thematic entity, as is clear from the numerous cross-references in the text and references to figures in the other parts.

From some points of view it is a pity that this volume had to be split up, but in the circumstances this was unavoidable simply because the vast volume of world literature which has accumulated on this topic forced the author to undertake a thorough analysis and evaluation of the published data. The editors and publishers consider themselves lucky to have found an author who has distilled the experience of a lifetime of study of radiology into these three volumes of text and illustrations.

Frankfurt a. M., February 1973 F. STRNAD

Inhaltsverzeichnis

F. Röntgendiagnostik der Atemorgane IV c 1

Geschwülste der Bronchien, Lungen und Pleura (c) 1

Erster Teil: Die bronchopulmonalen Gewächse 3

   I. Primäre maligne Tumoren der Bronchien und Lungen 3
      2. Primäre Chorionepitheliome der Lunge 3
      3. Die primären Bronchus- und Lungensarkome (einschließlich Karzinosarkome) 5
         a) Begriffsbestimmung und klinische Bedeutung 5
         b) Ätiologie 7
         c) Statistik 8
         d) Pathologisch-anatomische Morphologie 10
            α) Klassifizierung, Histogenese und mikroskopischer Befund 10
            β) Makroskopischer Befund 26
            γ) Biologisches Verhalten, Prognose und Therapie 28
         e) Klinische Symptomatologie 30
         f) Röntgenologische Diagnose und Differentialdiagnose 32

  II. Semimaligne Primärtumoren der Bronchien und Lungen 43
      1. Die sogenannte Lungenadenomatose („Alveolarzell-Karzinom", „Bronchiolar-Karzinom") . . . 43
         a) Begriffsbestimmung und klinische Bedeutung 43
         b) Statistik 46
            α) Häufigkeit 46
            β) Geschlechtsverteilung 47
            γ) Altersverteilung 48
         c) Ätiologie 49
         d) Pathologisch-anatomische Morphologie 52
            α) Histologischer Befund 52
            β) Makroskopischer Befund 55
            γ) Metastasierung 56
            δ) Histo- und Morphogenese 57
         e) Klinische Symptomatologie und Diagnostik 63
         f) Verlauf, Prognose und Therapie 65
         g) Röntgenologische Diagnose und Differentialdiagnose 68
      2. Die Bronchialadenome 90
         a) Begriffsbestimmung und klinische Bedeutung 90
         b) Statistik 93
            α) Häufigkeit 93
            β) Geschlechtsverteilung 94
            γ) Altersverteilung 94
         c) Ätiologie und Formalgenese 95
         d) Pathologisch-anatomische Morphologie 96
            α) Histologischer Befund 96
            β) Makroskopischer Befund 103
            γ) Malignitätsgrad und Metastasierung 106
         e) Klinik, Prognose und Therapie 110
         f) Röntgenologische Diagnose und Differentialdiagnose 120
      3. Das primäre Lymphosarkom (lymphozytäre Lymphoblastom) der Lunge 140
         a) Begriffsbestimmung und klinische Bedeutung 140
         b) Häufigkeit, Geschlechts- und Altersverteilung 145
         c) Pathologisch-anatomische Morphologie 146
         d) Klinik, Prognose und Therapie 149
         e) Röntgenologische Diagnostik und Differentialdiagnostik 152

       4. Das primäre Plasmozytom der Lunge und Bronchien 161
          a) Begriffsbestimmung und klinische Bedeutung 161
          b) Häufigkeit, Geschlechts- und Altersverteilung 162
          c) Pathologisch-anatomische Morphologie 164
          d) Klinik, Prognose und Therapie 164
          e) Röntgenologische Diagnostik und Differentialdiagnostik 165
       5. Das primäre „Mastozytom" der Lunge 167
          a) Begriffsbestimmung und klinische Bedeutung 167
          b) Pathologisch-anatomische Morphologie 168
          c) Klinik. 171
          d) Röntgenologischer Befund 171

   III. Gutartige Primärtumoren der Bronchien und Lungen 171

       1. Epitheliale Geschwülste 172
       2. Mesodermale Geschwülste 174
          a) Tumoren mesenchymaler Herkunft 175
          b) Vaskuläre Tumoren 186
       3. Neurogene Tumoren 190
       4. Geschwulstartige Mißbildungen und dysembryogenetische Blastome 201
          a) Hamartome der Lungen und Bronchien 201
             α) Chondrohamartome (Hamartochondrome) und adenomatöse Hamartome 201
             β) Vaskuläre Hamartome 217
          b) Diffuse und andere seltene blastomartige Fehlbildungen sowie dysembryogenetische
             Geschwülste und Zysten 234
       5. (Pseudo-)Tumoren nicht-neoplastischen Charakters 280
          a) Entzündliche endobronchiale Granulationspolypen 280
          b) Grobknotige Lungengranulome und andere tumorförmige Lungenveränderungen
             nicht-neoplastischer Genese 286
          c) Amyloid-„Tumoren" der Lungen und Bronchien 350

   IV. Sekundäre maligne Tumoren der Bronchien und Lungen 358

       1. Sekundäre Bronchialkrebse 358
       2. Sekundäre maligne Lungengeschwülste 372

Zweiter Teil: Die Geschwülste der Pleura 459

   I. Primäre maligne und semimaligne Pleuratumoren 459

       1. Die sogenannten Mesotheliome (Endotheliome) der Pleura 460
          a) Begriffsbestimmung und klinische Bedeutung 460
          b) Pathologisch-anatomische Morphologie 463
             α) Histogenese 463
             β) Histologischer Befund 466
                αα) Diffuse maligne Pleuramesotheliome 467
                ββ) Lokalisierte maligne Pleuramesotheliome 467
                γγ) Lokalisierte benigne (fibromatöse) Pleuramesotheliome 467
             γ) Makroskopischer Befund 469
             δ) Metastasierung 471
          c) Ätiologie 472
          d) Statistik. 473
          e) Prognose und Therapie 474
          f) Klinik. 475
          g) Röntgenologische Diagnose und Differentialdiagnose 483
             α) Umschriebene expansiv wachsende Pleuramesotheliome 484
             β) Die lokalisierten Pleuramesotheliome von beetartigem Wuchstyp 521
             γ) Das Pleuramesotheliom mit überdeckendem Erguß 530
             δ) Das diffuse schwartenbildende Pleuramesotheliom 532
             ε) Die bilaterale Ausbreitung maligner Pleuramesotheliome 536
       2. Primäre Pleurasarkome und sonstige maligne Primärgeschwülste der Pleura 536

   II. Gutartige Primärgeschwülste der Pleura 541

   III. Sekundäre Pleurageschwülste 550

Literatur
Erster Teil. I. 2. Primäre Chorionepitheliome 561
Erster Teil. I. 3. Die primären Bronchus- und Lungensarkome 562
Erster Teil. II. 1. Die sog. Lungenadenomatose 572
Erster Teil. II. 2. Die Bronchusadenome 591
Erster Teil. II. 3. Das primäre Lymphosarkom (lymphozytäre Lymphoblastom) der Lunge 606
Erster Teil. II. 4. Das primäre Plasmozytom der Lunge und Bronchien 612
Erster Teil. II. 5. Das primäre „Mastozytom" der Lunge 615
Erster Teil. III. Gutartige Primärtumoren der Bronchien und Lungen 616
Erster Teil. IV. 1. Sekundäre Bronchialkrebse 705
Erster Teil. IV. 2. Sekundäre maligne Lungengeschwülste 707
Zweiter Teil: Die Geschwülste der Pleura 761
Nachtrag zum Literaturverzeichnis 791

Sachverzeichnis 793

Subject Index 811

Inhaltsverzeichnis zum Band IX, Teil 4a und 4b

F. Röntgendiagnostik der Atemorgane IVa

Geschwülste der Bronchien, Lungen und Pleura (a)

Erster Teil: Die bronchopulmonalen Gewächse

I. Primäre maligne Tumoren der Bronchien und Lungen
  1. Die primären Bronchialkarzinome
     a) Begriffsbestimmung und klinische Bedeutung
     b) Statistik
        α) Häufigkeit
        β) Geschlechtsverteilung
        γ) Altersverteilung
        δ) Rasenverteilung
     c) Ätiologie
        α) Endogene und allgemeine Faktoren
        β) Spezielle (exogene) Faktoren
           αα) Bronchogene Berufskrebse
           ββ) Andere exogene Faktoren
              1) Die Luftverunreinigung
              2) Die ätiologische Bedeutung des Tabakrauchens
                 a) Statistische Ergebnisse
                 b) Experimentelle Ergebnisse
                 c) Histologische und toxikologische Ergebnisse
                 d) Chemisch-analytische Ergebnisse
              3) Chronische Entzündungen, Infektion und Trauma
              4) Mißbildungen
     d) Pathologisch-anatomische Morphologie
        α) Histogenese
        β) Histologische Klassifizierung und mikroskopischer Befund
        γ) Makroskopischer Befund
           αα) Lokalisation
           ββ) Erscheinungsformen, Wuchsart und Komplikationen
        δ) Metastasierung
           αα) Lymphogene Metastasierung
           ββ) Hämatogene Metastasierung
           γγ) Metastasierungshäufigkeit
        ε) Abstufung des Malignitätsgrades
        ζ) Stadieneinteilung
     e) Zeitlicher Krankheitsverlauf, Prognose und Therapie
     f) Klinik
        α) Anamnese und allgemeine Symptomatologie
        β) Symptomenkreise des Bronchuskarzinoms
           αα) Thorakale Symptome
              1) Bronchopulmonale Symptome des örtlichen Krebswachstums
                 a) bei hilusnahen Karzinomen
                 b) bei peripheren Karzinomen
              2) Symptomatik infolge direkter bzw. lymphogener Krebsinvasion der Nachbarorgane
                 a) Tumoreinbruch in die Brustwand
                    α) Apikale Ausbreitungsform (Pancoast-Syndrom)
                    β) Brustwandinvasion subapikaler und basaler Karzinome

- b) Übergreifen auf das Mediastinum
  - α) Obstruktionssyndrom der V. cava superior
  - β) Herz-Kreislaufstörungen als Symptome des peri-, myo- oder intrakardialen Tumoreinbruchs
  - γ) Die dysphagische Form
  - δ) Die Tumorläsion endothorakaler Nervenbahnen
- c) Die Tumorinvasion des Zwerchfells
- d) Die sekundäre Pleurakarzinose

ββ) Metastasenbedingte Syndrome
1) Die lymphogene Metastasierung
2) Die hämatogene Fernmetastasierung
   - a) Der metastatische Leberbefall
   - b) Die Skeletmetastasierung
   - c) Metastasen im Zentralnervensystem
   - d) Endokrine Anomalien und Mineralstoffwechselstörungen metastatischen Ursprungs
   - e) Die Metastasierung in die Lungen
   - f) Ungewöhnliche Metastasenlokalisationen

γγ) Die paraneoplastischen Syndrome
1) Störungen der inneren Sekretion, des Elektrolyt- und Wasserhaushalts
2) Paraneoplastische Neuro-Myopathien
3) Osteo-kutane Veränderungen
   - a) Das Bamberger-Marie-Syndrom (Ostéoarthropathie hypertrophiante pneumonique)
   - b) Sonstige Hautveränderungen
4) Kardio-vaskuläre Störungen
5) Hämatologische Veränderungen

γ) Irrtumsquellen trügerischer Symptome
δ) Klinischer Untersuchungsbefund
  αα) Allgemeine physikalische Untersuchung
  ββ) Laboratoriumsdiagnostik und klinische Spezialmethoden
  1) Zyto-histologische und endoskopische Diagnostik
  2) Präoperative Funktionsdiagnostik und klinische Beurteilung der Operabilität
  γγ) Intraoperative Diagnostik und Operabilitätsabschätzung

g) Problematik und Möglichkeiten der Frühdiagnose und Prophylaxe bronchogener Karzinome
  α) Biologische Krebstests
  β) Fahndung nach Tumorzellen im Auswurf
  γ) Die Röntgen-Reihenuntersuchung
  δ) Krankheitsvorbeugung

h) Strahlendiagnostik bronchogener Karzinome
  α) Betrachtungsweise, methodische Treffsicherheit, Leistungsgrenzen und Aufgaben der Radiologie
  β) Radiologische Darstellungsmethoden, Untersuchungstaktik und -technik
    αα) Die Nativuntersuchung des Brustkorbs
    ββ) Die Schichtuntersuchung des Brustkorbs
    γγ) Die Bronchographie
    δδ) Angiographische Methoden
    εε) Pneumoradiographische Methoden
    ζζ) Die Lymphographie
    ηη) Spezialverfahren zur Registrierung abnormer Bewegungsvorgänge
    ϑϑ) Die Nativ- und Schichtuntersuchung des Skelets
    ιι) Nukleardiagnostische Methoden
  γ) Spezielle Röntgensymptomatologie bronchogener Karzinome
    αα) Der „negative" Röntgenbefund
    ββ) Klassifizierung, relative Häufigkeit und Bedeutung röntgenologischer Bronchialkrebssymptome der Brustorgane im Vergleich zum anatomischen Befund
    γγ) Röntgenologische Inoperabilitätskriterien
    δδ) Grundformen, Entwicklungsgang und Komplikationen bronchogener Karzinome im Röntgenbild
    1) Die Bronchialkrebse des Lungenmantels und der Intermediärzone
    4) Die Bronchialkrebse der Lungenwurzel
       - a) Nachweis auf Grund direkter Tumorzeichen
       - b) Nachweis auf Grund indirekter Tumorzeichen

εε) Besondere röntgenologische Erscheinungsformen
  1) Die „pleurale Form" bronchogener Karzinome
  2) Die hilofugale Ausbreitungsform bronchogener Karzinome mit apikaler oder subapikaler Brustwandinvasion
  3) Die „Ösophagus"- bzw. „Mediastinaltumorform" bronchogener Karzinome
  4) Plurifokale Herdbildung und disseminierte Lungenverdichtungen bei bronchogenen Karzinomen
  5) Der Spontanpneumothorax bei bronchogenen Karzinomen
δ) Röntgenologische Differentialdiagnose bronchogener Karzinome

Literatur

F. Röntgendiagnostik der Atemorgane IVc
Geschwülste der Bronchien, Lungen und Pleura (c)

Erster Teil

Die bronchopulmonalen Gewächse*

I. Primäre maligne Tumoren der Bronchien und Lungen

2. Primäre Chorionepitheliome der Lunge**

Die Morphogenese extragenitaler Chorionepitheliome, deren Vorkommen im Brustraum später im Zusammenhang mit den endothorakalen Teratomen erwähnt wird (s. S. 243ff.), ist wegen der eigenartigen Problematik seit längerem Gegenstand der Diskussion (ASKANAZY; FRIEDMAN; GIROUX u. DESMEULES; BARIÉTY, COURY, POULET u. CABANNE; COURY, SAIGOT u. DELEPIERRE; BARIÉTY u. COURY; BROUET, BAUDOUIN, COURY u. HAYOT-POIRÉ; PACHTER u. LATTES; OBERMAN u. LIBCKE; FANGER u. MACANDREW; REDDY u. LAO; BAUER u. STOFFREGEN u.a.). FRIEDMAN führt beide Formen in seinem Entwicklungsschema der Keimzellengewächse auf einen gemeinsamen *Ursprung* zurück: *aus primordialen Keimzellen* der indifferentesten Stufe („Germinalzellen") entstehen sog. Germinal- bzw. Embryonal-Krebse („*Germinome*") *mit biphasischer Entfaltungspotenz*, die im somatischen Entwicklungsgang (Teratogenese) unreife oder adulte Teratome, *bei rein trophogenetischer Fortentwicklung Chorionepitheliome* hervorbringt, aber auch kombinierte „Gonozytome 3. Ordnung" (Terminologie von TEILUM), d.h. *Teratome mit trophoblastischem (=chorionepitheliomatösem) Anteil* zu erzeugen vermag.

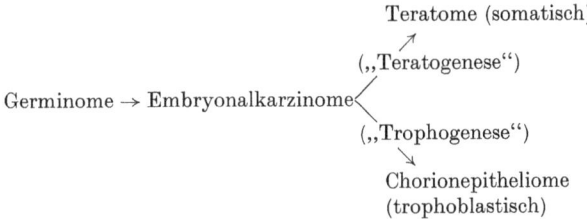

Nur die in den Gonaden oder extragenital lokalisierten („ektopischen") Chorionepitheliome von Mädchen, Nulliparae und Individuen männlichen Geschlechts können als Dysgerminome gelten, nicht jedoch die etwa 200fach häufigeren *uterinen Choriokarzinome*.

Diese entstehen auf Grund einer — ungestörten oder pathologischen — Plazentation (zu etwa 40% aus Blasenmolen) im Verlauf oder unmittelbar nach einem Molenabort, mitunter aber noch Jahre nach normalen Geburten. Das uterine Chorionepitheliom (SCHOPPER) nimmt in der Tumorpathologie in zweifacher Hinsicht eine Sonderstellung ein: es ist ein „epithelialer Tumor, der *kein eigenes Stroma und eigene Gefäße* besitzt, sondern nur in fremde Blutgefäße einbricht", zudem die „*einzige Geschwulst, die nicht von körpereigenen, sondern von Zellen eines anderen Individuums ausgeht*", nämlich denjenigen des Fetus, der ja die Plazenta bildet" (HAMPERL).

Während die Blasenmole nach Art eines papillären Fibroepithelioms durch neoplastische Proliferation sowohl der bindegewebigen Chorionzottenbestandteile als auch ihres Deckzellenbelags zustandekommt, handelt es sich beim uterinen Chorionepitheliom ausschließlich um eine Wucherung der epithelialen Zellschichten der Zotten, die „unabhängig von dem fötalen Mesenchym ihrer Unterlage" erfolgt (HUECK). Das Eintauchen der Chorionzotten in die intervillösen Räume begünstigt die Verschleppung abgelöster Geschwulstelemente mit dem Blutstrom und erklärt die hohe Fernmetastasenrate der bösartigen Uterusgewächse, die vornehmlich Leber, Lungen und Gehirn betrifft (FISCHER; SCHMORL u. NOVAK; HELLER u. HOUSEHOLDER; NOVAK; PARK u. LEES; MAYOR u. TAYLOR; ANDERSON, BISGAARD u. GREENE; SCHEIDEMANTEL; SCHÄFER; BRISQUEL; TRILLARD; BRASCHE; HITSCHMANN-CHRISTOFELETTI; MERGEE; LE BRIGAND, GRANDJON, RENAULT, ROUSSEL,

---

* Dem Andenken meines hochverehrten klinischen Lehrers Prof. Dr. Dr. h.c. MAX BÜRGER.
** Kapitel „1. Die primären Bronchialkarzinome" s. Bd. IX/4a und IX/4b dieses Handbuches.

CHRÉTIEN, HOURTOULE u. IANOTTI; LEMAHIEU, LAMIROY, PANNIER u. BRABANDRE; BARIÉTY, COURY u. POULET; HAGEN; HEINERMANN; TREUTLER; FENGLER; GORRY; KASYMOV u. VERETENNIKOVA; WENGER, DINES, AHMANN u. GOOD u. a.). Die hämatogene Absiedlung führt meist rasch zum Tode, doch werden gelegentlich spontane Rückbildungen von Muttergeschwulst und Tochterherden beobachtet (STOECKEL; NOVAK; GÉRIN-LAJOIE; MAZER; PEIGHTAL; RÜBE; SCHÄFER; PARK u. LEES; LE BRIGAND et al.). Nach dem physiologischen Vorbild der normalen Plazentation, bei der in etwa 50% histologisch nachweisliche (SCHMORL) Zellemboli von den zottenartigen Auswüchsen der kindlichen Eihüllen in den mütterlichen Organismus gelangen und dort fermentativ abgebaut werden (SCHOPPER u.a.), ist die Bildung spezifischer Zytolysine (JAKOUBKOVÁ et al.) für die Spontanregression ausschlaggebend und zur Behandlung metastatischer chorionepitheliomatöser Prozesse nutzbar (s. S. 378).

Über die abweichende *Formalgenese ektopischer Dysgerminome* besteht keine Übereinstimmung. Auf die allgemeine Problematik und die verschiedenen morphogenetischen Entstehungstheorien germinaler Geschwülste (bigerminale Parasiten-Theorie, Zygoteneinschluß-Theorie, Blastomerenaberrations-Theorie etc.) wird später hingewiesen (s. S. 242 ff.). Weiteste Verbreitung fand die Vorstellung, daß die *extragenitalen Chorionepitheliome aus verirrten primordialen Keimzellen* hervorgehen, die den Abstieg zu den primitiven Gonaden entlang der Urnierenfalte (Plica urogenitalis) nicht vollenden, vielmehr an atypischer Stelle liegenbleiben, bis zur Pubertät ruhen und dann unter hormonalem Anreiz zu wuchern beginnen. FRIEDMAN hält die mediastinalen Chorionepitheliome und Teratome nicht für Abkömmlinge der vom Keimdrüsenepithel der Urnierenfalte entstammenden Urgeschlechtszellen, die auf der „Keimbahn" an der hinteren Leibeshöhlenwand abwärts wandern (CLARA). Nach seinen histologischen Studien ist der Ursprung der Blastome vielmehr in Germinalzellresten der Thymusanlage zu suchen.

Beide Ansichten stehen im Einklang mit der klinisch-anatomischen Erfahrung, daß die *extragonadalen Chorionepitheliome* vornehmlich in der 2.—4. Lebensdekade in Erscheinung treten und — als „*Tumoren der Mittellinie*" — bevorzugt retroperitoneal oder *im vorderen Mediastinum* liegen (Zusammenstellung von 34 Literaturfällen von BARIÉTY, COURY POULET u. CABANNE; weitere Lit. s. ASKANAZY; SCHWALBE; ARENDT; SCHÄFER; KANTROWITZ; JÜNGLING; KNOFLÍČEK; WOOLNER, JAMPLIS u. KIRKLIN; PLENGE; RITCHIE; FENSTER; GERBER; WEINBERGER; LOCHMANN; HYMAN u. LEITER; MATHIEU u. ROBERTSON; ERDMANN, BROWN u. SHAW; LAETSCH; MILLER u. BROWNE; STOWELL, SACHS u. RUSSELL; DVOŘÁČEK; PORTMANN; LE BRIGAND, GRANDJON, RENAULT, ROUSSEL, CHRÉTIEN, HOURTOULE u. IANOTTI; FANGER u. MACANDREW; MAGOVERN; LYNCH; LAIPPLY u. SHIPLEY; MAGOVERN u. BLADES; LYNCH u. BLEWETT; ZORZI u. PLAZENTI; GIROUX u. DESMEULES; MORNEX; SHLIMOVITZ u. VAN BROWN, HIRSCH, ROBBINS u. HOUGHTON; PASQUALI; YURICK u. OTTOMAN; FINE, SMITH u. PACHTER; BENNINGTON, HABER u. SCHWEID; HOLT, MELCHER u. COLQUHOUN; WENGER, DINES, AHMANN u. GOOD; FRIEDMAN; PACHTER u. LATTES; OBERMAN u. LIBCKE; REDDY u. RAO; — Seminomartige Germinome gleicher Lage: WOOLNER, JAMPLIS u. KIRKLIN; TANIGUCHI, PAI u. AMDKATA; ROBINSON; KUZNETSOV, LAVNIKOVA u. KOROLEVA; KOUNTZ, CONNOLLY u. COHN; MOLINA, MERCIER, DELAGE, DE LAGIVILLAMIE u. CHEMINAT; NAZARI u. GAGNON; KLEITSCH, TARICCO u. HASLAM; BAGSHAW, LAUGHLIN u. EARLE). Als seltene Tumorlokalisation werden auch Baucheingeweide, wie z.B. die Leber, und das Corpus pineale genannt (ASKANAZY; RUSSELL; FRIEDMAN; SHOWELL, SACHS u. RUSSELL; LOCHMANN; SCHÄFER).

Die ektopischen Geschwülste sind gleichfalls maligne. Ihr Aufbau entspricht dem der uterinen, vom fötalen Trophoblasten abstammenden Choriokarzinome, deren Gewebsbild beide Komponenten des Chorionzottenepithels — primitives, teils riesenzelliges Synzytium und Zellen der Langhansschen Schicht — in variabler Mischung erkennen läßt (HUECK; BORST; HAMPERL). Die extragenitalen Chorionepitheliome sind jedoch nicht auf das weibliche Geschlecht beschränkt, vielmehr *ganz überwiegend bei jungen Männern zwischen dem Pubertätsalter und dem 40. Lebensjahr anzutreffen* (STAEMMLER; ARENDT; KANTROWITZ; PLENGE; BARIÉTY u. Mitarb.; LAIPPLY u. SHIPLEY; GIROUX u. DESMEULES; LOCHMANN; HOLT et al.; MAGOVERN u. BLADES; HIRSCH u. Mitarb.; LYNCH u. BLEWETT; SHLIMOVITZ u. VAN BROWN; FINE et al.; YURICK u. OTTOMAN; WENGER, DINES, AHMANN u. GOOD).

Unter den heterotopen Tumoren dieser Kategorie haben hier die *als autochthone Lungengewächse beschriebenen Chorionepitheliome* besonderes Interesse (BORRIS; EERLAND; KAY u. REED; LE BRIGAND et al.; GÉRIN-LAJOIE; LEMAHIEU, LAMIROY, PANNIER u. BRABANDRE; MORNEX, FERREIRA-BERUTTI). Sie können sich mit Lokalsymptomen (Husten, Brustwandschmerzen, Kurzatmigkeit, Hämoptysen, hämorrhagische Pleuritis) und Allgemeinerscheinungen verschiedener Art bemerkbar machen (Kachexie, Anorexie, Übelkeit, Obstipation, psychische Alteration, Fieber, Anämie, mehr oder weniger ausgeprägte Leukozytose, Senkungsbeschleunigung sowie Dysonychie im Sinne hippokratischer Uhrglasnägel) (BARIÉTY et al.).

Der in den obengenannten Fällen erhobene *Röntgenbefund eines rasch wachsenden pulmonalen Rundherdes* ist per se uncharakteristisch. Er ist aber — bei Ausschluß eines metastasierenden Hodentumors — richtig zu deuten an Hand einer *pathognomonischen endokrinen Symptomentrias*, die auch bei anderen — gonadalen wie extragenitalen — Lokalisationstypen für die Diagnose richtungweisend ist:

a) *Gynäkomastie* (in ca. 50—60% der Fälle),

b) *Hodenatrophie mit Libido- und Potenzverlust* (in etwa 20—30% der Fälle) sowie

c) beträchtlicher *Anstieg des Gonadotropinspiegels im Blut* mit *vermehrter Harnausscheidung von Prolan B*.

Das bei männlichen Tumorträgern nachgewiesene Gonadotropin, dessen Titererhöhung der Sekretion trophoblastischer Geschwulstelemente zugeschrieben wird, verhält sich biologisch ähnlich wie das choriogene Gonadotropin Schwangerer, so daß die *Aschheim-Zondek-Reaktion* und der *Krötentest nach Galli-Mainini nahezu stets positiv* ausfallen (MAGOVERN u. BLADES; BARIÉTY u. Mitarb.; BROUET et al.; HERTZ; LOCHMANN; FINE, SMITH u. PACHTER; MORNEX; HAGEN; WENGER, DINES, AHMANN u. GOOD). Der von der *Gonadotropininkretion* ausgehende Anreiz auf die Leydigschen Zellen, die trotz der Atrophie anderer Hodenstrukturen in 30—40% hyperplastisch werden (FINE et al.), stimuliert nicht allein die Testosteronsynthese, sondern vor allem die Östrogenproduktion (WENGER et al.). Der erhöhte Blutspiegel zirkulierender Östrogene hat die bei männlichen Patienten auftretende Hypertrophie der Brustdrüsen zur Folge (WENGER et al.).

Um die ektopische Entstehung pulmonaler bzw. mediastinaler Chorionepitheliome zu beweisen und ihre metastatische Herkunft aus unerkannten winzigen Dysgerminomen der Gonaden auszuschließen, bedürfte es subtiler Serienschnittuntersuchung der Keimdrüsen: nicht nur neoplasieartige Zellatypien, selbst zystische und narbige Hodenveränderungen gelten als Verdachtsmomente berechtigter Zweifel, weil es sich um Relikte spontan zurückgebildeter primärer Germinalgeschwülste handeln könnte (MAGOVERN u. BLADES; FINE, SMITH u. PACHTER; WENGER et al.). Andere Autoren stellen die Notwendigkeit so minutiöser Suche nach mikroskopischen Gonadenherden in Frage, da ihnen die metastatische Formalgenese endothorakaler Chorionepitheliome unglaubwürdig scheint (LYNCH u. BLEWETT; HIRSCH, ROBBINS u. HOUGHTON).

Angesichts der noch unentschiedenen Kontroverse bleibt die autochthone Chorionepitheliom-Bildung im Lungengewebe zumindest ungewiß (FISCHER; FERREIRA-BERUTTI) für die Fälle, in denen potentielle testikuläre Ursprungsherde nicht mit Sicherheit ausgeschlossen werden können.

3. Die primären Bronchus- und Lungensarkome (einschließlich Karzinosarkome)

a) Begriffsbestimmung und klinische Bedeutung

Die in den Jahrzehnten nach der ersten ausführlichen Mitteilung von POISSON u. ROBIN erschienenen Einzel- und Sammelberichte über primäre broncho-pulmonale Sarkome (FUCHS; ROLLESTON u. TREVOR; BOSCHOWSKY; LYSSUNKIN; RIBBERT; SEYDEL; SACHS; MEYER; KOBYLINSKI; KONTOWSKI; ROTH; SILBERBERG; SEEMANN; SERRA; HUBER; SCHECH; SARTORARI; STEVENS; BALL u.a.) sind aus verschiedenen Gründen skeptisch zu beurteilen (SCHMORL; STERNBERG; EWING; WEGELIN; FISCHER; BOYD;

Mayer; Hofmann; Denk; Herrnheiser; Melville; Falconer u. Leonard; Iverson; Storey; Barnard; Lorbeck; Drewes u. Willmann; Frey u. Lüdeke; Wüst; Kühn; Eck, Haupt u. Rothe u. a.).

Der Ursprung der Gewächse blieb vielfach unbestimmt, insofern, als man keine klare Grenze zwischen Pleura- und Lungensarkomen ziehen konnte und die Möglichkeit des sekundären Lungenbefalls durch ursprünglich im Mediastinum lokalisierte Tumoren nicht ausschloß (Stohr u. Sachs; Drewes u. Willmann; Wüst u. a.). In einem Teil der Fälle fehlt überhaupt eine nähere histologische Klassifizierung. Andere Berichte halten der kritischen Prüfung nicht stand, weil die geschilderten Lungensarkome offensichtlich metastatischen Ablegern extrapulmonaler Primärtumoren oder gar chronischen Entzündungsprozessen entsprachen (Ewing; Fischer; Boyd; Lorbeck; Wüst). Besonders schwer wiegen grundsätzliche Bedenken, den Sarkombegriff auf die als einförmig rundzellig beschriebenen primitiven Bronchus- und Lungengeschwülste anzuwenden, die nach heutiger Auffassung unter die anaplastischen Bronchialkarzinome vom kleinzelligen bzw. oat cell-Typ einzureihen sind (Schmorl; Ewing; Arnstein; Fischer; Wegelin; Boyd; Mayer; Black; Iverson; Storey; Willis u. a.).

Unter Bezug auf die Sektionsstatistik von Pässler, der 1896 den Anteil der Bronchuskrebse nur mit 1,84% aller epithelialen Tumoren und mit 1,6% sämtlicher bösartigen Geschwülste bezifferte, hielten Rolleston u. Trevor (1903) die primären Malignome des broncho-pulmonalen Systems ihrer Bauart nach ganz überwiegend für Sarkome. Auch der Schneeberger Lungenkrebs galt lange als Lymphosarkom (Hesse u. Härting; Weigert; Seydel u. a.), bis Arnstein 1911 und Schmorl 1923 seine epitheliale Herkunft erkannten (s. Bd. IX/4a: 1a und d). Mit dem Wandel der histogenetischen Deutung änderten sich in der Folge die Nomenklatur und die Ergebnisse statistischer Erhebungen über die fraglichen Geschwülste.

Im jüngeren Schrifttum wurden Berichte über Rundzellensarkome der Lunge, die in der Zusammenstellung Boschowskys noch doppelt so häufig vertreten waren wie die späterhin dominierenden Spindelzell- und Fibrosarkome, immer spärlicher. Zugleich sank die Verhältnisziffer zwischen broncho-pulmonalen Sarkomen und Karzinomen im Vergleich zu älteren Angaben beträchtlich ab (s. Tabelle 1). Die Sexualproportion wurde durch die Änderung des Klassifizierungsprinzips ausgeglichener [Verhältnis ♂: ♀ = 1,18: 1 nach Noehren u. McKee (1954) gegenüber 2,5: 1 nach Boschowsky (1912)], seit man die kleinzelligen Bronchuskarzinome mit ihrer exquisiten Bevorzugung des männlichen Geschlechts (s. Bd. IX/4a, Tabellen 3, 5 u. 41) statistisch aus der Sarkomgruppe eliminierte.

Manche Autoren setzen die Existenz primärer „Lungen"-Sarkome ganz in Zweifel und halten nur das Vorkommnis primärer Bronchus-, Pleura- und Lymphosarkome für gesichert (Hertz; Denk; Herrnheiser; Melville; Lorbeck). Diese seien eigentlicher Ausgangspunkt per continuitatem entstandener, scheinbar „autochthoner" Lungensarkome, soweit es sich dabei nicht überhaupt nur um hämatogene Fernmetastasen unerkannt gebliebener extrathorakaler Sarkomherde handele.

Diese Ansicht hat sich nicht durchgesetzt (Frey u. Lüdeke). Unbeschadet der berechtigten Einwände gegen die frühere Interpretationsweise besteht kein Anlaß, die Entstehungsmöglichkeit sarkomatöser Gewächse aus den mesenchymalen Komponenten des Lungenparenchyms prinzipiell zu verneinen. Das gilt auch für die aus klein- bzw. rundzelligen, fast nacktkernigen Elementen bestehenden primären Lymphosarkome der Lunge, die sich von den lymphoiden Strukturen des pulmonalen Interstitiums ableiten und biologisch eindeutig vom Verhalten kleinzelliger Bronchialkrebse abweichen (s. S. 140ff.). Auch bei anderen histologischen Formen primärer Bronchus- und Lungensarkome, insbesondere bei den reifen Spindelzell- und Fibrosarkomen als häufigsten Vertretern dieser Malignomkategorie, werden die Heilungschancen wegen der relativ langsamen Entwicklung und geringeren Metastasierungstendenz im Durchschnitt günstiger beurteilt als bei der Mehrzahl bronchogener Karzinome (NOEHREN u. MCKEE; OCHSNER u. OCHSNER; IVERSON; STOREY; SHAW et al.; MÜLLY; BRESAN u. PLATZBECKER; WÜST u.a.).

b) Ätiologie

Die Morbidität primärer sarkomatöser Lungengeschwülste hat in der Vergangenheit nicht zugenommen. Exogene Noxen, die man für den steilen Anstieg der Bronchialkrebsziffern verantwortlich macht, dürften daher keine Bedeutung haben. Auch für ursächliche Beziehungen zu chronisch entzündlichen Lungenaffektionen nach Art des „Narbenkrebses" gibt es keinen Anhalt.

Eine neoplastische Entgleisung reaktiver mesenchymaler Proliferationsvorgänge — etwa der interstitiellen Fibroblastenwucherung (FREY u. LÜDEKE) und überschießenden Neubildung intrapulmonaler Lymphkörperchen im Gefolge chronischer Obstruktionspneumonitis (LÜDEKE) — wurde bisher nicht beobachtet. Bei der seltenen *Koinzidenz von Tuberkulose und Sarkom der Lunge* (SCHNICK; LILIENTHAL; THEMEL; VON DER OHE) sowie von *pulmonalem Sarkom und Silikose* (DWISCHKA u. ELJASCHEW) war keine unmittelbare örtliche Verbindung zwischen schwelender Entzündung und Geschwulst festzustellen. Das *Zusammentreffen von Lungenasbestose und -sarkom* (DYSON u. TRENTALANCE) läßt im Hinblick auf die broncho- und pleurogenen Berufskrebse dieser Ätiologie (s. S. 473 u. Bd. IX/4a: 1.c) zwar im Einzelfall einen Kausalnexus mit Wahrscheinlichkeit annehmen, doch ergeben sich sonst keine Hinweise, auf Grund deren aerogene Noxen dieser Art als zahlenmäßig wesentliche Entstehungsursache primärer broncho-pulmonaler Sarkome gelten könnten. Gleiche Gesichtspunkte sind für die ätiologische Beziehung zwischen *Trauma, Fremdkörperreiz und Sarkombildung* anzuführen (PICK; SCHMITT; NOTHDURFT; MOHR u. NOTHDURFT).

In manchen Fällen scheint ein *ursächlicher Zusammenhang mit komplexer Gewebsmißbildung* kaum zweifelhaft (SCHWYTER; WELLS u.a.). In diesem Sinne sind z.B. an Stelle rudimentärer Lungenflügel entwickelte Adeno-Rhabdomyosarkome als *maligne Teratome vorwiegend sarkomatösen Charakters* zu deuten (HELBING; ZIPKIN). Ein dysontogenetischer Ursprung kommt auch für organoid gebaute *sarkomatöse Mischgeschwülste* (z.B. das von MOEGEN beschriebene Chondro-Fibro-Myxo-Angiosarkom der rechten Pulmonalarterie; s. auch BOSS; THIERBACH u. GERLACH) und für Sarkome in Betracht, die *auf dem Boden pulmonaler Hamartome* (KRIEBITZ; WATANABE, ISHIGURO u. NABAGUCHI; LINSER; LOWELL u. TUHY; SIMON u. BALLON; KUYJER; CAVIN, MASTERS u. MOODY; EHRENHAFT u. WOMACK; OBIDITSCH-MAYER u. ZEITLHOFER; SCHIØDT u. JENSEN; GREENSPAN; HASCHE; HAYWARD u. CARABASI; ZEITLHOFER; TAYLOR u. RAE; CARLSEN u. KIAER; BUSSE; BIKFALVI, MOLNÁR u. HORÁNYI; BATESON u. ABBOTT; CECCONI; LEMON; RUSSOLILLI; WALTHER; LOUHIMO u. VIKULA; KIRSCHNER; FASSKE; HAUPT, GLÖCKNER u. KÜNSTLER; BATESON; MARCUS; DAVIS, PEABODY u. KATZ; TAIANA u. ARACAM ZORRAQUIN; SPASSUKOTZKY; LEO; STEPHANOPOULOS u. CATSARAS; VERGA) (s. S. 175 und 205), *im Bereich einer Dermoidzyste* (JORES), *in angeborenen broncho-alveolären Zysten* (BEHREND u. KRAVITZ; TALA u. LAUSTELA; GIRAUD et al.; RANSDALL, BAILEY u. ELLISON) und *in der Wand kongenitaler zystischer Bronchiektasen* entstehen (KEPES: Karzinosarkom).

Formalgenetische Zusammenhänge mit örtlicher Mißbildung werden auch in einigen anderen Fällen des Schrifttums erwogen (WEICHSELBAUM; LYSSUNKIN; ESSBACH; FRIEDMAN; MCDONALD u. HEATHER; AMORIM; GORDON u. BOSS; DURGIN u. INGLEBY). Sie sind ferner für die pulmonalen „Embryome" in Betracht zu ziehen (BARNARD; PRIVE, TELLEN, MERANZE u. CHODOFF; SPENCER; BENNETT; SOUZA, PEASLEY u. TAKARO; PASCUZZI; GALOFRÉ, PAYNE, WOOLNER, CLAGETT u. GAGE; PARKER, PAYNE u. WOOLNER), die als Sonderform der Karzinosarkome (sog. „Lungenblastome") unten aufgeführt werden (s. S. 26).

Die vorstehend genannten Einzelbeobachtungen erlauben keine generellen Rückschlüsse, zumal über gehäuftes Zusammentreffen von Sarkomen und Gewebsfehlbildung sonst nichts bekannt ist (EWING; TALA u. LAUSTELA u. a.). Die Ursachen primärer Bronchus- und Lungensarkome liegen somit — anders als beim bronchogenen Reizkrebs — noch völlig im dunkeln.

c) Statistik

Über die *Häufigkeit* primärer broncho-pulmonaler Sarkome sind im Schrifttum nur vereinzelte Angaben zu finden. FUCHS bezifferte den Prozentanteil der Tumorkategorie nach Auswertung von 12307 Sektionsprotokollen mit 0,009—0,02%. Die Geschwülste sind in der Statistik von HOCHBERG u. CRASTNOPOL (insgesamt 68404 autoptische Befunde 1943—1954) mit 0,012% vertreten. In späteren Berichten von ELLIS (7272 Autopsien) und MALLORY (8000 Obduktionen) wird als Vergleichsziffer jeweils 0,014% genannt. LENZ sah unter 5600 Sektionen 1 primäres Sarkom der Atemorgane gegenüber 57 Bronchialkarzinomen. WALTHER schätzt die Häufigkeit der Sarkome auf 2% aller primären Bronchus- und Lungenmalignome (5 primäre Lungensarkome und 1 Karzinosarkom auf 286 Bronchialkrebsfälle in der Sektionsstatistik des Pathologischen Instituts der Universität Zürich 1906—1945). RINK bemißt den Anteil mit 0,4% niedriger.

Tabelle 1. Häufigkeitsrelation zwischen primären Bronchus- und Lungenarkomen und Bronchialkarzinomen nach neueren Operationsstatistiken

Autoren	Anzahl der verifizierten		Verhältnis Sa : Ka
	Sarkome	Karzinome	
FREY u. LÜDEKE (1958)	8	400	1 : 50
OCHSNER u. OCHSNER (1957)	7	890	1 : 127
POLLAK, COHEN, BORRONE u. GNASSI (1939)	6	800	1 : 133
NYLANDER u. AUKEE (1955)	3	643	1 : 214
VIETEN bzw. DREWES u. WILLMANN (1953)	2	500	1 : 250
LORBECK (1954)	2	930	1 : 465
Insgesamt	28	4153	1 : 148

Ältere Angaben zur *Häufigkeitsrelation zwischen primären Sarkomen und Karzinomen des broncho-pulmonalen Systems* sind aus den eingangs genannten Gründen nicht verwertbar. Die von FUCHS und BOSCHOWSKY berechneten Verhältnisziffern (1:7 bzw. 1:7,2) liegen weit über den in der thoraxchirurgischen Ära ermittelten Werten. Auch die Schätzung GUBLERS, der die Häufigkeit primärer Bronchussarkome mit „ungefähr 1% aller bösartigen Lungenbronchialgewächse" veranschlagt, dürfte noch recht hochgegriffen sein, wenn man die Relationszahlen zugrunde legt, die sich aus BERNDTs Statistik der Robert Rössle-Klinik Berlin-Buch [1949—1963: 5 bronchopulmonale Sarkome auf 2432 Bronchuskarzinome bei beiden Geschlechtern (=0,2%), davon 2 Sarkomfälle auf 191 Bronchialkrebse bei Frauen (=1,0%)], aus einer neueren Arbeit von BRESAN u. PLATZBECKER (1967: Verhältnisziffer 1:200—300) und im Durchschnitt von 6 größeren Operationsstatistiken (28 Bronchus- bzw. Lungensarkome auf 4153 Bronchialkarzinome = 0,7%) ergeben (Tabelle 1).

Bei den in Abb. 1 aufgeführten 180 primären Bronchus- und Lungensarkomen aus Einzel- und Sammelberichten jüngeren Datums findet man das *Geschlechtsverhältnis* mit *1,02:1* (91 ♂:89 ♀) völlig ausgeglichen (s. auch BRESAN u. PLATZBECKER).

Wie bei den Bronchialkarzinomen liegt der Gipfel der *Alterskurve* im 6. Lebensjahrzehnt, bei weiblichen Patienten früher als beim männlichen Geschlecht (Abb. 1). Wegen des gehäuften Auftretens bei jüngeren Menschen erhebt sich der ansteigende Kurvenschenkel jedoch wesentlich flacher als im Altersdiagramm bronchogener Krebse (vgl. Abb. 17 u. Abb. 18). Kinder bis zu 10 Jahren sind in 7,2% betroffen, die beiden ersten Dezennien zusammen in 15,5%. Ein Viertel der Sarkomträger war nicht älter als 30 Jahre,

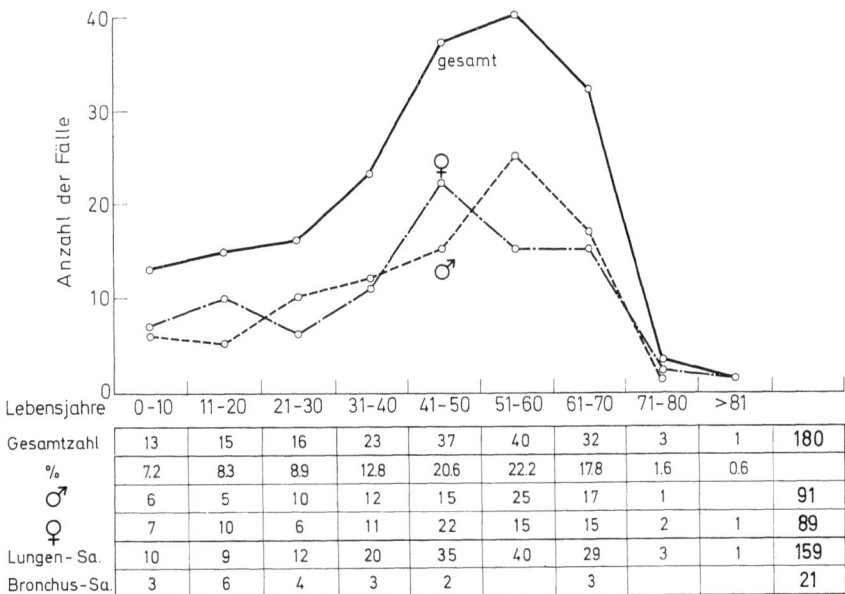

Abb. 1. *Alters- und Geschlechtsverteilung von 180 primären Bronchus- und Lungensarkomen* (nach Schrifttumsangaben von BARNARD; BARON u. WHITEHOUSE; BECK u. REGANIS; BERGMANN, ACKERMAN u. KEMLER; BRAUN; BRINDLEY; DREWES u. GREMMEL; DREWES u. WILLMANN; ECK; ESSBACH; ELPHINSTONE u. SPECTOR; FISCHER; FREY u. LÜDEKE; GUBLER; HIROSE u. HENNIGAR; IVERSON; KÜNZLER; LINK u. STRNAD; LORBECK; MOEGEN; MÉSZÁROS u. SIMÁRSKY; MÜLLY; NOEHREN u. MCKEE; OCHSNER u. OCHSNER; OPITZ; PAULSON; SCHULZE; SHAW, PAULSON, KEE u. LOVETT; SHERMAN u. MALONE; STOREY; TAYLOR u. RAE; VERSTRAETEN u. BOELS; WÜST)

und in mehr als einem Drittel der Fälle wurden die Geschwülste innerhalb der ersten 4 Lebensdekaden entdeckt. Das Manifestationsalter erstreckt sich von der Säuglingsperiode bis zum 83. Lebensjahr. Berichte über entsprechende Beobachtungen bei Kindern und Jugendlichen stehen in größerer Zahl zur Verfügung (LEHNDORFF; BODMER; BJORNSTEIN; ACUÑA, WINOCUR u. OROSCO; ROSENBLUM u. GASUL; CARRARA; STEWARD; MISHKIN; TAYLOR u. CAINE; MALLORY; BRINDLEY; HERZMANN; PAULSON; MERRITT u. PARKER; BRASS; TEMPLE u. ALIGAZAKIS; CURRY u. FUCHS; LEWIS; HOLINGER, SLAUGHTER u. NOVAK; SABATTINI; WATSON u. ANLYAN; DREWES u. GREMMEL; GUBLER; KÜNZLER; KILLINGSWORTH, MCREYNOLDS u. HARRISON; SHERMAN u. MALONE; DREWES u. WILLMANN; BARTEL).

Im Durchschnitt sind endobronchiale Sarkome in niedrigen Altersklassen relativ häufiger (Altersmittel nach DYSON u. TRENTALANCE 37 Jahre; nach IVERSON 28 Jahre) als vom Lungenparenchym ausgehende Sarkome (Altermittel nach DYSON u. TRENTALANCE 45 Jahre; nach IVERSON 46 Jahre) (Abb. 1). Insgesamt *überwiegen die Lungensarkome gegenüber Bronchussarkomen im Verhältnis 7,6:1* (159 pulmonale Formen bei 80 ♂ und 79 ♀ gegenüber 21 Bronchussarkomen bei 11 ♂ und 10 ♀). Primäre *Trachealsarkome* sind noch seltener (D'AUNOY u. ZOELLER; JACKSON; HOLINGER; FRUHLING u. SPEHLER; PENSADO IGLESIAS; STRUPPLER; ELLMANN u. WHITTAKER; v. BRUNS; BIOCCA; BUFALINI u. a.).

Unter den verschiedenen *histologischen Typen* findet man *vorherrschend Spindelzellsarkome* (36 Fälle) bzw. *Fibrosarkome* (32 Fälle) mit 41,6% der Gesamtzahl vertreten (von den 75 Tumoren dieser Gruppe sind 5 weitere als Spindelzell-Fibrosarkom, 2 als Fibromyxosarkom bezeichnet). *Nächsthäufig* sind *Myosarkome* (38 Fälle = 21,1%, darunter 24 Leiomyosarkome, 5 Rhabdomyosarkome und 9 nicht näher definierte „Myosarkome") und *primäre Lymphosarkome* (26 Fälle = 14,4%) registriert. Es folgen *neurogene Sarkome* (10 Fälle = 5,5%, als maligne Schwannome, Neurilemmome bzw. Neurinome oder als sarkomatös entartete Neurofibrome klassifiziert) und *polymorphzellige Sarkome* (9 Fälle = 5%), die zu den *selteneren Formen* gehören. Noch geringer ist der Anteil der *Chondro-* bzw. *Osteoid-Chondrosarkome* und der *Angiosarkome* (Angioretikulome und anderer angioplastischer Sarkome) mit je 3 Fällen. Die Zusammenstellung enthält ferner 9 *Karzinosarkome* und 3 *maligne Hämangioendotheliome* bronchialen bzw. pulmonalen Ursprungs. Schließlich sind in der Sammelstatistik der Abb. 1 noch *Hämangioperizytome, Liposarkome* und *Melanosarkome* je einmal vertreten.

d) Pathologisch-anatomische Morphologie

α) *Klassifizierung, Histogenese und mikroskopischer Befund*

Es gibt bisher keine einheitliche *Klassifizierung primärer Bronchus- und Lungensarkome*, die der gestaltlichen Vielfalt der Tumoren gerecht würde. Die frühere Dreiteilung in Spindelzellsarkome mit und ohne Faserbildung und Rundzellsarkome ist unvollständig (BALL u. a.). WALTHER läßt bei seiner Gliederung in

Carcino-Sarcoma
Sarcoma polymorphocellulare
Sarcoma globocellulare
Sarcoma fusocellulare
Sarcoma myxo-chondro-osteoplasticum und
Sarcoma endotheliocellulare angioplasticum

die ihrer Zahl nach nicht unwesentliche Gruppe myoplastischer und neurogener Gewächse unberücksichtigt. MÜLLY gruppiert nach D'ABREU in

1. Spindelzellsarkome, Rundzellsarkome, gemischtzellige Sarkome, Fibro-myxo-chondro- und Myosarkome, denen er
2. reine Fibrosarkome

gegenüberstellt.

Autochthone Sarkome können aus allen mesenchymalen Bestandteilen des Lungengerüsts und der Bronchialwände entstehen („*Mesenchymome*") (RIBBERT; STOUT; STOREY; FRIED; GAULTIER-D'AURIAC, WANGERMEZ, WANGERMEZ u. BISCH; GALY u. TOURAINE; ECK, HAUPT u. ROTHE u.a.) (s. auch S. 175) sowie aus den Wandstrukturen arterieller und venöser Lungengefäße hervorgehen (FROBOESE; ESCHBACH; KUDLICH u. SCHUH; GOEDEL; MOEGEN; ELPHINSTONE u. SPECTOR; MARTIN, TUCHY u. WILL; HAYTHORN, RAY u. WOLFF; CEELEN; AUSBÜTTEL; BRAUN). Von ortsfremden Gewebsabkömmlingen abstammende Sarkome, wie die seltenen pulmonalen, bronchialen bzw. vasogenen Rhabdomyosarkome (HELBING; ZIPKIN; FRIEDMAN; MCDONALD u. HEATHER; AMORIM; GORDON u. BOSS; DURGIN u. INGLEBY; FRIEDMANN; MASCHIO) sind als *teratogene Gebilde* aufzufassen oder auf neoplastische Fehlentwicklung dysontogenetisch versprengter Keime zurückzuführen (*maligne Choristoblastome* s. S. 201 u. 238).

Häufigster Ausgangspunkt ist das Bindegewebe der interlobulären und intersegmentalen Septen, broncho-vaskulärer Gewebsscheiden, der Bronchialwände oder der subpleuralen Rindenschicht. Reifegrad, Zelltyp und Feinbau der von Fibroblasten abgeleiteten Gewächse (STOUT) sind variabel. Die am wenigsten differenzierten Tumoren — unreife Formen der *polymorphzelligen* und *Spindelzellsarkome* — sind außerordentlich zellreich. Die Geschwulstelemente bewahren meist die Fähigkeit des Muttergewebes, retikuläre und kollagene Fasern zu bilden. Man findet daher fließende Übergänge von wenig gegliederten unreifen Zytoblastomen von „schwer bestimmbarer Gestalt" (HUECK) über höher differenzierte Tumoren mit ausgeprägtem retikulären Faserstroma und starker Vaskularisation bis zu zellarmen, faserreichen *Fibrosarkomen*, die gewöhnlich bindegewebig abgekapselt sind (STOREY; IVERSON; VERSTRAETEN u. BOELS; FREY u. LÜDEKE; LORBECK; WÜST; STRIMEL, HANSELL u. BINDIE u.a.). Varianten mit örtlicher Erweichung der Faser- bzw. Grundsubstanz bezeichnet man als *Fibromyxosarkome* (FERRERO, MASSA u. TARDY; STEPHANOPOULOS u. CATSARAS u.a.).

Je stärker die Faserstruktur das feingewebliche Bild beherrscht, desto mehr *verwischt sich die Grenze zu benignen Fibroblastomen*. Das gilt gleichermaßen für die Fibrosarkome und fibromatösen Mesotheliome der Pleura (s. S. 463 u. 536). GRAY u. WHITESELL führen die Mehrzahl pulmonaler Fibrosarkome auf vorbestehende Fibrome zurück (s. auch LYSSUNKIN). Anderen Autoren gelten die spindelzelligen Formen zum Teil als *Sarkome neurogenen Ursprungs* (STEWART u. COPELAND; OCHSNER u. OCHSNER; BRINDLEY; IVERSON; ZIMMERMANN zit. n. GIESE; STOREY). Sind die fibroblastischen Sarkomzellen nicht alveolär gegliedert oder regellos angeordnet, sondern in fischzugartigen Strömen und Wirbeln gebündelt (STOUT), so fällt die Unterscheidung von *Neurofibrosarkomen* bzw. Neurinomen schwer. Diese Geschwulsttypen werden isoliert oder im Rahmen generalisierter Neurofibromatose auch in der Lunge beobachtet (LOURIA, LEDERER u. HERZ; BRANCATO, SAITTA u. MADERA u. a.) (s. S. 192). Auf Histogenese und Klassifizierung der von der Hülle intrapulmonaler Nervenfasern abstammenden Sarkome (maligne „Schwannome" bzw. Neurilemmome) und anderer Abarten der *Neurosarkome* wird andernorts eingegangen (s. Tabelle 15).

Die Fragwürdigkeit des Begriffs „*Rundzellensarkom*" im früheren Sprachgebrauch wurde oben erwähnt (s. S. 6). Während die Eigenständigkeit des „außerordentlich bösartigen" Typs (BALL u.a.) angesichts der morphologischen und biologischen Übereinstimmung mit kleinzelligen Bronchialkarzinomen zumindest zweifelhaft ist, steht das Vorkommnis *primärer Lymphosarkome der Lunge* als relativ benigner Tumorkategorie speziellen Gepräges außer Frage. Die gesonderte Abhandlung dieser Geschwulstform und ihrer Histogenese im Kapitel „semimaligne Tumoren" (s. S. 140) scheint gerade im Hinblick auf die eigentümliche formalgenetische und differentialdiagnostische Problematik rundzelliger Zytoblastome gerechtfertigt, obgleich sich auch andere, höher differenzierte Sarkomtypen, wie die Fibrosarkome, klinisch als verhältnismäßig gutartig erweisen. Im gleichen Zusammenhang wird auf die *primär pulmonale Manifestation maligner Lympho-Retikulosen* eingegangen, die ihren Ausgang von lymphoiden Strukturen der Lungenperipherie nehmen (*primäre Lungen-Lymphogranulomatose* bzw. *Hodgkin-Sarkom*: VERSÉ; SCHWARZ u. BOLLAG; ALTMANN; KAUFMANN; WEBER; LENK; RATKÓCZY; WALTHARD; LOEW; ZANDER; MALLORY; KIRKLIN u. HEFKE; VAN HAZEL u. KENSIK; JACKSON u. PARKER; VIETA u. CRAVER; SUGARBAKER u. CRAVER; FALCONER u. LEONARD; SIMON; ROBBINS; ENNUYER, CAILLERET u. HELARY; STRICKLAND; KOLÁŘ, KÁCL u. PALEČEK; AUFSES; COOLEY, MCDONALD u. CLAGETT; STERNBERG, SIDRANSKY u. OCHSNER; KERN, CREPEAU u. JONES; BERGHUIS, CLAGETT u. HARRISON; SALTZSTEIN; EHRENSTEIN; HARTLEIB u. a. — *primäres pulmonales Retothelsarkom*: RANSDALL, BAILEY u. ELLISON; SCHÜTZ u. KÖHN; RAPAPORT, WINTER u. HICKS; SALTZSTEIN; KEIBEL et al.; ESKENASY; DOCIMO; EHRENSTEIN; HOLZNER u. ZEITLHOFER; STEINER — *sarkomatös entartetes großfollikuläres Lymphoblastom des Lungenparenchyms*: BILGER; ROBBINS zit. n. SALTZSTEIN) (s. Tabelle 12). Die *extramedullären primären Plasmozytome der Lungen und Bronchien* werden ebenfalls unter den semimalignen Geschwülsten gesondert betrachtet (s. S. 161).

Bei den myoplastischen Gewächsen handelt es sich ganz überwiegend um *Leiomyosarkome des Lungengerüsts* (SHERMAN u. MALONE; BRASS; SHIKARA, FUKISUE, NEKAMURA, UMIMOTO, TSUJITA u. SAWADA; MERRITT u. PARKER; RANDALL u. BLADES; AGNOS u. STARKEY; JOHNSON, MANGIARDI u. JACOBS; NEUMANN; TOCKER, DE HAAN u. STOFER; WATSON u. ANLYAN; HEWLETT u. MCCARTHY; MISHKIN; OCHSNER u. OCHSNER; YACOUBIAN, CONNOLLY u. WYLIE; HEUCK u. MATZANDER; SHAW, PAULSON, KLEE u. LOVETT; CAVIN, MASTERS u. MOODY; MÉSZÁROS u. SIMÁRSKI; GLENNIE, HARVEY u. JEWSBURY; ROSEN, CHRISTENSEN u. JAMPLIS; ORBÁN u. BOROS; MYLIUS u. AAKHUS; HAVARD u. HANBURY; STIGLIANI u. SCILABRA; IVERSON; ECK, HAUPT u. ROTHE u.a.), *der Bronchien* (SHERMAN u. MALONE; RANDALL u. BLADES; OCHSNER u. OCHSNER; BRUNN u. GOLDMAN; KILLINGSWORTH, MCREYNOLDS u. HARRISON; ROSENBERG, MEDLAR u. DOUGLAS; PROCHÁZKA, FINGERLAND u. MYDLIL; SHAW, PAULSON, KLEE u. LOVETT; HOCHBERG u. CRASTNOPOL; FREIRICH, BLOOMBERG u. LANGS; HOLINGER, SLAUGHTER u. NOVAK; MASON u.

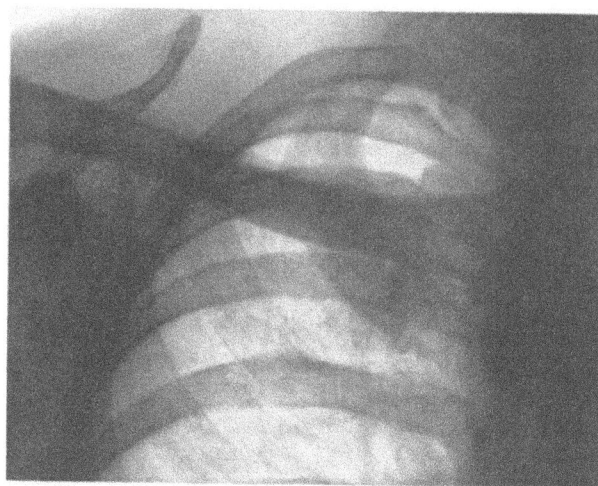

Abb. 2a

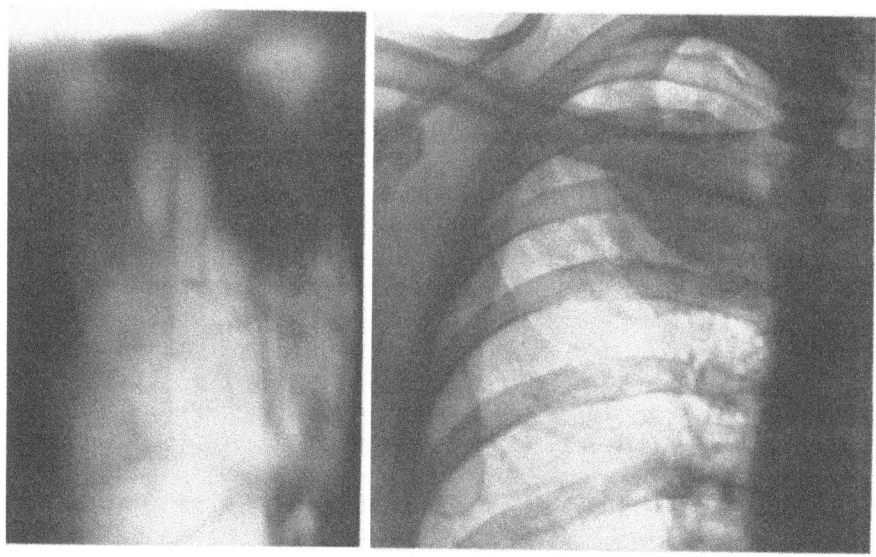

Abb. 2b u. c

AZEEM; GLENN u. OKINAKA; HICKS; UNGER u.a.) oder *großer Lungengefäße* (ESCHBACH; KAULICH u. SCHUH) (s. S. 190). In der Regel entstehen die intrapulmonalen Tumorknoten bzw. Bronchialpolypen unifokal, doch wurde vereinzelt über *primär disseminierte maligne Leiomyomatosis pulmonum* berichtet (STÖCKER; MAUS; SCHMIDT; MUSSHOFF u. WEINREICH). Die plurizentrische Neoplasie zeigt den ursprünglichen Charakter der Mißbildung (s. S. 184), ebenso wie die *aus Hamartomen hervorgehenden Leiomyosarkome* (CAVIN, MASTERS u. MOODY) und die seltenen Rhabdomyosarkome bzw. vasogenen Myoblastome (FRIEDMANN; CONQUEST et al.; MASCHIO; GORDON u. BOSS u.a.) (s. S. 185 u. 190).

Dem Fettgewebe des Bronchialbaums entstammende *Liposarkome* (PALASSE u. ROUBIER; PERKINS u. BOWERS) bzw. *Lipomyxosarkome* (HOCHBERG u. CRASTNOPOL; LATIENDA u. ITIOTZ) sind noch seltener als *primär pulmonale Osteosarkome* (NOSANCHUC u. WEATHERBEE) und die vom tracheobronchialen Knorpelgerüst abgeleiteten, teils wohl aus chondromatösen Hamartomen entstehenden *Chondrosarkome* (LOWELL u. TUHY; HOCHBERG u. CRASTNOPOL; BUSSE; CECCONI; SIMON u. BALLON; SHERWOOD u. SHERWOOD; CASARINI u. MORONE; FASSKE u.a.) (s. auch S. 205), *Chondromyxosarkome* (LEMON; RUSSOLILLI) und

Abb. 2a—d. *Primäres Hämangioendotheliom der Lunge unter dem Bild eines unscharf begrenzten Infiltratschattens.* Anamnese: 1962 gelegentlich Blutfasern im Auswurf. Damals unauffälliger Thorax-Röntgenbefund. Nach erneuten Hämoptysen im Sommer 1964 wurde am 11. 8. 64 eine weichwolkige Verschattung im re. OL. festgestellt und als tuberkulöses Infiltrat gedeutet. Dieserhalb stationärer Aufenthalt im LVA-Beobachtungskrankenhaus „Haus in der Sonne" Königstein/Ts. (Chefarzt: Med.-Dir. Dr. REUSCH). Bei dortiger Röntgenkontrolle merkliche Vergrößerung des fraglichen Schattens (a Ausschnitt der Nativaufnahme vom 24. 9. 64; b Schichtbild 12 cm a.-p. vom gleichen Tage). BSR 23/41. Im Auswurf weder Tuberkelbazillen noch Tumorzellen nachweisbar. Bronchoskopisch keine sicher krankhaften Veränderungen. Wegen des röntgenologisch evidenten Wachstums Verlegung unter Verdacht auf Bronchuskarzinom (11. 11. 64) in die Chirurg. Klinik d. Krhs. Nordwest Frankfurt/M. (Direktor: Prof. UNGEHEUER). Präoperative Kontrolle am 18. 11. 64: weitere Größenzunahme des verwaschen konturierten knotigen Infiltrats im re. OL. bei noch unauffälliger Hiluskonfiguration (c). Resektion der re. Lunge am 28. 11. 64 (Op.: O.A. Dr. MÄRZ). Makroanatomischer Befund: Im re. OL. relativ weicher, auf der Schnittfläche größtenteils dunkelroter Tumor von 5 cm ⌀. Histologisch: Malignes Hämangioendotheliom (d). In den mitresezierten Hiluslymphknoten keine Geschwulstelemente nachweisbar (E.-Nr. 5874/64 Patholog. Inst. d. Krhs. Nordwest Frankfurt/M., Direktor: Prof. KAHLAU). A.R., 63jähr. ♂. Arch.-Nr. 1304 01671 Radiolog. Zentralinst. d. Krhs. Nordwest Frankfurt/M.

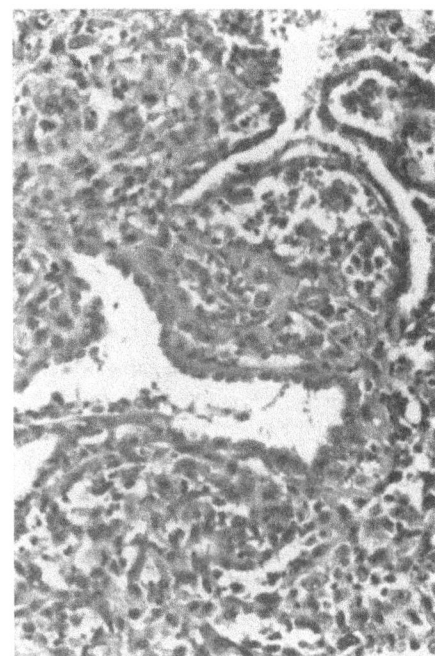

Abb. 2d

— stellenweise knochenbildenden — sog. *Osteoid-Chondrosarkome* (GREENSPAN; SPASSUKOTZKY; WALTHER; DUME u. HUEBER; LEO).

Unter die primären Lungensarkome sind ferner *sarkomatös entartete Riesenzellgeschwülste* mesenchymalen Ursprungs einzureihen (GNASSI u. PRICE; HOCHBERG u. CRASTNOPOL; GLASS; JACKSON; BRUNNER; PIMENTEL u. BRAZETTE; JESSOP), die vom primitiven Gefäß-Bindegewebe abstammen. Die Gewächse bestehen aus zum Teil synzytial zusammenhängenden, fein granulierten polymorphen Zellen, die in ein stark vaskularisiertes Stroma eingelagert sind. Die Tumoren zeigen ausgesprochene Zerfallstendenz und gleichen in ihrer Struktur bösartigen Formen ossärer Riesenzellgeschwülste (JAFFE, LICHTENSTEIN u. PORTIS; STEWART, COLEY u. FARROW). Sie weisen mit ihrer Fähigkeit zur Pigment- und Lipoidspeicherung manche feingeweblichen Analogien zu benignen bronchopulmonalen Neubildungen (Xanthofibromen, Histiozytomen bzw. sklerosierenden Angiomen) (CORNIL, DURIEU, MALAISSE-LAGAE u. PAYFA: *xanthomatöses Bronchussarkom*) (s. S. 177), insbesondere aber zu den sehr seltenen *malignen Angioretikulomen* auf (ESSBACH; OPITZ; FORSEE, MAHON u. JAMES; SVANBERG; ECK, HAUPT u. ROTHE). Diese zellreichen Geschwülste bilden alveolär oder tubulär angeordnete Kapillarsprossen mit einem engmaschigen Stroma von Gitter- und Retikulumfasern. Der histologische Befund wird auch hier durch ausgesprochene Neigung zur Phagozytose von Eisenpigment bzw. Hämosiderin und Lipoiden innerhalb xanthomatöser Zellnester geprägt. Außer xanthelasmaartiger Lipophanerose zeigen angioplastische Lungentumoren mitunter hämatopoetische Potenz nach embryonalem Vorbild (ECK). Das röntgenologische Erscheinungsbild pulmonaler Angiosarkome entspricht bei multifokaler Neubildung dem Aspekt grobnodulärer Metastasen (ESSBACH; OPITZ) und ist bei Solitärherden nicht von peripheren Bronchuskarzinomen zu unterscheiden (HARTLEIB).

Zur Gruppe *primärer angioplastischer Lungen- bzw. Bronchialsarkome* (KÜHN, HAUPT u. OERTEL) gehören umschriebene oder multilokulär angelegte *maligne Hämangiome* (HALL; WOLLSTEIN), ferner bösartige Formen der *Hämangioperizytome* (MCCORMACK u. GALLIVAN;

OCHSNER u. OCHSNER; OCHSNER u. DE BAKEY) (s. Abb. 96) und *bronchopulmonale Hämangioendotheliome* (s. Abb. 2 und S. 188). Die Sammelstatistik der Abb. 1 enthält 3 einschlägige Fälle der letztgenannten Geschwulstart. Einer dieser Tumoren hatte sich im Lungenparenchym entwickelt (BRINDLEY), ein anderer war im rechten Unterlappenbronchus lokalisiert und hatte nach kavernösem Zerfall eine kleinknotige Aussaat in die Leber und beide Lungen sowie lymphonoduläre Absiedlungen verursacht (KÜNZLER). Weitere Beobachtungen primärer Lungen-Hämangioendotheliome stammen von WALTHER; LEGG u. FITCH; EDWARDS u. TAYLOR; ALCOLT u. McCORT; GIESE; DE, BHATTACHARYA u. GUPTA sowie PLAUT (s. auch Abb. 227). YAŞARGIL berichtete über einen hämangioendotheliomatösen Primärtumor der Trachea, den er unter plastischer Rekonstruktion der Luftröhre resezierte (s. auch SCHMIDT).

Die *singulären und plurifokalen Lungenherde maligner Melanome* sind in der Regel Metastasen [Prozentanteil unter den resezierten Solitärmetastasen nach SCHELL 4,6% (10 von 219 Fällen) nach MOERSCH u. CLAGETT 5,4% (9 von 165 Resektionsfällen)] (s. auch FISCHER; KING u. CASTLEMAN; WILLIS; WALTHER; PARKER; RUSSO u. CAVANAUGH; JAFFE u. TURNER; FARRELL; HILBISH; WILBUR u. HARTMANN; CALLENDER, WILDER u. ASH; PACK u. MILLER; WEBB-JOHNSON u. MACLEOD; HIGGINSON; WILKINS, BURKE u. HEAD; ROGERS; REED u. KENT; ALLEN u. SPITZ; JENSEN u. EGEDORF) (Abb. 250). Etwa 88% aller malignen melanotischen Tumoren gehen von der Haut (68%) oder von der retinalen Pigmentschicht der Augen (20%) aus (DORN u. CUTLER). *Primäre Melanoblastome der oberen Luft- und Verdauungswege*, die im Hinblick auf die Schlundpigmentation bei zahlreichen Säugetieren auf Heterotopie atavistischer, vom Kopfteil des fötalen Rumpfdarms in die primitive Luft- bzw. Speiseröhrenanlage verirrter Melanozyten zurückgeführt werden (JENSEN u. EGEDORF), sind nicht ungewöhnlich (nach MOORE u. MARTIN 26 orale bzw. rhino-pharyngeale und 2 laryngeale Primärgeschwülste unter 1557 im Head and Neck Service des New Yorker Memorial Center behandelten melanotischen Geschwülsten; s. auch SCHMIDTMANN; HAVENS u. PARKHILL; GRACE; ALSUP; STEWART; LOUGHHEAD; STEWART, HAY u. VARCO; CURTISS u. KOSINSKI; MINIVALLA u. PARRY; ALLEN u. SPITZ).

Berichte über *primäre Lungen- und Bronchusmelanome*, die von ECK, HAUPT u. ROTHE in ihrem kürzlich erschienenen Handbuchbeitrag nicht unter den autochthonen Lungengeschwülsten aufgeführt werden, sind dagegen außerordentlich spärlich (CORNIL u. RANVIER; TODD; KUNKEL u. TORREY; CARLUCCI u. SCHLEUSSNER; ALLEN u. SPITZ; LINK u. STRNAD; HSÜ CH'ANG WEN, WU SUNG CH'ANG u. CH'EN CH'I-SAN; CLERF; SALM; REED u. KENT; REID u. MEHTA; MOORE u. MARTIN; ROSENBERG, POLANCO u. BLANK; REMÊ; JENSEN u. EGEDORF) und wegen unzureichender Beweise für die ursprüngliche Tumorentstehung im Brustraum in der Mehrzahl skeptisch zu beurteilen (JENSEN u. EGEDORF). FISCHER zweifelte überhaupt am Vorkommnis derartiger Primärgewächse im bronchopulmonalen System (unter Hinweis auf die Fragwürdigkeit des einzigen ihm zugänglichen Beitrags von CORNIL u. RANVIER), deren Nomenklatur wegen der strittigen Herkunft der Nävuszellen uneinheitlich ist.

Im pathologisch-anatomischen Schrifttum werden die Geschwülste teils als *Melanosarkome*, teils als *Melanokarzinome* klassifiziert, je nachdem, ob man sie von einer meso- oder ektodermalen Matrix ableitet: in Betracht kommen verzweigte melanotische Bindegewebszellen des kutanen Coriums („Chromatophoren"), melaninbildende Zellen der basalen Epidermisschicht und den Schwannschen Zellen des Peri-Endoneuriums verwandte endotheliale Elemente neurogenen Ursprungs (MASON; FEYRTER; GIUBILEI u. LUCCIOLI; OLSEN). HUECK hält den terminologischen Streit für müßig, weil die Tumoren meist Abkömmlinge beider Keimblätter enthalten, und es nicht erwiesen sei, ob „nur ektodermale Zellen Melanin bilden, die bindegewebigen Zellen aber nur das fertige Pigment speichern". Mit HAMPERL, BORST und anderen Pathologen bevorzugt er daher den Namen „*Melanoblastoma malignum*" und verwendet das jeweilige Epitheton „*sarcomatodes*" resp. „*carcinomatodes*" nur als Hinweis auf die vorherrschende Strukturähnlichkeit, nicht aber als Herkunftsbezeichnung.

Die Diagnose eines „primären" broncho-pulmonalen Melanoblastoms ist lediglich per exclusionem zu stellen. Die von JENSEN u. EGEDORF genannten Kriterien (Ausschluß präexistenter, auch durch etwaige frühere Exzision bzw. Enukleation beseitigter Haut- und Augentumoren, Fehlen suspekter Veränderungen in anderen Organen bei der Obduktion, singuläres Auftreten der fraglichen Geschwulst im broncho-pulmonalen System mit typischem histomorphologischen Aspekt ohne auffällige strukturelle Polymorphie, die eher für den metastatischen Ursprung spräche) sind nur bei wenigen Fällen der vorliegenden Kasuistik erfüllt.

Das gilt nicht allein für ältere Berichte (CORNIL u. RANVIER; TODD; KUNKEL u. TORREY), sondern auch für spätere, bezüglich des Postulats unvollständige Mitteilungen (ALLEN u. SPITZ; CARLUCCI u. SCHLEUSSNER; MOORE u. MARTIN; CLERF; REMÊ; HSÜ et al.) und für die multiplen tracheobronchialen Melanome, die ROSENBERG, POLANCO u. BLANK bei einem 10 Jahre überlebenden Patienten beobachteten. CARLUCCI u. SCHLEUSSNER stellten bereits im Titel ihres Beitrags die Annahme eines „primären(?)" Melanoms der Lunge in Frage. MOORE u. MARTIN sahen ein durch Pneumonektomie identifiziertes malignes Melanom des rechten Hauptbronchus, das sie — 6 Jahre nach Entfernung eines maxillaren Melanomherdes(!) — als 2. Primärtumor auffaßten. Die Deutung ist wegen des gerade bei Melanoblastomen relativ häufigen Auftretens von Spätmetastasen (s. Abb. 250 und S. 384) äußerst fragwürdig. Bei zwei weiteren solitären Melanomknoten der Lunge ohne klinisch nachweislichen Primärtumor (CLERF; 2. Fall von REED u. KENT) ist die metastatische Abkunft nicht sicher auszuschließen. Auch im kürzlich publizierten Fall von JENSEN u. EGEDORF sind die Autoren nicht sicher, ob das im linken Oberlappen beobachtete Melanom eine primäre Neoplasie war. Der Tumor, der bei der 61jährigen Patientin nach vorausgegangenen Hämoptysen durch Blutkoagula zu bronchographisch nachweislichem Bronchialverschluß an der apikodorsalen Segmentgabel des Oberlappenbronchus geführt hatte, wurde bei der Segmentresektion makroskopisch übersehen und erst im Operationspräparat histologisch erkannt. Die unmittelbare Beziehung zur Bronchialwand könnte für eine autochthone Neubildung sprechen, zumal sich noch zum Operationszeitpunkt keine Anzeichen sonstiger Organherde fanden (unauffälliger Befund in den mitexstirpierten Lymphknoten, Haut und Augenhintergrund frei von melanomverdächtigen Veränderungen, Thormählen-Reaktion negativ). Die Autopsie nach einem innerhalb von 7 Monaten zum Tode führenden Rezidiv ergab jedoch eine Generalisation des Geschwulstleidens (zahlreiche submuköse Tochterherde im Tracheobronchialbaum, Absiedlungen in der Pleura, endothorakalen und retroperitonealen Lymphknoten, Leber, rechten Niere und beiden Nebennieren), so daß der bronchogene Ursprung retrospektiv zumindest ungewiß bleibt.

Als einzig stichhaltiger Fall des deutschsprachigen Schrifttums ist das von LINK u. STRNAD beobachtete maligne Bronchusmelanom zu nennen, das KAHLAU (persönliche Mitteilung) autoptisch als Primärtumor verifizieren konnte (Abb. 3a—f). Nach dem Sektionsbefund muß ferner der von SALM 1963 beschriebene melanotische Polyp im linken Unterlappenbronchus als autochthones Gewächs gelten, das bei einem 45jährigen Mann nach rezidivierenden Obstruktionspneumonien zu schwerer Hämoptoe geführt hatte. Die gleiche Annahme dürfte für den jeweils 1. Beobachtungsfall von REED u. KENT sowie von REID u. MEHTA zutreffen. Die beiden letztgenannten Autoren fanden überdies ein primäres Melanoblastom der Trachea.

Wie bei den melanotischen Geschwülsten erweisen sich *Lungenherde des Pigmentsarkoms Kaposi* (Sarcoma idiopathicum multiplex haemorrhagicum) in der Regel als Metastasen (GUÉRIN, ODE, BRUNET u. BERARD; BRUN, COLLAS, COUDERT u. PERNIOUCASTAINGS; BROUET et al.; LORING u. WOLMAN; RONCHESE u. KERN).

Die Morphogenese der *Karzinosarkome* broncho-pulmonaler und sonstiger Lokalisation ist seit langem Gegenstand lebhafter Diskussion. VIRCHOW wies als erster auf uterine Mischgeschwülste dieser Art hin. Er verglich die gleichzeitige Bildung karzino- und sarkomatöser Strukturen mit dem Wachstum zweier Äste eines Baums und sah in der komplexen Wucherung den Ausdruck *postembryonal fortbestehender Multipotenz der geweblichen Matrix*. Eine unitarische Auffassung läßt sich auch aus histologischen Studien über die fötale Lungenentwicklung ableiten, die WADELL zu der Überzeugung brachten, das Bronchialepithel sei ein Abkömmling des Mesoderms. Dieser Deutung stehen andere un-

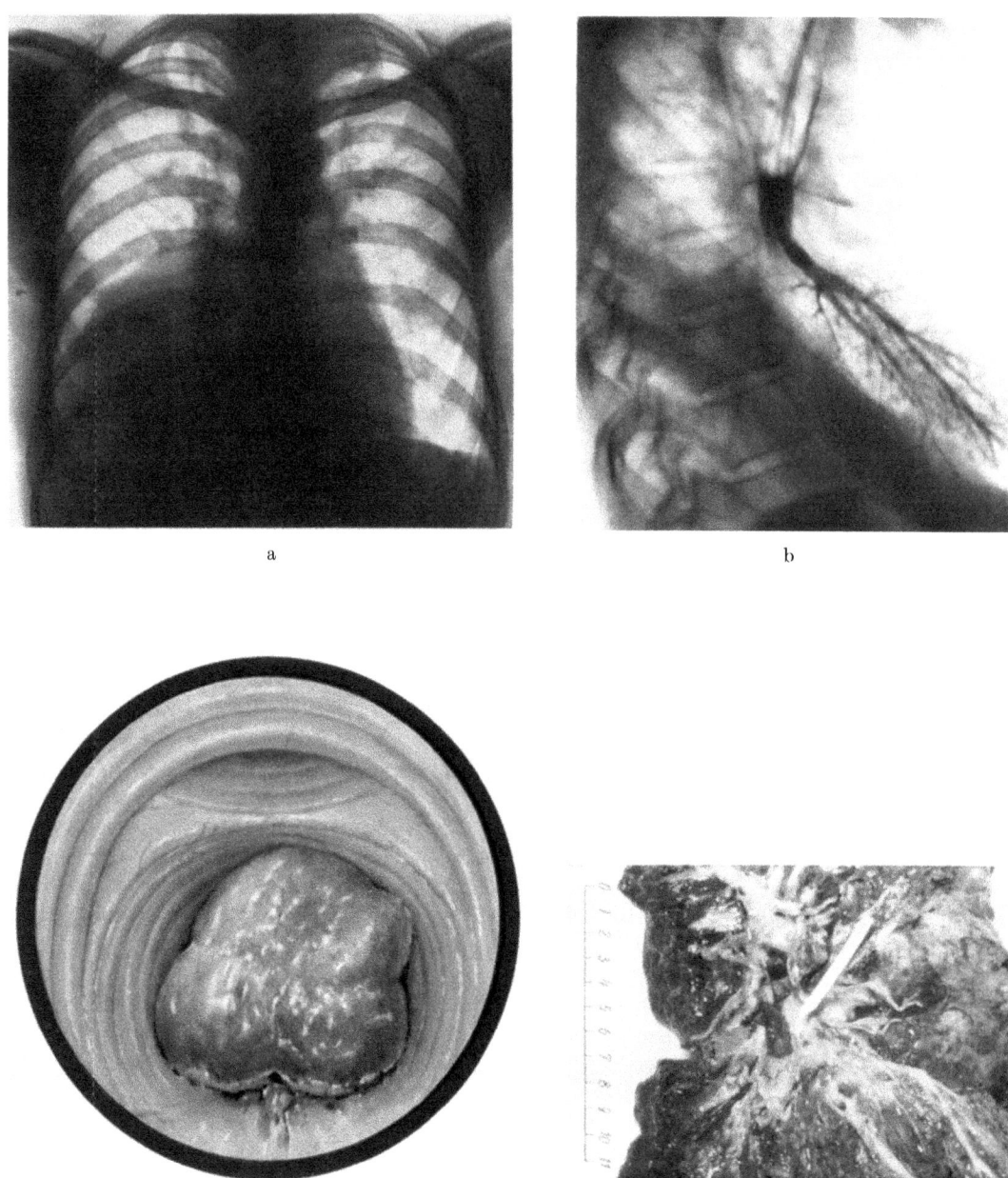

Abb. 3a—f. *Primäres malignes Melanom des rechten Unterlappenbronchus.* Thoraxübersichtsaufnahme p.-a. (a) und seitliches Bronchogramm vom 20. 11. 53 (b): Massive Verschattung des dorsalwärts retrahierten rechten Unterlappens mit kompensatorischer Ausdehnung der Restlunge bei orifiziellem Verschluß des Unterlappenbronchus dicht jenseits des Mittellappenostiums. Spezifischer Oberlappenprozeß links mit Verdacht auf kleinbohnengroße Kaverne (mehrjährige Lungentuberkulose-Anamnese). Bronchoskopischer Befund: Verlegung des rechten Unterlappenbronchus knapp unterhalb der Abzweigung des Mittellappenbronchus durch eine braunrote Geschwulst von glatter Oberfläche, weicher Konsistenz und verstärkter Blutungsneigung (c). Photo des Resektionspräparats im Anschnitt (d): Pfeilmarkierung des Tumors in situ. Histologischer Befund (e und f): Großzelliges Tumorgewebe mit starker Kernpolymorphie und -hyperchromasie. Im Zytoplasma zahlreicher Zellen findet sich ein braun-schwärzliches Pigment (Eisenreaktion negativ). Diagnose: Malignes Melanom (Prof. G. Kahlau, Pathol. Inst. d. Univ. Frankfurt/M.). (Nach Link, R., Strnad, F.: Tumoren des Bronchialsystems. Fall 39, Abb. 1, 2 und 5—8 sowie Anamnese und Epikrise S. 123. Berlin-Göttingen-Heidelberg: Springer 1956.) F.S., 33jähr. ♂. Röntgenabtlg. (Leiter: Prof. F. Strnad) der Chirurg. Univ.-Klinik Frankfurt/M. (damal. Direktor: Prof. R. Geissendörfer)

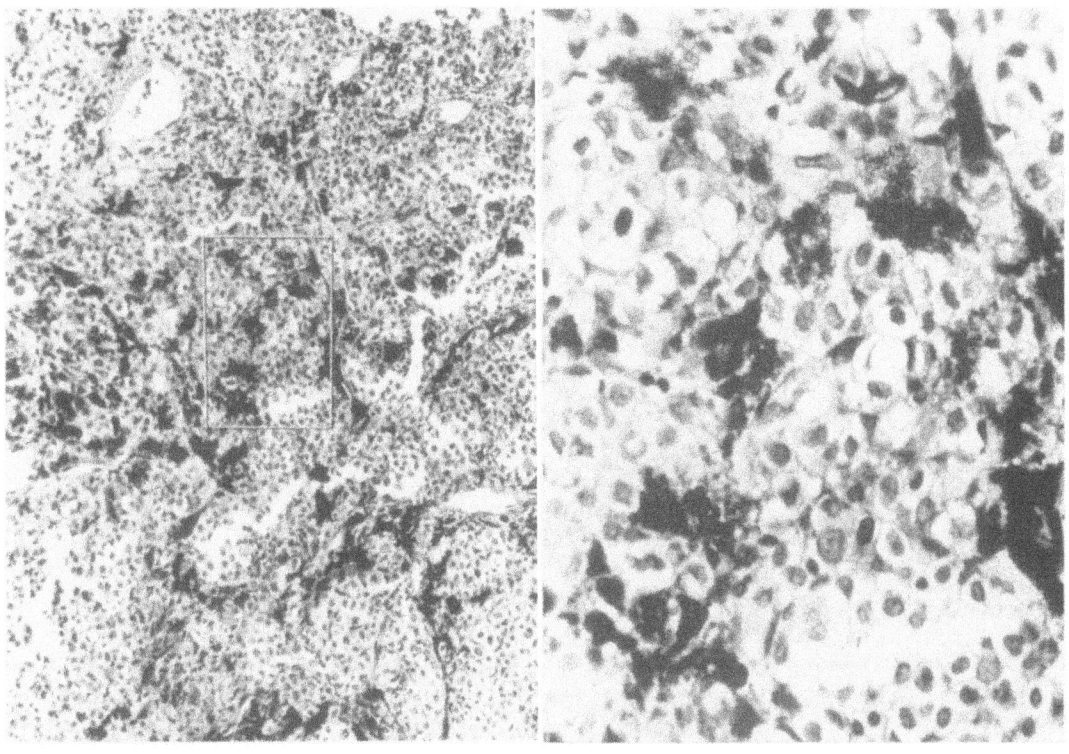

Abb. 3e   Abb. 3f

einheitliche *Theorien zur Formalgenese* gegenüber (HERXHEIMER u. REINKE; COENEN; MEYER; BÖSENBERG; HAMPERL; NOWICKI; SAPHIR u. VASS; PEE; DRURY u. STIRLAND; RUBIN; LUDFORD u. BARLOW; AYKAN; GHERARDI; GRENWAL, LAHRI u. WAHI).

Schon die *zeitliche Entwicklungsfolge beider Tumorkomponenten* ist *strittig*. Manchenorts zieht man die *simultane Entstehung* auf Grund eines gemeinsam einwirkenden exo- bzw. endogenen Anreizes (FOULDS; BERGMANN, ACKERMAN u. KEMLER) oder infolge *neoplastischer Entgleisung undifferenziert gebliebener Gewebs- bzw. Organteile* in Betracht (sog. „*Embryome*") (s. unten S. 26). Die Mehrzahl der Autoren vertritt mit HARVEY u. HAMILTON die Ansicht, daß Karzinosarkome durch *fibrosarkomatöse Stromaentartung primärer Krebse* zustande kommen.

Hierfür wird die Tatsache angeführt, daß die sarkomatöse Komponente echter Karzinosarkome broncho-pulmonalen Ursprungs gewöhnlich die Form eines Spindelzell- bzw. Fibrosarkoms annimmt (Tabelle 2). In gleiche Richtung weisen die Ergebnisse tierexperimenteller Versuche, Karzinosarkome durch Transplantation zu erzeugen: die wiederholte Überimpfung frisch entnommenen oder kultivierten Brustkrebsgewebes von Ratten und Mäusen vermag eine sarkomatöse Transformation des Stromas ursprünglich rein epithelialkrebsiger Gewächse mit bleibender Umwandlung in Karzinosarkome zu bewirken (LUDFORD u. BARLOW; AKYAN; RUBIN u.a.). In Gewebskulturen gezüchtete Karzinomzellen zeigen überdies die Fähigkeit, Fibroblastenwucherungen auszulösen (APOLANT u. HERLICH; DUNNING, CURTIS u. MAUN; HAARLAND; LUDFORD u. BARLOW; STEWARDT, GRADY u. ANDERVONT).

Schließlich kann man von der *Präexistenz einer sarkomatösen Geschwulst* ausgehen, die *Anlaß zu sekundärer epithelialer Neubildung* gibt (FOULDS; GHERARDI). Es muß dahingestellt bleiben, ob die *zum Teil invasive metaplastische Deckzellproliferation*, die man *im Schleimhautbezug mancher Bronchussarkome* (CARSWELL u. KRAEFT; IVERSON u.a.), vor

Tabelle 2. *Vorkommen primärer bronchopulmonaler Karzinosarkome.* (Nach Literaturangaben von BERGMANN, ACKERMAN u. KEMLER; WALTHER; BARNARD; TAYLOR u. RAE; MOORE; SCHULZ u. RUMMELD; HARTLEIB sowie OHLY)

Autoren	Alter und Geschlecht	Histologischer Typ der Komponenten		Primärtumor		Metastasen	
		Karzinom	Sarkom	Sitz	Größe	karzinomatöse	sarkomatöse
SALTYKOW (1915)	35 ♀	epidermoid	polymorph-spindelzellig	re. UL.	14 cm ⌀	Herz, re. Niere	Rippen
FRANK (1915)	45 ♀	papillär-adenomatös	klein-spindelzellig	li. UL.	10 × 8 cm	Herz, Magen, Duodenum, Nieren	Herz, Leber
SELYE (1928)	43 ♂	epidermoid	polymorph	re. OL.	Gänse-Ei	nicht differenziert: iliakale Lymphknoten, Sakroiliakalgelenk	mediastinale Lymphknoten und li. Nebenniere, Nieren
OGAWA (1929)	70 ♂	adenomatös	klein-spindelzellig	re. OL.	Kindskopf	keine	keine
FISCHER (1938)	61 ♂	epidermoid (verhornend)	polymorph-großspindelzellig	re. OL.	lappenfüllend	keine	keine
WEBER (1939)	77 ♂	teils epidermoid, teils adenomatös und undifferenziert	spindelzellig	li. OL.	lappenfüllend	Hilus- und Mesenteriallymphknoten, Hirn, re. Niere Nebennieren, Magen, Jejunum	keine
WALTHER (1948)	♂	—	—	re. UL.	—	—	—
HOCHBERG, GRAYZEL, BERSON u. ROSENBERG (1949)	55 ♀	epidermoid	Fibro-Sa.	li. OLBr.	11,5 × 10 × 5 cm	keine	li. Nebenniere, Nierenarterie, li. A. carotis int. und Hirnarterien
BERGMANN et al. (1951)	51 ♂	epidermoid	Fibro-Sa.	re. OLBr.	6 × 4 × 4 cm	keine	keine
	56 ♂	epidermoid	Fibro-Sa.	re. OLBr.	3 × 1,5 cm	keine	keine
BARNARD (1952)	10 ♀	adenomatös	polymorph-spindelzellig	re. Lunge	12 × 7 × 7 cm	keine	keine
TAYLOR u. RAE (1952)	69 ♂	epidermoid	Fibro-Sa.	re. HBr.	4 × 1,5 cm	keine	keine
	67 ♂	epidermoid	polymorph-spindelzellig	li. HBr.	2 × 1 cm	keine	keine

Die primären Bronchus- und Lungensarkome (einschließlich Karzinosarkome) 19

LAVNIKOVA (1958)	42 ♂	Adeno-Ca.	spindelzellig	li. OL.	9 × 7 × 6 cm	peribronchiale Lymph-knoten, sonst keine	keine
PEABODY (1959)	74 ♂	Adeno-Ca.	Fibro-Sa.	li. OL.	8 cm ⌀	peribronchiale Lymph-knoten, sonst keine	keine
DRURY u. STIRLAND (1959)	71 ♂	epidermoid	spindelzellig	li. OL.	1 cm ⌀	keine	keine
	59 ♂	epidermoid	Fibro-Sa.	re. UL.	10 cm ⌀	keine	keine
PRIVE, TELLEN, MERANZE u. CHODOFF (1961)	45 ♂	teils epidermoid, teils undifferenziert	Osteochondro-, Fibro- und Rundzellen-Sa.	li. OL.	2 × 1,5 × 1,5 cm	peribronchiale Lymph-knoten, sonst keine	keine
MOORE (1961)	64 ♂	epidermoid	Fibro-, Osteoid- und Rhabdomyo-Sa.	re. UL. endo-bronchial	—	—	—
SOBIN (1962)	46 ♂	epidermoid	spindelzellig	re. Lunge	—	—	—
SCHULZ u. RUMMELD (1965)	57 ♂	Plattenepithel-Ca. (teils verhornend)	Fibro-Sa.	re. UL. endo-bronchial	3,2 × 1,2 cm	keine	keine
HARTLEIB (1967)	48 ♂	teils adenoid, teils unverhorntes Plattenepithel-Ca.	spindelzelliges Fibro-Sa.	re. UL.	faustgroß	peribronchiale Lymph-knoten	—
Eigene Beobachtung (1967) (= Fall II von OHLY, 1969)	67 ♂	unverhorntes Plattenepithel-Ca., teils nekrotisch	Fibro-Sa.	re. OL.	6 × 9 cm	keine	Nebennieren, Darm
JENKINS (1968)	81 ♂	verhorntes Plattenepithel-Ca.	Spindelzell-Sa.	re. UL.	5 × 3 × 2 cm	keine	keine
Eigene Beobachtung (1968)	57 ♂	undifferenziertes Plattenepithel-Ca.	Fibro-Sa.	re. UL.	4 × 4 cm	keine	keine
OHLY (1969) (Fall I)	76 ♂	gering verhorntes Plattenepithel-Ca.	polymorphzelliges Sa.	re. ML. endo-bronchial	7 × 18 mm	keine	keine
Eigene Beobachtung (1971)	66 ♂	verhorntes Plattenepithel-Ca.	polymorphzelliges Sa.	li. UL.	5 × 4 cm	keine	keine

2*

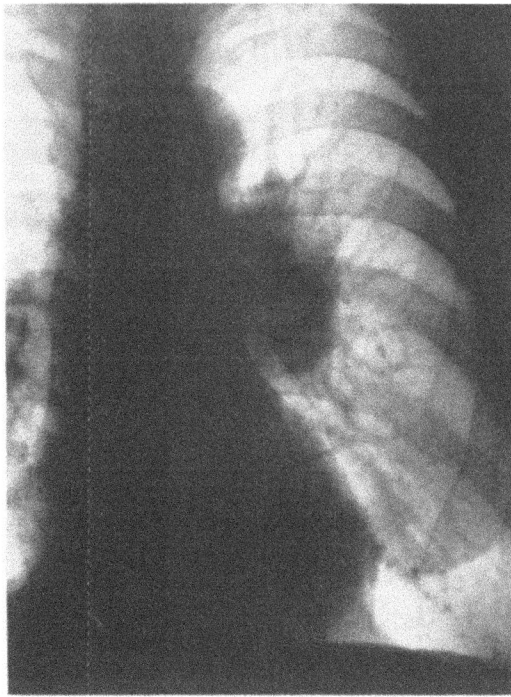
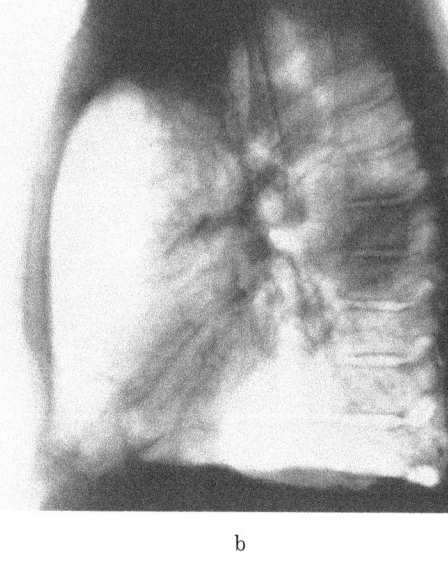

b

a

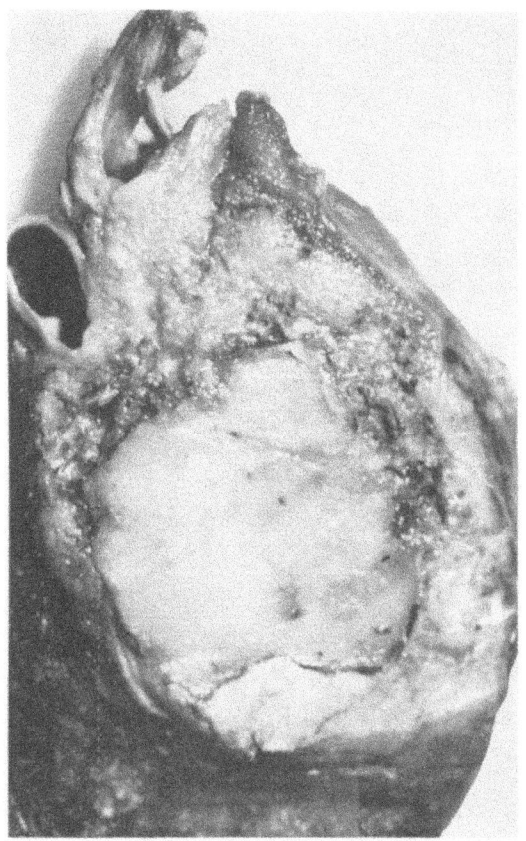

c

Abb. 4 a—c. *Karzino-Sarkom der linken Unterlappenspitze von ungewöhnlicher makroanatomischer Bauart.* Das nach kurzer Krankheitsvorgeschichte bei vorsorglicher Thoraxröntgenuntersuchung festgestellte Neoplasma bot das Bild eines banalen Bronchialkrebsknotens (a und b Nativaufnahmen in 2 Ebenen). Die Geschwulst reichte tomographisch bis zur Hinterwand des linken Unterlappenbronchus heran, war aber bronchoskopisch nicht einzusehen. Histologischer Befund nach Saugbiopsie aus dem apikalen Segmentostium: undifferenziertes polymorphzelliges Karzinom (E.-Nr. 4705/71 Patholog. Inst. d. Krhs. Nordwest, Direktor: Prof. KAHLAU). Die strukturelle Eigenart des Gewächses offenbarte sich erst beim Anschnitt des Resektionspräparats nach Pneumonektomie: Der im Maximaldurchmesser 5×4 cm große Tumor war bereits makroskopisch in 2 unterschiedliche Komponenten gegliedert. Der rundliche zentrale Anteil von 3 cm Durchmesser, der auf der Schnittfläche glatt, weißlich glänzend erschien, war allseits von einem Mantel graugefärbten Geschwulstgewebes umschlossen, das trockener, von etwas krümeliger Konsistenz war und die Wand des Unterlappenbronchus infiltriert hatte (c Photo des Resektionspräparats im Anschnitt). Histologisch erwies sich der Tumorkern als polymorphzelliges, riesenzellreiches Sarkom, während die Geschwulst der Mantelzone einem verhornten Plattenepithelkarzinom üblicher Bauart mit unauffälligem Verhalten des Krebsstromas entsprach (E.-Nr. 5109/71). Die regionären Lymphknoten waren frei von Metastasen (E.-Nr. 5110/71). 16 Tage nach dem Eingriff exitus subitus unter den Anzeichen des akuten Rechtsherzversagens. Die Autopsie ergab keinen Anhalt für lymphogene oder hämatogene Absiedlungen karzinomatösen bzw. sarkomatösen Charakters (Sekt.-Nr. 107/71). F.E., 66jähr. ♂. Arch.-Nr. 1409 04161 Radiolog. Zentralinst. d. Krhs. Nordwest Frankfurt/M.

allem aber *bei Granularzellblastomen der Bronchien* (BENSON: 21 von 26 Fällen des Schrifttums; s. auch MURPHY, DOCKERTY u. BRODERS; COLBERG u. HUBAY; GALLIVAN, DOLAN, STAM, EGGERTSEN u. TOVEY; POPE; WARD u. OSHIRO; TESSMANN u. KOCHAN; TAMAYO u. ROJAS) und anderer Lokalisation findet (RATZENHOFER; LAUCHE; HAAG u. WICHELS; ORR; HAMMAR), vom darunter gelegenen Primärgewächs induziert ist und im Sinne einer Präkanzerose in ein Karzinom übergehen kann. TESSMANN u. KOCHAN vermuten einen solchen formalgenetischen Zusammenhang in ihrem Beobachtungsfall (Syntopie eines endobronchialen granulären Neuroms mit einem Plattenepithelkrebs) (s. Abb. 101 u. S. 200). Die Annahme liegt auch bei dem in Abb. 4 demonstrierten Karzinosarkom von ungewöhnlicher konzentrischer Bauart und bei der von ROSENBERG, MEDLAR u. DOUGLAS beschriebenen *Koinzidenz von Carcinoma in situ und Leiomyosarkom* eines Bronchus nahe.

Das *zufällige Zusammentreffen von Karzinom und Sarkom* als zweifacher primärer Bronchial- und Lungentumoren ist mit dem Begriff „*Kollisionsgeschwülste*" (BÖSENBERG; NOWICKI, PELZ; ROCK u. HALL; REMMELE u. GRUENAGEL; LÜDERS u. THEMEL) von den echten Karzinosarkomen als unifokalen „*Kompositionstumoren*" (MEYER) prinzipiell abzugrenzen. In praxi ist die histologische Unterscheidung jedoch recht schwierig, wenn unabhängig voneinander entstandene Neoplasmen unmittelbar benachbart sind oder gar im gleichen Areal zusammenstoßen, was für einen Teil der einschlägigen Kasuistik zutrifft (BÖSENBERG; NOWICKI; SCHEIDEGGER; ACKERMAN u. TAYLOR; LÜDERS u. THEMEL; BECKER u. BECKER; ROCK u. HALL; DELLER zit. n. LORBECK).

Eine weitere Schwierigkeit liegt in der feingeweblichen *Polymorphie primärer Bronchuskarzinome* begründet (s. Bd. IX/4a): innerhalb sonst anders differenzierter Tumorabschnitte *kann* der zytologische Aspekt stellenweise spindelzellig erscheinen, und der Typenwechsel bzw. *proliferative Stromareaktion* eine *zusätzliche sarkomatöse Komponente vortäuschen* (SAPHIR u. VASS; V. ALBERTINI; IVERSON; TAYLOR u. RAE; LANE; JENKINS; LANG u. HÄUPL; OHLY). Erfahrene Pathologen mahnen daher mit Recht zu besonderer Zurückhaltung bezüglich der Diagnose „Karzinosarkom" (FISCHER; WILLIS; V. ALBERTINI u.a.). SAPHIR u. VASS lassen diese Bezeichnung nach kritischer Durchsicht der bis 1938 erschienenen Mitteilungen nur für 4 der 153 so benannten Mischtumoren verschiedener Lokalisation gelten.

In Tabelle 2 sind die verfügbaren Angaben über *27 histologisch gesicherte bronchopulmonale Karzinosarkome des Weltschrifttums* zusammengestellt. 16 weitere kasuistische Beiträge blieben unberücksichtigt, weil nähere Daten fehlten, oder die Originalberichte nicht zugänglich waren (KIKA, 1908: zit. n. HERXHEIMER u. REINKE; LANG u. HÄUPL, 1928; MURAYAMA zit. n. OGAWA; PEE, 1936; DIRKSHTEIN, 1939; SEREBRIANNIKOWA, 1940; GOLBERT, 1953; KEPES, 1954; CAVALLERO, 1956; ROTTE, WILDNER u. WOLF, 1961 (2 Fälle); LEIGER, 1962 (2 Fälle); OBIDITSCH-MAYER u. ZEITLHOFER, 1962; DIACONITA u. SARULEANU, 1966; ROTHE u. Mitarb., 1968; CHAUDHURI, 1971). Unter den Geschwulstkomponenten war die *Kombination von verhornendem Plattenepithelkarzinom und Fibrosarkom vorherrschend*. Die Tumoren wurden häufiger rechts (18 Fälle) als links (9 Fälle) und zumeist im Oberlappengebiet gefunden (12 Fälle). Das *Geschlechtsverhältnis* ♂:♀ beträgt 5,8:1,0. Das *Durchschnittsalter* von 22 betroffenen Männern liegt mit *61,2 Jahren* (Schwankungsbreite: 40.—81. Lebensjahr) etwa in der Höhe des Mittelwerts epidermoidzelliger Bronchialkrebse (s. Bd. IX/4a, Tabelle 8, 10 u. 41).

10 der Tumoren waren von der Bronchialwand ausgegangen oder sekundär in einen größeren Bronchus eingewachsen. Charakteristischer Wuchstyp der *endobronchialen Karzinosarkome* ist die polypös gestielte Form (BERGMANN, ACKERMAN u. KEMLER; TAYLOR u. RAE; MOORE; SCHULZ u. RUMMELD; OHLY) (Abb. 5), die man auch bei Karzinosarkomen des Larynx (MOORE; DRURY u. STIRLAND; LEIGER; GRENWAL, LAHRI u. WAHI; RUSSEL zit. n. BERGMANN et al.) und des Ösophagus (STOUT, HUMPHREY u. ROTTENBERG; OWENS u. RUSSEL) sowie bei Fibrosarkomen des Bronchialbaums findet (s. S. 27).

Für eine statistische Auswertung *operativer Behandlungsresultate* ist das Material zu klein (Lit. s. BERGMANN, ACKERMAN u. KEMLER; MOORE; SCHULZ u. RUMMELD). Die

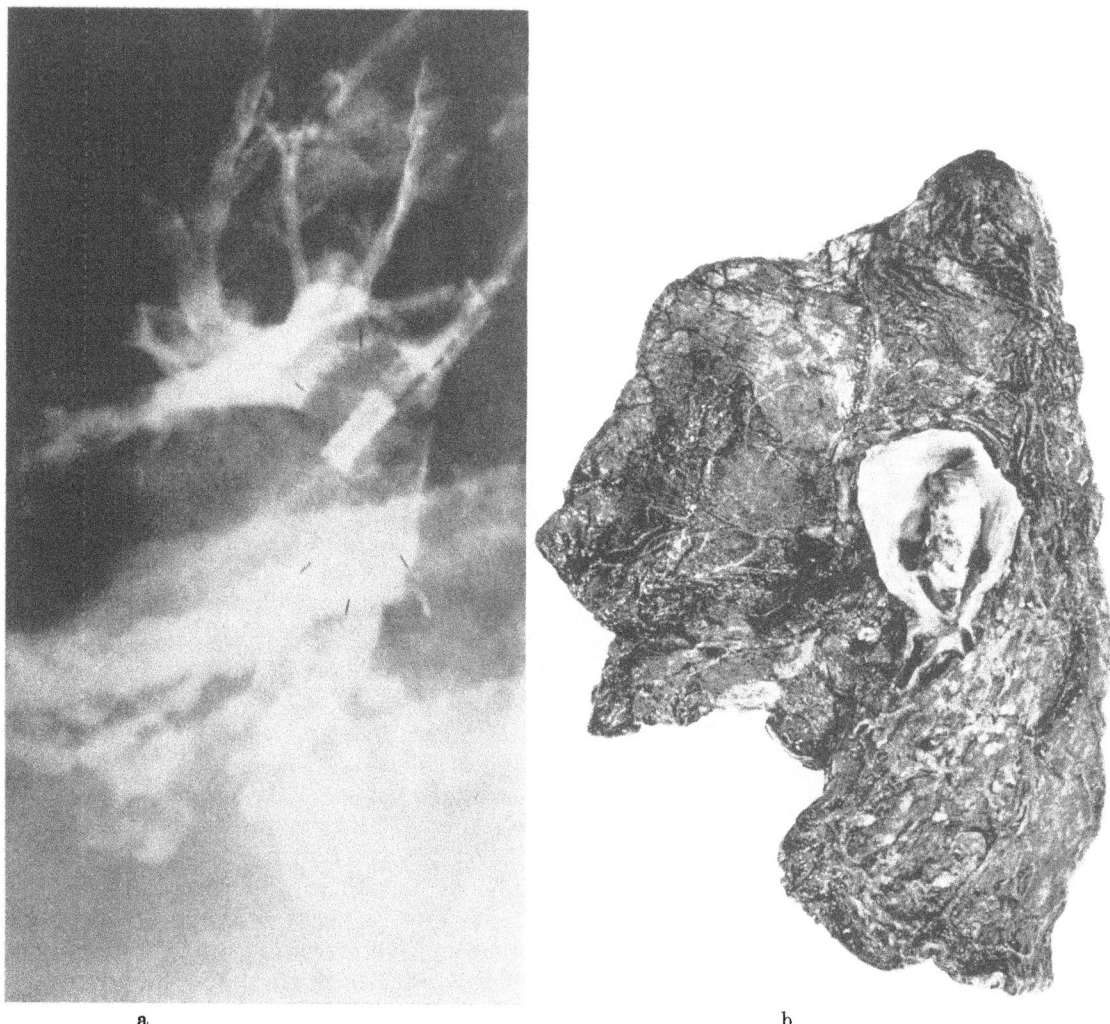

a   b

Abb. 5a—e. *Endobronchiales polypöses Karzinosarkom des re. Stammbronchus.* Anamnese: Erkrankungsbeginn im Juni 64 unter Symptomen einer fieberhaften „Grippe" mit Reizhusten und wenig hell-schleimigem Auswurf ohne Blutbeimengung. Wegen des therapieresistenten Verhaltens und zunehmender Gewichtsverluste stationäre Beobachtung im St. Martinus-Krhs. Düsseldorf. Dort Thorax-Rö. (23. 7. 64): infiltrativer Prozeß im re. ML. und kleinfleckige Infiltrate im VI. und X. Segment des re. UL. BSR 65/90 mm. Bronchographie (31. 7. 64): neoplastischer Füllungsdefekt im re. Haupt- und Zwischenbronchus mit Verschluß des apikalen UL.-Segmentbronchus, Einengung des Wurzelstücks des re. OL.-Bronchus sowie poststenotischer Bronchiektasie der basalen UL.-Segmentbronchien und der ML.-Äste (a). Bronchoskopie (4. 8. 64): Stenose des re. HBr. durch einen glattrandigen polypösen Tumor. Histologischer Befund der Probeexzision (E.-Nr. 12563/64 Path. Inst. d. Medizin. Akad. Düsseldorf, Direktor: Prof. H. MEESSEN): Karzinosarkom mit Anteilen eines gering verhornten Plattenepithelkarzinoms und eines Fibrosarkoms. Rechtsseitige Pneumonektomie am 25. 8. 64 (Chirurg. Klinik d. Med. Akad. Düsseldorf, Direktor: Prof. E. DERRA). Das *Resektionspräparat* der re. Lunge zeigt den 3,2 cm langen und 1,2 cm breiten gestielten karzinosarkomatösen Polypen im re. Hauptbronchus (b). In den blockierten Lungenabschnitten fand sich eine schwere eitrige Bronchitis mit Bronchiektasie, chronischer karnifizierter Pneumonie und Abszessen. Die *histologischen Ausschnittsbilder aus dem endobronchialen Tumor* zeigen, daß die karzinomatösen und sarkomatösen Anteile bis zum Bronchialknorpel heranreichen (c). Die epitheliale Wucherung der karzinomatösen Komponente ist überall scharf zum sarkomatösen Anteil abgesetzt (d). Die fibrosarkomatösen Bezirke weisen Mitosen und Kernpolymorphie auf (e). K.W., 57jähr. ♂. [Nach SCHULZ, H., RUMMELD, R.: Carcino-Sarkom des Bronchus. Frankf. Z. Path. **74**, 721—732 (1965), Abb. 1, 2 und 4a—c]

zentralen pedunkulären Formen gelten nach bisherigen klinischen Erfahrungen als *prognostisch günstiger als die Karzinosarkome der Lungenperipherie,* die als solide Geschwulstknoten (Abb. 4, 6 und 7) eher aggressives Wachstum zeigen und bis zu ihrer Ent-

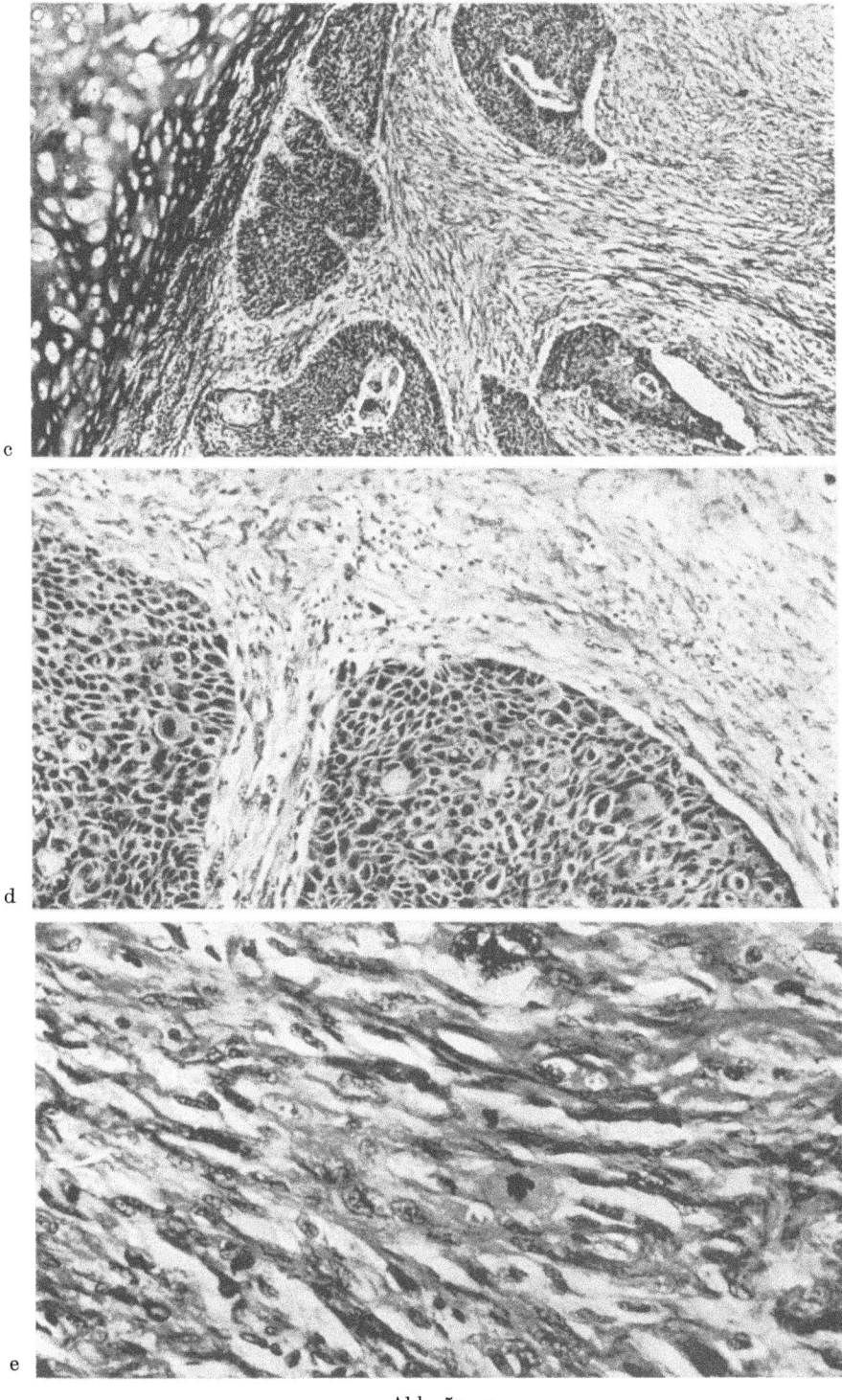

Abb. 5c—e

deckung beträchtlichen Umfang erreichen können (MOORE; SCHULZ u. RUMMELD; JENKINS) (s. Tabelle 2). OHLY bezweifelt die Richtigkeit der Annahme grundsätzlicher tumorbiologischer Verhaltensunterschiede in Abhängigkeit vom Geschwulstsitz. Er hält den Lokali-

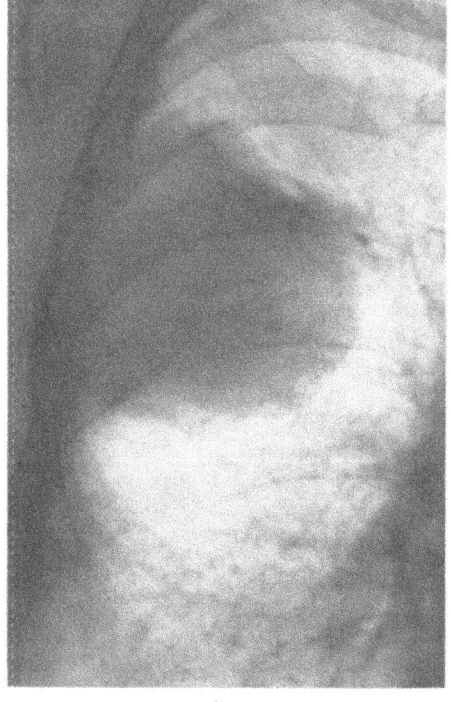
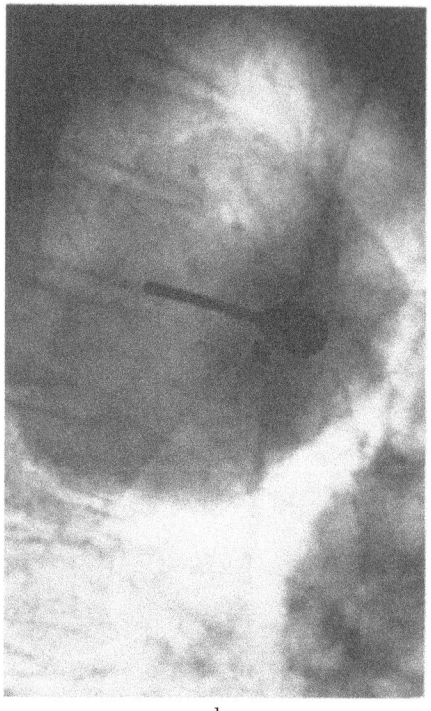
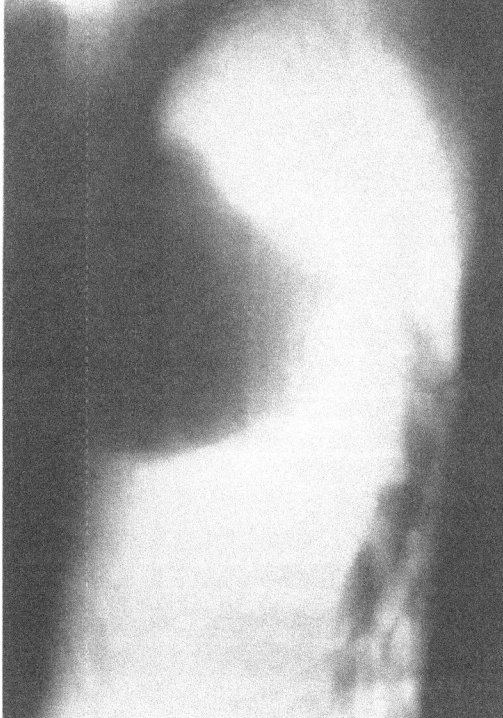

Abb. 6a—c. *Faustgroßer Karzinosarkomknoten im rechten Oberlappen.* Der zufällig entdeckte symptomlose Tumor wurde nach dem präoperativen Röntgenbefund [Zielaufnahmen p.-a. (a) und sinistro-dextral (b) sowie Schichtbild a.-p. 12 cm (c) vom 12. 9. 67)] als peripheres Bronchialkarzinom — im Hinblick auf Größe und geschlossenen Wuchstyp vermutlich Plattenepithelkrebs — gedeutet. Die gezielte Punktionsbiopsie (20. 9. 67) ergab ,,ein mangelhaft differenziertes, unverhorntes, weitgehend nekrotisches Plattenepithelkarzinom" (E.-Nr. 9618/67 Path. Inst. Krhs. Nordwest Frankfurt/M., Direktor: Prof. G. KAHLAU). Lobektomie des rechten Oberlappens am 25. 9. 67 in der Chirurg. Klinik d. Krhs. Nordwest Frankfurt/M. (Op.: Prof. E. UNGEHEUER). Histologischer Befund des Resektionspräparats: ,,*Plattenepithelkarzinom mit sarkomatöser Umwandlung des Stroma*" (E.-Nr. 9799/67). 2 Tage nach dem Eingriff Exitus infolge massiver Lungenembolie. Bei der Autopsie fanden sich *Sarkommetastasen* in der Duodenalschleimhaut und in der linken Nebenniere (Sekt.-Nr. 231/67 Path. Inst. Krhs. Nordwest Frankfurt/M.). L.K., 67jähr. ♂. Arch.-Nr. 1507 00391 Radiolog. Zentralinst. d. Krhs. Nordwest Frankfurt/M.

sationstyp nur insofern für bedeutsam, als sich Karzinosarkompolypen großkalibriger Bronchien eher mit obstruktiven Folgesymptomen bemerkbar machen und dank rechtzeitiger Radikalentfernung bessere Heilungsaussichten bieten.

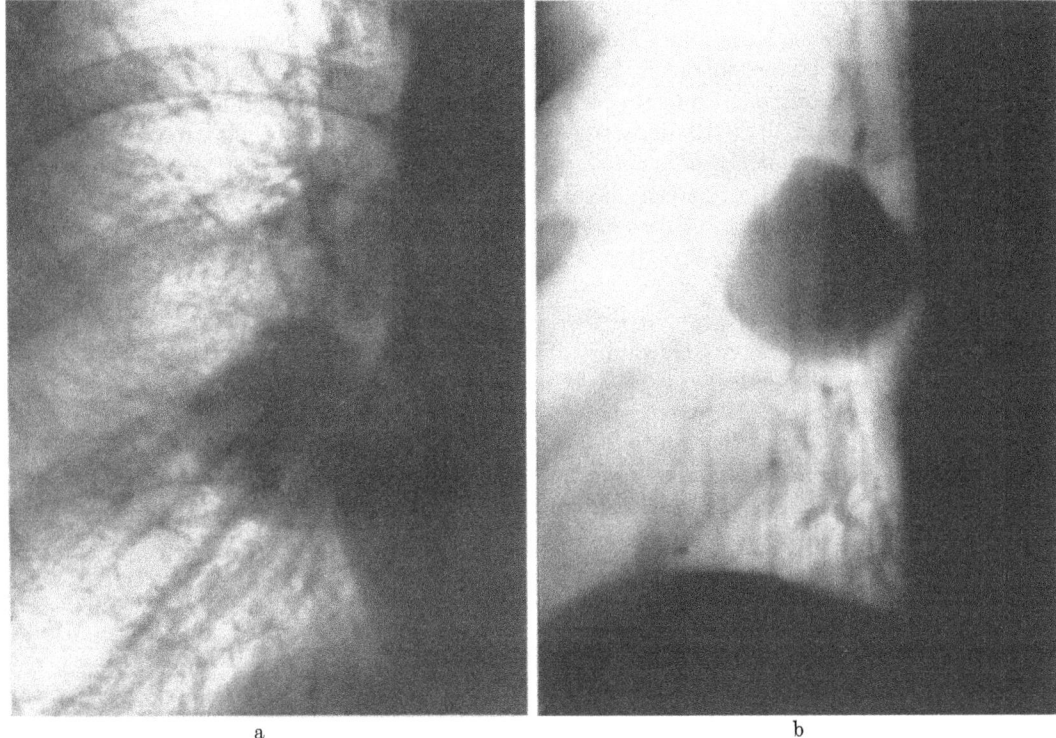

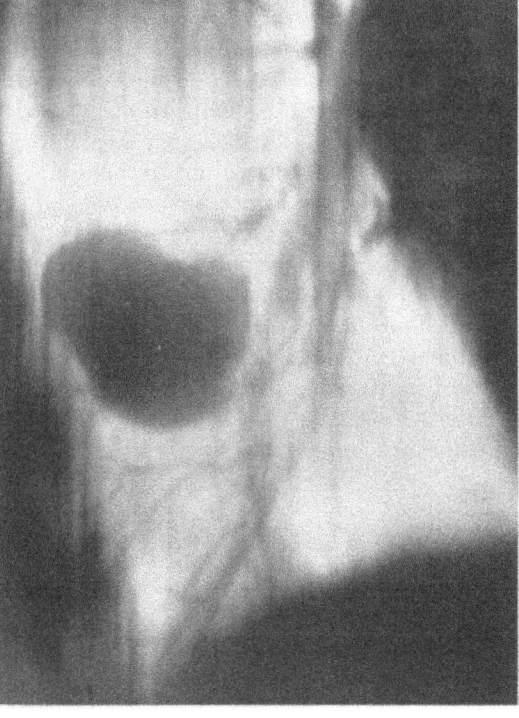

Abb. 7a—c. *Karzinosarkomknoten im rechten Unterlappen.* Die im Nativbild (a Ausschnitt p.-a.) dargestellte Geschwulst wurde bei routinemäßiger Thoraxdurchleuchtung während eines Kuraufenthalts entdeckt. Stummes Verhalten trotz beachtlicher Größe, geschlossener Wuchstyp und tomographisch deutliche Kerbung der scharf abgesetzten Tumorkonturen (b und c Schichtbilder 8,5 cm a.-p. und 10 cm sin.-dextr.) schienen auf einen verhältnismäßig reifzelligen epidermoiden Plattenepithelkrebs hinzuweisen. Das durch Lobektomie entfernte Gewächs war auch im Resektionspräparat scharf begrenzt, erwies sich jedoch histologisch als vorwiegend mangelhaft differenziertes, partiell nekrotisches Plattenepithelkarzinom mit vielenorts nachweislicher fibrosarkomatöser Stromaentartung (E.-Nr. 13753/68 Patholog. Inst. d. Krhs. Nordwest Frankfurt/M., Direktor: Prof. KAHLAU). W.K., 57jähr. ♂. Arch.-Nr. 0912 10461 Radiolog. Zentralinst. d. Krhs. Nordwest Frankfurt/M.

Gemessen am Verhalten bronchogener Krebse ist die *Metastasierungsrate* der Mischgewächse *relativ niedrig:* nur 6 der 27 tabellarisch aufgeführten Tumoren wiesen Fernmetastasen auf, während in 4 Fällen lediglich die regionären Abflußlymphknoten befallen waren. In den übrigen Fällen wurden keine Absiedlungen festgestellt. Die *histologische Struktur der Metastasen* kann die Charakteristik der karzinomatösen, der sarkomatösen oder beider Geschwulstkomponenten besitzen (Tabelle 2).

Innerhalb der Karzinosarkomgruppe sind „*Embryome*" als besondere Entität abzugrenzen. Bisher wurde über 12 derartige Gewächse berichtet, die im angelsächsischen Schrifttum auch „*pulmonale Blastome*" genannt werden (FRANK; OGAWA; LANIKOVA; PEABODY; BARNARD u. ROBB-SMITH; BARRETT u. BARNARD; SPENCER; BARNARD; PRIVE, TELLEN, MERANZE u. CHODOFF; BENNETT; PASCUZZI zit. n. PARKER et al.; SOUZA, PEASLEY u. TAKARO; AREY; LIEBOW, GALOFRÉ, PAYNE, WOOLNER, CLAGETT u. GAGE; PARKER, PAYNE u. WOOLNER).

Die *feingewebliche Ähnlichkeit mit Wilms-Tumoren* läßt daran denken, daß die — offensichtlich dysontogenetischen — Gewächse aus endothorakal lokalisierten Resten des Mesonephros hervorgehen (SPENCER; SOUZA et al.; AREY; PARKER et al.). SPENCER hält sie jedoch eher für *Abkömmlinge mesodermaler Zellen der primitiven Lungenanlage*, die sowohl das aus geflechtartig angeordnetem reifem Bindegewebe und glatter Muskulatur bestehende breite Stroma als auch die azinären bzw. tubulären Epithelformationen erzeugen soll. Im Gegensatz zum üblichen Bild broncho-pulmonaler Karzinome, die als epitheliale Komponente gewöhnlich planozelluläre bzw. epidermoide Strukturen enthalten (Tabelle 2) und bevorzugt in größeren Bronchien entstehen, zeigen die „Lungenblastome" zylinderzellige Epithelbestandteile und vornehmlich peripheren Ursprungssitz. Sie sind feingewebJich von primären und metastatischen Adenokarzinomen, Karzinoidtumoren, adenomatösen Mischgeschwülsten und Hamartomen ähnlicher Bauart abzutrennen.

Trotz des relativ gutartigen histomorphologischen Aspekts der Stromastruktur ist am *malignen Charakter* der Neoplasie nicht zu zweifeln. PARKER u. Mitarb. sahen in ihren beiden Fällen lymphogene Absiedlung und einmal Gefäßinvasion. In 3 von 8 weiteren Literaturfällen waren lokale oder Fernmetastasen nachweisbar.

Das Manifestationsalter erstreckte sich in der bisherigen Kasuistik vom 11.—74. Lebensjahr. Das *Durchschnittsalter* der Patienten lag etwa 15—20 Jahre unter dem Bronchialkrebskranker. In dieser Hinsicht und bezüglich der *Geschlechtsverteilung* (Anteil der Frauen gut 30%) scheinen sich die Embryome vom Verhalten sonstiger broncho-pulmonaler Karzinosarkome zu unterscheiden.

Ihre *klinischen Erscheinungen* decken sich dagegen völlig mit denen peripherer Karzinome und Sarkome. Entsprechend dem lagebedingt asymptomatischen Verlauf wurden mehrere der beschriebenen Neoplasmen durch Zufall röntgenologisch entdeckt. Das Schattenbild bietet keine besonderen Merkmale, die der Differenzierung von kortikalen Tumorknoten anderer Bauart dienen könnten. Aus anatomischen und topographischen Gründen erweisen sich auch Bronchoskopie und Sputumzytologie der Diagnose nicht förderlich. In allen Fällen wurde die Tumorart erst histologisch erkannt. Die bisherigen Spätergebnisse der Lobektomie bzw. Pneumonektomie waren nicht besser als bei bronchogenen Karzinomen (PARKER, PAYNE u. WOOLNER).

β) Makroskopischer Befund

Formal ist zwischen intrapulmonalen und endobronchialen Primärgeschwülsten zu unterscheiden.

1. Bei den *primären Lungensarkomen* handelt es sich im allgemeinen um unifokale Neubildungen. Berichte über primäre Multiplizität myo-, lympho- und angioplastischer Sarkome (ESSBACH; OPITZ; STÖCKER; MAUS; HALL; WOLLSTEIN; MUNSCHEK; ECK, HAUPT u. ROTHE) sind die Ausnahme. Vorherrschend ist der Typ relativ *gut abgegrenzter Tumorknoten* (LENK; BRESAN u. PLATZBECKER u.a.), die sich dank geringerer Metastasierungstendenz häufiger zu erheblicher Größe entwickeln als periphere Bronchialkarzinome. Unter Umständen macht sich ein solches Gewächs erst mit Verdrängungs- bzw. Stauungssymptomen bemerkbar, wenn seine Masse bereits ein ganzes Lobärareal oder eine Brustkorbhälfte ausfüllt (TAYLOR u. CAINE; STEVENS; STEWART; MISHKIN; STOREY; EWERT u.a.).

Der *diffus infiltrierende Wuchstyp* ist *seltener als die vorwiegend expansive nodöse Form*. Die erstgenannte Ausbreitungsart ist am ehesten bei zellreichen Sarkomen zu finden, aber nicht unbedingt gleichbedeutend mit geringerer Gewebsreife bzw. höherer Malignität, wie das sehr protrahierte interstitielle Wachstum primärer Lymphsarkome der Lungen erweist (BECK u. REGANIS; BARON u. WHITEHOUSE; SCHULZE u.a.) (s. Abb. 79—82).

Aussehen und *Konsistenz* der Sarkomherde sind unterschiedlich. Maßgeblich sind dabei insbesondere Zellreichtum, Fasergehalt und Vaskularisation. Faserarme Zytoblastome wirken oft fahl gelblich-grau und markig-weich, können andererseits nach Art der Gewebsverdichtung auch der Beschaffenheit hepatisierter Pneumonien ähneln. Hämangioendotheliome und andere angioplastische Sarkome sind infolge ihres Gefäß- und Blutreichtums rot bis rötlich-gelb gefärbt. Fibrosarkome und myoplastische Tumoren erscheinen blasser und fühlen sich fest an, wenn auch nicht so derb wie knorpel- bzw. knochenbildende Gewächse.

Die Fähigkeit des umgebenden Mesenchyms zu *bindegewebiger Abkapselung* hängt offensichtlich vom Differenzierungsgrad ab (EWING; WILLIS; STOREY; IVERSON; NOEHREN u. MCKEE; WÜST; LORBECK; VERSTRAETEN u. BOELS u.a.). Sie ist bei Fibrosarkomen fast die Regel, tritt aber auch bei spindelzelligen und anderen Mischformen öfters zutage. Fast immer erscheint die Kapsel „mit der Geschwulst untrennbar verfilzt", und nur im Ausnahmefall findet man eine subkapsuläre Demarkation, die den Tumor als Fremdgewebe isoliert und biologisch ausschaltet (ECK u. WAGNER).

Das Auftreten makroskopischer *Zerfallsvorgänge* ist dagegen nicht an den Reifegrad oder an bestimmte histologische Typen gebunden. *Tumorkavernen* werden ebenso bei primären Lymphosarkomen (CHEVALLIER, MANNÈS u. RENAULT; GIESE; STERNBERG, SIDRANSKY u. OCHSNER; COOLEY, MCDONALD u. CLAGETT; BARON u. WHITEHOUSE; DAHLGREN u. OVENFORS; SCHULZE u.a.) wie bei Fibro- und Spindelzellsarkomen (IVERSON; CURRY u. FUCHS; SKOKAN u.a.), Leiomyosarkomen (SHAW, PAULSON, KEE u. LOVETT), Angioretikulomen (ESSBACH; OPITZ), Hämangioendotheliomen (KÜNZLER), neurogenen Sarkomen (DREWES u. GREMMEL u.a.) und Karzinosarkomen beobachtet (SELYE).

Bezüglich der *Geschwulstlokalisation* ist keine Bevorzugung einer Seite festzustellen, doch sind die Sarkomknoten nach DREWES u. WILLMANN unter allen Lungenprovinzen *am häufigsten in den Unterlappen* anzutreffen. Die Angabe BOSCHOWSKYs, der rechte Oberlappen und — nächsthäufig — der linke Unterlappen seien Prädilektionssitz primärer Sarkome, scheint angesichts der früheren Konfusion von Rundzellsarkomen und kleinzelligen Bronchuskrebsen unverläßlich. Die relative Präponderanz der Oberlappen in der örtlichen Verteilung der Karzinosarkome (s. Tabelle 2) entspricht dem bei bronchogenen Karzinomen üblichen Verhalten. Auf die Lokalisationsunterschiede von Karzinosarkomen mit epidermoidzelliger Epithelformation und adenomatös-zylinderzellig gebauten Embryomen wurde oben eingegangen (S. 26).

2. Die *primären Bronchussarkome* entstehen nach Art der Bronchialadenome ganz überwiegend in den Haupt- oder Lappenbronchien. Wie bei *autochthonen Trachealsarkomen* (BERGEAT; JONES; D'AUNOY u. ZOELLER; KRYSE; INGERSOLL; V. BRUNS; BERGGREN; FRUHLING u. SPEHLER; STRUPPLER; BRUFALINI; HENSCHEL; SCHMIDT u.a.) handelt es sich gewöhnlich um breitbasig aufsitzende oder um gestielte *polypöse Gebilde* von knolliger Form. Die Tumoren sind *meist mit intakter Schleimhaut bedeckt* und bindegewebig umhüllt. Eine *fibröse Kapsel* ist insbesondere bei den häufigsten Formen des Bronchussarkoms, dem *Fibrosarkom* (BLACK; CARSWELL u. KRAEFT; CURRY u. FUCHS; MALLORY u. CHURCHILL; JACKSON; LEWIS; ROGER, BREA, POLAKE u. FUSTINONI; POLLAK, COHEN, BORRONE u. GNASSI; STOREY; HOLINGER, JOHNSTON, GROSSWEILER u. HIRSCH; BLACK) bzw. dem faserbildenden *Spindelzellsarkom* (BAUM, RICHARDS u. RYAN; JACKSON; BAUM, SILVERMAN, ROCH u. RILLEY; MCEACHERN, SULLIVAN, ARATA u. GRIEST; GUBLER; JOHNS u. SHARPE; HOCHBERG u. CRASTNOPOL; STOREY) und gelegentlich bei endobronchialen *Leiomyosarkomen* nachweisbar (Lit. s. S. 184). Ob die vereinzelt als *Bronchus-Lymphosarkome* beschriebenen Gewächse (JACKSON; LEGLER; VINSON; BRINDLEY) vom lym-

phoiden Gewebe der Bronchialwand bzw. des Peribronchiums ausgingen und als primäre Bronchustumoren zu klassifizieren sind oder durch Übergreifen sarkomatöser Lymphknotenprozesse entstanden, ist fraglich (s. S. 160). Zumindest im letzten Fall (BRINDLEY) deutet das Thoraxröntgenbild eher auf die Mediastinallymphknoten als Ursprungsort der Neoplasie hin. Das von LINK u. STRNAD abgebildete *maligne Bronchus-Melanom* zeichnete sich durch braun-schwärzliche Färbung, relativ glatte Oberfläche, weiche Konsistenz und erhöhte Blutungsbereitschaft aus (Abb. 3a—f). Auch bei sarkomatösen Bronchusgeschwülsten anderer Bauart kann es nach *oberflächlicher Exulzeration infolge von Drucknekrosen* und sekundärer Infektion zu Hämoptysen kommen (MALLORY u. CHURCHILL; NOEHREN u. MCKEE; IVERSON; STOREY; BERGMANN, ACKERMAN u. KEMLER u.a.). CURRY u. FUCHS berichteten über nahezu vollständige *Tumorexpektoration nach Kolliquationsnekrose* eines Fibrosarkoms, dessen Rest bronchoskopisch abgetragen wurde, mit dem Erfolg, daß die Patientin—ohne jede weitere Therapie — 4 Jahre später noch rezidivfrei war.

Das *Schicksal des poststenotischen Lungenabschnitts* ist durch die übliche Folgeentwicklung obstruktiver Belüftungs- und Sekretdrainagestörung (chronische Obstruktionspneumonitis mit Bronchiektasie und Obliteration der terminalen Luft-, Blut- und Lymphwege) gekennzeichnet. Wie bei der allmählich eintretenden Obturation durch langsam wachsende Bronchialadenome kommt es im Versorgungsgebiet häufig zu Sekundärinfektion mit allen daraus resultierenden Komplikationen (Abszedierung, Gangrän, Empyem, Arrosionsblutung).

γ) *Biologisches Verhalten, Prognose und Therapie*

Häufigkeit und topographische Verteilung der Metastasen lassen sich wegen der Seltenheit primärer broncho-pulmonaler Sarkome nur schwer statistisch einwandfrei beurteilen. Ebenso problematisch erscheint die Abschätzung des Malignitätsgrades (IVERSON).

Die Metastasierungstendenz dürfte insgesamt geringer sein als bei bronchogenen Krebsen. Die im älteren Schrifttum genannten Ziffern schwanken beträchtlich (SEYDEL: 42,9%; LYSSUNKIN: 65%, BOSCHOWSKY: 75%). Sie liegen wohl infolge Einbeziehung anaplastischer Bronchuskarzinome eher zu hoch, obgleich auch FREY u. LÜDEKE in Obduktionsberichten der neueren Literatur in 67% (14 von 23 Fällen bei fehlender Angabe in 2 Fällen) Organmetastasen verzeichnet fanden. Von 31 überlebenden, meist operativ behandelten Kranken waren 15 über verschieden lange Fristen hin metastasenfrei geblieben, bei 7 wurden diesbezügliche Angaben vermißt, und 6 hatten Tochtergeschwülste. Aus der Sammelstatistik von NOEHREN u. MCKEE (35 histologisch eindeutig gesicherte Primärsarkome der Lungen und Bronchien) ergibt sich eine Metastasierungsquote von 55%: nur 10 von 18 obduzierten Patienten wiesen Metastasen auf, bei weiteren 8 wurden laut Autopsiebefund keine Absiedlungen festgestellt. Noch niedriger ist der Anteil metastasierender Geschwülste bei Fibro- und Spindelzellsarkomen, den IVERSON nach Schrifttumsangaben in 27 Fällen mit 29,6% ermittelte (19 Lungensarkome mit extrathorakalen Metastasen in 4 und regionalen Ablegern in 3 Fällen sowie 8 endobronchiale Formen mit 1 tödlich endendem Lokalrezidiv). Auf den relativ geringen Prozentsatz metastatischer Absiedlungen bei bronchopulmonalen Karzinosarkomen wurde bereits hingewiesen (s. Tabelle 2).

Wie bei sarkomatösen Gewächsen üblich, spielt die lymphogene gegenüber der hämatogenen Ausbreitung nur eine untergeordnete Rolle (FISCHER; WALTHER; IVERSON; BRAUN; MÜLLY u. a.). Die Fernmetastasierung auf dem Blutweg erfolgt überwiegend nach dem Pulmonalistyp via Lungenvenen, offenbar in der vom Bronchuskarzinom geläufigen *Reihenfolge des Organbefalls* (Leber > Skeletsystem > Nieren > Nebennieren > kontralateraler Lungenflügel > Gehirn > Pankreas > Milz > Magen-Darmkanal).

Das Unvermögen, den Wachstumsbeginn tiefliegender Geschwülste zeitlich genau zu bestimmen, verhindert prinzipiell eine zuverlässige Angabe der Entwicklungsdauer. Man kann jedoch den *zeitlichen Krankheitsverlauf* nach Auftreten der ersten tumorbedingten Symptome oder nach Sicherung der Diagnose ermitteln und mit den im Spontanablauf anderer Neoplasien gemessenen Fristen vergleichen. Eine entsprechende Konfrontation

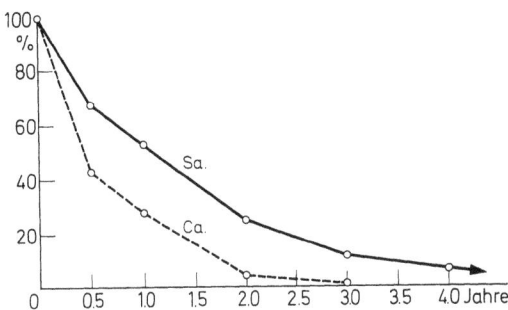

Abb. 8. *Krankheitsdauer primärer Lungen- und Bronchussarkome nach klinisch-röntgenologischer Erstmanifestation (22 meist unbehandelte Fälle mit tödlichem Ausgang) im Vergleich zur Überlebensfrist unbehandelter Bronchialkarzinome* (35 Fälle). [Diagramm nach NOEHREN, T. E., MCKEE, F. W., Sarcoma of the lung. Dis. of Chest **25**, 663 (1954), Abb. 5 und nach TANNER, G. R., GORDON, H.: „Untreated" bronchogenic carcinoma: a report of thirty-five cases. Am. J. Path. **28**, 953 (1952)]

unbehandelter Bronchuskarzinom- und Sarkompatienten in Abb. 8 deutet mit dem flacheren Kurvenabfall auf eine längere Überlebenserwartung der Sarkomträger hin. Krankheitsanamnesen von 1—6jähriger Dauer vor Diagnosestellung bzw. Therapiebeginn sind in der Kasuistik nicht selten vermerkt (BRAUN; BRUNNER; ESSBACH; ECK; DREWES u. WILLMANN; NOEHREN u. MCKEE; NILSSON; STOREY; VERSTRAETEN u. BOELS; STOHR u. SACHS; ECK u. WAGNER; DREWES u. GREMMEL; WEISSMAN u. CHRISTIE; BARON u. WHITEHOUSE; SCHULZE u.a.). Langsames Wachstum zeichnet nicht nur die Fibrosarkome (STOHR u. SACHS; GRAY u. WHITESELL; STOREY; IVERSON; MÜLLY u.a.), sondern auch andere Sarkomtypen, wie die primären Lymphosarkome der Lungen, aus (s. Abb. 80—82). Nach eigener Beobachtung dauerte die Evolution des von OPITZ beschriebenen Angioretikuloms bis zum Tode 12 Jahre.

Der *Malignitätsgrad* primärer broncho-pulmonaler Sarkome ist je nach ihrer strukturellen Differenzierung sehr unterschiedlich (Tabelle 3).

Tabelle 3. Malignitätsgrad primärer Sarkome der Bronchien und Lungen. (Nach MÜLLY, K.: Geschwülste der Lungen, Pleura und Brustwand. In: Handb. inn. Med., 4. Aufl., Bd. IV/4, S. 145, Tabelle 51. Berlin-Göttingen-Heidelberg: Springer 1956)

Histologischer Typ	Malignitätsgrad
Spindelzellsarkom	
intrabronchiale, polypöse Form	sehr gering
im Parenchym liegende Rundherde	gering
Rundzellensarkome	schwer
Gemischtzellige Sarkome	sehr schwer

MÜLLYs Einschätzung der endobronchialen und pulmonalen Formen des Spindelzell- bzw. Fibrosarkoms deckt sich mit der Ansicht vieler anderer Autoren (FISCHER; GRAY u. WHITESELL; STOREY; OCHSNER u. OCHSNER; DREWES u. WILLMANN; IVERSON; NOEHREN u. MCKEE; FREY u. LÜDEKE; WÜST; LORBECK; BRESAN u. PLATZBECKER u.a.). Wenn MÜLLY die Bösartigkeit rundzelliger Sarkome generell als schwer bezeichnet, so erheben sich Bedenken wegen der Abgrenzung von den relativ gutartigen primären Lymphosarkomen der Lunge (s. S. 140ff.).

Dank ihrer ziemlich protrahierten Entwicklung und relativ geringen Metastasierungstendenz bieten Fibro- und Lymphosarkome selbst nach mehrjährigem Bestehen noch operative *Heilungschancen* (DREWES u. WILLMANN; OCHSNER u. OCHSNER; BANKAMP; ROTHE; BARON u. WHITEHOUSE; SCHULZE u.a. (s. S. 151). DYSON u. TRENTALANCE beziffern die Resektionsquote mit 90%. Auch bei myoplastischen Sarkomen bestehen günstige Aussichten für einen radikalen Eingriff, wie die in SHAW u. Mitarb. in 28 Fällen des Schrifttums ermittelte Heilungsquote von 63% mit Überlebensfristen bis zu 21 Jahren erweist. Dennoch ist die Eigenart des biologischen Verhaltens im Einzelfall kaum abzuschätzen, und die *Fernprognose* nur mit großer Zurückhaltung zu stellen (FREY u. LÜDEKE; LORBECK u.a.). Angesichts der Gefahr eines lokalen Spätrezidivs mit tödlichem Ausgang (BLACK) läßt sich der Erfolg chirurgischer Maßnahmen erst nach Ablauf von zwei Fünfjahresfristen definitiv beurteilen (BETZLER).

Ungeachtet der Schwankungsbreite des Malignitätsindex hat man bei der *Therapie* von der prinzipiellen Bösartigkeit sarkomatöser Gewächse auszugehen und die möglichst frühzeitige Tumorentfernung anzustreben. Die radikale Resektion bildet bei gegebener Voraussetzung die Behandlungsmethode der Wahl (LILIENTHAL; RIENHOFF; ARCHIBALD; DENK; SAUERBRUCH; BRUNNER; EDWARDS; OCHSNER u. OCHSNER; STOREY; BAUM u. POLLOCK; SHAW, PAULSON, KEE u. LOVETT; FREY u. LÜDEKE; DREWES u. WILLMANN; LORBECK; DYSON u. TRENTALANCE; ROTHE u.a.). Sie wird meist in Form einer Pneumonektomie, mitunter auch als Bilobektomie (SWEET; STOREY u.a.) durchgeführt. Im Frühstadium langsam wachsender Geschwülste erweist sich die einfache Lobektomie als ausreichend radikal (EDWARDS; HERZMANN; DIVIS; IVERSON; STOREY; SHIRAKA et al.; WATSON u. ANLYAN u.a.). Sparsamere Eingriffe (Segment- bzw. Keilresektion) kommen dagegen nur selten in Betracht (FREY u. LÜDEKE). Die Lappen- bzw. Lungenresektion ist auch bei polypösen Bronchussarkomen zu fordern (STOREY; LORBECK u.a.), da sich ein zugleich exophytäres und extramurales Wachstum nach Art des „Eisberg-Typs" bronchialer Adenome mit Einbeziehung des angrenzenden Lungen- bzw. Mediastinalgewebes nach dem bronchoskopischen Befund nicht zuverlässig ausschließen läßt. Die endoskopische Abtragung bzw. Elektrokoagulation verspricht daher nur palliative Erfolge (STOREY u.a.), hatte jedenfalls nach bisheriger Kenntnis nur in wenigen Fällen und ausschließlich in Verbindung mit hochdosierter postoperativer Röntgenbestrahlung einen kurativen Effekt (BAUM, RICHARDS u. RYAN; POLLAK, COHEN, BORRONE u. GNASSI; LEWIS). Auch die primäre Strahlentherapie läßt wegen der meist relativ geringen Strahlensensibilität des Tumorgewebes (BRAUN; STOREY; EDWARDS; IVERSON; LORBECK; MÜLLY u.a.) nur im Ausnahmefall eine Dauerheilung erwarten (HERRNHEISER). Trotzdem erscheint die prophylaktische Nachbestrahlung nach resezierenden Eingriffen zumindest bei Verdacht auf regionale Lymphknotenmetastasen empfehlenswert (DREWES u. WILLMANN; LORBECK; SCHULZE u.a.).

e) Klinische Symptomatologie

Durch relativ frühes Auftreten obstruktiver Komplikationen machen sich Bronchussarkome im allgemeinen eher bemerkbar als Sarkomknoten im Lungenparenchym, die bis zur zufälligen röntgenologischen Entdeckung völlig stumm bleiben können (nach HOCHBERG u. CRASTNOPOL in 10% von 77 Fällen, nach NOEHREN u. MCKEE in 6% von 35 Fällen des Schrifttums). Abgesehen vom eher etwas verzögerten Entwicklungsablauf und Abweichungen in der Alters- und Geschlechtsverteilung stimmt das Erscheinungsbild bronchopulmonaler Sarkome mit dem der Bronchuskarzinome hinsichtlich Art und Häufigkeitsreihenfolge der hervorstechenden Lokal- und Allgemeinsymptome weitgehend überein (Tabelle 4).

Während *Auswurf, Fieber* und *stechende Schmerzen* im Thorax im allgemeinen von pleuro-pulmonalen Entzündungsfolgen einer Bronchusobstruktion herrühren, können *Husten* und rezidivierende *Hämoptysen* vom Tumor selbst verursacht sein. Trotz des Überwiegens pulmonaler gegenüber bronchialen Sarkomformen scheinen — auch andernorts beobachtete — Blutbeimengungen zum Sputum (OCHSNER u. OCHSNER; VERSTRAETEN u. BOELS; BRINDLEY; SHAW u. Mitarb.; BRUNNER; KÜNZLER; GIACOMELLI; SKOKAN; DREWES u. WILLMANN; WÜST) nicht seltener zu sein als beim Bronchialkrebs (vgl. Bd. IX/4a, Tabelle 92, 94 u. 95). Sie geben mitunter den ersten Krankheitshinweis (ROGER, BREA, POLAKE u. FUSTINONI) und können bei Arrosionsblutung durch Tumorzerfall als *massive tödliche Hämoptoe* auftreten (KÜNZLER). *Kurzatmigkeit* kommt als Frühsymptom nur bei endobronchialem Geschwulstsitz vor (CARSWELL u. KRAEFT). Vom Lungenparen-

Tabelle 4. Klinische Symptomatik primärer Bronchus- und Lungensarkome. [Nach NOEHREN, T. E., McKEE, F. W.: Sarcoma of the lung. Dis. Chest **25**, 663 (1954)]

Symptom	Prozentuale Häufigkeit
Husten	74
Gewichtsabnahme	49
Hämoptysen	43
Fieber	43
Schmerzen	43
Pleuraergußbildung	35
Auswurf	34
Kurzatmigkeit	26
Mattigkeit	26
Nachtschweiß	20
Schüttelfrost	6

chym ausgehende Sarkome pflegen erst spät mit zunehmender Expansion oder zusätzlicher Ergußbildung Dyspnoe hervorzurufen. Ausgedehnte Gewächse können sich mit *Engegefühl im Brustkorb* äußern und durch Kompression der V. cava sup. zu beträchtlicher *Einflußstauung* führen (NOEHREN u. McKEE). Mäßige bis hochgradige Beschleunigung der *Blutsenkungsgeschwindigkeit* ist häufig, aber nicht obligat (NOEHREN u. McKEE; ANYLAN, LOVINGOOD u. KLASSEN; BRAUN u.a.). In den Spätstadien kann sich eine tumorbedingte *hypochrome Anämie* entwickeln (NOEHREN u. McKEE; DREWES u. WILLMANN u.a.). Das weiße Blutbild zeigt in manchen Fällen ausgeprägte polynukleäre *Leukozytose*, in der Mehrzahl jedoch normale Werte (NOEHREN u. McKEE; DREWES u. WILLMANN). Als vereinzelt beschriebene Leitsymptome sind ferner *stridoröse Atemgeräusche* polypöser Bronchussarkome (POLLAK, COHEN, BORRONE u. GNASSI; OCHSNER u. OCHSNER; GUBLER; NOEHREN u. McKEE) sowie *schmerzhafte Gelenkschwellungen* zu nennen, die — wie analoge Veränderungen beim pleurogenen Mesotheliom und Fibrosarkom (s. Abb. 266) — gewöhnlich Ausdruck einer *Ostéoarthropathie hypertrophiante pneumique* sind (GRAY u. WHITESELL; STOHR u. SACHS; NOEHREN u. McKEE; DREWES u. WILLMANN) und mit Bildung von *Trommelschlegelphalangen* einhergehen können (OCHSNER u. OCHSNER; STOHR u. SACHS; COOLEY, McDONALD u. CLAGETT; BARON u. WHITEHOUSE; DREWES u. WILLMANN).

Während die späten Verdrängungssymptome unmißverständlich auf einen fortgeschrittenen Expansionsprozeß im Brustraum hinweisen, sind die Frühsymptome intrapulmonaler Sarkome recht spärlich, und die Anzeichen poststenotischer Komplikationen des Bronchussarkoms uncharakteristisch. Das klinische Gesamtbild ist ätiologisch ebenso indifferent und weniger bunt als das bronchogener Krebse, weil der abweichende Ausbreitungsmodus der Sarkome manche von lymphogener Metastasierung und örtlicher Aggression (Mediastinalinfiltrierung, Brustwandinvasion) bedingten Erscheinungen aus dem Formenkreis des Bronchuskarzinoms in den Hintergrund treten oder gänzlich vermissen läßt.

Im Gegensatz zum Bronchialkrebs ist die *zytologische Sputumuntersuchung* wenig erfolgversprechend, da Bronchussarkome meist subepithelial wachsen und bindegewebig abgekapselt sind, und viele Lungensarkome, deren Übergreifen auf größere Bronchusäste selten und nicht gleichbedeutend mit neoplastischer Schleimhautzerstörung ist, gleichfalls fibröse Hüllen besitzen. Die *geringe Abschilferungstendenz mesenchymaler Gewächse* bedingt eine entsprechend *niedrige Trefferquote* bei der Fahndung nach Tumorzellen im Auswurf (OCHSNER u. OCHSNER; DREWES u. WILLMANN; SKOKAN; BARRETT; SHATZ, BERGMAN u. GRAY; BECK u. REGANIS; BARON u. WHITEHOUSE u.a.). Der durch Tumorexpektoration en bloc ermöglichte Nachweis eines nekrotisierten Fibrosarkoms im Beobachtungsfall von CURRY u. FUCHS bildet eine Ausnahme (s. auch DOLGOFF u. HANSEN; DUDGEON u. WRIGLEY). Nur bei diffuser Ausbreitungsform zellreicher Tumoren vom Typ des primären

Lymphosarkoms gelang es in einigen Fällen, mit *gezielter Bronchialsekretentnahme* unter scharfem Sog in die Bronchialschleimhaut eingewanderte Geschwulstelemente nachzuweisen (DVOŘÁČEK u. ČERMÁK; ROSE; SCHULZE).

Im Vergleich zum Bronchuskarzinom führen broncho-pulmonale Sarkome — nicht zuletzt wegen ihrer geringen Tendenz zu lymphangiotischer Ausdehnung — relativ selten zu *sekundärem Pleurabefall*, so daß nur vereinzelt über *Tumorzellbefunde im Pleurapunktat* berichtet wurde (STERNBERG, SIDRANSKY u. OCHSNER).

Die Möglichkeit der bioptischen Identifizierung durch *Bronchoskopie und gezielte Probeexzision* beschränkt sich auf Sarkome bronchialen Ursprungs und sekundär in den Bronchialbaum eingebrochene Geschwülste des Lungenkerns (BAUM, RICHARDS u. RYAN; HERRNHEISER; JACKSON; SOULAS u. MOUNIER-KUHN; KAHLER; KARSNER; MALLORY; POLLAK et al.; LEWIS; CURRY u. FUCHS; BLACK; CARSWELL u. KRAEFT; STOREY; SHERMAN u. MALONE; TAYLOR u. RAE; ROCK u. HALL; KILLINGSWORTH et al.; BRUNN u. GOLDMAN; RANDALL u. BLADES; MÉSZÁROS u. SIMÁRSZKY u. a.). Die Mehrzahl der Tumoren liegt außerhalb endoskopischer Sichtweite im Lungenmantel. Die ursächliche Klärung bleibt deshalb meist der *Probethorakotomie* und histologischen Prüfung operativ gewonnener Geschwulstteile überlassen.

f) Röntgenologische Diagnose und Differentialdiagnose

Das Schattenbild *primärer Lungensarkome* spiegelt die Eigenart ihres grobanatomischen Entwicklungsgangs wider (LENK; SHUSTEROV, LYSENKO u. KOVALENKO u.a.). Das Geschwulstwachstum beginnt mit einem umschriebenen Tumorinfiltrat, das den vieldeutigen Röntgenbefund eines mehr oder weniger glattrandigen „Rundherdes" liefert. Erst mit weiterer Größenzunahme prägen sich gewisse Abweichungen von Wuchsform, Konturschärfe und Dichte aus, nach denen man mit LENK 2 Grundformen unterscheiden kann:

a) den *expansiven Sarkomknoten* und
b) das *diffus infiltrierende Lappensarkom*.

Die Gewächse entstehen in der Regel unizentrisch. *Mehrknotige oder multilokulär disseminierte Sarkomherdbildungen in beiden Lungen* sind eher durch Absiedlung extrathorakaler, seltener pulmonaler Primärtumoren (NOEHREN u. MCKEE; BEHREND u. KRAVITZ; MALLORY; STEWARD; SWEET; ELLIS; BARON u. WHITEHOUSE) bedingt als Ausdruck primär multizentrischer Neoplasie (z.B. maligne Leiomyomatose) (s. S. 12 u. 184).

Der Typ des *geschlossen wachsenden Solitärknotens* ist am häufigsten (Abb. 10 und 11). Nach Durchsicht der Röntgenbefunde und -abbildungen von 100 einschlägigen Fällen des Schrifttums sind 69% zu dieser Kategorie zu zählen. Sie ist röntgenmorphologisch durch

---

Abb. 9a—d. *Apfelgroßer paramediastinaler Tumorknoten eines polymorphzelligen Sarkoms im linken Oberlappen.* Die Geschwulst wurde erst nach mehrmonatiger Krankheitsvorgeschichte (linksseitiges „Schulter-Arm-Syndrom", später Schmerzen in der linken Thoraxwand infraklavikulär, Husten, zunehmende Heiserkeit) in fortgeschrittenem Stadium entdeckt. Röntgenbefund nach Aufnahme in d. Medizin. Klinik d. Krhs. Nordwest Frankfurt/M. (Direktor: Prof. ALTMANN): Polyzyklisch scharf begrenzter Tumorknoten in den paramediastinalen Randbezirken der ventralen Oberlappenbasis links mit Einbeziehung des Mediastinums, linksseitiger Phrenikusparese und flächenhaftem Übergreifen auf die vordere Brustwand. Beträchtliche Größenzunahme im Vergleich zu auswärtigen Röntgenaufnahmen wenige Wochen zuvor deutete auf starke Wachstumstendenz und hohen Malignitätsgrad hin. Nach Übersichtsaufnahmen (a p.-a.; b dextro-sinistral) und Schichtbildern (c q.-p. 15 cm; d dextro-sinistral 12 cm) erschien ein peripheres Bronchuskarzinom unwahrscheinlich. Differentialdiagnostisch wurde in erster Linie ein thymogenes oder teratogenes Malignom erwogen. Die im Oberlappenparenchym destruierend wachsende Neoplasie erwies sich bei Probethorakotomie (Op.: OA. Dr. MÄRZ, Chirurg. Klinik d. Krhs. Nordwest Frankfurt/M., Direktor: Prof. UNGEHEUER) als inoperabel, da sie auf Herzbeutel, aufsteigenden Aortenbogen und vordere Brustwand übergegriffen, den N. recurrens eingemauert und in die Lymphknoten in Umgebung der A. subclavia sin. metastasiert hatte. Nach dem histologischen Untersuchungsbefund einer exzidierten Gewebsprobe handelte es sich um ein zellreiches, undifferenziertes polymorphzelliges Sarkom (E.-Nr. 300/69 Patholog. Inst. d. Krhs. Nordwest Frankfurt/M., Direktor: Prof. KAHLAU). Entsprechend der Zellunreife rasche Tumorrückbildung unter postoperativer Telekobalttherapie. I.K., 38jähr. ♂. Arch.-Nr. 2408 30272 Radiolog. Zentralinst. d. Krhs. Nordwest Frankfurt/M.

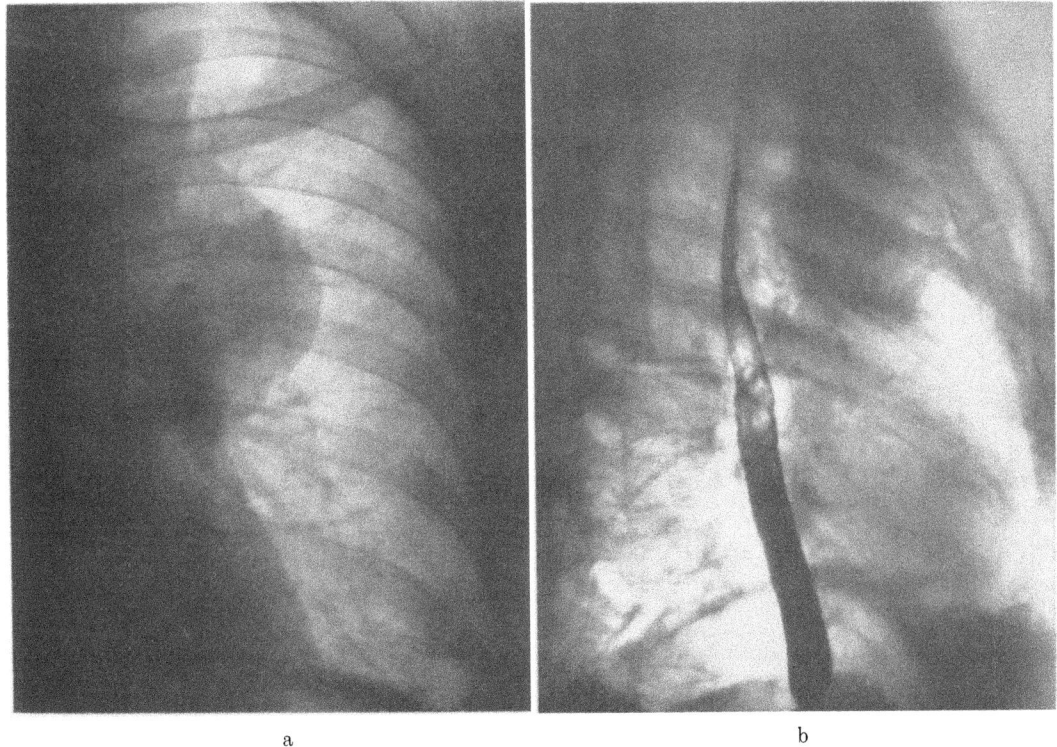
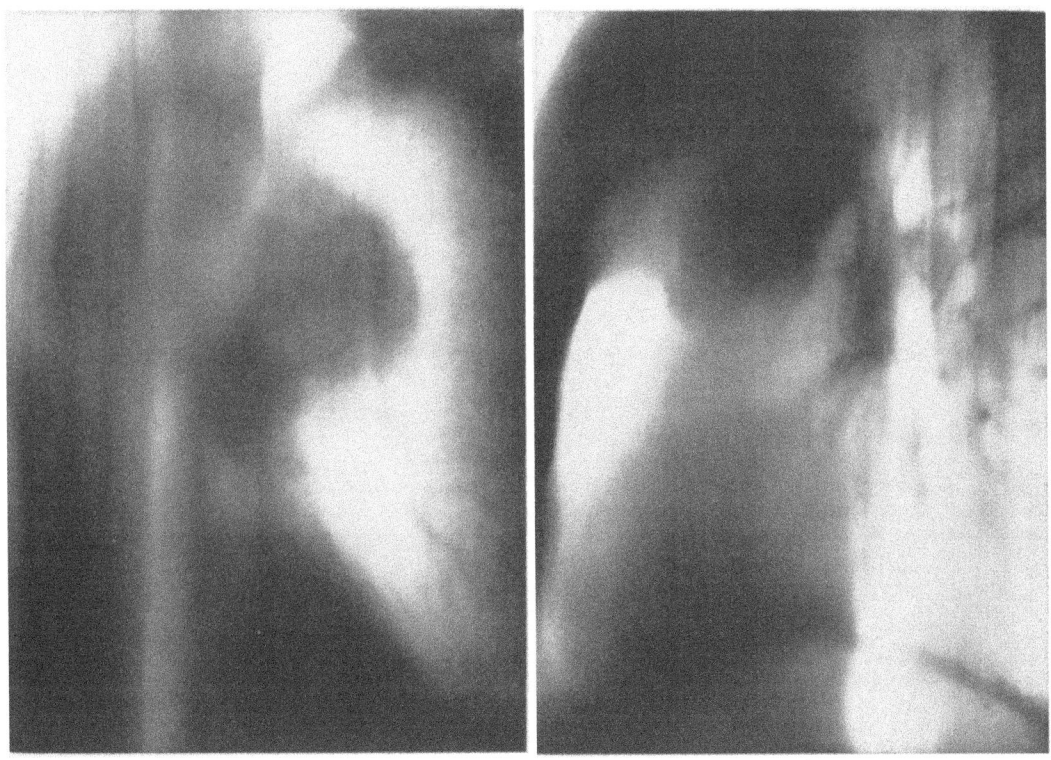

Abb. 9a—d (Legende siehe S. 32 unten)

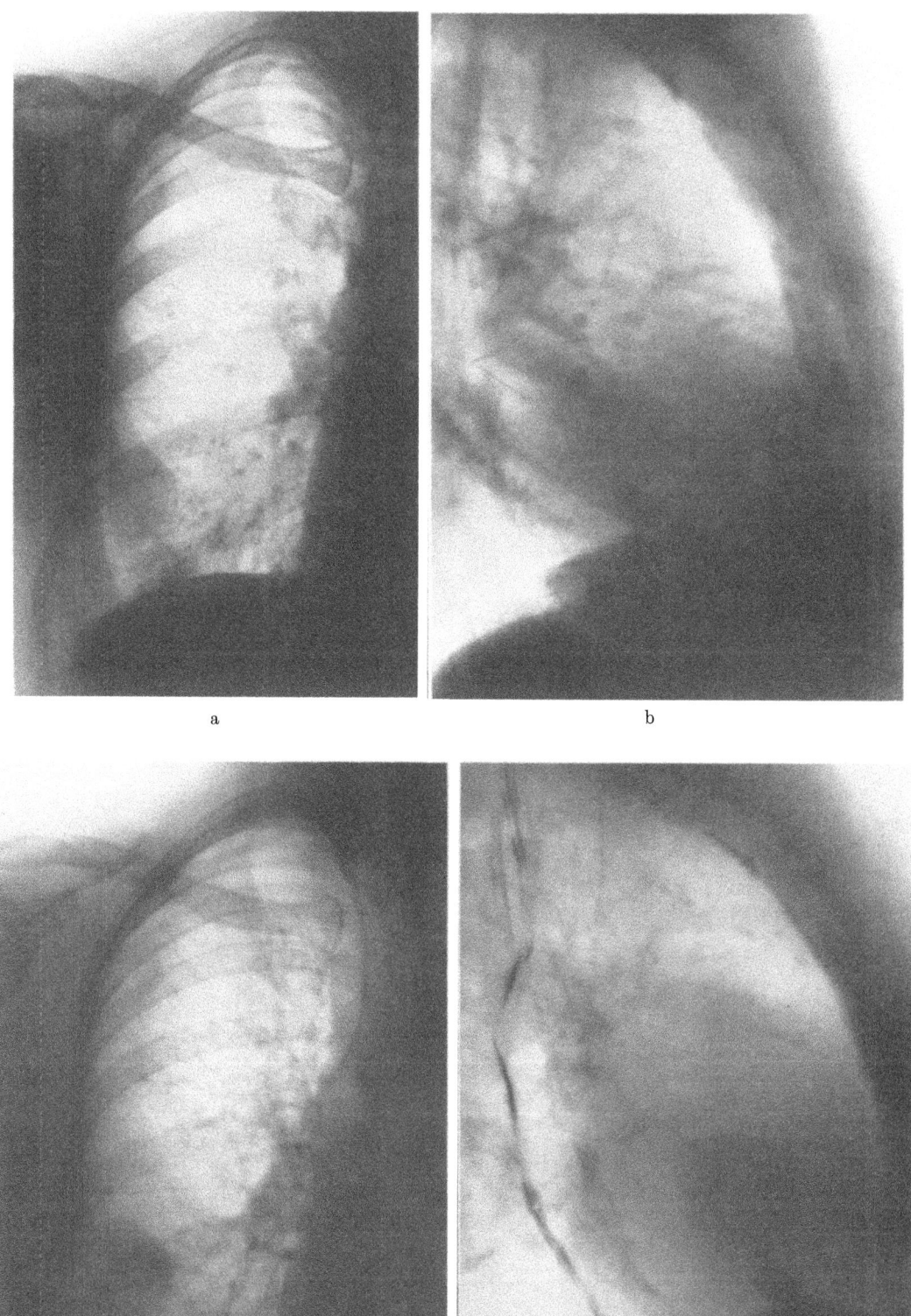

Abb. 10a—d (Legende s. S. 35 unten)

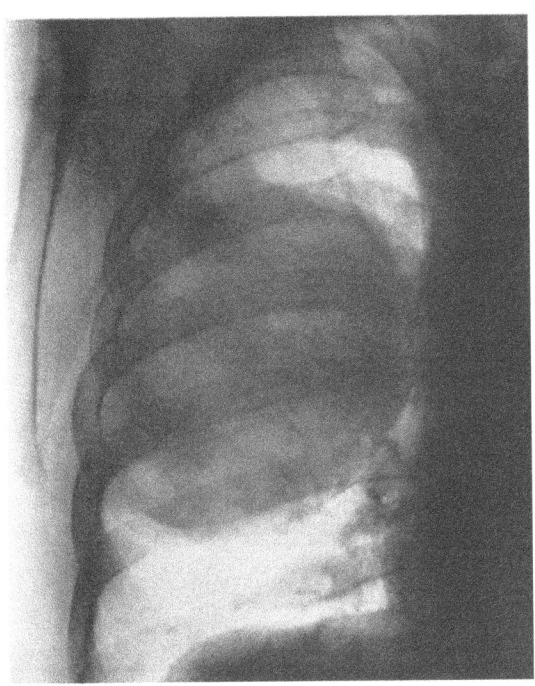
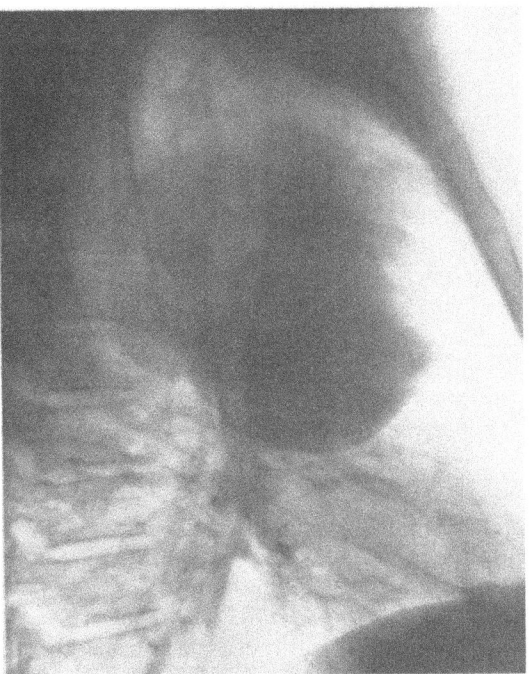

a b

Abb. 11a—c. *Expansiv wachsendes Spindelzellsarkom im rechten Oberlappen.* Der doppelfaustgroße Knoten wurde als röntgenologischer Zufallsbefund (!) anläßlich einer Magenuntersuchung entdeckt. Auch nach Klinikaufnahme keine subjektiven Beschwerden, obgleich die der Brustwand breitbasig aufsitzende Geschwulst die Lungenwurzelstrukturen verdrängte. Ausschnitte der Thoraxübersichtsaufnahmen p.-a. (a) und sinistro-dextral (b). Photo des durch Pneumonektomie entfernten Tumors im Anschnitt (c). Anatomischer Befund: Im Oberlappen scharf begrenzter Tumor von 14 cm Durchmesser. Histologie: Sehr zellreiches Geschwulstgewebe aus spindelförmigen Zellen mit meist ovalen Kernen von unterschiedlichem Chromatingehalt. Die Geschwulstelemente liegen sehr dicht in verschiedenartiger Lagerung, teils zur Zellzügen geordnet. Diagnose: Spindelzell-Sarkom (E.-Nr. 1488/71 Patholog. Inst. d. Krhs. Nordwest, Direktor: Prof. Kahlau). E.M., 36jähr. ♂. Arch.-Nr. 2602 34531 Radiolog. Zentralinst. d. Krhs. Nordwest Frankfurt/M.

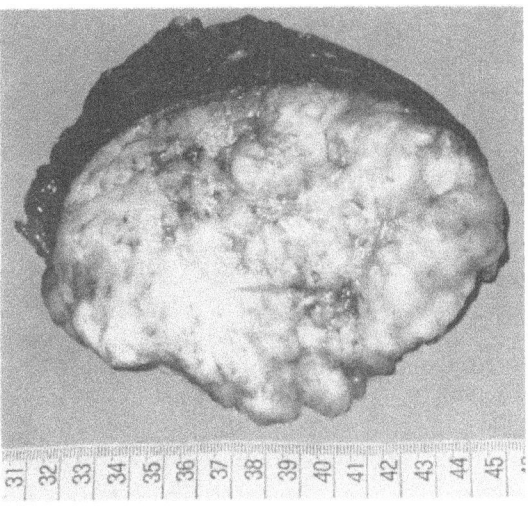

c

annähernd *kugelige Form, scharfe Begrenzung* und *gleichmäßige Schattenintensität* des Geschwulstherds gekennzeichnet. Manche Sarkome zeigen ausgesprochene Lappung mit großbogigem *polyzyklischem Konturverlauf.* Randständig dem Brustkorb, Mediastinum

Abb. 10a—d. *Grobnoduläres Rundzellensarkom im rechten Mittellappen.* Beim Vergleich auswärtiger Thoraxübersichtsaufnahmen in 2 Ebenen vom 1. 7. 70 (a und b) mit dem Kontrollbefund nach Klinikaufnahme vom 17. 7. 70 (c und d) rasches Wachstum des vom Mittellappen auf die Pleura interlobaris und basalis übergreifenden Tumorknotens. Pathologisch-anatomischer Befund des Resektionspräparats: Im Durchmesser 3,5 cm große zellreiche Geschwulst vom histologischen Aspekt eines Rundzellensarkoms (E.-Nr. 12484/70 Pathol. Inst. d. Krhs. Nordwest, Direktor: Prof. Kahlau). E.F., 62jähr. ♀. Arch.-Nr. 0702 08992 Radiolog. Zentralinst. d. Krhs. Nordwest Frankfurt/M.

oder Zwerchfell anliegende größere Tumoren können durch das Widerlager ovalär umgeformt werden, mit einem Teil des Schattens in die Kardio-Mediastinalsilhouette eintauchen (Abb. 9) oder ohne scharfe Trennung von der Zwerchfellkuppel aus dem Leberschatten hervorragen.

Auch bei zunehmender Geschwulstausdehnung bleiben die Merkmale des expansiven Wuchstyps erhalten. Die auffallende Konturschärfe der freien Tumorränder geht nur verloren, wenn das Gewächs von atelektatischem Lungengewebe umgeben oder durch einen Begleiterguß überschattet wird. Obstruktive Parenchymverdichtungen sind meist Folge örtlicher Bronchuskompression, mitunter auch durch Ausbildung *endobronchial vordringender Tumorzapfen* bedingt (ESSBACH; IVERSON; STOREY u. a.).

Die *diffus infiltrative Ausbreitungsform*, die mit 15 unter 100 Fällen der oben zitierten Kasuistik vertreten ist, ähnelt mit ihrer *wolkig konfluierenden Verschattung geringerer Dichte und verwaschener Kontur* dem röntgenologischen Aspekt chronischer Pneumonien. Die morphologische Ähnlichkeit ist um so täuschender, als man bei der Grobstrukturanalyse oft *lufthaltige Bronchien innerhalb der Tumorverdichtung* durchschimmern sieht (s. Abb. 81). Die Infiltration geht vielfach vom Lungenkern aus und löst sich marginalwärts in kleine Fleckschatten auf, bis sie allmählich fortschreitend ein Segmentareal einnimmt oder einen ganzen Lappen ausfüllt (Abb. 81 u. 82).

Als kennzeichnendes Merkmal des neoplastisch infiltrierenden Wachstums hob LENK die *Vergrößerung des betroffenen Lappens* und die konvexbogige *Vorwölbung der Lappengrenzfläche* hervor (Abb. 11). Das Symptom ist weder pathognomonisch (s. S. 153) noch konstant nachweisbar. Bei ausgedehnter Alveolarkompression kann statt dessen sogar eine *Volumenabnahme* des sarkomatös infiltrierten Parenchymsektors *mit konkaver Einziehung der benachbarten Fissurlinie* zustande kommen (MAIER; SCHULZE) (s. Abb. 79 u. 81). Obgleich sowohl knotig wie infiltrativ wachsende Sarkome gewöhnlich die *Interlobärgrenze respektieren* (LENK; BRESAN u. PLATZBECKER u. a.), kann die Geschwulst über Parenchymbrücken auf den Nachbarlappen übergreifen (s. Abb. 79 u. 81).

Die diffuse Sarkominfiltration des Lungengerüsts erzeugt kaum zentrale Stenosen, vielmehr das *bronchographische Bild* des „entlaubten Baums" mit Engstellung und Füllungsausfällen in der Bronchialperipherie (s. Abb. 81). Die Expansion grobknotiger Sarkomherde führt dagegen zur Verdrängung kleinerer Bronchialzweige der Nachbarschaft, bei hilusnaher Ausdehnung auch zu glattbogiger Einengung proximaler Luftröhrenäste und in einzelnen Fällen mit zapfenartigen Ausläufern zu komplettem Bronchusverschluß (ANACKER u. a.).

Im Einklang mit pathologisch-anatomischen Beobachtungen ist eine Hilus- bzw. Mediastinalverbreiterung durch *regionale Lymphknotenmetastasen wesentlich seltener* nachweisbar *als beim Bronchuskarzinom*. Lymphombedingte Verschattungen gehören selbst in den Spätstadien nicht zum obligaten Röntgenbefund (Abb. 82h). Ceteris paribus gilt dies für das Vorkommnis gleichseitiger *Pleuraergüsse* metastatischer oder entzündlicher Ursache.

Verdrängungssymptome der Mediastinalorgane, die mit phlebographisch darstellbarer Einflußstauung infolge Kompression der oberen Hohlvene einhergehen können, sind eher beim expansiven Wuchstyp zu erwarten als bei der infiltrierenden Sarkomform.

Die *Wachstumsrate* der Geschwülste variiert entsprechend der unterschiedlichen feingeweblichen Differenzierung (s. Abb. 158). Die *Größe des Tumorschattens* erlaubt daher keinen Rückschluß auf das Alter der Neubildung. Die oben erwähnte Kasuistik von 100 Fällen enthält Berichte über 31 Rundherde geringen oder mittleren Umfangs (bis zu 5 cm Durchmesser), 30 größere Knoten von Faust- bis Kindskopfgröße, 15 lappenfüllende Sarkome infiltrativen Typs und 8 riesige Gewächse, die eine Brustkorbhälfte mehr oder weniger vollständig ausfüllten.

In beiderlei Gestalt geben die Tumoren gewöhnlich *homogene Schatten*, die keine Strukturgliederung erkennen lassen. *Kalkdichte Einlagerungen* werden im Schrifttum nur vereinzelt angegeben (STEWARD; ZADEK; GRIMES, WEIRICH u. STEPHENS). Wie bei bronchogenen

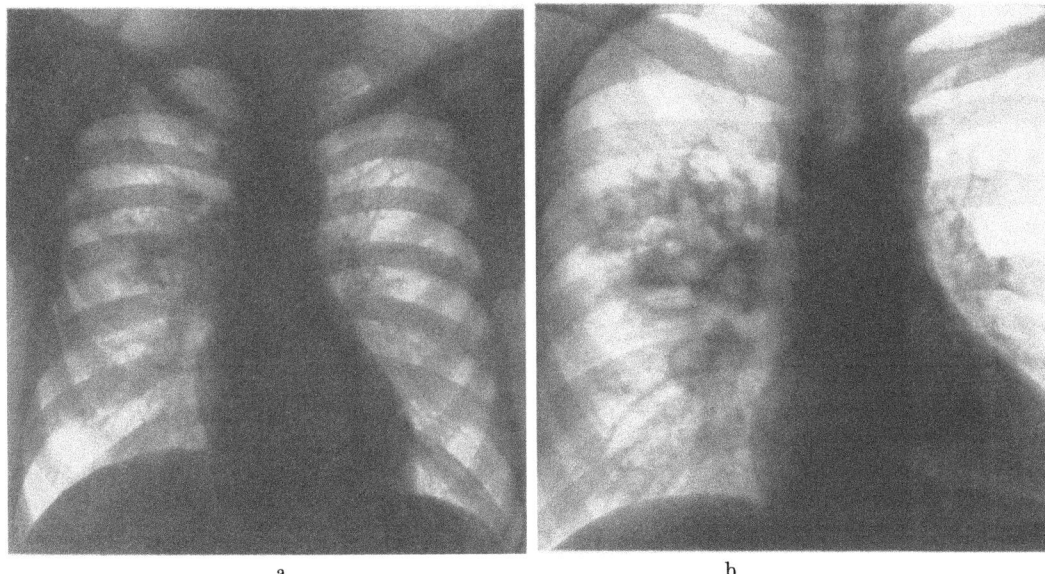

Abb. 12a u. b (Legende s. S. 38)

Narbenkrebsen des Lungenmantels sind sie wohl eher ein Korrelat sekundär einbezogener tuberkulöser Indurationsherde (s. Abb. 156) als Anzeichen regressiver Verkalkung oder osteoplastischer Fähigkeit des Tumorgewebes, die im wesentlichen nur den seltenen primären Osteosarkomen der Lunge (NOSANSCHUK u. WEATHERBEE) und bronchogenen Chondro- bzw. Osteoid-Chondrosarkomen zukommt.

Bei beiden Wuchstypen können kolliquationsnekrotische Hohlräume entstehen und als umschriebene Aufhellungsfiguren in der neoplastischen Verdichtungszone abgebildet werden. Zentral zerfallende Sarkomknoten stellen sich in Gestalt isolierter *Tumorkavernen* mit breitem Randsaum und höckeriger Kontur der inneren Oberfläche dar (SHAW, PAULSON, KEE u. LOVETT; SKOKAN; SHUSTEROV, LYSENKO u. KOVALENKO u.a.). In Analogie zu kavitären Bronchuskarzinomen (s. Bd. IX/4b, Abb. 433 u. 435—439) können die Einschmelzungshöhlen lageverschiebliche Geschwulstsequester oder Flüssigkeitsansammlungen enthalten. Als außergewöhnliche, differentialdiagnostisch problematische Sarkommanifestation (CROW u. BROGDON) sei das Auftreten plurifokaler „Blähkavernen" im ursprünglich befallenen Lappenareal und in anderen Lungensektoren demonstriert (Abbildung 12).

Die röntgenologische Frühdiagnose *primärer Bronchussarkome* gelingt nur mit gezielter Untersuchung auf Grund klinischer Verdachtssymptome (Hämoptysen etc.) oder mittelbarer Hinweise im nativen Röntgenbild. Im Stadium des beginnenden Wachstums pflegt sich der Tumor sonst wegen seiner geringen Dimension und meist zentralen Lage dem unmittelbaren Nachweis zu entziehen. Er verrät sich in der Regel mit den *Anzeichen der Ventilationssperre*. Wie bei der Aufspürung zentraler Bronchuslumenkarzinome (s. Bd. IX/4b) und Bronchialadenome (s. Abb. 66 u. 71) hat das *regionale Obstruktionsemphysem* als Initialsymptom besonderen diagnostischen Wert. Die dynamische Ventilblähung des abhängigen Lungenabschnitts entgeht leicht der Beachtung, da das Phänomen nur exspiratorisch hervortritt, auf der üblicherweise in tiefer Inspiration angefertigten Thoraxübersichtsaufnahme aber ebenso verborgen bleibt wie die Begleitsymptomatik des dynamischen Raumausgleichs (*respiratorisches Mediastinalwandern* etc.) (s. Bd. IX/3, Abb. 19a—k), und seine Manifestation überdies auf eine zeitlich begrenzte Entwicklungsphase der Tumorstenose beschränkt ist.

In der Mehrzahl der Fälle wird der neoplastische Prozeß daher erst nach Eintritt entzündlicher Komplikationen der obstruktiven Belüftungs- und Sekretdrainagestörung entdeckt,

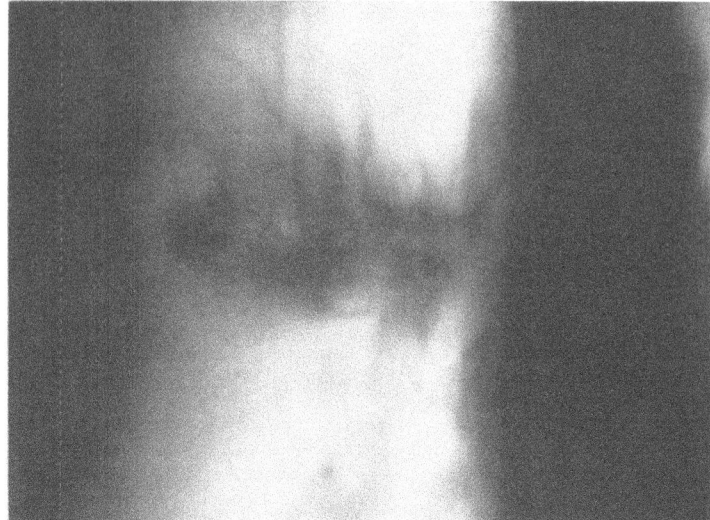

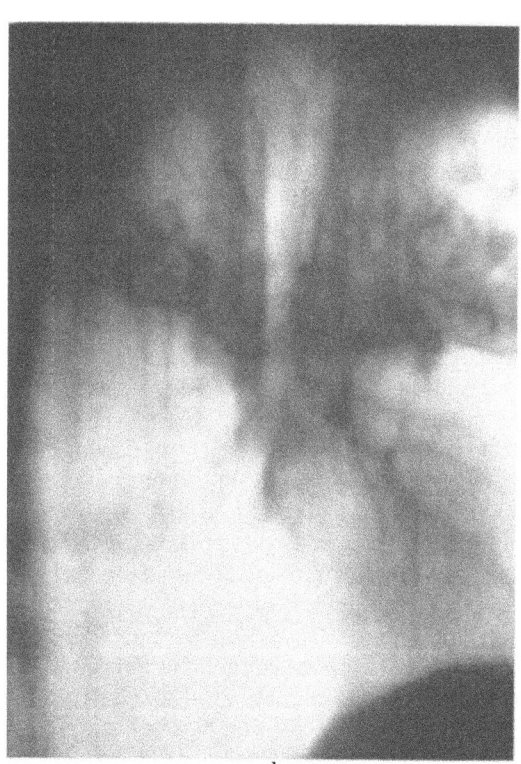

c

d

Abb. 12a—g. *Ungewöhnlicher Röntgenbefund plurisegmentaler Hohlräume im rechten Ober- und Unterlappen bei polymorphzelligem Sarkom.* Krankheitsbeginn Anfang Juli 1970 mit leichtem Brustwandschmerz rechts und geringem morgendlichen Husten. Während dreimonatiger stationärer Beobachtung im St. Katharinenkrhs. Frankfurt a. Main (Ärztl. Direktor: Prof. RAUSCH) anhaltende Leukozytose und erhebliche Blutsenkungsbeschleunigung (maximal 81/125 mm n.W.). Sonst klinisch und laborchemisch zunächst kein krankhafter Befund. Röntgenologisch anfänglich diskrete Verdichtung im anterioren Oberlappensegment rechts, im weiteren Verlauf an Ausdehnung zunehmend (a Kontrollaufnahme vom 11. 8. 70, Röntgenabtlg. d. St. Katharinenkrhs., Chefarzt: Dr. KUTTING). Bakteriologisch-kultureller Sputumbefund ätiologisch nichtssagend, desgleichen das Ergebnis bronchoskopischer Biopsie am 24. 8. 70 („chronisch unspezifische Bronchitis"). Der durch therapieresistentes Verhalten erweckte Neoplasieverdacht wurde sputumzytodiagnostisch bestärkt. Auch nach Verlegung in die Chirurg. Klinik d. Krhs. Nordwest (Direktor: Prof. UNGEHEUER) mehrfacher Nachweis von Geschwulstzellen im Auswurf (E.-Nr. 15232, 16115 u. 16170/70 Path. Inst. d. Krhs. Nordwest, Direktor: Prof. KAHLAU). Röntgenkontrolle vom 22. 10. 70: Vom Hilus zur Brustwand reichende Parenchymschrumpfung der rechten Oberlappenbasis im Bereich der Segmente II und III mit Einschluß multipler, wenig Flüssigkeit enthaltender kreisrunder Hohlräume und bronchiektasenartiger kolbiger Aufhellungen bei isolierter Blähkaverne in der rechten Unterlappenspitze (b Nativaufnahme p.-a.) ohne tomographisch nachweislichen Verschluß des bis zu den Segmentästen lufthaltig dargestellten Bronchialsystems und ohne regionäre Lymphknotenschwellung (c—e Schichtbilder 10 cm a.-p. sowie 10 und 11 cm sin.-dextr.). Bei Kontroll-Broncho-Mediastinoskopie visuell und bioptisch kein Tumornachweis (E.-Nr. 16113 u. 16114/70). Die rasche Progredienz des Lungenprozesses (f Kontrollaufnahme p.-a. vom 29. 10. 70 mit reaktiver Verbreiterung der Mediastinalsilhouette nach Mediastinoskopie!) veranlaßte den Pat. zum Operationseinverständnis. Nach Thoraxeröffnung (Op. am 4. 11. 70: O.A. Dr. SCHÜLKE) atelektaseähnliche, ziemlich derbe Parenchymverfestigung der Oberlappenbasis und gleichartiges Infiltrat in der Unterlappenspitze. Ergebnis der intraoperativen Schnittuntersuchung: Sarkom. Anatomischer Befund des Resektionspräparats nach Pneumonektomie: An der Oberlappenbasis, an manchen Stellen auf den angrenzenden Unterlappenrand übergreifende ausgedehnte Veränderung des Lungenparenchyms (Ausmaß von 16×7 cm Durchmesser auf der Schnittfläche), das durch ein sehr weiches, im Anschnitt meist dunkelbraunes, stellenweise gelb-bräunliches Gewebe mit Einschluß ungleich großer, verschieden gestalteter, teils eiterhaltiger Hohlräume ersetzt ist. Histologie: Polymorphzelliges Sarkom mit weitgehendem Untergang der pulmonalen Gerüststrukturen und partieller Wanddestruktion der umschlossenen, zumeist mit eitrigem Sekret gefüllten Bronchien auf Grund neoplastischer Infiltration und chronischer, vielfach abszedierender Entzündung (E.-Nr. 17703/70). 12 Wochen nach dem Eingriff ausgedehnte, teils zerfallende kontralaterale Lungenmetastasen (g Übersichtsaufnahme p.-a. vom 22. 1. 71, Röntgenabtlg. (Chefarzt: Dr. KUTTING) des St. Katharinenhospitals Frankfurt/M.). N.C., 29jähr. ♂. Arch.-Nr. 1101 14111 Radiolog. Zentralinst. d. Krhs. Nordwest Frankfurt/M.

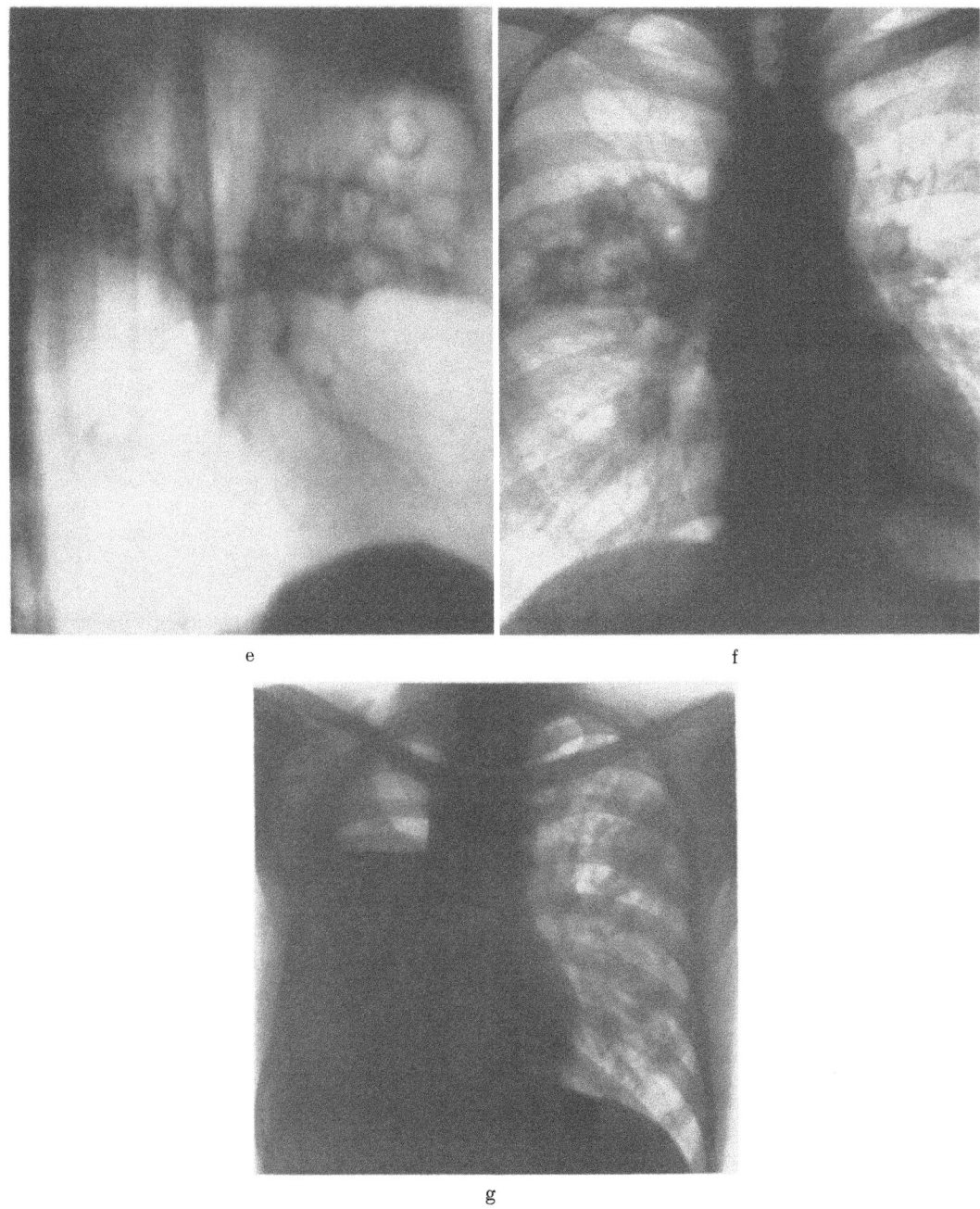

Abb. 12e—g

die sich auch klinisch äußern und den weiteren Krankheitsverlauf sowie das röntgenologische Erscheinungsbild beherrschen (Abb. 13). *Regionale Bronchiektasie, Atelektase und Retentionspneumonie* können sich je nach dem Geschwulstsitz in segmentaler, lobärer und halbseitiger Ausdehnung entwickeln. Sie sind stets als dringliche Verdachtssymptome einer umschriebenen Bronchostenose zu werten und geben mit ihrer räumlichen Anordnung zugleich Anhaltspunkte für die Lokalisation des mutmaßlichen Passagehindernisses. Der Nachweis obstruktiver Folgezustände kann angesichts der überwiegend protrahierten Evolution bronchogener Sarkome noch rechtzeitig für den kurativen Eingriff auf die richtige Spur lenken (SHAW u. Mitarb.; STOREY; OCHSNER u. OCHSNER; IVERSON u.a.).

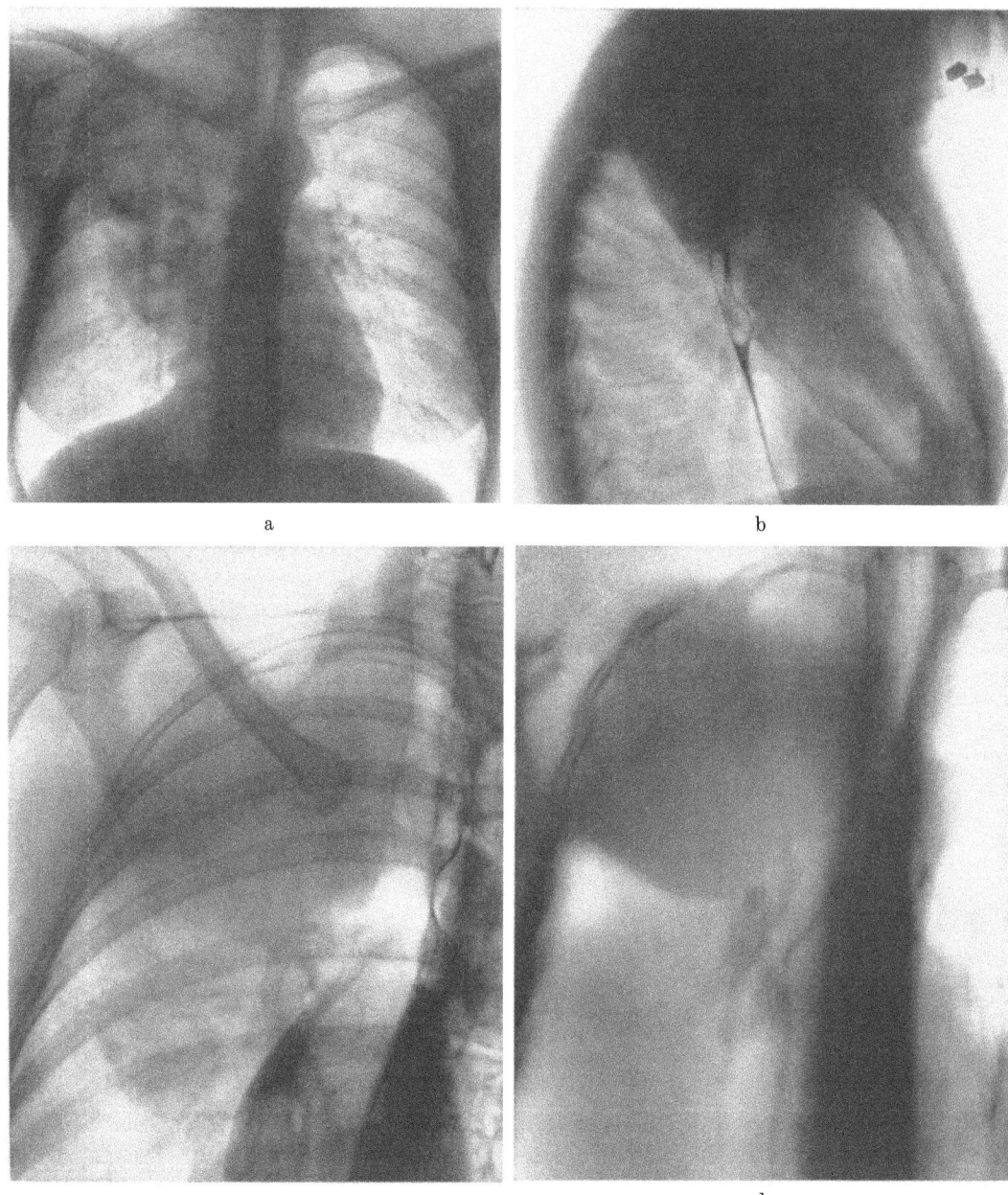

Abb. 13a—d. *Verschluß des rechten Oberlappenbronchus durch ein undifferenziertes Sarkom.* Nach mehrwöchiger fieberhafter Erkrankung mit unproduktivem Husten und Stechen in der rechten Brustkorbhälfte wurde eine ausgedehnte Verschattung im rechten Oberlappenareal festgestellt und die Patientin unter Bronchialkrebsverdacht überwiesen. Röntgenkontrolle nach Klinikaufnahme: Massive homogene Verschattung des an der dorso-basalen Fissurgrenze bogig vorgewölbten Oberlappens (a—c Nativaufnahmen p.-a., sin.-dextr. und im 2. Schrägdurchmesser) bei lanzettförmigem Verschluß des Lappenbronchus vor der Segmenttrifurkation (d Schichtbild 9 cm a.-p.). Der Aspekt erschien für ein banales Bronchuskarzinom mit obstruktiver Lobärverdichtung insofern ungewöhnlich, als der Oberlappenschatten im pektoralen Anteil von einem ventrokaudalwärts bis unter Hilushöhe bis zur vorderen Brustwand parakardial herabreichenden zungenförmigen Schattengebilde geringerer Absorptionsdichte überlappt wurde, und hier in keinem Strahlengang klar gegenüber dem lufthaltigen Mittellappen abzugrenzen war. Die Annahme einer nach Wuchsart besonderen, nicht karzinomatösen Tumorform wurde operativ bestätigt. Das wegen Einbeziehung der benachbarten Gefäß- und Mediastinalstrukturen inoperable Neoplasma erwies sich nach dem histologischen Befund exzidierter Gewebsproben als umfängliches undifferenziertes Sarkom (E.-Nr. 4149/71 Patholog. Inst. d. Krhs. Nordwest, Direktor: Prof. KAHLAU). L.K., 44jähr. ♀. Arch.-Nr. 2406 26471 Radiolog. Zentralinst. d. Krhs. Nordwest Frankfurt/M.

Als seltene Komplikation partieller Überblähung oder entzündlicher Läsion des poststenotischen Lungenabschnitts kann sich ein *Spontanpneumothorax* entwickeln (LOWELL u. TUHY; ROSENBLUM u. GASUL).

Sitz und Ausbreitungsart der Gewächse bestimmen die jeweilige Problematik der röntgenologischen *Differentialdiagnose*. Sie *umfaßt Lungen- und Bronchusaffektionen neoplastischen, dysontogenetischen, infektiös-entzündlichen und parasitären Ursprungs*, sofern sie unter dem Bild eines scharf begrenzten solitären Rundherds bzw. Hohlraums mit breitem, höckerig konturierten Schattensaum, einer langsam kontinuierlich fortschreitenden Lappeninfiltration oder obstruktiver Parenchymveränderungen mit umschriebener glattrandiger Stenose des Versorgungsbronchus in Erscheinung treten.

Zur Abgrenzung eines *Sarkomknotens im Lungenmantel* vom intralobären Bronchialkarzinom bietet lediglich die auffallende Konturschärfe bindegewebig eingekapselter Sarkomherde einen gewissen Anhalt, da eine so glatte Beschaffenheit der äußeren Grenzfläche selbst beim expansiven Wuchstyp reifer Plattenepithelkrebse relativ selten ist. Als weitere Indizien zugunsten des sarkomatösen Charakters rundlicher Tumorschatten nannte LENK das durchschnittlich jüngere Lebensalter der Patienten, die raschere Größenzunahme und höhere Strahlensensibilität bei probatorischer Röntgenbestrahlung. Angesichts der beträchtlichen Schwankungsbreite im biologischen Verhalten beider Tumorgattungen sind diese Merkmale keineswegs schlüssig und für die Differentialdiagnose im Einzelfall praktisch unverwertbar. Im übrigen wurden die früher üblichen Differenzierungsversuche mit Hilfe der Probebestrahlung seit langem aufgegeben, weil sie keine Beweiskraft haben und nur unnötigen Zeitverlust mit sich bringen (s. Bd. I/X 4a). Auch die relative Seltenheit röntgenologisch nachweislicher Lymphknotenmetastasen im regionalen Abflußgebiet einer sarkomatösen Primärgeschwulst und homolateraler Zwerchfellparese (ZADEK) ist in differentialdiagnostischer Hinsicht letztlich ohne große Bedeutung. Auf Grund der negativen Kriterien kann man weder ein höher differenziertes Plattenepithelkarzinom mit Gewißheit ausschließen noch zwischen einem Sarkom und ebenso kugelig geformten, glatt konturierten Schattengebilden anderer Genese unterscheiden.

Röntgenmorphologisch kommen insbesondere solitäre Metastasen, periphere Bronchusadenome, zirkumskripte fibröse Pleuramesotheliome und sonstige gutartige Lungen- und Pleuratumoren mesodermaler Herkunft in Betracht. Ferner ist an lungenwärts bogig vorspringende Mediastinalgeschwülste zystischer oder solider Bauart, an geschlossene Bronchus- und Mesothelzysten, intra- oder extrapulmonale Nebenlungen, weichteildichte Hamartome und unkomplizierte Hydatidenblasen zu denken (s. S. 171 u. 201ff.). Verschattungen ähnlicher Art kommen auch bei fibrös umhüllten Solitärgranulomen verschiedener Ursache (Tuberkulome, Syphilome, Mykome etc.), indurierten Lungenabszessen, posttraumatischen Hämatozelen und Infarktherden vor (s. Tabelle 19). Kostopleural oder paramediastinal abgesackte Pleuraergüsse sind mit randständig entwickelten Lungensarkomen zu verwechseln, wenn es nicht gelingt, die eigentümlichen Unterschiede der Lagebeziehung pulmonaler und pleurogener Expansionsprozesse zum Niveau der anliegenden Brustwandfläche im Schichtbild zu erfassen (s. Abb. 302) oder die Klärung durch Anlage eines diagnostischen Pneumothorax herbeizuführen. Schließlich können massive Pleuraexsudate und -tumoren durch Kompressionsatelektase des homolateralen Lungenflügels und Mediastinalverlagerung das Bild einer intensiven Halbseitenverschattung mit Verdrängungssymptomen erzeugen, wie man es bei riesigen, den Hemithorax ausfüllenden Sarkomknoten findet. Diese Veränderungen sind allenfalls durch weitere Untersuchungsergebnisse (anamnestische Daten, klinische Symptome, röntgenologische Suche nach einem Primärtumor außerhalb der Lunge, Schichtuntersuchung, diagnostischen Pneumothorax, Probepunktion, mikroskopische Auswurfuntersuchung, bakteriologisch-serologische Befunde etc.) ätiologisch zu identifizieren. In der Mehrzahl der Fälle dürfte die richtige Deutung — wie die Interpretation der grobnodulären Sarkomschatten selbst — erst an Hand des Resektionspräparats möglich sein.

Die gleichen Gesichtspunkte gelten für die Differentialdiagnose zerfallener Sarkomknoten. Ihr Schattenkorrelat deckt sich völlig mit dem der *Tumorkavernen* anderer Neoplasien, wie sie insbesondere beim — weitaus häufiger einschmelzenden — Plattenepithelkarzinom peripherer Lage, gelegentlich auch bei umschriebener Lungenadenomatose auftreten (s. Abb. 34 u. Bd. IX/4b). Sarkomatöse Zerfallshöhlen mit Einschluß rundlicher Tumorsequester oder retinierter Flüssigkeit nach Art der von SHAW u. Mitarb., SKOKAN und anderen Autoren abgebildeten Erscheinungsformen sind röntgenologisch nicht von den Kokardenfiguren pilzbesiedelter Hohlräume (Aspergillom, Megamyzetom etc.) (s. Abb. 159—161) bzw. vom Bild eines metapneumonischen Lungenabszesses oder älteren kavernisierten Infarkts zu unterscheiden.

Bezüglich der Differentialdiagnose des *diffus infiltrierenden Sarkomtyps* sei auf die Erörterung der entsprechenden Wuchsform primärer pulmonaler Lymphosarkome verwiesen (s. Abb. 81 u. 82). Die Ähnlichkeit mit dem röntgenologischen Aspekt chronischer Obstruktionspneumonien wurde bereits erwähnt. Das wesentlichste Unterscheidungsmerkmal liegt in der räumlichen Anordnung beider Prozesse begründet. Der interstitiell wachsende Tumor pflegt die Randzone des infiltrierten Lungensektors zunächst auszusparen und erst im Laufe seiner allmählich zentrifugal fortschreitenden Ausbreitung eine komplette Segment- bzw. Lappenverdichtung hervorzubringen. Dagegen werden atemfunktionell zusammengehörige Parenchymkeile durch obstruktiv-entzündliche Vorgänge von Anbeginn en bloc verschattet und bleiben selbst nach späterer Beseitigung der Blockade weiterhin luftleer geschrumpft, wenn einmal irreversible Veränderungen am Lungengerüst und an den mitbetroffenen Terminalabschnitten der Luftwege und Saftstrombahnen eingetreten sind. Der tomographische Nachweis schärfer begrenzter knötchenförmiger Satellitenherde oder zungenartiger Ausläufer im Randgebiet der zusammenhängenden Tumorinfiltration erleichtert die diagnostische Abgrenzung von chronisch-entzündlichen Infiltrationsprozesse. Die genannten Kriterien erlauben jedoch keine Differenzierung zwischen dem diffusen Evolutionstyp des Lappensarkoms und identischen Röntgenbefunden einer lobär begrenzten Lungenadenomatose (vgl. Abb. 36 und Abb. 81), intraalveolär wachsenden Bronchuskarzinomen (Bd. IX/4b, Abb. 422 u. 423) und Metastasen extrapulmonaler Zylinderzellkrebse von gleicher Ausbreitungsart (s. Abb. 196).

Da sich das makroanatomische und röntgenmorphologische Erscheinungsbild der meist polypösen *Bronchussarkome* mit dem zentraler Bronchialadenome deckt, erübrigt sich hier eine Wiederholung der für die semimaligne Geschwulstgruppe andernorts dargelegten differentialdiagnostischen Erwägungen (s. S. 114 u. 129).

In der *Differentialdiagnose gegenüber Bronchialkrebsen* sind nach ZADEK folgende Eigenarten des klinisch-röntgenologischen Bildes bronchopulmonaler Sarkome richtungsweisend:

1. Auftreten *schon in jüngeren Altersklassen,*
2. *Zurücktreten der Leitsymptome „Reizhusten" und „Hämoptysen",*
3. relativ häufiges *Ausbleiben lymphomatöser Hilusverbreiterung und obstruktiver Parenchymkomplikationen,*
4. extreme *Seltenheit röntgenologisch nachweislicher Tumorzerfallsvorgänge und homolateraler Zwerchfellparese* und
5. *Neigung zu bindegewebiger Abkapselung* (Konturschärfe!) und regressiver *Verkalkung des sarkomatösen Gewebes.*

II. Semimaligne Primärtumoren der Bronchien und Lungen

1. Die sogenannte Lungenadenomatose
(„Alveolarzell-Karzinom", „Bronchiolar-Karzinom")

a) Begriffsbestimmung und klinische Bedeutung

Die Lungenadenomatose erhielt zu Recht das Epitheton „mystery disease" (DECKER). Denn kaum eine Lungengeschwulst bietet der Klassifizierung größere Schwierigkeiten als die eigentümliche Neoplasie, die erstmals von MALASSEZ 1876 als „cancer encéphaloïde du poumon (épithélioma)" (knotige Variante) und von MUSSER 1903 als „primary cancer of the lung" (diffuser Typ) in metastasierender Form sowie 1907 von HELLY als „adenomähnlicher Lungentumor" (knotig-disseminierte Form mit tödlicher respiratorischer Insuffizienz nach einjähriger Krankheitsdauer) ohne lympho-hämatogene Metastasen beschrieben wurde. Die Problematik der Definition ist schon in den ersten Berichten angedeutet und erhellt noch mehr daraus, daß das vielgestaltige Geschwulstleiden in der Weltliteratur seither unter 3 Dutzend Synonymen bekannt wurde (LIEBOW).

Zur *Nomenklatur* gehören u.a.: „diffuse epithelial hyperplasia" (BELL), „pulmonary mucous epithelial hyperplasia" (TAFF u. NICKERSON), „épithéliomatose respiratoire diffuse" (AMEUILLE u. SCHWEISGUTH), „épithélioma alvéolaire primitif diffus (pseudo-adénomateux)" (GAGNÉ), „carcinomatoides alveogenica multicentrica" (CASILLI u. WHITE), „carcinosis" (BONNE), „Alveolenkarzinose" (HOMMANN; MELNITZKY), „primäres Gallertkarzinom der Lunge" (EISMAYER), „gelatinous lung cancer" (REY u. RUBINSTEIN), „papilläres mukozelluläres" bzw. „gelatinöses Adenokarzinom" (OSSERMANN u. NEUHOF; BRIESE), „diffuses schleimbildendes Zylinderzellkarzinom" (HUEPER; LAPP u. LÜTGERATH), „diffuser pneumonischer" bzw. „pseudo-pneumonischer Lungenkrebs" (DIETRICH; LUNA u. BRACCO), „multi-" bzw. „miliarnoduläres Lungenkarzinom" (HEDINGER; FISCHER; ECK; WERNER; VANĚK), „carcinoma adenomatosum multiloculare" (WALTHER), „carcinoma effusum superficiale (tapetoideum aut alveolare)" (ECK).

Weitere Verbreitung fanden die Namen „*primäres diffuses bzw. multizentrisches Alveolarzell-* (Alveolar-, Alveolarepithel-)*Karzinom* (-Tumor) (GRABER; GÖDEL; EWING; GORDON; WEISSMANN; KRETSCHMER; FISHMAN, EPSTEIN u. GRAYZEL; NEUBUERGER; HERBUT; NEUBUERGER u. GEEVER; DELARUE u. GRAHAM; IKEDA; ŠKORPIL; GEEVER, CARTER, NEUBUERGER u. SCHMIDT; GOOD, MCDONALD, CLAGETT u. GRIFFITH; LAIPPLY u. FISHER; GOOD; GEEVER, NEUBUERGER u. DAVIS; LIAVAAG; MCCALLUM; DAVIS u. SIMON; MCCOY; HUTCHISON; BUBIS u. ERWIN; SWEANEY; EFFERT; COUCH, FLEMING u. HARRISON; VOLUTER u. RYWLIN; FISHER u. HOLLEY; DECKER; WARE; MEARS, KIRKLIN u. WOOLNER; ANACKER; VIRAGH u. WOODS; ROTTE; OUDET; GUIMARÃES; FRIEDERICI u. SOLBACH u.a.), „multiple, alveoläre, benigne, semi-maligne oder maligne *Lungenadenomatose* (RICHARDSON; SIMS; DACIE u. HOYLE; WOOD u. PIERSON; ADAMS, STEINER u. BLOCH; PAUL u. RITCHIE; SWAN; SIMON; HILDEBRAND; DRYMALSKI, THOMPSON u. SWEANEY; BUBIS u. ERWIN; ACEVEDO, GIUNTINI u. CROXATTO; SHIPMAN, STEPHENS u. BINKLEY; FREEDMAN; HATFIELD u. HILL; LACKEY; PAUL; KING u. CARROLL; DUPREZ u. MATTHEIM; FANCONI; KAHLAU; SIEGENTHALER; UEHLINGER; HUTCHINSON; JOSEPH; FERRIER u. CHAUVET; MÜLLY; GIESE; FASANO u. MICELI; JACOBAEUS, OLHAGEN, RUDHE u. VESTIN; GEPTS; GORNAK, TIMOFEEVA u. STYREN; WEIR; STRANCE; SCARINCI; BROBECK; BREDNOW; SEIDEL; LANGER; VIRAGH u. WOODS; CECCONI; VOLUTER u. ZÜRCHER; LUSCHNITZ u. DIECKMANN u.a.) und in neuerer Zeit „*terminal-bronchioläres bzw. Bronchiolar-Karzinom*" (HERBUT; SMITH, KNUDTSON u. WATSON; WATSON u. SMITH; STOREY, KNUDTSON u. LAWRENCE; DUNHAM u. SMITH; STOREY; OVERHOLT, MEISSNER u. DELMONICO; LINDSKOG u. LIEBOW; WOODRUFF, OTTOMAN u. ISAAC; DECKERT u. MADSEN; ZATUCHNI, CAMPBELL u. ZANAFONETIS; LAIPPLY; YU, ALLEN u. MARCY; LAIPPLY, SHERICK u. CAPE; EHLER, STRANAHAN u. OLSON; OVERHOLT u. BOUGAS; SPJUT, FIER u. ACKERMAN; WELLINGTON;

KITTREDGE u. SHERMAN; BELGRAD, GOOD u. WOOLNER; BALÓ; VIDAL u. GUIBERT; HAWKINS, HANSEN u. HOWBERT; FITZPATRICK, MILLER, EDGAR u. BERG; HEWLETT, GOMEZ, ARONSTAM u. STEER; HAUBRICH u. HARMS; HEIMANN u. GOMPEL; SHERWIN u. LAFORET u. a.). (Zahlreiche Arbeiten enthalten mehrere dieser Begriffe im Titel nebeneinander, zum Teil in Klammern oder Anführungsstriche gesetzt, teils mit Fragezeichen oder dem Zusatz „sogenannte..." versehen.)

Die im pathologisch-anatomischen Schrifttum als „*kongenitales bzw. fötales (zystisches) Lungenadenom*" beschriebenen Mißbildungen entsprechen knorpelfreien Lungenhamartomen adenomatöser Bauart (PICK; LEUBA; STOERCK; THOMAS u. JONES; LINSER; GIESE; HAUPT, GLÖCKNER u. KÜNSTLER) (s. Abb. 119) und gehören nicht zum Formenkreis der hier erörterten Neoplasie.

Das *terminologische Chaos spiegelt die bislang herrschenden Unklarheiten und Auffassungsunterschiede über Ausgangspunkt, Wesen und onkologische Stellung des Leidens wider.* Am neoplastischen Charakter der menschlichen Lungenadenomatose besteht kein Zweifel mehr. Der Streit geht im wesentlichen um Probleme der Histo- und Morphogenese (s. SWAN; DELARUE u. GRAHAM; STOREY, KNUDTSON u. LAWRENCE; DECKER) (S. 57ff.) sowie um

Tabelle 5. *Extrapulmonale Primärtumoren mit Neigung zu intrapulmonalem Metastasenwachstum nach Art der Lungenadenomatose.* (Zusammenstellung nach Schrifttumsangaben aus ECK, H., HAUPT, R., ROTHE, G.: Die gut- und bösartigen Lungengeschwülste. In: Handbuch der speziellen pathologischen Anatomie und Histologie, Bd. III/4, Tabelle 14. Berlin-Heidelberg-New York: Springer 1969)

Autor	Jahreszahl	Sitz des Primärkarzinoms
NICHOLSON	1909	Ovar
HERBUT	1946	Pankreas, Rektum (2 Fälle), Kolon (2 Fälle), Gallenblase
FINESTONE	1953	Ösophagus (vom Autor als Doppelkarzinom interpretiert)
HASLHOFER	1953	Pankreas
WILLIS	1953	Pankreas
ECK	1955	Pankreas
HAMBACH	1956	Pankreas
BALÓ	1957	Thyreoidea (2 Fälle)
BARBOLINI	1957	Pankreas
DELARUE u. ROUJEAU	1957	Magen (3 Fälle)
JOHANSEN u. OLSEN	1957	Pankreas
CAIN	1958	Mamma, Dickdarm, Ovar, Pankreas
KISCHKEL	1958	Niere (Hypernephrom) (2 Fälle)
HEWER	1961	Pankreas (7 Fälle), Magen, Ovar, Mamma
ROSSMANN u. VORTEL	1961	Pankreas, Kolon, Thyreoidea, Mamma, Rektum

die Frage, inwieweit die Geschwulst in ihrem biologischen Verhalten grundsätzlich wesensverschieden von den „banalen" Bronchuskarzinomen ist (s. KAHLAU; FRIED; MÜLLY; ECK; BALÓ; ECK, HAUPT u. ROTHE) (s. S. 45, 46, 50 u. 59 ff.).

Die Bezeichnung „Lungenadenomatose" präjudiziert weder Ursprung noch biologische Eigenart des Blastoms (SWAN; KAHLAU). Seine Besonderheit liegt

1. *in der Schwierigkeit, einen eigentlichen Primärtumor nachzuweisen,*
2. im Verhalten als „*Oberflächentumor*" *ohne eigentliches Stroma und ohne destruktives Wachstum* der zylindrischen bzw. kubischen Tumorzellen innerhalb der Alveolarstrukturen,
3. in der *Diskrepanz zwischen dem zytomorphologischen Aspekt des* im wesentlichen gleichförmigen, *relativ hochdifferenzierten Tumorzellrasens und dem biologischen Verhalten der* im Spontanablauf stets *tödlich endenden Neoplasie*, und
4. in der *scheinbar regellosen Korrelation gleichartiger feingeweblicher Befunde mit zeitlich ganz unterschiedlichen Krankheitsverläufen.*

Da das Strukturmuster der Lungenadenomatose von intrapulmonal metastasierenden Adenokarzinomen verschiedener Ursprungsorgane (insbesondere Bronchien, Pankreas, Magen-Darmtrakt, Prostata, Ovarien, Schilddrüse, Mundspeicheldrüse, Mamma) sowie

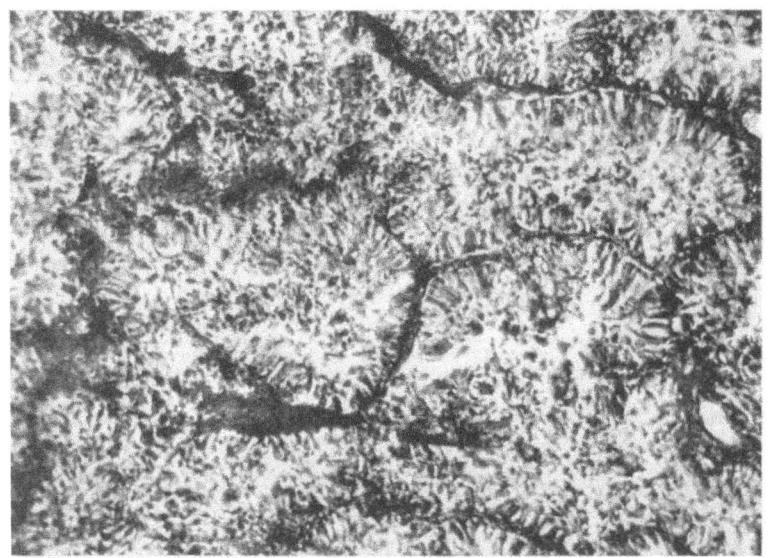
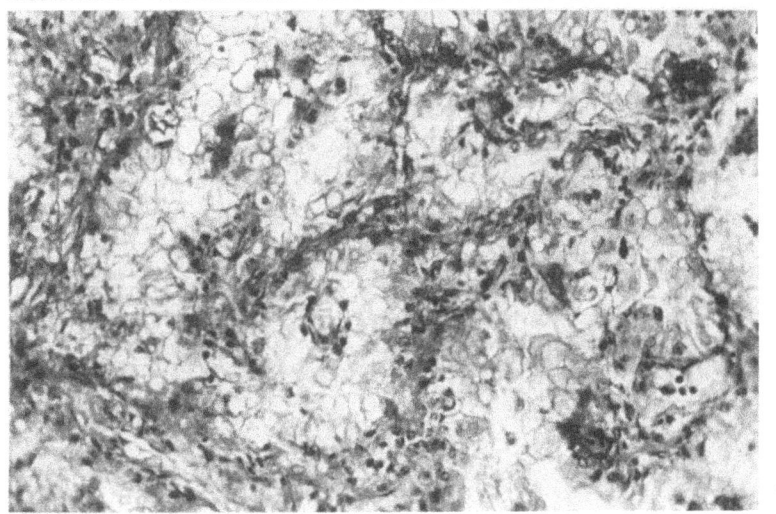

Abb. 14a u. b. *Pulmonale Hypernephrommetastasen unter dem Bild des sog. „Alveolarzellkarzinoms"*. a H-E-Färbung, Vergr. 100:1 (SN 300/64). b Pulmonale Hypernephrommetastase bei der im Gegensatz zu Abb. 14a die blasige Form der Hypernephromzellen noch deutlich zum Ausdruck kommt. H-E-Färbung, Vergr. 180:1 (2419/65). (Nach ECK, H., HAUPT, R., ROTHE, G.: Die gut- und bösartigen Lungengeschwülste. In: Handbuch der speziellen pathologischen Anatomie und Histologie, Bd. III/4, Abb. 17. Berlin-Heidelberg-New York: Springer 1969)

von Hypernephrommetastasen täuschend imitiert werden kann (NICHOLSON; HASLHOFER; WILLIS; FISCHER; PICK; HERBUT; POTTS u. DAVIDSON; FRISSELL u. KNOX; MITCHELL; FRIED; ECK; LÜDEKE; WERNER; STOBBE; DUFOURT, SANTY, GALY, TOURAINE u. RIFFAT; SVIRČEVIĆ u. POPOVIĆ; CULVER; GALY, BAUD u. DUPREZ; BENDA, FRANCHEL u. DUPPERET; CAIN; HAMBACH; SCHMIEDT; WORATZ; KISCHKEL; LAGÈZE u. TOURAINE; JOHANSEN u. OLSEN; HEWER; REY; HUGONOT, FERRABOUC, GUICHÈNE u. PARNET; SWEIGERT; SCHLUNGBAUM; MCLAUGHLIN u. HEATH; LAMPE u. ZATZKIN; MÜLLY; FREY u. LÜDEKE; FINESTONE u.a.) (Tabelle 5, Abb. 14, 196, 198, 200, 203, 224 und 226), gibt selbst der histologische Lokalbefund bioptischer Gewebsproben bzw. Resektionspräparate allein noch keine volle Gewißheit. Letztlich ist die *Diagnose nur per exclusionem*, d.h. durch Autopsie oder auf Grund langer symptomfreier Überlebensfristen nach kurativen Eingriffen (Bd. IX/4a, Abb. 207) zu stellen (SWAN; STOREY, KNUDTSON u. LAWRENCE; ECK; FANCONI u.a.). Die Möglichkeiten negativer Beweisführung sind beim *Ausschluß primärer bronchogener bzw. extrapulmonaler Miniaturkrebse und ihrer* (kontinuierlichen, intrakanalikulären und lympho-hämatogenen) *Ausbreitungsvorgänge in den Lungen* auch bei gezielter Fahndung begrenzt (ECK; FRIED; WERNER; STOBBE; HEWER u.a.). ECK hält es daher für *fraglich, ob die disseminierte Lungenadenomatose überhaupt den Charakter einer eigen-*

ständigen Geschwulstform besitzt oder lediglich durch Metastasierung aus kleinen, von den Ablegern überwucherten und deshalb *unerkannten Primärtumoren intra- oder extrapulmonaler Lage zustande kommt* (s. auch FREY u. LÜDEKE).

Tatsächlich ist pathologisch-anatomisch noch unentscheiden, inwieweit es sich formalgenetisch um eine Entität im Sinne einer der divergenten Thesen handelt. Unabhängig vom jeweiligen Standpunkt zur Histo- und Morphogenese ist die Mehrzahl der Autoren allerdings von der biologischen Sonderstellung des Geschwulstleidens überzeugt. Auch diese auf Häufigkeit, Geschlechts- und Altersverteilung, Metastasierungstendenz und Verlaufsweise der Neoplasie gegründete Ansicht (s. KAHLAU; FANCONI; MÜLLY) setzt ECK prinzipiell in Zweifel.

b) Statistik

α) Häufigkeit

Die Lungenadenomatose ist noch heute eine absolut seltene Krankheit. 1953 umfaßte die damals größte Sammelstatistik von STOREY, KNUDTSON u. LAWRENCE mit 205 Fällen nahezu die ganze Kasuistik der Weltliteratur. Inzwischen stellte ECK in seiner Monographie Daten von insgesamt 319 Fällen des Schrifttums bis 1955 zusammen. Bis 1957 erhielt er Kenntnis von 339 einschlägigen Beobachtungen.

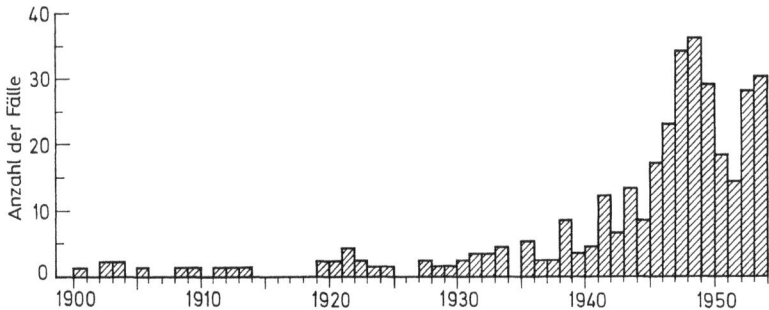

Abb. 15. *Aufgliederung von 319 Lungenadenomatose-Beobachtungsfällen der Weltliteratur nach dem jeweiligen Berichtsjahr im Zeitraum von 1900—1955* (Angabe in absoluten Zahlen). [Nach ECK, H.: Das sog. „Alveolarzellkarzinom" (Lungenadenomatose). Leipzig: VEB Thieme 1957]

ECKs Übersichtsdiagramm der Kasuistik aus den Berichtsjahren 1900—1955 (Abb. 15) zeigt *seit etwa 1940 einen merklichen Anstieg der registrierten Fälle*. Ob das Verhalten eine echte *Parallele zum Anwachsen der Bronchuskarzinomziffern* ausdrückt, wie ECK und FANCONI im Gegensatz zu KAHLAU u.a. annehmen, oder veränderten Wertungsmaßstäben (Definitionswandel, subtilere Diagnostik, größere Publikationsfreudigkeit infolge erhöhten Interesses) zuzuschreiben ist, muß dahingestellt bleiben.

Das Gesamtmaterial ist für derartige Rückschlüsse noch zu klein. Es enthält zudem Beobachtungen von fraglicher Authentizität (histologische Diagnose ohne autoptische Bestätigung). Auch die von SWAN sowie STOREY, KNUDTSON und LAWRENCE gesammelten Fälle erfüllen die von den Autoren selbst geforderten Ausschlußkriterien (s. S. 61/62) nur zum Teil; ein nicht unerheblicher Prozentsatz der Diagnosen gründet sich auf bioptische Befunde (zytologische Sputumanalyse, Nadelbiopsie, Lungenbiopsie bei Probethorakotomie, histologische Untersuchung resezierter Lungenteile).

Wegen der Schwierigkeit einer klaren Angrenzung gegenüber metastasierenden Adenokarzinomen (ECK; WERNER; FRIED; STOREY, KNUDTSON u. LAWRENCE; MÜLLY) sind die Angaben zur *Häufigkeitsrelation der Lungenadenomatose zu den gewöhnlichen Bronchuskrebsformen* mit Reserve zu betrachten. Die Schätzungen schwanken meist um Werte bis 1% (MEESSEN ca. 0,5%; BOYD, SMEDAL, KIRTLAND, KELLEY u. TRUMP ca. 0,7%; EHLER, STRANAHAN u. OLSON 0,8%; SWAN sowie FANCONI 1%). Andere Autoren geben höhere Ziffern an [POPP, HOLLER u. HOBBS; LIEBOW sowie UEHLINGER 3—5%; STOREY, KNUDTSON u. LAWRENCE 5%; FRUHLING u. HORRENBERGER sogar 17% (!)] (s. auch Tabelle 6).

Tabelle 6. Die Häufigkeitsrelation von Lungenadenomatose und primären Bronchuskarzinomen. (Nach Schrifttumsangaben zusammengestellt von ECK, H., HAUPT, R., ROTHE, G.: Die gut- und bösartigen Lungengeschwülste. In: Handbuch der speziellen pathologischen Anatomie und Histologie, Bd. III/4, Tabelle 12. Berlin-Heidelberg-New York: Springer 1969)

Autoren	Institut bzw. Klinik	Primäre Bronchialkarzinome	Alveolarzellkarzinome
SWAN (1949)	Armed Forces Inst. Path. Washington	900	9 (1,0%)
GOOD, MCDONALD u. Mitarb. (1950)	Mayo Clinic Rochester	275	7 (2,5%)
LANGER u. WILLMANN (1955)	Chirurgische Klinik Düsseldorf	1000	1 (0,1%)
FANCONI (1956)	Path. Inst. Zürich und St. Gallen	1095	11 (1,0%)
JOSEF (1956)	Chir. Klinik Würzburg	450	1 (0,2%)
BALÓ (1957)	Path. Insitut Budapest	200	10 (5,0%)
ECK (1957)	Path. Inst. St. Georg Leipzig	650	30 (4,6%)
ZADEK u. LOOK (1957)	Städt. Krankenhaus Berlin-Neukölln	500	11 (2,2%)
ÜBERMUTH (1962)	Chir. Klinik Leipzig	200	1 (0,5%)
WALTHER u. HEUCK (1962)	Chir. Klinik Kiel	521	3 (0,6%)
JELLINGER u. ZEITLHOFER (1963)	Wiener Path-anat. Universitätsinstitut	1036	5 (0,5%)
ROTTE (1963)	Robert-Rössle-Klinik Berlin	1500	18 (1,2%)

β) *Geschlechtsverteilung*

Die Sexualproportion der Lungenadenomatose ist ausgeglichen. Im Gegensatz zu früheren Statistiken mit kleinen Ziffern [Verhältnis ♂: ♀ nach SWAN (27 Fälle) 1:1,25; GRIFFITH, MCDONALD u. CLAGETT (51 Fälle) 1:1,4; KAHLAU (44 Fälle) 1:1,75] überwiegt in den letzten Sammelstatistiken eher etwas das männliche Geschlecht [DECKER (155 Fälle) 1,4:1; STOREY, KNUDTSON u. LAWRENCE (205 Fälle) 1,5:1; ECK (307 Fälle) 1,18:1] (Abb. 16).

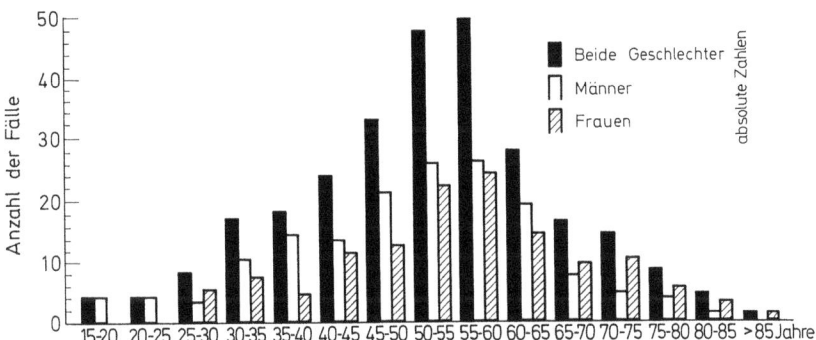

Abb. 16. *Alters- und Geschlechtsverteilung von 291 Fällen von Lungenadenomatose der Weltliteratur nach* ECK (Angabe in absoluten Ziffern, Geschlechtsverhältnis insgesamt: 160 ♂:131 ♀)

Die *Bevorzugung des männlichen Geschlechts* ist aber deutlich *geringer als bei den Bronchuskrebsen* insgesamt [FISCHER (7000 Fälle) 4:1; KAHLAU (190 Fälle) 4,2:1; HARNETT (1063 Fälle) 4,5:1; GROSSE (1206 Fälle) 4,8:1; WERNER (650 Fälle) 5,8:1; BRYSON u. SPENCER (866 Fälle) 6:1; OCHSNER, DE CAMP u. DE BAKEY (948 Fälle) 7,7:1; MOERSCH u. MCDONALD (1000 Fälle) 8,5:1; MASON (1000 Fälle) 9,0:1; BROOKS, DAVIDSON, PRICE-THOMAS, ROBSON u. SMITHERS (502 Fälle) 10,7:1; EHLER, STRANAHAN u. OLSON (517 Fälle) 13,2:1]. Noch stärker weichen die Ziffern vom Geschlechtsverhältnis ♂: ♀ beim Typ des bronchogenen Plattenepithelkrebses [SIEGENTHALER (203 Fälle) 10:1; WALTHER (101 Fälle) 13:1; EHLER, STRANAHAN u. OLSON (172 Fälle) 23,5:1; MOERSCH u. MCDONALD (395 Fälle) 23,5:1] und der kleinzelligen Bronchialkarzinome ab [SIEGENTHALER (118 Fälle) 24:1; WALTHER (155 Fälle) 9:1; EHLER, STRANAHAN u. OLSON (147 Fälle) 20:1; MOERSCH u. MCDONALD (90 Fälle) 29:1].

Andererseits *entspricht das ausgeglichene Geschlechtsverhältnis von 1,18:1* bei den von ECK gesammelten Fällen annähernd *dem bronchogener Adenokarzinome* [SIEGENTHALER

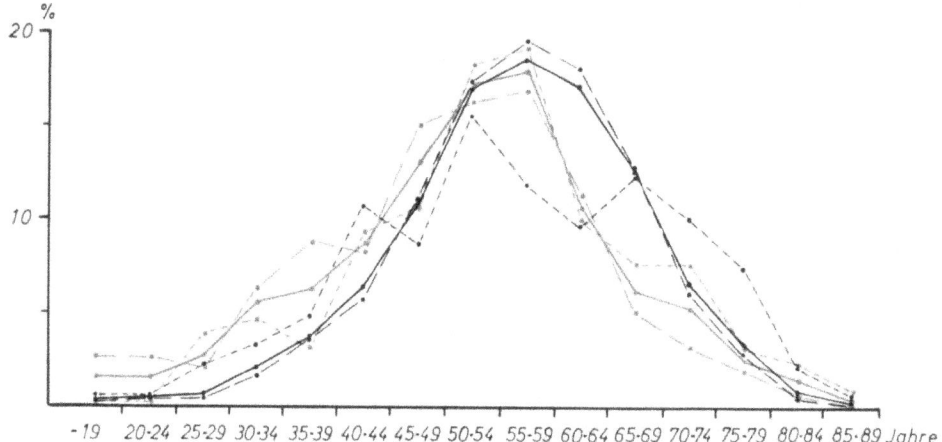

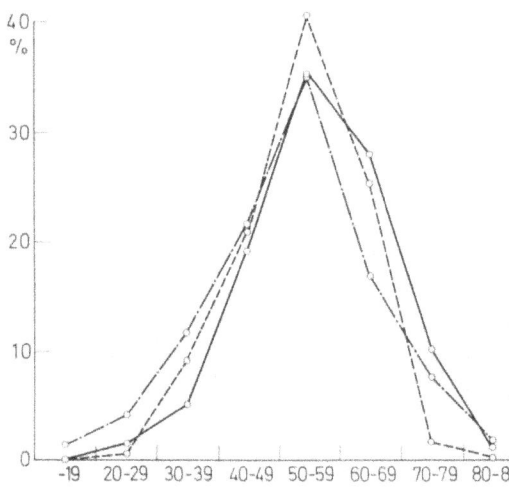

Abb. 17. *Altersgliederung von 1516 histologisch gesicherten Bronchialkarzinomen* (schwarz) *und 291 Lungenadenomatosefällen* (rot) nach Jahrfünften gestaffelt und jeweils in Prozenten der Gesamtziffern ⎯⎯, der männlichen ⎯ ⎯ und weiblichen Patienten ⋯⋯ dargestellt (Diagramm nach Bronchialkrebsstatistiken von SPENCER u. BRYSON; BJÖRK sowie BROOKS, DAVIDSON, PRICE-THOMAS, ROBSON u. SMITHERS im Vergleich zur Lungenadenomatose — Sammelstatistik von ECK)

Abb. 18. *Vergleich der prozentualen Altersverteilung von 16184 Bronchialkarzinomen* (Sammelstatistik von GROSSE) (⎯⎯⎯) *und 186 bronchogenen Adenokarzinomen* (nach Angaben von PATTON, MCDONALD und MOERSCH; EHLER, STRANAHAN u. OLSON sowie BJÖRK) (-------) *mit 291 Fällen von Lungenadenomatose* (Sammelstatistik von ECK) (·—·—·)

♂ : ♀ = 1,3 : 1 (35 Fälle); GROSSE 1,3 : 1 (90 Fälle); BRYSON u. SPENCER 1,5 : 1 (41 Fälle); WALTHER 2,0 : 1 (24 Fälle); OCHSNER, DE CAMP u. DE BAKEY 2,0 : 1 (100 Fälle); KREYBERG 2,1 : 1 (98 Fälle); EHLER, STRANAHAN u. OLSON 2,7 : 1 (34 Fälle); SAXÉN et al. 2,9 : 1 (51 Fälle); BJÖRK 3,0 : 1 (20 Fälle); MOERSCH u. MCDONALD 3,4 : 1 (137 Fälle)] [s. auch MASON; GRAHAM (zit. nach ECK); SANTY, PALIARD, BÉRARD, GALY u. DUPREZ; GEBAUER; OCHSNER; MÜLLY].

Vom Aspekt der metastatischen Deutung der Lungenadenomatose her scheint der Hinweis ECKs bemerkenswert, daß auch pulmonale Geschwulstabsiedlungen von Karzinomen beliebiger Primärlokalisation (nach Abzug der Mamma- und Bronchuskrebse) annähernd gleich häufig bei beiden Geschlechtern nachzuweisen sind (OLSON; EICHENGRÜN u. ESSER; LICKINT; ECK; MEYER; RUSSO u. CAVANAUGH).

γ) *Altersverteilung*

Das Manifestationsalter der Lungenadenomatose liegt nach bisherigen Mitteilungen in den Grenzen des 16.—89. Lebensjahres (Abb. 16). ECK gibt als *Durchschnittsalter* von 291 Fällen der Literatur *etwa 53 Jahre* an [Altersmittel *bei Bronchialkrebsen:* nach MOERSCH u. MCDONALD beim *Typ des Adenokarzinoms* = 53 Jahre(!) (137 Fälle), bei Plattenepithelkarzinomen = 52 Jahre (395 Fälle), bei kleinzelligen Krebsen = 46 Jahre (90 Fälle), bei großzelligen Formen = 55 Jahre (378 Fälle); bei Bonchialkarzinomen insgesamt: nach BRUNNER = 54 Jahre (178 Fälle); nach KOCH = 56 Jahre (185 Fälle); nach BROOKS, DAVIDSON, PRICE-THOMAS, ROBSON u. SMITHERS = 54,8 Jahre bei ♂, 55,4 Jahre bei ♀ (502 Fälle)]. Das mittlere *Erkrankungsalter der Männer* (51 Jahre) *ist etwas niedriger als das Altersmittel der Frauen* (55 Jahre) (ECK) (Abb. 17), während man bei den Bronchialkrebsen der Frau eher eine leichte Vorverlegung des Erkrankungszeitpunktes gegenüber dem männlichen Geschlecht verzeichnet findet (BJÖRK; KREIS; MÜLLY; ECK; WERNER u.a.; dagegen: BROOKS et al.; KOCH; BRYSON u. SPENCER; SCHULZE). Abgesehen von etwas breiterer Streuung *entspricht der Verlauf der Alterskurve der 291 Fälle von Lungenadenomatose im wesentlichen der Altersverteilung banaler Bronchuskrebse* (Abb. 17 u. 18).

Der *Altersgipfel liegt im 6. Dezennium* (92 Fälle = 31,6%) (prozentuale Vergleichswerte der Bronchuskarzinomrate im 6. Lebensjahrzehnt: 24,1% (KREIS); 32,0% (FISCHER); 32,6% (FRIED); 35,2% (GROSSE); 35,4% (FULTON); 37,4% (OCHSNER, RAY u. ACREE); 38% (VOGLER); 39,1% (BJÖRK); 42,0% (DOLL u. HILL); 42,5% (SALZER, WENZL, JENNY u. STANGL); 44% (ANACKER); 47,1% (WIKLUND); 51,0% (ZISSLER). Unter den nächsthäufig betroffenen Lebensjahrzehnten steht das 5. (56 Fälle = 19,2%) vor dem 7. (54 Fälle = 18,6%) und 4. Dezennium (36 Fälle = 11,7%). Zusammengefaßt entfallen auf die 5. und 6. Dekade über zwei Drittel und auf das 4.—7. Dezennium mehr als vier Fünftel der Gesamtziffer.

c) Ätiologie

Die Entstehungsursachen der Lungenadenomatose sind noch völlig unklar.

Manche Autoren halten die Krankheit für eine multizentrische Blastombildung, die von ständigem *Proliferationsreiz aerogen einwirkender Karzinogene und anderer äußerer Noxen physiko-chemischer bzw. entzündlich-infektiöser Natur* herrührt (Lit. s. SWAN; DELARUE u. GRAHAM; STOREY, KNUDTSON u. LAWRENCE; KAHLAU, DUFOURT, SANTY, GALY, TOURAINE u. RIFFAT; BEAVER u. SHAPIRO; DECKER). Die Ansicht gründet sich einmal auf die tierexperimentelle Erzeugung reaktiver bzw. neoplastischer Zellwucherungen an den Alveolarwänden durch Inhalation von Radiumemanation (RAJEWSKY, SCHRAUB u. KAHLAU; KAHLAU; FREY; UNNEWEHR) bzw. (intratracheale, subkutane, intravenöse) Applikation von Urethan, N-Lost, 1,2,5,6-Dibenzanthrazen, Methylcholanthren und anderen kanzerogenen Kohlenwasserstoffen, Teerprodukten und Stäuben (ANDERVONT; GRADY u. STEWART; CAMPBELL; LORENZ u. STEWART; WELLS, SLYE u. HOLMES; MCDONALD u. WOODHOUSE; SIMONDS u. CURTIS; SMITH; SELBIE u. THACKRAY; SHIMKIN; SCHABAD; WILLIS u. BRUTSEART; SAMSSONOW; MURPHY u. STURM; BOYLAND u. HORNING; GRIFFIN, BRANDT u. TATUM; KOTIN u. Mitarb.; JAFFÉ; NETTLESHIP u. HENSHAW; BURDETTE; HESTON), von Säuren und Elektrolyten (WINTERNITZ, SMITH u. MCNAMARA; YOUNG), Jodölen (FRIED; GOWAR u. GILMOUR; ROSS), Bakterientoxinen (ROSS) sowie pathogenen Keimen (GRUMBACH; CAUSSADE u. ISIDOR; GRADY u. STEWART; STRAUB; WINTERNITZ; DUNGAL).

Im gleichen Sinne wurde der humanpathologische Befund *adenomähnlicher intraalveolärer Proliferationen im Bereich von Atelektasen, Lungenfibrosen, -infarkten und -steatosen, chronischen Pneumonien, durch Pleuraschwarten gefesselten, stauungsindurierten oder auf andere Weise entfaltungsbehinderten Lungenabschnitten* (LÖHLEIN; BORRELL; LAUCHE; FEYRTER; FISCHER; GUNKEL; MILLER; MACKLIN; GAZAYERLI; GRAEF; GÜTHERT; GOODWIN; IKEDA; BELL; GEEVER, NEUBUERGER u. DAVIS; DELARUE, DEPIERRE u. HOUDARD; BEAVER u. SHAPIRO; GEEVER, NEUBUERGER u. RUTLEDGE; WILLIAMS; FAVRE; PLAUCHU; CAUSSADE u. ISIDOR; STEWART u. ALLISON; WAGNER, ADLER u. FULLER; BERGMANN u. GRAHAM; HAEMMERLI; VANĚK; POLICARD; KAHLAU; CAIN; COSTERO, BARROSO-MOGUEL, CHÉVENEZ, MONROY u. CONTRERAS; GIESE; BERKHEISER; KING; MEYER u. LIEBOW; WEICKSEL u. CAIN u.a.) mitunter als Modell für die Gewebsantwort auf kanzerogene Reize betrachtet. Die *Kombination von Asbeststaublunge und Lungenadenomatose* (ZANARDI u. FONTANA) ist in diesem Zusammenhang von Interesse, im Gegensatz

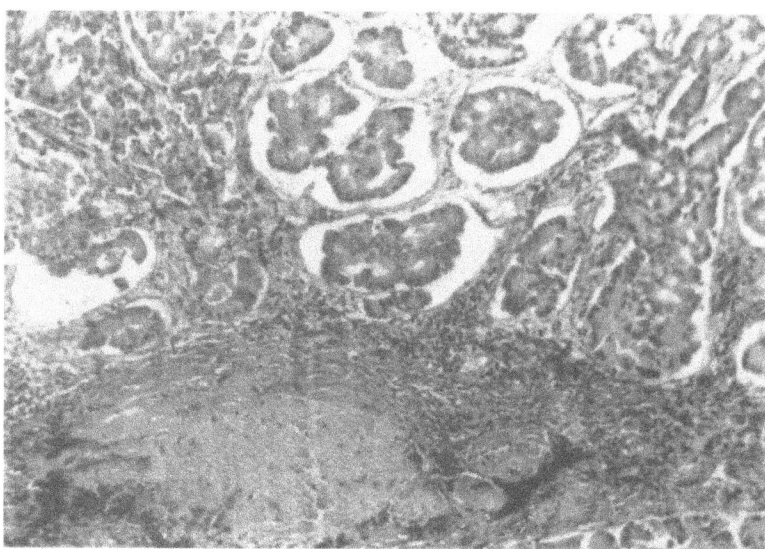

Abb. 19. *Lungennarbenkarzinom in unmittelbarer Nachbarschaft einer tuberkulösen Schwiele. Alveolarzellkarzinom.* Van Gieson-Färbung, Vergr. 100:1 (SN 190/65). (Nach Eck, H., Haupt, R., Rothe, G.: Die gut- und bösartigen Lungengeschwülste. In: Handbuch der speziellen pathologischen Anatomie und Histologie, Bd. III/4, Abb. 85. Berlin-Heidelberg-New York: Springer 1969)

zur Pathogenese broncho- und -pleurogener Asbestkrebse (s. Abb. 265 u. Bd. IX/4a) jedoch ungewöhnlich.

Ein unmittelbarer Rückschluß von den induzierten Tumoren der Versuchstiere auf die menschliche Lungenadenomatose ist um so weniger statthaft, als sich die histologischen Bilder nicht völlig gleichen (Swan; Storey, Knudtson u. Lawrence).

Die im Alveolarraum stillgelegter bzw. entzündlich vernarbter Lungenareale nachweisbare Proliferation hat reaktiven Charakter, nicht die Bedeutung eines *carcinoma in situ* (Favre; Policard; Bell; Geever et al.; Plauchu; Watts u. McDonald; Dufourt, Santy, Galy, Touraine u. Riffat; Kahlau u.a.). Die wuchernden Zellen werden teils als Histiozyten gedeutet (Gowar u. Gilmour), teils als Alveolarepithel (Goodwin; Bell; Geever u. Mitarb.; Williams u.a.) oder als eingedrungenes Bronchiolusepithel aufgefaßt (Ikeda; Graef; Galy et al.; Delarue, Depierre u. Houdard; Spencer u. Raeburn; Riffat; Dufourt u. Mitarb.; Berkheiser; King u.a.).

In Analogie zu den — nicht selten multilokulären — Mikrokarzinomen innerhalb chronisch entzündeter Bronchien, Bronchiektasen, Kavernen und Wabenlungen dürfte der *in umschriebenen Indurationsbezirken herdförmig auftretenden malignen Lungenadenomatose (Alveolarzellkarzinom)* eine hyperplaseogene Krebsentstehung zugrunde liegen (Kahlau; Baló; Haenselt; Haberland; Horrell u. Howe; Kurpat, Rothe u. Baudrexl; Eck, Haupt u. Rothe u.a.) (Abb. 19). Der Zusammenhang *im Sinne eines Narbenkrebses* (Hermann u. Heim) ist auch für die Fälle anzunehmen, in denen die Lungenadenomatose — wiederum ordinären Bronchuskarzinomen vergleichbar (s. Bd. IX/4a, Tabelle 29) — *im Bereich kongenitaler Bronchiektasen* beobachtet wird (Schlungbaum), aus *Lungeninfarktnarben* hervorgeht (s. Bd. IX/4a, Abb. 273), in örtlicher *Koinzidenz mit endo- oder exogener Lipoidpneumonitis* entsteht (Wood; Carpinisan, Diaconita, Eskenasy u. Scurei; Berg u. Burford; Oberndorfer; Fischer; Effert; Williams; Sante; Bonne; Cowdry u. Marsh; Drymalski, Thompson u. Sweaney; Theiler; Twort u. Lyth; Des Pirres et al.; Swenson u. Leaming u.a.) oder *mit diffuser Lungenfibrose* zusammentrifft (sklerodermale Kollagenose, Fibrosen vom Typ Hamman-Rich etc.) (Zatuchni, Campbell u. Zarafonetis; Hollósi, Szám u. Gerö; Fishman, Ep-

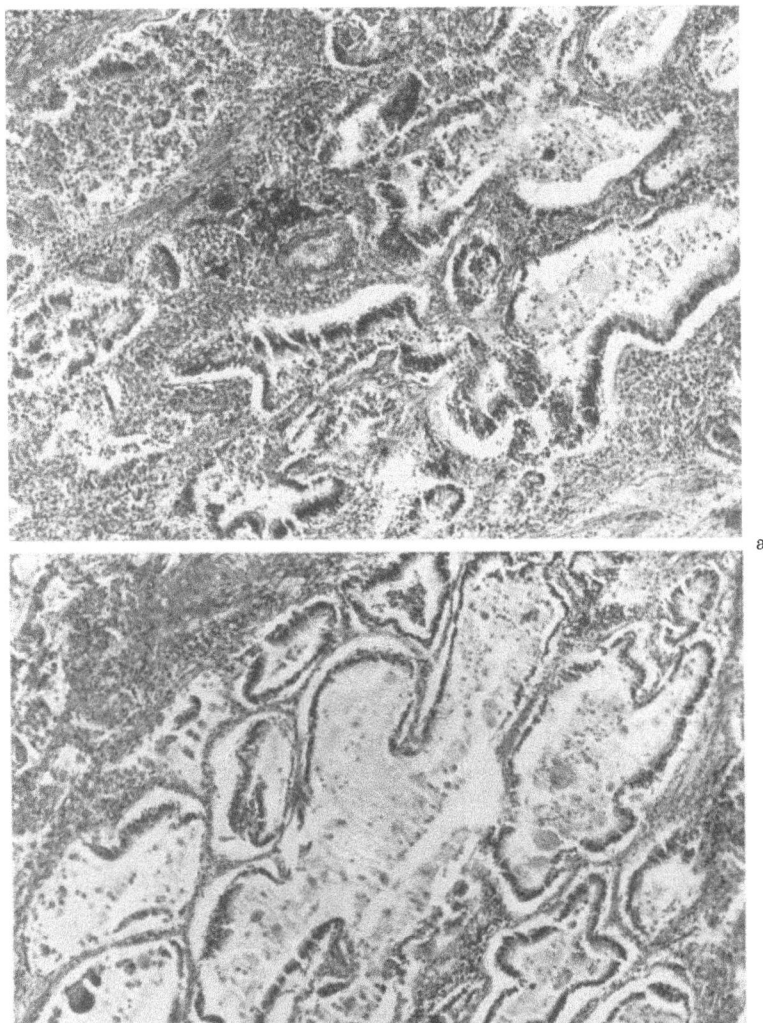

Abb. 20a u. b. *Alveolarzellkarzinom mit Lungenfibrose.* a Restalveolen von karzinomatösen Zylinderzellepithel ausgekleidet. Vergr. 85:1. b Aus der Nachbarschaft. Starke Ausweitung der Alveolen durch Schleimbildung. Vergr. 85:1 (Sekt.-Nr. 145/61). (Nach Eck, H., Haupt, R., Rothe, G.: Die gut- und bösartigen Lungengeschwülste. In: Handbuch der speziellen pathologischen Anatomie und Histologie, Bd. III/4, Abb. 77. Berlin-Heidelberg-New York: Springer 1969)

Stein u. Grayzel; Spain; Raeburn u. Spencer; Caplan; Williams; Pernod, Sors u. Bousquet; Collins, Darke u. Dodge; Batsakis u. Johnson; Weaver, Divertie u. Titus; Langer; Pernod, Sors, Chambatte, Bousquet u. Batime; Montgomery, Stirling u. Hamer; Donohue, Laski, Uchida u. Munn; Jonsson u. Houser; Stickler u. Ludwig; Uehlinger; Meyer u. Liebow; Murphy, Krainer u. Gerson; McKusik u. Fisher; Richards u. Milne; Heck; Mello u. Mello; Tompkin; Ferrier u. Chauvet; Eck, Haupt u. Rothe) (Abb. 20).

Im Gegensatz zu epidermoiden und anaplastischen Bronchialkrebsformen gibt es keinen Hinweis auf die Gültigkeit der Reiztheorie für das Zustandekommen der malignen Lungenadenomatose (Beaver u. Shapiro u.a.). Wie bei bronchogenen Adenokarzinomen (Wynder u. Graham; Kreyberg; Wynder; Lickint; Graham u.a.) (s. Bd. IX/4a, Abb. 28 und 29) wird der Kausalnexus mit inhalierten Zigarettenrauch-Karzinogenen zum Teil ausdrücklich verneint (Fanconi; Woodruff, Ottoman u. Isaac u.a.). Eine ursächliche Beziehung zu gewerblichen oder aktinischen Schäden (Strahlenpneumonitis bzw. -fibrose) ist aus der Literatur nicht ersichtlich, mit Ausnahme des von Abrahamson, O'Connor u. Abrahamson publizierten Präzedenzfalles einer *beiderseitigen diffusen*

Lungenadenomatose 16 Jahre nach einer Thorotrastinjektion. KAHLAU lehnt den von den Autoren vermuteten ursächlichen Zusammenhang ab, da die Masse der Gesamtdosis (75 ml) in Leber, Milz und Lymphknoten gespeichert wurde, in der Lunge aber nur geringe Reste des strahlenden Mediums nachweisbar waren.

Ebenso fraglich ist die *Virusätiologie* der menschlichen Lungenadenomatose, deren Analogie zur infektiösen Lungenadenomatose der Schafe und anderer Haustiere („Jaagziekte", „epizootic adenomatosis", „verminous pneumonia", „Montana progressive pneumonia", „Deilartunga disease", „bouhite" oder „maligne Lymphomatose") (COWDRY; COWDRY u. MARCH; AYNAUD, PEYRON u. FALCHETTI; DUNGAL; DUNGAL, GISLASON u. TAYLOR; LESBUORIES u. BONNAC; LUCAM; THELLER; LUSCHNITZ u. DIECKMANN; DURAN-REYNALS et al.; CUBA-CAPARO u. Mitarb.; weitere Lit. s. SWAN) seit langem diskutiert wird (BONNE; WOOD u. PIERSON; NEUBUERGER; SIMS; DUNGAL; DELARUE u. GRAHAM; SWAN; STOREY, KNUDTSON u. LAWRENCE; FANCONI; KAHLAU), zumal auch bei der Tierseuche mediastinale Lymphknotenabsiedlungen der intraalveolären Zellverbände beobachtet wurden (AYNAUD, PEYRON u. FALCHETTI; DUNGAL, GISLASON u. TAYLOR). Der ursprüngliche burische Name „jaagziekte" weist auf die Krankheitserscheinungen hin (Kurzatmigkeit und Mattigkeit wie nach langem Treiben der Tiere zu den Weideplätzen (jaag = treiben, ziekte = Krankheit), die den Spätsymptomen der menschlichen Erkrankung ebenso gleichen wie der histologische Befund. Während die Virusätiologie des tierischen Leidens angesichts spontaner und experimentell nachgewiesener Übertragung (DUNGAL; weitere Lit. s. SWAN) heute als wahrscheinlich gilt, und früher angeschuldigten Epizoonosen (Protozoen, Nematoden) (DUNGAL, GISLASON u. TAYLOR; HELLY; AYNAUD, PEYRON u. FALCHETTI) nur noch eine prädisponierende Rolle zugebilligt wird (s. SWAN), verliefen Impfversuche mit menschlichem Auswurf von Tumorträgern bei empfänglichen Tieren negativ (WOOD u. PIERSON; SOMS; DAVIS u. SIMON; GOOD, McDONALD, CLAGETT u. GRIFFITH u.a.). Über das Auftreten von Lungenadenomatose beim Menschen nach Kontakt mit akut pulmonal erkrankten Schafen wurde bisher nur einmal berichtet (STEPHENS u. SHIPMAN). Das von RAHN, EL MOHAMED u. HAHN beschriebene Vorkommnis gleichzeitiger Lungenadenomatose-Erkrankung von Mutter und Tochter blieb ätiologisch ungeklärt (gleichartiger Ursachenkomplex infektiöser oder toxischer Natur?). Der infektiöse Ursprung der humanen Lungenadenomatose ist demnach weder belegt noch ganz von der Hand zu weisen (OBERNDORFER; SWAN; KAHLAU; FANCONI u.a.).

d) Pathologisch-anatomische Morphologie

α) *Histologischer Befund*

Das feingewebliche Muster ist ziemlich einförmig, wenn auch gewisse Variationen des Zellbildes innerhalb einer Geschwulst vorkommen (KAHLAU; ECK; GARDIOL u. JALLUT u.a.). Als „typisch" gelten folgende Befunde:

1. *Auskleidung der Alveolen mit einer* locker haftenden *einzeiligen, selten mehrschichtigen Tapete regelmäßiger hochzylindrischer bis kubischer Zellen*, die stellenweise papillomatös sprossen können (Abb. 21).

2. Die wandständigen Blastomzellen besitzen *reichlich helles eosinophiles Plasma, gewöhnlich basalständige, rundlich-ovale Kerne* mit feinem Chromatingerüst und einem einzelnen größeren Nucleolus, meist *keine Zilien*. Im Regelfall produzieren sie Schleim, weisen überwiegend *hohe Differenzierung*, eine durchschnittlich niedrige Mitoserate und nur *geringe Tendenz zur Polymorphie und Anaplasie* auf (Abb. 22).

3. Die befallenen *Alveolarlichtungen enthalten* mehr oder weniger reichlich *einzeln oder im geschlossenen Verband abgelöste Tumorzellen* von variabler Form (abgerundet, kubisch, zylindrisch), *speichernde Makrophagen*, mitunter auch polymorphe, mehrkernige Riesenzellen (Fremdkörperriesenzellen?) und in späteren Stadien *leukozytäre Elemente*. Hinzu kommt die — nicht obligate! — Anhäufung muzikarmin-färbbarer *Schleimmassen*, deren intraalveoläre Expansion in den Randzonen der neoplastischen Zellbesiedlung vor-

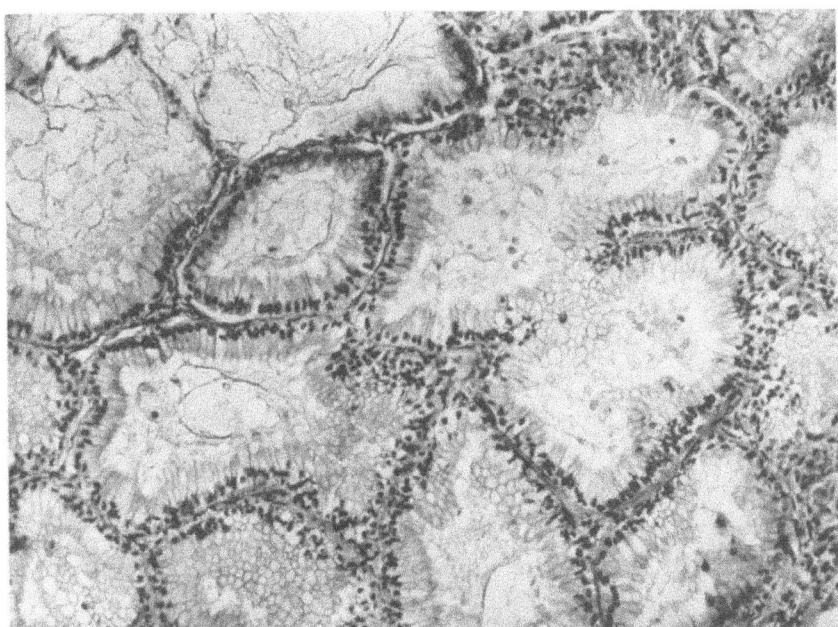

Abb. 21. *Lungenadenomatose*. Auskleidung der Alveolen mit einreihigem Zylinderepithel in großen Lungenabschnitten. Tod an respiratorischer Insuffizienz. 38jähr. ♂, J.-Nr. 1489/53. Vergrößerung 15fach. (Nach GIESE, W.: Die allgemeine Pathologie der äußeren Atmung. In: Handb. allg. Pathol., Bd. V/1, S. 402—638, Abb. 72. Berlin-Göttingen-Heidelberg: Springer 1960)

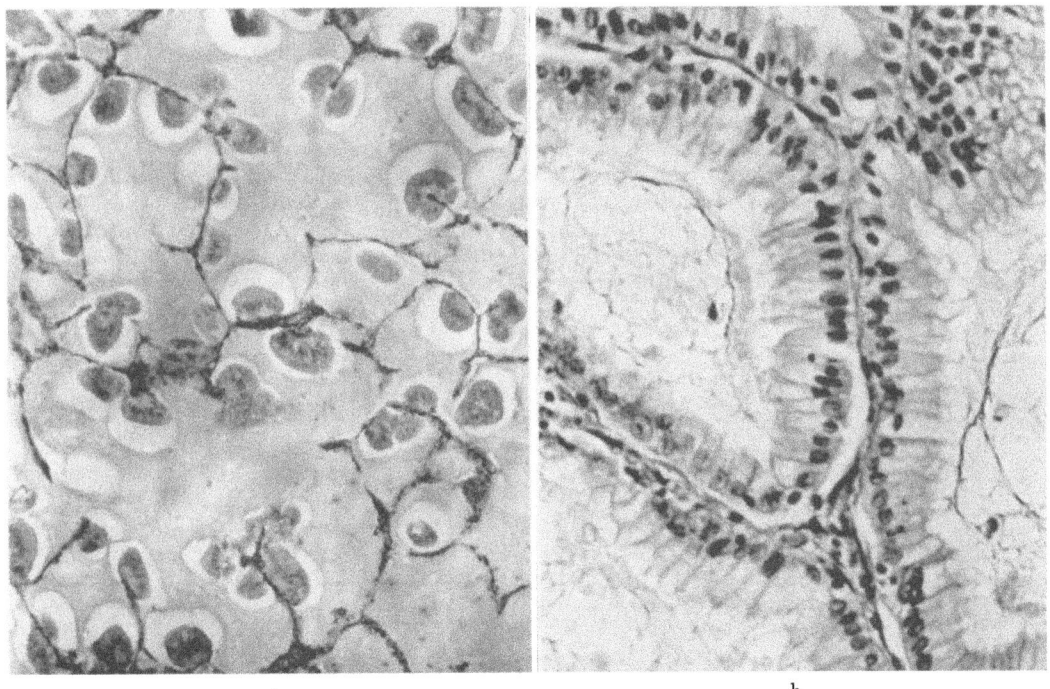

a   b

Abb. 22a u. b. *Varianten im feingeweblichen Bild der Lungenadenomatose*. a Adenocarcinoma cylindrocellulare muciparum mit dem morphologischen Aspekt von Implantationsmetastasen: traubenartige Epithelbüschel an den Septen der durch Schleimsekretion gedehnten Alveolen. Vergr. 110fach, Kr.-Nr. 1313/52. b Papillenbildung bei zusammenhängender einzeiliger Zylinderzell-Tumortapete. Vergr. 400fach. J.-Nr. 1489/53, Patholog. Inst. d. Univ. Münster/W., Direktor: Prof. W. GIESE. (Nach GIESE, W.: Die Atemorgane. In: KAUFMANN, E., STAEMMLER, M.: Lehrbuch der speziellen pathologischen Anatomie, 11. und 12. Aufl., Bd. II/3, S. 1417—1984, Abb. 970 und 971. Berlin: W. de Gruyter 1960)

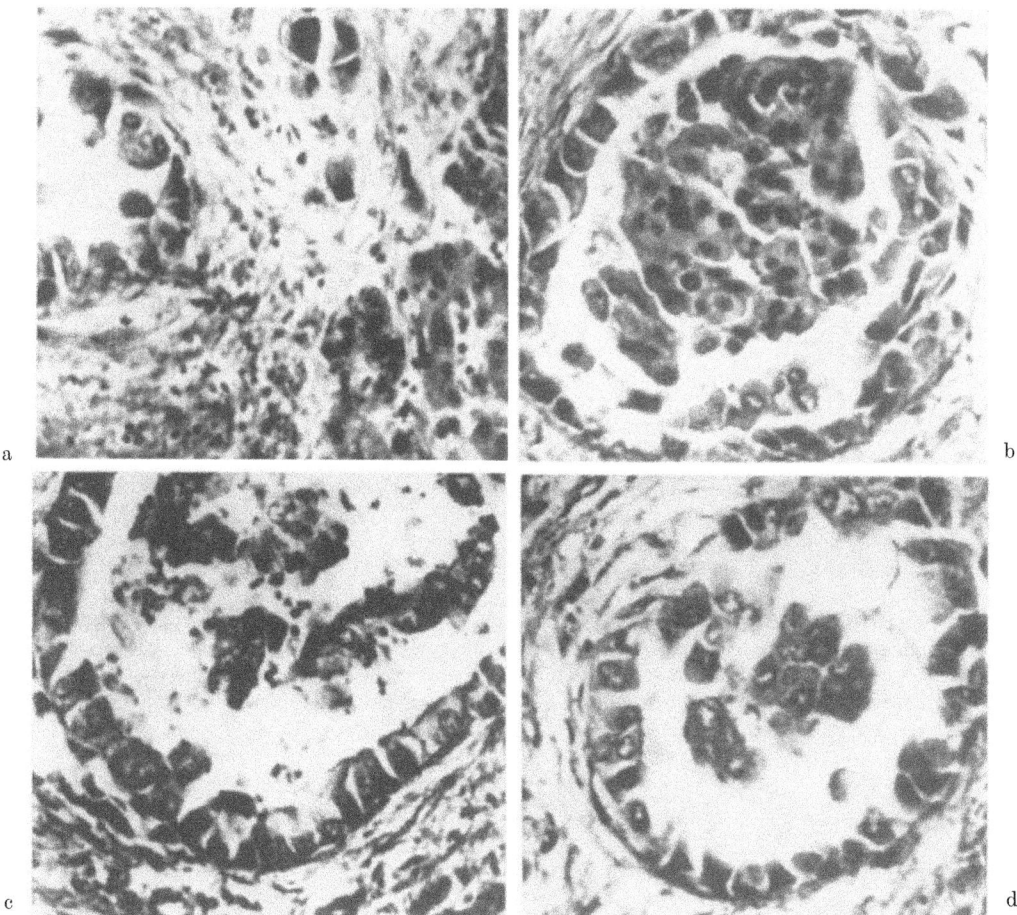

Abb. 23. *Ausbreitung eines Alveolarzellkarzinoms in den Ästen der Pfortader nach Einbruch eines krebsigen Lymphknotens in den Stamm der Vena portae.* Die Gefäße sind genau wie die Alveolen von einer zylindrischen Krebszellschicht ausgekleidet. (Aus ECK: Das sog. „Alveolarzellkarzinom", Lungenadenomatose, Leipzig: 1957.) (Nach ECK, H., HAUPT, R., ROTHE, G.: Die gut- und bösartigen Lungengeschwülste. In: Handbuch der speziellen pathologischen Anatomie und Histologie, Bd. III/4, Abb. 17. Berlin-Heidelberg-New York: Springer 1969)

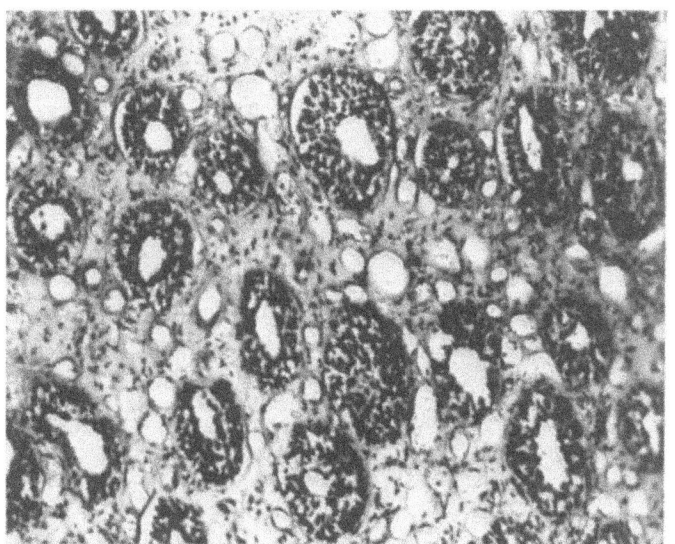

Abb. 24. *Nierenmetastase eines sog. Alveolarzellkarzinoms.* Ausgesprochene Tapetenbildung im Lumen der Nierenkanälchen. Van Gieson-Färbung. Vergr. 100:1 (10700/64). (Nach ECK, H., HAUPT, R., ROTHE, G.: Die gut- und bösartigen Lungengeschwülste. In: Handbuch der speziellen pathologischen Anatomie und Histologie, Bd. III/4, Abb. 75. Berlin-Heidelberg-New York: Springer 1969)

auseilt. Gelegentlich in den Lungenbläschen auftretende *Kalkkonkremente* (Psammomkörper) werden teils mit der Schleimbildung (STOREY, KNUDTSON u. LAWRENCE), teils mit örtlicher pH-Verschiebung bzw. Erhöhung der Phosphataseaktivität infolge Nekrobiose abgeschilferter Tumorzellen in Verbindung gebracht (STOBBE; CAIN; s. auch HUECK: Kalzifikation von Alveolarepithelien). Ausgedehnte regressive Verkalkungsherde von makroskopisch sichtbarer Dimension, wie sie ZIEGLER beschreibt (s. Abb. 41), bilden eine Ausnahme.

4. Die *Blastomzellendecke reicht stellenweise kontinuierlich bis in die Bronchioli* und oft in peribronchiale, perivaskuläre oder subpleurale *Lymphgefäße* hinein. Abgeschilferte Geschwulstelemente sind z.T. auch innerhalb großer Bronchien nachweisbar.

5. Dem oberflächlich wuchernden Tumorzellrasen *fehlt ein eigenes Stroma*. Als Stütze und Ernährungsbasis dienen statt dessen die vorgebildeten Wandstrukturen, insbesondere die *Alveolarsepten*, die gewöhnlich *intakt bleiben*, in fortgeschrittenem Stadium aber bindegewebig verdickt und entzündlich infiltriert sein können.

6. Eine neoplastische *Destruktion des Lungengerüsts* kommt *selten* und allenfalls herdförmig vor, doch besteht ausgesprochene *Neigung zu umschriebenen Kolliquationsnekrosen* (nach GRIFFITH, MCDONALD u. GLAGETT in ca. 20% der Fälle; s. auch LÜTGERATH; ECK, HAUPT u. ROTHE). Sie ist teils Folge von *Sekundärinfektion* bzw. *pneumonischer Überformung*, die im Spätstadium häufig auftritt, zum Teil durch *Gefäßverschlüsse infolge Tumorzellinvasion* oder entzündlich-endangitischer Prozesse bedingt. Die von SCHMIDT u. KAHLAU publizierte Beobachtung demonstriert, daß die Lungenadenomatose mitunter durch ausgedehnte *Intimakarzinose mit intravasaler Schleimabsonderung der Geschwulstzellen* zu multifokaler Gefäßokklusion und Infarkten führen kann. Eine Analogie bildet die von ECK, HAUPT u. ROTHE beschriebene *tapetenartige Ausbreitung der metastasierenden Neoplasie in den Pfortaderästen* (Abb. 23) *sowie in Nierenkanälchen* (Abb. 24).

β) Makroskopischer Befund

Die Lungenadenomatose erzeugt makroskopisch sichtbare Knoten oder diffuse Infiltrate im Lungenparenchym. Beide Grundformen kommen gemeinsam vor. Das Gewächs weist in beiden Fällen den gleichen Feinbau auf und kann lange auf einen Lappen oder Lungenflügel beschränkt bleiben. In dem von STOREY, KNUDTSON u. LAWRENCE zusammengestellten kasuistischen Material (153 Fälle der Weltliteratur) lag ein *bilateraler multinodulärer Befall* von vornherein nur in 20% vor. In zwei Drittel der Fälle war der Prozeß anfangs einseitig lokalisiert, zur Hälfte auf ein Lappenareal beschränkt. In 26% handelte es sich um solitäre Rundherde im Lungenmantel (Abb. 28).

Die von *multifokalen Geschwulstknoten* durchsetzten Lungen sind voluminös und schwer, behalten auch nach Thoraxöffnung ihre Form bei und zeigen oberflächlich durchschimmernde schmutzig-gelbe Flecken sowie oft flächenhafte Verwachsungen mit der Pleura parietalis. Die Pleurablätter können ebenfalls mit Tumorknötchen bedeckt sein, und in etwa 10% der Fälle findet man massive Ausschwitzungen von meist klarem Exsudat im Pleuraraum. Auf dem Schnitt bieten die im Lungengewebe disseminierten Herde einen ähnlichen Aspekt wie bei älterer tuberkulöser Aussaat, generalisierter Sarkoidose, Pilzgranulomen oder leukotischen Infiltraten.

Die *einzelnen Knoten* sind grau-gelblich gefärbt, ziemlich scharf abgesetzt, relativ weich und springen leicht über die Schnittfläche vor. Ihre Dimension schwankt zwischen Kleinlinsen- und Faustgröße. Sie können einschmelzen (nach GRIFFITH, MCDONALD und CLAGETT in 22%) und Zerfallshöhlen von mitunter beträchtlichem Ausmaß bilden (STOREY, KNUDTSON u. LAWRENCE; LAPP u. LÜTGERATH; FANCONI; SIEGENTHALER; LÜDEKE; DUFOURT, SANTY, GALY, TOURAINE u. RIFFAT; YU, ALLEN u. MARCY; WOODRUFF, OTTOMAN u. ISAAC; BEAVER u. SHAPIRO; WATANABE u.a.) (Abb. 34).

Die *diffusen Infiltrate* können das Volumen eines ganzen Lappens oder Lungenflügels ausfüllen und gleichfalls abszeßartige Hohlräume umschließen. Sie ähneln makroskopisch dem Bild einer kruppösen Pneumonie im Stadium der grauen Hepatisation, zeichnen sich jedoch meist durch ihren Gehalt an reichlich glasigem, bei Abstrich fadenziehendem Schleim aus. Infolge von Sekretverschlüssen oder Bronchialkompression durch umgebende Tumormassen können Atelektasen zur Tumorinfiltration hinzutreten (SWAN; FANCONI u. a.). Im Endstadium pfropft sich dem neoplastischen Prozeß vielfach eine konfluierende Pneumonie auf (ALEXANDER u. CHU; SWAN; STOREY, KNUDTSON u. LAWRENCE; KAHLAU; SCHLUNGBAUM; FANCONI u. a.).

γ) Metastasierung

Während es noch umstritten ist, daß die intrapulmonal disseminierten Geschwulstherde der Lungenadenomatose Metastasen eines Keimzentrums sind, die sich nach Art einer Kettenreaktion in gleitendem Oberflächenwachstum, durch interalveoläre Zellwanderung über Kohnsche Poren oder diskontinuierlich bronchogen mittels aspiratorischer Kolonisation bzw. durch Streuung auf dem Lymph- und Blutwege vermehren, steht die lympho-hämatogene Metastasierung für die extrapulmonale Ausbreitung der Neoplasie außer Frage. Wie bei den ordinären Bronchuskrebsen (FISCHER; FRIED; WEGELIN; WILLIS; WALTHER u. a.) dominiert die lymphogene Absiedlung (SWAN; GRIFFITH, McDONALD u. CLAGETT; STOREY, KNUDTSON u. LAWRENCE; KAHLAU; ECK u. a.).

Die *Häufigkeit der Metastasierung* wurde für die Lungenadenomatose noch vor wenigen Jahren mit 45—55% beziffert (DECKER; NEUBUERGER u. GEEVER; SWAN; GRIFFITH, McDONALD u. CLAGETT; STOREY, KNUDTSON u. LAWRENCE; dagegen: GEEVER, CARTER NEUBUERGER u. SCHMIDT 66%; WATSON u. SMITH 76%). Nach STOREY et al. treten in 38% lymphogene, in 35% hämatogene Absiedlungen auf, wobei es sich in 15,6% allein um Fernmetastasen, in 19,5% um Nah- und Fernmetastasen handelt. Die in der neuesten umfassenden Sammelstatistik von ECK berechnete Metastasierungsquote von 61% (insgesamt 218 Fälle) liegt deutlich über den bisherigen Angaben (Abb. 25), bleibt jedoch hinter den Ziffern größerer pathologisch-anatomischer Bronchialkrebsstatistiken (80 bis 90%) zurück (FISCHER; WEGELIN; WÄTJEN; GROSSE; KOCH; PROBST; MÜLLY u. a.) (s. Bd. IX/4a, Tabelle 61).

Allerdings ist zu berücksichtigen, daß der Durchschnittswert des Bronchialkrebsmaterials durch Einbeziehung der ausgesprochen metastasierungsfreudigen anaplastischen Karzinome vom oat cell-Typ (Metastasenhäufigkeit nach OLSON 100%) nicht unwesentlich ansteigt. Die Metastasierungsrate stärker ausdifferenzierter Bronchuskarzinome ist entsprechend dem niedrigeren Malignitätsindex jedenfalls geringer: für die Plattenepithelkrebse geben WEGELIN 50%, WALTHER 44% und GALUZZI u. PAYNE 70% an. Auch bei den bronchogenen Adenokarzinomen, deren Malignitätsgrad und chirurgische Prognose recht unterschiedlich bewertet wird (v. ALBERTINI; WEGELIN; GEBAUER; THEISS; KAHLAU; OBIDITSCH-MAYER u. STRAHBERGER; KIRKLIN, McDONALD, CLAGETT, MOERSCH u. GAGE; WIKLUND; BRUNNER; MÜLLY), sind Metastasen nach Angaben mancher Autoren seltener als im Gesamtdurchschnitt der Bronchialkrebse nachweisbar; nach WEGELIN in 71,4% (Gesamtmaterial: 117 Bronchuskarzinome mit 79,5% lymphogenen und 65,8% hämatogenen Metastasen), nach WALTHER in 65% (Gesamtmaterial: 277 Bronchuskrebse mit 76,9% lymphogenen und 63,2% hämatogenen Tochterherden), nach BJÖRK in 45% (insgesamt 234 Fälle) und nach GALUZZI u. PAYNE sogar nur in 41% (insgesamt 741 Bronchialkarzinome).

Der von ECK für die *Lungenadenomatose* ermittelte *Durchschnittswert von 61%* fügt sich zwanglos in diese Ziffernreihe ein: die Geschwulst *gleicht* also in ihrer *Metastasierungsneigung etwa den zylinderzelligen Bronchialkrebsen*.

Auch die *Organlokalisation* der Metastasen zeigt eine bemerkenswerte Parallele zum Verhalten der Bronchialkarzinome: die Reihenfolge der bevorzugt betroffenen Organe ist bei beiden Geschwulstgruppen identisch (Abb. 25). Gegenüber der prinzipiellen *Kongruenz des Metastasierungstyps* fallen geringe prozentuale Abweichungen in der Befallsquote einzelner Organe kaum ins Gewicht, zumal die statistischen Bronchialkrebsziffern entsprechend der histo-biologischen Uneinheitlichkeit der verschiedenen Geschwulsttypen

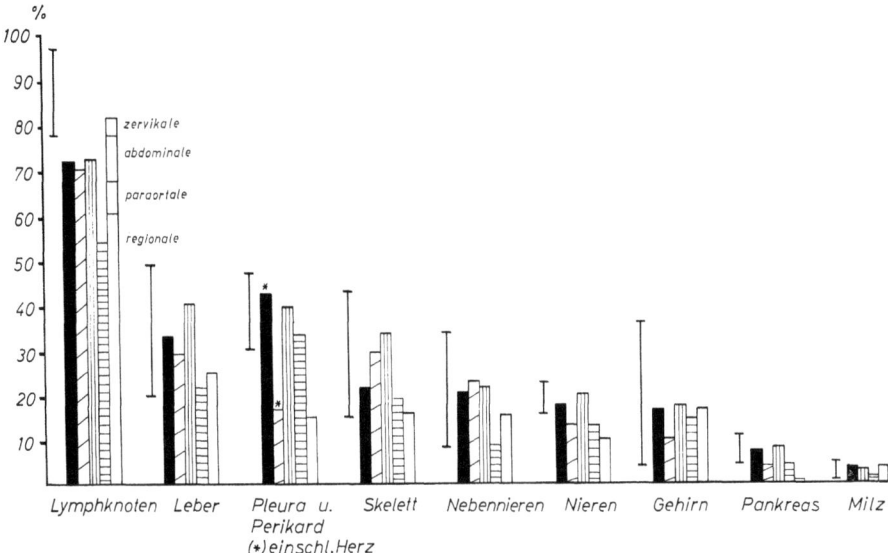

Abb. 25. *Prozentuale Häufigkeit des metastatischen Organbefalls bei der Lungenadenomatose im Vergleich zum Bronchialkarzinom.* □ 132 Fälle von metastasierender Lungenadenomatose (nach ECK, 1957). ■ 3047 Bronchialkarzinome (Statistik von OCHSNER u. DE BAKEY, 1942). ▨ 930 Bronchialkarzinome (Statistik von SALZER, WENZL, JENNY u. STANGL, 1952). ▥ 190 Bronchialkarzinome (nach KAHLAU, 1954). ⊟ 60 Bronchogene Plattenepithelkrebse (nach KAHLAU, 1954). I Schwankungsbreite der Schrifttumsangaben zur Metastasierungshäufigkeit bei 16 184 Bronchialkarzinomen (Sammelstatistik von GROSSE, 1953)

nicht weniger schwanken. Aus Häufigkeit und Art der Metastasierung ist jedenfalls kein grundsätzlicher Wesensunterschied zwischen Lungenadenomatose und den diversen Spielformen des Bronchialkrebses ersichtlich.

δ) *Histo- und Morphogenese*

der Lungenadenomatose sind noch strittig. Die Kontroverse über

1. *den Ursprung der Blastomzellen* und
2. *die Erklärung ihres multilokulären Auftretens* im Lungenparenchym berührt einige Grundprobleme der normalen Lungenhistologie und allgemeinen Geschwulstlehre.

Zu 1. Ein Teil der Untersucher betrachtet das *Alveolarepithel* als Ausgangspunkt der Neoplasie (BRIESE; OBERNDORFER; SYAGO; WENGER; SIMON; SMITH u. GAULT; WOOD u. PIERSON; DACIE u. HOYLE; TAFT u. NICKERSON; BELL; SWAN; DELARUE u. GRAHAM; GOOD, MCDONALD, CLAGETT u. GRIFFITH; DAVIS u. SIMON; LAIPPLY u. FISHER; KAHLAU; EFFERT; SIEGENTHALER; FANCONI u.a.). Die Mehrzahl der Autoren nimmt dagegen eine *blastomatöse Wucherung des Bronchialepithels terminaler oder vorgeschalteter Anteile der Luftstrombahn* mit intraalveolärer Ausbreitung an (HERBUT; PAUL u. RITCHIE; RICHARDSON; FRIED; BONNE; SWEANY; GESCHICKTER u. DENISON; SMITH, KNUDTSON u. WATSON; STOREY, KNUDTSON u. LAWRENCE; LIEBOW; v. ALBERTINI; LÜDEKE; ECK; DUFOURT, SANTY, GALY, TOURAINE u. RIFFAT; WERNER; STOBBE; MEARS, KIRKLIN u. WOOLNER; WILLIS; LINDSKOG u. LIEBOW; HOESSLY; OVERHOLT, MEISSNER u. DELMONICO; PAULSON; v. ALBERTINI; EHLER, STRANAHAN u. OLSON; FISHER u. HOLLEY; WOODRUFF, OTTOMAN u. ISAAC; SPAIN u. PARSONNET; HORRELL u. HOWE; GEPTS; MOLNAR; ROSEMOND, BOUCOT u. AEGERTER; LAIPPLY, SHERICK u. CAPE; DUPREZ u. MATTHEIEM; HANBURY u. HILL; GALY, BAUD u. DUPREZ; FRISSELL u. KNOX; DELARUE, DEPIERRE u. HOUDARD; DUFOURT; RIFFAT; SILVERMAN u. ANGRIST; YU, ALLEN u. MARCY; VALENTINE u. WYNN-WILLIAMS; MÜLLY; ZIEGLER; FASANO u. MICELLI; LANGER u. GUSMANO; FREY u. LÜDEKE; WELLINGTON; BELGRAD, GOOD u. WOOLNER; DECKERT u. MADSEN u.a.).

KAHLAU und andere Vertreter der Alveolarzell-Theorie sehen in den tierexperimentell erzeugten adenomatös-papillären Lungentumoren (s. S. 49) die Brücke zwischen dem humanpathologischen Befund reaktiver Deckzell-Proliferationen („Epithelisation") (DELARUE u. GRAHAM) im Bereich von Alveolen mit chronisch reduziertem Luftgehalt oder Lungengerüstsklerosen (s. S. 49/50) und der Lungenadenomatose. In beiden Fällen wird eine *Metaplasie von Alveolarepithel zu schleimbildendem Zylinderepithel* vermutet, dessen Wucherung ohne erkennbaren Zusammenhang mit dem Bronchialepithel erfolgt (KAHLAU; GUNKEL; WILLIAMS).

Die Gegenseite betont gerade die *Kontinuität der intraalveolären Tumorzelltapete mit dem Bronchiolusepithel, das den Geschwulstelementen der Lungenadenomatose* zudem *nach Zelltyp und einschichtiger Lage weitgehend gleiche* (HERBUT; STOREY, KNUTSON u. LAWRENCE; DUFOURT, SANTY, GALY, TOURAINE u. RIFFAT; SPENCER u. RAEBURN; VALENTINE u. WYNN-WILLIAMS; DELARUE, DEPIERRE u. HOUDARD; DUFOURT; RIFFAT; GALY, BAUD u. DUPREZ u.a.). Hinzu kommen *Zweifel an der postnatalen Existenz eines eigentlichen Alveolarepithels*, das die innere Oberfläche der Fötallunge noch in geschlossener Schicht bedeckt.

Tatsächlich wird sein Fortbestand nach der Geburt von manchen Autoren entschieden verneint (LANG; MAXIMOW u. BLOOM; ARKIN u. WAGNER; LOOSLI; BARNARD u. DAY u.a.), während andere die Persistenz einer kontinuierlichen Epitheldecke annehmen (BREMER; MILLER; ORSOS; PETERSEN; DELARUE u. GRAHAM u.a.). Die nach heute vorherrschender Ansicht die Alveolarsepten fragmentarisch besetzenden Deckzellen („Septum-" bzw. „Nischenzellen", „Epizyten", „Pneumonozyten", „Alveolarmakrophagen") gelten wiederum teils als Relikte der ursprünglichen entodermalen Epithelschicht (ASCHOFF; SEEMANN; CLARA; MACKLIN; v. HAYEK; BARGMANN; BELL; EL GAZAYERLI; CHIODI; COOPER u.a.), teils als eingewanderte histiozytäre Elemente mesenchymaler Herkunft (LANG; MAXIMOW u. BLOOM; LOOSLI; FRIED; JOSSELYN; POLICARD; NEUBUERGER; GEEVER, NEUBUERGER u. DAVIS; METZNER; ROSS u.a.). Sie liegen meist interkapillär oder in Einsenkungen der Alveolarwand, sind zur Migration und Phagozytose befähigt, können nach elektronenoptischen Befunden die Alveolen mit zarten Plasmafortsätzen lückenlos überziehen (Lit. s. BARGMANN; GIESE) und sollen durch Absonderung eines feinen oberflächlichen Schleimfilms Schutz- wie Reinigungsfunktionen ausüben (MACKLIN). Bei Änderung des milieu interne formvariabel (v. HAYEK; OPPENHEIMER), werden sie als platt, kubisch, prismatisch oder abgerundet beschrieben (v. HAYEK). Sie besitzen jedenfalls nicht den hohen Differenzierungsgrad der zylindrischen Adenomatose-Zellen.

LÜDEKE lehnt die Ableitung der Blastomzellen vom Alveolarepithel daher mit dem Argument ab, sie setze

„eine *gestaltliche und funktionelle Prosoplasie der Geschwulstelemente gegenüber der Matrix*" sowie die „*diffuse krebsige Entartung der epithelialen Deckschicht*" eines Hohlorgans *ohne Veränderung des zugehörigen Gefäßbindegewebes*" voraus, Prämissen, „*für die es in der ganzen Tumorpathologue kein einziges Beispiel gibt.*"

Der Streit um den alveolären bzw. bronchogenen Ursprung der Neoplasie hätte letztlich ebenso akademischen Charakter wie die Diskussion über die Abkunft des fötalen Alveolarepithels vom inneren Keimblatt (ASCHOFF; SEEMANN; MILLER; CLARA; MACKLIN; v. HAYEK; BARGMANN) oder Mesoderm (HAM u. BALDWIN; SHORT), wäre er nicht mit der klinisch wesentlichen Frage verknüpft, wie die multilokuläre bzw. diffuse Tumormanifestation zustandekommt.

Zu 2. KAHLAU bezeichnet als hervorragendes Unterscheidungsmerkmal der Lungenadenomatose vom Bronchialkrebs klassischer Prägung das „*Unvermögen, einen eigentlichen Primärtumor zu erkennen*". Daraus leitet sich die in der Konzeption des „Alveolarzell-Karzinoms" implicite enthaltene Folgerung ab, die Tumordurchsetzung weiter Alveolargebiete entspringe *multizentrischer Geschwulstentstehung* (WENGER; OBERNDORFER; IKEDA; BELL; NEUBUERGER; SWAN; GOOD, MCDONALD, CLAGETT u. GRIFFITH; DELARUE u. GRAHAM; LAIPPLY u. FISHER; WALTHER; KAHLAU; FANCONI; FEYRTER u.a.), wenn nicht gar *gleichzeitiger blastomatöser Entartung des gesamten Alveolarepithelsystems nach Art einer „Holoblastose"* (SCHMINCKE; WEISSMANN; DAVIS u. SIMON; EFFERT; SIEGENTHALER; FRIEDERICI u. SOLBACH; BALÓ u. KARÁDY u.a.).

Einige Anhänger der bronchogenen Ursprungstheorie der Lungenadenomatose lassen die Möglichkeit einer plurizentrischen Formalgenese gelten (LIEBOW; v. ALBERTINI;

Fisher u. Holley; Hermann u. Heim; Voluter u. Mitarb.; Vidal u. Guibert; Horrell u. Howe), da wiederholt histologische und makroskopisch sichtbare multiple Kleinstkarzinome in entzündlich veränderten Bronchien, Bronchiektasen und Wabenlungen nachgewiesen wurden (Schmorl; Lindberg; Niskanen; Spain u. Parsonnet; Raeburn u. Spencer; McGrath, Gall u. Kessler; Wittekind u. Strüder; Heine; Prior u. Jones; Cureton u. Hill; Womack u. Graham; Wittekind; Stobbe; Schwyter; Horrel u. Howe; Schäfer; Gozzuti u.a.) (s. Bd. IX/4a). Die Mehrzahl der Autoren verbindet mit der Ableitung vom Bronchialepithel jedoch die Annahme einer *unifokalen Entstehung der Lungenadenomatose und kontinuierlicher bzw. metastatischer Ausbreitung in den Alveolen.*

Diese Deutung ist *erhärtet durch feingewebliche Zufallsbefunde umschriebener Läsionen im initialen Geschwulststadium* (Herbut; Eck; Werner; Dufourt, Santy, Galy, Touraine u. Riffat; Moeschlin; Eck, Haupt u. Rothe u.a.) sowie zahlreiche *röntgenologische Verlaufskontrollen solitärer Tumorherde* bzw. einseitig beschränkter Prozesse, die im Resektionspräparat alle histologischen Kriterien der Lungenadenomatose aufweisen (Eck; Storey, Knudtson u. Lawrence; Overholt, Meissner u. Delmonico; Rosemond, Boucot u. Aegerter; Dufourt, Santy, Galy, Touraine u. Riffat; Woodruff, Ottoman u. Isaac; Lüdeke; Good, McDonald, Clagett u. Griffith; Langer u. Willmann; Diviš u. Škorpil; Laipply u. Fisher; Silverman u. Angrist; Hanbury u. Hill; Paulson; Deckert u. Madsen; Duprez u. Mattheiem; Davis, Peabody u. Katz; Belgrad, Good u. Woolner; Smith, Knudtson u. Watson; De Assis Figueiredo u. Torloni; Gepts; Munnell, Lawson u. Keller; Pellet u. Gale; Fanconi; Belgrad, Good u. Woolner; Walther u. Heuck; Moeschlin; Rigler; Arbuckle; Hanbury u. Hill; Okinaka u. Glenn; Fortuni; Linder u. Jagdschian; Primer u. Quarz; Schlungbaum; Decker; Brindley; Ranft; Riemann; Watson u. Smith; Kurpat, Rothe u. Baudrexl; Haberland; Wolf, Matthes, Rotte u. Wildner; Quinlan et al.; Eck, Haupt u. Rothe; Haubrich u. Harms; Haenselt u.a.) oder später nach spontaner miliar-nodulärer Aussaat autoptisch als solche erkannt wurden (Herbut; Weir; Weller; Storey, Knudtson u. Lawrence; Duprez u. Mattheiem; Fanconi; Stobbe; Lapp u. Lütgerath; Dennis, Raby u. Hildenbrand; Cain; Luschnitz u. Dieckmann u.a.) (s. Abb. 28).

Die *Tumorzellinvasion der Alveolen* vom Ausgangspunkt der Geschwulst erfolgt nach Ansicht dieser Autoren *durch:*

kontinuierliche Besiedlung über Bronchioli, Nachbaralveolen bzw. Alveolarporen (Herbut; Hutchison; Silverman u. Angrist; Frissel u. Knox; Eck; Werner; Storey; Hewer; Knudtson u. Lawrence u.a.);

lymphangische Wanderung (histologisch häufig: Swan; Stewart; Weller; Duprez u. Mattheiem; Fisher u. Holley u.a.; in 50%: Storey, Knudtson u. Lawrence; Eck);

hämatogene Streuung (Tillet u. Hirsch; Storey et al.; Eck; Tauchi u. Goto u.a.) sowie

aerogene Implantation nach endobronchialer Verschleppung (Erbse; Eismayer; Herbut; Fried; Hutchison; Eck; Storey, Knudtson u. Lawrence; Dufourt, Santy, Galy, Touraine u. Riffat; Fux; Lapp u. Lütgerath; Lüdeke; Werner; Cain; Frey u. Lüdeke; Baló; Rink; Battaglia u.a.).

Die starke Abschilferungstendenz noch gut erhaltener Tumorzellverbände bietet im Verein mit der abundanten Schleimproduktion wohl alle äußeren Voraussetzungen zur intrakanalikulären Einschwemmung disjungierten Zellmaterials in die potentiellen alveolären Siedlungsräume. Die Lebens- und Nistfähigkeit abgelöster und aspirierter Krebszellen ist aus ihrem morphologischen Aspekt (Protoplasma- und Kernstrukturen, Mitoserate etc.) allerdings nicht ersichtlich. Ebensowenig kann man die Dynamik einer „*embolie bronchique cancéreuse*" (Letulle u. Jaquelier) (Abb. 26) und der nachfolgenden intraalveolären Wachstumsvorgänge unmittelbar erfassen. Doch hat das Angehen pulmonaler Impftumoren im Tierversuch nach intratrachealer Instillation heterologer Tumorzell-

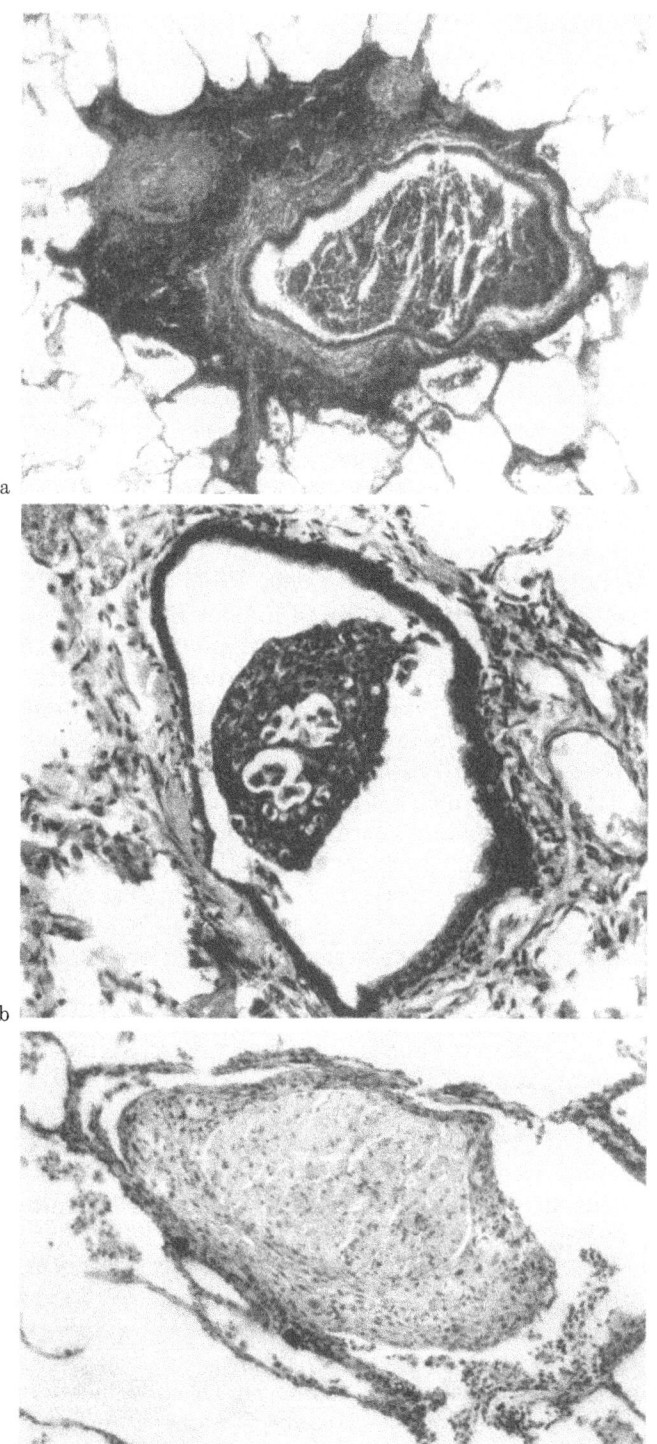

Abb. 26a—c. *Histologischer Befund bei Aspirationsmetastasen.* a Aspirationsmetastase eines Alveolarzellkarzinoms, das „in einem kleinen Bronchus rechts bereits mit der Bronchialwand verwachsen ist". Van Gieson-Färbung. Vergr. 72:1 (1164/64). b Vitaler Krebszellverband in einem erweiterten Bronchiolus, noch nicht der Wand verhaftet. Van Gieson-Färbung. Vergr. 240:1 (595/63). c Aspirationsmetastase in einer Alveole. Van Gieson-Färbung. Vergr. 150:1 (10141/63). Nach Eck, H., Haupt, R., Rothe, G.: Die gut- und bösartigen Lungengeschwülste. In: Handbuch der speziellen pathologischen Anatomie und Histologie, Bd. III/4, Abb. 76. Berlin-Heidelberg-New York: Springer 1969)

suspensionen (Furth; Schmidt; Appel u. Bronk; Tabahasaki) entgegen skeptischen und ablehnenden Stimmen (Fischer-Wasels; Milner; Büngeler; Borrmann; Buchmann; Arnsperger; Bucher; Walther u.a.) im Prinzip erwiesen, daß sich maligne Lungentumoren per aspirationem entwickeln können.

Auch in der Humanpathologie gibt es indirekte Indizien für die Existenz einer *intrapulmonalen Krebsausbreitung auf dem Schleimhautwege* (RÖSSLE; EISMAYER; MOXON; GOODLEE; ZENKER; PÄSSLER; FISCHER; BORST; WILLIS; WÄTJEN; LINDBERG; KELLER; GUTZEIT; KOCH; ECK; LÜDEKE; SILVERMAN u. ANGRIST; CAIN; FUX; LAPP u. LÜTGERATH; BATTAGLIA; VERGA u. BOTTERI; HITZ u. OESTERLIN; VORZIMMER u. PERLA; FREY u. LÜDEKE; V. ZALKA; BALÓ; ECK, HAUPT u. ROTHE u.a.) (Abb. 26).

Hierauf deutet vor allem das Freibleiben von Lymph- und Blutbahnen bei *pneumonisch wachsenden Krebsen* der Bronchien (DIETRICH; WATANABE; EISMAYER; HUEPER; RÖSSLE; ECK; CAIN; REY; POTTS u. DAVIDSON; SILVERMAN u. ANGRIST; HUGUENIN u. DELARUE; REY u. RUBINSTEIN; LUNA u. BRACCO) bzw. in den Bronchialbaum eingebrochenen Lymphknotenmetastasen (CAIN) sowie beim Befund diskontinuierlich in die Alveolen sonst unbeteiligter Lungenabschnitte verstreuter Krebszellinseln (BATTAGLIA), ferner fächerförmiges örtliches Wachstum des intraalveolären Zellrasens innerhalb der Grenzen kleiner Bronchialversorgungsgebiete, und schließlich auch die oberflächengebundene Wuchsform als solche hin, die man — ebenso wie bei der Lungenadenomatose — bevorzugt bei den Lungenmetastasen von Adenokarzinomen bronchogenen und extrapulmonalen Ursprungs antrifft (Lit. s. S. 44/45 u. Tabelle 5).

In diesem Zusammenhang sprechen HERBUT und LÜDEKE den zylinderzelligen Geschwulstelementen der Drüsenkrebse eine besondere biologische Fähigkeit zu, sich an den relativ nackten Alveolarwänden einzunisten und gegenüber den autochthonen Strukturen der Haftstelle zu behaupten. Ihre Annahme, die spezielle Nidationspotenz sei um so höher zu veranschlagen, je differenzierter das Tumorepithel ist (z.B. Eigenschaft der Schleimsekretion), scheint im Widerspruch zu den Erfahrungen von RÖSSLE zu stehen. RÖSSLE hält die aerogene Metastasierung für ein Kennzeichen extremer Bösartigkeit, die sich ja im allgemeinen mit besonders geringer Geschwulstdifferenzierung verbindet, und erklärt die relative Seltenheit dieser Ausbreitungsform gerade mit dem Argument, die meisten Tumoren erreichten gar nicht den erforderlichen Malignitätsgrad. CAIN glaubt, daß für die aerogene Kolonisation verstreuter Zellverbände eines Tumors nicht allein dessen Bösartigkeit, sondern auch ein Organfaktor bedeutsam sein könne. Vielleicht begünstige auch die starke Schleimproduktion der Lungenadenomatosezellen die Ansiedlung insofern, als sie zur Epithelentblößung der Alveolen führe.

Die Eigenart, als „*Oberflächenkrebs*" intraalveolär fortzukriechen, ist übrigens nicht streng auf die zylinderzellige Formvariante beschränkt, sondern — wenigstens stellenweise — *auch* bei anderen *Bronchialkarzinomtypen anzutreffen* (ECK), wie z.B. beim oat cell-Karzinom, das HOESSLY als wenig differenzierte Spielart des Plattenepithelkrebses ansieht und für befähigt hält, adenomatöse Strukturen zu bilden. Die *Wuchsform* scheint zudem *an eine normale Entfaltung der Alveolen gebunden* zu sein. ECK bildet jedenfalls Schnittpräparate eines den rechten Oberlappenbronchus stenosierenden Carcinoma adenomatosum ab, das im obstruktionspneumonisch verdichteten Parenchym des blokkierten Lappens lymphangiotisches, in der lufthaltigen Restlunge dagegen intraalveoläres Oberflächenwachstum nach Art einer multinodulären Lungenadenomatose zeigt.

Die Deutungen des histologischen Bildes als „multizentrischer Alveolarzell-" bzw. „unizentrischer Bronchiolarkrebs" enthalten gleichermaßen den Anspruch auf Eigenständigkeit der jeweiligen Tumorkategorie. Gemeinsame Voraussetzung beider Thesen (SWAN; STOREY et al.) ist das *Fehlen*

einer *eigentlichen Primärgeschwulst in einem umschriebenen Bronchialwandbezirk*

und

eines *primären Adenokarzinoms sonstiger Lokalisation*.

Das Postulat ist de facto problematisch wegen der *Schwierigkeit*, irgendwo im weitverzweigten Bronchialbaum (und andernorts) *versteckte Miniatur- bzw. Mikrokarzinome auszuschließen*. Bei systematischer Fahndung konnten ECK und seine Schüler durch Serienschnitte suspekter Stellen wiederholt bronchogene Kleinstkrebse mit pulmonalen

Metastasen vom Feinbau einer Lungenadenomatose nachweisen (s. auch FREY u. LÜDEKE; LAGÈZE u. TOURAINE). Die makroskopisch kaum wahrzunehmenden Unebenheiten bzw. nur mikroskopisch faßbaren Schleimhautinfiltrate solcher Primärtumoren (AUFSES u. NEUHOF; WIERMAN, McDONALD u. CLAGETT; ECK; WERNER; VOLUTER; STOBBE; BREIZ u.a.) sind — ebenso wie initiale bronchiologene Karzinome (GRAY u. CORDONNIER; HERBUT; PRIOR u. JONES; SPAIN u. PARSONNET; RAEBURN u. SPENCER; BLACK u. ACKERMAN; HEINE u.a.) — letztlich nur durch Ausdauer und glücklichen Zufall aufzuspüren. Im Vexierbild polytoper Wucherungen wird man den winzigen Ausgangsherd selbst bei aufmerksamer Durchmusterung des lückenlos eröffneten Bronchialsystems mit bloßem Auge besonders leicht übersehen. Die *metastatische Natur des Prozesses* ist daher *nie mit völliger Gewißheit abzulehnen*, wie auch andere Autoren betonen (FRIED; HERBUT; JOHANSEN u. OLSEN; HEWER u.a.).

Die Unbestimmbarkeit des Primärtumors bildet jedenfalls den schwachen Punkt in der Argumentation zugunsten der multizentrischen Entwicklung der Neoplasie (WERNER). Diese Annahme ist zur Erklärung der Formalgenese nicht zwingend erforderlich (FISCHER) und bisher unbewiesen. Der wiederholt geführte Nachweis eindeutig unifokalen Wachstums umschriebener Tumoren vom histologischen Aspekt der Lungenadenomatose, und die Dauererfolge partieller Lungenresektionen (s. Bd. IX/4a, Abb. 207) machen es den Verfechtern der Alternativthese schwer, ihren Standpunkt zu behaupten. Denn positive Indizien und Befunde von Frühfällen haben in der Diskussion über die Morphogenese von Geschwulstleiden mehr Gewicht als Prämissen negativen Inhalts bzw. Schlußfolgerungen aus Spätstadien.

Auch KAHLAU läßt der Auffassung Raum, die Lungenadenomatose könne aus „einer ursprünglich nur kleinknotigen, primären" Geschwulst — „gewissermaßen nach Art einer Kettenreaktion" — durch Zellverschleppung zu diffuser bzw. miliar-nodöser Tumorinfiltration heranwachsen. Zumindest ließen manche Fälle „einen stichhaltigen Einwand gegen diese Vorstellung nicht vorbringen", der Befund spreche vielmehr „für eine unizentrische Geschwulstentstehung und nachfolgende Ausbreitung auf große Lungenanteile".

Bezüglich der Histogenese betont KAHLAU die Unmöglichkeit, Ursprung und Entwicklungsgang der fortgeschrittenen Lungenadenomatose rückblickend aus dem Schnittpräparat zu ersehen. Bei dynamischen Wachstumsvorgängen dieser Art läßt die statische Information des histologischen Bildes ebenso im Stich wie für den direkten Nachweis der aerogenen Metastasierung. Da die Formalgenese der Lungenadenomatose aus unmittelbarer Anschauung nicht zu klären ist, zieht KAHLAU indirekte Indizienbeweise heran, um die biologische Sonderstellung der Lungenadenomatose als einer wahrscheinlich alveolar-epithelialen Geschwulst zu begründen. Dem hält ECK seine Umgehungsbeweise entgegen, nach denen die Lungenadenomatose bezüglich der Zunahme ihrer Häufigkeit, Geschlechts- und Altersverteilung, Metastasierungs- und Verlaufsweise den bronchogenen Adenokarzinomen weitgehend gleicht und vom Verhalten banaler Bronchuskrebse insgesamt nicht so abweicht, um auf prinzipielle Wesensunterschiede schließen zu können. Für den Ausschluß einer metastatischen Genese der Geschwülste vom histologischen Aspekt der Lungenadenomatose und zum schlüssigen Beweis ihrer Eigenständigkeit als besondere multizentrisch keimende Tumorqualität fordert ECK in schärferer Formulierung und Erweiterung der von SWAN und STOREY aufgestellten Postulate:

„1. *Ausschluß auch eines Miniatur- und Mikrokarzinoms als Primärtumor innerhalb und außerhalb der Lungen und*

2. *Ausschluß auch aller Anzeichen für die lympho- oder hämatogene Metastasierung und eines kontinuierlichen Fortwachsens der Geschwulst in den Lungen.*"

ECK konstatiert: „Diesen Ansprüchen dürfte bis heute kein einziger Fall der Weltliteratur entsprechen, so daß WILLIS wahrscheinlich noch immer recht hat, der 1950 schrieb: „Es gibt keine Tumoren, deren Ursprung wir von den Alveolen annehmen müssen". Tatsächlich dürften die Kriterien ECKs auch kaum erfüllbar sein, und die onkologische Definition der Lungenadenomatose vorerst noch ein offenes Problem bleiben.

e) Klinische Symptomatologie und Diagnostik

Wie alle Neoplasmen des Lungenmantels bleibt die Lungenadenomatose zunächst stumm und wird in der oft langfristigen klinischen Latenzphase (ARANY: 12 Jahre!) nur durch Zufall röntgenologisch entdeckt. Erst mit weiterer Ausdehnung treten Symptome auf, deren Art und Häufigkeit STOREY, KNUDTSON u. LAWRENCE aus Berichten über 153 Fälle ermittelten (Abb. 28).

Als erstes und dominierendes Anzeichen macht sich *Husten* bemerkbar (70%). Er wechselt in seiner Stärke, ist meist anhaltend und mäßig produktiv (in 56% bis 90 ml Sputum täglich). In einem Teil der Fälle (17%) bleibt der Husten trocken, ebenso häufig fördert er reichlich schleimig-wässerigen („seifenlaugenähnlichen") *Auswurf* (90—240 ml pro die). Etwa 10% der Patienten entleeren täglich mehr als einen Viertelliter Sputum, manche abundante Mengen (2 Liter und mehr) (FANCONI; KING u. CARROLL; VAN DER SLIKKE u. ORIE; STOREY et al.; KERN, LEWINSKY u. CURRAN; REY u. RUBENSTEIN; WOOD; FOX; DENNIS, RABY u. HILDEBRAND; GORNAK, TIMOFEJEWNA u. SCHTYREN; KOLTOWER; KENNAMER; LUSCHNITZ u. DIECKMANN; MARNER u. ROIN; MARIANI u. BISETTI; PLISS u. a.). Das Einsetzen hochgradiger *Bronchorrhoe* ist an eine gewisse Mindestgröße der Geschwulst gebunden und auch in späteren Stadien nur fakultatives Symptom. Dieser Sachverhalt ist schwerlich mit der Ansicht mancher Autoren in Einklang zu bringen, welche die Hyperkrinie als „das Kennzeichen" der Lungenadenomatose schlechthin ansehen oder gar als Differenzkriterium gegenüber „alveolarzelligen Lungenkrebsen" bewerten (DENNIS, RABY u. HILDEBRAND; LUSCHNITZ u. DIECKMANN u.a.). Durch anhaltende exzessive Expektoration wird in manchen Fällen mehr Flüssigkeit ausgeschieden als im Harn. Die ständigen Wasser-, Salz- und Eiweißverluste können zur Exsikkose, ernstlichem Absinken der Serumelektrolyte und schwerer Hypoproteinämie führen (KERN, LEWINSKY u. CURRAN u.a.). Das Sputum ist im allgemeinen (über 80%) schleimig-wässerig, klar bzw. seifenlaugenartig opaleszierend oder schaumig, teils geruchlos, teils fade riechend. In etwa 12% wird der Auswurf infolge pneumonischer Komplikationen schleimig-eitrig oder rein purulent. Fast jeder zweite Patient beobachtet *Hämoptysen*, gewöhnlich nur in Form feiner Blutbeimengungen, die häufig wiederholt auftreten und gelegentlich als Frühzeichen nachweisbar sind.

Dyspnoe und *Zyanose* kommen erst nach Einbeziehung größerer Lungenabschnitte zustande, gehören dann aber zu den führenden Symptomen (47% der 154 Fälle). Die Atemnot *beruht auf Diffusions- wie Ventilationsstörungen* infolge Tumorblockade der alveolär-kapillären Membran bzw. Schleimobstruktion der tiefen Luftwege und Alveolen. Die Kurzatmigkeit schreitet mit der Tumorausbreitung fort und kann durch Komplikationen, wie *Spontanpneumothorax* (DECKER; LAPP u. LÜTGERATH; FANCONI u.a.) (s. Bd. IX/4a, Abb. 554) oder *terminale Pneumonien* (ALEXANDER u. CHU u.a.) unvermittelt stärker werden. Der Tod tritt gewöhnlich aus *zunehmender respiratorischer Insuffizienz, vielfach ohne konsekutive pulmonale Hypertonie* mit Versagen des rechten Herzens ein (FISCHER u. HOLLEY; FANCONI; u.a.; LENNARTZ, THEUNE u. VENRATH; DYER et al.; WOLINSKY, LIN u. WILLIAMS; MARIANI u. BISETTI; WEICKSEL u. CAIN; AUSTRIAN, MCCLEMENT, RENZETTI, DONALD, RILEY u. COURNAND; dagegen: POHL). SCHMIDT u. KAHLAU berichteten über einen tödlich verlaufenden Krankheitsfall mit schwerer Dyspnoe und Herzdilatation infolge multipler Infarkte. Autoptisch ergab sich der ungewöhnliche Befund einer *Intimakarzinose ausgedehnter Gefäßstrecken* des kleinen und großen Kreislaufs, die *mit intravasaler Schleimabsonderung* der Tumorzellen einherging und an vielen Stellen zur *Gefäßobliteration geführt* hatte.

Das relativ häufige Symptom atemabhängiger *Brustwandschmerzen* (33%) rührt von pleuritischen Komplikationen her. Seltener weisen *extrathorakale Schmerzphänomene* (6%) oder neurologische Ausfälle (SCHLUNGBAUM; VIDAL u. GUIBERT; JELLINGER u. ZEITLHOFER: sekundäre Meningealkarzinose) auf Fernmetastasen hin. Die Ösophaguskompression durch metastatisch befallene Mediastinallymphknoten führt, wie bei der „Ösophagusform" des Bronchialkarzinoms bekannt (DIETHELM u. a.) (s. Bd. IX/4a und b), gelegentlich zu *Dysphagie* und *retrosternalem Engegefühl* (SCHLUNGBAUM). Hinsichtlich dieser Beschwerden dürfte die von FINESTONE beobachtete Koinzidenz von Lungenadenomatose und primärem Ösophaguskrebs eine ursächlich seltene Ausnahme bilden. *Gewichtsverluste* (25%), *Mattigkeit* (20%) und *Anorexie* (9%) pflegen erst in fortgeschrittenen Krankheitsphasen hervorzutreten. Die Neoplasie entwickelt sich ganz überwiegend afebril: *Fieber* gehört zu den seltenen Zeichen und wird erst im Gefolge sekundär-entzündlicher Prozesse des Endstadiums beobachtet. *Blutbild* und *Blutsenkung* bleiben ebenfalls oft lange Zeit normal (RIEMANN). Veränderungen im Sinne der *Ostéoarthropathie hypertrophiante pneumique* kommen — wie bei anderen intrathorakalen Tumoren — vor (FISCHL; RAY u. FISHER) (s. Abb. 266 u. Bd. IX/4a).

Der *physikalische Untersuchungsbefund* ist insgesamt uncharakteristisch und je nach dem anatomischen Substrat (Zahl, Größe und Anordnung der Geschwulstherde, Fehlen oder Vorhandensein einer Begleitpleuritis, von Atelektasen wechselnder Lokalisation bzw. pneumonischer Infiltration) sehr unterschiedlich.

Die erhebliche Abschilferungstendenz des intraalveolären Tumorzellrasens gibt der *exfoliativ-zytologischen Diagnostik* besonders günstige Bedingungen (ACEVEDO, GIUNTINI u. CROXATTO; HATFIELD u. HILL; SMITH, KNUDTSON u. WATSON; PAPANICOLAOU; IKEDA; GAGNÉ; ABBOTT; DUNHAM u. SMITH; GOOD, MCDONALD, CLAGETT u. GRIFFITH; FRIED; WATSON u. SMITH; KAHLAU; MEARS, KIRKLIN u. WOOLNER; FARBER; DELARUE u. GRAHAM; KIRKLIN u. MCDONALD; KESSLER; LANGER; DUFOURT, SANTY, GALY, TOURAINE u. RIFFAT; STOREY, KNUDTSON u. LAWRENCE; SPJUT, FIER u. ACKERMAN; DECKER u.a.). Bei sorgfältiger, wiederholter Analyse von Sputum oder Bronchialsekret beträgt die *Trefferquote* an positiven bzw. stark verdächtigen Befunden *bis zu 80%* (STOREY, KNUDTSON u. LAWRENCE). Entsprechend dem histologischen Bild ist der zytologische Aspekt ziemlich gleichförmig und in gewisser Weise charakteristisch (meist relativ gut erhaltene zylindrische bis kubische Zellen mit freiem, leicht vakuolärem Zytoplasma und exzentrischen, annähernd regelmäßigen Kernen, oft in dichter Lage oder in zusammenhängendem Verband) (MCDONALD u. WOOLNER; GOOD, MCDONALD, CLAGETT u. GRIFFITH; PAPANICOLAOU; MCCOY; STOREY et al.; HARTMANN u.a.), wenn auch nicht pathognomonisch, da bronchogene Adenokarzinome, bei denen die zytodiagnostische Ausbeute unter allen Bronchialkrebstypen am höchsten ist (FARBER, ROSENTHAL, ALSTON, BENIOFF, MCGRATH u. GRUNZE), analoge Befunde liefern. MEARS, KIRKLIN u. WOOLNER empfehlen die postoperative Tumorzellfahndung zur Erfolgskontrolle von Teilresektionen, um einen röntgenologisch noch nicht manifesten Befall der Restlunge auszuschließen.

Im Hinblick auf die differentialdiagnostischen Schwierigkeiten und Irrtumsmöglichkeiten ist zu erwähnen, daß die *bakteriologische Auswurfuntersuchung* bei der Lungenadenomatose gelegentlich positive Resultate erbringt. Wie beim Bronchialkarzinom kann die neoplastisch infiltrierte Lunge sekundär mit Pilzen, Tuberkelbazillen und anderen säurefesten Saprophyten besiedelt werden (Lit. s. S. 111, 307 u. Bd. IX/4a). Unter den 11 Beobachtungsfällen FANCONIs waren 2 Patienten, in deren Sputa Tuberkelbazillen bzw. Pilze (Aspergillus und Penicillium) nachgewiesen wurden.

Da die Lungenadenomatose größere Bronchien nur selten einbezieht, bietet die *Bronchoskopie* keine wesentlichen Chancen für den histologischen Tumornachweis mittels gezielter *Probeexzision*. Immerhin werden in der Literatur einige positive Ergebnisse endoskopischer Biopsie mitgeteilt (GOOD, MCDONALD, CLAGETT u. GRIFFITH; WATSON u. SMITH; TILLETT u. HIRSCH; MEARS, KIRKLIN u. WOOLNER; STOREY et al.), und das Hervorquellen von reichlich schaumig-glasigem Schleim aus den Segmentostien, enges Kaliber sowie auffällige Eindellungen der Bronchien als suspekte bronchoskopische Leitmerkmale hervorgehoben (DELARUE u. GRAHAM; LÜDEKE; DECKER; KENT; MEARS, KIRKLIN u. WOOLNER).

In Spätfällen kann die *Lymphknotenbiopsie* nach DANIEL (WATSON u. SMITH) oder die Mediastinoskopie dazu beitragen, die Geschwulstnatur, wenn auch nicht eine eigenständige Tumorqualität des Leidens zu erkennen. Die *transthorakale Nadelbiopsie* (ACE-

VEDO, GIUNTINI u. CROXATTO; DRYMALSKI, THOMPSON u. SWEANEY; KING u. CARROLL; DAVIS u. SIMON; WATSON u. SMITH; DUFOURT, SANTY, GALY, TOURAINE u. RIFFAT; STOREY, KNUDTSON u. LAWRENCE; FANCONI; RIEMANN; MEYER ZUM BUSCHENFELDE, KOB, HEIM u. HEMPEL) ist wegen ihrer Risiken (Infektion, Spannungspneumothorax wie im 1. Fall von FANCONI) kaum als Routinemethode zu empfehlen. Der Tumorzellnachweis gelingt bei ausgedehnter Neoplasie ebenso treffsicher und gefahrloser mittels zytologischer Sputumanalysen oder endobronchialer Aspirationsbiopsie. Bei umschriebenen bzw. einseitig lokalisierten Prozessen ist dagegen die *Probethorakotomie* (WATSON u. SMITH; STOREY, KNUDTSON u. LAWRENCE) zu bevorzugen, da gegebenenfalls (positiver Befund im histologischen Schnellschnitt exzidierten Materials) sogleich eine Resektion im erforderlichen Umfang angeschlossen werden kann.

f) Verlauf, Prognose und Therapie

Die *Krankheitsdauer* der Lungenadenomatose ist ebensowenig exakt zu bestimmen wie bei den Bronchialkarzinomen, da der Manifestation bzw. Erkennung des Neoplasma eine Latenzphase von ungewisser Länge vorausgeht (FISCHER; OVERHOLT u. SCHMIDT u.a.). Alle Angaben über den zeitlichen Ablauf der Geschwülste sind lediglich Schätzungswerte, die sich nur auf den Zeitraum seit Auftreten erster klinischer Verdachtssymptome bzw. röntgenologischer Veränderungen oder auf die Überlebensdauer nach histologischer Sicherung der Diagnose beziehen können.

Der Zeitverlust bis zur Erlangung diagnostischer Gewißheit wird beim Bronchuskarzinom sehr unterschiedlich beurteilt, wobei die Schätzungen von 5 Monaten (D'AUNOY, PEARSON u. HALPERT) über 12—30 Monate (GEBAUER) bis zur Annahme mehrjähriger Fristen reichen (GOLDMAN; RIGLER, O'LOUGHLIN u. TUCKER; SMITH; APPEL u.a.) (s. Bd. IX/4a, Tabelle 68). RIGLER, O'LOUGHLIN u. TUCKER ermittelten bei 13 Bronchialkrebskranken die durchschnittliche Dauer vom Nachweis des pathologischen Schattensubstrats bis zur Resektion mit 36,4 Monaten (Schwankungsbreite 7—109 Monate). Bei weiteren 37 unbehandelten Patienten betrug der Zeitraum vom Beginn der klinischen bzw. röntgenologischen Krankheitserscheinungen bis zum Tod im Mittel 22,5 Monate (Extreme: 8—51 Monate). *Beim Bronchialkarzinom* wird die *mittlere Überlebensdauer nach Auftreten auffälliger Symptome* (Hämoptysen, Brustwandschmerzen, erhebliche Gewichtsverluste innerhalb kurzer Zeit, Fieberschübe, anhaltende Temperaturerhöhung und andere Infektzeichen oder Symptome von Fernmetastasen) von BUCHBERG, LUBLINER u. RUBIN mit *14,2 Monaten* angegeben (443 unbehandelte Fälle, davon 122 Plattenepithelkrebse: 14,1 Monate, 126 *Adenokarzinome: 13,6 Monate*), von TINNEY (315 Fälle) auf *14,5 Monate*, von KAHLAU — ohne Berücksichtigung des histologischen Baues — auf 1—2 Jahre geschätzt.

Die von ECK als *mittlere Krankheitsdauer bei 136 Lungenadenomatosefällen* berechnete Frist von *14 Monaten* stimmt mit diesen Näherungswerten völlig überein. Ebenso ist die *beträchtliche Schwankungsbreite des zeitlichen Verlaufs*, die man bei dem von ECK ausgewerteten Material findet (Abb. 27), im Hinblick auf entsprechende Beobachtungen beim Bronchuskarzinom durchaus nicht ungewöhnlich.

Unter den 443 Bronchialkrebskranken in der Statistik von BUCHBERG, LUBLINER und RUBIN starben innerhalb von 0—5 Monaten 58 (13,1%) nach initialer klinisch-röntgenologischer Manifestation des Leidens, 183 (41,3%) nach ätiologischer Klärung des Befundes. Andererseits blieben 70 Patienten (16%) mehr als 2 Jahre vom Beginn ernstlicher Symptome am Leben, davon 18 (4%) 3—5 Jahre (mittlere Überlebensdauer dieser Gruppe: 52 Monate) und 7 (1,6%) 5 Jahre und länger (je 1 Patient $7^{1}/_{2}$ und 17 Jahre nach Probeexzision bzw. 4 Jahre nach Feststellung von Wirbelmetastasen). Über ähnliche *langfristige Spontanverläufe histologisch gesicherter Bronchialkarzinome* berichten auch andere Autoren (GOLDMAN: je 1 Patient 20, 14, $12^{1}/_{2}$, 10, 8, 7, 6, 5 und $4^{1}/_{2}$ Jahre; STEINBRÜCK: 9 Jahre; OVERHOLT u. SCHMIDT: 9 und 7 Jahre; RIGLER, O'LOUGHLIN u. TUCKER: 9 und $4^{1}/_{2}$ Jahre; WILLIS: $8^{1}/_{2}$ Jahre; WASCH, LEDERER u. EPSTEIN: 7 Jahre; BRUNNER sowie APPEL: 5 Jahre!) (s. Bd. IX/4a).

Das Verhalten der Lungenadenomatose, deren Krankheitsdauer nach Beginn der ersten Symptome bei 52 von 113 Fällen ECKs (45,4%) weniger als 6 Monate, in einem geringen Prozentsatz aber 3 Jahre und länger währte, entspricht somit durchaus der Variations-

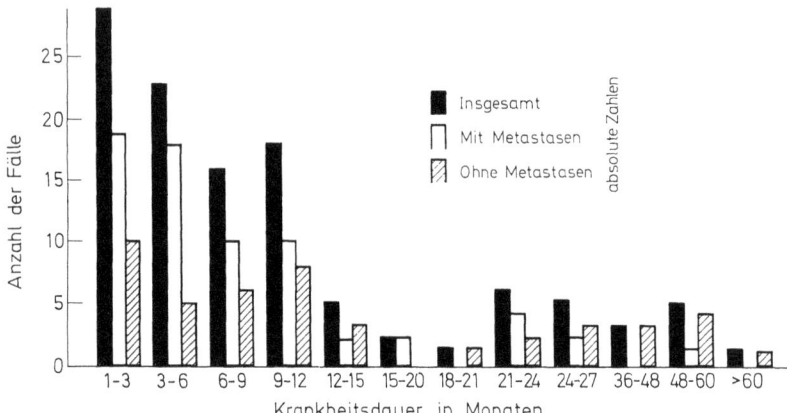

Abb. 27. *Krankheitsdauer und Metastasierung bei 113 Fällen von Lungenadenomatose der Literatur* (davon 67 mit und 46 ohne Metastasen) nach ECK (absolute Zahlen)

breite der biologisch uneinheitlichen Geschwulstgruppe der Bronchuskrebse. Als *Extremwerte* langfristiger Verlaufskontrollen einzelner Fälle werden in der Literatur *11—15 Jahre* (WHITE, MADDING u. HERSHBERGER; BASS u. SINGER; ARANY), von anderen Autoren *14 Jahre* (ZIEGLER; LUSCHNITZ u. DIECKMANN), $8^{1}/_{2}$ *Jahre* (SMITH), *8 Jahre* (USPENSKY; SHIPMAN, STEPHENS u. BINKLEY; OVERHOLT, MEISSNER u. DELMONICO), *6 Jahre* (DELARUE u. GRAHAM; WOODRUFF, OTTOMAN u. ISAAC), *5 Jahre* (SHIPMAN, STEPHENS u. BINKLEY) und 4 Jahre (GAGNÉ) genannt.

Die *Unterscheidung einer „benignen" von einer „malignen" (kanzerösen) Lungenadenomatose* (PAUL u. RITCHIE; LAIPPLY u. FISHER; SWAN; DRYMALSKI, THOMPSON u. SWEANEY; KAHLAU; SCARINCI; MEARS; KIRKLIN u. WOOLNER; OVERHOLT, MEISSNER u. DELMONICO; DUPREZ u. MATHEIEM; SIEGENTHALER u.a.) und die *Abgrenzung der Lungenadenomatose von „alveolarzelligen" Lungenkrebsen* (BALÓ; LUSCHNITZ u. DIECKMANN) sind mit histologischen Argumenten nicht zu rechtfertigen.

Zwischen dem zytologischen Aspekt und geweblichen Feinbau, jeweiliger Metastasierungsneigung und Krankheitsdauer der Neoplasie besteht jedenfalls keine gesetzmäßige Beziehung (KAHLAU; FANCONI u.a.). Die Geschwulst kann ein gleichförmig „gutartiges" Zellbild ohne Anzeichen örtlicher Aggression bieten und doch metastasieren, andererseits stellenweise zelluläre Atypien (Polymorphie, Pyknosen und Hyperchromasie der Kerne, gehäufte Mitosen etc.) aufweisen, ohne Tochterherde zu bilden.

SWAN, KAHLAU u. a. halten daher die *Metastasierung* für das *einzig sichere Malignitätskriterium*. Gegen den Vorschlag SWANs, die Klassifizierung nach diesem Gesichtspunkt zu treffen, wenden DAVIS und SIMON als Verfechter der unitarischen Auffassung des Geschwulstleidens ein, Fernmetastasen seien in einem Teil der Fälle wohl nur deshalb zu vermissen, weil rasche örtliche Ausbreitung des Gewächses in den Lungen oder komplizierende Pneumonien bereits zum Tode an respiratorischer Insuffizienz führten, noch ehe eine lympho- oder hämatogene Absiedlung erfolgt sei.

Die klinische Trennung in gut- und bösartige Verlaufsformen nach der unterschiedlichen Krankheitsdauer ist im Hinblick auf die erwähnte Analogie bei den Bronchuskrebsen noch problematischer. Folgerichtig müßte man dann auch von „benignen Bronchialkarzinomen" sprechen, wenn die Überlebensfrist unbehandelter Patienten das durchschnittliche Zeitmaß so erheblich überschreitet, wie in den oben zitierten Fällen.

Wie bei den verschiedenen histologischen Bronchialkrebstypen endet die Erkrankung an Lungenadenomatose ohne rechtzeitige therapeutische Maßnahmen früher oder später stets tödlich. Man kann daher bei beiden Geschwulstgruppen wohl nur relative Schwankungen ihrer biologischen Bösartigkeit entsprechend der Abstufung ihrer Wachstums- und Ausbreitungstendenz konstatieren, für die es bisher keine Erklärung gibt.

Tabelle 7. Operationsergebnisse bei 100 Patienten mit Lungenadenomatose. (Quellenangabe s. Text)

Gesamtergebnis	Anzahl	Aufgliederung		
Überlebend ohne Symptome	41	davon post op.:		
		bis 6 Monate	5	
		bis 12 Monate	4	
		1—2 Jahre	10	
		2—3 Jahre	4	
		3—4 Jahre	4	
		4—5 Jahre	9	
		5 Jahre und länger	5	(3mal 5, je 1mal 6 bzw. 10 Jahre)
Überlebend mit Symptomen (Kontralateraler Tumorbefall, positiver zytologischer Sputumbefund)	5			
Keine Angaben oder verschollen	10			
Verstorben	44	davon:.		
		unmittelbar post op.	12	
		innerhalb des 2. Jahres	9	
		innerhalb des 3. Jahres	1	
		innerhalb des 4. Jahres	2	

Während die Frage des zellulären Ursprungs der Lungenadenomatose vom Bronchial- oder Alveolarepithel klinisch im Grunde belanglos ist, hat das Problem der Geschwulstmorphogenese für die *Therapie und Prognose* entscheidende Bedeutung. Eine an zahllosen Stellen zugleich sprossende Tumoranlage würde jeden Versuch einer Radikaloperation von vornherein zum Scheitern verurteilen. Zu prinzipieller Resignation liegt nach bisherigen Erfahrungsberichten jedoch kein Anlaß vor, da sich die Lungenadenomatose im Initialbefund sehr häufig als zirkumskripte bzw. lobär oder einseitig begrenzte Läsion erweist (s. Abb. 28).

Tabelle 7 gibt Aufschluß über das *Ergebnis von 100 resezierenden Eingriffen* nach Literaturzusammenstellung bzw. Eigenangabe verschiedener Autoren (40 Resektionen aus der Sammelstatistik von DECKER; weitere Fälle von OVERHOLT, MEISSNER u. DELMONICO (15); MEARS, KIRKLIN u. WOOLNER (13); STOREY, KNUDTSON u. LAWRENCE (11); BRINDLEY (6); WOODRUFF, OTTOMAN u. ISAAC (5); DUFOURT, SANTY, GALY, TOURAINE u. RIFFAT (2); je 1 Fall von ABBOTT; CARR, SKINNER, ROBBINS u. KESSLER; ŠKORPIL; SHIPMAN, STEPHENS u. BINKLEY; DUPREZ u. MATTHEIM; YU, ALLEN u. MARCY; RIEMANN). Insgesamt handelte es sich dabei um 7 Segmentresektionen, 52 Lobektomien (1 nur palliativ geplant), 3 Lobektomien und zusätzliche Segmentresektion, 1 Bilobektomie (palliativ) und 37 Pneumonektomien.

Für eine verläßliche statistische Auswertung ist das Material zu klein. Die bisher mitgeteilten Operationsergebnisse sind auch wegen der meist zu kurzen Nachbeobachtungsfristen noch nicht mit den Spätresultaten (5-Jahresziffern) beim Bronchialkarzinom vergleichbar. Gemessen an der hohen Absterberate bei kleinzelligen Krebsen (KIRKLIN, MCDONALD, CLAGETT, MOERSCH u. GAGE) ist die Zahl der 3 Jahre und länger Überlebenden aber verhältnismäßig groß (CLAGETT, ALLEN, PAYNE u. WOOLNER; BARRETT et al.; HEWLETT u. Mitarb.; BELGRAD, GOOD u. WOOLNER; MUNNELL, LAWSON u. KELLER; JACKMAN, GOOD, CLAGETT u. WOOLNER; WOLF, MATTHES, ROTTE u. WILDNER u. a.). JACKMAN u. Mitarb. verzeichneten in 94% 3-Jahresheilungen (s. Bd. IX/4a, Abb. 207).

Offenbar *bieten umschriebene Formen der Lungenadenomatose relativ günstige Chancen für einen kurativen chirurgischen Eingriff*, wie die Operationsstatistik von OVERHOLT, MEISSNER u. DELMONICO bezeugt; von 15 Patienten mit lokalisierten, z. T. schon monate- oder jahrelang(!) bestehenden Solitärherden überlebten bis zum Berichtszeitpunkt 11 Kranke die Tumorresektion erscheinungsfrei (je 2 mehr als 4, 3 bzw. 2 Jahre; 4 über 1—2 Jahre und 1 erst 6 Monate). Ein Patient mit kontralateralem Befund war 28 Monate später noch am Leben, und nur 3 Kranke erlagen dem Geschwulstleiden innerhalb von 7—32 Monaten post operationem. Eine relativ hohe Überlebensrate nach Resektion lokalisierter Adenomatoseformen verzeichnet auch die jüngste Statistik aus der Mayo-Klinik von BELGRAD, GOOD u. WOOLNER.

Während OVERHOLT u. Mitarb. vom „*favourable bronchiolar carcinoma*" sprechen, warnen DELARUE u. GRAHAM vor einem verfrühten Optimismus, da noch mehrere Jahre nach scheinbar radikalen Eingriffen ein Fortschreiten bzw. Rezidiv des Neoplasma möglich ist. Dieses Vorkommnis ist jenseits des 2. Jahres post op. nach den Recherchen von STOREY et al. und obiger Sammelstatistik immerhin bemerkenswert selten, so daß *bei Überschreiten der 2-Jahresgrenze nach Resektion ohne Krankheitssymptome meist begründete Aussicht auf definitive Heilung* zu bestehen scheint (STOREY, KNUDTSON u. LAWRENCE).

Die *zytostatische Therapie* mit Stickstoff-Lost (HERBUT; MCCOY; VAN DER SLIKKER u. ORIE; STOREY et al.), Urethan (VAN DER SLIKKER u. ORIE), Aminopterin (HERBUT) und anderen mitosehemmenden Substanzen hat bei Lungenadenomatose gänzlich versagt. Mit alleiniger *Anwendung ionisierender Strahlen* (konventionelle Röntgen-Tiefen- bzw. Hochvolt-Therapie, Instillation von ^{198}Au-Lösungen bei Pleurabeteiligung) sind bestenfalls zeitweilige Palliativerfolge (BRINDLEY; SCHLUNGBAUM; WOODRUFF, OTTOMAN u. ISAAC; OVERHOLT, MEISSNER u. DELMONICO), meist aber keine sichtbaren Änderungen zu erreichen (WATSON u. SMITH; DENNIS, RABY u. HILDENBRAND; MEARS, KIRKLIN u. WOOLNER; WEIR; ABBOTT; KING u. CARROLL; STOREY, KNUDTSON u. LAWRENCE; RIEMANN u.a.) (Abb. 36).

Bei gegebener Voraussetzung kommt daher nur die *Resektion als Methode der Wahl* in Betracht. Wie beim Bronchialkarzinom hängen Operabilität und Heilungschancen in erster Linie von der frühzeitigen Erkennung des Geschwulstleidens ab. Da Dauererfolge von 5 Jahren und länger bei umschriebenen Tumoren schon mit relativ sparsamer Resektion (Lobektomie und sogar Segment- bzw. Keilresektion) zu erzielen sind (WATSON u. SMITH; ŠKORPIL; OSSERMAN u. NEUHOF; DELARUE u. GRAHAM; STOREY, KNUDTSON u. LAWRENCE; BELGRAD, GOOD u. WOOLNER), die Frühdiagnose mit klinischen Methoden allein aber nicht gestellt werden kann, ist die Aufspürung der Lungenadenomatose im Latenzstadium eine ebenso vordringliche und verantwortungsvolle Aufgabe der Röntgendiagnostik wie die Entdeckung initialer Bronchuskrebse.

g) Röntgenologische Diagnostik und Differentialdiagnostik

In der Vielfalt und ätiologischen Indifferenz ihres Schattensubstrats gleicht die Lungenadenomatose dem klassischen Bronchialkarzinom (GEEVER, CARTER, NEUBUERGER u. SCHMIDT; PAUL u. RITCHIE; GOOD, MCDONALD, CLAGETT u. GRIFFITH; BREIG; DELARUE u. GRAHAM; SWAN; SILVERMAN u. ANGRIST; KENT; PAUL u. JUHL; DAVIS u. SIMON; ROSEMOND, BOUCOT u. AEGERTER; VALENTINE u. WYNN-WILLIAMS; STOREY, KNUDTSON u. LAWRENCE; POHL; LANGER u. WILLMANN; BROBECK; LAPP u. LÜTGERATH; TESCHENDORF; FANCONI; DECKER; SCHLUNGBAUM; WHITE, MADDING u. HERSHBERGER; ZIEGLER; VOLUTER u. RYWLIN; ECK; ZSCHIECHE; ZHEUTLIN, LASSER u. RIGLER; WOODRUFF, OTTOMAN u. ISAAC; LESTER u. RITCHIE; BUBIS u. ERWIN; KING u. CARROLL; GAGNÉ; STEPHENS u. SHIPMAN; WEIR; KENNAMER; STAPLETON u. JANES; MCCOY; PETERSON u. HOUGHTON; LACKEY; VAN DER SLIKKE u. ORIE; GARDIOL; GORNAK et al.; MEARS, KIRKLIN u. WOOLNER; VOLUTEO u. ZÜRCHER; OVERHOLT, MEISSNER u. DELMONICO; BEAVER u. SHAPIRO; OSSERMAN u. NEUHOF; RIEMANN; BALÓ; KAINBERGER; BALÓ u. KARÁDY; BALÓ u. LESZLER; PELLET u. GALE; DIAS DA COSTA, ROCHA u. BRAGADIAS; ENGELMANN; EVEN u. ROUJEAU; JELLINGER u. ZEITLHOFER; WALTHER; LUSCHNITZ u. DIECKMANN; HABERLAND; KURPAT, ROTHE u. BAUDREXL; SINGER; FELSON; SOBBE u. MAYER; LUDES; BERTALAN u. ZOLTÁN; MONTES, ADLER u. BRENNAN; HANBURY u. HILL;

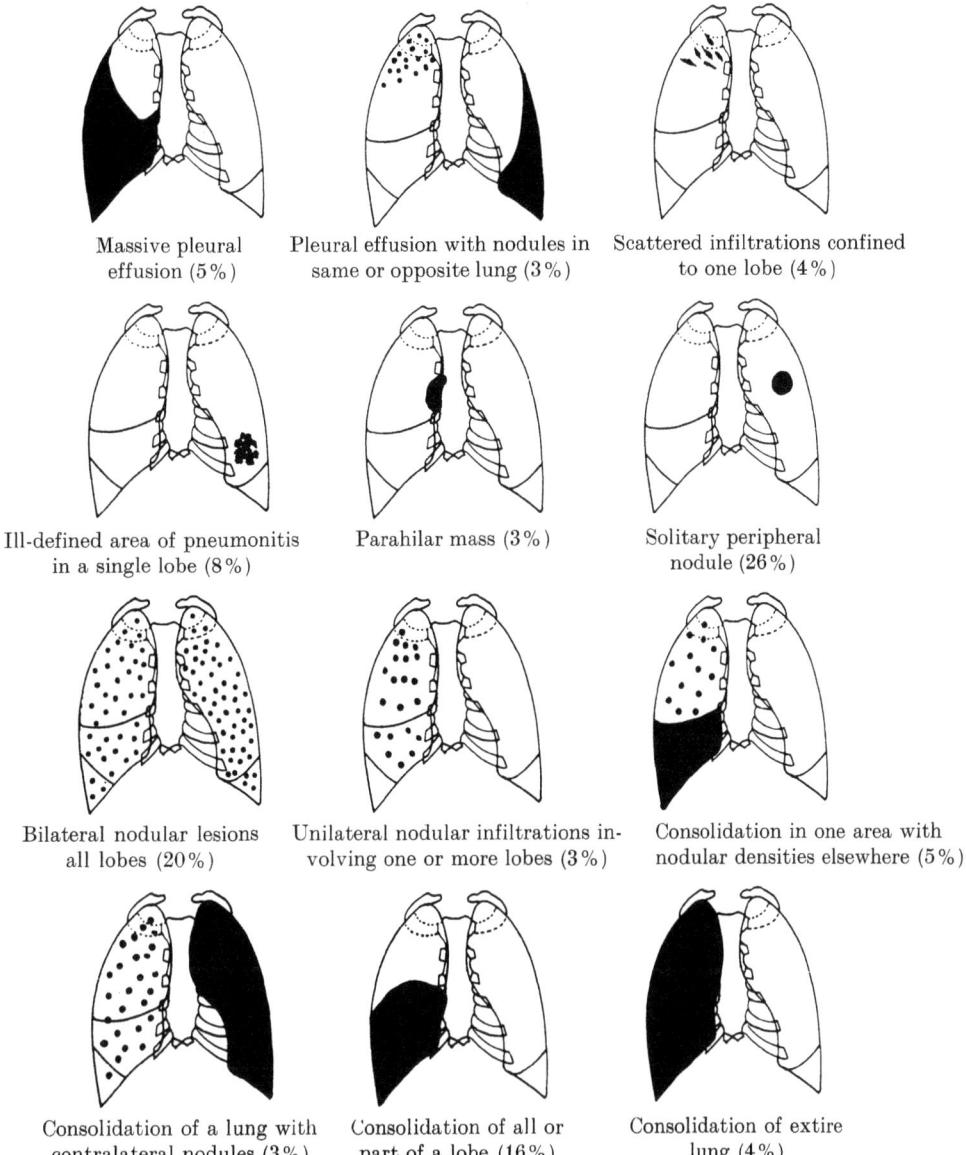

Abb. 28. *Schema röntgenologischer Erscheinungsformen im Entwicklungsablauf der Lungenadenomatose.* Prozentuale Häufigkeit der jeweiligen Anfangsbefunde bei 153 Beobachtungsfällen der Weltliteratur. [Nach STOREY, C., KNUDSON, K. P., LAWRENCE, B. J.: Bronchiolar (alveolar-cell) carcinoma of the lung. J. thorac. Surg. 26, 331—406 (1953); Abb. 23]

GADEKAR; HAUBRICH u. HARMS; LANGER; REY; POTTS u. DAVIDSON; BUSCHMANN; SCHULZE u.a.). Der autoptische Nachweis des pulmonalen Geschwulstkeims im *primären Latenzstadium vor Sichtbarwerden röntgenologischer Veränderungen* (WOODRUFF, OTTOMAN u. ISAAC) dürfte ein seltenes Zufallsereignis bilden.

Das röntgenologische Erscheinungsbild der Lungenadenomatose wandelt sich im Laufe der Geschwulstentwicklung und unter dem Einfluß akzidenteller Störungen sowie entzündlicher Komplikationen erheblich. Über die Skala der röntgenmorphologischen Aspekte unterrichtet die Synopsis der *röntgenologischen Erstbefunde bei 153 histologisch verifizierten Lungenadenomatosefällen* der Literatur nach STOREY, KNUDTSON u. LAWRENCE (Abb. 28).

Es ist aufschlußreich, daß die vielfach als „das röntgenologische Korrelat der Lungen-

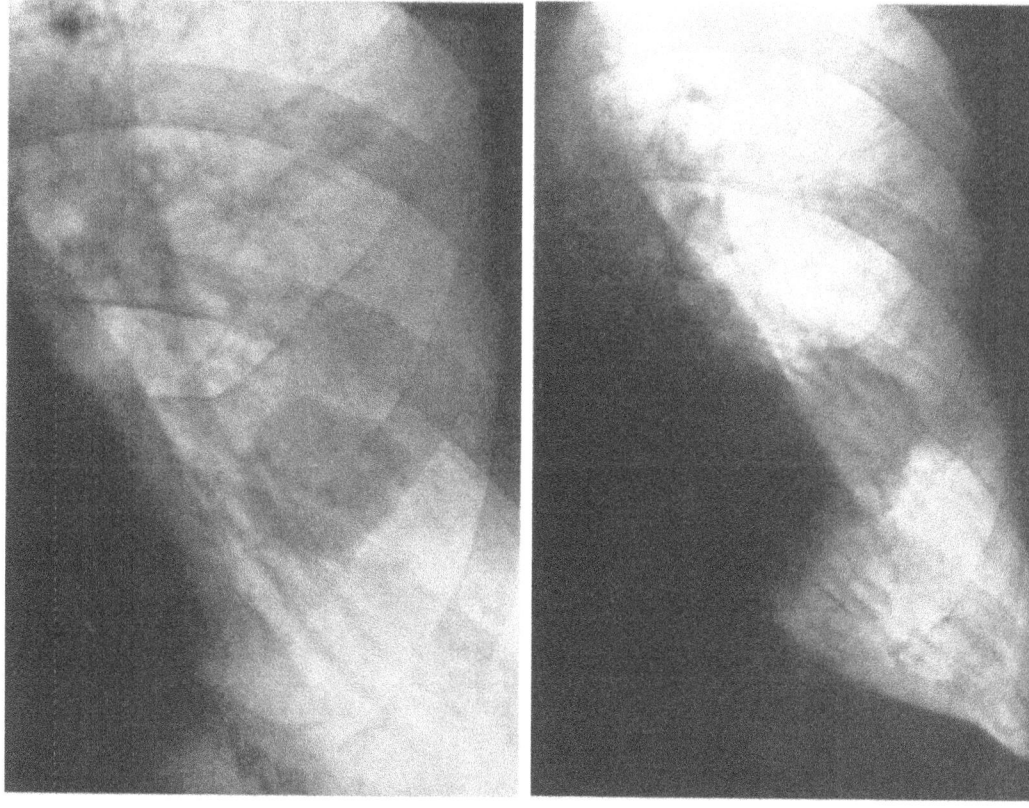

a b

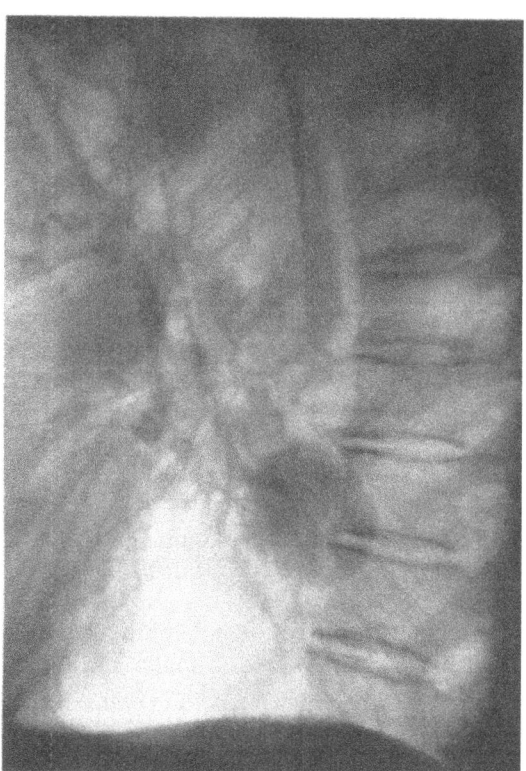

c

Abb. 29a—c. *Lungenadenomatose unter dem Bild eines langsam wachsenden Solitärknotens.* Im Sommer 1960 anläßlich einer Vorsorgeuntersuchung Nachweis eines stummen walnußgroßen Herdschattens im linken Unterlappen, der unter lungenfachärztlicher Kontrolle in langfristigen Intervallen größen- und formkonstant blieb (a Ausschnitt der Kontrollaufnahme p.-a. vom 25. 8. 62). Anhaltend normale Blutsenkungsgeschwindigkeit. Erst nach 5jähriger Verlaufsbeobachtung (!) Tumorverdacht wegen zwischenzeitlicher Größenzunahme des Gebildes, das bei Klinikaufnahme zu einem über pflaumengroßen ovalären Knoten von polyzyklischer Kontur herangewachsen war (b und c Ausschnitte der Übersichtsaufnahmen in 2 Ebenen vom 4. 11. 65). Keine Anzeichen endothorakaler Lymphome oder pulmonaler Hypertonie bei mäßiggradigem Obstruktionsemphysem. Blutsenkungsgeschwindigkeit 7/21 mm n.W. In mehreren Sputumproben keine tumorverdächtigen Zellen feststellbar (E.-Nr. 8753, 8813 u. 8905/65 Patholog. Inst. d. Krhs. Nordwest, Direktor: Prof. KAHLAU). Anatomischer Befund nach Lobektomie: 4×3,5 cm große Geschwulst vom typischen Bau eines Alveolarzell-Karzinoms. Mitexstirpierte Hiluslymphknoten frei von metastasenverdächtigen Veränderungen (E.-Nr. 9074/65). J.K., 58jähr. ♂. Arch.-Nr. 3110 07411 Radiolog. Zentralinst. d. Krhs. Nordwest Frankfurt/M.

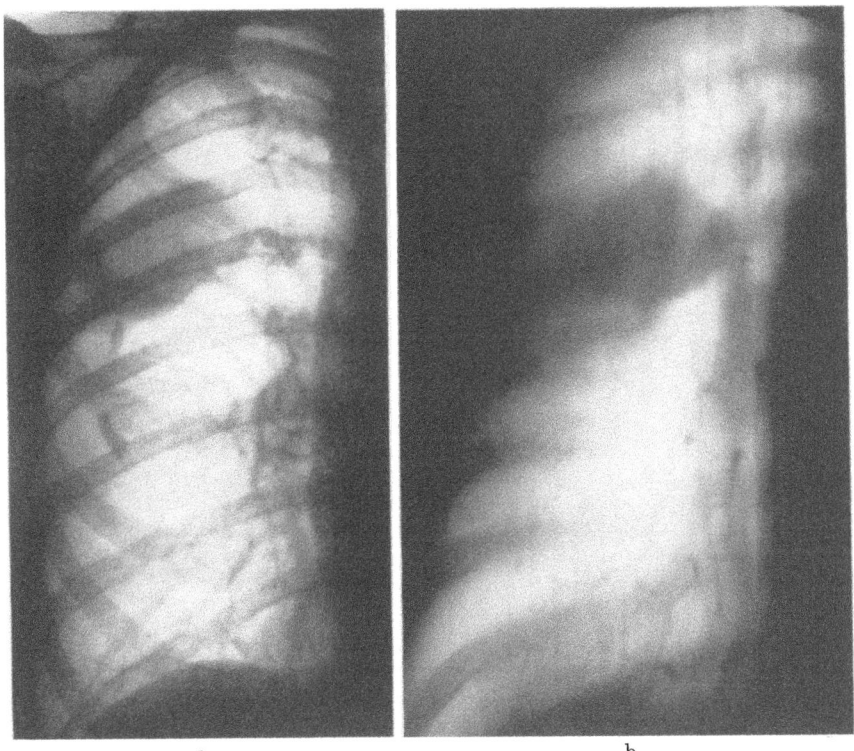

Abb. 30a u. b. *Solitärknoten einer umschriebenen Lungenadenomatose.* Der im dorsalen Oberlappensegment rechts bis zur interlobären Pleurafissur herangewachsene Tumor stellt sich im Nativbild p.-a. (a) und tomographisch als höckerig konturiertes homogenes Schattenoval dar (b Schichtbild 6 cm a.-p.). Nebenbefund: Lamelläre Kalkplaques in der Pleura der vorderen Lungenkonvexität. Klinisch und röntgenologisch kein Anhalt für einen metastasierenden extrapulmonalen Primärtumor. Histologische Verifizierung der diffusen intraalveolären Ausbreitung der zylinderzelligen Geschwulst am Resektionspräparat nach Lobektomie (Chirurg. Univ.-Klinik Münster/W., Direktor: Prof. SUNDER-PLASSMANN). E.H., 63jähr. ♀. Arch.-Nr. 4513/62 Röntgenabtlg. d. Medizin. Univ.-Klinik u. Poliklinik Münster/W. (Direktor: Prof. W. H. HAUSS)

adenomatose" schlechthin geltenden *bilateralen Lungenverschattungen in Form multinodulärer Herde und/oder diffuser, mehrere Lappen einbeziehender Infiltrate nur bei 20% der Patienten schon zu Beginn* der Verlaufskontrollen *nachweisbar* waren.

In über zwei Drittel (69%) lagen zunächst nur einseitige Veränderungen vor, die zum kleineren Teil bereits als massive Halbseitenverschattung (4%) bzw. als vielknotiger Befall eines Lungenflügels (3%) oder als isolierter unilateraler Pleuraerguß (5%) imponierten. *Bei der Mehrzahl (57%) war die Initialläsion röntgenologisch auf ein Lappenoder Segmentareal beschränkt.* Das Schattenbild zeigte dabei teils diffuse, den Lappen bzw. Lappenteile füllende pneumonieähnliche Infiltrationen (16%), teils intralobär verstreute (4%) bzw. geschlossene, wolkig-konfluierende Verdichtungszonen (8%) oder umschriebene parahiläre Kernschatten (3%). *In einem Viertel der Fälle (26%)* bildete ein *solitärer Rundherd im Lungenmantel* die *erste sichtbare Manifestation des Tumors,* der bei anschließender Resektion oder erst nach Aufschießen weiterer pulmonaler Herde — operativ oder autoptisch — als Lungenadenomatose identifiziert wurde.

Ähnlich lauten die Angaben von WOODRUFF, OTTOMAN u. ISAAC zur Häufigkeit und Gliederung der röntgenologischen Erscheinungsformen im Entwicklungsablauf der Neoplasie:

1. *Lokalisierte Läsionen*
   a) *Okkulte Initialstadien:* wegen der Seltenheit ihres zufälligen Nachweises nicht zu beziffern

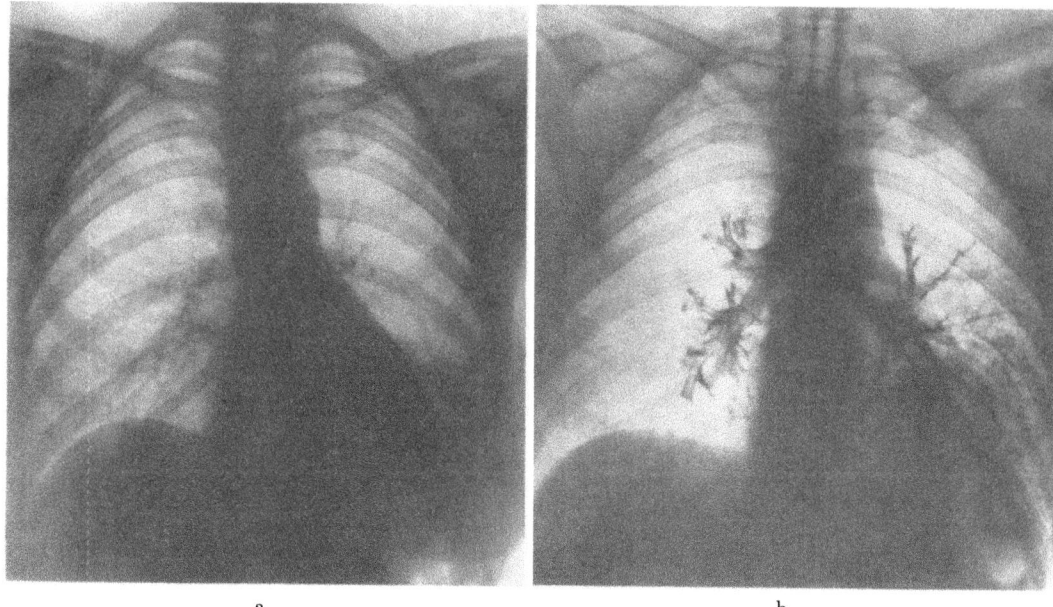

a   b

Abb. 31a u. b. *Lobär begrenzte Lungenadenomatose im linken Unterlappen.* Seit 1 Jahr trockener Husten und ca. 5 kg Gewichtsverlust. Thoraxübersichtsaufnahme p.-a. vom 2. 3. 43 (a): Massive Verschattung im linken Unterlappen, zunächst als Abszeß bzw. bronchiektatisches Indurationsfeld gedeutet. Bronchographie (b): Inkomplette Füllung der basalen Segmentäste im Verdichtungsgebiet. BSG 32 mm n.W. nach 1 Std. Fahndung nach Tuberkelbazillen im Sputum negativ, keine zytologische Auswurfanalyse. Bronchoskopie o. B. Lobektomie: Massive Parenchyminfiltration in Form konfluierender Knoten, histologisch dem Bild eines schleimbildenden Alveolarzell-Tumors mit mäßiger Zellatypie und intaktem Alveolargerüst entsprechend. 5 Tage post operationem tödlicher Myokardinfarkt. Autopsie: Keine neoplastische Veränderungen im linken Oberlappen und rechten Lungenflügel, keine Fernmetastasen. [Nach GOOD, A. C., McDONALD, J. R., CLAGETT, O. T., GRIFFITH, E. R.: Alveolar cell tumors of the lung. Amer. J. Roentgenol. *64*, 1—18 (1950); Fig. 1a und b]

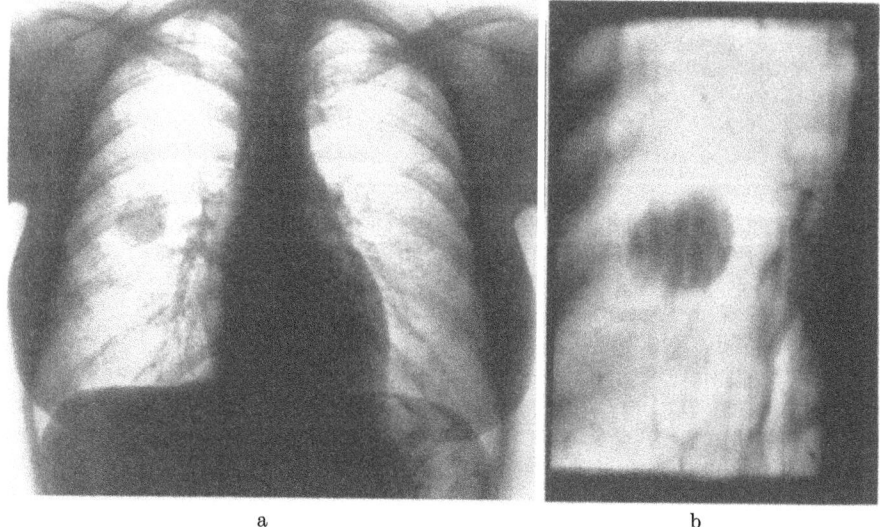

a   b

Abb. 32a—f. *Unaufhaltsame Entwicklung einer miliar-nodulären Lungenadenomatose nach Entfernung des solitären Initialherdes.* Im April 1967 wurde ein asymptomatischer fissurnaher Parenchymknoten in der re. Unterlappenspitze entdeckt (Übersichtsbild (a) und Schichtaufnahme a.-p. in 6 cm Schichttiefe vom 10. 4. 67 — Röntgenabteilung (Leiter: Prof. A. GEBAUER) der Medizinischen Univ.-Kliniken Frankfurt/M.) (b), der sich histologisch als fokale Lungenadenomatose erwies [(E.-Nr. 4820/67 Patholog. Inst. d. Krhs. Nordwest Frank-

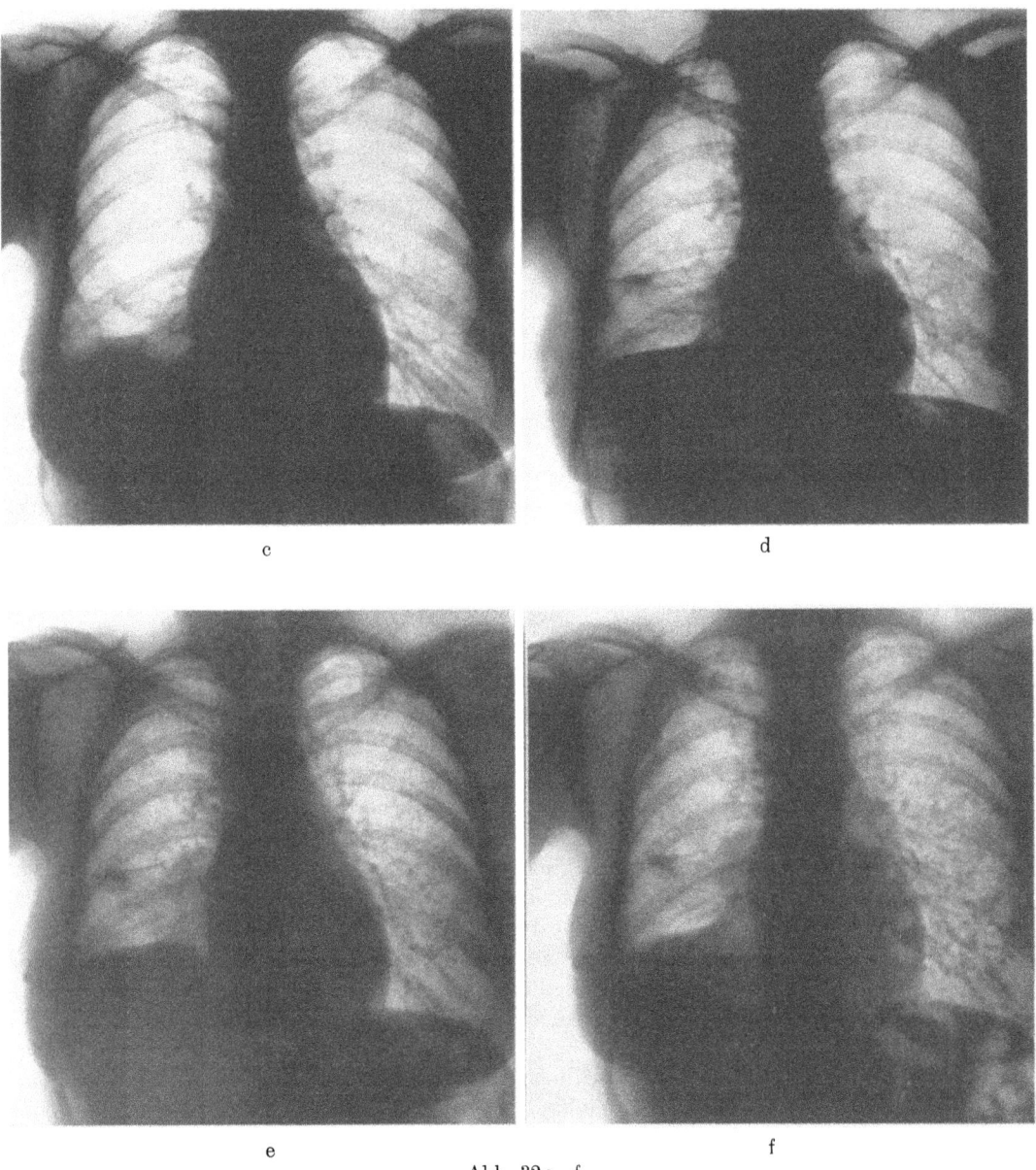

Abb. 32 c—f

furt/M., Direktor: Prof. G. Kahlau)]. Nach Lobektomie des re. Unterlappens am 8. 5. 67 (Op.: Prof. E. Ungeheuer, Direktor der Chirurg. Klinik d. Krhs. Nordwest Frankfurt/M.) und hochdosierter Telekobalt-Nachbestrahlung im Radiolog. Zentralinstitut d. Krhs. Nordwest fühlte sich die Patientin über $1^1/_2$ Jahre wohl. Die Kontrolluntersuchung am 11. 12. 67 zeigte jedoch einen post operationem nicht sichtbar gewesenen seichten Konturdefekt an der dorso-axillaren Zirkumferenz der 5. Rippe rechts (c). Vom Herbst 1968 an entwickelte sich eine randständige Schattenkulisse über der re. Hemithoraxkuppel mit ovalärer Verdichtung am Ober-Mittellappenspalt. Der Befund rührte von flächenhafter bzw. knotiger Tumorausbreitung im Pleuraraum her, die ohne Exsudation verlief, aber neuralgiforme Brustwandschmerzen verursachte und mit feinretikulärer Gerüstverstärkung beider Lungen verbunden war (d Übersichtsbild vom 11. 12. 68). Die Telekobalt-Abschnittsbestrahlung des Thorax ließ die Beschwerden verschwinden, konnte aber das weitere Fortschreiten der nunmehr miliar-fleckigen und vereinzelt grobnodulären Tumoraussaat in beide Lungen nicht aufhalten (e und f Übersichtsaufnahmen p.a. vom 27. 2. 69 und 21. 4. 69). Exitus letalis $2^1/_2$ Jahre nach Stellung der Diagnose.
B.R., 32jähr. ♀. Arch.-Nr. 1412 36312 Radiolog. Zentralinstitut d. Krhs. Nordwest Frankfurt/M.

b) *Zirkumskripte Prozesse: etwa 40%* (einzelne oder wenige Infiltrate unter 5 cm ⌀ innerhalb eines Lappens) (Abb. 29)

c) *Lokalisierte größere Prozesse: etwa 20%* (intralobäre, solitäre bzw. multipel verstreute Knoten über 5 cm ⌀ oder pneumonisch konfluierende dichte Infiltrate, z.T. nicht mehr streng lobär, aber einseitig begrenzt) (Abb. 30 u. 31)

2. *Disseminierte Läsionen*

a) *Frühe Aussaat: etwa 20%* (mehr oder weniger gleichförmige, über beide Lungen verteilte Knötchen bzw. konfluierende Herde ohne Hervortreten eines größeren Solitärknotens)

b) *Späte Aussaat: etwa 20%* (lokalisierter massiver Prozeß mit multinodulärem Befall der übrigen Lungenabschnitte) (Abb. 32).

Die Fahndung nach den röntgenologischen Initialsymptomen der Lungenadenomatose ist nicht nur für das Schicksal des Einzelpatienten entscheidend. Sie liefert im Gesamtergebnis zugleich einen wertvollen Beitrag zur Diskussion der Formalgenese: der hohe Prozentsatz initialer Solitärknoten macht die unifokale Entstehung der Geschwulst mit nachfolgender Metastasierung in die Lungen überaus wahrscheinlich. Der röntgenologische Befund solcher Rundherde schließt zwar nicht aus, daß das Gewächs im röntgenstrukturell intakt erscheinenden Parenchym der Restlunge bereits mit polytopen, strahlenphysikalisch noch unterschwelligen Miniaturherden sproßt („Geschwisterherde") bzw. vielenorts zur Sekundärhaftung gelangt ist („Tochterherde"), wie der nach scheinbar radikaler Resektion gelegentlich positiv bleibende Sputumzellbefund erweist.

Die Möglichkeit, mit unverzüglicher, mitunter recht sparsamer Teilresektion umschriebener Läsionen überhaupt zu Dauererfolgen zu gelangen (s. S. 67 u. Bd. IX/4a, Abb. 207), ist jedoch im Prinzip mit der multizentrischen Entstehungstheorie unvereinbar. Der Sachverhalt läßt kaum mehr Zweifel, daß die *solitären Lungenherde die unifokale Muttergeschwulst im Frühstadium repräsentieren*, und nur die rechtzeitige Entfernung des früher oder später miliar-nodulär überwucherten Primärherdes eine im weiteren Spontanverlauf unausbleibliche Lungendissemination zu unterbinden vermag. Dementsprechend stellt offenbar die *multinoduläre bzw. diffuse Durchwachsung beider Lungen gar nicht das „typische" Erscheinungsbild der Lungenadenomatose* schlechthin, sondern lediglich fortgeschrittene oder präterminale Entwicklungsstadien der Geschwulst dar.

Die *solitären Initialherde* der Lungenadenomatose erscheinen röntgenologisch mehr oder weniger scharf abgesetzt, unterschiedlich groß und dicht, auf Nativ- und Schichtbildern gewöhnlich homogen. Die als verschwommener wolkiger Infiltratschatten oder als noduläre Verdichtung hervortretenden zirkumskripten Formen sind meist asymptomatisch (Abb. 29, 30 und 32a u. b). Wie klinisch stumme Parenchymknoten anderer Ätiologie (umschriebene periphere Bronchialkarzinome und -adenome, sonstige benigne oder semimaligne Tumoren, Einzelmetastasen, entzündliche Infiltrate und Granulome spezifischer wie unspezifischer Genese, solide und zystische Lungenmißbildungen etc.) werden sie in der Regel zufällig bei röntgenologischen Einzel- bzw. Reihenuntersuchungen entdeckt. Im Gegensatz zur herdförmigen Viruspneumonie und bronchopneumonischer Anschoppung anderer Genese zeigt das neoplastische Infiltrat weder spontane noch therapiebeeinflußbare Rückbildungstendenz. Der Entwicklungsablauf seiner allmählichen Ausbreitung ähnelt oft dem tuberkulöser Exsudationsprozesse. Wie beim Bronchialkrebsknoten des Lungenmantels kann die Randkerbung des Infiltratschattens (sog.

Abb. 33a—j. *Entwicklungsverlauf einer Lungenadenomatose vom Initialbefund unilobärer Infiltration zur terminalen milar-nodulären Aussaat.* Im Frühsommer 1964 starke Erkältung mit unstillbarem Reizhusten. Kein Auswurf. Das 14 Tage nach Erkrankungsbeginn festgestellte „pneumonische Infiltrat" verhielt sich therapierefraktär. Fehlende Rückbildungstendenz und anhaltende Beschwerden führten zur Annahme einer „chronischen Pneumonie". Röntgenkontrolle nach Klinikaufnahme am 5. 11. 64: Kleinhandtellergroße wolkige Verschattung im linken Unterlappenkern, in Sagittalprojektion teils vom Herzrand verdeckt (a), im 2. Schrägdurchmesser deutlicher hervortretend (b). Auf Summations- und Schichtaufnahmen wies der Schatten in der Randzone fast kleinknotig wirkende fleckige Verdichtungsherde mit zungenförmigen Ausläufern nach kranial,

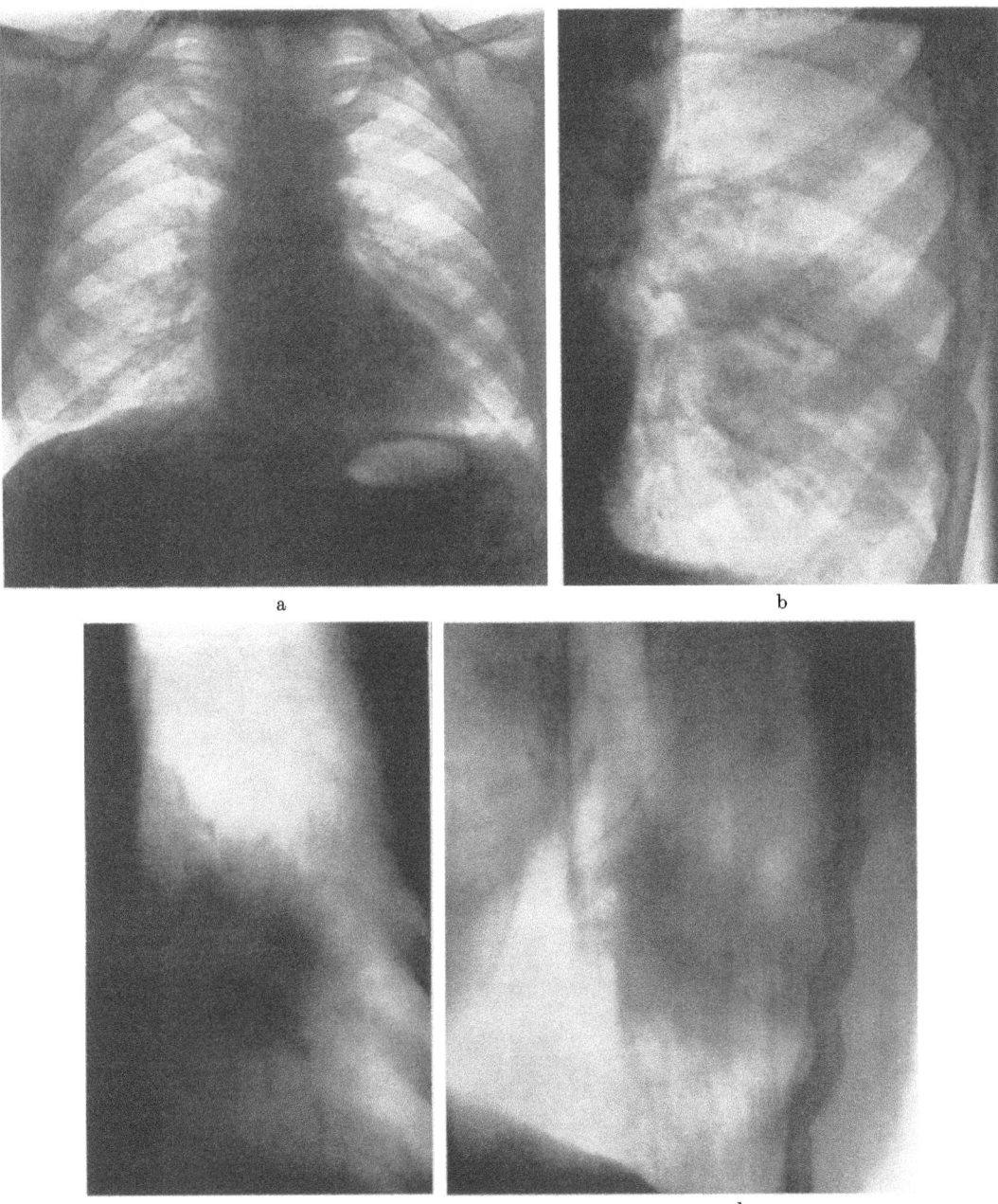

lateral sowie zum Interlobium hin auf (c und d Schichtbilder 8 cm a.-p. und 10,5 cm dextro-sin. vom gleichen Tage). Nach dem röntgenologischen Aspekt wurde die Diagnose „zunächst lobär begrenzte Lungenadenomatose oder Adenokarzinom mit analoger pneumonieartig intraalveolärer Ausbreitung" gestellt. Im Sputum Nachweis von Zellen einer malignen Geschwulst (E.-Nr. 5598, 5599 u. 5621/64 Patholog. Inst. d. Krhs. Nordwest, Direktor: Prof. KAHLAU). Daraufhin Lobektomie des linken Unterlappens am 12. 11. 64 (Op.: Prof. UNGEHEUER). Anatomischer Befund des Resektionspräparates (e): Feste Verdichtung des linken Unterlappenkerns von ca. 8 cm Durchmesser, vom Hilus bis zur Pleura pulmonalis reichend, auf der Schnittfläche an eine Pneumonie erinnern, aber ungewöhnlich schleimig. In Umgebung weitere kleinere, etwa pfefferkorngroße Bezirke von gleicher Beschaffenheit. Histologie: Typische Lungenadenomatose (f). Postoperative Röntgenkontrollen zeigten am 7. 1. 65 noch unauffällige Lungenstruktur (g), am 20. 4. 65 aber bereits feinfleckig disseminierte, am rechten Interlobärnebenspalt dichter stehende Herdchen (h), die am 1. 6. 65 an Umfang zunahmen (i) und am 25. 10. 65 — etwa ein halbes Jahr vor dem Tode — in beiden Lungen zu ausgedehnten wolkigen Schatten konfluiert waren (j). F.K., 71jähr. ♂. Arch.-Nr. 2610 93461 Radiolog. Zentralinst. d. Krhs. Nordwest Frankfurt/M.

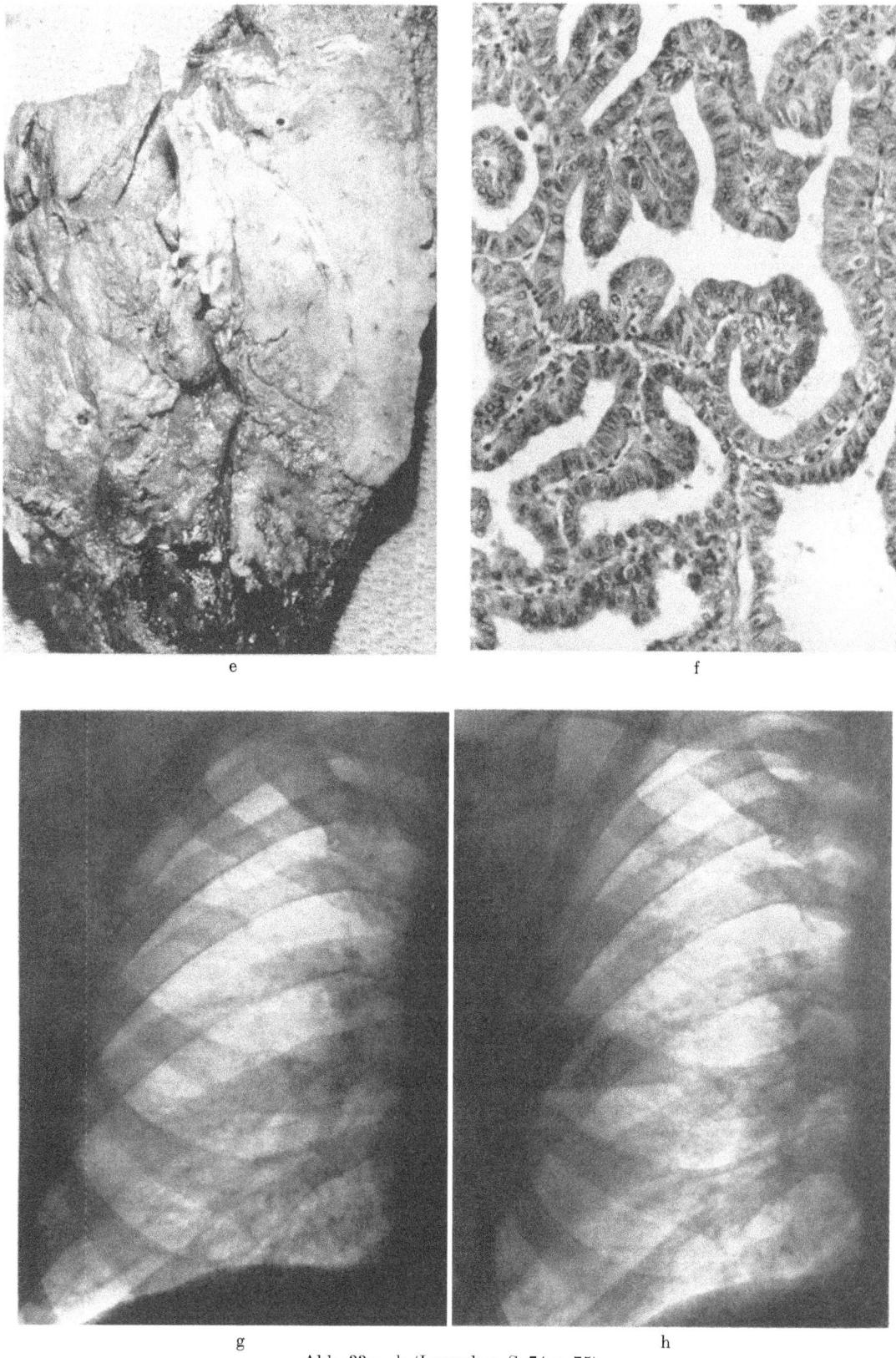

Abb. 33e—h (Legende s. S. 74 u. 75)

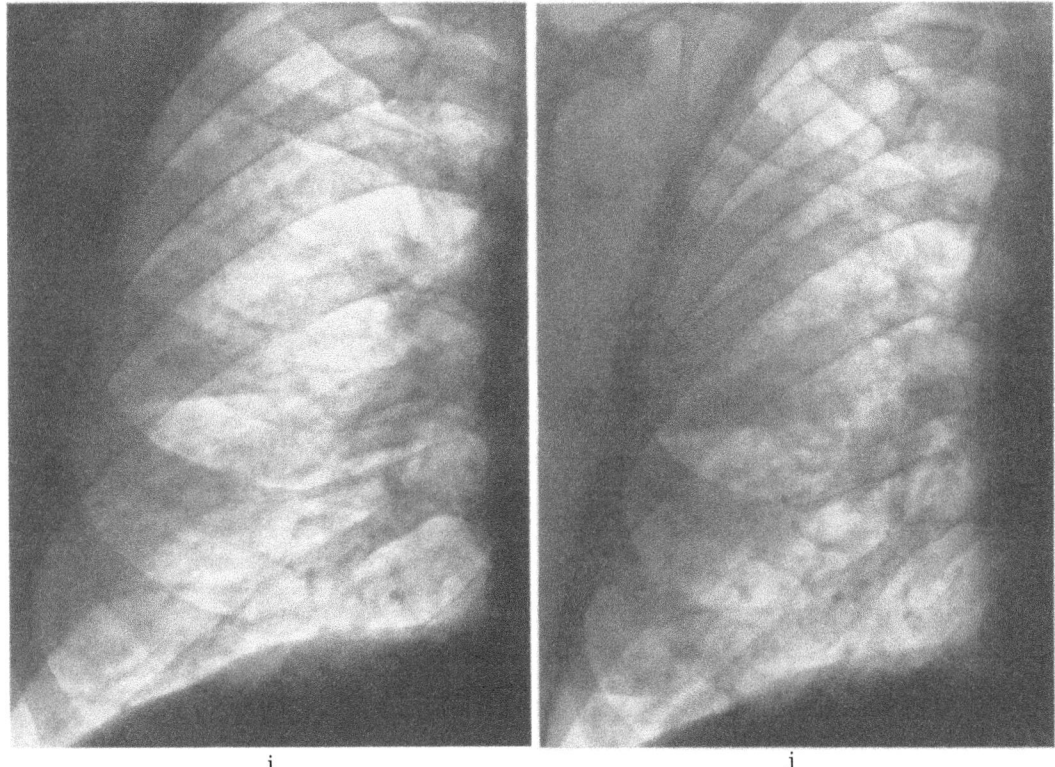

Abb. 33 i u. j (Legende s. S. 74 u. 75)

„notch sign" nach RIGLER), die sich aus dem ungleichmäßig exzentrischen, nicht appositionellen Wachstum ergibt, auf den neoplastischen Ursprung hindeuten (s. S. 294 u. Bd. IX/4b). Außer *zungenförmigen Ausläufern am Rand* bilden *kleinknotige Herde in der Nachbarschaft des Tumorinfiltrats* ein dringliches Verdachtsmoment, das gerade die besondere Wuchsart der Lungenadenomatose kennzeichnet und bei sorgfältiger Strukturanalyse von Schichtaufnahmen oft anzutreffen ist (Abb. 33c—e).

Sonst weist das Schattenbild der unifokalen Lungenadenomatose keine pathognomonischen Züge auf. Die periphere Lage erschwert die differentialdiagnostische Klärung durch Bronchographie und Bronchoskopie. Allenfalls vermögen Sputumzellanalysen und Saugbiopsie mittels gezielter Herdsondierung Aufschluß zu geben (s. Bd. IX/4a, Abb. 180 bis 184). Insgesamt bietet der Befund somit die bekannte *Problematik des isolierten pulmonalen Rundherdes* (s. S. 286ff.).

Der Prozeß bleibt zwar oft länger örtlich begrenzt und erweist sich nicht selten noch Monate, ja selbst Jahre nach seiner Aufspürung als resezierbar. Mit der Beobachtungsfrist etwaiger Wachstumstendenz wächst aber die Gefahr, den Zeitpunkt eines kurativen Eingriffs zu versäumen. Sofern der Allgemeinzustand des Patienten überhaupt thoraxchirurgische Maßnahmen zuläßt, und kein Verdacht auf Fernmetastasierung besteht, ist möglichst rasche Klärung durch die Probethorakotomie und intraoperative Schnellschnittuntersuchung anzustreben, und nötigenfalls eine Resektion im erforderlichen Umfang vorzunehmen.

Im Laufe der lokalen Ausbreitung macht sich die Neoplasie manchmal durch Übergreifen auf die benachbarte Pleura oder durch obstruktiv-entzündliche Komplikationen bemerkbar, ehe eine ausgedehnte Streuung erfolgt ist. Die pulmonalen Verdichtungen können dabei vom *massiven Pleuraexsudat* verdeckt werden.

Bei zentralem Zerfall bietet sich mitunter das Bild isolierter Blähkavernen mit basalem Flüssigkeitsspiegel (LAPP u. LÜTGERATH; FANCONI; SOBBE u. MAYER; SEIDEL) (Abb. 34).

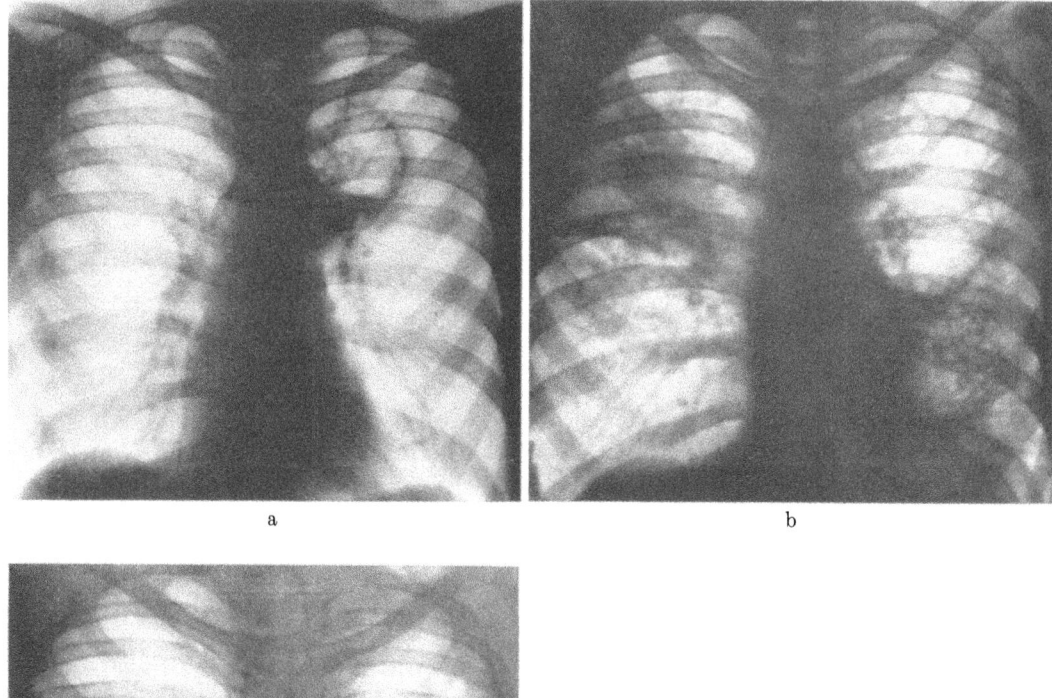

Abb. 34a—c. *Solitäre Tumorkaverne als langfristig persistierender Initialbefund einer autoptisch bestätigten Lungenadenomatose.* Jugendliches Alter des Patienten (25jähr. ♂!) und röntgenologischer Aspekt sprachen zunächst für eine exsudativ-kavernöse Tuberkulose des linken Oberlappens. Im weiteren Verlauf multilokuläre, zum Teil konfluierende Tumorinfiltration beider Lungen mit interkurrentem Spontanpneumothorax. Exitus infolge akuten Kreislaufversagens $2^1/_2$ Jahre nach Krankheitsbeginn. Thoraxübersichtsaufnahmen p.-a. vom Dezember 1949 (a), 22. März 1952 (b) und 30. April 1952 (c). [Nach LAPP, H., LÜTGERATH, F.: Tuberkulosearzt 8, 323—340 (1954)]

Vorwiegend oder *rein kavitäre Formen*, die im äußeren Aspekt tuberkulösen Frühkavernen (Abb. 35), dünnwandigen Lungenabszessen, infizierten offenen Lungenzysten oder eingeschmolzenen Lungeninfarkten gleichen, sind im Gegensatz zum anatomischen Befund intratumoraler Kolliquationsnekrosen (s. S. 55) sehr selten.

Die *multifokale Tumorinfiltration des erstbetroffenen Lappens oder Lungenflügels* äußert sich mit zunächst sehr diskreten feinen Tüpfelherdchen, die sich — im Summationsbild gruppenförmig angeordnet und an Zahl zunehmend — in Umgebung des zuerst hervorgetretenen Infiltrats, dann auch in anderen Sektoren bilden und mitunter an den Segmentgrenzen besonders dicht stehen (Abb. 32 u. 33). Die feinfleckigen Infiltrate fließen zu wolkigen Schatten von verschwommener Randkontur zusammen oder wachsen stellenweise zu schärfer abgesetzten nummulären Herden unterschiedlicher Größe heran. Die Lungenverdichtung kann nach Eintritt lymphogener Metastasen mit mehr oder weniger deutlicher *Vergrößerung der Hilus- und Mediastinallymphknoten*, gelegentlich auch mit regionaler Wabenzeichnung infolge *angeborener Bronchiektasie im gleichen Lungenabschnitt* verbunden sein (BASS u. SINGER; SCHLUNGBAUM).

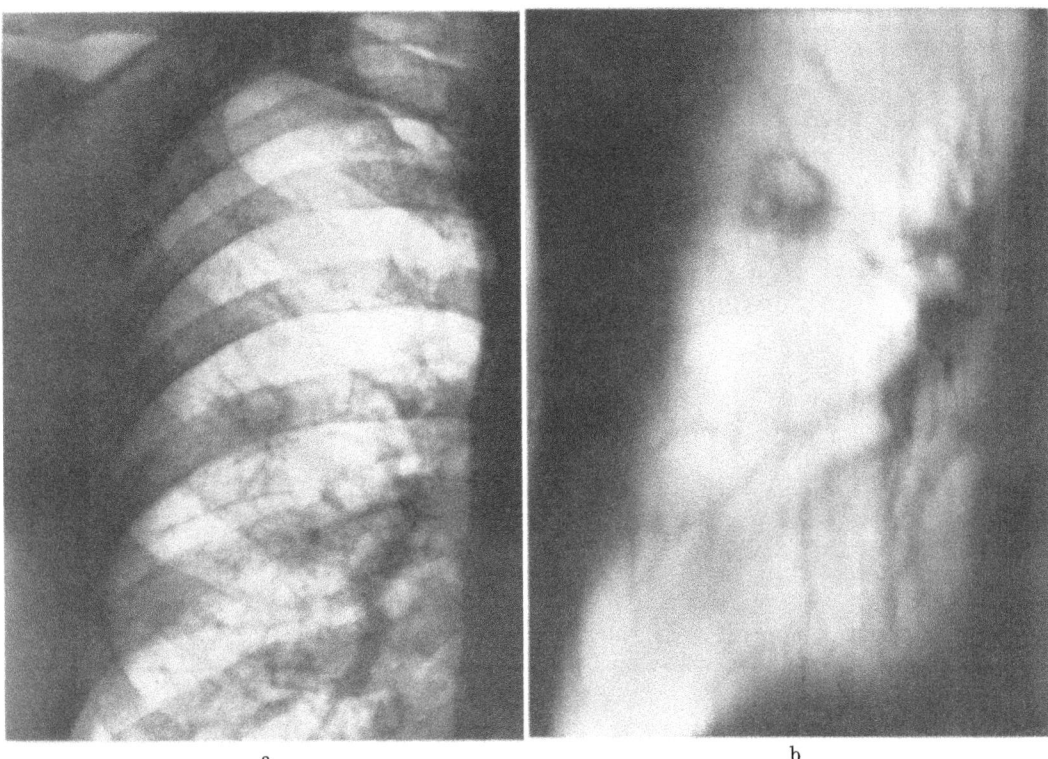

Abb. 35a u. b. *Tumorkaverne bei umschriebenem „Alveolarzell-Karzinom" (Narbenkrebs).* Im Ausschnitt der Thoraxübersichtsaufnahme p.-a. (a) und im Schichtbild 13,5 cm a.-p. (b) strahlig aufgefaserter Zerfallsherd im anterioren Oberlappensegment mit exzentrischen Hohlräumen von Mandel- bis Erbsgröße. Anatomischer Befund des Resektionspräparats: Im Oberlappenkern ventrokranial des Hilus 3×2 cm großer luftarmer, etwas konsistenzvermehrter Bezirk von grauer Farbe mit einer im Durchmesser 1,5 cm großen Höhle. Histologie: Alveolarzell-Karzinom mit reichlich kollagenfaserigem, schwarzpigmentiertem Bindegewebe im Zentrum (wahrscheinlich Narbenkarzinom). Mitentfernte regionäre Lymphknoten frei von Geschwulstgewebe (E.-Nr. 6733/71 Patholog. Inst. d. Krhs. Nordwest, Direktor: Prof. KAHLAU). K.P., 70jähr. ♂. Arch.-Nr. 2101 01621 Radiolog. Zentralinst. d. Krhs. Nordwest Frankfurt/M.

Aus dem anatomischen Entwicklungsablauf ergibt sich eine beachtliche Variabilität des röntgenmorphologischen Befundes. Das Schattenbild kann dem nodulärer Metastasen eines extrathorakalen Tumors, der pulmonalen Manifestation maligner Retikulosen (s. Abb. 39, 76, 77, 216, 233, 224 u. 238), multiplen hämorrhagischen Lungeninfarkten und infektiösen Infiltrationsprozessen ähneln. Bei der Lokalisation im Oberlappen wird erfahrungsgemäß zunächst meist eine exsudative Tuberkulose angenommen, bei Befall der basalen Lungenabschnitte eher an konfluierende bronchopneumonische Veränderungen, Bronchiektasen mit Sekretverhaltung und begleitender Parenchymanschoppung oder viruspneumonische Infiltrate, seltener an bronchopulmonale Mykosen oder den Beginn herdförmiger bzw. disseminierter Kollagenosen gedacht. Erst die Ergebnislosigkeit bakteriologischer Fahndung, das Ausbleiben stärkerer entzündlicher Allgemeinreaktionen (Fieber, Senkungsbeschleunigung, andere serologische Reaktionen, Leukozytose etc.), therapieresistentes Verhalten bzw. fortschreitende Tendenz der Lungenverdichtungen oder positive zytologische Befunde pflegen auf die richtige Spur zu lenken.

Auch bei den *Segment-, Lappen- und Halbseitenverschattungen der diffus entwickelten Neoplasie* läßt das Röntgenbild typische Merkmale vermissen. Nur die Kombination mit feinnodulärer Strukturverdichtung anderer Sektoren gibt gewisse Hinweise zur Differentialdiagnose. Die *massive Infiltration* geht *meist mit Volumenzunahme des betroffenen Lungenabschnitts* einher, der dadurch ovalär aufgetrieben wird (DELARUE u. GRAHAM;

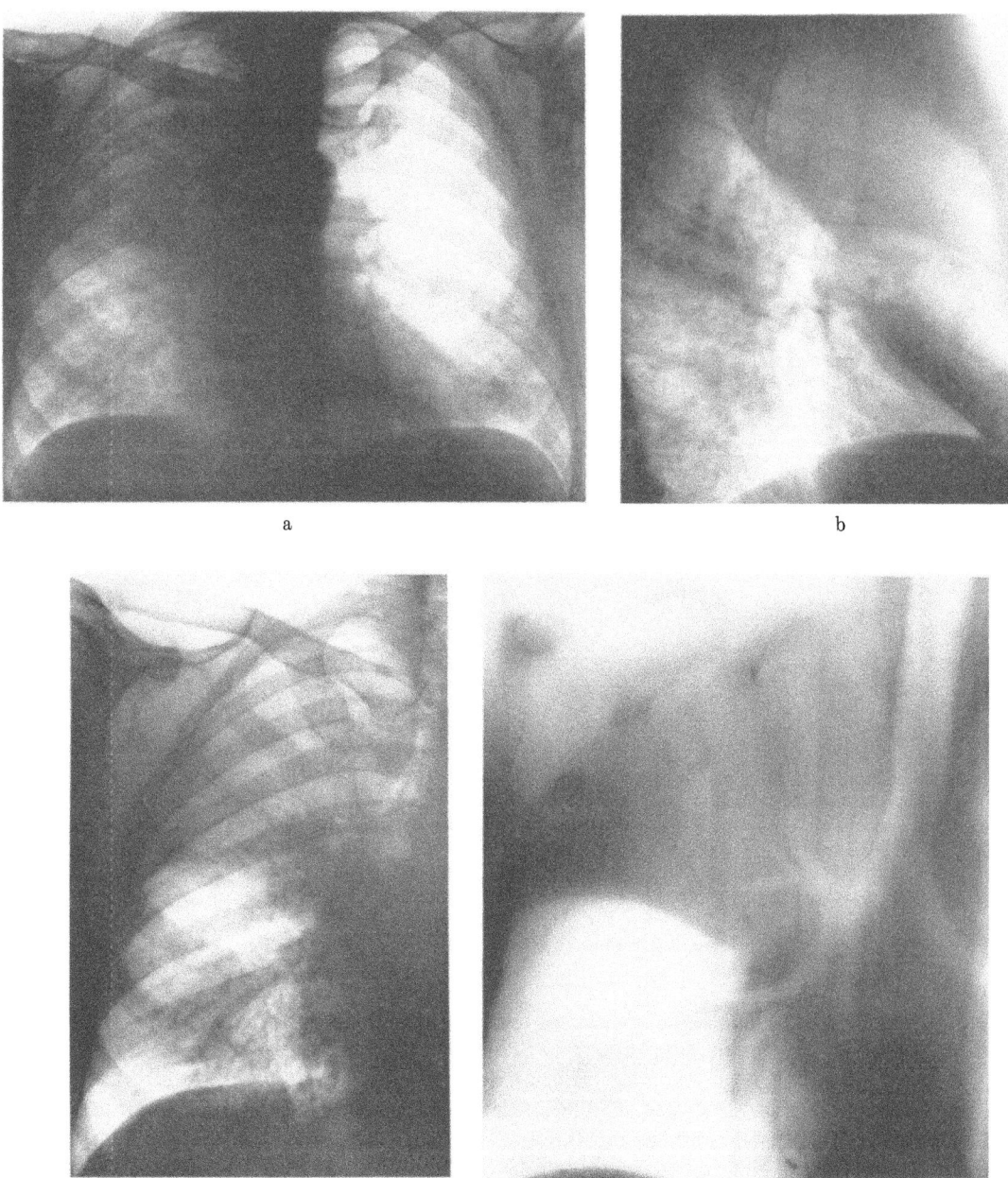

Abb. 36 a—f. *Lungenadenomatose von teils diffusem plurilobären Wuchstyp, teils kleinknotiger Ausdehnung in beiden Lungen.* Thoraxübersichtsaufnahmen in 2 Ebenen vom 9. 11. 61 (a und b): Diffuse Infiltration des rechten Oberlappens und des lateralen Mittellappensegments mit Volumenabnahme des verdichteten Parenchyms und konkaver Einziehung der Lappenspalten nach Art einer Atelektase. Daneben dichte, fein- bis grobfleckige Tumoraussaat in beiden Lungen, rechts ausgeprägter als links, mit Einschluß eines tomatengroßen Knotens in der rechten Unterlappenspitze. Die härter exponierte Zielaufnahme p.-a. (c) und das Schichtbild 13 cm a.-p. vom gleichen Tage zeigen noch lufthaltige Zweige des normalkalibrigen Oberlappenbronchus im lobären Schattenareal, die jedoch jenseits der Segmentgabeln abbrechen und nur stellenweise in Form gewundener Bronchiektasen hervortreten (d). Kontrollaufnahme p.-a. vom 15. 1. 62 (e) nach zwischenzeitlicher Telekobaltbestrahlung (4000 rad HD): Auflockerung der Oberlappenverdichtung bei Progredienz der konfluierenden Blastomherde im Mittellappen und linken Lungenflügel. Autoptische Bestätigung der Röntgendiagnose. Histologie: typische Lungenadenomatose (f) (Sekt.-Nr. 208/62 Patholog. Inst. d. Univ. Münster/W., Direktor: Prof. W. GIESE). F.S., 60jähr. ♂. Arch.-Nr. 10368/61 Röntgenabtlg. d. Medizin. Univ.-Klinik u. Poliklinik Münster/W. (Direktor: Prof. W. H. HAUSS)

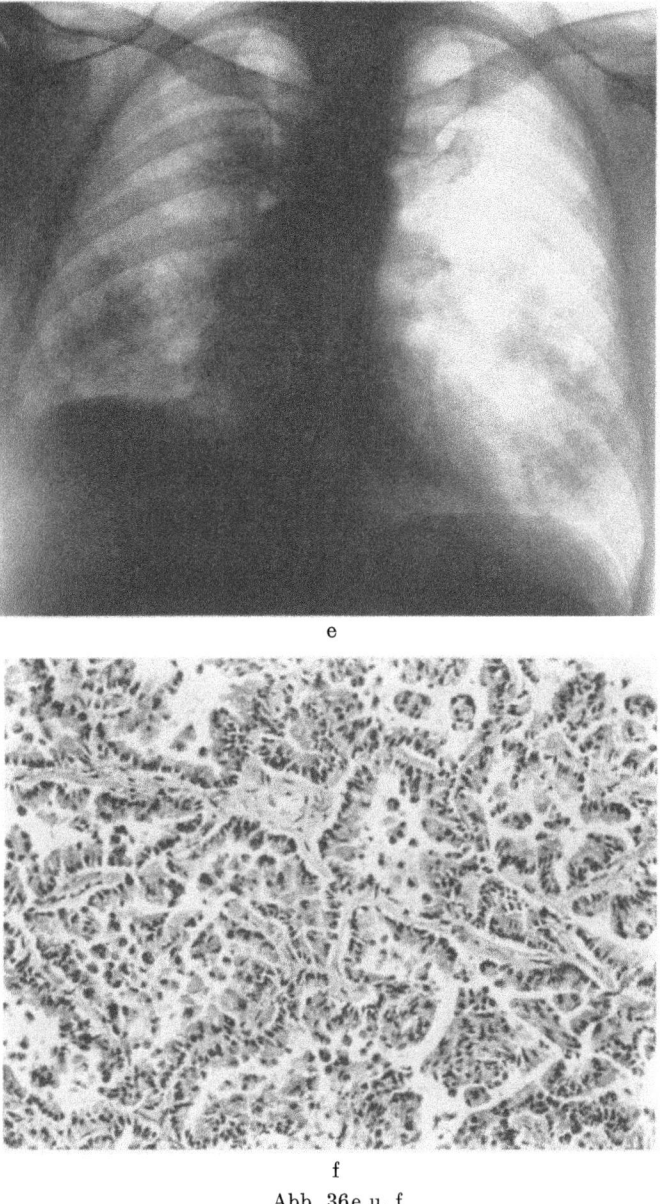

Abb. 36e u. f

OVERHOLT, MEISSNER u. DELMONICO; WOODRUFF, OTTOMAN u. ISAAC; SCHLUNGBAUM; DUFOURT, SANTY, GALY, TOURAINE u. RIFFAT; RIEMANN u.a.) (Abb. 36). Man findet dann die fissuralen Lappengrenzen bogig vorgewölbt, die benachbarten Parenchymstrukturen verdrängt und — im Falle halbseitiger Tumorausdehnung — die Mediastinalorgane zur Gegenseite verlagert. Die massive homogene Infiltration eines Lungenflügels kann so einen verdrängenden Pleuraerguß imitieren. Die lappenfüllende Tumorverdichtung stellt sich je nach der Grenzflächenprojektion glattrandig oder unscharf begrenzt dar. Bei segmental gebundenen Prozessen ist allenfalls die dem Interlobium anliegende Kontur im tangentialen Strahlengang scharf konvexbogig abzubilden. Der Schattenkomplex kann den Eindruck eines großen, spindelig geformten Tumorknotens nach Art eines Bronchialkarzinoms mit umgebender Obstruktionsatelektase erwecken (WOODRUFF, OTTOMAN u. ISAAC; SCHLUNGBAUM; DUFOURT, SANTY, GALY, TOURAINE u. RIFFAT u.a.) und dem

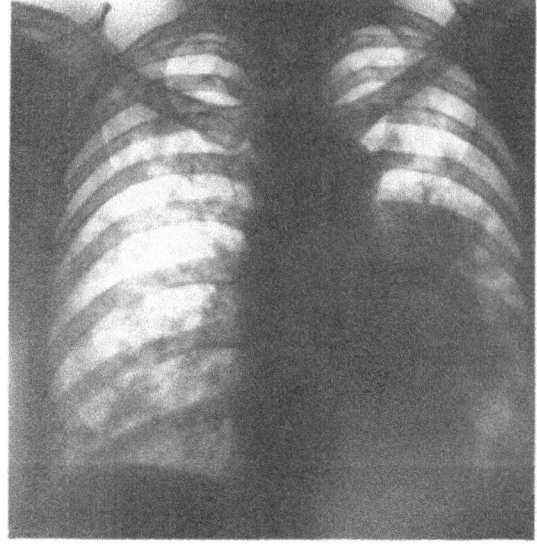
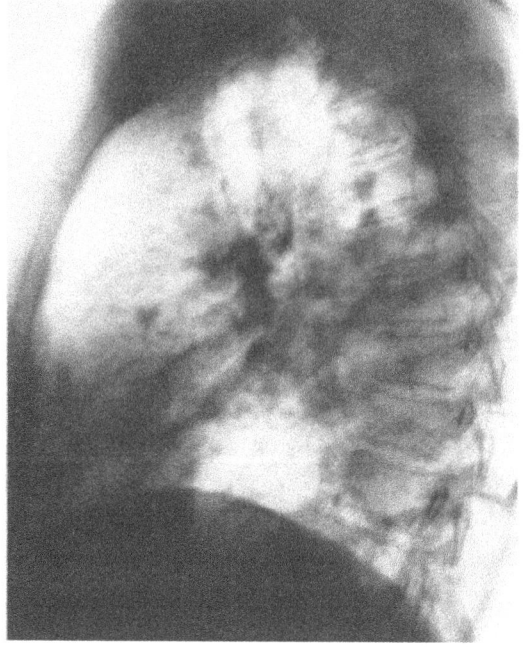
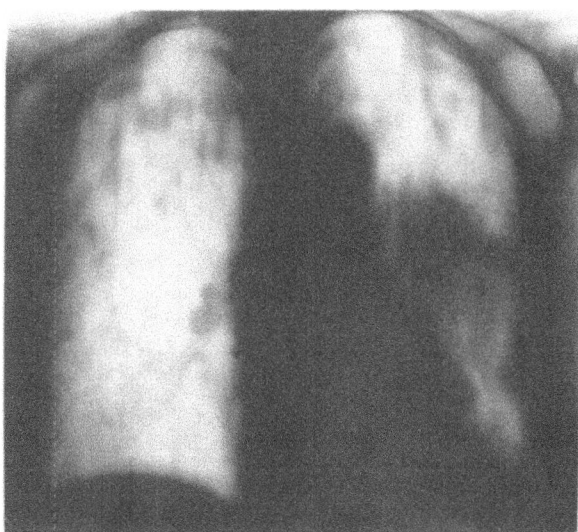

Abb. 37a—c. *Lungenadenomatose mit faustgroßem Tumorknoten im Kern des linken Unterlappens und dorsalen Oberlappensegments bei grobknotiger Aussaat in die übrigen Lungenabschnitte. Verschwartender Pleuraerguß links.* Histologisch verifiziert (J.-Nr. 14871/60 Pathoog. Inst. d. Univ. Münster/W., Direktor: Prof. W. Giese). a und b Thoraxübersichtsaufnahmen p.-a. und frontal. c Schichtbild 10 cm a.-p. M.R., 56jähr. ♂. Arch.-Nr. 11254/60 Röntgenabtlg. Med. Univ.-Klinik u. Poliklinik Münster/W. (Direktor: Prof. W. H. Hauss)

Korrelat eines intralobär wachsenden Bronchuskrebses völlig gleichen (Potts u. Davidson; Silverman u. Angrist; Rey; Rey u. Rubinstein; Luna u. Bracco u. a.). In vieler Hinsicht ähnelt die expansive Lappen- und Segmentform der diffusen Lungenadenomatose auch dem Röntgenbefund einer Pneumokokken-, Klebsiellen- oder Lipoidpneumonie (Delarue u. Graham; Brobeck; Kent; Storey, Knudtson u. Lawrence; Overholt, Meissner u. Delmonico; Schlungbaum; Riemann u. a.).

Seltener als der Volumenzuwachs ist eine *Retraktion des diffus verschatteten Parenchymareals* zu beobachten. Bei ausgeprägter Schrumpfungstendenz und konkaver Einziehung der Interlobärgrenze ergibt sich weitgehende *Übereinstimmung mit dem Nativbild einer massiven Atelektase* bronchial-anatomisch bestimmter Anordnung (Woodruff, Ottoman u. Isaac u. a.). Die Volumenabnahme beruht wohl auch meist auf akzidenteller Belüftungs-

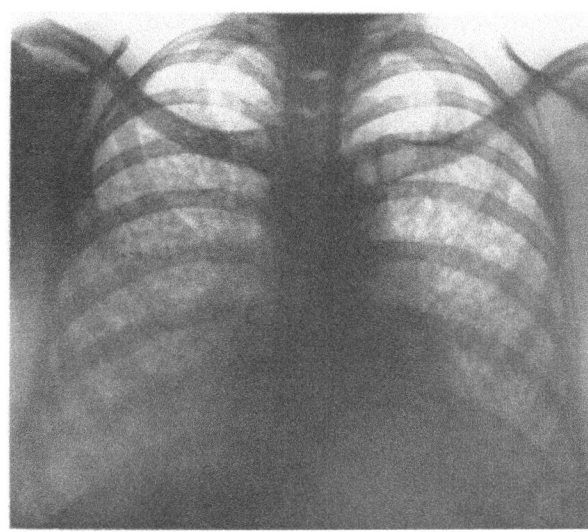

Abb. 38. *Miliar-nodulär disseminierte Lungenadenomatose im Endstadium (alveolokapillärer Block)*. Seit 4 Jahren Anstrengungsdyspnoe und trockener Husten. In den letzten Monaten wiederholt „grippale Infekte". Klinikeinweisung unter Verdacht auf grobmiliare tuberkulöse Aussaat. Die röntgenologische Annahme einer Lungenadenomatose wurde post mortem histologisch verifiziert (J.-Nr. 11741/60 Pathol. Inst. d. Univ. Münster/W., Direktor: Prof. W. Giese). N.M., 32jähr. ♀. Arch.-Nr. 8633/60 Röntgenabtlg. d. Medizin. Univ.-Klinik u. Poliklinik Münster/W. (Direktor: Prof. W. H. Hauss)

störung infolge distaler Schleimverschlüsse oder neoplasiebedingter Kompression peripherer Bronchien. Im Extremfall kann eine Halbseitenatelektase mit Immigration des Mediastinums vorgetäuscht werden, wie das andernorts demonstrierte Beispiel eines intraalveolär wachsenden Zylinderzellkarzinoms (einseitige Lungenadenomatose?) lehrt, das sämtliche Segmentbronchien der massiv verschatteten rechten Lunge verschlossen, Haupt- und Lappenbronchien aber verschont hatte (s. Bd. IX/3, Abb. 162, S. 264/265).

Sonst erscheint das *Bronchialsystem* in allen Entwicklungsstadien der Lungenadenomatose gewöhnlich über die Segmentäste hinaus durchgängig. Die makroskopische Einbeziehung der Bronchien des Tumorbereichs bei lokalisierter Lungenadenomatose ist ganz ungewöhnlich (Hanbury u. Hill). *Innerhalb diffuser blastomatöser Verdichtungszonen* können *auf Nativ- und Schichtbildern lufthaltige Bronchiallumina* hervortreten (Abb. 36), wie bei pneumonischer Lappeninfiltration üblich (Fleischner; Schulze) und auch bei manchen kontinuierlich in das Lungengerüst einwachsenden Geschwülsten anderer Bauart nachweisbar, z. B. bei primären Lymphosarkomen der Lunge (s. Abb. 81). Die ausgedehnte neoplastische Alveolarraumfüllung bleibt jedoch nicht ohne Einfluß auf die örtlichen Bronchialkaliberverhältnisse. Im Einklang mit dem bronchoskopischen Aspekt (S. 64) zeigt sich *bei selektiver Bronchographie* eine *auffallende Engstellung der Segmentbronchien und ihrer Äste*, verbunden mit einer gewissen Rigidität und Streckung dieser Bronchialabschnitte sowie mangelnder Füllbarkeit ihrer Endzweige (Zheutlin, Lasser u. Rigler; Langer u. Willmann). Aus der Hemmung des Kontrastmitteleinstroms in die tumorblockierten Alveolen und Bronchioli resultiert das *Bild des „entlaubten wipfeldürren Baumes"* wie beim pulmonalen Lymphosarkom (Schulze) (Abb. 81). Anders als beim „Arbre mort" des Bronchialasthmatikers (s. Bd. IX/3, S. 92/93) stellen sich die dem distalen Passagehindernis vorgeschalteten Bronchialzweige oft besonders prall gefüllt dar (Zheutlin, Lasser u. Rigler). Je nachdem, ob der tumorinfiltrierte Parenchymabschnitt vergrößert oder geschrumpft ist, erscheinen die zugehörigen Segment- und Subsegmentbronchien auseinandergespreizt oder auf ein kleineres Volumen zusammengezogen.

Im Hinblick auf die regulative Koppelung von Atmung und Lungenkreislauf ist bei disseminierter Lungenadenomatose — wie bei ausgedehnter pulmonaler Sarkoidose (Hennig, Woller u. Thomas; Shibel, Tisi u. Oser u.a.), diffuser Lungenfibrose (Gyepes, Bennett u. Hassakis u.a.) und anderen Lungengerüstprozessen mit Beeinträchtigung von Ventilation und Diffusion — eine *Zirkulationsdrosselung in den tumorbefallenen Parenchymabschnitten* zu erwarten. Um so bemerkenswerter sind die von Wolinsky, Lin u. Williams bei plurisegmentaler Lungenadenomatose erhobenen *pulmangiographischen und perfusionsszintigraphischen Befunde*, da die Autoren *weder Gefäßstenosen noch Speicherungsdefekte im Tumorareal* nachweisen konnten.

Die intrapulmonale Aussaat der Geschwulst führt letztlich zu *fein- bis grobkörniger Durchsetzung beider Lungen* (Abb. 32, 33 u. 38). Das vielfleckige Schattenmuster enthält oft zusammenhängende wolkig-homogene Verdichtungen. Ebenso kann es zur *Kombination mit massiver Lobär- bzw. Halbseitenverschattung, ausgiebiger Schwellung endothorakaler Lymphknoten und ein- oder beidseitigen Pleuraergüssen* kommen (Abb. 36). In fortgeschrittenen Stadien findet man nicht selten schon innerhalb kurzer Intervallfristen einen merklichen Wandel des Röntgenbildes. Die sichtbare Progredienz ist nicht ausschließlich der Vergrößerung und Konfluenz einzelner Tumorinfiltrate zuzuschreiben, die überwiegend langsamer erfolgt. Soweit die regionale Zunahme nicht nur von projektionsabhängigen örtlichen Summationsphänomenen vorgetäuscht wird (RESINK; RIGLER; FELSON u. HEUBLEIN u.a.), kann sie Folge zusätzlicher bronchopneumonischer Anschoppung, Schleimstauung wechselnden Ausmaßes und flüchtiger obstruktionsbedingter bzw. perifokaler Fleckenatelektasen sein (FANCONI; SCHLUNGBAUM; WOODRUFF, OTTOMAN u. ISAAC u.a.).

Beim rein *miliar-nodulären Typ* sind die Lungen mit hirsekorn- bis linsengroßen symmetrisch oder ungleichmäßig angeordneten Tüpfelschatten übersät, deren Dichte entsprechend der Verbreiterung des Lungenkörpers zur Basis hin zunimmt (Abb. 38). Das *Schattenbild gleicht dem der hämatogenen Miliarkarzinose* (s. Abb. 226, 230; vgl. Bd. IX/4a, Abb. 546 u. Abb. 577), die bei bronchogenem Ursprung gleichfalls mit metastatischen Hilus- und Mediastinallymphomen verbunden sein kann.

Bezüglich der *Differentialdiagnose* wird auf die ausführliche Abhandlung im Kapitel „Sekundäre maligne Lungengeschwülste" verwiesen (S. 373). Die Abgrenzung von einem *bilateral metastasierenden Bronchuskarzinom* gelingt nur bei nachweislicher maligner Bronchostenose, während kleine und periphere Bronchialkrebse unter ihren multifokalen Streuherden nicht unbedingt als Primärtumoren kenntlich sind (LENK; POTTS u. DAVIDSON; ECK; ZADEK; BRASCHE; FELSON u. HEUBLEIN u.a.). Der Thoraxröntgenbefund erlaubt keine Unterscheidung von *miliaren Absiedlungen extrathorakaler Geschwülste* (LENK; CULVER; BLUM; ZADEK; TESCHENDORF; ZEERLEDER; KAISER; FELSON u. HEUBLEIN u.a.), von einer *kleinknotigen Aussaat maligner Retikulosen* (Morbus Hodgkin, Paragranulom, Retothelsarkom, Lymphosarkom, großfolliculäres Lymphoblastom, Mykosis fungoides) (s. Abb. 39, 216, 223, 224 u. 238) und *leukämischen Lungeninfiltraten* (PÄSSLER; ERDSTEIN u. KIENBÖCK; FALCONER u. LEONARD; TESCHENDORF; ZADEK; COCCHI; SEUSING u. RÖHRL; DUBOIS-FERRIÈRE; HARTWEG; FIESINGER u. FAUVET; BRETT; KLATTE, YARDLEY, SMITH, ROHN u. CAMPBELL; ROTHERMUND; TSUKERMAN u.a.).

Angesichts der *Polyphänie feinfleckig-disseminierter Lungenprozesse nicht-neoplastischen Ursprungs*, die nach FELSON u. HEUBLEIN mehr als 80 Krankheitsursachen haben können, ist die differentialdiagnostische Klärung schwierig, selbst wenn man weiterführende Spezialverfahren heranzieht (Vergrößerungsaufnahmen, Schichtuntersuchung, Bronchographie etc.). Ohne weitere Anhaltspunkte aus Anamnese, Klinik, Laborbefunden oder Biopsieergebnissen bleibt die Aufgabe vielfach unlösbar, denn das Schattenkorrelat vieler in Betracht kommender Erkrankungen weist eine der ätio-pathogenetischen Erkenntnis hinderliche Familienähnlichkeit auf (SCADDING; AUSTRIAN u. BROWN; RIGLER; TESCHENDORF; KING; BLAIR; FELSON; BREIG; SHANKS u. KERLEY; UEHLINGER; CAFFEY; ZADEK; ZEERLEDER; UEHLINGER u. SCHOCH; FELSON u. FELSON; KAISER; FELSON u. HEUBLEIN; MICHEELS u. WEISS; BROCARD u. GALLOUÉDEC; STENDER; STOLTZE; SINCLAIR; KÜHNE u. KOBER; GOULD u. DALRYMPLE; GADEKAR; SILVERMAN, STEIGMAN, FURCOLOW, DURTA u. GIRDANY; WEISS; HAUBRICH u. HARMS; SCHULZE u.a.). Die Eigenart der Herdverteilung, -größe und -absorptionsdichte bietet neben anderen Gesichtspunkten nur in mancher Hinsicht und nicht unbedingt verläßliche Aufschlüsse für die Differentialdiagnose.

Die miliaren Lungenadenomatoseherde wirken eher verwaschen als scharfrandig. Sie sind durchschnittlich größer, anders gruppiert, weicher und doch besser abgrenzbar als

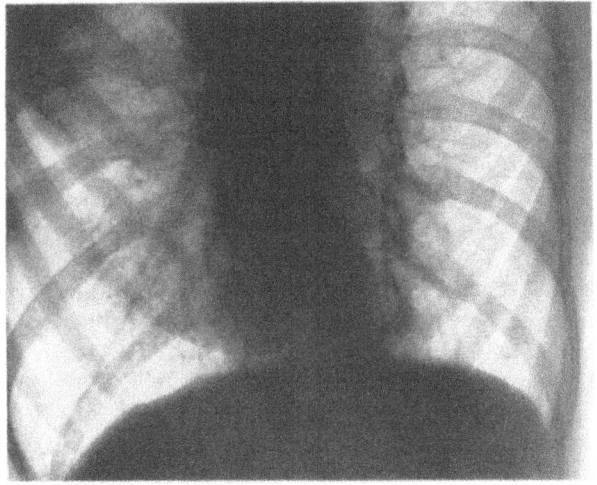

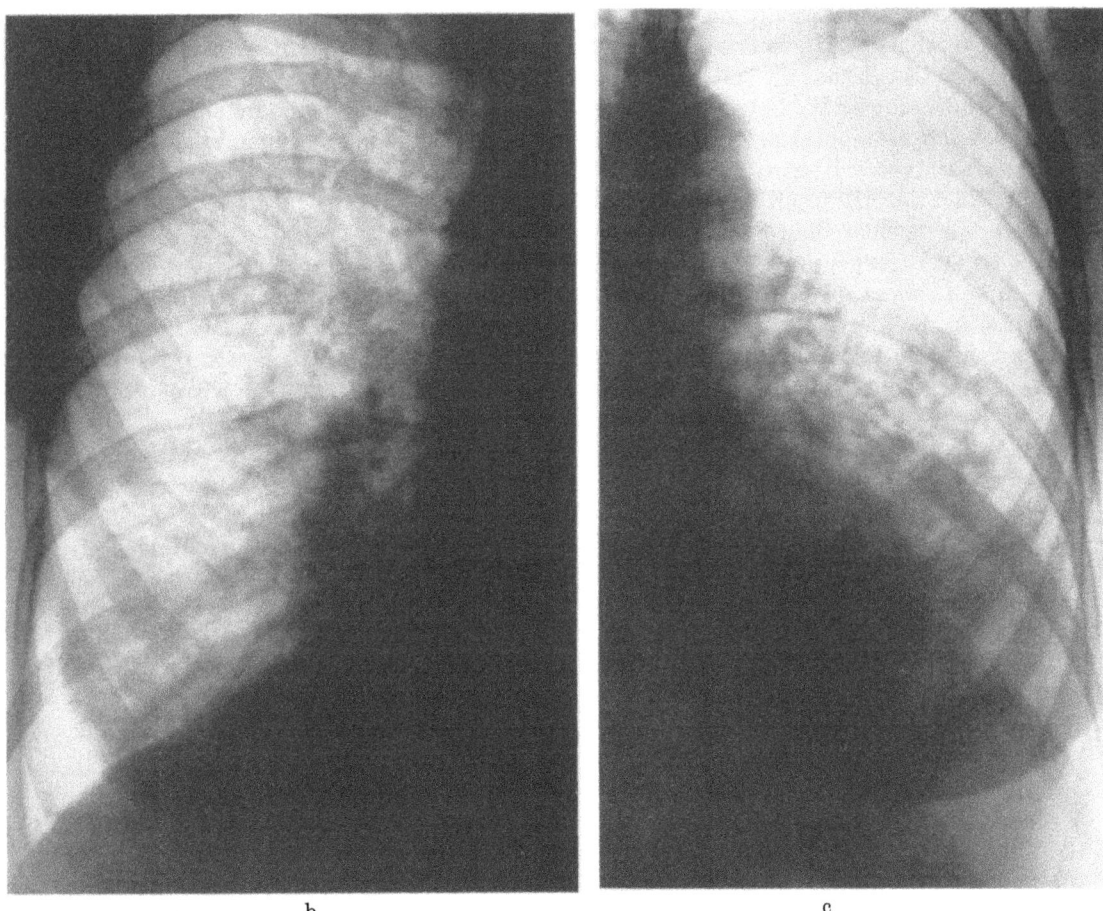

Abb. 39a—c. *Wolkig-fleckige Tumorinfiltration beider Lungen bei rascher Generalisation einer malignen Retikulose.* Nach initialer Schwellung der Halslymphknoten rapider, innerhalb von 4 Wochen tödlich endender Krankheitsverlauf. Probeexzision: Retothelsarkom (E.-Nr. 15736/68 Path. Inst. d. Krhs. Nordwest Frankfurt/M., Direktor: Prof. KAHLAU). Während der Thoraxröntgenbefund vom 22. 11. 68 nur einen kleinen Pleurawinkelerguß links erkennen läßt (a), zeigt sich $3^1/_2$ Wochen später am 16. 12. 68 2 Tage vor dem Exitus eine dichte neoplastische Infiltration beider Lungenbasen und beginnende retikulär-fleckige Parenchymverdichtung der basalen Oberlappenabschnitte ähnlich dem röntgenmorphologischen Aspekt einer disseminierten Lungenadenomatose (b und c). Verifizierung der Diagnose durch postmortale Punktion der Lungen, Leber und Nieren (E.-Nr. 15809—15811/68) (vgl. Abb. 216). J.M., 49jähr. ♀. Arch.-Nr. 2408 19122 Radiolog. Zentralinstitut d. Krhs. Nordwest Frankfurt/M.

die mit Kalziumphosphat imprägnierten Schichtkugeln der *Microlithiasis alveolaris pulmonum*, die von radiär-streifigen Zügen der begleitenden Gerüstfibrose im Lungenkern überdeckt und daher konturunscharf abgebildet werden (s. Abb. 215). Obgleich weniger hartfleckig als die Staubgranulome der Silikose und Mischstaubpneumokoniosen, kann die disseminierte Neoplasie der Berylliose und anderen seltenen *Staublungenerkrankungen* ähneln (s. S. 408). Bei *miliarer Amyloidose* (WICHMANN; UEHLINGER; SCHINZ zit. nach ASSMANN; ZADEK; GIESE; GSELL; WEISS; FIRESTONE u. JOISON), *disseminierten Cholesteringranulomen* (STAHEL-STEHLI; GLANCY, FRAZIER u. ROBERT; UEHLINGER; Editorial Brit. med. J. 1969 I, 396; GRIMMINGER, DELAGE, MOLINA, CHEMINAT, FONCK-CUSSAC u. PASSEMARD) und *pulmonalen Thesaurismosen* (s. S. 404/405, 411 u. 431) ist die Ursache der intraalveolären bzw. interstitiellen Ablagerungen nur histologisch und histochemisch zu ergründen.

Vergleichbare miliare Fleckschatten findet man bei *idiopathischer Lungenhämosiderose* (s. S. 328, 409, 415 u. 448) und mikronodulären Blutungsherden des *Goodpasture-Syndroms* (s. Abb. 219 und S. 328, 415 u. 448). Beide pathogenetisch verwandten Krankheitsbilder zeigen manche klinischen Analogien zur Lungenadenomatose (zunehmende Kurzatmigkeit, Zyanose, anfallartige Hustenattacken, fortschreitende Entkräftung, Eisenmangelanämien, Bildung von Uhrglasnägeln und Trommelschlegelphalangen), aber auch deutliche Abweichungen (bevorzugter Befall von Kindern und Jugendlichen, Anzeichen renaler Insuffizienz, häufig schwere Hämoptysen, Hämatemesis und Haut-Schleimhaut-Purpura, subikterische Schübe, fakultative Hepato-Splenomegalie). Diagnostisch ausschlaggebend ist der zytologische Nachweis hämosiderinhaltiger Makrophagen im Sputum, Magensaft oder Lungenpunktat bei Berliner Blau-Färbung (HANSSEN; WYLLIE, SHELDON, BODIAN u. BARLOW; KING; GELLIS, REINHOLD u. GREEN; GREEN; SCHULZE u.a.). Vor der Verwechslung mit *kongestiver Lungenhämosiderose bei valvulären Mitralfehlern* und relativer Mitralinsuffizienz (SHANKS u. KERLEY; TESCHENDORF; KUHLMANN; HAUBRICH; ZADEK; HAUBRICH u. VERSEN; MUNK; ESCHER u. THURN; ELKELES u. GLYNN; MORNET u. RENARD; GUMPERT; SIELAFF u.a.) sollten die Anzeichen venöser Hypertension im kleinen Kreislauf (Überfüllung der gestauten Lungenvenen, Kerley-B-Linien, Fibroelastose des Lungengerüsts mit fakultativer Pneumopathia osteoplastica der basalen Abschnitte) im Verein mit typischer Herzumformung und klinischen Hinweissymptomen des Vitiums bewahren. Die *von Concretio pericardii oder schrumpfenden Mediastinalschwarten durch multilobäre Lungenvenenobstruktion verursachte sekundäre Hämosiderose* eines Lungenflügels oder mehrerer Lappenareale beider Seiten ist durch den auffallenden Strukturkontrast zwischen kongestiv verdichteten und normal drainierten Parenchymsektoren, beachtliche Kaliberunterschiede der regionalen Sammelvenen sowie durch zunehmende Indizien pulmonal-arterieller Widerstandserhöhung gekennzeichnet (EDWARDS u. BURCHELL; FRIEDBERG; EDWARDS; HAUBRICH; REYE; SHONE, AMPLATZ, ANDERSON, ADAMS u. EDWARDS; BERNSTEIN, NOLKE u. REED; BINDELGLASS u. TRUBOWITZ; CRANE u. GRIMER; BOTICELLI, SCHLUETER u. LANGE; CONTI, FUNG, VAWTER u. NADAS; SIELAFF; SCHULZE) (Abb. 212).

Miliare Lungenherde der *tuberösen Sklerose* („Morbus Bourneville-Pringle"), zu denen ein uni- oder bilateraler Chylothorax treten kann, sind schon bei äußerer Inspektion der Kranken an Hand charakteristischer Hautveränderungen (Adenoma sebaceum Pringle, subunguale Fibrome an Fingern und Zehen) (Abb. 120) oder nach eingehender Untersuchung an sonstigen Anomalien der Phakomatose kenntlich (s. S. 185 u. 236).

Weitere kongenitale oder erworbene Lungenerkrankungen mit miliar-nodulärer Parenchymverdichtung sind nur auf Grund ihrer Rückbildungstendenz, hämatologischer bzw. serologisch bakteriologischer Befunde, gezielter Fahndung nach Parasiten oder bioptischer Gewebsproben zu identifizieren. Die angeborenen Mißbildungen dieser Art sind diffuse Hamartien vom Typ der *Lymphangiectasia congenita cystica* (s. S. 234/235), diffuser *Lungenangiomatose* (s. Abb. 114 u. S. 238) und disseminierter *Leiomyomatosis pulmonum*, die als benigne und bösartige Variante beobachtet wird (s. S. 12 u. 184).

Häufiger kommen entzündliche Infiltrate, multifokale Nekrosen und Granulome in Betracht, die je nach der Ätiologie einen akuten flüchtigen Verlauf zeigen, aber auch persistieren oder in wiederholten Krankheitsschüben zu fortschreitender Fibrosklerose des Lungengerüsts führen können. Zur ersten Kategorie zählen vor allem *miliare Pneumonien bei Kapillärbronchitis* (s. S. 409 u. 429), *Virusinfekten* (Influenza, Varizellen, Ornithose, Mononukleose etc.) (s. Abb. 214), *Scharlach, Salmonelleninfektion, Bruzellosen* und *Tularämie* (s. S. 409 u. 429). Sowohl bei akuten wie bei protrahiert verlaufenden Entzündungsvorgängen dieser Entstehungsursachen kann es zu merklicher Schwellung der regionären Lymphknoten kommen. Das gilt auch für analoge Erscheinungsbilder *granulierender miliar-pneumonischer Prozesse unbekannter Genese* (s. S. 417 u. 430) und chronischer zyklischer Infektionskrankheiten, insbesondere hämatogen angelegter *Streuformen exsudativ-produktiver Tuberkulose* (GRÄFF u. KÜPFERLE; KAUFMANN; OTTEN; LOREY; KÄDING; LENK; BLUM; WEIL; BEITZKE; HUGUENIN u. DELARUE; ZADEK; TESCHENDORF; COCCHI; GIESE; AUERBACH u.a.), *hilo-pulmonaler Sarkoidose* (s. Abb. 217 u. 229 sowie S. 411, 413 u. 429) oder *miliarer Lungensyphilis* (DECHAUMES; GÄDECKE; ANGLESTON u. BELLION; FAVRE u. CONTAMIN) (s. S.411 u. 430). Bei den *pulmonalen Kollagenosen* tritt die kleinfleckige Komponente gewöhnlich hinter den retikulär-streifigen Objektdetails der Gerüstverdichtung zurück. Die verschiedenen Varianten dieser Krankheitsgruppe sind somit schon röntgenologisch und zudem durch Anamnese, Eigenart ihrer Symptomatik und serologische Laborbefunde leicht abzugrenzen (s. S. 328, 416 u. 448). Mit klinischen Methoden sind ferner auszuschließen *miliare Formen fungöser Erkrankungen* (Histoplasmose, Aspergillose, Coccidioidomykose, Sporotrichose, Moniliasis und andere Mykosen) (COHEN u. BURNIP; HENSEL; FRANZEN u. TILLING; BOWER; HIRSCH u. COLEMAN; SCHWARZ u. BAUM; SMITH u.a.) (s. auch S. 411 u. 429) sowie *miliare Lungenreaktionen bei Pneumozoonosen* [*Protozoonosen*: *Amoebiasis, Toxoplasmose*; Wurmembolien und Egelgranulome: *Ascaridiasis, Oxyuriasis, Trichinose, Schistosomiasis, Paragonimiasis*; Milbenbefall: *Acariasis* (s. S. 409)]. Die Ursache gleichförmiger feinfleckiger Röntgenbefunde bei *seltenen Staublungenerkrankungen*, wie Siderose, Berylliose, Bagassosis (s. S. 408) und anderer Pneumokoniosen, ist bereits auf Grund der Berufsvorgeschichte, nötigenfalls mit Hilfe histologisch-chemischer Analysen von Sputum bzw. bioptischen Gewebsproben zu ergründen.

Die *grobfleckig-disseminierte Lungenadenomatose* bietet röntgenologisch eine ähnliche Fülle differentialdiagnostischer Probleme wie die miliar-noduläre Form. Ihre wolkig konfluierenden, teils auch knotigen, mäßig scharf begrenzten Herde gleichen den Parenchymschatten zahlreicher azinus-füllender Prozesse anderer Ätiologie (ZISKIND, WEIL u. PAYZAN; GREENSPAN u.a.). Das Röntgenbild unterscheidet sich weder von dem blastomatöser Veränderungen abweichender Bauart (verwaschen wirkende metastatische Absiedlungen maligner Tumoren, pulmonale Tochterherde bösartiger Retikulosen, konfluierende leukotische Infiltrationen) noch vom Korrelat länger persistierender bzw. fortschreitender Entzündungsvorgänge (exsudative bzw. lobulär-käsige tuberkulöse Aspirationsaussaat, Pilzinfiltrate, verzögert lösende disseminierte Virus- und Pneumozystis-Pneumonien, Klebsiellenpneumonien, multiple bzw. mehrzeitig auftretende Lungeninfarkte mit retardierter Rückbildungstendenz). Bei stärkerer Konfluenz des adenomatösen Tumorrasens im Lungenkern bilden sich schmetterlingsartige Schattenfiguren wie bei kongestivem oder entzündlichem Lungenödem im Gefolge von Reizgaseinwirkung, urämischer Pneumonie, generalisierten Gefäß- bzw. Kollagenkrankheiten oder akuter Überempfindlichkeitsreaktion (SANTE u. WYATT) („fluid lung" und „Antigen-Pneumonitis" nach Arzneimittelsensibilisierung oder Transfusion inkompatibler Blutgruppen s. auch S. 414). Die zusammenfließenden watteflockenähnlichen Schattenareale sind ferner den Erscheinungen der *Alveolarproteinose* vergleichbar, die ebenfalls die Septentextur intakt läßt und dennoch zum alveolo-kapillären Block führt, also auch funktionelle Analogien zur Lungenadenomatose aufweist (ROSEN, CASTLEMAN u. LIEBOW; FRAIMOW, CATHCART, KIRSHNER u. TAYLOR; FRAIMOW, CATHCART u. TAYLOR; GAENSLER, MARKS u. ROBIN; KNOTT, MACHAFFIE, LIU, LOOMIS u. BRODY; MORETTI, LEGER, STAEFFEN, GATANZANO, FAVAREL-GARRIGUES u. BROUSTET; weitere Lit. s. v. EGIDY, BÄSSLER u. TILLING; UEHLINGER; s. auch S. 413 u. Bd. IX/3, S. 1).

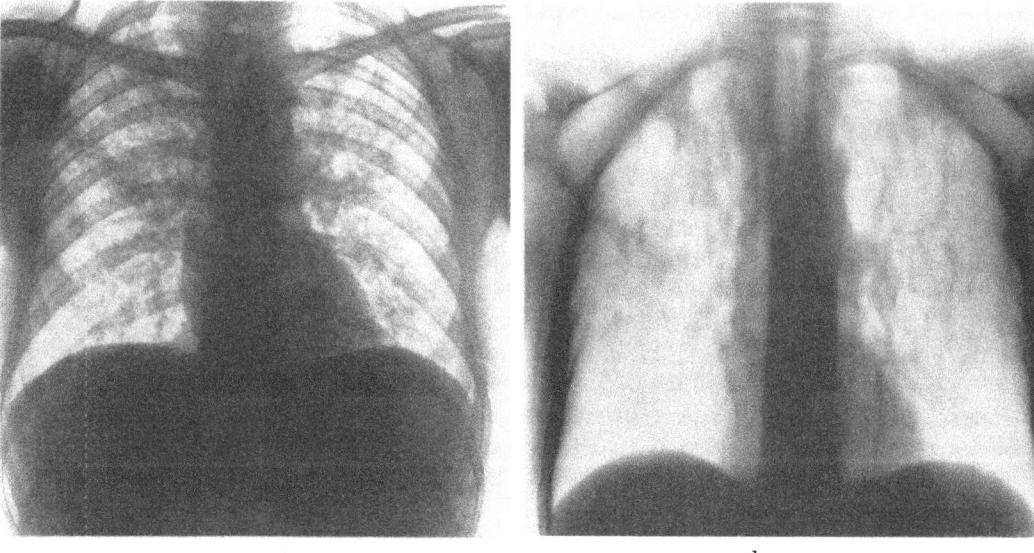

Abb. 40a u. b. *Alveoläre Proteinose der Lungen*. Akuter fieberhafter Beginn der Erkrankung im September 1965. Die initiale Röntgenuntersuchung erweckte Verdacht auf eine tuberkulöse Streuung, der sich jedoch bakteriologisch nicht bestätigen ließ. Bronchoskopisch-zytologische Fahndung erbrachte gleichfalls kein pathologisches Ergebnis. Auch nach der Aufnahme in die II. Med. Univ.-Klinik Mainz (Direktor: Prof. P. SCHÖLMERICH) blieb der im dortigen Institut für klinische Strahlenkunde (Direktor: Prof. L. DIETHELM) erhobene Befund disseminierter retikulär-fleckiger Parenchymverdichtung beider Lungen (a Übersichtsaufnahme p.-a., b Schichtbild p.-a. 12 cm vom 9. 10. 65) ätiologisch zunächst unklar. Trotz seiner Ausdehnung verursachte der Prozeß anfänglich nur geringe physikalische Symptome und Atembeschwerden. Erst im weiteren Verlauf entwickelte sich eine zunehmende respiratorische Insuffizienz. Die Klärung wurde durch eine interkurrente medikamentöse Polyallergie (generalisiertes Exanthem, Drogenfieber, Panmyelopathie) und sekundäre Sproßpilzbesiedlung der oberen Luftwege erschwert. Es bestand eine erhebliche Dysproteinämie mit extremer Senkungsbeschleunigung sowie hochgradige Anämie, Thrombo- und Leukopenie mit Linksverschiebung. Erst der punktionsbioptische Nachweis PAS-positiver Ablagerung im Alveolarraum lieferte Hinweise auf die Art des Leidens, dem der Patient nach $3^{1}/_{2}$monatiger Krankheitsdauer erlag. Die Diagnose wurde autoptisch bestätigt (Sekt.-Nr. 969/65 Pathol. Inst. d. Univ. Mainz, Direktor: Prof. H. BREDT). P.H., 48jähr. ♂. [Nach EGIDY, H. V., BÄSSLER, R., TILLING, W.: Beitrag zur Alveolarproteinose der Lungen. Beitr. Klin. Tuberk. **134**, 365—380 (1967)]

Die Ursache der Ablagerung eosinophilen PAS-positiven Materials in den Alveolen ist noch ungeklärt. Man vermutet unter anderem, daß es sich um überschüssig gebildete Lipoproteidsubstanzen nach Art des „Anti-Atelektase-Faktors" (s. Bd. IX/3, S. 178) handelt, die infolge eines Fermentdefekts unvollständig abgebaut werden (NICHOLAS u. AUCHINCLOSS). Die durch ROSEN, CASTLEMAN u. LIEBOW 1958 bekannt gewordene albuminöse Pneumonie hat progredienten Charakter und pflegt ungeachtet gelegentlicher Palliativerfolge proteolytischer Therapie (Aerosolbehandlung bzw. Bronchialspülung mit Trypsin und Heparin) (BRODSKY u. MAYCOCK; FELTS; EL-KHOURY, DUNMORE u. WASHINGTON; MAHAFFEY, RUSH u. ALLEN; NICHOLAS, AUCHINCLOSS u. RUDOLPH; MCLAUGHLIN u. RAMIREZ; SLUTZKER u. PERRYMAN; RAMIREZ u. CAMPBELL) tödlich zu enden. Sie verläuft meist afebril, verursacht Husten, zunehmende Kurzatmigkeit und Zyanose, Schwäche, mäßigen Gewichtsverlust und mitunter zerebrale Symptome (WOLMAN). Die Diagnose ist durch färberischen Nachweis der amorphen Substanz im Sputum (CARLSON U. MASON; KROEKER u. KROFMACHER) oder mittels Nadelbiopsie zu stellen (FRAIMOW et al.; HARRISON, DIVERTIE u. OLSEN; LARSON u. GORDINIER; MANFREDI, ROSENBAUM, BAHNKE u. WILLIAMS; MCLAUGHLIN u. RAMIREZ; OUDET, ROEGEL, DELAGE u. MARTIN; RAMIREZ, NYKA u. MCLAUGHLIN; SIERACKI, HORN u. KAY; WILLIAMS, MEDLEY u. BROWN; v. EGIDY u. Mitarb.) (Abb. 40). Die in manchen Fällen beschriebenen hämatologischen Veränderungen (Anämie, Thrombopenie, Panmyelopathie) (DOYLE, BALZERZAK, WELLS u. CRITTENDEN; LEVINSON, JONES, WINTROBE u. CARTWRIGHT; V. EGIDY u. Mitarb.) sind wohl nicht dem Grundleiden, sondern eher der relativ häufigen Superinfektion, insbesondere sekundären Mykosen (Sproß- und Hefepilze und andere Species) zuzuschreiben (ANDERSEN, ECKLUND u. KELLOW; ANDRIOLE, BALLAS u. WILSON; BEESON; CARLSON, HILL u. ROWLANDS; JONES; v. EGIDY u. Mitarb.).

Auch bei der Lungenadenomatose wird über *Sekundärbesiedlung der neoplastisch infiltrierten Lungenabschnitte mit Tuberkelbazillen oder Pilzen* berichtet (GEEVER, CARTER, NEUBUERGER u. SCHMIDT; FANCONI; HAMMER). Positive bakteriologische Befunde können

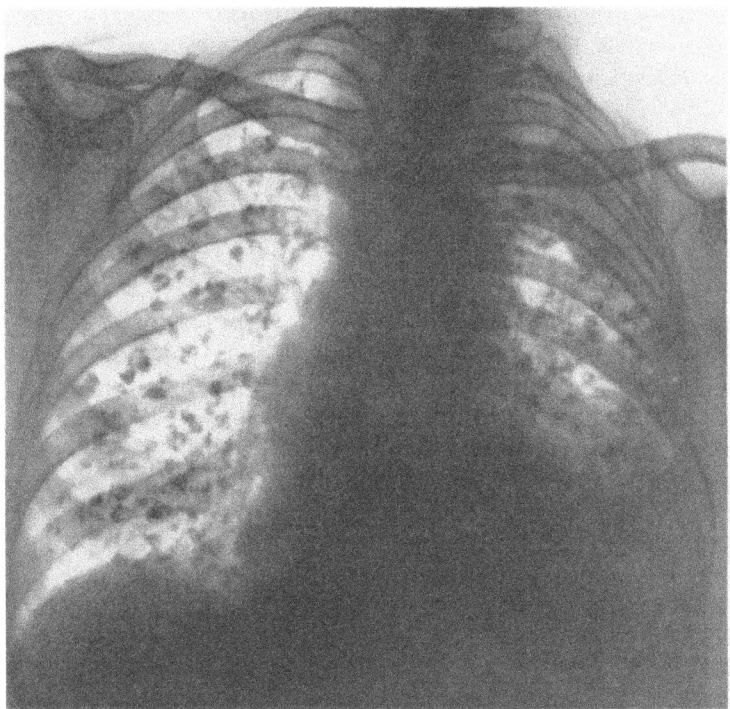

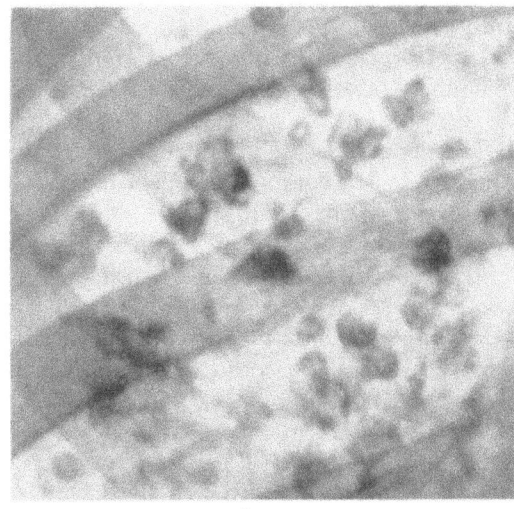

Abb. 41 a u. b. *Verkalkendes „Alveolarzellkarzinom"
der Lungen*. Röntgenologische Verlaufsbeobachtung
über einen Zeitraum von 14 Jahren. Thoraxübersichtsaufnahme p.-a. (a) und Ausschnitt rechts (b).
[Nach ZIEGLER, G.: Verkalkendes Alveolarzellkarzinom der Lunge. Fortschr. Röntgenstr. **82**, 780—784
(1955); Abb. 1a und 1b]. 69jähr. ♀

bei *gemeinsamem Auftreten von Lungenadenomatose und pulmonaler Tuberkulose* (BRAUN u. BRUGGER) von der Erkenntnis des Geschwulstleidens ablenken. Ebenso wird die röntgenologische Differentialdiagnose durch Hinzutreten retikulär-streifiger Verdichtungen zum üblichen Schattenbild kleinfleckiger, wolkiger bzw. nummulärer Blastomherde noch erschwert, wenn das Lungengerüst von *vorbestehenden fibro-granulomatösen Prozessen einer Kollagenkrankheit* verstärkt (s. S. 416) oder durch entzündliche Reaktionen im Interstitium als Folge der Geschwulstausbreitung sekundär sklerosiert wird (FISHMAN, EPSTEIN u. GRAUZEL). Die Drosselung der peripheren Lungengefäße kann dann wie bei alleiniger Lungenfibrose zur *Entwicklung eines Hochdrucks im kleinen Kreislauf mit Cor pulmonale und zunehmender kardialer Rechtsinsuffizienz* führen (POHL; FISHMAN, EPSTEIN u. GRAUZEL), die man sonst selbst im Endstadium gewöhnlich vermißt.

Die *sekundäre Kalzifizierung nekrobiotischer Adenomatosebezirke* ist in der Regel nur mikroskopisch faßbar (vgl. Abb. 210 u. S. 401). Nur bei dem von ZIEGLER publizierten Fall einer 14 Jahre lang latent gebliebenen Lungenadenomatose wurden *ausgedehnte schollig strukturierte Kalkagglomerate von rundlicher oder annulärer Form innerhalb fein- und grobknotiger Geschwulstherde* im Schattenbild sichtbar (Abb. 41). Der erst histologisch geklärte Befund ist ebenso ungewöhnlich wie das von SEYSS beobachtete Vorkommnis verkalkter Weichteilmetastasen eines schleimbildenden bronchogenen Adenokarzinoms. Er zeigt röntgenologisch gewisse Ähnlichkeit mit regressiv verkalkten Lungenparasiten (REINBERG; v. HECKER u. KELLNER; SCHLIERBACH; ZUR; COCCHI; SELAHATTIN; TESCHENDORF; SAMUEL; BASSERMANN), verknöcherten Lungenmetastasen bzw. makroskopisch sichtbarer Kalkablagerung in metastatischen Leberherden bei extrapulmonalen Tumoren (Osteo- oder Chondrosarkome, Hoden- und Ovarialtumoren, Magen bzw. Pankreaskarzinom) (SEMPLE u. WEST; WICHMANN; FREESE; WACHNER; JAEDKE u. BEHRENS; YAMAGIWA, ITOH, ITO, TAKEUCHI, YOSHIMI u. HANEDA) (s. S. 124, 217 u. 438) oder ausgeprägten Formen herdförmig ossifizierender Pneumonitis (WICHMANN; SOTER, BERKMEN, HADZIDAKIS u. GILMORE) („Kalkmetastasen" bzw. „Tuffsteinlunge", s. auch S. 181/182 u. 438). Die verfügbare Literatur enthält kein weiteres Beispiel makroskopischer Kalkeinschlüsse in Lungenadenomatoseherden.

2. Die Bronchialadenome
a) Begriffsbestimmung und klinische Bedeutung

Die Bronchusadenome sind epitheliale Geschwülste uneinheitlicher Bauart, die sich durch langsames, vornehmlich ortsständiges Wachstum, teils exophytär-endobronchiale, teils peribronchiale Entwicklung und meist zentralen Sitz im Tracheobronchialbaum auszeichnen. Die von REISNER und KRAMER stammende Bezeichnung hat sich als *Oberbegriff der verschiedenen histologischen Varianten* eingebürgert. Er gilt in der angelsächsischen Literatur zugleich sensu strictori für die häufigste Untergruppe der sog. „Jackson-Adenome". Mit dem vielfach gebräuchlichen Zusatz „carcinoid type" (RABIN u. NEUHOF; JACKSON u. NORRIS; MOERSCH u. MCDONALD; VAN HAZEL, HOLINGER u. JENSIK; HOLLEY u. a.). übernahm man in Amerika die im deutschsprachigen Schrifttum vorherrschende Unterteilung HAMPERLS in „Karzinoide" und „Zylindrome". Manche Autoren grenzen von diesen beiden Grundtypen noch einzelne histo-biologische Sonderformen ab, wie den „schleimbildenden Adenomtyp" (CARLENS, WIKLUND u. BERGSTRAND; HASCHE u. GLEICHMANN; KROE u. PITCOCK u.a.), das „osteo- bzw. chondroplastische Adenom" (KASSAY, BIKFALVI u. BALÓ), „Mischformen" (DUMONT, DURIEU, DE CLERCQ u. DUPREZ; KAHLAU; HOLLE u. SCHAUTZ u.a.) oder die Gruppe der „metastasierenden Bronchialadenome" (BOYD; MCBURNEY, KIRKLIN u. WOOLNER; LAFF u. NEUBUERGER; GIESE; OCHSNER u. DAVIS; PHILLIPS, BASINGER u. ADAMS; DAVEY u. HARDY; ECK, HAUPT u. ROTHE u.a.) (Abb. 42). v. ALBERTINI unterscheidet in seiner Klassifikation 4 Kategorien: den

1. *Zylindromen* (Typ Billroth-Hamperl) stellt er

2. *„typische Bronchialadenome"* (Typ Jackson) und atypische Adenome gegenüber, zu denen die

3. *Karzinoide* (Typ Kernan-Hamperl) sowie der relativ seltene

4. *„Oat cell-Typ"* (Typ Galy-McBurney) gezählt werden.

Neuerdings werden die *Mukoepidermoid-Tumoren*, eine von STEWART u. Mitarb. beschriebene Variante der Speicheldrüsenmischgeschwülste (s. auch SMITH, DAHLIN u. WAITE), als besondere Entität potentiell bösartiger Bronchusgewächse herausgestellt (HELLWEG u. RICHEN; SNIFFEN, SOUTTER u. ROBBINS; REICHLE u. ROSEMOND; PAYNE, ELLIS, WOOLNER u. MOERSCH; MECKSTROTH, DAVIDSON u. KRESS; DOWLING et al.;

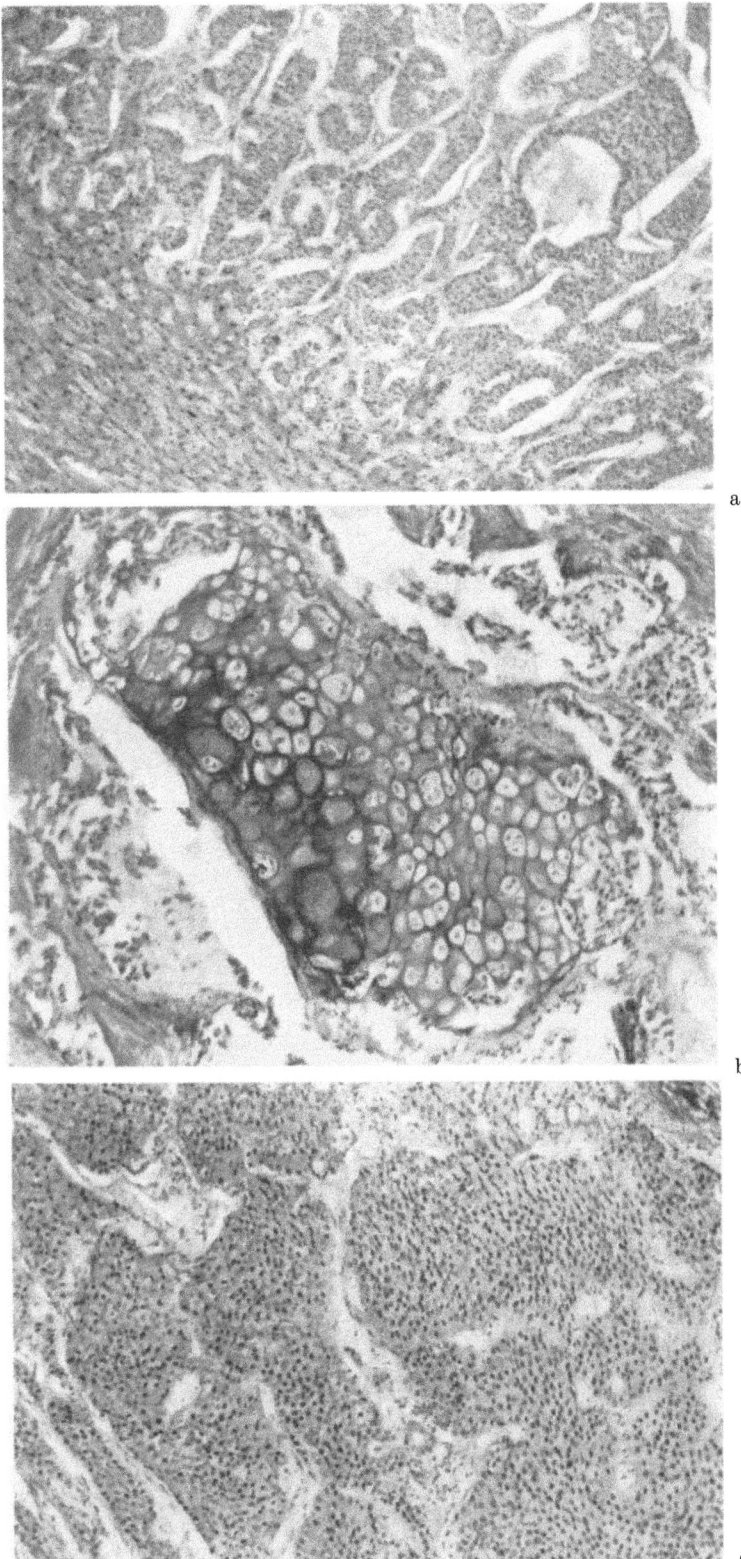

Abb. 42a—c. *Metastasierendes Bronchialadenom.* a Schnitt durch die Primärgeschwulst. Van Gieson-Färbung, 130:1 (12517/66). b Invasion des Bronchialknorpels. Van Gieson-Färbung, 130:1 (12517/66). c Lebermetastase mit charakteristischem Strukturbild. Van Gieson-Färbung, 90:1 (12517/66). (Nach Eck, H., Haupt, R., Rothe, G.: Die gut- und bösartigen Lungengeschwülste. In: Handbuch der speziellen pathologischen Anatomie und Histologie, Bd. III/4, Abb. 47a — c. Berlin-Heidelberg-New York: Springer 1969)

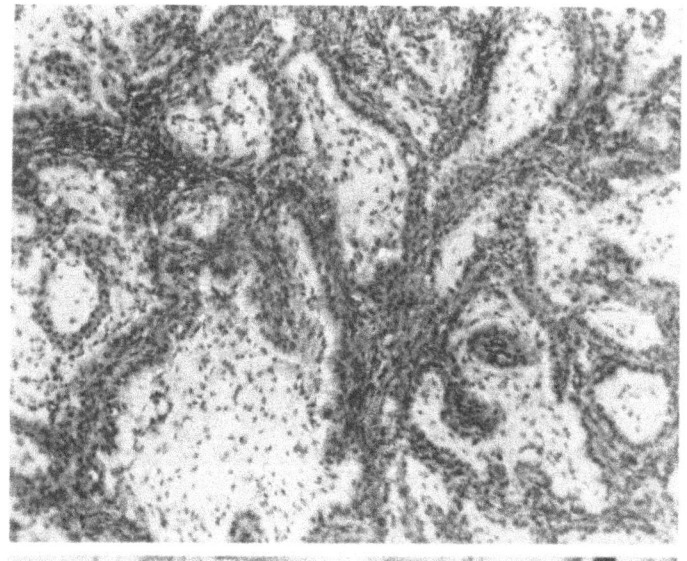
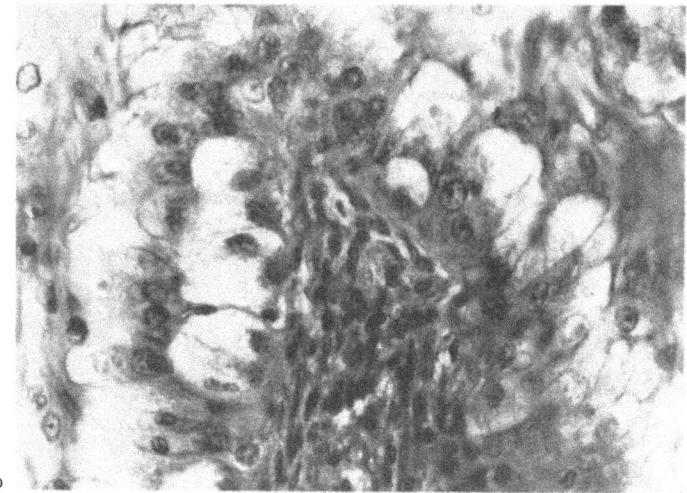

Abb. 43a u. b. *Mukoepidermoider Bronchialtumor.* Schleimgefüllte Hohlräume, die von zylindrischen Tumorzellen ausgekleidet werden. Lungengerüst weitgehend erhalten. a Van Gieson-Färbung, Vergr. 120:1 (1226/60). b Van Gieson-Färbung, Vergr. 550:1 (1226/60). (Nach ECK, H., HAUPT, R., ROTHE, G.: Die gut- und bösartigen Lungengeschwülste. In: Handbuch der speziellen pathologischen Anatomie und Histologie, Bd. III/4, Abb. 51a u.b. Berlin-Heidelberg-New York: Springer 1969)

LARSON u. Mitarb.; ZIEGAN; OZLU, CHRISTOPHERSON u. ALLEN; ECK, HAUPT u. ROTHE u.a.) (Abb. 43).

Die Nomenklatur der Geschwulstgruppe ist im übrigen ebenso bunt wie das histologische Bild und die daraus abgeleiteten Ursprungstheorien (DOTTY u.a.). LIEBOW führt 27 zum Teil synonym verwendete Bezeichnungen auf, von denen hier nur einige genannt seien: ,,bronchiale bzw. pulmonale Mischtumoren" (WOMACK u. GRAHAM; CLERF u. BUCHER; LENTINO; EHRENHAFT u. WOMACK; SORS, CHAMBATTE u. ROUJEAU), ,,bronchiale Schleim- bzw. Speicheldrüsengeschwulst" (FRIED; CRAFOORD u. LINDGREN; LERIUX, LEROUX u. ROBERT; s. auch RAMSEY u. REIMANN; SANTY, BÉRARD, GALY u. DUPREZ; ROSSI; WEINBERGER, KATZ u. DAVIS; WEISS u. INGRAM), ,,benigner glandulärer Bronchustumor" (CLERF u. CRAWFORD), ,,épithélioma glandulaire bronchique" (BARIÉTY u. PAILLAS), ,,bronchialer Muko-epidermoidtumor" (s. oben), ,,zylindromatöser Schleimdrüsentumor" (BELSEY u. VALENTINE), ,,Endotheliom" (JACKSON; WELT u. WEINSTEIN), ,,vaskuläres Adenom" (ZAMORA u. SCHUSTER; LAFF), ,,angiomatoides Adenom" (BREDT), ,,Angioma bronchopulmonare" (COVA), ,,myo-epitheliales Epistom" ($\dot{\epsilon}\pi\iota\sigma\tau\omega\mu\dot{\iota}\zeta\epsilon\iota\nu$ = verstopfen) (PRUVOST, JACOB, DELARUE u. DEPIERRE; SANTY, BÉRARD, GALY, TOURAINE u. UGNAT; DELARUE, DEPIERRE u. PAILLAS; MEYER u. LIOT; MONOD u. KOURILSKY; WALCOTT; MEYER; ROLLAND; BRUNETTI u.a.), ,,Fibroepitheliom" (MANZ), ,,épithélioma bronchique cliniquement bénin" (LEMOINE, DUROUX u. FOURESTIER), ,,tumeur polypoïde des bronches à évolution lente" (DUMONT, DURIEU, DE CLERCQ u. DUPREZ), ,,nichtkanzeröser epithelialer Bronchustumor" (MILLER), ,,adenoid cystic carcinoma (cylindroma)" (REID; GUTTMANN; ENTERLINE u. SCHOENBERG), ,,Bronchiom" (LECOEUR; ROLLAND; HORÁNYI u. MOLNÁR), ,,bronchiales Kankroid" (v. EIKEN; KOESTER), bronchialer ,,Basalzellenkrebs" (GEIPEL), ,,Basaliom" (BECK u. GUTTMANN; HORÁNYI, HORLAY u. KERÉNYI), ,,bronchopulmonales Argentaffinom" (JOSEPH u. TAYLOR; KRIKLER, LACKNER u. SEALY u.a.).

Der von HORÁNYI geprägte Begriff „*Bronchialadenose*" bezieht sich nicht auf die hier erörterten Tumoren (HORÁNYI, HORLAY u. MOLNÁR; HORÁNYI u. VAJKÓCZY; HORÁNYI u. MOLNÁR; ROLLAND). Er soll vielmehr ein eigenes Krankheitsbild kennzeichnen, das auf umschriebene Hyperplasie und Schleimüberfüllung seromuköser Bronchialdrüsen mit begleitender papillärer Wucherung bzw. Metaplasie des Bronchusepithels zurückgeführt und mit den Folgezuständen regionaler Obstruktion in Analogie zur Mukoviszidose gesetzt wird (s. S. 283).

Die histo-biologischen Eigentümlichkeiten der Bronchialadenome wurden erst in den letzten 3 Jahrzehnten näher ergründet (GEIPEL; KRAMER; HAMPERL; JACKSON u. Mitarb.; BRUNN u. GOLDMAN; KRAMER u. SOM; CLERF u. CRAWFORD; WOMACK u. GRAHAM; ZAMORA u. SCHUSTER; FRIED; V. EIKEN; LAFF; FOSTER-CARTER; BROCK; CLERF u. BUCHER; PRUVOST et al.; STOUT; ENGELBRETH-HOLM; CRAFOORD u. LINDGREN; V. ALBERTINI; NAGER; MOERSCH, TINNEY u. MCDONALD; GRAHAM u. WOMACK; HOLLEY; RABIN u. NEUHOF; VAN HAZEI, HOLINGER u. JENSIK; GALY u. RENAULT; LIEBOW; LEMOINE et al.; CLARK; PALIARD, GALY u. RICHARD; MONOD u. KOURILSKY; SOULAS u. MOUNIER-KUHN; BREDT; HUIZINGA u. IWEMA; MCBURNEY et al.; SANTY et al.; EHRENHAFT u. WOMACK; FEYRTER; FRÖHLICH; JAEGER; MÜLLY; KÄHLER u. HEILMEYER; LEMBECK; THORSON et al.; HEDINGER; OCHSNER u. OCHSNER; CARLENS, WIKLUND u. BERGSTRAND; RATZENHOFER, MESSERKLINGE u. LEMBECK; STADLER u.a.), obgleich man z.T. gleichartige polypöse subepitheliale Bronchustumoren schon früher beobachtet hatte (MÜLLER; HORN; KREGLINGER; HECK; KIRCH; KNOFLACH u. MARCHESANI; YANKAUER; PATTERSON; MALKWITZ; FISCHER; HEINE; REISNER; V. PEIN). Als eigentlicher Entdecker gilt GEIPEL (HAMPERL; V. ALBERTINI), der die Bronchialadenome vom Bronchusepithel ableitete und ihrer relativen Gutartigkeit wegen als „Basalzellenkarzinome" den gleichnamigen Hauttumoren (KROMPECHER) an die Seite stellte, anatomisch und klinisch aber scharf von den echten Bronchuskrebsen abtrennte und bereits ihren intra- bzw. extrabronchialen Wuchstyp unterschied.

Die langsame, örtlich beschränkte Evolution kennzeichnet die überwiegende Mehrzahl der Gewächse als biologisch gutartig (JACKSON; HAMPERL; BRUNN u. GOLDMAN; FOSTER-CARTER; V. ALBERTINI; JAEGER u.a.). Dank ihres strategischen Sitzes in den großen Luftröhrenästen können sie aber durch Lumenverschluß und Schleimstau entzündliche Folgeschäden im abhängigen Lungengewebe hervorbringen, Blutungen auslösen und zur Suffokation oder anderen schweren, unter Umständen tödlichen Komplikationen führen.

NATHAN u. Mitarb. geben die durchschnittliche Volumen-Verdoppelungszeit der Bronchialadenome nach röntgenologischen Messungen mit 1825 Tagen an, doch scheint die *Wachstumsrate* der Karzinoide nach WOLFF, SCHWARZ u. BOHN (Verdoppelungszeit 130 Tage) eher in der Größenordnung der bei Bronchuskarzinomen ermittelten Streubreite (46—270 Tage) zu liegen (s. Bd. IX/4a, Tabelle 48). Ein Teil der Blastome besitzt die Fähigkeit zu lokal destruktivem Wachstum, in geringerem Maße auch zu lympho- oder hämatogener Metastasierung (MCBURNEY, KIRKLIN u. WOOLNER: 10%; SCHREIBER u. DIETMANN: 15%).

Während manche Autoren die Bronchialadenome daher für Vor- bzw. Übergangsstufen maligner Geschwulstformen halten (MARCHESANI; GRAHAM u. WOMACK; ACKERMAN; ALEXANDER; GOLDMAN u. HILLS; ADAMS, STEINER u. BLOCH; GOODNER, BERG u. WATSON; GEEVER, WILLIAMS u. MCWILLIAMS; RABIN u.a.), zählen sie nach heutiger Lehrmeinung zu den sog. „semi-malignen" Gewächsen („borderline-tumors") (JACKSON; DAVIDSON; UEHLINGER; GIESE; CHAUVET u. LASSERRE; HENSCHEL; LESCHKE; STRÄULI; BOYD; ECK, HAUPT u. ROTHE u.a.).

b) Statistik

α) *Häufigkeit*

Die Bronchialadenome stehen unter den gutartigen Bronchusgeschwülsten mit etwa 75% an erster Stelle (LINDGREN; s. auch HASCHE u. GLEICHMANN; STEVENSEN, PHILLIPS u. MOTTET; VOIGT-MOYKOPF). Gegenüber den Malignomen, vor allem den Bronchuskarzinomen, treten sie zahlenmäßig weit in den Hintergrund. Ihr Prozentanteil an der Gesamtheit bronchogener Neoplasmen wird verschieden geschätzt (POLICARD u. GALY

5—20%; FRIED 10%; GOLDMAN u. STEPHENS; ADAMS u. KRAMER sowie CLERF 5—10%; GOOD u. HARRINGTON 8%; KRAMER u. SOM sowie MORLOCK u. PINCHIN 6%; SOULAS u. MOUNIER-KUHN 3—6%; VAGO 2%). Nach neueren klinischen Statistiken (OCHSNER u. OCHSNER; NACLERIO u. LANGER; JENNY; NAYER; HASCHE; SCHLUNGBAUM; VAGO) kommen auf ein Gesamtmaterial von 7463 histologisch verifizierten Bronchuskrebsen nur 73 Bronchialadenome (= 0,9%). 9 von 941 resezierten pulmonalen Rundherden der Sammelstatistik von STEELE erwiesen sich als Bronchusadenome. In der Weltliteratur wurden über 1000 Beobachtungen publiziert. JAEGER konnte aus dem Berichtzeitraum von 1882—1953 bereits Daten von 824 Fällen zusammenstellen.

Bei Unterteilung der Bronchialadenome in Karzinoide und Zylindrome gibt JAEGER im Einklang mit anderen Autoren (MOERSCH u. MCDONALD; SCHREIBER u. DIETMANN; HASCHE) die Häufigkeitsrelation beider Formen mit 9 bis 10:1 an (nach SOULAS u. MOUNIER-KUHN 7:1). In der stärker aufgegliederten Klassifikation nach v. ALBERTINI sind die Karzinoide (Typ Kernan-Hamperl) als „atypische" Form der Zahl nach hinter den „typischen" Jackson-Adenomen, aber vor den Zylindromen und Oat cell-Formen ver-

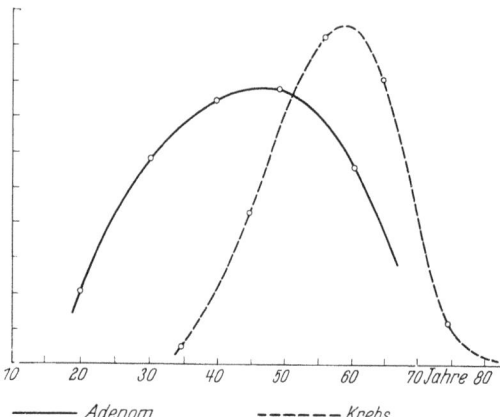

Abb. 44. *Die Alterskurve der Bronchialadenome und der Bronchuskarzinome* nach JAEGER und CATHIE. [Nach V. ALBERTINI aus MÜLLY, K.: Handb. inn. Med., 4. Aufl., Bd. IV/4, S. 1—299 (Abb. 79). Berlin-Göttingen-Heidelberg: Springer 1956]

——— Adenom   - - - - - Krebs

zeichnet. Nach der Zusammenstellung von VOGT-MOYKOPF überwiegen unter den Bronchusadenomen die Karzinoide mit etwa 80% gegenüber den Zylindromen (5—10%) und muziparen Adenomen (2—3%).

β) Geschlechtsverteilung

Von 500 Bronchialadenomfällen der Literatur (Sammelstatistik von JAEGER; Eigenangaben von JENNY; CARLENS, WIKLUND u. BERGSTRAND; VANPEPERSTRAETE; MÜLLY; HASCHE u. GLEICHMANN; ZORINI; VAGO; ENTERLINE u. SCHOENBERG; BABIK; SACREZ, BURGHARD, OUDET u. WITZ; LECCO u. FRANCIOSI; EPSTEIN) entfallen 231 auf das männliche, 261 auf das weibliche Geschlecht. Die *ausgeglichene Sexualproportion* (♂ : ♀ = 1:1,1) ähnelt den Verhältnissen bei der sog. Lungenadenomatose (s. S. 47) und bei bronchogenen Adenokarzinomen. Sie weicht erheblich von den Durchschnittswerten der Bronchuskrebse ab.

γ) Altersverteilung

Das Manifestationsalter der Bronchialadenome reicht nach bisherigen Literaturangaben vom 4. bis zum 88. Lebensjahr (BERGER, BOREADIS u. KREMANS; HASCHE). Jugendliche und mittlere Altersstufen (3. und 4. Lebensdekade) sind bevorzugt, und schon in der Kindheit beobachtet man die benigne Tumorform relativ häufiger als bronchogene Krebse (JACKSON, KONZELMANN u. NORRIS; KRAMER u. SOM; HARRIS; NUNEZ, SPJUT u. ROSENBERG; SMOLLER u. DE MAYNARD; WARD, BRADSHAW u. PRICE-THOMAS; MAIER u. FISCHER; BARRETT u. BARNARD; ROBERTS; JESBERG; ROSENBLUM u. KLEIN; SOUDERS u. KINGSLEY; SOM; PETERSON; JONES, MACKENZIE u. BIDDLE; BERGER, BOREADIS u. KREMANS; FRIED;

McReynold u. Parrish; Sherman, Neville u. Kent; Smoller u. Maynard; Sacrez, Burghard, Oudet u. Witz; Hallemann u. Turunen; Schröder; Weisel u. Lelpley; Berkman; Scott; Verska u. Conolly; Eck, Haupt u. Rothe u.a.). Der Gipfel der Alterskurve liegt etwa um das 40. Lebensjahr (Abb. 44), mehr als 1 Jahrzehnt früher als bei den Bronchialkarzinomen (Abb. 17 und 18).

c) Ätiologie und Formalgenese

Die von v. Albertini als gutartige Variante des Bronchuskrebses bezeichneten Bronchialadenome entstehen ohne ersichtlichen Zusammenhang mit äußeren kanzerogenen Noxen.

Nach Womack u. Graham handelt es sich um *hamartomartige Mischtumoren aus überschüssigen, rudimentär gebliebenen Bronchialknospen*, die wenigstens 2 Keimblättern entstammen und um so eher zur Malignität neigen, je stärker entodermale Gewebskomponenten vorherrschen (s. S. 203 ff.). Die dysembryogenetische Theorie vertreten auch andere Autoren (Churchill; Harris; v. Albertini; Ehrenhaft u. Womack; Harris u. Schattenberg). Bredt analysierte die Beziehung zwischen organoidem Aufbau der Bronchusadenome und Embryonalstrukturen bestimmter Terminationsperioden. Die gelegentliche *Koinzidenz mit anderen Anomalien* (*Lappenaplasie:* Gombert; *Trachealbronchus:* Epstein; *Lungenmißbildung:* Donna u. Abrate; Adenombildung in der Wand einer *Bronchuszyste:* Greenfield u. Howe) bestärkt die Annahme einer anlagebedingten Geschwulstbildung. Trotz ähnlicher Nomenklatur sind die hier erörterten Tumoren mit dem sog. *„fötalen zystischen Lungen- bzw. Bronchialadenom"* (Pick; Leuba; Stoerck; Linser; Giese) (s. Abb. 119) nicht identisch.

Mit der Wahl gleicher Begriffe betonte Hamperl die *morphologische Analogie zu den Karzinoiden des Darmkanals* (Oberndorfer) bzw. zu den *Zylindromen der Kopfspeicheldrüsen* (Billroth; Foote u. Frazell). Die auch von Feyrter vermutete Identität des enteralen und bronchialen Karzinoidtyps wurde von Leschke, v. Albertini und anderen bezweifelt. Die Verwandtschaft steht kaum mehr in Frage, seit man gewisse histochemische Tumorzelleigenschaften der Darmkarzinoide (S. 102) und ihre Fähigkeit, ein „endokrines Karzinoid-Syndrom" zu erzeugen (S. 116), bei einem Teil der Bronchialgeschwülste wiederfand.

Den *Ursprung der Karzinoidzellen* sucht man im System der „gelben" bzw. „hellen" Zellen (Feyrter; Fröhlich; Hamperl; Kähler u. Heilmeyer u.a.), die in den zylinderepithelbekleideten Schleimhautoberflächen der Verdauungs- bzw. Luftwege und anderer Organe ein „diffuses endokrines (parakrines) Drüsenorgan" (Feyrter) bilden und zur Ausknospung (Endophytie) neigen. Felton, Liebow u. Lindskog leiten die peripheren Mikrokarzinoide vom Bronchusepithel ab, das v. Albertini und andere Autoren (Geipel; Hamperl; Umiker u. Storey; Sniffen, Soutter u. Robbins; Kay; Sano u. Meade u.a) generell für die gemeinsame Matrix der *soliden Bronchialadenome* und -karzinome halten. Die Abstammungstheorie aus den sero-mukösen Bronchialdrüsen bzw. ihren Ausführungsgängen (Reisner; Kramer; Jackson u. Konzelman; Kramer u. Som; Fried; Brock; Policard; Engelbreth-Holm; Liebow; Holinger; Santy, Bérard, Galy u. Duprez; Rossi; Jacob; Vos u. Noosten; Crafoord u. Lindgren; Huizinga u. Iwema; Ramsey u. Reimann; Weinberger, Katz u. Davis; Bariéty u. Paillas; Stout; Gilman et al.; Weiss u. Ingram; Payne, Schier u. Woolner; Wada, Matsuda, Sugiyama u. Hattori; Mostécky, Mildeová u. Lichtenberg; Peroni u.a.), die manche Untersucher für die Bronchusadenome schlechthin vertreten hatten, gilt nach heute vorherrschender Auffassung nur für die *Zylindrome* als Prototyp der Speichel- und Schleimdrüsenadenome (Hamperl; v. Albertini; Feyrter; Giese; Korn; Hermann u. Heim; Leonardelli u. Pizetti; Pietrantoni u. Leonardelli u.a.). Der Kapillarreichtum im Stroma mancher bronchogenen Adenome, der dem Bild kapillärer Hämangiome bzw. Kavernome gleichen kann (Bredt), erklärt die wiederholt geäußerte Annahme angio-endotheliomatöser Mischgeschwülste.

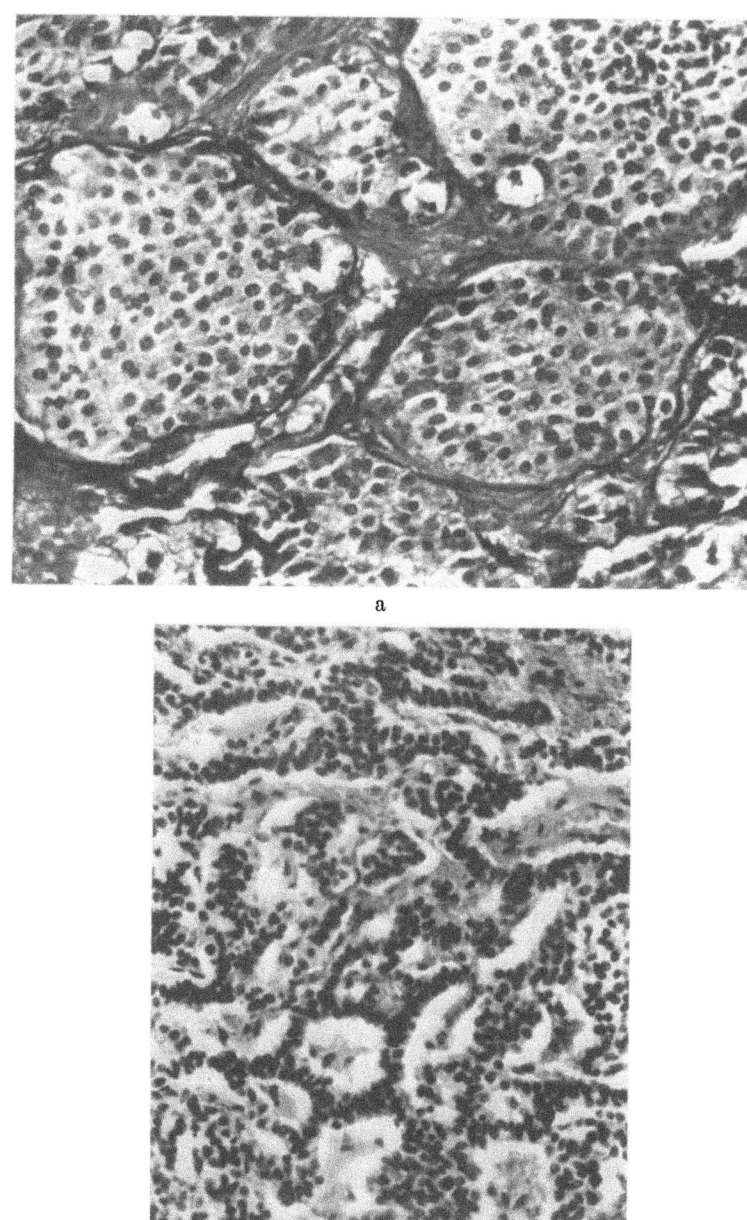

Abb. 45a—e. *Varianten im feingeweblichen Aufbau der Bronchialadenome.* a Alveoläre Strukturform. Van Gieson-Färbung. Vergr. 300:1 (10008/62). b Netzartige Strukturform („ribbon-like"). Van Gieson-Färbung. Vergr. 300:1 (4103/60). c Trabekuläre Strukturform. Spaltbildung zwischen Tumorzellen und Stroma artifiziell. Van Gieson-Färbung. Vergr. 300:1 (11468/64). d Drüsige Strukturen. Van Gieson-Färbung. Vergr. 700:1 (5695/61). e Zylindromartige Strukturen. Van Gieson-Färbung. Vergr. 130:1 (11468/64). (Nach ECK, H., HAUPT, R., ROTHE, G.: Die gut- und bösartigen Lungengeschwülste. In: Handbuch der speziellen pathologischen Anatomie und Histologie, Bd. III/4, Abb. 31, 32, 33, 35 u. 36. Berlin-Heidelberg-New York: Springer 1969)

d) Pathologisch-anatomische Morphologie

α) *Histologischer Befund*

Die Blastomgruppe der Bronchialadenome unterscheidet sich im allgemeinen durch ziemliche *Regelmäßigkeit von Zelltyp und Feinbau* sowie durch die „schonende" Art der

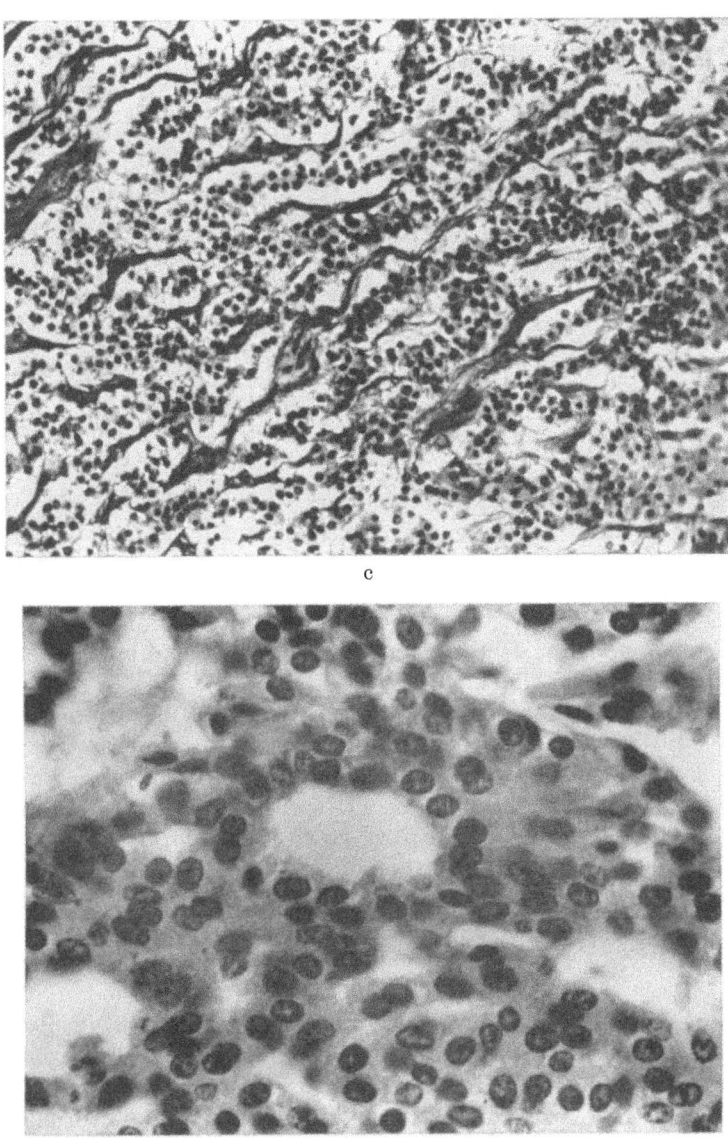

Abb. 45c u. d (Legende s. S. 96)

örtlichen Ausbreitung (v. ALBERTINI) von bösartigen Bronchusgeschwülsten. Der histomorphologische Befund *gestattet* allerdings *kein prognostisches Urteil* (HAMPERL; FISCHER; JACKSON u. NORRIS; v. ALBERTINI; GIESE; HEAD; GALY u. RENAULT; CARLENS, WIKLUND u. BERGSTRAND; HASCHE u. GLEICHMANN): Bronchialadenome von geringerem Reifegrad und malignitätsverdächtigem Aspekt können sich biologisch-klinisch durchaus gutartig verhalten, während man umgekehrt metastasierende Formen mit reifem Zell- und Gewebsbild findet.

Histologisch eindeutige *Übergänge zu maligner Struktur- und Wuchsform (karzinomatöse bzw. sarkomatöse Entartung)* sind *sehr selten* (WOMACK u. GRAHAM; HOLLEY; CLERF u. BUCHER; GEEVER, WILLIAMS u. McWILLIAMS; WESSEL u. RABIN; UMIKER u. STOREY; DELARUE; ABBOTT; CARLSEN, WIKLUND u. BERGSTRAND; LESCHKE; PERÄSALO). Exstruktives *intraalveoläres Oberflächenwachstum nach Art einer Lungenadenomatose* wurde nur von CHEEK u. MUIRHEAD beschrieben, obgleich FELTON, LIEBOW u. LINDSKOG eine enge

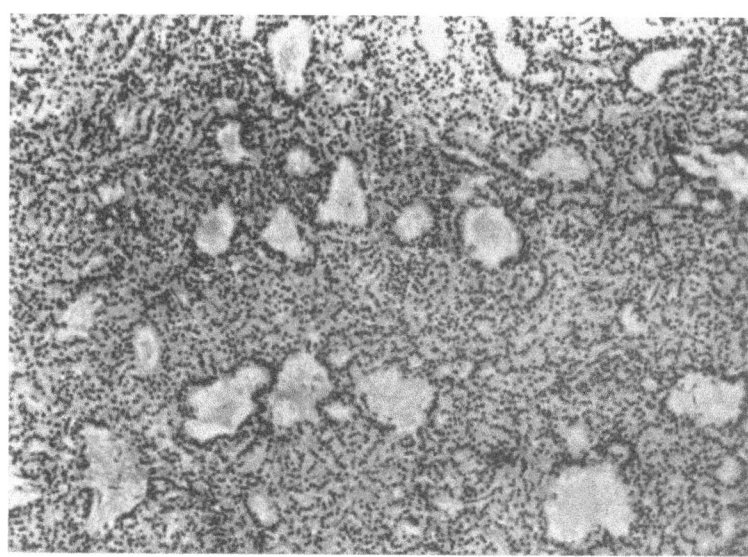

Abb. 45e (Legende s. S. 96)

histogenetische Verwandtschaft der Bronchialadenome mit der Lungenadenomatose bzw. bronchiolären Karzinomen annehmen.

Der relativ großen Spielbreite im mikroskopischen Bild der Bronchusadenome entspricht die terminologische Vielfalt (Abb. 45). Die einheitliche *Klassifizierung der pleomorphen Gewächse* scheiterte bisher an Auffassungsunterschieden über Fragen der histologischen Definition und des histogenetischen Ursprungs. Die *innerhalb eines Tumors oft wechselnde Strukturgliederung* und das Auftreten von *Mischformen verschiedenartiger Geschwulsttypen* (DUMONT, DURIEU, DE CLERCQ u. DUPREZ; GALY u. RENAULT; CARLENS, WIKLUND u. BERGSTRAND; BREDT; UMIKER u. STOREY; HUIZINGA u. IWEMA; HOLLE u. SCHAUTZ; PERÄSALO; HASCHE u. GLEICHMANN; ECK, HAUPT u. ROTHE u.a.) erschweren die Einordnung zusätzlich. Die nachstehende Darstellung folgt dem Einteilungsschema v. ALBERTINIs.

Das *histologische Bild der Zylindrome* als allgemein anerkannter Sonderform entspricht dem Bau zylindromatöser Tumoren der Kopfspeichel- bzw. Schleimdrüsen (HAMPERL; JACKSON; RABIN u. NEUHOF; MOERSCH u. McDONALD; LE MON, CLAGETT u. McDONALD; v. ALBERTINI; McDONALD, MOERSCH u. TINNEY; LEONARDELLI u. PIZZETTI; PIETRANTONI u. LEONARDELLI; FEYRTER; GALY u. RENAULT; ECK, HAUPT u. ROTHE u.a.). Man sieht ein von zahlreichen Hohlräumen siebartig durchbrochenes Maschenwerk relativ kleinzelliger Epithelbänder, die — ein- bis mehrschichtig alveolär angeordnet — in ein gefäßhaltiges Bindegewebsstroma eingelagert sind, das den Tumor umgibt und mit Septenzügen in läppchenartige Parzellen unterteilt (Abb. 46). Die umschlossenen drüsigen Lichtungen sind je nach Anschnitt rund oder länglich, mitunter verzweigt und enthalten homogene „Zylinder" aus schleimigen bzw. hyalinen Absonderungen (Abb. 47). Stellenweise entstehen durch lumenwärts gerichtete Tumorzellproliferationen glomerulusartige Gebilde. Sonst erinnert die vielporige Parenchymstruktur an das Aussehen von „Schweizer Käse" (FRIED; JACKSON u. NORRIS). Die Geschwulstzellen haben dichte, rund oder oval geformte Kerne und können in manchen Fällen den neoplastischen Elementen kleinzelliger Karzinome gleichen (MOERSCH u. McDONALD). Bei den „myo-epithelialen" Mischtumoren ist der Zelltyp eher fusiform, in gewisser Hinsicht „myoid" (DELARUE, DEPIERRE u. PAILLAS; GALY u. RENAULT). Auch im Stroma können glatten Muskelfasern ähnliche Strukturen sowie metaplastische Knochen- oder Knorpelbildungen auftreten (GALY u. RENAULT).

In den *Mukoepidermoid-Tumoren* sind neben drüsigen Abschnitten, in denen von schleimbildendem Zylinderepithel umkleidete Hohlräume vorherrschen, solide platten-

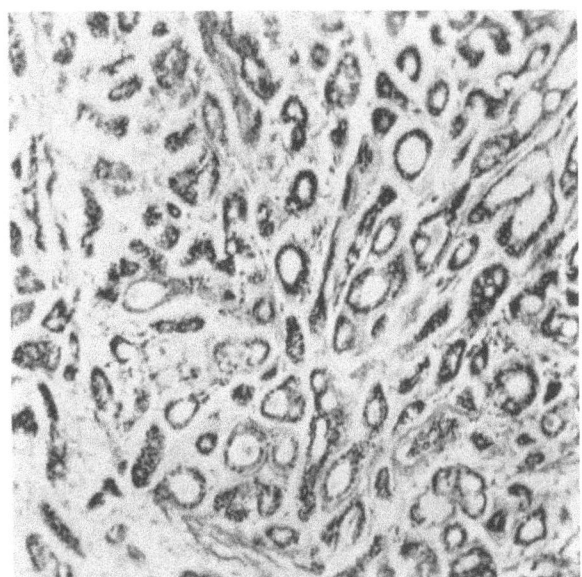

Abb. 46. *Zylindrom des Bronchus*. Vergr. 25fach (Kr. 2608/52). (Nach GIESE, W.: Die Atemorgane. In: KAUFMANN-STAEMMLER: Lehrbuch der speziellen pathologischen Anatomie. 11. u. 12. Aufl., Bd. II/3, S. 1417—1984, Abb. 954. Berlin: W. de Gruyter 1960)

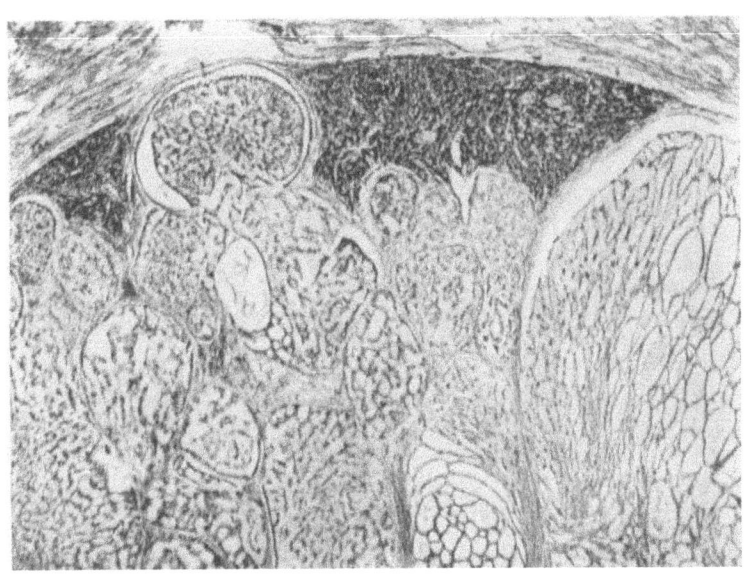

Abb. 47. *Lymphknotenmetastase eines Bronchuszylindroms*. Vergr. 110fach (Kr. 2608/52). (Nach GIESE, W.: Die Atemorgane. In: KAUFMANN-STAEMMLER: Lehrbuch der speziellen pathologischen Anatomie, 11. u. 12. Aufl., Bd. II/3, S. 1417—1984. Abb. 955. Berlin: W. de Gruyter 1960)

epitheliale „Epidermoidzell"-Stränge und in Nestern oder trabekulär angeordnete „Intermediärzellen" zu finden (Abb. 43), die teils den Basalzellen der Bronchialschleimhaut, teils wasserklaren blasigen Pflanzenzellen ähneln (FASSKE u. MORGENROTH; ECK, HAUPT u. ROTHE u.a.).

Das Parenchym der klassischen *Jackson-Adenome* ist nach v. ALBERTINI solide alveolär oder in trabekuläre Palisadenstränge mehrzeilig miteinander verzahnter Epithelleisten gegliedert und in ein sehr kapillarreiches, meist nur spärlich bindegewebiges reaktionsarmes Stroma eingebettet. Je nach Bauart erscheinen die Tumorzellen rundlich-polygonal bzw. zylindrisch, im ganzen regelmäßig und scharf begrenzt. Sie besitzen reichlich — teils fein granuliertes eosinophiles, teils wasserklares — Plasma und einförmige, eher runde als längliche Kerne von lockerer chromatinarmer Struktur. Mitosen sind selten, ebenso die von HAMPERL beschriebenen „Onkozyten" (große leberzellähnliche Elemente mit eosinophil gekörntem Plasma und pyknotischen Kernen). Die äußeren Palisadenzellen

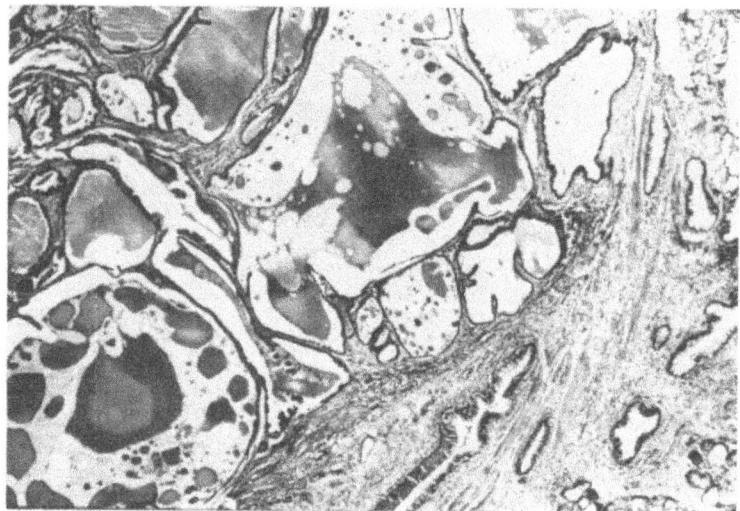

Abb. 48. *Zystisches Bronchusadenom*. Gewebsschnitt eines im Durchmesser 6 mm großen endobronchialen Polypen. (E.-Nr. 6985/70 Patholog. Inst. d. Krhs. Nordwest Frankfurt/M. Direktor: Prof. KAHLAU). P.K., 48jähr. ♂. Arch.-Nr. 1206 22471 Radiolog. Zentralinst. d. Krhs. Nordwest Frankfurt/M.

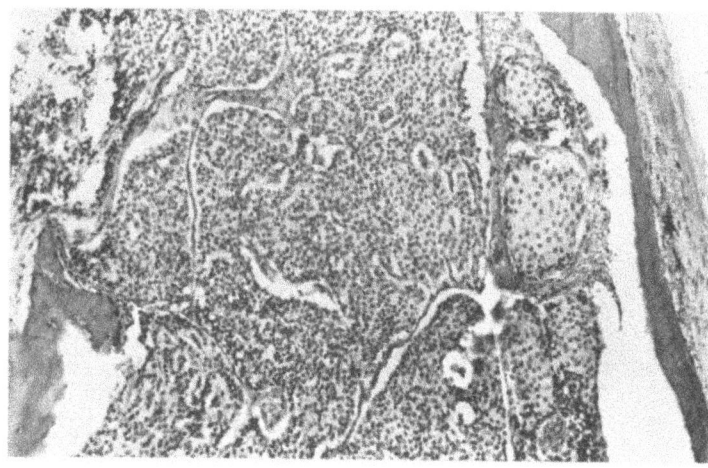

Abb. 49. *Bronchialadenom mit Stromaossifikation*. Van Gieson-Färbung, Vergr. 130:1 (3383/58). (Nach ECK, H., HAUPT, R., ROTHE, G.: Die gut- und bösartigen Lungengeschwülste. In: Handbuch der speziellen pathologischen Anatomie und Histologie, Bd. III/4, Abb. 39. Berlin-Heidelberg-New York: Springer 1969)

sind mit meist basalständigem Kern unmittelbar senkrecht auf den Kapillarwänden aufgereiht und quer zum Verlauf der epithelialen Stränge angeordnet. Gelegentlich findet man follikulären Umbau des soliden Parenchyms oder kleine, von schleimigem Sekret gefüllte Lichtungen (HAMPERL; V. ALBERTINI; LESCHKE; FEYRTER; GÜRICH; RAMSEY u. REIMANN; GILMAN et al.; ECK, HAUPT u. ROTHE) (Abb. 48). Im Stroma kann es zu stärkerer Faserbildung, hyaliner oder myxoider Degeneration kommen (GALY u. RENAULT). Die Bindegewebskapsel der polypösen Tumoren ist lumenwärts von Bronchialschleimhaut überzogen, deren Epitheldecke meist intakt ist, stellenweise aber entzündliche Metaplasie, oberflächliche Erosionen oder tiefere Dekubitalgeschwüre aufweisen kann.

Das Tiefenwachstum der breitbasigen bzw. extrabronchial entwickelten Tumoren erfolgt nicht schrankenlos destruktiv, sondern relativ schonend. Die von Tumorzellen „umflossenen" Bronchialknorpelspangen verfallen allerdings bei fortschreitender Expansion allmählicher Chondrolyse, sofern nicht ihre Verknöcherung dem Abbau länger Widerstand leistet.

Alveoläre bzw. palisadenartige Gliederung mit verzahnten Tumorzellen in ähnlicher Lagebeziehung zu den Stromakapillaren kommt auch bei gewissen undifferenzierten groß- und kleinzelligen Bronchuskarzinomen vor. Ausgesprochen unregelmäßige Bauart, Zellpolymorphie und aggressiver Ausbreitungsmodus an den Tumorgrenzen unterscheiden

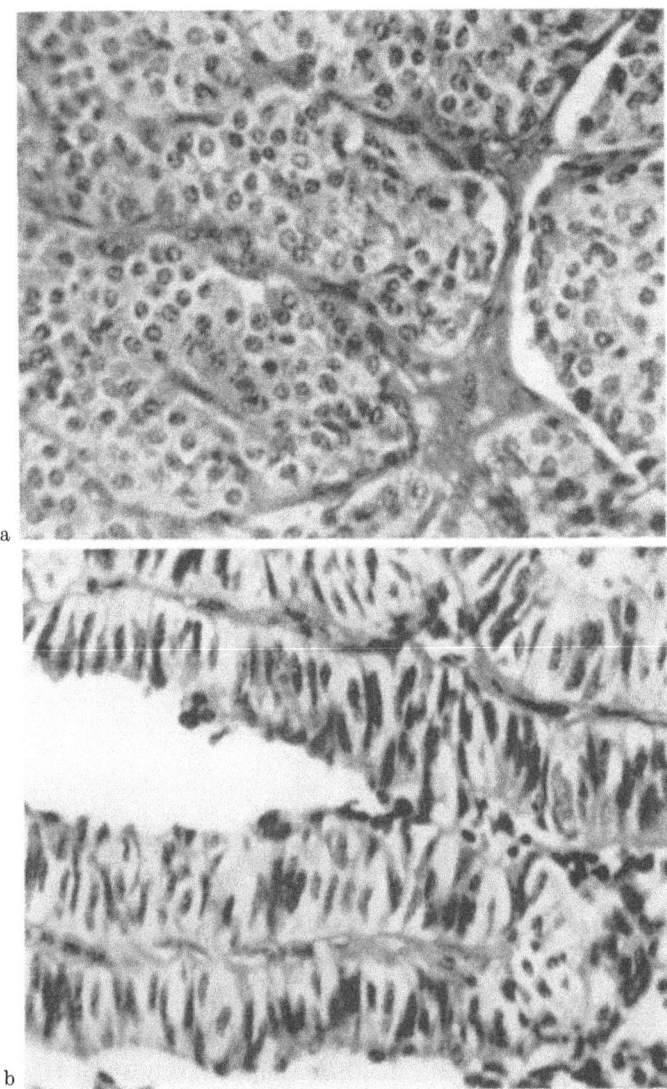

Abb. 50a u. b. *Karzinoid des Bronchus*. a Alveolärer Bau. Argyrophilie der Zellen. Färbung nach Bodian. Vergr. 1597/54. b Trabekulärer Bau mit großen hellen argyrophilen Zylinderzellen. An anderen Stellen Verknöcherung im hyalinen Stroma. Vergr. 400fach (Kr. 3178/54). (Nach GIESE, W.: Die Atemorgane. In: KAUFMANN-STAEMMLER: Lehrbuch der speziellen pathologischen Anatomie, 11. u. 12. Aufl., Bd. II/3, S. 1417 bis 1984, Abb. 953a und b. Berlin: W. de Gruyter 1960)

diese Zerrbilder aber vom histologischen Aspekt des vorherrschenden gutartigen Adenomtyps (v. ALBERTINI).

Stärkere feingewebliche Irregulatität mit der Tendenz zu örtlicher Destruktion (z. B. Gefäß- und Lymphknoteneinbruch) und lympho-hämatogener Metastasierung ist bei den *atypischen Bronchialadenomen* zu finden. Hierzu zählt v. ALBERTINI den strukturell abweichenden *Karzinoid-Typ* unter enger Beschränkung des Begriffs auf die potentiell malignen, histomorphologisch und biologisch den intestinalen Karzinoiden nahestehenden Formen (s. auch HAMPERL; FEYRTER; SALZER; VOLLHABER). Die Tumorzellen liegen dabei dicht zusammengedrängt als unregelmäßig netzartig verzweigte Stränge in einem mehr oder weniger stark gefäß- und bindegewebshaltigen Stroma, das gelegentlich Knochen bildet (LANGER u. GUSMANO; KASSAY, BIKFALVI u. BALÓ; THOMAS u. MORGAN; HEIMBURGER, KILMAN u. BATTERSBY) (Abb. 49). Sie sind formvariabler, durchschnittlich kleiner als beim Jackson-Typ und mit relativ großen chromatinreichen Kernen von wechselnder Gestalt ausgestattet (Abb. 50). HOLLE u. SCHAUTZ unterteilen die Bronchuskarzinoide noch in alveoläre, kleinzellige und tuberkuläre Formen. Die als *Oat-cell-Typ* bezeichnete seltene Geschwulstform (GALY u. RENAULT; v. ALBERTINI) ist nur mit spärlichem Stroma ver-

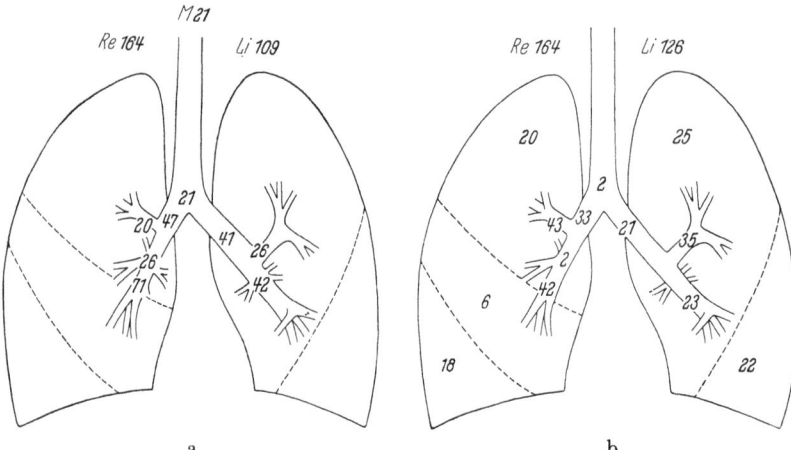

Abb. 51. a *Topographische Verteilung von 294 Fällen von Bronchusadenomen* nach Literaturzusammenstellung von JOST JAEGER. [Nach ALBERTINI, A. v.: Z. Krebsforsch. **59**, 623 (1954)]. b *Topographische Verteilung von 296 Bronchuskarzinomen.* [Nach CATHIE: Schweiz. med. Wschr. **4**, 15 (1954)]

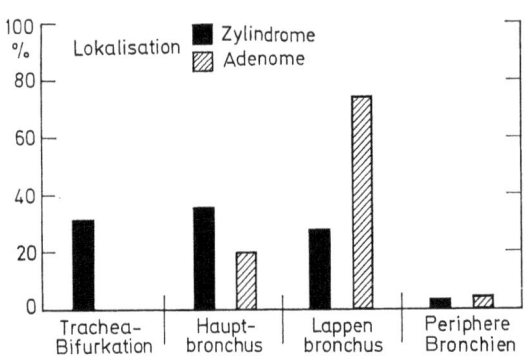

Abb. 52. *Prozentuale Aufgliederung von 84 Bronchialadenomen und 60 Zylindromen der Literatur nach ihrem Sitz im Tracheobronchialbaum.* [Nach ENTERLINE, H. T., SCHOENBERG, H. W.: Cancer **7**, 663—670 (1954); Fig. 5]

sehen. Das Parenchym besteht im wesentlichen aus kleinen, fast nacktkernigen Rund- oder Spindelzellen mit dichten, vielfach atypischen Kernen und relativ häufigen Mitosen. Die Abgrenzung dieser Tumorkategorie von den haferkornzelligen Bronchuskrebsen ist recht problematisch, da histologisch weitgehende Analogie (Zelltyp, Aggressions- und Metastasierungsbereitschaft) besteht, und ein Unterschied letztlich nur in längerer Überlebensdauer zu finden ist.

Während sich die Karzinoide großkalibriger Bronchien — wie andere Adenomformen — in subepithelialen Bindegewebskapseln entwickeln, vermißt man solche Hüllen bei den *multiplen peripheren Mikrokarzinoiden* (FELTON, LIEBOW u. LINDSKOG; SAUER, DEARING u. FLOCK), deren winzige, erst mikroskopisch sichtbare Zellnester FEYRTER als neoplastische Endophyten des „Helle-Zellen-Organs" der Bronchialschleimhaut auffaßt (s. S. 95 u. Bd. IX/4a). FELTON, LIEBOW u. LINDSKOG vermuten ihren Ursprung im Bronchusepithel, da sie einen unmittelbaren Zusammenhang interstitieller Miniaturgeschwülste entsprechender Bauart mit der epithelialen Deckschicht kleiner Bronchioli — jenseits der Verbreitungsgrenzen sero-muköser Bronchialdrüsen — nachweisen konnten.

Nur ein kleiner Teil der *Bronchuskarzinoide* besitzt die besonderen histochemischen und *histophysikalischen Eigenschaften* der verwandten Darmtumoren bzw. ihrer Zellgranula (FEYRTER; HAMPERL; JAEGER; HOLLEY; TEMME; STANFORD, DAVIS, GÜNTHER u. HOBART; WILLIAMS u. AZZOPARDI; JOSEPH u. TAYLOR; RIEDERER; BRANWOOD; KÄHLER; KÄHLER u. HEILMEYER), nämlich: Gelbfluoreszenz nativen bzw. formolfixierten Tumorgewebes im

Ultraviolettlicht, Chromaffinität, Diazotierbarkeit und Argentaffinität bzw. Argyrophilie bei Anwendung der speziellen Imprägnationsverfahren von GROS-SCHULTZE bzw. BODIAN (= Fähigkeit formalinfixierten Gewebes zu spontaner oder nach Zugabe reduzierender Agentien nachweislicher Reduktion von metallischem Silber aus ammoniakalischen Ag-Lösungen). (Bezüglich der unterschiedlichen Bedeutung von Argentaffinität bzw. Argyrophilie sowie ihrer Abhängigkeit vom Zeitpunkt der Formalinfixierung s. JAEGER; KÄHLER u. HEILMEYER). Das Auftreten von Fluoreszenz und Silberreaktion wird auf die Speicherung des von den Tumorzellen produzierten Wirkstoffs Serotonin bezogen, der das endokrine Karzinoid-Syndrom auslöst (S. 116). Es handelt sich dabei um eine stark reduzierende Substanz (5-Hydroxytryptamin bzw. 5-Hydroxytryptophan), die *in vitro* selbst argentaffine Reaktionen gibt (BARTER u. PEARSE; BENDITT u. WONG zit. nach WILLIAMS u. AZZOPARDI) und gleich intensive Gelbfluoreszenz zeigt wie die Mehrzahl der intestinalen Blastome. Da Argentaffinität bzw. *Argyrophilie und Serotoningehalt der Tumoren* aber nicht streng korreliert sind (THORSON; WALDENSTRÖM; PERNOW u. SILWER; WILLIAMS u. AZZOPARDI; KÄHLER u. HEILMEYER), dürfte die histochemische Reaktionsweise noch anderen, bisher unbekannten Einflüssen unterliegen. Nach BENSCH, GORDON u. MILLER weisen die Zellgranula hormonal aktiver Bronchialkarzinoide elektronenoptische Besonderheiten auf („*Granula vom neurosekretorischen Typ*").

β) *Makroskopischer Befund*

Äußere Gestalt und *Lage* der Tumoren zeigen eine gewisse Korrelation, da die histologischen Formvarianten bezüglich des vorherrschenden Ursprungsortes voneinander abweichen. In ihrer Gesamtheit entstehen die Gewächse *ganz überwiegend in der Trachea, Bifurkation oder in den großen Bronchien* (MOERSCH u. MCDONALD: 90%; s. auch JACKSON; FOSTER-CARTER; WILLIS; HOLLEY; V. ALBERTINI; HOLINGER; HUIZINGA u. IWEMA; ESSER; MÜLLY u.a.), seltener in distalen Bronchialästen (Abb. 51 u. 52). Die zentralen Geschwülste treten *in der Regel unifokal* auf.

Beim *peripheren Typ* handelt es sich *fast ausschließlich* um *Karzinoide* (FEYRTER; FELTON, LIEBOW u. LINDSKOG; MAIER u. FISCHER; BROCK; THORNTON, ADAMS u. BLOCH; SANTY, GALY u. DUPREZ; MAYO; GOOD u. HARRINGTON; CARLENS, WIKLUND u. BERGSTRAND; MCBURNEY, CLAGETT u. MCDONALD; ESSER; FELTON; GALY u. DUPREZ; OVERHOLT; OCHSNER u. OCHSNER; NEUBUERGER, KATZ u. DAVIS; UMIKER u. STOREY; PERÄSALO; DELARUE; VANPEPERSTRAETE; FLETCHER u. LOMBARD; KASSAY, BIKFALVI u. BALÓ; WIKLUND; MOERSCH; KAY; HEIMBURGER, KLIMAN u. BATTERSBY; VIKING; SAUER, DEARING u. FLOCK; SOBOTA u. REED; SANTORO, RICCI u. MORETTI; MÜLLY u.a.). Gleich enteralen Karzinoiden können die im Lungenparenchym gelegenen Blastome sehr klein, ja von mikroskopischer Dimension sein (FEYRTER; FELTON, LIEBOW u. LINDSKOG). Die Mehrzahl wird jedoch zu Lebzeiten der Tumorträger makroskopisch sichtbar und erreicht zum Teil beachtlichen Umfang. Im Gegensatz zum Dünndarmkarzinoid ist dabei *multilokuläre Entstehung pulmonaler Karzinoidtumoren* recht selten: HEIMBURGER, KILMAN u. BATTERSBY verzeichneten im Schrifttum bis 1966 nur 12 einschlägige Berichte (eine eigene Beobachtung; je 2 Fälle von FELTON et al. bzw. KAY; 4 Fälle von OVERHOLT, BOUGAS u. MORSE; Einzelfälle von SAUER, DEARING u. FLOCK; SOBOTA u. REED; BATSON, GALE u. HICKEY), denen man einige weitere Literaturfälle hinzufügen kann (FEYRTER; BREDT; BERNHEIMER, EHRINGER, HEISTRACHER, KRAUPP, LACHNIT, OBIDITSCH-MAYER u. WENZL; HASLHOFER; STEVENSEN, PHILLIPS u. MOTTEX; MÜLLY).

Zylindrome sitzen *fast ausnahmslos proximal*, und zwar vor allem im extrapulmonalen Teil des Tracheobronchialbaums (KRAMER u. SOM; BECK u. GUTTMAN; HOLINGER; GUTTMAN; REID; VAN HAZEL, HOLINGER u. JENSIK; LE CLARK, CLAGETT u. MCDONALD; FERREIRA; BELSEY u. VALENTINE; MCDONALD, MOERSCH u. TINNEY; LE MON, CLAGETT u. MCDONALD; LIEBOW; HUIZINGA u. IWEMA; V. ALBERTINI; FRUHLING u. SPEHLER; ENTERLINE u. SCHOENBERG; ESCHAPASSE, DUFRANC u. BOLLINELLI; MOERSCH; ESSER;

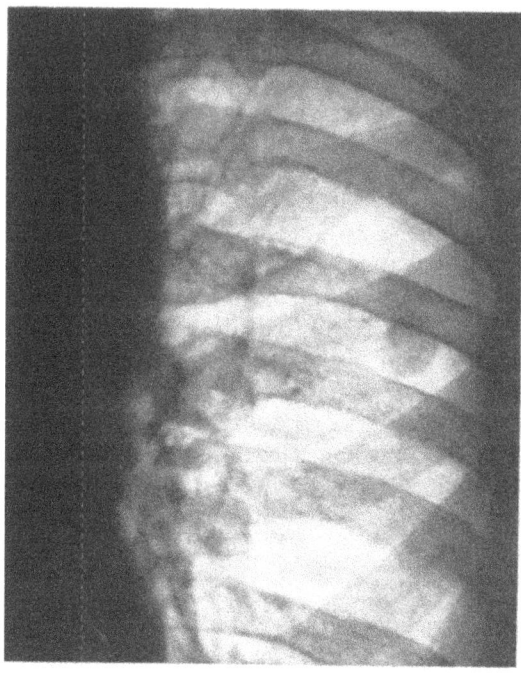

Abb. 53. *Malignes Bronchusadenom im Lungenmantel*. Klinikeinweisung zur zytostatischen Therapie einer mutmaßlichen Solitärmetastase im linken Oberlappen nach vorausgegangener Abtragung eines Rektumpolypen, der zunächst als „hochdifferenziertes Adenokarzinom", retrospektiv jedoch als „adenomatöser Schleimhautpolyp" klassifiziert wurde. Der haselnußgroße glattrandige Rundherd zeigte 8 Wochen nach der Erstuntersuchung kein Größenwachstum (Übersichtsaufnahme p.-a.). Da in den übrigen Lungenabschnitten keine weiteren Knoten nachweisbar waren, und weder laparoskopisch noch szintigraphisch oder laborchemisch Hinweise auf eine metastasierende Geschwulst vorlagen (Blutsenkungsgeschwindigkeit 3/12 mm n.W.), wurde der Solitärherd enukleiert (Op.: Prof. Ungeheuer, Direktor d. Chirurg. Klinik d. Krhs. Nordwest). Der exzidierte Parenchymkeil enthielt einen bindegewebig abgekapselten, zentral nekrotisch zerfallenen gelblichen Tumorknoten von 1 cm Durchmesser. Histologisch fand sich ein großzelliges malignes Bronchusadenom, dessen Ausläufer durch die schmale Bindegewebskapsel stellenweise in das benachbarte Lungengewebe vorgedrungen waren. In den mitentfernten Hiluslymphknoten kein Metastasennachweis (E.-Nr. 14732/70 Pathol. Inst. d. Krhs. Nordwest, Direktor: Prof. Kahlau). J. S., 70jähr. ♂. Arch.-Nr. 2607 00851 Radiolog. Zentralinst. d. Krhs. Nordwest Frankfurt/M.

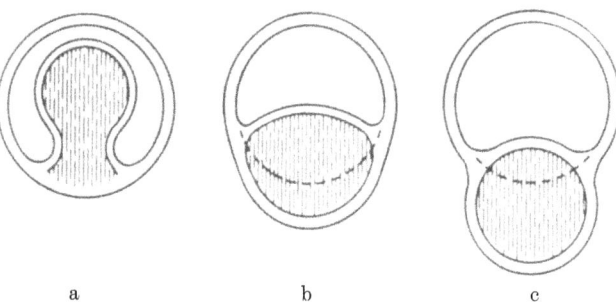

Abb. 54a—c. *Wuchsformen und Lagebeziehung der Bronchialadenome zur Bronchuswand* (nach Hamperl). a Endobronchialer Typ; b intramuraler Typ; c extrabronchialer Typ

Mülly; Vogt-Moykopf u.a.) (Abb. 52) (s. auch Bd. IX/3, Abb. 9 u. S. 15—18). Sie kommen so selten in der Bronchialperipherie vor (Beobachtungsfälle von Steele sowie Weinberger, Katz u. Davis), daß ein entsprechender bioptischer Befund nach Felton, Liebow u. Lindskog eher an Tochterherde zylindromatöser Speichel- bzw. Schleimdrüsen-Mischtumoren des Kopfes denken läßt (Billroth; Hamperl; Ahlbom; Bauer u. Fox; Quattlebaum, Dockerty u. Mayo; Lampe; Rawson, Howard, Roystier u. Horn u.a.), die in über 20% intrapulmonal metastasieren (Mulligan; Ackerman u. Regato; Lampe u. Zatzkin). Ebenso ungewöhnlich ist ein *multifokales Auftreten bronchogener Zylindrome* (Korn; Hermann u. Heim).

Die *Größe* der zentralen Tumoren variiert je nach Wachstumsalter zwischen Erbs- und Faustgröße. Ein Durchmesser über 5 cm spricht nach Anderson für eine wenigstens 8jährige Entwicklungsdauer. Das Schema Hamperls kennzeichnet das *Verhalten zur Bronchialwand und ihrer Umgebung* (Abb. 54). Fast immer wölbt sich ein Geschwulstteil rundlich oder zapfenartig in die Bronchuslichtung vor (Hamperl; v. Albertini; Moersch u. McDonald; Mülly u.a.). Der ganze Umfang der Gewächse ist aber vielfach erst im Querschnitt durch die Haftstelle zu übersehen. Nur etwa 10% entsprechen relativ be-

 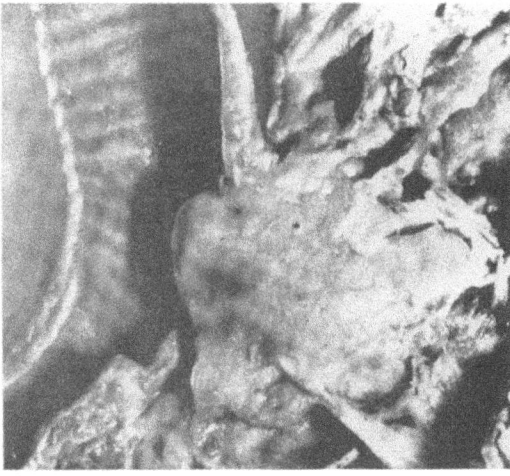

a   b

Abb. 55a u. b. *Makroanatomische Wuchsformen der Bronchusadenome* [nach ALBERTINI, A. v.: Les Bronches **4**, 212—227 (1954); Fig. 2 und 3]. a Rein intrakanalikuläres polypöses Adenom; b intra- und extrabronchiales Adenom

weglichen, *schmal gestielten Polypen* (GALY u. RENAULT) (Abb. 55a, 57, 59, 60, 66, 69 u. 71). Meist dringt das neoplastische Gewebe bis in den Stiel der Polypen ein und verankert sie *breitbasig an der Bronchuswand* (sog. „*Kragenknopfform*" nach JACKSON sowie GALY u. RENAULT). Nach GALY u. RENAULT besitzen 30—40%, nach VOIGT-MOYKOPF sogar 80—90% der Tumoren einen *größeren extrabronchialen Anteil* (sog. „*Eisbergtyp*") (GRAHAM u. WOMACK; MOERSCH u. McDONALD; SOULAS u. MOUNIER-KUHN u. a.) (Abb. 55a, 56, 65, 67, 68, 70, 72, 73 u. 74). *Rein intramurales Wachstum* in Form umschriebener Wandauftreibung ist selten zu finden.

Die zentralen Adenome weisen zunächst eine *allseitige Bindegewebskapsel mit intaktem Schleimhautüberzug* auf. Selbst wenn die Tumoren später einen Teil der Hülle zur Tiefe hin durchbrechen und bei weiterer extrabronchialer Expansion sogar die regionalen Lymphknoten kontinuierlich einbeziehen (BREDT; GIESE u.a.) oder in die Wand größerer Gefäße einwachsen (GOLDMAN u. HILLS; v. ALBERTINI), bleiben sie *gegenüber der gesunden Nachbarschaft scharf abgegrenzt*, insbesondere auch zur Lunge hin.

Die Polypen sind kugelig, walzen- oder eiförmig, gelegentlich an bronchialen Bifurkationen fingerartig gespreizt (GALY u. RENAULT; GIESE u.a.) (Abb. 57). Bei extrabronchialer Ausdehnung wird die *Gestalt der Tumoren* unregelmäßiger, knollig, nach der Basis hin oft kegelartig verbreitert. Unter der *glatten, stellenweise höckerig gebuckelten oder chagrinierten Oberfläche* schimmern vielfach geschlängelte Mukosagefäße hindurch.

Je nach Blutreichtum und Feinbau erscheint die *Farbe* düsterrot-zyanotisch, frisch rötlich-hellgrau oder graugelblich, jedoch kaum so intensiv gelb wie bei enteralen Karzinoiden. Druck oder ständiges Scheuern an der anliegenden Bronchialwand, Mazeration durch gestautes Sekret, Infektion oder intratumorale Thrombosen können das Oberflächenrelief sekundär in Form *flacher Erosionen* bzw. *nekrotischer Dekubitalulzera* verändern (HAMPERL; BREDT u.a.).

Die *Konsistenz* der soliden Geschwülste ist fest. Auf dem Anschnitt erscheint das Tumorareal teils ungegliedert, teils durch trabekuläre Septen vom Kapselgewebe her in Läppchen unterteilt. Der Schleimgehalt von Zylindromen und anderen muziparen Formen ist bereits makroskopisch sichtbar.

Die *entzündlichen Folgezustände* der Tumoren werden unter klinischem Blickwinkel erörtert (S. 110ff.).

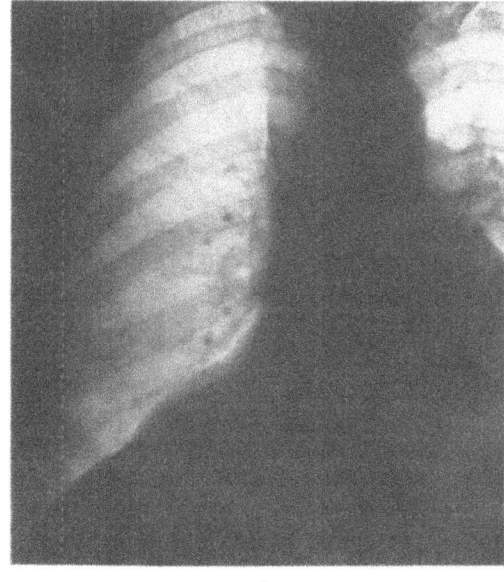

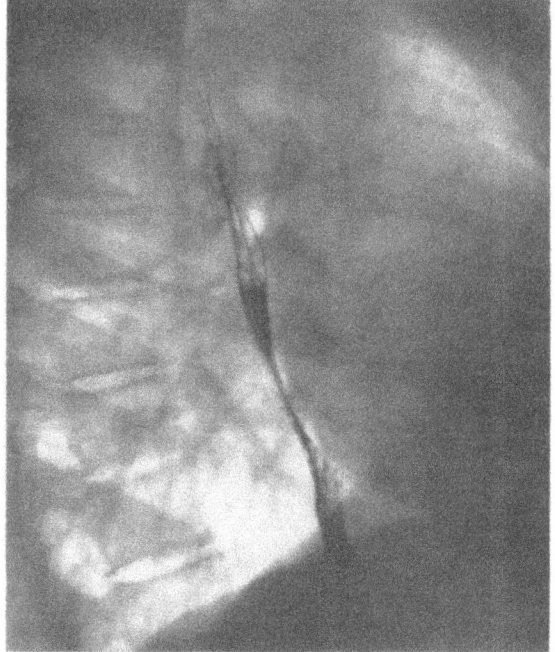

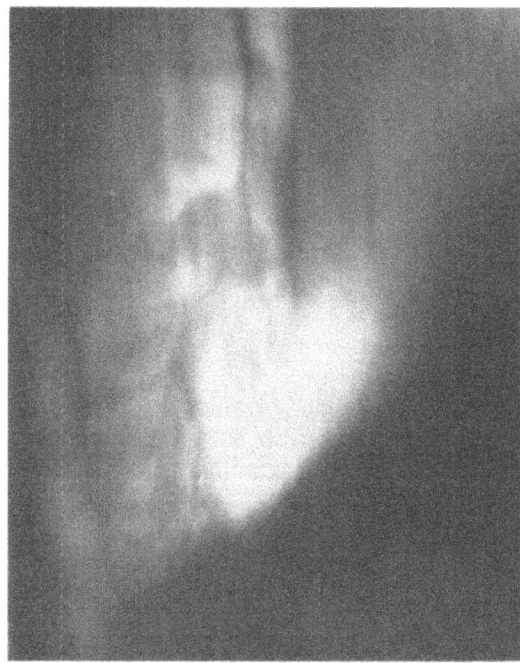

Abb. 56 a—c. *Bronchuskarzinoid vom „Eisbergtyp" im re. Zwischen- und Unterlappenbronchus.* Die poststenotische Lappenschrumpfung wurde trotz klinischer Verdachtssymptome (Fieberschübe, Husten, gelblicher Auswurf) als „Pleuromediastinalschwarte" verkannt. Erst nach 2jähriger Vorgeschichte wurde die Pat. zur ursächlichen Klärung der Ambulanz der Chirurg. Klinik d. Krhs. Nordwest Frankfurt/M. (Direktor: Prof. UNGEHEUER) überwiesen. Ambulante Röntgenuntersuchung am 28. 11. 68: nach Durchleuchtung, Nativaufnahmen in 2 Ebenen (a und b) und Schichtbefund (c 11 cm sin.-dextr.) erhebliche Mediastinalretraktion des minderbelüfteten re. Unterlappens mit Verschwinden der UL.-Arterie im Keilschatten des geschrumpften Lobärareals und kompensatorischer Ausdehnung der Restlunge bei polypös-exophytär, größtenteils extrabronchial wachsendem Tumor des re. Zwischenbronchus an der Gabel von UL.- und ML.-Bronchus. Die Röntgendiagnose eines Bronchusadenoms vom „Eisbergtyp" wurde bronchoskopisch und nach Bilobektomie (Op.: Prof. UNGEHEUER) anatomisch bestätigt. Histologisch: Bronchuskarzinoid (E.-Nr. 15831/68 Pathol. Inst. d. Krhs. Nordwest Frankfurt/M., Direktor: Prof. KAHLAU). E.L., 44jähr. ♀. Arch.-Nr. 2601 24672 Radiol. Zentralinst. d. Krhs. Nordwest Frankfurt/M.

γ) *Malignitätsgrad und Metastasierung*

Obgleich man die Bronchialadenome allgemein als besondere Tumorkategorie von den Bronchuskrebsen abtrennt, besteht keine Einigkeit über ihre biologische Klassifizierung (s. S. 93). Die Gut- oder Bösartigkeit der Geschwulstgruppe ist nicht mit histologischen Kriterien allein, sondern nur aus dem gesamten Verhalten zu beurteilen (HAMPERL) Man

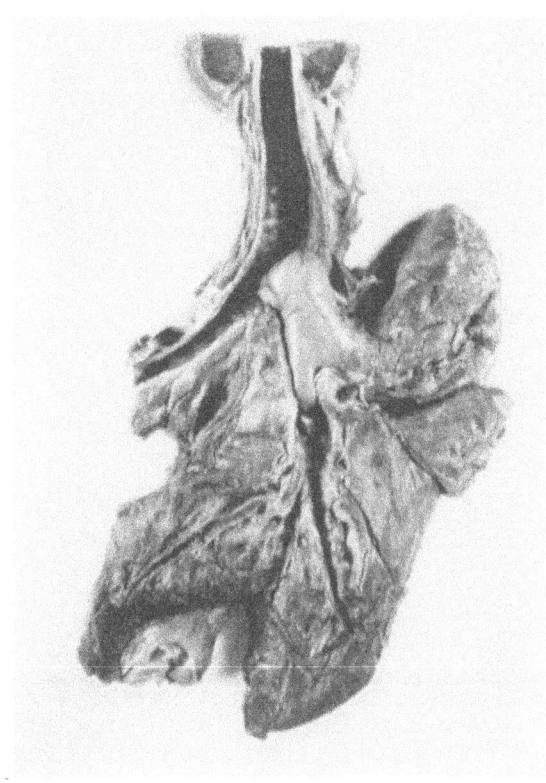

Abb. 57. *Bronchialadenom des rechten Oberlappens.* Vom dorsalen Segmentbronchus in den Hauptbronchus vorwachsender polypöser Tumor. 56jähr. ♀. (Sekt.-Nr. 650/47). (Nach GIESE, W.: Die Atemorgane. In: KAUFMANN-STAEMMLER: Lehrbuch der speziellen pathologischen Anatomie. 11. u. 12. Aufl., Bd. II/3, S. 1417—1984, Abb. 951. Berlin: W. de Gruyter 1960)

bezeichnet sie nach dem eigentümlichen Wesensmerkmal ihres *langsamen, vornehmlich expansiven Wachstums bei geringer potentieller Metastasierungsneigung* wohl am treffendsten als „semi-maligne" Blastome.

Die protrahierte Entwicklung, welche die ortsständig bleibenden, eindeutig benignen Formen auszeichnet, gibt auch den Tochterherden der „adénomes métastatiques tardifs" (GALY u. RENAULT) das Gepräge, so daß längere, mitunter *jahrzehntelange Überlebensfristen nach Eintritt der Fernabsiedlung* beobachtet werden (BECLASSE; RABIN u. NEUHOF; GALY u. RENAULT; WILLIAMS; v. ALBERTINI; MÜLLY; KÄHLER u. HEILMEYER u. a.).

Über *metastasierende Bronchialadenome* liegen zahlreiche Berichte vor (BAUMGARTEN; WOMACK u. GRAHAM; SCHNEIDER; ADAMS, STEINER u. BLOCH; RABIN u. NEUHOF; ANDERSON; HOLLEY; ALEXANDER; GOLDMAN; MOERSCH u. MCDONALD; DAVEY u. HARDY; MALLORY; v. ALBERTINI; ACKERMAN u. REGATO; LIEBOW; CRAFOORD u. LINDGREN; GALY u. RENAULT; CARLENS, WIKLUND u. BERGSTRAND; LAFF u. NEUBUERGER; PALIARD, GALY u. RICHARD; KUGEL u. LÜDEKE; MEISSNER; BOYD; SMIDT; NACLERIO u. LANGER; BERGER, BOREADIS u. KREMANS; OCHSNER u. OCHSNER; CHAMBERLAIN u. GORDON; WARD, BRADSHAW u. PRINCE; VISMANS; OCHSNER u. DAVIS; PHILLIPS, BASINGER u. ADAMS; HYMAN u. WELLS; WARNER u. SOUTHREN; LEMBECK, LEICHT, MÖBIUS u. ZUBER; HEIMBURGER, KILMAN u. BATTERSBY; RITAMA u. OJALA; SCHNECKLOTH, MCISAAC u. PAGE; STANFORD, DAVIS, GUNTER u. HOBART; BERKHEISER; Übersichten s. MCBURNEY, KIRKLIN u. WOOLNER; ENTERLINE u. SCHOENBERG; KÄHLER u. HEILMEYER).

Die *Metastasierungshäufigkeit der Bronchusadenome* insgesamt wird mit *5—20%* angegeben (KUGEL u. LÜDEKE 8%; MCBURNEY, KIRKLIN u. WOOLNER 10%; v. ALBERTINI 10—15%; RABIN u. NEUHOF im eigenen Material 8%, nach Literaturzusammenstellung 14%; ENTERLINE u. SCHOENBERG im Mittel 18,7% (bei Adenomen 9,5%, bei Zylindromen 32%!); MEISSNER 20%). Die Absiedlung erfolgt *überwiegend lymphogen, seltener hämatogen.* Dementsprechend waren nach der Übersicht von MCBURNEY, KIRKLIN u. WOOLNER bei

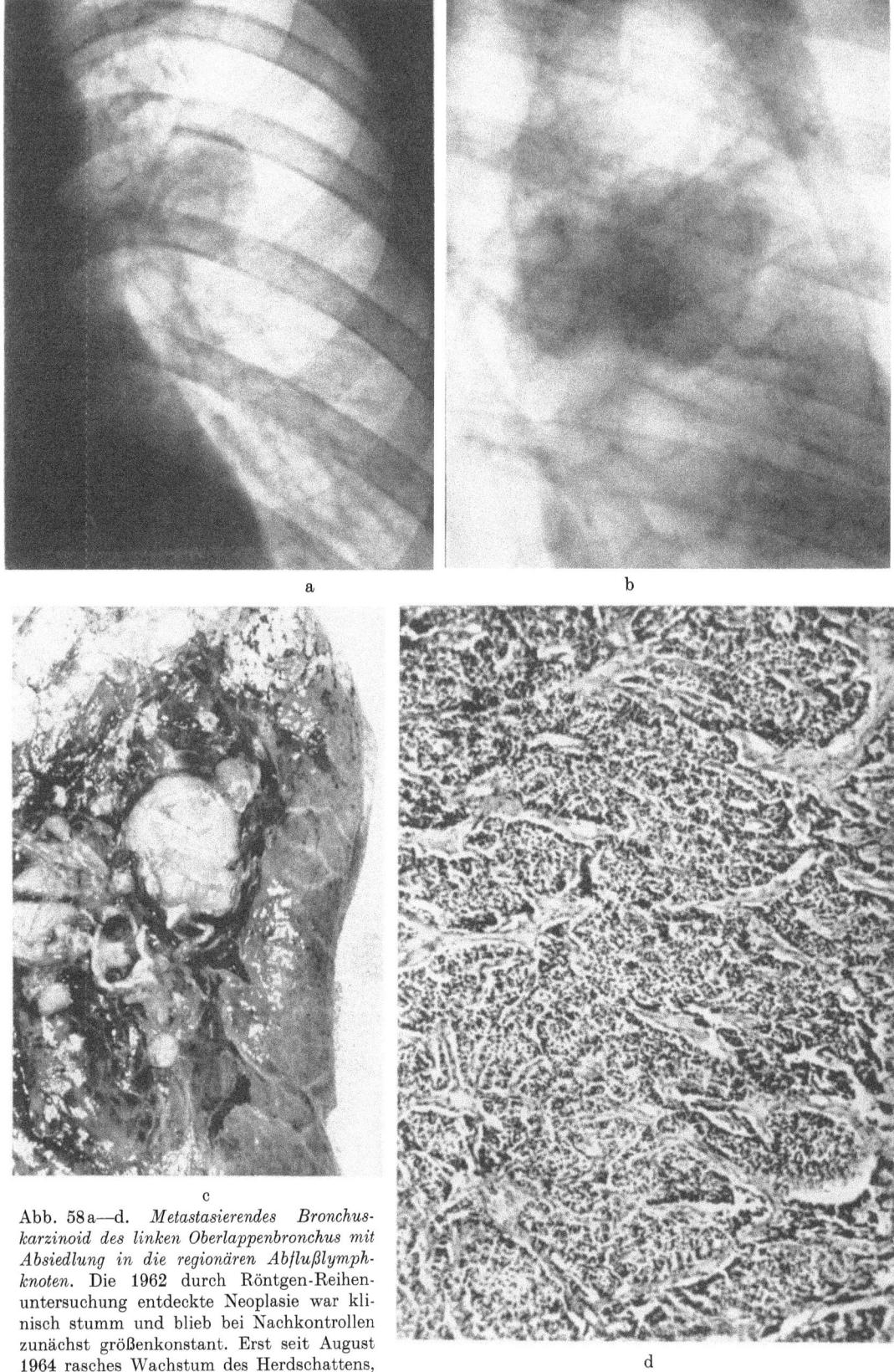

Abb. 58a—d. *Metastasierendes Bronchuskarzinoid des linken Oberlappenbronchus mit Absiedlung in die regionären Abflußlymphknoten.* Die 1962 durch Röntgen-Reihenuntersuchung entdeckte Neoplasie war klinisch stumm und blieb bei Nachkontrollen zunächst größenkonstant. Erst seit August 1964 rasches Wachstum des Herdschattens,

Tabelle 8. Metastasensitz bei 84 Bronchialadenomen und 60 Zylindromen der Literatur. [Nach Zusammenstellung von ENTERLINE, H. T., SCHOENBERG, H. W.: Cancer 7, 663—670 (1954); Tabelle 1]

Klassifizierung	Bronchialadenome	Zylindrome
Gesamtzahl	84	60 *
davon Metastasen in:		
Hilus- und Mediastinallymphknoten	4	10
Leber	2	2
Perikard	1	1
Lunge	—	3
kontralateraler Lungenflügel	1	—
Mediastinum	—	3
Pleura	—	5
nicht näher bezeichnete Fernmetastasen	—	4
Zahl der Fälle mit Metastasen	8	19
Prozentsatz der Gesamtzahl	(9,5%)	(32%)

* 4 Fälle ohne nähere Angaben des Sitzes.

87 metastasierenden Bronchialadenomen des Schrifttums *in erster Linie regionale bzw. mediastinale Lymphknoten* befallen (46mal ausschließlich). In 41 Fällen lagen auch *Fernmetastasen* vor, *vor allem in der Leber*, aber auch in Skelet, Lungenparenchym, Nebennieren, Hirn und anderen Organen (Tabelle 8). Eine Besonderheit stellt der Befund *osteoplastischer Skeletmetastasen bei endokrin aktiven Bronchuskarzinoiden* der (SANDLER u. SNOW; WALDENSTRÖM; TOOMEY u. FELSON; HYMAN u. WELLS; THOMAS).

Man schätzt die *potentielle Bösartigkeit der Zylindrome mehrfach höher als die des häufigeren Karzinoidtyps* ein (JACKSON; HOLINGER; MCBURNEY, KIRKLIN u. WOOLNER; MOERSCH u. MCDONALD; ENTERLINE u. SCHOENBERG; GALY u. RENAULT; LEONARDELLI u. PIZZETTI; PIETRANTONI u. LEONARDELLI; WEINBERGER, KATZ u. DAVIS; SCHREIBER u. DIETMANN; VOGT-MOYKOPF u.a.) (Tabelle 8).

Wegen der stärkeren Tendenz zur Metastasierung (REID: in 14 von 48 Fällen, ENTERLINE u. SCHOENBERG: in 19 von 60 Fällen), zu invasivem Lokalwachstum und postoperativen Rezidiven scheiden manche Autoren die Zylindrome ganz aus der Kategorie der Bronchusadenome aus und bezeichnen sie als „Karzinome vom zylindromatösen Typ" (REID; FREY u. LÜDEKE; ENTERLINE u. SCHOENBERG). v. ALBERTINI fand bei Zylindromen nur gelegentlich Metastasen. Er hält dagegen die *atypischen Bronchialadenome (Bronchuskarzinoid und Oat cell-Typ)* für „latente Malignome" und betrachtet die typischen *Jackson-Adenome* als *prinzipiell gutartig*, da ihre Fähigkeit zur Absiedlung nicht erwiesen sei. Diese Abstufung der Malignitätserwartung findet man bei MÜLLY wieder (Tabelle 9).

Bemerkenswert ist das *Fehlen jeglicher, auch lymphonodulärer Metastasen bei peripheren Bronchuskarzinoiden*, die manchmal multipel und nicht immer bindegewebig abgekapselt erscheinen (FELTON, LIEBOW u. LINDSKOG). Die gleiche Feststellung machten WEINBERGER, KATZ u. DAVIS bei dem von ihnen beobachteten *Zylindrom peripherer Lage*.

---

der sich bei Kontrolle nach Klinikaufnahme als kastaniengroßes glattrandig höckerig begrenztes Gebilde an der vorderen Lappenwurzel darstellte (a und b Ausschnitte der Summationsaufnahme p.-a. und im 1. Schrägdurchmesser vom 5. 10. 64). Bei der Pneumonektomie am 7. 10. 64 (Op.: Prof. UNGEHEUER) zeigte sich, daß der örtlich aggressiv wachsende Tumor die Hilusgefäße, insbesondere den Stamm der linken Pulmonalarterie ummauert hatte. Pathologisch-anatomischer Befund: Vom Wurzelstück des linken Oberlappenbronchus ausgehende lappig konturierte Geschwulst von 3 cm Durchmesser (c Photo des Resektionspräparats im Anschnitt). Einige der resezierten Hiluslymphknoten sind vergrößert und enthalten Tumorgewebe von gleicher Beschaffenheit. Histologie: Metastasierendes Bronchuskarzinoid (d) (E.-Nr. 4881/64 Patholog. Inst. d. Krhs. Nordwest, Direktor: Prof. KAHLAU). G.-A. S., 37jähr. ♂. Arch.-Nr. 1501 27821 Radiolog. Zentralinst. d. Krhs. Nordwest Frankfurt/M.

Tabelle 9. *Histologische Typen der Bronchialadenome, ihre Häufigkeit und Malignitätserwartung.* (Nach Mülly, K.: Handbuch der inneren Medizin, 4. Aufl., Bd. IV/4, S. 1—299, Tabelle 52. Berlin-Göttingen-Heidelberg: Springer 1956)

	Häufigkeit	Malignitätserwartung nach histologischen Kriterien
1. Zylindrom	sehr selten (2 Fälle)	gering, aber vorhanden
2. Typische Adenome	am häufigsten (16 Fälle)	null
3. Karzinoidtyp	am zweithäufigsten (7 Fälle)	gering (aber am größten in dieser Gruppe)
4. Oat-cell-Typ	nur selten (2 Fälle)	—

Tabelle 10. *Unterschiede zwischen Bronchuskarzinomen und Bronchialadenomen.* (Nach Mülly, K.: Handbuch der inneren Medizin, 4. Aufl., Bd. IV/4, S. 1—299, Tabelle 53. Berlin-Göttingen-Heidelberg: Springer 1956)

Merkmale	Bronchuskarzinom	Bronchusadenom
Relative Häufigkeit	sehr häufig, 10% aller Krebse, der häufigste Krebs beim Mann	selten (4% aller primären Lungengeschwülste D'Abreu, 6% Morlock-Pinchin, 10% v. Albertini, 4—8% Foster-Carter, 4—5% Lindskog u. Liebow)
Geschwulstverteilung	vorwiegend Männer; 90% Männer, 10% Frauen	gleichmäßige Verteilung auf beide Geschlechter, nach vereinzelten Angaben geringe Bevorzugung der Frauen (Foster-Carter, Fried)
Verhalten zum Bronchus	in jeder Höhe	vorwiegend proximal in größeren Bronchien und der Trachea
Dauer der Symptome	mehrere Monate bis 6 Jahre	mehrere Jahre, bis 40 Jahre
Wachstumstempo	schnell	sehr langsam
Verhältnis von primärem Tumor zu Metastasengröße	kleiner Primärtumor, große Metastasen	großer Primärtumor, sehr kleine Metastasen
Lymphogene Ausbreitung	in 85—90% vorhanden	sehr selten, nur in etwa 10% vorhanden
Bronchoskopischer Befund	ulzeröse, starre Bronchostenose	kleiner, scharf begrenzter, rundlicher Tumor, zum Teil mit Schleimhaut überzogen, ohne Fixation des Bronchus
Altersverteilung	50—60 Jahre	25—50 Jahre
Strahlenempfindlichkeit	entsprechend dem Differenzierungsgrad vorhanden	nicht strahlensensibel
Prognose nach Resektionstherapie	sehr schlecht, nur 1% 5-Jahres-Heilungen	sehr gut, 5-Jahres-Heilungen bis 40%

e) Klinik, Prognose und Therapie

Für das klinische Bild ist die jeweilige Lokalisation, das langsame Wachstum und sonstige biologische Verhalten der Blastome maßgeblich (Tabelle 10). Die seltenen Bronchialadenome des Lungenmantels bleiben stumm (Good u. Harrington; Bade u.a.), bis sie durch Zufall röntgenologisch oder erst autoptisch (Fried) entdeckt werden. Bei dem ganz überwiegend zentralen Tumorsitz ergibt sich die *typische Symptomatologie der chronisch-progressiven Bronchostenose* mit katanamnestisch meist mehrere Jahre, nicht selten sogar Jahrzehnte zurückreichender Krankheitsvorgeschichte (Jackson; Goldman u. Stephens; Fried; Huizinga u. Iwema; Hasche u. Gleichmann; McBurney, Clagett u. McDonald; Jenny; Zellos; Mülly; Johnson; Holle u. Schautz; Schreiber u. Dietzmann; Wilkins, Darling, Soutter u. Smitten; Bower; Bernig; Batson, Gale u. Hickey; Wülfing u. Kreutzberg; Engel; Finke u.a.). Die mittlere *Krankheitsdauer* wird auf 7—10 Jahre (MÜLLY; HASCHE u. GLEICHMANN), von anderen auf 10—15 Jahre geschätzt (FRIED u.a.).

Manche Autoren unterteilen das *obstruktive „Adenom-Syndrom"* (RABIN u. NEUHOF) in 3 Verlaufsetappen (FRIED; SCHLUNGBAUM; DI RIENZO u. WEBER; OMODEI ZORINI; BERNING): das symptomenarme *Initialstadium der beginnenden Stenose* (trockener Reizhusten, gelegentliche Hämoptysen, allenfalls blande Stenosezeichen, wie asthmoide Dyspnoe mit stridorösem Atemgeräusch bei forcierter Exspiration), die *Phase der manifesten Ventilations- und Sekretdrainagestörung* (verstärkte Hustenattacken mit gelblichem Auswurf, gehäufte, unter Umständen massive Blutungen, Brustwandschmerzen und rezidivierende Fieberschübe infolge pneumonisch-pleuritischer Folgezustände oder Obstruktionsatelektase) und das *Endstadium der kompletten Bronchusblockade* (Symptome der chronischen Obstruktionspneumonie, poststenotischen Bronchiektasie und ihrer eitrigen Komplikationen im Brustraum (Lungenabszeß bzw. -gangrän, Pleuraempyem, purulente Perikarditis), unter Umständen auch Anzeichen von Fernschäden, wie metastatischer Hirnabszesse oder allgemeiner Amyloidose).

Das nächst dem Husten häufigste Initialsymptom wiederholter kleiner *Hämoptysen* wird in 50—81% der Fälle beobachtet (DAVIDSON; ROTHE u. KLÄRING; BERNING; MÜLLY). Die Blutungsneigung beruht auf erhöhter Oberflächenvulnerabilität der gefäßreichen Polypen. Die Blutungen können bei Frauen prämenstruell oder *zugleich mit der Menstruation* einsetzen (GOLDMAN u. STEPHENS; BRUNN u. GOLDMAN; HOLINGER; SOULAS u. MOUNIER-KUHN; BREDT; DIETZEL; BERNING u.a.) und bei *massiver Hämoptoe* tödlich enden (v. ALBERTINI u.a.).

Obgleich die *Koinzidenz mit tuberkulösen Lungenprozessen* (TROISIER, BROUET, DELARUE, ORTHOLAN u. LACORNE; LE MELLETIER; DENCK u. WUKETICH; FLETCHER u. LOMBARD; ZORINI; MAYO; LAUSTELA; ACETO u. CHACRAVATY; MÜLLY; HORÁNYI u. KERÉNYI; SCHULZE u. BECKER) seltener beobachtet wird als beim Bronchuskrebs (s. Bd. IX/4a), ist der *Nachweis von Tuberkelbazillen bei Bronchialadenomen* nicht ungewöhnlich, da sich die Erreger — wie andere säurefeste Stäbchen saprophytärer Natur — bevorzugt in poststenotischen Bronchialprovinzen ansiedeln (Lit. s. Bd. IX/3, S. 357). Bakteriologische Treffer dieser Art oder *sekundärer Pilzbefall* (SASHEGYI, KOVÁCS u. MATUS) schließen den neoplastischen Ursprung obstruktiver Lungenveränderungen nicht aus und dürfen keinesfalls von weiterer bronchologischer Fahndung abhalten.

Ebenso sollte man sich nicht vom *symptomatischen „Asthma" bei bifurkationsnahen Tracheo-Bronchialadenomen* mit globaler, vorwiegend exspiratorischer Ventilstenose irreführen lassen (s. Beispiel Bd. IX/3, Abb. 9, S. 15ff). Im Gegensatz zum genuinen bronchospastischen Asthma macht sich die stridoröse Atemerschwernis dabei nicht nur im Exspirium, sondern auch während forcierter Einatmung bemerkbar (RUEDI; ESCHER; SIMONSSON u. MALMBERG u.a.). Bei begleitendem Mediastinalpendeln infolge der Druckdifferenz in beiden Thoraxhälften kommt oft ein atemsynchron an- und abschwellendes Beklemmungsgefühl im Brustkorb hinzu. Zur Verminderung der vom Passagehindernis abnorm erhöhten Strömungswiderstände pflegen die Patienten unbewußt möglichst flach und ohne respiratorische Pausen zu atmen. (Über *bronchokonstriktorisches Asthma als Folge des „Karzinoidsyndroms"* s. S. 116).

Bevorzugt endobronchiales Wachstum der Tumoren in zentralen Bronchialabschnitten sowie protrahierte Entwicklung und lange Dauer der Stenose begünstigen die *Sekundärinfektion* der allmählich abgedrosselten, im gestauten Sekret „ertrinkenden" Lungenprovinzen (Abb. 59). *Entzündliche Folgezustände (Obstruktionspneumonitis, Bronchiektasie, Lungenabszeß und -gangrän, Pleuraempyem)* sind bei den Bronchialadenomen daher *häufiger* (ca. 60%) (CLERF u. BUCHER; MCBURNEY, CLAGETT u. MCDONALD; v. ALBERTINI) *und in schwererer Form* zu finden *als bei den Bronchuskrebsen* mit rasch eintretendem Bronchialverschluß bzw. schnell tödlich endender Fernmetastasierung (Lit. s. MCBURNEY, CLAGETT u. MCDONALD) (Abb. 60; s. auch Bd. IX/3, S. 210). Die im Spätstadium zentraler Bronchusadenome unausbleiblichen eitrigen pleuro-pulmonalen Komplikationen *er-*

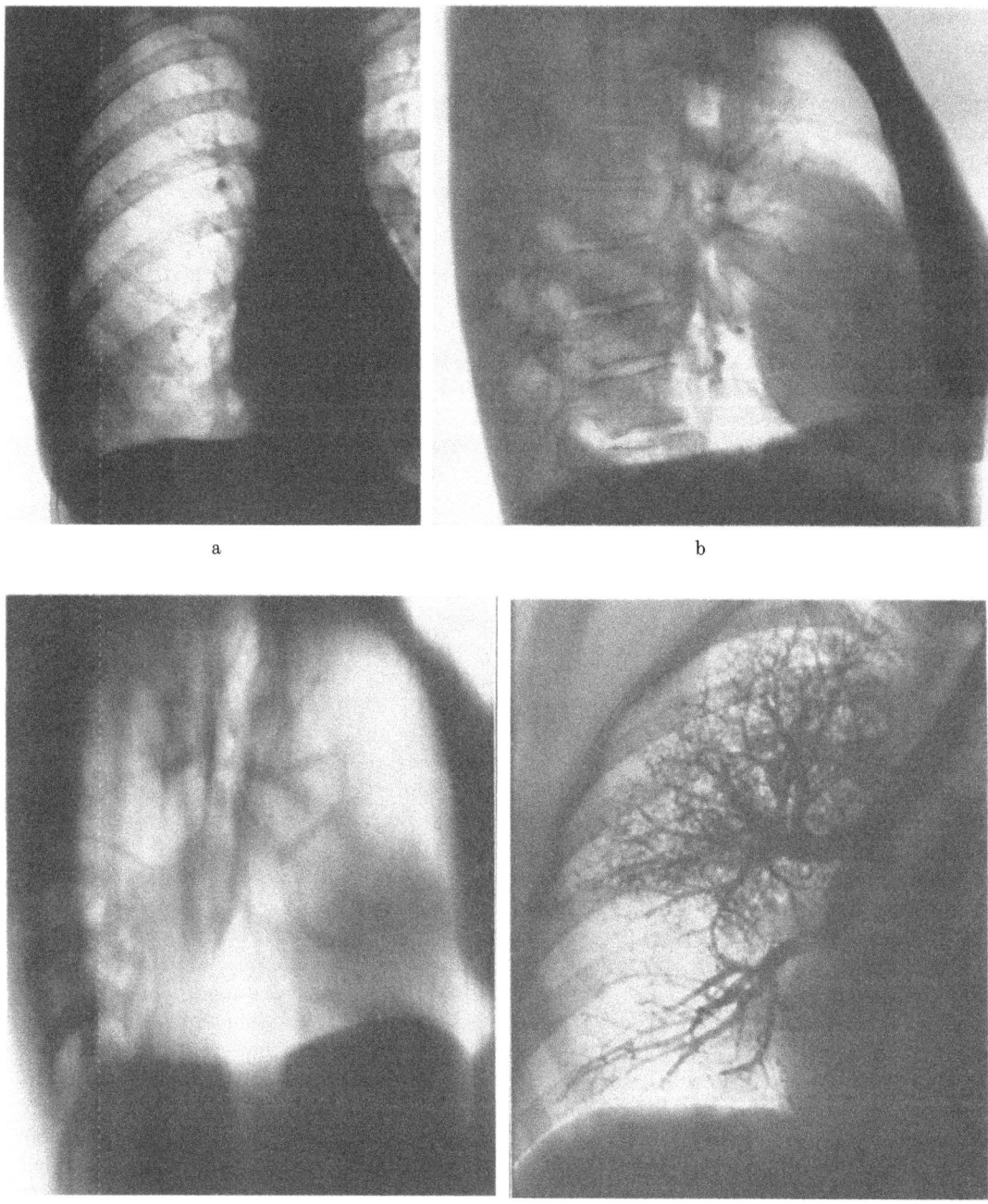

Abb. 59a—f. *Bronchuskarzinoid des rechten Zwischenbronchus.* Vorgeschichte: 1959 rechtsseitige Pneumonie. Seither Neigung zu subfebrilen Fieberschüben mit Husten, gelblichem Auswurf und wiederholten Hämoptysen. 1960 Resektion des latero- und dorsobasalen Unterlappensegments rechts in der Chir. Univ.-Klinik Mainz wegen Bronchiektasen. Danach relatives Wohlbefinden. 1963 und 1965 Wiederauftreten von teils schweren Hämoptysen in 2—3monatigen Abständen. 1966 mehrwöchige stationäre Behandlung wegen Bronchiektasie in der Med. Klinik d. Stadtkrhs. Frankfurt-Höchst. Erst die Anfang 1968 während erneuten stationären Aufenthalts in der II. Med. Univ.-Klinik Frankfurt/M. durchgeführte Röntgenuntersuchung deutete auf den symptomatischen Charakter der Bronchiektasen hin: auf Nativaufnahmen (a und b Summationsbilder vom 29. 1. 68 p.-a. u. sin.-dextr.) und im Schichtbild (c 8 cm sin.-dextr.) zeigte sich eine Tumorstenose des re. Zwischenbronchus mit poststenotischer Parenchymverdichtung des Restlappens nach Bisegmentresektion. Anschließende Bronchographie in der Röntgenabtlg. d. Chirurg. Univ.-Klinik Frankfurt/M.: konkavbogiger Kontrastmittelabbruch im re. Zwischenbronchus bei Füllungsausfall der restlichen Unterlappenprovins und

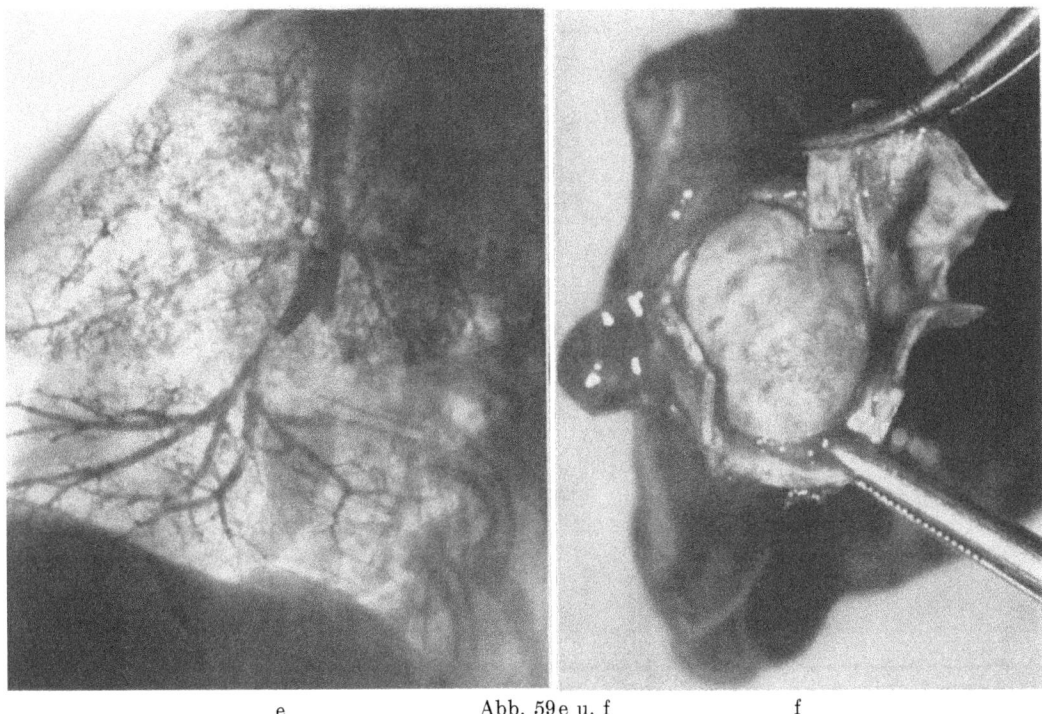

e   Abb. 59e u. f   f

höhen das Operationsrisiko (Operationsmortalität nach MÜLLY 25%) und trüben die — bei frühzeitigem Eingriff ungleich günstigere — Prognose (JACKSON u. NORRIS; SOM; BRUNN u. GOLDMAN; CARLENS, WIKLUND u. BERGSTRAND; ENTERLINE u. SCHOENBERG; KASSAY, BIKFALVI u. BALÓ; MÜLLY; HASCHE u. GLEICHMANN; MCBURNEY, CLAGETT u. MCDONALD; VOGT-MOYKOPF u. a.).

Trotz geringerer Metastasierungstendenz ist die *Frühdiagnose* und unverzügliche Entfernung der Tumoren vordringlich. Die *zytologische Untersuchung von Sputum und Bronchialsekret läßt im Stich* (ENGEL; ECK, HAUPT u. ROTHE u. a.), da es sich um subepitheliale, meist von einer Bindegewebskapsel umschlossene Geschwülste handelt. Nur beim Karzinoidtyp gelingt es mitunter, abgeschilferte Tumorzellen im Auswurf nachzuweisen (SPJUT, FIER u. ACKERMAN; HARTMANN). Neben den Fahndungsmethoden der Röntgendiagnostik ist die *Bronchoskopie und Probeexzision* für die Klärung *entscheidend*. Die Trefferquote ist hoch (nach MOERSCH u. MCDONALD 91%), da nur etwa 10% der Adenome distal, außer endoskopischer Sichtweite liegen (SOULAS; SOULAS u. MOUNIER-KUHN; SOUTTER; MCBURNEY, CLAGETT u. MCDONALD u. a.). Die Gewebsentnahme birgt allerdings das Risiko einer massiven Blutung (WILKENS: Letalität von 2,5% infolge Blutung nach bronchoskopischer Biopsie; s. auch GRAHAM u. WOMACK; CARLENS, WIKLUND u.

Dorso-kaudalrotation der Mittellappenzweige (d und e). Bronchoskopische Probeexzision: Bronchusadenom. Am 26. 3. 68 nach schwerer Hämoptoe Aufnahme in die Chirurg. Klinik d. Krhs. Nordwest Frankfurt/M. (Direktor: Prof. UNGEHEUER). Da bei der Thorakotomie nach Lösung parietaler Verwachsungen eine Atelektase der restlichen UL-Segmente und partielle Verlegung auch des Mittellappenbronchus durch den vom Zwischenbronchus ausgehenden Tumor gefunden wurde, war eine Bilobektomie erforderlich (Op.: O.A. Dr. MÄRZ). Anatomischer Befund: 4,5×2,5 cm große angedeutet gelappte Geschwulst, in den Zwischenbronchus hineinragend (f) mit poststenotischer Bronchiektasie. Histologisch: Bronchusadenom vom Karzinoidtyp (E.-Nr. 4145/68 Pathol. Inst. d. Krhs. Nordwest Frankfurt/M., Direktor: Prof. KAHLAU). A.B., 28jähr. ♀. Abb. 59a—c, Arch.-Nr. 907/68 Röntgenabtlg. (Leiter: Prof. A. GEBAUER) der II. Med. Univ.-Klinik Frankfurt/M. (Direktor: Prof. FREY); Abb. 59d—e Arch.-Nr. 52655/68 Röntgenabtlg. (Leiter: Prof. STRNAD) der Chirurg. Univ.-Klinik Frankfurt/M. (Direktor: Prof. GEISSENDÖRFER)

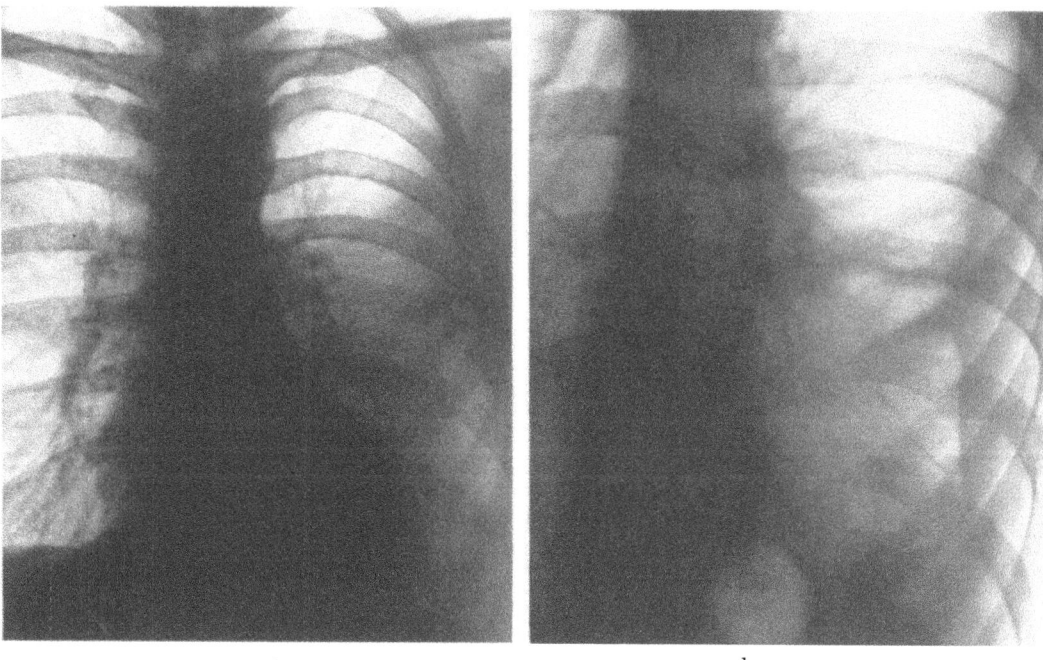

a   b

Abb. 60a—e. *Polypöses Karzinoid des linken Unterlappenbronchus mit bronchiektatischer Lappenschrumpfung unter der Maske eines „Pleuraempyems"*. Krankheitsbeginn im Februar 1963 mit starkem Husten und Hämoptysen bei angeblich negativem Röntgenbefund. In den folgenden Monaten mehrfach hochfieberhafte pneumonische Schübe. Nach vorausgegangener Punktion am 14. 1. 64 Einweisung in die Chirurg. Klinik d. Krhs. Nordwest (Direktor: Prof. UNGEHEUER) unter der Diagnose „linksseitiges gekammertes steriles Pleuraempyem". Thoraxröntgenbefund vom 16. 1. 64: Trübung und Einengung des linken Hemithorax durch eine schrumpfende Mantelschwarte (a), deren beträchtliche Breite und lungenkonvexe Vorwölbung auf ein größeres Restexsudat bzw. -empyem hinwies (b und c Zielaufnahmen in 2. Schrägprojektion und dextro-sinistral). Die Punktion ergab reichlich Eiter, doch handelte es sich nicht lediglich um eine „metapneumonische Pleuraaffektion". Die nachfolgende Bronchographie ergab einen höckerig begrenzten schlangenmaulartigen Füllungsabbruch am Ostium des linken Unterlappenbronchus im Sinne eines exophytär gewachsenen Tumors mit poststenotischer Bronchiektasie, hochgradiger Unterlappenschrumpfung nach medio-dorsal und Raumausgleich durch die Restlunge, nach dem Alter des Patienten am ehesten einem Bronchusadenom entsprechend (d und e Bronchogramme p.-a., in beiden Schrägdurchmessern und dextro-sinistral). Bronchoskopische Bestätigung des Befundes. Probeexzision: typisches Bronchuskarzinoid (E.-Nr. 712/64 Pathol. Inst. d. Krhs. Nordwest, Direktor: Prof. KAHLAU). Die Lobektomie wurde durch ausgiebige Pleuraschwielen erschwert (Op.: Prof. UNGEHEUER). Pathologisch-anatomischer Befund (E.-Nr. 712/64): Der Unterlappenbronchus ist nahezu völlig durch einen polypös in die Lichtung ragenden Tumor verlegt, der sich durch die Bronchialwand mit einem großen Zapfen nach außen verfolgen läßt. Der resezierte Lappen ist induriert, die poststenotischen Bronchien sind erweitert und mit Schleim-Eitermassen angefüllt. Histologie: Typisches Bronchuskarzinoid, in der Peripherie der Geschwulst deutlich bindegewebig abgekapselt. Kein Anhalt für Malignität, keine Metastasen in den mitentfernten Hiluslymphknoten. T.H., 31jähr. ♂. Arch.-Nr. 2603 32281 Radiolog. Zentralinst. d. Krhs. Nordwest Frankfurt/M.

BERGSTRAND; DAVEY u. HARDY; OCHSNER u. OCHSNER; DIETZEL; VOGT-MOYKOPF u.a.), weshalb BATSON die Probebiopsie sogar für kontraindiziert hält.

In ihrem *charakteristischen endoskopischen Aspekt* unterscheiden sich die Adenome durch intakten Schleimhautbezug prinzipiell von ins Lumen einwachsenden Krebsen (SOULAS u. MOUNIER-KUHN; JACKSON u. JACKSON; NAGER; CARLENS, WIKLUND u. BERGSTRAND; HOLINGER; SOULAS; SOUTTER; DIETZEL; OMODEI ZORINI; QUARZ u.a.). Sie erscheinen als rundliche oder walzenförmige Polypen mit glatter, teils feinhöckerig gelappter Oberfläche und blauroter, hellrötlich-grauer, selten gelblicher Farbe. Die bedeckende Epithelschicht läßt vielfach erweiterte Mukosa-Gefäße hindurchschimmern und kann — besonders an Kontaktflächen mit der Bronchuswand — flache Erosionen auf-

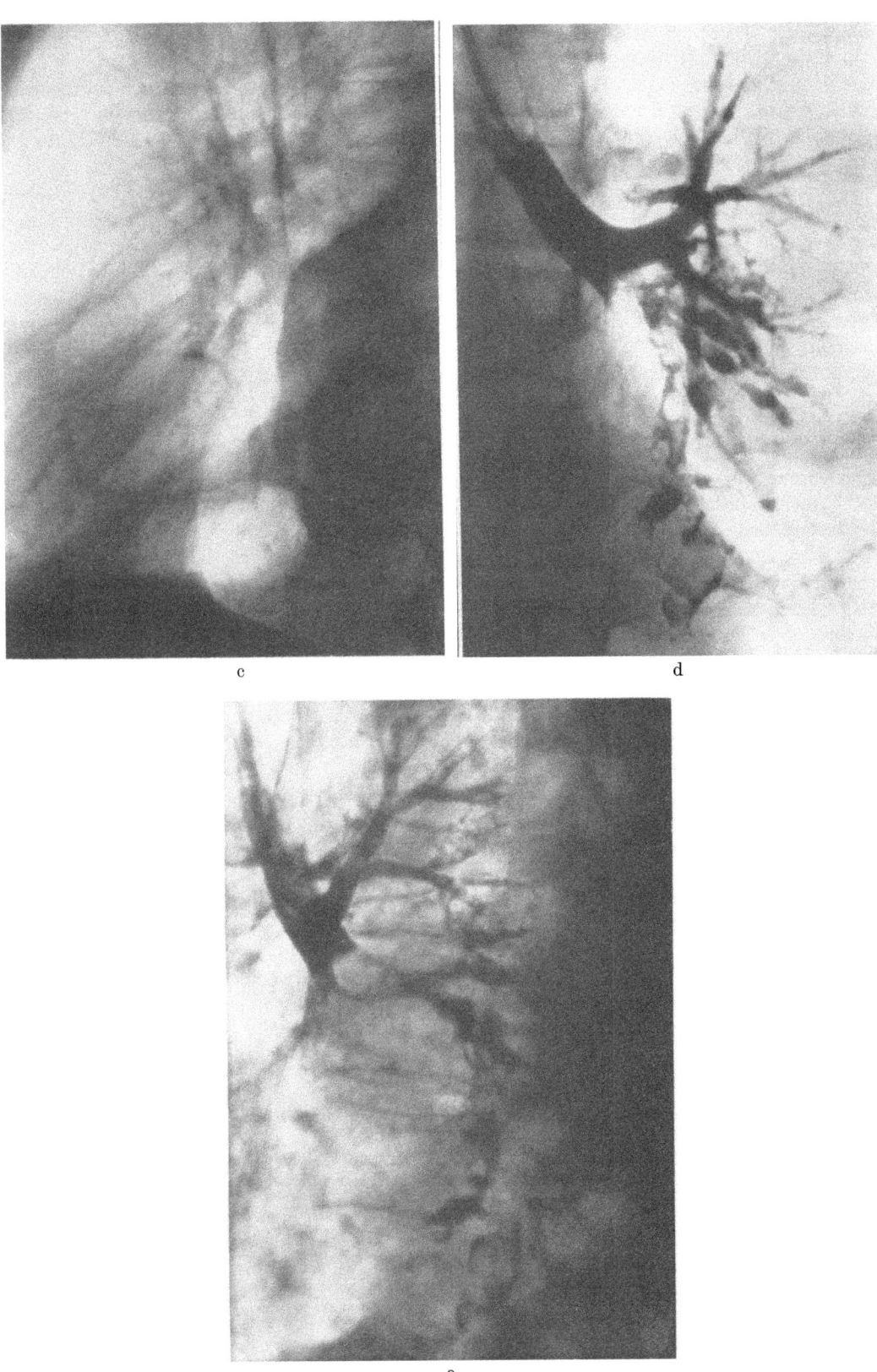

Abb. 60c—e

weisen. Aus dem schlitzförmig verengten Lumen quillt meist eitriges Sekret hervor. Proximal vom Tumor ist die Schleimhaut gewöhnlich reizlos und nicht infiltriert wie beim Karzinom. Die flach eingewölbten, stärker extramural entwickelten Adenome sind leichter mit Bronchuskrebsen zu verwechseln, wobei die breitbasige Verankerung der Polypen als besonders häufiges Merkmal der Zylindrome gilt (MOERSCH u. MCDONALD; CARLENS, WIKLUND u. BERGSTRAND; HASCHE u. GLEICHMANN u.a.).

Ein kleiner Teil der metastasierenden Bronchusadenome zeigt außer den typischen Folgen der Bronchialokklusion die *endokrine Semiotik des „Karzinoidsyndroms"*, das man zunächst nur von Karzinoiden des Verdauungstraktes und der Gonaden kannte (BOHN; BOHN u. FEYRTER; HEDINGER; ISLER u. HEDINGER; WALDENSTRÖM et al.; THORSON et al.; MILLS; BRANWOOD; OLESEN; COPLAND; BLUMBERG, DUBACH, KREIS u. MÜLLER; CHIARI; HEIMARK u. PARKIN; MCCABE; BEATON; FEIN u. KNUDTSON; HOWENSTINE u. GYDESEN; MELMON, SJOERDSMA u. MASON) (eingehende Darstellung und neuere Lit. über Biochemie, Pathophysiologie und Klinik des Karzinoidsyndroms s. KÄHLER, H. J., HEILMEYER, L.: Erg. inn. Med. u. Kinderheilk. N.F. *16*, 292—559 (1961), HEDINGER (1962) und die 1967 erschienene Monographie von KÄHLER).

Das Syndrom tritt *anfallartig spontan oder aus besonderem Anlaß* (nach Erregung, Anstrengung, Alkoholgenuß, mechanischem Druck auf tumorbefallenes Gewebe oder medikamentöser Provokation mit Reserpin bzw. Histamin) in verschiedener Ausprägung auf. Zum klassischen Bild gehören folgende *Leitsymptome:*

1. *Flüchtiges Erythem der Haut und sichtbaren Schleimhäute* (Gesicht, Hals, Brust, seltener Bauch und Extremitäten), verbunden mit brennender Hitzewallung, das bei oft wiederholter bzw. länger anhaltender Stase in der Gefäßperipherie in eine *Dauerzyanose mit reversibler Teleangiektasie* übergehen und später von bleibender *pellagroider Dermatose* (Hyperkeratose, abnorme Schuppung, Hyperpigmentierung, Stomatitis, Glossitis etc.) abgelöst werden kann (BRIDGES, GIBSON, LOUGHRIDGE u. MONTGOMERY; KIERLAND, SAUER u. DEARING). Die akute vasomotorische Hautreaktion ist Teil des sog. *„Flush-Syndroms"* (THORSON; BEAN u. FUNK; MCKUSICK; BOCK, DENGLER, KUHN u. MATTHES; BOYLAND u. WILLIAMS u.a.), d.h. einer

2. *allgemeinen passageren Zirkulationsstörung* im Sinne phasenhafter Schwankungen des peripheren Gefäßtonus, des Blutdrucks im großen und kleinen Kreislauf sowie der Frequenz, Rhythmik und Förderleistung des Herzens.

3. *Spastische, kolikartige Leibschmerzen und periodische Diarrhöen* wechselnder Stärke und Dauer mit Entleerung wässeriger Stühle, unverdauter Nahrungsteile und gelegentlicher Blutbeimengung (MELMON, SJOERDSMA u. MASON). Die abdominellen Beschwerden können sich zugleich mit einem Flushanfall oder isoliert einstellen und bis zum Ileus steigern. Im Verein mit der Anomalie des Tryptophan-Stoffwechsels (s. S. 116) kann das Absinken der enteralen Resorption *substantielle Mangelschäden* nach sich ziehen (Vitaminmangelfolgen: Pellagroide, *Hypoprothrombinämie*, Osteomalazie; Proteinmangel: Hypalbuminämie, negative N-Bilanz mit zunehmender Kachexie) („*Mal absorption"-Syndrom*: KOWLESSAR, LAW u. SLEISENGER).

Ein weiteres dominierendes Bauchsymptom ist der palpable *Lebertumor* als Folge intrahepatischer Metastasierung der Primärgeschwulst.

4. *Asthmoide bronchospastische Anfälle* oder *Tachy- und Hyperpnoe*, meist als Früh-, teils auch als Begleitsymptome eines Flush oder enteraler Sensationen.

5. Anzeichen der *organischen Kardiopathie* der Karzinoidträger, die sich infolge unaufhaltsam *fortschreitender Fibrose des valvulären, chordalen und parietalen Endokards — ganz überwiegend im rechten Herzen*, seltener an der Intima herznaher Gefäße oder im linken Herzen — entwickelt und durch Deformierung der Ostien (*Pulmonalstenose, Trikuspidalinsuffizienz*) allmählich zum *Rechtsversagen* führt (THORSON, BIÖRCK u. WALDENSTRÖM; OLESEN; HEDINGER u. GLOOR; CURRENS, KINNEY u. WHITE; GÄNSSLEN; MILLMAN; WENGER; BEAN, OLCH u. WEINBERG; ISLER u. HEDINGER; CHRISTIAN u. CURRENS; KÄHLER u. HEILMEYER; KÄHLER u.a.).

Hinzu kommen gelegentlich *Fieber, periorbitales Ödem, verstärkte Salivation, Tränenfluß, Unruhe, Tremor, arthritische Schübe, Störungen des Elektrolyt- und Wasserhaushalts* und andere fakultative Symptome (MELMON, SJOERDSMA u. MASON). *Oligurie und Ödemneigung* können dabei kardialer Stauung, der Hypoproteinämie oder spezifischer Diuresehemmung entspringen (BROSMAN, BRADFORD u. HUGHES u.a.). Auffallend ist die *Neigung zur Urolithiasis* bei Karzinoid-Trägern (FEYRTER) und das Auftreten *osteoplastischer Knochenmetastasen* (HYMAN u. WELLS; SANDLER u. SNOW; WALDENSTRÖM; TOOMEY u. FELSON; THOMAS).

Das komplexe Krankheitsbild leitet sich von den *pharmakodynamischen Effekten des biogenen Amins Serotonin* (= Enteramin) ab, das von biologisch aktiven Karzinoidzellen überschießend produziert und in die Blutbahn ausgeschüttet wird (THORSON u.a.). Das Amin wurde aus enteralen Karzinoiden und ihren Metastasen in größerer Menge extrahiert (RAPPAPORT, GREEN u. PAGE; ERSPAMER u. ASERO; LEMBECK; RATZENHOFER u. LEMBECK) und konnte auch in Bronchuskarzinoiden vermehrt nachgewiesen werden (SAUER, DEARING u. FLOCK; FEYRTER, HERTTING u. HORNYKIEWYCZ; DOCKERTY, McGOON, FONTANA u. SOUDAMORE; HEILMEYER; BERNHEIMER, EHRINGER, HEISTRACHER, KRAUPP, LACHNIT, OBIDITSCH-MAYER u. WENZL). BENSCH, GORDON u. MILLER halten *elektronenmikroskopisch nachweisliche Granula des sog. „neurosekretorischen Typs"* für ein kennzeichnendes *Korrelat hormonaler Bronchuskarzinoid-Aktivität*.

Der Wirkstoff ist im Tier- und Pflanzenreich verbreitet und als normaler Bestandteil auch im menschlichen Organismus („gelbe Zellen" des Darmtraktus, Gewebsmastzellen, Thrombozyten u.a. Zellen) enthalten. Seine physiologische Bedeutung ist noch unbekannt. Unter seinen pharmakologischen Wirkungen sind hervorzuheben: Erregung der glatten Muskulatur des Darms, Gefäß- und Bronchialsystems (Folgen: enterale Hyperperistaltik, Kaliberschwankungen der Gefäßperipherie des großen und kleinen Kreislaufs mit intermittierendem Anstieg des Venendrucks, teils pressorischem, teils depressorischem arteriellen Blutdruckeffekt, Bronchokonstriktion), Einfluß auf Tiefe und Frequenz der Atmung, Förderung der Blutgerinnung, Steigerung der Kapillarpermeabilität und Ödembereitschaft, ferner ein antidiuretischer Strahlenschutzeffekt sowie die merkwürdige Fähigkeit, fibroplastische Prozesse mit zuckergußartigen Auflagerungen am Endokard und der Gefäßintima auszulösen, die offenbar aus einem perivasalen Ödem hervorgehen und pathogenetisch noch nicht befriedigend zu erklären sind (Freisetzung von Mukopolysacchariden nach Degranulation der Gewebsmastzellen? Mitwirkung von Histamin?).

Chemisch handelt es sich um *5-Hydroxytryptamin*, das physiologischerweise als Zwischenprodukt auf einem Nebenweg des Tryptophanabbaues in der Darmwand (enterochromaffine bzw. basalgekörnte gelbe Zellen) entsteht, teils an Thrombozyten und sonstige Körperzellen abgegeben wird, teils durch Monoaminooxydase zu 5-Hydroxyindolessigsäure — und anderen Indolderivaten — abgebaut im Harn erscheint (ERSAMER u. ASERO; EBER, LEMBECK u. NEUHOLD u.a.). Nach der normalen Ausscheidungsmenge zu schließen (maximal 200 γ 5-Hydroxytryptamin bzw. bis zu 25 mg 5-Hydroxyindolessigsäure im Tagesharn), beträgt der Anteil dieses Abbauweges ca. 1—2% des gesamten Tryptophanumsatzes. Endokrin aktive Karzinoide steigern die Quote der 5-Hydroxytryptamin-Bildung beträchtlich (in manchen Fällen über 50% der Tryptophanzufuhr), entziehen die essentielle Aminosäure der körpereigenen Protein- und Nikotinsäure-Synthese und rufen so die erwähnten Eiweiß- und Vitaminmangelzustände hervor. Die unter Umständen exzessiv vermehrte Harnausscheidung von 5-Hydroxyindolessigsäure und der erhöhte Serotonin-Blutspiegel geben ein Maß für die biologische Aktivität der Tumoren sowie für den Erfolg chirurgischer Eingriffe (Lit. s. THORSON; KÄHLER u. HEILMEYER). Die endokrinen Symptome können auch durch vermehrte Bildung von *5-Hydroxy-tryptophan* ausgelöst werden, dem man für die Eigenart osteoplastischer Skelet-Metastasierung hormonal aktiver Bronchuskarzinoide größere Bedeutung zuspricht als 5-Hydroxy-tryptamin (SANDLER u. SNOW; SANDLER, SCHEUER u. WATT; THOMAS) (s. S. 109).

Das Auftreten des „Hyperserotonismus" scheint weniger von der Größe als von der Lage der endokrin tätigen Tumoren und etwaiger Metastasierung abzuhängen. Bei Geschwülsten im Quellgebiet des portalen Kreislaufs verhindert offenbar die enzymatische Aktivität der Leber das Wirksamwerden des abgesonderten Wirkstoffes. Andererseits begünstigen Lebermetastasen die endokrine Manifestation auch kleiner Primärtumoren.

Auch die endokrine Semiotik *biologisch aktiver Bronchuskarzinoide* entwickelt sich erst nach längerer Latenz, gewöhnlich später als die obstruktiven Symptome (JOSEPH u. TAYLOR; KÄHLER u. HEILMEYER) und im Regelfall wohl erst nach Absiedlung in die Leber. Bei den 10 einschlägigen Fällen der Weltliteratur, die KÄHLER u. HEILMEYER 1961 zusammenstellten, handelte es sich um metastasierende Geschwülste, sämtlich mit Tochterherden in der Leber (Angaben von: MATTINGLY; STANFORD, DAVIS, GUNTER u. HOBART; DOCKERTY, MCGOON, FONTANA u. SOUDAMORE; SAUER, DEARING u. FLOCK; WARNER u. SOUTHREN, KRIKLER, LACKNER u. SEALY; BÄSSLER; GRAMLICH u. WIETHOFF; SCHNECKLOTH, MCISAAC u. PAGE; WILLIAMS u. AZZOPARDI; GERÖK u. MÜLLER; s. auch: SANDLER, SCHEURER u. WATT; LUPARELLO u. MCALLISTER; ANLYAN, HARGROVE, RUFFIN, WALLACE, WEAVER u. KIRSCHNER; HÜSSELMANN u. WENDT; RIEDERER; ESCOVITZ u. REINGOLD; ZELLOS; TOOMEY u. FELSON; MELMON, SJOERDSMA u. MASON; FONTANA, TYCE, FLOCK u. DOCKERTY; LEMBECK, LEICHT, MÖBIUS u. ZUBER; MCCONAGHIE; POLLARD, GRAINGER, FLEMING u. MEACHIM; BENSCH, GORDON u. MILLER; TUCKER u. YODAIKEN; GELŠTEIN, ŽISLINA, SPASSKAYA u. STEPANOVA; SACHS).

Eine Ausnahme bildet nur der Bericht von ASKERGREN u. HILLENIUS und die von BERNHEIMER et al. mitgeteilte Beobachtung eines Karzinoidsyndroms bei einer 31jähr. Frau mit 2 solitären Bronchustumoren ohne autoptisch nachweisliche Metastasen. Von den 11 Fällen des Schrifttums (7 Frauen und 3 Männer im Alter von 31—68 Jahren; 1 Angabe fehlt), zu denen noch der Fall von JOSEPH u. TAYLOR sowie 3 Verdachtsfälle von SJOERDSMA, TERRY u. UDENFRIEND hinzukommen, liegt nur 6mal die autoptische Bestätigung vor, daß das Syndrom tatsächlich durch primäre Bronchuskarzinoide und nicht von kleinen Darmkarzinoiden bzw. ihren Metastasen bedingt wurde.

Die überwiegende *Mehrzahl der lokalisierten Bronchialkarzinoide* ist nach bisheriger Kenntnis *hormonal inaktiv* (LANGEMANN; RATZENHOFER; RATZENHOFER, MESSERKLINGER u. LEMBECK; KÄHLER u. HEILMEYER; SMITH u.a.) und läßt endokrine Symptome vermissen. Ein gewisser Teil der Tumoren enthält wohl Serotonin, aber in klinisch unwirksamer Menge (DOCKERTY, MCGOON, FONTANA u. SOUDAMORE; WARNER, KIRSCHNER u. WARNER u.a.), die auch nach Reserpin-Provokation (3—5 mg per os) keine entsprechenden Reaktionen auslöst (SAUER, DEARING u. FLOCK u.a.).

Hier sei erwähnt, daß auch *echte Bronchuskrebse mit erhöhter 5-Hydroxyindolessigsäure-Ausscheidung und endokrinen Störungen* vorkommen. Das kasuistische Schrifttum enthält Berichte über ein Karzinoidsyndrom bei anaplastischen, insbesondere haferkornzelligen Bronchuskrebsen (WILLIAMS u. AZZOPARDI; SMITH, NYHUS, DALGLIESH, DUTTON, LENNOX u. MACFARLANE; MAJCHER, LEE, REINGOLD, BOYLE u. HAVERBACK; GIBBS; AZZOPARDI u. BELLAU; FONTANA, TYCE, FLOCK u. DOCKERTY; PARISH et al.; BOYLAND, GASSON u. WILLIAMS; HARRISON, MONTGOMERY, RAMSEY, ROBERTSON u. WELBOURN; BOYLAND u. WILLIAMS; HILLS; GOWENLOCK, PLATT, CAMPBELL u. WORMSLEY) und über die *Kombination von Hyperserotonismus und Cushing-Syndrom bei oat cell-Bronchialkarzinomen* (HARRISON, MONTGOMERY, RAMSEY, ROBERTSON u. WELBOURN; HEDINGER) (s. Bd. IX/4a). AZZOPARDI konnte in gangartigen Proliferationen eines oat cell-Karzinoms amorphe eosinophile Schleimmassen wie bei manchen Bronchusadenomen nachweisen und vermutet, die malignen Zellen seien mitunter zu ähnlicher funktioneller Differenzierung befähigt, obgleich sie sich histologisch und histogenetisch von der Gruppe der Bronchuskarzinoide unterscheiden.

Eine gewisse funktionelle Analogie ergibt sich ferner aus der Tatsache, daß Erscheinungen des *paraneoplastischen Cushing-Syndroms* vornehmlich beim oat cell-Typ der Bronchuskrebse, aber bisweilen auch bei Bronchialkarzinoiden und Bronchusadenomen auftreten (ESCOVITZ u. REINGOLD; COHEN, TOLL u. CASTLEMAN; THORSON, BIÖRCK u. WALDENSTRÖM; SOBOTA u. REED; MORSE, KERÉNYI u. NELSON; STEEL, BAERG u. ADAMS; RIGGS u. SPRAGUE; CHRISTY; WILLIAMS u. CELESTIN; PRUNTY, BROOKS, DURRE, GIMLETTE, HUTCHINSON, MCSWINNEY u. MILLS; LIPSETT, ODELL, ROSENBERG u. WALDMANN; O'RIORDAN, BLANSHARD, MOXHAM u. NABARRO; STROTT, NUGENT u. TYLER; GABRILOVE,

Tabelle 11. Behandlungsergebnisse bei Bronchialadenomen und Zylindromen. [Nach Literaturzusammenstellung von ENTERLINE, H. T., W. H. SCHOENBERG, Cancer 7, 663—670 (1954); Tabellen 2—4]

1. *Resektionsergebnisse* bei:	Adenomen vom Karzinoidtyp	Zylindromen
Tumorfrei überlebend	34	12
Mit Tumor überlebend	0	4
Am Tumor verstorben	1	3
Gesamtzahl	35	19

2. *Ergebnisse bronchoskopischer Therapie* bei:	Bronchialadenomen	Zylindromen
Überlebend, Wohlbefinden	20	3
Mit Tumor überlebend	0	3
Am Tumor verstorben	1	5
Gesamtzahl	21	11

3. *Gesamtverlauf* * bei:	Bronchialadenomen	Zylindromen
Tumorfrei überlebend	58	17
Mit Tumorrezidiv überlebend	2	10
Am Tumor verstorben	3	15
An Operationsfolgen verstorben	5	7
Gesamtzahl*	68	49

* Unzureichende Verlaufsbeobachtung bzw. Tod aus unbekannter Ursache bei 16 Kranken mit Bronchusadenom und 11 Zylindrom-Patienten der Gesamtgruppe (vgl. Tabelle 7).

NICOLIS u. KIRSCHNER; LANDON et al.) (s. Bd. IX/4a). VOGT-MOYKOPF sah bei einer 50jähr. Patientin mit Bronchuskarzinoid eine *Akromegalie*, die nach der Tumorresektion zum Stillstand kam. Von anderen *paraneoplastischen Phänomenen*, die für die Klinik und Diagnose bronchogener Krebse größere Bedeutung besitzen (s. Bd. IX/4a), ist bei Bronchialadenomen mit Ausnahme gelegentlicher osteo-kutaner Veränderungen der *Dysakromelie* sonst nichts bekannt.

Die *chirurgische Therapie* richtet sich nach Sitz und Ausdehnung der Tumoren (BRUNN u. GOLDMAN; SOM; CRAFOORD; JACKSON u. NORRIS; HUSFELDT; BJÖRK; PERÄSALO; CARLENS, WIKLUND u. BERGSTRAND; MCBURNEY, CLAGETT u. MCDONALD; KASSAY, BIKFALVI u. BALÓ; PRICE-THOMAS; JENNY; FREY u. LÜDEKE; CHAMBERLAIN u. DANIELS; SANTY; HOLUB, ŠIMEČEK u. ADAMIK; ENTERLINE u. SCHOENBERG; WILKINS, DARLING, SOUTTER u. SMITTEN; CHAMBERLAIN u. GORDON; HASCHE u. GLEICHMANN; CLERF u. BUCHER; SPERLING; MÜLLY; VOIGT-MOYKOPF; HOLLE u. SCHAUTZ; LÜTKEHÖLTER; SCHREIBER u. DIETZMANN; REITTER; PAYNE u. Mitarb.; TYSON u. MILIKEN; CALICETI u.a.). Geringere Invasionstendenz und niedrigere Metastasierungsrate erlauben im allgemeinen *sparsamere Resektionen* als bei Bronchialkarzinomen gleicher Lage. Da das verhältnismäßig langsame Tumorwachstum andererseits die Sekundärinfektion blockierter Lungenabschnitte begünstigt, sind schwere obstruktionspneumonische Prozesse mit begleitendem Pleuraempyem häufiger als bei anaplastischen und epidermoiden Krebsen (MCBURNEY, CLAGETT u. MCDONALD; MCDONALD, HARRINGTON u. CLAGETT; v. ALBERTINI; CLERF u. BUCHER; MÜLLY; VOIGT-MOYKOPF u.a.) (s. Bd. IX/3, S. 210). Dieser Umstand erhöht das Operationsrisiko und beeinträchtigt die Resektionsergebnisse (Tabelle 11).

Periphere Adenome können unter weitgehender Parenchymerhaltung reseziert werden. Auch bei zentral lokalisierten Bronchusadenomen kann man sich mit der *Lobektomie* begnügen, wenn damit auch extrabronchiale Tumoranteile und irreversibel geschädigte poststenotische Lungensektoren zu entfernen sind. Bei neoplastischer Obstruktion eines Hauptbronchus mit halbseitiger Bronchiektasie und Parenchymveränderungen im Sinne der „destroyed lung" ist die *Pneumonektomie* unumgänglich.

Mitunter gelingt es, mit einer *Bronchotomie oder „sleeve resection" und anschließender Bronchialwandplastik* zum Ziel zu gelangen (GOLDMAN; CLAGETT u. PAYNE; BELSEY; GEBAUER; D'ABREU u. MCHALE; MATHY, BINET, GALEY, EVRARD, LEMOINE u. DENIS; DONAHUE, WEICHERT u. OCHSNER; SHAW u. PAULSON; LANGSTON u. FOX; ELOESSER; DOTY; CLAGETT, MOERSCH u. GRINDLAY; CHAMBERLAIN u. DANIELS; LARSON, WOOLNER u. PAYNE; BJÖRK; NISSEN; MOREL et al.; HOLUB, ŠIMEČEK u. ADAMIK; ŠÁLEK; CONNOLLY u. CHAMBERLAIN; GRILLO et al.; BROWN; TERRACOL u.a.) (s. Bd. IX/4a, Abb. 108). Die *bronchoskopische Elektroresektion* kommt gewöhnlich nur als Palliativmaßnahme in Betracht, da murale und meist auch extrabronchiale Tumorreste zurückbleiben. In der Regel entwickeln sich daher Lokalrezidive (Abb. 67), mitunter auch Narbenstenosen mit Verlust des respiratorischen Epithels, die immer wieder Anlaß zu fieberhaften Retentionspneumonien geben (SNIFFEN, SOUTTER u. ROBBINS u.a.). Die endoskopische Abtragung wird heute auch bei polypös gestielten Adenomformen nur selten angewandt (MEFFERT u. LINDSKOG u.a.) und von manchen Autoren wegen des Risikos schwerer Nachblutung abgelehnt (VOIGT-MOYKOPF).

Die *endobronchiale Kontaktbestrahlung*, die im Verein mit endoskopischer Teilresektion lange als Kombinationstherapie üblich war (JACKSON; KERNAN; V. EIKEN; ORMEROD; NAGER u.a.), ist kaum noch gebräuchlich. Die *perkutane Strahlentherapie* kann als zusätzliche Maßnahme nach palliativer Abtragung herangezogen werden, bietet jedoch allein selbst bei gezielter Herdbestrahlung mit relativ hohen Kleinraumdosen (Bewegungsbestrahlung mit energiereichen Strahlen) keine befriedigenden Dauererfolgsaussichten, wenn es sich um höher differenzierte Geschwulstformen von verhältnismäßig geringer Radiosensibilität handelt.

Nach den ersten Erfahrungen von SIMON, WARNER, BARON u. RUDAVSKY kann die *palliative intraarterielle Strahlenbehandlung von Karzinoidmetastasen der Leber* mit Hilfe des Seldinger-Verfahrens (gezielte, angiographisch kontrollierte Instillation von ^{90}Yttrium-Mikrosphären) bei entsprechender Dosierung (2 500—3 000 rad bezogen auf das Lebergewicht) Flush-Anfälle und andere Erscheinungen des endokrinen Karzinoidsyndroms bis zur Dauer von 6 Monaten unterdrücken. Es bedarf dabei sorgfältiger Prüfung der richtigen Lage der Katheterspitze, um radiogene Gewebsschäden zu vermeiden: bei einem von 5 auf diese Weise behandelten Patienten entwickelte sich nach zufälliger Teilinjektion der Radionuklid-Partikel in die A. gastrica sin. ein riesiges Geschwür im Bereich einer Dosisspitze an der kleinen Magenkurvatur.

f) Röntgenologische Diagnose und Differentialdiagnose

Die Röntgensymptomatologie der Bronchusadenome wird in zahlreichen Einzeldarstellungen und Sammelberichten geschildert (GOLDMAN u. STEPHENS; JACKSON u. Mitarb.; FRIED; BRUNN u. GOLDMAN; JACOB, DELARUE u. GAULTIER; BEUTEL; GREINEDER; ESSER; CARSTENS; TESCHENDORF; GOOD u. HARRINGTON; CARLENS, WIKLUND u. BERGSTRAND; DU MESNIL DE ROCHEMONT u. LAUTH; ASHBURY; ANACKER; SCHLUNGBAUM; WIKLUND; VANPEPERSTRAETE; COCCHI; HUIZINGA u. SMELT; ZADEK; GEBAUER; STUTZ u. VIETEN; DI RIENZO u. WEBER; SALZER, WENZL, JENNY u. STANGL; LINK u STRNAD; MÉAN; GOLDEN u. ROSS; PETERSON; MCFARLAND; SANTY, GALY u. DUPREZ; MAIER u. FISCHER; MCBURNEY, CLAGETT u. MCDONALD; OCHSNER u. OCHSNER; MOUNIER-KUHN, LAGÈZE, GALY, MEREAUD u. PERSILLON; LOWRY u. RIGLER; SCHULZ; BERNHEIMER, EHRINGER, HEISTRACH, KRAUPP, LACHNIT, OBIDITSCH-MAYER u. WENZL; OMODEI

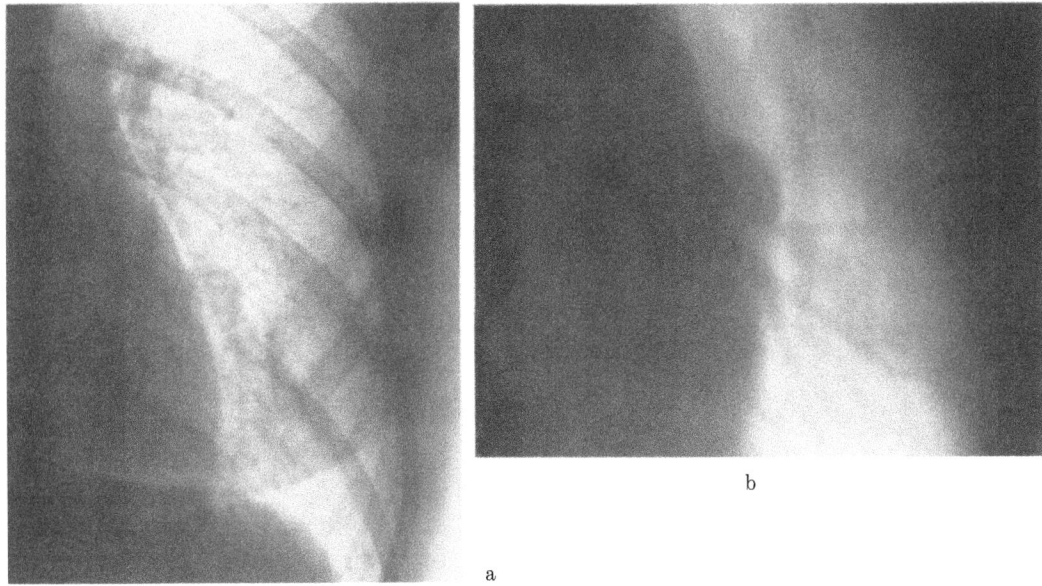

Abb. 61a u. b. *Peripheres Bronchuskarzinoid.* Röntgenologischer Zufallsbefund eines haselnußkerngroßen ovalären Herdschattens im fissurnahen Anteil des anterobasalen Unterlappensegments links (a Ausschnitt der Nativaufnahme p.-a.). Das Gebilde erschien auch tomographisch scharf begrenzt und homogen weichteildicht (b Schichtbild 10 cm a.-p.). Da die Gutartigkeit des „Rundherdes" trotz klinisch stummen Verhaltens und normaler Blutsenkungsgeschwindigkeit (4/10 mm n.W.) nach röntgenologischem Aspekt nicht zu verbürgen war, wurde eine Probethorakotomie durchgeführt, der Knoten exstirpiert und im Hinblick auf das Ergebnis der Schnellschnittuntersuchung der Unterlappen reseziert. Anatomischer Befund: 8×8 mm große bindegewebig abgekapselte Geschwulst, histologisch einem extrabronchial gewachsenen Bronchuskarzinoid entsprechend. Mitentfernte Hiluslymphknoten frei von metastasenverdächtigen Veränderungen (E.-Nr. 3048/71 Path. Inst. d. Krhs. Nordwest, Direktor: Prof. KAHLAU). M. K., 25jähr. ♀. Arch.-Nr. 2112 45272 Radiolog. Zentralinst. d. Krhs. Nordwest Frankfurt/M.

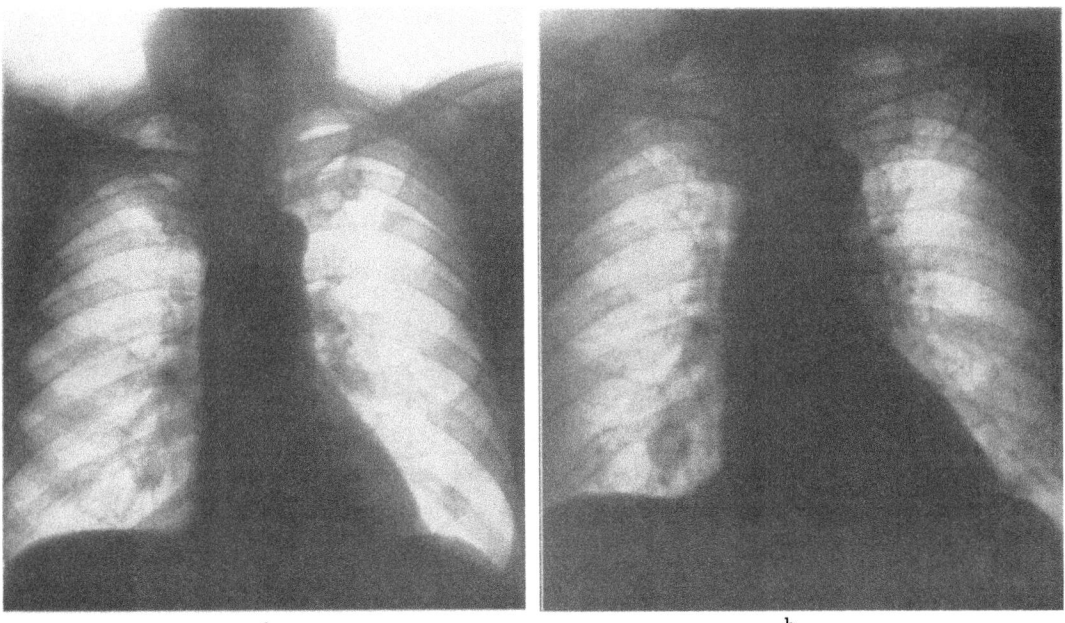

Abb. 62a u. b. *Peripheres Bronchusadenom als asymptomatischer, langsam wachsender Rundherd im rechten Mittellappen.* Thoraxübersichtsaufnahmen p.-a. vom 26.5.48 (a) und 24.1.51 (b). [Nach C. A. GOOD u. S. W. HARRINGTON, Asymptomatic bronchial adenoma, Proc. Staff Meet. Mayo Clinic **28**, 577—586 (1953), Fig. 4a u. b]

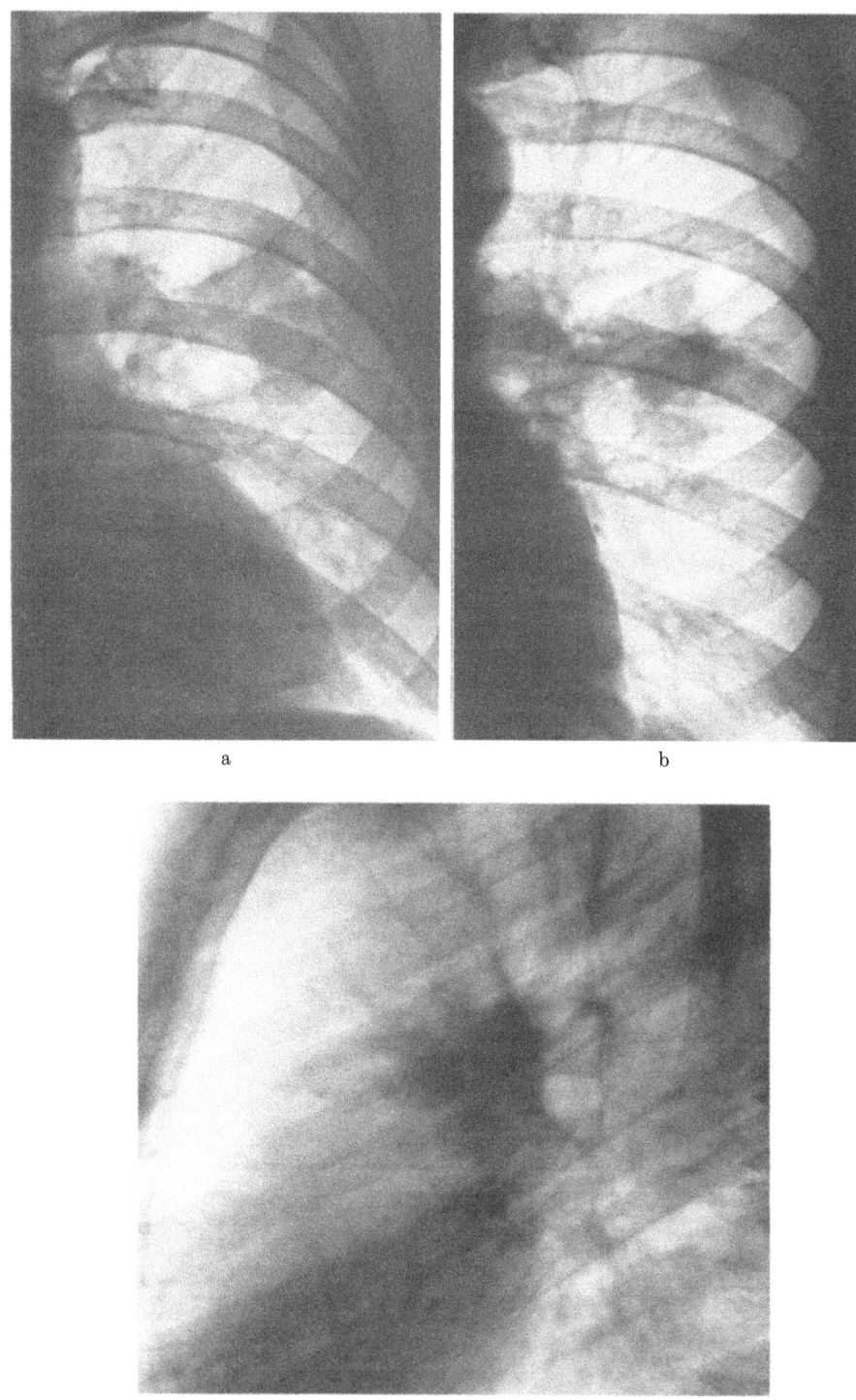

Abb. 63 a—c. *Intrapulmonales Bronchuskarzinoid von bizarrer Form*. Zufallsbefund einer klinisch stummen Verdichtung im linken Oberlappen bei Röntgen-Reihenuntersuchung. Klinikeinweisung zur ursächlichen Klärung des morphologisch ungewöhnlichen Gebildes. Der Schattenkomplex war inhomogen, aus mehreren flügelartig angeordneten Lappen, kleinnodulären axillar dicht anliegenden Satellitenherdchen und einem grobknotigen Kernschatten an der Oberlappen-Lingulawurzel zusammengesetzt, von dem fingerförmige Ausläufer in das anteriore Segment vorragten (a und b Zielaufnahmen a.-p. in unterschiedlicher Atemphase, c seitliches Übersichtsbild). Die überwiegend polyzyklisch scharfe Kontur schien auf ein Bronchuskarzinom

Zorini; De Simone u. Lucarelli; Vago; Pigorini u. Tricomi; Rossel; Epstein; Piazza; Rosenblum u. Klein; Bérard; Schulz; Santoro, Ricci u. Moretti; Reggiani; Holub, Šimeček u. Adamik; Daróczy; Heimburger, Kilmann u. Battersby; Engel; Vinner u. Shulukto; Feldman u. Biryukov; Pock-Steen u.a.). Wie bei anderen bronchogenen Geschwülsten leitet sich die Diagnose häufiger von indirekten Anzeichen als von unmittelbaren Symptomen der Neoplasie ab.

Die Möglichkeit des *direkten Tumornachweises* im Frühstadium hängt im wesentlichen vom Sitz des Gewächses ab. Seine Sichtbarkeit als abnormer Schatten setzt eine gewisse Schwellengröße voraus, um das Gebilde von physiologischen Strukturen, insbesondere von orthograd betrachteten Gefäßen unterscheiden zu können. Die Geschwülste verraten sich eher *innerhalb des hellen Lungenmantels* mit seiner zarten vaskulären Grundstruktur als beim Versteckspiel mit den größeren Gefäßstämmen der Kernzone bzw. *der Lungenwurzeln*. Nach Angabe von McBurney, Clagett u. McDonald verhielten sich 10 von 102 an der Mayo-Klinik beobachteten Bronchialadenome *röntgenologisch stumm* (s. auch Goldman u. Stephens; Lloyd).

Da die *peripheren Bronchusadenome* keine Obstruktion und kaum Hämoptysen verursachen, bleiben sie klinisch latent, bis sie durch Zufall röntgenologisch entdeckt werden. Sie imponieren als scharfrandige *solitäre, selten multiple Rundherde* (Maier u. Fischer; Santy, Galy u. Duprez; Bernheimer u. Mitarb.; Delarue; Good u. Harrington; Umiker u. Storey; Esser; Pellett u. Gale; Warren u. Gates; Stevensen, Phillips u. Mottet; Santoro, Ricci u. Moretti; Davis, Peabody u. Katz; Felton, Liebow u. Lindskog; Overholt, Bougas u. Morse; Kay; Sauer, Dearing u. Flock; Sobota u. Reed; Batson, Gale u. Hickey; Heimburger, Kilman u. Battersby; Giustra u. Stassa u.a.) (s. S. 439). Die Tumoren wachsen langsam und können im Laufe ihrer Entwicklung über Faustgröße erreichen (Iwema; Viking; Good u. Harrington u.a.). Die Geschwülste erscheinen zunächst kugelig abgerundet. In späteren Stadien kann ihr Schatten knollige, mitunter auch bizarr gelappte Form annehmen (Abb. 63) und die mehrbogige Randkerbung aufweisen (Abb. 58 und Abb. 64), die Rigler als Gestaltmerkmal geschlossen wachsender Bronchialkrebsknoten zur Differenzierung von „coin lesions" entzündlicher Genese angibt (s. S. 294 u. Bd. IX/4b).

Abgesehen vom langsameren Wachstumstempo unterscheiden sich bindegewebig abgekapselte Bronchusadenome von peripheren Bronchialkarzinomen im wesentlichen nur durch ihre schärfere Randkontur (Abb. 53, 62 u. 64). Dieses Differenzkriterium kann bei geschlossen wachsenden Plattenepithelkrebsknoten des Lungenmantels im Stich lassen, wenn der maligne Geschwulstherd, wie mitunter zu beobachten, als völlig glattrandiges kugeliges Gebilde oder als monozyklisch scharf abgesetztes Schattenoval nach Art unkomplizierter solitärer Hydatidenzysten imponiert (Lenk; Teschendorf; Grilli; Monaco u. Storniello; Schlungbaum u. Schondorf; Schulze u.a.) (s. Bd. IX/4b, Abb. 503, 509). Für die *Differentialdiagnose* gegenüber gutartigen Gewächsen, primären Sarkomknoten und Solitärmetastasen bietet der Röntgenbefund keine stichhaltigen Indizien. Weichteildichte Lungenhamartome, zystische Mißbildungen und sonstige tumorartige Herdschatten, wie parasitäre Zysten (Grilli u.a.) oder grobknotige Amyloidablagerungen, sind ebenfalls nicht ohne weiteres nach dem Nativbild abzugrenzen. Das Vorhandensein *kalkdichter Einschlüsse* stellt kein verläßliches Differenzkriterium dar (Pütz u.a.). In Gestalt grober puffmaisähnlich geformter Schollen sind sie zwar recht charakteristisch für chondromatöse Hamartome (McDonald, Harrington u. Clagett;

---

eigentümlicher Wuchsart hinzudeuten. Bronchoskopischer Befund unauffällig. Im Sputum kein Tumorzellnachweis (E.-Nr. 1128, 1137 u. 1139/65 Path. Inst. d. Krhs. Nordwest, Direktor: Prof. Kahlau). Anatomischer Befund des Resektionspräparats: Auf der Schnittfläche 4×5 cm große Geschwulst, die mit einem polypösen Zapfen in den anterioren Segmentbronchus hineinragt, größtenteils jedoch extrabronchial entwickelt ist. Histologie: Bronchuskarzinoid. In den exstirpierten Hiluslymphknoten kein Anhalt für Metastasen (E.-Nr. 1431/65). K. L., 59jähr. ♂. Arch.-Nr. 1512 05481 Radiolog. Zentralinst. d. Krhs. Nordwest Frankfurt/M.

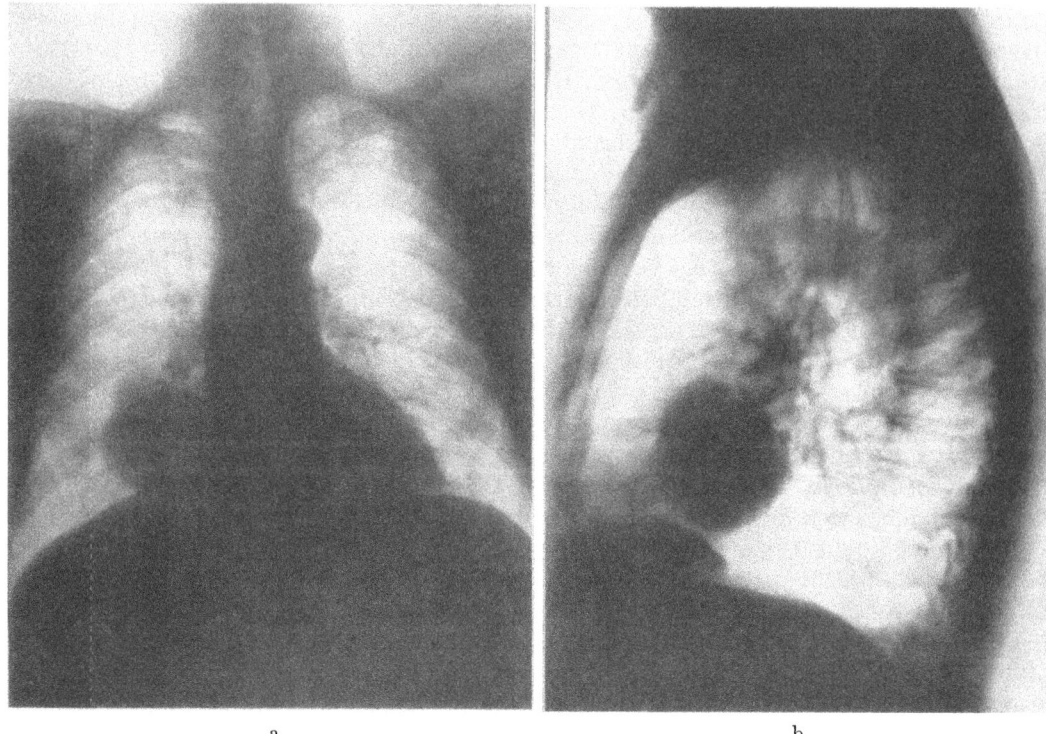

Abb. 64a u. b. *Apfelgroßes peripheres Bronchusadenom im rechten Mittellappen ohne nachweisliche Obstruktionspneumonitis bei Lobektomie.* Der polyzyklisch gekerbte Rundherd war 18 Monate zuvor entdeckt worden. Thoraxübersicht sagittal (a) und frontal (b) vom 11. 12. 49. [Nach Good, C. A., Harrington, S. W.: Asymptomatic bronchial adenoma, Proc. Staff Meet. Mayo Clinic 28, 577—586 (1953); Fig. 3c u. d]

Lemon u. Good; Stein, Jacobson, Poppel u. Lawrence; Bateson u. Abbott; Saupe; Hickey u. Simpson; Benninghoven u. Peirce; Hall u.a.) (s. Abb. 108 und 110—112). Man findet dabei aber auch feinfleckige Kalkeinlagerungen, wie sie in Bronchuskarzinomen nicht ungewöhnlich sind (Woodruff u. Nahas; O'Keefe, Good u. McDonald; Woodruff, Sen-Gupta, Wallace, Chapman u. Martineau; O'Keefe; London u. Winter; Stobbe; Hammaguchi; Cilento; Sedlezky; Good u. McDonald; Lüders; Davis, Katz u. Peabody; Hartmann u.a.) (s. Abb. 156) und sowohl in Lungenmetastasen osteoplastischer Primärtumoren (Nathanson; Semple u. West; Wachner; Wichmann; Leo; Speed; Bateson u. Abbott u.a.) (s. S. 90, 217 u. 438) als auch gelegentlich in *Bronchialadenomen mit metaplastischer Knochenneubildung* bzw. mit regressiv verkalkenden Knorpelanteilen vorkommen (Womack u. Graham; Fried; Goldman u. Stephens; O'Keefe, Good u. McDonald; Galy u. Renault; Langer; Kassay, Bikfalvi u. Baló; Ochsner u. Ochsner; Rosemond zit. nach Davis, Peabody u. Katz; Thomas u. Morgan; Heimburger et al.; Bateson, Whimster u. Woo-ming) (s. Tabelle 18, S. 215). Nach Heimburger, Kilman u. Battersby verknöchern bzw. verkalken weniger als 6% der Bronchusadenome.

Da die Artdiagnose umschriebener Blastome des Lungenmantels nur histologisch zu stellen ist, wurde erst in der thoraxchirurgischen Ära offenbar, daß der distale Lagetyp der Bronchusadenome nicht so selten ist wie früher angenommen wurde (Foster-Carter; Willis; Holley u.a.). Nach Schätzung von Moersch u. McDonald und in der Statistik von Santy, Galy u. Duprez bzw. Galy u. Renault beträgt die *Häufigkeitsrelation peripherer und zentraler Bronchialadenome* etwa 1:10 (s. auch Carlens, Wiklund u. Bergstrand; Warren u. Gates; Galy u. Duprez; Meyer; Heimburger, Kilman u. Battersby; Felton, Liebow u. Lindskog; Kay; Santoro, Ricci u. Moretti; Wein-

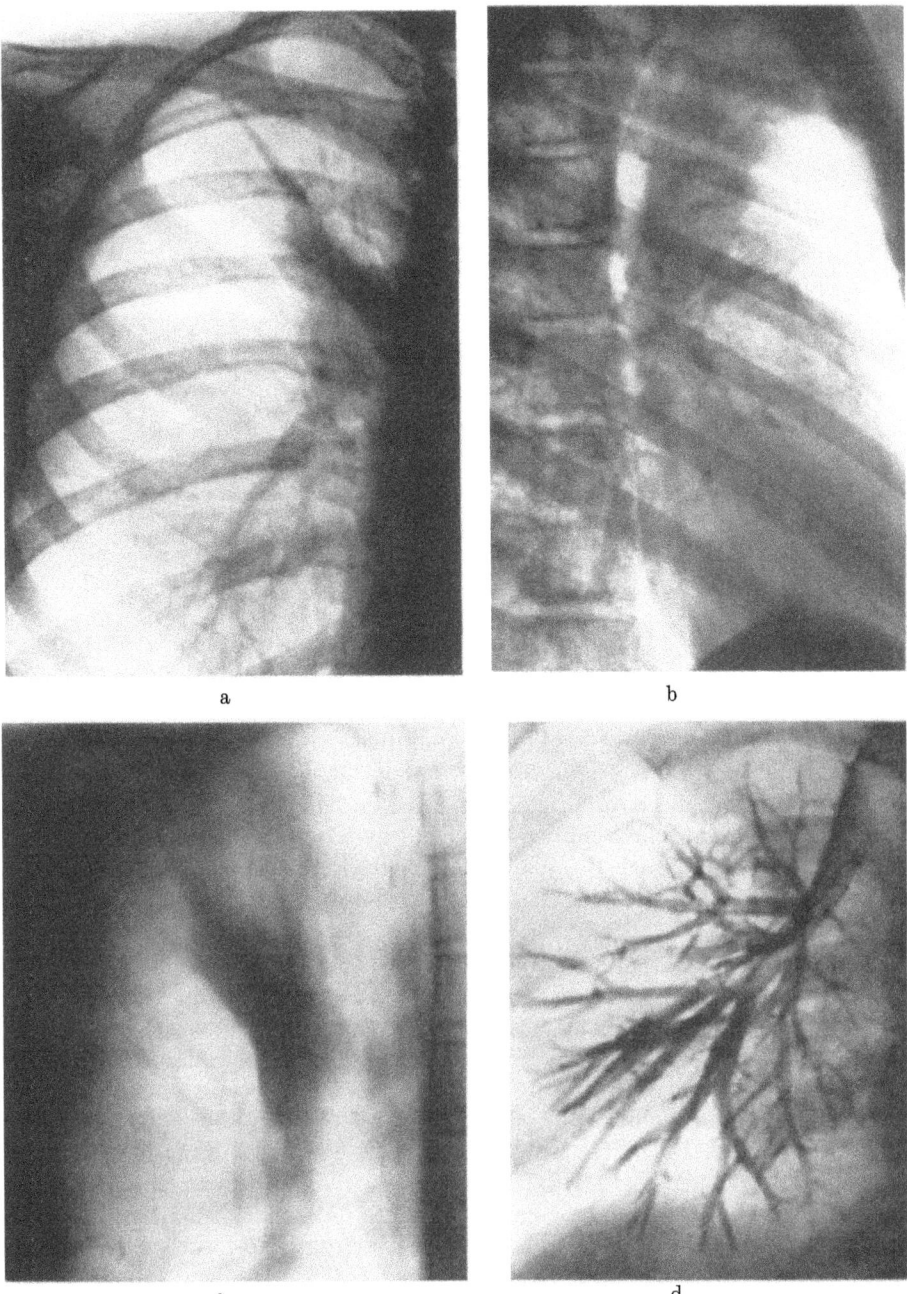

Abb. 65a—e. *„Eisbergtyp des Bronchialadenoms"*. Teilatelektase des rechten Oberlappens bei orifiziellem Verschluß des Lappenbronchus durch den polypösen endobronchialen Tumoranteil. Anamnese: Im August 1967 „grippale Erkrankung" mit therapieresistenter Segmentverdichtung. Zur ätiologischen Klärung Aufnahme in die Chir. Klinik d. Krhs. Nordwest Frankfurt/M. (Direktor: Prof. E. UNGEHEUER). Präoperativer Röntgenbefund: Atelektatische Schrumpfung des anterioren Oberlappensegments vom Aspekt eines „Slukaschen Dreiecks" mit Auftreibung des oberen Hiluspols (a und b Ausschnittaufnahmen p.-a. und frontal vom 13. 11. 67) bei orifizieller Blockade des rechten Oberlappenbronchus durch ein polypenartiges Gebilde (c Schichtbild a.-p. 8 cm; d Bronchogramm vom 20. 11. 67). Bronchoskopischer Befund (23. 11. 67): Beetartiger polypöser Tumor am Abgang des re. Oberlappenbronchus. Lobektomie am 1. 12. 67 (Op.: O.A. Dr. MÄRZ). Makroanatomischer Befund: Scharf begrenzte hilusnahe Geschwulst von 2,5 cm Durchmesser, den exzentrischen Oberlappenbronchus manschettenartig umfassend (e Foto des Resektionspräparats). Histologisch: Schleimbildendes, teils zystisches Bronchialadenom (Jackson-Typ) ohne Anhalt für Malignität. (E.-Nr. 12 689/67, Path. Inst. Krhs. Nordwest Frankfurt/M., Direktor: Prof. G. KAHLAU.) B. B., 13jähr. ♀. Arch.-Nr. 0809 54042 Radiolog. Zentralinst. Krhs. Nordwest Frankfurt/M.

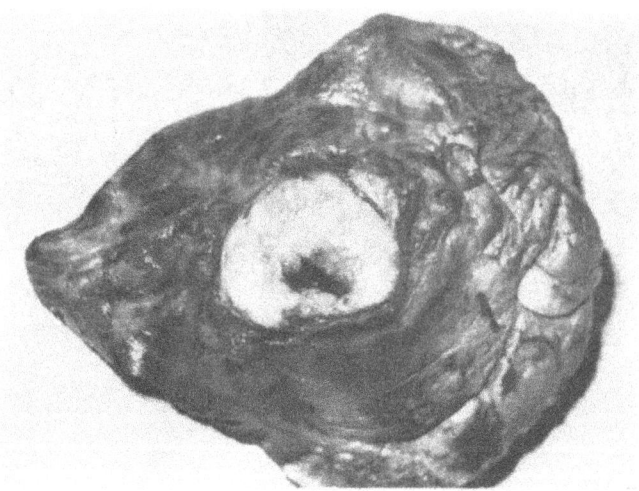

Abb. 65e (Legende s. S. 125)

BERGER, KATZ u. DAVIS; DAVIS, PEABODY u. KATZ). GOOD, HOOD u. MCDONALD fanden 12 Karzinoide (= 8%) unter 156 resezierten pulmonalen Solitärknoten. Die Zusammenstellung von LINDER u. JAGDSCHIAN (2057 operierte Rundherde der Weltliteratur) enthält 71 bronchogene Adenome (= 3,4%) und 165 Hamartome (= 8,1%) (Tabelle 19).

Die *Adenome der proximalen Luftwege* werden zumeist nach mehr oder weniger langfristigen prämonitorischen Krankheitserscheinungen (Hämoptysen, Reizhusten, asthmoide Beschwerden, pneumonische Schübe etc.) entdeckt. Polypös ins Lumen ragende Tumoren machen sich früher — je nach Bronchialkaliber von Erbs- bis Bohnengröße an — bemerkbar als vorwiegend oder gänzlich extrabronchiale Formen (letztere nach GALY u. RENAULT ca. 3%).

Größere *juxtabronchiale Adenome der Hilusregion* wölben sich als ein- oder mehrbogig abgesetzte halbkugelige Schatten aus der Mediastinalsilhouette hervor (HASCHE u. GLEICHMANN; BERNHEIMER et al. u.a.) (s. Abb. 58). Kleinere Geschwülste sind oft im frontalen Strahlengang besser faßbar (PETERSEN; HAMPTON u. KING u.a.). Ihr wahrer Umfang und breitflächiger Ursprung in der lumenwärts etwas eingedellten Bronchuswand sind auf gezielten Schichtaufnahmen gut zu beurteilen. Der Nativbefund kann dem *solider oder zystischer Mißbildungen* (hochsitzender Perikard- bzw. Enterozölom-Zysten, geschlossener Bronchuszysten, Hamartome, Nebenlungen, Dermoidzysten, ektopischer Thymome (Ilymome) bzw. thymogener Zysten etc.) ähneln (s. S. 250ff.). Die Abgrenzug von *angiektatischen Gefäßanomalien* (hilusnahen arteriovenösen Fisteln bzw. axial dargestellten Lungenvarizen, dem Bogenschatten einer „Riesenazygos", idiopathischer Ektasie des Truncus bzw. eines Hauptasts der A. pulmonalis, Aneurysmen etc.) (siehe Bd. IX/4b, Abb. 404) ist nach sorgfältiger tomographischer Strukturanalyse bei Beachtung dynamischer Anzeichen und etwaiger Konfigurationsänderung des Herzens und der großen Gefäßstämme möglich. Im Gegensatz zu *einseitigen Hiluslymphomen* ordnet sich der Schattenkomplex des Tumors nicht rosettenartig um die Bronchialaufzweigung an, es sei denn, die Neoplasie habe bereits die regionalen Lymphknoten ergriffen. Solange das expansive Wachstum der bindegewebig abgekapselten Geschwulst keine Obstruktionspneumonitis erzeugt, bleibt der Schattenumriß glatt konturiert, während ein extramural infiltrierendes Karzinom bei kontinuierlichem Übergreifen auf den Lungenkern ceteris paribus unscharf begrenzt wirkt. Nach Eintritt regionaler Belüftungssperre hebt sich der Tumor als knollige Auftreibung an der hilusnahen Spitze des atelektatisch geschrumpften bzw. retentionspneumonisch verdichteten Parenchymkeils ab (Abb. 65). Bei völligem

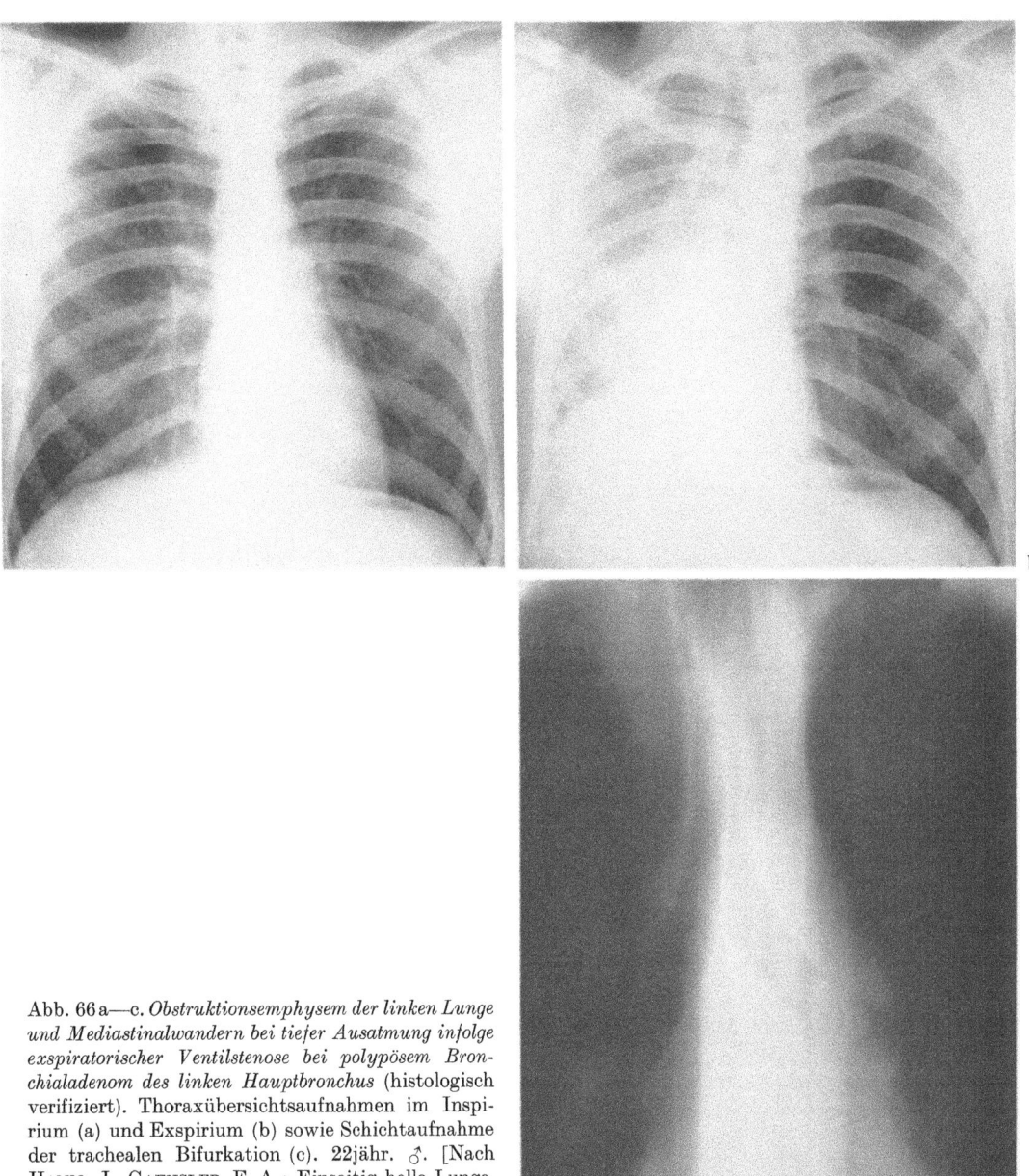

Abb. 66a—c. *Obstruktionsemphysem der linken Lunge und Mediastinalwandern bei tiefer Ausatmung infolge exspiratorischer Ventilstenose bei polypösem Bronchialadenom des linken Hauptbronchus* (histologisch verifiziert). Thoraxübersichtsaufnahmen im Inspirium (a) und Exspirium (b) sowie Schichtaufnahme der trachealen Bifurkation (c). 22jähr. ♂. [Nach HAMM, J., GAENSLER, E. A.: Einseitig helle Lunge. Radiologe **2**, 333—347 (1962), Abb. 5a u. b]

Kompressionsverschluß des zugehörigen Stammbronchus geht die Schattenfigur in der massiven Halbseitenverschattung unter (Abb. 70).

Die *endotrachealen und bifurkationsnahen Polypen* können wegen des weiten Kalibers der subglottischen Luftwege ziemlich groß werden, ehe sie zu stridoröser Atemerschwernis führen. Da die intakten Wandabschnitte in Umgebung der Tumorhaftstelle beweglich und an der respiratorischen Kaliberschwankung des Tracheobronchialsystems beteiligt bleiben, besteht zunächst eine „*elastische Stenose*" *mit vornehmlich exspiratorischem Ventileffekt*, der sich je nach dem Tumorsitz *global oder einseitig* auswirkt (s. Bd. IX/3, Abb. 9 u. S. 8ff.).

Geräuschvoll verzögerte Ausatmung, Volumenstarre, *obstruktive Lungenblähung* (ROLLAND, LECOEUR u. BLANCHARD; HAMM u. GAENSLER; ZADEK; PIAZZA u.a.) (Abb. 66

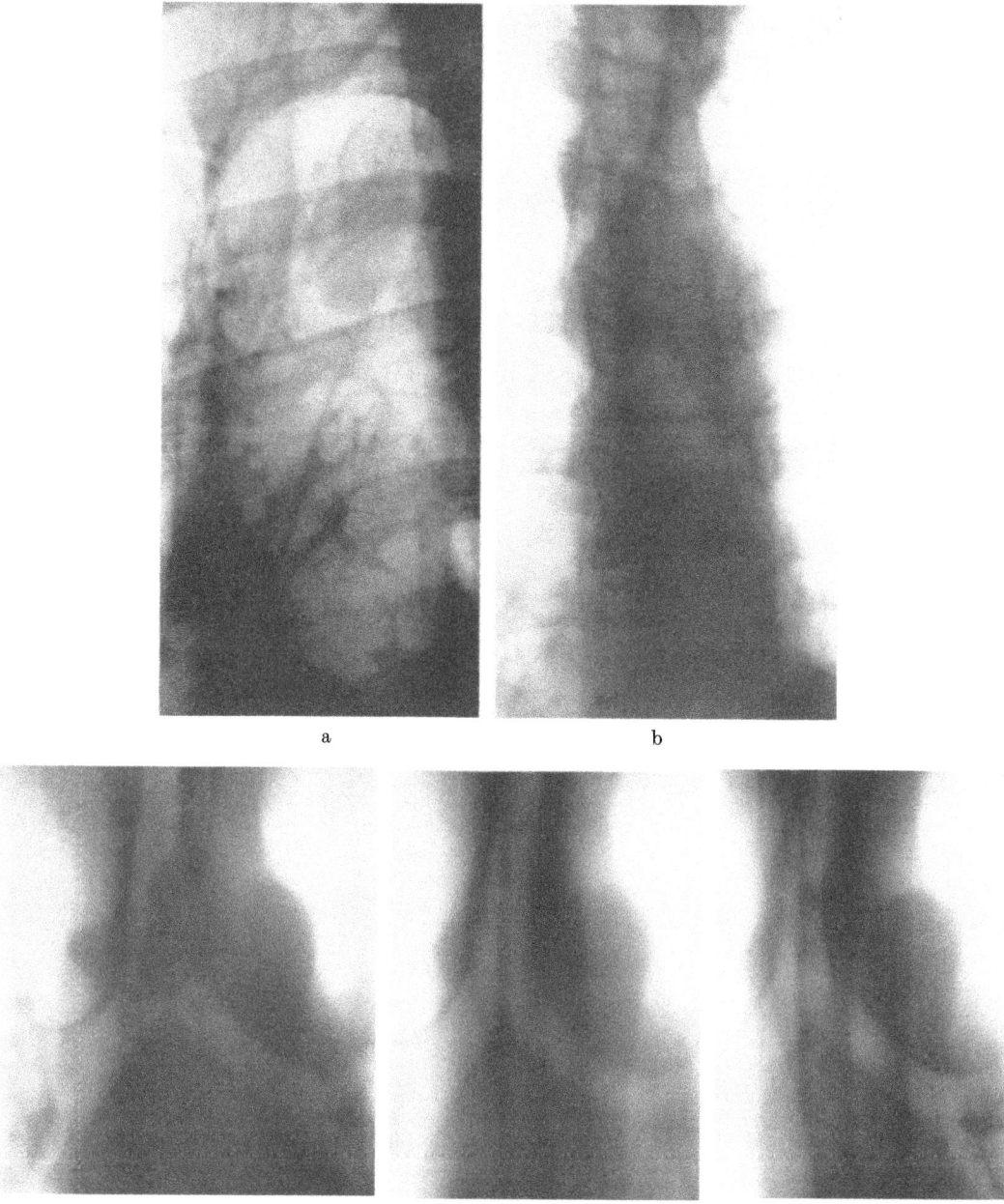

Abb. 67 a—e. *Zylindrom des unteren Trachealabschnitts („Eisberg-Typ") mit partieller Bifurkationsstenose.*
2 Jahre vor Entdeckung der Geschwulst rezidivierende Hämoptysen, Husten und Auswurf sowie eine schwere Pneumonie. Der walnußgroße, von der linken unteren Trachealwand lumenwärts vorragende polypöse Anteil war scharf begrenzt und erstreckte sich bis in den Bifurkationswinkel, verursachte daher nach Durchleuchtungsbefund leichtes exspiratorisches Mediastinalwandern nach rechts, beim Hustenversuch gleichsinnig gerichtetes Mediastinalschnellen (a und b hart exponierte Zielaufnahmen im 2. Schräg- und im p.a.-Sagittaldurchmesser vom 16. 8. 56). Der den Arcus aortae etwas nach links verdrängende extratracheale Tumoranteil stellte sich tomographisch als halbkugeliges weichteildichtes Gebilde medial des Aortenbogens dar (c Schichtbild 10 cm a.-p. vom 16. 8. 56). Bei Kontrolle nach endoskopischer Resektion des Polypen und Röntgennachbestrahlung des Tumorrests (2 Pendelkonvergenz-Bestrahlungsserien mit 5000 bzw. 2000 R HD) weitgehende Verkleinerung auch des paratrachealen Tumoranteils (d Schichtbild 10 cm a.-p. vom 21. 3. 58). 3 Jahre nach dem ersten Eingriff aus dem Tumorbett knollig-beetartig hervorwachsendes Rezidiv (e Schichtbild 10 cm a.-p. vom 3. 8. 59). Histologie: Zylindromatöses Schleimdrüsenadenom (J.-Nr. 4198/55, 5855/55, 8990/56, 10152/56, 10385/56, 11682/56, 1362/57, 4564/57 u. 9003/59 Path. Inst. d. Univ. Münster/W., Direktor: Prof. W. GIESE). H. H., 49jähr. ♂. Arch.-Nr. 8703/56 Röntgenabtlg. d. Med. Univ.-Klinik u. Poliklinik Münster/W. (Direktor: Prof. W. H. HAUSS)

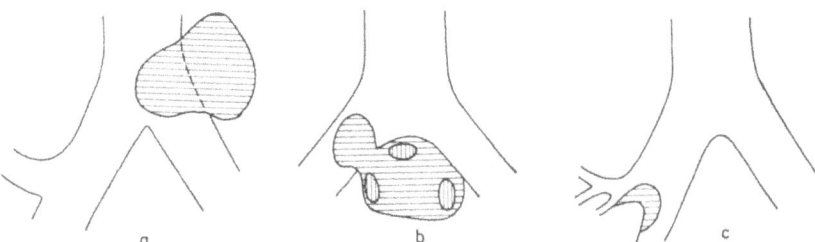

Abb. 68. *Schema der Wuchsform von Bronchusadenomen (-zylindromen).* a Im Bereich der unteren Trachea („Eisbergtyp"), b an der bifurkalen Carina bei kontinuierlichem Übergreifen auf die Bifurkationslymphknoten (nach BREDT) und c am Teilungssporn großer Bronchien (nach MÉAN) [Umzeichnungen (b) und (c) aus SCHLUNGBAUM, W.: Berliner Medizin 7, 114—117 (1956), Abb. 4]

u. 71) sowie Abflachung und verringerte Bewegungsamplitude des tiefertretenden Zwerchfellgewölbes erwecken bei bifurkal stenosierenden Adenomen (meist Zylindromen) leicht den irrigen Eindruck eines „bronchospastischen Asthma". Er wird durch die Neigung zu anfallartiger Asphyxie verstärkt, die davon herrührt, daß unter dem intrathorakalen Druckanstieg forcierter Exspiration oder Hustenstöße ein dynamischer Tracheobronchialkollaps zum organischen Passagehindernis hinzutritt. Im Gegensatz zum genuinen Asthma besteht jedoch auch ein *inspiratorischer Stridor*, und infolge gleitender Druckdifferenzen in beiden Brustkorbhälften meist *respiratorisches Mediastinalpendeln*. Bei Beachtung dieser indirekten Anzeichen zentraler Bronchostenosen als *dringlicher Verdachtsmomente* kommt man auch den als „midline"-Tumoren im Mediastinalschatten verborgenen Tracheal- und Bifurkations-Adenomen (-Zylindromen) auf die Spur (s. Bd. IX/3, Abb. 9, S. 15ff.). Sie sind in Sagittalprojektion nur mittels harter Aufnahmetechnik (Summations- wie Schichtbilder) darzustellen, bei Schräg- oder Frontaleinblick aber leicht zu entdecken.

Die *Polypen* wölben sich unter Aussparung eines mehr oder weniger schmalen Restlumens als erbs- bis taubeneigroße Schatten in die Aufhellungsstraße der lufthaltigen Lichtung vor (Abb. 66, 67, 71 u. 74). Charakteristisch ist die scharfe, einbogige oder leicht gewellte Kontur und wandständige Lage der runden, ovalen oder pilzförmigen Gebilde, deren breitbasiger Ursprung unter fließender Drehung in Tangentialansicht deutlich wird. Ein größerer *extrabronchialer Anteil* kann — auch ohne zusätzliche Pneumomediastinographie — bei gezielter Schichtung der Haftstelle mit harter Strahlenqualität gegenüber der etwas seitwärts verdrängten Aortenkontur abgegrenzt (ESSER) (Abb. 67) oder indirekt an der Bifurkations-Aufspreizung erkannt werden. Die Tumoren können von kranial her oder aus dem Teilungswinkel unter walzenförmiger Verdickung des sonst spitzen Carinasporns in die Bifurkation ragen und die Ostien der Hauptbronchien symmetrisch oder ungleichmäßig einengen (Abb. 68 u. 72; vgl. Bd. IX/3, Abb. 9).

Wird die Geschwulst nicht beseitigt, so resultiert aus ihrem weiteren Wachstum, zusätzlicher Sekretstauung und entzündlicher Parietalreaktion schließlich eine komplette Blockade, die bei trachealem Sitz zum Erstickungstod führt, bei bifurkaler Lokalisation einen Lungenflügel nach dem anderen ausschalten kann. Dabei ergibt sich zunächst der Befund einer *halbseitigen chronischen Obstruktionspneumonie mit ausgedehnter Bronchiektasie* (MCBURNEY, CLAGETT u. MCDONALD; PIAZZA; ROSENBLUM u. KLEIN; BÉRARD; ESSER; ZUPPINGER u.a.) (Abb. 70) bei Überblähung der anderen Lunge. Der unvermittelte Abbruch des Luftweges auf hart exponierten Ziel- und Schichtaufnahmen mit dem rundlich-höckerig konturierten Tumorstenosebild ist für die Verdachtsdiagnose „Bronchusadenom" maßgeblich (Abb. 74).

Differentialdiagnostisch kommen *gutartige mesenchymale Trachealtumoren* (solitäre Papillome, Fibrome, Lipome, Chondrome, Myxome, Hämangiome, Leiomyome etc.) (HORNE; LACK; SPIESS; HASLINGER; MILLIGAN; SAGNON u. VINCENT; SEGURA u. ZUBIZARETTA; PUSATERI; KNIGHT u. BUNTING; HORGAN; LOMBARD u. BALDENWECK; HUNT; LELL; HONIG; VINSON u. PEMBLETON; JACKSON; EVANS; SHORT; PETRÉN u. SJÖVALL;

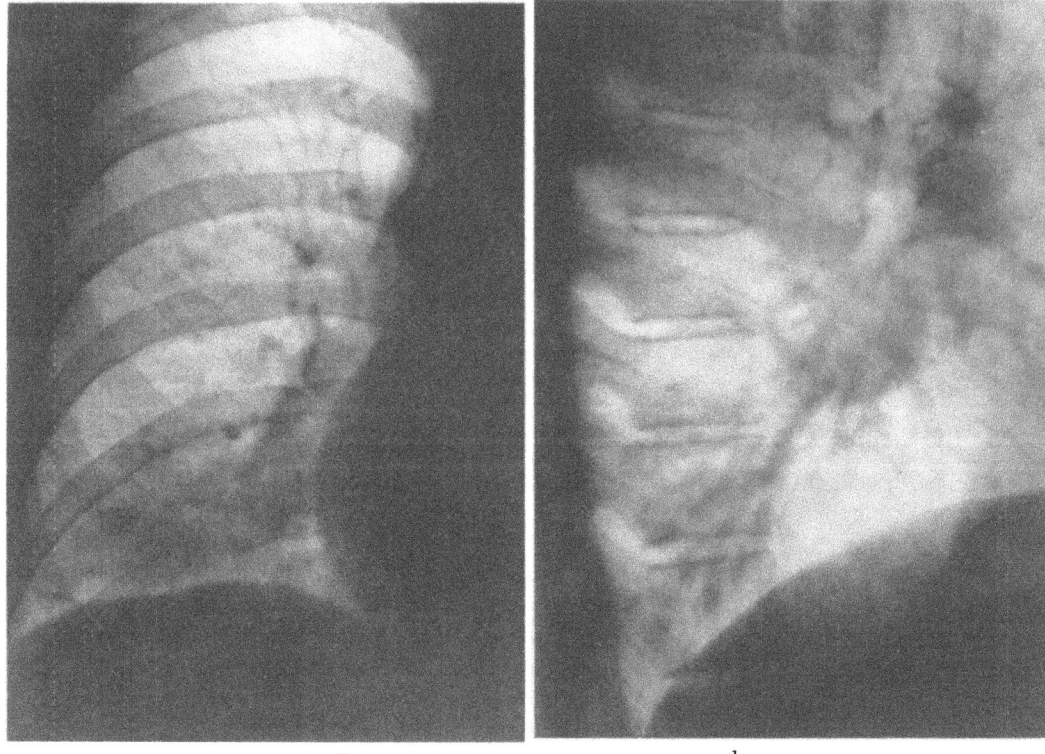

a   b

Abb. 69a—f. *Rezidivierende Obstruktionspneumonitis und symptomatische Bronchiektasie bei walnußgroßem Karzinoid des rechten Unterlappenbronchus.* In den letzten 3 Jahren 7mal (!) rechtsseitige Unterlappenpneumonien. Während des letzten Krankheitsschubs (a Nativbild p.-a. vom 1. 4. 68) Vornahme einer Bronchographie im Radiolog. Inst. d. Univ. Köln/Rh. (Abb. 69d und e). Nach erneuter fieberhafter Erkrankung mit Husten und gelblichem Auswurf wurde der Patient unter Bronchiektasen-Verdacht d. Chir. Klinik d. Krhs. Nordwest (Direktor: Prof. Ungeheuer) überwiesen. Röntgenbefund vom 2. 5. 68 vor Klinikaufnahme: Bronchiektatische Schrumpfung des rechten Unterlappens bei Verschluß des Lappenbronchus oberhalb der basalen Segmentverzweigung durch einen in den Teilungswinkel zum Mittellappenbronchus ragenden rundlichen Tumor von Walnußgröße (b und c seitliche Nativaufnahme und Schichtbild 12 cm sin.-dextr.). In Sagittalprojektion Medialverdrängung des lufthaltigen kardialen Unterlappensegmentbronchus. Nach Nativ- und Schichtbefund Diagnose eines Bronchialadenoms (Jackson-Adenom oder Karzinoid) mit symptomatischen Obstruktionsfolgen. Die vor chirurgischer Intervention eingetroffenen bronchographischen Aufnahmen vom 4. 4. 68 zeigten bereits den tumorbedingten Füllungsausfall der Unterlappensegmentäste VIII—X, eine bogige Medialverdrängung des kardialen Segmentbronchus und die kompensatorische Kaudalrotation der Mittellappen- und Unterlappenspitzenäste (d und e). Im Sputum kein Tumorzellnachweis (E.-Nr. 5650, 5651 u. 5684/68 Path. Inst. d. Krhs. Nordwest, Direktor: Prof. Kahlau). Bronchoskopie: Lumenverschluß des rechten Unterlappenbronchus durch einen dunkelrot wirkenden Tumor. Probeexcision: Bronchusadenom vom Karzinoidtyp (E.-Nr. 5729/68). Das histologische Untersuchungsergebnis des durch Bilobektomie entfernten Tumors stimmte mit dem der Probebiopsie überein (E.-Nr. 5910/68). Das Photo des Resektionspräparats läßt nur den in die Lichtung des Unterlappenbronchus vorragenden Anteil des „eisbergartig" gewachsenen Karzinoids erkennen (f). M. B.-G., 35jähr. ♂. Abb. 69a, d und e: Radiolog. Inst. d. Univ. Köln/Rh. (Direktor: Prof. Friedmann), Abb. 69b und c: Arch.-Nr. 1803 33221 Radiolog. Zentralinst. d. Krhs. Nordwest Frankfurt/M.

Shorp; Hoffmann; Gilbert; Greer u. Winn; Dorenbusch; Foroughi; Harris, Maness u. Ward; Kitamura, Maeda, Kawashima, Masaoka u. Manabe; Zeman; Hussarek u. Rieder; Lit.-Übers. s. v. Bruns; Hart u. Maier; Holinger, Novak u. Johnston; Fruhling u. Spehler; Gilbert, Mazzarella u. Feit; Caldarola, Harrison, Clagett u. Schmidt; Biocca; Giese), endobronchiale *polypöse Hamartome* (Abb. 113), akzessorische *intratracheale Schilddrüsenlappen* bzw. *Strumen* (Radestock; Bircher; Wild; Vacher u. Denis; Suchanek; Goedel; Maier; Hoffmann; Rüter; Hug; Haardt;

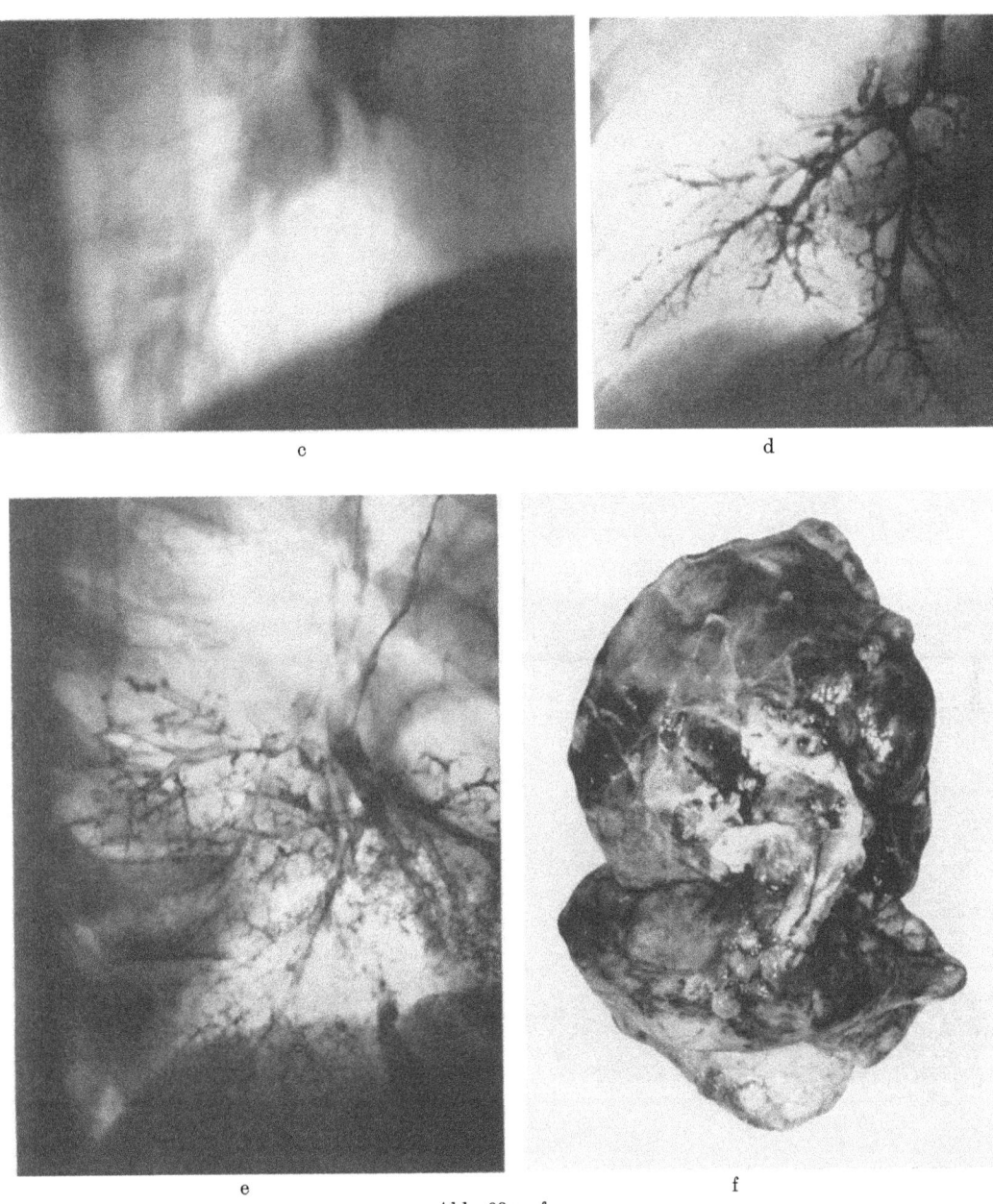

Abb. 69 c—f

PENDLHAGER; RASQUIN; FRUHLING u. SPEHLER; STRUPPLER; GIESE), reife *Tracheal-Teratome* (FREUDENTHAL) oder lokalisierte *Amyloid-,,Tumoren"* (REICH; STARK u. GORDON; STARK u. MCDONALD; NOORING u. PABY; EBERT; GIESE) in Betracht (s. Abb. 184; s. auch Bd. IX/3, S. 207/208).

Bei den adenomatösen *Polypen der Haupt- und Lappenbronchien* treten die obstruktiven Lungenveränderungen in gleicher Reihenfolge auf, nur wird das Passagehindernis mit abnehmendem Bronchuskaliber früher wirksam und zieht ein weniger umfängliches Parenchymareal in Mitleidenschaft. Selbst wenn die Neubildung von Segmentbronchien ausgeht und dank ihres intermediären Sitzes aus der Mediastinalsilhouette heraustritt, ist der *initiale Tumorschatten kaum von axial getroffenen Gefäßen gleicher Dimension zu*

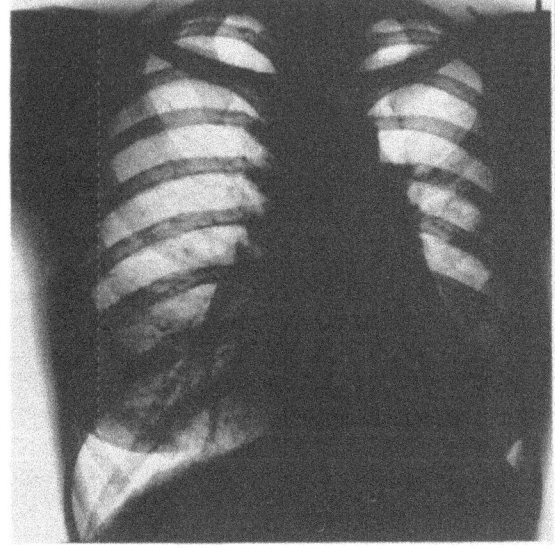

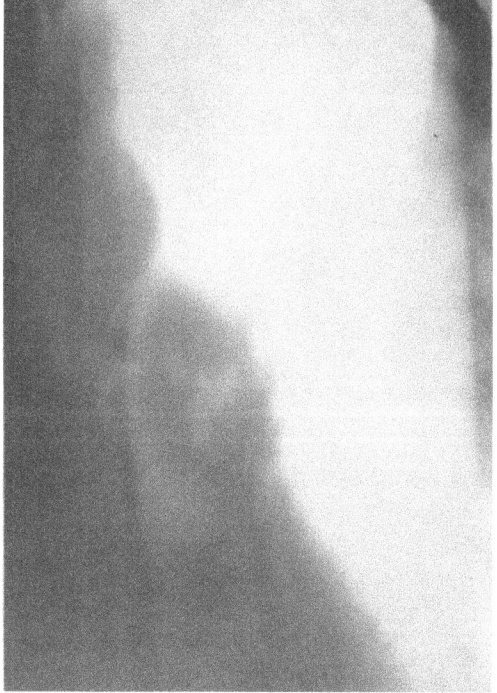

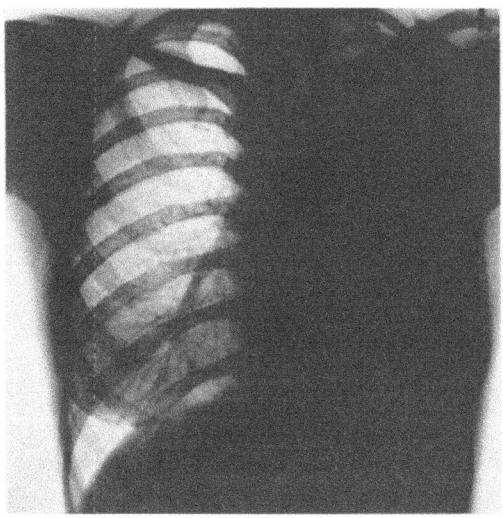

Abb. 70 a—c. *Bronchialadenom des linken Hauptbronchus.* 1¹/₂jährige Vorgeschichte eines hartnäckigen „Bronchialkatarrhs" mit zunächst spärlichem, später reichlicher werdendem weißlich-gelblichen Auswurf. Seit März 1969 zunehmende Schwäche, Kurzatmigkeit, Fieberschübe und gelegentlich Hämoptysen. Erst nach mehrmonatiger Krankheitsdauer Einweisung in die Gerhard-Domagk-Klinik Ruppertshain (Chefarzt: Dr. REUSCH) zur Klärung. Dortiger Röntgenbefund: Beginnende Anschoppung im volumenreduzierten linken Unterlappen bei kleinem Pleurawinkelerguß und Linksverziehung des Mediastinums (a Übersichtsaufnahme p.a. 29. 10. 69). Tomographie vom 30. 10. 69: Glattrandiger ovalärer Schatten eines olivengroßen polypösen Tumors im linken Hauptbronchus (b). Bronchoskopische Biopsie: Adenocarcinom. 3 Tage nach dem Eingriff massive Halbseitenverschattung links (c). Bei Pneumonektomie am 11. 1. 69 in der Chir. Klinik d. Krhs. Nordwest (Op.: Prof. UNGEHEUER) wurde bereits trübes Pleuraexsudat gefunden. Das postoperative Pleuraempyem bildete sich unter Drainage und Antibioticaapplikation zurück. Befund des Resektionspräparats: 3×1,2 cm große polypöse Geschwulst im linken Hauptbronchus, mit einem kleinen Zapfen durch die Bronchialwand reichend. Distal der Tumorstenose eitergefüllte Bronchiektasen und teils interstitielle, teils intraalveoläre Pneumonitis der linken Lunge. Die mitentfernten Hiluslymphknoten waren frei von Metastasen. (E.-Nr. 16107 und 16108/69 Path. Inst. d. Krhs. Nordwest Frankfurt/M., Direktor: Prof. KAHLAU.) S. M., 25jähr. ♀. Arch.-Nr. 2404 44832 Radiolog. Zentralinst. d. Krhs. Nordwest Frankfurt/M.

unterscheiden (Abb. 71). Auch das indirekte Leitsymptom beginnender Bronchostenose — das *regionale Ventilemphysem* mit dem *Bild der „einseitig oder partiell hellen Lunge"* (ROLLAND, LECOEUR u. BLANCHARD; BÉRARD; ESSER; CARLENS, WIKLUND u. BERGSTRAND; HASCHE u. GLEICHMANN; DI RIENZO u. WEBER; OCHSNER u. OCHSNER; OMODEI ZORINI; FINKE; HAMM u. GAENSLER; PIAZZA u.a.) (Abb. 66) — wird um so leichter verfehlt, je kleiner der geblähte Lungensektor ist. Die *Verzögerung der Obstruktionsatelektase*

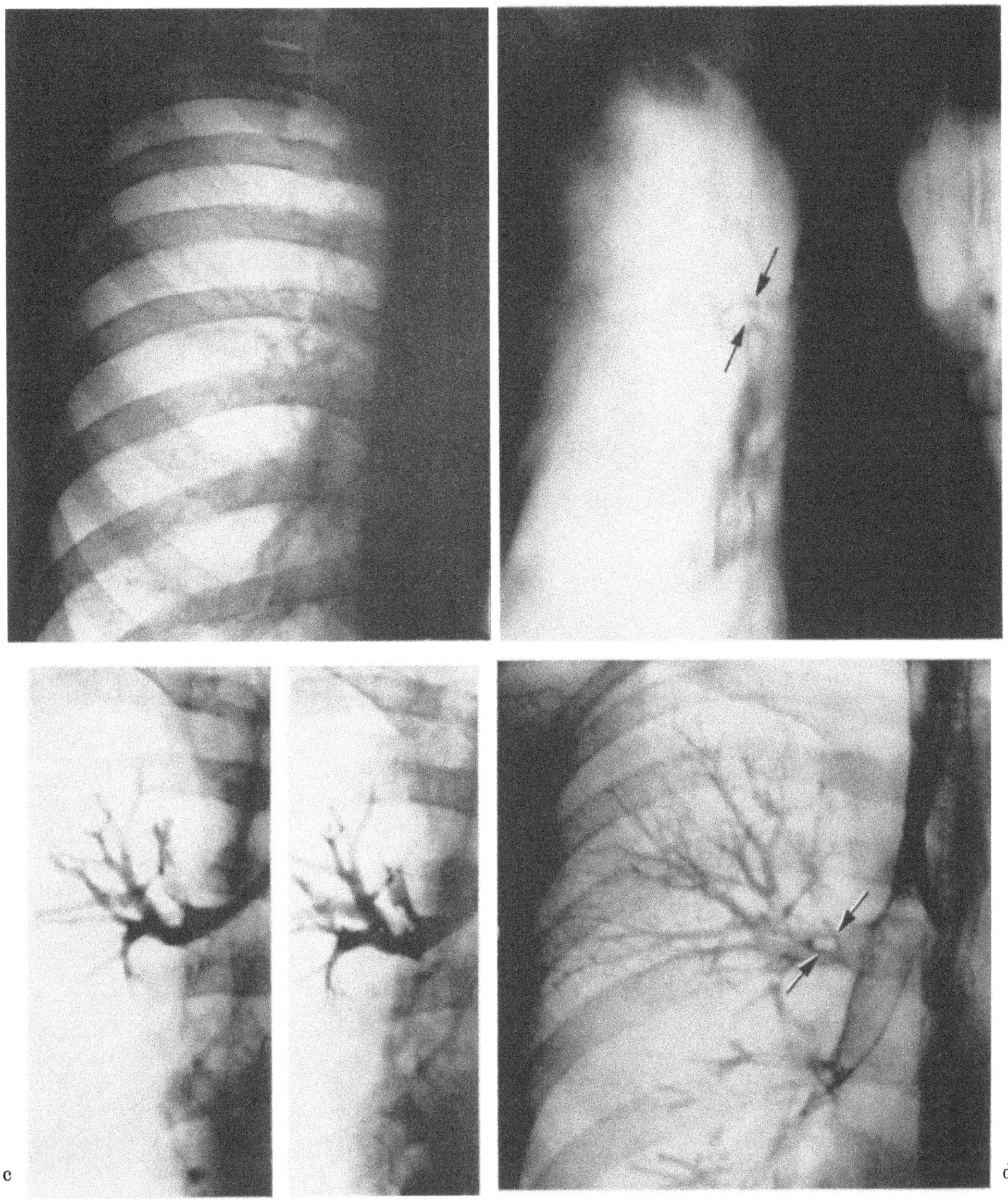

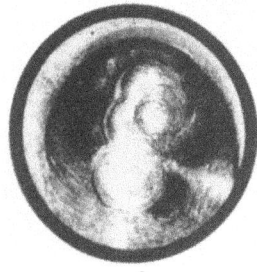

Abb. 71a—e. *Bohnengroßes Jackson-Adenom in der Segment-Trifurkation des rechten Oberlappenbronchus.* Frühdiagnose auf Grund rezidivierender Hämoptysen vor Eintritt obstruktiver Lungenkomplikationen (Bronchoskopie: Prof. K. Dietzel, Univ.-HNO-Klinik Leipzig, damal. Direktor: Prof. Tonndorf). Histologische Bestätigung nach Probeexcision und Lobektomie. a Nativaufnahme p.-a. und b Schichtbild 12 cm a.-p.: Diskreter bohnengroßer Tumorschatten lateral des apikalen Segmentostiums, auf dem Summationsbild auf den Querfortsatz von Th VII projiziert, dicht medial oberhalb der axial getroffenen Schattenfiguren des anterioren Segmentbronchus und seiner Begleitarterie. Bei Exspiration geringe Ventilblähung des apikalen Oberlappensegments. Bronchographie: Bei Prallfüllung (c) und im Beschlagsbild (d) bohnengroßer leicht höckerig konturierter Füllungsdefekt am knospenartig verdickten Teilungssporn zwischen dem apikalen und dorsalen Segmentbronchus. Inkomplette orifizielle Stenose des apikalen Segmentastes, exspiratorisch stärker in Erscheinung tretend als inspiratorisch. Bronchoskopie: Breitbasig in der Oberlappensegment-Trifurkation aufsitzendes Jackson-Adenom bei Einblick in den rechten Oberlappenbronchus mit der 90°-Winkeloptik (e). [Nach Dietzel, K.: „HNO". Wegweiser für die ärztliche Praxis 12, 357—363 (1955), Abb. 1.] F. A., 31jähr. ♂. Arch.-Nr. 1575/53 Röntgeninst. d. Med. Univ.-Klinik Leipzig (damal. Direktor: Prof. M. Bürger)

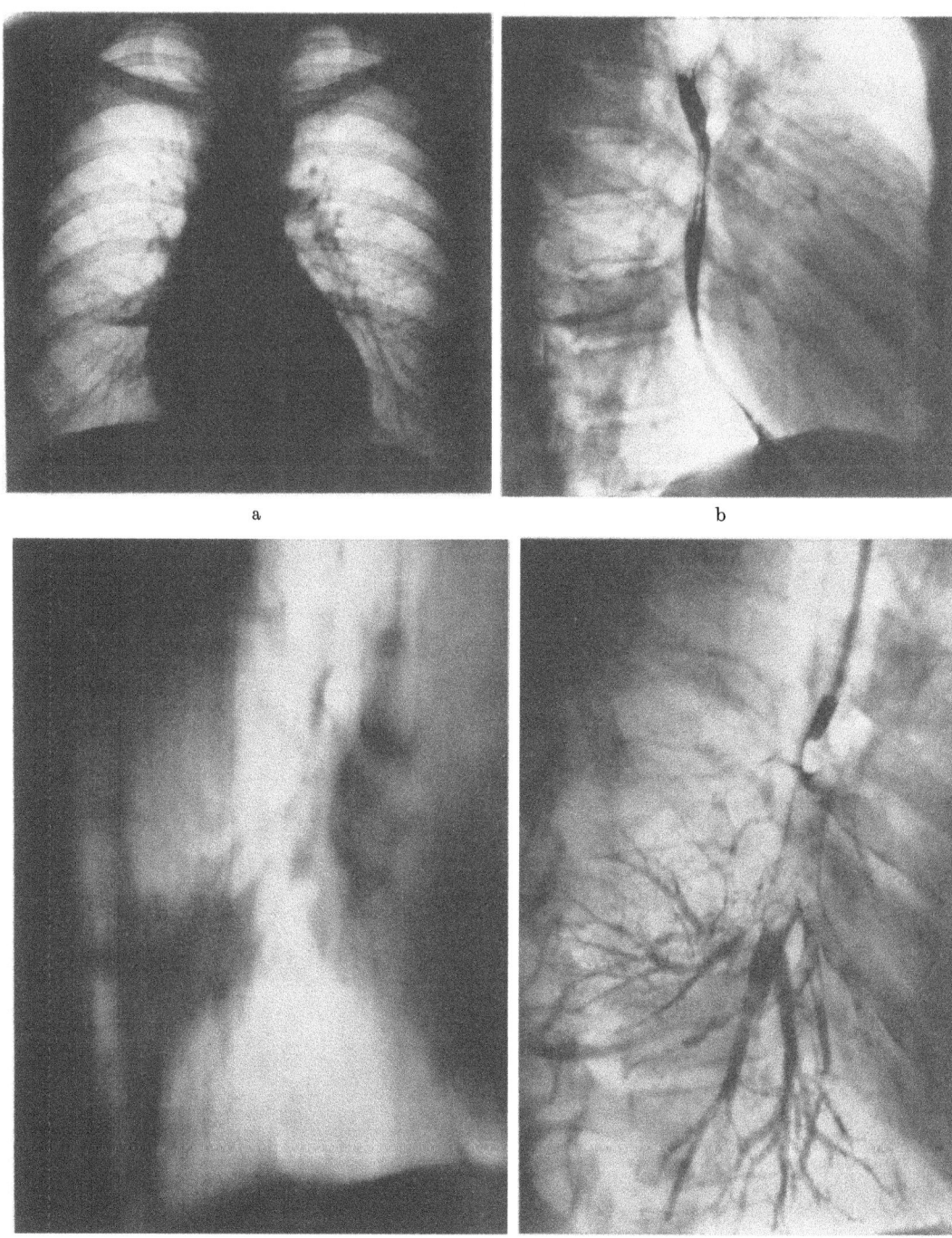

Abb. 72a—e. *Plattenatelektase als Leitsymptom eines in das dorsobasale Segmentostium eingewachsenen Bronchuskarzinoids („Eisbergtyp")*. Klinische Behandlung wegen eines kombinierten Mitralvitiums. Der subapikale Spitzkeilschatten einer gerichteten Atelektase im rechten Unterlappen lenkte auf die Spur des bislang asymptomatisch gebliebenen Tumors, der auf den Nativaufnahmen in 2 Ebenen nur diskret hervortrat (a und b) und erst tomographisch als knolliges Gebilde an der basalen Unterlappen-Segmentgabel abzugrenzen war (c seitliches Schichtbild 12 cm). Bronchographie: Konkavbogiger Füllungsabbruch am Abgang des dorsobasalen Segmentbronchus mit polypenartiger, von dorsal in das Lumen vorragender Aussparung bei Volumenabnahme der Unterlappenbasis und kompensatorischer Kaudalverlagerung der Bronchialzweige des apikalen Segments und der Nachbarlappen (d und e). Tumorentfernung durch Lobektomie. Anatomischer Befund: Auf der Schnittfläche im Durchmesser 3,5×4 cm große Geschwulst an der basalen Verzweigung des Unterlappenbronchus, mit einem kleinen Zapfen in die orifiziell verschlossene Lichtung vorragend, zum größeren Teil extrabronchial entwickelt. Partielle Atelektase des abhängigen Parenchyms. Histologie: Bronchuskarzinoid (E.-Nr. 6510/69 Path. Inst. d. Krhs. Nordwest Frankfurt/M., Direktor: Prof. KAHLAU). L. W., 44jähr. ♀. Arch.-Nr. 3005 24522 Radiolog. Zentralinst. d. Krhs. Nordwest Frankfurt/M.

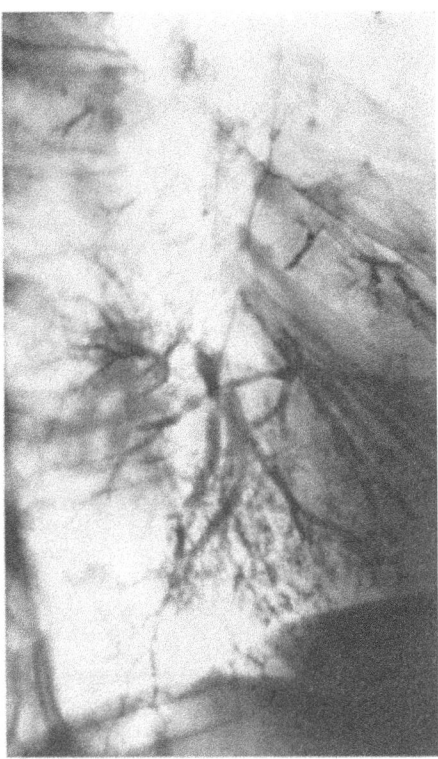

Abb. 72e

durch Kollateralbelüftung blockierter Lappenteile aus noch normal ventilierten Nachbarsegmenten erklärt die Tatsache, daß man hinter obturierenden Adenomen an der Teilung eines Lappenbronchus *nur eine schmale Plattenatelektase als einziges Hinweiszeichen des Verschlusses* (Abb. 72), ja mitunter ein völlig *lufthaltiges Versorgungsgebiet reduzierten Volumens mit Einschluß wabiger Aufhellungsfiguren* antreffen kann (BÉRARD; ESSER; WIKLUND; HASCHE u. GLEICHMANN; OMODEI ZORINI; SCHULZE u.a.) (s. auch Bd. IX/4b, Abb. 389, 390, 458 u. 461 sowie Bd. IX/3, S. 22ff.).

Wie bei anderen primären und sekundären bronchopulmonalen Geschwülsten begünstigen abnorme Blähung und entzündliche Destruktion des abhängigen Parenchyms die Entstehung eines *Spontanpneumothorax*, der gelegentlich als Initialsymptom (ROSSEL) nach brüsker Atmung, Hustenattacken oder ohne ersichtlichen Anlaß auftritt (s. auch Abb. 256, 257 u. Bd. IX/4b).

Ehe die Ventilation definitiv unterbrochen wird, kann es bei wiederholter passagerer Lumenverlegung durch bewegliche gestielte Polypen, die im inspiratorischen Atemsog ein benachbartes Bronchialostium deckelartig verschließen, oder infolge akzidenteller Stenosefaktoren (wechselnder Schwellungszustand der Bronchialschleimhaut, intratumorale Blutungen, vorübergehende Sekretobturation etc.) zu *intermittierender Atelektase* des blockierten Lungenareals kommen (ASHBURY; ZADEK; DE SIMONE u. LUCARELLI; ROTHE u. KLÄRING; MADLENER; GOMBERT; PIAZZA u.a.).

Im weiteren Verlauf entwickelt sich durch Schleimstau und konsekutive Infektion eine irreversible *poststenotische Bronchiektasie mit in Schüben fortschwelender Obstruktionspneumonitis*, die in örtliche *Abszedierung* bzw. *Gangrän* übergehen und von anderen Folgeschäden, wie *Pleuraempyem, purulenter Perikarditis* oder *Arrosionsblutung* kompliziert werden kann (MCBURNEY, CLAGETT u. MCDONALD; V. ALBERTINI u.a.). Die chronisch entzündliche Lungenverdichtung *überdeckt den intrabronchialen Tumorschatten.* Ihre obstruktive Ursache ist aus der segmental oder lobär beschränkten Anordnung des Prozesses

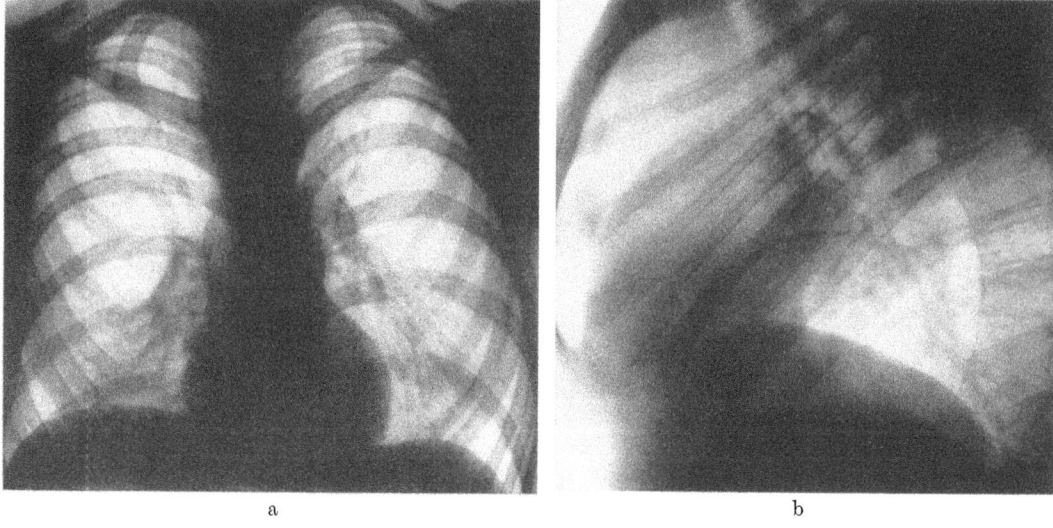
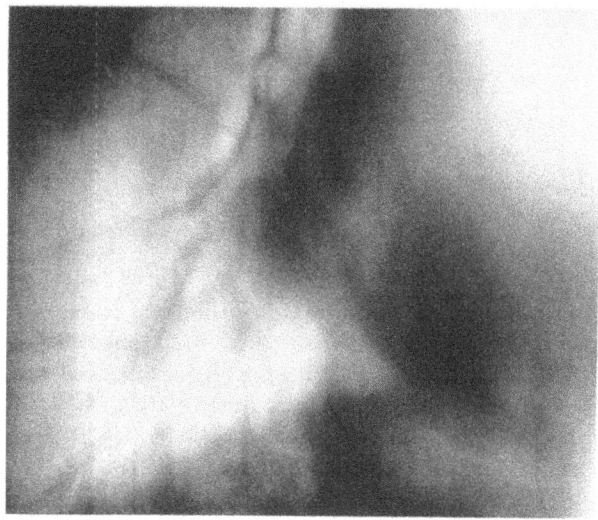

Abb. 73 a—e. *Vorwiegend extrabronchial entwickeltes, ossifiziertes Bronchuskarzinoid des rechten Unterlappenbronchus mit Kompressionsstenose des Mittellappenbronchus.* Seit 10 Jahren rezidivierende Hämoptysen und 7mal rechtsseitige Pleuritiden. Wiederholte Kurbehandlung in Lungenheilstätten. Klinisch Akromegalie bei erheblicher kyphoskoliotischer Thoraxdeformität mit tiefansetzender Trichterbrust. Röntgenbefund: Relativ diskrete Trübung des durch inveterierte Atelektase hochgradig geschrumpften Mittellappens bei pflaumengroßem Tumor am unteren Hiluspol rechts (a und b Übersichtsaufnahmen in 2 Ebenen). Tomographisch deutliche Abgrenzung des Tumorkernschattens im Winkel zwischen Mittel- und Unterlappenbronchus mit sattelartiger Verbreiterung des Teilungssporns, Einwölbung in das Lumen des Unterlappenbronchus und lanzettförmiger Kompressionsstenose des Mittellappenbronchus bei vage hervortretenden lufthaltigen Bronchiektasen im exzessiv geschrumpften Mittellappenareal (c Schichtbild 12 cm sin.-dextr.). Tumorentfernung durch Bilobektomie (Op.: Doz. Dr. HEINE, Leiter der Freiluftabtlg. d. Medizin. Univ.-Klinik u. Poliklinik Münster). Die im Resektionspräparat dargestellte Geschwulst (d äußere Ansicht, e im Anschnitt) erwies sich histologisch als vorwiegend extrabronchial gewachsenes, stellenweise ossifiziertes Karzinoid (J.-Nr. 11732/57 Path. Inst. d. Univ. Münster/W., Direktor: Prof. W. GIESE). H. H., 33jähr. ♂. Arch.-Nr. 7660/57 Röntgenabtlg. d. Med. Univ.-Klinik u. Poliklinik Münster/W. (Direktor: Prof. W. H. HAUSS)

und — bei Ausschaltung eines umfänglichen Parenchymkeils — aus den dynamischen Symptomen des mediastinalen Rausmausgleichs ersichtlich. Der neoplastische Ursprung des Geschehens wird *nur selten* durch *massive Hilus- und Mediastinallymphome* sogleich offenbar (OCHSNER u. OCHSNER), da eine lymphogen-metastatische Geschwulstausbreitung auf die Minderzahl der Fälle beschränkt ist. Für die richtige Erkenntnis ist der Nachweis der Atemwegsokklusion auf hart exponierten Zielaufnahmen, Schichtbildern (GOLDMAN u. STEPHENS; GREINEDER; ESSER; GEBAUER; HASCHE; DI RIENZO u. WEBER; HAMM u. GAENSLER u.a.) oder mit Hilfe der Bronchographie entscheidend (BEUTEL; JACOB, DELARUE u. GAULTIER; LENK; HUIZINGA u. SMELT; MÉAN; STUTZ u. VIETEN; ANACKER;

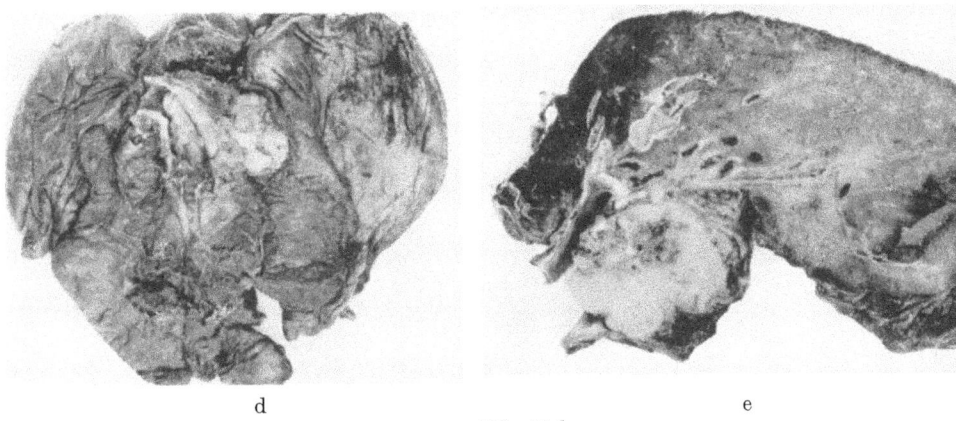

Abb. 73 d u. e

LINK u. STRNAD; DI RIENZO u. WEBER; HASCHE u. GLEICHMANN; SCHLUNGBAUM; OMODEI ZORINI u.a.).

Die *Tumorstenose* endobronchialer Adenome ist durch glattrandigen Abbruch bzw. Füllungsdefekt von rundlicher, ovaler, nicht selten mehrhöckeriger Form gekennzeichnet. Ein schmaler Stiel ist nur gelegentlich bei kleinen, frei in der Lichtung flottierenden Gewächsen darzustellen (ESSER), während er bei größeren, kugelig oder fingerförmig eingestülpten Polypen, die sich der Bronchialwand flächig anschmiegen, nicht sichtbar wird. Die konkave Aussparung breitbasig obturierender Polypen wirkt dagegen eher asymmetrisch, da ihre proximale Kontur nur zum freien Tumorrand hin einen spitzen Winkel zur Bronchialwand bildet, auf Seiten der Haftstelle aber meist stumpfwinkelig aus dem Niveau der Bronchialschleimhaut heraustritt. Am Teilungssporn einer Bronchialgabel wachsende Adenome verbreitern die sonst scharfkantige, knorpelig armierte Carina und engen mit ihrer knolligen Vorwölbung die benachbarten Ostien beider Bronchusäste zugleich ein (MÉAN; STUTZ u. VIETEN; SCHLUNGBAUM) (Abb. 68, 71 u. 73). Rein intramurale oder vornehmlich extrabronchiale Adenomformen rufen eine exzentrische glattbogige Eindellung des Lumens hervor, die nicht ohne weiteres von einer Kompressionsstenose durch umschriebene Lymphknotenhyperplasie zu unterscheiden ist (Abb. 73; vgl. Bd. IX/3, Abb. 242 u. 243, S. 368 u. 369).

Das *Stenosebild* polypöser Adenome ist recht charakteristisch, aber keineswegs pathognomonisch und daher für die *Differentialdiagnose* allein nicht beweiskräftig genug. Ebenso scharf konturierte intrakanalikuläre Aussparungen oder unvermittelte Bronchusabbrüche zeigen *alle gutartigen Bronchusgeschwülste* epithelialer bzw. mesenchymaler Herkunft (Papillome, Fibrome, Lipome, Chondrome, Myome, Hämangiome etc.) (s. S. 171ff.), *polypöse Bronchussarkome* verschiedener Bauart (s. Abb. 3 u. 4), *endobronchiale Hamartome* (ULRICH; EFFLER u. SCHEID; POSTLETHWAIT, HAGERTY u. TRENT; RUBIN u. BERKMAN; SHERRICK; OTTO; BONNEAU u. PAYAN; SIMONETTA; REBOUD, BONNEAU, DE CUTOIL u. OTTAVIOLI; CHARDACK u. WAITE; YOUNG, JONES, HUGHES, FOLEY u. FOX; HASCHE; HORÁNYI, ERDÉLYI u. SZÖTS; SZÖTS u. HORÁNYI; HASCHE u. HAENSELT) (s. Abb. 113), ferner *entzündliche Granulationstumoren und -polypen* unspezifischer oder tuberkulöser Ätiologie (POLLAK, COHEN u. GNASSI; PERONI; JACKSON u. JACKSON; HOLINGER; MOUNIER-KUHN, JEUNE, BERTHOYE u. BETHENOD; BJÖRK; GALLI, MINETTO u. FAZIO; HUZLY; AUER; FINK; O'KEEFE; BEDNÁŘ; FOURESTIER, DE SAINT GERMAIN u. FOURNIER; ŠÁLEK, PAZDERKA, SVATOŇ u. FLEISCHHANS; ŠÁLEK, PAZDERKA u. ŽÁK; MOSETITSCH; MORETTI u.a.) (s. Abb. 146, 148 u. Bd. IX/3, S. 349), gelegentlich auch — isoliert oder gemeinsam auftretend — *geschwulstartige Amyloidablagerungen* (HESSE; GIESE; s. auch Abb. 183 u. Bd. IX/3, S. 207/208) und *extramedulläre Plasmozytome im Bronchialsystem* (HARMER; KREIBIG; CHILDRESS u. ADIE; MÉSZAROS u. SIMÁRSZKY u.a.) (s. S. 161ff.).

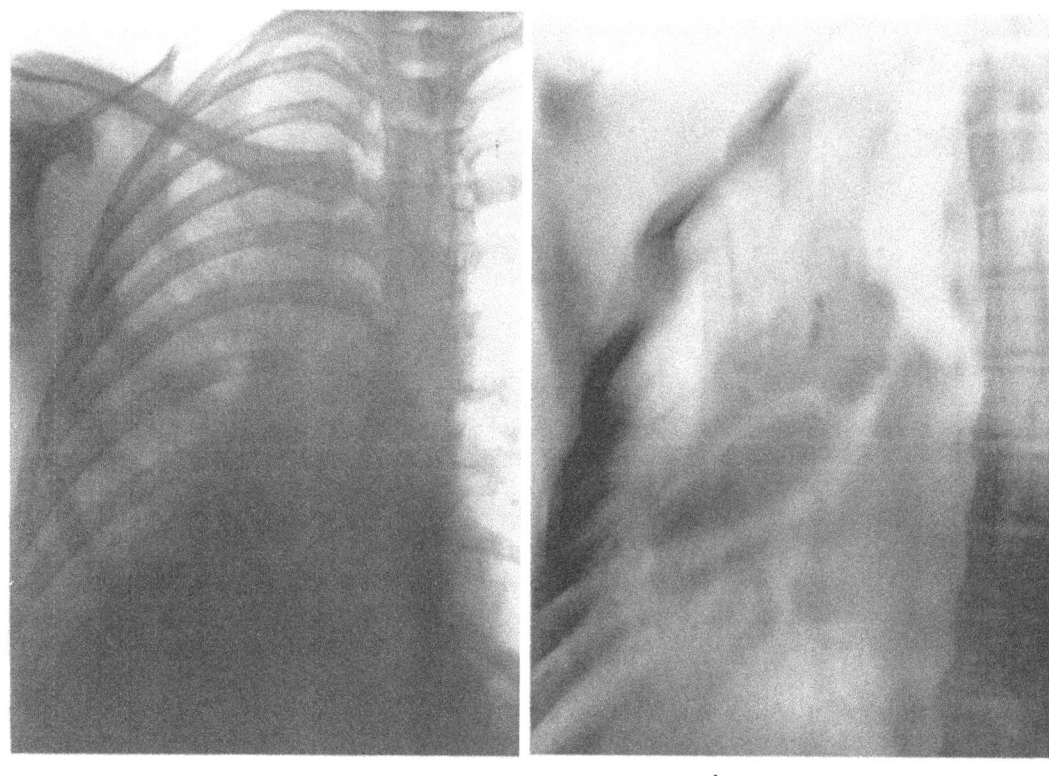

a   b

Abb. 74a u. b. *Walnußgroßes Zylindrom des rechten Hauptbronchus*. Seit 5 Jahren rezidivierende Lungenentzündungen, hartnäckiger „Bronchialkatarrh", wiederholte Hämoptysen und zunehmende Atemnot. Bei Klinikaufnahme wegen erneuter Pneumonie inhomogene Verschattung des geschrumpften rechten Lungenflügels mit Mediastinalretraktion infolge bifurkationsnaher Tumorstenose (a Ausschnitt der Thoraxübersichtsaufnahme p.-a. vom 13. 11. 51). Bronchoskopische Abtragung des polypösen Gewächses (Op.: Prof. ECKEL, Hals-Nasen-Ohrenklinik d. Univ. Münster/W., damal. Direktor: Prof. LOEBELL). Histologie: Mit Schleimhaut überzogenes zylindromatöses Basalzellenepitheliom (J.-Nr. 4672/51 u. 5408/51 Path. Inst. d. Univ. Münster/W., damal. Direktor: Prof. SIEGMUND). 14 Monate nach dem Eingriff Rezidiv des breitbasig am oberen Tracheobronchialwinkel aufsitzenden höckerigen Tumors mit poststenotischer Bronchiektasie, chronischer Obstruktionspneumonie und anhaltender Deviation des Mediastinums (b Schichtbild 8 cm a.-p. vom 27. 3. 53). J. R., 43jähr. ♀. Arch.-Nr. 707/51 Röntgenabtlg. d. Med. Univ.-Klinik u. Poliklinik Münster/W. (damal. Direktor: Prof. SCHELLONG)

Schließlich kann man morphologisch *identische Befunde bei exophytären Bronchuskrebsformen* erheben (BEUTEL; LINK u. STRNAD; V. MALKWITZ; STUTZ u. VIETEN; SHERWIN, LAFORTE u. STRIEDER u.a.) (Abb. 75). Die von DI RIENZO u. WEBER betonten funktionellen Unterscheidungsmerkmale polypöser Karzinome und Adenome (Bewegungsstarre oder Erhaltenbleiben der normalen respiratorischen Kaliberschwankung des betroffenen Bronchus in Höhe des Tumorursprungs) sind differentialdiagnostisch nur bedingt verwertbar (BRUNN u. GOLDMANN u.a.): am Ort kleinerer ins Lumen eingebrochener Krebse ist die Bronchialwand nicht immer sogleich zirkulär infiltriert bzw. eingemauert, und umgekehrt geht die Beweglichkeit strukturell noch intakter Wandabschnitte in Nachbarschaft eines „Eisberg-Adenoms" mit zunehmender peribronchialer Expansion unter dem Kompressionsdruck der Geschwulst immer mehr verloren (Abb. 73).

Das röntgenologische Erscheinungsbild der *Kardiopathie im Rahmen des endokrinen Karzinoid-Syndroms* variiert mit der Lokalisation der valvulären Endokardfibrose und dem Grad ihrer hämodynamischen Auswirkungen (Lit. s. KÄHLER u. HEILMEYER). Die anatomische Läsion (nach KÄHLER u. HEILMEYER in 55 von 138 Fällen = 39,9%, haupt-

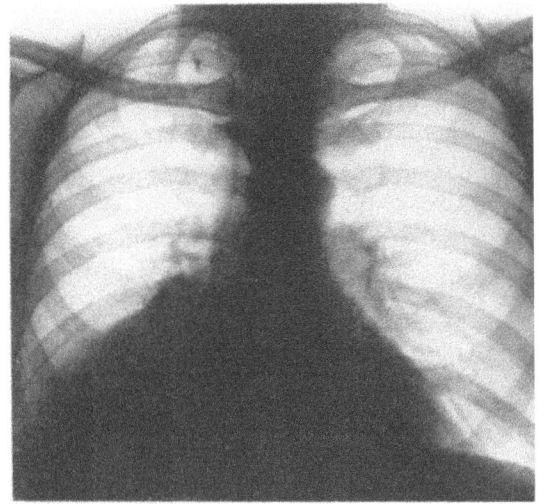
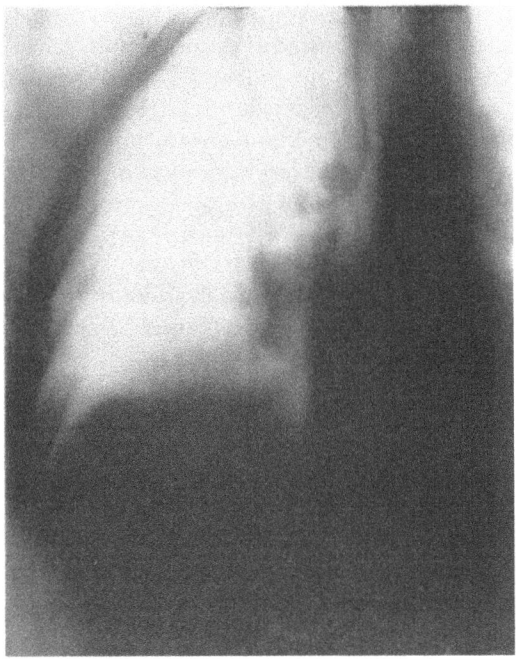

Abb. 75a—c. *Obstruktive Unterlappenschrumpfung bei polypös wachsendem Adenocarcinom des rechten Zwischen- und Unterlappenbronchus.* Histologisch verifizierter Befund. Summationsaufnahme p.-a. (a), Schichtbild 12 cm a.-p. (b): unvermittelter konkavbogiger Abbruch des bronchialen Aufhellungsbandes oberhalb des glattbogig in die Lichtung vorragenden Tumors. Bronchogramm seitlich (c): Aussparung des Mittellappenostiums bei komplettem Verschluß des Unterlappenbronchus durch den dorsal breitbasig verhafteten Karzinompolypen. O. M., 53jähr. ♂. Arch.-Nr. 6473/53 Röntgeninstitut d. Medizin. Univ.-Klinik Leipzig (damal. Direktor: Prof. M. BÜRGER)

sächlich bei enteralen Primärtumoren nachgewiesen) bleibt unterschwellig, bis sich ein einfaches oder kombiniertes Vitium entwickelt hat. Die Pulmonal- und Trikuspidalklappen sind bevorzugt betroffen. Je nach Angriffspunkt und Art des deformierenden Prozesses — Schrumpfung bzw. Verwachsungen von Klappenrändern und -ansätzen, Verkürzung der Sehnenfäden — können beide Ostien allein oder gemeinsam verunstaltet, d.h. verengert und/oder schlußunfähig werden. Am häufigsten sieht man Konfigurationsänderungen im Sinne der reinen *Pulmonalstenose* (Prominenz des Pulmonalkonus und verstärkte Wölbung der Herzvorderwand als Ausdruck widerstandsbedingter Verlängerung der Ausflußbahn des hypertrophischen rechten Ventrikels, poststenotische Ektasie des Pulmonaltrunkus, unter Umständen auch eines — meist des linken — Hauptastes der Lungenschlagader bei relativ spärlicher Gefäßzeichnung in der Lungenperipherie) (CUR-

Rens, Kinney u. White; Smith, Nyhus, Dalgliesh, Dutton, Lennox u. McFarlane; Kähler u. Heilmeyer u.a.). Solange das Vitium voll kompensiert wird, erscheint das Herz normal groß, jedenfalls nicht nennenswert querverbreitert. Zunehmende Rechtsdilatation und Anzeichen relativer Trikuspidalinsuffizienz treten erst nach längerer Zeit auf. Mischformen kommen am ehesten als *Pulmonalstenose mit Trikuspidalinsuffizienz*, aber auch in anderer Kombination vor (Thorson et al.; Currens, Kinney u. White; Hedinger u. Gloor; Bean, Olch u. Weinberg; Mills; Isler u. Hedinger; Millman; Wenger; Kähler u. Heilmeyer). Demgegenüber stehen *isolierte Trikuspidalanomalien* (Trikuspidalinsuffizienz: Olesen; Sjoedsma et al.; Waldenström u.a.; Trikuspidalstenose: Lit. s. Christian u. Currens; Bean et al.; McKusick; Benas u. Funk; Kähler u. Heilmeyer) im Hintergrund. Noch seltener sind linksseitig lokalisierte Klappenveränderungen im Sinne der *Mitral-* oder *Aorteninsuffizienz* (bei offenem Foramen ovale: McKusick; Wolfe, Davies, Mathias u. Schachter; bei unmittelbarem Serotonin-Einstrom in die Pulmonalvenen aus 2 Bronchuskarzinoiden: Bernheimer, Ehring, Heistrach, Kraupp, Lachnit, Obiditsch-Mayer u. Wenzl) oder Hypertrophie und Dilatation des linken Ventrikels als Folge *nephrogener Hypertension durch fibröse Einscheidung der arteriellen Nierengefäße* (Bernheim et al.).

Als *röntgenologisches Äquivalent eines Flush-Anfalls* beobachtete Thorson eine *vorübergehende stärkere Herzdilatation*. Da vornehmlich das rechte Herz betroffen war, handelte es sich offenbar um die Folge akuter Vasostriktion im kleinen Kreislauf. Bei unvermitteltem systolischen Druckanstieg im Körperkreislauf (Thorson) kann sich auch der linke Ventrikel und Vorhof passager erweitern, und eine diffuse Eintrübung des Lungenkerns mit Verwaschenheit der Gefäßstrukturen und vermehrter Füllung der pulmonalen Venenstämme wie bei *akutem Lungenödem* auftreten (Bernheimer et al.).

Zur *enteralen Symptomatologie* des Karzinoid-Syndroms gehört unter anderem der röntgenologische Befund erheblich *gesteigerter Dünndarmperistaltik mit Beschleunigung der Breipassage* (Hallén; Branwood u. Bain; Miles; Molander; Zarafonetis u. Kalai; Kähler u. Heilmeyer).

Die Zöliakographie gestattet die *angiographische Darstellung von Karzinoidmetastasen der Leber* (Ludin, Fahrländer u. Renggli; Simon, Warner, Baron u. Rudavsky u.a.), mit deren Vorhandensein beim endokrinen Karzinoidsyndrom stets zu rechnen ist (siehe S. 116).

Auf die *endokrin bedingten Asthmaanfälle* (McKusick; Biörck, Axén u. Thorson; Howenstein u. Gydesen; Hoffstetter, Mahaim u. Saegesser; Kähler u. Heilmeyer) wurde bereits im Zusammenhang mit der obstruktiven asthmatiformen Entlüftungsstörung bei inkompletter Bifurkationsstenose durch Zylindrome des unteren Trachealabschnitts hingewiesen (s. S. 129).

Infolge enteraler Resorptionsstörungen kann es zu *osteomalazischen Skeletveränderungen* mit typischer Osteoidbildung kommen (Hedinger). Beim metastasierenden Bronchuskarzinoid werden gelegentlich *osteoplastische Knochenmetastasen* beobachtet (Hyman u. Wells; Sandler u. Snow; Waldenström; Toomey u. Felson; Thomas).

Feyrter weist schließlich auf die bemerkenswerte *Häufigkeit der Nephrolithiasis* bei Karzinoidträgern hin (bei benignen Formen 7 bzw. 10%, bei malignen Formen 11 bzw. 23% bei Männern und Frauen).

3. Das primäre Lymphosarkom (lymphozytäre Lymphoblastom) der Lunge
a) Begriffsbestimmung und klinische Bedeutung

Die hier beschriebenen Tumoren sind sehr selten. Sie werden in der Literatur meist als *„primäres Lymphosarkom der Lunge"* bezeichnet (Pekelis; Rolly; Maier; Spatt u. Grayzel; Anlyan, Lovingood u. Klassen; Weissman u. Christie; Fleming u. Howie; Grimes, Weirich u. Stephens; Rose; Kirklin, McDonald, Clagett, Moersch u. Gage; Brindley; Webb; Paulson; Davis, Peabody u. Katz; Stout; Dvořáček u.

Tabelle 12. Histologische Klassifizierung primärer (maligner) Lymphome. (Nach GALL, E. A., MALLORY, T. B.: Amer. J. Path. 18, 381—429 (1942) und JACKSON, H., PARKER, F.: Hodgkin's disease and allied disorders. New York: Oxford Univ. Press 1947)

GALL u. MALLORY		JACKSON u. PARKER
Stammzell-Lymphom Plasmatozytisches (= monozytäres) Lymphom	} Retikulumzell-Sarkom	Retikulumzell-Sarkom
Lymphoblastisches Lymphom Lymphozytäres Lymphom		Lymphosarkom
Hodgkin-Lymphom		Hodgkin-Granulom
Hodgkin-Sarkom		Hodgkin-Sarkom
Follikuläres Lymphom		großfollikuläres Lymphom
	Mykosis fungoides Leukosen	

ČERMÁK; OCHSNER u. OCHSNER; CHEVALLIER, MANNÈS u. RENAULT; HALL u. BLADES; BARON u. WHITEHOUSE; ERGIN u. KEMLER; WEISS; SAROKHAN u. MORRISON; KRESS u. BRANTIGAN; STEPHANOPOULOS; HAUPT u. GLÖCKNER; ROTHE; MCNAMARA, KINGSLEY, PAULSON, DANDADE, RACE u. URSCHEL; STARKEY; RINK; O'DONNELL; HAVARD, NICHOLS u. STANFELD; MORRISON; HERING, TEMPLETON, HAUPT u. THEODOS; NOEHREN u. MCKEE; CLAGETT, ALLEN, PAYNE, LEWIS u. WOOLNER; BETANCOURT; MUNSCHEK; SCHOUTENS u. Mitarb.; ECK, HAUPT u. ROTHE; SCHRÖDER; ÅHREN u. ZETTERGREN; ROTHE; SCHULZE). Daneben verwendet man anderslautende Namen, wie „*isoliertes Lymphozytosarkom*" (BROUET, MARCHE, CHRÉTIEN u. HUGUES), „*Pseudo-Lymphosarkom*" (SALTZSTEIN; HUTCHINSON, FRIEDENBERG u. SALTZSTEIN), „*Lymphozytom*" (HEINE; HORÁNYI u. KERÉNYI; VOIGT-MOYKOPF; HORÁNYI, KERÉNYI u. VARGA; HIPPE; TICHOLOV u. NITCHEV), „*pulmonales (lymphozytäres) Lymphoblastom*" (V. ALBERTINI; MÜLLY; OPITZ; GLÄSER; O. HUECK; GLÄSER u. REICHMANN, REMÊ; REINERMANN; SCHARKOFF; SCHNETZER), „*lymphozytäres Lymphom*" (VAN HAZEL u. JENSIK; BECK u. REGANIS; SALTZSTEIN; THORNTON, ADAMS u. BLOCH; EHRENSTEIN; HILBUN u. CHAVEZ; RAPAPORT, WINTER u. HICKS; PAPAIOANNOU u. WATSON; DAHLGREN u. OVENFORS; MCDONALD; FELTON) und „*Lymphoretikulom der Lunge*" (THIERBACH u. HUTH; ECK, HAUPT u. ROTHE).

Die begriffliche Verständigung wird dadurch erschwert, daß man die betreffende relativ gutartige Tumorkategorie im angelsächsischen Schrifttum mit verschiedenen, biologisch zum Teil ausgesprochen malignen Gewächsen lympho-retikulo-endothelialer Abkunft unter dem *synonymen Oberbegriff* „*primäre Lymphome*" zusammenfaßt (BECK u. REGANIS; GALL u. MALLORY; JACKSON u. PARKER; CHURCHILL; AUFSES; THORNTON, ADAMS u. BLOCH; ARONS; SALTZSTEIN; COOLEY, MCDONALD u. CLAGETT; BERGHUIS, CLAGETT u. HARRISON; NEUBUERGER; STERNBERG, SIDRANSKY u. OCHSNER; EHRENSTEIN; PRICHARD u. BRADSHAW; HILBUN u. CHAVEZ; HUTCHINSON, FRIEDENBERG u. SALTZSTEIN; STARKEY; DAHLGREN u. OVENFORS; JACOBS; BECKER u. GAUWERKY; RAPAPORT u. Mitarb.; WETHERLY-MEIN et al.; VIEIRA; SOUDERS u. GREENSPAN; DE SANTO u. WEILAND; VAN HEERDEN, HARRISON, BERNATZ u. KIELY; NOVAK u. HILWEG; MOLANDER u. LACAYO u.a.). Außer dem hier erörterten „*lymphozytären Typ*" pulmonaler Lymphome (VAN HAZEL u. JENSIK; SALTZSTEIN; EHRENSTEIN; RAPAPORT et al.; HILBUN u. CHAVEZ; DAHLGREN u. OVENFORS u.a.) versteht man darunter alle autochthonen Erscheinungsformen maligner Retikulosen: das *primäre pulmonale Retothelsarkom* (PESCATORI; RANSDALL, BAILEY u. ELLISON; SCHÜTZ u. KÖHN; SALTZSTEIN; EHRENSTEIN; RAPAPORT u. Mitarb.; HILBUN u. CHAVEZ; NEWALL et al.; GIRAUD, BERNARD, MÉTRAS u. ORSINI; HOLZNER u. ZEITLHOFER; KEIBL u. Mitarb.; ESKENASY; KÜHBÖCK, LOTENWEIN u. RIEGLER; KRESS u. HIRSCHFELD; SEBESTÉNY u. BESZNYÁK u.a.) (Abb. 76; s. auch Bd. IX/4b, Abb. 600), die *primäre solitärknotige Lympho-*

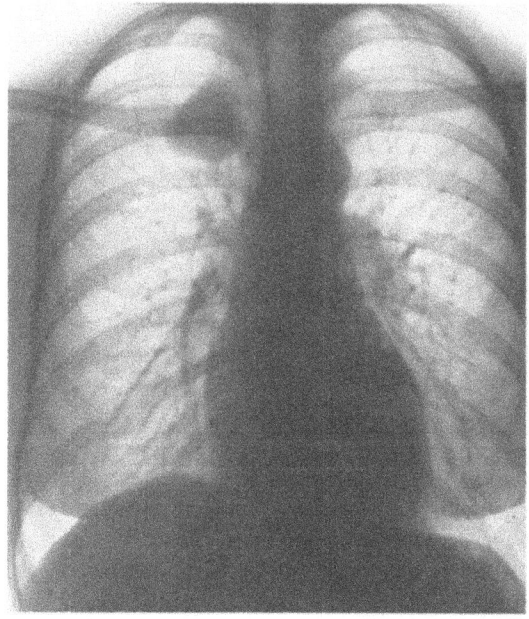
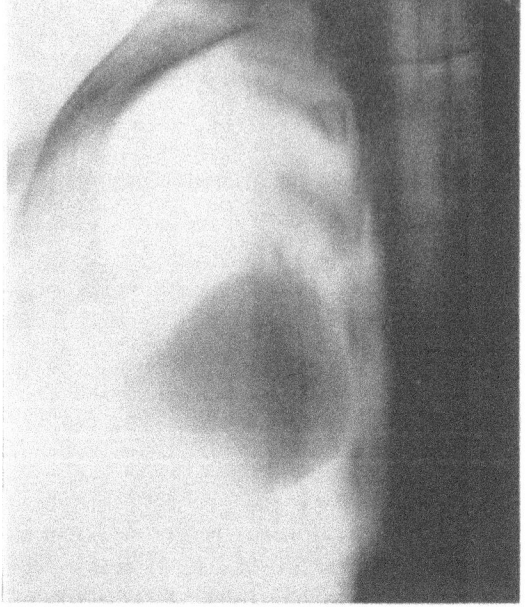
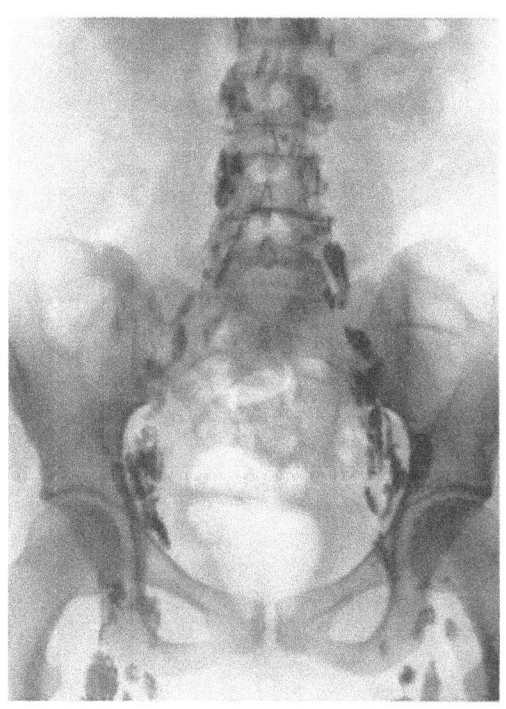

Abb. 76a—c. *Solitärer Geschwulstknoten eines (primären?) Retikulumzellsarkoms der Lunge ohne nachweisliche Beteiligung intra- und extrathorakaler Lymphknoten.* Klinikeinweisung nach zufälliger Entdeckung eines neoplasieverdächtigen Rundschattens im rechten Oberlappen (a Thoraxübersichtsaufnahme p.-a., b Schichtbild 8,5 cm a.-p., Arch.-Nr. 3525/71 Röntgenabtlg. (Leiter: Prof. A. GEBAUER) d. Med. Univ.-Kliniken Frankfurt/M.). Klinische, hämatologisch-serologische und andere laborchemische Befunde gaben keinen Aufschluß des Lungenrundherdes, der sich ohne erkennbare Lymphknotenschwellung im Brustraum oder an den tastbaren Filterstationen asymptomatisch entwickelt hatte. Tumorentfernung durch Lobektomie. Anatomischer Befund: Im Durchmesser $5 \times 3,5$ cm großer, angedeutet gelappter scharf begrenzter Tumor von mittelfester Konsistenz und gelblich-grauer Farbe auf der Schnittfläche. Histologie: Großzelliges Retikulumzellsarkom mit ausgeprägtem interzellulären Gitterfasernetz (E.-Nr. 5870/71 Patholog. Inst. d. Krhs. Nordwest, Direktor: Prof. KAHLAU). Die mitentfernten, nicht vergrößerten regionären Lymphknoten zeigten anthrakotische Pigmentablagerungen, enthielten aber kein Tumorgewebe (E.-Nr. 5971/71). Da die postoperative Lymphographie keinen Anhalt für eine Beteiligung retroperitonealer Lymphknoten bot, und die Milz nicht vergrößert war, ergab sich per exclusionem die Annahme einer primär pulmonalen Manifestation der Retikulose. C.W., 27jähr. ♀. Arch.-Nr. 1904 44322 Radiol. Zentralinst. d. Krhs. Nordwest Frankfurt/M.

granulomatose der Lungen (VERSÉ; ALTMANN; WEBER; LENK; HELD; BLUM; KAUFMANN; RÁTKOCZY; GALL u. MALLORY; JACKSON u. PARKER; MOOLTEN; WALTHARD; VIETA u. CRAVER; SUGARBAKER u. CRAVER; KIRKLIN u. HEFKE; FALCONER u. LEONARD; BOLLAG u. SCHWARZ; MALLORY; WACHNER; ZADEK; HEATLEY; ROBBINS; DELARUE; DESJARDINS,

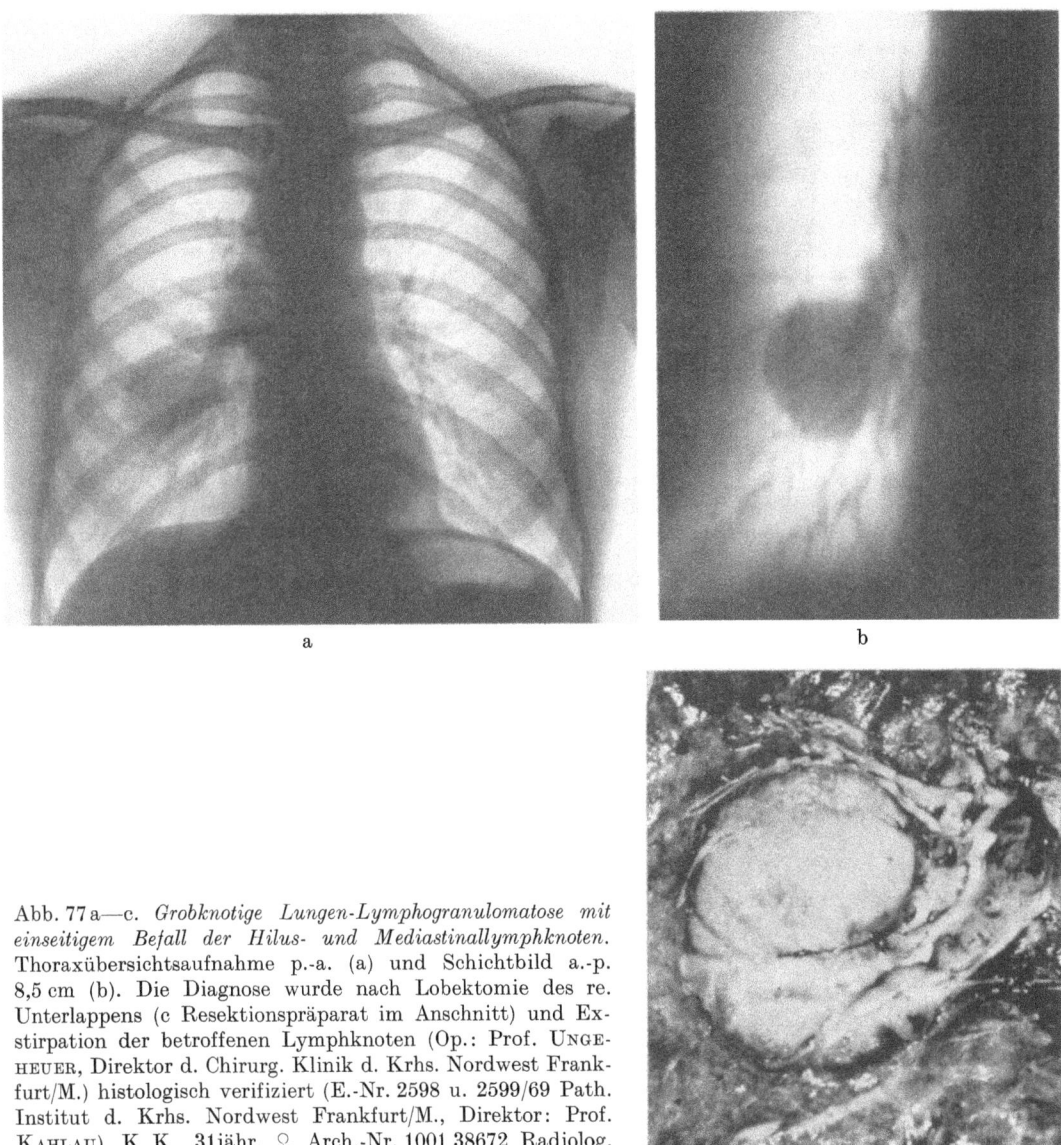

Abb. 77a—c. *Grobknotige Lungen-Lymphogranulomatose mit einseitigem Befall der Hilus- und Mediastinallymphknoten.* Thoraxübersichtsaufnahme p.-a. (a) und Schichtbild a.-p. 8,5 cm (b). Die Diagnose wurde nach Lobektomie des re. Unterlappens (c Resektionspräparat im Anschnitt) und Exstirpation der betroffenen Lymphknoten (Op.: Prof. UNGEHEUER, Direktor d. Chirurg. Klinik d. Krhs. Nordwest Frankfurt/M.) histologisch verifiziert (E.-Nr. 2598 u. 2599/69 Path. Institut d. Krhs. Nordwest Frankfurt/M., Direktor: Prof. KAHLAU). K. K., 31jähr. ♀. Arch.-Nr. 1001 38672 Radiolog. Zentralinstitut d. Krhs. Nordwest Frankfurt/M.

HABEIN u. WATKINS; PEIRCE, JACOX u. HILDRETH; WESSLER u. GREENE; AUSES; NEUBUERGER; VAN HAZEL u. JENSIK; ENNUYER, CAILLERET u. HÉLARY; COOLEY, MCDONALD u. CLAGETT; STERNBERG, SIDRANSKY u. OCHSNER; SACHS; SEMB; SIMON; OLMER, GASCARD u. DARCOURT; EFSKIND u. WEXELS; BERGHUIS, CLAGETT u. HARRISON; SALTZSTEIN; EHRENSTEIN; ZANDER; LOEW; WOLPAW, HIGLEY u. HAUSER; COCCHI; CRAVER, BRAUND u. TYLER; LUMB; AGRIFOGLIO; LEHMANN; BANFI; YARDUMIAN u. MYERS; JACOB, LEBLOIS u. MAYER; VOTH; ALBOT, DECOURT u. SOULAS; GUIMARÃES; KOLÁŘ-KÁČL u. PALEČEK; GESSNER; KLUGE; MONAHAN; PERESLEGIN et al.; SOUDERS u. GREENSPAN; POLETTI u. NARCISI; SHALLENBERGER u. Mitarb.; GALLIAN u. ROUJEAU; KERN, CREPEAU u. JONES; RAPAPORT et al.; HILBUN u. CHAVEZ; VOLLHABER; FICARI u. CAPELLINI; ELLISON, BAILEY, YEH, CORPE, LIANG u. STERGUS; STOLBERG, RATT, MACEWEN, WARWICK u. BROWN; ECK, HAUPT u. ROTHE; BEGEMANN; STEEL u.a.) (Abb. 77 u. 255) und deren sarkomatöse Abart (Tabelle 12).

Nach verbreitetem Sprachgebrauch zählt man zur Gruppe der malignen Lymphome „im weiteren Sinne und ohne Bezugnahme auf primäre solitäre Lungentumoren nach der histologisch-klinischen Einteilung von GALL u. MALLORY bzw. von JACKSON u. PARKER außer den genannten Formen auch noch die Brill-Symmerssche großfollikuläre Lymphadenose, die *Mykosis fungoides* und die *Leukämien*" (O. HUECK) (Tabelle 12). Die *primär pulmonale Manifestation des großfollikulären Lymphoblastoms* (BRILL, BAEHR u. ROSENTHAL; SYMMERS; BAEHR u. ROSENTHAL; BAEHR; GALL, MORRISON u. SCOTT; STAHEL; MEYER; GALL u. MALLORY u.a.) ist im vorliegenden Schrifttum nur mit einer Beobachtung von ROBBINS belegt (zit. nach SALZSTEIN; s. auch BILGER).

Auch der in der deutschsprachigen Literatur übliche Begriff „Lymphoblastom" wird für zwei nach Bauart und Ursprungsort unterschiedliche lymphatische Tumoren gebraucht (SCHARKOFF). Die erste Variante, das klassische „Lymphoblastom der Lunge" (v. ALBERTINI) entspricht der hier geschilderten Geschwulstart. Die zweite, das von CASTLEMAN als „thymomähnlich" beschriebene *angiofollikuläre Lymphom*, wurde nach bisherigen Berichten (über 70 Fälle) als ausschließlich lymphonoduläre Erkrankung zu zwei Dritteln endothorakal (Lungenhili, Mediastinum) beobachtet (CASTLEMAN; CASTLEMAN u. Mitarb.; BERNATZ, HARRISON u. CLAGETT; ZETTERGREN; LENNERT; GLÄSER; SCHUMANN; MÖBIUS u. SCHÜTZE; PIETRA; BROMQUIST; HARRISON u. BERNATZ; VENEZIALE, SHERIDAN, PAYNE u. HARRISON; PERESLEGIN, FILKOVA u. KHMELEVSKAYA; UEHLINGER zit. nach SCHARKOFF; eigene Beobachtung: intrapulmonaler Sitz im fissurnahen Mittellappenabschnitt parahilär). Es handelt sich um eine Lymphknotenhyperplasie mit hyalin verödeten Follikelzentren, in denen sich eine zwiebelschalenartige Lymphozytenanordnung und starke Gefäßproliferation zeigt.

Die uneinheitliche Nomenklatur deutet die Problematik an, welche die Klassifizierung rundzelliger Zytoblastome als wenig gegliederter „zellreicher Gewächse von schwer bestimmbarer Gestalt" (W. HUECK) ganz allgemein bietet. Während die lymphozytären Geschwülste vom feingeweblichen Bild umschriebener Lymphogranulomatose und Retothelsarkomknoten ohne weiteres zu unterscheiden sind, ist es nach histo-zytologischen Kriterien allein schwieriger, sie von tumorartigen Infiltraten chronischer aleukämischer oder leukotischer Lymphadenosen abzugrenzen, sowie zwischen örtlicher reaktiver Hyperplasie und Neoplasie des lymphatischen Apparates zu trennen (v. ALBERTINI; O. HUECK; CALLENDER; WISEMAN; WARTHIN; HELLY; FORKNER; EHRLICH u. GERBER; GALL u. MALLORY; CUSTER u. BERARD u.a.). Ähnlich problematisch ist die Differenzierung entzündlicher plasmazellulärer Pseudotumoren bzw. Plasmazell-Granulome (s. S. 161, 168, 177 u. 311) vom „isolierten primären Plasmozytom der Lunge" (s. Abb. 84), das formalgenetisch — Abstammung von ortsständigen Lymphoidstrukturen (WENZL; O. HUECK u.a.) — gewisse Parallelen zeigt.

Manche Autoren stellen den neoplastischen Charakter der reifzelligen Lymphozytoblastome in Frage, die stellenweise typische Keimzentren enthalten und meist ohne Beteiligung regionärer und nachgeordneter Mediastinallymphknoten auftreten (SALTZSTEIN; HUTCHINSON, FRIEDENBERG u. SALTZSTEIN; O.HUECK; ROBBINS, PEALE u. AL-SALEEM). SALTZSTEIN hält die von ihm sog. *„Pseudo-Lymphosarkome"* für *entzündliche Lymphozyteninfiltrate unbekannter Ätiologie* und glaubt einen *Unterschied zu malignen lymphoblastären Formen* feststellen zu können (s. auch RAPAPORT et al.).

Nach vorherrschender Ansicht handelt es sich auch bei den einförmig reifzelligen Gewächsen um *echte Neubildungen*. VOIGT-MOYKOPF rechnet die primären „Lymphozytome" und „Plasmozytome" zu den gutartigen Lungengeschwülsten. Gewiß erweckt die begriffliche Zuordnung zu den „Sarkomen" den fälschlichen Eindruck eines unbedingt bösartigen tumorbiologischen Verhaltens. Nach der vorliegenden Kasuistik erweisen sich die in Frage stehenden Blastome tatsächlich eher als *Tumoren von relativ geringem Malignitätsgrad*, die ungeachtet der verwirrenden terminologischen Übereinstimmung in biologischer und lokalisatorischer Hinsicht vom üblichen Aspekt des endothorakalen lymphonodulären Lymphosarkoms klassischer Prägung abweichen.

Sie *entstehen ohne vorherigen Befall mediastinaler Lymphknoten als autochthone Neoplasie der im Lungenparenchym eingeschlossenen lymphoiden Strukturen* (PEKELIS; VERSÉ; BIRCH-HIRSCHFELD; SIMSON u. STRACHAN; EHRENSTEIN; PRICHARD u. BRADSHAW; HAUPT u. GLÖCKNER; ECK, HAUPT u. ROTHE; SCHULZE u.a.), die in der Submukosa kleiner Bronchien und in den peribroncho-vaskulären Bindegewebsscheiden (v. HAYEK; MILLER; POLICARD; GIESE u.a.), stellenweise auch subpleural verstreut liegen (ARNOLD; HELLER; BOSSUET). Die Geschwülste zeichnen sich durch außerordentlich *protrahiertes, örtlich verdrängendes Wachstum und geringe Metastasierungstendenz* aus und bieten daher *selbst nach mehrjähriger Entwicklung noch gute chirurgische Heilungschancen* (BECK u. REGANIS; GRIMES, WEIRICH u. STEPHENS; STERNBERG, SIDRANSKY u. OCHSNER; EHRENSTEIN; ROSE; BARON u. WHITEHOUSE; GUIMARÃES; SCHARKOFF; MCNAMARA u. Mitarb.; ECK, HAUPT u. ROTHE; SCHULZE u.a.). Nach allgemeiner Erfahrung haben die primären lymphozytären Lymphoblastome eine *ungleich günstigere Prognose als das primäre Lympho-*

granulom und Retothelsarkom der Lunge (SALTZSTEIN; EHRENSTEIN; RAPAPORT, WINTER u. HICKS; AGRIFOGLIO; ESKENASY; KÜHBÖCK, LOTENWEIN u. RIEGLER u.a.).

Bezüglich der Formalgenese und des biologischen Verhaltens bestehen ebenso *grundsätzliche Unterschiede zur prognostisch infausten sekundären Lungeninfiltration*, die man *im Verlauf generalisierter Lymphosarkomatose der Mediastinallymphknoten*, mitunter *bei thymogenen Rundzellsarkomen* und — in etwa 5—50% — *bei sonstigen systematisierten malignen Retikulosen* des Brustraums antrifft (Retikulumzellsarkom, Lymphogranulomatose, Hodgkin-Sarkom, retothelsarkomatös entartetes großfolliculäres Lymphoblastom, Terminalstadium der Mycosis fungoides) (VERSÉ; HIRSCHFELD; BOLLAG u. SCHWARZ; LENK; WESSLER u. GREENE; WEICKER; SCHAEFER u. WURM; WACHNER; JACOX et al.; PEIRCE u. Mitarb.; MOOLTEN; KIRKLIN u. HEFKE; GALL u. MALLORY; JACKSON u. PARKER; RATKÓCZY; WALTHARD; FALCONER u. LEONARD; SUGARBAKER u. CRAVER; ROBBINS; VIETA u. CRAVER; WOLPAW, HIGLEY u. HAUSER; TESCHENDORF; COCCHI; HEATLEY; STEINER; ROSENBERG et al.; ZETTERGREN; FABRE, BOUISSOU u. PAILLONCY; SIMON; WEBER; SHEINMEL, ROSWIT u. LAWRENCE; ENNUYER, CAILLERET u. HÉLARY; SYMMERS; BRILL, BAEHR u. ROSENTHAL; SALTZSTEIN; EHRENSTEIN; COOLEY, MCDONALD u. CLAGETT; BERGHUIS, CLAGETT u. HARRISON; ROBBINS; JUSTIN-BEZAÇON et al.; CRAVER, BRAUND u. TYLER; CHARR u. WASCOLOMIS; CASTEX, PAVLOVSKY u. VALOTTA; GIESE; HARTUNG; KOLÁŘ, KÁČL u. PALEČEK; TSUKERMAN; BOWER; HARTLEIB; WILLIAMS; LUCAS, PLATZBECKER u. REICHARDT; MIELECKI u. PYZIOL; MLOSEK; STOLBERG, RATT, MCEWEN, WARWICK u. BROWN; LUMB; POLETTI u. NARCISI; KINDLER; LESZLER u. PEREDI; MORELLINI, JNGRAO, BELLI u. COPPOLA; VOTH; STARICHKOV; STRICKLAND; ROTTE, BAUKE u. SCHRÖDER; FELSON; MUSSHOFF, RENEMANN, BOUTIS u. AFKHAM; HEUCK; GARRISON, DINES, HARRISON, DOUGLAS u. MILLER; ŠÁRI et al.; LIESER u.a.) (s. S. 11, 359, 373, 405, 413, 423, 431, 439—442, 444 u. 455).

b) Häufigkeit, Geschlechts- und Altersverteilung

Seit der ersten verläßlichen Beschreibung durch PEKELIS wurden in 60 Berichten des vorliegenden Schrifttums (Lit. s. S. 140/141) über 100 einschlägige Beobachtungen mitgeteilt (Übersichten s. BECK u. REGANIS; ROSE; BARON u. WHITEHOUSE; SCHARKOFF sowie SALTZSTEIN, der 1963 — einschließlich 12 eigener — 85 Fälle von primärem Lymphosarkom der Lungen zusammenstellte; ferner ECK, HAUPT u. ROTHE).

Gemessen an der *Häufigkeit des sekundären Lungenbefalls beim systematisierten Lymphosarkom und Lymphogranulom des Mediastinums* (nach Röntgenbefunden: KIRKLIN u. HEFKE 4,6%; CRAVER, BRAUND u. TYLER 12%; JACKSON u. PARKER 14% von 170 Hodgkin-Fällen; ENNUYER, CAILLERET u. HÉLARY 25% unter 136 Lymphogranulomatose-Fällen; nach Autopsiekontrollen: VERSÉ 10%; BOLLAG u. SCHWARZ 22%; VIETA u. CRAVER 34% von 297 Lymphosarkomen; FALCONER u. LEONARD 36%; CRAVER, BRAUND u. TYLER 39%; WOLPAW, HIGLEY u. HAUSER 40% (55 Fälle); JACKSON u. PARKER 41%; MOOLTEN 50% von 18 Fällen) ist die *primär pulmonale Geschwulstform außerordentlich selten*. Unter 814 Fällen von endothorakalen Lymphosarkomen und malignen Lymphoblastomen anderer Bauart, die SUGARBAKER u. CRAVER bzw. GALL u. MALLORY sichteten, befand sich nur ein entsprechender Primärtumor der Lunge. Bei 400 Lungenresektionen der letzten 10 Jahre verzeichnete ROTHE zwei Fälle, in denen ein Lymphosarkom durch Lobektomie entfernt wurde. RINK beziffert den Anteil dieser Tumoren unter 1182 operierten Lungengeschwülsten mit 0,4% (5 Fälle). Auch in anderen Operationsstatistiken sind nur Einzelfälle aufgeführt (CLAGETT, ALLEN, LEWIS u. WOOLNER; THIERBACH u. HUTH; SCHARKOFF).

Für eine statistische Auswertung ist das Material zu klein. Aus verfügbaren Daten von 53 Patienten (v. ALBERTINI bzw. MÜLLY; BRINDLEY; PAULSON; WEBB; BARON u. WHITEHOUSE; BROUET et al.; CHEVALLIER u. Mitarb.; EHRENSTEIN; SCHARKOFF; 5 eigene Beobachtungen) berechnet sich das *Geschlechtsverhältnis* ♂ (24) : ♀ (29) mit *1:1,2*. Ein überwiegender Befall des weiblichen Geschlechts wird auch von anderen Autoren registriert

(VAN HAZEL u. JENSIK; COOLEY, MCDONALD u. CLAGETT; EHRENSTEIN). Nach Feststellungen von EHRENSTEIN und eigenen Recherchen bei Durchsicht der Kasuistik trat die Erkrankung in den *Altersgrenzen des 4.—75. Lebensjahres, bevorzugt in mittleren Altersstufen* auf (Durchschnittsalter obiger 51 Patienten und weiterer 15 Patienten (GLÖCKNER u. HAUPT; SALTZSTEIN): 51,6 Jahre). SALTZSTEIN beziffert das *Altersmittel mit 53 Jahren* (102 Fälle der Weltliteratur), PAPAIOANNOU u. WATSON geben 52,9 Jahre an. Es besteht demnach eine statistisch signifikante Differenz von etwa einem Dezennium zwischen dem Manifestationsalter der reifzelligen Geschwülste und dem maligner Lymphome (Durchschnittsalter bei isoliertem Retothelsarkom und anderen Formen maligner Retikulosen: SALTZSTEIN 42,2 Jahre; PAPAIOANNOU u. WATSON 42,6 Jahre; EHRENSTEIN 43,5 Jahre).

c) Pathologisch-anatomische Morphologie

Die lymphozytären Blastome erscheinen *makroskopisch* als derbe Knoten oder diffuse, zur gesunden Umgebung hin ziemlich scharf abgesetzte Infiltrate von gelblicher oder grauweißer Farbe, markiger bis fester Konsistenz und mitunter angedeutet gallertartiger

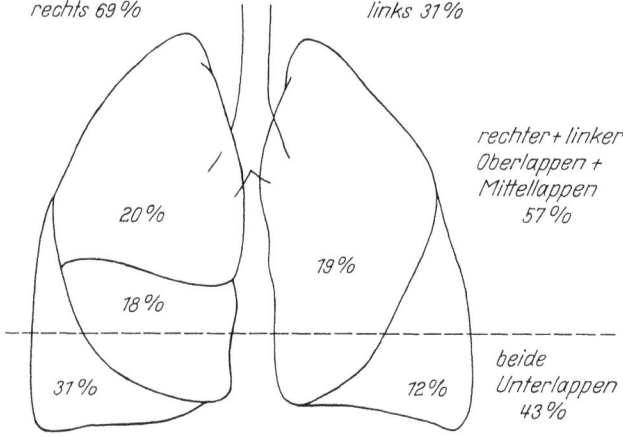

Abb. 78. *Lappenlokalisation der primären Lymphosarkome.* (Nach Schrifttumsangaben in 100 Fällen aus ECK, H., HAUPT, R., ROTHE, G.: Die gut- und bösartigen Lungengeschwülste. In: Handbuch der speziellen pathologischen Anatomie und Histologie. Bd. III/4, Abb. 171. Berlin-Heidelberg-New York: Springer 1969)

Beschaffenheit der Schnittfläche (Abb. 79). Der äußere Aspekt ähnelt dem einer hepatisierten Pneumonie oder diffusen Formen der Lungenadenomatose (vgl. Abb. 33 u. 36). Das zunächst umschriebene Tumorinfiltrat entsteht gewöhnlich unilobär. Der Prozeß breitet sich kontinuierlich im betroffenen Segment- und Lobärareal aus, respektiert im allgemeinen die Lappengrenzen, kann aber den schwielig obliterierten Interlobärspalt überschreiten bzw. bei unvollständiger Fissurteilung über eine Parenchymbrücke auf den Nachbarlappen übergreifen (Abb. 79 u. 81) und — selten — einen ganzen Lungenflügel ausfüllen.

In der *Lokalisation* unterschieden sich die Geschwülste durch ihren bevorzugt rechtsseitigen Sitz und besonders häufigen Befall des rechten Unterlappens von anderen bronchopulmonalen Sarkomen (Abb. 78).

Wie die simultane Infiltration mehrerer (SCHULZE) oder aller Lappen einer Seite (HILBUN u. CHAVEZ) ist das Auftreten eines Rezidivs im Nachbarlappen nach Lobektomie (GLÄSER) dem kontinuierlichen Infiltrationsmodus, nicht intrapulmonaler „Metastasierung" im Sinne einer disseminierten Lungenadenomatose zuzuschreiben, zumal die Geschwulst keine kontralateralen Lungenmetastasen hervorruft.

Trotz ausgedehnter Gerüstinfiltration wird das Volumen der befallenen Lungenabschnitte infolge des multilokulären Alveolarkollapses eher kleiner (s. Abb. 81). Die darin enthaltenen Bronchien sind oft sekundär katarrhalisch verändert, in manchen Segmenten leicht erweitert, zur Peripherie hin aber fast immer eingeengt oder von massiven peribronchialen Infiltraten völlig verschlossen (Abb. 81). Durch örtliche Kreislaufstörung kann es innerhalb der fleischartig verfestigten Tumormasse zu *nekrotischem Zerfall* kommen (CHEVALLIER, MANNÈS u. RENAULT; STERNBERG, SIDRANSKY u. OCHSNER; COOLEY, MCDONALD u. CLAGETT; BARON u. WHITEHOUSE; DAHLGREN u. OVENFORS; EHRENSTEIN u.a.), doch sind *Hohlraumbildungen* seltener zu finden als bei primären Lymphogranulomknoten der Lunge (STEEL; EFSKIND u. WEXELS; D'AMATO, LATIENDA u. PIZZARO; SALTZSTEIN; EHRENSTEIN; LIESER; MOOLTEN; SIMON; COOLEY, MCDONALD u. CLAGETT; BERGHUIS, CLAGETT u. HARRISON u.a.) und beim herdförmigen pulmonalen Retothelsarkom (GIRAUD et al.; SALTZSTEIN; EHRENSTEIN). Die in Mitleidenschaft gezogene Pleura verliert ihre spiegelnde Glätte und Durchsichtigkeit. Die Serosa wird entzündlich verdickt und weist flächige Auflagerungen oder Adhäsionen auf. Entzündliche Begleitergüsse sind häufiger als neoplastische Exsudate.

Mikroskopisch bietet sich ein gänzlich anderer Befund als bei den äußerlich ähnlich aussehenden Lymphomherden maligner Retikulosen. Es handelt sich um stromalose Geschwulstinfiltrate aus kleinen Rundzellen, die mit ihren ziemlich einförmigen, mäßig chromatinreichen Kernen und mehr oder weniger schmalen Plasmasäumen Lymphozyten gleichen (Abb. 79, 82). Lymphoblastenartige Elemente kommen vor, treten aber im Gesamtbild gegenüber den reifzelligen Formen gewöhnlich in den Hintergrund. Retikulumzellen sind allenfalls spärlich vorhanden, plasmazelluläre Bestandteile, Histiozyten und Riesenzellen in der Regel zu vermissen.

Die Infiltrate durchsetzen das Lungengerüst unter fächerförmiger Ausbreitung in den Alveolarsepten und peribronchialen Bindegewebszügen, ohne zunächst die Fasertextur zu zerstören. Sie verwischen aber schließlich die Organstruktur gänzlich, drängen die Alveolen zusammen, umhüllen kleinere Bronchien und Gefäße mantelartig und dringen innerhalb der Submukosa diffus, mit einzelnen Elementen auch in die Epithelschicht ein (Abb. 79). Die Bronchialschleimhaut wird dadurch stellenweise abgehoben, bleibt jedoch im allgemeinen intakt. Umschriebene Ulzerationen wurden nur in 4 von 39 Fällen beobachtet (BARON u. WHITEHOUSE). In den Alveolen findet man reichlich abgeschilferte, meist verfettete Alveolarepithelien bzw. Makrophagen, im Gegensatz zur intraalveolär wachsenden Lungenadenomatose aber kaum Tumorzellen. Die interstitielle Geschwulstinfiltration umfließt Knorpelspangen uud sero-muköse Bronchialdrüsen (Abb. 79a), erreicht in breiter Front oder mit zungenförmigen Ausläufern die Pleura und löst deren Deckschicht zum Teil ab. Die kleinknotigen Herde am Rand des infiltrierten Lungensektors sind oft von perifokalen Fleckenatelektasen umgeben (Abb. 79b u. c). Trotz fehlender Plasmazellbestandteile können wie bei Plasmozytomherden (s. S. 164) amorphe Ablagerungen von Paramyloid in der Nachbarschaft der kleinzelligen Infiltrationsbezirke auftreten (WEISS). Die sonst regellos angeordneten diffusen Zellansammlungen formieren sich nicht selten zu typischen Keimzentren (SALTZSTEIN; O.HUECK u.a.) (Abb. 79). Destruktives Tumorwachstum ist selbst in den Spätstadien kaum festzustellen.

Die regionären Lymphknoten sind primär unbeteiligt, bleiben lange verschont oder zeigen diffuse lymphatische Hyperplasie bei erhaltener Follikelstruktur.

Metastasen sind verhältnismäßig selten nachweisbar. Sie entstehen spät und eher örtlich-lymphogen als in entfernten Organen. In erster Linie betrifft die extrapulmonale Ausdehnung des Blastoms die Abflußlymphknoten, die bei primär pulmonaler Geschwulstlokalisation anfangs und noch nach Jahren unversehrt gefunden werden. Nur bei etwa einem Drittel der von BARON u. WHITEHOUSE aus dem Schrifttum gesammelten Fälle war es zu regionaler und/oder Fernmetastasierung gekommen (Leber, Gehirn, Schädel-, Achsen- und Rumpfskelet, Parotis, axilläre oder supraklavikuläre Lymphknoten) (s. auch PEKELIS; BECK u. REGANIS; ROSE; MCNAMARA, KINGSLEY, PAULSON, DANDADE, RACE u. URSCHEL; SCHULZE).

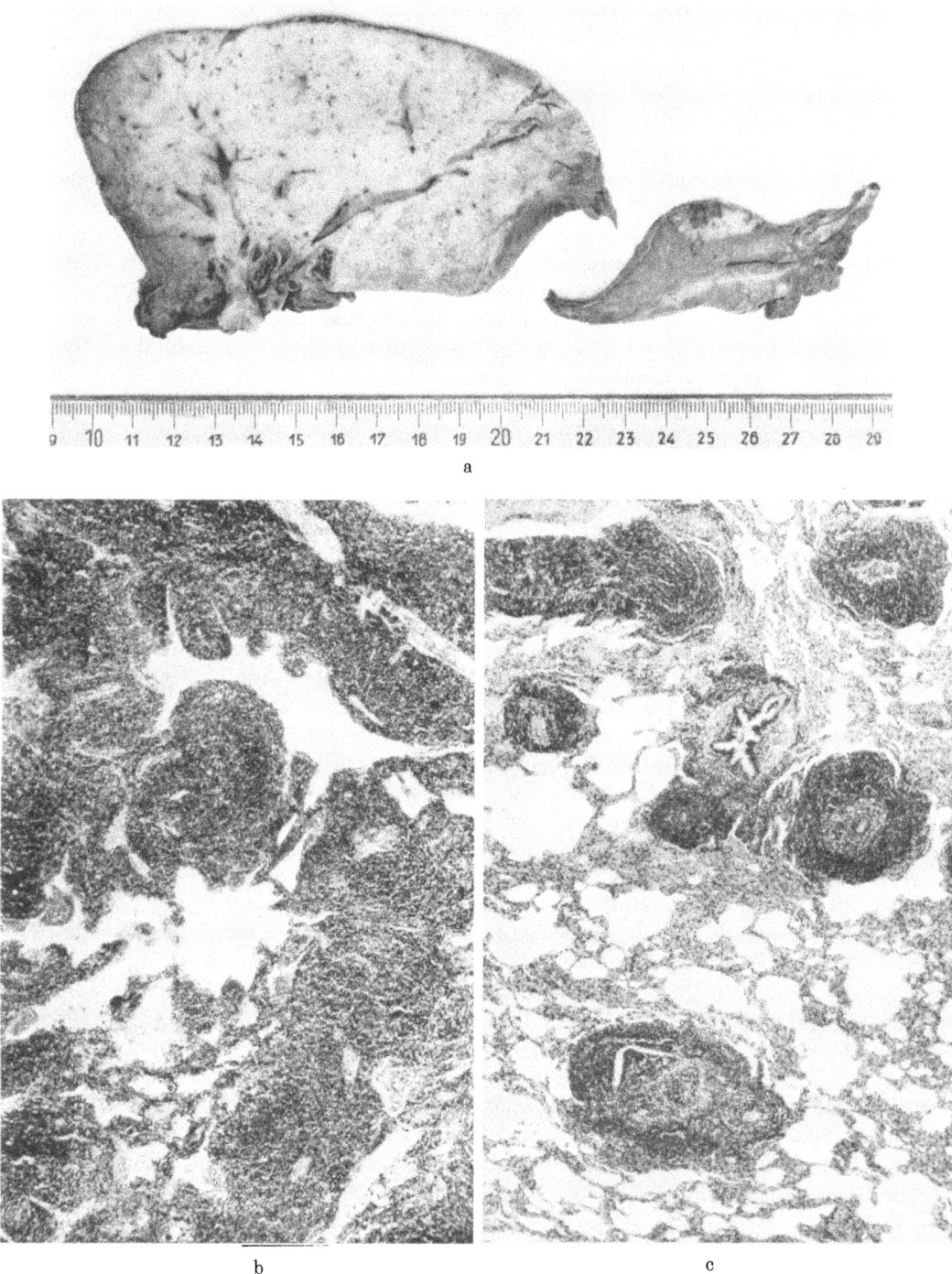

Abb. 79a—e. *Anatomischer Befund bei primärem Lymphosarkom der Lunge.* Resektionspräparat (Bilobektomie) im Anschnitt (a): Diffuse interstitielle Geschwulstinfiltration (hell) des bis auf eine lufthaltige Randzone (dunkel) geschrumpften rechten Unterlappens (links). Herdförmige subpleurale Tumorinfiltration im fissurnahen Teil des Mittellappens (rechts). b Schnitt durch Tumorzentrum (Unterlappen): Massive Infiltration des Interstitiums mit Einengung der restlichen Alveolarräume. Abschilferung verfetteter Alveolarepithelien. c Schnitt durch Tumorrandzone: Mantelförmige Einscheidung von Bronchiolen und Gefäßen durch Ausläufer der interstitiellen Tumorinfiltrate. Vereinzelt Flemmingsche Keimzentren. Perinoduläre Atelektasen. d Anschnitt eines größeren Bronchus im Tumorgebiet: Die Geschwulstzellen lassen Schleimhaut und Basalmembran intakt. Sie durchsetzen Submukosa und Peribronchium ohne Destruktion von Schleimdrüsen oder Knorpel-

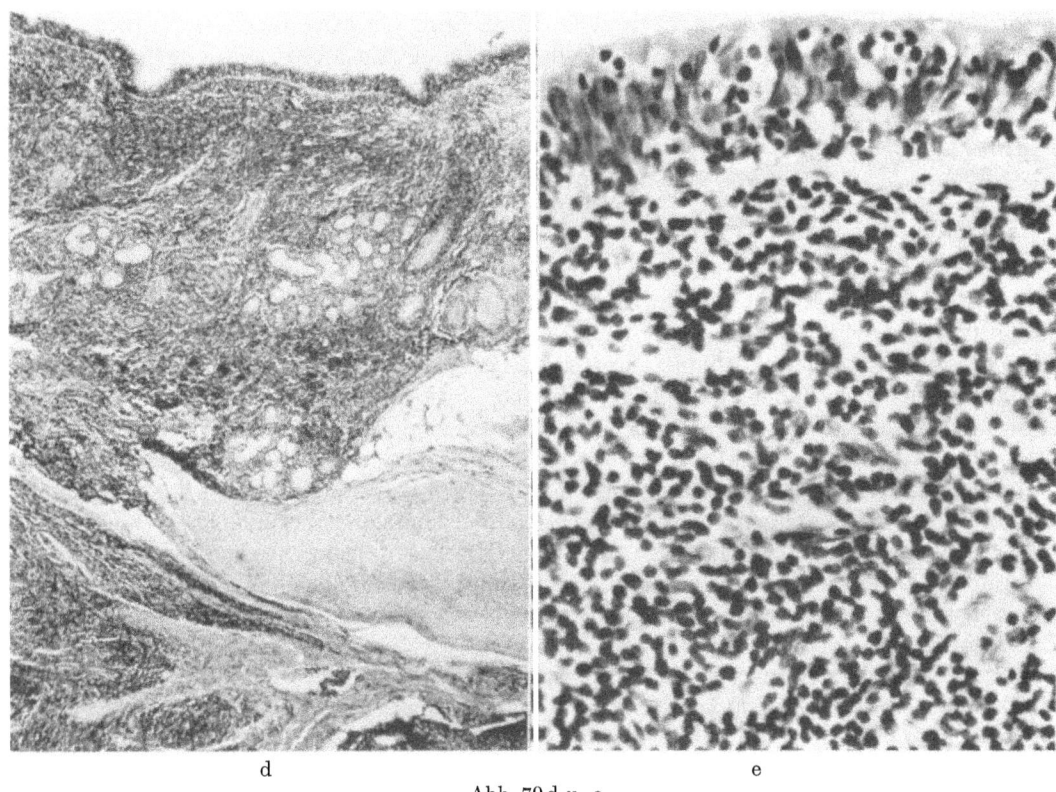

Abb. 79 d u. e

d) Klinik, Prognose und Therapie

Fast die Hälfte der im verfügbaren Schrifttum beschriebenen primären Lymphosarkome der Lungen wurde durch Zufall röntgenologisch entdeckt. Wie alle Tumoren des Lungenmantels macht sich die Neoplasie *erst nach längerer klinischer Latenz bemerkbar*. In 36 Literaturberichten [23 Fälle von ROSE; weitere Beobachtungen von v. ALBERTINI bzw. MÜLLY; BRINDLEY; PAULSON; WEBB; SCHULZE; EHRENSTEIN (2); HUECK; SCHARKOFF sowie BARON u. WHITEHOUSE (5)] sind nur bei 18 Patienten (darunter 2 inoperable Kranke mit Metastasen und 3 erst autoptisch erkannte Fälle) tumorbedingte Beschwerden in der Anamnese erwähnt.

Die ersten und konstantesten Symptome — *Husten, stechender Schmerz in der Brustwand, Auswurf, gelegentliche Hämoptysen* — rühren von pleuritischen Schüben, sekundären Katarrhen bzw. submuköser Tumorinfiltration der einbezogenen Bronchien her. Die Lokalbeschwerden bilden *kein Pendant zu den beim Morbus Hodgkin nach Alkoholgenuß auftretenden Schmerzsensationen* (GODDEN, CLAGETT u. ANDERSEN; STEEL; EHRENSTEIN u.a.). Da es in der Regel nicht zum Verschluß größerer Bronchialäste kommt, und massive Obstruktionspneumonien auszubleiben pflegen, verläuft die Krankheit *meist afebril*. Fieber und andere Allgemeinreaktionen werden allenfalls bei bronchopneumonischer Komplikation, begleitender Pleuritis exsudativa oder *sekundärer Pilzinfektion* (Coccidioidomykosis etc.) beobachtet, die sich — in Analogie zur pulmonalen Lympho-

gerüst. e Vergrößerter Ausschnitt aus (d): Dichte Infiltration der Submukosa mit einförmigen plasmaarmen Tumorzellen, die vereinzelt bis in die Flimmerepithelschicht der intakten Schleimhaut vordringen. Histolog. Schnitte, HE-Färbung, b—d 67fach, e 670fach (J.-Nr. 3181/57 Path. Inst. d. Univ. Münster/W., Direktor: Prof. W. GIESE). [Nach SCHULZE, W.: Fortschr. Röntgenstr. **91**, 457—469 (1959), Abb. 10—14] (vgl. hierzu Abb. 81)

granulomatose (STRICKLAND u.a.) und anderen Lungengeschwülsten (s. S. 101, 124 u. Bd. IX/4a) — sowohl dem primären Lymphosarkom (CHURCHILL) wie metastatischen Formen der Neoplasie aufpropfen kann (BOWER). Die gelegentliche Bildung von *Trommelschlegelphalangen* wird dabei als entzündliche Folgeerscheinung aufgefaßt (COOLEY, MCDONALD u. CLAGETT; BARON u. WHITEHOUSE). Abgesehen von leichter hypochromer *Anämie* sind *Leukozytose* und sonstige entzündlich-toxische Blutbildveränderungen *meist zu vermissen*, und *normale Blutsenkungswerte* nicht ungewöhnlich (ROSE; BARON u. WHITEHOUSE; EHRENSTEIN; O. HUECK; SCHULZE u.a.). Die für das maligne Lymphosarkom sonst charakteristische absolute und relative *Lymphopenie* (BÜRGER; AISENBERG) wurde bisher *nicht beobachtet*, und ebensowenig fanden sich Anhaltspunkte für eine Ausschwemmung lymphatischer Tumorzellen ins strömende Blut nach Art einer Lymphadenose (EHRENSTEIN; SCHWARTZ, PIERRE, SCHEERER, REED u. LINMAN; HEINE; AZAR, HILL u. OSSERMAN) bzw. maligner Retikulosen (EWALD; FORKNER; CACAL; DOWNEY; BELDING et al. u.a.). Tastbare *Lymphknotenschwellungen* zeigen sich selten bei terminaler Generalisation des Leidens (WEISSMAN u. CHRISTIE; ROSE; BARON u. WHITEHOUSE). *Mattigkeit* und *Gewichtsverluste* stellen sich erst in späten Krankheitsstadien ein. Mit zunehmender Ausdehnung im Lungengewebe kann die Geschwulst *Atemnot* verursachen. Hochgradige Zyanose und Ruhedyspnoe gehören nicht zum Erscheinungsbild des unifokal entstehenden und im Interstitium kontinuierlich fortwachsenden Blastoms. BOWER beschrieb derartige Symptome eines alveolo-kapillären Blocks als Folge kleinfleckig disseminierter Tumorinfiltrate und komplizierender Coccidioidomykose bei einem metastatischen Lymphosarkom beider Lungen (s. auch CHURCHILL sowie RAPAPORT, WINTER u. HICKS).

Der *physikalische Befund* ist uncharakteristisch. Im Lungenkern lokalisierte Tumoren bieten keine pathologischen Auskultations- und Perkussionsphänomene. Bei subpleuraler Lage an der äußeren Lungenkonvexität trifft man auf Dämpfung und abgeschwächtes Atemgeräusch wie bei Atelektasen oder Pleuraergüssen, die im übrigen zu den physikalischen Symptomen teilweise beitragen. Bronchitisch-bronchopneumonische Komplikationen rufen Rhonchi und örtliche Krepitation hervor.

Da sich die Neoplasie in den betroffenen Bronchien subepithelial ausbreitet und nur ausnahmsweise an umschriebener Stelle sichtbar in das Lumen einbricht (HALL u. BLADES; BRINDLEY; BARON u. WHITEHOUSE), zeigt die *Bronchoskopie* — abgesehen von entzündlichen Veränderungen, einer gewissen Kaliberenge und seltenen oberflächlichen Ulzera (SPATT u. GRAYZEL; DVOŘÁČEK u. ČERMÁK; ROSE; BARON u. WHITEHOUSE) — in der Mehrzahl der Fälle einen normalen Aspekt (nach BARON u. WHITEHOUSE in 12 von 29 Fällen); sie ergibt jedenfalls keinen tumorsuspekten Befund und kaum Anlaß zur Gewebsentnahme (BECK u. REGANIS; ROSE u.a.). Positive Resultate *endoskopischer Probeexzision* sind selten (ROSE: 1 von 13 Fällen; s. auch HALL u. BLADES; BRINDLEY; BARON u. WHITEHOUSE).

Mittels *transthorakaler Nadelbiopsie* gewonnene Gewebsproben der einförmigen Zytoblastome lassen keine Artdiagnose stellen (SCHARKOFF). Aus dem gleichen Grund ist die *exfoliativ-zytologische Fahndung nach Tumorzellen im Auswurf* wenig aussichtsreich (BECK u. REGANIS; ROSE; BARON u. WHITEHOUSE; SCHULZE; EHRENSTEIN u.a.). Eher lassen sich in die Bronchusschleimhaut eingewanderte Tumorelemente durch scharfes Ansaugen bei *gezielter Bronchialsekretentnahme* im Verband ablösen (DVOŘÁČEK u. ČERMÁK; ROSE; SCHULZE). Auch *im Pleuraexsudat* wurden Blastomzellen nachgewiesen (STERNBERG, SIDRANSKY u. OCHSNER). Der *positive zytologische Befund* wird bei kritischer Analyse die auch röntgenologisch schwierige Differentialdiagnose zwischen einem diffus infiltrierenden Gewächs und chronischer Pneumonie einengen und ähnliche Erscheinungsformen der Lungenadenomatose angesichts des völlig andersartigen Zelltyps ausschließen lassen. Da sich der zytologische Aspekt primär pulmonaler Lymphosarkome und kleinzelliger Bronchuskrebse kaum unterscheidet, ist eine Abgrenzung nur histologisch möglich. Gewisse Anhaltspunkte zur Differenzierung bieten auch biologische Verlaufskriterien, die oft schon aus der Dauer der Vorgeschichte und röntgenologischen Vorbefunden ersichtlich sind. Im

Gegensatz zur rapiden Evolution der rasch und ausgiebig metastasierenden kleinzelligen Karzinome zieht sich die Entwicklung primärer Lymphosarkome der Lunge in langfristig beobachteten Fällen über Jahre hin, ohne daß Anzeichen der Absiedlung, ja überhaupt klinische Symptome hervortreten. *Selbst nach mehrjährigem Bestehen* kann die *Neoplasie noch heilbar* sein (BECK u. REGANIS; GRIMES et al.; ROSE; BARON u. WHITEHOUSE; O. HUECK; EHRENSTEIN; SCHARKOFF; SCHULZE u.a.).

Die *Prognose* der örtlichen Geschwulstvariante ist günstiger als beim klassischen Lymphosarkom des Mediastinums wie auch bei den primär pulmonalen Formen der Lymphogranulomatose und des Retothelsarkoms (SALTZSTEIN; EHRENSTEIN; BERGHUIS, CLAGETT u. HARRISON u.a.).

Wirksamste *Behandlungsmethode* und zugleich sicherster Weg zur bioptischen Klärung der Diagnose ist die *thoraxchirurgische Intervention*. Nach bisheriger, auf wenige Fälle beschränkter Erfahrung vermag die *Strahlentherapie* als postoperative Maßnahme wohl zur Erfolgssicherung beizutragen (MAIER; GRIMES et al.: PAULSON; HALL u. BLADES; VAN HAZEL u. JENSIK; STOUT; BERGHUIS, CLAGETT u. HARRISON; BARON u. WHITEHOUSE; PRICHARD u. BRADSHAW; SALTZSTEIN; COOLEY et al.: HILBUN u. CHAVEZ; PAPAIOANNOU u. WATSON; EHRENSTEIN; SCHULZE u.a.). Die Strahlenbehandlung kann auch — präoperativ oder allein angewandt — zur Rückbildung bzw. längerer Remission führen (MAIER; BRINDLEY; BARON u. WHITEHOUSE; GUIMARÃES; EHRENSTEIN). Sie verspricht aber in fortgeschrittenen Fällen nur palliative Wirkung (CHURCHILL; WILLIS; WEBB; BARON u. WHITEHOUSE u.a.) und verhütet Rezidive nicht (BROUET et al.: EHRENSTEIN; MCNAMARA, KINGSLEY, PAULSON, DANDADE, RACE u. URSCHEL). Die Dauererfolge der *Chemotherapie* sind spärlich und bleiben hinter denen der Thoraxchirurgie zurück (VAN HAZEL u. JENSIK; SALTZSTEIN; EHRENSTEIN u.a.).

Die *chirurgischen Behandlungsresultate*, die SALTZSTEIN in 85 Fällen primär pulmonaler Lymphosarkome nach Schrifttumsangaben und eigener Beobachtung zusammenstellte, sind eindrucksvoll: ihrem Grundleiden erlagen nur 8% (7 von 67) der radikaloperierten Kranken (Lobektomie oder Pneumonektomie) gegenüber 62% (10 von 16) der Patienten, bei denen lediglich palliativ operiert wurde (Segmentresektion, „wedge resection"). Nach MCNAMARA, KINGSLEY, PAULSON, DANDADE, RACE u. URSCHEL wurden mit der Resektionstherapie in *über 70% Fünfjahresheilungen* erzielt.

Neben dieser summarischen Bilanz möge folgende Aufstellung über therapeutische Erfolgsdetails in 60 Fällen des Schrifttums orientieren (Sammelstatistiken von ROSE sowie BARON u. WHITEHOUSE; übrige Fälle von THORNTON, ADAMS u. BLOCH; v. ALBERTINI bzw. MÜLLY; HEINE; OPITZ; BRINDLEY; PAULSON; WEBB; BROUET et al.: HORÁNYI, KERÉNYI u. VARGA; CHEVALLIER u. Mitarb.; EHRENSTEIN; O. HUECK; HILBUN u. CHAVEZ; MCNAMARA, KINGSLEY, PAULSON, DANDADE, RACE u. URSCHEL; SCHARKOFF; SCHULZE). Davon entfallen 7 Fälle, weil nähere Angaben fehlten (4), oder da die Tumoren erst post mortem festgestellt wurden (3). Von 6 ausschließlich strahlentherapeutisch behandelten Patienten waren 4 inoperabel. Drei dieser Kranken verstarben innerhalb von 1—2 Jahren, einer nach 8 Jahren an der Neoplasie. Eine Patientin befand sich noch $9^{3}/_{4}$ Jahre später wohlauf (BARON u. WHITEHOUSE). In einem weiteren Fall verschwand die Lungenverschattung unter „intensiver" Röntgenbestrahlung, doch fehlen Dosisangaben und Kontrollbefunde (BRINDLEY; s. auch HILBUN u. CHAVEZ).

Insgesamt *52 resezierende Eingriffe* (1 Keilresektion, 32 Lobektomien, 3 Bilobektomien, 16 Pneumoektomien) hatten folgende Ergebnisse (s. S.152).

Zur Gruppe der kurativ Behandelten ist der 4 Jahre 7 Monate nach Pneumonektomie verstorbene Patient ROSEs zu zählen, da sich autoptisch kein Tumorrest fand. Bei einem 6 Jahre Überlebenden (ANLYAN, LOVINGOOD u. KLASSEN) und bei dem $13^{4}/_{4}$ Jahre später Verstorbenen (MAIER) traten einige Jahre nach dem Eingriff Spätrezidive auf, die unter Röntgentherapie verschwanden.

Verstorben	*13 Patienten*
davon am Grundleiden	5 (innerhalb von 5 Jahren)
Ursache ungenannt	3 (davon einer 4 Jahre post op.)
an anderen Krankheiten	5 (jeweils einer 6 Tage — 5 Wochen — $3^1/_2$ Jahre — 4 Jahre 7 Monate (tumorfrei!) — $13^3/_4$ Jahre post op.)
Mit Tumorsymptomen überlebend	*3 Patienten* (4 —5 —$8^1/_2$ Jahre post op.)
Symptomfrei überlebend	*36 Patienten*
bis zu 1 Jahr	7
2—5 Jahre	15
über 5 Jahre	14 (davon: 5— 6 Jahre: 6
	6— 7 Jahre: 4
	9 Jahre: 4
	10 Jahre: 1
	12 Jahre: 1
	14 Jahre: 1)

e) Röntgenologische Diagnostik und Differentialdiagnostik

Das primäre pulmonale Lymphosarkom bietet sich in den beiden röntgenologischen Grundformen dar, die nach LENK das Schattensubstrat primärer Lungensarkome allgemein repräsentieren: als *solitäre Knoten* mit glattbogiger, oft etwas polyzyklisch gekerbter Randkontur oder als verwaschene *diffuse Verschattung*, die aus einem umschriebenen Rundherd hervorgehen kann. Je nach dem Entwicklungsalter variiert der Umfang des Tumorschattens von Kleinmünzengröße bis zu lappenfüllenden Verdichtungen. Da die weitkalibrigen Bronchien reichlicher mit lymphoidem Gewebe ausgestattet sind, beginnt das Wachstum meist im Lungenkern und breitet sich kontinuierlich marginalwärts aus.

In 39 von 43 Fällen der Literatur (BARON u. WHITEHOUSE; MÜLLY; BRINDLEY; PAULSON; WEBB) war die Geschwulst *einseitig lokalisiert*, in der Regel *auf ein Lappenareal beschränkt, selten in benachbarte Lobärsegmente eingebrochen*. Nur bei 4 Patienten hatte das Gewächs *beide Lungenflügel* in Form mehrknotiger, fleckig disseminierter oder schmetterlingsflügel-ähnlicher zentraler Infiltrate ergriffen (BARON u. WHITEHOUSE).

Der Befund des *expansiv wachsenden Sarkomknotens* ist nach vorliegenden Berichten etwas häufiger (15 von 28 Fällen: ROSE; THORNTON, ADAMS u. BLOCH; MÜLLY; BRINDLEY; PAULSON; WEBB; SCHULZE; BARON u. WHITEHOUSE). Noch sehr umfängliche Geschwülste können den geschlossenen Wuchstyp bewahren, der völlig dem peripherer Bronchuskarzinome (VOGLER u. AMON u.a.), insbesondere verhornender Plattenepithelkrebse gleicht (ECK; STOBBE u. a.). Das pulmonale Lymphosarkom besitzt dabei nicht die für letztere Tumorart charakteristische Neigung zu zentralem nekrotischen Zerfall (ATKIN; FISCHER; STOBBE; STRANG u. SIMPSON u.a.). Wenn auch die von LENK zitierte Behauptung SCHMOLLERs, daß es im Lymphosarkom der Lunge „nie zur Höhlenbildung kommt", weder für die metastatische Form des Gewächses (eigene widersprechende Beobachtungen) noch für die autochthone Neoplasie zutrifft, so ist der Nachweis von *Tumorkavernen* (CHEVALLIER, MANNÈS u. RENAULT; DAHLGREN u. OVENFORS) doch verhältnismäßig selten: unter den oben zitierten Literaturfällen waren 4 kavitäre Formen, davon eine breit umsäumte nekrotische Zerfallshöhle von 7 cm Durchmesser (STERNBERG, SIDRANSKY u. OCHSNER), zwei dünnwandige, zystenähnliche Hohlräume (COOLEY, MCDONALD u. CLAGETT; DAHLGREN u. OVERFORS) und eine kleine zentrale Einschmelzung (BARON u WHITEHOUSE). Wie in peripheren Bronchialkarzinomen (s. Abb. 156) trifft man auch in pulmonalen Lymphosarkomknoten gelegentlich *kalkdichte Einschlüsse* an (2. Fall von GRIMES, WEIRICH u. STEPHENS).

Die *diffuse sarkomatöse Infiltration des Lungengerüstes* führt zu zusammenhängenden wolkigen oder massiven Verschattungen, die ein großes Lungenareal einnehmen und randwärts fleckig aufgelöst erscheinen. Die Tumorinfiltration hält sich nicht an Segmentgrenzen und füllt den befallenen Parenchymkeil langsam interstitiell fortkriechend erst

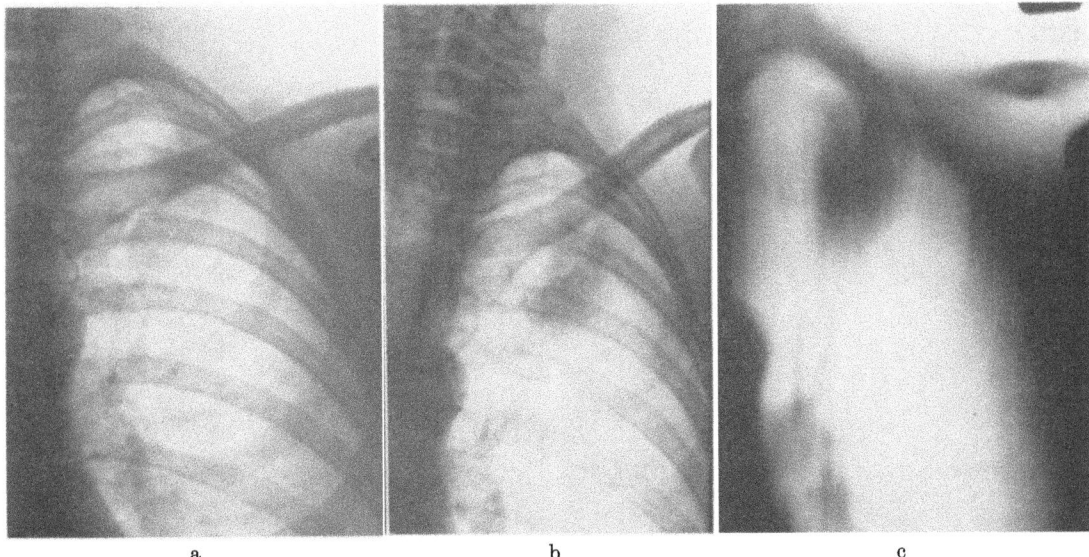

a b c

Abb. 80a—c. *Langsames herdförmig-infiltrierendes Wachstum eines (primären?) pulmonalen Lymphosarkoms.*
1963 wurde bei der Patientin im Heimatkrankenhaus eine als Tuberkulose gedeutete Verschattung der linken Lungenspitze festgestellt. Der asymptomatische Prozeß blieb zunächst stationär (a Ausschnitt der Übersichtsaufnahme p.-a. vom 1. 2. 65, Dr. ARNDT, Darmstadt). Wie zu Beginn war das Ergebnis bakteriologisch-kultureller Auswurfuntersuchungen auf Tuberkelbazillen auch im weiteren Verlauf stets negativ, obgleich sich die apikale Verdichtung unter lungenfachärztlicher Kontrolle in den folgenden Jahren allmählich ausdehnte. 8 Jahre nach dem Erstbefund zeigte die Röntgenkontrolle nach Klinikaufnahme einen pflaumengroßen ovalären Schatten im apikalen Oberlappensegment, der auch auf der halbschrägen Zielaufnahme in Kyphosehaltung nur unvollkommen von überlagernden Rippenschatten freizuprojizieren war (b Ausschnitt der Zielaufnahme vom 25. 5. 71) und erst tomographisch überlagerungsfrei dargestellt wurde (c Schichtbild 11 cm a.-p. vom gleichen Tage). Der Kontrast zwischen auffallender Dichte und Randunschärfe sowie die Lage in der vorderen Rindenschicht des Spitzensegments sprachen gegen ein tuberkulöses Infiltrat. Differentialdiagnostisch wurde in erster Linie an ein langsam gewachsenes Tumorinfiltrat vom Typ eines unifokalen Alveolarzell-Karzinoms oder pulmonalen Lymphosarkoms gedacht. Klinisch und röntgenologisch keine Anzeichen generalisierter bzw. endothorakaler Lymphknotenschwellung. Beim Anschnitt des Resektionspräparats nach Lobektomie glich der im Durchmesser 4,5 × 3,5 cm große subpleurale Verdichtungsbezirk auch im makroanatomischen Aspekt einer fokalen Lungenadenomatose. Histologisch fand sich ein sehr zellreiches Geschwulstgewebe aus locker oder dicht liegenden, regellos angeordneten kleinen Zellen einförmigen Typs, deren schmaler Plasmasaum gleichmäßig runde hyperchromatische Kerne umschloß. Mikroskopische Diagnose: pulmonales Lymphosarkom. Die mitentfernten Hiluslymphknoten waren nicht vergrößert. Sie wiesen eine ziemlich starke Anthrakose, aber keine neoplastischen Veränderungen auf (E.-Nr. 9666/71 Path. Inst. d. Krhs. Nordwest, Direktor: Prof. KAHLAU). I. H., 42jähr. ♀. Arch.-Nr. 1805 29502 Radiolog. Zentralinst. d. Krhs. Nordwest Frankfurt/M.

nach längerer Frist bis unter die Pleura aus. Große, die pulmonale Verdichtung *überlagernde Pleuraergüsse* waren nur bei 4 von 43 Kranken festzustellen. Im allgemeinen macht das Wachstum am frei verschieblichen Lappenspalt Halt, doch vermag die Geschwulst obliterierte Fissuren zu überschreiten und in den Nachbarlappen einzudringen (SCHULZE) (s. Abb. 79, 81).

In der Röntgendiagnostik des Lobärsarkoms hatte LENK die *Vorwölbung der Lappengrenze und die Volumenzunahme* des betroffenen Lungenabschnittes als Hauptindizien für den bösartigen Charakter des Infiltrationsprozesses hervorgehoben. Die *Merkmale der Parenchymschrumpfung* wollte er dagegen expressis verbis in negativem Sinne verwertet wissen, da sie bei Sarkom — seinerzeit — unbekannt war. Tatsächlich kann sich das sarkomatös infiltrierte Areal bei ausgedehnter Alveolarkompression *unter konkaver Einziehung des benachbarten Interlobärspalts* deutlich verkleinern (MAIER; SCHARKOFF; SCHULZE), wie andererseits eine Auftreibung des verdichteten Lungensektors mit markant konvexbogig vorspringender Fissurgrenze auch im Exsudationsstadium akuter Pneu-

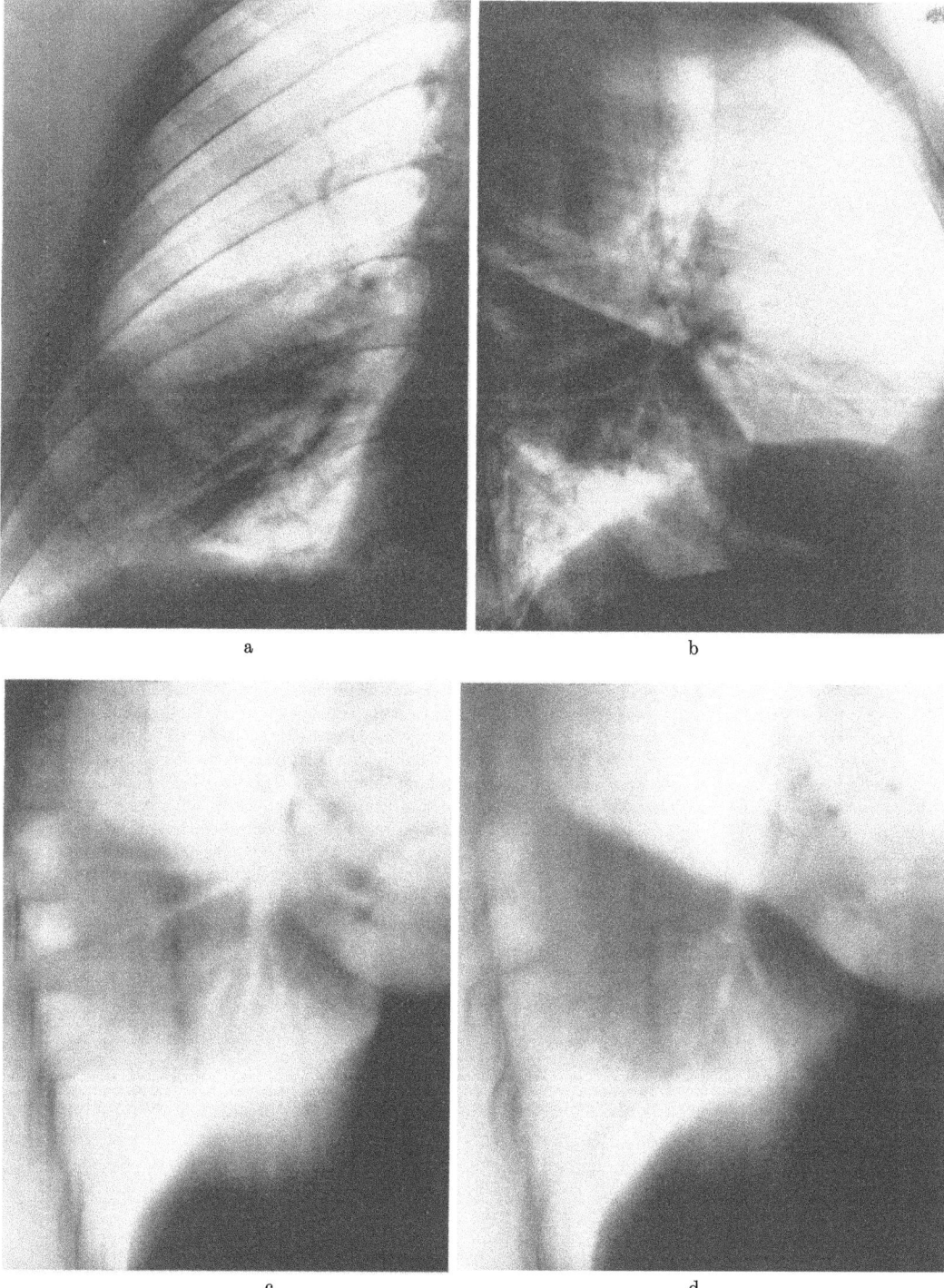

Abb. 81 a—f. *Primäres Lymphosarkom der Lunge.* Bei Schirmbilduntersuchung am 6. 9. 51 Nachweis einer unscharf begrenzten markstückgroßen Verdichtung an der rechten Lungenbasis. Der im gesamten Entwicklungsverlauf asymptomatische Prozeß dehnte sich in den folgenden Jahren allmählich aus, ohne daß die Ätiologie geklärt wurde. Röntgenbefund vom 24. 9. 56 nach Klinikaufnahme: In Vorderansicht diffuse wolkige Verschattung der lateralen Unterlappenbasis mit durchscheinenden Bronchuslumina, das dorso-basale Segment aussparend, ohne nachweisliche Hilus- oder Mediastinallymphome (a Zielaufnahme p.-a.). In Frontalprojektion merkliche Schrumpfung des im Kern massiv verdichteten Unterlappens nach dorso-caudal mit Markierung des lufthaltigen Bronchialsystems, schmale Schattenbrücke zur Spitze des Mittellappens, Raumausgleich

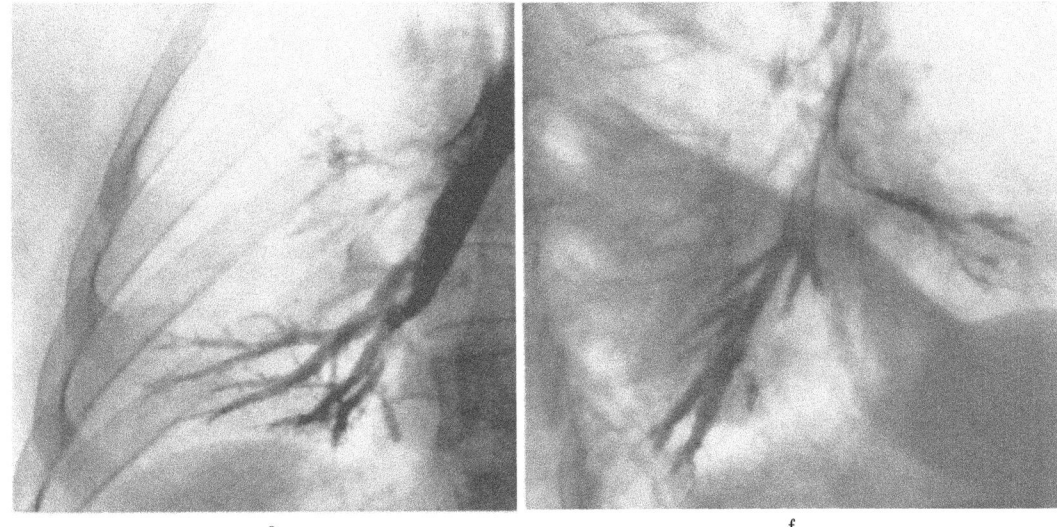

Abb. 81 e u. f

monien, insbesondere bei der Friedländer-(Klebsiellen-) Pneumonie zu sehen ist (FELSON, ROSENBERG u. HAMBURGER; NATARO, SHAPIRO u. GORDON; WEISS, EISENBERG, ALEXANDER u. FLIPPIN; SCHULZE u. a.).

Für die *Differentialdiagnose des solitären Sarkomknotens* ergibt sich die schon näher erörterte Problematik des „pulmonalen Rundherds", dessen Natur erst histologisch zu ergründen ist (THORNTON, ADAMS u. BLOCH; BECK u. REGANIS; MÜLLY u.a.) (s. S. 286ff. u. Bd. IX/4a und b).

Auch das Erscheinungsbild *des diffusen Infiltrationstyps* besitzt keine pathognomonischen Züge. Nach Form und Zeitablauf der Schattenausbreitung ist das interstitielle Tumorwachstum allerdings klar von schrumpfenden *Obstruktionsatelektasen* jeglicher Ätiologie unterschieden: das Gewächs zeigt *keine bronchialbestimmte Anordnung*, schiebt sich nur allmählich in breiter Front oder mit zungenförmigen Ausläufern nach den Lappengrenzen vor und läßt zunächst die *intakten Anteile der Lungenrinde lufthaltig* (Abb. 81). Während der Monate oder *Jahre dauernden* Entwicklung findet man eine an Umfang zunehmende, aber lange Zeit *inkomplette Lobärverdichtung*, bis schließlich der gesamte atemfunktionell zusammengehörige Parenchymkeil von der Neoplasie erfaßt ist. Bei der Obstruktions-

---

durch Ober- und Mittellappen (b Übersichtsaufnahme sin.-dextr.). Tomographie: Darstellung des normalkalibrigen Unterlappenbronchus und seiner lufthaltigen Segmentzweige innerhalb der fissurwärts scharf begrenzten Kernverschattung des Unterlappens, die mit einer keilförmigen Zunge zum Mittellappenkern übergreift (c und d Schichtbilder 12 und 9 cm sin.-dextr.). Bronchographie: Spärliche periphere Füllung der basalen Unterlappensegmentbronchien (Bild des „entlaubten Baums"), die teils eingestellt, streckenweise aber erweitert und entzündlich verändert erscheinen (histologisch: Desquamativkatarrh). Torpider Verlauf, topographische Anordnung des Parenchymschattens und bronchographischer Aspekt waren mit der Annahme einer chronischen Obstruktionspneumonie unvereinbar. Aus gleichen Gründen war ein Bronchuskarzinom auszuschließen. Der sputumzytologische Befund kleinzelliger, fast nacktkerniger Geschwulstelemente deutete auf einen langsam infiltrativ gewachsenen neoplastischen Prozeß hin, sprach jedoch gegen die differentialdiagnostisch erwogene Vermutung einer diffus infiltrierenden Lungenadenomatose. Der nach Bilobektomie erhobene anatomische Befund ist in Abb. 79 wiedergegeben. Da weder klinisch-röntgenologisch noch intra operationem Anzeichen endo- bzw. extrathorakaler Lymphknotenschwellung gefunden wurden, und der Patient 6 Jahre nach dem Eingriff (11 Jahre nach dem Erstbefund im Schirmbild) rezidiv- und erscheinungsfrei war (letzte Kontrolle: Januar 1963), dürfte die histologische Diagnose eines primären Lymphosarkoms außer Frage stehen. [Nach SCHULZE, W.: Das primäre Lymphosarkom der Lunge. Fortschr. Röntgenstr. 91, 457—469 (1959), Abb. 2, 3, 5—7 und 9]. F. S., 46jähr. ♂. Krbl.-Arch.-Nr. 03281/56 Medizin. Univ.-Klinik u. Poliklinik Münster/W. (Direktor: Prof. W. H. HAUSS)

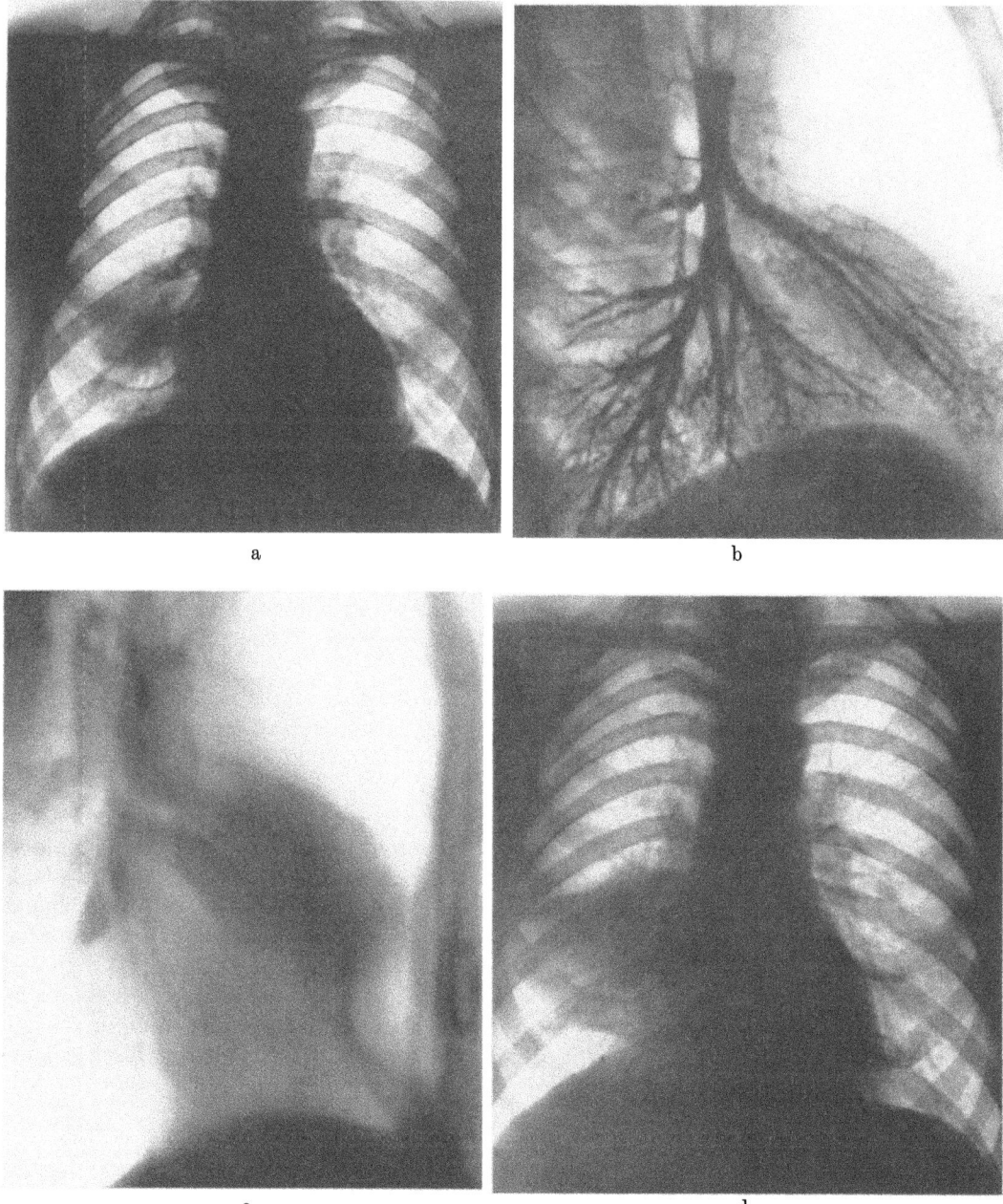

Abb. 82 a—i. *Zwölfjähriger Entwicklungsverlauf eines primären Lymphosarkoms des rechten Mittellappens mit Spätabszedierung.* Im Juni 1957 Schirmbildbefund eines asymptomatischen Verdichtungsbezirks im Mittellappen. Nach 6wöchigem Intervall während stationärer Kontrolle status idem [a Nativbild p.-a. vom 31. 7. 57, Röntgenabtlg. (Leiter: Prof. STRNAD) der Chir. Univ.-Klinik Frankfurt/M., damal. Direktor: Prof. GEISSENDÖRFER]. Da sich weder Geschwulstzellen im Sputum noch bronchographisch tumorsuspekte Veränderungen fanden (b seitliches Bronchogramm vom 16. 8. 57), wurde der Patient in der Annahme einer verzögert lösenden Pneumonie entlassen und in einjährigen Abständen nachuntersucht. Am 5. 3. 59 erschien der fragliche Schatten unverändert, und der Mittellappenbronchus über die Segmentgabel hinaus durchgängig (c Schichtbild 13 cm sin.-dextr.), doch zeigte sich nach interkurrenter „Grippe" $2^1/_2$ Jahre später eine Zunahme des nunmehr lappenfüllenden Prozesses (d 16. 11. 61). Der Patient war noch immer beschwerdefrei und arbeitete — mit Unterbrechung durch „Grippeepisoden" 1963 und Anfang 1968 — uneingeschränkt weiter. Wegen der nach dem letzten Schub konstatierten Progredienz unterzog er sich trotz anhaltenden Wohlbefindens nochmals stationärer Untersuchung in der Chir. Klinik des Krhs. Nordwest (Direktor: Prof. UNGEHEUER). Blutsenkungsgeschwindigkeit am 28. 3. 68: 2/9 mm n.W. Röntgenbefund vom 2. 4. 68: Massive, den volumenvergrößerten

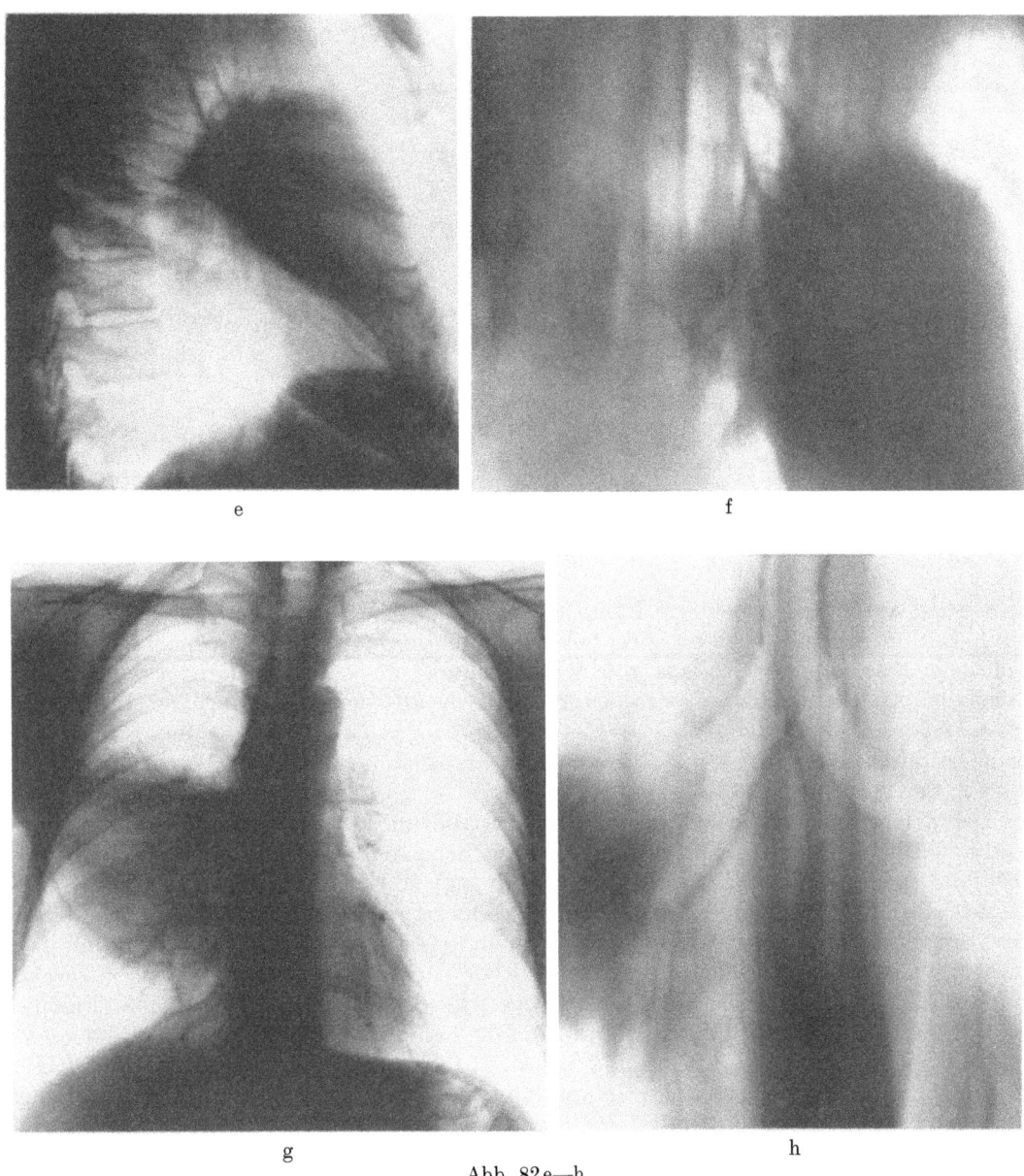

Abb. 82 e—h

Mittellappen und das anteriore Oberlappensegment einbeziehende Parenchymverdichtung (e seitliches Nativbild) mit postorifiziellem Verschluß des Mittellappenbronchus und lufthaltigen Bronchiektasen im Nachbarsegment (f Schichtbild 13 cm sin.-dextr.). In Unkenntnis der Vorbefunde wurde zunächst ein Bronchuskarzinom vermutet, doch war die Sputumzellanalyse auch jetzt negativ (E.-Nr. 4399 u. 4434/68 Path. Inst. d. Krhs. Nordwest, Direktor: Prof. KAHLAU). Mediastinoskopisch entfernte Lymphknoten zeigten lediglich geringen „Sinuskatarrh" (E.-Nr. 4482/68). Der Patient lehnte einen Eingriff ab und erklärte sich erst 2 Jahre später — nach erneutem hochfieberhaftem „Infekt" — mit der Intervention einverstanden. Letzte präoperative Kontrolle vom 2. 3. 70: Persistierende Verschattung von Mittellappen und anteriorem Oberlappensegment (g) bei fortbestehender Blockade des Mittellappenbronchus, jedoch normales Kaliber und unauffällige Kontur des rechten Haupt- und Zwischenbronchus und Fehlen tomographischer Anzeichen metastatischer Lymphome an der Lungenwurzel (h Schichtbild 11 cm a.-p.). Da der langfristige Verlauf gegen ein ordinäres Bronchuskarzinom sprach, war differentialdiagnostisch „ein anderer, protrahiert fortschreitender neoplastischer Prozeß in Betracht zu ziehen, wobei insbesondere an die Lobärform einer Lungenadenomatose oder an eine entsprechende Manifestation eines *primär pulmonalen Lymphosarkoms* gedacht werden" mußte. Unter 7 weiteren Sputumproben waren 4 negativ und 3 tumorzellverdächtig (E.-Nr. 3339—3341/70). Die Bilobektomie am

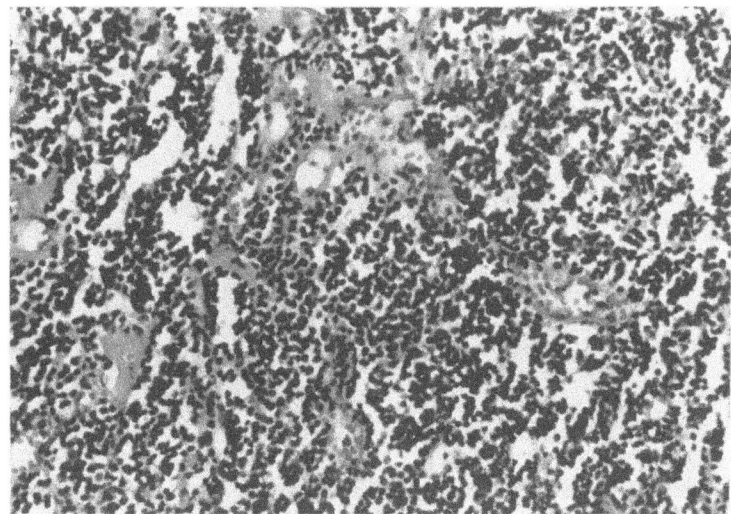

Abb. 82i (Legende s. S. 156, 157 u. 158 unten)

atelektase verfällt der blockierte Lungenabschnitt dagegen ziemlich rasch der vollständigen Entlüftung und — sofern eine Sekundärinfektion ausbleibt — mehr oder weniger deutlicher Schrumpfung. Kollaps und Schleimfüllung pflegen die poststenotischen Bronchien im Atelektaseschatten strahlenphysikalisch auszulöschen. Dagegen bleibt das *Bronchialsystem innerhalb lymphosarkomatös infiltrierter Lappen* bis zu Ästen mittleren Kalibers durchgängig und auf Nativ- wie Schichtaufnahmen sichtbar (BARON u. WHITEHOUSE; SCHULZE) (Abb. 81).

Das Zeichen versagt jedoch in der Differentialdiagnose zu lobärpneumonischen bzw. interstitiellen Schrumpfungsprozessen, in deren Schattenbezirk sich der Bronchialbaum ebenfalls spontan darstellt (FLEISCHNER; SCHULZE) (s. Bd. IX/3, Abb. 171 sowie S. 230 u. 281). Die Unterscheidung wird besonders erschwert, wenn submuköse Tumorinfiltrate der Bronchialwände bzw. begleitende Entzündungsvorgänge zu bronchographischen Kontur- und Kaliberveränderungen mit multilokulären Verschlüssen peripherer Zweige geführt haben, wie man sie auch bei verzögert *lösender kruppöser Pneumonie* (FISCHEDICK u. SIECKEL; GRIER; HABÉR, BENKÖ u. BARNA; BACHMANN, HEWITT u. BEECKLEY; SCHULZE u.a.) (s. Bd. IX/3, Abb. 172 sowie S. 188 u. 282), bei *chronischer xanthöser Pneumonitis* nicht-neoplastischer Genese und bei *exogener Lipoidpneumonitis* findet („Lungensteatose" s. Abb. 168).

Ähnliche pneumonieartige Bilder diffuser Parenchymschatten mit offenem Bronchialsystem sieht man bei Lobärformen der *Lungenadenomatose* (Abb. 33 u. 36), bei *metastatischen Adenokarzinomen mit intraalveolärem Ausbreitungstyp* sowie bei der *Krebspneumonie*

18. 3. 70 erfolgte unter dem Eindruck, es handele sich um einen „Lungenabszeß auf dem Boden einer chronischen Pneumonie" (Op.: O.D. Dr. SCHÜLKE), zumal die Schnellschnittuntersuchung exzidierter Hiluslymphknoten kein Tumorgewebe erkennen ließ (E.-Nr. 4325/70). Die Annahme wurde durch die feingewebliche Untersuchung des Resektionspräparats widerlegt. Es fand sich eine massive, auf der Schnittfläche bläulich-grau verfärbte derbe Infiltration des Mittellappens mit Verschluß des verdrängten Lappenbronchus an der Einmündung in eine von blutigem Eiter angefüllte zentrale Zerfallshöhle von 5,5 cm Durchmesser. Histologie: Gleichförmiges Bild einer aus dichtliegenden Rundzellen vom Typ der Lymphozyten und kleiner Retikulumzellen bestehenden Tumorinfiltration, die das normale Lungengerüst weitgehend ausgelöscht hat (i) und im Randbezirk der Zerfallshöhle einen leukozytär durchsetzten Bindegewebswall umschließt. Analoge lymphozytenartige Tumorzellen in einigen der mitentfernten Hiluslymphknoten. Oberlappen nicht neoplastisch infiltriert, lediglich im anterioren Segment obstruktionspneumonisch verdichtet. Diagnose: Über den Mittellappen diffus ausgebreitetes, zentral abszediertes Lymphosarkom (E.-Nr. 4326/70). W. W., 57jähr. ♂. Arch.-Nr. 2402 11951 Radiolog. Zentralinst. d. Krhs. Nordwest Frankfurt/M.

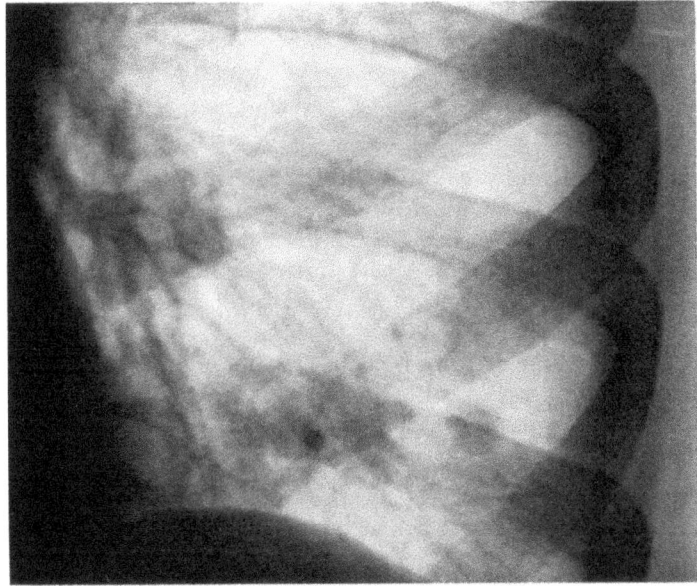

a

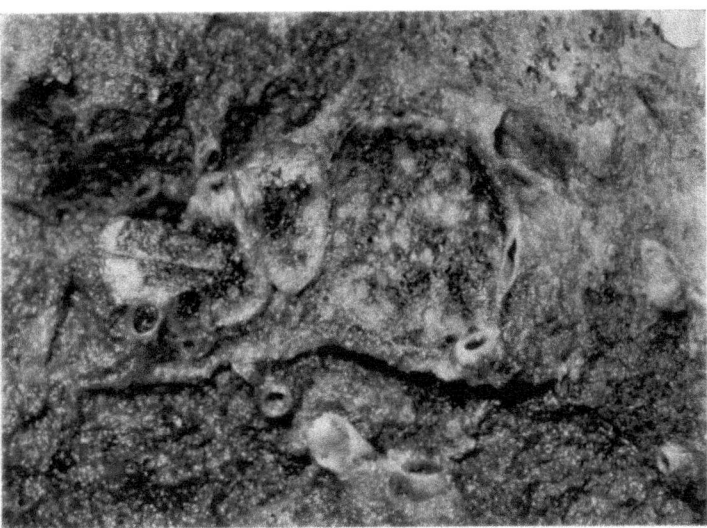

b

Abb. 83a u. b. *Periphere intrapulmonale Lymphknoten unter dem Röntgenbild eines „solitären Rundherdes" im linken Unterlappen*. Anläßlich eines Kuraufenthalts wegen chronischer asthmoider Bronchitis erhobener Röntgenbefund eines scharf begrenzten haselnußkerngroßen rundlichen Schattens im laterobasalen Unterlappensegment links, bei präoperativer Röntgenkontrolle am 14. 10. 67 (a Zielaufnahme in 2. Schrägprojektion) nach zwischenzeitlicher Einweisung in die Chir. Klinik d. Krhs. Nordwest Frankfurt/M. (Direktor: Prof. UNGEHEUER) formal unverändert. Mehrfache Sputumzellanalysen und mikroskopische Untersuchung von in toto eingebettetem Bronchialsekret aus dem linken Unterlappenbronchus zeigten tumorverdächtige Zellelemente, die auf ein Plattenepithelkarzinom hinwiesen (E.-Nr. 10 223/67, 10 353/67, 10 354/67, 10 865/67 und 10 933/67 Path. Inst. d. Krhs. Nordwest Frankfurt/M., Direktor: Prof. KAHLAU). Die nach Lobektomie des linken Unterlappens (Op.: Prof. UNGEHEUER) vorgenommene histologische Untersuchung des Resektionspräparats (b) ergab 3 typisch gebaute, stark anthrakotische Lymphknoten dicht unter der Pleura bei chronischhypertrophischer Bronchitis mit partieller Metaplasie des Oberflächenepithels und stellenweise papillären Wucherungen der Bronchialschleimhaut (E.-Nr. 11 116/67). [Nach SCHULZE, W.: Röntgendiagnostische Irrtümer als Ursache vermeidbarer thoraxchirurgischer Fehlindikationen. 87. Tagung d. Dtsch. Ges. f. Chirurgie, München 2. 4. 70. Langenbecks Arch. klin. Chir. **327**, 541—546 (1970)]. H. S., 49jähr. ♂. Arch.-Nr. 1810 18761 Radiolog. Zentralinst. d. Krhs. Nordwest Frankfurt/M.

bronchogenen Ursprungs und kleinen, vorwiegend peribronchial-interstitiell vordringenden Bronchuskarzinomen (s. Bd. IX/4b). Die ausgesprochene „*Wipfeldürre*" *der kontrastgefüllten Bronchien* in massiv lymphosarkomatös infiltrierten Lungenprovinzen (DAHLGREN u. OVERFORS; SCHULZE) (Abb. 81) ist auch vom diffusen Typ der Lungenadenomatose her geläufig (LANGER u. WILLMANN; ZHEUTLIN, LASSER u. RIGLER).

Die seltene bilaterale Manifestation des primär pulmonalen Lymphosarkoms (MUNSCHEK) kann mit mehrknotigen Infiltraten „Rundherd"-Metastasen extrapulmonaler Tumoren imitieren. Die symmetrische kontinuierliche Ausdehnung in den Kernzonen beider Lungen ergibt schmetterlingsförmige Schattenfiguren (Fall 4 von BARON u. WHITEHOUSE), die in ihrer räumlichen Anordnung und wattetupferartigen Struktur ganz dem Bild eines kongestiven, azotämischen bzw. entzündlichen Lungenödems bei Antigen-Pneumonitis nach Bluttransfusionszwischenfällen, Medikamenten-Überempfindlichkeit etc. oder bestimmten Kollagenkrankheiten (Erythematodes disseminatus subacutus, Pariarteriitis nodosa, Dermatomyositis) gleichen (SANTE u. WYATT; MINETTO u. CONCINA) (s. S. 416).

Das Schattenbild der primären Lymphosarkome der Lunge bietet somit keine Anhaltspunkte, um die seltene Geschwulst zu identifizieren und von den genannten Krankheitsprozessen zu unterscheiden. Der Röntgenologe kann mit gezielter Bronchialsekretentnahme zur differentialdiagnostischen Klärung beitragen (SCHULZE). Sicheren Aufschluß über die Natur des Blastoms gibt erst die feingewebliche Untersuchung des Resektionspräparates.

Die Existenz *primärer Lymphosarkome des proximalen Tracheo-Bronchialsystems*, die sich von lymphatischen Bestandteilen der Bronchialwand oder des Peribronchiums ableiten, ist bisher nicht zweifelsfrei erwiesen (SCHARKOFF). Bei der von LEGLER beschriebenen bifurkationsnahen Geschwulst mit symptomatischem Asthma und in den von JACKSON; BRINDLEY bzw. von VINSON angeführten Fällen ist ein sekundärer Bronchusbefall durch Invasion lymphosarkomatöser Wucherungen bifurkaler und anderer Mediastinallymphknoten nicht auszuschließen (s. S. 28).

Die lymphozytären Primärgeschwülste dieser Kategorie sind im übrigen vom histologischen Bild der *chronischen follikulären Bronchitis* zu differenzieren, die im floriden Stadium „dichte reifzellige lympho-plasmazelluläre Wandinfiltration" mit zahlreichen Keimzentren typischer Bauart zeigt (UEHLINGER). Die Proliferation ruft Stenosen von Bronchien und Bronchiolen hervor und engt durch intraseptale Ausbreitung auch die Alveolen ein. Mit einer Vermehrung des kollagenen Bindegewebes im Lungengerüst und in den peribronchialen Gewebsscheiden führt die ätiologisch noch unklare *lymphoide interstitielle Pneumonie* in der Endphase zu narbiger Parenchymschrumpfung mit Bronchialobliteration und Bronchiektasie (LIEBOW; UEHLINGER u.a.). Herdförmig begrenzte lymphozytäre Infiltrate *pulmonaler „Adenolymphome"* ähneln in mancher Hinsicht dem feingeweblichen Aspekt der hier abgehandelten Tumoren, doch formieren sich die Zellansammlungen auch im Interistitium zu Follikeln mit ausgeprägten Keimzentren. Die von UEHLINGER publizierte Beobachtung zeigt, daß die nosologisch zur follikulären Bronchitis gehörigen Adenolymphome *im Röntgenbild als isolierte Rundschatten* hervortreten können.

Im Zusammenhang mit den von lymphatischen Komponenten des Lungenparenchyms (ARNOLD; HELLER; BOSSUET; v. HAYEK; MILLER; POLICARD u.a.) ausgehenden Lymphosarkomen sei auf die andernorts erwähnten *vornehmlich lymphoid strukturierten Lungenhamartome* bzw. Nebenlungen (s. Abb. 104, S. 203) sowie auf das seltene Vorkommnis *gutartiger Lymphknotenhyperplasie im Lungenmantel* hingewiesen. Nach den vorliegenden Schrifttumsmitteilungen handelt es sich um isolierte, meist solitäre subpleurale Knoten von Erbs- bis Kleinkirschgröße, die röntgenologisch als glattrandige weichteildichte „Rundherde" imponieren (RIBBERT; HELLER; BOSSUET; PEABODY, DAVIS u. KATZ; WIGH u. MONTAGUE; GREENBERG; v. ALBERTINI; MILLER; HEINE; OPITZ; GIESE; SHAPIRO, WILSON u. GABRIELE; TRAPNELL; WIGH; DAVIS, PEABODY u. KATZ; FELLOWS, ABELL u. MARTEL; SHAPIRO, WILSON u. GABRIELE; eigene Beobachtung) (Abb. 83). Die Hyperplasie kann entzündlich-reaktiver Natur sein (WIGH u. MONTAGUE: Sarkoid; GREENBERG sowie MILLER: Anthrakose), doch wurde vereinzelt auch über *solitäre Metastasen innerhalb intrapulmonaler Lymphknoten* berichtet (GREENFIELD u. JELASCO). Die Ursache der Lymphknotenvergrößerung ist in manchen Fällen auch histologisch nicht eindeutig zu klären.

4. Das primäre Plasmozytom der Lunge und Bronchien
a) Begriffsbestimmung und klinische Bedeutung

Die isolierte broncho-pulmonale Manifestation des Plasmozytoms bildet nosologisch und biologisch ein Pendant zum vorstehend abgehandelten Lymphosarkomtyp. Auch hier ergeben sich formalgenetisch ähnliche Probleme bezüglich der *Unterscheidung autochthoner Geschwulstformen*, deren Ursprung im Lymphoidgewebe des bronchopulmonalen Systems zu suchen ist, *von histologisch identischen sekundären Myelominfiltraten der Lunge*, die bei generalisiertem Morbus Kahler oder durch Übergreifen extramedullärer Herde des Mediastinums, seiner Lymphknoten oder der Brustwand entstehen (GONZALES u. BOGGINO; KILBURN u. SCHMIDT; GILROY u. ADAMS; SANDKÜHLER u. ROEMHELD; FISCHER; WAGNER; HERSKOVIC, ANDERSEN u. BAYRD; CARSON, ACKERMAN u. MALTBY;

Tabelle 13. *Lokalisation von 207 extraossalen Plasmozytomen.* [Nach KINDLER, U.: Über das extraossale Plasmozytom. Dtsch. med. Wschr. **90**, 1043—1049 (1965)]

Lokalisation	Anzahl der Fälle	Prozentanteil
Oberer Respirationstrakt	137	66,1
Magen-Darmkanal	25	12,1
Lymphknoten:		
mediastinal	9	4,4
zervikal	4	1,9
multipel	4	1,9
axillär	1	0,5
Lunge	10	4,8
Genitalorgane	5	2,4
Harnorgane	4	1,9
Endokrine Organe	3	1,4
Haut	2	1,0
Hypothalamus	1	0,5
Tränendrüse	1	0,5
Mamma	1	0,5

HAYES, BENNETT u. HECK; SNAPPER, TURNER u. MOSCOVITZ; EDWARDS; FREEMAN; KERNEN u. MEYER; CROSS; OSSERMAN; DOLIN u. DEWAR; COHEN, SVIEN u. DAHLIN u.a.). Eine weitere Analogie zum lymphozytären Blastom (SALTZSTEIN u.a.) liegt in der Notwendigkeit, *zwischen echter Neoplasie und chronisch entzündlichen Plasmazell-Granulomen (plasmazellulären „Pseudo-Tumoren")* zu trennen, die unter anderem *auch intrapulmonal und endobronchial* auftreten (KENNEDY u. KNEAFSEY; CHILDRESS u. ADIE; FISCHER; SCUDERI; VOEGT; HILL u. WHITE; JAEGER; UMIKER u. IVERSON; GALY; SPYKER u. KAY; LANE, KROHN, KOLOSZI u. WHITEHEAD; KILBURN u. SCHMIDT; DOLIN u. DEWAR; CHARRETTE, MARIANO u. LAFORET; SPENCER; KERNEN u. MEYER u.a.) (s. S. 144 u. 177), feingeweblich aber nicht das relativ einförmige Bild dichter Myelomzellinfiltration mit zartem retikulo-fibro-vaskulärem Stroma zeigen, sondern granulomatösen Charakter mit Einschluß verschiedenartiger entzündlicher Elemente, wie speichernder Xanthomzellen, vakuolisierter Histiozyten, Plasma- und Mastzellen aufweisen.

Von 21 endothorakalen Plasmozytomen, die HERSKOVIC, ANDERSEN u. BAYRD unter 303 Fällen von multiplem Myelom registrierten, gingen 19 vom Rippen- und Achsenskelet und 2 von den parietalen oder mediastinalen Weichteilen aus. Bei kritischer Prüfung weiterer 33 Literaturberichte über Plasmozytome des Brustraums kamen die Autoren zu der Auffassung, daß es sich zumeist um sekundäre osteogene Myelomherde oder um nichtneoplastische Plasmazellgranulome gehandelt habe. Dieselbe Ansicht vertritt SPENCER (1962), der die im Schrifttum mitgeteilten Plasmozytome der Lunge eher für Histiozytome hält (s. Abb. 90 u. S. 177). KERNEN u. MEYER äußern sich gleichfalls skeptisch über die vorliegenden Schrifttumsmitteilungen, lassen aber mit ihrem kasuistischen Beitrag keinen prinzipiellen Zweifel am Vorkommnis primärer pulmonaler Plasmozytome. KINDLER beziffert den Anteil der broncho-pulmonalen Primärlokalisation unter 207 extraossären Plasmozytomen nach Angaben von BÜNGELER und WEBB mit 4,8% (Tabelle 13).

Definitionsgemäß handelt es sich um ziemlich uniforme, stromaarme Zytoblastome, die sich im Lungenparenchym ohne Zusammenhang mit kostalen oder mediastinalen Myelomherden und ohne Anzeichen einer Generalisation des Leidens *gewöhnlich unifokal, seltener an mehreren Stellen* zugleich entwickeln. Nach verbürgten Beobachtungen können die Tumorinfiltrate *wie gutartige Geschwülste jahrelang zirkumskript* wachsen und beträchtlichen Umfang annehmen. Sie besitzen jedoch *maligne Potenz* (FIGI, BRODERS u. HAVENS; HILL u. WHITE; GONZALES u. BOGGINO; WENZL; KERNEN u. MEYER u.a.), die sich zunächst in *aggressivem Lokalwachstum*, im weiteren Verlauf auch mit *Lymphknoten- und Knochenmetastasen* (HELLWIG; BÜNGELER; WEBB; KINDLER; KERNEN u. MEYER u.a.) und schließlich mit dem *terminalen Übergang in die generalisierte Form des Morbus Kahler* äußern kann. Trotz dieser Aspekte gilt das umschriebene Plasmozytom, das KERNEN u. MEYER in der Skala klinischer Erscheinungsformen (extramedullärer Solitärherd — multiples Myelom — Plasmazell-Leukämie) an den Anfang stellen, als *prognostisch relativ günstig*. Bei rechtzeitiger Erkennung besteht die Möglichkeit der *Heilung durch Radikalexstirpation des Primärherdes* (HILL u. WHITE u.a.).

HELLWIG unterteilt die Blastome — ungeachtet des gleichartigen zyto-histologischen Strukturbildes — nach ihrem biologischen Verhalten wie folgt:

1. *nicht maligner Typ*: a) *solitär*
   b) *multipel*
2. *maligne Form:* a) *ohne Metastasen*
   b) *mit Metastasen*.

Im Gegensatz zu extramedullären Plasmozytomen anderer Lokalisation, die nach SHERWIN, KERN u. JONES in mindestens 10% Fernmetastasen verursachen, von FIGI u. Mitarb. sogar als überwiegend bösartig klassifiziert werden, zeichnen sich die vom Respirationstrakt ausgehenden Manifestationsformen — mit Ausnahme des von KERNEN u. MEYER beschriebenen Falles — durch benignen klinischen Verlauf aus (SHERWIN et al.). HEILMEYER hielt es daher nach bisherigen Beobachtungen für unentschieden, „ob es sich dabei wirklich um ein Frühstadium der generalisierten Form handelt, oder aber eine davon wesensverschiedene gutartige Erkrankung vorliegt".

b) Häufigkeit, Geschlechts- und Altersverteilung

Nach kasuistischen Beiträgen und Übersichtsreferaten sind im Schrifttum *mehr als 40 Mitteilungen über isolierte broncho-pulmonale Plasmozytome* enthalten (s. Zusammenstellungen von KILBURN u. SCHMIDT; MÉSZÁROS u. SIMÁRSZKY; SHERWIN, KERN u. JONES; HERSKOVIC, ANDERSEN u. BAYRD; s. auch SPERLING u. WENDT; WENZL; KERNEN u. MEYER). Die Tumoren wurden *häufiger im Lungenparenchym* (KLOSE; DIVIŠ u. ŠIKL; FISCHER; GORDON u. WALKER; STEWART; KULEY u. KUNTMAN; COTTON u. PENIDO; ROSZA u. FRIEDMAN; HILL u. WHITE; CHILDRESS; WENZL; FIRSZOVA u. PÜLCOV; VISZLOY u. DARÓCZY zit. nach MÉSZÁROS u. SIMÁRSZKY; CHILDRESS u. ADIE; CARSON, ACKERMAN u. MALTBY; ROBSON u. KNUDSEN; LANE, KROHN, KOLSZI u. WHITEHEAD; KILBURN u. SCHMIDT; FAVIS, KERMAN u. SCHILDECKER; MUSSHOFF u. WEINREICH; SPERLING u. WENDT; WAGNER; SCHNEIDER u. LAUTH; HAYES, BENNETT u. HECK; KERNEN u. MEYER; ROMANOFF u. MILWIDSKY; SVEROV et al.; LISOKIJ u. GHOINDZHILIJA; THIERBACH u. HUTH; ECK, HAUPT u. ROTHE) (Abb. 84) *als endobronchial* angetroffen (KREIBIG zit. nach ROSZA u. FRIEDMAN; HEINDL zit. nach HELLWIG; HARMER; HARMER u. SORGO; HINZ; PLENK u. PRETL; KENNEDY u. KNEAFSEY; BROCARD, THOYER, CHAUBIN, BOUVIER u. TURPIN; MÉSZÁROS u. SIMÁRSZKY; BÜNGELER; WEBB; KINDLER).

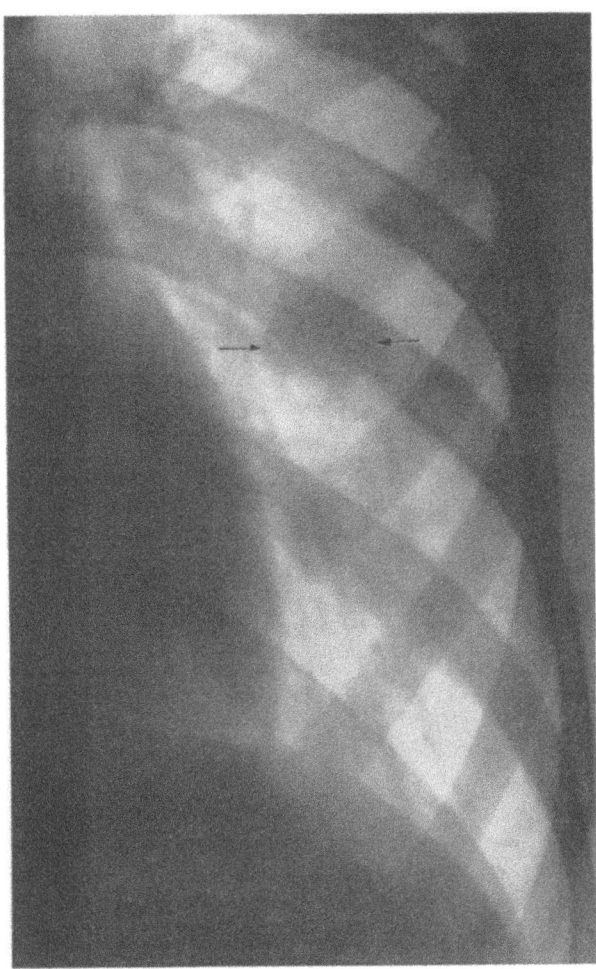
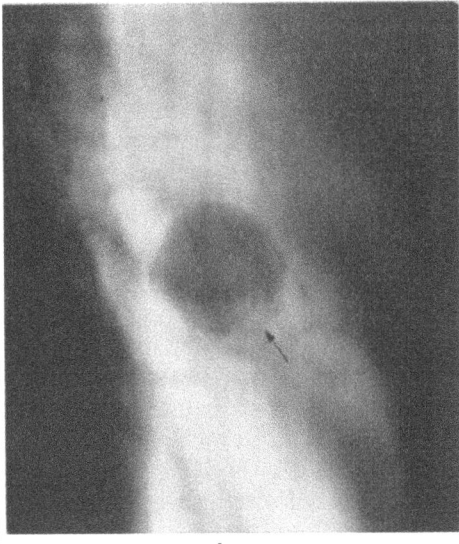

Abb. 84a u. b. U.H., 21jähr. ♂. *Histologisch verifiziertes extramedulläres Plasmozytom in Gestalt eines pulmonalen Solitärknotens.* Zunächst Größenkonstanz des zufällig entdeckten Rundherdes über $1^1/_2$ Jahre. Blutsenkung stets normal, Fahndung nach Tuberkelbazillen im Auswurf immer negativ. Zeitweiliges Wachstum und Auftreten einer kirschkerngroßen Aufhellung erweckten dann Verdacht auf ein zerfallendes Tuberkulom und gaben Anlaß zu 7monatiger Heilstättenbehandlung und späterer Segmentresektion. Auf Grund der histologischen Diagnose angestellte hämatologisch-klinische Recherchen ergaben im weiteren Verlauf keine Verdachtsmomente für ein generalisiertes Plasmozytom.

a Ausschnitt aus dem p.-a. Übersichtsbild. b Schichtaufnahme 9 cm a.-p. (Nach HUZLY u. SEIDEL aus MUSSHOFF, K., WEINREICH, J.: Differentialdiagnose seltener Lungenerkrankungen im Röntgenbild. Berlin-Göttingen-Heidelberg: Springer 1962; Abb. 45a und b, S. 87)

Diese Beobachtungen bilden nur einen Teil der ohnehin spärlichen Kasuistik extramedullärer Myelome. Nach HELLWIG kamen 1943 unter 127 derartiger Tumoren (davon 28 örtlich aggressiv wachsend und 13 mit Fernmetastasen) 65 in den oberen Luftwegen und nur 2 im Bronchialsystem vor. In der Literaturübersicht der Berichtsjahre 1903—1953 (185 Fälle) führen HILL u. WHITE lediglich 5 pulmonale Plasmozytome auf. OLTERSDORF fand 1955 unter 43 Fällen des rhino-pharyngo-laryngologischen Fachgebietes 2 primäre Plasmozytome der Trachea (= 5%) und 3 in den Hauptbronchien (= 7%) verzeichnet. Nach JAEGER sind die extramedullären Plasmozytome mit etwa 0,5% unter den Primärgeschwülsten der oberen Luftwege vertreten. Das *polypöse Schleimhaut-Plasmozytom des Nasen-Rachenraumes, der Nebenhöhlen, des Kehlkopfes und der Trachea* gilt nach klinischer Erfahrung *gleichfalls* als *überwiegend gutartig* (SCUDERI; STOUT u. KENNEY; MAURER; PRIEST; OLTERSDORF; BOYES-KORKIS; WACHTER; CLAIBORN u. FERRIS; BARÁNY; RINGERTZ; ENNUYER, BATAÏNI, CHAVANNE u. HÉLARY; WEBB, HARRISON, MASSON u. REMINE; WALTNER; KREIBIG; ELLINGER; GRANT u. ROSS; KINDLER; THOMAS; ANDERSEN; EWING u. FOOTE; ROWLANDS u. SHAW; GASTPAR; FRUHLING u. CHADLI u.a.).

Wie der Morbus Kahler (GESCHICKTER u. COPELAND; CARSON, ACKERMAN u. MALTBY; SNAPPER, TURNER u. MOSCOVITZ u.a.) manifestiert sich das extramedulläre Myelom *vorwiegend zwischen dem 40.—70. Lebensjahr*, selten früher (Alter des jüngsten Patienten der Zusammenstellung von HILL u. WHITE 3 Jahre). Nach der Sammelstatistik von OLTERSDORF sind Männer von extramedullären Plasmozytomen 5mal häufiger betroffen als Frauen, doch ergibt sich aus der verfügbaren Literatur für die broncho-pulmonale Ortsvariante *keine wesentliche Geschlechtsdifferenz*.

c) Pathologisch-anatomische Morphologie

Die vom intrapulmonalen Lymphoidgewebe ausgehenden Plasmozytome bilden *knotige Infiltrate*, die sich im Parenchym diffus oder expansiv ausbreiten und nicht selten die viszerale Pleura einbeziehen. Der neoplastische Prozeß kann die Wandschichten eingeschlossener Bronchien örtlich durchsetzen und die Schleimhaut vorwölben. Die primär endobronchialen Gewächse imponieren meist als *breitbasige submuköse Infiltration*, können aber gelegentlich die Gestalt *gestielter Polypen* annehmen (KENNEDY u. KNEAFSEY). Eine *bindegewebige Kapsel* wird nur ausnahmsweise gefunden (KLOSE).

Die Zytoblastome zeigen ein charakteristisches Gewebsbild. Es wird beherrscht von den in dichter Lage angeordneten, mehr oder weniger gleichförmigen *Rundzellen mit basophilem Plasma, perinukleärem Aufhellungshof* und meist *exzentrisch sitzendem Kern*, dessen Chromatin in *Radspeichen- oder Netzform* fein verteilt ist. Manche Zellen sind *mehrkernig* oder enthalten *mit Paraprotein gefüllte Plasmavakuolen* (Russell-Körperchen). Neben den relativ uniformen plasmazellulären Elementen, die enge Lagebeziehung zu den Kapillaren des *spärlich feinfaserig-retikulären Stromas* aufweisen (VOEGT u.a.), kommen — besonders bei metastasierenden Formen — *atypische Zellen mit unregelmäßigen, chromatinreichen Kernen* vor. In diesen Fällen kann die Mitoserate erhöht sein.

In den Randbezirken, stellenweise auch innerhalb der Tumorinfiltrate sieht man oft *extrazelluläre, von Fremdkörperriesenzellen umsäumte Ablagerungen hyalinen Materials*, das histochemisch als „*Paramyloid*" definiert wird und offenbar ein Absonderungsprodukt — typischer wie neoplastischer — plasmazellulärer Elemente ist (MAGNUS-LEVY; APITZ; GLAUSER; OLTERSDORF; ROSENBLUM; KIRSHBAUM; WEISS; KINDLER; OSSERMAN et al.; FRANKLIN u. LOWENSTEIN; SOLOMON u. Mitarb.; VAQUEZ u. DIXON; ASOFSKY u. THORBECKE; HINZ; FAGRAEUS; BAYRD u. BENNETT u.a.). In Analogie zu den — ebenfalls von Plasmazellen durchsetzten — sog. „*Amyloidtumoren*" (s. Abb. 182g u. S. 351) kann die amorphe Masse einen beachtlichen Raumanteil des Geschwulstareals einnehmen.

Anders als beim tumorbildenden Amyloid bleibt die neoplastische Zellinfiltration dominierend. Sie gleicht histozytologisch völlig dem Aspekt sekundärer Myelominfiltrate, unterscheidet sich jedoch deutlich vom wesentlich bunteren Zellbild entzündlicher Plasmazell-Granulome (S. 168, 177 u. 311).

Wie bei anderen extramedullären Lokalisationstypen erfolgt die *Metastasierung* pulmonaler Plasmozytome vornehmlich in das Lymph- und Skeletsystem (HELLWIG; ROBSON u. KNUDSEN; KERNEN u. MEYER; ROSZA u. FRIEDMAN; CHARETTE, MARIANO u. LAFORET). Nach Art des multiplen Myeloms, das nur ausnahmsweise osteoplastische Knochenherde bildet (HODLER; EVISON u. EVANS; CAVAZZUTTI, MARANI u. VECCHI; KRC, WIEDERMANN, VYKYDAL u. SOYKA; BISMUTH et al. u.a.), sind die Skeletveränderungen in der Regel osteolytisch.

d) Klinik, Prognose und Therapie

Die knotigen Plasmozytominfiltrate des Lungenmantels verursachen zunächst keine subjektiven Beschwerden. Sie bleiben stumm, bis *örtlich Pleurareizung* mit fakultativer Exsudation, etwaige *Verdrängungszeichen* (Atemnot, Druckgefühl im Brustkorb) oder *metastasenbedingte Symptome* (Knochenschmerz, Anämie, Schwäche etc.) Hinweise geben. Endobronchiale Tumoren sind eher an den Folgen obstruktiver Ventilations- und Sekretdrainagestörung kenntlich und bronchoskopisch faßbar (KENNEDY u. KNEAFSEY; ROSZA u. FRIEDMAN). PLENK u. PRETL sahen dabei eine *Ostéoarthropathie hypertrophiante pneumique*.

Wie die voll ausgeprägte Kahlersche Krankheit können broncho-pulmonale und andere Ortsvarianten des extramedullären Plasmozytoms mit *extremer Senkungsbeschleunigung* infolge Paraproteinämie (pathologische γ- oder β-Globulinbildung) und mit *Paraproteinurie* einhergehen (BERNER; OLTERSDORF; HEILMEYER; KERNEN u. MEYER; ROBSON u. KNUDSEN u.a.). Während dem örtlich destruierenden multiplen Myelom nach systematischen Studien von APITZ eine diffuse Knochenmarkinfiltration mit plasmazellulären Tumorelementen vorauszugehen pflegt, sind pathologische Sternalbefunde dieser Art bei den lokalisierten Formen des extramedullären Plasmozytoms zu vermissen (KULEY u. KUNTMAN; KENNEDY u. KNEAFSEY; ROSZA u. FRIEDMAN; CARSON, ACKERMAN u. MALTBY; MÉSZÁROS u. SIMÁRSZKI; MUSSHOFF u. WEINREICH u.a.). Bei diffuser Ausdehnung der Neoplasie im natürlichen Kolonisationsraum während späterer Krankheitsstadien (KERNEN u. MEYER; eigene Beobachtung s. Abb. 85) erscheint es retrospektiv fraglich, ob das initiale Lungeninfiltrat tatsächlich als Primärherd gelten kann.

Im begleitenden *Pleuraexsudat* kommen Plasmazellen vor (SANDKÜHLER u. ROEMHELD; WAGNER u.a.). Die *zytologische Fahndung im Auswurf* verlief nach vorliegenden Berichten negativ (s. ROSZA u. FRIEDMAN), doch können offenbar in die Bronchialschleimhaut eingedrungene und dann abgeschilferte Geschwulstelemente — wie beim primären Lymphosarkom (Abb. 79) — im Bronchialsekret in Erscheinung treten (siehe Legenden zu Abb. 81 u. 85).

Bei den extramedullären Myelomen des Nasen-Rachenraumes hat sich die alleinige *Strahlentherapie* gut bewährt (JAEGER). Die isolierten broncho-pulmonalen Plasmozytome wurden häufiger operativ angegangen und allenfalls nachträglich betrahlt (ROSZA u. FRIEDMAN; KERNEN u. MEYER). Für die Beurteilung *thoraxchirurgischer Ergebnisse* waren die Beobachtungszeiträume in den meisten Fällen der verfügbaren kasuistischen Mitteilungen (5 Pneumonektomien, 1 Bilobektomie, 5 Lobektomien, 2 Segmentresektionen und 1 transmurale Enukleation nach endoskopischer Abtragung) zu kurz bemessen (HILL u. WHITE; PLENK u. PRETL; ROSZA u. FRIEDMAN; CHILDRESS u. ADIE; KENNEDY u. KNEAFSEY; COTTON u. PENIDO; WENZL; LANE, KROHN, KOLOSZI u. WHITEHEAD; MUSSHOFF u. WEINREICH; KERNEN u. MEYER; FIRSZOVA u. PÜLCOV; MÉSZÁROS u. SIMÁRSZKI). Zwei der operierten Patienten lebten $5^1/_2$ bzw. 8 Jahre post operationem erscheinungsfrei (ROSZA u. FRIEDMAN; HILL u. WHITE), wobei im ersten Fall zusätzliche Strahlentherapie angewandt wurde. Der von KERNEN u. MEYER behandelte 67jähr. Patient verstarb etwa 4 Monate nach Lobektomie des linken Oberlappens an einem interkurrenten Myokardinfarkt. Die Autopsie zeigte einzelne Metastasen in verbliebenen Hiluslymphknoten und in einem Lendenwirbel. Örtliche Rezidive nach operativen Eingriffen sahen CHILDRESS u. ADIE sowie FIRSZOVA u. PÜLCOV (zit. n. MÉSZÁROS u. SIMÁRSKI). HEINDL (zit. n. HELLWIG) fand 2 Jahre nach Resektion eines naso-pharyngealen Plasmozytoms 2 umschriebene Neuherde in der Trachea und im rechten Hauptbronchus.

e) Röntgenologische Diagnostik und Differentialdiagnostik

Die röntgenologischen Erscheinungsformen des *primären pulmonalen Plasmozytoms* (solitäre Infiltrate von verwaschener Kontur oder schärfer abgesetzte rundliche Knoten, mehrere Rundherde, wolkig konfluierende segmentale, lappenfüllende oder massive halbseitige Verschattungen) (STEWART; HILL u. WHITE; KILBURN u. SCHMIDT; ROSZA u. FRIEDMAN; WENZL; MÉSZÁROS u. SIMÁRSZKI; MUSSHOFF u. WEINREICH; KULEY u. KUNTMAN; ROBSON u. KNUDSEN; KERNEN u. MEYER u.a.) (Abb. 84 u. 85) decken sich weitgehend mit dem beim primären Lymphosarkom der Lunge geschilderten Befund oder mit dem Schattenbild der nicht disseminierten Lungenadenomatose.

Die *endobronchialen Blastome* machen sich gewöhnlich mit indirekten Symptomen obstruktiver Parenchymkomplikationen bemerkbar, deren Art und Ausdehnung mit dem

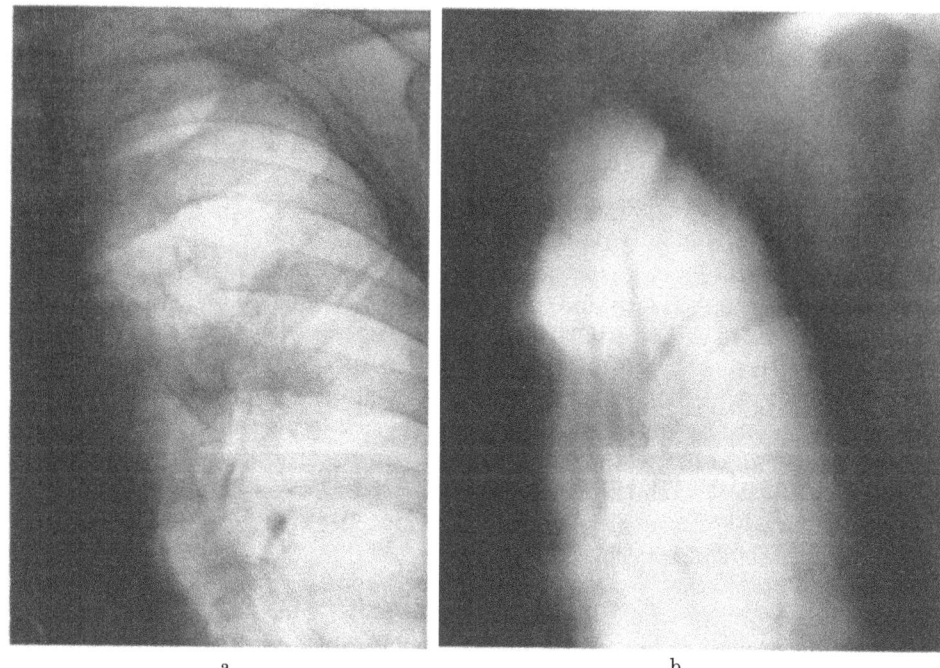

a   b

Abb. 85 a u. b. *Extramedullärer Plasmozytomherd unter dem Bild eines jahrelang form- und größenkonstanten tumorartigen Infiltrats im linken Oberlappen.* Der auf der Nativaufnahme (a) und tomographisch (b Schichtbild 9 cm a.-p.) mehrbogig unscharf begrenzte Verdichtungsbezirk an der apiko-dorsalen Segmentgabel war während 3jähriger Beobachtung als tuberkulöses Infiltrat gedeutet und ohne Erfolg anhaltend tuberkulostatisch behandelt worden. Wegen stets negativer Ergebnisse bakteriologisch-kultureller Fahndung nach Tuberkelbazillen Einweisung unter Tumorverdacht zur stationären Behandlung. Klinisch: typischer Sternalmarkbefund eines diffusen Plasmozytoms mit hoher spitzer γ-Globulinzacke und Senkungsbeschleunigung von 96/116 mm n.W. Am Knochenskelet auf Summations- und Schichtaufnahmen keine sichere Destruktion und keine Zeichen strähniger „Porose" nachweisbar. Auch klinisch kein auffallender umschriebener Klopf- oder Kompressionsschmerz. Im gezielt entnommenen Bronchialsekret „tumorverdächtige Elemente" mit teils exzentrisch angeordneten Kernen und basophilem Plasma. Bronchographich leichte glattrandige Lumeneinengung der apiko-dorsalen Segmentgabel des li. OL-Bronchus, aber keine stärkergradige Stenose und kein Füllungsabbruch. Nach 200 kV-Pendelkonvergenzbestrahlung (5000 R Herddosis) rasche anhaltende Rückbildung des Tumorschattens. H. M., 67jähr. ♂. Arch.-Nr. 802/59 Röntgenabtlg. Med. Univ.-Klinik u. Poliklinik Münster/W. (Direktor: Prof. W. H. HAUSS)

jeweiligen Tumorsitz und Stenosemechanismus variieren. Der neoplastische Füllungsdefekt im Bronchogramm (MÉSZÁROS u. SIMÁRSZKI) läßt sich nicht von der gleichartigen Aussparung eines Bronchusadenoms oder anderer gutartiger Geschwülste bzw. polypöser Pseudo-Tumoren unterscheiden. KINDLER beschrieb einen autoptisch verifizierten Fall multifokal-bilateraler Plasmozytomknoten endo- und peribronchialer Lage, bei dem das röntgenologische Erscheinungsbild von haselnuß- bis hühnereigroßen Lymphomen der bifurkalen und paratrachealen Lymphknoten geprägt wurde.

Das Schattenkorrelat broncho-pulmonaler Plasmozytome bietet somit insgesamt keine für die Artdiagnose kennzeichnenden Merkmale. Die Differentialdiagnose umschließt die beim primären pulmonalen Lymphosarkom und bei der Lungenadenomatose genannten Parenchymveränderungen (s. S. 74 ff. u. 152 ff.) sowie die Skala endobronchialer Gewächse, Hamartome und entzündlicher Pseudo-Tumoren, die bereits im Kapitel „Bronchusadenome" (s. S. 129 u. 137) und andernorts aufgeführt wurden (s. S. 171 ff. u. 280 ff.).

Als differentialdiagnostisch bedeutsame Irrtumsquelle ist die *Vortäuschung einer Lungeninfiltration durch größere weichteildichte pleuro-parietale Myelomherde* hervorzuheben (GRÜNEIS; BRAUN; URRESTARAZU; FREEMAN; GILROY u. ADAMS; KLOSE; GON-

ZALES u. BOGGINO; BOUCHER, DARBON, STEIGER u. PRAT; CORINALDESI u. D'ETTORE; SCHNEIDER). Als *Differenzkriterium* kann dabei die sichtbare Osteodestruktion dienen: das Zusammentreffen eines kortikalen Lungeninfiltrats mit *Osteolyse der benachbarten Rippen* spricht gegen die Annahme autochthoner Geschwulstentstehung im Lungenparenchym und für einen sekundären Myelombefall, sofern es sich nach bioptischem Befund um ein Plasmozytom handelt, und nicht andere Krankheitsursachen der kombinierten parieto-pulmonalen Läsion zugrundeliegen (hilofugal wachsendes peripheres Bronchialkarzinom mit Tumoreinbruch in die Brustwand, zugleich thorakal wie pulmonal lokalisierte Aktinomykose, Rippenkaries mit begleitender Lungenrandinfiltration, osteomyelitische Komplikationen einer Friedländer-Pneumonie etc.) (ROSZA u. FRIEDMAN).

Im gleichen Zusammenhang sind *umschriebene wolkige Lungenverschattungen flüchtigen Charakters* als *indirekte Röntgensymptome des generalisierten Plasmozytoms* zu erwähnen, die ALCOZER, ANTOGNETTI u. GIORDANO bei 37% ihrer Myelom-Patienten fanden und als *regionales Lungenödem* deuten (Folge dysproteinämisch erhöhter Kapillardurchlässigkeit). URRESTARAZU führt die Veränderungen teils auf *lokale Amyloideinlagerung im Lungengewebe*, teils auf unspezifisch-entzündliche Begleiterscheinungen des Grundleidens oder auf *Lungeninfarkte* zurück, deren *gehäuftes Auftreten bei Myelomkranken* auch von anderen Autoren verzeichnet wird (SNAPPER, TURNER u. MOSCOVITZ; KERNEN u. MEYER).

In Analogie zur endothorakalen Manifestation des Plasmozytoms können gelegentlich *auch beim Morbus Waldenström broncho-pulmonale Infiltrationsherde* lymphoidzelligen bzw. plasmazellulären Charakters auftreten (BENDA u. MOSSÉE; AUBERT, DETOLLE u. SORS; MOESCHLIN). MOESCHLIN beobachtete ein chronisches Infiltrat dieser Art in Koinzidenz mit einem Bronchialkarzinom. In dem von AUBERT u. Mitarb. beschriebenen Fall hatte die *tumorartige endobronchiale Proliferation von Retikulum- und Plasmazellen* zum Verschluß des rechten Oberlappenbronchus mit obstruktiver Segmentatelektase geführt.

Das Auftreten *generalisierter Amyloidose* mit bevorzugtem Befall der Nieren, Hirngefäße und Herzklappen *bei der Waldenströmschen Makroglobulinämie* (GASSNER, BITTAR u. PARRISH; LARCAN, RAUBER u. STREIFF; NICK et al.; KOZIMA u. Mitarb.; KOBAYASHI et al.; OSSERMAN; OSSERMAN, TAKATSUKI u. TALAL; FORGET u. SQUIRE u.a.) *und beim Plasmozytom* (MAGNUS-LEVY; KOLETSKY u. STECHER; APITZ; OSSERMAN; BAYRD u. BENNETT; OSSERMAN u. TAKATSUKI; KYLE u. BYRD; OSSERMAN, TAKATSUKI u. TALAL u.a.) entspricht der engen nosologischen Verwandtschaft beider Paraproteinosen, die in der Ähnlichkeit hämatologischer, serumelektrophoretischer bzw. mittels Ultrazentrifuge erhobener Befunde und des immunbiologischen Verhaltens zum Ausdruck kommt (WALDENSTRÖM; GRABAR u. WILLIAMS; UMHOF, BAARS u. VERLOOP; DUTCHER u. FAHEY; MACKAY et al.; RITZMAN u. Mitarb.; OSSERMAN u. TAKATSUKI; SOLOMON, FAHEY u. MALMGREN; KYLE et al.; VAQUEZ u. DIXON; CATHCART, COMERFORD u. COHEN; ASOFSKY u. THORBECKE; FRANKLIN u. LOWENSTEIN u.a.).

5. Das primäre „Mastozytom" der Lunge
a) Begriffsbestimmung und klinische Bedeutung

Die vornehmlich aus Mastzellen, teils auch aus anderen histiogenen Formelementen zusammengesetzten Gebilde werden noch im Kapitel „gutartige Lungen- und Bronchialgeschwülste" im Zusammenhang mit den sog. „Histiozytomen" erwähnt (s. S. 177, 541 u. 549), die in Ausnahmefällen maligne entarten können (LAMBIRD u. ASHTON; LIBERTI u. DEL PORTO; IMAMAURA et al.; SAUER, EUGENIDIS u. ENDREI; s. auch BARRIÉ et al.; KAPLAN u. EDGARDO). Die mastzelligen Varianten sollen hier im Hinblick auf die 1966 erschienene Publikation von CHARRETTE, MARIANO u. LAFORET gesondert betrachtet werden, obgleich ihre biologische Eigenart ebenso ungewiß ist wie die onkologische Sonderstellung, ja selbst die Zugehörigkeit zu den echten pulmonalen Primärgewächsen. Das bisherige Schrifttum beschränkt sich auf die Kasuistik von lediglich 2 uneinheitlich bewerteten Befundmitteilungen.

Im Erstbericht von SHERWIN, KERN u. JONES (1965) wird der fragliche Tumor als „solitäres Mastzell-Granulom" klassifiziert. Nach dem histologischen Aspekt und dem Ergebnis gewebskultureller Untersuchung war der Prozeß eher reaktiver Natur als neoplastisch zu deuten. SHERWIN u. Mitarb. interpretierten das Gebilde als mastzellige Sonderform der Histiozytome, deren Geschwulstcharakter wegen formaler Strukturähnlichkeiten mit granulomatösen Knoten entzündlichen Ursprungs — entsprechend der

Tabelle 14. Biologisches Spektrum der Mastzell- und Plasmazell-Krankheiten. [Nach CHARRETTE, E. E., MARIANO, A. V., LAFORET, E. G.: Solitary mast cell "tumor" of lung. Its place in the spectrum of mast cell disease. Arch. Intern. Med. 118, 358—362 (1965)]

Mastzellen	Plasmazellen
Gutartige Formen (anfänglich)	
Granulom (Lunge)	Granulom (Lunge)
Mastozytom (extrakutan)	Plasmozytom (extramedullär)
Solitäres Mastozytom (kutan)	Solitäres Plasmozytom (ossär)
Generalisierte Urticaria pigmentosa	—
Bösartige Formen	
Systematisierte Mastozytose	Multiples Plasmozytom
Mastzell-Leukämie	Plasmazell-Leukämie

Problematik plasmazellulärer Granulomherde (s. S. 144, 161, 177 u. 311) — fraglich erscheint (s. S. 177 u. 549). Auch im zweiten Beobachtungsfall wird der granulomatöse Aufbau beschrieben. CHARRETTE, MARIANO u. LAFORET meinen jedoch, der von ihnen (in Anführungsstrichen) als solitärer Mastzell-,,Tumor" bezeichnete Lungenknoten dokumentiere — wiederum in Analogie zu den plasmazellulären Neubildungen — eine als Ortsvariante bislang unbekannte Zwischenstufe in der Entwicklungsskala zwischen gutartigem mastzelligen Granulom und systematischer maligner Mastozytose (Tabelle 14). Sie fassen ihren Befund in diesem Sinne als ersten Beleg für eine zuvor nur postulierte Lungengewächskategorie auf.

b) Pathologisch-anatomische Morphologie

Als Pendant der umschriebenen Lungenaffektion führen CHARRETTE u. Mitarb. das auch veterinärmedizinisch geläufige *solitäre kutane Mastozytom* an. Es ist seltener als die *systematisierten Hautveränderungen des Mastozytose-Syndroms*, die als ,,Urticaria pigmentosa" mit disseminierten braun-roten Flecken und Papeln vor allem am Rumpf hervortreten. Histologisch findet man eine Infiltration der oberen Coriumschichten mit großen kubischen Zellen, die relativ breite dunkle Kerne von exzentrischer Lage und reichlich metachromatische Granula im zart eosinophilen Plasma aufweisen (NETTLESHIP; UNNA; ELLIS; CHARRETTE et al.). Gleichartige Zellelemente stellten ENDE u. CHERNIS bei einem Patienten mit isoliertem Organbefall der Milz — ohne Hautbeteiligung — fest.

Sie kennzeichnen auch das feingewebliche Bild der *generalisierten Mastozytose*, die außer dem äußeren Integument auch die inneren Organe und das Skelet einbeziehen kann (DEMIS; SZWEDA, ABRAHAM, FINE, NIXON u. RUPE; CHARRETTE et al.), bei einem Drittel der Kranken nach Art einer malignen Blastomatose verläuft und gelegentlich in eine Mastzell-Leukämie übergeht (SELYE; CHARRETTE et al.). Trotz physiologischer Anwesenheit von Gewebs-Mastzellen in den broncho-vaskulären Bindegewebsscheiden, in den subpleuralen Schichten und teils auch in den interalveolären Septen der menschlichen Lunge (HOLCZABEK) wurde bei autoptischen Kontrollen des generalisierten Leidens eine pulmonale Beteiligung vermißt (CHARRETTE u. Mitarb.).

CHARRETTE u. Mitarb. schildern den *solitären Mastzell-,,Tumor" der Lunge* als weichen rundlichen Knoten von 2 cm Durchmesser. Der von SHERWIN et al. beschriebene Granulomherd hatte gleiche Größe, ebenfalls rundliche Form und wies eine schmale Bindegewebskapsel auf. Beide Knoten wurden durch Lobektomie entfernt. Sie lagen im rechten Oberlappen subpleural-apikal bzw. hilusnahe in unmittelbarer Nachbarschaft des Lobärbronchus innerhalb strukturell intakten Parenchyms. Ihr Kolorit erschien auf dem Anschnitt gelblich-weiß, infolge des Gefäßreichtums stellenweise rot tingiert.

Mikroskopisch zeigten sich übereinstimmend neben spärlichen Lymphozyten und teils vakuolisierten Makrophagen bzw. Histiozyten vorwiegend kleinzellige Elemente mit exzentrischen Kernen von lockerem Chromatingerüst und breitem, dunkel getönten Zytoplasma, die im Hämatoxylin-Eosin-Präparat als Plasmazellen imponierten (Abb. 86 c u. e). Die Deutung wurde durch den Nachweis metachromatischer Plasmagranula bei

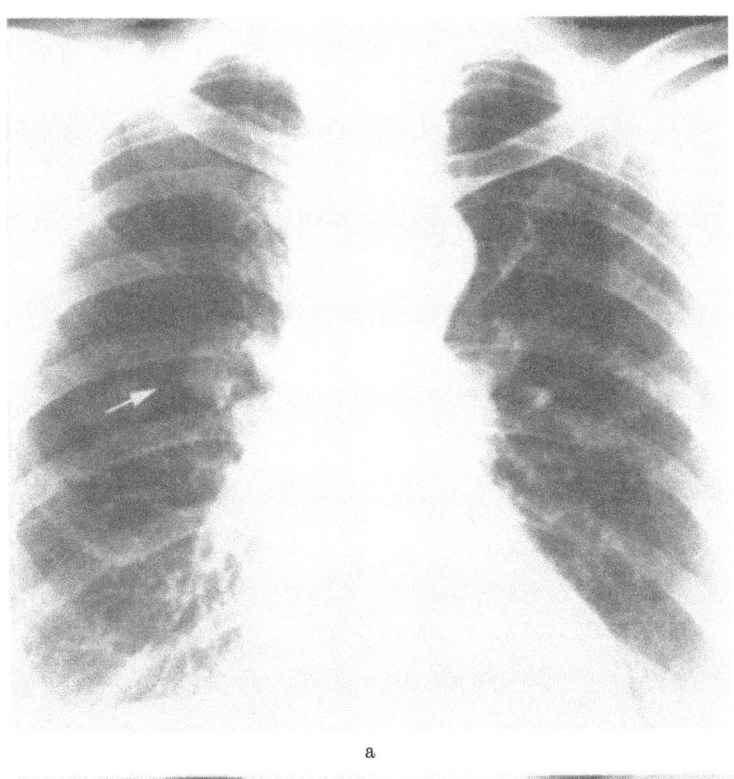

a

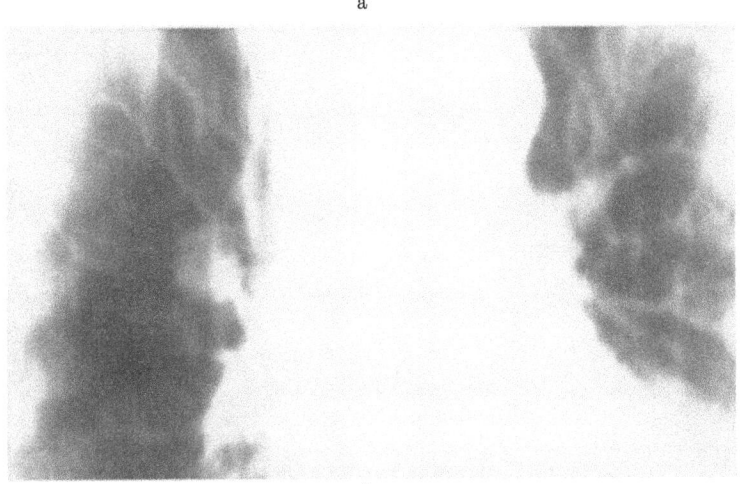

b

Abb. 86a—f. *Umschriebener „Mastzell-Tumor" im rechten Oberlappen.* Der auf der sagittalen Übersichtsaufnahme (a) und im Schichtbild (b) am oberen rechten Hiluspol dargestellte isolierte Rundherd wurde zufällig entdeckt. Anamnestisch keine Hinweise auf frühere akute bzw. chronische Lungenerkrankungen oder allergische Reaktionen. Klinische Daten, Laborbefunde und eingehende röntgenologische Untersuchung ergaben keinen Anhalt für einen extrapulmonalen Primärtumor. Im Differentialblutbild geringe Linksverschiebung, relative Lymphopenie und leichte Eosinophilie (4%) bei normaler Leukozytenzahl. Das Sternalmark enthielt etwas vermehrt Plasmazellen, zeigte aber keine Veränderung im Sinne eines Myeloms. Der im intakten Lungengewebe gut abgrenzbare, 2 cm große Tumor nahe der Trifurkation des rechten Oberlappenbronchus wurde durch Lobektomie entfernt. Die regionären Lymphknoten waren unbeteiligt. Histologisch fanden sich im exstirpierten Knoten — neben vereinzelten großen Epitheloidzellen mit granuliertem, stellenweise vakuolenhaltigen Plasma, Makrophagen und Lymphozyten — vorwiegend einförmige kleine plasmazellähnliche Elemente in teils streifiger, teils nestartiger Anordnung. Die nach ihrem zytologischen Aspekt (exzentrische Lage der chromatinreichen Kerne, breiter, ziemlich dunkel gefärbter Plasmasaum) bei Hämatoxylin-Eosin-Färbung (c und e 250—500fache Vergrößerung) gestellte Diagnose „pulmonales Plasmozytom" wurde auf Grund der mit Dominici-Färbung erzielten Darstellung dunkel getönter Mastzellen (d und f 250—500fache Vergrößerung) revidiert. 68jähr. ♀. [Nach CHARETTE, E. E., MARIANO, A. V., LAFORET, E. G.: Solitary mast cell "tumor" of lung. Its place in the spectrum of mast cell disease. Arch. Int. Med. **118**, 358—362 (1966); Fig. 1a und b sowie 2a—d]

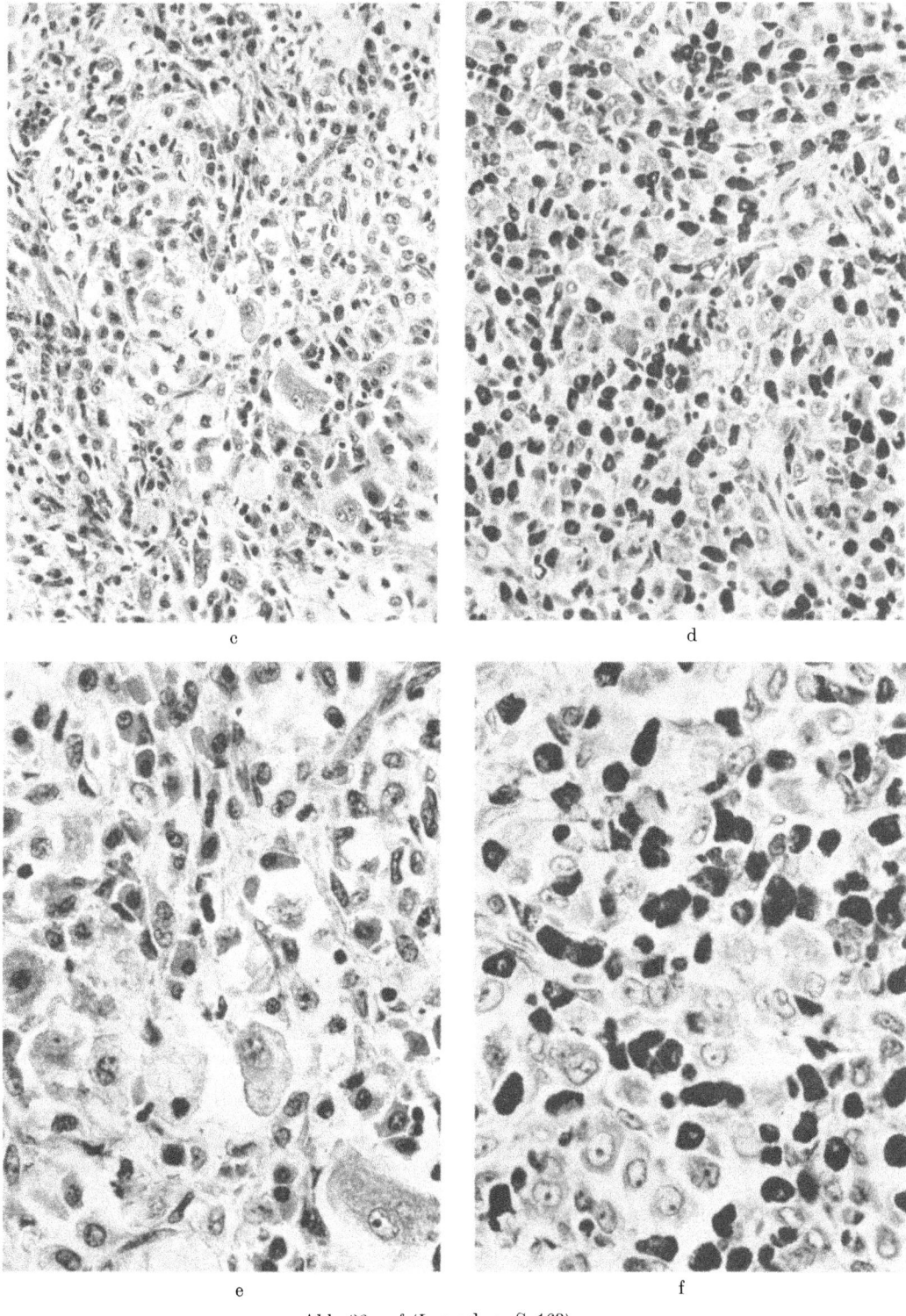

Abb. 86c—f (Legende s. S. 169)

Dominci- bzw. Luna-Färbung widerlegt (Abb. 86d u. f). CHARRETTE u. Mitarb. mußten daher das ursprüngliche Urteil „pulmonales Plasmozytom" zugunsten der Diagnose „Mastzell-Granulom" revidieren.

In beiden Schrifttumsfällen waren nach Resektion der herdförmigen Lungenprozesse weder Lokalrezidive noch die Tendenz zu lympho-hämatogener Absiedlung oder systematisierter Ausbreitung festzustellen. Ungeachtet dessen und trotz des granulomartigen Strukturbildes halten CHARRETTE u. Mitarb. eine maligne Entwicklungspotenz nicht für ausgeschlossen. Sie verweisen auf die Analogie einer generalisierten, innerhalb von 25 Monaten tödlich endenden Verlaufsform einer pulmonalen Plasmazellengeschwulst, deren solitärer Primärknoten zunächst ebenfalls den feingeweblichen Aspekt eines Granuloms geboten hatte (ROBSON u. KNUDSEN). Im Hinblick auf die anfängliche Fehlinterpretation des eigenen Befundes vermuten die Autoren im Einklang mit SHERWIN et al., auch in anderen Literaturberichten seien Mast- und Plasmazellen wegen unzureichender färberischer Differenzierung miteinander verwechselt, und Mastozytome irrtümlich als solitäre extramedulläre Plasmozytome deklariert worden. Nach ihrer Ansicht trifft dies vor allem für die Fälle mit konjunktivalem Lokalisationstyp (HELLWIG) zu.

c) Klinik

Zum Vollbild der *generalisierten Mastozytose* gehören die oben genannten Hautefforeszenzen, ferner Hepato-Splenomegalie, peptische Ulzera, Knochenläsionen und andere, dem Karzinoidsyndrom (vgl. S. 116ff.) ähnelnde Erscheinungen (Kollapsneigung mit flushartigen Kreislaufphänomenen, Tachykardie, Pruritus, verstärkter Dermographismus Kopfschmerzen, Spasmen, Durchfall und andere gastrointestinale Beschwerden).

Ein Teil der Symptome wird als Histamineffekt aufgefaßt, dem man auch für die Endokardläsion beim Karzinoidsyndrom Bedeutung beimißt (s. S. 116, 138ff.). Die basophilen Granula der Mastzellen enthalten Histamin und Heparin. Die spezifischen Zellprodukte können durch biochemische Steuerung von Gefäßtonus, Kapillarpermeabilität und Blutgerinnung den Ablauf anaphylaktischer Reaktionen, entzündlich-ödematöser Vorgänge und örtlicher Thrombenbildung beeinflussen (SELYE; DEMIS; CHARRETTE u. Mitarb.). Die pathologische Zellwucherung führt offenbar zu periodisch überschießender oder anhaltend vermehrter Bildung und Freigabe beider Substanzen. Für diese Annahme spricht die fakultative Histaminurie und der Nachweis des Histaminabkömmlings 1,4-Methyl-Imidazol-Essigsäure im Harn bei Patienten mit generalisierter Mastozytose.

Die von SHERWIN et al. bzw. von CHARRETTE u. Mitarb. beobachteten Kranken mit *solitären Mastzell-Granulomen der Lunge* wiesen keine Erscheinungen des Mastozytose-Syndroms auf. Beide Tumoren verhielten sich *klinisch stumm* und wurden durch Zufall röntgenologisch entdeckt. CHARRETTE et al. konstatierten lediglich geringe Veränderungen im Serumelektrophoresediagramm (leichte Erhöhung der α_2- und γ-Globuline) und einen vermehrten Plasmazellgehalt des Knochenmarks, aber weder plasmozytomverdächtige Formatypie noch Basophilie oder sonstige Abweichungen des weißen Blutbildes.

d) Röntgenologischer Befund

Die beiden bisher beschriebenen mastzelligen Lungentumoren stellten sich als homogen weichteildichte Rundherde von scharfer Randkontur dar (Abb. 86a und b). Im Beobachtungsfall von SHERWIN et al. hatte sich der Umfang des Knotens vor der Operation im Vergleich zu einem 2 Jahre früher angefertigten Thoraxübersichtsbild verdoppelt. Das Schattenkorrelat ließ keinen Rückschluß auf die Artdiagnose zu.

III. Gutartige Primärtumoren der Bronchien und Lungen

Abgesehen von den hierzu gehörigen Formen der Bronchialadenome (s. S. 90ff.) und den sog. Hamartomen (s. S. 201ff.) handelt es sich bei den gutartigen Gewächsen des bronchopulmonalen Systems um seltene Neubildungen von vielgestaltiger Struktur (RIBBERT; LENK; FISCHER; PILOT; ADLER; JACKSON; MYERSON; TURNER; MORLOCK u. PINCHIN; SINGER; HOCHBERG u. SCHACTER; LINDGREN; WILLIS; GIESE; CHIAROLANZA; JACKSON u. KONZELMAN; HOLSTI; LEEGARD; ROTHE u. KLÄRING; JACKSON u. MANTSHICK; SANQUIRICO; MADLENER; PRICE-THOMAS; VAN DER STRAETEN; GALY, SANTY et al.; DESAIVE; VANPEPERSTRAETE; GOOD; WESSLER u. RABIN; SPAIN; KREYBERG u. SAXÉN;

BERGSTRAND; MÜLLY; CECCONI; NACLERIO; LIEBAU; WIKLUND; REITTER; DAPRÀ, AASALDI, MONATERI u. PICCO; QUARZ; VOGT-MOYKOPF; LANGSTON; PERONI; PELEG u. PAUZNER; KINSELLA; RAPAPORT; DAVISON; MINNIGERODE; THOMPSON; SALVINI; PAWLICKA u. SITKOWSKI; PATTERSON; FORNI u. MORELLI; VINNER u. SHULUTKO; RINK; BEREZOVSKAJA; PASTOR u. HERRERO; BJÖRK; ECK, HAUPT u. ROTHE u.a.). Man kann sie in Anlehnung an HOCHBERG u. SCHACTER wie folgt unterteilen:

1. *Echte Geschwülste*
    a) *epitheliale* Tumoren
        α) benigne Bronchusadenome
        β) Papillome
    b) *mesodermale* Tumoren
        α) mesenchymale histioide Geschwülste
        β) vaskuläre Tumoren
    c) *neurogene* Tumoren

2. *Geschwulstartige Mißbildungen und dysontogenetische Blastome*
    a) *Hamartome*
        α) Chondro-Hamartome und knorpelfreie adenomatöse Hamartome
        β) vaskuläre Hamartome
    b) *diffuse Hamartien, andere seltene blastomartige Fehlbildungen sowie dysontogenetische Geschwülste*

3. *(Pseudo-)Tumoren nicht neoplastischen Charakters*
    a) entzündliche *endobronchiale Granulationspolypen*
    b) knotige *singuläre Lungengranulome und andere tumorförmige Lungenveränderungen nicht-neoplastischen Ursprungs*
    c) *Amyloid-,,Tumoren"* der Lungen und Bronchien.

Primäre lymphozytäre Blastome und bronchopulmonale Plasmazytome, die VOGT-MOYKOPF zu den benignen Neoplasmen zählt, werden in der Kategorie „semimaligner Tumoren" abgehandelt (S. 140 u. 161). Um Wiederholungen an anderer Stelle zu vermeiden, soll im folgenden Abschnitt auch auf potentiell bösartige oder maligne Formen dysontogenetischer und teratoider Gewächse eingegangen werden.

1. Epitheliale Geschwülste

Außer den oben aufgeführten Bronchusadenomen vom Jackson-Typ gehören hierzu die *tracheo-bronchialen Papillome*. Man findet diese Tumoren vor allem *in jüngeren Altersklassen* (nach GILBERT 56% der benignen kindlichen Trachealtumoren; s. auch CHIARI; BEUTEL; JACKSON u. JACKSON; LIEBOW; LINK u. STRNAD; MOORE u. LATTER; FONT). Sie entstehen *in der Ein- oder Mehrzahl bevorzugt in den proximalen Luftwegen* (weitaus am häufigsten am Larynx, seltener isoliert subglottisch) (HART u. MAYER; FRUHLING u. SPEHLER; THOMAS; HITZ u. OESTERLIN; GREENFIELD u. HERMAN; McCORT; FREILICH; PELEG u. PAUZNER; CRUCIANI u. LOI; JAKOBI; ZEHMISCH; STEIN u. VOLK; ECK, HAUPT u. ROTHE; KIRCHNER; SEGURA u. ZUBIZARETTA; BLACKMAN u. Mitarb.; SARGNON et al.; UZZAN et al. u.a.).

Pathologisch-anatomisch handelt es sich streng genommen um fibro-epitheliale Mischtumoren. Manche Autoren sprechen daher von „papillären Fibromen" und rechnen sie zu den mesenchymalen Geschwülsten (KAUFMANN; Lit. s. HART u. MAYER; ECK, HAUPT u. ROTHE). Die Blastome wachsen langsam, neigen sehr zu Rezidiven und bleiben nach Art der Hautwarzen in der Regel gutartig, obgleich die in zylinderepithel-bekleideten Schleimhäuten auftretenden Papillome fast stets ortsatypisches, z.T. verhornendes Pflasterepithel tragen (HART u. MAYER u.a.; dagegen: ASHMORE). Eine maligne Entgleisung ist jedenfalls selten (McCORT; BUFFMIRE, CLAGETT u. McDONALD; HART u. MAYER; ELLIOTT, BELKIN u. DONALD; v. LUTZKI; MAIER). Die *intrapulmonale Ausbreitung* juveniler Larynxpapillome (HITZ u. OESTERLIN; KIRCHNER; STEIN u. VOLK; KAUFMANN

u. Klopstock; Singer, Greenberg u. Harrison; Rosenbaum, Alavi u. Bryant; Crinquette, Saout, Delacroix u. Bouchez) ist nicht als intrakanalikuläre Impfmetastasierung aufzufassen, sondern als primär multizentrische (virusinduzierte?) Geschwulstbildung entsprechend dem Verhalten kutaner Verrucae juveniles zu deuten. Die echte Neoplasie ist von papillär-hyperplastischen Schleimhautwucherungen chronisch-entzündlichen Ursprungs abzutrennen (Ashmore; Horányi; Björk; Holinger; Šálek u. Mitarb.; Peroni u.a.) (s. S. 284 u. Abb. 146).

Man hat makroskopisch 2 Haupttypen zu unterscheiden:

a) *Solitärpapillome* (kurzgestielte oder breitbasig aufsitzende hanfkorn- bis taubeneigroße Gewächse von warziger Gestalt, zottig-hahnenkammartigem Aussehen oder Maulbeerform) und

b) *diffuse Papillomatose* (zahlreiche einzeln oder beetartig sprossende, flach erhabene oder kondylomähnliche spitze Knötchen von Hirsekorn- bis Linsengröße).

Nach *klinischer Erfahrung* verursachen die Tumoren oft *Hämoptysen* und *hartnäckigen Reizhusten* (v. Schrötter; Minnigerode; Beutel; Nager; Link u. Strnad; Thomas; Dundas-Grant u. Perkins; Horne; Milligan; Sargnon, Vignard u. Vincent; Segura u. Zubizaretta; Fruhling u. Spehler; Vanpeperstraete; Webb; Buffmire, Clagett u. McDonald; Frelilich; Greenfield u. Herman; Björk; Weicker; Wuketich u. Denck; Ashmore; Massachusetts General Hospital Report Case Nr. 33151 (1947); Gerlings; Adler; Blackman, Cantril, Lund u. Sparkman; Elliott, Belkin u. Donald; Peleg u. Pauzner; Cruciani u. Loi; Pawlicka u. Sitkowski; Crinquette, Saout, Delacroix u. Bouchez; Meyer u. Liot; Stein u. Volk; Gardiol; Uzzan et al.; Rowlands; Font; Moore u. Latter u.a.). Größere papillomatöse Solitärpolypen können bei trachealem Sitz *Erstickungsanfälle* auslösen (Sargnon, Vignard u. Vincent). Beim Kleinkind führen schon Miniaturgeschwülste wegen des engen Tracheobronchialkalibers zu schwerer Atemwegsobstruktion, die sich als *lobäres oder halbseitiges Ventilemphysem* manifestiert und chirurgischer Intervention bedarf (Rosenbaum, Alavi u. Bryant; Simonsson u. Malmberg; eigene Beobachtung). Multifokale Papillome der Bronchialperipherie und des Lungenparenchyms verursachen im Kleinkindesalter eine *bronchiolostenotische Wabenlunge* (Castleman; Moore u. Lattes; Kirchner; Singer, Greenberg u. Harrison; Buffmire, Clagett u. McDonald; Liebow; Rosenbaum et al.). Behandlungsaussichten und Überlebensprognose sind dabei schlecht (Rosenbaum, Alavi u. Bryant u.a.). Im Erwachsenenalter bilden die lentikulären Wärzchen der diffusen Papillomatose meist kein obstruktives Passagehindernis. Ihrer großen Rezidivneigung wegen hat die Elektroresektion beetartiger Papillome nur zeitweilig Erfolg. Häufig wiederholte Eingriffe dieser Art begünstigen die Chondromalazie der Tracheobronchialwand und leisten damit sekundären Belüftungsstörungen durch respiratorischen Lichtungskollaps Vorschub (vgl. Abb. 87 mit Abb. 108, S. 154/155 im Bd. IX/3). Bei *eitrigen Lungenkomplikationen* oder bioptischem Verdacht auf *maligne Entartung* ist die Teilresektion des betroffenen Lungenabschnitts angezeigt (v. Lutzki; Ashmore; Buffmire, Clagett u. McDonald).

Röntgenologisch wird man der Tumoren — wenn überhaupt — erst durch ihre indirekten Auswirkungen gewahr: asthmoide Lungenblähung, unter Umständen auch respiratorisches Mediastinalpendeln bei größeren bifurkationsnahen Polypen (Haslinger), regionale Obstruktionsphänomene (Blähung, Atelektase bzw. Obstruktionspneumonitis mit Bronchiektasie) bei endobronchialen Formen (Blackman, Cantril, Lund u. Sparkman u.a.), vielblasiges, stellenweise großbullöses Emphysem beider Lungen bei multifokalem Auftreten in distalen Bronchien bzw. im Lungenparenchym des Kleinkindes (Rosenbaum, Alavi u. Bryant u.a.). *Exophytäre Solitärpapillome* sind mittels Schichtuntersuchung und bronchographisch als lumenwärts vorspringende Tumorschatten bzw. als umschriebene Aussparung darzustellen, aber nicht von neoplastischen Polypen anderer Struktur oder von entzündlichen Granulationstumoren (s. Abb. 146) zu unterscheiden. Dagegen bieten die winzigen lentikulären Geschwülste der *diffusen Papillomatose*, die meist zu klein sind, um sie auf Schichtbildern erfassen zu können, einen ganz charakteristischen tracheobronchographischen Befund (BEUTEL; BEUTEL u. TÄNZER). Im Doppelkontrast des Beschlagbildes treten die zahlreichen Füllungs- und Konturdefekte, einzeln oder in unregelmäßigen Zeilen angeordnet, bei Aufsicht als annulär begrenzte Aufhellungen hervor. Tangential betrachtet bilden die flachen Erhabenheiten der Bronchialschleimhaut kleine, stellenweise mehrbogig ins Lumen ragende Höcker, die in ihrer Gesamtheit einen eigentümlichen welligen Verlauf der kontrastmittelbenetzten Oberflächenkontur bedingen (Abb. 87).

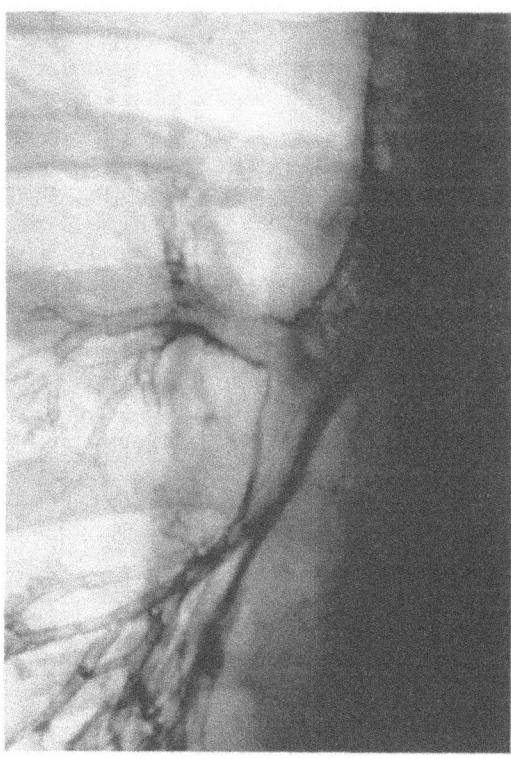

Abb. 87. *Diffuse Papillomatose beider Hauptbronchien und der trachealen Bifurkation.* Im Bronchogramm typische lentikuläre Füllungsdefekte und beetartige flache Kontureinwölbungen am oberen Tracheobronchialwinkel neben Anzeichen chronischer Bronchitis (feine basale Konturzähnelung am Stamm des Oberlappenbronchus, auffällige Längsstreifung des Zwischenbronchus infolge Schwellung der Plicae mucosae der Pars membranacea). Wiederholte histologische Verifizierung der Miniaturgeschwülste durch Probeexzision. Die immer wiederkehrenden Rezidive gaben Anlaß zu 33maliger (!) Elektroresektion und verursachten durch Stabilitätsverlust der Bronchialwand mit dynamischem Bronchialkollaps eine schwere obstruktive Entlüftungsstörung des re. Lungenflügels unter dem Bild der „einseitigen hellen Lunge" (vgl. Bd. IX/3 Abb. 108, S. 154/155). G. S., 39jähr. ♂. Arch.-Nr. 7583/59 Röntgenabtlg. d. Med. Univ.-Klinik u. Poliklinik Münster/W. (Direktor: Prof. W. H. HAUSS)

2. Mesodermale Geschwülste

Während die Papillome fast nur innerhalb der Luftwege auftreten, hat man bei der Mehrzahl der mesenchymalen Gewächse (und bei Choristoblastomen) folgende *Lokalisationstypen im Brustkorb* zu trennen:

1. *intrabronchiale* (zentrale oder intermediäre),
2. *intrapulmonale* (intermediäre und periphere) und
3. *intrathorakale extrapulmonale* Lage.

Die letzteren, insgesamt wohl etwas häufigeren Ortsvarianten sollen hier unberücksichtigt bleiben. Soweit die Tumoren endobronchial wachsen, sind sie nur im feingeweblichen Aspekt und geschwulstbiologisch, aber keineswegs klinisch gutartig, da der von ihnen verursachte Bronchusverschluß irreversible Organschäden, ja tödliche Folgen nach sich ziehen kann (WESSLER u. RABIN; BÖGER u. VOIT; MORLOCK u. PINCHIN; BJÖRK u.a.). Ihre rechtzeitige Aufspürung und Entfernung ist daher nicht weniger dringlich als die Frühdiagnose und -extraktion aspirierter Fremdkörper (s. Bd. IX/3, S. 48/49, 56, 135—137, 191—194 u. 351 sowie Abb. 90, 91 u. 134). Das Epitheton „gutartig" ist im übrigen auch histo-biologisch nur bedingt gültig: reife mesenchymale Geschwülste und Hamartome enthalten gelegentlich Gewebsareale, aus denen sich maligne Formen herausbilden können (LYSSUNKIN; TEMPLE u. JONES; GAULTIER- D'AURIAC, WANGERMEZ, WANGERMEZ u. BISCH; SMITH u. BECKER; HEIZER u. KROSS; ECK, HAUPT u. ROTHE; CORNIL, DURIEU, MALAISSE-LAGAE u. PAYFA u.a.) (s. S. 7, 10, 205 u. 274). Nach GALY u. TOURAINE liegt diese Gefahr bei den im Lungenparenchym entstehenden Mesenchymomen näher als bei exophytär-endobronchialen. Die biologische Entwicklungspotenz ist weder aus Gewebsproben noch klinisch oder röntgenologisch abzuschätzen.

Das *klinische Symptomenbild* gleicht dem der Bronchusadenome entsprechender Lokalisation (S. 110ff.). Maßgeblich sind zunächst Ursprungsort, Größe bzw. Wuchstempo und Vaskularisationsgrad der Tumoren sowie der Einfluß ihres Wachstums auf die Nachbargewebe. Als akzidentelle Faktoren kommen blutungsauslösende Dekubitalgeschwüre der Tumoroberfläche im Bronchuslumen, zentrale Zerfallsvorgänge und entzündliche pleuropulmonale Komplikationen infolge Sekretstau und Belüftungssperre hinzu. Wie bei den Adenomen sind krankhafte Erscheinungen eher bei endobronchial sitzenden als bei peripheren Geschwülsten zu erwarten, die sich erst nach erheblicher Ausdehnung bemerkbar zu machen pflegen.

Die Analogie gilt auch für den *röntgenologischen Befund*. Die okklusiven mesenchymalen Polypen der Haupt- und Lappenbronchien sind von zentralen Bronchusadenomen nicht zu unterscheiden. Sie bieten gleichartige Stenosebilder (unvermittelt Füllungsabbrüche bzw. -defekte von scharfer glattbogiger oder höckeriger Kontur) und rufen identische Obstruktionssymptome im abhängigen Lungensektor hervor (regionale Ventilblähung, später intermittierende retentionspneumonische Schübe bzw. obstruktive Anschoppungsatelektasen mit segmentaler, lobärer oder halbseitiger Verschattung, regionaler Bronchiektasie und begleitendem Pleuraerguß bzw. -empyem) (BJÖRK; CALDAROLA, HARRISON, CLAGETT u. SCHMIDT; PRICE-THOMAS; MADLENER; WIKLUND; RAPAPORT u.a.).

Die im Parenchym gelegenen Geschwulstknoten imponieren ebenfalls als glattrandige kugelförmige, bisweilen auch etwas gelappte oder ovalär gestaltete Solitärherde. Sie erreichen bei manchen Tumoren der Bindegewebsreihe für periphere Adenome bzw. Karzinoide ungewöhnliche Dimension (Riesen-Fibrome oder -Myome der Lunge: HOUYEZ; FRANCO; FISCHER; BILLING; SCHEIBE; CRIMM u. KIECHLE; GALY; BJÖRK; ROBBINS; WEICKER; PRICE-THOMAS; GALY u. TOURAINE; PAWLICKA u. SITKOWSKI u.a.) (s. auch S. 176, 184, 462, 536 u. 541). Besondere Kennzeichen einzelner Gewächsformen (Lipome, Chondrome bzw. Chondro-Hamartome) werden noch speziell beschrieben.

Die *röntgenologisch meßbare Wachstumsrate (Volumen-Verdoppelungszeit)* ist dem gutartigen Geschwulstcharakter entsprechend gering und nimmt mit zunehmender Größenausdehnung ab (NATHAN, COLLINS u. ADAMS; COLLINS et al.; GARLAND; WOLFF, SCHWARZ u. BOHN u.a.) (vgl. S. 93, 211, 296/297, 387 u. 444, Abb. 158 u. 205). Dieses Verhalten unterscheidet die benignen von malignen Rundherden des Lungenmantels, die beim geschlossenen Wuchstyp reifer Plattenepithelkrebsknoten mitunter ebenso glatte monozyklische Kontur aufweisen (LENK; TESCHENDORF; GRILLI; MONACO u. STORNIELLO; RIGLER; SCHULZE u.a.) (s. Bd. IX/4b, Abb. 403 u. Abb. 409), aber selbst bei weniger ausgeprägter Wucherungstendenz höher differenzierter Karzinomvarianten im allgemeinen rascher an Umfang gewinnen (s. Bd. IX/4a, Tabelle 48).

a) Tumoren mesenchymaler Herkunft

Die reifen Blastome der Stütz- und Füllgewebe machen nur etwa 10—15% der benignen Bronchus- und Lungentumoren aus. Neben einfach strukturierten, d.h. von einer vorherrschenden Gewebsart aufgebauten Geschwülsten findet man Mischformen verschiedener Gewebskomponenten, die zum Teil unter die Hamartome (bzw. Hamartoblastome) einzuordnen sind. Die histioiden Tumoren („*Mesenchymome*") können sarkomatös entarten (GAULTIER-D'AURIAC, WANGERMEZ, WANGERMEZ u. BISCH; SMITH u. BECKER; AGRIFOGLIO; LAMBIRD u. ASHTON u.a.).

Die meist gestielten *endobronchialen Fibrome* sind in der Sammelstatistik LINDGRENs mit 9% vertreten. GERLINGS fand unter 56 Bronchialpolypen 7 Fibrome und 8 Fibro-

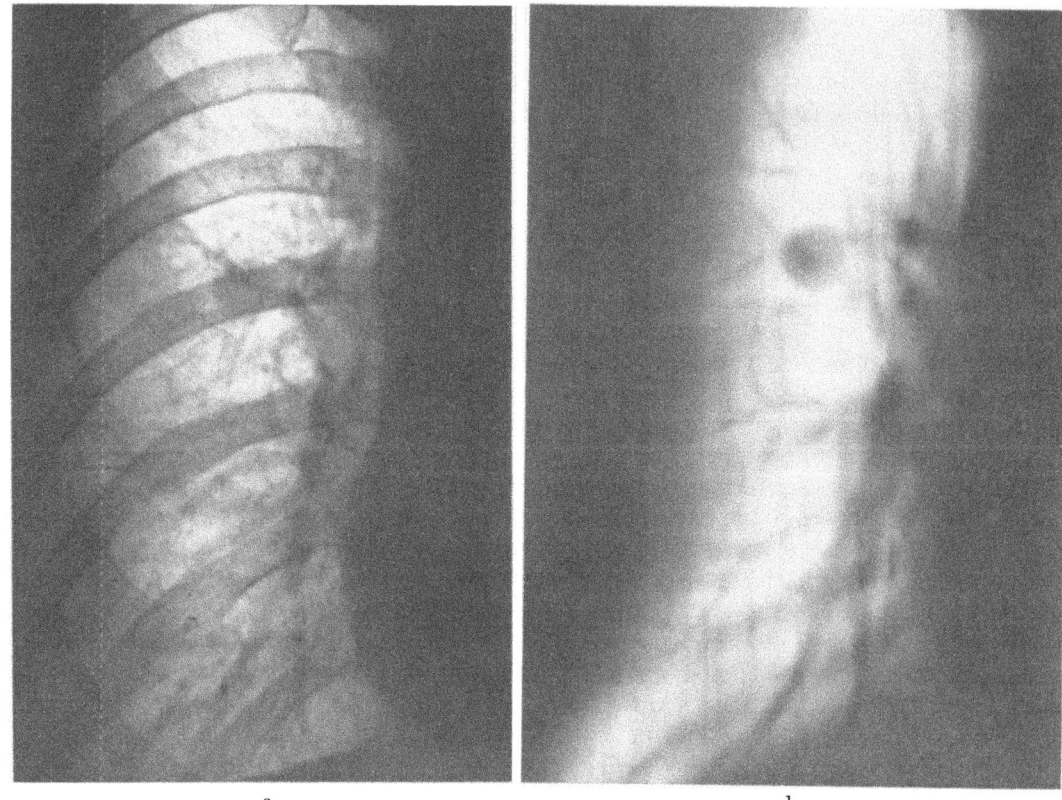

Abb. 88a u. b. *Intrapulmonales Fibrom*. Röntgenologischer Zufallsbefund eines asymptomatischen Tumors im anterioren Oberlappensegment rechts. Nach Kugelform und allseits scharfer Kontur des weichteildichten Schattens im Nativbild (a) und tomographisch (b Schichtbild 13 cm a.-p.) offensichtlich gutartiger Geschwulstknoten. Histologischer Befund nach Enukleation: faserreiches Fibrom (E.-Nr. 10026/70 Path. Inst. d. Krhs. Nordwest Frankfurt/M., Direktor: Prof. KAHLAU). A. K., 46jähr. ♀. Arch.-Nr. 2602 24642 Radiolog. Zentralinst. d. Krhs. Nordwest Frankfurt/M.

lipome. Einfache und gemischte Bronchustumoren dieser Art wurden auch andernorts beschrieben (Fibrome: KNACK; HASLINGER; KNIGHT u. BUNTING; BEUTEL u. STRNAD; PUSATERI; ZINN; LINK u. STRNAD; HUSFELDT; SPIESS; BURRELL u. TRAIL; HOCHBERG u. SCHACTER; PRICE-THOMAS; VANPAEPERSTRAETE; HEIZER u. KOSS; ADLER; PFEIFER; WIKLUND; BJÖRK; HUZLY; ROTHE u. KLÄRING u.a.; *Fibroblasten-Fibrom:* BIETO u. PALOU; *Fibro-chondro-lipome:* D'ARCANGELO; *Fibrolipome:* s. unten). Expansiv wachsende Knoten gleicher Struktur kommen — mitunter multipel (RINDFLEISCH) — im Lungenparenchym vor, doch sind *intrapulmonale Fibrome* (BETTMANN; STAFFIERI, MUNHAAR u. LUPPI; GALY, BARRIÉ, SOURNIA u. TOURAINE; HOUYEZ; FORNI u. MORELLI; PIETRI et al.; GIL-TURNER; HOCHBERG u. SCHACTER; CRIMM u. KIECHLE; SCHEIBE; PRIMER u. QUARZ; NAVARRO; HILKE u. KONRAD; KOVARIK u. ACHE; KLIMKOVICH, PIKALEVA u. GORBULEVA; RAŠOVIĆ, DJAJA, VUJOŠEVIĆ u. IŠVANESKI u.a.) (Abb. 88) seltener als die *gestielten subpleuralen Fibrome*, die vom Bindegewebe der Lungenoberfläche ausgehen und zu den gutartigen Pleuratumoren zählen (HOLLMANN; FAWCETT; HILKE u. KONRAD u.a.) (s. S. 541 u. Abb. 325—327). Die in die Brusthöhle ragenden Gewächse sind oft riesig (STOLZE; CLAGETT u. HAUSMANN; SCHMIDT; REMPLE u. JONES; GIESE; MICHAS u.a.). Sie können massive Kompressionsatelektasen und hämorrhagische Pleuraergüsse hervorrufen (MICHAS u.a.), unterscheiden sich andererseits vom sonst ähnlichen Schattenbild großer gekammerter Pleuraexsudate mitunter durch beträchtliche Lageverschieblichkeit (BILLING; BERNE u. HEITZMAN). Auch bei örtlich stummem Verhalten können sich die pleuro-pulmonalen Tumoren mit indirekten Fernsymptomen der *Ostéoarthropathie hypertrophiante pneumique* sowie mit der Bildung von Trommelschlegelphalangen und Uhrglasnägeln verraten (Lit. s. DEUTSCHBERGER, MAGLIONE u. GILL; COURY; BÜRGER; BLOUNT) (s. auch S. 476/477 und Abb. 266). Wie bei fibromatösen Pleuratumoren kommen *Übergänge zu Fibrosarkomen* vor (LYSSUNKIN; SCHEIDEGGER) (s. S. 11, 463, 536 u. 541).

Die faserbildenden Gewächse besitzen eine beachtliche morphologische Variationsbreite. Manche Lungenfibrome zeigen myxomatöse Umwandlung der Grundsubstanz, oft verbunden mit Zerfallsneigung (*Myxome* bzw. *Fibromyxome*: HOCHBERG u. SCHACTER; BJÖRK; LÖHR u. SODER; LITTLEFIELD u. DRASH; SUTHERLAND; PLACITELLI u.a.). Andere zellreiche Formen zeichnen sich durch Speicherungsvorgänge aus. Hierzu gehören die *intrapulmonalen — seltener endobronchialen — Xanthofibrome* (KELLER; ČSERMELY; WIKLUND; ECK, HAUPT u. ROTHE u.a.) und *Xanthome* (FISCHER; SCOTT, MORROW u. PAYNE; FORD, THOMPSON u. BLADES; HOCHBERG u. SCHACTER; TITUS et al.; STOUT; FASANOTTI u. ZANNINI; GIESE; BJÖRK; ISING u. LINDNER; PHILLIPS; KLIMKOVICH, PIKALEVA u. GORBULEVA u.a.), deren Schaum- und Riesenzellen reichlich tropfige Ablagerungen von Neutralfett, Cholesterin und anderen Lipoiden enthalten. Die Blastome umschließen zum Teil Gefäßformationen von kapillärem oder kavernomartigem Bau und werden daher manchenorts „*sklerosierende Angiome*" genannt (GROSS u. WOLBACH; ANDERSON; LIEBOW u. HUBBEL; V. ALBERTINI; GALY u. PELLET; FINGERLAND; LAUSTELA; PRIMER u. QUARZ; AREAN u. WHEAT; TURUNEN u. Mitarb.; KLIMKOVICH, PIKALEVA u. GORBULEVA; RUBIN et al.; ECK, HAUPT u. ROTHE; KAUFMANN, GOLDBERG u. TYAGI u.a.).

Der Geschwulstcharakter der xanthomatösen Gebilde erscheint manchen Autoren fraglich (GRUENFELD u. SIELIG; THANNHAUSER u. MAGENDANTZ; UMIKER u. IVERSON; ALLEGRE u. DENST; TARASKA; ECK, HAUPT u. ROTHE u.a.), da die Grenze zu speichernden und nicht-speichernden Retikulosen fließend ist (ALLEGRE u. DENST), und *tumorähnliche xanthogranulomatöse Knoten entzündlichen Ursprungs („postinflammatory tumors")* im broncho-pulmonalen System (UMIKER u. IVERSON; FISHER u. BEYER; FICARI u. RICERI; TITUS u. Mitarb.; ALLEGRE u. DENST; OBIDITSCH-MAYER u. Mitarb.; SWEETMAN, HARTLEY, BAUER u. SALYER; ROUJEAU, HERTZOG u. DE BRUX; TARASCA u.a.) und andernorts vorkommen (Pleura, Mediastinum, Retroperitonealraum, Haut, Sehnenscheiden) (OBERLING; UMIKER u. IVERSON; MASON, KEATS u. BAKER; BROWN u. JOHNSON; PHILLIPS; SPYKER u. KAY; LOTTSFELDT u. GOOD; WESSEN u.a.) (s. S. 13, 144, 161 ff., 311, 462, 541 u. 549).

Speicherungsvorgänge und Kapillarreichtum zeichnen auch die sog. „*Retikulozytome*" aus. Die in den oberen Luftwegen (TUCH; LUY u. LÜCHTRATH), vereinzelt auch als intrapulmonale Knoten (REECH; ECK, HAUPT u. ROTHE) (Abb. 89) beobachteten Geschwülste bestehen aus Retikulumzellen, histiozytären und plasmazellulären Elementen mit zartem Retikulumfasernetz im Grundgerüst. Sie sind nahe verwandt mit den vom Gefäßbindegewebe abgeleiteten sog. „*Histiozytomen*" *der Lungen* (V. ALBERTINI; LIEBOW u. HUBBEL; GREEN; OBIDITSCH-MAYER u. Mitarb.; NADEAN, ELLIS, HARRISON u. FONTANA; ECK, HAUPT u. ROTHE; s. auch BARRIÉ, GALY, ROULET u. MAZARÉ u.a.) und *des Bronchialbaums* (FINGERLAND; BATES u. HULL), deren spindelige, regellos oder in Wirbeln angeordnete Zellen ebenfalls zur Speicherung (Fettsubstanzen, Eisenpigment) befähigt sind und überdies angioplastische Potenz besitzen (Abb. 90). Die histiozytären Gewächse können daher sehr unterschiedliche feingewebliche Struktur aufweisen und *mitunter maligne entarten* (LIBERTI u. DEL PORTO; IMAMAURA et al.; LAMBIRD u. ASHTON; SAUER, EUGENIDIS u. ENDREI; s. auch BARRIÉ, GALY, ROULET u. MAZARÉ; KAPLAN u. EDGARDO). Zur gleichen Kategorie dürften die gesondert abgehandelten mastzelligen Varianten („*Mastzell-Tumoren*" bzw. *-Granulome*: SHERWIN, KERN u. JONES; CHARETTE, MARIANO u. LAFORET) (*pulmonales* „*Mastozytom*" s. S. 167 u. Abb. 86), vielleicht auch plasmazelluläre Formen gehören („*Plasmazell-Granulome*"), deren Beziehung zu den „postinflammatory tumors" und zum extramedullären *Plasmozytom der Lungen und Bronchien* an anderer Stelle erörtert wird (s. S. 144 u. 161 ff.).

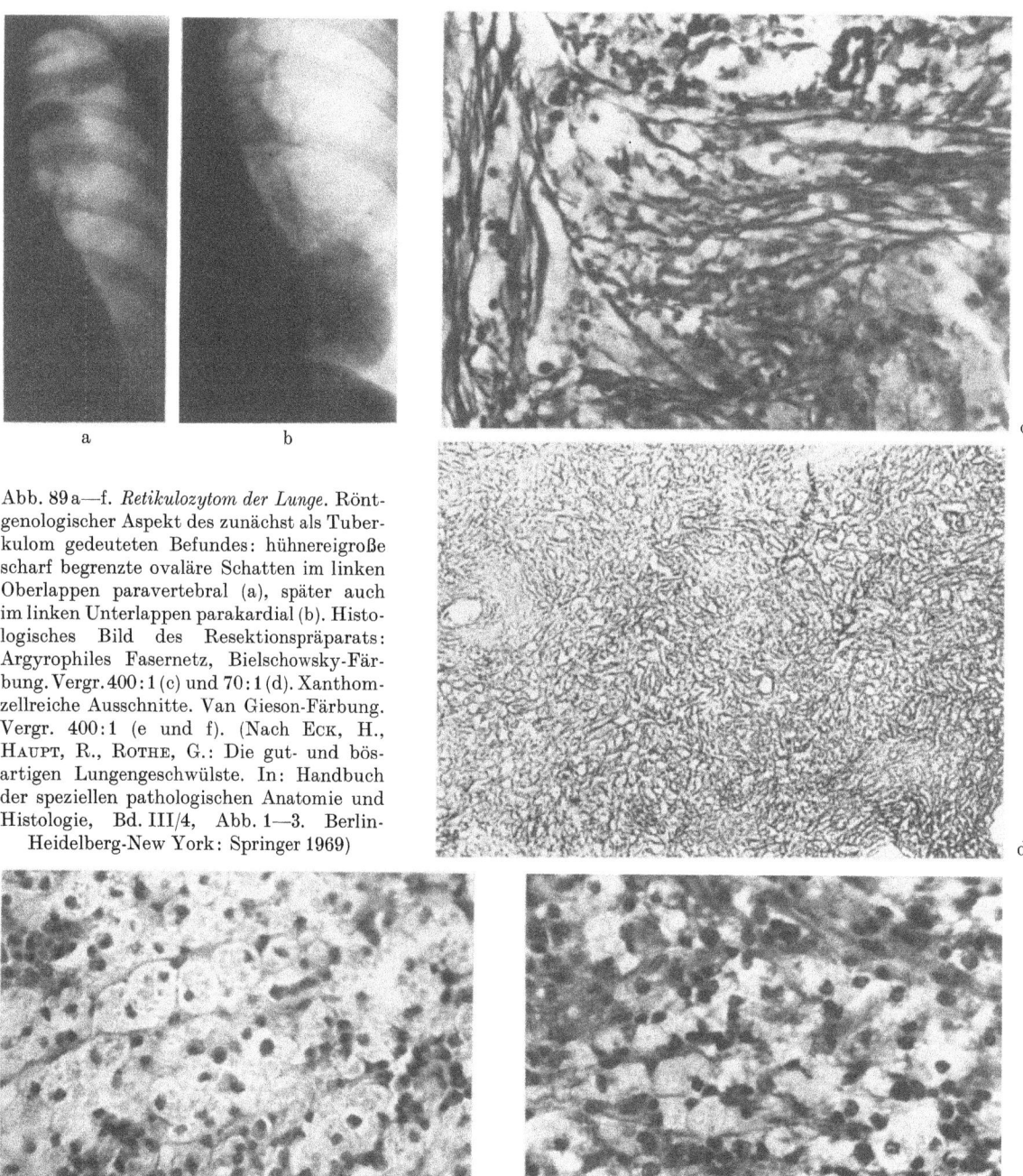

Abb. 89 a—f. *Retikulozytom der Lunge*. Röntgenologischer Aspekt des zunächst als Tuberkulom gedeuteten Befundes: hühnereigroße scharf begrenzte oväläre Schatten im linken Oberlappen paravertebral (a), später auch im linken Unterlappen parakardial (b). Histologisches Bild des Resektionspräparats: Argyrophiles Fasernetz, Bielschowsky-Färbung. Vergr. 400:1 (c) und 70:1 (d). Xanthomzellreiche Ausschnitte. Van Gieson-Färbung. Vergr. 400:1 (e und f). (Nach ECK, H., HAUPT, R., ROTHE, G.: Die gut- und bösartigen Lungengeschwülste. In: Handbuch der speziellen pathologischen Anatomie und Histologie, Bd. III/4, Abb. 1—3. Berlin-Heidelberg-New York: Springer 1969)

Das verfügbare Schrifttum enthält über 50 Berichte von *endobronchialen Lipomen und Fibrolipomen* (Sammelstatistik von OCHSNER, LE JEUNE u. OCHSNER über 15 Fälle; Zusammenstellung von BERGMANN über 2 eigene und 35 Literaturfälle; weitere kasuistische Mitteilungen s. ROKITANSKI; HONIG; LELL; KERNAN; BREWIN; WATTS, CLAGETT u. MCDONALD; TOUROFF u. SELEY; SMART; SOM u. FEUERSTEIN; CARLISLE, LEARY u. MCDONALD; BEATON u. HARTLEY; VANPEPERSTRAETE; EDWARDS; HUTCHESON, ASHE u. PAULSON; WIKLUND; BJÖRK; ADLER; WILLIS; HÖFFKEN; BIKFALVI, KASSAY u. TAKACS-NAGY; ANACKER; TAHERY, CARBERRY u. ROSE; VINSON u. PEMBERTON; PELEG u. PAUZ-

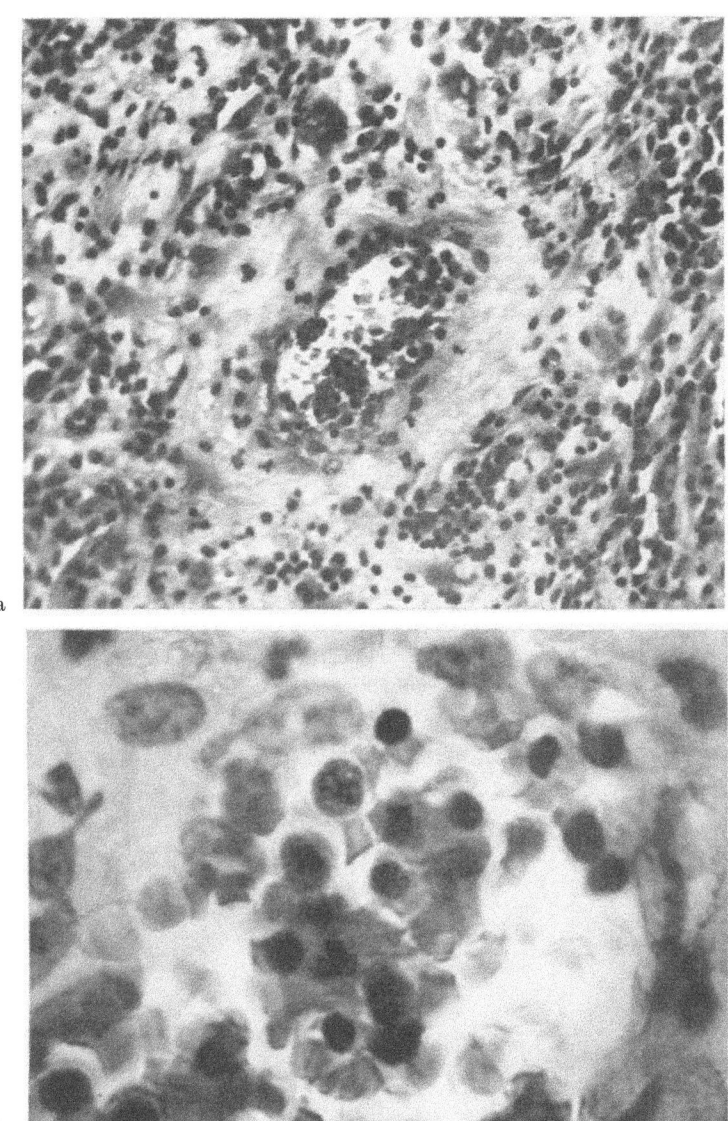

Abb. 90a u. b. *Histiozytom der Lunge*. Starke angioplastische und hämatopoetische Ausdifferenzierung mit Blutbildung in einer Kapillare. Van Gieson-Färbung. Vergr. 260:1 (a) und 300:1 (b). (Nach ECK, H., HAUPT R., ROTHE, G.: Die gut- und bösartigen Lungengeschwülste. In: Handbuch der speziellen pathologischen Anatomie und Histologie, Bd. III/4, Abb. 6. Berlin-Heidelberg-New York: Springer 1969)

NAR; MYERSON; WESSLER u. RABIN; HOCHBERG u. SCHACTER; McGLADE; WHALEN; McCALL u. HARRISON; CALDAROLA, HARRISON, CLAGETT u. SCHMIDT; JABLAKOW u. RUBNITZ; CRUTCHER u. RUBNITZ; HUZLY, ECK, HAUPT u. ROTHE; SCHUBACK; FREIRE DE SEQUEIRA, MARCOS-MARTINS, NETTO u. JANINI; CONTI et al.). Nach vorliegenden Angaben waren 19 Männer und 8 Frauen betroffen. In der Mehrzahl handelte es sich um gestielte maulbeerförmige Polypen der Hauptbronchien (Abb. 91 u. 92). In einigen Fällen wurden Lipome in Lappenästen, vereinzelt auch Tumoren mit extrabronchialem Anteil beobachtet (OCHSNER et al.; CARLISLE u. Mitarb.). Zumeist gelang die endoskopische Entfernung. Bei 3 Patienten mußte wegen irreversibler poststenotischer Schäden eine Lobektomie vorgenommen werden. Die Bronchuslipome leiten sich vom submukösen bzw.

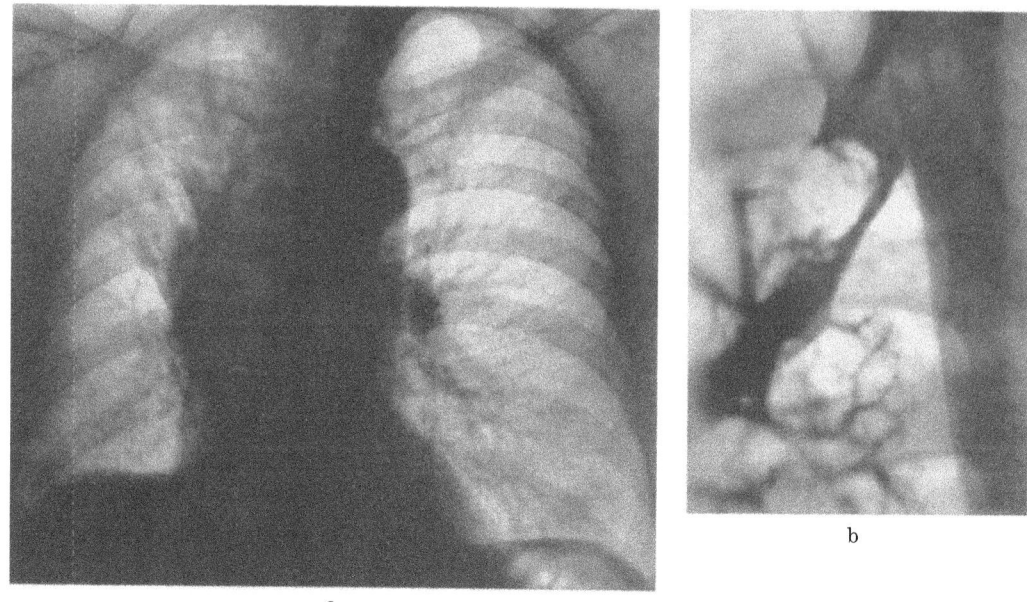

Abb. 91a u. b. *Intrabronchiales Lipom* (histologisch verifiziert). Belüftungsstörung der re. Lunge mit Teilatelektase des re. Oberlappens und Mediastinalverlagerung nach rechts im Übersichtsbild (a). Bronchographisch großer rundlicher Füllungsdefekt im re. Haupt- und Zwischenbronchus mit Verschluß des re. Oberlappenbronchus (b). H. D., 60jähr. ♂. (Nach ANACKER, H.: Krankheiten der Lunge, S. 471, Abb. 518a und b. In: HAUBRICH, R.: Klinische Röntgendiagnostik innerer Krankheiten. Bd. I, Thorax. Berlin-Göttingen-Heidelberg: Springer 1963)

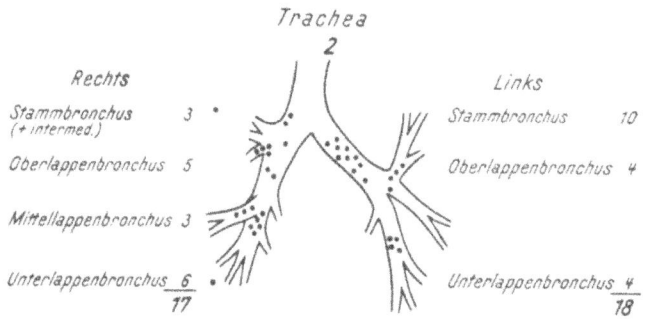

Abb. 92. *Topographische Verteilung endobronchialer Lipome.* [Nach BERGMANN, H.: Über das Bronchuslipom. Klin. Med. (Wien) **14**, 221 (1959)]

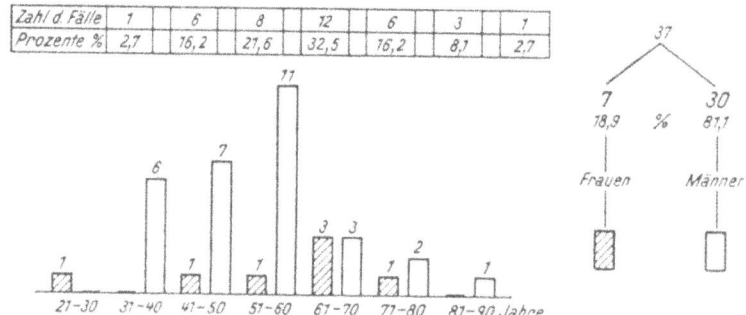

Abb. 93. *Alters- und Geschlechtsverteilung bei 37 bronchopulmonalen Lipomen.* [Nach BERGMANN, H.: Über das Bronchuslipom. Klin. Med. (Wien) **14**, 221 (1959)]

peribronchialen Fettgewebe ab, das zum Lungenmantel hin immer spärlicher wird und in Umgebung knorpelfreier Bronchien zu verschwinden pflegt (WATTS, CLAGETT u. MCDONALD; BEATON u. HEATLEY).

Darin liegt wohl der Grund für die extreme Seltenheit von *Lipomen der Lungenperipherie* (FELLER; BUCHMANN; DOHRN; TOUROFF u. SELEY; SHAPIRO u. CARTER; BEATON u. HEATLEY; PLACHTA u. HERSHEY). Sie können ähnlich lappig konturierte Weichteilschatten erzeugen wie intrapleurale Fettbürzel (s. Abb. 134, S. 255 ff. u. 541), aber auch als glattbogig rundlich-ovaläre Verdichtung nach Art subpleuraler Fettgeschwülste der Brustwand bzw. des Mediastinums imponieren (HESS; BEYERS; GRAMIAK u. KOERNER; YATER u. LYYDANE; NARR u. WELLS; WALKER; HEUER u. ANDRUS DE WITT; MCCORKLE, KOERTH u. DONALDSON; PIAGGIO BLANCO u. SAYAGUES; SWINEFORD u. HARKRADER; MCCORKLE u. KOERTH; WIPER u. MILLER; WATSON u. URBAN; OESTERN; BLADES; SMART; KEELEY, GUMBINER, GUZAUSKUS u. ROONEY; GROSS u. WOOD; PEABODY, ZISKIN, BUECHNER u. ANDERSEN; HARMS; GUSSENBAUER; PLACHTA u. HERSHEY; MORGAN; SCHANER u. HODGE; DIETHELM; BAUER u. STOFFREGEN u.a.) (s. Abb. 311, 328 u. S. 544). Nach allgemeiner Erfahrung bedingt die relativ *geringe spezifische Strahlenabsorption des Fettgewebes* eine *auffällige Durchsichtigkeit des Schattens endothorakaler Lipome* (HEUER; SMART u. THOMPSON; LENK; TESCHENDORF; OESTERN; SCHANEN u. HODGE; KEELEY, GUMBINER, GUZAUSKUS u. ROONEY; DIETHELM; BAUER u. STOFFREGEN u.a.). Diese Eigenart unterscheidet die Fettgeschwülste des Brustraums, deren Zugehörigkeit zum Pleuraspalt, Perikard, übrigen Mediastinalstrukturen, Lungenparenchym oder Brustwandschichten im diagnostischen Pneumothorax und thorakoskopisch zu erweisen ist (HEINE u. HILLENBRAND), von anderen weichteildichten Schatten vergleichbarer Dimension (Zysten, Tumoren und Ergüsse) (vgl. Abb. 129—131, 133 u. 134, S. 255ff. u. 541). Die gleiche physikalische Eigenschaft zeigen auch die vom braunen Fettgewebe abstammenden intrathorakalen Tumoren, die sog. „*Hibernome*" (GERY; BRINES u. JOHNSON; NARR u. WELLS; KITTLE, BOLEY u. SCHAFER; WELLS; SUTHERLAND, CALLAHAN u. CAMPBELL; GROSS u. WOOD; MOSTO u. RADICE; MORGAN), und *pulmonale Liposarkome* (HOCHBERG u. CRASTNOPOL; LATIENDA u. ITIOTZ; PERKINS u. BOWERS).

Das Vorkommnis echter *Osteome des Tracheobronchialbaums* (CHIARI; NISSEN; LEO; MUCHLESTON; LEVINGER) *und der Lungen* (VIRCHOW; FISCHER; PORT; TUFFIER; HESCHL; TAPIE; WAGNER; SEYDEL; REITANO) gilt als Rarität. Die Knochengeschwülste werden als rundliche oder korallenriffartige Gebilde von Erbs- bis Kirschgröße beschrieben. Vereinzelt erreichen sie beträchtlichen Umfang (im Fall von PORT faustgroß!). Im Schattenbild gleicht ihre Dichte und fleckige Struktur der osteoplastischer Metastasen (s. S. 90, 124, 217 u. 438) und knochenbildender Brustwandtumoren.

Die umschriebenen Knochenauswüchse unterscheiden sich klar von der gleichmäßigen *senilen Verknöcherung des tracheobronchialen Knorpelgerüsts* (HEINRICH; HAUBRICH u. VERSEN; SCHMITZ-DRÄGER). Regressive bzw. *metaplastische Verknöcherungen bei Tracheobronchopathia chondro-osteoplastica* (s. S. 356 u. Bd. IX/3, S. 208), innerhalb intrapulmonaler *Amyloidtumoren* (HOWANIETZ; GLAUSER u.a.) (s. S. 350ff.) und extramedullärer *Plasmozytome des Brustraums* zeigen eine andere Anordnung, soweit die knöchernen Objektdetails röntgenologisch überhaupt wahrnehmbar sind. Abweichend und in gewisser Weise charakteristisch ist auch der Befund der sog. „*Pneumopathia osteoplastica*" (JANKER; SALINGER; COCCHI; GANDER; HERRMANN u. WALTHER; TESCHENDORF; GIESE; POLLAK; PEAR; LE BRIGAND et al.; ARNSPERGER; TINNEFELDT; NELIUS; BRACKERTZ). Es handelt sich dabei um multiple tuberöse, perlschnurartige oder razemös verästelte Knochenbildungen im Verlauf pulmonaler Gefäße, die im Zusammenhang mit *chronischer Lungenstauung bei Mitralfehlern* (TESCHENDORF; HAUBRICH; TERPLAN; GROSS; THURN; ELKELES u. GLYNN; MUNK; GALLOWAY, EPSTEIN u. COULSHED; THINGSTAD; FISCHER; HOLSTEIN u. STECKEN; LAWSON; KRIMOVA; BARUFFALDI u. RICCI; SIELAFF; SCHULZE), bei obliterierender Endangiitis (PORT) oder als bleibende Gerüstveränderung nach interstitiellen Pneumonien entstehen („*ossifizierende Pneumonitis*": VIRCHOW; SCHMIDT; TEUFEL;

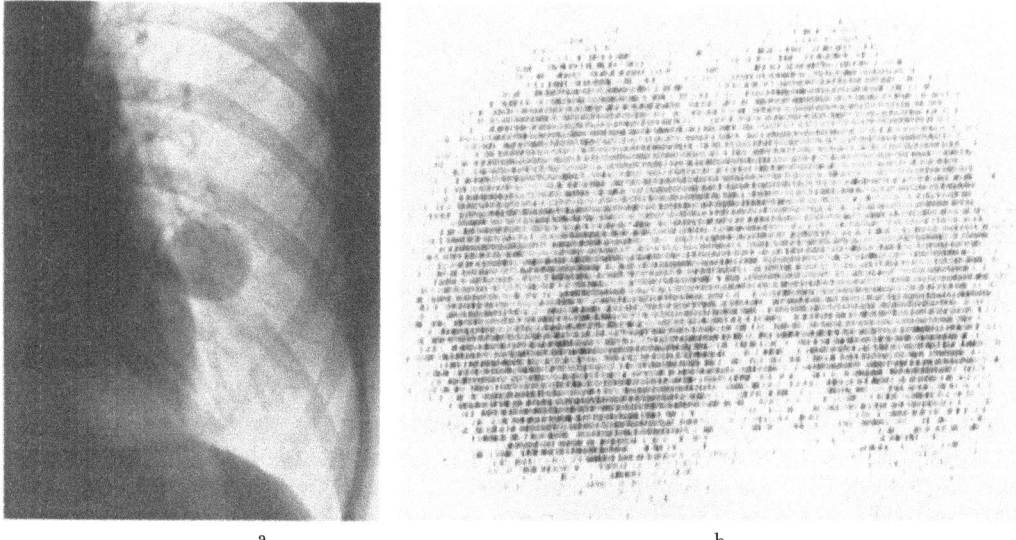

Abb. 94a u. b. *Nicht ossifiziertes Chondrom des linken Unterlappens.* Röntgenologischer Zufallsbefund eines homogen weichteildichten, glattrandig-monozyklisch begrenzten Rundschattens in der fissurnahen Grenzzone des linken Unterlappens (a Ausschnitt der Übersichtsaufnahme p.-a.), nach röntgenologischem Aspekt einer gutartigen Geschwulst entsprechend, trotz beachtlicher Dimension perfusionsszintigraphisch stumm (b Schwarz-Weißabzug des ventralen Colorscanbildes nach i.v.-Injektion von 100 µCi ^{131}J-MAA) (Isotopenabtlg. (Leiter: Priv.-Doz. Dr. HENGST) der Med. Klinik d. Krhs. Nordwest, Direktor: Prof. ALTMANN). Anatomischer Befund des enukleierten Gebildes: Scharf begrenzter, annähernd kugelförmiger derber Tumor von 4 cm Durchmesser. Histologie: Nicht ossifizierter Chondrom (E.-Nr. 9522/71 Path. Inst. d. Krhs. Nordwest, Direktor: Prof. KAHLAU). G. B., 24jähr. ♀. Arch.-Nr. 2702 47602 Radiolog. Zentralinst. d. Krhs. Nordwest Frankfurt/M.

AMORIM; MASER; FISCHER; COHN; SOTER, BERKMAN, GÜR, HADZIDAKIS u. GILMORE; DERISCHANOFF; NELIUS; POLLAK; ARNSPERGER; LE BRIGAND et al.; STROTKÖTTER; GIESE; DAUST; PEAR u.a.) (s. sog. „Kalkmetastasen der Lunge" S. 90 u. 438).

In zahlreichen Publikationen wird über primäre *Chondrome der Lungen und Bronchien* berichtet (VIRCHOW; WEDL; BAYER; LEBERT; SIEGERT; PAUL; CHIARI; JAEGER; EDLING; FRANCO; MÖLLER; McGLUMPHY; MOORE; HART; FISCHER; DAVIDSON; GEBAUER; SAUPE; HUET; ROLLAND; MATRAS; GUERNEY u. COHEN; HICKEY u. SIMPSON; HOCHBERG u. PERNIKOFF; SEIFERT; SHERWOOD u. SHERWOOD; McDONALD, HARRINGTON u. CLAGETT; ILIOVICI; HAMMER; TESCHENDORF; SIMPSON; DURAND u. LAUNAY; WILL; FILIPPI; BENNINGHOVEN u. PEIRCE; VERGA; ISTRE; GASCH; RAJKOVITS u. BRASCH; BATESON; SPENCER; GIESE; BADE; EVANS; FISCHER; LIVINGSTON; KLAGES; POULEY; LAKIN; KANIAK u. KÜMMERLE; SANTY, GALY u. TOURAINE; CRACOVANER; LESSER; VAN VOORST-VADER u. VOSSENAER; NOVI; MUENDEL u. YELIN; PELLEG u. PAUZNER; HODGES; BJÖRK; HUZLY; FIORI u. SALOMONI u.a.) (Abb. 94). Die echten, rein knorpeligen Gewächse sind ohne weiteres von höckerigen *Ekchondrosen* der Bronchialknorpelspangen zu unterscheiden (v. RECKLINGHAUSEN; FISCHER; BELCHER; v. EICKEN; SPIESS; DERISCHANOFF; SIEGERT; DE ANGELIS, ROBERTO u. SOCHAN; SÜLE, GOFMAN u. SZIGNER; GIESE u.a.), die man als entzündliche Hyperplasie auffaßt und zum Formenkreis der Tracheopathia chondroosteoplastica zählt (ASCHOFF; LANDSBERG; KAUFMANN u.a.) (s. S. 356). Die Abgrenzung gegenüber *chondromatösen Hamartomen* ist problematisch, denn der Übergang von mesenchymalen Tumoren zu knorpelhaltigen mischgewebigen Fehlanlagen verläuft fließend (MÖLLER; HALL; HOCHBERG u. PERNIKOFF; FRANCO; BATESON u.a.). Die wirkliche Häufigkeitsrelation beider Formen ist deshalb schwer zu schätzen (BATESON). Da ihre klinischen und röntgenologischen Erscheinungsbilder übereinstimmen, werden im einschlägigen Schrifttum beide Bezeichnungen oft promiscue gebraucht. Nach Ansicht

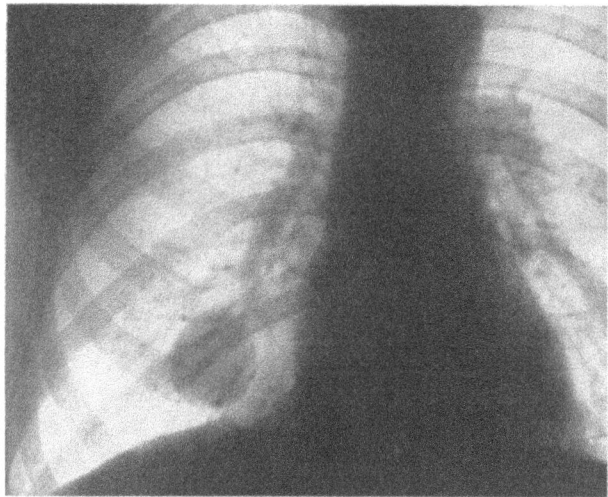

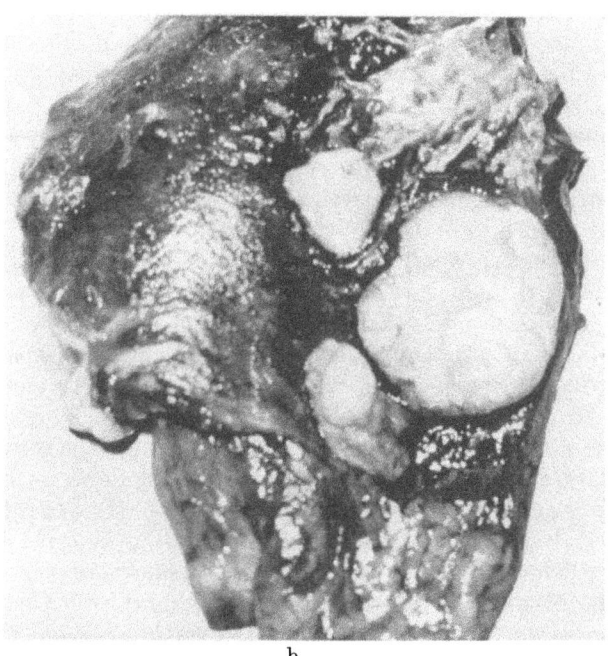

Abb. 95a u. b. *Leiomyomknoten im rechten Unterlappen*. Die asymptomatische Geschwulst wurde bei einer Röntgenuntersuchung entdeckt. Die fast kreisrunde Form und monozyklisch scharfe Kontur des homogenen Tumorschattens (a Nativbild p.-a.) deuteten auf den gutartigen Charakter des Gebildes hin. Das Resektionspräparat nach Lobektomie des re. Unterlappens (Op.: Prof. UNGEHEUER, Direktor der Chir. Klinik d. Krhs. Nordwest Frankfurt/M.) zeigt die Schnittfläche des festen Solitärknotens mit 2 durch den Anschnitt abgetrennten Tumorpartikeln (b). Histologisch: reifes Leiomyom (E.-Nr. 121029/64 Path. Inst. d. Krhs. Nordwest Frankfurt/M., Direktor: Prof. KAHLAU). A. W., 43jähr. ♂. Abb. 95a entstammt der Röntgenabteilung (Vorstand: Prof. STRNAD) der Chir. Univ.-Klinik Frankfurt/M. (Direktor: Prof. GEISSENDÖRFER)

zahlreicher Autoren ist die Mehrzahl der in älteren kasuistischen Mitteilungen beschriebenen Chondrome zu den Hamartomen zu rechnen (HART; PETERS; MAYER; GOLDWORTHY; JAEGER; MCDONALD, HARRINGTON u. CLAGETT; SIMON u. BALLON; WILL; EDLING; CARLSEN u. KIAER; VINNER u. KRZHIVITSKAYA; HAUPT, GLÖCKNER u. KÜNSTLER; VAN VOORST-VADER u. VOSSENAER; MOREAU u.a.; dagegen: HICKEY u. SIMPSON; MUENDEL u. YELIN; KLAGES; HODGES; BATESON) (s. S. 201 ff.).

Primäre Muskelgeschwülste der Lungen und Bronchien sind selten (nach HORÁNYI, HORLAY u. KERÉNYI 0,03% von 3067 resezierten Lungentumoren) und zum großen Teil bösartig (30 unter 78 Fällen der verfügbaren Literatur, davon 26 Leio- und 4 Rhabdomyosarkome) (s. Übersichtsreferate von HIROSE u. HENNIGAR (24 Fälle); HORÁNYI u. Mitarb. (25 Fälle); weitere Beobachtungen von PILOT; NEUMANN; BRASS; FRIEDMAN; SCHULZE; MCDONALD u. HEATHER; KUNZ; EGGIMANN u. WOLTZ; D'ABREU; LANGTON; UNGER; GREER u. WINN; GILBERT, MAZZARELLA u. FEIT; SHERMAN u. MALONE; GORDON u. BOSS; PIERCE, ALZNAUER u. ROLLE; CHAMPEAU u. COUESPEL; OCHSNER u. OCHSNER; ROSENBERG, MEDLAR u. DOUGLAS; JOHNSON, MANGIARDI u. JACOBS; RANDALL u. BLADES; TURKINGTON, SCOTT u. SMILEY; KILLINGSWORTH, MCREYNOLD u. HARRISON; WATSON u. ANLYAN; TOCKER, DE HAAN u. STOFER; GALY, BARRIÉ, SOURNIA u. TOURAINE; GLENNIE, HARVEY u. JEWSBURY; FREIRICH, BLOOMBERG u. LANGS; LODIN; WILLIAMS u. DANIEL; AGNOS u. STARKEY, PELEG u. PAUZNER; HUECK u. MATZANDER; KÓNYA, SCHNITZLER, ARANYOSI u. SZOKOL; ORNATZKII; MASON u. AZEEM; SWEET; FRANCO; AAKHUS u. MYLIUS; STIGLIANI u. SCILABRA; PROCHÁZKA u. Mitarb.; ECK, HAUPT u. ROTHE).

Unter reifen wie malignen Tumoren myogenen Ursprungs überwiegen bei weitem die Abkömmlinge der glatten Muskulatur. Obige Kasuistik enthält Berichte über 4 *pulmonale Fibro-Leiomyome* (FORKEL; PILOT; BRAHDY; CRASTNOPOL u. FRANKLIN) und 46 *Leiomyome*, von denen 15 *endobronchial* lagen (RANDALL u. BLADES; TURKINGTON, SCOTT u. SMILEY; FREIRICH, BLOOMBERG u. LANGS; WILLIAMS u. DANIEL; ADLER; SHERMAN u. MALONE; HIROSE u. HENNINGAR; LANGTON; FREIRICH, BLOOMBERG u. LANGS; CHAMPEAU u. COUESPEL; WIKLUND; HORÁNYI, HORLAY u. KERÉNYI; ORNATZKII; PROCHÁZKA et al.). Bei den *endotrachealen Leiomyomen* herrschen nach dem verfügbaren Schrifttum benigne Formen vor (DORENBUSCH; GREER u. WINN; SANDERS u. CARNES; FOROUGHI; HARRIS, MANESS u. WARD; GILBERT, MAZZARELLA u. FEIT; CALDAROLA, HARRISON, CLAGETT u. SCHMIDT; KITAMURA et al.; dagegen: BUSZINSKI). Die Gewächse imponieren in der Mehrzahl als *Solitärknoten im Lungenparenchym* (Abb. 95). In einigen Fällen beobachtete man eine *diffuse Leiomyomatosis pulmonum*, die im allgemeinen biologisch gutartig ist (DEUSSING; HOEL; ROSENDAHL; EGGIMANN u. WOLTZ; SANDERUD; CRUICKSHANK u. HARRISON; BURN u. Mitarb.; SCHMIDT; HASPER), gelegentlich aber rasch progredienten malignen Verlauf nimmt (STÖCKER; MAUS; MUSSHOFF u. WEINREICH). Die disseminierte Form und analoge *multinoduläre Fibro-Leiomyome der Lunge* gelten dabei nicht als primäre Neoplasie, sondern als Sondertyp pulmonaler Hamartome (LOGAN, ROHDE, ABBOTT u. MELTZER; SARGENT, BARNES u. SCHWINN; EGGIMANN u. WOLTZ; CAVIN, MASTERS u. MOODY). Eine ausgedehnte *Wucherung glatter Lungenmuskulatur* kommt auch bei verschiedenen fibrosklerotischen Gerüsterkrankungen entzündlicher Genese und *im Rahmen der tuberösen Sklerose* vor (Morbus Bourneville-Pringle s. auch S. 236 und Abb. 120 sowie Bd. IX/3, Abb. 39 u. S. 70 u. 116). Wie die vielgestaltigen hereditären Fehlbildungen ekto-, endo- und mesodermaler Strukturen, sind die pulmonalen Veränderungen der Anomalie zum Formenkreis der *diffusen Hamartien* zu zählen (s. S. 234ff.).

Nach vorliegenden Daten von 34 Fällen wurden die myogenen Tumoren in den *Altersgrenzen des 4.—66. Lebensjahres*, zu einem Drittel (11 Fälle) im 7. Dezennium, zur Hälfte (17 Fälle) bei Patienten der 6. und 7. Lebensdekade angetroffen, und zwar *häufiger beim weiblichen als beim männlichen Geschlecht* (Verhältnis 21:13). 12 der Gewächse wurden autoptisch, 5 bronchoskopisch und 17 an Hand des Resektionspräparates identifiziert.

Das *Röntgenbild* weist keine artspezifischen Merkmale auf. *Solitäre Lungenmyome* treten als glattrandige, auffallend scharfrandige homogen *weichteildichte Kugelschatten* von Pfennig- bis über Faustgröße hervor (Abb. 95). *Multiple leiomyomatöse Knoten* können das Erscheinungsbild nodulärer Lungenmetastasen imitieren (LOGAN, ROHDE, ABBOTT u. MELTZER) (s. S. 445). Das Schattenkorrelat *endobronchialer myomatöser Polypen*, die mehr oder weniger ausgedehnte obstruktive Lungenveränderungen hervorrufen, entspricht dem bronchogener Adenome gleicher Wuchsart (s. S. 126ff.). Kalkeinschlüsse, wie in Leiomyomen der Magenwand beobachtet (CRUMMY u. JUHL; LEIGH; KOLOSKI, SHALLENBERGER u. HAWK; STEEN u. NEWELL; GARBARINI u. PRICE), sind in einschlägigen Berichten über broncho-pulmonale Gewächse myogener Herkunft nicht erwähnt.

Die *diffuse Leiomyomatose* verursacht *miliar-retikuläre und wabige Strukturveränderungen* des Lungengerüsts mit fakultativer, bisweilen chylöser Ergußbildung (BRANDT; eigene Beobachtung). Ihr Aspekt gleicht dem ätiologisch vieldeutigen Röntgenbefund fibro-granulomatöser Gerüstprozesse, die zu sekundärer bronchiolostenotischer Wabenlunge führen und mit „muskulärer Lungenzirrhose" einhergehen können (v. STÖSSEL; BUHL; ROSENDAHL; SANDERUD; CUNNINGHAM u. PARKINSON; HEPPLETON; OSWALD u. PARKINSON; BEHRENS u. FANCONI; GIESE; UEHLINGER u. SCHOCH; MEESSEN; LIEBOW, LORING u. FELTON; DAVIDSON; RUBENSTEIN u. Mitarb.; BRUN, PERRIN-FAYOLLE, CASSAN u. TOMMASI; BROCH, MOE u. WEHN; CRISTOFORIDIS et al.; MALLORY; SHEFT u. MOSKOWITZ; SIEBERT u. FISHER; BRANDT u. ROESING) (s. Bd. IX/3, S. 68ff.). Auch bei der *tuberösen Lungensklerose* rührt das feinfleckig-netzförmige Strukturbild teils von hyperplastischer Wucherung glatter Muskulatur, teils von Lymphangiektasen her (Abb. 120 u. Bd. IX/3, Abb. 39). Trotz röntgenmorphologischer „Familienähnlichkeit" (UEHLINGER u. SCHOCH) mit einer Vielzahl erworbener fibrosklerotischer Lungengerüsterkrankungen ist die Phakomatose an der Eigenart mancher äußeren Merkmale sowie klinisch-röntgenologischer Hinweiszeichen sonstiger Organmanifestationen als besonderes Syndrom kenntlich (s. S. 236).

Von den 6 der quergestreiften Muskulatur entstammenden Lungentumoren obiger Kasuistik (S. 184) waren 4 *Rhabdomyosarkome*, darunter 2 unreife Teratome, die sich an Stelle eines rudimentär gebliebenen Lungenflügels entwickelt hatten (HELBING; ZIPKIN). Zwei weitere benigne Gewächse wurden als „endobronchiale Myoblastome" klassifiziert (KRAMER; KRAUS, MELNIK u. WEINBERG). In späteren Mitteilungen wurde über Geschwülste gleicher Bauart unter der Bezeichnung „bronchiale Granularzell-Myoblastome" berichtet (LOWBEER; LIEBOW; HEBERT, SEALE u. SAMSON; PETERSON, SOULE u. BERNATZ; NORA, NOVAK u. HOLMES; WEIL, RENAULT, DE SAINT-FLORENT u. DELAVIÈRE; VÁSQUEZ u. HERRANZ; ARCHER, HARRISON u. MOULDER; TAMAYO u. ROJAS DE PAOLA, DE MEDEIROS ROCHA, SESANA u. SATUFF; ŽÁK, HERDEGEN u. KLUNITZ). Da die Bronchialwand normalerweise keine willkürlich innervierten Muskelfasern enthält, fassen KRAUS u. Mitarb. die myoblastischen Bronchusgewächse als Choristoblastome auf. Die histogenetische Definition extralingualer Geschwülste dieses Namens birgt allerdings eine verwirrende Problematik (s. WEGELIN; WILLIS; LAUCHE).

Als „*Myoblastome*" (Synonyoma: „*Myoblastenmyome*", „*granularzellige Myoblastome*") bezeichnete man ursprünglich die von ABRIKOSSOFF so genannten *gutartigen Zungengeschwülste*, die als kleine oberflächennahe, oft unter hyperplastischen Epithelinseln gelegene Infiltrate regellos oder bandartig synzytial angeordneter großer Zellen mit hellem, feinkörnig eosinophil granuliertem Plasma und dichten polymorphen Kernen imponieren. Seit ABRIKOSSOFF galten die Tumorzellen lange als Abkömmlinge embryonaler Myoblasten, der querstreifenlosen Stammzellen der Skeletmuskulatur (KEYES; DISS; MEYER; KLINGE; BRUNN u.a.), doch wurden die Gewächse manchenorts als „Leiomyoblastome", klassifiziert (WEIL, RENAULT, DE SAINT-FLORENT u. DELAVIÈRE; HORÁNYI, HORLAY u. KERÉNYI). Schon ABRIKOSSOFF berichtete 1926 über eine Kehlkopfgeschwulst gleicher Bauart.

In der Folge wurden bei Tieren (TROY; GIANELLI; DUNN u. GREEN) und Menschen *gleichnamige benigne Tumoren des Tracheobronchialbaums* (s. S. 198ff.) *und anderer Lokalisation* beschrieben (Skeletmuskulatur, Haut und Unterhautgewebe, insbesondere der Oberschenkel und Vulva, Zahnfleisch, Ohren, obere Luftwege einschließlich des Larynx, Verdauungstrakt, Harnblase, Ovarien, Retroperitonealraum). Die Zusammenstellungen von KLINGE (1958) sowie von COLBERG u. HUBAY (1963) enthalten über 400 einschlägige Fälle der Weltliteratur seit 1926, letztere Kasuistik zudem 39 eigene Beobachtungen (s. auch MURPHY, DOCKERTY u. BRODERS; HOWE u. WARREN; STOUT; LIEBOW; WARD u. OSHIRO; THORÉN; SOBEL u. CHURG; HORN u. STOUT; COLBERG; LOWBEER; CHIODI, SIEGEL, GUERIN u. MACCAUGHAN; BIRCH u. SONDAG; BENSON; GALLIVAN, DOLAN, STAM, EGGERTSEN u. TOVEY).

Darunter befinden sich Berichte über sog. *„maligne Granularzell-Myoblastome vom Organoidtyp"*, die sich — trotz ihrer Tendenz zur Fernmetastasierung — durch außerordentlich protrahierte, nicht selten jahrzehntelang dauernde Entwicklung auszeichnen und histologische Abweichungen vom „einförmigen Myoblastom-Typ" (HOWE u. WARREN) zeigen (alveoläre oder rosettenartige Tumorzellanordnung innerhalb eines gefäßreichen Stromas von elastikafreien Arterien, Kapillaren und Venolen) (CEELEN; HORN u. STOUT; CRANE u. TREMBLAY; HOWE u. WARREN; KHANOLKAR; KLEMPERER; CAPPEL u. MONTGOMERY; RAVICH, STOUT u. RAVICH; POWELL; ACKERMAN u. PHELPS; MEREDITH, KAY u. BOSHER).

Die heterotope Geschwulstentstehung in skeletmuskelfreien Organgeweben wurde mit embryonaler Keimverschleppung erklärt (KLINGE u.a.). Die Choristoblastom-Theorie stieß jedoch auf Skepsis. Eingehende Studien des Feinbaues ließen *Zweifel an der Identität dieser Tumoren mit den lingualen Myoblastomen* ABRIKOSSOFFS *und an der myogenen Abstammung der Geschwulstzellen* aufkommen (FEYRTER; GRAY u. GRUENFELD; GANDER; FUST u. CUSTER u.a.). GRAY u. GRUENFELD suchten ihren Ursprung im Epithel bzw. im histiozytären Mesenchym. Andere Autoren leiten die Tumoren von perineuralen Fibroblasten der Schwannschen Nervenscheiden oder anderen neuralen Elementen ab (FEYRTER; FUST u. CUSTER; SOUSTEK; PEARSE; BANGLE; FISHER; FISHER u. WECHSLER; THORÉN; SOBEL u. CHURG; HAMMAR; TESSMANN u. KOCHAN; DAVIS u. BUTT; VÁSQUEZ u. HERRANZ; BENSON u.a.). Nach vorherrschendem Sprachgebrauch wählt man daher neuerdings den Terminus *„granuläre Neurome"* (FEYRTER; FUST u. CUSTER; SOUSTEK; BANGLE; HAMMAR; VÁSQUEZ u. HERRANZ; THORÉN; TESSMANN u. KOCHAN; PEARSE; RATZENHOFER; DAVIS u. BUTT; FISHER; SOBEL u. CHURG u.a.) oder *„Granularzell-Schwannom"* (FISHER u. WECHSLER; TAMAYO u. ROJAS) (Abb. 100 u. 101).

Die Diskussion über Ursprung und Namensgebung wurde dadurch verwirrt, daß man den *Begriff „Myoblastom" promiscue statt anderslautender Bezeichnungen für* granularzellige Geschwülste vom Typ der histogenetisch nicht identifizierten „alveolären Weichteilsarkome" (CHRISTOPHERSON, FOOTE u. STEWART; BIRESSI u. MOMO u.a.), *„nicht-chromaffiner Paragangliome"* (SOUSTEK; SMETANA u. SCOTT; LATTES; BLOCK, DOCKERTY u. WAUGH; HAMPERL u. LATTES; VALACH) bzw. sog. *„Chemodektome"* (MULLIGAN; LE COMPTE; PETTET, WOLLNER u. JUDD; KORN, BENSCH, LIEBOW u. CASTLEMAN u.a.) (s. S. 195) anwandte. WILLIS hält diese Namensübertragung für mißbräuchlich, da — trotz Übereinstimmung gewisser histochemischer Eigenschaften der Zellgranula (FISHER) — keine Verwandtschaft der sog. Myoblastome mit diesen den Glomustumoren nahestehenden Blastomen bestehe. WILLIS zieht den neoplastischen Charakter der Abrikossoffschen Myoblastome überhaupt in Zweifel. Er faßt sie vielmehr als granulomatöse Wucherung degenerativen bzw. regenerativen Charakters auf und vertritt die Ansicht, der Begriff „Myoblastom" sei prinzipiell fragwürdig und obsolet. In ähnlichem Sinne äußern AZZOPARDI und HAUSMAN, die als Myoblastome bezeichneten Zellinfiltrate seien vermutlich Ausdruck lokaler Speicherungsvorgänge oder örtlicher Stoffwechselstörung.

b) Vaskuläre Tumoren

Unter den vom Blutgefäßsystem ausgehenden Lungen- und Bronchialgewächsen nimmt die Gruppe der *Hämangiome* die erste Stelle ein. Histologisch ist zwischen dem *Angioma arteriale racemosum* (JORES; HARANGHY; GÖRGÉNYI-GÖTTCHE u. Mitarb.) (s. unten: *Bronchusarteriom*), dem *kapillären Angiom* und dem Haemangioma cavernosum *(Kavernom)* zu unterscheiden. Von diesen Grundtypen zeigen die kapillären Formen am ehesten echten Geschwulstcharakter (BORST; HUECK; GOORWITCH u. MADOFF u.a.), gelegentlich sogar *maligne Entartung* (WOLLSTEIN; HALL; SIMON; JENNY u. ULSPERGER). Die übrigen Formen werden von den meisten Pathologen als *angiomatöse Mißbildungen (vaskuläre Hamartome)* aufgefaßt (ALBRECHT; BORST; HUECK; JORES; ASCHOFF; WILLIS; HARANGHY; STIPA u. DI PAOLA; JACH u.a.) (s. S. 217ff. u. 238). Sie kommen — *solitär oder multipel* — am häufigsten in der Lungenperipherie vor (VERSÉ; DE LANGE u. DE VRIES-ROBLES; ROUSSY u. LAROUX; CLELAND; GOLDSTEIN; BEAL u. GRAY; FISCHER; HIRSCH; JAFFÉ; RODES; SHENSTONE; DUVOIR, POLLET, GAULTIER u. CURSAY; JANES; HEPBURN u. DAUPHINÉE; MAKLER u. ZION; WHITAKER; WODEHOUSE; GOLDMAN; BOREMA u. BRILMAN; ALEXANDER; DUVOIR, PICOT, POLLET u. GAULTIER; BISGARD; ADAMS, THORNTON u. EICHELBERGER; RAVINA; FORSEE, MAHON u. JAMES; HAYWARD u. REID; TROCMÉ

u. Soulié; Giampalmo; Lequime, Denolin, Delcourt, Verniory u. Callebaut; Soulié, Mathey, Tricot, Vernant, Piton u. Bieder; Price-Thomas; Maier, Himmelstein, Riley u. Bunin; Simon; Vanpeperstraete; Lojacono u. Calzavara; Adler; Balogh; Hecklinger; Sweet; Mogavero, Balbi, Reale u. Pittoni; De Bhattacharya u. Gupta; Jaubert de Beaujeu et al. u.a.), *seltener im Bronchialbaum* (Jackson; Hoffmann; Shorp; Greer u. Winn; Gilbert; Galy; Heizar u. Koss; Stutz u. Vieten; Petrén u. Sjövall; Giese; Paviot; Klimkovich et al.; Weicker; Björk; Huzly u.a.) oder *in der Pleura* (Versé; Martens; Hecklinger).

Die *pulmonalen Hämangiome* können zunächst symptomlos bleiben (Wissler; Balogh; Wodehouse; Sloan u. Cooley; Roberts u. Hutchinson; Grosse-Brockhoff, Loogen u. Vieten; Talbot u. Silverman; Stecken; Mülly u.a.), bis sich lokale Komplikationen (Nekrosen infolge örtlicher Thrombosierung, Entzündungen, Lungenblutungen, hämorrhagische Pleuritis) oder hämodynamische Auswirkungen vaskulärer Kurzschlüsse einstellen, deren Shunt-Effekt durch das mit steigendem Alter wachsende Kaliber zunimmt. (Bezüglich der klinisch-pathophysiologischen und röntgenologischen Aspekte der *arterio-venösen Lungenfisteln* s. S. 220ff.).

Endobronchiale Hämangiome verraten sich meist frühzeitig mit Hämoptysen und allmählich fortschreitender Obstruktion des abhängigen Parenchyms. Wegen ihres Prädilektionssitzes in Trachea und großen Bronchien sowie gleichartiger Stenosebilder werden sie röntgenologisch wohl meist für Bronchusadenome gehalten (Stutz u. Vieten; Ober-Dahlhoff, Vieten u. Karcher). Da diese Tumoren sehr gefäßreiche Bezirke enthalten können (Bredt; Zamora u. Schuster), sind selbst bei endoskopischer Diagnostik Verwechslungen mit Angiomen möglich. Die Probeexzision birgt in beiden Fällen eine hohes Blutungsrisiko.

Angiomartige Bestandteile findet man ferner in manchen mischgewebigen Hamartomen (Lemon u. Good; Garneau u. Fournier). Als Beispiele seien *Osteo-Angio-Fibrome* (Michaijlicenko), verkalkende *Fibro-Lympho-Angiome* (Vaccato u. Ziliotto) und *Fibro-Angiome* (Balogh u.a.) genannt.

Auf die histogenetische Beziehung sog. „sklerosierender Angiome" mit Wucherung adventitieller Mesenchymzellen (Gross u. Wolbach; Anderson; Liebow u. Hubbell; v. Albertini; Fingerland; Galy u. Pellet; Laustela; Primer u. Quarz; Klimkovich et al.; Turunen u. Mitarb.; Rubin et al.; Eck, Haupt u. Rothe u.a.) zu pulmonalen Histiozytomen bzw. Xanthofibromen wurde oben hingewiesen (S. 177). Sie sind eng verwandt mit der Geschwulstgruppe der *Angioretikulome* (Roussy u. Oberling), teils kapillär, teils xanthomatös-retikulär gebauten Blastomen, die als gutartige angioplastische und hämatopoetische Lungentumoren beschrieben wurden (Eck), aber auch in Form semi-maligner, langfristig multilokulär wachsender Lungenparenchymknoten (eigene Beobachtung, publiziert von Opitz) sowie als Sarkome vorkommen (Fall Essbach: kapillarenbildendes Angioretikulo-Sarkom der linken Lunge mit Destruktion und multiplen Einbrüchen in das Bronchialsystem; s. auch Le Roux, Bariéty, Monod u. Coury) (s. S. 13).

Als fakultativ maligne Gewächse sind auch die *Hämangio-Perizytome der Lunge* zu betrachten (McCormack u. Gallivan; Ochsner u. Ochsner; Ochsner u. De Camp; Felman u. Seaman; Tralka u. Katz; Itkin u. Lapeyrolerie; Marcziński u. Trzebiński; Stout; Murray u. Stout; Ferguson, Clagett u. McDonald; Davis, Peabody u. Katz; Cohlan; Kent; Friedman u. Egan; Kühn, Haupt u. Oertel; Eck, Haupt u. Rothe; eigene Beobachtung) (Abb. 96), auf die bei Erörterung *pulmonaler Angioneurome* vom Typ der *Glomusgeschwülste* (Obiditsch-Mayer; Rieder), *Chemodektome* (Korn, Bensch, Liebow u. Castleman; Barrie; Ashley u. Evans) und *carotiskörperchen-ähnlicher Lungentumoren* (Heppleston) noch eingegangen wird (s. S. 195). Diese Tumorgruppe zeichnet sich durch ihren Gefäßreichtum aus, der ein auch angiographisch auffallendes Merkmal ist (Sutton u. Pratt; Barrie; Ashley u. Evans; Phillips u.a.). Das native Schattenbild der nach Art mesenchymaler Neubildungen glattrandig abgekapselten Geschwulstknoten läßt keinen Rückschluß auf die Artdiagnose zu (Abb. 96).

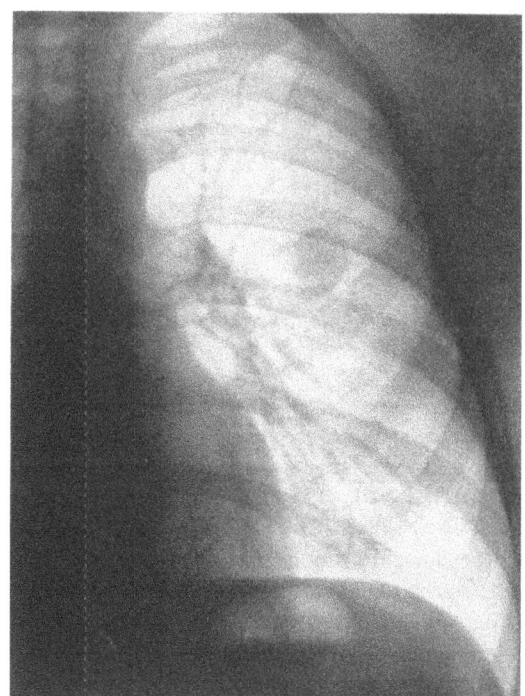

Abb. 96a—d. *Hämanioperizytom in der linken Unterlappenspitze*. Der asymptomatische Geschwulstknoten wurde 1966 durch Röntgen-Reihenuntersuchung entdeckt und unter der Annahme eines „Tuberkuloms" zunächst fast $2^{1}/_{2}$ Jahre tuberkulostatisch behandelt. Erst das nachweisliche Größenwachstum (Zunahme des Durchmessers von 1,5 cm im Juli 1968 auf 2,5 cm im Nobember 1969) gab Anlaß zur Einweisung in die Chirurgische Klinik des Krhs. Nordwest Frankfurt/M. (Direktor: Prof. Ungeheuer). Wegen der auffallend glatten Kontur des gut kirschgroßen Rundherdes (a Ausschnitt des Nativbildes p.-a.) wurde bei der Aufnahmeuntersuchung die röntgenologische Diagnose eines „gutartigen mesenchymalen Lungentumors" gestellt. Die intraoperative Schnellschnittuntersuchung ergab einen gleichlautenden Befund. Nach abschließendem Urteil entsprach das feingewebliche Bild des Tumors (b—d) einem Hämangioperizytom (E.-Nr. 16 250/69 Patholog. Institut d. Krhs. Nordwest Frankfurt/M., Direktor: Prof. Kahlau). K. J. W. 23jähr. ♂. Arch.-Nr. 0409 43911 Radiolog. Zentralinst. d. Krhs. Nordwest Frankfurt/M.

a

Ebenso selten wie die vorgenannten Gewächse sind *endobronchiale Peritheliome* (Harmer u. Sorgo), *Endotheliome* (Jackson) und *Hämangio-Endotheliome* des bronchopulmonalen Systems. Je nach dem Differenzierungsgrad ihrer kapillarartigen Sprossung handelt es sich um gut- oder bösartige Geschwülste (Edwards u. Taylor; Hochberg u. Schacter; Giese-Legg u. Fitch; Salzer, Wenzl, Jenny u. Stangl; Alcolt u. McCort; Giese; Bhattacharya u. Gupta; Collins u. Fisher; Tralka u. Katz; Künzler) (s. S. 14). Die benignen intrapulmonalen Knoten sind oft bindegewebig abgekapselt. Ihr Umfang reicht von Kirschgröße bis zu lappenfüllendem Format (Abb. 2). Bei destruktivem Wachstum, das von der Tracheo-Bronchialwand ausgehen kann (Künzler; Yasargil), entstehen meist ausgedehnte hämatogene Lungenmetastasen, die man bei zentralem Zerfall der Primärgeschwulst, hoher Senkungsbeschleunigung und Hämoptysenneigung leicht mit einer grobfleckigen tuberkulösen Aspirationsaussaat verwechselt (Collins u. Fisher; Künzler) (s. Abb. 227).

Die als *Bronchusarteriome* beschriebenen Anomalien sind keine echten Neoplasien, sondern Mißbildungen im Sinne razemöser Angiome der Bronchialarterien (Jores; Horányi; Horányi u. Szöts; Görgényi; Szöts et al.; Haranghy; Görgényi, Horányi u. Szöts; Domenico u. Lopez; Görgényi-Göttche, Horányi u. Szöts). Rein arterielle Dysplasien dieser Art sind im pulmonalen Funktionskreislauf unbekannt, kommen aber auch an den Hirnarterien vor (Haranghy; Görgényi-Göttche u. Mitarb.). Anatomisch findet man ein Konglomerat stark geschlängelter Gefäße mit muskelhaltiger Wand, das mit einem dilatierten Zuflußgefäß kommuniziert. Die Mehrzahl der von Görgényi-Göttche u. Mitarb. beobachteten Bronchusarteriome (22 Patienten im Alter von 2—50 Jahren, Geschlechtsverhältnis 7 ♂ : 15 ♀) war von mikroskopischer Dimension, daher erst histologisch nachweisbar und zu drei Vierteln in den Unterlappen lokalisiert (16 Fälle). Mittellappen und Lingula (4 Fälle) und Oberlappen (2 Fälle) waren selten betroffen. Stets bestand eine *örtliche Fehlbildung des bronchialen Knorpelgerüsts*.

Größere Bronchialgefäßkonvolute können dank langsamen Wachstums die Bronchialwand sichtbar verdicken und durch Bronchostenose zu obstruktiven Ventilationsstörungen und poststenotischer Bronchiektasie führen. Vielfach macht sich die Hamartie schon in der Kindheit mit *Hämoptysen* bemerkbar. In 12 der 22 Fälle waren Blutbeimengungen im Auswurf klinisches Leitsymptom. Schwere rezidivierende oder gar lebensbedrohliche Blutungen ergeben eine dringliche Operationsindikation. Insgesamt war bei 20 der 22 Patienten der ungarischen Autoren eine Segmentresektion oder Lobektomie erforderlich.

Echte *Blastome der großen Lungengefäße* sind außerordentlich selten und überwiegend bösartig. Bisher wurden 9 Fälle *sarkomatöser Tumoren der Pulmonalarterie* beschrieben:

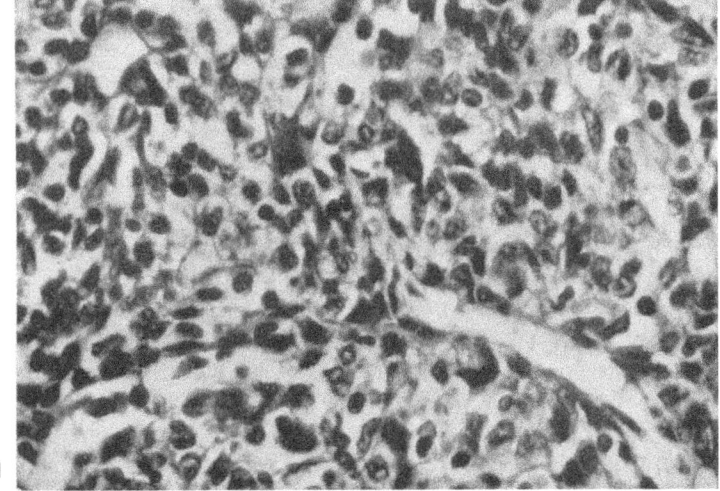

Abb. 96 b—d

myoplastische Sarkome (ESCHBACH; DURGIN u. INGLEBY; KUDLICH u. SCHUH), polymorphzellige Sarkome (FROBOESE; GOEDEL; MARTIN, TUCHY u. WILL), Fibro- bzw. Fibromyxo-Sarkome (HAYTHORN, RAY u. WOLFF; ELPHINSTONE u. SPECTOR) und ein sarkomatöser Mischtumor [riesenzelliges Chondro-Fibromyxo-Angiosarkom (BRAUN bzw. MOEGEL)]. Das Geschwulstleiden verlief in den zitierten Fällen gewöhnlich *emboliform* oder unter der Maske erworbener Vitien mit rasch zunehmender *Herzinsuffizienz* (s. Zusammenstellung klinischer Daten von MOEGEL sowie von ELPHINSTONE u. SPECTOR), da die von der Wand des Truncus pulmonalis ausgehenden Tumoren einen oder beide Hauptstämme einengten und Stenosegeräusche verursachten. Der neoplastische Charakter des Prozesses offenbarte sich röntgenologisch nur in den Fällen mit grobknotiger Lungenmetastasierung (KUDLICH u. SCHUH; BRAUN; HAYTHORN et al.). Als gutartige Rarität ist ferner die Beobachtung eines *Leiomyofibroms der Pulmonalvenen* zu erwähnen (KAPLAN).

Wie die Mehrzahl pulmonaler Hämangiome gehören die *zystischen Lymphangiome der Lungen* („*Lymphangioperizytome*" nach CORNOG u. ENTERLINE) zu den dysontogenetischen Gebilden (STEPHENS, ROBERTS u. WOLCOTT; SANTY, BÉRARD u. GALY; WÖRN u.a.) (s. Bd. IX/4b Abb. 604). Beide Formen werden in der Kategorie „*angiomatöser Hamartome*" abgehandelt (s. S. 234/235).

3. Neurogene Geschwülste

Die primären Nervengeschwülste der Lungen und Bronchien zeigen histogenetisch, feingeweblich und biologisch verschiedene Erscheinungsformen, die man auch bei Neuroblastomen anderer Lokalisation antrifft. Nach Ursprung und Bauart sind 3 Hauptgruppen zu unterscheiden (Tabelle 15).

Tabelle 15. Einteilung der neurogenen Geschwülste nach Ursprung und Muttergewebe. [Ergänzt nach GREMMEL, H., SCHULTE-BRINKMANN, W., VIETEN, H.: Differentialdiagnostische Besonderheiten neurogener Mediastinaltumoren. Radiologe 3, 37—42 (1963), Tabelle 1, in Anlehnung an BIELSCHOWSKY, M.: In: Cytology and cellular pathology of the nervous system. New York: P. B. Hoeber 1932]

Ursprung	Matrix	Tumorform, ( ) = Synonym
1. Geschwülste der *Nervenscheiden*	a) Schwannsche Zellen des Neurilemm	Neurinom (Neurilemmom; Schwannom)
	b) Bindegewebszellen des Peri- und Endoneurium	Neurofibrom, Neuromyxom, Neurosarkom
2. Geschwülste des *Gangliengewebes*	Sympathische Ganglienzellen	Ganglioneurom (Neuroepitheliom), Sympathikoblastom (Ganglioblastom; Neuroblastom), Sympathikogoniom
3. Geschwülste der *paraganglionären Strukturen*	a) Chromaffine Zellen	Phäochromozytom (Paragangliom; Chromaffinom), Phäochromoblastom
	b) Chemorezeptoren	Chemodektom (nicht-chromaffines Paragangliom), Angioneurom (Glomustumor, Carotiskörperchen-Tumor)

Trotz reichlicher Versorgung der Lungen mit vegetativen Nervenfasern und autonomen Ganglienzellen, die in der Bronchialwand eigenes Gepräge besitzen (SUNDER-PLASSMANN; V. HAYEK; STÖHR u.a.) und mit ihrem interstitiell-perivaskulären Geflecht bis zur Pleura visceralis reichen, sind *primäre broncho-pulmonale Geschwülste neurogener Herkunft sehr selten*. DREWES u. GREMMEL fanden in der Weltliteratur bis 1959 nur 30 gesicherte Beobachtungen (Berichte von DE WITT ANDRUS; VOSS; RUBIN u. ARONSON; CASTLEMAN; BARTLETT u. ADAMS; MEADE, KAY u. HUGHES; TOUROFF u. SAPIN; DIVELEY u. DANIEL; ACKERMAN u. TAYLOR; SANTY, GALY, TOURAINE u. UGNAT; CASSOU; SEBESTÉNYI u. HORÁNYI; PÉTRIAT, CORNET, LEGER, CASTAING u. TESSIER; LANE, MURRAY u. FRASER;

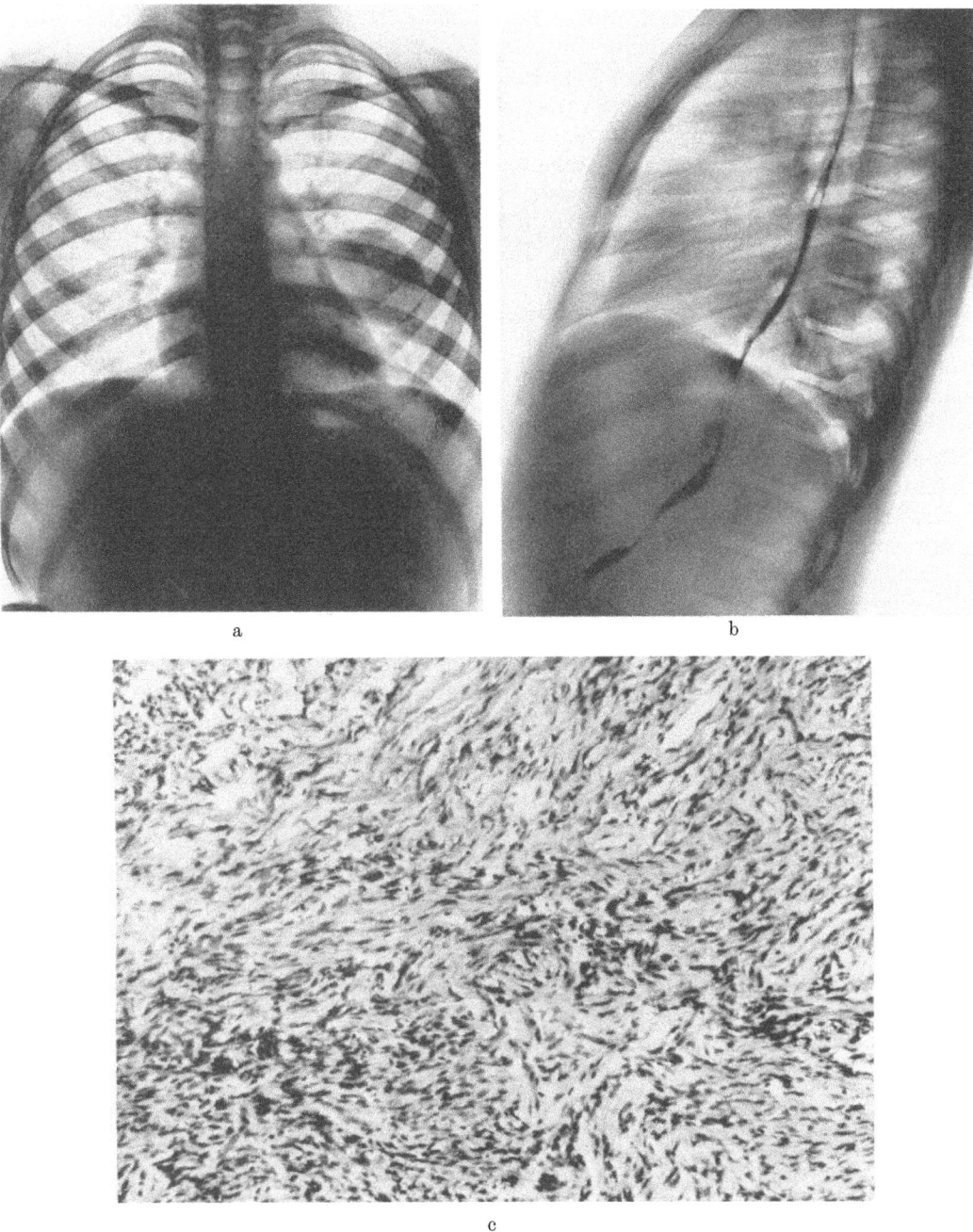

Abb. 97a—c. *Intrapulmonales Neurinom*. Klinisch stumme, bei Röntgenuntersuchung wegen kontralateraler Pneumonie zufällig entdeckte Geschwulst, auf Übersichtsaufnahmen in 2 Ebenen als homogener ovalärer Schatten von scharfer Kontur dasgestellt (a und b). Histologische Sicherung der Diagnose (c Gewebsschnitt, H.-E.-Färbung, 125×) (E 9108/58) nach Lobektomie des linken Unterlappens. [Nach Drewes, J., Gremmel, H.: Neurogene Tumoren der Lungen. Thoraxchirurgie 7, 40—51 (1959); Abb. 5a und b]. U. S., 7jähr. ♀. Hb.-Nr. 11508/58 Chir. Klinik (damal. Direktor: Prof. E. Derra) und Inst. f. Med. Strahlenkunde (Direktor: Prof. H. Vieten) der Med. Akademie Düsseldorf

Gay u. Bonmati; Swierenga; Eerland; Dickinson, Wheeling u. Kipp), denen sie 5 eigene Fälle hinzufügten. Weitere Mitteilungen stammen von den nachstehend aufgeführten Autoren (Schilling u. Perger; Sauerbruch (Fall De Witt Andrus); Kent,

Blades, Valle u. Graham; Louria, Lederer u. Herz; Fritz; Semb; Churchill; Maurer; Ochsner, De Bakey u. Dixon; Merlier u. Giacobi; Davis u. Klepser; Serré; Davis, Peabody u. Katz; Abeles u. Ehrlich; Bretons, Gaudier, Delacroix, Dupont u. Poingt; Amistani u. Sandri; Langer; Uspenskij; Truteny u. Miklajev; Effler, Blades u. Marks; Hochberg u. Schacter; Jarniou, Dieudonné, Moreau u. Tardieu; Karády; Linder u. Jagdschian; Tesseraux u. Zachmann; Herink u. Linder; Irmer u. Schulte-Brinkmann; Israel u. Hertzog; Russell, Rubenstein u. Lumsden; Galy, Duprez, Touraine u. Ugnat; Peleg u. Pauzner; Soliani; Homma; Doesel; Heckenbach; Eck, Haupt u. Rothe; Eklöf u. Gooding).

Das vorliegende Schrifttum umfaßt *über 60 Beobachtungen von primären Nervengeschwülsten der Lungen und Bronchien*. Unter 55 histologisch näher definierten Tumoren dieser Kasuistik waren 18 Malignome. Der *Prozentsatz bösartiger Formen (32,7%)* entspricht etwa den Angaben von Kent, Blades, Valle u. Graham (37%), Sebestényi (30—40%) und Geschickter (41% bei 850 peripheren Nervengeschwülsten außerhalb des Brustkorbs), während andere Autoren die Malignitätsquote endothorakaler Neuroblastome niedriger einschätzen (D'Abreu sowie Bretons et al.: 10%; Garré: 12%; Blades sowie Efskind u. Liavaag: 20%). Nach Carrière u. Huriez sind die Gewächse im Kindesalter häufiger undifferenziert und maligne als in späteren Lebensperioden entdeckte Nervengeschwülste des Brustraums.

Unter den verschiedenen histologischen Typen sind *Neurofibrome* in obiger Kasuistik am häufigsten vertreten: in 27 Fällen handelte es sich um *benigne Solitärherde im Lungenparenchym*, in 2 Fällen um eine gutartige *vielknotige Neurofibromatose beider Lungen* (Rubin u. Aronson; Langer), 5mal um maligne Tumoren vom Bau eines *Neurofibrosarkoms* (Schilling u. Perger; Louria, Lederer u. Herz; Fritz; Brancato, Saitta u. Madera; Voss). Bei 8 der 34 Patienten trat die pulmonale Neoplasie *im Rahmen eines generalisierten Morbus Recklinghausen* auf. Die übrigen Mitteilungen betreffen 4 primäre *Neuroepitheliome* (De Witt Andrus bzw. Sauerbruch; Sebestényi u. Horányi; Truten; Churchill), 8 benigne und 3 bösartige Formen von *Neurinomen* („Neurolemmome" bzw. „Schwannome") (Bartlett u. Adams; Santy et al.; Lane et al.; Reventos, Busquets u. Rubio; Karády), 8 *Neurosarkome* unterschiedlicher Struktur (Meade et al.; Diveley u. Daniel; Swierenga; Eerland; Ochsner et al.) und 2 *intrapulmonale Sympathikogoniome* (Balás; Karády).

Die endothorakalen Sympathikoblastome und *Phäochromozytome* liegen in der Regel außerhalb der Lungen paravertebral (Feyrter, Maier u. Humphreys; Pampari u. Lacarenza; Maier; Sack; Sharma, Agarwala, Bhargava, Bothra u. Mathur; Eklöf u. Gooding; Saegesser u. Boumghar; Kent, Blades, Valle u. Graham; Ackerman u. Taylor; Harrington u.a.). Die vom hinteren Mediastinum, von den Interkostalnerven oder vom N. vagus ausgehenden Neurofibrome, die beim Morbus Recklinghausen nicht selten bilateral auftreten (Blades u. Dugan; Gerbode u. Margulies; Gilbertsen u. Lillehei; Tuttle, Sanai u. Harms; Penido et al.; Amistani u. Sandri; Parella; Davis u. Brown; Pampari u. Lacarenza; Ecker, Timmes u. Miscall; Gayola, Janis u. Weil; Besznyák, Padányi u. Pintér; Schulze u.a.), können nach maligner Entartung (Hosoi) sekundär in die Lunge einwachsen (Furrer u. Fox; Parella u. a.).

Neurogene Primärtumoren der Lungen wurden *vorwiegend in jüngeren und mittleren Altersklassen* gefunden (Drewes u. Gremmel; Saegesser u. Boumghar; Sebestényi u. Horányi u.a.). Nach verfügbaren Angaben waren 34 von 40 Patienten jünger als 50 Jahre, davon 27 unter 40 Jahren. Je 9 Fälle betrafen Patienten des 3. und 4. Dezenniums, je 7 Kranke gehörten der 2. bzw. 5. Dekade an. Das Manifestationsalter erstreckte sich vom 2.—63. Lebensjahr. Nach vorliegenden Daten von 42 Fällen sind *beide Geschlechter etwa gleich häufig befallen* ($\male : \female = 20:22$).

Die gutartigen reifen Neuroblasten sind gewöhnlich von einer Bindegewebskapsel umschlossen und wachsen *bevorzugt im Lungenparenchym*, nur *selten endobronchial* (lediglich

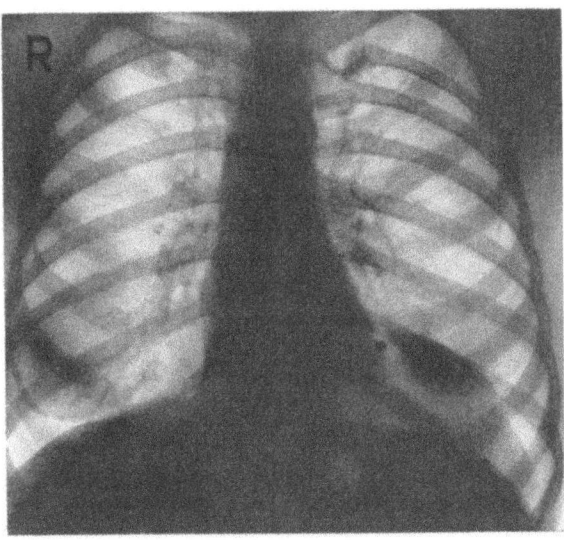 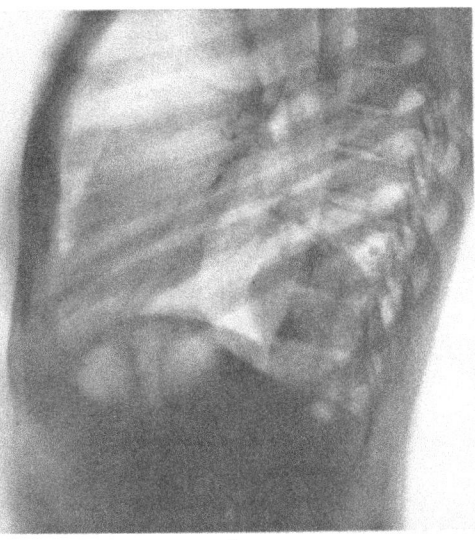

a   b

Abb. 98 a u. b. *Sarkomatöses Neurilemmoblastom im linken Unterlappen bei generalisierter Neurofibromatose.* Seit 8 Jahren mehrfache Operationen wegen multilokulärer Neurofibrome (Becken, Haut, Brustwirbelsäule, Oberschenkel, Achsel). Klinikaufnahme wegen zunehmender Dyspnoe und Kräfteverfalls. BSR 40/80 mm n.W., leichte hypochrome Anämie. Dämpfung und abgeschwächtes Atemgeräusch über der linken Lungenbasis. Röntgenbefund: Faustgroßer glattrandiger Tumorschatten über dem linken Zwerchfellplateau (a Ausschnitt der Übersichtsaufnahme p.-a.), bei Frontaleinblick im linken Unterlappen lokalisiert (b). Bronchographisch Verdrängung, aber kein Verschluß der Unterlappenbronchien. Pneumonektomie (Op.: O. A. Dr. FRANKE). Histologischer Befund (E 2040/51): „Neurilemmoblastom, zum Teil von verwildertem Aussehen, mit zentralem nekrotischem Zerfall und untereinander verflochtenen Geschwulstzellen, deren Kerne angedeutete Palisadenstellung aufweisen". Wenige Wochen post operationem Exitus infolge ausgedehnter Metastasierung (Autopsie). [Nach DREWES, J., GREMMEL, H.: Neurogene Tumoren der Lungen. Thoraxchirurgie 7, 40—51 (1959); Fall I, Abb. 1 a und b]. H. M., 34jähr. ♀. Hb.-Nr. 10470/51 Chir. Klinik (damal. Direktor: Prof. E. DERRA) und Inst. f. Med. Strahlenkunde (Direktor: Prof. H. VIETEN) der Med. Akademie Düsseldorf

6 von 60 Fällen mit näherer Lagebezeichnung: CASTLEMAN; SWIERENGA; EERLAND; BRETON, GAUDIER, PONTÉ u. SAVINEL; DOESEL; MAURER).

Während bei den polypösen Formen bald *klinische Symptome* der Bronchialobstruktion entstehen, bleiben die peripheren Gewächse zunächst stumm. Je nach Lage, Wachstumstendenz und Expansionsrichtung ergeben sich jedoch im weiteren Verlauf früher oder später subjektive Beschwerden und objektive Krankheitssymptome durch Druck auf benachbarte Gewebe. Sie können sich als *Husten, Dyspnoe, symptomatisches Asthma* (RUBIN u. ARONSON) und fieberhafte pneumonische Schübe äußern. Daneben findet man gelegentlich kompressionsbedingte neurale Symptome, wie Zeichen der *Hornerschen Trias* (BLADES) oder ausstrahlende Rücken-, Schulter- und *Brustwandschmerzen*, die besonders bei malignen Neuroblastomen vorkommen (HARRINGTON; DREWES u. GREMMEL). *Bronchostenotische Komplikationen* treten auch bei benignen Parenchymgewächsen auf, die in der Nähe großer Bronchien entstehen oder durch verdrängendes Wachstum zum Hilus hin benachbarte Bronchialäste einengen (DREWES u. GREMMEL; BARTLETT u. ADAMS u.a.). *Nekrotischer Zerfall* der Knoten ist nicht ungewöhnlich. Er kann durch fortschreitende Wandzerstörung der *Tumorkavernen* (CASTLEMAN; ABELES u. EHRLICH; GAY u. BONMATI; DREWES u. GREMMEL u.a.) zu schwerer *Blutung* oder *Perforation in die Pleurahöhle* führen (CASTLEMAN).

Für die *Röntgendiagnostik* neurogener Lungenblastome bieten sich keine kennzeichnenden Merkmale. Schattenbild, Stenoseform und poststenotische Folgezustände der intrabronchialen Tumoren gleichen völlig dem Befund anderer polypöser Geschwülste. Die solitären, seltener multiplen Parenchymknoten peripherer Neuroblastome imponieren

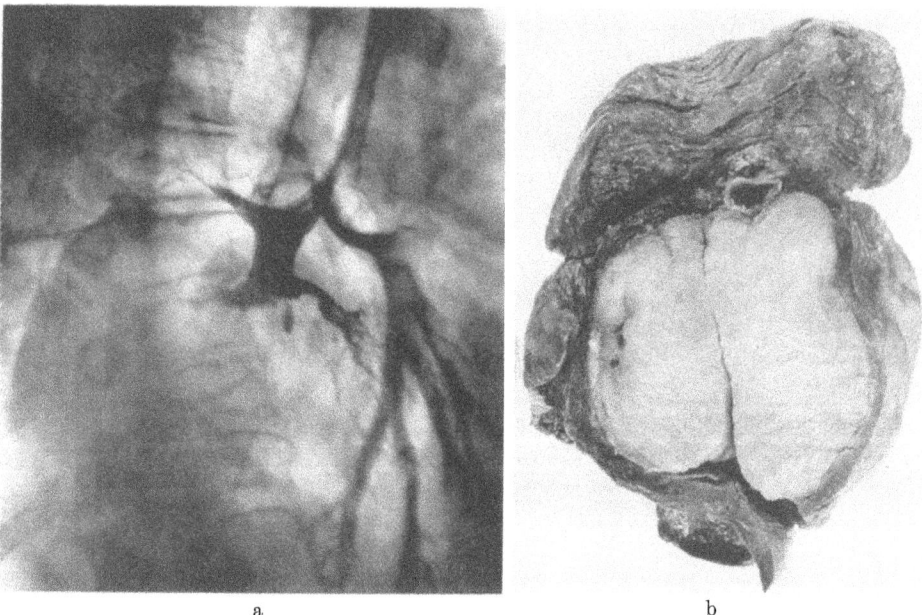

a b

Abb. 99a u. b. *Faustgroßes benignes Neurofibrom im rechten Unterlappen.* Seit 2 Jahren Husten, Auswurf und rechtsseitige Thoraxschmerzen. BSR 6/15 mm n.W. Bronchographisch hochsitzender Verschluß des rechten Unterlappenbronchus sowie Verdrängung des Mittellappenbronchus nach ventro-cranial (a). Der derbe Tumor reichte bis zum Hilus heran, war von einem Atelektasesaum umgeben und bindegewebig abgekapselt (b Resektionspräparat nach Pneumonektomie im Anschnitt). Histologie (E 3536/51): „Neurofibrom mit zell- und faserreichem, sonst ziemlich uniformem Gewebe. Keine auf Malignität verdächtigen Mitosen und Kernpolymorphien". [Nach DREWES, J., GREMMEL, H.: Neurogene Tumoren der Lunge, Thoraxchirurgie 7, 40—51 (1959), Abb. 2a und b]. A. E., 60jähr. ♂. Hb.-Nr. 7974/51 Chir. Klinik (damal. Direktor: Prof. E. DERRA) und Inst. f. Med. Strahlenkunde (Direktor: Prof. H. VIETEN) der Med. Akademie Düsseldorf

als homogene, oft randständig bzw. fissurnahe gelegene Rundherde mit glatter einbogiger oder lappiger Kontur. Ihr Umfang reicht von Kleinmünzengröße bis zu riesigen, ein Lappenareal (DIVELEY u. DANIEL) oder eine ganze Brustkorbhälfte füllenden Gebilden (ACKERMAN u. TAYLOR; RUCKES u. STALLKAMP) (Abb. 97—99), die mit massiven Verdrängungssymptomen bei halbseitiger Verschattung einen großen Pleuraerguß imitieren können (GAY u. BONMATI u.a.).

Die Geschwülste pflegen nur selten zu verkalken (GAY u. BONMATI; DREWES u. GREMMEL u.a.) Durch rasches Wachstum (SCHILLING u. PERGER u.a.) können sie peritumorale Saumatelektasen, bei Kompression größerer Bronchien bzw. umfänglicher Lungenabschnitte auch ausgedehnte Belüftungsstörungen hervorrufen (GAY u. BONMATI; DREWES u. GREMMEL u.a.).

Unschärfe oder ausgeprägte Höckerung der Tumorränder und schnelle Vergrößerung sprechen für die Malignität der Neoplasie (DREWES u. GREMMEL u.a.). Der Nachweis eines Bronchusabbruchs ist nicht unbedingt in gleichem Sinne verwertbar, und umgekehrt schließt das Fehlen zentraler Bronchialverschlüsse die Bösartigkeit nicht aus (DREWES u. GREMMEL).

Ebenso problematisch wie die röntgenologische Beurteilung des biologischen Verhaltens neurogener Lungentumoren ist ihre Unterscheidung von anderen Neubildungen bzw. Rundherden entzündlichen, dysembryogenetischen oder parasitären Ursprungs (BRANCATO, SAITTA u. MADERA). Differentialdiagnostische Anhaltspunkte findet man allenfalls bei generalisierter Neurofibromatose mit Beteiligung der Brustwand und des Rumpfskelets (AMISTANI u. SANDRI u.a.). Sie ergeben sich aus dem Nachweis begleitender Knochenveränderungen durch interkostal, intraspinal bzw. in den Foramina intervertebralia gelegene Geschwisterherde (Rippenusuren, Abflachung und Distanzzunahme der Wirbelbögen, lakunäre Exkavation von Wirbelkörpern oder Zwischenwirbellöchern mit begleitender Skoliose) (s. S. 267 ff.) oder aus dem Befund nummulärer Weichteilschatten zusätzlicher Hautknoten, deren extrathorakaler Sitz nach Inspektion und Durchleuchtung unter fließender Rotation am Schirm ohne weiteres kenntlich ist (s. Abb. 248).

Die in neueren pathologisch-anatomischen Arbeiten erwähnten linsen- bis kirschgroßen *multiplen Glomustumoren der Lunge* (OBIDITSCH-MAYER) *und des Tracheobronchialbaums* (RIEDER; HUSSAREK u. RIEDER) sind als Angioneurome aufzufassen. Wie bei den als Neuromyoangiomen klassifizierten subkutanen Glomustumoren MASSONs wird das Strukturbild von sog. ,,Epitheliodzellhaufen" im Verein mit Elementen arterio-venöser Anastomosen innerhalb eines neuro-retikulären Stromas geprägt (MASSON; MASSON u. WEIL; STOUT; MURRAY u. STOUT; SUNDER-PLASSMANN; SCHUMACHER u.a.). Nach Bauart und Gefäßreichtum sind sie identisch mit den von KORN, BENSCH, LIEBOW u. CASTLEMAN in 19 Fällen nachgewiesenen *pulmonalen Chemodektomen*. Auch hierbei handelt es sich teils um multiple, seltener um singuläre knötchenförmige Gebilde vorwiegend interstitiell-subpleuraler Lage, die nur zum Teil makroskopischen Umfang besitzen, aber zu größeren Tumoren heranwachsen können (GILLIS, REYNOLDS u. MERRITTS; MADDEN; BARRIE; ASHLEY u. EVANS; GREMMEL, SCHULTE-BRINKMANN u. VIETEN; HELPAP u. HELPAP). Sie zeigen histologisch gleichfalls Anhäufungen spindeliger Epitheloidzellen, die sich zu locker retikulär gegliederten, von sinusoidalen Kapillaren und einem Netz elastischer bzw. Retikulinfasern umgebenen ,,Zellballen" um kleine Lungenvenen formieren. Den Ursprung der Gewächse sucht man in Chemorezeptoren, d.h. nicht-chromaffinen paraganglionären Strukturen (LE COMPTE; LE PERE u. MANI; LENDRUM u. MACKEY; BYRNE; CRAGG; SESSIONS et al.; HAWKINS u.a.), deren Vorkommnis im Lungengewebe allerdings bislang hypothetisch ist (KORN et al.). Derartige Geschwülste werden von anderen Autoren als ,,*Carotiskörperchen-Tumoren*" der Lungenrinde (HEPPLESTON; BARRIE) und des Mediastinums (BARRIE; ASHLEY u. EVANS u.a.) beschrieben und — unter synonymem Gebrauch der anderslautenden Bezeichnung — zu den ,,*nicht-chromaffinen Paragangliomen*" gerechnet (SMETANA u. SCOTT; MURRAY u. STOUT; BLOCK, DOCKERTY u. WAUGH; LATTES; FEYRTER; VALACH; GAFFNEY; PHILLIPS; BARNARD; DREWS u. GRONIOWSKY; BINDLEY; GREMMEL, SCHULTE-BRINKMANN u. VIETEN u.a.), die *ebenfalls intrapulmonal anzutreffen* sind (MOSTECKÝ).

Die sowohl im Mediastinum (FERGUSON, CLAGETT u. MCDONALD; BLENKINSOPP u. HOBBS) und in der Brustwand (COHLAN) als auch *in den Lungen vorkommenden Hämangioperizytome* (MCCORMACK u. GALLIVAN; OCHSNER u. OCHSNER; OCHSNER u. DE CAMP; FELMAN u. SEAMAN; TRALKA u. KATZ; ITKIN u. LAPEYROLERIE; MARCZIŃSKI u. TRZEBIŃSKI; eigene Beobachtung) (Abb. 96) sind als eigene Tumorkategorie abzutrennen (s. S. 187), obgleich sie feingeweblich und lokalisatorisch manche Ähnlichkeit mit den vorgenannten Neoplasmen nicht-chromaffiner Paraganglien des autonomen Nervensystems aufweisen, und die darin enthaltenen charakteristischen Perizyten (ZIMMERMANN) nach MURRAY u. STOUT mit den Epitheloidzellen der Glomustumoren identisch sind. Während die Hämangioperizytome zu einem beträchtlichen Teil bösartig werden (Metastasierungsrate nach STOUT: 11,7% von 190 Fällen; nach FISHER: 45% in 20 Fällen) (s. auch MURRAY u. STOUT; ITKIN u. LAPEYROLERIE; SUTTON u. PRATT; O'BRIEN u. BRASFIELD), zeigen Chemodektome trotz gewisser Neigung zu lokal invasivem Wachstum nur geringe Absiedlungstendenz (Todesfälle 1—3 Jahre nach Exstirpation pulmonaler Chemodektome: GILLIS, REYNOLDS u. MERRITT; s. auch ASHLEY u. EVANS; MADDEN; ROMANSKI; PORSTMANN u. Mitarb.; COLDWATER u. DIRKS; GREMMEL, SCHULTE-BRINKMANN u. VIETEN).

GREMMEL, SCHULTE-BRINKMANN u. VIETEN zählen die *endothorakalen Chemodektome bzw. nicht-chromaffinen Paragangliome* (s. S. 186) daher zu den *semimalignen Gewächsen*, die bei konservativem chirurgischen Vorgehen eine *relativ günstige Prognose* bieten und mit ausreichend dosierter Strahlentherapie palliativ beeinflußbar sind (temporäre Rückbildung oder Wachstumsstillstand). Der für die Miniaturgeschwülste von KORN u. Mitarb. ange-

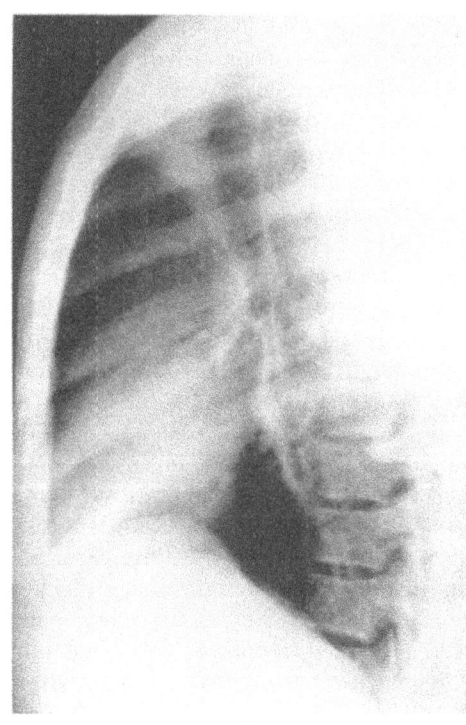

Abb. 100a—d. *Benignes granularzelliges „Myoblastom" (Granularzell-Neuroblastom bzw. „-Schwannom") im rechten Oberlappen* mit Teilatelektase jenseits des neoplastischen Rundherdes im anterioren Segment (a). Der Tumor wurde auf Grund mehrwöchiger Beschwerden (Brustwandschmerz, anhaltender morgendlicher Husten mit etwas bräunlichem Auswurf) röntgenologisch entdeckt und durch Lobektomie entfernt (b Operationspräparat mit Anschnitt der Tumorstenose 1 cm oberhalb der Resektionsstelle an der eröffneten Segmentgabel und poststenotischer Bronchiektasie im atelektatischen Parenchymkeil). Klinische Laborbefunde, bakteriologische und zytologische Sputumuntersuchungen sowie Bronchoskopie ergaben keinen Anhalt für die Artdiagnose des im Durchmesser 0,9 cm großen Tumorknotens. Histologisch zeigten sich submuköse Ausläufer die Neoplasie, die bis zu den Schleimdrüsen reichten und glatte Muskulatur sowie Nerven der Bronchialwand durchsetzten (c). Die polygonalen Geschwulstzellen zeigen kleine basophile Kerne und eosinophiles Plasma, dessen feine Granulierung erst bei starker Vergrößerung hervortritt (d). 42jähr. Seemann. [Nach GALLIVAN, G. J., DOLAN, C. T., STAM, R. E., EGGERTSEN, B. S., TOVEY, J. D.: Granular-cell myoblastoma of the bronchus. J. thorac. cardiovasc. Surg. **52**, 875—881 (1966), Fig. 1, 3, 5 und 6]

gebene subpleurale Prädilektionssitz scheint nach späteren Berichten eher selten zu sein. Die Mehrzahl der im Brustraum makroskopisch nachgewiesenen Tumoren lag im Mediastinum, bevorzugt in der Nachbarschaft des Aortenbogens und seiner Äste (anterolaterale Wand des hinteren Arcusabschnitts nahe dem Abgang der linken Schlüsselbeinarterie, am pulmonalen Ansatz des Ligamentum Botalli, an der Aufzweigung des Truncus brachiocephalicus bzw. am Ursprung der A. subclavia dextra oder der A. carotis communis sinistra) oder im Sulcus paravertebralis (LATTES; BARRIE; ASHLEY u. EVANS; MENDELOW u. SLOBODKIN; TAYLOR u. EVANS; SHAW u. KENNEDY; McDONALD, AUFDERHEIDE u. FULLER; DAVIES u. RANDALL; LE PERE u. MANIS; McDONALD; TAMA, ELLIS, HODGSON u. DOCKERTY; PACHTER; MADDEN; HABER; CLONÉ; KIRCHNER; MAPP, KROUSE, FOX u. VOCI; GREMMEL, SCHULTE-BRINKMANN u. VIETEN).

Die *Eigenart der topographischen Verteilung* hat *ontogenetische Gründe.* Die paraganglionären Nebenorgane des Sympathikus und Parasympathikus entstehen teils in enger räumlich-zeitlicher Beziehung zu den Kiemenbogengefäßen (Glomus caroticum, Glomus jugulare, Aortenbogenkörperchen, analoge Gebilde an den Pulmonalarterien, am Ductus Botalli und an den Aa. subclaviae), teils an anderen Stellen (retroperitoneal: Zuckerkandlsches Organ; Glomus coccygeum; Mittelohr) (MÖNCKEBERG; WATZKA; JANSEN; WHITE; SCHMIDT u. COMROE; ROSENWASSER; PETTET, WOOLNER u. JUDD; VERHAGEN; WILLIS u. BIRRELL; PEREZ, HARRISON u. REMINE; LATTES u. WALTNER; DE KOCK; LANGER u. REHRMANN; GOLDSTONE; ADAMS; GLENNER; GOLDBERG u.a.). Sie gelten als an der Kreislauf- und Atemsteuerung mitwirkende Chemorezeptoren (ZUCKERKANDL; BUZZI; BIEDL u. WIESEL; HOLLINSHEAD; HEYMANS; HEYMANS u. BOUCKAERT; HEYMANS u. NEIL; FERNÁNDEZ u. MONSERRAT; STOUT; LEWIS u. GESCHICKTER; KOFLER; ROGER u. ALLIEZ; DAVIES, HELLIER u. KLABER; GUMPEL; BUTZ; MURRAY u. STOUT; COMROE; NONIDEZ; BYRNE; CRAGG, GEODOFF u. LISCHER; HAWKINS; GAFFNEY; LATTES; BLOCK, DOCKERTY u. WAUGH; MacDONALD; BARNARD; MEESSEN u.a.). KORN u. Mitarb. werten ihren histologischen Befund daher als Indiz für die bisher nur postulierte Existenz pulmonaler Chemorezeptoren (s. auch DAWES u. COMROE).

Dank ihres Gefäßreichtums sind die endothorakalen Chemodektome (nicht-chromaffinen Paragangliome) in der kapillären Durchflußphase bei *hoher Aortographie* deutlich zu markieren (PHILLIPS). Sie imponieren bei entsprechender Größe gewöhnlich als *glattrandige rundliche Mediastinaltumoren,* selten als *umschriebene weichteildichte Knoten im Lungenparenchym.* Einschlägige Beobachtungen enthält das klinisch-röntgenologische

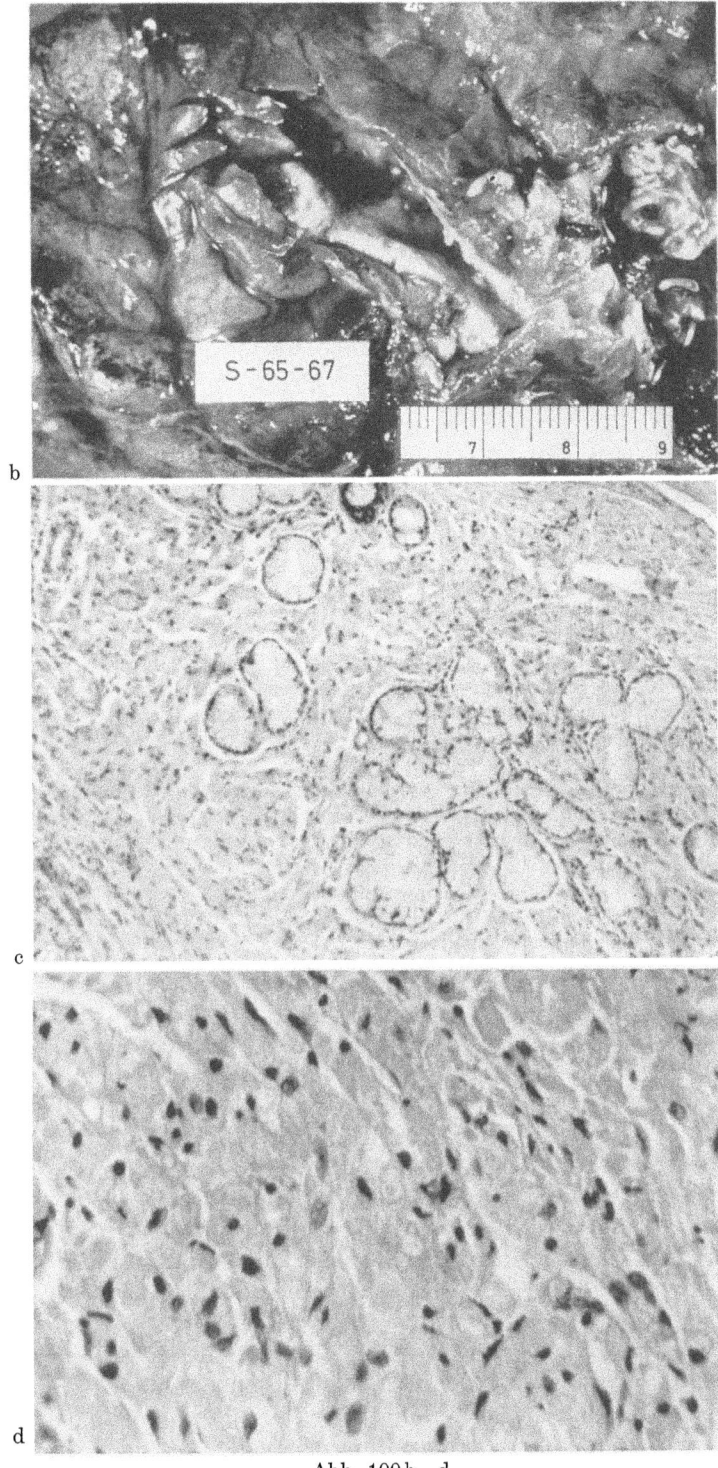

Abb. 100b—d

Schrifttum erst seit den 50er Jahren. Nach einer 1961 erschienenen Zusammenstellung von BARRIE und dem späteren Übersichtsreferat von ASHLEY u. EVANS (1966) wurden 8 von 15 derartiger Neoplasmen durch röntgenologischen Zufallsbefund, die übrigen erst autoptisch entdeckt. Nur 2 dieser Chemodektome waren subpleural bzw. im Lungen-

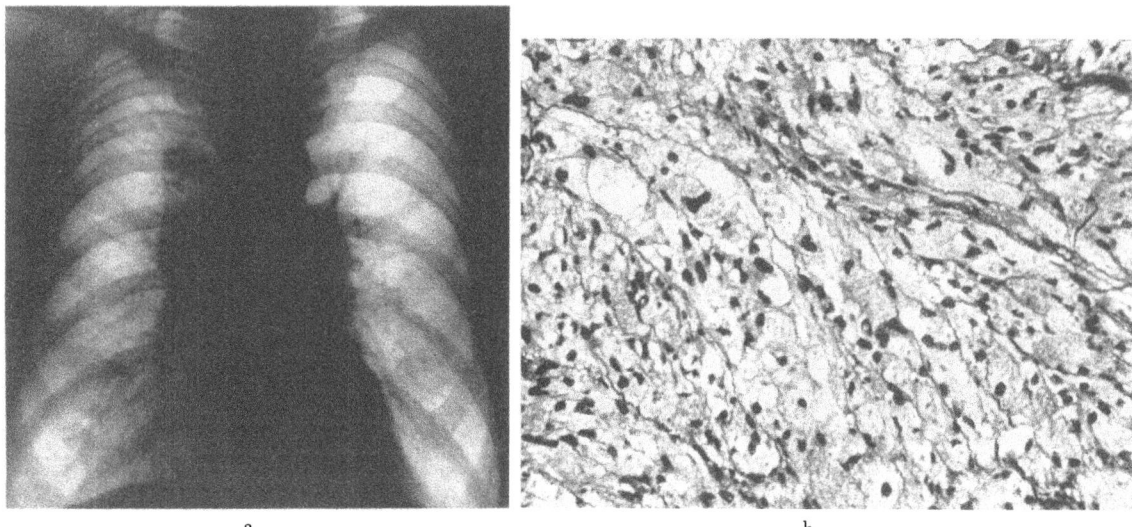

Abb. 101 a—g. *Bronchogenes granuläres Neurom mit syntopischem Plattenepithelkarzinom des rechten Hauptbronchus.* Bei Röntgenuntersuchung wegen Morbus Bang ergab sich der Zufallsbefund eines 2×3 cm großen verwaschenen Schattens am re. oberen Hiluspol (a Thoraxübersichtsaufnahme p.-a. vom 5. 4. 61). Bronchoskopie: glatte strukturlose Vorwölbung dicht oberhalb des re. OL.-Ostiums mit 4—5 kammartig angeordneten, harten blaßroten Knötchen von maximal Stecknadelkopfgröße auf einer dorsal einziehenden Schleimhautfalte. Bei zweimaliger endoskopischer Probeexzision übereinstimmende Feststellung eines granulären Bronchusneuroms (b histologischer Befund, Vergr. 400fach) mit metaplastischen Veränderungen des bedeckenden Bronchialepithels (c invertierend wachsendes Epithelproliferat, d sog. Übergangsepithel, e beginnende Plattenepithelmetaplasie, c—e Vergr. 200fach). Zunächst keine klinischen Symptome seitens des broncho-pulmonalen Systems, aber schmerzhafte Schwellung beider Knöchel und Senkungsanstieg von 61/100 auf 120/148 mm n.W. Im weiteren Krankheitsverlauf rapide Entkräftung, Gewichtsabnahme, intermittierendes Fieber, Kurzatmigkeit und Husten mit rezidivierenden Hämoptysen. Bei Thoraxröntgenkontrolle am 27. 6. 61 beachtliche Zunahme der Tumorinfiltration des re. Hilus mit Mediastinalverbreiterung (f). Bronchoskopisch jetzt völlige Tumorstenose des re. Hauptbronchus. Keine erneute Probeexzision. Nach palliativer Röntgenbestrahlung zeitweilige Besserung des Befindens, danach anhaltende Dyspnoe, Bluthusten und Halbseitenverschattung rechts. Rascher Verfall. 10 Monate nach dem Initialbefund Exitus letalis. Autopsie: zerfallendes, nicht verhorntes Plattenepithelkarzinom (g histologischer Befund, Vergr. 200fach) mit subtotaler Stenose des re. Hauptbronchus und Infiltration des re. OL.-Bronchus, stellenweise gangräneszierender Retentionspneumonie der re. Lunge und parapneumonischem Pleuraempyem. Keine Karzinommetastasen und keine Reste des granulären Bronchusneuroms mehr nachweisbar. [Nach TESSMANN, D., KOCHAN, E.: Bronchogenes granuläres Neurom mit syntopischem Plattenepithelkarzinom. Thoraxchirurgie 11, 702—709 (1964), Abb. 1—4 und Abb. 6].

G. H., 50jähr. Tierarzt. Krbl.-Nr. 304/54 der Med. Univ.-Klinik Rostock (Direktor: Prof. M. GÜLZOW)

parenchym gelegen. Anders als in den Angaben von ASHLEY u. EVANS über die *Geschlechtsverteilung* (10 ♂ : 5 ♀) überwiegen in der Sammelstatistik von GREMMEL, SCHULTE-BRINKMANN u. VIETEN die Frauen (18 Kranke) im Verhältnis 1,5:1 gegenüber den männlichen Patienten (12 Fälle). Bei stark schwankendem *Manifestationsalter* der Neoplasie (7.—79. Lebensjahr) ist das *Durchschnittsalter* aller 30 in der Übersicht aufgeführten Patienten mit *42,8 Jahren* bemerkenswert niedrig. Der mittlere Alterswert der Frauen (44,6 Jahre) liegt dabei etwas über dem der männlichen Kranken (40 Jahre). Die oben genannten Übersichtsreferate geben detaillierten Aufschluß über die klinische Symptomatologie der Tumoren und über die Behandlungsmöglichkeiten sowie die therapeutischen Ergebnisse zahlreicher Autoren.

Neuerdings führt man unter den Geschwülsten neuraler Abkunft auch „*granularzellige Myoblastome*" auf, die — entgegen der ursprünglichen myogenen Abstammungstheorie von ABRIKOSSOFF (s. S. 185) — *nach heute vorherrschender Ansicht als „granuläre Neurome" klassifiziert* werden (FEYRTER; FUST u. CUSTER; FISHER u. WECHSLER; SOUSTEK; PEARSE; BANGLE; FISHER; THORÉN; SOBEL u. CHURG; HAMMAR; TESSMANN u. KOCHAN;

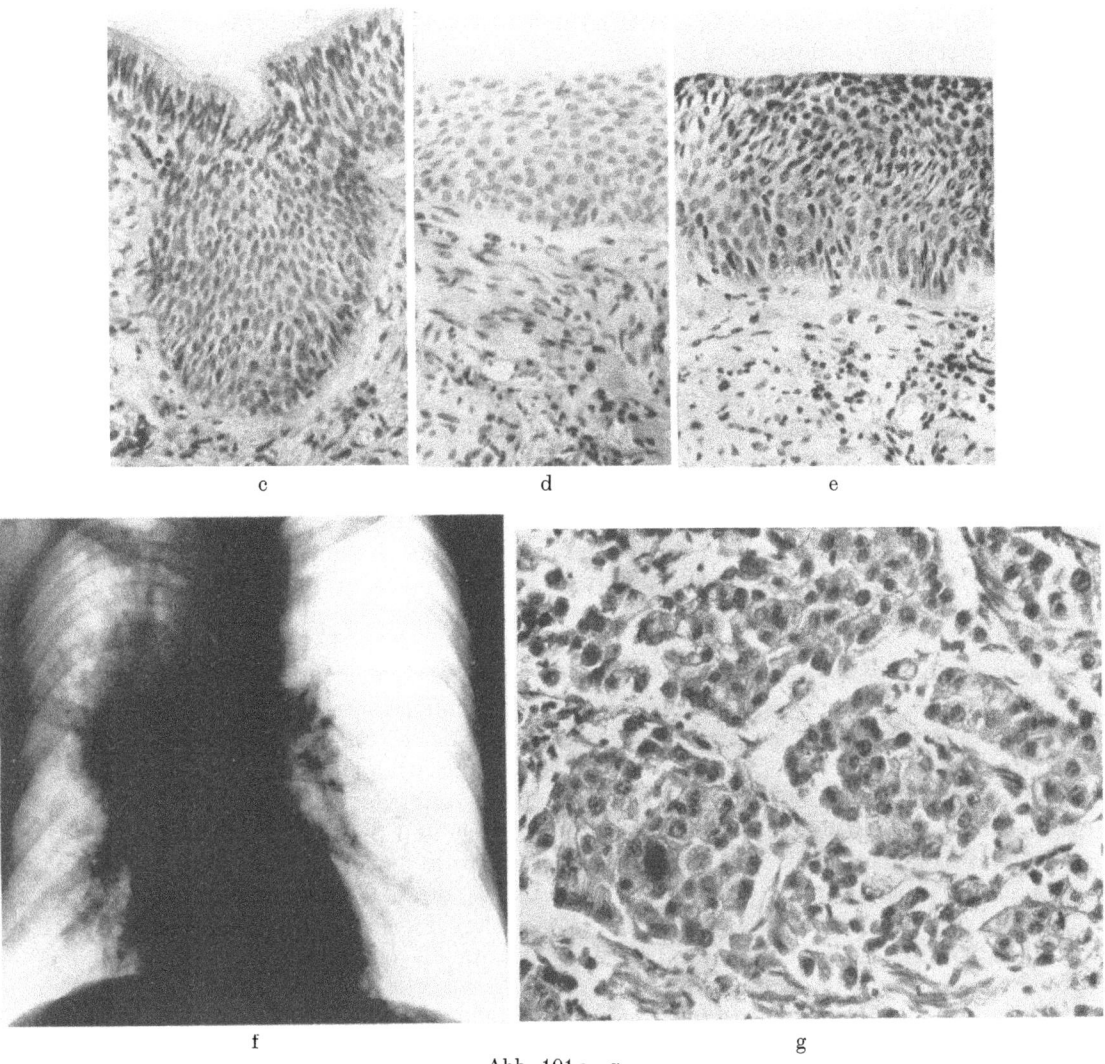

Abb. 101 c—g

DAVIS u. BUTT; VÁSQUEZ u. HERRANZ; RATZENHOFER; BENSON; TAMAYO u. ROJAS u.a.). Der histologische Aspekt der einförmigen gutartigen Geschwulstform und ihrer malignen organoiden Variante sowie die polytope Manifestation der Tumoren wurden bereits oben erörtert (s. S. 185/186). BANGLE hält die eigentümlichen Granula des Tumorzellplasmas für Degenerationsprodukte nervaler Achsenzylinder bzw. Myelinscheiden. Die Annahme des neurogenen Ursprungs gründet sich auch auf andere — histochemische und elektronenmikroskopische — Indizien (FEYRTER; FISHER; FUST u. CUSTER; PEARSE; FISHER u. WECHSLER u.a.). Obgleich die Bezeichnung „Myoblastom" nach Revision der alten histogenetischen Vorstellungen als fehlerhaft und irreführend gilt (FISHER u. WECHSLER; WILLIS), wird sie in den Schrifttumsberichten über „Myoblastenmyome" bzw. „granularzellige Myoblastome des Tracheobronchialbaums" bis heute beibehalten (FRENCKNER; KRAMER; KRAUS, MELNICK u. WEINBERG; BROWN; LOWBEER; RAMSEY; NAIB u. GOLDSTEIN; SOUSTEK; CHIODI, SIEGEL, GUERIN u. MCCAUGHAN; PETERSON, SOULE u. BERNATZ; CALDAROLA, HARRISON u. CLAGETT; HEBERT, SEALE u. SAMSON; CAULET u. LE MELLETIER; JONES u. MACARTHUR; KOMMEL u. BERNSTEIN; WEIL, RENAULT, DE SAINT-FLORENT u. DELAVIÈRE; DE PAOLA, DE MEDEIROS ROCHA, SESANA u. SATUFF; NORA, NOVAK u. HOLMES; MULLANEY u. GODFREY; ARCHER, HARRISON u. MOULDER; GREEN-

Berg, Beall u. Gonzalez-Angulo; Charpin, Payan, Reboud u. Marchioni; Campbell, Smith, Hood, Dominy u. Dooley; Rojer; Benson; Liebow; Žák, Herdegen u. Klunitz; Murphy, Dockerty u. Broders; Colberg u. Hubay; Gallivan, Dolan, Stam, Eggertsen u. Tovey; Tamayo u. Rojas).

Vorstehende Kasuistik enthält 31 einschlägige Beobachtungen. Die *granulären Bronchusneurome* treten *überwiegend singulär* auf. In Einzelfällen *multipler Geschwulstbildung* wurden im Bronchialsystem bis zu 6 Einzeltumoren verschiedener Lage festgestellt (De Paola et al.; Nora u. Mitarb.; Rojer; Benson; Gianelli). Die im Sammelbericht von Benson 1966 genannte Anzahl der Gewächse ist daher höher (35) als die Zahl der Patienten (26). Die plurifokale Manifestation bleibt meist auf ein Organ beschränkt, doch wurde auch über simultanen Befall anderer Organe berichtet (Chiodi et al.; Caulet u. Le Melletier; Greenberg u. Mitarb.; Rojer; Benson).

Die *proximalen Bronchialabschnitte* sind *bevorzugt betroffen:* nach obiger Sammelstatistik von Benson entfallen auf Trachea und Bifurkation 7, auf beide Hauptbronchien 9, auf die Lappenbronchien 11 und auf die Segmentäste 8 Tumoren.

In der Mehrzahl der Fälle war der *Tumorumfang* gering (einige mm bis 2 cm). Ausmaße über 5 cm Durchmesser (maximal 6,5 cm) wurden nur in einzelnen Mitteilungen verzeichnet (Kraus, Melnick u. Weinberg; Soustek). Nach *makroskopischem Aspekt* handelt es sich teils um kleine warzenartige Vorwölbungen unter der Bronchialschleimhaut, teils um polypös gestielte oder breitbasig aufsitzende Neubildungen, die das Lumen verlegen.

Unter den *anamnestisch-klinischen Angaben* sind — neben asymptomatischen Fällen — die *Zeichen des Bronchostenosesyndroms* vorherrschend (Husten, schleimig-eitriger Auswurf, Stechen in der Brust, stridoröse Atmung, Dyspnoe, Fieberschübe) und oft *Hämoptysen* vermerkt. Die Symptomatik ist für die Differentialdiagnose gegenüber sonstigen Ursachen der Bronchialobstruktion ebensowenig schlüssig wie das *röntgenologische Erscheinungsbild:* der Nativbefund regionaler Bronchiektasie und poststenotischer Obstruktionspneumonitis mit fakultativer Begleitpleuritis weist wohl den Weg zu tomo- oder bronchographischer Lokalisierung des Passagehindernisses, doch ist nach dem Stenosebild nur das Vorliegen eines Bronchialpolypen feststellbar, dessen Artdiagnose endoskopisch-bioptischer Untersuchung vorbehalten bleibt. Da die Geschwulstherde in der Regel submukös liegen, läßt die Tumorzellfahndung im Auswurf erwartungsgemäß im Stich. Nur Naib u. Goldstein berichten über positive exfoliativ-zytologische Befunde.

In diesem Zusammenhang ist eine besondere Eigenart der in Frage stehenden Tumorkategorie beachtenswert, die eine potentielle Irrtumsquelle zytodiagnostischer Analysen bildet: wie schon bei den lingualen Myoblastomen beschrieben (Abrikossoff; Keyes), zeigt sich fast regelmäßig eine *örtliche Epithelmeta- bzw. -hyperplasie im Schleimhautbezug granularzelliger Bronchialgeschwülste*. Dieser Sachverhalt wurde von Benson für 21 von 26 Fällen seiner Sammelstatistik ausdrücklich hervorgehoben (s. auch Murphy, Dockerty u. Broders; Colberg u. Hubay; Gallivan, Dolan, Stam, Eggertsen u. Tovey; Pope; Ward u. Oshiro; Tessmann u. Kochan) und — zum Teil in Form *sekundär invasiver Wucherungen des Deckepithels* — auch bei Granularzellblastomen anderer Lage festgestellt (Ratzenhofer; Lauche; Haag u. Wichels; Orr; Hammar). Tessmann u. Kochan sowie Tamayo u. Rojas berichteten kürzlich über *granuläre Bronchusneurome in örtlicher Koinzidenz mit einem Plattenepithelkarzinom* (Abb. 101). Die Autoren nehmen an, daß der neurogene Tumor in der Bronchialwand den Anreiz zu lokaler Epithelmetaplasie gibt und die mittelbare Ursache späterer Krebsevolution darstellt. Dieser Kausalnexus wird auch in Verbindung mit analogen Schleimhautveränderungen bei anderen gutartigen Bronchialgeschwülsten diskutiert (s. S. 21 u. Bd. IX/4a).

Zur *Therapie* kleiner Granularzell-Bronchusneurome beschränkte man sich vielfach auf endoskopische Elektroresektion (Kramer; Ramsey; Naib u. Goldstein; Peterson et al.; Caldarola u. Mitarb.; Caulet u. Le Melletier; Kommel u. Bernstein; Nora, Novak u. Holmes; Rojer; Benson) oder transmurale Enukleation (Tracheo-Bronchotomie) (FRENCKNER; BROWN). In anderen Fällen wurden nach Lage und Ausdehnung der Tumoren bemessene Parenchymresektionen (Segmentresektion, Lobektomie, Pneumonektomie) durchgeführt und bei multifokaler Geschwulstbildung nach Erfordernis — zum Teil bilateral — miteinander kombiniert (CHIODI et al.; PETERSON u. Mitarb.; CALDAROLA et al.; HEBERT, SEALE u. SAMSON; JONES u. MACARTHUR; WEIL et al.; MULLANEY u. GODFREY; CAMPBELL et al.). Strahlentherapeutische Maßnahmen wurden lediglich von NORA u. Mitarb. bei einem Granularzell-Neurom der trachealen Karina angewandt, das auf den rechten Hauptbronchus übergegriffen hatte. Dabei kam es 6 Jahre nach bronchoskopischer Abtragung und Einlage von Radon-Seeds zu einem Lokalrezidiv.

4. Geschwulstartige Mißbildungen und dysembryogenetische Blastome

Neben den überwiegend gutartigen Gebilden dieser Kategorie werden hier aus Gründen formalgenetischer Zusammengehörigkeit auch potentiell maligne oder an sich bösartige Formen heteroplastischer Dysembryome gemeinsam abgehandelt.

a) Hamartome der Lungen und Bronchien

Als Hamartome ($\dot{\alpha}\mu\alpha\varrho\tau\dot{\alpha}\nu\varepsilon\iota\nu$ = verfehlen) bezeichnete ALBRECHT 1904 örtliche Fehlanlagen von tumorähnlichem Aspekt, in denen man die spezifischen Gewebsbestandteile des betreffenden Organs an richtiger Stelle, aber abnorm gemischt, unharmonisch gegliedert und unterschiedlich ausgereift antrifft. Manche Autoren rechnen sie zu den sog. „Choristomen" ($\chi\omega\varrho\dot{\iota}\zeta\varepsilon\iota\nu$ = trennen, sich entfernen) (BORST) bzw. „Choristo-Blastomen" (CID), während ALBRECHT diese Bezeichnung geschwulstartigen Mißbildungen aus ortsfremden, aberrierten Organ- bzw. Gewebskomponenten vorbehielt (s. S. 238). Ursprünglich auf Kavernome sowie tubuläre Adenome der Leber und Milz und auf tuberöse Nierenmark-Fibrome angewandt, wurde der Begriff „Hamartom" erst vor 30 Jahren auf die häufigste Form der hier erörterten broncho-pulmonalen Fehlbildungen übertragen (HART; BAYER; GOLDWORTHY; JAEGER), die sogenannten

α) Chondrohamartome (Hamartochondrome) und adenomatöse Hamartome

Sie entstehen *vornehmlich im Lungenparenchym* ohne direkte Beziehung zum Bronchialsystem, bevorzugt subpleural in der Nähe der Lappenspalten, *seltener endobronchial* und *nur ausnahmsweise* — als gestielte Polypen — *im Pleuraraum* (JAEGER; MATRAS; LINDER u. JAGDSCHIAN; HORÁNYI u. MOLNÁR; OLDHAM, YOUNG u. SEALY) oder *im Mediastinum* (POL). Es handelt sich um histologisch variable Gebilde, die sowohl *mesenchymale wie epitheliale Bauelemente in wechselnder Menge und Gliederung* enthalten (LEBERT; HART u. MAYER; FISCHER; CARLSEN u. KIAER; MÖLLER; LEMON u. GOOD; JOHNSON, CLAGETT u. GOOD; SIMON u. BALLON; BREWER, BROOKES u. VALTERIS; GOOD; HOOD, GOOD, CLAGETT u. MCDONALD; WEISEL, GLICKLICH u. LANDIS; JAEGER; HASCHE u. HAENSELT; OTTO; KIRSCHNER u. KNY; ZEITLHOFER; BIKFALVI, MOLNÁR u. HORÁNYI; MCDONALD, HARRINGTON u. CLAGETT; SPENCER; WILLIS; BATESON; BOYD u.a.).

Der Name Chondrohamartom entspricht der meist vorherrschenden Gewebsart (JAEGER u.a.). Die Regel von MATRAS, nach der intrapulmonale Hamartome aus elastischem, endobronchiale dagegen aus hyalinem Knorpel bestehen, gilt nicht ausnahmslos (OTTO; JAEGER; HASCHE u. HAENSELT; HAUPT, GLÖCKNER u. KÜNSTLER u.a.). Dennoch scheinen mit dem jeweiligen Lokalisationstyp gewisse Struktureigenarten verknüpft zu sein: in den peripheren Hamartomen pflegt der epitheliale Anteil und die Neigung zu papillomatöser bzw. adenomatöser Wucherung stärker hervorzutreten, während bei den intrabronchialen Formen die mesenchymalen Bestandteile weit überwiegen (HASCHE u. HAENSELT; OTTO; HAUPT, GLÖCKNER u. KÜNSTLER).

Die vom Perichondrium umsäumten Knorpelinseln der Lungenhamartome sind in lockeres retikuläres Bindegewebe eingebettet, von einer straffen fibrösen Kapsel um-

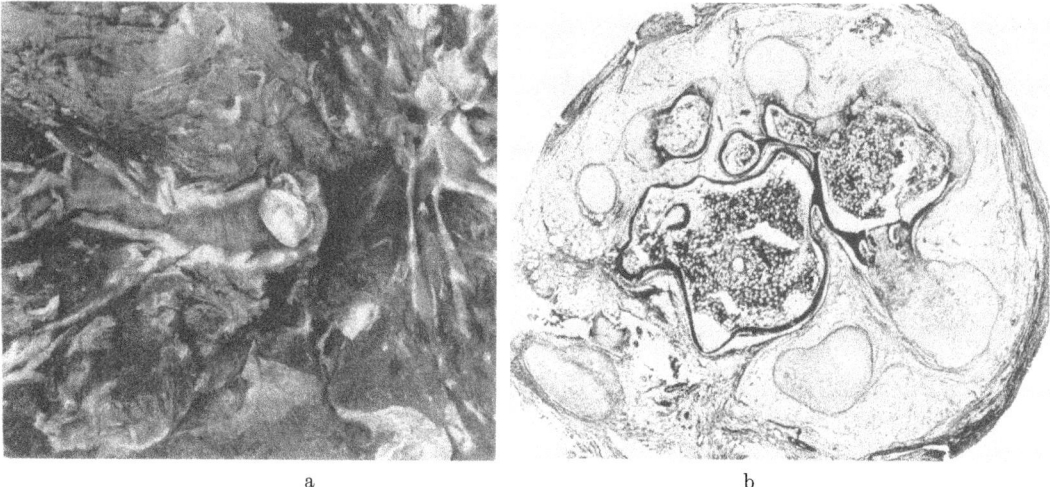

Abb. 102a u. b. *Gestieltes intrabronchiales Hamartom.* Kirschkerngroßer, beweglich gestielter Tumor im angeschnittenen Versorgungsbronchus des retentionspneumonisch verdichteten anterioren Oberlappensegments (a Resektionspräparat des großbullös-emphysematös veränderten rechten Oberlappens im Anschnitt). Histologie: Osteochondromatöses Hamartom mit blutbildendem Mark in den Verknöcherungszentren (b). [Nach HASCHE, E., HAENSELT, V.: Die Hamartome der Lunge. Zschr. Tuberk. **116**, 1—23 (1960); Fall 1, Abb. 3 und 4]

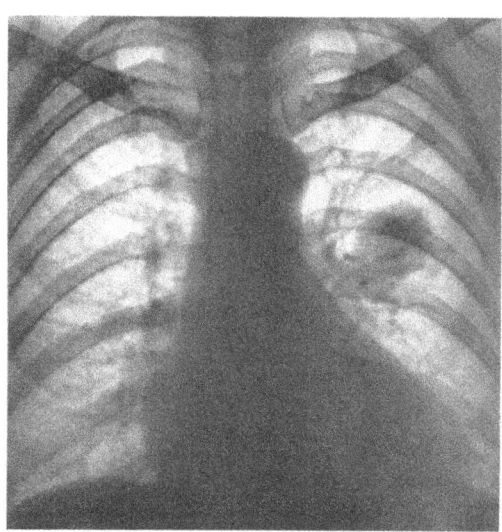

Abb. 103a—c. *Peripheres chondromyxomatöses Hamartom am Segmentstiel des anterioren Oberlappensegments links.* Im linken Oberlappen hilusnahe gelegener pflaumengroßer, feinhöckerig scharf abgesetzter Weichteilschatten von ovalärer Form (a Ausschnitt der Nativaufnahme p.-a.). Makroskopischer Aspekt des Resektionspräparats im Anschnitt, von der Pleura visceralis her betrachtet: Im Tangentialanschnitt grenzt sich das bis zur Pleura reichende, papillär gebaute Hamartom scharf gegen das Lungenparenchym ab (b). Photo des Präparats nach Längsschnitt durch den anterioren Oberlappensegmentbronchus: Das unmittelbar anliegende Hamartom ragt mit einem linsengroßen, flach vorspringenden Anteil in die Lichtung des medialen Subsegmentbronchus hinein (c). (Nach HASCHE, F., HAENSELT, V.: Die Hamartome der Lunge. Zschr. Tuberk. **116**, 1—23 (1960), Fall 4. Abb. 10—12]. M. B., 46jähr. ♀

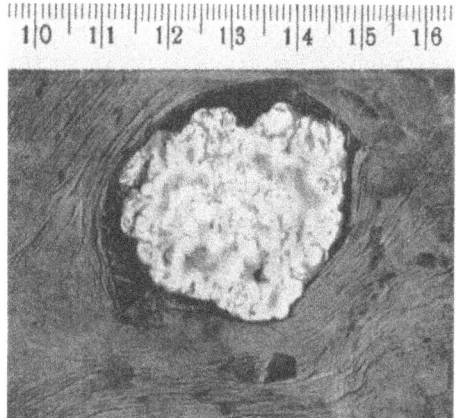
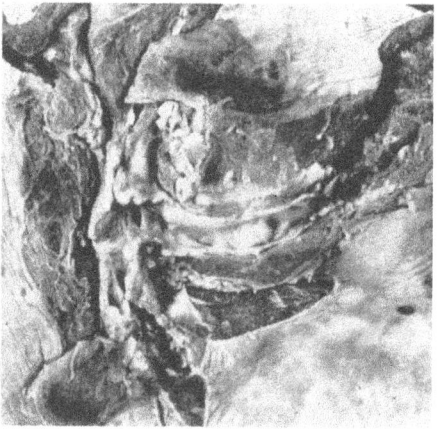

schlossen und im Inneren durch ein bizarr verzweigtes System spaltförmiger Hohlräume viellappig unterteilt. Die Spalten sind mit ein- bis mehrzeiligem platten, kubischen oder zylindrischen Epithel ausgekleidet, das vielfach mit fibro-epithelialen Zotten in die Lichtung hineinragt, ähnlich dem Befund bei intrakanalikulären Fibroadenomen der Mamma (FELLER; HICKEY u. SIMPSON; JAEGER; CARLSEN u. KIAER; HASCHE u. HAENSELT; DEMPSTER u.a.). Stellenweise nimmt das Spaltensystem die Form blind endigender primitiver Bronchien oder embryonaler Alveolaranlagen an (LEMON u. GOOD; STEIN u. POPPEL; OTTO; MARCUS u.a.). Bei den polypösem Bronchialhamartomen beschränkt sich die epitheliale Komponente gewöhnlich auf den Schleimhautbezug und relativ spärliche Epithelschläuche oder drüsenartige Gänge inmitten der mesenchymalen Fehlanlage.

Infolge myxomatöser Umwandlung der Grundsubstanz oder Retention des von sezernierenden Epithelsäumen abgesonderten Schleims können kleinere oder größere Zysten („*zystische Hamartome*") (JAEGER; MÜLLER; MCGLUMPHY; CARLSEN u. KIAER; HASCHE u. HAENSELT; DOPPMAN u. WILSON; STOWENS; DEMPSTER; STEPHANOPOULOS u. CATSARAS; BUTLER u. KLEINERMAN; THOMAS u.a.) innerhalb der sonst *soliden pulmonalen Gewebsknoten* entstehen. Der Knorpel *lagert oft Kalkschollen ein* oder zeigt *inselförmige Verknöcherungszonen*, in denen sich — selten — blutbildendes Mark differenzieren kann (NISSEN et al.; YOUNG, JONES, HUGHES, FOLEY u. FOX; HASCHE u. HAENSELT) (Abb. 102). Manche Autoren sprechen deshalb von primitiven Osteochondromen (NISSEN, LISA u. ELKAN; MOREAU, PIERRE-BOURGEOIS, VIC-DUPONT, BLATRIX u. BRIZARD; SANTY, BÉRARD, BRETON u. GALY; OTTO u.a.). Auch andere Mesenchymstrukturen können in wechselndem Ausmaß zum Aufbau bronchopulmonaler Hamartome beitragen (fibrilläres Bindegewebe, Fett, glatte Muskulatur, lymphoides Gewebe, Schleimdrüsen, Gefäße). Daher die *Vielfalt histologisch näher kennzeichnender Namen* [Lipofibrochondrom (D'ARCHANGELO), Fibrochondro-Adenom (CHIARI), Adenochondrom (MCGLUMPHY; HART u. MAYER; FISCHER; JACKSON; BREWER, BROOKES u. VALTERIS u.a.), Myxochondrom (PAUL; SIMONETTA; MATTIOLI), Chondro-Angiom (SIEGERT), Osteochondro-Adenom, myxomatöses Adenofibrochondrolipom (MATRAS) etc.], in denen sich die Variabilität der feingeweblichen Mischformen, teils auch die *histogenetische Verwandtschaft mit den Bronchialadenomen* aussdrückt (GRAHAM u. WOMACK) (s. S. 95). Wie in manchen Nebenlungen (Abb. 104) bildet die lymphatische Gewebskomponente mitunter einen beträchtlichen Teil der Fehlanlage. Der Aufbau derartiger Lungenhamartome ähnelt dem gutartiger *lymphoid strukturierter Hamartome*, die als langsam wachsende Knoten *am Hilus oder in der Anteromediastinalloge* den röntgenologischen Aspekt von Thymomen zeigen (LATTES u. PACHTER; HARRISON u. BERNATZ; ABELL; STANFORD, GIVLER u. LAWRENCE) und nach ABELL von thymogenen Choristomen abzugrenzen sind.

Die primitiv gegliederten Hamartome gelten als *örtliche Fehlbildung* im Sinne atypischer Formation der Gewebsbestandteile verirrter Bronchialkeime (HART; MÜLLER; RIBBERT; SCHNEIDER; HART u. MAYER; KNOFLACH u. MARCHESANI; MATRAS; PETERS; BAYER; PAUL; CHARDACK u. WAITE; SCHWYTER; OTTO; BIKFALVI, MOLNÁR u. HORÁNYI; HASCHE u. HAENSELT; HAUPT, GLÖCKNER u. KÜNSTLER; BATESON u.a.). Die von WILLIS geteilte Ansicht MÖLLERs, es handele sich um induzierte Mesenchymproliferation durch primär epitheliale Tumoren gutartigen Charakters, wird andernorts abgelehnt (SPENCER; BATESON u.a.). Manche Autoren halten die Hamartome für Mischgeschwülste bzw. für mehr oder weniger uniform gestaltete Gewächse embryonaler Knorpelanlagen und sonstiger Stützgewebe (WILLIS; EHRENHAFT u. WOMACK; HICKEY u. SIMPSON; KLAGES u.a.) (s. S. 95). Angesichts der *fließenden Übergänge zu echten mesenchymalen Neubildungen* (reifen Chondromen, Fibromen, Lipomen, Fibrolipomen, Osteomen bzw. Osteochondromen, Leiomyomen, Angiomen) (KEERS u. SMITH; LOGAN, ROHDE, ABBOTT u. MELTZER; LIEBOW; YOUNG, JONES, HUGHES, FOLEY u. FOX; HALL; SIMON; FRANCO; HOCHBERG u. PERNIKOFF; OTTO; HASCHE u. HAENSELT; BATESON; ALETRAG, BJÖRK u. FORS; MOREAU, PIERRE-BOURGEOIS, VIC-DUPONT, BLATRIX u. BRIZARD; GIUBILEI, LUCCIOLI u. MOLTONI; BLAIR u. MCELVEIN; ADAMS u.a.) (s. S. 7ff.) dürften die Hamartome — entsprechend

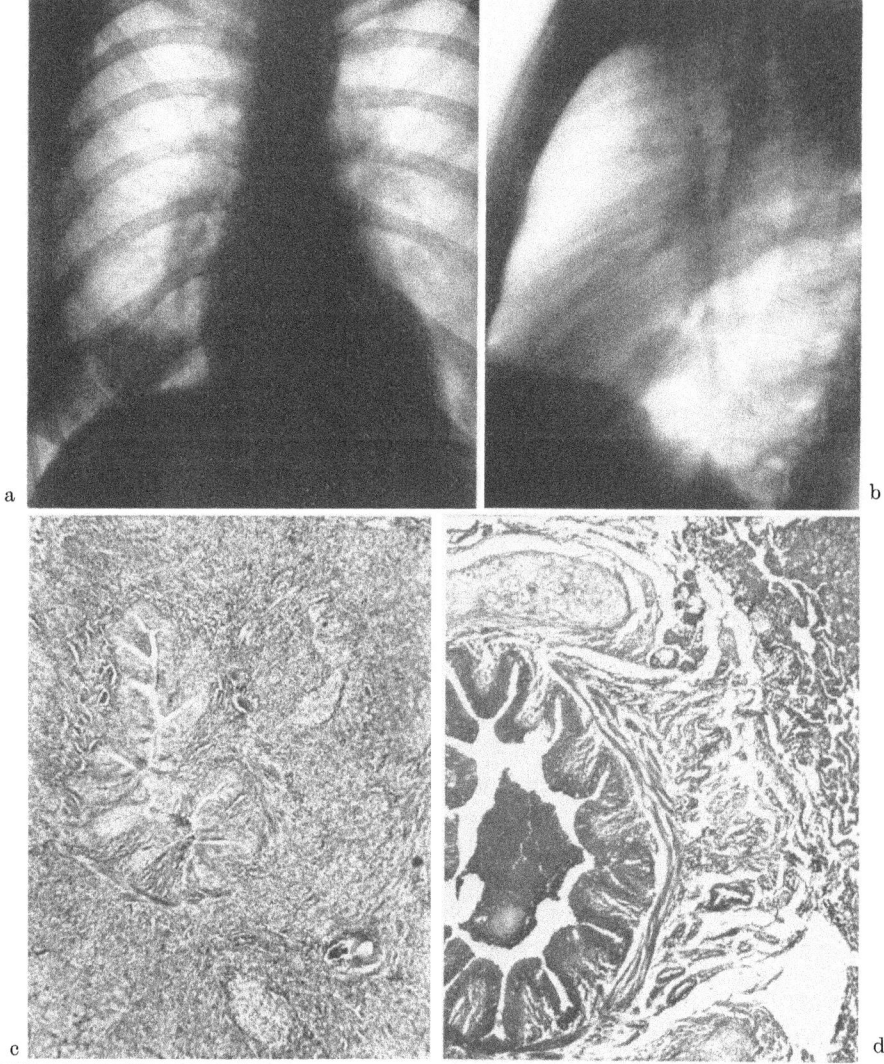

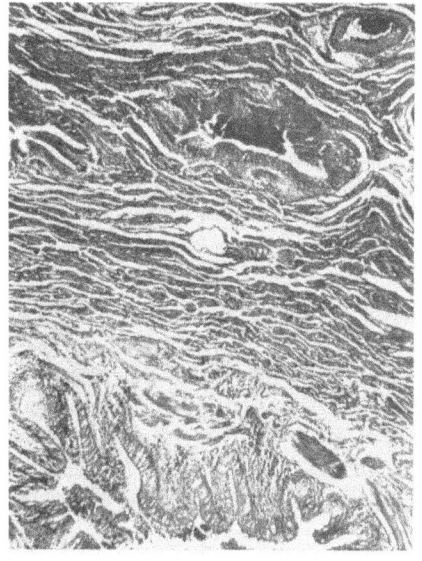

Abb. 104 a—e. *Intrapulmonale Nebenlunge* (oder höher organoid differenziertes Hamartom nach Art eines sog. „Pulmoms"?). Übersichtsaufnahmen p.-a. (a) und sinistro-dextral (b) zeigen einen walnußgroßen weichteildichten Rundherd im rechten Unterlappen. Das Gebilde wurde durch Unterlappenresektion entfernt (Op.: Prof. WACHS, Chirurg. Univ.-Klinik Leipzig). Histologischer Befund des Resektionspräparats (Path. Inst. Univ. Leipzig, ehem. Direktor: Prof. H. BREDT): bindegewebig abgekapselter solider Knoten inmitten normal strukturierten Lungenparenchyms gelegen, zum großen Teil aus lymphoidem Gewebe mit typischen Keimzentren und eingeschlossenen kleinen, flimmerepithelbesetzten Bronchien bestehend (c). Daneben auch größere, ausdifferenzierte Bronchien mit Knorpelspangen, Schleimdrüsen, lockerem Bindegewebe, glatter Muskulatur und Nervengewebe (d) sowie meist parallel angeordnete, durch schmale Spalten getrennte Zellstränge von plattem bis kubischem Epithel, nicht entfalteten fetalen Alveolarstrukturen entsprechend (e). [Nach SCHULZE, W.: Über Nebenlungen und Lungenhamartome, Radiol. clin. (Basel) **23**, 137—148 (1954); Abb. 5—9]. G. Sch., 34jähr. ♀. Röntgeninstitut d. Med. Univ.-Klinik Leipzig (damal. Direktor: Prof. M. BÜRGER)

dem Schema von HASCHE u. HAENSELT — eine *gleitende Mittelstellung* zwischen reinen Mißbildungen und echten Geschwülsten einnehmen.

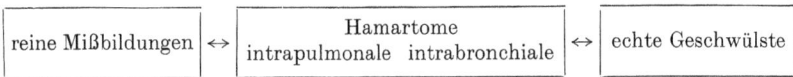

Andererseits kommen auch höher organoid entwickelte Hamartieformen vor, die ungarische Autoren als *„Bronchiolo-Bronchiome"* (HORÁNYI, ERDÉLYI u. SZÖTS; HORÁNYI u. KERÉNYI; HORÁNYI u. VAJKÓCZY; BJÖRK sowie POL: „Bronchiome") und *„Pulmome"* (BALÓ) bezeichnen. Ihre gewebliche Komposition weist *Analogien zu den Nebenlungen* auf, die wohl auch formalgenetisch ähnliche Verirrungen darstellen (Mißwuchs aus dem embryonalen Rumpfdarm abgesprengter oder überschüssiger rudimentärer Fehlanlagen) (ALTMANN; MÜLLER; HART u. MAYER; FISCHER; SCHWYTER; BOLCK; WELLAUER; LÜDEKE u. PÖSCHL; JAUBERT DE BEAUJEU, MARMET, TOUZARD u. BOUCHER; SCHULZE u.a.) (s. Bd. IX/3, Abb. 181a—d, S. 297—301).

Die oft beobachtete Fähigkeit zu *langsamem expansivem Wachstum* (BENNINGHOVEN u. PEIRCE; EDLING; MCDONALD, HARRINGTON u. CLAGETT; WEISEL, GLICKLICH u. LANDIS; ABELES u. CHAVES; CARLSEN u. KIAER; SCHAEFER; OTTO; HASCHE u. HAENSELT; JENSEN u. SCHIØDT; SPERLING, LETZSCH u. LIEBESKIND; BATESON; ZENTNER; BATESON u. ABBOTT; SAGEL u. ABLOW u.a.) (s. Abb. 105 u. Abb. 108) rechtfertigt die Bezeichnung als *„Hamartoblastome"* (ALBRECHT; BORST; KIRSCHNER; OTTO u.a.).

Das Vorkommnis *maligner Entartung bronchopulmonaler Hamartome*, die je nach dem Ausgangspunkt — epitheliale oder mesenchymale Matrix — zur *Bildung von Karzinomen oder Sarkomen der Bindegewebsreihe* führt (TAPIE; LINSER; SIMON u. BALLON; EHRENHAFT u. WOMACK; ZEITLHOFER; MIDDELDORPFF; VERGA; GREENSPAN; LOWELL u. TUHY; TAYLOR u. RAE; CAVIN, MASTERS u. MOODY; KUYJER; CARLSEN u. KIAER; BUSSE; HASCHE u. HAENSELT; SCHIØDT u. JENSEN; BIKFALVI, MOLNÁR u. HORÁNYI; BATESON u. ABBOTT; LOUHIMO u. VIRKULA; KIRSCHNER; FASSKE; HAUPT, GLÖCKNER u. KÜNSTLER; SHERWOOD u. SHERWOOD; BLAIR u. MCELVEIN; OBIDITSCH-MAYER u. ZEITLHOFER; DAVIS, PEABODY u. KATZ; MARCUS; TAIANA u. ZORRAQUIN; HAYWARD u. CARABASI; BATESON; STEPHANOPOULOS u. CATSARAS; ECK, HAUPT u. ROTHE u.a.) (s. S. 7 u. 175), ist *außerordentlich selten* und zumindest für die beschriebenen sarkomatösen Formen *noch prinzipiell umstritten* (LINSER; LIEBOW; MCDONALD, HARRINGTON u. CLGAETT; OTTO; GREENSPAN; LINSER; LOWELL u. TUHY; KUYJER; KIRSCHNER u. KNY; CHARDACK u. WAITE; SCHIØDT u. JENSEN; BATESON u. ABBOTT; SPERLING, LETZSCH u. LIEBESKIND). HAYWARD u. CARABASI, die selbst ein chondromatöses Hamartom mit malignem epithelialen Anteil sahen, bezweifeln in 9 von 12 der vorstehend genannten Literaturfälle die Authentizität der Diagnose „malignes Hamartom". Die von THOMAS und JONES beobachteten adenomartigen Strukturen zystischer Hamartome bei Neugeborenen dürften mit der als „fötales zystisches Lungenadenom" bekannten Hemmungsmißbildung (STOERCK; LINSER; GIESE) identisch sein (s. Abb. 119 u. S. 234).

Da die Hamartome *in der Regel unifokal* entstehen, ist im Hinblick auf die Verwechslungsmöglichkeit mit grobnodulären Metastasen der gelegentliche Befund *multipler Hamartome in einer oder beiden Lungen* besonders hervorzuheben (VIRCHOW zit. nach MUENDEL u. YELIN; WILKINS; KEERS u. SMITH; LOGAN, ROHDE, ABBOTT u. MELTZER; BATESON; BIKFALVI, MOLNÁR u. HORÁNYI; HASCHE u. HAENSELT; HASLHOFER; HAUPT, GLÖCKNER u. KÜNSTLER; GURNEY u. COHEN; OTTO; LE ROUX; FAVRE et al.; MADANI, DAFOE u. ROSS; RANNINGER; VANZETTI; SHERWOOD u. SHERWOOD; PERRY; SARGENT, BARNES u. SCHWINN u.a.) (eigene Beobachtungen s. Abb. 110 u. Abb. 111 sowie S. 444). Die erwähnte Fehldeutung liegt um so näher, als die multifokalen Hamartome nach der vorliegenden Kasuistik meist leiomyomatöse Struktur und im Röntgenbild entsprechend homogene, scharfrandige Weichteilschatten zeigen, aber nur selten die aus Abb. 111 ersichtliche typische Kalkeinlagerung chondromatöser Formen enthalten.

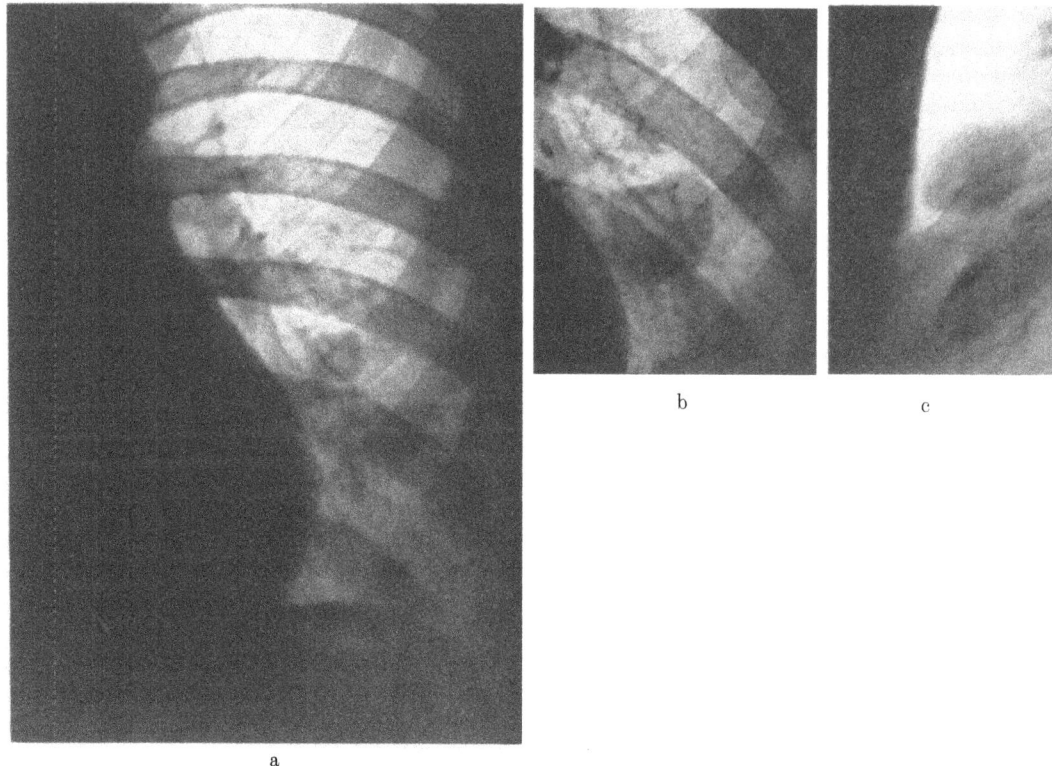

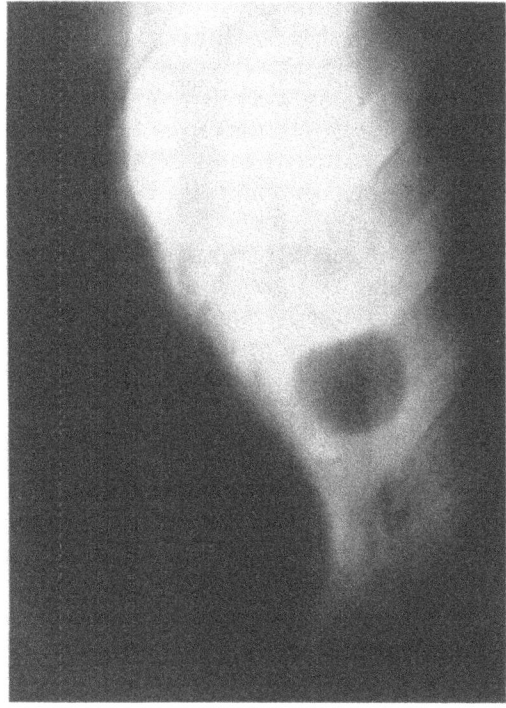

Abb. 105a—d. *Langsames Wachstum eines nicht ossifizierten Hamartoms der Lingula.* Die klinisch stumme Mißbildung wurde bei einer Röntgenuntersuchung zufällig entdeckt (a Ausschnitt der Übersichtsaufnahme p.-a. vom 18. 3. 57) (Haus Hainerberg). Nach über 7jähriger Beobachtung deutliche Vergrößerung des unregelmäßig ovalär geformten Schattengebildes, das sich bei Röntgenkontrolle am 29. 11. 65 nach Einweisung in die Chir. Klinik d. Krhs. Nordwest (Direktor: Prof. UNGEHEUER) auf Zielaufnahmen in 2 Ebenen (b und c) und tomographisch als homogen weichteildichter Knoten in der vorderen Randzone des Lingulasegments darstellt (d Schichtbild 15,5 cm a.-p.). Anatomischer Befund nach Enukleation: Gut abgegrenzter solider Knoten von 3 cm Durchmesser. Histologie: *Fibro-Lipo-Chondrom mit adenoiden Anteilen.* Kein Anhalt für Malignität (E.-Nr. 9600/65, Path. Inst. d. Krhs. Nordwest, Direktor: Prof. KAHLAU). G. S., 41jähr. ♀. Arch.-Nr. 3007 24042, Radiolog. Zentralinst. d. Krhs. Nordwest Frankfurt a. M.

Ähnliche differentialdiagnostische Erwägungen ergeben sich bei der *Koinzidenz bronchopulmonaler Hamartome mit Bronchuskarzinomen bzw. malignen Bronchialadenomen* in anderen Lungenprovinzen, über die im Schrifttum wiederholt berichtet wurde (TAPIE;

Saupe; Cid; Engelbreth-Holm; Hochberg, Grayzel, Berson u. Rosenberg; Davidson u. Stern; Carlsen u. Kiaer; Molnár, Juhász u. Bikfalvi; Metyš; Pearson, Thompson u. Delarue; Oldham, Young u. Sealy; Bleyer u. Marks) (s. S. 442, Bd. IX/4b, Abb. 542). Angesichts fehlender Ortsidentität dürfte das gemeinsame Auftreten zufällig sein, während beim *Zusammentreffen von Bronchialhamartomen und Wabenlunge* (Simonetta) die Frage offen bleibt, ob eine übergeordnete Mißbildung vorliegt, oder ob es sich um einen durch Bronchialstenose hervorgerufenen blasigen Strukturwandel des abhängigen Lungensektors handelt.

Die *Häufigkeit* bronchopulmonaler Hamartome gibt Otto nach dem Mittel verschiedener Sektionsstatistiken (Matras; Altmann; Simon; McDonald, Harrington u. Clagett; Rubin u. Berkman; Jones) mit 0,09% an (1 Beobachtung auf 1070 Autopsien). Zentner beziffert das Vorkommnis mit 0,12% aller Obduktionen (1 Fall unter 800 Sektionen). In thoraxchirurgischen Geschwulststatistiken liegt der Anteil der tumorartigen Fehlanlagen höher: 2,2% (10 Fälle) unter 459 operierten primären Lungentumoren von Thomas; bei resezierten pulmonalen Rundherden: 16% der 156 Fälle von Hood, Good, Clagett u. McDonald; je 8% der 714 Fälle von Jones u. Cleve bzw. der 2057 operierten Solitärherde des Sammelberichts von Linder u. Jagdschian. Soulas u. Mounier-Kuhn schätzen die Häufigkeit der Hamartome auf *3—5% aller benignen Lungen- und Bronchialgewächse*.

Nach Mülly enthält das Schrifttum *bis 1956 über 400 einschlägige Beobachtungen*. Über Hamartome des Bronchialbaums liegen zahlreiche kasuistische und zusammenfassende Berichte vor (Postlethwait, Hagerty u. Trent; Effler u. Scheid; Chardack u. Waite; Young, Jones, Hughes, Foley u. Fox; Matras; Ulrich; Sherrick; Reboud, Bonneau, De Cutolli u. Ottovioli; Bonneau u. Payan; Simonetta; Debré; Galy, Duprez u. Touraine; Horányi u. Vajkóczy; Bleyer u. Marks; Hascke; Zaoli; Schiødt u. Jensen; Horányi, Erdélyi u. Szöts; Sutherland, Aylwin u. Brewin; Linder u. Jagdschian; Szöts u. Horányi; Otto; Salvini; Hasche u. Haenselt; Bateson; Lemoine; Blair u. McElvein; Naib u. Attar; Oldham, Young u. Sealy; Perry; Kurrus u. Conn; Doverborger u. Elstun; Kaniak u. Kümmerle; Haupt, Glöckner u. Künstler; Meyer, Delarue, Monod u. Raugel; Moreau, Pierre-Bourgeois, Vic-Dupont, Blatrix u. Brizard; Laumonier, Monmayou, Fréour, Leger, Kermarec, Couraud u. Germouty; Roujeau; Rajkovits u. Brasch; Duchet-Suchaux, Tournier, Joannou u. Pinelli; Horányi u. Szöts; Horányi u. Kerényi; Kruml, Tománek, Šnajdr, Metyš u. Roubková; Eck, Haupt u. Rothe u.a.). Berücksichtigt man die Zahlenangabe von Otto über 37 gesichert erscheinende Literaturfälle, 3 weitere Beobachtungen von Hasche u. Haenselt, 4 von Gudbjerg stammende sowie 2 von Bateson u. Abbott beschriebene Fälle, so ergibt sich eine *Häufigkeitsrelation zwischen intrapulmonalen und endobronchialen Hamartomen von etwa 10:1* (Hodges). Die 1963 erschienene Sammelstatistik von Duchet-Suchaux u. Mitarb. enthält Berichte über 70 endobronchiale Hamartome, deren Verhältnisziffer sich damit erhöht. Demgegenüber sind extralobär *gestielte endopleurale Hamartome*, wie im Beobachtungsfall von Oldham, Young u. Sealy (metachrones Zusammentreffen mit Bronchuskrebs!) eine Rarität (s. auch Jaeger; Matras; Linder u. Jagdschian; Horányi u. Molnár).

Die Mißbildung ist *bevorzugt bei Männern jenseits des 40. Lebensjahres* zu finden (Bateson). Nach Literaturangaben über 183 bronchopulmonale Hamartome (davon 152 Fälle der Sammelstatistik von Bateson u. Abbott; übrige Fälle von Carlsen u. Kiaer; Hasche u. Haenselt; Schaefer; Bikfalvi, Molnár u. Horányi; Cavin, Masters u. Moody; Negre, Martin u. Loubatières; Reboud, Bonneau, De Cutolli u. Ottovioli; Haupt, Glöckner u. Künstler sowie 10 eigene Beobachtungen histologisch verifizierter Hamartome) beträgt das *Geschlechtsverhältnis* ♂ *(198)* : ♀ (85) = *2,45:1*. Andere Autoren geben diese Relation mit 3—4:1 an (Bragg u. Levene; Hickey u. Simpson; Lemon u. Good; Stein u. Poppel; Zentner; s. auch Eck, Haupt u. Rothe (Abb. 106).

Im gleichen Krankengut (272 Fälle) findet man folgende *Altersgliederung:*

Lebensjahre	0—9	10—19	20—29	30—39	40—49	50—59	60—69	70—79
Anzahl der Fälle	1	2	11	32	59	114	43	10

Die Manifestation bzw. diagnostische Klärung erfolgte *fast zur Hälfte im 6. Dezennium* (41,9%). In vereinzelten Fällen wurde die Mißbildung schon post partum oder im Kindesalter erkannt (HARRIS u. SCHATTENBERG; JONES; STOWENS u. a.). Bei 33 Patienten mit endobronchialen Hamartomen berechnete OTTO für beide Geschlechter übereinstimmend ein *Durchschnittsalter von 53,8 Jahren* zum Zeitpunkt der Diagnosestellung. Die Analogie zur Geschlechts- und Altersverteilung der Bronchuskarzinome (BATESON u.a.) erschwert die Differentialdiagnose zwischen Tumorknoten und Hamartomen der Lungenperipherie, zumal die *pulmonalen Hamartome* ebenfalls *bevorzugt in den Oberlappen lokalisiert* sind

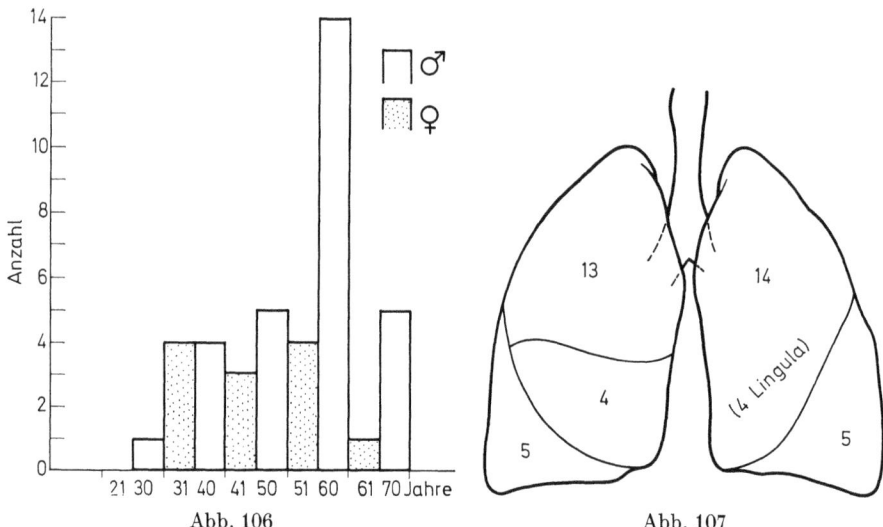

Abb. 106. *Alters- und Geschlechtsverteilung bei 41 bronchopulmonalen Hamartochondromen.* (Nach ECK, H., HAUPT, R., ROTHE, G.: Die gut- und bösartigen Lungengeschwülste. In: Handbuch der speziellen pathologischen Anatomie und Histologie. Bd. III/4, Abb. 16. Berlin-Heidelberg-New York: Springer 1969)

Abb. 107. *Lokalisation von 41 bronchopulmonalen Hamartochondromen.* (Nach ECK, H., HAUPT, R., ROTHE, G.: Die gut- und bösartigen Lungengeschwülste. In: Handbuch der speziellen pathologischen Anatomie und Histologie. Bd. III/4, Abb. 17. Berlin-Heidelberg-New York: Springer 1969)

(HAUPT, GLÖCKNER u. KÜNSTLER: 27 von 41 Fällen = 65,9%; s. auch BIKFALVI, KASSAY u. TAKACS-NAGY; ROSENSTRAUCH u. GOLUBEWA; dagegen METYŠ: überwiegender Sitz in den Unterlappen) (Abb. 107).

Klinische Symptome werden *bei Lungenhamartomen gewöhnlich vermißt* (LEMON u. GOOD; HOOD, GOOD, CLAGETT u. MCDONALD; SIMON; BATESON u. ABBOTT; METYŠ; ROTHE u. MELZER; HASCHE u. HAENSELT; OTTO; BIKFALVI u. Mitarb.; BLAIR u. MCELVEIN; GALERA, PASCUAL, ROMAS u. ZAMORANO u.a.). Ein kleiner Teil der subpleuralen Knoten macht sich mit pleuritischen Reizsymptomen bemerkbar (NISSEN; KIRSCHNER u. KNY; ROTHE u. MELZER; HASCHE u. HAENSELT u.a.). Bei entsprechender Lage und expansivem Wachstum können druckbedingte Beschwerden auftreten, die sich als *Interkostalneuralgie* (BIKFALVI, MOLNÁR u. HORÁNYI; BATESON u. ABBOTT), *Scalenus anterior-Syndrom* (MCDONALD, HARRINGTON u. CLAGETT), in seltenen Fällen auch als *Horner-Komplex* (BIKFALVI, MOLNÁR u. HORÁNYI) oder als *Einflußstauung* infolge Kompression der oberen Hohlvene äußern (LEMON u. GOOD). *Dyspnoe* (BATESON u. ABBOTT; SHERWOOD u. SHERwood), Anzeichen chronischer Belüftungsstörung (Husten, eitriger Auswurf, Fieber) und *Hämoptysen* (BLAIR u. MCELVEIN) sind bei pulmonalen Hamartomen nur zu erwarten, falls sie in unmittelbarer Nachbarschaft größerer Bronchialäste heranwachsen und deren Lichtung durch äußeren Kompressionsdruck oder Einbeziehung der Bronchialwand einengen (CHIARI; RUBIN u. BECKMAN; SIMON u. BALLON; THOMAS; EHRENHAFT u. WOMACK; HASCHE u. HAENSELT; BATESON u. ABBOTT u.a.).

Während *obstruktive Komplikationen im abhängigen Lungengewebe* bei peripheren Hamartomen nur ausnahmsweise auftreten, wird das klinische Bild *endobronchialer Hamartome* früher oder später von den poststenotischen entzündlichen Folgeschäden beherrscht. Da die Mißbildung allein keine abweichenden *exfoliativ-zytologischen Sputumbefunde* erwarten läßt (NAIB u. ATTAR), deutet ein positives Resultat auf ein zusätzliches, unter Umständen noch okkultes Bronchuskarzinom hin (PEARSON, THOMPSON u. DELARUE; OLDHAM, YOUNG u. SEALY). Nach bisheriger Kenntnis entstehen die polypösen Gebilde fast ausschließlich in den proximalen Luftröhrenästen, bevorzugt in den Hauptbronchien, nächsthäufig in den Unterlappenbronchien (OTTO; CHARDACK u. WAITE u.a.). Sie sind daher in der Regel *bronchoskopischer Diagnostik*, vielfach auch endoskopischer Therapie zugänglich (MATRAS; SANTY, GALY u. TOURAINE; SOULAS u. MOUNIER-KUHN; RUBIN u. BERKMAN; SHERRICK; SIMON u. BALLON; SIMONETTA; V. EICKEN; KASSAY; HOCHBERG et al.; CHARDACK u. WAITE; ZAOLI; HASCHE u. HAENSELT; SCHAEFER; BIKFALVI, MOLNÁR u. HORÁNYI u.a.). Die bronchoskopische Abtragung kann trotz gelegentlicher Rezidivneigung (BATESON) zu bleibender Deblockade des ausgeschalteten Lungensektors führen, sofern nicht chronische Eiterung, poststenotische Bronchiektasie oder andere irreversible Parenchymschäden die Entfernung des gesamten Organabschnitts (Lobektomie, Pneumonektomie) erforderlich machen.

Bei den Lungenhamartomen, deren eindeutige Identifizierung als gutartige Fehlbildung letztlich nur histologisch möglich ist (JOHNSON, CLAGETT u. GOOD; HOOD, GOOD u. MCDONALD; BRUNNER; EFFLER, BLADES u. MARKS; LINDER u. JAGDSCHIAN; HUSFELDT u. CARLSEN; PEABODY, DAVIS u. KATZ; LEMON u. GOOD; BRAGG u. LEVENE; BIKFALVI, MOLNÁR u. HORÁNYI u.a.), kommt man auf Grund des Ergebnisses intraoperativer Schnellschnitte mit bloßer Ausschälung oder sparsamer Keilresektion aus (MCDONALD, HARRINGTON u. CLAGETT; CARLSEN u. KIAER; BJÖRK; BIKFALVI, MOLNÁR u. HORÁNYI; LINDER u. JAGDSCHIAN; HASCHE u. HAENSELT; HAUPT, GLÖCKNER u. KÜNSTLER u.a.). Die angesichts des gutartigen biologischen Charakters an sich *günstige Prognose* wird nur bei endobronchialen Hamartomen durch entzündliche Folgezustände getrübt. *Tödliche Komplikationen* sind allerdings *selten* (SHERWOOD u. SHERWOOD).

Das *röntgenologische Bild pulmonaler Hamartome* wurde in zahlreichen Mitteilungen beschrieben (HICKEY u. SIMPSON; SAUPE; KLAGES; BENNINGHOVEN u. PEIRCE; EDLING; MCDONALD, HARRINGTON u. CLAGETT; ASSMANN; BRAGG u. LEVENE; TESCHENDORF; LEMON u. GOOD; RUBIN u. BERKMAN; COCCHI; STEIN u. POPPEL; CARLSEN u. KIAER; HASCHE; HOCHBERG u. PERNIKOFF; STEIN, JACOBSON, POPPEL u. LAWRENCE; BJÖRK; WIKLUND; GUDBJERG; WEISEL, GLICKLICH u. LANDIS; ABELES u. CHAVES; EFFLER; BLEYER u. MARKS; REBOUD, BONNEAU, DE CUTOLLI u. OTTAVIOLI; HALL; FISCHER; SCHLUNGBAUM u. SCHONDORF; DAVIS, PEABODY u. KATZ; ROTHE u. MELZER; BATESON u. ABBOTT; HODGES; SCHULZE; NÈGRE, MARTIN, u. LOUBATIÈRES; BIKFALVI, MOLNÁR u. HORÁNYI; HASCHE u. HAENSELT; JENSEN u. SCHIØDT; ADAMS; ZENTNER; MUTO; TIMOSSI; SPERLING, LETZSCH u. LIEBESKIND; ROUX; METYŠ; MARMET, GALY, PLANE u. HERAN; VINNER u. KRZHIVITSKAYA; LOUHIMA u. VIRKULA; KRUML, METYŠ, ŠNAJDR u. ROUBKOVÁ; ENJOJI u. HISAMOTO; BAŠTECKÝ; METYŠ, ŠNAJDR, RUML u. ROUBKOVÁ; CODESCA, CALAMARI, RADAELLI u. REGGIO; MOTTA; MÜLLY; VINNER u. SHULUTKO; ROTTE; SHIDA, TSUBOTY u. HASHIMOTO u.a.).

Die Neigung zu *unregelmäßig scholliger Verkalkung bzw. Verknöcherung innerhalb der sonst weichteildichten Lungenknoten* liefert ein hervorstechendes Merkmal chondromatöser Hamartome, das in ausgeprägter Form recht kennzeichnend ist und die Differential-

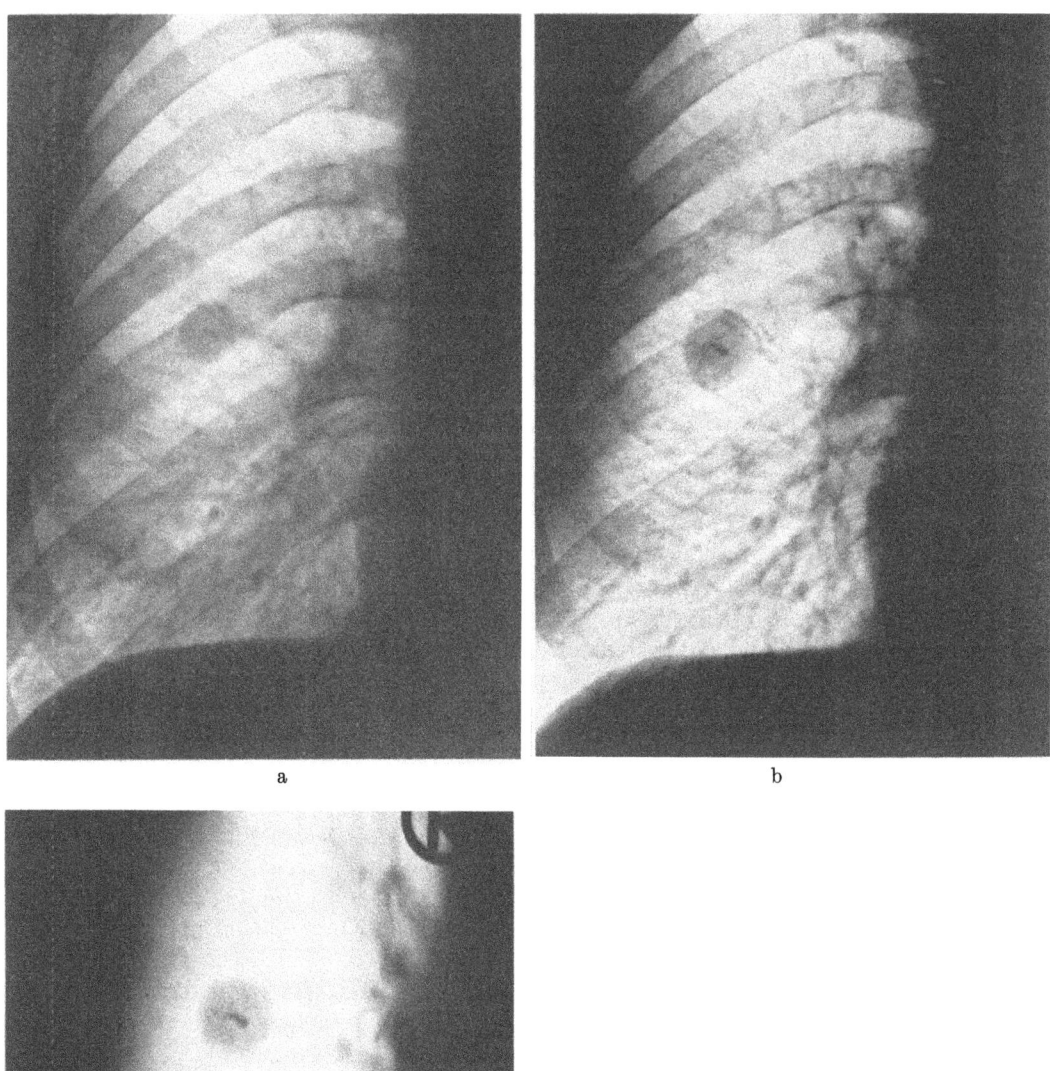

Abb. 108 a—c. *Wachsendes Chondrohamartom im rechten Unterlappen.* Die auf Grund des typischen Röntgenbefundes (a Übersichtsaufnahme p.-a. vom 21. 5. 65; b Schichtbild a.-p. 13 cm vom 5. 12. 67; c Übersichtsaufnahme p.-a. vom 11. 9. 68) gestellte Diagnose wurde nach Enukleation (Op.: Dr. SCHÜLKE, Oberarzt d. Chirurg. Klinik d. Krhs. Nordwest Frankfurt/M.) histologisch bestätigt (E.-Nr. 7437/69, Patholog. Inst. d. Krhs. Nordwest Frankfurt/M., Direktor: Prof. KAHLAU). K. K., 43jähr. ♂. Arch.-Nr. 0705 26781 Radiolog. Zentralinst. d. Krhs. Nordwest Frankfurt/M.

diagnose zumindest sehr einengt. Körnelige oder „puffmaisartige" Kalkeinschlüsse bzw. Ossifikationskerne sind aber nur in der Minderzahl — unter 117 histologisch verifizierten Lungenhamartochondromen nach BATESON u. ABBOTT *nur in 32%* — *röntgenologisch nachweisbar,* und zwar *in umfänglichen Hamartomen häufiger als in kleinen,* wie die Aufgliederung in Tabelle 16 erkennen läßt.

Tabelle 16. Beziehungen zwischen der Größe pulmonaler Chondrohamartome und der Häufigkeit röntgenologisch sichtbarer zentraler Verkalkung. [Nach BATESON, E. M., ABBOTT, E. K.: Mixed tumours of the lung, or hamarto-chondromas. Clinical Radiology 11, 232—247 (1960)]

	Durchmesser (cm)					
	0—0,9	1—1,9	2—2,9	3—3,9	4—4,9	5 und größer
Nicht verkalkt	2	21	19	10	11	4
Verkalkt	0	2	2	5	7	12
Prozentsatz verkalkter Hamartome	0	8,7	9,5	33,3	39	75

Mehr als zwei Drittel der Lungenhamartome bieten somit den uncharakteristischen Befund sog. „coin lesions", d.h. *scharf abgesetzter homogener Weichteilschatten meist runder, seltener ovalärer Form* (BATESON u. ABBOTT u.a.). Gewöhnlich handelt es sich um *Solitärknoten*, doch tritt die Mißbildung auch *mitunter multipel* in einem oder beiden Lungenflügeln auf (WILKINS; KEERS u. SMITH; VANZETTI; HASCHE u. HAENSELT; BIKFALVI, MOLNÁR u. HORÁNYI; GURNEY u. COHEN; HAUPT, GLÖCKNER u. KÜNSTLER; MUENDEL u. YELIN; LOGAN et al.; OTTO; FAVRE u. Mitarb.; LE ROUX; RANNINGER; PERRY; SHERWOOD u. SHERWOOD; HASLHOFER; MADANI, DAFOE u. ROSS; BATESON) (Abb. 110, 111). Die *Größe* der Herde, deren multifokales Auftreten eine grobknotige Tumorabsiedlung vortäuschen kann, schwankt beträchtlich: *in über 80% beträgt der Durchmesser unter 5 cm*, nur in etwa 18% überschreitet er dieses Maß (BATESON u. ABBOTT). Im Extremfall können die Gebilde ein ganzes Lappenareal einnehmen (LEMON u. GOOD) und erhebliches Gewicht erhalten (780 g im Fall von GAYET, zit. n. FISCHER). Sie sind von normal strukturiertem Lungengewebe umgeben und liegen meist randständig. Der lappige Aufbau verleiht den Hamartomen *eher polyzyklisch gekerbte (59%) als glatte einbogige Konturen (41%)* (BATESON u. ABBOTT). Man sieht daher oft eine gleichartige Randkerbung wie bei geschlossen wachsenden Plattenepithelkrebsknoten des Lungenmantels. Dieser Sachverhalt schränkt den differentialdiagnostischen Wert des von RIGLER als Malignitätskriterium beschriebenen „notch sign" peripherer Bronchuskarzinome ein (s. S. 294 u. Bd. IX/4b). Manchmal zeigt das Nativbild pulmonaler Hamartome *unscharf begrenzte Aufhellungsfiguren*, die den Eindruck zentraler oder exzentrischer Zerfallsvorgänge erwecken. In der Regel beruht der Befund jedoch lediglich auf *Einkehlung* bzw. ungleichmäßiger Randwulstung des knotigen Gebildes oder *unterschiedlicher Absorptionsdichte* seiner Gewebskomponenten, wobei die umschriebene Aufhellung von *örtlicher Fettansammlung* herrührt (BRAGG u. LEVENE; METYŠ u.a.) (Abb. 109). Seltener handelt es sich um echte, mitunter nur auf Schichtaufnahmen klar abgrenzbare *Hohlräume* (MCGLUMPHY; CARLSEN u. KIAER; HASCHE u. HAENSELT; BLEYER u. MARKS; BATESON u. ABBOTT u.a.). Der von LEMON u. GOOD beschriebene *polyzystische Aspekt* ist nach bisherigen Beobachtungen *ungewöhnlich*. Mit zunehmender Expansion des Knotens kann eine gewisse Randunschärfe durch Anlagerung saumförmiger Entspannungsatelektasen des umgebenden Parenchyms zustande kommen (BIKFALVI, MOLNÁR u. HORÁNYI) (s. Bd. IX/3, S. 335ff.).

Die im kasuistischen Schrifttum immer wieder erwähnte *Größenzunahme* pulmonaler Hamartome (BENNINGHOVEN u. PEIRCE; EDLING; MCDONALD, HARRINGTON u. CLAGETT; CARLSEN u. KIAER; WEISEL, GLICKLICH u. LANDIS; ABELES u. CHAVES; STEIN, JACOBSON, POPPEL u. LAWRENCE; BLEYER u. MARKS; HASCHE u. HAENSELT; HAUPT, GLÖCKNER u. KÜNSTLER; SCHAEFER; SPERLING, LETZSCH u. LIEBESKIND; SCHIØDT u. JENSEN; ZENTNER; GUIMARÃES; BATESON u.a.) entspricht eher der Regel als einer Ausnahme: nach Ermittlungen von BATESON u. ABBOTT zeigten 40 von 45 langfristig beobachteten Lungenhamartomen deutliches, wenn auch *sehr protrahiertes Wachstum* (Abb. 105, 108). HAUPT, GLÖCKNER u. KÜNSTLER erklären die nach längerer Größenkonstanz *zuweilen unvermittelt*

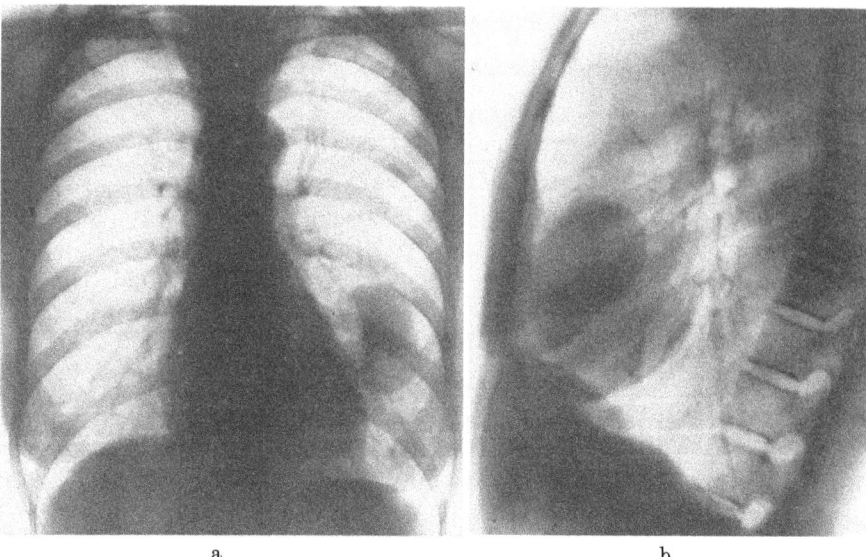

a   b

Abb. 109a u. b. *Nicht verknöchertes Chondro-Hamartom im Lingulasegment.* Durch Resektion bestätigter Befund. Auf Nativaufnahmen in 2 Ebenen (a und b) weist das scharfbegrenzte, etwas lappige Schattenoval medio-ventral eine zungenförmige mehrbuchtige Aufhellungszone auf, die von der geringeren Strahlenschwächung lipomatöser Gewebsbestandteile herrührt. (Nach BATESON, E. M., ABBOTT, E. K.: Mixed tumours of the lungs, or hamartomas. Clin. Radiology **11**, 232—247 (1960), Fall 12, Abb. 12A und B). N. M., 55jähr. ♀

einsetzende Zunahme des Umfangs mit dem formativen Wachstumsreiz interkurrenter Infekte (s. auch SAGEL u. ABLOW).

Die frühere optimistische Annahme, pulmonale Chondrohamartome seien jedenfalls auch ohne histologische Hilfsmittel zu diagnostizieren (BENNINGHOVEN u. PEIRCE u.a.), ist nach thoraxchirurgischer Erfahrung unzutreffend, da das Schattenkorrelat der Mißbildung nur in der Minderzahl der Fälle kennzeichnende Züge trägt. Häufiger ergibt sich der Befund eines weichteildichten Rundherds, der wegen der Polyätiologie solcher Gebilde vieldeutig und problematisch ist (s. S. 287ff.). Die *Differentialdiagnose unverkalkter pulmonaler Hamartome* gegenüber neoplastischen und entzündlich-granulomatösen Foci, Fehlbildungen anderer Art (geschlossene broncho-alveoläre Solitärzysten, Nebenlungen bzw. broncho-pulmonale Sequestration) oder parasitären Zysten ist daher präoperativ nicht ohne weiteres zu stellen (LEMON u. GOOD; BRAGG u. LEVENE; STEIN u. POPPEL; HOOD, GOOD, CLAGETT u. MCDONALD; LINDER u. JAGDSCHIAN; STEIN, JACOBSON, POPPEL u. LAWRENCE; SCHLUNGBAUM u. SCHONDORF; WIKLUND; BIKFALVI, MOLNÁR u. HORÁNYI; HASCHE u. HAENSELT; LOUHIMO u. VIKULA; SCHULZE u.a.). Auf die *Vortäuschung von Lungenmetastasen durch multiple kalkfreie Hamartome* wurde bereits hingewiesen. Ähnliche Irrtumsmöglichkeiten bietet die — allerdings sehr seltene — Kombination einer endobronchialen und intrapulmonalen Fehlanlage (BIKFALVI, MOLNÁR u. HORÁNYI) oder das *Zusammentreffen* eines Lungenhamartoms *mit einem gesicherten Bronchuskarzinom* (s. S. 442 u. Abb. 240) bzw. *mit extrapulmonalen Malignomen* (HICKEY u. SIMPSON; HOOD, GOOD, CLAGETT u. MCDONALD; STEIN, JACOBSON, POPPEL u. LAWRENCE; BLEYER u. MARKS).

Der Nachweis makroskopisch faßbarer Kalzifizierung bzw. Ossifikation gelingt nur bei einem Teil der Chondrohamartome (s. Tabelle 16) und ist nur bei bestimmten Verkalkungsformen differentialdiagnostisch schlüssig. Spärliche *Kalkeinlagerungen* bieten kein sicheres Unterscheidungsmerkmal gegenüber solitären Tuberkulomen, inveterierten kalkhaltigen Abszessen (GRAHAM u. SINGER; PÜTZ; O'BRIEN, TUTTLE u. FERKANEY), peripheren Bronchialadenomen (THOMAS u. MORGAN u.a.) (s. S. 124 u. Tabelle 18) oder peri-

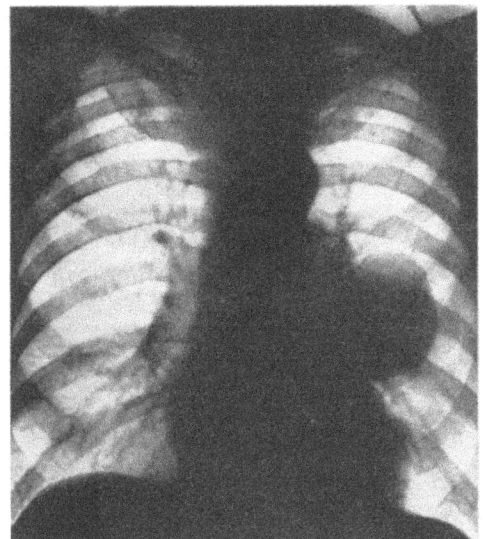
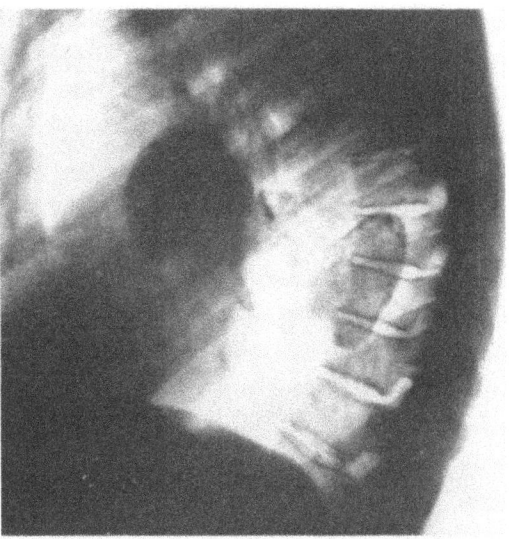

a b

Abb. 110a—c. *Chondro-Hamartome in der linken Lunge mit ungleichmäßiger kortikaler Verknöcherung.* Röntgenologischer Zufallsbefund zweier gänseeigroßer glattrandiger Tumorschatten, in Vorderansicht etwas lateral des linken Hilus übereinander projiziert (a), nach der Frontalaufnahme im Lingula- und Unterlappenspitzensegment gelegen (b). Das seitliche Schichtbild (c 13 cm dextr.-sin.) zeigt teils perlschnurartig angeordnete, teils einzeln stehende grobschollige Kalkeinschlüsse in der Randzone des dorsalen Knotens; kleine exzentrische kalkdichte Stippchen auch innerhalb des Lingulaherdes. Operative Bestätigung der nach dem Röntgenbefund und angesichts multipler subkutaner Lipofibrome an Rumpf und Gliedmaßen gestellten Diagnose ossifizierender Chondro-Hamartome. P. C., 54jähr. ♂. Arch.-Nr. A 5051/51, Röntgeninstitut d. Medizin. Univ.-Klinik Leipzig (damal. Direktor: Prof. M. BÜRGER)

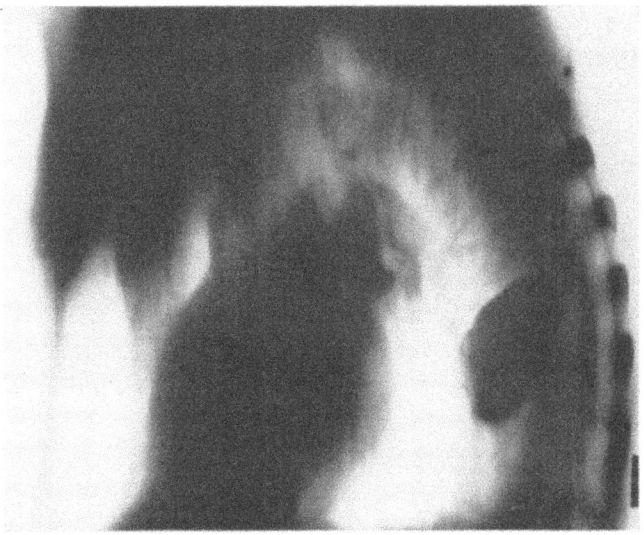

c

Tabelle 17. Unterscheidungsmerkmale pulmonaler Tuberkulome und Hamartome. [Nach BLEYER, J. M., MARKS, J. H.: Amer. J. Roentgenol. 77, 1013—1022 (1957), Tabelle 3]

Kriterium	*Tuberkulome*	*Hamartome*
1. Alter unter 40 Jahren	gewöhnlich (36,5%)	ungewöhnlich (4%)
2. Streifige Verbindung zum Hilus	relativ häufig (21,9%)	nicht beobachtet
3. Multilokuläres Auftreten	relativ oft (19,5%)	nicht beobachtet
4. Tochterherde in Umgebung („Satelliten")	gelegentlich (4,8%)	nicht beobachtet
5. Aufhellungsbezirke	relativ häufig (34,1%)	gelegentlich (10%)
6. Verkalkung	selten in bakteriolog. „positiven", relativ häufig in negativen Fällen (26,8%)	relativ gewöhnlich (15%)

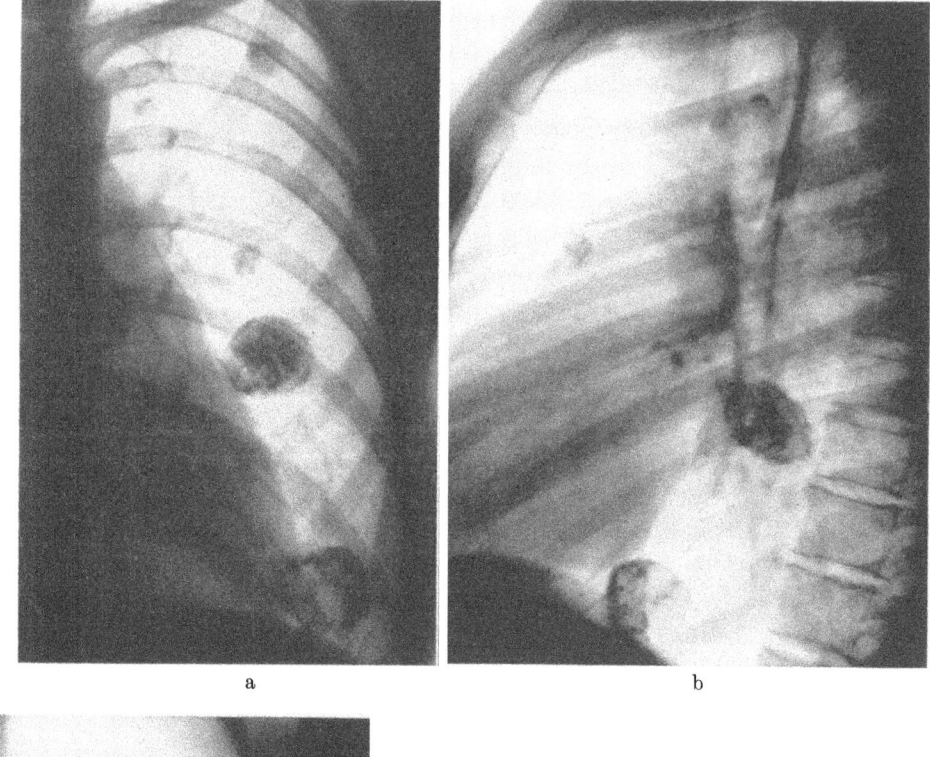
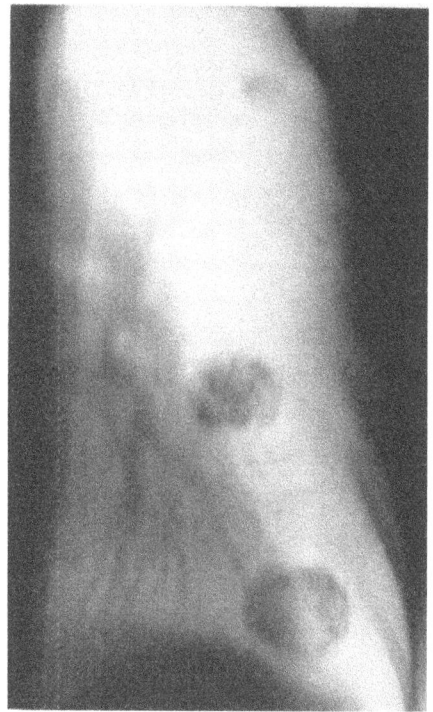

Abb. 111 a—c. *Charakteristische puffmaisartige Verkalkung multipler Chondro-Hamartome der linken Lunge.* Seit über 10 Jahren röntgenmorphologisch unveränderter Befund grobschollig verkalkter Knoten in der linken Lunge. Übersichtsaufnahmen in 2 Ebenen (a und b) sowie Schichtbild 8 cm a.-p. (c). Überdies Zustand nach Billroth-Resektion des Magens wegen multilokulärer Leiomyofibrome der Magenwand, gleichfalls als Hamartome zu deuten. G. B., 44jähr. ♀. Arch.-Nr. 533/57, Röntgenabtlg. d. Medizin. Univ.-Klinik u. Poliklinik Münster/W. (Direktor: Prof. W. H. HAUSS)

pheren Narbenkrebsen, die ebenfalls bevorzugt subpleural entstehen, polyzyklische Randkonturen aufweisen und ältere tuberkulöse Kreideherde umwachsen können (HODES; O'KEEFE; LONDON u. WINTER; MAY, ROSE, KASH u. DUGAN; TUTTLE, BARRETT u. HERTZLER; GOOD u. MCDONALD; WOODRUFF u. NAHAS; WOODRUFF, SEN-GUPTA, WALLACE, CHAPMAN u. MARTINEAU; O'KEEFE, GOOD u. MCDONALD; LÜDERS; SEDLEZKY;

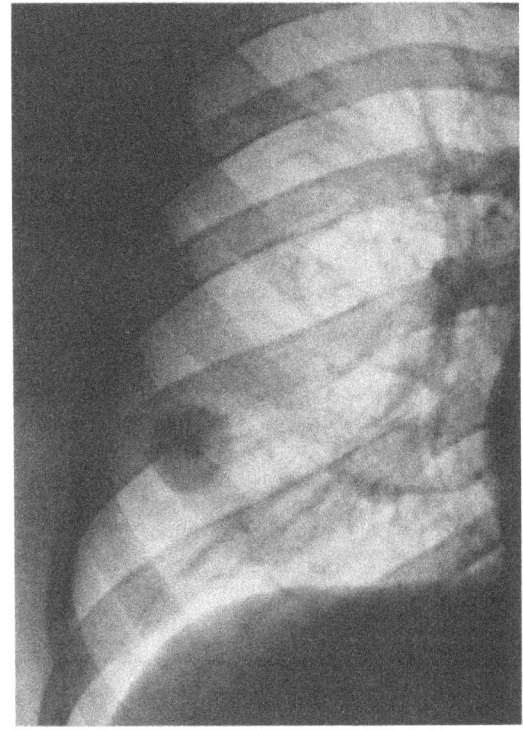

Abb. 112. *Zentral verknöchertes Chondro-Hamartom des rechten Unterlappens* (histologisch verifizierter Befund). V. S., 34jähr. ♂. Arch.-Nr. 2912 34801, Radiolog. Zentralinst. d. Krhs. Nordwest Frankfurt/M.

DAVIS, PEABODY u. KATZ; FREY u. LÜDEKE u.a.) (s. Abb. 156). Die von BLEYER u. MARKS an 52 pulmonalen Tuberkulomen und 25 Hamartomen aufgestellten Differenzkriterien sind zum Teil fragwürdig (Multiplizität von Hamartomen!), besitzen jedenfalls nur relativen Bedeutungswert (Tabelle 17).

Eher sind gewisse differentialdiagnostische Hinweise aus der Aufschlüsselung eines großen thoraxchirurgischen Beobachtungsmaterials der Mayo-Klinik nach *Verkalkungstyp und -häufigkeit* resezierter Lungenrundherde zu ersehen (Tabelle 18).

Tabelle 18. Röntgenologische Verkalkungsform exzidierter Lungenherde verschiedener Ätiologie. [Nach O'KEEFE, M. E., GOOD, C. A., McDONALD, J. R.: Calcification in solitary nodules of the lung. Amer. J. Roentgenol. **77**, 1023—1033 (1957), Tabelle 1]

Art der Läsion	Gesamtzahl	Verkalkungsform (vorherrschender Typ)				kalkhaltig total	%
		konzentrisch-schalenartig	*puffmais-artig*	*zentral*	*stippchen-artig*		
a) benigne							
Granulome	90	36	0	9	11	56	62,2
Hamartome	32	0	4	0	7	11	34,4
Varia	13	0	0	0	0	0	0
Insgesamt	135	36	4	9	18	67	49,6
b) maligne							
Adenome	14	0	0	1	1	2	14,3
Bronchuskrebse	38	0	0	1	5	6	15,8
Metastasen	20	0	0	1	1	2	10,0
Insgesamt	72	0	0	3	7	10	13,9

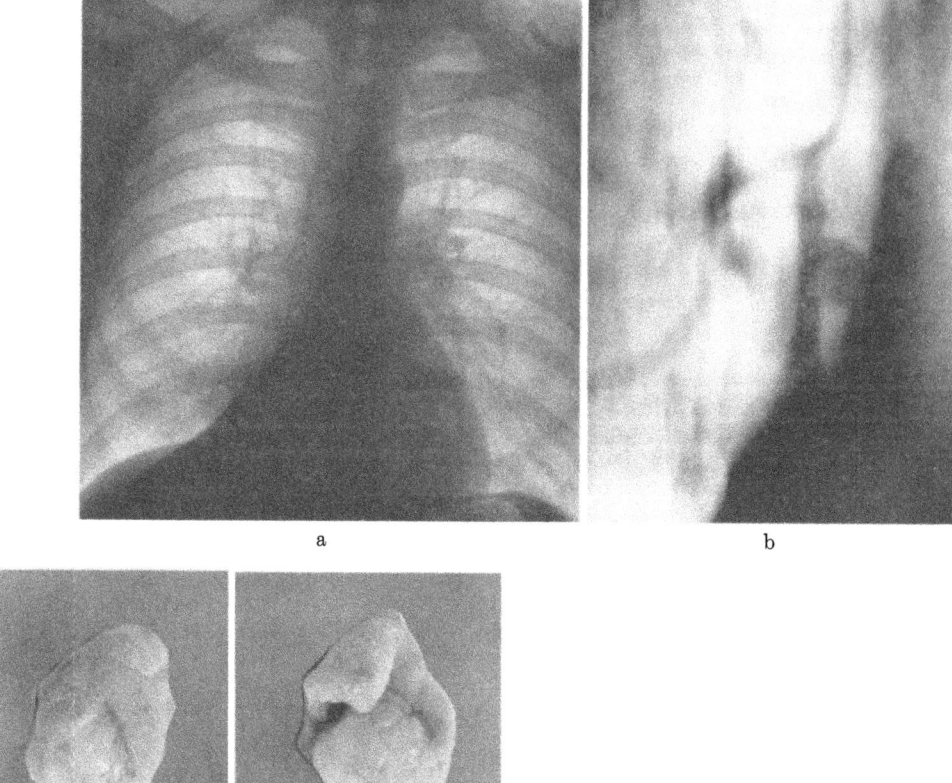
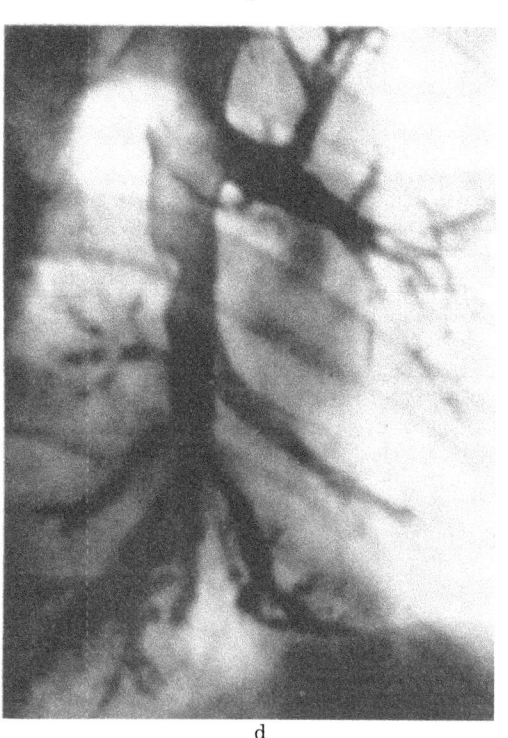

Abb. 113a—d. *Polypös gestieltes Chonro-Hamartom des rechten Zwischenbronchus.* Seit wenigstens 2 Jahren bestehende Belüftungssperre des abhängigen Parenchyms: hochgradige Mediastinalretraktion des atelektatischen rechten Unterlappens mit kompensatorischem Raumausgleich durch den restlichen Lungenflügel (a Ausschnitt der Thoraxübersichtsaufnahme p.-a.) bei glattrandigem kugeligen Tumorschatten im Zwischenbronchus (b). c Photo des bronchoskopisch abgetragenen Hamartoms, aus Kern und „Kapuze" bestehend (Ansicht von 2 Seiten). d Seitliches Bronchogramm (Kontrolle 20 Monate nach Exstirpation): erbsgroßes intramurales Rezidiv an der Hinterwand des Zwischenbronchus (bronchoskopisch bestätigt), deformierende Bronchitis im wiederbelüfteten, aber nicht normal entfalteten Unterlappen. [Nach HASCHE, E., HAENSELT, V.: Die Hamartome der Lunge. Z. Tuberk. **116**, 1—23 (1960); Fall 2, Abb. 5—8]

Demnach können lediglich *grobschollige „puffmaisartige" Kalkeinschlüsse* als eigentümliches Merkmal knorpelhaltiger Hamartome gelten. Findet man glattrandige noduläre Lungenherde mit derart grobdisseminierten Kalkstrukturen langfristig unverändert, ohne sonst erkennbare tuberkulöse Relikte in den Lungen und Mediastinallymphknoten, so handelt es sich mit überwiegender Wahrscheinlichkeit um Chondrohamartome. Die Kombination mit weiteren Hamartoblastomen in anderen Organen, wie bei den in Abb. 110 u. Abb. 111 demonstrierten Beispielen (verkalkte pulmonale Chondrohamartome im Verein mit operativ verifizierten Leiomyomen der Magenwand bzw. subkutanen Fibrolipomen), verstärkt die diagnostische Gewißheit. Häufiger enthalten die Hamartome feinfleckig verteilte oder zentrale Kalkniederschläge (Abb. 102, 110—112). Der Befund erlaubt keine Artdiagnose, da identische Veränderungen in Tuberkulomen, bronchogenen Neoplasmen (s. S. 295, Abb. 156 u. Tabelle 18) und ossifizierenden Metastasen, insbesondere in den Absiedlungen von Ovarialtumoren und osteogenen Sarkomen vorkommen (NATHANSON; SEMPLE u. WEST; WICHMANN; SPEED; BATESON u. ABBOTT; BRAGG u. LEVENE; FRED, EIBAND u. COLLINS; FREESE; WACHNER; LEO u.a.) (s. auch S. 438). Zwiebelschalenartig lamellär angeordnete Kalkabscheidungen kennzeichnen das in Schüben erfolgende appositionelle Wachstum chronisch entzündlicher Granulome. Sie sind vor allem bei Tuberkulomen (MCLEOD u. SMITH; RÜTTIMANN u. SUTER; CAULVER, CONCANNON u. MACMANUS; GOOD, HOOD u. MCDONALD; HEIN; BATESON u. ABBOTT; GIESE u.a.) (s. Abb. 151, 152 u. 155), seltener auch bei Histoplasmoseherden anzutreffen (DAVIS, PEABODY u. KATZ u.a.) (s. S. 305), innerhalb peripherer Bronchialkrebsknoten nur ausnahmsweise nachzuweisen (HARTMANN) und bei Hamartochondromen noch nicht beobachtet worden.

Endobronchiale Hamartome machen sich — wie andere Bronchialpolypen — im Röntgenbild gewöhnlich mit den *indirekten Hinweissymptomen bronchostenotischer Belüftungs- und Sekretdrainagestörung* bemerkbar. Je nach Grad und Mechanismus der Stenose findet man regionale Ventilblähung (LEMON u. GOOD; STEIN u. POPPEL; ROLLAND, LECOEUR u. BLANCHARD; HASCHE; STEIN, JACOBSON, POPPEL u. LAWRENCE; BIKFALVI, MOLNÁR u. HORÁNYI; HASCHE u. HAENSELT; BATESON u. ABBOTT u.a.), grobwabigen Strukturwandel (SIMONETTA) atelektatische Schrumpfung oder chronische Obstruktionspneumonitis mit Bronchiektasie des abhängigen Segments, Lappens oder Lungenflügels (GUDBJERG u.a.), unter Umständen durch Abszedierung oder Begleitpleuritis (Empyem) kompliziert. Die Schattenfigur der Fehlanlage wird dabei gewöhnlich verdeckt. Ihr glattrandiger Füllungsdefekt ist tomo- und bronchographisch nicht vom Stenosebild eines Bronchialadenoms zu unterscheiden (Abb. 113).

β) *Vaskuläre Hamartome*

Angiomatöse Gefäßmißbildungen im Lungenkreislauf mit arterio-venösem Kurzschluß wurden zunächst durch Sektionsbefunde bekannt (CHURTON; TUFFIER; WILKENS; DE LANGE u. DE VRIES-ROBLES; ZIEGLER; BORST; ASCHOFF; ROUSSY; BEAL u. GRAY; BOWERS u.a.). RODES sowie SMITH u. HORTON stellten 1939 erstmals die klinische Diagnose auf Grund des klassischen Shuntsyndroms. Bald danach erscheinen die ersten operativen Erfolgsberichte (HEPBURN u. DAUPHINÉE; SHENSTONE; JANES; ADAMS, THORNTON u. EICHELBERGER; SNYDER u. DOAN; DERRA; ALEXANDER; SISSON, MURPHY u. NEWMAN; LINDGREN; BROBECK; LYNN; HEBERER, RAU u. LÖHR u.a.). Seither stieg die Zahl einschlägiger Beobachtungen im Weltschrifttum rasch an, wie Zusammenstellungen aus den beiden letzten Jahrzehnten erweisen (GIAMPALMO u. GIAMPALMO: 28 Fälle; YATER, FINNEGAN u. GRIFFIN: 45 Fälle; SCHLUDERMANN: 60 Fälle; DAL CO: 74 Fälle; SCHIRMER: 135 Fälle; WEISS u. GASUL: 149 Fälle; STECKEN: über 170 Fälle).

Die vaskuläre Fehlbildung tritt nach eingehenden Sippenuntersuchungen *zu fast 25% familiär* auf und ist in etwa der Hälfte der Fälle *mit* Erscheinungen der *rezessiv vererbten Teleangiectasia haemorrhagica hereditaria kombiniert* (STEIGER; GOLDMAN; SHEFT; GARLAND u. ANNING; LINDGREN; WHITAKER; MOYER u. ACKERMAN; HEDINGER, HITZIG u.

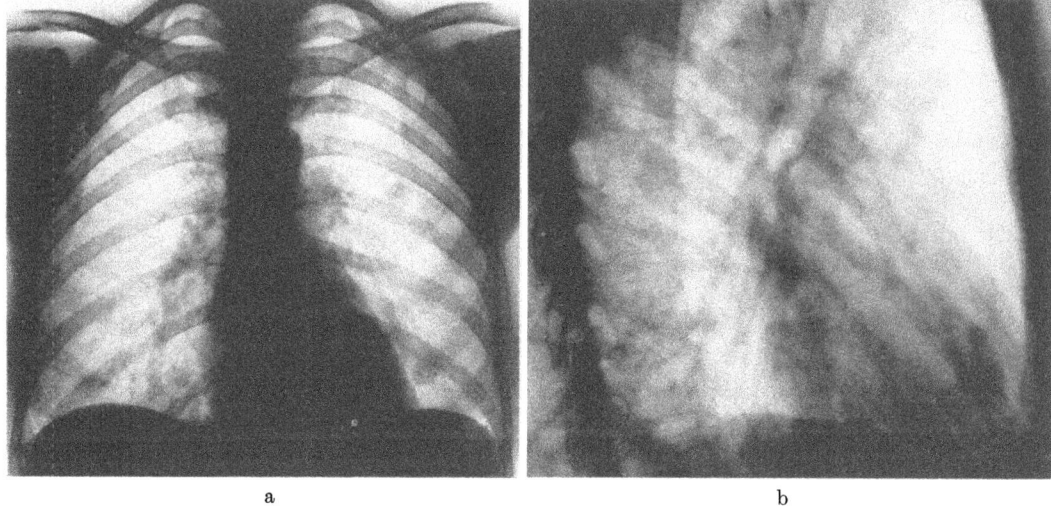

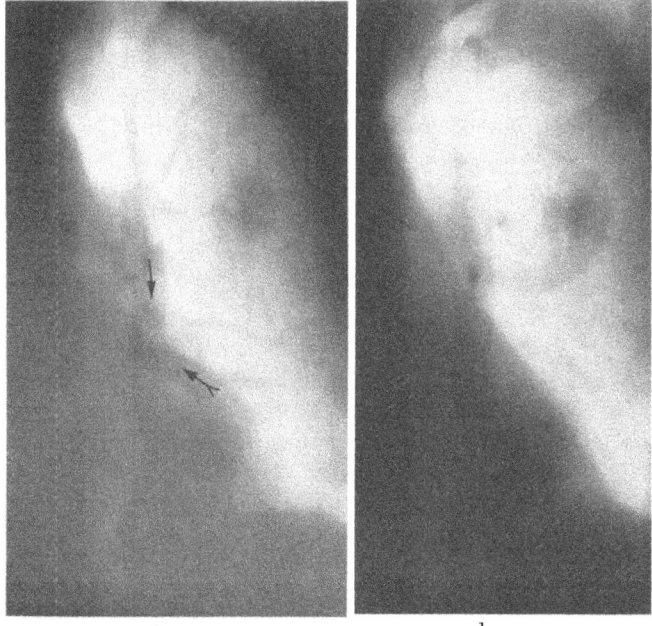

Abb. 114 a—f. *Multilokuläre arteriovenöse Lungenfisteln bei Teleangiectasia haemorrhagica hereditaria (Morbus Rendu-Osler-Weber)*. Typische Veränderungen an Haut und Schleimhäuten, Polyglobulie, Lippenzyanose, Trommelschlegelphalangen. Exitus infolge massiver Hämoptoe. In der Sippe der Patientin 9 weitere Merkmalträger. Röntgenologisch in beiden Lungen multiple kleine und einige große arterio-venöse Fisteln mit tomographisch nachweisbarer Doppelstielverbindung, zum Teil schleifenartig angeordnet, teils mit Zwischenschaltung sackförmig erweiterter Gefäßstrecken. a und b Nativbilder p.-a. und sin.-dextral. c und d Schichtaufnahmen der linken Lunge a.-p. 9 und 12 cm. e und f Schichtaufnahmen des rechten Hilus und Mittellappens sin.-dextral 7 und 9 cm. I. L., 40jähr. ♀. Arch.-Nr. 8863/56, Röntgenabtlg. d. Med. Univ.-Klinik u. Poliklinik Münster/W. (Direktor: Prof. W. H. Hauss)

Marmier; Maier, Himmelstein, Riley u. Bunin; Brouet, Paley, Chrétien u. Gravalleau; Tobin u. Wilder; Armentrout u. Underwood; Glenn, Harrison u. Steinberg; Hodgson, Burchell, Good u. Clagett; Karlish; Hayward u. Reid; Heyde; Bergmann u. Wiedemann; Williams u. Flink; Lequime, Denolin, Delcourt, Verniory u. Callebaut; Steinberg, Maisel u. Vogel; Israel u. Gosfield; Weiss u. Gasul; Schroeter; Ravina; Rundles; Brunner u. Ellegast; Mülly; Major u. a.) (Abb. 114). Außer der erbpathologischen Verwandtschaft mit dem Rendu-Osler-Weberschen Leiden (s. S. 238) weist das gelegentliche *Zusammentreffen mit sonstigen angeborenen Angiokardiopathien* (Grishman, Poppel, Simpson u. Sussman: Lungenvenentransposition mit Vorhofseptumdefekt; Gebauer: partielle Lungenvenentransposition; Jones u. Thompson: Aplasie der V. pulmonalis sup.; Erf, Foldes, Hagleton, Piccione u. Wagner: aortopulmonales Fenster; Ossler: Fallotsche Tetralogie; Hedinger u. Hitzig: Duplikatur der Aortenklappen) und anderen *mesenchymalen Dysplasien* (Duvoir et al.: Fingermiß-

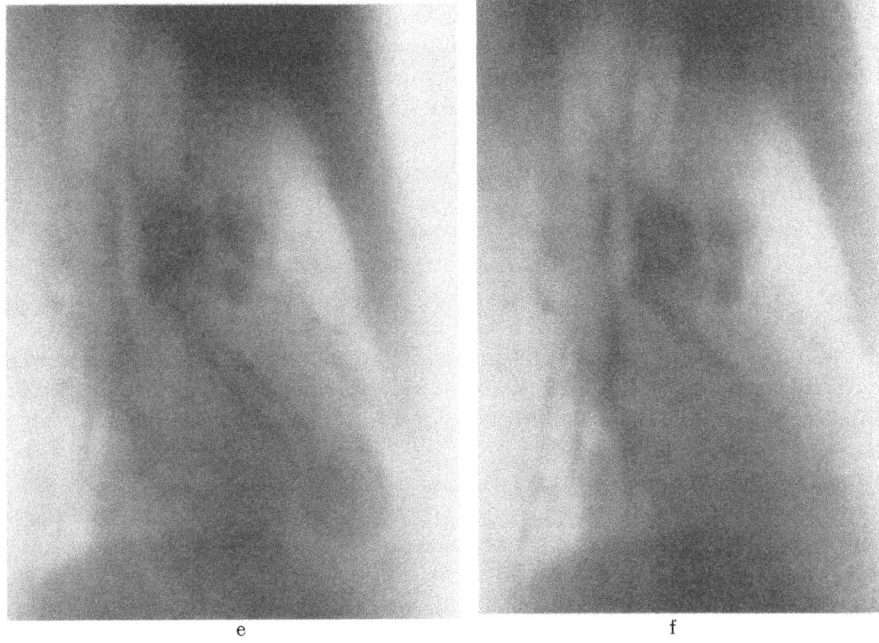

Abb. 114e u. f

bildungen, Magenlipome, subkutane Lipomatose; STECKEN u. OPITZ: Osteopoikilie) auf die komplexe Natur der Mißbildung hin, die beide Lungen in Form einer *generalisierten Angiomatose* einbeziehen kann (s. S. 238).

Die lokalisierte Gefäßanomalie wird teils als „*Hämangiom*" (s. S. 186/187), teils als „*kongenitales arterio-venöses Pulmonalisaneurysma*" (WILKENS; LINDGREN; BROBECK; GRISHAM et al.; ETTINGER, MAGENDANTZ u. RUSSO; HEDINGER u. Mitarb.; LINDSKOG, LIEBOW, KAUSEL u. JANZEN; SANTY, PAPILLON u. BRET; SCHLUDERMANN; LODIN; FALCK; WETZEL u. HEUCK; SLOAN u. COOLEY; BARNES, PATTI u. PRICE; DENOLIN, LEQUIME u. JONNART; SCHLOTTER; SÜSSE, OELSSNER, HERBST u. KUNDE; LIAVAAG u. VINJE; NOGRETTE; HAUCH u. HERTZ; SCHLOTTER; STECKEN; MAJOR; LEZLER; ZITTEL; MACREZ; ADAMSKI u.a.) oder als „*angeborene arterio-venöse Lungenfistel*" bezeichnet (GOLDMAN; YATER et al.; DUISENBERG u. ARISMENDI; ADAMS et al.; ROBERTS u. HUTCHINSON; TALBOT u. SILVERMAN; SZUTRÉLY u. ERDÉLYI; JONES u. THOMPSON; BURCHELL u. CLAGETT; SEAMAN u. GOLDMAN; ISRAEL u. GOSFIELD; GLENN et al.; WEISS u. GASUL; STORCK; GROSSE-BROCKHOFF, LOOGEN u. VIETEN; STEINBERG u. Mitarb.; VAN DE WEYER; PAULIN u. LAMONICA; BEYER u. RICHTER; ROEBEL u. FETZEL; FERRANÉ, PEUTEUIL u. BROWN; KAINDL, KOTSCHER u. LOBENWEIN u.a.).

Anatomisch handelt es sich meist um *kavernomatöse Hämangiome*, die als — uni- oder multilokuläre — Fehlbildung der Lungenkapillaren aufgefaßt werden. Die *Ektasie des zu- und abführenden Gefäßstiels* kommt durch anlagebedingte oder erworbene Wandschwäche zustande. Größe, Gestalt und funktionelle Auswirkung der Hamartie sind variabel und im Laufe der Entwicklung steter Wandlung unterworfen. Das mißgestaltete Gefäßnetz bildet zunächst oft ein bizarres Konvolut endothelbekleideter Hohlräume, die wie Labyrinthkammern miteinander verbunden sind. Unter dem Einfluß strömungsmechanischer Kräfte wird das kavernomatöse System allmählich erweitert und umgeformt: zunehmende Dilatation und progressiver Septenschwund lassen es immer mehr zu einheitlichen dünnwandigen Höhlen zusammenfließen. Zwischen arterio-venösen Kurzschlüssen über ein reich gegliedertes Hämangiom und breiter fistelartiger Kommunikation der in einen ektatischen Komplex mündenden Zufuhrarterie und Abflußvene gibt es gleitende Übergänge.

Der Begriff „Gefäßfistel" gilt nach der Definition von CRANE, LERNER u. LAWRENCE, FRIEDBERG und anderer Autoren streng genommen nur für unmittelbare Verbindungen von Arterie und Vene ohne Zwischenschaltung einer — mehr oder weniger gekammerten — Kapillarstrecke, wie sie bei erworbenen Gefäßkurzschlüssen entstehen. Die Shuntsituation vaskulärer Lungenhamartome unterscheidet sich von diesen einfachen Gefäßfisteln entzündlichen, degenerativen oder traumatischen Ursprungs nicht nur formalgenetisch, sondern in manchen Fällen auch durch komplexe *Verbindung des pulmonalen Gefäßkonvoluts mit dem Bronchial- und Interkostalgefäßsystem* (PRUTZMAN u. FLICK; STEINBERG u. MCCLENAHAN; GRAY u. LURIE; MURI; STEINBERG u. FINBY; SCHIRMER; STEINBERG, MAISEL u. VOGEL; SCHLOTTER; MÜLLY u.a.). Über gemeinsames Vorkommen arterio-venöser Aneurysmen im kleinen und großen Kreislauf berichteten HAUCH, BERGMEYER, HURLBRINK, NITSCHKE u. WENDE. Im Gegensatz zum kavernomatösen Typ führt das wesentlich seltenere *kapilläre Lungenhämangiom* als geschwulstartige Mißbildung von solider Bauart (s. S. 186) nicht zu klinischen Symptomen des vaskulären Kurzschlusses, selbst wenn die Fehlanlage in jahrzehntelanger Entwicklung zu einem größeren Knoten heranwächst (GOORWITCH u. MADOFF; HOOD, GOOD u. MCDONALD).

Auch das kavernomatöse Hämangiom macht sich meist erst nach langjähriger Latenz mit funktionellen Störungen bemerkbar. Das bevorzugte *Manifestationsalter* liegt im 2.—3. Lebensjahrzehnt. Nur in etwa 20% wird die Anomalie schon im Säuglings- oder Kindesalter als Zufallsbefund, durch frühzeitiges Auftreten von Shuntsymptomen, Blutungen oder anderen Komplikationen entdeckt (DE LANGE u. DE VRIES-ROBLES; WOLLSTEIN; RANKEL; BOWERS; DUVOIR, PICOT, POLLET u. GAULTIER; BOEREMA u. BRILLMAN; BARNES, FATTI u. PRYCE; GARLAND u. ANNING; TROCMÉ; LIAVAAG u. VINJE; DANIS; WISSLER; DI VALMAGGIORE u. FOJANINI; CASTELLANOS, GARCIA, RODRIGUEZ-DIAZ u. ANIDO; MAJOR; KLIMKOVICH, PINKALEVA u. GORBULEVA; WEICKER u.a.). Nicht selten bleibt sie über die Wachstumsperiode hinaus bis in mittlere Altersstufen klinisch stumm oder symptomarm (ROBERTS u. HUTCHINSON; TALBOT u. SILVERMAN; HEDVAL; WHITAKER; GROSSE-BROCKHOFF, LOOGEN u. VIETEN; STEINBERG u. FINBY; STECKEN u.a.). In einigen Fällen wurde die Mißbildung erst im Senium festgestellt (SCHROETER; BERGMANN u. WIEDEMANN; HAMM u. FINKE). SCHIRMER gibt für 127 Fälle des Schrifttums ein *Geschlechtsverhältnis* von 70 ♂ : 57 ♀ an.

Im Vordergrund des *klinischen Erscheinungsbildes* stehen die Folgesymptome des Rechts-Links-Kurzschlusses. Ihr Schweregrad wächst mit dem Shuntvolumen, d.h. mit dem Querschnitt des bzw. der Fistellecks und mit dem Druckgradienten. Schon ein Shunt von 15—20% des pulmonalen Zeitvolumens verrät sich mit deutlicher *Mischblutzyanose*. Die durch breite Kommunikation kurzgeschaltete Durchflußmenge kann bis zu 80% des Minutenvolumens betragen (BAKER u. TROUNCE; MAIER, HIMMELSTEIN, RILEY u. BUNIN; CRANE, LERNER u. LAWRENCE; BROBECK; PAOLUCCI u. FOJANINI u.a.). Mit dem *arteriellen Sauerstoffdefizit* (CASTELLANOS et al.: Sättigungsabfall unter 70%!) nimmt die Zyanose und das Ausmaß der *kompensatorischen Polyglobulie* zu (im Extremfall 11—12 Mill Erythrozyten/ml, Hämoglobinanstieg auf 130%, Hämatokritwerte bis 80%). Die Kardinalsymptome, zu denen — neben *erhöhter Thromboseneigung* und *Hämoptysen* — auch *Belastungsdyspnoe*, *Trommelschlegelbildung* der Finger- und Zehenendglieder sowie Mattigkeit und Leistungsschwäche gehören, können fehlen, wenn die abführende Vene eine stärkere Beimischung von arterialisiertem Blut aus Bronchialarterien erhält (STEINBERG u. Mitarb.).

In etwa 30—50% der Fälle ist herzsynchrones Schwirren über der Brustwand mit einem holosystolisch-diastolischen *Fistelgeräusch* nachweisbar, das sich inspiratorisch verstärkt (MAIER u. Mitarb.; RUNDLES; ARMENTROUT u. UNDERWOOD; WETZEL u. HUECK; HAUCH u. HERTZ; STECKEN u.a.). Für die Differentialdiagnose gegenüber angeborenen zyanotischen Herzfehlern ist das *Fehlen nennenswerter Dilatation oder pathologischer Formänderungen des Herzens* bedeutsam. Obgleich der Durchfluß durch das Gefäßleck einen beachtlichen Teil der effektiven Lungenperfusion ableiten kann, sind die strömungsmechanischen Auswirkungen auf das Herz weniger ausgeprägt als bei herznahen Gefäßfisteln des großen Kreislaufs (LERICHE; ZDANSKY; HOCHREIN u. SCHLEICHER; FRIEDBERG; BLISS; MÖRL; WOLLHEIM u. ZISSLER; WHITE; SCHOOP; SCHULZE, SCHÜRMEYER u. BENDER u.a.), weil das Druckgefälle des pulmonalen Kurzschlusses zum efferenten Schenkel a priori niedriger ist und mit der Abnahme des Strömungswiderstands im Fistelbereich noch flacher wird (MAIER et al.; BAKER u. TROUNCE; MAKLER u. ZION u.a.).

Bei etwa einem Fünftel der Kranken treten rezidivierende *Hämoptysen* auf, die aus kleinen Schleimhaut-Teleangiektasen der Luftwege stammen (MOUNIER-KUHN; HOLLMANN u.a.) oder von Thrombosen im Fistelgebiet ausgelöst werden. Sie können das erste und einzige Anzeichen der Anomalie bilden (ETTINGER et al.; DUISENBERG u. ARISMENDI; READING; MAIER et al.; WODEHOUSE u.a.) und den Shuntzeichen um Jahre vorausgehen (SCHLUDERMANN u.a.). Wiederholte Lungenblutungen oder Hämorrhagien aus ektatischen Schleimhautkapillaren des Respirations- oder Verdauungstrakts können die Zyanose und Polyglobulie zeitweilig mit dem Bild der *Blutungsanämie* verdecken (RUNDLES; ARMENTROUT u. UNDERWOOD; SLOAN u. COOLEY u.a.). Die Dünnwandigkeit des Gefäßkonvoluts birgt die Gefahr *schwerer Rhexisblutungen*, wie Berichte über massive, oft *tödliche Hämoptoe*, zum Teil mit Durchbruch in den Pleuraraum, bezeugen (nach SCHLUDERMANN in 19 von 60 Fällen des Schrifttums; Einzelbeobachtungen s. CHURTON; WILKENS; BOEREMA u. BRILMAN; BUSTINZA; BOWERS; BERGMANN u. WIEDEMANN; RODES; BEYER u. RICHTER; ISRAEL u. GOSFIELD) (s. auch Legende zu Abb. 114).

Weitere Gefahrenmomente ergeben sich durch akzidentelles Auftreten *bakterieller Endokarditis* (MAIER et al. u.a.) und *zerebraler Komplikationen*. Neben leichten neurologischen Symptomen (Kopfschmerz, Schwindelgefühl, Benommenheit) kommen auch ernsthafte Störungen vor, wie anfallartige Absencen (LINDGREN), epileptiforme Krämpfe (WATSON; WILLIAMS u. FLINK; SISSON et al.; BROMAN; BARNER u. Mitarb.; GRISHMAN et al.), apoplektische Insulte (SLOAN u. COOLEY), Mono- und Hemiplegien (ETTINGER u. Mitarb.; s. auch Legende zu Abb. 115) und tödlich verlaufende embolische Hirnabszesse (HEDINGER; WOLLSTEIN; READING; STECKEN; eigene Beobachtung). Pathogenetisch spielen dabei thrombo-embolische Vorgänge und hypoxämische Schäden die Hauptrolle, doch kann die zerebrale Symptomatik auch Ausdruck koordinierter Mißbildung der Hirngefäße sein.

Wegen der relativ hohen Komplikationsrate ist die *Prognose* der vaskulären Anomalie ernst. Größere Lungengefäßfisteln bilden daher eine dringliche Indikation zur *chirurgischen Behandlung*, die angesichts der erhöhten Thrombosebereitschaft allerdings ein gewisses Zusatzrisiko birgt. SCHIRMER, MAJOR und andere Autoren beziffern die primäre Operationsmortalität mit 5—7%.

Die Erfolgsaussicht des wiederholt unternommenen Versuchs, den Kurzschluß mittels einfacher Ligatur oder Durchtrennung der unterbundenen Zufuhrarterie auszuschalten, wird unterschiedlich beurteilt (BOEREMA u. BRILMAN; WATSON; PACKARD u. WARING; BJÖRK u. CRAFOORD; D'ALLAINES et al.; DI VALMAGGIORE u. Mitarb.; THOMSON; MAJOR). Nach wie vor gelten resezierende Eingriffe, deren Umfang sich nach Ausdehnung, Zahl und Lage der nachweislichen Fisteln richtet, als Methode der Wahl (Lit. s. MAJOR; BJÖRK). Mehrfach konnten multiple, zum Teil nacheinander manifest gewordene a.-v.-Fisteln durch mehrzeitige bilaterale Teilresektionen beseitigt werden (JANES; ADAMS; CHARBON; ADAMS u. CARLSON; BJÖRK; BAER u. Mitarb.; LYONS u. MANNIX). Zur präoperativen Fahndung nach zusätzlichen kleineren, funktionell und röntgenmorphologisch zunächst nicht hervortretenden Kurzschlüssen, die sich mitunter erst nach Entfernung eines großen Angioms bemerkbar machen (BAER et al.; BRUNNER u. ELLEGAST), kommen Blutgasanalysen nach temporärer Katheterblockade der A. pulmonalis auf Seiten des sichtbaren Gefäßkonvoluts und selektive angiographische Kontrollen in Betracht.

Die morphologische Variationsbreite des anatomischen Substrats spiegelt sich im *Röntgenbefund* wider (Abb. 114 u. 115). Die Diagnose größerer pulmonaler Hämangiome bzw. a.-v.-Fisteln ist meist schon nach der Nativuntersuchung mit überwiegender Wahrscheinlichkeit zu stellen. Die Gebilde liegen *ganz überwiegend subpleural in den Unterlappen*, rechts häufiger als links, nur selten im Lungenkern. Im sagittalen Strahlengang können sie bei paramediastinalem Sitz entsprechender Höhe allerdings auf den Hilus projiziert werden und einen Tumor zentraler Lage vortäuschen. Retrokardial bzw. am dorsobasalen Pleurasinus lokalisierte Angiome werden erst unter Drehung am Schirm oder auf hart exponierten Übersichtsaufnahmen wahrnehmbar.

Im typischen Fall handelt es sich um — singuläre oder multiple — *glattrandige Weichteilschatten von Kleinkirsch- bis über Faustgröße*. Je nachdem, ob die arterio-venöse Kommunikation über eine sackartige Ausweitung, ein verschlungenes Gefäßknäuel oder einen einfachen fistelähnlichen Kurzschluß erfolgt, erscheinen sie *rundlich, oval, traubig-polyzyklisch, kranz- oder schleifenartig geformt*. Wird das umgebende Lungengewebe durch Blutung, Atelektase, pneumonische Infiltrate oder Induration in Mitleidenschaft gezogen, so verliert die Schattenfigur ihre scharfe Kontur und eigentümliche Gestalt. Innerhalb der homogenen Verdichtung sieht man gelegentlich *kalkdichte Einschlüsse*, die von Phlebolithen (TESCHENDORF), entzündlich-regressiven Wandveränderungen oder inveterierten Thromben herrühren können (BAKER u. TROUNCE; CRANE et al.; JONES u. THOMPSON).

Jede parietale bzw. das Lumen füllende Gerinnselabscheidung wirkt dem mechanischen Einfluß des schwankenden Füllungs- und Atemdrucks auf das dünnwandige Hohlraumsystem entgegen. *Systolisch-expansive Eigenpulsationen*, die sonst den Eindruck eines „tumeur pulsatile du poumon" erwecken können (SEGERS, REGNIER u. DENOLIN; BRUNNER u. ELLEGAST), werden daher vielfach vermißt. Ebenso sind *Größenschwankungen beim Preßdruck- und Müller-Versuch* (LINDGREN; VAN DE WEYER; HAYWARD u. REID; BROUET, PALEY, MARCHE u. CASTILLON; ZAWADOWSKI; STEVENSON u. Mitarb.; SIELAFF; SCHULZE) nur in etwa einem Viertel der Fälle nachweisbar.

Das kennzeichnende Leitmerkmal der Anomalie, der *erweiterte Doppelstiel des zu- und abführenden Gefäßes*, der das periphere Konvolut mit dem Hilus bzw. linken Vorhof verbindet (BARNES), tritt dagegen in geeigneter Projektion meist deutlich hervor. Die efferente Vene ist gewöhnlich stärker dilatiert als die hilofugale Arterie. Da sie etwas tiefer in die Mediastinalsilhouette eintritt als der betreffende Arterienast (HARRIS; HORNYKIEWYTSCH u. STENDER; SIELAFF; STENDER u. SCHERMULY; SCHULZE u.a.), pflegen sich ihre Schattenbänder im Lungenkern schräg zu überkreuzen (s. Abb. 114 u. 115 sowie Beispiel in Bd. X/3, Abb. 32a—e). Abgesehen von der mehr oder weniger ausgeprägten Ektasie fallen beide Gefäße oft durch ihre Schlängelung aus dem Rahmen der radiär gestreckten Veraufsform normaler vaskulärer Lungenstrukturen. Mitunter münden mehrere Arterien in

---

Abb. 115a—j. *Arterio-venöse Fistel im li. Unterlappen bei Morbus Osler*. Die junge Frau wurde wegen flüchtiger Aphasie und rechtsseitiger Hemiparese in der Neurologischen Klinik d. Krhs. Nordwest Frankfurt/M. (Direktor: Prof. DUUS) aufgenommen. Nach Rückbildung der neurologischen Ausfälle fand sich röntgenologisch ein kirschgroßer „Rundherd" im Kern des li. Unterlappens (a Übersichtsaufnahme p.-a.). Der glattrandige Weichteilschatten lag an der inneren Grenze des latero-basalen Segments im Winkel zwischen der etwas oberhalb und seitlich verlaufenden Segmentarterie und der dicht medial vorbeiziehenden V. basalis lat. (b—d Schichtaufnahmen a.-p. $8^1/_2$ und 9 cm und destro-sinistral 8 cm). Obgleich selbst bei enger Schnittführung keine breite doppelläufige Stielverbindung zu den benachbarten Segmentgefäßen nachzuweisen war, ließ die Kombination von Lungenrundherd mit passagerer Lähmung und weiteren, erst bei der Röntgenuntersuchung entdeckten Leitmerkmalen (Schleimhautteleangiektasen an Lippen, Zunge und Gaumen, leichte Lippenzyanose) (e) keinen Zweifel am Vorliegen einer pulmonalen a.-v.-Fistel mit zerebraler Symptomatik. Die Diagnose wurde durch eine Pneumangiographie gesichert, die das rundliche Kontrastdepot des Fistelsacks beim arterio-kapillären Durchfluß markant hervortreten ließ und auffallend frühe Füllung des li. Vorhofs zeigte (f—h Ausschnitte der Serienangiographie 1, $1^1/_2$ und 2 Sek. nach Injektion). Die Übersichtsangiographie ergab keine weiteren Gefäßmißbildungen der Lungenstrombahn. Wegen der Injektion vom Truncus pulmonalis aus wurde der venöse Fistelabflußweg nicht so deutlich kontrastiert wie bei selektiver Gefäßdarstellung nach Lobektomie (Op.: O.A. Dr. MÄRZ, Chir. Klinik d. Krhs. Nordwest, Direktor: Prof. UNGEHEUER). Das Resektionspräparat wurde über eine in den basalen Arterienstamm eingebundene Plastikkanüle angiographiert (i Röntgenaufnahme des künstlich luftgeblähten Unterlappens nach Füllung der basalen Segmentarterien und -venen, Aufsicht vom Hilus; j Skizze des angiographischen Bildes). Bei Durchleuchtung während des Füllungsvorgangs trat das Kontrastmittel von einem schmalen afferenten Schenkel aus der A. basalis lat. in den kirschgroßen Fistelsack

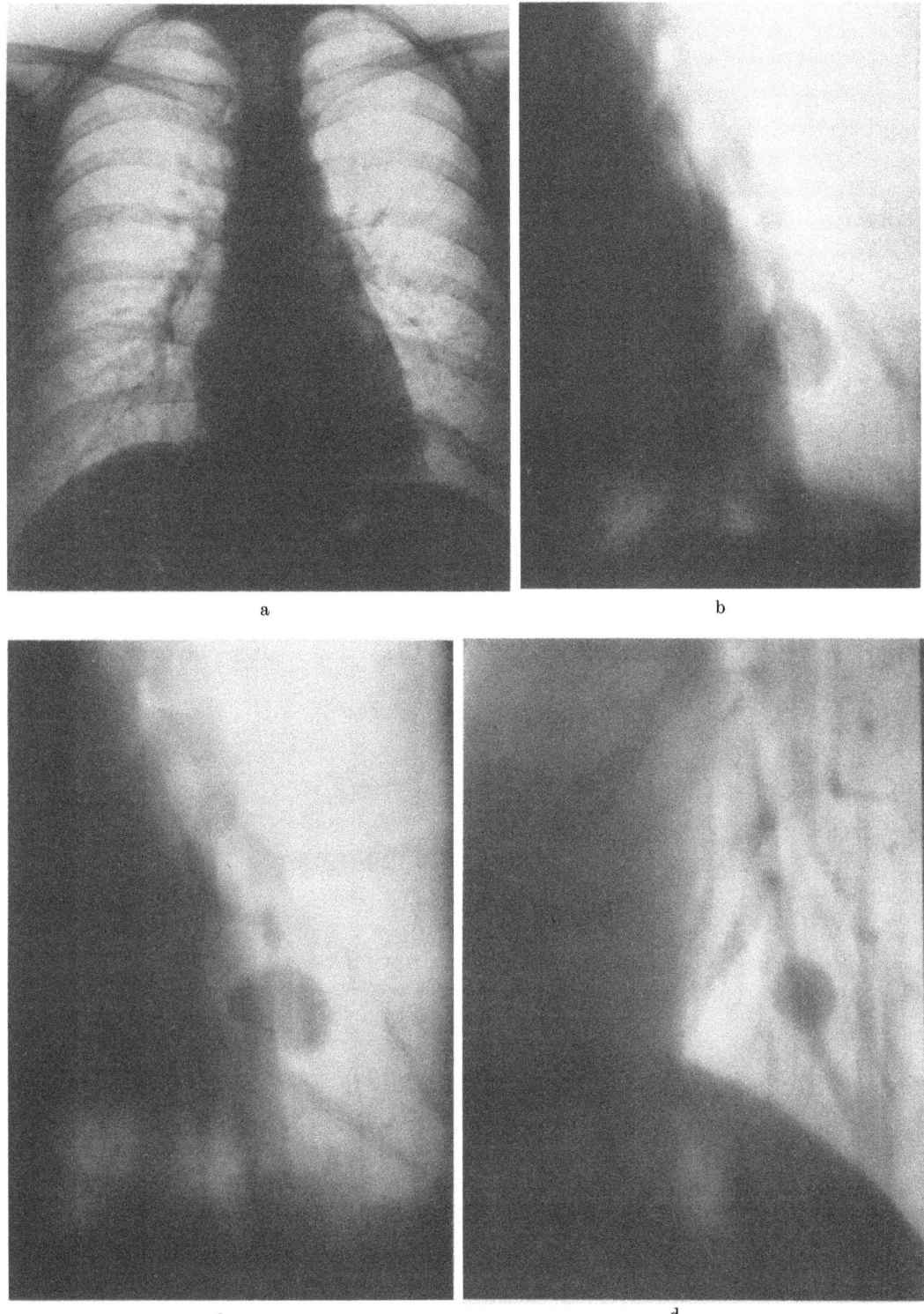

ein und floß über einen kurzen, nur wenig breiteren Verbindungsstiel zur V. basalis lat. ab. Die intersegmental verlaufenden Venen der übrigen Basissegmente füllten sich retrograd. Die proximale Venengabel (in Abb. 115j gestrichelt) ist nur schemenhaft erkennbar, da der Truncus venous basalis communis nicht abgebunden wurde. Histologischer Befund: arterio-venöses Aneurysma (E.-Nr. 16247/69 Path. Inst. d. Krhs. Nordwest, (Direktor: Prof. KAHLAU). L. M., 36jähr. ♀. Arch.-Nr. 0305 32532, Radiolog. Zentralinst. d. Krhs. Nordwest, Frankfurt/M.

e

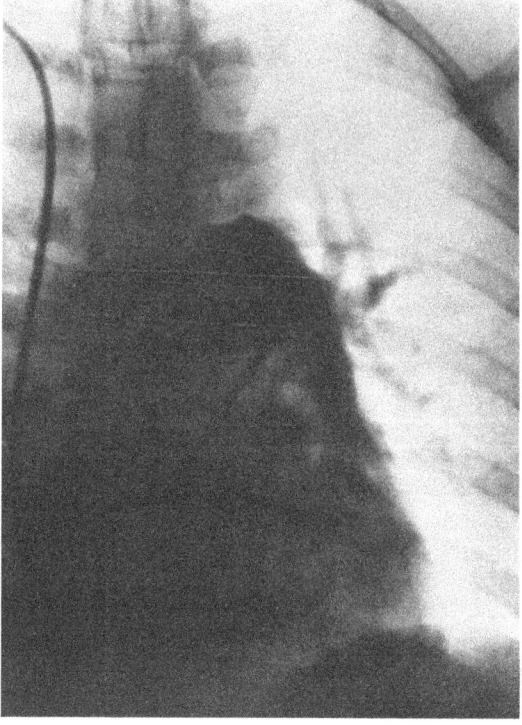

f

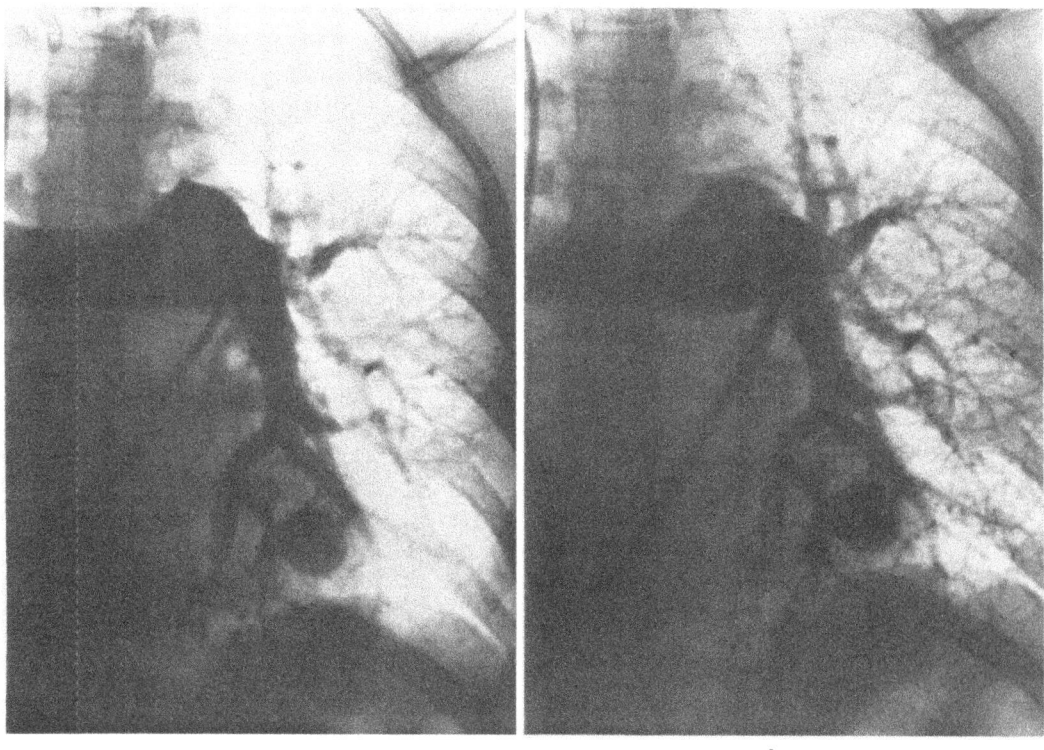

g h

Abb. 115e—h (Legende s. S. 222 und 223 unten)

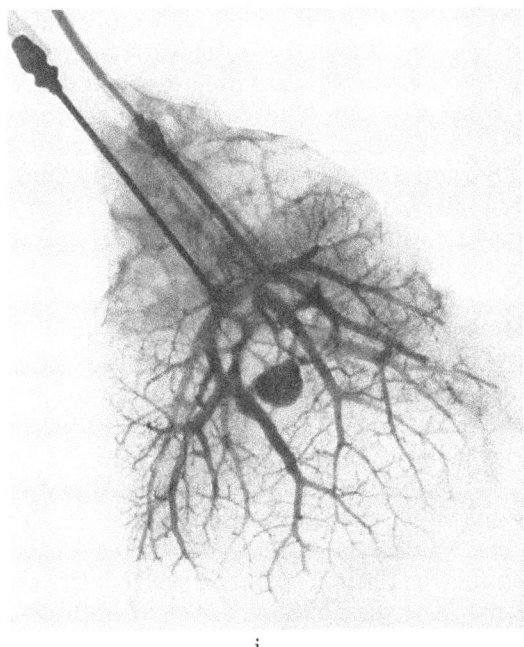

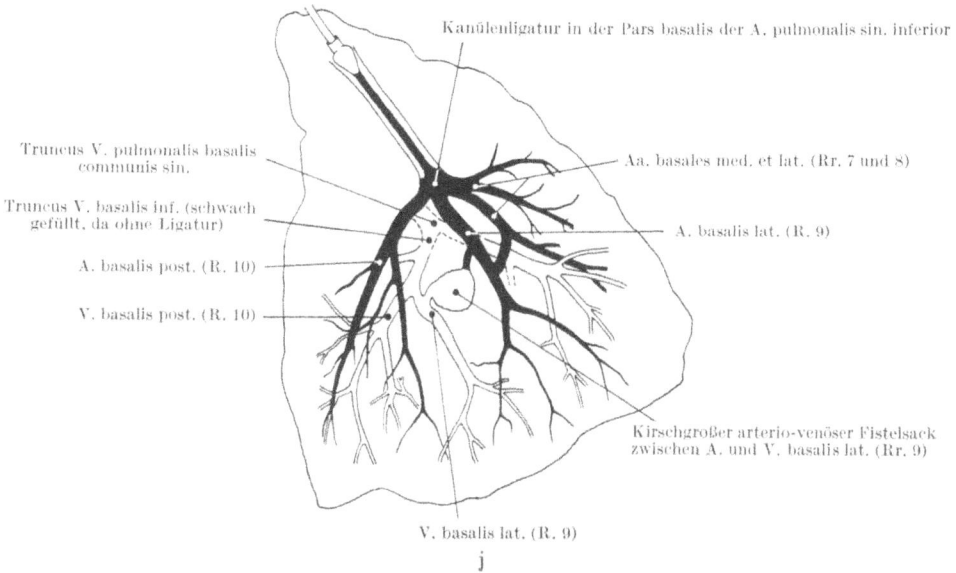

Abb. 115 i u. j (Legende s. S. 222 und 223 unten)

den kavernomatösen Komplex ein. In einzelnen Fällen bildete eine Bronchialarterie (MURI) bzw. ein aberrierender Ast der Aorta descendens das Zuflußgefäß (WATSON).

Die *Diagnose* ist in der Mehrzahl der Fälle mit *gezielter Schichtuntersuchung* zu sichern (LODIN; LINDGREN; SLOAN u. COOLEY; STECKEN; FALCK; SCHLOTTER; LESZLER; GEBAUER; HODGSON, CALLAHAN, BRUWER u. BULBULIAN; SIELAFF; SCHULZE u.a.), wenn man die Projektion den jeweiligen topographischen Bedingungen anpaßt: die Schichtebene ist stets durch entsprechende Schräglagerung des Patienten (Erhöhung der Becken- bzw. Hüftpartie durch eine Unterlage) so gegen die vertikale Körperachse zu neigen, daß sie den diagonal gerichteten Gefäßstiel in der betreffenden Sagittal-, Frontal- oder Schrägebene in größtmöglicher Ausdehnung longitudinal erfaßt (SCHULZE). Damit gelingt es in geeigneten Fällen, den Kurzschluß samt Zu- und Abflußgefäß als zusammenhängendes Schattenband auf einer Schichtaufnahme abzubilden (s. eigene Beobachtung in Bd. X/3, Abb. 32a—e, S. 87/88). Zur vollständigen Information über den Verlauf stark gewundener Fistelgefäße zwischen Ursprung und Mündungsort sind sonst Nachbarschichten bzw. Schichtaufnahmen in einem anderen Strahlengang heranzuziehen. Man erhält so Aufschluß über Form und Segmentzugehörigkeit der Anomalie und kann beide Strombahnschenkel nach ihrer Verlaufsrichtung klar unterscheiden (SCHULZE). Mit dem Schichtverfahren werden mitunter auch zusätzliche kleinere Hämangiome aufgespürt, die auf dem Summationsbild nicht ohne weiteres zu entdecken sind (LODIN; STECKEN).

Die *Pneumangiographie* erfüllt diese Aufgabe treffsicherer (SMITH u. HORTON; DUISENBERG u. ARISMENDI; GRISHMAN et al.; STEINBERG u. Mitarb.; DONZELOT, DUBOST, DURAND u. MÉTIANU; D'ALLAINES et al.; SÜSSE, OELSSNER, HERBST u. KUNDE; SLOAN u. COOLEY; GROSSE-BROCKHOFF, LOOGEN u. VIETEN; BROUET, PALEY, CHRÉTIEN u. GRAVALLEAU; BROCARD, GALLOUÉDEC, VANNIER, ARNAL, LEMAIRE u. PATTE; SIELAFF; HEYDE u.a.), läßt bei multiplen miliaren Teleangiektasen der Lungen allerdings auch im Stich (BRINK; COOLEY u. MCNAMARA) (s. S. 238). Bei Miniaturfisteln bewährt sich die *Vergrößerungstechnik angiographischer Darstellung* (SAGEL u. GREENSPAN). Mit der Kontrastierung der Fistel und vorzeitiger Füllung des linken Vorhofs über den Kurzschluß (STEINBERG et al.; SZUTRÉLY u. ERDÉLYI; MAJOR; SÜSSE, OELSSNER, HERBST u. KUNDE; LAFF u.a.) (Abb. 115) orientiert die Methode näher über Beschaffenheit, Bau und Strömungssituation stark geknäuelter Konvolute. Sie ist dem Schichtverfahren zweifellos auch bei großen lappenfüllenden, von einem paravasalen Hämatom (GLÄSER u. KERRINNES; BEYER u. RICHTER) bzw. atelektatisch-pneumonischer Verdichtung umsäumten oder unmittelbar dem Hilus aufsitzenden Hämangiomen mit abnorm konfiguriertem randunscharfem Schattenkomplex (SIMON u. BALLON; GROSSE-BROCKHOFF, LOOGEN u. VIETEN) überlegen. Meist ist die Angiographie, deren selektive Vornahme mit dem Katheter bei dünnwandigen a.-v.-Fisteln das Risiko ernstlicher, unter Umständen tödlicher Zwischenfälle birgt (RUNSTRÖM u. SIGROTH; SISSON et al.; STEINBERG u. Mitarb.; SLOAN u. COOLEY), aber zu entbehren, weil der typische Schichtbefund bereits diagnostische Klarheit gibt (STECKEN; LODIN; LESZLER; SIELAFF; SCHULZE u.a.). Für die Abgrenzung arteriovenöser Kurzschlüsse von isolierten bzw. *multiplen mykotischen Aneurysmen peripherer Lungenarterien* (CHURTON; BEATTIE u. HALL; WILKENS; BARNES u. STEDEM; WEDLER; WEISE; HÜCKSTÄDT; MACKENZIE u. CLAGETT; SCHLUDERMANN; HUGHES u. STOVIN; CORNET u. BARRIÈRE; KAUFFMANN, LYNFIELD u. HENNGAR; SIELAFF; PIRANI, EWART u. WILSON; CHARLTON u. DU PLESSIS u.a.) oder sackförmiger pulmonaler Phlebektasie ergeben sich im übrigen tomo- wie angiographisch die gleichen Schwierigkeiten, wenn die Fisteln nur kurze schmale Gefäßbrücken zwischen Zufuhrarterie und Abflußvene aufweisen (Abb. 115). Die von *razemösen Angiomen* (DOMENICI u. LOPEZ), stärkerer Dilatation bzw. *Aneurysmen der Bronchialarterien* herrührenden Schattenfiguren (JACOBI; CAMPBELL u. GARDNER; EAST u. BARNARD; MACK, MOSS u. O'LOUGHLIN) sind erst bei Kontrastfüllung des Systemkreislaufs angiographisch zu identifizieren.

Die *röntgenologische Differentialdiagnose* rundlich-ovalärer a.-v.-Fisteln umfaßt im übrigen expansiv wachsende Tumorknoten, Tuberkulome, weichteildichte Hamartome und andere solide oder zystische Rundherde, deren Summationsbild andererseits eine doppelläufige Stielverbindung zur Lungenwurzel vortäuschen kann, wenn sich der fragliche Herd scheinbar stufenlos in die Schattenstreifen benachbarter Gefäßgabeln einfügt (DREVVATNE u. FRIMANN-DAHL; STEINBERG u. FINBY) (s. Bd. IX/4b, Abb. 404). Verwechslungen derartiger Gebilde mit a.-v.-Fisteln und gegensinnige Irrtümer wurden wiederholt beschrieben (WAHL u. GARD; BÜRGER; KERRINNES u. KERRINNES; LESZLER). Im Zweifelsfall ist die Kontrastdarstellung unerläßlich, falls das Schichtverfahren trotz enger, den spezieller Verlaufsbedingungen angepaßter Schnittführung keine ausreichende Gewißheit bietet, um einen fraglichen anatomischen Zusammenhang pulmonaler Rundherde mit vaskulären Lungenstrukturen zu bestätigen oder auszuschließen.

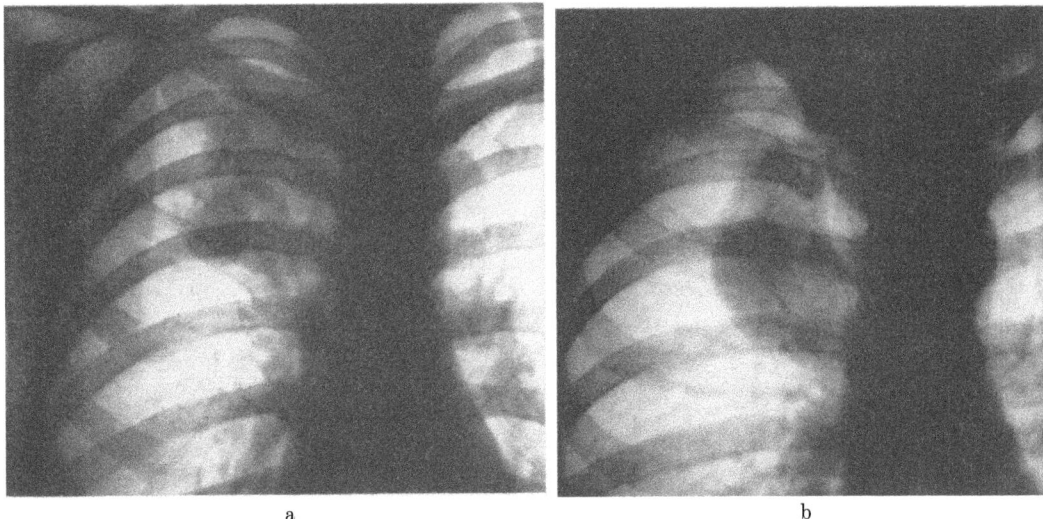

a   b

Abb. 116a—f. *Variköse Phlebektasie im apikalen Oberlappensegment rechts.* Die im Nativbild p.-a. vom 10.3.42 dargestellte knollig-traubenförmige Schattenfigur im rechten Oberlappen (a) war zunächst als tuberkulöse Infiltration gedeutet worden. Während wiederholter Heilstättenkuren nie Tuberkelbazillen nachweisbar, Blutsenkungsgeschwindigkeit und Körpertemperatur anhaltend normal, kein Gewichtsverlust. Nach über 17jährigem Intervall gegenüber dem Initialbefund deutliche Größenzunahme des fraglichen Gebildes (b und c Nativaufnahmen in 2 Ebenen vom 16. 12. 55), das pulsatorisch stumm erschien, beim Wechsel von Preßdruck und Müllerversuch aber deutliche Größen- und Formänderung zeigte und tomographisch mit einem paramediastinal zum oberen Cavarand herabziehenden einläufigen Stiel in die rechte Mediastinalkontur überging (d—f Schichtbilder 10 und 11,5 cm a.-p. sowie 9,5 cm sin.-dextr. vom 16. 12. 55). Klinisch keine Shuntsymptome, keine abnormen Geräusche und keine Teleangiektasen der sichtbaren Schleimhäute. E. B., 45jähr. ♀. Arch.-Nr. M 6355 Röntgeninst. d. Med. Univ.-Klinik Leipzig (damal. Direktor: Prof. M. BÜRGER)

Beide Methoden bewähren sich auch in der Differentialdiagnose zwischen arteriovenösen Fisteln und *isolierten Lungenvarizen*, die klinisch teils stumm bleiben, mitunter aber gewisse Analogien zum Erscheinungsbild der — wesentlich häufigeren — a.-v.-Fisteln aufweisen (Neigung zu Epistaxis und Hämoptysen, seltener Hämoptoe oder gar tödliche Rhexisblutung, Hämatothorax, Trommelschlegelphalangen, Belastungsdyspnoe, thromboembolische Komplikationen mit zerebraler Symptomatik) (STECKEN). Die Betrachtung gilt dabei nicht der regionalen Phlebektasie, die im Verein mit asymmetrisch angeordneter sekundärer Lungenhämosiderose und pulmonalem Hochdruck infolge uni- oder plurilobärer Lungenvenenokklusion als angeborene Anomalie oder unter bestimmten Krankheitsbedingungen erworbene Zirkulationsstörung auftritt (Kombination von Druckerhöhung und Wandschwäche bei Mitralfehlern, phlebitische Begleitprozesse entzündlicher Lungenerkrankungen, häufiger orifizielle Sammelvenenobstruktion durch Narbenzug, Druck oder Ummauerung bei Concretio pericardii, schwieliger Mediastinitis, bronchopulmonalen Lymphknotenaffektionen oder hilusnahen Tumoren) („*Edwards-Burchell-*Syndrom" s. Abb. 212 und S. 407). Die differentialdiagnostische Erörterung bezieht sich vielmehr auf idiopathische Varixformen, die offenbar anlagebedingt und Ausdruck allgemeiner variköser bzw. angiodysplastischer Diathese sind (POHL; CURTIUS; STECKEN). Ihre Heredität ist bisher nicht erwiesen, nach familien-anamnestischen Erhebungen in einigen Fällen allerdings zu vermuten (STECKEN).

STECKEN, der selbst 25 Fälle isolierter Lungenvarizen beobachtete, fand im älteren und neueren Schrifttum 13 einschlägige Mitteilungen (BAUER; POHL; HEDINGER; NAUWERCK; MASCAGNI; KLINCK u. HUNT; NIEMANN; JACCHIA; MOQUIN, HÉBRARD, DAMASIO, JOUVEL, DURAND u. PIEQUET; 2 Fälle von SCHLOTTER, GEBAUER u. SCHANEN; SCHULZE). Dieser Kasuistik sind weitere Fälle hinzuzufügen, darunter ein seinerzeit als „Leiomyomatose" gedeuteter Befund (H. SCHULZE, 1942), ein 1951 erschienener Case-Report des Massachu-

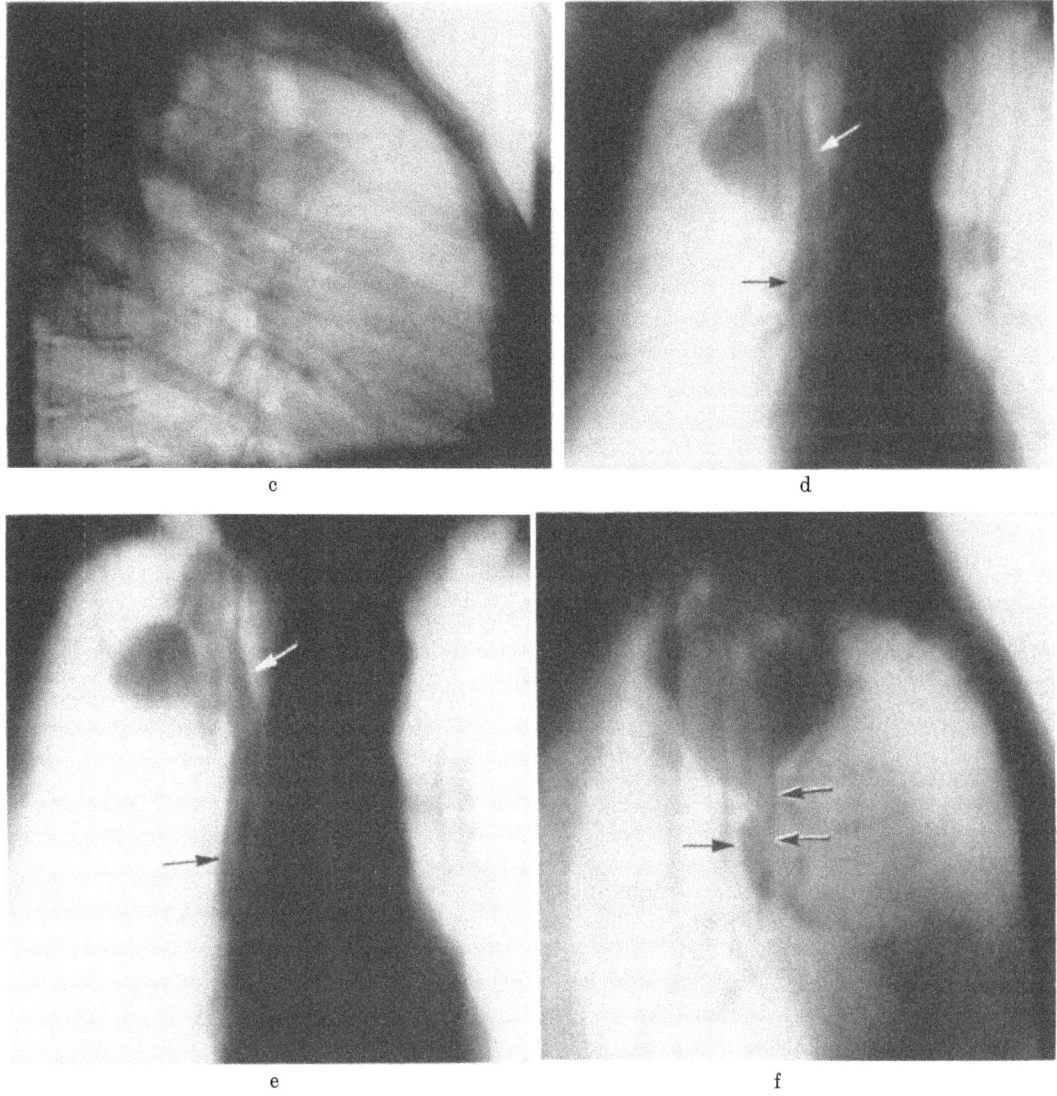

Abb. 116c—f (Legende s. S. 227)

setts General Hospital, ein operativ bestätigter Fall von HODGSON u. MCDONALD, ferner spätere Berichte anderer Autoren (GIMES u. HORVÁTH; GOTTESMAN u. WEINSTEIN; HAGEN u. HEINZ; BRYK u. LEVIN; ZDANSKY; NELSON, HALL u. GARCIA; STECKEN u. OPITZ; WAGEN-VOORTH, HEATH u. EDWARDS; ZAWADOWSKI; BROCARD, GALLOUÉDEC u. VANNIER; BROCARD, GALLOUÉDEC, VANNIER, ARNAL, LEMAIRE u. PATTE; VENGSARKAR, KINCAID u. WEIDMAN; LECHNER; ZITTEL; TAKAHIRO, KOZUKA, TADAHARU u. NOSAKI; RIZK et al.; KAINDL, KOTSCHER u. LOBENWEIN; WITTE u. STECKEN; BARTRAM u. STRICKLAND; KAINDL, KOTSCHER u. LOBENWEIN; 2 angiographisch verifizierte Fälle von POLLER u. WHOLEY; 5 eigene Beobachtungen).

Die isolierten Phlebektasen erscheinen *röntgenologisch* ebenso formvariabel wie die a.-v.-Fisteln. Die variköse Erweiterung kann den gesamten Zufluß einer lobären Sammelvene bzw. einen ihrer Äste in toto einbeziehen oder sich auf Teilstrecken eines oder mehrerer Gefäße im Quellgebiet oder Mündungsbereich beschränken. Umschriebene Varixknoten bilden solitäre, mitunter auch mehrere dicht nebeneinander liegende Schattenfiguren von knolliger, ovalär-spindeliger, kolbiger oder blumenkelchartiger Gestalt. Sie sind glatt

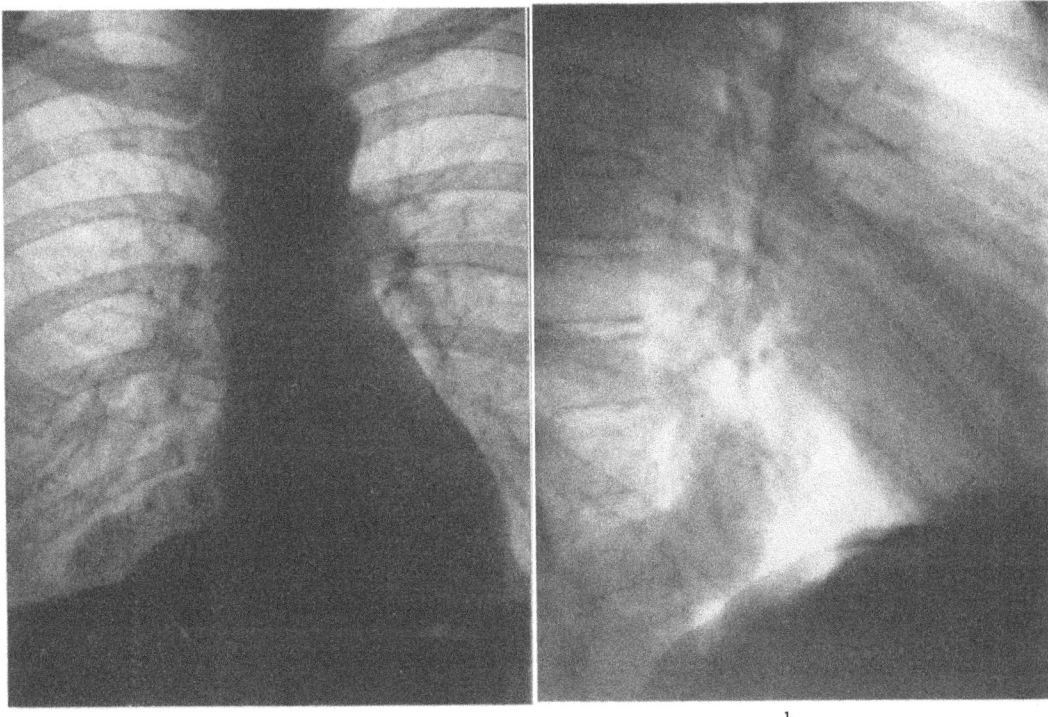

a　　　　　　　　　　　　　　　　b

Abb. 117a—i. *Mehrbuchtig gewundene geschlossene Bronchuszyste von bizarrer Form.* Nach Schirmbildbefund von 1968 wurde die Verschattung dem hinteren Mediastinum zugeordnet. 2 Jahre später anhaltende Schmerzen im Rücken und trockener Husten. Einweisung unter Tumorverdacht in die Chir. Klinik d. Krhs. Nordwest (Direktor: Prof. UNGEHEUER). Röntgenbefund vom 16. 12. 70: Der mehrbogig scharf begrenzte Weichteilschatten im dorsobasalen Unterlappensegment erweckte zunächst den Eindruck einer grotesk geformten Phlebektasie, da sich das pulsatorisch stumme Gebilde auf Nativaufnahmen in 2 Ebenen von der Lungenrinde mit einem gewundenen Fortsatz unterhalb des Hilus bis zur Herzhinterwand in Höhe des linken Vorhofs zu erstrecken schien (a und b). Der Zusammenhang mit dem Herzen war jedoch tomographisch nicht zu erweisen (c—e Schichtbilder 10 cm a.-p. sowie 12 und 13 cm sin.-dextr.). Ein Anschluß an die Lungengefäße wurde mit selektiver Angiographie widerlegt, die lediglich eine Verdrängung der benachbarten Segmentzweige erkennen ließ (f). Das Fehlen einer Kommunikation mit Ästen der Brust- und oberen Bauchaorta machte schließlich auch die differentialdiagnostisch erörterte intralobäre Lungensequestration unwahrscheinlich (g). Im pulmonalen Perfusionsszitigramm kein Speicherungsausfall (h Schwarz-Weißabzug des ventralen Colorscans vom 19.12.70 nach i.v.-Injektion von 100 µCi ^{131}J-MAA) (Isotopenabtlg. (Leiter: O.A. Dr. HENGST) der Med. Klinik d. Krhs. Nordwest, Direktor: Prof. ALTMANN). Anatomischer Befund nach Lobektomie des rechten Unterlappens (i Photo des in Scheiben zerlegten Resektionspräparats): An der mediobasalen Lappenbasis gelegene große Zyste mit annähernd halbkugeligen Ausbuchtungen, milchkaffeefarbiges trübes, zähflüssiges Sekret enthaltend. Mikroskopisch: Dünne, aus kollagenfaserigem Bindegewebe mit spärlich glatter Muskulatur bestehende Zystenwand, vielfach von Rundzellinfiltraten durchsetzt und an mehreren Stellen verdickt, in denen sich Arterien von muskulärem Bautyp und Sperrarterien befinden. Die innen mit zylindrischem Flimmerepithel besetzte, teils von zellreichem Granulationsgewebe begrenzte Zyste enthält in den bindegewebigen Wandschichten zusätzlich winzige, mit einreihigem Flimmerepithel ausgekleidete Hohlräume. Diagnose: Große Bronchuszyste mit chronischer Entzündung (E.-Nr. 20617/70 Path. Inst. d. Krhs. Nordwest, Direktor: Prof. KAHLAU).
H. W., 40jähr. ♀. Arch.-Nr. 1003 30152 Radiolog. Zentralinst. d. Krhs. Nordwest Frankfurt/M.

begrenzt und lassen bei zentraler Lage herz- bzw. aortensynchrone mitgeteilte Randbewegung, aber keine Eigenpulsation erkennen.

Während die paramediastinalen Formen dem Aspekt von Hiluslymphomen, Neoplasmen oder sonstigen höckerig konturierten Mediastinalprozessen ähneln, imitieren die peripheren Varizen eher das Schattenbild tuberkulöser Konglomeratherde, kortikaler Zysten oder Geschwulstknoten (Abb. 116). Erst der Nachweis des Abflußstiels, der vom varikösen Komplex zum Mediastinum oder zur Herzsilhouette führt, offenbart ihren

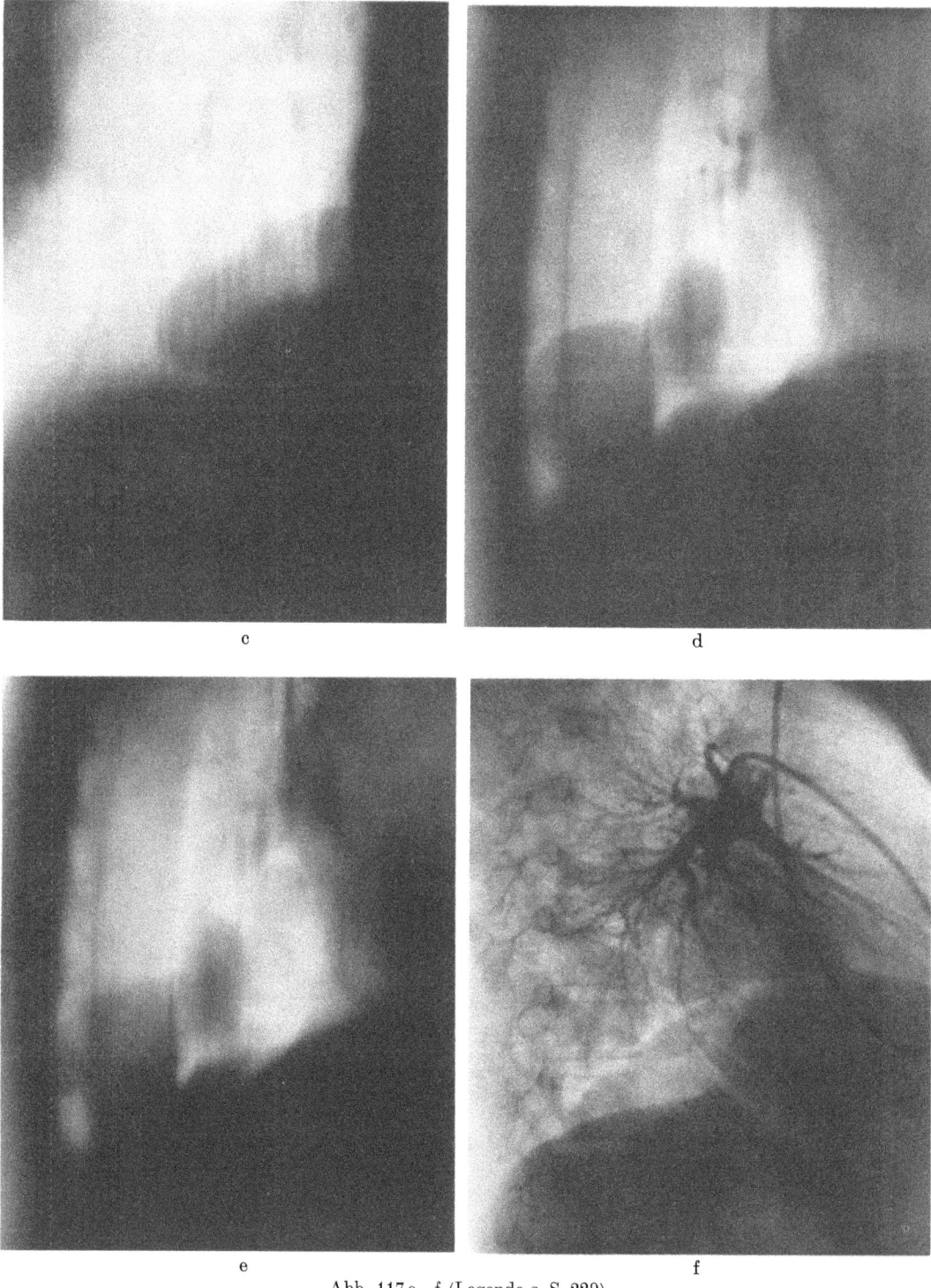

Abb. 117 c—f (Legende s. S. 229)

Gefäßcharakter. Das Verbindungsstück ist im Gegensatz zum a.-v.-Kurzschluß einläufig. Es kann normalkalibrig oder erweitert, gestreckt oder stark geschlängelt sein.

Bei kontinuierlicher Ektasie eines ganzen Venenstammes entstehen ebenso bizarr geformte Schattengebilde, die auf Schichtaufnahmen teils bandförmig, teils bogig ge-

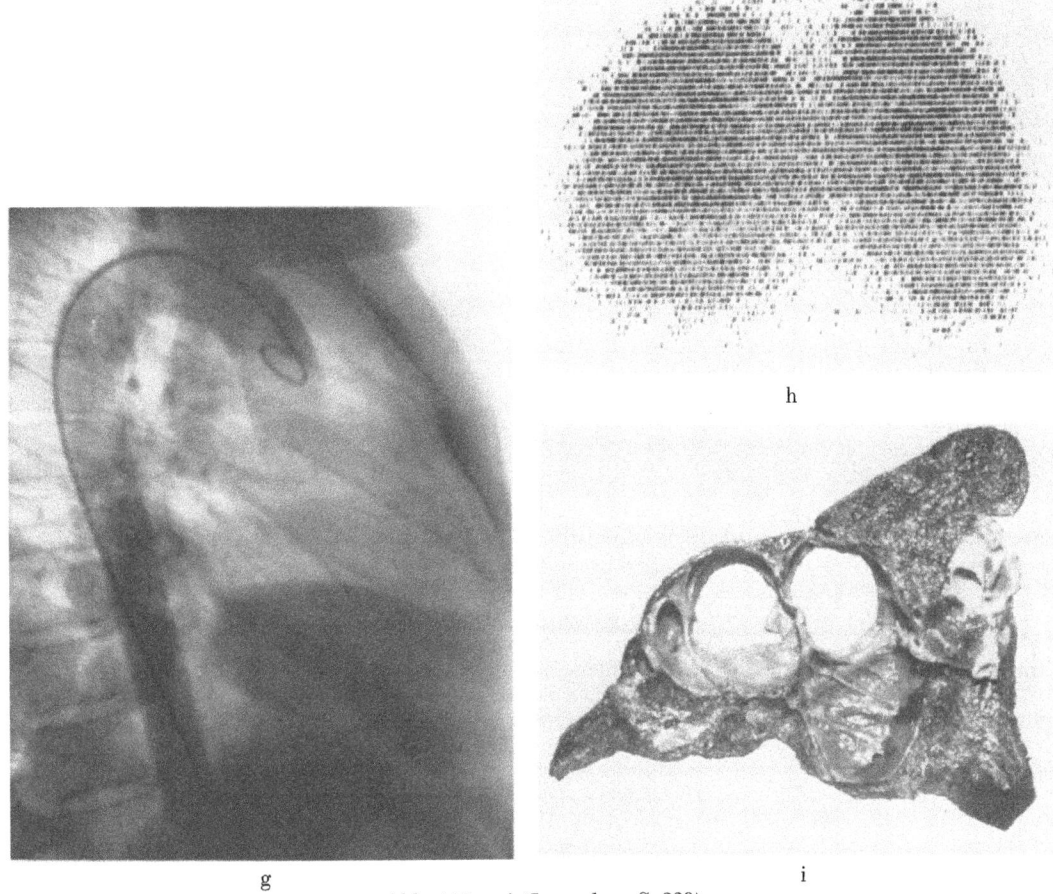

Abb. 117g—i (Legende s. S. 229)

wunden erscheinen oder sich als fingerartig verzweigte, hiluswärts konvergierende kolbige Verdichtung darstellen. Besonders der letztere Typ ähnelt dem Bild sekretgefüllter zylindrischer Bronchiektasen (Bronchozelen) in kollateral ventilierten Lungenabschnitten (SCHULZE) (s. Bd. IX/3, Abb. 17 u. Bd. IX/4b, Abb. 479) oder dem seltenen Befund *isolierter Arteriektasien* eines Lappens oder Lungensegments (STECKEN). Die erweiterten Lungenvenen unterscheiden sich von derart veränderten Bronchial- und Arterienstrukturen durch ihren intersegmentalen Verlauf (HARRIS; HORNYKIEWYTSCH u. STENDER; SIELAFF; SCHERMULY u. STENDER; SCHULZE u.a.), der innerhalb des Lungenparenchyms ganz irregulär gerichtet sein kann und doch zu orthotoper Mündung führt. Die tomographische Analyse in 2 Aufnahmeebenen läßt nach topographisch-anatomischen Kriterien auch hilusnahe Phlebektasen abgrenzen oder deren zusätzliches Schattensubstrat erfassen, falls eine Tumorkompression formale Ursache regionaler Venenstauung ist (WIKLUND; STECKEN; SCHULZE) (s. Bd. IX/4a, Abb. 385). Ähnliche Schattenbilder können sich bei atypisch geformten mehrbuchtigen geschlossenen Bronchuszysten ergeben (Abb. 117).

Eine besondere Entität stellt der parallel zum rechten Herzrand auf den kardiophrenischen Winkel zielende Verlauf einer säbelartig gekrümmten dilatierten Pulmonalvene aus dem Oberlappen-Quellgebiet dar. Der erstmals von DOTTER, HARDISTY u. STEINBERG angiographisch verifizierte Befund weist schon nach Nativ- und Schichtaufnahmen auf eine *kavale bzw. rechts-aurikuläre Fehlmündung* hin (BRUWER; KIRKLIN; STECKEN; DALITH u. NEUFELD; HODGSON, CALLAHAN, BRUWER u. BULBULIAN; BRODY; RICHTER; BENDER; FERRANÉ, PEUTEUIL u. BROWN; MANKIN u. BURCHELL; MCKUSICK u. COOLEY;

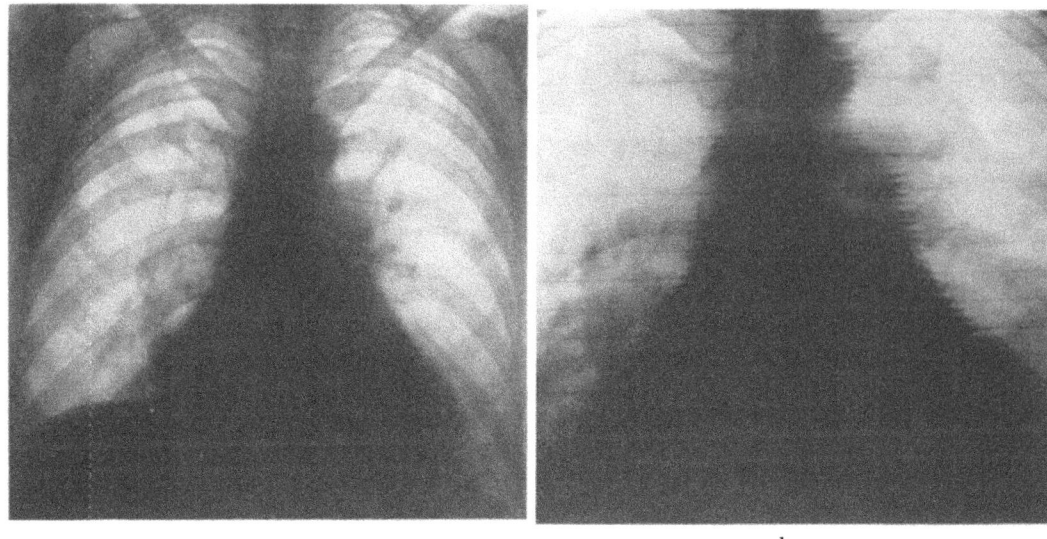

a   b

Abb. 118a—f. *Phlebektasien im rechten Lungenflügel und linken Oberlappen bei partieller Pulmonalvenentransposition zur unteren Hohlvene.* Bei Röntgenkatasteruntersuchung Feststellung eines „pulmonalen Rundherdes re. parakardial". Ein entsprechender Befund war seit dem 19. Lebensjahr bekannt, die Deutung jedoch offengeblieben. Erst in den letzten Monaten Atemnot, Stenokardie und Schlafstörungen in Linksseitenlage. Klinisch: mäßige Lippenzyanose, prätibiale Ödeme bei Varikosis beider Unterschenkel, geringe Lebervergrößerung. Perkutorische Herzverbreiterung nach links. Phonokardiographisch kurzes Protosystolikum. Außerhalb der Herzprojektionszone keine Zirkulationsgeräusche an der Brustwand. EKG: Intermediärtyp, supraventrikuläre Extrasystolen, Anzeichen der Koronarinsuffizienz. Keine Polyglobulie. Blutdruck 155/95 Torr. Röntgenbefund: Tonusschlaffes, beiderseits verbreitertes Herz. Hypertrophie und Dilatation der re. Kammer mit Ektasie des Pulmonalkonus und -trunkus (a Übersichtsaufnahme p.-a.) und weit heraufreichender Ventrikelpulsation am re. Herzrand (Denekesches Zeichen) im Flächenkymogramm bei verstärkter Füllungsschwankung der Pulmonalarterie mit entsprechender Amplitudenzunahme (b). Der im sagittalen Nativ- und Schichtbild (c 17 cm a.-p.) auf den re. Herz-Zwerchfellwinkel projizierte taubeneigroße „Rundherd" erwies sich als orthograd getroffene dilatierte Pulmonalsammelvene, die stark erweiterte, abnorm bogig und weit kaudalwärts verlaufende Venenäste aus dem Quellgebiet des re. Ober- und Unterlappens aufnahm und zur V. cava inferior drainierte (d und e Schichtaufnahmen 8 und 12 cm a.-p.). Das am stärksten dilatierte Sammelgefäß imponierte auf dem Frontalschichtbild (f sin.-dextr. 7 cm) als daumenbreiter, auf den Cava-Vorhofwinkel hinzielender Bandschatten, der mit dem dilatierten Stamm der Oberlappensammelvene eine V-förmige Schattenfigur bildete. Der zur unteren Hohlvene führende Venenstamm zeigte kymographisch mehrgipfelige, flache Pulsationswellen vom Vorhoftyp, während die geschlängelten Zufuhräste der re. Lunge und die gleichfalls dilatierten Pulmonalvenen des li. Oberlappens mitgeteilte Pendelbewegung synchron zu den Ausschlägen der A. pulmonalis aufweisen. [Nach SCHULZE, W.: Anwendung und diagnostische Bedeutung der Tomographie bei Gefäßanomalien und -erkrankungen im Brustraum. Fortschr. Röntgenstr. 84, 164—175 (1956)]. M. S., 62jähr. ♀. Arch.-Nr. 3576/55 Röntgeninstitut d. Med. Univ.-Klinik Leipzig (damal. Direktor: Prof. M. BÜRGER)

CANALE, ESPINO VELA, RUBIO, RUIZ u. UZUN-HAENDEL; CATALANO u. VITA; UYTTENHOVE, PANNIER, VAN LOO, VUYLSTEECK u. BLANCQUAERT; LONGIN u. PEPPMEIER; KUGEL u. PÖSCHL; FIEHRING u. BETTENHÄUSER; WENZ, WOLTER u. TREDE; ENJALBERT, GÉDÉON, ESCHAPASSE, MATHÉ u. PUEL; FINDLEY u. MAIER; WELTI u. NEDEY; COOKE, EVANS, KISTIN u. BLADES; SNELLEN u. ALBERS; SEPUVEDA, LUKAS u. STEINBERG; STECKEN u. RICHTER; ARVIDSON; HALASZ, HALLORAN u. LIEBOW; HICKIE, GIMLETTE u. BACON; WENGER, HUPKA, KRIEHUBER u. MÖSSLACHER; WAGEN-VOORTH, HEATH u. EDWARDS; BROCARD, GALLOUÉDEC u. VANNIER; LONGIN; KOLMAR u. STOLTZE; LOOGEN u. RIPPERT; KANONY; KOZUKA u. NOSAKI; FIANDRA, BARCIA, COTES u. STANHAM; KNAPPE u. Mitarb.; SIELAFF; SCHULZE u.a.) (Abb. 118). Von der charakteristischen Säbelform dieses Venenschattens rührt der Name des sog. „*Scimitar-Syndroms*" her (scimitar = Türkensäbel), bei dem die rechtsseitige partielle Venentransposition im Verein mit Dextroversio cordis, Hypoplasie der rechten Lunge und weiteren fakultativen Anlageanomalien auftritt (Septumdefekt, Pulmonalstenose, Persistenz des Ductus Botalli, Ge-

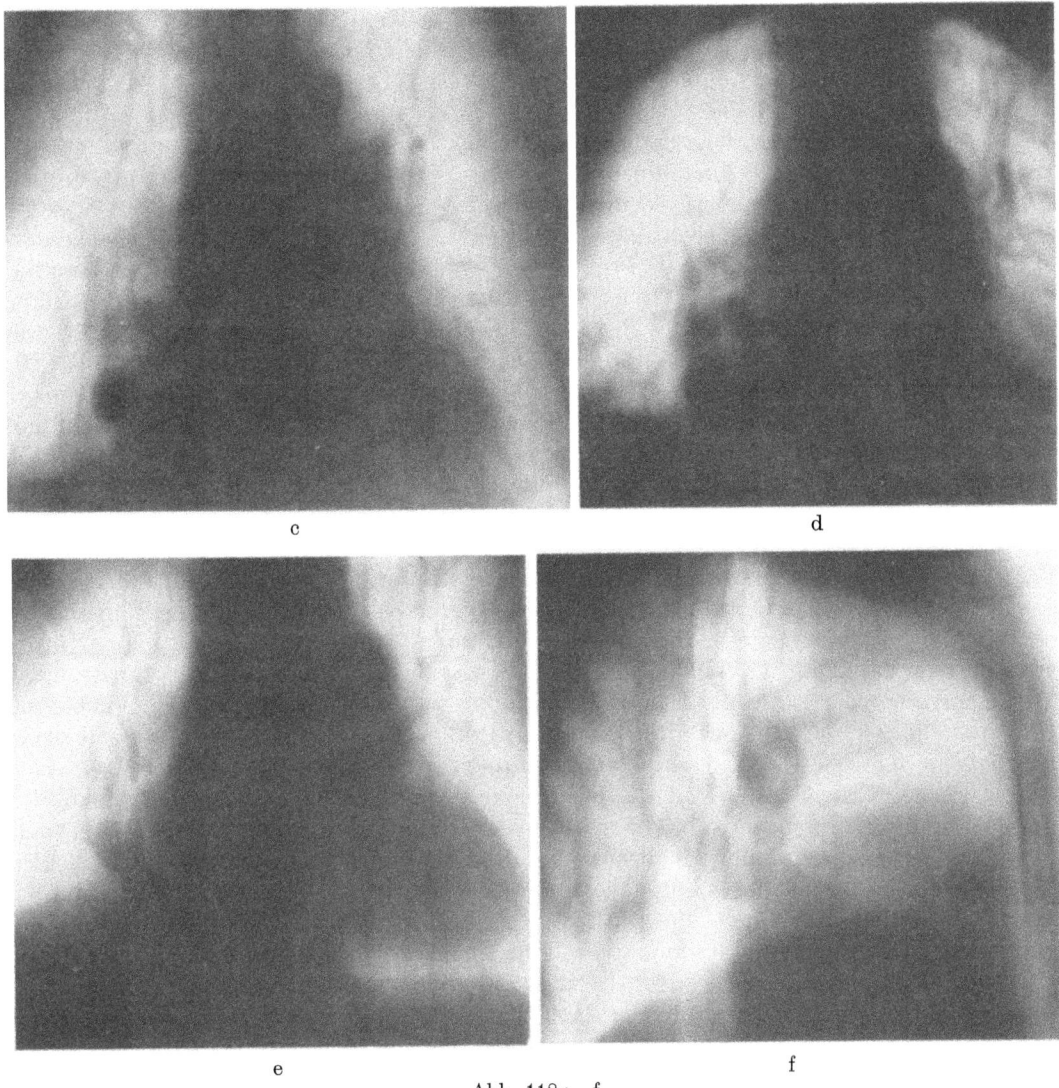

Abb. 118 c—f

fäßversorgung des rechten Lungenunterlappens aus Aortenästen) (HALASZ, HALLORAN u. LIEBOW; NEILL, FERENCZ, SABISTON u. SHELDON; BESSOLO u. MADDISON; WENZ, WOLTER u. TREDE; BROCARD, GALLOUÉDEC, VANNIER, ARNAL, LEMAIRE u. PATTE; MASSUMI, ALWAN, HERNANDEZ, JUST u. TAWAKOL; BOURASSA; CATALANO u. VITA; BROCHIER u. Mitarb.; SIELAFF u.a.).

Unter den vielfältigen Abarten der *partiellen Lungenvenentransposition*, die isoliert oder in Kombination mit einem Vorhofseptumdefekt (nach BENDER in 40%) und anderen kardio-vaskulären Mißbildungen vorkommt (Dextrokardie, Pulmonalarterienstenose, a.-v.-Lungenfisteln), ist die Verlagerung des Mündungsorts zur V. cava inferior die röntgenologisch sinnfälligste, ihrer Häufigkeit nach jedoch untergeordnet (BENDER). Bei den übrigen Varianten partieller Fehldrainage, unter denen beim Kombinationstyp die rechtsaurikuläre Abweichung weit überwiegt (BENDER), während als isolierte Form die Transposition zur V. cava superior bzw. zur V. innominata sinistra dominiert, ist die Mündungsanomalie aus dem Summationsbild kaum ersichtlich, zumal das aberrierende Gefäß nicht obligat erweitert wird. Die Ursache klinisch-röntgenologischer Folgesymptome des Links-Rechts-Shunt ist nur mittels Katheteruntersuchung (sprunghafte Erhöhung der O_2-

Sättigung in der venösen Einflußbahn des Herzens) oder durch den Nachweis eines umschriebenen Leerspül-Füllungsdefekts an der Zuflußstelle im mediastinalen Phlebogramm zu ergründen (BENDER; ACRIS-DATO u. GUGLIELMI; LE PERE, KOHLER, KLINGER u. LOWRY u.a.).

Wesentlich seltener als die angiomatösen und ektasierenden Mißbildungen pulmonaler Blutgefäße sind verwandte Anomalien im Lymphgefäßsystem der Lungen. Die angeborene „Lymphangiomatose" (GIAMMALVO) und „*Lymphangiectasia cystica pulmonum congenita*" (KLEBS; MÜLLER; BREDT; LAURENCE; JORDAN; MCKENDRY, LINDSAY u. GERSTEIN; MAIDMAN u. BARNETT; FRANK u. PIPER; GIAMMALVO; MATERNA; WINKLER; TUCKER; JAVETT, WEBSTER u. BRAUDO; CARTER u. VAUGHN; BRYK u. LEVIN; REINHARDT) gehören zu den diffusen Hamartieformen (s. S. 235 u. Bd. IX/3, S. 70 u. 116). Man findet auch *umschriebene zystische Lymphangiome* subpleuraler Lage (EIGLER, SANTY, BÉRARD u. GALY; WÖRN; STEPHENS, ROBERTS u. WOLCOTT; CORNOG u. ENTERLINE; v. HAEHLING u. KUGEL), die tumorartige Schatten hervorrufen (Bd. IX/4b, Abb. 604) und zum Spontanpneumothorax (WÖRN) oder zum Chylothorax führen können (s. auch S. 236 u. Abb. 120 sowie RIENHOFF, SHELLEY u. CORNELL: Chylothorax bei Lymphangiomatose des Ductus thoracicus).

Wie bei den gleichnamigen Veränderungen am Larynx (HART u. MAYER; WINKLER; FEIN; MENZEL; v. ALBERTINI u.a.) und im Mediastinum (s. Abb. 137 u. 138) entspricht das histologische Bild dem der sog. „zystischen Hygrome" der Hals-Nackenregion und anderer Prädilektionsstellen. In Analogie zu den Hämangiomen unterscheidet man Lymphangiome von kapillärer, kavernomatöser und zystischer Bauart (WINKLER; BORST u.a.). Der Übergang von geschwulstartiger Fehlbildung zu echter blastomatöser Wucherung („*Lymphangioperizytom*" nach CORNOG u. ENTERLINE; s. auch v. HAEHLING u. KUGEL) ist fließend (GOETSCH; WILLIS u.a.). Gegenüber dem kapillär sprossenden Wuchstyp neoplastischen Charakters gelten die zystischen Formen, die nach Art von Mukozelen durch Flüssigkeitsretention allmählich wachsen, als Hamartome (WILLIS; MICHAELIS u.a.). Sie bilden dünnwandige mehrkammerige Hohlräume mit flacher Endothelauskleidung, die außer klar-gelblicher Flüssigkeit gallertartig geronnene Massen oder feste Lymphthromben enthalten können. Im Bindegewebe ihrer Hüllen und Septen trifft man auf glatte Muskulatur sowie auf lymphozytäre und plasmazelluläre Infiltrate.

Die in der Lungenrinde liegenden Lymphzysten machen sich *klinisch* nur mit perforationsbedingten Komplikationen bemerkbar (chylöser Pleuraerguß, rezidivierender Ventilpneumothorax) (WÖRN) und verhalten sich sonst stumm. *Röntgenologisch* werden sie als scharf begrenzte weichteildichte Rundschatten von Erbs- bis Kirschgröße beschrieben, die solitär (STEPHENS et al.) oder in der Mehrzahl bilateral auftreten können (SANTY u. Mitarb.). Angesichts des ätiologisch indifferenten Befundes (s. Bd. IX/4b, Abb. 604) singulärer bzw. multipler Rundherde wurde in den bisher beobachteten Fällen zunächst differentialdiagnostisch an autochthone Geschwulstknoten bzw. noduläre Lungenmetastasen gedacht. Erst die histologische Untersuchung ließ die Artdiagnose klären.

b) Diffuse und andere seltene blastomartige Fehlbildungen sowie dysembryogenetische Geschwülste und Zysten

Geschwulstartige Gestaltungsfehler der Lunge, die einen großen Teil der Organanlage einbeziehen, spielen im Vergleich zu den umschriebenen Hamartomen eine untergeordnete Rolle.

Organoid gebaute Mißbildungen nach Art des sog. „*fötalen zystischen Lungenadenoms*" (STOERCK; LINSER; GIESE; THOMAS; JONES; HAUPT, GLÖCKNER u. KÜNSTLER) (Abb. 119) und ähnliche dysontogenetische Hyperplasien eines Lungenlappens oder größerer Lungenabschnitte sind bisher nur aus pathologisch-anatomischen Befunden bei Frühgeburten und Säuglingen bekannt (PICK; KRIENITZ; LEUBA; LINSER; ALTH; STOERCK; HÜCKEL; HUETER; WERMBTER; MEYER; STERNBERG; KLEBS; MÜLLER; FISCHER; THOMAS u. JONES;

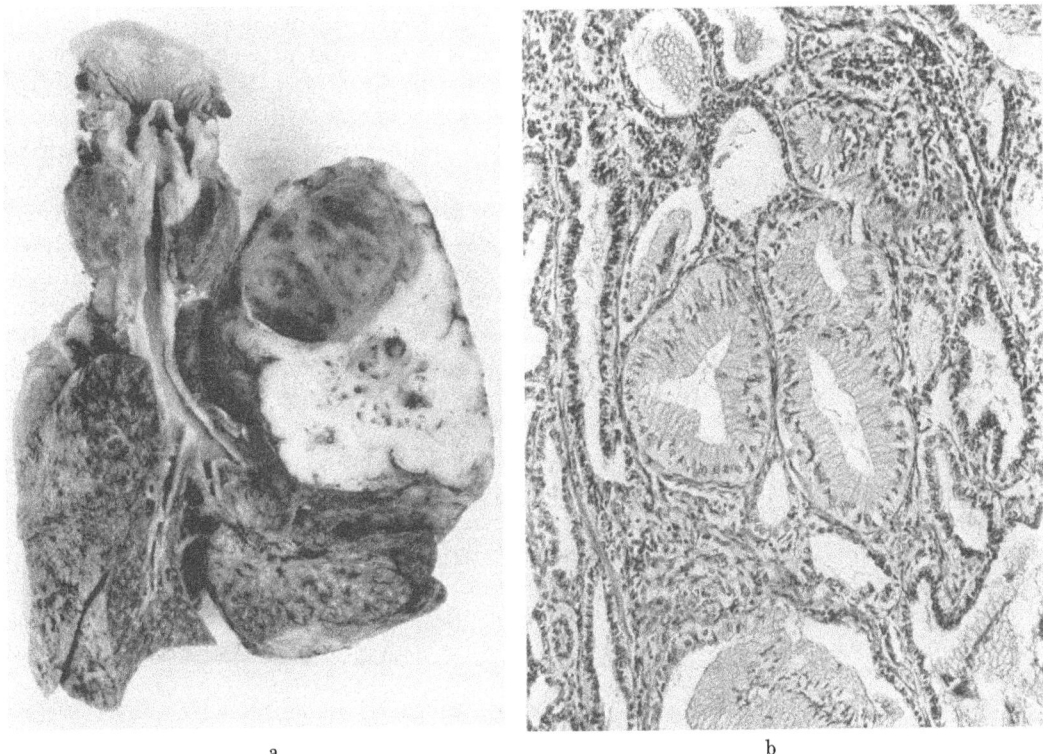

Abb. 119 a u. b. *Fötales zystisches Lungenadenom im rechten Oberlappen.* Die proliferierenden Drüsenschläuche sind teils mit kubischem, teils mit hochzylindrischen Epithel ausgekleidet. Frühgeburt von 44 cm Länge. Sekt.-Nr. 1014/51 Path. Inst. d. Univ. Münster/W., Direktor: Prof. W. GIESE. (Nach GIESE, W.: Die Atemorgane. In: KAUFMANN, E., STAEMMLER, M.: Lehrbuch der speziellen pathologischen Anatomie. 11. und 12. Auflage. Bd. II/3, 1417—1984, Abb. 946 und 947. Berlin: W. de Gruyter 1960)

HARRIS u. SCHATTENBERG; COUVELAIRE; HONDO; LIEBOW; HOCHBERG u. SCHACTER). FISCHER reiht die adenomatösen Wucherungen in die Kategorie der Hamartome ein, da sie nicht den „Charakter einer ungeordnet (zerstörend) wachsenden Geschwulst" besitzen. Makroanatomisch handelt es sich um lappenfüllende, von schleimhaltigen Zysten durchsetzte feste Gewebsmassen, deren Versorgungsbronchus ein blind mündendes Rudiment bildet (MÜLLER). Ihre tubuläre Struktur ähnelt dem Aspekt embryonalen Lungengewebes früher Entwicklungsstufen der Alveolardifferenzierung (GIESE). Die verzweigten Drüsengänge der Fehlanlage sind mit respiratorischem Epithel ausgekleidet und durch breite bindegewebige Septen getrennt, die Knorpelgewebe und glatte Muskelfasern enthalten können. Der kubische oder zylindrische Zellbelag bildet vielfach Papillen und geht stellenweise in schleimbildendes Epithel über, dessen abgesondertes Sekret die Spalten auffüllt und zu größeren Retentionszysten anschwellen läßt (GIESE). In einigen Fällen war die Hamartie mit universellem Hydrops (MEYER; WERMBTER) und Erweiterung der intrapulmonalen Lymphgefäße verbunden (MEYER; KLEBS; MÜLLER).

Die „*Lymphangiectasia congenita (cystica) pulmonum*" kommt als diffuse Hamartie auch isoliert vor (KLEBS; BREDT; LAURENCE; FRANK u. PIPER; MAIDMAN u. BARNETT; CARTER u. VAUGHN; TUCKER; JAVETT, WERBSTER u. BRAUDO; MAIER; MATERNA; MCKENDRY et al.; BRYK u. LEVIN; REINHARDT u.a.) (s. Bd. IX/3, S. 70, 116 u. 665). Wie bei den einfachen, zystischen oder kavernomatösen Lymphangiomen (Abb. 137 u. 138) kann die Ektasie mit einer Wucherung der Lymphgefäße einhergehen. GIAMMALVO spricht daher von „*angeborener Lymphangiomatosis der Lungen*", die das Gegenstück zum pulmonalen Lymphangiom als umschriebenem Hamartoblastom bildet (S. 234). Als teratogenetische Terminationsperiode kommt die 12.—16. Embryonalwoche in Betracht, doch ist die Formalgenese der Mißbildung noch strittig (Lit. s. LAURENCE; GIAMMALVO; FRANK u. PIPER; BREDT; MILLER, CORNOG u. SULLIVAN). Ihre klinischen Symptome (Dyspnoe, Zyanose, evtl. Chyloptoe, „chylöse Pneumonie", Chylothorax) treten gewöhnlich schon post partum, selten erst bei älteren Kindern auf (McKENDRY, LINDSAY u. GERSTEIN; FRANK u. PIPER; CARTER u. VAUGHN). In ausgeprägten Fällen führt die Fehlbildung zu tödlicher Asphyxie (GIEDION, MÜLLER u. MOLZ u.a.). Sie äußert sich *röntgenologisch* mit *fein-nodulär-retikulären, stellenweise konfluierenden Fleckschatten* und kleinen perifokalen Blähungszonen, ähnlich dem Befund bei hyaliner Membranbildung oder postnatalen multilokulären Fleckenatelektasen (FRANK u. PIPER; CARTER u. VAUGHN; GIEDION u. Mitarb. u.a.). Identische Röntgenbilder mit klinischen Anzeichen „chylöser Pneumonie" findet man auch jenseits des Kindesalters bei *erworbener pulmonaler Lymphangiektasie*, wenn der Lymphabfluß aus den Lungen durch Verschluß des Truncus lymphaticus bronchomediastinalis dexter bzw. — bei Drainage in den Ductus thoracicus — durch thrombotische oder raumfordernde Prozesse am Angulus venosus der V. subclavia sinistra gesperrt ist (DELARUE, DEPIERRE u. ROUJEAU; REINHARDT; RUSZNYÁK, FÖLDI u. SZABÓ). Die von LÖFFLER u. JACCARD beschriebene Beobachtung einer „*Chyloptoe mit pseudomiliarem Lungenbild*" gleicht diesen Erscheinungen, doch ist ungewiß, ob es sich in diesem Falle um dasselbe anatomische Substrat handelte. Denn kleinfleckig-netzartige Gerüstverdichtungen mit vielwabigem Strukturwandel und chylösen Extravasaten im Brustraum können auch bei anderen diffusen lymphovaskulären Hamartieformen auftreten (GARNEAU u. FOURNIER).

Ein Beispiel hierfür liefert die von BRANDT u. ROESING beschriebene „*Angiomyomatose der Lungen mit Wabenstruktur*" und Chylothorax, die sich histologisch als Wucherung der glatten Muskulatur der intrapulmonalen und thorakalen Lymph- und Blutgefäße erwies. Offenbar gehört die Anomalie — wie die oben erwähnte *diffuse Leiomyomatose der Lungen* (s. S. 12 u. 184) — zum Formenkreis der *tuberösen Sklerose* (Morbus *Bourneville-Pringle*) (BIELSCHOWSKI; BERG u. ZACHRISSON; BERG u. VEJLENS; DE FINE LICHT; BERG u. NORDENSKJÖLD; VEJLENS; SAMUELSEN; BRUWER, KIERLAND u. SCHMIDT; BROCH, MOE u. WEHN; DAWSON; ACKERMAN; SILVERSTEIN u. MITCHELL; GALY; LYONNET; KARTAGENER; PSENNER u. SCHÖNBAUER; WAGNER u. SCHAAF; FRANCESCONI u. BENINCASA-STAGNI; MILLEDGE; VAN BOGAERT; BANYAI u. PEABODY; GREEN; MILLEDGE, GERALD u. CARTER; DICKERSON; STEWART u. BAUER; LAGOS, HOLMAN u. GOMEZ; HALLERVORDEN u. KRÜKKELN; ODY u. BERGER; VIAMONTE, RAVEL, POLITANO u. BRIDGES; Editorial Brit. med. J. 1971 III, 64; MALIK, PARDEE u. MARTIN; KAUDE u. CHANG; SCHULZE u.a.) (s. S. 184/185 u. Bd. IX/3, S. 70 u. 116). Das dominant-heterophän vererbte Leiden (KUFS; HALLERVORDEN; KOCH) bringt mannigfache Fehlbildungen hervor, die Gewebsabkömmlinge aller 3 Keimblätter betreffen. Die typischen Veränderungen des Adenoma sebaceum *Pringle*, parunguale Fibrome (Abb. 120b und c), die Vierfingerfurche der Handfläche (sog. Affenfurche") (BÜRGER), Poly- bzw. Syndaktylie und Skoliose der Wirbelsäule sind äußerlich sichtbare Leitmerkmale der Anomalie, die eine zutreffende Deutung der nicht selten mit bilateralem Chylothorax verbundenen miliar-nodulären Gerüstverdichtung beider Lungen gestatten (Abb. 120a und Bd. IX/3, Abb. 39). Hinzu kommen klinisch-röntgenologische Anzeichen weiterer Organmanifestationen, wie symptomatische Epilepsie oder Debilität bei verkalkenden intrazerebralen Gliawucherungen, Mischgeschwülste des Herzens, der Nieren und sonstiger Organe (Rhabdomyome, Fibro-, Lipo-, Angiofibromyome etc.), polyzystische Nierendegeneration, pluriglanduläre endokrine Störungen (Hypophyse, Gonaden, Schilddrüse, Pankreas) sowie Exostosen, Enchondrome und andere zystische bzw. sklerosierende Skeletveränderungen (ausführliche Zusammenstellung der Krankheitsdetails und neuerer Literatur s. KOCH; HALLERVORDEN; ZÜLCH; SAVELSBERG; SKEER; GERLACH u. STEIN; LAGOS, HOLLMANN u. GOMEZ).

Das *Bourneville-Pringlesche* Erbleiden kann gemeinsam mit generalisierter Neurofibromatose (V. RECKLINGHAUSEN), Angiomatosis retinae et cerebelli (HIPPEL-LINDAU)

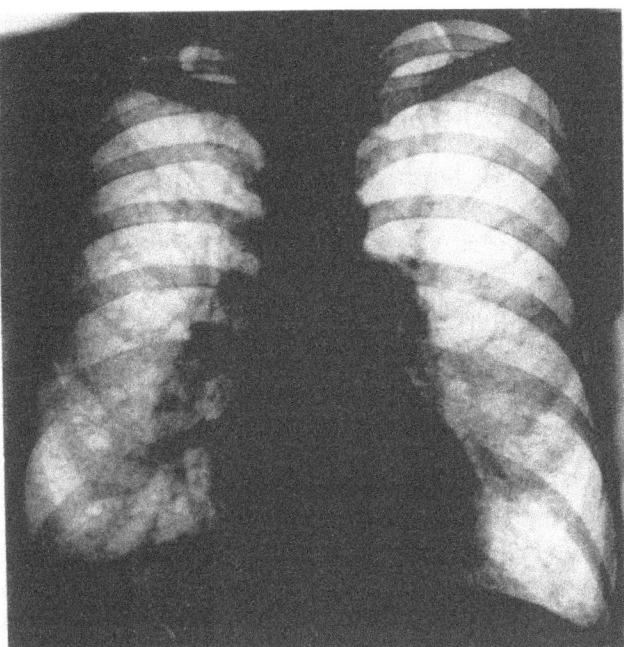
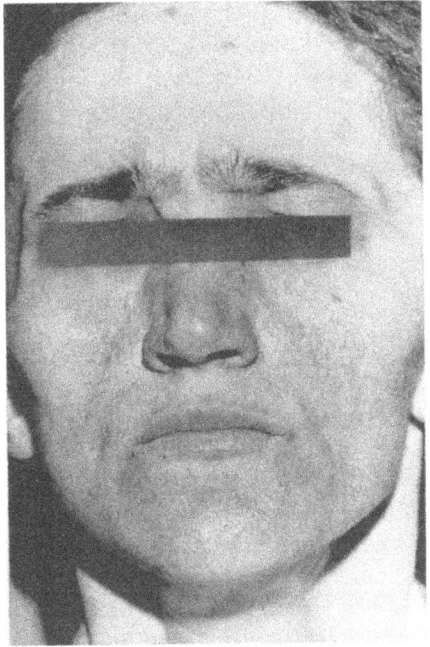
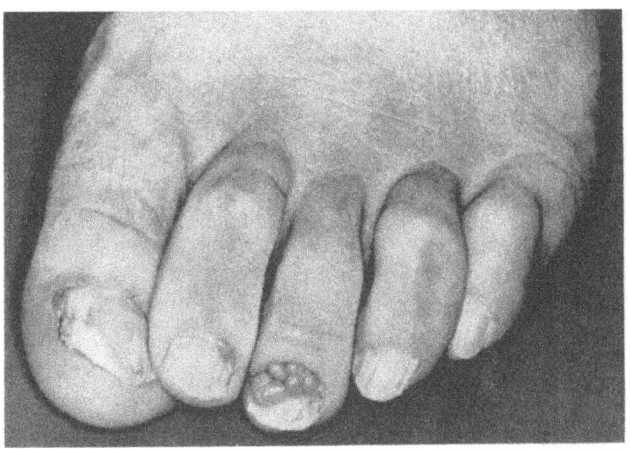

Abb. 120 a—c. *Feinwabiger Strukturwandel und miliar-retikuläre Gerüstverdichtung beider Lungen mit chronischem bilateralen Chylothorax bei tuberöser Sklerose (Morbus Bourneville-Pringle).* Thoraxübersichtsaufnahme p.-a. nach Ergußpunktion (a). Typischer Befund eines kongenitalen Adenoma sebaceum Pringle (b) und parungualer Fibrome an den Zehen (c). Klinisch und röntgenologisch keine Anzeichen sonstiger Organmanifestation der Phakomatose. (Nach SCHULZE, W.: Lungengerüsterkrankungen im Röntgenbild. Frühjahrstagung der Bayerischen Röntgengengesellschaft Lindau a. Bodensee 8.6.69). K. R., 39jähr. ♀. Arch.-Nr. 8940/62, Röntgenabtlg. d. Med. Univ.-Klinik u. Poliklinik Münster/W. (Direktor: Prof. W. H. HAUSS)

(ASENJO u.a.) oder zerebro-kutanen Angiomatosen (Typ *Sturge-Weber* bzw. *Parkes Weber*) auftreten. Zum Kreis der blastomartigen Hamartien gehören ferner der Morbus Klippel-Trénaunay (LYNN; BECKER u. BECKER; HEBERER, RAU u. LÖHR; LUCCIOLI u. DE LUCA; FEGELER; REUTER u.a.) und das *Maffucci*-Syndrom (Chondrodysplasie und Enchondrome mit multiplen Hämangiomen und — fakultativer — Lipomatosis der Skeletmuskulatur) (MAFFUCCI; v. RECKLINGHAUSEN; KAST u. v. RECKLINGHAUSEN; BEAN; CARLETON, ELKINGTON, GREENFIELD u. ROBB-SMITH; CAMERON u. McMILLAN; RABINOVICH; JOHNSON, WEBSTER u. SIPPY; KHADZHIDEKOV u. NAUMOV; RABINOVICH u. ARENBERG; INDRA, BERY u. CHAWLA; SAAVEDRA, DIMAS, PENICHE u. MONTER; VAN DER VALK; BAHK; CECCAMEA u. ZOPPINI; IRKAM-UL-HAQ, TAIT u. STUART; ANDRÉN, DYMLING, ELLNER u. HOGEMAN; BANNA u. PARWANI; MECKLER; JUSTIN-BESANÇON u. Mitarb.; CITTADINI u. PASSARIELLO; RIEDEBERGER u. WEHNER; ELMORE u. CANTRELLI). Man faßt die geschwulstänlichen Mißbildungen unter dem Oberbegriff „Phakomatosen" zusammen (φακός = Linse, übertragen: Leberfleck). Andere übergeordnete Bezeichnungen lauten „Hamartosen" (WOHLWILL), „dysontogenetische Prozesse mit blastomatösem Einschlag" (PETERS), „ekto-neurodermale Hamartosen" (GRAUL) und „neuro-kutane Syndrome" (YAKOVLEV-GUTHRIE; KOCH; HEUBLEIN, PENDERGRASS u. WIDMAN; AITA u.a.). Aus den Mißbildungen können multifokale Malignome hervorgehen (CARLETON: sarkomatöse Entwicklung beim Maffucci-Syndrom in 20—30%; s. auch BANNA u. PARWANI).

Die in der Kategorie angiomatöser Hamartome aufgeführte Lungengefäßmißbildung (s. S. 217ff.) ist im Rahmen des *Rendu-Osler-Weberschen* Erbleidens oft multipel angelegt (JAFFÉ; JANES; MAKLER u. ZION; SISSON, MURPHY u. REID; DUVOIR, POLLET, GAULTIER u. CURSAY; HEDINGER u. HITZIG; MARMIER u. HITZIG; STEINBERG u. FINBY; BROUET, PALEY, CHRÉTIEN u. GRAVALLEAU; WOLLHEIM u. ZISSLER; LEQUIME, DENOLIN, DELCOURT, VERNIORY u. CALLEBAUT; WILKENS; CHURTON u.a.). Sie nimmt in manchen Fällen die Gestalt zahlloser *miliarer Teleangiektasen in der pulmonalen Endstrombahn* an (BRINK; BEHREND u. BAER; SLOAN u. COOLEY; WEISS u. GASUL; SZUTRÉLY u. ERDÉLYI; COOLEY u. MCNAMARA; SACREZ, FONTAINE, WARTER, LAUSECKER, KIM u. KIENY; BRUNNER u. ELLEGAST; HALES u.a.) und kann mit abdomineller Angiodysplasie (HALPERN, TURNER u. CITRON) oder generalisierter Knochen-Hämangiomatose verbunden sein (NEHRKORN u. WOLFERT). Als diffuse Hamartie ist die heredo-familiäre „*Lungenangiomatose*" (GIAMPALMO; GOLDSTEIN; SACREZ et al.; MÜLLY) der kongenitalen pulmonalen Lymphangiomatosis (GIAMMALVO) an die Seite zu stellen. Dank ihrer Vielzahl wirken sich die Miniaturfisteln funktionell wie eine oder mehrere größere arterio-venöse Fisteln aus, deren Kardinalsymptome (Mischblutzyanose, Polyglobulie, Trommelschlegelphalangen) daher auch bei Fehlen kavernomatöser Kurzschlüsse mit aneurysmatisch erweiterter Zu- und Abflußbahn beobachtet werden (HALES u.a.). Mangels örtlich nachweisbarer Strömungsgeräusche bieten sich der klinischen Diagnostik dann nur indirekte Verdachtssymptome im Zusammenhang mit äußerlich sichtbaren Erscheinungen des Grundleidens (Abb. 115e). Die winzigen Gefäßanomalien entgehen auch dem röntgenologischen Nachweis auf Nativ- und Schichtaufnahmen. Da man sie selbst mit selektiver Angiographie verfehlen kann (BRINK, SLOAN u. COOLEY u.a.), wurde in Zweifelsfällen die Lungenbiopsie zur Sicherung der Diagnose angewandt (COOLEY u. MCNAMARA). Die winzigen Teleangiektasen sind übrigens sogar makroanatomisch nur schwer faßbar, doch kann man sie mittels Korrosionspräparation des injizierten Lungengefäßbaums nach der Technik von LIEBOW, HALES, LINDSKOG u. BLOOMER bzw. von MCCLENAHAN u. VOGEL gut darstellen (HALES).

Eine schwer zu klassifizierende Anomalie bilden *multiple Gliaektopien in der Lungenrinde*, die ASKANAZY u. HÜCKEL als erbs- bis kirschgroße Knoten bei einem Neugeborenen bzw. einem 4jähr. Kinde — jeweils mit einer vorderen Enzephalozystozele kombiniert — fanden, ohne eine schlüssige Erklärung für das Zustandekommen der zum Teil zystischen Wucherungen geben zu können. Ebenso ungewöhnlich ist das Vorkommnis *intrapulmonaler Cholesteatome* (EBERT). Als weitere Rarität ist der Befund aberrierenden *Schilddrüsengewebes im Lungenparenchym* (RUTISHAUSER; WEGELIN) und *akzessorischer Schilddrüsenlappen bzw. Strumen in der Trachea* zu nennen (HEISE; V. BRUNS; RADESTOCK; SCHNEIDER; BIRCHER; WILD; HAARDT; PENDLHAGER; CAPPON; WENZ; MAIER; RÜTER; WEGLIN; HUG; ELLINGER; HEISE; SUCHANEK; GOEDEL; VACKER u. DENIS; HOFFMANN; WENZL; DEPISCH, DINSTL u. KEMINGER; RASQUIN; EDEIKEN u. ROSE; SCHEICHER; JOYCE; FRUHLING u. SPEHLER; STRUPPLER; GIESE), die maligne entarten können (V. BRUNS; KILLIAN; BIRCHER; HART u. MAYER).

Führt man die heterotopen Gewebsformationen auf Keimversprengungen zurück, so können sie als „*Choristome*" (χορίζειν = versprengen) gelten (ALBRECHT). Als solche bezeichnet man regelwidrig aus der gewohnten Umgebung verlagerte bzw. völlig abgesprengte Gewebskeime, die zu organtypischer Struktur ausreifen und dann ruhen können (HUECK). Im Falle weiteren Wachstums und neoplastischer Entwicklung spricht man von „*Choristoblastomen*".

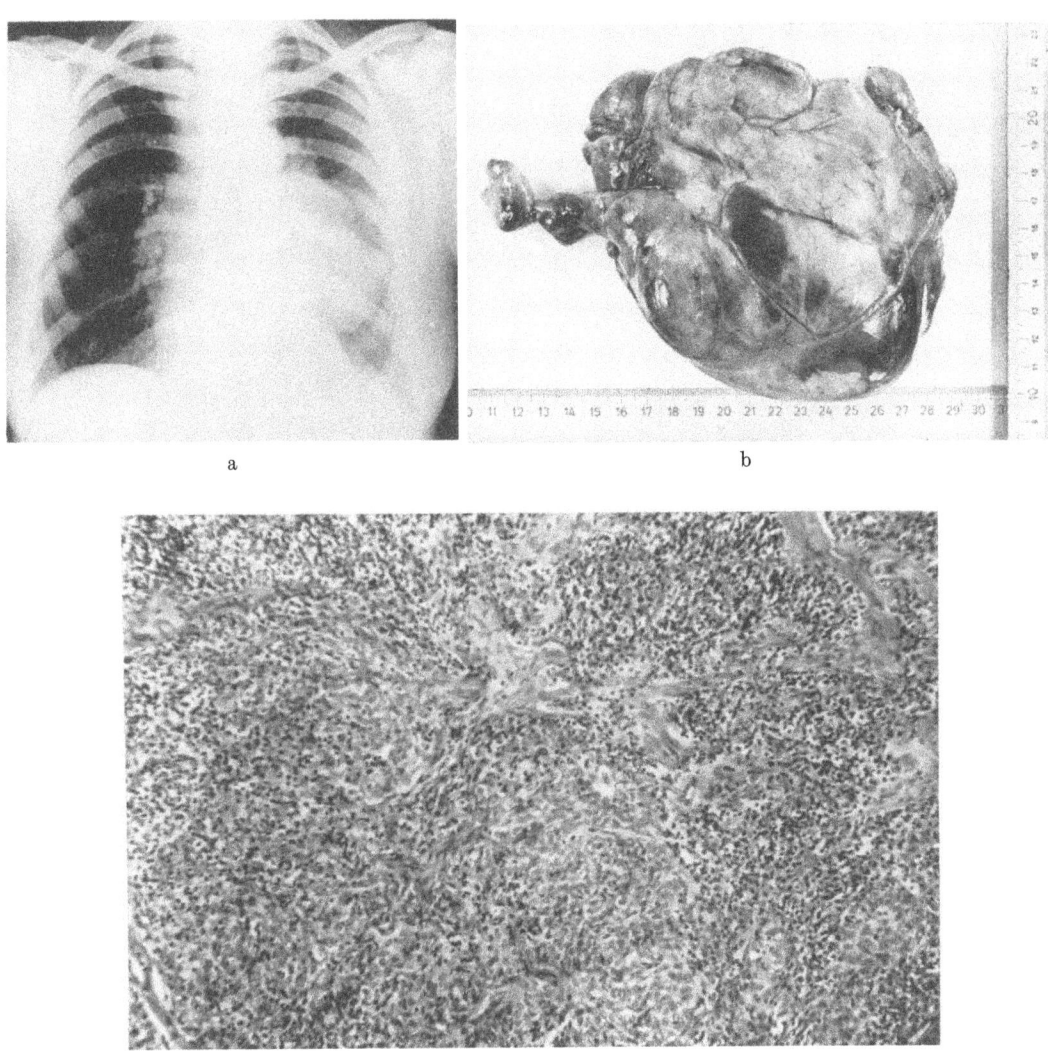

Abb. 121 a—c. *Ektopisches lympho-retikuläres Thymom an der linken Lungenwurzel.* Thoraxübersichtsaufnahme p.-a. vom 22. 11. 57 (a), Resektionspräparat (b) und histologischer Befund (c). (Nach SCHULZE, W.: Röntgendiagnose und -differentialdiagnose thymogener Geschwülste. Wissenschaftl. Tagg. d. Rhein.-Westfäl. Röntgengesellschaft Köln/Rh. 14. 6. 58). B. R., 60jähr. ♀. Arch.-Nr. 11513/57, Röntgenabtlg. d. Med. Univ.-Klinik u. Poliklinik Münster/W. (Direktor: Prof. W. H. HAUSS)

Zu dieser Kategorie dürften *intrapulmonale Tumoren branchiogenen Ursprungs* zählen. Die Embryogenese des Thymus aus ento-mesodermalem Material der 3. Schlundtasche bietet vielfältige Möglichkeiten zu herotoper Verirrung und formaler Entgleisung (GILMOUR; VAN DYKE; PATTERSON u. HELLER u.a.). Die paarigen — kranialen und kaudalen — Thymusanlagen entstehen in engster räumlich-zeitlicher Beziehung zu anderen branchiogenen Organen. Bei ihrem Descensus geraten sie in die Nähe der ebenfalls kaudalwärts sprossenden Lungenanlage, die sich gleichzeitig aus dem kranio-ventralen Rumpfdarmabschnitt — unmittelbar hinter der 4. Schlundtasche — ausstülpt (CLARA u.a.). Durch die Gewebeverschiebung und Überkreuzung der verschiedenen Organanlagen bilden sich mitunter aberrierende Anteile der Thymusdrüse (GILMOUR; VAN DYKE; PATTERSON u. HELLER u.a.), die wegen ihres eigentümlichen Organschicksals und ihrer Lagevariabilität ohnehin eine Sonderstellung unter den Brusteingeweiden einnimmt.

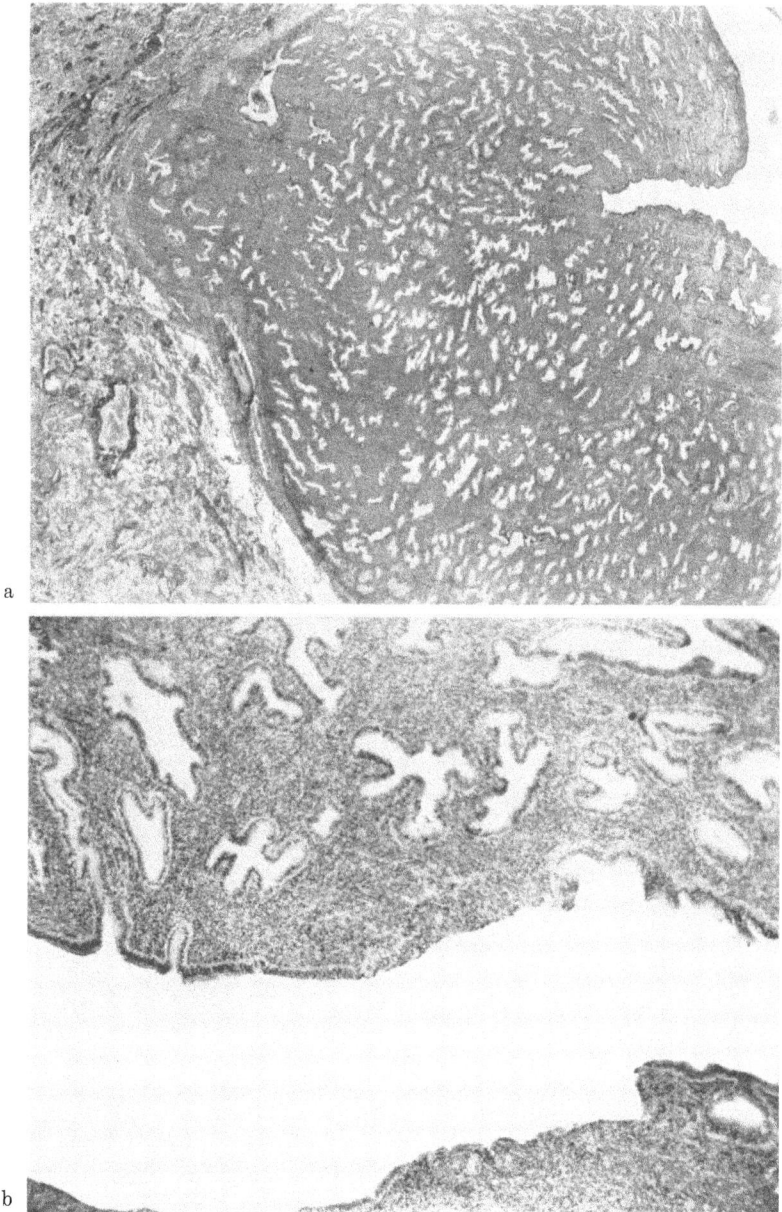

Abb. 122a—c. *Pulmonale Endometriose*. a Kapselbildung links im Bild. Siderophore Zellansammlung in der linken oberen Bildecke. Van Gieson-Färbung. Vergr. 55:1. b Am unteren Rand kapselloser Ausschnitt mit einem erweiterten Drüsenschlauch. Van Gieson-Färbung. Vergr. 55:1. c Bronchiolus und dickwandiges englumiges Gefäß (linke Bildseite) im Endometrium. Siderophagen-Ansammlungen in der Umgebung. Vergr. 85:1. (Nach ECK, H., HAUPT, R., ROTHE, G.: Die gut- und bösartigen Lungengeschwülste. In: Handbuch der speziellen pathologischen Anatomie und Histologie. Bd. III/4, Abb. 167a, b und d. Berlin-Heidelberg-New York: Springer 1969)

Die epithelialen und lympho-epithelialen bzw. lympho-retikulären Geschwülste des Thymus liegen gewöhnlich in einer der Etagen des vorderen Mediastinums (SABISTON u. SCOTT; GOLD; EATON, CLAGETT, GOOD u. MCDONALD; BREWER u. DOLLEY; BURNETT, ROSEMOND u. BUCHER; HERBIG, GANZ u. VIETEN; CASTLEMAN; GREMMEL u. VIETEN; BAUER u. STOFFREGEN; COCCHI; RAUSCH; HASNER u. WESTENGARD; SCHULZE; RUPNOW u.a.), doch können aus verirrten Keimen noch nach der Involution des Hauptorgans

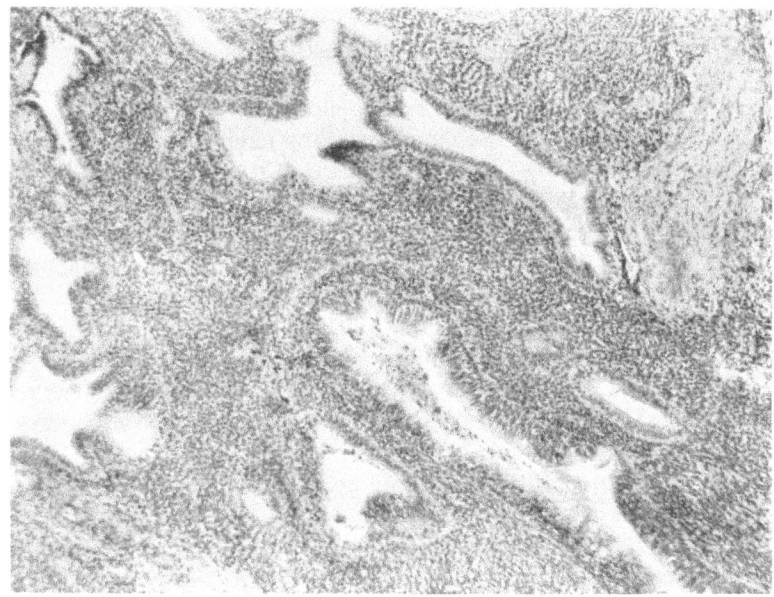
Abb. 122 c

ektopische Thymoblastome hervorgehen (CASTLEMAN u. NORRIS; NOVI; LATTES; VAN DYKE; MARCOZZI u. MESSINETTI; GRANDE, ROTOLI, SALVATORE u. STROLLO u.a.). Diese sog. „Ilymome" können zervikal — in Nachbarschaft oder innerhalb der Schilddrüse bzw. Glandulae parathyreoideae — (SHARP; GROTTIG; ALTER; GILMOUR), im hinteren Mediastinum (MANN; BLADES; HARTER; SEYBOLD, McDONALD, CLAGETT u. GOOD; HERBIG, GANZ u. VIETEN; GREMMEL u. VIETEN; FORSEE, FARINACCI u. BLAKE; BREGMANN u. STEINHAUS; MARCOZZI u. MESSINATI; BAUER u. STOFFREGEN) oder *am Lungenhilus* liegen (FONTAINE, FORSTER, FRANK, STOLL u. HOLDERBACH; HARTLEIB; ABELL; THORBURN, STEPHENS u. GRIMES; SCHULZE) (Abb. 121). Vereinzelt wurden auch *intrapulmonale Thymome* beobachtet (CASTLEMAN u. NORRIS; McBURNEY, CLAGETT u. McDONALD; CRANE u. CARRIGAN; DEROW, SCHLESINGER u. PERSKY; YOSHIMATSU, UCHIDA u. OJIMA; KALISH; PATTERSON u. HELLER; CASTLEMAN; YEOH, FORD, LATTES u. WYLIE; HORÁNYI u. KERÉNYI). Mit Ausnahme des letzten Falles (klinisch latentes gutartiges Thymom von Mandarinengröße im rechten Oberlappen bei einem 14jähr. ♂) traten die Lungengewächse bei Frauen im Alter von 19—65 Jahren *mit monate- bis jahrelang bestehender Myasthenia gravis pseudoparalytica* auf (s. Zusammenstellung von CRANE u. CARRIGAN). Die *häufige Kombination* beider Bedingungen ist seit langem bekannt (Nachweis myasthenischer Symptome bei etwa einem Drittel der Thymusgeschwülste, vice versa: Befund hyper- bzw. neoplastischer Thymusveränderungen bei ca. 15% der Myasthenie-Kranken) (GOLD; KEYNES; BELL; SEYBOLD, McDONALD, CLAGETT u. GOOD; BLALOCK; MURRAY u. McDONALD; MANN; CASTLEMAN u. NORRIS; GOOD; RINGERTZ u. LIDHOLM; CLAGETT u. EATON; NORRIS, BLALOCK, MASON, MORGAN u. RIVENS; HEUER u. ANDRUS; SMART; TURNBULL; POER; MILLER u. REDISCH; ROUQUÈS; REID u. MARCUS; EATON, CLAGETT, GOOD u. McDONALD; FERSHTAND u. SHAW; VIETS u. SCHWAB; VIETS; HARPER u. KEMP; OSSERMAN; MASSON u. CAMBIER; KASTRUP, KNY u. WILHELM; FEIND; COCCHI; GREMMEL u. VIETEN; GIMES; BOHLIG; BULLO, DE DONATO, ROCK u. SIRTORI; BENTON u. GERARD; LANGE; ROOKE, EATON, LAMBERT u. HODGSON; FRIEDMAN; ROE; BUCKBERG et al.; SCHULZE; RUPNOW). Das Vorliegen entsprechender neurologischer Störungen ist daher *für die präoperative Röntgendiagnose* der meist im Lungenkern lokalisierten knolligen Schattengebilde *richtungweisend*, wenn auch nicht für den thymogenen Ursprung des Gewächses beweisend, da *myasthenische Symptome auch bei Bronchialkarzi-*

nomträgern beobachtet werden (EATON u. LAMBERT; ANDERSON, CHURCHILL-DAVIDSON u. RICHARDSON; CROFT; WISE; ROOKE, EATON, LAMBERT u. HODGSON; MORTON, ITABASHI u. GRIMES) (s. Bd. IX/4a). Die Tumorentfernung kann bei Patienten im jugendlichen Erwachsenenalter — zumal beim weiblichen Geschlecht — zur Remission oder zum Stillstand der Myasthenie führen, doch ist eine Besserung nach Auftreten bulbärer Symptome nicht mehr zu erwarten (KEYNES; VIETS u. Mitarb.; CRANE u. CARRIGAN u.a.). Der Eingriff ist nicht nur im Hinblick auf die schlechte Prognose des neurologischen Leidens vordringlich, sondern auch wegen des Unvermögens, den biologischen Charakter des Gewächses klinisch-röntgenologisch zu beurteilen. Neben gutartigen Formen (einfacher Hyperplasie, reifen mesenchymalen Geschwülsten vom Typ eines Lipoms oder Fibroms und thymogenen Zysten) kommen potentiell bösartige (epitheliale, lympho-epitheliale bzw. lymphoretikuläre Thymome) und eindeutig maligne Blastome in Betracht (Thymuskarzinome und -sarkome) (SYMMERS; DE WITT ANDRUS u. FOOT; v. ALBERTINI; IVERSON; SEYBOLD et al.; FONTAINE et al.; EFFLER u. MCCORMACK; SKOKAN u. STOLZ; ANDRITSAKIS u. SOMMERS; BAER u.a.).

Obgleich nicht zur Gruppe der Choristome gehörig, soll in diesem Zusammenhang die *herdförmige Endometriosis der Lunge* erwähnt werden. Das Zustandekommen der Endometriosis externa, d.h. die Heterotopie typischer Uterusschleimhaut außerhalb der Gebärmutter (MEYER; HEIM; MÜLLER), ist nach tierexperimentellen Ergebnissen von HOBBS u. BORTNICK mit großer Wahrscheinlichkeit hämatogener Verschleppung von Mukosa-Partikeln zuzuschreiben, die spontan oder infolge von Eingriffen am Uterus eintritt. Trotz hoher Nidationsfähigkeit uteriner Schleimhautzellen (HEIM) gehen diese „*benignen hämatogenen Metastasen*" (LATTES, SHEPARD, TOVELL u. WYLIE; s. auch YEH) in der Lunge anscheinend nur selten an. Das Schrifttum enthält lediglich kasuistische Berichte über bronchopulmonale Endometriose (SCHWARZ; HOBBS u. BORTNICK; LATTES et al.; STURZENEGGER; RODMAN u. JONES; KISHKOVSKY u. BASKAKOV; MOBBS u. PFANNER; v. EGIDY, BÄSSLER, KÜMMERLE u. HAHN; LATTES, SHEPARD, TOVELL u. WYLIE; FLEISHMAN u. DAVIDSON; HARTZ; PARK; ZIEGAN; JELIHOVSKY u. GRANT; ECK, HAUPT u. ROTHE; MOVERS; COUNSELLOR) (Abb. 122) oder entsprechende Veränderungen an der Pleura (BARNES; NICHOLSON; WILLIAMS; BÜNGELER u. SILVEIRA; WILLIAMS u. HARPER; CHARLES; RIPSTEIN, ROHMAN u. WALLACH; YEH) bzw. am Zwerchfell (BREWS; MAURER, SCHAAL u. MENDEZ; SKOBEL; MCSWAIN u. SIEBEL). Der *Röntgenbefund* der Lungenendometriose ist uncharakteristisch [allmählich wachsende, zirkumskripte weichteildichte Fleckschatten oder „*Rundherde*" („*Endometriome*") mit und ohne zentrale Hohlraumbildung] (STURZENEGGER; LATTES et al.; KISHKOVSKY u. BASKAKOV; v. EGIDY, BÄSSLER, KÜMMERLE u. HAHN), an Hand eines *typischen klinischen Leitsymptoms* aber richtig zu deuten: da das implantierte Gewebe auf endo- wie exogene Hormoneinflüsse reagiert (dezidualer Umbau im Falle der Schwangerschaft!), verrät sich seine Herkunft mit *zyklusgebundenen Hämoptysen*, die unter Östrogentherapie ausbleiben (LATTES et al.; SCHWARZ; HOBBS u. BORTNICK; RODMAN u. JONES; STURZENEGGER; v. EGIDY, BÄSSLER, KÜMMERLE u. HAHN; FLEISHMAN u. DAVIDSON; KISHKOVSKY u. BASKAKOV; MOBBS u. PFANNER; PARK). Das verfügbare Schrifttum enthält sonst nur eine Mitteilung von WOLF über menstruationsabhängiges Auftreten von Bluthusten bei einer Lungenzyste. Das von MAURER, SCHAAL u. MENDEZ beschriebene Vorkommnis eines *rezidivierenden Spontanpneumothorax* als Komplikation diaphragmaler Endometriose wurde bei pulmonaler Herdbildung bisher nicht beobachtet.

Die *endothorakalen Embryoblastome* beanspruchen heute klinisch-therapeutisch gleiches Interesse wie jegliche andere Neoplasie, nachdem sie in der Vergangenheit vornehmlich Gegenstand geschwulstmorphologischer Diskussionen und verschiedener, hier nicht näher zu erörternder Theorien über die Teratogenese ($\tau \varepsilon \varrho \alpha \varsigma$ = Wunder, im antiken Sinne auch Mißgeburt) waren (bigerminale Parasitentheorie des „foetus in foetu", monogerminale Deutungsversuche im Sinne proliferativer partheno- bzw. ephebogenetischer Fehlentwicklung von Gonoblasten bzw. dislozierten Blastomeren des Teratomträgers) (s. GORDON;

Virchow; Ekehorn; Ahlfeld; Wilms; Askanazy; Borst; Marchand; Bonnet; Fischer-Wasels; Dangschat; Schwalbe; Cabotti; Nicholson; Williams; Kaufmann; Heijl; Budde; Schlumberger; Terplan; Willis; Bariéty u. Coury; Pliess; Friedman; Fine, Smith u. Pachter; Bennington, Haber u. Schweid; Holt, Melcher u. Colquhoun; Miller u. Brown; Wenger, Dines, Ahmann u. Good; Coury, Saigot u. Delepierre; Diaconitza u.a.). Für viele Lokalisationsformen ist das Operationsrisiko jetzt geringer (Demkov) als die *auf 10—20% geschätzte Malignitätsquote* der embryonalen Gewäche (Laipply; Lambert; Kepler; Hedblom; Fox u. Hospers; Eerland; Houghton; Grenade; Curreri u. Gale; Zuppinger; Herbig, Ganz u. Vieten; Bariéty u. Coury; Pliess; Santy, Bérard u. Galy; Coury; Brouet u. Coury; Bauer u. Stoffregen), deren biologische Eigenart und Entwicklungspotenz präoperativ nicht zu beurteilen ist.

Man unterscheidet seit Wilms und Askanazy formal

1. nach der Anzahl der vertretenen Keimblätter zwischen eigentlichen *Teratomen* (= Tridermomen) und *Teratoiden* vom Typ der *Dermoide* (= Bidermome aus Epidermis mit mesodermalen Anhangsgebilden) oder sog. *Epidermoide* rein ektodermaler Herkunft,

2. nach der anatomischen Grobstruktur zwischen *soliden und zystischen Embryoblastomen*, wobei geringere Reife und besonders regellose Gewebsanordnung der ersteren eine höhere Malignitätserwartung bedingen soll (Dahm), und

3. nach dem feingeweblichen Differenzierungsgrad zwischen *adulten (coaetanen) Teratomen*, deren Formbestandteile den gleichen Entwicklungsstand erreicht haben wie die übrigen Körpergewebe des Anomalieträgers, und *embryonalen Teratomen* sensu strictiori mit immaturen Gewebskomponenten.

(Anatomisch-histologische Details, die für diese Einteilung maßgeblich sind, enthält die oben zitierte Fachliteratur.)

Während man den Dysembryomen früher eine „Brückenstellung zwischen Mißgeburt und Neoplasie" zusprach (Heijl u.a.) und nur malignen „*Teratoblastomen*" *vom Typ eines Karzinoms, Sarkoms oder* völlig unreifen *Meristoms* eigentlichen Geschwulstcharakter zubilligte, werden die Teratome heute generell als *echte Tumoren dysontogenetischen Ursprungs* klassifiziert (Willis; v. Albertini; Harrington; Bariéty u. Coury; van Bogaert u.a.). Willis läßt nur eine einzige Blastomgruppe dieses Namens gelten: obige Gruppierungen nach Bau- und Verhaltensprinzip erscheinen ihm willkürlich, zumal die Abgrenzung zwischen tri- und bidermalen Typen eingehender histologischer Analyse nicht standhalte. v. Albertini stimmt dieser Ansicht insofern zu, als er die Aufgliederung in solide und zystische Formen für belanglos und die Annahme für berechtigt hält, daß die meisten teratoiden Gebilde Komponenten aller 3 Keimblätter enthalten. Er unterscheidet aber weiterhin scharf zwischen den *reifen, „an sich gutartigen" Formen vom Typ der Dermoidzysten, die sehr selten krebsig werden*, und *embryonalen Teratomen*, die neben mehr oder weniger differenzierten auch stets unreife Gewebsteile umschließen und „an sich bösartig sein können, jedenfalls aber obligat krebsig werden und dadurch *praktisch als bösartige Geschwülste aufgefaßt werden müssen*".

In seiner onkologischen Systematik umreißt v. Albertini die embryonalen Blastome im weiteren Sinne, indem er die *Teratome* sensu strictiori als sog. „eiwertige" oder *totipotente Dysembryome* den *teratoiden multipotenten Mischgeschwülsten* mit auf wenige Gewebe beschränkter Differenzierungsmöglichkeit und *unipotenten Blastomen embryonalen, aber nicht teratoiden Charakters* gegenüberstellt (Beispiel: Neuroepitheliome des zentralen und vegetativen Nervensystems).

Ob die sog. „Embryome" zu den teratoiden Tumoren im Sinne obiger Definition der Formalgenese zu zählen sind, ist fraglich. Als *feingewebliche Variante der Karzinosarkome* werden diese dysontogenetischen Geschwülste („*pulmonale Blastome*") (Barnard u. Robb-Smith; Barrett u. Barnard; Barnard; Spencer; Prive, Tellem, Meranze u. Chodoff; Bennett; Pascuzzi; Souza, Peasley u. Takaro; Arey; Liebow; Galofré, Payne, Woolner, Clagett u. Gage; Parker, Payne u. Woolner) an entsprechender Stelle (S. 26) gesondert abgehandelt.

In engstem Zusammenhang mit teratogenetischen Malignomen sind *primäre extragenitale Chorionepitheliome des Brustraums* — das trophoblastische Gegenstück teratoider Dysgerminome (S. 3ff.) — zu erwähnen, die *überwiegend bei jüngeren Männern* beobachtet wurden (Staemmler; Kantrowitz; Plenge; Laipply u. Shipley; Lynch u. Blewett; Hirsch, Robbins u. Houghton; Magovern u. Blades; Lochmann; Shlimowitz u. van Brown; Bariéty, Coury, Poulet u. Cabanne; Wenger, Dines, Ahmann u. Good; Yurick u. Ottoman u.a.). Der *ektopische Sitz im vorderen Mediastinum* und Retroperitonealraum dominiert gegenüber anderen Lokalisationstypen (Bariéty et al.; Schäfer; Woolner, Jamplis u. Kirklin; Le Brigand et al.;

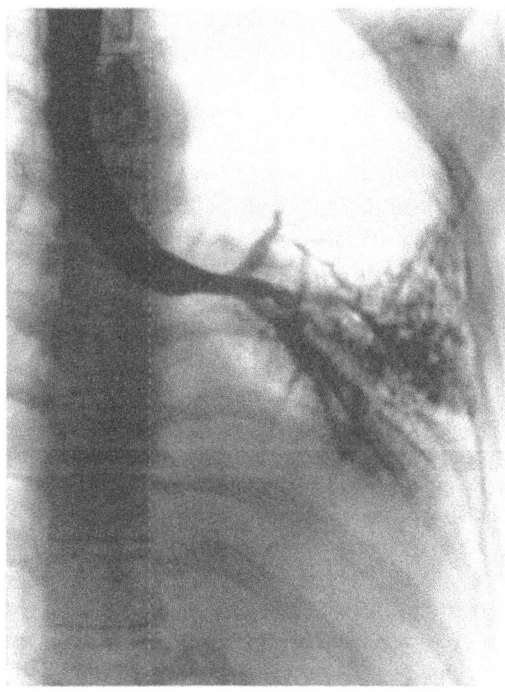
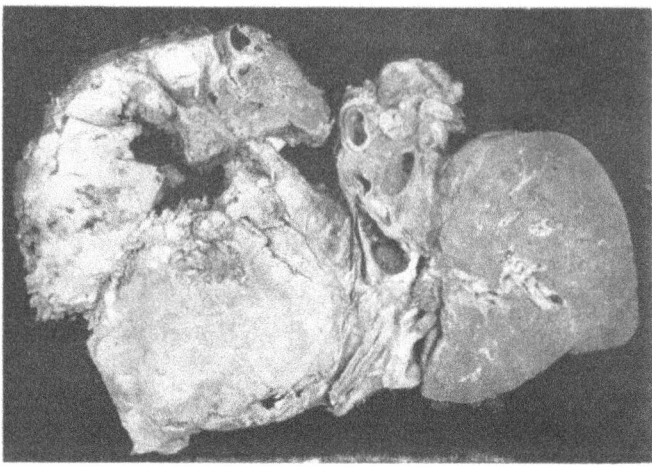

Abb. 123 a—d. *Ausgedehntes malignes Lungenteratom links.* Seit über 10 Jahren wiederholte Pleuro-Pneumonien mit gehäuften Hämoptysen, zunehmender Dyspnoe und einer während langfristiger Beobachtung langsam wachsenden Verschattung des linken Unterlappens. Bei Bronchographie im Spätstadium (a) Füllungsabbruch des linken Unterlappenbronchus Zentralröntgeninst. d. Städt. Krankenanst. Ludwigshafen/Rh., Chefarzt: Dr. KALBITZER). Bronchoskopisch kein Tumornachweis, lediglich Einwölbung des linken Hauptbronchus von kaudal her. Nach Probethorakotomie rasche Größenzunahme des inoperablen Tumors. $2^{1}/_{2}$ Monate nach dem Eingriff Exitus letalis. Autopsie (Path. Inst. d. Städt. Krankenanst. Ludwigshafen/Rh., Chefarzt: Prof. VELTEN): Makroanatomisch massive neoplastische Infiltration der gesamten linken Lunge bis auf die Oberlappenspitze, transdiaphragmal auf die Milz übergreifend, mit zentraler Zerfallshöhle im Oberlappen (b Sektionspräparat im Anschnitt). Histologie: Tridermales malignes Teratoblastom. Im zentralen Anteil ausdifferenzierte Abschnitte mit zellreichem Binde- und Knorpelgewebe sowie Plattenepithelkompexen (c), daneben stellenweise Hirngewebe und mit zylindrischem oder plattem Epithel ausgekleidete Zyste. In der Randzone entdifferenzierte drüsig-papilläre Formationen mit Polymorphie von Zellen und Kernen (d). [Nach DAHM, K.: Zbl. allg. Path. **97**, 340—345 (1957/58); Abb. 1—4]. W. R., 54jähr. ♂

LYNCH; MORNEX; KANTROWITZ; LAIPPLY u. SHIPLEY; HIRSCH, ROBBINS u. HOUGHTON; GIROUX u. DESMEULES; SHLIMOWITZ u. VAN BROWN; FANGER u. MACANDREW; WENGER, DINES, AHMANN u. GOOD; REDDY u. RAO; YURICK u. OTTOMAN). Das Vorkommnis *autochthoner pulmonaler Chorionepitheliome* wurde mehrfach beschrieben, doch ist es in einigen Fällen strittig, ob es sich tatsächlich um Primärgeschwülste handelte (BORRIS; FERREIRA-BURRETTI; KAY u. REED; LE BRIGAND et al.; GÉRIN-LAJOIE; MORNEX). Röntgenologische und klinische Erscheinungen, insbesondere die *endokrinen Symptome* der zur Gonadotropinsekretion befähigten Tumoren werden andernorts geschildert (s. S. 5).

Das vordere Mediastinum ist auch eine der Prädilektionsstellen *homo- und heteroplastischer Dysgerminome*: absolut vorherrschender Sitz sind die Gonaden, nächsthäufig ist die fissurale Lage (retroperitoneal, vor dem Kreuz- oder Steißbein, anteromediastinal, sub- und endokraniell, zerviko-nuchal, selten viszeral) (BUDDE; WILLIS; FRIEDMAN; HEDBLOM; PRYM; COURY et al.; CALAMARI, CODECASA, RADAELLI u. REGGIO; DEMKOV u.a.). In LAIPPLYs Statistik über 299 mediastinale dysontogenetische Zysten und Tumoren (Literatur bis 1945) sind Dermoide und Teratome mit 80% vertreten. Nach DONALDs Schätzung machen die teratoiden Mediastinalzysten etwa 90% aller zystischen Gewächse dieser Region aus. In ihrem umfassenden Sammelreferat (Schrifttum bis 1950) stellten HERBIG, GANZ u. VIETEN 311 einschlägige Fälle zusammen, darunter 92 zystische Teratome, 112 Dermoid- und 107 Epidermoidzysten. In einem Beobachtungsgut von 1650 bronchopulmonalen Tumoren fand DIACONITZA 8 teratoide Gewächse, darunter 5 solide Dysembryome und 3 Dermoidzysten. Gleich, ob solide oder zystisch gebaut, können die *antero-*

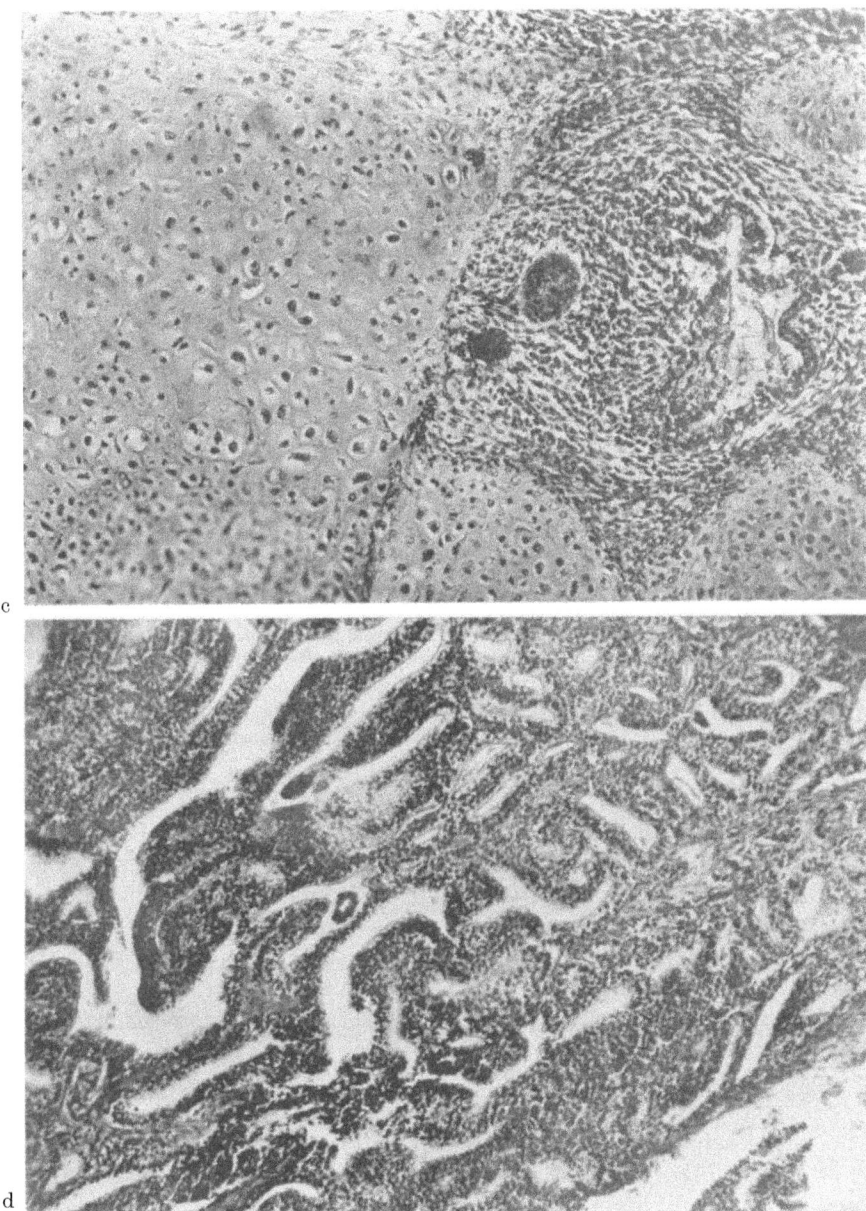

Abb. 123 a u. d

mediastinalen Embryonalgeschwülste sekundär in die Bronchien, Lungen und Pleura einbrechen, gelegentlich auch in den Herzbeutel und Aortenstamm perforieren. Diese Entwicklung wird nicht allein bei maligne infiltrierenden Teratomen beobachtet (HARVEY; FISCHER; SLAVIERO; FONTAINE, BUCK, WARTER u. MULLER; PROTZEK; MARSTEN, COOPERS u. ANKENEY), sondern auch bei Dermoidzysten (nach HEDBLOM in 26 von 186 Fällen = 14,1%; s. auch MARCHAND; FISCHER; CARNOT u. AMET; JORES; LENK; PRYM; JAKSCH-WARTENHORST; SAUERBRUCH; LINCOLN u. BROWN; HARRINGTON; GRENADE; CAUSSADE, DECOURT u. DURVISEL; LE ROUX; WHEELER; HANTEN, KEYES u. MEYER; FRY, KLEIN u. BARTON; FREUDENTHAL; BECKER; WEIL; STUTSCHINSKI; DEMKOV; KOLPAK), deren Bronchialperforation zu chronischer Lipoidpneumonitis führen kann (s. S. 316).

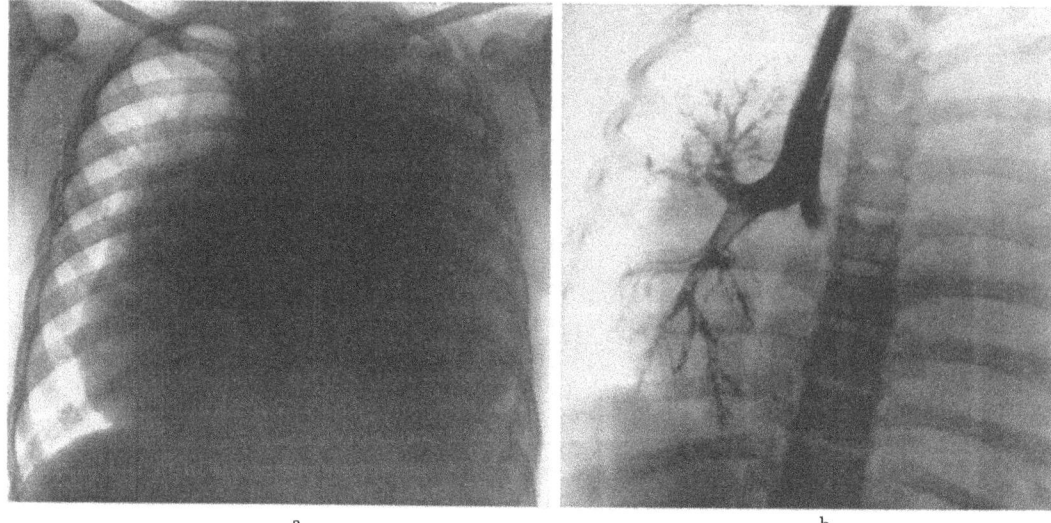

Abb. 124 a u. b. *Malignes Teratom der linken Lunge.* Massive Halbseitenverschattung mit Verdrängung der Mediastinalorgane (a Übersichtsaufnahme p.-a.) und Verschluß des linken Hauptbronchus (b Intubations-Bronchogramm p.-a.). Histologie: Angioplastisches Sarkom teils kavernöser, teils angiomatöser Bauart und unterschiedlicher Differenzierung, mit Einschluß rudimentärer Bronchien, multilokulärer Zysten mit verschiedenem Epithelbelag, Inseln von embryonalem Knorpel, Osteoid-, Knochen- und Blutbildungsherden sowie galleproduzierenden Leberzellinseln (Sekt.-Nr. 189/53 Path. Inst. d. Univ. Münster/W., damal. Direktor: Prof. SIEGMUND). [Nach RULAND, L.: Thoraxchirurgie 4, 119—124 (1956); Abb. 1 und 2.] K. H., 12jähr. ♂. Arch.-Nr. 87/338, Röntgenabtlg. d. Chir. Univ.-Klinik Münster/W. (Direktor: Prof. P. SUNDER-PLASSMANN)

Demgegenüber sind *primäre Lungenteratome* (HELBING; ZIPKIN; KATASE; BLACK u. BLACK; SLAUGHTER; DAHM; RULAND; LAFITTE; HUNTER; SLAUGHTER u. STEPHENS; KESSLER; RUSCHE u. NIEDOBITEK; RODMAN u. JONES; ELLIS; CASTELLANOS, MERCADO u. ALTMAN; DIACONITZA; GAUTAM; SCHLUMBERGER; KELLER) (Abb. 124) und *intrapulmonale Dermoidzysten* (OGLE; CLOETTA; JAKSCH-WARTENHORST; JORES; MACHOL; CRAVER u. BLADY; HAUBER u. ASANG; KASANOVIČ u. DORDEVIČ) (Abb. 125) so *extrem selten,* daß es stets eingehender Prüfung zum Ausschluß mediastinaler Abkunft bedarf.

Für eine statistische Auswertung der Geschlechts- und Altersverteilung klinisch manifest gewordener teratoider Blastome der Lungen ist die Zahl der Beobachtungen zu klein. Bei den von FISCHER erwähnten 80 mediastinalen Dermoidzysten waren Frauen etwas überwiegend und Altersklassen unter 30 Jahren zu zwei Dritteln betroffen. Nach BAUER u. STOFFREGEN ist die Sexualproportion teratoider Mediastinalzysten ausgeglichen, während maligne Dysembryome des Mediastinums nach PLIESS fast ausschließlich (96%) beim männlichen Geschlecht auftreten.

Aus der experimentellen Pathologie ist zwar die Möglichkeit exogen stimulierter postnataler Teratogenese bekannt (ASKANAZY; SCHWALBE; MICHALOWSKY; BRAGG; FALIN u. ANISSIMOWA), doch dürften — auch pulmonale — Dysembryome des Menschen stets intrauterin angelegt sein. Sie werden mitunter schon post partum oder in früher Kindheit endeckt (HELBING; ZIPKIN; GRENADE; RULAND; KASANOVIČ u. DORDEVIČ), bleiben aber vielfach bis zur Pubertät stationär und symptomlos. Erst die von Detritusfüllung bzw. Talgretention („Dermoidbrei") bewirkte Ausdehnung der Gebilde oder echtes, vermutlich hormonal induziertes Wachstum (STIVAL, zit. n. PLIESS) führen zu *klinischer Manifestation, bevorzugt zwischen Pubertät und 30. Lebensjahr,* seltener in mittleren Altersstufen (KATASE; DAHM u. a.).

Die *klinische Semiotik* ergibt sich aus der *Expansions- und Durchbruchstendenz* der Gewächse und ihrer Lagebeziehung zu den Nachbarorganen. Hustenreiz und Schmerzen können von Druck oder pleuritischen Schüben herrühren. Bei Kompression größerer

Bronchien entwickeln sich fieberhafte atelektatisch-pneumonische Komplikationen, im Gefolge stärkerer Verdrängung auch Dyspnoe, Heiserkeit, Einflußstauung oder kardiale Sensationen (GRENADE; DAHM; HAUBER u. ASANG; RULAND; KASANOVIČ u. DORDEVIČ; TURUNEN u. KYLLÖNEN). Die Neigung zystischer Dysembryome zu eitriger Einschmelzung und Perforation kann akute Symptome hervorbringen (SCHMIEDEN; TESCHENDORF; BECKER; LINCOLN u. BROWN; HARRINGTON; BARIÉTY u. COURY; WHEELER; WILLIS; ROSENBLUTH, STEINBERG u. DOTTER; HERBIG, GANZ u. VIETEN; BAUER u. STOFFREGEN; HANTEN, KEYES u. MEYER; KOLPAK u.a.). Das von TESCHENDORF erwähnte Vorkommen positiver Wassermann-Reaktion bei Dermoidzysten ist für die Differentialdiagnose gegenüber Solitärgummen zu bedenken. *Endokrine Symptome* (Trias: Gynäkomastie, Hodenatrophie mit Potenz- und Libidoverlust sowie Anstieg des Gonadotropinspiegels im Blut und vermehrte Harnausscheidung von Prolan B) werden nur bei Teratomen mit chorionepitheliomatösem Anteil oder bei rein trophoblastischen Dysgerminomen beobachtet (s. S. 5).

In Form ein- oder mehrkammeriger Zysten wie solider Gewebsknoten können die *teratoiden Lungentumoren* beträchtlichen Umfang erreichen. Der *Röntgenbefund* gibt keinen Aufschluß über die Herkunft der meist paramediastinal gelegenen, vom Lungengewebe mit scharfer, je nach Bauart ein- oder mehrbogiger Kontur abgesetzten Gewächse. Ihr rundlicher oder ovalärer Schatten erscheint *weichteildicht homogen* (LENK; MACHOL; BLACK u. BLACK; KASANOVIČ u. DORDEVIČ u.a.) (Abb. 124). In den vorliegenden Schilderungen pulmonaler Teratome *fehlen kennzeichnende Gestaltmerkmale, wie Kalkschalen, zentrale Verknöcherungen oder Zahnanlagen*, die wohl auch in den entsprechenden Mediastinaltumoren häufiger von Anatomen als röntgenologisch nachgewiesen werden (TESCHENDORF; GREMMEL u. VIETEN u.a.): LENK konnte in seiner klassischen Monographie nur auf ein ihm bekanntes Röntgenbild mit derartigen Objektdetails hinweisen, das überdies von einem Operationspräparat stammte (PRYM).

Ebenso ungewöhnlich ist das von PHEMISTER, STEEN u. VOLDERAUER bei einer mediastinalen Dermoidzyste beobachtete *Schichtungsphänomen des Zysteninhalts*, das auf geringerer Strahlabsorption der oberhalb sedimentierter halbfester und wässeriger Dermoidbrei-Bestandteile schwimmenden Fettschicht beruht und seither nicht wieder beschrieben wurde.

Wie beim Übergreifen vom Mediastinum her können primär pulmonale Dermoide und Teratome zu massiver Lobär- und Halbseitenverschattung führen. Als anatomisches Schattenkorrelat kommen große Zysten und ausgedehnte Tumorinfiltration, aber auch Obstruktionsatelektasen in Betracht, denen ein druck- oder infiltrationsbedingter Bronchusverschluß zugrunde liegt. Nach hart exponierten Nativaufnahmen, Schichtbildern und Bronchogrammen ist die Stenose nicht vom Aspekt anderer gutartig expansiver oder destruierend wachsender maligner Prozesse zu unterscheiden (DAHM; HAUBER u. ASANG; RULAND). Ein eindrucksvolles Beispiel liefert die von HAUBER u. ASANG tomographisch demonstrierte Bronchusblockade des linken Oberlappenostiums durch einen fingerartig bis in den Hauptbronchus ragenden Gewebszapfen einer Dermoidzyste (Abb. 125).

Zu den dysontogenetischen Mediastinaltumoren, die randständige Lungengeschwülste oder aneurysmatische Gefäßanomalien vortäuschen können, gehören die *thymogenen Zysten* (SCHLUMBERGER; BLADES; SABISTON u. SCOTT; BRADFORD, MAHON u. GROW; BARIÉTY u. COURY; LAIPPLY; NYLANDER, TOIVONEN, TURUNEN u. HJELT; SKOKAN u. STOLZ; HERBIG, GANZ u. VIETEN; LE ROUX; EERLAND; GANZ; GREMMEL u. VIETEN; BAUER u. STOFFREGEN; FEINDT; COULSHED et al.; GANZ u. FRANKE; LINDSKOG; ROCHER; FONTAINE, FRANK u. STOLL; SMART; HESCHELER; BURACZEWSKI u. LEWINSKI; SCHILLHAMMER u. TYSON; RUPNOW; DOMANSKY, HOLIK u. LINHARTOVA; SCHULZE u.a.). Gilt schon die Regel des medianständigen Sitzes und queraxialen Wuchstyps, die LENK als Charakteristikum thymogener „midline"-Tumoren aufgestellt hatte, für die soliden Thymoblastome nur mit großer Einschränkung (GREMMEL u. VIETEN; FEINDT; SCHULZE), so bildet sie bei den zystischen Anomalien des Organs vollends eine Ausnahme: thymogene

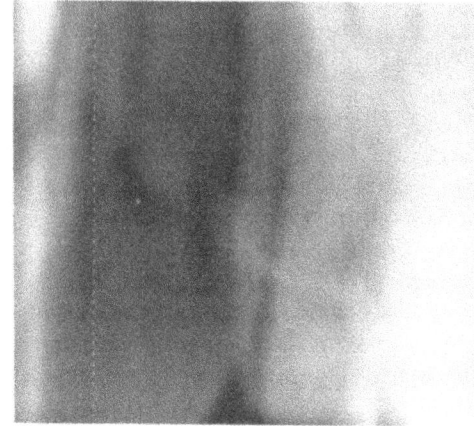
a
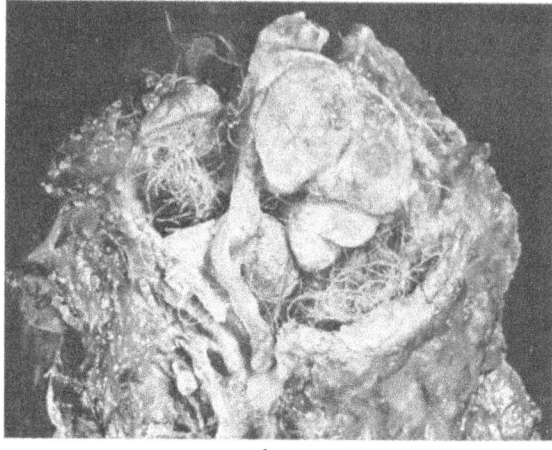
b

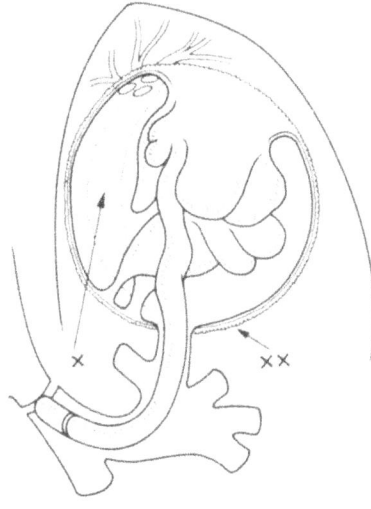
c

Abb. 125 a—c. *Primär intrapulmonale Dermoidzyste des linken Oberlappens.* 13jährige Krankheitsanamnese rezidivierender Pneumonien mit gehäuften Hämoptysen. Klinikeinweisung in die Chir. Abtlg. d. Krhs. München-Nymphenburg (Chefarzt: Prof. SCHEICHER) unter Tumorverdacht wegen einer persistierenden gänseeigroßen Verschattung im linken Oberlappen mit bronchoskopisch sichtbarem, den Lappenbronchus verlegenden Geschwulstzapfen, dessen Stenose im Tomogramm wiedergegeben ist (a Schichtbild 10,5 cm a.-p.). Der Auswuchs erwies sich anatomisch am Resektionspräparat (b im Anschnitt aufgeklappt, von der Medialseite her gesehen) als fingerlanger Fortsatz, der aus dem Inneren des zerklüfteten Hohlraums bis in den Hauptbronchus vorragte. Die schematische Darstellung der tumorartigen Mißbildung zeigt, daß sich die Dermoidzyste aus dem Ramus apicalis des Oberlappenbronchus als kugelige Auftreibung entwickelt hatte (c). Im Zystendach mündeten mehrere Bronchiolen des umgebenden Lungenparenchyms. Zwischen deren Öffnungen und dem hiluswärts gerichteten Zysteneingang lief an der Dorso-Medialfläche eine zylinderepithelbekleidete Schleimhautstraße (×) durch, deren Submukosa Drüsenkörper, glatte Muskulatur und Knorpelreste enthielt. Vorder- und Seitenwände bestanden aus Epidermis mit Haaren und Anhangsgebilden (××). Die von mehreren Stellen in die Höhle ragenden Knoten sowie der wurmartige Fortsatz erwiesen sich als plattenepithelbedecktes Fett- und Bindegewebe nach Art einer Subkutis. (Histol. Befund: Path. Inst. München-Schwabing, Chefarzt: Prof. SINGER). [Nach HAUBER, K., ASANG, E.: Thoraxchirurgie **3**, 515—520 (1955/56), Abb. 1—3.] A. M., 37jähr. ♂

Zysten entwickeln sich gewöhnlich einseitig, bevorzugt in der mittleren Retrosternalloge an der Pulmonal- bzw. Aortenwurzel (Abb. 126), teils auch im oberen oder zwerchfellnahen Anteil des vorderen Mediastinums oder in Hilusnähe. Ihr halbkugelig vorspringender homogener Schatten zeigt manchmal einen zarten Kalksaum und weist dem anliegenden Herz- oder Gefäßabschnitt entsprechend synchrone mitgeteilte Randpulsation auf.

Wie Thymoblastome solider Beschaffenheit angeborene Angiokardiopathien imitieren können, wenn sie sich mit ihrer pelerinenartig anliegenden Gewebsmasse stufenlos in die Konturen der Herz-Gefäßsilhouette einfügen (LENK; GUNNELLS; BERNSTEIN, KLOSK, SIMON u. BRODKIN; GUNNELS, MILLER, JACOBY u. MAY; FERRANÉ, GUERMONPREZ, VASILE u. MAURICE; SCHULZE), so täuschen thymogene Zysten unter entsprechenden Projektionsbedingungen in Vorderansicht bei flüchtiger Betrachtung eine Pulmonalektasie vor. Auch ohne mediastinale Pneumoradiographie gelingt es aber mit sorgfältiger Strukturanalyse und fließender Drehung am Schirm unschwer, den ovalären Zystenschatten in der mittleren Anteromediastinaletage ausreichend klar vom Truncus pulmonalis abzugrenzen (Abb. 126). Der röntgenologische Aspekt erlaubt keine Unterscheidung

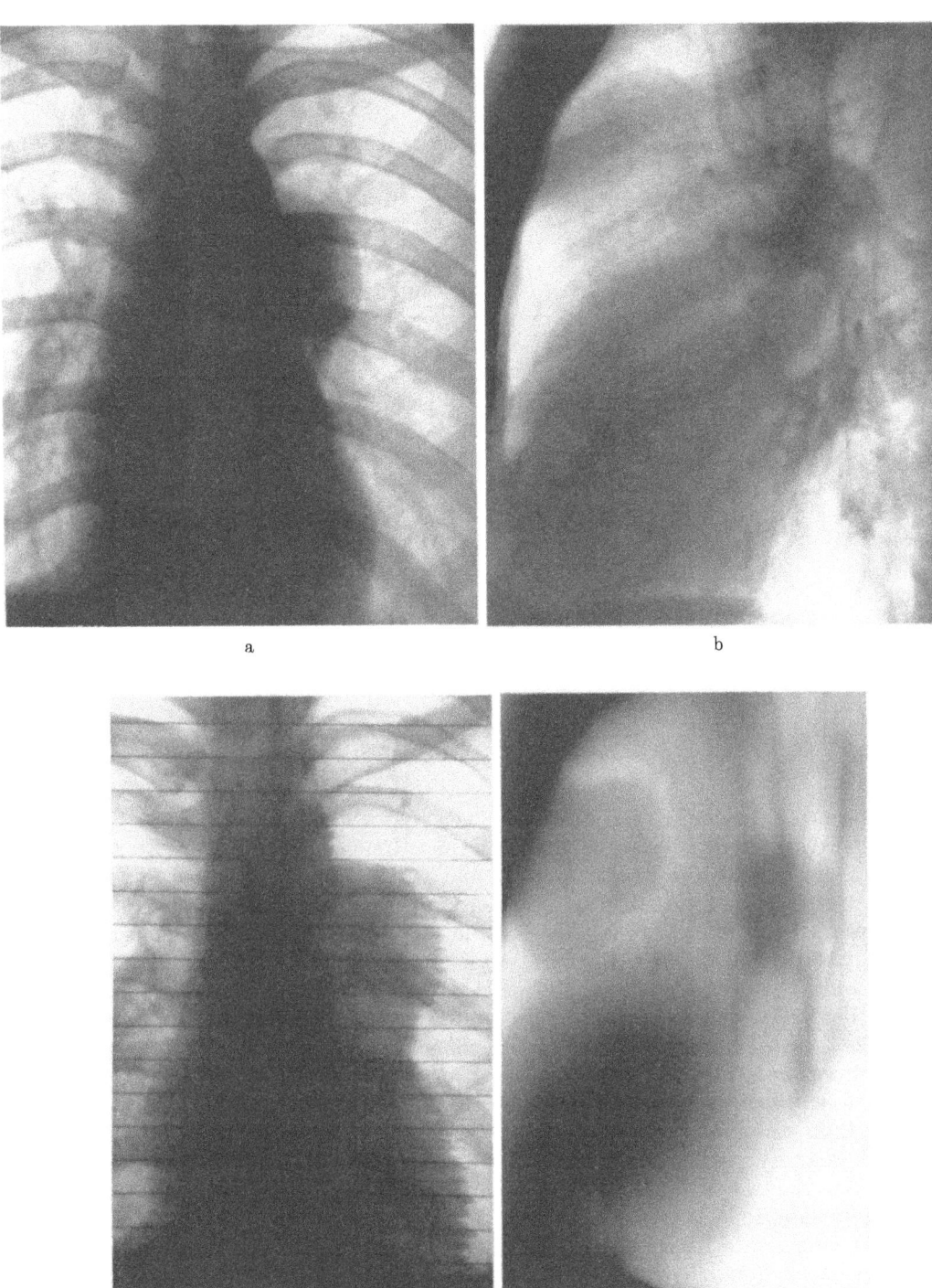

Abb. 126 a—e. *Mediastinale Thymuszyste am Truncus pulmonalis.* Einweisungsdiagnose „Pulmonalektasie". Das auf Nativaufnahmen in 2 Ebenen in der mittleren Anteromediastinalloge gelegene ovaläre Schattengebilde lag dem Pulmonalarterienstamm flächenhaft an (a und b), zeigte kymographisch deutliche Mitpulsation (c), war aber tomographisch klar von der Gefäßkontur abzugrenzen (d Schichtbild 12 cm dextro-sin.). Die röntgenologische Annahme des thymogenen Ursprungs wurde durch den histologischen Befund Hassalscher Körperchen und lymphoretikulären Gewebes in der Wand der exzidierten Zyste bestätigt (e Mikrophoto der Zystenwand) (Path. Inst. d. Univ. Münster/W., Direktor: Prof. W. GIESE). (Nach SCHULZE, W.: Röntgendiagnostik und -differentialdiagnostik thymogener Geschwülste. Tagg. Rhein.-Westfäl. Röntgengesellschaft Köln a.Rh. 14. 6. 58). M. S., 20jähr. ♀. Arch.-Nr. 11984/56 Röntgenabtlg. d. Med. Univ.-Klinik u. Poliklinik Münster/W. (Direktor: Prof. HAUSS)

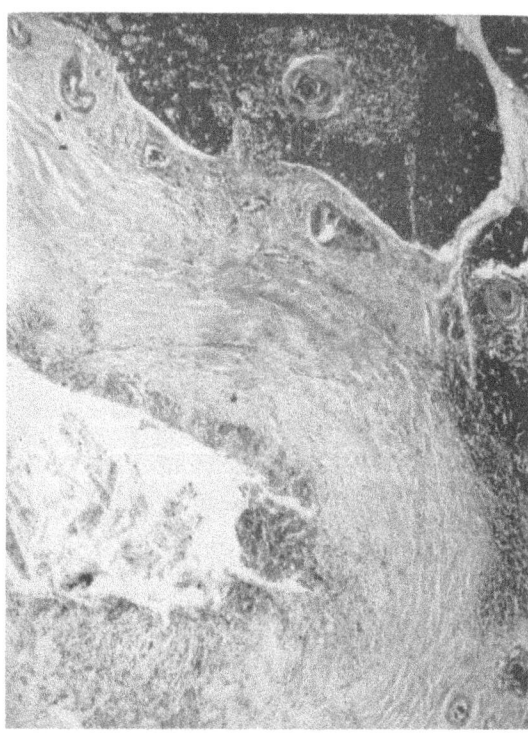

Abb. 126e (Legende s. S. 249)

von teratogenen Zysten und Tumoren, zystischen Lymphangiomen (Abb. 137 u. 138) oder Enterozölomzysten perikardialen bzw. pleurogenen Ursprungs (Abb. 127). Da myasthenische Leitsymptome, die für die Aufspürung und Differentialdiagnose der Thymome und Thymushyperplasie wertvolle Hinweise geben können (S. 241), bei rein zystischen Anomalien dieses Organs in der Regel fehlen, ist die thymogene Herkunft erst mit dem histologischen Befund Hassalscher Körperchen oder organspezifischer lympho-epithelialer Formbestandteile zu erweisen (Abb. 126e).

Außer den vorerwähnten zystischen Mißbildungen bzw. Tumoren sind *dysontogenetische Zysten mediastinaler, intrapleuraler oder intrapulmonaler Lage* zu nennen, deren verschiedenartige Abstammung, Bauart und Lokalisation in einem umfänglichen Schrifttum Anlaß zu zahlreichen Gliederungsvorschlägen gab (CHIARI; FISCHER; LOB; LAMBERT; LAIPPLY; BLADES; BRADFORD, MAHON u. GROW; LOEHR; LILLEHEI, MCDONALD u. CLAGETT; HOSSLI; BARIÉTY u. COURY; ZADEK u. RIEGEL; SCHWARZHOFF u. REITTER; BREWER u. DOLLEY; KENT, BLADES, VALLE u. GRABER; HARRINGTON; SABISTON u. SCOTT; MAIER; GANZ; FROMMHOLD; PEVELING-SCHLÜTER; HERBIG, GANZ u. VIETEN; BAUER u. STOFFREGEN; RINGERTZ u. LINDHOLM; HERLITZKA u. GALE; ABELL; VERNEIGES; ROUX-BERGER u. ROUX-BERGER; SINGER; PACHTER u. LATTES; BALAS; MASSHOFF u. HÖFER, HUZLY u. HOFMANN; OLDHAM u. SABISTON; BECKER; MORRISON; LYONS, CALREY u SAMMON; FROBOESE; JOSEPH, MURRAY u. MULDER; BOYD u. MIDELL; KRAUS, KLEMENCIC u. KELLER; SCHLUMBERGER; CONKLIN; WASSNER u.a.).

BAUER u. STOFFREGEN gliedern — unter Modifikation des Einteilungsprinzips von GANZ — in

a) *Mesothelzysten*
    α) *Perikard-Zölomzysten*
    β) *Pleura-Zölomzysten*
b) *Vorderdarmzysten*
    α) *des Digestionstraktes (Ösophago-, Gastro- bzw. Enterokystome)*
    β) *des Respirationstrakts (Tracheal-, Bronchial- bzw. Alveolarzysten)*.

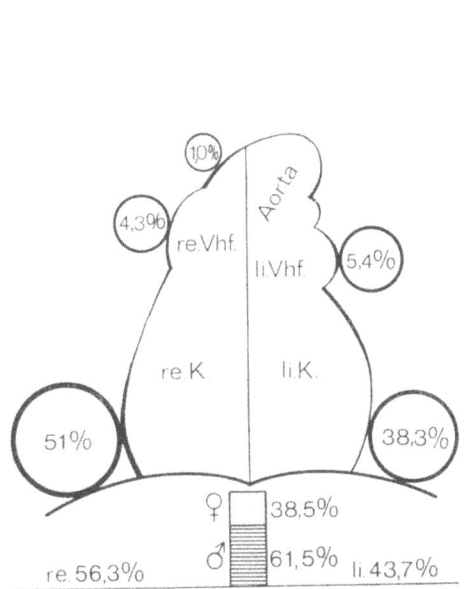

Abb. 127. *Lokalisation und Geschlechtsverteilung von 92 kongenitalen Herzbeutelzysten der Literatur.* [Nach GRUNDMANN, G., FISCHER, R., GRIESSER, G.: Kongenitale Herzbeutelzysten. Thoraxchirurgie **2**, 492—504 (1955); Abb. 7]

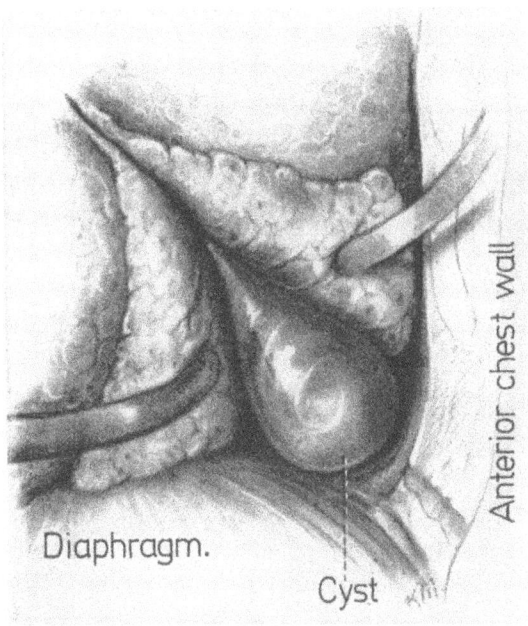

Abb. 128. *Typische Tropfenform einer in den unteren Interlobär-Hauptspalt ragenden Perikard-Zölomzyste.* [Situationsskizze nach einem Operationsbefund von ROGERS, J. V., LEIGH, T. F.: Differential diagnosis of right cardiophrenic angle masses. Radiology **61**, 871—878 (1953); Abb. 1C]

Die *pleuro-perikardialen Mesothelzysten* entstammen der mesodermalen Serosa („Mesothel": CHURCHILL; DRASH u. HYER) des Zöloms. Sie werden auf Ausbleiben septaler Verschmelzungsvorgänge — mit Persistenz der Bursa infracardiaca bzw. primitiver Buchten am Schnittpunkt von Ductus Cuvieri, Plicae pleuro-pericardiacae und Septum transversum — während der membranösen Trennung der Herzbeutel-, Pleura- und Bauchhöhle in der 6. Fötalwoche zurückgeführt (LAMBERT; KINDRED; LAIPPLY; DRASH u. HYER; NYLANDER u. VIIKARI; BOENIG; LILLIE, MCDONALD u. CLAGETT; GRUNDMANN, FISCHER u. GRIESSER; FROMMHOLD; CHRIST u. a.). Es handelt sich um dünnwandige einkammerige Hohlräume mit einzeiligem flachen bis kubischen Mesothelbelag und pleurabezogener Bindegewebskapsel. Wegen ihres klaren transsudatähnlichen Inhalts (Ergebnisse biochemischer Analysen s. GRUNDMANN et al.) nennt man sie auch „Quellwasserzysten" („spring water cysts") (GREENFIELD, STEINER u. TOUROFF; ELKELES u.a.). MANAFOV beziffert den Anteil perikardialer Mesothelzysten unter den zystischen und soliden Mediastinaltumoren mit 3—9%. Nach seiner Angabe sollen auch atypische mehrkammerige Formen vorkommen.

Anders als *echte, mit dem Herzbeutelraum kommunizierende Perikarddivertikel* (MÖNCKEBERG; KIENBÖCK u. WEISS; LESCHKE; ESCHBACH; LENK; CUSHING; WINDHOLZ; FREY; PERÄSALO; REITAN; JANSSON; JADERHOLM; HAAS; SCHUERMEYER u. SECKFORT; LAITINEN u. VIRTAMA; MAZER; LILLIE et al.; ZDANSKY; TESCHENDORF; BAYER; HALONEN u. LAITINEN; SEIDLER; ROHN; KRAUTWALD, RENGER u. KUNZ; TOISON u. CARLIER; STAEMMLER; BAYER; SCHIRMER; SPÜHLER; JOHANNSON; DONZELOT, BARDIN u. HEIM DE BALSAC; KITTREDGE u. FINBY; ELISCHIASCHEWITSCH; LENKEIT; BRANDT; ŠKORPIL; MICELLI; NEPRJACHIN; REISNER u. HUZLY; KITTREDGE u. FINBY u.a.) *haften die Zysten teils gestielt, teils breitbasig am Perikard*, bei pleurogener Herkunft auch an weiter entfernten Stellen der *Brustwand oder am Zwerchfell* (PICKHARDT; NYLANDER u. VIIKARI; WEBER u. SCHWARZ; FREEDMAN; AUFSES u. OSEASOHN; CRUICKSHANK u. CRUICKSHANK; FEHR;

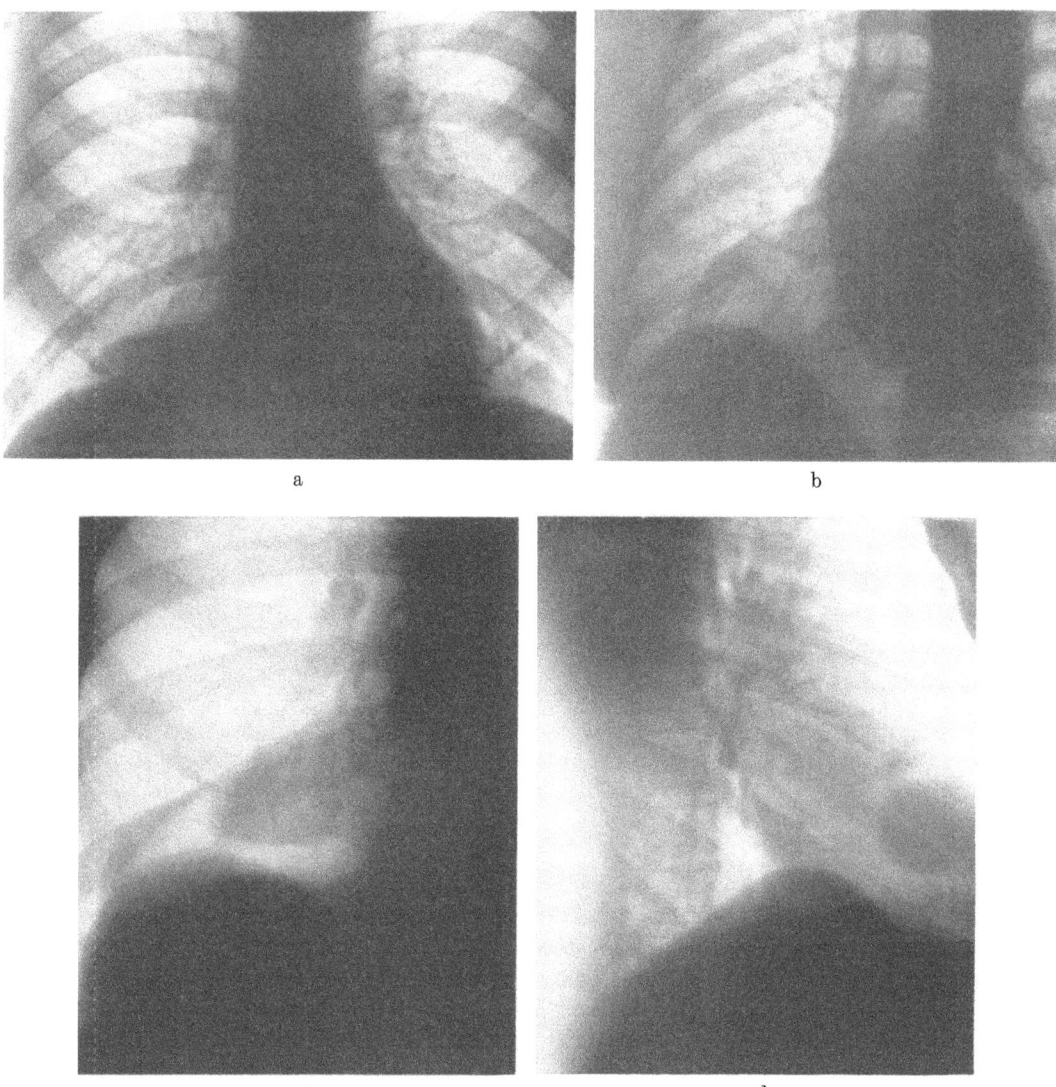

Abb. 129 a—d. *Gänseeigroße gestielte Perikard-Zölomzyste im rechten Herz-Zwerchfellwinkel.* Operativ bestätigter Befund. Ausschnitte von Nativaufnahmen in p.-a. Projektion bzw. leichter Drehung in den 2. Schrägdurchmesser (a und b). Ablösung des Zystenschattens von der Zwerchfellkontur auf Summationsaufnahmen in 2 Ebenen in Kopfhängelage (c und d) nach Anlage eines diagnostischen Pneumothorax. L. H., 47jähr. ♂. Arch.-Nr. 6748/53, Röntgeninst. d. Med. Univ.-Klinik Leipzig (damal. Direktor: Prof. M. BÜRGER)

FUCHS; HERBIG, GANZ u. VIETEN; CLOUGH u. BEIRNE; GREMMEL u. VIETEN; KITTREDGE u. FINBY u.a.) (s. Abb. 294 u. 324 sowie S. 509 u. 541).

Typischer Sitz der Perikardzysten ist der *vordere Herz-Zwerchfellwinkel*, rechts häufiger als links (Abb. 127). Nur etwa 10% liegen weiter kranialwärts zur oberen Umschlagfalte der Perikardblätter hin oder im Epikard der Herzbasis (GRUNDMANN et al.: DUFOURT u. MOURRET; v. NIDA; BEIRNE u. BERKHEISER; REISNER u. HUZLY; KITTREDGE u. FINBY; MANAFOV u.a.). Nach ROCHE sowie GRUNDMANN u. Mitarb. ist das männliche Geschlecht bevorzugt. Die Anomalie wird in allen Altersklassen festgestellt, macht sich röntgenologisch aber meist erst bei Erwachsenen bemerkbar, wenn die Zysten durch Flüssigkeitsansammlung eine gewisse Größe erreicht haben. Ihr Prozentanteil unter den Mediastinalzysten jeglicher Art schwankt in thoraxchirurgischen Statistiken beträchtlich (s. GRUND-

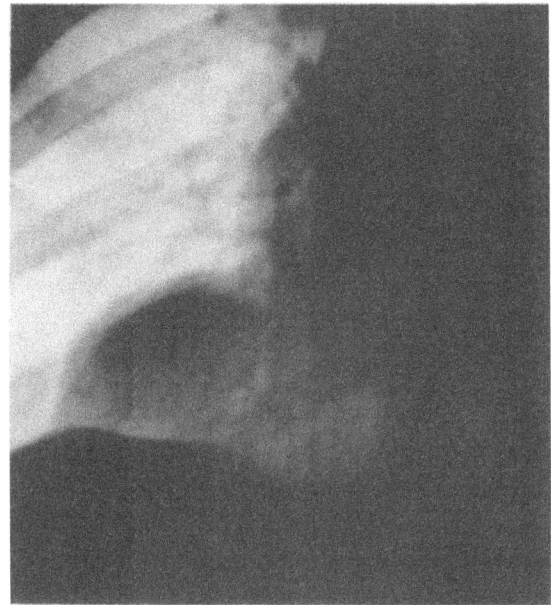
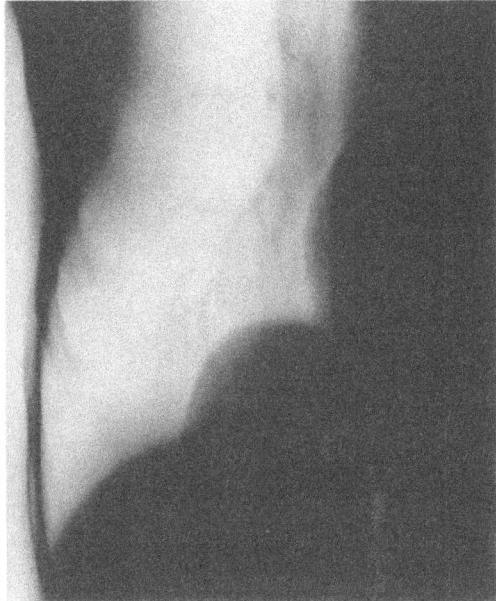

a   b

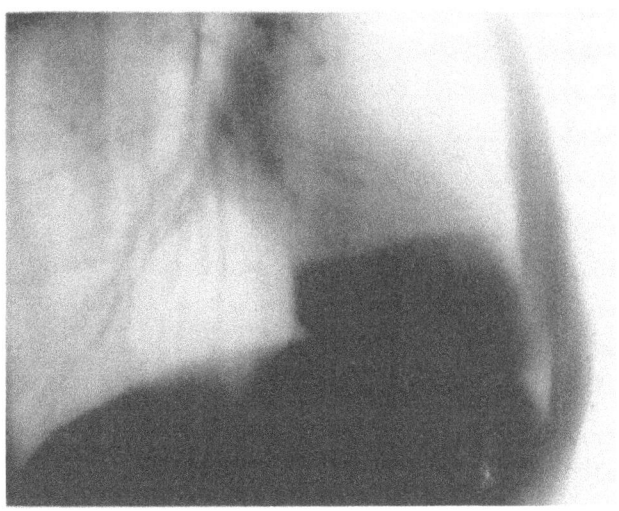

c

Abb. 130a—c. *Perikardzyste im rechten Herz-Zwerchfellwinkel*. Der im p.-a. Strahlengang bei leichter Drehung zum 2. Schrägdurchmesser im Nativbild (a) und tomographisch kugelige Zystenschatten (b Schichtbild 16 cm a.-p.) erscheint bei seitlichem Anschnitt als typische Tränenfigur, die sich zum unteren Interlobärhauptspalt hin zuspitzt und den ventrobasalen Pleurarandsinus ausspart (c Schichtbild 9 cm sin.-dextr.). Operative Bestätigung des Röntgenbefundes (Op.: Prof. F. MÖRL, damal. Direktor d. Chir. Klinik im Stadtkrhs. St. Georg, Leipzig). J. L., 39jähr. ♂. Arch.-Nr. M 3921/53, Röntgeninst. d. Med. Univ.-Klinik Leipzig (damal. Direktor: Prof. M. BÜRGER)

MANN u. Mitarb.). Die Auswertung operativ kontrollierter Befunde von Röntgenreihenuntersuchungen läßt darauf schließen, daß parakardiale Mesothelzysten wesentlich häufiger sind als es nach den relativ spärlichen Zahlenangaben des Schrifttums den Anschein hat (der Sammelbericht von GRUNDMANN et al. erwähnt nur 92 bis 1955 publizierte Fälle!). Vielleicht erklärt sich die Diskrepanz zur tatsächlichen Häufigkeit ihres Vorkommens mit weithin geübter *Zurückhaltung bei der Indikation chirurgischer Eingriffe*, die angesichts symptomloser, nach typischer Lage und Form offensichtlich gutartig-zystischer Gebilde dieser Art auch durchaus geboten scheint.

Die Zysten wachsen nur langsam, verursachen *meist keine oder nur geringfügige, uncharakteristische klinische Erscheinungen* und werden daher in der großen Mehrzahl durch Zufall röntgenologisch entdeckt. Örtliche pleuro-pulmonale Druck- oder Entzündungssymptome (nach GRUNDMANN et al. in 26,3% von 91 chirurgisch behandelten Patienten), kardiale Mißempfindungen (Palpitation, gehäufte Stenokardie, nur selten heftige pekt-

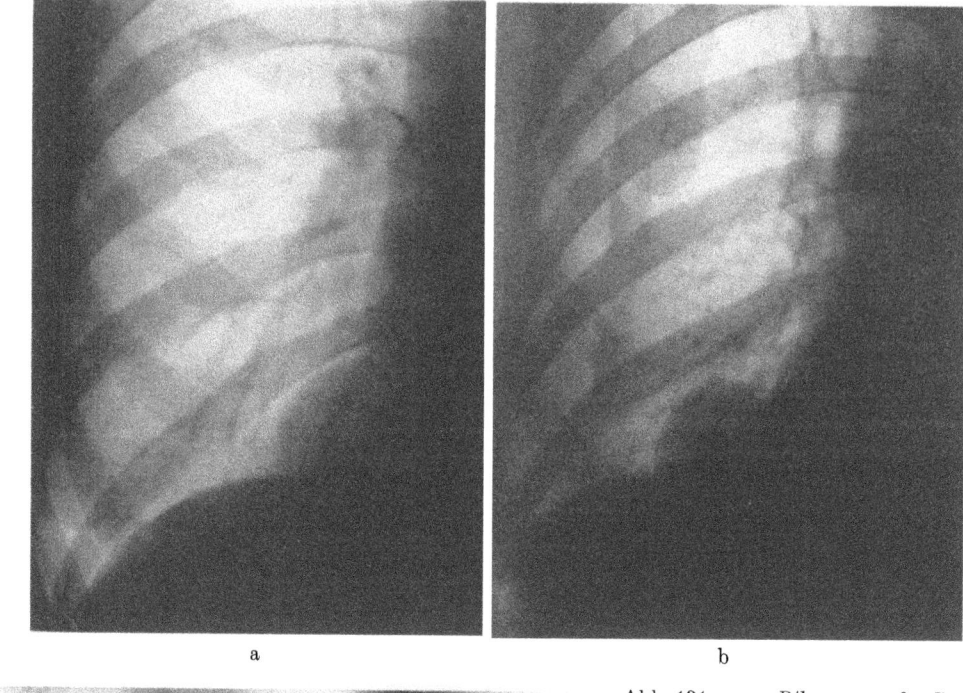

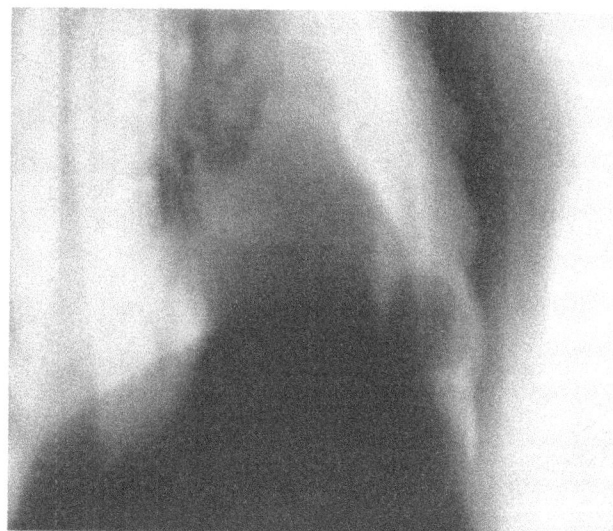

Abb. 131a—c. *Pflaumengroße Perikardzyste im rechten Herz-Zwerchfellwinkel.* Zufallsbefund bei Röntgen-Reihenuntersuchung. Der im Ausschnitt des Übersichtsbildes p.-a. etwas bewegungsunscharf wirkende parakardiale Rundschatten (a) erscheint bei Kontrolle nach Pneumothoraxanlage durch Abschwächung mitgeteilter Pulsation konturschärfer (b). Er ist in seitlicher Projektion im vorderen kosto-phrenischen Winkel außerhalb des Lungenstumpfs tomographisch gut vom Zwerchfell und Brustkorb abgrenzbar (c Schichtbild 9 cm sin.-dextr.). Operative Bestätigung der Diagnose (Zystektomie: Prof. MÖRL, damal. Direktor d. Chir. Klinik d. Stadtkrhs. St. Georg, Leipzig). M. H., 36jähr. ♀. Arch.-Nr. A 1901/55, Röntgeninstitut d. Med. Univ.-Klinik Leipzig (damal. Direktor: Prof. M. BÜRGER)

anginöse Präkordialschmerzen) (16,5%) und andere Beschwerden (Kurzatmigkeit, Brechreiz, epigastrisches Druckgefühl) sind ungewöhnlich und stellen sich allenfalls bei starker Zystenausdehnung ein (LAM; CHURCHILL; FREEDMAN u. SIMON; CURRERI u. GALE; KISSNER u. REGANIS; LIPPERT, POTOZKY u. FURMAN; LE ROUX). *Asthmoide Zustände* (PARENTI; MATHEY), *Hämoptysen* (LEAHY u. BUTCHER), *Sekundärinfektion* der Zyste (MIDDELDORPF) und akute *tödliche Herzkomplikationen* (NOSSEN) bilden ebenso *seltene Ausnahmen* wie das vereinzelt beschriebene Vorkommnis *maligner Entartung* (CHIARI; HARRINGTON; GRUNDMANN u. Mitarb.).

Der *Röntgenbefund* weist bei „typischer" Lokalisation und Form ein kennzeichnendes Gepräge auf (Abb. 129—132). In manchen Fällen, zumal bei hochsitzenden und daher schwer identifizierbaren Perikardzysten (DUFOUR u. MOURRET; V. NIDA; REIRNE u.

BERKHEISER; REISNER u. HUZLY; KITTREDGE u. FINBY; MANAFOV u.a.) birgt die Deutung des Schattenbildes eine Fülle differentialdiagnostischer Probleme (JANSSON; REITAN; PICKHARDT; LAMBERT; LAM; GREENFIELD et al.; BLADES; BRADFORD et al.; DRASH u. HYER; MAZER; TESCHENDORF; ZDANSKY; ZADEK; ZUPPINGER; LEAHY u. CULVER; GANZ; VIIKARI; ASSMANN; FREEDMAN u. SIMON; BUYERS u. EMERY; BECK u. STRAUB; HERBIG, GANZ u. VIETEN; LE ROUX; COOPER, ARCHER u. MAPP; SCHEIN; HAAS; CRADDOCK; GILLESPIE u. MARTINSON; BATES u. LEAVER; WELLENS u. SWARTEMBROEKX; PERÄSALO; DERRA u. GANZ; GERNEZ-RIEUX u. SAVINEL; LILLIE, McDONALD u. CLAGETT; GRUNDMANN u. Mitarb.; YELIN u. ABRAHAM; NICHOL u. DEAN; FROMMHOLD; GREMMEL u. VIETEN; FUNCH u. WENGER; KRAUTWALD u. Mitarb.; LOEHR; SANTY, BÉRARD u. GALY; JUMEAU; SAVINEL; JAUBERT DE BEAUJEU; BENGOCHEA; MOREL, POGGIOLI u. BÉNARD; ROCHE, PAILLAS u. DAUMET; ROUX-BERGER u. ROUX-BERGER; OCHSNER u. OCHSNER; REISNER u. HUZLY; TOISON u. CARLIER; VERNEIGES; KITTREDGE u. FINBY; BAUMANN; MARTINELLI u. MAGGI; BATES u. LEAVER; FICARI; MANAFOV; ROSS u. RAMOS; OLIVA u. DE ALBERTIS; HAUBRICH; STOLTZE; WYCHLIS et al.; STIÉNON; SCHULZE u.a.).

Die an der ventro-medialen Thoraxbasis gelegenen Gebilde sind im allgemeinen *hühnerei- bis faustgroß*. Ihr *homogener glattrandiger Schatten* wirkt *in Vorderansicht kugelig*, in Frontalprojektion *länglich ovalär*. Er springt mit markanter Stufe bogig aus der Herz-Zwerchfellsilhouette hervor und läßt deren Konturen infolge seiner geringeren Dichte auch dort hindurchscheinen, wo er breitflächig anliegt oder überschneidet. Da die Zysten mit dem hinteren Pol in die untere Hauptfissur hineinzuragen pflegen (Abb. 128), imponieren sie im seitlichen Strahlengang als *charakteristische Tränenfigur, die dorsalwärts in eine Interlobärlinie ausläuft* und *ventral die Brustwand bogig berührt, ohne den vorderen Randsinus auszufüllen* (Abb. 130, 131), wie dies bei parakardialen Lipomen üblich ist (Abb. 134). Die Zystenkontur hebt sich von der Zwerchfellkuppel nur bei tiefer Inspiration im Stehen, klarer bei Lagewechsel (Kopftief- bzw. Seitenlagerung) (BRUWER, HODGSON u. CALLAHAN), am deutlichsten im diagnostischen Pneumothorax (Abb. 131) oder im Bauchpneu ab (Abb. 132).

Bei *angeborenen Perikardlücken* kann sich die benachbarte Herzwand hernienartig vorwölben, doch liegt der bogige Vorsprung des Mediastinalumrisses gewöhnlich im Bereich eines Vorhofs, vor allem am linken Herzohr (GLOVER, BARCIA u. REEVES; SOBBE, LOUVEN, KREUTZBERG u. SCHAEFER; KITTREDGE u. FINBY; SCHULTE, BIRCKS u. WILKE; DOERR; GROSSE-BROCKHOFF, LOOGEN u. SCHAEDE; COURY, MONOD u. TOURNIER; SWANSON u. STEINBERG; SEMANS u. TAUSSIG; eigene Beobachtung s. Abb. 133), nicht im kardiophrenischen Winkel. Differentialdiagnostisch ist dabei zu bedenken, daß der partielle Herzbeuteldefekt gelegentlich mit anderen Anomalien (HIPONA u. CRUMMY: Fallotsche Tetrade mit intraperikardialer Lungenhernie), insbesondere *mit kongenitalen Bronchuszysten verbunden* ist (RUSBY u. SELLORS; COURY et al.; MUKERJEE; KWAK u. Mitarb.), die vereinzelt auch *intraperikardial* angetroffen werden (DABBS, BERG u. PIERCE) (s. a. S. 273).

Die *Differentialdiagnose zirkumskripter Verschattungen in den Herz-Zwerchfellwinkeln* umfaßt eine Vielzahl heterogener Krankheitsprozesse und Fehlanlagen, die sich röntgenmorphologisch in mancher Hinsicht unterscheiden. Nach den im Schrifttum gesammelten Erfahrungen kann es sich um Gebilde handeln, die im angrenzenden Lungenabschnitt, im mediastino-basalen Pleurasinus oder am benachbarten Perikard- bzw. Herzwandsektor liegen, anderen Gewebskomponenten der unteren vorderen Mediastinalloge entspringen oder vom Zwerchfell, von subdiaphragmalen Organen und von der Brustwand ausgehen können (ROCHE; STIÉNON; ROGERS u. LEIGH; BROCARD et al.; BALMÈS u. THÉVENET; TESCHENDORF; ROSE, ROCHE u. DAUMET; GREMMEL u. VIETEN; KRAUS u. STRNAD; FIETZ; HEINE u. HILLEBRAND; WELLAUER; LE ROUX; MORIN et al.; LE GÉNISSEL u. HOUËL; KÜMMERLE; D'ALO u. VECCHI; SOKOLOV u. ROSDESTVENSKAJA; THOMERET u. ROLLIN; MAASSEN; REISNER u. HUZLY; STOLTZE; PAWLICKA; HESCHELER; DALQUEN; DOEPPER u. SCHREYER; SCHULZE u.a.; s. auch Bd. IX/3, S. 300).

Das häufigste Substrat kardio-phrenischer Verschattungen sind *juxtakardiale Fettbürzel* (BERNOU, GOYER, OGER u. TRICOIRE; HEINE u. HILLEBRAND; ROLLAND; BARONE u. PESSAGNOS; BARRÉ, DANRIGAL, MARUELLE u. ROLLAND; DIETHELM; HOLT; GREMMEL u. VIETEN; ROCHE; LE ROUX; GOTTLIEB, BAER u. JORDAN; BARIÉTY u. COURY; SMART

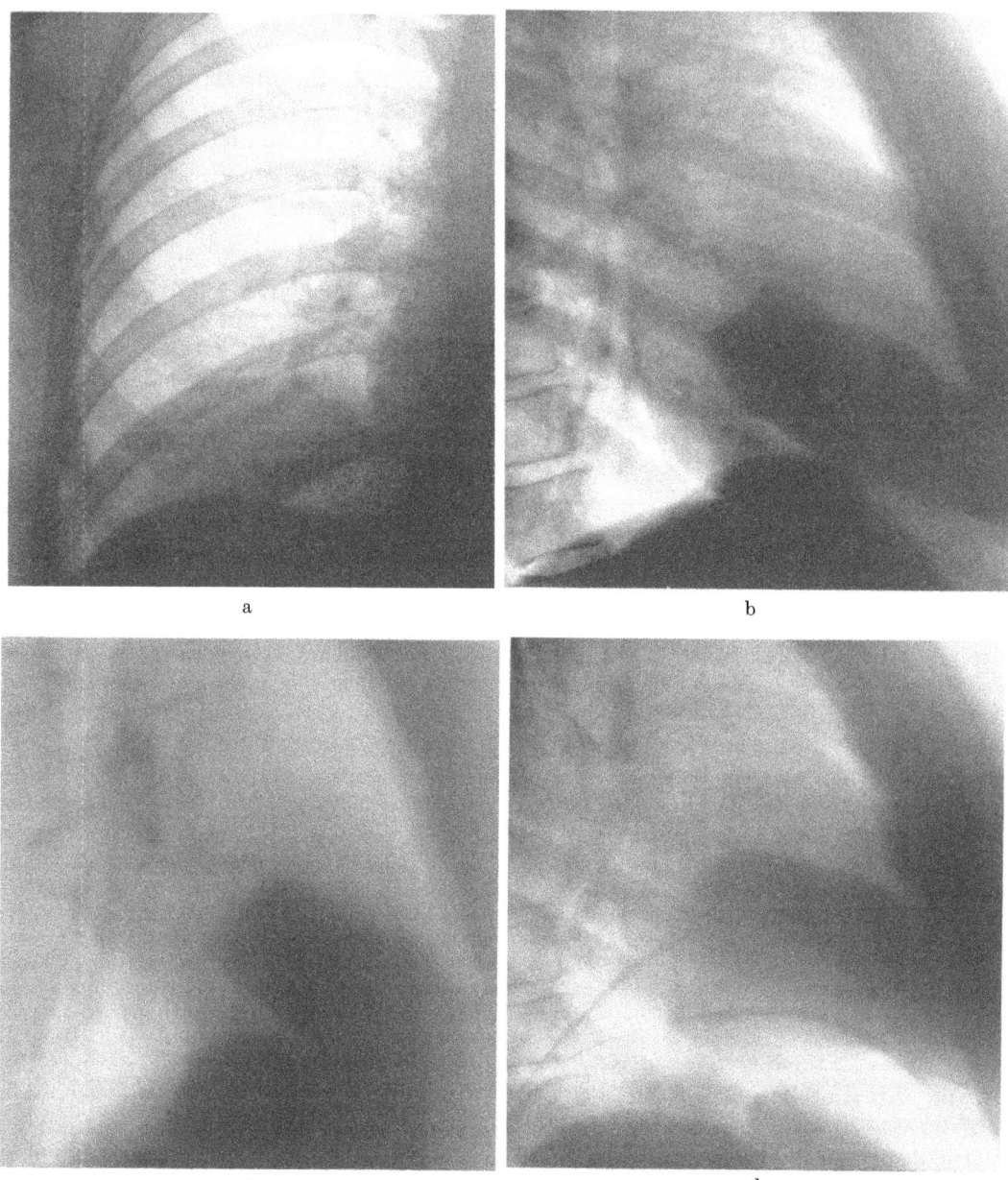

Abb. 132 a—d. *Perikard-Zölomzyste im rechten Herz-Zwerchfellwinkel.* Die große Zyste überdeckt in Vorderansicht die rechte Zwerchfellkuppel (a), imponiert im seitlichen Strahlengang als dorsal spitz zulaufender Spindelschatten (b und c Übersichts- und Schichtbild 9 cm sin.-dextr.) und ist im diagnostischen Pneumoperitoneum klar vom Zwerchfellbogen abgesetzt. Operative Bestätigung durch Zystektomie (Op.: O. A. Doz. Dr. HEINE, Freiluftabtlg. d. Med. Univ.-Klinik u. Poliklinik Münster/W.). A. B., 40jähr. ♀. Arch.-Nr. 6767/56, Röntgenabtlg. d. Med. Univ.-Klinik u. Poliklinik Münster/W. (Direktor: Prof. W. H. HAUSS)

u. THOMPSON; REISNER u. HUZLY; WEILGONI; McCORKLE, KOERTH u. DONALDSON; GERNEZ-RIEUX, VOISIN, MEVEAN, MACQUET u. MARGER; COHEN; SCHULZE u.a.). Im Gegensatz zu Perikardzysten gleicher Lage sind sie nicht glattbogig begrenzt, sondern dem Aufbau entsprechend *feinlappig geformt*, weniger dicht, ja im Verhältnis zu ihrer Größe *auffallend transparent* (HEUER u.a.) und respiratorisch nicht so formvariabel wie Enterozölomzysten, die überdies bei parakardialer Lage — analog parasitären Zysten

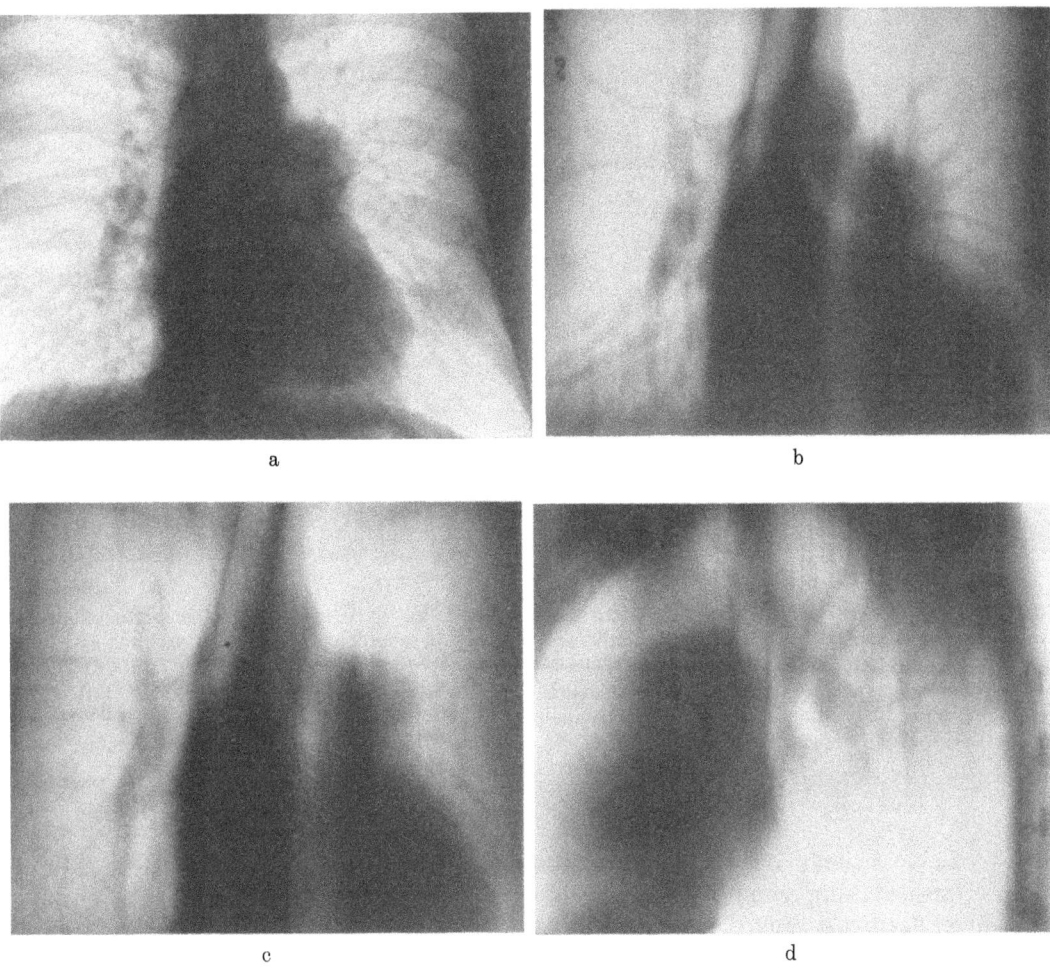

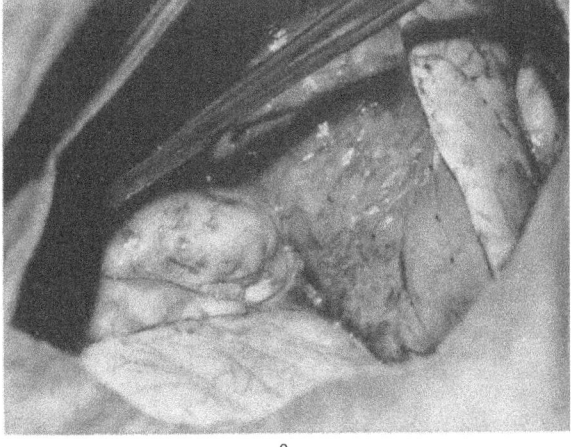

Abb. 133 a—e. *Prolaps des linken Herzohrs bei angeborener Perikardlücke.* Klinikaufnahme zur Klärung des röntgenologischen Zufallsbefundes einer umschriebenen Vorwölbung am linken Rand der Kardiomediastinalsilhouette. Außer gelegentlichem endothorakalem Oppressionsgefühl keine subjektiven Beschwerden. Klinisch kein Hinweis auf Vitium cordis, lymphatische Systemerkrankung oder Neoplasie. Der im Nativbild (a Übersichtsaufnahme p.-a.) dargestellte Bogenschatten zeigte herzsynchrone Randbewegung, die kymographisch weder als Ventrikel- noch als Gefäßpulsation imponierte. Das lappig wirkende Gebilde überdeckte in Vorderansicht den Pulmonaltruncus, lag aber ventro-sinistral des Gefäßstammes und war auch tomographisch nicht vom Schatten der Herzbasis abzugrenzen (b—d Schichtbilder a.-p. 12 und 14 cm sowie dextrosinistral 12 cm). Da der Röntgenbefund die Differentialdiagnose zwischen einer hochsitzenden Mesothelzyste des Herzbeutels, einem zystischen Lymphangiom und ektopischer thymogener Zystenbildung offenließ, wurde eine Probethorakotomie vorgenommen (Op.: O.A. Dr. SCHÜLKE, Chir. Klinik d. Krhs. Nordwest, Direktor: Prof. UNGEHEUER). Es fand sich ein gut daumenballengroßer glattrandiger Defekt des Herzbeutels mit Prolaps des etwas kranialwärts vorspringenden linken Herzohrs (e intraoperatives Photo des Situs). R. S., 45jähr. ♂. Arch.-Nr. 290524742, Radiolog. Zentralinst. d. Krhs. Nordwest Frankfurt/M.

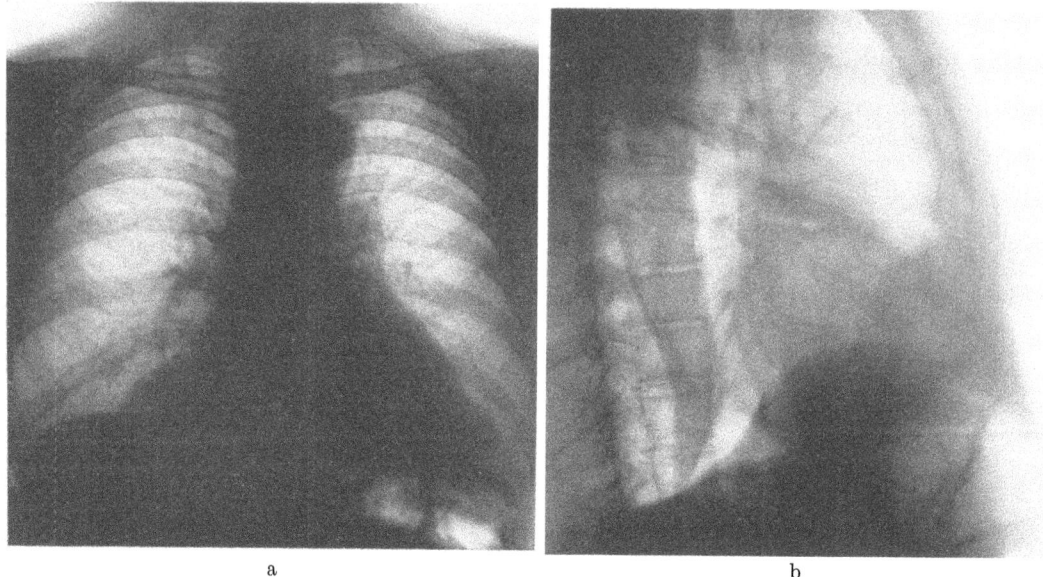

Abb. 134a u. b. *Parasternale Netzhernie im Larreyschen Spalt*. In Vorderansicht homogener halbkugeliger Weichteilschatten rechts parakardial (a), in seitlicher Projektion den vorderen Randsinus breitbasig ausfüllend mit typischer Hochraffung des gasinsufflierten Quercolons bis zur Bruchpforte in der Pars sterno-costalis des rechten Hemidiaphragma (b). Operative Bestätigung der Omentumhernie. (Nach SCHULZE, W.: Röntgensymptome und -differentialdiagnostik der Zwerchfellerkrankungen. Tagg. d. Rhein.-Westfäl. Röntgengesellschaft Essen 15. 11. 58). M. P., 58jähr. ♀. Arch.-Nr. 16292/51, Röntgeninst. d. Med. Univ.-Klinik Leipzig (damal. Direktor: Prof. M. BÜRGER)

gleicher Lokalisation (VOGT) — herzsynchron mitgeteilte Pulsation zeigen, welche man bei der Fettansammlung vermißt. Anders als prall gefüllte Mesothelzysten legen sich die Fettbürzel der Brustwand flächig an, wobei sie *den vorderen Zwerchfell-Rippenwinkel breit überbrücken bzw. völlig ausfüllen* (Abb. 134). Zungenförmige Weichteilschatten dieser Art findet man bei Adipösen oft beiderseits, nicht selten im Verein mit Anzeichen lokaler Pleuraadhäsion an der Serosabedeckung des Herzbeutels oder des ventro-basalen Mediastinalsinus. Die Pleurasynechie kann gelegentlich Folge örtlicher Fettgewebsnekrose sein, die bei dieser Lokalisation („*Adiposonecrosis pericardii*") (SCHORN) unter den subjektiven Beschwerden eines Myokardinfarkts auftritt und in der Differentialdiagnose des akuten Präkordialschmerzes auch wegen der begleitenden elektrokardiographischen Veränderungen Beachtung verdient (JACKSON, CLAGETT u. MCDONALD; CHESTER u. TULLY; WYCHLIS et al.).

Isolierte *Verdichtungen des Mittellappens oder des akzessorischen Lobus cardiacus* zeigen nach Form und Ausdehnung einen anderen, charakteristischen Aspekt im Röntgenbild (s. Bd. IX/3, S. 297 u. 357ff.). Das gleiche gilt für die bisweilen *am Herz-Zwerchfellwinkel lokalisierten arterio-venösen Fisteln* (Abb. 114).

Differentialdiagnostisch kommen entsprechend gelegene *primäre oder sekundäre Tumorknoten der Lunge und Pleura* (KRAUS u. STRNAD; FIETZ; D'ALO u. VECCHI; SCHULZE). (Abb. 293 und 334), *parakardiale Lymphogranulomatoseherde* im Lungenparenchym (LOEW; FAYOS u. LAMPE), solide oder zystische Blastome terato- und thymogenen Ursprungs (S. 240/241, 244 u. 247), *zwerchfellnahe Bronchuszysten* (BALÁS u. KALMÁR; REISNER u. HUZLY), ferner vaskuläre und neurogene Mediastinalgeschwülste (*parakardiales Phrenikusneurinom:* SCHULZE), atypisch lokalisierte Aneurysmen (WINDSOR u. SHANAHAN: *Aneurysma spurium der Aortenwurzel* nach Aortenklappenplastik mit Starr-Edwards-Prothese) und parietale Gewächse der anliegenden Brustwandschichten in Betracht (ROCHE; LE ROUX; GREMMEL u. VIETEN; BARIÉTY u. COURY; HERBIG, GANZ u. VIETEN;

Rogers u. Leigh; Zuppinger; Stiénon; Evens u. Sors; Sabiston u. Scott; Drewes u. Gremmel; Peräsalo; Ramsay u. Byron; Bernstein, Klosk, Simon u. Brodkin; Bauer u. Stoffregen; Dambrin, Lagarde, Eschapasse, Gourdon, Moreau u. Picq; Schulze u.a.).

Den *soliden Tumoren und vielkammerig-zystischen Blastomen* vom Typ eines *Hämangioms oder Lymphangioms* (Dambrin et al.) (S. 186, 190 u. 235) *fehlt die respiratorische Formbarkeit der Mesothelzysten* (Jansson; Jensen; Zuppinger; Krautwald u. Mitarb.; Wellauer; Nylander; Bruwer, Hodgson u. Callahan; De Ponti). Das *Janssonsche Zeichen* gestattet keine Abgrenzung von anderen geschlossenen Zysten dysontogenetischen oder parasitären Ursprungs, die gleichfalls atemabhängigen Formwandel erkennen lassen (*Escudero-Nemenovsches Symptom* bei Hydatidenblasen s. S. 339). Analoges Verhalten, aber unregelmäßig geformte, dem Herzen breiter aufsitzende appositionelle Schatten zeigen parakardial abgesackte Pleuraergüsse (Abb. 288) und gekammerte Perikardexsudate (sog. „*entzündliche Perikarddivertikel*") (Kienböck u. Weiss; Assmann; Lenk; Teschendorf; Eschbach; Zdansky; Frey; Staemmler; Freedman; Laitinen u. Virtama; Brown u. Dunn; Krautwald u. Mitarb.; Goblentz; Steinmann u. Deuel; Donzelot, Bardin u. Heim de Balsac; Schirmer; Škorpil; Kittredge u. Finby; Bayer; Spühler; Rühlow u. Drossel; Neprjachin u.a.).

Eventrierte epiploische Lipome des Omentum und *Netzhernien im Larreyschen Spalt* oder in der V. cava-Lücke des Diaphragma sind leicht an der typischen *Abwinkelung und Hochraffung des Querkolons bis zum sternokostalen Zwerchfellansatz* kenntlich (Robbins; v. Greyerz; Harrison; Hedblom; Stucki-v. Muralt; Brocard, Roche u. Daumet; Meade u. Ravdin; Rogers u. Leigh; Pomerantz u. Twigg; Haubrich; Stewart; Garcia Capurro u. Bellini; Roche, Konos u. Dreyer Dufer; Gremmel u. Vieten; Linden; Schulze) (Abb. 134). *Darmhaltige Morgagni-Brüche* verraten sich schon vor Kontrastdarstellung mit kennzeichnender *Variabilität ihres Schattenbildes infolge wechselnder Stuhl- und Gasfüllung* bei kurzfristiger Kontrolle (Abb. 135, 296 u. 297). Sie zeigen zudem mehr oder weniger ausgiebige *Form- und Größenschwankung bei Lagewechsel* (Trendelenburg-Position!) und *bei Sog bzw. Preßdruckmanövern* (Roche u. Daumet; Harrison; Haubrich; Gudjons; Hedblom; Teschendorf; Stucki-v. Muralt; Vieten u. Willmann; Marks; Harrington; Flemming-Møller; Camerer; Rabin; Brown; v. Greyerz; Comers; Sokolov u. Rosdestvenskaja; Hansen u. Mathiesen; D'Alo u. Vecchi; Poppe; Gremmel u. Vieten; Cazeilles, Ruzie, Javel u. Schmitd; Johnson u. Mangiardi; Meade u. Ravdin; Hoffmann u. Chilko; Abye; Comer u. Clagett; Koss; Hoffmann; Kelly u. Bassett; Nissen u. Pfeiffer; Decroix u. Louvier; Schulze u.a.). Die seltenen *Omentumhernien des Hiatus* können bei entsprechender Größe in Vorderansicht den Herz-Zwerchfellwinkel überragen (Schulze), liegen jedoch nach räumlicher Orientierung hinter dem Herzen parösophageal (Pomerantz u. Twigg; Tesler, Mombellon u. Panzeri; Jacobsz).

Perikardzysten-ähnliche Verschattungen im kardio-phrenischen Winkel können durch einen *pseudotumoralen pilzförmigen Leberprolaps bei umschriebenem Zwerchfelldefekt*, durch akzessorische Lappung oder erworbene, halbkugelig aus dem Zwerchfellplateau emporragende *Buckel des Lebergewölbes infolge partieller Relaxatio diaphragmatica* zustandekommen, die das Leberkuppel-Parenchym unter der erschlafften Zwerchfellpartie dem deformierenden Einfluß inspiratorischer Sogkräfte aussetzt (Reich; Lilienthal; Landau, Deloff u. Braun; Monod u. Azoulay; Hedblom; Harrington; Stucki-v. Muralt; Roques u. Sohier; Friedman, Solis-Cohen u. Levine; Wolfson u. Goldman; Drouet, Faivre, De Ren u. Sadoul; Gudbjerg; Roche; Roux, Robin u. Le Bihan; Wells et al.; Richman u. Barry; Shoshkes u. Lovelock; Child, Harmon, Dotter u. Steinberg; Zsebök; Knoepp; Naef u. Nicod; Ravitch u. Handelsman; Milone; Schmidt; Hollander u. Dugan; Katz u. Williams; Swoboda u. Wolf; Hardisty, Kearney u. Brooks; Teschendorf; Haubrich; Le Roux; Gremmel u. Vieten; Rosetti; Swoboda; Lutz; Le Génissel; D'Alo u. Vecchi; Kleinsorge; Pampari u. Lacerenza;

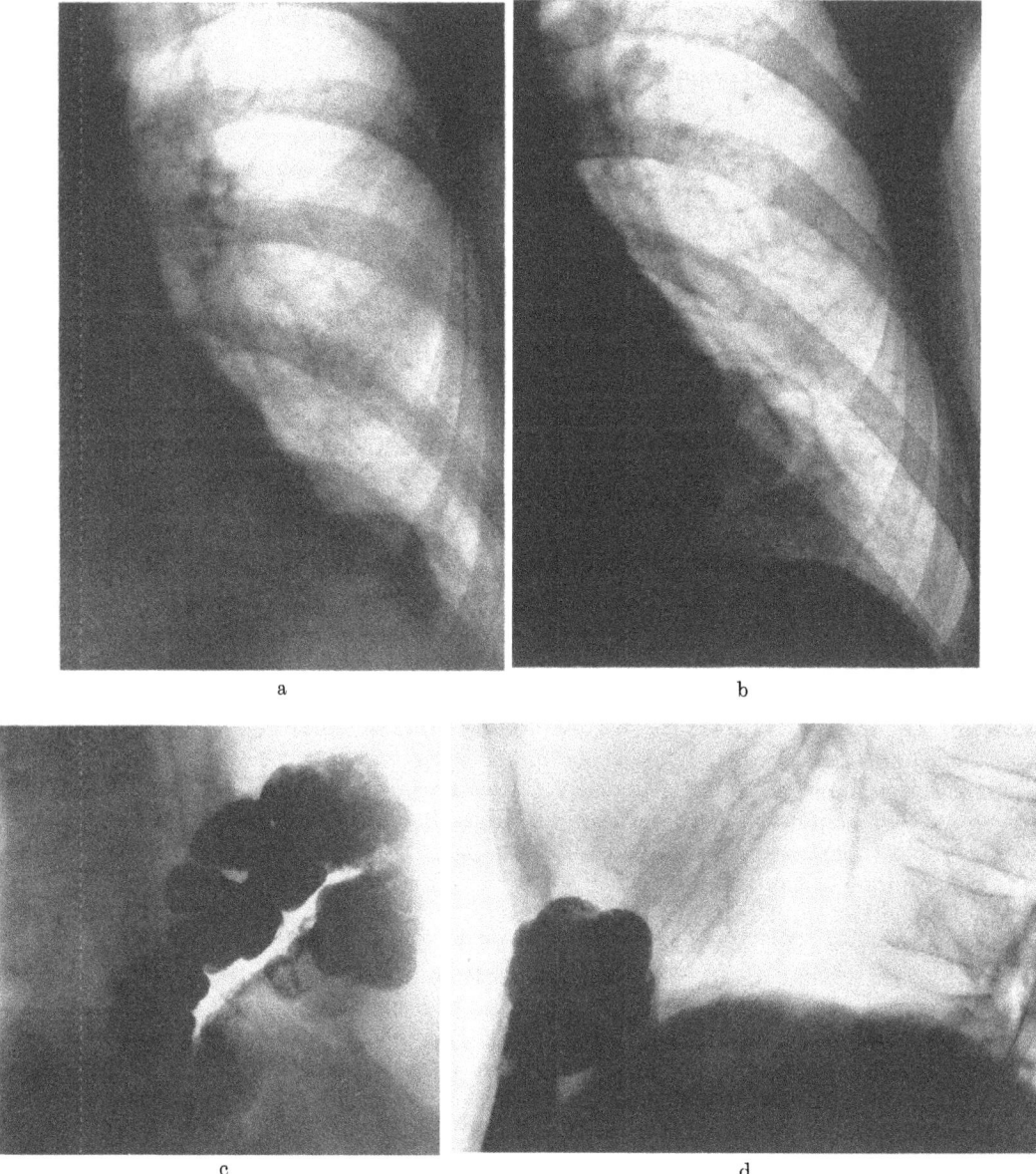

Abb. 135a—d. *Verschattung des linken Herz-Zwerchfellwinkels durch parasternale Zwerchfellhernie.* Auf Nativaufnahmen in zweitägigem Abstand (a 29. 10. 56, b 31. 10. 56) charakteristischer Wandel von Form und Dichte der parakardialen Schattenfigur infolge wechselnden Stuhl- und Gasgehalts der eventrierten Dickdarmschlinge, die sich nach peroraler Kontrastfüllung an typischer Stelle oberhalb des Larreyschen Spalts mit Einschnürung an der Bruchpforte des Trigonum parasternale darstellt (c und d). H. B., 62jähr. ♂. Arch.-Nr. 11040/56, Röntgenabtlg. d. Med. Univ.-Klinik u. Poliklinik Münster/W. (Direktor: Prof. W. H. HAUSS)

LINDEN; WAGNER; RABIN; CHRISTIE; ARNHEIM; AXLER u. REHERMANN; KEHLER; DECROIX u. LOUVIER; MONLIBERT, FROEHLICH u. PARMENTIER; PALLONE u. PASQUINI; THOMAS; KLEITSCH, MUNGER u. JOHNSON; SCHULZE u.a.). Abgesehen von der kymographisch zu objektivierenden Bewegungsparadoxie im Schnupfversuch unterscheidet sich die letztgenannte Läsion von parakardialen Mesothelzysten durch flacheren, stufenlosen Konturverlauf des fraglichen Schattens an der ventromedialen Zwerchfellkuppel. In dubio kann man sich mit einem diagnostischen Pneumoperitoneum rasch Klarheit verschaffen (Abb. 136).

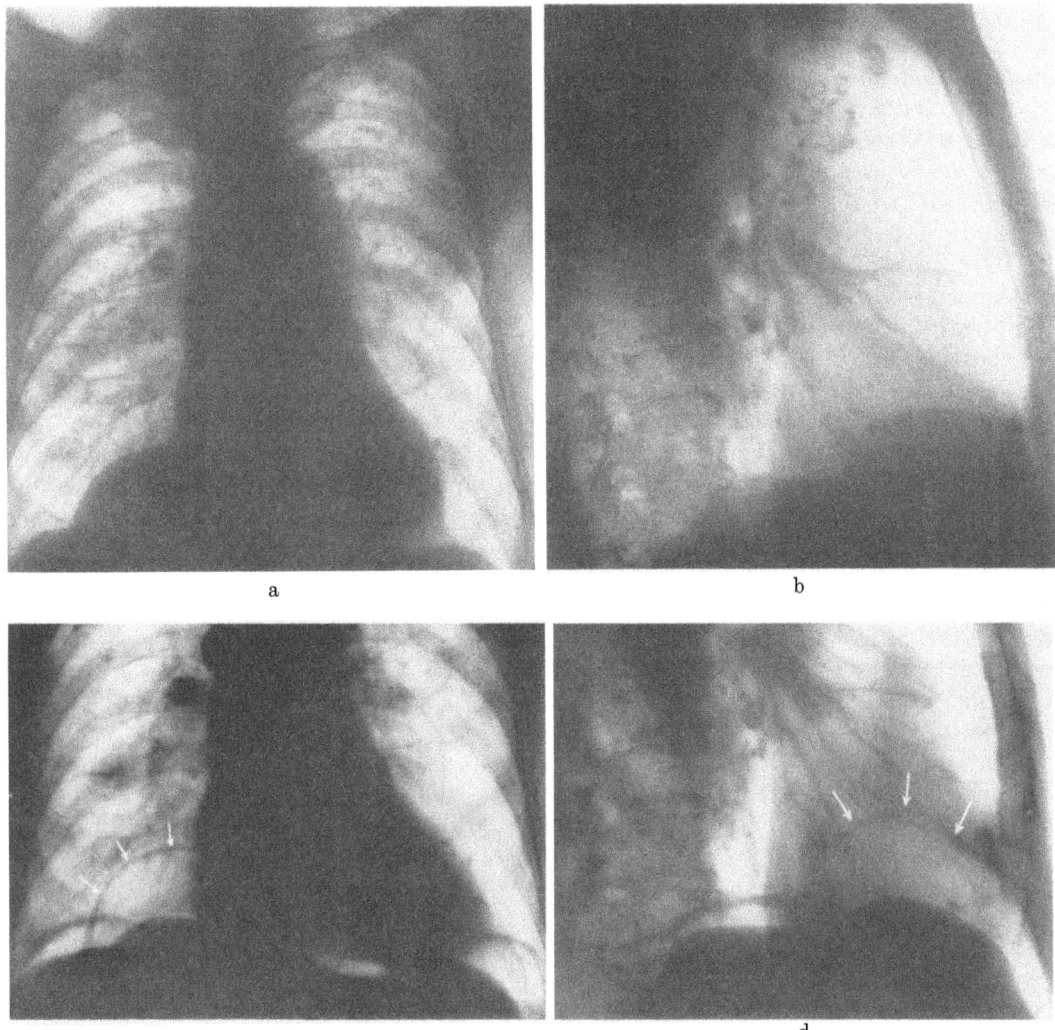

Abb. 136a—d. *Sogbedingte buckelige Deformität der Leberkuppel bei partieller Relaxatio diaphragmatica.* Auf Übersichtsaufnahmen in 2 Ebenen konvexbogiger bzw. plateauartiger Weichteilschatten am rechten Herz-Zwerchfellwinkel (a und b). Im diagnostischen Pneumoperitoneum Ablösung der mehrbogigen Zwerchfellkontur von der an der vorderen Konvexität vorgebuckelten Leberoberfläche (c und d Zielaufnahmen in 2 Ebenen). A. P., 58jähr. ♂. Arch.-Nr. A 8347/52 Röntgeninstitut d. Med. Univ.-Klinik Leipzig (damal. Direktor: Prof. M. BÜRGER)

Differentialdiagnostische Zweifel über den Nativbefund atypisch scheinender Veränderungen im Herz-Zwerchfellwinkel machen auch sonst die *thorako-abdominelle Pneumoradiographie mit Schichtaufnahmen in zweckentsprechender Körperlage empfehlenswert*, ehe man sich zur Thorakoskopie oder probatorischen Eingriffen entschließt (ROGERS u. LEIGH; ROCHE u. DAUMET; CLAY u. HANLON; HAUBRICH; GREMMEL u. VIETEN; ROCHE; RUBIE; GRUNDMANN et al.; REISNER u. HUZLY; MANAFOV; GROW, BRADFORD u. MAHON; SCHULZE u.a.). Bei freier Ablösung der Lunge von der Brustwand sind Form, glatte Kontur und extrapulmonal-epidiaphragmaler Sitz mesothelialer Perikardzysten klar erkennbar (Abb. 131, 132), und Verdichtungsherde jeglicher Art in den parakardialen Lungensektoren von pleuro-parietalen Prozessen zu trennen. Während mediastino-interlobär, infrapulmonal oder wandständig *gekammerte Pleuraergüsse* wegen der Serosasynchie pneumoradiographisch nicht abzugrenzen sind, lassen sich basal verklebte *Fibrin*-

kugeln im Pleuraspalt, umschriebene *Pleuratumoren* und *-zysten* (Abb. 294), nicht ossifizierte *Rippenchondrome* und andere weichteildichte *Brustwandgeschwülste* auf diese Weise einwandfrei darstellen. Das Verfahren bewährt sich ferner bei *primären Zwerchfelltumoren* (RAUSCH; DREWES u. WILLMANN; HAUBRICH; GREMMEL u. VIETEN; ACKERMAN; CLOUGH u. BEIRNE; WEILGONI; SCHULZE u. a.), deren Schatten sich im kombinierten Pneumoradiogramm des Brust- und Bauchraums nicht vom Bogen des intakten diaphragmalen Gewölbesektors trennt (Abb. 299).

Die Bronchographie ist angesichts der peripherem Lage der fraglichen Schattengebilde im Herz-Zwerchfellwinkel wenig schlüssig. Angiokardiographie, selektive Pulmoangiographie und thorakale Aortographie kommen nur bei bestimmten Verdachtsmomenten in Betracht (Tumoren des Herzens und Herzbeutels, Aneurysmen bzw. arterio-venöse Lungenfistel, *intralobäre broncho-pulmonale Sequestration* bzw. *extrapulmonale Nebenlungen*) (s. S. 271 u. 279; s. auch Bd. IX/3, Abb. 181a—d, S. 297—301).

Die von GANZ getroffene Einordnung der *zystischen Lymphangiome des Mediastinums* in die Gruppe der Mesothelzysten wird andernorts abgelehnt (LAMBERT; LOB; GRUNDMANN et al.; BAUER u. STOFFREGEN). Tatsächlich handelt es sich wohl um dysontogenetische Gewächse eigener Prägung, die in der Literatur auch als *Lymphangioperizytome* bezeichnet werden und den — *an gleicher Stelle vorkommenden* — *Hämangiomen* nahestehen (BORST; WILLIS u. a.). Sie unterscheiden sich von den einkammerigen, einfach gebauten Zölomzysten durch ihre vielblasige Gliederung und wesentlich kompliziertere Feinstruktur, die der entsprechender örtlicher Lungenfehlbildungen (*intrapulmonale Lymphangiome* siehe S. 190, 235) und sog. „Hygrome" anderer Lokalisation gleicht (GOETSCH; WILLIS; BROWN u. DUNN; GROSS u. HURWITT; HELDERMANN; LIM, DIVERTIE, HARRISON u. BERNATZ; SAWYER u. WOODRUFF; EL MALLAH; WINKLER u. a.).

Die *mediastinalen Lymphangiome* sind außerordentlich selten. Nach der Zusammenstellung von DERRA (18 Fälle des Schrifttums bis 1951) und anderen, zum Teil späteren Berichten (EIGLER; LENKEIT; MICHAELIS; ELIASCHEWITSCH; SKINNER u. HOBBS; BECKER; HARLEY u. DREW; SANTY, GALY, JAUBERT DE BEAUJEU u. DE BEAUJEU; BROWN u. DUNN; GROSS u. HURWITT; HERBIG, GANZ u. VIETEN; GRIESSNER; WEBER u. SMORLESI zit. n. GRIESSNER; GANZ; SWIFT u. NEUHOF; TOUROFF u. SELEY; HALL u. BLADES; DAMBRIN, LAGARDE, ESCHAPASSE, GOURDON, MOREAU u. PICQ; RINGERTZ u. LIDHOLM; MAIER; SKINNER, ISBELL u. CARR; ROCHE; CHILDRESS, BAKER u. SAMSON zit. n. TESCHENDORF; BAUER u. STOFFREGEN; WELLAUER; SAMES, MACMANUS u. SCATCHARD; RIENHOFF, SHELLEY u. CORNELL; CORNOG u. ENTERLINE; OCHSNER u. OCHSNER; EL MALLAH; LIM, DIVERTIE, HARRISON u. BERNATZ; v. HAEHLING u. KUGEL; WASSNER) dürften bisher nur etwa 50 Beobachtungen publiziert sein.

Die Geschwülste sind räumlich oft sehr ausgedehnt, bevorzugt im oberen Anteil des vorderen Mediastinums gelegen und in der Mehrzahl der Fälle stärker nach rechts hin entwickelt. Sie wachsen langsam und sind in der Regel gutartig. Nach HERLITZKA u. GALE soll es in ca. 5% zu *sarkomatöser Entartung* kommen. Auch die Neigung, das benachbarte Hohlvenensystem, Trachea oder Stammbronchien einzumauern, ergibt eine dringliche Anzeige zur Resektion, die wegen der technischen Schwierigkeit erfahrungsgemäß vielfach nur unvollständig gelingt.

Röntgenologisch überwiegt das Bild einer säulenförmig geradlinigen oder flachbogig gewellten Mediastinalverbreiterung, deren Schatten sich über die obere Thoraxapertur hinaus in eine breite Anschwellung der Halsweichteile fortsetzen kann (Abb. 138). GROSS u. HURWITT sammelten 21 derartiger *zerviko-mediastinaler „Hygrome"* aus der Literatur. Ihr Röntgenbefund unterscheidet sich von dem der stärker gewölbten bzw. seitlich ausladenden Tauchstrumen. Er erlaubt eine Vermutungsdiagnose, wenn auch die Frage offen bleibt, ob der raumfordernde Prozeß primär dem Mediastinum entstammt oder einem kaudalwärts eingewachsenen Lymphangioma colli entspricht (MICHAELIS; EL MALLAH; LIM, DIVERTIE, HARRISON u. BERNATZ; ältere Lit. s. WULZER; HAWKINS; DEMME zit. n. HART u. MAYER). Ein Teil der Blastome gilt als thymogen und zeigt röntgenologisch ent-

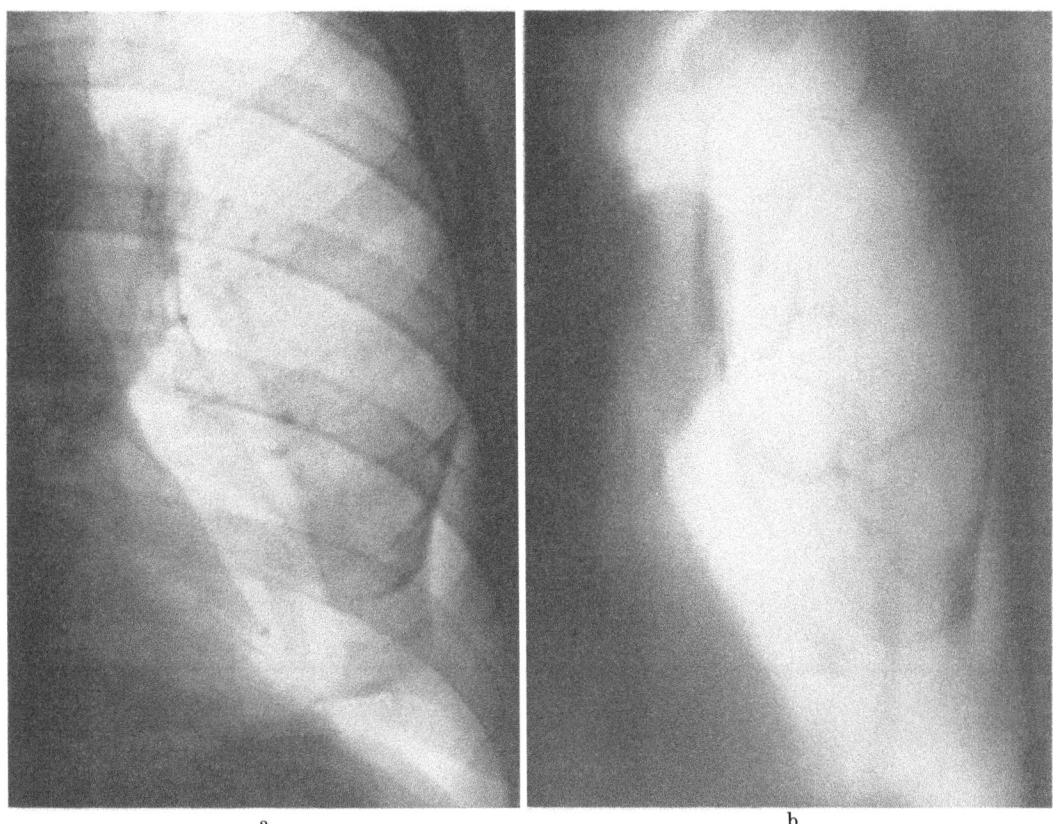

a   b

Abb. 137a u. b. *Unilokuläres zystisches Lymphangiom vor dem linken Hilus.* Zielaufnahme (a) und Schichtbild a.-p. 14 cm (b) in Kopftieflage nach Punktion eines chronischen, nicht-chylösen Pleuraergusses und Anlage eines diagnostischen Pneumothorax. Das breitbasig dem Mediastinum aufsitzende zystische Gebilde ging nach dem Operationsbefund vom oberen Anteil des Herzbeutels aus (Op.: Doz. Dr. F. Heine, Freiluftabtlg. d. Med. Univ.-Klinik Münster/W.) (Histologischer Befund: Prof. W. Giese, Direktor d. Path. Instituts d. Univ. Münster/W.). S. H., 53jähr. ♂. Arch.-Nr. 6870/59, Röntgenabtlg. d. Med. Univ.-Klinik u. Poliklinik Münster/W. (Direktor: Prof. W. H. Hauss)

sprechenden Lokalisationstyp (Abb. 137). Vom Ductus thoracicus ausgehende Lymphangiome (Emerson; Maier; Cornog u. Enterline; v. Haehling u. Kugel) können mit chylösem Pleuraerguß einhergehen, der den Tumorschatten überdeckt (Touroff u. Seley; Swift u. Neuhof). Sie liegen in der dorsalen Mediastinalloge, wo man übrigens Mesothelzysten nur ausnahmsweise antrifft (Frommhold). Am seltensten sind umschriebene, kugelig gerundete Lymphangiome (Maier; Skinner, Isbell u. Carr), die mit Perikardzysten zu verwechseln sind, wenn sie am Herzbeutel sitzen (Ringertz u. Lidholm; Eliaschwitsch; Dambrin et al.; Santy, Galy, Jaubert de Beaujeu u. De Beaujeu; Griessner; v. Bramann, Plenge u. Zadek; Wellauer).

Die Gruppe der ento-mesodermalen *Vorderdarmzysten digestiven und respiratorischen Typs* macht knapp ein Fünftel der angeborenen zystischen Mediastinaltumoren (299 Fälle) in Laipplys Statistik aus: bronchogene Formen sind mit 12%, gastro- bzw. enterogene mit 5% bzw. 1,5% vertreten. Herbig, Ganz u. Vieten fanden in der Literatur bis 1950 Berichte über 153 Rumpfdarmzysten, die zu zwei Dritteln dem Respirationstrakt entstammten (64,7% bronchogene und 0,6% alveoläre Zysten), im übrigen Fehlbildungen des Verdauungsschlauchs darstellten (9,8% Ösophaguszysten, 20,2% Gastrokystome, 9,8% Enterokystome).

Beide Typen kommen mitunter gemeinsam (Staehelin-Burckhardt; Smith; Williams u. Johnson; Adams u. Thornton) und *multipel* (s. S. 279), zum Teil im Brust-

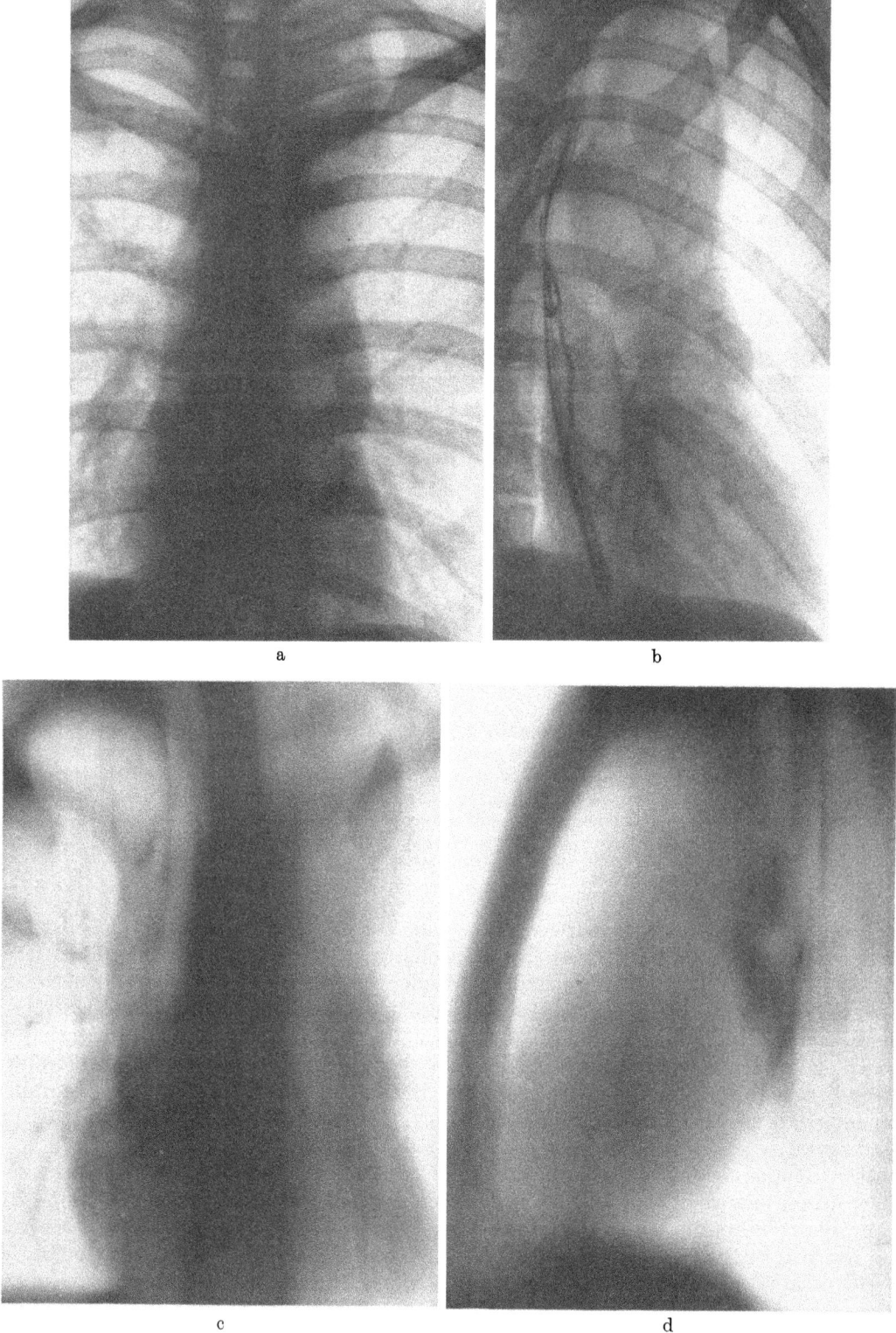

Abb. 138a—d. *Ausgedehntes zystisches Lymphangiom des vorderen Mediastinums, bis zur Regio colli sinistra reichend.* Nativbilder p.-a. (a) und im 1. Schrägdurchmesser (b) sowie Schichtaufnahmen a.-p. 5 cm (c) und sinistro-dextral 12 cm (d). Während siebenjähriger Beobachtung (Vermutungsdiagnose: zerviko-thorakale Struma) zunehmendes retrosternales Druckgefühl und allmähliche Vergrößerung des Gewächses, das sich auf

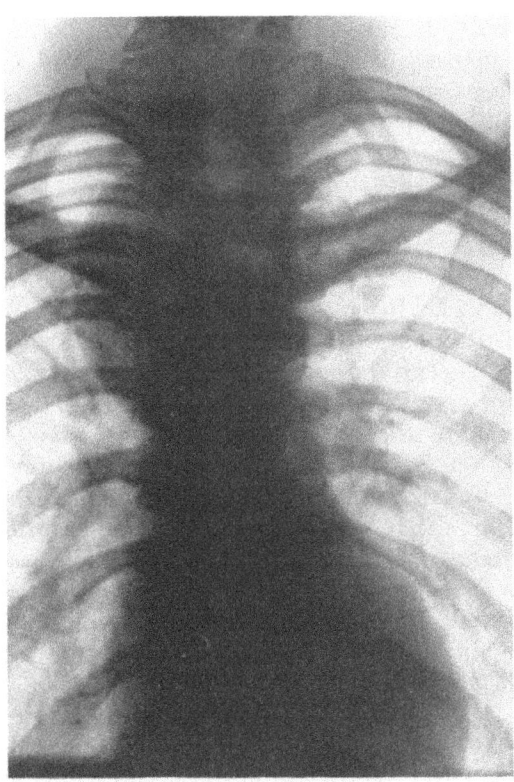

Abb. 139a—c. *Paravertebral haftende Vorderdarmzyste im oberen Mediastinum mit koordinierter Mißbildung der benachbarten Brustwirbel (Klippel-Feil-Syndrom).* Keine Kommunikation mit dem Ösophagus. Operationsbefund: Enterokystom mit typischer Dünndarmschleimhaut. Nativbild p.-a. (a), seitliche Zielaufnahme (b), Schichtbild 7 cm a.-p. (c). A. L., 29jähr. ♂. Beobachtung am Röntgeninstitut der Med. Univ.-Klinik Leipzig (damal. Direktor: Prof. M. BÜRGER)

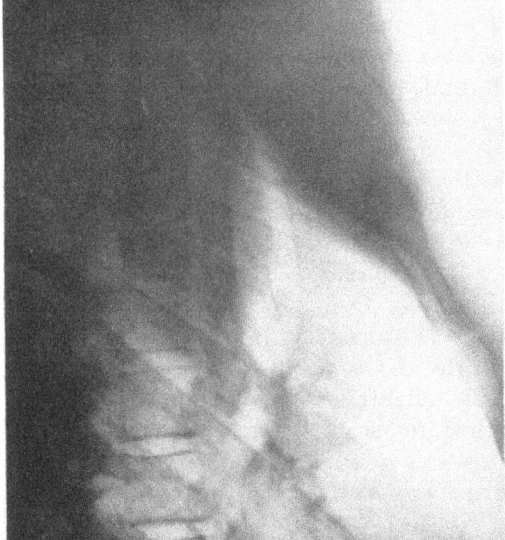

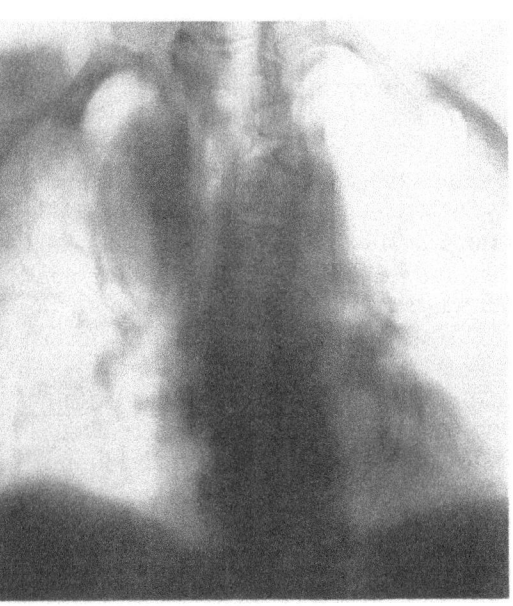

probatorische ACTH-Gabe (Ausschluß eines lymphoepithelialen Thymoblastoms!) nicht verkleinerte und wegen der engen Lagebeziehung zur Herzvorderwand, oberen Hohlvene und Trachea nur subtotal resezierbar war (Op.: Prof. L. RULAND, Chir. Univ.-Klinik Münster/W. Direktor: Prof. P. SUNDER-PLASSMAN; histologischer Befund: J.-Nr. 6692/58 Path. Institut d. Univ. Münster/W., Direktor: Prof. W. GIESE). L. H., 21jähr. ♂. Arch.-Nr. 2633/58, Röntgenabtlg. Med. Univ.-Klinik u. Poliklinik Münster/W. (Direktor: Prof. W. H. HAUSS)

und Bauchraum zugleich vor (SCHMINCKE; ROTH; BLACK u. BENJAMIN; WILLIAMS u. JOHNSON). In der Regel handelt es sich um *Solitärzysten des hinteren oder mittleren Mediastinums*, die sich in *enger Lagebeziehung zum Ösophagus* entwickeln. Sie sind *oft verbunden mit Wirbelmißbildungen gleicher Höhenlage* (einzelne Spalt-, Keil- bzw. Halbwirbel oder mehrere Wirbelsegmente umfassende Deformität nach Art des Klippel-Feil-Syndroms) (Abb. 139), die auf Offenbleiben des Chorda dorsalis-Spalts zurückgeführt werden (FELLER u. STERNBERG; LE ROUX). Die begleitenden Veränderungen des Achsenskelets sind *häufiger bei Magen-Darmzysten* zu finden (STAEHELIN-BURCKHARDT; SCHMINCKE; GUILLERY; HÖVEL; MAIER; CRAVER; OLKEN; EHLER u. ATWELL; WILLIAMS u. JOHNSON; FALLON, GORDON u. LENDRUM; FORSTER u. LUX; LE ROUX; ZUPPINGER; VEENEKLAAS zit. n. FINSTERBUSCH u. STOLZER; NEUHAUSER, HARRIS u. BERRETT; CRISPIN, LOGAN u. ABBOTT; STEELE u. SCHMITZ; MATHESON u. CRUICKSHANK; LOWRY u. MOORMAN; SCHWARTZ u. WILLIAMS; PAGE u. BIGELOW; GLEESON u. STOVIN; WILLIS; FROBOESE; ARCOMANO u. AZZONI; WILSON; GULLY; WASSNER; KUDÓSZ u. BESZNYÁK; KRAUS u. Mitarb.; REHBEIN; LACKNER) als bei Bronchuszysten (BRACHER u. KOONTZ; MOLL; ARNAUD, PEBRIER u. COURTOIS). Darüber hinaus trifft man in einem Teil der Fälle noch auf andere Anomalien (abnorme Lungenlappung, Enzephalozelenbildung mit Hydrozephalus und Arnold-Chiari-Syndrom, Herzscheidewanddefekte, Uvulaspalten, Harnblasendivertikel, Nebenmilzen) (Lit. s. WILLIAMS u. JOHNSON; MILLER, GRAUB u. PASHUCK).

Die Entstehung der *endothorakalen Ösophagus-Magen-Darmzysten* wird teils mit Persistenz bzw. Verlagerung von Resten des embryonalen Dotterganges erklärt (BASS; SCHMINCKE; FITZ; PONCHER u. MILLES; BLACK u. BENJAMIN; ROTH), teils auf Abtrennung rudimentärer Doppelbildungen (ENTZ u. OROS; BREMER; EVANS; ROTH; FRANK u. PAUL; BAAR u. D'ABREU; LADD u. SCOTT; LE ROUX; PAGE u. BIGELOW; CHRISTOPHERSON u. a.) oder Abschnürung unterschiedlich differenzierter Divertikel des primitiven Vorderdarms bezogen (STAEHELIN-BURCKHARDT; ROTH; FLODERUS; GROSS, NEUHAUSER u. LONGINO; SEYDL). Dieser Vorgang soll sich in räumlich-zeitlichen Zusammenhang mit der Ausknospung der Lungenanlage abspielen (OLENIK u. TANDATNICK; SCHWARZ u. WILLIAMS). Andere Autoren nehmen dagegen eine Verschiebung abdomineller Gewebsanteile in den Brustraum vor der Zölomunterteilung als formale Grundlage der Zystenbildung an (BÖSS; POHLMANN u. a.). Nach BALÁS wurden bisher über 100 Fälle endothorakaler gastro-enterogener Zysten veröffentlicht.

Die Zystenwand besteht aus mehreren Schichten von Bindegewebe und glatter Muskulatur. Die Mukosa der inneren Oberfläche kann einförmig differenziert sein, doch kommen Mischformen mit nebeneinanderliegenden Inseln typischer Ösophagus-, Magen- und Dünndarmschleimhaut vor (DICKSON, CLAGETT u. MCDONALD; EERLAND; WILLIAMS u. JOHNSON; WARD u. KRAHL; PURCHETTI, JONESCU u. CUBILLOS; CARLSON), vereinzelt auch Einschlüsse von Pankreasgewebe (BAAR u. D'ABREU; WARD u. KRAHL; EDLIN; CLAUSS u. WILSON; MCCLINTOCK, MCFEE u. QUIMBY; LAIRD u. CLAGETT; GEE, FOSTER u. DOOHEN). Je nach dem vorherrschenden Schleimhauttyp findet man im schleimig-wäßrigen Zysteninhalt freie und gebundene Salzsäure, proteolytische Fermente (MATHESON u. CRUICKSHANK; EHLER u. ATWELL; WILLIAMS u. JOHNSON) oder Speicheldrüsenfermente (LÖHR). Stark sezernierende Zysten machen sich infolge raschen Wachstums frühzeitig bemerkbar (VEENEKLAAS; WARD u. KRAHL; WILLIAMS u. JOHNSON; MIXTER u. CLIFFORD; DAVIS u. SALKIN; FINSTERBUSCH u. STOLZER; PUCHETTI, JONESCU u. CUBILLOS; FROBOESE u. a.).

Das gilt vor allem für *gastrogene Zysten des Brustraums*, die nach WILLIAMS u. JOHNSON *zu 90% in den ersten 6 Lebensjahren* (in 50% innerhalb von 12 Monaten nach der Geburt, in 70% bis zum Ablauf des 2. Lebensjahres) *in Erscheinung treten*, und zwar *beim männlichen Geschlecht zweifach häufiger* als beim weiblichen (DESAIVE). Eine spätere klinische Manifestation ist selten (ältester unter 32 Patienten von SCHWARZ u. WILLIAMS: 32 Jahre). Die Anomalie verursacht *oft schon in der Nachgeburtsperiode lebensbedrohliche Verdrängungssymptome* (Atemnot, Zyanose) und fieberhafte Lungenkomplikationen, die angesichts des großen lungenwärts vorragenden paravertebralen Rund- oder Ellipsenschattens leicht zur Fehldiagnose ,,gekammertes Pleuraempyem" verleiten. Die *peptisch-korrosive Wirkung des Sekrets erhöht das Punktionsrisiko* (EHLER u. ATWELL; WILLIAMS u. JOHNSON; FINSTERBUSCH u. STOLZER). Sie kann zu *spontaner Ulkusbildung in der Zystenwand* (nach ZUPPINGER in 7 von 25 Literaturfällen), unter Umständen auch zur *Ulkusperforation in Lungen und Bronchialsystem* mit schweren Folgeschäden führen (Hämoptoe, Lungenabszeß, Spontanpneumothorax, Pleuraempyem) (BÖSS; SEYDL; WARD u. KRAHL; VALLE u. WHITE; BICKFORD; DICKSON et al.; POHLMANN; WILLIAMS u. JOHNSON). Das abfließende Sekret daut die Nachbargewebe an und produziert das kennzeichnende Symptom des *,,sauren Sputums"* (MATHESON u. CRUICKSHANK).

FINSTERBUSCH u. STOLZER fanden 45 Fälle von ,,Thoraxmägen" im Schrifttum bis 1955 verzeichnet. Seit 1940 wächst die Zahl von Erfolgsberichten lebensrettender Resektionen. Dabei zeigt sich, daß die Zysten häufiger der — teils mißgestalteten — Wirbelsäule anhaften als der Speiseröhre. *Intrapulmonale gastrogene Zysten* beschrieben nur WARD u. KRAHL. Eine Kommunikation mit dem Ösophaguslumen ist selten (EHLER u. ATWELL), wenn man von sekundären Durchbruchsvorgängen absieht. Der Befund transdiaphragmal in den Brustraum verlagerter Darmdivertikel mit Magenschleimhautinseln (GROSS, NEUHAUSER u. LONGINO) weicht vom üblichen Bild der ,,Thoraxmägen" ab. Ebenso ungewöhnlich ist eine Ausdehnung endothorakaler Magenzysten durch das Zwerchfell in die Bauchhöhle (DICKSON, CLAGETT u. MCDONALD; VALLE u. WHITE).

Röntgenologisch sind die endothorakalen Magenzysten nicht von einkammerig-geschlossenen Mediastinalzysten anderer Herkunft zu unterscheiden. Auffallend ist lediglich Größe und Wachstumstendenz ihrer *homogenen glattrandigen Rundschatten, die aus der hinteren Mediastinalhälfte weitbogig lungenwärts vorspringen* (WILLIAMS u. JOHNSON; FINSTERBUSCH u. STOLZER; OLENIK u. TANDATNICK u.a.). Sie können das Mediastinum stark verdrängen und durch *Bronchialkompression* obstruktive Ventilationsstörungen eines Lungenflügels (*Emphysem* bzw. *Atelektase:* VALLE u. WHITE; WARD u. KRAHL; LEAHY u. BUTSCH; LAIPPLY; PONCHER u. MILLES; *Bronchiektasen:* DICKSON et al.; VALLE u. WHITE; *Retentionspneumonie:* CARLSON; OLKEN; SCHWARZ u. WILLIAMS; WARD u. KRAHL; LAIPPLY; JONES) oder einen *Spontanpneumothorax* hervorrufen (WARD u. KRAHL). Die Zystenwand kann stellenweise saumförmig verkalken (STEELE u. SMITH). Außer den oben erwähnten *anlagebedingten Wirbelanomalien,* die nach BALÁS in 40% nachweisbar sind (s. Abb. 139) kommen *sekundäre Druckusuren anliegender Rippen und Wirbel* vor (MIXTER u. CLIFFORD; HUILLERY; PONCHER u. MILLES; LADD u. SCOTT; DAVIS u. SALKIN; WILLIAMS u. JOHNSON).

Diagnostisch richtungsweisend ist das Auftreten der Zysten mit asphyktischen Erscheinungen in frühester Kindheit, ihre *auffällig rasche Vergrößerung* und der nahezu *monotope Lokalisationstyp* (OLENIK u. TANDATNICK; WILLIAMS u. JOHNSON): in 26 von 31 Literaturfällen war Übereinstimmung von *ausschließlich dorsalem Sitz*, Ursprung *in der mittleren Mediastinaletage* und *Wuchsrichtung in die rechte Brusthöhle* festzustellen. Die Bevorzugung dieser Lage hat wohl entwicklungsgeschichtliche Gründe (WILLIAMS u. JOHNSON; MILLER, GRAUB u. PASHUCK). Sie erleichtert im Zusammenhang mit der Entwicklungsdynamik und dem *indirekten Leitsymptom koordinierter Wirbelmißbildungen* die Differentialdiagnose zu sonstigen expansiven Prozessen gleicher Lokalisation.

Angeborene Tracheo-Bronchialzysten des Mediastinums, bei denen eine identische Dysplasie des Achsenskelets seltener beobachtet wird (BRACHER u. KOONTZ), haften nicht an der Wirbelsäule, sind daher atem- und schluckverschieblich (BLADES) und wachsen langsamer. Das letztere Kriterium gilt auch für die Mehrzahl neurogener Mediastinaltumoren (GREMMEL, SCHULTE-BRINKMANN u. VIETEN; KENT, BLADES, VALLE u. GRAHAM; LOOP, AKESON u. CLAWSON; POHL; CMYRAL; CAMPOS u. a.) und für isoliert oder im Rahmen generalisierter Neurofibromatose auftretende *endothorakale Meningozelen* oder *Kragenknopf-Neurinome*, die andersartige, röntgenologisch kennzeichnende Wirbeldeformitäten hervorrufen (glattbogige lakunäre Defekte an den dorsalen und seitlichen Wirbelkörper-

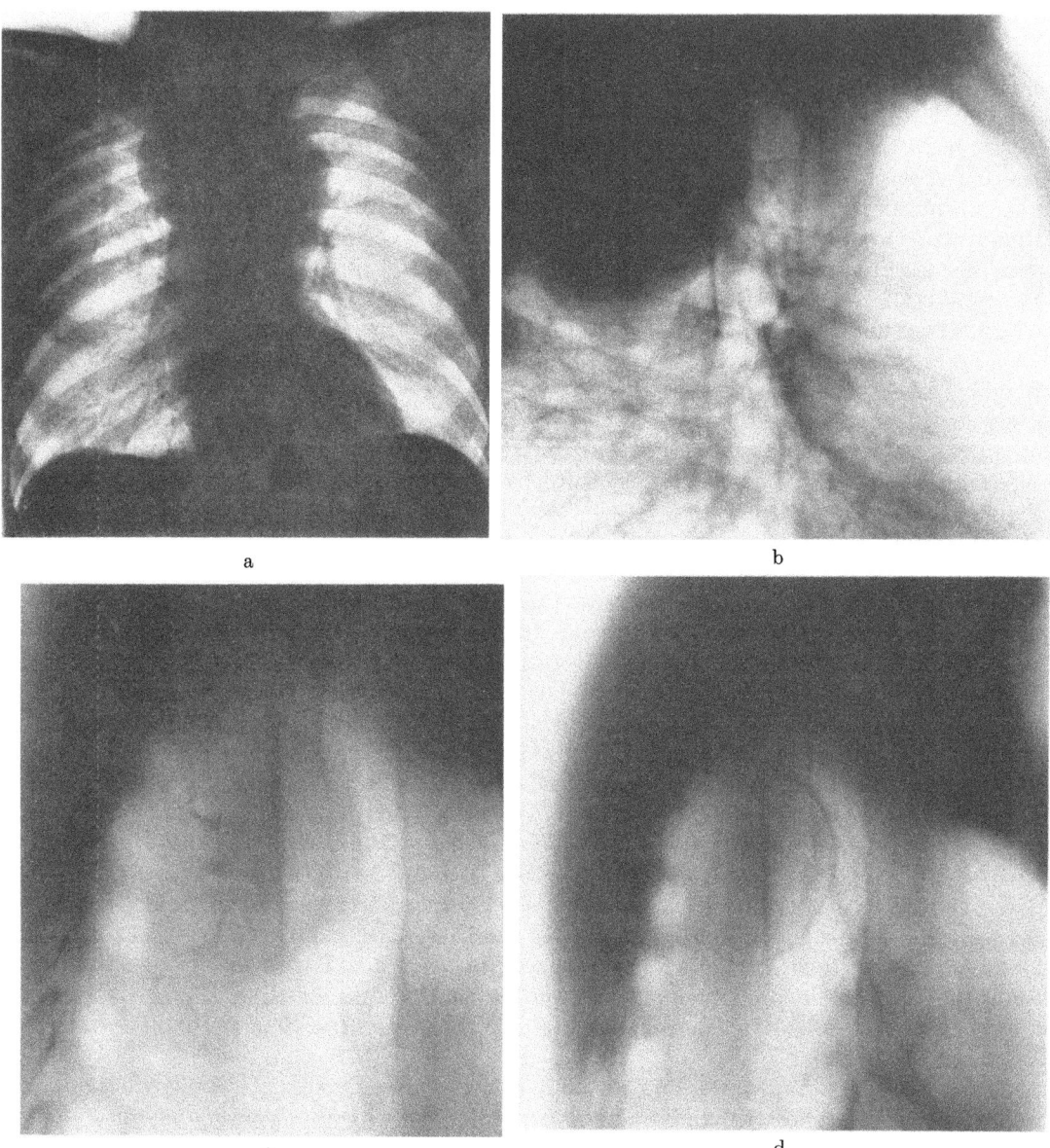

Abb. 140a—i. *Laterale thorakale Meningozele bei generalisierter Neurofibromatose und retroperitonealem Fibrosarkom.* Am neurogenen Ursprung der Bauchgeschwulst und des im hinteren Mediastinum rechts paravertebral gelegenen ovalären Gebildes (a und b Nativaufnahmen in 2 Ebenen) war nach der seit 1942 datierenden Anamnese des Morbus Recklinghausen und angesichts markanter Exkavation der benachbarten Brustwirbelkörper mit Wirbelbogenusuren und Erweiterung der Zwischenwirbellöcher kein Zweifel (c—e Schichtbilder 16 und 18 cm sin.-dextr. und 5,5 cm a.-p.). Die Differentialdiagnose zwischen einem Sanduhrneurinom und thorakaler Meningozele wurde mit dem Nachweis des Gas- und Kontrastmittelübertritts bei Luft- und Jodölmyelographie im Sinne der zystischen Mißbildung entschieden (c—f) (Arch.-Nr. 7579/65 und 10 232/65 Röntgenabtlg. d. Neurolog. Univ.-Klinik Frankfurt/M., damal. kommissar. Direktor: Prof. KUHLENKAMPFF). Autoptische Bestätigung der Diagnose (Sekt.-Nr. 132/66 Path. Inst. d. Krhs. Nordwest, Direktor: Prof. KAHLAU) mit dem im makroanatomischen Photo (g) und auf Röntgenaufnahmen des Wirbelsäulenpräparats wiedergegebenen Befund (h und i). E. P., 48jähr. ♂. Arch.-Nr. 2911 17611 Radiolog. Zentralinst. d. Krhs. Nordwest Frankfurt/M.

flächen mit Exkavation der Intervertebrallöcher) (POHL; SCHÜLLER u. UIBERALL; BLADES; AMEUILLE, WILMOTH u. KUDELSKI; CABELLO CAMPOS; SENGPIEL, RUZICKA u. LODMELL; WELCH, ETTINGER u. HECHT; MENDELSOHN u. KAY; BYRON, ALLING u. SAMSON; MAIER;

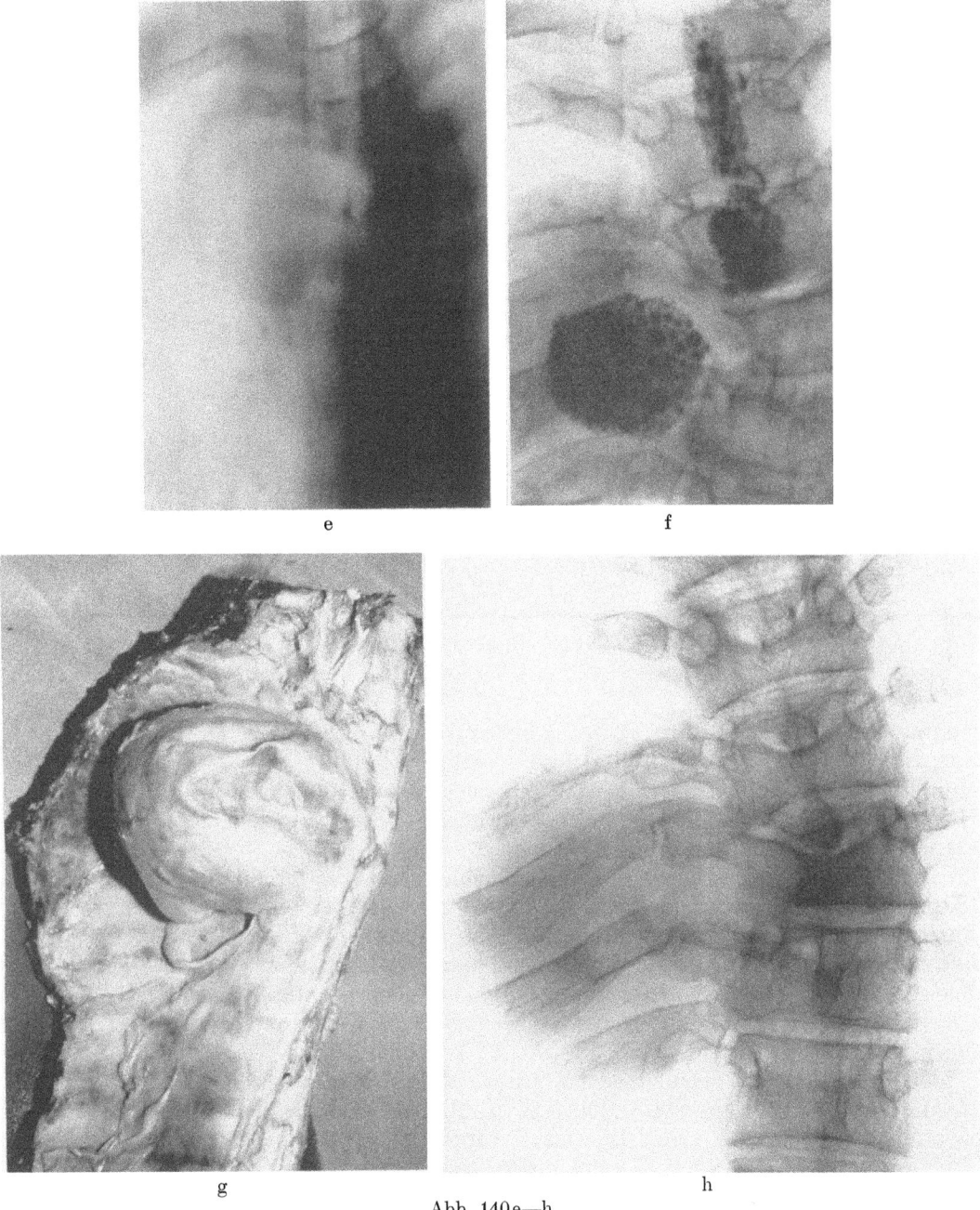

Abb. 140 e—h

CROSS, REAVIS u. SAUNDERS; OTTANI; KESSEL; CMYRAL; CIAGLA; RUBIN u. STRATE-MEIER; TURUNEN; BAKER u. CURTIS; SEARS, CLAYTON u. SIEBEL; HACKENSELLNER u. PAPE; WILHELM; GERNEZ-RIEUX u. LEPAUL; SCHLUMBERGER; LAITINEN u. TURUNEN; RAISON; NANSON; MOYER, CRAMER u. DUNCAN; TENG u. EASTMAN; LA VIELLE u. CAMPBELL; BUNNER; GRAUMANN u. BRABAND; CHANDLER u. HERZBERGER; DIETHELM; KRUMBHOLZ, HANKOWITZ u. SCHYRA; ZUPPINGER; UEHLINGER; TÖNNIS u. NITTNER; LEVIN; HILLENIUS u. MCCARTHY; BUYTEDIJK; YADEAU, CLAGETT u. DIVERTIE; HAUSEGGER u. VOGLER; ZEITLER; KRAUS, KLEMENCIC u. KELLER; GAUDINO u. METELLA; WILSON; HÜLSHOFF; PENKOVSKY; EDEIKEN, LEE u. LIBSHITZ; FÁBIÁN, FÉHER, CSE-

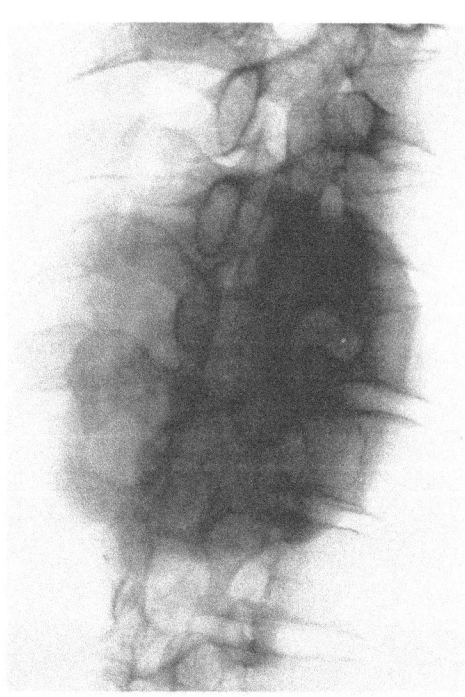

Abb. 140i (Legende s. S. 268)

Pregi, Hoffmann u. Korom; Lund u. Poulson; Del Buono u. Osacar; Barton u. Svastits u.a.). Die Differentialdiagnose zwischen Sanduhrgeschwülsten und zystischer Mißbildung des Medullarrohrs, die sich intrapleural entwickeln (Ameuille, Wilmoth u. Kudelski) und zu massivem Hämothorax führen kann (Wilson u. Ernst), ist myelographisch eindeutig zu stellen (Abb. 140).

Die *Ösophaguszysten* werden im allgemeinen nicht so groß wie die gastrogenen (Schridde; Zahne; Kühne; Rau; Dürk; Mohr; Stoebes; Olenik u. Tandatnick; Frank u. Paul; Cornell, Blumberg u. Sarot; Kempf; Wellauer; Bauer u. Stoffregen). Sie liegen häufig *im unteren Mediastinum* an der hinteren, seitlichen oder vorderen Speiseröhrenwand und können Anlaß zur Achalasie und pektanginösen Herzbeschwerden geben (Sauerbruch). Vereinzelt wurden sie auch in anderer Höhenlokalisation, zum Teil extrathorakal beschrieben.

Die *Enterokystome* gehören dem *hinteren Mediastinum* an (Schmincke; Millar u. Robertson; Evans; Stoeckl; Poncher u. Milles; Sabiston u. Scott; Brewer u. Dolley; Black u. Benjamin; Blades; Ladd u. Scott; Brass; Nicholls; Wyllie u. Pilcher; Herbig, Ganz u. Vieten; Holcomb u. Matson; Neuhauser, Harris u. Berrett; Lindquist u. Wulff; Pohlmann; Davis u. Salkin; Ward u. Krahl; Purchetti, Jonescu u. Cubillos; Pachter u. Lattes; Morrison; Bauer u. Stoffregen; Hövel u.a.). Sie erreichen gleichen Umfang wie Magenzysten (Balás u.a.) und können mit analogen Wirbelanomalien kombiniert sein (Schmincke; Fallon, Gordon u. Lendrum; Hövel u.a.).

Als Rarität sei in diesem Zusammenhang die von Reynes u. Love mitgeteilte Beobachtung einer transhiatal *in das Mediastinum verlagerten posttraumatischen Pseudozyste des Pankreas* vermerkt.

Bei den *kongenitalen respiratorischen Zysten* ist je nach Drainagesituation bzw. Blaseninhalt (Flüssigkeit oder Luft) zwischen *geschlossenen und offenen Formen* zu unterscheiden. Sie entstehen als unifokale, seltener als multilokuläre Hemmungsbildung während der fötalen Lungenentwicklung aus der vorderen Rumpfdarmwand.

Ihre Formalgenese wird unterschiedlich interpretiert. Nach vorherrschender Ansicht handelt es sich um eine *Teilungshemmung der zentrifugal* (kranio-kaudal) *aussprossenden Broncho-Alveolarknospen* der zunächst unpaarigen Organanlage (KAHLSTORF; MÜLLER; HART u. MAYER; KOONTZ; SELLORS; SANTE; COOK u. BLADES; KARTAGENER u.a.). Während manche Autoren die Ursache in exogenen Einflüssen (Lues: KLIMESCH; SANDOZ; fötale Pleuritis und sonstige intrauterine Entzündungsprozesse: OUDENDAAL) oder in endogen-hereditären Faktoren suchen (SANDOZ; DUKEN u.a.), führen andere die Anomalie auf Differenzierungsstörungen infolge exzessiver Mesenchymwucherung zurück (SCHNEIDER) oder machen die mechanische Schnürwirkung kreuzender Gefäße verantwortlich (Ductus CUVIERI: SAUERBRUCH), die unter anderem auch in den Entstehungstheorien der sog. „intralobären Lungensequestration" eine Rolle spielt (Abteilung basaler Parenchymabschnitte durch intrapulmonal aberrierende Aortenäste: PRYCE; PRYCE, SELLORS u. BLAIR; BRUWER, CLAGETT u. MCDONALD; COLE, ALLEY u. JONES; TOSATTI u. GRAVEL; WYMAN u. EYLER; KERGIN; FRY, ARNOLD u. MILLER; MANNIX u. HAIGHT; FINDLAY u. MAIER; LALLI, CARLSON u. ADAMS; SMITH; BOYDEN; BERGMANN u. FLANCE; KENNEY u. EYLER; DAS, DODGE u. FAWCETT; TURK u. LINDSKOG; SOLIT, FRAIMOW, WALLACE u. COHN; FERENCZ u.a.) (vgl. Bd. IX/3, S. 298). HEISS hält dagegen das *Ausbleiben der formbestimmenden, gegensinnig kaudo-kranial gerichteten Septierungsvorgänge durch mesodermale Elemente* für entscheidend (s. auch Bd. IX/3, S. 69ff.).

Erst das Zusammenwirken beider Teilvorgänge ermöglicht ein harmonisch gegliedertes Wachstum des bis zum 6. Embryonalmonat entstehenden mesenchymumschlossenen Bronchialbaums und des respiratorischen Parenchyms, das sich von diesem Zeitpunkt an bis in die postfötale Wuchsperiode aus Bronchialendknospen, einsprossenden Gefäßen und anderen mesenchymalen Gerüstformationen bildet (CLARA; TIEMANN; BENNINGHOFF). Eine Koordinationsstörung kann an einer oder mehreren Stellen zur Abschnürung kanalisierter Sprossen oder zur Bildung fistulös bzw. divertikelartig kommunizierender ungegliederter Hohlräume führen. Der Entwicklungsdefekt ist im allgemeinen um so größer, je früher sein teratogenetischer Terminationspunkt liegt. Die schon im fötalen Organismus nachweisbaren Blasen (KESSLER; MÜLLER; BOYDEN; LEWIS u. THING) dehnen sich später durch zunehmende Schleimfüllung allmählich aus. Wenn primär oder durch Rekanalisation sekundär eine schmale Verbindung zu den Luftwegen besteht, kann die offene Zyste beim Kleinkind infolge Ventilblähung lebensbedrohlich anwachsen.

Wegen ihres tumorähnlichen Schattenbildes interessieren hier nur die — *überwiegend singulären* — *Tracheobronchial- bzw. Alveolarzysten des geschlossenen Typs*. Anatomisch ist zwischen bindegewebig abgekapselten *einfachen „Flimmerepithelzysten"* (v. WYSS; STILLING; EHLERS; MÜLLER u.a.) und höher differenzierten *Zysten mit typischen Bronchialwandbestandteilen* (Schleimhaut, Submukosa, unter Umständen auch Knorpelanlagen) zu unterscheiden (MASSHOFF u. HÖFER u.a.).

Zur ersten Gruppe gehört die Mehrzahl der *Trachealzysten* bzw. *trachealen Nebenlungen* (s. Bd. IX/3, S. 301), die man im oberen Drittel des mittleren bis hinteren Mediastinums fest an der Luft- oder Speiseröhre haftend findet (KEMPF; MELCHIOR; TESCHENDORF; HERBIG, GANZ u. VIETEN; KÜMMERLE u. ZITTEL; MOLL; HUTH u. BOHLEY u.a.). Sie können durch Verdrängung stridoröse Atem- und Schluckbeschwerden verursachen. Ihr glattbogig vorgewölbter, hühnerei- bis gänseeigroßer Schatten ist leicht mit retrosternalen bzw. endothorakal aberrierten Schilddrüsenknoten zu verwechseln, zumal bei gelegentlicher Koinzidenz mit einer Struma colli und hyperthyreotischen Symptomen (KEMPF). Neurogene Mediastinaltumoren liegen weiter dorsal-paravertebral und lassen die Hustenund Schluckverschieblichkeit paratrachealer bzw. mit dem Ösophagus verbundener Vorderdarmzysten (BLADES) vermissen.

Topographie und Erscheinungsbild *geschlossener Bronchuszysten* variieren je nach Entstehungsort und -zeitpunkt innerhalb der 6monatigen fötalen Entwicklungsfrist (MÜLLER; CLAIRMONT; GOLD; MIXTER u. CLIFFORD; COKKALIS; HOPPE u. DIETHELM; HEALY; KRAHL; ZADEK; BAXTER u. MEAKINS; TJADEN; MILLER, GRAUB u. PASHUCK; SCHWARZHOFF u. REITTER; WELLAUER; LE ROUX; PACHTER u. LATTES; MORRISON; OPSAHL u. BERMAN; ARNAUD, PEBRIER u. COURTOIS; PERÄSALO u. TURUNEN; MOLL; JOSEPH, MURRAY u. MULDER; FROBOESE; TESCHENDORF; HERBIG, GANZ u. VIETEN; BAUER u. STOFFREGEN; COURY, MONOD u. TOURNIER; HOFMANN u.a.). Die Blasen können im Lungenparenchym wie außerhalb der Lungengrenzen entstehen. Beim *extrapulmonalen Typ* liegen sie teils *am Hilus* bzw. *im oberen Tracheobronchialwinkel* innerhalb des Pleuraraums, teils *im Mediastinum parösophageal*, unmittelbar den Stammbronchien benachbart oder *in der Trachealbifurkation*. Bei juxtatrachealem Sitz ist auch feingeweblich keine scharfe Grenze zwischen Bronchial- und Trachealzysten zu ziehen (GOLD; MAIER; EERLAND; PEVELING-SCHLÜTER; ADAMS u. THORNTON; BALÁS; ALFORD; RIZZI u.a.), während

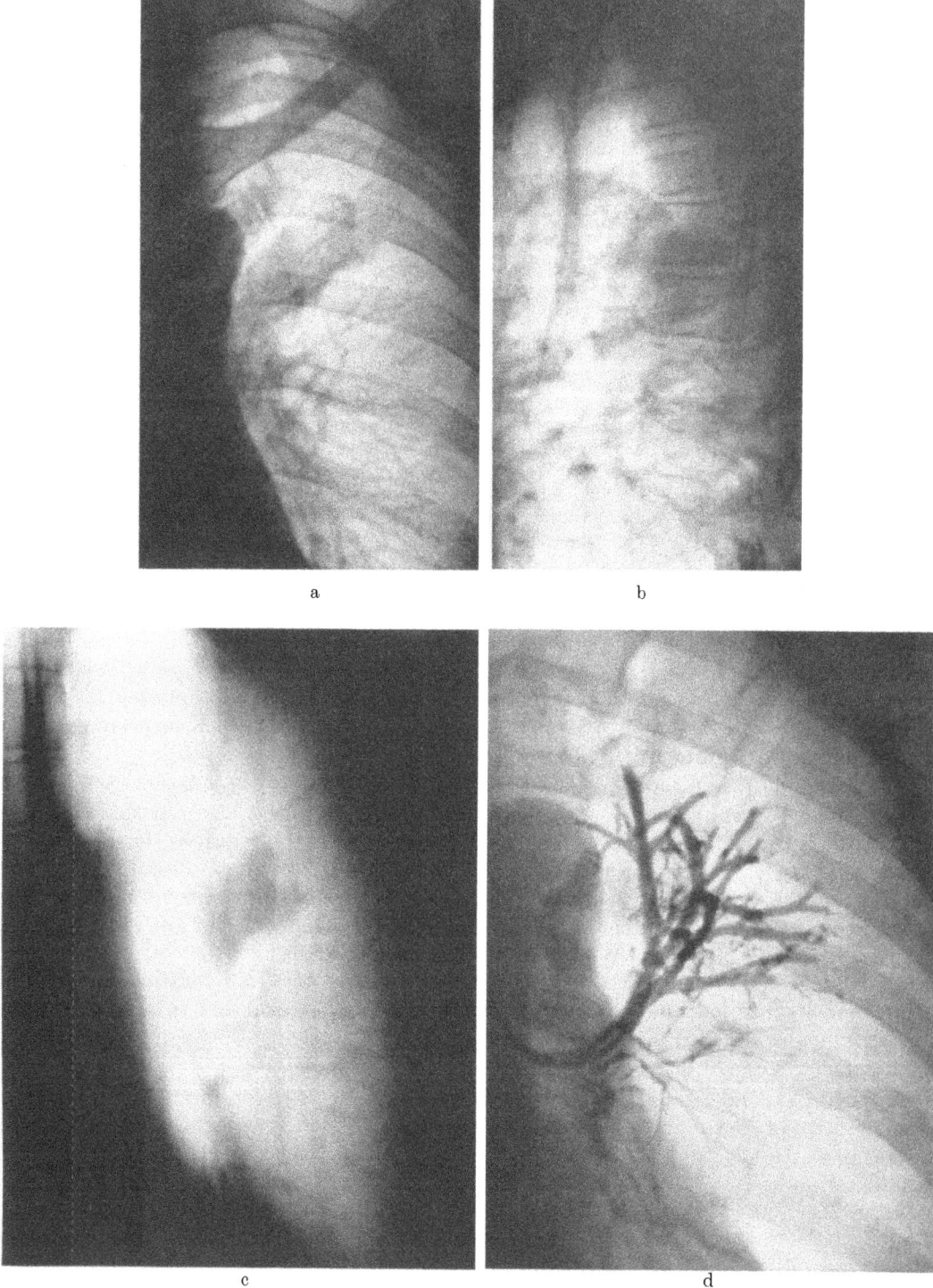

Abb. 141a—e. *Geschlossene intrapulmonale Bronchuszyste.* Im Januar 1969 fieberhafte Erkältung mit stechendem Schulterschmerz li. Damals Röntgennachweis eines — bei Kontrollen 4 Wochen und 3 Monate später formal unveränderten — Schattens im linken Oberlappen ohne bakteriologische oder sputumzytologische Hinweise zur Ätiologie. Nach 1½jährigem beschwerdefreiem Intervall Überweisung zur Klärung. Thoraxröntgenbefund vor Klinikaufnahme: Pflaumengroßer glattrandig-polyzyklisch begrenzter homogener Weichteilschatten im dorsalen Oberlappensegment links ohne lymphomverdächtige Hilusveränderungen (a—c Zielaufnahmen in 2 Ebenen und Schichtbild 8 cm a.-p. vom 22. 6. 70). Selektive Bronchographie: Bei forciert gezielter Kontrast-

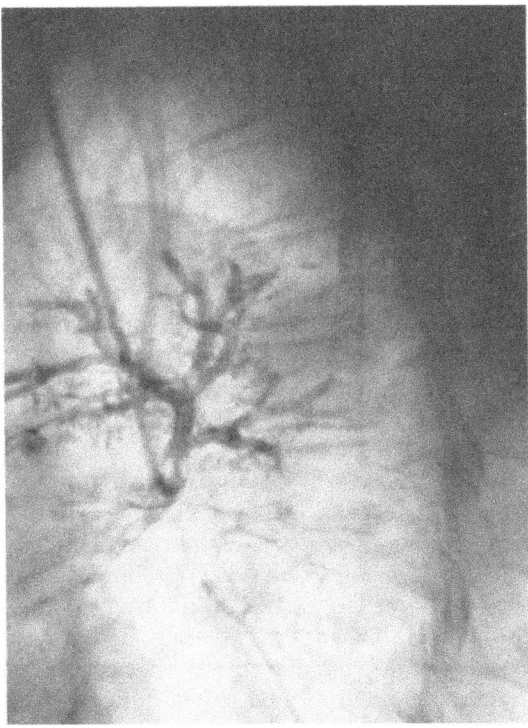

Abb. 141 e

sich die gelegentlich *im Zwerchfellwinkel* (BALÁS u. KALMÁR) oder *innerhalb des Herzbeutels* (DABBS, BERG u. PEIRCE; LEAGUS, GREGORSKI, CRITTENDEN, JOHNSON u. LEPLEY) lokalisierten, in Einzelfällen *mit Perikarddefekten kombinierten bronchogenen Zysten* (RUSBY u. SELLORS; MUKERJEE) (s. auch S. 255) histologisch von perikardialen Mesothelzysten unterscheiden.

Die *intrapulmonalen Bronchuszysten* imponieren zumeist als monozyklisch glattrandig abgesetzte homogene Weichteilschatten von kugelig-ovalärer Form, können aber auch unregelmäßig gestaltet sein und unscharfe Konturen aufweisen (COOKE u. BLADES; SANTE; PEARSON; RAMSAY; CLAIRMONT; ZADEK; KOURILSKY, FOURESTIER u. ISELIN; RATON; BOYDEN; RAMSAY u. BYRON; BALOGH; TJADEN; HASCHE; TESCHENDORF; v. BRAMANN, PLENGE u. ZADEK; ELOESSER; MOERSCH u. CLAGETT; KARTAGENER; EERLAND; SCHWARZHOFF u. REITER; GALY u. DELARUE u.a.) (Abb. 141). Sie sind nur formalgenetisch von *geschlossenen Lungenzysten* abzutrennen (KOONTZ; SCHENK; SELLORS; ANSPACH u. WOLMAN; ALMEYDA; PEARSON; WILLIS u. ALMEYDA; ELOESSER; KING u. HARRIS; ZADEK; TESCHENDORF; SANTE; MOERSCH u. CLAGETT; KARTAGENER; v. BRAMANN, PLENGE u. ZADEK; FARINAS, ORERO, PEREIRAS u. PANISELLO; GALY u. DELARUE;

mittelinstillation Aussparung des Schattenovals mit bogiger Verdrängung der benachbarten Subsegmentäste der apiko-dorsalen Segmentbronchien (d und e Bronchogramme in 2 Ebenen vom 29. 6. 70). Der bronchographische Aspekt, Form und über einjährige Größenkonstanz sprachen gegen einen peripheren Bronchialkrebsknoten, doch blieb die Differentialdiagnose zwischen einem expansiv wachsenden gutartigen Tumor, einem zystischen Gebilde und einem von hyalinen Bindegewebe umsäumtem, nicht kalzifizierten entzündlichen Granulom (Tuberkulom) bzw. Abszeß offen. Lobektomie am 5. 9. 70 (Op.: Prof. UNGEHEUER). Anatomischer Befund: Mit eingedicktem Schleim gefüllte einkammerige Zyste von 2,5 cm Durchmesser. Histologie: Dünnwandige, mit einreihigem schleimbildenden Zylinderepithel ausgekleidete bronchogene Lungenzyste (E.-Nr. 13404/70, Path. Inst. d. Krhs. Nordwest, Direktor: Prof. KAHLAU). G. B., 50jähr. ♀. Arch.-Nr. 2810 19562, Radiolog. Zentralinst. d. Krhs. Nordwest Frankfurt/M.

Marie u. See; Schwarzhoff u. Reitter; Eerland; Zadek u. Riegel; Björk; Vogt-Moykopf; Krumhaar u. Hecker; Zittel; Singer u.a.), die wiederum *in gestielter Form in den Pleuraspalt ragen* können (Kleine; Aurora-Castillo; Santy u. Bérard; Lasthaus; Rousselot u.a.).

Der dysontogenetische Charakter des letztgenannten Typs und der mediastinalen Formen ist offensichtlich. Die innerhalb der Lungen lokalisierten Varianten broncho-alveolärer Solitärzysten sind dagegen — zumal nach sekundär-entzündlicher Wandveränderung — *nur schwer von erworbenen Bronchomukozelen* (sekrethaltigen bronchiektatischen Kavernen) (Ramsay u. Byron; Kienböck; Shaw u. Mitarb.; Chebat et al.; Israël-Asselain u. Mitarb.; Brocard u. Gallouédec; Hertzog et al.; Culiner u. Grimes; Goltsman et al.; Israel et al; Lemire, Trepanier u. Herbert; Talner u. Mitarb. u.a.) (vgl. Abb. 141 und 167 sowie Bd. IX/4b, Abb. 567; s. auch S. 277, 290 u. 313) *und pulmonalen Retentionszysten obstruktiver Genese zu unterscheiden.* Früher oft angeführte Indizien des kongenitalen Ursprungs (Pigmentmangel bzw. geschlossene Epithelbekleidung der Zystenwand) (Grawitz; Beitzke; Kaufmann; Oudendaal) sind nicht unbedingt stichhaltig (Müller; Belcher u. Siddons; Lüchterath; Galy; Kartagener; Ramsay u. Byron; Schwarzhoff u. Reitter) (s. auch Bd. IX/3, S. 71). Für die dysplastische Entstehung broncho-alveolärer Zysten sprechen familiäres Auftreten (Orbeck; Neisser; Morelli), Vorliegen sonstiger Anomalien (Kartagener-Trias, Wirbelmißbildungen, zystische Nierendegeneration etc.) (Kartagener; Kaufmann; Bracher u. Koontz; Lasthaus) oder Anzeichen eines dysraphischen Habitus (Schwarzhoff u. Reitter).

Angeborene broncho-pulmonale Zysten sind wesentlich häufiger als gastro-enterogene (s. S. 263). Absolut betrachtet, handelt es sich jedoch um seltene Fehlbildungen, berücksichtigt man die Ergebnisse von Röntgenreihenuntersuchungen (Cooke u. Blades; nur 21 Fälle auf 51200 Untersuchungen) und Sektionsstatistiken [Orbeck: 3 Fälle (Blutsverwandte!) unter 7823 Autopsien; Lederer: 9 Fälle bzw. Weaver u. Hamm: 2 Fälle auf je 5000 Obduktionen]. Nach der Literaturzusammenstellung von Schwarzhoff u. Reitter entfallen zwei Drittel der Beobachtungsfälle auf das weibliche Geschlecht. Gegenüber den durch entzündliche Obstruktion erworbenen broncho-pulmonalen Mukozelen der Kleinkinder (Caffey; Potts u. Riker; Campbell u. Silver; Eerland; Lüchtrath u.a.) treten die kongenitalen Formen broncho-alveolärer Zysten in den Hintergrund. Sie werden in allen Altersstufen angetroffen und zu einem geringeren Prozentanteil im Kindesalter entdeckt als die stärker sezernierenden Magen-Darmzysten.

Auch die Zysten des Respirationstrakts enthalten zähschleimiges Sekret. Sie wachsen durch Schleimretention langsam an und bleiben *klinisch lange erscheinungsfrei*. Bei mediastinalem Sitz können sie von einer gewissen Größe an Drucksymptome seitens der Nachbarorgane auslösen. *Kompressionsstenosen* eines oder beider Hauptbronchien mit symptomatischem Asthma bzw. *Obstruktionsemphysem* (Vogt; Rach; Lenk; Gold; Adams; Prete u. Magogna; Smid, Ellis, Logan u. Olsen; Hurwitz, Conrad, Selvage u. Orbeton; Gerami et al.; Trossman) (Abb. 142) oder massiver *Anschoppungsatelektase* sind am ehesten bei Kindern zu erwarten. Gelegentlich beobachtet man auch *Hämoptysen* (Vogt, Rach; Lenk; Exalto u. Waldeck; Tjaden; zyklusabhängige Lungenblutungen nach Art einer pulmonalen Endometriose: Wolf). Unabhängig von der Lokalisation — auch bei völligem Abschluß vom Bronchialsystem — besteht die Gefahr hämatogener *Sekundärinfektion*, welche die dünnwandige Zyste in einen Abszeß umwandelt (Sergent, Durand, Kourilsky u. Patalanu; Maier u. Haight; Bauer u. Stoffregen; Tjaden). Schließlich ist auf das Vorkommnis *karzinomatöser Entartung bronchogener Zysten* hinzuweisen (Womack u. Graham; Schäfer; Schwyter; Korol; Bass u. Singer; Larkin u. Phillips; West u. van Schoonhoven; Tala u. Laustela; Peabody, Katz u. Davis; Brünner; s. auch Ayas) (s. Bd. IX/4a).

Der *Röntgenbefund extrapulmonaler Bronchuszysten* ergibt sich aus ihrer Lage und Größe. Die flüssigkeitshaltigen Blasen liegen ganz überwiegend *im hinteren Mediastinum* (Gold; Lenk; Sabiston u. Scott; Brewer u. Dolley; Mixter u. Clifford; Santy u.

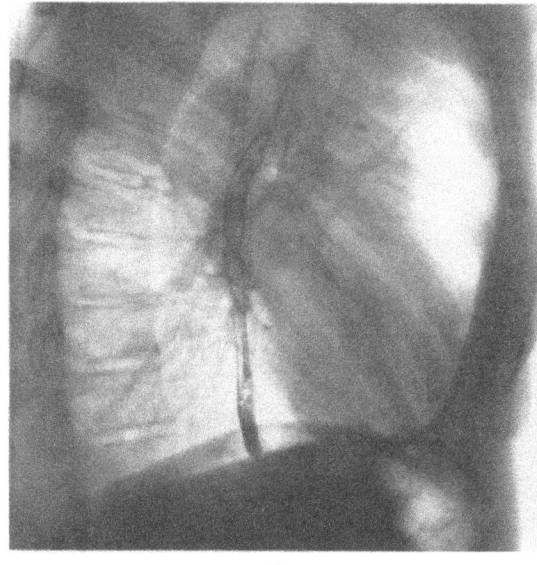
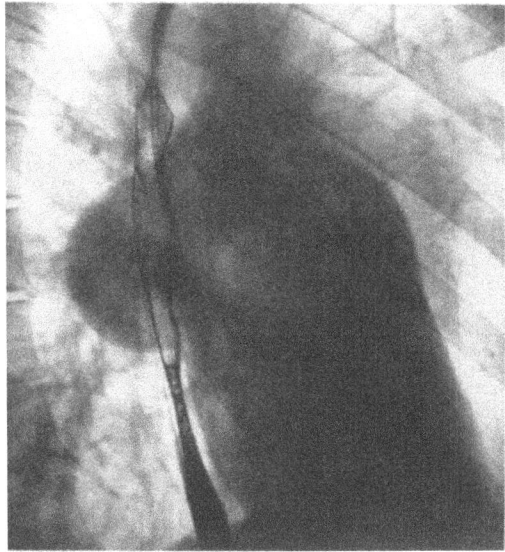
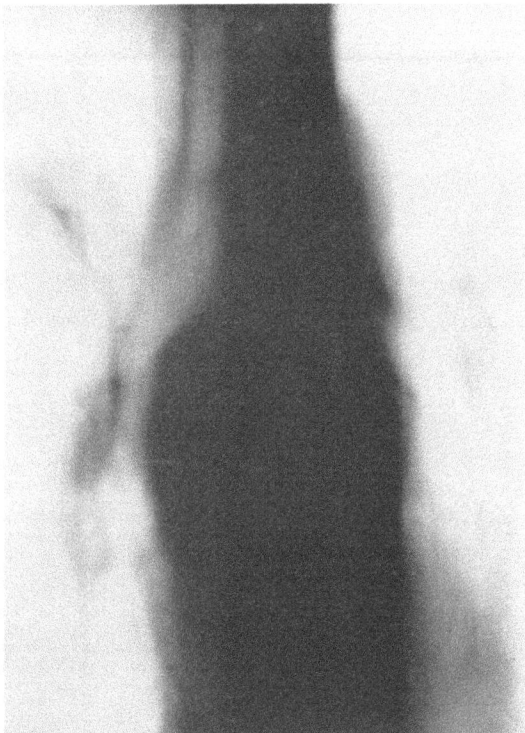

Abb. 142a—c. *Bronchialasthma bei subkarinaler Bronchuszyste.* Nach mehrmonatiger Asthmatherapie wurde der raumfordernde Prozeß im Bifurkationswinkel erst während stationärer Beobachtung entdeckt, da frühere auf Sagittalaufnahmen des Thorax beschränkte Röntgenuntersuchungen die in der Mediastinalsilhouette verborgene Zyste nicht erkennen ließen. In veränderter Projektion hebt sich das kugelige Gebilde gegenüber dem volumenstarr geblähten Lungenparenchym als glattrandiger Weichteilschatten im Retrokardialraum ab (a Frontalübersichtsbild in Exspiration), der den flachbogig verdrängten Ösophagus nach dorsal überragt (b Zielaufnahme im 1. Schrägdurchmesser) und die Innenwand beider Hauptbronchien unter Spreizung des trachealen Bifurkationswinkels merklich einwölbt (c Schichtaufnahme 9 cm a.-p.). S. L., 48jähr. ♀. Arch.-Nr. 2203 19112, Radiolog. Zentralinst. d. Krhs. Nordwest Frankfurt/M.

BÉRARD; ROBBINS; EERLAND; ADAMS u. THORNTON; BLADES; BALÓS; TESCHENDORF; ZADEK; PAVELING-SCHLÜTER; OSTERMANN; NYST; BROWN u. ROBBINS; HARDY; MAIER; EXALTO u. WALDECK; HERBIG, GANZ u. VIETEN; WELLAUER; HEALY; HASCHE; HOPPE u. DIETHELM; BAUER u. STOFFREGEN; LAUMONIER u. DEPAULIS; BRACHER u. KOONTZ; PACHTLER u. LATTES; HOPE, BORNS u. KOOP; OPSAHL u. BERMAN; PERÄSALO u. TURUNEN; RIZZI; OCHSNER u. OCHSNER; UNGEHEUER u. HARTEL; ZINIKHINA), *selten anteromediastinal* (LENK; PREUSS; SULTAN) und nur im Ausnahmefall *innerhalb des Zwerchfells* (BALÁS u. KALMÁR; CLOUGH u. BIERNE; KESSLER u. MAIER; FELDER; KAGANSKII; AARON).

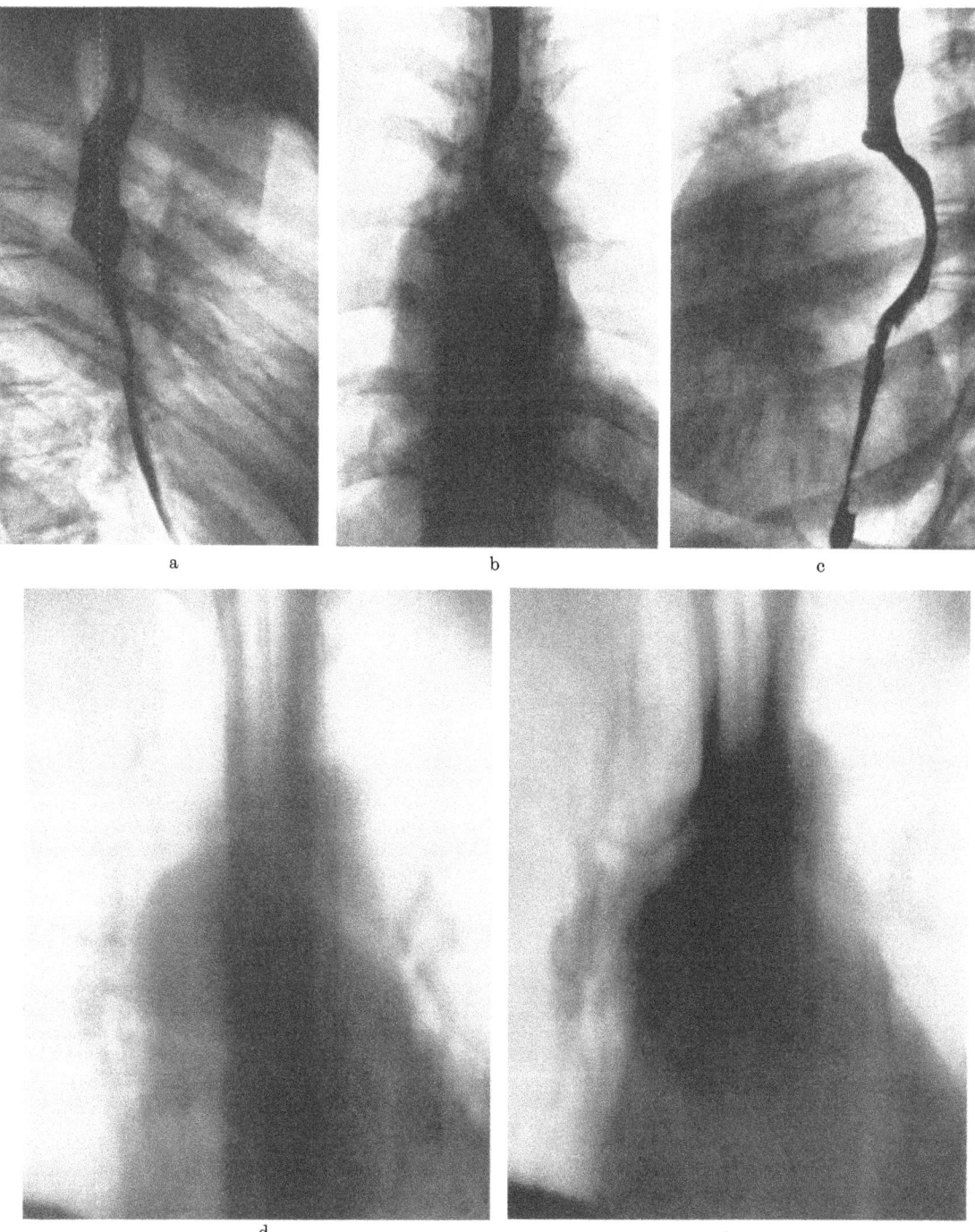

Abb. 143a—e. *Bronchogene Mediastinalzyste in der Trachealbifurkation.* Verdrängung des anliegenden Ösophagusabschnitts nach links-dorsal (a—c Zielaufnahmen dextr.-sin., p.-a. und im 2. Schrägdurchmesser) und Bifurkationsspreizung unter sanftbogiger Eindellung beider Hauptbronchien von kaudal (d und e Schichtaufnahmen a.-p. 9 und 11 cm). Trotz suspekter Vorgeschichte (Schluckbeschwerden 1 Jahr nach Ablatio mammae links) zeigte der fast kreisrunde hühnereigroße Schatten eindeutig den Aspekt eines gutartigen, vermutlich zystischen Gebildes. Nach dem Operationsbefund (Op.: Prof. UNGEHEUER, Direktor d. Chir. Klinik d. Krhs. Nordwest Frankfurt/M.) ging die Zyste vom linken Hauptbronchus aus. Histologie: mit mehrzeiligem Zylinderepithel ausgekleidete schleimhaltige Bronchuszyste (E.-Nr. 1754/68, Path. Inst. d. Krhs. Nordwest Frankfurt/M., Direktor: Prof. KAHLAU). H.W., 48jähr. ♀. Arch.-Nr. 0312 19112, Radiolog. Zentralinst. d. Krhs. Nordwest Frankfurt/M.

Kleinere mittelständige Zysten, die sich auf dem Thoraxstandardbild im Mediastinalschatten verbergen, sind mit harter Aufnahmetechnik und in veränderter Projektion erkennbar. Nicht selten wird man des im Frontal- oder Schrägdurchmesser deutlich abzugrenzenden ovalären Schattens erst durch indirekte Verdrängungszeichen gewahr (Ösophagus- bzw. Trachealimpression, Bifurkationsspreizung mit sanftbogiger Einwölbung der inneren Stammbronchuskonturen, Aortenverlagerung) (LENK; TESCHENDORF u.a.) (Abb. 142, 143). Umfänglichere, konvexbogig aus der Mediastinalsilhouette herausragende Formen geben gleichartige homogene Schattenbilder wie sonstige zystische Mißbildungen dieser Region (Enterokystome, hochsitzende Perikardzysten, umschriebene kavernomatöse Lymph- und Hämangiome, heterotope Thymus- und Dermoidzysten) oder neurogene Gewächse der dorsalen Mediastinalloge. Die Mißgestalt benachbarter Wirbel im Sinne der oben genannten Anomalien (s. Abb. 139) spricht zwar für das Vorliegen einer Vorderdarmzyste, läßt aber keine Abtrennung respiratorischer von gastro-intestinalen Formen zu.

Außer neurogenen und vaskulären Blastomen umfaßt die Differentialdiagnose andere gutartige mesenchymale Tumoren, Thoraxstrumen, Tracheobronchial-Adenome mit größerem extramuralem Geschwulstanteil, paramediastinal lokalisierte Pleuramesotheliomknoten, im hinteren Pleuromediastinalsinus hängende Ergüsse, schmal gestielte succushaltige Ösophagusdivertikel und aneurysmatische Ektasien größerer arterieller bzw. venöser Gefäße. Die mediastinalen Bronchuszysten unterscheiden sich von der Mehrzahl dieser Veränderungen und von den Rosettenfiguren bifurkaler, paratrachealer bzw. einseitig broncho-pulmonaler Lymphome durch ihre einbogig glattrandige Eiform. Die im Vergleich zu soliden Gebilden meist ausgiebigere mitgeteilte Pulsation einkammeriger Zysten und ihre lage- bzw. respirationsabhängige Formbarkeit sind differentialdiagnostisch nur bedingt verwertbar, weil beide Phänomene bei praller Füllung der Blasen abgeschwächt oder aufgehoben sein können.

Fistulös kommunizierende Bronchuszysten mit lageverschieblichem Flüssigkeitsinhalt sind durch ihren partiellen Luftgehalt leicht als dünnwandige Hohlräume zu identifizieren (ZADEK; FLAVELL; V. BRAMANN, PLENGE u. ZADEK). Etwaige *Größenschwankungen* solcher Zysten deuten auf *intermittierende Entleerung in das Bronchialsystem* hin, die bei engkalibrigem Verbindungsstoma unbemerkt bleiben, aber auch mit Hämoptysen verbunden sein kann (BARTELHEIMER u. SCHÜRMEYER). Der bronchoskopische Nachweis dieses Zusammenhanges gelang bei einer selbstbeobachteten bronchogenen „*Schokoladenzyste*" am trachealen Bifurkationswinkel, deren Umfang sich *infolge intrakavitärer Blutungen* und diskontinuierlichen Abflusses der Koagula während kurzfristiger Kontrollen ständig änderte (Abb. 144). Eine Fistelverbindung mit der Speiseröhre ist bei bronchogenen Zysten ungewöhnlich und als Komplikationsfolge zu deuten (WESTERHEIDE; s. auch HOSSLI; HIGGINS).

Das *Röntgenbild geschlossener Lungen- und Bronchuszysten peripherer Lage* gleicht dem unkomplizierter Hydatidenblasen. Die von intaktem Parenchym umgebenen gleichmäßig weichteildichten Schatten zeigen kugelig-ovoide Gestalt. Sie sind bisweilen respiratorisch formbar und gewöhnlich völlig glattrandig, verlieren aber bei Anlagerung saumförmiger Entspannungsatelektasen und infektiöser Komplikation an Konturschärfe (TESCHENDORF; BLADES; HASCHE; BALOGH u.a.). Wandverkalkungen sind selten (ZITER, BRAMWIT, HOLLOMAN u. CONTE), sedimentierende amorphe kalkdichte Massen im Blaseninneren, wie von STIESS u. CORNELL beschrieben, ganz ungewöhnlich, aber auch mit einer eigenen Beobachtung zu belegen (Abb. 145). *Intrapulmonale und gestielte intrapleurale Formen*, die sich bei Lagewechsel um ihre Achse drehen können (HASCHE), sind nur durch ihr Verhalten im diagnostischen Pneumothorax zu unterscheiden.

Der bronchographische Nachweis isolierter Astdefekte im zugehörigen Segment des vollständig gefüllten Bronchialbaums liefert ein Differenzierungsmerkmal (COOKE u. BLADES; RAMSAY u. BYRON; TESCHENDORF; HEUCK u. SEUSING; FELSON u. FELSON), das allerdings auch bei obstruktionsbedingten Mukozelen (Abb. 167) sowie bei intra- und

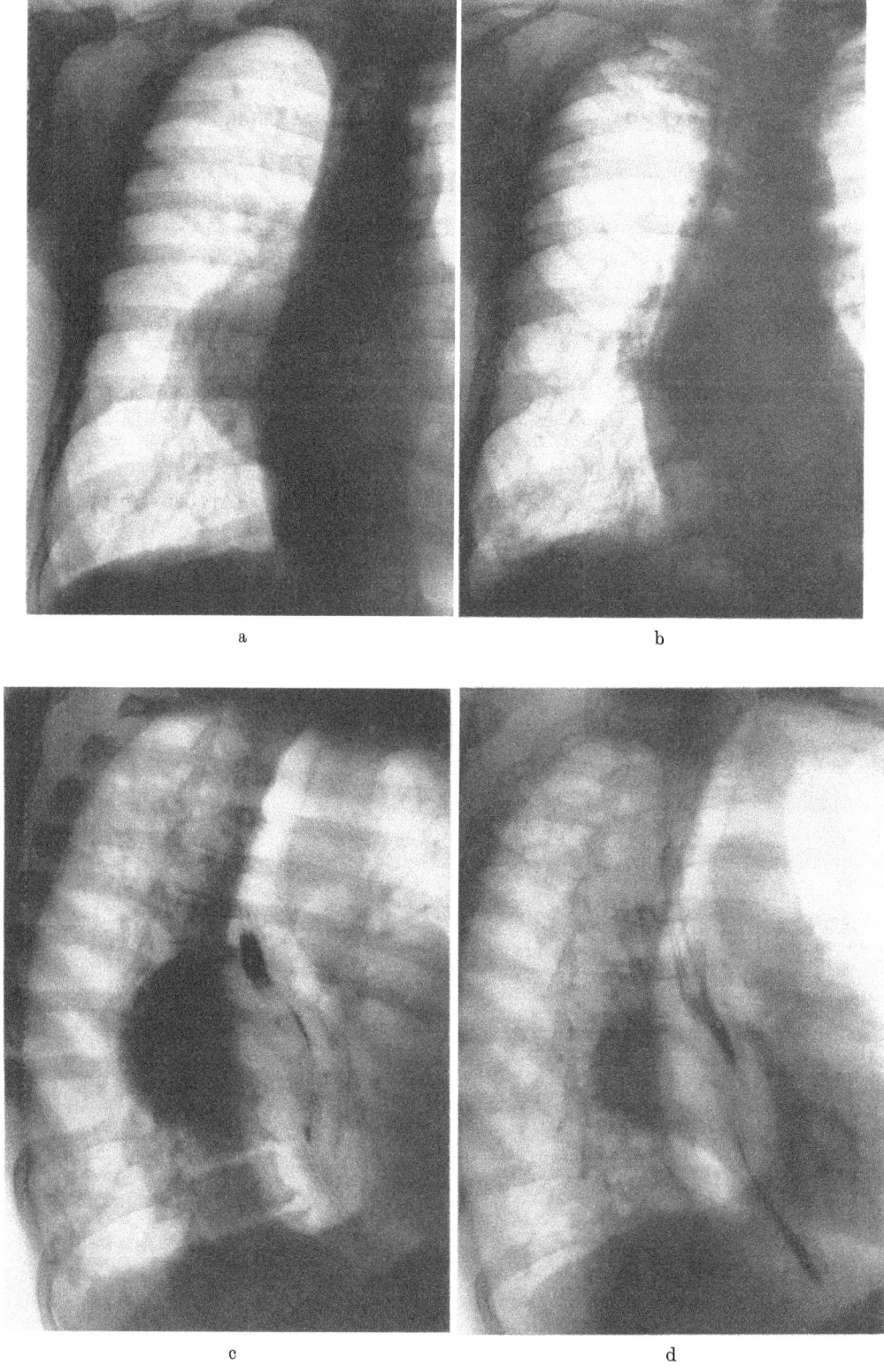

Abb. 144a—f. *Spontane Verkleinerung einer bronchogenen Mediastinalzyste* (fistulös drainierte „Schokoladenzyste"). Schon vor Klinikaufnahme mehrfach auffallende Größenschwankungen des Gebildes in der Trachealbifurkation. Während stationärer Beobachtung erneut deutliche Umfangabnahme des glattrandigen Zysten-

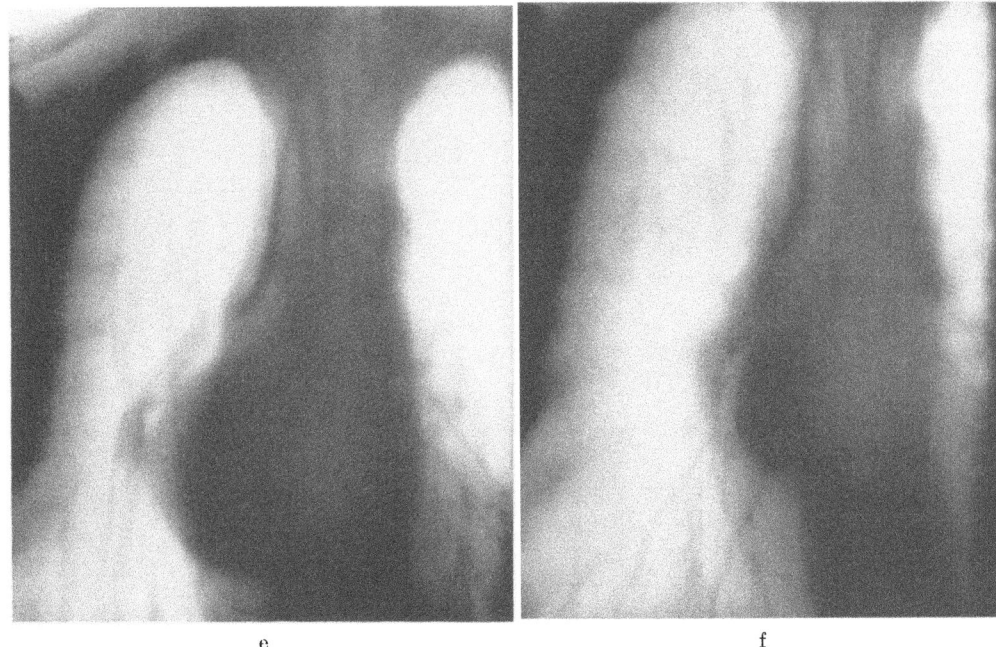

e f
Abb. 144e u. f

extrapulmonalen Nebenlungen beobachtet wird (s. Bd. IX/3, S. 300). Bei kortikalen Broncho-Alveolärzysten ermöglicht die Thorakoskopie eine definitive Klärung (BALOGH).

Differentialdiagnostisch kommen bei Solitärzysten benigne oder geschlossen wachsende maligne Tumoren des Lungenmantels, umschriebene fibromatöse Mesotheliome der Pleura visceralis, nicht verknöcherte bzw. verkalkte Hamartome, Echinokokkuszysten, gefüllte tuberkulöse Kavernen und bronchiektatische Mukozelen in Betracht (vgl. Abb. 167 und Bd. IX/4b, Abb. 567). Infizierte Zysten, die ein gekammertes Interlobärempyem vortäuschen können (TESCHENDORF; MAIER u. HAIGHT; HAIGHT), sind bei entzündlicher Umgebungsreaktion kaum von metapneumonischen Lungenabszessen und chronisch-pneumonischen Infiltraten zu unterscheiden. Handelt es sich um mehrere sekretgefüllte Zysten in beiden Lungen (MOERSCH u. CLAGETT; MOORE; JAGDSCHIAN; KRAUS u. MÜLLER; SCHLAGER; SCHMIDT), so hat man nach dem Erscheinungsbild *multipler „Rundherde"* pulmonale Tumormetastasen (s. S. 445) und plurilokuläre Echinokokkusblasen auszuschließen.

In der Kategorie der Mißbildungen mit geschwulstähnlichem röntgenologischen Aspekt sind schließlich noch seltene rudimentäre Fehlanlagen im Sinne *intra- und extrapulmonaler Nebenlungen* zu nennen (s. Abb. 104). Ursprungstheorien und Röntgensymptomatologie der gewöhnlich zwerchfellnahe am hinteren Mediastinum oder im Unterlappenareal gelegenen Anomalien (sog. *„intralobäre bronchopulmonale Sequestration"*), die mit gleichartigen Wirbelfehlbildungen einhergehen können wie Gastro-Enterokystome und sonstige Rumpfdarmzysten (ARCOMANO u. AZZONI), werden an anderer Stelle ausführlich besprochen (s. Bd. IX/3, S. 295—301 und Abb. 181 a—d).

schattens infolge Entleerung halbflüssiger Blutkoagula in den rechten Hauptbronchus durch ein winziges, bronchoskopisch sichtbares Stoma. Operative Verifizierung. Summationsaufnahmen vom 4. 2. und 25. 2. 63 im p.-a. (a und b) und 1. schrägen Durchmesser (c und d) sowie Schichtbilder 11 cm a.-p. gleicher Datierung (e und f) (s. auch BARTHELHEIMER, E. W., SCHÜRMEYER, E.: Spontaner Größenwechsel von Mediastinalzysten. Med. Welt **1964**, 2485—2486). E. J., 63jähr. ♂. Arch.-Nr. 1965/63, Röntgenabtlg. d. Med. Univ.-Klinik u. Poliklinik Münster/W. (Direktor: Prof. W. H. HAUSS)

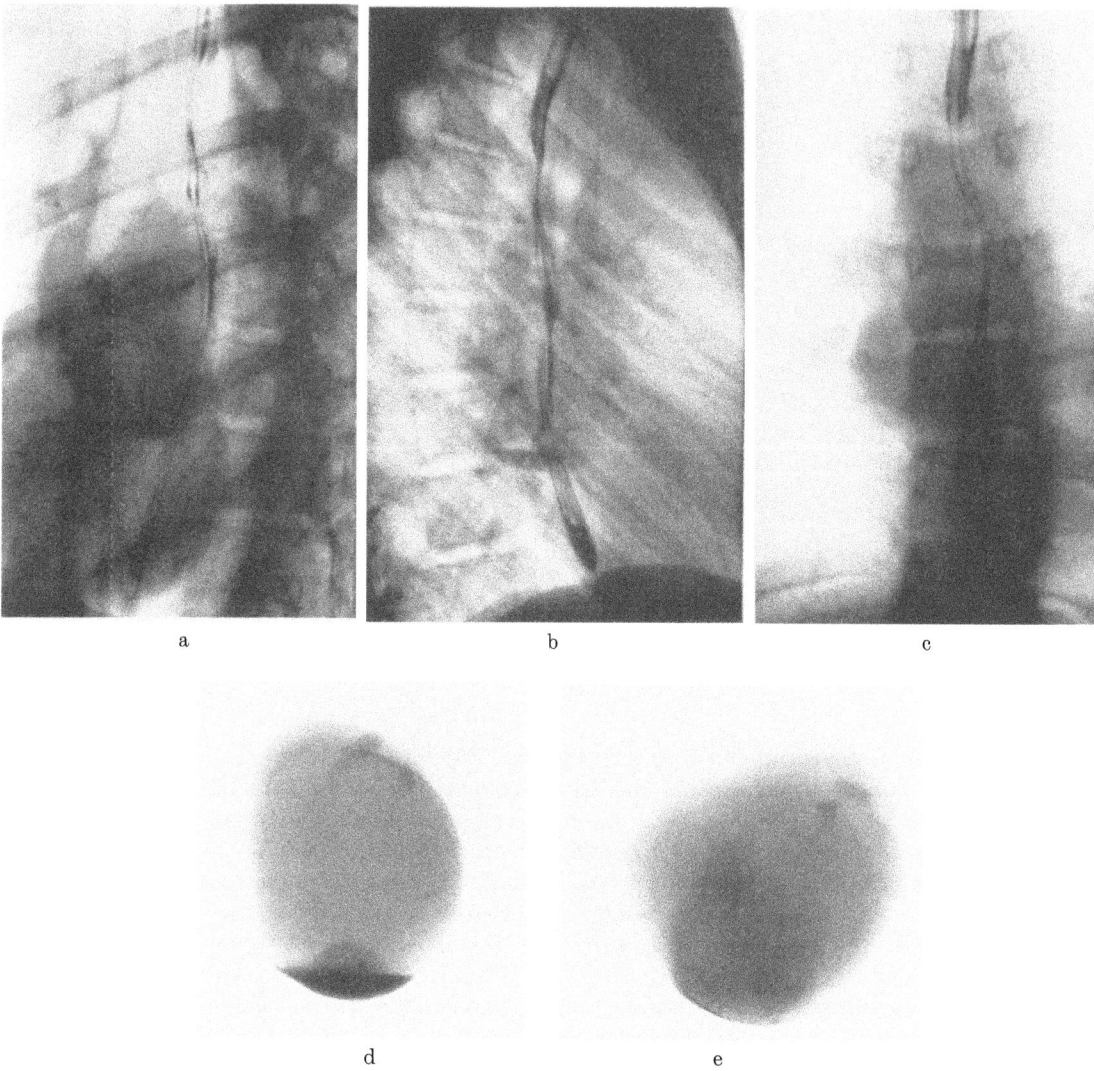

Abb. 145a—e. *Lageverschiebliches kalkdichtes Sediment in einer bronchogenen Mediastinalzyste.* Nachweis der Lageverschieblichkeit des amorphen Niederschlags am Boden der subkarinalen Zyste auf Zielaufnahmen im Stehen (a und b 2. Schrägprojektion und sin.-dextr.) und im Liegen (c 2. Schrägdurchmesser) sowie am Resektionspräparat (d und e Aufnahmen in horizontalem und vertikalem Strahlengang). Anatomisch bestätigter Befund (E.-Nr. 7439/71, Path. Inst. d. Krhs. Nordwest, Direktor: Prof. KAHLAU). E. I., 15jähr. ♀. Arch.-Nr. 1603 56352, Radiolog. Zentralinst. d. Krhs. Nordwest Frankfurt/M.

5. (Pseudo-) Tumoren nicht-neoplastischen Charakters

a) Entzündliche endobronchiale Granulationspolypen

Örtliche proliferierende Entzündungsprozesse der Bronchialwand und ihrer Umgebung können durch Lumeneinengung mit poststenotischen Komplikationen klinisch wie röntgenologisch geschwulstähnliche Erscheinungen verursachen. Im Kindesalter überwiegen die Folgen übersehener Fremdkörperaspiration (Bd. IX/3, S. 135ff., 172, 191ff., 251 u. 347ff. sowie Abb. 90, 91 u. 143) und bronchopulmonale Veränderungen bei Hiluslymphknotentuberkulose (LOHRER; BEITZKE; WALLGREN; FLEISCHNER; RÖSSLE; BROCK, CANN u. DICKINSON; SCHNEIDER; HUIZINGA; DUFOURT; TERPLAN u. HYDE; WESTERMARK; STEINER u. GEISSBERGER; AMEUILLE u. Mitarb., LEMOINE et al.; WISSLER; DUFOURT u.

Mitarb.; STEINER; MOUNIER-KUHN; BRÜGGER; MÜLLER; SCHWARTZ; LEITNER; CAREZ u. BRUNINX; JEUNE, MOUNIER-KUHN u. BÉTHENOD; BEHREND; VOSSSCHULTE; ROGSTAD; STUTZ u. VIETEN; UEHLINGER; SCARINCI; ROMAIN; VAKSVIK; BIONDETTI; FISCHER; DI RIENZO u. WEBER; LÉVI-VALENSI, MOLINA u. ZAFFRAN; MATL, HORAČEK, TALACKO u. VAVROUŠEK; KERÉNYI u. KERÉNYI; CETRULLO u. FASANO; GIESE; ALEMÁN, ROUCO u. RIVERO; ASZTALOS u.a.). Wie *tuberkulöse Granulationspilze am Fistelmund käsiger Lymphknotendurchbrüche* der Primär- und frühen postprimären Periode (Abb. 148) (s. Bd. IX/3, S. 348ff.) können *lymphadenogene Spätfisteln* mit spezifischem oder unspezifischem Granulationsgewebe noch beim Erwachsenen tumorartige Bronchialstenosen erzeugen (SCHMORL; GEY; BEITZKE; FLEISCHNER; UEHLINGER; WESTERMARK; DUFOURT u. Mitarb.; GIESE; MOUNIER-KUHN, JEUNE,BERTOYE u. BÉTHENOD; BEUTEL u. PÓR; BRUN u. MOINDROT; GRAHAM, BURFORD u. MAYER; BROCK; LEMOINE; DI GUGLIELMO, CITRONI u. CHIAPPA; COHEN; KOURILSKY, LEMOINE, FOURESTIER u. LE BOUCHER; HALLE u. BEITZ; GALLI, MINETTO u. FAZIO; JONES, PECK, WOODRUFF u. WILLIS; SUTER u. ISELIN; HUZLY; TANNER; AMEUILLE u. FAUVET; LEITNER; BEHRENDT; MÜLLER; ROMAIN; WISSLER; VOLUTER; STEINER; ALEMÁN; VOSSSCHULTE; RONCO u. RIVERO; TRICOIRE; KOURILSKY, REGAUD u. DECROIX; ZUCCONI u. MUNARI; LE BOUCHER, DUROUX, TABUSSE u. JARNIOU; GÖRGÉNYI-GÖTTCHE u. KASSAY; ISELIN u. SUTER; MENGE; GALLAS u. TOMÁNEK; BIONDETTI; ANACKER u. STENDER; ZISKIND; SCHULZE u. BECKER; ROMAGNOLI, CASPANI, PIATTI u. PANZETTA; BECK; VINNER, GITELMANN u. KOROBOV; GALY u. PEROL; JUSTIN-BESANÇON et al.; FINKE; JACOB u. Mitarb.; MANNÈS, DERRIKS u. BOULANGER; VAN DE CALSEYDE u. GYSELEN; TRICOMI; TOMÁNEK; BERNARDO u. PALOZZI; STENDER u. SCHERMULY; IZDEBSKA-MAKOSA, RADZIUKIEWICZ-BYSZEWSKA u. SZYMCZYK; AGATI u. DE ROSA; CATTENOZ u.a.). Seltener rührt die Obstruktion von *primären Bronchustuberkulomen* her (O'KEEFE; MOUNIER-KUHN u. Mitarb.; LÉVI-VALENSI, ZAFFRAN, MIGUERES u. CHICHE; GALLI, MINETTO u. FAZIO; ROMAGNOLI, CASPANI, PIATTI u. PANZETTA; CATTENOZ; MORETTI; VAKSVIK).

Weitere ursächlich bestimmbare Granulationstumoren findet man bei *endobronchialen Wucherungen des Morbus Boeck* (ADLER, MANTZ u. WARE; ARKLESS u. CHODOFF; GRIMMINGER; CITRON u. SCADDING; KALBIAN; GOLDENBERG u. GREENSPAN; SCHULZE u. BECKER u.a.), bei den verschiedenen Abarten der *Bronchusmykosen* (KERBRAT u. CELLERIER; RUMRICH; SCHAUB; KUGEL, HORLACHER u. HUECK; DOUB; FAWCITT; DEALY, COLLINS u. MENEFEE; FURCOLOW et al.; WEISEL u. LANDIS; BAUM u. SCHWARZ; CONNAR, FERGUSON, SEALY u. CONAT; FARAFONTIEVA; VILLEGAS u. SALA; FARRELL u. ODEN; PRINZKER u. MACKAY; MOORE u. SCANELL; WEGMANN; ZAOLI u.a.) (s. auch S. 303ff.), bei *stenosierender Bronchiallues* (VERSÉ; SERGENT u. BENDA; LIEVEN; ASSMANN; LETULLE; RAYMOND; INGRAM; DAHM u. VOLBEDING; BENDA; KARSHNER; KRAUSE; GROEDEL; LOSSEN; TESCHENDORF; DÜNNER; JUDD; ROYCE; ROYER u. GLOAGUEN; CONNER; ZADEK; LÉVY-VALENSI, SUDAKA u. NEGRI; VIERLING; SCHWYZER; GÜNSEL; COCCHI; SCHULZ u. RIESSBECK; JAGDSCHIAN; FUCHS; SWENSON u. LEAMING; TISSOT; VOGLER; DREWES; KOPP; GARKEL u. MINKOVSKY; ROULET; HUTTER u.a.) und beim *Rhinosklerom der tiefen Atemwege* (Abb. 165) (v. HEBRA; STREIT; ACUNA; HART u. MAYER; FRISCH; CHIARI; ZUFFINGER; MEYER; RUNGE; KNAPP; SIVAK; DIXON; DILL; MENDIOLA; OLSON; ZADEK u.a.) (s. auch Bd. IX/3, S. 206/207) sowie bei ausgeprägter *Parietalreaktion in Umgebung aspirierter Fremdkörper*, die sich causa cessante narbig zurückbildet (HART u. MAYER; WEGELIN; KARTAGENER; ESCHER; HUIZINGA; PERONI; BJÖRK; FABRITIUS u. ODEGAARD; LINK u. STRNAD; HARTMANN u. SCHAUDIG u.a.) (s. Bd. IX/3, Abb. 143, S. 238/239).

Darüber hinaus kommen *persistierende entzündliche Granulationstumoren undefinierbarer Ätiologie* vor. Formal kann man zwei Typen unterscheiden:

1. *zirkulär stenosierende Entzündungsprozesse* einer Bronchialwandstrecke nach Art der „Bronchitis circumscripta non specifica" (LEEGAARD; LEMOINE u. ROSE; AUER; ROOSENBURG; RIST u. LEMOINE; ALLOUCHE; DEBRÉ, THIEFFRY u. BRISSAUD; LEMOINE u. DE LEOBARDY; HANSEN u. SCHMIDT; ROOSENBURG u. DEENSTRA; SCARINCI; BOUCHER; CURTILLET

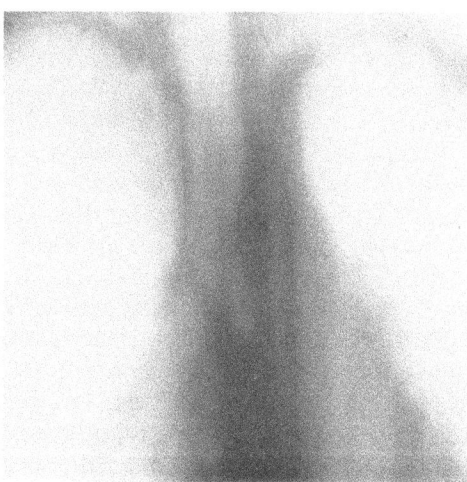
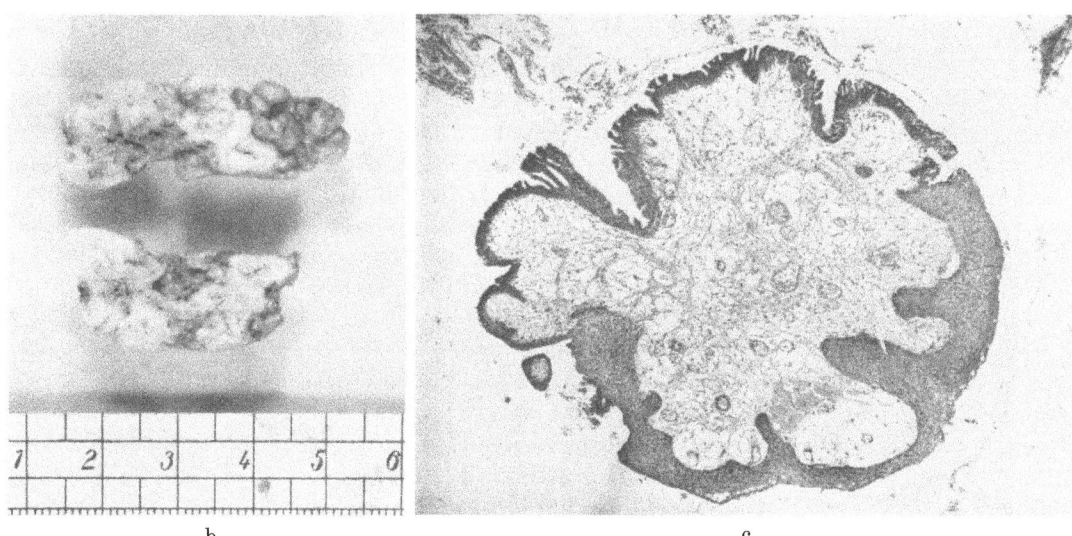

Abb. 146a—g. *Verschluß des linken Hauptbronchus durch einen kirschgroßen entzündlichen Granulationspolypen.* Seit 5 Jahren hartnäckiger Husten mit schleimigem Auswurf und zunehmender Dyspnoe. Tomographischer Befund: Konkavbogiger Abbruch des linken Hauptbronchus (a). Resektionspräparat des durch Bronchotomie entfernten Polypen (b). Das höckerige Gebilde war gestielt und teils mit flimmerndem Bronchialepithel, überwiegend mit mehrschichtigem metaplastischen Plattenepithel bedeckt (c HE-Färbung×40; d Muzikarmin-Färbung×50; e HE-Färbung×40). Stellenweise ausgeprägte Plattenepithelproliferation in Form solider, tiefreichender Zellstränge (c und e) sowie zylinderepithelbekleidete drüsig-papillomatöse Formationen von regelmäßigem Bau mit ödematöser Quellung der von einzelnen vakuolisierten Makrophagen durchsetzten Lamina propria mucosae (d sowie f HE-Färbung×115; g van Gieson-Färbung×40). Im lockeren bindegewebigen Stroma reichlich kollagene Fasern (c—e), entzündliches Ödem und Anzeichen myxoider Degeneration (c—e), kleine Gruppen von Siderophagen und entzündliche Rundzelleninfiltrate, besonders in Umgebung erweiterter Venolen (d—f). [Nach ŠÁLEK, J., PAZDERKA, S., ŽÁK, D.: Solitary bronchial polyps of inflammatory origin. J. thorac. Surg. **35**, 807—815 (1958); Fig. 4—9 und ŠÁLEK, J.: Bronchotomie in der Diagnostik und Therapie der Bronchostenose und der Bronchialtumoren. Zbl. Chir. **83**, 585—593 (1958); Abb. 4]

u. PORTIER; KJAER, HANSEN u. SCHMIDT; TOONE; PADLINA u. GARTMAN; SACCO u.a.), sog. „*autonom entzündlicher Bronchialstenosen*" (LAGÈZE, MOUNIER-KUHN u. PASSA; REGLI; FABRITIUS u. ODEGAARD), hypertrophischer „*segmentaler Bronchitis*" (LEMOINE; RIST, AMEUILLE u. LEMOINE; DABROWSKI; RIST u. LEMOINE; CURTILLET u. PORTIER) bzw. der sog. „*bronchialen Adenosis*" (HORÁNYI; BEDNÁŘ; ESZIPOVA u.a.) (s. S. 93) und

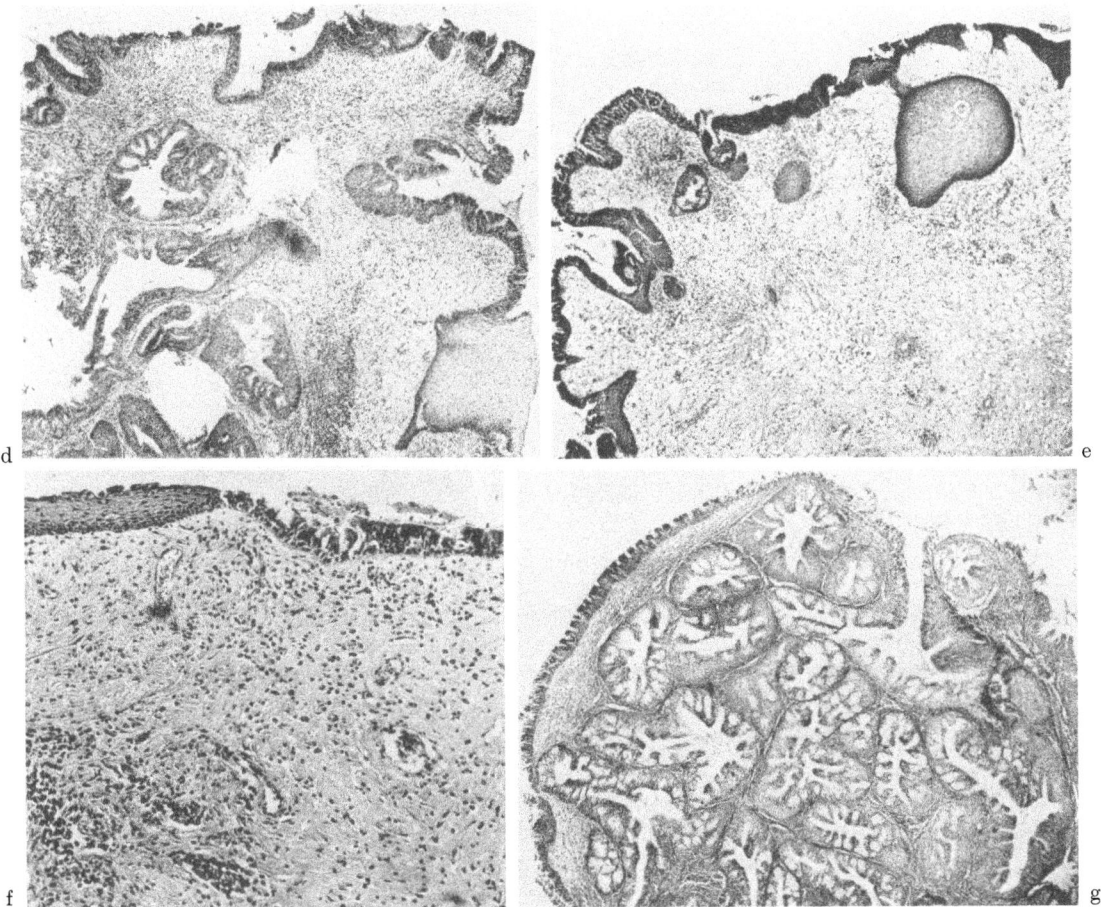

Abb. 146 d—g

2. *solitäre, teils gestielte polypöse Wucherungen* entzündlicher Genese (JACKSON; LANG u. HÄUPL; HOLINGER; SANTY u. MOUNIER-KUHN; PERONI; BJÖRK; POLLAK, COHEN u. GNASSI; HUZLY; LECOEUR; ZADEK; WHITWELL; FOURESTIER. DE SAINT-GERMAIN u. FOURNIER; TOUROFF; ŠÁLEK, PAZDERKA, SVATOŇ u. FLEISCHHANS; LINK u. STRNAD; ŠÁLEK, PAZDERKA u. ŽÁK; TARASCA; DI GUGLIELMO, CITRONI u. CHIAPPA; DAPRÀ, AASALDI, MONATERI u. PICCO; CALDAROLA, HARRISON, CLAGETT u. SCHMIDT u.a.).

Die von LEEGAARD; AUER; LEMOINE; LAGÈZE u. Mitarb. beschriebenen Krankheitsbilder stellen chronische Lungensegment- oder Lappenaffektionen dar, bei denen man eine stenosierende Wandverdickung des Versorgungsbronchus durch entzündlich-ödematöse Schleimhautschwellung und derbe, gefäß- und zellreiche submuköse Granulationen findet. HORÁNYI bezeichnet als „Bronchial-Adenose" eine diffuse Hyperplasie und zystische Erweiterung der Bronchialschleimdrüsen mit begleitender papillärer Schleimhautwucherung, die ebenfalls durch Sekretstau und Belüftungsstörung eine regionale Parenchymentzündung hervorrufen. Die poststenotische Lungenverdichtung pflegt länger zu bestehen als die von — oft verzweigten — Gerinnselausgüssen (Abb. 147) herrührende Okklusion bei *fibrinöser* bzw. *plastischer Bronchitis* (PAPPENHEIMER; WALKER; RITCHIE; WEST; CHRISTIAN; FIORI; MERICA; WOOLLEY; JEANNERET u. SOMMER; MEYER; ROTH; SANDA; SINGHDEO u. GHOSH; LEGGAT; MANNÈS u. SÉVERIN; COADOU; SCHULZE; OSTEN u. VUCKOVIĆ; THAL u. KLAER; SCHULZE u. BECKER) (s. Bd. IX/3, S. 187/188).

Die umschriebenen polypösen Gebilde wurzeln schmal gestielt oder breitbasig in der Bronchialwand. Ihre Struktur ist variabel; sie bestehen zum Teil aus weichem, stark

Abb. 147. *Plastischer Bronchialausguß bei Bronchitis fibrinosa.* Bei der Sektion aus dem rechten Mittellappenbronchus entferntes Fibringerinnsel. (Foto aus dem Path. Inst. d. Krhs. Nordwest, Direktor: Prof. KAHLAU)

vaskularisierten, mit leukozytären oder lymphozytär-plasmazellulären Infiltraten durchsetztem Granulationsgewebe, andere enthalten vornehmlich feste, fibromartige Bindegewebszüge, die hyperplastische Schleimdrüsenkomplexe umschließen und nur spärlich mononukleär infiltriert sind. Die Oberfläche ist im allgemeinen glatt, oft feingelappt oder papillomähnlich gerieffelt und mit zylindrischem, stellenweise auch mit metaplastischem Plattenepithel in mehrzeiliger Lage bedeckt (Abb. 146). Der epitheliale Überzug kann durch Dekubitalulzera an der Kontaktfläche schwinden.

Ob die örtliche granulomatöse bzw. polypöse Hyperplasie — wie bei chronischen Schleimhautaffektionen der Nase und Nebenhöhlen geläufig (HART u. MAYER u.a.) — Folge langfristig schwelender distaler Entzündungsvorgänge (chronische Bronchitis, Bronchiektasie, rezidivierende Bronchopneumonie in zugehörigen Lungensektor) oder deren obstruktive Ursache ist, läßt sich retrospektiv kaum mit Gewißheit entscheiden (widersprechende Auffassungen in der Literatur s. JACKSON, HOLINGER; PERONI; HUZLY; BJÖRK; LECOEUR; AUER).

Ebenso problematisch wie dieser Kausalzusammenhang ist die Klassifizierung der polypösen Formen, die strukturell an der Grenze zwischen entzündlichem Granulationsgewebe und fibro-epithelialen Papillomen (s. S. 173) stehen. Manche Autoren rechnen selbst typische Granulationspolypen zu den benignen Blastomen (LINDGREN; HOLLMANN u.a.). Sie gleichen im endoskopischen Aspekt nach Oberflächenbeschaffenheit, Form und Sitz echten Bronchialgeschwülsten so weitgehend, daß der histologische Nachweis ihrer entzündlichen Natur den Betrachter nicht selten überrascht (JACKSON u. JACKSON; HUZLY; BJÖRK; ŠÁLEK et al. u.a.). Da die obstruktiven Lungenkomplikationen genau so schwerwiegend sein können wie bei benignen Tumoren, ergeben sich dieselben therapeutischen Konsequenzen. In der Regel genügt zur Deblockade die endoskopische Resektion, sofern nicht irreversible Parenchymschäden oder Zweifel an der Gutartigkeit des stenosierenden Prozesses die Lobektomie rätlich erscheinen lassen.

Als spezielle Irrtumsquelle bioptischer Diagnostik hat man dabei die Möglichkeit auszuschließen, daß die Probeexzision aus der entzündlichen Randzone eines malignen Gewächses stammt (JACKSON u. JACKSON; HOLINGER; SANTY u. MOUNIER-KUHN; BJÖRK u.a.). Nötigenfalls ist die Gewebsentnahme zu wiederholen, wie auch die Ursprungsstelle kontrolliert werden sollte. Das Vorkommnis eines Lokalrezidivs ist bei Granulationstumoren nicht ungewöhnlich (HUZLY u.a.), muß also nicht unbedingt Zweifel an der Richtigkeit der ursprünglichen histologischen Diagnose wecken. Manche Autoren geben aber zu bedenken, daß auf dem Boden entzündlich-polypöser Bronchialschleimhautwucherungen — wie in den Narben alter Lymphknotenperforationen (SCHWARTZ) (s. Bd. IX/4a) — Karzinome entstehen können (CURTILLET u. PORTIER; PERONI; BJÖRK).

HUZLY schätzt die *Häufigkeitsquote* unspezifisch-entzündlicher Granulationstumoren unter allen bronchogenen Gewächsen auf weniger als 1 %. In einer Serie von 104 gutartigen Bronchialgeschwülsten des Schrifttums fanden POLLAK, COHEN u. GNASSI lediglich 23 einschlägige Beobachtungen, darunter 12 Polypen, 3 Granulome und 5 papillomartige Proliferate. Die Zusammenstellung von HOLINGER enthält nur 2 entzündliche Polypen auf 36 benigne und 273 karzinomatöse Exophyten. Nach LECOEUR sind junge Männer besonders oft betroffen

Prädilektionssitz der polypösen Granulome sind die Haupt- und Lappenbronchien (ŠÁLEK, PAZDERKA u. ŽÁK; HUZLY u.a.) (Abb. 148), bei den zirkulär stenosierenden Prozessen die Segmentäste (LEEGAARD; LEMOINE; AUER; LAGÈZE et al. u.a.). Die Bevorzugung orifizieller Bifurkationssporne wird mit stärkerer mechanischer Beanspruchung und Vulnerabilität der Teilungsstellen erklärt (LECOEUR; LAGÈZE et al.; AUER; ŠÁLEK u. Mitarb.), die bekanntlich auch vornehmliche Ablagerungsstätte inhalierter Tabakrauch-Karzinogene (ERMALA u. HOLSTI; LICKINT u.a.) (s. Bd. IX/4a, Abb. 22) und bevorzugter Ursprungsort bronchogener Karzinome sind (SALZER u. Mitarb.; ANACKER; WÄTJEN; KOCH; GARLAND, BEIER, HEALD u. STEIN; DIJKSTRA; TORETTA u. FARINET; HÖST; SAWITZKY; SCHWARZ; WOLFF u. BERNDT; RABUCHIN u.a.) (s. Bd. IX/4a).

Wie alle partiellen Stenosen der großen Bronchien verraten sich die entzündlichen Polypen zentraler Lage mit stridorös pfeifendem Atemgeräusch („wheezy breathing") (JACKSON; SIMONSSON u. MALMBERG; SCHOEN; ESCHER u.a.), ehe sie das Lumen völlig verschließen. Als weitere *klinische Initialsymptome* sind hartnäckiger Hustenreiz und Hämoptysen zu nennen, da das Granulationsgewebe spontan wie nach leichter Berührung während der Endoskopie sehr zur Blutung neigt (JACKSON; BJÖRK; ŠÁLEK et al.; AUER; HOLINGER u.a.). In späteren Stadien treten die Erscheinungen poststenotischer Komplikationen in den Vordergrund (Bronchiektasie, chronisch rezidivierende Obstruktionspneumonitis, pleuritische Schübe). Obgleich der Fisteldurchbruch eines Pleuraempyems zur Bildung entzündlicher Bronchialpolypen führen kann (NIENHUIS), sind purulente Begleitergüsse gewöhnlich Folge, nicht Ursache der Stenose.

Röntgenologisch werden die Granulationstumoren im allgemeinen nach Eintritt pulmonaler Segment- bzw. Lobärverdichtungen erkannt. Bleiben die vorausgehenden Leitsymptome — Reizhusten und geräuschvolle Atmung — oft unbeachtet, so muß doch das ominöse Geschehen immer wieder im gleichen Sektor rezidivierender bzw. „schlecht lösender" Pneumonien den Verdacht auf eine Obstruktion der zuführenden Luftweges erwecken. Um das mutmaßliche Passagehindernis zu lokalisieren, bedarf es wie bei Bronchostenosen jeglicher Ätiologie hart exponierter Ziel- und Schichtaufnahmen auf Grund der räumlichen Information vorheriger Durchleuchtung, gegebenenfalls bronchographischer Kontrolle und endoskopischer Fahndung. Art und Ursprung der Läsion sind erst histologisch sicher zu ergründen.

Bei „epituberkulöser" Parenchymverdichtung nach *käsigem Lymphknoteneinbruch* im Kindesalter kann der Tuberkelbazillennachweis die differentialdiagnostische Abgrenzung eines maulbeerförmigen Füllungsdefekts sequestrierter Massen (Abb. 148) von echten exophytären Neoplasmen (Bronchialadenom etc.) mit begleitender Lymphknotenschwellung erleichtern. Schwerer zu lösen ist die Aufgabe bei bakteriologisch stummen *lymphadenogenen Spätfisteln*, die nicht notwendigerweise an kalkdichten „Broncholithen" oder verkreideten peribronchialen Lymphknoten kenntlich sind (s. Bd. IX/3, S. 350), und unspezifischen Granulationstumoren unbestimmter Ursache, deren umschriebene Stenose variable Form aufweisen kann.

Die differentialdiagnostische Problematik metatuberkulöser und frühtuberkulöser Segment- und Lappensyndrome ist im Kapitel „Ventilationsstörungen der Lunge" dieses Handbuchs (Bd. IX/3) eingehend dargelegt. In manchen Fällen wird das Lumen des betroffenen Bronchus nur verzogen oder exzentrisch eingedellt, wenn ein lymphadenitischer Prozeß

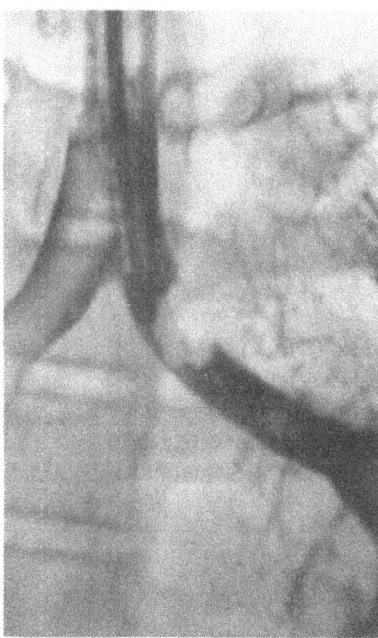

Abb. 148. *Bronchographisch tumorartiger Füllungsdefekt nach Totaleinbruch eines tuberkulösen Lymphknotens in den linken Hauptbronchus.* (Nach ANACKER, H., aus HAUBRICH, R.: Klinische Röntgendiagnostik innerer Krankheiten. Bd. I Thorax, Krankheiten der Lunge, S. 422, Abb. 455. Berlin-Göttingen-Heidelberg: Springer 1963.) U. C., 8jähr. ♀

die Bronchialwand an umschriebener Stelle einbezogen oder Narben hinterlassen hat. In die Lichtung perforierte Sequester erweichter Lymphknoten (Abb. 148) rufen wie solitäre Granulationspolypen rundlich-ovale, meist höckerige Aussparungen im Bronchogramm oder konkave Abbrüche der Luft- bzw. Kontrastmittelsäule nach Art intrakanalikulär wachsender Bronchusadenome hervor. Lymphadenogene wie autochthone Entzündungsprozesse der Bronchialwand können aber auch zu lanzettförmigem Verschluß führen oder das Lumen mit unregelmäßig konturierten plateauartigen Vorwölbungen konzentrisch einengen, ähnlich dem Bild stenosierender Karzinome (Abb. 149).

Beide Stenoseformen imitieren neoplastische Bronchialengen täuschend. Da sich das in Mitleidenschaft gezogene Lungengewebe durch chronisch-xanthöse Obstruktionspneumonitis bzw. Karnifikation tumorartig zu verhärten pflegt, und die Abflußlymphknoten an der retentionsbedingten Entzündung teilnehmen, läßt sich selbst intra operationem nach makroanatomischem Anblick und Tastbefund vielfach keine sichere Unterscheidung zwischen Folgeschäden echter Geschwülste und primär entzündlicher Affektion treffen (s. Legenden zu Abb. 224, 561 u. 564, Bd. IX/4a und b).

b) Grobknotige Lungengranulome und andere tumorförmige Lungenveränderungen nicht-neoplastischer Genese

Zahlreiche nicht-blastomatöse Lungenerkrankungen erscheinen röntgenologisch unter dem Bild des isolierten Knotens, geschwulstähnlicher Zerfallshöhlen oder tumorartiger Verdichtung eines funktionell zusammenhängenden Parenchymsektors. Die nodulären, ring- oder keilförmigen Schatten entstammen ätiopathogenetisch vielfältigen Ursachen. Im Vordergrund stehen chronische Entzündungsprozesse, die auf spezifischer oder unspezifischer Infektion, allergischen Vorgängen oder physikalisch-chemischen Schadenseinflüssen beruhen. Hinzu kommen Folgezustände örtlicher Kreislaufstörungen und parasitärer Infestation. Diese Gruppe hat für die Differentialdiagnose primärer und sekundärer Tumoren des broncho-pulmonalen Systems größeres Gewicht als blastomähnliche Mißbildungen.

Ihre Bedeutung wird aus dem in den letzten Jahrzehnten beträchtlich angewachsenen Schrifttum über Wesen, Differentialdiagnose, Prognose und Therapie „*pulmonaler Rund-*

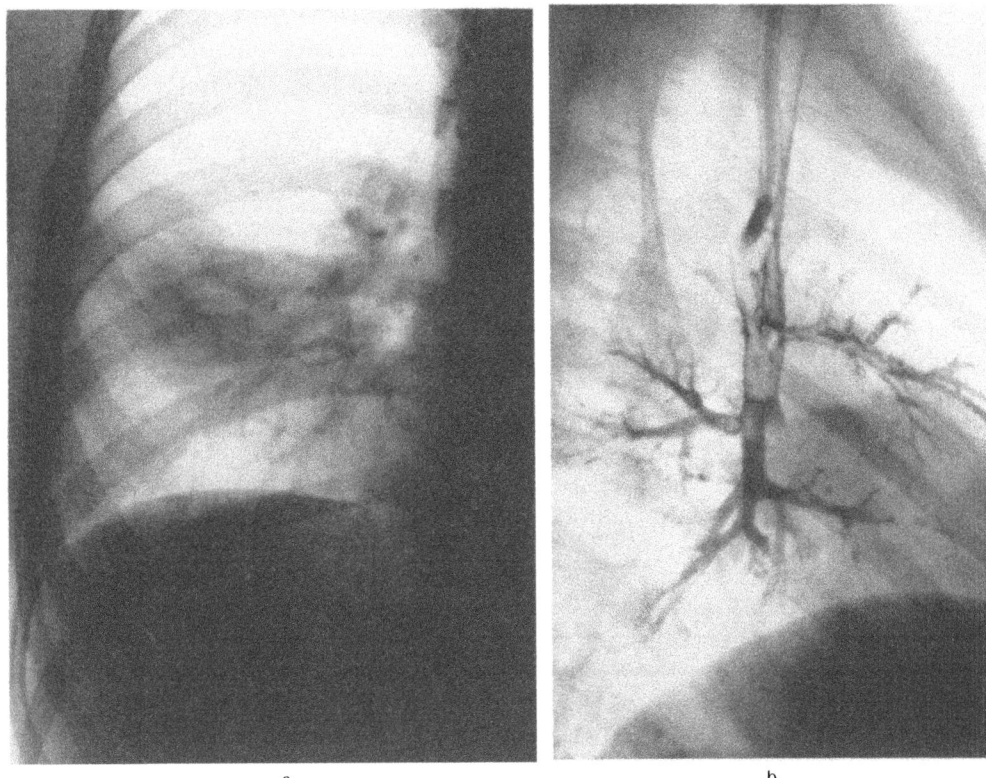

a　　　　　　　　　b

Abb. 149a u. b. *Mittellappensyndrom infolge Bronchialobstruktion durch unspezifisch-entzündliches Granulationsgewebe („Granulationspolypen")*. In den letzten Jahren mehrfach Lungenentzündungen. Röntgenbefund nach Klinikaufnahme: Inhomogene Verschattung des Mittellappens mit einschmelzungsverdächtiger Aufhellung im lateralen Segment ohne merkliche Lobärretraktion bei mäßiger Vergrößerung der regionären Abflußlymphknoten (a Ausschnitt des Nativbildes p.-a). Bronchographie: Höckerig konturierter Füllungsabbruch dicht jenseits des Lappenbronchusabgangs (b). Stenosebild und jugendliches Alter ließen in erster Linie an einen entzündlichen Bronchusverschluß (Lymphknoteneinbruch?) denken, doch war ein neoplastischer Prozeß (Bronchusadenom?) trotz negativer sputumzytologischer Untersuchungsergebnisse nicht auszuschließen. Anatomischer Befund des Resektionspräparats nach Lobektomie: Verlegung des Bronchiallumens dicht vor der Segmentgabel durch ein 6×4 mm messendes graues, von Blutungen durchsetztes weiches Knötchen. Im Bereich der Abtragungsstelle mehrere auf der Schnittfläche grau-schwärzliche Lymphknoten. Histologie: Dichte lympho-histiozytäre und plasmazelluläre Infiltration der geschwollenen Bronchialschleimhaut, aus der an mehreren Stellen entzündliches Granulationsgewebe polypenartig in das Lumen hineinragt. Das abhängige Lungengewebe zeigt eine Anschoppungsatelektase mit rundzelliger Infiltration der verdickten Alveolarsepten, intraalveolären Schaumzellen sowie von eitrigem Schleim gefüllten Bronchiektasen, deren Wandschichten Blutungen, lymphozytäre Infiltrate und eine Fibrose aufweisen. Reaktiv-entzündliche Hyperplasie der regionären Lymphknoten. Kein Anhalt für neoplastische oder tuberkulöse Veränderungen. Diagnose: Chronisch rezidivierende, zum Teil granulierende Bronchitis mit Verschluß des Mittellappenbronchus durch polypenartige Granulationen, poststenotischer Bronchiektasie und chronischer interstitieller xanthöser Pneumonie (E.-Nr. 7533/71, Path. Inst. d. Krhs. Nordwest, Direktor: Prof. KAHLAU). U.D., 15jähr. ♀. Arch.-Nr. 1905 55 132, Radiolog. Zentralinst. d. Krhs. Nordwest Frankfurt/M.

herde" ersichtlich (GRAHAM u. SINGER; ALEXANDER; THORNTON, ADAMS u. BLOCH; O'BRIEN, TUTTLE u. FERKANEY; LÜDIN; UDVARDY; EFFLER, BLADES u. MARKS; WATERMAN; SHARP u. KINSELLA; DAVIS u. KLEPSER; BUGDEN; KINSELLA; PÜTZ; ARBUCKLE; ROBBINS; TUTTLE, BARRETT u. HERTZLER; TRIMBLE; HUSFELDT u. CARLSEN; HARRINGTON; POPPE; FINK; ABBOTT, HOPKINS, LEIGH u. VAN FLEIT; GOOD, CLAGETT u. WEED; ABELES u. EHRLICH; GOOD; JEWETT; HARE u. BUTTERSBY; BELL u. SEALY; ABELES u. CHAVES; CONDON; CRUICKSHANK; WOLPAW; LAMBERT; LIEBOW; UMIKER u. STOREY; HOOD, GOOD, CLAGETT u. MCDONALD; STOREY, GRANT u. ROTHMAN; GOOD, HOOD u.

McDonald; Vivas u. Crabtree; Deans; Hodgson u. McDonald; Verneiges; Johnson, Clagett u. Good; Higginson u. Hinshaw; Desaive; Herink u. Linder; Pellet u. Gale; May, Rose u. Dugan; Paulson; Oger u. Loisance; Williams; Davis, Hamptom, Bickham u. Winship; Wierman, Clagett u. McDonald; Jones u. Cleve; Meckstroth, Andrews u. Klassen; London u. Winter; McSwain; Wu Shao-Ching, Kookai-Shih, Hsu Chang-Wen u. Chu Erh-Mei; Overholt, Bougas u. Woods; Rigler; Brunner; Cohen u. Bortone; Davis; Creech, Overton u. De Bakey; Wilkins; Axtmayer u. Ehrlich; Davis, Peabody u. Katz; McEachern, Arata u. Sullivan; Holt u. Hodges; French, Pfotenhauer, Castagno u. Mathewson; Ford, Kent, Neville u. Fisher; Neumann, Ellis u. McDonald; Good u. McDonald; Belcher; Vance, Good, Hodgson, Kirklin u. Gage; Peräsalo u. Tala; Vogler u. Amon; Kerley; Fiori u. Salomoni; Wachner; Karlsbeek; Bernou, Tricoire, Tournier u. Coant; Löhr u. Soder; Santy, Papillon u. Sournia; Kerley; Flavell; Vivas; Rigler u. Merner; Schlungbaum u. Schondorf; Springer, Geiger u. Langston; Irmer u. Mohr; Linder u. Jagdschian; Heiser u. Shapiro; Peabody, Katz u. Davis; Irmer u. Schulte-Brinkmann; Jones; Tricomi u. Monaco; Vinner; Irmer, Mohr, Rotthoff u. Willmann; Maassen; French; Hein; Comstock, Vaugham u. Montgomery; Dubernet; Taylor, Rivkin u. Salyer; Geisler; McClure, Boucot, Shipman, Gilliam, Milmore u. Lloyd; Rübe; Geisler u. Haan; Collins; Garland; Haefliger; Trevor u. Hanson; Kerrinnes u. Kerrinnes; Rotta; Ravelli; Nathan, Collins u. Adams; Wolff; Berndt; Steel; Molnár u. Csabéné; Liener u. Jahn; Tala u. Virkkula; Wolff, Schwarz u. Bohn; Baudrexl u. Baudrexl; Rotte u. Eichhorn; Waibel u. Bock; Even; Holin, Dwork, Glaser, Rikli u. Stockten; Good u. Wilson; Weicksel u. Braun; Weingärtner; Goldmeier u. Rodriguez-Delgado; Phillips u. Hanson; Stecken; O'Connor, Lepley, Weisel u. Watson; Steele, Kleitsch, Dunn u. Buell; Jackman, Good, Clagett u. Woolner; Monaco u. Storniello; Galy; Grilli; Emmrich; Papagni; Edwards, Cox u. Garland; Borek u. Macholda; Martinelli u. Maggi; Krokowski; Ernst u. Mitarb.; Bateson; Desaive; Fegiz; Israël-Asselain u. Chebat; Martinez Fabre, Sechi Simoni u. De la Llata; Hartung, Körner u. Streicher; Mayo; Witz u. Miech; Shulaeva; Munnell, Lawson u. Keller; Oberhofer u. Altaras; Milewicz u. Kozlowska; Kunz; Schulze u.a.). Die diagnostisch-therapeutische Problematik derartiger Befund wird an anderer Stelle (s. Bd. IX/4a und b) und in einem gesonderten Kapitel dieses Handbuchs (Heinrich u. Radenbach) eingehend erörtert. Hier soll auf die differentialdiagnostisch in Betracht kommenden Krankheitsformen eingegangen werden.

Nach der Sammelstatistik von Linder u. Jagdschian waren von 2201 operierten pulmonalen „Rundherden" 1173 (= 53,3%) entzündlicher Natur, 719 maligne Gewächse (= 32,7%, davon: 596 Bronchuskrebse = 27,0%, 19 Lungensarkome und 104 Solitärmetastasen) und 309 teils semimaligne, teils gutartige Gebilde verschiedener Struktur (= 14%) (Tabelle 19). Die größte Gruppe dieses Materials bilden grobknotige Granulome vom Typ des sog. „Tuberkuloms" (946 Fälle = 43%), deren Anteil in der Übersichtsstatistik von Davis mit 63,3% von 1203 resezierten „Rundherden" (Bronchialkarzinome: 36,7%) noch höher liegt.

Der Sammelbegriff „*Tuberkulom*" umfaßt grobnoduläre Phthiseformen unterschiedlicher Formalgenese und Beschaffenheit. Sie können sich durch Abkapselung großer verkäster Primärfoci oder mehrerer konfluierter Streuherde, durch unizentrisch-appositionelles Wachstum käsig-pneumonischer Infiltrate oder Auffüllung blockierter Kavernen mit nekrotischem Material entwickeln (Straub; Lachmann; Koch; Schemmel; Huebschmann; Giese; Kahlau; Hermel u. Gershon-Cohen; Malmross u. Hedvall; Wurm; Schmidt; Uehlinger; Wolff; Gissel u. Schmidt; Eloesser; Coryllos; Salkin, Cadden u. McIndoe; Mahon u. Forsee; Haefliger; Culver, Concannon u. MacManus; Study u. Morgenstern; Bernou u. Tricoire; Shamaskin; Konjetzny; Pugh, Jones u. Martin; Fischer; Moyes; Sommer; Renault; Galy; Black u. Acker-

Tabelle 19. Das pathologisch-anatomische Substrat pulmonaler „Rundherde" nach Untersuchungsergebnissen in 2057 Resektionsfällen der Weltliteratur und 144 Resektionsfällen der Chirurgischen Klinik der Freien Universität Berlin. [Nach LINDER, F., JAGDSCHIAN, V.: Rundherde der Lunge. Langenbecks Arch. klin. Chir. **292**, 371—392 (1959), Tabelle 2]

Maligne Tumoren	658 = 31,9%	61 = 42,3%
Bronchial-Karzinome	544 = 26,5%	52 = 36,1%
Metastasen	96	8
Lungen-Sarkome	18	1
Andere Tumoren	298 = 14,5%	11 = 7,7%
Hamartome	165 = 8,1%	8
Bronchus-Adenome	71 = 3,4%	1
Mesotheliome	17 = 0,8%	2
Neurofibrome	45 = 2,1%	
Lipome, Hämangiome		
Entzündliche Erkrankungen	1101 = 53,6%	72 = 50,0%
Granulome (Tuberkulome)	882 = 43,0%	64 (62) = 44,4%
Chronische Pneumonien und Abszesse	44	4
Bronchus-Zysten usw.	100	2
Echinokokkus	18	1
Varia	57	1
	2057 Fälle	144 Fälle

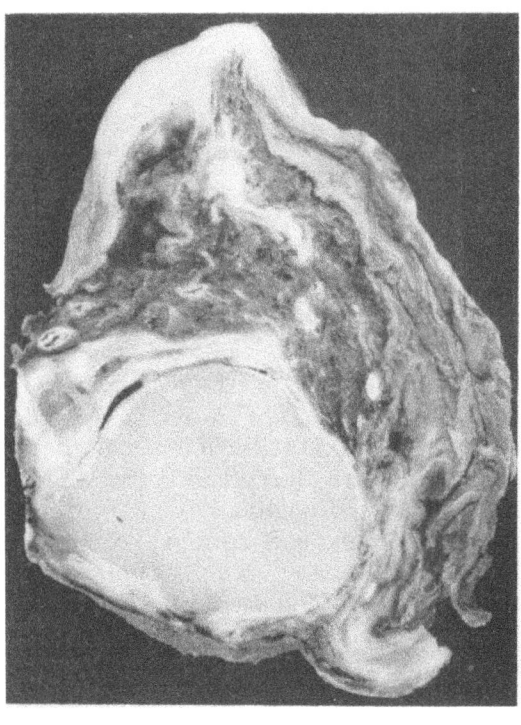

Abb. 150. *Rundherdbild bei vollgelaufener Kaverne.* Darüber kollabierte entleerte Kaverne bei Rundherdtuberkulose. E.-Nr. 9647/59, Path. Inst. der Univ. Münster/W., Direktor: Prof. W. GIESE. (Nach GIESE, W.: Die Atemorgane. In: KAUFMANN, E., STAEMMLER, M.: Lehrbuch der speziellen pathologischen Anatomie. 11. u. 12. Auflage. Bd. II/3, S. 1417—1984, Abb. 903. Berlin: W. de Gruyter 1960)

MAN; AUERBACH u. GREEN; HERTER; SHIELDS, CHAPMAN, CARSWELL u. WOLLENMAN; REY, REY u. MASSE; PEABODY, KATZ, DAVIS u. STONE; RÜTTIMANN u. SUTER; MACLEOD u. SMITH; BRUNNER; KUGEL u. PÖSCHL; DE SOUSA; RADENBACH; BARIÉTY, DELARUE u. PAILLAS; ROLLAND u. WEIL; MEYER, BOHEY u. LECOMTE DES FLORIS; BRUNNER-SCHARPF; GRENVILLE-MATHERS; KERLEY; JAGDSCHIAN; HEIN; SEHM; WILLMANN; GÜRICH;

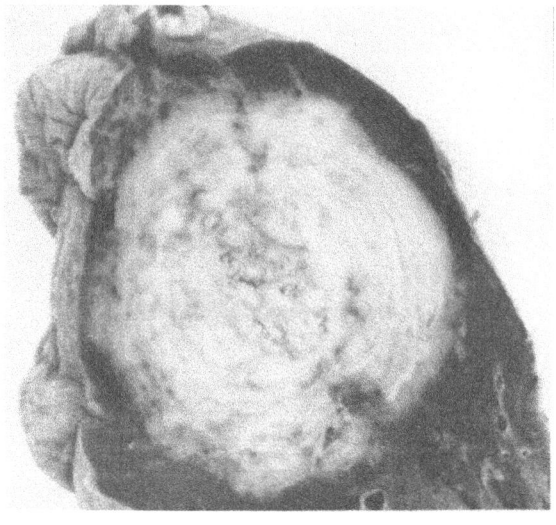
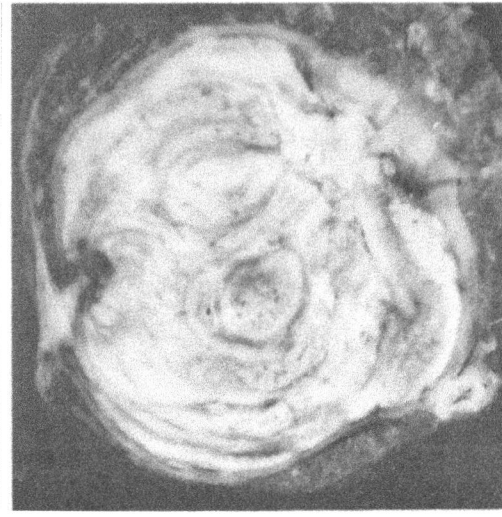
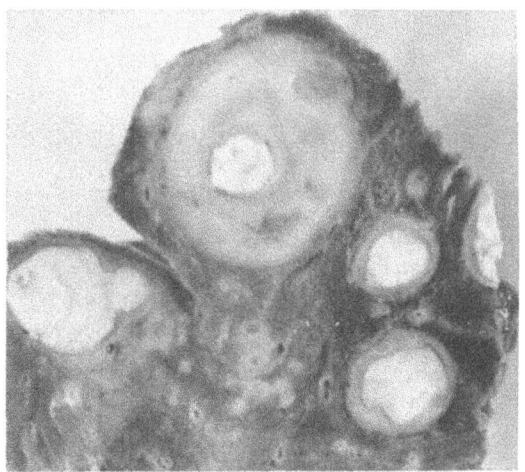

Abb. 151a—c. *Konzentrisch geschichtete tuberkulöse Rundherde.* a Jahresringartige Schichtung. E.-Nr. 7673/58. b Groblamelläre Schichtung. Kr.-Nr. 4056/53. c Einzelne Appositionszone um einen kreidigen Kern. E.-Nr. 5900/58, Path. Inst. der Univ. Münster/W. Direktor: Prof. W. GIESE. (Nach GIESE, W.: Die Atemorgane. In: KAUFMANN, E., STAEMMLER, M.: Lehrbuch der speziellen pathologischen Anatomie. 11. u. 12. Aufl., Bd. II/3, S. 1417—1984, Abb. 902a—c. Berlin: W. de Gruyter 1960)

KÜCHLER; MAASSEN u. OHLIGSCHLÄGER; RAUCH; RADENBACH u. JUNGBLUTH; HOUGHTON; GALY u. BÉRARD; RAVELLI; DAHL-IVERSEN u. MØLLER; RAVELLI; PAUL; DUROUX u. JARNIOU; KLINNER; OLIVA u. SECONDO; REINHARDT; BERNOU; ROULET; ROTHE, KLÄRING, BARTH, MATZEL u. POTEL; CHADOURNE, DUCHET-SUCHAUX, JOANNOU, PINELLI u. RENAULT; HILDENBRANDT; APOSTOL, DUMETRESCO, OREA, TUCHILA u. APOSTOL; RENOVANZ; FIORI u. SALOMONI; BLEYER u. MARKS; MITCHELL; PEABODY, KATZ u. DAVIS; NUBOER; HARMSEN; OPREA, POPESCU, TUCHLIA u. CONSTANTINESCU; POPPER, KAUFMANN u. ZIBALIS; PELAEZ REDONDO, GONZALEZ DE VEGA u. MORATA GARCIA; HILLERDAL; SNIJDER; CARDIS; SISTI u. LORENZONI; BAZAN, DAMIANI u. FILOSTO; FILIPPO u. LORENZONI; PIGORINI; ZDANSKY, SERI; WANG; VINNER; ZIMMERMAN u.a.).

Im Gegensatz zum amorphen Inhalt gefüllter Kavernen (SHAMASKIN; HAEFLIGER; HERMEL u. GERSHON-COHEN; GIESE; RADENBACH u. JUNGBLUTH; REINHARDT; STUDY u. MORGENSTERN; BERNOU) (Abb. 150) erscheinen die aus nicht eingeschmolzenen Infiltraten hervorgehenden Tuberkulome histologisch durch hyaline Faserzüge in Parzellen gegliedert oder bei konzentrischem intermittierendem Wachstum zwiebelschalenartig geschichtet (LACHMANN; UEHLINGER; SOMMER; RÜTTIMANN u. SUTER; GIESE; MACLEOD u. SMITH u.a.) (Abb. 151 u. 154). Innerhalb und am Rand zentraler Käsebezirke kommt es oft zu makroskopisch sichtbarer fleckförmiger oder schaliger Verkalkung (BLOCH u.a.)

(s. S. 212 u. Tabelle 17). Außer den vom Konglomerat einbezogenen Bronchien können auch die Drainageäste käsige Bronchitis und narbige Verschlüsse aufweisen (CHADOURNE et al.; SEHM; RÜTTIMANN u. SUTER; GRONIOWSKI u. GLADYSZ; BRUNNER u.a.).

Eine immunbiologische Reaktionslage im Sinne „protrahierter Durchseuchung" nach SCHÜRMANN soll die hämato- bzw. bronchogene Entstehung grobnodulärer Tuberkuloseherde begünstigen (SEHM; KOCH u.a.). Die im letzten Jahrzehnt vielenorts verzeichnete *Häufigkeitszunahme* solcher Prozesse (SCHMIDT; HEIN; SCHAICH u.a.) wird der *Verschiebung des Primärinfekt-Termins in das Erwachsenenalter* (WURM; UEHLINGER; GIESE; BRUNNER) und *chemotherapeutischen Einflüssen zugeschrieben* (SCHMIDT), von manchen Autoren dagegen abgelehnt bzw. mit einem bloßen Strukturwandel des Krankengutes erklärt (SEHM; GÜRICH u.a.). Der *Anteil tuberkulomartiger Herdbildungen* unter den übrigen pulmonalen Manifestationsformen der Tuberkulose beträgt mindestens 2—3% (RÜTTIMANN u. SUTER; HERTER; GÜRICH). Er wird von KÜCHLER auf *ca.* 5% geschätzt, von SCHMIDT und HEIN sogar mit 8—10% beziffert und liegt *bei diabetischen Individuen am höchsten* (BECKER u. SEIGE: 26% von 88 tuberkulösen Diabetikern; s. auch BECKER u. ROTHE).

Der Altersgipfel der Tuberkulomträger umfaßt das 3. und 4. Dezennium, das *Altersmittel* liegt etwa *zwischen dem 26. und 32. Lebensjahr* (MOYES; RAUCH; RÜTTIMANN u. SUTER; MITCHELL). Nach übereinstimmenden Schrifttumsangaben sind *Frauen ebenso häufig betroffen wie Männer* (RÜTTIMANN u. SUTER; HOOD, GOOD, CLAGETT u. McDONALD).

Die zumeist schleichend entstandenen Herde können nach fibröser Abriegelung jahrelang ruhen oder in torpidem Entwicklungsgang allmählich schubweise anwachsen. Die statistische Häufigkeit zufällig entdeckter *asymptomatischer Formen* schwankt zwischen 20% und 70% (LICHTENSTEIN; SCHAICH; MIRALTA u. AYUELA; MOYES; IRMER u. MOHR; IRMER u. SCHULTE-BRINKMANN; IRMER, MOHR, ROTTHOFF u. WILLMANN; HEIN u.a.). Früher oder später ist in 30—50% der Fälle mit einer Aktivierung zu rechnen (NAGEL; SOMMER; GÜRICH; RÜTTIMANN u. SUTER; MIRALTA u. AYUELA; HEIN u.a.), die sich röntgenologisch mit Anzeichen *perifokaler Reaktion oder Einschmelzung* ankündigt und meist auch klinisch bemerkbar macht. Nach Kapseldurchbruch und intrakanalikulärer Streuung kann der bislang stumme bzw. symptomarme Verlauf eine *dramatische Wendung* nehmen. HOUGHTON verglich die Tuberkulome deshalb mit „Zeitbomben". Ihre Prognose ist — zumal bei den geschichteten Formen — um so dubiöser, je größeren Umfang der Herd erreicht hat.

Der *Tuberkulomdurchmesser* liegt bei der Mehrzahl unter 3 cm (LICHTENSTEIN; RAUCH; DERRA u. KOSS; RÜTTIMANN u. SUTER; GOOD, HOOD, CLAGETT u. McDONALD; IRMER u. Mitarb.; HEINE u.a.), doch überschreitet ein Teil der Foci dieses Maß um das Zwei- bis Dreifache (GOOD et al.; RÜTTIMANN u. SUTER; IRMER u. Mitarb. u.a.). Sie erreichen damit ein Größenordnung, die dringenden Verdacht auf eine maligne Neubildung erwecken muß: in einem Resektionsmaterial von 260 Rundherden fand IRMER über 90% der Knoten mit einem Durchmesser > 8 cm als bösartig (persönliche Mitteilung).

Die *Unterscheidung zwischen Tuberkulom und Krebsknoten* ist bei Herden mittlerer Dimension noch problematischer. Gleiche Schwierigkeiten bereitet die *Abgrenzung von entzündlichen Granulomen anderer Genese:* Überraschungsbefunde erweisen, daß *zur definitiven Klärung der speziellen infektiösen Ursachen grobknotiger Lungengranulome die bakteriologische Untersuchung des Resektionspräparates* — über die feingewebliche Analyse hinaus — *unerläßlich ist* (MOERSCH, WEED u. McDONALD; GOOD, CLAGETT u. WEED; GOOD, HOOD, CLAGETT u. McDONALD; HODGSON u. McDONALD; ZIMMERMAN; PEABODY, MURPHY u. SEABURY; SEABURY, PEABODY u. LIBERMAN; GRIDLEY; GROCOTT; DAVIS, PEABODY u. KATZ) (s. S. 302 u. 311).

Für die Differentialdiagnose zum Bronchialkarzinom haben Unterschiede der Alters- und Geschlechtsverteilung sowie anamnestisch-klinischer Feststellungen (relative Häufigkeit von Husten, Hämoptysen, Brustwandschmerzen etc., Verhalten der Blutsenkungsgeschwindigkeit, des Serumeiweißspektrums und Blutbildes, ferner der Temperatur, des

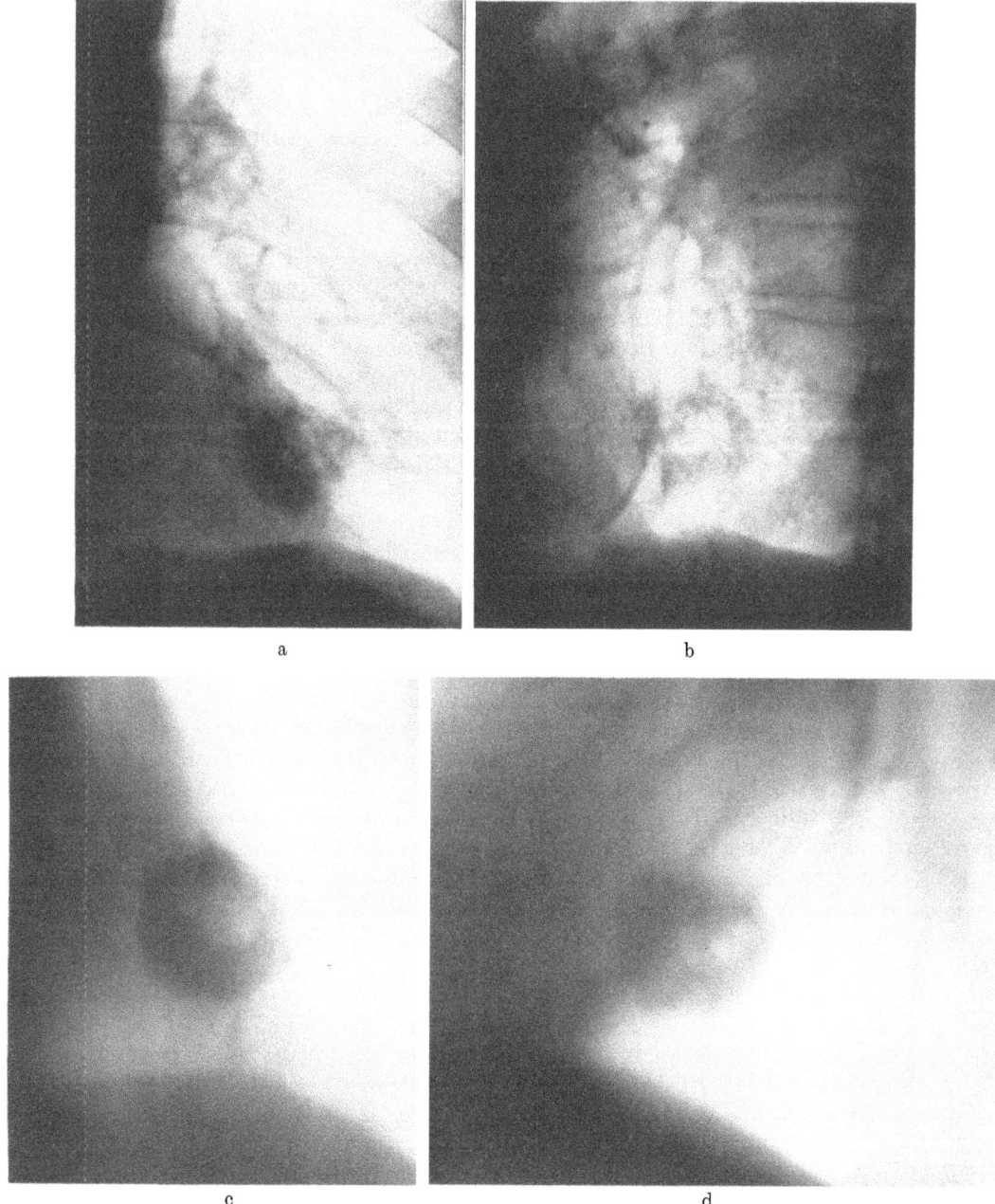

Abb. 152 a—d. *Zerfallendes Tuberkulom im antero-basalen Unterlappensegment links mit Einschluß zartfleckiger Kreideherde*. Positiver Bazillennachweis im Sputum. Zielaufnahmen p.-a. (a) und dextro-sinistral (b) sowie Schichtbilder p.-a. 16 cm (c) und dextro-sinistral 6 cm (d). A. F., 62jähr. ♂. Arch.-Nr. 8103/60, Röntgenabtlg. Med. Univ.-Klinik u. Poliklinik Münster/W. (Direktor: Prof. W. H. HAUSS)

Körpergewichts und anderer Daten), die in der Gesamtbilanz gut- und bösartiger Solitärherde zur Geltung kommen (HOOD et al.; LINDER u. JAGDSCHIAN; IRMER u. Mitarb.; HEIN u.a.), lediglich orientierenden Wert. Sie sind nicht geeignet, die richtige Erkenntnis im Einzelfall zu fördern. Selbst ein positiver *Tuberkelbazillenbefund* im Auswurf, der beim Tuberkulom manchen Autoren als Ausnahme gilt (MECKSTROTH et al.; GOOD, HOOD, CLAGETT u. MCDONALD; STOREY u. Mitarb.), von anderen in höheren Prozentsatz angegeben wird (MITCHELL: 75%; Sammelstatistik von MIRALTA u. AYUELA: 11—54%; GÜRICH: 20%), ist kein unbedingt stichhaltiges Indiz: das positive bakteriologische Ergebnis schließt angesichts der Koinzidenzhäufigkeit neoplastischer und tuberkulöser Lungenprozesse (CREMER u. KAUFMANN: 11%) (s. Bd. IX/4a, Tabelle 34) die irrtümliche Deutung peripherer Bronchuskrebse als Tuberkulom nicht aus (LINDER u. JAGDSCHIAN; IRMER u. Mitarb. u. a.) (s. Bd. IX/4a und b). Umgekehrt läßt die *Fahndung nach Tumorzellen*, deren Trefferquote auch bei Karzinomen des Lungenmantels recht hoch sein kann (HOOD et al.: 53%; FARBER u. Mitarb sowie HENGSTMANN bis zu 70%; s. auch KAHLAU), die Möglichkeit positiver Fehlurteile bei stärkerer entzündlicher Epithelmetaplasie der Bronchialschleimhaut offen (UMIKER; KOSS; KAHLAU; KAWECKA; GARRET; CHIPPS u. KRAUL; BOHNENKAMP; AUERBACH, STOUT, HAMMOND u. GARFINKEL; HAYASHI, COWDRY u. SUNTZEFF; NAYLOR u. RAILLEY; EBNER u. THORBAN u. a.) (s. Bd. IX/4a, Tabelle 139).

Für die Aufspürung pulmonaler Rundherde ist der *Röntgenbefund* entscheidend. Die Deutung kleiner stationärer Tuberkulome mit relativ dichtem, kalkimprägnierten Schatten ist kaum fraglich, wenn sie — gewöhnlich unilobär — in der Mehrzahl vorliegen (RÜTTIMANN u. SUTER: 10%; SCHAICH: 18%) und von frischen oder indurativ umgewandelten Satellitenherden umgeben sind (SCHAICH: 46%). Schwieriger ist die differentialdiagnostische Abgrenzung isolierter Tuberkulome der Größenordnung von 2—3 cm Durchmesser, wenn man von entsprechenden Befunden bei diabetischen Patienten absieht, deren Stoffwechselleiden eine besondere Koinzidenzhäufung mit grobknotiger Lungentuberkulose (BECKER u. SEIGE, BECKER u. ROTHE), andererseits eine negative Syntropie zu bronchogenen Karzinomen aufweist (SEIFERT u. EICHLER; WERNER u. a.) (s. Bd. IX/4a).

Tuberkulöse „Rundherde" liegen zu 70—90% in den Oberlappen, ganz überwiegend im apikalen und dorsalen Segment (HAFFLIGER u. MARK; MALMROSS u. HEDVALL; KAHLAU; DERRA u. RINK; MOYES; RAUCH; MITCHELL; RÜTTIMANN u. SUTER; MIRALTA u. AYUELA; NEEF; IRMER u. Mitarb.; HEIN; WANG u. a.), selten — als Relikte des Primärkomplexes — in der Rinde basaler Lungenabschnitte. Metatuberkulöse Narbenkrebse entstehen in den Prädilektionszonen subprimärer Frühstreuherde. Die *Lokalisation* bietet daher kein verläßliches Unterscheidungsmerkmal gegenüber Karzinomen.

Die *Herdgröße* ist insofern verwertbar, als die Wahrscheinlichkeit des neoplastischen Charakters mit steigender Dimension zunimmt (LINDNER u. JAGDSCHIAN; SCHLUNGBAUM u. SCHONDORF; IRMER u. MOHR; VIVAS u. CRABTREE; DAVIS, PEABODY u. KATZ; BOREK u. MACHOLDA u. a.): während das Gros der Tuberkulome einen Durchmesser von 3 cm nicht überschreitet (s. S. 291), erreichen viele höher differenzierte periphere Malignome bis zur Entdeckung größeres Ausmaß (GOOD et al.: Mittel von 45 Fällen; 4,5 cm Durchmesser; IRMER u. Mitarb.: über 4 cm Durchmesser in 82,4% von 147 Fällen). Ihr latenter Entwicklungsgang führt jedoch über die für entzündliche Granulome übliche Größenordnung. In solchen Zweifelsfällen werten manche Autoren die im Vergleich zu Tuberkulomen entsprechenden Umfangs relativ geringere *Schattendichte* intrapulmonaler Krebsknoten als gewisses Verdachtsmoment für das Vorliegen einer umschriebenen Geschwulstbildung (IRMER u. Mitarb.; VIVAS u. CRABTREE; SCHLUNGBAUM u. SCHONDORF; DAVIS, PEABODY u. KATZ; RIGLER; BOREK u. MACHOLDA; BATESON; MOLNÁR u. CSABÉNÉ u. a.).

Form und Kontur von Tuberkulomen und peripheren Bronchuskarzinomen sind gleichermaßen variabel: Der im anglo-amerikanischen Schrifttum gebräuchliche Begriff „*coin lesion*" (O'BRIEN, TUTTLE u. FERKANEY; FINK; ABELES u. CHAVES; STOREY, GRANT u. ROTHMAN; TRIMBLE; CREECH, OVERTON u. DE BAKEY; TUTTLE, BARRETT u. HERZLER; HIGGINSON u. HINSHAW; AXTMAYER u. EHRLICH; ROSS; MCEACHERN, ARATA u. SULLIVAN; FRENCH, PFOTENHAUER, CASTAGNO u. MATHEWSON; FORD, KENT, NEVILLE u. FISHER; FINK; EDWARDS, COX u. GARLAND; MAYO; GERRITS u. a.) ist nur symbolisch für den flächenhaften Aspekt des Röntgenbildes zu verstehen (DAVIS; RIGLER; HOLT u. HODGES u. a.). De facto handelt es sich nicht um „münzenförmig" flache, sondern um räumlich ausgedehnte Gebilde von mehr oder weniger kugeliger, eiförmiger oder —

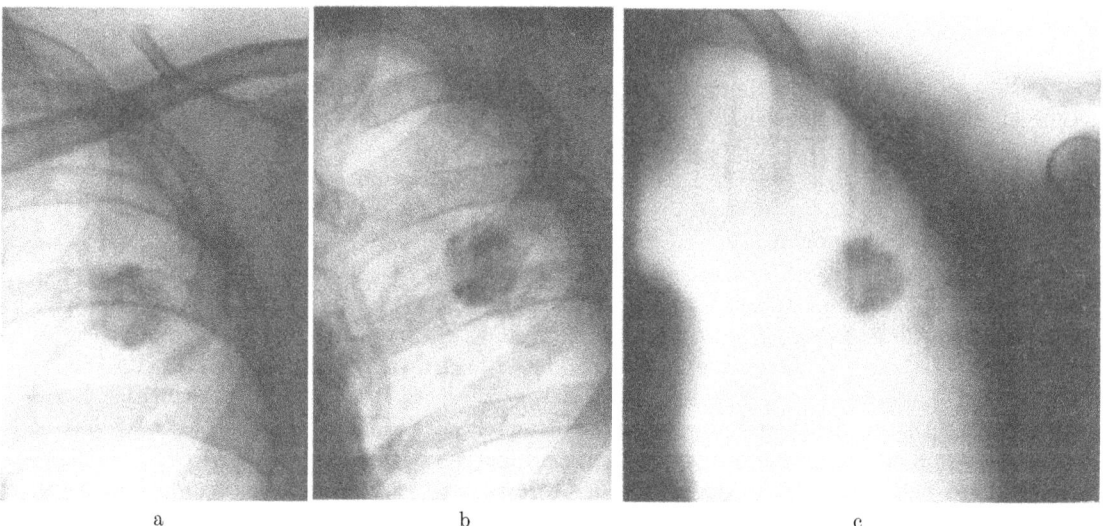

a b c

Abb. 153 a—c. *Tuberkulom mit inhomogenem, angedeutet polyzyklisch scharf begrenzten Rundschatten und benachbarten Satellitenherdchen.* Seit 22 Jahren formal unveränderter Befund. Zielaufnahmen p.-a. (a) und im 2. Schrägdurchmesser (b) sowie Schichtbild 9 cm a.-p. vom gleichen Tage (c). S. K., 68jähr. ♂. Arch.-Nr. 1205 02471, Radiolog. Zentralinst. d. Krhs. Nordwest Frankfurt/M.

häufiger — unregelmäßiger Gestalt. Infolge exzentrischen Wachstums, das auch bei Tuberkulomen vorkommt (GIESE u.a.), können die Knoten stark entrundet und knollig erscheinen.

Das von RIGLER u. Mitarb. beschriebene „*Nabelungsphänomen*" („umbilication" bzw. „notch sign") ist auf Schichtaufnahmen expansiv wachsender Karzinomknoten häufig nachweisbar (s. Bd. IX/4b). Die Randkerbung ist aber nicht krebsspezifisch (DREVVATNE u. FRIMANN-DAHL; DAVIS, PEABODY u. KATZ; SCHLUNGBAUM u. SCHONDORF; CANITANO, CASALENA u. MONACO; CANITANO, CASSETTI u. SPINA; SCHULZE u.a.): polyzyklische Konturen sieht man bei peripheren Bronchialadenomen, Hamartomen (s. Abb. 58, 64 u. 109) und anderen gutartigen Geschwülsten, gelegentlich auch bei Hydatidenblasen (MONACO et al.) und bei Tuberkulomen (Abb. 153), die im Laufe ihres appositionellen Wachstums einen oder mehrere benachbarte „Trabanten" in ihrem Fasermantel eingefangen haben. Eine *Randunschärfe* des Schattens läßt keine differentialdiagnostisch verbindlichen Rückschlüsse zu: die Konturverwaschenheit oder radiärstreifige Randauffaserung kann von perifokaler Entzündungsreaktion eines aktivierten Tuberkuloms herrühren (PIGORINI, CANITANO u. CASALENA; CANITANO, CASSETTI u. SPINA: in 52% bei Tuberkulomen nachweisbar) (Bd. IX/4a, Abb. 406 u. 407), beim abgekapselten Lungenabszeß (CANITANO, CASSETTI u. SPINA: in 91%) und bei herdförmig indurierter Pneumonie in Erscheinung treten (s. Bd. IX/4a und b, Abb. 224, 561 u. 562), gleichermaßen in Umgebung entzündlicher Granulome wie neoplastischer Herde durch fokusdistale Atelektasefahnen bedingt sein (s. Bd. IX/3, Abb. 217, S. 336) und schließlich ein Indiz lymphangisch-infiltrativer Ausbreitung intrapulmonaler Krebsknoten sein (Abb. 156) („Krebsfüßchen" s. Bd. IX/4a und b, Abb. 368, 405 u. 408; RIGLER: „sunburst"-Phänomen; s. auch GUREVICH). Umgekehrt weisen Karzinome des expansiven geschlossenen Wuchstyps manchmal ebenso scharfe Kontur auf wie bindegewebig abgeriegelte Käseherde, gutartige Lungengewächse und flüssigkeitshaltige Zysten (GRILLI; MONACO u. STORNIELLO; CANITANO, CASSETTI u. SPINA; SCHULZE) (s. Bd. IX/4b, Abb. 403 u. 409).

Unter allen röntgenologischen Kriterien hat der Nachweis *lamellärer Strukturgliederung* appositionell gewachsener Tuberkulome (und Histoplasmome: DAVIS, PEABODY u. KATZ) differentialdiagnostisch den größten Wert. Die *konzentrische jahresringartige Schichtung*

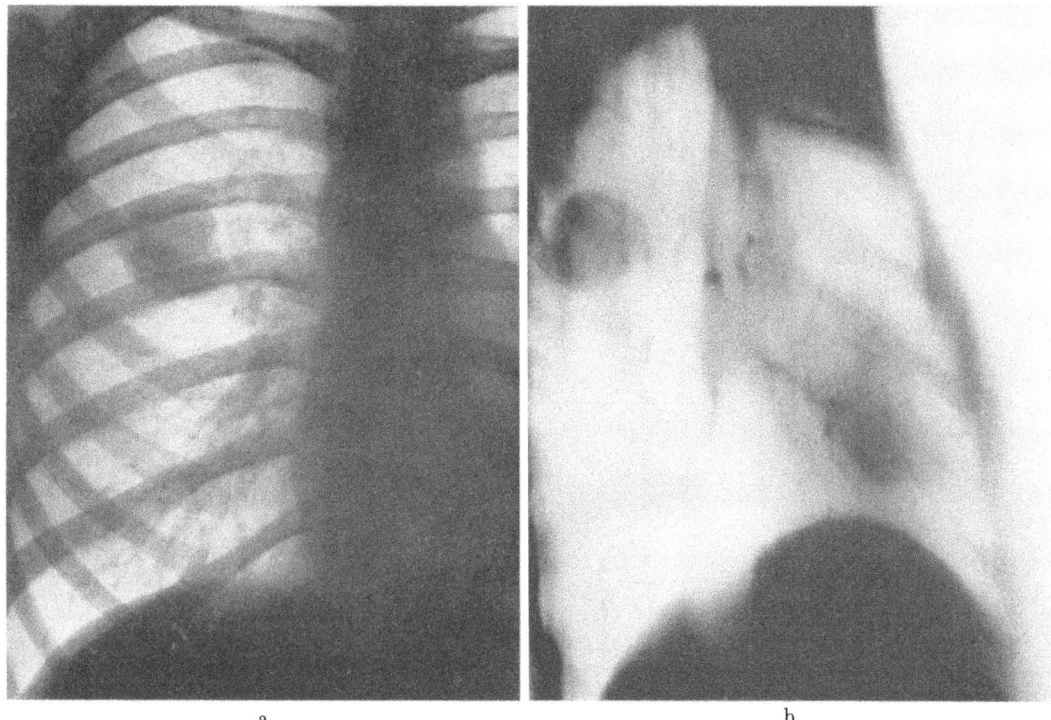

Abb. 154a u. b. *Zwiebelschalenartig geschichtetes Tuberkulom*. (Durch Resektion histologisch gesicherter Befund.) Ausschnitt der Übersichtsaufnahme p.-a. vom 2. 9. 55 (a) und Schichtbild 6 cm sin.-dextr. vom gleichen Tage (b). R. B., 10jähr. ♀. Beobachtung am Röntgeninstitut der Med. Univ.-Klinik Leipzig (damal. Direktor: Prof. M. BÜRGER)

(s. Abb. 150, 151 u. Abb. 154) ist nicht nur bei Markierung durch *schalige Kalkeinlagerungen* auf Nativ- und Schichtaufnahmen sichtbar (MACLEOD u. SMITH; KUGEL u. PÖSCHL; ANACKER u. STENDER u. a.). Dank der Absorptionsunterschiede käsigen Materials und anderer Bestandteile (MAYCOCK, DILLON u. STEAD) kann man die Eigenart des Aufbaues im Strahlenrelief mitunter als Doppelring (KNAPS) ohne Kalzifikation der Mantelzone wahrnehmen. Ihre zwiebelschalenförmige Anordnung um ein homogenes oder fleckigverkalktes Zentrum läßt nach systematischen Kontrolluntersuchungen an Resektionspräparaten keinen Zweifel am Granulomcharakter des betreffenden Rundherdes (O'KEEFE, GOOD u. MCDONALD; MACLEOD u. SMITH; DAVIS, PEABODY u. KATZ; GOOD, CLAGETT u. WEED; STEINER, STANGER, BOLYARD u. MARCOVICH; IRMER, MOHR, ROTTHOFF u. WILLMANN; CLAGETT; BLOCH u.a.). Das gilt auch für grobschollige Verkalkungsformen, deren Bedeutung bereits im Zusammenhang mit der Differentialdiagnose zwischen Lungenhamartomen und Tuberkulomen erwähnt wurde (s. S. 212ff. u. Tabelle 17). Hier sei nur die Fragwürdigkeit der früheren Ansicht unterstrichen, intrafokale Kalkeinschlüsse seien ein generelles Indiz für die Gutartigkeit pulmonaler Rundherde. Auf das keineswegs ungewöhnliche Vorkommnis von *Kalkeinlagerungen in peripheren Bronchuskarzinomen* wird andernorts eingegangen (s. Tabelle 18, S. 214 u. Bd. IX/4b). Sie sind gewöhnlich feinfleckig-krümelig strukturiert (Abb. 156), nur ausnahmsweise schalenartig angeordnet (HARTMANN; HAUSMAN zit. n. DAVIS, PEABODY u. KATZ).

Neuere Erfahrungen mit der *selektiven Bronchialarteriographie* deuten auf gewisse Möglichkeiten hin, neoplastische, tuberkulomartige und unspezifisch entzündliche Parenchymknoten auf Grund ihres abweichenden Gefäßmusters zu unterscheiden (IKEDA, NEYAZAKI, CHIBA, YONETI u. SUZUKI u.a.) (s. Bd. IX/4a, Abb. 294—297) Früher wurde manchenorts die *Pneumangiographie zur Differentialdiagnose solitärer Lungenrundherde*

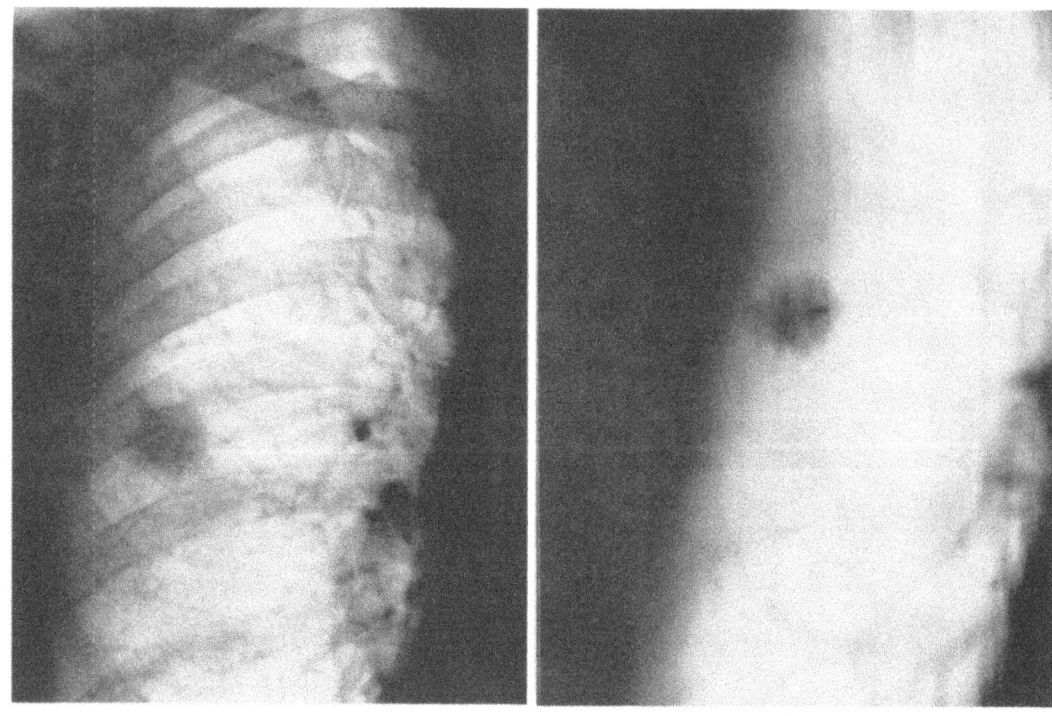

a   b

Abb. 155a u. b. *Feinfleckig verkreidetes Tuberkulom*. Bei Röntgenuntersuchung zufällig entdeckter asymptomatischer mandelgroßer Herdschatten im rechten Oberlappen (a Ausschnitt der Nativaufnahme p.-a., b Schichtbild 11 cm a.-p.). Der stippchenartige Kalkeinschluß sprach eher für ein Tuberkulom, doch war angesichts der vielzackigen Konturauffaserung ein Narbenkarzinom nicht auszuschließen. Im Sputum weder Tuberkelbazillen noch Tumorzellen nachweisbar. Der krebsnegative Schnellschnittbefund einer bei Probethorakotomie entnommenen Gewebsprobe ermöglichte die sparsame Teilresektion des knotentragenden Lungensektors. Anatomischer Befund: Im Durchmesser 2 cm großer schwarzer derber Knoten, im Zentrum eine geringe Kreidemasse enthaltend. Histologie: Alte bindegewebig abgekapselte käsig-pneumonische, teilweise verkreidete Lungentuberkulose (Tuberkulom). E.-Nr. 12627/71, Path. Inst. d. Krhs. Nordwest, Direktor: Prof. KAHLAU). A. K., 63jähr. ♂. Arch.-Nr. 1409 07431, Radiolog. Zentralinst. d. Krhs. Nordwest Frankfurt/M.

empfohlen (NEUHOF, SUSMAN u. NABATOFF; STEINBERG u. Mitarb.; KEIL, VOELKER u. SCHISSEL; KEIL u. SCHISSEL; SANTY, SOURNIA u. PAPILLON; ISRAËL, HERZOG u. PERSONNE; CAMPITELLI u.a.). SANTY u. Mitarb. bezeichnen Verschlüsse und Stenosen pulmonalarterieller Äste 3. und 4. Ordnung als pathognomonisch für primäre Malignome. Sie fanden bei Tuberkulomen und unspezifisch entzündlichen Granulomen weder Gefäßabbrüche noch sonstige markante Anomalien in der kontrastgefüllten Gefäßprovinz. Die Verdrängung distaler Zweige soll bei erhaltener vaskulärer Struktur auf benigne Tumoren hinweisen, aber auch bei langsam wachsenden Metastasen vorkommen. Andere Autoren halten die pulmangiographischen Veränderungen im Bereich solitärer Rundherde für uncharakteristisch (DE SOUSA, AYRES, BELLO DE MORAES, VIDAL u. LOPO DE CARVALHO; SCOP u. KRČILEK u.a.). *Bronchographische Befunde* haben für die Differentialdiagnose peripherer Knoten ebenfalls nur begrenzten Informationswert, da man Anzeichen der Destruktion und gleichzeitiger Verdrängung sowohl bei primären und metastatischen Gewächsen als auch bei größeren Granulomen antreffen kann (ANACKER u. LINDEN; LEB; VINNER; SEYSS; GRONIOWSKI u. GLADYSZ; COOPMANS DE YOLDI u. LATTUADA; TRICOMI u. MONACO u.a.) (s. Bd. IX/4a und b).

Eher liefert die nachweisliche *Wachstumstendenz* innerhalb eines bestimmten Zeitraums gewisse Anhaltspunkte (Abb. 158). Die Ermittlung der sog. ,,*Tumor-Verdoppelungszeit*'' (COLLINS; NATHAN, COLLINS u. ADAMS u.a.) hat nicht allein erkenntnistheoretisches Interesse

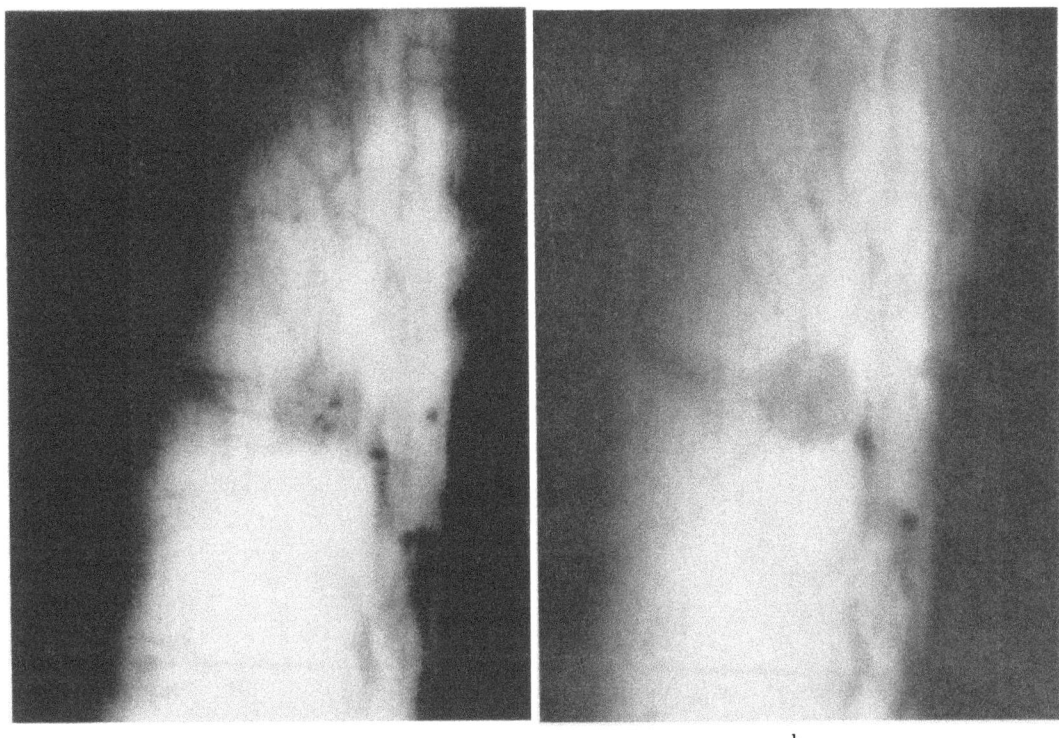

a   b

Abb. 156 a u. b. *Bronchogener Narbenkrebsknoten mit Einschluß feinfleckiger Kreideherde eines tuberkulösen Indurationsfeldes.* Darstellung der kalkdichten Fleckschatten innerhalb des neoplastischen „Rundherdes" auf Schichtaufnahmen in 8 und 9 cm a.-p. (a und b). Durch Lobektomie histologisch gesicherter Befund. E. N., 46jähr. ♂. Arch.-Nr. M 7608/55, Röntgeninst. d. Med. Univ.-Klinik Leipzig (damal. Direktor: Prof. M. BÜRGER)

für das Studium des Evolutionstempos verschiedenartiger Neoplasmen. Die unterschiedliche Wachstumsgeschwindigkeit gut- und bösartiger Lungengeschwülste einerseits und entzündlicher Herdprozesse andererseits läßt auch in praxi aus der im zeitlichen Entwicklungsablauf röntgenologisch meßbaren Volumenzunahme manche differentialdiagnotischen Rückschlüsse zu (COLLINS; NATHAN, COLLINS u. ADAMS; GARLAND; WOLFF; SCHWARZ u. Mitarb.: WOLFF, SCHWARZ u. BOHN; BERNDT; KROKOWSKI; ROTTE u. EICHHORN; GERSTENBERGER; OESER u. Mitarb.) (s. auch Bd. IX/4a, Tabelle 48). Das Verfahren setzt allerdings voraus, daß frühere Thoraxaufnahmen zur Kontrollmessung verfügbar sind. Fehlt entsprechendes Vergleichsmaterial, so ist ein Zuwarten mit kurzfristiger Nachuntersuchung allenfalls bei Minimalbefunden mit geringem Herddurchmesser vertretbar (LINDIG; EICHHORN u. Mitarb. u.a.) (s. Bd. IX/4a). Dagegen ist die *längere Verlaufsbeobachtung eines in dubio krebsbedingten Rundherdes nicht zu verantworten.* Ein grundsätzlich exspektatives Verhalten birgt ein unabsehbares Metastasierungsrisiko und ist — wie die differentialdiagnostische Anwendung von Antibioticis (s. Bd. IX/4a) — von fragwürdigem Erkenntniswert. Der Nachweis deutlicher Herdvergrößerung innerhalb eines kurzen Beobachtungsintervalls spricht zwar eher für das Vorliegen eines entzündlichen Focus (s. Abb. 166 einer xanthösen Herdpneumonie mit rasch anwachsendem Rundschatten) oder eines klinisch eventuell stummen Lungeninfarkts. Man erhält aber keine volle Gewißheit, da auch manche unreifzelligen Bronchuskarzinome und Metastasen rasche Ausdehnung zeigen, wie aus der beachtlichen Streubreite röntgenologisch ermittelter Verdoppelungszeiten hervorgeht (s. S. 387 u. Bd. IX/4a, Tabelle 48). Der Analogieschluß von länger dauernder Größenkonstanz der Schattenfigur auf den gutartigen Charakter ihres anatomischen Korrelats kann sich ebenfalls als irrig erweisen, denn differenzierte Bronchialkrebse des Lungen-

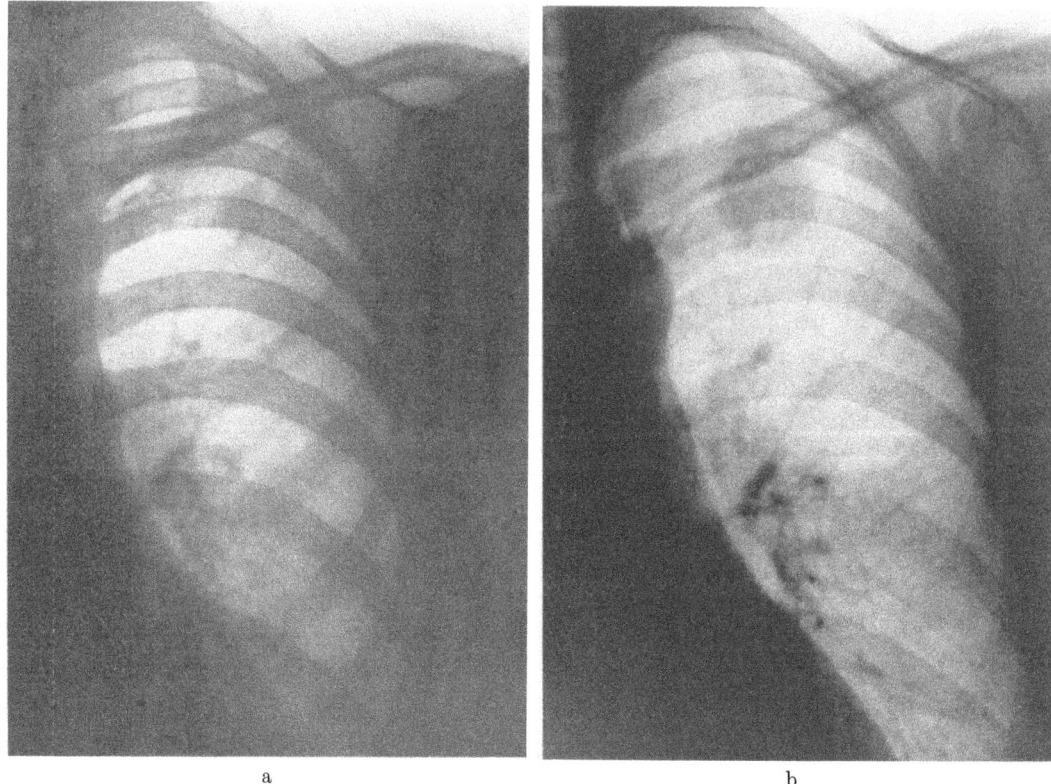

Abb. 157 a u. b. *Wachsendes Tuberkulom*. Nach langjähriger Befundkonstanz unter lungenfachärztlicher Beobachtung beträchtliche Größenzunahme des tuberkulösen Herdschattens im linken Oberlappen innerhalb von 32 Monaten ohne klinische Anzeichen der Exazerbation. a und b Ausschnitte der letzten auswärtigen Kontrollaufnahme p.-a. vom 26. 2. 69 und des Übersichtsbildes p.-a. vom 12. 1. 71 nach Klinikaufnahme. Anatomischer Befund nach Lobektomie: Im Durchmesser 2,5 cm großer Herd einer alten bindegewebig abgekapselten, zentral zerfallenen käsig-pneumonischen Lungentuberkulose (Tuberkulom) (E.-Nr. 933/71, Path. Inst. d. Krhs. Nordwest, Direktor: Prof. KAHLAU). I. L., 45jähr. ♀. Arch.-Nr. 1601 25502, Radiolog. Zentralinst. d. Krhs. Nordwest Frankfurt/M.

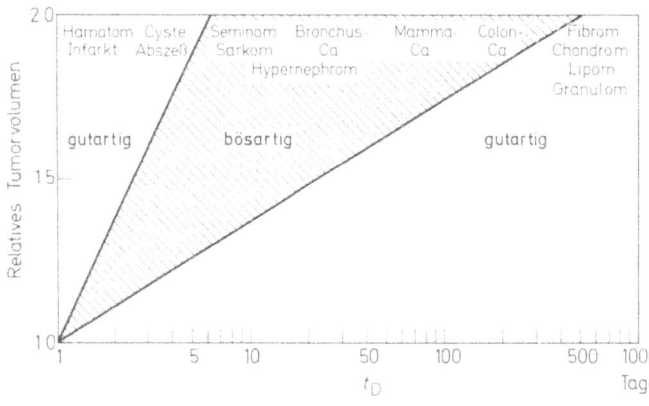

Abb. 158. *Verdoppelungszeiten von Lungenrundherden bei gut- und bösartigen Prozessen: Möglichkeit der differentialdiagnostischen Abgrenzung von Lungenrundherden bei Vorliegen einer Röntgenverlaufskontrollaufnahme.* [Nach KROKOWSKI, E.: Die Verdoppelungszeit von bösartigen Tumoren — ihr Wert für die Krebsbekämpfung. Wien. klin. Wschr. **77**, 258—259 (1965), Abb. 3]

mantels verhalten sich zeitweise stationär, wachsen zumindest in kontrollierten Entwicklungsfristen oft recht langsam und anscheinend in einem Wechsel von Stillstands- und Proliferationsperioden (GOLDMAN; OVERHOLT u. SCHMIDT; RIGLER, O'LOUGHLIN u. TUCKER; GARLAND; RIGLER; APPEL; RIGLER u. HEITZMAN; HEIN; WOLFF; SCHWARZ u.

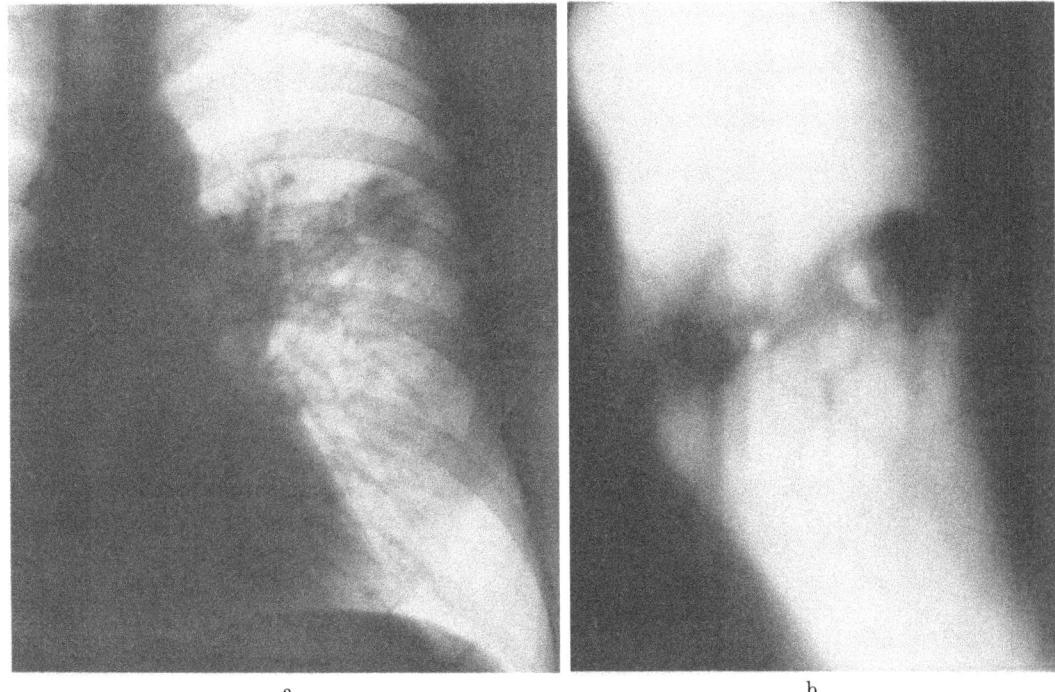

a   b

Abb. 159a u. b. *Meniskuszeichen bei eingeschmolzenem Tuberkulom.* Nach kurzfristiger Fieberepisode grippaler Symptomatik wurde ein walnußgroßer Zerfallsherd im anterioren Oberlappensegment links mit exzentrischer intrafokaler Luftsichel, fleckig-streifiger Parenchymverdichtung in der Segmentwurzel und regionaler Lymphknotenschwellung entdeckt (a Ausschnitt der Übersichtsaufnahme p.-a., b Schichtbild 17 cm a.-p. vom gleichen Tage). Segmentlokalisation und ausgeprägte Lymphome schienen differentialdiagnostisch eher für einen neoplastischen oder fungösen Prozeß (zerfallender Tumorknoten? Myzetom?) als für eine aktive Tuberkulose zu sprechen. Im Auswurf fanden sich aber bei mehrfacher Kontrolle im Direktverfahren massenhaft Tuberkelbazillen, während die zytologische und bakteriologisch-kulturelle Fahndung nach Tumorzellen bzw. Pilzen negativ verlief. E. S., 50jähr. ♂. Arch.-Nr. 2606 21651, Radiolog. Zentralinst. d. Krhs. Nordwest Frankfurt/M.

Mitarb.; WOLFF, SCHWARZ u. BOHN; BERNDT; KROKOWSKI; GERSTENBERGER; SHIMKIN, GRISWOLD u. CUTLER; KARNOFSKY, GOLBEY u. POOL; BOUCOT u. Mitarb. u.a.) (s. Bd. IX/4a, Abb. 70).

Eine recht treffsichere Klärung versprechen neuere bioptische Untersuchungsmethoden, wie die *Katheter-Saugbiopsie nach* FRIEDEL (s. Bd. IX/4a, Abb. 182—184) und das *Bürstenabstrich-Verfahren von* HATTORI u. Mitarb. (s. Bd. IX/4a, Abb. 180—181). Läßt auch die gezielte Herdsondierung im Stich, so bleibt als ultimo ratio die Probethorakotomie.

Angesichts der klinisch und röntgenologisch nicht selten unlösbaren differentialdiagnostischen Problematik und der Gefahr unmerklicher Metastasierung während protrahierter Verlaufsbeobachtung solcher Befunde fordern OVERHOLT, MÖRL und andere Thoraxchirurgen, verdächtige Rundherde über 2,5—3 cm Durchmesser mit gleicher Dringlichkeit zu behandeln wie eine eben erkannte offene Lungentuberkulose. Nach Feststellung des formalen Befundes habe man keine Zeit zu vergeuden, vielmehr alle einschlägigen diagnostischen Klärungsversuche und Funktionsproben innerhalb Wochenfrist durchzuführen, um dann — im Falle des tumorpositiven Resultats oder bei fortbestehendem Zweifel und Fehlen klinischer Gegenindikationen — unverzüglich die Probethorakotomie folgen zu lassen.

Das Postulat OVERHOLTs wird durch die vergleichsweise hohe Dauererfolgsquote bei frühzeitiger Resektion asymptomatischer Krebsknoten gerechtfertigt (s. Bd. IX/4a,

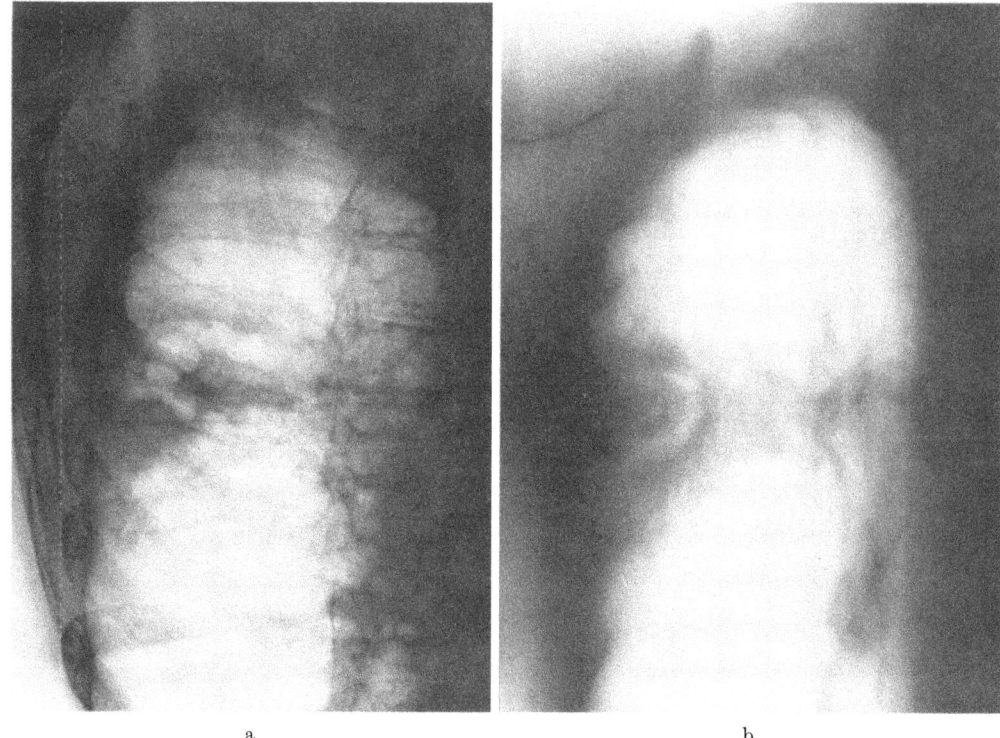

a　　　　　　　　　　　　　　b

Abb. 160a u. b. *Kokardenschatten einer Lungeninfarktkaverne mit lageveränderlichem Sequester*, durch einen sichel- bzw. halbmondförmigen Luftmeniskus abgegrenzt. G. J., 62jähr. ♂. Arch.-Nr. 1208 05371 Radiolog. Zentralinstitut d. Krhs. Nordwest Frankfurt/M.

Abb. 98, 99, 207 u. 208). Dabei ist zu bedenken, daß Tuberkulome und andere chronisch-entzündliche Granulome, die einen beträchtlichen Anteil der sog. isolierten „Rundherde" bilden und sich gegenüber antibiotischer Medikation refraktär zu verhalten pflegen, zumindest eine relative Operationsindikation abgegeben. Es muß ferner berücksichtigt werden, daß selbst die Exzision solitärer Lungenmetastasen nach Entfernung des Primärtumors bei bestimmten Tumorkategorien nicht als bloße Palliativmaßnahme gelten kann, wie der bemerkenswert hohe Prozentsatz von Dauerheilungen bezeugt (Moody, Edlich u. Gedgaudas: 14—38% von 600 Patienten 5 Jahre nach Metastasenresektion symptomfrei überlebend; s. auch S. 394ff.). Schließlich kann man auch die Exstirpation von Hamartomen und anderen als „Rundherd" imponierenden Geschwülsten mesodermaler Herkunft im Hinblick auf die örtlichen Komplikationsmöglichkeiten keineswegs als überflüssigen Eingriff werten.

Ein Teil der Tuberkulome weist *sichtbaren Zerfall* auf (Abb. 152). Meist handelt es sich um kleinere exzentrisch gelegene Einschmelzungen (Sommer; Rüttimann u. Suter; Fischer; Lindig u. Neef; Baudrexl u. Baudrexl u.a.). Breit umsäumte, ein- oder mehrbuchtige Hohlräume vom röntgenologischen Aspekt nekrotisch zerfallender Karzinomknoten sind dagegen selten (s. Bd. IX/4b, Abb. 429—432, 435 u. 449). Die subkapsuläre Erweichung kann mit einem *sichelförmigen Luftmeniskus* hervortreten (Herter; MacLeod u. Smith; Géher; Weens u. Thompson; Fischer; Reinhardt; Lindig u. Neef; Hein; Cocchi; Oprea u. Mitarb.; Fiori u. Salomoni; Knaps u.a.) (Abb. 159), der das nach Membranlösung einer Hydatidenzyste erkennbare *„signe du décollement"* (Béclère; Zehbe; Morquio, Bonaba u. Soto; Dévé; Cocco; Houël u. Dumazer; Claessen; Balás u. Bikfalvi; De Bernardi; Nardone; Rubin, Whitwell u. Waddington; Belot u. Peuteuil u.a.) (s. Abb. 177 u. 178, S. 341) nachahmt. Nach allseitiger Demar-

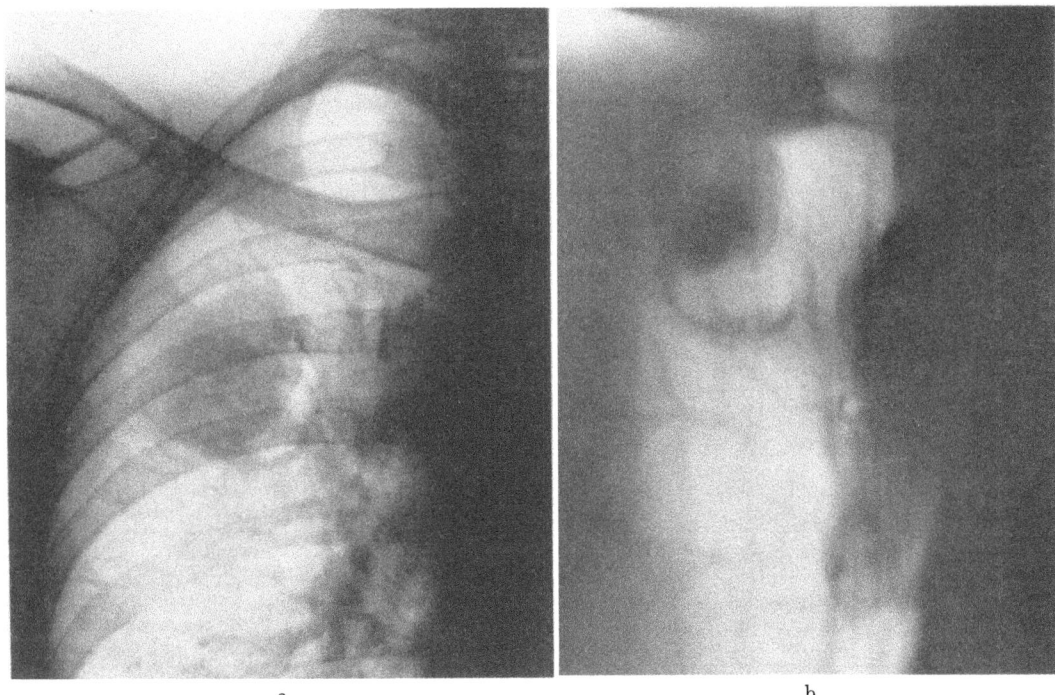

Abb. 161a u. b. *Meniskuszeichen bei zerfallendem Bronchialkrebsknoten.* Ausschnitt der Übersichtsaufnahme p.-a. (a) und des Schichtbildes 10 cm a.-p. vom 25. 4. 67 (b). (Anamnestisch-klinische Angaben und weitere Röntgenbefunde s. Bd. IX/4b, Abb. 444). Zu diesem Zeitpunkt bereits inoperable Neoplasie mit ausgedehnten bronchopulmonalen und tracheobronchialen Lymphknotenmetastasen, sekundärer Tumorinfiltration des Hauptbronchus und Einflußstauung infolge Einbruch in die obere Hohlvene. Autoptischer Befund: Metastasierendes polymorphzelliges Bronchuskarzinom (Sekt.-Nr. 187/67, Path. Inst. d. Krhs. Nordwest, Direktor: Prof. KAHLAU). W. B., 64jähr. ♀. Arch.-Nr. 1408 02952, Radiolog. Zentralinst. d. Krhs. Nordwest Frankfurt/M.

kierung zentraler Nekrosen von der Wand erweichter Tuberkulome oder nach intrakavitärer Blutung (HOCHSTETTER; STIVELMAN u. MALEN) kann die partiell gefüllte Kaverne als *Kokardenfigur mit lageverschieblichem Sequester* innerhalb des mehr oder weniger breiten Randsaums imponieren (BERNOU u. TRICOIRE; REINHARDT; LINDIG u. NEEF; RADENBACH u. JUNGBLUTH; FISCHER; CARDIS, WIPF u. TADDEI; KNAPS; ZILBERMAN u.a.). Diese Zerfallsform *ähnelt dem Bild pilzbesiedelter Hohlräume mit eingeschlossenem „Myzelball"* (Abb. 163). *Vergleichbare Befunde* ergeben sich nach entsprechenden Sequestrierungsvorgängen *beim Lungenabszeß* (LIESS; JACOB, FOURES, LOUIS, LOUSTEAU, MILHIET u. TREPS; WEENS u. THOMPSON; TESCHENDORF; ZADEK; COCCHI; HUEBER u. POZZA; RUBIN, WHITWELL u. WADDINGTON; MITTELBACH u. VAN DE WEYER; JANES; BOBROWITZ; GÉHER; GANNON u. GREENFIELD; PIGORINI; AGOSTINI), *bei Lungeninfarktkavernen* (SOUCHERAY u. O'LOUGHLIN; COCCHI; MITTELBACH u. VAN DE WEYER; URECH; BOULOYS, LEVÈRE, PÉLISSIER, LEENHARDT u. BRUSCHET; WACHNER; GSELL; CAPELLI; RUTISHAUSER; LAFORET u. LAFORET; RABONI u. MERELLI; SCHULZE) (Abb. 160 u. 173), mitunter auch *bei Bronchozelen* bzw. sackförmigen Bronchiektasen mit eingedicktem Sekret im Lumen (BOBROWITZ) und nicht selten *bei kavitären Formen peripherer Plattenepithelkarzinome* (SEMB; ZADEK; FELSON; DAVIS, PEABODY u. KATZ; WEENS u. THOMPSON; SALVINI; CUBILLO-HERGUERA u. MCALISTER; ISAAC u. OTTOMAN; REINHARDT u. SCHERMULY; FRASSINETI; REINHARDT; SAUER, EUGENIDIS u. ENDREI; SCHULZE u.a.) (Abb. 161; s. auch Bd. IX/4b, Abb. 433, 435—437, 439, 440 u. 443).

Trotz enger pathogenetischer Beziehungen zur Tuberkulose und gelegentlich beobachteter grobnodulärer Lungenherde des Morbus Boeck (MCCORD; FELSON; SCHWARZ;

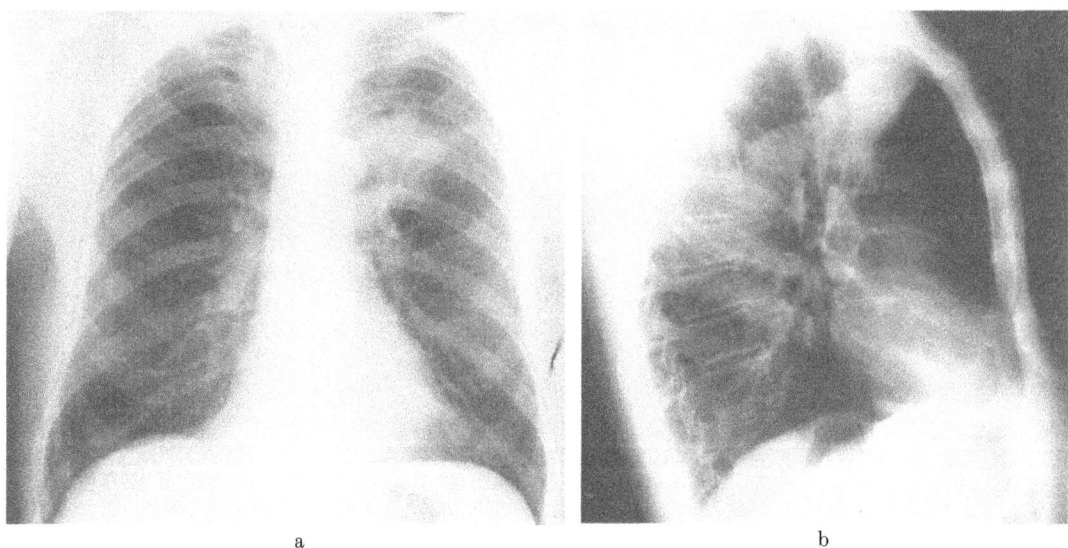

Abb. 162 a u. b. 71jähr. ♂. *Segmentale Parenchymverdichtung und Schrumpfung des linken Oberlappens mit tumorartiger Hilusverbreiterung bei bronchopulmonaler Blastomykose.* Der fungöse Ursprung (Blastomyces dermatitidis) des in Vorderansicht (a) und Frontalprojektion (b) dargestellten Prozesses wurde erst nach Lobektomie durch kulturelle Untersuchung des Resektionspräparats nachgewiesen. [Nach LARSON, R. E., BERNATZ, P. E., GERACI, J. E.: Results of surgical and nonoperative treatment for pulmonary North American blastomycosis. J. thorac. cardiovasc. Surg. **51**, 714—723 (1966); Fig. 4a u. b]

TURIAF, BASSET, MARLAND u. GEORGES; ACCARD et al. u. a.) (s. S. 447) ist der von CHRIS-HOLM u. LANG beschriebene Befund eines im Durchmesser 5 cm *großen Solitärknotens bei hilo-pulmonalem Sarkoid* ungewöhnlich.

Unter den entzündlichen „Rundherden" der Lunge spielen *mykotische Granulome* im amerikanischen Schrifttum eine beachtliche Rolle. PEABODY, DAVIS u. KATZ halten pilzbedingte Granulome sogar für häufiger als tuberkulöse. Der hohe statistische Prozentanteil dürfte den besonderen Bedingungen in Übersee entsprechen, für europäische Verhältnisse aber kaum zutreffen. HOOD, GOOD, CLAGETT u. MCDONALD bevorzugen im Einklang mit anderen Autoren den nicht präjudizierenden Begriff „Granulom" für alle Lungenrundherde chronisch-infektiösen Ursprungs. Ein Teil der von ihnen entfernten tuberkulomartig wirkenden Knoten erwies sich kulturell nicht als tuberkulöse Läsion, sondern als Granulationsherd fungöser oder unspezifisch-bakterieller Ätiologie (s. auch GOOD, CLAGETT u. WEED; MOERSCH, WEED u. MCDONALD; SEGAL, STARR u. WEED; ZIMMERMAN; PEABODY, MURPHY u. SEABURY; DAVIS, PEABODY u. KATZ; BERNATZ u. CLAGETT) (s. S. 291 u. 311). Die Autoren wenden die Bezeichnung „Tuberkulom" daher nur bei entsprechendem Untersuchungsbefund des Resektionsmaterials an. Histologische Kriterien allein sind für die Differenzierung unverläßlich, da manche Pilzgranulome in Grobstruktur und Feinbau tuberkulösen Herden weitgehend gleichen. Zentrale Nekrosen, umgeben von einem Saum palisadenartig angeordneter Epitheloidzellen mit Einschluß mehrkerniger Riesenzellen innerhalb eines lymphozytär-plasmazellulären Infiltrationswalles und zwiebelschalenförmige Schichtung hyaliner Fasermäntel sind nicht pathognomonisch für die vom Mycobacterium tuberculosis verursachten Foci, sondern auch beim Histoplasmom und granulomatösen Herden anderer Pilzarten zu finden (Blastomykose, Coccidioidomykose, Sporotrichose, Moniliasis etc.) (WEGMANN; DAVIS, PEABODY u. KATZ u.a.). Die Differentialdiagnose wird durch Spezialfärbungen der Gewebsschnitte (SCHIFFsche Färbung, GOMORI-Methenamin-Sibernitrat-Färbung, HOTCHKISS-MCMANUS-Färbung) erleichtert (PEABODY, MURPHY u. SEABURY; SEABURY, PEABODY u. LIBERMAN; ZIMMERMAN; PUCKETT; BINFORD; GRIDLEY; GROCOTT; DAVIS, PEABODY u. KATZ u.a.), mit denen der Pilznachweis — analog der Nachtblaufärbung von Tuberkelbazillen — in den Krankheitsherden möglich ist.

Die Morphologie der diversen exo- und endogenen Pilzerkrankungen des bronchopulmonalen Systems ist sehr vielgestaltig (WÄTJEN; DOUB; MOHR; WEGMANN; COCCHI; TESCHENDORF; HOFFMEISTER; PRÉVÔT u. STRATMANN; FAWCITT; LODIN; BARTH; SCOPETTA u. MAZZA; SEELIGER; AGAHI u. BUSCHMANN; GENZ u. a.). Neben akut pneumonischen bzw. pleuro-pulmonalen und disseminierten Formen kommen chronische regionale Lungenverdichtungen von tumorartigem Aspekt vor (ARBUCKLE; DORMER, FRIEDLANDER, WILLES u. SIMPSON; MAHOUDEAU et al. u. a.). Die für die Differentialdiagnose neoplastischer Prozesse bedeutsamsten Grundtypen sind anhaltende *Segment- oder Lobärverschattungen mit verdicktem Hilus* (EICHBAUM; HINSON, MOON u. PLUMMER; MINETTO, PRINOTTI, BERUTTI u. SEGRE; SCHAUB; ZADEK; RUMRICH; HOLSTEN; FLYNN u. FELSON; MAHOUDEAU, LEMOINE, POULET u. DUBRISAY; KRAUS; BARTSCH; SMITH; WEGMANN u. a.) (Abb. 162), kirsch- bis apfelgroße *umschriebene Solitärknoten* (sog. „Mykome" bzw. „Myzetome") (LODIN; HERRMANN; LAGÈZE; MENZ; REINHARDT; LOECKELL; TAKARO, WALKUP u. MATTHEWS; GEMEINHARDT u. a.) sowie *Ring- und Kokardenfiguren*, die bei zerfallenden Pilzgranulomen und sekundärer Pilzbesiedlung präformierter Hohlräume in Erscheinung treten (HÖFFKEN; LODIN; MOHR; REINHARDT; HAHN; LEVIN; RILEY u. TENNENBAUM; LAFORET u. LAFORET; LAGÈZE; LAHOURCADE; SILVER et al.; BÖCK u. RICHTER; PLÍKAL; BADER; BARTSCH u. a.).

Nach GEMEINHARDT wurde im Weltschrifttum bis 1967 über 300 Myzetome berichtet. Am häufigsten ist das sog. „*bronchiektasierende Aspergillom*", bei dem sich das Pilzmyzel (Aspergillus fumigatus, Aspergillus niger, Aspergillus flavus) innerhalb sackförmiger Bronchiektasen, offener kongenitaler Zysten, alter Abszeßhöhlen oder gereinigter zirrhotischer Tertiärkavernen zu einem kugeligen, durch eine schmale Luftschicht von der Wand abgesetzten Gebilde formt (MONOD; COOPER; HERTZOG, SMITH u. GOBLIN; HÖFFKEN; PESLE u. MONOD; HOCKBERG, GRIFFIN u. BICUNAS; ARBUCKLE; HUGHES, GOURDLEY u. BURWELL; BRÉA; MONOD, PESLE u. SEGRÉTAIN; TESCHENDORF; LODIN; LEVIN; VELIOS, CRAWFORD, GATZIMOS u. HAYNES; COE; MONOD, PESLE u. LABEQUÉRIE; YESNER u. HURWITZ; FRIEDMAN; BRUNNER; FRIEDMAN, MISHKIN u. LUBLINER; HUBER; KASTRUP; COCCHI; GEBAUER; WEGMANN; DREWES; SMITH-FOUSHEE u. NORRIS; CORNET, KERNEIS, MOIGNETEAU, DUPONT u. COIFFARD; LEON-KINDBERG, PARAT u. NETTER; SMITH; MEUTTER; GERSTL, WEIDMAN u. NEWMAN; VAN ORDSTRAND; HAUSMANN; MOHR; MEYER u. RAPAUD; LAGÈZE, TOURAINE u. PATIN; BARIÉTY, POULET, MONOD u. DE BRUX; MAHOUDEAU, LEMOINE, POULET u. DUBRISAY; LA NOUÈNE, SARREMEJEAN u. SECOUSSE; HINSON, MOON u. PLUMMER; VERBEKE; SILVER, MASON, ROBINSON u. BLANK; V. ELMENDORFF; VILLAR, PIMMENTEL, FREITAS u. COSTA; FASSBAENDER u. MOHR; COROLLER et al.; AEISI u. Mitarb.; BOKOR u. KESZTHELYI; JOLIE u. STREUMER; THORBAN u. FASSBAENDER; LE HEGARAT et coll.; HOLSTEN; IRWIN; BADER; GEMEINHARDT; BUTT; COMINO u. MUSSO; REINHARDT; HAHN; RILEY u. TENNENBAUM; DE KOSTER, AROUETTE, VERSTRAETEN u. ENGELHOLM; ZIMMERMANN u. MILLER; SCHWARZ u. BAUM u. a.) (Abb. 163).

Das Initialstadium flächenhafter Pilzansiedlung ist röntgenmorphologisch uncharakteristisch, da die Demarkierung des Innenkörpers durch eine Luftsichel noch fehlt. Das „ruhende" Aspergillom imponiert als Rundschatten, der sich durch Ausdehnung der Myzelkolonie allmählich vergrößert („wachsendes Aspergillom"). Da während der Evolution saprophytäre und parasitäre Phasen zeitlich und örtlich in Abhängigkeit von den Milieubedingungen wechseln können, variiert das Ausmaß der entzündlichen Umgebungsreaktion (GEMEINHARDT). Erst die von Milieuänderungen (Sauerstoffmangel etc.) bewirkte Degeneration des Pilzballes führt zu Schrumpfungsvorgängen, bei denen sich der Hyphensequester von der Höhlenwand ablöst. Eine intrakanalikuläre Metastasierung fungöser Herde ist selten, doch gelingt es meist, Pilze aus dem Sputum zu züchten. Nur bei Verschluß des Drainagebronchus bleibt die kulturelle Fahndung negativ. Die Bedeutung der klinischen Leitmerkmale (asthmoide Bronchitis, Bluteosinophilie, positiver Hauttest)

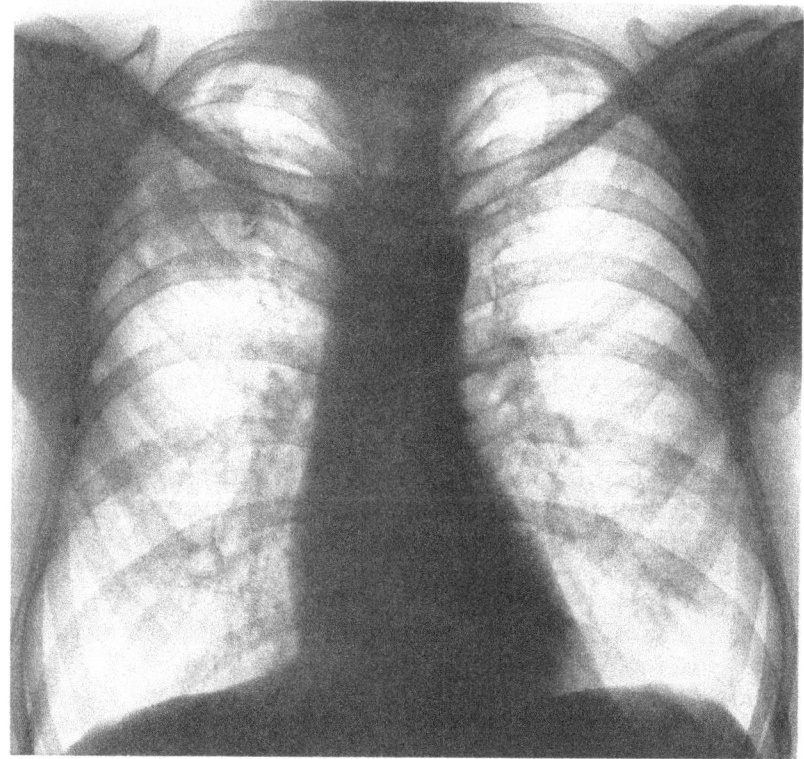
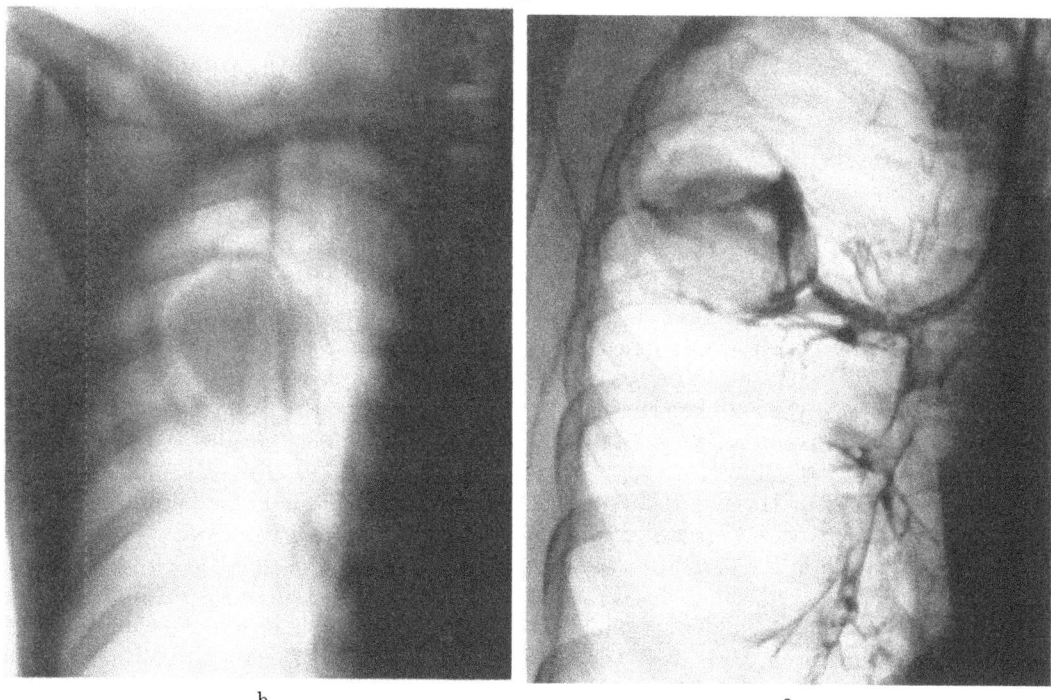

Abb. 163a—e. *Aspergillom in einer solitären kongenitalen Lungenzyste des dorsalen Oberlappensegments.* Nach Lobektomie histologisch und mikrobiologisch verifizierter Befund. Darstellung des von einem sichelförmigen Luftmeniskus umsäumten intrakavitären Pilzmyzelballs im Nativbild p.-a. (a), im Schichtbild 6 cm a.-p. (b) und bei fortschreitender Kontrastfüllung des spaltförmigen Restlumens und des ektatischen Drainagebronchus (c—e). [Nach HÖFFKEN, W.: Das Aspergillom der Lunge. Fortschr. Röntgenstr. 84, 397—407 (1956), Abb. 1—5]. H. H., 52jähr. ♂. Arch.-Nr. 7004/52, Röntgen- und Lichtinstitut d. Städt. Krankenanstalten Köln-Merheim (damal. Leiter: Prof. M. DAHM)

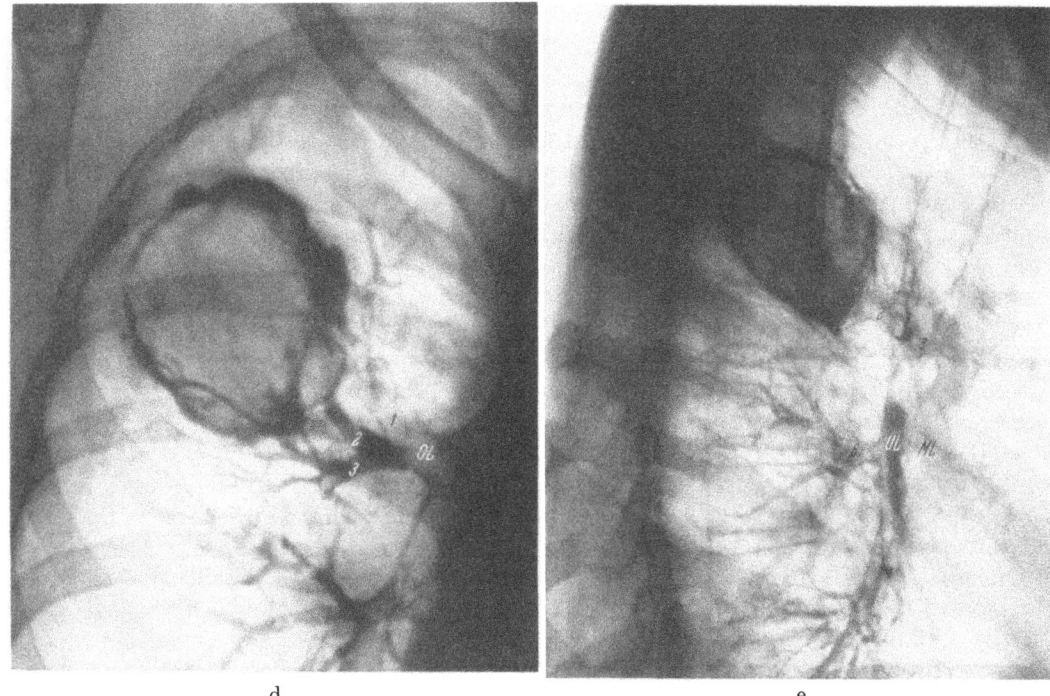

d e
Abb. 163 d u. e

wird dadurch gemindert, daß auch beim genuinen Bronchialasthma positive Antigenreaktionen bei der Intrakutanprobe und beim Inhalationstest mit Aspergillus-Antigen auftreten (Auslösung asthmoider Zustände) (DÜNGEMANN zit. n. GEMEINHARDT).

Intrakavitäre rundliche Hyphen-Konglomerate kommen ferner beim *Mega-Myzetom* (Penicillium myceto-magenum, Nocardia pretoriana etc.) (DÉVÉ; MENZ; LAGÈZE et al.; RUBAGOTTI; KOVÁCS; MACHADO, FILHO u. MIRANDA), bei umschriebenen Formen der europäischen Blastomykose, der sog. *Torulopsis* (Torula neoformans, Cryptococcus histolyticus) (PERRUCHIO, BRUEL, LAGARDE u. DELPY: *„bronchiektasierendes Torulom"*; s. auch DORMER, FRIEDLANDER, WILLES u. SIMPSON; FLAVELL; MOHR; SMITH; CRUICKSHANK u. HARRISON; HAUGEN u. BAKER; HAWKINS; BERK u. GERSTL; HOFFMEISTER; GERACI, DONOGHUE, ELLIS, WITTEN u. WEED; LECOEUR, LIBERT u. ABRIC; LESTER, LANE, KERN u. JONES; WEGMANN; HAAS u.a.), bei primärer *Moniliasis* (Candida bzw. Oidium albicans und andere Hefepilze) (LODIN; WYLIE u. DE BLASE; LECOEUR et al.; WÄTJEN; HOFFMEISTER; WOLLHEIM u. BRAUN; IKEDA; DICKSON; MANKOWSKI u.a.), bei manchen *Streptotrichosen* (LAGÈZE et al.) und anderen Pneumomykosen vor. Die röntgenmorphologische Ähnlichkeit des Meniskuszeichens pulmonaler Mykome (WEENS u. THOMPSON) mit dem von BÉCLÈRE und ZEHBE als pathognomonisch beschriebenen Symptom der perivesikulären Luftsichel bei Echinokokkuszysten (Zeichen der Membranlösung) und analogen Befunden bei sequesterhaltigen Infarkt-, Abszeß- und Tumorhöhlen wurde oben erwähnt (S. 301 s. auch S. 341).

Entsprechend der Bezeichnung „Tuberkulom" sollen die sinngemäßen Begriffe *„Torulom"*, *„Histoplasmom"* und *„Coccidiodomykom"* den geschwulstartigen Aspekt pulmonaler Pilzgranulome bestimmten Ursprungs ausdrücken (DAVIS, PEABODY u. KATZ; PERUCHIO et al.; PEABODY, DAVIS u. KATZ; LEON-KINDBERG et al.; VILLAR u. Mitarb.; JONES u.a.). Das Auftreten derartiger zum Teil zerfallender und verkalkender granulomatöser Knoten beschränkt sich nicht auf die Torulopsis, *Histoplasmose* (Histoplasma capsulatum bzw. Cryptococcus capsulatus) (FORSEE; FURCOLOW, MANTZ u. LANDIS; DAVIS, PEABODY u. KATZ; PUCKETT; PELLET u. GALE; SPITZ; BRONSON u. SCHWARZ;

Jones; Forsee, Puckett u. Hagman; Sutliff et al.; Furcolow u. Brasher; Zimmerman; Binford; Mathiesen; Poppe; Brunner; Schwarz; Salfelder u. Mitarb.; Wegmann; Diveley u. McCracken; Baum u. Schwarz; Loewen et al.; Cheesman u. Mitarb.; Schwarz et al.; Walker u. James; Takaro; Conrad, Saslaw u. Atwell; Ahn, Kilman, Vasko u. Andrews; Sick; Christoforidis u.a.) und *Coccidioidomykose* (Coccidioides immitis) (Taylor; Evans u. Ball; Cummins, Smith u. Halliday; Jamison; Brown; Good, Clagett u. Weed; Winn u. Johnson; Cox u. Smith; Greer u. Grow; Greer, Forsee u. Mahon; Zimmerman; Butt u. Hoffman; Cotton u. Birsner; Forsee u. Perkins; Dickson; Alznauer, Rolle u. Pierce; Rakofsky u. Knickerbocker; Carter; Colburn; Powers u. Starks; Hood, Good, Clagett u. McDonald; Hirsch; Davis, Peabody u. Katz; Pellett u. Gale; Linder u. Jagdschian; Wegmann; Waring u.a.). Sie sind nicht minder häufig bei der nord- und südamerikanischen *Blastomykose* zu finden (Morbus Gilchrist, Blastomyces dermatitidis) (Hawley u. Felson; Acree, De Camp u. Ochsner; Lowry, Kraft u. Hughes; Hopkins u. Murphy; Cummins, Bairstow u. Baker; Sealy, Collins u. Menefee; White u. Owen; Mohr; Weisel u. Landes; Lövel u. Bogsch; Pfister, Goodwin, Squire, Ellison u. Walker; Buechner, Anderson, Seabury u. Peabody; Kunkel, Weed, McDonald u. Clagett; Hawley u. Felson; Harrell u. Curtis; Larson, Bernatz u. Geraci; Abernathy; Wegmann-Lutzsche Mykose (Blastomyces bzw. Paracoccidioides brasiliensis) (Farris; De Almeida; D'Alfonso; Farris u. Macarini; Fialho; Madeira; Padilha, Goncalves u. Bardy; Motta; Peisovich, Nusimovich u. Vargas; Redaelli u. Ciferri; Drewes; Moore; Da Rocha Passos; Wegmann u.a.). Geschwulstartige Erscheinungsbilder umschriebener Granulomherde oder massiver chronischer Pilzpneumonien beobachtet man ferner bei primären und sekundären Formen der Strahlenpilzerkrankungen *Aktinomykose* und *Nokardiose* (Actinomyces bovis bzw. Nocardia actinomyces, Streptotrix actinomyces, Actinomyces Israeli, Nocardia asteroides und andere endo- wie exogene Strahlenpilzarten) (Pancoast u. Pendergrass; Wätjen; Kerbrat u. Chellerier; Clairmont; Lüdin; Eichbaum; Schaub; Rumrich; Kugel, Harlacher u. Hueck; Cuttino u. McCabe; Zadek; Johnson u. Kerman; Mohr; Drewes; Gombert; Reitter; Ellis; Kay; Siebert; Farafontieva; Oosthuizen u. Fainsinger; Prinzker u. MacKay; Villegas u. Sala; Chambatte, Pernod, Lédérente u. Loubiere; Moore u. Scannell; Farrell u. Oden; Akovbiantz u. Germann; Bates u. Cruickshank; Pittman u. Kane; Diethelm; Lourd u. Lourd; Kraus; Ravelli; Flynn u. Felson; Spilsbury u. Johnstone; Lindemann; Fabian; Wegmann u.a.), gelegentlich auch bei der *Sporotrichose* (Sporotrichum Schenckii) (Trocmé, Plichevin u. Bordat; Forbus; Nicaud; Wegmann) und bei *Geotrichosis* der Lungen (Geotrichum candidum) (Webster; Castellani; Hauser; Kundstadter, Pendergrass u. Schubert; Mahoudeau u. Mitarb.; Smith; Wegmann).

Die Entwicklung grobherdiger Fungusgranulome kann *klinisch* unterschwellig bleiben. Massiv infiltrative und abszedierende Prozesse pflegen mit ausgeprägten, in ätiologischer Hinsicht jedoch uncharakteristischen Lokal- und Allgemeinsymptomen einherzugehen (Husten, schleimiger oder eitriger Auswurf, unter Umständen Hämoptysen, Dyspnoe, Fieber wechselnder Höhe, Nachtschweiß, Brustwandschmerz, Abgeschlagenheit, Gewichtsverlust, Senkungsbeschleunigung und Leukozytose mit Linksverschiebung meist beträchtlichen Grades, seltener Leukopenie mit relativer Lymphozytose oder Eosinophilie, Anämie). Zumal bei den *pseudotumoralen Formen der Aktinomykose*, aber auch bei Blastomykose, Histoplasmose und Coccidioidomykose kann die broncho-pulmonale Pilzaffektion außer Pleura und endothorakalen Lymphknoten den Herzbeutel, Rippen und Brustwirbel einbeziehen (ossifizierenden Periostitis bzw. Osteomyelitis: Schaub; Farafontieva; Lourd u. Lourd; Wegmann u.a.). Im Verein mit kutanen Veränderungen nach Art eines Erythema nodosum bzw. exsudativum multiforme oder gummaähnlichen Knoten können rheumatoide Arthralgien, allgemeine Lymphknotenschwellung, Hepato-Splenomegalie sowie zerebrale und andere Organstörungen auftreten.

Da sich saprophytäre Pilze in Symbiose mit anderen Keimen sekundär im Terrain neoplastischer oder entzündlich indurierter Lungenprozesse, insbesondere auch im Bereich von Bronchiektasen und hinter Bronchialstenosen jeglicher Ursache ansiedeln können, ohne örtliche Reaktionen auszulösen, andererseits durch Erlangung pathogener Eigenschaften klinisch-röntgenologische Krankheitssymptome hervorrufen können (SCHMORL; HEGGLIN; LÜDER; KOVÁCS; TOMŠIKOVÁ, SACH, HOŘEJŠI, MECL, MALÝ u. NOVÁČKOVÁ; BARTH; GALLWAS; BARTMANN; BUSCHMANN; BADER u.a.), die denen des Grundleidens täuschend ähneln, bleibt die Differentialdiagnose endogener Pneumo- und Pneumomykosen selbst bei entsprechendem Erregerbefund im Auswurf (HELMS; GEMEINHARDT) vielfach problematisch. Bezüglich Klassifikation, Epidemiologie, Klinik und Röntgensemiotik der diversen bronchopulmonalen Pilzerkrankungen wird auf neuere monographische Arbeiten verwiesen (WEGMANN; DREWES; BADER; BUECHNER; RUBINSTEIN in Bd. IX/2 dieses Handbuches). Aus den genannten Werken ergeben sich auch nähere Aufschlüsse über Wert, Leistungsgrenzen und Fehlerquellen spezieller bakteriologisch-serologischer Nachweismethoden in der Differentialdiagnose fungöser Lungenerkrankungen (makroskopischer Befund von „Pilzdrusen" im eitrigen Sekret bei Strahlenpilzaffektion, mikroskopischer Pilznachweis im Nativpräparat, in gefärbten Sputum- und Eiterausstrichen und in bioptischen Gewebsproben, orientierende Intrakutantests mit gruppenspezifischen Pilzantigenen, serologischer Nachweis komplementbindender Antikörper, Agglutinine und Präzipitine, Artdiagnostik durch Kultur, Serum-Fungistase-Test und Tierversuch etc.).

Die sklero-gummöse Form der konnatalen und der erworbenen *tertiären Lungenlues* vermag mit zirkumskripten Läsionen infiltrativen, ulzerös-nekrotischen oder indurativen Charakters ebenfalls tumorverdächtige Röntgenveränderungen hervorzubringen (BERBLINGER; VERSÉ; SCHMORL; RÖSSLE; BENDA u. Mitarb.; LETULLE; ADLER; KRAUSE; DÜNNER; PRÉVÔT; SERGENT et al.; WINGE; FINDLAY et al.; WILE u. MARSHALL; HU, FRAZIER u. HSIEH; BRADLEY; KERNODLE et al.; VOGLER; ORNSTEIN; DIENST u.a.). Das gilt nicht nur für die mit regionaler Bronchiektasie einhergehenden Parenchymverdichtungen jenseits *syphilitischer Stenosen eines Haupt- oder Lappenbronchus* (SCHWYZER; SERGENT; SERGENT u. BENDA; RAYMOND; LETULLE; KARSHNER; INGRAM; DAHM u. VOLBEDING; ASSMANN; KRAUSE; GROEDEL; VERSÉ; TESCHENDORF; LOSSEN; DÜNNER; JUDD; CONNER; ZADEK; LIEVEN; LÉVI-VALENSI, SUDAKA u. NEGRI; VIERLING; DÜNNER, LEESER u. BLUME; HUTTER; HOWARD; ROBINSON; KOCH; HARTUNG u. FREEDMAN; FRANCO; PEARSON u. DE NAVASQUEZ; COCCHI; GÜNSEL; SCHULZ u. RIESSBECK; FUCHS; JAGDSCHIAN; SWENSON u. LEAMING; TISSOT; VIVOLI; VOGLER; DREWES; GARKEL u. MINKOVSKY; KOPP u.a.) (s. Bd. IX/3, S. 206/207).

Auch umschriebene *grobknotige Syphilome der Lungenperipherie*, die als solitäre „Granulationsgewebswucherungen mit sekundärer käsiger oder fibröser Umwandlung" imponieren (VERSÉ) und mitunter multifokal entstehen (VERSÉ; RÖSSLE; GIESE; WINDHOLZ; ROYCE u. GLOAGUEN; SHINGU; FREEMAN; ROULET; CHIAROTTI u. PICCHIO), können autochthone wie metastatische Lungengeschwülste imitieren (WAGNER; CARLIER; BADER; BABENKO; KUHN; KULISCH; DEUTSCH; PRÉVÔT; DÜNNER, LEESER u. BLUME; THOMPSON; REICHE; KARSHNER; ALLISON; FISCHER; LOSSEN; BERBLINGER; HALL; WINDHOLZ; FREEDMAN u. HIGLEY; TERAMO; ROYCE; CERRERA; MCINTYRE; HOWARD; ORNSTEIN; LETULLE; SCHILLING; WILE u. MARSHALL; HARTUNG u. FREEDMAN; HAMMER; ZADEK; TESCHENDORF; MORGAN, LLOYD u. PRICE-THOMAS; COCCHI; DÜNNER; ROYCE u. GLOAGUEN; BRADLEY; CHIAROTTI u. PICCHIO; ECKERT; FINDLAY, LEHMAN u. ROTTENBERG; KLÄRING u. ROTHE; HARTMANN u. SCHAUDIG; DREWES; DANEMANN et al.; MERSCH u.a.). VERSÉ unterscheidet nach dem Aufbau knotige gummöse von fibrösen Syphilomen. Makroanatomisch stellen die Gummata zunächst weiche, grau-rötliche Knoten dar, die später abblassen, sich verfestigen oder zerfallen (KOCH; MERSCH u.a.), da sie gewöhnlich im Versorgungsgebiet proliferativ-endarteriitisch geschädigter Gefäße auftreten (KOKAWA; VERSÉ; BENDA; VIVOLI u.a.). Die umschriebenen Gummaherde repräsentieren nur etwa 0,3—1% aller tertiärsyphilitischen Lungenveränderungen (VERSÉ; RÖSSLE; STEUER).

Die *pulmonalen Solitärgummen* sind meist bindegewebig abgekapselt, imponieren daher *röntgenologisch als scharf begrenzte, relativ dichte strukturlos homogene Rundschatten* (Abb. 164) *oder als tumorähnliche Kavernen*, wenn der Knoten durch zentrale Einschmelzungsvorgänge ausgehöhlt wird. In der Mehrzahl handelt es sich um hasel- bis walnußgroße Gebilde, die nur selten zu Faustgröße anwachsen, im Ausnahmefall aber sogar eine ganze Thoraxhälfte ausfüllen können (HALL). Sie liegen kortikal oder hilusnahe, bevorzugt

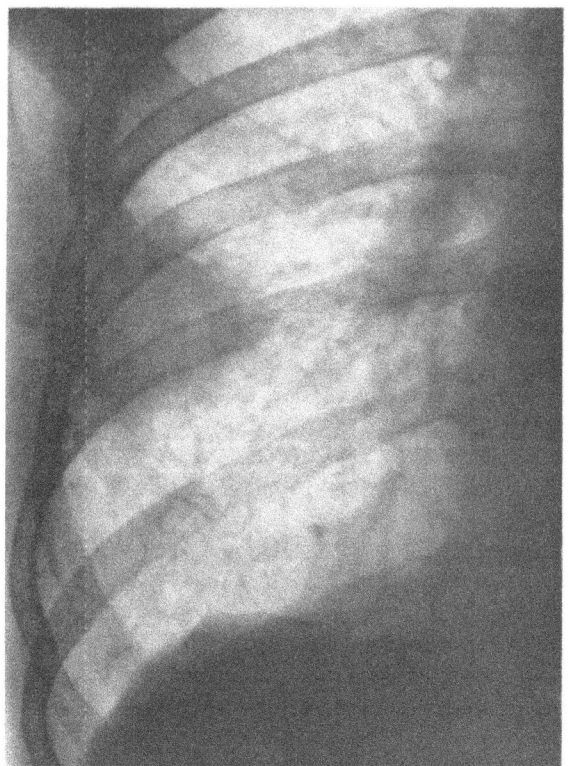

Abb. 164 a u. b. *Grobknotiges Syphilom im rechten Unterlappen.* Nach 6wöchiger Krankheitsvorgeschichte (Husten und Heiserkeit) wurde ein tumorsuspekter unregelmäßig höckerig-streifig konturierter Schatten im rechten Unterlappen festgestellt (a Nativbild p.-a.). Kein Fieber, keine Gewichtsabnahme. Blutsenkungsgeschwindigkeit 16/22 mm n.W. Citochol-Reaktion zweifelhaft, übrige Lues-Seroreaktionen negativ (Wassermann- und Meinicke-Klärungsreaktion). Pneumonektomie wegen Bronchialkarzinomverdachts. Auch der makroanatomische Aspekt des Resektionspräparats (b) ließ an einen Krebsknoten denken. Histologischer Befund: nekrotisiertes Lungengumma (Path. Inst. d. Univ. Jena, damal. Direktor: Prof. W. FISCHER). [Nach HARTMANN, G., CHAUDIG, E.: Thoraxchirurgie 1, 531—541 (1954); Abb. 3 und 5]. 57jähr. ♂

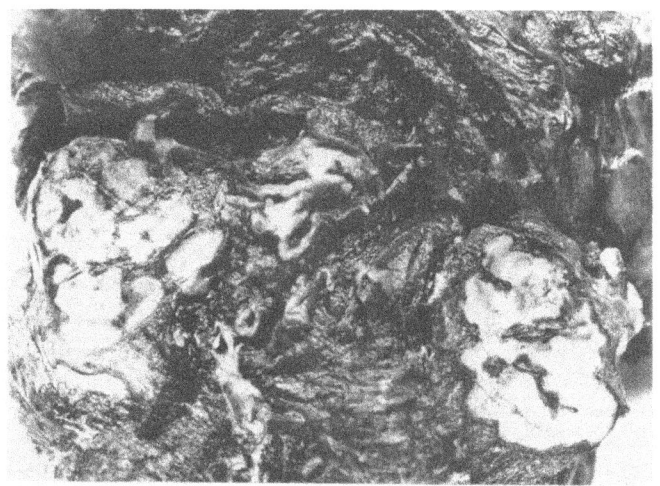

im Mittel-Unterlappenareal. Paramediastinale Gummen des Lungenmantels können duch projektorische Überlagerung der zentralen Gefäßstrukturen den irrigen Eindruck einer „Hilusauftreibung" erwecken. Eine Beteiligung peribronchialer und mediastinaler Lymphknoten kommt bei der Tertiärlues seltener vor als im Generalisationsstadium (s. Bd. IX/3, S. 206/207), doch sind Hiluslymphome, zumal bei putrider Sekundärinfektion zerfallender Syphilome, nicht ungewöhnlich (RUMPF; ZADEK; SCHULZ u. RIESSBECK; RAYMOND; ROTHSCHILD). Der pulmonale „Rundherd" kann sich hinter massiven Pleuraergüssen und -schwarten verbergen, in manchen Fällen auch mit obstruktiver Verdichtung anderer Lungensektoren infolge syphilitischer Bronchusverschlüsse kombiniert sein (FREEDMAN u. HIGLEY; ZADEK u. a.). Gelegentlich treffen grobknotig-gummöse

Veränderungen und interstitiell-pneumonische Lungenlues zusammen, die als diffus-sklerosierende Form wesentlich häufiger ist und mit einer Aussaat peribronchial-paravasaler miliar-nodulärer Granulome, teils auch mit gummöser Bronchiolitis einhergehen kann und durch ausgedehnte Gerüstschrumpfung zur Bronchiektasie und sekundärem Emphysem führt (VERSÉ; SCHMORL; LETULLE; HAMPERL; KAUFMANN; HUECK; GIESE; LOSSEN u. a.).

Verdachtsmomente für den syphilitischen Ursprung des fraglichen „Rundherdes" sind nach dem Schattenbild allenfalls aus der *relativ häufigen Kombination von Lungenlues mit Mesaortitis luetica, Aorteninsuffizienz und -aneurysmen* des aufsteigenden Gefäßstammes (nach VIVOLI in 75% der Fälle; PEARSON u. DE NAVASQUEZ) abzuleiten. Der pulmonale Befund bietet für die ursächliche Deutung allein keine kennzeichnenden Merkmale (Abb. 164). Bei Koinzidenz luetischer und tuberkulöser Lungenveränderungen (syphilitisch-kavernöse Phthise) ist die röntgenologische Abgrenzung beider Prozesse unmöglich (ZADEK). Ebenso problematisch ist die Differentialdiagnose zwischen einem Syphilom und Bronchialkrebsknoten des Lungenmantels, zumal im Falle seronegativer Tertiärlues (HARTMANN u. SCHAUDIG) (s. Legende zu Abb. 164). Tritt zum suspekten rundlichen Lungenschatten eine *Einflußstauung durch thrombotischen Verschluß der V. cava superior infolge syphilitischer Endophlebitis*, strikturierender Phlebosklerose oder Gefäßdrosselung durch eine schrumpfende Pleuromediastinalschwarte (BERBLINGER; WINGE; FRÄNKEL; EPPINGER; PAWEL; STEIB; BENDA; DREWES u. a.), so liegt der fälschliche Verdacht auf einen Bronchialkrebs mit Einbeziehung des Mediastinums sehr nahe. Ein positives Ergebnis der unspezifischen klassischen Seroreaktionen läßt weder die luetische Genese eines pulmonalen Rundherds erweisen noch dessen Geschwulstcharakter ausschließen. Man hat jedenfalls zu bedenken, daß sich *bronchogene Karzinome bei Luetikern* unabhängig von der venerischen Infektion, mitunter auch als Narbenkrebs bzw. „*Gumma-Karzinom" auf dem Boden syphilitischer Lungenprozesse* entwickeln können (LETULLE u. DALSAC; LETULLE; MARTEN u. COLRAT; ROUSLACROIX u. HUGUENIN; LETULLE u. JACQUELIN; CARRIÈRE, VANDENDORP, VERHAEGHE u. PARIS; FRIEDRICH; RÖSSLE; PALASSE u. DESPEIGNES; EKERT; THEMEL; POPPER u. a.) (Bd. IX/4a).

Die kortikalen Syphilome der Lunge bleiben wie jegliche umschriebenen Granulom- und Tumorknoten gleicher Lage *klinisch* meist stumm. Die Symptome zusätzlicher disseminierter Gerüstveränderungen, luetischer Bronchusverschlüsse bzw. -stenosen oder Pleurakomplikationen (Dyspnoe, Husten, Auswurf, Hämoptysen, Fieber, Brustwandschmerz, Gewichtsabnahme etc.) sind für die Differentialdiagnose nicht schlüssig (ZADEK; KARSHNER). Der Spirochätennachweis im Sputum bzw. Bronchialsekret gelingt selbst bei kavitärer Lungenlues nur selten (VERSÉ; VIVOLI; KOCH; ROYCE; HARTMANN u. SCHAUDIG u. a.). Für die luetische Ätiologie eines pulmonalen Rundherdes spricht dessen Rückbildung unter antisyphilitischer Therapie im Verein mit anamnestisch-klinischen Hinweisen auf eine frühere venerische Infektion, Zeichen eines spezifischen Krankheitsbefalls anderer Organe sowie Negativwerden zuvor positiver Seroreaktionen. Abgesehen vom weitgehend pathognomonischen Treponema pallidum-Immobilisationstest (Nelson-Mayer-Test), der nach kurativer Behandlung jahrelang oder dauernd positiv bleiben kann (DOEPFMER et al.; MEINICKE; SCHUERMANN; MARCHIONINI u. MEINICKE; GREIFELT, GREGORCZYK u. DOEPFMER; SCHUERMANN; BIERSCHENK u. a.), geben die genannten Kriterien jedoch keine völlige Gewißheit. Denn einmal können chronisch-entzündliche herdförmige Lungenprozesse anderer Herkunft auf die Medikation von Jodkali, Salvarsan und Penizillin ansprechen, während fibröse Syphilome kaum mehr reagieren. Andererseits sind länger bestehende Infiltrate und Tumoren mit unspezifischer Komplementablenkung in Betracht zu ziehen (HEGGLIN; V. BRAUNBEHRENS; ZADEK u. a.). Schließlich ist zu berücksichtigen, daß seronegative Fälle von viszeraler Tertiärlues vorkommen (KERNODLE, PEMBERTON u. VINSON; ZADEK; MONACO; HARTMANN u. SCHAUDIG; DREWES; DOEPFMER u. a.), und selbst der negative Nelson-Test eine Spätlues nicht unbedingt ausschließt (DOEPFMER; SCHUERMANN u. a.). ZADEK kennzeichnete die Problematik der Diagnose „Lungengumma" mit

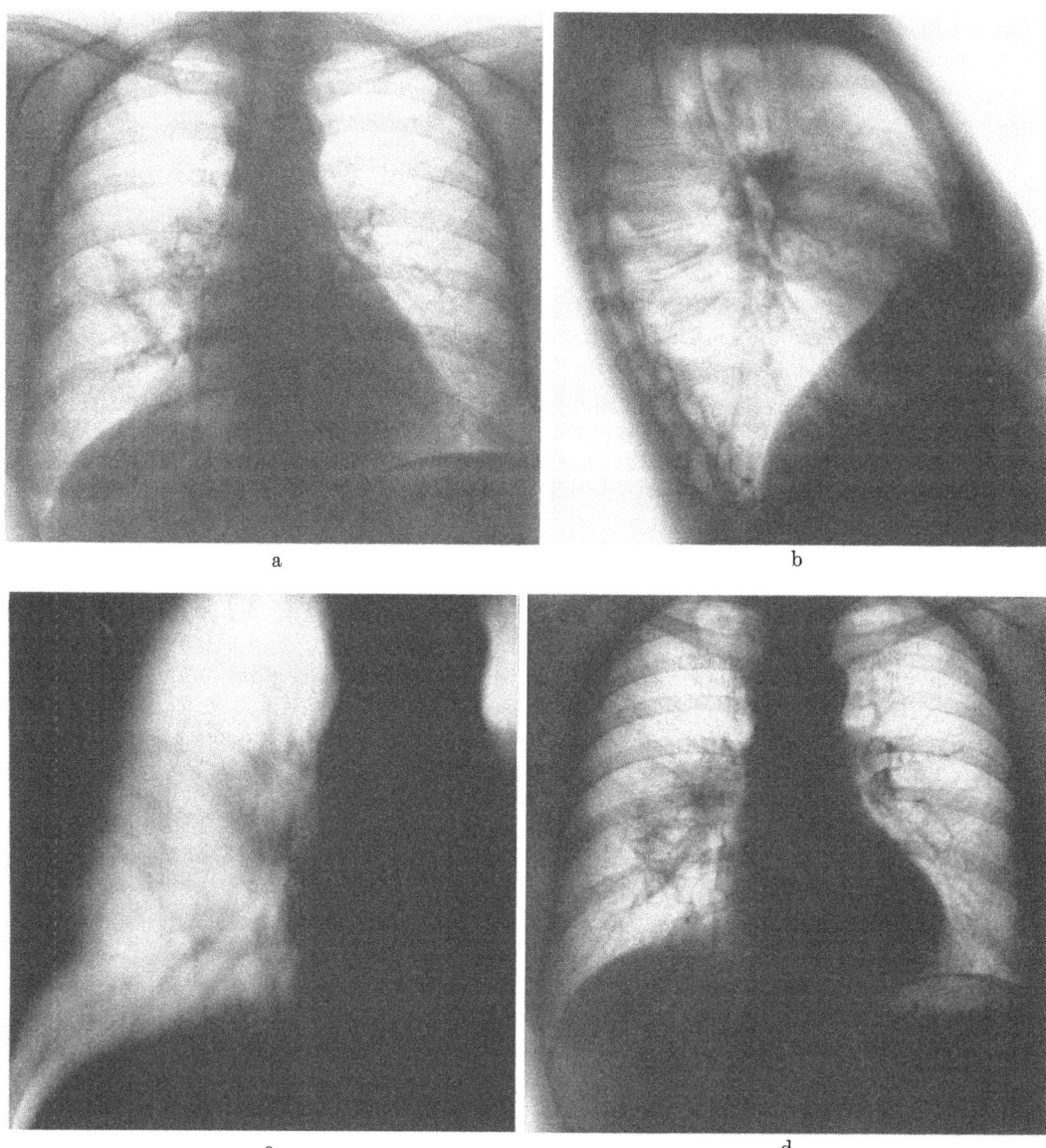

Abb. 165a—d. *Broncho-pulmonale Veränderungen bei Rhinosklerom*. Fieberhafte Erkrankung mit Husten, gelblich-schleimigem Auswurf und partieller obstruktiver Verdichtung des anterioren Oberlappensegments rechts, verbunden mit regionärer Lymphknotenschwellung (a und b Übersichtsaufnahmen p.-a. und sin.-dextr. vom 13. 7. 67; c Schichtbild 9 cm a.-p. vom gleichen Tage). Bakteriologischer Sputumbefund 29. 7. 67: Klebsiella rhinoscleromatis (Unters.-Nr. 5548/67, Hygiene-Institut d. Univ. Heidelberg). Zunächst zunehmende Ausdehnung der segmentgebundenen Parenchymverschattung (d Übersichtsaufnahme vom 18. 10. 67). Im weiteren Verlauf völlige Rückbildung unter antibiotischer Medikation. E. S., 58jähr. ♀. Arch.-Nr. 13 006/67, Röntgenabtlg. (damal. Leiter: Dr. V. SCHNEIDER) der Med. Univ.-Poliklinik Heidelberg (Direktor: Prof.PLÜGGE)

der Feststellung, man könne sie „nur per exclusionem, per exspectationem und ex juvantibus" stellen und komme gewöhnlich nicht über eine Wahrscheinlichkeitsdiagnose hinaus.

Wie die Syphilis können auch chronisch-granulomatöse Veränderungen der Bronchialwand und peribronchialer Lymphknoten beim *Rhinosklerom der tiefen Atemwege* tumorartige Parenchymverdichtungen eines Lungensektors infolge obstruktiver Belüftungs- und Sekretdrainagestörung verursachen (v. HEBRA; STREIT; ACUNA; FRISCH; HART u. MAYER; CHIARI; ZUPPINGER; MEYER; RUNGE; KNAPP; SIVAK; DIXON; DILL; MENDIOLA;

OLSON; ZADEK u.a.) (Abb. 165; s. auch Bd. IX/3, S. 206). Analoge Folgezustände entzündlicher Bronchialstenosen kommen bisweilen bei der *Lepra* vor (BABES u. MOSCUNA; BERGENGRUEN; ARNDT; HART u. MAYER).

Außer knotig-granulomatösen Herdbildungen der spezifischen chronischen Infektionskrankheiten findet man auch *solitäre Lungengranulome unspezifisch-infektiöser Genese.* GOOD, CLAGETT u. WEED konnten aus derartigen Foci verschiedene Erreger isolieren (Escherichia coli, Brucella suis, Streptococcus faecalis, Staphylo- und Mikrokokken). Ohne bakteriologisch-kulturelle Untersuchung des Resektionspräparates ist die Ätiologie der herdförmig proliferativen Entzündungsprozesse nicht zu ermitteln (HODGSON u. MCDONALD; HOOD, GOOD, CLAGETT u. MCDONALD; SEGAL, STARR u. WEED; DESAIVE u.a.) (s. S. 291, 302 u. 312).

Zur Kategorie umschriebener geschwulstähnlicher Entzündungsherde unbestimmter Ursache gehören pulmonale Parenchymknoten granulomatösen Charakters, die in variablem Mischungsverhältnis aus fibroblastenartigen Spindelzellen, gefäßreichem, stellenweise hyalin degeneriertem Bindegewebe, lympho-monozytär-plasmazellulären Infiltraten sowie aus Schaumzellen mit mehr oder weniger reichlichen sudanophilen Einschlüssen bestehen. Bei Vorherrschen chronisch entzündlicher Zellelemente sind sie als *plasmazelluläre Granulationstumoren* (CHILDRESS u. ADIE; UMIKER u. IVERSON; GALY u. TOURAINE; s. auch SPYKER u. KAY u.a.) bzw. als *Mastzellengranulome* (SHERWIN, KERN u. JONES; CHARETTE, MARIANO u. LAFORET), bei stärkerer Lipoid-Neutralfettspeicherung mit entsprechender Gelbfärbung des Gewebes als *pulmonale Xanthogranulome* zu bezeichnen (UMIKER u. IVERSON; ALLEGRE u. DENST; STOUT; DELARUE; FICARI u. RICCERI; TITUS, HARRISON, CLAGETT, ANDERSON u. KNAFF; SCOTT, MORROW u. PAYNE; FORD, THOMPSON u. BLADES; PHILIPS; HOCHBERG u. SCHACTER; FASANOTTI u. ZANNINI; DELAGE, MOLINA, CHEMINAT, FONCK-CUSSAK u. PASSEMARD; KLIMKOVICH, PIKALEVA u. GORBULEVA; DAPRÀ, AASALDI, MONATERI u. PICCO; LOTTSFELDT u. GOOD u.a.) (s. S. 177).

Granulomatöse Prozesse gleicher feingeweblicher Komposition wurden retroperitoneal, intrapleural, im Mediastinum und andernorts nachgewiesen (OBERLING; BROWN u. JOHNSON; STOUT; PEABODY, BROWN, SULLIVAN u. CANNON; WILLIS; FISHER u. BEYER; ROUJEAU, HERTZOG u. DE BRUX; SWEETMAN, HARTLEY, BAUER u. SALYER; GALY u. PELLET u.a.). Ihre histologischen Beziehungen zu bestimmten gutartigen Lungentumoren mesenchymaler Herkunft (Xanthomen, Xanthofibromen, Histiozytomen, sklerosierenden Angiomen) sowie zum extramedullären Plasmozytom wurden oben erwähnt (s. S. 161 u. 177). Da sich aus der Vorgeschichte meist Hinweise auf rezidivierende Bronchitiden, vorausgegangene Pneumonien oder Pleuritiden ergeben, sprechen UMIKER u. IVERSON, SWEETMAN u. Mitarb., TARASCA sowie BROWN u. JOHNSON von *„postinflammatory tumors".* Sie können in allen Altersstufen auftreten, sich allmählich bis zu Apfelgröße ausdehnen, zentral zerfallen und nach längerer Dauer fibrös indurieren. Der *Röntgenbefund* liefert keinen Anhalt für die ätiologische Identifizierung. Das gilt auch für die seltene *solitärknotige Form des eosinophilen Lungengranuloms* als isolierte Manifestation der nicht speichernden Retikulose (BARIÉTY, MONOD, COURY, CHOUBRAC u. PAILLAS; VEZENDI u. PONGOR).

An anderer Stelle wurde auf manche differentialdiagnostisch verwertbaren Eigentümlichkeiten des Nativ- und Schichtbefundes tumorähnlicher Fehlanlagen und nichtkarzinomatöser Geschwulstherde der Lunge hingewiesen, die das Rundherdbild *benigner mesenchymaler Tumoren* (S. 201 ff.), *pulmonaler Hamartome* (S. 174 ff.), *peripherer Bronchialadenome* (S. 123 ff.), intrapulmonaler *zystischer Mißbildungen* (bronchogene oder gastroenterogene Zysten, Nebenlungen bzw. „intralobäre broncho-pulmonale Sequestration") (S. 248 u. 263 ff.) und örtlich *ektasierender Gefäßanomalien* (arterio-venöse Fisteln, Lungenvarizen) (S. 217 ff.) kennzeichnen können. Die Mehrzahl herdförmiger neoplastischer Prozesse und harmloser Varietäten bietet dagegen keine besonderen Unterscheidungsmerkmale vom röntgenologischen Aspekt peripherer Bronchialkrebse. Als Beispiele seien hier *hyperplastische Lymphknoten im Lungenmantel* (GREENBERG; PEABODY, KATZ u. DAVIS; WIGH u.

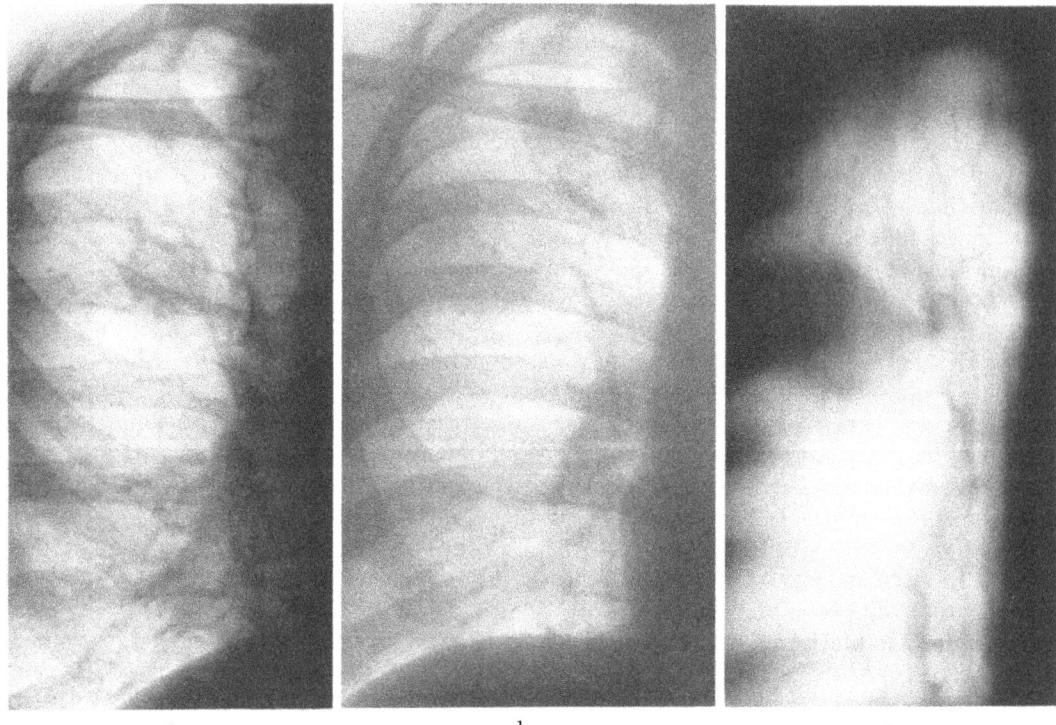

Abb. 166a—c. *Xanthöse Herdpneumonie unter dem Bild eines rasch anwachsenden, unscharf konturierten "Rundschattens"*. Klinisch: subfebrile Temperatur, Brustwandschmerzen, rezidivierende Hämoptysen, Senkungsanstieg von 21/45 mm auf 35/72 mm innerhalb von 5 Wochen. Resektion unter Tumorverdacht (Chir. Univ.-Klinik Münster/W., Direktor: Prof. P. SUNDER-PLASSMANN). Histologischer Befund: Chronische Cholesterinpneumonitis mit flacher subpleuraler Abszeßhöhle (J.-Nr. 11 176/61, Path. Inst. d. Univ. Münster/W., Direktor: Prof. W. GIESE). Nativbilder p.-a. vom 3. 7. 61 (a) und 8. 8. 61 (b), Schichtaufnahme 7 cm a.-p. vom 8. 8. 61 (c). F. M., 60jähr. ♂. Arch.-Nr. 7310/61, Röntgenabtlg. d. Med. Univ.-Klinik u. Poliklinik Münster/W. (Direktor: Prof. W. H. HAUSS)

MONTAGUE; TRAPNELL; SHAPIRO, WILSON u. GABRIELE; V. ALBERTINI; GIESE; OPITZ; HEINE; SCHULZE) (s. Abb. 83, S. 160), die *fokale Lungenadenomatose* (S. 74ff.), *autochthone Sarkome* (S. 32ff.), *solitäre Lungenmetastasen* (S. 451ff.), *isolierte Lymphogranulomatoseherde im Lungenparenchym* (VERSÉ; LENK; RATKÓCZY; WALTHARD; BLUM; HELD; ALBOT, DECOURT u. SOULAS; LOEW; ZANDER; FALCONER u. LEONARD; SUGARBAKER u. CRAVER; ROBBINS; ENNUYER, CAILLERET u. HÉLARY; VOTH; SIMON; MALLORY; KOLÁŘ, KÁČL u. PALEČEK; GUIMARÃES; HARTLIEB u.a.) (Abb. 77 u. 255), *umschriebene pulmonale Plasmozytomknoten* (Abb. 84) und zirkumskripte Manifestationen anderer maligner Retikulosen im Lungengewebe (Abb. 77 u. 255) aufgeführt.

Eine weitaus größere Rolle in der Differentialdiagnose des peripheren Bronchuskarzinoms spielen unspezifisch-entzündliche Herdprozesse, die nach thoraxchirurgischer Erfahrung seit Einführung der Chemotherapie gehäuft auftreten und vielfach durch Coli-Bakterien, Klebsiellen, Strepto- und Staphylokokken verursacht werden (BRUNNER u. TANNER; WACHNER; RABONI u. MERELLI; PIÑEYRO u. FISCHER u.a.) (s. S. 311). Umschriebene Parenchymveränderungen mit tumorsuspekten Symptomen und rundlich-ovalären, polyzyklisch begrenzten bzw. radiär-streifig aufgefaserten, keil- oder ringförmigen Schatten findet man bei *herdförmigen Relikten primär oder sekundär chronischer Pneumonien* (LENK; ZDANSKY; HEGGLIN; ACKERMAN, ELLIOTT u. ALANIS; KIRKLIN; BREWER, JONES u. DOLLEY; FREEDLANDER u. WOLPAW; SWENSON u. LEAMING; SERGENT; DEIST; HOLINGER; CURTILLET; KOURILSKY; FRÉOUR u. CARRÈRE; GRIER; KERRINNES

u. KERRINNES; GALY, TOURAINE u. PELLET; WACHS; WADDELL, SNIFFEN u. SWEET; DE NAVASQUEZ, TROUNCE u. WAYTE; BRUNNER; GROSS, BROWN u. HATCH; LOGAN u. NICHOLSON; VERCO; MEYER; DE NAVASQUEZ u. HASLEWOOD; WADDELL, SNIFFEN u. WHYTEHEAD; PELLETT u. GALE; BECKER u. KNOTHE; BAUER; MORVAY; DENK; REITTER; SEUSING; DUDIK; BROWN u. BISKIND; KESZTELE; LEB; JANES; RUBINO; ŠÁLEK, ŽŽAHOUREK u. PRÁŠIL; SOLOMON; OVERHOLT; SCADDING; HAMMAN; SUSSMAN; KERSHNER u. ADAMS; SCHRÖDER; ISRAËL, HERTZOG u. PERSONNE; GALY; BELCHER; PEROTTI; PELLET; SHIELDS, MEADOK, DU BOSE u. RICHBORG; SANBORN; BONI, PERDOMO u. FERNANDEZ; GUICHARD, GALY u. PELLET; WOLF u. BERNDT; RUBINO; LANDES; MILNE; HINKEL; RINK; MORONE, ORLANDI u. FORNI; THOMAS u. RIENHOFF; VOLK, LOSNER, LEWITAN u. NATHANSON; KEIL u. SCHISSEL; ANACKER; DAVIS, PEABODY u. KATZ; MÉSZÁROS; KRAFT; GLUM u. PÖSCHL; SULLIVAN, FERRARO, MANGIARDI u. JOHNSON; PADULA u. STAYMAN; DENCK u. WURNIG; HUTH u. SCHOBER; SCHRÖDER u. HAENTSCH; NEUGEBAUER; PANSA u. MAGGI; RÜBE; SCHULZE u.a.) (Abb. 166), bei *metapneumonischen aputriden ischämischen Lungennekrosen* (KAUFMANN; LAUCHE; HAMPERL; WIGH u. GILMORE; GIESE; FELIX u. GEISLER; WESTPHAL; TSUNODA) (s. Abb. 171, S. 323) sowie bei *inveterierten Lungenabszessen und Gangränherden* (GRAHAM u. SINGER; LÜDIN; LENK; CHAOUL; FARRELL; GANNON u. GREENFIELD; CURTILLIET; KOURILSKY; MATHEY, LOGAN u. NICHOLSON; CHARPIN, MÉTRAS u. GAILLARD; LINDER u. JAGDSCHIAN; GERRITS; FLAVELL; LÖHR u. SODER; HOOD et al.; DAVIS u. KLEPSER; PEABODY, KATZ u. DAVIS; HODGSON u. McDONALD; JANES; O'BRIEN, TUTTLE u. FERKANEY; KEIZER; TUTTLE, BARRETT u. HEITZLER; DI RIENZO u. WEBER; GUIOSA PERNUS; GALY u.a.). Gleichartige differentialdiagnostische Probleme ergeben sich nicht selten auch bei *fokaler Anschoppung und Sekretverhaltung in bronchiektatischen Indurationsfeldern* sowie bei *bronchialen Pyo- und Mukozelen* („*mucoid impaction*") (KIENBÖCK; LENK; HERTZOG, ISRAËL, TOTY, PERSONNE, GILBERT u. LEMARCHAL; SHAW; SHAW, PAULSON u. LEE; CHÉBAT u. ISRAËL-ASSELAIN; CULINER u. GRIMES; FARRELL; HUIZINGA; ISRAËL-ASSELAIN, CHÉBAT u. LECHIEN; BROCARD u. GALLOUÉDEC; BEATTY u. BYRON; RAMSAY u. BYRON; JAIS et al.; CURRY u. CURRY; LE MELLETIER, DAUMET u. CAULET; LE TACON u. MAGNIN; MANNES u. SÉVERIN; MAGNIN, LE TACON, LAUREL, BASSARGETTE u. BOURDEIX; RENAULT, MATHEY u. BOURGIN; SHEEHAN u. SCHONFELD; WILSON; VINNER u. SHULUTKO; CHARPIN, REBOUX, PAYAN u. LIEUTAUD; CHÉBAT u. AVEROUS; BERNOU, GOYER, MARÉCAUX, TRICOIRE u. JOUBAUT; HARVEY, BLACKET u. READ; CARLSON, MARTIN, KEEGAN u. DAILEY; MOLAC; LE MELLETIER u. CAULET; TALNER et al.; LEMIRE, TREPANIER u. HERBERT; GOLTMAN u. Mitarb. u.a.), deren tumorartiger Schatten sich im kollateral belüfteten Parenchymsektor schärfer abgrenzt (Abb. 167; s. auch Bd. IX/3, Abb. 17 und Bd. IX/4b, Abb. 567).

Besondere Schwierigkeiten bereitet erfahrungsgemäß die röntgenologische Unterscheidung bronchogener Karzinome von idiopathischen Formen der *chronisch abszedierenden Schaumzellenpneumonie* („*endogene Lipoid- bzw. Cholesterin-Pneumonitis*") (CHIARI; ROBBINS u. SNIFFEN; WADDELL, SNIFFEN u. SWEET; GROSS, BROWN u. HATCH; DELARUE u. LUDWIG; FIENBERG; McDONALD u. HODGSON; PINNER; FABRIS; SCADDING; GARWIN; WADDELL, SNIFFEN u. WHYTEHEAD; DE NAVASQUEZ, TROUNCE u. WAYTE; DE NAVASQUEZ u. HASLEWOOD; SULLIVAN et al.; GOODWIN; REWELL; EVAN; JANES; CANNON; YOUNG, APPLEBAUM u. WASSERMAN; STOKES, REID, CAIRNEY u. OLIVER; GIESE; RABINOVITCH u. LEDERER; VOLK, LEVITAN u. NATHANSON; ADAMS; PANSA u. MAGGI; GUIN u. WINSHIP; MARSHALL u. PERRY; NICOLI; HAMPTON, BICKHAM u. WINSHIP; MONOD u. Mitarb.; LINGUITI u. ZULLO; REID, CAIRNEY u. OLIVER; MICELLI; PADULA u. STAYMAN; MORONE et al.; NEUGEBAUER u.a.). Der Entzündungsprozeß erhält sein eigentümliches Gepräge durch makroskopisch sichtbare Verfettung von Makrophagen und desquamierten Alveolarepithelien. Die feingeweblichen Veränderungen werden dem Zusammenwirken von Schleimstauung und bakterieller Infektion (McDONALD, HARRINGTON u. CLAGETT; WADDELL, SNIFFEN u. WHYTEHEAD; ZOLLINGER; LÜDEKE) mit obliterierender Bronchiolitis (FIENBERG; ROBBINS u. SNIFFEN), Lymphbahnverödung (CHIARI; BEITZKE) und

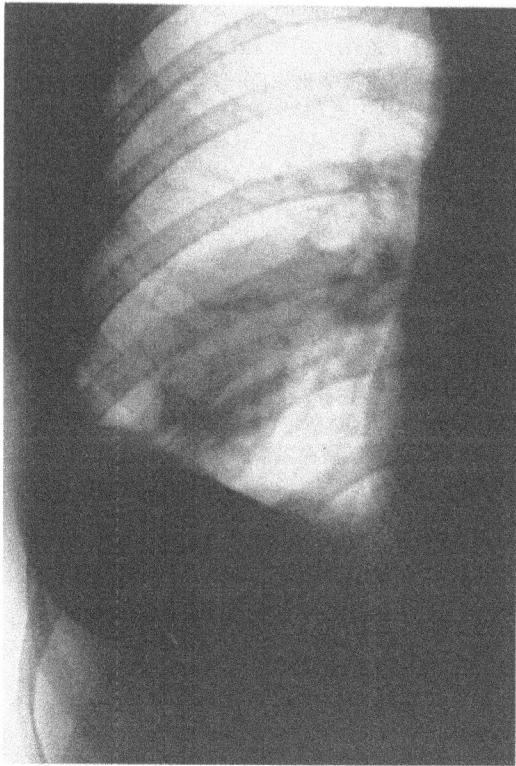
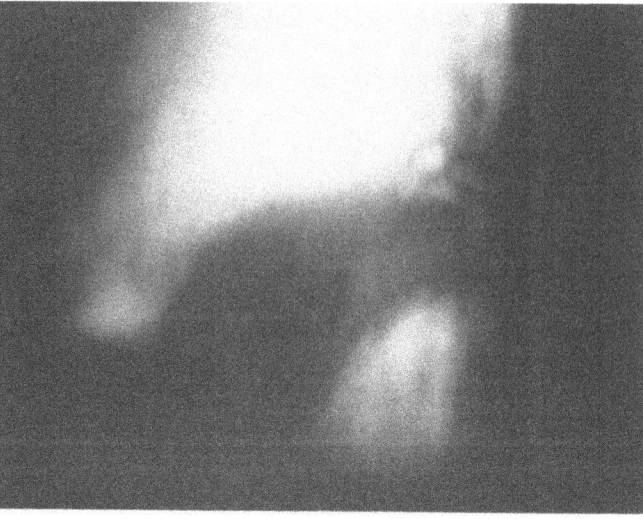

Abb. 167 a—h. *Strikturbedingte Bronchomukozele nach antero-basaler Segmentresektion wegen eines Tuberkuloms im rechten Unterlappen.* Bei Spätkontrolle nach dem Eingriff (Markierung der Resektionsstelle durch Chromseidennaht) zeigte die Übersichtsaufnahme p.-a. eine ovaläre Verdichtung im Projektionsfeld des latero-basalen Segments (a). Tomographisch erstreckte sich der Schatten jedoch bis zur eingezogenen apikalen Grenzfläche des geschrumpften, schwartig fixierten Restlappens (b und c Schichtbilder 7 cm a.-p. und 11 cm sin.-dextr.). Räumliche Anordnung und Form des Gebildes, vor allem seine stummelartigen basalen Ausläufer ließen einen wandständig oder interlobär hängenden Erguß als Korrelat ausschließen. Der bronchographische Befund (d—f) bestärkte den Verdacht auf poststenotische Mukozelenbildung: es füllten sich lediglich dorsalwärts dislozierte Zweige des zur hinteren Basis nachgerückten kardialen Unterlappensegments, während der apikale Segmentbronchus am Ostium lanzettförmig abbrach, und die Gabel der latero- und dorsobasalen Segmentäste blind verschlossen war. Nach 2½jährigem Intervall wies die Retentionszyste eine kleine Lufthaube mit lageverschieblichem Flüssigkeitsspiegel auf (g und h Ausschnitte dorsoventraler Zielaufnahmen in aufrechter und seitlich geneigter Körperhaltung). Eitriger Auswurf und Senkungsbeschleunigung deuteten zugleich auf sekundäre Infektion der Mukozele hin. Das Resektionspräparat des durch Lobektomie entfernten Lappens enthielt eine 8,5 × 8,5 × 3,5 cm große derbwandige Höhle, deren kollagenfaserreicher Bindegewebswall rundzellig infiltriert war. Stark dilatierte Bronchien in Umgebung mit analogen Wandveränderungen. Feingeweblich handelte es sich um eine durch tuberkulöse Bronchialstriktur entstandene Hohlraumbildung (E.-Nr. 13799/70, Path. Inst. d. Krhs. Nordwest Frankfurt/M., Direktor: Prof. KAHLAU). C. S., 33jähr. ♀. Arch.-Nr. 2810 36852, Radiolog. Zentralinst. d. Krhs. Nordwest Frankfurt/M.

örtlicher Azidose bei endarteriitischen Gefäßverschlüssen zugeschrieben (WADDELL, SNIFFEN u. WHYTEHEAD u.a.). In der Pathogenese *pulmonaler Cholesterin-Granulome* spielen darüber hinaus Hyperlipämie bzw. Diabetes mellitus und pulmonaler Hochdruck

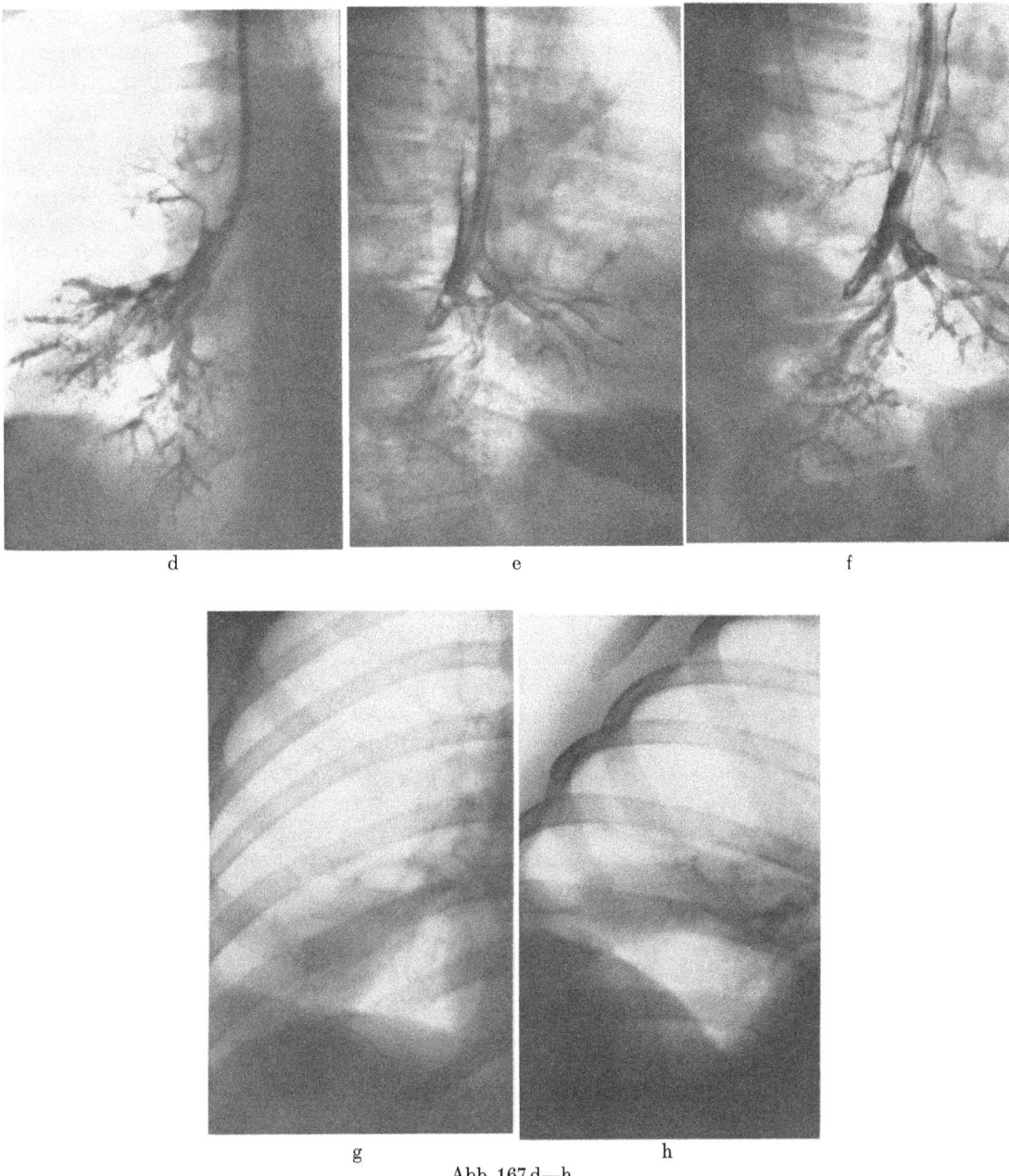

Abb. 167 d—h

eine Rolle (STAHEL-STEHLI; GLANCY, FRAZIER u. ROBERT; Editorial Brit. med. J. *1969* I, 396; UEHLINGER).

Die Entstehung der primär oder sekundär chronischen Pneumonie wird durch Thoraxstarre, pleurogene Parenchymfesselung, konstitutionelle oder erworbene Abwehrschwäche (Antikörper-Mangelsyndrom: VÖLKER; GALLWAS) und insbesondere dadurch begünstigt, daß die biophysikalische („Autokatharsis") und biochemische Selbstreinigung der tiefen Luftwege („Allokatharsis") im Gefolge stenosierender und sonstiger organischer Bronchialwanderkrankungen (Sekretdrainagestörung durch Flimmerepithelverlust bzw. Epithelmetaplasie, Überlastung des ziliaren Transportmechanismus, Fibrinausguß der Lichtung, deformierende Bronchitis, Bronchialwandnarben, Dyskrinie etc.) beeinträchtigt ist (HAMPTON, BICKHAM u. WINSHIP; NEUGEBAUER; KOVÁCZ; TOMSIKOVÁ, SACH, HOŘEJŠI, MECL, MALÝ u. NOVÁČKOVÁ; GALLWAS; KARTAGENER; BACHMANN, HEWITT u. BEECKLEY; FISCHEDICK u. SIECKEL; JAHN; HABÉR, BENKÖ u. BARNA u.a.) (vgl. Bd. IX/3, S. 171, 188 u. 202).

Abgesehen von ursächlichen Raritäten (BROWN: Durchbruch einer Dermoidzyste in die Bronchiallichtung) handelt es sich in der Regel um obstruktionsbedingte Folgezustände, die den — symptomatisch hervorstechenden — poststenotischen Komplikationen zentraler Bronchuskarzinome anatomisch gleichen (MCDONALD, HARRINGTON u. CLAGETT; LÜDEKE u.a.) (vgl. Bd. IX/3, S. 171 u. 177). Die mit chronisch-entzündlicher Schwellung der regionären Abflußlymphknoten einhergehende xanthöse Pneumonie kann daher das *röntgenologische Erscheinungsbild* bronchogener Karzinome täuschend nachahmen, gleich, ob sie sich als umschriebenes indurierendes Infiltrat oder als keilförmig schrumpfende Segment- bzw. Lappenverdichtung mit einseitiger knolliger Hilusauftreibung darbietet (LENK; ZDANSKY; HINKEL; ACKERMAN, ELLIOTT u. ALANIS; ROBBINS u. SNIFFEN; BREWER, JONES u. DOLLEY; GALY, TOURAINE u. PELLET; WADDELL, SNIFFEN u. WHYTEHEAD; BROWN u. BISKIND; SWENSON u. LEAMING; GALY; GREER; CARLSON, MARTIN, KEEGAN u. DAILEY; PEABODY, KATZ u. DAVIS; PELLET u. GALE; DAVIS, PEABODY u. KATZ; GALY, GERMAIN, RATON u. MINETTE; ISRAËL-ASSELAIN u. CHÉBAT; CHARPIN, REBAUX, PAYAN u. LIEUTAUD; CHÉBAT u. AVEROUS; WILSON; SHEEHAN u. SCHOENFELD; LE MELLETIER, DAUMET u. CAULET; BERNOU, GOYER, MARÉCAUX, TRICOIRE u. OUBAUT; DEIST; RINK; WOLF u. BERNDT; BAUER; REITTER; DELARUE u. LUDWIG; FREEDLANDER u. WOLPAW; CANNON; DUDIK; LANDES; MORVAY; WACHS; BRUNNER u. TANNER; DENK; ŠÁLEK, ŽŽAHOUREK u. PRÁŠIL; SEUSING; MEYER; COADOU; KÄDING; LEB; LINGUITI u. ZULLO; RUBINO; PANSA u. MAGGI; KESZTELE; LEB; JANES; NEUGEBAUER u.a.) (siehe Bd. IX/4a und b, Abb. 162, 163, 171, 557—562 u. 564).

Anamnestisch-klinische Daten sind zur Differenzierung „genuiner" von karzinombedingten Schaumzellenpneumonien angesichts der anatomischen Identität der pulmonalen Läsion ganz unverläßlich, da bezüglich Dauer und Art der Beschwerden und objektiver Symptome, wie der Höhe der Blutsenkungsgeschwindigkeit, keine wesentlichen Unterschiede bestehen (RINK; ZADEK; WOLF u. BERNDT u.a.) (s. Bd. IX/4a, Abb. 160 u. 161). Das Ergebnis exfoliativ-zytologischer Fahndung nach Tumorzellen im Auswurf kann gerade bei chronischer Entzündung trügen, weil die Abschilferung metaplastisch veränderter Epithelverbände fälschlichen Tumorverdacht zu erwecken vermag (s. Bd. IX/4a).

Der differentialdiagnostische Informationswert des Schichtverfahrens (ZDANSKY; GEBAUER u.a.), bronchographischer Darstellung von deformierenden Bronchialwandveränderungen, Bronchiektasen, peripheren Verschlüssen bzw. unregelmäßigen Stenosen multipler kleiner Bronchialzweige (FISCHEDICK u. SIECKEL; GRIER; HABÉR, BENKÖ u. BARNA; MINETTO u. CONCINA; BACHMANN, HEWITT u. BEECKLEY; STUTZ u. VIETEN; DI RIENZO u. WEBER; ANACKER u. LINDEN; SCHULZE u.a.) und angiographisch nachweislicher Anomalien im Füllungsbild der Lungen- und Bronchialgefäße (KEIL u. SCHISSEL; VOLK, LOSNER, LEVITAN u. NATHANSON; IKEDA, NEYAZAKI, CHIBA, YONETI u. SUZUKI u.a.) ist bei kortikalem Sitz begrenzt. Soweit der chronischen Parenchymläsion röntgenologisch sichtbare proximale Bronchostenosen zugrunde liegen, wie etwa entzündliche Granulationspolypen (Abb. 149 u. Bd. IX/4b, Abb. 564), parietale Reaktionen nach unbemerkter Fremdkörperaspiration (s. Bd. IX/3, Abb. 143, S. 238/239) und andere nicht-neoplastische Wandveränderungen (Bronchiallymphknoteneinbruch etc.) (s. Abb. 148), kann die — bei ungeklärter chronischer Pneumonie bzw. Abszedierung im Krebsalter diagnostisch unerläßliche — Bronchoskopie zum Ziele führen (JACKSON; HOLINGER; SOULAS u. MOUNIER-KUHN; MCGIBBON, BAKER-BATES u. MATHER u.a.). Dennoch bleibt die ursächliche Deutung herdförmig marginaler wie keilartig hiluswärts reichender derb indurierter Entzündungsprozesse mit ihrer oft beträchtlichen Hiluslymphknotenhyperplasie — vielfach selbst intra operationem — ohne histologischen Befund ungewiß. Im Zweifelsfall muß man die Klärung der Probethorakotomie überlassen (WADDELL, SNIFFEN u. WHYTEHEAD; ROBBINS u. SNIFFEN; MCDONALD u. HODGSON; BREWER, JONES u. DOLLEY; PEABODY, KATZ u. DAVIS; SWENSON u. LEAMING; BRUNNER u. TANNER; DENK; FREY u. LÜDEKE u.a.).

Wie im Zusammenhang mit dem Mittellappen-Syndrom erörtert (s. Bd. IX/3, S. 354/355), muß mit der Möglichkeit *hyperplaseogener Krebsentstehung* auf dem Boden langwieriger broncho-pulmonaler Entzündungsvorgänge gerechnet werden. Histologische Belege für eine solche Spätkomplikation fanden sich bei *chronischen Pneumonien* (Niskanen; Lindberg; Fischer; Kahlau; Reitter; Mülly u.a.), *deformierender Bronchitis* (Chiray, Albot u. Jame; Spain u. Parsonnet; Aufses u. Neuhof; Papanicolaou u. Koprowska; Schwartz; Kahlau u.a.), *Bronchiektasen* (Gray u. Cordonnier; Karsner u. Saphir; Prior u. Jones; Siegmund; Stewart u. Allison; Peterson, Hunter u. Sneeden; Eck; Raeburn; Werner; Spencer u. Raeburn; Kartagener; Raeburn u. Spencer; Cureton u. Hill; Black u. Ackerman; Vajl' u.a.), alten *Lungenabszessen* (Kalbfleisch; Ssipowsky) und im abszeßdurchsetzten Schwielenwall einer jahrzehntelang *übersehenen Fremdkörperaspiration* (Weiss u. Krusen). Den formalen Ausgangspunkt der Karzinogenese bilden adenomartige Proliferationen im Alveolarraum karnifizierter Lungenabschnitte und atypische Wucherungen metaplastischen Bronchialepithels. Eine neoplastische Entgleisung dieser Art dürfte auch den im Bereich von Lipophagen-Granulomen *nach Aspiration ölig-fettiger, z. T. karzinogenhaltiger Destillationsprodukte beobachteten Bronchuskrebsen* (Twort u. Lyth; Burrows, Hieger u. Kennaway; Sante; Wagner, Adler u. Fuller; Berg u. Burford) *und multifokalen Lungenadenomen* zugrunde liegen (Wood; Carpinisan, Diaconita, Eskenasy u. Scurei u.a.) (s. Bd. IX/4a).

Auch ohne krebsige Entartung bieten *exogene Lipoidgranulome* und *Öl-Aspirationspneumonien („Lungensteatosen")* die gleichen differentialdiagnostischen Probleme wie endogene Cholesterinpneumonien (Laughlen; Ikeda; Pinkerton; Pierson; Geschickter; McDonald u. Hodgson; Berg u. Burford; Thomas u. Rienhoff; Buechner u. Strug; Evan; Cannon; Sodeman u. Stuart; Tschertkoff u. Ornstein; Wagner, Adler u. Fuller; Rossier u. Bühlmann; Moel u. Taylor; Debré, Sée u. Normand; Lautmann; Bassermann; Vaccarezza u. Singer; Engelberg, Freiman u. Merrit; Schneider; Faquet u. Langeard u.a.). Intensität und Ausdehnung der granulomatös-fibroplastischen Fremdkörperreaktion hängen von Art und Menge des eingedrungenen Fremdmaterials und von gewissen biologischen Alterseinflüssen ab, die Anlaß gaben, zwischen „infantilem" und „Erwachsenen-Typ" der Lipoidpneumonitis zu unterscheiden (Ikeda). Unverseifbare Mineralöle und tierische Fettsubstanzen (Mentholöl, Chaulmoogra-Öl, Paraffinum liquidum, flüssige Vaseline, Lebertran und andere Vitaminöle, Milchfette, Eigelblipoide etc.) sind nach tierexperimenteller und klinischer Erfahrung für das Lungengewebe gefährlicher als die relativ inerten Pflanzenöle (Graef; Pinkerton; Guiyessel-Pélissier; Corper u. Freed; Laughlen; Fischer-Wasels; Ikeda; Weissman; Hayes u. Gardener; Stieve; Buechner u. Strug; Sweeney; Vaccarezza u. Singer; Paterson; Kaplan; Schoch; Wolman u. Bayard).

Die von *ständiger Nahrungsaspiration infolge Schluckstörung organischer oder funktioneller Ursache* (angeborene und erworbene Ösophago-Trachealfisteln, idiopathische Ösophagusdilatation bei Achalasie, Hiatusbrüche mit gastro-ösophagealem Reflux, Schlucklähmung bei Bulbär- und Pseudo-Bulbärparalyse, tumorbedingte Dysphagie) herrührenden Lipoidpneumonien des Kindes- und Greisenalters sind überwiegend diffus, wenn auch die basalen und dorsalen Lungensegmente bevorzugt betroffen werden (Ikeda; Bromer u. Wolman; Grayzel u. Du Mortier; Lautmann; Saenz u. Canetti; Zurrow u. Sergay; s. auch Wolman u. Bayard) (s. Bd. IX/3, S. 192, 305, 351 u. 352). Bilaterale, z.T. abszedierende Infiltrationen gleicher Pathogenese kommen auch in mittleren Altersstufen vor (Thomas u. Jewett; Sampson; Rolland u. Tsoutis; Warring u. Rilance; Bird-Acosta; Hurst u. Bassin; Gray u. Jankelson; Breakey, Dotter u. Steinberg; Baker u. Heublin; Chandler; Grayzel u. Du Mortier; Lautmann; Göttsching; Schulze u.a.).

Häufiger handelt es sich — zumal bei Erwachsenen — um *Schadensfolgen langjähriger Medikation öliger Nasen- und Kehlkopftropfen bzw. -sprays oder mineralölhaltiger Laxantien* (Kaplan: 68% von 411 Fällen des Schrifttums), die durch unmerkliche Aspiration, teils auch — in emulgierter Form enteral aufgenommen — lymphogen über den Ductus thoracicus in die Lunge gelangen (Stryker; Daniel, Frazer, French u. Sammons;

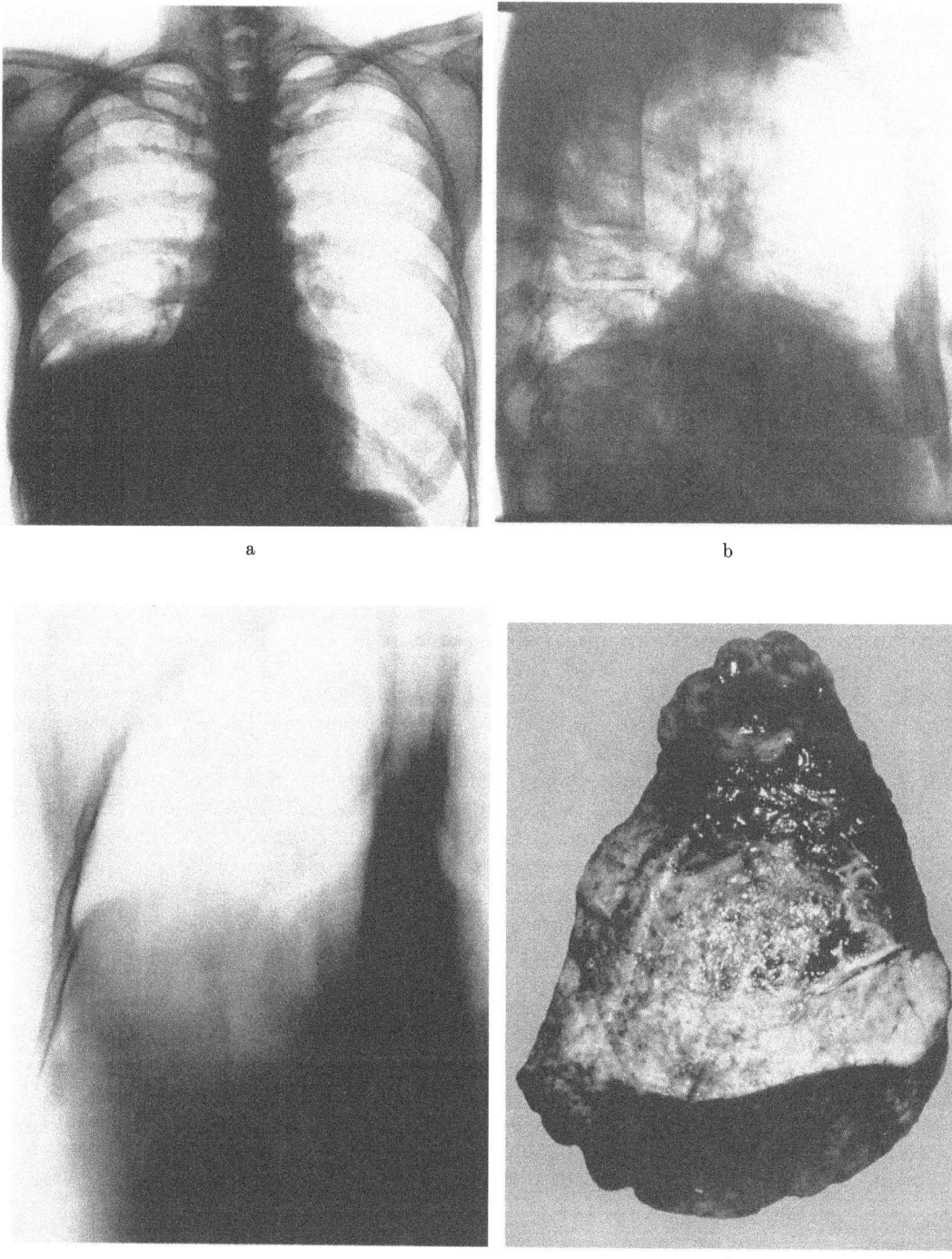

Abb. 168 a—e. *Tumorartiges Bild einer chronischen exogenen Lipoidpneumonitis.* Nach fast dreivierteljähriger Selbstbehandlung eines hartnäckigen Stirnhöhlenkatarrhs mit intranasaler Anwendung von Nivea-Körperöl statt abschwellender Nasentropfen im Februar 1967 anhaltender Husten, schleimiger Auswurf, Fieber und Mattigkeit. Der während stationärer Beobachtung im St. Markuskrankenhaus Frankfurt/M. am 25 und 26.4.67 erhobene Röntgenbefund erweckte Verdacht auf einen neoplastischen Prozeß im rechten Unterlappen (a und b Thoraxübersichtsaufnahmen in 2 Ebenen, c Schichtbild 8 cm a.-p) (Chefarzt der Röntgenabtlg.: Prof. Süsse). Nach Verlegung in die Chir. Klinik d. Krhs. Nordwest (Direktor: Prof. Ungeheuer) Lobektomie am 11. 5. 67. Das Resektionspräparat zeigte auf der Schnittfläche eine derbe, hellgelb-grauweißliche Infiltration von 9×12 cm Ausdehnung, die sich von der Unterlappenbasis über die Pleura bis in ein mitentferntes Zwerchfell-

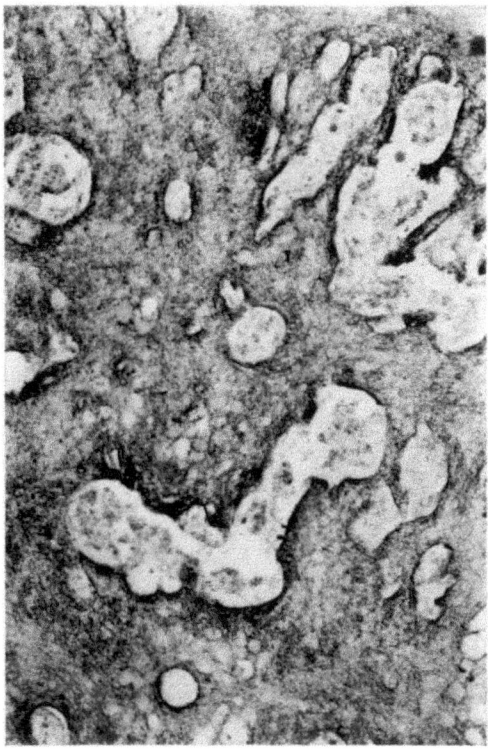

Abb. 168e

Wagner, Adler u. Fuller; Ikeda; Freiman, Engelberg u. Merrit; Sodeman u. Stuart; Thomas u. Rienhoff; Sweeney; Buechner u. Strug; Rossier u. Bühlmann; Tschertkoff u. Ornstein; Bodmer u. Kallos; Ellinger; Schoch; Vaccarezza u. Singer; Hayes u. Gardener; Saenz u. Canetti; Kuhlmann; Davis; Brenner u. Urban; Kubicz u. Boron; Evan u.a.; Pérez-Bustamante Gonzáles u. Miller). *Versehentliche aspirative Vergiftungen* (Naphtha, Petroleum, Diesel- bzw. Heizöl, Kerosin, Gasolin, Sagrotan etc.) (Weissman; Castex, Mazzei, Dreyer u. Pedace; Gershon-Cohen, Bringhurst u. Byrne; Buechner u. Strug; Fischer; Soer) und *beruflich-peristatische Inhalationsschäden* (z.B. durch vernebelte Industrieöle und Petroleumdestillate) (Weissman) treten demgegenüber in den Hintergrund.

Lipogranulomatöse Lungenkomplikationen nach thoraxchirurgischen Eingriffen (pleuro-pulmonale *Perforation einer Öl- oder Paraffinplombe*) (Roth; McBurney, Jamplis u. Hedberg; Lewis u. Dayan; s. auch Ballantyne; Krauss) sind selten. Histologisch nachweisliche *Lungengranulome nach Jodöl-Bronchographie* (Brody; Bezançon, Delarue u. Valet-Bellot; Vallebona; Fischer; Felton; Roth; Ballon u. Ballon; Hasche-Klünder; Wright; Fortner u. Miles; Dunbar, Skinner, Wortzman u. Stuart; Storrs, Mc-

stück erstreckt und die bindegewebigen Läppchengrenzen noch erkennen läßt (d). Mikroskopischer Befund: Schwer verändertes Lungengewebe mit ausgedehnter Fibrose und lympho-histiozytärer sowie plasmazellulärer Gerüstinfiltration sowie Verkleinerung der von regelmäßigem kubischen Epithel umsäumten, mit zellreichem eosinophilen Exsudat angefüllten Alveolen (e). Das Parenchym weist zahlreiche „optisch leere" vakuoläre Aussparungen unterschiedlicher Größe auf, die teils intrazellulären Vakuolen in Alveolarphagozyten und interstitiellen Makrophagen bzw. Riesenzellen entsprechen, teils als blasige Lücken im bindegewebig verdickten Gerüst mit — gleichfalls vakuolär veränderten — mehrkernigen Fremdkörperriesenzellen in der Nachbarschaft imponieren. In sämtlichen „optisch leer" wirkenden Vakuolen finden sich bei Scharlachrotfärbung tropfig verteilte Fettsubstanzen, die im polarisierten Licht keine Doppelbrechung erkennen lassen. Diagnose: Schwere chronische (exogene) Lipoidpneumonie. Nirgends Anhalt für eine Geschwulst (E.-Nr. 5014/67, Path. Inst. d. Krhs. Nordwest, Direktor: Prof. Kahlau). I.F., 52jähr. ♀. Arch.-Nr. 5046/67 und 5075/67, Röntgenabtlg. d. St. Markus-Krhs. Frankfurt/M. (Chefarzt: Prof. Süsse)

DONALD u. GOOD; BROWN; CHESTERMAN; DAVIS; FITE u.a.) sind wegen der geringen Reizwirkung der üblichen Ölvehikel (Sesam-, Mohn- oder Erdnußöl mit geringer Konzentration freier Fettsäuren) (BRODY; WAGNER, ADLER u. FULLER) nur ausnahmsweise grobknotig oder von massiver fibroplastischer Reaktion begleitet (CHESTERMAN; STORRS, McDONALD u. GOOD). Das gilt auch für die — zum Teil xanthomatösen (ZOLLINGER) — Granulome nach Bronchographie mit wasserlöslichen Carboxymethylzellulose-haltigen Kontrastmitteln (FISCHER; WERTHEMANN; HESS; WEBER u. LÖHR; HELLSTRÖM u.a.), die ZOLLINGER vornehmlich als endogene Schleimgranulome auffaßt. Die Aspiration bzw. endobronchiale Applikation von Barium sulfuricum-Suspensionen kann dagegen gröbere granulomatöse Reaktionen im Lungengewebe hervorrufen (FITE; HUSTON, WALLACH u. CUNNINGHAM; WILLSON, RUBIN u. McGEE; DUNBAR et al.; KAY; ARRIGONI u.a.).

Schleichende Entwicklung, klinische Semiotik (rezidivierende Fieberschübe, hartnäckiger Husten mit eitrigem oder blutig tingierten Auswurf, Schmerzen im Thorax, anhaltend hohe Senkungsbeschleunigung, Leukozytose, Trommelschlegelfinger) und *Röntgenbefund* der exogenen Lipoidgranulome gleichen in vielen Fällen dem Verhalten von Bronchuskrebsen. Das gilt gleichermaßen für den Aspekt *lokalisierter „Paraffinome" des Lungenmantels* (PINKERTON; IKEDA; GESCHICKTER; PINKERTON u. MORAGUES; McDONALD u. HODGSON; DAVIS, HAMPTON, BICKHAM u. WINSHIP; BERG u. BURFORD; SANTE; PIERSON; WAGNER, ADLER u. FULLER; BUECHNER u. STRUG; KUHLMANN; STONEHILL; McBURNEY, JAMPLIS u. HEDBERG; BINET u. VERNE; DAVIS, PEABODY u. KATZ; KIRKLIN; SCHAAF; HUZLY u.a.) wie *steatogener Segment- und Lappenschrumpfung mit narbigen Bronchusstrikturen, Bronchiektasen, knolligen Hiluslymphomen* und nachfolgenden Pleurakomplikationen (THOMAS u. RIENHOFF; DAVIS, HAMPTON, BICKHAM u. WINSHIP; DEBRÉ et al.; CASTEX et al.; JANES; BROWN u. BISKIND; BASSERMANN; WAGNER, ADLER u. FULLER; BERG u. BURFORD; BUECHNER u. STRUG; DAVIS; SINGER u. TRAVERMAN; KIRKLIN; NICOLI; BINET u. VERNE; ELLINGER; TESCHENDORF; FAQUET u. LANGEARD; BRENNER u. URBAN; BODMER u. KALLOS; KUBICZ u. BORON; SCHOCH; VOLK, LOSNER, LEVITAN u. NATHANSON; DE NAVASQUEZ; HUZLY u.a.). Einseitige Lungensteatosen sind selbst mit speziellen strahlendiagnostischen Methoden nicht von malignen Neoplasmen zu unterscheiden (Abb. 168).

Der kausalgenetische Zusammenhang mit eingebrachten Ölsubstanzen ist nur zu klären, wenn man diese Entstehungsmöglichkeit chronischer Lungenaffektionen in den anamnestischen Recherchen berücksichtigt. Bei entsprechender Vorgeschichte ist die Verdachtsdiagnose durch mikroskopisch-chemische Sputumanalyse oder diagnostische Lungenpunktion zu erhärten (NATHANSON, FRENKEL u. JACOBI; BUECHNER u. STRUG). Der Eingriff ist allerdings nicht unbedenklich (Gefahr putrider Infektion der Pleurahöhle, Luftembolie, Spannungspneumothorax). Ein negativer Befund läßt letztlich ein hilusnahes Karzinom als eigentliche Ursache chronischer Lipoidpneumonitis nicht sicher ausschließen. Da es sich um einen irreversiblen Organschaden mit der Tendenz zu anhaltendem Siechtum handelt, der überdies das Risiko eitriger Spätkomplikationen, schwerer Blutung und neoplastischer Entgleisung durch karzinogen wirkende Lipideinschlüsse (s. Bd. IX/4a) birgt, wird man sich in dubio zur Probethorakotomie und Resektion lokalisierter Paraffinome und sektorgebundener lipoidpneumonischer Schwielenprozesse entschließen.

Bei okklusiver Lappenverdichtung und *pulmonalen Rundherden nach Blutaspiration* kann das Schattensubstrat im Falle okkulter Blutungsquellen für die Primärläsion gehalten und fälschlich als Neoplasma gedeutet werden, wenn bei Patienten im Krebsalter gewisse klinische Verdachtsmomente vorliegen (langwieriger Husten, Heiserkeit, reduzierter Zustand, Senkungsbeschleunigung, Fieber etc.) (CALL u. VINSON; HASTINGS-JAMES; PAPE; SCHMIDT u. UNHOLTZ; SAUVAGE u. DELAFONTAINE; DILLER u. ENDREI; LEVINSON, JONES, WINTROBE u. CARTWRIGHT; WOOD; SCARROW u. GALLOWAY u.a.) (s. Bd. IX/3, S. 192/193) (Abb. 169). Nach Literaturberichten kommen ursächlich verschiedenartige Erkrankungen und Anomalien in Betracht (Kavernikel, regionale Bronchiektasen, lymphadenogene Bronchialwanderosion, tuberkulöse und sonstige ulzerative Bronchialschleimhautveränderungen, Teleangiektasien in der Schleimhaut der oberen und subglottischen Luftwege, Bronchitis haemorrhagica, örtliche Gefäßmißbildungen anderer Art, abnorme Kapillardurchlässigkeit infolge Leberparenchymläsion, Alkoholismus,

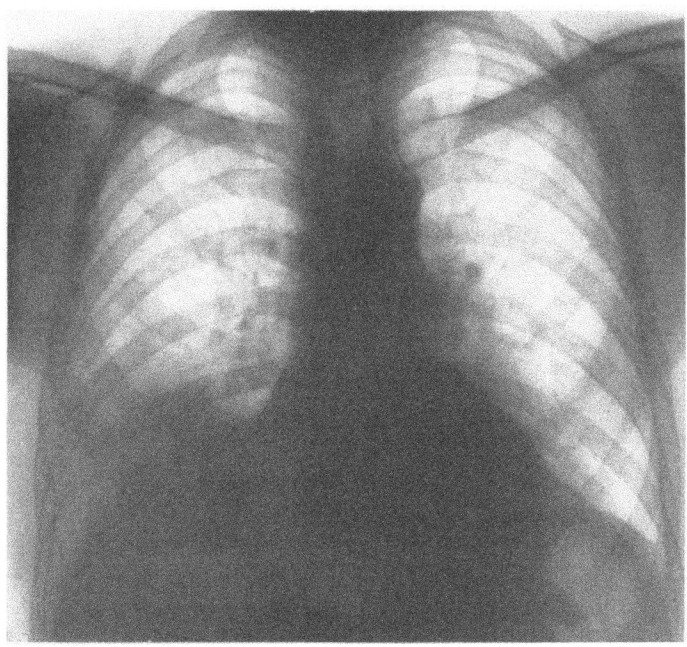
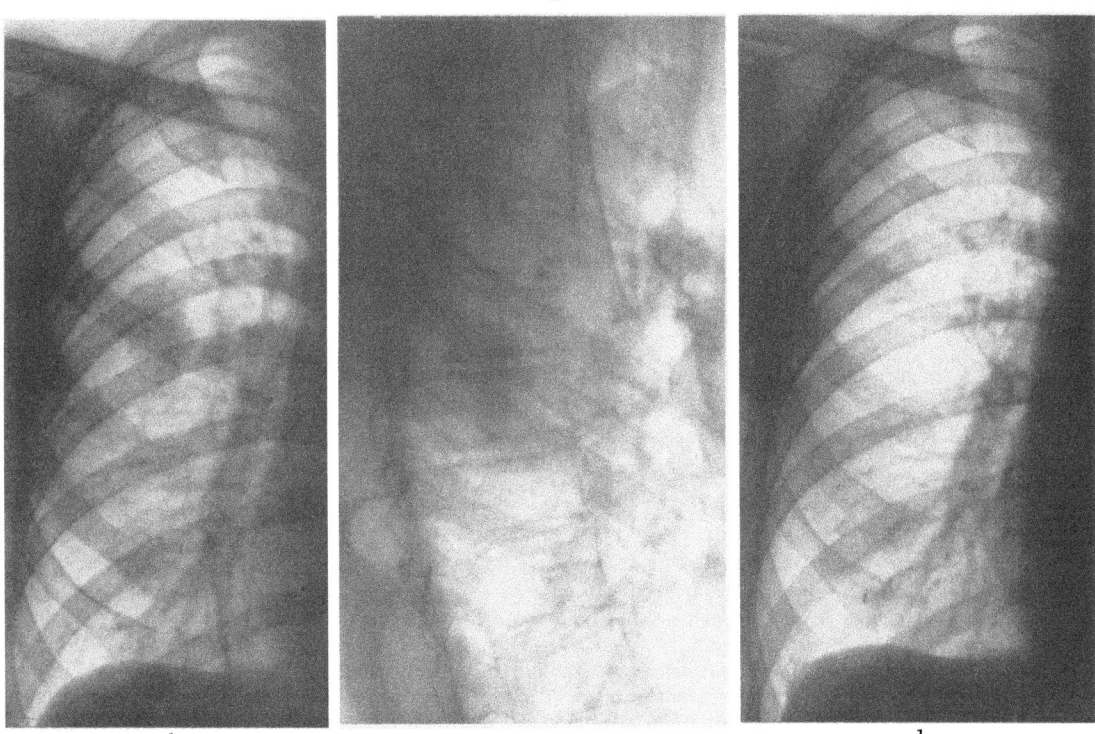

Abb. 169 a—d. *Passagere Lungenverschattungen nach rezidivierender Blutaspiration bei histologisch gesichertem Lymphangioma laryngis.* Thoraxübersichtsaufnahme p.-a. vom 16. 10. 52 (a): Massive konfluierende Verdichtungen in beiden Unterlappen im Gefolge einer schweren Blutung des Kehlkopftumors, bei späteren Kontrollen spurlos verschwunden. Im Juni 1961 Überweisung wegen neuerlicher Hämoptysie unter Verdacht auf Bronchialkarzinom des Lungenmantels. Der weitere Verlauf widerlegte die Annahme, da sich der nach nochmaliger Blutaspiration entstandene Rundschatten in der rechten Unterlappenspitze (b und c Zielaufnahmen in 2 Ebenen vom 15. 6. 61) innerhalb von 4 Tagen ebenfalls vollständig zurückbildete (d Kontrollaufnahme p.-a. vom 19. 6. 61). W. K., 51jähr. ♂. Arch.-Nr. 6861/61, Röntgenabtlg. d. Med. Univ.-Klinik u. Poliklinik Münster/W. (Direktor: W. H. HAUSS)

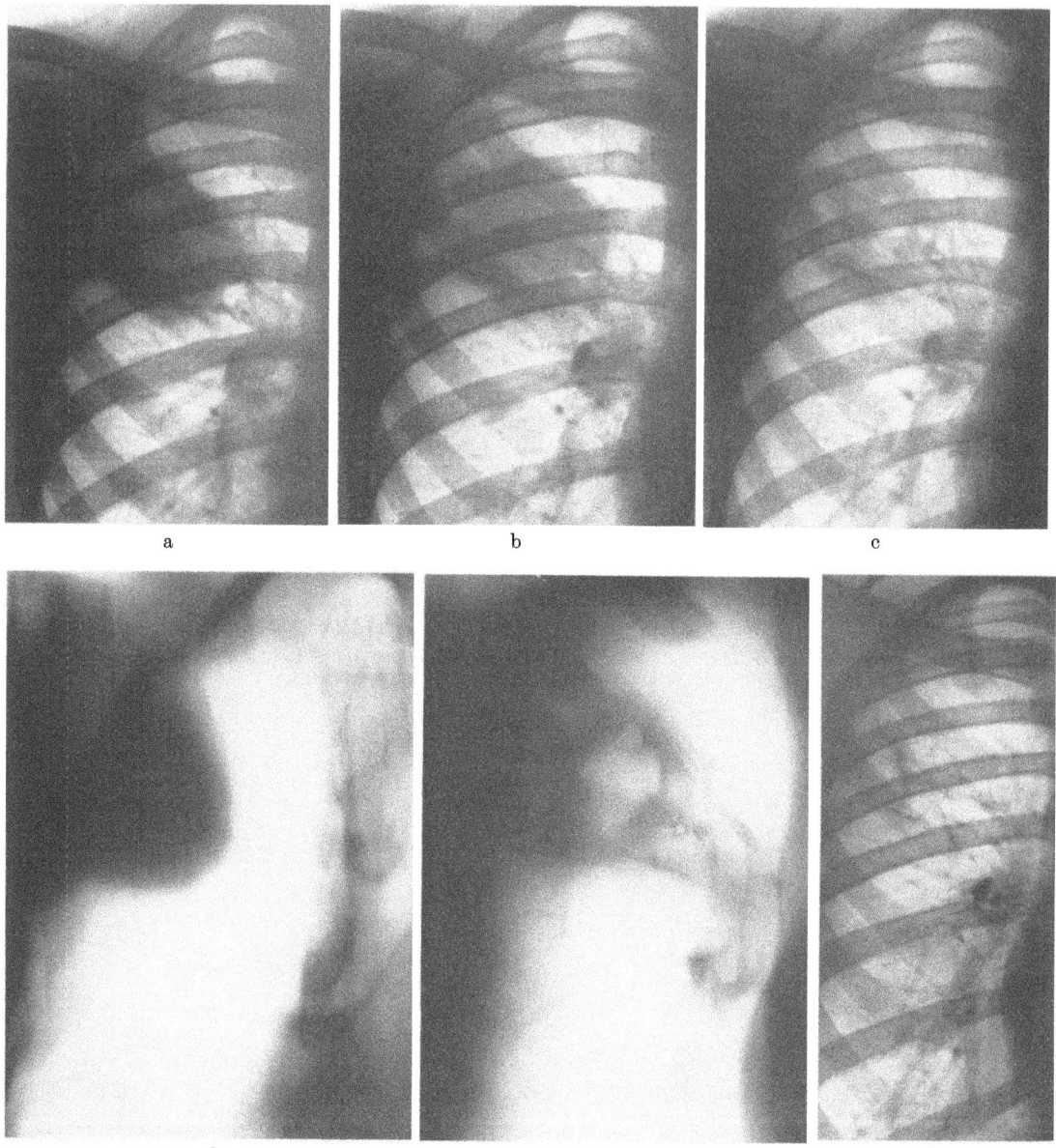

Abb. 170a—f. *Posttraumatisches Hämatom im rechten Oberlappen mit Übergang in Lungenabszeß.* Nach heftiger stumpfer Prellung der rechten vorderen Brustwand durch eine entgegenschlagende Tür Hämoptysen, am nächsten Tag atemabhängige Schmerzen rechts parasternal. In der folgenden Woche Fieberanstieg auf 40°C, Senkungsbeschleunigung bis 69/104 mm n.W., Leukozytose. Entfieberung nach Expektoration des abscedierten Hämatoms während mehrwöchiger stationärer Behandlung mit Antibioticis. a—c p.-a. Nativaufnahmen des tennisballgroßen rundlichen Hämatomschattens bzw. der späteren Abszeßhöhle vom 21. 9. (a 3 Tage nach dem Unfall), 14. 10. (b) und 19. 10. 61 (c). Darstellung des örtlichen Krankheitsverlaufs auf Schichtbildern 11 cm a.-p. vom 3. 10. (d) und 14 cm a.-p. vom 18. 10. 61 (e). 8 Wochen nach dem Trauma streifige Narbe als bleibendes Relikt (f Kontrolle p.-a. vom 16. 11. 61). G. F., 20jähr. ♂. Arch.-Nr. 10 549/61, Röntgenabtlg. d. Med. Univ.-Klinik u. Poliklinik Münster/W. (Direktor: Prof. W. H. HAUSS)

anderer toxischer Schäden oder seniler Gefäßfragilität, spontane Blutungsneigung hämatogenen Ursprungs, wie Hämophilie, Thrombozytopenie etc., ferner Tumoren des Kehlkopfs und Nasen-Rachenraums) (Abb. 169). Gleiche Irrtumsmöglichkeiten bietet der Aspekt umschriebener Blutkoagula im Pleuraraum und Lungenmantel bei *Pachy-*

pleuritis haemorrhagica (SAUVAGE u. DELAFONTAINE) (Abb. 280) sowie bei anderen Blutungsursachen: *intrapulmonale Hämatome in Umgebung extramural blutender sackförmiger oder dissezierender Aneurysmen der Brustaorta* (BERNARD; MASERA, CELLERINO u. MASSAIOLI; BORRIE u. GRIFFIN; WEINBERG u. WEISS; VOLTA; MESSIMY; eigene Beobachtung) (s. Bd. IX/4b, Abb. 588), im Bereich von *Rasmussen-Aneurysmen* intrakavernöser Pulmonalisäste (STIVELMANN u. MALEV; PLESSINGER u. JOLLY), *arterio-venöser Lungenfisteln* (GLÄSER u. KERRINNES; STECKEN; RICHTER u.a.) (s. S. 226) und *traumatischer peripherer Pulmonalaneurysmen* (CORNET u. BARRIERE).

In diesem Zusammenhang sind ferner *posttraumatische Lungenhämatome und -hämatozelen* zu nennen (ZEITLIN; CUCCINO; SERGENT u. PRUVOST; WESTERMARK; BROWN u. FRIEDMAN; SEALY; MATHEY u. MAMES; SAUVAGE u. DELAFONTAINE; SKINNER, CARR, KESSLER u. DENMAN; TANNER; SALYER, BLAKE u. FORSEE; ROCHE; GREENING, KYNETTE u. HODES; KLEMM; WILLIAMS; DILLER u. ENDREI; MAJOR; MILNE u. DICK; WELKIND; OBERDAHLHOFF, VIETEN u. KARCHER; MÖRL; BASSERMANN; SCHMITT; ZADELJ; LIPKOVICH; GLAUDEMANS; TING; GREMMEL u. VIETEN; ADAMSON u. CARLSON; LÖHR u. SODER; WILLIAMS u. STEMBRIDGE; SALMON-BONNEAUD; SCARROW u. GALLOWAY; GRILL; GERNEZ-RIEUX, VOISIN, MACQUET u. SPY; KOCCOUREK; RAZEMON, RIBET u. GAUTIER; ERRION, HOUK u. KETTENRING; STEVENS u. TEMPLETON; HARDER u. KOSMAOGLU; WIGH u. GILMORE; FLORIS; HUBER; WESTPHAL; BLAHA; FORSTER; MIECH, GILLET, MORAND u. WITZ; GIUNTINI u. VITALE; BARBAINI u. LONGONI; MONACO; RAVAZZONI, BARONE, ADAMOLI u. RAMAINO; FOSSATI, HIRSCH u. BAZINI; DOBROWOLSKY, KORYCKI u. SZYSZKO; BOURDET, DELAHAYE, ALLAIN u. COMBES; JAKUBIUK u. KUCHARCZYK; eigene Beobachtungen s. Abb. 170 u. 330). Sie entstehen durch Ruptur kleiner Gefäße nach stumpfer Gewalteinwirkung auf den Brustkorb, vielfach ohne Rippenbruch oder als Contrecoup-Effekt entfernt von etwaigen Frakturstellen. Selbst größere kugelig abgerundete Blutdepots im Lungenparenchym können innerhalb weniger Wochen resorptiv verschwinden („*vanishing tumors*") oder in den Drainagebronchus entleert werden. Dann findet man für einige Zeit persistierende Relikte in Gestalt zart umsäumter pneumatozelenartiger Blähungszonen oder dickwandige Höhlen mit lageverschieblichem Flüssigkeitsspiegel (GREENING et al.; DILLER u. ENDREI u.a.) (Abb. 170). Entwickelt sich das Hämatom zum Lungenabszeß, so bietet sich röntgenologisch das gleiche Bild, doch ist das Hinzutreten der Sekundärinfektion an eitrigem Auswurf, anhaltender Fieberreaktion und Leukozytose kenntlich (LIPSKOVICH). Manche Blutungsherde werden nicht resorbiert, sondern bindegewebig abgeriegelt und — teils unter sichtbarer Verkalkung (ZEITLIN; CUCCINO; DILLER u. ENDREI) — organisiert oder in ein mit geronnenem Blut gefülltes zystisches Gebilde umgewandelt (SAUVAGE u. DELAFONTAINE; SALMON-BONNEAUD; DILLER u. ENDREI u.a.). Durch Sickerblutung können solche Hämatome und „*Schokoladezysten*" allmählich auf über Apfelgröße wachsen. Wenn die Blutung unbemerkt bleibt, und das auslösende, oft erstaunlich geringfügige Trauma nach einiger Zeit in Vergessenheit geraten ist, können die unverändert fortbestehenden, glattrandig mono- oder polyzyklischen Schattenfiguren indurierter Hämatome pulmonale Geschwülste vortäuschen (SAUVAGE u. DELAFONTAINE; DILLER u. ENDREI; CALL u. VINSON u.a.) (Abb. 244 u. 330).

Der Befund *aputrider ischämischer Lungennekrosen* ist wegen der doppelten Gefäßversorgung des Organs sehr selten (CEELEN; KAUFMANN; HAMPERL; LAUCHE; GIESE; TESCHENDORF; WIGH u. GILMORE; COCCHI; FELIX u. GEISLER; GOULD; MCAFEE u. TORRANCE; TSUNODA; WESTPHAL; SIELAFF; SCHULZE). Die anämische Infarzierung kommt nur zustande, wenn eine venöse Kongestion fehlt, der Druck im arteriellen Schenkel des kleinen Kreislaufs absinkt, und außer der Durchblutung der betroffenen pulmonalen Gefäßprovinz auch der örtliche Zufluß aus den Vasa privata unterbrochen ist (COHNHEIM; CEELEN; KAUFMANN; HAMPERL; KARSNER u. Mitarb.; WELCH u. HALL; CHAPMAN et al.; BELT; LAPP; LENÈGRE et coll.; GROSS; ELLIS, GRINDLAY u. EDWARDS; BRUNER; MOSES u.a.). Pathogenetisch spielen lokale Entzündungsvorgänge spezifischen und unspezifischen Charakters eine größere Rolle als thrombo-embolische Ereignisse. Die Zirkulations-

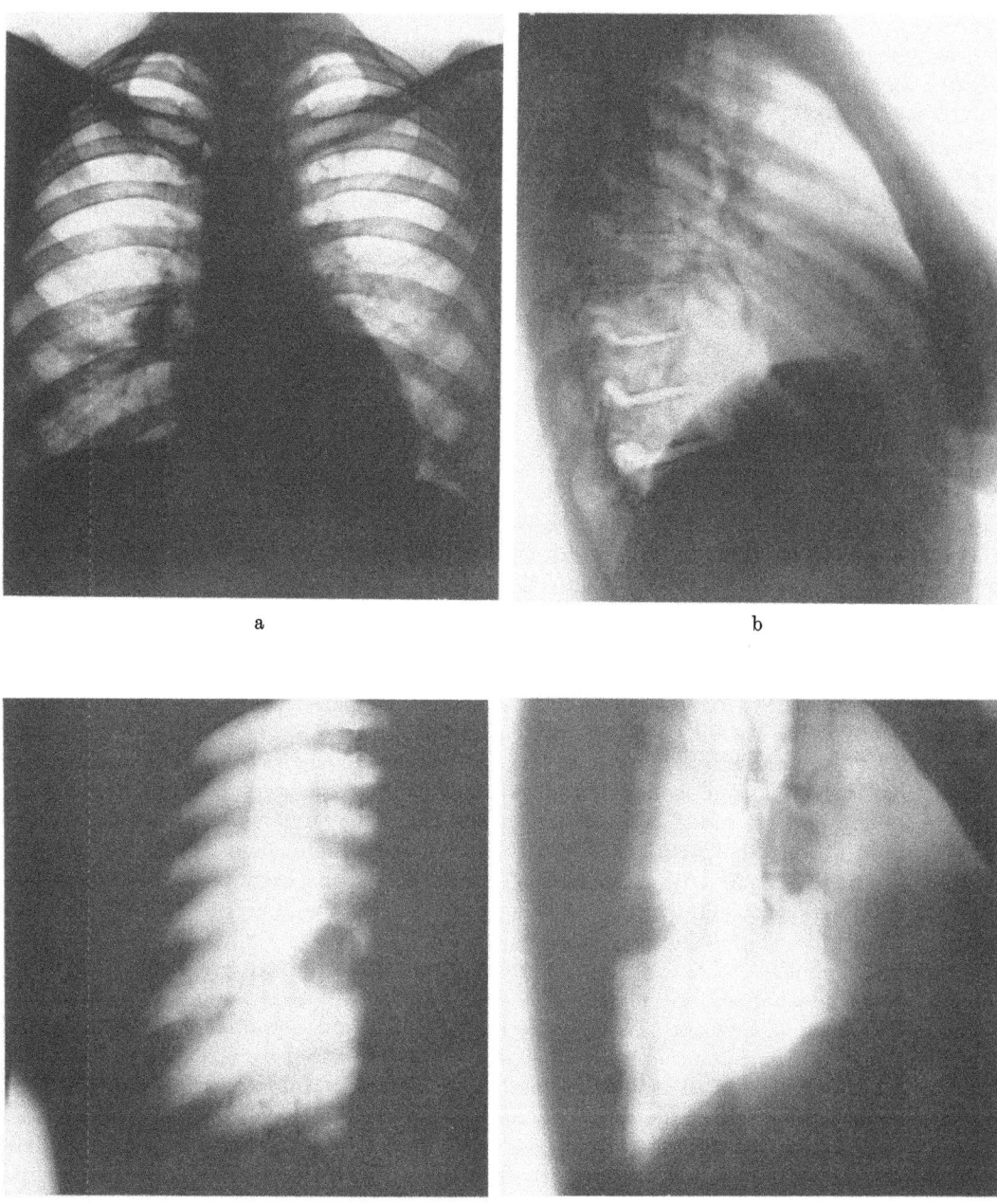

Abb. 171a—d. *Rundherdbild einer knotigen anämischen Nekrose in der rechten Unterlappenspitze.* Röntgenologische Zufallsentdeckung eines asymptomatischen scharf abgesetzten kastaniengroßen Rundschattens, in Vorderansicht auf den re. Hilus (a), bei Frontaleinblick auf die dorsale Rindenzone der Unterlappenspitze projiziert (b). Nach Schichtaufnahmen (c und d 4 cm a.-p. und 10 cm dextr.-sin.) honogen weichteildichter glattrandiger Knoten, paramediatinal gelegen, bis zur hinteren Brustwand reichend, von kleinen derbfleckigen Trabantenherdchen umgeben ohne nachweisliche Lymphome in der zentralen Bronchialverzweigung. Röntgenologischer Aspekt und jugendliches Alter der Pat. sprachen für ein Tuberkulom. Anatomischer Befund nach Lobektomie des re. Unterlappens (Op.: Prof. F. Mörl, Chefarzt d. Chir. Klinik d. Bezirkskrhs. St. Georg, Leipzig): derber, bindegewebig abgekapselter Tumor, auf der Schnittfläche wächsern transparent, feingeweblich einer großknotigen anämischen Nekrose entsprechend (Eisenfärbung negativ!), angesichts indurativ-granulierender Tuberkuloseherde in der Nachbarschaft vermutlich durch tuberkulösen Gefäßverschluß entstanden (Prosektor Dr. med. habil. H. Eck, Path.-bakt. Inst. d. Bezirkskrhs. St. Georg, Leipzig). G. H., 26jähr. ♀. Arch.-Nr. 6327/54, Röntgeninstitut d. Med. Univ.-Klinik Leipzig (damal. Direktor: Prof. M. Bürger)

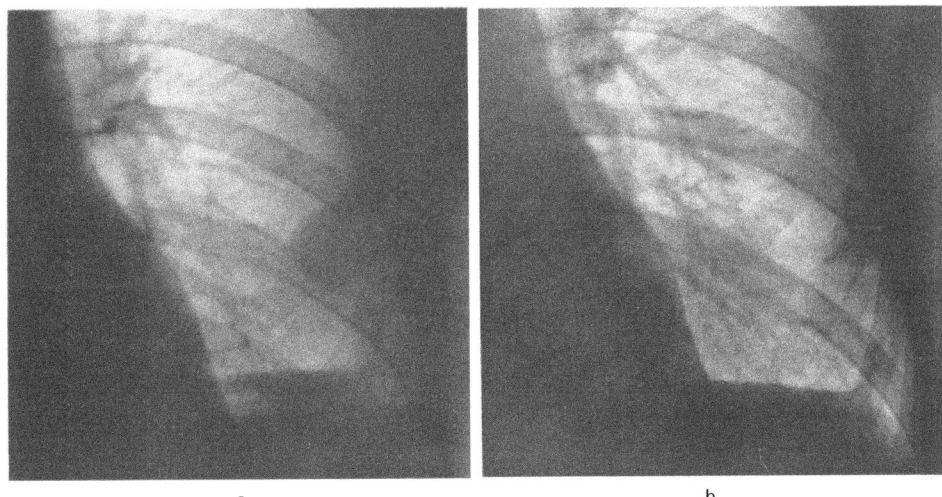

Abb. 172a u. b. *Rundherdbild eines Lungeninfarkts im laterobasalen Unterlappensegment links* bei Zustand nach Nephrektomie wegen chronischer Pyelonephritis. Der auf dem p.-a. Nativbild vom 16. 1. 67 in der Aufsicht als scharf konturierter Rundschatten dargestellte Infarktkegel (a) bildete sich erst nach längerer Dauer unter Hinterlassung einer streifigen Narbe und basalpleuritischer Residuen zurück (b Kontrollaufnahme p.-a. vom 3. 11. 67). H. M., 29jähr. ♂. Arch.-Nr. 1503 37561, Radiolog. Zentralinst. Krhs. Nordwest Frankfurt/M.

sperre im Gefolge pneumonischer Anschoppung wird durch Erythrozytenagglomerate in den Kapillaren verursacht. Nach Abklingen der akuten Phase wird der nekrotische Bezirk bindegewebig abgekapselt und verbleibt als reaktionsloser Knoten im Lungenparenchym. Sein rundlicher Schatten kann bei späterer Zufallsentdeckung den irrigen Eindruck eines stummen neoplastischen Herdes erwecken (Abb. 171).

Wesentlich häufiger sieht man länger persistierende glattrandige *Rundherde nach Konsolidierung alter hämorrhagischer Lungeninfarkte*, deren Rückbildung zu streifig-spitzkeilförmigen Narben mit faltiger Pleuraeinziehung — in ihrer Dynamik von WOESNER, SANDERS u. WHITE als Abschmelz- bzw. Abtauvorgang („melting sign") gekennzeichnet — mitunter erst nach Monaten erfolgt (ASSMANN; CASTLEMAN; TESCHENDORF; LÜDIN; COSTE u. BOLGERT; KIRKLIN u. FAUST; BLOEDNER; KERLEY; SHORT; ZADEK; KRAFT; KOHLMANN; WALKER u. WILSON; SMITH; PELLET u. GALE; MICHEL u. NÉEL; KLAUS; CREWA u. JACOBS; MORAWETZ; BERTONI u. TOAIARI; BOGDONOFF; SCHULZE u.a.) (Abb. 172). Nach klinisch unterschwelligem oder länger zurückliegendem stummen Emboliereignis können die Infarktrelikte fälschlich für Lungenmetastasen (s. Abb. 242, S. 445) und bei singulärer Infarzierung für periphere Bronchuskarzinome gehalten werden (LÜDIN; PERKINS u. BRADSHAW; NEVILLE u. MUNTZ; CONOLLY u. SMITH; MCDONALD u. HODGSON; LINDER u. JAGDSCHIAN; STARZL, BRITTAIN, HERMANN, MARCHIORO u. WADDELL; HODGSON; ZOLLINGER u. HENSLER; MICHEL u. NÉEL; KRAFT; PEDOJA u. RIGAT; BERTONI u. TOAIARI; CREWS u. JACOBS; KIRKLIN u. FAUST; HODGSON u. GOOD; COSTE u. BOLGERT; KRAUSE; WALKER u. WILSON; GALY, BRUNE, LOIRE u. COLLOMBEL; JUHÁSZ u. TEMES; ARENDT u. ROSENBERG; MORAWETZ; SIELAFF; SCHULZE u.a.). Gleiche differentialdiagnostische Erwägungen ergeben sich bei manchen Zerfallsbildern unilokulärer septischer *Infarktkavernen* (BOULOYS, LEVÈRE, PÉLISSIER, LEENHARDT u. BRUSCHET; WACHNER; RABONI u. MERELLI; MITTELBACH u. VAN DE WEYER; GSELL; SOUCHERAY u. O'LOUGHLIN; LAFORET u. LAFORET; URECH; SCHULZE u.a.) (Abb. 160, 173 u. S. 301) sowie nach massiven Infarkten mit schrumpfender Lobärverdichtung im Sinne *karnifizierter Infarktpneumonien* (HAMPTON u. CASTLEMAN), die eine sekundär-entzündliche Stenose des Lappenbronchus aufweisen können (LUTON u. MORY) (vgl. Bd. IX/3, S. 309).

Die verbreitete Annahme einer obligaten Dramatik im klinischen Ablauf thrombo-embolischer Vorgänge erschwert die richtige Erkenntnis bei retrospektiver Deutung blander Infarktreste. Erfahrungsgemäß

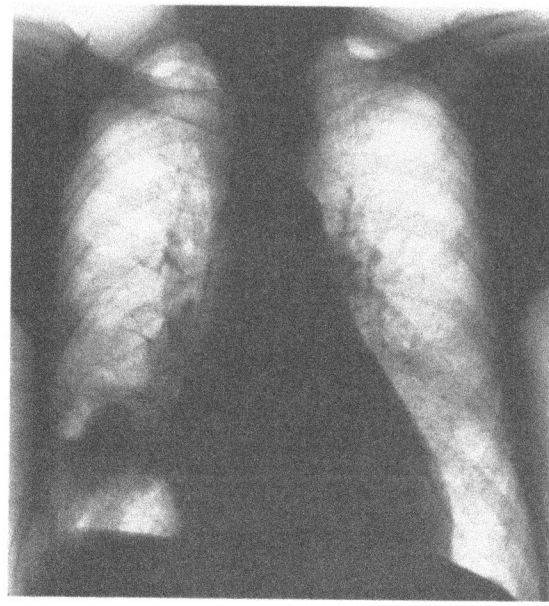

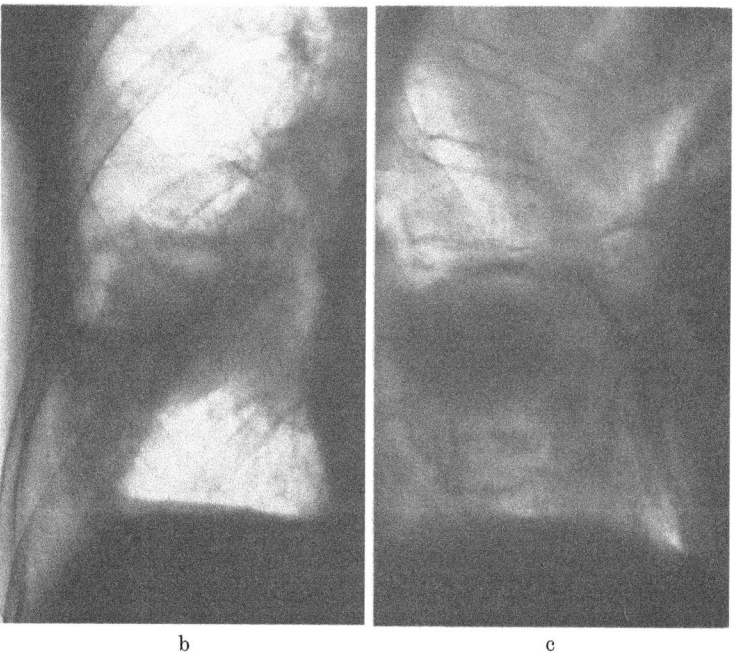

Abb. 173a—e. *Kokardenfigur einer sequesterhaltigen Infarktkaverne.* Mehrzeitig-polytope Lungeninfarzierung beiderseits während stationärer Behandlung wegen eines kombinierten Mitralvitiums. Aus dem im laterobasalen Unterlappensegment entstandenen Infarktkeil entwickelte sich im weiteren Verlauf eine Zerfallshöhle mit sichelförmigem Luftmeniskus über dem medio-basal wandständig haftenden Zentralsequester. Thoraxübersichtsaufnahme p.-a. (a), Zielaufnahmen der rechten Unterlappenbasis p.-a. und sinistro-dextral (b und c) sowie Schichtbilder der gleichen Region 7 und 8 cm a.-p. (d und e). L. P., 47jähr. ♂. Arch.-Nr. 0907 22641, Radiolog. Zentralinst. d. Krhs. Nordwest Frankfurt/M.

sind inkomplette Lungeninfarkte mit flüchtigen bzw. unterschwelligen Krankheitsäußerungen (vorübergehende Oppression, Tachykardie, geringer Temperaturanstieg) häufiger als Lehrbuchfälle klassischer Prägung (plötzlich stechender Brustschmerz, Bluthusten, Kollaps, hohes Fieber, Dyspnoe, Zeichen akuter Rechts-

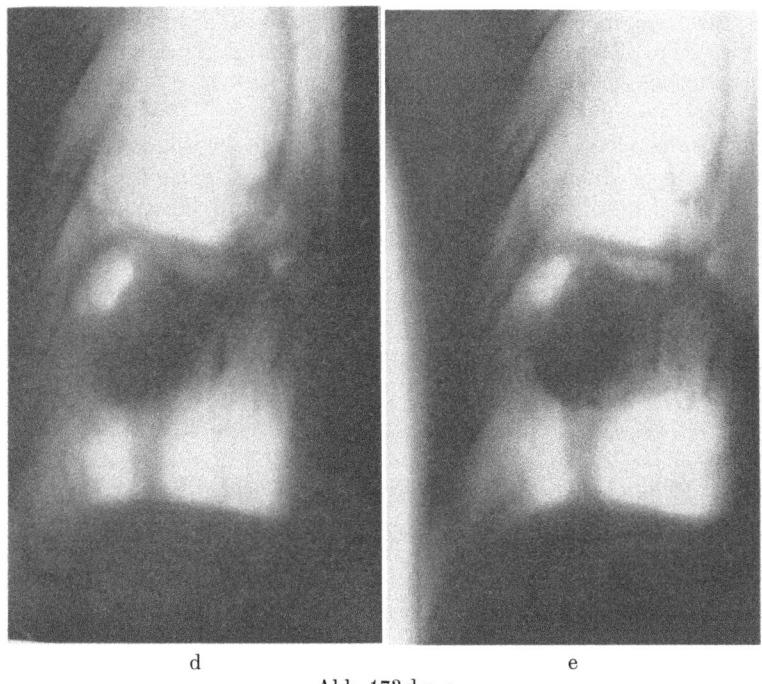

Abb. 173 d u. e

insuffizienz), und Lungenembolien ohne nachfolgende hämorrhagische Infarzierung nicht ungewöhnlich (KARSNER u. Mitarb.; WESTERMARK; SHAPIRO u. RIGLER; HAMPTON u. CASTLEMAN; LENÈGRE u. NÉEL; KJELLBERG u. OLSSON; WOESNER, GARDINER u. STILSON; FLEISCHNER; KAY, COHEN, SANDLER u. TABATZNIK; KOHLMANN; LAUR u. DILLER; OWEN, THOMAS, CASTLEMAN u. BLAND; GROSS; MCLEOD u. GRANT; SÖVÉNYI, BALÁSZ u. DAVID; FLEMMING-MØLLER; BARR u. KNOX; KJELLBERG, RUHDE u. SJÖSTRAND; BROFMAN, CHARMS, KOHN, ELDER, NEWMAN u. RIZIKA; WELCH u. HALL; SPAIN u. MOSES; HOSOÏ; FONTAINE u. REDON; CHAPMAN u. WHEELER; BELT; LENÈGRE, MATHIVAT, CAROUSO u. DE BRUX; LAUR; TORRANCE; FOUCHE u. D'SILVA; LOSSE; VILLARET, JUSTIN-BESANÇON u. BARDIN; ZOLLINGER u. HENSLER; SMID u. MARTINCIK; SCHULZE u.a.). Die topographische Identität pulmonalarterieller und bronchialer Versorgungsterritorien macht die röntgenologische Unterscheidung infarktbedingter und atelektatischer Parenchymkeilschatten nach dem Nativbild problematisch (vgl. Bd. IX/3, S. 308/309). Unbeschadet ihres Erkenntniswertes bei frischer Lungenembolie (s. Bd. IX/4a und b) gibt auch die pulmonale Perfusionsszintigraphie keine differentialdiagnostischen Anhaltspunkte, wenn es sich um länger fortbestehende Infarktresiduen handelt. In dubio gelingt es mit gezielter Schichtuntersuchung und Bronchographie, nötigenfalls auch *pulmangiographisch*, die Folgezustände bronchialer und vaskulärer Okklusion zu unterscheiden (NORDENSTRÖM; TREMBLAY u. SASAHARA; FERRIS, STANZLER, ROURKE, BLUMENTHAL u. MESSNER; STONEY u. ADAMS; MELNICK; FLEISCHNER; MACLEAN, SHIBATA, MACLEAN, SKINNER u. GUTELIUS; LENÈGRE, HATT u. CAROUSO; AITCHISON u. MCKAY; TORNER-SOLER, CARRASCO AZEMAR u. PERET RIERA; FRED, BURDINEJV, GONZALEZ, LOCKHARDT, PEABODY u. ALEXANDER; STEIN, O'CONNOR, DALEN, PUR-SHAHRIARI, HOPKIN, HAMMOND, HAYNES, FLEISCHNER u. DEXTER; BRYANT, SPENCER, GREENLAND, PRATHNADI u. BOWLIN; BJÖRK u. ANSUSINHA; BOUTIN, SERRADIMIGNI, ARNAUD, BORY u. CHARPIN; CHUDÁČEK, KOHOUTEK u. CAJZL; LOWMAN, REARDON, HIPONA, STERN u. TOOLE; GAHAGAN, GALE u. ORMOND; WIENER, EDELSTEIN u. CHARMS; ORMOND, GALE, DRAKE u. GAHAGAN; MOSER, TISI, RHODES, LANDIS u. MIALE; PETERSON, FRED u. ALEXANDER; RANNIGER; ADLER, BIRCKS u. MAURER; PANETH u.a.).

In pathogenetischer Hinsicht ist zu bedenken, daß *Thrombosen und Lungeninfarkte indirekte Folgen latenter Karzinome* sein können (EDWARDS; JAMES u. MATHESON; STAHL u. STEPHAN; HUBAY u. HOLDEN; SMITH; MOSER; UEHLINGER; ROHNER, PRIOR u. SIPPLE u.a.). Auch bei Bronchuskrebsen wird über gehäufte Beinvenenthrombosen und Thrombophlebitiden berichtet (FISHER; HOCHBERG u. WOLENSKY; UEHLINGER; KOLÁŘ, PALEČEK u. SKALOVÁ, MÜLLY; BYRD, DIVERTIE u. SPRITTEL u.a.) (s. Bd. IX/4a). Thrombo-embolische Komplikationen werden vornehmlich bei abdominellen Geschwülsten (THOMPSON; COOPER u. BARKER), insbesondere beim Karzinom des Pankreasschwanzes und -körpers (THOENES; UMLAUFT; SPROUL; EDWARDS; KENNEY; JENNINGS u. RUSSELL; BROWN, MOSELY, PRATT u. PRATT; UEHLINGER u.a.) und bei schleimbildenden Adenokarzinomen anderer Ursprungsorgane beobachtet (ROHNER, PRIOR u. SIPPLE). Man schreibt sie erhöhter Thrombozyten-„Klebrigkeit" als Effekt eines in Tumornekrosen entstehenden Wirkstoffs („Thrombozytosin") zu (MOOLTEN; THOMPSON u. RODGERS) (s. auch RIECHE; BAGNOUD).

Die *bei Bronchialkarzinomen auftretenden Lungeninfarkte* (nach Sektionsbefunden von HANBURY, CURETON u. SIMON in 10% von 100 Bronchialkrebsfällen; s. auch FRIED; BARIÉTY, PAILLAS u. LEGRENDRE; MÜLLY; BALÓ, JUHÁSZ u. TEMES; WALKER u. WILSON; GALY, BRUNE, LOIRE u. COLLOMBEL; BYRD, DIVERTIE u. SPRITTEL; OSSOWSKA, PAWLICKA u. SZYMÁNSKA; FREY u. LÜDEKE) sind *nur zum Teil durch Fernthrombosen* bedingt (HANBURY, CURETON u. SIMON: 5 von 10 Fällen). Der emboliforme Verlauf kann — wie bei primären Geschwülsten der Pulmonalarterie (s. S. 12 u. 190) — auch von *krebsiger Thrombosierung durch Einwachsen der Neoplasie in die Gefäßlichtung* herrühren (CEELEN; HANBURY, CURETON u. SIMON; FROMENT, BAILLY, PERRIN u. BRUN; STEVENSON u. REID u.a.) (s. Bd. IX/4a). Der rasche Eintritt karzinomatöser Pulmonalarterienstenose hat bisweilen ein Cor pulmonale subacutum mit Rechtsversagen zur Folge (FROMENT u. Mitarb.).

Andererseits kann ein Lungeninfarkt durch reflektorische Konstriktion bzw. vermehrte Sekretabsonderung (JEKER u. DE TAKATS; DE TAKATS, FENN u. JENKINSON; BINET u. BURSTEIN; BARER u. NUSSER) oder durch sekundäre entzündliche Schleimhautveränderungen zur Bronchostenose führen (LUTON u. MORY) und nach indurativer Umwandlung in der Bronchialprovinz des betroffenen Lungensektors eine fortschwelende Oberflächenepithelproliferation mit atypischer Metaplasie hervorbringen (BERKHEISER; s. auch tierexperimentelle Befunde von BALÓ; PANSA u. MOLLO; STANTON u. BLACKWELL). Auf die *Krebsentstehung in Lungeninfarktnarben* wird an anderer Stelle eingegangen (s. Bd. IX/4a, Abb. 273).

Ein infarktähnliches Geschehen liegt einem Teil der tumorartigen Knoten und Zerfallsherde zugrunde, die man bei pulmonaler Manifestation der *Periarteriitis nodosa* außer dem kleinfleckigen Typ und dem „Schmetterlingsbild" der vorherrschenden disseminierten Form antrifft (ARNDT u. WITTEKIND; AHLSTRÖM, LIEDHOLM u. TRUEDSON; V. CONTA; FIENBERG; ROGERS u. ROBERTO; POSTEL u. LAAS; SANDLER, MATTHEWS u. BORNSTEIN; DOUB, GOODRICH u. GISH; VOGEL u. FLINK; VARRÓ u. SÖVÉNYI; DUMAS, GREGORY u. OZER; FALCK; VOGEL, BAUDINET et al.; COSPITE, PALAZZOLO, BALLO u. BRUNO; UEHLINGER; VOTH; BRAHMS, KLOSTERMANN u. VOTH; HRADSKÝ; GARDNER u.a.). Die nodulären Herde können dabei singulär oder nach Art hämatogener Metastasen plurifokal auftreten (s. S. 447).

Vergleichbare Schattenfiguren kommen auf Grund anaphylaktischer Blutungen, siderofibröser Granulombildung und nekrotisierender Angiitis der terminalen Lungenarterien im Rahmen der *idiopathischen Lungenhämosiderose* (Ceelen-Gellerstedtsches Syndrom) (s. S. 448) und des *Goodpasture-Syndroms* zustande, das klinisch mit fulminanten Haut-Schleimhaut-Hämorrhagien, Hämoptysen, Gelenkschmerzen, Myalgien und nephritischen Symptomen hervortritt (GOODPASTURE; PARKIN, RUSTED u. EDWARDS; ROSE u. SPENCER; RUSBY u. WILSON; DODGE, TRAVIS u. DAESCHNER; SCHMIDT; NEU; HARGRAVES, ANDERSEN u. DAUGHERTY; WEEKS, BERNATZ u. HOLLEY u.a.) (s. Abb. 219). Auch ohne begleitende Schönlein-Henoch-Purpura können sich bei *chronischer Polyarthritis („Rheumatismus nodosus")* röntgenmorphologisch ähnliche pleuro-pulmonale Entzündungsprozesse entwickeln (VERHAEGHE, LEMAITRE, LEBEURRE, DEFOUILLOY u. DELCAMBRE; RUBIN, GORDON u. THELMO; DIHLMANN; SIENNIEWICZ u. MARTIN; VOTH; MARTEL, ABELL, MIKKELSEN u. WHITEHOUSE u.a.) (s. S. 447).

Häufiger findet man grobknotige Lungengranulome mit ausgesprochener Zerfallsneigung beim verwandten Syndrom der *Wegenerschen Granulomatose* (Synonym: Granuloma necroticans seu gangraenescens) (KORNBLUM u. FIENBERG; ROGERS u. ROBERTO; LEGGAT u. WALTON; JOHNSSON; LANSDOWN; LAPP; POSTEL u. LAAS; CHATILLON, RUTISHAUSER u. MORARD; KESSELRING u. ZOLLINGER; TSIPELZON u. RUSSEN; BRAHMS, KLOSTERMANN u. VOTH; LYNCH, FREED u. GREENBERG; VERMEJ u. HÜPSCHNER; WIE-

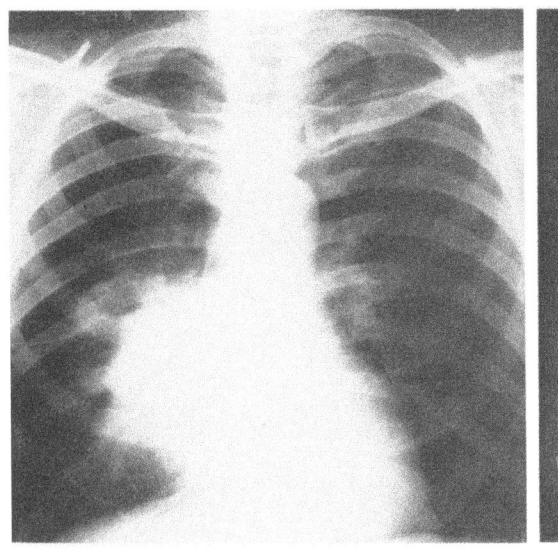 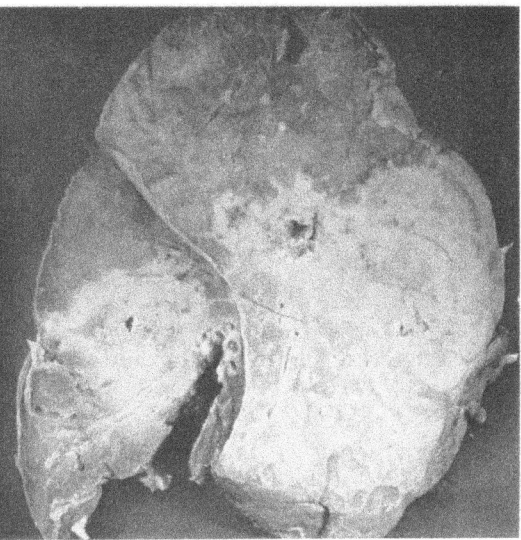

a   b

Abb. 174 a—h. *Bronchopulmonale Manifestation einer zum Tode führenden Wegenerschen Granulomatose mit tumorähnlichem Röntgenbefund.* Zunächst Erscheinungen einer chronischen Sinusitis mit reichlich eitrigblutiger Sekretabsonderung aus der Nase, später zunehmende Zerstörung des Nasengerüsts, Anosmie und Taubheit. 5 Jahre nach Krankheitsbeginn intermittierende Fieberschübe, Husten, eitriger Auswurf, gehäufte Hämoptysen, Brustwandschmerzen und Gewichtsabnahme. Thoraxröntgenbefund: massive tumorartige Infiltration der hilusnahen Anteile des re. Unter- und Mittellappens mit an Umfang wachsender Zerfallshöhle in der UL-Spitze (a). Im Auswurf keine Tuberkelbazillen nachweisbar. Bronchoskopisch: entzündliche Stenose des re. UL-Bronchus ohne sichtbaren Tumor. Eine Gewebsprobe aus dem Bronchus erweckte histologisch Verdacht auf ein Karzinom, während mehrfache Biopsien aus dem Nasenrachenraum entzündliches Granulationsgewebe ergaben. Wegen unstillbarer Hämoptoe Pneumonektomie. Das Resektionspräparat zeigte eine derbe Infiltration sämtlicher Lappen mit Einschmelzung in der UL-Spitze und im anterioren OL-Segment (b). Das feingewebliche Bild entsprach einer Wegenerschen Granulomatose (c). Die einbezogenen Bronchialwände wiesen schwere Schleimhautentzündung mit Epithelmetaplasie und mehr oder weniger ausgeprägte Destruktion der submukösen Schichten und Knorpelringe auf. Die Gefäße waren durch stellenweise nekrotisierende Intimainfiltrate (d) verengt oder verschlossen. Bald nach dem Eingriff wieder Zustandsverschlechterung infolge enoral fortschreitender Granulomatose. Im weiteren Verlauf Auftreten von Vorhofflimmern, neuerliche Fieberschübe mit blutig-eitrigem Auswurf, Dyspnoe sowie Anzeichen des Nierenversagens. Thoraxröntgenkontrolle ante finem: konfluierende Infiltration im Kern der kompensatorisch überblähten linken Lunge (e). Autopsie: Granulomatose und nekrotisierende Pneumonitis der basalen Anteile des li. Oberlappens (f) und des Unterlappenkerns mit granulomatös-nekrotisierenden Veränderungen des zugehörigen Bronchialsystems bei Generalisation des Leidens: Einbeziehung des Myo- und Perikards mit obliterierender Angiitis der Herzkranzgefäße (g), die zum Teil thrombosiert waren (h), ausgedehnter Befall der Nasennebenhöhlen und des Nasenrachenraums sowie Beteiligung anderer Organe (Nieren, Milz, Hypophyse, Skelet). 58jähr. ♂. [Nach ALLEN, A. R., MOEN, C. W.: WEGENERs granulomatosis. J. thorac. cardiovasc. Surg. **49**, 388—397 (1965); Fig. 1—6 sowie 8 und 9]

NERS; BRÜCKNER u. ROSMANITH; GRILL; PORTWICH; WIENERS u. HILWEG; PFEIFFER; DE OREO; KOCHSIEK, SCHIMANSKI u. VOTH; RIEMANN; FAHEY, LEONARD, CHURG u. GODMAN; HOCH; WALTON u. LEGGAT; TUHY, MAURICE u. NILES; WALTON; JONSSON u. DOUGHTRY; ATKINS u. EISMAN; CAGGIOLI u. ZALTRON; BISCHOFF; BROWN u. WOOLNER; KINNEY, OLSEN, HEPPER u. HARRISON; SHARNOFF u. SCHNEIDER; ALLEN u. MOEN; BEIDLEMAN; LAFORET u. LAFORET; PRUSZEWSICZ, JAROSZEWSKI u. SZMEJA; ROGHAIR u. ROSS u.a.) (s. S. 448). Der granulomatöse Prozeß kann dabei von den oberen Luftwegen subglottisch vordringen, die Wand großer Bronchien zerstören und tumorähnliche Stenosen verursachen, ferner zu diffuser Lungeninfiltration führen und mit segmental bzw. lobär ausgedehnten Obstruktionsatelektasen ein zentrales Bronchuskarzinom vortäuschen (VOGT; ALLEN u. MOEN u.a.). Der fälschliche Verdacht entsteht nicht nur aus dem röntgenologischen Aspekt des „Tumorhilus" (VOGT) (Abb. 174), sondern auch aus den klinischen

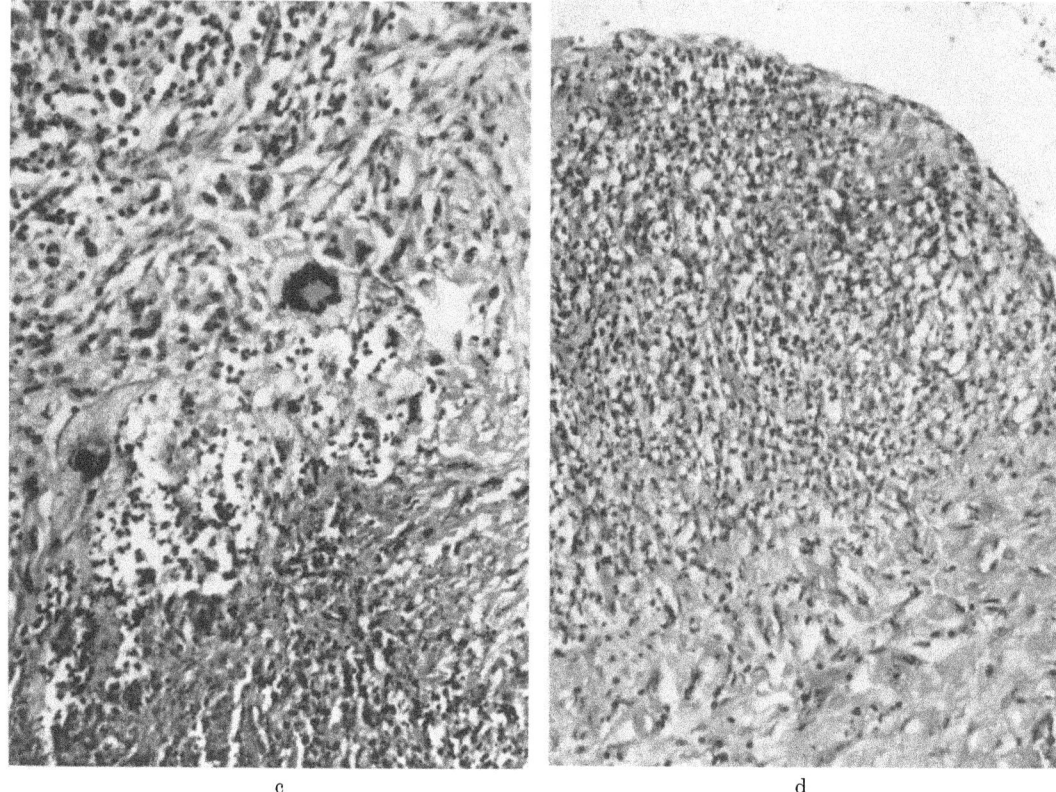
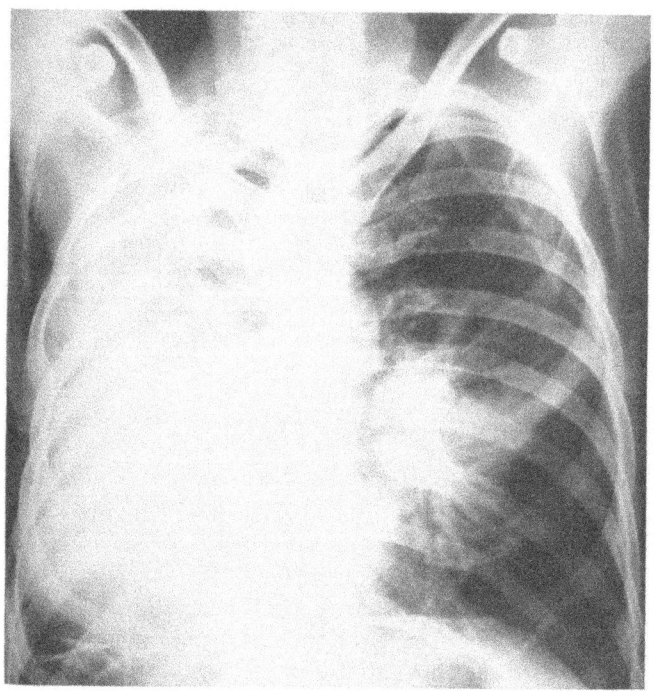

Abb. 174 c—e (Legende s. S. 329)

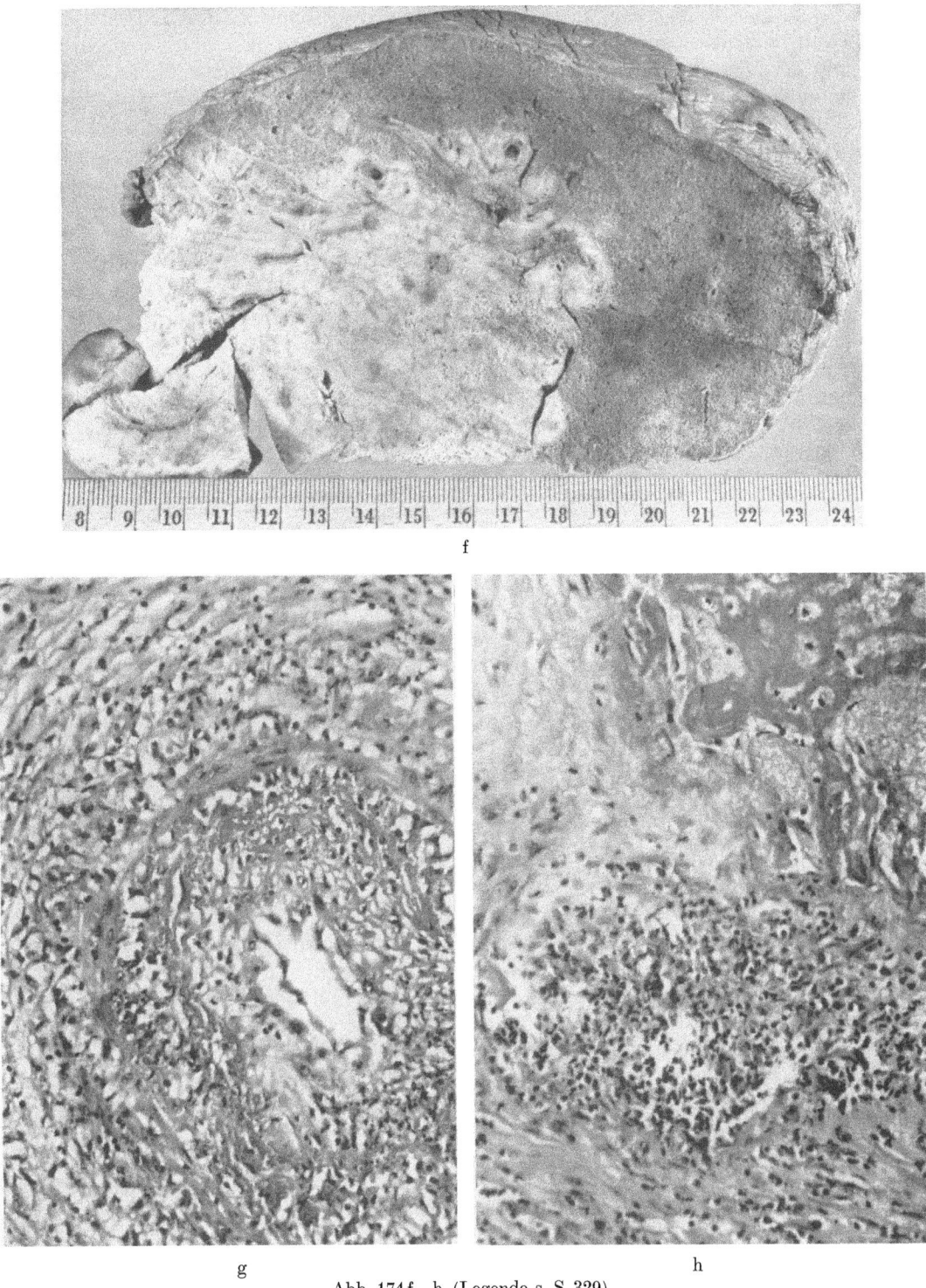

Abb. 174 f—h (Legende s. S. 329)

Begleiterscheinungen (Fieber, Hämoptysen), mitunter auch auf Grund des endoskopisch-bioptischen Befundes (ALLEN u. MOEN).

Das seltene, von WEGENER ursprünglich als „rhinogenes Granulom" bezeichnete Krankheitsbild beruht auf einer generalisierten hyperergischen Angiitis mit nekrotisierender Entzündung im Bereich des Nasen-Rachenraums, des Mittelohrs und der tiefen Atemwege, die mit multiplen Granulombildungen in inneren Organen, insbesondere herdförmiggranulomatöser Nephritis einhergehen kann. Die klinischen Symptome (fieberhafter Verlauf, nomaartige Zerfallserscheinungen, rasche Entkräftung, hohe Senkungsbeschleunigung, fakultative Bluteosinophilie, asthmoide Zustände, arthritische Schübe, Milz- und Lymphknotenschwellungen, hämorrhagisches Exanthem, enterale und neurologische Komplikationen sowie chronisch-nephritischer Harnbefund mit terminaler Urämie) ähneln in vieler Hinsicht denen der Polyarthritis nodosa („respiratorisch-renaler Typ" der nodösen Periarteriitis nach AHLSTRÖM u. Mitarb.) (WEGENER; MCDONALD u. EDWARDS; UEHLINGER; PLUMMER, ANGEL, SHAW u. HINSON; FELSON; LAPP, KESSELRING u. ZOLLINGER; SWEENEY u. BAGGENSTOSS; ALTENBRUNNER u. PFEIFFER; LOHSE; CAMBIER u.a.).

Angesichts der relativen Häufigkeit *eosinophiler Begleitreaktionen metastasierender Malignome* (GREWE u. SCHLITTER: zeitweilige Bluteosinophilie über 5% bei 26% von 750 Tumorkranken; Gewebseosinophilie bei Karzinomen: DÖDERLEIN) (s. Bd. IX/4a) haben auch andere allergische und parasitäre Lungenaffektionen mit entsprechendem Blutbefund und uni- oder multifokaler Herdbildung im Lungengewebe differentialdiagnostische Bedeutung („*pulmonary infiltration with eosinophilia = Pie-Syndrom* nach REEDER u. GOODRICH; s. auch ESSELIER; CROFTON, LIVINGSTONE, OSWALD u. ROBERTS; VISWANATHAN; ELKELES u. BUTLER; WETZEL; HODES u. WOOD; ROBINSON; MENON u. KRISHNAN; WILSON; DE FIGUEROA TABOADA; COBET, RICHTER u. WILLAMOWSKI; ERDSTEIN; LEVIN; LAFORET u. LAFORET; WESTWOOD u. LEVIS; REICHLIN, LOVELESS u. KANE; WIEDEMANN; SCHULZE u. a.).

In erster Linie ist das *Löffler-Syndrom* zu nennen, das iatrogenen Ursprungs sein kann (Mikro-Ölembolien nach parenteraler Applikation ölsuspendierter Medikamente, parallergisch-toxische Reaktion nach Penizillin-Injektion etc.) (LÖFFLER, ESSELIER, DE MEYER u. MORANDI; REICHLIN, LOVELESS u. KANE; MINETTO u. CONCINA; HEGGLIN u. a.) oder durch Parasitenbefall bedingt ist (pulmonale Infestation mit Nemathelminthen, wie: Ascaris lumbricoides, seltener Enterobius (Oxyuris) vermicularis, Ancylostoma duodenale bzw. brasiliense, Necator americanus, Strongyloides stercoralis, Trichinella spiralis, Wucheria (Filaria) bancrofti, gelegentlich auch mit Plathelminthen, wie Fasciola hepatica) (LÖFFLER; LÖFFLER u. MAIER; ESSELIER; ESSELIER u. KOSLEWSKI; ESSELIER u. JEANNERET; HÖRING; SCHULZE; MOBITZ; BRANDT; LEITNER; ROBINSON; GIESE; PIEKARSKI; VOGEL u. MINNING; KALMON; WIEDEMANN; RAVELLI; WIGAND u. MATTES; BRUMPT u. NEVEU-LEMAIRE; FAUST; BEAN u.a.). Bei den pulmonalen Veränderungen handelt es sich in einem hohen Prozentsatz um Wassermann-positive Infiltrationen (HEGGLIN u.a.). Abweichend vom meist flüchtigen Verlauf der Sukzedaninfiltrate kommen dabei — außer schweren Krankheitsformen (WETZEL) und bleibender Lungenfibrose (BRANDT) — in manchen Fällen länger persistierende Lungenrundherde (HEGGLIN; GDALINA u.a.) und massive atelektaseähnliche Lobärverdichtungen mit Beteiligung der Hiluslymphknoten vor. Derartige Befunde können bronchogene Karzinome imitieren (LIAVAAG; HEDVALL; GDALINA), bei multifokalen eosinophilen Infiltraten auch Lungenmetastasen vortäuschen (HEGGLIN u.a.) (s. Abb. 246). Der kasuistische Beitrag von BUCKLES u. LAWLESS (Pneumonektomie wegen fälschlichen Tumorverdachts bei einem Patienten mit atypischem Löffler-Syndrom) bezeugt die mitunter beachtlichen differentialdiagnostischen Schwierigkeiten solcher Fälle.

Unter den Zoonosen mit fakultativ geschwulstartigen Lungenveränderungen und passagerer Eosinophilie spielen die verschiedenen Formen *chronischer Helminthiasis* in Europa — selbst in endemischen Verbreitungsgebieten des Balkan, der Alpen- und Mittelmeerländer — ein geringere Rolle als in Übersee. Trotzdem hat die Kenntnis der klinischröntgenologischen Erscheinungen der Wurmkrankheiten heute nicht mehr lediglich akademisches Interesse.

Bei der in Afrika, Zentralamerika, Ostasien und im Pazifikraum einheimischen *Schistosomiasis (Bilharziose)* gelangen die vom Zwischenwirt (Süßwasserschnecken) in ein Gewässer austretenden Gabelschwanzlarven (Zerkarien) der diversen Wurmtypen (Schistosoma haematobium, Schistosoma japonicum, Schistosoma mansoni) nach Durchdringung der Haut bzw. Darmwand auf dem Blutweg in die Lungenkapillaren. Sie verursachen hier Blutungen und entzündliche Gewebsreaktionen, treten dann innerhalb von 12—14 Tagen in den großen Kreislauf über und reifen schließlich — eventuell nach wiederholter Lungenpassage — im intrahepatischen Pfortadergebiet zu ausgewachsenen Parasiten heran (FAUST; BRUMPT; VOGEL u. MINNING; ESSELIER u. JEANNERET; WIGAND u. MATTES; BRUMPT u. NEVEU-LEMAIRE; VOGEL; PIEKARSKI; MIDDLEMISS u.a.).

Das mehrwöchige akut febrile Initialstadium der Generalisation (klinisch: hochgradige Eosinophilie, allergische Hautsymptome, asthmoide Bronchitis, Hämoptysen) geht nun in die chronisch schwelende, bei jedem Schub subakut aufflammende Organphase mit subfebrilen Temperaturen und schwankenden eosinophilen Blutreaktionen über. Während die urogenitale, intestinale bzw. hepato-lienale Bilharziose mit retrograder Besiedlung der organzugehörigen Venen erklärt wird, beruht die chronische Schistosomiasis der Lungen auf embolischer Verschleppung mirazidienhaltiger Eier — selten ausgereifter Würmer — aus den befallenen Venenästen des Bauchraumes via V. cava inferior bzw. porto-cavale Anastomosen (ESSELIER u. JEANNERET). Der in den Lungenarteriolen angeschwemmte Parasitenkeim (Miracidium) löst mit seinen toxischen Ausscheidungen eine akute nekrotisierende Arteriolitis aus und bahnt sich so einen Weg in das Lungengewebe. Um die meist parabronchiolär durchbrechenden Schistosomen-Eier entwickelt sich eine histiozytär-eosinophile Herdpneumonie, die sich allmählich in ein chronisch-entzündliches Granulom umwandelt und nach Absterben der zum Teil verkalkenden Parasitenkeime narbig ausheilt. Im Gefolge disseminierter Parasitenembolien kann — wie in seltenen Fällen von Oxyuriasis (BRANDT) — eine ausgedehnte Lungenfibrose mit generalisierten endarteriitischen Verschlüssen, bronchial-pulmonalarterieller Shuntbildung (ZAKY, EL HENEIDY, TAWFICK, GEMEI u. KHADR), gelegentlich auch arterio-venösem Kurzschluß (DE FARIA) und zunehmender Drucküberlastung des rechten Ventrikels entstehen („*kardio-pulmonale Form der Schistosomiasis*") (MAINZER; KENAWY; DAY; EL RAMLY, SOROUR, EL SHERIF, LOUTY u. IBRAHIM; BEDFORD, AIDAROS u. GIRGIS; EFFATI; SIRRY; LETULLE; AZMY, EFFAT u. SOROUR; SHAW u. GHAREEB; ZAKY; PAYET u. CAMAIN; PAYET, BERTE, CAMAIN u. PENE; DIAZ-RIVEIRA, RAMOS-MORALES, KOPPISH et al.; MARCHAND, MARCIAL-ROSAS, RODRIGUEZ, POLANCO u. DIAZ-RIVEIRA; JARNIOU u. MOREAU; FARID et al.; RIOU; TURNER; RODRIGUEZ u. RIVEIRA; FAUST; RICHERT u. KRAKAUER; ERFAN u. Mitarb.; CORTES u. WINTERS; EL MOFTY; IBRAHIM u. GIRGIS; CALVACANTI, THOMPSON, SOUZA u. BARBOSA; SCHNEIDER; KOATE, BAO, BOURGEADE u. DIOUF; BROCARD, GALLOUÉDEC u. ARNAL; PIEKARSKI; KERFELEC et al.; GARCIA-PALMIERI u. MARCIAL-ROJAS; ESSELIER u. JEANNERET; VOGEL u. MINNING u.a.).

Außer den weichwolkigen Verschattungen der pneumonischen Initialphase sowie miliaren oder retikulär-streifigen Gerüstverdichtungen, die sich im Verlauf der pulmonalen Aussaat bilden (MAINZER; ERFAN et al.; ESSELIER; TURNER; DAY; BERDONNEAU u. GARCIN; ARMENGAUD; RODRIGUEZ u. RIVEIRA; RICHERT u. KRAKAUER; GARCIN u. BERDONNEAU; FARID, GREER, ISHAK, EL NAGAH, LEGOLVAN u. MOUSA; SAMI, GOMAA u. AL-ALAMI; BADAWI, EFFAT, KHALIL, NO MEIR u. SALAH; RIOU; BROCARD u. GALLOUÉDEC; BARBOUTI u. KÖHLER u.a.), werden *bei chronischer Lungen-Schistosomiasis* auch *umschriebene grobknotige Konglomerate von Bilharzia-Granulomen* vom röntgenologischen Aspekt peripherer Bronchuskrebse beobachtet (BINET, BETOURNE u. AUBERT; EL MALLAH u. HASHEM; PAUL). Der *karzinomverdächtige Befund* erfordert chirurgische Intervention (EL MALLAH u. HASHEM), wenn die ätiologische Klärung durch den Nachweis von Schistosomen-Eiern im Sputum (ERFAN; EL DIN u. BAZ; BELLELI; ESSELIER u. JEANNERET), im Urin oder Stuhl mißlingt.

Die Erreger der vorwiegend in Ostasien, Poly- und Melanesien sowie in Zentralamerika verbreiteten *Paragonimiasis* (Paragonimus westermani) wird vom Menschen als enzystierte Metazerkarie in roh genossenem Krebs- bzw. Krabbenfleisch oder — ohne zweiten Zwischenwirt — durch Trinken von larvenhaltigem unabgekochten Wasser aufgenommen (ROQUE, LUDWICK u. BELL). Die Infektion der Flußkrebse durch ausschwärmende Zerkarien erfolgt über einen weiteren Zwischenwirt (Wasserschnecken), in dem sich die mit eihaltigen tierischen oder menschlichen Ausscheidungen ins Wasser gelangten Mirazidien (bewimperte Larvenformen) über mehrere Zwischenstufen (Sporozysten, Redien 1. und 2. Ordnung) zu einer Vielzahl stachelbewehrter schwimmfähiger Zerkarien vermehren. Im menschlichen Verdauungstrakt entschlüpfen die reifen Larven (Metazerkarien) der fermentativ aufgelösten Zystenhülle und wandern durch Darmwand, Bauchhöhle, Zwerchfell und Pleuraspalt in die Lunge. Sie reifen hier zum „Lungenegel" heran, dessen Eier abgehustet oder — mit dem Sputum verschluckt — im Stuhl ausgeschieden werden. Wie bei verwandten Egelerkrankungen, zum Beispiel bei Infestation mit einem der verschiedenen Darmegeltypen oder beim durch Flußfische übertragenen Leberegel-Leiden Clonorchiasis (Clonorchis sinensis), kann der Paragonimus auch extrapulmonale Organe befallen, und zwar in der Reihenfolge fallender Häufigkeit: Gehirn, Milz, Pankreas, Skelet-, Zwerchfell- und Herzmuskel, Haut und Intestinum (MUSGRAVE). Um die einzeln oder paarweise im Lungengewebe angesiedelten Egel bildet sich nach Abklingen der akut entzündlichen eosinophilen Umgebungsreaktion ein fibroplastisches Granulom („Wurmknoten") (MIYAKE), das tunnelartig kanalisiert ist (ROQUE, LUDWICK u. BELL) und nach Durchbruch in einen benachbarten Bronchialast die Hülle für die „Wurmzyste" (MIYAKE) liefert, einen lufthaltigen, den Parasiten umschließenden Hohlraum von ca. Erbs- bis Haselnußgröße.

Die Lungenaffektion beginnt *klinisch* schleichend mit Husten und katarrhalischen Erscheinungen. Sie ist oft von uncharakteristischen Leibbeschwerden begleitet und verläuft sehr protrahiert. Rezidivierende Hämoptysen (sog. „endemische Hämoptysen" — BERCOVITZ; MILLER u. WILBUR; ROZENŠTRAUCH u. RYBAKOVA; ROQUE et al.) sind alarmierendes Leitsymptom, massive Lungenblutungen selten (BERTRAND). Fieber, Senkungsbeschleunigung und Leukozytose sind nur mäßig ausgeprägt und können fehlen (YANG, CHENG u. CHEN; ROQUE et al.; GÉHER; ESSELIER u. JEANNERET). Während man bei pleuritischen und enzephalitischen Komplikationen im Zellsediment der Punktionsflüssigkeiten (Pleuraerguß, Liquor) überwiegend Eosinophile findet (YANG, CHENG u. CHEN), ist die — meist nach einer Lungenblutung auftretende (ROQUE et al.) — Bluteosinophilie nicht obligat (YANG u. Mitarb.; BERCOVITZ; STEEN; ESSELIER u.a.). Nur bei ausgedehntem Lungenbefall kommt als Spätfolge fibrosklerotischer Gerüstschrumpfung eine klinisch merkliche Beeinträchtigung der respiratorischen Funktionen mit konsekutivem Cor pulmonale zustande (MIYAKE; TOSHI; RYO, ANDO u. YAMATA; AKIRA; WANG u. HSIEH; MU-HAN).

Die Bluteosinophilie ist als Leitsymptom bei den Einwohnern warmer Länder wegen der Häufigkeit mehrfacher simultaner Wurmerkrankungen wenig schlüssig. Die Diagnose der Paragonimiasis stützt sich vor allem auf den Nachweis typischer Parasiteneier im frischen Nativpräparat (Sputum oder Stuhl). Bei den im floriden Stadium seltenen sputumnegativen Fällen helfen Komplementbindungsreaktionen (CHUNG HUEI-LAN, WENG, HON u. HO) sowie immunbiologische Intrakutantests weiter, zumal man neuerdings mit gereinigtem Paragonimus- und Clonorchis-Antigen Verwechslungen beider Trematoden-Erkrankungen (gruppenspezifische falsche positive Reaktionen) ausschließen kann (SADUN, BUCK u. WALTON; LIESKE). Die Immundiagnostik erleichtert auch die Abgrenzung von tuberkulösen Prozessen (BUCK, SADUN, LIESKE, LEE u. HAAG), die wegen der nicht seltenen Doppelinfektion und morphologischer Ähnlichkeit der Röntgenbefunde recht problematisch sein kann (ESSELIER u. JEANNERET u.a.).

Das *Schattenbild der Lungen-Paragonimiasis* ist nach Ansicht erfahrener Sachkenner uncharakteristisch (WANG u. HSIEH; TILMANN u. PHILLIPS; MUSGRAVE; BERCOVITZ; MIYAKE; YANG, CHENG u. GHEN; MIYAKE, MOMOSE, AMO, MASUSAKI u. KAHO; ROQUE u. Mitarb.; CH'IEN MU-HAN; MILLER u. WALKER; GRAUMANN, GRAUMANN u. SHIN; KULKA u. BARABÁS; GÉHER; RYBAKOVA; LANDMANN, DANG VAN NGU u. DO DUONG

THAI; CHUNG HUEI-LAN, WENG, HON u. HO; SZE-PIAO YANG, CHENG u. GHEN; ROZENŠTRAUCH u. RYBAKOVA; ESSELIER u. JEANNERET; FISCHER u. REICHENOW; LIESKE; THIELE; BREM u. COHN; YAMAZI; GRANZ). Der Wandel des pathologisch-anatomischen Substrats spiegelt sich in der röntgenologischen 4-Stadieneinteilung von MU-HAN wider: der etwa 1—2 Monate dauernden Initialphase frischer, wolkig-unscharf begrenzter herdpneumonischer Verschattungen folgt das langfristige Stadium der *isolierten glattrandigen nodösen bzw. zystischen Rundherde* oder zart umsäumten Ringschatten, an das sich die Ausheilungsperiode mit dem Korrelat fibröser oder verkalkender Narben anschließt. Nach Sitz und Ausdehnung der Schattenfiguren unterscheidet man einen basalen Typ von „infraklavikulären" und disseminierten Formen der Lungenegelkrankheit (GÉHER; YANG et al.). YANG u. Mitarb. fanden in 59 von 100 gesicherten Fällen zum gesunden Parenchym hin scharf abgesetzte Wurmknoten und -zysten. Ihr Durchmesser beträgt meist etwa 1—2 cm, doch kann das Maß durch Konfluenz auf 4 cm und darüber anwachsen. Derartige Rundherde treten in einem Teil der Fälle solitär auf. Sie können sich innerhalb mehrmonatiger Beobachtungsfrist deutlich vergrößern und mit Anschwellung der Hiluslymphknoten einhergehen (YANG et al.). Bipolare Schattenbilder und ältere massive, unter Umständen bis zu handtellergroße Paragonimus-Infiltrate (TILLMAN u. PHILLIPS; BREM u. COHN) bieten einen durchaus tumorähnlichen röntgenologischen Aspekt.

Die von Finnen des im Hundedarm schmarotzenden Bandwurms Taenia echinococcus (Echinococcus granulosus, hydatidosus sive cysticus) verursachte *Hydatidenkrankheit* spielt in den differentialdiagnostischen Erwägungen beim solitären Lungenrundherd hierzulande wohl eine größere Rolle als ihrer tatsächlichen Verbreitung in Mitteleuropa entspricht. Sie kommt hier bis auf wenige Endemiezonen des Alpenraums, Süd- und Nordostdeutschlands nur sporadisch vor, ist vielmehr in den mediterranen Ländern, in Vorderasien, Südrußland, auf Island und in den Viehzuchtgebieten Südamerikas und Australiens heimisch (FAUST; DÉVÉ; PIEKARSKI; VOGEL u. MINNING; ESSELIER u. JEANNERET u.a.). Ihre Verbreitung hängt mit Mängeln der individuellen und öffentlichen Hygiene (insbesondere des Schlachthofwesens, der Fleischbeschau und Kadaverbeseitigung) sowie mit dem Ausmaß der Viehhaltung zusammen: Schafe, Rinder, Ziegen und andere Pflanzenfresser fungieren im Generationszyklus als natürlicher Zwischenwirt, der mit der vom Hundekot verunreinigten Nahrung Parasiteneier aufnimmt und deren weitere Entwicklungsformen in seinen inneren Organen beherbergt, bis sein scolices-haltiger Kadaver wieder Wurmembryonen auf den definitiven Wirt (Hunde, Wölfe) überträgt.

Der Mensch infiziert sich durch unmittelbaren Kontakt mit täenienbehafteten Hunden oder indirekt durch ihre Ausscheidungen, und zwar meist schon in der Kindheit, so daß die beim Erwachsenen festgestellte primäre Hydatidenzyste in der Regel fast gleiches Alter hat wie der Betroffene (GADEKAR). Die in den Parasiteneiern eingeschlossenen Onkosphären werden im Dünndarm des Menschen — wie beim natürlichen Zwischenwirt — fermentativ freigesetzt. Sie gelangen nach Durchbohrung der Darmwand ins Pfortaderblut und besiedeln daher bevorzugt die Leber (nach DÉVÉ in 74,5% aller Organlokalisationen; nach MARANGOS in 896 von 1537 operierten Echinokokkusfällen der Athener Klinik von MAKKAS).

Die primäre Lungenhydatidose, deren Häufigkeitsrelation zum Leberbefall etwa 25—50% beträgt, regional aber sehr schwankend angegeben wird (6,7—78,5%!) (DÉVÉ; BIOCCA; BALÁS u. BIKFALVI; LAGOS; ESSELIER u. JEANNERET u.a.), kommt gewöhnlich hämatogen — möglicherweise auch ohne Leberpassage (Hämorrhoidalvenen!) — zustande, während die lymphogene Ausbreitung über den Ductus thoracicus als unwahrscheinlich gilt (ESSELIER u. JEANNERET). Der aerogene Infestationsmodus ist nur tierexperimentell belegt (DÉVÉ; NAPALKOW). In etwa 10% der Fälle geraten Parasitenlarven über die terminale Lungenstrombahn in den großen Kreislauf und können sich dann extrapulmonal im Brustkorb (Rippen, Pleura, Mediastinum, Herz) und in anderen Organen ansiedeln (Gehirn, Skelet, Abdominalorgane, Muskulatur).

Die aus der Onkosphäre hervorgehende Hydatidenblase wird nach Einnistung im Lungengewebe von einem entzündlich-atelektatischen Saumwall umgeben. Er entsteht durch den Reiz toxischer Stoffwechselprodukte und den Druck der allmählich — oft diskontinuierlich — wachsenden Zyste. Im Laufe der weiteren Entwicklung

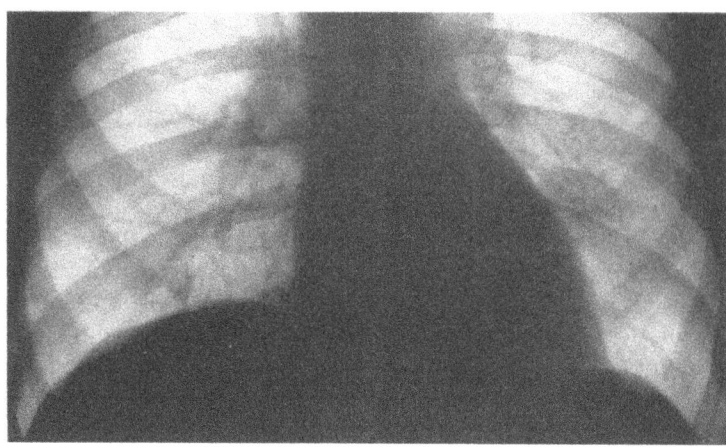

Abb. 175. *Kleine Echinokokkuszysten in beiden Lungen.* Die im Ausschnitt des Thoraxübersichtsbildes p.-a. dargestellten haselnuß- bzw. kirschgroßen Rundschatten in beiden Unterlappen wurden zufällig entdeckt. Die Wahrscheinlichkeitsdiagnose Hydatidenzysten gründet sich auf beruflich-peristatische Expositionsmöglichkeiten (Landwirt!), zeitweilige Bluteosinophilie, positive Echinantigen-Probe mit hohem Titer der Komplementbindungs-Reaktion und unvermittelte spontane Rückbildung des einen Rundschattens nach mehrjähriger Verlaufsbeobachtung. H. F., 59jähr. ♂. Arch.-Nr. 6678/58, Röntgenabtlg. d. Med. Univ.-Klinik u. Poliklinik Münster/W. (Direktor: Prof. W. H. Hauss)

bildet sich daraus eine mehrere Millimeter starke Bindegewebskapsel. Zwischen der wirtseigenen Adventitia und der chitinhaltigen Außenhülle (Cuticula) der Wurmblase liegt ein kapillärer Lymphraum, dem die zahlreichen der inneren Keimschicht der Brutkapsel (Endozyste) entsprossenden Scolices ihre Nährstoffe entnehmen. Von der perivesikulären Grenzfläche aus erfolgt die immunbiologische Sensibilisierung des Wirtsorganismus. Hier spielen sich ferner die vielfältigen späteren Komplikationen ab (perivesikuläre Blutungen, Bronchialarrosion mit nachfolgender peri- bzw. endovesikulärer Infektion bei Dehiszenz der parasitären Membranschichten, massive Zystenruptur mit Durchbruch in ein Bronchiallumen oder in den Pleuraraum), die bedrohliche Krankheitserscheinungen des Wirts hervorrufen (Hämoptoe, anaphylaktische Reaktionen, Hydatidenabszeß bzw. Pyopneumothorax, akute Asphyxie infolge tracheo-bronchialer Obturation durch abgelöste Membranfetzen oder die en bloc — samt Endzyste — ausgehustete Chitinhülle). Diese Ereignisse führen in Etappen oder akut zum Untergang der Mutterblase. Die Streuung intakter Scolices kann aber die Parasitenausbreitung propagieren, sofern die eingerissene Zyste nicht infiziert ist.

So wird aus der *primären Lungen-Echinokokkose*, die in der Regel *unilokulär*, seltener mit mehreren Primärblasen in beiden Lungen auftritt (Marangos; Di Bernardi; Esselier u. Jeanneret; Ambrosič u.a.) die *disseminierte Lungenhydatidose* mit einer *Vielzahl von Sekundärzysten*, die bronchogener Aussaat (Dévé; Susman; Kourias; Sournia), kontinuierlichem Einbruch eines zwerchfellnahen Leberechinokokkus (s. S. 343) bzw. einer primären kosto-pleuralen Zyste oder hämatogener Streuung einer rupturierten Blase im rechten Herzen entstammen können. Gelegentlich nimmt die sekundäre Hydatidose die Gestalt eines umschriebenen, scheinbar solitären Zystenkomplexes an, wenn sich nach Abfluß scolices-haltigen Fruchtwassers aus geringfügigen Parasitenmembran-Defekten ein Kranz von Tochterzysten in der Adventitia der Mutterblase angesiedelt hat (Houël u. Dumazer) (Bd. IX/4b, Abb. 581). Außer diesen perivesikulären Trabantenherden kommen auch innere Sprossungsprozesse von Tochter- und Enkelblasen in gealterten Hydatidenzysten vor.

Die Zahl röntgenologisch nachweislicher Wurmblasen bietet demnach kein unbedingt schlüssiges Unterscheidungsmerkmal zwischen — primär oder sekundär — multiplen Formen des sog. „*unilokulären*" *Echinococcus cysticus* (Favacchino u.a.) und pulmonalen Absiedlungen des *multilokulären Echinococcus alveolaris* (Smith u. Hanson; Esselier u. Jeanneret; Schlierbach; Friedrich u. Veiel; La Fond, Thatcher u. Handeyside; Borel, Fasel, Ryncki u. Magnenat; Vogel u. Minning; Keveš; Keveš u. Pribylovski; West et al.; Bonakhdarpour u.a.) (s. Abb. 245, S. 449). Die Lungenherde dieses eng verwandten selteneren Zestodentyps entstehen nach primärem

Leberbefall fast ausschließlich als hämatogene Metastasen, sind daher kaum solitär. Sie setzen sich aus zahlreichen kleinen Bläschen zusammen, die in Granulationsgewebe eingebettet sind, infiltrativ wachsen, durch zentrale Nekrosen zerfallen und später verkalken können. Wegen ihrer Vielkammerigkeit wirken sie *röntgenologisch* unregelmäßiger geformt und weniger scharf konturiert als unkomplizierte einkammerige Hydatidenblasen, deren nekrobiotische Rückbildung im allgemeinen nur wandständige sichelförmige Verkalkungen hervorruft (MENON; DRUCKMANN; SAMUEL u. a.).

Die unkomplizierte pulmonale Echinokokkuszyste bleibt *klinisch* lange latent. Unter den Initialsymptomen sind rezidivierende Hämoptysen, bei zentralen Hydatiden zudem trockener Reizhusten, bei kortikal gelegenen eher Druckgefühl und pleuritische Erscheinungen zu nennen. Im weiteren Verlauf pflegen sich Anzeichen chronischer Bronchitis mit eitrigem Auswurf und Fieberepisoden einzustellen, die von Sekretstauung, durch kleine Bronchialfisteln verursachten Infektionen der wirtseigenen Perizyste oder kompressionsbedingten atelektatisch-pneumonischen Veränderungen in der Nachbarschaft herrühren. Die zunehmende Expansion der Blase kann durch Bronchialeinengung zum Obstruktionsemphysem oder zur Atelektase eines Segments, Lappens oder Lungenflügels führen (PRETE u. MAROGNA; HOUËL u. DUMAZER u.a.). Das Wachstum kann ferner Kurzatmigkeit auslösen, zur Verdrängung der Mediastinalorgane führen und in seltenen Fällen — bei Lokalisation in der oberen Thoraxapertur — ein *Pancoast-Syndrom* hervorrufen (MASSENTI u. RACUGNO; LÈGRE u. BONNAL; MAZZONI u. DI PIETRO; CAMBACCINI, SALOMINI u. SALOMINI; D'ESHONGUES u. HOUËL). Die *Destruktion der knöchernen Brustwand durch usurierenden Druck wachsender Hydatiden* (LAGOS; ESSELIER u. JEANNERET u.a.) ist dabei allerdings ungewöhnlich, ebenso das Vorkommnis massiver, unter Umständen tödlicher *Arrosionsblutungen* aus größeren Pulmonalisästen (LARGHERO YBARZ u. ARDAO).

Eine *Bluteosinophilie* (über 5%) ist nicht obligat, zumindest inkonstant und bei operativ bestätigten Fällen nur in etwa 45—75% zu finden (MARANGOS; DÉVÉ; BALÁS u. BIKFALVI; ESSELIER u. JEANNERET). Nach Ruptur oder Punktion einer Zyste kommt es jedoch fast immer zum Anstieg der Eosinophilen und zu *Anaphylaxiesymptomen* seitens der Haut, des Atemtrakts (Asthmaanfälle, Glottis-, Bronchial- oder Lungenödem), des Kreislaufs (Kollaps mit Tachykardie) und des Nervensystems (zentrale Hyperthermie, Koma, Krämpfe) (PASQUIER u. MAYDL; BALÁS u. BIKFALVI; DAVIDSON u.a.).

Überempfindlichkeitsreaktionen werden schon bei Mikroperforation beobachtet (BECKMANN) und nehmen auch nach der *intrakutanen Antigenprobe (Casoni-Botteri-Test)* gelegentlich heftige Form an. Die positive Intradermalreaktion erfolgt oft biphasisch: die Frühreaktion (15—20 min nach Antigeninjektion) fällt häufiger positiv aus (bei intakten Zysten in 75%, bei komplizierten Blasen in 91% nach BALÁS u. BIKFALVI) als die Spätreaktion (lokales Ödem, Juckreiz und Hitzegefühl 6—24 Std post injectionem nach BALÁS u. BIKFALVI in 25—50% gesicherter Fälle), ist aber weniger schlüssig als diese. Die Häufigkeit des positiven Reaktionsausfalls wird im Schrifttum übrigens recht unterschiedlich beziffert. Der Intrakutantest gilt als ziemlich verläßlich, da fälschlich positive Reaktionen (LANDAU, DELOFF u. BRAUN) selten sind, während man auch bei sicherem Echinokokkusbefall mitunter negative Ergebnisse erhält (GARABEDIAN, MATOSSIAN u. SUIDAN; ESSELIER u. JEANNERET; POLI u. GIANNI; LAMPIRIS). Die Intradermalprobe ist allerdings nur einmalig und lediglich präoperativ verwertbar. Wie die chirurgische Zysteneröffnung hinterläßt die Antigeninjektion durch Antikörperbildung bleibende Reaktionsbereitschaft. Sie ist daher nach einer Zystektomie weder zur Fahndung nach weiteren latenten Hydatiden noch zur Identifizierung später auftretender Tochterblasen heranzuziehen. Die *Komplementbindungs-Reaktion nach* WEINBERG-GHEDINI ist weniger spezifisch und gibt seltener positive Resultate als der Casoni-Test. Sie zeigt aber mit einem Titeranstieg bevorstehende bzw. in Gang befindliche Komplikationen einer Parasitenblase an und erlaubt eine Erfolgsbeurteilung operativer Eingriffe, da sie ca. 6 Monate nach Radikalentfernung parasitärer Herde negativ wird (LAMPIRIS; GARABEDIAN,

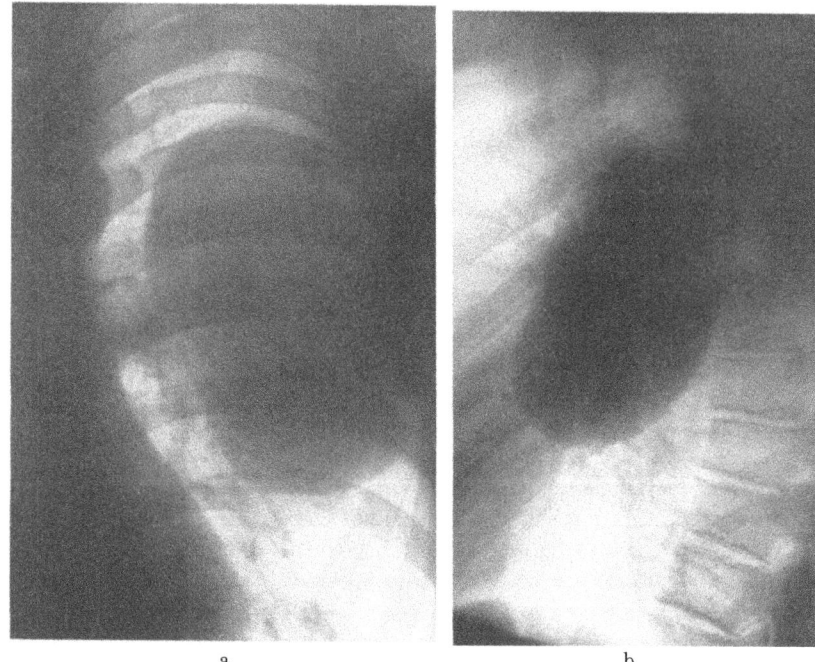

a b

Abb. 176 a u. b. *Intakte solitäre Hydatidenzyste von gut Faustgröße in der linken Lunge.* Intrakutanprobe und Komplementbindungstest positiv. Nach auswärtigem Bericht 3 Jahre später fraktionierte Hydatidoptyse unter allergischen Erscheinungen und mit Nachweis von Wurmhäkchen im Auswurf. a und b Nativaufnahmen p.-a. und dextro-sin. vor Eintritt der Membranlösung. P. S., 29jähr. Metzger. Arch.-Nr. 6918/49, Röntgeninstitut d. Med. Univ.-Klinik Leipzig (damal. Direktor: Prof. M. BÜRGER)

MATOSSIAN u. SUIDAN; ESSELIER u. JEANNERET). Beide Reaktionen sprechen wegen der ähnlichen Antigenstruktur in fast 50% der Fälle auch beim alveolären Echinokokkus an (HENI). Der mikroskopische Nachweis parasitärer Formelemente (Scolices, Häkchen) und Hüllenbestandteile (Chitinfärbung abgelöster Cuticulafetzen nach BEST) im Auswurf oder Pleuraexsudat liefert ein sicheres diagnostisches Indiz. Er beweist zugleich das Vorliegen eines Zysteneinrisses, der bei einem winzigen Defekt, fehlender Infektion und spärlich fraktioniertem Abfluß aus einer absterbenden schlaff gefüllten Blase klinisch stumm bleiben kann.

Die massive Echinokokkusruptur pflegt dramatisch zu verlaufen. Die Leitsymptome sind heftiger Reizhusten verbunden mit plötzlichem Schmerz im Brustkorb, hohem Fieberanstieg und anaphylaktischen Erscheinungen, die in einen tödlichen Schock übergehen können. Unvermittelte Atemnot und Zyanose entspringen dabei funktionellen und organischen Ursachen. Außer generalisiertem Bronchospasmus und akutem Ödem der Glottis, tiefen Luftwege und zentralen Lungenabschnitte kann der Zystenriß bei Durchbruch in die Pleura einen *Spannungspneumothorax* mit Verdrängungssymptomen, typischer Succussio und amphorischem Atemgeräusch hervorbringen (LARGHERO YBARZ u. FERREIRA; HOUËL u. D'ESHONGUES; DAVIDSON; KOURIAS u. a.). Ferner kann es zu akuter Ventilblähung der entleerten Blase (DÉVÉ; LARGHERO YBARZ u. Mitarb.; BERRUTI u. GRILLI u. a.) und zur Aspiration von salzig-sanguinolenter Hydatidenflüssigkeit kommen, die sich unter beachtlichem Druck (ca. 30—60 cm H_2O) in einen Bronchus ergießt und im Schwall aus Mund und Nase dringt. In seltenen Fällen rührt die Atemerschwernis davon her, daß zusammenhängend gelöste Membranteile das Tracheobronchiallumen verlegen. Die Retention eingerissener Membranreste löst durch ihren Fremdkörperreiz anhaltende pneumonische Prozesse aus. Wie bei hinzutretender Infektion schon vor einem Rupturereignis üblich, kann sich daraus eine putride Entzündung entwickeln. Nach kompletter

Ausstoßung der nicht infizierten Brutkapsel bildet sich die Perizyste des Wirts bis auf geringe narbige Relikte zurück. Eine Spontanheilung ist nur möglich, wenn dabei eine Sekundärstreuung unterbleibt, oder wenn ein verkalkender Echinokokkus komplikationslos abstirbt.

Der *Röntgenbefund* des scharf umgrenzten, homogen weichteildichten kugeligen Rundherds galt einst als so typisch für den Lungenechinokokkus, daß man glaubte, ,,mit einem Blick" die Anhiebsdiagnose stellen zu können (WEINBERG u. DEGNER zit. n. LENK). Tatsächlich ist schon das *Bild der intakten Blase* weder uniform noch pathognomonisch (DÉVÉ; LENK; ESCUDERO; MORQUIO u. Mitarb.; CLAESSEN; CHEVROT et al.; LAFORET u. LAFORET; CAEIRO u. GOYENA; DAVIDSON; EVANS; PETROVIĆ; ŠÍMA; BONABA u. SOTO; PIAGGIO BLANCO et al.; CUMBO; COCCO; ESCUDERO u. GARCIA; GUARINI; NEMENOW; CHRYSOPATHIS; EVANS; SUSMAN; MAKKAS; DUMAZER u. HOUËL; MARANGOS; BALÁS u. BIKFALVI; DE BERNARDI; LAGOS; TESCHENDORF; COCCHI; ESCUDERO u. CHASAUNE; BLAHA; ABD EL HAKIM; GARCIA CAPURRO; LE GÉNISSEL u. HOUËL; TALANA, SCHIEPPATI u. ARACAMA ZORRAQUIN; GADEKAR; ZADEK; TILLIER, BARRETT u. THOMAS; GRILLI; BONAKHDARPOUR; FIORENZI; REDI; BUSINCO; PIERUCCI; FISHMAN u. MCKEOWN; SCHLANGER u. SCHLANGER; VACHIER u. HILLMAN; AGGARWAL; BENASSI; CRAUSAZ; ESSELIER u. JEANNERET; BAZAN, FILOSTO u. FINAZZO; CHEVROT, HOUËL, DOR, DOR, MALMEJAC, NOIRCLERC, ROUX, LAVIEILLE u. KANDELMAN u.a.). Die Gestaltmerkmale der Zyste variieren in verschiedener Hinsicht.

Größere Hydatidenblasen wirken — auch ohne Abplattung am Brustkorb oder Mediastinalrand — oft ausgesprochen *oval* (s. Abb. 176). Sie sind mitunter *mehrfach ausgebuchtet* (MIYAGAWA, YAMADA, IGAKI u. MORISHITA; LENK; BALÁS u. BIKFALVI; GRILLI u.a.), durch zipfelige Pleuraadhäsionen entrundet (LENK; GRILLI u.a.) oder infolge perivesikulärer Ansiedelung von Tochterblasen *vielhöckerig gelappt* (HOUËL u. DUMAZER). Wie andere Lungenzysten und dünnwandige Flüssigkeitskammern im Brustraum (kongenitale Lungen- und Mesothelzysten pleuro-perikardialer Herkunft, gekammerte Interlobärergüsse etc.) (*Janssons Zeichen* s. S. 259) zeigen Hydatiden bestimmter Größenordnung *lage- und atemabhängigen Formwandel*. Das *Escudero-Nemenowsche Zeichen* (Verlängerung und Schmalerwerden des Zystenschattens im tiefen Inspirium) ist also keineswegs kennzeichnend für den pulmonalen Echinokokkus (LENK; STERN; USPENSKY; POHL; KINGREEN; JANSON; SPASSOKUKOTZKY; MENON; TESCHENDORF; GADEKAR; POPOVIC u. VLAHOVIC; BELOT u. PENTEUIL; MIYAGAWA et al.; BALÁS u. BIKFALVI; ESSELIER u. JEANNERET u.a.). Zarte *Kalkschalen* sind im Erscheinungsbild gealterter Hydatiden (LENK; LASKER; SAMUEL; DRUCKMANN; MENON; TESCHENDORF; BALÁS u. BIKFALVI) häufiger als bei Nebenlungen (SCHULZE) (s. Bd. IX/3, Abb. 181, S. 299), bronchopulmonalen und anderen angeborenen Zysten (s. S. 248ff. u. 263ff.). Der Umfang der sichtbaren Parasitenblasen, die man in der Ein- oder Mehrzahl — bevorzugt im rechten Unterlappen — antrifft, reicht von Haselnuß- bis Kindskopfgröße. Die Schattendichte des zunächst winzigen Gebildes wächst mit zunehmender Ausdehnung stetig an. Die glattrandige Zyste verliert an Konturschärfe, sobald die Expansion zur Immobilisationsatelektase des verdrängten Parenchyms führt, oder wenn infektiöse Prozesse in der Umgebung aufflackern (ARDAO; LAGOS; GADEKAR; SOTO BLANCO; BALÁS u. BIKFALVI; TILLIER; ESSELIER u. JEANNERET u.a.).

In diesem Stadium ähnelt die Hydatidenblase dem Schattenbild eines karzinomatösen Rundherds im Lungenmantel (LENK; HOUËL u. DUMAZER; MARANGOS; ZADEK; TESCHENDORF; GRILLI; CURTILLET; BALÁS u. BIKFALVI; BELUCCI u. RICCI; TILLIER; MIYAGAWA et al.; BAZAN, FILOSTO u. FINAZZO; ESSELIER u. JEANNERET u.a.). Wegen der unterschiedlichen Häufigkeitsdichte beider Erkrankungen ist hierzulande umgekehrt eher mit der *Verwechslung eines geschlossen wachsenden peripheren Bronchialkrebsknotens mit einer solitären Echinokokkuszyste* zu rechnen, zumal der Geschwulstherd in manchen Fällen weder aufgefasert noch polyzyklisch eingekerbt oder marginal verwaschen begrenzt, sondern als scharfrandig abgesetztes kugeliges oder oväläres Gebilde erscheint (LENK;

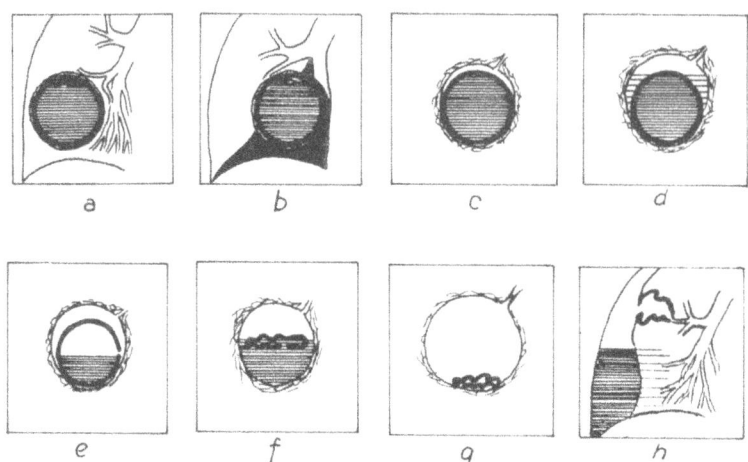

Abb. 177a—h. *Röntgenologisch faßbare Komplikationen und Involutionszeichen der pulmonalen Echinokokkusblase.* a Intakte Hydatide mit Verdrängungssymptomen. b Lobäratelektase infolge Bronchuskompression. c Mondsichelphänomen (Zeichen von MORQUIO) nach partieller Membranlösung. d Geblähte Perizyste mit perivesikulärem Exsudat. e Fluidopneumozyste nach Membraneinriß mit Doppelbogen-Zeichen von CUMBO und IVANESSEVICH. f Camelotte-Zeichen der schwimmenden Parasitenhülle nach LAGOS GARCIA u. SEGERS. g Sedimentierter Membranrest in der entleerten, ventilgeblähten Perizyste. h Pyopneumothorax nach Echinokokkusruptur in den Pleuraspalt

TESCHENDORF; GRILLI; MONACO u. STORNIELLO; SCHLUNGBAUM u. SCHONDORF; SCHULZE u.a.) (s. Bd. IX/4b, Abb. 403, 409). Glattrandige intakte Hydatidenzysten paramediastinaler Lage können auch neurogene und teratogene Neubildungen oder massive Hiluslymphome imitieren und durch mitgeteilte Schleuderpulsation (VOGT) Aneurysmen vortäuschen, sofern sie dem Herzen bzw. Gefäßstamm anliegen.

Auch die *komplizierte Echinokokkuszyste* vermag fälschlichen Karzinomverdacht zu erwecken. Das gilt insbesondere für den chronischen, mit Hämoptysen, eitrigem Auswurf, Fieber und Hiluslymphknotenschwellung verbundenen Hydatidenabszeß und für atelektatische bzw. obstruktionspneumonische Folgezustände hilusnaher Parasitenblasen, die einen größeren Bronchusast von außen zusammendrängen (LENK; LIARAS, HOUËL u. PÉLISSIER; PRETE u. MAROGNA; BALÁS u. BIKFALVI; HOUËL u. DUMAZER u.a.), in sein Lumen prolabieren (LAGOS GARCIA u. SEGERS; LÉVI-VALENSI u. ZAFFRAN; SAMI, GOMAA u. EL-ALAMI; FILIPO; PITZORNO) oder ein stenosierendes allergisches Bronchialwandödem verursachen (HOUËL u. DUMAZER). Die Schattenfigur kann dabei wie ein zentrales Bronchuskarzinom als knollige Auftreibung an der Wurzel des luftleeren Sektors hervortreten, in der atelektatischen bzw. entzündlichen Parenchymverdichtung untergehen oder von einem zusätzlichen ausgedehnten Pleuraerguß verdeckt werden.

Das expansive Wachstum der Echinokokkuszyste äußert sich im *Pneumangiogramm* (CAMPITELLI; GRILLI) und *bronchographisch* vorwiegend mit *Verdrängungssymptomen* (LENK; LAGOS; BALÁS u. BIKFALVI; GARCIA CAPURRO; BERETTO u. PINO; DI RIENZO u. WEBER; ABDULLAEV u. Mitarb. u. a.). Bei der Kontrastfüllung wird gelegentlich die partiell abgelöste Membran dargestellt (MONACO; MARTINI; SROUJI, MULHIM u. WILSON). Das *Schichtverfahren* ist besonders geeignet, den eigentümlichen Wandel des Grobstrukturbildes der abgelösten und eröffneten Parasitenblase in den verschiedenen Rückbildungsetappen zu erfassen (PIAGGIO BLANCO u. GARCIA CAPURRO; LINA; DEMIRLEAU u.a.).

Bei der *Membranablösung* dringt zunächst Luft über kleine Bronchusfisteln zwischen Peri- und Ektozyste und erscheint als sichelförmige Aufhellung am oberen Pol, seltener am seitlichen Rand des von der abgehobenen Adventitia umsäumten Blasenschattens („*Zeichen von Morquio*", auch „*Colombo-Zeichen*" genannt) (Abb. 177 u. 178). Die *perivesikuläre Pneumozyste* ist gewöhnlich lagekonstant (MORQUIO, BONABA u. SOTO; GADE-

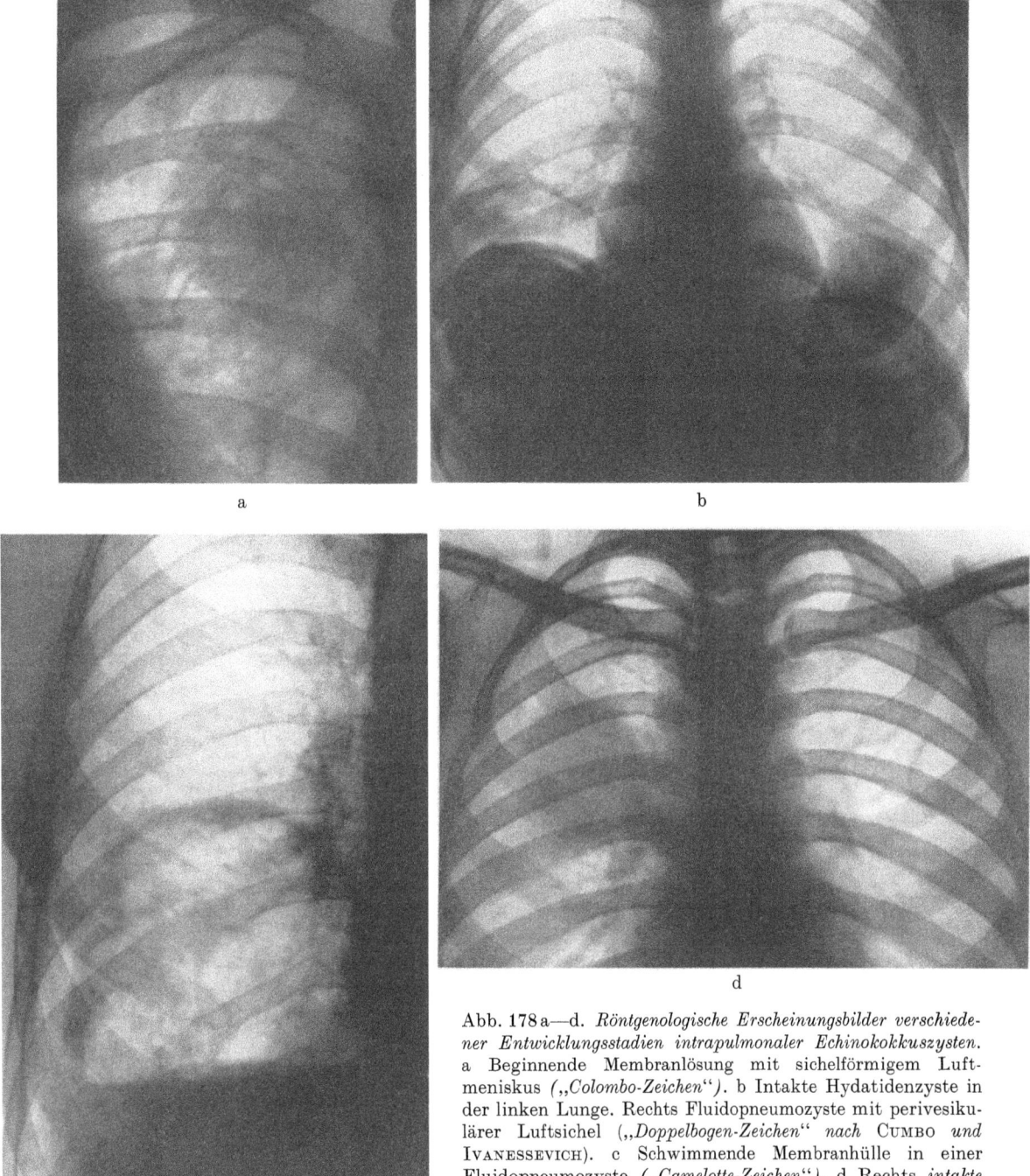

Abb. 178 a—d. *Röntgenologische Erscheinungsbilder verschiedener Entwicklungsstadien intrapulmonaler Echinokokkuszysten.* a Beginnende Membranlösung mit sichelförmigem Luftmeniskus *(,,Colombo-Zeichen")*. b Intakte Hydatidenzyste in der linken Lunge. Rechts Fluidopneumozyste mit perivesikulärer Luftsichel (,,*Doppelbogen-Zeichen*" nach CUMBO und IVANESSEVICH). c Schwimmende Membranhülle in einer Fluidopneumozyste *(,,Camelotte-Zeichen")*. d Rechts *intakte Blase*, links *ventilgeblähte dünnwandige Perizyste* mit zartem Membranrest am Boden. (Nach M. BARBONTI, Chief of the Surg. Clinic, Karsh Hospital Bagdad)

KAR u.a.). Sie kann infolge entzündlicher Exsudation in den Spaltraum kurzfristig verschwinden, ebenso rasch wiederkehren und bei exspiratorischer Ventilstenose des kleinen Drainagebronchus zu einer halbmondförmigen, der — noch intakten — Hydatidenblase aufsitzenden Luftkappe heranwachsen. Das *Mondsichel-Phänomen* (,,*signe de décollement*") darf am ehesten als Leitmerkmal des absterbenden Parasiten gelten (BÉCLÈRE;

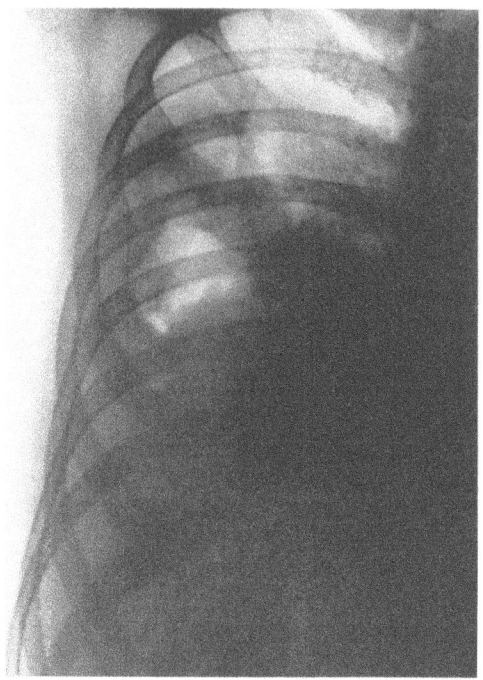

Abb. 179. *Transdiaphragmal aus der Leber in die rechte Lunge durchgebrochener Amöbenabszeß.* (Autopsiebefund) (Sekt.-Nr. 155/67, Path. Inst. d. Krhs. Nordwest, Direktor: Prof. KAHLAU). T.-H. G., 29jähr. ♂ (Asiate). Arch.-Nr. 2101 38211, Radiolog. Zentralinst. d. Krhs. Nordwest Frankfurt/M.

ZEHBE; BELOT u. PENTEUIL; COCCO; NARDONE; NEMENOW; MORQUIO, BONABA u. SOTO; CUMBO; GARCIA CAPURRO; CONGIU; GIACCI; LEONE; JANICELLI, SUAREZ u. CASTRO CASAL; OOSTHUIZEN u. FAINSINGER; SCHLANGER u. SCHLANGER; SIAS u. SPANU; TONNO; HOUËL u. DUMAZER; LAGOS; RUBIN, WHITWELL u. WADDINGTON; BELOT u. PENTEUIL; KEGEL u. FATEMI; ZAMORANO, REED, BORGNET u. LERMANDA; GRILLI u.a.), ist aber nicht krankheitsspezifisch (DÉVÉ; LENK; LEVY-DORN u. ZADEK; CLAESSEN; BALÁS u. BIKFALVI; RUBIN, WHITWELL u. WADDINGTON; WEENS u. THOMPSON; BALMÈS u. THÉVENET; PIGORINI; NARDONE; KEGEL u. FATEMI; BOURDET, DELAHAYE u. FOURNIER; BORRIE; STEFANESCU u. LUPSA; MONACO; GADEKAR u.a.) (s. S. 301).

Die *Läsion der Parasitenmembran* kündigt sich in manchen Fällen mit spontaner Größen- bzw. Füllungsschwankung der Zyste an (MIYAGAWA u. Mitarb.), die man auch bei drainierten bronchogenen Zysten finden kann (s. Abb. 144). Im Verlauf der Hydatidoptyse stellt sich nach Lufteintritt in das Baseninnere das Bild der *Fluido- bzw. Pyopneumozyste* dar. Bei gleichzeitiger Gasansammlung im perivesikulären Spalt hebt sich der *schmale Doppelbogen der auseinandergewichenen Wirts- und Parasitenhülle* in der Aufhellungszone ab („*Zeichen von* CUMBO *und* IVANESSEVICH") (Abb. 177). Selten sind nach Abblätterung luftentfalteter Cuticula-Lamellen eigentümlich spiralige oder zwiebelschalenartige Schattenfiguren zu sehen (SIMONETTI; TESCHENDORF; LAGOS). Der intrakavitäre Flüssigkeitsmeniskus kann wie in jeder eröffneten Lungenzyste geradlinig horizontal begrenzt sein. Schwimmt die allseits von der Perizyste gelöste, faltig geschrumpfte Echinokokkusmembran und/oder freigesetzte Tochterblasen auf dem Fruchtwasser bzw. Eiterinhalt des Hohlraums, so erscheint der Flüssigkeitsspiegel unregelmäßig gewellt. LAGOS GARCIA u. SEGERS vergleichen das — tomographisch besonders sinnfällige (BRODERSON u. BUDING) — Phänomen mit dem *Bild der schwimmenden Wasserlilie* (= „*Camelotte-Zeichen*") (Abb. 177 u. 178), während PIAGGIO BLANCO u. GARCIA CAPURRO vom „signo de los cantos radados" (sinngemäß „*Kopfsteinpflaster-Zeichen*: v. KEISER) sprechen. Seine Häufigkeit wird im Schrifttum sehr unterschiedlich angegeben. CONSTANTINI u. LE GÉNISSEL fanden es unter 100 Fällen nur dreimal, KEGEL u. FATEMI in 50% bei rupturierten Lungenhydatiden. DÉVÉ, PIGORINI, PÜTZ und andere Autoren zweifeln an der pathognomonischen Bedeutung des Zeichens. In Analogie zum signe de décollement ergeben sich mitunter vergleichbare Befunde bei banalen Lungenabszessen, einschmelzenden Tuberkulomen und nekrotisch zerfallenden Krebsknoten (vor allem des Epidermoidtyps), deren Höhle verflüssigte und feste Sequesterteile sowie ein vielbuchtig-höckeriges Wandrelief (ähnlich dem „*Zeichen des Felsens*" von TOBIAS u. CEBALLOS) aufweist (S. 301 u. 342). Nach Abfluß der Hydatidenflüssigkeit wird die zurückgebliebene Membran zeitweise als runzelig zusammengefallenes Gebilde am Boden der lufthaltigen bzw. geblähten Perizyste sichtbar (DÉVÉ; TESCHENDORF; GRILLI; ESSELIER u. JEANNERET u.a.) (Abb. 177g), bis sich entzündliches Sekret ansammelt, und schließlich der Echinokokkusrest samt Eitermassen ausgestoßen wird.

Geschwulstähnliche Röntgenbefunde verursacht auch der *diaphrenische Durchbruch infizierter Leber-Echinokokkuszysten in den Brustraum* (JUVERA, MANESCO u. VASILESCO; GUEJD, MORVAN, SOLASSOL u. GUIDOUM u.a.), (vgl. Bd. IX/4b, Abb. 581), der wie *gleichartige Komplikationen der Amoebiasis hepatis* (Abb. 179) zur Ausbildung lange fortbestehender Pleuraergüsse mit *pleuro- oder broncho-biliären Fisteln* führt (OCHSNER u. DE BAKEY; ISAAC; SCHORR u. SCHWARZ; ROSETTI; ALBERTSON; ADAMS; COIRAULT, COUDREAU u. GIRARDI; JARNOIU, MOREAU, GARRIGOU u. BOURDET; HERRERA-LLERANDI; PRINOTTI, BELLI u. BRUNO; GUEJD et al.; CLEVE u. CORREA; s. auch: GILCHRIST u. PARROTT; MORTON u. PHILLIPS; FLEMMA u. ANLYAN; CASPERS). Dieser Infestationsmodus der Atemorgane ist häufiger als die aerogene „Bronchitis amoebica primitiva" oder die hämatogene *Lungen-Amoebiasis* (PRINOTTI, BELLI u. BRUNO; FISCHER u. REICHENOW u.a.).

Für die Differentialdiagnose bronchopulmonaler Geschwülste haben schließlich *tumorartige Erscheinungsformen der Pneumokoniosen* praktische Bedeutung (PANCOAST u. PENDERGRASS; SCHULTE u. HUSTEN; POKORNY-WEIL; JAENSCH; GUT; CONROZIER u. MAGNIN; POLICARD, CROIZIER u. MARTIN; LAVENNE; BRADSHAW u. CHODOFF; SCHMIDTMANN u. LUBARSCH; WÄTJEN; DI BIASI; GOUGH; GIESE; PIAGGIO BLANCO, DIGHIERO u. CAPURRO; POHLE u. RITCHIE; GORALEWSKI; ZECH; POLICARD u. COLLET; TESCHENDORF; ANACKER u. STENDER; KOURILSKY, REGAUD u. DECROIX; NEHRKORN; FLETCHER, MANN, DAVIES, COCHRANE, GILSON u. HUGH-JONES; BOHLIG; D'ARCY-HART u. ASLETT; RENDICH u. CAMIEL; MARTIN u. ROCHE; WOODRUFF u. KELLEY; BALGAIRIES, DECLERCQ, JARY u. NADIRAS; DELORD u. BESSON; LECLERCQ, BALGAIRIES, BONTE u. DECLERCQ; GERNEZ-RIEUX, BALGAIRIES, FOURNIER u. VOISIN; GERNEZ-RIEUX, BALGAIRIES, FOURNIER, AUPETIT u. FOUBERT; SIMONIN, GIRARD, SADOUL, DECHOUX u. MERTZ; WORTH u. ZORN; WORTH u. SCHILLER; KEMPF; PENDERGRASS; REY, RUBINSTEIN u. GRÖBLI; SEPKE; GIULIANI; DAVIS u. SNOW; CRUZ, SCHÜLER, OYANGUREN, SALVESTRINI u. DEL SOLAR; PRUVOST; MCCLOSKEY; FLETCHER; BALESTRA; CORCORAN; MOESCHLIN; DIETHELM; WORTH; FRITZE u. DICKMANS; KERGIN; CARSTENS; LAUGERI, PERONA CAPIETTO u. UVA; BOHLIG, JACOB, KIVILUOTO u. MÜLLER u.a.). Die Geschwulstähnlichkeit des Prozesses kann sich dabei in mannigfacher Gestalt äußern.

Am häufigsten kommt sie zur Geltung in Form *umschriebener massiver Staubschwielen des Lungenmantels*, die aus kleineren Granulomgruppen allmählich konfluieren, bei anthrako-silikotischer Induration bis zum Umfang eines ganzen Lappenareals anwachsen (KAUFMANN; GARDNER; GOUGH; DI BIASI; GIESE) und durch spätere Kolliquationsnekrose in *breit umsäumte, tumorartige Zerfallshöhlen* umgewandelt werden können (KAUFMANN; WÄTJEN; STERN; SCHMIDTMANN u. LUBARSCH; SCHEID; DI BIASI; GOUGH; POLICARD u. Mitarb.; GIESE; GERNEZ-RIEUX et al.; MCCLOSKEY; MARIN u. REYNAUD; WORTH u. ZORN; FRITZE u. DICKMANS; MÜLLER; WALL u.a.). Solche in relativ hohem Prozentsatz kavitären Konglomerate (GERNEZ-RIEUX u. Mitarb. sowie KILPATRICK, HEPPLESTON u. FLETCHER in 17,1 bzw. 27% unter 374 bzw. 389 Fällen mit neoplasieähnlicher koniotischer Ballung) sind bei fortgeschrittener Anthrako-Silikose bekannt (KAUFMANN; SCHMIDTMANN u. LUBARSCH; STERN; POLICARD; DI BIASI; LAVENNE; GOUGH; GIESE). Sie wurden insbesondere bei der Mansfelder Staublunge (WÄTJEN; GERLACH; SCHULZE; Lit. s. GIESE), in Graphitstaublungen (KAUFMANN; SCHMIDTMANN; GOUGH; DI BIASI;

Dünner u. Bagnall; Gloyne, Marshall u. Hayle; Glauser u. Rütter; Müller; Lit. s. Giese) und bei anderen Mischstaubkoniosen, z.B. in der keramischen Industrie beschrieben (Kirsch; Masshoff; Kahlau; Eskildsen u. Flemming-Møller; Lit. s. Giese), vereinzelt auch bei massiver Sidero-Silikose (Ockerstaublunge) (Roche u. Mitarb. zit. n. Gernez-Rieux et al.) und in Talkumlungen beobachtet (Di Biasi; Pruvost; Ehrhardt u. Güthert).

Der *histologische Aspekt* der grobknotigen Schwielen variiert je nach Staubart und Entwicklungsstadium. Meist handelt es sich um fibro-hyaline Massen geflechtartig angeordneter, stellenweise auch konzentrisch geschichteter Kollagenbänder (Policard u. Collet; Di Biasi; Lavenne; Gough; Giese; Gernez-Rieux u. Mitarb.). Die Herde enthalten typische koniotische Granulome oder randständige Infiltrate aus Lymphozyten, Epitheloidzellen, Staubpartikel sowie Cholesterin speichernde Makrophagen. Sie umschließen oft atelektatisches bzw. indurativ geschrumpftes Lungengewebe mit komprimierten Bronchien und erdrosselten Gefäßästen.

Zur Bildung grober Ballungsherde und ihrer Kavernen trägt vielfach eine aktive Zusatztuberkulose bei (Di Biasi; Ickert; Policard; Husten; Wätjen; Rössle; Giese; Worth; Rogers, James u. Cochrane; Belt u. Ferris u.a.), doch ist das akzidentelle infektiöse Moment für die Formalgenese nicht obligat. Neben *soliden und kavitären Siliko-Tuberkulomen* kommen rein koniotische „*Silikome*" *mit fakultativem Zerfall* vor (Di Biasi; Policard; Kilpatrick et al.; Morrow u. Armen; Gough; Kempf; Davis u. Snow; Colinat; Petry; Caplan; Gernez-Rieux u. Mitarb.; Martin u. Fallet; Worth; Morawetz u. Schnetz; Fournier; Fritze u. Dickmans; Giese; Moeschlin; Wulff; Marin et al.; McCloskey; Vorwald; Scheid; Sweaney; Wall; Miehlke et al.; Bohlig u. Mitarb. u.a.). Die aseptische Nekrose wird teils mit örtlicher Ischämie infolge obliterativ-konstriktiver Gefäßverschlüsse erklärt (Vorwald; Geevner; Policard; Gough; Fournier; Uehlinger u. Zollinger; Gernez-Rieux et al.; Croizier, Ode u. Roche; Giese; Wall; Morrow u. Armen; Worth u. Zorn; Lavenne; Mottura; Fritze u. Dickmans; Wells u.a.), teils Alterungsvorgängen und spezifischen physikochemischen Staubeinflüssen zugeschrieben, wie z.B. bei der „Phthisis atra" (Kaufman; Di Biasi; Müller) und bei Einschmelzungen in Ockerstaublungen (Roche et al.).

Policard u. Collet begründen die Neigung zu überschießender fibroplastischer Reaktion, zur Ballung grober Staubschwielen und späterer regressiver Erweichung nicht allein mit exogenen Faktoren, d.h. mit dem Ausmaß der Staubexposition und des histotoxischen Einflusses der inhalierten Partikel. Nach ihrer Ansicht liegt dem Vorgang eine besondere gewebliche Reaktionsweise noch unbekannten pathobiologischen Ursprungs zugrunde. In diesem Zusammenhang sei auf den erstmals von Caplan beschriebenen immunbiologischen Aspekt der *Kombination von grobknotigen Pneumokoniosen mit rheumatoider Polyarthritis* (Caplan-Syndrom) hingewiesen (Caplan, Payne u. Withey; Caplan, Cowen u. Gough; Gough, Rivers u. Seal; Gough; Humperdinck; Moeschlin; Fellman u. Mitarb.; Sepke; Giese; Telleson; Brückner u. Rosmanith; Fritze u. Holling; Carstens; Fritze u. Dickmans; Stender u. Schermuly; Dechoux u. Ruysen; Morawetz u. Schnetz; Miall et al.; Bonard u. Vasey u.a.). Die Silikoarthritis wird mit ihren begleitenden Lungenherden dem Poncetschen Rheumatoid tuberkulotoxischer Genese, andererseits dem Rheumatismus nodosus an die Seite gestellt (Gough u.a.) und auch von anderen Autoren als Folge einer Antigen-Antikörper-Reaktion aufgefaßt, ohne daß der ätio-pathogenetische Mechanismus in seinen Einzelheiten eindeutig geklärt werden konnte (Vigliani; Pernis; Lit. s. Giese).

Differentialdiagnostisch sind dabei die Fernwirkungen *symptomatischer Arthralgie und arthritischer Gelenkschwellung beim Bronchuskarzinom* zu bedenken, die erstes Hinweiszeichen des Krebsleidens sein können (Berg; Poppe; Franke; Ellman; Ricklin; Kolář, Paleček u. Skalová u.a.) (s. Bd. IX/4a). In gleicher Hinsicht erscheint es klinisch bedeutsam, daß sich der Zerfall anthrako-silikotischer Knoten nicht nur mit Melanoptysen (Gregory; Marshall; Thomson; Croizier, Martin u. Policard; Di Biasi; Courtois; Kilpatrick et al.; Gernez-Rieux u. Mitarb.), sondern auch mit rezidivierenden Lungenblutungen ankündigen kann (Gernez-Rieux et al.).

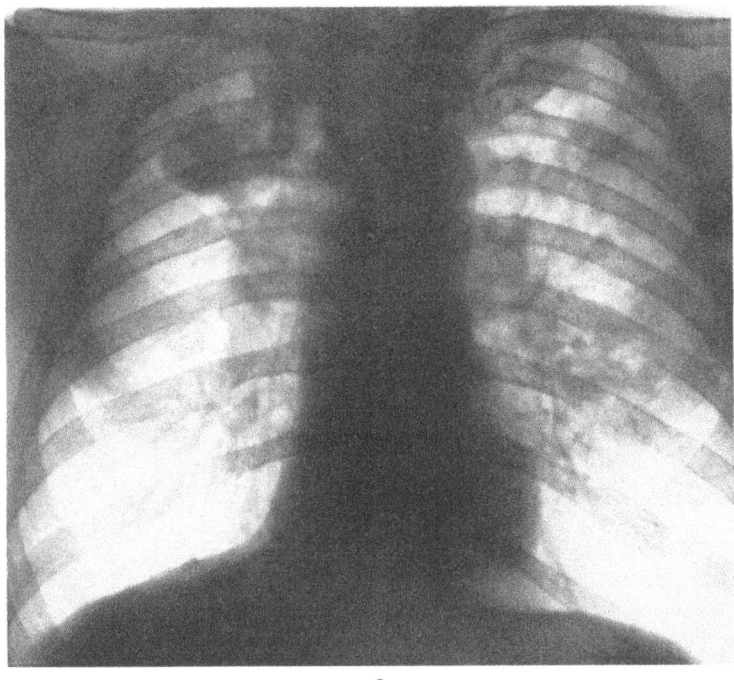

a

Abb. 180a—e. *Grobknotige Ballungsherde im rechten Oberlappen bei fortgeschrittener Silikose.* Schwere deformierende Bronchitis mit beträchtlicher Kaliberschwankung, korkenzieherartiger Distorsion und multilokulären Füllungsabbrüchen im peripheren Bronchialbaum des rechten Oberlappens. Bronchialsekret zytologisch insuspekt. Sputum Tbc.-negativ. Thoraxübersichtsaufnahme p.-a. (a), Schichtbild 9 cm a.-p. (b), Füllungsphasen bei selektiver Bronchographie mit Métras-Blockerkatheter (c—e). E. S., 40jähr. Bergmann. Arch.-Nr. 1253/52, Röntgeninst. d. Med. Univ.-Klinik Leipzig (damal. Direktor: Prof. M. BÜRGER)

Die *koniotischen Ballungsherde* imponieren *im Röntgenbild* als mehr oder weniger scharf abgesetzte massive Schattenfiguren, die eher ovalär als rund, oft nierenförmig eingedellt (NEHRKORN u.a.) bzw. „engelflügelartig" gestaltet wirken (GERNEZ-RIEUX, BALGAIRIES, FOURNIER u. VOISIN). Man findet die Konglomerate *gewöhnlich mit disseminierten Staubgranulomen im übrigen Lungengerüst verbunden*, in der Mehrzahl bilateral, vielfach asymmetrisch angeordnet (BOHLIG: 20%), aber auch als *grobknotige Solitärherde* ausgebildet (Abb. 181). Sie liegen bevorzugt in der Rinde der apiko-dorsalen Oberlappensegmente (NEEF) (s. Abb. 180 u. 181), seltener in der Unterlappenspitze oder in basalen Sektoren. Die kompakte Schwiele kann kalkdichte Einschlüsse enthalten, ausgedehnte Parenchymbezirke bis zum Umfang eines geschrumpften Lappens einbeziehen (s. Bd. IX/3, Abb. 168a—f) und pflegt zur Distorsion des Bronchial- und Gefäßbaums zu führen. Ihre Schrumpfungstendenz äußert sich überdies mit einem ausgeprägten perifokalen Narbenemphysem, zu dem meist ein vikariierendes, perinoduläres bzw. durch konstriktive Bronchialstenosen vielblasig überformtes Emphysem der fibrosklerotisch verdichteten Restlunge hinzutritt. Das Bild wird durch parietale und interlobäre Pleuraschwielen vervollständigt. In den Spätstadien weist es oft zusätzliche Leitmerkmale pulmonalen Hochdrucks mit Pulmonalektasie und entsprechender Konfigurationsänderung der Herzsilhouette auf.

Typische Form und Lage der Grobschatten im kleinfleckig-netzförmig verstärkten Lungengerüst, umgebende Parenchymblähung und Retraktionszeichen deuten im Verein mit der Berufsanamnese auf die Natur der Lungenprozesse hin (SCHULTE u. HUSTEN; WORTH u. ZORN; TESCHENDORF; FLETCHER, MANN, DAVIES, COCHRANE, GILSON u. HUGH-JONES; BOHLIG u. Mitarb. u.a.). Feinere strukturanalytische Aufschlüsse erhält

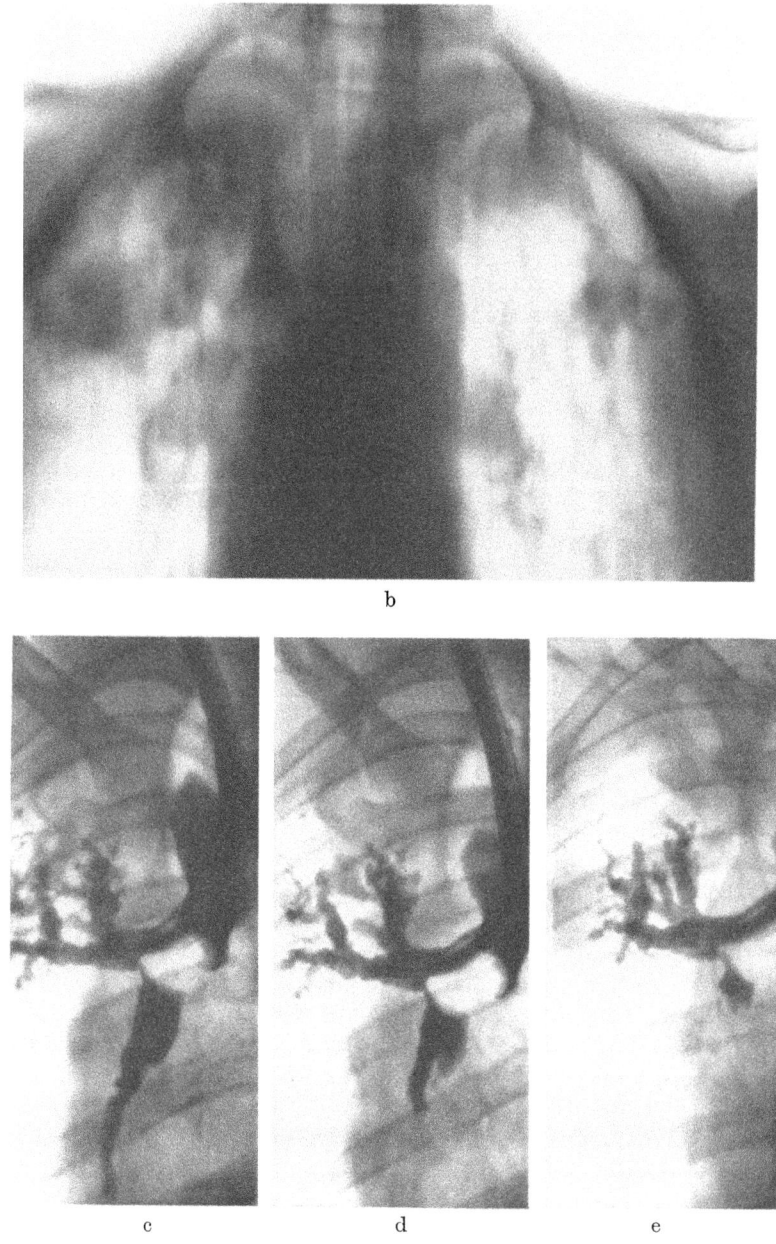

Abb. 180 b—e (Legende s. S. 345)

man mit der Schichtuntersuchung (LECLERCQ et al.; GEBAUER; WORTH u. ZORN; GERNEZ-RIEUX et al.; ROCHE, NAUDIN u. TOLOT; LAVENNE u. BELAYEW; BONTE, TRINEZ u. BENOT u. a.). Weitere Charakteristika zeigt die gezielte Bronchographie (lokalisierte bzw. generelle Spastik und entzündliche Konturzähnelung der zuführenden Luftwege, regionale Bronchiektasie, Schlängelung, Kaliberschwankung, Verziehung und winkelige Abknickung eng zusammengedrängter Bronchialäste neben korkenzieherartiger Deformität, Stenosen und multifokalen Abbrüchen im Bereich der Ballungsbezirke) (SCHINZ u. COCCHI; WORTH; DI GUGLIELMO et al.; WORTH u. HEINZ; FISCHEDICK; PIAZZA; ORLANDI, CONCINA u. BELLION; ZANETTI u. ROMAGNOLI; ZORN u. WORTH; ANACKER u. STENDER; DI RIENZO u. WEBER; STUTZ u. VIETEN; WORTH; BALESTRA; GERNEZ-RIEUX u. Mitarb.; MOLFINO

u. Pesce; Bruce u. Jonsson; Kempf; Ránky u.a.) (Abb. 180c). Pulmangiographisch ist die Verödung des Gefäßbettes ausgedehnter koniotischer Schwielen, zugleich die Raffung des zugehörigen Gefäßstiels mit Dislokation der Nachbarzweige zu erkennen und in der Differentialdiagnose gegenüber expansiv wachsenden Bronchialkrebsknoten verwertbar (Bolt u. Zorn; Worth u. Zorn; Gernez-Rieux u. Mitarb.; Nordenström u.a.).

Bronchoskopisch findet man im allgemeinen das Bild einer blassen, atrophischen Schleimhaut, die stellenweise entzündlich gequollen und gerötet, an Pigmenteinbruchstellen schieferig induriert Lymphknoten schwärzlich verfärbt und narbig sein kann (Molfino u. Pesce; Gernez-Rieux et al.). Da die exfoliativ-zytologische Sputumanalyse wegen der häufigen Epithelmetaplasie bei chronischer Staubbronchitis irreführen kann (fälschlich positive Tumorzelldiagnose bei 2 von 6 histologisch verifizierten Silikomen im Bericht von Cruz, Schüller, Oyanguren, Salvestrini u. Del Solar), werden Pleuroskopie (Delord u. Besson), zerviko-mediastinale Lymphknotenbiopsie (Freise u. Rensch; Sturm; Kühne; Morviit-Boliden u. Di Biasi; Stemmer, Calvin, Chandor u. Connolly; Nickling u. Hommerich; Hedvall; Quarz u.a.) und transthorakale Punktion einseitig lokalisierter Ballungsherde empfohlen, um im Zweifelsfall aus dem bakteriologischen, mikroskopisch-zytologischen und chemischen Untersuchungsbefund (Gehalt an Lipoiden, Quarz und Kohlepigment) des Punktats diagnostische Klarheit zu gewinnen (Gernez-Rieux, Balgairies, Fournier u. Voisin).

Anthrako-silikotische Schwielen können sich während langfristiger Beobachtung merklich vergrößern, rand- oder hiluswärts retrahieren und ziemlich unvermittelt kavernös einschmelzen (Pendergrass). Rasches Wachstum oder Zerfall massiver Ballungsherde werden allerdings auch bei adäquater Staubexposition Zweifel am ausschließlich koniotischen Charakter des Prozesses erwecken. Der Befund läßt zunächst an eine Zusatztuberkulose denken, erfordert demnach konsequente bakteriologische Fahndung, wobei zu bedenken bleibt, daß selbst subtile Nachweismethoden (Anreicherungs- und Kulturverfahren, Tierversuch) keineswegs die Gewähr für Anhiebstreffer bieten (Gernez-Rieux u. Mitarb.).

Der Gestaltwandel kann aber auch Ausdruck neoplastischer Entgleisung des Grundleidens sein. Nach statistischen Erhebungen gilt die ursächliche Verknüpfung von Silikose und Bronchuskarzinom zwar als unerwiesen, nach Meinung vieler Autoren sogar als zwingend widerlegt, so daß Spöhrlein geradezu eine Schutzwirkung der Kieselsäure gegen die Krebsentstehung postulierte (s. Bd. IX/4a). Andererseits gibt es kasuistische Beispiele im Schrifttum, die das Vorkommnis enger histo-topographischer Beziehungen, ja einer Ortsidentität von silikotischen und karzinomatösen Prozessen bezeugen und zumindest für diese Fälle einen Kausalzusammenhang beider Erkrankungen sehr wahrscheinlich machen (Di Biasi; Dible; Klotz; Gloyne; Kahlau; Doglioni; s. auch Grosse; Berblinger; Saupe; Nicod; Vorwald u. Karr; Schulte; Holstein; Maxwell; Brinkmann u. Ehrhardt; Zappata; Schmidt; D'Arcy-Hart u. Asletti; Ahlendorf; Kollmeier; Westermnn; Weissman; Klotz u. Simpson; Marenghi u. Saita; Allen; Piazza; Homburger u.a.) (s. Bd. IX/4a).

Die von der jeweiligen Ätiologie des zugrunde liegenden Indurationsprozesses unabhängigen Entwicklungsgesetze bronchopulmonaler Narbenkrebse dürfen in der Formalgenese der *Silkosekarzinome* nicht unberücksichtigt bleiben. Die Folgen organischer Staubschädigung (Bronchitis deformans mit chronisch entzündlicher Proliferation metaplastischen Epithels, Stenosen durch kreidige Lymphknoteneinbrüche, Bronchiektasen und Zerfall herdförmiger Schwielen) sind sehr wohl geeignet, indirekt die Voraussetzungen zur späteren Krebsbildung herbeizuführen, analog der von Veith beschriebenen Entstehung eines Ösophaguskarzinoms im Bereich einer alten, von bifurkaler Lymphknotensilikose und perilymphadenitischen Schwarten verursachten Stenose der Speiseröhre. Obgleich ein unmittelbarer kanzerogener SiO_2-Effekt weder für Bronchuskarzinome in Steinstaublungen erwiesen noch aus der Kombination von Silikose mit extrapulmonalen Malignomen statistisch zu belegen ist (Lavenne; Doglioni u.a.), und die tierexperimentelle Geschwulst-

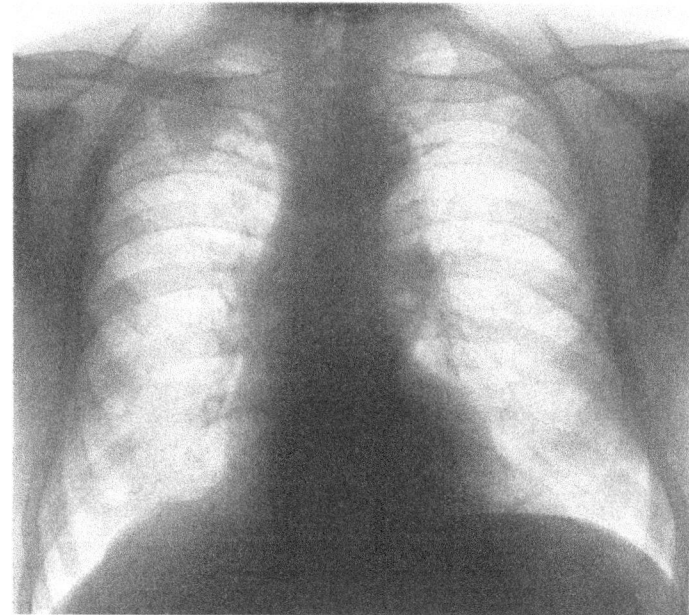
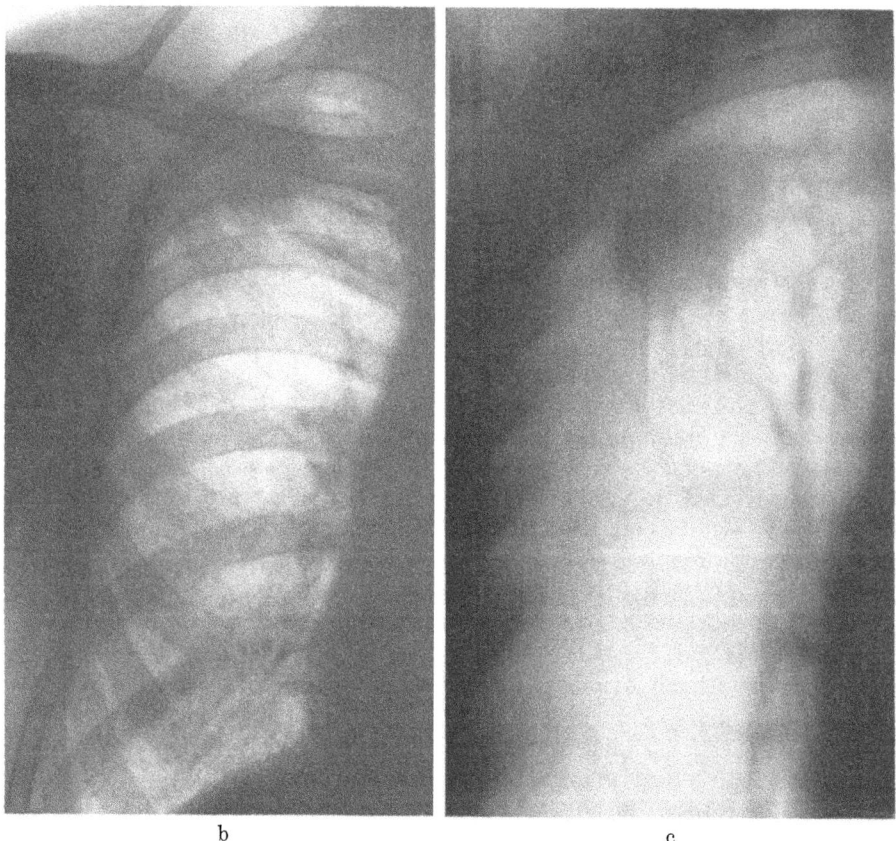

Abb. 181a—c. *Silikom im rechten Oberlappen bei relativ diskreter kleinfleckiger koniotischer Gerüstverdichtung beider Lungen.* Nach 42jähriger Häuertätigkeit im schlesischen Bergbau festgestellter, über ein Jahrzehnt röntgenmorphologisch unveränderter Ballungsherd (a Thoraxübersichtsaufnahme p.-a. vom 14. 1. 50, b und c Nativ- und Schichtbild 8 cm a.-p. vom 15. 7. 60). Blutsenkungsgeschwindigkeit bei fortlaufenden Kontrollen stets normal. Fahndung nach Tumorzellen und Tuberkelbazillen im Auswurf negativ. Klinisch kompensierte Hypertonie mit intraventrikulären Reizleitungsstörungen. A. G., 65jähr. Bergmann. Arch.-Nr. 6332/60, Röntgenabtlg. d. Med. Univ.-Klinik u. Poliklinik Münster/W. (Direktor: Prof. W. H. HAUSS)

erzeugung mit inkorporierten Quarzdepots (KAHLAU; DRUCKREY u. SCHMÄHL; CAMPBELL) keinen zweifelsfreien Analogieschluß auf die Krebspathogenese beim Menschen gestattet, spricht das Facit der Versuche nicht eben für die Hypothese krebshemmender Kieselsäurewirkung (s. Bd. IX/4a).

Der Verdacht auf ein akzidentelles Bronchialkarzinom ist bei fortgeschrittener Staublungenaffektion schwer zu entkräften (PANCOAST u. PENDERGRASS; SCHULTE; PENDERGRASS; DOGLIONI; KERGIN; WEISSMAN; THEODOS, GORDON, LANG u. MOTLEY; MOTTURA; IVANOV, ZOLOV u. STREZOW; EHRHARDT; ALLEN; WESTERMARK; MAXWELL; FEIL; GOLDMAN; ZAPPATA u.a.). Rasch anwachsende Grobschatten innerhalb der feinfleckig-retikulären Gerüstverdichtung und zerfallende Knoten mit breit umsäumtem Hohlraum wirken in dieser Hinsicht ebenso suspekt wie *massive Verschattungen zusammenhängender Lungensektoren jenseits zentraler Bronchusstenosen* bzw. -verschlüsse (JAENSCH; WOODRUFF u. KELLEY; MARTIN u. ROCHE; KOURILSKY, REGAUD u. DECROIX; MAYTHUM u. VINSON; KEMPF; DAVIS u. SNOW; MORROW u. ARMEN; REY, RUBINSTEIN u. GRÖBLI; WALL; JARRY, BALGAIRIES, MASURE u. LENOIR; NICOD u.a.).

Differentialdiagnostisch ist zu bedenken, daß auch *silikotische bzw. siliko-tuberkulöse Lymphknotenprozesse an der Lungenwurzel* durch Kompression, Einbruch oder schwieligkonstriktive Perilymphadenitis große Bronchien beträchtlich einengen, ja völlig verschließen und zu *atelektatischer Induration eines ganzen Lungenlappens* oder Segments nach Art des sog. ,,Mittellappensyndroms" führen können (s. Bd. IX/3, Abb. 168 und S. 274—276). Die Lymphknotensilikose kann auch vor Eintritt obstruktiver Atelektase mit inkompletter Lumeneinengung ein regionales Ventilemphysem hervorrufen (s. Bd. IX/3, S. 63). Wenn sie der pneumokoniotischen Gerüstverdichtung zeitlich vorauseilt (DI BIASI; GIESE; DI BIASI u. BOMMERT; GIULIANI) und nicht durch die eigentümliche ,,Eierschalen-Struktur" kapsulär versteinter Lymphknoten (LOMMEL; AGOSTINI u. BENUSSI; SCHAIRER u.a.) gekennzeichnet ist, vermag sie mit dem *tumorartigen Bild kompakter ein- oder beiderseitiger Hiluslymphome* ein echtes Geschwulstleiden vorzutäuschen (KOURILSKY u. Mitarb.; MAYTHUM u. VINSON; GIULIANI; LEICHER u.a.).

Besondere Beachtung verdient das gelegentliche Vorkommnis *solitärer Silikome bei nur geringfügiger Staubveränderung der übrigen Lungenabschnitte* (PENDERGRASS; POLICARD et al.; POHLE u. RITCHIE; SCHULTE; MARTIN u. ROCHE; EHRHARDT; FRUHLING u. OPPERMANN; HUSTEN; KEMPF; DAVIS u. SNOW; SEPKE; ROCHE, NAUDINI u. TOLOT; WORTH; KERGIN; DELORD u. BESSON; CONROZIER u. MAGNIN; RENDICH u. CAMIEL; VIGLIANI; REY, RUBINSTEIN u. GRÖBLI; EHRHARDT u. GÜTHERT; ZECH; LECLERCQ, BALGAIRIES, PONTE u. DE CLERCQ; JAENSCH; PIAGGIO BLANCO, DIGHIERO u. GARCIA CAPURRO; LISCHI; GORALEWSKI; CRUZ, SCHÜLLER, OYANGUREN, SALVESTRINI u. DEL SOLAR; HADJIDEVOC u. GERASSIMOV; CARSTENS u.a.) (,,*Rundherdpneumokoniose*" s. auch S. 440 u. 447). Die umschriebenen singulären Konglomeratherde erscheinen röntgenologisch als tumorähnliche, mehr oder weniger rundliche Schatten (Abb. 181), die bisweilen an sonst ungewohnter Stelle, wie z.B. in den basalen Unterlappensegmenten gelegen sind. Ihre ätiologische Deutung ist erschwert, weil die bei fortgeschrittener Silikose mit grober Ballung üblichen feinfleckig-disseminierten Staubgranulome typischer Anordnung fehlen oder im Schattenbild sehr diskret bleiben, und die Berufsanamnese in manchen Fällen nur spärliche Anhaltspunkte liefert. Die Beobachtungen von CRUZ u. Mitarb. bei Angehörigen verschiedener Berufsgruppen (Kessel-, Zement- und Steinbrucharbeiter sowie Bergleute in Kupfergruben) zeigen jedenfalls, daß sich größere fibrohyaline Einzelknoten dieser Art schon nach kurzfristiger und relativ geringgradiger Staubexposition bilden können. Sie sind weder klinisch noch röntgenologisch sicher von einem Karzinom des Lungenmantels, einem Parenchymgranulom infektiösen Ursprungs oder örtlicher Hamartie des Lungengewebes zu unterscheiden (KEMPF; DAVIS u. SNOW; CRUZ et al.). Dieselbe Problematik bieten *solitäre Beryllium-Granulome der Lunge* (PERNIS), zumal auch hier der Kausalzusammenhang zwischen *pulmonaler Berylliose und Narbenkrebs* zu berücksichtigen ist (KAHLAU; RIEMANN u. JUNGBLUTH u.a.) (s. Bd. IX/4a).

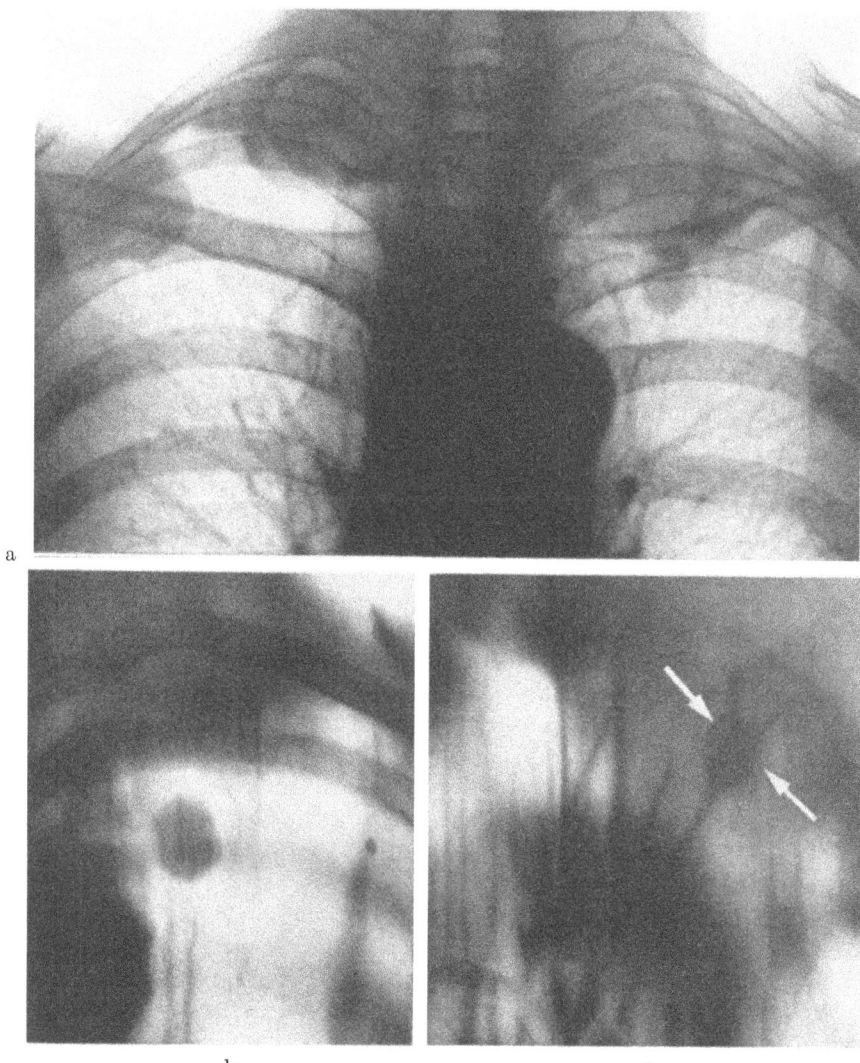

Abb. 182 a—g. *Pleuropulmonale Amyloidtumoren in beiden Lungenspitzen* bei einer 72jähr. ♀. (Nach LUNDIN, P., SIMONSSON, B., WINBERG, T.: Acta radiol. **55**, 140—144 (1961), Abb. 1—6.) Der Befund war zunächst als Pleuraverdickung gedeutet worden. 6 Jahre später trockener Husten und Heiserkeit, sonst klinisch unauffällig. Auf der p.-a. Nativaufnahme grobknotige Weichteilschatten in beiden Lungenkuppeln (a), tomographisch als scharf begrenzte Rundherde verschiedener Größe, teils randständig, teils innerhalb des Parenchyms dargestellt (b—c), mit zentralen scholligen Kalkeinschlüssen im apikalen Herd links (d). Trotz apikaler Adhärenz löst sich im diagnostischen Pneumothorax der höckerige Kulissenschatten in der Randzone des rechten Oberlappens mit der Lungenrinde von der Brustwand ab (e), wobei in gleicher Höhe parietale Auflagerungen hervortreten (Pfeilmarkierung in Abb. e). Thorakoskopisch hier in beiden Pleurablättern scharf abgesetzte gelbliche, etwas gelappte Vorwölbungen sichtbar. Die Probeexzision aus dem parietalen Beet ergab knotige subpleurale Amyloiddepots, z.T. auch in Kapillarwänden abgelagert (f) mit Plasmazell-Infiltraten in unmittelbarer Nachbarschaft (g)

c) Amyloid-„Tumoren" der Lungen und Bronchien

Die umschriebene Amyloidablagerung in der Bronchialwand wurde im Kapitel „Ventilationsstörungen der Lunge" als seltene Obstruktionsursache erwähnt (s. Bd. IX/3, S. 207/208). Die tumorbildende Form der „*atypischen*" *primären Amyloidose* kann streng lokalisiert sein, mit disseminierter amyloider Infiltration des betroffenen Organs einhergehen und systematisiert auftreten (LUBARSCH; v. WERDT; HERXHEIMER u. REINHARDT;

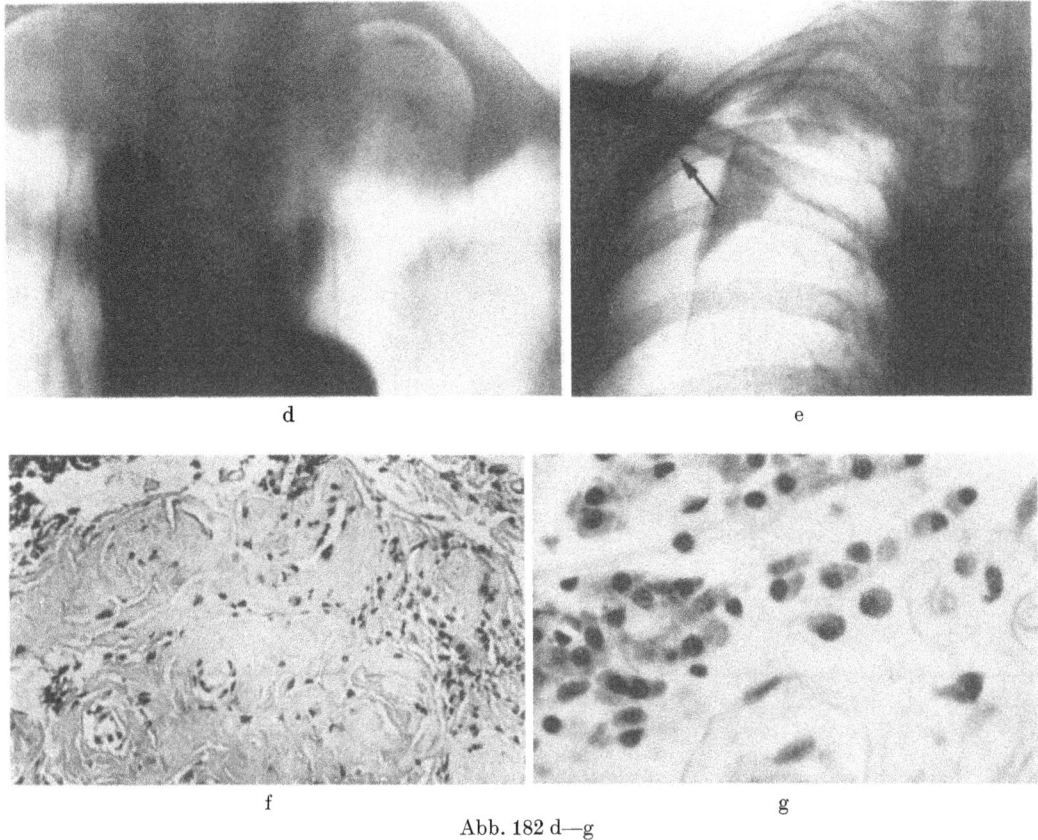

Abb. 182 d—g

LEUPOLD; REIMANN; KOUCKY u. EKLUND; HOLLE; HUMPHREY; v. BONSDORF; UEHLINGER; WEBER, CADE, STANFORD, STOTT u. PULVERTAFT; LUNZENAUER; GLAUSER; KOLETSKY u. STECHER; WEISS; FORS u. RYDEN; PROWSE; ANTUNES u. VIERA DA LUZ; FIRESTONE u. JOISON; MATHEWS u. a.). Sie kommt als örtliche Reaktion in Myelomherden vor (ROSENBLUM u. KIRSHBAUM; OLTERSDORF; WEISS u. a.) (s. S. 164 u. 167), wird aber häufiger ohne auslösendes Grundleiden bestimmter Prägung beobachtet (LUNZENAUER; GLAUSER; FIRESTONE u. JOISON u.a.). Die *typische sekundäre Amyloidose* pflegt sich dagegen in diffuser Form als Folge konsumierender Prozesse entzündlicher oder neoplastischer Genese zu entwickeln (chronische Eiterung, Bronchiektasie, Lungen- und Darmtuberkulose, Lues, Lymphogranulomatose, Leukosen, Morbus Waldenström, generalisiertes Plasmozytom und andere maligne Tumoren) (MAGNUS-LEVY; APITZ; LETTERER; BAYRD u. BENNETT; OSSERMAN; KIMBALL; LARCAN u. Mitarb.; OSSERMAN, TALAL u. TAKATSUKI; TEILUM; FORGET u. SQUIRE; AZZOPARDI u. LEHNER u.a.) (s. Bd. IX/3, S. 207).

Die Ursache der knotigen Ablagerung, die neben globulinartigen Proteinfraktionen Polysaccharide und Lipoidkomplexe enthält (RANDERATH; HASS; GLAUSER u.a.) und sich immuno-histochemisch durch bestimmte färberische Eigenschaften auszeichnet (BRAUNSTEIN u. BUERGER; VAQUEZ u. DIXON; SOLOMON, FAHEY u. MALMGREN), ist noch nicht befriedigend geklärt. Über die pathogenetische Beziehung zum neoplastischen Plasmozytom (MAGNUS-LEVY; APITZ; WEISS u.a.) hinaus wird ein genereller Zusammenhang zwischen dem Plasmazell-System und atypischer Amyloidbildung (sog. *Paramyloid:* APITZ; PICCHINI u. FABRIS; SCHMID; FORS u. RYDEN u.a.) vermutet. Dabei ist ungewiß, ob die Plasmazellen die metachromatische Substanz absondern oder ob sie bei ihrer Resorption fermentativ mitwirken (Lit. s. GLAUSER; CHRISTENSEN, HJORT u. BERTELSEN; GUEFT u. GHIDONI). Innerhalb der Amyloidtumoren findet man jedenfalls regelmäßig plasmazelluläre Infiltrate, zum Teil unmittelbar an feine Amyloid-Schollen angelagert (v. WERDT; APITZ; GLAUSER; TSUNODA u.a.) (Abb. 182f und g). Die amorphen Massen sind in faserreiches kollagenes Bindegewebe oder in Granulationsgewebe mit mehrkernigen Riesenzellen eingebettet (v. WERDT; APITZ; TSUNODA; FORS u. RYDEN; FIRESTONE u. JOISON u.a.). FORS u. RYDEN halten das Paramyloid für ein Produkt bindegewebiger Degenera-

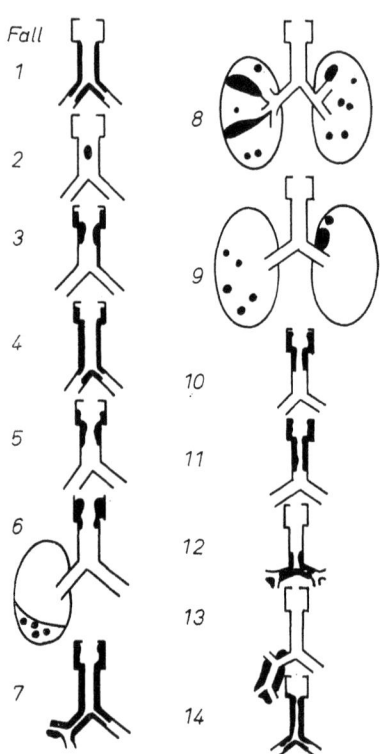

Abb. 183. *Lokalisation der Bronchial-Amyloidose*. Schematische Darstellung von 14 Fällen nach SCHOTTENFELD, A.: Amer. J. Med. 11, 770 (1951). [Nach UEHLINGER, E.: Beitr. Klin. Tuberk. 132, 130—147 (1965); Abb. 4]

tionsvorgänge, die nicht selten zu regressiver Kalkabscheidung führen (HERXHEIMER; LUBARSCH u.a.). Die Knoten umschließen zudem mitunter heterotope Knorpelinseln oder metaplastische Knochenherde (BALSER; LESSER; v. WERDT; MEYER; HALLERMANN; HOMMERICH; REIMANN; KOUCKY u. EKLUND; GLAUSER u.a.), in denen man blutbildendes Mark antreffen kann (GLAUSER).

Ausgangspunkt der meist multilokulären *pulmonalen Amyloidtumoren* sind vornehmlich kleinere bis mittlere Arterien, von deren Intima und Media die amyloide Infiltration auf das Interstitium übergreift (HOLLE; GLAUSER u.a.). Die zu makroskopischer Dimension heranwachsenden Knoten dringen in die Alveolarräume vor und löschen allmählich die Gerüststruktur des Parenchyms aus (HOMMERICH; GLAUSER; FORS u. RYDEN; FIRESTONE u. JOISON u.a.). Die perikapillär-nodöse Form kann in eine diffuse Septenamyloidose übergehen oder mit primärem Befall von Alveolarwänden, Bindegewebsgrundsubstanz und interstitiellen Basalmembranen verknüpft sein, wobei die Ablagerung auch Lymphgefäße (HERXHEIMER) und den Serosabezug der Lunge einbezieht (GLAUSER; LUNDIN, SIMONSSON u. WINBERG u.a.) (Abb. 182) und das *Bild einer Lymphadenopathie* hervorbringen kann (MACKENZIE). Die Amyloidknoten können als solitäre oder plurifokale Herde in einer oder beiden Lungen auftreten. Ihr Umfang schwankt zwischen Stecknadelkopf- bis Straußeneigröße (LESSER: Durchmesser eines Amyloidtumors 15:5 cm!). Über tumorbildendes Lungenamyloid liegen außer pathologisch-anatomischen Berichten (LUBARSCH; HERXHEIMER; v. WERDT; LESSER; WICHMANN; WOLPERT; MEYER; RANDERATH; REIMANN et al.; STRAUSS; FERRIS; BÜRÜMCEKI; HALLERMANN; TENNSTEDT; UEHLINGER; HOLLE; HOMMERICH; LUNZENAUER; GLAUSER; WEISS; BALSER; GIESE; KSCHISCHKO; PROWSE; FORS u. RYDEN; FIRESTONE u. JOISON u.a.) auch neuere klinisch-röntgenologische Mitteilungen vor (HANEY, CLAGETT u. MCDONALD; NOORING u. PABY; SAPPINGTON, DAVIE u. HORNEFF; BEARDSLEY; LUNDIN et al.; MOSETITSCH; BERGMAN u. LINDER; FISCHER u. MULLER; BROWN; BRANDT; GRUNZE; CRAVER; SCHMIDT, MCDONALD u. CLAGETT; LINK u. STRNAD; HESSE; SCHOTTENFELD, ARNOLD, GRUHN u. ETESS; CONDON, PINKHAM u. HAMES; GERY; D'ARRIGO; COTTON u. JACKSON; SØRENSEN; GORDON; WEISSMANN,

Clagett u. McDonald; Haynes, Clagett u. McDonald; Borowicz u. Kordys; Orsmond; Becker; Candiani; Firestone u. Joison; Fors u. Ryden; Weiss; Brednow; Kühl; Schüller; Whitwell; Shinoi, Shiraishi u. Yahata; Kamberg, Lottman u. Holtz; Schüller, Bolin u. Linder; Michter; Teixidor u. Bachman; Schmid; Zundel u. Prior; Pear; Rotte u. Schremmer u.a.).

Die Bronchialperipherie wird im Rahmen der pulmonalen Affektion weniger ausgiebig und nur sekundär in Mitleidenschaft gezogen (Glauser u.a.). Wie in den oberen Luftwegen (Epiglottis, Larynx, Trachea) (Herxheimer; v. Wendt; Balser; Glockner; Hart u. Mayer; New; Falconer; Figi; New u. Erich; Spain u. Barrett; Glauser u.a.) besteht jedoch eine ausgesprochene Neigung zu *knotiger Amyloidbildung in den großen Bronchien* (v. Wendt; Balser; Glockner; Hesse; Falconer; Weissmann, Clagett u. McDonald; Whitwell; Prowse; Cotton u. Jackson; Schmidt, McDonald u. Clagett; Glauser; Brandt; Grunze; Nooring u. Paby; Howanietz; Giese; Gordon; Craver; Link u. Strnad; Stark u. McDonald; Gregor u. Lucke; Beardsley; Firestone u. Joison; McClurk; Huzly; Atunes u. Viera da Luz; Stark u. Gordon u.a.). Gordon fand im Schrifttum bis 1955 21 einschlägige Beobachtungen endobronchialer Amyloiddepots.

Die Plaques liegen in der Mukosa, in den Basalmembranen der Schleimdrüsen-Endstücke und Kapillaren sowie — stärker als bei der pulmonalen Form — auch innerhalb bzw. in Umgebung der Lymphgefäße. Sie lösen das tracheo-bronchiale Knorpelgefüge durch allmählich wachsenden Druck auf und führen zu höckerigen, oft *konzentrisch angeordneten tumorartigen Stenosen mit atelektatisch-obstruktionspneumonischen Komplikationen* (Balser; Weissmann, Clagett u. McDonald; Beardsley; Prowse; Cotton u. Jackson; Link u. Strnad; Hesse; Schuller et al.; Schmidt, McDonald u. Clagett; Firestone u. Joison u.a.).

Während die *Geschlechtsverteilung* bei den im Schrifttum mitgeteilten Lungenamyloidfällen ausgeglichen ist (Sammelstatistik von Firestone u. Joison, 1966: je 14 Patienten männlichen und weiblichen Geschlechts), wird die *endobronchiale Ablagerung bei Männern etwas häufiger* und *vorwiegend in mittleren bis höheren Altersklassen* beobachtet (Prowse; Firestone u. Joison u.a.).

Die tracheo-bronchialen Knoten machen sich mit Reizhusten, Kurzatmigkeit, Hämoptysen und fieberhaften retentionspneumonischen Folgeerscheinungen bemerkbar. *Klinisches Bild, Manifestationsalter* und Bevorzugung des männlichen Geschlechts *gleichen* somit *weitgehend dem Verhalten bronchogener Karzinome* (Prowse; Weissmann, Clagett u. McDonald; Cotton u. Jackson; Gordon; Schmidt, McDonald u. Clagett; Beardsley; Firestone u. Joison; Gregor u. Lucke; McClurk u.a.). Die Differentialdiagnose ist auf Grund des *kennzeichnenden bronchoskopischen Aspekts* (subepitheliale Lage, multilokulär beetförmiges Wachstum und wachsartiger Glanz der weißlich-gelb gefärbten Depots) (Link u. Strnad) und *bioptischer Befunde* leicht zu stellen, die auch die ätiologische Klärung peripherer Herde ermöglichen (Winberg; Lundin, Simonsson u. Winberg; Cotton u. Jackson; Brandt; Condon, Pinkham u. Hames; Grunze; Firestone u. Joison u.a.). Die richtige Deutung der intrapulmonalen Knoten ist sonst schwierig, weil sie zumeist stumm bleiben oder bei pleuranahem Sitz allenfalls vieldeutige Symptome verursachen (Hustenreiz, unter Umständen Ergußbildung) (Haynes, Clagett u. McDonald; Bergman u. Linder; Lundin, Simonsson u. Winberg; Weiss; Schuller et al.; Fors u. Ryden; Orsmond; Borowicz u. Kordys; Winberg; Sørensen; Cotton u. Jackson; Craver; Firestone u. Joison; Brandt u.a.).

Die *Röntgenmorphologie der nodösen Lungenherde* ist uncharakteristisch (Haynes, Clagett u. McDonald; Bergman u. Linder; Craver; Lundin, Simonsson u. Winberg; Mosetitsch; Condon, Pinkham u. Hames; Candiani; Firestone u. Joison u.a.). Haynes u. Mitarb. entfernten einen *solitären Amyloidtumor* von 6 cm Durchmesser und höckeriger Kontur im Mittellappen bei einem 66jährigen Mann unter begreiflichem Verdacht auf ein peripheres Bronchuskarzinom. Singuläre Knoten wurden auch andernorts

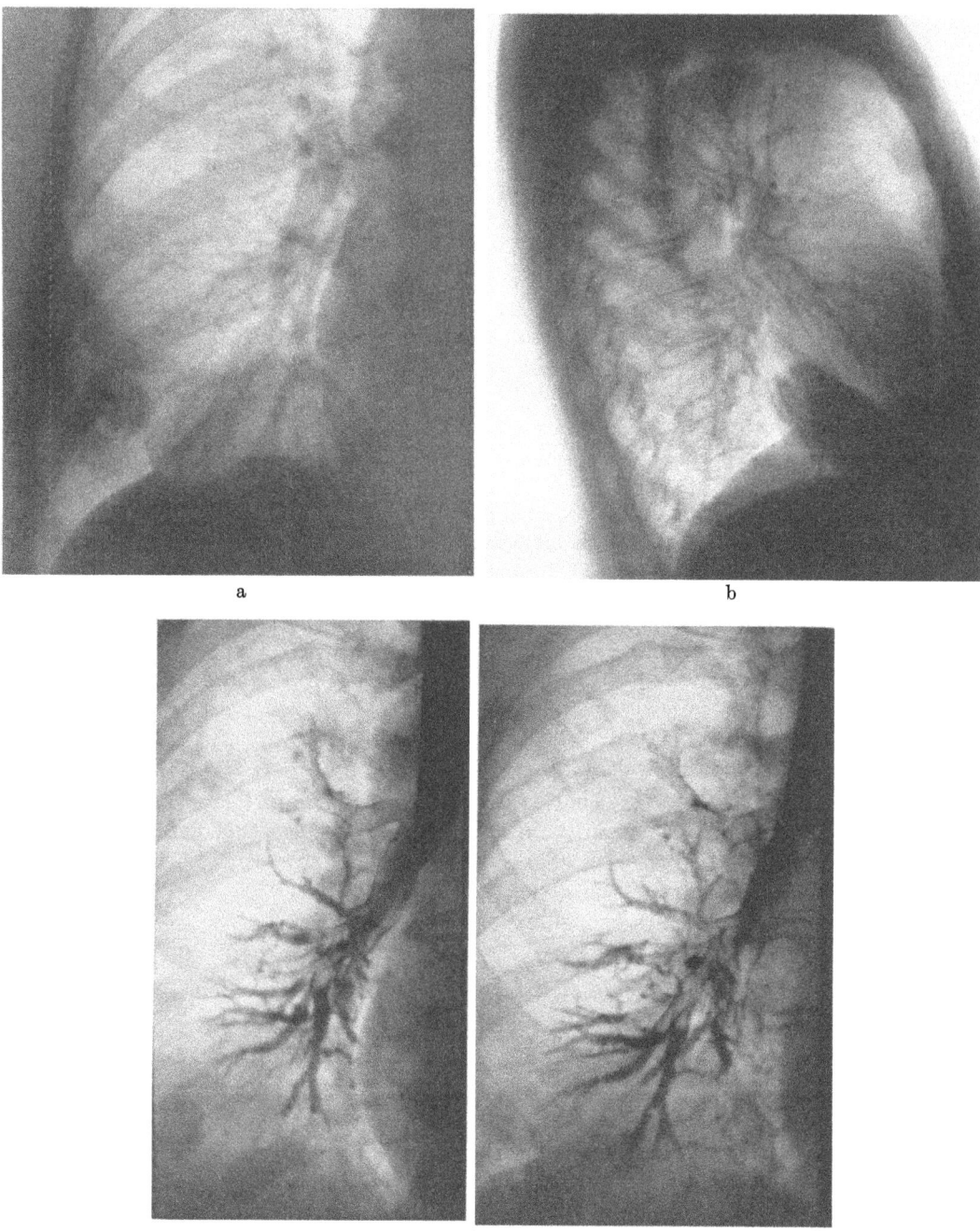

Abb. 184a—d. *Grobknotige pleuro-pulmonale Amyloidtumoren.* Nach Untersuchungsbefunden der Berliner Städt. Kliniken für Lungenkranke Heckeshorn (Chefarzt der Diagnostischen Abtlg.: Dr. H. J. BRANDT) kein Anhalt für generalisierte Amyloidose. Die in der dortigen Röntgenabtlg. (Chefarzt: Dr. LOERBROKS) angefertigten Thoraxnativaufnahmen zeigen ein dem re. Hemidiaphragma aufliegendes eigroßes weichteildicht homogenes Gebilde von glatter Kontur, das in Vorderansicht bis zum kardio-phrenischen Winkel reicht (a) und bei Frontaleinblick auf die ventrale UL-Basis projiziert ist (b). Daneben ein kirschgroßer rundlicher Knoten im lateralen ML-Segment und ein weiterer kleiner Rundherd in der UL-Spitze. Der bronchographische Befund (Dr. LOERBROKS u. Dr. BRANDT) eines Füllungsabbruchs des anterobasalen UL-Segmentbronchus mit Verdrängung des kardialen Segmentastes bei Darstellung im sagittalen (c) und 2. schrägen Strahlengang (d) erweckte Verdacht auf einen expansiv wachsenden Tumor. Thorakoskopie und transthorakale Probepunktion (Dr. BRANDT) ergaben keinen Anhalt für einen malignen Prozeß. Im Punktat fanden sich lympho-plasmazelluläre und retikulo-histiozytäre Elemente eines granulomatösen Gewebes mit Einschluß von amorphem Material

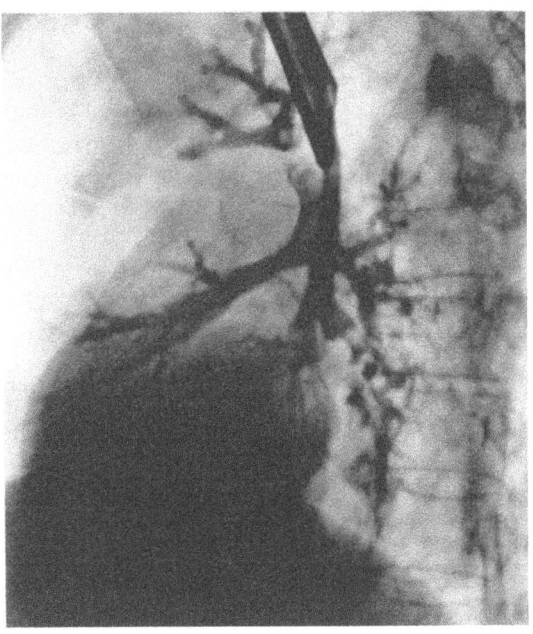

Abb. 184d

gefunden (CRAVER; WEISS; SØRENSEN; CANDIANI; FORS u. RYDEN; BRANDT). Die mehrknotige uni- oder bilaterale Lungenamyloidose erweckt mit ihren rundlichen bzw. polyzyklischen Schatten trotz sehr protrahierten Wachstums bei älteren Menschen zunächst den Eindruck von Metastasen extrapulmonaler Tumoren (BERGMAN u. LINDER; BECKER; SCHULLER et al.; KUHL; BOROWICZ u. KORDYS; SØRENSEN; CONDON et al.; FIRESTONE u. JOISON; DUKE; TEIXIDOR u. BACHMAN; SAPPINGTON, DAVIE u. HORNEFF u. a.) (s. S. 431 u. 445). Bei zentral verkalkten grobknotigen Herden im Bereich der Lungenkuppeln liegt die Annahme von Tuberkulomen nahe (LUNDIN, SIMONSSON u. WINBERG). Randständig schalenartige Depots können die breitbasig aus dem Thoraxniveau vorragende Weichteilkulisse eines Pleuramesothelioms imitieren. Sie sind nur im diagnostischen Pneumothorax durch ihre Ablösung von der Brustwand, glatte äußere Oberfläche und Zugehörigkeit zur Lungenrinde von pleurogenen Malignomen zu unterscheiden (LUNDIN, SIMONSSON u. WINBERG) (Abb. 182).

Die *bronchialen Amyloidtumoren* bieten röntgenologisch gleichfalls keine differentialdiagnostisch verwertbaren Merkmale. Ihre unregelmäßig konturierte Stenose, die zumeist in den Haupt- oder Lappenbronchien lokalisiert ist, erscheint nach Nativ-, Schicht- und bronchographischem Befund karzinomähnlich (GORDON; BRANDT; GRUNZE; WEISSMANN, CLAGETT u. McDONALD; McCLURK; GREGOR u. LUCKE u. a.). Die Wandauftreibung ist auf hart exponierten Schichtaufnahmen als spindeliger bzw. breit-ovalärer Schattenmantel oder polypös lumenwärts ragende Vorwölbung von neoplastischen Prozessen gleichen Wuchstyps nicht abzugrenzen. Die Infiltration dehnt sich gewöhnlich über einen größeren

---

bei hyaliner Pleuraschwiele über dem zwerchfellnahen gekapselten Tumor. Die histologische Untersuchung des bei späterer Probethorakotomie (Chir. Abtlg. d. Städt. Klinik Heckeshorn, Chefarzt: Dr. FREISE) durch Exzision gewonnenen Gewebsmaterials zeigte das typische Bild eines lokalen tumorförmigen Amyloids mit Plasmazellinfiltraten im Bereich der teils homogenen, teils schollig strukturierten Ablagerung (Histolog. Befund: Dr. VILLNOW). C. O., 59jähr. ♀. Thoraxaufnahmen und Bronchogramme der Röntgenabtlg. d. Berliner Städt. Klinik f. Lungenkranke Heckeshorn (Chefarzt: Dr. LOERBROKS) (vgl. GRUNZE, H.: Tumoren der Thoraxorgane, Abb. 12a—d, S. 374—375. In: BARTELHEIMER, H., MAURER, H. J.: Diagnostik der Geschwulstkrankheiten. Stuttgart: G. Thieme 1962)

Bronchialwandabschnitt aus. Sie kann mehrere Ostien zugleich einbeziehen, peribronchial bis in den Kern des betreffenden Lappens vorkriechen, beide Hauptbronchien einschließlich des trachealen Karinasporns umfassen (WEISSMANN, CLAGETT u. McDONALD) und die Bronchiallichtung nach Art eines echten Neoplasma völlig verschließen (HESSE). Wie bei Karzinomen und blockierenden Bronchusadenomen entwickeln sich poststenotische Bronchiektasen und chronisch-pneumonische Verdichtungen des abhängigen Parenchymsektors. Bifurkationsnahe Stenosen können zu symptomatischem Bronchialasthma führen (SHINOI, SHIRAISHI u. YAHATA).

Obgleich es sich um gutartige Veränderungen handelt, deren Differentialdiagnose gegen Neoplasieherde bioptisch zu stellen ist, geben Umfang oder Komplikationen peripherer und zentraler Amyloidtumoren nicht selten Anlaß zu *chirurgischen Eingriffen*. In manchen Fällen kommt man mit einer Enukleation, Keil- oder Segmentresektion aus (SØRENSEN; CONDON et al.; CRAVER; BERGMAN u. LINDER; FIRESTONE u. JOISON), doch kann die Lappenentfernung oder Pneumonektomie erforderlich werden (HAYNES et al.; BERGMAN u. LINDER; SCHULLER et al.; FIRESTONE u. JOISON). Bei bilateralem Befall der Hauptbronchien mit Einbeziehung der trachealen Bifurkation ist mit *strahlentherapeutischen Maßnahmen* symptomatische Besserung (Rückbildung von Stenosesymptomen) zu erreichen (SCHMIDT, McDONALD u. CLAGETT).

Außer der oben erwähnten *Kombination mit pulmonalen Myelomherden* (OLTERSDORF; ROSENBLUM u. KIRSHBAUM; WEISS) muß ein *Zusammentreffen broncho-pulmonaler Amyloidtumoren mit Karzinomen der Luftwege* (Bronchialkarzinom: BOROWICZ u. KORDYS; Kehlkopfkrebs: BECK u. SCHOLZ) *oder anderen Neubildungen* in Betracht gezogen werden (primäres Lymphosarkom der Lunge: WEISS; angiomartiger Lungentumor: FORS u. RYDEN; Zervixkarzinom: SCHULLER et al.).

Im Zusammenhang mit der primären Amyloidose ist auf die *Tracheo-Bronchopathia chondro-osteoplastica* hinzuweisen (WILKS; ASCHOFF; LANDSBERG; HART u. MAYER; DALGAARD; JACKSON u. JACKSON; SCHNITZLER; CARR u. OLSEN; GILBERT, MAZZARELLA u. FEIT; FRUHLING u. SPEHLER; MOERSCH, BRODERS u. HAVENS; CLERF; HIEBAUM; FLICK; LELL; HOWLAND u. GOOD; POLK u. CUBILES; BATZENSCHLAGER u. SCHNITZLER; GLÄSER; GIESE; RAP; FIUMICELLI u. PIGNOTTI; BOHLIG; HUZLY; SCOLARI u.a.) (vgl. Bd. IX/3, S. 208). Bei der zuerst von WILKS beschriebenen Anomalie bilden sich in den subglottischen Luftwegen (SCOLARI; RAP) bis herab zu den Hauptbronchien hirse- bis erbsgroße derbe Knötchen, die histologisch teils sekundär verknöchernden Knorpelmetaplasien aus hyalin verquollenem Bindegewebe, teils Ekchondrosen der Knorpelringe entsprechen. Im weiteren Verlauf entwickelt sich eine konfluierende korallenriffartige Verdickung der Vorder- und Seitenwand von Luftröhre und Stammbronchien, die den subglottischen Atemtrakt infolge Verklammerung der Knorpelspangen erstarren läßt. Über die Ursachen des Krankheitsprozesses besteht noch keine Klarheit (s. Bd. IX/3, S. 208).

Nach der Übersicht DALGAARDs über 90 einschlägige Fälle des Schrifttums bis 1947 wird die Anomalie ziemlich gleichmäßig in allen Dekaden jenseits des 30. Lebensjahres und bei beiden Geschlechtern etwa gleich häufig gefunden.

Die Kaliberabnahme ist meist zu gering, um ernstliche *Ventilationsstörungen* auszulösen. In manchen Fällen wird die Verengung der Trachea und ihrer Hauptäste aber so hochgradig, daß es zu zystischer *Bronchiektasie* (KERTES u. KULKA), zur *Obstruktionsatelektase* bzw. *chronischen Retentionspneumonie* in Teilen einer oder beider Lungen (LELL; HOWLAND u. GOOD), unter Umständen sogar zu tödlicher Suffokation kommt (HOWLAND u. GOOD). Das *klinische Erscheinungsbild* ist sonst durch trockenen Husten, endothorakales Beklemmungsgefühl und gelegentliche Hämoptysen gekennzeichnet (HOLLMANN u.a.).

Maßgeblich für die *röntgenologische Diagnose* ist der Schichtbefund: Die Tracheobronchialwand ist über eine weite Strecke hin auf Bleistift- bis Fingerstärke verdickt und an der inneren Oberfläche vielhöckerig gewellt, das Lumen von der subglottischen Region bis über die Bifurkation hinaus mehr oder weniger stark verschmälert (HOWLAND

u. GOOD; FIUMICELLI u. PIGNOTTI u.a.). Bei Durchleuchtung fällt die respiratorische Bewegungsstarre der proximalen Luftwege — insbesondere beim Hustenstoß und forcierter Atmung — auf (eigene Beobachtung). Die winzigen Ossifikationsbezirke sind im Schattenbild relativ diskret und nicht so regelmäßig angeordnet wie bei der wesentlich sinnfälliger hervortretenden senilen Verknöcherung bzw. Kalkinkrustation des tracheobronchialen Knorpelskelets (HAUBRICH u. VERSEN; HEINRICHS; SAN NICOLO; MACARINI u. REGGIANI; SCHMITZ-DRÄGER; OLIVA, VIGNOLI u. BESION u.a.).

In zwei Beobachtungsfällen erweckte die Anomalie mit ihren klinischen Symptomen und röntgenologisch faßbaren pulmonalen Komplikationen *Verdacht auf ein Bronchuskarzinom* (FLICK; LELL). Die Annahme eines neoplastischen Prozesses liegt auch nahe, wenn die stenosierende Bronchialwandverdickung mit zystischer Lappendegeneration verbunden ist, wie im Falle von KERTES u. KULKA. Obgleich die Tracheopathia osteoplastica keinen Geschwulstcharakter besitzt und in der überwiegenden Mehrzahl klinisch gutartig verläuft, hält es DALGAARD auf Grund einer einschlägigen Beobachtung *(metastasierendes Bronchuskarzinom im Terrain eines Bronchus mit entsprechenden Wandveränderungen)* für möglich, daß die seltene Anomalie eine *fakultative Präkanzerose* darstellt.

IV. Sekundäre maligne Tumoren der Bronchien und Lungen

1. Sekundäre Bronchialkrebse

Der bioptische Befund maligner Wandveränderungen im Tracheobronchialbaum oder exfoliativ-zytologisch entdeckter Tumorelemente im Auswurf ist nicht gleichbedeutend mit dem Nachweis einer autochthonen Geschwulst (KING u. CASTLEMAN; TINNEY u. MCDONALD; ELLIS, WOOLNER u. SCHMIDT; MOERSCH; LECOEUR; LOPO DE CARVALHO et al.; ROSENBLATT, LISA u. TRINIDAD). Ein Bronchialverschluß mit Hämoptysen und anderen klinisch-röntgenologischen Leitsymptomen bronchogener Malignome kann auch von *sekundärem Tumorbefall* herrühren. Im Vergleich zur *Bronchialperipherie*, die von Lungenmetastasen bösartiger extrapulmonaler Gewächse häufig in Mitleidenschaft gezogen wird (nach SEILER, CLAGETT u. MCDONALD in 27,4% von 62 Fällen, nach ROSENBLATT u. Mitarb. in durchschnittlich 20—40%), ist die *sekundäre Beteiligung großkalibriger Bronchien* selten, nach vorliegenden Publikationen allerdings nicht so ungewöhnlich, wie früher vermutet wurde (ZENKER; SCHMORL; FISCHER; KING u. CASTLEMAN; LOPO DE CARVALHO, LEMOINE u. ROSE; FREEDLANDER u. GREENFIELD; OPPIKOFER; NOFSINGER u. VINSON; VINSON u. MARTIN; FRIED; PENDERGRASS u. HODES; EVEN u. LECOEUR; AMEUILLE; KEEFER; RASTELLI; v. ZALKA; MAYTUM u. VINSON; HUGUENIN, ROSE u. BRULÉ; BARIÉTY u. PAILLAS; TURIAF, ROSE u. BLANCHON; BARIÉTY, POULET u. COURTOIS-SUFFIT; SANTY, BÉRARD, GALY, LARBRE u. BETHENOD; FARRELL; PIERRE-BOURGEOIS, LEMOINE u. VIC-DUPONT; SOULAS; KOURILSKY; DELARUE; PAILLAS; CLAIRMONT; LEMOINE; RIST; POHL; LENK; WEISS; ZADEK; LINK u. STRNAD; FREY u. LÜDEKE; ECK;

Tabelle 20. *Ursprung und Klassifizierung von 100 metastatischen Bronchusmalignomen.* (Zusammenstellung nach Schrifttumsangaben der auf S. 358/359 genannten Autoren und 7 eigenen Beobachtungen)

Sitz des Primärtumors	Anzahl endobronchialer Metastasen	Geschwulstart	
		Ca	sonstige Tumorformen
Nieren	38	38	
Mamma	17	17	
Dickdarm einschließlich Sigma und Rektum	10	10	
Hoden	5		3 Seminome
			1 malignes Teratom
			1 Fibrosarkom
Collum uteri	5	5	
Magen	4	4	
Schilddrüse	4	4	
Haut	3		3 Melanosarkome
Mundhöhle, Zunge und Pharynx	3	2	1 Fibrosarkom
Lungenspitze [a]	1	1	
Tonsillen	2	2	
Kehlkopf	1	1	
Dünndarm	1	1	
Ovarien	1		1 Granulosazelltumor
Knochen	1		1 osteogenes Sarkom
Knorpelgewebe	1		1 Chondrosarkom
Weichteilfaszien	1		1 Fibrosarkom
Pleura	2		2 Pleuramesotheliome
Insgesamt	100	69	15

[a] Siehe Abb. 186 und Bd. IX/4a, Abb. 82.

Werner; Cain; Clerf; Tinney u. McDonald; Raine; Bosse; Meyer; Concina u. Orlandi; Morel, Pogglioli u. Espitalie; Greenberg u. Young; Parker; Hood, McBurney u. Clagett; Huzly; Even, Sors u. Redon; Scarinci; Frik u. Hesse; Radner; Lamarque, Giubert, Betoulières u. Bongarel; Stobbe; Gascard, Lallemand, Barbe u. Santamaria; Gerle u. Felson; Wiklund; Barrié, Galy, Roulet u. Mazaré; Levy; Guisèz; Dumon, Charpin, Amalric u. Choux; Rosenblatt, Lisa u. Trinidad; Borek, Macholda u. Žák; Dura, Podzimek u. Šimeček; Rosenblatt u. Lisa; Borek, Macholda u. Lhotka; Pellicer-Eraso; Schoenbaum u. Viamonte u.a.). In der Onkologie der Trachea spielen sekundäre Malignome eine weit größere Rolle als primäre Luftröhrenkrebse, wie das Verhältnis von 25:4 im Beobachtungsmaterial von Fruhling u. Spehler bezeugt.

Obiges Schrifttum enthält Mitteilungen über 100 sekundäre Bronchialkrebse (Tabelle 20). Über die *Häufigkeit des metastatischen Bronchusbefalls* in Relation zu den Ziffern primärer Bronchialkarzinome liegen keine statistischen Angaben vor. Die von Paillas genannten Zahlen (6 endobronchiale Metastasen unter 100 bioptisch diagnostizierten Bronchuskrebsen) dürften das tatsächliche Verhältnis kaum repräsentieren. King u. Castleman fanden bei 109 Autopsien metastatischer Lungentumoren in 20 Fällen (= 18,5%) eine *Bronchialinvasion*, und zwar *häufiger bei sarkomatösen Primärgeschwülsten* (6 von 11 Fällen = 55,6%) *als bei karzinomatösen Gewächsen* (14 von 98 Fällen = 14,3%).

Die Anzahl sekundärer Bronchusmalignome dürfte nicht unwesentlich steigen, wenn man die von peribronchialen Lymphknoten oder lymphoiden Bronchialwandstrukturen ausgehenden *endobronchialen Proliferationen beim Lympho- oder Retothelsarkom, Morbus Hodgkin* und anderen bösartigen Systemerkrankungen endothorakaler Lymphknoten hinzuzählt. Die Bronchusinfiltration tritt nicht selten schon im Frühstadium lymphoblastomatöser Krankheiten auf und kann im weiteren Verlauf die Bronchiallichtung völlig durchwachsen (Versé; Sternberg; Soulas; Hurd; Higginson u. Griesner; Fréoux, Reboul, Delorme u. Lagagne; Falconer u. Leonard; Sugarbaker u. Craver; Jackson u. Parker; Altmann; Schneider; Walthard; Ennuyer, Cailleret u. Hélary; Vieta u. Craver; Sheinmel, Roswit u. Lawrence; Lenk; Bollag u. Schwarz; Tapié, Laporte, Escandié u. Pinel; Link; Maurer; Samuels, Howe, Dodd, Fuller, Shullenberger u. Leary; Scarinci; Bariéty, Lemoine u. Leblanc; Foulon; Roujeau; Dupérié, Reboul, Castaing u. Martin; Jackson; Romdane; Lejard, Génévrier, Bourgine u. Moigneteau; Kolář, Kácl u. Paleček; Pereslegin, Filkova u. Khmelevskaya; Papillon u.a.) (s. auch S. 11, 141 ff. und Bd. IX/3, Abb. 244 sowie S. 208/209 und 370).

Für die *Formalgenese sekundärer Bronchuskrebse* stehen im wesentlichen 3 Wege offen (King u. Castleman; Kourilsky; Even u. Lecoeur; Lopo de Carvalho u. Mitarb.):

a) *direkter Tumoreinbruch aus benachbarten Organen* einschließlich der peribronchialen Lymphknoten (Primärgeschwülste oder Metastasen),

b) *Tumorzellverschleppung in die Lymphbahnen der Bronchuswand* und

c) *Krebszellembolien im Kapillargebiet der Bronchialarterien*.

Beim letzteren Entstehungsmodus erfolgt die Einschwemmung neoplastischer Elemente unter Umständen auch über intrapulmonale Kurzschlüsse von den Lungenarterien her, sofern nach wiederholter hämatogener Tumorzellaussaat „durch embolische Verödung jenseits der Anastomosenverbindung zwischen A. bronchialis – A. pulmonalis eine Stromumkehr in den Sperrarterien hervorgerufen wurde" (Cain; s. auch Stelzner; Müller). Sonst ist eine krebsige Besiedlung größerer Bronchialäste aus Metastasennestern im Pulmonal-Kapillarfilter wohl nur unter Zwischenschaltung der örtlichen Lymphwege möglich (Lopo de Carvalho et al.).

Die in diesem Zusammenhang interessierende Frage, ob die *Blutversorgung primärer und sekundärer Bronchuskrebse* formale Unterschiede aufweist, wie sie nach angiographisch-histologischen Studien zwischen autochthonen und metastatischen Lungengeschwülsten bestehen sollen (Wood u. Miller; Cudkowicz u. Armstrong; Delarue u. Mitarb.; dagegen Wright; Noonan, Margulis u. Wright; Ogilvie, Blanding, Wood u. Kuisely; Bachmann) (s. auch S. 453), ist bisher ungeklärt. In vivo (selektive Bronchialarteriographie) lassen sich jedenfalls auch bei metastatisch entstandenen Knoten des Lungenparenchyms tumoreigene Gefäße unmittelbar über die Vasa privata darstellen (Noonan et al.; Ogilvie u. Mitarb.; Bachmann u.a.) (s. Abb. 254), während

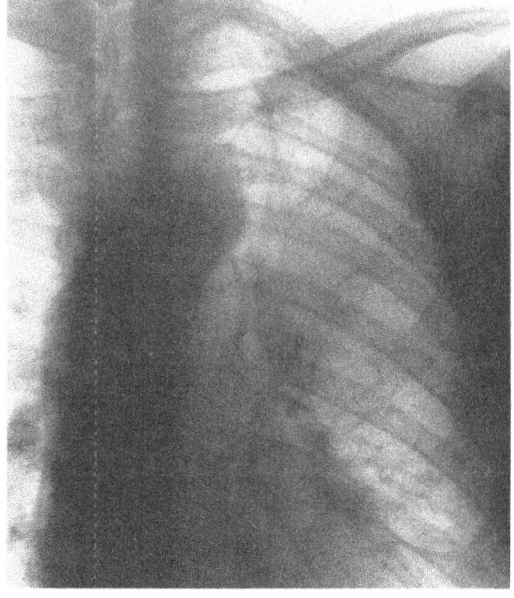
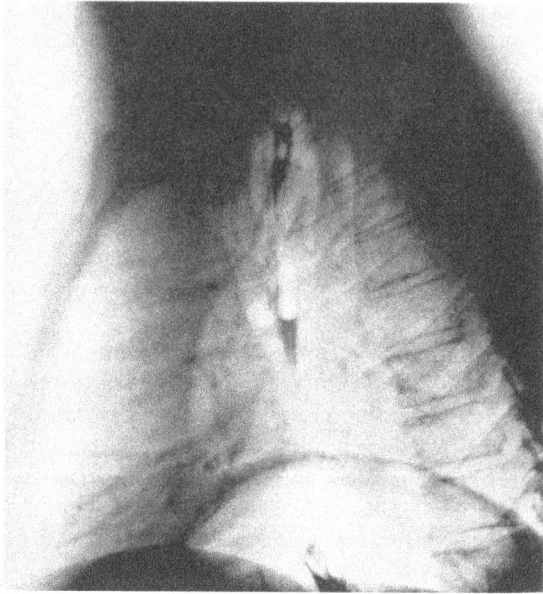
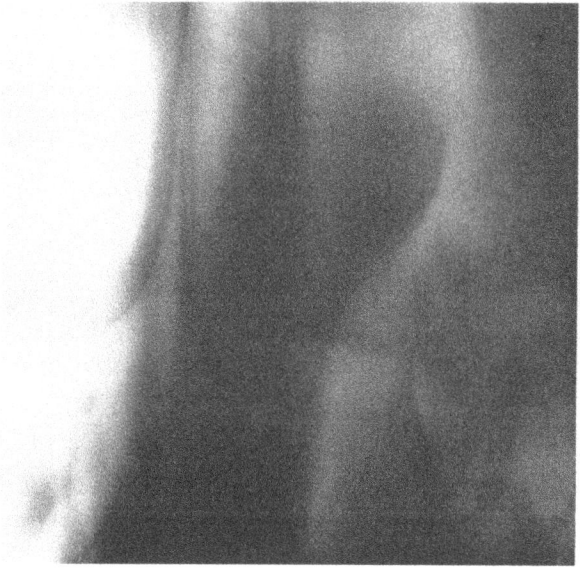

Abb. 185 a—c. *Schrumpfende Obstruktionsatelektase des linken Oberlappens bei orifiziellem Verschluß des Lappenbronchus durch eine Adenokarzinom-Metastase.* 3 Jahre zuvor Sigmaresektion wegen eines zirkulär stenosierenden Adenokarzinoms identischer Feinstruktur. Später Absiedlungen an der Ileozökalklappe. Übersichtsaufnahmen p.-a. (a) und dextro-sinistral (b) sowie Schichtbild a.-p. 13 cm (c). Verifizierung nach Pneumonektomie (Op.: Prof. UNGEHEUER, Direktor der Chir. Klinik des Krhs. Hordwest, Frankfurt/M.) durch vergleichende histologische Untersuchungen (E.-Nr. 4658/67, Path. Inst. des Krhs. Nordwest Frankfurt/M., Direktor: Prof. KAHLAU). T. G., 57jähr. ♂. Arch.-Nr. 1606 09221, Radiolog. Zentralinst. des Krhs. Nordwest Frankfurt/M.

frühere postmortale Befunde darauf hinzudeuten schienen, daß nur primäre Gewächse aus dem Bronchialgefäßsystem ernährt werden, sekundäre Tumoren dagegen von Ästen des pulmonalen Funktionskreislaufes (WOOD u. MILLER; CUDKOWICZ u. ARMSTRONG; DELARUE et al.).

RAEBURN u. SPENCER halten eine *sekundäre Krebsbildung in proximalen Bronchialabschnitten aus primären Mikrokarzinomen der Lungenrinde* (Abb. 186) über hilopetale Lymphknotenmetastasierung und rückläufige Krebsbesiedlung der Bronchialwand auf dem Lymphbahnweg für möglich. Der bipolare Evolutionsmodus soll nach histologischen Befunden der britischen Autoren in der Formalgenese zentraler Bronchuskarzinome eine beachtliche Rolle spielen (s. auch HAUPT u. STOLPER; BAJTAI, PINTÉR, BESZNYAK u. JUHÁSZ; MONACO, CANITANO u. CASALENA; ECK, HAUPT u. ROTHE; SCHOENBAUM u. VIAMONTE; ferner Bd. IX/4a und b, Abb. 58 u. 82).

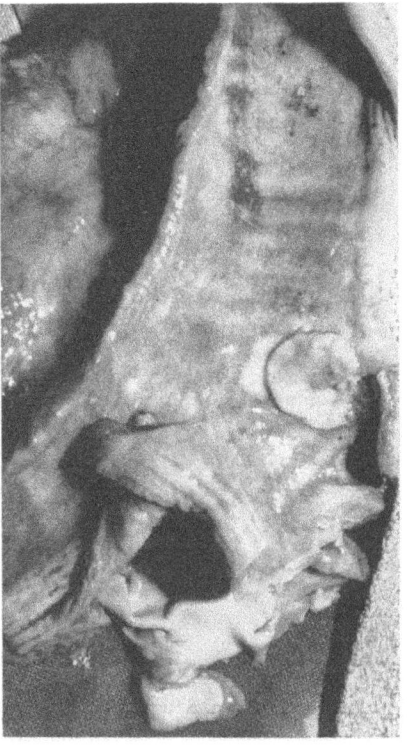

Abb. 186. *Isolierte, 2 cm große Metastase in der inneren Wandschicht des rechten Stammbronchus, von einem undifferenzierten bronchogenen Karzinom der rechten Lungenspitze ausgehend.* Sektionspräparat im Anschnitt von dorsal gesehen (vgl. hierzu Bd. IX/4a, Abb. 82) (Sekt.-Nr. 177/66, Path. Inst. d. Krhs. Nordwest, Direktor: Prof. KAHLAU). H. D., 39jähr. ♂. Arch.-Nr. 0306 27131, Radiolog. Zentralinst. d. Krhs. Nordwest Frankfurt/M.

Pathologisch-anatomische Beobachtungen weisen schließlich auf eine weitere Entstehungsmöglichkeit sekundärer Bronchialkrebse hin (ERBSE; RÖSSLE; HITZ u. OESTERLIN; V. ZALKA; CAIN; ECK u.a.), nämlich auf die

d) *Einnistung aerogener Impfmetastasen* aus Tumoren der oberen Luftwege oder Einbruchstellen metastatischer Lymphknoten. Wenn die Frage der intrapulmonalen Ausbreitung von Aspirationsmetastasen auf dem Schleimhautwege auch großes theoretisches Interesse beansprucht (S. 59ff. u. 373), so hat das Vorkommnis für die Formalgenese metastatischer Bronchustumoren doch keine wesentliche praktische Bedeutung.

Manche der aus der Umgebung kontinuierlich in den Bronchialbaum einbrechenden Tumoren sind an organspezifischen Strukturmerkmalen kenntlich, wie z.B. bestimmte Formen maligner Thymusgewächse. Von der hilusnahen Pleura mediastinalis kontinuierlich *in benachbarte Bronchien einwachsende Pleuramesotheliome* können das röntgenologische Erscheinungsbild primärer Bronchialkarzinome nachahmen (BOREK, MACHOLDA u. ŽÁK) (Abb. 188 u. 189; s. auch Bd. IX/4b Abb. 277), nach histologischen Kriterien jedoch abgegrenzt werden. Dagegen ist der *Ausgangspunkt epidermoidzelliger Karzinome vom Typ der sog. ,,Januskopf-Krebse"* schwer zu ergründen (ECK; WERNER; AMEUILLE; HUGUENIN, ROSE u. BRULÉ; TURIAF, ROSE u. BLANCHON; FRIK u. HESSE u.a.), da sie *vom Ösophagus her auf die Hauptbronchien übergreifen* (SOULAS; SCARINCI; JUCKER; KEEFER; RASTELLI u.a.) (Abb. 187), aber auch aus der Bronchuswand in umgekehrter Richtung zur Speiseröhre vordringen können (LENK; POHL; LINK u. STRNAD; DIETHELM; HARRIS u. FORBES; FLEISCHNER; MIDDLEMASS; BERNARD, WEIL u. SOULAS u.a.) (,,*Ösophagusform" primärer Bronchuskarzinome*, Abb. 192 und Bd. IX/4a und b). Bei fortgeschrittenen Geschwülsten dieser Art, die auf seiten des Bronchus wie des Ösophagus breit in die Wand eingewuchert sind, läßt sich im Terrain der ausgedehnten Neoplasie deren ursprünglicher Sitz oft selbst autoptisch nicht mehr eindeutig bestimmen.

Ebenso problematisch ist die *bioptische Unterscheidung zwischen primären und sekundären Bronchialkrebsen*, die von lympho- oder hämatogener Absiedlung extrathorakaler

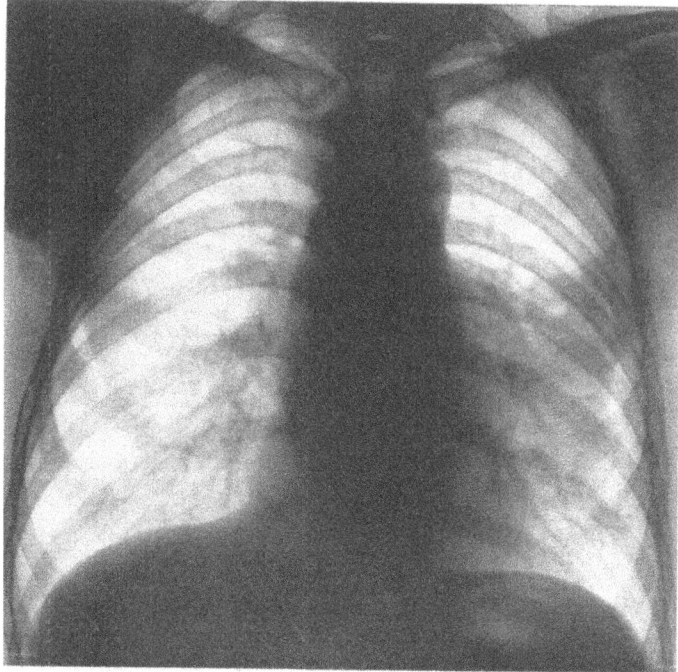

Abb. 187a—f. *Ausgedehntes, 16 cm langes, bis zu 7 cm breites, zentral breiig zerfallendes Plattenepithelkarzinom des mittleren Ösophagusdrittels mit hühnereigroßen Lymphknotenmetastasen im li. Hilus, sekundärer Tumorstenose des li. Unterlappen- und Lingulabronchus und chronisch-abszedierender Obstruktionspneumonie in ihrem Versorgungsgebiet* (Sekt.-Nr. 473/59, Path. Inst. Univ. Münster/W., Direktor: Prof. W. GIESE). Krankheitsverlauf bis zum Tode über 2 Jahre. Beginn mit Schüttelfrost, rezidivierenden Fieberschüben und anhaltendem eitrigem Auswurf, später zunehmende Dyspnoe und starke Gewichtsabnahme, nur geringe dysphagische Beschwerden. Im Auswurf wiederholter Nachweis von Sproß- und Hefepilzen sowie von Tumorzellen nach Art eines Plattenepithelkarzinoms (Prof. G. KAHLAU, Path. Inst. Univ. Frankfurt/M., E.-Nr. 455/59, 639/59 u. 965/59). Bronchoskopisch lediglich entzündliche Veränderungen und sulzige Schleimhautquellung an den stenosierenden Ostien des li. Unterlappen- und Lingulabronchus. Zunächst Diagnoseablenkung unter irriger Annahme eines infizierten Mediastinalhämatoms nach stumpfem Thoraxtrauma (Bullenstoß). Bei späterer langfristiger Beobachtung in einer thoraxchirurgischen Fachklinik wurde die ausgedehnte Ösophagusinfiltration (weit herabreichende Schattenspindel in der Herz-Gefäßsilhouette auf hart exponierter Zielaufnahme) offenbar wegen der zerfallsbedingt geringfügigen Dysphagie übersehen und ausschließlich dem im Vordergrund stehenden bronchopulmonalen Prozeß („Bronchuskarzinom") Beachtung geschenkt. Thoraxübersichtsaufnahme p.-a. (a) und frontal (b), hart exponierte Zielaufnahme p.-a. (c), Schichtbilder a.-p. 10 cm (d) und sin.-dextr. 11 cm (e) sowie linksseitiges Bronchogramm p.-a. (f). G.T., 60jähr. ♂. Arch.-Nr. 676/59, Röntgenabtlg. Med. Univ.-Klinik und Poliklinik Münster/W. (Direktor: Prof. W. H. HAUSS)

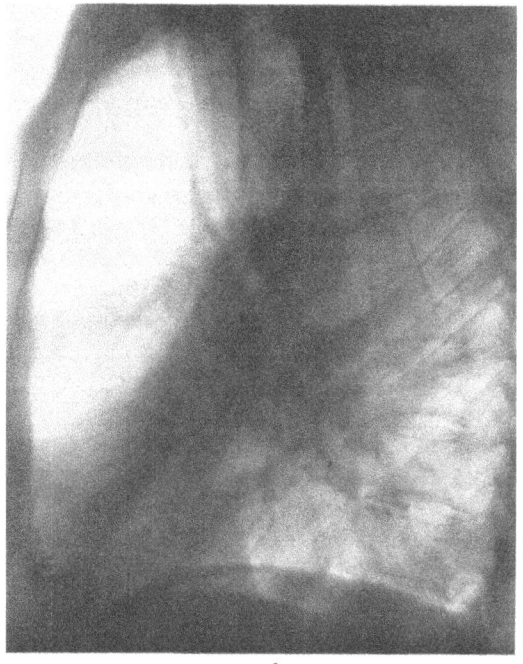

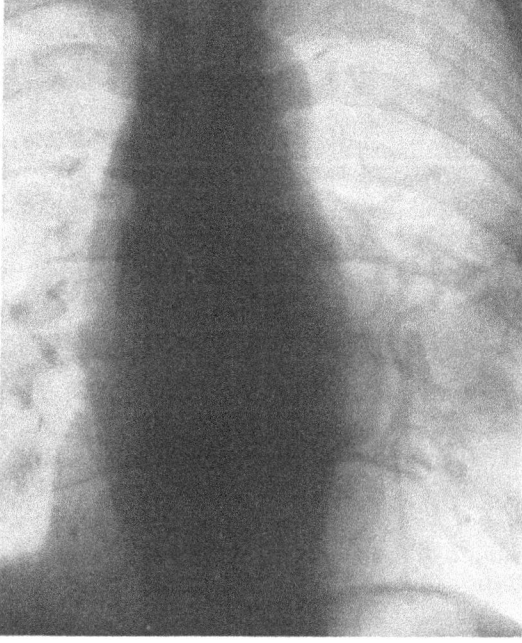

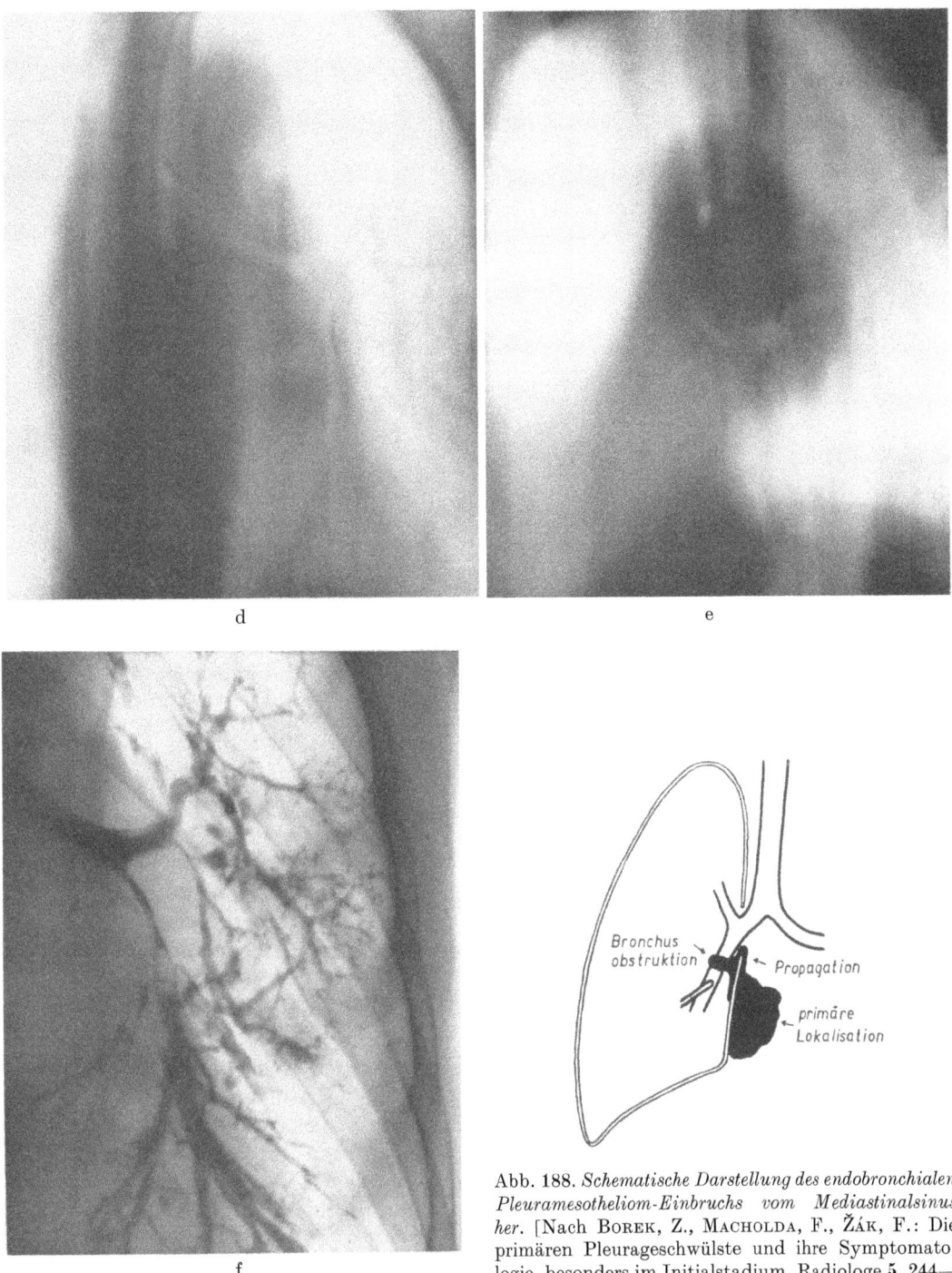

d

e

f
Abb. 187 d—f

Abb. 188. *Schematische Darstellung des endobronchialen Pleuramesotheliom-Einbruchs vom Mediastinalsinus her.* [Nach BOREK, Z., MACHOLDA, F., ŽÁK, F.: Die primären Pleurageschwülste und ihre Symptomatologie, besonders im Initialstadium. Radiologe 5, 244—252 (1965); Abb. 9c]

Tumoren herrühren. Die metastatischen Herde verhalten sich makroanatomisch nicht anders als ortsständig gewachsene Krebse. Ihr feingewebliches Bild läßt vielfach keinen bindenden Rückschluß auf das Ursprungsorgan der Neubildung zu. Wie die tabellarische Zusammenstellung aus der Kasuistik des eingangs zitierten Schrifttums zeigt (Tabelle 20), gehen endobronchiale Metastasen in erster Linie von hypernephroiden

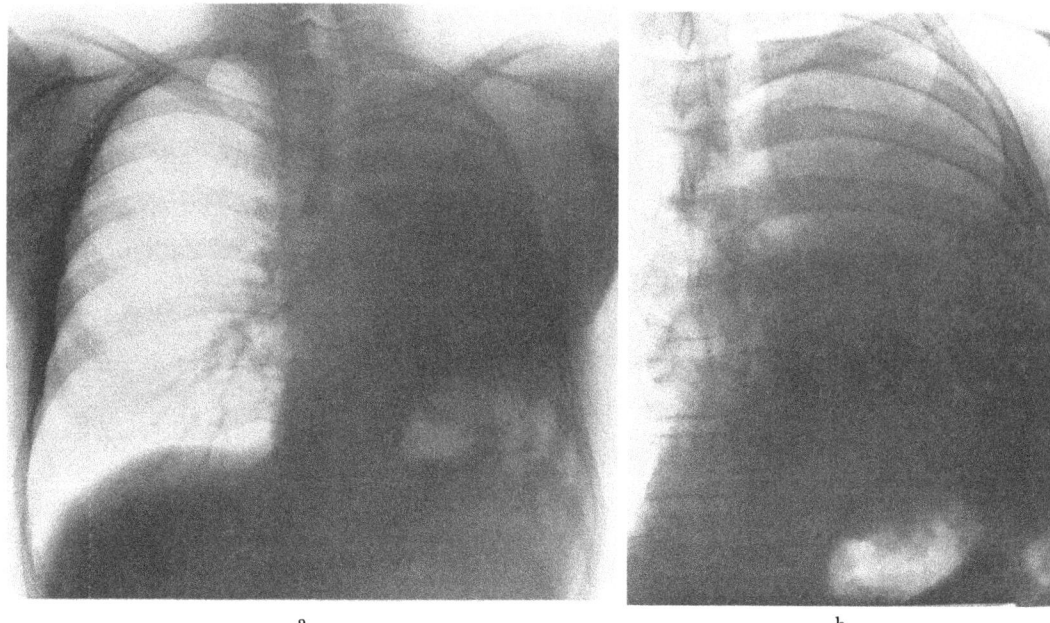

Abb. 189a u. b. *Totalverschattung der linken Lunge nach Bronchialeinbruch eines die Hauptbronchuslichtung durchwachsenden sarkomatösen Pleuramesothelioms.* In den letzten Wochen unbestimmte Schmerzempfindungen und Druckgefühl im linken Hemithorax, später zunehmende Atemnot bei Belastung, wenig Husten ohne Auswurf. Röntgenbefund: Massive Halbseitenverschattung links mit kompensatorischer Ausdehnung der rechten Lunge bei glattbogigem Abbruch des linken Hauptbronchus vor der Lappenverzweigung (a Thoraxübersichtsaufnahme p.-a. vom 1. 7. 71), bei Kontrolle nach zwischenzeitlicher Probethorakotomie und postoperativer Telekobaltbestrahlung formal unverändert (b hart exponierte Zielaufnahme p.-a. vom 10. 9. 71). Die angesichts des jugendlichen Alters und nach röntgenmorphologischem Aspekt gehegte Annahme eines polypösen Bronchusverschlusses durch ein Bronchialadenom bestätigte sich nicht. Die Probepunktion eines — vermutlich kleinen — Pleuramantelergusses ergab maligne Zellverbände (E.-Nr. 4894/71, Path. Inst. d. Krhs. Nordwest, Direktor: Prof. KAHLAU). Bronchoskopie: Kompletter Tumorverschluß des linken Stammbronchus. Probeexzision: Maligne Geschwulst von sarkomatöser Bauart, in der Anordnung stellenweise an ein Mesotheliom erinnernd (E.-Nr. 5021 u. 5022/71). Probethorakotomie: Mannsfaustgroßer, aus dem Lappenspalt zwischen Ober- und Unterlappen in den linken Hilus eingewachsener Tumor von derber Konsistenz, wegen der Einbeziehung der zentralen Gefäße inoperabel (Op.: Dr. BECKER, Chir. Klinik d. Krhs. Nordwest, Direktor: Prof. UNGEHEUER). Probeexzision aus den paramediastinalen Anteilen der Geschwulst: sarkomatöses Pleuramesotheliom (E.-Nr. 5608/71). Telekobalttherapie (6000 rad HD) ohne erkennbaren Erfolg). K.-H. H., 33jähr. ♂. Arch.-Nr. 0304 38291, Radiolog. Zentralinst. d. Krhs. Nordwest Frankfurt/M.

Geschwülsten aus (Abb. 193 u. 194). Nächsthäufig werden Absiedlungen von Mammakarzinomen, Dickdarmkrebsen und bösartigen Gewächsen der männlichen und weiblichen Genitalien beobachtet. Tochterherde dieser und weiterer gelegentlich in Betracht kommender Primärtumoren sind von bronchogenen Malignomen nur in einem Teil der Fälle auf Grund abweichender Struktureigentümlichkeiten sicher zu differenzieren, wie z.B. bei metastasierenden Melanosarkomen, Hypernephromen, Pleuramesotheliomen und teratogenen Geschwülsten (GUISÈZ; MAYTUM u. VINSON; LINK u. STRNAD; PENDERGRASS u. HODES; VINSON u. MARTIN; LOPO DE CARVALHO et al.; EVEN u. LECOEUR; LEMOINE; RIST; BARIÉTY u. PAILLAS; NOFSINGER u. VINSON; CONCINA u. ORLANDI; DELARUE; CLERF; LECOEUR; SOULAS; PIERRE-BOURGEOIS, LEMOINE u. VIC-DUPONT; GERLE u. FELSON; SCHOENBAUM u. VIAMONTE u. a.). Die gestaltliche Vielfalt der Bronchialkarzinome, die histomorphologisch manche Analogien zu zahlreichen Neoplasieformen anderer Herkunftsorte bietet, erschwert die bioptische Unterscheidung.

Die *Differentialdiagnose metastatischer und primärer Bronchuskrebse* ist daher *in vivo* gewöhnlich nur mit einiger Wahrscheinlichkeit zu stellen (EVEN u. LECOEUR; BARIÉTY u. PAILLAS; LOPO DE CARVALHO, LEMOINE u. ROSE; SOULAS; LEMOINE; KELLNER; CLERF;

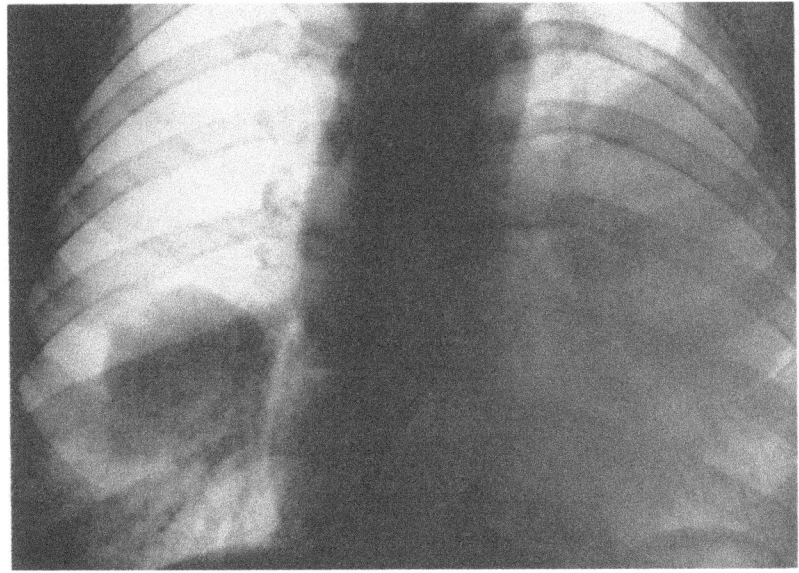

Abb. 190 a—c. *Grobknotige Lungenmetastasen eines histologisch und durch ^{131}J-Lokalisationstest verifizierten Schilddrüsenkarzinoms mit Einbruch in den li. Oberlappenbronchus und konsekutiver Lappenatelektase.* Die Lungenherde wurden — damals noch recht klein — 4 Jahre zuvor im Rahmen einer Tbc.-Umgebungsuntersuchung entdeckt. Anschließend 3monatige Heilstättenkur wegen mehrere Wochen anhaltenden Hustens und Gewichtsabnahme. $3^1/_2$ Jahre später wieder trockener Reizhusten, wiederholte „grippale" Fieberschübe und zunehmende Dyspnoe. Thoraxübersichtsaufnahmen in sagittalem (a) und frontalem Strahlengang (b) sowie Schichtbild a.-p. in 11 cm Schichttiefe vom gleichen Tag (c). J.G., 37jähr. ♀. Arch.-Nr. 1807/62, Röntgenabtlg. Med. Univ.-Klinik Münster/W. (Direktor: Prof. W. H. Hauss)

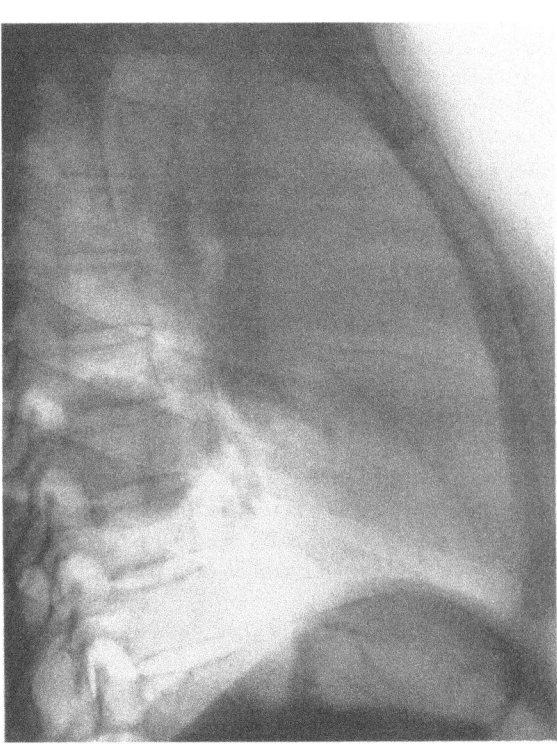

Weiss; Farrell; Rist u.a.). Anhaltspunkte für die richtige Deutung hat man natürlich erst, wenn

a) überhaupt eine *Krebserkrankung anderer Lokalisation anamnestisch-klinisch bekannt* ist, sei es als vorausgegangenes oder gleichzeitig entdecktes Leiden, und

b) *extrapulmonales Neoplasma und fraglicher Bronchialtumor im vorherrschenden histologischen Typ übereinstimmen.*

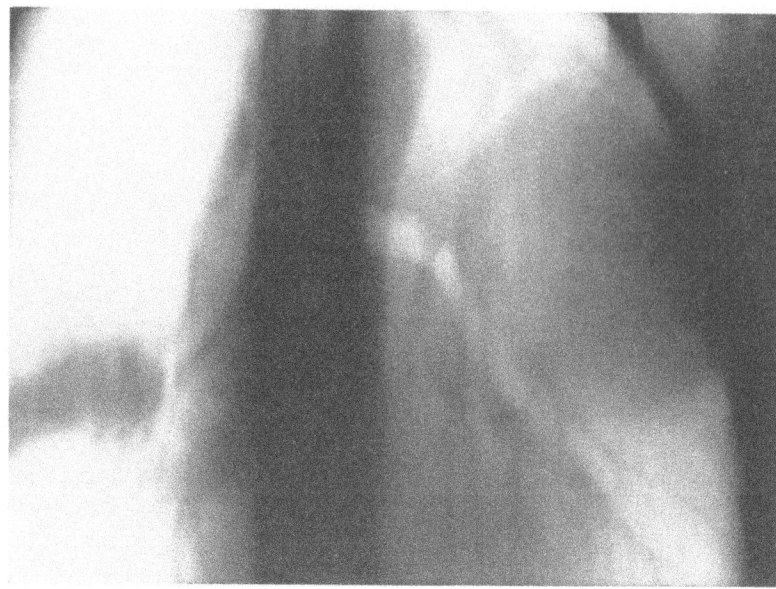

Abb. 190c (Legende s. S. 365)

Unter diesen Prämissen liegt der Verdacht auf eine Bronchialwandmetastase bei Zylinderzellkrebsen prinzipiell am nächsten (LECOEUR; LOPO DE CARVALHO et al.; PAILLAS; LEMOINE; DELARUE; BARIÉTY u. PAILLAS; RIST u.a.), weil dieser Zelltyp unter den primitiven Bronchialkrebsen am seltensten ist, und autochthone Adenokarzinome gewöhnlich im Lungenmantel, nicht in weitkalibrigen Luftröhrenästen entstehen (s. Bd. IX/4a). *Geschlecht und Alter* der Patienten geben differentialdiagnostisch insofern einen gewissen Anhalt, als *metastatische broncho-pulmonale Gewächse* nach statistischer Erfahrung *schon in jüngeren und mittleren Altersklassen* prozentual häufiger vorkommen als ordinäre Bronchuskarzinome (FARRELL; RUSSO u. CAVANAUGH; WALTHER u.a.) und sich von den dominierenden Typen primärer Bronchialkrebse durch die *ausgeglichene Sexualproportion*, wenn nicht gar durch bevorzugten Befall des weiblichen Geschlechts unterscheiden (EVEN, SORS u. REDON; FARRELL; RUSSO u. CAVANAUGH; LECOEUR; LOPO DE CARVALHO et al;. EVEN u. LECOEUR; BARIÉTY u. PAILLAS u.a.). BARIÉTY u. PAILLAS weisen überdies auf den — im Vergleich zur Mehrzahl bronchogener Karzinome — *durchschnittlich längeren Krankheitsverlauf sekundärer Bronchuskrebse* hin.

Vom *klinischen Aspekt* sind sonst keine differentialdiagnostisch verwertbaren Unterschiede zu finden. Der von WOOD u. MILLER sowie von CUDKOWICZ u. ARMSTRONG betonte Sachverhalt, das Fehlen der für primäre Bronchuskarzinome charakteristischen Tumorgefäßproliferationen aus den Bronchialarterien erkläre die Seltenheit von Hämoptysen bei metastatischen Lungenknoten, scheint für endobronchiale Implantationsmetastasen nicht zuzutreffen. KING u. CASTLEMAN verzeichneten aus der Vorgeschichte von 109 autoptisch kontrollierten sekundären Lungentumoren blutigen Auswurf nur in insgesamt 3,7%, bei den 20 Fällen mit metastatischer Bronchusbeteiligung aber in 20% (s. auch MOERSCH; FREEDLANDER u. GREENFIELD; LOPO DE CARVALHO et al.; LECOEUR u.a.). Dieser Prozentsatz liegt im Rahmen der Schwankungsbreite, mit der die Häufigkeit des Symptoms bei primären Bronchuskarzinomen verschiedenenorts angegeben wird (MÜLLY u.a.). Läßt schon die endoskopische Gewebsentnahme nicht ohne weiteres eine histologische Unterscheidung zwischen primären und sekundären Bronchuskrebsen zu, so haben exfoliativ-zytologische Befunde im Bronchialsekret bzw. Auswurf differentialdiagnostisch nur sehr beschränkten Wert (VINSON u. MARTIN; TINNEY u. MCDONALD; ELLIS, WOOLNER u. SCHMIDT; ROSENBERG, SPJUT u. GEDNEY; CAHAN; CLERF u.a.).

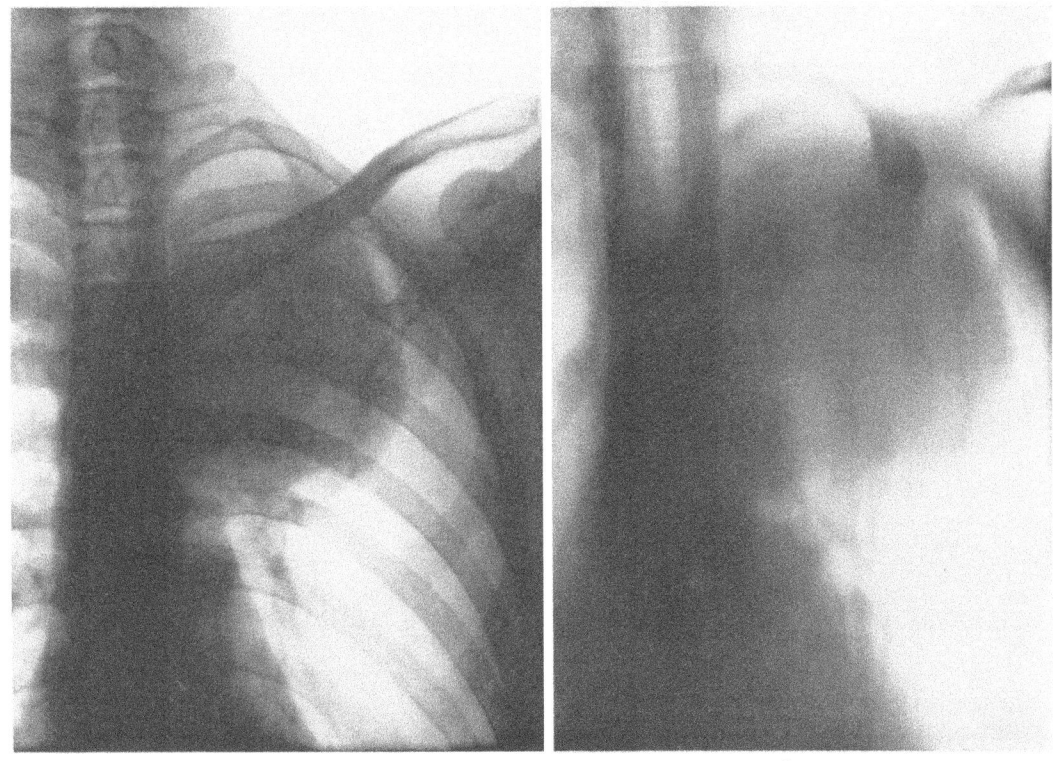

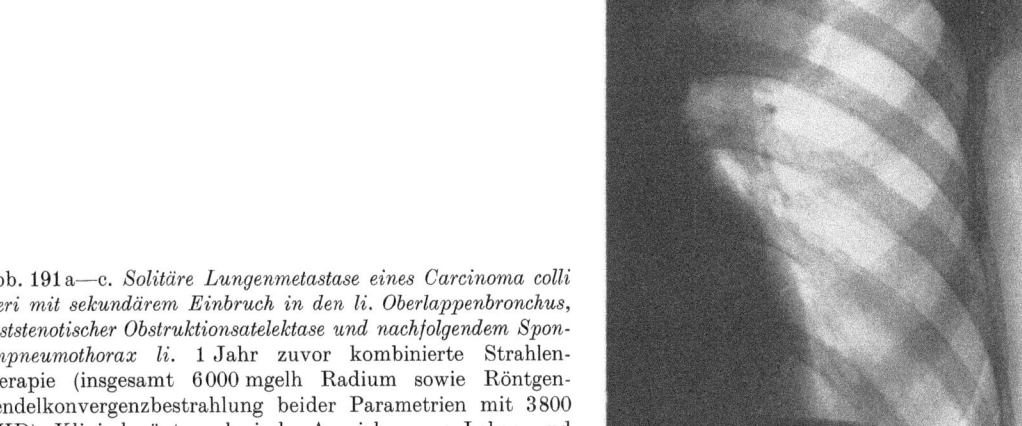

Abb. 191 a—c. *Solitäre Lungenmetastase eines Carcinoma colli uteri mit sekundärem Einbruch in den li. Oberlappenbronchus, poststenotischer Obstruktionsatelektase und nachfolgendem Spontanpneumothorax li.* 1 Jahr zuvor kombinierte Strahlentherapie (insgesamt 6000 mgelh Radium sowie Röntgen-Pendelkonvergenzbestrahlung beider Parametrien mit 3800 RHD). Klinisch-röntgenologische Anzeichen von Leber- und Skeletmetastasen. Ausschnitt der p.-a. Nativaufnahme (a) und Schichtbild a.-p. 9 cm (b) vor sowie Übersichtsaufnahme in sagittaler Projektion (c) nach Eintritt des li. Spontanpneumothorax. I. G., 29jähr. ♀. Arch.-Nr. 5185/60, Röntgenabtlg. Med. Univ.-Klinik und Poliklinik Münster/W. (Direktor: Prof. W. H. Hauss)

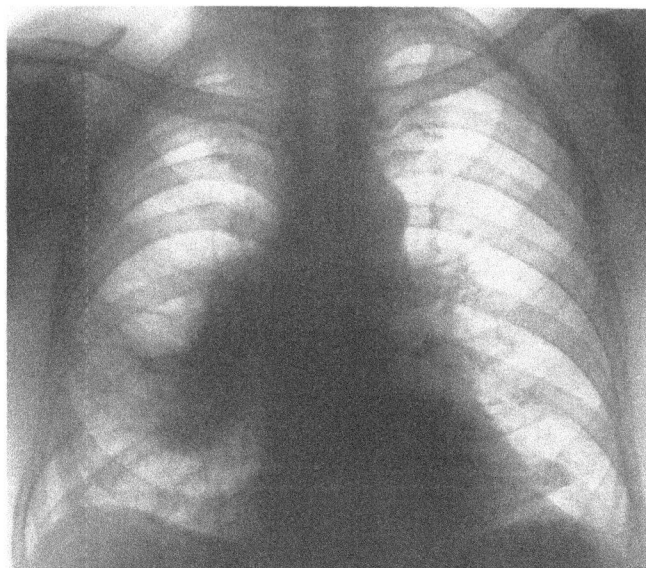

Abb. 192 a—e. *Auf das Mediastinum übergreifendes Plattenepithelkarzinom des re. Zwischen- und Unterlappenbronchus mit orifiziellem Verschluß des apikalen UL.-Segmentastes, ausgedehnten regionalen Lymphknotenmetastasen und Ummauerung des mittleren Ösophagusabschnitts.* Thoraxübersicht p.-a. (a) und im 1. Schrägdurchmesser (b), seitliches Schichtbild 10 cm (c) und Bronchogramm (d) sowie Flächenkymogramm des stenosierten Ösophagus in 1. Schrägprojektion (e). K. S., 63jähr. ♂. Arch.-Nr. 6378/61, Röntgenabtlg. Med. Univ.-Klinik u. Poliklinik Münster/W. (Direktor: Prof. W. H. HAUSS)

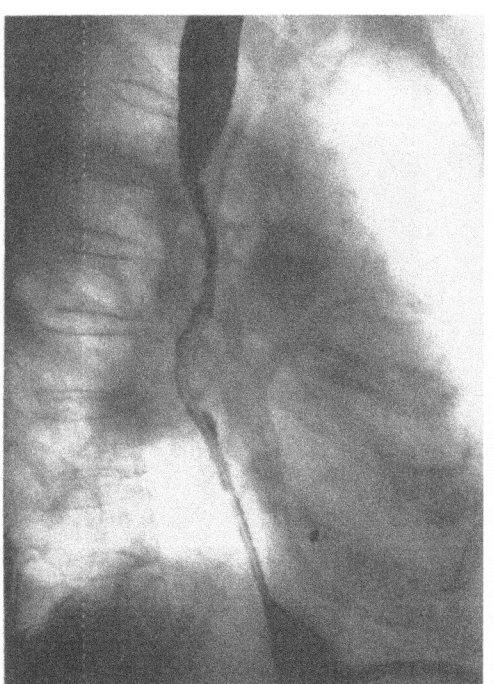

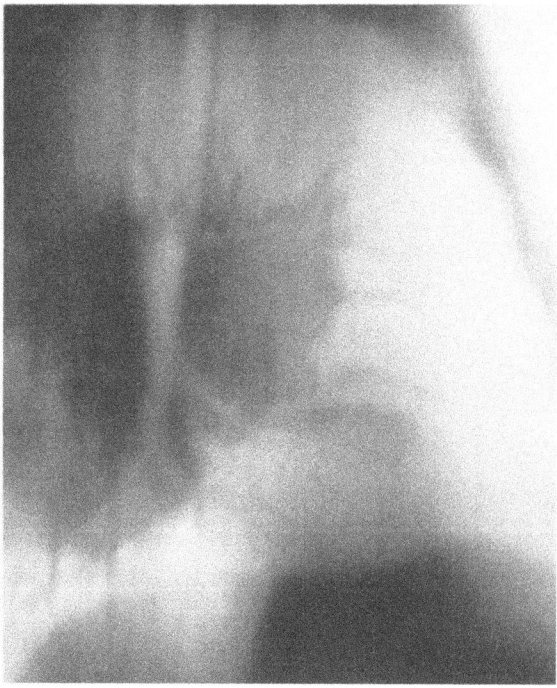

Auch auf Grund *röntgenologischer Befunde* ist die Differentialdiagnose kaum mit Gewißheit zu stellen. Man kann zwar einen Speiseröhrenkrebs strahlendiagnostisch wie endoskopisch unschwer von der „Ösophagusform" zentraler Bronchuskarzinome abgrenzen, solange diese mit ihrer Tumormasse bzw. metastatisch vergrößerten Bifurkationslymphknoten die Speiseröhre lediglich von außen glattrandig einwölben, ohne ihre Schleimhaut zu zerstören (POHL; DIETHELM; FLEISCHNER; SALZER, WENZL, JENNY u. STANGL; MIDDLEMASS; PIETRANTONI u. LEONARDELLI u.a.) (s. Bd. IX/4b). Der Ursprung fortgeschrittener Januskopfkrebse, die die klassischen Erscheinungen der zentralen Bron-

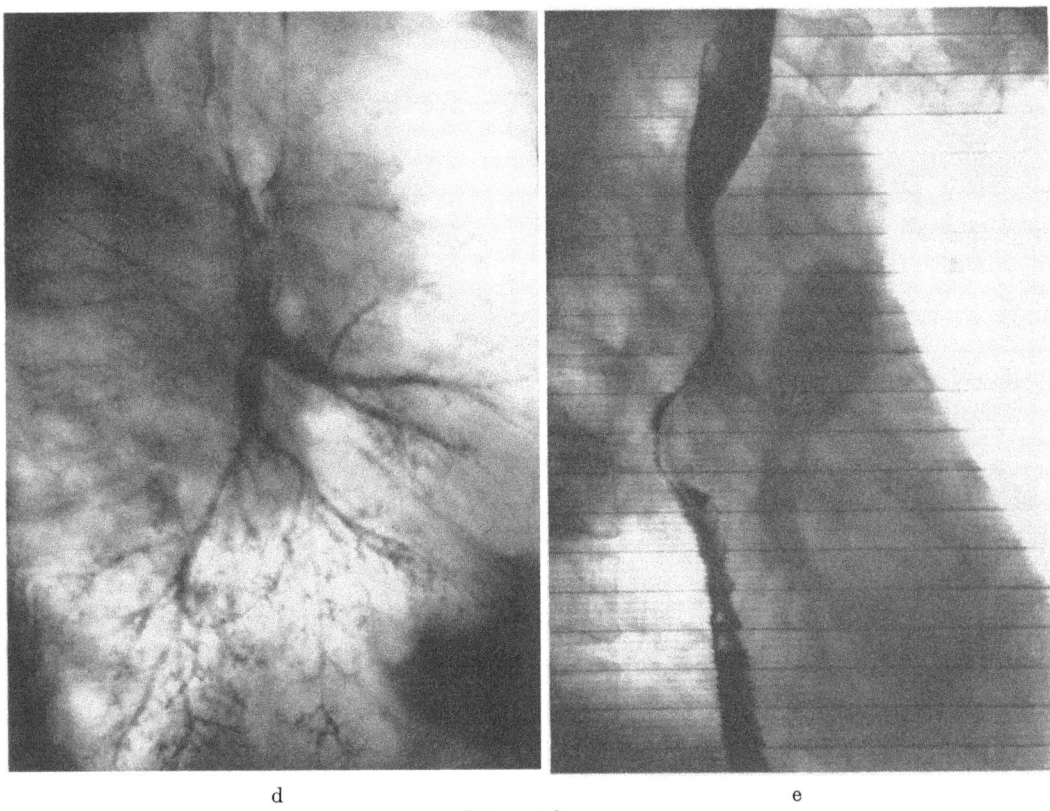

Abb. 192 d u. e

chusobstruktion und zugleich starre, zirkuläre Ösophagusstenosen in Bifurkationshöhe mit irregulären Randkonturen und neoplastischen Reliefveränderungen, in einem Teil der Fälle auch fistulöse Verbindungen der Speiseröhre mit dem Tracheobronchialsystem verursachen, ist dagegen nicht sicher aus dem Schattenbild abzulesen.

Neoplastisch infiltrierende Mediastinalprozesse mit einseitiger Hilus- und Lungenbeteiligung gehen erfahrungsgemäß zumeist von Bronchialkrebsen aus. Die sekundäre Infiltration der Ösophaguswand pflegt dabei die Ausdehnung des parösophagealen Tumorareals nicht wesentlich kranial- oder kaudalwärts zu überschreiten (DIETHELM; POHL u. a.). Andererseits neigen Ösophaguskarzinome eher dazu, spindelförmig in der Verlaufsrichtung der Speiseröhre fortzuwachsen als über die Mediastinalgrenzen hinauszugreifen. Im Einzelfall ist jedoch nach röntgenologischen Kriterien allein schwerlich zu entscheiden, ob ein den mittleren Speiseröhrenabschnitt einbeziehender Bronchuskrebs oder ein Ösophaguskarzinom vorliegt, das durch sekundäre Tumorblockade, komprimierende Lymphknotenmetastasen oder Fistelperforation eines Bronchus die abhängige Lungenprovinz indirekt in Mitleidenschaft gezogen hat (FLEISCHNER; LENK; POHL; DIETHELM; BERNARD, WEIL u. SOULAS; MIDDLEMASS; SCARINCI; SOULAS; JUCKER u.a.) (s. Bd. IX/3, Abb. 233a—c, S. 359). Ebenso kann der Bronchialeinbruch thymogener Geschwülste, maligner Pleuramesotheliome (BOREK, MACHOLDA u. ŽÁK) oder neoplastischer Lymphknotenaffektionen (Metastasen, Lymphogranulomatose, Retothelsarkomatose etc.) das röntgenologische Erscheinungsbild zentraler Bronchuskrebse mit ausgedehnter Tumorinfiltration des Mediastinums und obstruktionspneumonischen Lungenveränderungen täuschend imitieren, während der *extrabronchiale Ursprung hilusnaher Mesotheliome*, die das zentrale Bronchialsystem lediglich durch expansives Wachstum komprimieren, an *glattrandigen plurilobären Stenosen und -verschlüssen im Bronchogramm* kenntlich ist (s. Bd. IX/4b, Abb. 277).

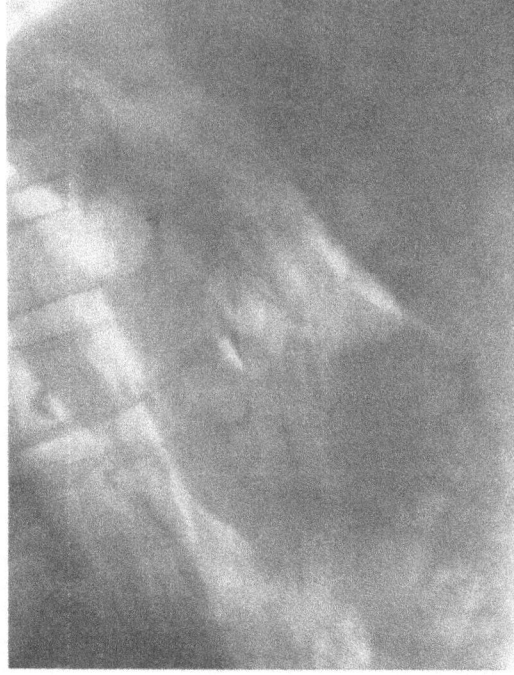
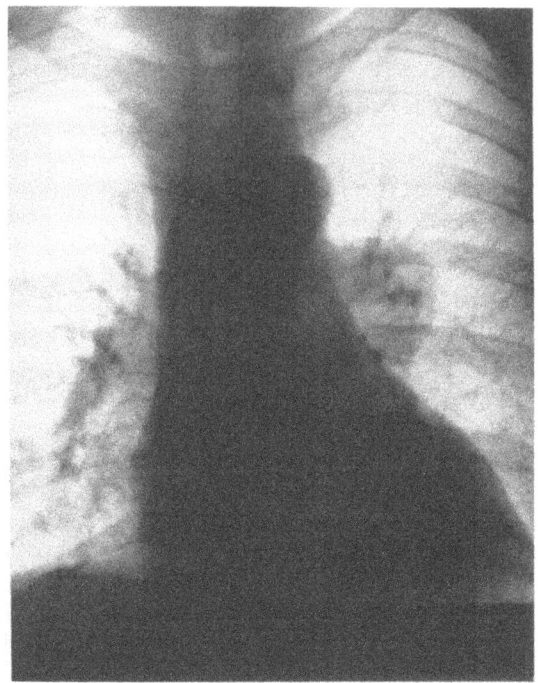

a b

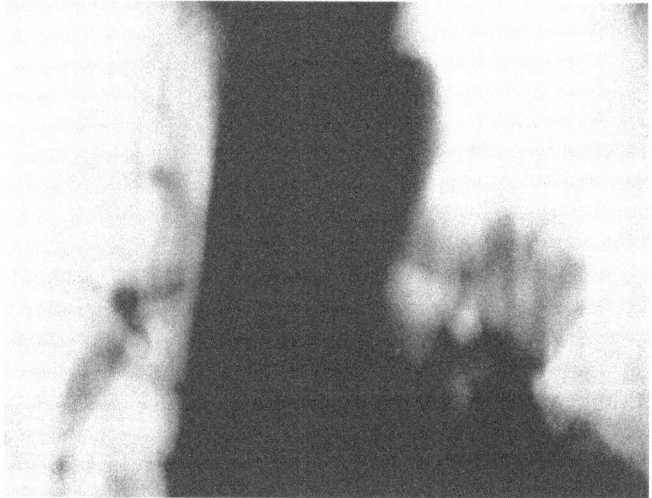

c

Abb. 193 a—d. *Lymphadenogener Metastaseneinbruch eines hypernephroiden Karzinoms in den linken Oberlappenbronchus bei mikronodulärer Lungenabsiedlung.* Aufnahme in die Med. Klinik d. Krhs. Nordwest Frankfurt/M. (Direktor: Prof. ALTMANN) wegen einer seit 2 Jahren bekannten Blutsenkungsbeschleunigung (Kontrollwert bei Aufnahme: 70/120 mm n.W.). Urographie und pneumoradiographischer Befund zeigten einen szintigraphisch stummen faustgroßen Tumor am rechten unteren Nierenpol (a Frontalzielbild im Pneumoretroperitoneum nach Kontrastfüllung des Hohlraumsystems). Histologisch: hypernephroides Karzinom (E.-Nr. 8821/69, Path. Inst. d. Krhs. Nordwest, Direktor: Prof. KAHLAU). Nach Nephrektomie Telekobaltbestrahlung des Tumorbetts und seines Lymphabflußgebiets mit monaxial-bilateraler Teilrotation. Nach Applikation von 5000 rad HD mußte die Strahlentherapie wegen zunehmender Leberschwellung mit Subikterus und Transaminasenanstieg abgebrochen werden. 3 Monate nach zunächst unauffälligem Thoraxröntgenbefund knollige Verbreiterung des linken Hilus (b Übersichtsaufnahme p.-a.) vom tomographischen Aspekt peribronchialer Lymphome mit bogiger Einwölbung am linken Oberlappenostium (c Schichtbild 12 cm a.-p.). Pulmonale Absiedlungen waren bis zur letzten Kontrolle 3 Monate ante finem nicht nachzuweisen. Bronchoskopischer Befund negativ. Trotzdem war angesichts gehäufter Hämoptysen und positiver Sputumzytodiagnostik („Zellen einer malignen Geschwulst, vermutlich von einem undifferenzierten Karzinom stammend") (E.-Nr. 8945/69) kaum zweifelhaft, daß die Primärgeschwulst über noch unsichtbare pulmonale Tochterherde in die Hiluslymphknoten metastasiert und den linken Oberlappenbronchus durch lymphadenogenen Metastaseneinbruch sekundär in Mitleidenschaft gezogen hatte. Im weiteren Verlauf wurde ein Gewebspartikel abgehustet, das histologisch gleiche Bauart (papilläres Karzinom) wie der Primärtumor zeigte (E.-Nr. 14568/69). 8 Monate nach Nephrektomie Exitus unter den Zeichen fortschreitender Metastasierung (Kräfteverfall, zunehmende Benommenheit, Ikterus, derbhöckerige Leberver-

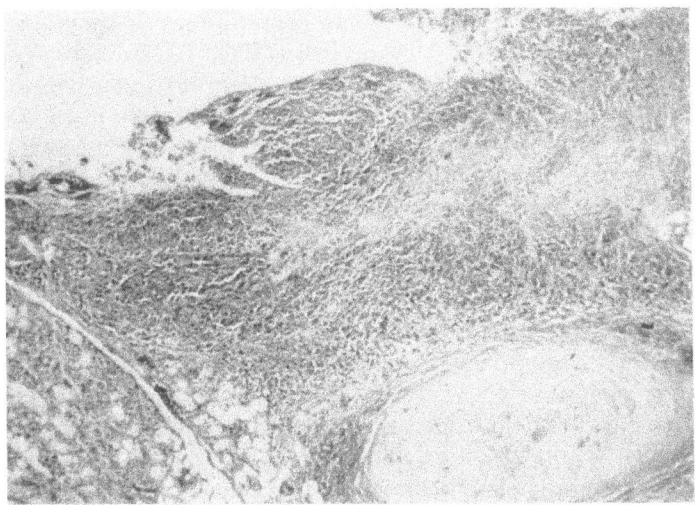

Abb. 193 d

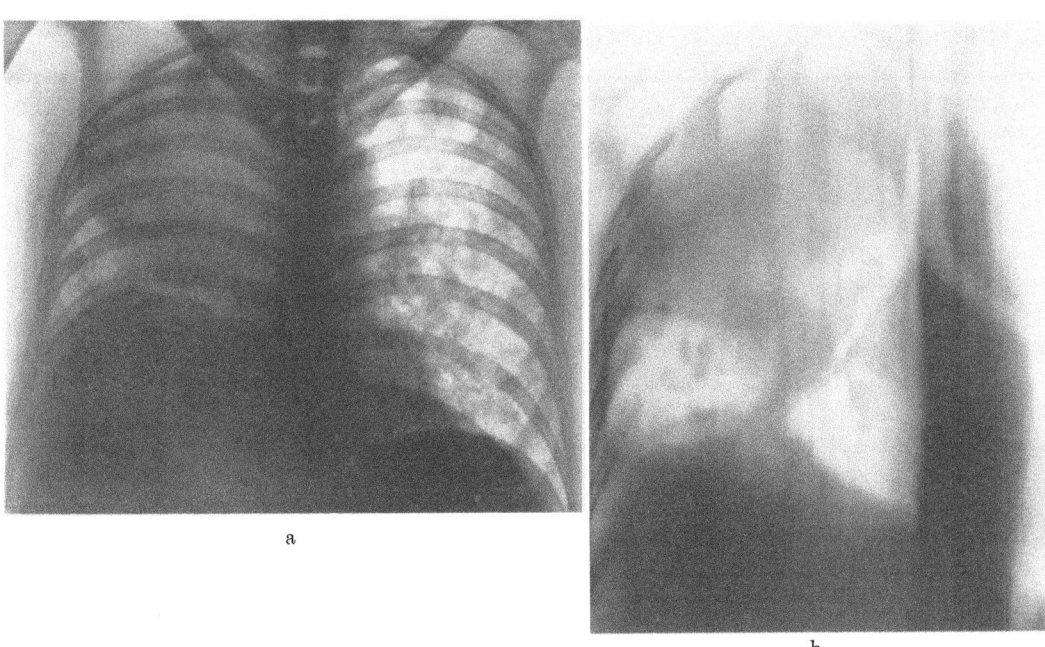

Abb. 194a u. b. *Metastaseneinbruch in den re. Oberlappenbronchus mit nachfolgender Obstruktionsatelektase im Rahmen einer generalisierten Tumoraussaat in beide Lungen $2^1/_2$ Jahre nach rechtsseitiger Nephrektomie wegen eines hypernephroiden Karzinoms*. Im Laufe der letzten 4 Monate zunehmende Kurzatmigkeit, Husten und Inappetenz. Seit 8 Tagen blutiger Auswurf. (Autoptische Kontrolle.) Thoraxübersichtsaufnahme p.-a. (a) und Schichtbild a.-p. in 10 cm Schichttiefe (b). E. A., 52jähr. ♀. Arch.-Nr. 5514/61 Röntgenabtlg. Med. Univ.-Klinik u. Poliklinik Münster/W. (Direktor: Prof. W. H. Hauss)

größerung). Autopsie (Sekt.-Nr. 213/69, Path. Inst. d. Krhs. Nordwest): ausgedehnte Metastasierung eines hypernephroiden Karzinoms in die Leber mit Einwachsen in die Lebervenen, kleinknotig-lentikulärer Lungen- und Pleurakarzinose, neoplastischen Absiedlungen im Frontalhirn, Skelett und in der linken Niere. Einwachsen einer über walnußgroßen Lymphknotenmetastase in den linken Oberlappenbronchus (d Photo des Schnittpräparats der Bronchialwand im Bereich des Metastaseneinbruchs). Dr. H. H. T., 48jähr. ♂. Arch.-Nr. 0302 21871, Radiolog. Zentralinst. d. Krhs. Nordwest Frankfurt/M.

Eine endobronchiale Metastasierung kann sich röntgenologisch als zirkumskripter Geschwulstherd — mit oder ohne Anzeichen obstruktiver Belüftungsstörung — darbieten oder im Rahmen einer generalisierten Tumoraussaat in die Lungen hervortreten (KING u. CASTLEMAN; BARIÉTY u. PAILLAS; SCHOENBAUM u. VIAMONTE u.a.). Im letzteren Fall liegt die richtige Erkenntnis näher, obgleich eine ipsi- und kontralaterale Lungenmetastasierung bei primärem Bronchuskarzinom in Betracht zu ziehen ist (s. Abb. 221, 226, 230, 236 u. 241). Der Bronchusverschluß durch eine singuläre Metastase gleicht im Stenosebild wie in der sichtbaren Auswirkung auf den blockierten Lungensektor dem üblichen Verhalten ordinärer Bronchialkrebse (HUGUENIN et al.; MAYTUM u. VINSON; CLERF; BARIÉTY u. Mitarb.; TURIAF et al.; WEISS u.a.). Selbst der konkrete Verdacht, die neoplastische Bronchusobstruktion könne nach anamnestisch-klinischen Gesichtspunkten metastatischer Herkunft sein, ist daher röntgenmorphologisch nicht eindeutig zu sichern. Auch der Nachweis eines weiteren — extrapulmonalen — Malignoms liefert noch kein schlüssiges Indiz, da aus dem Röntgenbefund nicht ersichtlich ist, welcher von beiden Geschwulstherden den Ausgangspunkt und welcher die Metastase darstellt, und ob überhaupt formalgenetische Beziehungen dieser Art bestehen.

Die Schwierigkeit, von der Morphologie her zwischen primären und sekundären Bronchuskrebsen zu unterscheiden, gleicht somit der fundamentalen Problematik, die sich in den divergierenden Auffassungen über Wesen und Ursprung der sog. Lungenadenomatose widerspiegelt (s. S. 44 u. 57ff.). Hier wie dort bleibt selbst die histologische Bestätigung einer klinisch-röntgenologischen Verdachtsdiagnose *in vivo* mit Zweifeln und Ungewißheit behaftet, und die definitive Klärung, ob eine „Krebsmetastasierung in die Lungen oder aus den Lungen" (STOBBE) vorliegt, letztlich dem autoptischen Befund vorbehalten.

2. Sekundäre maligne Lungengeschwülste

Anatomische und hämodynamisch-biologische Zusammenhänge machen die Lungen — neben der Leber — zur bevorzugten sekundären Ansiedlungsstätte bösartiger Geschwülste (SCHMIDT; LUBARSCH; KITAIN; FISCHER; WILLIS; WALTHER; GOLDMANN; SCHINZ u. BOTSZTEJN; BÜNGELER u. ALAYON; BÜNGELER; BIENENGRÄBER; GIESE; SINNER u. SCHINZ; WARREN; BARD; TROISIER; GIRODE; GURWITSCH; CAIN; ENTICKNAP; LEVIN u. SITTENFIELD; MOORE, SANDBERG u. WANTE; STIRRAT; WHITE; MEYER; OLSEN; GAZA; TURNER u. JAFFÉ; PIERRE-BOURGEOIS, LEMOINE u. VIC-DUPONT; FARRELL; KATZ; MINOR; RUSSO u. CAVANAUGH; ASK-UPMARK; ZEIDMAN; COLE, MCDONALD, ROBERTS u. SOUTHWICK; SEMISCH u.a.). Das voluminöse Organ bietet der Tumorinvasion von außen eine relativ große Angriffsfläche und zahlreiche Verbindungswege über Saftspalten als Eintrittspforte. Sein komplex verzweigtes Kapillarsystem bildet ein engmaschiges Filter, durch das nicht nur die gesamte zirkulierende Blutmenge passiert, sondern auch die über den Ductus thoracicus in die venöse Einflußbahn drainierte Lymphe geschleust wird. Außer dem starken Saftstrom und der engen Lagebeziehung der terminalen Luft-, Blut- und Lymphwege begünstigt vielleicht auch der Sauerstoffreichtum des Organs das Wachstum eingeschwemmter Tumorpartikel (FISCHER), während das Milieu seiner inneren Oberfläche aerogen-intrakanalikulär eingedrungenen Geschwulstelementen anscheinend deshalb gewisse Ansiedlungsmöglichkeiten bietet, weil es frei von Verdauungsfermenten (WILLIS; SINNER u. SCHINZ) und relativ „nackt", d.h. unvollständig epithelialisiert ist (LÜDEKE u.a.).

Die *Häufigkeit sekundärer Lungengeschwülste* übertrifft die protopathischer Malignome des broncho-pulmonalen Systems nach WALTHER um das Dreifache, nach TRINIDAD, LISA u. ROSENBLATT im Verhältnis 3:2. Im Material der Mayo-Klinik sind *karzinomatöse Lungenmetastasen* mit einem *Anteil von 80%* wesentlich stärker vertreten als sarkomatöse Ableger (THOMFORD, WOOLNER u. CLAGETT). Die *pulmonale Metastasierungsquote bösartiger Tumoren* jeglicher Lokalisation und Bauart beträgt im Mittel *20—30%* (FISCHER; KITAIN; WILLIS; WALTHER; MÜLLY; TURNER u. JAFFE; MINOR; RUSSO u. CAVANAUGH). Während die *Metastasierungsbereitschaft mit steigendem Lebensalter abzunehmen* scheint (WALTHER; ONUIGBO; SATHERSWAITE; HUEPER; CORDERA PASTOR, LANA u. CASAB RUEDA: vornehmliche betroffene Altersklassen 40.—70. Lebensjahr), ist ein signifikanter *Einfluß des Geschlechts* auf die Häufigkeit metastatischer Absiedlungen im Lungenparenchym nicht zu erkennen, wenn die Gewächse der primären und sekundären Geschlechtsorgane sowie Bronchialkarzinome außer Betracht bleiben (OLSON; EICHENGRÜN u. ESSER; WALTHER; ECK; MEYER; LICKINT; RUSSO u. CAVANAUGH). Die Angabe von FARRELL, das Vorkommnis pulmonaler Tochterherde sei bei Männern mehr als doppelt so häufig (68%) als bei Frauen (32%), ist wegen der kleinen Zahl beobachteter Fälle (78) nicht schlüssig. Sie widerspricht diametral den von CORDERA PASTOR u. Mitarb. genannten Ziffern ($\male = 36{,}5\%$, $\female = 63{,}5\%$ in 400 Fällen). Nach HEEREN sollen grobknotige hämatogene Lungenmetastasen bei Männern dreimal so oft auftreten, während die lymphangiotische Ausbreitung überwiegend Frauen betrifft.

Je nach dem Ausgangspunkt der Neoplasie ergeben sich für die *Formalgenese des sekundären Krebsbefalls* der Lungen verschiedene Möglichkeiten:

a) *kontinuierlicher Tumoreinbruch aus der Nachbarschaft* mit primär
   α) *kostalem,*
   β) *mediastinalem* oder
   γ) *diaphragmalem Lokalisationstyp* sowie

b) *diskontinuierliche Ausbreitung extrapulmonaler Gewächse*
   α) *auf dem Blutweg,*
   β) *über Lymphbahnen* und spaltförmige Hohlräume (Pleura, Perikard) oder
   γ) *innerhalb des Bronchialbaums.*

Die Fernmetastasierung von Tumorzellen bzw. -zellverbänden (SCHINZ; SINNER u. SCHINZ) spielt insgesamt eine größere Rolle als das unmittelbare Einwachsen von Primärgeschwülsten oder metastatischer Herde aus der Brustwand, Mediastinal- und Oberbauchregion bzw. das Übergreifen primärer maligner Lymphoblastome oder metastatischer Lymphknotenprozesse.

Aspirationsbedingte Impfmetastasen extrapulmonaler Tumoren mit intrakanalikulärer Ausbreitung sind selten. Das zuerst von MOXON bei einem Trachealkarzinom beschriebene Vorkommnis wurde später bei Kehlkopfkrebsen (VORZIMMER u. PERLA; V. ZALKA) und nach Bronchialeinbruch von Lymphknotenmetastasen beobachtet (CAIN). Die Möglichkeit der aerogenen Implantation maligner Gewächse wurde auch durch intratracheale Instillation von Tumorzell-Suspensionen experimentell bestätigt (FURTH; SCHMIDT; APPEL u. BRONCK; TABAHASAKI; s. auch ERBSE u.a.). Die aspirierten Geschwulstkeime können sich zu umschriebenen Tumorknoten oder nach Art einer krebsigen Pneumonie fortentwickeln, die dem intraalveolären Wachstum mancher Bronchuskarzinome und primär lympho- oder hämatogen angelegter Lungenmetastasen von zylinderzelligen Primärkrebsen extrapulmonaler Lage vergleichbar ist (DIETRICH; ZENKER; PÄSSLER; EISMAYER; ATKIN; RÖSSLE; SCHMORL; WÄTJEN; ZWAVELING; WATANABE; CAIN; ECK; LÜDEKE; WILLIS; ECK, HAUPT u. ROTHE u.a.). Auf die Problematik der sog. „embolie bronchique" (LETULLE u. JACQUELIN; WALTHER) wird im Zusammenhang mit der strittigen Formalgenese der Lungenadenomatose eingegangen (s. S. 59). Das Sichtbarbleiben anthrakotisch verfärbter Läppchenstrukturen im subpleuralen Metastasenherd gibt krebspneumonischen Absiedlungen makroanatomisch ein besonderes Gepräge (Abb. 195).

Die verschiedenen Ausbreitungstypen sind oft miteinander gekoppelt. Beim Mammakarzinom und anderen Brustwandkrebsen erfolgt der *direkte Einbruch kaum ohne gleichzeitiges Vordringen der Neoplasie in den Lymphwegen* der parietalen Abflußbahnen, des subpleuralen Plexus und der tiefen Saftspalten entlang den Gefäßscheiden zum Hilus hin. Bösartige Mediastinalgewächse, insbesondere Ösophaguskrebse und lymphogranulomatöse Prozesse können die Lungen *zugleich per continuitatem und retrograd lymphangisch von den regionalen Lymphknoten her* durchsetzen (V. RECKLINGHAUSEN; OBIDITSCH; VIERTH;

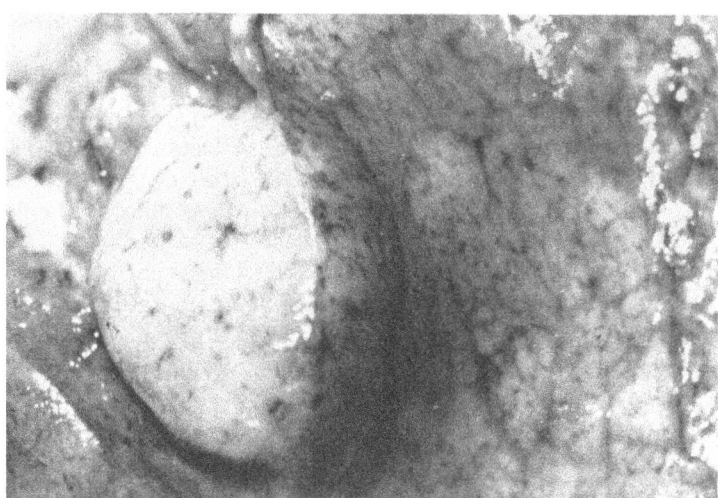

Abb. 195. *Makroskopisch sichtbare Relikte der Läppchenstrukturen innerhalb eines subpleuralen Metastasenherdes krebspneumonischer Bauart.* Primärtumor: Carcinoma sarcomatodes der Schilddrüse. Das Foto des Sektionspräparats läßt im Anschnitt der subpleuralen Metastase noch das zarte grau-schwärzlich tingierte Netz der lobulären und interlobulären Septen erkennen (Sekt.-Nr. 85/71, Path. Inst. d. Krhs. Nordwest, Direktor: Prof. KAHLAU). O.L., 61jähr. ♂. Arch.-Nr. 1808 09511, Radiolog. Zentralinst. d. Krhs. Nordwest Frankfurt/M.

ZIEGLER; VERSÉ; FISCHER; ZEIDMAN; ARNOLD; GIESE; ROSENBLATT u. LISA; DAPRÀ u.a.). Die *diaphrenische Lymphbahnverbindung zwischen Lungenbasen und Oberbauch-Lymphknoten,* die für die retroperitoneale Ausbreitung bronchogener Karzinome bedeutungsvoll ist (ROUVIÈRE; ONUIGBO; MEYER; DE SOUSA; STEVENS; KÜTTNER; LUDWIG; ZEIDMAN; OCHSNER; BELL, GIBBONS u. TOLSTED; SINCLAIR u. GRAVELLE; BOHUT, VOTAVA, DIENSTBIER, JANKO, POSPIŠIL u. SCHLUPEK u.a.), ermöglicht es subphrenisch lokalisierten Malignomen bei kontinuierlicher Überschreitung der Zwerchfellschranke auf präformierten Bahnen einzuwachsen.

Auch *zwischen lympho- und hämatogener Krebsbesiedlung* bestehen fließende Übergänge. So erreichen Geschwulstemboli von Tumoren des sog. „*Zysternentyps*" (Metastasierungstyp IVb des Schemas von WALTHER) (Abb. 196), die vom Primärherd unter Umgehung der Leber über die Chyluszysterne in den Ductus thoracicus gelangen (STEVENS; UNGER; YOUNG; BRUNNER; ZSCHIECHE u. WALLER; WINKLER; ZEIDMAN; WATNE, HATIBOGLU u. MOORE; WEIGERT; STRÄULI; YATER; LUDWIG; WALTHER; CELIS, KUTHY u. DEL CASTILLO; DE DOMENICIS; SCHWEDENBERG; SINNER u. SCHINZ; ENGEST u.a.), die Lungen erst nach *Übertritt aus dem Lymphstrom in die Blutbahn der V. subclavia sinistra.* Eine weitere Variation der humoralen Metastasierungsroute ergibt sich aus *lympho-venösen Kurzschlußverbindungen,* die nach tierexperimentellen und lymphographischen Befunden als vorgebildete Anastomosen oder im Gefolge örtlicher Stauung, insbesondere bei neoplastischer Lymphknotenblockade im Abflußgebiet der Extremitäten oder des Rumpfes in Erscheinung treten (RÜTTIMANN; KAINDL, MANNHEIMER, PFLEGER-SCHWARZ u. THURNER; MAGARI; ROSS; FINKELSTEIN; PRESSMAN u. SIMON; NEYAZAKI, KUPIC, MARSHALL u. ABRAMS; MARROGU u. COSSU; WOLFEL; THREEFOOT; ABBES; ENGEST; THREEFOOT, KENT u. HATCHETT; GÖBBELER u. MAGNUS; CHAVEZ u. HARDY; BELÁN, MÁLEK u. KOLC; v. RAMIN u. TACKMANN; CHAVEZ; GRENZMANN u. BELTZ; ABBES u. JUILLARD; BHASKARACHARYA et al.; BELTZ u. GRENZMANN u.a.). Andererseits können hämatogen eingeschwemmte *Tumorzellen aus den Lungenkapillaren leicht durch die Gefäßwand in die perivaskulären Lymphbahnen eindringen* und dort propagiert werden. Die Geschwulstelemente können dabei Gewächsen entstammen, die nach dem „*Hohlvenentyp*" (Typ III WALTHERs) metastasieren, primär in der Leber sitzen (Typ II = „*Lebertyp*") oder aus Sekundärherden im Leberfilter heraus streuen (Typ IVa = „*Pfortadertyp*") (Abb. 195).

Die relative Höhe der *hämatogenen Metastasierungsquote im Lungenfilter hängt* nicht von der absoluten Häufigkeit der verschiedenen Primärtumoren, sondern *vor allem von dem durch den jeweiligen Tumorsitz bestimmten Metastasierungstyp ab* (Abb. 195). WALTHER fand unter 909 Sektionsfällen mit hämatogener Tumoraussaat in die Lungen *am häufigsten Geschwülste vom „Lebertyp"* (in 40,7% von 54 Fällen Lungenmetastasen) und „*Cavatyp*"

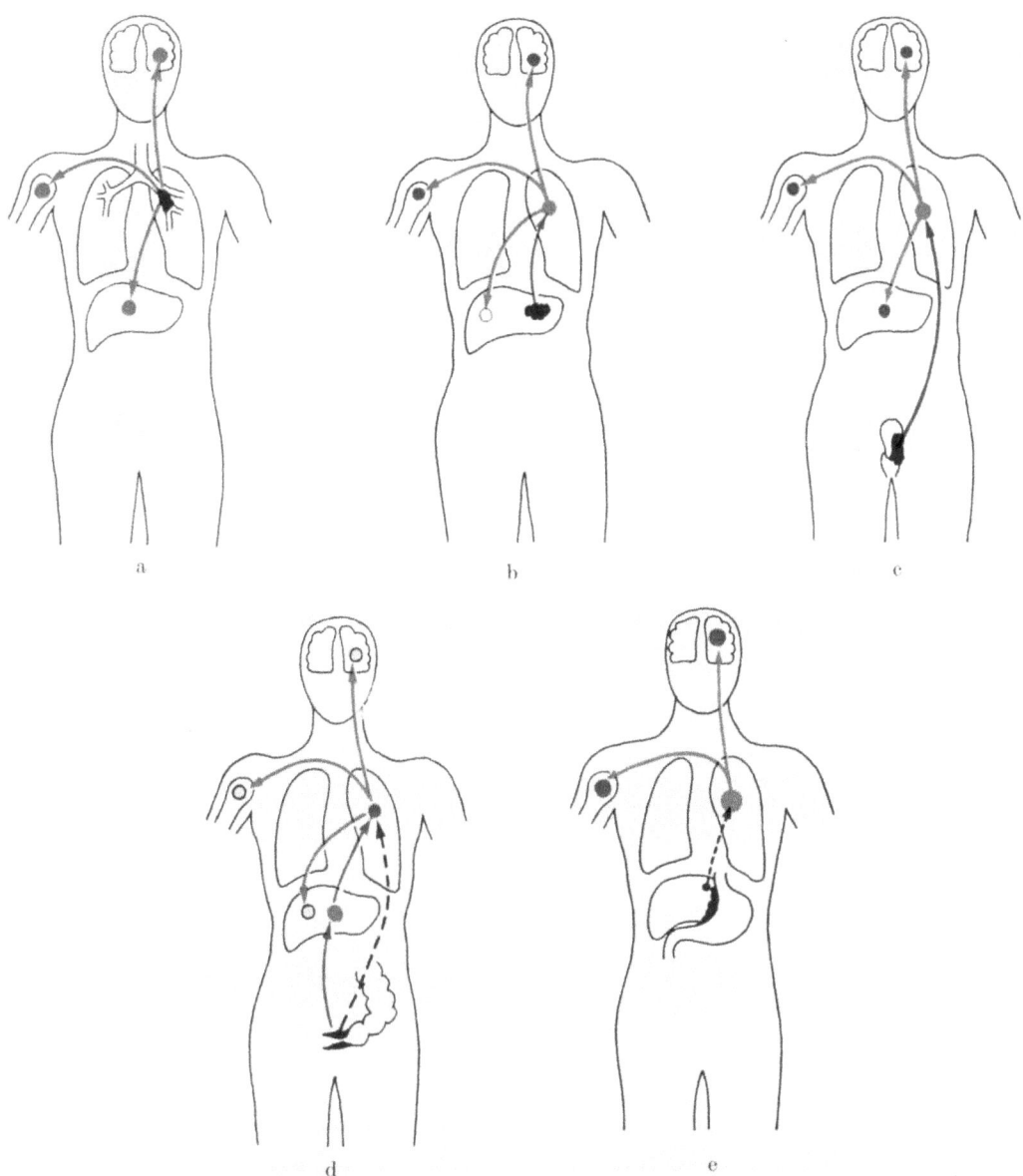

Abb. 196. a Schema der Metastasierung nach dem Lungentypus. b Schema der Metastasierung nach dem Lebertypus. c Schema der Metastasierung nach dem Hohlvenentypus. d Schema der Metastasierung nach dem Pfortadertypus. e Schema der Metastasierung nach dem Zisternentypus. (Nach WALTHER, H. E.: Krebsmetastasen. Basel: Benno Schwabe & Co. 1948)

vertreten (in 37,1% von 1653 Fällen pulmonale Absiedlungen), während bei 1570 Neoplasmen des „*Pfortadertyps*" (Lebermetastasen in 49%) die Lungen nur in 17,6% befallen waren.

Bei *Primärgeschwülsten im Quellgebiet der Lungenvenen* (Bronchuskrebse, metastasierende Bronchialkarzinoide, Lungenadenomatose, Pleuramalignome), deren arterielle Fernmetastasen im großen Kreislauf von Tumorembolien über die Pulmonalvenen herrühren (Typ I = „*Lungentyp*"), erfolgt die intrapulmonale Ausbreitung in der Regel kontinuierlich bzw. lymphogen, seltener diskontinuierlich intrakanalikulär. In einem Teil der Fälle kommt es *durch Tumoreinbruch in eine Bronchialvene oder in einen Ast der A. pulmonalis zu hämatogener Rückstreuung in die Lungen* (s. Bd. IX/4a). Dieser Metasta-

Tabelle 21. Die Häufigkeit der Lungenmetastasen von 3237 in den Jahren 1927—1941 am Pathologischen Institut Zürich sezierten Krebsfällen (WALTHER)

Typus	Lokalisation der Primärtumoren	Anzahl der Autopsien	Mit Lungenmetastasen	
			Zahl der Fälle	%
Cava- und Lebertypus	Herzmuskel	1	1	100
	Herzbeutel	1	1	100
	Lymphknoten	2	2	100
	Knochenmark	11	5	45
	Knochen	9	7	78
	Muskeln, Faszien	10	8	80
	Synoviale Organe	4	4	100
	Mediastinum	11	6	55
	Haupthöhlen der Nase	14	4	28
	Nebenhöhlen der Nase	22	7	32
	Nasenrachen	10	4	40
	Kehlkopf	32	3	9
	Mundhöhle	32	7	22
	Tonsillen	21	4	19
	Zunge	29	6	21
	Mundspeicheldrüsen	12	4	33
	Mesopharynx	57	9	16
	Hypopharynx	137	28	20
	Speiseröhre I	199	56	28
	Leber	54	22	40
	Nieren	97	47	48
	Harnwege	43	10	23
	Hoden	22	15	68
	Vorsteherdrüse	113	45	40
	Scheide	8	3	37
	Gebärmutterhals	157	46	30
	Gebärmutterkörper	69	25	36
	Eileiter	3	1	33
	Eierstöcke	82	27	33
	Brustdrüsen	186	116	62
	Augen	7	6	85
	Hirnhäute	5	1	20
	Schilddrüse	104	77	74
	Nebenschilddrüsen	4	2	50
	Thymus	5	1	20
	Nebennieren	5	3	60
	Paraganglien	3	2	67
	Haut- und Körperöffnungen	89	34	38
		1670	649	39
Portatypus	Milz	5	3	60
	Retroperitoneum	21	7	33
	Speiseröhre II	146	24	16
	Magen	711	118	17
	Dünndarm	30	3	10
	Dickdarm	265	35	13
	Mastdarm	184	23	13
	Gallenwege	120	37	31
	Bauchspeicheldrüse	85	24	28
		1567	274	17
Gesamt		3237	923	28

sierungsmodus ist selbst autoptisch oft nur schwer zu rekonstruieren, weil die ipsi-, kontra- oder bilateral eingeschwemmten Tumorzellen vielfach aus den Kapillaren des Funktionskreislaufs wieder in das perivaskuläre Lymphsystem übertreten.

Schließlich kann auch bei der *Geschwulstausbreitung nach dem „Vertebralistyp"* (Typ V), bei der die Emboli des Primärtumors (Krebse der Urogenitalorgane, der Mamma und Schilddrüse, ferner Bronchuskarzinome) auf ihrer rückläufigen Metastasierungsroute über die Wirbelvenen zunächst die Lungen aussparen und vorwiegend Tochterherde im Skelet und Gehirn hervorbringen (BATSON; COMAN u. DE LONG; JOHNSTONE, HELANDER u. LINDBOM; ANDERSON; CLEMENS; HENRIQUES; HERLYHI; WALTHER), ein *sekundärer Krebsbefall der Lungen* zustandekommen (SINNER u. SCHINZ).

Über die Häufigkeitsrelation der Lungenmetastasierung bei Primärtumoren verschiedener Ursprungsorgane informiert die Krebsstatistik der Tabelle 21.

Die mechanisch-hämodynamische Lehre, mit der WALTHER und vor ihm MÜLLER die Topographie hämatogener Metastasen erklärten, basiert auf der Annahme, aus bestimmten Gefäßprovinzen mit dem Blutstrom fortgeschwemmte Geschwulstemboli würden im Kapillarnetz der nächsten Filterstation zwangsläufig wie an einer undurchlässigen, lückenlosen Barriere aufgefangen. Diese Theorie erscheint nach neueren Ergebnissen der Metastasenforschung erweiterungsbedürftig (SINNER u. SCHINZ; STRÄUBLI; ZEIDMAN u.a.). Anatomische und experimentelle Befunde lassen keinen Zweifel, daß die kapilläre Endstrombahn der Filterorgane — zumal unter pathologischen örtlichen Kreislaufbedingungen — auf verschiedene Weise umgangen werden kann. In Analogie zu den vorerwähnten lympho-venösen und lympho-lymphatischen Anastomosen spielen dabei arterio-arterielle, arterio-venöse und veno-venöse Kurzschlüsse (MÜLLER) sowie die von Druckschwankungen in den Leibeshöhlen bewirkte Strömungsumkehr eine Rolle, die sowohl in klappenlosen Venen (z.B. Wirbelvenenplexus einschließlich seiner Quellgefäße) wie in Lymphgefäßen zur Geltung kommt (V. HAYEK; TÖNDURY u. WEIBEL; CAIN; SEMISCH; SOSSAI; PRINZMETAL, ORNITZ, SIMKIN u. BERGMAN; SCHOEDEL u. Mitarb.; STELZNER; HEIMBURG et al.; LUDWIG; SIRSI u. BUCHER; BRUNNER u. KUCSKO; BATSON; FARRELL; CLEMENS; RIVERO, CALNAN, REIS u. MERCURIUS-TAYLOR; CALNAN, REIS, RIVERO, COPENHAGEN u. MERCURIUS-TAYLOR u.a.). Offenbar wird die Gefäßpermeation (DENOIX; SHIVAS u. FINLAYSON) und weitere Ausbreitung durch tumoreigene Absonderungen — den sog. *„spreading factor"* — gebahnt (MCCUTCHEON u. COMAN u.a.) und von hämostatischen Bedingungen (Änderung der Blutkoagulabilität: STRAUSS u. SAPHIR) beeinflußt. Überdies können einzeln oder im Verband abgelöste Tumorzellen auf Grund amöboider Eigenbeweglichkeit bzw. Verformbarkeit die Kapillarfilter sehr wohl passieren (ZEIDMAN u. BUSS; PRINZMETAL et al.; TOBIN u. ZARIQUIEY; HIRONO; HANES u. LAMBERT; LAWRENCE, MOORE u. BERNSTEIN; PARKER, ANDRASEN u. SMITH; RAKER u. SKINNER; POTTER; TAKITA; COMAN; MAGDON, GUMMEL u. BAUDACH; FLETCHER u. STEWART; HIRONO; WALLACE; SINNER u. SCHINZ; s. auch HAWK u. HAZARD; COLE, MCDONALD, ROBERTS u. SOUTHWICK; WOOD, HOLYOKE u. YARDLEY). Das *Muster der Metastasierungswege* bösartiger Tumoren ist daher — auch hinsichtlich der sekundären Lungenbeteiligung — nach heutiger Erkenntnis bunter als im Rahmen der klassischen Metastasenlehre (SINNER u. SCHINZ; HAUSWIRTH).

Nächst der topographischen Beziehung hat offenbar auch die *Histogenese der Primärtumoren* einen — nicht näher definierbaren — *Einfluß auf die Tendenz zur hämatogenen Lungenaussaat*. Unter den verschiedenen Geschwulstkategorien der Metastasierungstypen II—IV fand WALTHER jedenfalls recht unterschiedliche Quoten venöser Lungenmetastasierung: s. tabellarische Zusammenstellung auf der folgenden Seite (S. 378).

Die relative *Häufigkeit von Lungenmetastasen bei Sarkomen*, die — nach FOÁ um etwa das Dreifache — *höher liegt als bei Karzinomen*, während die Häufigkeitsrelation beider Tumorgattungen insgesamt mit etwa 1:10 beziffert wird, ist nach FISCHER der speziellen Tendenz zu Gefäßeinbrüchen („Intima-Sarkomatose" — HEDINGER; V. ALBERTINI) und vor allem dem Verhalten des Geschwulststromas sarkomatöser Gewächse zuzuschreiben. Gefäßreichtum und Neigung der Tumoren, über die Abflußvenen in die V. cava inferior einzuwachsen, unter Umständen sogar bis ins rechte Herz und in die A. pulmonalis hinein fortzuwuchern (OBERNDORFER; POLAYES u. TAFT), erklären andererseits die auch bei

	Gesamtzahl der Primärtumoren	Fälle mit Metastasen im primären Filter (Lungen)	%
1. Organe mit vorwiegend *karzinomatöser Geschwulstbildung*:			
a) Geschwülste der Haut und Körperöffnungen vom Typ des *Plattenepithels der äußeren Haut*	68	18	27,5
b) Organe, bei denen die *Plattenepithelkarzinome vom Typ der Schleimhäute* vorherrschen	916	220	24
c) Organe, bei denen *Zylinderepithelkarzinome der Schleimhäute* vorherrschen	1381	250	18,1
d) Organe, bei denen *Karzinome des Drüsenepithels* vorherrschen	767	380	49,5
2. Organe mit vorwiegend *sarkomatöser Geschwulstbildung*	79	45	56,9
3. *Maligne Melanome*	27	25	92,9

hypernephroiden Karzinomen verhältnismäßig hohe pulmonale Metastasierungsquote (FREID; MÜLLER; HUBENY u. MASS; STOUT; WILLIS; FISCHER; TURNER u. JAFFE; FARRELL; WALTHER; SINNER u. SCHINZ; FRIED; POLAYES u. TAFT; PENDERGRASS u. HODES; KING u. CASTLEMAN; LAURE u. PUY; VINSON u. MARTIN; NALLE; HARVEY u.a.). In besonderem Maße prädisponiert die Wuchsform *maligner Chorionepitheliome* nach Molenabort und scheinbar unkomplizierter Schwangerschaft zu hämatogener Lungenstreuung, da die neoplastisch proliferierenden Chorionzotten unmittelbar in die intervillösen Bluträume eintauchen und eine sehr lockere synzytiale Gefügestruktur aufweisen (FISCHER; SCHMORL u. NOVAK; HELLER u. HOUSEHOLDER; PARK u. LEES; MAYOR u. TAYLOR; ANDERSON, BRISGARD u. GREENE; SCHEIDEMANDEL; SCHÄFER; BRISQUEL; TRILLARD; BRASCHE; HITSCHMANN-CHRISTOFFELETTI; MERGEE; LE BRIGAND, GRANDJON, RENAULT, ROUSSEL, CHRÉTIEN, HOURTOULE u. IANOTTI; LEHMAHIEU, LAMIROY, PANNIER u. BRABANDRE; BARIÉTY, COURY u. POULET; HAGEN; HEINERMANN; TREUTLER; FENGLER; GORRY; BROUET, CHRÉTIEN u. ROUSSEL; SCHOPPER; KASYMOV u. VERETENNIKOVA u.a.).

Die *pulmonalen Chorionepitheliom-Metastasen* können als Zerrbild der physiologischen Einschwemmung chorialer Zellen in die Lungen gelten, die nach autoptischen Befunden SCHMORLs bei an Eklampsie oder Traumen verstorbenen Graviden in über 50% (83 von 150 Fällen) nachweisbar und wohl eine übliche Begleiterscheinung der Schwangerschaft ist. Die eingeschleppten Chorionzellen werden durch spezifische Zytolysine des mütterlichen Organismus aufgelöst (SCHOPPER u.a.). Die spezielle *zytolytische Wirksamkeit des Schwangeren- oder Wöchnerinnen-Serums* ist *in vitro* prüfbar (*Franklsche Probe*). Sie wurde mit Erfolg *zur Infusionsbehandlung choriokarzinomatöser Lungenmetastasen verwandt* (DICKSON; RICHTER; SCHÄFER; CLAUSNITZER u. ALBER u.a.).

Den gleichen Abwehrkräften ist offenbar auch die wiederholt — bei Frauen ausschließlich post partum — beobachtete *Spontanheilung multipler Lungenmetastasen* maligner Chorionepitheliome zuzuschreiben (STOECKEL; NOVAK; GÉRIN-LAJOIE; MAZER; PEUGHTAL; JOHNSON; RÜBE; PARK u. LEES; SCHÄFER; LE BRIGAND et al.). Eine Spontanrückbildung chorionepitheliomatöser Gewächse ist sonst bei Nulliparae bzw. ohne Zusammenhang mit vorheriger Schwangerschaft bisher unbekannt und beim Chorionepitheliom des männlichen Geschlechts nur für genitale Primärtumoren bezeugt (PRYM) (s. auch S. 4).

In vereinzelten Fällen wurde ein spontaner Rückgang metastatischer Lungenherde auch bei anderen Primärgeschwülsten gesehen (s. Bd. IX/4a, Abb. 95): bei Hodentumoren (JANKER), Myxochondrosarkom (FIEBELKORN), Neurosarkom (DE VEER) und vor allem bei Hypernephrommetastasen nach Entfernung des primären Geschwulstherdes (BUMPUS; BRENNER, HOLSTI u. PERTTALA; PARK u. LEES; JOHNSON; SAKULA; KOLÁŘ, PALEČEK u. VANČURA; TADDEI u. PISTOCCHI; MARKEWITZ, TAYLOR u. VEENEMA; BEER;

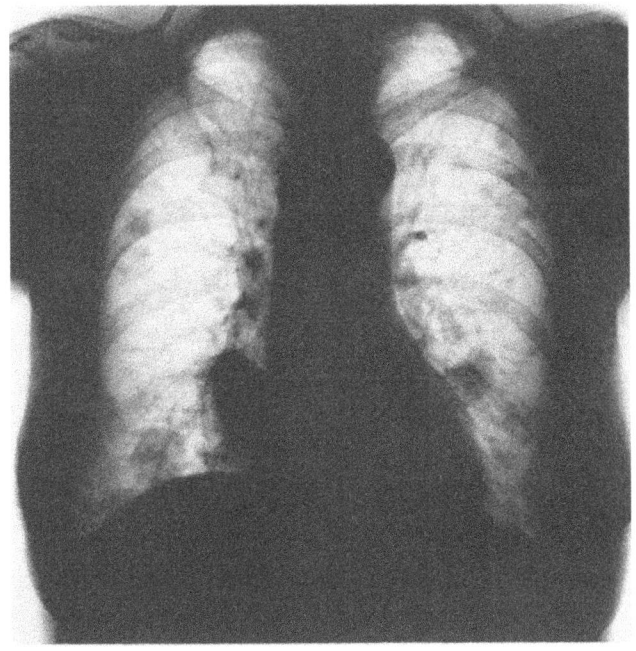

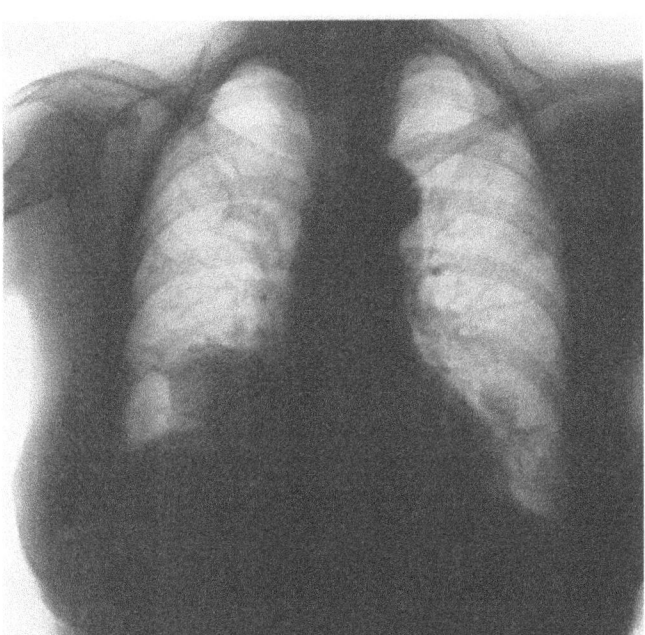

Abb. 197a u. b. *Partielle Spontanrückbildung knotiger Lungenmetastasen eines Hypernephroms*. Im weiteren Verlauf unaufhaltsame Progredienz der pulmonalen Absiedlung trotz Telekobalt-Abschnittsbestrahlung. Thoraxübersichtsaufnahmen p.-a. vom 14. 3. 68 (a) und vom 11. 6. 68 (b) vor Therapiebeginn. M. S., 64jähr. ♀. Arch.-Nr. 0310 03162, Radiolog. Zentralinstitut d. Krhs. Nordwest Frankfurt/M.

MANN; ARCOMANO, BARNETT u. BOTTONE; JENKINS; HALLAHAN; KESSEL; LJUNGGREN, HOLM, KARTH u. POMPEIUS; FISCHER; BUEHLER, BETTAGLIO u. KAVAN; NICHOLLS u. SIDDONS; SAMELLAS u. MARKS; PRENTISS et al.; MILLER, WOODRUFF u. GAMBACORTA; GONICK u. JACKIW; POTAMBA; ANDREWS; EVERSON u. COLE; DOBSON; BARTLEY u. HULTQUIST; DEL REGATI u. ACKERMAN; KOLÁR, BEK, JAKOUBKOVÁ, PALEČEK u. VANČURA; TRUCCHI u. BARBERI; MEINDERS) oder nach Entwicklung einer Urämie (PHILLIPOVICI) (s. auch FRAUCHINGER; BOYD; FAUVET et al.; BOFINGER) (Abb. 197).

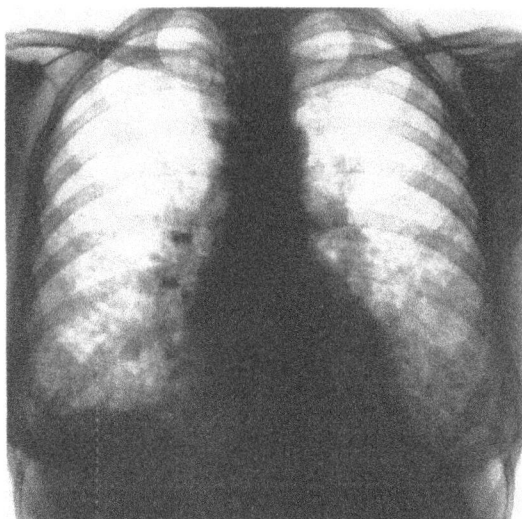

Abb. 198. *Kleinknotige pulmonale Absiedlungen eines metastasierenden Schilddrüsenadenoms.* Thoraxübersicht p.-a. A. E., 55jähr. ♀. Arch.-Nr. 11 092/61, Röntgenabtlg. Med. Univ.-Klinik u. Poliklinik Münster/W. (Direktor: Prof. W. H. Hauss)

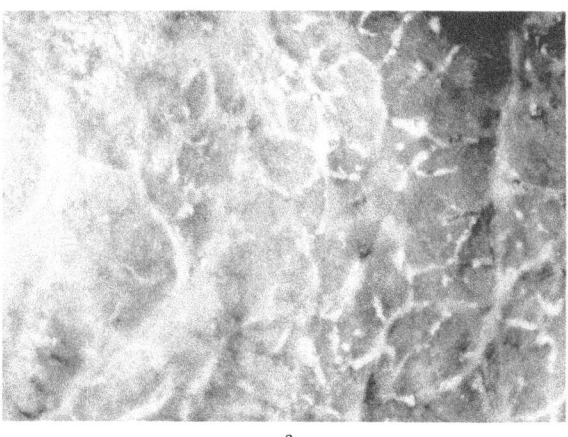

a

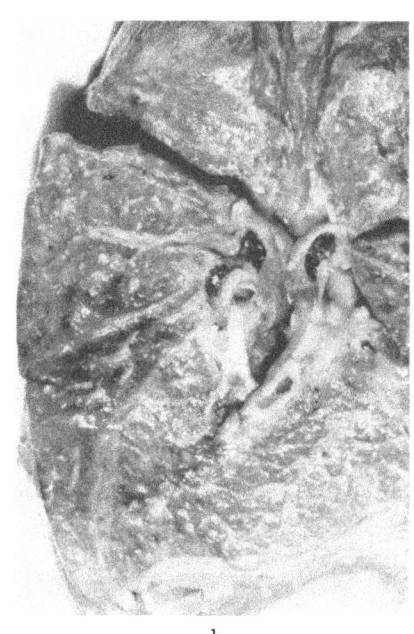

b

Abb. 199a u. b. *Lymphangiosis carcinomatosa pulmonum.* Primärtumor: 4×6 cm großes szirrhöses Magenkarzinom. Die mit Geschwulstzellen gefüllten Lymphwege des subpleuralen Plexus bilden sich an der Lungenoberfläche als weißliches Netzwerk ab (a). Auf der Schnittfläche heben sich die infiltrierten Lymphbahnen in den hilopetalen bronchovaskulären Bindegewebsscheiden als helle Stränge oder — im Querschnitt — als stippchenartige sternförmig verzweigte Knötchen ab (b). G. H., 57jähr. ♂. Sekt.-Nr. 1/64, Path. Inst. d. Krhs. Nordwest Frankfurt/M. (Direktor: Prof. Kahlau)

Als Besonderheit wurden mancherorts *pulmonale Absiedlungen scheinbar „gutartiger" metastasierender Tumoren* beschrieben, die hinsichtlich ihrer strukturellen Reife und örtlichen Wuchsform keine malignitätsverdächtigen Kriterien aufweisen, überdies sowohl die feingewebliche Bauart wie spezielle Funktionsleistung des Ursprungsorgans bzw. Muttergewebes beibehalten sollen. Hierzu gehören insbesondere disseminierte Lungen- und Knochenherde *metastasierender Kolloidstrumen* (Cohnheim; Hamperl; De Quervain; Jaeger; Simpson; Bell u.a.) und *metastasierender papillärer Schilddrüsenadenome* (Wegelin; De Quervain; Fetzer; Spierig; Sommer, Lomonossova; Weingärtner; Marsella; Gombert u. Kloppe u.a.), welche die Befähigung der Matrix zur Jodspeicherung zu bewahren pflegen (Weingärtner; Coliez, Turbiane, Dutreix u. Guelfi u.a.). Unter vereinzelt intrapulmonal metastasierenden reifen bzw. hochdifferenzierten Gewächsen werden von Fischer und anderen Autoren ferner *Angiome* (Borrmann), *Myome* und *Lipome* (Lubarsch; Hart), *Enchondrome* (Borrmann), histologisch gutartige *ossäre Riesenzelltumoren* (Osteoklastome) (Dyke; Fink u. Gleave u.a.), retroperitoneale *Mesenchymome* (Smith u. Becker) sowie *ovarielle Pseudomuzinkystome* genannt (BAUMGARTNER; NICHOLSON). WALTHER setzte sich mit diesen Berichten im einzelnen kritisch auseinander und wies darauf hin, daß die geschilderten Gewächse teils multizentrisch entstanden, zum Teil aber auch falsch klassifiziert und in der Mehrzahl schon durch die Fähigkeit zur Fernmetastasierung als bösartig gekennzeichnet seien (s. auch BÉRARD u. DUNET; BELL; SIMPSON). Dem biologischen Verhalten nach dürfte es sich bei den angio-, myo- und chondroplastischen Tumoren um sarkomatöse Varianten gehandelt haben. Die potentielle Malignität der Osteoklastome ist im übrigen durch zahlreiche Beobachtungen für etwa 10% der Fälle gesichert, so daß man diese Tumorart nicht mehr uneingeschränkt unter die gutartigen Formen einordnet.

In diesem Zusammenhang seien auch Heterotopien nicht-neoplastischer Gewebsteile erwähnt, die auf dem Blutwege in den Lungen zur Ansiedlung kommen. So gilt die *Lungenendometriose* als Folge einer „*benignen hämatogenen Metastasierung*" typischer Uterusschleimhaut-Partikel (LATTES, SHEPARD, TOVELL u. WYLIE; ECK, HAUPT u. ROTHE; YEH) (s. Abb. 122 und S. 242). Die bisher in 2 Fällen im Verein mit zerebralen Hernien beobachtete Rarität *ektopischer Gliawucherungen im Lungenparenchym* (ASKANAZY; HÜCKEL) wird teils hämatogener Verschleppung von Gliamaterial zugeschrieben, teils als choristomartige Anlagemißbildung aufgefaßt (s. S. 238).

Bei der von HITZ u. OESTERLIN und anderen Autoren (SINGER, GREENBERG u. HARRISON; STEIN u. VOLK; ROSENBAUM; ALAVI u. BRYANT; KIRCHNER) mitgeteilten *kleinknotigen intrapulmonalen Ausbreitung juveniler Larynxpapillome* handelt es sich kaum um aerogene Implantationsmetastasen, wie sie bei malignen Kehlkopftumoren vorkommen (MOXON, MCCORT; VORZIMMER u. PERLA; V. ZALKA; ECK) (s. S. 61). Entsprechend dem üblichen Verhalten der Papillomatose in den subglottischen Atemwegen (s. S. 172/173 u. Abb. 87) ist vielmehr eine multifokale Entstehung der — virusinduzierten? — Geschwülste anzunehmen. Trotz ihres gutartigen biologischen Charakters ist die broncho-pulmonale Papillomatose beim Kleinkind wegen der obstruktiven Komplikationen aber als prognostisch ungünstig zu beurteilen (STEIN u. VOLK; ROSENBAUM et al.).

Das *pathologisch-anatomische Erscheinungsbild* sekundärer Lungengeschwülste variiert mit dem jeweiligen Ausbreitungsmodus des Primärtumors und der Entwicklungsphase der Absiedlung. Grobmorphologisch sind in Anlehnung an LENK folgende Grundformen zu unterscheiden:

a) *retikulär-streifige Lymphangiosis blastomatosa,*

b) *miliar-noduläre bzw. submiliare Lungenkarzinose bzw. -sarkomatose,*

c) herdförmig disseminierte oder konfluierende *pneumonieartige Lungenmetastasen unregelmäßiger Gestalt,*

d) *multiple grobnoduläre Lungenmetastasen* und

e) *solitäre Metastasenknoten.*

Mischformen sind häufig, insbesondere Kombinationen der drei erstgenannten Typen. Sie sind vor allem bei *pulmonalen Kollisionsmetastasen zweier Primärtumoren* zu erwarten (MEYER, FAUVET et al.; FAUVET; BROUET).

Die *metastatische Lymphangiose* kann sich auf umschriebene Lungenbezirke beschränken oder in generalisierter Form beide Lungenflügel einbeziehen (V. MEYENBURG; TROISIER; GIESE; WILLIS; LIANG; ROSS; SCHATTENBERG u. RYAN; WU u.a.).

Schon mit bloßem Auge sieht man die mit Tumorzellen angefüllten Lymphgefäße der Lungenoberfläche durch die Pleura hindurchschimmern (Abb. 199a). Sie bilden ein engmaschiges Netz zarter gelblich-weißer Stränge, das die Läppchengrenzen markiert und an den Kreuzungspunkten oft stippchenartige Geschwulstknötchen trägt, mitunter auch sternförmig verzweigte schneeflockenartige Verdickungen aufweist. Die subpleurale Krebsinfiltration greift vielfach mit feinfleckig disseminierten, zum Teil beetartig konfluierenden Tumorplaques auf die Serosadecke über und erzeugt sero-fibrinöse oder hämorrhagische Ergüsse. Die sekundäre Pleurakarzinose ist daher nur Teilgeschehen und Folgezustand der pulmonalen Lymphangiose, sofern sie nicht von parietalen Gewächsen ausgelöst wird (s. Tabelle 31 und Abb. 340 u. 341). Auf der Schnittfläche ist die interstitielle lymphangische Tumorausbreitung, die im Lungenmantel stellenweise auf die Alveolen übergreift und broncho-pneumonieähnliche Herde hervorbringen kann, als mehr oder weniger dicke strangförmige Infiltration der Interlobularsepten und tiefen broncho-vaskulären Gewebsscheiden bis zu regionären Lymphknoten der Lungenwurzel hin zu verfolgen (Abb. 199b).

Sekundäre Lymphgefäßkrebse der Lungen beobachtet man durchschnittlich bei etwa einem Viertel aller intrapulmonal absiedelnden Geschwülste, *bei Karzinomen ungleich häufiger als bei Sarkomen* (Häufigkeitsrelation nach WALTHER 100:3), die in der Regel hämatogen metastasieren.

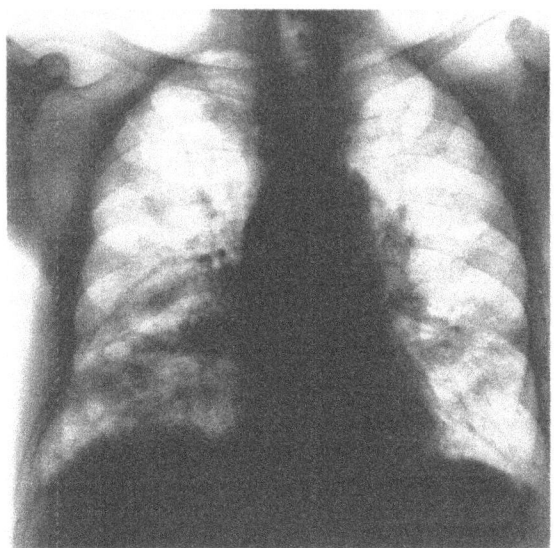

Abb. 200. *Ausgedehnte hämatogene Lungenmetastasierung eines unreifen Adenokarzinoms der Prostata mit sekundärer Lymphangiosis carcinomatosa pulmonum.* Klinisch-röntgenologische Erscheinungen nach Art einer diffusen Lungenadenomatose. Autopsiebefund (Sekt.-Nr. 17/64, Inst. f. Pathologie II der Ruhrknappschaft, Knappschaftskrankenhaus Dortmund, Leit. Arzt: Priv.-Doz. Dr. CORNELIUS): teils herdförmige, teils konfluierende krebsige Lobulärpneumonie bei Geschwulstthromben in Ästen der Lungenschlagader mit multiplen Einbrüchen in perivaskuläre Lymphbahnen und lymphangiotischer Ausbreitung bis zu den massiv metastatisch befallenen Lymphknoten beider Hili sowie paratrachealen und bifurkalen Lymphknotengruppen. Vordringen des Tumors bis in die Wand kleiner Bronchien mit partieller Destruktion der Bronchialwand ohne makroskopisch erkennbare Schleimhautdefekte. Beiderseitige Pleuraergüsse (rechts 750 cm^3, links 1500 cm^3) mit geringer Kompressionsatelektase beider Unterlappen. E.H., 70jähr. ♂. Röntgen- u. Radiolog. Abtlg. Knappschafts-Krankenhaus Dortmund (Chefarzt: Dr. O. FISCHEDICK)

Die lymphogene Tumoransiedlung kann mit dem Lymphstrom oder retrograd (S. 373 u. 382) erfolgen. Sie tritt bevorzugt beim Mammakarzinom und bei Magen-Dünndarm- und Pankreaskrebsen auf (KITAIN; FISCHER; v. MEYENBURG; TROISIER; GIRODE; BARD; BERNARD u. CAIN; WU; PAGET; WALTHER; OELSSNER; WARREN u. WITHAM; GRAUER; BORRMANN; HAMBACH; BENDA, FRANCHEL u. DUPPERAT; MÜLLER u. SNIFFEN; LAGÈZE, TOURAINE, RIFFAT u. NORMAND; HUGONOT, FERRABOUC, GUICHÈNE u. PARNET; SWEIGERT, MCLAUGHLIN u. HEATH; CULVER; DUROUX, JARNIOU u. CELÉRIER; FAILLÈRES u. ALIBERT; BROWN u. WARREN; COLLINS; DUKES u. BUSSEY; BLAY; ROSENFELD; LINAG u.a.). Als Ausgangspunkt der Entwicklung kommen neben Pleuraeinbrüchen von Brustwand- und Oberbauchtumoren auch lymphangisches Wachstum von Bronchuskarzinomen — mitunter in beiden Lungen (LAGÈZE u. TOURAINE; DIMITROV; eigene Beobachtung s. Abb. 221 u. Bd. IX/4b, Abb. 552) — und kontinuierlich übergreifenden Mediastinalgeschwülsten sowie rückläufige Tumorausbreitung in den pulmonalen Lymphbahnen von Lymphknotenmetastasen am Hilus her in Betracht. (Bezüglich des Schicksals in die Lymphknoten eingeschwemmter Krebszellen s. KUSCHFELDT). Darüber hinaus spielt die Ausdehnung zunächst hämatogen angelegter Lungenmetastasen auf das perivaskuläre Lymphgefäßsystem eine wesentliche Rolle. Über die relative Häufigkeit der metastatischen Lymphangiosis pulmonum bei verschiedenen Tumorlokalisationen und -kategorien gibt Tabelle 22 Aufschluß.

Bei der verhältnismäßig seltenen *miliaren Lungenkarzinose bzw. -sarkomatose* findet man das Lungengewebe von zahllosen stecknadelkopf- bis kleinerbsengroßen grauweißlichen Tumorknötchen durchsetzt. Das makroskopische Bild ähnelt dem einer Miliartuberkulose, doch sind die Einzelherdchen im Durchschnitt meist etwas größer. Die Herddichte soll nach Angabe verschiedener Autoren — im Gegensatz zur hämatogenen tuberkulösen Streuung — in kraniokaudaler Richtung zunehmen (LENK; WALTHER; MÜLLY u.a.) (s. S. 426 u. Abb. 225). Es handelt sich dabei gewöhnlich um die Folge einer *hämatogenen Tumoraussaat* in die Endstrombahn des Lungenkreislaufs, deren histologischer Aspekt sich mit dem von CEELEN beschriebenen Befund einer generalisierten Thrombarteriitis carcinomatosa deckt (FISCHER; WALTHER).

Das Vorkommnis der hämatogenen Einschwemmung von Geschwulstelementen in die Lungen ist wesentlich häufiger als der Prozentsatz metastatischer Lungenkrebse vermuten

Tabelle 22. *Die Häufigkeit der neoplastischen Lymphangiosis der Lunge.* (Nach WALTHER, H. E.: Krebsmetastasen, Tabelle 1, S. 44. Basel: B. Schwabe & Co. 1948)

Primärtumor		Lungenmetastasen		%
		überhaupt	Lymphangiose	
Schilddrüse	Sa	34	1	3
Niere	Ca	39	3	8
Schilddrüse	Ca	43	5	12
Leber	Ca	22	3	13
Dickdarm	Ca	34	5	15
Eierstock	Ca	27	4	15
Haut	Ca	34	5	15
Mastdarm	Ca	23	4	17
Gebärmutter	Ca	71	14	20
Knochenmark	Sa	5	1	20
Rachen	Ca	41	10	24
Speiseröhre	Ca	69	18	26 (= Durchschnitt)
Vorsteherdrüse	Ca	45	12	27
Kieferhöhle	Ca	7	2	29
Gallenwege	Ca	37	12	32
Harnblase	Ca	9	3	33
Mediastinum	Sa	6	2	33
Magen	Zylinderzell-Ca	71	26	37
Brustdrüse	Ca	106	42	40
Magen	Kolloid-Ca	45	19	42
Pankreas	Ca	24	10	42
Mundhöhle	Ca	7	3	43
Kehlkopf	Ca	2	1	50
Dünndarm	Ca	2	2	100
Dünndarm	Sa	1	1	100
Dickdarm	Sa	1	1	100
		805	209	26%

läßt, der im Gesamtdurchschnitt aller metastasierenden Malignome etwa 20—30% beträgt (FISCHER; KITAIN; WILLIS; WALTHER; MÜLLY; TURNER u. JAFFE; MINOR; RUSSO u. CAVANAUGH u.a.). Daß „*Krebsembolien in den Lungen*" nicht gleichbedeutend mit „*Lungenmetastasen*" sind (SCHMIDT; WALTHER; SATO; MADDEN u. KARPAS; OERTEL; IHRINGER), haben Sektionsbefunde und zahlreiche experimentelle Studien über das *Schicksal hämatogen verschleppter Tumorzellen* erwiesen (ENGELL; CLIFFTON u. AGOSTINO; KETCHAM u. Mitarb.). Die Geschwulstemboli werden oft schon im strömenden Blut von einer thrombotischen Hülle umschlossen und dann in den kapillären Niststätten *durch örtliche Fibroblastenproliferation abgeriegelt und erdrosselt* (SCHMIDT; CEELEN; STERN; KOST; SCHIEDAT; IWASAKI; WARREN u. GATES; SAPHIR; WALTHER; IHRINGER; MADDEN u. KARPAS). Auch in pulmonalen Krebsmetastasen von makroskopischer Größe findet man Vernarbungsvorgänge (HAUPT u. KÜHN). Nach massiver bzw. rezidivierender Tumorzellaussaat kann die *von organisierten Geschwulstthromben verursachte Endarteriitis obliterans* weite Provinzen der terminalen Lungenstrombahn veröden und *sekundäre Kreislaufstörungen mit akutem oder subakutem Cor pulmonale* hervorrufen (SCHMIDT; CEELEN; GIRODE; V. MEYENBURG; HEDINGER; GIESE; BRILL u. ROBERTSON; ASSMAN; ZDANSKY; TESCHENDORF; HUGUENIN; LOEPFER u. TURPIN; WU; THOMPSON u. WHITE; MORGAN; SCHWARZMANN; LORENZ; STORSTEIN; KRYGIER u. BILL; GREENSPAN; DURHAM, ASHLEY u. DORENCAMP; BAGSHAW u. BROOKS; ARNOLD u. BAINBOROUGH; BROUET, CHRÉTIEN u. ROUSSEL; DURHAM u. Mitarb.; MUELLER u. SNIFFEN; ACAR, DELAVIERRE, GAY, DUPAGNE u. BENOMAR; LIGNAC; JERRY u. SPIEGEL u.a.).

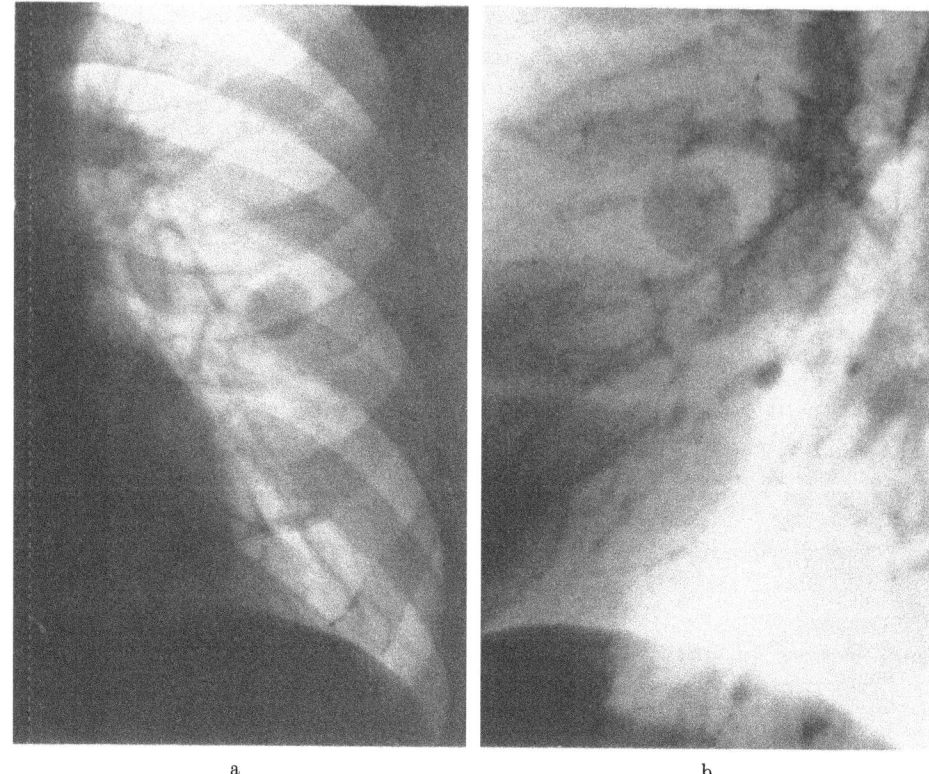

Abb. 201 a u. b. *Pulmonale Spätmetastasen eines malignen Melanoms 13 Jahre nach Enukleation des re. Auges.* Thoraxübersicht p.-a. (a) und dextro-sinistral (b). H. H., 59jähr. ♂. Arch.-Nr. 2192/58, Röntgenabtlg. Med. Univ.-Klinik u. Poliklinik Münster/W. (Direktor: Prof. W. H. Hauss)

Während die Mehrzahl der eingeschwemmten Krebszellen — innerhalb organisierter Thromben abgekapselt und parzelliert — unschädlich gemacht wird und z. T. der Auflösung verfällt (Schmidt; Walther), können sich „nackte" Geschwulstemboli und — bei erlahmender Widerstandskraft des Organismus — bereits fibrös arretierte, aber lebensfähig gebliebene Tumorkolonien im weiteren Verlauf zu expansiven Metastasenknötchen fortentwickeln und nach Durchbrechung der Gefäßwand im Lungengewebe ausbreiten. Welche biologischen Zusammenhänge den Übergang zur metastatischen Evolution einmal verhindern, im anderen Fall aber das kontinuierliche Wachstum begünstigen oder zu einem späteren Zeitpunkt ermöglichen, ist im einzelnen noch ungeklärt.

Bei manchen Tumoren, insbesondere bei Brustkrebsen, Karzinomen des Urogenital- und Verdauungstrakts sowie bei malignen Melanomen (Webb-Johnson u. MacLeod; Wilbur u. Hartmann; Hutner; Pack u. Miller; Reed u. Kent; Schell; Galgano; Rogers) (nach Walther ganz allgemein bevorzugt bei unreifen Krebsformen des Metastasierungstyps III) können bindegewebig abgeriegelte Krebszellhaufen als *latente Lungenmetastasen* in wachstumsfähigem Zustand persistieren und erst nach langfristigem, unter Umständen jahrzehntelangem Intervall *Ausgangspunkt von Spätmetastasen* werden (Fischer-Wasels; Walther; Schmidt; Katz; Botszteijn u. Zollinger; Deming u. Lindskog; Hutcheson; Clairmont; Waterhouse; Mülly; Dao; Schmähl; Karitzky; Magdon, Gummel u. Baudach; Beck; Spirig; Webb-Johnson u. MacLeod; Wilbur u. Hartmann; Mannix; Laure u. Puy; Muller; Fischer; Curtis u.a.) (Abb. 201).

Die *pneumonische Form karzinomatöser Lungenmetastasen* (Cain) (Abb. 195) beruht auf intrakanalikulärer Ausbreitung lympho- bzw. hämatogen oder aerogen eingewanderter Geschwulstelemente. Dieser Invasionstyp wird vorwiegend bei extrapulmo-

Abb. 202. *Papilläres Adenokarzinom des rechten Unterlappenbronchus mit intraalveolärer Ausbreitung im abhängigen Parenchym und kontralateraler Lungenmetastasierung* (autoptisch verifiziert). Hohe Rechtslage des Arcus aortae. Thoraxübersicht p.-a. J.C., 57jähr. ♂. Arch.-Nr. 1768/60, Röntgenabteilung Med. Univ.-Klinik u. Poliklinik Münster/W. (Direktor: Prof. W. H. HAUSS)

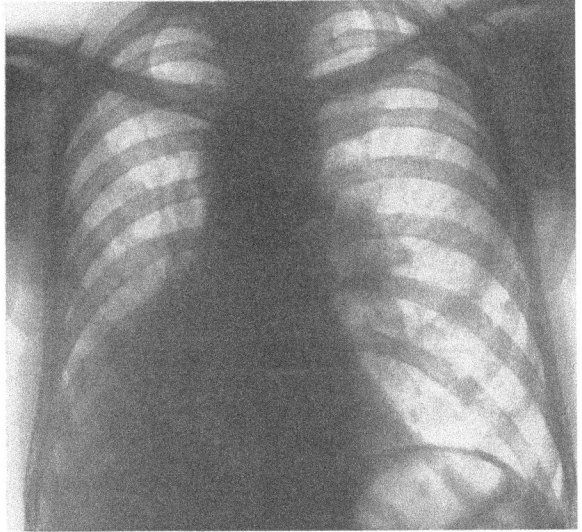

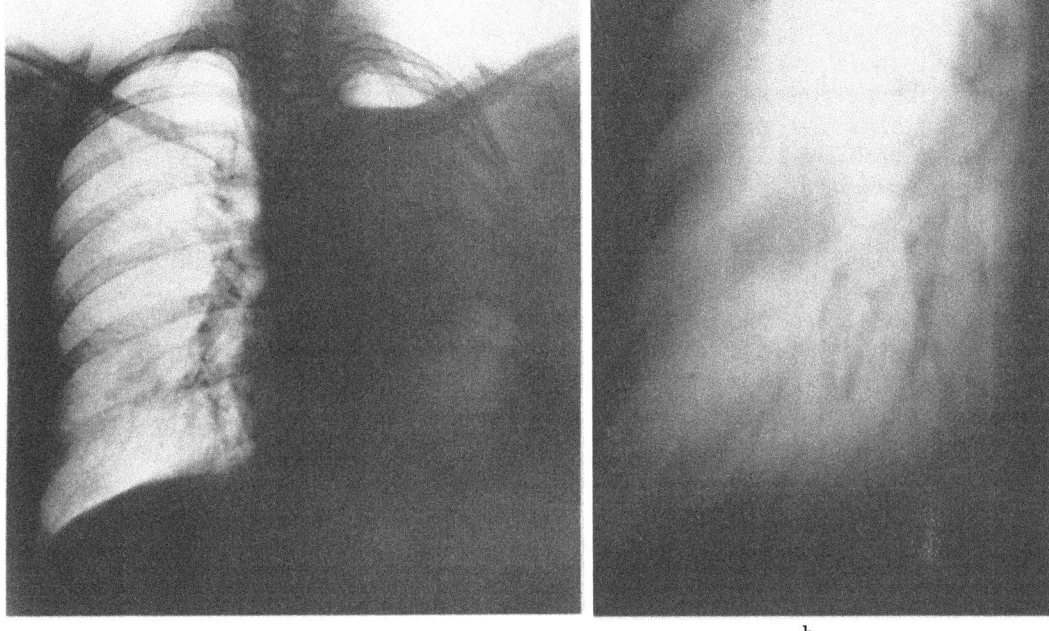

a b

Abb. 203a u. b. *Lobulär konfluierende Tumorinfiltration im rechten Unterlappen als Metastase eines kontralateralen Adenokarzinoms.* Die klinisch stumm verlaufende bronchopneumonieähnliche Parenchymverdichtung entstand 5 Monate nach linksseitiger Pneumonektomie und postoperativer Telekobaltbestrahlung des mediastinalen Lymphabflußgebiets eines zylinderzelligen Narbenkarzinoms von 1,5 cm Durchmesser, das sich im Bereich einer alten Lungeninfarktnarbe an der linken Unterlappenbasis subpleural entwickelt und nach dem histologischen Befund des Resektionspräparats bereits auf die anliegende Pleura übergegriffen sowie in die regionären Lymphknoten abgesiedelt hatte (E.-Nr. 1313 u. 1314/70, Path. Inst. d. Krhs. Nordwest, Direktor: Prof KAHLAU). Thoraxübersichtsaufnahme p.-a. vom 3. 6. 70 mit Metallclips zur Markierung zurückgebliebener mediastinaler Tumorreste (a) und Schichtbild 7 cm a.-p. vom gleichen Tage (b). H. G., 49jähr. ♂. Arch.-Nr. 0704 20662, Radiolog. Zentralinst. d. Krhs. Nordwest Frankfurt/M.

nalen Zylinderzellkrebsen drüsigen Organursprungs (Magen-Darmtrakt, Prostata, Bauch- und Mundspeicheldrüsen, Schilddrüse, Nieren, Ovarien) (TSCHIRNTSCH; SCHMIDT; LAGÈZE u. TOURAINE; GALY, BAUD u. DUPREZ; DUFOURT, SANTY, GALY, TOURAINE u.

Tabelle 23. Zahl und Größe knotiger Lungenmetastasen bei verschiedenen Tumorkategorien. (Nach Walther, H. E.: Krebsmetastasen, Tabelle 88, S. 330. Basel: Benno Schwabe & Co. 1948)

	Karzinom	Sarkom	Melanom	Teratoblastom	Total
Anzahl:					
1	72 (13%)	11 (12%)	2 (9%)		85
2	24 (4,5%)	3 (3,5%)	1 (4,5%)		28
wenige	134 (24,5%)	14 (15,5%)	5 (22,5%)		153
zahlreiche	318 (58%)	63 (69%)	14 (64%)	8 (100%)	403
	548 (100%)	91 (100%)	22 (100%)	8 (100%)	669
Größe (in mm):					
bis 1	77 (14%)	5 (5,5%)	2 (9%)		84
bis 3	28 (5%)	2 (2%)	1 (4,5%)		31
3 bis 10	226 (41%)	26 (28,5%)	10 (46%)		262
10 bis 20	144 (26,5%)	30 (33%)	4 (18%)		178
über 20	73 (13,5%)	28 (31%)	5 (22,5%)	8 (100%)	114
	548 (100%)	91 (100%)	22 (100%)	8 (100%)	669

Riffat; Hugonot, Ferrabouc u. Guichène; Hambach; Haslhofer; Svirčević u. Popović; Breig; Torsoli, Baschieri, Pavoni u. De Maio; Woratz; Kischkel; Eck, Haupt u. Rothe u.a.) (s. S. 44/45 u. 61 sowie Tabelle 5) und bei bronchogenen Adenokarzinomen beobachtet (Eck; Werner; Lüdeke). Je nachdem, ob das *intraalveoläre Metastasenwachstum diskontinuierlich oder kohärent* erfolgt, entstehen multifokale (Abb. 202) oder zusammenhängende unregelmäßig begrenzte Tumorinfiltrate, die dem äußeren Anblick herdförmiger Bronchopneumonien ähneln (Abb. 203) und makroskopisch wie histologisch der sog. Lungenadenomatose gleichen (s. Abb. 14).

Der pneumonieähnliche Aspekt der neoplastischen Wucherung ist um so täuschender, als der Krebsbefall der Alveolen stellenweise von entzündlich-reaktiver Alveolarexsudation begleitet sein kann.

Bei *grobnodulärer Lungenmetastasierung mit plurifokaler oder solitärer Herdbildung* herrscht die Grundform kugeliger, relativ scharf abgesetzter Knoten vor, deren Umfang von Kleinlinsen- bis über Faustgröße reicht. An den Grenzflächen der Lungen gelegene Herde können sich abplatten oder pilzförmig vorspringende Auswüchse bilden. Daneben kommen auch mehrhöckerige, oväläre und infarktähnlich gestaltete kegelförmige Metastasen vor, die von echten hämorrhagischen Lungeninfarkten im Gefolge massiver Krebszellembolien abzugrenzen sind (Giese). Zahl und Größe der metastatischen Herde nehmen bei Sarkomen, Melano- und Teratoblastomen im prozentualen Durchschnitt höheres Ausmaß an als bei Karzinomen (Tabelle 23).

In tierexperimentellen Studien wurde der *Zusammenhang zwischen Größe des Primärtumors und Zahl der Lungenmetastasen* (Martinez, Miroff u. Bittner; Wood, Holyoke, Clason, Sommers u. Warren; s. auch Zeidman, McCutcheon u. Coman) sowie der *Einfluß von Antikoagulantien und Hormonen (Nebennierensteroide, Wachstumshormon) auf die Entstehung pulmonaler Tochterherde* untersucht (Wood, Holyoke u. Yardley; Martinez u. Bittner). Über das *Zeitintervall zwischen Resektion der Primärgeschwulst und Auftreten intrapulmonaler Absiedlungen* informiert die Arbeit von Hennford, Baserga u. Wartmann (s. auch Cordera Pastor u. Mitarb.: Zeitraum von der Diagnose des Primärtumors bis zum Auftreten pulmonaler Metastasen in 68% von 400 Fällen weniger als 1 Jahr). Krokowski hat die bei Mammakarzinomen statistisch ermittelte *Abhängigkeit der Metastasenhäufigkeit vom Umfang des primären Krebsherdes* und das reziproke Verhalten der Heilungsquoten diagraphisch dargestellt (Abb. 204). Das vom

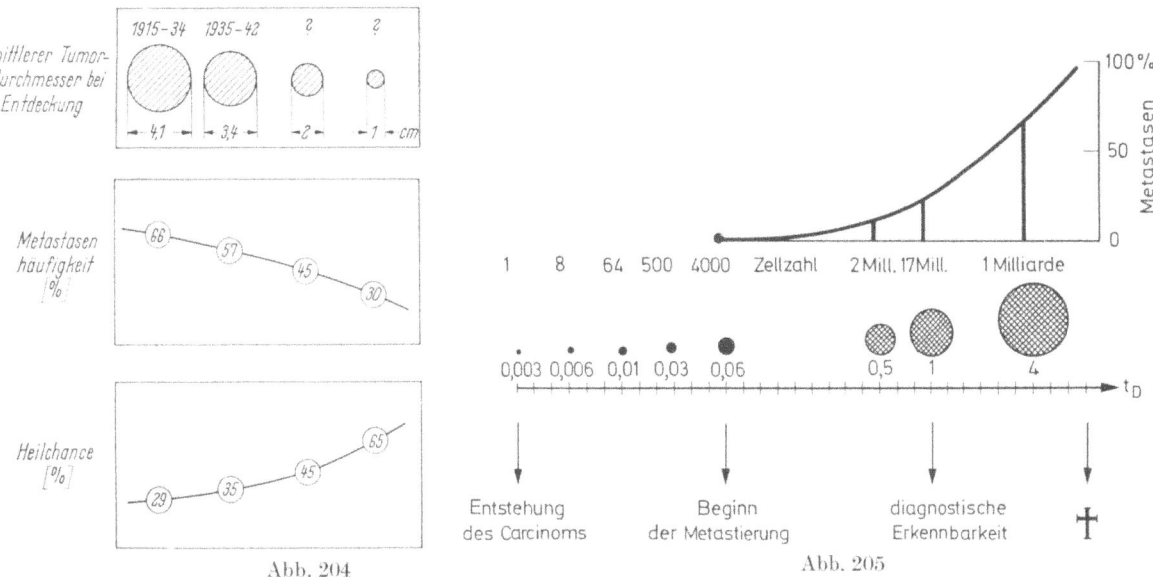

Abb. 204. *Beziehung zwischen Größe des Primärtumors (Mammakarzinom), der Metastasenhäufigkeit und der erreichbaren Heilungsquote.* [Nach KROKOWSKI, E.: Tumorwachstum und Prognose. Dtsch. Röntgenkongreß 1966, Teil B. Strahlentherapie, Sonderbd. **64**, 87—93 (1967); Abb. 4]

Abb. 205. *Lokales Tumorwachstum (Mitte) und Metastasenhäufigkeit (oben) in Abhängigkeit von der Verdoppelungszeit t_D des Tumors.* [Nach KROKOWSKI, E.: Die Verdoppelungszeit von bösartigen Tumoren — ihr Wert für die Krebsbekämpfung. Wien. klin. Wschr. **77**, 258—259 (1965); Abb. 5]

gleichen Autor stammende Schema der Abb. 205 soll die *quantitativen Beziehungen zwischen Wachstumsgeschwindigkeit der Neoplasie und Metastasierung* synoptisch versinnbildlichen. HACKL lehnt dagegen auf Grund autoptischer Recherchen einen Zusammenhang zwischen der Größe bronchogener Primärtumoren und der Ausdehnung bzw. Dichte ihrer Metastasen ab.

Die *Wachstumsrate ("Volumen-Verdoppelungszeit") metastatischer Lungenherde* liegt in der Größenordnung der bei Bronchuskarzinomen beobachteten Schwankungsbreite (etwa 13—228 bzw. 46—270 Tage) (WOLFF; WOLFF, SCHWARZ u. BOHN; KELLER u. KALLERT u.a.) (s. Abb. 158 u. Bd. IX/4a, Tabelle 48). Die von den vorgenannten und anderen Autoren durchgeführten röntgenologischen Messungen haben überdies gezeigt, daß pulmonale Metastasenknoten nicht immer gleich schnell und unter Umständen rascher wachsen als die primäre Geschwulst (COLLINS et al.; NATHAN, COLLINS u. ADAMS; GARLAND; SPRATT u. SPRATT; GERSTENBERG; KROKOWSKI; BRENNER, HOLSTI u. PERTTALA; BRENNAN, PRYCHODKO u. HORELAND u.a.).

Makroanatomisch und funktionell besteht bei den meisten Neoplasien weitgehende *Übereinstimmung zwischen dem Primärtumor und seinen nodulären Ablegern im Lungenparenchym* (KELLNER; s. auch BAENSCH: biologische Beziehungen Primärtumor-Metastasen vom strahlentherapeutischen Blickwinkel), doch machen sich mitunter feingewebliche Strukturdifferenzen im äußeren Aussehen und histobiologische Unterschiede bemerkbar (AXELRAD u. KLEIN u.a.). Bei malignen Melanomen, deren Tochterherde in der Regel grauschwärzlich oder tiefbraun gefärbt sind, kommen leukomelanotische Varianten im Metastasenbild vor, die vom Aspekt des Ausgangsherdes abweichen. Die eigentümlich rot-gelbliche Sprenkelung hypernephroider Geschwülste findet man bei ihren Lungenmetastasen wieder. Auch die Absiedlungen schleimbildender Adenokarzinome (Dickdarm, Ovarien etc.) weisen gewöhnlich die gleichen Eigenschaften wie der Primärtumor auf. Die Metastasen zellreicher Gewächse (z.B. Rund- und Spindelsarkome) erscheinen markig weich, Fibrosarkommetastasen dagegen ausgesprochen derb und fest, Streuherde osteogener und chondrogener

Sarkome infolge der Ossifikationstendenz knochenhart. Die Lungenmetastasen von Chorionepitheliomen, Hämangioendotheliomen, hypernephroider Karzinome und des Sarcoma idiopathicum haemorrhagicum multiplex (Angiomatosis Kaposi) (BONSE u. KARG u.a.) zeichnen sich durch besonderen Blutreichtum, weiche Konsistenz und Zerfallsneigung aus (GIESE). Sonst beobachtet man *Kolliquationsnekrosen mit zentralen Zerfallshöhlen überwiegend bei pulmonalen Metastasen von verhornenden Plattenepithel- und Adenokarzinomen* (s. Bd. IX/4a).

Die *klinische Symptomatologie* sekundärer Lungengeschwülste wird maßgeblich von der Entwicklungsart, Zahl, Größe, Lage und Wachstumsgeschwindigkeit der neoplastischen Tochterherde, in zweiter Linie von örtlichen Komplikationen bestimmt (Übergreifen auf die Pleura, zerfallsbedingte Blutung bzw. Expektoration von nekrotischem Tumorgewebe, obstruktionspneumonische Prozesse infolge Bronchialkompression durch metastatische Hiluslymphome, Spontanpneumothorax). Die Mehrzahl pulmonaler Metastasen entwickelt sich langsam (WALTHER). Im Lungenmantel können selbst umfängliche solitäre oder multifokale Tumorknoten latent bleiben, bis sie durch Zufall röntgenologisch entdeckt werden oder sich durch obige Verlaufskomplikationen bemerkbar machen. Nach GIL GAYARRE u. Mitarb. verhielten sich die pulmonalen Absiedlungen in 71,5% von 4000 Fällen bis zum Zeitpunkt der Röntgendiagnose asymptomatisch.

Eine *protrahierte, klinisch langfristig stumme Evolution* (BADE; SUTTON u.a.) ist am ehesten bei grobknotiger Absiedlung mit beschränkter Herdzahl zu erwarten. Die generalisierte Tumoraussaat in die pulmonalen Blut- und Lymphbahnen kann dagegen *akute Krankheitserscheinungen* verursachen und in kurzer Zeit zum Tode führen, noch ehe sich der Primärtumor mit Lokalsymptomen manifestiert hat (HUGUENIN; LENK; FARGUES; LOEPFER u. TURPIN; CRAVER; WELL; WALTHER; BIANUCCI u. FERRO u.a.).

Die von massiven Tumorzellembolien herrührende „Carcinosis miliaris acuta" (ROKITANSKY; DEMM; CEELEN; ERICHSEN; WALTHER; AMSLER, LEONET u. SOURICE; HUGUENIN; PALASSE; CRAVER; WEIL; MARTIN u. CROIZAT; SCHMIDT u.a.) äußert sich mit unvermittelt auftretenden Anzeichen kardialer Rechtsüberlastung und rasch fortschreitender Herzinsuffizienz (*Cor pulmonale acutum* bei foudroyanter hämatogener Lungenmetastasierung s. S. 383). Die akute Einschwemmung zahlloser Geschwulstzellpartikel in die terminale Lungenstrombahn kann hochgradige Zyanose (CORDIER, CROIZAT u. LAGÈZE; AMSLER, LEONET u. SOURICE; ACAR, DELAVIERRE, GAY, DUPAGNE u. BENOMAR; STORTSTEIN u.a.) sowie hohes Fieber, Husten, sanguinolenten Auswurf (FREEDLANDER u. GREENFIELD; PARKER; BRANDT) und schmerzhafte Atemeinschränkung hervorrufen. Bei Unkenntnis eines primären Geschwulstleidens wird das Krankheitsbild klinisch zunächst leicht fehlgedeutet, da seine Erscheinungen eher an disseminierte bronchopneumonische Prozesse mit begleitender Pleuritis denken lassen und zum Teil auch tatsächlich von entzündlichen Begleitreaktionen mitverursacht werden. Häufiger verläuft die miliare Karzinose jedoch *afebril* (Syndrom der „granulie froide" — LAMBIE u. COLLIER) mit neutrophiler Leukozytose, im *Gegensatz zur Miliartuberkulose*, die sich zumeist durch kontinuierlichen Temperaturanstieg, ausgesprochene Leukopenie, durchschnittlich höhere Beschleunigung der Blutsenkungsgeschwindigkeit und — für Miliarkarzinose ungewöhnlich — anhaltend positive Diazo-Reaktion im Harn auszeichnet (MATTHES; GLOOR u.a.).

Die *Lymphangiosis carcinomatosa pulmonum* bleibt ebenfalls subjektiv nicht lange verborgen. Im Vordergrund der akut auftretenden Beschwerden steht zunehmende *Kurzatmigkeit*, die oft den Charakter asthmoider bronchospastischer Zustände annimmt (SWEIGERT, LAUGHLIN u. HEATH; CRAVER; WEIL; FARGUES; HAUSER u. STEER) und sich bis zu Erstickungsanfällen steigern kann (GURWITSCH; COSTEDOAT; CRAVER u.a.). Die funktionellen Auswirkungen sind gewöhnlich früher wahrnehmbar als die retikulär-streifige Gerüstverdichtung. Die *Diskrepanz zwischen Atemnot und Fehlen bzw. Geringfügigkeit pulmonaler Veränderungen im Röntgenbild* ist bei Zustand nach Ablatio mammae geradezu ein ominöses Verdachtsmoment latenter lymphangischer Lungenkarzinose (SCHULZE).

Die Dyspnoe hat pathophysiologisch verschiedene Ursachen. Ausschlaggebend ist die *Erschwernis des Gasaustauschs durch infiltrative Gerüsterstarrung* und sekundäre Störungen der Lungenzirkulation. Neben dynamischen, teils auch organischen Stenosen in der Bronchialperipherie kann auch eine herdförmig disseminierte Krebsbesiedelung der Alveolen eine Rolle spielen, die bei exquisit *intraalveolärem Oberflächenwachstum metastatischer Zylinderzellkrebse* nach Art der Lungenadenomatose zum *alveolo-kapillären Block* führt (s. S. 63ff.). In Verbindung mit quälendem *Reizhusten* und *stechenden Brustwandschmerzen* ist die Dyspnoe zudem oft Folge reflektorischer Atemhemmung und Hinweissymptom *metastatischer Pleurabeteiligung* bzw. bereits fortgeschrittener Pleuraexsudation, seltener durch einen *Spontanpneumothorax* bedingt (s. Abb. 256 u. 257).

Die konsumierende Grundkrankheit und zusätzliche Eiweiß- bzw. Lipidverluste, die von gehäufter Ergußpunktion bzw. Entleerung eines metastatischen Chylothorax herrühren (YATER; LAMEER; ROY, CARR u. PAYNE; SCHOEN u.a.), können zu hochgradiger *Kachexie* führen.

Die im Vergleich zu bronchogenen Karzinomen *relative Seltenheit symptomatischer Hämoptysen bei sekundärem Krebsbefall der Lungen* (KING u. CASTLEMAN: in 3,7% von 109 Fällen; CORDERA PASTOR, LANA u. CASAB RUEDA: in 22,5% von 400 Fällen) wird damit erklärt, daß die mit den Systemarterien kommunizierenden Versorgungsgefäße der autochthonen Tumoren einen höheren Blutdruck aufweisen als die vorwiegend an den Funktionskreislauf angeschlossenen Gefäße metastatischer Herde (WOOD u. MILLER; CUDKOWICZ u. ARMSTRONG; DARKE u. LEWTAS). Die Stichhaltigkeit des Deutungsversuchs wird allerdings durch neuere angiographische Befunde in Frage gestellt (s. S. 453).

Wie primäre Lungengewächse kann die pulmonale Metastasierung mit *arthralgischen Fernsymptomen* und röntgenologisch nachweislicher *Ostéoarthropathie hypertrophiante pneumique* einhergehen (RAY u. FISHER; KOURILSKY, PIERON, BONNET, JACQUILLAT, DERNAY, LÉVY, HIVET u. VERLEY; ALEXANDER u. JOHNSON; GIBBS, SCHILLER u. STOVIN; YACOUB, SIMON u. OHNESORGE; COURY; PAPAVASILIOU; DINER u.a.).

Ist nach Anamnese und klinischem Befund ein bösartiges Geschwulstleiden bekannt, so wird man die Verdachtsdiagnose einer generalisierten Lungenmetastasierung auf Grund der genannten Leitsymptome kaum verfehlen und röntgenologisch erhärten können. In manchen Fällen gibt schon der Nachweis sonstiger sicht- oder tastbarer Tumorabsiedlungen klaren Aufschluß, wie z.B. das gleichzeitige Aufschießen lentikulärer Hautmetastasen oder der Befund regionärer Lymphknotenanschwellungen beim Mammakarzinom. Verläßliche Anhaltspunkte liefert auch die — beim männlichen Geschlecht besonders auffällige — *endokrine Semiotik von Chorionepitheliom-Metastasen* (SCHEIDEMANDEL u.a.; s. S. 5 u. 247) und anderer hormonal aktiver Tochterherde.

Sonst bedarf es in den Anfangsstadien der pulmonalen Aussaat meist wiederholter Kontrolluntersuchungen, da die röntgenologische Manifestation dem anatomischen Geschehen nachhinkt, und die *exfoliativ-zytologische Diagnostik sekundärer Lungenkrebse aus Sputum und Bronchialsekret* nicht die beim primären Bronchuskarzinom erreichbare hohe Treffsicherheit bietet (ELLIS, WOOLNER u. SCHMIDT; ROSENBERG, SPJUT u. GEDNEY; EBNER, SCHOEN u. SANDRITTER; HARTMANN u.a.). Einzelberichte über mikroskopische Tumorzellbefunde im Auswurf bei Lymphangiosis carcinomatosa pulmonum (HAUSER u. STEHR; SACCAMONE, KLEINSCHMIDT u. MURPHY) bzw. bei grobknotiger Lungenmetastasierung (WANDALL; HARTMANN u.a.) oder gelegentliche Beobachtungen spontan expektorierter Geschwulstpartikel aus nekrotisch zerfallenden Tochterherden (LAMARQUE, GUIBERT, BETOULIÈRES u. BONGARD u.a.) widerlegen nicht die Erfahrungstatsache, daß die systematische sputum-zytologische Fahndung bei metastatischen Lungenprozessen relativ bescheidene Erfolgsaussichten hat. Positive Ergebnisse erzielten HJELT in 50% (bei nur 12 Fällen), SPJUT, FIER u. ACKERMAN in 48% (29 Fälle), HENGSTMANN in 14,3% (7 Fälle) und ELLIS, WOOLNER u. SCHMIDT bei 34 Kranken nur in 11,8%. EBNER, SCHOEN u. SANDRITTER verzeichneten in den Sputumproben bei pulmonalen Metastasen keinen Treffer. Die relative Ungunst der zytodiagnostischen Nachweismöglichkeiten hat verschiedene Gründe. Einmal kommt es nur in einem Teil der Fälle — und zwar bevorzugt in der Lungenperipherie — zur Bronchialinvasion (KING u. CASTLEMAN; SEILER, CLAGETT u. MCDONALD u.a.). Lympho- oder hämatogene Metastasen in der Wand größerer Bronchialäste pflegen andererseits die oberflächliche Epithellage nicht immer zu durchbrechen (SCHOENBAUM u. VIAMONTE u. a.) oder werden sogar mitunter von einer reaktiv-proliferativ entstehenden Bindegewebsschicht abgeriegelt (ELLIS, WOOLNER u. SCHMIDT).

Die *zytologische Analyse metastatischer Pleuraergüsse*, die sich als Folge lymphangiotischer, kontinuierlicher bzw. hämatogener Krebsbesiedlung der Lungenrinde bilden, ergibt höhere Trefferquoten (LUSE u. REAGAN: 74,3% bei 399 Fällen; OZGELEN, BRODSKY u. DE GROAT: 51,3% bei 32 Fällen; GRAHAM, MCDONALD, CLAGETT u. SCHMIDT: 50% bei 226 Fällen) (s. auch QUENSEL; ZADEK; FAWCETT u. Mitarb.; FOOT u. HOLMQUIST; MCGREW; PRADIER u. SAKO; BROCARD u. CHOFFEL; SEAL). Die schwimmenden Zellkolonien sekundärer Pleuragewächse sind durch Punktion leichter zu gewinnen als pulmonale Metastasenabschilferungen im Auswurf. Sie sind von abgelösten, z.T. siegelringförmigen Serosadeckzellen wegen ihres meist abweichenden Zelltyps im allgemeinen besser zu unterscheiden als die Geschwulstelemente primärer Pleuramesotheliome (s. S. 481/482). Beim generalisierten Myelom können plasmozytäre Tumorzellen im Pleuraexsudat auftreten (SANDKÜHLER u. ROEMHELD; BOUCHER et al.; WAGNER u.a.). Wie in Umgebung bösartiger Geschwulstherde jeglicher Lokalisation zeigt sich im metastatischen Pleuraergußsediment nicht selten eine relative Eosinophilie (BERNARD u. MARIE u.a.).

Analoge Veränderungen sind auch aus hämatologischen Befunden geläufig (s. S. 332 und Bd. IX/4a), doch hat die *zytomorphologische Blutuntersuchung* zur differentialdiagnostischen Klärung metastasensuspekter Lungenprozesse nur begrenzten Wert.

Das Vorkommnis von *Gefäßeinbrüchen bösartiger Geschwülste* ist im pathologisch-anatomischen Schrifttum seit 100 Jahren bekannt (HANNOVER; VIRCHOW; SCHMIDT; ASCHOFF; SCHLEIP; MARCUS; CEELEN u.a.). Etwa gleichzeitig wurde über Tumorelemente in Blutausstrichen berichtet (WALSKE; SANDERS; ASHWORTH zit. n. MAGDON, GUMMEL u. BAUDACH). Die *systematische Suche nach zirkulierenden Geschwulstzellen im Blutstrom* wurde 1921 von QUENSEL begonnen (Leichenblut), 1934 von POOL u. DUNLOP mit Untersuchungen an lebenden Krebskranken fortgesetzt, aber erst in den letzten Jahren in größerem Umfang und mit vielfältig variierten Methoden aufgenommen (FAWCETT, VALLEE u. SOULE; MCGREW; FISHER u. TURNBULL; SEAL; MOORE, SANDBERG u. SHUBARG; SANDBERG u. MOORE; COLE et al.; MALMGREN, PRUITT, DEL VECCHIO u. POTTER; ROBERTS; WHANG; DIDDLE, SHOLES, HOLLINGSWORTH u. KINLAW; ENGELL; FLETCHER u. STEWART; LANDELL, SILVAN u. ZAJICEK; LONG, ROBERTS, MCGRATH, MCGREW u. COLE; DE MELLO; POTTER u. MALMGREN; REISS; SALGADO, HOPKIRK, RITCHIE, RITCHIE u. WEBSTER; DE BRUX u. ANCLA; ALEXANDER u. SPRIGGS; BALDUS; COLOMBO, ROLFO u. MAGGI; GRAEBER, GASTPAR u. HERRMANN; HERBEUVAL, HERBEUVAL, DUHEILLE u. CUNY; HERRMANN; LONG, JONASSON, ROBERTS, MCGRATH, MCGREW u. COLE; POTTER et al.; MOORE; RAKER, TAFT u. EDMONDS; SOOST; WATNE, ROBERTS, MCGREW u. COLE; WATNE, HATIBOGLU u. MOORE; WATNE, SANDBERG u. MOORE; CHONE u. BECKER; COSINEAU, WHALLEY u. FISHER; DANIELSSON; FAUCON, DARGENT u. POMMATAU; GASTPAR; KUPER, BIGNALL u. LUCKOCK; LUCKOCK; NEDELKOFF u. Mitarb.; THOMISON; BIJENGA, COHEN, FERRIGAN u. ALTERA; BOLL; DE CARLVALHO, ASCHBY u. DOMOTOR; DIDDLE et al.; DRYE, RUMAGE u. ANDERSON; ERICKSON; FRIDEN-KILL u. MINDER; ISHIKAWA et coll.; MCGREW, ROMSDAHL u. VALAITIES; DE MELLO u. KASTNER; NABAR; NADEL; PRUITT et al.; ROBERTS u. Mitarb.; SAKURAI, KLASSEN u. SELBACH; LUDWIG; SINNER; SATO; SCHEININ; STEIN, HARDING u. MAURO; WÜST u. BIRK; DARGENT, FAUCON, CONTI, POMMATAU u. MAYER; ERDENEN u. JAEGER; FOSS, MESSELT u. EFSKIND; GOLDBLATT u. NADEL; MAKI, MAJIMA, YOSHIDA u. TAKAHASHI; PAVONE u. ROLFINO; REBELLO u. ROCHA; ROBINSON, MCGRATH u. MCGREW; SHIBATA, RITCHIE, HOPKIRK u. LONG; STEVENSON u. VON HAAN; STOFBERG; WÜST; KIRSZENBAUM u. TRES; KUPER u. BIGNALL; PRADIER u. SAKO; ROLL u. MISSMAHL; SELBACH, BONDAR u. KLASSEN; WEST, HUME u. KINDURYS; FROST; VON HAAN u. STEVENSON; HERBEUVAL, FORT, HETTRICH u. HERBEUVAL; HERBEUVAL, DEHEILLE u. GOEDERT-HERBEUVAL; NAGY; NORTHROP, PATTEN u. REAGAN; WATNE; MAGDON, GUMMEL u. BAUDACH; BAUDACH u. MAGDON; DÖBRÖSSY; PAULETE-VANRELL u.a.).

Bisher wurden über 20 spezielle *Verfahren zur Anreicherung und Unterscheidung der Geschwulstelemente* von kernhaltigen Blutzellen angegeben. Zur Abtrennung bediente man sich zunächst der *Hämolyse* (hypotone Lösungen, Saponin, Streptolysin-O etc. zur Auflösung von Erythrozyten und segmentkernigen Leukozyten); später wurden die *Sedimentation* (mit Fibrinogen, Dextran u. a. Zusätzen), die sog. *Flotation* (= Silikon-Differentialzentrifugierung), ferner *Filtration* (Kollodium- und andere Membranfilter, Metall- und sonstige Mikroporenfilter) und mannigfache Kombinationsmethoden angewandt. Ebenso vielfältig sind die Vorschläge zur Aufbereitung und *Färbung der Blutproben*.

Die Auffindung neoplastischer Elemente im stark verdünnten Untersuchungsmilieu wird erst durch die mit chemisch-physikalischen Mitteln erzielte Zellkonzentration ermöglicht. Die zytologische Identifizierung ist schwierig (WEXLER u.a.), weil die Einzelzelle keine krebsspezifischen morphologischen und biochemischen Unterscheidungsmerkmale erkennen läßt (s. Bd. IX/4a). Die Abgrenzung von zirkulierenden Megakaryozyten und Stammzellen der roten oder weißen Reihe erweist sich oft als problematisch (MCGREW; HERBEUVAL et al.; JACKSON; HUME, WEST, MALMGREN u. CHU; MCGREW, ROMSDAHL u. VALAITIES; RAKER u. EDMONDS; WÜST u.a.). Die *Tritium-Thymidin-Markierung* (KUPER u. BIGNALL) und *Fluoreszenzmikroskopie* nach Einwirkung fluoreszierender Farbstoffe (z.B. Akridinorange) (BERTALANFFY; BERTALANFFY, MASIN u. MASIN; BIJENGA et al.; HERBEUVAL, DUHEILLE u. GOEDERT-HERBEUVAL; HUNTER u. BROWN; ISHIKAWA et al.; JACKSON; DE MELLO; PAVONE u. ROLFINO; THOMISON) (s. auch Bd. IX/4a) vermochten die differentialdiagnostische Treffsicherheit nicht merklich zu erhöhen.

Tabelle 24. Relative Häufigkeit positiver Blutproben bei der Suche nach zirkulierenden Tumorzellen im Patientengut verschiedener Autoren [nach MAGDON, E., GUMMEL, H., BAUDACH, H: Zirkulierende Tumorzellen im Blut. Dtsch. Gesundh.-Wes. **21**, 1846 (1966); Tabelle 1]

Prozentuale Häufigkeit	Autoren
0	JACKSON, (1962), DIDDLE (1959), ROBERTS (1958), SCHEININ (1962), WHANG (1958)
1—5	ALEXANDER (1960), CHRISTOPHERSON (1965), CHONÉ (1961), CLIMIE (1961), MOORE (1962), RAKER (1960), STEIN (1962), STOFBERG (1963), SCHEININ (1962), NEDELKOFF (1961), SELBACH (1963)
5—10	BALDUS (1960), COLE (1958), ENGELL (1955), HERBEUVAL (1963), KUPER (1961), MAKI (1963), NIGOGOSYAN (1961), SANDBERG (1958), WATANABE (1961), SÁTO (1962), WÜST (1962), ERDENEN (1963), FAUCON (1961), MOORE (1965), PRUITT (1963), WATNE (1961)
11—20	ENGELL (1959), KIRSZENBAUM (1964), SELLWOOD (1964), ROBERTS (1958), PAPADIA (1962), ROBINSON (1963), BURN (1962), COMBO (1960), FLETCHER (1959), FRIDEN-KILL (1962), KUPER (1963), POTTER (1960), PAVONE (1963), REIS (1959), SAKURAI (1962), WATNE (1961, 1960)
21—30	ISHIKAWA (1962), LONG (1960), POTTER (1960), PRUITT (1962), FESTING (1962), FAUCON (1961), STEIN (1962)
31—40	LONG (1960), COSINEAU (1961), MOORE (1962), ERICKSSON (1962), FISHER (1955), KRÜCKEMEYER (1964), POOL (1934), ROLL (1964)
41—50	SALGADO (1959), SELBACH (1964), SANDBERG (1957), SEAL (1959), ISHIKAWA (1962), DE CARVALHO (1962), ROBERTS (1962)
51—60	MOORE (1957), ENGELL (1959), NEDELKOFF (1961), POTTER (1958), SHIBATA (1963)
61—70	RITCHIE (1961), ROMSDAHL (1960), LANDELL (1963) [a]
71—80	GASTPAR (1961), DRYE (1962), ROBERTS (1960) [b]
81—90	SHIBATA (1963) [c], SEAL (1964) [c]
91—100	DE MELLO (1959, 1960, 1962, 1963)

[a] „Atypische" Zellen, d.h. gewebe- bzw. blutfremd.
[b] 5 Fälle.
[c] Maximalwerte.

Erscheinen in verschiedenen Spalten gleiche Autoren, ist dies auf unterschiedliche Angaben für histologisch differente Tumoren zurückzuführen.

Grundprinzipien, technische Details, Vor- und Nachteile sowie Ergebnisse der einzelnen Verfahren sind aus neueren Übersichtsreferaten und monographischen Beiträgen zu ersehen (GOLDBLATT u. NADEL; HERBEUVAL u. Mitarb.; PRUITT et al.; WATNE; ENGELL; MAGDON, GUMMEL u. BAUDACH; BAUDACH u. MAGDON u.a.). Die *Trefferquote krebszellpositiver Blutproben* schwankt ebenso beträchtlich (0—100%!) (Tabelle 24) wie die Literaturangaben über die *relative Häufigkeit fälschlich positiver Tumorzelldiagnosen* (SHIBATA sowie DE MELLO: 0%; SEAL: 6%; NEDELKOFF u. Mitarb.: 12,5%; MOORE: 31%; LANDELL: 66%; REBELLO u. ROCHA sowie HUNTER u. BROWN: „häufig"). Erwartungsgemäß ist die *Ausbeute im regionalen Venenblut* der primär krebsbefallenen Organgefäßprovinz (Untersuchung an Resektionspräparaten) meist *höher als im Blut der Kubitalvene* bzw. in anderen Abschnitten der Kreislaufperipherie (Tabelle 25; s. auch Bd. IX/4a).

Tabelle 25. Relative Häufigkeit des Krebszellnachweises im strömenden Blut der krebsbefallenen Gefäßprovinz und der Kreislaufperipherie. (Nach Literaturangaben verschiedener Autoren)

Autoren	Peripheres Blut (meist Armvene)		Regionales Venenblut	
	Anzahl der Fälle	positive und verdächtige Befunde in %	Anzahl der Fälle	positive und verdächtige Befunde in %
Pool u. Dunlop (1934)	40	42	—	—
Engell (1955)	—	—	107	59
Fisher u. Turnbull (1955)	—	25	—	32
Sandberg u. Moore (1957)	129	43	48	46
Moore et al. (1957)	179	52	109	55
Sandberg et al. (1958)	305	9	—	—
Whang (1958)	26	0	8	33
Pruitt et al. (1958)	100	39	—	—
Roberts et al. (1958)				
kurable Fälle	72	16,7	—	—
inkurable Fälle	28	31	—	—
Reiss (1959)	—	11	—	50
Seal (1959)	86	45	—	—
Fletcher u. Stewart (1959)	24	17	38	39
Diddle et al. (1959)	13	0	13	62
Spriggs (1960)	100	7	—	—
Long et al. (1960)				
kurable Fälle	59	25	—	—
inkurable Fälle	119	39	—	—
Baldus (1960)	30	7	—	—
Potter et al. (1960)				
kurable Fälle	—	16	—	40
inkurable Fälle	—	36	—	56
Romsdahl (1960)	36	70	—	—
Soost (1961)	197	28	44	43
Gastpar (1961)	70	80	—	—
Watne (1961)	—	20	—	33
Bouvier (1962)	130	8,5	—	—
Diddle et al. (1962)	—	0	—	15
Pruitt et al. (1962)	—	23	—	29
Sato (1962)	—	6	—	26
Melamed et al. (1962)	187	0	—	—
Wüst u. Birk (1962)	70	10	—	—
Herbeuval et al. (1963)	—	6	—	22
Kuper u. Bignall (1963)	—	4	—	14
Maki et al. (1963)	—	6	—	26
Chone u. Becker (1964)	220	1,3	—	—
Moore (1965)	—	11	—	16

Nach übereinstimmenden Berichten zahlreicher Untersucher können örtliche Manipulationen während thoraxchirurgischer Eingriffe eine *intravasale Krebszelleinschwemmung* auslösen (Kuper u. Bignall; Hayata, Hayashi, Oho u. Shinoi; Mayo; Saphir; Hasche; Engell; Maki, Majima, Yoshida u. Takahashi; Potter et al.; Stöger; Krokowski; Robinson, McGrath, McGrew u. Cole; Roberts u. Mitarb.; Sakurai et coll.; Watne u. Mitarb.; Scheinin u.a.). Eine operationsbedingte Mikroaussaat ist *nicht dem Beginn einer fortschreitenden Absiedlung gleichzusetzen*. Auch nach tierexperimentellen Ergebnissen besteht keine strenge Korrelation zwischen der Feststellung zirkulierender Geschwulstelemente und der Entwicklung metastatischer Prozesse (Engell u.a.). Die Fähigkeit intravenös eingebrachter Geschwulstzellen zur Metastasenbildung ist zwar im Tierversuch ebenso erwiesen wie die Tatsache, daß die Sekundärherde ihrerseits potentielle Streuquellen darstellen (Ketcham, Ray u. Wexels). Romsdahl u. Mitarb. sowie Cliff-

TON u. AGOSTINI konnten aber im strömenden Blut 5—6 Stunden nach intravenöser Inokulation keine Tumorzellen mehr nachweisen. Die für das Schicksal verschleppter Geschwulstzellen bzw. -zellverbände maßgeblichen biologischen Faktoren (Zahl, Vitalität bzw. Nidationsfähigkeit, andererseits Wechselwirkung zwischen Krebszellen und Wirtsorganismus und dessen humoral-zellulärem Abwehrvermögen) sind zytologisch nicht zu ergründen (s. S. 59).

Diese prinzipielle Ungewißheit macht im Einzelfall die *prognostische Deutung des Tumorzellnachweises im strömenden Blut* problematisch (WALTHER; MCGREW; SATO; WATNE; SINNER; LUDWIG; MAGDON, GUMMEL u. BAUDACH u.a.) (s. auch Bd. IX/4a). Manche Autoren schätzen die Überlebensaussichten radikal operierter Krebskranker mit positivem zytodiagnostischem Blutbefund nach epikritischer Erfahrung nicht geringer ein als die Chancen der Patienten mit negativem Fahndungsergebnis (ENGELL; ROBERTS et al.; WATNE; DRYE et al.; ROLL u. MISSMAHL; MOORE; DELARUE, WATTERS, ANDERSON, THOMPSON, BROWN, FALK, LANSKY, FIELDEN, LAU u. STEELE; DELARUE u. STRASBERG; UNGEHEUER u. HARTEL; LIBANSKY). Andere halten das Auftreten maligner Zellen im Blutstrom für ein sehr dubiöses, wenn nicht gar infaustes Zeichen (ALEXANDER u. SPRIGGS; HENNING u. Mitarb.; CHONE u. BECKER; SOOST; CLIFFTON; WÜST u. BIRK; SANGER u.a.). Es herrscht heute weitgehende Übereinstimmung, daß der praktische Nutzen der hämatologischen Krebszellsuche in keinem Verhältnis zum Zeit- und Arbeitsaufwand steht. Da der klinische Erkenntniswert nach bisherigen Ergebnissen zweifelhaft ist, dürfte keines der aufwendigen Anreicherungsverfahren die Bedeutung eines Routine-Suchtests erlangen.

Mittelbaren Aufschluß über die Natur metastasenverdächtiger Lungenveränderungen gibt der histologische Nachweis des simultanen *Tumorbefalls intra- oder extrathorakaler Lymphknoten*. Außer der seit langem gebräuchlichen Probeexzision oberflächennaher lymphonodulärer Metastasen kommen die ad hoc entwickelten Verfahren der *Scalenus-Lymphknoten-Biopsie* (DANIELS; SMITH, PARSONS u. DANIELS; HARKEN, BLACK, CLAUSS u. FARRAND; STOREY u. REYNOLDS; SEGHERS, ORIE u. HADDERS; GEBEL; RIEBEN; LEES u. MCSWAN; BANSMER, LAWRENCE u. HILL; MAASSEN; UMIKER, DE WEESE u. LAWRENCE; SHEFTS, TERRIL u. SWINDELL; SCHWIPPERT u. MCMANUS; PERRY; VALE; FELTON; BERNE, ILKINS, STRAEHLEY u. BUGDEN; BORRIE; DENCK u. WURNIG; KLINGENBERG; THÜMMLER; JARNIOU, MOREAU, BOURDET u. LEGRAND; HABICHT; MORGAN u. SCOTT; HEDVALL; LENNERT; SCOTT; NORVIIT-BOLIDEN u. DI BIASI; PINKERS u. LAURENCE; TARNOWSKY; BERGER, BOAD u. STRIEDER; FREISE u. RENSCH; BUTTENBERG u. NEUTSCH; DIETHELM; BARTELHEIMER u. MAURER; GRUNZE u.a.) und der *mediastinoskopischen Gewebsentnahme* in Betracht (CARLSEN; SPECHT; MAASSEN; KNOCHE u. RINK; MAASSEN, KIRSCH u. THÜMMLER; RENDERS; SHIELDS u. SHOCKET; LEMOINE u. LA MOTTE-PICQUET; PEARSON; BLAHA, UNGEHEUER u. KAHLAU; STEMMER, CALVIN, CHANDOR u. CONNOLLY; THÜMMLER; MAASSEN, KIRSCH, SPECHT, THÜMMLER u. v. WINDHEIM; RINK, QUARZ; PALVA; NICKLING u. HOMMERICH; UNGEHEUER u. HARTEL; LINDER; HECHT; GIRONES; FREISE; BURDETTE u. EVANS; BLAHA; AKOVBIANTZ u. AEBERHARD; BARTELHEIMER u. MAURER u.a.). Die mancherorts angewandten Methoden der *transpleuralen oder transtracheobronchialen (parakarinalen) Hilus- bzw. Bifurkationslymphknotenpunktion* (BROUET, PALEY, MARCHE u. LAVERGNE; RADNER; AUERSBACH, GRUNZE u. TRAUTMANN; PIGNOT u. FRANCIS; RABIN, SELIKOFF u. KRAMER; CIONI; OSTADAL u.a.) haben sich nicht durchgesetzt, da sie riskanter und diagnostisch weniger treffsicher sind als die vorgenannten Verfahren.

Sofern größere Bronchialäste von der Metastasierung mitbetroffen sind, ist die histologische Krebsdiagnose mit Hilfe der *Bronchoskopie* zu stellen (TINNEY u. MCDONALD) s. S. 366). Die *Thorakoskopie* kann mit der Feststellung des typischen Netzwerks weißlicher Tumorzellausgüsse im subpleuralen Lymphplexus die klinisch-röntgenologische Verdachtsdiagnose der Lymphangiosis carcinomatosa sichern (CHANDLER u. MORLOCK; HEINE; SATTLER; MLZOCH; MATSON; GERACI u. BRIZZOLARA; BRANDT u. KUND; BRANDT u.a.). Einen recht kennzeichnenden thorakoskopischen Aspekt bieten auch beetartig-knollige Tumorauflagerungen auf der Serosa, während der Befund mikronodulär disseminierter Pleuraherde oder die Pleura viszeralis seicht vorwölbender grobknotiger Metastasen der Lungenrinde ohne feingewebliche Information differentialdiagnostisch nicht schlüssig ist.

Verläßlicher, wenn auch nicht unbedenklich (SAUERBRUCH; VOSSSCHULTE; BRUNNER; LINDER u. JAGDSCHIAN; SOMMER; GAUBATZ; REINKE; WALTHER; MCLEAN u. SUGIURA; FREISE u. SCHÜLER; FREISE u. RENSCH u.a.) ist die histologische Diagnostik auf Grund *gezielter Lungenbiopsie*, bei der das Gewebsmaterial *durch transthorakale Punktion* mit Spezialkanülen (VIM-SILVERMAN; MENGHINI) gewonnen wird (ROSEMOND, BURNETT u. HALL; VAN ORDSTRAND u. Mitarb.; KLASSEN, ANLYAN u. CURTIS; CRAVER u. BINKLEY; ELLIS; MARTIN u. ELLIS; CRAVER, SHARP; EFFLER; DAVIS, KATZ u. PEABODY; KOPPENSTEIN u. FARKAS; THEODOS, ALBRITTEN u. BRECKENRIDGE; HAMBERT, THUILLIEZ; TSEVRENIS u. FOUSSIER; THEMEL; STEIN u. EVANS; GRANT u. TRIVEDI; LÜDIN; PFEFFER, HAMM u. GAENSLER; DUTRA; STOREY u. REYNOLDS; GLEDHILL, SPRIGGS u. BINFORD; NEUTSCH; CLOSE; HABICHT; MAASSEN; MONOD u. HOUYOUN; WOOLF; MORISON; PERTTALA, LEPPÄNEN u. WILJASALO; MANFREDI, BUCKLEY, PATRICK, BARRY u. SIEKER; GERNEZ-RIEUX et al.; GAENSLER; SCHIESSLE u. GERMESHAUSEN; GRUNZE; MOISTER u. HAMM; OSTADAL u.a.). Anstelle der Blindpunktion mit Nadel oder Stanze verwendet HEINE eine speziell entwickelte Greifzange zur *thorakoskopisch kontrollierten Gewebsentnahme* aus verdächtigen Bezirken der Lungenrinde (s. auch BRANDT; GRUNZE; BRANDT u. KUND; GREUEL).

Als schonende, diagnostisch ergiebige Methode zur histologischen Identifizierung neoplasieverdächtiger Lungenknoten empfiehlt sich die 1962 von FRIEDEL eingeführte *Katheter-Aspirationsbiopsie*. Bei kombiniertem endoskopisch-röntgenologischem Vorgehen können nach gezielter Sondierung des Zufuhrbronchus mit einem engkalibrigen Kunststoffkatheter selbst aus peripheren Lungenherden unter scharfem Sog zusammenhängende Gewebspartikel gewonnen und feingeweblich analysiert werden (FRIEDEL; MAASSEN; MAASSEN u. MÜLLER; GLASENAPP; KRAUSE u. PADANYI; MOTSCH u.a.) (s. Bd. IX/4a, Abb. 184). Vergleichbare Resultate liefert das von japanischen Autoren entwickelte *gezielte endobronchiale Abstrichverfahren mit flexiblen Nylonbürsten-Mandrins*, die durch die Métras-Sonde bis zu suspekten Herden im Lungenmantel vorgeschoben werden (HATTORI u. Mitarb.) (s. Bd. IX/4a, Abb. 180 u. 181).

Angesichts der — mit konservativen Mitteln sonst oft unlösbaren — differentialdiagnostischen Problematik gewinnen beide Methoden zunehmende Bedeutung für die ätiologische Klärung pulmonaler „Rundherde", zumal das mit gezielter Herdsondierung erhaltene Material auch bakteriologische Treffer ermöglicht (Tuberkelbazillennachweis aus Tuberkulomen mittels selektiver Katheteraspiration s. FRIEDEL, HOPKES, KIRSCH u. LOHSE). Die therapeutischen Konsequenzen ihrer Ergebnisse erstrecken sich auch auf die schwerwiegende Entscheidung, ob nachweisliche Solitärherde der Lungen bei bekanntem Krebsleiden bzw. bereits entferntem extrapulmonalem Primärtumor als Metastasen oder als autochthone Zweitgeschwulst anzusehen und etwa mit einem weiteren Eingriff anzugehen sind (CAHAN u.a.). Als ultima ratio bleibt bei Fehlschlagen bioptischer Klärungsversuche — wie beim Verdacht auf ein peripheres Bronchialkarzinom — die *Probethorakotomie*. Die probatorische Thorakozentese ist für den Patienten riskanter und folgenschwerer als die vorgenannten Verfahren (MAURATH u. WEBER u.a.) (s. Bd. IX/4a, Tabelle 136). Sie wird im allgemeinen nur bei singulären Lungenknoten, aber kaum bei metastasenverdächtigen multifokalen Herden in Betracht kommen.

Die *Resektion anscheinend solitärer Lungenmetastasen* galt lange als kaum verantwortbares Glücksspiel (ALEXANDER u.a.), da man das Vorhandensein latenter intra- oder extrapulmonaler Metastasen mit klinisch-radiologischen Mitteln nie ausschließen kann. Indessen wird die Ansicht, die operative Behandlung pulmonaler Metastasen sei ein prinzipiell aussichts- und daher sinnloses Wagnis, durch kasuistische und zusammenfassende Erfahrungsberichte namhafter Chirurgen widerlegt (KRÖNLEIN; WEISSLECHNER;

EDWARDS; CHURCHILL; BREZINA u. LINDSKOG; BARNEY u. CHURCHILL; RIENHOFF; ALEXANDER u. HAIGHT; MAYER u. TAYLOR; LIAVAAG; EFFLER; SEILER, CLAGETT u. MCDONALD; VAN HAZEL; SWEET; SOMMER; WATERMAN; LAMBERT; DENK; HILTON, CALHOUN u. PURVIS; EHRENHAFT; SANTY, BÉRARD, GALY, LARBRE u. BETHENOD; MANNIX; D'ABREU; GALGANO; FREY u. LÜDEKE; KERGIN; GÉRIN-LAJOIE; HOOD, MCBURNEY u. CLAGETT; MOORE, PERESE u. STAUBITZ; HABEIN, CLAGETT u. MCDONALD; BAMEY; GROVES u. EFFLER; MOERSCH u. CLAGETT; RUDSTRÖM; KELLY u. LANGSTON; MEYER; ROBB; LANGSTON; GLIEDMAN, HOROWITZ u. LEWIS; LÜDEKE; JENSIK u. VAN HAZEL; LINDER; EFFLER u. BLADES; MOERSCH u. CLAGETT; LINDER u. JAGDSCHIAN; BAUER; GALE u. BROOKS; SCHELL; HIGGINSON; WHITE u. KRIVIT; UNGEHEUER u. HARTEL; ROWLANDSON; JOHNSEN; BOUCOT, WEISS u. COOPER; EDLICH, SHEA, FOKER, GRONDIN, CASTENEDA u. VARCO; CAHAN u. ALLEN; CLIFFTON u. POOL; SOPER; TAN; ZWICKER; MOODY, EDLICH u. GEDGAUDAS; HEGEMANN; ASVALL, SANDERUD u. NITTER; PAYNE, CLAGETT u. HARRISON; CLIFFTON, DAS GUPTA u. POOL; WILKINS, BURKE u. HEAD; DECKER, WARREN, CLAGETT u. DAHLIN; MOERSCH, BICKEL u. CLAGETT; OCHSNER, CLEMMONS u. MITCHELL; BROWN; THOMFORD, WOOLNER u. CLAGETT; BLADES u. ADKINS; MASAOKA et al.; POSTUNA; SCHWEISGUTH u.a.). Der Umfang der zur Metastasenbeseitigung — gewöhnlich nach vorheriger Entfernung des Primärtumors — durchgeführten Eingriffe reicht von einfacher Enukleation bzw. palliativer Keilresektion bis zur Pneumonektomie. Nicht selten wurden zweizeitige Lobektomien in beiden Lungenflügeln vorgenommen (HOOD et al.; ALEXANDER u. HAIGHT; SEILER, CLAGETT u. MCDONALD; NEPTUNE, WOODS u. OVERHOLT; CLIFFTON, DAS GUPTA u. POOL; KELLY u. LANGSTON; CAHAN; THOMFORD, WOOLNER u. CLAGETT; SMITH; LANGSTON u.a.) (s. Bd. IX/4a), in manchen Fällen überdies zusätzliche Hirnmetastasen exstirpiert (MEREDITH et al.; EFFLER u. BLADES; MOORE u. Mitarb.; ALTUG, CARMICHAEL, HENRY u. STOCKTON).

Die von KELLY u. LANGSTON zusammengestellten Erfolgsberichte der Weltliteratur (2-Jahres-Überlebensrate bei 109 Fällen 23,2%, darüber hinaus zahlreiche „long term"-Heilungen) beziehen sich auf Ableger verschiedenster Primärtumoren, teils auch auf Spätmetastasen. Andere Autoren geben noch höhere Erfolgsquoten an (MOODY, EDLICH u. GEDGAUDAS: 5jähr. Überlebensfrist bei 14—38% von 600 Resektionsfällen isolierter Lungenmetastasen; CLAGETT u. Mitarb.: 62,5% 5-Jahres-Heilungen in 13 Fällen!). UNGEHEUER u. HARTEL beziffern in ihrem Übersichtsreferat die *5-Jahres-Heilungsquote chirurgischer Lungenmetastasentherapie* bei richtiger Indikationsstellung mit *durchschnittlich 30%*. Französische Autoren beurteilen solitäre Hypernephrommetastasen im Hinblick auf die chirurgische Intervention prognostisch am günstigsten. Bei zirkumskripten Sarkommetastasen halten manche Chirurgen die Dauererfolgschance für größer als bei der Resektion karzinomatöser Tochterherde (ALEXANDER; VAN HAZEL; KELLY u. LANGSTON; dagegen WILKINS u. HEAD; BLADES u. ADKINS; UNGEHEUER u. HARTEL).

Die *Röntgendiagnostik* spielt bei der Aufspürung klinisch latenter Lungenmetastasen eine überragende Rolle. Ihre Bedeutung wird durch neuere Recherchen von GIL GAYARRE, MARTINEZ MORILLO u. GIL GAYARRE unterstrichen, die in 4000 einschlägigen Fällen das Verhältnis asymptomatischer zu klinisch manifesten Lungenmetastasen mit 2,5:1 ermittelten. Seit Jahrzehnten gehören daher regelmäßige Thorax-Röntgenkontrollen zu den obligaten Überwachungsmaßnahmen vor und nach jeder Krebsbehandlung (KRAUSE; DIETLEN; SCHINZ; EVAN u. LEUCUTIA; ZUPPINGER; GRAHAM u. WOLFSON; MAURER; DICK, BOLLINI u. FRASSINETI u.a.).

Man muß sich dabei der *Grenzen strahlendiagnostischen Erkenntnisvermögens* bewußt sein, die durch die Formvariabilität des anatomischen Substrats metastatischer Lungenprozesse, die ätiologische Indifferenz vieler Erscheinungsformen und strahlenphysikalische Gesetze bedingt sind (ASSMANN; LENK; WEISS; PENDERGRASS; RIGLER; LUCAS u. POLLACK; TESCHENDORF; MANDEVILLE; COTTON; LEE; FARRELL; GARLAND; GOLDMEIER; GRILLI; NEWELL u. GARNEAU; GREENING u. PENDERGRASS; SCHULZE u.a.). Nach einer Studie von DUMON, CHARPIN, AMALRIC u. CHOUX manifestiert sich der sekundäre Krebsbefall

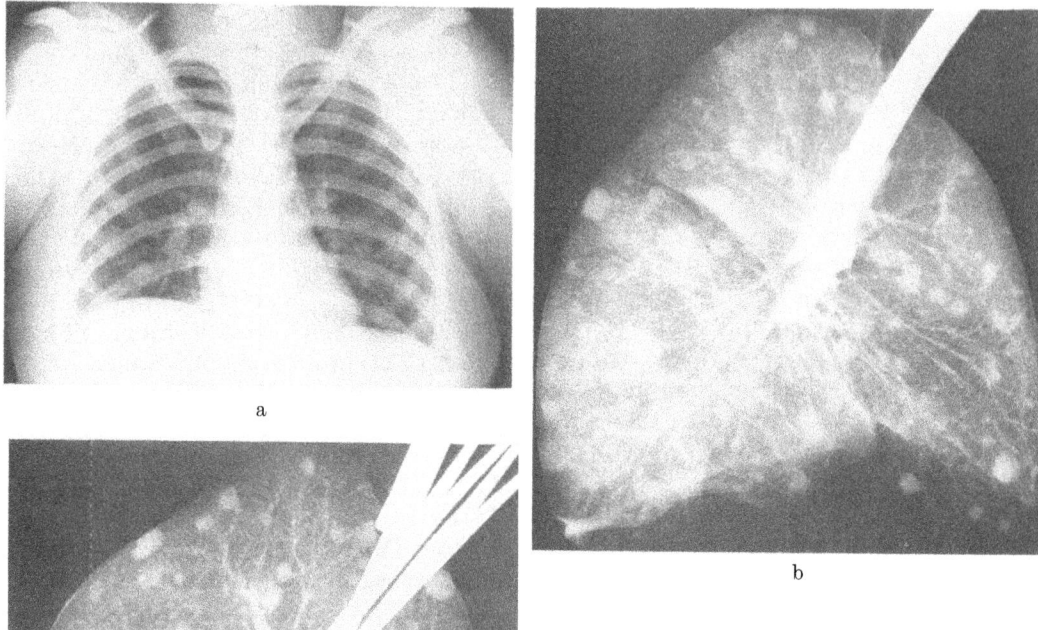

Abb. 206a—c. *Vergleichende Darstellung nodulärer Lungenmetastasen eines Mammakarzinoms auf dem Thoraxübersichtsbild 3 Wochen ante finem* (a) *und postmortalen Röntgenaufnahmen beider luftgeblähten Lungen* (b rechte, c linke Lunge). Die auffallende Abweichung von Zahl und Umfang der sichtbaren Knoten in den subpleuralen wie zentralen Lungenanteilen dürfte nicht allein auf zwischenzeitlichem Metastasenwachstum beruhen. Die Diskrepanz ist wohl vielmehr Ausdruck röntgendiagnostischer Leistungsgrenzen, wobei insbesondere die Überdeckung pulmonaler Objektdetails durch die Weichteilschatten der laktierenden Brüste zu berücksichtigen ist (27jährige Frau mit 5 Monate altem Säugling). [Nach PENDERGRASS, E. P.: Some considerations concerning the roentgen diagnosis of carcinoma of the lung. The Alabama J. Med. Sci. **4**, 166—179 (1967); Fig. 9A—C]

röntgenologisch zunächst in 11% bzw. 17% unter dem Bild uni- bzw. plurifokaler Rundherde, in 16% mit multiplen disseminierten Knötchen feinen bis mittleren Korns, in 2% als diffuse retikulär-streifige Gerüstverdichtung, in 3,5% mit pseudotuberkulösen weichwolkig-fleckigen Schatten, in 3% mit den Folgesymptomen endobronchialer Absiedlung, in 4% in der Maske eines lymphonodulären Mediastinaltumors, in 36% in Gestalt eines uni- oder bilateralen Pleuraergusses ohne grobmorphologisch faßbare Änderung der Lungenstruktur, in den übrigen Fällen mit einer Kombination dieser Phänomene. CORDERA PASTOR u. Mitarb. ermittelten andere Vergleichsziffern (Angaben über röntgenologische Erstbefunde in 400 Fällen: Multiple Rundherde 79%, solitäre Rundherde 15%, retikulär-streifige Schatten 4%, Pleuraerguß 2% — Herdschatten in 78% glattrandig, rund, homogen, in 10% unscharf begrenzt, in 5% ovalär geformt — Herddurchmesser in 51% 0,5—2 cm, in 25% über 2 cm, in 18,5% von unterschiedlicher Größenordnung). Da noduläre Herde und lymphangiotische Strukturverdichtungen erst von einer gewissen *Schwellendimension* an (Erkennbarkeitsgrenze knotiger Gebilde: ca. 3—8 mm Durchmesser) (OVERHOLT; LEE; ROBBINS; RIGLER; NEWELL u. GARNEAU; PENDERGRASS; SPRATT,

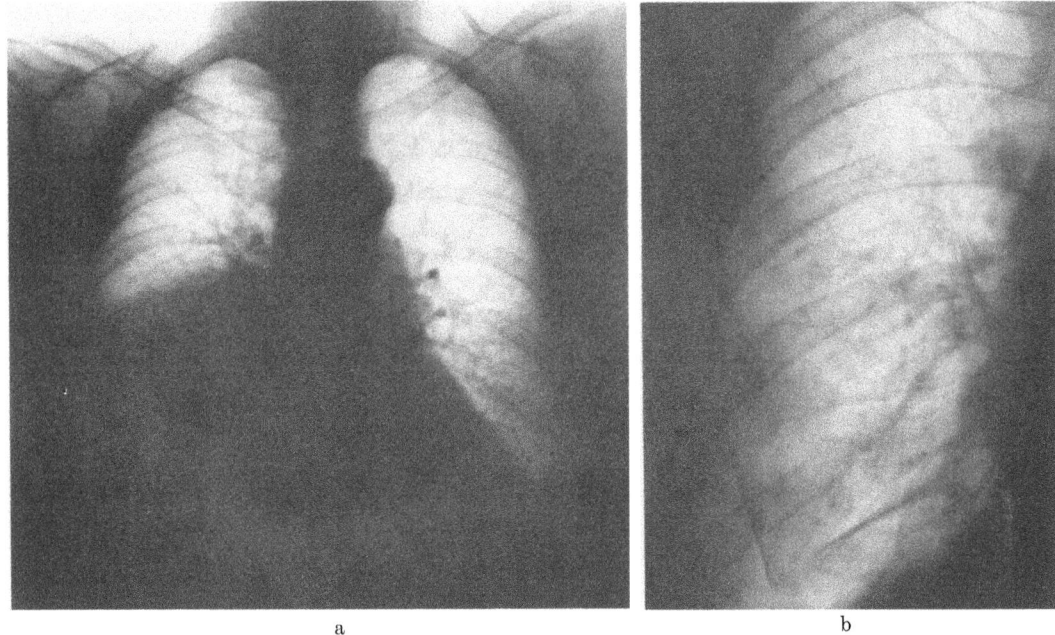

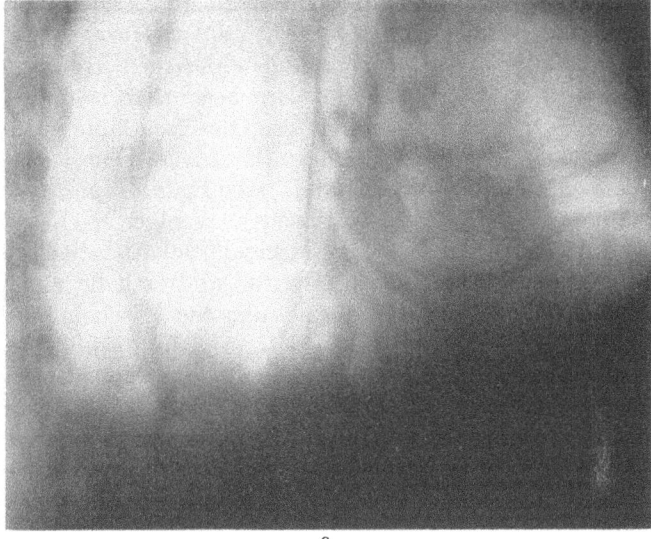

Abb. 207a—c. *Überdeckung grobknotiger Lungenmetastasen durch einen massiven Pleuraerguß*. Die im Exsudatschatten verborgenen nodulären Herde (a Übersichtsaufnahme p.-a.) werden erst nach ausgiebiger Entlastungspunktion (2000 ml) im wiederentfalteten Parenchym der basalen Lungenabschnitte auf der sagittalen Zielaufnahme (b) und im seitlichen Schichtbild (c Tomogramm sinistrodextral 12 cm) sichtbar. C.Z., 61jähr. ♀. Arch.-Nr. 1307 08982, Radiolog. Zentralinstitut d. Krhs. Nordwest Frankfurt/M.

TER-POGOSSIAN u. LONG; LINDIG; KROKOWSKI u.a.) (s. Bd. IX/4a) als Objektdetails wahrnehmbar werden, hat der *negative Röntgenbefund keine ausschließende Beweiskraft*. Im Verdachtsfall bedarf es konsequenter Kontrolluntersuchungen in kürzeren Zeitabständen, um die Annahme zu entkräften oder den Beginn einer Absiedlung verläßlich zu erfassen. Dabei kann die Vergrößerungstechnik den Nachweis initialer Gerüstverdichtungen erleichtern (IWAMURA u.a.).

Selbst fortgeschrittene knotige Metastasen können sich aus verschiedenen Gründen wenigstens zeitweilig dem röntgenologischen Nachweis entziehen (Überlagerung durch ausgedehnte Pleuraergüsse oder -schwarten, Verdeckung im massiven Lungenkollaps bei Spontanpneumothorax, Überstrahlung durch ein blasiges Lungenemphysem, Diagnoseerschwernis durch relativen Zwerchfellhochstand und andere die richtige Erkenntnis beeinträchtigende Faktoren) (Abb. 206 u. 207). Es erscheint allerdings fraglich, ob WALTHER mit der von ihm genannten Fehlerquote — grobnoduläre Lungenmetastasen von über 1 cm Durchmesser waren bei zwei Dritteln von 228 autoptisch verifizierten Fällen *in vivo* unerkannt geblieben — die Leistungsgrenzen röntgenologischer Methodik umreißt oder auch rein klinische Untersuchungsergebnisse mit einbezieht. LEE überprüfte die gleiche Frage auf Grund der Sektionsprotokolle und kurz ante finem angefertigter Thoraxübersichtsaufnahmen von 100 unausgewählten Krebskranken mit pulmonaler Metastasierung (Tabelle 26).

Tabelle 26. Zur Treffsicherheit der Röntgendiagnostik pulmonaler Metastasen anhand der Thoraxübersichtsaufnahmen. [Nach LEE, I. N.: Pulmonary metastases. Dis. Chest **30**, 85—95 (1956)]

Metastasentyp	Gesamtzahl	Röntgenologisch	
		positiv	negativ
a) Miliare Knötchen bis zu 3 mm ⌀	8	4	4
b) Wenige Knoten (bis zu 5) unter 3 cm ⌀	35	7	28
c) Zahlreiche Knoten unter 3 cm ⌀	30	23	7
d) Isolierte große Knoten über 3 cm ⌀	14	14	0
e) Lappenfüllende oder noch größere Metastasen	13	13	0
Gesamtzahl	100	61	39

Das Ergebnis von LEEs Studie, die das Verhältnis zutreffender Röntgenbefunde zur Anzahl fälschlich negativer Urteile im umgekehrten Sinne als WALTHER beziffert (61:39) deckt sich mit der von MOODY, EDLICH u. GEDGAUDAS bei 600 verifizierten Lungenmetastasen-Fällen angegebenen röntgenologischen Trefferquote von 60 %.

Dieser Sachverhalt ist insofern beachtlich, als die Ungunst der sub finem vitae gegebenen Untersuchungsbedingungen (Beschränkung auf Übersichtsaufnahmen im Bett ohne Durchleuchtung der hinfälligen Kranken, Überlagerung pulmonaler Strukturen durch relativen Zwerchfellhochstand, terminale hypostatische Prozesse etc.) die Diagnose sekundärer Lungengeschwülste nicht weniger erschwert als die oben genannten Faktoren (zu geringe Dimension, unzureichende Schattendichte oder Verschleierung des metastatischen Prozesses durch Störschatten und örtliche Komplikationen im Brustraum). Überdies bereitet die Identifizierung mancher Erscheinungsformen (z.B. isolierter Rund- und Zerfallsherde) beträchtliche Schwierigkeiten, weil der röntgenologische Befund mehrdeutig ist und nicht mit der Gewißheit auf das anatomische Korrelat hinweist, wie sie etwa der szintigraphische Nachweis örtlicher Jodspeicherung in endothorakalen Metastasen thyreogenen Ursprungs (LLEWELLYN, JANSEN, RIDINGS u. COFFMAN; HORST; GREBE; ERNST u. HEINE u.a.) oder die Radio-Strontium-Ablagerung in strahlenoptisch noch weichteildicht-homogen wirkenden Lungenmetastasen osteogener Geschwülste bietet (SAMUELS) (s. S. 438).

Unbeschadet dessen leistet die Strahlendiagnostik eine unentbehrliche Hilfe bei der Aufdeckung metastatischer Lungenveränderungen. Der sekundäre Tumorbefall wird vielfach erst auf Grund röntgenologischer Überraschungsbefunde erkannt, die für die differentialtherapeutische Entscheidung ausschlaggebende Bedeutung haben. Zur Früherkennung pulmonaler Absiedlungen von Schilddrüsenkarzinomen übertrifft die Treffsicherheit röntgenologischer Fahndung sogar die der Lungenszintigraphie, wie GARBSCH bei Analysen von Vergrößerungsaufnahmen im Vergleich zu negativen Scan-Befunden bei nicht speichernden Herden feststellte.

Die Polymorphie des Schattenkorrelats entspricht der anatomischen Vielgestaltigkeit sekundärer Lungengeschwülste, deren Gepräge sich aus Ursprung und Ausbreitungsweise der Neoplasie ergibt und nach Ansicht von HEEREN konstitutionellen, neuro-vegetativen und hormonalen Einflüssen unterliegt. Der Röntgenbefund weist nur bei mittel- bis grobknotiger multifokaler Metastasierung recht charakteristische Züge auf. Er ist aber selbst unter diesem Aspekt nicht pathognomonisch und bietet bei den stark voneinander ab-

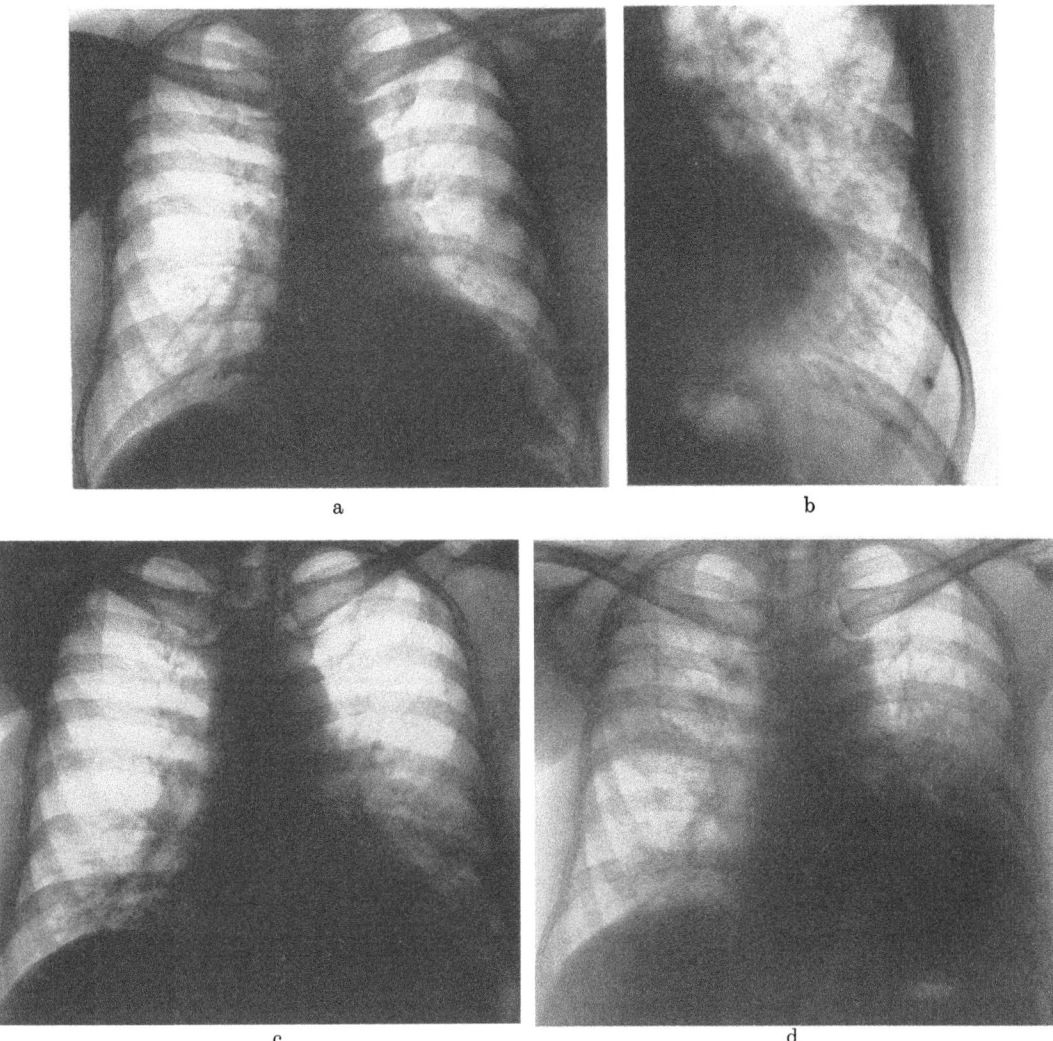

Abb. 208a—d. *Lymphangiosis carcinomatosa pulmonum bei Mammakarzinom links.* Feststellung des kirschgroßen Krebsknotens bei Kontrolle 15 Monate nach Amputation der rechten Brust wegen Ca. solidum und postoperativer Röntgentiefentherapie. Reizhusten und zunehmende Dyspnoe etwa 3 Wochen vor röntgenologischer Verifizierung der zunächst linksseitigen, später auch die rechte Lunge einbeziehenden lymphangischen Karzinose mit nachfolgender lentikulärer Tumoraussaat in die Haut der linken Brustwand. Thoraxübersicht p.-a. 10. 10. 61 (a), Ausschnitt li. Thoraxbasis p.-a. vom 19. 9. 62 (b), Thoraxübersicht vom 19. 9. 62 (c) und vom 27. 11. 62 (d). R. v. D., 54jähr. ♀. Arch.-Nr. 10713/61, Röntgenabtlg. Med. Univ.-Klinik u. Poliklinik Münster/W. (Direktor: Prof. W. H HAUSS)

weichenden Grundformen sehr unterschiedliche differentialdiagnostische Probleme (OTTEN; ASSMANN; SCHMIDT; LORENZ; LENK; FARGUES; SCHMOLLER; BLUM; WEISS; AUSTRIAN u. BROWN; FELSON u. HEUBLEIN; LE WALD; D'AMATO; PENDERGRASS; EVANS u. LEUCUTIA; CARMAN; FELSON u. FELSON; LUCAS u. POLLACK; D'HALLUIN u. BELLE; FARRELL; TURNER u. JAFFE; RUSSO u. CAVANAUGH; GILES; PENDERGRASS u. WHITE; OLSEN; HUBENY u. MASS; COTTON; MINOR; MUELLER u. SNIFFEN; MANDEVILLE; RAVELLI; COCCHI; TESCHENDORF; ANACKER u. STENDER; RIGLER; BREIG; FELSON; BLAIR; FAVRE, PALASSE, ROUBIER u. GUICHARD; SLAVIN; GAENSLER; KING; BUECHNER; MITCHUM u. BRADY; KAISER; SCADDING; DUROUX u. MARTY; MATHES, WIRBATZ u. LESSEL; MEYER u. CHRÉTIEN; MLZOCH; ANDOSCA u. MOLONEY; PICARD, BENOZIO, FONTAINE u. SZIGETI; MARKS; REDON; EVEN, SORS u. REDON; HAROLD; CHANDLER u. TELLING; BOLLINI u.

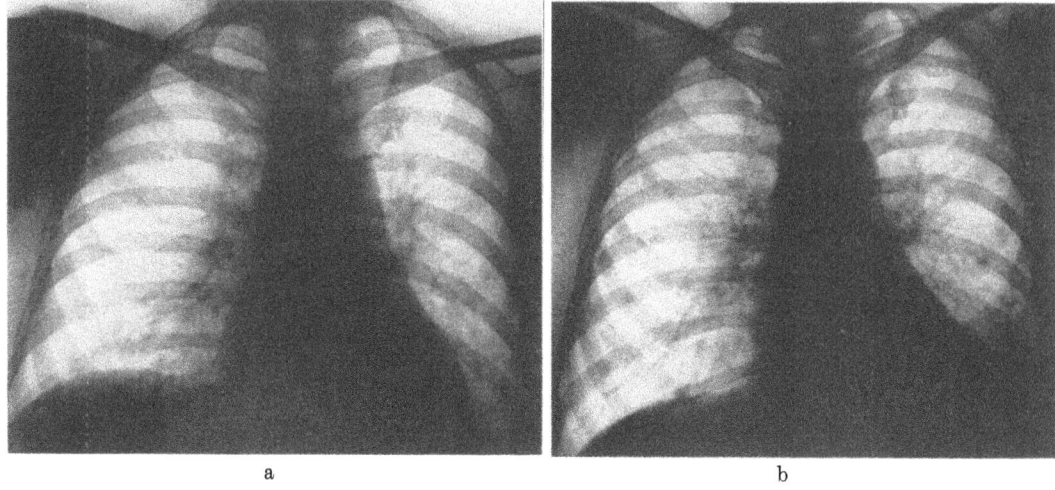
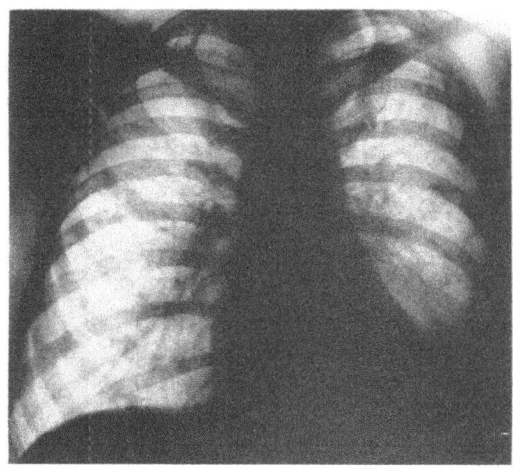

Abb. 209a—c. *Lymphangische Lungenkarzinose zwei Jahre nach Ablatio mammae rechts*, zunächst (Thoraxübersichtsbild p.-a. vom 9. 11. 57) (a) nur mit gering retikulär-streifiger Gerüstverdichtung hervortretend, später — Thoraxübersichtsaufnahmen vom 10. 2. (b) und 2. 4. 58 (c) — mit Einlagerung verwaschener Tüpfelschatten und relativ grobknotiger Herde bei Pleuritis carcinomatosa links. E. S., 46jähr. ♀. Arch.-Nr. 2697/58, Röntgenabtlg. Med. Univ.-Klinik u. Poliklinik Münster/W. (Direktor: Prof. W. H. HAUSS)

FRASSINETI; PAGLICCI; WHITFIELD, BOND u. ARNOTT;; MICHEELS u. WEISS; DUMON, CHARPIN, AMALRIC u. CHOUX; GASCARD, LALLEMAND, BARBE u. SANTAMARIA; PAOLETTI; WALD; SHINOHARA; TRAPNELL; GRILLI; LINDIG; BRAUN u. WEICKSEL; CORDERA PASTOR, LANA u. CASAB RUEDA; SCHULZE u. a.).

Bei *kontinuierlich-lymphogener Krebsinfiltration aus den Nachbarorganen* hängt es vom Tumorsitz ab, ob einer oder beide Lungenflügel einbezogen werden. Die röntgenologischen Anzeichen des pulmonalen Krebsbefalls (streifige, herdförmig-fleckige oder konfluierende umfängliche Verdichtungen eines oder mehrerer Lungensektoren) können im Gesamtbild hinter den vom Primärtumor selbst verursachten Erscheinungen und hinter dem Schattenkomplex seiner extrapulmonalen Metastasen zurücktreten (neoplastische Mediastinalverbreiterung bzw. Hilusauftreibung durch Geschwulstgewebe oder Lymphknotenmetastasen, massive Pleuraergüsse, ausgedehnte Rippendestruktion mit parietaler Weichteilverschattung etc.). Andererseits werden sie nicht selten von zusätzlichen entzündlich-obstruktiven Parenchymkomplikationen überformt, die sich als Folge neoplasiebedingter Bronchostenosen entwickeln (hilusnahes Bronchuskarzinom, peribronchiale Lymphknotenmetastasen eines Brustkrebses, Ösophaguskarzinoms und anderer maligner Mediastinaltumoren).

Die *Lymphangiosis carcinomatosa pulmonum* kann sich im Verlauf der Fernmetastasierung beiderseits diffus im zuvor intakten Lungengewebe ausbreiten oder als örtlich begrenzte Krebsabsiedlung in der Umgebung autochthoner bzw. metastatischer Geschwulstherde hervortreten (v. MEYENBURG; LENK; LUCAS u. POLLACK; SCHATTENBERG u. RYAN; WU; ROSS; LORENZ; HAUSER u. STEER; STEPHAN u. HAUG; WALD; TRAPNELL; MUELLER u. SNIFFEN; LIANG; LAGÈZE et al.; DUROUX u. MARTY; SEYDERHELM; SCHWARZMANN; LAMBIE u. COLLIER; CHANDLER u. TELLING; PAOLETTI; TACQUET u. Mitarb.; GIRODE; PICCELLINI u. a.).

Die *umschriebene Form* macht sich mit retikulären Streifenzügen im Abflußgebiet peripherer Bronchuskrebsinfiltrate bzw. -knoten, seltener auch bei großen Lungenmetastasen bemerkbar (LENK; POHL; KRYMOVA u. a.) (s. Bd. IX/4b, Abb. 405, 408 u. 413). Ähnliche radiär-streifige Ausläufer sieht man oft in der Randzone des Parenchymkeilschattens jenseits stenosierender Segment- und Lappenbronchuskarzinome. Da die Verdichtung obstruktionsbedingter chronischer Schaumzellpneumonien nicht-neoplastischen Ursprungs ebenso aufgefasert erscheinen kann, ist der Röntgenbefund sog. „*Krebsfüßchen*" keineswegs beweisend für ein lymphogen fortschreitendes Tumorwachstum, sondern nur allgemeines Anzeichen peribronchial-interstitieller Infiltration (FLEISCHNER; KAHLER; BRODY u. LEVIN; SCHULZE) (s. Bd. IX/4b).

Die *generalisierte metastatische Lymphangiosis* beider Lungen kann im Röntgenbild noch verborgen sein oder sehr diskret wirken, wenn bereits Kurzatmigkeit und stärkerer Reizhusten bestehen. Die auffallende Diskrepanz ist bei Brustkrebspatientinnen geradezu ein ominöses Verdachtsmoment lymphangischer Lungenbesiedlung, die mit der Diffusionsstörung erfahrungsgemäß schon Beschwerden auszulösen pflegt, ehe sie röntgenmorphologisch hervortritt (SCHULZE u. a.). Als erste Indizien der Tumorzellinfiltration subpleuraler Lymphbahnen findet man zarte, horizontal verlaufende und netzartig miteinander verbundene Strichschatten in den marginalen Lungenabschnitten, und zwar bevorzugt an den Basen. Die Strukturverdichtung gleicht zunächst weitgehend dem Bild kosto-pleuraler Septumlinien („B-Linien" KERLEYs), die sich bei chronischer venöser Hypertonie im Lungenkreislauf (pulmonale Kongestion bei Mitralfehlern, Lungenvenenokklusion durch konstriktive Perikarditis) und koniotischer Gerüstsklerose infolge stauungsbedingter Ektasie der interlobulären Lymphwege entwickeln (vgl. Bd. IX/3, S. 327/328).

Mit fortschreitender Krebsbesiedlung der oberflächlichen und tiefen Lymphspalten wird das sichtbare Netzwerk kräftiger gezeichnet und engmaschiger (vgl. Abb. 208 u. 209a u. b). Eine disseminierte *mikronoduläre Verkalkung der interstitiellen Krebsinfiltrate*, die sehr selten bei lymphangischer Absiedelung adenoider Karzinome beobachtet wird, verleiht dem netzförmig-streifigen Gerüstmuster ungewöhnliche Absorptionsdichte, doch sind die subpleuralen und in den Septen verstreuten Mikrokalzifikationen im Summationsbild unterschwellig und erst am isolierten Lungengewebe als Objektdetails strahlenoptisch nachzuweisen (Abb. 210). In manchen Fällen bleibt die *retikulär-streifige Grundform* vorherrschend. Meist tritt jedoch ein zusätzliches Bildelement in Gestalt *feinfleckiger, rasch anwachsender Tüpfelschatten* zutage, die — einzeln stehend oder scheinbar gruppenförmig übereinander projiziert — die Streifenzüge in zunehmendem Maße durchsetzen. Die als „aufschießende lentikuläre Knötchen" imponierenden Flecken werden in der Mehrzahl von orthograd getroffenen Kreuzungspunkten krebsinfiltrierter Lymphgefäße gebildet, stellenweise auch durch intraazinäre Geschwulstinfiltrate bedingt. Sie wirken größtenteils verwaschen und scheinen — infolge Summation und Konfluenz — von der Randpartie zum Lungenkern hin an Dichte zuzunehmen. Schließlich entstehen oft *schmetterlingsförmig konfluierende wolkig-streifige Verdichtungsbezirke*, die *bis an die Lungenwurzeln heranreichen* und von den knolligen Schatten metastatischer Hiluslymphome kaum mehr abzugrenzen sind. Früher oder später äußert sich der Übergriff auf die Pleura mit umfänglichen, nach Punktion rasch nachfließenden *Begleitergüssen*.

Im Entwicklungsablauf der Lymphangiosis zeigen sich somit formal oft fließende Übergänge zum *alveolär-bronchopneumonischen Wuchstyp sekundärer Lungenkrebse* und zum — in reiner Form nur selten anzutreffenden — Bild der *hämatogenen disseminierten Miliarkarzinose* (s. S. 423ff.).

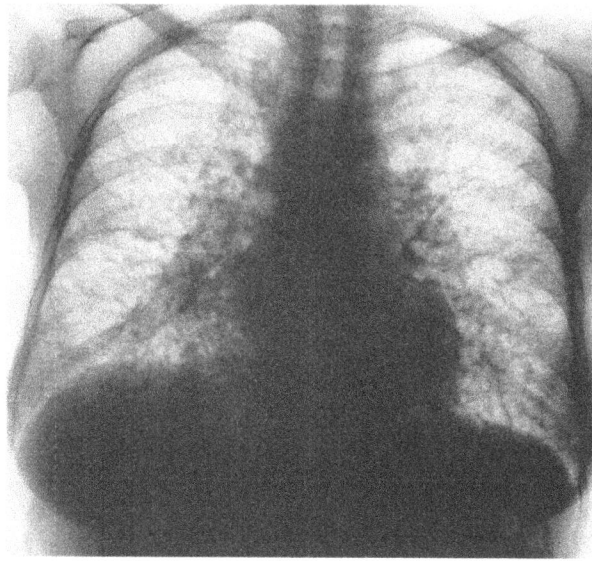

Abb. 210a—e. *Mikroverkalkung interstitieller Krebsinfiltrate und metastatischer Hiluslymphome bei Lymphangiosis carcinomatosa pulmonum (Adenokarzinom).* Der diffuse Gerüstprozeß wurde 10 Monate ante finem anläßlich wiederholter katarrhalischer Episoden festgestellt. Nach langwieriger erfolgloser Therapie vermeintlicher „Grippeinfekte" Klinikeinweisung wegen Belastungsdyspnoe, die während stationärer Behandlung zunächst nachließ. Die ungewöhnlich intensiv wirkende mikronodulär-streifig-netzförmige Gerüstverdichtung beider Lungen und die endothorakalen Lymphome waren 4 Monate nach dem Erstbefund unverändert (a Nativbild p.-a.) und zeigten auch später keine merkliche Progredienz. Die Diskrepanz zwischen dem Ausmaß der Parenchymläsion und den nur geringfügigen Atembeschwerden ließ anfänglich an eine hilo-pulmonale Sarkoidose denken, doch wurde die Annahme durch den Nachweis osteolytisch-osteoplastischer Skeletmetastasen und baldigen Anstieg der Blutsenkungsgeschwindigkeit von leicht erhöhten zu maximal beschleunigten Werten (99/124 mm n.W.) widerlegt. Der mediastinoskopische Biopsiebefund einer „weitgehend nekrotischen Lymphknotenmetastase eines vorwiegend soliden, teils adenoiden Karzinoms" (E.-Nr. 5241/72, Path. Inst. d. Krhs. Nordwest, Direktor: Prof. KAHLAU) ließ keinen Zweifel an einer lymphogenen Krebsaussaat, die im weiteren Verlauf zu erheblicher Atemnot infolge restriktiver Ventilations- und Diffusionsstörung führte. Mammographie unauffällig. Trotz gynäkologischen Verdachts auf einen linksseitigen Ovarialtumor blieb der Sitz der Primärgeschwulst *in vivo* ungeklärt, weil Ateminsuffizienz und fortschreitender Kräfteverfall eine Narkoseuntersuchung und sonstige eingreifende diagnostische Maßnahmen unmöglich machten. Die Autopsie ergab neben einem Gallertkrebs des Colon ascendens ein teilweise zystisches Karzinom des linken Ovars, das feingeweblich mikronodulär verkalkte Nekrosen aufwies und eine hochgradig

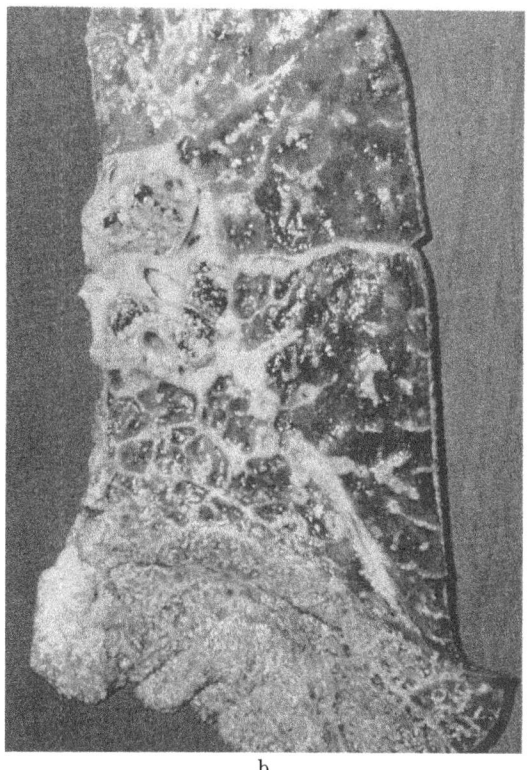

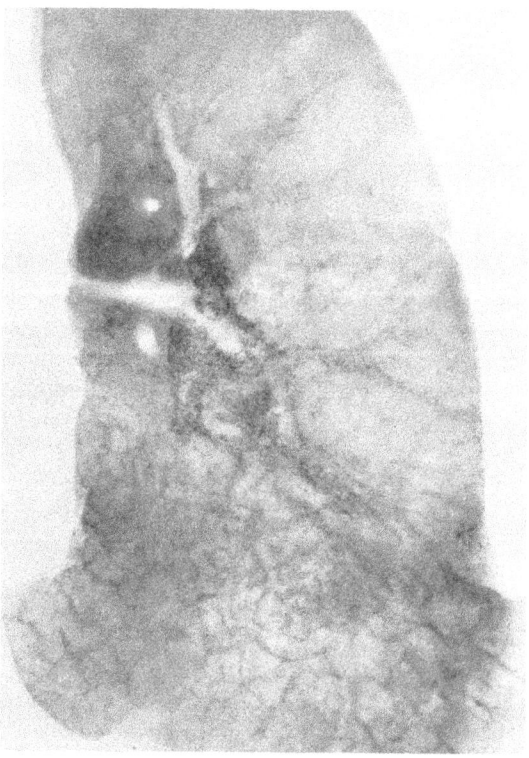

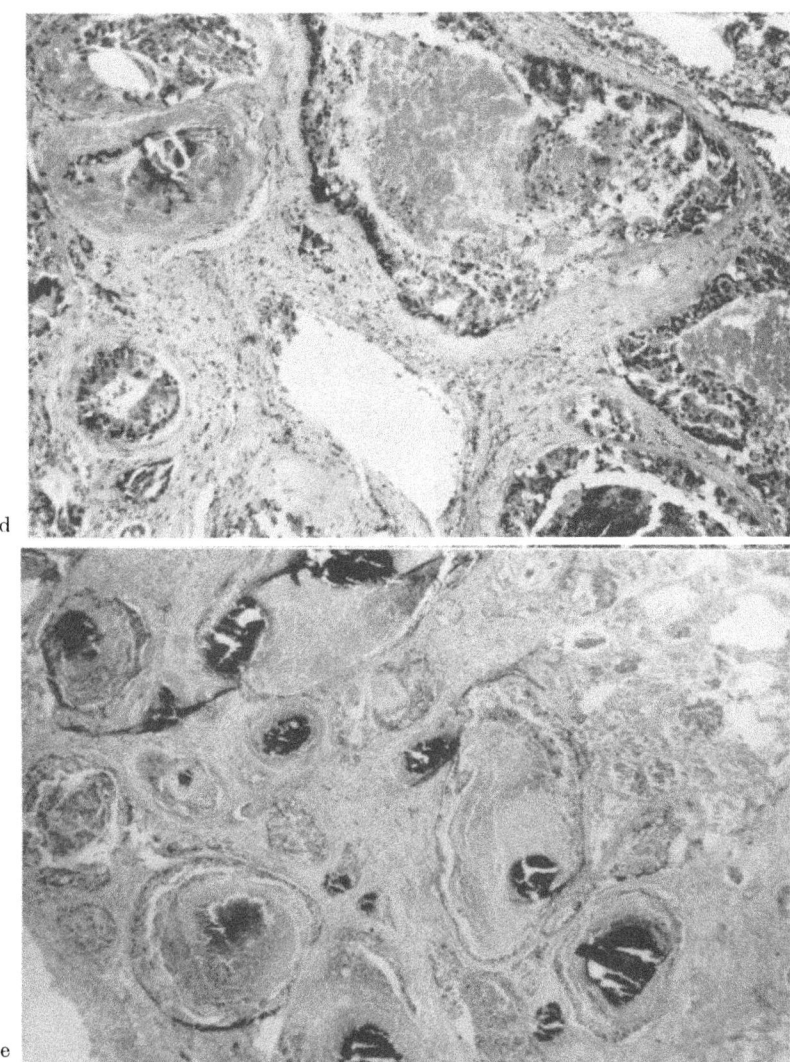

Abb. 210d u. e

Die *Initialstadien lymphangiotischer Lungenprozesse* sind röntgenologisch *schwer zu verifizieren*, selbst wenn ein entsprechender Primärtumor bekannt ist, und mit der Möglichkeit pulmonaler Absiedlung gerechnet wird. Der Befund etwas verstärkter streifiger Lungengerüstzeichnung ist zu vieldeutig, um eine beginnende Lymphangiosis sogleich sicher erkennen bzw. von geringgradiger *Lungenfibrose als Folge chronischer Bronchitis* ohne weiteres unterscheiden zu können.

Fortsetzung Legende Abb. 210a—e:

ausgedehnte Lymphangiosis carcinomatosa der Lungen mit gleichartigem histologischem Aspekt hervorgerufen hatte (Sekt.-Nr. 194/72) (b Flachschnitt der linken Lunge). Die strahlenoptisch auffallende Absorptionsdichte des lymphangiotischen Prozesses beruhte auf feinkörnig disseminierter Kalkablagerung im krebsinfiltrierten Lungengerüst, die erst auf der Weichstrahlaufnahme des Lungenflachschnitt-Präparats als Objektdetails in den interlobulären Septen und bronchovaskulären Bindegewebsscheiden sichtbar wurde (c). Mikroskopisch zeigte sich eine amorphe Verkalkung zentraler Geschwulstzellnekrosen innerhalb der stark erweiterten, randständig von erhaltenen Tumorzellen ausgekleideten Lymphgefäße (histologische Lungenschnitte: d H.-E.-Färbung, Vergr. etwa 160fach; e Kalkdarstellung nach Kossa, versilberte Kalkschollen unter Lichteinfluß geschwärzt, Vergr. etwa 65fach). E. L., 45jähr. ♀. Arch.-Nr. 2001 27752, Radiolog. Zentralinst. d. Krhs. Nordwest, Frankfurt/M.

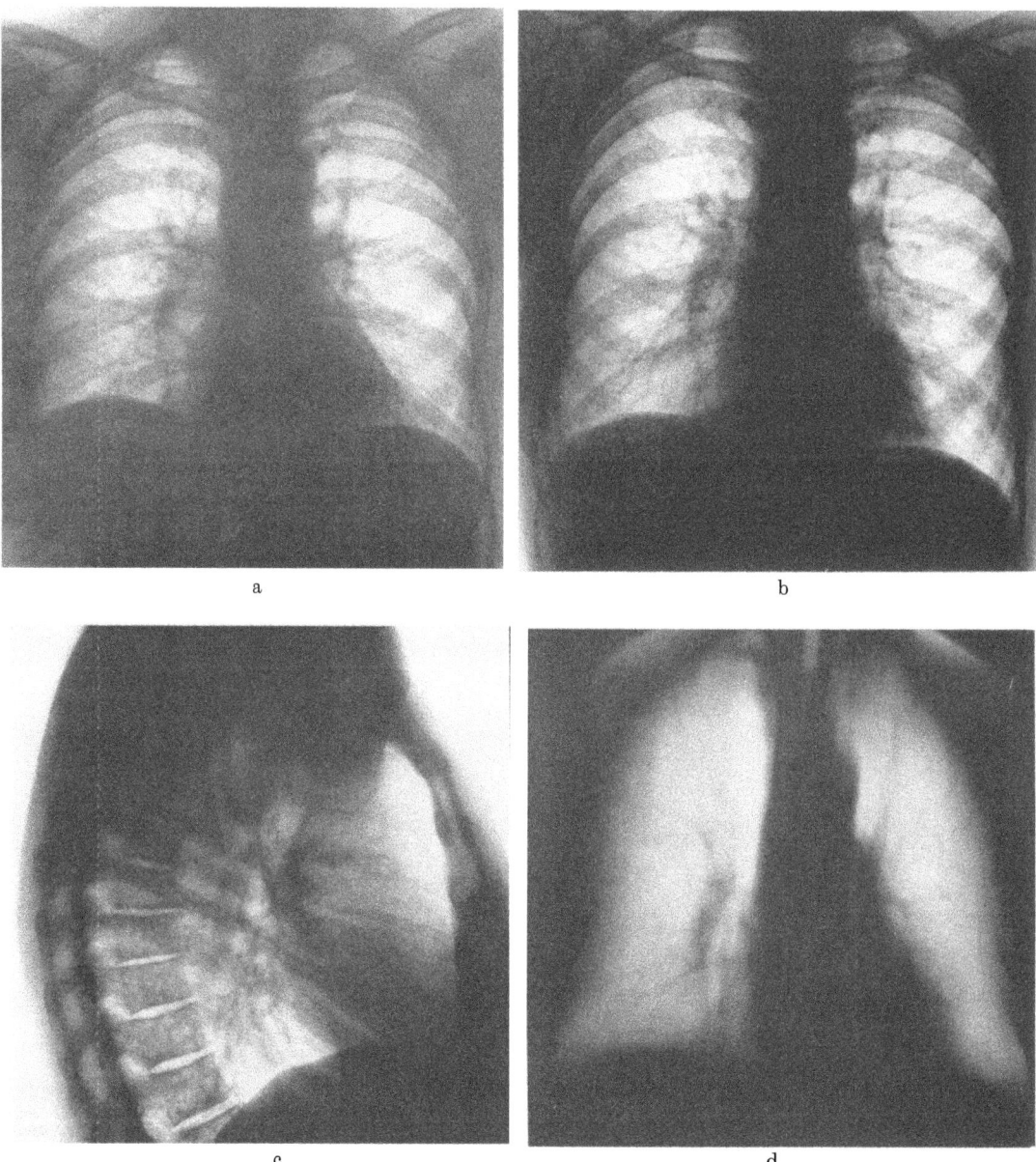

Abb. 211 a—d. *Überlagerung der Lungenstrukturen bei generalisierter Skeletkarzinose nach Ablatio mammae links.* Im Vergleich zum Anfangsbefund (a Übersichtsaufnahme p.-a. vom 13. 7. 65) bei Kontrolle nach ausgedehnter osteo-kutaner Spätmetastasierung scheinbar retikulär-streifig verstärkte Lungenzeichnung (b 16. 9. 70). Die osteoplastische Verdichtung der Brustwirbel im seitlichen Übersichtsbild (c) und die tomographisch unauffällige Darstellung der pulmonalen Strukturen (d Schichtbild 10 cm a.-p. vom gleichen Tage) entlarven den Befund als summationsbedingtes Trugbild. E. S., 66jähr. ♀. Arch.-Nr. 0802 04672, Radiolog. Zentralinst. d. Krhs. Nordwest Frankfurt/M.

Differentialdiagnostisch kann der Nachweis umschriebener oder generalisierter Rumpfskeletmetastasen richtungsweisend sein. Das *Zusammentreffen streifig-mikronodulärer Lungenveränderungen und herdförmiger Knochendestruktion* ist aber nicht pathognomonisch für die Geschwulstaussaat (WEISBERGER u. DUMM u.a.). Man findet eine gleichartige Kombination bei verschiedenen nichtneoplastischen Krankheiten, insbesondere bei *speichernden und nichtspeichernden Retikulosen (Morbus Gaucher:* SILVERSTEIN u. KELLY;

Abb. 212a—e. *Pulmonale Hypertonie mit sekundärer Hämosiderose der re. Lunge und des li. Unterlappens bei multilobärer Lungenvenenokklusion durch Concretio pericardii* (Edwards-Burchell-Syndrom). Klinikaufnahme wegen rezidivierender Hämoptysen und zunehmender Dyspnoe unter Verdacht auf Mitralstenose bei stummem Auskultationsbefund. Die feinfleckig-retikulärstreifige Gerüstverdichtung (a Übersichtsaufnahme p.-a., b Ausschnitt re. Lungenbasis) glich bei tomographisch nachweislicher Überfüllung der re. Oberlappensammelvene (c Schichtbild 10 cm a.-p.) dem Aspekt einer miliaren Stauungsinduration, zumal der Auswurf reichlich hämosiderinspeichernde Herzfehlerzellen enthielt. Gegen die Annahme eines Mitralvitiums sprach jedoch die Aussparung des strukturell unauffälligen li. Oberlappenareals und die Herzkonfiguration, die lediglich eine Hypertrophie der re. Kammer, aber keine Dilatation des li. Vorhofs zeigte (d und e Zielaufnahmen in beiden Schrägdurchmessern). Die Annahme einer regional ungleichmäßig ausgeprägten „idiopathischen" Lungenhämosiderose mit konsekutivem pulmonalen Hochdruck traf nicht den pathogenetischen Kern des Grundleidens, weil dessen einziges röntgenologisch faßbares Indiz — eine zarte Kalkschale am oberen Umschlagpunkt des Herzbeutels — als Aortenwandplaque fehlgedeutet wurde. Exitus unte den Erscheinungen der Rechtsinsuffizienz. Autoptischer Befund: Chronisch unspezifische Perikarditis mit partieller Concretio pericardii, narbiger Raffung des li. Vorhofs und orifizieller Lungenvenenstriktur im Abflußgebiet der stauungsindurierten Lungensektoren sowie erhebliche Hypertrophie des re. Ventrikels (Sekt.-Nr. 238/58, Path. Inst. d. Univ. Münster/W., Direktor: Prof. W. GIESE). A. B., 50jähr. ♀. Beobachtung an der Röntgenabteilung d. Med. Univ.-Klinik u. Poliklinik Münster/W. (Direktor: Prof. W. H. HAUSS). (Nach SCHULZE, W.: Abnorme Füllung der pulmonalen Sammelvenen und ihre Bedeutung für die Differentialdiagnose kardio-pulmonaler Erkrankungen. Deutscher Röntgenkongreß 1966 Berlin. Kongr.-Ber. Teil Y, S. 91—97, Abb. 4a—d. Stuttgart: G. Thieme 1967)

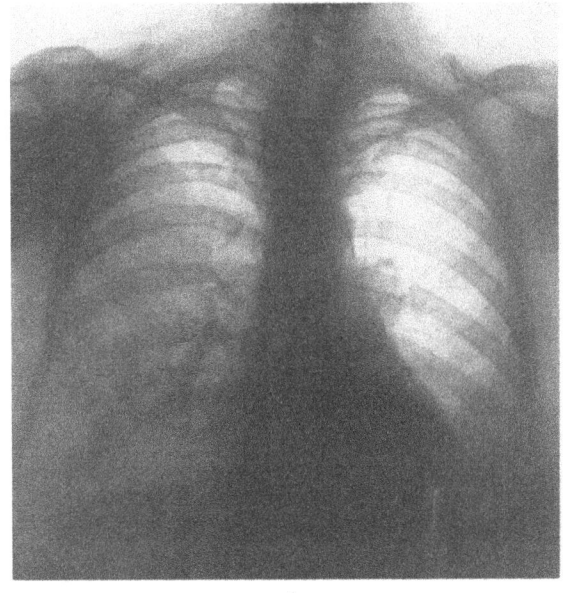

a

KLÜMPER, STREY, WILLING u. HOHMANN; WALTHARD u. ZUPPINGER; HABERMANN; PREGER et al.; SCHMID u.a.; *Morbus Hand-Schüller-Christian:* BÜRGER; THANNHAUSER; WALLGREN; SCHMID u.a.; *eosinophiles Granulom:* LICHTENSTEIN u. JAFFE; LICHTENSTEIN; WALTHARD u. ZUPPINGER; DIXON, FAURÉ u. BEAUFILS; LOVE u. FASHENA; WEINSTEIN, FRANCIS u. SPROFKIN; HENDERSON, DAHLIN u. BICKEL; BEUMER u. PORTON; MARKERT u. REDDEMANN; SCHUHKNECHT u. PEARLMAN; CRINQUETTE, GIRARD, DANES u. BERGER; RUCKENSTEINER; ARNETT u. SCHULZ; MAZZE et al.; ROBB-SMITH; WEISBERGER u. DUMM; BARIÉTY, MONOD, COURY, CHOUBRAC u. PALLIAS; DIXON; McCULLOUGH; SCHMID u.a.), bei allen Formen *maligner Retikulosen* (JAFFE; HORVÁTH et al. u.a.), gelegentlich auch bei *tuberöser Sklerose* (SAMUELSEN; SILVERSTEIN u. MITCHELL; ACKERMAN; VIAMONTE, RAVEL, POLITANO u. BRIDGES), ferner bei *viszeralen Mykosen* (MAZET; COLLINS u.a.), bei *Arthritis mutilans* (BREDNOW; VOTH u.a.), *Lupus erythematodes* (BÄUMER; GREEN u. OSMER; FOSSATI et al.), *pulmonaler Sklerodermie* (KEATS; LESZLER; BOCHU u. BUFFARD u.a.) und *anderen Kollagenosen* (COSTA u. PAPAGNI; ARMANIS; AUFDERMAUR u.a.).

Kleine kostale Destruktionsherde sind auf dem Thoraxübersichtsbild bei fortgeschrittener Tumorbesiedlung der Lungen am deutlichsten in den überlagerungsfrei tangential getroffenen Abschnitten der axillaren Rippenzirkumferenz erkennbar, während in Deckung mit intrapulmonalen Fleckschatten abgebildete Metastasen des Thoraxskelets leicht übersehen werden. Umgekehrt können ausgedehnte *osteolytisch-osteoplastische Rippenmetastasen* durch Summation mit pulmonalen Gefäßstrukturen den *irrigen Eindruck metastatischer Lungenherde erwecken* oder Zerfallprozesse vortäuschen (BOTSZTEIN u. ZOLLINGER; JONES u.a.), (Abb. 211).

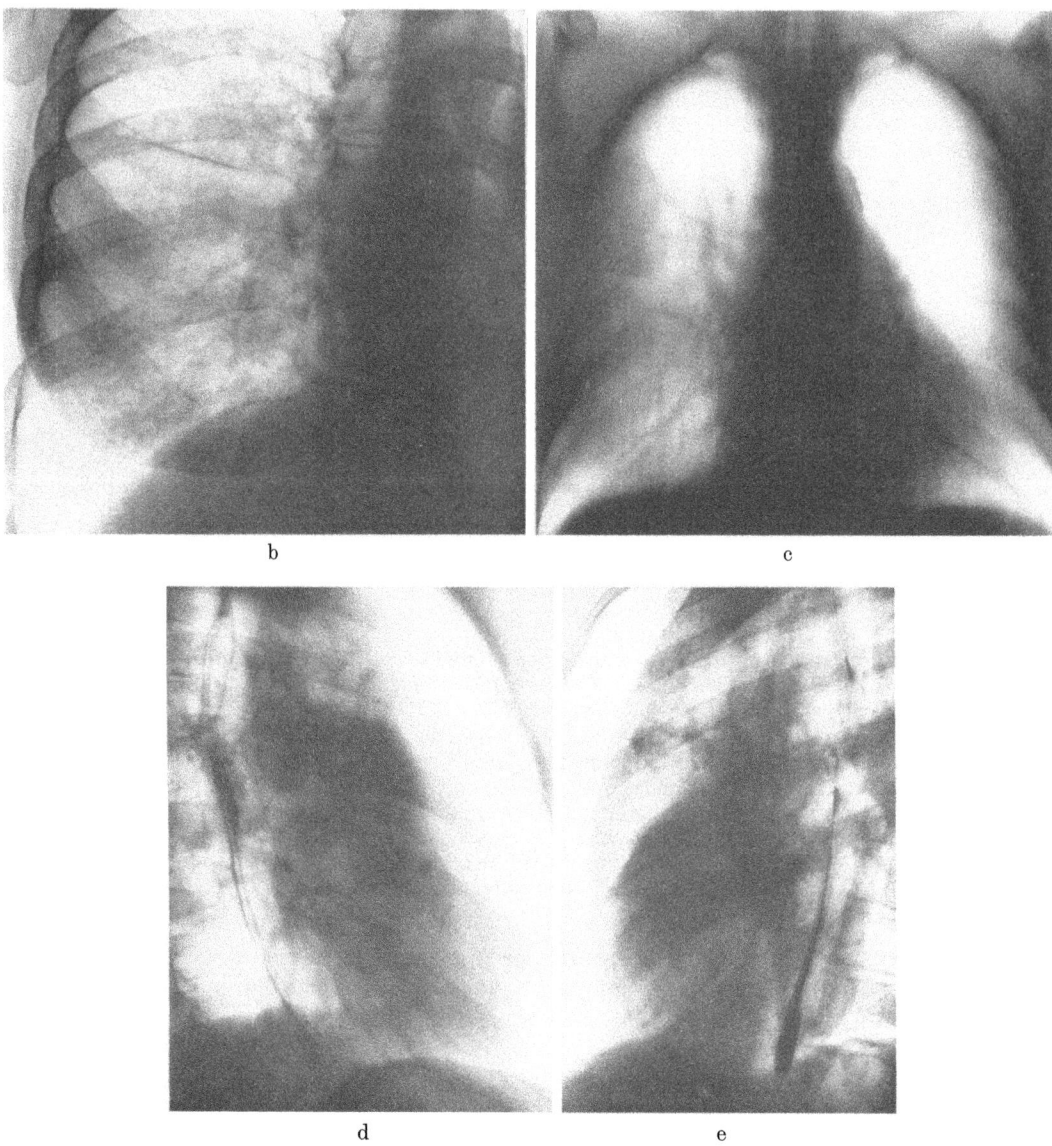

Abb. 212 b—e (Legende s. S. 405)

Die Differentialdiagnose wird in späteren Stadien durch die rasche kontinuierliche Wachstumstendenz der im Verlauf lymphangiotischer Streifenzüge sichtbar werdenden Knötchen erleichtert. Wie die vorausgehenden subjektiven Beschwerden (Dyspnoe, Reizhusten) ist die unter kurzfristigen Kontrollen nachweisliche Progredienz retikulär-fleckig-streifiger Parenchymverdichtungen in gewisser Weise kennzeichnend. Die Kombination ist nur in seltenen protrahierten Verlaufsfällen lymphangischer Tumorausbreitung weniger ausgeprägt, für die Mehrzahl nicht krebsiger Gerüstveränderungen nach Ausmaß und zeitlicher Abfolge aber ungewöhnlich. Das Verhalten ermöglicht die Abgrenzung von *stauungsbedingter interlobulärer Fibrose und Lymphangiektasie* (Kerley-B-Linien) (KERLEY; SHANKS u. KERLEY; LEVIN; CARMICHAEL; TESCHENDORF; ESCHER u. THURN; FLEISCHNER u. REINER; HARLEY; VOTH; BRAHMS, KLEINSORG, KOCHSIEK u. VOTH; HEITZMAN, ZITER, MARKARIAN, MCCLENNAN u. SHERRY u.a.) (s. Bd. IX/3, Abb. 207 u. S. 327/328), *miliarer Stauungsinduration der Lungen* bei Mitralvitien und chronischer Linksinsuffizienz anderer Ursache (SHANKS u. KERLEY; TESCHENDORF; HAUBRICH; KUHLMANN; ESCHER u. THURN;

Abb. 213a—c. *Feinfleckig-retikuläre Lungengerüstverdichtung und endothorakale Lymphome bei metachronem Zusammentreffen einer Silikose mit leukotischer Lymphadenose.* Als Bergmann 25 Jahre unter Tage gearbeitet, davon 15 Jahre vor Ort. Silikose seit Jahren als Berufskrankheit anerkannt. Klinikaufnahme wegen später hinzugetretener Lymphadenose mit ausgedehnten endo- und extrathorakalen Lymphomen (durch zervikale Lymphknotenexzision histologisch gesicherter Befund). Übersichtsaufnahmen in 2 Ebenen (a und b). Schichtbild 11 cm a.-p. (c). W.H., 54jähr. ♂. Arch.-Nr. 1745/63 und 3527/63, Röntgenabtlg. d. Med. Univ.-Klinik und Poliklinik Münster/W. (Direktor: Prof. W. H. HAUSS)

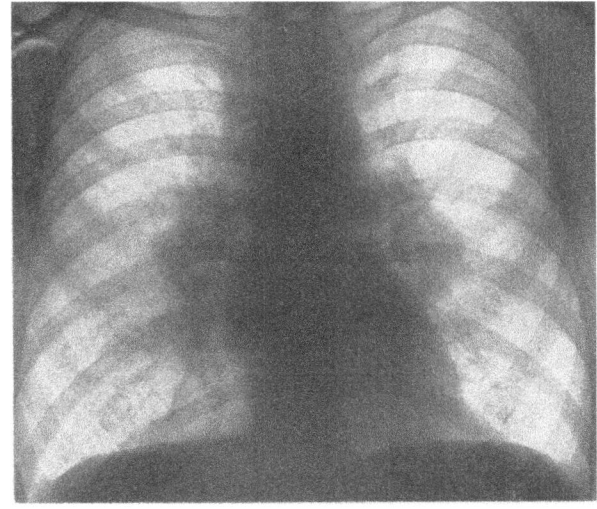

a

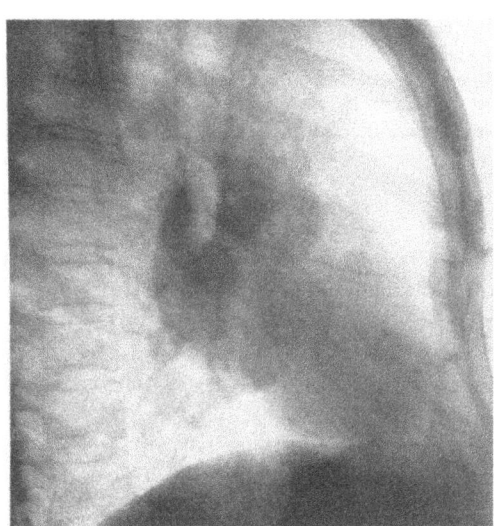

b

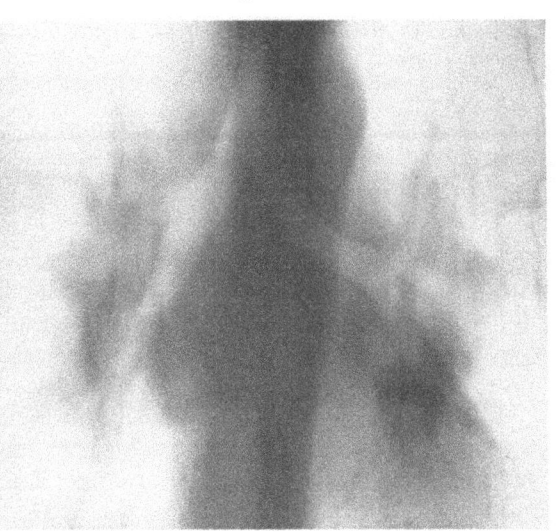

c

GUMPERT; FLEISCHNER u. REINER; HARLEY; HAUBRICH u. VERSEN; MUNK; ZADEK; ELKELES u. GLYNN; MORNET u. RENARD; SIELAFF; SIMON; MILNE; SOLOMON; LAVENDER, DOPPMAN, SHAWDON u. STEINER; GRAINGER; LIEBER, ROSENBAUM, HANSON u. KWAAN; DOBEK u. TYBORSKI; LAVENDER u. DOPPMAN; VOTH; GUMPERT; CROSS, SHAVER, WILSON u. ROBIN; SCHULZE u.a.) und *asymmetrisch angeordneter sekundärer Lungenhämosiderose infolge multilokulärer Pulmonalvenenokklusion*, die als angeborene oder erworbene Anomalie (orifizielle Striktur durch Perikardobliteration bzw. Mediastinalschwielen) zu pulmonalem Hochdruck führt (*Edwards-Burchell-Syndrom*) (EDWARDS u. BURCHELL; EDWARDS; FRIEDBERG; HAUBRICH; ZDANSKY; REYE; SHONE, AMPLATZ, ANDERSON, ADAMS u. EDWARDS; BERNSTEIN, NOLKE u. REED; BINDELGLASS u. TRUBOWITZ; CRANE u. GRIMER; BOTICELLI, SCHLUETER u. LANGE; CONTIS, FUNG, VAWTER u. NADAS; SCANNELL, MYERS u. FRIEDLICH; DOZOIS u. Mitarb; HACHE, WOOLNER u. BERNATZ; HANSEN; TRINKLE; SCHULZE u.a.) (Abb. 212; s. auch Bd. IX/4b). Kongestive wie *pneumokoniotische Fibrosklerosen des Lungengerüsts* zeigen auch anamnestisch-klinisch und in anderer Hinsicht abweichende Aspekte (kardio-vaskuläre Form- bzw. Kaliberänderung, schärfere Kontur, höhere Absorptionsdichte und andersartige Verteilung der Staubgranulome)

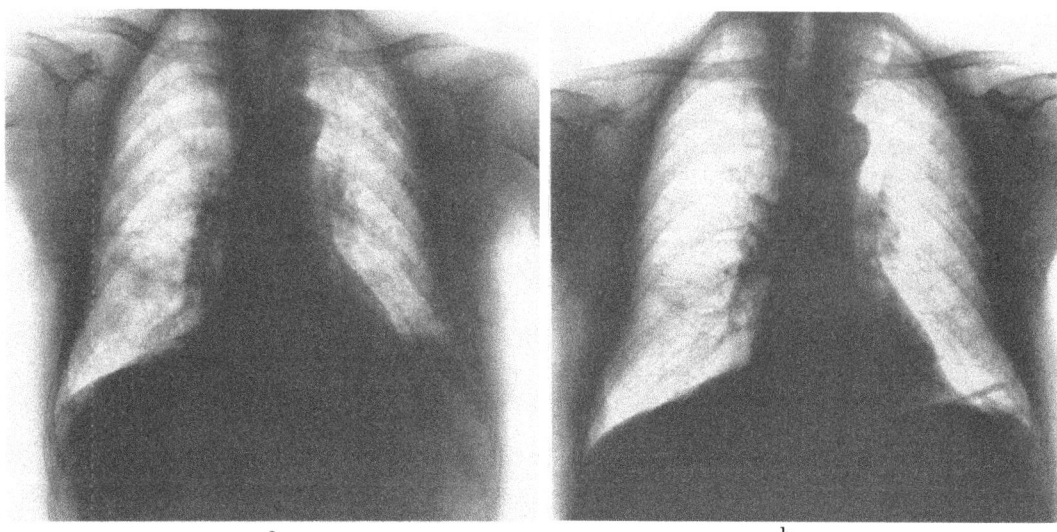

Abb. 214a u. b. *Miliare Viruspneumonie.* Akuter Krankheitsbeginn. Aufnahme in hochfieberhaftem, dyspnoischen Zustand in der Med. Klinik d. Krhs. Nordwest (Direktor: Prof. ALTMANN). Röntgenbefund am 2. 1. 70: beiderseits kleinfleckig-disseminierte bronchopneumonische Anschoppung mit linksseitigem Begleiterguß (a). Komplementbindungsreaktionen auf Virusgrippe: Influenza A_2 Asia 1:320 positiv, Influenza A_2 Hongkong 1:640 positiv. Unter antibiotischer Therapie rasche Entfieberung. Bei Kontrolle am 29. 1. 70 völlige Rückbildung der herdpneumonischen Verdichtungsbezirke (b). L. B., 66jähr. ♂. Arch.-Nr. 0806 03051, Radiolog. Zentralinst. d. Krhs. Nordwest Frankfurt/M.

(Abb. 213). Das gilt zumindest für die vorherrschenden Formen (Silikose, Mischstaubpneumokoniosen, Silikatose), angesichts der morphologischen Variationsbreite aber nur cum grano salis für seltene Stauberkrankungen, wie Siderose, Berylliose (DE NARDI, VAN ORDSTRAND u. CARMODY; FELSON u. HEUBLEIN; TABERSHAW; BOHLIG, JACOB, KIVILUOTO u. MÜLLER; VERSTRAETEN u.a.), Byssinose (FORSCHBACH; TOTTEN, REID, DAVIS u. MORAN u.a.) oder kombinierte Staub-Pilzaffektionen (Bagassosis, Farmerlunge etc.: CASTLEDEN u. HAMILTON-PATERSON; MANAS; GRILLISON u. TAYLOR; LE MONE, SCOTT, MOORE u. KOVEN; FELSON u. HEUBLEIN; TRENSE; TÖRNELL; TOTTEN et al.; VOLLHABER u.a.).

Die zumeist rasche Progredienz der lymphangischen Karzinose bildet das wesentlichste Differenzkriterium auch gegenüber anderen nicht-neoplastischen Erkrankungen, die ähnliche retikulär-streifige, knötchenförmig disseminierte oder wolkig-fleckige Lungenschatten mit fakultativer Schwellung der endothorakalen Lymphknoten hervorrufen können. Der von FELSON u. HEUBLEIN zusammengestellte Katalog enthält über 80 Entstehungsursachen derartiger Befunde. Da sich die in Betracht kommenden exsudativ-infiltrativen, granulomatös proliferierenden und karnifizierenden Prozesse sowohl inter- wie intralobulär abspielen, kann die interstitielle Verdichtung jeweils in allen Entwicklungsphasen mit dem röntgenologischen Ablauf der Lymphangiosis carcinomatosa übereinstimmen (SCADDING; MALLORY; AUSTRIAN u. BROWN; RIGLER; KING; BLAIR; TESCHENDORF; FELSON; BREIG; KAISER; CARTER; FELSON u. FELSON; UEHLINGER; FELSON u. HEUBLEIN; UEHLINGER u. SCHOCH; ZADEK; ZEERLEDER; SHANKS u. KERLEY; BROCARD u. GALLOUÉDEC; VOTH; CAFFEY; MICHEELS u. WEISS; ZISKIND, WEIL u. PAYZANT; EVEN, SORS u. REDON; RUBIN; DUROUX u. MARTY; WEINGÄRTNER; MLZOCH; STENDER; SCHERMULY u. Mitarb.; STOLTZE; VERSTRAETEN; BÄSSLER u. BUCHWALD; STEPHAN u. HAUG; KÜHNE u. KOBER; GOULD u. DALRYMPLE; SILVERMAN, STEIGMAN, FURCOLOW, DURTA u. GIRDANY; WEISS; ANDOSCA u. MOLONEY; SCHMID; MATTHES, WIRBATZ u. LESSEL; TACQUET, CLAY, VOISIN, LELIÈVRE, LEDUC u. VERCLYTTE; JOHNSON, GAJARAY u. FEIST; COSMACINI; SCHULZE u.a.). Ein Teil der Affektionen zeichnet sich durch relative Flüchtigkeit bzw. wechselnde Verteilung der pulmonalen Schattenbezirke, bestimmte klinische Leitsymptome [Beispiele: Adenoma sebaceum Pringle und parunguale Fibrome bei tuberöser Lungensklerose (Abb. 120), Erythema nodosum bei endothorakaler Sarkoidose (LÖFGREN u. LINDGREN; JOHNSON, HANSON u. GOOD u.a.)], serologisch-bakteriologische Nachweismöglichkeiten und andere Charakteristika aus. Schwieriger ist die Abgrenzung von protrahiert verlaufenden, allmählich oder in Schüben fortschreitenden Läsionen, deren Ursache mit klinischen Laboratoriumsmethoden nicht ohne weiteres zu ergründen oder überhaupt unbekannt ist.

Zur ersten Kategorie zählen unter anderen ausgedehnte kleinfleckig-streifige Parenchymverdichtungen bei *Kapillärbronchitis* (PAUL; CARDON, LEMBERG u. GREENEBAUM; TESCHENDORF; FELSON; KAISER u.a.), *herdförmig disseminierte Viruspneumonien* (Influenza, Varizellen, Ornithose, Q-Fieber etc.) (LÖFFLER u. MOESCHLIN; HEGGLIN; REINMANN; TESCHENDORF; ROSSI; FELSON; MICHEL, COLEMAN u. KIRBY; CLAUDY; FELSON u. FELSON; LEVIN; MELAMED u. FINE; GLAUNER; HUGUENIN et al.; HARRISON; WARING, NEUBUERGER u. GEEVER; FELSON u. HEUBLEIN; HUFFORD u. APPLEBAUM; LEVINSON, GIBBS u. BEARDWOOD; FELSON, JONES u. ULRICH; JACOBSON, DENLINGER u. CARTER; FAKKRUDDIN u.a.) (Abb. 214), hilo-pulmonale Veränderungen bei *infektiöser Mononukleose* (HOAGLAND u. GILL; ARENDT; McCORT; KAISER; HIRSCHBOEK, BOGSCH), *Scharlach* (INVALDINI u. RAZZETTA), *Salmonellen-Infekten* (INGEGNO, D'ALBORA, EDSON u. GIANQUINTO), *Leptospirosen* (SILVERSTEIN), *Bruzellosen* (LÖFFLER u. MORONI; STELLBACHER u. WEGMANN; LÖFFLER, MOESCHLIN u. WILLA; BEHRMANN; SCHRÖDER; SPINK, McCULLOUGH, AUTCHINS u. MINGLE; GIESE) und *Tularämie* (RANDERATH; TUREEN; McIVIE; PROZOROV; OBERITER u. REINER-BANOVAC; SANTE; BRIHSS u. BEERLAND; SCHULTEN; IMHÄUSER; STUART u. PULLEN; OVERHOLT u. TIGERT; FELSON u. HEUBLEIN; ARCHER et al.; BESZNYÁK, PADÁNYI u. PINTÉR; KEHL). Verstreute Anschoppungsherde bzw. Granulome ähnlichen Aussehens können auch als Reaktion nach *Meta- und Protozoenbefall der Lunge* und bei verschiedenen Formen sonstiger *pulmonaler Parasiteninfestation* auftreten (FISCHER u. REICHENOW; PIEKARSKI; GIESE u.a.). Entsprechende Befunde ergeben sich bei interstitieller *Pneumocystis-Pneumonie* (VANĚK u. JÍROVEC; GIESE; JÍROVEC u. VANĚK; HAMPERL; THOMAS u.a.), im Verlauf der *Lungen-Toxoplasmose* (FELDMAN u. MILLER; REMINGTON, JACOBS u. KAUFMAN; CHEEVER, VALSAMIS u. RABSON; WOLF, KAUFMAN u. COWEN; UNSELD; REYNOLDS, WALLS u. PFEIFFER; UDSELD; REMINGTON et al.; KASS et al.; SANTE; MOHR; PRINOTTI, BELLI u. BRUNO; FISCHER u. REICHENOW; KAISER; GIESE), ferner bei *pulmonaler Nematodenerkrankung* (*Oxyuriasis, Ascaridiasis* und *Trichinose*: BRANDT; RUBINSTEIN; GRUBER; VOGEL u. MINNING; RANSOM; KELLER et al.; KAISER; GIESE), bei der *Lungenmanifestation der Bilharziose* (kardiopulmonales Syndrom der Schistosomiasis: MAINZER; KENNAWY u.a.) (S. 333) und *Paragonimiasis* (S. 334) sowie bei der als *Acariasis* bezeichneten Milbenerkrankung (VITZTHUM; PIEKARSKI; WEYER; SOYSA u. JAYAWARDENA; CARTER, WEDD u. D'ABRERA; ESSELIER, SCHWARZ u. HORBER; BORN u. LÖLIGER-MÜLLER; GIESE).

Persistierende oder progrediente fleckig-streifige Lungenverschattungen mit Hilusverbreiterung findet man bei einer Vielzahl weiterer ätiologisch heterogener Krankheiten, so bei *leukämischen Lungeninfiltraten* myeloischen oder lymphatischen Typs (ERDSTEIN u. KIENBÖCK; PÄSSLER; FALCONER u. LEONARD; FIESINGER u. FAUVET; ZADEK; COCCHI; BRETT; SEUSING u. RÖHRL; HARTWEG; ROTHERMUND; KLATTE et al.; TSUKERMAN; KAISER; DUBOIS-FERRIÈRE; BICHEL; FURUYA u. Mitarb.; BAŠIĆ u. VAN REINER; LAMPERT; CAVINA u. CAPPELLINI u.a.), bei Hypervolämie im kleinen Kreislauf infolge *Polycythaemia vera* (HODES u. GRIFFITH; FELSON u. HEUBLEIN), bei kleinfleckigen Hämorrhagien im Lungenparenchym bzw. *idiopathischer Lungenhämosiderose* (Ceelen-Gellertstedtsches Syndrom) (ANSPACH; PAPE; ELLMAN u. GEE; MUNDT u. KRIEGEL; ZOLLINGER u. HEGGLIN; GELLIS, REINHOLD u. GREEN; FALCK; HUTÁS; STRASSMAN; MAGAREY; HASTINGS-JAMES; CAMERON; STEINER; ESPOSITO; EDGE u. WAIND; LENDRUM; BRONSON; SOERGEL u. SOMMERS; GRILL, SZÖGI u. BOGREN; SALTZMAN, WEST u. CHOMET; HOIGNÉ, ZIMMER-

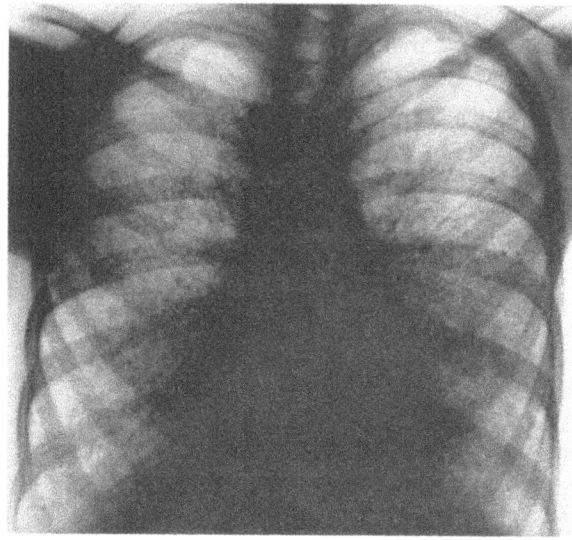

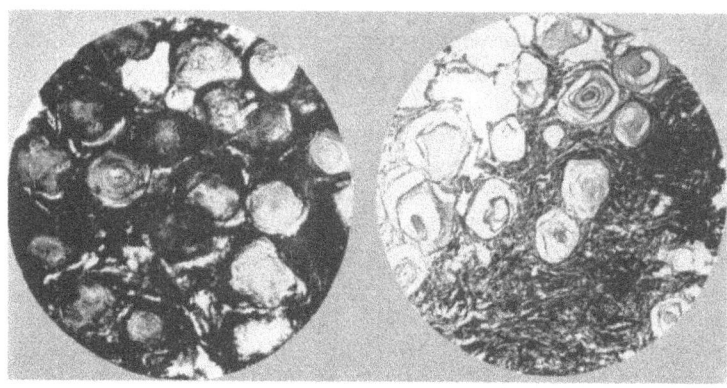

Abb. 215a—c. *Microlithiasis alveolaris miliaris bei einem 15jährigen Patienten.* Rezidivierende bronchopulmonale Infekte seit frühester Kindheit. Die im Alter von 7 Jahren entdeckte miliar-retikuläre Lungenverdichtung wurde zunächst als chronische Miliartuberkulose gedeutet. Erst nach mehrjähriger Beobachtung des langsam fortschreitenden Lungenprozesses (a Nativbild vom 11. 1. 54) wurde die Ursache der pulmonalen Strukturveränderung durch Lungenbiopsie verifiziert: die bei 100facher Vergrößerung wiedergegebenen Hämatoxylin-Eosin-Präparate zeigen vor (b) und nach Entkalkung (c) die typisch konzentrisch geschichteten Mikrolithen mit stellenweise hervortretender Anlagerung desquamierter Deckzellkonglomerate und ausgeprägter interstitieller Lungenfibrose. [Nach PETRÁNYI, G., ZSEBÖK, Z.: Microlithiasis alveolaris miliaris pulmonum. Radiol. clin. (Basel) **23**, No. 4 (1954); Abb. 1—3]

MANN u. BÜRK; MCCAUGHEY u. THOMAS; CANFIELD, DAVIS u. HERMAN; ZISKIND, WEIL u. PAYZANT; FELSON u. HEUBLEIN; GÜNTHER; GRILL; NISSEN; KAISER; PROTOPOPOV u. IVANOVA; PARKIN, RUSTED, BURCHELL u. EDWARDS; BRUWER, KENNEDY u. EDWARDS; LESCHKE u. Mitarb.; DOERING; HOLZEL u. FAWCITT; HEINZE, KLUTHE, DIEBER u. GESSLER; FLORIAN; CRUICKSHANK u. PARKER; MATZEL; APT, POLLYCOVE u. ROSE; NEGOITA, TROSC u. DOBRE; MEISTER; SPRECACE; BUERGER u. HATHAWAY; DITTO u. OGNIBENE; NEIMANN et al.; SWIERENGA; STEINER u. NABRADI; ROSIVAL u. Mitarb.; SCHUBERT, SCHUBERT u. NEU; STADELMANN, FRIK u. BREINING; MATSANIOTIS et al.; BOPP; SARRE, SIEBERTH u. NOLTENIUS; STADELMANN; PORTWICH u. ENCKE; OTTO u. BREINING; KNICK u. SCHILLING; GRINBERG; NEU u. SCHUBERT; CHATGIDAKIS; SCHMIDT, HARGRAVES, ANDERSEN u. DAUGHERTY; TAIT u. CORRIDAN; ARESU u. PERRA; TAUBERT; WAGNER; SCHULZE u.a.). Vergleichbare pulmonale Schattenmuster ergeben sich bei *disseminierter Lungenangiomatose* im Rahmen des Rendu-Osler-Weberschen Erbleidens (s. Abb. 114 u. S. 238), bei angeborener *Lymphangiectasia pulmonum* (s. S. 235/236), bei diffusen Formen *pulmonaler Myomatose* (s. S. 184 u. 418) bei *tuberöser Lungensklerose* (Morbus Bourneville-Pringle) (s. Abb. 120 u. S. 184 u. 236), und im Verlauf der *Microlithiasis alveolaris pulmonum,* die durch ziemlich harte Tüpfelherde (histologisch verkalkte bzw. verknöcherte „Corpora amylacea" und Konglomerate desquamierter Alveolarepithelien) gekennzeichnet ist und infolge zunehmender Lungenfibrose nicht selten schon bei jüngeren Menschen zu tödlicher kardio-respiratorischer Insuffizienz führt

(SIEGERT; LANGHANS; HUECK; SCHILDKNECHT; LANDES u. LEICHER; ELKELES u. GLYNN; LEICHER; PUHR; LINDIG; PETRÁNYI u. ZSEBÖK; SHARP u. DANINO; TILLING u. SEVERING; BENARD, RAMBERT, PÉQUIGNOT, TISSIER u. GALISTIN; MANZ; BARLA-SZABÓ u. PETRÁNYI; UEHLINGER; BALIKIAN et al.; TAXAY, MONTGOMERY u. WILDISH; SOSMAN, DODD, JONES u. PILLEMORE; NITSCHEFF u. STEREFF; FINKBIER, DECKER u. COOPER; MARTINES, ASCENTI, BENNES u. RUGGIERI; THOMPSON, O'NEILL, COHN u. PELLEGRINO; AGOSTINELLI u. D'ACUNTO; BADGER, GOTTLIEB u. GAENSLER; POLLICE u. PIRELLI u.a.) (Abb. 215).

Im gleichen Zusammenhang sind zu nennen interstitiell-zirrhotische und miliar-noduläre Erscheinungsformen der *Lungensyphilis* (KARSHNER; VERSÉ; KAUFMANN; FRÄNKEL; SCHILLING; DÜNNER, LEESER u. BLUME; KRAUSE; ZADEK; TESCHENDORF; LUNDHOLM u. MACHER; COCCHI; HARTUNG u. FREEDMAN; ROBINSON; KULCHER u. WINDHOLZ; LYONS, BROGAN u. SAWYER; NAVASQUEZ; FUCHS; PRÉVÔT; ROYCE; VOGLER; MORGAN, LLOYD u. PRICE-THOMAS; ROYER u. GLOAGUEN; FAVRE u. CONTAMIN; DECHAUMES; GÄDEKE; ANGLESIO u. BELLION u.a.), indurative Relikte *tuberkulöser Streuung*, hilopulmonaler *Sarkoidose* (s. Abb. 217 u. 229) und generalisierter *Lungenmykosen* (Histoplasmose, Coccidioido- und Blastomykose, Torulose, Aktinomykose, Nokardiose etc.) (CARTER; MOHR; SMITH; SCADDING; GIESE; ISRAEL; ENGELHARD u. LOEHLEIN; FURCOLOW, MANTZ u. LEWIS; HAMIL; LITTMAN, WICKER u. WARREN; BONOFF; BROOKSHER; FARNESS; CLARK u. GILMORE; WERTHEMANN; RAKOWSKY u. KNICKERBOCKER; WINN u. JOHNSON; COHEN u. BURNIP; HENSEL; FELSON u. HEUBLEIN; BARTH; HOLSTEN; HIRSCH u. COLEMAN; SCHWARZ u. BAUM; WEGMANN; HENSEL; WYLIE u. DE BLASE; BOWER u.a.). Gewisse röntgenmorphologischen Analogien zeigen auch entzündlich-narbige Gerüstprozesse in Umgebung bilateraler *Bronchiektasen*, von rezidivierenden Infekten bei Tracheostomaatmung ausgelöste *Parenchymveränderungen nach Laryngektomie* (KOZUKA, KOTAKE, TACHIIRI u. MURAI; EDGE et al.; SCHWAB; STAPLE, RAGSDALE u. OGURA; TACHIIRI, MURAI, KOTAKE, KOZUKA, NOSAKI u. MACHI), diffuse Indurationsherde *exogener Lipoidpneumonitis* bzw. *disseminierte Cholesteringranulome* bei Lipoidnephrose, Diabetes mellitus oder pulmonaler Hypertonie (UEHLINGER; GRIMMINGER, DELAGE, MOLINA, CHEMINAT, FONCK-CUSSAC u. PASSEMARD; STAHEL-STEHLI; GLANCY, FRAZIER u. ROBERT; Editorial Brit. med. J. 1969 I, 396) und *Folgeschäden des chronischen Aspirationssyndroms bei Schlucklähmung* (Bulbär- und Pseudobulbärparalyse, Dyskoordination des Schluckakts infolge degenerativer oder metastatischer Läsion des verlängerten Hirnstammes etc.) („valleculäre Dysphagie" s. Bd. IX/4a, Abb. 240 u. 214), bei Ösophago-Tracheobronchialfisteln oder mechanischer Passagebehinderung (Achalasie mit idiopathischer Ösophagusdilatation, neoplastische oder entzündlich-narbige Stenosen der Speiseröhre etc.) (THOMAS u. JEWETT; JACKSON u. JACKSON; HURST; HAWES u. SOULE; HEATON; BELCHER; BREAKEY, DOTTER u. STEINBERG; RAVAZZONI u. MELIS; ZADEK; FELSON u. HEUBLEIN; LEVY; STAPLE, RAGSDALE u. OGURA; BELSEY; ANDERSEN, HOLMAN u. OLSEN; ASHERSON; MADSEN; JUCKER; KEEFER; ROTHSTEIN u. PIRKLE; BIRD-ACOSTA; BOSMA u. BRODIE; SCHULZE u.a.) (s. auch Bd. IX/3, S. 192 und Bd. IX/4a und b).

Differentialdiagnostisch sind ferner in Betracht zu ziehen pulmonale Manifestationen *retikulo-endothelialer Speicherkrankheiten* (Typ Hand-Schüller-Christian, Niemann-Pick oder Gaucher) (PICK; ASSMANN; PARKINSON; WALLACE; ROWLAND; BAUMANN; WALLGREN; TESCHENDORF; KARTAGENER u. FISCHER; VIDEBAEK; HODGSON, KENNEDY u. CAMP; BECKER; FELSON u. HEUBLEIN; DE GRANDMAISON; KARCK; HERTZOG, ANDERSON n. BEEBE; HABERMAN; RENZETTI, EASTMAN u. AUCHINCLOSS; LETTERER; TRINEZ, CARTON, MAHIEU, DONNE u. BAILLET; KITTREDGE, GELLER u. FINBY; SILVERSTEIN u. KELLY; HÄSSLER; PREGER et al.; SCHMID u.a.), *nicht speichernder Retikulosen* (eosinophiles Granulom bzw. Letterer-Siwesche Krankheit, Histiozytosis X) (LICHTENSTEIN; SCOTT; OSWALD; GOLDEN u. BRONK; CAZAL; GOLDING; OSWALD u. PARKINSON; CUNNINGHAM u. PARKINSON; UEHLINGER u. SCHOCH; FELSON u. HEUBLEIN; HAVARD, RATHER u. FABER; LACKEY, LEAVER u. FARINACCI; PARKINSON; SCADDING; GRANT u. GINSBURY; KITTREDGE, GELLER u. FINBY; FARINACCI, JAFFREY u. LACKEY; WEINSTEIN, FRANCIS u. SPROFKIN; SPILLANE; MAZZE,

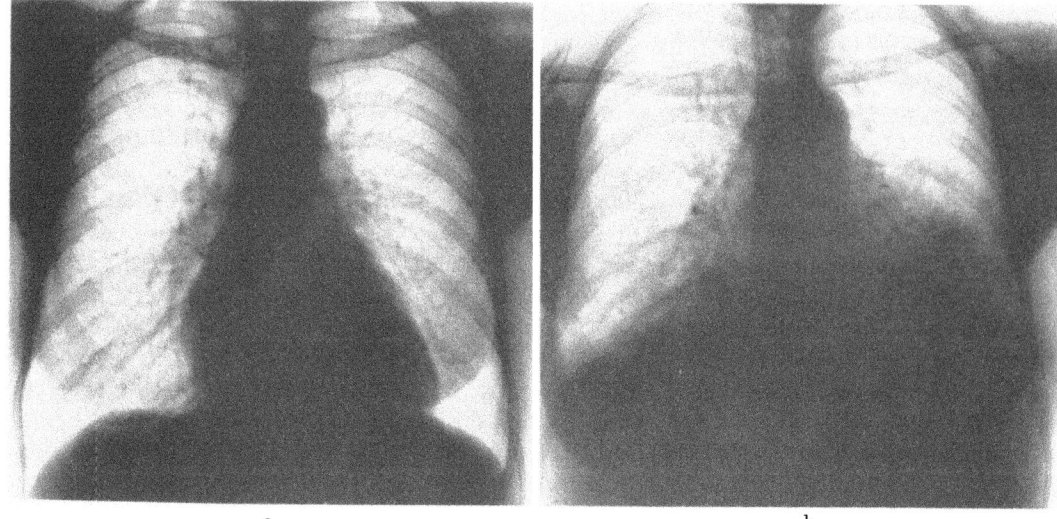

Abb. 216a u. b. *Rapide Entwicklung konfluierender Lungenmetastasen bei generalisierter maligner Retikulose.* Erkrankungsbeginn Mitte November 1968 mit Halslymphknotenschwellung und Mattigkeit. Probeexzision: Retothelsarkom (E.-Nr. 15736/68, Path. Inst. d. Krhs. Nordwest Frankfurt/M., Direktor: Prof. KAHLAU). Noch am 22. 11. 68 nach Aufnahme in der Med. Klinik d. Krhs. Nordwest Frankfurt/M. (Direktor: Prof. ALTMANN) zeigte der Thoraxröntgenbefund außer einem kleinen Pleurawinkelerguß links keine groben pathologischen Veränderungen (a). Bei Durchleuchtung des linken Hypochondriums deutliche Milzvergrößerung. Rasche Verschlechterung des Allgemeinzustandes. Röntgenkontrolle am 16. 12. 68 wenige Tage ante finem: ausgedehnte wolkig-fleckige Tumorinfiltration beider Lungen, kranio-kaudalwärts zunehmend (b). Postmortaler Punktionsbefund (Lungen, Leber, Nieren): generalisierte Retikulose (E.-Nr. 15809—15811/68) (vgl. Abb. 39). I. M., 49jähr. ♀. Arch.-Nr. 2408 19122, Radiolog. Zentralinst. d. Krhs. Nordwest Frankfurt/M.

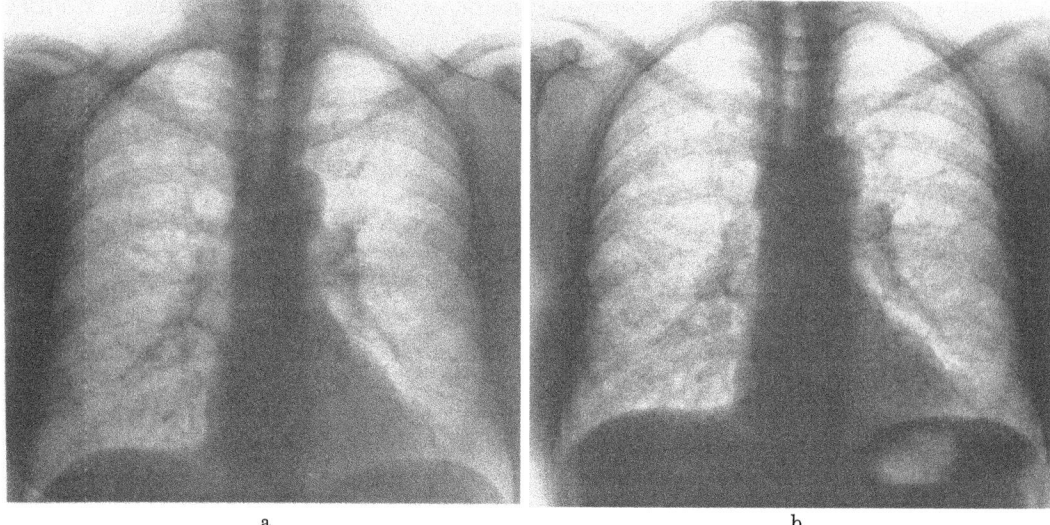

Abb. 217a u. b. *Fortschreitende fibro-granulomatöse Gerüstverdichtung beider Lungen bei Morbus Boeck.* Die Übersichtsaufnahme vom 11. 3. 71 zeigt disseminierte miliare Knötchen im retikulär-streifig verstärkten Lungengerüst beiderseits mit apikalen Rindenemphysemblasen ohne auffallende Vergrößerung endothorakaler Lymphknoten. Der stumm entstandene, während stationärer Behandlung in der Frauenklinik d. Krhs. Nordwest (Direktor: Prof. CRAMER) entdeckte Prozeß wurde als pulmonale Sarkoidose gedeutet. Die rasche Progredienz der miliar-nodulären Herde und zunehmende Atemnot bei ambulanter Nachkontrolle am 10. 5. 71 (b) ließen Zweifel an der Diagnose und Verdacht auf eine hämatogene Tumoraussaat aufkommen. Histologischer Befund nach Keilexzision aus der Lingula: epitheloidzellige Granulomatose ohne nachweisliche Verkäsung (Morbus Boeck) (E.-Nr. 9787/71, Path. Inst. d. Krhs. Nordwest, Direktor: Prof. KAHLAU). A. Z., 56jähr. ♀. Arch.-Nr. 1703 15672, Radiolog. Zentralinst. d. Krhs. Nordwest Frankfurt/M.

Sellers, May, Timmes u. Karlson; Arnett u. Schulz; May, Garfinkel u. Dugan; Livingston; Saenger u. Johansman; Brocard u. Gallouédec; Barter, Corridan u. Magner; Ruckensteiner; Mermann u. Dargeon; Bhardwaj, Saha u. Ghosh; Takahashi, Martel u. Oberman; Marie, Salet, Hébert u. Eliachar; Nadeau, Ellis, Harrison u. Fontana; Enriquez, Dahlin, Hayles u. Henderson; Weber, Margolin u. Nielsen; Kuchár u. Madas; Hoffman u. Mitarb.; Chabot; Basset u. Neselof; Turiaf; Alaníz-Camino u. De la Huerta Sanchez; Williams, Dunnington u. Berte; Hoffman, Cohn u. Gaensler; Keats; Schmid u.a.) und *maligner Retikuloseformen* (Abb. 216). Die klinische Semiotik der retikulo-endothelialen Grundleiden weist manche Besonderheiten auf, die als Leitsymptome gewissen differentialdiagnostischen Wert haben. Außer regionaler oder generalisierter Lymphknotenschwellung, fakultativer Hepato-Splenomegalie, Haut- und Skeletbeteiligung sind die *Koinzidenz von Diabetes insipidus und eosinophilem Granulom* (Grant u. Ginsbury; Rowland; Spillane; Bürger; Williams, Dunnington u. Berte; Auld; Lackey, Leaver u. Farinacci; Schulze), der ominöse *Pruritus beim Morbus Hodgkin* und die im Bereich lymphogranulomatöser Herde *nach probatorischem Alkoholgenuß auftretenden örtlichen Mißempfindungen* zu nennen (Godden, Clagett u. Andersen; McDonald u. Harrison).

Streifig-netzförmige Gerüstverdichtungen mit Einschluß dicht stehender Fleckschatten und massiven Hiluslymphomen oder wolkige symmetrische „Schmetterlingsfiguren" im Lungenkern, wie man sie im Spätstadium lymphangischer Lungenkarzinose antrifft, können bei einer ganzen Reihe weiterer Krankheiten auftreten. Den Prototyp disseminierter, die endothorakalen Lymphknoten einbeziehender Granulomatose repräsentiert ihrer Häufigkeit nach vor allem die *hilo-pulmonale Sarkoidose* (Mallory; Scadding; Löfgren; Uehlinger; Wurm, Reindel u. Heilmeyer; Wurm u. Reindell; Teschendorf; Uehlinger u. Schoch; Leitner; Felson u. Heublein; Voth; Schermuly; Felson; Micheels u. Weiss; Lucius; Lindig; Kalkoff; Meyer u. Chrétien; Turiaf; Verstraeten; Roujeau u. Sors; Michael; Meyer, Chrétien u. Schimmel; Kirklin u. Morton; Bernstein u. Sussman; Klatskin u. Yesner; Dombrowski; Pawlicka; Hartweg u.a.) (Abb. 217 u. 229).

Wolkig-konfluierende Schatten in der perihilären Kernzone der Lungenlappen prägen das Erscheinungsbild des *kongestiven* und des *entzündlich-interstitiellen Lungenödems* jeglicher Ätiologie (Zdansky; Teschendorf; Herrnheiser; Fleischner; Sante u. Wyatt; Schermuly; Voth; Arndt, Baltzer u. Löhr; Hegglin; Altschule; Felson u. Heublein; Herrnheiser u. Hinson; Arndt, Baltzer u. Dombrowski; Grainger; Nessa u. Rigler; Roubier u. Plauchau; Barden u. Cooper; Goodrich; Jackson; Alwall et al.; Gould u. Torrance; Stender u. Schermuly; Barden; Schermuly, Nieth u. Biskamp; Heitzman u. Ziter; Borgström u. Lunderquist; Schermuly u. Hettler; Werkentin; Giannandrea u. Papa; Beltz u. Fritz; Thomashefski; Hublitz u. Shapiro u.a.) (Abb. 218).

Man findet derartige Bilder bei der sog. „*fluid lung*" (Borgström u. Lunderquist; Pfeiffer; Lanari u. Mundt u.a.), *nach Einwirkung von Reizgasen* (Whitaker; Bothelo; Nichols; Camiel u. Berkan; Even, Lecoeur, Sors u. Renaux; Renander u.a.) (s. auch Bd. IX/3, S. 52 u. 185) und bei der als Sonderform albuminöser Pneumonie beschriebenen *Alveolarproteinose* (Rosen, Castleman u. Liebow; Payseur, Konwaler u. Hyde; Landis, Rose u. Sternlieb; Sieracki, Horn u. Day; Lull, Beyer, Maier u. Morss; Fraimow, Cathcart u. Taylor; Moertel, Woolner u. Bernatz; Williams, Medley u. Brown; Fraimow, Cathcart, Kirshner u. Taylor; Ramirez; Hawkins, Savard u. Ramirez-Rivera; v. Egidy, Bässler u. Tilling; Plenk, Swift, Wilner u. Lewis; Edmondson u. Gere; Green, Nichols u. King; Bianco u. Tomatis; Harrison, Divertie u. Olsen; Plenk, Swift, Chambers u. Peltzer; Carlson u. Mason; Jones; Uehlinger; Taxay et al.; Furts u. Mitarb.; Wedler; Brodsky u. Maycock; Knott et al.; Hall; Anton u. Gray; Georgii u. Eymer; Schoen u. Aly; Levine; Larson u. Gordinier; Pitt; Weylman; Nichols et al.; Mather u. Hamlin; Otto; Aly; Jordé;

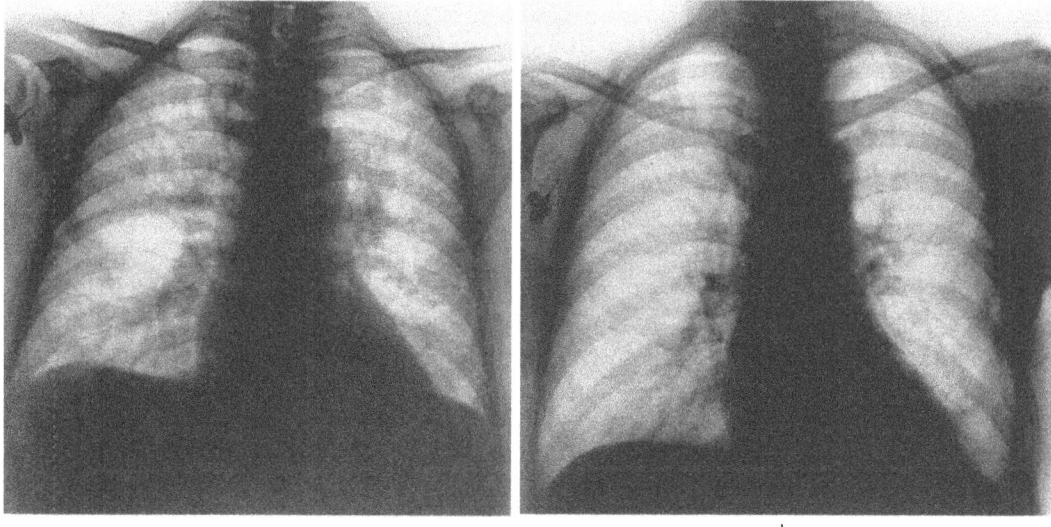

Abb. 218a u. b. *Streifig-wolkige Verdichtung des Lungenkerns beiderseits im Rückbildungsstadium eines akuten Lungenödems.* Klinikaufnahme wegen massiver Intestinalblutung. Nach mehreren Bluttransfusionen und zusätzlicher Infusion von Salzlösungen rasch zunehmende Atemnot mit Orthopnoe und Ödemrasseln. Das Thoraxbild in der resorptiven Endphase des unter einschlägiger Therapie innerhalb Stundenfrist abklingenden Lungenödems zeigt noch wolkig-streifige Schattenrelikte in der Kernzone sämtlicher Lungenlappen (a Übersichtsaufnahme p.-a. vom 20. 4. 71). Am folgenden Tage subjektive Beschwerdefreiheit. 3 Tage später bei Kontrolle nach Wiederaufhellung beider Lungen unauffällige Gefäßstruktur (b Übersichtsaufnahme p.-a. vom 23. 4. 71). M. H., 67jähr. ♀. Arch.-Nr. 1710 03852, Radiolog. Zentralinst. d. Krhs. Nordwest Frankfurt/M.

VOLLHABER; KITTREDGE; WELCH; PREGER u.a.). Während sich die schmetterlingförmigen Verdichtungen des ödemdurchtränkten Lungenkerns bei kardialer Rekompensation bzw. resorptivem Abstrom der intraalveolären Flüssigkeit streifig auflockern und völlig rückbilden können (Abb. 218), ist die Progredienz der Alveolarproteinose therapeutisch nicht zu beeinflussen (s. S. 88 und Legende zu Abb. 40). Die gelegentlich beim Marfan-Syndrom beobachteten pulmonalen Veränderungen sind röntgenmorphologisch ähnlich, aber gewöhnlich flüchtig (KATZ). Fortschreitende Tendenz zeigen dagegen die hyalinen Ablagerungen der *Microlithiasis alveolaris pulmonum*, deren zunächst scharf abgesetzte mikronoduläre Herdchen in der Spätphase des alveolo-kapillären Blocks vielfach von radiär-streifig aufgefaserten wolkigen Trübungen in Umgebung der Lungenwurzeln überlagert werden (Abb. 215).

Flächenhaft anwachsende verwaschene Lungenkernschatten symmetrischer oder asymmetrischer Anordnung gehören ferner zum Formenkreis der *urämischen Pneumonie* bzw. des *azotämischen Lungenödems* (SANTE u. WYATT; RENDNICH, LEVY u. COVE; ROUBIER u. PLAUCHAU; ALWALL, LUNDERQUIST u. OLSSON; SCHERMULY; BELTZ u. FRITZ; SCHERMULY, NIETH u. BISKAMP; KABANCHIK u. KLEIMANS; HENKIN, MAXWELL u. MURRAY; LANARI u. MUNDT; SCHMID u.a.) und verschiedener Antigen-Krankheiten, die — mit obliterierender Angiitis und konsekutiver Niereninsuffizienz vergesellschaftet — zu interstitieller wie intraalveolärer Exsudation mit hyaliner Membranbildung führen.

Die generalisierte Angiopathie bildet die pathogenetische Grundlage der sog. „*Antigen-Pneumonitis*" als akut oder protrahiert verlaufender Anaphylaxiefolge (Sensibilisierung durch Medikamente, Transfusionsschäden infolge Blutgruppen-Inkompatibilität etc.) (SANTE u. WYATT; NESSA u. RIGLER; BRETTNER, HEITZMAN u. WOODIN; MINETTO u. CONCINA u.a.), allergischer Alveolitis infolge Antigen-Antikörperreaktion nach intermittierender Inhalation proteinhaltiger Vogelexkrement-Staubpartikel *(„Vogelhalterlunge")* (FELDMAN u. SABIN; NAUEN u. KORN; PEPYS; WETTENGEL u. Mitarb.; STENDER;

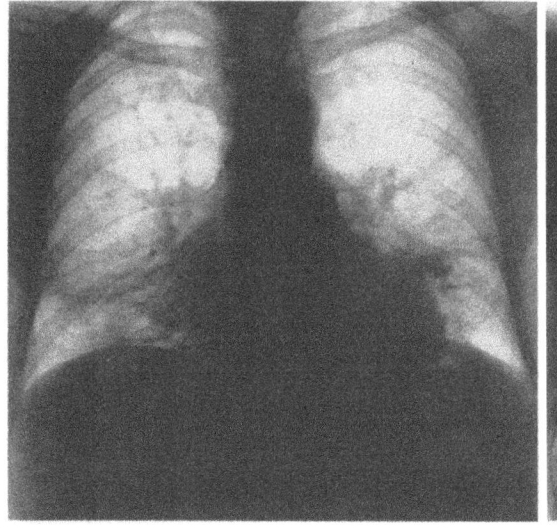
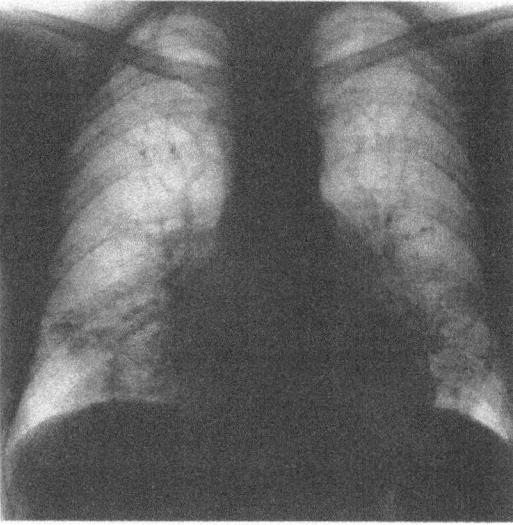
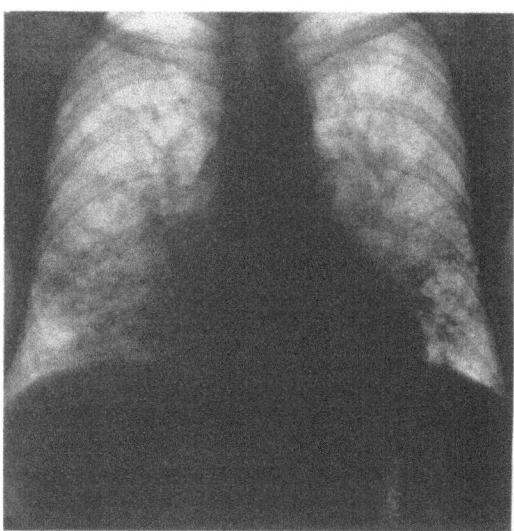

Abb. 219a—c. *Fortschreitende feinfleckig-retikulärstreifige Lungengerüstverdichtung bei Goodpasture-Syndrom.* Chronisches Cor pulmonale sowie Überfüllung der Oberlappen-Sammelvenen als Indiz verstärkter bronchial-pulmonaler Kollateralzirkulation, die in diesem Ausmaß für eine lymphangische oder hämatogene Lungenkarzinose ungewöhnlich wäre. Klinisch: langfristige Muskel- und Gelenkschmerzen ohne stärkere Rötung oder Schwellung. Wiederholte Schübe feinfleckiger Hautblutungen nach Art der Peliosis rheumatica. Zunehmende Schwäche und Kurzatmigkeit mit anhaltendem Husten und rezidivierenden Hämoptysen. Später Anzeichen renaler Insuffizienz. Afebriler Krankheitsverlauf. Mittelgradige Beschleunigung der Blutsenkungsgeschwindigkeit. Mäßige hypochrome Anämie und Eosinophilie bei normaler Leuko- und Thrombozytenzahl. Anstieg des Serum-Kreatinins und -Harnstoffs. Im Urin zeitweilig Zylinder, ferner Mikrohämaturie und Proteinurie bei eingeschränktem Konzentrationsvermögen. Thoraxübersichtsaufnahmen p.-a. vom 8. 11. 67 (a), 31. 7. 68 (b) und 4. 12. 68 (c). H. B., 37jähr. ♂. Arch.-Nr. 160131 041, Radiolog. Zentralinstitut d. Krhs. Nordwest Frankfurt/M.

FABEL; HARGREAVE u. Mitarb. u. a.), der *Kombination konfluierender Lungenhämorrhagien mit Nephritis beim Goodpasture-Syndrom* (GOODPASTURE; PARKIN, RUSTED, BURCHELL u. EDWARDS; ROSE u. SPENCER; CANFIELD, DAVIS u. HERMAN; McCAUGHEY u. THOMAS; SALTZMAN, WEST u. CHOMET; WALKER u. JOEKERS; RUSBY u. WILSON; SCHMIDT, HARGRAVES, ANDERSEN u. DAUGHERTY; DODGE, TRAVIS u. DAESCHNER; DIVERTIE; WEEKS, BERNATZ u. HOLLEY; GREEN; STEINER; BRUWER u. Mitarb.; LESCHKE et al.; ZOLLINGER u. HEGGLIN; DOERING; HOLZEL u. FAWCITT; CRUICKSHANK u. PARKER; OTTO u. BREINING; BENOIT, RULON, THEIL, DOOLAN u. WATTEN; AZEN u. CLATANOFF; SIRAK, SARTAWI u. KIM; HAMMERSCHLAG u. FRITZ; GLAY u. RONA; MORTENSSON, LARSSON u. LINDQUIST; JORDAN; NISSEN; SIMEONE; SCHWÖRER; TUCKER u. BROWN; PORTWICH u. ENCKE; STENTON u. TANGE; HEINZE u. Mitarb.; JORDAN; KOCH u.a.) (Abb. 219) und des verwandten Krankheitszustandes *idiopathischer Lungenhämosiderose* (Ceelen-Gellerstedtsches Syndrom s. S. 328, 409 u. 448).

Im gleichen Zusammenhang ist die Beteiligung des Lungengerüsts beim *viszeralen Rheumatismus* (MASSON, RIOPELLE u. MARTIN; EINMAN u. GOULEY; ELLMAN u. BALL; BLOOM u. RUBIN; MARTIN u. FALLET; HEGGLIN; RUBIN; FINLAND, JOLIFFE u. PARKER; SELDIN, KAPLAN u. BUNTING; ARONOFF, BYWATERS u. FEARNLEY; LEMKE u. BONSE; RICH u. GREGORY; GRIFFITH, PHILLIPS u. ASHER; VERHAEGHE et al.; VOTH; LILIENTHAL u. TALKOV; DIHLMANN; SCADDING; SCHWÖRER; HAMMERSCHLAG u. FRITZ; BOPP; STRICKLAND; PIERCE; RUBIN, GORDON u. THELMO; SVANBERG; BURROWS; SWEENEY u. BAGGENSTOSS; SARRE et al.; STADELMANN u. Mitarb.; PORTWICH u. ENCKE; HEINZE et al.; RIEMANN; MARTEL, ABELL, MIKKELSEN u. WHITEHOUSE; SMITH u. ROTHERMICH; SIENIEWICZ, MARTIN, MOORE u. MILLER; TRAUT; OLENIACZ u. WITKOWSKA; MORGAN; TURNER u. DONIACH; TOMASI, FUDENBERG u. FINBY; FRACCHIA; MORAWETZ; PATTERSON et al.; FABEL), beim *Stevens-Johnson-Syndrom* (Erythema exsudativum multiforme) (SHAPIRO u. LOWMAN; FINLAND, JOLIFFE u. PARKER), beim *Marfan-Syndrom* (KATZ) und bei den diversen Abarten *pulmonaler Kollagenosen* zu nennen (SANTE u. WYATT; GARLAND u. SISSON; ELLMANN u. CUDKOWICZ; FALCK; UEHLINGER; TALBOTT u. FERRANDIS; UEHLINGER u. SCHOCH; FELSON u. HEUBLEIN; TISCHENDORF; NICE; MENON u. RIGLER; DIVERTIE, SCHMIDT, HARGRAVES, ANDERSEN u. DAUGHERTY; HEGGLIN; SCADDING; VOTH; KUZMA; BRAHMS, KLOSTEMRANN u. VOTH; RIEMANN; SCHUERMANN; DUFF; LODGE; LANGHERI u. UVA; LUNGEAU, PANĂ u. HÎNCU; ALÈ u.a.).

Hierzu zählen die *Lungenveränderungen bei Sklerodermie* (GETZOWA; CHURCH u. ELLIS; RAKE; MURPHY, KRAININ u. GERSON; SHUFORD, SEAMAN u. GOLDMAN; FELSON; ZADEK; VOTH; HAYMAN u. HUNT; WEAVER, DIVERTIE u. TITUS; LLOYD u. TONKIN; GOTSCH; FOSS; WEAVER; PUGH; HARPER u. JACKSON; RODMAN u. BENDEK; PUGH, KVALE u. MARGULIES; ISRAEL u. HARLEY; POLLACK; OPIE; ORABONA u. ALBANO; ELLMAN u. CUDKOWICZ; SACKNER u. Mitarb.; SCHUERMANN; GOETZ u. BERNE; CONNER u. BASHOUR; SCHUERMANN u. HORNSTEIN; ASHBA u. GHANEM; LAINWAND, DURYEE u. RICHTER; PIPER u. HELLWIG; SACKNER; WILSON, RODMAN u. ROBINS; KEATS; WINKELMANN; ADHIKARI et al.; TUFFANELLI u. WINKELMANN; TRANQUADA u. Mitarb.; RITCHIE; ZUCKNER u. MARTIN u.a.), *Dermatomyositis* (PARKIN, RUSTED, BURCHELL u. EDWARDS; MILLS u. MATHEWS; UEHLINGER u. SCHOCH; SCHUERMANN; SCHULZE u.a.), *Lupus erythematodes disseminatus (Libman-Sachs-Syndrom)* (RAKOV u. TAYLOR; THORELL; FRICSAY-V. TELBISZ; RADENBACH; BULGRIN, DUBOIS u. JACOBSON; HEGGLIN; SÖVÉNYI u. BENCZE; GOULD u. DAVES; BAUDINET et al.; SCHUERMANN; BÄUMER; ALARCÓN-SEGOVIA u. Mitarb.; MONTGOMERY u. MCCREIGHT; VUORINEN u. KALLIOMÄKI; ZIEMIAŃSKI u. WIERZCHOWIECKI; TUMULTY; LEVIN u.a.), *Periarteriitis nodosa* (v. CONTA; HERRMANN; ELKELES u. GLYNN; VARRÓ u. SÖVÉNYI; DOUB, GOODRICH u. GISH; STRICKLAND; POSTEL u. LAAS; SWEENEY u. BAGGENSTOSS; COSPITE, PALAZZOLO, BALLO u. BRUNO; REINHARDT; KRAUTER u. BRAUN; BLANKENHORN; SAVERBERG u.a.) und der zu dieser Krankheitsgruppe gehörigen nekrotisierenden *Wegenerschen Granulomatose* (KORNBLUM u. FIENBERG; WEISMAN-NETTER, ORCEL, LÉVY u. TEXIER; FIENBERG; FELSON; TSIPELZON u. RUSSEN; CARRINGTON u. LIEBOW; WIENERS; KOCHSIEK, SCHIMANSKI u. VOTH; CAGGLIOLI u. ZALTRON; WIENERS u. HILWEG; PRUSZWICZ u. Mitarb. u.a.) (s. S. 328 u. 448 u. Abb. 174).

Die entzündliche infiltrativ-ödematöse Parenchymläsion kann beim pulmonalen Erythematodes und anderen Kollagenkrankheiten unilobär in der Nachbarschaft des Hilus beginnen und akut oder chronisch fortschreitend die Kernzone beider Lungen einbeziehen. Kommt es zur Remission, so verbleiben fibrös-streifige Relikte vorwiegend im Bereich der Lungenbasen, die bei erneuten Krankheitsschüben wieder von wolkig-fleckigen Verdichtungen durchsetzt werden. Zum Schattenmuster der Kollagenosen gehören ferner metastasenartige „Rundherde" grobknotiger Granulome, die vor allem beim Rheumatismus nodosus, bei der Polyarteriitis und bei Wegenerscher Granulomatose beobachtet werden (s. S. 328 u. 447/448).

Die pathogenetische Verwandtschaft der Kollagenosen mit den von SANTE u. WYATT beschriebenen Antigen-Pneumonien ergibt sich aus der neuerdings gewonnenen Erkenntnis, daß auch die viszeralen Erscheinungen des Lupus-Syndroms durch pharmakotoxische bzw. sensibilisierende Wirkung verschiedener Drogen hervorgerufen werden können (Sulfanilamide und verwandte Substanzen, diverse Antibiotika, Tuberkulostatika vom Typ des Isonikotinsäurehydrazids, bei Hyperthyreose angewendete Thiourazilverbindungen, Antipyretika und Analgetika, ferner Hydrazalin, α-Methyldopa und andere der Hochdruckbehandlung dienende Medikamente, Hydantoine, Trimethadione, Oxazolidin- und Pirimidon-Derivate zur antikonvulsiven Therapie und orale Kontrazeptiva) (ALARCÓN-SEGOVIA u. Mitarb.; WALSH u. ZIMMERMAN; LENZNER; OGRYZLO; BYRD u. SCHANZER; RUPE u. NICKEL; umfassende Literaturangaben s. ALARCÓN-SEGOVIA, 1969).

Die Artdiagnose des Erythematodes pulmonum gründet sich auf den Befund typischer L.E.-Zellen mit basophilen Plasmaeinschlüssen (Kryo-Globuline) (HARGRAVES, RICHMOND u. MORTON; HARGRAVES; OGRYZLO; MICHAEL et al.; WALSH u. ZIMMERMANN; VOLPÉ u. OGRYZLO; ZINKHAM u. CONLEY; BENCZE; BENCZE u. Mitarb. u.a.) und auf die vom speziellen L.E.-Faktor (HASERICK-Faktor) ausgelösten immunbiologischen Reaktionen (HASERICK; HASERICK u. LONG; HASERICK, LEWIS u. BORTZ; POLLAK; MIESCHER u. FAUCONNET; MIESCHER u. STRÄSSLE; HARGRAVES; PEASE, CAMERON u. MCDUFFIE; MCDUFFIE, BLONDIN u. GOLDEN u.a.). Es handelt sich um einen gegen Desoxyribonukleoproteine gerichteten Antikörper (DNP-Antinuklear-Antikörper), der sich bei Komplementanwesenheit im L.E.-Zelltest mit den Kernsubstanzen verbindet, ihre färberischen Eigenschaften ändert und durch leukozytäre Kernphagozytose das typische *L.E.-Zellphänomen* erzeugt, während nicht-phagozytiertes Material extrazellulär erscheint. Der L.E.-Clot-Test, die Färbung mit fluoreszierenden Anti-γ-Globulin-Verbindungen, die Messung des Komplementverbrauchs bzw. der Coombs-Konsumptionstest und der mit Immun-Fluoreszenzstoffen durchgeführte Anti-DNP-Spot-Test sind die heute zur Verfügung stehenden serologischen Nachweismethoden (ausführliche Angaben und Lit. s. HARGRAVES; BECK; MCDUFFIE, BLONDIN u. GOLDEN; BARNETT).

Der klinisch-röntgenologische Formenkreis des Libman-Sachs-Syndroms umschließt außer der Lungenverdichtung arthritische Prozesse, exsudative Pleuritis und Perikarditis mit entzündlicher Herzbeteiligung, Nephritis, raynaudartige Durchblutungsstörungen, anaphylaktische Purpura vom Typ Schönlein-Henoch, septische Temperaturen, Leukopenie und Eosinophilie. Die idiopathische Lungenhämosiderose kann durch den Nachweis eisenspeichernder Alveolarphagozyten im Sputum und mit ^{51}Cr-markierten Erythrozyten szintigraphisch identifiziert werden (SAMUELS u. BASS; APT, POLLYCOVE u. ROSE).

Schwieriger ist die Abgrenzung von ausgedehnter *chronisch-interstitieller Pneumonie* und *Lungengranulomatosen unbekannter Ursache* (OBERNDORFER; GOLDEN; MCCARTHY; SCADDING; FELDMAN u. SABIN; KNEELAND u. SMETANA; NAUEN u. KORNS; FELSON, JONES u. ULRICH; JANSSEN u. ROULET; MCDONALD u. EHRENPREIS; AUERBACH, MIMS u. GOODPASTURE; MCCORDOCK u. MUCKENFUSS; DU BOSE, MEADOR u. MCCAIN; FELSON u. HEUBLEIN; FINLAND, JOLIFFE u. PARKER; IDSTROM u. ROSENBERG; NEEDLES u. GILBERT; CAIN, DEVINS u. DOWNING; HUFFORD u. APPLEBAUM; ENGLERT u. PHILLIPS; KÜHNE u. KOBERT; CUNNINGHAM u. PARKINSON; CROSS; PEABODY, PEABODY, HAYES u. HAYES; KIRSHNER, BRECKENRIDGE, ALBRITTEN u. THEODOS; PEABODY, MOERSCH u. EDWARDS; GOUGH; HARRISON; CHAVES u. ABELES; COX u. KAHL; ROSSI; VANĚK; CRABASI u. BARTA; GIESE; HARTUNG; ADELMAN, CHERTKOW u. HAYTON; SCHOEN, REINGOLD u. MEISTER; RIEMANN; GOULD u. DALRYMPLE; MIDWINTER, APLEY u. BURMAN; MCALISTER u. GLEASON; FELSON; LIEBOW; JOHNSON; LIEBOW et al.; SCADDING u. HINSON; LIVINGSTONE, LEWIS, REID u. JEFFERSON; HARRIS u.a.) sowie von narbigen Gerüstprozessen, die als „*diffuse progressive interstitielle Lungenfibrose vom Typ Haman-Rich*" bezeichnet werden (HAMMAN u. RICH; ROBBINS; KING; BEAMS u. HARMOS; CUNNINGHAM u. PARKINSON; HEPPLETON; SPAIN; SCADDING; OSWALD u. PARKINSON; PEABODY, MOERSCH u. EDWARDS; HEGGLIN; HAEMMERLI; UEHLINGER u. SCHOCH; GIESE; HARTUNG; KATZ u. AUERBACH; VOTH; CALLAHAN, SUTHERLAND, FULTON u. KLINE; SCHECTER; SILVERMAN u. TALBOT; SCADDING u. HINSON; MALLORY; SPILLANE; FELSON; BALDWIN et al.; SCHRÖDER u. ANDERSCH; MORAWETZ; RUBIN, KAHN u. PECKER; MICHEELS u. WEISS; MITCHUM u. BRADY; WURM; KOURILSKY u. Mitarb.; PEABODY, BUECHNER u. ANDERSON; GOLDEN u. BRONK; LENDRUM; PETRÁNYI; LAVAL; FERRARI, CAUBARRERE, BOTINELLI, MEDILASAHU u. GIUDICE; FALCK; STOLTZE; MLZOCH; GROSSE-BROCKHOFF, UTHGENANNT, WEINREICH, KÜSTNER u. SCHIRMER; URTHALER; UEHLINGER; SWAYE et al.; DE NAVASQUEZ; EDER, HAWN u. THORN; GRAUBNER, MARŠOVÁ u. URBANČIK; WILDBERGER u. BARCLAY; GRANT, HILLIS u. DAVIDSON; PINNEY u. HARRIS; RUBIN u. LUBLINER; CROSS; VAN SLYCK; FREEDMAN u. DEATON; FLEISCHMAN u. Mitarb.; HOFF; READ; TUFF u. GIRSH; MAXWELL u. CAMP-

Bell; Anderson u. Foraker; Furstenberger; Nahmias et al.; Smith; Muschenheim; Ford et al.; Schulze u.a.). Entgegen landläufiger Ansicht betrifft das Beiwort „progressive" dabei nicht die einmal entstandenen Narben, sondern das Fortschreiten des wabigen Lungenumbaues und seiner funktionellen Folgeschäden. Es handelt sich nicht a priori um eine Fibrose, sondern um das Endstadium exsudativ-proliferativer Vorgänge verschiedener Genese. Als Ursache werden in erster Linie virus- oder protozoenbedingte interstitielle Pneumonien (Pneumozystis Carinii) angenommen (Hamman u. Rich; Vaněk u. Jírovec; Giese; Jírovec; Uehlinger u. Schoch; Hartung; Wurm u.a.). In manchen Fällen geht der fibroplastische Prozeß aus einem eiweißreichen Ödem hervor, dessen Bildung durch pulmonale Hypertonie erzeugende Medikation von Appetitszüglern (2-amino-5-phenyl-2-oxazolin = Menocil bzw. Aminorex-Fumarat und anderen Amphetamin-Derivaten) (Gurtner; Obiditsch-Mayer u.a.) oder Ganglienblockertherapie des Hochdrucks ausgelöst werden kann (Pokorny u. Hellwig; Viersma; Perry u. Schroeder; Morrow, Schroeder u. Perry; Doniach, Morrison u. Steiner; Uehlinger u. Schoch) (siehe Bd. IX/3, S. 68). Das gelegentlich familiäre Auftreten der polyätiologischen Erkrankung wird einem erblichen dysproteinämischen Defekt der Immunabwehr zugeschrieben (Donohue, Laski, Uchida u. Munn; Bonnani, Frymoyer u. Jacox; Swaye, van Ordstrand, McCormack u. Wolpaw; Stickler u. Ludwig; Peabody, Peabody, Hayes u. Hayes; McMillan; Wildberger u. Barclay). Der anatomische Befund entspricht der mit reaktiver Muskelhyperplasie und Lymphbahnverödung verbundenen Gerüstsklerose, die man früher als „*Lymphangitis reticularis fibrosa*" (v. Hansemann; Wurm u.a.), „*zystische Lungenfibrose* (Rindfleisch) oder „*muskuläre Lungenzirrhose*" bezeichnete (v. Stössel; Buhl; Davidsohn; Meessen; Sanderud; Liebow, Loring u. Felton; Rubenstein, Gutstein u. Lepow; Uehlinger u. Schoch; Sheft u. Moskowitz; Giese; Hartung; Davidsohn; Spain; Deussing; Hoel; Broch, Moe u. Wehn; Siebert u. Fisher) (s. Bd. IX/3, S. 70).

Die aus entzündlicher infiltrativ-ödematöser Gerüstdurchtränkung (Uehlinger u. Schoch; Liebow, Steer u. Billingsley; Uehlinger, Fuchs, Bühlmann u. Uehlinger; Scadding u. Hinson; Liebow; Uehlinger; Giese; Mallory; Livingstone, Lewis, Reid u. Jefferson u.a.), disseminierter Granulombildung (Oswald u. Parkinson; Cunningham u. Parkinson; Heppleton; Behrens u. Fanconi; Giese; Heyde, Heyde u. Korny) oder chronischer Bronchiolitis obliterans hervorgehenden fibrosklerotischen Prozesse mit sekundärer Wabenlunge (Behrens u. Fanconi; Meessen; Giese; Uehlinger; Kartagener, Landis, Sträuli u. Uehlinger; Hartung; Blumgart u. Mac-Mahon; Paul; La Due; Cardon, Lemberg u. Greenebaum; Johnson, Gajaraj u. Feist u.a.) sind vom klinisch-röntgenologischen Blickwinkel recht einförmig und daher nicht voneinander zu unterscheiden (s. Bd. IX/3, S. 64 u. 115ff.). Soweit nicht das vielblasige bronchiolostenotische Herdemphysem im Vordergrund steht, zeigt das Schattenbild dieser Lungenerkrankungen oft weitgehende Übereinstimmung mit dem der Lymphangiosis carcinomatosa. Der maligne Ursprung ist letztlich nur histologisch auszuschließen, da erfolglose Suche nach einem streuenden Primärtumor für die Differentialdiagnose ebensowenig beweisend ist wie negative zytologische Fahndungsergebnisse im Auswurf und Pleurapunktat. Ein tumorfreier Biopsiebefund läßt freilich die Ätiologie karnifizierender Prozesse vielfach ungewiß, abgesehen von den Fällen, in denen man Granulome eigentümlichen Gepräges antrifft oder die Prämedikation von Ganglienblockern als Ursache indurativer Ödemrelikte anschuldigen kann.

Wesentliche praktische Bedeutung hat die *Differentialdiagnose zwischen metastatischer Lymphangiosis und durch ionisierende Strahlen induzierten Pneumonien und Lungenfibrosen* (Pendergrass u. White; Welin; Uehlinger u. Schoch; Zuppinger u. Eger; Welin; Whitefield, Bond u. Arnot; Teschendorf; Oelssner; Zuppinger; Haug, Stephan u. Franke; Baudisch; Braibanti u. Prevedi; Bassler u. Buchwald; Gimes; Schulze u.a.) (Tabelle 27). Wie im Tierexperiment beschränkt sich die pulmonale Strahlenreaktion streng auf die vom Strahlenkegel erfaßten Lungensektoren, d.h. bei tangentialem Einfall auf die Rindenschicht und bei der Kreuzfeuer- oder Bewegungsbestrahlung zentroaxialer Herde auf die im höheren Isodosenbereich gelegene Kernzone (EVANS u. LEUCUTIA; DESJARDINS; ENGELSTAD; LÜDIN u. WERTHEMANN; WARREN u. SPENCER; SCHAIRER u. KROMBACH; WARREN u. GATES; TESCHENDORF; BAUER; FREID u. GOLDBERG; WIDMAN; KARLIN u. MOGILNITZKY; TYLER u. BLACKMAN; HSIEH u. KIMM; SCHUBERT u. HÖHNE; DAWNS; BRAIBANTI u. PREVEDI; HUTCHINSON; ZUPPINGER u. EGER; DEGREZ u. KIRSCH; EGER u. GREG; MALLORY; HUGUENIN u. FAUVET; BASSLER u. BUCHWALD; HAUG, STEPHAN u. FRANKE; VERGAZOVA u. KORSUNSKY; GIMES; COTTIER u.a.). Die fleckig-streifigen Verdichtungen ähneln dem Aspekt der lymphogenen Karzinose und weisen auch klinisch gewisse Analogien auf (Reizhusten, leichte Dyspnoe, mäßige Senkungsbeschleunigung, mitunter Fieber und Leukozytose), können aber unterschwellig verlaufen. Die radiogenen Lungengerüstveränderungen pflegen meist ohne trockene oder exsudative Begleitpleuritis aufzutreten und lassen die Zwerchfellbeweglichkeit daher uneingeschränkt. Kennzeichnend ist ferner die enge zeitliche Relation ihrer Entwicklung zur Bestrahlungsmaßnahme und die rückläufige Tendenz ihrer Ausdehnung, die sich mit indurativer Umwandlung und einem Nachlaß eher geringfügiger Beschwerden verbindet. Die Strahlenreaktion kommt in der Regel nur einseitig zustande: bei sachgemäßer Einstellung der thorakalen Zangenfelder in der Strahlentherapie des Mammakarzinoms wird nur die tangential getroffene ventroaxillare Randzone des betroffenen Lungenflügels in Mitleidenschaft gezogen, während die Betrahlung tiefliegender endothorakaler Neoplasmen mit opponierenden bzw. kreuzfeuerartig angeordneten Stehfeldern oder mit bewegter Strahlenquelle mehr oder weniger große Anteile eines Lungenkerns miterfaßt. Wenn sich die lymphangische Lungenkarzinose beim Brustkrebs auch nicht unbedingt bilateral-symmetrisch ausbreitet, so ist ein *einseitiger Krebsbefall des Lungenparenchyms* (FIRUSIAN, GALLMEIER u. SCHMIDT) doch ungewöhnlich. Er wird eher durch die Absorptionsdifferenz beider Thoraxhälften nach Ablatio mammae vorgetäuscht: die erhaltene Weichteilbedeckung der nicth operierten bzw. unbestrahlten Seite läßt den pulmonalen Strukturwandel im Summationsbild deutlicher hervortreten, der im hellen Lungenfeld der Amputationsseite ohne harmonisierendes Ausgleichsfilter bis zur Unkenntlichkeit überstrahlt werden kann (Abb. 220). Weitere differentialdiagnostische Anhaltspunkte sind aus Tabelle 27 ersichtlich.

Tabelle 27. Differentialdiagnose von Strahlenpneumonie, Lungenkarzinose und Lungenretikulose. (Nach WHITEFIELD, BOND u. ARNOTT bzw. UEHLINGER u. SCHOCH)

Strahlenpneumonie	Karzinose und Retikulose
Helle Lungenfelder vor Bestrahlung, Intervall zwischen Bestrahlung und Lungensymptomen nicht über 4 Monate, meist viel kürzer	Intervall zwischen Betrahlung und Lungensymptomen meist über 4 Monate
Strahlendermatitis entsprechend Bestrahlungsfeld	Keine Hautveränderungen, oder wenn vorhanden, ohne topographische Beziehung zu den Lungenveränderungen
Keine anderweitigen Metastasen, Blutbild normal, in schweren Fällen leichte Leukozytose	Metastatische Veränderungen an anderen Orten. Oft Anämie, die sogar leuko-erythroblastisch werden kann
Neigung der röntgenologischen Lungenveränderung zur Rückbildung. Frühzeitige Ausziehungen am Diaphragma und Perikard. Andere Zeichen der Fibrose	Röntgenologische Veränderungen stets zunehmend
Symptome: Dyspnoe, trockener Husten In nichtletalen Fällen Abnahme der respiratorischen Symptome nach einigen Wochen	Symptome: Dyspnoe, trockener Husten, Hämoptysen Stetige Zunahme der respiratorischen Symptome

Nach Sektionsbefunden entwickeln sich *bei Bronchuskarzinomen in etwa 10—30% kontralaterale Lungenmetastasen* (BUDD; WELLER; BARNARD; FRIED; MAXWELL; KAHLAU; FARBER; BALMÈS u. THÉVENET; STERN; CHRISTOVICH u. ZERNOV; WU; STRAUSS u.

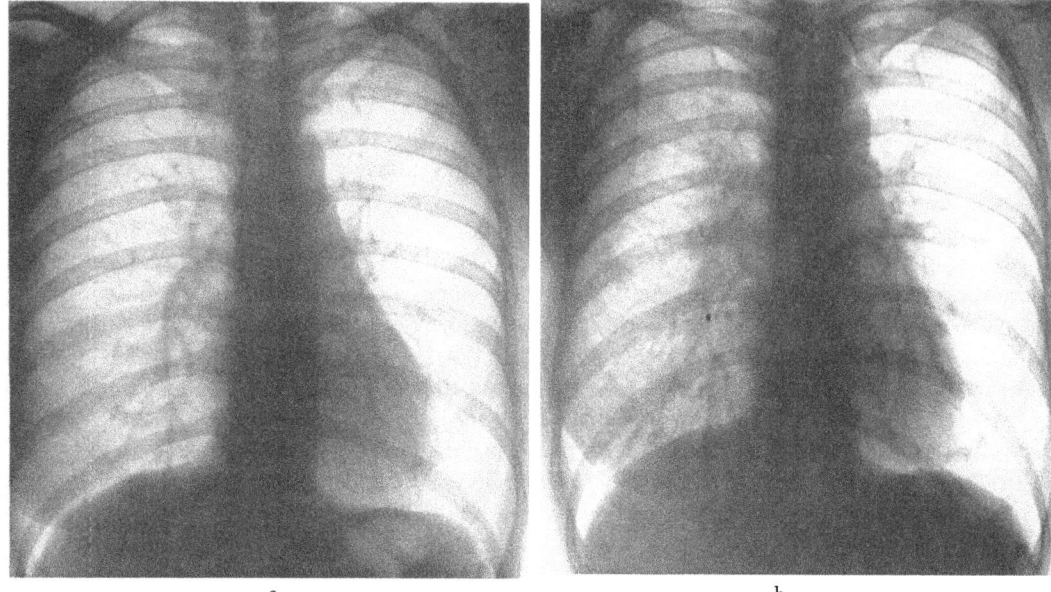

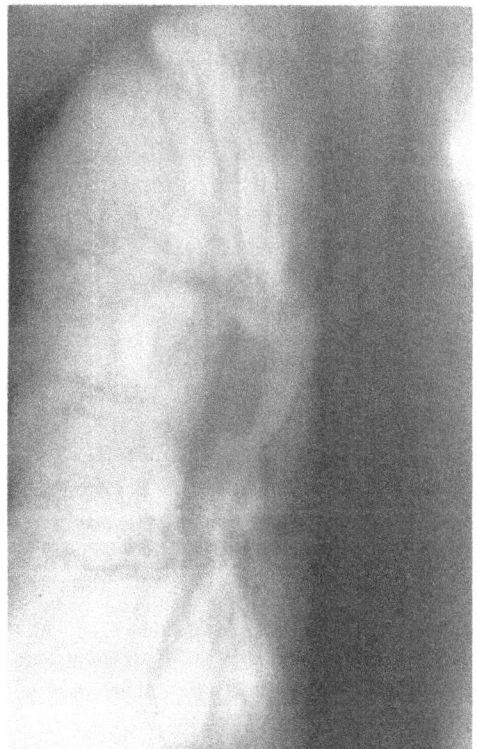

Abb. 220a—c. *Lymphangiosis carcinomatosa beider Lungen nach Ablatio mammae links, auf der Summationsaufnahme infolge stärkerer Transparenz des linken Hemithorax nur rechtsseitig wahrzunehmen.* Thoraxübersichtsbilder p.-a. kurz nach der Operation am 26. 7. 58 (a) und nach lymphangiotischer Ausbreitung des Karzinoms am 5. 5. 60 (b). Schichtbild des rechten Lungenflügels und Hilus in 9 cm a.-p. vom gleichen Tag (c). B. R., 36jähr. ♀. Arch.-Nr. 6087/58 u. 4223/60, Röntgenabtlg. Med. Univ.-Klinik u. Poliklinik Münster/W. (Direktor: Prof. W. H. HAUSS)

WELLER; ONUIGBO u.a.) (Abb. 202, 203, 221, 226 u. 230; s. auch Bd. IX/4a, Tabelle 61 u. 62). JAFFE stellte sogar in 43% einen sekundären Krebsbefall der Lungen fest. Er entsteht zumeist *lymphogen* (FRIED; ONUIGBO; RATKÓCZY; DIMITROV; DAPRÀ u.a.), nächsthäufig durch *hämatogene Aussaat* (EERLAND; HERBUT; HASCHE u.a.), selten durch *intrakanalikuläre Tumorzellverschleppung* (DIETRICH; EISMAYER; BREIG; WATANABE; LETULLE u. JACQUELIN; CAIN; ECK; LÜDEKE; ECK, HAUPT u. ROTHE; WALTHER) (s. S. 59 u. 373).

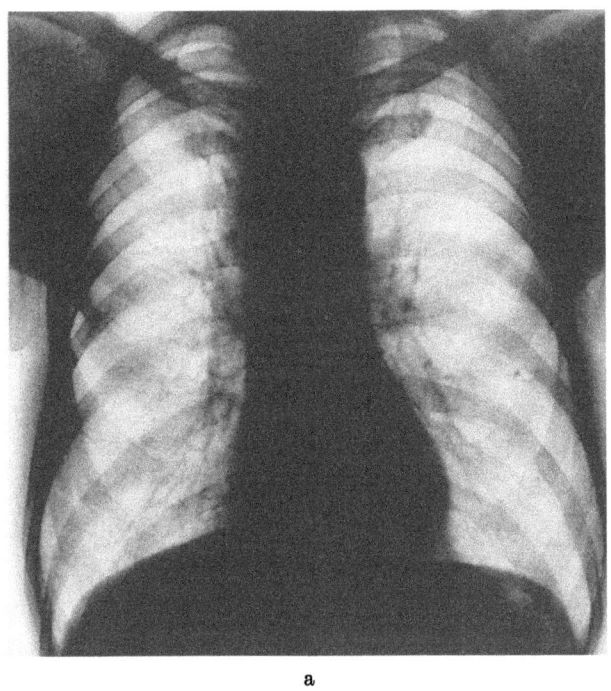

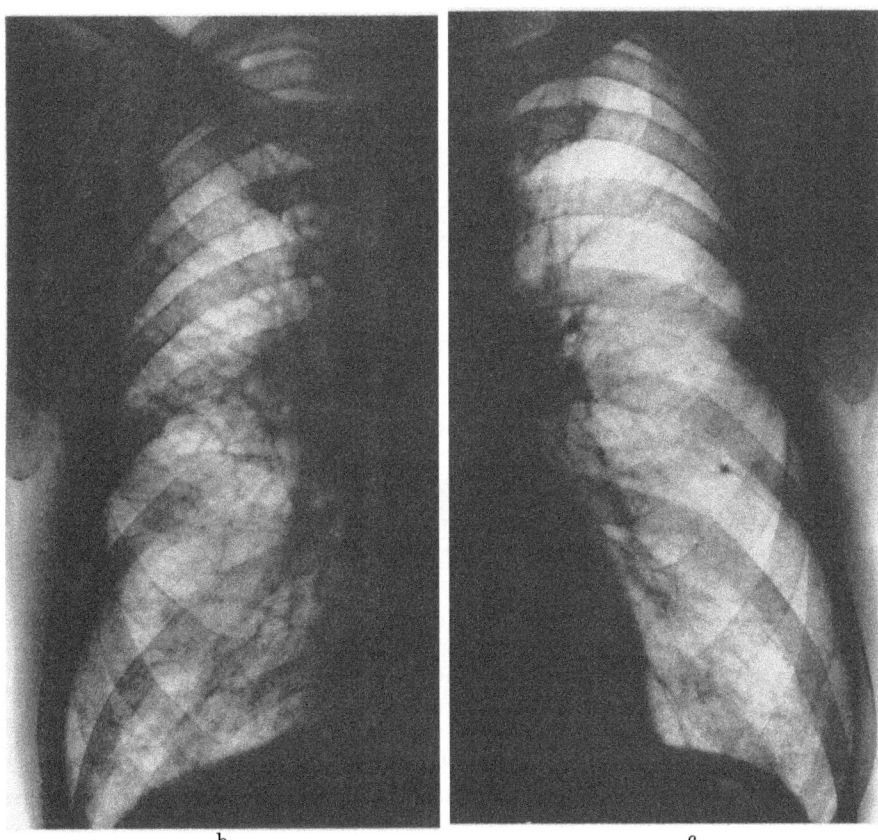

Abb. 221 a—d. *Entwicklung einer bilateralen Lymphangiosis carcinomatosa pulmonum bei inoperablem großzelligen Bronchialkarzinom des re. OL.-Bronchus.* Übersichtsaufnahmen p.-a. bzw. Ausschnittsbilder vom 11. 8. 66 (a), 15.10.66 (b und c) und 15. 11. 66 (d). W. S., 62jähr. ♂. Arch.-Nr. 2409 04711, Radiolog. Zentralinst. d. Krhs. Nordwest Frankfurt/M.

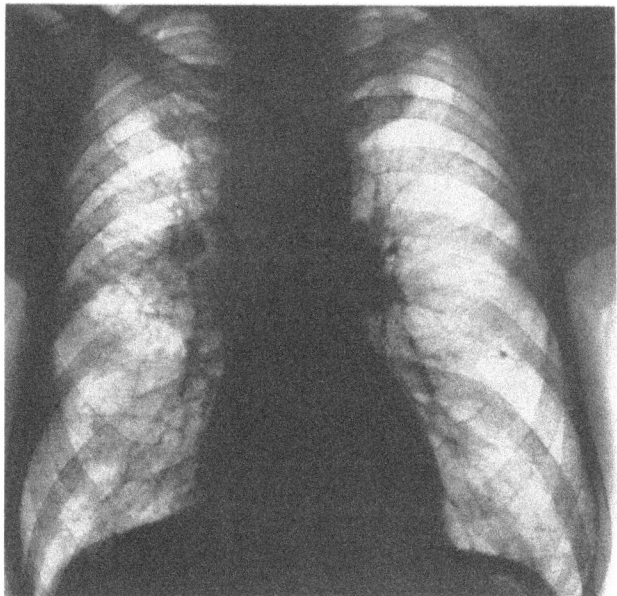

Abb. 221d (Legende s. S. 421)

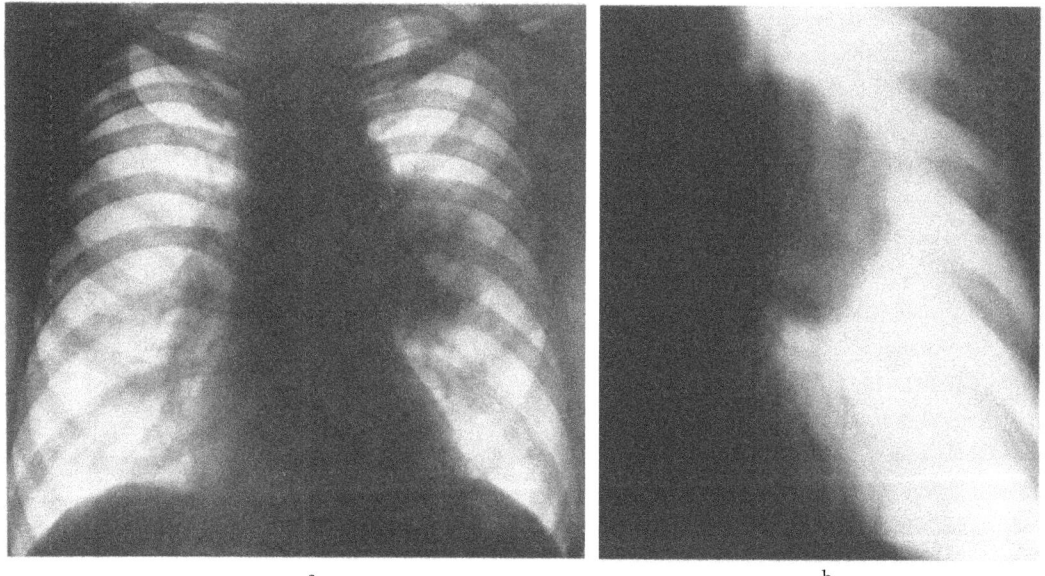

a   b

Abb. 222a u. b. *Kleinknotige Metastasen in beiden Lungen bei histologisch verifiziertem Plattenepithelkarzinom des linken apikalen Unterlappensegmentbronchus mit ausgedehnten regionalen Lymphknotenmetastasen.* Thoraxübersicht p.-a. (a) und Schichtbild a.-p. 6 cm (b). K. N., 65jähr. ♂. Arch.-Nr. 8432/61, Röntgenabtlg. Med. Univ.-Klinik u. Poliklinik Münster/W. (Direktor: Prof. W. H. HAUSS)

Der jeweilige Metastasierungsmodus ist bei kleinfleckiger Dissemination aus dem Röntgenbild nicht zu bestimmen, da die lymphangische Karzinose nicht nur netzförmig-streifige, sondern auch miliare Schatten wie bei hämatogener und intrakanalikulärer Streuung verursachen kann (LAGÈZE, TOURAINE, RIFFAT u. NORMAND; MARTIN u. CROIZAT; LAMBIE u. COLLIER; SIRRI u.a.). Er läßt sich aus den oben genannten Gründen im Einzelfall selbst autoptisch schwer ergründen, so daß WALTHER in seiner Monographie von einer differenzierenden Beurteilung „interner Lungenmetastasen" der Bronchuskrebse absah. Der bronchogene Ursprung intrapulmonaler Streuherde ist bei gesicherter neoplastischer Obstruktion eines größeren Bronchus kaum zweifelhaft (FELSON u. HEUBLEIN u.a.). Nur in einem geringen Prozentsatz entspricht der diffuse mikronoduläre Prozeß einer tumorunabhängig vorbestehenden Gerüsterkrankung oder einer *aspirationsbedingten sekundären Hämosiderose nach rezidivierenden Hämoptysen im Gefolge der Neoplasie* (GREEN; SCHULZE) (s. Bd. IX/4b, Abb. 547 u. 548). Noch seltener erweist sich die Neubildung im zentralen Bronchialsystem ebenfalls als Metastase (vgl. Abb. 186 u. Bd. IX/4a, Abb. 82). Schwieriger ist der Ausgangspunkt disseminierter Lungenherde beim expansiv wachsenden peripheren Bronchuskarzinom zu ermitteln, da die Kombination kleinfleckiger Verdichtungen mit einem größeren solitären Geschwulstknoten des Lungenmantels (Abb. 221 u. Bd. IX/4b, Abb. 552) auch von der Absiedlung eines extrathorakalen Primärtumors herrühren kann. Derselbe Gesichtspunkt schränkt die Bronchialkrebserkennung bei gleichzeitigem Zerfall des peripheren Primärherdes und seiner pulmonalen nodulären Ableger ein (MEYERS u. SALA) (Abb. 236).

Das röntgenologische Erscheinungsbild *lympho-hämatogener Lungenmetastasen maligner endothorakaler Retikulosen bzw. Lymphoblastosen* (Lymphogranulomatose, Retikulumzellsarkom, Lymphosarkom, Leukosen, Mykosis fungoides) (Abb. 39, 216, 223, 235, 237, 238, 239 u. 255) unterscheidet sich von hilopulmonalen Fernmetastasen extrapulmonaler Malignome allenfalls durch gleichzeitige Milzvergrößerung, besonders starke Ausprägung lymphombedingter Hilus- und Mediastinalverbreitung und — vor allem beim Morbus Hodgkin — den relativ häufigen Befall antero-mediastinaler Lymphknoten mit Einbeziehung des Sternums (UEHLINGER; WACHNER; FLEISCHNER, BERNSTEIN u. LEVINE; ZUPPINGER; KOLÁŘ, KÁCL u. PALEČEK; SCHULZ u. RIESSBECK; BURACZEWSKI u.a.). Angesichts der Vielfalt des Schattensubstrats ist die Differentialdiagnose im Zweifelsfall erst histologisch zu stellen, sofern die klinischen Befunde keinen Aufschluß geben (ALTMANN; ASSMANN; LENK; HELD; WEICKER; KUCKUCK; BAUMGARTNER; WESSLER u. GREENE; PEIRCE, JACOX u. HILDRETH; WACHNER; GIL; SAUPE; VIETA u. CRAVER; GALL u. MALLORY; WALTHARD; SUGARBAKER u. CRAVER; WOLPAW, HIGLEY u. HAUSER; SHEINMEL, ROSWIT u. LAWRENCE; LESZLER u. PEREDI; LACOMBE; BETOULIÈRES, JAUMES u. ADRA; OLMER, GASCARD u. DARCOURT; ROBBINS; BRUSORI; RATTI; ENNUYER, CAILLERET u. HÉLARY; DARCIS; LACK u. POHL; VITERBO u. ALBANO; POLETTI u. NARCISI; CARMICHAEL, BLAKE u. FELTS; SCHNEIDER; ŠÁRI, KUTARNA, ADAMEC u. DYTTERT; BERGHUIS et al.; KERN, CREPEAU u. JONES; GARRISON, DINES, HARRISON, DOUGLAS u. MILLER; MUSSHOFF, RENNEMANN, BOUTIS u. AFKHAM; MCALISTER u. GLEASON; BEGEMANN; MLOSEK; KITTREDGE, GELLER u. FINBY; LUCAS, PLATZBECKER u. REICHARDT; MIELECKI u. PYZIOL; CARMINO ALANÍZ u. SANCHEZ DE LA HUERTA; LAMPERT u.a.). Wie das kontinuierliche Übergreifen der Blastome vom Mediastinum her ist im übrigen die lympho-hämatogene Ausbreitung mit mikro- und makronodulären Disseminationsherden im Lungengewebe häufiger anatomisch (CRAVER, BRAUND u. TYLER: 39%; FALCONER u. LEONARD: 36%; BOLLAG u. SCHWARZ: 22%) als röntgenologisch nachzuweisen (KIRKLIN u. HEDGE: 4,6%; JACKSON u. PARKER: 5,4%; CRAVER et al.: 12%; ENNUYER u. Mitarb.: 25%).

Während die feinfleckigen Strukturdetails der karzinomatösen Lymphangiosis vorwiegend orthograd abgebildeten Lymphgefäßen bzw. Kreuzungspunkten des strangförmig verzweigten, mit Geschwulstzellen angefüllten Lymphbahnnetzes entsprechen, und spät hinzutretende wolkig-konfluierende Verdichtungen von intraalveolärer Krebsinfiltration herrühren, liegt den disseminierten Fleckschatten der *hämatogenen miliaren Lungenkarzinose* eine Aussaat zahlloser zirkumskripter Tumorknötchen zugrunde (ASSMANN; LENK; HUGUENIN, RENÉ u. DELARUE; GLOOR; BENDA, FRANCHEL u. DUPPERAT; WALTHER; SCHWARZMANN; WEIL; HUGUENIN u. DELARUE; ROMAN; CRAVER; FUNK u. CRAWFORD; RENAUDEAUX u. LEJARD; ERICHSEN; STELTZNER; BENHAMOU; TESCHENDORF; SCHMIDT; SIRRI; LAMBIE u. COLLIER; MARTIN u. CROIZAT; EVEN, SORS u. LECOEUR; PALASSE; PIERRE-BOURGEOIS, LEMOINE u. VIC-DUPONT; DUROUX, JARNIOU u. CELÉ-

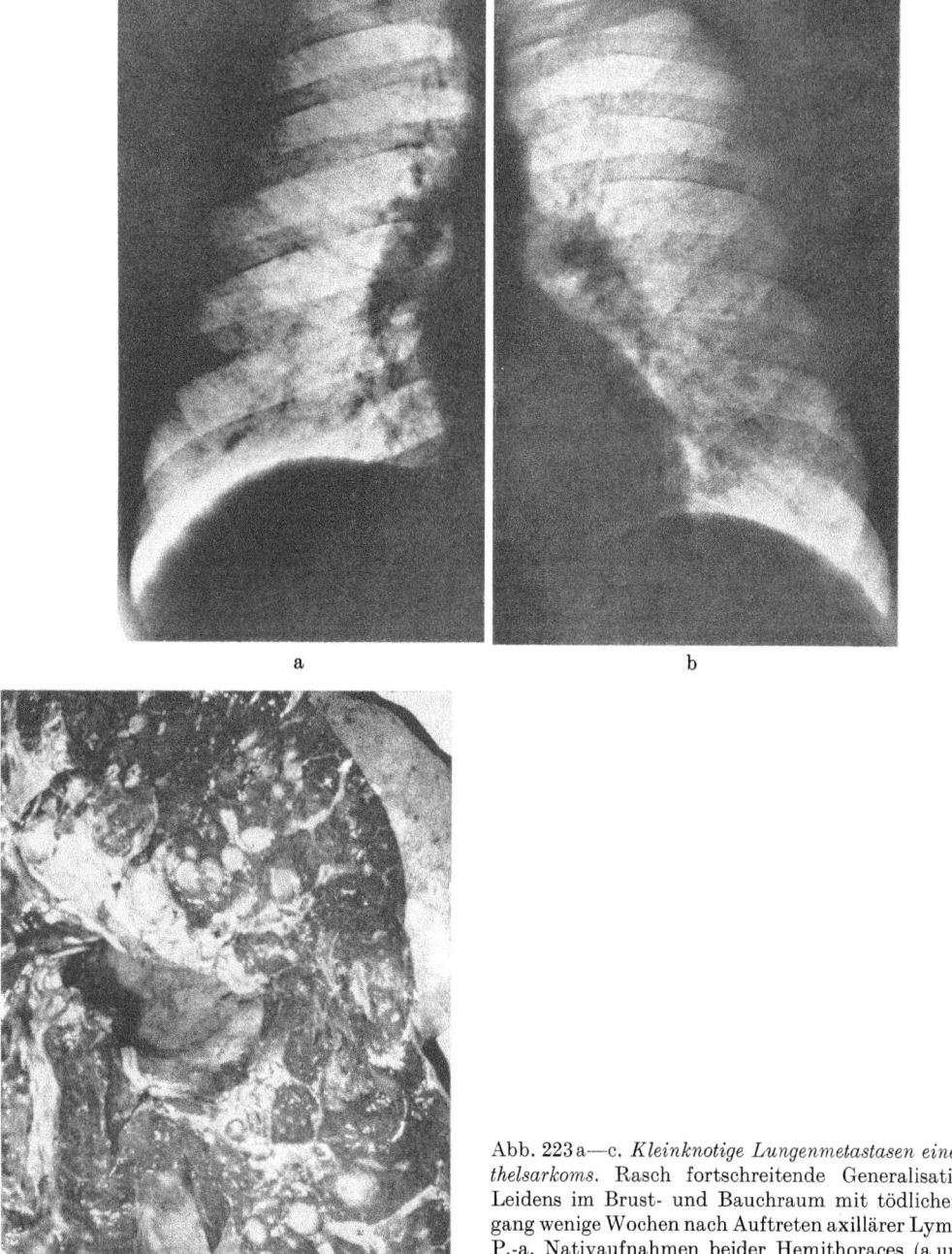

Abb. 223 a—c. *Kleinknotige Lungenmetastasen eines Retothelsarkoms.* Rasch fortschreitende Generalisation des Leidens im Brust- und Bauchraum mit tödlichem Ausgang wenige Wochen nach Auftreten axillärer Lymphome. P.-a. Nativaufnahmen beider Hemithoraces (a und b). 8 Tage vor dem Exitus. Autopsiepräparat des linken Unterlappens (c). (Sekt.-Nr. 102/68, Path. Institut d. Krhs. Nordwest Frankfurt/M., Direktor: Prof. G. KAHLAU). A.C., 24jähr. ♂. Arch.-Nr. 2308 43111, Radiolog. Zentralinst. d. Krhs. Nordwest Frankfurt/M.

RIER; FELSON u. HEUBLEIN; HAWKINS; ZEERLEDER; RUBIN; BRASCHE; ZISKIND, WEIL u. PAYZANT; CULVER; WORATZ; KISCHKEL; POTTS u. DAVIDSON; HASLHOFER; BLUM; KAISER; BUECHNER; GAENSLER; AMSLER, LEONET u. SOURICE; DUMON, CHARPIN, AMALRIC u. CHOUX; CERANKE; SIRRI u.a.) (Abb. 225 u. 226). Greift die auf dem Blutweg ent-

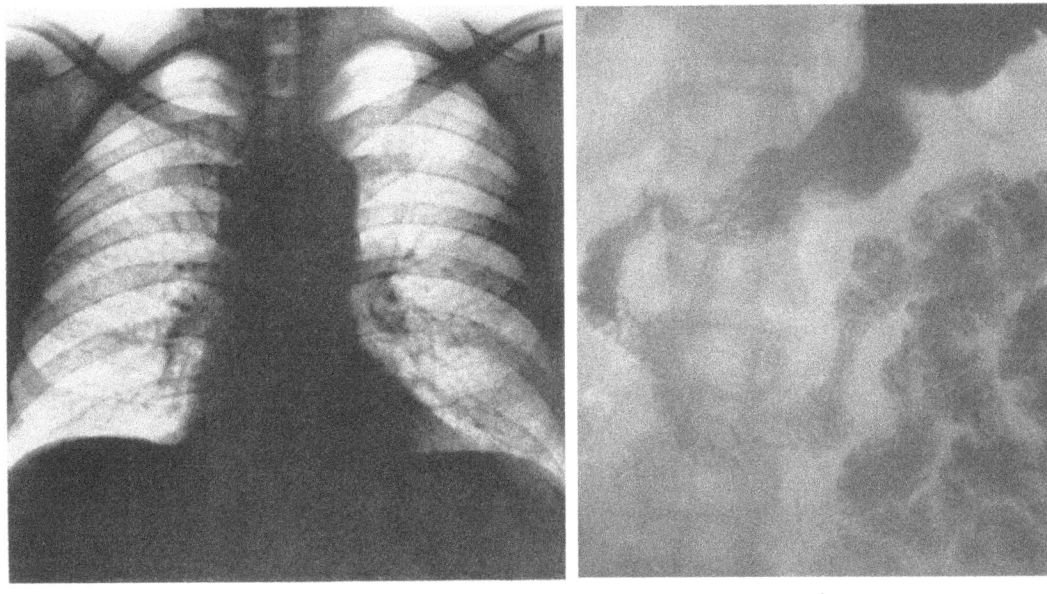

Abb. 224a—c. *Rapides Wachstum kleinfleckiger Lungenmetastasen eines Pankreaskopfkarzinoms.* Klinikaufnahme in schwerem Krankheitszustand, der wenige Tage zuvor mit hohem Fieber und Oberbauchbeschwerden einsetzte. Initialer Sklerensubikterus, schmerzhafte Resistenz im rechten Hypochondrium. Der anfängliche Verdacht auf akute Cholezystitis bestätigte sich nicht. Die Thoraxröntgenuntersuchung zeigte in beiden Lungen disseminierte feinfleckige Tüpfelschatten unscharfer Kontur (a Übersichtsaufnahme p.-a. vom 14. 10. 70), die nach dem Gesamteindruck als Beginn pulmonaler Absiedlung einer noch unbekannten Primärgeschwulst oder malignen Retikulose gedeutet wurden. Bei peroraler Kontrastdarstellung des Verdauungstrakts fand sich eine konstante Einwölbung am Innenrand des oberen Duodenalknies und absteigenden Duodenalschenkels von der — im Querdurchmesser verbreiterten, in sagittaler Richtung gleichfalls vertieften — Pankreaskopfloge her (b Aufnahme in Rückenlage p.-a. vom 21. 10. 70). Die röntgenologische Diagnose ,,metastasierendes Pankreaskopfkarzinom" stand im Einklang mit dem Tastbefund und

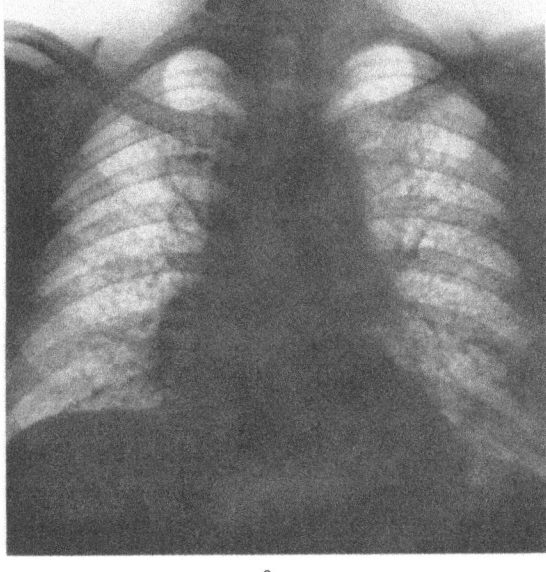

weiteren Entwicklungsablauf, der unter Intensivierung des Ikterus innerhalb weniger Wochen tödlich endete. 8 Tage nach der Erstuntersuchung und 2 Wochen ante finem bei Thoraxröntgenkontrolle erhebliche Progredienz der an Zahl und Größe rasch angewachsenen, nach wie vor verwaschen wirkenden pulmonalen Fleckschatten (c Übersichtsaufnahme p.-a. vom 21. 10. 70). Im Sputum Nachweis von Zellen eines undifferenzierten Karzinoms (E.-Nr. 16848/70, Path. Inst. d. Krhs. Nordwest, Direktor: Prof. KAHLAU). E. F., 58jähr. ♂. Arch.-Nr. 1411 11201, Radiolog. Zentralinst. d. Krhs. Nordwest Frankfurt/M.

standene Streuung nicht sekundär auf perivaskuläre Lymphspalten über, so bleibt der fleckige Charakter des Schattenbildes vorherrschend, während andernfalls eine streifignetzförmige Komponente hinzukommt. Die Konturschärfe der Einzelherde wird vom jeweiligen Wuchstyp bestimmt. Expansiv heranwachsende Knötchen geben scharf ab-

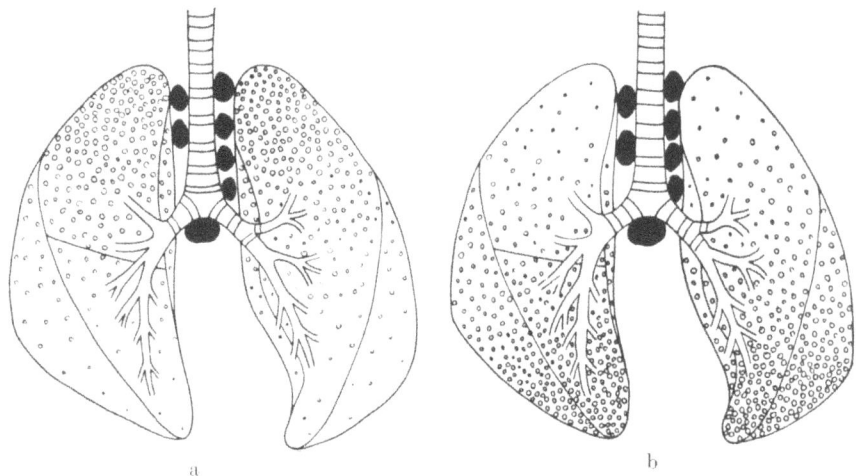

Abb. 225a u. b. *Schematische Darstellung der miliaren Tuberkulose* (a) *und der miliaren Karzinose* (b) *nach* WALTHER. (WALTHER, H. E.: Krebsmetastasen. Basel: Benno Schwabe & Co. 1948)

gesetzte, annähernd rundliche Schatten, destruktiv fortschreitende Herde wirken dagegen verwaschen und unregelmäßig geformt. Die Dimension variiert je nach Alter und Wachstumsintensität des einzelnen Knötchens. Sie schwankt meist zwischen Stecknadelkopf- und Erbsgröße.

Im *akuten Krankheitsverlauf* nach massiver bzw. rezidivierender Tumorzellembolie können Umfang und Zahl der Tüpfelschatten rasch anwachsen (Abb. 224), und zugleich *Anzeichen zunehmender Drucküberlastung des rechten Ventrikels* auftreten (ZDANSKY u.a.) (s. S. 365, 369). Andererseits findet man bei protrahierter Entwicklung nicht selten einen auffälligen Gegensatz zwischen dem Röntgenbefund einer dichtstehenden bilateralen Knötchenaussaat feinen bis mittleren Korns und der Geringfügigkeit subjektiver Beschwerden, unter Umständen sogar einem klinisch vollkommen stummen Verhalten des Prozesses.

Die Diskrepanz kann für die *Differentialdiagnose* bedeutungsvoll sein. In Analogie zur Lymphangiosis carcinomatosa kann die rasche, unaufhaltsame Progredienz hämatogen disseminierter Geschwulstherde ein maßgebliches Unterscheidungsmerkmal gegenüber miliaren Lungenveränderungen nicht-neoplastischer Genese bilden. Vom röntgenologischen Aspekt kommt eine Vielzahl ursächlich heterogener Affektionen in Betracht (FELSON; BREIG; LENK; HUGUENIN u. DELARUE; TESCHENDORF; AUSTRIAN u. BROWN; FELSON u. HEUBLEIN; WEISS; VERSTRAETEN; ZADEK; FELSON, JONES u. ULRICH; BLAIR; SCADDING; MALLORY; UEHLINGER u. SCHOCH; GSELL; GLOOR; RUBIN; ZEERLEDER; ZISKIND, WEIL u. PAYZANT; KUHLMANN; GASCARD, LALLEMAN, BARBE u. SANTAMARIA; MATTHES, WIRBATZ u. LESSEL; RECAVARREN, BENTON u. GALL; KAISER; SHINOHARA; MLZOCH; GAENSLER; BUECHNER, MEYER u. CHRÉTIEN; KING; GREENSPAN; SCHULZE u.a.), von denen einige wesentliche Krankheitsgruppen bereits in der Differentialdiagnose lymphangiotischer Prozesse genannt wurden.

Als hervorstechendes Differenzkriterium zwischen *Miliarkarzinose und Miliartuberkulose* bzw. isolierter hämatogener Lungenstreuung wird gewöhnlich die kraniokaudale Zunahme neoplastischer Knötchen bei der Geschwulstaussaat genannt, während im Gegensatz dazu miliartuberkulöse Herdchen in den Lungenkuppeln dichter stehen sollen als an den Basen (OTTEN; KAUFMANN; GLOOR; GRÄFF u. KÜPFERLE; LOREY; KÄDING; LENK; BLUM; WEIL; HUGUENIN u. DELARUE; TESCHENDORF; ZADEK; COCCHI; MÜLLY; WALTHER; ANACKER u. STENDER; STEINER; SILVERMAN et al.; VERSTRAETEN; SIRRI u.a.) (Abb. 225).

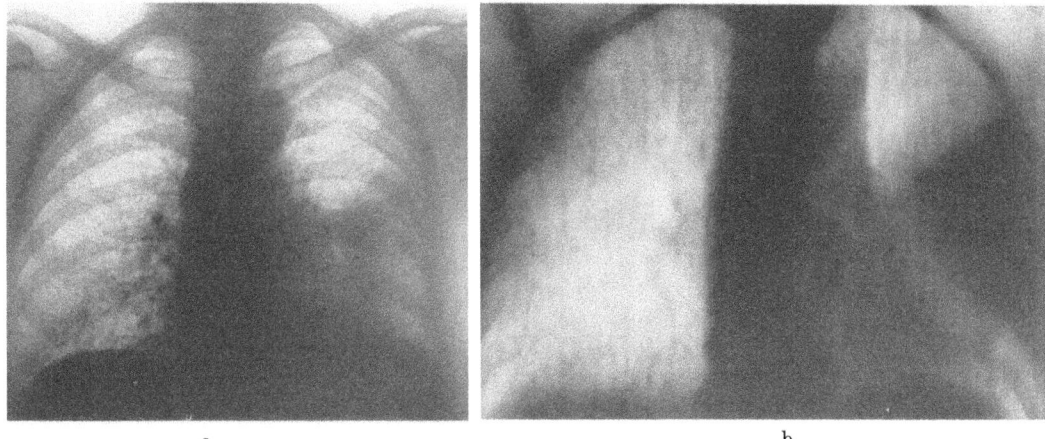

Abb. 226a u. b. *Miliare kleinknotige Lungenkarzinose bei bronchogenem Adenokarzinom der Lingula* (autoptisch verifiziert). Erst im letzten Drittel des fast einjährigen Beobachtungsverlaufs der Tumoraussaat trockener Reizhusten und zunehmende Kurzatmigkeit. Thoraxübersicht p.-a. (a) und Schichtbild a.-p. 9 cm (b). G. H., 61jähr. ♀. Arch.-Nr. 1700/60, Röntgenabtlg. Med. Univ.-Klinik u. Poliklinik Münster/W. (Direktor: Prof. W. H. Hauss)

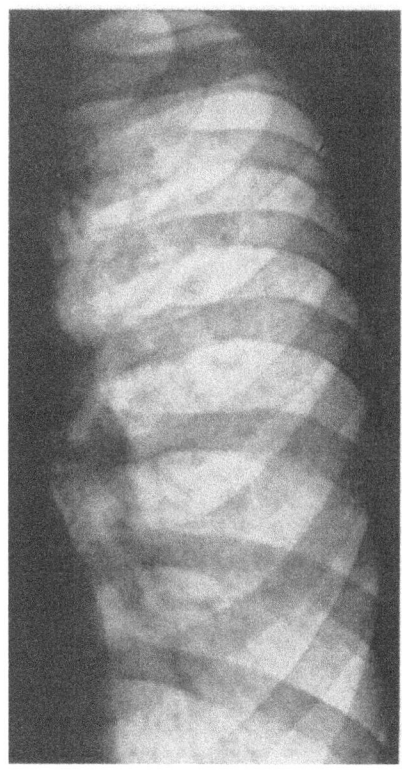

Abb. 227. *Vorwiegend kleinfleckige hämatogene Lungenmetastasierung eines vom rechten Femurhals ausgehenden Hämangiomendothelioms.* Der innerhalb von 5 Jahren von Kleinpflaumen- auf über Kindskopfgröße herangewachsene Tumor hatte sich $1^1/_2$ Jahre vor Beginn der pulmonalen Absiedlung unter intensiver Strahlentherapie weitgehend zurückgebildet. Ausschnittsaufnahme des li. Hemithorax vom 27. 8. 59. O. S., 59jähr. ♂. Arch.-Nr. 7397/59, Röntgenabtlg. Med. Univ.-Klinik u. Poliklinik Münster/W. (Direktor: Prof. W. H. Hauss)

Die Regel ist differentialdiagnostisch nicht unbedingt schlüssig, soweit sich das Urteil auf Summationsaufnahmen gründet. Denn entsprechende Abweichungen der Herdform, -größe und -anordnung können strahlenphysikalisch vorgetäuscht werden (Franke; Chantraine; Resink; von der Emden u.a.), sei es, daß der Subtraktionseffekt eines Begleitemphysems der Miliartuberkulose durch Detailüberstrahlung eine geringere Herddichte an den Lungenbasen vermuten läßt, als dem anatomischen Sachverhalt entspricht (Assmann; Teschendorf; Breig; Zadek; Weiss; Steiner; Buechner; Gaensler;

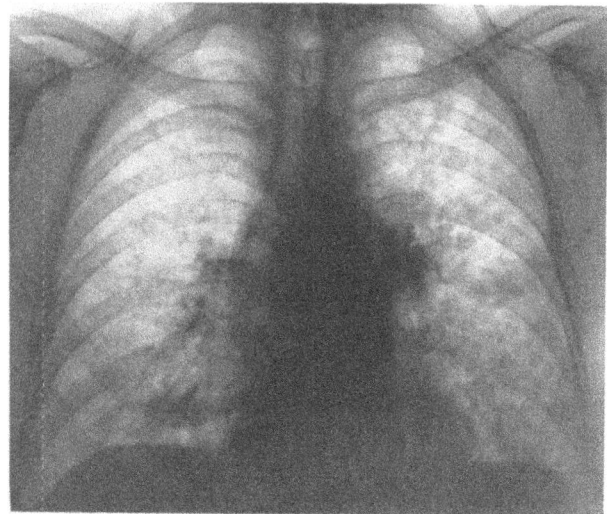

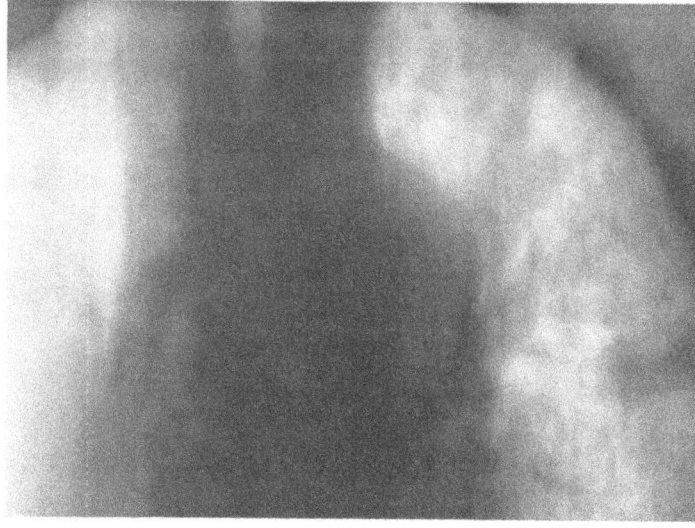

Abb. 228a—c. *Geschwulstartiges Bild einer granulierenden Mediastinallymphknoten-Tuberkulose mit obstruktiver Belüftungsstörung des li. OL. und grobfleckiger hämatogener Aussaat in beide Lungen.* a Thoraxübersicht p.-a. 1. 12. 64; b u. c Schichtaufnahmen a.-p. in 10,5 und 13 cm vom 3. 12. 64. Relativ kurzfristige Anamnese mit Mattigkeit, subfebrilen Temperaturen und rezidivierenden Hämoptysen (22. u. 23. 11. 64). Überweisung von einer Lungenheilstätte in die Med. Klinik d. Krhs. Nordwest Frankfurt/M. (Direktor: Prof. R. ALTMANN) unter Verdacht auf hilo-pulmonale Tumormetastasierung (1. 12. 64). Mediastinoskopie (OA. Dr. SCHÜLKE, Chir. Klinik des Krhs. Nordwest) große derbe Lymphknoten rechts paratracheal, bifurkal und im li. Hilus. Probebiopsie eines exzidierten Lymphknotens: chronische Lymphknoten-Tuberkulose (E.-Nr. 6646/64, Path. Inst. Krhs. Nordwest, Frankfurt/M., Direktor: Prof. G. KAHLAU). Kulturelle Magensaftuntersuchung auf Tuberkelbazillen: 4. 1. 65 positiv. V.F., 61jähr. ♀. Arch.-Nr. 0102 04782, Radiolog. Zentralinstitut Krhs. Nordwest Frankfurt/M.

RESINK; SCHULZE u.a.), oder umgekehrt, daß eine gleichmäßig verteilte Miliarkarzinose infolge der Verbreiterung des Lungenkörpers zur Basis hin in der Summation des Übersichtsbildes apikal weniger ausgeprägt wirkt als auf dem der Realität näher kommenden Schichtbild (Abb. 226). Klinische Gesichtspunkte sind für die Differentialdiagnose unentbehrlich und verläßlicher als röntgenologische Objektdetails, da die miliaren Karzinomknötchen in ihrer durchschnittlichen Größe, Schattendichte und Unregelmäßigkeit von Gestalt und Kontur sowohl exsudativen wie produktiv umgewandelten Herdbildungen einer hämatogen angelegten Lungentuberkulose gleichen können. Ohne Kenntnis des klinischen Befundes sind daher unscharf begrenzte feinfleckige Lungenmetastasen, wie man sie mitunter beim metastasierenden Hämangioendotheliom beobachtet (KÜNZLER; COLLINS u. FISHER) (Abb. 227), nicht von einer floriden tuberkulösen Streuung zu unterscheiden (TESCHENDORF; SLAVIN u.a.). Andererseits vermag die knotig disseminierte Lungentuberkulose bei gleichzeitigem Befall der Bronchiallymphknoten metastasenartige Bilder hervorzurufen (Abb. 228).

Bei Berücksichtigung der Anamnese und andersartiger klinisch-röntgenologischer Aspekte bereitet dagegen die Abgrenzung von *miliarer Stauungsinduration der Lungen* im

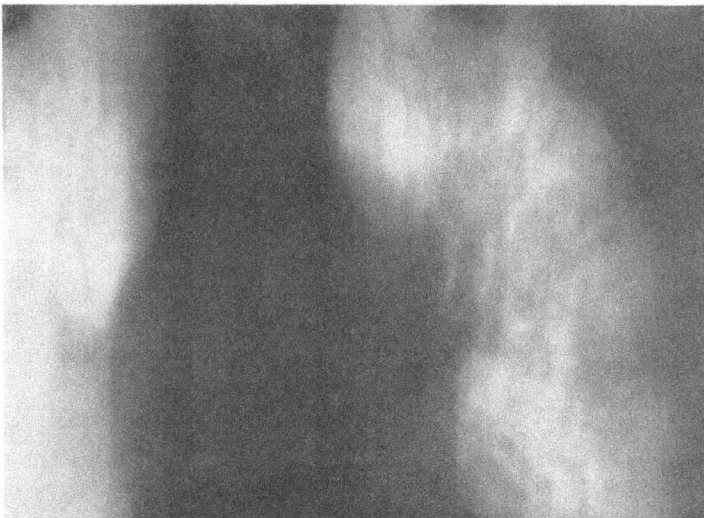

Abb. 228 c

Gefolge von Mitralfehlern (TESCHENDORF; HAUBRICH; KUHLMANN; SHANKS u. KERLEY; HAUBRICH u. VERSEN; ESCHER u. THURN; GUMPERT; BRAHMS, KLEINSORG, KOCHSIEK u. VOTH; HARLEY, FLEISCHNER u. REINER; MILNE; SIELAFF u. a.) und den diversen Spielarten *miliarer Pneumokoniosen* keine Schwierigkeiten (TESCHENDORF; PENDERGRASS; ZADEK u.a.). *Rezidivierende pulmonale Mikroembolien* können wie die Miliarkarzinose zum Cor pulmonale führen, doch sind ihre feinnodulären Schatten weniger beständig und nicht so dicht wie die neoplastischen Knötchen (MADDISON, LIM, BLAISDELL u. AMBERG).

Die feinfleckigen verschwommenen Infiltrate *miliarer Bronchopneumonien bei Virusinfekten*, beim *Morbus Bang* und diffuser Bronchiolitis unterscheiden sich durch relative Flüchtigkeit im Rahmen des mehr oder weniger akuten Krankheitszustandes (LÖFFLER u. Mitarb.; LENK; TESCHENDORF; SPINK et al.; STELLBACHER u. WEGMANN; ZADEK u.a.). Disseminierte Granulome einer *miliaren Sarkoidose* zeichnen sich gegenüber dem in Frage stehenden Metastasenbild durch geringeren Umfang, höhere Absorptionsdichte und bevorzugte Anordnung im Lungenkern aus (LÖFFLER u. BEHRENS; LEITNER; FELSON; KIRKLIN u. MORTON; KERLEY; TURIAF u. Mitarb.; ROUJEAU u. SORS; LÖFGREN; MEYER u. CHRÉTIEN; MALLORY; SCADDING; KING; MUSSHOFF, WURM, REINDELL u. DOLL; MAYCOCK, BERTRAND, MORRISON u. SCOTT; WURM u. REINDELL; SCHERMULY; BERNSTEIN; DOLL, REINDELL u. WURM; HARTWEG; SCHERMULY u. BEHREND; WILHELM; BERNSTEIN u. SUSSMAN; PAWLICKA u.a.), obgleich die Kombination des pulmonalen Prozesses mit massiver, bisweilen asymmetrischer Schwellung der endothorakalen Lymphknoten den Eindruck eines metastasierenden Geschwulstleidens erwecken kann (SCHWARZ; McCORD u. HYMAN; LÖFGREN; FRIED; WURM u. REINDELL; FRIED; TURIAF; ROUJEAU u. SORS; KALKOFF; WILHELM; SCHERMULY u.a.). Die im Verlauf des pulmonalen „Miliarlupoids" hervortretende Verkleinerung der Lymphome und Vernarbungstendenz mit Übergang in streifige Gerüstverdichtung (Abb. 229) bildet im übrigen ein röntgenologisch kaum zu übersehendes Unterscheidungsmerkmal vom Befund rein „miliarer" Lungenkarzinose.

Wie die stetige Progredienz läßt das Fehlen jeglicher Ausdrucksform indurativer Umwandlung den neoplastischen Prozeß auch von anderen *disseminierten Lungengranulomatosen* abtrennen, deren Ätiologie noch ungewiß oder nur mit Hilfe zusätzlicher anamnestisch-klinischer Informationen, bakteriologisch-serologischer oder bioptischer Befunde zu ergründen ist. Zu dieser Kategorie gehören hämatogen *generalisierte pulmonale Mykosen* (DOUB; CARTER; WYLIE u. DE BLASE; JAMISON u. CARTER; BONOFF; PADILHA GONÇALVES u. BARDY; BOTHÉN; HERMELINK; WEGMANN; ZADEK; BARTH; REEVES; D'ALFONSO;

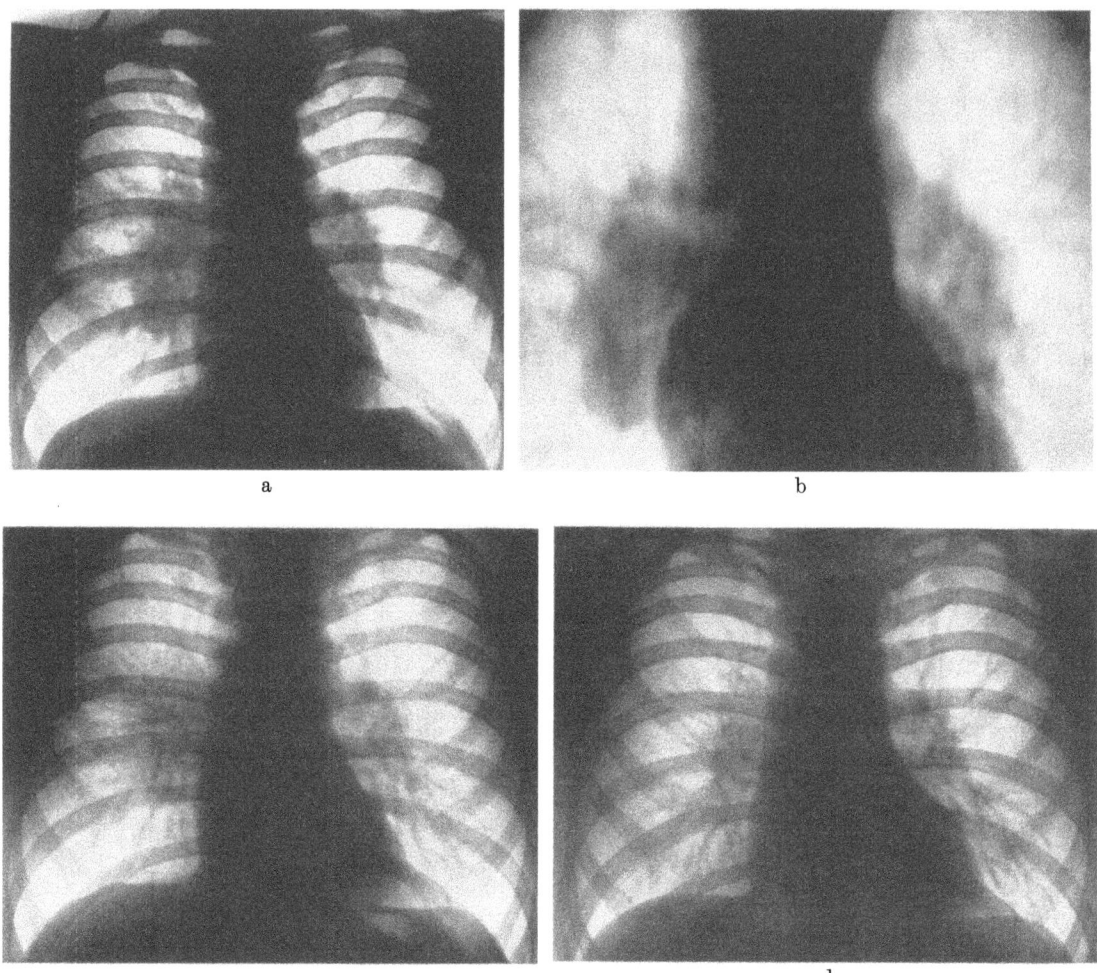

Abb. 229a—d. *Entwicklungsverlauf einer hilo-pulmonalen Sarkoidose*. Zu Beginn der Lungenaussaat beträchtliche Schwellung der bronchopulmonalen und mediastinalen Lymphknoten (a Übersichtsaufnahme p.-a. vom 24. 2. 56, b Schichtbild 10 cm a.-p. vom gleichen Tage). Mit Fortschreiten der pulmonalen Generalisation deutliche Verkleinerung der Lymphome (c Übersichtsaufnahme p.-a. vom 9. 10. 56). $1^1/_2$ Jahre später nach indurativer Umwandlung der granulomatösen Lungenherde unter tuberkulostatischer und Steroidtherapie noch immer anhaltende Vergrößerung der endothorakalen Lymphknoten (d Übersichtsaufnahme p.-a. vom 28. 8. 57). B. M., 26jähr. ♂. Arch.-Nr. 10253/56 und 6831/57, Röntgenabtlg. d. Med. Univ.-Klinik u. Poliklinik Münster/W. (Direktor: Prof. W. H. HAUSS)

LOOSLI, PROCKNOW, TANZI, GRAYSTON u. COMBS; ACREE, DE CAMP u. OCHSNER; FARRIS; FARRIS u. MACARINI; GASS, ZEIDBERG u. HUTCHESON; ABERNATHY; SCADDING; MOHR; FARNESS; FURCOLOW; WHEELER, FRIEDMAN u. SASLAW; ISRAEL; HIRSCH u. COLEMAN; WINN u. JOHNSON; CLARK u. GILMORE; COUPAL; HAMIL; FURCOLOW, MANTZ u. LEWIS; RAKOWSKY u. KNICKERBOCKER; WERTHEMANN; LITTMAN, WICKER u. WARREN; ENGELHARD u. LOEHLEIN; SMITH; BROOKSHER; SCHWARZ u. BAUM; GIESE; AGAHI u. BUSCHMANN; COHEN u. BURNIP; HERMELINK; HENSEL), *miliar-noduläre Lungenlues* (DECHAUMES; GÄDEKE; ANGLESIO u. BELLION; LUNDHOLM u. MACHER; FAVRE u. CONTAMIN) und *granulomatös-indurative interstitielle Pneumonien unbekannter Ursache* (OBERNDORFER; NAUEN u. KORNS; FELDMAN u. SABIN; FELSON, JONES u. ULRICH; KNEELAND u. SMETANA; DU BOSE, MEADOR u. McCAIN; CHAVES u. ABELES; FELSON u. HEUBLEIN; SCADDING; McDONALD u. EHRENPREIS; FINLAND, JOLIFFE u. PARKER; GOLDEN; NEEDLES u. GILBERT; CAIN,

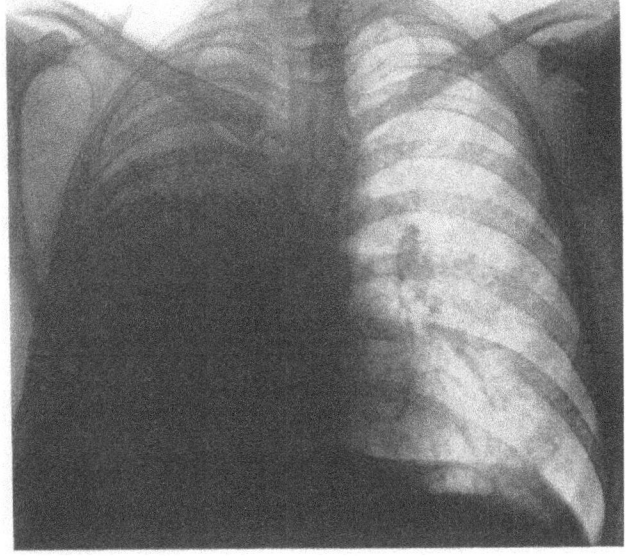

Abb. 230. *Terminale hämatogen-miliare Tumoraussaat in die linke Lunge*. Die Übersichtsaufnahme wurde am 4. 5. 65 angefertigt, 10 Monate nach rechtsseitiger Pneumonie wegen eines bereits am 12. 8. 63 im Schirmbild erfaßten, aber erst nach einjähriger Diagnoseverzögerung resezierten Bronchuskarzinoms (entdifferenzierter Plattenepithel-Narbenkrebs im Indurationsfeld eines alten Lungeninfarkts) (vgl. die vom gleichen Patienten stammenden Abb. 273 u. Abb. 319 im Bd. IX/4b). W.S., 39jähr. ♂. Arch.-Nr. 2301 25841, Radiolog. Zentralinst. d. Krhs. Nordwest Frankfurt/M.

DEVINS u. DOWNING; HUFFORD u. APPLEBAUM u.a.). In Betracht kommen ferner *miliare Lungenveränderungen bei Morbus Gaucher* (DE GRANDMAISON; KAISER; VIDEBAEK; HABERMANN), diffuser pulmonaler *Xanthomatose* (PICK; HODGSON, KENNEDY u. CAMP; ROWLAND; KARCK; RENZETTI, EASTMAN u. AUCHINCLOSS; WALLGREN; TRINEZ, CARTON, MAHIEU, DONNE u. BAILLET; TESCHENDORF; WALLACE u.a.) und *nicht speichernden benignen Retikulosen* (s. S. 411/412) sowie das seltene Krankheitsbild der *miliaren Lungenamyloidose*, deren feinfleckige Verschattungen von herdförmigen Amyloiddepots und plasmazellulären Infiltraten in der Wand peripherer Blut- und Lymphgefäße und kleinerer Bronchien herrühren (WICHMANN; UEHLINGER; SCHINZ zit. n. ASSMANN; GSELL; ZADEK; CRAVER; FIRESTONE u. JOISON; WEISS). Eine vom einförmigen Bild der Miliarkarzinose abweichende streifige Komponente prägt auch das miliar-retikuläre Schattenkorrelat der *Microlithiasis alveolaris pulmonum* (s. Abb. 215), der diffusen *Lungenangiomatose* (S. 238), der *Lymphangiectasia pulmonum cystica* (S. 235 u. 236) und der *tuberösen Lungensklerose* (s. Abb. 120 u. S. 236; Lit. s. auch Bd. IX/3, S. 68—70 u. 116).

Röntgenmorphologisch und klinisch besteht dagegen weitgehende Übereinstimmung mit den Erscheinungen der *miliar-nodulären Lungenadenomatose* (vgl. Abb. 226 u. 230 mit Abb. 32, 33 u. 38) und *kleinknotig disseminierter Lymphogranulomatose* der Lungen (VERSÉ; DIETLEN; ASSMANN; FORSCHBACH; ZIEGLER; LENK; WEICKER; SAUPE; TESCHENDORF; ZADEK; COCCHI; VIETA u. CRAVER; GALL u. MALLORY; WOLPAW, HIGLEY u. HAUSER; JACKSON u. PARKER; SIMON; SHEINMEL, ROSWIT u. LAWRENCE; ROBBINS; ZEERLEDER; STRICKLAND; KIRKLIN u. MORTON; SUGARBAKER u. CRAVER; FALCONER u. LEONARD; COOLEY, MCDONALD u. HARRISON; FRESEN; GALLIAN u. ROUJEAU; ANAVERI; GARRISON, DINES, HARRISON, DOUGLAS u. MILLER; MCALISTER u. GLEASON; ENNUYER, CAILLERET u. HÉLARY; BETOULIÈRES, JAUMES u. ADRA; SCHNEIDER; OLMES, GASCARD u. DARCOURT; LACK u. POHL; VITERBO u. ALBANO; RIEMANN; RATTI; KOLÁŘ, KÁCL u. PALEČEK; BEGEMANN; FICARI u. CAPELLINI; GESSNER; SCHEUERLEN; KLUGE; PERESLEGIN et al.; MLOSEK; MORELLINI, INGRAO, BELLI u. COPPOLA; VOTH; WESSLER u. GREENE; SIMON; ROTTE, BAUKE u. SCHRÖDER; POMPILI u.a.).

Das gelegentliche Auftreten einer *miliaren Lungenkarzinose bei bronchogenen Karzinomen* (FELSON u. HEUBLEIN; LENK; BRASCHE; LAGÈZE u. TOURAINE; LIEBOW; POTTS u. DAVIDSON; REY; GALUZZI u. PAYNE; SIMROCK; VANĚK; SVIRČEVIĆ u. POPOVIĆ; GADEKAR u.a.) (Abb. 226 u. 230 sowie Bd. IX/4b, Abb. 546 u. 577) kann auf verschiedenen Metastasierungswegen spontan zustande kommen (S. 375ff.) und offenbar durch

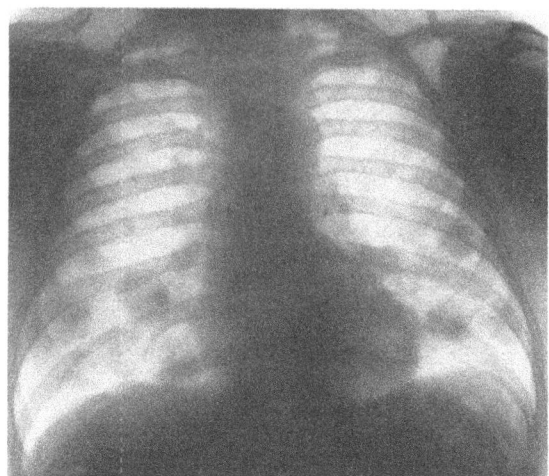

Abb. 231

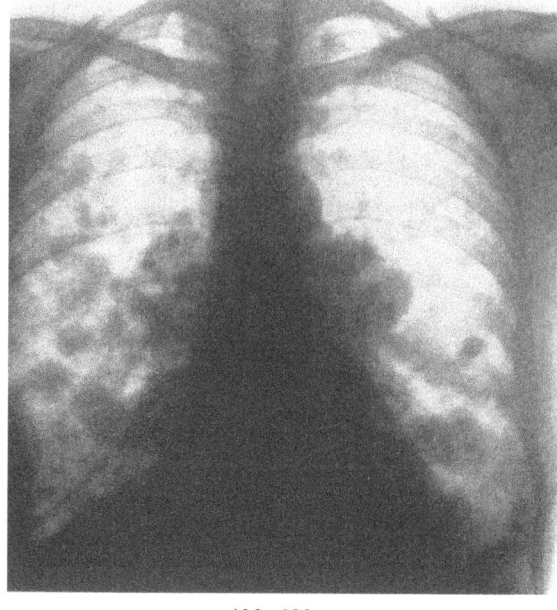

Abb. 232

Abb. 231. *Grobknotige Lungenmetastasen einer Struma maligna.* Thoraxübersicht p.-a. M. B., 56jähr. ♂. Arch.-Nr. 2838/63, Röntgenabtlg. Med. Univ.-Klinik u. Poliklinik Münster/W. (Direktor: Prof. W. H. Hauss)

Abb. 232. *Struma maligna mit mittel-grobknotiger Tumoraussaat in beide Lungen und metastatischer Rippendestruktion.* Thoraxübersicht p.-a. E. G., 57jähr. ♀. Arch.-Nr. 8722/58, Röntgenabtlg. Med. Univ.-Klinik u. Poliklinik Münster/W. (Direktor: Prof. W. H. Hauss)

intraoperative Manipulation — insbesondere bei der Resektion zerfallender Adenokarzinome — ausgelöst werden (Aylwin; Hasche). Der jeweilige Absiedlungsmodus läßt sich nur anatomisch ermitteln. Im Schattenbild gleichen sich hämatogene und aerogene Streuherde. Selbst der bronchogene Ursprung einer solchen Lungenaussaat ist aus dem Thoraxröntgenbefund peripherer Krebse nicht ohne weiteres ersichtlich (Abb. 226). Denn das Zusammentreffen solitärer Tumorknoten bzw. -kavernen des Lungenmantels mit miliar-nodulären Fleckchen kann in Analogie zur Lymphangiosis carcinomatosa ebenso der Evolution autochthoner Geschwülste entstammen wie durch Fernmetastasierung außerhalb des Brustkorbs gelegener Malignome bedingt sein (Culver; Svirčević u. Popović; Eck; Stobbe u.a.). Bei vergeblicher Suche nach einem extrapulmonalen Primärtumor bleibt die per exclusionem gestellte Diagnose letztlich ungewiß. Dem Urteilsvermögen sind hier in gleicher Weise Grenzen gesetzt wie in der klinisch-röntgenologischen Differentialdiagnose entsprechender Schattenbilder der Lungenadenomatose (s. S. 84). Im Zweifelsfall gibt erst die Autopsie definitiven Aufschluß über Ausgangspunkt und Formalgenese des intrapulmonal disseminierten Geschwulstleidens.

Miliar-hämatogene und lymphangische Absiedlungen bilden zusammen nur einen Bruchteil der Erscheinungsformen metastatischer Lungenprozesse (Walther: 30%; Dumon et al.: 16%). In der Mehrzahl der Fälle wird der sekundäre Krebsbefall der Lungen vom Bild *multipler grobknotiger Metastasen* repräsentiert. Dimension und Zahl der Einzelherde können dabei beträchtlich schwanken (Tabelle 23). Walther fand bei 669 einschlägigen Sektionsfällen überwiegend Knoten von 3—10 mm Durchmesser (39%), nächsthäufig „kirschgroße" Metastasen zwischen 10 und 20 mm Durchmesser (rund 27%). Tochterherde geringeren Umfangs (5—15 mm Durchmesser) oder größeren Ausmaßes als 2 cm Durchmesser traten demgegenüber an Häufigkeit zurück. Sie werden bei Sarkomen und malignen Melanomen in höherem Prozentsatz beobachtet als bei karzinomatösen Ge-

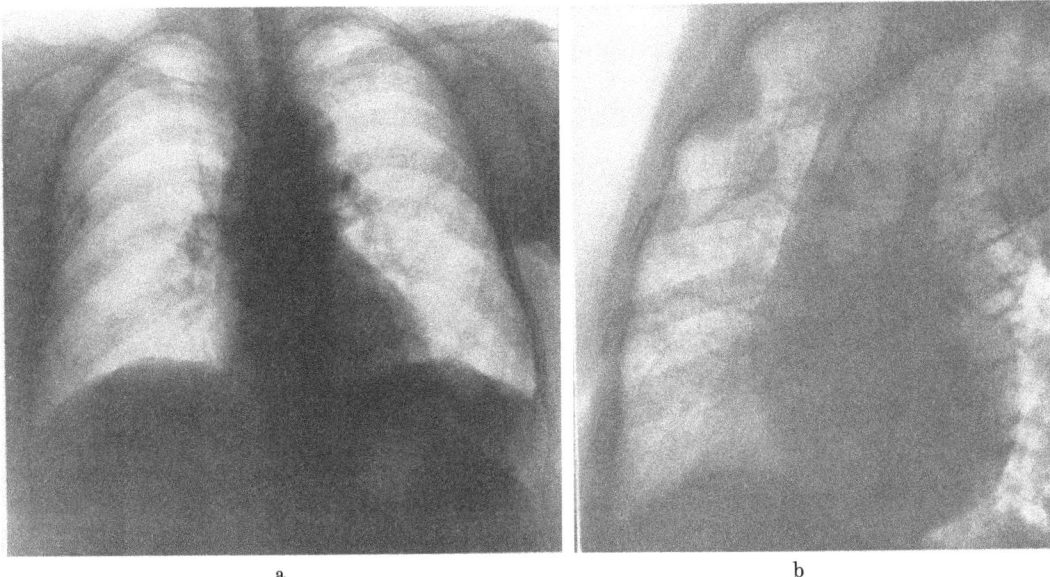

Abb. 233a u. b. *Einfluß der Projektion auf die röntgenoptische Sichtbarkeit kortikaler Lungenmetastasen.* Erkennbarkeit grobnodulärer Brustkrebsabsiedlungen in der rechten Lunge auf dem p.-a. Übersichtsbild (a) im Vergleich zur Zielaufnahme im 2. Schrägdurchmesser (b). A. S., 67jähr. ♀. Arch.-Nr. 2411 01262, Radiolog. Zentralinstitut d. Krhs. Nordwest Frankfurt/M.

wachsen. Ausgesprochen grobknotige Metastasen kommen aber auch bei epithelialen Malignomen vor, insbesondere bei Plattenepithelkrebsen der oberen Verdauungswege, bei Zylinderzellkrebsen bzw. Mischtumoren der Mundspeicheldrüsen, ferner bei hypernephroiden und thyreogenen Karzinomen sowie bei weiblichen Genitalkrebsen, Seminomen und Chorionepitheliomen.

Die noduläre Metastasierung kann prinzipiell alle Lungensektoren betreffen, doch liegen die Knoten in den basalen Abschnitten meist enger beisammen und sind hier durchschnittlich größer als in den kranialen Lungenpartien (LENK u.a.). Die Ursache dieser topographischen Verteilungsunterschiede ist bisher unbekannt. Sie sind formalgenetisch schwerer erklärlich als die Tatsache, daß die nodulären Herde ganz überwiegend in der Lungenrinde und nur zum kleineren Teil in der Kernzone gelegen sind (Abb. 206 u. 233).

Flache kortikale Lungenmetastasen an der vorderen oder hinteren Brustkorbwand sind erst deutlicher wahrnehmbar, wenn ihre lungenkonvex gewölbte Kontur in Schräg- oder Frontalprojektion tangential erfaßt wird (Abb. 233). Sie sind nicht von *lentikulären Metastasen der Pleura visceralis* zu unterscheiden, die in der Aufsicht rundlich erscheinen, unter fließender Drehung aber ihr Schattenbild ändern und einander in bestimmtem Strahlengang überlagern können (Abb. 233 u. 335).

Mit zunehmendem Umfang wirken die knotigen pulmonalen Ableger annähernd drehkonstant rundlich, gleichmäßig weichteildicht, vom intakten Parenchym der Umgebung relativ scharfrandig abgesetzt. Der Mediastinalsilhouette oder dem Zwerchfell randständig aufsitzende Metastasen stellen sich als halbkugelige Vorwölbung dar. Hochkant erfaßt, hebt sich die Innenkontur am Brustkorbrand oder Zwerchfellplateau gelegener Knoten spitz- bis rechtwinkelig aus dem Niveau der thorakalen bzw. diaphragmalen Berührungsfläche ab, im Gegensatz zum breitbasig aufsitzenden, lungenkonvex gewölbten Schatten pleurogener oder kosto-parietaler Geschwulstherde, die überdies die Atemverschieblichkeit pulmonaler Tumorknoten gegenüber den anliegenden Rippen vermissen lassen (s. Abb. 272). Konfluenz oder Summation mehrerer Rundherde können auf der Übersichtsaufnahme polyzyklisch begrenzte Gebilde erzeugen bzw. vortäuschen. Ein mehr-

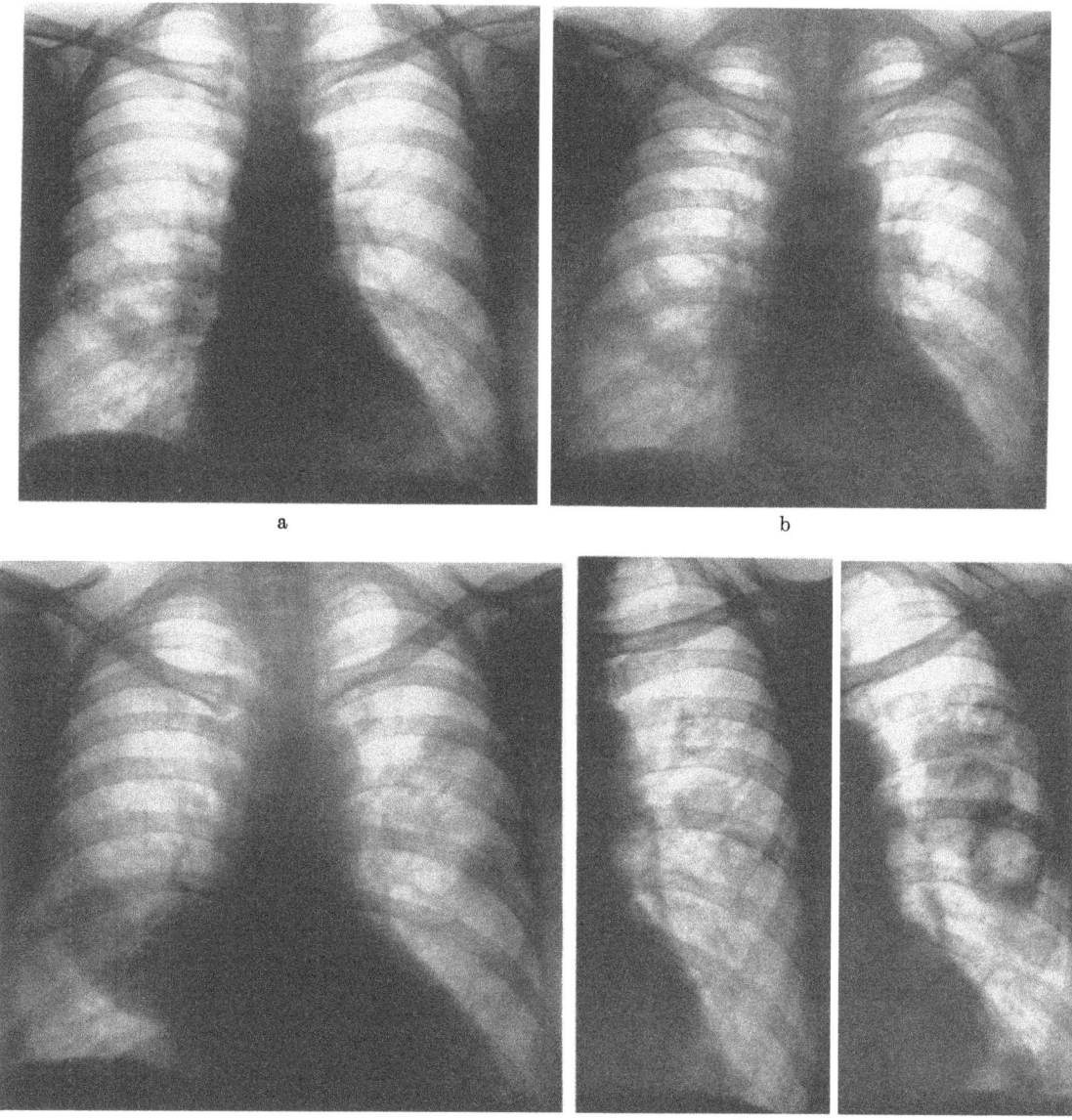

Abb. 234 a—g. *Protrahiertes Wachstum grobknotiger, später zerfallender Lungenmetastasen eines Plattenepithelkarzinoms der Portio uteri.* 1952 Totalexstirpation nach WERTHEIM. Juni 1956 röntgenologischer Nachweis grobnodulärer Lungenmetastasen, zugleich Verdacht auf osteolytische Wirbeldestruktion von L III/IV. November 1956 erstmals Zerfallssymptome der pulmonalen Metastasen. Zytostatische Behandlung seit 1956, zunächst mit E 39, später langfristig Endoxan. Subjektive Beschwerden (Husten, Auswurf, Fieber) erst seit Ende Mai 1962 (!). Thoraxübersichtsaufnahmen p.-a. vom 8. 8. 56 (a), 20. 2. 58 (b) und 1. 6. 60 (c), ferner Ausschnittsbilder des linken Hemithorax p.-a. vom 8. 8. 60 (d) und 4. 5. 62 (e) sowie Thoraxübersichtsaufnahmen vom 21. 8. 62 p.-a. (f) und dextro-sinistral (g). T. D., 57jähr. ♀. Arch.-Nr. 3941/62, Röntgenabtlg. Med. Univ.-Klinik u. Poliklinik Münster/W. (Direktor: Prof. W. H. HAUSS)

bogig gekerbter Konturverlauf kommt bei Einzelmetastasen wohl vor (Abb. 251—253), ist aber seltener als bei peripheren Bronchuskarzinomen vom Typ des geschlossen wachsenden Plattenepithelkrebs-Knotens (Bd. IX/4b, Abb. 401—404).

Hinsichtlich *Manifestationszeitpunkt und Wachstumsgeschwindigkeit* der Tochterherde ist der röntgenologisch sichtbare Ablauf pulmonaler Metastasierungsvorgänge ebenso uneinheitlich wie das biologische Verhalten bzw. der Differenzierungsgrad der Primär-

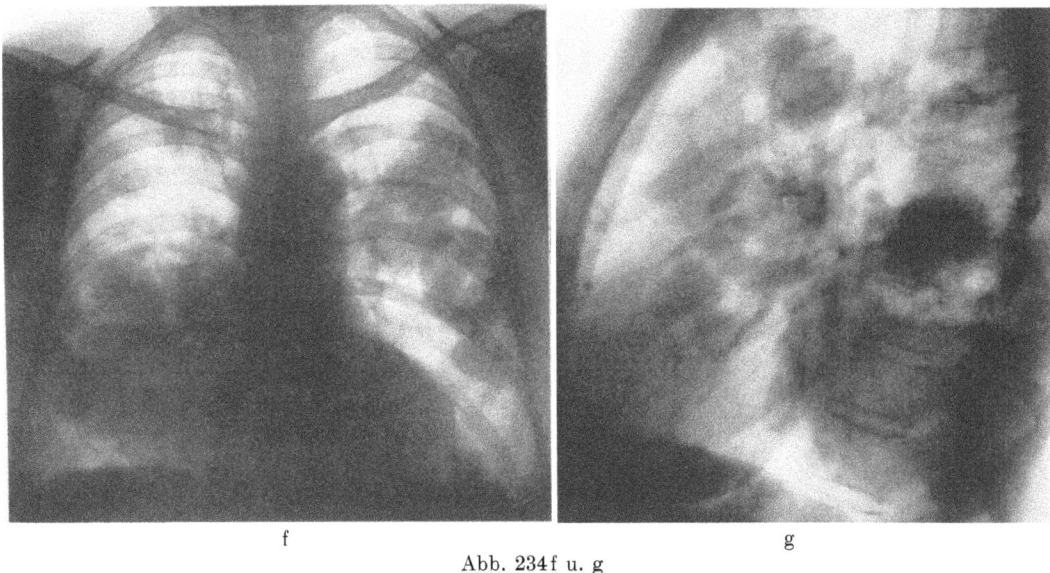

Abb. 234f u. g

geschwülste. Manche Neoplasien, insbesondere unreife Dysgerminome und bestimmte Sarkomformen neigen zu frühzeitiger grobknotiger Lungenabsiedlung mit rascher, unaufhörlicher Zunahme von Umfang und Zahl der Einzelherde. Bei anderen Tumorkategorien tritt die metastatische Evolution erst spät, unter Umständen viele Jahre nach Entfernung des Primärtumors ein und verläuft dann weiterhin zögernd (HENNEFORD, BASERGA u. WARTMANN u.a.) (s. S. 384). Die Fortentwicklung metastatischer Prozesse ist in ihrem Tempo unabhängig vom jeweiligen Manifestationszeitpunkt. Sie kann im Falle der Frühmetastasierung wie bei langfristig latent gebliebenen „Spätmetastasen" schnell und stetig voranschreiten, unter beiden Bedingungen aber auch protrahiert, teils anhaltend, teils diskontinuierlich unter periodischer Schwankung der Wachstumsintensität erfolgen (COLLINS, LOEFFLER u. TIVEY; SPRATT u. ACKERMAN; SCHWARZ; COLLINS; NATHAN, COLLINS u. ADAMS; WOLFF, WILDNER u. BERNDT; GARLAND, COULSEN u. WOLLIN; SPRATT, TER-POGOSSIAN u. LONG; MENDELSOHN; WOLFF, SCHWARZ u. BOHN; SPRATT u. SPRATT; SCHWARZ u. WOLFF; GERSTENBERG; KROKOWSKI; OESER, KROKOWSKI u. GERSTENBERG; WOLFF; BREUR; STEEL u. LAMERTON; BRENNER, HOLSTI u. PERTTALA u.a.). Entwicklungsabläufe von vieljähriger Dauer, wie in Abb. 234 demonstriert, sind selten, aber nicht ganz außergewöhnlich (SUTTON u.a.). Das Wachstumskriterium ist daher für die Differentialdiagnose insofern unverläßlich, als nur geringfügige Größenzunahme und Vermehrung intrapulmonaler Knoten innerhalb längerer Zeitintervalle ein neoplastisches Geschehen nicht ausschließen. Herdförmige Verdichtungen nicht-neoplastischer Herkunft (Infarkte, Abszesse, Hämatome) zeigen bei fortlaufender Größenmessung im Röntgenbild andererseits oft bemerkenswert kurze Verdoppelungszeiten ihres Schattendurchmessers (KROKOWSKI; WOLFF, SCHWARZ u. BOHN u.a.) (Abb. 158). Im allgemeinen läßt der Nachweis rascher Progredienz multipler Herde bei entsprechendem röntgenologischen Aspekt aber kaum Zweifel am metastatischen Charakter.

Der Versuch, in dubio *differentialdiagnostische Rückschlüsse aus der Verlaufsbeobachtung* zu ziehen, scheint angesichts bilateraler bzw. multifokaler nodulärer Lungenschatten unbedenklich, wie auch die *differentialdiagnostische Anwendung von Kortikosteroiden* zur ätiologischen Differenzierung miliar-disseminierter Lungenprozesse als vertretbar gilt (DE CAMP). Beim solitären Lungen-„Rundherd" birgt die exspektative Beurteilung jedoch das tragische Risiko, den Zeitpunkt zur Radikalentfernung eines noch örtlich begrenzten peripheren Bronchialkrebses zu verfehlen (Bd. IX/4a und b). Die meisten bronchogenen Karzi-

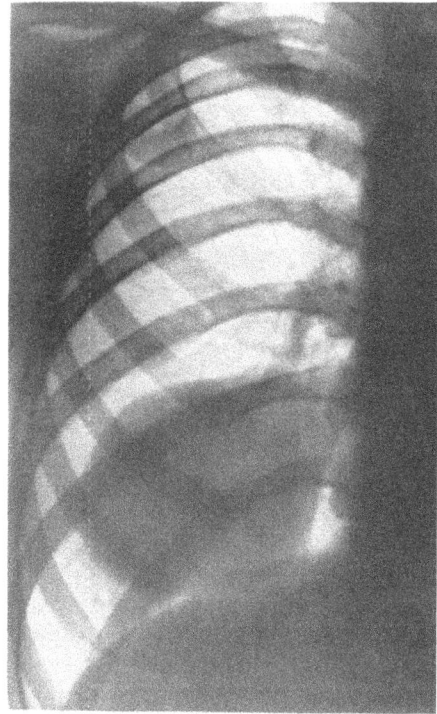
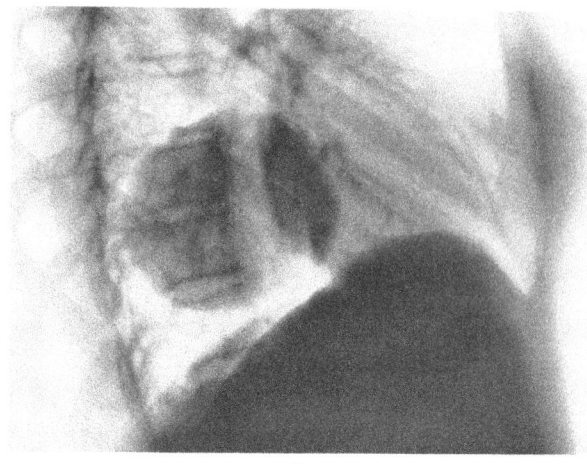
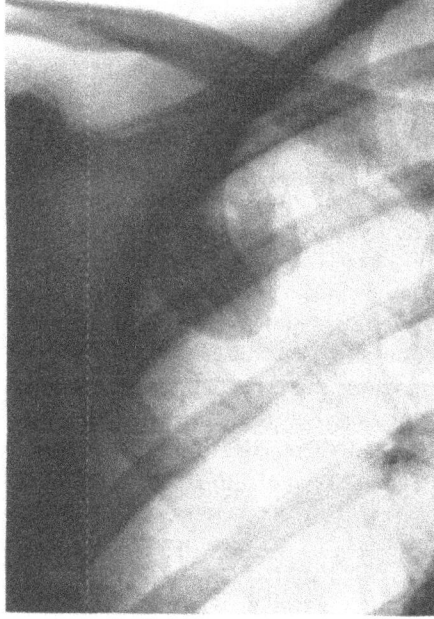

Abb. 235a—c. *Zystenartiges Erscheinungsbild solider und zerfallender Retikulosarkommetastasen*. 1967 Armamputation links wegen eines Retikulosarkoms. Bei Röntgenkontrolle nach 4 Jahren im Heimatkrankenhaus Nachweis grobknotiger, teils kavitärer Lungenherde von auffallend glatter Kontur bzw. blasig wirkendem Aspekt (a Ausschnitt der Übersichtsaufnahme p.-a. vom 21. 5. 71). Die wegen des Verdachts auf Echinokokkuszysten vorgenommenen Untersuchungen erbrachten keine stichhaltige Bestätigung der Annahme (intrakutane Echinantigenprobe (+), Komplementbindungsreaktion negativ, keine Bluteosinophilie). Bei ambulanter Kontrolle nach kurzem Intervall beachtliches Größenwachstum des ovalären Knotens im rechten Unterlappen (b seitliche Zielaufnahme vom 11. 6. 71) und stärkere Flüssigkeitansammlung im mehrbuchtigen dünnwandigen Hohlraum an der rechten Oberlappenbasis (c Zielaufnahme p.-a. vom 11. 6. 71). Anamnese, rasches Wachstum und klinischer Verlauf deuteten auf zerfallende Lungenabsiedlungen der malignen Retikulose hin. A. E., 14jähr. ♀. Arch.-Nr. 1307 56262, Radiolog. Zentralinst. d. Krhs. Nordwest Frankfurt/M.

nome wachsen nicht rasch genug, um bei Kontrollen in kurzem Zeitabstand ihre maligne Natur zu offenbaren; wartet man zu lange ab, so kann die operative Heilungschance durch eine zwischenzeitlich erfolgte Fernabsiedlung zunichte geworden sein.

Durch Kolliquationsnekrosen bedingte Abweichungen von der *nodulären Grundform des soliden weichteildichten Rundschattens* findet man bei Metastasen von Primärgeschwül-

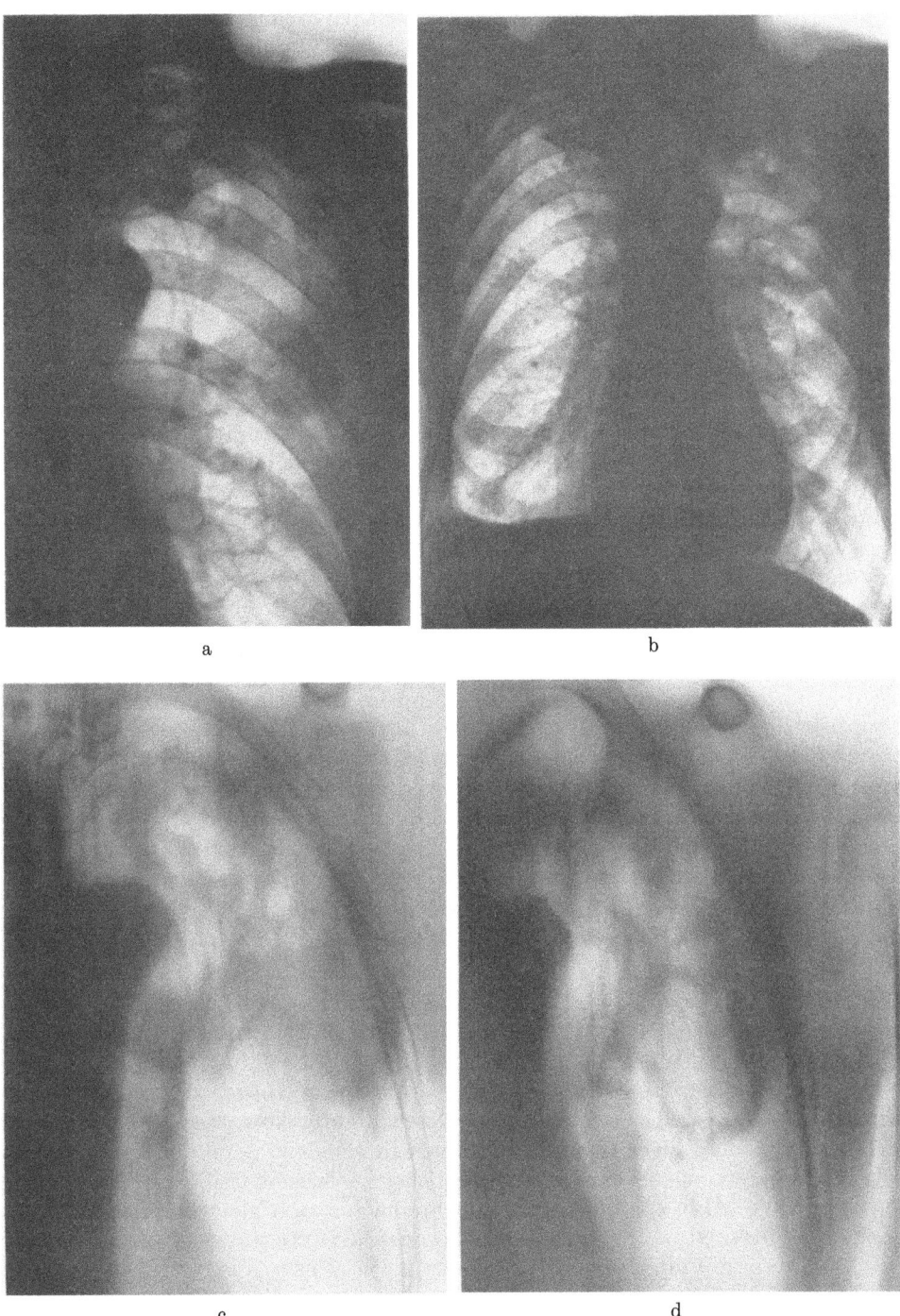

Abb. 236 a—d. *Unilobäre Tumorkavernen bei Bronchialkarzinom und zerfallender Metastase im linken Oberlappen.* Röntgenbefund nach Klinikaufnahme wegen Hämoptoe: kleintomatengroßer Zerfallsherd im apikalen Oberlappensegment mit über walnußgroßem scharfbegrenztem Rundschatten im axillaren Abteil der linken Oberlappenbasis (a Ausschnitt der Übersichtsaufnahme vom 11. 1. 52). Im Auswurf Nachweis von Tumorzellen bei ergebnisloser Suche nach Tuberkelbazillen. Chirurgische Intervention wegen eingeschränkter kardiopulmonaler Funktion kontraindiziert. Im weiteren Krankheitsverlauf Zerfall auch des basisnahen Oberlappenknotens (b Übersichtsaufnahme p.-a. vom 17. 4. 52). Tomographische Kontrolle wenige Wochen ante finem: breit umsäumte Tumorkavernen im apikalen und anterioren Segment des linken Oberlappens (c und e Schichtbilder 13 und 14,5 cm a.-p. vom 12. 7. 52). Autoptischer Befund: Zerfallshöhlen eines peripheren Plattenepithelkarzinoms im apikalen Oberlappensegment mit zerfallender Metastase im axillaren Anteil der Oberlappenbasis. L.T., 70jähr. ♂. Arch.-Nr. 3787/52, Röntgeninstitut d. Med. Univ.-Klinik Leipzig (damal. Direktor: Prof. M. BÜRGER)

sten, die selbst aus biologisch-strukturellen Gründen erhöhte Zerfallsneigung aufweisen (SPRATT, SPJUT u. ROPER u.a.) (s. auch Bd. IX/4a). *Lungenmetastasen unter dem Bild von Tumorkavernen* (Abb. 234 u. 235) treten in der Reihe epithelialer Tumoren am häufigsten bei extrapulmonalen Plattenepithel- und Adenokarzinomen, ferner bei Chorionepitheliomen, Lympho-, Retikulo- sowie Angiosarkomen und bei Hämangioendotheliomen in Erscheinung (DODD u. BOYLE; BRISTOWE; CURRAN u. MCCARTHY; DECK u. SHERMAN; ELLIS, WOOLNER u. SCHMIDT; FARRELL; REISNER; KATZEV u. BASS; MEYERS u. SALA; LAFORET u. LAFORET; PENDERGRASS; ZADEK; TESCHENDORF; DIAMOND; FRIED; WIGH u. GILMORE; HUBENY u. MASS; MINOR; SALZMAN, REID u. OGURA; WELLENS; KAČL u. KOLÁŘ; OELSSNER; EIMER u. KESTERMANN; CROW u. BROGDON; DOLGOFF u. HANSEN; SEAMAN u. ARNESON; RIGLER; DI RIENZO; BOLLINI u. FRASSINETI; LE MAY u. PIRO; ROTTE; SCHOEN u. FEINE; REINHARDT; CARDIS et al.; PAGLICCI; DON u. GRAY; PACINI u. TADDEI; CHARDOZO, CLAU, CHEN u. THURLOW; CAMMORANES u. Mitarb.; SAUER, EUGENIDIS u. ENDREI; PISCHIN et al.). Nur ausnahmsweise sind plurifokale Veränderungen dieser Art auf *Simultanzerfall eines peripheren Bronchuskarzinoms und seiner pulmonalen Tochterherde* zurückzuführen (MEYERS u. SALA) (Abb. 236). Die kavitären Metastasenknoten zeigen meist einen breiten, stellenweise höckerig gewulsteten Randsaum und enthalten zum Teil wandständig haftende oder lageverschiebliche Sequester, mitunter auch kleine Flüssgkeitsspiegel; nach Expektoration nekrotischer Randbezirke kann die ventilgeblähte ausigeweidete Zerfallshöhle als zartwandiger Ringschatten imponieren (Abb. 235).

Die rundlichen Schatten grobnodulärer Lungenmetastasen erscheinen sonst im allgemeinen homogen. Ihre Absorptionsdichte hängt im wesentlichen vom Durchmesser des durchstrahlen Tumorknotens, ab, verhält sich also symbath zur jeweiligen Herdgröße. Die zusätzlich absorbierende Gewebskomponente metastatischer Knochenneubildung äußert sich mit entsprechender Verdichtung und zumeist sichtbarer Strukturgliederung des Schattenbezirks. Strahlenphysikalisch vergleichbare Auswirkungen wie amorphe Kalksalzeinlagerung hat die — von ELKE u. HODES als Unikum beschriebene — *Kontrastmittelspeicherung in Lungenmetastasen nach Lymphographie*.

SAMUELS konnte zeigen, daß die *osteoplastische Fähigkeit* sekundärer Lungengeschwülste *noch vor der Röntgenmanifestation knochendichter Details im ^{87m}Sr-Szintigramm nachweisbar* ist.

Ossifizierende oder regressiv verkalkte Metastasen entstammen vornehmlich osteo- oder chondrogenen Sarkomen (NATHANSON; SPEED; BATESON u. ABBOTT; ZADEK; TESCHENDORF; FREESE; WACHNER; COCCHI; MEYER; JAFFE; DAHLIN; PRICE u. TRUSCOTT; LICHTENSTEIN; MOSELEY u. BASS; HALPERT, RUSSO u. HACKNEY; PÜTZ; JOHNSEN; BÜCHELER u. HEYMER; RITTMEYER u.a.). Nächsthäufig kommen fleckig verkalkende Absiedlungen zylinderzelliger Gewächse in Betracht (maligne papilläre Kystadenome der Ovarien, Magenkarzinome, schleimbildende bronchogene Adenokarzinome) (s. Abb. 41 u. 210; s. auch Bd. IX/4b, Abb. 428), die auch Weichteilmetastasen gleichen Aussehens (Leber, Nebennieren, Muskulatur) hervorbringen können (STEINBRINCK; FRIED; EIBAND u. COLLINS; JAEDKE u. BEHRENS; SEYSS; SEMPLER u. WEST; YELLIN et al.; YAMAGIWA, ITOH, TAKEUCHI, YOSHIMI u. HANEDA; MEYER, DELARUE u. NICO; SEMPLE u. WEST u.a.). Gelegentlich findet man *noduläre Kalkablagerungen in Narbenresten vormaliger Lungenmetastasen*, wie COCKSHOTT u. DE V. HENDRICKSE 5 Jahre nach erfolgreicher Chemotherapie einer Chorionepitheliomaussaat feststellen konnten.

Geschwulstableger dieser Art sind scharf von den sog. „*Kalkmetastasen der Lunge*" zu trennen (VIRCHOW; SCHMIDT; PUHR; BRUNETTI; BRANDENBERGER u. SCHINZ; GIESE; WICHMANN u.a.). Es handelt sich bei den so bezeichneten Läsionen nicht um neoplastische Absiedlungen, sondern um *amorphe interstitielle Kalkablagerungen*. Sie können im Rahmen einer *Calcinosis universalis* („Kalkgicht"), als *Folge einer D-Hypervitaminose* oder bei der früher sog. „*Osteodystrophia fibrosa localisata*" durch hormonale Kalkmobilisation aus dem Skelet (primäre bzw. sekundäre Überfunktion der Epithelkörperchen, gelegentlich auch paraneoplastischer Hyperparathyreoidismus) entstehen (SCHMIDT; HARBITZ; GIESE; NOCKEMANN; STADELMANN u. BREINING; AMORT u. EINBRODT; RUBIN u.a.). Pathogenetisch kommen ferner *kalzifizierte pulmonale Sklerodermieherde* (BEM), Lungenfibrosen mit streifig disseminierter osteoider Metaplasie unbekannten Ursprungs (PEAR) und *regressive*

Verkalkungen pneumonisch indurierter Lungenbezirke in Betracht (AMORIM; TEUFEL; MASER; GIESE; WICHMANN; PODGORSKY u. STRÖDER u.a.) (sog. „*ossifizierende Pneumonitis*" s. auch S. 90, 181/182). Dabei werden sekundäre Verknöcherungsvorgänge, die das Parenchym im Extremfall bimssteinartig verfestigen („Tuffsteinlunge"), röntgenmorphologisch sichtbar (SOTER, BERKMEN, HADZIDAKIS u. GILMORE; RUBIN). Sonst geben die diffusen oder herdförmig disseminierten, teils grobknotigen Lungenherde eher weichteil- als kalkdichte Schatten und unterscheiden sich insofern vom röntgenologischen Aspekt osteoplastischer Tumormetastasen (WICHMANN u.a.). Selbst ausgeprägte mikroskopische Kalkeinlagerungen im Lungengewebe können sich strahlenoptisch stumm verhalten (AMORT u. EINBRODT) (Abb. 210). Die Kombination von Lungen- und Nephrokalzinose vermag eher eine fortgeschrittene Lymphangiosis carcinomatosa zu imitieren, indem sie das Erscheinungsbild durch ein Lungenödem bzw. urämische Pneumonie im Sinne verwaschener Schmetterlingsschatten im Lungenkern abwandelt.

Die *Differentialdiagnose* der vorerwähnten Metastasenformen umfaßt neben grobnodulären Lungenaffektionen mit homogen wirkenden Herdschatten auch einschmelzende und zu metaplastischer Ossifikation bzw. Verkalkung führende Knotenbildungen verschiedener Ätiologie.

In der letztgenannten Gruppe sind vor allem plurifokale *Chondrohamartome* (Abb. 111 u. S. 205) und *periphere Bronchialadenome* zu berücksichtigen, die nicht selten multipel auftreten (S. 103 u. 123) und mitunter Ossifikationskerne makroskopischer Größe enthalten (WOMACK u. GRAHAM; FRIED; GOLDMAN u. STEPHEN; GALY u. RENAULT; KASSAY, BIKFALVI u. BALÓ; OCHSNER u. OCHSNER; O'KEEFE, GOOD u. MCDONALD; THOMAS u. MORGAN; LANGER; ROSEMOND zit. n. DAVIS, PEABODY u. KATZ; HEIMBURGER, KILMAN u. BATTERSBY u.a.). Wie die puffmaisartig verknöchernden Chondrohamartome unterscheiden sich regressiv *verkreidete multiple Tuberkulome* durch zentralen Sitz oder schalige Anordnung der bei appositionellem Wachstum eingeschlossenenen Kreideherde (s. Abb. 150 bis 152) vom Muster diffus oder fleckig kalkdicht strukturierter Osteo- oder Chondrosarkommetastasen. Die diversen Formen *verkalkter Lungenparasiten* zeichnen sich durch manche Eigenarten ihres Schattenbildes aus (REINBERG; v. HECKER u. KELLNER; SCHLIERBACH; ZUR; SELAHATTIN; TESCHENDORF; COCCHI; SAMUEL u.a.). Bei eingehender Suche findet man darüber hinaus vielfach auch extrapulmonale relativ einförmige Kalkrelikte der jeweiligen Schmarotzer, die in anderen Weichteilorganen oder in der Rumpf- und Skeletmuskulatur der Extremitäten verstreut liegen.

Nekrotisch zerfallende Lungenmetastasen sind röntgenologisch nicht von *kavitären Formen pulmonaler Lymphogranulomatose* abzugrenzen (VERSÉ; LICHTENSTEIN; LENK; BOUSLOG u. WASSON; RATKÓCZY; SCHAEFER u. WURM; HARDIN; STEIN u. SHEINMEL; BRITO; HELD; BOLLAG u. SCHWARZ; SHEINMEL, ROSWIT u. LAWRENCE; CHEVALLIER, BERNARD, CHRISTOL u. BOIRON; DICKSON u. SMITHAM; EFSKIND u. WEXELS; ROSSONI u. MIGLIORI; VAN LESSEN u. SEIDEL; LIESER; COROLLER et al.; ZADEK; STEEL; ENNUYER, CAILLERET u. HÉLARY; SALZMAN, REID u. OGURA; SCHNEIDER; BEGEMANN; BERGHUIS, CLAGETT u. HARRISON; ŠÁRY, KUTARNA, ADAMEC u. DYTTERT; STOLBERG, PATT, MCEWEN, WARWICK u. BROWN; COOLEY, MCDONALD u. CLAGETT; PERESLEGIN et al.; SIMON; MONAHAN u.a.). Zerfallskavernen von ähnlichem Aussehen kommen ferner bei älteren septischen, vereinzelt auch bei blanden *Lungeninfarkten*, bei Einschmelzung grobknotiger Herde *pulmonaler Periarteriitis nodosa* (VOGEL u. FLINK; VOGEL; ARNDT u. WITTEKIND; SANDLER, MATTHEWS u. BORNSTEIN; FLINK; VARRÓ u. SÖVÉNYI; KRAUTER u. BRAUN; VOTH u.a.), bei analogen Veränderungen im Verlauf des *Rheumatismus nodosus pulmonum* (BREDNOW; BURROWS; MARTEL, ABELL, MIKKELSEN u. WHITEHOUSE; RUBIN, GORDON u. THELMO; SIENIEWICZ u. MARTIN u.a.) und bei nekrotisierender *Wegenerscher Granulomatose* vor (LANDSDOWN; KORNBLUM u. FIENBERG; ROGERS u. ROBERTO; KESSELRING u. ZOLLINGER; WIENERS; BRAHMS, KLOSTERMANN u. VOTH; WIENERS u. HILWEG; TSIPELZON u. RUSSEN; KOCHSIEK, SCHIMANSKI u. VOTH; PORTWICH; CARRINGTON u. LIEBOW; BRÜCKNER u. ROSMANITH; DE OREO u.a.). *Myzelgefüllte Hohlräume*, deren Pilzbesiedlung im Falle polyzystischer Lungenveränderungen multifokal erfolgen kann (BLUEFARB u. STEINBERG; FURCOLOW; BECKER; MOHR; BERGGREN; WEGMANN; NOUÈNE et al.; PLÍHAL, JEDLICKOVÁ, VIKLICKÝ u. TOMÁNEK), sind gewöhnlich dünnwandig. Sie zeigen die eigentümliche Kokardenfigur solitärer Myzetome, wenn der Hyphenball von einer

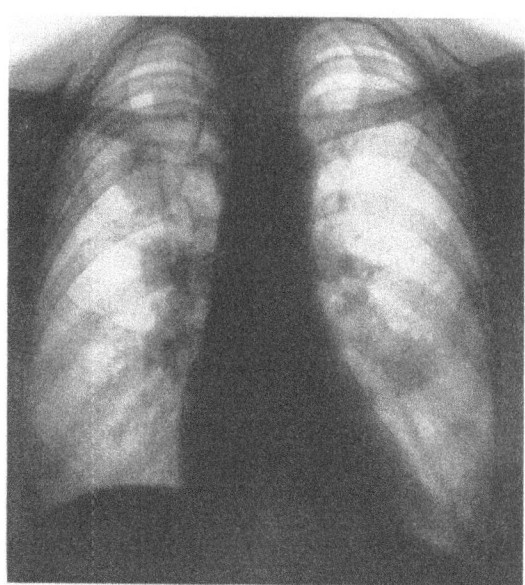

Abb. 237. *Grobknotige Lungenmetastasen bei Retothelsarkom.* Thoraxübersicht p.-a. G. W., 52jähr. ♀. Arch.-Nr. 9841/59, Röntgenabtlg. Med. Univ.-Klinik u. Poliklinik Münster/W. (Direktor: Prof. W. H. HAUSS)

schmalen Luftschicht umgeben ist (s. Abb. 163), vergleichbar dem Meniskuszeichen *absterbender Hydatidenzysten* („signe du décollement" s. Abb. 177 u. 178).

Das Vorkommnis *aseptisch-ischämischer Nekrosen* in pulmonalen Staubschwielen (s. S. 344 u. Bd. IX/4 b) beschränkt sich *bei plurifokaler „Rundherd-Pneumokoniose"* (s. S. 343ff.) in der Regel auf einzelne Ballungsbezirke. Auch *zerfallende Tuberkulome* sind nur selten in der Vielzahl anzutreffen. Aus eingeschmolzenen infiltrativen Streuherden hervorgegangene geblähte Frühkavernen weisen andere Vorzugslokalisationen auf als exkavierte Metastasenknoten, erscheinen überdies weniger scharf begrenzt, zarter und meist schmaler umsäumt. Der Befund *umschriebener Höhlen bei pulmonaler Sarkoidose* ist nur ausnahmsweise dem intrafokalen Zerfall grobnodulärer Granulome zuzuschreiben (TURIAF, THIBIER, BASSET, ROUCOU u. DUROUX; HEINE u. SCHÜRMEYER). Die im feinfleckig-streifig verdichteten Lungengerüst oder innerhalb keilförmiger Parenchymschatten hervortretenden Aufhellungsfiguren entsprechen eher bronchostenotischen Blähungszonen, bronchiektatischen Kavernikeln oder durch Sekundärinfektion ausgelösten Sequestrierungsvorgängen (LÖFGREN; LÖFGREN u. LINDGREN; UEHLINGER; BJORNSTAD; HARTWEG; KEHLER; HEINE, BRUN u. VIALLIER; LAFORET u. LAFORET; MAYCOCK, BERTRAND, MORRISON u. SCOTT; ADAMSON, EHRNER, LINDSTEDT u. NORDENSTAM; WURM u. REINDELL; HEINE u. SCHÜRMEYER; COROLLER et al.; HARDEN u. BARTHAKUR; APPELMAN; GRUBINA; SCHWARZ u.a.).

Wie die Zerfallsform birgt der vielknotige Erscheinungstyp verschiedenartiger pulmonaler Affektionen röntgenmorphologisch schwierige Probleme in der *Differentialdiagnose des „nummulären" Rundherdbildes multipler Lungenmetastasen.* Ohne sonstige klinische Anhaltspunkte (extrathorakaler Lymphknotenbefall, Splenomegalie etc.) sind *knotige Lungenherde der Lymphogranulomatose und anderer maligner Retikulosen* nicht von hämatogenen Absiedlungen extrathorakaler Primärgeschwülste zu unterscheiden (VERSÉ; LENK; ZADEK; TESCHENDORF; VIETA u. CRAVER; GALL u. MALLORY; FALCONER u. LEONARD; KIRKLIN u. HEFKE; SUGARBAKER u. CRAVER; ZEERLEDER; BOLLAG u. SCHWARZ; ENNUYER, CAILLERET u. HÉLARY; STRICKLAND; SHEINMEL u. ROSWIT; DARCIS; LALLEMAND u. OLMER; ROBBINS; HELD; CRAVER, BRAUND u. TYLER; WOLPAW, HIGLEY u. HAUSER; WALTHARD; COCCHI; BETOULIÈRES, JAUMES u. ADRA; OLMER, GASCARD u. DARCOURT; LACK u. POHL; GIL; REINDELL, BEGEMANN u. BERG; FLOROS; ALIX u. ALIX; SCHÜTZ u. KÖHN; BEGEMANN; RIEMANN; LOEW; FRESEN; SIMON; KOLÁŘ, KÁCL u. PALEČEK; AGRIFOGLIO; VOLHABER; GALLIAN u. ROUJEAU; ANAVERI; ROTTINO; PERESLEGIN,

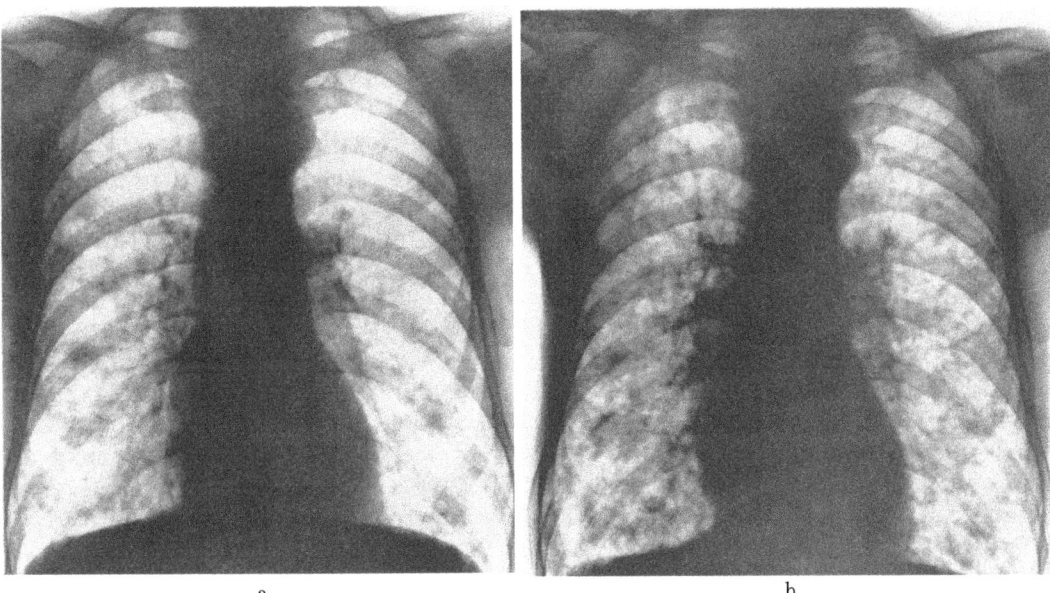

Abb. 238 a u. b. *Progrediente Mykosis fungoides pulmonum im Terminalstadium der Krankheit.* Übergang des Anfangsbefundes einer miliar-retikulären Gerüstverdichtung (a Thoraxübersichtsaufnahme p.-a. vom 16.8.62) zum Bild der „Schneeflockenlunge" (b Kontrollaufnahme vom 19.9.62) innerhalb von 3 Wochen. Anamnese: Die seit 10 Jahren bestehende prämykotische Dermatose zeigte erst ein halbes Jahr vor dem Tode den Aspekt der Mykosis fungoides (histol. Befund). 5 Monate nach Auftreten typischer, intensiv rot gefärbter und zum Teil zentral zerfallender Hautknoten Beginn der pulmonaler Krankheitsmanifestation auf dem Boden einer chronischen Emphysembronchitis mit mehrjährigen Atembeschwerden. In den letzten Lebensmonaten zunehmende Kachexie, Lebervergrößerung, inguinale und axillare Lymphknotenschwellung, mäßige Blutsenkungsbeschleunigung, Leukozytose mit Eosinophilie und relativer Lymphopenie sowie intermittierendem Fieber bis 40°C. [Nach FISCHER, H., DINKEL, L.: Die Lungenveränderungen der Mykosis fungoides im Röntgenbild. Med. Klinik **60**, 1984—1991 (1965), Abb. 2 und 3; sowie nach DINKEL, L., FISCHER, H.: Röntgenbefunde bei Mykosis fungoides. Fortschr. Röntgenstr. **100**, 634—638 (1964); Abb. 1 und 2]. J. R., 59jähr. ♂. Röntgenabtlg. d. Med. Univ.-Poliklinik Tübingen, Krbl.-Arch.-Nr. 59327/62

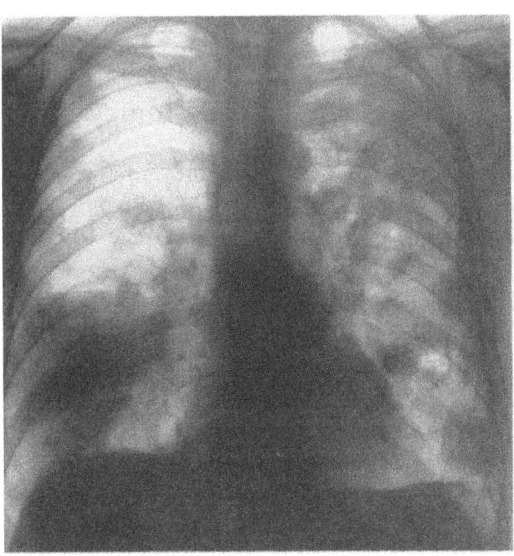

Abb. 239. *Grobknotige metastasenähnliche Lungenherde im Endstadium einer Mykosis fungoides.* Wie im Beispiel der Abb. 238 traten die Lungenveränderungen im Anschluß an einen exanthematischen Krankheitsschub der — nach 10jährigem prämykotischen Stadium — mit typischen grobnodulären Hautinfiltraten manifest gewordenen Granulomatose in Erscheinung. [Nach FISCHER, H., DINKEL, L.: Die Lungenveränderungen der Mykosis fungoides im Röntgenbild. Med. Klinik **60**, 1984—1991 (1965); Abb. 8]. H.S., 50jähr. ♂. Arch.-Nr. 23 156/64, Med. Strahleninst. d. Univ. Tübingen (damal. Direktor: Prof. R. BAUER)

FILKOVA u. KHMELEVSKAYA; FICARI u. CAPELLINI; GESSNER; KLUGE; SCHEUERLEN; HARDIN; LAFORET u. LAFORET; POMPILI; MLOSEK u.a.). Die Verbindung pulmonaler Herdschatten mit ausgiebiger Schwellung hilo-mediastinaler Lymphknoten ist bei der

Retikulosemanifestation im Brustraum nicht obligat und insofern kein unbedingt verläßliches Differenzkriterium (Abb. 39, 76, 216, 223, 235, 237—239 u. 255). Man findet diese Kombination andererseits auch bei *grobnodulärer leukämischer Pneumopathie* (FURUYA, KUROKAWA u. KOBAYASHI; PANTLEN; LAMPERT; s. auch ZADEK; TESCHENDORF; ROTHERMUND; BILCHER) und im *Terminalstadium der generalisierten Mykosis fungoides*, die neben tomatenartigen Hauttumoren und allgemeiner Lymphknotenschwellung zunächst miliarretikuläre Lungenveränderungen von kranio-kaudalwärts zunehmender Dichte hervorruft. Die *kleinfleckigen Lungeninfiltrate* wachsen durch Konfluenz, imponieren zeitweilig als unscharf konturierte lobuläre Verdichtung (Aspekt der „Schneeflockenlunge" s. Abb. 238) und bilden schließlich *metastasenartige Knoten* von mehreren Zentimeter Durchmesser (BECKER; DINKEL u. FISCHER u. a.) (Abb. 239). Histologisch kann es sich um *atypische Retikulumzell-Granulome* (ZGLICZYNSKI, SABAT, DAMBROWSKA u. KOMITOWSKI) oder um *sarkomatös entartete Mykosisherde* handeln (RIEHL; PALTAUF u. v. ZUMBUSCH; PALTAUF u. SCHERBER; MARTENSTEIN; LENOBLE; MRAČEK; KUBITZKY; EICHLER u. ROTTMANN; HÖLTKERMEIER; GREIFENSTEIN; BENNEK; BERGGREEN; WERTH; LIECHTI; ZGLICZYNSKI, SABAT, DAMBROWSKA u. KOMITOWSKI; CAWLEY, CURTIS u. LEACH; KOMMERELL; BLUEFARB u. STEINBERG; REICH u. BONSE; FRESEN; STÜTTGEN u. MEISTERERNST; FISCHER; DINKEL u. FISCHER; FISCHER u. DINKEL; PASSARIELO; SCHULZE u. a.).

Der Nachweis zweier oder mehrerer pulmonaler Geschwulstknoten bedeutet nicht immer Metastasierung eines extrapulmonalen Tumors, da gelegentlich *multiple primäre Bronchuskarzinome von makroskopischem Umfang* vorkommen (LEIDEL; ROBINSON u. JACKSON; FISCHER; WALLACE; STOBBE; DELARUE u. GRAHAM; HOWARD u. WILLIAMS; GURKAN; DRASH u. DE NIORD; MANDEL u. THOMAS; HUGHES u. BLADES; BOUCOT, WEISS u. COOPER; NEPTUNE, WOODS u. OVERHOLT; CHAUVET u. FEUARDENT; KAINBERGER; MCGRATH, GALL u. KESSLER; LE GAL u. BAUER; ZORN; BIRKNER u. BRANDT; LANGSTON u. SHERRICK; HARTSOCK u. FISHER; SMITH; CAHAN; ONUIGBO; GLENNIE, HARVEY u. SALAMA; PAYNE, CLAGETT u. HARRISON; SPERLING; MULLER; NEWMAN u. ADKINS; FRIED; STEWART; WILLIAMS; WATSON; WITTEKIND; NICOD u. GARDIOL; FUCHS; FRIEDRICH; WATSON, CAMERON u. PERCEY; CLIFFTON, DAS GUPTA u. POOL; BRITT u. Mitarb.; KNUDSON, HATCH, OCHSNER u. LEJEUNE; OUDET, BOHNER u. WEITZENBLUM; AUERBACH, STOUT, HAMMOND u. GARFINKEL; LEHMAN u. GROSS; SHIELDS, DRAKE u. SHLRRICK; ZORN; SHERMAN et al.; WALTHER; HANBURY; KAZEMI u. CASTLEMAN; LEAFSTEDT, SWEETMAN, CHESTER u. THORPE; PETERSON, PERAGOV u. SMULEVICH; ACKERMANN; GILLIAR; DRAGONI et al.; ROBSON u. JENIFFE; O'COLLINS; PETRÍKOVÁ u. Mitarb.; OTT u. TITSCHER; ECK, HAUPT u. ROTHE) (s. Bd. IX/4a und b). Findet sich bei gesichertem Bronchialkrebs ein weiterer Geschwulstherd in der gleichen Lunge oder kontralateral, so handelt es sich nach Untersuchungsergebnissen an der Mayo-Klinik in ca. 12% um einen zweiten malignen Primärtumor (PAYNE, CLAGETT u. HARRISON). Im eigenen Beobachtungsgut 1963—1968 war diese Konstellation in 0,8% (3 von 366 histologisch verifizierten Bronchuskarzinomen) festzustellen. LEHMANN u. GROSS beziffern die *Häufigkeit bronchogener Doppelkarzinome* mit 0,5%. ECK, HAUPT u. ROTHE geben eine Frequenz von 0,35% an (5 von 1411 anatomisch kontrollierten Tumorfällen).

Die Abgrenzung einer Zweitgeschwulst von singulären Metastaseherden ist an den Nachweis feingeweblicher Strukturunterschiede gebunden. Vom histologischen Befund hängt auch die Identifizierung mehrfacher Parenchymknoten bei *gemeinsamem Auftreten von Bronchuskarzinom und primärem Sarkom im Lungenmantel* (HOCHBERG, GRAYZEL, BERSON u. ROSENBERG; ROCK u. HALL; eigene Beobachtung) (Abb. 240) wie beim *Zusammentreffen maligner und gutartiger Lungengeschwülste* ab (Koinzidenz bronchogener Karzinome und Adenome bzw. pulmonaler Hamartome: SAUPE; METYŠ; CID; DAVIDSON u. STERN; BLEYER u. MARK; TAPIE; HOCHBERG, GRAYZEL, BERSON u. ROSENBERG; ENGELBRETH-HOLM; CARLSEN u. KIAER; MOLNÁR et al.; OLDHAM, YOUNG u. SEALY; PEARSON, THOMPSON u. DELARUE) (s. S. 212 u. Bd. IX/4b, Abb. 542). Bei der *Kombination eines Bronchialkrebsknotens mit grobnodulären Lungenherden maligner Retikulosen*

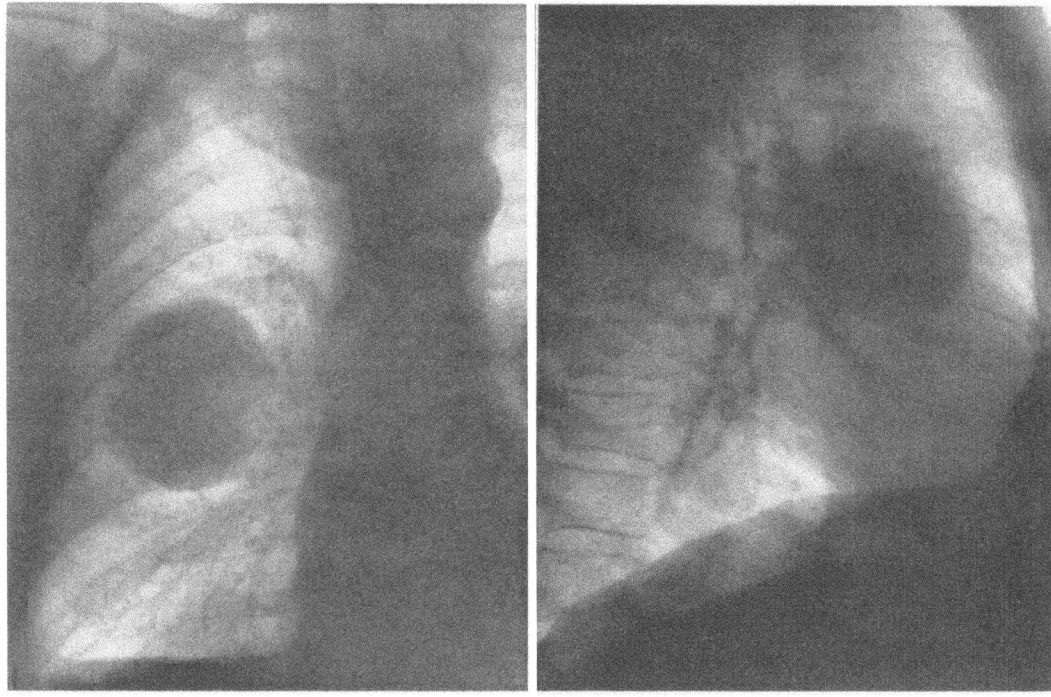

Abb. 240a—c. *Unilobäres Zusammentreffen von malignem Leiomyom und adenoidem Narbenkrebs in örtlicher Koinzidenz mit einem fibroplastischen Sarkom.* Die auf Nativaufnahmen in 2 Ebenen (a und b) und tomographisch (c Schichtbild 9 cm a.-p.) dargestellten beiden haselnuß- bzw. tischtennisballgroßen Rundherde im rechten Oberlappen wurden zufällig entdeckt und angesichts eines großen speichernden Strumaknotens im linken Schilddrüsenlappen zunächst für stumme thyreogene Metastasen gehalten. Die pulmonalen Gebilde ließen jedoch selbst nach TSH-Applikation jegliche Jodspeicherung vermissen. Da die präoperative Diagnostik nach dem klinisch-röntgenologischen Erscheinungsbild, laborchemischen Proben und wiederholter Sputumzellanalyse keine Gewißheit brachte, wurde eine Probethorakotomie durchgeführt. Wegen des hilusnahen Lungenveneneinbruchs des größeren Geschwulstherdes im anterioren Oberlappensegment war zur Entfernung eines Bilobektomie erforderlich (Prof. UNGEHEUER, Direktor d. Chir. Klinik d. Krhs. Nordwest Frankfurt/M.). Der histologische Befund des im Resektionspräparat 8 cm großen Knotens (Durchmesser) an der Oberlappenbasis ergab ein hämorrhagisch erweichtes malignes Leiomyom mit stark verwildertem Strukturbild. Der kleinere Herd erwies sich als adenoides Narbenkarzinom mit Einschluß eines fibroplastischen Sarkombezirks in der Randzone (E.-Nr. 6189/69 Path. Inst. d. Krhs. Nordwest Frankfurt/M., Direktor: Prof. KAHLAU). F.K., 59jähr. ♂. Arch.-Nr. 2205 09411, Radiol. Zentralinst. d. Krhs. Nordwest Frankfurt/M.

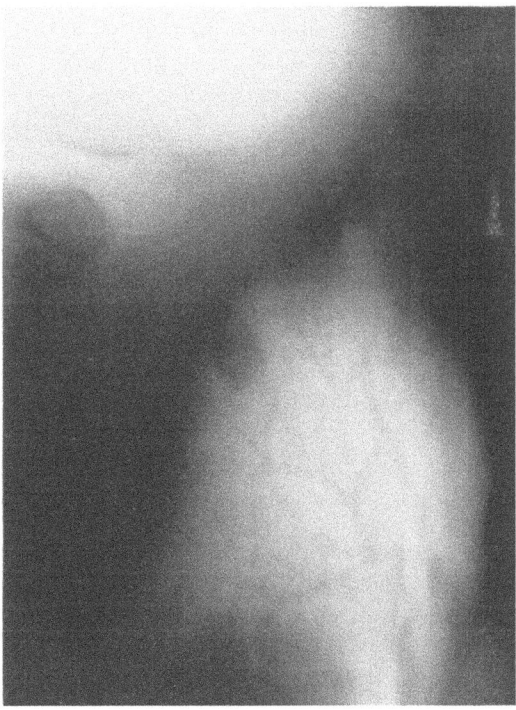

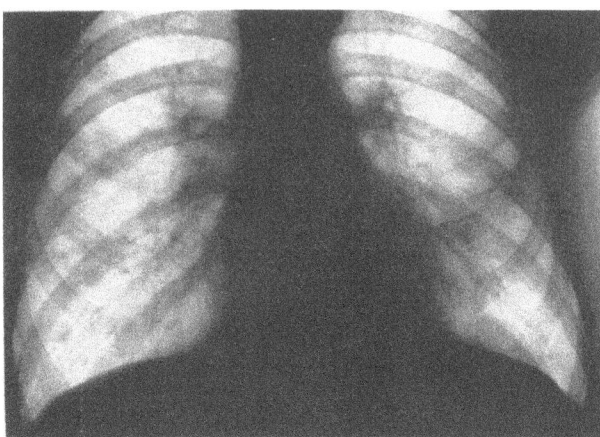

Abb. 241. *Kontralaterale Lungenmetastasen eines Plattenepithelkarzinoms der Lingula.* Thoraxübersicht p.-a. H. L., 63jähr. ♂. Arch.-Nr.775/61, Röntgenabtlg. Med. Univ.-Klinik u. Poliklinik Münster/W. (Direktor: Prof. W. H. HAUSS)

(Lymphogranulomatose: ZANDER; GODDEN, CLAGETT u. ANDERSEN; Retikulumzellsarkom: DOCIMO; lymphoidzelliges Infiltrat bei Morbus Waldenström; MOESCHLIN) bedarf es zur Auflösung des Schattensubstrats ebenso weiterführender Untersuchungsmethoden wie bei der *Konstellation von peripherem Bronchuskarzinom und tumorartigen Schatten nicht-neoplastischen Ursprungs* (kongenitale *geschlossene Bronchuszyste:*AYAS; heterosektoraler *myzelgefüllter Lungenabszeß* (Aspergillom): DELARUE, ABELANET, DEPIERRE, HOUDARD, POINTILLART u. CAPITAINE; *hinzutretende Lungeninfarkte,* s. Bd. IX/4a, Abbildung 365 u. 544). Die Differentialdiagnose entsprechender Röntgenbefunde umfaßt schließlich neben *ipsi- und kontralateralen Lungenmetastasen primärer Bronchuskrebsknoten* (CHAUVET u. FEUARDENT; DAPRÀ; BROCARD, CHOFFEL u. HAAG; MEYERS u. SALA) (Abbildung 202, 203, 221, 226, 230 u. 241) die von GALLWAS beschriebene seltene Komplikation einer plurifokalen, länger persistierenden *rundherdigen Tumorbegleitpneumonie beider Lungen* (s. Bd. IX/4b, Abb. 543).

Im Vergleich zu den nodulären Absiedlungen extrapulmonaler Primärgeschwülste sind mehrknotige Herde autochthoner Gewächse und die vorerwähnten Kombinationsformen mit gutartigen Neubildungen und pseudotumorösen Lungenveränderungen selten. Ebenso verhält es sich mit *multifokalen Bronchusadenomen der Lungenperipherie* (FELTON, LIEBOW u. LINDSKOG; OVERHOLT, BOUGAS u. MORSE; KAY; SAUER, DEARING u. FLOCK; SOBOTA u. REED; BATSON, GALE u. HICKEY; HEIMBURGER, KLIMAN u. BATTERSBY; BERNHEIMER, EHRINGER, HEISTRACHER, KRAUPP, LACHNIT, OBIDITSCH-MAYER u. WENZL; FEYRTER; BREDT; HASLHOFER; STEVENSEN, PHILLIPS u. MOTTET; MÜLLY; GIUSTRA u. STASSA; KORN; HERMANN u. HEIM). Diese zeigen selbst während längerer Beobachtung nicht immer nennenswertes Größenwachstum oder gar die Tendenz zu Vermehrung der Herdzahl, wie sie bei hämatogenen Lungenmetastasen üblich ist. Beide Unterscheidungsmerkmale sind jedoch angesichts der erheblichen Variationsbreite des Wuchstempos metastatischer Ableger nicht unbedingt stichhaltig, wenn auch die Mehrzahl der malignen Tochterherde kürzere Verdoppelungszeiten aufweist als semimaligne und benigne Tumoren (s. S. 93, 211, 296/297 u. 387).

Biologisch gutartige Läsionen mit metastasenähnlichen Rundschatten sind nur insoweit abzugrenzen, als sie durch krankheitsspezifische anamnestisch-klinische Kriterien, charakteristische Laborbefunde oder röntgenologische Besonderheiten gekennzeichnet sind. Mangels entsprechender Hilfsleitsymptome ist es bei einer Vielzahl klinisch stummer Veränderungen nur auf bioptischem Wege möglich, analoge Rundherdbilder zu identifizieren.

Das gilt sowohl für plurifokale Mißbildungen, wie nicht verknöcherte *Hamartome* (RANNIGER; HASLHOFER; BIKFALVI, MOLNÁR u. HORÁNYI; HASCHE u. HAENSELT; OTTO; HAUPT, GLÖCKNER u. KÜNSTLER; BATESON; SHERWOOD; WILKINS; VANZETTI; PERRY;

Le Roux; Favre et al.; Keers u. Smith; Madani, Dafoe u. Ross u.a.) (s. Abb. 110 u. 111), *zystische Lymphangiome* (s. S. 234) und angeborene, *in der Mehrzahl auftretende geschlossene Bronchuszysten des Lungenparenchyms* (Moersch u. Clagett; Moore; Jagdschian; Schmidt; Kraus u. Müller; Schlager) (s. S. 279), als auch für *multipel wachsende Lungenfibrome* (Rindfleisch u.a.) (s. S. 176), *Leiomyome* (Logan, Rohde, Abbott u. Meltzer; Stöcker; Maus; Musshoff u. Weinreich; Sargent, Barnes u. Schwinn; Eggimann u. Woltz; Schulze; Schmidt u.a.) (s. S. 12 u. 184), *granularzellige Neuroblastome* (Colberg; Benson; Rojer; Da Paola et al.; Nora u. Mitarb.) (s. S. 200) und andere benigne Lungengeschwülste sowie für Pseudotumoren nach Art pulmonaler *Paramyloidknoten* (Fischer u. Müller; Sappington, Davie u. Horneff; Duke; Weiss; Lundin, Simonsson u. Winberg; Craver; Schmid; Teixidor u. Bachman u.a.) (s. S. 350 ff. u. Abb. 182).

Noduläre Lungenprozesse nicht-neoplastischen Ursprungs spielen in der Differentialdiagnose knotiger Metastasen ihrer Häufigkeit nach eine größere Rolle als die vorgenannten Anomalien. Die Entwicklungsdauer des Schattenkorrelats ist der heterogenen Ätiologie entsprechend uneinheitlich. Ein rascher Wechsel des Röntgenbefundes mit erkennbarer Neigung zu örtlichem Rückgang bildet bei manchen Formen das ausschlaggebende Unterscheidungskriterium, während die protrahierte, lokal fortschreitende Verlaufsweise anderer Krankheitsvorgänge die Abgrenzung von pulmonalen Metastasen erschwert.

So erweist sich die richtige Deutung mehrzeitig und *mehrerenorts auftretender Lungeninfarkte* als problematisch, wenn die thrombo-embolischen Ereignisse — wie so oft — klinisch unterschwellig oder völlig stumm, zudem unter zögernder Rückbildung der Infarktherde verlaufen und im Zusammenhang mit einem bösartigen Geschwulstleiden erfolgen. Im Hinblick auf einen bereits verifizierten Primärtumor wird man auch bei Kenntnis der erhöhten Infarktrate maligner Blastome (s. S. 327 u. Bd. IX/4a) eher geneigt sein, asymptomatisch entstandene noduläre Lungenschatten für Metastasen zu halten (Newman u. Jacobson; Adler u. Günther; Klaus u.a.), bis der Sachverhalt durch indurative Schrumpfung oder völliges Verschwinden der fraglichen Herde geklärt wird (Abb. 242). Die Möglichkeit thrombo-embolischer Komplikationen des bekannten Krebsleidens sollte freilich in solchen Zweifelsfällen aus therapeutischen Gründen selbst bei leerer Anamnese und unauffälligem EKG-Befund von vornherein in die differentialdiagnostischen Erwägungen einbezogen werden. Als ungewöhnliche Folge ist im gleichen Zusammenhang die postembolische Entstehung *multipler mykotischer Aneurysmen peripherer Lungenarterien* zu erwähnen (Beattie u. Hall; Barnes u. Stedem; Wedler; Schludermann; Weise; Pirani, Ewart u. Wilson; Welker; Charlton u. Du Plessis; Wilkens u.a.).

Abweichend vom üblichen Entwicklungsverlauf können chronisch-interstitielle Pneumonien langfristig persistierende Verdichtungen vom röntgenologischen Aspekt einer „grobknotigen Aussaat in beide Lungen" hervorrufen. In dem von Kahlau eingehend beschriebenen Fall hatte der — mit einer Osteodystrophia deformans Paget verbundene — fibroplastische Entzündungsprozeß zu narbigen Bronchusverschlüssen geführt. *Grobnodulär wirkende Rundherd-Pneumonien und multiple Lungenabszesse* werden auch von anderen Beobachtern als differentialdiagnostisch beachtenswerte Krankheitszustände hervorgehoben (Braun u. Weicksel; Gallwas; Levin; s. auch Young, Smith u. Glasgow).

Das Schattenbild *plurifokal verstreuter Tuberkulome* (Lachmann; Jaksch-Wartenhorst; Teschendorf; Meyer-Borstel; Radenbach u. Jungbluth), die bei Diabetikern gehäuft vorkommen (Becker u. Rothe; Seige u. Becker), kann ebenso mit Metastasen verwechselt werden (Kellner; Lachmann; Zadek; Meyer-Borstel; Jarniou, Durand-Delacre u. Garrigou) wie *multiple Lungengummata* (Versé; Rössle; Giese; Windholz; Shingu; Royce u. Gloaguen; Chiarotti u. Picchio; Freeman; Mersch) und *mykotische Granulome* entsprechender Zahl, Form und Größe (Furcolow; Wegmann;

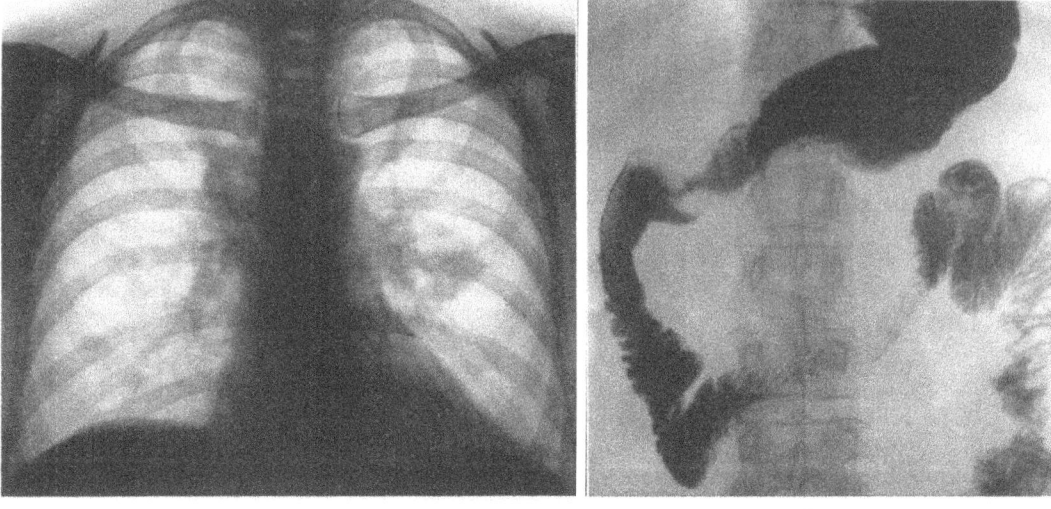
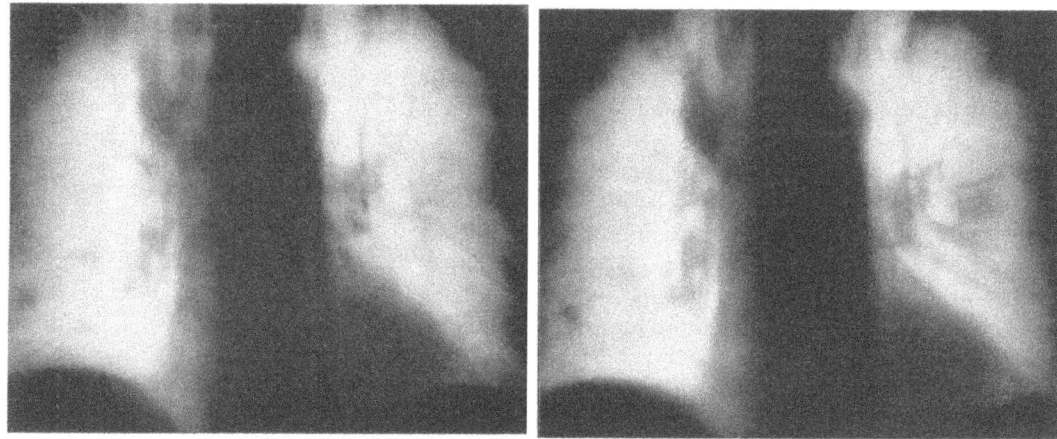
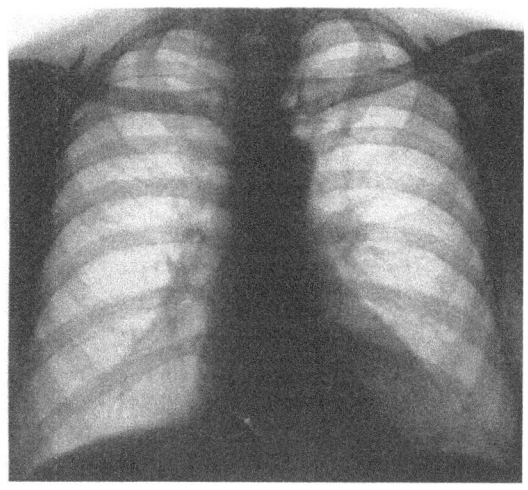

Abb. 242 a—e. *Multiple Lungeninfarkte von metastasenähnlichem Aspekt bei inoperablem Karzinom des Corpus pancreatis.* Abgesehen von flüchtigen kollapsartigen Zuständen leere Anamnese und klinisch unterschwelliger Verlauf bei typischen elektrokardiographischen Anzeichen der mehrzeitig erfolgten, innerhalb eines Vierteljahrs völlig zurückgebildeten Infarkte. Thoraxübersichtsaufnahme p.-a. vom 24. 1. 62 (a), Übersichtsaufnahme des kontrastbreigefüllten Magens und Duodenums in Rückenlage mit Verdrängungserscheinungen von seiten des Pankreaskarzinoms (b), Schichtbilder beider Lungen a.-p. in 9 cm (c) und 11 cm Schichttiefe (d) vom 13. 7. 62 sowie Thoraxübersichtsbild p.-a. vom 5. 11. 62 (e). M.K., 63jähr. ♂. Arch.-Nr. 9899/62, Röntgenabtlg. d. Med. Univ.-Klinik u. Poliklinik Münster/W. (Direktor: Prof. W. H. HAUSS)

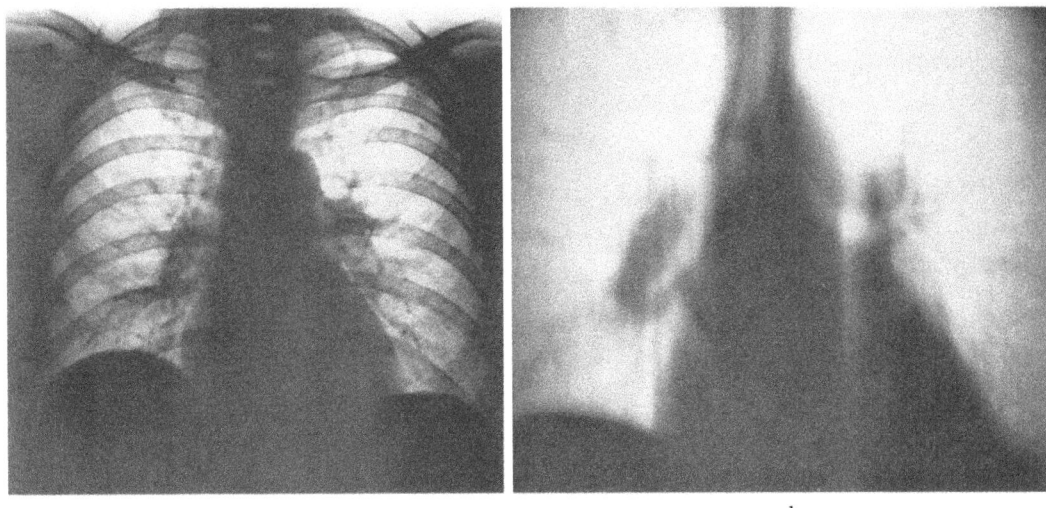

a b

Abb. 243a u. b. *Relativ grobnoduläre disseminierte Lungenherde und Hiluslymphome bei Sarkoidose.* Thoraxröntgenbefund nach Klinikaufnahme zwecks Cholezystektomie: Multiple bis haselnußgroße, zum Teil zentral stippchenartig verkalkte Rundherde in beiden Lungen (a Nativbild p.-a.) bei Lymphomen in beiden Hili (b Schichtbild 11 cm a.-p. vom gleichen Tage). Die feinfleckige Verkalkung sprach trotz der etwas ungewöhnlichen Herdzahl für multifokale Tuberkulome, doch war die Vorgeschichte bezüglich pulmonaler Symptome leer, und die Patientin beschwerdefrei, Blutsenkung mäßig beschleunigt. (Intrakutaner Tuberkulintest später außerhalb 10^{-2} pos.) Nach exzisionsbioptischen Befunden anläßlich der Laparatomie (Leber, periportaler Lymphknoten) chronische epitheloidzellig-granulomatöse Hepatitis bzw. Lymphadenitis vom histologischen Aspekt eines Boeckschen Sarkoids (E.-Nr. 5154 u. 5210/70, Path. Inst. d. Krhs. Nordwest, Direktor: Prof. KAHLAU). S. B., 47jähr. ♀. Arch.-Nr. 0806 22802, Radiolog. Zentralinst. d. Krhs. Nordwest Frankfurt/M.

PLÍHAL, JEDLICKOVÁ, VIKLICKÝ u. TOMÁNEK; MOHR u.a.). Die begleitende Schwellung endothorakaler Lymphknoten ist bei knotigen Lungenherden der *Tularämie* in der Regel ausgeprägter als bei gleichförmigen neoplastischen Absiedlungen (MCIVIE; FELSON u. HEUBLEIN; SANTE; ARCHER, BLACKFORD u. WISSLER; SCHULTEN). Die dem vorerwähnten lobulär-käsigen Tuberkulosetyp vergleichbare *grobnoduläre Form des Lungen-Boeck* ist selten (SCHWARZ; MCCORD u. HYMAN; ELLIS u. RENTHAL; TURIAF, BASSET, MARLAND u. GEORGES; WURM, REINDELL u. HEILMEYER; FELSON; WURM u. REINDELL; CHRISHOLM u. LANG; ACCARD et al.; TURNER) (Abb. 243). Die haselnuß- bis maximal kleinkirschgroßen Granulome erscheinen metastasenartig scharf begrenzt, können aber in der hyalinen Faserhülle stippchenartige Kalkeinschlüsse enthalten und unterscheiden sich insofern vom üblichen Aussehen vielknotiger Sekundärgeschwülste, als ihre Herdschatten nicht isoliert innerhalb strukturell intakten Lungengewebes auftreten, sondern in retikulär-feinfleckige Gerüstverdichtungen eingebettet sind. Nicht anders verhält es sich mit den Ballungen *grobherdiger Pneumokoniosen*, die sich überdies durch ihren abweichenden Prädilektionssitz in der dorsalen Oberlappenrinde, höhere Absorptionsdichte und Inhomogenität vom typischen Metastasenbild abheben (KEMPF; NEEF u.a.). Die besondere Erscheinungsform der „*Rundherd-Pneumokoniose*" vermag zwar den Befund „nummulärer" bzw. zerfallender Lungenmetastasen nachzuahmen, doch bieten Vorgeschichte und klinische Äußerungen des Caplan-Syndroms ausreichende Anhaltspunkte zur Abgrenzung (CAPLAN; CAPLAN, COWEN u. GOUGH; ZORN u. WORTH; FRITZE u. DICKMANS; GOUGH, RIVERS u. SEAL; BONARD u. VASEY; DIHLMANN; CARSTENS; FRITZE u. HOLLING; BOHLIG, JACOB, KIVILUOTO u. MÜLLER; SCHERMULY u.a.) (s. S. 343ff.).

Andere Differenzkriterien gelten für *rheumatische und polyarteriitische Knoten im Lungengewebe*, die durch obliterierende Gefäßveränderungen und herdförmige Gerüstreaktion zustande kommen (KORNBLUM u. FIENBERG; VOGEL u. FLINK; ARNDT u. WITTE-

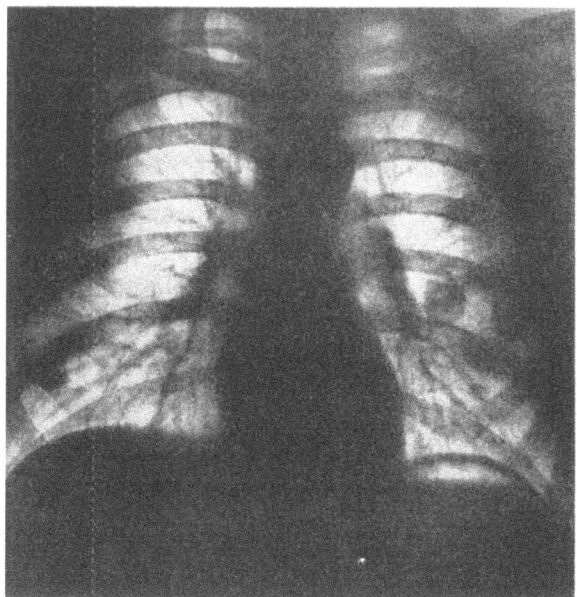

Abb. 244. *Posttraumatische Lungenrundherde beiderseits.* Thoraxübersichtsaufnahme 18 Tage nach schwerem Brustkorbtrauma (Verkehrsunfall): Nach Verschwinden des initialen Hämatothorax und Hautemphysems persistierende pulmonale Hämatome in Gestalt von 3 isolierten Rundherden neben paravertebralen Pleurahämatozelen rechts, die in Vorderansicht als halbkugelige Weichteilschatten aus der Kardiomediastinalsilhouette vorspringen (vgl. Abb. 279). Die pleuro-pulmonalen Kontusionsfolgen bildeten sich bis zur Nachkontrolle 5 Monate später ohne nennenswerte Relikte zurück. [Nach HARDER, J., KOSMAOGLU, V.: Über posttraumatische Lungenrundherde. Radiologe 7, 321—324 (1967); Abb. 2]

KIND; LANDSDOWN; SANDLER, MATTHEWS u. BORNSTEIN; WIENERS; ELLMAN u. BALL; ELKELES u. GLYNN; TRAUT; GARLAND u. SISSON; NICE, MENON u. RIGLER; LODGE; SCADDING; VARRÓ u. SÖVÉNYI; ROGERS u. ROBERTO; RUBIN, GORDON u. THELMO; VERHAEGHE, LEMAITRE, LEBEURRE, DEFOUILLOY u. DELCAMBRE; SIENIEWICZ, MARTIN, MOORE u. MILLS; BURROWS; DIHLMANN; BRÜCKNER u. ROSMANITH; BRAHMS, KLOSTERMANN u. VOTH; FALCK; PORTWICH; BONARD u. VASEY; FRACCHIA; MARTEL, ABELL, MIKKELSEN u. WHITEHOUSE; RIEMANN u.a.). Der Rheumatismus nodosus und verwandte Krankheitszustände aus dem Formenkreis der *Kollagenosen*, wie die *Wegenersche Granulomatose*, pflegen sich nicht auf die Lunge zu beschränken. Neben der viszeralen Manifestation findet man in der Regel kutane und artikuläre Veränderungen, oft auch Anzeichen der Nierenbeteiligung, Blutungsneigung und andere hämatologisch-serologische Befunde, die diagnostisch maßgeblich sind (S. 328ff. u. 416ff.). Ebenso komplex sind die klinischen Aspekte des *Goodpasture-Syndroms* und der gleichfalls zu den Autoimmun-Krankheiten zählenden *idiopathischen Lungenhämosiderose*, die durch fulminante Lungenpurpura infolge angiitischer Veränderung der Arteriolen mit rezidivierender Blutaspiration nach Hämoptysen zu indurativ-knotiger Lungenverdichtung führen können (CEELEN; ESPOSITO; SOERGEL u. SOMMERS; GRILL; MCCAUGHEY u. THOMAS; GELLIS, REINHOLD u. GREEN; STEINER; NEU; PARKIN et al.; BRUWER u. Mitarb.; LESCHKE u. WAGNER; ZOLLINGER u. HEGGLN; DOERING; LESCHKE u. BECHTELSHEIMER; HOLZEL u. FAWCITT; BRONSON; CRUICKSHANK u. PARKER; BOPP; SARRE u. Mitarb.; STADELMANN; SWIERENGA; EDGE u. WAIND; NISSEN; MEISTER; MATZEL; SCHMIDT, HARGRAVES, ANDERSEN u. DAUGHERTY; APT, POLLYCOVE u. ROSE; ARESU u. PERRA; HUTÁS; HOIGNÉ, ZIMMERMANN u. BÜRK; TAIT u. CORRIDAN; TAUBERT; STADELMANN, FRIK u. BREINING; ROSIVAL et al.; PORTWICH u. ENCKE; OTTO u. BREINING; MATSANIOTIS et al.; PROTOPOPOV u. IVANOVA; SCHUBERT, SCHUBERT u. NEU; CANFIELD, DAVIS u. HERMAN; WAGNER; SCHULZE u.a.) (s. S. 328). Schwierigkeiten bereitet dagegen mitunter die Röntgendiagnose *intrapulmonaler Hämatozelen* von metastasenartigem Aussehen (Abb. 244), wenn die auslösende Gewalteinwirkung geringfügig war bzw. bei Feststellung des Befundes bereits in Vergessenheit geraten ist, oder, wenn es sich um atraumatische Spontanblutungen auf Grund örtlicher Lungengefäßschäden, toxischer Einflüsse oder allgemeiner Störung des hämostatischen Mechanismus handelt (CALL u. VINSON; SCARROW u. GALLOWAY; HARDER u. KOSMAOGLU; eigene Beobachtungen s. Abb. 170 u. 330; s. auch S. 323 u. 548).

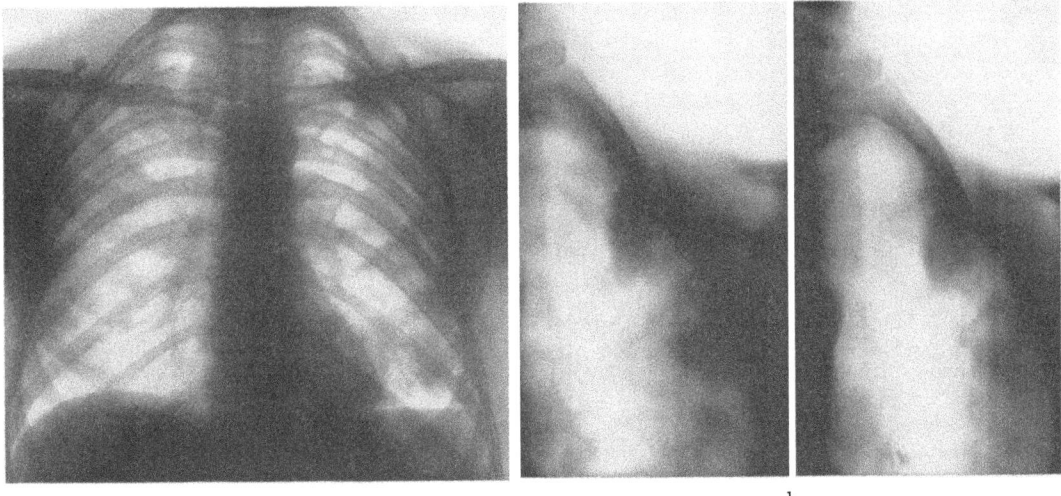

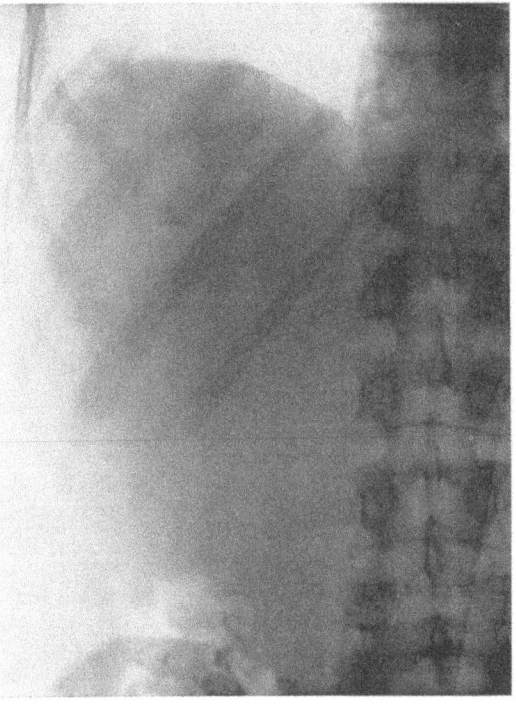

Abb. 245a—c. *Multiple Lungenherde eines alveolären Echinokokkus.* Nach Nativbild (a) und Schichtbefund (b a.-p. 9,5 und 10,5 cm) erweckten die in beiden Lungen sichtbaren und auf der Oberbauchaufnahme in den Leberschatten projizierten Knoten (c) den Eindruck grobnodulärer, teils zerfallender Metastasen. Die parasitäre Ätiologie wurde erst auf Grund thorakoskopischer Biopsie erkannt, bei der Gewebsproben aus den Randbezirken des li. Oberlappens mit der Gewebsstanze entnommen (Doz. Fr. F. Heine, Freiluftabtlg. d. Med. Univ.-Klinik u. Poliklinik Münster/W.) und histologisch untersucht wurden (Path. Inst. d. Univ. Münster/W., Direktor: Prof. W. Giese). X.W., 42jähr. ♂. Arch.-Nr. 4516/63, Röntgenabtlg. d. Med. Univ.-Klinik u. Poliklinik Münster/W. (Direktor: Prof. W. H. Hauss)

Ähnlich den nodösen Granulomen können zystische Ableger parasitären Ursprungs mit ihren rundlichen Schatten Lungenmetastasen imitieren. Vergleichbare Befunde ergeben sich beim Befall des Lungenparenchyms mit einem *sekundär disseminierten Echinococcus cysticus* (Loubeyre, Farkas u. Grandgaud; Lagos; Laghero Ybarz et al.; Favacchino u.a.) (s. Abb. 175) oder Blasenabsiedlung des *multilokulären Echinococcus alveolaris* (Schlierbach; Zadek; Friedrich u. Veiel; Teschendorf; Balás u. Bikfalvi; Keveš; Lagos; Šíma; Borel, Fasel, Ryncki u. Magnenat; Smith u. Hanson; La Fond, Thatcher u. Handeyside; Bonakhdarpour; Keveš u. Pribylovsky u.a.) (Abb. 245), seltener im Verlauf der *Lungen-Paragonimiasis* (Landmann u. Mitarb.; Yang, Cheng u. Chen; Ch'ien Mu-Han; Kulka u. Barabás; Miller u. Walker; Miyake; Géher; Fischer u. Reichenow; Rybakova; Roque u.a.) (s. S. 334) und bei

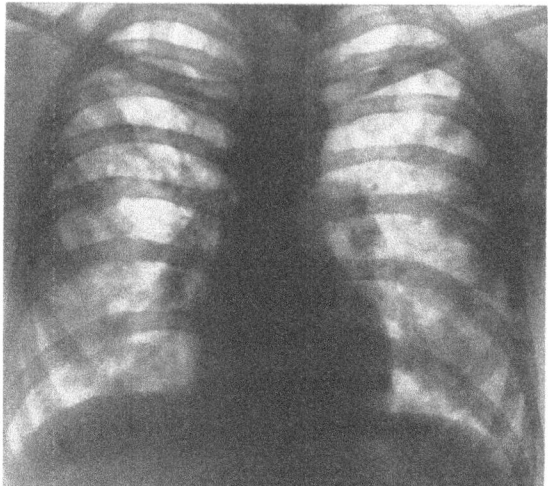

Abb. 246. *Ausgedehnte herdförmig disseminierte eosinophile Infiltrate in beiden Lungen.* Angesichts des zeitlichen Zusammenhangs mit vorausgegangener Penizillintherapie einer luetischen Infektion war die zunächst hochfieberhafte Erkrankung vermutlich durch medikamentöse Allergie ausgelöst. Nach akutem Beginn rasche Entfieberung mit völliger Rückbildung der pulmonalen Infiltrate innerhalb einer Woche, jedoch noch länger anhaltende Senkungsbeschleunigung mäßigen Grades sowie Leukozytose bis 12000 bei Bluteosinophilie von 20—32%. Wassermann-Reaktion negativ. Kein Nachweis von Wurmeiern in den Ausscheidungen. K. M., 21jähr. ♂. Arch.-Nr. U450/1958, Innere Abtlg. Elisabeth-Stift Gelsenkirchen (Chefarzt: Dr. SCHÜRMEYER)

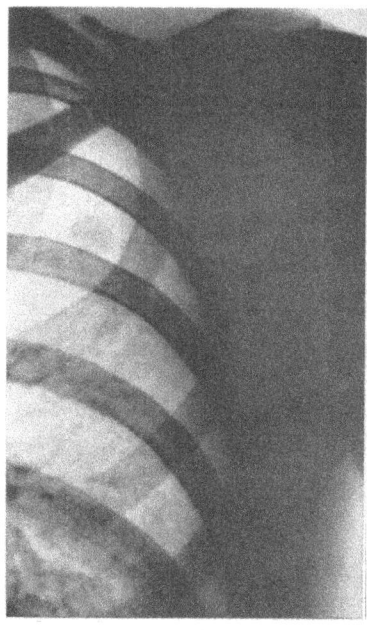
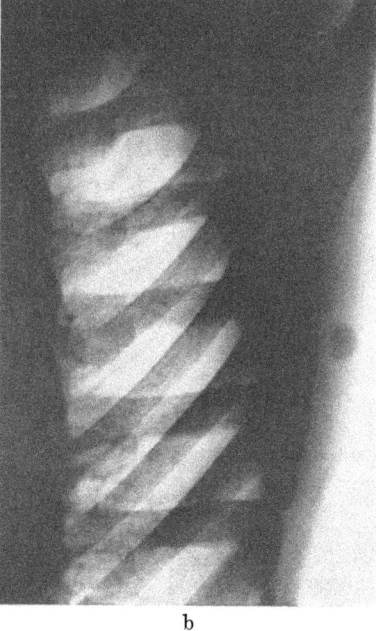

Abb. 247a u. b. *Rundherdbild eines kutanen Fibroms über der linken Schulter.* Der in Vorderansicht auf die Oberlappenbasis projizierte Knoten (a) erscheint in Schrägprojektion in Deckung mit des retroskapulären Weichteilen (b), liegt jedoch als kurzgestieltes Fibroma pendulum in der Rückenhaut. A.H., 41jähr. ♀. Arch.-Nr. 1407 28292, Radiolog. Zentralinst. d. Krhs. Nordwest Frankfurt a.M.

a b

pulmonaler Bilharziose (s. S. 333). Die verschiedenen Wurm- und Egelkrankheiten sind durch ihre eigentümliche Symptomatik, immunbiologische Reaktionen und den Erregernachweis von neoplastischen Prozessen zu unterscheiden (s. S. 332ff.). Beim alveolären Echinococcus kann der radiologische Befund intrahepatischer Verkalkungen oder szintigraphischer Speicherungsdefekte im Leberparenchym ein weiteres Indiz zur Differentialdiagnose liefern (CZERNIAK, BANK u. PAUZNER; ZEIFER u. ANTZIS; LA FOND et al.; SODEMAN u. HAYNIE; SOLER-BECHARA u. BROWN; WEST et al.; YELLIN u. Mitarb.; BONAKHDARPOUR u.a.). Im gleichen Zusammenhang sei auf das gelegentliche Vorkommnis metastasenähnlicher Schattenbilder bei *persistierenden eosinophilen Infiltraten* hingewiesen, die insbesondere beim tropischen Pie-Syndrom (s. S. 332), aber auch nach Einwirkung nicht-parasitärer Allergene beobachtet werden (HEGGLIN; VISWANATHAN; HODES u. WOOD; WESTWOOD u. LEVIS; FELSON u. HEUBLEIN; FELSON u. FELSON; ERSTEIN; LEVIN; GDALINA; ESSELIER; CROFTON et al.; MENON u. KRISHNA; COBET, RICHTER u. WILLAMOWSKI u.a.) (Abb. 246).

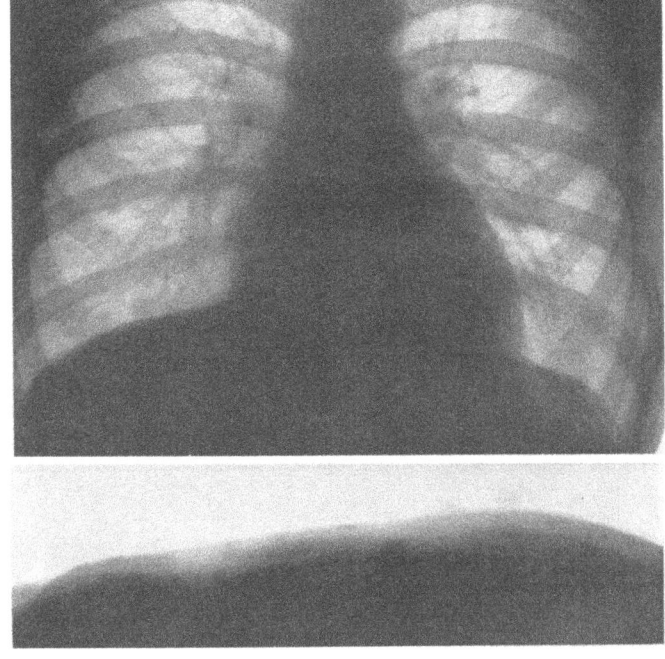

Abb. 248. *Multiple Neurofibromknoten der Thoraxweichteile bei Morbus Recklinghausen, im Summationsbild als „Rundherde" auf die Lungen projiziert.* Ausschnittsaufnahme des Thorax p.-a. (a) und tangentiale Frontalaufnahme der vorderen Brust- und Bauchwand (b). G.W., 56jähr. ♂. Arch.-Nr. 330/58, Röntgenabtlg. Med. Univ.-Klinik u. Poliklinik Münster/W. (Direktor: Prof. W. H. HAUSS)

Schließlich sind der Vollständigkeit halber *scheinbar „pulmonale" Rundherde* erwähnenswert, die auf der Thoraxübersichtsaufnahme durch Summation der Lungenstrukturen mit *lentikulären Pleurametastasen* (s. Abb. 335), *hyalinen Seroplaques über der Konvexität beider Lungen* (TIVENIUS; GORDON u. GILCHRIST) (knotenbildende Pleurahyalinose s. Abb. 274 bis 277, 309 u. S. 490), *subkutanen Brustwandknoten einer generalisierten Neurofibromatose* (Abb. 248) oder anderen tumorartig erhabenen *Hautefforeszenzen*, wie z. B. tomatenähnlichen Infiltraten der Mykosis fungoides, vorgetäuscht werden (PRAGER u. TAUBERT; ZEERLEDER; SCHULZE). Mit Ausnahme herdförmiger Pleuraabsiedlungen ist eine Verwechslung des Trugbildes mit Lungenmetastasen unschwer zu vermeiden, wenn man die Patienten vor jeder Thoraxuntersuchung gewohnheitsmäßig inspiziert und am Schirm unter fließender Drehung untersucht. Dabei sollte man andererseits über offensichtlichen Hautveränderungen nicht die Diagnose zusätzlicher Lungenherde der Mykosis fungoides verfehlen (Abb. 238 u. 239) oder parietale Neurofibromknoten übersehen, die sich — oft unter Usurierung der anliegenden Rippen bzw. Wirbelabschnitte — aus dem Interkostalraum bzw. aus einem Zwischenwirbelloch lungenwärts vorwölben.

Als analoge Irrtumsquelle sind die *Mamillenschatten* zu nennen, die sich auch beim männlichen Geschlecht recht deutlich und nicht immer an korrespondierenden Stellen abbilden können. Der entsprechende Röntgenbefund birgt zwiefältige Täuschungsmöglichkeiten: Die Fehldeutung einer zufällig in gleicher Höhe gelegenen Solitärmetastase als Mamille und ein Trugschluß im umgekehrten Sinne können gleichermaßen ernste Konsequenzen haben (s. Abb. 249). Bilateral-symmetrische Rundschatten in Deckung mit den Lungenbasen sollten daher nach dem Eindruck des Übersichtsbildes nicht einfach als „Mamillenschatten" deklariert werden, ohne daß ihre Lage in den Weichteilen der vorderen Brustwand zuvor am Schirm wahrgenommen oder gegebenenfalls auf Grund nochmaliger Kontrolle überprüft wurde.

Das röntgenologische Korrelat *solitärer Lungenmetastasen* (MANDEVILLE; SCHELL; SEAMAN u. ARNESON; EFFLER; EWERT u. a.) ist der umschriebene „Rundherd" oder — seltener — die isolierte Tumorkaverne. Die Schattenfigur kann ebenso glattrandig und kugelig geformt sein wie ein gutartiger Geschwulstknoten (vgl. Abb. 88, 94 u. 95 und Abb. 250). In benachbarte Mediastinalstrukturen eingewachsenen Solitärmetastasen der Lungenrinde sind

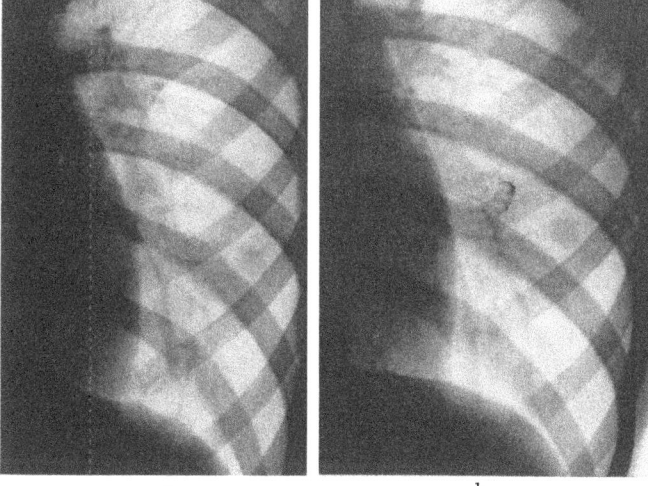

Abb. 249. *Solitäre Metastase eines histologisch verifizierten Synovialoms (Kniegelenk) im linken Unterlappen.* Ausschnittsaufnahme der linken Thoraxbasis p.-a. vor (a) und nach (b) Kontrastmarkierung der linken Mamille. G. B., 17jähr. ♀. Arch.-Nr. 9466/60, Röntgenabtlg. Med. Univ.-Klinik u. Poliklinik Münster/W. (Direktor: Prof. W. H. HAUSS)

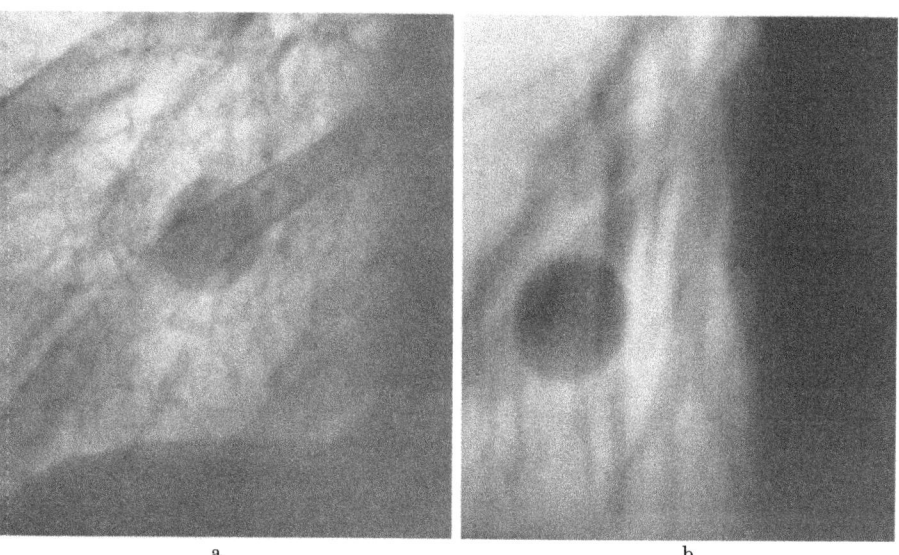

Abb. 250a u. b. *Kreisrunder scharfrandiger Weichteilschatten einer solitären Melanommetastase.* Verifizierung des Befundes durch Lobektomie (Op.: Prof. UNGEHEUER, Direktor d. Chir. Klinik d. Krhs. Nordwest Frankfurt/M.) 5 Jahre nach Beinamputation wegen eines Melanosarkoms. Übersichtsaufnahme p.-a. (a) und Schichtbild a.-p. 11 cm (b)

im Röntgenbild mit autochthonen Mediastinaltumoren zu verwechseln (vgl. Abb. 126, 137 u. 251) und sowohl von umschriebenen Mesotheliomen der Pleura mediastinalis wie von subpleuralen Metastasen des Mediastinums abzugrenzen (vgl. Abb. 233, 283, 300 u. 301). Der Befund bietet in seinen morphologischen Variationsmöglichkeiten auch *keine differentialdiagnostisch verwertbaren Unterschiede zu den Erscheinungsformen peripherer Bronchuskarzinome* (LÜDIN; COTTON; FARRELL; ANACKER; ROSENBLATT, LISA u. TRINIDAD; RADNER; WORATZ; ROSENBLATT u. LISA; SEAMAN u. ARNESON; GREENBERG u. YOUNG; NEWTON u. PREGER u.a.), zumal wenn der metastatische Herd in die Mediastinallymphknoten abgesiedelt hat (Abb. 253). Der primäre Lungenmantelkrebs kann als verwaschenes bzw. radiär-streifig aufgefasertes Infiltrat oder als schärfer begrenzter polyzyklischer Knoten imponieren, bei geschlossenem Wuchstyp aber auch glattrandige rundliche und ovale Schatten hervorrufen, die dem Korrelat singulärer Metastasen wie auch gutartiger

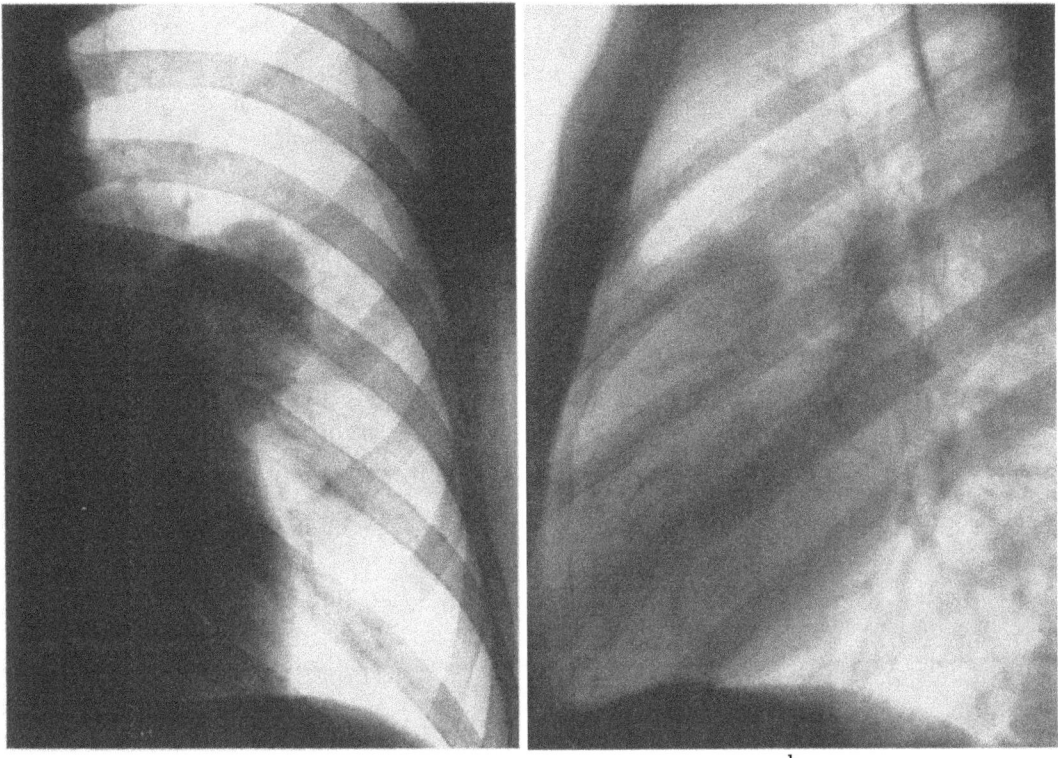

Abb. 251a u. b. *Randständige Seminommetastase in der Lingula unter dem Aspekt eines Mediastinaltumors.* Der nach der Einweisungsdiagnose vermutete „Hilus"-Tumor lag weit vor der linken Lungenwurzel unmittelbar ventro-lateral des Truncus pulmonalis und zeigte mitgeteilte gefäßsynchrone Pulsation des zum Lingulaareal zungenförmig vorspringenden Randes. Da das ovaläre Gebilde in Vorderansicht mit scharfer Kontur breitbasig aus der Mediastinalsilhouette herausragte (a), in Frontalprojektion nur als verwaschene Trübung in Deckung mit der Gefäßwurzel bzw. dem Retrosternalraum imponierte (b), und sonstige Hinweise auf endothorakale Absiedlung fehlten, wurde trotz der Vorgeschichte (Zustand nach Hemikastration wegen Seminom) differentialdiagnostisch in 1. Linie eine zystische Mißbildung erwogen (thymogene oder hochsitzende Perikardzyste, umschriebenes zystisches Lymphangiom — vgl. Abb. 137). Die Autopsie ergab eine pulmonale Seminommetastase, die — ohne Ergußbildung — kontinuierlich auf die benachbarten Pleura- und Mediastinalstrukturen übergegriffen hatte. B. V., 31jähr. ♂. Arch.-Nr. 9472/54, Röntgenabtlg. d. Med. Univ.-Klinik u. Poliklinik Münster/W. (Direktor: Prof. W. H. HAUSS)

solider oder zystischer Gebilde entsprechen (GRILLI; MONACO u. STORNIELLO; CAMPITELLI; SCHULZE u.a.) (s. Bd. IX/4b, Abb. 403 u. 409). Die Volumen-Verdoppelungszeit knotiger Metastasen weist nach röntgenologischen Messungen die gleiche Variationsbreite (13 bis 228 Tage) auf wie die Wachstumsrate bronchogener Karzinome (Mehrzahl: 46—270 Tage) (WOLFF; WOLFF, SCHWARZ u. BOHN u.a.) (s. S. 387 u. Bd. IX/4a, Tabelle 48). Mangels eindeutiger Differenzkriterien lassen auch subtile radiologische Untersuchungsverfahren im Stich, wie gezielte Bronchographie (ANACKER; STUTZ u. VIETEN), selektive Bronchialarteriographie und Pneumangiographie sowie pulmonale Perfusionsszintigraphie.

Destruktive Veränderungen der im Geschwulstknoten gelegenen Bronchien findet man bei primären wie sekundären Neoplasmen. Die frühere Annahme prinzipiell unterschiedlicher *Gefäßversorgung bronchogener und metastatischer Lungengeschwülste* (WOOD u. MILLER; CUDKOWICZ u. ARMSTRONG; DELARUE et al.) kann nach späteren *in vivo* und an anatomischen Präparaten gewonnenen Angiographiebefunden nicht mehr im Sinne strenger Alternative aufrechterhalten werden. Da mit der Katheterangiographie der Bronchialarterien in beiden Fällen Tumorgefäße darzustellen sind (NOONAN, MARGULIS u. WRIGHT; BACHMANN; ERNST; DELARUE et al.; MILNE, NOONAN, MARGULIS u. STOUGH-

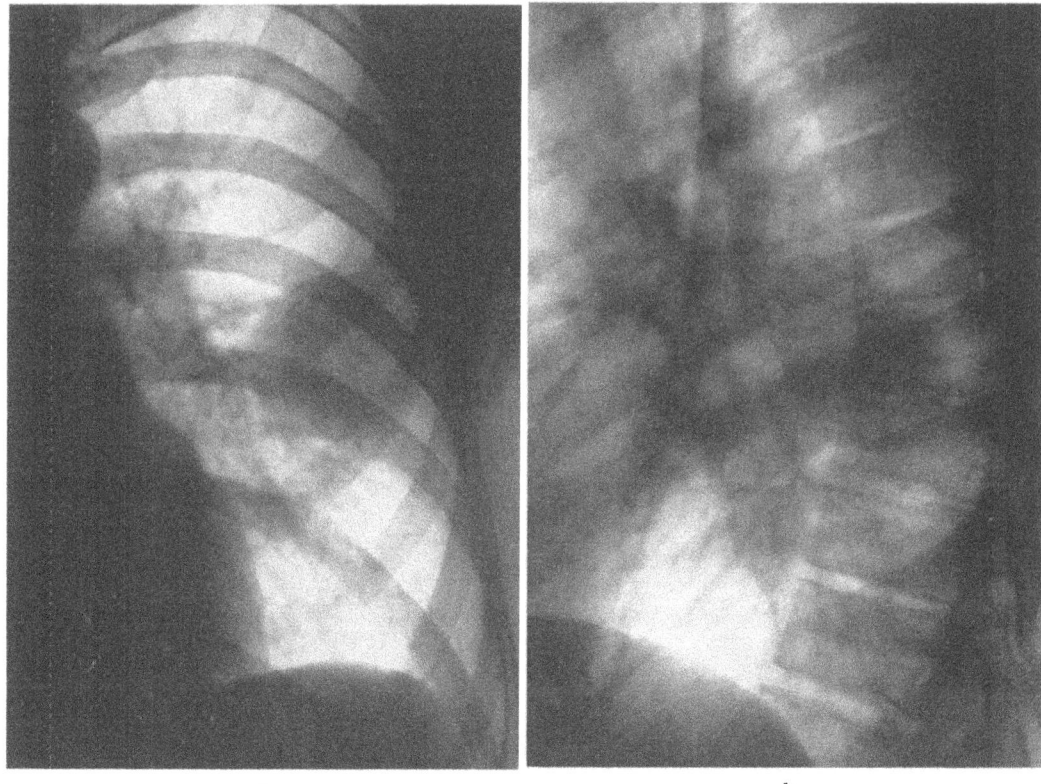

Abb. 252a u. b. *Solitärmetastase eines Seminoms*, $2^1/_2$ *Jahre nach Hemicastratio und Röntgenbestrahlung*. Thoraxübersicht p.-a. (a) und dextro-sin. (b). K. Z., 50jähr. ♂. Arch.-Nr. 7185/61, Röntgenabtlg. Med. Univ.-Klinik u. Poliklinik Münster/W. (Direktor: Prof. W. H. HAUSS)

TON; BOIJSEN u. Mitarb.; OGILVIE, BLANDING, WOOD u. KUISELY; HALLER et al.; DARKE u. LEWTAS) (vgl. Abb. 254 u. Bd. IX/4b, Abb. 287, 289, 290 u. 293), und peripher gelegene Metastasen wie Bronchuskarzinome gleichermaßen von Ästen der Pulmonalarterien versorgt werden können (MILNE; MILNE, NOONAN, MARGULIS u. STOUGHTON), läßt die gezielte Gefäßkontrastdarstellung keine sicheren Aufschlüsse zur Differentialdiagnose erwarten (NEWTON u. PREGER) (s. Bd. IX/4b). Im Perfusionsszintigramm sichtbare Impulsausfälle über einem Lungensektor, die als Folge örtlich verminderter Fixation intravenös verabfolgter Radionuklid-Humanalbumin-Makropartikel in der terminalen Strombahn eine regionale Zirkulationsdrosselung anzeigen, sind bei Karzinomen des Lungenmantels und Metastasen entsprechender Ausdehnung kongruent darzustellen (TAPLIN u. Mitarb.; ERNST u. KRÜGER; ALTENBRUNN, GEORGI u. ROTTE; OESER, ERNST u. KRÜGER; FEINE, ASSMANN u. HILPERT; SIENIEWICZ, ROSENTHALL, HERBA u. BURGESS; RESCIGNO u.a.) (s. Bd. IX/4b).

Selbst der Nachweis eines weiteren extrapulmonalen Malignoms erlaubt noch kein schlüssiges Urteil darüber, welches der beiden Blastome die Muttergeschwulst, und welches der Tochterherd ist, ja, ob überhaupt mutuelle biologische Beziehungen dieser Art bestehen (CAHAN u.a.). Bei Einzelmetastasen atypisch strukturierter extrapulmonaler Organkrebse — wie z.B. bei dem von KERESTECI u. MITCHELL beschriebenen klinisch inapparenten „nephrogenen Plattenepithelkarzinom" mit einem solitären Lungenrundherd — ist sogar die histologische Entscheidung problematisch, ob eine „Metastasierung in die Lunge oder aus der Lunge" (STOBBE) vorliegt.

Gemessen an der Häufigkeit multipler bzw. generalisierter pulmonaler Krebsansiedlungen sind solitäre Lungenmetastasen selten. Immerhin erwiesen sich von 2201 operativ

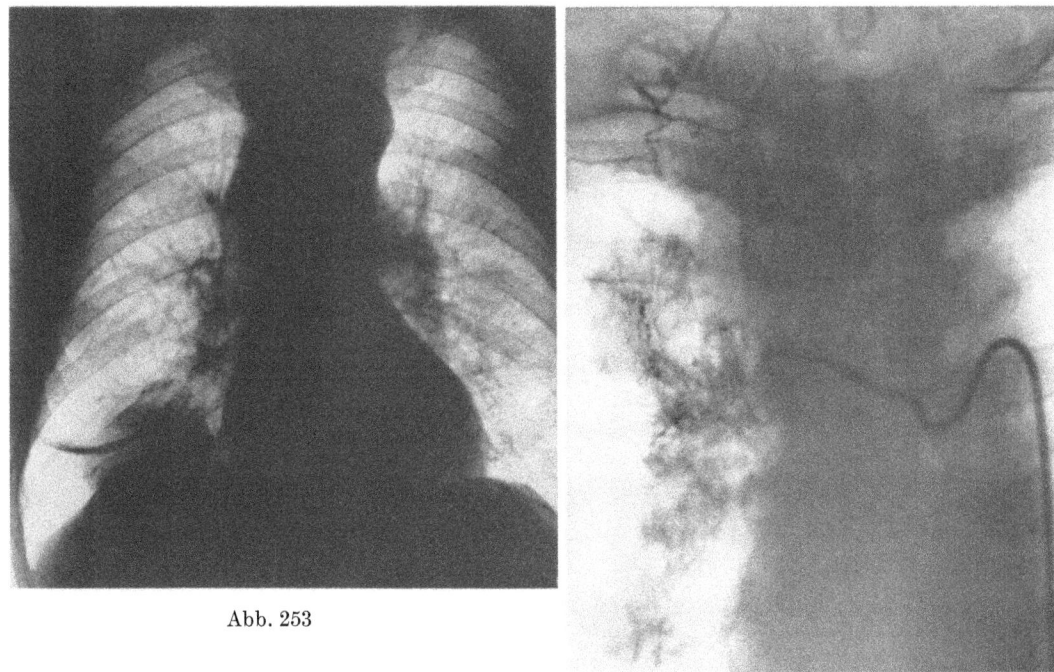

Abb. 253

Abb. 254

Abb. 253. *Solitäre Lungenmetastase eines Fibrosarkoms mit mediastinalen Absiedlungen unter dem röntgenologischen Aspekt eines metastasierenden peripheren Bronchialkarzinoms*. F. B., 70jähr. ♂. Arch.-Nr. 0707 97041, Radiolog. Zentralinstitut d. Krhs. Nordwest Frankfurt/M.

Abb. 254. *Tumorgefäßdarstellung mittels selektiver Bronchialarteriographie bei hilusnahen Metastasen eines undifferenzierten Schilddrüsenkarzinoms* (nach BACHMANN). A. H., 68jähr. ♂. Arch.-Nr. 8273/65, Strahleninst. u. Strahlenklinik d. Freien Univ. Berlin (Direktor: Prof. W. OESER)

identifizierten Lungenrundherden des Schrifttums 104 (= 4,7%) als metastatische Ableger (LINDER u. JAGDSCHIAN) (bezüglich der Spätergebnisse nach Resektion anscheinend vereinzelter Lungenmetastasen s. S. 394/395). Singuläre Tochterherde extrathorakaler Malignome findet man häufiger als *isolierte lymphogranulomatöse Geschwulstknoten des Lungenparenchyms*, die einer autochthonen Neoplasie intrapulmonaler Lymphstrukturen (S. 142) oder solitären Ablegern entsprechen können (VERSÉ; ALTMANN; LENK; KAUFMANN; WEBER; HELD; BLUM; RATKÓCZY; WALTHARD; LOEW; ZANDER; FALCONER u. LEONARD; BOLLAG u. SCHWARZ; SACHS; MOOLTEN; STEINMEL, ROSWIT u. LAWRENCE; SUGARBAKER u. CRAVER; ROBBINS; STRICKLAND; VIETA u. CRAVER; KIRKLIN u. HEFKE; VAN HAZEL u. JENSIK; STERNBERG, SIDRANSKY u. OCHSNER; GALL u. MALLORY; ENNUYER, CAILLERET u. HÉLARY; ZADEK; COCCHI; WILLIS; JACOB, LEBLOIS u. MAYER; YARDUMIAN u. MYERS; SIMON; AUFSES; BERGHUIS, CLAGETT u. HARRISON; JACKSON u. PARKER; KERN, CREPEAU u. JONES; SALTZSTEIN; EHRENSTEIN; ALBOT, DECOURT u. SOULAS; GALLIAN u. ROUJEAU; VOTH; GUIMARÃES; HARTLEIB; KOLÁŘ, KÁCL u. PALEČEK; ANAVERI; COOLEY, MCDONALD u. CLAGETT; PAPAIOANNOU u. WATSON; OLMER, GASCARD u. DARCOURT; BEGEMANN; FICARI u. CAPELLINI; GESSNER; SCHEUERLEN; PERESLEGIN et al.; KITTREDGE, GELLER u. FINBY; LIELECKI u. PYZIOL; LUCAS, PLATZBECKER u. REICHARDT; KLUGE u.a.) (Abb. 76, 77 u. 255).

Die mit dem Begriff des Lungen-„Rundherdes" verbundenen differentialdiagnostischen Probleme werden andernorts eingehend erörtert (s. S. 286ff., Bd. IX/4a und b und das in diesem Handbuch gesondert erscheinende Kapitel zum Thema „Rundherde" von HEINRICH u. RADENBACH). Als Rarität sei hier nur der von GREENFIELD u. JELASO mitgeteilte Befund einer *solitären Lymphknotenmetastase innerhalb des Lungenmantels* erwähnt. In diesem

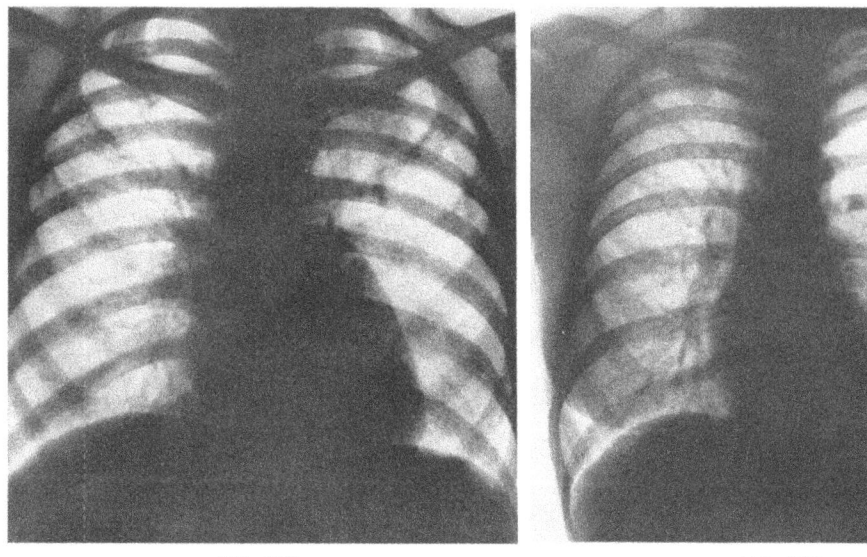

Abb. 255 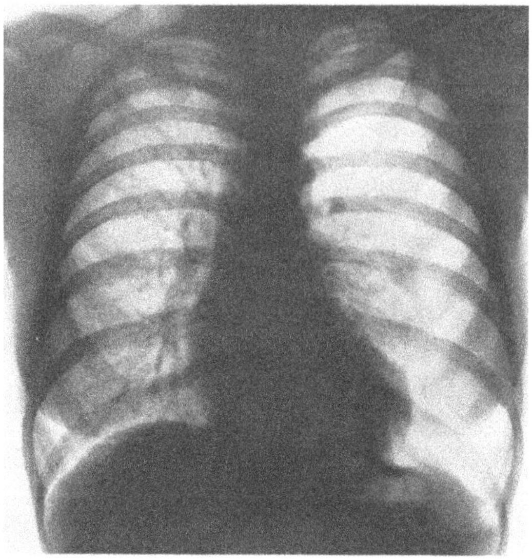   Abb. 256

Abb. 255. *Lymphogranulomatose mit solitärem Lungenknoten im linken Oberlappen und generalisierter enossaler Osteosklerose des Rumpf- und Extremitätenskelets.* (Autoptisch bestätigt.) G. A., 42jähr. ♀. Beobachtung am Röntgeninstitut d. Med. Univ.-Klinik Leipzig (damal. Direktor: Prof. M. BÜRGER)

Abb. 256. *Spontanpneumothorax als erste Krankheitsäußerung bilateraler Lungenkarzinose.* Die Thoraxübersichtsaufnahme zeigt überdies disseminierte osteoplastische Herde einer bislang unbemerkt gebliebenen generalisierten Skeletkarzinose. E. H., 31jähr. ♀. Arch.-Nr. 1105 40712, Radiolog. Zentralinst. d. Krhs. Nordwest Frankfurt/M.

Zusammenhang ist auf das Vorkommnis normal oder hyperplastisch strukturierter intrapulmonaler Lymphknoten unter dem Bild eines „Rundschattens" hinzuweisen (s. Abb. 83 u. S. 160).

Örtliche *Komplikationen pulmonaler Geschwulstmetastasen* gehen im allgemeinen auf nekrobiotische Erweichungsprozesse zurück. Außer dem oben genannten Metastasenzerfall, der zur *Arrosionsblutung*, in seltenen Fällen auch zur Expektoration größerer zusammenhängender Tumorpartikel führen (LAMARQUE et al.) und von *sekundärer Pilzbesiedlung metastatischer Tumorkavernen* gefolgt sein kann, ist das gelegentliche Auftreten eines destruktionsbedingten *Spontanpneumothorax* zu nennen (DE BARRIN; THORNTON u. BIEGLOW; LEIGH u. THOMPSON; LODMELL u. CAPPS; SHERMAN u. BRANT; MICHELASSI u. SBRAGLIA; D'ANGIO u. JANNACCONE; ZADEK; HEIMLICH u. RUBIN; BARIÉTY, POULET, MONOD u. PAILLAS; SHAW; TORICELLI u. CANOSSI; DEPIERRE, POINTILLART u. VERLEY; KOLÁŘ u. POTOCKÝ; CHRISTMANN, SCHOPOWSKI u. DESCHAMPS; D'ETTORE u. BABINI; PICARD, BENOZIO, FONTAINE u. SZIGETI; SPITTLE, HEAL, HARMER u. WHITE; DELORME, LE TREUT, TESSIER u. VIGNAUD; STOLZENBERG u. CLEMENTS; ENGLE u. a.) (Abb. 191, 256 u. 257; s. auch S. 479 u. 531 sowie Bd. IX/3, S. 58 und Bd. IX/4b, Abb. 553—555).

Das Ruptureignis ist zumeist durch einen plötzlich auftretenden stechenden Schmerz im Brustkorb und zunehmende Kurzatmigkeit gekennzeichnet. Der Einriß kann als Initialsymptom des noch latenten Geschwulstleidens (TORICELLI u. CANOSSI; s. auch Legende zu Abb. 256) aus banalem Anlaß (Hustenstoß etc.) oder ohne erkennbare Ursache entstehen und infektiöse Folgezustände einer *bronchopleuralen Fistel* nach sich ziehen (D'ANGIO u. JANNACCONE; THORNTON u. BIGELOW; LODMELL u. CAPPS). Nach der von D'ANGIO u. JANNACCONE gesammelten und vervollständigten Kasuistik (insgesamt 45 Fälle von Lungenmetastasen mit ein- oder beiderseitigem Spontanpneumothorax) kommt der Durchbruch pulmonaler Tochterherde in die Pleurahöhle mit nachfolgender *Tumorbesiedlung der Serosa* häufiger bei sarkomatösen Gewächsen vor (29 Fälle obiger Kasuistik,

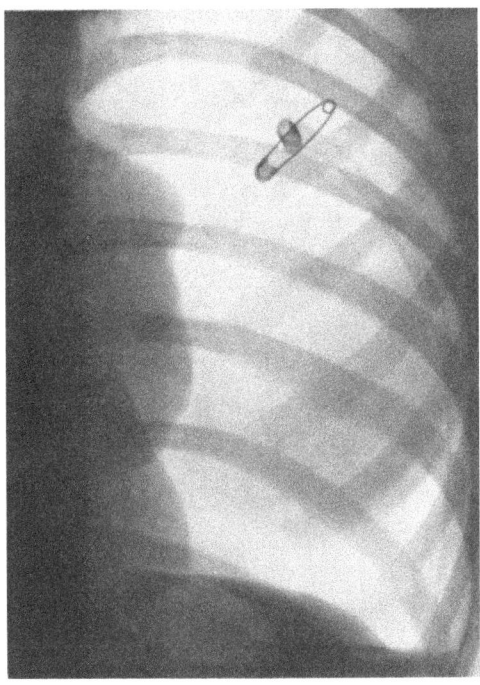 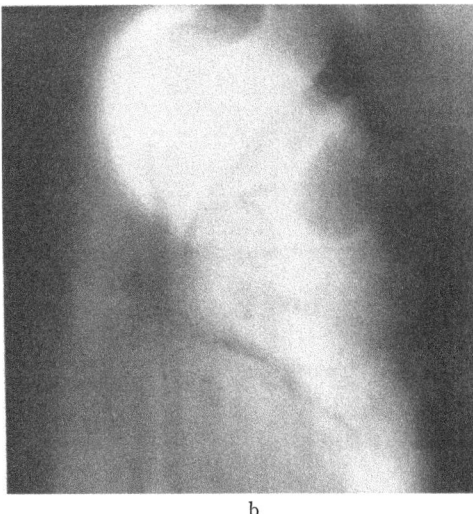

Abb. 257a u. b. *Spontanpneumothorax bei solitärer Lungenmetastase eines Fibrosarkoms der oberen Extremität*. Die umschriebene Vorwölbung am Oberlappenrand des kollabierten Lungenflügels (a Ausschnittbild p.-a. vom 30. 12. 66) rührt von dem kirschgroßen kortikal gelegenen Tumorknoten her, der erst nach Wiederentfaltung des Lungenflügels strahlenphysikalisch abzugrenzen ist (b Schichtbild 12 cm a.-p.). G. K., 14jähr. ♀. Arch.-Nr. 2106 52392, Radiolog. Zentralinstitut d. Krhs. Nordwest Frankfurt/M.

davon: 14 osteogene Sarkome, 9 Ewing-Sarkome, je 2 Fibro- und Leiomyosarkome, je 1 Rhabdomyo- und Angiosarkom) als bei Karzinommetastasen (11 Fälle). Vereinzelt wurde die Komplikation auch bei metastatischer Ausbreitung von Wilms-Tumoren, Hämangioendotheliomen und Chorionepitheliomen beobachtet (D'ANGIO u. JANNACCONE).

Zweiter Teil: Die Geschwülste der Pleura

I. Primäre maligne und semimaligne Pleuratumoren

Autochthone Pleuramalignome sind ungleich seltener als sekundäre Tumoren der Pleurahöhle, die sich per continuitatem aus primären oder sekundären Geschwulstherden der Lungenrinde entwickeln, von pleuranahen Neoplasien der Brustwand, des Zwerchfells und Mediastinums einschließlich primär oder metastatisch erkrankter Brustraumlymphknoten abstammen oder — seltener — auf transdiaphragmalem Wege aus bösartigen Neubildungen der Bauchhöhle hervorgehen (s. S. 550 u. Abb. 332).

Nach der von WILDNER veröffentlichten mitteldeutschen Geschwulstmeldestatistik wurden 1953/54 unter 81 625 bösartigen Gewächsen jeglicher Lokalisation 112 primäre Pleuramalignome (= 0,14%) beobachtet. ESPITALIE gibt die *Häufigkeit pleurogener Primärtumoren* mit 0,3% aller malignen Neoplasmen an. In größeren Sektionsstatistiken schwankt der Anteil um 0,05—0,11% (Tabelle 28).

Tabelle 28. Relative Häufigkeit primärer Pleuramalignome aufgrund autoptischer Befunde. [Ergänzt nach WOLFF, G.: Wiss. Z. Humboldt-Univ. Berlin, Math.-nat. Reihe IX, 205—210 (1959/60)]

Autoren	Anzahl		Tumorbezeichnung	Sektionen %
	Sektionen	Pleuratumoren		
GOWOROW	221 520	108	Pleura-Sarkom	0,049
LYSSUNKIN	2 058	3	Pleura-Sarkom und -Karzinom	0,010
HUGUENIN-DUMITTAN	—	—	Pleura-Mesotheliom	0,060
HOCHBERG	60 042	43	Endotheliom (Mesotheliom)	0,070
CAMPBELL	3 533	4	Mesotheliom	0,090
SACCONE u. COBLENTZ	46 684	43	Endotheliom	0,110
SANTY et al.	—	—	primitive Pleuratumoren	0,100
KOURILSKY et al.	—	—	Mesotheliom	0,070
REDDY	1 042	1	Mesotheliom	0,096

Da man primäre Pleurakrebse *in vivo* nicht sicher von metastatischen abzugrenzen vermag, läßt sich ihre Häufigkeit klinisch nicht exakt bestimmen. Selbst histologisch fällt in fortgeschrittenen Geschwulststadien die Entscheidung oft schwer, „ob der Ausgangspunkt in der Pleura selbst, im angrenzenden Lungengewebe sowie der Brustwand zu suchen ist, oder ob eine metastatische Ausbreitung einer außerhalb des Brustraums gelegenen Tumorbildung vorliegt" (GIESE; s. auch FISCHER; KLEMPERER u. RABIN; WILLIS).

Die gleiche Ungewißheit haftet den klinischen Angaben über die *Häufigkeitsrelation zwischen pleurogenen und bronchogenen Krebsen* an. Das Verhältnis liegt nach dem Fünfjahresbericht von PFEIFFER (22 primäre Rippenfellkrebse, darunter 3 autoptisch gesichert, die übrigen *in vivo* histologisch diagnostiziert) um 1:2, während es von WILDNER mit 1:50 beziffert, von GIESE sogar auf 1:1000 geschätzt wird. LE ROUX beobachtete innerhalb von 10 Jahren bei 3 000 operativ oder autoptisch verifizierten Bronchialkarzinomen 220mal Pleurametastasen (ungerechnet die Fälle, in denen das Karzinom die Pleura kontinuierlich ergriffen hatte), im gleichen Zeitraum aber nur 16 primäre Pleuratumoren (Mesotheliome und Fibrosarkome).

Die Uneinheitlichkeit der Nomenklatur bildet eine weitere Erschwernis für die klassifizierende Statistik der Pleuragewächse. Sie spiegelt einmal die beträchtliche biologische

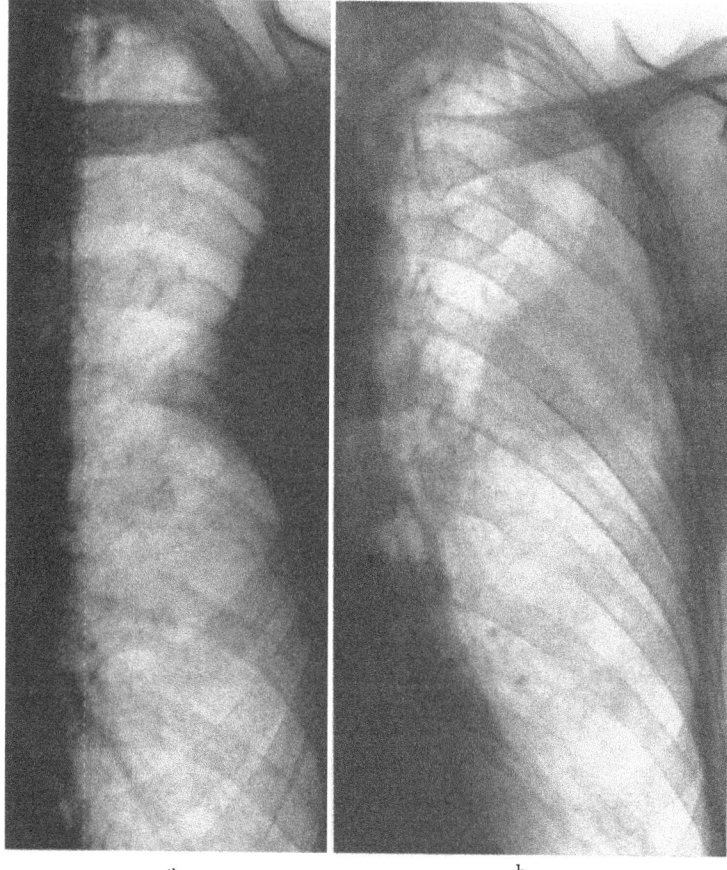

Abb. 258a u. b. *"Pleuratumorform" eines flächenhaft in die Brustwand eingewachsenen kortikalen Bronchuskarzinoms*. Die im 2. Schrägdurchmesser tangential erfaßte Tumorinfiltration stellte sich nach Art eines malignen Pleuramesothelioms als randständiger Spindelschatten mit zungenförmiger Verdichtung der angrenzenden Parenchymzone dar (a). Das Geschwulstbeet imponierte in a.-p.-Projektion als verwaschener Trübungsbezirk (b). Die fortgeschrittene Rippendestruktion erschien für ein lokalisiertes Pleuramesotheliom ungewöhnlich und sprach für die Annahme eines von der Rindenschicht der Unterlappenspitze ausgehenden Bronchialkrebses. Histologie: Wenig differenziertes Plattenepithelkarzinom. R.H., 58jähr. ♂. Arch.-Nr. 0603 07331, Radiolog. Zentralinst. d. Krhs. Nordwest Frankfurt/M.

und gestaltliche Variationsbreite, zum anderen die Inkongruenz der Auffassungen über Ursprung und Wesensart pleurogener Geschwülste wider. Das gilt vor allem für

1. Die sogenannten Mesotheliome (Endotheliome) der Pleura

a) Begriffsbestimmung und klinische Bedeutung

Der Formenkreis der Pleurameso- bzw. -endotheliome ist makroanatomisch, feingeweblich und biologisch sehr mannigfaltig. Der *diffuse Geschwulsttyp* ist in seinem *Malignitätsgrad wenig differenzierten Plattenepithelkrebsen der Bronchien vergleichbar* (WALTHER). Die Neoplasmen pflegen sich örtlich aggressiv zu verhalten (endophytäre Ausbreitung in die anliegenden Brustwand- und Lungenrandbezirke: STOUT; KLEMPERER u. RABIN; GIESE; ABRAHAMSON u. FRIEDMAN u.a.) und neigen zu regionaler sowie zur Fernmetastasierung. Bei *lokalisierter Wuchsform* kann es sich je nach dem Feinbau um *gut- oder bösartige Tumoren* handeln (STOUT u.a.) (s. S. 467ff.). Wegen der „proteusartigen Vielgestaltigkeit" (BORST) und der histologischen Problematik ist die onkologische Stellung der sog. Pleuramesotheliome seit langem strittig.

Manche Autoren stellen die Eigenständigkeit der Tumoren in der Geschwulstpathologie überhaupt in Frage oder halten sie zumindest in der Mehrzahl der Fälle für eigenartig wachsende Absiedlungen unerkannter Primärtumoren, insbesondere für Ausläufer bronchogener Karzinome der Lungenrinde (SCALFI; ROBERTSON; MASSON; POHL; DUTILH; BARNARD u. ROBB-SMITH u.a.) (Abb. 258). Bei den über die Pleura der Thoraxkuppel in die Brustwand vordringenden Geschwülsten, die das Erscheinungsbild des PancoastSyndroms hervorrufen (s. S. 524ff u. Bd. IX/4 a u. b), handelt es sich nach anatomischen Befunden

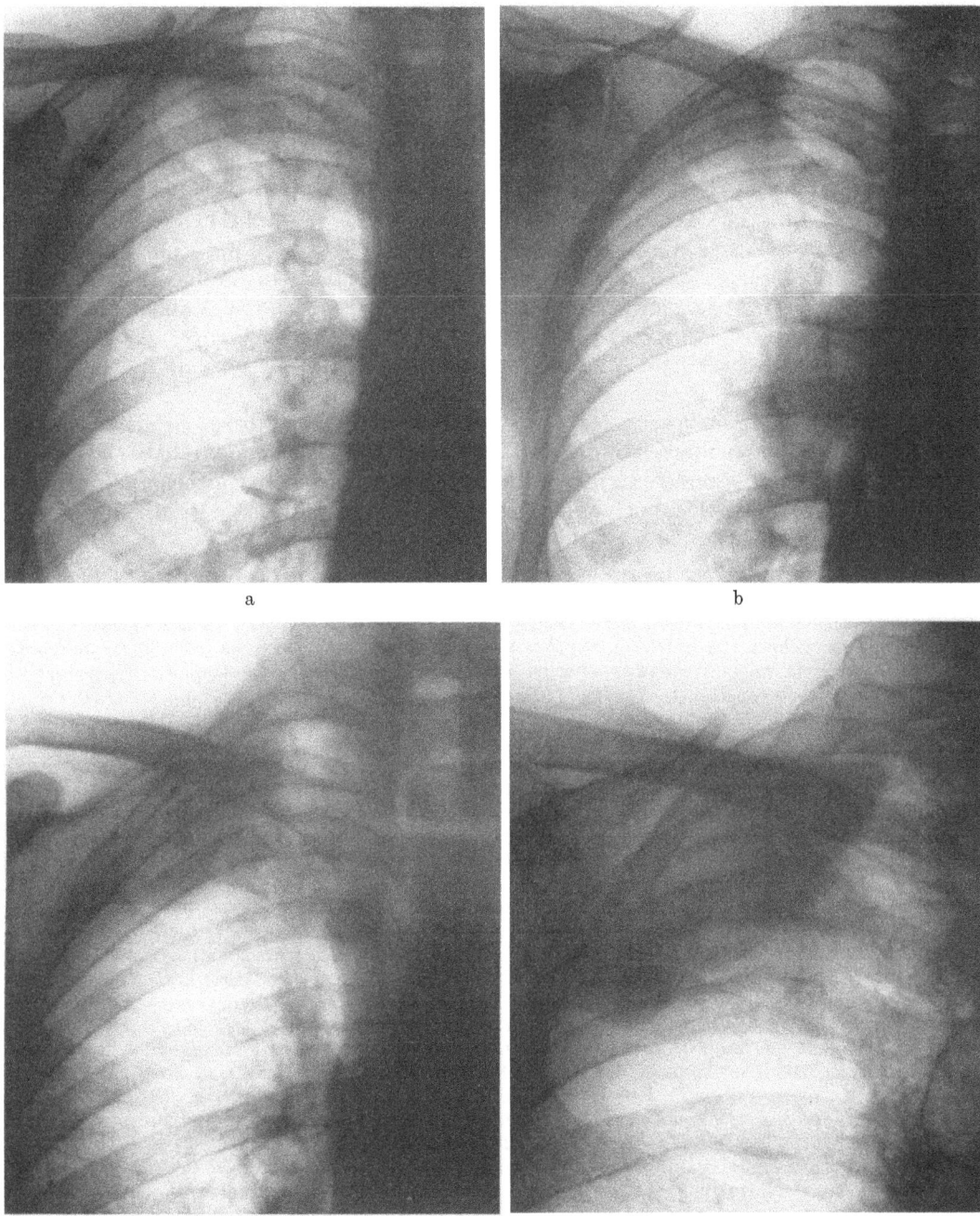

Abb. 259a—d. *Metastatische „Pleuratumorform" eines Bronchuskarzinoms*. Der Patient wurde unter Verdacht auf exsudative Lungentuberkulose eingewiesen, da die stetig anwachsende kosto-pleurale Solitärmetastase in der Thorakuppel vor dem Primärtumor entdeckt und als pulmonales Infiltrat gedeutet wurde. Der bereits bioptisch nachweisliche Krebsbefall supraklavikulärer Lymphknoten machte einer Resektion des im rechten Oberlappen lokalisierten Karzinoms unmöglich. Nach dem Ergebnis der Lymphknotenbiopsie („teilweise verhorntes Plattenepithelkarzinom") und der Lokalisation vermutlich bronchogenes Narbenkarzinom. Unter palliativer 200 kV-Röntgenbestrahlung Linderung der Beschwerden und Rückbildung metastatischer Hiluslymphome, jedoch unaufhaltsames Wachstum der an der inneren Brustwand breitbasig aufsitzenden Metastase, die den röntgenologischen Aspekt eines knollig-beetartig wachsenden Pleuramesothelioms bot. Ausschnitte von Thoraxübersichtsaufnahmen p.-a. vom 4. 2. 57 (a), 19. 7. 57 (b), 5. 9. 57 (c) und 19. 10. 57 (d). E. W., 59jähr. ♂. Arch.-Nr. 5587, 7014 u. 8199/57, Röntgenabtlg. d. Med. Univ.-Klinik u. Poliklinik Münster/W. (Direktor: Prof. W. H. Hauss)

zumeist um Gewächse bronchogenen Ursprungs (ECK; ESCHBACH u. FINSTERBUSCH; ECK, HAUPT u. ROTHE u.a.). Die *Verwechslungsmöglichkeit mit Pleuramesotheliomen* beschränkt sich nicht auf *kortikale Narbenkrebse.* Wie übereinstimmende Berichte von Pathologen, Klinikern und Radiologen bezeugen, kann der Aspekt *beetartiger oder flächenhafter Pleurametastasen zunächst latenter Bronchialkarzinome zentraler Lage* (Abb. 259, 333 u. 334) ebenso irreführen (sog. *"Pleuraform" des Bronchuskrebses* s. Bd. IX/4b, Abb. 505) (FISCHER; V. ALBERTINI; ROUSSY u. HUGUENIN; ROBERTSON; POHL; WALTHER; ASSMANN; BRUGSCH; CHRISTEA; GUEZENNEC; TOBIAS; VERGA u. BOTTERI; ZADEK; SEYFARTH; FRIEDMAN; ZUPPINGER; LOB u. WEISS; OLEMER, OLEMER u. ROUME; BABOLINI u. BLASI; STORNIELLO u. SCHMID; LIBERTI u. STELLA; FIX; MONACO u. STORNIELLO; SANQUIRICO; BRAIBANTI u. BORSELLA; MONACO; VALLEBONA; AGOSTINI u. SIDARI; SERRANO u. VALLEBONA; EIZAGUIRRE; BERGMARK u. QUENSEL; TACHIIRI u.a.). Vice versa vermag der Einbruch hilusnaher Pleuramesotheliome in das Bronchialsystem die Stenose und obstruktive Folgezustände primärer Bronchuskrebse täuschend zu imitieren (BOREK, MACHOLDA u. ŽÁK u.a.) (s. Abb. 188, 189 u. S. 361). FISCHER weist auf Grund dieser Erfahrungen ausdrücklich auf die Notwendigkeit hin, „daß unbedingt stets aufs genaueste nach anderen Ursprungsquellen, insbesondere kleinen intra- oder peribronchialen Gewächsen gefahndet werden muß, ehe man eine noch so ausgedehnte Pleurageschwulst als primäre Pleurageschwulst ansehen darf".

Die ausgeprägte Polymorphie mesothelialer Tumorstrukturen erklärt im übrigen die *Vielzahl der aus unitarischen und heterogenen Ursprungstheorien abgeleiteten Begriffsprägungen,* mit denen man die Morphogenese der Serosatumoren vom Blickwinkel entwicklungsgeschichtlicher Deduktion oder feingeweblicher Gestaltmerkmale zu kennzeichnen versuchte. Von den etwa 30 verschiedenartigen Namen, die nach SCALFI im Schrifttum — teils synonym, teils in Parenthese oder mit dem Zusatz „sogenannte" apostrophiert — gebräuchlich sind, seien hier folgende angeführt: „*(maligne) Pleura-Deckzellengeschwulst*" (KUX u.a.), „*primitiver Pleuratumor*" (CESTAN u. MOREL; MARIANI u. SALVETTI; SANTY, GALY, TOURAINE, RIFFAT u. FORT), „*primärer (diffuser) Pleurakrebs*" (FISCHER-WASELS; RIBBERT; GROSSEK; KRUMBEIN; CORNIL, AUDIBERT, MONTEL u. MOSINGER; SCAGLIONI; LAMBRECHT; ESPITALIE; COLLET; GIRAUD, BERNARD u. COIGNET; CANOZA u. LORENZO; GLATZEL u. WERNER; ROSETTI; PFEIFFER u.a.), „*primitives papilläres Pleurakarzinom*" (DEMOLE), „*sarkomartiger Pleuratumor*" (JACOBI u. BOLKER), „*Sarkokarzinom der Pleura*" (BÖHME), „*Lymphangitis proliferans*" (FRAENKEL), „*Lymphgefäßkrebs der Pleura*" („tuberkelartiges Lymphadenom") (WAGNER), „*Lymphangioendotheliom*" (KAUFMANN; GLOCKNER), „*Synovialom*" oder „*synoviales Endothelio-Fibrom bzw. -sarkom*" (LAUCHE), diffuses, komplexes oder bindegewebiges „*Pleurom*" (CORNIL et al.; JACOB u. ALLISON; STOUT), „*Coelotheliom*" (HANSSON u. SÖDERSTRÖM u.a.), „*Peritheliom*" (BERTHOLET), „*Endotheliom*" (MÖNCKEBERG; FISCHER; FAHR; BOLCK; SACCONE u. COBLENTZ; HOCHBERG; WEISS; EVANS, SWIRSKY u. CHERNOFF; JECKELER; DOUB u. JONES; SERGENT u. KOURILSKY; LINDQUIST u. BERGSTRAND; WEISSMANN u.a.), „*primäres papilläres Pleuraendotheliom*" (RIEDEL), „*primärer Endothelkrebs*" (WAGNER-SCHULZ; PIRKNER; v. HIBLER; SCHULZE-VELLINGHAUSEN; GLOCKNER; ROSENBAUM; KAUFMANN; FRAENKEL u.a.), „*Carcinoma endotheliocellulare solidum aut dissolutum*" (WALTHER), „*Endothelioma carcinomatodes aut sarcomatodes*" (KARPATI), „*Endothelsarkom*" (HOFMOKL), „*diffuse Fibroendotheliose*" (FAHR), „*Mesotheliom*" (ADAMI; MAXIMOW; KLEMPERER u. RABIN; ZECKWER; HEISE u. TRUDEAU; DU BRAY u. ROUSSON; CLAGETT, McDONALD u. SCHMIDT; BENOIT u. ACKERMAN; CAMPBELL; YESNER u. HURWITZ; SANO, WEISS u. GAULT; GESCHICKTER; COULTER; STOUT u. Mitarb.; WOLF; SCHWARTZ; BENGOCHEA; HERTZOG u. RILEY; BOGARDUS, KNUDTSON u. MILLS; BIRNBAUM; WHITEHEAD; POULSEN u. SØRENSEN; BLOUNT; HUTCHINSON u. FRIEDENBERG; REDDY; DELL'ACQUA; CAMPO; SORRENTINO; POSTOLOFF; SHAMARIN u.a.), „*Mesothelioma carcinomatosum aut sarcomatosum*" (BRANDENBURG) und „*Mesenchymom*" (ALSTON u. PAULSON; STOUT; GAULTIER-D'AURIAC, WANGERMEZ, WANGERMEZ u. BISCH).

Dem letztgenannten Oberbegriff ordnet man eine ganze Reihe lokalisierter Neubildungen einfacher oder komplexer histioider Bauart unter, die — gestielt oder breitbasig wurzelnd — aus der viszeralen und parietalen Pleura zu riesiger Dimension heranwachsen können. Hierzu gehören *Pleura-Fibrome* (KLEMPERER u. RABIN; PICK; GRAWITZ; KAHLER u. EPPINGER; BREA et al.; FISCHER; SCHMIDT; KINDBERG u. NETTER; PRZEWOSKI; LENK; PRICE-THOMAS u. DREW; FAWCETT; HAWTHORNE u. FROBESE; BRUNNER; TEMPLE u. JONES; CLAGETT u. HAUSMAN; STOLZE; BILLING; MICHAS; HEPP u. COURY; WOLF u.a.), *Fibro-Myxome* (HAUCH u. SITTLER; RAZEMON, RIBERT u. FOURNIER; BARKLEY u. CARDOZO), *Xanthofibrome* bzw. *Histiozytome* (Abb. 326, S. 177 u. 541), *Riesenzell-Geschwülste, Lipome* (KLEMPERER u. RABIN; GRAMIAK u. KOERNER u.a.), *Lipomyxome* (SABRAZES u. MUTURET) und andere Tumoren, die den subpleuralen Gewebsschichten entstammen und streng genommen als gutartige Lungen- bzw. Brustwandtumoren oder allenfalls als sekundäre, nicht als primäre Pleuragewächse aufzufassen sind (ANDRUS; ALEXANDER; GIESE u. a.).

Zwischen reifen Mesenchymgeschwülsten dieser Art und ihren sarkomatösen Varianten, die sich biologisch vielfach nur „semimaligne" verhalten, bestehen *fließende Übergänge zu den umschriebenen fibromatösen Mesotheliomen* (STOUT; BENOIT u. ACKERMAN; CLAGETT, MCDONALD u. SCHMIDT; HILL u. a.). Die Verwandtschaft erstreckt sich auch auf die verdrängend wachsenden *Riesen-Fibrosarkome* (KLEMPERER u. RABIN; MCMAHON u. MALLORY; LILIENTHAL; DORENDORF; MCNAMARA, SARGENT u. KOSTICK; BANSE; NEVINNY; DRIESSENS, BRETON u. GAUTIER; COYON u. CLARET; COHEN; JENNY; BRUNNER; TRIZZINO, STOHR u. SACHS; MÜLLY; NAEF; SALA; RATZER, POOL u. MELAMED u. a.) und *Fibro-Myxosarkome* (MEHRDORF; VIDAL, PAGES, GUIN u. MARTY; KIDD u. HABERSON) sowie auf manche *Spindelzell-Sarkome* und andere Sarkomformen der Pleura (*Lympho-* bzw. *Rundzellsarkome* und faserbildende kataplastische *Retothelsarkome*) (KLEMPERER u. RABIN; VAN HAZEL u. JENSIK; SANSONE u. LEVA; NOBILE; MATZEL) (s. S. 536). Einige Autoren beziehen daher die gut- und bösartigen Typen dieser mesenchymalen Tumoren in den Formenkreis der Mesotheliome ein (KLEMPERER u. RABIN; GIESE; MÜLLY u. a.), während FISCHER die Pleurasarkome — nicht zuletzt wegen ihrer abweichenden Orts- und Altersverteilung — ausdrücklich von der Endotheliomgruppe abgrenzt (Tabelle 31).

b) Pathologisch-anatomische Morphologie

α) Histogenese

Die Pleuramesotheliome enthalten mesenchymales Fasergewebe und epithelartige Strukturen in wechselnder Mischung und Anordnung. Das feingewebliche Bild kann innerhalb einer Geschwulst beträchtlich variieren, bei ausgeprägten fibroplastischen oder regressiven Vorgängen die Baueigentümlichkeiten fibromatöser bzw. fibro-myxomatöser Gewächse aufweisen und je nach Differenzierungsrichtung des Muttergewebes die Gestaltmerkmale karzinomatöser und/oder sarkomatöser Geschwülste annehmen.

Die Zusammensetzung aus zwei Gewebskomponenten entspricht „der Orthologie des Pleuraaufbaues (Serosadeckzellen, bindegewebig-faserige Endopleura)" (GIESE; s. auch POLICARD u. GALY); sie bezeugt aber nicht notwendigerweise den dualistischen Ursprung der Gewächse (s. S. 465). Die flachen Deckzellen der aus dem Zölom gebildeten Leibeshöhlen („*Zölomepithel*" oder „*Mesothel*") (ADAMI; MAXIMOW; SCHOTT; LEWIS; CHLOPIN; BRANDENBURG) gehen wie die epithelial formierten Anteile des Harntrakts (GESCHICKTER) mit ihrer mesenchymalen Unterlage einschließlich der Lymph- und Blutgefäße *aus dem mittleren Keimblatt* („viszerales Mesoderm") hervor (MAXIMOW; CLARA; BOENIG; BRUNS u. VOIGT; GESCHICKTER; PÉLISSIER u. QUARY; PLIESS; GIESE u. a.). Die frühere entwicklungsgeschichtliche Ableitung der epithelähnlichen Serosadeckzellen aus dem Entoderm gilt als überholt (SACCONE u. COBLENTZ; WOLF; PLIESS u. a.).

Die Bezeichnung „*Endotheliom*" rührt ursprünglich von der Annahme her, die Geschwulstzellen entstammten dem subpleuralen *Lymphangioendothel* (s. WAGNER; KAUFMANN; FRAENKEL; GLOCKNER; FISCHER). FISCHER hielt diese Ansicht für „histologisch nicht hinlänglich begründet", wies aber darauf hin, daß manche der papillär bzw. tubulär gebauten, von spaltförmigen Hohlräumen durchsetzten Gewächse den Eindruck erwecken könnten, als wucherten sie strangartig synzytial in den subserösen Lymphspalten. NICAUD u. MONOD sprechen in diesem Zusammenhang und wegen der nicht selten hervortretenden Gefäßneubildung (MISGELD) vom „*angioblastischen Endotheliom*".

BOLCK verwendet den *Endothelbegriff* im Einklang mit HUECK nicht unter dem Aspekt der Histogenese, *sondern der gestaltlichen Entwicklung des Endothelgewebes im weitesten Sinne*. Er sieht die dem embryonalen Mesenchym entstammende *Endothelzelle als örtlich variable Teilstruktur des spongio-synchymalen Gefüges der Grenzgewebe innerer Hohlräume*. Die schwammartig lockere Gliederung des *Spongiochyms* kennzeichne das Bauprinzip endothelialer Tumoren. Die Gliederungsform entspringe der Neigung des Muttergewebes, nach Art des primitiven Mesenchyms flüssige bzw. faserige Grundsubstanz sowie spaltförmige Hohlräume zu bilden und mit einer geschlossenen symplasmatischen Zellage („Synchym") zu umhüllen.

Je nachdem, welches der beiden Gestaltungsprinzipien vorherrscht, ergeben sich bei den mesenchymalen Geschwulstformen nach BOLCK zwei Lagerungstypen:

1. der *bindegewebig-sarkomatöse Typ mit verfaserter Grundstruktur* oder
2. der *Typus der inneren Hohlraumbildung mit epithel- bzw. endothelartiger Synchymumkleidung* bei weitgehender Trennung von Syn- und Spongiochym.

BOLCK unterteilt diese Erscheinungsformen im Hinblick auf das „System der inneren Hohlräume" in den „*epithelialen Typ*" (Meningen, seröse Häute), den „*Kapillartyp*" (feine und größere Gefäße im Lymph- und Blutkreislauf, retikulo-endotheliales System) und den „*Typus der Gewebsspalte*" (Gelenksynovia, Schleimbeutel, Sehnenscheiden, Saftspalten). An Stelle zellig umsäumter Hohlräume können auch solide zusammenhängende Zellknospen, Perl-, Spiral- und Riesenzellbildungen die synchymale Proliferationstendenz des Grundgewebes offenbaren (BOLCK).

Nach Gliederung und Differenzierungsgrad der Strukturen klassifiziert BOLCK die mesenchymalen Gewächse in folgender Stufenordnung:

1. völlig ungeordnete, rein zellig-symplasmatisch proliferierende Tumoren der niedrigsten Gestaltungsstufe als „*Zytoblastome*",
2. *gleichmäßig gegliederte Wucherungen von spongiochymaler Struktur* mit diffuser Aufschließung durch Verflüssigung und Verfaserung wechselnder Beschaffenheit (gebündelt, gestreckt, geflochten) und sehr unterschiedlicher Form (z.B. faserbildende Spindelzellsarkome, Retothelsarkome),
3. *Geschwülste vom Typus der inneren Hohlraumbildung mit spongio-synchymalem Gefüge einfacher Ordnung* und herdförmig lokalisierter Verflüssigung und Verfaserung sowie
4. *organoid gebildete Mesenchymtumoren, die überwiegend den Typ der inneren Hohlraumbildung in Form komplexer Einheiten in örtlich zusammengesetzter Ordnung* erkennen lassen.

Aus diesem Formenkreis sind nach BOLCK diejenigen *mesenchymalen Neubildungen als Endotheliome* zu bezeichnen, deren Feinbau wesentlich vom „*Typus der inneren Hohlraumbildung*" geprägt wird. Nach ihrer Differenzierungshöhe stehen die Endotheliome in dieser Reihe zwischen reifen Mesenchymgewächsen und Sarkomen.

Ob man einseitig drüsig gebaute Neoplasmen der serösen Häute, deren epithelial-papilläre Struktur einem Adenokarzinom ähnelt (HARRIS, HYMAN u. NEVIUS; ABRAHAMSON u. FRIEDMAN u.a.) (s. Abb. 261), unter die Endotheliome (Stufe 3 des Bolckschen Schemas) einreihen kann, erscheint problematisch (PLIESS). BOLCK schließt die Möglichkeit nicht aus, daß derartige Wucherungen von kongenital versprengten Epithelnestern ausgehen und somit echten autochthonen Krebsen im Bereich des Spongio-Synchyms entsprechen.

Abgesehen von der dysontogenetischen Ursprungstheorie aus dem äußeren Keimblatt, die FISCHER-WASELS und andere Autoren für manche Geschwulstformen des Rippenfells, vor allem aber des Peritoneums und Perikards vertraten (s. ROBERTSON; PLIESS), und der schon erwähnten Ansicht, die scheinbar primären Pleuramalignome seien meist fortgeleitete Ausläufer oder Ableger bronchogener Krebse des Lungenmantels (ROBERTSON u.a.) (s. S. 462 u. Bd. IX/4a und b), werden auch sonst *epithelial gegliederte Serosatumoren insoweit grundsätzlich als Karzinome bezeichnet, als man „aus entwicklungsgeschichtlichen Gründen die Deckzellen der Pleura für echte Epithelien" hält* (s. FISCHER; FISCHER-WASELS; SCHEIDEGGER; GROSSEK; GEIPEL; BANTZ). Bei dieser Betrachtung gilt die bindegewebige Geschwulstkomponente nicht als tumoreigner Formbestandteil, sondern als proliferative Reaktion der Endopleura auf den Reiz der Krebswucherung.

SCALFI faßt die *flächig ausgebreiteten Pleuragewächse epithelialer Struktur* ebenfalls als „*pleuro-pulmonale Panzerkrebse*" auf, trennt jedoch die *vorwiegend bindegewebig differenzierten, örtlich expansiven Wuchsformen und ihre sarkomatösen Varianten als eigenständige Tumorkategorie mesenchymaler Herkunft* ab. In seiner Konzeption der „diffusen Pleura-Fibroendotheliose" betont FAHR demgegenüber den einheitlichen Ursprung von epithelartig angeordneten Geschwulstelementen und faserbildendem Mesenchym als gleichgeordnete Tumorkomponenten. Die pseudoepitheliale Lagerung der Deckzellen könne nicht im Sinne biologischer Identität mit echtem Epithel gedeutet werden. Die Neoplasie sei daher *nicht den krebsigen, sondern den mesenchymalen Gewächsen zuzuordnen*. Diese Ansicht vertritt heute die Mehrzahl der Pathologen (PÉLISSIER u. QUARY; STOUT u. Mitarb.; MISGELD u.a.).

Die im angelsächsischen Schrifttum und in der neueren pathologisch-anatomischen Literatur bevorzugte Bezeichnung „*Mesotheliom*" ist entwicklungsgeschichtlich begründet (s. S. 463). Sie gilt auch für die primären Serosatumoren des Perikards (STOUT; STOUT u. HIMADI; DAWE, WOOD u. MITCHELL; SAPHIR; MACHOWSKI, FIDELSKI u. RUCKA; DAWE u. WOOD; FOREST u. KOZONIS; DELL'ACQUA; weitere Lit. s. PLIESS) und der Bauchhöhle (STOUT; PENDERGRASS u. EDEIKEN; POLLMANN; MILLER u. WYNN; RAMSEY u. CHOMET; MEYER u. CHAFFEE; MURRAH; HILL; PLIESS; STUMPF u.a.). Wegen des gemeinsamen Ursprungs aus dem primitiven Mesenchym und struktureller Analogien zählt man zur Mesotheliomgruppe ferner die Deckzellgeschwülste des Gelenkapparates (Synoviome bzw. Synovialome und verwandte Schleimbeutel- bzw. Sehnenscheidentumoren) (STOUT; LAUCHE; v. ALBERTINI; KLEIN u. RAREI) und bestimmte gutartige Gewächse des Urogenitaltrakts (Ureteren, Nebenhoden, Samenstränge, Uterus, Tuben, Ovarialfibrome und „Thekome" des ovariellen Stroma und extraovarieller Lage), die auf embryonale Zölomepithel-Einschlüsse zurückgeführt werden (MASSON) und in ihrem Feinbau tubuläre Bildungen, vakuolisierte Epithelstränge bzw. endothelartig ausgekleidete Kanäle erkennen lassen (STOUT; GESCHICKTER; MASSON; HORN u. LEWIS; NEVIUS u. FRIEDMAN; ABRAHAMSON u. FRIEDMAN u.a.).

Der Formenreichtum der Tumorkategorie entspricht der *prospektiven Multipotenz des niedrig differenzierten Mesothels* (MAXIMOW; SCHOTT; LEWIS; CHLOPIN; BRANDENBURG; SCHOPPER; KRUMBEIN; PÉLISSIER u. QUARY; STOUT; CLARK; PLIESS u.a.): die zur Eigenbeweglichkeit und Phagozytose befähigten Deckzellen zeigen *in der Gewebskultur* (Punktate, Mesothelhäutchen-Explantate) unter wechselnden Einflüssen (Änderung des Kulturmediums, entzündliche Reize etc.) die zweifache Wachstumspotenz, sich nach Art sezernierenden Epithels in Membranen, soliden Strängen bzw. tubulären Strukturen zu lagern oder faserreiches granulomartiges Bindegewebe zu bilden (MAXIMOW; LEWIS; BRANDENBURG; SCHOPPER; BORST; STOUT u. MURRAY; NOËL; VERNE; VERMOREL). Ebenso können *in vitro* gezüchtete Geschwulstelemente exzidierter Pleuramesotheliome beide Wuchstypen zugleich (STOUT u. MURRAY: retikuläres fibroblastenähnliches Gewebe mit kollagenen Fasern neben strangförmig bzw. tubulär angeordneten epithelartigen Formationen) oder einen Umschlag von der einen zur anderen Differenzierungsrichtung aufweisen (SANO, WEISS u. GAULT: im Kükenplasma epithelialer Wuchstyp eines zuvor *in situ* rein fibromatös-spindelzelligen Pleuramesothelioms).

Die gewebekulturellen Befunde gelten den meisten Autoren als schlüssige Indizien für die *unitarische Ursprungstheorie der Pleuramesotheliome aus dem System pluripotenter Deckzellen, deren geschwulstige Evolution karzinom- und/oder sarkomartige Strukturen hervorbringen kann* (BRANDENBURG; STOUT; BOLCK; SACCONE u. COBLENTZ; CORNIL, AUDIBERT, MONTEL u. MOSINGER; LINDQUIST u. BERGSTRAND; SANTY, GALY, TOURAINE, RIFFAT u. FORT; COULTER; HERTZOG u. RILEY; BOGARDUS, KNUDTSON u. MILLS; POSTOLOFF; GODWIN; MISGELD; CLARK; CAMPBELL u.a.).

Die einheitliche Auffassung hat sich für den *malignen diffusen Mesotheliom-Typ* durchgesetzt, während man bei der überwiegend *gutartigen Form des lokalisierten fibrösen Mesothelioms* die Herkunft aus dem subpleuralen Bindegewebe diskutiert (KLEMPERER u. RABIN; CLAGETT, MCDONALD u. SCHMIDT; BENOIT u. ACKERMAN; REBOUD; STRODE; RATZER, POOL u. MELAMED u.a.).

Dieser Matrix entstammen vermutlich auch die als „*Paramesotheliome*" („*intrapulmonary stromal mesotheliomas*") bezeichneten Varianten des letztgenannten Typs, *die ohne gewebliche Verbindung mit der Pleura innerhalb des Lungenparenchyms entstehen* (ABRAHAMSON u. FRIEDMAN). Sie gelten als Abkömmlinge intrapulmonal versprengter Mesothelkeime oder des zur Bildung mesothelialer Formationen befähigten primitiven pluripotenten Mesenchyms (CLARK u.a.), das die vom fötalen Rumpfdarm aussprossende Lungenanlage umgibt. ABRAHAMSON u. FRIEDMAN sehen im biologischen Verhalten und submesothelialen Ursprung dieser Geschwülste gewisse *Analogien zu den vom Ovarialstroma ausgehenden Fibromen und ovariellen wie extra-ovariellen „Thekomen"*. NEVIUS u. FRIEDMAN schreiben dem submesothelialen Mesenchym die generelle Fähigkeit zur Steroidproduktion („adreno-

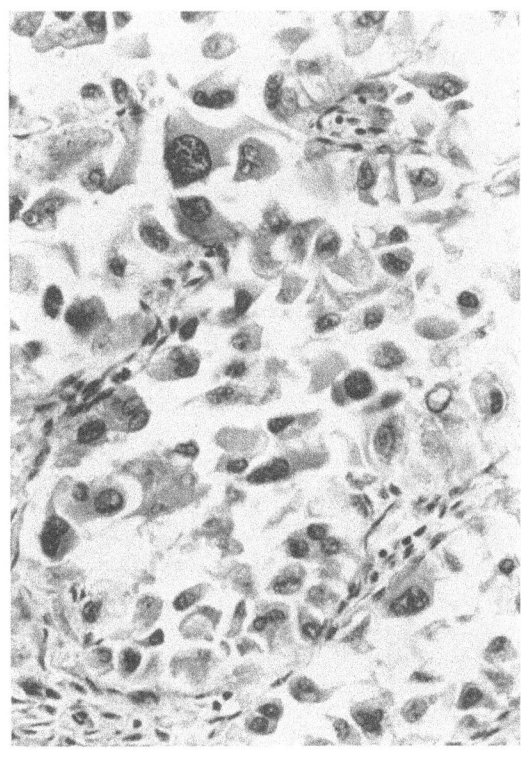

Abb. 260. *Starke Zellpolymorphie bei malignem diffusen Pleuramesotheliom.* Vergr. 160fach. Sekt.-Nr. 191/56, Path. Inst. d. Univ. Münster/W., Direktor: Prof. W. GIESE. (Nach GIESE, W.: Die Atemorgane. In: KAUFMANN, E., STAEMMLER, M.: Lehrbuch der speziellen pathologischen Anatomie. 11. u. 12. Auflage. Bd. II/3, 1417—1984, Abb. 994. Berlin: W. de Gruyter 1970)

genitale Potenz") zu, welche die bei fibromatösen Peritoneal-Mesotheliomen (ACKERMAN) und beim Meigs-Syndrom hormonal aktiver Ovarialfibrome (MEIGS; MEIGS u. CASS; HARRIS u. MEYER) und „Thekome" — neben nephrotischen Symptomen und begleitendem Hydrothorax — beobachtete Hypoglykämie (NEVIUS u. FRIEDMAN; ROGERS u. HOUSEWORTH; HUTCHINSON u. FRIEDENBERG; s. auch ARKLESS (S. 477) erklären könnte.

Die in der Tiefe des Lungenkerns isolierten „Paramesotheliome" entwickeln sich nach bisherigen Beobachtungen in unmittelbarer Nachbarschaft großer Bronchien, deren Wandschichten sie bis zur Submukosa zu durchsetzen pflegen, ohne die Bronchialschleimhaut zu infiltrieren (ABRAHAMSON u. FRIEDMAN). Wegen der Identität des histologischen Bildes nehmen ABRAHAMSON u. FRIEDMAN an, daß manche im Schrifttum als „Bronchus-Fibrosarkome" verzeichneten Tumoren (CARSWELL u. KRAFT; BAUM, RICHARDS u. RYAN; BAUM, SILVERMAN, BOSH u. RILEY; HOLINGER, JOHNSTON, GROSSWEILER u. HIRSCH; CURRY u. FUCHS) als bronchusnahe intrapulmonale Paramesotheliome zu klassifizieren sind.

Sie zeigen gleichen Aufbau (spindelzellige, nicht-epitheliale Tumorelemente innerhalb unterschiedlich stark vaskularisierter kollagen-retikulärer Faserstrukturen), scharfe Abgrenzung und langsame exophytäre Wuchsart wie die umschriebenen fibromatösen Pleuramesotheliome (STOUT; ABRAHAMSON u. FRIEDMAN). Die gutartigen pleuralen und intrapulmonalen Mesotheliomvarianten können bis zur Erreichung erheblichen Tumorumfangs asymptomatisch bleiben. Maligne diffuse und umschriebene Pleuramesotheliome, die sich als relativ zellreiche, faserärmere Gewächse durch ihre epithelial-synchymalen Bestandteile sowie rascheres endophytäres Wachstum auszeichnen (STOUT; ABRAHAMSON u. FRIEDMAN u. a.), treten dagegen infolge der Neigung, in das angrenzende Lungen- und Brustwandgewebe einzudringen, klinisch frühzeitig hervor.

β) *Histologischer Befund*

Das feingewebliche Bild pleurogener Serosatumoren ist hier wegen der morphologischen Variationsbreite nicht *in extenso* zu schildern (s. pathologisch-anatomische Literatur:

Maximow u. Bloom; Klemperer u. Rabin; Stout; Fischer; Ribbert; Bolck; Masson; Hueck; v. Albertini; Giese; Krumbein; Fischer-Wasels; Pélissier u. Quary; Walther; Scalfi; Campbell; Gerundo; Pliess; Lauche; Pohlmann; Tobiassen; Lindquist u. Bergstrand; Yoshida; Wagner; Caffrey u. Lucido; Luse u. Spjut; Porter u. Cheek; Foster u. Ackerman; Misgeld u.a.). Trotz des schon in der Einzelgeschwulst recht wechselhaften histo-zytologischen Aspekts lassen sich den verschiedenen makro-anatomischen Wuchsformen doch bestimmte Grundmuster beiordnen. In Anlehnung an Giese sind folgende Hauptgruppen zu unterscheiden.

αα) Diffuse maligne Pleuramesotheliome

können je nach Prävalenz einer der beiden Grundkomponenten mehr „sarkomatöse" oder „karzinomatöse" Gestaltmerkmale aufweisen.

Das mesenchymale Grundgerüst der schwartenähnlich ausgebreiteten Tumoren ist meist gefäßreich. Es besteht aus einem Gefüge kollagener und argyrophiler Fibrillen, in das plumpe kubische oder spindelförmige, durch feine Zytoplasmaausläufer netzartig verbundene Zellen mit unregelmäßig geformten Kernen unterschiedlicher Größe und meist verwaschenen Nucleoli eingelagert sind (Abb. 260). Die gesamte Formation erscheint gewöhnlich eher zell- als faserreich, einmal locker retikulär gewirkt, in anderen Fällen dicht gebündelt bzw. wie ein Geflecht in wellige palisaden- oder fischzugartige Zellansammlungen gegliedert. Die zellig-faserige Neubildung zeigt oft örtlich regressive Veränderungen (herdförmige Hämorrhagien, hyaline Umwandlung, myxoide Erweichung) und ist vielfach mit Infiltraten kleinzelliger lymphozyten-ähnlicher Elemente, hämosiderin-speichernder Makrophagen und zum Teil mehrkerniger Riesenzellen durchsetzt (Demole; Cuttino u.a.). Das bindegewebige Gerüst umschließt zahlreiche Spaltlücken bzw. schlauchartig abgerundete zellumsäumte Hohlräume. Es enthält reichlich saure Mukopolysaccharide und Hyaluronsäure (Ozello u. Speer; Blix; Giese), die man auch im abgeschiedenen Pleuraexsudat vermehrt nachweisen kann (Blix; Meyer u. Chaffee; Miller u. Wynn).

Man sieht fließende Übergänge zwischen den retikulär-alveolären Mesenchymstrukturen und den von platten, kubischen oder zylindrischen Geschwulstzellen in epithelialer Lagerung gebildeten Wucherungen, die das Bild eines Teils der diffusen, seltener auch umschriebener maligner Pleuramesotheliome prägen (Stout). Sie können rosettenartige (Wolf u.a.), zottig-papilläre (Demole; Yoshida; Santy et al.; Riedel; Benda, Aubin, Ornstein u. Orcel), adenomatöse oder tubuläre Form annehmen und sind mitunter nur schwer von bronchogenen Adenokarzinomen zu unterscheiden (Fischer; Harris, Hyman u. Nevius; Abrahamson u. Friedman; Oels u. Mitarb. u.a.) (s. S. 462 u. 535).

ββ) Lokalisierte maligne Pleuramesotheliome,

die mit ihren epithelähnlichen Komponenten im Feinbau papillär-adenomatös gegliederten diffusen Mesotheliomen gleichen (Stout) und sich bei derartiger Struktur nur ausnahmsweise gutartig verhalten, sind nach bisherigen Beobachtungen eine Rarität (Stout; Yesner u. Hurwitz; Blount; Levrat, Devic u. Despierres; Clagett, McDonald u. Schmidt; Santy, Galy, Touraine, Riffat u. Fort; Ehrenhaft, Sensenig u. Lawrence; Maghetti; Godwin; Foster u. Ackerman; Petitjean u. Pierson, Spath), jedenfalls ungleich seltener als

γγ) lokalisierte benigne (fibromatöse) Pleuramesotheliome

Die langsam wachsenden, in der Regel bindegewebig abgekapselten Tumoren sind hauptsächlich aus gleichförmig spindeligen Zellen und verschiedenartig geordneten kollagenen bzw. Retikulum-Faserzügen zusammengesetzt (Abb. 261). Epithelial-synchymale Bestandteile fehlen oder treten in den Hintergrund. Bei starker Verfaserung, die mit ausgesprochener Hyalinisierung, bisweilen auch mit herdförmiger Verkalkung einhergehen kann, sind histologisch Zweifel möglich, ob ein echtes fibromatöses Gewächs oder ledig-

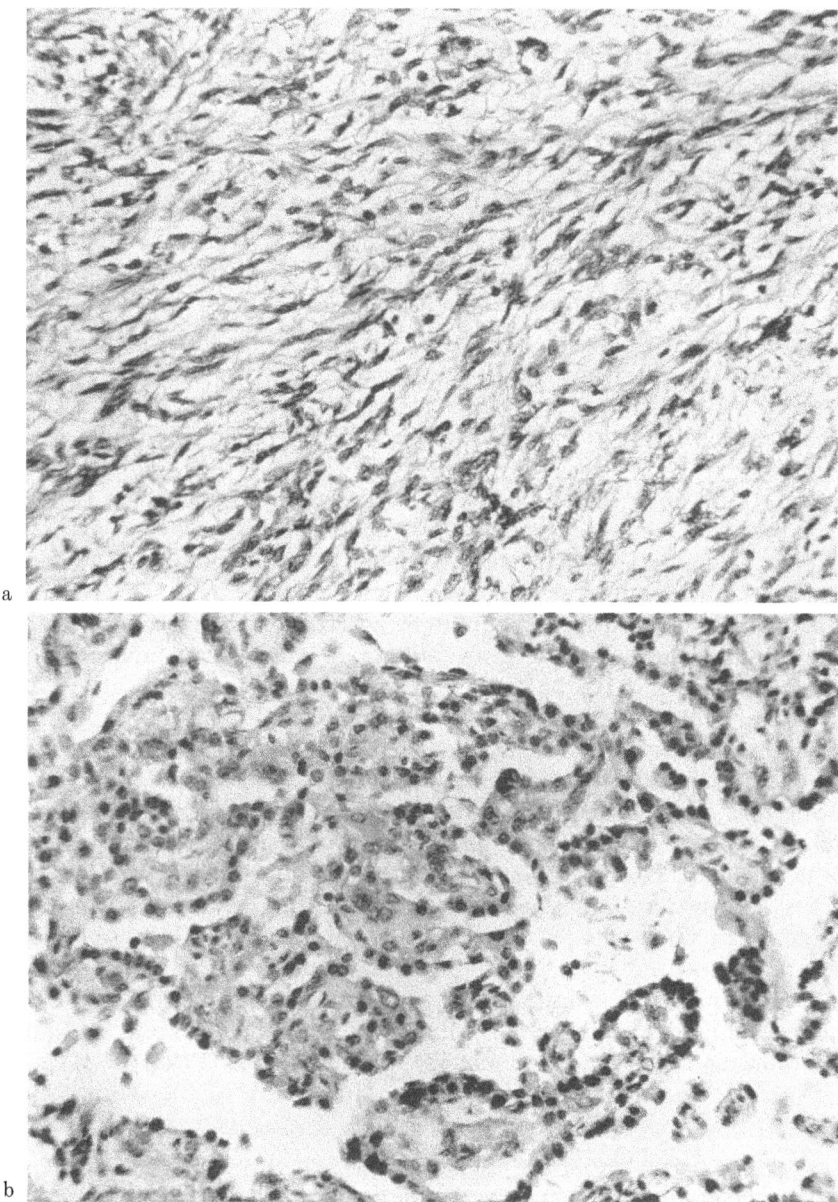

Abb. 261a u. b. *Feingewebliches Bild benigner lokalisierter Pleuramesotheliome.* a Reichlich gut differenzierte Spindelzellen innerhalb netzartig angeordneter kollagener Fasern (Vergr. 160×). b Epithelial-papillärer Typ. Die papillären Sprossen enthalten ein lockeres fibro-vaskuläres Stroma und sind zu den spaltförmigen Hohlräumen hin mit Mesothel-Zellen in epithelialer Lagerung bekleidet (Vergr. 160×). [Nach BLOUNT, H. C.: Radiology **67**, 822—833 (1956); Fig. 1A und B]

lich hyalines Schwielengewebe (tumorbildende „Hyalinose" der Pleura s. S. 490ff. u. Abb. 274—277 u. 309) vorliegt (PLIESS; SANTY et al.). Zellreiche Varianten, in denen man Riesenzellen und myxomatöse Erweichungsherde antrifft (SANTY et al.; BRUNNER; CLAGETT, McDONALD u. SCHMIDT), können mit Spindelzell- , Fibro- und Fibromyxo-Sarkomen verwechselt werden (TRIZZINO; STOHR u. SACHS; GIESE), bei reichlicher Vaskularisation auch als Angiofibrome imponieren oder den Eindruck entzündlichen Granulationsgewebes erwecken. Die Strukturähnlichkeit solcher Mesotheliome mit den sog. „postinflammatory tumors" der Pleura (BROWN u. JOHNSON; UMIKER u. IVERSON;

Abb. 262. *Diffuses malignes Pleuramesotheliom.* Tumorinfiltration vorwiegend des parietalen Pleurablattes. Großer hämorrhagischer Erguß. Lungenkollaps. 72jähr. ♀. Sekt.-Nr. 785/52, Path. Inst. d. Univ. Münster/W., Direktor: Prof. W. GIESE. (Nach GIESE, W.: Die Atemorgane. In: KAUFMANN, E., STAEMMLER, M.: Lehrbuch der speziellen pathologischen Anatomie. 11. u. 12. Aufl. Bd. II/3, 1417—1984, Abb. 992. Berlin: W. de Gruyter 1960)

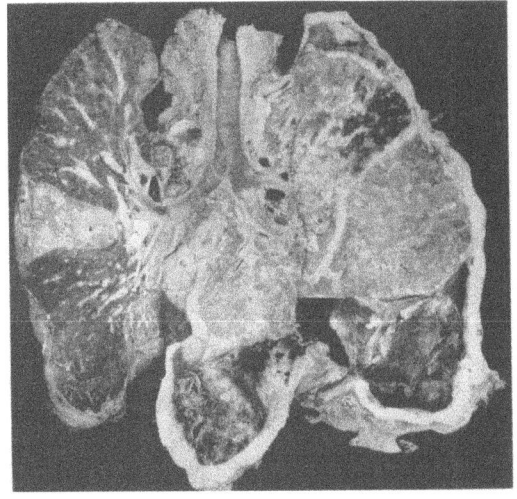

PHILLIPS; WESSEN) birgt die gleiche differentialdiagnostische Problematik, die schon bei der Abgrenzung broncho-pulmonaler Fibrome, Xanthofibrome, Histiozytome (Abb. 90) und sklerosierender Angiome (s. S. 177) von xanthofibrösen, plasmazellulären, mehr oder weniger gefäßreichen entzündlichen Granulationstumoren der Atemorgane erörtert wurde (s. S. 13, 144 161ff., 311, 462, 541 u. 549). Die frühere Annahme, die sog. Pleuramesotheliome seien keine echten Geschwülste, sondern entzündliche Wucherungen (NEELSEN zit. n. FISCHER), gründet sich auf die Betrachtung umschriebener Mesotheliome.

γ) *Makroskopischer Befund*

Seit einem Jahrhundert wird in der einschlägigen Literatur zwischen dem „*diffusen*" und dem „*lokalisierten Wuchstyp*" primärer Pleuratumoren unterschieden (DE FERON; RIBBERT; KAHLER; MASSON; DIETLEN u. v. BROCHOWSKI; PALASSE u. ROUBIER; FISCHER; KLEMPERER u. RABIN; ADAMI; STOUT u. Mitarb.; CLAGETT, McDONALD u. SCHMIDT; SCALFI; BOLCK; FORT; PÉLISSIER u. QUARY; BENOIT u. ACKERMAN; LINDQUIST u. BERGSTRAND; LAGÈZE, LATARGET, CHASSAGNON, MAYER u. RIFFAT; LAVAL, MÉTRAS, PAYAN, GRAS u. MAURAN; SANTY, GALY, TOURAINE, RIFFAT u. FORT; SERGENT u. KOURILSKY; LEVRAT, DEVIC u. DESPIERRES; DUFOURT, SANTY u. GALY; GIESE; JACCARD; BLOUNT; YESNER u. HURWITZ; PLIESS; SPATH; MÜLLY; GODWIN; RATZER, POOL u. MELAMED; SHABANAH u. SAYEGH u.a.). Noch in der thoraxchirurgischen Ära bleibt die Frage offen, ob das diffuse Pleuramesotheliom als umschriebener Tumor unifokal entsteht und sich erst im weiteren Verlauf kontinuierlich ausbreitet (STOUT; CLAGETT et al.; SANTY u. Mitarb.; EHRENHAFT, SENSENIG u. LAWRENCE; WOLF u.a.), oder ob man mit EWING einen primär multizentrischen Wachstumsbeginn annehmen soll. Für den letzteren, lentikulärer Pleurametastasierung (Abb. 335) ähnlichen Entwicklungsmodus spricht der kürzlich von SCHNETZER in einem Frühfall mit initialer Exsudation erhobene Befund: bei der Thorakotomie fand sich an beiden Pleurablättern eine dichtstehende Aussaat submiliarer Knötchen, die nur an den abhängigen Partien sichtbar, sonst lediglich an feiner Oberflächengranulierung kenntlich waren, nirgends jedoch ein eigentlicher „Primärtumor".

Die *diffusen Pleuramesotheliome* pflegen den betroffenen Lungenflügel, zumindest aber große Teile seiner Oberfläche allseitig, zumeist unter Einbeziehung des Interlobiums mit einem schwielenartig festen grau-weißlichen Geschwulstpanzer zu umhüllen (Abb. 263). Die „*primär zirrhotische Form*" (PFEIFFER) kann bei relativ geringer Exsudationsneigung eine mehrere Zentimeter dicke Tumorschwarte hervorbringen (in einem von KLEMPERER u. RABIN beschriebenen Fall 15 cm!). Der Schwartenzug läßt die fixierte Brustkorbhälfte beträchtlich schrumpfen („frozen hemithorax") und führt zu skoliotischer Wirbelsäulen-

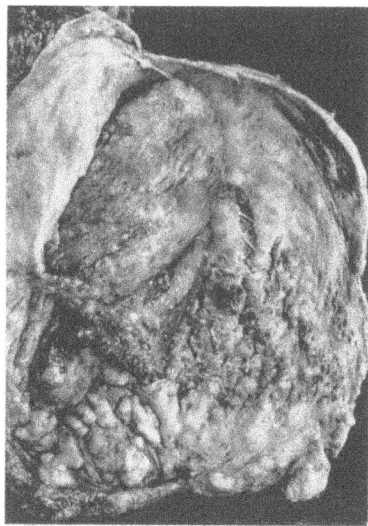

Abb. 263. *Tumorschwarte bei diffusem malignem Mesotheliom der Pleura.* Knollige Tumormasse auf dem parietalen Pleurablatt. Völliger Lungenkollaps. Sekt.-Nr. 523/58, Path. Inst. d. Univ. Münster/W., Direktor: Prof. W. GIESE. (Nach GIESE, W.: Die Atemorgane: In: KAUFMANN, E., STAEMMLER, M.: Lehrbuch der speziellen pathologischen Anatomie. 11. u. 12. Aufl. Bd. II/3, S. 1417—1984, Abb. 993. Berlin: W. de Gruyter 1960)

deformität mit konkaver Krümmung zur Erkrankungsseite hin (TOBIAS et al.). Bei der „*primär exsudativen Form*" (PFEIFFER) steht die massive Ergußbildung im Vordergrund (Tabelle 30). Das Exsudat kann serös, sero-fibrinös oder hämorrhagisch sein (s. S. 480). Die Flüssigkeit drängt die an der inneren Oberfläche vielhöckerig gebuckelten oder zottig aufgerauhten Pleurablätter unter Kompression des anliegenden Lungengewebes auseinander. Sie sammelt sich in einem zusammenhängenden schwartigen Sack, dessen Wände weniger verdickt sind als bei der „trockenen" zirrhotischen Form (FISCHER), oder wird in mehreren Kammern zwischen dem viszeralen und parietalen Mantel des flächigen Gewächses abgekapselt.

Bei beiden Typen des diffusen Pleuramesothelioms kann das Tumorgewebe *in die Lungenrinde oder in hilusnahe Bronchien eindringen* (BOREK, MACHOLDA u. ŽÁK; BOYD; RATZER, POOL u. MELAMED u.a.) (Abb. 188 u. 189), in Gestalt derber Knoten *in die äußeren Brustwandweichteile durchbrechen*, gelegentlich auch kontinuierlich und/oder lymphogen *zur anderen Thoraxseite oder transdiaphragmal auf die Bauchhöhle übergreifen* (FISCHER; TOBIAS u. ESCUDERO; ARCE u. TOBIAS u.a.) (s. S. 471/472 u. 536).

Die *Unterscheidung von flächenhaft ausgebreiteter schwartiger Pleurakarzinose*, die man *vor allem bei bronchogenen Gallertkrebsen* findet (s. Bd. IX/4a und b, Abb. 81 u. 506), ist nach dem makroanatomischen Aspekt nicht ohne weiteres möglich. Manche Autoren meinen, die torpidere Verlaufsweise diffuser Pleuramesotheliome biete einen gewissen Anhalt für die Differentialdiagnose (SCALFI; MÜLLY u.a.). Eine mehrjährige Krankheitsdauer (GODWIN: 5—6 Jahre) ist jedoch ausgesprochen selten (SCHNETZER u.a.), die durchschnittliche Überlebensfrist nach Auftreten klinischer Initialsymptome vielmehr recht kurz (ca. 8—10 Monate) (s. S. 474): nach SPATH erliegen 50% der Kranken innerhalb von 6 Monaten dem Leiden, 75% im Zeitraum eines Jahres. Der zeitliche Krankheitsablauf kann demnach nicht als stichhaltiges biologisches Differenzkriterium gelten.

Bei den *umschriebenen Pleuramesotheliomen* handelt es sich in der überwiegenden Mehrzahl um gutartige, oft von einer fibrösen Kapsel umschlossene Geschwülste von derber Konsistenz. *Stets benigne sind polypös gestielte Formen*, die dank ihres Gewichts eine gewisse Atembeweglichkeit zeigen (BILLING; HOLLMANN; HILKE u. KONRAD; FAWCETT u.a.) (s. S. 483 u. 489). Die aus der pulmonalen oder parietalen Pleura hervorgehenden fibromatösen Tumoren nehmen relativ langsam an Größe zu und können als riesige Masse die ganze Brustkorbhälfte unter Verdrängung von Lunge und Mediastinum ausfüllen (KLEMPERER u. RABIN; FISCHER; STOUT; SANTY, GALY, TOURAINE, RIFFAT u. FORT; CLAGETT u. Mitarb.; BLOUNT; SPATH u.a.). Seltener ist der *beetartig in die Breite wachsende (ma-*

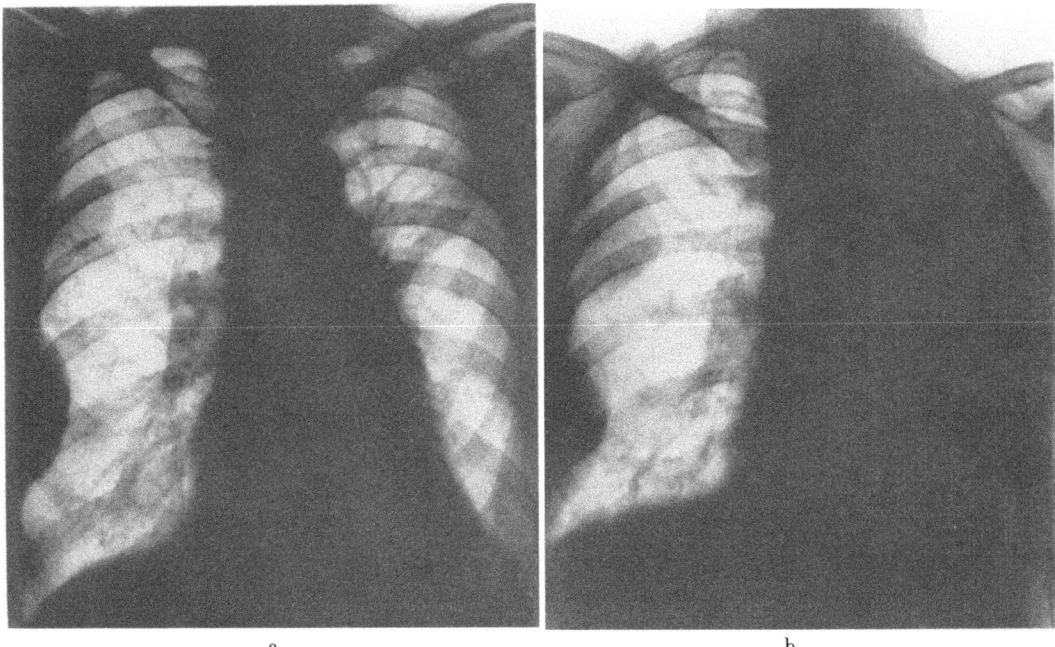

Abb. 264a u. b. *Bilaterale Ausbreitung eines diffusen Pleuramesothelioms*. Die vermutlich linksseitig entstandene, später in den rechten Pleuraraum metastasierende Geschwulst wurde als primäres Bronchuskarzinom mit Absiedelung in beide Brustkorbhälften gedeutet, da schon im Initialbefund (a Thoraxübersichtsaufnahme p.a. vom 21. 12. 49) eine Atelektase des linken Unterlappens sichtbar war, tomographisch eine Stenose des Lappenbronchus nachgewiesen wurde, und im weiteren Verlauf eine Halbseitenverschattung mit Engstellung des linken Hemithorax hervortrat, die auf fortschreitende Verlegung des linken Hauptbronchus hinwies (b Kontrollaufnahme vom 6. 2. 50). Die Autopsie ergab jedoch keinen Anhalt für ein bronchogenes Malignom, sondern eindeutig ein diffuses Pleuramesotheliom. S. K., 71jähr. ♀. Arch.-Nr. 4281/50, Röntgeninstitut d. Med. Univ.-Klinik Leipzig (damal. Direktor: Prof. M. BÜRGER)

ligne oder zumindest potentiell bösartige) Typ des lokalisierten Pleuromesothelioms, der das Anfangsstadium diffuser Geschwulstausbreitung in der Brusthöhle repräsentieren kann (STOUT; YESNER u. HURWITZ; BLOUNT; LEVRAT, DEVICE u. DESPIERRES; CLAGETT, MCDONALD u. SCHMIDT; SANTY et al.; EHRENHAFT, SENSENIG u. LAWRENCE; SPATH) (Abb. 306). STOUT sowie CLAGETT u. Mitarb. beobachteten eine Reihe derartiger Tumoren (5 von 8 bzw. 4 von 24 Pleuramesotheliomen), die weniger zur Expansion als zu subpleuraler Infiltration der Nachbarorgane (Zwerchfell, Lunge, Brustwand, Mediastinum, Perikard) neigen und histologische Atypien aufweisen (Zell- und Kernpolymorphie, Kernpolychromasie, gehäufte und irreguläre Mitosen, Faserarmut).

δ) *Metastasierung*

Ein Teil der Pleuramesotheliome zeigt lokal aggressives Wachstum und lympho- wie hämatogene Metastasierung. Nach Berichten von SACCONE u. COBLENTZ; BUXTON u. WILLCOX sowie HOCHBERG (insgesamt 66 Fälle) betrifft die *kontinuierliche und lymphogene örtliche Invasion* häufiger das Zwerchfell als Brustwand, Lungenrinde oder Mediastinalstrukturen. Das Perikard ist nach KRUMBEIN in etwa einem Drittel der Fälle sekundär betroffen.

Der gleiche Autor verzeichnete nach Literaturangaben *in 96,5% Absiedlungen in den regionären Lymphknoten*. Zu den Prädilektionsstellen lymphogener Ausbreitung gehört auch die *kontralaterale Pleura* (Abb. 264 u. S. 470 u. 536) und das *Bauchfell* (SCHNETZER; RATZER, POOL u. MELAMED). Der simultane Befall der Pleura- und Peritonealhöhle erschwert die

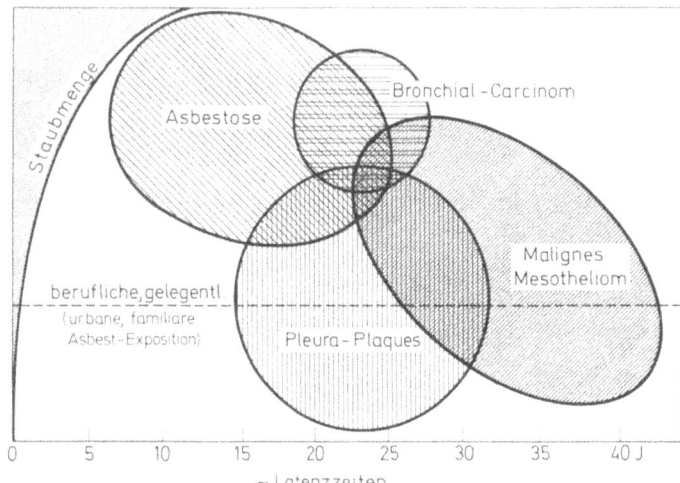

Abb. 265. *Pathogene Bedeutung der Asbeststaubinhalation.* Asbestose, Asbest-Bronchuskrebs, Pleuraplaques und nachfolgende Bildung eines malignen Pleuramesothelioms zeigen eine typische Zuordnung zur aufgenommenen Staubmenge und zur Latenzzeit. [Nach BOHLIG, H., aus HAIN, E.: Berufsbedingte Krebse der Atemorgane. Epidemiologie und Klinik. Fortbildung in Thoraxkrankheiten 5, 101—113 (1971); Abb. 6]

Ergründung des primären Ausgangspunktes (POLLMANN u.a.). Der hohe Prozentsatz, den KRUMBEIN für die Beteiligung der gegenseitigen Lunge angibt (ca. $^3/_4$ der Fälle!), legt die Vermutung nahe, die von ihm gesichtete Kasuistik habe einen erklecklichen Anteil sekundärer Pleuramalignome enthalten.

Soweit es zu *hämatogener Fernmetastasierung* kommt — nach Schrifttumsangaben relativ selten —, erfolgt die *Aussaat nach dem Lungen-Typ* (WALTHER): die Organverteilung deckt sich mit der bei den Bronchuskrebsen üblichen, zeigt also die gleiche Bevorzugung von Leber, Gehirn, Skelet und Nebennieren (FISCHER; KAUFMANN; MÖNCKEBERG; SACCONE u. COBLENTZ; GODWIN; MCMAHON u. MALLORY u.a.). Als weitere Metastasenlokalisation werden unter anderem die paraortalen Lymphknoten, Herzmuskel, Schilddrüse und Darm genannt (s. KARPATI).

Die Möglichkeit, maligne Pleuramesotheliome trotz ihrer engen Beziehung zu den Lymphwegen der Lungenrinde und Brustwand chirurgisch zu behandeln und — in allerdings sehr geringem Prozentsatz — zu heilen (s. S. 475), ist der Tatsache zuzuschreiben, daß die Infiltration der Nachbarorgane erst in späteren Entwicklungsstadien eintreten kann (SALZER; SCHNETZER), und zum Operationszeitpunkt *keine obligate Metastasierung* vorliegen muß (SCHNETZER). SCHNETZER berichtet, bei 4 von 14 obduzierten Patienten der I. Chirurgischen Abteilung des Krankenhauses der Stadt Wien-Lainz seien „keinerlei Metastasen nachgewiesen" worden. Nach Angaben von KAUFMANN u. STOUT wurden *bei Mesotheliomen im Kindesalter bisher niemals Metastasen* gefunden.

c) Ätiologie

Die Literaturberichte über *örtliches Zusammentreffen von Pleuramesotheliom mit pulmonalen Mißbildungen* (MUUS: aberrierendes Lungengewebe; MASENTI u. MOLLO: geschwulstartige Pseudozyste der Lungenrinde) sind zu spärlich, um der Dysontogenese wesentliche Kausalbedeutung beimessen zu können. Ob das vereinzelte *Auftreten maligner Pleurageschwülste nach Traumen* (SIMONS; SABATTINI) in Analogie zum posttraumatischen Narbenkrebs bronchogenen Ursprungs (s. Bd. IX/4a, Abb. 39) mit dem äußeren Schadenseinfluß in ursächlichem Zusammenhang steht oder lediglich einer zufälligen Koinzidenz entspricht, muß dahingestellt bleiben. Ebenso fraglich ist die in PFEIFFERs Publikation über 33 „primäre Rippenfellkrebse" diskutierte *Kausalbeziehung zu anhaltendem Zigarettenabusus und anderen aerogenen Noxen:* alle Patienten waren mehr oder weniger starke Raucher, 12 der Kranken überdies als Heizer, Schlosser, Schmiede oder Schweißer in „schlechter Werkstattluft" tätig und dem chronischen Reiz von Verbrennungsgasen ausgesetzt. Die von PFEIFFER festgestellte Sexualproportion ($\male : \female = 10:1$) gleicht eher dem üblichen Geschlechtsverhältnis bronchogener als pleurogener Malignome (s. Bd. IX/4a, Tabelle 4—6). Der Sachverhalt erweckt daher Zweifel, ob die — in 3 Fällen autoptisch erhärtete — Diagnose autochthoner Pleurakrebse für alle geschilderten Beobachtungen zutrifft, oder ob es sich teils um Absiedlungen unerkannter Bronchialkarzinome handelte.

Die Skepsis scheint auch für die „als *Folge einer Lungenasbestose*" beschriebene Pleurageschwulst eines Schiffstaklers berechtigt, die als entschädigungspflichtige Berufskrankheit anerkannt wurde (PFEIFFER; WEISS; PFEIFFER u. WEISS). Der röntgenologische Aspekt der publizierten Abbildungen läßt sehr wohl an ein Bronchuskarzinom als eigentliche Schadensfolge denken, denn es lag eine massive Verschattung und Schrumpfung des rechten Unterlappens mit unvollständiger bronchographischer Füllung der basalen Segmentäste und kompensatorischer Spreizung der Oberlappenzweige vor. Ungeachtet dessen besteht nach gewerbehygienischen Recherchen und tierexperimentellen Befunden von WAGNER, der durch Einbringung von Asbestpartikeln in die Pleurahöhle mesotheliale Tumoren erzeugen konnte, kein Zweifel daran, daß die Lungenasbestose nicht nur häufige *Ursache kalzifizierender Pleurahyalinose* ist (FEHRE; O'HOURIHANE, LESSOF u. RICHARDSON; GRUNZE; ANTON; KENDALL u. CHAPLIN; KIVILUOTO; RIMONDINI u. SERAFINI; COLLINS; FROST et al.; MÜLLER; LAWSON; CLERENS; BONDAVALLI et al.; FROMMHOLD, LAGEMANN u. LINDLAR; WORTH; BOHLIG u. Mitarb.; FLETCHER u. EDGE; OLLINO u.a.), sondern — außer bronchogenen Reizkrebsen (s. Bd. IX/4a, Abb. 19 u. 20) — auch maligne Pleurageschwülste hervorzurufen vermag (Abb. 265). Die Erfahrungsberichte über *mesotheliale Berufskrebse der Pleura nach langfristiger Asbeststaubexpositon* häufen sich in den letzten Jahren (WEISS; PFEIFFER; PFEIFER u. WEISS; TAYOT u. Mitarb.; WEDLER; WAGNER; MCCAUGHEY; OWEN; FOWLER; CHURG; FOWLER, SLOPER u. WARNER; BOHLIG; SELIKOFF; ANTON; KENDALL u. CHAPLIN; WAGNER, SLEGGS u. MARCHAND; THOMSON; DEMY u. ADLER; ELMES, MCCAUGHEY u. WADE; CHURG, ROSEN, MOOLTEN u. SELIKOFF; REISNER u. HUZLY; SELIKOFF, CHURG u. HAMMOND; SELIKOFF, BADER, CHURG u. HAMMOND; SLEGGS, MARCHAND u. WAGNER; RATZER, POOL u. MELAMED; WHIPPLE; COLLINS; NEWHOUSE u. THOMPSON; Memorandum of Her Majesty's Stationary Office 1967; Editorial South Afric. med. J. 42, 325 (1968); ROITZCH; TURIAF et al.; O'DONNELL u. Mitarb.; FREUNDLICH u. GREENING; WAGNER u. BERRY; DESBORDES et al.; WRIGHT; KLAASSEN u. Mitarb.; DALQUEN, DABBERT u. HINZ; STUMPHUIS; WORTH; HAIN; WHITWELL u. RAWCLIFFE; SANDERS u.a.). Die *Koinzidenz mit Lungensilikose* ist dagegen selten (ROTHIG).

Die genannten exogenen Noxen kommen kausalgenetisch nur in einem geringen Prozentsatz der Erkrankungsfälle in Betracht. Für das Gros der pleurogenen Malignome fehlt bisher eine plausible Erklärung der geschwulstauslösenden Ursachen.

d) Statistik

Die *Häufigkeit* der Pleuromesotheliome wird in Obduktionsstatistiken mit etwa 0,05 bis 0,11% beziffert (s. Tabelle 28). Manche Autoren nehmen an, daß die Morbiditäts- und Mortalitätsziffern im letzten Jahrzehnt gestiegen sind (CAFFREY u. LUCIDO; EHRENHAFT et al.; ELMES, MCCAUGHEY u. WADE; FOWLER u. Mitarb.; GODWIN; MANFREDI, ROSENBAUM u. CHILDRESS; MCCAUGHEY; OWEN; SELIKOFF et al.; SEMB; WHIPPLE; SLEGGS et al.; RATZER u. Mitarb.).

Das *Manifestationsalter* reicht nach Literaturangaben von der frühen Kindheit (REALS, RUSSUM u. EGAN: 19 Monate) bis ins hohe Senium (SANTY et al.). Über Pleuramesotheliome des Kindesalters liegen mehrere Mitteilungen vor (HAUCH u. SITTLER sowie NEUMANN: 2. Lebensjahr; GOETERS: $2^1/_4$ J.; HOFMOKL: 7 J.; STOUT u. HIMADI sowie SANTY et al.: jeweils 12 J.; weitere Kasuistik kindlicher Pleuramesotheliome s. v. HILBER; GIRAUD, BERNARD u. COIGNET; BUFFONI u. POSENTI; BURR; CHAPTAL, CAMPO u. CAMPO; KAUFMANN u. STOUT; RATZER, POOL u. MELAMED). Nach HAUCH u. SITTLER sind die Altersklassen unter dem 20. und jenseits des 70. Lebensjahrs zusammen in etwa 6% betroffen. Als *Altersgipfel* nennen CLAGETT, MCDONALD u. SCHMIDT sowie BENOIT u. ACKERMAN das

50. Lebensjahr, RATZER u. Mitarb. das 53. bzw. 54. Lebensjahr (benigne bzw. maligne Mesotheliomformen), FISCHER das 5. Dezennium (28%), HAUCH u. SITTLER die 6. Lebensdekade (40%), EERLAND, REDDY und andere Autoren das *40.—60. Lebensjahr*. Die *Alterskurve* der Pleuramesotheliome zeigt nach FISCHERs Feststellung „*fast genau die gleiche*" *Verlaufsform wie bei den Bronchialkrebsen* (Tabelle 29).

Tabelle 29. Altersverteilung von 57 autoptisch gesicherten Pleuramesotheliomen (nach FISCHER)

Lebensalter	Anzahl der Tumorfälle
bis 10 Jahre	1
11—20 Jahre	2
21—30 Jahre	4
31—40 Jahre	9
41—50 Jahre	16
51—60 Jahre	10
61—70 Jahre	11
über 70 Jahre	4

Die Angaben über die *Geschlechtsverteilung* schwanken. Während HAUCH u. SITTLER im älteren Schrifttum (32 Fälle seit 1862) ein Überwiegen des weiblichen Geschlechts verzeichnen (♂ : ♀ = 1:1,7), findet man in der neueren Literatur eine Umkehr der Sexualproportion ♂ : ♀ (CLAGETT, MCDONALD u. SCHMIDT (24 Fälle) 1,4:1; RATZER, POOL u. MELAMED (37 Fälle) 1,6:1; FISCHER (53 Fälle) 1,7:1; HOCHBERG (46 Fälle) 1,8:1; REDDY 2,0:1; STOUT u. HIMADI (13 Fälle) 2,2:1).

Die *Seitenlokalisation* ist nach HAUCH u. SITTLER bevorzugt links (60%). Andere Autoren konstatieren dagegen häufiger einen rechtsseitigen Geschwulstsitz (FISCHER: 56,4%; RATZER, POOL u. MELAMED 64,9%; CLAGETT et al.: 72,2%). Gelegentlich wird die Pleura beider Thoraxhälften über mediastinale Lymphbahnmetastasen oder durch hämatogene Dissemination von der Neubildung erfaßt (BANTZ; FISCHER u.a.) (Abb. 264). Die basalen Anteile der Pleurahöhle sind nach FISCHER etwas häufiger befallen als die kuppelnahen Abschnitte (s. auch RATZER, POOL u. MELAMED).

e) Prognose und Therapie

Die *Prognose* der diffusen Pleuramesotheliome ist zwar nicht mehr absolut infaust, wie bis vor wenigen Jahren angenommen wurde; sie muß aber auch heute noch als sehr schlecht bezeichnet werden, da eine Heilung nur in einzelnen Fällen gelingt.

Bei spontanem Krankheitsverlauf beträgt die *mittlere Überlebensdauer* vom Eintritt der ersten klinischen Anzeichen nach SACCONE u. COBLENTZ sowie BUXTON u. WILLCOX (zusammen 20 Fälle) nur 8 Monate. In 37 von 46 Fällen der Sammelstatistik von HOCHBERG führte das Geschwulstleiden innerhalb eines Jahres zum Tode (durchschnittliche Überlebensfrist 10 Monate). 5 Jahre nach Stellung der Diagnose war keiner der Kranken mehr am Leben. Nach den Beobachtungen von RATZER, POOL u. MELAMED betrug bei 31 malignen (15 epithelialen und 16 fibrosarkomatösen) Pleuramesotheliomen die mittlere Überlebensdauer vom Beginn der Symptome an 21 bzw. 19 Monate und nach Einsetzen der Therapie 14 Monate bei beiden Geschwulsttypen. Ähnlich lauten die Angaben von SPATH (Absterberate in den ersten 6 Monaten nach Erkrankungsbeginn 50%, innerhalb Jahresfrist 75%).

Perkutane *Strahlentherapie, intrapleurale Applikation kolloidaler Radiogold-Lösung* und *lokale Instillationsbehandlung mit zytostatischen Substanzen* (Endoxan etc.) versprechen lediglich Palliativerfolge (KENT u. MOSES; FINBY u. STEINBERG; MÜLLER; SCHEER; ZEITLER u. HUTH; KLEIBEL; REISNER u. HUZLY; JACCARD; RICHART u. SHERMAN; RATZER, POOL u. MELAMED; SPATH u.a.).

Radikale *chirurgische Maßnahmen* (Pleuro-Pneumonektomie, unter Umständen verbunden mit partieller Brustwandresektion und Hemidiaphragmektomie) erbrachten in fortgeschrittenen Fällen schlechte Dauerresultate (v. EISELSBERG; SAUERBRUCH; COTTON u. PENIDO; QUINCKE; GARRÉ; SEYDEL; JACOBAEUS u. KEY; FAWCETT; RAMSTRÖM u. HELLSTEN; KLEMPERER u. RABIN; HOCHBERG; GUIMARÃES; SALZER; ROSSI; MARTINI u. RAVAZZONI; REISNER u. HUZLY; JAGDSCHIAN; SPATH; SCHNETZER; RATZER, POOL u. MELAMED u.a.). Im Anfangsstadium bzw. bei lokalisierten malignen Formen bietet die Teilresektion der Brustwand mit Entfernung einbezogener Lungenabschnitte gewisse Chancen (v. EISELSBERG; SAUERBRUCH; SALZER u. Mitarb;. RAMSTRÖM u. HELLSTEN; BLOUNT; JENNY u. ULSPERGER; BRUNNER; EHRENHAFT, SENSENIG u. LAWRENCE; SALZER; HARRIS, HYMAN u. NEVIUS; CLAGETT, MCDONALD u. SCHMIDT; GUIMARÃES; JAGDSCHIAN; REISNER u. HUZLY; SPATH; SCHNETZER; MAIER; SCHAMAUN u.a.), doch ist mit örtlichen Rezidiven zu rechnen (CLAGETT et al.: in 4 von 24 Fällen; s. auch HOCHBERG; GODWIN; BENOIT u. ACKERMAN; SCHNETZER).

Die nach Art benigner Tumoren langsam wachsenden fibromatösen Pleuramesotheliome sind dagegen prognostisch als relativ günstig anzusehen. Nach chirurgischer Erfahrung sind die Geschwülste noch nach mehrjähriger Expansion mit guter Heilungsaussicht zu exstirpieren bzw. unter Resektion der Haftstelle in der Brustwand radikal entfernbar (WEPF: erfolgreiche Operation eines hilusnahen lokalisierten Mesothelioms nach 9jähriger Beobachtungsfrist; s. auch v. EISELSBERG; SAUERBRUCH; BRUNNER; SALZER u. Mitarb.; CLAGETT et al.; RAMSTRÖM u. HELLSTEN; KLEMPERER u. RABIN; SANTY et al.; YESNER u. HURWITZ; BENOIT u. ACKERMAN; BLOUNT; BOGARDUS, KNUDTSON u. MILLS; ROSSI; JENNY u. ULSPERGER; SALZER; SCHAMAUN; REISNER u. HUZLY; BESZNYÁK, ÜVEGES u. NEMES).

f) Klinik

Die gutartigen lokalisierten Pleuramesotheliome verraten sich oft erst nach *jahrelanger klinischer Latenz* (POKROWSKI u. ROSENBLATT; CLAGETT et al.; BENOIT u. ACKERMAN; YESNER u. HURWITZ; SANTY u. Mitarb.; BLOUNT; SHAMARIN; BOREK, MACHOLDA u. ŽÁK; ZEITLER u. HUTH; RATZER, POOL u. MELAMED u.a.). Das Krankheitsbild wird im übrigen von Sitz, Wuchsart und biologischem Verhalten der Neubildung geprägt.

Zu den frühesten uncharakteristischen Leitsymptomen gehört *trockener Reizhusten*. Er kann im weiteren Verlauf — nach Eintritt kompressionsbedingter broncho-pulmonaler Folgeschäden, bisweilen auch auf Grund des Tumoreinbruchs in den Bronchialbaum (BOREK, MACHOLDA u. ŽÁK) — schleimigen oder muko-purulenten *Auswurf* fördern (SANTY u. Mitarb. u.a.). *Hämoptysen* werden selten beobachtet (STOUT u. HIMADI; STEPHENS; SANTY et al.; DUTILH).

Als initiale Lokalsymptome machen sich oft *Mißempfindungen in einem umschriebenen oder gürtelförmigen Brustwandsektor* bemerkbar. Sie können zunächst als thorakales *Enge- und Schweregefühl* imponieren und später den Charakter ziehender oder brennender Schmerzen annehmen. Medikamentös schwer beeinflußbare *irradiierende Schmerzen nach Art einer Interkostalneuralgie* treten vor allem bei Einbeziehung tieferer Brustwandschichten durch flächig infiltrierende Tumoren, selten bei ausgedehntem expansivem Wachstum auf (PALASSE u. ROUBIER; SHAMARIN; GAVINI; SANTY et al.; HEYMER; JACCARD; MATZEL u.a.). Im Gegensatz zu entzündlichen Pleuraerkrankungen, deren Schmerzhaftigkeit mit zunehmender Exsudation nachzulassen pflegt, steigert sich die Intensität der Beschwerden beim diffusen Mesotheliom trotz ausgiebiger Ergußbildung (RATZER, POOL u. MELAMED u.a.). Mesotheliome der Pleurakuppel können auch neurologische Reiz- und Ausfallsymptome im Sinne des *Hornerschen Syndroms* oder einer *Lähmung vom Typ Dégèrine-Klumpke* verursachen (AHLSTRÖM; SANTY et al.; MARCOLONGO u. FERABOLI; COCCHI; LÜDEKE u.a.). Nach pathologisch-anatomischen Befunden haben bronchogene und — nächsthäufig — metastatische Karzinome der Lungenrinde für die Pathogenese des *Pancoast-Tobias-Antonelli-Ciuffini-Syndroms* allerdings weitaus größere

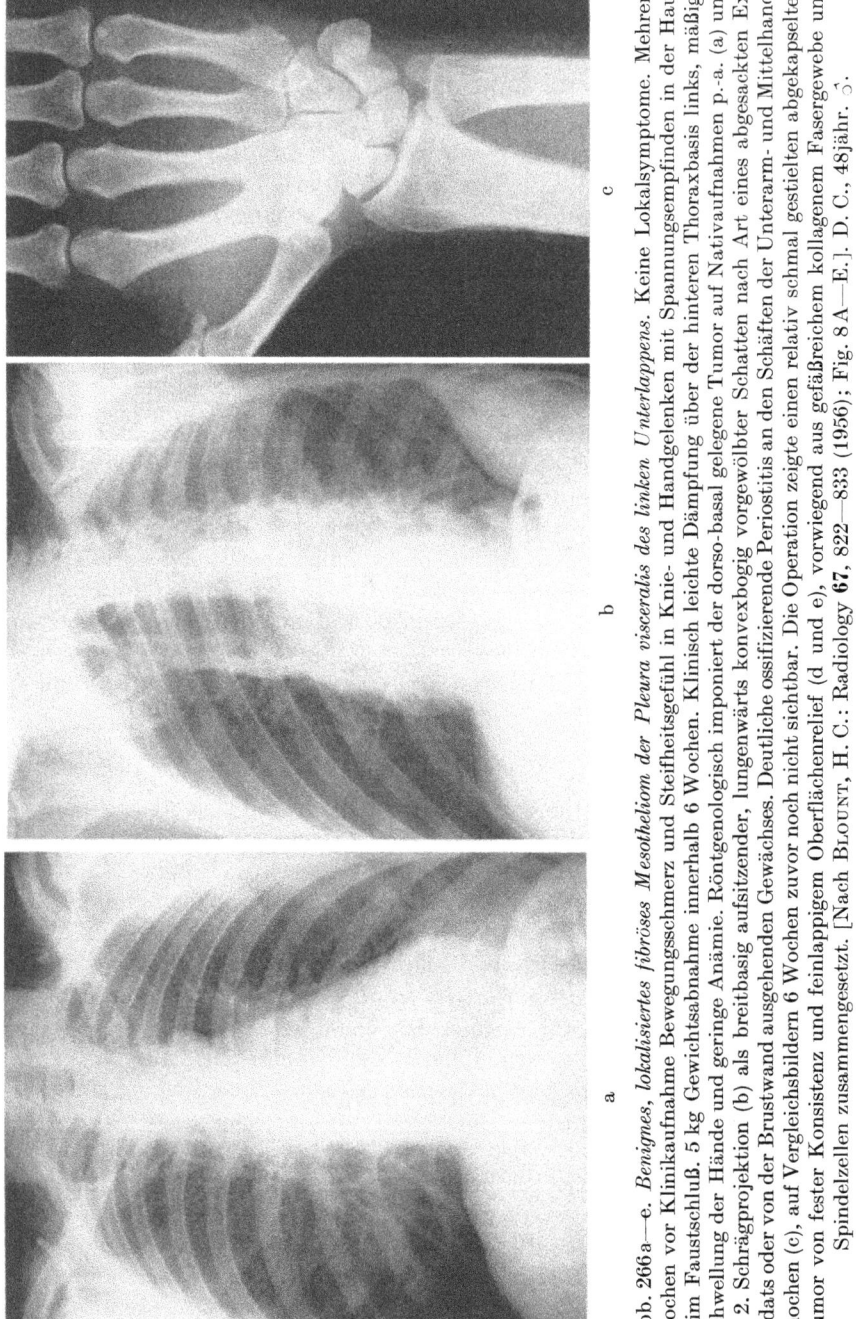

Abb. 266a—e. *Benignes, lokalisiertes fibröses Mesotheliom der Pleura visceralis des linken Unterlappens.* Keine Lokalsymptome. Mehrere Wochen vor Klinikaufnahme Bewegungsschmerz und Steifheitsgefühl in Knie- und Handgelenken mit Spannungsempfinden in der Haut beim Faustschluß. 5 kg Gewichtsabnahme innerhalb 6 Wochen. Klinisch leichte Dämpfung über der hinteren Thoraxbasis links, mäßige Schwellung der Hände und geringe Anämie. Röntgenologisch imponiert der dorso-basal gelegene Tumor auf Nativaufnahmen p.-a. (a) und in 2. Schrägprojektion (b) als breitbasig aufsitzender, lungenwärts konvexbogig vorgewölbter Schatten nach Art eines abgesackten Exsudats oder von der Brustwand ausgehenden Gewächses. Deutliche ossifizierende Periostitis an den Schäften der Unterarm- und Mittelhandknochen (c), auf Vergleichsbildern 6 Wochen zuvor noch nicht sichtbar. Die Operation zeigte einen relativ schmal gestielten abgekapselten Tumor von fester Konsistenz und feinlappigem Oberflächenrelief (d und e), vorwiegend aus gefäßreichem kollagenem Fasergewebe und Spindelzellen zusammengesetzt. [Nach BLOUNT, H. C.: Radiology **67**, 822—833 (1956); Fig. 8 A—E.] D. C., 48jähr. ♂.

Bedeutung als primäre Pleuramalignome (s. S. 523 ff., und Bd. IX/4a und b). Das gilt auch für das Vorkommnis des *Obstruktionssyndroms der Vena cava superior* (BECKER u. BECKER; SANDERS) (s, Bd. IX/4a und b).

Vielfach wird bei Pleuramesotheliomen über *artikuläre Fernsymptome* (rheumatoide Beschwerden mit Steifheitsgefühl, Schwellung und Bewegungsschmerzhaftigkeit eines oder mehrerer Extremitätengelenke) berichtet, die mit Ausbildung von *Trommelschlegelphalangen*, *Uhrglasnägeln* und röntgenologischen Äquivalenten einer *Ostéoarthropathie*

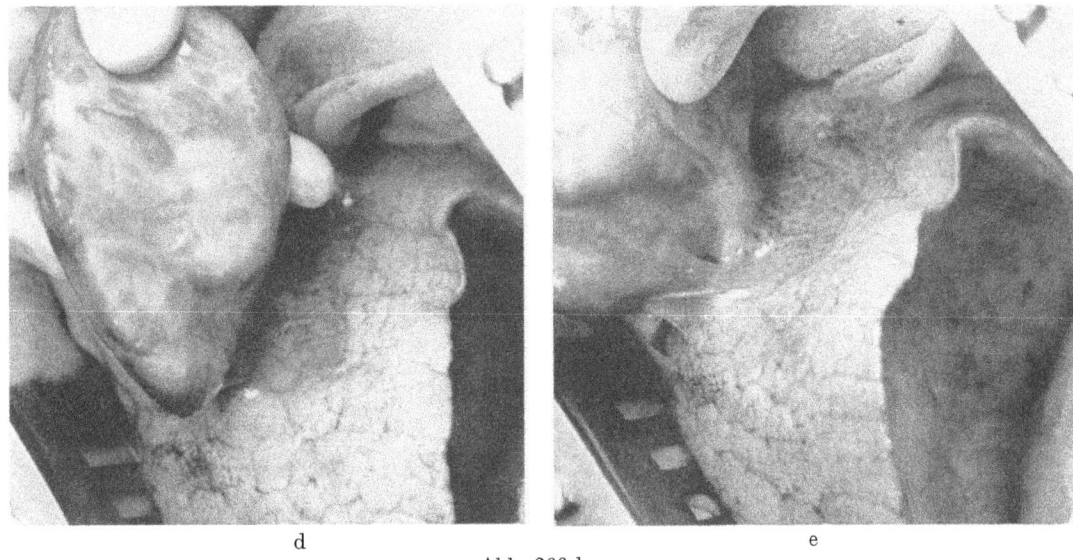

Abb. 266 d u. e

hypertrophiante pneumique einhergehen können (DEUTSCHBERGER, MAGLIONE u. GILL; COURY; WIERMAN, CLAGETT u. McDONALD; PRICOLO u. LOMONATO; BENOIT u. ACKERMAN; BENGOCHEA; HUTCHINSON u. FRIEDENBERG; FLORENTIN; BERG; GARRE, COYON u. CLARET; BARIÉTY u. Mitarb.; GRUETER; CLAGETT, McDONALD u. SCHMIDT; HEPP u. COURY; JENNY u. ULSPERGER; SANTY et al.; FREGONARA u. PISANI; GREENFIELD, SCHORSCH u. SHKOLNIK; CAMPO; EERLAND; GUICHARD; FINBY u. STEINBERG; BLOUNT; JACCARD; FORSCHBACH; PRICE-THOMAS; MÜLLY u.a.). Die Erscheinungen betreffen vorwiegend Finger, Zehen, Handwurzeln und Knöchel, in manchen Fällen aber auch große Gelenke (BOGARDUS u. Mitarb.; BLOUNT) (Abb. 266). Wie beim Bronchialkarzinom können die osteo-kutanen Veränderungen der lokalen Geschwulstmanifestation um Jahre vorausgehen (in einem Fall von CLAGETT et al. 16 Jahre!). Sie sind bei Pleuramesotheliomen prozentual häufiger nachweisbar als bei sonstigen endothorakalen Tumoren (CLAGETT u. Mitarb.: in 16 von 24 Fällen, davon 11 Patienten mit clubbs; BENOIT u. ACKERMAN: in 3 von 6 Fällen Kombination des *Strümpell-Bamberger-Marie-Syndroms* mit Trommelschlegelphalangen). Die Ursachen der paraneoplastischen Dysakromelie, deren Symptome nach Tumorentfernung völlig verschwinden, im Falle eines Rezidivs aber bald wiederkehren können, sind noch strittig (s. Bd. IX/4a).

Im Gegensatz zum nur ausnahmsweise afebrilen Krankheitsverlauf der tuberkulösen Pleuritis (HEYMER; SATTLER; JACCARD; MATZEL u.a.) zeichnet sich das klinische Bild der schwartigen und exsudativen Pleuramesotheliome gewöhnlich durch *Fieberfreiheit* aus (SANTY et al.; ZADEK; FINBY u. STEINBERG; JACCARD; RÉMOND u. COLOMBIÈS; PFEIFFER u. WEISS; MATZEL u.a.). Temperaturerhöhung oder Schüttelfrost sind jedenfalls selten und dann meist bronchopulmonalen Komplikationen zuzuschreiben (CLAGETT et al.). Die serologischen und hämatologischen Befunde sind wenig aufschlußreich. Die *Blutsenkungsgeschwindigkeit* kann normal, mäßig oder stark beschleunigt sein. Das *Blutbild* ist uncharakteristisch. In manchen Fällen entwickelt sich eine symptomatische Anämie. Die Leukozytenzahl ist in der Regel nicht erhöht. Wie bei malignen Prozessen allgemein, kann sich eine relative Eosinophilie zeigen (PFEIFFER). *Hypoglykämie-Symptome* wurden bisher nur in einzelnen Fällen beobachtet (NEVIUS u. FRIEDMAN; ROGERS u. HOUSEWORTH) (S. 466). Das körperliche Allgemeinbefinden (Gewicht, Kräftezustand) pflegt lange unbeeinträchtigt zu bleiben, sofern die Kranken nicht unter schmerzbedingter Schlaflosigkeit, Inappetenz und Entkräftung leiden. *Gewichtseinbußen* und *Tumorkachexie* sind erst in Spätstadien zu

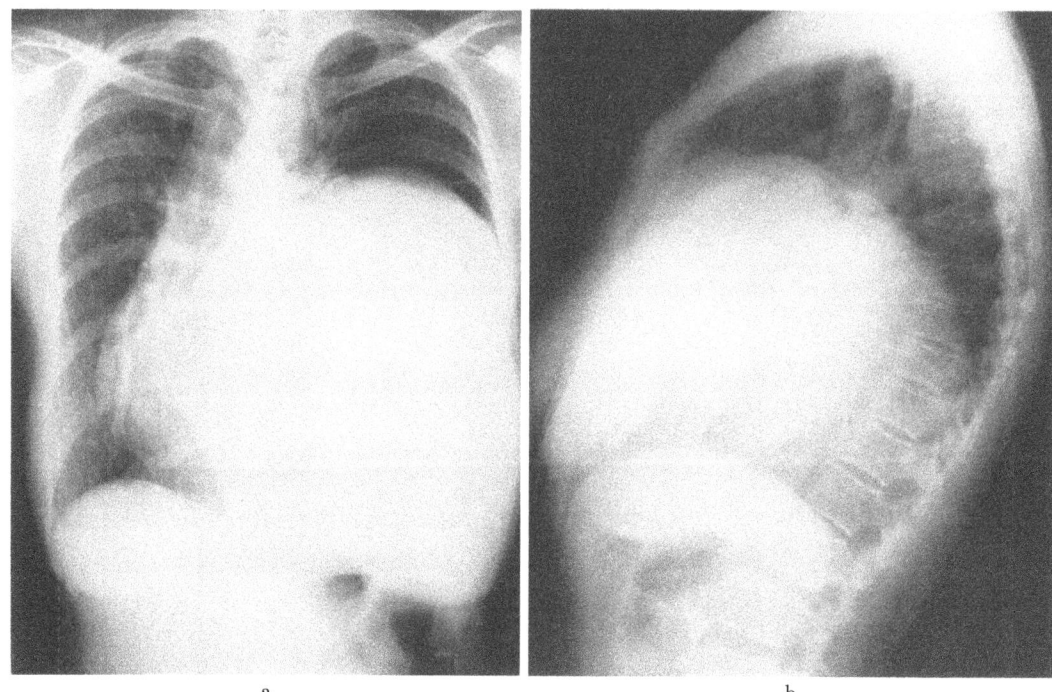

a b

Abb. 267a u. b. *Benignes lokalisiertes fibröses Mesotheliom der Pleura parietalis über dem linken Hemidiaphragma.* 8 Monate vor Klinikaufnahme Behandlung wegen einer Pneumonie ohne Röntgenkontrolle. Seit 5 Monaten zunehmende Belastungsdyspnoe, später anhaltender Schmerz in der Tiefe der linken Brustkorbhälfte, besonders nach vorn ausstrahlend. Gewichtsabnahme von ca. 5 kg. Klinisch massive Dämpfung über den unteren Zweidritteln des linken Hemithorax sowie Anzeichen einer Rechtsverdrängung des Herzens. Laborbefunde unauffällig. Nadelbiopsie: Verdacht auf neurogenen Tumor. Die von der Pleura diaphragmatica ausgehende Riesengeschwulst (Durchmesser im Resektionspräparat 20×15×15 cm, Haftstelle am Zwerchfell 6×3 cm) imponiert auf Übersichtsaufnahmen in 2 Ebenen (a und b) als homogene, kranial und medialwärts glattbogig begrenzte Verschattung, die die linke Brustkorbhälfte bis in Höhe der 2. Rippe vorn ausfüllt, Herz und Mediastinum nach rechts verlagert und das lufthaltige Magengewölbe von kranial her bogig eindellt. Histologie: Vorwiegend aus Spindelzellen und reichlich kollagenen Faserzügen bestehende Geschwulst, stellenweise mit klarer mukoider Flüssigkeit gefüllte Zysten enthaltend. 26 Monate nach Tumorentfernung beschwerdefrei. E. G., 57jähr. ♀.
[Nach Blount, H. C.: Radiology **67**, 822—833 (1956); Fig. 4A und B]

erwarten. Dann machen sich auch *Anstrengungsdyspnoe* (Palasse u. Roubier; Santy et al.; Blount; Matzel u.a.) infolge atemmechanischer *Beeinträchtigung der Lungenfunktion* (Ratzer, Pool u. Melamed u.a.) und *sichtbare oder perkutorisch nachweisliche Veränderungen am Brustkorb* bemerkbar. Die Einbeziehung des Herzbeutels kann sich klinisch mit *paradoxen Pulsphänomenen* äußern (Robertson u.a.).

Die Schrumpfungstendenz flächenhafter Tumorschwarten vermag — neben *skoliotischer Wirbelsäulen- und Thoraxdeformität* (Fischer; Tobias u. Escudero; Arce u. Tobias u.a.) eine zunehmende *atemstarre Einengung der betroffenen Brustkorbhälfte mit Verziehung von Zwerchfell und Mediastinum* zur erkrankten Seite hervorzurufen („frozen hemithorax") (Palasse u. Roubier; Sabrazes u. Mutaret; Haugh u. Sittler; Santy et al.; Matzel; Schnetzer u.a.). Zusammen mit dem physikalischen Befund (massive Dämpfung, Ägophonie bzw. Abschwächung von Atemgeräusch und Stimmfremitus) erweckt die mangelnde respiratorische Dehnbarkeit und das Nachschleppen der eingesunkenen Brustkorbseite den Eindruck einer ausgedehnten Pleuraschwiele („syndrome pseudopleurétique" nach Palasse u. Roubier; „syndrome pariéto-diaphragmatique" nach Tobias u. Escudero sowie Arce u. Tobias). Die Drosselung des venösen Abflusses kann sich mit *verstärkter Venenzeichnung und regionaler Zyanose der eingezogenen Thoraxpartie* äußern

Tabelle 30. Die relative Häufigkeit krebsiger Ergußbildung bei primären und metastatischen Serosageschwülsten karzinomatösen und sarkomatösen Typs. (Nach WALTHER, H. E.: Krebsmetastasen, Tabelle 28, S. 138. Basel: Benno Schwabe 1948)

	Karzinose						Sarkomatose					
	primär			sekundär			primär			sekundär		
	ge-samt	Erguß		ge-samt	Erguß		ge-samt	Erguß		ge-samt	Erguß	
		mit	ohne		mit	ohne		mit	ohne		mit	ohne
Pleura	171	71	100	171	82	89	12	2	10	27	7	20
Perikard	41	—	41	29	—	29	5	—	5	3	—	3
Peritoneum	402	77	325	21	2	19	30	2	28	4	—	4
Insgesamt	614	148	466	221	84	137	47	4	43	34	7	27
= %	100	24	76	100	38	62	100	8	92	100	20	80

(SAUERBRUCH; KLEMPERER u. RABIN; SANTY et al.). Der mechanische Druck verdrängend wachsender Pleurariesentumoren kann — zumal bei jungen Individuen — die Brustwand nach Art einer *Voussure* halbseitig ausbuchten (SANTY et al.) und gelegentlich zur Herzinsuffizienz führen, wie die Beobachtung von SAROT erweist. Nicht selten durchbrechen flächenhaft ausgebreitete Pleuramesotheliome an einer oder mehreren Stellen die Brustkorbschichten in breiter Front, ohne Rippen und Sternum sogleich röntgenologisch faßbar zu zerstören. Man sieht dann die Haut der Thoraxwand von höckerigen oder rundlichglatten, bis zu handtellergroßen Auswüchsen vorgewölbt. Die *transthorakale Entwicklung großer Geschwulstknoten kann* dem flüchtigen Betrachter *ein Empyema necessitatis vortäuschen*. Die bis zur Subkutis vorgedrungenen Tumorinfiltrate zeigen jedoch weder entzündlich-livide Hautverfärbung noch Fluktuation oder Neigung zum Fisteln. Sie fühlen sich vielmehr auffallend derb an und sind auf dem unterliegenden Gewebe unverschieblich. Der *diaphrenische Durchbruch* hat zunächst uncharakeristisches Völlegefühl, später auch Schmerzen im Oberbauch und mitunter eine diffuse Ausbreitung im Peritonealraum zur Folge, deren Erscheinungsbild dem der Peritonealkarzinose entspricht (BECKER u. BECKER).

Kurzatmigkeit und thorakale Schmerzphänomene können ebenso von expansivem bzw. destruktivem Tumorwachstum herrühren wie von der begleitenden Exsudation in die Pleurahöhle. Ein konsekutiver *Spontan-Pneumothorax* pflegt die Beschwerden akut zu verstärken (EERLAND; JENNY; HEISE u. TRUDEAU; ROSETTI; THORNTON u. BIGELOW; LODMELL; SÉNÉCHAL; JUSTIN-BÉSANÇON, BROUET u. CHRÉTIN; RATZER, POOL u. MELAMED u.a.)(S. 531) oder läßt sie überhaupt erst in Erscheinung treten, wenn das Ereignis — wie von HEISE u. TRUDEAU beschrieben — als Frühkomplikation zustandekommt und zur Mediastinaldystopie führt. Bei starr infiltrierter, unnachgiebiger Pleura mediastinalis wirkt sich der Lufteinstrom — wie auch die Anlage eines diagnostischen Pneumothorax — funktionell kaum spürbar aus. Umgekehrt kann die Punktion eines massiven Tumorexsudats unter den Bedingungen einer ausgedehnten neoplastischen Mantelschwarte Atmung und Kreislauf nicht merklich entlasten.

Die *Ergußbildung* ist *kein obligates Symptom* der Pleuramesotheliome. Beim lokalisierten Geschwulsttyp wird sie zumeist vermißt oder erst in späten Krankheitsstadien beobachtet: CLAGETT u. Mitarb. fanden nur bei 4 (malignen Formen) von 24 umschriebenen Mesotheliomen einen Begleiterguß, FINBY u. STEINBERG sowie RATZER, POOL u. MELAMED in keinem ihrer Fälle. Auch bei den sarkomatösen Formen fehlt der Erguß häufig (ZADEK). Nach Ermittlungen von WALTHER (916 Sektionsprotokolle) führen Sarkome und primäre Serosatumoren seltener zur Exsudation als karzinomatöse Geschwülste und ihre Ableger (Tabelle 30).

Das diffuse Mesotheliom kann andererseits von vornherein unter dem *Bild einer chronischen hämorrhagischen Pleuritis mit unaufhörlicher Exsudation* verlaufen. Bei unerschöpflichen Ergüssen vermag selbst tägliche ausgiebige Entleerung den Flüssigkeitsnachstrom nicht zu unterbinden. Die Entlastungspunktion ändert auch nichts an der schrumpfungsbedingten Mediastinalverlagerung und stößt mit zunehmender Verdickung der Tumorschwarte auf immer größere Schwierigkeiten (ZADEK; COYON u. CLARET; LOB u. WEISS; SANTY et al.; PFEIFFER u. WEISS; MATZEL; SHAMARIN; JACCARD u.a.).

Darin liegt ein wesentliches klinisches Unterscheidungsmerkmal gegenüber *nichtneoplastischen Krankheiten*, die *mit sanguinolenter Pleuraexsudation* einhergehen können (Lungeninfarkt, kongestive Herzklappenfehler, Pneumonien, allgemeine Blutungsneigung bei Thrombozytopenie, Skorbut und anderen Störungen der hämostatischen Funktionen, Leberzirrhose, chronisch rezidivierende Pankreatitis, chronische Nephritis, viszeraler Rheumatismus, pleuro-pulmonale Manifestationen eines Erythematodes disseminatus und sonstiger akuter oder chronischer Kollagenosen, Aktinomykose, Lues pulmonum, Hydatidenbefall, mitunter auch Lungen- und Pleuratuberkulose, Spontaneinriß subpleuraler Emphysemblasen und schwielig fixierter Venen der Thoraxkuppel) (MATTHES u. CURSCHMANN; EHRLICH; SAUERBRUCH; WIDAL u. RAVAUT; ZADEK; FRIEDMAN; LUSE u. REAGAN; TINNEY u. OLSEN; GOLDMAN; MILLER; SHAMARIN; JACCARD; REITTER; JOHNSON u. KERMAN zit. n. SCHAUB; ARNDT; HARTWEG; KUGEL, HORLACHER u. HUECK; EICHBAUM; LINDEMANN; KAY; RUMRICH; WEGMANN; FRY, ROGERS, CRENSHAW u. BARTON; VOGT-MOYKOPF, BÖKE u. ZENTGRAF; MARIDJANIAN et al. u.a.) (s. auch Bd. IX/4a). Nach einer neueren Zusammenstellung von SHAMARIN sind hämorrhagische Pleurabegleitergüsse nicht geschwulstartiger innerer Leiden im Verhältnis zur serösen bzw. serofibrinösen Exsudatform gar nicht selten: die Häufigkeitsrelation betrug bei 162 tuberkulösen Ergüssen 1:4, bei 33 Pleuro-Pneumonien 1:7, in 8 Fällen von Rheumatismus visceralis 1:3 und bei 4 Lungeninfarkten 3:1 (darüber hinaus sanguinolente Ergüsse bei 7 Skorbutkranken und in 1 Sepsisfall). Bei idiopathischer Pleuritis haemorrhagica (HARTWEG; SANTY et al.), brustwandnahen posttraumatisch bzw. spontan entstehenden Hämatozelen der Lunge und Pleura (SAUVAGE u. DELAFONTAINE; MAGNIN, TISCA u. WEIL; SERGENT u. PRUVOST; SANTY et al.; VOOG u. Mitarb.) (s. auch S. 323, 493 u. 548 sowie Abbildung 170, 280 u. 330), pleuro-pulmonaler Lymphogranulomatose, ferner bei Hämangiomen der Pleura (HECKLINGER; MARTENS) und endopleuraler Endometriose (NICHOLSON; BARNES; RIPSTEIN, ROHMAN u. WALLACH; WILLIAMS, WILLIAMS u. HARPER) (s. S. 544) kann das Punktat rein blutig sein. Metastatische Pleuraergüsse bronchogener Karzinome fand SHAMARIN ebenso oft serös wie sanguinolent (s. auch Bd. IX/4a, Abb. 179 u. Tabelle 118).

Beim Pleuramesotheliom ist das Exsudat anfangs gewöhnlich klar gelblich, serös oder sero-fibrinös (ZADEK; SAUERBRUCH; SANTY et al.; JACCARD; RATZER, POOL u. MELAMED u.a.), bisweilen milchig getrübt (QUINCKE; SAUERBRUCH). *Hämorrhagische Beschaffenheit ist auch in späteren Stadien keineswegs obligat und insofern nicht kennzeichnend:* nur bei 105 der 270 von WALTHER registrierten primären und metastatischen Serosamalignome (= *39%*) fand sich ein blutig tingierter Pleuraerguß.

Der seröse bzw. sero-fibrinöse Pleuraerguß enthält vermehrt Hyaluronsäure und reichlich saure Mukopolysaccharide (S. 467). Ermittelt man kjeldahlometrisch den Stickstoffgehalt von Blutserum und Exsudat, so liefert der bei neoplastischen Ergüssen wegen ihres Proteinreichtums relativ niedrige Quotient beider Werte ein differentialdiagnostisch verwertbares, gegenüber entzündlicher Exsudation allerdings nicht unbedingt schlüssiges Kriterium (Mittelwert des Quotienten bei Pleurakarzinosen 1,5, Schwankungsbreite 1,0 bis 2,4) (BÜRGER; SCHMID; SEIDEL) (s. Bd. IX/4a, Tabelle 119) (bezüglich des Phosphatase-Index im Pleuraexsudat s. Bd. IX/4a).

Recht problematisch ist die *zytologische Differentialdiagnostik des Pleurapunktats* an Hand des nativen Zellbildes, vital bzw. fixiert gefärbter Ausstrichpräparate oder — in Celloidin, Paraffin bzw. nach dem Silverstolpe-Verfahren — eingebetteter Schnitte von ausgefälltem, zentrifugiertem Zellmaterial (Quincke; Ehrlich; Bahrenburg; Mandelbaum; Josefson; Zemansky; Quensel; Wihmann; Matthes u. Curschmann; Luse u. Reagan; Karp; Zadek; v. Zalka; Wuhrmann; Brige, McMullen u. Davis; Chapman u. Whalen; Fawcett, Vallee u. Soule; Foord, Youngberg u. Wetmore; McDonald u. Broders; Foot; Goldman; Gold u. Carrie; Hildebrandt u. Cheatle; Saphir; Hunter u. Richardson; Schlesinger; Jeter, Epps u. Hart; Miller; Phillips u. McDonald; Sattenspiel; Silverstolpe; Holmquist u. Papanicolaou; Kahlau; Baur; McCarthy u. Haumeder; Lob u. Weiss; Schenken u. McCord; Tannhauser; Streicher; Turton; Grunze; Streicher u. Sandkühler; Warren; Braganz u. Ehrich; Graham; Tinney u. Olsen; Graham, McDonald, Clagett u. Schmidt; Gavini; De Roberts, Nowinski u. Saez; Bergquist; Masenti et al.; Kubašta u. Ressl; Šimeček; Mohr; Mohr u. Többen; Siering; Aderholt u. Siering; Todd, Sanford u. Stilwell; Reichelt; Brocard u. Choffel; Poulsen u. Sorensen; Hutchinson u. Friedenberg; Robertson; Gross; Morawetz; Rigatti; Spiggs; Schaub; Habicht; Hausser; Wyss; Vogt-Moykopf, Böke u. Zentgraf; Reisner u. Huzly; Holmquist; Fawcett u. Vallee; Boch; Kabelitz u.a.).

Wie in der Geschwulstpathologie ganz allgemein, kann die Tumordiagnose nicht auf die Atypie der Einzelzelle gegründet werden (Quensel; Zadek; McDonald u. Broders; McCarthy u. Haumeder; Wuhrmann; Giese; Walther; Baur; Lob u. Weiss; Grunze; Koss). Selbst die bei sorgfältiger Durchmusterung der zelligen Ergußbestandteile getroffene Feststellung schwimmender Zellverbände von abweichender Form und regelloser, papillärer oder azinärer Anordnung schützt vor Fehlurteilen nicht (s. unten). Als wesentlichste Verdachtskriterien für die Anwesenheit von Tumorzellen in der Punktionsflüssigkeit gelten gehäufte atypische Mitosen (Holmquist u. Papanicolaou; Warren; McDonald u. Broders; Luse u. Reagan), ausgesprochene Polymorphie von Zellen, Kernen und Nucleoli mit Verschiebung der Kern-Plasma- und Nucleolus-Kern-Relationen, ferner Kernpyknosen und -hyperchromasie sowie Mehrkernigkeit und Multiplizität teils abnorm großer Nucleoli (Zemansky; Chapman u. Whalen; Schlesinger; Quensel; Zadek; Graham; Saphir; Graham, McDonald, Clagett u. Schmidt; Giese; Luse u. Reagan). Wie im strömenden Blut, kann im neoplastischen Exsudat eine leichte Eosinophilie hervortreten. Dieser Befund ist per se allerdings ebenso indifferent wie der Nachweis vakuolisierter „Fettkörnchen-Zellen" (Pfeiffer).

Die sog. *„Siegelring-Zellen"* sind bei autochthonen und metastatischen Pleurakarzinosen häufig zu entdecken (Matthes u. Curschmann; Luse u. Reagan; Koss; Foot; Klempman, Ratzer, Pool u. Melamed u.a.). Entgegen früherer Ansicht (Fraenkel; Stadelmann; Pick; Boch u.a.) handelt es sich aber *nicht* um *tumorspezifische Elemente*, da auch abgelöste phagozytierende Pleuradeckzellen die gleiche Gestalt annehmen können (Meissner; Matthes u. Curschmann; Luse u. Reagan u.a.). Bei systematischen Zellstudien an Punktaten von 396 Pleuraergüssen nicht-neoplastischer Ätiologie fanden Luse u. Reagan großvakuoläre Siegelring-Formen in 38% (152 Fälle), davon in 50% in Stauungstranssudaten Herzkranker (81 von 162 Fällen), in 40% bei Laennecscher Leberzirrhose (40 von 102 Fällen), in 37% bei anderen internen Leiden (21 von 57 Fällen) und in 10 von 75 tuberkulösen Exsudaten (= 13%). Im gleichen Untersuchungsmaterial wurden in 26% (105 Fälle) zum Teil mehrkernige Riesenzellen nachgewiesen (in kardialen Stauungstranssudaten in 31%, bei dekompensierter Leberzirrhose in 32%, in tuberkulösen Ergüssen in 11%, bei den übrigen Leiden in 26%). Regelmäßige Mitosen waren in durchschnittlich 8% der Punktate zu sehen (am häufigsten bei Leberzirrhotikern in 16%). 37% der Ergüsse enthielten regellos angeordnete Zellhaufen (kardiale Transsudate: 42%; Leberzirrhose: 52%). In 9% wurden rosettenartige Zellverbände (Herzkranke: 13%; Leberzirrhose: 14%) und in 6% azinusartige Lagerung zelliger Ergußbestandteile festgestellt (bei Herzkranken und Leberzirrhotikern in jeweils 8%).

Die *Ähnlichkeit abgeschilferter Pleuramesothelien mit mesothelialen Geschwulstelementen beschränkt die Möglichkeit zytologischer Tumordiagnostik* aus dem abgelassenen Exsudat

(LUSE u. REAGAN; ZADEK; ROBERTSON; VOGT-MOYKOPF, BÖKE u. ZENTGRAF u.a.; dagegen POULSEN u. SØRENSEN: Tumorzellnachweis im Erguß bei 12 von 14 Mesotheliomfällen; s. auch FOOT; KOSS; KLEMPMANN; NAYLOR; RATZER, POOL u. MELAMED), während man mit der Krebszellfahndung *in metastatischen Pleuraergüssen* bronchogener und anderer Karzinome wegen des abweichenden Zelltyps der jeweiligen Primärgeschwulst eine *relativ hohe Treffsicherheit* erzielt (LUSE u. REAGAN: 74,3% bei 339 Fällen; OZGELEN, BRODSKY u. DE GROAT: 51,3% bei 32 Fällen; VOGT-MOYKOPF, BÖKE u. ZENTGRAF: 48,5% bei 97 Bronchialkrebsfällen mit Pleuraerguß). In Zweifelsfällen kann man zur Differentialdiagnose das *Zellkultur-Verfahren* heranziehen (SANO; SAUTER u.a.).

Verläßlicher ist das Ergebnis *gezielter Punktionsbiopsie des Tumorgewebes*, die man zweckmäßigerweise mit einer Vim-Silvermann-Nadel oder anderen Spezialkanülen bzw. Stanzen durchführt (FÜRBRINGER; KRÖNIG u. HELLENDAHL; MARTIN u. ELLIS; FRIEDMAN; LOB u. WEISS; MESTITZ, PUNES u. POLLARD; BALMÈS, SALAGER, THÉVENÈT u. GUIBERT; LÜDIN; FOURSTIER u. DURET; KOPP; MAASSEN; SUTLIFF, HUGHES u. RICE; SMALL u. LANDMANN; BRECKLER et al.; DE FRANCIS, KLOSK u. ALBANO; DONOHOE, KATZ u. MATTHEWS; WEISS; TEITELBAUM et al.; SAMUELS, OLD u. HOWE; ENDRYS u. KODOUSEK; HILL, HENSLER u. BECKLER; WASSERMANN; MISRA u. SHARMA; MITCHELL et al.; ABAZA; TOUŠEK u. DURA; LLOYD; NIDEN et al.; CHOFFEL u. CHRÉTIN; RAVAZZONI u. CACIOPPO; SCHULZ; SATTLER; BÜRGI u. WYSS; DE KOCK u. WASSERMANN; SCHIESSLE u. GERMESHAUSEN; RITAMA; KOPP; WYSS; SCHAUB; COPE u. BERNHARDT; ZITTEL u. KESSLER; HABICHT; DUMITTAN; SMITH, PARSONS u. DANIELS; BROCARD u. CHOFFEL; HAUSSER; REDDY u. INDIRA; CHOFFEL u. FABRE; ALNOR u. WANKE; WENDEL, KOCHAN u. KRÖGER; MATZEL u.a.). Manche Autoren lehnen den Eingriff wegen der Gefahr einer Blutung, Infektion oder Tumorinokulation in den Stichkanal ab (FRAENKEL; SAUERBRUCH; UNVERRICHT u.a.). Das Risiko des Pyo-Hämatothorax ist bei sachgemäßem, streng aseptischen Vorgehen jedoch gering. Im Gegensatz zur Nadelbiopsie krebsverdächtiger Lungenherde, bei der man die Organgrenzen überschreitet und Gefahr läuft, durch Tumorzellverschleppung in die Pleura und Brustwandlymphbahnen die Radikalentfernung einer an sich lokalisierten Geschwulst zu vereiteln (MAASSEN u.a.) (siehe Bd. IX/4a), ist der Einwand bei der Probebiopsie aus parietalen Pleuragewächsen gegenstandslos (FRIEDMAN u.a.). Er fällt gegenüber dem Erkenntniswert der Methode um so weniger ins Gewicht, als die Punktion ja auch aus therapeutischen Gründen — zur Entlastung bei größeren Exsudaten — unbedenklich angewendet wird.

Läßt sich mit der Kanüle aus faserig kohärentem Tumorgewebe kein ausreichendes Untersuchungsmaterial gewinnen (relative Häufigkeit negativer Punktionsbiopsie siehe RATZER, POOL u. MELAMED), so kann die *gezielte Gewebsentnahme mittels Thorakoskopie* (JACOBAEUS; BREA; TAIKA u. CANONICA; CHANDLER u. MORLOCK; TOJA u. MARIANI; HARRINGTON; GERACI u. BRIZZOLARA; LLOYD; MLZOCH; SATTLER; DELARUE u. DEPIERRE; HEINE; WEISS u. VAN LESSEN; PFEIFFER u. WEISS; BRUNNER; D'ASTE, FRANCESCHI u. SCOTTI-DOUGLAS; TOURAINE; BRANDT; ALNOR u. WANKE; BRANDT u. KUNDT; MAASSEN; MARIANI; ROSSOLLECK u. STRITZKY; RINK; RATZER, POOL u. MELAMED u.a.) oder *„kleiner Probethorakotomie"* zum Ziele führen (LANDSEN u. FALOR; SCHLESS, HARRISON u. WIER; RATZER, POOL u. MELAMED). Bei metastatischem Befall supraklavikulärer und endothorakaler Lymphknoten kann die Tumordiagnose mit Hilfe der *Scalenus-Biopsie* (DANIELS; SMITH, PARSONS u. DANIELS; MAASSEN; RINK; ROBERTSON; RATZER, POOL u. MELAMED u.a.) oder *mediastinoskopischer Probebiopsie* gestellt werden (MAASSEN; RINK u.a.) (s. Bd. IX/4a).

Obgleich die Geschwulstausläufer in die Bronchialwand eindringen können (BOREK, MACHOLDA u. ŽÁK) (s. Abb. 188 u. 189), zeigt die *Bronchoskopie* auch in fortgeschrittenen Stadien diffuser Mesotheliome gewöhnlich nur Stenosen infolge äußerer Kompression (ROBERTSON; RATZER, POOL u. MELAMED).

g) Röntgenologische Diagnose und Differentialdiagnose

Die Röntgensymptomatologie der Pleuramesotheliome ist in zahlreichen monographischen Darstellungen und kasuistischen Berichten geschildert (BRAUER; KRAUS; ASSMANN; LENK; TESCHENDORF; ZUPPINGER; COCCHI; TAYLOR u. BORROWITZ; DOUB u. JONES; HART u. MARTIN; SCHWARTZ; ZADEK; DÜNNER; BLASI; TOBIAS; PLATTER; REST; PRICE-THOMAS u. DREW; GRÜNEIS; WEISSMAN; SERGENT u. KOURILSKY; BARIÉTY u. Mitarb.; RAMSTRÖM u. HELLSTEN; BENOIT u. ACKERMAN; LEDOUX-LEBAD u. GARCIA-CALDERON; BARDON; HOCHBERG; SANTY, GALY, TOURAINE, RIFFAT u. FORT; PFEIFFER u. WEISS; DUTILH; ROSETTI; THIELE; LOB u. WEISS; YESNER u. HURWITZ; LAGÈZE, LATARGET, CHASSAGNON, MAYER u. RIFFAT; LOB; SALZER; BRUNNER; KERRINNES u. GLÄSER; KARPATI; CAMPO; TRIAL u. RESCANIÈRES; FINBY u. STEINBERG; BLOUNT; BOGARDUS, KNUDTSON u. MILLS; WEISS; EHRENHAFT, SENSENIG u. LAWRENCE; ZEITLER u. HUTH; JENNY u. ULSPERGER; REISNER u. HUZLY; BECKER u. BECKER; HUTCHINSON u. FRIEDENBERG; POULSEN u. SØRENSEN; BOREK, MACHOLDA u. ŽÁK; JAGDSCHIAN; JACCARD; MÜLLY; SANO, WEISS u. GAULT; MATZEL; DE MARTINI u. RAVAZZONI; RATZER, POOL u. MELAMED; SANDERS; HELLER, JANOVER u. WEBER; VIGANOTTI u. VOLTERRANI u.a.).

Die Variabilität von Lage, Größe und Wuchstyp der Tumoren drückt sich in beträchtlicher Vielfalt der röntgenmorphologischen Erscheinungen aus. Das *native Thoraxröntgenbild* zeigt nur dann geschwulstverdächtige Eigentümlichkeiten, wenn das Gewächs als lokalisierte Verdichtung oder abnorme Schattenkulisse abzugrenzen ist, ohne von einem großen Erguß überlagert zu werden (LENK; ZUPPINGER; BLOUNT; TESCHENDORF; REISNER u. HUZLY; RATZER, POOL u. MELAMED u.a.). Durch Anlage eines *diagnostischen Pneumothorax* nach Entleerung der Flüssigkeit ist das schattengebende Tumorgewebe im negativen Kontrastmedium des Gases sichtbar zu machen. Entgegen manchen Bedenken (GLATZEL; WERNER; UNVERRICHT) und Zweifeln am Erkenntniswert der Methode hat sich die von LUDOLF BRAUER eingeführte pneumoradiographische Darstellung eingebürgert und in Zweifelsfällen diagnostisch bewährt (STAHL; MATTHES u. CURSCHMANN; LENK; SCHWARTZ; TESCHENDORF; ZUPPINGER; ZADEK; WEISSMAN; LICHTENSTEIN; ROSETTI; PFEIFFER; LOB u. WEISS; FAULKNER u. FAULKNER; BROMME, NELSON u. FINLEY; TIVENIUS; REISNER u. HUZLY; ZEITLER u. HUTH; BOREK, MACHOLDA u. ŽÁK u.a.). Man erhält damit Auskunft über das Vorliegen einer — zunächst vom Exsudat überdeckten — Geschwulst, kann zwischen neoplastischen Veränderungen in der Lungenrinde und extrapulmonalen Tumoren des viszeralen oder/und parietalen Pleurablattes unterscheiden, ihre Ausdehnung beurteilen und die etwaige Lageverschieblichkeit polypöser Gebilde im Pleuraraum prüfen *(Arcesches Zeichen)* (S. 489). Man sollte daher den Patienten nach Ergußpunktion und Gasfüllung nicht nur in aufrechter Körperhaltung untersuchen, sondern nach dem Vorschlag von ZUPPINGER auch in Rücken- bzw. Bauchlage, ferner in Seitenlage mit horizontalem Strahlengang (s. auch POLGÁR; PARAF u. ZIVY), und bei basalem Tumorsitz in Kopfhängelage durchleuchten. Gelegentlich kann ein *diagnostisches Pneumoperitoneum* empfehlenswert sein, um im Zweifelsfall diaphragmale Mesotheliomknoten von Zwerchfellhernien (CLAY u. HANLON u.a.) oder partieller Relaxatio diaphragmatica abzugrenzen (Abb. 295). Der pneumoradiographische Befund ist für die Differentialdiagnose gegenüber zwerchfellnahen Mesothelzysten (Abb. 294 u. 324), umschriebenen Zwerchfelltumoren (BINNEY; ARCE u. TOBIAS; PRUVOST, HAUTEFEUILLE, THOYER u. ROMAN; DROUET, FAIVRE, DE REN, LAMY u. ANTOINE; BETOULIÈRES, PALEIRAC u. BASSÈDE u.a.) oder flach vorspringenden Gewächsen der Brustwand allerdings nur bedingt verwertbar (PÁMPARI; WEILGONI u.a.).

Beide pneumoradiographischen Verfahren sind zweckmäßigerweise mit *gezielter Schichtuntersuchung* zu kombinieren, die auch allein wertvolle Dienste bei der Unterscheidung zwischen primärer Pleurageschwulst, einem kortikalen Lungenkrebsknoten oder dem in der Maske herdförmiger Pleurametastasen larvierten Bronchuskarzinom zentraler Lage leistet (Bd. IX/4b, Abb. 505). Unter diesem Blickwinkel gewinnt auch die *Bronchographie*

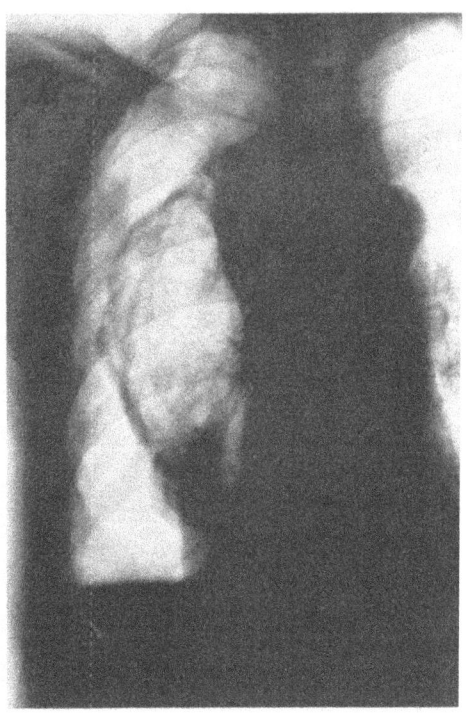

Abb. 268. *Kulissenschatten eines diffus-beetartig wachsenden Mesothelioms der Pleura parietalis et visceralis im Pneumothorax.* Kompressionsatelektase des durch Tumorschwarte gefesselten rechten Unter- und Mittellappens nach massiver Entlastungspunktion. Bioptische Verifizierung der Diagnose (E.-Nr. 948/68, Path. Inst. d. Krhs. Nordwest, Frankfurt/M., Direktor: Prof. G. KAHLAU). Nativbild p.-a. vom 7. 2. 68. M. W., 64jähr. ♀. Arch.-Nr. 0506 02602, Radiolog. Zentralinst. d. Krhs. Nordwest, Frankfurt/M.

Bedeutung (FARIÑAS; CAPDEHOURAT u. MAZZEI; DI GUGLIELMO u. CATTANEO), die bei Pleuratumoren sonst kaum schlüssig ist und insbesondere keine Unterscheidung zwischen bronchogenen Tumorknoten, intrapulmonalen Mesotheliomherden (s. S. 465 u. 485) und von der Interlobärpleura in den Lungenmantel vordringenden lokalisierten Pleuramesotheliomen gestattet (Abb. 270). In manchen Fällen erweist sich die *Angiographie der Lungen- und Mediastinalgefäße* als nützlich, um die Lagebeziehung paramediastinaler oder weit lungenwärts vorragender Mesotheliome zu benachbarten Gefäßstämmen des Mediastinums oder der Lungenwurzel zu analysieren (DOTTER u. STEINBERG; FINBY u. STEINBERG).

Da die verschiedenen Wuchsformen und Lokalisationstypen pleurogener Mesotheliome jeweils besondere differentialdiagnostische Probleme bieten, empfiehlt sich die getrennte Betrachtung ihres Schattenkorrelats.

α) *Umschriebene expansiv wachsende Pleuramesotheliome*

geben wegen ihrer geringen Exsudationstendenz günstige Voraussetzungen für die überlagerungsfreie Tumordarstellung im Röntgenbild. Als halbkugelig-ovoide oder walzenförmige Gebilde erscheinen sie in allen Projektionen annähernd gleich dicht und glattrandig, wenn auch bei wechselnder Perspektive nicht unbedingt formkonstant. Ihre lungenwärts gewölbte *Kontur* ist eher monozyklisch als mehrbogig unterteilt. Makroskopisch wahrnehmbare Anzeichen *zystischer Umwandlung* (JENNY u. ULSPERGER; REISNER u. HUZLY) sind ebenso ungewöhnlich wie röntgenologisch faßbare *Kalkeinschlüsse* in fibromatösen Mesotheliomen (CLAGETT, MCDONALD u. SCHMIDT; LEIGH u. WEENS; HUTCHINSON u. FRIEDBERG; REISNER u. HUZLY), die man häufiger im Schwartenmantel gekammerter Pleuraempyeme (ZUPPINGER; BRUNNER; ULRICH; CASCELLI u.a.) (Abb. 284), in tumorartigen hyalinen Plaques oder malignen Pleuraveränderungen bei Lungenasbestose antrifft (FEHR; O'HOURIHANE, LESSOF u. RICHARDSON; BOHLIG; RAUNIO; COLLINS; GRUNZE; ANTON; KENDALL u. CAPLIN; KIVILUOTO; RIMONDINI u. SERAFINI; FROMMHOLD, LAGEMANN u. LINDLAR). Der *Tumorschatten* ist in der Regel *homogen weichteildicht*. Die *Schattenintensität* übertrifft die gleichgroßer und ähnlich ge-

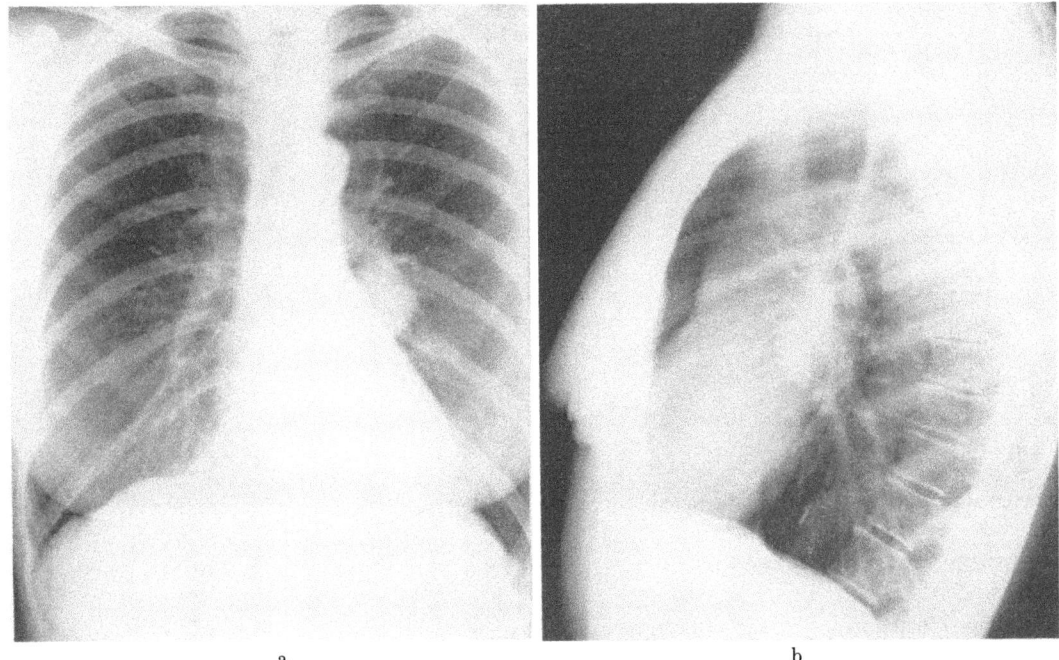

Abb. 269a u. b. *Benignes lokalisiertes epitheliales Mesotheliom, vor der Interlobärpleura des linken Oberlappens ausgehend.* Seit dem 35. Lebensjahr häufig wiederkehrende Schmerzen in Schulter- und Handgelenken, seit 8 Jahren mit leichter Gelenkschwellung und Steifheitsgefühl verbunden. Keine Lokalsymptome seitens des Tumors, der bei einer Röntgenuntersuchung aus anderer Indikation zufällig entdeckt wurde. Der neoplastische „Rundherd" war nach Übersichtsaufnahmen in 2 Ebenen unmittelbar am linken Hilus zu lokalisieren, ohne ersichtliche Beziehung zum Bronchialsystem und ohne Anzeichen broncho-pulmonaler Ventilationsstörung (a und b). Die in der Tiefe des linken Interlobärspaltes gelegene Geschwulst war bindegewebig abgekapselt und leicht zu enukleieren. Sie wies histologisch papilläre Strukturen mit epithelartig angeordneter mesothelialer Deckzellschicht und einem lockeren, gefäßreichen myxoiden Stroma auf, das stellenweise von Lymphozyten und Plasmazellen durchsetzt war. E. K., 65jähr. ♀. [Nach BLOUNT, H. C.: Radiology 67, 822—833 (1956); Fig. 9A und B]

formter parietaler Lipome (GRAMIAK u. KOERNER) und mediastinaler bzw. zwerchfellnaher Fettgeschwülste des Pleuraspalts (HEUER; GOTTLIEB, BAER u. JORDAN; KEELEY, GUMBINER, GUZAUSKUS u. ROONEY; McCORKLE, KOERTH u. DONALDSON; BARRÉ, DANRIGAL, MARUELLE u. ROLLAND; HEINE u. HILLEBRAND; ROGERS u. LEIGH; LE ROUX; ROLLAND; GREMMEL u. VIETEN; HOLT; ROCHE; FIETZ; SCHULZE u.a.) (s. S. 255ff. u. 541 sowie Abb. 134, 311 u. 328), unterscheidet sich aber nicht von der anderer mesenchymaler Brustwand- und Mediastinaltumoren. Sie nimmt mit der Größe der Neubildung zu, variiert also mit dem Entwicklungsstadium, in dem die relativ langsam wachsenden Blastome entdeckt werden. Fibröse Mesotheliome können wie ihre histioiden Abarten und sarkomatösen Varianten beträchtlichen *Umfang* erreichen (S. 463 u. 536) und mit ihrer Masse den betreffenden Hemithorax weitgehend ausfüllen (Abb. 267 u. 314).

Die solitären Mesotheliome liegen *in der Mehrzahl randständig.* Die *an der kostopleuralen Grenzfläche, am Mediastinum oder Zwerchfellplateau* haftenden Gewächse sind lediglich zur Lunge hin abzugrenzen. Nur *von der Interlobärpleura ausgehende Tumoren* sind allseits von lufthaltigem Parenchym umgeben. Mit Ausnahme der innerhalb des Lungengewebes entstehenden *„Paramesotheliome"* (s. S. 465) entspricht der scheinbar *intrapulmonale Sitz* nicht dem anatomischen Sachverhalt, es sei denn, daß sich die fissuralen Geschwülste statt im Interlobium nach dem Lungenkern hin entwickeln.

In Einzelfällen kann der größte Teil des Tumors fast vollständig von Alveolärstrukturen umsäumt und bis auf eine schmale Verbindungsbrücke vom viszeralen Pleurablatt

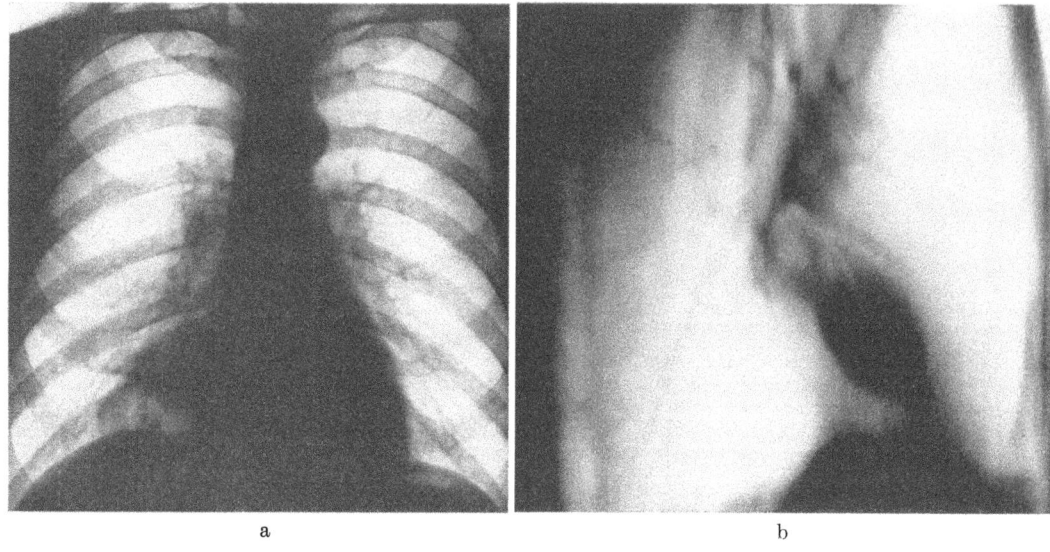

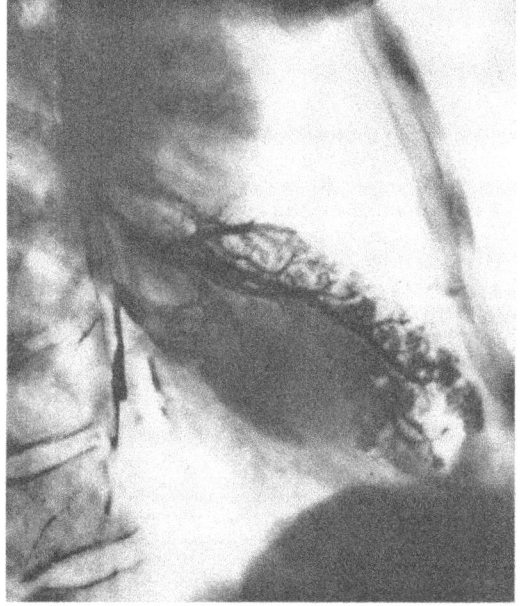

Abb. 270a—c. *Vortäuschung eines Bronchialkrebsknotens durch ein in den Mittellappen eingewachsene Mesotheliom der Interlobärpleura.* Der auf der Thoraxübersichtsaufnahme p.-a. (a) dargestellte neoplastische Rundherd am rechten unteren Zwischenlappenspalt wurde angesichts der im Schichtbild (b 9 cm sin.-dextr.) und bronchographisch (c) nachweislichen Bronchialverschlüsse im Versorgungsgebiet des medialen Mittellappen-Segmentbronchus irrtümlich als peripheres Bronchuskarzinom gedeutet. Die histologische Untersuchung des Resektionspräparats nach Operation in der Chir. Univ.-Klinik Leipzig (Direktor: Prof. ÜBERMUTH) ergab jedoch eindeutig den mesothelialen Ursprung der Geschwulst. P. T., 41jähr. ♂. Arch.-Nr. 5767/55, Röntgeninstitut d. Med. Univ.-Klinik Leipzig (damal. Direktor: Prof. M. BÜRGER)

abgesondert sein (STOUT u. HIMADI; HOCHBERG; EHRENHAFT, SENSENIG u. LAWRENCE; JENNY u. ULSPERGER; REISNER u. HUZLY; ABRAHAMSON u. FRIEDMAN) (Abb. 269 u. 270). Derartige Mesotheliomformen breiten sich nicht beiderseits der Lappengrenzlinie, sondern nur nach einer Seite aus und können das Verhalten lappenspaltnahe wachsender Bronchuskarzinome völlig imitieren: die parafissural gelegene Tumormasse löscht die Objektdetails örtlicher Lungengefäßstrukturen strahlenphysikalisch aus, die auf dem Schichtbild rein expansiver Interlobär-Mesotheliome sonst sichtbar bleiben. Die Analogie zum peripheren Bronchialkrebs erstreckt sich auch auf die feinhöckerige Konturkerbung („notch sign" nach RIGLER) (s. S. 294 u. Bd. IX/4a und b) und auf bronchographisch nachweisliche Verschlüsse kleiner Bronchialäste im Geschwulstareal (Abb. 270), das sowohl bei bronchogenen wie pleurogenen Tumorknoten des Lungenmantels rindenwärts an eine fahnenartige Atelektasezone grenzen kann. Die differentialdiagnostische Problematik ist klinisch-röntgenologisch unlösbar, und eine Unterscheidung primär intrapulmonaler oder vom Lappenspalt

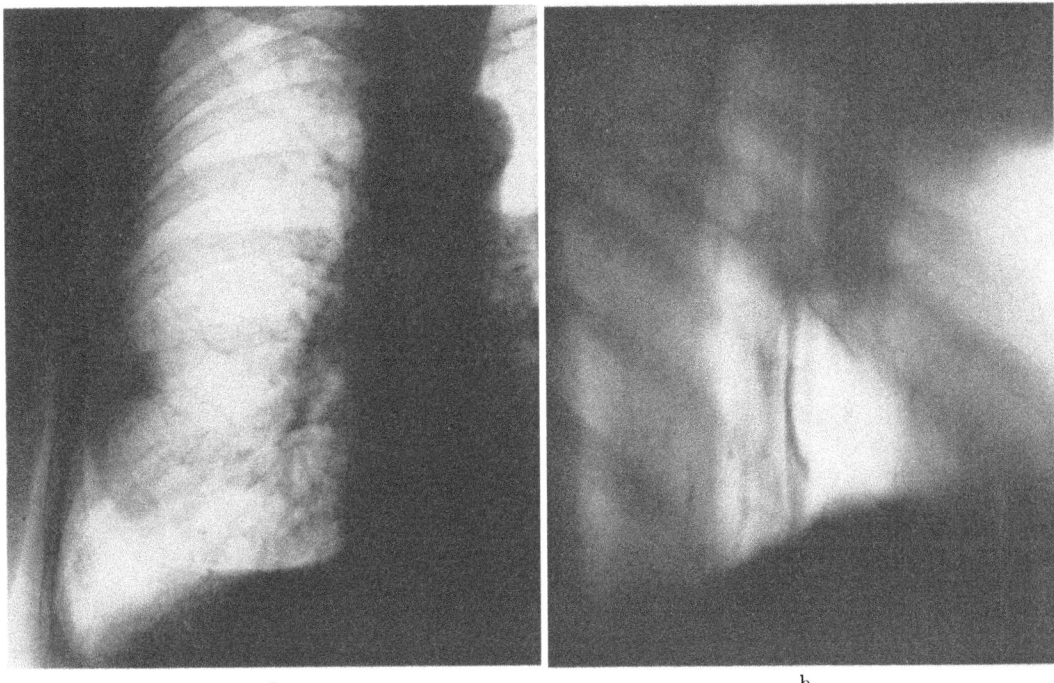

a　　　　　　　　　　　　　　b

Abb. 271a u. b. *Herdförmige Lungennekrose nach altem Infarkt mit tumorähnlichem Röntgenbefund.* Im Mai 1969 akute Erkrankung unter Kollapserscheinungen und plötzlich auftretender hochgradiger Kurzatmigkeit, anschließend mehrtägige Fieberperiode mit stechendem Schmerz in der re. Brustwand. Spätere Röntgenkontrollen zeigten einen Schatten im re. Mittellappen, der keine Rückbildungstendenz erkennen ließ. Das Verhalten erweckte Tumorverdacht und gab am 29. 7. 69 Anlaß zur Überweisung in die Chir. Klinik d. Krhs. Nordwest Frankfurt/M. (Direktor: Prof. Ungeheuer). Thoraxröntgenbefund vor Aufnahme: umschriebene Verdichtung in der fissurnahen Randzone des lateralen Mittellappensegments, in Vorderansicht als kleinkirschgroßer rundlicher Schatten mit glatter, lediglich von divergierend kreuzenden kortikalen Faltungsstreifen unterbrochener Kontur (a Ausschnitt des p.-a. Nativbildes), bei seitlichem Einblick dagegen als V-förmige Spindelfigur am Kommissurenwinkel imponierend und über das verdickte Interlobium mit radiär-streifigen Ausläufern in die axilläre Oberlappenbasis hineinreichend (b seitliches Schichtbild 6 cm). Hilusstrukturen bei Nativ- und Schichtuntersuchung unauffällig. Wegen des röntgenologischen Verdachts auf ein von der Interlobärpleura ausgehendes Neoplasma mit Einbeziehung der benachbarten Lappenrandpartien wurde trotz fehlenden Tumorzellnachweises in mehreren Sputumproben der Entschluß zur Probethorakotomie gefaßt. Intra operationem (Thorakotomie: O.A. Dr. Schülke) fand sich ein kirschgroßer derber Tumor in der dorsalen Randschicht des Mittellappens, der über breite Interlobärschwielen mit der Oberlappenbasis verbunden schien. Da der Hilus frei war, wurde nur der tumortragende Mittellappenanteil exstirpiert. Histologischer Befund des Resektionspräparats: herdförmige Koagulationsnekrose, vermutlich Relikten eines alten Lungeninfarkts in Nachbarschaft einer Narbe entsprechend. Keine Anzeichen maligner oder tuberkulöser Veränderungen (E.-Nr. 11279/69, Path. Inst. d. Krhs. Nordwest, Direktor: Prof. Kahlau). F. S., 66jähr. ♂. Arch.-Nr. 060203 831, Radiolog. Zentralinst. d. Krhs. Nordwest Frankfurt/M.

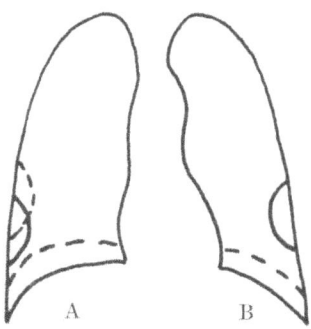

Abb. 272. *Die Atemverschieblichkeit gegenüber Brustwand und Lungenrinde als röntgenologisches Differenzkriterium zwischen umschriebenen Tumoren der Pleura visceralis (A) und Geschwülsten des parietalen Pleurablatts oder der inneren Brustwandschichten.* [Nach Blount, H. C.: Localized mesothelioma of the pleura. Radiology **67**, 822—833 (1956); Abb. 3]

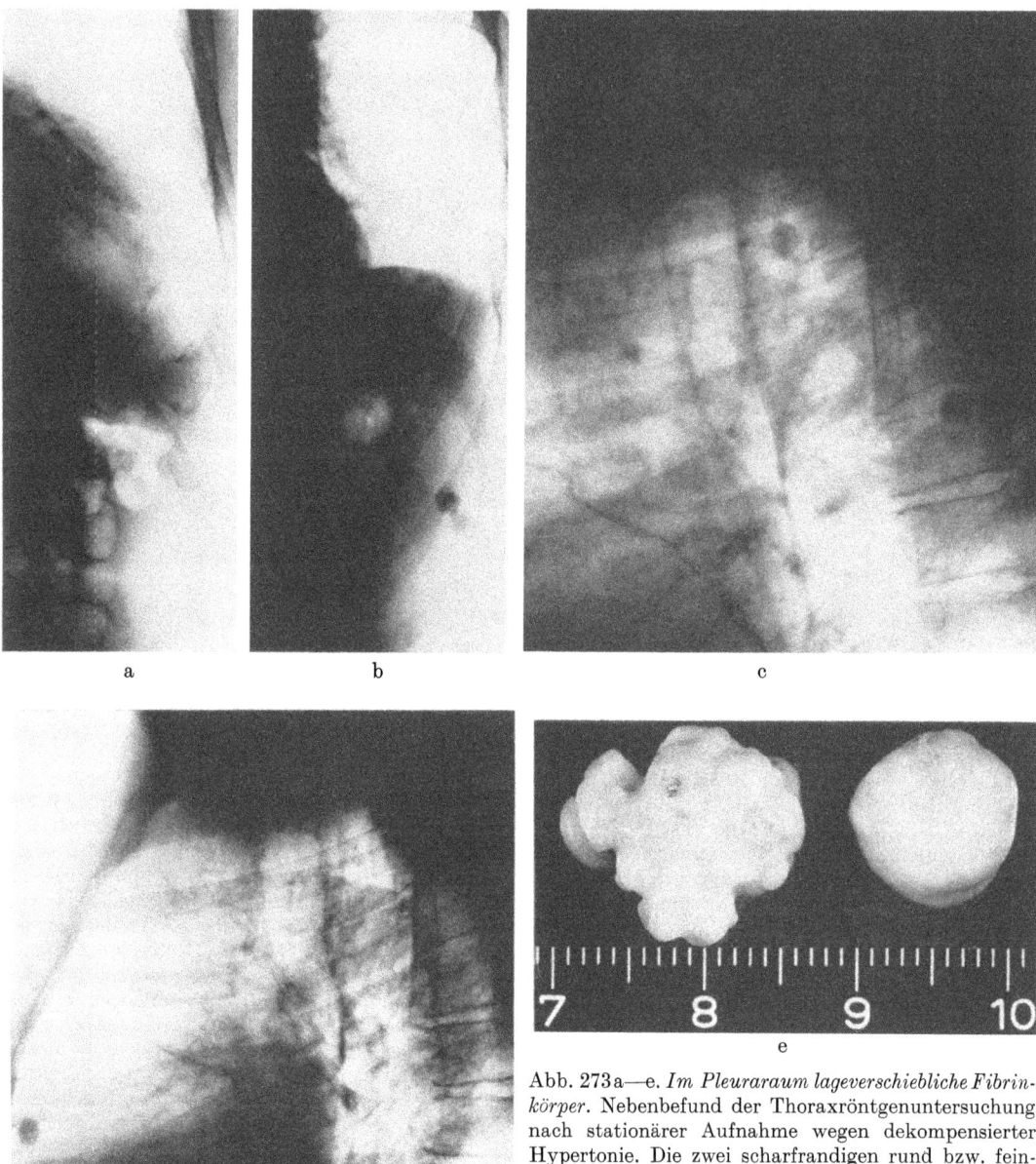

Abb. 273a—e. *Im Pleuraraum lageverschiebliche Fibrinkörper*. Nebenbefund der Thoraxröntgenuntersuchung nach stationärer Aufnahme wegen dekompensierter Hypertonie. Die zwei scharfrandigen rund bzw. feinhöckerig geformten fast kalkdichten Schatten, die bei Vorderansicht im Stehen handbreit unterhalb des Zwerchfellplateaus auf die linke Colonflexur (a) und im 2. Schrägdurchmesser auf die dorsolaterale Konvexität der linken Hemithoraxbasis projiziert wurden (b), lagen im hinteren Pleurarandsinus. Wie der schmale, den Zwerchfell-Rippenwinkel füllende Begleiterguß waren beide Körper respiratorisch und lageverschieblich: sie wanderten beim Kippen des Durchleuchtungsgeräts in Kopftieflage nach kranial in den dorsalen Pleuromediastinalrecessus (c) und ließen sich durch entsprechende Drehung des Patienten getrennt zum vorderen kostomediastinalen Pleurarecessus verlagern (d). Die röntgenologische Diagnose wurde autoptisch bestätigt (Sekant: Dr. ZIMMERMANN, Path. Inst. d. Univ. Gießen, Direktor: Prof. KRACHT). Es handelte sich um zwei kugelig organisierte alte Fibrinkoazervate aus konzentrisch geschichtetem hyalinen Fasergewebe mit endothelähnlichem Deckzellbelag, partiell verkalkt, frei im linken Sinus phrenicocostalis gelegen (e Foto der bei Sektion entnommenen Fibrinkugeln). [Nach SCHNEIDER, V., ZIMMERMANN, H. D., WALZ, L.: Über Corpora libera der Pleurahöhle. Fortschr. Röntgenstr. **113**, 437—442 (1970)]. R. E., 72jähr. ♂. Röntgenaufnahmen und Photo aus der Röntgenabtlg. d. Kreiskrankenhauses Schotten/Ts. (Chefarzt: Dr. V. SCHNEIDER)

lungenwärts vorgedrungener Mesotheliome von geschlossen wachsenden Bronchuskarzinomen gleicher Lage nur histologisch möglich.

Das geschilderte Verhalten ist für fibromatöse Mesotheliome des Interlobiums ungewöhnlich. Sie pflegen sich sonst gleichmäßig nach beiden angrenzenden Lungenlappen hin auszudehnen, ohne in die Rindenschicht einzubrechen. Ihr rundlich-ovalärer Schatten wird daher in tangentialem Strahlengang von der betreffenden Interlobärlinie etwa in der Längsachse unterteilt. Hochkant projizierte Ergußkammern im partiell verklebten Lappenspalt zeigen dieselbe Lagebeziehung zum Fissurverlauf. Ihre Schattenfigur geht jedoch nicht abgerundet, sondern spindelförmig zugespitzt in das interlobäre Haarsegel über und bezieht im allgemeinen einen größeren Teil der Inzisur ein als ein solitäres Mesotheliom (BOREK, MACHOLDA u. ŽÁK; SANDERS u.a.). Schärfere Kontur und eher monozyklische als knollig-mehrbogige Form der gutartigen Gewächse sind die einzigen, wenig verläßlichen röntgenologischen Unterscheidungsmerkmale von Bronchialkrebsknoten, welche die Lappengrenze überschreiten und beiderseits der durch Verklebung stärker markierten Fissurlinie wachsen (s. Bd. IX/4b, Abb. 435, 448, 449 u. 504). Ein beginnendes interlobäres Mesotheliom kann durch knotige hyaline Schwielen im Lappenspalt und in der fissurnahen Parenchymrinde gelegene Infarktrelikte vorgetäuscht werden (Abb. 271).

Bei den umschriebenen Mesotheliomen und Fibromen der Pleura handelt es sich teils um *polypös gestielte Tumoren* (PRICOLO u. LOMONATO; BERNE u. HEITZMAN; CLAGETT, MCDONALD u. SCHMIDT; TEIXEIRA, COSTA u. PAOLA; BENOIT u. ACKERMAN; YESNER u. HURWITZ; BLOUNT; TOTI; LAVAL, MÉTRAS, PAYAN, GRAS u. MAURAN; HUTCHINSON u. FRIEDBERG; REISNER u. HUZLY; STOLZE; RATZER, POOL u. MELAMED; SPATH u.a.) (Abb. 266, 325 u. 327), häufiger um *breitbasig verankerte Gewächse*. BERNE u. HEITZMAN beziffern den Anteil der gestielten fibromatösen *Polypen* mit 30—50%. Sie *entspringen bevorzugt von der Lungenpleura*, sind daher bei freiem Pleuraspalt *gegenüber den angrenzenden Rippen atemverschieblich*, während parietal entwickelte Pleura- und Brustwandgeschwülste den Atembewegungen des Brustkorbs folgen (LENK; BLOUNT; FELSON; REISNER u. HUZLY u.a.) (Abb. 272). Schmal gestielte Polypen von einigem Gewicht lassen sich, zumal bei Haftung am viszeralen Pleurablatt, auch mitunter durch Lagewechsel in der Pleurahöhle merklich verschieben (BILLING; STOLZE; REISNER u. HUZLY). Im diagnostischen Pneumothorax sinkt der pendelnde Tumor der Schwerkraft folgend von der Haftstelle basalwärts ab. Er dreht sich andererseits zur Thoraxkuppel, wenn der Patient aus aufrechter Haltung in Kopfhängelage gebracht wird *(Arcesches Zeichen)* (TESCHENDORF).

Eine sichtbare Verlagerung wird bisweilen auch bei noch nicht fibrös arretierten *Fibrinkörpern im Pleuraraum* beobachtet (FLEISCHNER; POINDECKER; DÜLL; SACHS; BRANDT; POMELZOFF; WISCHNOWITZER; REID; LAUCHE; GOLJAJEW; HAGER u. LANGE-BECKMANN; HEACOCK u. VAN NESS; ZAVOD; ROBINS u. JORESS; EUPHRAT u. BECK; OATWAY; MENDE; REST; NEUMANN; FETZER; KLINKOWSTEIN u. BELAJEWA; ROSETTI; DIAS, ZERBINI u. CURI; AUGUSTE; SCHNEIDER, ZIMMERMANN u. WALZ u.a.) (Abb. 273). Die im Verlauf exsudativer Pleuritis oder während der Pneumothoraxbehandlung entstehenden und nach Abschluß der Kollapstherapie persistierenden kugelig geformten Fibrin- oder Blutkoagula (sog. „Pneumothoraxmäuse") (s. Bd. IX/3, S. 340) können fälschlichen Tumorverdacht erwecken, wenn sie als rundliche Schatten marginaler oder interlobärer Lage in das Lungenfeld projiziert werden (KERRINNES; FLEISCHNER; POMELZOFF; QUINCKE; STOFFEL; POINDECKER; DÜLLE; GRUNDNER; MAINDL; ZADEK; REST; HEINE; EUPHRAT u. BECK; BALLON; LYONS; OATWAY; ROBINS u. JORESS; ZAVOD; AUERSWALD u. WENZL; REISNER u. HUZLY; RINK; HARTWEG; BARONE u. PESSAGNO; SALVINI u. CAGGLIOLI; LEZIUS; HINSHAW u. GARLAND; MONACO; ROCHE, DELANOË u. GÉNÉVRIER; KOLLING; MEINARDUS; SCHNEIDER u. Mitarb.).

Eine vergleichbare Irrtumsquelle bildet das Schattenkorrelat *kugel-* und *walzenförmiger Umklappatelektasen der Lappenkanten*, die durch Stauchung des Lungenkörpers im Pneumothorax oder in einem umfänglichen Pleuraerguß zustande kommen (SCHÜMMEL-

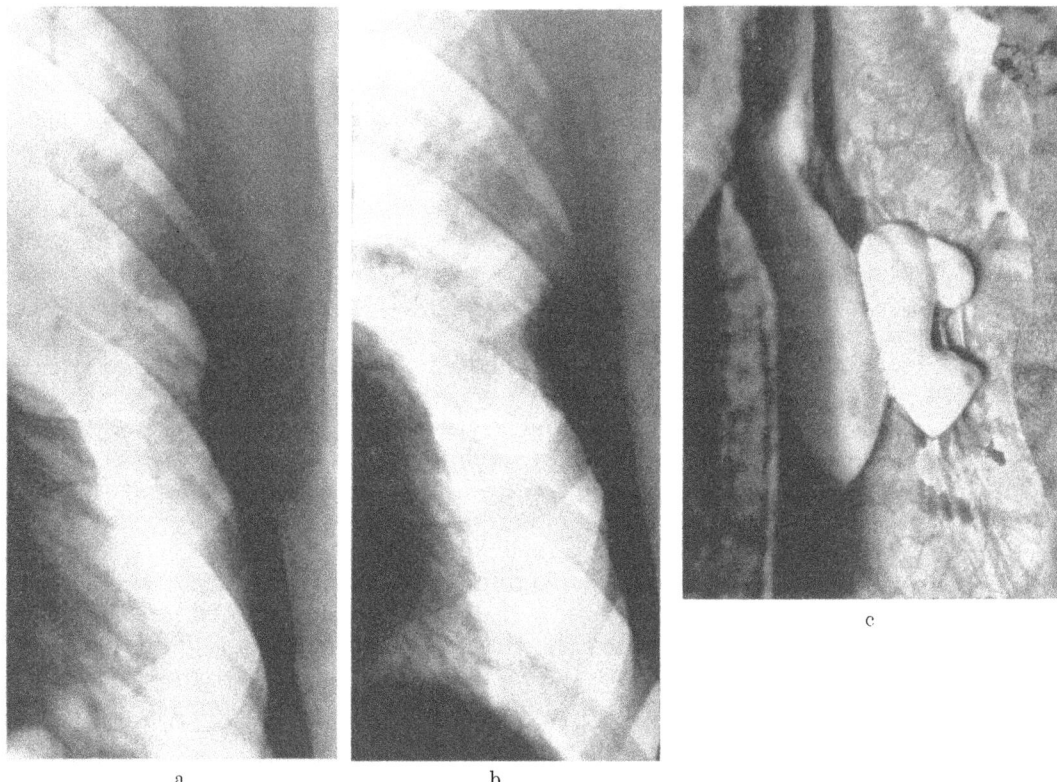

Abb. 274a—c. *Multifokale knollig-beetartige Hyalinose der Pleura parietalis*. Der Röntgenbefund einer mehrhöckerigen Randkulisse an der inneren Thoraxkontur (a und b) war verdächtig auf ein Pleuramesotheliom. Da die Punktion mit der Silverman-Nadel kein ausreichendes Material zur bioptischen Klärung brachte, histologische Verifizierung durch Gewebsentnahme bei Probethorakotomie (Op.: O.A. Dr. Schülke, Chir. Klinik d. Krhs. Nordwest Frankfurt/M., Direktor: Prof. Ungeheuer). Die Ausschnittsaufnahmen des Situs nach Brustkorberöffnung zeigen mehrere weiße, scharf abgesetzte Hyalinoseplaques als flache Erhabenheit bzw. knollige Gebilde im Bereich zarter strahliger Schwielen der Brustwandpleura (c). Histologischer Befund: knotige Pleurahyalinose, kein Tumorgewebe (E.-Nr. 6098/67, Path. Institut d. Krhs. Nordwest Frankfurt/M., Direktor: Prof. Kahlau). H. K., 63jähr. ♂. Abb. 274a: Arch.-Nr. 1974/67, Röntgenabtlg. (Leiter: Prof. Gebauer) der Med. Univ.-Kliniken Frankfurt/M. (Direktor: Prof. F. Hoff)

Feder; Roche, Parent u. Daumet; Heine; Hanke; Maggi) (s. Bd. IX/3, S. 341ff. sowie Abb. 132a—c, 133 u. 220—224 u. Bd. IX/4b, Abb. 582).

Ähnliche Erscheinungsbilder findet man bei *grobnodulären Amyloidablagerungen in der Pleura* oder Lungenrinde (s. Abb. 182) und bei *herdförmiger Pleurahyalinose* als Relikt entzündlicher Exsudate oder Reaktionsfolge bei Pneumokoniosen. Die Organisation des fibrinreichen Exsudats kann — wie bei „lamellärer Pleuritis" (Fleischner) — flache, beetartige Plaques, aber auch derbe tumorähnliche Fasergewebsknoten hervorbringen, die sich konvexbogig aus dem Niveau der inneren Brustkorbfläche erheben und knollig in die Lungenrandzone vorspringen (Sinner; Lauche; Gordon u. Gilchrist; Tivenius; Brown u. Johnson; Jagdschian; Reisner u. Huzly; Stolpman u.a.) (Abb. 274—277 u. 309; s. auch Bd. IX/4b, Abb. 582). Die Gebilde stellen sich in der Aufsicht als rundlichovaläre Verdichtung verwaschener Kontur, in Tangentialprojektion als scharf begrenzter halbkugeliger Randschatten oder als wellige Erhabenheit der inneren Thoraxwölbung dar und ahmen so im Röntgenbild das Aussehen umschriebener Pleuratumoren nach (Tivenius; Houart u.a.) (vgl. Abb. 306—308). Bei entsprechender Form und Tiefenausdehnung kann die knotige Hyalinose auch kortikale Lungengeschwülste und -infiltrate imitieren (Gordon u. Gilchrist; Houart u.a.), bei multifokalem Sitz über der Kon-

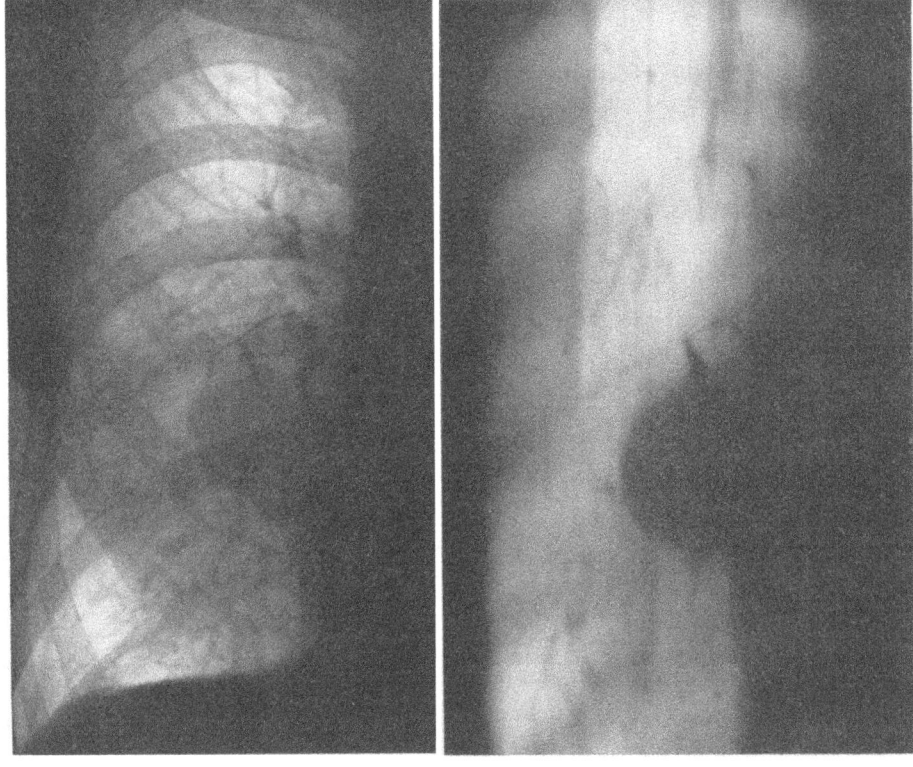

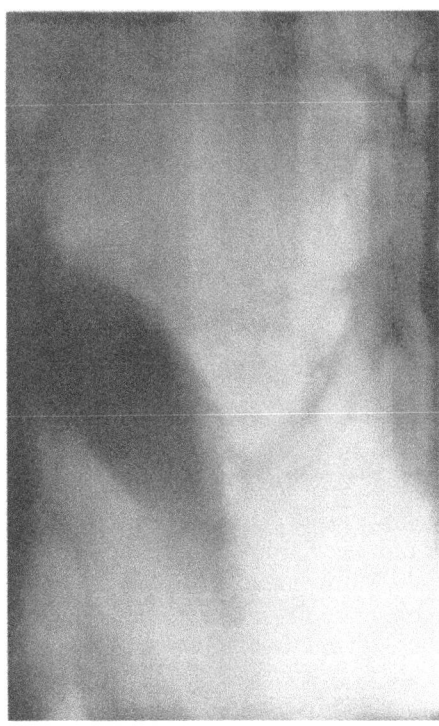

Abb. 275a—c. *Tumorartiger Aspekt einer knotiger Pleurahyalinose.* Zufallsbefund bei Röntgen-Reihenuntersuchung. Überweisung in die Chir. Klinik d. Krhs. Nordwest (Direktor: Prof. UNGEHEUER) unter Verdacht auf ein peripheres Bronchuskarzinom der rechten Unterlappenspitze. Auf der Übersichtsaufnahme p.-a. (a) und tomographisch pflaumengroßer, aus einer breiten Mantelschwarte an der pleuromediastinalen Grenzfläche in die Unterlappenspitze vorragender Schatten von ovaler Form, bis zum kaudalverzogenen Interlobärspalt reichend mit bogiger Verziehung benachbarter Bronchusäste (b und c Schichtbilder 6 cm a.-p. und 14 cm sin.-dextr.). Thorakotomie (Op.: O.A. Dr. MÄRZ): flächenhafte Pleuramantelschwarte mit gut taubeneigroßem derben hyalinen Knoten an der eingezogenen Innenfläche des Unterlappenspitzensegments, auf die hintere Oberlappenbasis übergreifend. Histologischer Befund nach Probeexzision: derbes kollagenes Bindegewebe mit hyaliner Umwandlung und uncharakteristischer chronisch-entzündlicher Zellinfiltration. Kein Tumorgewebe (E.-Nr. 2696/64, Path. Inst. d. Krhs. Nordwest, Direktor: Prof. KAHLAU). W. M., 58jähr. ♂. Arch.-Nr. 0205 06551, Radiolog. Zentralinst. d. Krhs. Nordwest Frankfurt/M.

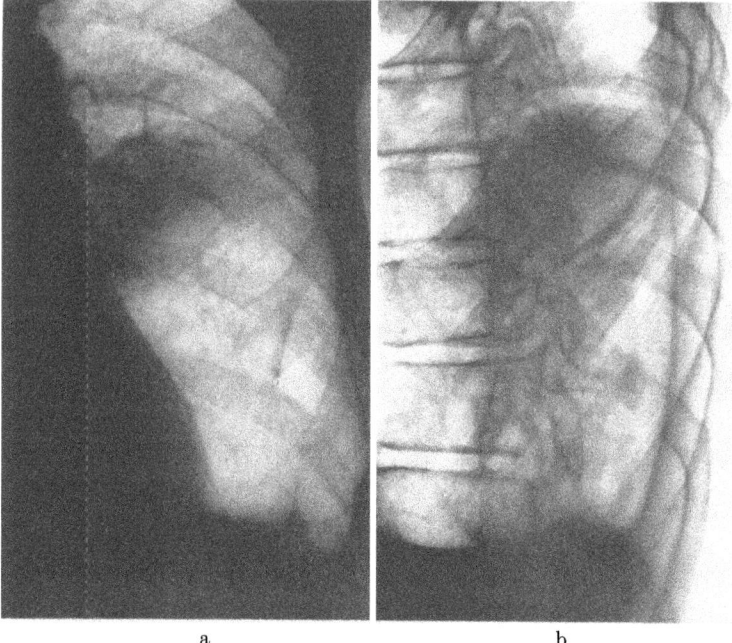

Abb. 276a—c. *Grobknotige Pleurahyalinose mit kortikalen Faltungsphänomenen des benachbarten Lungenmantels unter breiter Pleuraschwarte*. Seit Jahren bekannte Rahmenschwarte links als metapneumonisches Relikt. Klinikeinweisung wegen eines bei späterer Röntgenkontrolle aufgefallenen tumorverdächtigen Knotens in der linken Unterlappenspitze. Das auf Summationsaufnahmen in Sagittalprojektion (a) und im umgekehrten 2. Schrägdurchmesser (b) dargestellte Schattenoval ragte weit in das Lungenparenchym hinein, ging aber breitbasig aus der pleuro-kostalen Schwiele hervor und lief in fächerartig divergierende Streifen kortikaler Faltungsatelektasen aus (c Schichtbild dextro-sin. 10 cm). Dieser Befund gab den Ausschlag für die Röntgendiagnose ,,grobnoduläre Pleurahyalinose'', die — bei anhaltend negativem Ergebnis der Tumorzellsuche im Auswurf (E.-Nr. 5348 bis 5340/70 und 9670—9671/70, Path. Inst. d. Krhs. Nordwest Frankfurt/M., Direktor: Prof. KAHLAU) — durch Punktionsbiopsie bestätigt wurde. Histologischer Befund des Punktionszylinders: hyalines fibröses Gewebe ohne Anhalt für Tumor (E.-Nr. 6371/70). F.Z., 70jähr. ♂. Arch.-Nr. 1706 00981, Radiolog. Zentralinst. d. Krhs. Nordwest Frankfurt/M.

vexität beider Lungen sogar noduläre Lungenmetastasen vortäuschen (TIVENIUS). Der Rand der von hyalinen Plaques verursachten Verdichtung läuft oft in divergierende kortikale Faltungsatelektasen des benachbarten Lungenmantels aus (s. Bd. IX/3, S. 341 und Abb. 225—227). Der Nachweis derartiger radiär aufgefächerter Streifenschatten kann für die Differentialdiagnose gegenüber inzipienten Pleuramalignomen bedeutsam sein (vgl. Abb. 275—277 u. 307). Der punktionsbioptische Nachweis faserreichen Gewebes kann bei der Unterscheidung zwischen hyaliner Schwiele und fibromatöser Neoplasie wegen feingeweblicher Strukturähnlichkeit im Stich lassen. In dubio muß man sich daher zur Probe-

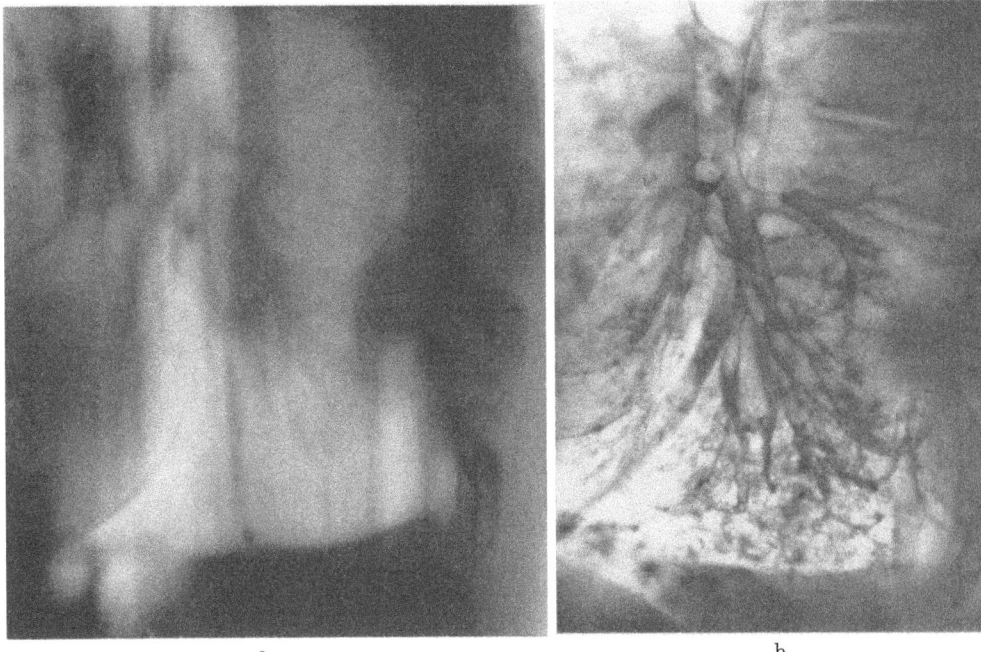

Abb. 277a u. b. *Knotige Pleurahyalinose nach traumatischem Hämatothorax*. 1947 Brustkorbquetschung (Unfall im Bergwerk) mit blutigem Pleuraerguß und nachfolgender Schwartenbildung. Seit Herbst 1964 hartnäckige Bronchitis und gelegentliche Hämoptysen. Wegen eines bronchialkrebsverdächtigen „Herdschattens im linken Unterfeld" Einweisung in die Chir. Klinik d. Krhs. Nordwest (Direktor: Prof. UNGEHEUER). Röntgenbefund nach Aufnahme: Schwielige Fesselung des volumenreduzierten linken Unterlappens bei chronischer Emphysembronchitis mit umschriebener lungenkonvexer Vorwölbung der pleuro-kostalen Schwartenkulisse über der dorsalen Unterlappenkonvexität (a Schichtbild 9 cm dextro-sinistral). Selektive Bronchographie: Der Lappenschrumpfung entsprechende Verkleinerung der bronchialen Teilungswinkel besonders im Bereich der Unterlappenbasis mit Anzeichen chronischer Bronchitis, Verziehung der zwerchfellnahen Subsegmentzweige und unvollständiger Füllung der zum kortikalen Schrumpfungsbezirk führenden peripheren Äste des dorsobasalen Segmentbronchus (b). Nach Schichtbefund und Bronchographie umschriebene Pleurahyalinose bei Emphysembronchitis, kein Anhalt für ein Bronchuskarzinom. Bronchoskopische Kontrolle ohne wesentlich krankhaften Befund. Im gezielt entnommenen Bronchialsekret und im Auswurf bei mehrfacher Analyse keine tumorverdächtigen Zellen (E.-Nr. 2441—2444/65, 2496/65, Path. Inst. d. Krhs. Nordwest, Direktor: Prof. KAHLAU). Auch die gezielte Nadelbiopsie aus dem fraglichen Schattengebilde ergab kein geschwulsthaltiges Material, lediglich hyalin verändertes kollagenfaseriges Bindegewebe ohne entzündliche Zellinfiltration (E.-Nr. 2646/65).
O. D., 53jähr. ♂. Arch.-Nr. 0409 12131, Radiolog. Zentralinst. d. Krhs. Nordwest Frankfurt/M.

thorakotomie entschließen, sofern nicht die jahrelange Befundkonstanz auf früheren Thorax-Vergleichsaufnahmen den gutartigen Charakter des fraglichen Schattens erweist.

Einen pseudotumoralen Röntgenaspekt bieten ferner *organisierte pleuro-pulmonale Hämatozelen*, die nach Punktion (DAVIES u.a.) (Abb. 280), traumatisch (SERGENT u. PRUVOST; SAUVAGE u. DELAFONTAINE; CALL u. VINSON; BROWN u. FRIEDMAN; SALMON-BONNEAUD; MANNÈS; MAGNIN, TISCA u. WEIL; MATHEY; SANTY et al.; MATHEY u. MANNÈS; ROCHE; SALYER, BLAKE u. FORSEE; KLEMM; WILLIAMS; LIPKOVICH; MILNE u. DICK; BASSERMANN; HARDER u. KOSMAOGLU; BLAHA; BARBAINI u. LONGONI; MONACO; FORSTER; MIECH, GILLET, MORAND u. WITZ; GIUNTINI u. VIALE; RAVAZZONI et al.; BOURDET u. Mitarb.; VOOG u. Mitarb. u.a.) (Abb. 170 u. 279) oder spontan auf Grund abnormer Blutungsneigung (Hämophilie, Leberschäden bei chronischem Alkoholismus, örtliche Gefäßmißbildung: PENDERGRASS u. NEUHAUSER; SAUVAGE u. DELAFONTAINE; SCARROW u. GALLOWAY u.a.) (Abb. 330), seltener im Verlauf tuberkulöser Veränderungen entstehen (SAUVAGE u. DELAFONTAINE; CALL u. VINSON u.a.) (s. S. 323, 480 u. 548).

Nach massiver Blutung können faustgroße „*Schokoladezysten*" an der Thoraxwand abgekapselt werden, die das angrenzende Lungenparenchym wie expansive Mesotheliom-

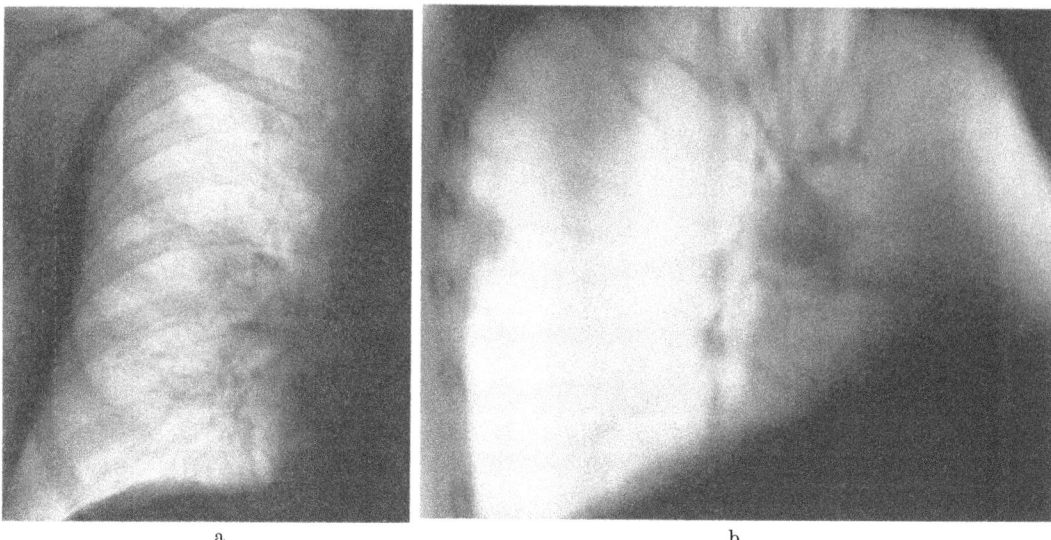

Abb. 278a u. b. *Umschriebene Rippendestruktion im Bereich eines kleinen Fibrosarkoms der Pleura.* Seit mehreren Wochen atemunabhängig anhaltende Rückenschmerzen rechts. Überweisung zum Tumorausschluß. Röntgenbefund: Der im Ausschnitt des Thoraxübersichtsbildes p.-a. (a) auf den rechten Hilus projizierte zungenförmige Trübungsbezirk stellte sich bei Frontaleinblick als umschriebene, aus dem Niveau einer schmalen Pleuraschwarte über der Konvexität der Unterlappenspitze lungenwärts bogig vorspringende knollige Verschattung dar, die tomographisch nach ventral etwas höckerige Kontur aufwies (b Schichtbild 12,5 cm sin.-dextr.). Der destruktionsverdächtige Konturschwund am Oberrand der 9. Rippe rechts paravertebral, die Art der Begrenzung und das Fehlen kortikaler Faltungsphänomene der benachbarten Lungenpartie sprachen differentialdiagnostisch gegen eine knotige Pleurahyalinose als Schattenkorrelat und für ein inzipientes Malignom der Pleura. Der Tumor konnte nur unter Mitnahme des anliegenden Rippenstücks und eines Teils der Lungenrinde exstirpiert werden. Das im Durchmesser 2 cm große Gewächs erwies sich histologisch als fibroplastisches Pleurasarkom (E.-Nr. 3212/71, Path. Inst. d. Krhs. Nordwest Frankfurt/M., Direktor: Prof. KAHLAU). K. S., 62jähr. ♂. Arch.-Nr. 2811 08791, Radiolog. Zentralinst. d. Krhs. Nordwest Frankfurt/M.

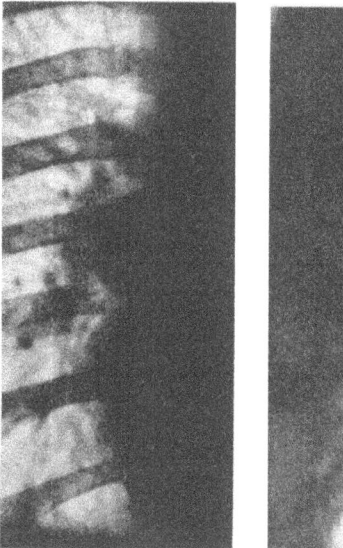
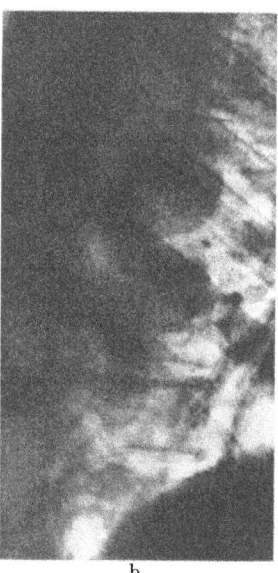

Abb. 279a u. b. *Paravertebrale Pleurahämatozelen nach Thoraxkontusion.* Die in Vorderansicht (a) und seitlicher Projektion (b) 18 Tage nach schwerem Verkehrsunfall erkennbaren rundlichen Schattengebilde an der Kontur des rechten hinteren Pleuromediastinalsinus waren mit intrapulmonalen Kontusionsherden verbunden (vgl. Abb. 244). Völlige Rückbildung bei späterer Kontrolle 5 Monate nach dem Trauma. [Nach HARDER, J., KOSMAOGLU, V.: Über posttraumatische Lungenrundherde. Radiologe 7, 321—324 (1967); Abb. 4a u. b]

knoten abdrängen und fast bis zum Hilus heranreichen (Abb. 280). Die innerhalb der schwielig gefesselten Lungenrinde von einer marginalen Bindegewebshülle umschlossenen weiche Koagula können sich der umgebenden Mantelschwarte mit flacher Form und

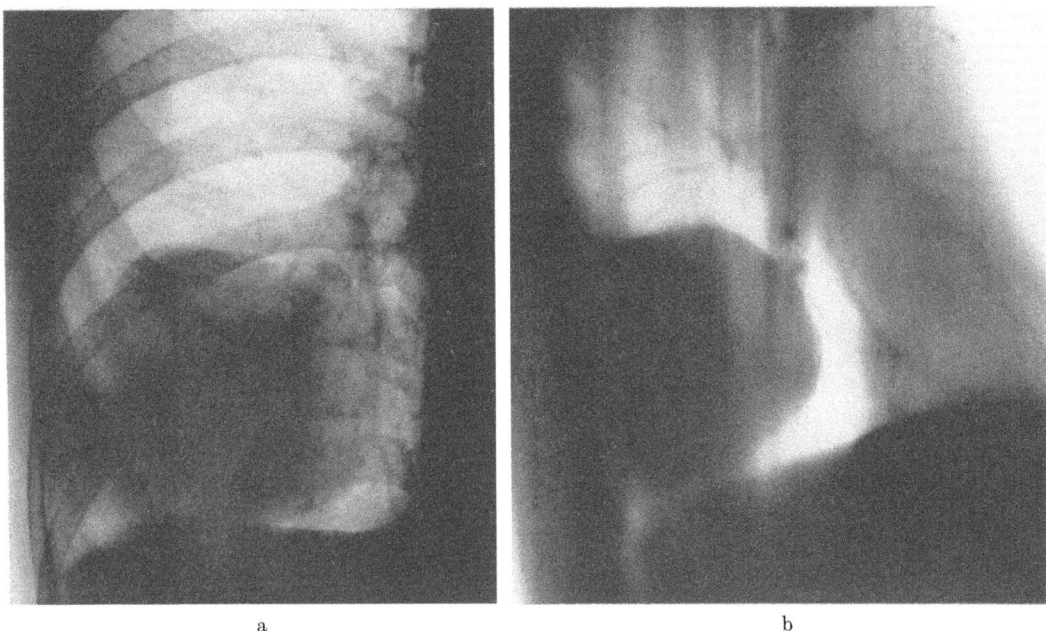

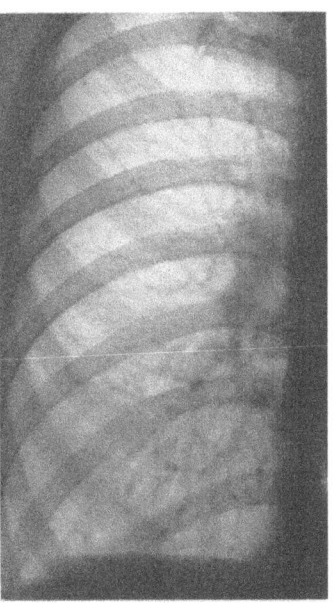

Abb. 280a—c. *Tumorartiges Erscheinungsbild einer Pleurahämatozele.* Röntgenologischer Zufallsbefund 3 Jahre nach einer Probepunktion wegen exsudativer Pleuritis. Die mit halbflüssigen Blutkoagula gefüllte Kammer war offenbar durch Verletzung eines Interkostalgefäßes entstanden. Einweisung in die Chir. Klinik d. Krhs. Nordwest (Direktor: Prof. E. UNGEHEUER) unter Verdacht auf peripheres Bronchialkarzinom. Da Anamnese und röntgenologischer Befund gegen diese Annahme und für ein hängendes Restexsudat sprachen, wurde eine Probepunktion vorgenommen, und der Inhalt der Hämatozele durch Spülung entleert. Nativaufnahme p.-a. (a) und Schichtbild 10 cm sinistro-dextral (b) vom 17. 4. 64 sowie Kontrollaufnahme p.-a. vom 21. 5. 64 (c) zeigen den Befund vor und nach Entleerung des von der hinteren Brustwand bis zum Hilus vorragenden Resthämatoms. R. S., 50jähr. ♀. Arch.-Nr. 2909 14822, Radiolog. Zentralinstitut d. Krhs. Nordwest Frankfurt/M.

stufenlosem Konturverlauf so anpassen, daß in tangentialer Grenzflächenprojektion der Eindruck einer neoplastischen Pleuraverdickung entsteht (Abb. 330).

Die Ähnlichkeit solcher Röntgenbefunde mit pleurogenen Tumoren ist beim Vergleich des von MEINARDUS publizierten großen Blutkoagulums in einer Lobektomie-Resthöhle mit dem von ARTZT beschriebenen Fibrom am Boden eines Pleurolyse-Hohlraums unverkennbar. Die Unterscheidung ist nach röntgenmorphologischen Kriterien bei einmaliger Untersuchung unmöglich. Sie kann nur auf Grund einer entsprechenden Vorgeschichte sowie der Form- und Größenkonstanz bzw. nachweislicher Wachstumstendenz des schattengebenden Gebildes im Vergleich zu früheren oder späteren Kontrollaufnahmen getroffen werden (ARTZT).

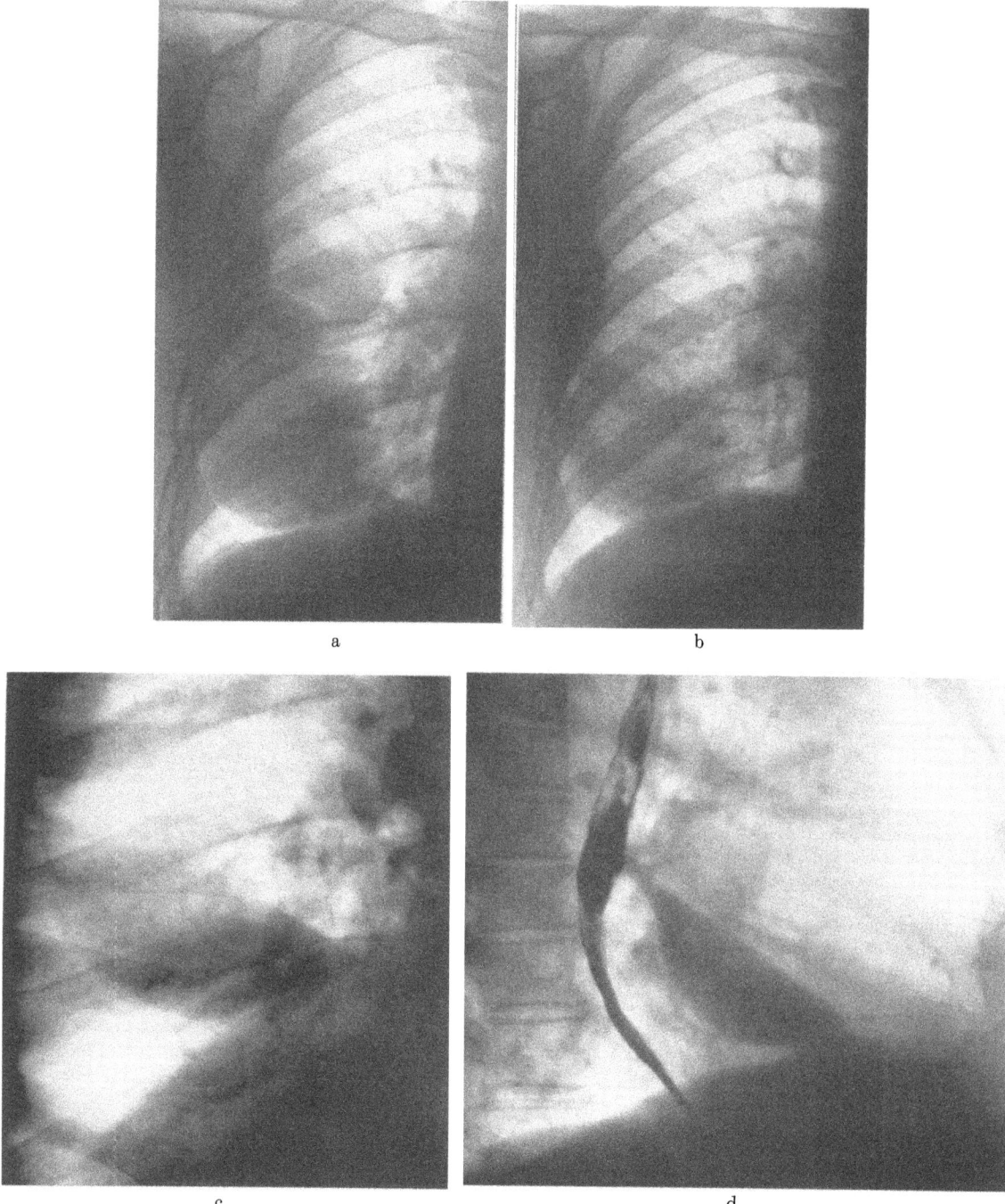

Abb. 281 a—d. *Teils interlobär, teils wandständig hängendes Stauungstranssudat bei dekompensiertem kombinierten Mitralvitium.* Klinikeinweisung unter Verdacht auf Pleuratumor. Der Ausschnitt der Thoraxübersichtsaufnahme vom 24. 7. 59 zeigt Transsudatkammern in allen 3 Spalten des rechten Interlobiums und über der axillaren Konvexität, die als rundliche, einander zum Teil überschneidende Schattenfiguren verschiedener Größe, Dichte und Konturschärfe imponieren (a). Kontrolle nach medikamentös eingeleiteter Rekompensation am 16. 8. 59: Rückbildung des Stauungsergusses bis auf einen schmalen, stellenweise noch gekammerten Mantelschatten und restliche Flüssigkeit in der unteren Hauptfissur (b), die in p.-a. Kreuzhohlstellung (c) und bei Frontaleinblick im Stehen (d) als typische, bis zur Lappenkommissur reichende Schattenspindel dargestellt ist, in Rechtsseitenlage aber zur äußeren Konvexität hin abfließt (vgl. Bd. IX/3, Abb. 246, S. 347). C. B., 71jähr. ♂. Arch.-Nr. 7141/59, Röntgenabtlg. d. Med. Univ.-Klinik u. Poliklinik Münster/W. (Direktor: Prof. W. H. HAUSS)

Tumorähnliche Erscheinungsbilder nach Art eines umschriebenen Pleuramesothelioms expansiver Wuchsart findet man häufiger beim *abgesackten Pleuraerguß und -empyem jeglicher Lokalisation* (ASSMANN; GERHARDT; SINGER; SAVY; FRAENKEL; BAUMGÄRTEL; GROEDEL; LENK; UDVARDY, D'HOUR; LOREY; POLICARD u. GALY; SERGENT; TESCHENDORF; DIETLEN; ZUPPINGER; KRAUS; RIGLER; WACHTLER; BARIÉTY u. COURY; PIES; WOLF; HECKMANN; OESER; KATZ; BALMÈS u. THÉVENET; OUDET, SICHEL, WAGNER, HUTT u. RUEBSAMEN; ROBBINS; NEUHOF u. COPLEMAN; KATZ u. REED; MONOD; LE MELLETIER u. VESLOT; SARROUY u. PHILIPPON; JARNIOU et al.; SHAKS u. KERLEY; STOREY; SCHNEIDER; LE MELLETIER, VESLOT u. BRACK; DUFOURT, BÉRARD u. FRAISSE; DUROUX, MARTY u. JARNIOU; PANAS; CECCINI; VIALA, PALIARD, REVOL u. CROIZAT; LAMERON, LENÈGRE u. BACH; MONGES, POINSO u. PROVANSAL; GOLDONI u. Mitarb.; SAMADEN; HOUART; TALNER; LOCKEY, LAPINSKI u. JOHNSON; KUNTZ; HAUBRICH u. a.).

Die Ursachen *interlobär gekammerter Stauungstranssudate*, deren rundlich-ovale Schattenfigur ein häufiges Objektdetail des Thoraxröntgenbildes bei kardialer Dekompensation darstellen, ist unschwer an der pathologischen Größen- und Formänderung des Herzens, vermehrter Lungenvenenfüllung und anderen Stauungssymptomen kenntlich (Kerley-B-Linien in den marginalen Abschnitten der Lungenbasen als Indiz anhaltender Druckerhöhung im venösen Schenkel des kleinen Kreislaufs, durch sekundäre Hämosiderose bedingte feinfleckig-miliare Lungengerüstverdichtung, Erweiterung des Azygosbogens im rechten oberen Tracheobronchialwinkel) (ASSMANN; TESCHENDORF; HELM; LAUBRY u. LENÈGRE; FLEISCHNER; UDVARDY; LENK; POLICARD u. GALY; STEINER; LAUBRY, LENÈGRE u. BACH; GROEDEL; WATERS; DUFOURT, BÉRARD u. FRAISSE; STEIN u. SCHWEDEL; SHANKS u. KERLEY; STEWART; KISER; STEELE; FREEDMAN; AUSTRIAN; VESELL; WEISS, BOUCOT u. GEFTER; STIVELMAN; MONOD; RIGLER; MILLER; ZADEK; STECKEN; RIST u. HAUTEFEUILLE; SONNAUER; MAESTRALI; BEHR; SHIFTLETT; LEVITIN; BEDFORD u. LOVIBOND; ROESLER; LUCHELLI u. PEDOJA; RÉVÈSZ; BOHARAS u. CRIEP; LAUFER; DI MAIO; ROBERTSON; LE MELETTIER, VESLOT u. BRACK; WESTERKAMP; SANTY, DE LÉOBARDY u. GALY; STEIN u. WEINSTEIN; REBOUL u. MARTIN; FELDMAN; RUSSAKOFF u. WEINBERG; NEWMAN u. JACOBSON; SCARINCI u. GRAMAZIO; HOUART; HODGSON, CALLAHAN, BRUWER u. BULBULIAN; KLOSK, BERNSTEIN, SIMON u. JOELSON; MÉRIEL, GALINIER u. DESANDRES; AUBERTIN, MARTIN u. CASTAING; WEISE; RABINOVA; DUFOURT u. BRUN; LE MELLETIER, VESLOT u. CATTAN; PAZZAGLIA; PARSONNET, KLOSK u. BERNSTEIN; CREIX-REBOUL, MARTIN, DELORME u. PÈNE; HIGGINS, JUERGENS, BRUWER u. PARKIN; VERNEIGES; PANAS; GEFTER, BOUCOT u. MARSHALL; BANGMA u. ROOSENBURG; CLERC, CRINQUETTE u. PAYEVILLE; VIDAL u. SALAGER; PEDOJA; LINQUETTE, GOUDEMANT, WAROT u. FOSATI; RACE, SCHEIFLEY u. EDWARDS; RATTI; MATTINA u. LEONE; HARRISON; WHITE et al.; MICHEL u. NÉEL; MUTU, MANOLIU, GRĂDINARU u. DIACONESCU; HALTER u. STUCKI; HAUBRICH; KUNTZ; JAKUBIUK u. KUCHARCZYK; WEINGÄRTNER; TILOT, LUSTMAN u. HENRY; CRUCHET u. LAUTIER; KATZ u. REED; MARCHESE, PAGLIARA u. SCARPONI; FEDER u. WILK; SHORT; SCHULZE u. a.).

Im Gegensatz zu *abgekapselten entzündlichen Ergüssen in den Lappenspalten* und zum gekammerten *Interlobär-Empyem* (UDVARDY; LOREY; FLEISCHNER; ASSMANN; TESCHENDORF; LENK; BÉRARD, FRAISSE u. DUMAREST; HENSEL; PRUVOST et al.; SANTY, DE LÉOBARDY u. GALY; PANAS; SCARINCI u. GRAMZIO; TURIAF, BLANCHON u. GALLOUÉDEC; ZIVY u. HÉLIE; PAOLINO u. TRONZANO; FELSON; SINGER; TRIVELLATO; MARCHESE, PAGLIARA u. SCARPONI u. a.) (Bd. IX/4b, Abb. 581) pflegt die vom Stauungstranssudat verursachte Verschattung mit der Rekompensation bald wieder zu verschwinden. Dieses Verhalten gab Anlaß zu der im angelsächsischen Schrifttum geläufigen Bezeichnung „*vanishing tumor*" bzw. „*phantom tumor*" (BEHR; FELDMAN; WEISS, BOUCOT u. GEFTER; MÉRIEL u. Mitarb.; GEFTER et al.; FEDER u. WILK).

Prüft man die *Lageverschieblichkeit* in Seiten- oder Kopfhängelage, so wird das zuvor im Stehen verschattete Interlobium ganz unvermittelt aufgehellt, wenn die bei aufrechter Haltung angesammelte Flüssigkeit durch den Lagewechsel zum äußeren Pleuraspalt oder

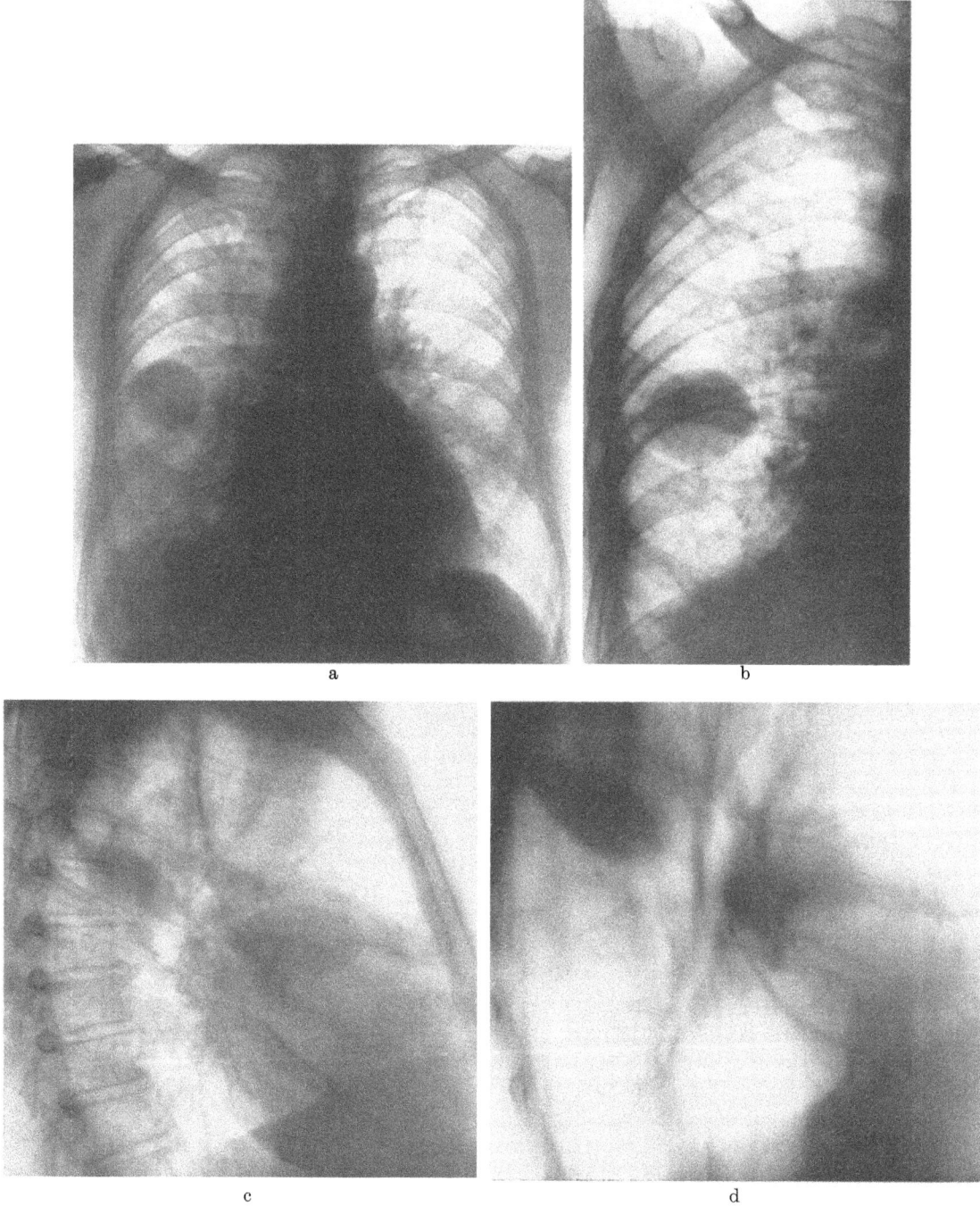

Abb. 282a—d. *Interlobär hängende Stauungsergüsse bei Hochdruckdekompensation*. Der Patient wurde der Chir. Univ.-Klinik Münster/W. (Direktor: Prof. P. SUNDER-PLASSMANN) *zur Resektion (!) eines ,,Rundherdes im rechten Lungenmittelfeld" (!) überwiesen*. Die Fehldeutung beruhte auf einseitiger Betrachtung und mangelhafter Bildanalyse. Unter Bettruhe und einschlägiger Medikation rasche Rekompensation mit völliger Rückbildung der Stauungstranssudate und der — zuvor unbeachtet gebliebenen — Lungenkongestion. Die Gegenüberstellung sagittaler Übersichts- und Ausschnittsaufnahmen (a und b) mit dem seitlichen Nativ- und Schichtbild in 10 cm Schnittiefe (c und d) zeigt den üblichen Projektionswandel im Schattenbild gekammerter Interlobärergüsse: je nach Grenzflächenprojektion wirkt die Schattenfigur in Vorderansicht rundlich-bikonvex und scharf begrenzt (Nebenspaltkammer) oder völlig verwaschen (Kammer im oberen Anteil der Hauptfissur), bei seitlichem Einblick dagegen typisch spindelförmig und glattrandig (beide Ergußkammern). Daneben kostopleuraler Mantelerguß rechts und beträchtliche Überfüllung der Lungenvenen bei deutlicher Linksverbreite-

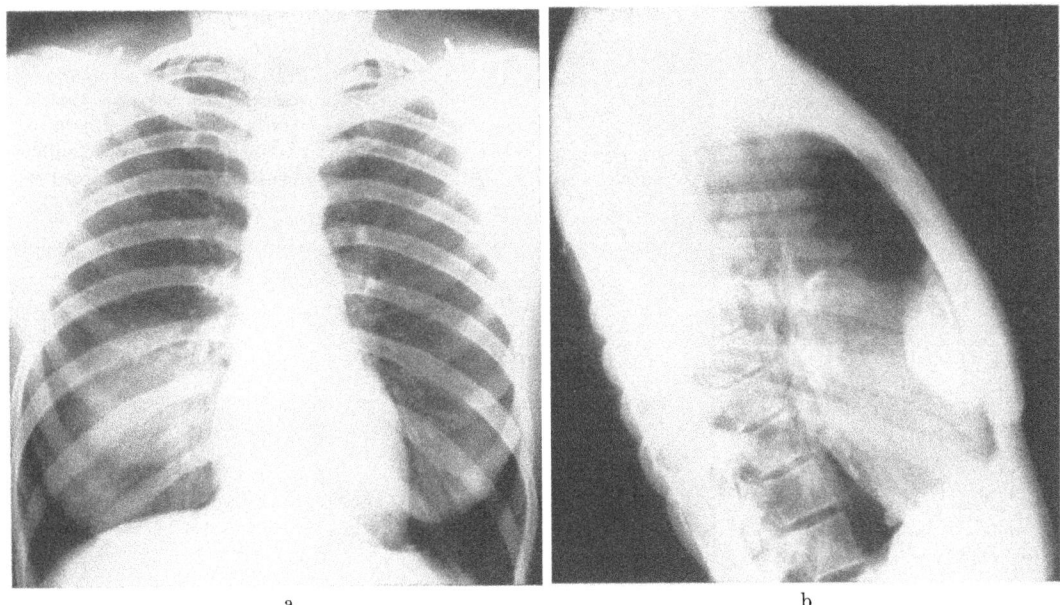

a b

Abb. 283a u. b. *Benignes lokalisiertes fibromatöses Mesotheliom der Pleura visceralis.* Längere Bronchitisanamnese mit gelegentlichen Asthmaanfällen. 2 Jahre zuvor unauffälliger Thoraxröntgenbefund. Seit einem Jahr unbestimmte Mißempfindungen im unteren vorderen Brustraum rechts. Subjektiv und objektiv sonst keine Krankheitserscheinungen. Der Tumorschatten wirkt auf dem p.-a. Nativbild wenig dicht und unscharf begrenzt (a), zeigt in seitlichem Strahlengang aber glattbogige lungenkonvexe Kontur (b). Nach dem Aspekt des Frontalbildes wurde eine Geschwulst parietalen Ursprungs vermutet, doch handelte es sich nach dem Operationsbefund um ein von der Pleura der vorderen Oberlappenkonvexität ausgehendes gestieltes Mesotheliom. R. T., 25jähr. ♀. [Nach BLOUNT, H. C.: Radiology **67**, 822—833 (1956), Fig. 7A und B]

kuppelwärts abfließt und dort als Begleitschatten der inneren Brustwand hervortritt (FLEISCHNER; POLGÁR; PARAF u. ZIVY; ZUPPINGER; LÄSER; SCHULZE u. BECKER u.a.) (vgl. Abb. 282a—d u. Abb. 246 im Bd. IX/3, S. 374). Interlobäre Ergußkammern mit dünnflüssigem Inhalt zeigen bei aufmerksamer Durchleuchtung oft deutliche *respiratorische Formbarkeit*, bisweilen auch *mitgeteilte herzsynchrone Randpulsation*, die man bei soliden Gebilden vermißt.

Isolierte Mesotheliomknoten des Interlobiums sind demgegenüber sehr selten (BLOUNT; DAVIS, PEABODY u. KATZ; ROSENKRANZ; BOREK, MACHOLDA u. ŽÁK; RATZER, POOL u. MELAMED; ZADEK; BREDNOW; FOSTER u. ACKERMAN) (Abb. 269 u. 270). Sie besetzen den jeweiligen Lappenspalt kaum in seiner ganzen Länge, wie dies beim diffusen Mesotheliomtyp zu beobachten ist (Abb. 319), erstrecken sich zudem im Gegensatz zum Interlobärerguß kaum über den Kommissurwinkel hinaus auf mehrere Anteile der fissuralen Y-Figur (Abb. 282). Differentialdiagnostisch beachtenswert ist schließlich der *unter veränderter Grenzflächenprojektion eintretende Wandel von Form, Dichte und Konturschärfe interlobärer Ergüsse:* in flächiger Aufsicht erscheint die bikonvex gewölbte Flüssigkeitskammer mit ihrer relativ schmalen, randwärts abgeflachten Strahlenabsorptionsschicht als verwaschene, wenig intensive Trübung, während sie in Tangentialprojektion der Lappenspalte wesentlich an Schattenintensität zunimmt und zugleich scharf abgesetzt, bei seitlichem Einblick gewöhnlich spindelig geformt, in Vorderansicht bei praller Füllung

rung des Herzens (mitralisierter Hochdruck). [Nach SCHULZE, W.: Röntgendiagnostische Irrtümer als Ursache thoraxchirurgischer Fehlindikationen. Langenbecks Arch. klin. Chir. **328**, 541—546 (1970); Abb. 1 und 2]. M.W., 72jähr. ♂. Arch.-Nr. 10113/61, Röntgenabtlg. d. Med. Univ.-Klinik u. Poliklinik Münster/W. (Direktor: Prof. W. H. HAUSS)

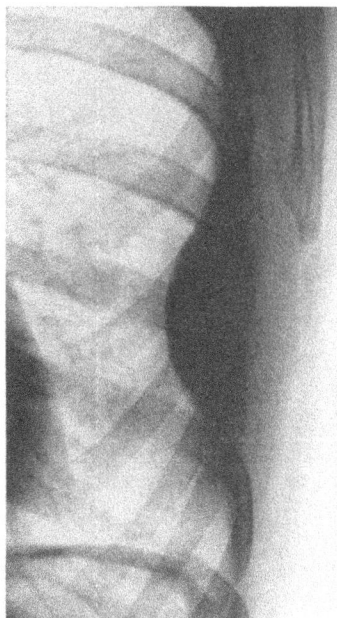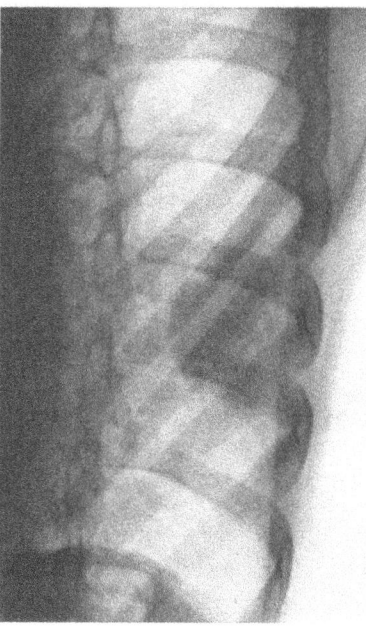

Abb. 284. *Wandständig hängende Pleuraempyemkammer mit partieller Verkalkung der umgebenden Schwiele*. Operativ verifiziert. L. F., 46jähr. ♀. Arch.-Nr. 0605 19032, Radiolog. Zentralinst. d. Krhs. Nordwest. Frankfurt/M.

unter Umständen ausgesprochen rundlich wirkt (Abb. 281a—d u. Abb. 282a—d). Die strahlenphysikalische Voraussetzung für das Zustandekommen des sog. „*Windfahnenphänomens*" (s. Bd. IX/3, S. 373) *fehlt beim fissuralen Mesotheliomknoten* wegen seines mehr oder weniger kugelig gerundeten, nicht fusiform zugespitzten Profils. An Hand dieser Gesichtspunkte ist es bei klarer räumlicher Orientierung einfach, die Differentialdiagnose zwischen Lappenspaltenerguß und Interlobärtumor zu stellen.

Mit einer röntgenologischen Substratdeutung, die sich lediglich auf den Sagittalaspekt eines *vermeintlichen „Lungen-Rundherdes"* (Révèsz; Tivenius; Verneiges; Scarinci u. Gramazio; Houart; Sarrouy u. Phillipon) gründet, das seitliche bzw. schräge Profilbild als ergänzende, in seiner abweichenden Charakteristik oft ausschlaggebende Informationsquelle (Fleischner; Clerc, Crinquette u. Payeville; Mériel et al.; Esser; Schulze u. Becker; Schulze u.a.) aber außer Betracht läßt und an weiteren bedeutsamen, offensichtlich pathologischen Objektdetails einfach vorbeigeht, gelangt man allerdings leicht zu therapeutisch verhängnisvollen Fehlschlüssen. Nur so ist die — Literaturberichten zufolge wiederholte — Vornahme von *Probethorakotomien bei Herzkranken mit interlobärem Stauungstranssudat wegen fälschlichen Tumorverdachts* zu erklären (Dufourt, Bérard u. Fraisse u.a.; s. auch Legende zu Abb. 282!).

Schwieriger ist die Abgrenzung eines breitbasig aufsitzenden Mesotheliomknotens von einem *wandständig hängenden Restexsudat*, dessen halbkugelig aus der Brustwandkontur oder Mediastinalsilhouette ins Lungenfeld ragenden Schatten durchaus ein Neoplasma vortäuschen kann (Assmann; Teschendorf; Herrnheiser; Savy; De Mussy; Groedel; Lenk; Zadek; Le Melletier; Oeser; Oudet et al.; Balmès u. Thévenet; Heckmann; Sarrouy u. Philippon; Duroux, Marty u. Jarniou; Monod u. Riche; Scarinci u. Gramazio; Bariéty u. Coury; Lorbacher; Métras, Warnery, Grégoire, Goupil u. Corolleur; Zuckschwert u. Zettel; Tivenius; Houart; Jarniou et al.; Monod; D'Hour; Oudet u. Mitarb.; Bertram u. v. Zezschwitz; Neuhof u. Copleman; Viala, Paliard, Revol u. Croizat; Böhm u. Sula; Shanks u. Kerley; Goldoni et al.; Parmeggiani u. Liguori; Marino u. Bini; Le Melletier u. Veslot; Gadekar u. Sarin; Fuchs; Storey; Talner; Carloni u. Falugiani; Cecchini u.a.) (vgl. Abb. 283 u. 284). Das gilt auch für ein lokales Hämatom oder *peripedunkuläres Empyem am Bronchusstumpf* nach Lobektomie (Matteo u. Beltrami; Fiumicelli). Umgekehrt ist das solitäre

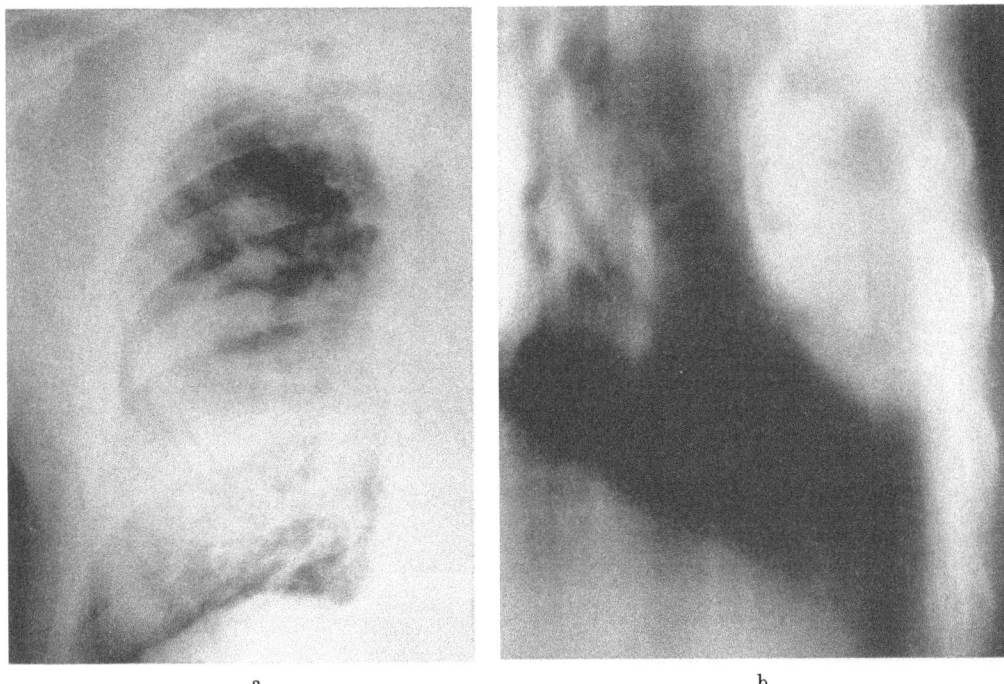

Abb. 285a u. b. *Parieto-pleuraler Senkungsabszeß bei Karies an der dorsalen Zirkumferenz der 7. Rippe mit gashaltigen Hohlräumen infolge broncho-pleuraler Fistelbildung.* Spätere bronchographische Fisteldarstellung und operative Verifizierung der röntgenologisch noch nicht sichtbaren kariösen Rippendestruktion. Thoraxnativaufnahme a.-p. (a) und Schichtbild sin.-dextr. 10 cm (b) (seitenverkehrt) vom 11. 10. 52. G. B., 53jähr. ♂. Beobachtung am Röntgeninstitut d. Med. Univ.-Klinik Leipzig (damal. Direktor: Prof. M. BÜRGER)

Mesotheliom mit einem an umschriebener Stelle abgesackten Empyem an der Brustwand oder Mediastinalgrenze zu verwechseln (BÖHM u. SULA). Ebenso kann der Schatten eines *kosto-pleuralen oder paravertebral abgesunkenen kalten Abszesses* irrtümlich für einen Tumor gehalten werden (ASKANAZY zit. n. LENK; SANTY, GALY, TOURAINE, RIFFAT u. FORT; RUBIN; ZUPPINGER; MÜLLY; FROIDERAUX) (Abb. 285—287). Ein *spondylitischer Halswirbelprozeß*, dessen Senkungsabszeß in die obere Brustkorbapertur herabreichen und mit heftigem Schulter-Nackenschmerz sowie neurologischen Erscheinungen des *Pancoast-Syndroms* einhergehen kann (SANTY et al.; MAHOUDEAU u. COURJARET), wird auf der Thoraxübersichtsaufnahme nicht ohne weiteres erfaßt oder in ungünstiger exzentrischer Projektion abgebildet. *Kariöse Rippendefekte*, deren röntgenologische Manifestation dem anatomischen Krankheitsgeschehen nachhinkt, sind auch später nicht immer so sinnfällig dargestellt, um sogleich entdeckt zu werden. Sie können andererseits im Hinblick auf den anliegenden weichteildichten Abszeßschatten als neoplastische Destruktion gedeutet werden. Eine *Rippenosteolyse* ist jedoch selbst *beim diffusen malignen Mesotheliom selten* (Abb. 278) und erst im Spätstadium des parietalen Durchbruchs nachzuweisen, während man *beim expansiven Wuchstyp allenfalls glattrandige kostale Druckusuren* wie bei interkostalen Neurofibromen findet (Abb. 329). Bei Fehlen sichtbarer Osteodestruktion einer Rippenkaries kann das Hinzutreten einer broncho-pleuralen Fistel mit markanten Aufhellungen in der Schattenfigur des randständigen Kongestionsabszesses differentialdiagnostisch auf die richtige Spur lenken (Abb. 285).

Die röntgenologische Differenzierung wird erschwert, wenn die entzündliche Pleuraexsudation ohne merkliche Krankheitssymptome entsteht oder erst lange nach Abklingen des auslösenden Grundleidens (z. B. metatuberkulöses oder metapneumonisches Empyem) entdeckt wird (BRUNNER; KOVÁTS u. NYIREDI; SCHULZE). Die auffällige *herz- bzw. gefäß-*

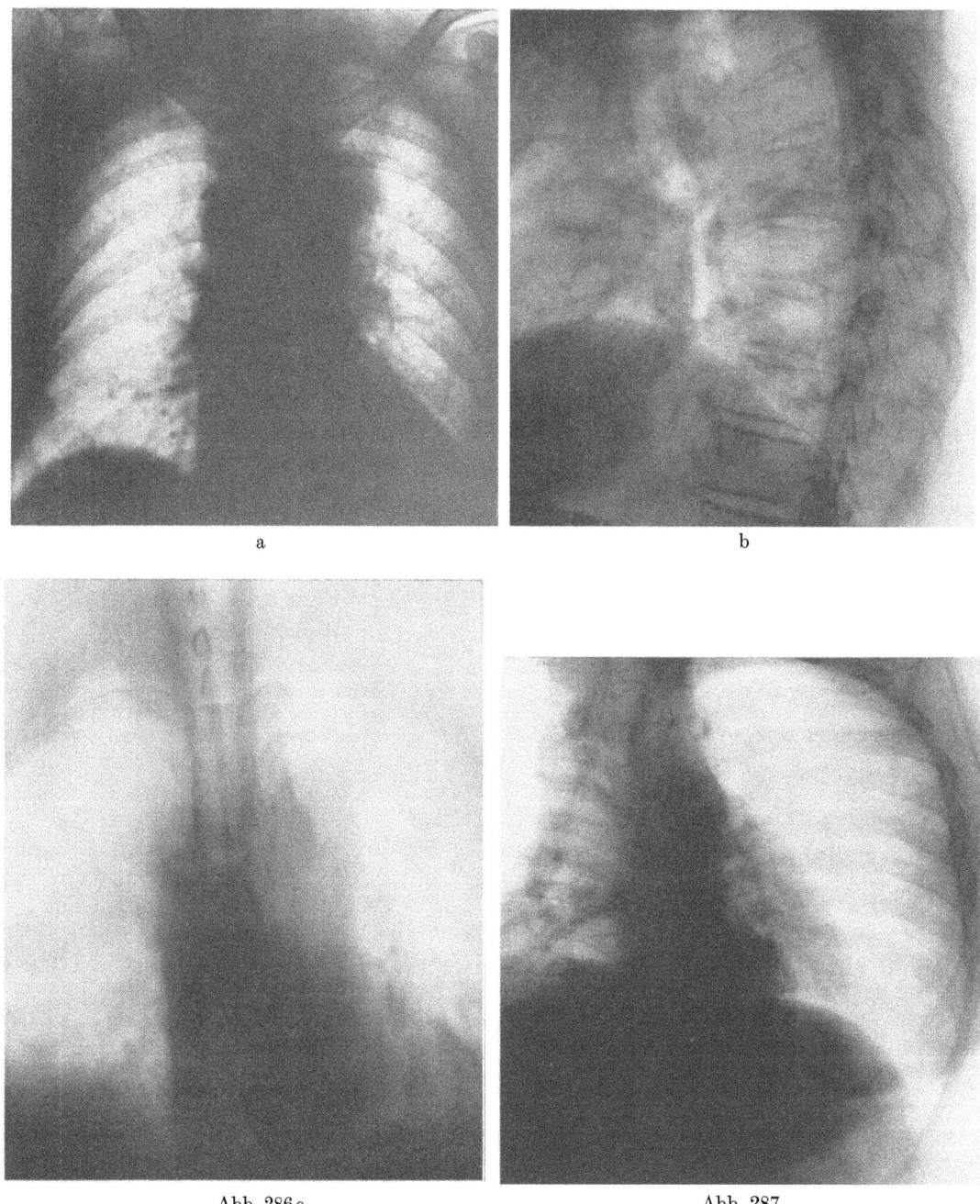

Abb. 286c Abb. 287

Abb. 286a—c. *Spondylogener Mediastinalabszeß bei Querschnittslähmung infolge kariöser Destruktion des 6. und 7. Brustwirbels.* Die Patientin wurde auf Grund des lungenwärts vorragenden Abszeßschattens unter Tumorverdacht in die Med. Univ.-Klinik Leipzig eingewiesen. Die Verbreiterung der oberen Mediastinalsilhouette nach rechts (a Kontrollaufnahme a.-p. vom 29. 1. 53) war nach der im seitlichen Übersichtsbild (b) und Schichtbild vom gleichen Tage (c 6 cm a.-p.) offensichtlichen spondylitischen Wirbeldestruktion nicht auf eine pleuro- oder bronchogene Geschwulst zu beziehen, sondern mit Sicherheit als Senkungsabszeß zu deuten. E. K., 64jähr. ♀. Arch.-Nr. 698/1953, Röntgeninstitut d. Med. Univ.-Klinik Leipzig (damal. Direktor: Prof. M. BÜRGER)

Abb. 287. *Halbkugeliger Schatten eines kalten Abszesses im linken paravertebralen Zwerchfellwinkel bei hochgradiger Thoraxdeformität durch spitzwinkeligen Gibbus nach alter Spondylitis tuberculosa mit mehrfacher Blockwirbelbildung.* Zielaufnahme a.-p. A.W., 62jähr. ♀. Arch.-Nr. 1703 06952, Radiolog. Zentralinstitut d. Krhs. Nordwest Frankfurt/M.

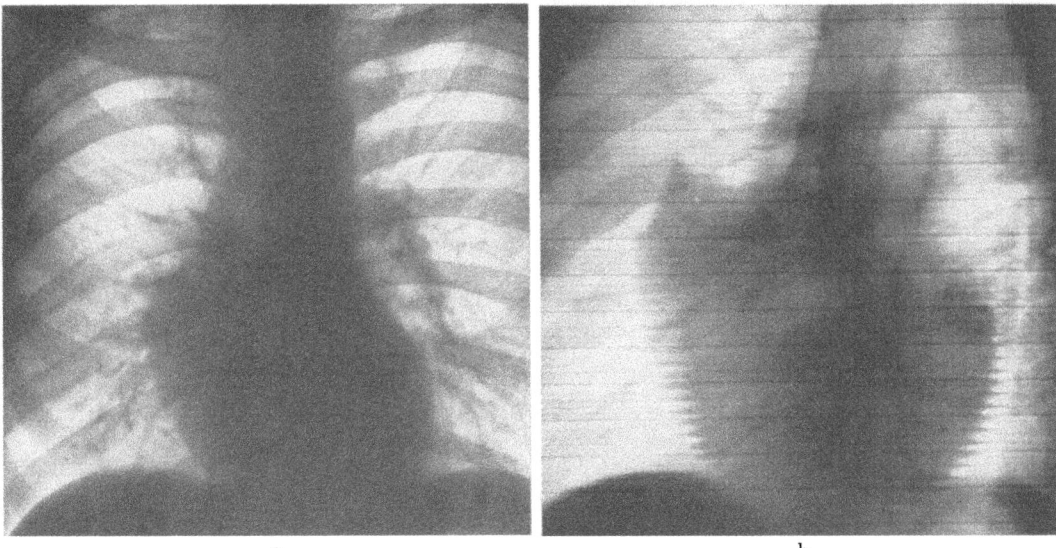

Abb. 288a u. b. *Parakardial abgesacktes Exsudat im ventro-basalen Pleuromediastinalsinus.* Der in Vorderansicht den rechten Herzrand glattbogig überragende Ergußschatten (a Summationsaufnahme) zeigte im 2. Schrägdurchmesser mehrere spitze Konturzipfel infolge Adhäsion an der vorderen Konvexität und an der Mündung der interlobären Nebenspalte. Die ausgesprochene Schleuderpulsation (b Flächenkymogramm in gleicher Projektion) war sicheres Indiz einer parakardial hängenden Ergußkammer und ließ eine solide Geschwulst als Schattenkorrelat ausschließen. Die Thorakotomie ergab ein dünnflüssiges spezifisches Pleuraempyem bei älteren tuberkulösen Veränderungen in der rechten Unterlappenspitze (Op.: Doz. Dr. F. HEINE, Freiluftabtlg. d. Med. Univ.-Klinik u. Poliklinik Münster/W.). R. S., 36jähr. ♂. Arch.-Nr. 3756/61, Röntgenabtlg. d. Med. Univ.-Klinik u. Poliklinik Münster/W. (Direktor: Prof. W. H. HAUSS)

synchrone Schleuderpulsation, die am freien Rand *parakardial abgesackter zartwandiger Flüssigkeitsansammlungen* oder großen Gefäßstämmen benachbarter Zysten auftritt (VOGT u.a.) (Abb. 126 u. 288; s. auch S. 259 u. 339), ist *beim derb verschwielten, mehrfach gekammerten Pleuraempyem* gleicher Lage *zu vermissen*. Ist der eiternde Prozeß noch relativ floride, so fehlt auch das *für inveterierte Empyem typische und häufige Leitmerkmal einer ossifizierenden Periostitis der angrenzenden Rippen* (Abb. 310). Der Exsudatdruck kann die viszerale Wand des prall gefüllten Eitersacks — nach Art des bei großen Hämatozelen beschriebenen Befundes (Abb. 280) — weit hiluswärts in das Lungenparenchym hineinwölben (Abb. 289). Mit zunehmender Expansion entstehen schalenförmige Atelektasesäume. Schließlich kann ein ganzes Lobärareal — zumeist der Unterlappen — infolge Immobilisation oder obstruktiver Belüftungssperre durch bronchographisch nachweisliche Kompressionsstenose mittlerer bis großkalibriger Bronchien (FARIÑAS; STUTZ u. VIETEN; DI RIENZO; HUIZINGA u. SMELT; DI RIENZO u. WEBER; CARPEDE; HOURAT u. MAZZEI; DI GUGLIELMO u. CATTANEO; BRAUN-WOTKE) luftleer werden.

Dieselbe Entwicklung sieht man bei mesothelialen, insbesondere bei fibrosarkomatösen Riesengewächsen der Pleura (s. S. 463 u. 536), deren Schattenkomplex bei hinzutretender Entspannungs- bzw. Kompressionsatelektase seine sonstige Konturschärfe am lungenwärts gerichteten Rand streckenweise oder gänzlich verliert. Im Extremfall führt das expansive Wachstum zu intensiver Halbseitenverschattung mit Verdrängung der Mediastinalorgane.

Als typisches Kompressionssymptom gilt dabei der gleichzeitige Verschluß aller Lappenbronchien bei erhaltener Durchgängigkeit des zuführenden Hauptbronchus, der im Schichtbild oder bronchographisch lediglich verlagert und von lateral bogig eingedellt erscheint (BRAUN-WOTKE). Bi- bzw. trilokuläre Bronchostenosen dieser Art (Abb. 316; vgl. Bd. IX/3, Abb. 8e, S. 14 u. Bd. IX/4b, Abb. 277) sind als Indiz kompressionsbedingter Minderbelüftung

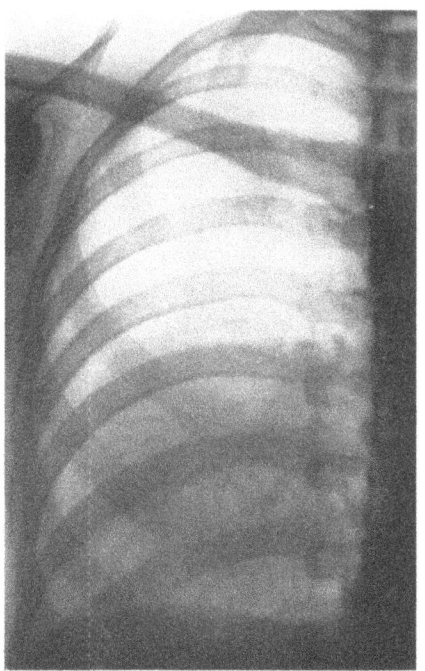

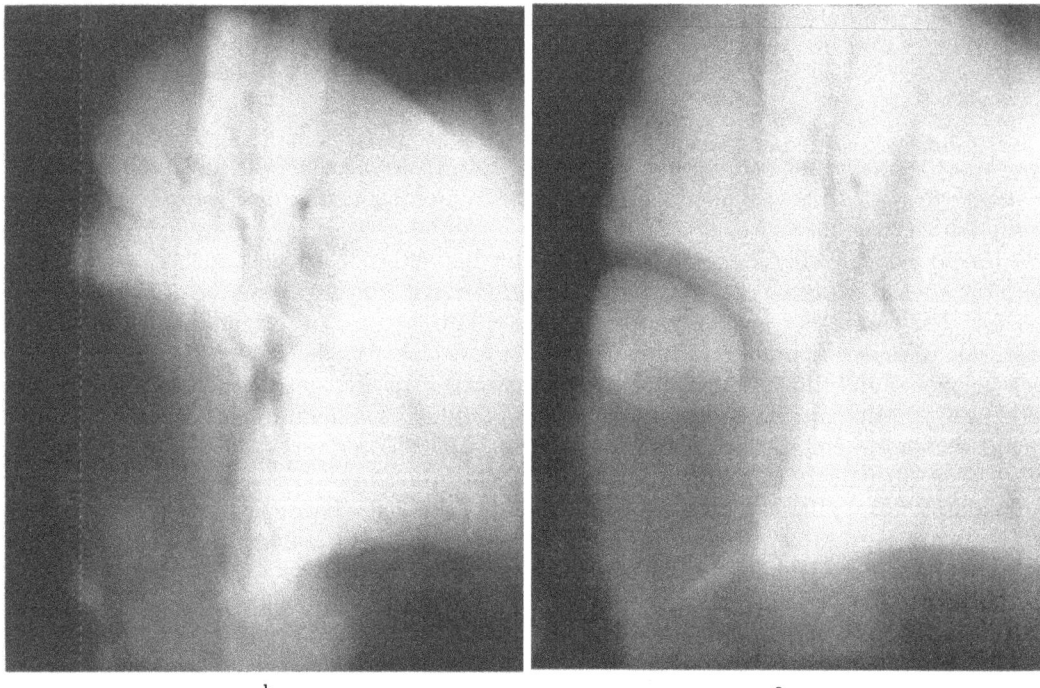

Abb. 289a—c. *Gekammertes Pleuraempyem über der dorsalen Konvexität des rechten Unterlappens.* Röntgenologischer Befund bei ungeklärten Fieberschüben nach eitriger Angina tonsillaris. Die über faustgroße Exsudatkammer, durch deren in Vorderansicht unscharf konturierten Schatten die Gefäßstrukturen der Lungenbasis hindurchschimmern (a Ausschnitt der Thoraxübersichtsaufnahme p.-a.), imponiert in Frontalprojektion als rundliches, gegenüber dem verdrängten Unterlappenparenchym bogig abgesetztes expansives Gebilde, das fast bis zum unteren Hiluspol heranreicht (b und c Schichtbilder 9 cm sin.-dextr. vor und nach Probepunktion). M. T., 31jähr. ♀. Arch.-Nr. 4076 u. 4203/62, Röntgenabtlg. d. Med. Univ.-Klinik Münster/W. (Direktor: Prof. W. H. HAUSS)

bei ausgedehnten Pleuramesotheliomen ebenso geläufig wie beim massiven Pleuraerguß (BRAUN-WOTKE). Da sich natives Schattenbild und physikalischer Befund unter beiden Bedingungen gleichen, und sonstige klinische Zeichen nicht notwendigerweise für die Differentialdiagnose schlüssig sind, bleibt die Klärung oft der Probepunktion bzw. chirurgischen Maßnahmen überlassen. Auch Ursprung und Natur umschriebener Empyemkammern

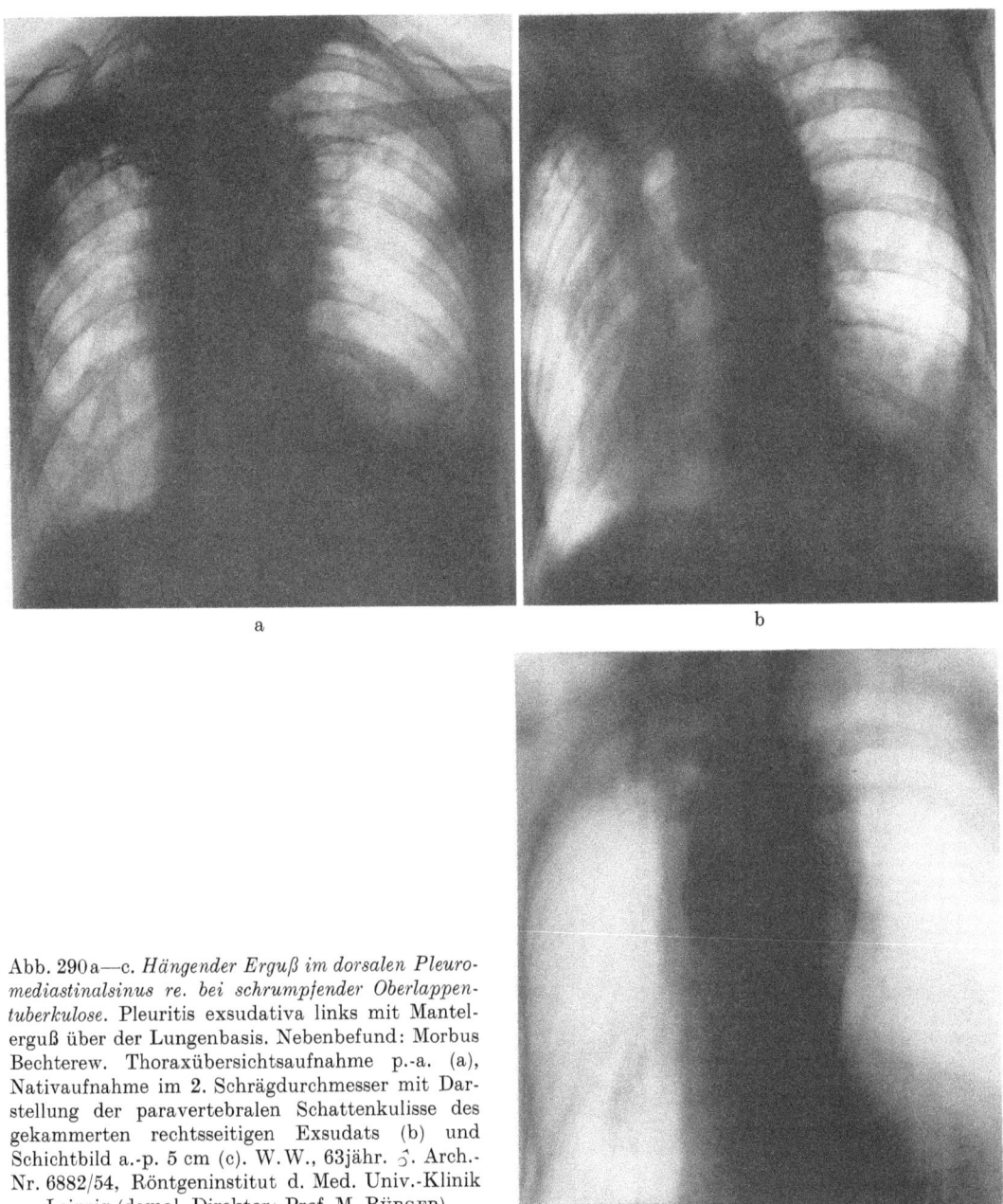

Abb. 290a—c. *Hängender Erguß im dorsalen Pleuromediastinalsinus re. bei schrumpfender Oberlappentuberkulose.* Pleuritis exsudativa links mit Mantelerguß über der Lungenbasis. Nebenbefund: Morbus Bechterew. Thoraxübersichtsaufnahme p.-a. (a), Nativaufnahme im 2. Schrägdurchmesser mit Darstellung der paravertebralen Schattenkulisse des gekammerten rechtsseitigen Exsudats (b) und Schichtbild a.-p. 5 cm (c). W.W., 63jähr. ♂. Arch.-Nr. 6882/54, Röntgeninstitut d. Med. Univ.-Klinik Leipzig (damal. Direktor: Prof. M. BÜRGER)

sind bei Fehlen anamnestisch-klinischer Hinweise röntgenologisch nur zu ergründen, wenn sich Relikte pneumonischer Anschoppung, benachbarte Tuberkuloseherde oder ossifizierende Periostauflagerungen an den angrenzenden Rippen zeigen, wenn sich eine innere broncho-pleurale Fistel darstellen läßt, oder andere Leitmerkmale vorliegen (Nachweis lufthaltiger Hohlräume im bröckelig eingedickten Inhalt fisteldrainierter parietaler Empyemkammern, kariöse Rippen- oder Wirbelherde) (Abb. 285 u. 286).

Ein Punktionsversuch verbietet sich strikt bei klinisch-röntgenologischem Verdacht auf eine Hydatidose (s. S. 337), die zu *parakardialer* (VOIGT), *interlobärer* (LAMA) *oder intrapleuro-parietaler Echinokokkusansiedelung* (DÉVÉ; SAUERBRUCH; YBARZ; BRUNEL; RAVERA; BROCARD, BRINCOURT u. BRUNEL; ADAMOLI u. PETRUSSA; YBARZ u. PURRIEL;

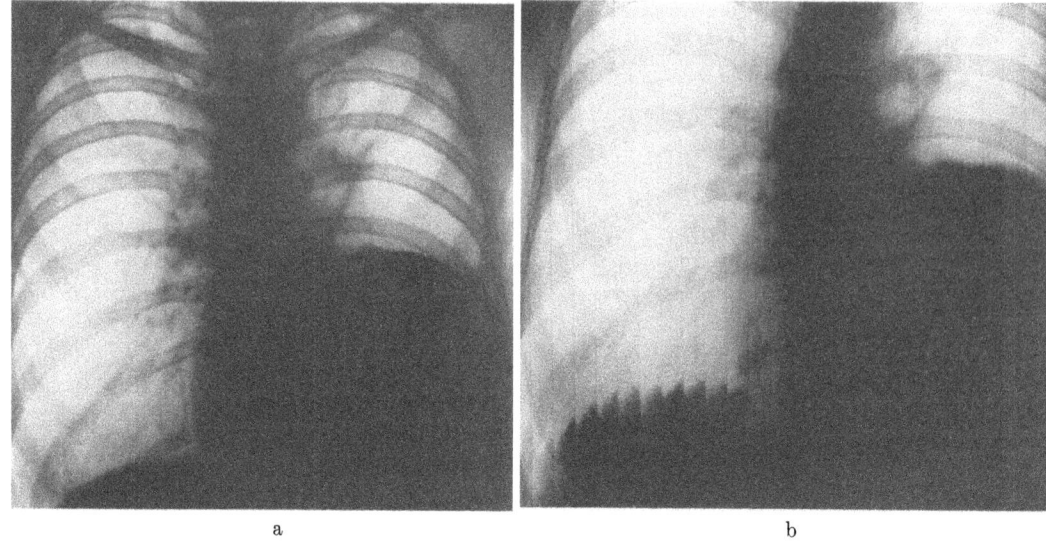

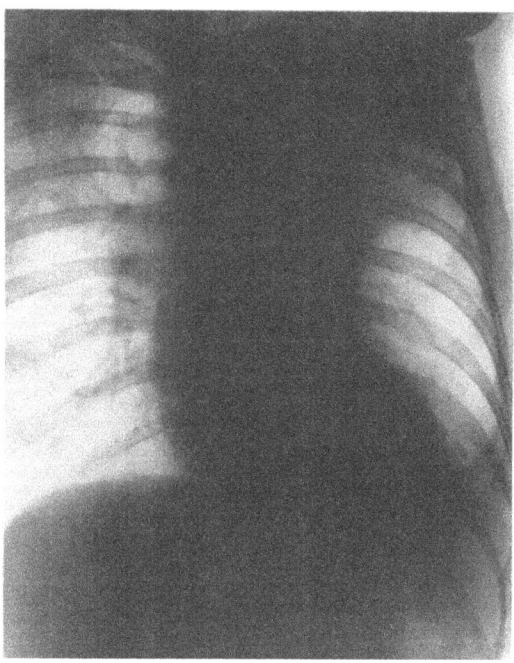

Abb. 291 a—c. *Infrapulmonaler Pleuraerguß.* Der in aufrechter Körperhaltung kranial konvexbogig begrenzte Erguß (a) zeigt kymographisch herzsynchrone Pulsation (b) und fließt in Kopfhängelage unter Freigabe des basalen Pleurasinus zur Thoraxkuppel ab (c). Die Beachtung dieses Verhaltens und einer geringen interlobären Flüssigkeitsansammlung (a) schützt vor der — besonders bei rechtsseitiger Ergußlokalisation denkbaren — Verwechselung mit unilateralem Zwerchfellhochstand. M. K., 58jähr. ♀. Arch.-Nr. 6819/54, Röntgeninstitut d. Med. Univ.-Klinik Leipzig (damal. Direktor: Prof. M. BÜRGER)

UGON; MÜLLY) (Bd. IX/4b, Abb. 581), bei entsprechender Lage auch zur Entwicklung eines Pancoast-Syndroms führen kann (MAZZONI u. DI PIETRO; D'ESHONGUES u. HOUËL; MASSENTI u. RACUGNO). Ein Parasitenbefall der Pleurahöhle, der das Schattenbild wandständiger oder interlobärer Mesotheliomknoten nachahmt, ist allerdings auch in den endemischen Verbreitungsgebieten der Krankheit ungewöhnlich; denn die Pleurabeteiligung kommt in der Regel durch Ruptur kortikal gelegener pulmonaler Mutterblasen zustande und imponiert als Fluido-Pneumothorax (s. Abb. 177h). Das Vorkommnis *intrapleuraler Dermoidzysten* hat für die Differentialdiagnose umschriebener Pleuratumoren gleichfalls nur die Bedeutung einer Rarität (S. 246).

Die besondere Problematik des *mit flächiger Geschwulstausbreitung in der Pleurakuppel verbundenen Pancoast-Syndroms* (Abb. 312) wird im Zusammenhang mit den beetartig wachsenden Mesotheliomformen erörtert (s. S. 523).

Abb. 292. *An der unteren Hauptfissur infrapulmonal abgesacktes Pleuraempyem bei peripherem Bronchialkrebs im anterobasalen Segment des rechten Unterlappens.* Der auf dem seitlichen Schichtbild (9 cm sin.-dextral) vom Empyemschatten verdeckte Tumor wurde durch Pneumonektomie (Op.: O.A. Dr. März) in der Chir. Klinik d. Krhs. Nordwest Frankfurt/M. (Direktor: Prof. Ungeheuer) entfernt. Histologischer Befund: undifferenziertes Karzinom mit abszedierender Pneumonie im abhängigen Segment und gekammerten Pleuraempyem (E.-Nr. 12480/68, Path. Inst. d. Krhs. Nordwest Frankfurt/M., Direktor: Prof. Kahlau). W. B., 46jähr. ♂. Arch.-Nr. 2811 21041, Radiolog. Zentralinstitut d. Krhs. Nordwest Frankfurt a. M.

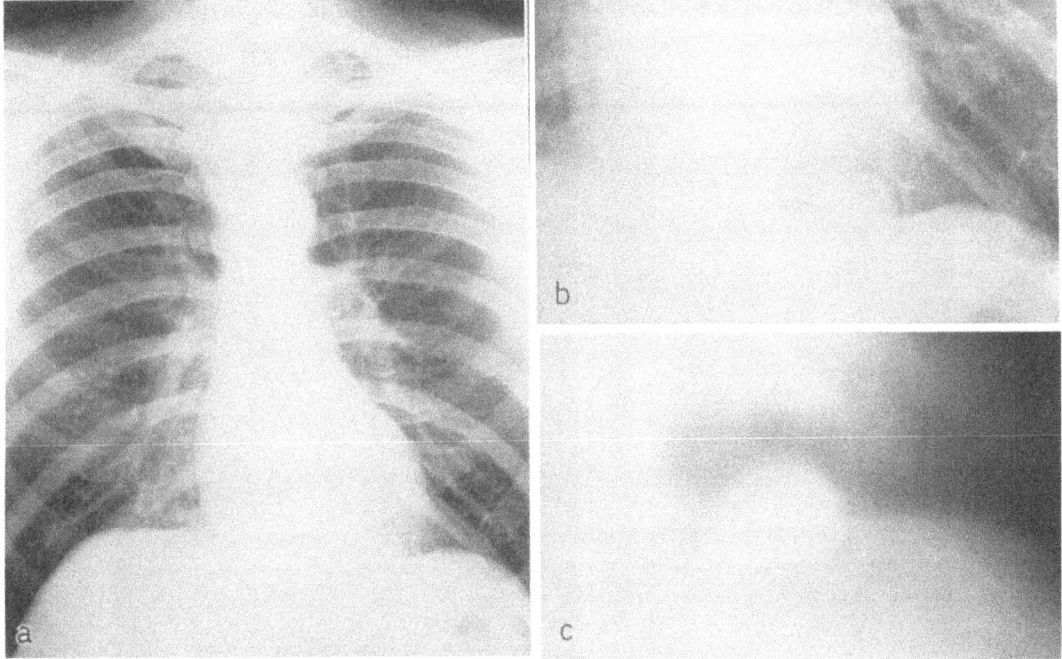

Abb. 293 a—c. *Gutartiges lokalisiertes Mesotheliom der Pleura diaphragmatica sinistra.* Der klinisch stumme Tumor war bei einer Röntgen-Reihenuntersuchung auf dem p.-a. Nativbild (a Übersicht, b Ausschnitt) innerhalb der Herzsilhouette aufgefallen und auf Schichtaufnahmen als dichtes oväläres Schattengebilde vom Zwerchfellbogen gut abzugrenzen (c). Histologie: Gestieltes fibromatöses Pleuramesotheliom, bindegewebig abgekapselt ohne Anzeichen subpleuraler Ausdehnung. E. S., 47jähr. ♀. [Nach Blount, H. C.: Radiology **67**, 822—833 (1956); Fig. 5A—C]

Das *infrapulmonal abgesackte Pleuraexsudat* bietet mitunter ähnliche differentialdiagnostische Schwierigkeiten wie randständige Ergüsse. Eine große, unter der ganzen Lungenbasis verteilte Flüssigkeitsansammlung wirkt zwar kaum geschwulstverdächtig, sondern ruft eher das Trugbild einseitigen Zwerchfellhochstandes hervor (Assmann; Teschendorf; Rothstein u. Landis; Yater u. Rodis; Lipschuetz; Rigler; Katz; Daniello; Friedman; Haubrich; Zuppinger; Paraf u. Zivy; De Moraes; Trizzino;

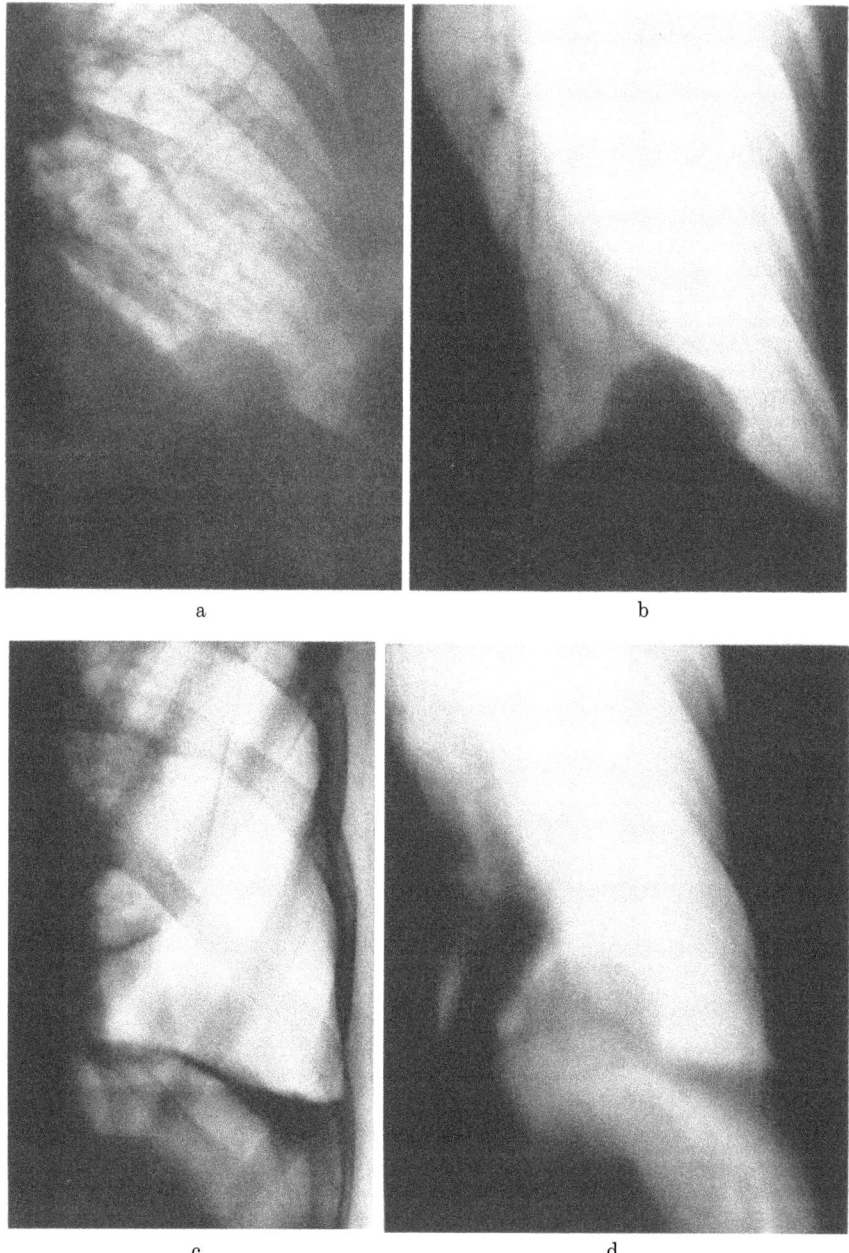

Abb. 294 a—e. *Pleurogene Mesothelzyste am lumbalen Zwerchfellplateau links.* Durch Thorakozentese bestätigter Befund. Darstellung der breitbasig adhärenten ovalären Zyste als glattkonturierter pflaumengroßer Schatten im Ausschnitt der Übersichtsaufnahme p.-a. (a), auf dem Schichtbild 9 cm a.-p. (b) und nach Anlage einer diagnostischen Pneumothorax und Pneumoperitoneums auf der Zielaufnahme p.-a. (c) sowie auf Schichtbildern 8 cm a.-p. (d) und 8 cm dextro-sin. (e). M. N., 62jähr. ♀. Arch.-Nr. 2377/61, Röntgenabtlg. d. Med. Univ.-Klinik u. Poliklinik Münster/W. (Direktor: Prof. W. H. HAUSS)

KAUNITZ; MORR; TAGUCHI u. DRESSLER; WILSON; KATZ u. REED; SHANKS u. KERLEY; STOREY; DILLON; MEYLER u. HUIZINGA; CINCOTTI, ALLISON u. NILSSON; JONES; PARSONNET, KLOSK u. BERNSTEIN; DEMIRAL u. JUCKER; BOMPIANI; BARRY; MUSSA u. PEZZINATI; TOUŠEK; TORELLI; PETERSEN; MORAWITZ; WILSON; STEINBERG, BLUTH u. STEGER; ZÜHLKE u. MATTHES; JACCARD; SAMADEN; WACHTLER; SCHULZE u. a.). Der trügerische Eindruck

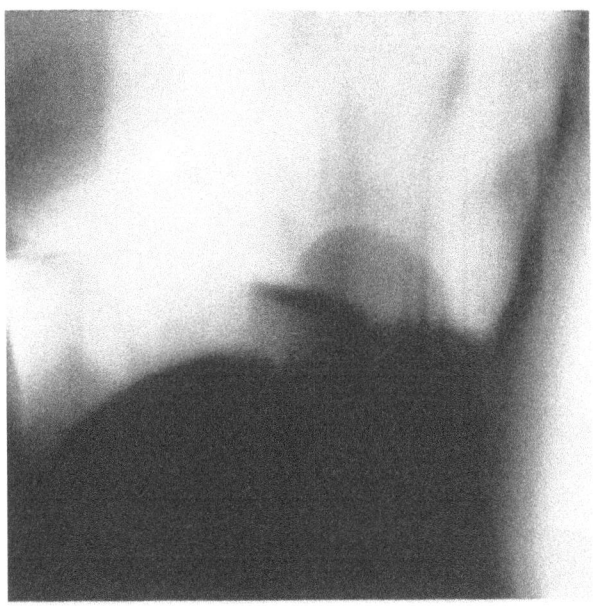

Abb. 294e

ist zudem leicht zu korrigieren (Prüfung der Lageverschieblichkeit, Nachweis fehlender Bewegungsparadoxie beim Schnupfversuch, Beachtung der Distanzzunahme zwischen dem lufthaltigen Magengewölbe und dem oberen Schattenrand sowie dessen pulsatorischer Mitbewegung im Rhythmus der Herztätigkeit bei Apnoe) (Kymogramm s. Abb. 292!). Nötigenfalls ist die glatte diaphragmale Ergußgrenze im Pneumoperitoneum darzustellen.

Anders ist es mit persistierenden Ergußkammern, die nur einen Teilsektor der Zwerchfellwölbung halbkugelig oder ellipsenförmig überragen (DE MUSSY; WESTERMARK; RIGLER; KATZ u. REED; DANIELLO; TORELLI; RABIN; KAUNITZ; FRIEDMAN; PETERSEN; SHANKS u. KERLEY; STOREY; HESSEN; WILSON; SWANSSON; BARRY; TOUŠEK; SAMADEN u.a.) (Abb. 291) oder im Herz-Zwerchfellwinkel auftauchen (ROCHE) und den Schattenumriß dort gelegener Mesotheliomknoten (BLOUNT; ROSENTHAL u. FRISSELL; GALE u. EDWARDS u.a.) (Abb. 293) imitieren können.

Die respiratorische Formbarkeit und kymographisch nachweisliche herzsynchrone Pulsationsphänomene können für die Unterscheidung zwischen dünnwandiger Flüssigkeitskammer und solidem Gewächs maßgeblich sein. Die dynamischen Differenzkriterien lassen allerdings im Stich, wenn ein basal abgesacktes Exsudat mehrfach gekammert, in breite Schwielen eingebettet oder sehr eingedickt ist. Ihr differentialdiagnostischer Wert hängt bei zystischen Gebilden, die nach Form und Lage völlig identische Röntgenbefunde liefern können (vgl. Abb. 293 u. 294!), von der Größe, Bauart und Wandstärke sowie vom Sitz und Binnendruck der flüssigkeitshaltigen Hohlräume ab. Bei kleinen, dickwandigen, mehrkammerigen oder prall gefüllten Zysten sind respirationsabhängige Umformung und mitgeteilte Randpulsationen weniger ausgeprägt als bei großen, schlaffen dünnwandigen Einzelblasen, die dem Herzen und Zwerchfell unmittelbar anliegen (siehe S. 503 u. Abb. 324).

Dieser generelle Sachverhalt bestätigt sich bei zwerchfellnahen *pleurogenen Mesothelzysten* (D'ABREU; CRADDOCK; PICKHARDT; ROSENTHAL u. FRISSELL; CLOUGH u. BEIRNE; LONGRÉE; BISHOP u. LIPIN; NYLANDER, ELFRING u. VIIKARI; BOLIVAR; KESSLER u. MAIER; AUFSES u. OSEASOHN; NYLANDER u. VIIKARI; CRUICKSHANK u. CRUICKSHANK; FELDER; KAGANSKII; AARON u.a.) (Abb. 294 u. 324, S. 540), *perikardialen Zölomzysten* (SANTY, BÉRARD u. GALY; JAUBERT DE BEAUJEU; WELLENS u. SWARTENBROEKX;

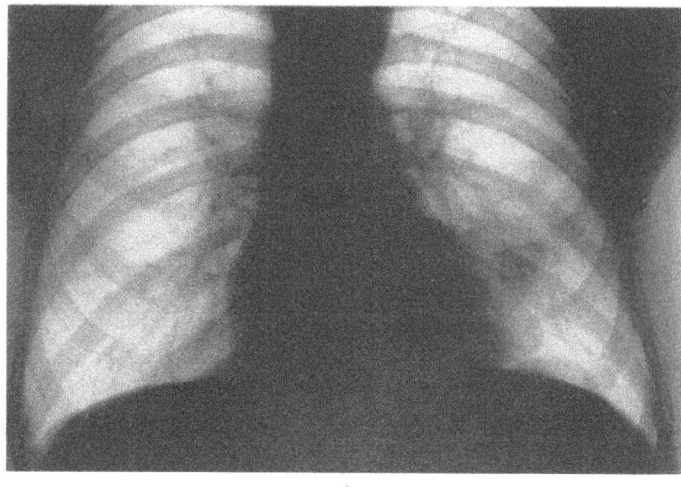
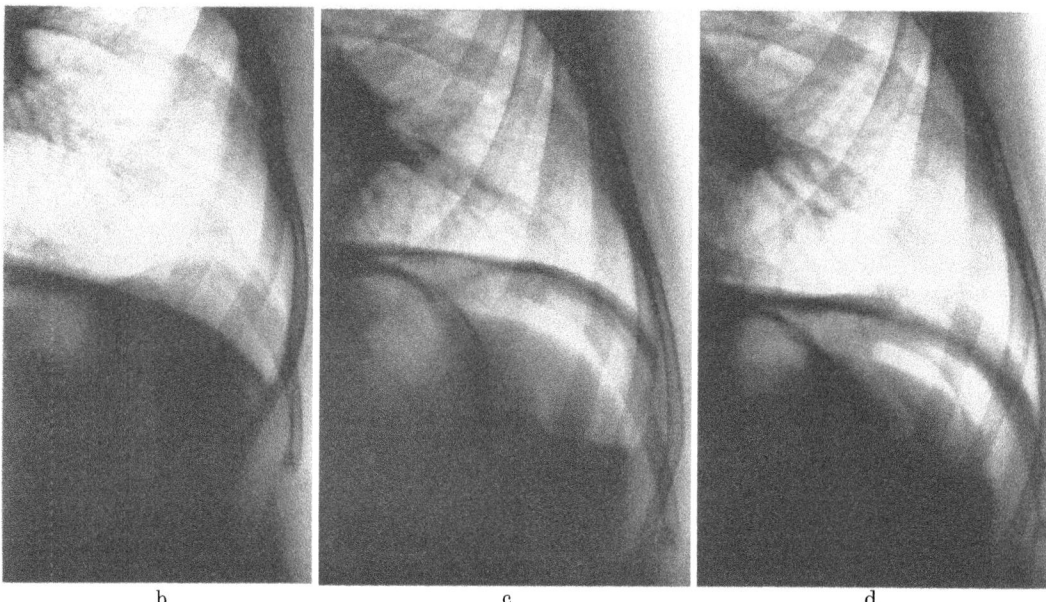

Abb. 295 a—d. *Latero-dorsaler Zwerchfellbuckel links (partielle Relaxatio diaphragmatica) bei Bronchialkarzinom der Lingula.* Die in Vorderansicht (a) und 2. Schrägprojektion (b) dargestellte flachbogige Vorwölbung der portio lumbalis des linken Hemidiaphragma war bei Durchleuchtung nur in der ersten Hälfte der Inspirationsphase sichtbar, verschwand auf der Höhe des Inspiriums und blieb während Ausatmung unsichtbar. Das für eine umschriebene Relaxatio typische atemdynamische Verhalten ist auch auf Zielaufnahmen bei Exspiration (c) und Einatmung (d) nach Anlage eines Pneumoperitoneum erkennbar. Pneumoradiographisch kein Anhalt für neoplastische Infiltration des betreffenden Zwerchfellsektors bzw. der basalen Pleura, die als Metastase des Bronchialkarzinoms gedeutet werden könnte. H. L., 63jähr. ♂. Arch.-Nr. 7708/60, Röntgenabtlg. d. Med. Univ.-Klinik u. Poliklinik Münster/W. (Direktor: Prof. W. H. Hauss)

Jumeau; Gernez-Rieux u. Savinel; Grundmann, Fischer u. Griessner; Roche, Paillas u. Daumet; Savinel; Hansson u. Söderström; Morel, Pogglioli u. Benard; Reisner u. Huzly; Manafov; Oldham u. Sabiston u.a.) (s. Abb. 128—132 u. S. 251ff.), *zystischen Nebenlungen* typischer Lokalisation (s. S. 279 u. Bd. IX/3, S. 299, Abb. 181) und sonstigen am Herz-Zwerchfellwinkel bzw. epiphrenal gelegenen dysontogenetischen Zysten (tiefsitzende thymogene Zysten, Dermoidkystome, zystische Lymphangiome, geschlossene Bronchuszysten) (Brown u. Dunn; Santy u. Bérard; Bade; Griessmann;

Nylander; De Ponti; Wellauer; Balás u. Kalmár u.a.) (s. S. 247ff. u. 263ff.) sowie bei *dem Zwerchfell benachbarten Echinokokkuszysten* (Bobbio; Ambrosini u. D'Aragona; Mini u.a.).

Das atemdynamische Verhalten kennzeichnet auch die *partielle Relaxatio diaphragmatica* („saucer deformity") (Middleton; Polgár; Hitzenberger; Teschendorf; Haubrich; Gudbjerg; Rosetti; Paroni; Gemmi, Accarino u. Idone; Axler u. Rehermann; Pallone u. Pasquini; Capello u. Nai Fovino; Richman u. Barry; Kosenow; Le Roux, Robin u. Le Bihan u.a.), deren flachbogige Vorwölbung tumorartig wirken kann (Richman u. Barry). Der *Zwerchfellbuckel* taucht aber gewöhnlich nur schemenhaft bei tiefer Einatmung aus dem Zwerchfellplateau auf. Er verschwindet auf der Höhe des Inspiriums im Niveau der umgebenden Zwerchfellabschnitte, bleibt exspiratorisch unsichtbar und zeigt im Schnupfversuch rippenkonkordante Aufwärtsbewegung (Abb. 295). Die Prädilektionsstelle der schon bei Kindern als angeborene Formvariante auftretenden Zwerchfell-Leberbuckel (Swoboda u. Wolf; Lutz; Swoboda) ist die relativ muskelschwache antero-mediale Kuppelpartie, die auch von sekundärer Atrophie (Tennant; Hitzenberger; Haubrich) durch zervikale Phrenikuswurzelläsion betroffen sein kann (Grzan; Kehler; Ramseyer; Lenz u. Rohr). Eine *umschriebene Myatrophie nach Basalpleuritis* (Hitzenberger) kann analoge *Buckel auch in der Portio lumbalis diaphragmatis* hervorbringen, die dank doppelter tonisch-trophischer Innervation durch Phrenikus- und Sympathikusfasern (Kure; Kure u. Mitarb.; Guenin; Haubrich) sonst gegen indirekte nervale Schäden weniger anfällig ist. Daß die inspiratorische Vorwölbung nur vom Tonusverlust eines bogig abgeteilten Zwerchfellsektors und nicht von pleurodiaphragmaler Geschwulstbildung herrührt, ist im Zweifelsfall pneumoradiographisch zu erweisen (Abb. 295c u. d).

Die subphrenische Gasfüllung läßt auch einen *tumorähnlichen Prolaps der Leberkuppel* klar abgrenzen (s. Abb. 136, S. 259), der als sogbedingte halbkugelige oder pilzförmige Parenchymdeformität *bei partieller Relaxatio diaphragmatica* oder bei echten Zwerchfellhernien, seltener traumatisch zustandekommt (Reich; Landau, Deloff u. Braun; Lilienthal; Monod u. Azoulay; Haubrich; Roques u. Solier; le Génissel; Pruvost, Hautefeuille, Thoyer u. Roman; Friedman, Solis-Cohen u. Levine; Hardisty, Kearney u. Brooks; Curtillet u. Aubaniac; Drouet, Faivre, de Ren u. Sadoul; Fraser; Katz u. Williams; Christopherson u. Collier; Wolfson u. Goldman; Kleitsch, Munger u. Johnson; Zsebök; Roche; Charpin u. Taranger; Kleitsch; Child, Harmon, Dotter u. Steinberg; Watkins, Harper u. Condon; D'Alo u. Vecchi; Knoepp; Shoshkes u. Lovelock; Keene u. Copelman; Harrington; Kleinsorge; Morin, Hernandez u. Picard; Pampari u. Lacerenza; Hollander u. Dugan; Ferrara u. Balbo; Krumhaar u. Zinsmeier; Stucki-v. Muralt; Spühler; Thomas; Pallone u. Pasquini; Linden; Wells et al.; Decroix u. Louvier; Schulze u.a.). Die von manchen Autoren als „akzessorischer Leberlappen" beschriebene Anomalie gleicht dem röntgenologischen Aspekt lungenwärts vorspringender *Hydatidenzysten der Leberkonvexität* (Vergoz u. Laquière; Gomez; Betoulières, Paleirac u. Bassède; Monod u. Azoulay; Pruvost et al.; Landau u. Mitarb.; Charpin u. Taranger).

Darmhaltige *parasternale und lumbokostale Zwerchfellhernien* sind bereits an der durch wechselnde Füllung bedingten *Variabilität des nativen Schattenbildes* unschwer zu erkennen (Reich; Hedblom; Harrington; Teschendorf; Haubrich; Steuer; Creysseyl, Laillet u. Berthoye; Kratzeisen; Waelli; Ferland; Curri; Camerer; Sielman; Thorell; Stucki-v. Muralt; Spühler; Johnson; Hansen u. Mathiesen; Rollandi; Santy u. Margotton; Salzstein, Linken u. Scheinberg; Roux, Nègre u. Borries-Azeau; Luscher; Johnson u. Mangiardi; Poppe; de Nicola, Wash u. Vrazier; Baum u. Grasser; Gudjons; Denisart; Warwick-Brown; Hoffmann; Picard u. Mitarb.; Cazeilles et al.; Aabye; Bouquin, Horeau u. Géffriaud; Kirklin u. Hodgson; Koss, Vieten u. Willmann; Silvestrini, Bianchi u. Vezzosi; Comer u. Clagett; Nissen u. Pfeiffr; Haines u. Collins; Louvier; Schulze u.a.) (Abb. 296,

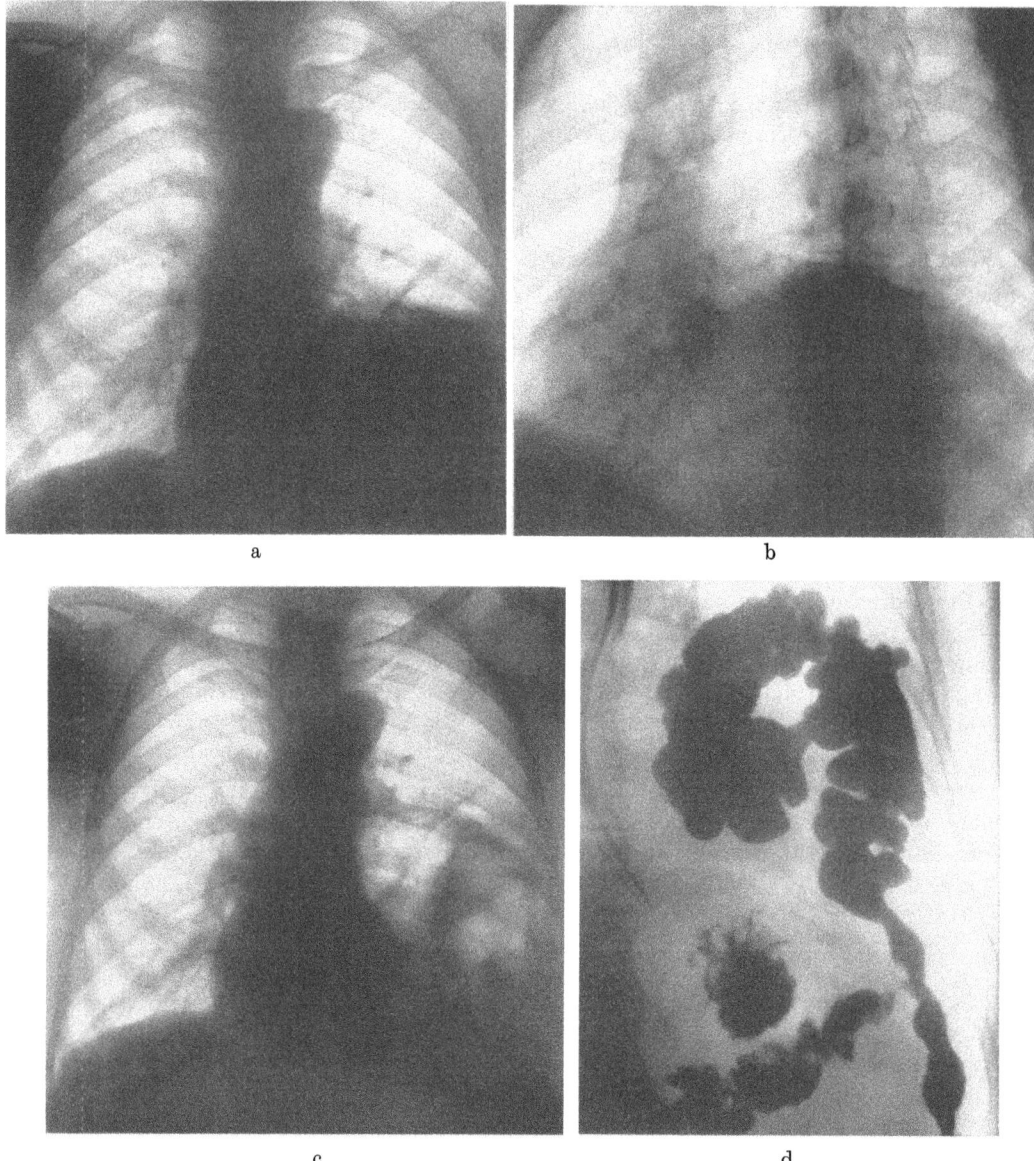

Abb. 296a—d. *Ausgedehnte Verschattung der linken Hemithoraxbasis durch eine große lumbo-kostale Zwerchfellhernie.* Charakteristischer Wechsel des Nativbefundes der eventrierten Dickdarmschleife, die sich bei Stuhlverhaltung am 25. 2. 60 in Vorderansicht (a) und 2. Schrägprojektion (b) als massiver tumorähnlicher Schatten darstellt, auf der Kontrollaufnahme vom 9. 3. 60 (c) infolge stärkerer Gasblähung einen völlig veränderten Aspekt bietet (vgl. analoges Verhalten einer Morgagni-Hernie in Abb. 135). Diagnostische Sicherung der Bochdelek-Hernie durch perorale Kontrastdarstellung (d) und spätere Operation. H. P., 63jähr. ♂. Arch.-Nr. 2345/60, Röntgenabtlg. d. Med. Univ.-Klinik u. Poliklinik Münster/W. (Direktor: Prof. W. H. Hauss)

297 und Abb. 135, S. 259). Die Gleitbrüche zeigen überdies *lage- und respirationsabhängige Form- und Größenschwankungen* (Hedblom; Harrington; Teschendorf; Haubrich; Stucki-v. Muralt; Spühler; Kirklin u. Hodgson; Harrington u. Kirklin; Koss, Vieten u. Willmann; Morczek; Christiansen; Meyer; Lejeune; Froman; Behrmann; Healy; Dissez; Perenice u. Kuchen; Schulze u.a.). Soweit nicht schon diese Kriterien oder beidseitiges Auftreten (Kernau; Brown; May) den Sachverhalt klären, kann der Schatten stuhlhaltiger Enterozelen durch einfache Luftinsufflation oder irrigo-

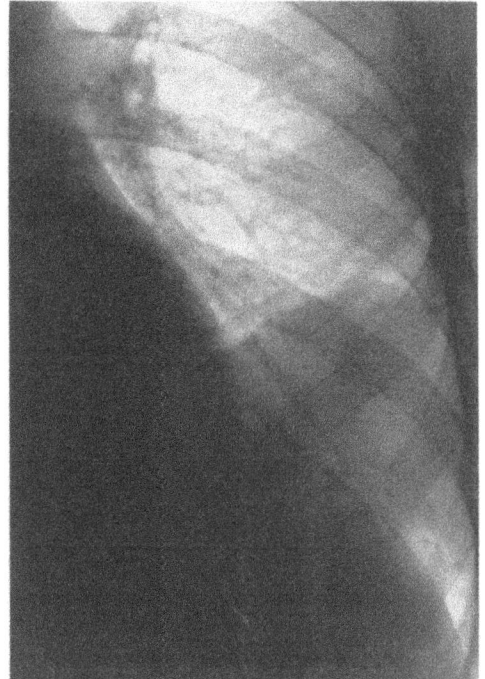
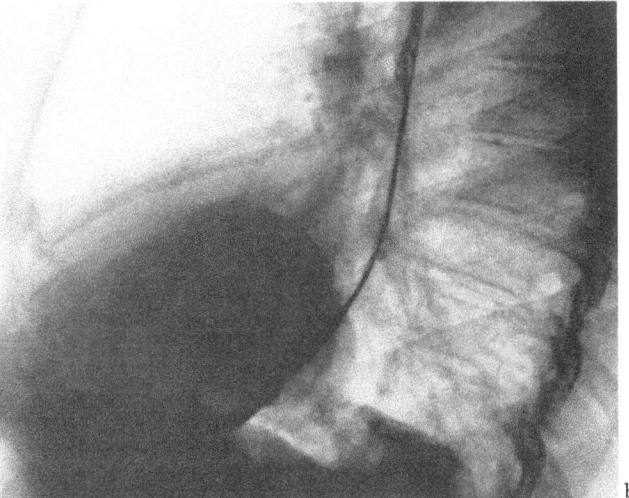
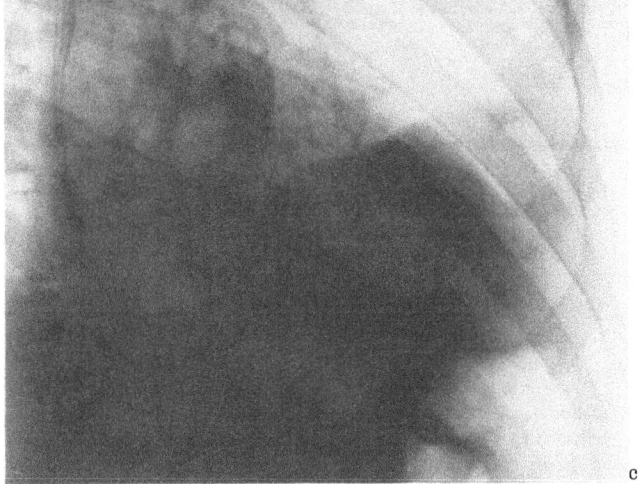

Abb. 297 a—c. *Posttraumatische Omentumhernie an der linken vorderen Thoraxbasis.* 1943 Brustwanddurchschuß links mit Läsion des kostalen Zwerchfellansatzes. Bei wiederholten Röntgenkontrollen nach dem Krieg konstanter Nachweis eines knapp apfelgroßen rundlichen Schattens oberhalb des linken Zwerchfellplateaus. Seine spätere Vergrößerung ließ an eine Neoplasie denken. Einweisung unter Verdacht auf Pleura- oder Bronchialtumor in die Chir. Klinik d. Krhs. Nordwest Frankfurt/M. (Direktor: Prof. UNGEHEUER). Präoperativer Röntgenbefund: In Vorderansicht kranial konvexbogig abgesetzter, von der ventro-lateralen Zwerchfellkontur nicht abgrenzbarer faustgroßer Weichteilschatten von auffallend geringer Absorptionsdichte unmittelbar neben der Herzspitze (a Zielaufnahme p.-a. 5. 2. 68). Im Frontaldurchmesser (b) und in 1. Schrägprojektion (c) erschien das Gebilde eher walzenförmig-ovalär, von der vorderen Brustwand bis zur Zwerchfellkuppel reichend und aus dem Niveau der Zwerchfellwölbung tafelbergartig vorgewölbt. Keine wesentliche respiratorische Form- und Größenänderung (Preßdruck, Müller-Versuch) und keine merkliche herzsynchrone Mitpulsation. Auch tomographisch wirkte der Schatten homogen. Kontrastdarstellung von Magen und Dünndarm sowie Luftinsufflation des Colon zeigten keine Eventration von Darmteilen, doch war das distale Quercolon kranialwärts gerafft, und die künstlich aufgeblähte linke Flexur reichte am vorderen Phrenikokostalwinkel bis zum Unterrand des Schattens heran (b und c). Li. Hemidiaphragma im dorsalen Randsinus verlötet, weniger ausgiebig verschieblich als das rechte, aber nicht eleviert oder paradox beweglich. Bei operativer Revision (Op.: O.A. Dr. MÄRZ) fand sich eine große Netzhernie, die durch eine traumatische Zwerchfellücke in den Brustkorb übergetreten war und das Colon transversum einschließlich der Flexura lienalis emporgezogen hatte

skopisch ohne weiteres von basalen Pleuratumoren unterschieden werden. Bei *Omentumhernien im Larreyschen Spalt* ergeben sich aus der relativ *geringen Schattendichte* und dem *atypischen Verlauf des sternokostalwärts hochgezogenen Quercolon* indirekte Hinweise für die Diagnose (ROBBINS; HEDBLOM; HARRINGTON; TESCHENDORF; HAUBRICH; STUCKI-v. MURALT; SPÜHLER; BERGERFELDT u. FELDMAN; STEWART; BROCARD, ROCHE u. DAUMET; GARCIA CAPURRO u. BELLINI; ROCHE, KONOS u. DREYER-DUFER; LINDEN; SCHULZE u.a.) (Abb. 134, S. 259).

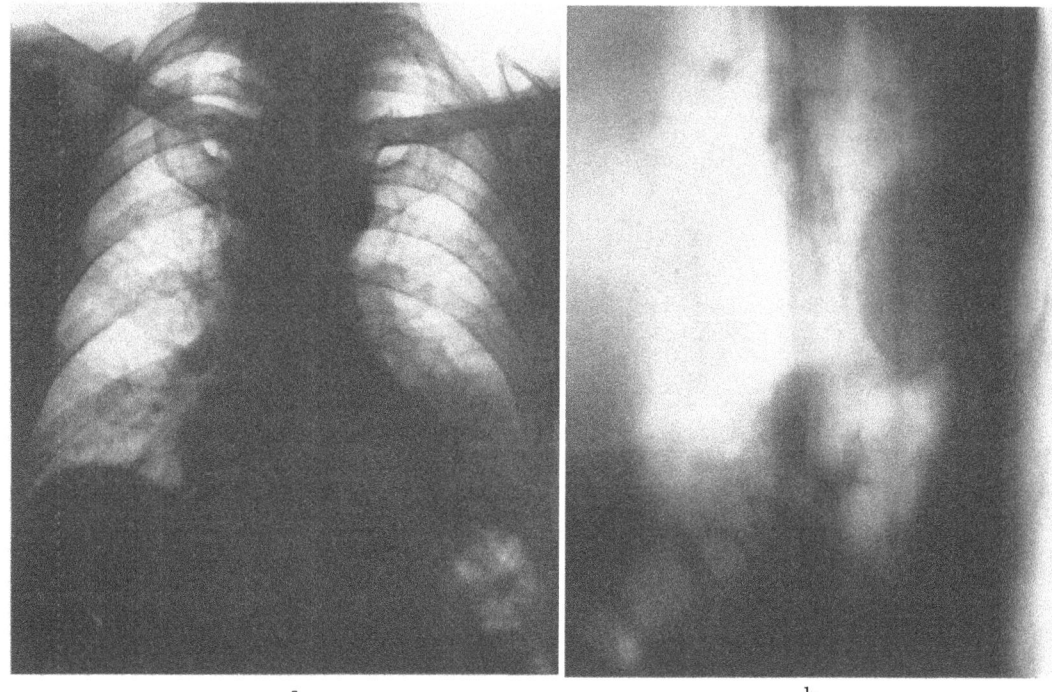

a   b

Abb. 298a u. b. *Schwielig fixierte Milzeventration nach altem Thoraxdurchschuß.* 1941 Geschoßverletzung der linken Lungenbasis mit Zwerchfelläsion, im Feldlazarett ohne fieberhafte Komplikation ausgeheilt. In der letzten Zeit intermittierende Schmerzen in der linken Brustkorb- und Lendenregion führten zur röntgenologischen Feststellung eines tumorverdächtigen Schattens. Klinikeinweisung zum Ausschluß eines Bronchuskarzinoms. Die fragliche Verdichtung neben dem linken Herzrand war in Vorderansicht unscharf begrenzt (a Nativbild p.-a. vom 26. 9. 55), stellte sich jedoch in seitlicher Projektion als scharf konturiertes nierenförmiges Gebilde an der hinteren Brustwand dar, zu dessen unteren Pol das schwartig verzogene lumbale Zwerchfellplateau mit der künstlich gasinsufflierten linken Kolonflexur hochgerafft waren (b Schichtbild 8 cm dextro-sinistral). Im Einklang mit den klinischen Daten sprach der Röntgenbefund für posttraumatische Residuen (Ergußkammer?) und gegen ein Malignom bronchogener oder pleurogener Herkunft. Die operative Revision zeigte überraschend, daß es sich um die posttraumatisch in den Brustraum verlagerte und von pleurokostalen Schwielen arretierte Milz handelte. K. K., 57jähr. ♂. Arch.-Nr. 6201/55, Röntgeninst. d. Med. Univ.-Klinik Leipzig (damal. Direktor: Prof. M. BÜRGER)

Die an beliebiger Stelle entstehenden *posttraumatischen Zwerchfellhernien* sind gewöhnlich fixiert, unter Sog- und Preßmanövern daher nicht formbar und nur bei Vorlagerung von Darmschlingen der Kontrastdiagnostik unmittelbar zugänglich (HEDBLOM; HARRINGTON; TESCHENDORF; HAUBRICH; STUCKI-V. MURALT; SPÜHLER; OBERNDORFER; STRICKER; GUILLERM; WEINBERG; CARTER, GIUSEFFI u. FELSON; KUMLIN u. SEUDERLING; SHOSHKES u. LOVELOCK; ISAAC, WILKINS u. WEINBERG; QUEREILHAC u. LOPÉZ RINALDI; STRODE; WELLENS; NISSEN u. PFEIFFR; SCHULZE u.a.). Bilden *Netzteile* (Abb. 297) *oder parenchymatöse Bauchorgane den Bruchinhalt*, so kann neben den anamnestischen Angaben auch hier die *Hochraffung des Querkolon oder einer Dickdarmflexur* diagnostisch richtungweisend sein. Man findet eine entsprechende Dystopie der Flexura lienalis bei der in Abb. 298 demonstrierten *Milzeventration in den Brustraum* nach altem Durchschuß der Lungenbasis mit Zwerchfellruptur.

Wie das Schattenoval der zur dorsalen Unterlappenkonvexität verlagerten Milz kann die *endothorakale Nierenektopie* einem expansiven Pleuratumor des Zwerchfell-Rippenwinkels gleichen (vgl. Abb. 298 u. Abb. 327). Die seltene Lageanomalie der Niere ist mittels Ausscheidungsurographie oder isotopendiagnostisch zu verifizieren (BUGDEN; WILLIAMS u. TILLINGHAST; CRUICKSHANK; WEENS u. JOHNSTON; BULGRIN; BERLIN u.

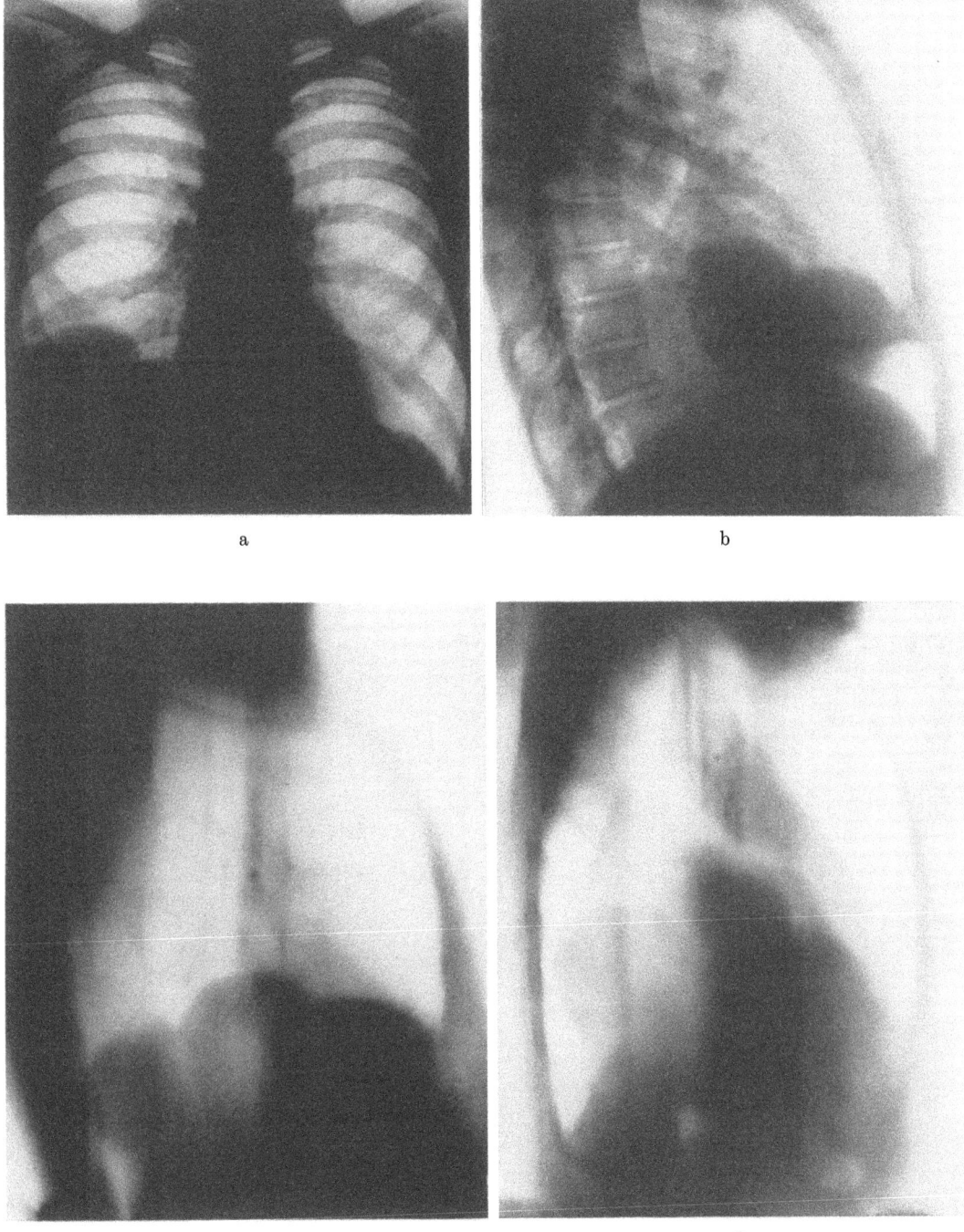

Abb. 299a—h. *Mehrknollige Tumorkulisse an der rechten Lungenbasis bei Myofibrosarkom des rechten Hemidiaphragma.* Operativ bestätigter Befund (Op.: Prof. WACHS, Chir. Univ.-Klinik Leipzig). Auf Nativ- und Schichtaufnahmen in 2 Ebenen scharf thorakalwärts begrenzte Geschwulstknoten (a—c), infolge flächiger Adhärenz pneumoradiographisch aber nicht von der Lungenbasis zu trennen (d). Im Pneumoperitoneum klare Abgrenzung von der Leberkuppel (e und f). Bronchographisch bogige Verdrängung, stellenweise auch winkelige Abknickung basaler Unterlappen-Bronchialzweige (g). Relativer Hochstand und ausgeprägte Bewegungsparadoxie des rechten Hemidiaphragma infolge neoplasiebedingter Phrenikusparese bzw. infiltrativer Zerstörung der kontraktilen Elemente (h). (Nach SCHULZE, W.: Röntgensymptomatologie und -differentialdiagnose der Zwerchfellerkrankungen. Fortbildungstagg. d. Rhein.-Westfäl. Röntgenges. Essen 15. 11. 58). W. M., 54jähr. ♂. Arch.-Nr. A 6678/55, Röntgeninst. d. Med. Univ.-Klinik Leipzig (damal. Direktor: Prof. M. BÜRGER)

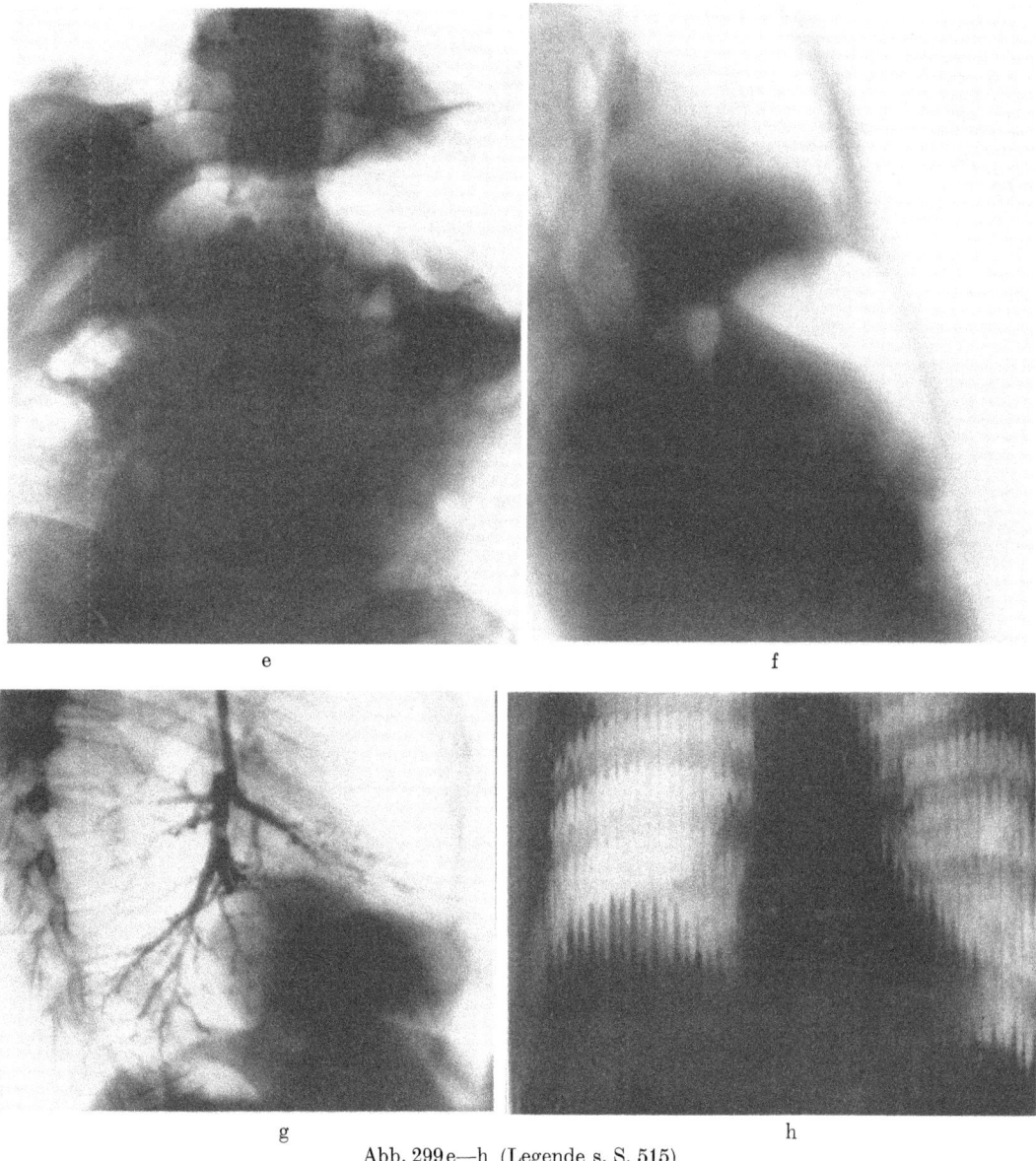

Abb. 299e—h (Legende s. S. 515)

STEIN; RÖHRIG; KOLLWITZ; FRENZEL u. KIRSCHNER; FIUMICELLI; FUSONIE u. MOLNAR; WILLIOT).

Die Indikation der mit Schichtuntersuchung kombinierten Pneumoradiographie beschränkt sich nicht auf die oben genannten Anomalien. Das Verfahren bewährt sich auch zur Lokalisation *parakardialer Phrenikusgeschwülste* (SCHULZE) sowie *umschriebener primärer Zwerchfelltumoren*, die im Gegensatz zum fibromatösen Mesotheliom der Pleura basalis bisweilen zur Bewegungsparadoxie des betroffenen Zwerchfellsektors führen (Abb. 299), als solide oder zystische Schattengebilde jedoch dessen röntgenologischem Aspekt sonst gleichen können (BINNEY; ARCE u. TOBIAS; TESCHENDORF; HAUBRICH; CLAGETT u. JOHNSON; SWEET; ROBSON u. COLLIS; SÖDERLUND; SAUERBRUCH; GALE u. EDWARDS; GROW, BRADFORD u. MAHON; ACKERMANN; RAUSCH; DREWES u. WILLMANN; LÜDIN; NICHOLSON u. WHITEHEAD; SCOTT u. MORTON; HOLCZINGER; SPÜHLER; KEIRNS; SCHULZE u.a.).

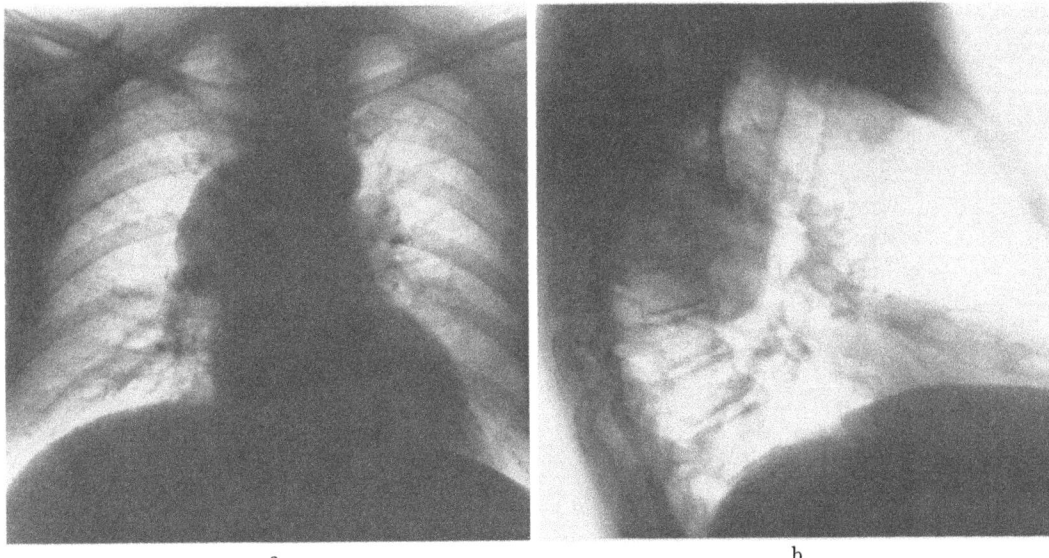

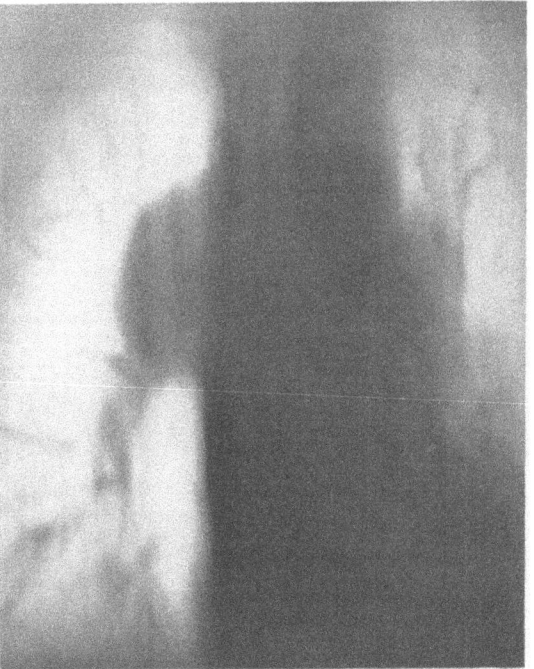

Abb. 300a—c. *Im hinteren Mediastinum subpleural abgekapselte (!) solitäre Hypernephrommetastase.* Der aus der Mediastinalsilhouette vorragende, angedeutet polyzyklisch begrenzte Tumorschatten (a und b Übersichtsaufnahmen p.-a. und sin.-dextr. vom 7. 4. 67; c Schichtbild a.-p. 10 cm vom gleichen Tage) wurde bei Röntgenverlaufskontrolle 3 Jahre nach linksseitiger Nephrektomie wegen eines hypernephroiden Karzinoms entdeckt. Klinisch und röntgenologisch keine sonstigen Metastasenbefunde. Exstirpation des Metastasenherdes durch Thorakotomie (Op.: Prof. UNGEHEUER, Direktor d. Chir. Klinik d. Krhs. Nordwest Frankfurt/M.). Das Resektionspräparat zeigte eine $7,5 \times 6 \times 2$ cm große, auf der Schnittfläche hellgelb-rötlich gesprenkelte Metastase eines hypernephroiden Karzinoms innerhalb einer rundzellig infiltrierten Bindegewebskapsel (E.-Nr. 3816/67, Path. Institut d. Krhs. Nordwest Frankfurt/M., Direktor: Prof. KAHLAU). $1^1/_2$ Jahre später Auftreten vereinzelter knotiger Lungenmetastasen im rechten Unterlappen und einer rasch anwachsenden osteolytischen Metastase im linken Humerus, die zur Spontanfraktur führte. K. K., 56jähr. ♂. Arch.-Nr. 0401 11 381, Radiolog. Zentralinst. d. Krhs. Nordwest Frankfurt/M.

Streng genommen sind nur die myogenen bzw. myoplastischen Neoplasmen eindeutig als organeigene Geschwulstkategorie gekennzeichnet (Rhabdomyofibrom: ARKLESS; Rhabdomyosarkom: PERRY u. SMITH; RYAN; Myofibrom: BONAMY; MILANOVIČ u. RAO; Myofibrosarkom: SCHULZE; Myosarkom: KIRSCHBAUM; Myoblastom: MILLER). Die primitiven Sarkome (DALZELL; BRANWOOD u. GLAZEBROOK; PETACCI) können anderen Strukturkomponenten des Zwerchfells entstammen, von denen sich auch neurogene Tumoren dieser Lokalisation (Neurofibrom: SWEET u. GEPHARDT; KLASSEN, PATTON u. BEMIN; Neurofibrosarkom: SAMSON u. CHILDRESS; Neurilemmom: WEISEL, CLAUDON u. WILSON), desgleichen angioplastische Gewächse bzw. Hamartoblastome (Hämangioendotheliom des Diaphragma: VAN ALSTYNE; Angiofibrom: CHEVAT, DUPEYRON u. MERLEN (Kom-

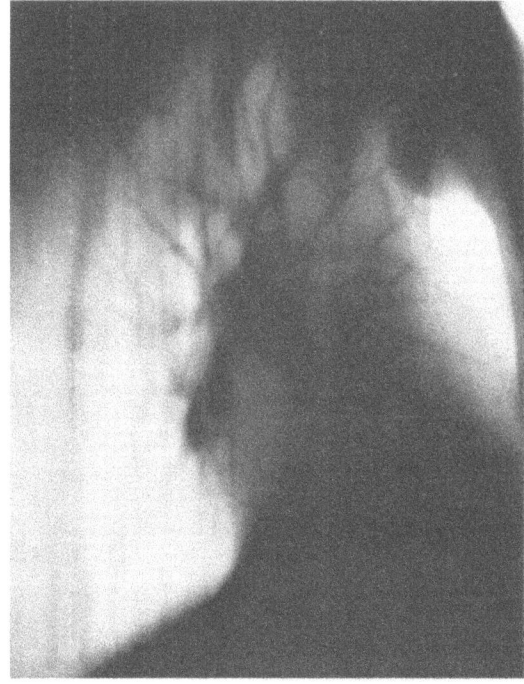
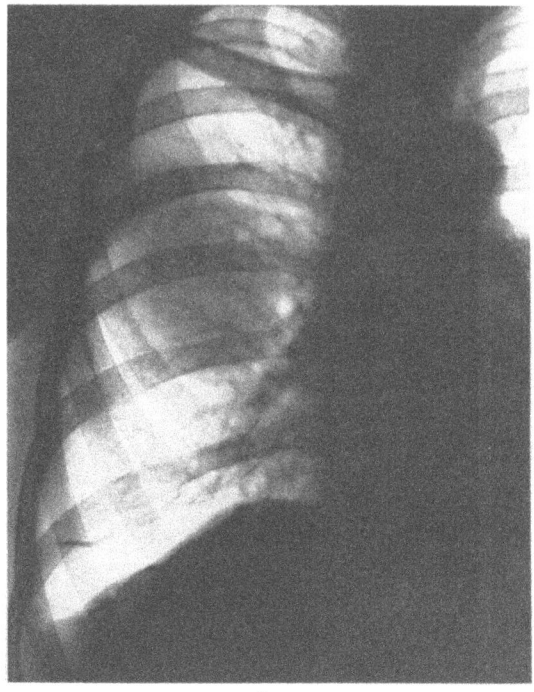
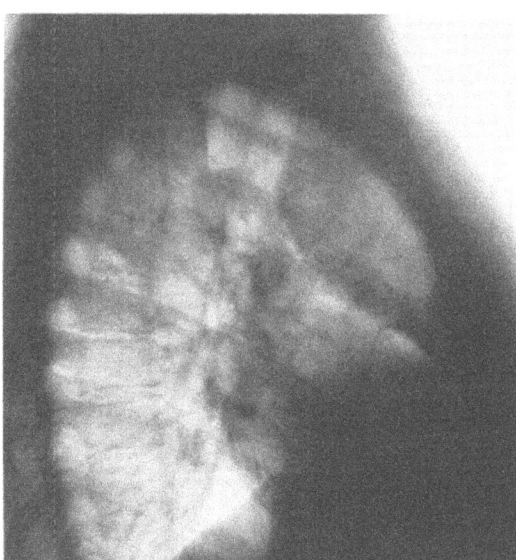

Abb. 301 a—c. *Subpleurale Brustwandmetastase eines Mammakarzinoms.* Die 2 Jahre nach rechtsseitiger Ablatio mammae (Chir. Klinik d. Städt. Krankenanst. Darmstadt) aufgetretene Solitärmetastase lag nach dem Operationsbefund an der Hinterfläche der 2. Rippe rechts parasternal (a Schichtbild sin.-dextr., 11 cm, vom 12. 10. 67). Operative Entfernung des Metastasenherdes unter Teilresektion der 2. Rippe und der benachbarten Brustbeinpartie (Op.: O.A. Dr. März, Chir. Klinik d. Krhs. Nordwest Frankfurt/M., Direktor: Prof. Ungeheuer). Bei der Thorakotomie kein Anhalt für weitere endopleurale Absiedlungen. Trotz Nachbestrahlung 10 Monate später ausgedehntes Lokalrezidiv (b und c Nativaufnahmen p.-a. und sin.-dextr. vom. 22. 8. 68). Palliative Nachresektion des betroffenen Thoraxwand- und Brustbeinabschnitts (Op.: O.A. Dr. Schülke, Chir. Klinik d. Krhs. Nordwest Frankfurt/M.). Histologischer Befund: medulläres Carcinoma solidum (E.-Nr. 10 873/67 u. 10 378/68, Path. Institut d. Krhs. Nordwest Frankfurt/M., Direktor: Prof. Kahlau). M. M., 46jähr. ♀. Arch.-Nr. 1807 21542, Radiolog. Zentralinst. d. Krhs. Nordwest Frankfurt/M.

bination mit Morbus Osler!); Burneville-Holmes u. Brody; Lymphangiom: Nylander) und gutartige histioide Geschwülste ableiten (Lipom: Clark; Ballon u. Spector; Soto Vergara; Barone u. Pessagno; Weilgoni; Chondrom: Kramer; Fibrom: Grancher; Fibrolipomyxom: Desaive u. Closon; Fibrosarkom: Hyman u. Lederer; Crimm u. Kiechle). Bei den letzteren Varianten ist es zumindest ungewiß, ob es sich um Blastome phrenischen oder pleurogenen Ursprungs handelt. Wegen des fakultativ tumorartigen Aspekts und eines gelegentlich hämorrhagischen Begleitergusses ist im gleichen Zusammenhang auf das seltene Vorkommnis *diaphragmaler Endometriose* hinzuweisen (Brews).

Abb. 302a u. b. *Die Lagebeziehung zur inneren Brustwandkontur als röntgenologisches Unterscheidungsmerkmal an die kosto-pleurale Grenzfläche vorgedrungener Geschwulstknoten der Lungenrinde* (a) *und breitbasig lungenkonvex vorgewölbter Pleura- und Brustwandtumoren* (b). Bei konzentrischem Wachstum (·········) hängt es vom Ausgangspunkt (*A*) der Neoplasie ab, ob der Tumor seine größte Dimension innerhalb des Lungenmantels (a) oder im Niveau der inneren Brustkorbfläche erreicht (b). Im ersten Falle trifft der Schattenumriß des Tumors (———) spitzwinkelig auf die parietale Pleurafläche (a), andernfalls überragt er sie im stumpfen Winkel (b). (Nach LENK, R.: Röntgendiagnostik der intrathorakalen Tumoren und ihre Differentialdiagnose. Abb. 3a und b, S. 10. Wien: Springer 1929)

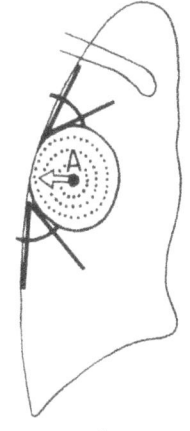
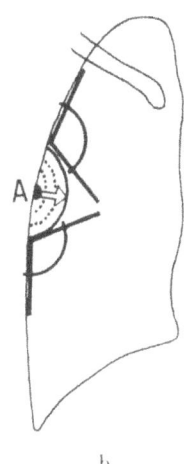

a b

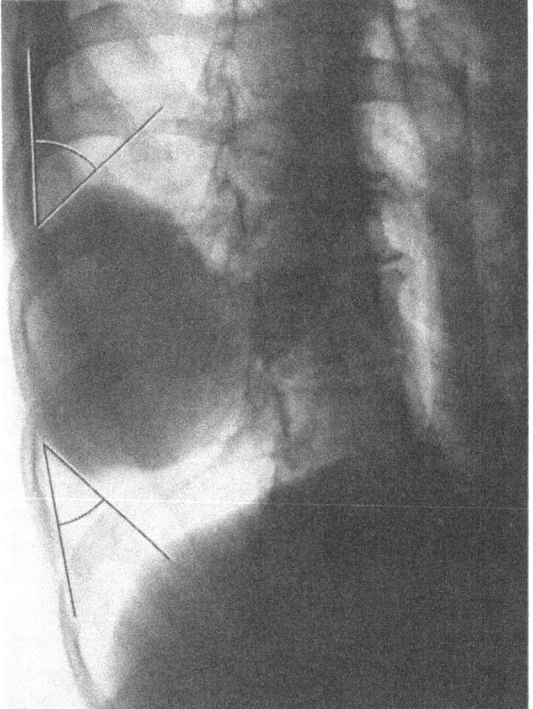

Abb. 303. *Das „extrapleurale Zeichen" nach* FELSON *bei einem randständigen geschlossen wachsenden Plattenepithelkarzinom des re. Unterlappens.* Der breit bis zur äußeren Lappengrenze vorgedrungene Tumorknoten liegt mit seinem größten Durchmesser im Lungenmantel. Seine Randkontur bildet an der kranialen und kaudalen Berührungsstelle jeweils einen spitzen Winkel mit der inneren Brustwandlinie. Bioptisch verifizierter Befund. K.W., 60jähr. ♂. Arch.-Nr. 1709 08911, Radiolog. Zentralinst. d. Krhs. Nordwest Frankfurt/M.

Kann man mit Hilfe des diagnostischen Pneumothorax und Pneumoperitoneums den extrapulmonalen Sitz eines randständigen Schattengebildes ermitteln, so bleibt die Artdiagnose doch stets der unmittelbaren Inspektion (Thorakoskopie, Probethorakotomie) und histologischen Untersuchung vorbehalten (GROW, BRADFORD u. MAHON u.a.). Diese Einschränkung gilt ceteris paribus für die Unterscheidung umschriebener Pleuramesotheliome von glattbogig vorspringenden Weichteilschatten mesodermaler Geschwülste des Zwerchfells, Mediastinums und Brustkorbs sowie *subpleural gelegener unilokulärer Metastasenknoten* (D'ALO u. VECCHI u.a.) (Abb. 300 u. 301).

Größeren Erkenntniswert hat die Pneumoradiographie für die *Differentialdiagnose zwischen pleurogenen und randständigen pulmonalen Tumorherden,* die bei Gewächsen des viszeralen Pleurablatts wegen des identischen respiratorischen Verhaltens (Atemverschieblichkeit gegenüber den anliegenden Rippen) (s. Abb. 272) nicht zu stellen ist. Vielfach gibt die *Lenksche Regel* schon nach dem tangentialen Summationsbild oder Schichtaufnahmen

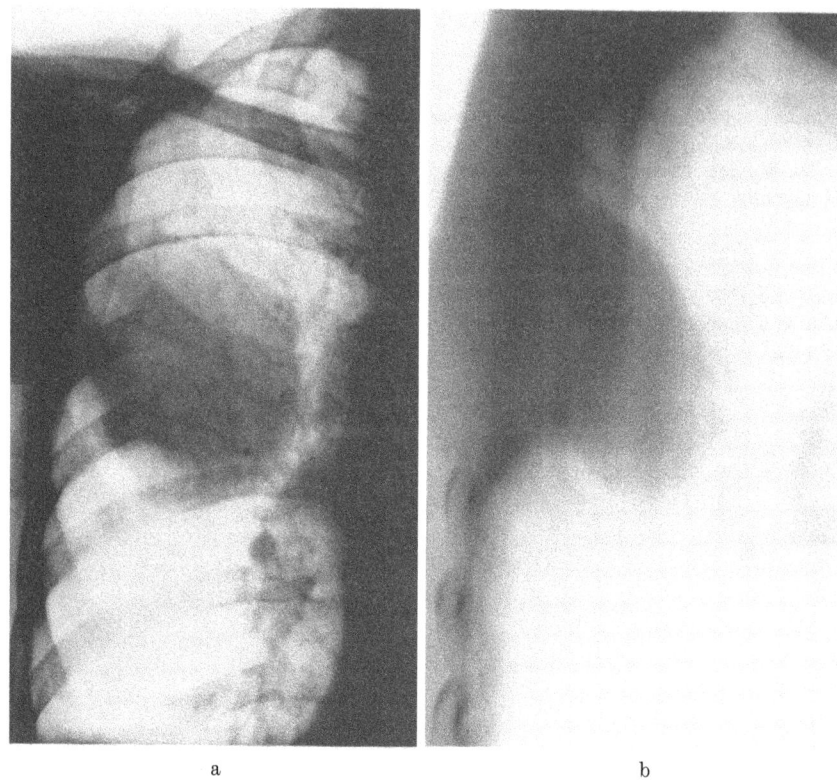

a b

Abb. 304a u. b. *Flächenhafte Bronchialkrebsinvasion der Brustwand über eine Pleuramantelschwarte mit Osteolyse der 6. und 7. Rippe.* Der im Nativbild p.-a. polyzyklisch abgegrenzte Tumorschatten im dorsalen Oberlappensegment (a) verbreitert sich zur hinteren Brustwand infolge fächerförmiger Ausdehnung der parietalen Infiltrationszone und zeigt daher im Profil kranial wie kaudal einen stumpfwinkeligen Konturknick gegenüber dem Niveau der benachbarten Pleuraschwiele (b Schichtaufnahme 8 cm sin.-dextr.). Histologisch: Verhornendes bronchogenes Plattenepithelkarzinom. A. N., 54jähr. ♂. Arch.-Nr. 5297/60, Röntgenabtlg. d. Med. Univ.-Klinik u. Poliklinik Münster/W. (Direktor: Prof. W. H. HAUSS)

Aufschluß: breitbasig von der kosto-pleuralen, mediastinalen oder diaphragmalen Grenzfläche gegen das Thoraxinnere wuchernde Blastome zeigen ihre maximale Ausdehnung meist an der Haftstelle, deren Randkonturen daher stumpf- oder allenfalls rechtwinkelig zur inneren Brustwandlinie verlaufen; die Ränder gleichmäßig expansiv wachsender Tumoren der Lungenrinde, die mit dem größten Durchmesser im Lungenparenchym liegen und die benachbarte Brustwand- oder Mediastinalkontur nur mit einem relativ schmalen Polsektor erreichen, treffen dagegen spitzwinkelig auf die parietale Berührungsfläche (LENK; FELSON; BLOUNT; HUTCHINSON u. FRIEDBERG u.a.) (Abb. 302 u. 303).

Diese Regel (sog. „*extrapleural sign*" nach FELSON) kann allerdings nur als grober Anhalt dienen. Sie versagt zum Beispiel bei kortikalen Bronchialkrebsknoten, die sich über eine angrenzende Pleuraschwiele flächenhaft infiltrierend in die Brustwand ausbreiten (von SERRANO u. VALLEBONA so genanntes „segno del ponte della diffusione pleurica dei tumori polmonari primitivi" = „*Brückenzeichen*") (Abb. 258, Abb. 259 u. Abb. 304; s. auch Bd. IX/4b, Abb. 500—502). Das Zeichen läßt andrerseits bei schmal gestielten Mesotheliomen des viszeralen und parietalen Serosablatts im Stich (Abb. 266 u. 327). Verständlicherweise bietet das Profilbild breitbasig aufsitzender Pleurageschwülste, wandständig abgesackter Exsudate und aus tieferen Gewebsschichten des Brustkorbs, Mediastinums und Zwerchfells stammenden Weichteiltumoren mit lungenwärts konvexbogig vorragender Oberfläche unter diesem Blickwinkel keine verwertbaren Unterschiede (vgl. Abb. 283 u. Abb. 305).

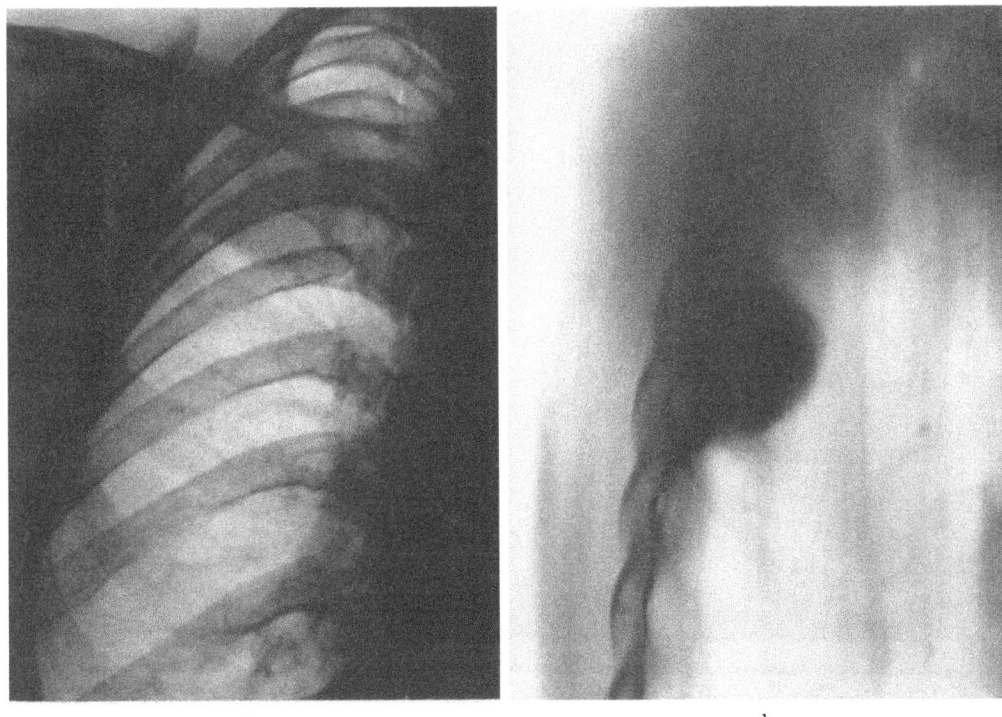

a　　　　　　　　　　b

Abb. 305a u. b. *Endothorakales Neurinom der hinteren Brustwand, vom Interkostalnerven des 4. Zwischenrippenraums ausgehend.* Zufallsbefund anläßlich einer Röntgenreihenuntersuchung. Wegen dringlichen Verdachts auf ein klinisch stummes Bronchialkarzinom Einweisung in die Chir. Klinik d. Krhs. Nordwest Frankfurt/M. (Direktor: Prof. E. UNGEHEUER). Die präoperative Röntgenkontrolle ließ keinen Zweifel, daß das in Voransicht auf den re. Oberlappen projizierte (a), bei Frontaleinblick lungenkonvex vorgewölbte glattrandige Gebilde außerhalb der Lunge lag. Der hühnereigroße Weichteilschatten saß vielmehr der hinteren Brustwand in Höhe der 4.—6. Rippe breitbasig auf und erhob sich im seitlichen Schichtbild 9 cm (b) kontinuierlich, ohne winkeligen Konturknick nach kranial und kaudal aus dem Niveau der etwa verdickten Pleura. Nach der Lenkschen Regel und dem röntgenmorphologischen Aspekt war ein zur Pleuragrenze herangewachsener Bronchialkrebsknoten auszuschließen. Das Fehlen benachbarter Rippenusuren ließ die parietale Geschwulst nicht von einem pleurogenen Prozeß abgrenzen (umschriebenes Mesotheliom, wandständig hängender Erguß, knotige Pleurahyalinose). Bei der Thorakotomie (Op.: Prof. UNGEHEUER) fand sich ein bindegewebig abgekapselter Tumor im Bereich des 4. Interkostalraums, der die parietale Pleura vordrängte und ausgeschält wurde. Histologie: „Neurinom ohne Anhalt für Malignität" (E.-Nr. 3831/65, Path. Inst. d. Krhs. Nordwest, Direktor: Prof. G. KAHLAU). H. W., 56jähr. ♀. Arch.-Nr. 0604 10492, Radiolog. Zentralinst. d. Krhs. Nordwest Frankfurt/M.

β) Die lokalisierten Pleuramesotheliome von beetartigem Wuchstyp

geben als zunächst geringfügige Pleuraverdickung in der Aufsicht nur einen recht diskreten Schatten. Je nachdem, ob sich das Geschwulstbeet steil oder flach ansteigend aus dem übrigen Pleuraniveau erhebt, und ob seine Ränder vom senkrecht zur Filmebene einfallenden Strahl orthograd oder schräg getroffen werden, wirkt die auf ein transparentes Lungengewebe projizierte Verdichtung einmal scharf begrenzt, andernfalls verwaschen. So kann die Schattenfigur eines wenig ausgedehnten flachen Mesothelioms auf dem Summationsbild nach Größe, Form, Dichte und Konturunschärfe einem zarten Lungeninfiltrat ähneln (Abb. 306a u. Abb. 307a). Sie läßt jedoch — bei parietalem Sitz der Geschwulst — die übliche respiratorische Verschieblichkeit pulmonaler Infiltrationsherde gegenüber den benachbarten Rippen vermissen. Bei Drehung am Durchleuchtungsschirm und auf tangentialen Zielaufnahmen wird die brustwandnahe Lage der Tumorkulisse offenbar: hochkant betrachtet, bildet sich das tafelbergartig aus der kosto-pleuralen Grenz-

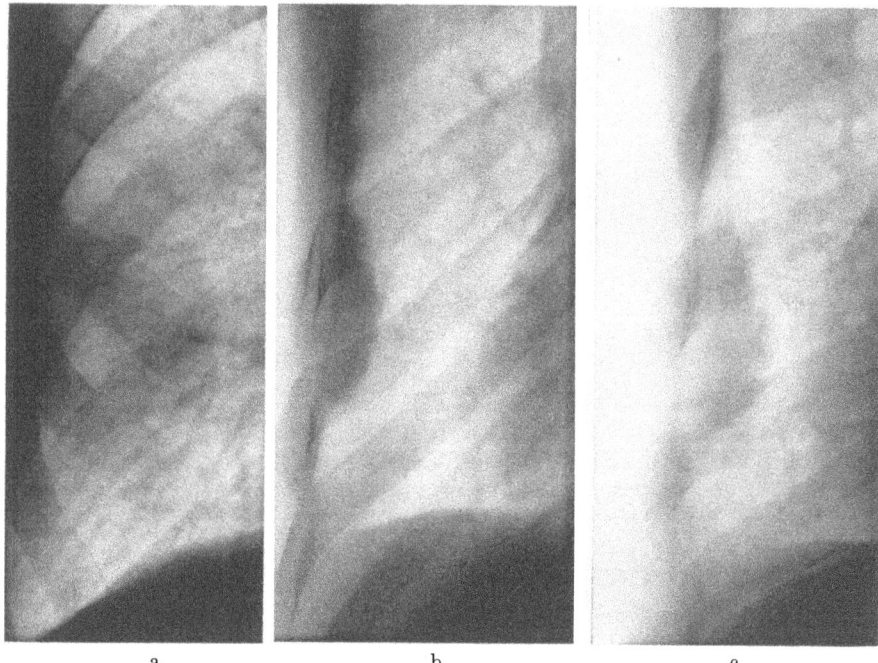

Abb. 306a—c. *Tumorbeet eines umschriebenen malignen Pleuramesothelioms über der Mittellappenkonvexität.* Histologische Sicherung der Diagnose durch Probebiopsie. Ergebnisse gezielter röntgenologischer und sputumzytologischer Fahndung nach einem Bronchuskarzinom negativ. Malignität der Geschwulst durch rasche Progredienz erwiesen. Die Zielaufnahme p.-a. (a) stellt das flache Mesotheliom als zarten längsovalen Trübungsbezirk von verwaschener Kontur über dem 4.—5. Interkostalraum rechts vorn dar. Erst unter zunehmender Drehung in den 2. Schrägdurchmesser (b und c) gewinnt die tangential erfaßte randständige Tumorkulisse scharfe Kontur und zeigt mit ihrem höckerigen, ziemlich unvermittelt aus der inneren Brustwandfläche hervorspringenden Schatten die typische Gestalt eines Geschwulstbeets der Pleura. Oberhalb davon kleiner Trabantenknoten, in Tangentialprojektion deutlicher sichtbar. M.K., 63jähr. ♂. Arch.-Nr. 1332/60, Röntgenabtlg. d. Med. Univ.-Klinik u. Poliklinik Münster/W. (Direktor: Prof. W. H. HAUSS)

fläche vorragende Beet schmaler, zugleich dichter und scharfrandig mit höckerigem, lungenwärts konvex gewölbtem Innenrelief ab (Abb. 306b u. 307b).

Analoge Konturhöcker findet man bei entsprechender Geschwulstlokalisation am Mediastinalprofil. Sie sind von physiologischen Vorwölbungen der Mediastinalsilhouette, wie zum Beispiel vom orthograd getroffenen Bogen der V. azygos im rechten oberen Tracheobronchialwinkel wohl zu unterscheiden.

Die Neigung der beetartig angelegten Gewächse, sich stetig fortschreitend bzw. multizentrisch sprossend über den ganzen Pleuraraum einer Brustkorbseite diffus auszudehnen, wurde bereits erwähnt. Abgesehen von der flächigen Wuchsform weist das Auftreten kleiner Satellitenknoten in unmittelbarer oder weiterer Nachbarschaft des zunächst hervorgetretenen Geschwulstinfiltrats auf die maligne Natur des Prozesses hin (Abb. 306b u. 307c).

Mit zunehmender Tiefenausdehnung des Tumorbeets wird die röntgenologisch sichtbare Verdichtung intensiver. Sie unterscheidet sich vom flachbogig vorspringenden Schatten eines *wandständig hängenden Restexsudats* vornehmlich durch die höckerige Kontur der inneren Oberfläche. Das gleiche Kriterium und die höhere Schattendichte bei tangentialer Betrachtung erlauben die Differenzierung von *subpleuralen Fettwülsten der Brustwand* (im französischen Schrifttum: „hyperplasie lipomateuse sous-pleural" — DUTILH; EVANDER; SANTY, GALY, TOURAINE, RIFFAT u. FORT; s. auch LAUCHE; NEUGEBAUER; TEN EYCK zit. C. TIVENIUS). Die bei Adipösen auftretende Fettanlagerung an die Fascia endothoracica ordnet sich etwa bilateral-symmetrisch in regelmäßigen medial-

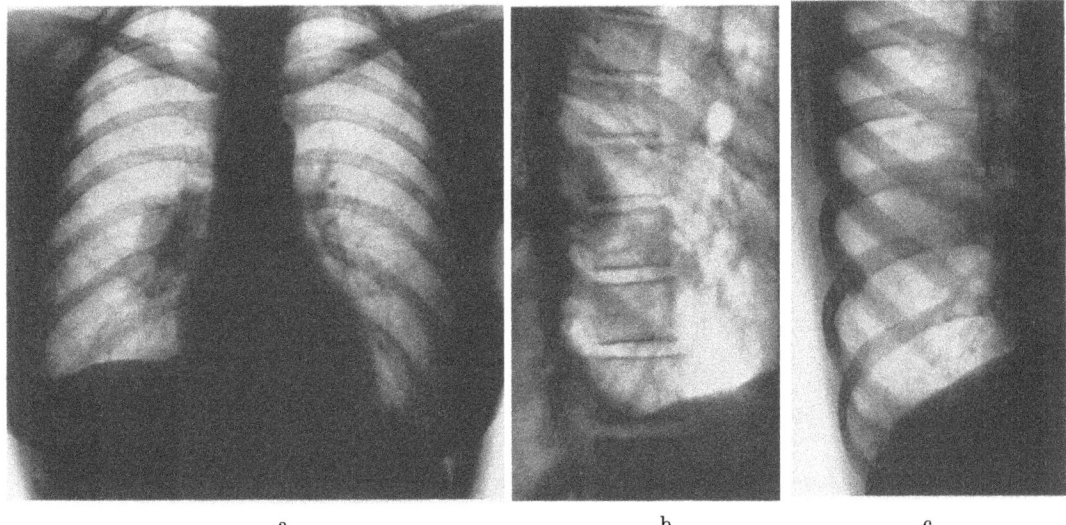

a   b   c

Abb. 307a—c. *Anfangsstadium eines diffusen malignen Pleuramesothelioms*. Ende Dezember 1970 nicht fieberhafte „grippale" Erkrankung mit zunächst starkem Reizhusten und atemabhängigem Schmerz in der rechten Brustwand. Mitte Januar bei auswärtiger Röntgenuntersuchung Nachweis einer Verschattung im rechten Hemithorax mit Begleiterguß. Zur Klärung der Diagnose Einweisung in die Med. Klinik d. Krhs. Nordwest (Direktor: Prof. ALTMANN). Röntgenbefund vom 29. 1. 71: Außer einem kleinen Pleurawinkelerguß über der dorso-lateralen Konvexität des rechten Unterlappens plurifokale knollig-höckerige weichteildichte Kulissenschatten an der inneren Brustwand, gegenüber den anliegenden Rippen respiratorisch unverschieblich, in Vorderansicht zum Teil auf den Hilus projiziert (a), am deutlichsten mit tangentialem Strahleneinfall im seitlichen (b) und 1. schrägen Durchmesser (c) darzustellen. Die Annahme eines disseminierten Pleuramesothelioms mit geringer Begleitexsudation wurde durch Probethorakotomie am 12. 2. 71 bestätigt. Wegen der Einbeziehung des lateralen Zwerchfellplateaus und der inneren Thoraxwandschichten war nur eine Palliativresektion möglich (E.-Nr. 2564/71, Path. Inst. d. Krhs. Nordwest, Direktor: Prof. KAHLAU). F. H., 39jähr. ♀. Arch.-Nr. 2702 31932, Radiolog. Zentralinst. d. Krhs. Nordwest Frankfurt/M.

konvex gewölbten Streifenzügen parallel zum Rippenverlauf an (LAUCHE; ENGEL; NEUGEBAUER). Sie erstreckt sich stets über eine größere Anzahl von Interkostalräumen und ist wegen der geringen Strahlenabsorption des Fettgewebes nur in Tangentialprojektion als welliger, glatt konturierter Rippen-Begleitschatten wahrnehmbar.

Die Abgrenzung von *herdförmiger tumorbildender Pleurahyalinose* stößt auf erhebliche Schwierigkeiten, wenn sich das zunächst zirkumskripte Mesotheliom im Bereich einer länger vorbestehenden Pleuramantelschwarte entwickelt (Abb. 308), und dabei fächerartig divergierende Schattenstreifen schwielig fixierter kortikaler Faltungsatelektasen vorliegen (s. Bd. IX/3, Abb. 226—228, S. 341/342), die man bei hyalinen Pleuraplaques oft im Verein mit bogiger Verziehung peripherer Bronchien des gefesselten Lungenmantelsektors antrifft (Abb. 277).

Für die Unterscheidung von einem in Schwielen eingebetteten *umschriebenen Restempyem* kann die für neoplastische Prozesse ungewöhnliche *streifig-fleckige Kalkeinlagerung im Schwartenmantel* (Abb. 284) und der Nachweis einer *ossifizierenden Periostose der angrenzenden Rippen* als häufiger entzündlich-toxischer Folgereaktion des chronischen Pleuraempyems differentialdiagnostisch entscheidenden Wert erlangen (BRUNNER) (Abb. 310).

Bei *flächenhaft in der Thoraxkuppel ausgebreiteten Geschwülsten mit fakultativen Erscheinungen des Pancoast-Syndroms* ist es röntgenologisch oft unmöglich, zwischen pleuro- und bronchogenen Malignomen zu unterscheiden. Die mehr als 3 Jahrzehnte andauernde Diskussion über den Ursprung der Tumoren dieser Lokalisation und Wuchsform hat die Problematik der Histogenese und Differentialdiagnose zur Genüge erwiesen (PANCOAST; TOBIAS; FRIED; MORRIS u. HARKEN; DAHM; OWEN, EWER u. KLINETAKER; HAFFERL;

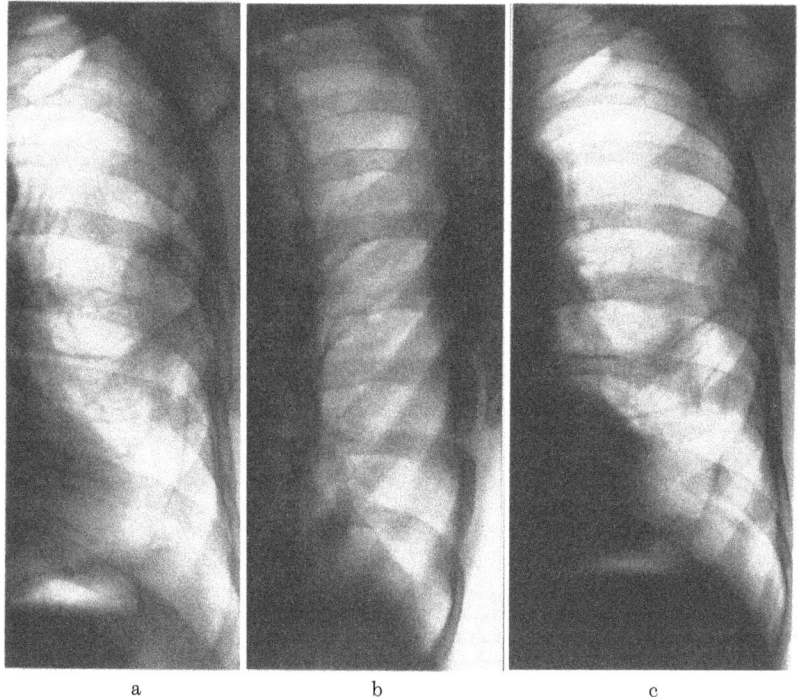

a b c

Abb. 308a—c. *Beetartig wachsendes Pleuramesotheliom im Bereich einer alten Pleuramantelschwarte*. In der Kindheit metapneumonisches Pleuraempyem links. 4 Monate vor Klinikaufnahme erstmals Druckgefühl und stechende Schmerzen in der linken Brustwand. Klinischer Befund: Schallverkürzung und stärkere inspiratorische Einziehung der Zwischenrippenräume. Zunehmende Beschleunigung der Blutsenkungsgeschwindigkeit von 56/97 auf 68/113 mm n.W. Blutbild o.B. Röntgenbefund: Aus dem Niveau einer kosto-pleuralen Mantelschwiele lungenwärts knollig vorspringende scharfbogig begrenzte Schattenkulisse an der dorso-axillaren Zirkumferenz der 5.—8. Rippe mit fächerförmig divergierenden Faltungsstreifen der benachbarten Lungenrinde bei adhäsiver Fixierung des linken Hemidiaphragma und mehrzipfeliger Pleuro-Perikardadhäsion (a—c Ausschnitte von Zielaufnahmen p.-a. und in 2. Schrägprojektion). Nach ergebnislosem Punktionsversuch mit der Silverman-Nadel histologische Verifizierung eines umschriebenen Pleuramesothelioms durch partielle Brustwandresektion am 10.11.62 (Chir. Univ.-Klinik Münster/W., Direktor: Prof. SUNDER-PLASSMANN). Anschließende Telekobaltbestrahlung. O.G., 66jähr. ♂. Arch.-Nr. 8484/62, Röntgenabtlg. d. Med. Univ.-Klinik u. Poliklinik Münster/W. (Direktor: Prof. W. H. HAUSS)

FELDMAN, DAVIDSOHN u. DANELIUS; MOERSCH, HINSHAW u. WILSON; AHLSTRÖM; SIMPSON; NARDONE; WICHTL; ESCHBACH u. FINSTERBUSCH; HERBUT u. WATSON; ESCHBACH; SCHNETZ u. SALIS; PENDL; KAHLAU; FROBOESE; ECK; LÖBLICH; KNORR; WURMA; COCCHI; SILVIA; HAMM; LÜDEKE; BALDRY; KRUMP u. HENGSTMANN; RADNER; BAUCHE; GASSER u. THURNER; NOODT; PAUL; GRONQVIST, CLAGETT u. MCDONALD; TWINING; O'NEAL u. ACKERMAN zit. n. DENK; MARCOLONGO u. FERRABOLI; ELIASSON u. KITCHELL; FROST u. WOLPAW; ZAKOFF; MÜLLY u.a.).

Die branchiogene Ursprungstheorie (PANGOAST; FRIED; MORRIS u. HARKEN; HALL; CHARP u. STOUT; SEELENTAG u. LUPP) ist überholt. Das Pancoast-Syndrom wird relativ selten von *mesothelialen bzw. fibrosarkomatösen Pleuragewächsen der Thoraxkuppel* hervorgerufen (AHLSTRÖM; PENDL; WICHTL; COCCHI; SILVIA; GASSER u. THURNER; DROUET, FAIVRE, DE REN, RAUBER u. ARNOLD) (Abb. 312). In über 80% der Fälle rühren die Krankheitssymptome von — vornehmlich epidermoidzelligen — *hilofugal vordringenden Bronchialkrebsen der apiko-dorsalen Oberlappen-Rinde* (TOBIAS; RAY; DAHM; OWEN, EWER u. KLINETAKER; ESCHBACH u. FINSTERBUSCH; KAHLAU; FROBOESE; ECK; KNORR; ESCHBACH; BIRKNER u. BRANDT; MOERSCH, HINSHAW u. WILSON; HERBUT u. WATSON; WICHTL; HAMM; LÜDEKE; BALDRY; KRUMP u. HENGSTMANN; GRONQVIST et al.; SCHNETZ

Abb. 309a u. b. *Umschriebene Pleurahyalinose über der Konvexität des linken Oberlappens.* Der Patient wurde unter Verdacht auf „intrapulmonalen Rundherd" zur Probethorakotomie überwiesen. Die in Vorderansicht wenig dichte rundliche Verschattung in Projektion mit der lateralen Oberlappenbasis (a) war nach dem Durchleuchtungsbefund nicht im Lungenparenchym zu lokalisieren. Es handelte sich vielmehr um eine zirkumskripte beetartige Pleuraverdickung, die im 1. Schrägdurchmesser von fächerartig divergierenden kortikalen Faltenatelektasen überdeckt wurde (b). Die wegen unklarer Senkungsbeschleunigung zum Ausschluß eines beginnenden mesothelialen Tumorbeets vorgenommene Probethorakotomie (Op.: Prof.

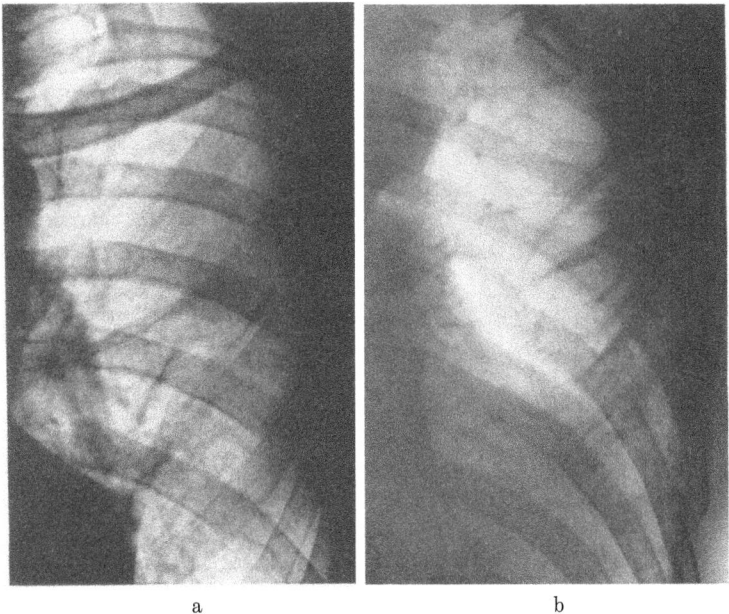

UNGEHEUER, Direktor d. Chir. Klinik d. Krhs. Nordwest Frankfurt/M.) ergab eine knotige hyaline Pleuraauflagerung mit Fesselung der Lungenrinde (E.-Nr. 6286/66, Path. Inst. d. Krhs. Nordwest Frankfurt/M., Direktor: Prof. KAHLAU). J.U., 46jähr. ♂. Arch.-Nr. 0407 20881, Radiolog. Zentralinst. d. Krhs. Nordwest Frankfurt/M.

Abb. 310a u. b. *Ossifizierende Rippenperiostitis bei chronischem Pleuraempyem.* Durch eingedicktes Restexsudat leicht lungenkonvex vorgewölbte Mantelschwarte mit endopleural verbliebenem Drainteil nach früherer Bülau-Drainage, in Vorderansicht als orthograd erfaßte Ringfigur oberhalb der Zwerchfellkuppel dargestellt (a), nach Pleurektomie und Plastik als Objektdetail verschwunden (b). G.S., 14jähr. ♂. Arch.-Nr. 12765/ 57, Röntgenabtlg. d. Med. Univ.- Klinik u. Poliklinik Münster/W. Direktor: Prof. W. H. HAUSS)

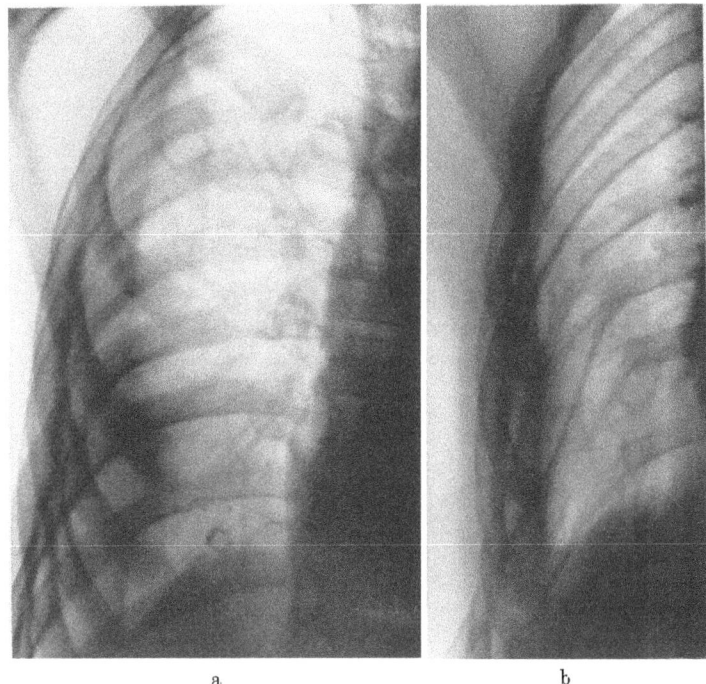

u. SALIS; FREGONARA; LARIZZA u. ZELASCHI; BENEDETTI; MATHEY-CORNAT u. DE FLEURIAN; ROMANO u. EYHERABIDE; LAVAL, PAYAN, BONNEAU, CLÉMENT, AMALRIC u. LAURENT) (s. Bd. IX/4b, Abb. 500—502, 507—514, 519 u. 520) oder von *pleuro-parietalen Metastasen bronchogener Karzinome anderer Lokalisation* her (FISCHER; ASSMANN; TESCHENDORF;

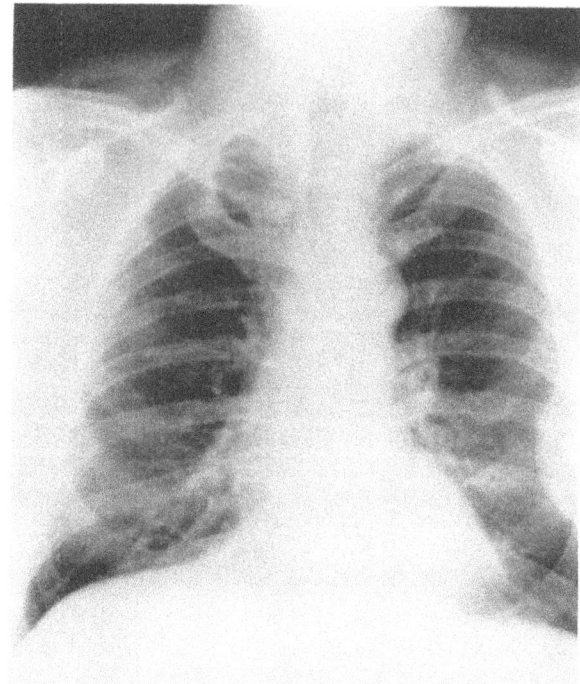

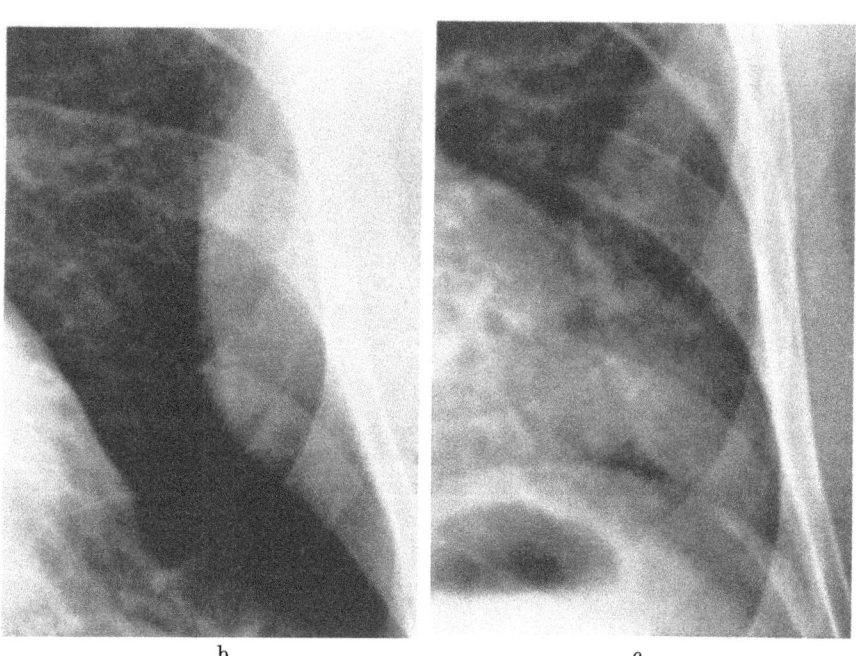

Abb. 311a—c. *Subpleurales Lipom über der lateralen Konvexität der li. Lunge.* Die bei einer Thoraxröntgenuntersuchung zufällig entdeckte Geschwulst imponierte als relativ transparenter glattbogiger Spindelschatten (a Übersichtsaufnahme p.-a.), der sich inspiratorisch (b) im Vergleich zur exspiratorischen Zielaufnahme (c) deutlich abflachte. Das $7 \times 7 \times 1{,}4$ cm große Lipom wurde durch Thorakotomie exstirpiert. S. B., 54jähr. ♂. [Nach GRAMIAK, R., KOERNER, H. J.: A roentgen diagnostic observation in subpleural lipome. Amer. J. Roentgenol. 98. 465—467 (1966); Fig. 2 A—C]

SEYFARTH; VERGA u. BOTTERI; ZADEK; BERGMARK u. QUENSEL; BABOLINI u. BLASI; LOB u. WEISS; STORNIELLO u. SCHMID; LIBERTI u. STELLA; FIX; EIZAGUIRRE; FRIEDMAN u.a.) (Abb. 259 u. 334 sowie Bd. IX/4b, Abb. 505 u. 521).

Ätiologisch kommen auch *autochthone Geschwülste parieto-mediastinaler Strukturen* (s. Bd. IX/4b, Abb. 523), ferner von extrathorakalen Tumoren ausgehende *Metastasen der Brustwand und oberen Mediastinalorgane* (v. BRUNS; POMERANZ; SCHMITT; WICHTL;

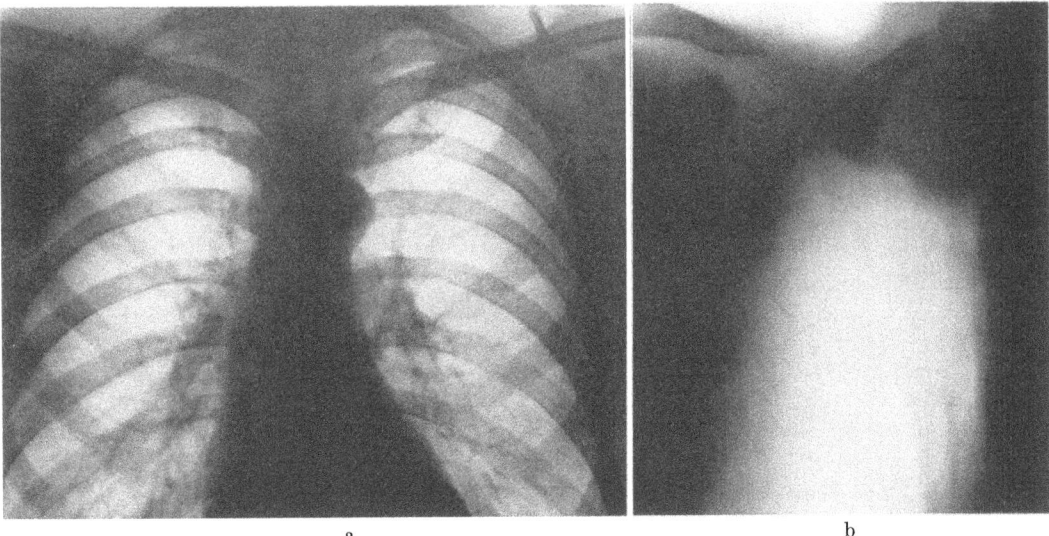

Abb. 312 a u. b. *Sarkomatöses Mesotheliom der rechten Pleurakuppel.* Kliniküberweisung aus der Gerhard-Domagk-Klinik Ruppertshain/Ts. (Chefarzt: Dr. REUSCH) wegen eines tumorsuspekten Befundes. Die Thoraxübersichtsaufnahme zeigte eine inhomogene Eintrübung des rechten Kuppelraumes (a), die sich tomographisch als kaudalwärts aufgefaserter Rundschatten nach Art eines peripheren Bronchuskarzinoms erwies (b Schichtbild 11,5 cm a.-p.). Tumorentfernung durch Lobektomie des rechten Oberlappens unter Mitnahme einer apikalen Schwarte. Anatomischer Befund: Im Durchmesser 3,5 cm große Geschwulst vom Bau eines zellreichen, größtenteils undifferenzierten, teils fibroplastischen Sarkoms, nach histologischem Aspekt und Topographie einem sarkomatösen Pleuramesotheliom entsprechend (E.-Nr. 20344/70, Path. Inst. d. Krhs. Nordwest, Direktor: Prof. KAHLAU). M. P., 40jähr. ♂. Arch.-Nr. 0810 29611, Radiolog. Zentralinst. d. Krhs. Nordwest Frankfurt/M.

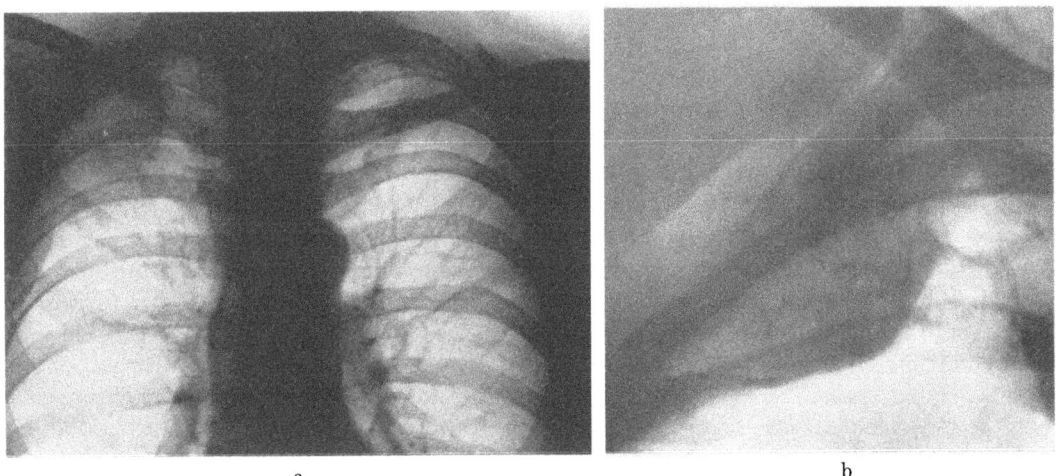

Abb. 313 a u. b. *Pancoast-Syndrom bei Brustwandmetastase.* 20 Jahre nach rechtsseitiger Ablatio mammae (gesichertes Mammakarzinom) zunehmende Schwäche, Muskelatrophie und später hervortretende Schwellung des rechten Armes verbunden mit an Intensität wechselnden Schmerzen brennenden Charakters in der oberen rechten Thorax- und Schulterregion. In der rechten Supraklavikulargrube tastbare derbe, unverschiebliche Resistenz. Neurologische Ausfälle im Versorgungsgebiet der unteren Wurzeln des Plexus brachialis dexter. Thoraxröntgenbefund: Osteolyse der ventroaxillaren Anteile der 1. Rippe rechts mit schleierartiger Eintrübung der rechten Thoraxkuppel durch die Brustwandmetastase (a), die sich auf der Zielaufnahme in Lordosehaltung als lungenkonvex begrenzter, auch extrathorakal bogig vorspringender Spindelschatten darstellt (b). Kein Anhalt für pleuro-pulmonale Verdichtung im Kuppelraum im Sinne eines in die Brustwand eingedrungenen kortikalen Bronchuskarzinoms. M. P., 58jähr. ♀. Arch.-Nr. 1104 12992, Radiolog. Zentralinst. d. Krhs. Nordwest Frankfurt/M.

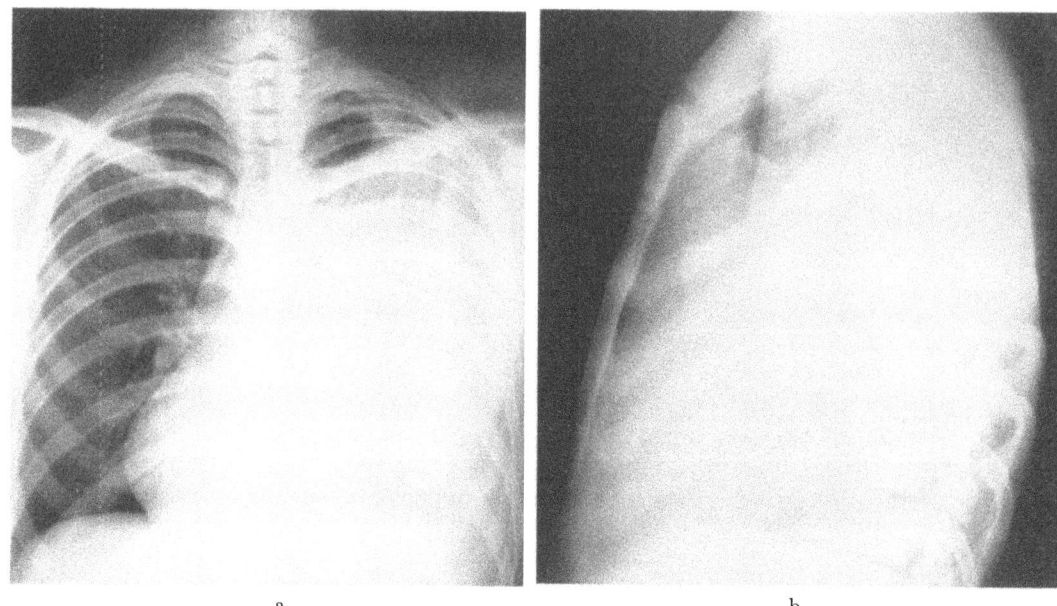

a　　　　　　　　　　　　　　　b

Abb. 314a u. b. *Benignes lokalisiertes fibröses Mesotheliom der Pleura mediastinalis mit hämorrhagischem Begleiterguß.* 3 Wochen vor Klinikaufnahme trockener Reizhusten und zunehmende atemabhängige Schmerzen in der linken Thoraxseite, später hohes Fieber. Innerhalb weniger Wochen Gewichtsverlust von 15 kg. Massive Dämpfung über der linken unteren Brustkorbhälfte. Mehrfache Punktionen ergaben sanguinolentes Exsudat, bakteriologisch staphylokokkenhaltig. Der Ergußschatten überdeckt auf den Nativaufnahmen in 2 Ebenen (a und b) die riesige Geschwulst (Durchmesser des Resektionspräparats $19 \times 14 \times 7$ cm, Gewicht 1240 g). Der Tumor war bindegewebig abgekapselt und haftete mit seinem Stiel an der Pleura mediastinalis unterhalb der linken V. subclavia. Histologie: Gutartiges fibröses Mesotheliom von teils großzystischer Bauart mit zentralen Nekrosen und kleinen, röntgenologisch nicht dargestellten Verkalkungsherden im Inneren. F. F., 24jähr. ♀.
[Nach BLOUNT, H. C.: Radiology **67**, 822—833 (1956); Fig. 6A und B]

CREYSSEL u. DE MORGUES; ZAKOFF; FROMMHOLD u. SCHLUNGBAUM u.a.) (Abb. 313 und Bd. IX/4b, Abb. 522) sowie Pleura, Rippen und Weichteile des Kuppelraums infiltrierende Herde *maligner Retikulosen* in Betracht (VERSÉ; MARQUES, HEMOUS u. PLANEL; HABEIN, MILLER u. HENTHORNE; WICHTL; PENDL; STEIN; POMERANZ; BERTONI u. TOAIARI; BELLION; eigene Beobachtung s. Bd. IX/4b, Abb. 524).

Ungeachtet der differentialdiagnostischen Prävalenz onkologischer Erkrankungen ist die klinisch-röntgenologische Semiotik des Pancoast-Syndroms nicht unbedingt beweisend für das Vorliegen eines bösartigen Geschwulstleidens. Nach den im Schrifttum gesammelten Erfahrungen kann sich die Kombination von schmerzhafter Armplexusparese, okulopupillären und sonstigen zugehörigen Symptomen aus *nicht-neoplastischen Krankheitsursachen* entwickeln, die nicht nur zu Folgebeschwerden fortgeleiteter Infiltration oder örtlicher Druckwirkung führen, sondern auch im Schattenbild mit suspekt wirkender apikaler Verdichtung und fakultativer kosto-vertebraler Osteolyse hervortreten. Die kasuistischen Mitteilungen betreffen einerseits *chronische Entzündungsprozesse* spezifischer und unspezifischer Art (*Spitzentuberkulose*: LÉRI u. MOULIN DE THEYSSIER; SERGENT; NOODT; PICCIOCHI u. PISANO; MORGANA; *spondylogener Senkungsabszeß* in der oberen Thoraxapertur: MAHOUDEAU u. COURJARET; vice versa: FROIDERAUX; *chronische Oberlappenpneumonie*: SERGENT, DE MASSARY u. BENDA; ASHE, MCDONALD u. CLAGETT; *Lungenaktinomykose* mit Einbeziehung der angrenzenden Pleura und oberen Brustwandschichten: SAUVAGE u. GARBAY; BARTHEL; DELARUE u. HOUDARD; FLYNN u. FELSON), zum anderen die gelegentliche Ansiedlung von *Hydatidenzysten im Bereich der Thoraxkuppel* (MAZZONI u. DI PIETRO; D'ESHOUGUES u. HOUËL; LEGRÉ u. BONNAL; MASSENTI u. RACUGNO).

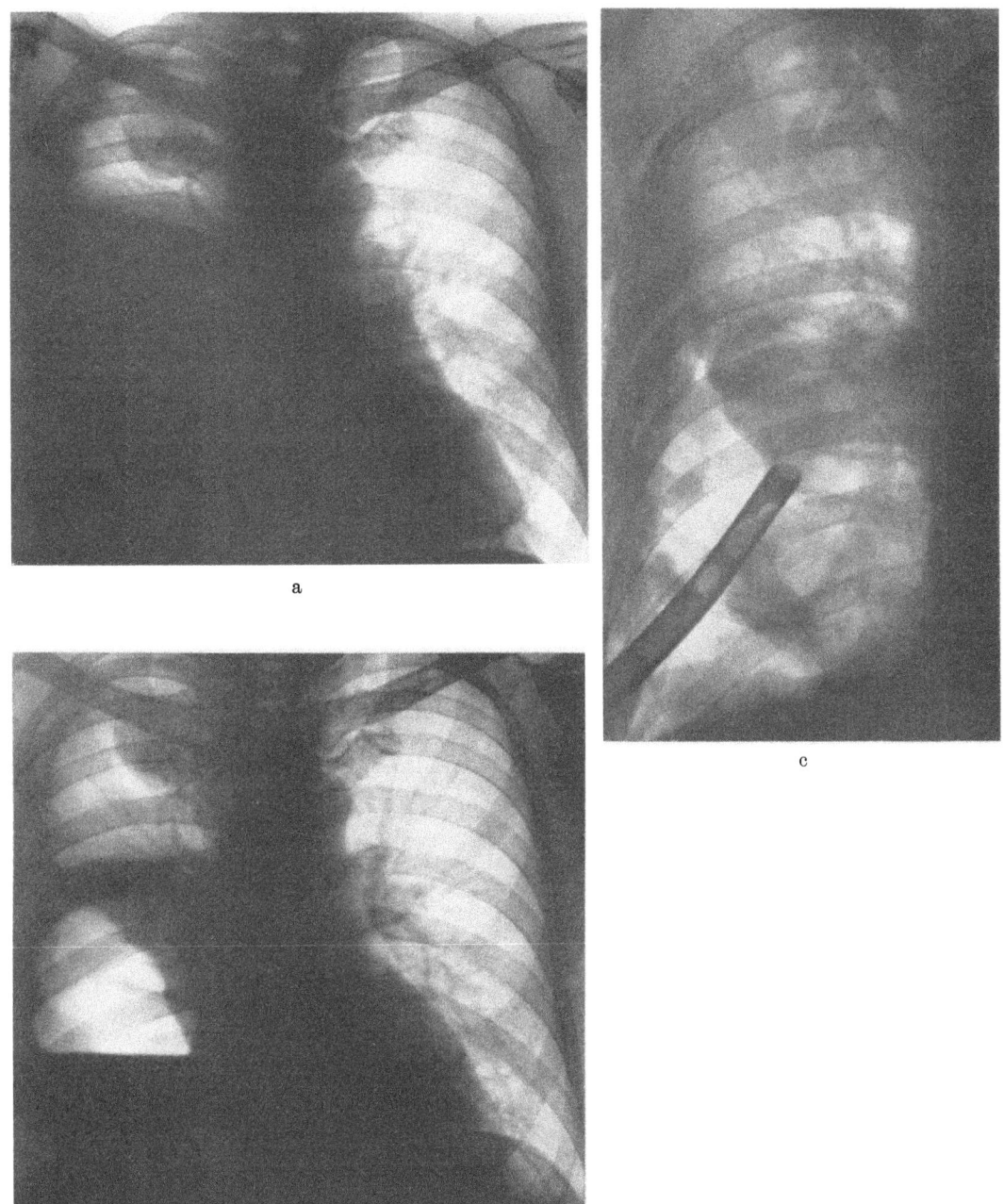

Abb. 315a—c. *Flächenhaft wachsendes Pleuramesotheliom mit Ausbildung großer Ergußkammern.* Seit mehreren Wochen Reizhusten, starke Brustwandschmerzen und zunehmende Kurzatmigkeit. Fieberfreier Krankheitsverlauf. BSR auf 45/86 mm n.W. erhöht, Leukozytose (12000—22000/mm³) mit Linksverschiebung und mäßige Anämie. Im hämorrhagischen Pleuraexsudat wiederholter Tumorzellnachweis. Röntgenbefund: Zunächst massive Verschattung des rechten Hemithorax mit Verdrängungssymptomen durch interlobär und wandständig hängende Exsudatkammern (a Thoraxübersichtsaufnahme p.-a. vom 1. 7. 64). Nach Entlastungspunktion persistierende Atelektase des von der Tumorschwarte gefesselten Parenchyms (b Kontrollaufnahme p.-a. vom 2. 7. 64). Die Ausdehnung der im postoperativen Pneumothorax sichtbaren knolligen und beetartigen Geschwulstherde am viszeralen und parietalen Pleurablatt (c) ließ nur eine palliative Exstirpation zu (Op.: O.A. Dr. März, Chir. Klinik d. Krhs. Nordwest, Direktor: Prof. Ungeheuer). Histologie: Zellreiches malignes Pleuramethelsoiom (E.-Nr. 3312/64, Path. Inst. d. Krhs. Nordwest, Direktor: Prof. Kahlau). E.-F., L., 45jähr. ♂. Arch.-Nr. 1403 19481, Radiolog. Zentralinst. d. Krhs. Nordwest Frankfurt/M.

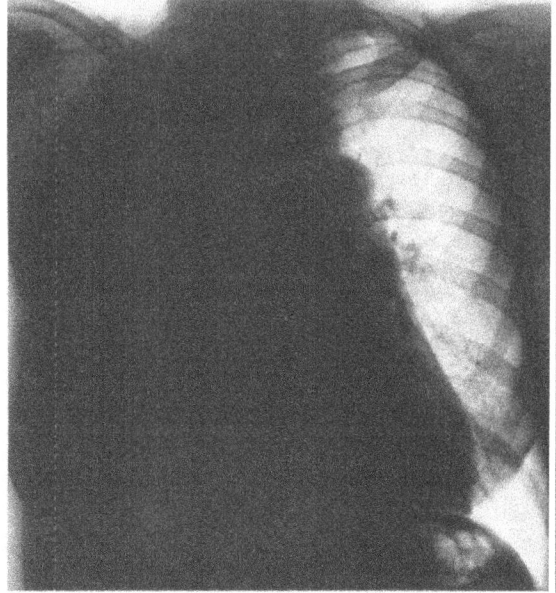
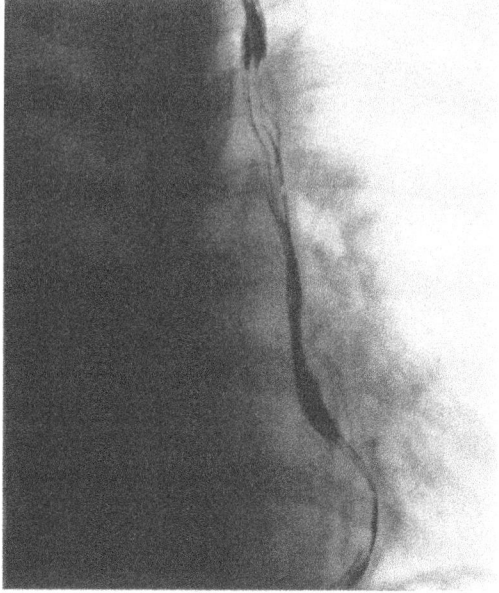

Abb. 316 a—c. *Fibrosarkomatöses Pleuramesotheliom mit massiver Halbseitenverschattung, Verdrängungsymptomen und plurilobärem Segmentbronchusverschluß.* Seit mehreren Monaten atemabhängige Schmerzen in der rechten Brustkorbwand, Schluckbeschwerden und zunehmende Kurzatmigkeit. Nach erfolgloser Behandlung der afebril verlaufenden „Pleuritis" Überweisung in die Chir. Klinik d. Krhs. Nordwest Frankfurt/M. (Direktor: Prof. UNGEHEUER). Thoraxröntgenbefund bei Aufnahme: massive Verschattung des rechten Hemithorax mit Verlagerung der Mediastinalorgane nach links (a Übersichtsbild p.-a.) einschließlich der Tracheobronchialbifurkation und des im unteren Drittel bogig verdrängten Ösophagus (b hart exponierte Zielaufnahme p.-a.). Tomographisch zeigte sich ein plurilobärer Segmentbronchusverschluß mit Einengung der Lappenbronchien bei normalem Kaliber des zur Gegenseite dislozierten rechten Haupt- und Zwischenbronchus (c Schichtbild 11 cm a.-p.). Die nach dem Aspekt des Stenosebildes und der konstanten Ösophagusimpression gestellte Diagnose „malignes Pleuramesotheliom mit Übergreifen auf das Mediastinum" wurde durch Pleurapunktion und Mediastinoskopie bestätigt: das hämorrhagische Exsudat enthielt reichlich Tumorzellen, und die mediastinoskopisch entnommene Gewebsprobe ergab ein „fibrosarkomatöses Pleuramesotheliom)(E.-Nr.6474/ u. 6475/69, Path. Inst. d. Krhs. Nordwest, Direktor: Prof. KAHLAU). E. P., 55jähr. ♀. Arch.-Nr. 0307 14632, Radiolog. Zentralinst. d. Krhs. Nordwest Frankfurt/M.

γ) Das Pleuramesotheliom mit überdeckendem Erguß

äußert sich als massive homogene Verdichtung. Wie bei ausgedehnter entzündlicher Pleuraexsudation mit Kompressionsatelektase eines Lungenflügels kann der Hemithorax vollständig eingetrübt, und das Mediastinum zur Gegenseite verlagert werden. Unter beiden Bedingungen bleibt das Bronchialsystem meist bis zu den Segmentästen hin luft-

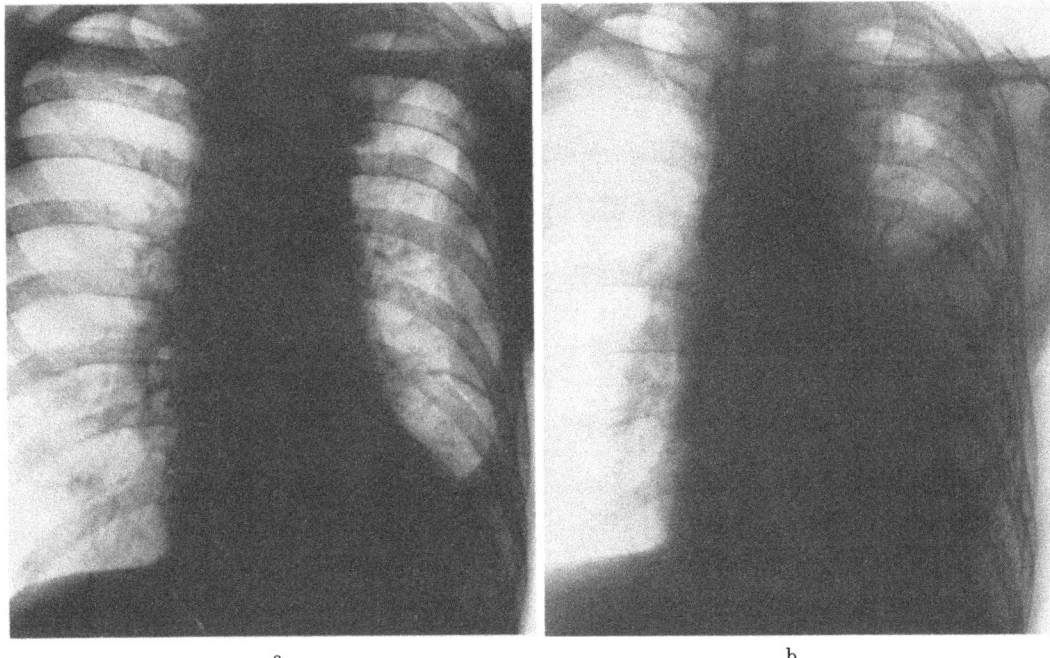

a　　　　　　　　　　　　　　　　　b

Abb. 317a u. b. *Randständige Schattenkulisse eines diffusen Pleuramesothelioms mit massiv anwachsender Exsudation und Kompressionsatelektase des linken Unterlappens.* Thoraxübersichtsaufnahmen p.-a. vom 10. 12. 51 (a) und vom 8. 1. 52 (b). (Autopsie.) A. I., 63jähr. ♂. Arch.-Nr. 11734/51, Röntgeninstitut d. Med. Univ.-Klinik Leipzig (damal. Direktor: Prof. M. BÜRGER)

haltig, während die halbseitige Obstruktionsatelektase jenseits eines Stammbronchuskarzinoms am proximalen Bronchialabbruch und mehr oder weniger deutlicher Volumenabnahme kenntlich ist. Der neoplastische Ursprung ist aus dem Röntgenbild nur ersichtlich, wenn sich das Mesotheliom durch infiltratives Wachstum an der Lungenwurzel und den angrenzenden Mediastinalstrukturen mit *polystenotischer Obstruktion der ummauerten Bronchialverzweigung* (SATTLER; BEUTEL u. STRNAD; BRAUN-WOTTKE; SCHULZE) (Abb. 316c; s. auch Bd. IX/3, S. 240 u. Abb. 162a—d, S. 264 sowie Bd. IX/4b, Abb. 277) und mit umschriebenen *Verdrängungssymptomen am Ösophagus* verrät (Abb. 316b).

Im Falle umfänglicher Ergußbildung bieten sonst gewöhnlich erst die nach Punktion im diagnostischen Pneumothorax sichtbaren Schattenkulissen höckerig geformter Auflagerungen am viszeralen und/oder parietalen Serosablatt Anhaltspunkte für den Tumorverdacht. Der Befund läßt jedoch keine Unterscheidung von metastatischer Pleurakarzinose zu (s. Abb. 268 u. 339 u. S. 550ff.). Er ist auch nicht beweisend für einen bösartigen Prozeß, da die *chronische hämorrhagische Pleuritis unspezifisch-entzündlicher Genese* gleichartige Erscheinungen hervorrufen kann (HARTWEG; SANTY et al.). Auch bei *tumorförmiger pleuro-pulmonaler Amyloidose* erzeugt die wulstige Serosaverdickung manchmal analoge Schattengebilde (LUNDIN, SIMONSSON u. WINBERG) (s. Abb. 182).

Gelegentlich demaskieren sich im Ergußschatten verborgene Pleuratumoren durch einen *spontan entstehenden Pneumothorax* bzw. *Hämatopneumothorax* (HEISE u. TRUDEAU; ROSETTI; JENNY; EERLAND; SÉNÉCHAL; RATZER, POOL u. MELAMED; JUSTIN-BESANÇON, BROUET u. CHRÉTIEN) (S. 479). Wie bei gleichartigen Komplikationen broncho-pulmonaler Geschwülste (s. Abb. 256 u. 257, S. 456 u. Bd. IX/4b) beruht die auslösende Alveolarruptur zumeist auf dem Zusammenwirken von örtlicher Gewebsdestruktion und kurzfristigem intraalveolären Druckanstieg (Preßatmung, Husten, Defäkation etc.) (s. Bd. IX/3, S. 55—58).

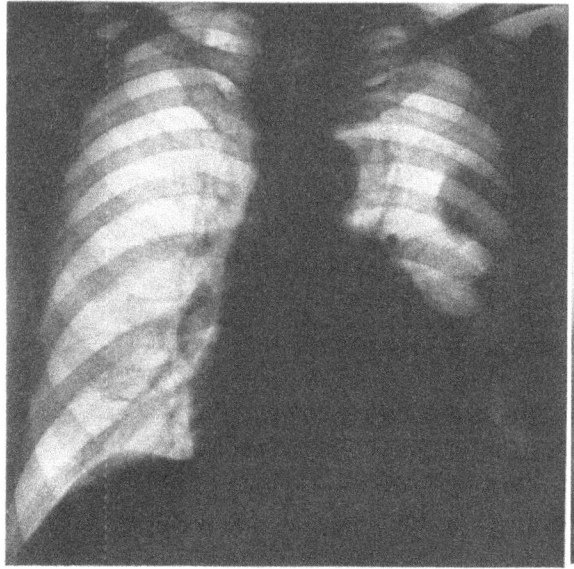
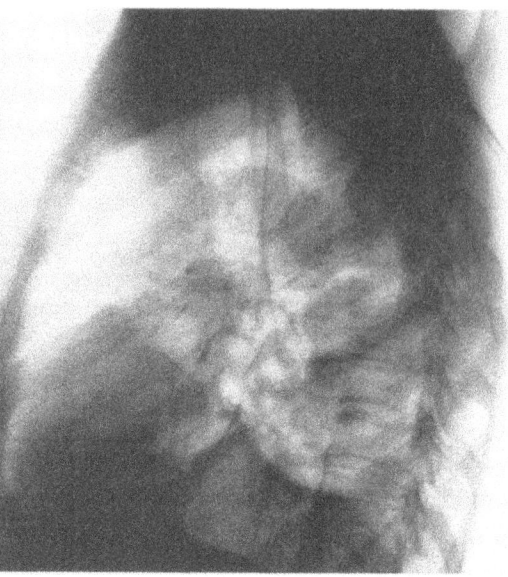
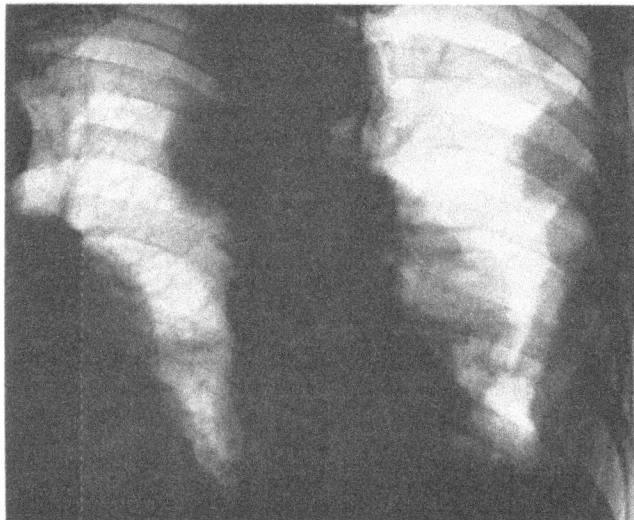

Abb. 318 a—d. *Diffuses, multilokulär grobknotig wachsendes Pleuramesotheliom.* Summationsaufnahmen p.-a. (a), sinistro-dextral (b) und im 2. Schrägdurchmesser (c) zeigen teils beetartige, teils grobknollige Kulissenschatten über der dorsoaxillaren Grenzfläche und an der Basis der linken Lunge bei freiem, respiratorisch und unter Lagewechsel verschieblichem Mantelerguß. Der in Vorderansicht auf die linke Oberlappenbasis projizierte Rundschatten war bei gezielter Schrägtomographie in 10 cm Schnittiefe (d) eindeutig außerhalb des Parenchyms gelegen und — wie die übrigen Schattengebilde — pleurogenen Ursprungs. Da die eingehende Fahndung nach einem in die Pleurahöhle metastasierenden Tumor, insbesondere einem Bronchuskarzinom negativ verlief, engte sich die Differentialdiagnose per exclusionem auf ein primäres malignes Pleuramesotheliom ein. Anamnese und sonstige Befunde: Krankheitsbeginn 6 Wochen zuvor mit Mattigkeit, Brustwandschmerzen und — einmaligem — Schüttelfrost. Antibiotische Therapie unter Verdacht auf Pneumonie mit Begleitpleuritis erfolglos, daher Überweisung in die Med. Klinik d. Krhs. Nordwest Frankfurt/M. (Direktor: Prof. ALTMANN). Weiterer Krankheitsverlauf fieberfrei. Leukozytose mit Linksverschiebung. Senkungsbeschleunigung auf 20/50 mm n.W. Im Elektrophoresediagramm Hypalbuminämie und Vermehrung der α_2-Globulinfraktion. Reduzierter Allgemeinzustand. Massive Dämpfung und aufgehobenes Atemgeräusch über dem linken Hemithorax. Mehrfache Pleurapunktion: reichlich blutiger Erguß. Bakteriologisch-kulturelle Untersuchung des Exsudats auf Tuberkelbazillen negativ. Im Sputum keine Tumorzellen. Histologische Untersuchung des in toto eingebetteten Ergußzentrifugats: neben massenhaft Erythrozyten multiple einzeln und in Verbänden liegende Zellen einer malignen Geschwulst (E.-Nr. 3225/66, 3226/66 und 4417/66, Path. Inst. d. Krhs. Nordwest Frankfurt/M., Direktor: Prof. KAHLAU). A. M., 67jähr. ♂. Arch.-Nr. 1003 99551, Radiolog. Zentralinst. d. Krhs. Nordwest Frankfurt/M.

δ) Das diffuse schwartenbildende Pleuramesotheliom

kann von vornherein als *massiver Pleuraerguß mit Verdrängungssymptomen und Kompressionsatelektase* in Erscheinung treten (RATZER, POOL u. MELAMED: 30 von 31 Beob-

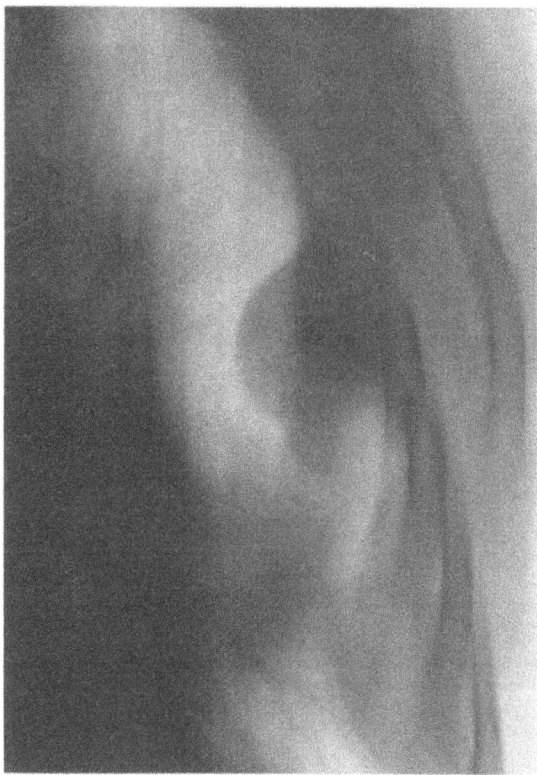

Abb. 318d

achtungsfällen). In einem Teil der Fälle bilden sich *flächenhaft ausgedehnte Tumorschwarten ohne nennenswerte Exsudation*, die einen Lungenflügel allseitig ummauern (SCHWARTZ; GRÜNEIS; MATZEL; PFEIFFER u. WEISS; DOUB u. JONES; WEISS; ZUPPINGER; LENK; ZADEK; THIELE; FINBY u. STEINBERG; BLOUNT; HUTCHINSON u. FRIEDBERG; REISNER u. HUZLY; RATZER, POOL u. MELAMED; SCHNETZER; SEMB; SLEGGS, MARCHAND u. WAGNER; GODWIN, MANFREDI, ROSENBAUM u. CHILDRESS u.a.). Ihr Mantelschatten wird wesentlich breiter als bei banalen Pleuraschwielen, deren Dicke 1 cm kaum überschreitet, es sei denn, die narbige Hülle enthielte ein Restexsudat (BRUNNER; ZUPPINGER), das sich in den lamellär-bindegewebigen Verschiebeschichten verteilt (GIESE; HARTUNG). Nur selten weist das Tumorbeet — bei zugrunde liegender Asbestose mit hyalinen Pleuraplaques — sichtbare Kalkeinlagerungen nach Art eines schwartig abgekammerten Restempyems auf (s. Abb. 284). In Tangentialprojektion erscheint es teils relativ glatt konkavbogig begrenzt, teils lungenwärts höckerig konturiert. Der in die Interlobärfissuren vordringende Geschwulstrasen, der die atemmechanische Expansions- und Gleitfähigkeit der isolierten Lungenlappen zunehmend behindert, bildet sich hochkant betrachtet und tomographisch als perlschnurartig geformter Schattenstreifen im Verlauf der Lappenspalten ab (Abb. 319). Im Gegensatz zur atemabhängigen Formbarkeit freier pleurokostaler Mantelergüsse, von verschieblichen Gleitschichten viszeraler und parietaler Schwartenblätter umhüllter Restexsudate (GIESE) (s. Bd. IX/3, Abb. 45) und interlobärer Transsudatkammern (FLEISCHNER; SCHULZE u.a.) ist die Mesotheliomschwarte respiratorisch starr.

Mit wachsender Dicke des Geschwulstpanzers büßt die gefesselte Lunge ihre Atemdehnbarkeit ein. Sie vermag sich dann auch nach späterer massiver Entlastungspunktion nicht mehr zu entfalten („*Postpaket-Lunge*") (REISNER u. HUZLY). Zugleich pflegt die betroffene Thoraxhälfte unter *skoliotischer Krümmung des Achselskelets* zu schrumpfen,

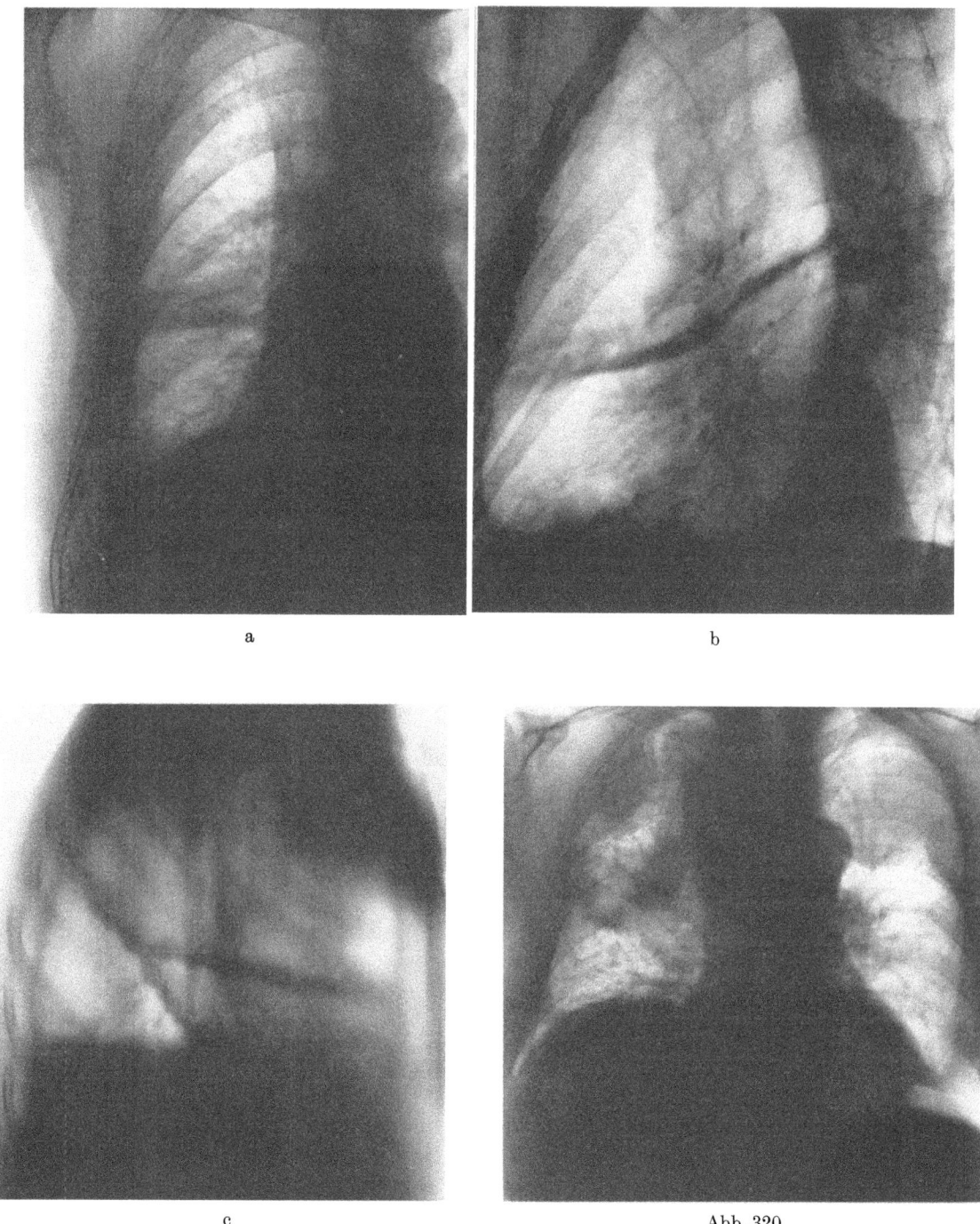

Abb. 319a—c. *Fesselung der rechten Lunge durch den Panzer eines diffusen, die Lappenspalten flächenhaft einbeziehenden Pleuramesothelioms.* (Autoptische Kontrolle.) Darstellung der kostopleuralen, pleuromediastinalen und interlobären Tumorschwarte sowie nodulärer Lungenmetastasen auf Summationsaufnahmen (a p.-a.; b 2. Schrägdurchmesser) und im Schichtbild (c 7 cm sin.-dextr.). C. H., 72jähr. ♂. Arch.-Nr. 1012 95291, Radiologisches Zentralinstitut d. Krhs. Nordwest Frankfurt/M.

Abb. 320. *Bilaterale beetartig-knollige Pleurametastasen eines Bronchialkarzinoms im rechten Oberlappen.* (Autoptisch verifiziert.) W. H., 65jähr. ♂. Arch.-Nr. 2106 03911, Radiolog. Zentralinstitut d. Krhs. Nordwest Frankfurt/M.

Abb. 321a u. b. *Schwartenbildendes diffuses Pleura-Fibrosarkom über dem linken Lungenflügel mit massivem hämorrhagischen Erguß.* Thoraxübersichtsaufnahme p.-a. nach Entlastungspunktion (a). Mikroskopischer Befund (b). (Sekt.-Nr. 168/66, Path. Inst. d. Krhs. Nordwest, Direktor: Prof. KAHLAU). W. T., 61jähr. ♂. Arch.-Nr. 0705 05871, Radiolog. Zentralinst. d. Krhs. Nordwest Frankfurt/M.

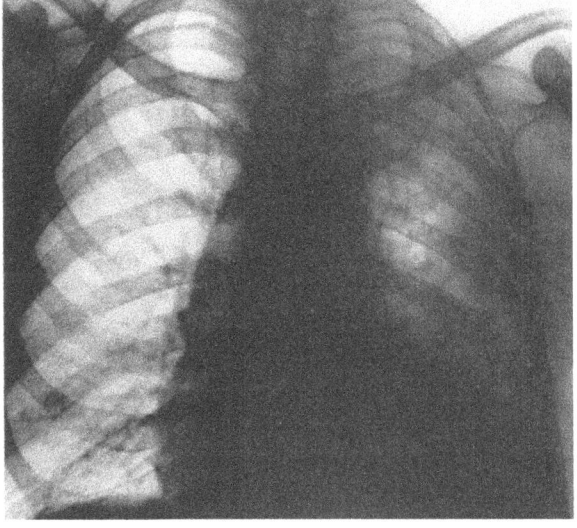

a

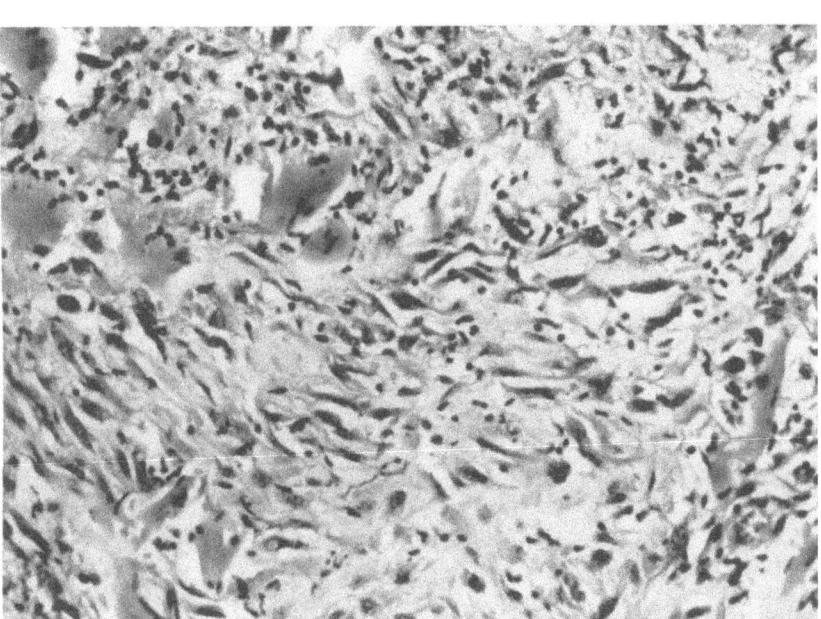

b

wie auch das gleichseitige Hemidiaphragma und das Mediastinum nicht selten *durch anhaltenden Schwartenzug* verlagert werden.

Die außerordentlich schmerzhafte Infiltration der Brustwand kann mit ausgedehnter *Rippenzerstörung* einhergehen (SCHWARTZ; ZUPPINGER; ZEITLER u. HUTH; BECKER u. BECKER u.a.). Röntgenologisch faßbare *Anzeichen der Osteodestruktion fehlen* aber *meist*. Sie sind selbst dann zu vermissen, wenn das Tumorgewebe die Brustwandschichten an mehreren Stellen breit durchbrochen hat, und unter den bedeckenden Weichteilen bereits derbe, unverschiebliche Vorwölbungen zu sehen und zu tasten sind. In dubio spricht der Nachweis osteolytischer Rippenveränderungen bei neoplastischer Brustwandinfiltration mit begleitendem Pleuraerguß eher für einen metastatischen Prozeß oder für ein parietalwärts vorgedrungenes Bronchialkarzinom der Lungenrinde als für eine autochthone Pleurageschwulst (REISNER u. HUZLY u.a.) (s. Abb. 258, 304 u. 320). *Flächenhaft aus-*

gebreitete Tumorpanzer im Sinne des diffusen Mesothelioms sind vornehmlich *bei bronchogenen Gallertkarzinomen* zu finden (Bd. IX/4a und b, Abb. 81 u. 506). Hilofugal wachsende Plattenepithelkrebse des Lungenmantels durchsetzen die benachbarte Brustwand in breiter Front (ECK; KNORRE; STOBBE u.a.) (Abb. 304), ohne die schwielige Pleurabrücke über den räumlichen Umfang der Durchbruchstelle hinaus flächig zu infiltrieren.

Der schwartigen Form diffuser Pleuramesotheliome röntgenmorphologisch ähnelnde Kulissenschatten kommen gelegentlich bei *extramedullärer Hämopoese im Gefolge schwerer hämolytischer Anämien* vor (PAPAVASILIOU u.a.). Die schattengebenden endothorakalen Knochenmarkherde sind mitunter bilateral-symmetrisch angeordnet, liegen bevorzugt in den kosto-vertebralen Winkeln, treten aber auch über der axillaren Zirkumferenz der Rippen in Erscheinung (s. Abb. 331, S. 548).

ε) Die bilaterale Ausbreitung maligner Pleuramesotheliome

ist klinisch und röntgenologisch wesentlich seltener zu finden, als von KRUMBEIN angegeben wurde (S. 472). Der kontralaterale Tumorbefall erschwert die ohnedies oft problematische Differentialdiagnose gegenüber beiderseitigen Pleurametastasen bronchogener Karzinome, wie der Vergleich der Abb. 264 u. 320 bezeugt. Die Aufgabe ist meist erst mit Hilfe histologischer Untersuchung zu lösen. Diese Einschränkung gilt letztlich auch für alle unilateralen Manifestationsformen pleurogener Mesotheliome (HUGUEIN-DUMITTAN) (s. S. 462).

2. Primäre Pleurasarkome und sonstige maligne Primärgeschwülste der Pleura

Angesichts der fließenden Übergänge zu Gewächsen sarkomatöser Bauart, die man im feingeweblichen Spektrum der Mesotheliome findet, bleibt es eine Frage der Definition, inwieweit Pleurasarkome als eigene Geschwulstkategorie aufzufassen (FISCHER; SCALFI; ROBERTSON) oder zu den Mesotheliomen zu zählen sind (STOUT u. MURRAY; GIESE; REISNER u. HUZLY u.a.).

Die Schwierigkeit der Klassifizierung betrifft insbesondere die bereits erwähnten relativ gutartigen *fibrosarkomatösen Riesentumoren* (KLEMPERER u. RABIN; BANSE; FISCHER; SALA; PICK; COHEN; GARRÉ; POKROWSKI u. ROSENBLATT; LILIENTHAL; TRIZZINO, STOHR u. SACHS; MAEF; MCMAHON u. MALLORY; MCNAMARA, SARGENT u. KOSTICK; JENNY; BRUNNER; NEVINNY; COYON u. CLARET; ALFIERI; MÜLLY; MEZZETTI u. AUGUSTI u.a.) (s. S. 463) und *Fibromyxosarkome* (MAHRDORF; VIDAL, PAGES, GUIN u. MARTY; KIDD u. HABERSON) (Abb. 323), ferner *faserbildende Retothelsarkome* (MATZEL; NOBILE; SANSONE u. LEVA) und zellreiche, rasch wachsende *Retikuloendothelsarkome* der Pleura (NICAUD u. RAVINA).

Die Tumoren entstammen gleichfalls dem subserösen Mesenchym des viszeralen bzw. parietalen Pleurablattes und zeigen histologisch dieselbe Mannigfaltigkeit wie mesotheliomatöse Strukturen. Außer den genannten Formen wurden *Rundzellsarkome* (SANSONE u. LEVA) bzw. *Lymphosarkome* (DI MURO), *gemischtzellige Sarkome* (Abb. 322) und *Sarko-Karzinome der Pleura* beschrieben (BÖHM). Andere Gewächse, wie *Chondrosarkome* (FALLSCHEER; ZUPPINGER), *Chondromyxosarkome* (BUSSE), *Leiomyosarkome* (CATRON), *Angiosarkome* (MÜLLY) und Mischtumoren der Pleurahöhle, gehören streng genommen zu den Brustwand- bzw. Lungengeschwülsten oder können als Hamartoblastome gelten.

Unter Hinweis auf die Unterschiede ihrer Altersgliederung und Lokalisation trennte FISCHER die Pleurasarkome als eigenständige Blastomgruppe von den Endotheliomen ab: Sarkome seien nach Schrifttumsangaben auch bei jüngeren Menschen gehäuft und in der linken Brustkorbhälfte fast doppelt so häufig zu finden als in der rechten, während die Pleuraendotheliome etwa die gleiche Alterskurve aufwiesen wie Bronchuskarzinome und bevorzugt rechtsseitig aufträten (Tabelle 31). Die Geschlechtsrelation stimme dagegen bei beiden Tumorgruppen überein.

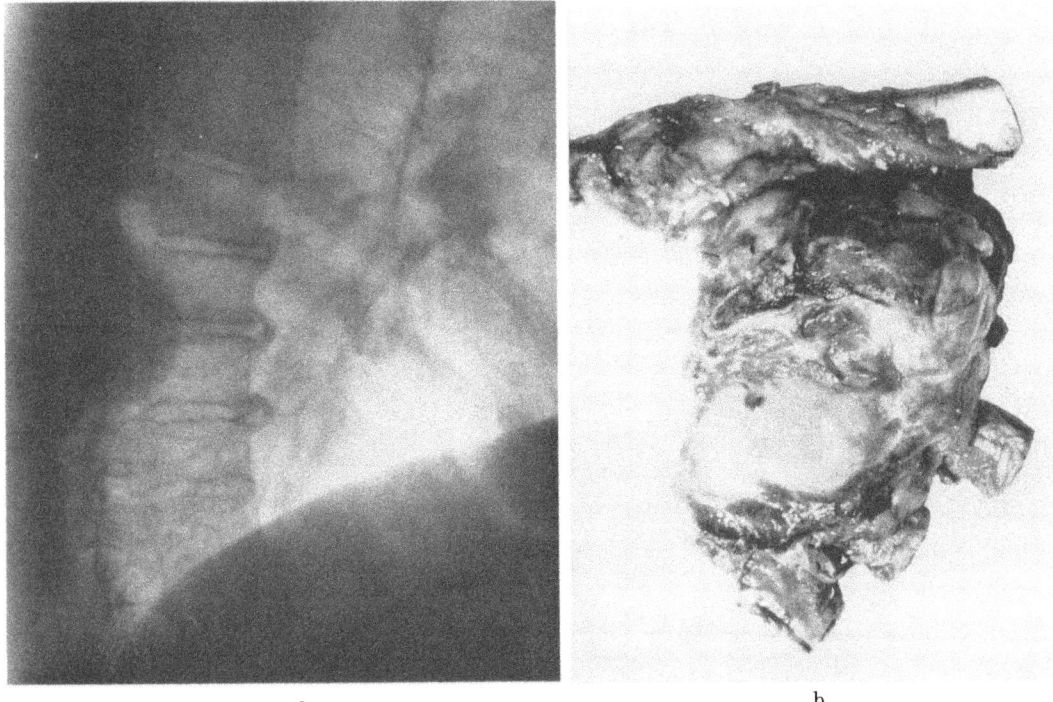

a b

Abb. 322a u. b. *Auf die Brustwand übergreifendes fibroplastisch-polymorphzelliges Sarkom der Pleura parietalis.* Der 5 Jahre nach Ablatio mammae links (Januar 1958), postoperativer Bestrahlung mit schnellen Elektronen und mehrfachen Rezidivoperationen (Dezember 1958, April 1959 und Dezember 1962) an der hinteren Thoraxwand entdeckte Tumorschatten (a) wurde als parietale Brustwandmetastase gedeutet. Vornahme einer Brustwandteilresektion am 25. 10. 63 (Op.: Prof. UNGEHEUER, Direktor d. Chir. Klinik d. Krhs. Nordwest Frankfurt/M.). Die histologische Untersuchung ergab keine Absiedlung des Brustkrebses, sondern ein fibroplastisches polymorphzelliges Pleurasarkom als Zweitgeschwulst (E.-Nr. 80/63, Path. Institut d. Krhs. Nordwest Frankfurt/M., Direktor: Prof. KAHLAU). I. U., 56jähr. ♀. Arch.-Nr. 0703 0742, Radiolog. Zentralinst. d. Krhs. Nordwest Frankfurt/M.

Tabelle 31. Geschlechtsverhältnis, Altersverteilung und Seitenlokalisation bei Pleuraendotheliomen und Pleurasarkomen. (Nach FISCHER, W.: Die Gewächse der Lunge und des Brustfells. In: HENKE-LUBARSCH, Handbuch der spez. pathol. Anat. u. Histol., Bd. III/3, S. 539 u. 568. Berlin: Springer 1931)

Altersverteilung	Pleuraendotheliome Geschlechtsverhältnis: 1,7 ♂ : 1 ♀ (85 Fälle)	Pleurasarkome Geschlechtsverhältnis: 1,6 ♂ : 1 ♀ (27 Fälle)		
	Anzahl der Fälle	Anzahl der Fälle		
		insgesamt	♂	♀
bis zu 10 Jahren	1	15	10	5
11—20 Jahre	2	17	10	7
21—30 Jahre	4	21	16	5
31—40 Jahre	9	22	14	8
41—50 Jahre	16	19	9	10
51—60 Jahre	10	18	11	7
61—70 Jahre	11	6	2	4
71 Jahre und älter	4	9	6	3
Seitenlokalisation	31 rechts : 24 links	40 rechts : 70 links		

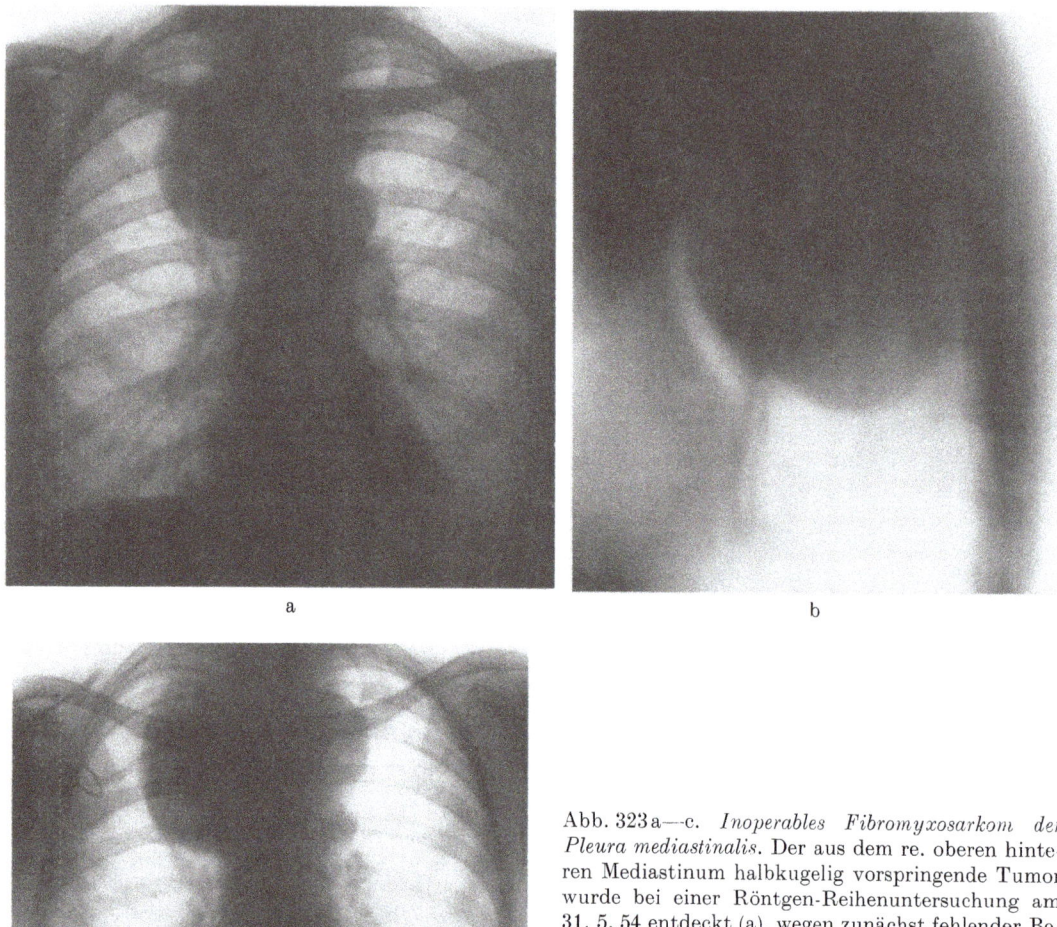

Abb. 323a—c. *Inoperables Fibromyxosarkom der Pleura mediastinalis.* Der aus dem re. oberen hinteren Mediastinum halbkugelig vorspringende Tumor wurde bei einer Röntgen-Reihenuntersuchung am 31. 5. 54 entdeckt (a), wegen zunächst fehlender Beschwerden aber erst nach fast einjährigem Intervall operativ angegangen. Zwischenzeitlich zunehmende Atemnot durch Stenose und Ventralverdrängung der Trachea (b Schichtbild dextro-sinistral 12 cm vom 23. 2. 55) infolge expansiven Wachstums der Geschwulst (c Kontrolle nach Probethorakotomie vom 1. 3. 55), die wegen Einbeziehung benachbarter großer Gefäßstämme nicht mehr resezierbar war. G. G., 60jähr. ♀. Beobachtung am Röntgeninstitut d. Med. Univ.-Klinik Leipzig (damal. Direktor: Prof. M. Bürger)

Abgesehen von der Strittigkeit einer strengen Trennung beider Gruppen dürfte es fraglich sein, ob man die Klassifizierung der in Tabelle 31 als Pleurasarkome aufgeführten 110 Tumoren nach heutigen Maßstäben beibehalten würde. LICHTENSTEIN konnte 1931 nur 31 einschlägige Mitteilungen aus dem Schrifttum sammeln. Auch in der Folgezeit blieben kasuistische Berichte mit Literaturübersichten relativ spärlich (BERNARD; SCHNEIDER; RAMSTRÖM u. HELLSTEN; JENNY; EERLAND). Nach Sektionsbefunden wird die Häufigkeit der Pleurasarkome mit 1 Beobachtung auf 10000 Autopsien angegeben (SEYDEL; BANKAMP).

Wie das Strukturbild, so ist das biologische Verhalten sarkomatöser Pleuragewächse uneinheitlich. In Analogie zu den Mesotheliomen sind makroanatomisch 3 Grundformen zu unterscheiden (SCHNEIDER):

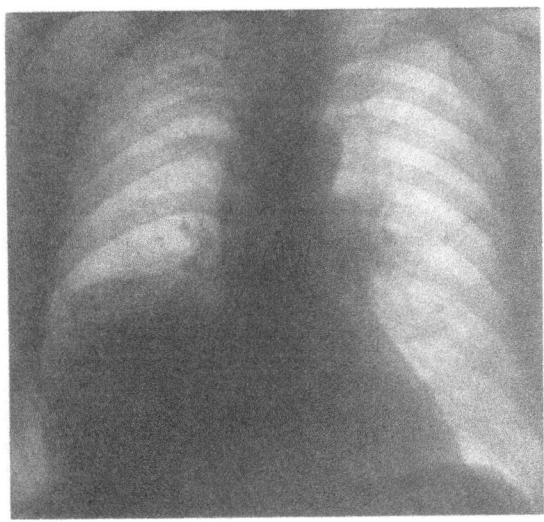
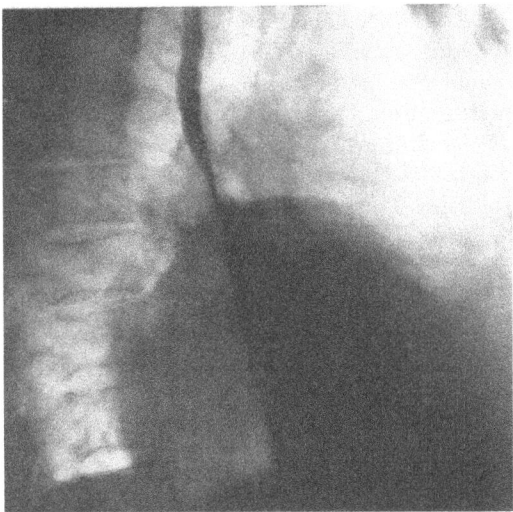
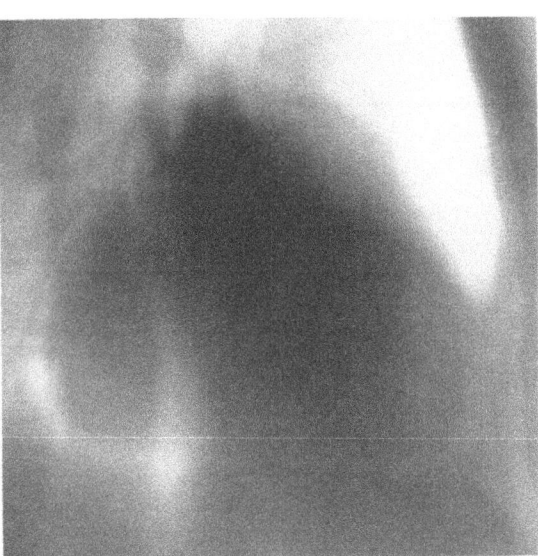

Abb. 324a—c. *Mesothelzyste der Pleura diaphragmatica.* Die 8 Jahre zuvor entdeckte, damals knapp gänseeigroße Zyste war bis zur Klinikaufnahme zu einem die vordere Thoraxbasis ausfüllenden Gebilde von Kindskopfgröße angewachsen, das die benachbarten Bronchien verdrängte und zu einer Kompressionsatelektase des lateralen Mittellappensegments geführt hatte (a und b Nativaufnahmen in 2 Ebenen). Das glattrandige Schattenoval der am medialen Zwerchfellplateau verankerten Zyste war tomographisch klar von der vorderen Zwerchfellkontur abzugrenzen (c Schichtbild 12 cm sin.-dextr.). Exitus subitus infolge massiver Lungenembolie (Sekt.-Nr. 23/58, Path. Inst. d. Univ. Münster/W., Direktor: Prof. GIESE). J. W., 64jähr. ♂. Arch.-Nr. 9745/57, Röntgenabtlg. d. Med. Univ.-Klinik u. Poliklinik Münster/W. (Direktor: Prof. W. H. HAUSS)

1. gut abgrenzbare, oft bindegewebig abgekapselte und gestielte Geschwülste, die vorwiegend expansiv zu beträchtlichem Umfang und Gewicht heranwachsen (Abb. 316),

2. umschriebene beetartige oder knollige Tumoren von destruktiver Wuchstendenz (Abb. 278 u. 322), und

3. flächenhaft ausgebreitete Neubildungen in Gestalt breiter Schwarten bzw. vielenorts aufschießender, konfluierender und das übrige Pleuraniveau plaqueartig überragender Infiltratknoten (Abb. 321), die auf Lungenrinde und Brustwand übergreifen können.

Zum ersten Typ gehören die faserreichen Fibrosarkome und Fibromyxosarkome, die sich — mit wenigen Ausnahmen (GERMAIN, CHERTIN u. AUREGAN) — durch protrahiertes Wachstum sowie Fehlen von örtlicher Aggressivität und Metastasierungsneigung auszeichnen (KLEMPERER u. RABIN; FISCHER; POKROWSKI u. ROSENBLATT; GARRÉ; DRIESSENS, BRETON u. GAUTIER; DORENDORF; PICK; BRAUN; MEHRDORF; NEVINNY; SCHNEIDER; KAHLER u. EPPINGER u.a.). Bei den anderen Typen ist mit rascher Größenzunahme und in etwa 45% mit Tumorabsiedlungen (regionäre Lymphknoten, Lungen, Leber, Skelet) zu rechnen (SEYDEL).

Ein Begleiterguß ist bei den fibrosarkomatösen Riesengewächsen, die zu halbseitiger Kompressionsatelektase führen und infolge Verdrängung auch die Herztätigkeit beeinträchtigen können (SAROT), ungewöhnlich und auch bei ausgesprochen malignen Formen nicht selten zu vermissen (ZADEK) (s. S. 479).

Im Rahmen der vielfältigen Entwicklungsmöglichkeiten der Pleurasarkome gleicht die Skala ihrer klinischen und röntgenologischen Erscheinungen im übrigen derjenigen mesothelialer Tumoren (LENK; ZADEK; ZUPPINGER). Die Diagnose ist daher nur histologisch zu stellen. Der feingewebliche Befund bildet für die Prognose des Einzelfalles keine unbedingt schlüssige Urteilsbasis.

Im Zusammenhang mit den Pleurasarkomen sei das extrem seltene Vorkommnis eines *extramedullären Plasmozytoms der Pleura* (KLOSE) erwähnt. Bei Auftreten randständiger thorakaler Kulissenschatten im Verlauf eines generalisierten Myeloms ist differentialdiagnostisch eher an plasmozytäre Geschwulstherde in der Brustwand zu denken. Ihre weichteildichten, lungenwärts bogig vorspringenden Knoten können mit pleurogenen Tumoren verwechselt (GONZALEZ u. BOGGINO; BOUCHER, DARBON, STEIGER u. PRAT), an Hand der Punktionsergebnisse bei plasmazellhaltigem Begleiterguß aber richtig gedeutet werden (SANDKÜHLER u. ROEMHELD; WAGNER) (s. auch S. 165).

II. Gutartige Primärgeschwülste der Pleura

Benigne Pleuragewächse kommen in Form solider mesenchymaler Neubildungen (PILOT) und als zystische Gebilde dysontogenetischen Ursprungs vor. Sie können am parietalen Serosablatt der Rippenwölbung, des Mediastinums bzw. Zwerchfells entstehen oder von der Pleura pulmonalis der äußeren Lungengrenzflächen bzw. der Lappenspalten ausgehen. Während die *pleurogenen Mesothelzysten* in Analogie zu den angeborenen Perikardzysten vom mesodermalen Zölomepithel abstammen (D'ABREU; CRADDOCK; LAMBERT; KINDRED; LAIPPLY; DRASH u. HYER; NYLANDER u. VIIKARI; LILLIE, MC DONALD u. CLAGETT; FUCHS u.a.) (s. S. 251 ff. u. 509), sind die soliden Blastome von subpleuralen Gewebsschichten abzuleiten. Sie weisen einförmige oder komplexe histioide Bauart auf.

Hauptvertreter dieser insgesamt seltenen Tumorgruppe sind die *Fibrome* der Pleura (ROKITANSKY; KLEMPERER u. RABIN; KAUFMANN; FISCHER; PRZEWOSKI; CLAGETT u. HAUSMANN; KINDBERG u. NETTER; HEPP u. COURY; PRICE-THOMAS u. DREW; SUSMAN; LENK; SCHMIDT; DAVIDSON; FAWCETT; WEISS u. DELHAYE; BREWER, JONES u. DOLLEY; ADLER; HAWTHORNE u. FROBESE; BANCALE, BERGNACH u. HILKE; FOUCHE; DEUTSCHBERGER, MAGLIONE u. GILL; HOLLMANN; TEMPLE u. JONES; ARMENIO u.a.) (Abb. 325) einschließlich ihrer Abarten, der *Fibromyxome* (HAUCH u. SITTER; SABRAZES u. MUTARET; TEMPLE u. JONES; RAZEMON, RIBERT u. REALS), *Myxome* (BARKLEY u. CARDOZZO) und *Xanthofibrome (Histiozytome)* (Abb. 326; s. auch S. 177 u. 462 sowie Abb. 90). Nahe verwandt sind fibromatös strukturierte Gewächse, die noch weitere Komponenten der Bindegewebsreihe oder andere Formbestandteile enthalten, wie *Fibrolipome* (GARRÉ; FISCHER; HESS u.a.) und *Fibromyome*.

Zwischen Pleurafibromen und relativ benignen Fibrosarkomen gibt es fließende Übergänge. Beide gehören zum Formenkreis der umschriebenen fibromatösen Mesotheliome (GIESE) (s. S. 463 u. S. 536). Es handelt sich meist um gestielte und zum Teil lageverschiebliche (BILLING u.a.), bindegewebig abgekapselte Geschwülste des subserösen Stützgewebes. Als langsam wachsende, außerordentlich umfangreiche Tumoren weder makroanatomisch noch röntgenologisch von lokalisierten Mesotheliomen expansiven Wuchstyps zu unterscheiden, sind sie auch klinisch oft mit gleichen Fernsymptomen einer *Ostéoarthropathie hypertrophiante pneumique* und mit *Clubbing der Endphalangen* verbunden (TEMPLE u. JONES; DEUTSCHBERGER, MAGLIONE u. GILL; FRIED; FRUEH; CLAGETT u. HAUSMANN; TEMPLE u. JASPIN; CRAIG; WEENS u. BROWN; KLINE; GALL, BENETT u. BAUER; CAMPBELL, SACASA u. CAMP; MAUER; MENDLOWITZ u.a.) (s. auch Abb. 266c).

Diese Erscheinungen findet man gelegentlich auch bei anderen benignen Neubildungen, die in den Pleuraraum einwachsen, ihrer Histiogenese nach aber unter die Brustwand- bzw. Mediastinaltumoren einzuordnen sind (ANDRUS; ALEXANDER; GIESE u.a.). Von den strukturell sehr unterschiedlichen Gewächsen dieser Gruppe seien hier *Enchondrome* (REISSIG), *subpleurale Osteoidfibrome* (RUSSOW), *Leiomyome* (MEHRDORF; KORNITZER; JACOBAEUS u. KEY), *Neurofibrome* (GRAWITZ; HARRINGTON; FISCHER; SERRÉ; USZPENSZKIJ; KELLER u. CALLENDER; WALZEL), *Neurinome* (GALY; GAY u. BONMATI; LEVIN; ISRAËL u. HERTZOG) (Abb. 305 u. 329), *Lipomyxome* (SABRAZES u. MUTARET) und *Lipome* genannt (HESS; BEYERS; CHIARI; GUSSENBAUER; HEUER; ADLER; GALY; FISCHER; KLEMPERER u. RABIN; LENK; DERTINGER; HARMS; GRAMIAK u. KOERNER).

Im Gegensatz zu den häufigen parakardialen Fettbürzeln sind die vom subserösen Fettpolster ausgehenden Lipome echte Geschwülste, deren relativ geringe Schattendichte mit der oft beträchtlichen Größe auffallend kontrastiert (HEUER). Ein gewisses röntgeno-

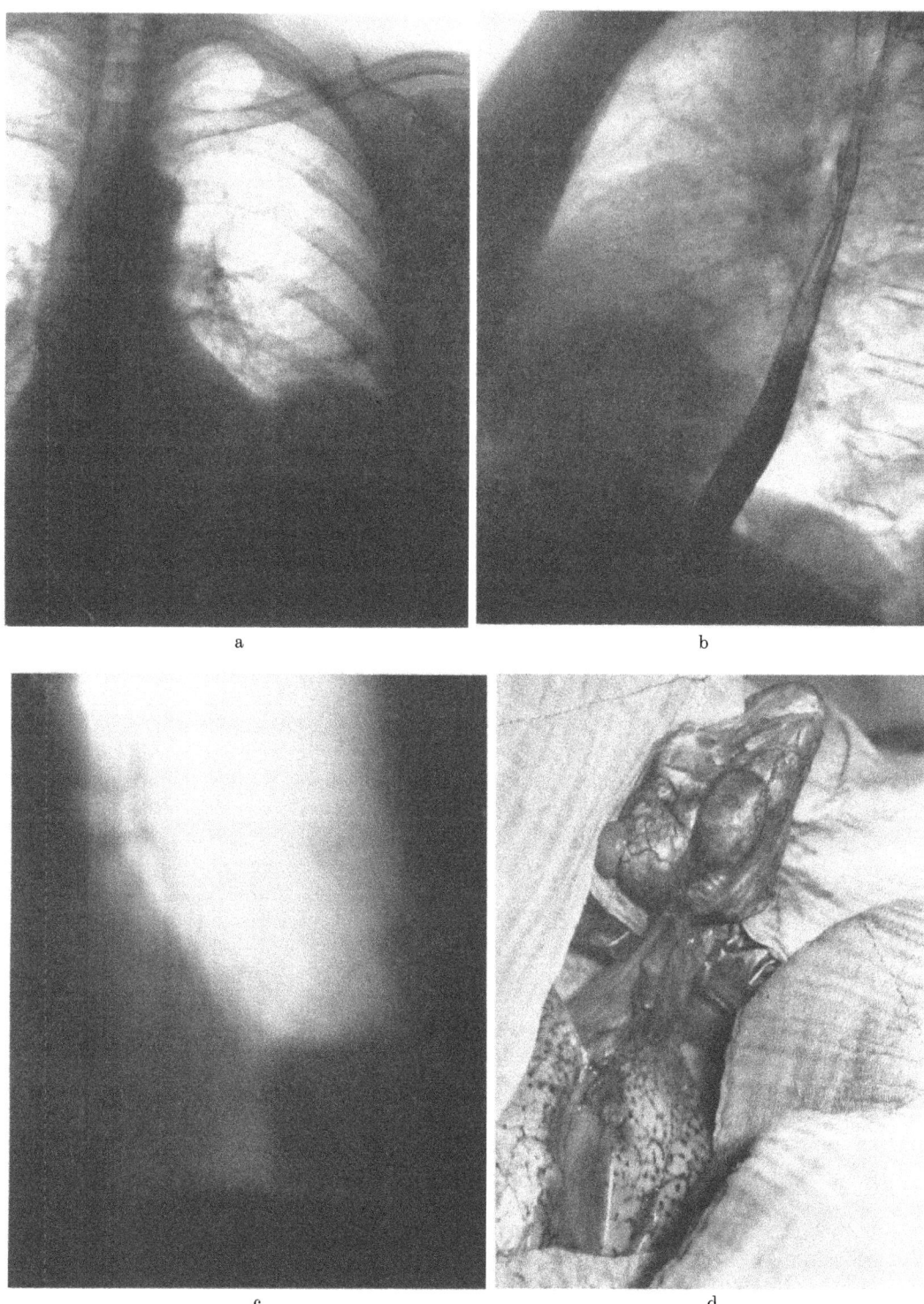

Abb. 325a—d. *Gestieltes interlobäres Pleurafibrom.* Die durch Zufall röntgenologisch entdeckte asymptomatische Geschwulst imponierte als apfelgroßer, mehrhöckerig scharf begrenzter Schatten in der vorderen linken Lungenbasis am Übergang des unteren Lingulasegments zur ventralen Randzone des Unterlappens (a und b Ausschnitte der Thoraxübersichtsaufnahmen p.-a. und dextro-sinistral; c Schichtbild 11 cm a.-p.). Das Gewächs war aber nicht intrapulmonal, sondern im unteren Interlobärspalt gelegen und haftete mit einem Stiel an der Pleura visceralis des Unterlappens (d Photo des Operationssitus nach Vorlagerung des gestielten Pleuratumors). Anatomischer Befund: 10×8×6 cm messende, höckerige allseits abgekapselte feste Geschwulst von rötlichgrauer bis gelblich-weißer Farbe auf der Schnittfläche. Histologie: Faserreiches Fibrom (E.-Nr. 5521/71, Path. Inst. d. Krhs. Nordwest, Direktor: Prof. KAHLAU). K. R., 48jähr. ♀. Arch.-Nr. 0901 23092, Radiolog. Zentralinst. d. Krhs. Nordwest Frankfurt/M.

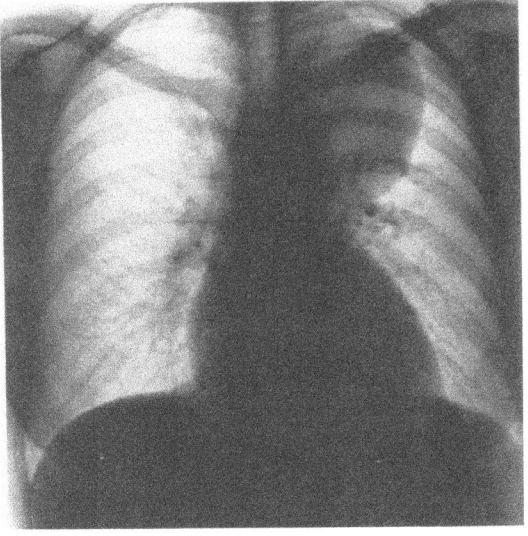 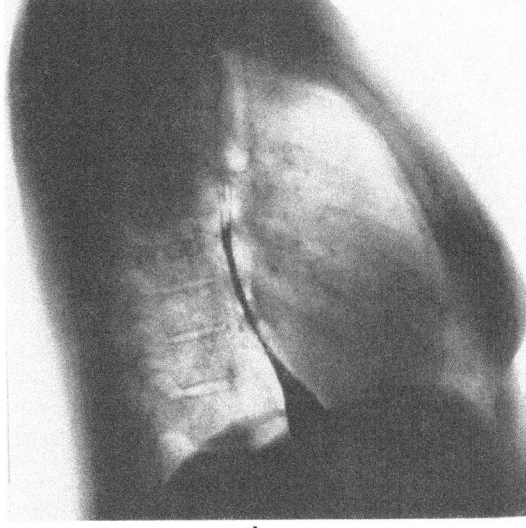

a b

Abb. 326a u. b. *Xanthofibrom der Pleura*. Über faustgroßer ovalärer glattrandiger Tumorschatten links paravertebral aus der hinteren Mediastinalkontur vorragend (a und b Übersichtsaufnahmen p.-a. und dextrosininstral). Lage, Form und langsames Wachstum (Vergleich mit auswärtigen Kontrollaufnahmen) ließen differentialdiagnostisch am ehesten eine neurogene Geschwulst annehmen. Der nach Operation (Prof. UNGEHEUER, Direktor d. Chir. Klinik d. Krhs. Nordwest Frankfurt/M.) erhobene histologische Befund ergab ein bindegewebig abgekapseltes Xanthofibrom der Pleura (E.-Nr. 9093/68, Path. Inst. d. Krhs. Nordwest Frankfurt/M., Direktor: Prof. KAHLAU). M. E., 48jähr. ♀. Arch.-Nr. 1611 19471, Radiolog. Zentralinst. d. Krhs. Nordwest Frankfurt/M.

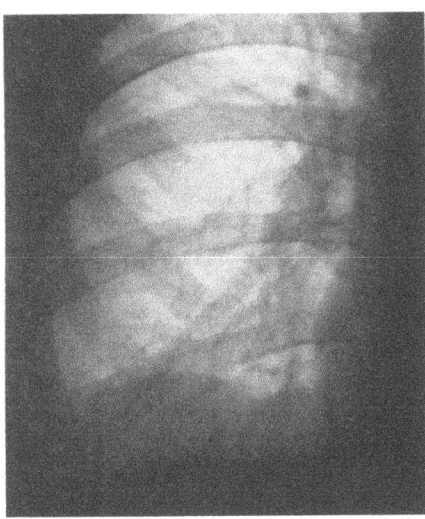 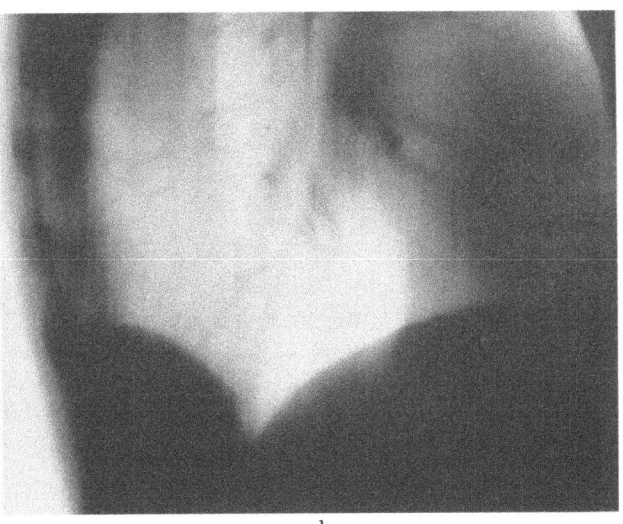

a b

Abb. 327a u. b. *Gestieltes Hämangiofibrom der Pleura visceralis des rechten Unterlappens*. Im Dezember 1963 und Juni 1964 erlitt die Patientin 2 Unfälle mit stumpfer Gewalteinwirkung auf den Brustkorb. Seit Ende 1964 atemabhängige Schmerzen in der rechten Thoraxwand. Nach Feststellung einer Verschattung an der rechten Thoraxbasis Überweisung in die Chir. Klinik d. Krhs. Nordwest (Direktor: Prof. UNGEHEUER) unter Verdacht auf ein organisiertes posttraumatisches Pleurahämatom. Klinisch keine objektiven Krankheitssymptome. Körpertemperatur und Blutsenkungsgeschwindigkeit normal. Röntgenbefund am 29. 1. 65: Glattrandiger walzenförmiger Weichteilschatten über dem lumbalen Zwerchfellplateau rechts, dem dorsalen Randsinus ausfüllend, respiratorisch nicht umformbar, aber gegenüber den anliegenden Rippen deutlich atemverschieblich (!) (a Ausschnitt der Übersichtsaufnahme p.-a.). Tomographie: Schmaler sichelförmiger Mantelerguß über der dorsalen Unterlappenkonvexität am oberen hinteren Tumorpol, dessen Kontur rechtwinkelig auf das Niveau der inneren Brustwandfläche auftrifft (b Schichtbild 8 cm sin.-dextr.). Operationsbefund: $9 \times 7 \times 5$ cm großer, lose pendelnder Tumor in der rechten Pleurahöhle, über eine zarte Brücke mit der Unterlappenbasis verbunden (Op.: O.A. Dr. MÄRZ). Anatomischer Befund: Mäßig feste, bindegewebig abgekapselte Geschwulst von glatter Oberflächenbeschaffenheit. Histologie: Hämangiofibrom der Pleura, kein Anhalt für Malignität (E.-Nr. 1082/65, Path. Inst. d. Krhs. Nordwest, Direktor: Prof. KAHLAU). E. M., 43jähr. ♀. Arch.-Nr. 1612 22862, Radiolog. Zentralinst. d. Krhs. Nordwest Frankfurt/M.

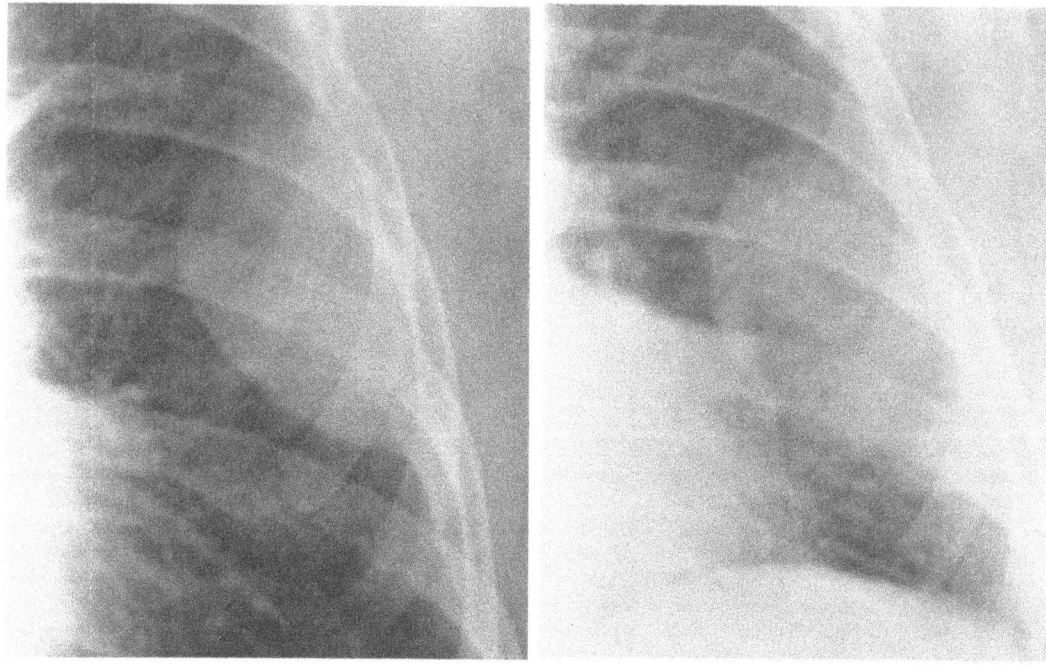

a b

Abb. 328a u. b. *Subpleurales Lipom an der dorsolateralen Zirkumferenz der linken Brustwand.* Die Fettgeschwulst wurde als röntgenologischer Zufallsbefund während stationärer Behandlung wegen Koronarinsuffizienz und Leberzirrhose festgestellt. Der von der parietalen Grenzfläche lungenkonvex vorspringende Tumorschatten zeichnet sich durch glatte Kontur, relative Strahlendurchlässigkeit und deutliche respiratorische Formbarkeit aus (a und b Zielaufnahmen bei In- und Exspiration). Autoptische Bestätigung. M. C., 62jähr. ♂. [Nach GRAMIAK, R., KOERNER, H. J.: A roentgen diagnostic observation in subpleural lipoma. Amer. J. Roentgenol. 98, 465—467 (1966); Fig. 1 B und C]

logisches Kennzeichen ist auch die merkliche respiratorische Formbarkeit (Konturabflachung bei tiefem Einatmen) (GRAMIAK u. KOERNER), die der weichen Konsistenz des Fettgewebes entspricht (Abb. 311 u. 328). Als lappig geformte, seltener glattrandige Gebilde sind sie nicht nur in den kardiophrenischen Winkeln (HEINE u. HILLEBRAND) (s. S. 255ff.), sondern in der ganzen Pleurahöhle von der Basis bis zum Kuppelraum hin (DISSMANN; NARR u. WELLS; ABBOTT u. WEBB; MCCORKLE, KOERTH u. DONALDSON; SWINFORD u. HARKRAEDER; WIPER u. MILLER; OESTERN; SMART u.a.) sowohl in pleurokostaler Lage (GRAMIAK u. KOERNER) wie am Mediastinum anzutreffen (YATER u. LYYDANE; WATSON u. URBAN; WALKER; PIAGGIO BLANCO u. SAYAGUES u.a.). Beim „*Lipoma arborescens*" kann das Fettgewebe in die Brusthöhle und zugleich kragenknopfartig durch die Interkostalräume nach außen unter die Brustwandmuskulatur vordringen (FITZ; CZERNY u. GUSSENBAUER; SAUERBRUCH; HEUER; BAUER u. STOFFREGEN).

Benigne Pleuratumoren verursachen im allgemeinen keinen Erguß. Eine Ausnahme bilden die mitunter multilokulär auftretenden *Angiome der Pleura* (ROKITANSKY; HECKLINGER; MARTENS), die mit massiver hämorrhagischer Exsudation und Verdrängungssymptomen einhergehen können. Die spontane Blutungsneigung pleuraler *Angiofibrome* (Abb. 327) ist geringer.

Die uni- oder plurifokale *Endometriose der Pleura* (BÜNGELER u. SILVEIRA; NICHOLSON; BARNES; CHARLES; RIPSTEIN, ROHMAN u. WALLACH; WILLIAMS, WILLIAMS u. HARPER; YEH) und des Zwerchfells (BREWS; MAURER, SCHAAL u. MENDEZ; SKOBEL; MCSWAIN u. SIEBEL) führt ebenfalls häufig zu hämorrhagischer Ergußbildung, deren Zyklusabhängigkeit nicht so offensichtlich ist wie bei den Hämoptysen broncho-pulmonaler Endometrioseherde (SCHWARZ; LATTES, SHEPARD, TOVELL u. WYLIE; FLEISHMAN

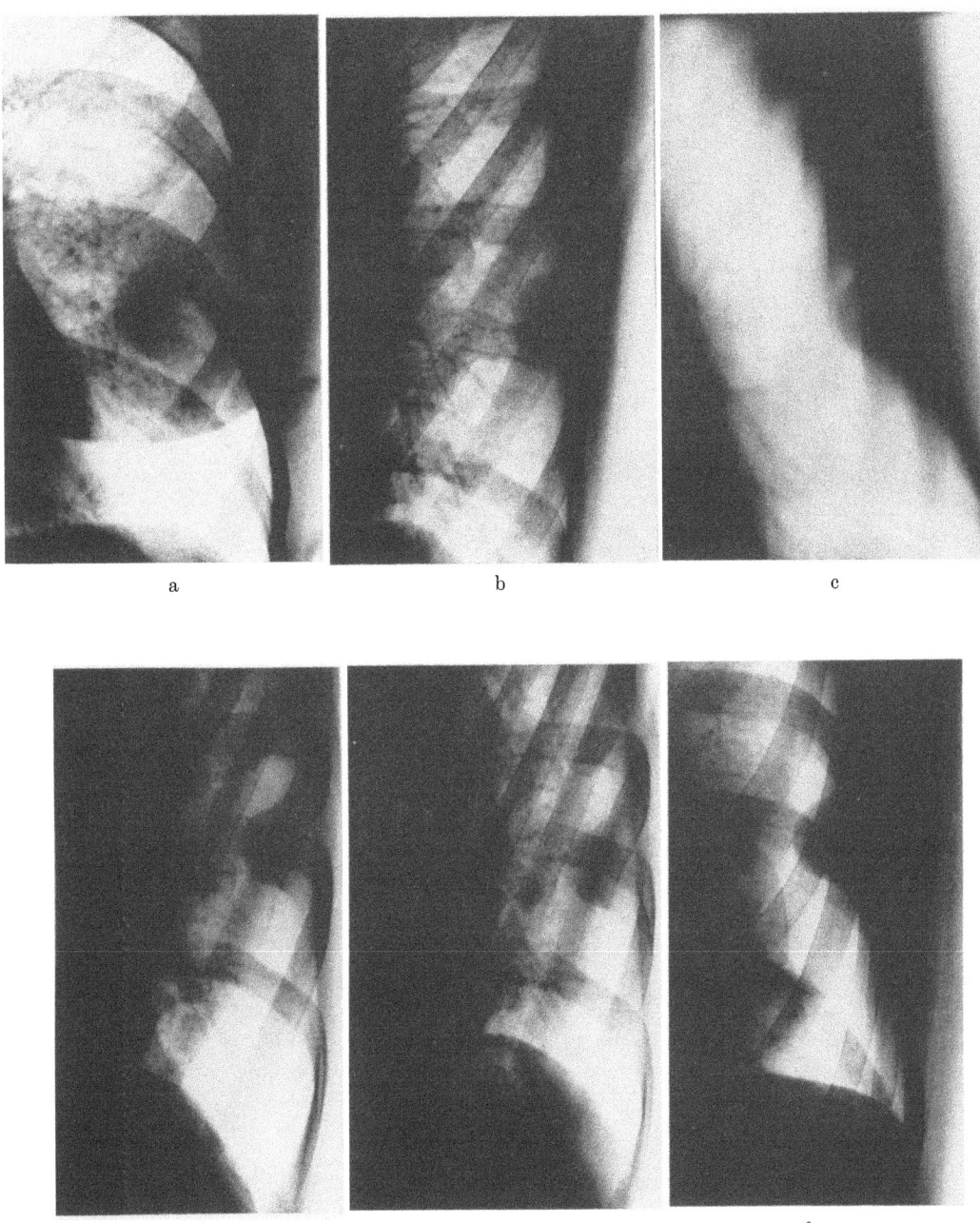

Abb. 329a—f. *Interkostales Neurinom im 9. Zwischenrippenraum links.* Die beschwerdefreie Patientin wurde nach zufälliger Entdeckung eines „Rundschattens" unter Bronchialkrebsverdacht eingewiesen. Schon die native Röntgenkontrolle widerlegte diese Annahme: der projektionsabhängige Wechsel von verschwommener Kontur in der Aufsicht (a) zu scharfer Begrenzung im Profilbild, die breitbasige Verankerung des lungenkonvex vorragenden Gebildes an der Brustwand (b und c Ziel- bzw. Schichtaufnahme 11 cm im 2. Schrägdurchmesser), seine unveränderliche Lagebeziehung zu den angrenzenden Rippen während forcierter Atmung (d und e Zielaufnahmen in 2. Schrägprojektion bei maximaler Ein- und Ausatmung) und die im Sagittalbild sichtbare seichte Usur am benachbarten Unterrand der 9. Rippe (a) deuteten auf einen gutartigen Brustwandtumor interkostalen Ursprungs hin. Extrapulmonaler Sitz und gleichbleibende Lagebeziehung zum inneren Brustwandniveau wurden durch vergleichende Kontrolle im Pneumothorax (f) bestätigt. Nach makroskopischem Aspekt bei Thorakoskopie (O.A. Dr. SCHÜLKE, Chir. Klinik d. Krhs. Nordwest Frankfurt/M., Direktor: Prof. UNGEHEUER) und Biopsiebefund handelte es sich um ein interkostales Neurinom. M. H., 43jähr. ♀.
Arch.-Nr. 0902 25342, Radiologisches Zentralinstitut des Krhs. Nordwest Frankfurt/M.

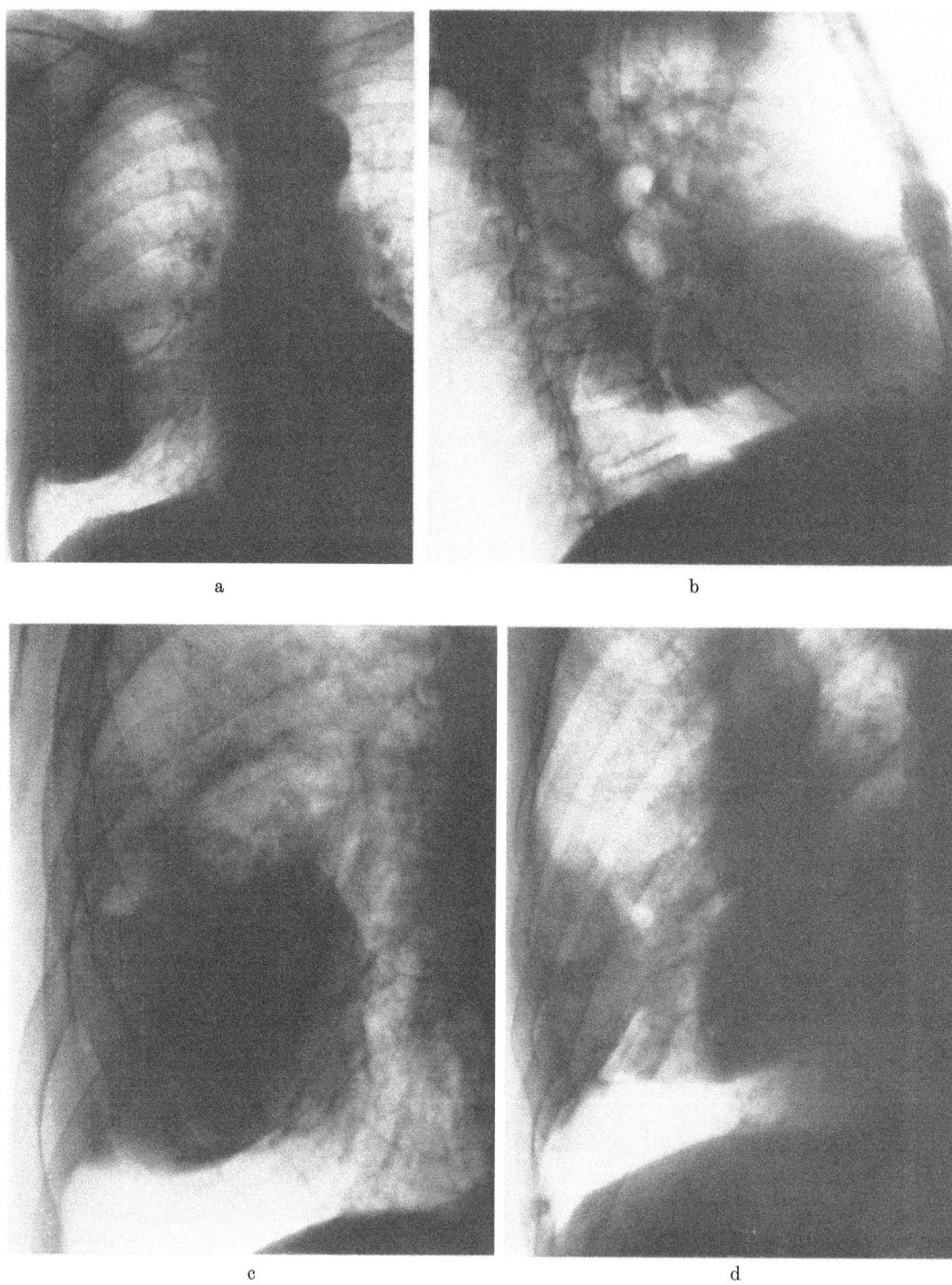

Abb. 330a—e. *Tumorartiges Trugbild spontan entstandener Hämatozelen in der Lungenrinde.* Während hausärztlicher Behandlung wegen arterieller Hypertension wurde in den Randbezirken der re. Lungenbasis zwei größere rundlich-ovaläre Verschattungen entdeckt, deren Spontanentwicklung ohne örtliche Beschwerden an gekammerte Ergüsse denken ließ. Das Probepunktat war jedoch rein blutig, so daß der Patient unter Tumorverdacht der Chir. Klinik d. Krhs. Nordwest Frankfurt/M. (Direktor: Prof. UNGEHEUER) überwiesen wurde. Die Röntgenkontrolle vor Klinikaufnahme zeigte eine Verbreiterung des hypertonisch geformten Herzens sowie zwei in Vorderansicht übereinander projizierte Weichteilschatten, die der re. Brustwand breitbasig anlagen und sich mit scharfer Kontur in das Parenchym des re. Unter- und Mittellappens vorwölbten (a und b Übersichtsaufnahmen p.-a. und seitlich). Die hintere apfelgroße Verdichtung enthielt kleine Lufthauben und

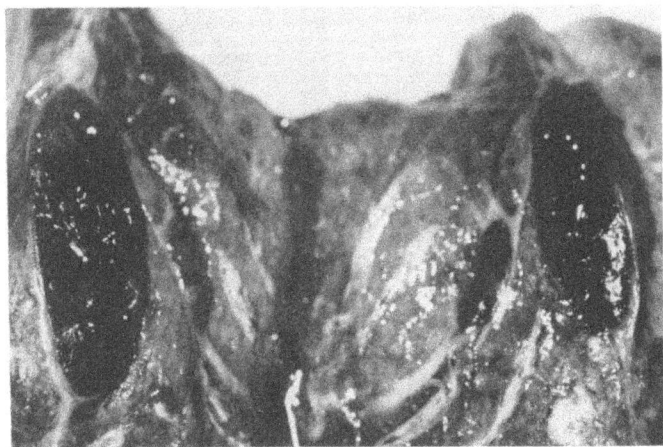

Abb. 330e

u. DAVIDSON; STURZENEGGER; v. EGIDY u. Mitarb.; MOBBS u. PFANNER; KISHKOVSKY u. BASKAKOV; RODMAN u. JONES) (s. Abb. 122 und S. 242). Die knotigen oder zystischen Formen der endopleuralen bzw. diaphragmalen Endometriose wirken im Röntgenbild tumorartig. Die endothorakale Manifestation kann Anlaß zum rezidivierenden Spontanpneumothorax oder -hämothorax geben (McSWAIN u. SIEBEL; MAURER, SCHAAL u. MENDEZ; YEH) und mit einem Meigs-Syndrom verbunden sein (BREWS; SKOBEL; YEH).

Massive, unter Umständen tödliche Blutaustritte in die Pleurahöhle kommen auch aus anderen Ursachen zustande (KOROL; HEAD; BERLINER; SMITHY; SELLORS; BARRETT; MELICK u. SPOONER; DAVIDSON u. SIMPSON; MILLER u. LONG; FRY, ROGERS, CRENSHAW u. BARTON; ZADEK u.a.). Für die Entstehung des „idiopathischen Spontan-Hämopneumothorax" sind mitunter pleuropulmonale Tuberkulose (BIRCH; HOPKINS; LISTON u. LAMBERTI), vor allem aber Rupturen apikaler Rindenemphysemblasen und Einrisse adhäsiv fixierter großer Venen an der Thoraxkuppel verantwortlich zu machen (BOLAND; PITT; ROLLESTON; NESS u. ALLAN; BUSHBY; WILLIAMSON; KIAER; BOUCHER u. BEAUPERE; DORIA; HURXTHAL; TERRY; MILHORAT; HOUSDEN u. PIGGOTT; WOLL; LEGGETT, MYERS u. LEVINE; BRACO u. BRACO; CASTEX u. MAZZEI; AGUILAR u. FERRADAS; FREY; HOLDEN; WILSON; STAFFIERI; VIO; MUÑOZ MORATORIO; CENTENO, RICHIERI u. PORTELA; TROISIER, BARIÉTY u. DUGAS; JONES u. GILBERT; CATUOGNO; HOPKINS; POLI; CARDENAS, ORRETT u. RODRIGUEZ ABRA; EUGES; HEES; LOURIA; MAXWELL; PERRY; SLOER; JENNINGY; QUINLAN; RIST u. WORMS; RODRIGUEZ, PASTOR u. ARRUZA; LEA; HARTZELL; SNIVELY, SHUMAN u. SNIVELY; TANNENBAUM; RAIMONDI u. BOFFI; LISTON u. LAMBERTI; WARING; MONTORO u. ALDEREGINA; PAYN u. LIEF; FRANKLIN; CRAWFORD u. SHAFAR; VAN DER MEER; HELWIG u. SCHMIDT; MCMYN; HARRINGTON u. FRELICK; SALARIS; STOCKLER; BROCK; ELROD u. MURPHY; NARIO, BERMUDEZ u. ESPASANDI; ORSI; NALLS u. MATTHEWS; DORSET u. TERRY; HANSEN; SOLOVAY; ARST, LAHEY u. KUNKEL; CUNNINGHAM; DEISS, GALE u. BROWN; DEUCHER; GRANADEIRO; BEATTY u. FRELICK; GRIMALDI; HYDE u. HYDE; IRWIN; MOSER; MYERS, JOHNSON u. BRADSHAW; SELEY u. NEUHOF; JOSSELEVICH, CASSANO u. SUCARI; EDDINGER u. REUBEN; FUSIA u. COOK; HOLLOWAY, SPIER u. SANDLER; KASTIL; KIECKENS; ROSS; FREUND u. HICKS; HUSS; ROSS, DUGAN u. FABER; FRY, ROGERS, CRENSHAW u. BARTON u.a.). Die Blutung kann unter den Erscheinungen des „akuten Abdomens" oder eines Myokardinfarkts verlaufen (HURX-

---

Fortsetzung Abb. 330a—e:

Flüssigkeitsspiegel nach vorausgegangener Punktion (c Zielbild im 1. Schrägdurchmesser). Der ventral davon an der lateralen Konvexität des Mittellappens gelegene ovaläre Schatten ragte aus dem Niveau einer Pleuramantelschwarte flachbogig vor und bot den Aspekt einer hängenden Ergußkammer oder pleuro-parietalen Geschwulst (d Zielbild im 2. Schrägdurchmesser). Die zur differentialdiagnostischen Klärung an dieser Stelle vorgenommene Probebiopsie mit der Silverman-Nadel ergab tumorverdächtiges Gewebe ähnlich der Struktur eines fibromatösen Mesothelioms (E.-Nr. 12024/68, Path. Inst. d. Krhs. Nordwest Frankfurt/M., Direktor: Prof. KAHLAU). Der nach Probethorakotomie und Resektion (Op.: Prof. UNGEHEUER) erhobene Befund entkräftete den Verdacht: es handelte sich um intrapulmonale Hämatozelen histologisch ungeklärter Entstehungsursache (E.-Nr. 13044/68). Bei Betrachtung der Schnittfläche der ventro-axillaren Blutungskammer (e) ist es verständlich, daß sich das ovaläre, dicht unter der Pleuraschwiele bindegewebig abgekapselte Koagulum dank seiner Formbarkeit der inneren Brustkorbwölbung anpaßte und in Tangentialprojektion den Schatten eines pleurogenen Gebildes nachahmte. E. S., 63jähr. ♂. Arch.-Nr. 200705711, Radiolog. Zentralinst. d. Krhs. Nordwest Frankfurt/M.

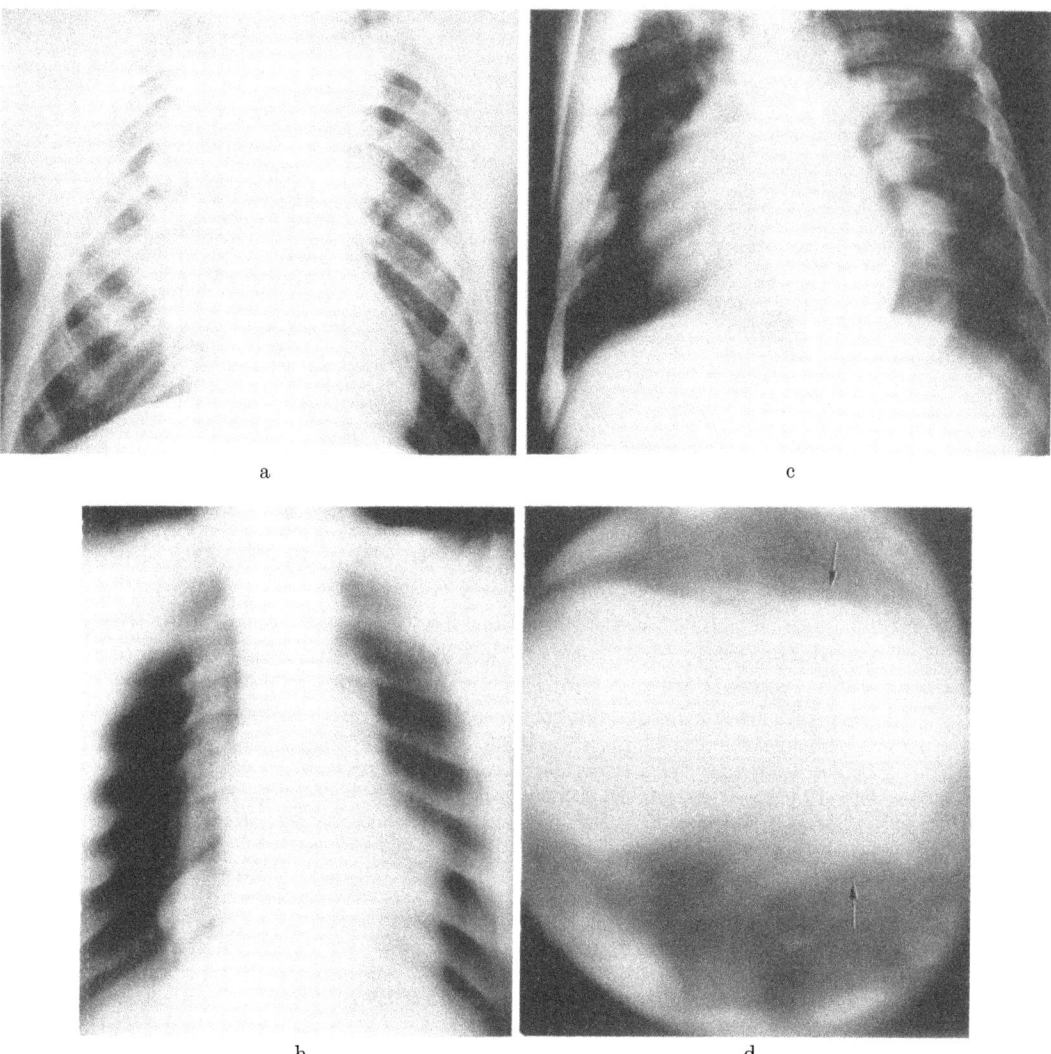

Abb. 331 a—d. *Extramedulläre Hämopoiese bei Cooley-Anämie mit tumorartigen Weichteilschatten heterotoper Blutbildungsherde beiderseits paravertebral und in den inneren Brustwandschichten.* a und b: B. C., 24jähr. ♂, mit mongoloiden Zügen, chronischen Ulcera cruris, generalisierter Lymphknotenschwellung und dem typischen hämatologischen Befund einer Cooley-Anämie. Thoraxübersichtsaufnahme p.-a. (a) und Schichtbild a.-p. (b) zeigen bilateral weichteildichte Kulissenschatten von glatter welliger Kontur im hinteren Mediastinum und an den endothorakalen Grenzflächen der vorderen und hinteren Rippenabschnitte, die bioptisch als extramedulläre Knochenmarkherde identifiziert wurden. c und d: H. F., 32jähr. ♂. Klinisch: Cooley-Anämie, mongoloider Habitus, Hepatosplenomegalie. Auf dem Nativbild im 2. Schrägdurchmesser (c) und im Transversaltomogramm in Höhe von Th 10 (d) analoger Befund symmetrisch angeordneter heterotoper Blutbildungsherde im Bereich der Kostovertebralwinkel sowie der ventro-axillaren Rippenzirkumferenz (bevorzugte Lokalisation). [Nach PAPAVASILIOU, C. G.: Tumor simulating intrathoracic extramedullary hemopoiesis; clinical and roentgenologic considerations. Amer. J. Roentgenol. **93**, 695—702 (1965); Fig. 1, 2, 13 und 15]

THAL; HANSEN; LISTON u. LAMBERTI; MILHORAT; ROLLESTON; ROSS; SLOER; FRY, ROGERS, CRENSHAW u. BARTON). Die endopleurale Koagulation (COSGRIFF; MILLER u. LONG; FRY et al.) kann in Gestalt umschriebener wie flächenhafter Gerinnsel tumorähnliche Schatten erzeugen.

Rein blutiges oder sanguinolent-eitriges Punktat erhält man auch bei anderen *Pseudotumoren der Pleura*. Hierzu gehören *spontan bzw. posttraumatisch entstandene Hämatozelen* der Pleurahöhle (Abb. 279 u. 280) und *abgekapselte Blutungsherde der Lungenrinde*, die sich dank ihrer Formbarkeit der inneren Brustkorbwölbung anpassen und im Verein mit lokalen Schwarten eine pleurogene Geschwulst imitieren können (Abb. 330), ferner die vom Durchbruch bzw. *intrapleuro-parietaler Lokalisation eines Echinokokkus* (BRUNEL; BROCARD, BRINCOURT u. BRUNEL; LENK; SAUERBRUCH; LAGOS; LARGHERO YBARZ u. Mitarb.; ESSELIER u. JEANNERET; RAVERA; D'ESHONGUES u. HOUËL; LAMA; POPOVIČ u.a.) oder von *umschriebener Amöbiasis im Pleuraraum* hervorgerufenen Veränderungen (JARNIOU, MOREAU, GARRIGOU u. BOURDET).

Vollständigkeitshalber sind unter den nicht-neoplastischen Pleuraaffektionen von tumorähnlichem Aspekt die oben erwähnten persistierenden *Fibrinkörper* (Abb. 273), *subpleural gelegene* Granulomherde (*Tuberkulom des Zwerchfells*: Tu u. HSIEH), *pleuropulmonale Amyloidtumoren* (LUNDIN, SIMONSSON u. WINBERG; MICHTER u.a.) (Abb. 182) sowie knotige *xantho-granulomatöse Pleuraauflagerungen entzündlicher Ursache* zu nennen (BROWN u. JOHNSON; FISCHER; UMIKER; IVERSON; NEELSEN; GALY; WESSEN u.a.), die den Xanthofibromen bzw. Histiozytomen nahestehen (Abb. 90 u. S. 177) und als *„postinflammatory tumors"* in Form einzelner oder multipler Rundherde auch intrapulmonal beobachtet werden (s. S. 13, 144, 161ff., 177, 311, 462 u. 541).

Als Rarität ist im differentialdiagnostischen Zusammenhang noch das Vorkommnis von *Dermoidzysten in der Pleurahöhle* (KIRCHNER; SCHLEIN; SAUERBRUCH; s. auch WHEELER sowie HANTEN u. Mitarb.: endopleurale Perforation mediastinaler Dermoidkystome), *intrapleuraler Hamartome* (JAEGER; MATRAS; LINDER u. JAGDSCHIAN; HORÁNYI u. MOLNÁR; OLDHAM, YOUNG u. SEALY), *in den Pleuraspalt vorragender geschlossener Bronchuszysten* (KLEINE; AURORA-CARILLO; SANTY u. BÉRARD; LASTHAUS; BALÁS u. KALMÁR; ROUSSELOT), vom Interlobium ausgehender *Nebenlungen* (ANGELUCCI u.a.) sowie *tumorbildender extramedullärer Knochenmarkherde in den subpleuralen Brustwandschichten* zu erwähnen.

Eine Knochenmark-Heterotopie in Gestalt kleinerer oder grober, bevorzugt paravertebral angeordneter Knoten an der inneren Thoraxfläche wurde zunächst von pathologisch-anatomischer Seite beschrieben (SALLEBY; PLONSKIER). In beiden Fällen war keine Krankheitsursache für die extramedulläre Wucherung des blutbildenden Gewebes erkennbar. Spätere Befunde weisen auf pathogenetische Beziehungen zur Thalassämie (KNOBLOCH; PAPAVASILIOU) und „acholurischer Gelbsucht" (HARTFALL u. STEWART), also zu schweren hämolytischen Anämien mit extremer Regenerationstendenz hin (DESAI, PAREKH u. TRALSHAWALLA u.a.). Über das röntgenologische Erscheinungsbild der als *„thorakale Myelofibrose"* bezeichneten Proliferationen (FORSTER) berichteten ASK-UPMARK und neuerdings PAPAVASILIOU; PAPAVASILIOU u. SFIKAKIS sowie ROSS u. LOGAN und MALOMOS, PAPAVASILIOU u. AVRAMIDIS (Abb. 331). In dem von ROBINSON, ROSSE u. GOODRICH beschriebenen Fall wurde die Diagnose nach dem Scan-Befund örtlicher ^{59}Fe-Speicherung gestellt, der die nicht ungefährliche Probeexzision (Blutungsgefahr) überflüssig machte.

III. Sekundäre Pleurageschwülste

Die Pleurahöhle wird wesentlich häufiger sekundär von Tumoren befallen als zum Ursprungsort primärer Neoplasien. Aus parietalen Gewebsschichten oder von der Lungenrinde her vordringende *benigne Geschwülste* stellen nur ein kleines Kontingent sekundärer Pleuratumoren. In der großen Mehrzahl handelt es sich um *maligne Gewächsformen* mit der Neigung zu diffuser, nicht selten beiderseitiger Ausbreitung im Brustfellraum. Nach Angaben von Walther *überwiegen die Pleurakarzinosen gegenüber Pleurasarkomatosen* im Verhältnis 8,3:1 (s. Tabelle 32).

Die Einbeziehung der Pleura kann nach dem *viszeralen, kostalen oder diaphragmalen Invasionstyp* (Walther) durch unmittelbaren Einbruch von Tumoren der Brusteingeweide bzw. Thoraxwand oder durch transdiaphragmale Ausdehnung von Malignomen der Bauchhöhle erfolgen (Abb. 332 u. Tabelle 32). Unter den Primärgeschwülsten des Brustraums stehen Bronchus- und Ösophaguskarzinome im Vordergrund. Bei bronchogenen Krebsen findet man in $1/4$—$1/3$ der Fälle einen metastatischen Pleurabefall (Negovsky, Tavonius u. Vinner u.a.) (s. auch Bd. IX/4a, Tabelle 61 u. 62). Noch häufiger entsteht die Pleurakarzinose aus Lungen- bzw. Brustwandmetastasen von Mammakarzinomen. Nicht geringer ist die Bedeutung endothorakaler Ableger von Tumoren des Hohlvenen-Metastasierungstyps und — nächsthäufig — des Cava-Typs: nach der Krebsstatistik von Walther war bei 895 intrapulmonal absiedelnden Neoplasmen verschiedener Herkunft in 246 Fällen eine metastatische Beteiligung der Pleura festzustellen (s. Tabelle 32).

Über die *Formalgenese der sekundären Tumorbesiedlung* seröser Höhlen geben experimentelle Studien und pathologisch-anatomische Befunde Aufschluß (Beneke; Hanau; Misumi; Sampson; Fischer; de Vries; Walther u.a.). Den Ausgangspunkt bilden subpleurale Herde autochthoner oder metastatischer Geschwülste, die unter der Serosadecke kontinuierlich oder im subserösen Lymphplexus fortwuchern (Rouviere u. Huc; Singer; Simer u.a.) und den Mesothelbezug stellenweise durchbrechen. Der Vorgang kann sich multilokulär abspielen. Er ist gewöhnlich von kollateraler Kreislaufstörung nach Art entzündlicher Reaktionen begleitet. Der Flüssigkeitsaustritt in den Pleuraraum steigert sich unter Umständen bis zu massiver, unerschöpflicher Exsudation und leistet der Verschleppung ausgeschwemmter Geschwulstelemente Vorschub. Die durch Sedimentation diskontinuierlich verbreiteten nidationsfähigen Tumorzellen können sich wieder ansiedeln und neue epipleurale Implantationsnester bilden (Sampson; Walther). Manchenorts durch lokale Fibroblasten-Proliferation abgeriegelt, wachsen sie an anderen Stellen beetartig fort und erzeugen ihrerseits durch Abschilferung und Kontaktimplantation weitere Tochterherde.

Makroanatomisch erscheinen die Pleurametastasen zunächst als *multiple flach-scheibenförmige Plaques* von weißlich-gelber Farbe und relativ derber Konsistenz (Fischer u.a.) (Abb. 335). Daraus können sich *stärker erhabene knotige*, vielfach gebuckelte und *konfluierende Metastasenbeete* entwickeln (Abb. 333 u. 334 sowie Bd. IX/4b, Abb. 505). Man beobachtet gelegentlich *polypös gestielte Formen* sowie Metastasen, die wie ein „Reißnagel" kurze spitze Fortsätze in die Lungenrinde entsenden oder in Gestalt eines infarktähnlichen Keils tiefer in das Lungenparenchym hineinragen (Fischer). Gröbere metastatische Konglomerate können — zumal bei Sarkomen — auf Brustwand und Zwerchfell übergreifen. Flächenhaft ausgedehnte Pleurametastasen mit *mantelförmigen Tumor-*

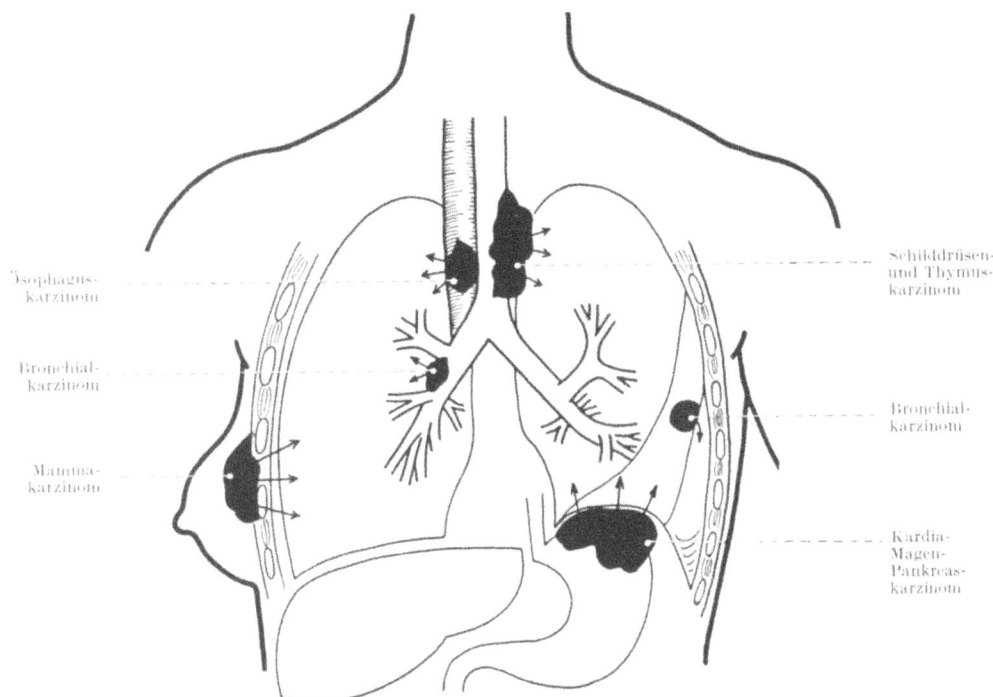

Abb. 332. *Invasionsmöglichkeiten der Pleurahöhle und der Lungen.* (Nach Mülly in Anlehnung an Walther H. E.: Krebsmetastasen. Basel: Benno Schwabe & Co. 1948)

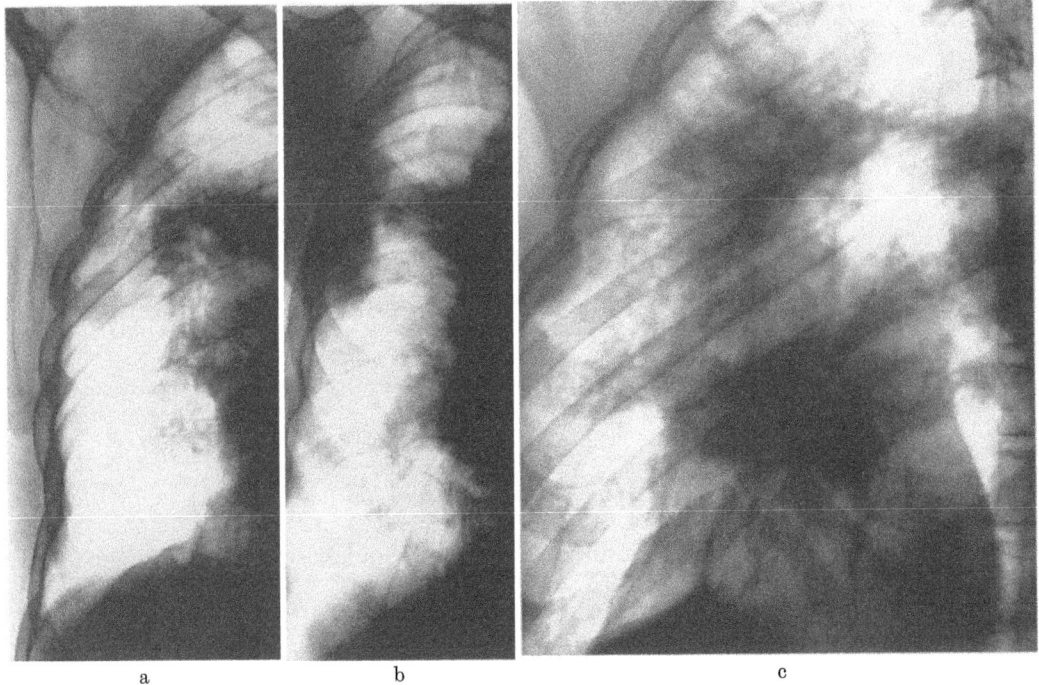

Abb. 333 a—c. *Beetartig-knollige und flächenhaft wachsende Bronchialkrebsmetastasen der Pleura.* Primärtumor: Histologisch verifiziertes anaplastisches Karzinom des rechten Zwischenbronchus. Massive Lymphknotenmetastasen im rechten Hilus und trachealen Bifurkationswinkel. Plurisegmentale obstruktive Belüftungsstörung des rechten Ober- und Unterlappens. Zielaufnahmen im 2. Schrägdurchmesser (a), in 1. Schrägprojektion (b) und im p.-a. Strahlengang (c). K.S., 65jähr. ♂. Arch.-Nr. 6378/61, Röntgenabtlg. d. Med. Univ.-Klinik u. Poliklinik Münster/W. (Direktor: Prof. W. H. Hauss)

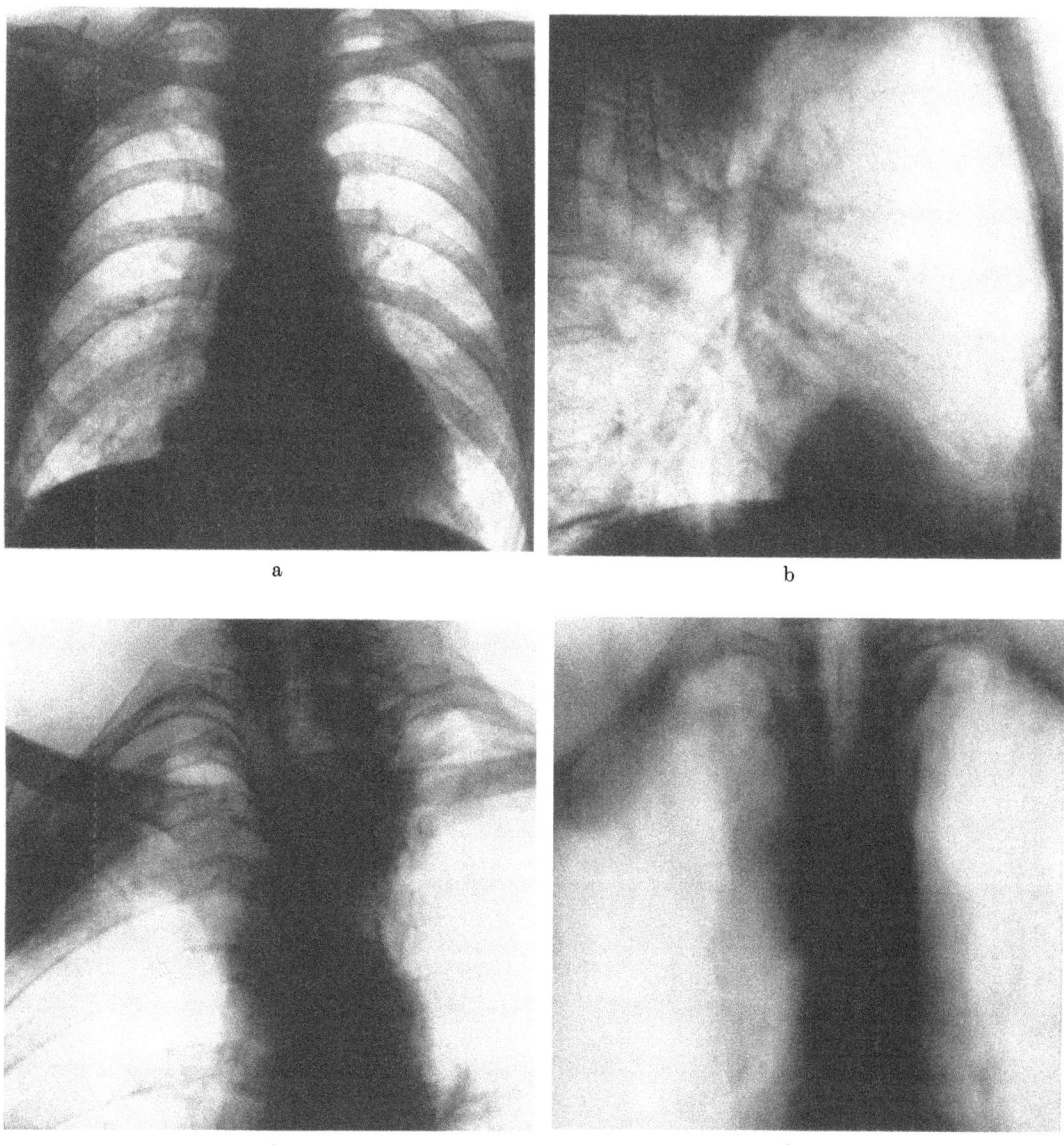

Abb. 334a—d. *Knotige Metastasen eines kleinzelligen Karzinoms des rechten Oberlappenbronchus an der Pleura costalis und diaphragmatica rechts.* Histologisch verifizierter Befund. Thoraxübersichtsaufnahmen in 2 Ebenen (a und b), Zielaufnahme der oberen Thoraxapertur p.-a. (c) und Schichtbild 10 am a.-p. (d). K. A., 59jähr. ♂. Arch.-Nr. 9698/59, Röntgenabtlg. d. Med. Univ.-Klinik u. Poliklinik Münster/W. (Direktor: Prof. W. H. Hauss)

schwarten ähnlich denen diffuser Pleuramesotheliome sind besonders bei bronchogenen Gallertkarzinomen zu finden (s. Bd. IX/4a, Abb. 81 u. 506).

Von diesen Erscheinungsformen ist die vorwiegend den „vorgezeichneten Bahnen" des subpleuralen Lymphbahnnetzes (Rouvière u. Huc; Singer; Simer u.a.) folgende Ausbreitungsweise sekundärer Pleurakarzinosen abzugrenzen (Fischer), die bei der *Lymphangiosis carcinomatosa* pulmonum hervortritt und im weiteren Verlauf mit stärkerer Exsudation verbunden ist (Abb. 338).

Umfängliche Ergüsse kommen bei Karzinomatose der Pleura häufiger vor als bei Sarkomatosen (Walther) (Tabelle 32). Für beide Geschwulsttypen, insbesondere für die beetartig-flächigen Wuchsformen ist jedoch das Auftreten nennenswerter *Begleitexsuda*-

Tabelle 32. Die sekundären Krebse der Pleura. (Nach WALTHER, H. E.: Krebsmetastasen. Basel: Benno Schwabe 1948; Tabelle 29, S. 140)

Ausgangspunkt	Fälle	Mit Erguß		Schwarten-bildung	Ca	Sa	Andere Malignome
		serös	blutig				
1. *Viszerale Tumoren* mit Invasion der Pleura pulmonalis							
a) *primäre:*							
Mediastinum	5					5	
Lungen	101	28	23	4	99	2	
Ösophagus	18	5	1		18		
Thymus	2	1				2	
	126	34	24	4	117	9	
b) *sekundäre* (Lungenmetastasen):							
Perikard	1	1				1	
Milz	1		1			1	
Knochen und Knochenmark	3			1		3	
Muskeln	1					1	
Synoviale Gewebe	3		1			3	
Retroperitoneum	2					2	
Nasennebenhöhlen	2				2		
Pharynx und Epipharynx	13		6		12	1	
Mundhöhle und Zunge	5	2			5		
Tonsillen	3	2				3	
Speicheldrüsen	17	5	5	1	10	7	
Magen	27	9	4		27		
Dünndarm	2				1	1	
Dickdarm und Rektum	12	4			11	1	
Leber und Gallenwege	14	2	4	1	13	1	
Pankreas	9		4	1	9		
Nieren und abl. Harnwege	11	3	2	1	10	1	
Hoden	6	1	4		2		4
Prostata	20	2	1	osteopl. 1			
Uterus	20	5	3	2	15	5	
Ovarien	15	3	8	1	13		2
Mamma	47	12	11		47		
Augen	3	1	1				3
Haut, Körperöffnungen	9	2	2		4		5
	246	54	57	9	201	31	14
2. *Primäre Brustwandtumoren*							
(Invasion der Pleura costalis)							
Mamma	18	4	6	3	17	1	
3. *Sekundäre Tumoren der Bauchhöhle*							
(Invasion der Pleura diaphragmatica)							
Retroperitoneum	2					2	
Magen	9				9		
Dickdarm und Rektum	4	2			4		
Leber und Gallenwege	7	1	1		7		
Pankreas	2				2		
Peritoneum	1	1			1		
Nieren	2		2		1	1	
Ovarien	5	1			5		
	32	5	3		29	3	
Insgesamt	422	97	90	16	364	44	14

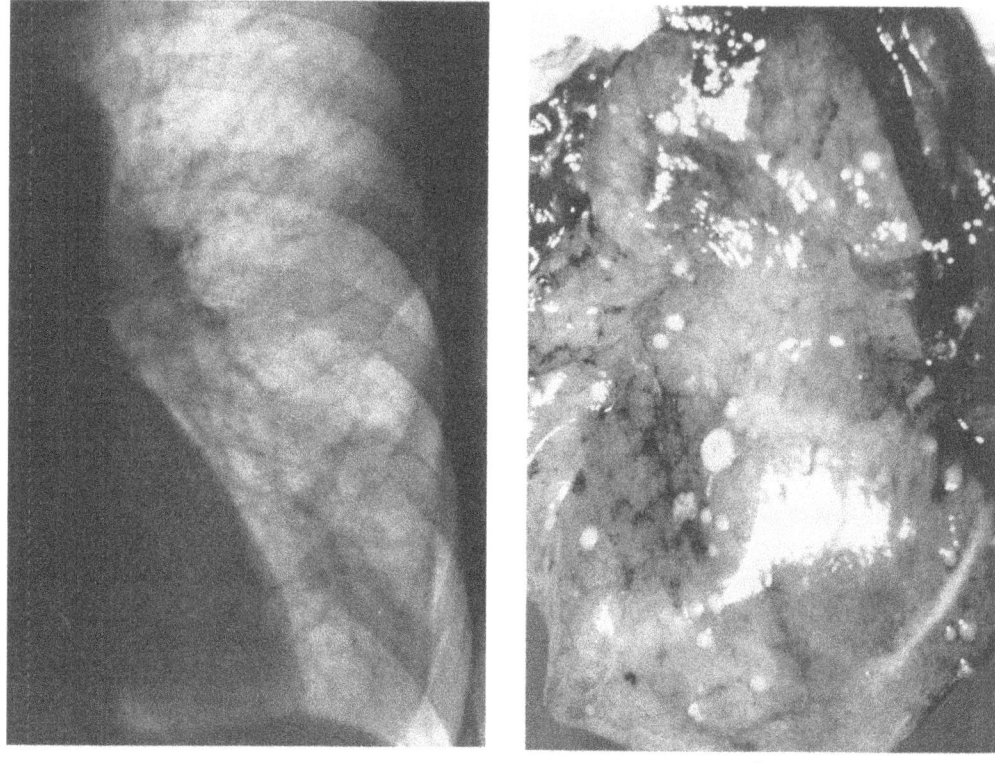

a　　　　　　　　　　　　b

Abb. 335a u. b. *Lentikuläre kontralaterale Pleurametastasen eines Karzinoms des rechten Zwischenbronchus.* Nativbild p.-a. (a) und Autopsiepräparat des linken Unterlappens (b). (Sekt.-Nr. 86/68, Path. Institut d. Krhs Nordwest Frankfurt/M., Direktor: Prof. G. KAHLAU) (vgl. Bd. IX/4b, Abb. 483). A. K., 68jähr. ♀. Arch.-Nr. 1307 99412, Radiolog. Zentralinstitut d. Krhs. Nordwest Frankfurt/M.

tion ebensowenig obligat wie deren hämorrhagische Beschaffenheit. WALTHER fand in den klinischen Angaben über 270 neoplastische Pleuraergüsse nur in 105 Fällen eine blutige Färbung des Punktats vermerkt. Nach seiner Schätzung halten sich die Verhältnisziffern *seröser bzw. serofibrinöser und sanguinolenter Tumorexsudate* etwa die Waage (s. auch LUSE u. REAGAN; TINNEY u. OLSSON; BROCARD u. Mitarb.) (Tabelle 32 u. S. 480 sowie Bd. IX/4a, Abb. 179 u. Tabelle 118). *Jenseits des 50. Lebensjahrs auftretende chronische sero-fibrinöse Ergüsse haben daher als neoplasieverdächtig zu gelten* (BROUET, CHRÉTIEN u. PARIENTE; BROCARD u. Mitarb.). Seltener erhält der Erguß durch metastatischen Befall des Ductus thoracicus *chylösen Charakter* (YATER, ROY, CARR u. PAYNE u.a.) (s. S. 374 u. Bd. IX/4a).

Die Krankheitsentwicklung kann schleichend sein. Vielfach überschneiden sich im *klinischen Erscheinungsbild* die Symptome trockener oder feuchter Pleuritis mit denen des primären Geschwulstleidens. Der neoplastische Ursprung der Pleuraaffektion ist sonst weder im Anfangsstadium schmerzbedingter Atembehinderung noch nach Ausbildung eines größeren Exsudats aus den örtlichen Beschwerden und physikalischen Befunden ohne weiteres zu ersehen. Liegen allgemeine oder örtliche Tumoranzeichen vor, oder ist überhaupt ein bösartiges Geschwulstleiden anamnestisch bekannt und gesichert, so muß das Auftreten einer Pleuritis stets Verdacht auf einen ursächlichen Zusammenhang erwecken. Besonders suspekt sind dabei anhaltende *Brustwandneuralgien, quälender Reizhusten* und *zunehmende Kurzatmigkeit*, die auf gleichzeitige lymphangische Ausbreitung bzw. massive Tumorzellembolien in den Lungen hinweist, wenn sie *stärkeres Ausmaß* annimmt *als der Umfang eines Ergusses oder röntgenologisch sichtbarer Lungenparenchym-*

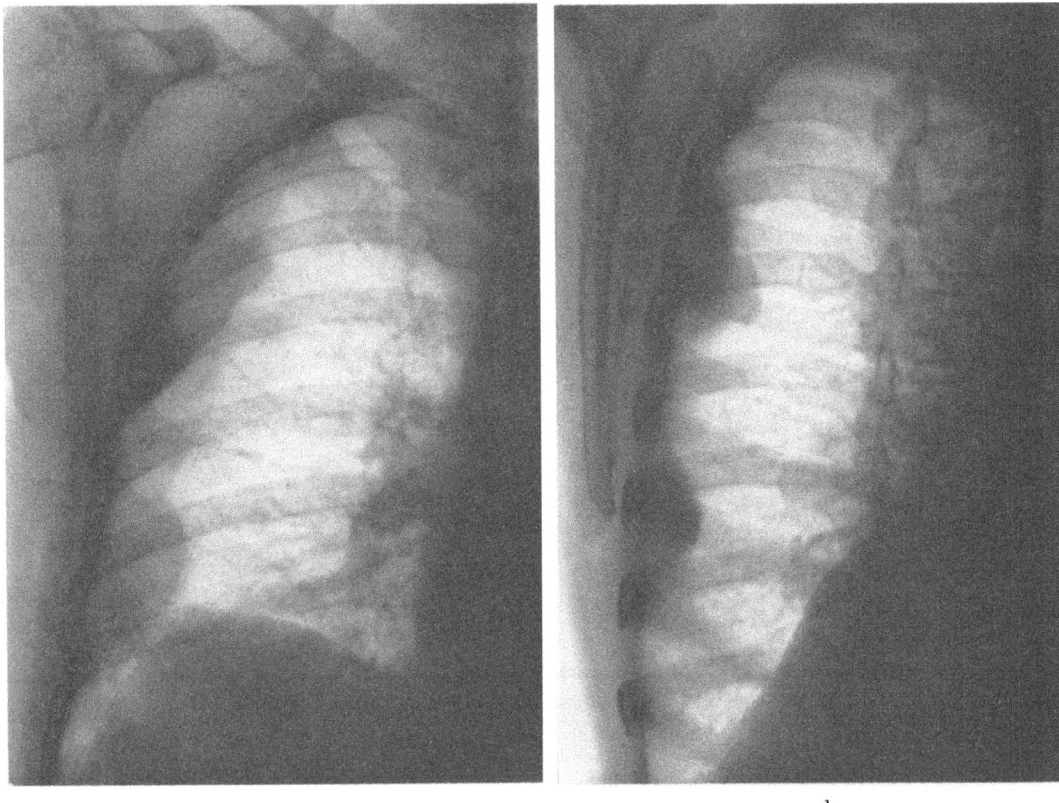

a   b

Abb. 336a u. b. *Knolliges Infiltrationsbeet pleuro-parietaler Brustkrebsmetastasen.* Auftreten der Absiedelung 15 Monate nach Ablatio mammae rechts und postoperativer Telekobaltbestrahlung wegen eines im Resektionspräparat 2,5×1,5 cm großen adenoiden Mammakarzinoms mit ausgedehntem metastatischen Befall der axillären Lymphknoten (E.-Nr. 1066 und 1130/70, Path. Inst. d. Krhs. Nordwest, Direktor: Prof. KAHLAU). Ausschnitt der Thoraxübersichtsaufnahme p.-a. (a) und Zielaufnahme im 1. Schrägdurchmesser (b). E. M., 58jähr. ♀. Arch.-Nr. 1912 14462, Radiolog. Zentralinst. d. Krhs. Nordwest Frankfurt/M.

veränderungen erwarten ließe. Andrerseits spricht es natürlich keineswegs gegen eine Pleurakarzinose, falls Dyspnoe und Ergußgröße einander graduell entsprechen. Die Exsudation kann so beträchtlich werden, daß es zu halbseitiger Kompressionsatelektase mit Mediastinaldystopie kommt, und die Verdrängungssymptome nur durch kurzfristig wiederholte ausgiebige Entlastungspunktion zu lindern sind.

Diagnostisch entscheidend ist einmal die Verifizierung des Primärtumors, zum anderen der Nachweis gleichartiger Geschwulstformationen im Pleuraraum auf Grund *gezielter Gewebsentnahme* (Punktionsbiopsie, Thorakoskopie bzw. Thorakozentese) oder *exfoliativ-zytologischer Befunde im Pleurapunktat* (s. S. 390 u. 480ff.). Die Trefferquote der Zytoanalyse metastatischer Pleuraergüsse ist höher als bei den Pleuramesotheliomen, doch schwanken die im Schrifttum angegebenen Prozentzahlen positiver Befunde erheblich (LUSE u. REAGAN (339 Fälle): 74,3%; GRAHAM, MCDONALD, CLAGETT u. SCHMIDT (226 Fälle): 50%; TINNEY u. OLSON (141 Tumorexsudate, davon 58% serös, 42% blutig tingiert): 30%). Angesichts der ursächlichen Dignität bronchogener Karzinome ist der Einsatz der *Bronchoskopie* und *Mediastinoskopie* in vielen Fällen zur definitiven Klärung unentbehrlich (SOULAS; RINK; BERGQVIST; MAASSEN u.a.). Gewisse Anhaltspunkte für die Differentialdiagnose zwischen entzündlicher Exsudation und Serosakarzinose liefert auch die Bestimmung des *Serumstickstoff/Exsudatstickstoff-Quotienten* (BÜRGER; SCHMID; SEIDEL)

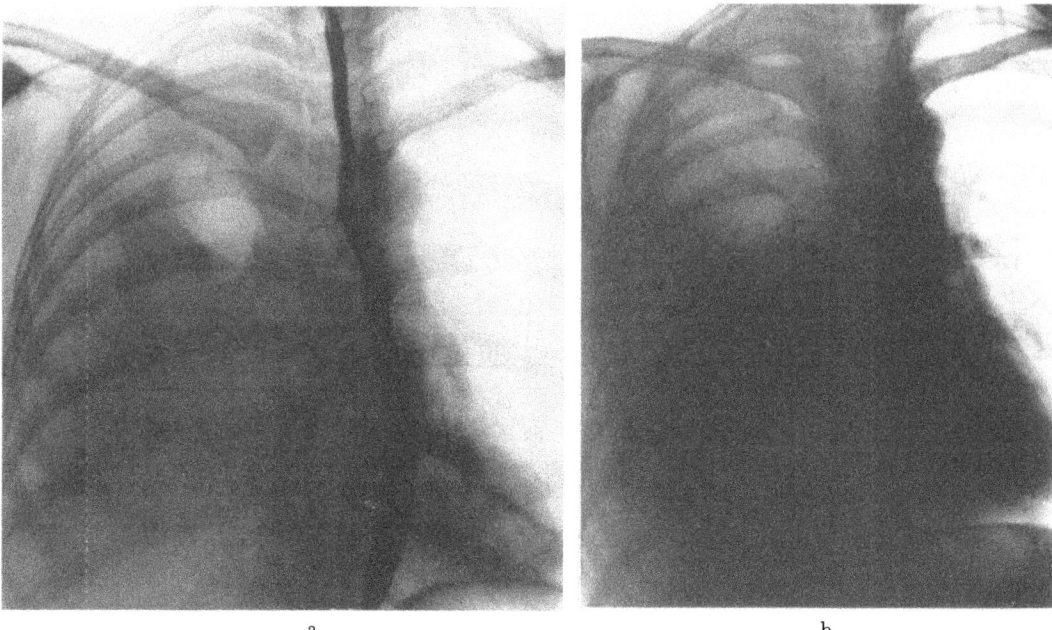

Abb. 337a u. b. *Ausgedehnter metastatischer Pleuraerguß mit weitgehender Kompressionsatelektase der rechten Lunge bei histologisch verifiziertem Tonsillenkarzinom.* Thoraxübersichtsaufnahmen p.-a. vor (a) und nach ausgiebiger Entlastungspunktion (b). Partielle Wiederbelüftung des als „schwimmende Luftblase" dargestellten rechten Oberlappens. Lungenmetastasen röntgenologisch nicht faßbar, Hiluslymphome erst nach weiterer Entleerung des Ergusses erkennbar. E. N., 49jähr. ♀. Arch.-Nr. 7999/57, Röntgenabtlg. d. Med. Univ.-Klinik u. Poliklinik Münster/W. (Direktor: Prof. W. H. Hauss)

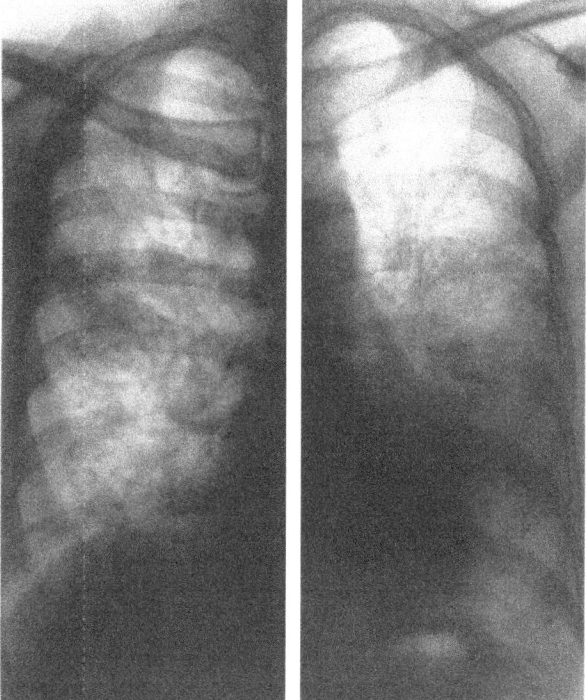

Abb. 338. *Bilaterale Pleuraergüsse bei Lymphangiosis carcinomatosa pulmonum et pleurae 17 Monate nach Ablatio mammae rechts (Carcinoma solidum).* Zielaufnahmen beider Thoraxhälften p.-a. R. v. D., 53jähr. ♀. Arch.-Nr. 10713/62, Röntgenabtlg. d. Med. Univ.-Klinik u. Poliklinik Münster/W. (Direktor: Prof. W. H. Hauss)

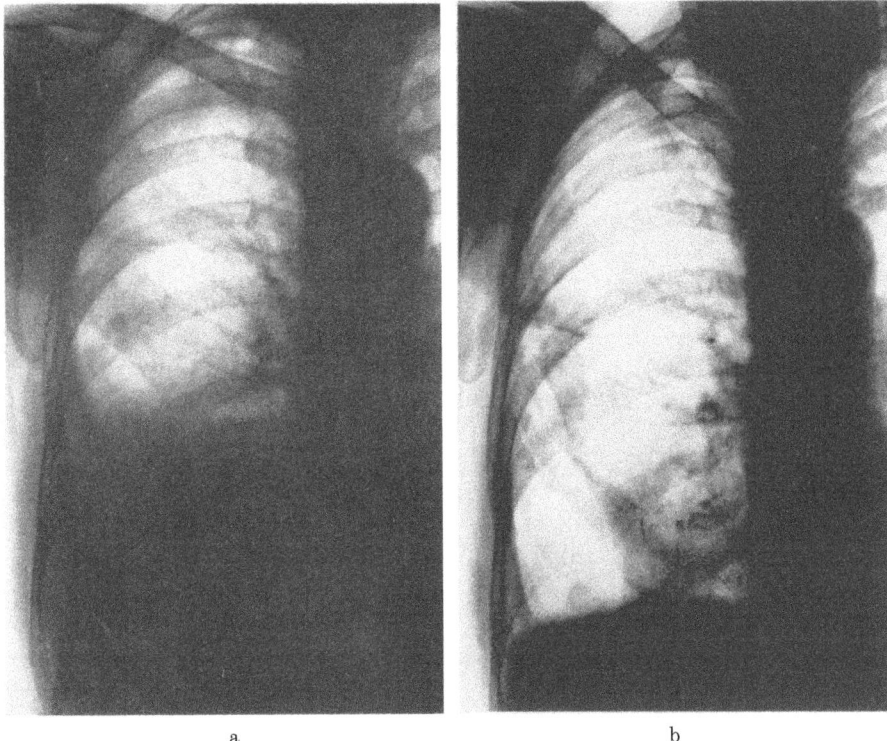

a b

Abb. 339a u. b. *Ergußschatten einer Pleuritis carcinomatosa* (Zustand nach Ablatio mammae links) (a) und *Darstellung der knotigen Tumorkulisse im Pneumothorax nach Ergußpunktion* (b). M. R., 75jähr. ♀. Arch.-Nr. 4034/53, Röntgeninstitut d. Med. Univ.-Klinik Leipzig (damal. Direktor: Prof. M. BÜRGER)

(s. Bd. IX/4a, Tabelle 119) und des sog. „*Phosphataseindex*" (Aktivitätsanstieg der alkalischen Phosphatase im Pleurapunktat gegenüber dem Serumwert) (LÜBBERS).

Der *Röntgenbefund* metastatischer Pleuritis ist in seinem diagnostischen Informationsgehalt zur ursächlichen Klärung nur bedingt schlüssig. Am sekundären Tumorbefall der Pleura besteht kaum ein Zweifel, wenn sich im Laufe eines histologisch gesicherten Krebsleidens ein- oder beiderseitige Pleuraergüsse mit retikulär-streifigen oder nodulären Lungenverdichtungen und knolligen Hilus- bzw. Mediastinallymphomen entwickeln. Miliar-noduläre Tumorinfiltrate der Serosa sind erst von einer bestimmten Größenordnung an nachzuweisen (LENK; PENDERGRASS; DUMON, CHARPIN, AMALRIC u. CHOUX; EVEN, SORS u. REDON u.a.). Sie können an der randständigen Lage bzw. Inkonstanz ihres Schattens unter fließender Drehung als solche erkannt, in der Aufsicht des Thoraxübersichtsbildes aber leicht mit pulmonalen Metastasenknötchen verwechselt werden (Abb. 335). Auch ohne überdeckenden Erguß sind sie im Initialstadium ebenso unterschwellig wie die zarte netzförmige Infiltration der subpleuralen Lymphgefäße bei beginnender lymphangischer Lungenkarzinose. Das Schattenbild des Exsudats, mit dem sich die Erkrankung in der Mehrzahl der Fälle manifestiert, gibt per se keinen Aufschluß über die Beschaffenheit der abgeschiedenen Flüssigkeit, geschweige denn über ihre Entstehungsursache. Ohne Kenntnis anamnestisch-klinischer Daten und vor Sichtbarwerden hilopulmonaler Metastasen oder parietaler Geschwulstveränderungen ist die Diagnose sekundärer Pleurakrebse aus den röntgenologischen Erscheinungen der exsudativen Pleuritis nicht zu stellen (NEGOVSKY, TAVONIUS u. VINNER; DUMON, CHARPIN, AMALRIC u. CHOUX u.a.). Sogar nach Feststellung eines gleichseitigen Bronchuskarzinoms mit poststenotischer Lappenschrumpfung und — dann nicht selten atypisch angeordnetem (WESTER-

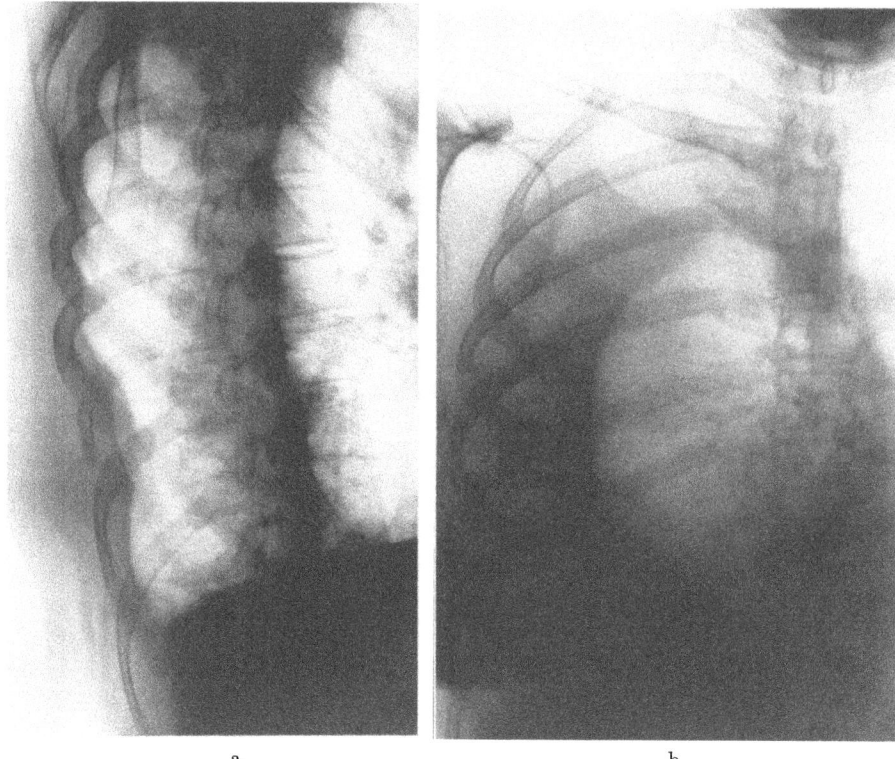

Abb. 340a u. b. *Krebsige Pleuritis bei Rippenmetastase eines kontralateralen soliden Mammakarzinoms.* 22 Monate nach Ablatio mammae links und postoperativer 200 kV-Röntgentherapie (5000 ROD/Feld) zunehmende „Interkostalneuralgie" und rasch anwachsender derber Knoten an der hinteren Zirkumferenz der 9. Rippe rechts. Erst 3 Wochen später feuchte Pleuritis. Palliative Röntgenbestrahlung der Rippenmetastase, intrapleurale Applikation von [198]Au. Zielaufnahme der rechten Brustwand im 1. Schrägdurchmesser vom 6. 2. 62 (a). Ausschnitt der hart exponierten Thoraxübersichtsaufnahme a.-p. vom 2. 3. 62 (b). H. P., 55jähr. ♀. Arch.-Nr. 1215 und 2069/62, Röntgenabtlg. d. Med. Univ.-Klinik u. Poliklinik Münster/W. (Direktor: Prof. W. H. Hauss)

MARK; ZUPPINGER; NEGOVSKY, TAVONIUS u. VINNER; RATTI) — Pleuraerguß ist röntgenologisch keineswegs zu entscheiden, ob eine blande Ausschwitzung infolge abnormen Atelektasesogs (Phänomen des Raumausgleichs), eine entzündliche Begleitexsudation okstruktionspneumonischer Prozesse oder bereits eine Tumoransiedlung im Pleuraspalt vorliegt (s. Bd. IX/4a und b).

Offensichtliche Geschwulstmerkmale zeigt das örtliche Krankheitsgeschehen im Röntgenbild nur bei malignem Wachstum in Gestalt isolierter Tumorbeete, flächenhaft ausgedehnter Schwarten von höckeriger Innenkontur oder grobknotiger Metastasen, deren intrapleurale Lage *pneumoradiographisch* unschwer zu erkennen ist (BROMME, NELSON u. FINLEY u.a.) (Abb. 339). Diese grobanatomisch vom miliar-nodulären und lymphangischen Ausbreitungstyp abzutrennenden Erscheinungsformen (LENK) sind röntgenmorphologisch nicht ohne weiteres von Pleuramesotheliomen gleicher Wuchsart zu unterscheiden. Lungenkonvex gewölbte Tumorschatten der Brustwand mit äußerlich sichtbarer Thoraxauftreibung, lokaler Rippendestruktion und Pleurabegleiterguß sind meist zutreffend als Metastasen zu deuten (Abb. 340), da die Osteolyse der Rippen ein ungewöhnliches Objektdetail mesothelialer Gewächse ist (s. S. 535 u. Abb. 278). Strenggenommen bleibt aber die Differentialdiagnose zwischen parietaler Neoplasie mit Sekundärbeteiligung der Pleura und infiltrativ nach außen wachsendem Pleuramesotheliom auch dann der feingeweblichen

Abb. 341 a—c. *Vortäuschung eines umschriebenen Pleuramesothelioms durch kosto-parietale Metastasen.* Der Patient wurde am 13. 2. 69 der Ambulanz der Chir. Klinik des Krhs. Nordwest Frankfurt/M. (Direktor: Prof. UNGEHEUER) überwiesen, nachdem 3 Wochen zuvor bei einer wegen zunehmender Brustwandschmerzen vorgenommenen Röntgenuntersuchung ein daumenballengroßer randständiger Tumorschatten über der vorderen Konvexität des re. Hemithorax festgestellt worden war (a Übersichtsbild p.-a. vom 23. 1. 69, Innere Abtlg. d. St. Josefs-Hospitals Rüsselsheim/Rh., Chefarzt: Dr. med. habil. W. HERKEL). Die Probeexzision hatte das „Bild eines malignen Pleuraendothelioms" ergeben (J.-Nr. 487/69, Prof. WURM, Path. Inst. d. Städt. Krankenanst. Wiesbaden). Die ambulante Röntgenkontrolle am 13. 2. 69 zeigte eine Osteolyse der 5. Rippe rechts im Bereich der Brustwandauftreibung, deren ovalärer Schatten an der ventro-axillaren Zirkumferenz bikonvex zur Lunge und nach außen vorragte (b Zielaufnahmen bei unterschiedlicher Drehung im 2. Schrägdurchmesser). Darüber hinaus fand sich ein weiterer Osteolyseherd an der dorsalen Zirkumferenz der 10. Rippe links, dessen Weichteilschatten auf dem Übersichtsbild (a) nur als zarte Trübung neben dem li. Herzrand wahrzunehmen war, bei Drehung in den 2. Schrägdurchmesser aber deutlich hervortrat (c Zielaufnahmen in 2. Schrägprojektion). Für ein Pleuramesotheliom erschien die bilaterale Manifestation umschriebener Brustwandgewächse mit örtlicher Rippendestruktion ungewöhnlich. Nach röntgenologischem Aspekt und dem Ergebnis epikritischer Prüfung des Exzisionspräparats handelte es sich um Rippenmetastasen eines Primärtumors unbekannter Lokalisation mit mesotheliomähnlichem Strukturbild (sehr bindegewebsreiche Geschwulst mit epithelartig ausgekleideten Spaltbildungen). H. H., 56jähr. ♂. Arch.-Nr. 0709 12291, Radiolog. Zentralinstitut d. Krhs. Nordwest Frankfurt/M.

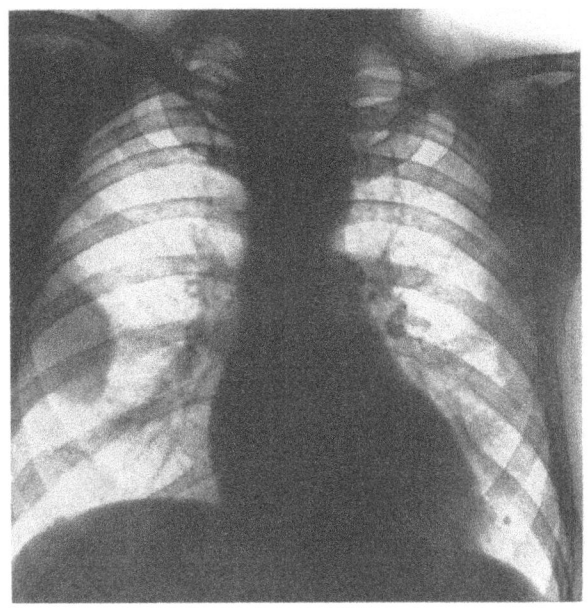

a

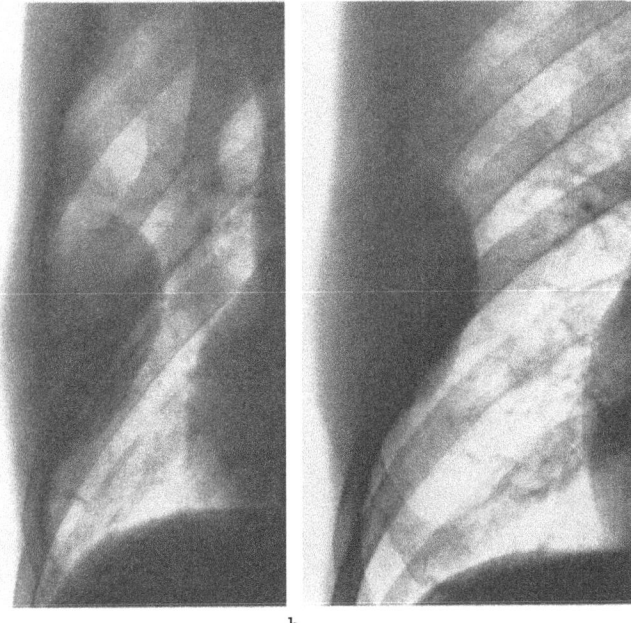

b

Untersuchung überlassen, und nicht selten wird der Ausgangspunkt erst autoptisch zu ergründen sein. Selbst der histologische Befund eines als Primärtumor in Betracht kommenden Bronchuskrebses, Mammakarzinoms oder sonstigen extrathorakalen Malignoms ist noch kein sicherer Beweis für die metastatische Entstehung solcher pleuranahen bzw. endopleuralen Herde. Ohne vergleichende Biopsie ist die Diagnose letztlich nur per deductionem zu stellen: sie ergibt sich aus dem Rückschluß, daß die Wahrscheinlichkeit eines Kausalzusammenhangs mit häufig auftretenden Tumoren von großer Metastasierungs-

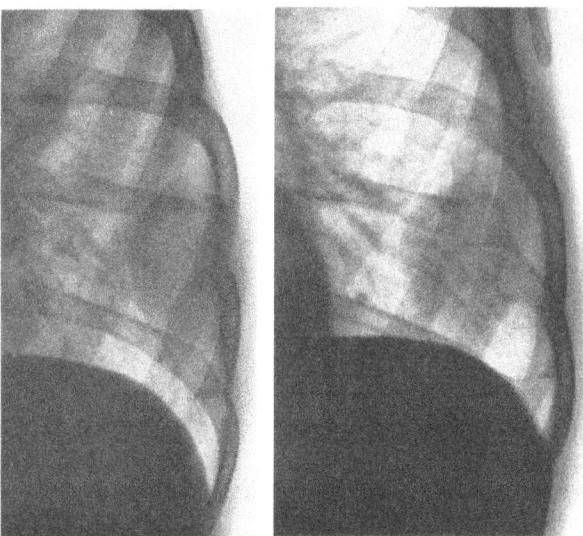

Abb. 341 c (Legende s. S. 559)

bereitschaft ungleich höher ist als die Annahme zweier unabhängig voneinander entwickelter Primärgeschwülste. Das röntgenologische Substrat vermag für die Beurteilung dieser Frage keine unmittelbar beweiskräftigen Indizien zu liefern.

Literatur

Erster Teil: Die bronchopulmonalen Gewächse
I. Primäre maligne Tumoren der Bronchien und Lungen

2. Primäre Chorionepitheliome

ARENDT, J.: Das Chorionepitheliom des Mannes. Fortschr. Röntgenstr. **43**, 728—735 (1931).

ARENDT, J.: Chorionepithelioma in the male and female as observed roentgenologically. Amer. J. Roentgenol. **47**, 591 (1942).

BAGSHAW, M. A., LAUGHLIN, W. T., EARLE, J. D.: Definitive radiotherapy of primary mediastinal seminoma. Amer. J. Roentgenol. **105**, 86—94 (1969).

BARIÉTY, M., COURY, C.: Le médiastin et sa pathologie. Paris: Masson & Cie. 1958.

BARIÉTY, M., COURY, C., POULET, J., CABANNE, F.: Les tumeurs chorio-carcinomateuses du médiastin. Sem. Hôp. Paris **36**, 1063—1075 (1960).

BENNINGTON, J. L., HABER, S. L., SCHWEID, A.: Primary mediastinal choriocarcinoma. Dis. Chest. **46**, 623—626 (1964).

BERMAN, L.: Extragenital chorionepithelioma. Amer. J. Cancer **37**, 23 (1940).

BORRIS, W.: Über primäres Chorionepitheliom der Lunge. Arb. path. anat. Inst. Tübingen **6**, 539 (1908).

BORST, M.: Die Lehre von den Geschwülsten. Wiesbaden: Bergmann 1902.

BORST, M.: Pathologische Histologie, 3. Aufl. Berlin: Springer 1938.

BRIGAND, H. LE, GRANDJON, A., RENAULT, P., ROUSSEL, A., CHRÉTIEN, J., HOURTOULE, R., IANOTTI, C.: Á propos de 5 cas de chorio-épithéliomes pulmonaires. J. franç. Méd. Chir. thor. **13**, 511—546 (1959).

BROUET, G., BAUDOUIN, J., COURY, C., HAYOT-POIRÉ: Nouveaux cas de dysembryome médiastinal avec troubles endocriniens associés. Bull. Soc. méd. Hôp. Paris **1946**, 287—292.

COURY, C., SAIGOT, T., DELEPIERRE, F.: Les dysembryomes homoplastiques. Vie méd. **51**, 3483—3492 (1970).

COURY, C., SAIGOT, T., DELEPIERRE, F.: Les dysembryomes heteroplastiques. Vie méd. **51**, 3495—3504 (1970).

EERLAND, L. D.: Extragenital (?) chorionepithelioma in the male in the appearance of a primary lung tumor. Arch. chir. neerl. **1**, 91 (1949).

FANGER, H., MAC ANDREW, R.: Extragenital chorionepithelioma in a female arising from a mediastinal teratoma. Rhode Island med. J. **35**, 259—260 (1952).

FERREIRA-BERUTTI, P.: Extragenital (pulmonary) chorionepithelioma in male. Rev. sudamer. morfol. **4**, 163—173 (1946).

FINE, G., SMITH, R. W., PACHTER, M. R.: Primary extragenital choriocarcinoma in the male subject: case report and review of the literature. Amer. J. Med. **32**, 776—794 (1962).

FRIEDMANN, N. B.: Comparative morphogenesis of extragenital and gonadal teratoid tumors. Cancer (Philad.) **4**, 265—276 (1951).

GÉRIN-LAJOIE: A case of chorionepithelioma of the lung. Amer. J. Obstet. Gynec. **68**, 391—401 (1954).

GIROUX, M., DESMEULES, R.: Dysembryome thoracique et chorio-épithéliome chez un enfant de 12 ans. Laval méd. **12**, 851—862 (1947).

HAMPERL, H.: Lehrbuch der allgemeinen Pathologie und der pathologischen Anatomie, 12. Aufl. Berlin: F. C. W. Vogel 1939.

HERTZ, R.: A symposium on cancer chemotherapy. T. Hormoe producing tumors. Med. Ann. D. C. **31**, 663—669 (1962).

HIRSCH, O., ROBBINS, S. L., HOUGHTON, J. D.: Mediastinal chorionepithelioma in a male: case report. Amer. J. Path. **22**, 833—845 (1946).

HOLLAND, J. F., HRESHCHYSHYN, M. M.: Choriocarcinoma. In: Union Internationale Contre le Cancer: Monograph series, Vol. 3. Berlin-Heidelberg-New York: Springer 1967.

HOLT, L. P., MELCHER, D. H., COLQUHOUN, J.: Extra-gonadal choriocarcinoma in the male. Postgrad. med. J. **41**, 134—138 (1965).

HUECK, W.: Morphologische Pathologie. Leipzig: G. Thieme 1937.

JAKOUBKOVÁ, J., MAÍSKÝ, A., IVAŠKOVA, E., ZAVADIL, M., ŠNAJD, V.: Immunology of trophoblastic tumours. Neoplasma (Bratisl.) **17**, 223—229 (1970).

JEANNERET, R.: À propos du chorion-épithélioma malin chez l'homme. Lausanne: Réumies 1928.

JOHNSON, W. R.: Spontaneous and complete regression of extensive pulmonary metastases in case of chorionepithelioma. Amer. J. Obstet. Gynec. **61**, 701—704 (1951).

KANTROWITZ, A. R.: Extragenital chorionepithelioma in a male. Amer. J. Path. **10**, 531—544 (1934).

KAY, S., REED, W. G.: Chorionepithelioma of the lung in a female infant seven months old. Amer. J. Path. **29**, 555—567 (1953).

KLEITSCH, W. P., TARICCO, A., HASLAM, G. J.: Primary seminoma (germinoma) of mediastinum. Ann. thorac. Surg. **4**, 249—255 (1967).

KOUNTZ, S. L., CONNOLLY, J. E., COHN, R.: Seminoma-like (or seminomatous) tumors of anterior mediastinum: Report of four new cases and review literature. J. thorac. cardiovasc. Surg. **45**, 289—301 (1963).

KUZNETSOV, I. D., LAVNIKOVA, G. A., KOROLEVA, O. F.: Two cases of seminoma of mediastinum. Vopr. Onkol. **7**, 55—61 (1961).

LAIPPLY, T. C., SHIPLEY, R.: Extragenital choriocarcinoma in male. Amer. J. Path. **21**, 921—933 (1945).

LEMAHIEU, S. F., LAMIROY, H., PANNIER, R., BRABANDRE, R.: Manifestations pulmonaires des chorio-carcinomes. J. belge Radiol. **41**, 195—220 (1958).

LOCHMANN, H.: Klinische und hormonelle Beobachtungen an einem extragenitalen Chorionepitheliom beim Mann. Langenbecks Arch. klin. Chir. **280**, 190 (1955).
LYNCH, M. J. G., BLEWETT, G. L.: Choriocarcinoma arising in the male mediastinum. Thorax (Lond.) **8**, 157—161 (1953).
MAGOVERN, G. J., BLADES, B.: Primary extragenital chorionepithelioma in the male mediastinum. J. thorac. Surg. **35**, 378—383 (1958).
MILLER, M. J., BROWNE, F. J.: Extra-genital chorionepithelioma of congenital origin: with report of a new case of chorionepithelioma in a male. J. Obstet. Gynaec. Brit. Cwlth **29**, 48—67 (1922).
MOLINA, C., MERCIER, R., DELAGE, J., LAGIVILLAMIE, B. DE, CHEMINAT, J. C.: Les séminomes du médiastin. Sem. Hôp. Paris **41**, 416—1423 (1965).
MORNEX, R.: Tumeurs endocriniennes intrathoraciques. Poumon **19**, 129—145 (1963).
NAZARI, A., GAGNON, E. D.: Seminoma-like tumor of mediastinum. J. thorac. cardiovasc. Surg. **51**, 751—754 (1966).
OBERMAN, H. A., LIBCKE, J. H.: Malignant germinal neoplasmas of mediastinum. Cancer (Philad.) **17**, 498—507 (1964).
PACHTER, M. R., LATTES, R.: Germinal tumors of mediastinum: clinicopathologic study of adult teratomas, teratocarcinomas, choriocarcinomas and seminomas. Dis. Chest **45**, 301—310 (1964).
PARK, W. W., LEES, J. C.: Choriocarcinoma: general review, with analysis of 516 cases. Arch. Path. **49**, 73—104, 205—241, 361 (1950).
REDDY, D. B., RAO, N.: Trophoblastic tumours. I. Hydatiform mole. Review based on a study of 135 cases. Indian J. med. Sci. **23**, 527—531 (1966).
REDDY, D. B., RAO, N.: Trophoblastic tumours. II. Chorio-carcinoma. A review of 50 cases. Indian J. med. Sci. **23**, 532—537 (1966).
ROBINSON, B. W.: Germinal neoplasia of extragenital origin. J. nat. med. Ass. (N.Y.) **52**, 162—165 (1960).
RÜBE, W.: Spontanrückbildung von Lungenmetastasen eines Chorionepithelioms. Fortschr. Röntgenstr. **81**, 638 (1954).
SCHÄFER, H.: Extragenitales Chorionepitheliom bei einem Mann. Strahlentherapie **108**, 283—297 (1959).
SCHÄFER, H.: Über das maligne Chorionepitheliom und seine Behandlung. Dtsch. med. Wschr. **84**, 2006—2013 (1959).
SCHOPPER, W.: Das Chorionepitheliom des Uterus, ein Implantationstumor und seine Vorstufen. Hess. Ärztebl. **30**, 695—701 (1969).
SCHWALBE, E.: Teratome (teratoide Geschwülste, Embryome), Mischgeschwülste. In: Morphologie der Mißbildungen des Menschen und der Tiere, 2. Teil, Kap. XX, S. 375—384. Jena: G. Fischer 1907.
SHLIMOVITZ, N., BROWN, D. VAN: Extragenital chorionepithelioma in male: case report. Surgery **28**, 755—762 (1950).
STAEMMLER, M.: Untersuchungen über überzählige Hodenanlagen in der Bauchhöhle. Verh. dtsch. path. Ges. **27**, 140—194 (1934).
STOWELL, R. E., SACHS, E., RUSSELL, W. O.: Primary intracranial chorionepithelioma with metastasis to lungs. Amer. J. Path. **21**, 787—801 (1945).
TANIGUCHI, H., PAI, T. J., AMDKATA, Y.: Two cases of seminomatous tumors originating from anterior mediastinum. Gann **48**, 639—641 (1957).
TREUTLER, H.: Beitrag zur Röntgendiagnostik des männlichen Chorionepithelioms. Fortschr. Röntgenstr. **82**, 338—341 (1955).
WENGER, M. E., DINES, D. E., AHMANN, D. L., GOOD, C. A.: Primary mediastinal choriocarcinoma. Proc. Mayo Clin. **43**, 570—575 (1968).
WOOLNER, L. B., JAMPLIS, R. W., KIRKLIN, J. W.: Seminoma (germinoma) apparently primary in anterior mediastinum. New Engl. J. Med. **252**, 653—657 (1955).
YURICK, B. S., OTTOMAN, R. E.: Primary mediastinal choriocarcinoma. Radiology **75**, 901—907 (1960).

3. Die primären Bronchus- und Lungensarkome (einschließlich Karzinosarkome)

ACKERMAN, L. V.: Surgical pathology. St. Louis, Mo.: C. V. Mosby Co. 1953.
ACKERMAN, L. V., TAYLOR, F. H.: Neurogenous tumor within the thorax; a clinicopathological evaluation of forty-eight cases. Cancer (Philad.) **4**, 669—691 (1951).
ACUÑA, M., WINOCUR, P., OROSCO, G. P.: Sarcoma primitivo de pulmón en una niña de ocho años. Sem. méd. (B. Aires) **2**, 474—481 (1930).
ADLER, I.: Primary growths of the lung and bronchi. London-New York: Longman & Green 1912.
AGNOS, J. W., STARKEY, G. W. B.: Primary leiomyosarcoma and leiomyoma of the lung. New Engl. J. Med. **258**, 12—17 (1958).
ALCOLT, D., MCCORT, J. I.: Cancer seminar, Colorado Springs **2**, 6 (1961).
ALLEN, A. C., SPITZ, S.: Malignant melanoma: A clinico-pathologic analysis of the criteria for diagnosis and prognosis. Cancer (Philad.) **6**, 1—45 (1953).
ALSUP, W. B.: Malignant melanoma of the nasal cavity; review of the American literature and report of a case. North Carolina med. J. **11**, 76—80 (1950).
AMORIM, A.: Rabdomiosarcoma do pulmão. Rev. bras. Cirurg. **11**, 263 (1942).
ANACKER, H.: Das Lungensarkom im Bronchogramm. In: Lungenkrebs und Bronchographie, S. 62. Stuttgart: G. Thieme 1955.
ANACKER, H., STENDER, H. S.: Krankheiten der Lunge. XII. Geschwülste, 3. Bösartige Lungengeschwülste. c. Lungensarkom. In: HAUBRICH, R., Klinische Röntgendiagnostik innerer Krankheiten, Bd. I, S. 498. Berlin-Göttingen-Heidelberg: Springer 1963.
ANDRUS, W., DE WITT: Zbl. allg. Path. path. Anat. **54**, 195 (1932).
ANLYAN, A. J., LOVINGOOD, C. G., KLASSEN, K. P.: Primary lymphosarcoma of the lung. Report of a case. Surgery **27**, 559 (1950).
APOLANT, EHRLICH: Experimentelle Beiträge zur Geschwulstlehre. A. Weitere Erfahrungen über die Sarkomentwicklung bei Mäusekarzinomen. Berl. klin. Wschr. **43**, 37—40 (1906).
ARNSTEIN, A.: Über den sog. Schneeberger Lungenkrebs. Verh. dtsch. path. Ges. **1910**, 332; Wien. klin. Wschr. **1913**, 748.
AUSBÜTTEL, F.: Primäres Lungenvenensarcom. Frankfurt. Z. Path. **53**, 303—312 (1939).
AYKAN, T. B.: Considerations on the pathogenesis of carcinosarcoma and allied tumours in the light of experimental investigation. Oncologia (Basel) **9**, 418—425 (1956).
BACSA, S., et al.: Das primäre Sarkom der Lunge. Z. Tuberk. **124**, 341 (1965).

BALL, H. A.: Primary pulmonary sarcoma: a review with report of an additional case. Amer. J. Cancer 15, 2319—2330 (1931).

BANKAMP, G.: Die primären Lungensarcome. Diss. München 1954.

BARALDI, A.: Sarcoma del pulmón: curacion operatoria. Bol. Soc. Cirurg. Rosario 13, 129—134 (1946).

BARNARD, W. G.: Embryoma of lung. Thorax (Lond.) 7, 299—301 (1952).

BARNARD, W. G., ROBB-SMITH, A. T. H.: In: KETTLE, Pathology of tumours. London: H. K. Lewis 1945.

BARNARD, W. J.: On the nature of the oat cell-sarcoma of the mediastinum. J. Path. Bact. 1926, 241—244.

BARONE, L., AMELI, M., COGLIOLO, A.: Elementi di diagnostica differenziale broncografica. Torino: Ediz. Minerva Medica 1966.

BARRETT, N. R.: Examination of sputum for malignant cells and particles of malignant growth. J. thorac. Surg. 8, 169 (1938).

BARRETT, N. R., BARNARD, W. G.: Some unusual thoracic tumours. Brit. J. Surg. 32, 447—457 (1945).

BARRIÉ, J., GALY, P., ROULET, A., MAZARÉ, Y.: À propos d'un histiocytome pulmonaire. J. franç. Méd. Chir. thor. 9, 214—218 (1955).

BARTEL, M.: Häufigkeit und Altersrelationen von Karzinomen und Sarkomen. Z. Alternsforsch. 16, 317 (1962).

BAUM, O. S., RICHARDS, H. H., RYAN, M. D.: A case of atelectasis of the right lower and the middle lobes with bronchoscopic demonstrating spindle cell sarcoma of the right main bronchus. Ann. intern. Med. 12, 699—708 (1938).

BAUM, O. S., SILVERMAN, G., ROCH, R., RILEY, R. L.: A case of spindle cell sarcoma of the bronchus (supplementary report). Ann. intern. Med. 17, 750—754 (1952).

BAUMANN, E. P., BAINBRIDGE, F. A.: Sarcoma of the lungs. Lancet 1930 I, 520.

BEHREND, A., KRAVITZ, C. H.: Sarcoma arising in a bronchogenic cyst. Surgery 29, 142—144 (1951).

BENNET, J. G.: Zit. nach PARKER, J. C., PAYNE, W. S., WOOLNER, L. B.: Pulmonary blastoma (embryoma). J. thorac. cardiovasc. Surg. 51, 694—699 (1966).

BENNET, R. A.: Sarcoma of the lung. Brit. med. J. 1926, 637.

BERGGREN, S.: Contribution to the study of primary sarcoma of the trachea. Hygiea (Stockh.) 78, 765 (1916).

BERGHUIS, J., CLAGETT, O. T., HARRISON, E. G.: Surgical treatment of primary malignant lymphoma of the lung. Dis. Chest 40, 29 (1961).

BERGHUIS, J., CLAGETT, O. T., HARRISON, E. G.: Primary lymphoma of the lung. In: PACK, G. T., ARIEL, I. M. (edit.): Treatment of cancer and allied diseases, vol. IX, p. 234. New York: P. B. Hoeber Inc. 1964.

BERGMANN, M., ACKERMANN, V., KEMLER, R. L.: Carcinosarcoma of the lung. Review of the literature and report of 2 cases, treated by pneumonectomy. Cancer (Philad.) 4, 919—929 (1951).

BERNARD, E., GAMAIN, B.: Bronchographie clinique. Paris: Masson & Cie. 1961.

BERNDT, H.: Das Bronchialkarzinom der Frau. Dtsch. med. Wschr. 90, 594—601 (1965).

BETZLER, H. J.: Medizinische 1952, 85.

BILGER, R.: Das großfollikulare Lymphoblastom. (Die Brill-Symmers'sche Krankheit.) Ergebn. inn. Med. Kinderheilk. 1954, 642.

BJORNSTEN: Cystadenoma papilliferum. Zit. nach EWING, J., Neoplastic diseases, 3. Aufl., S. 861. Philadelphia: W. B. Saunders 1928.

BLACK, H.: Fibrosarcoma of the bronchus. J. thorac. Surg. 19, 123—134 (1950).

BÖSENBERG, M.: Über Carcinosarkome. Z. Krebsforsch. 36, 416 (1932).

BOLLAG, W., SCHWARZ, E.: Die Lymphogranulomatose des Mediastinums und der Lungen. In: Handbuch der inneren Medizin, 4. Aufl., Bd. IV/3, 908ff. Berlin-Göttingen-Heidelberg: Springer 1956.

BORST, M.: Allgemeine Pathologie der malignen Geschwülste. Leipzig: S. Hirzel 1924.

BOSCHOWSKY, W.: Über primäres Lungensarcom. Frankfurt. Z. Path. 9, 239—257 (1912).

BOSS, J. H.: Mixed embryonic tumor of the lung in a three-years old girl. Cancer (Philad.) 4, 919 (1951).

BOWER, G. C.: Pulmonary lymphosarcoma with alveolo-capillary block and associated coccidioidomycosis. Amer. Rev. Tuberc. 78, 468 (1958).

BRANCATO, U., SAITTA, E., MADERA, R.: Il neurofibrosarcoma del polmone. Contributo clinico. Gazz. int. Med. Chir. 72, 187—202 (1967).

BRAUN, H.: Das primäre Lungensarcom. Ärztl. Wschr. 1952, 13—15.

BRAXTON HICKS, J. A.: A pedunculated intrabronchial tumour (sarcoma) causing bronchiectasis. Lancet 1914 I, 1386—1387.

BRESAN, J., PLATZBECKER, H.: Zur Klinik der primären Lungensarkome. Zbl. Chir. 92, 248—254 (1967).

BRINDLEY, G. V., JR.: Primary malignant tumors of the lung other than bronchogenic carcinoma. Ann. Surg. 149, 936 (1959).

BRODERS, A. C., HARGRAVE, R., MEYERDING, H. W.: Pathological features of soft tissue fibrosarcoma, with special reference to the grading of its malignancy. Surg. Gynec. Obstet. 69, 267—280 (1939).

BRUGGER, E., BRAUN, H.: Symptomatologie, Verlauf und Prognose der Lungensarkome. Mat. med. Nordmark 17, 200—209 (1965).

BRUN, J., COLLAS, R., COUDERT, I., PERNIOU-CASTING, J.: J. franç. Méd. Chir. thor. 15, 719 (1961).

BRUNN, H., GOLDMANN, A.: The differentiation of benign from malignant polypoid bronchial tumors. Surg. Gynec. Obstet. 71, 703 (1940).

BRUNNER, W.: Seltene intrathorakale maligne Tumoren. (Reticulocytäres Sarkom, Ewing-Sarkom oder kleinzelliges extrapulmonales Karzinom.) Oncologia (Basel) 10, 66—72 (1957).

BRUNS, P. v.: Neubildungen der Luftröhre. In: Handbuch zur Laryngologie, Bd. I/2, S. 952, 1898.

BUFALINI, G. N.: Sul sarcoma della trachea. Nunt. radiol. (Firenze) 28, 649—659 (1962).

BUGOSLAVASKAYA, T. V.: Case of primary sarcoma of lung. Vrác Delo 25, 463—466 (1945).

CALLENDER, G. R., WILDER, H. C., ASH, J. E.: Five hundred melanomas of chorioid and ciliary body followed 5 years or longer. Amer. J. Ophthal. 25, 962—967 (1942).

CAMPATELLI, A.: Contributo allo studio dei sarcomi primitivi del polmone e loro trattamento. Tumori 12, 144—160 (1926).

CARLUCCI, G. A., SCHLEUSSNER, R. C.: Primary (?) melanoma of the lung. J. thorac. Surg. 11, 643—649 (1942).

CARRARA, N.: Il sarcoma primitivo del polmone nell' infanzia. Pediatria (Napoli) 43, 823—841 (1935).

CARSWELL, J., KRAFT, N. H.: Fibrosarcoma of the bronchus. J. thorac. Surg. 19, 117—122 (1952).

CASARINI, A., MORONE, C.: Condroma maligno in polmone silico-tubercolotica. Boll. Soc. med.-chir. Pavia 63, 221—256 (1949).

CATRON, L. B. S.: Leiomyosarcoma of the pleura. Report of case. Arch. Path. 11, 847 (1931).

CAVALLERO, G.: Contributo allo studio dei tumori misti maligni del polmone di tipo bidermico (carcinosarcomi). Patologia (Genova) 48, 213—226 (1956).

CAVIN, E., MASTERS, J. H., MOODY, J.: Hamartoma of the lung. Report of one malignant and three benign cases. J. thorac. Surg. 35, 816 (1958).

CECCONI, F.: Il condrosarcoma primitivo del polmone. Arch. ital. Chir. 80, 219—232 (1955).

CECCONI, F.: I tumori connettivali del polmone. Bologna: Capelli Ediz. 1957.

CHABON, I., MANN, R., SEDLIS, A., WEINGOLD, A. B.: Carcinosarcoma of the uterus. Obstet. and Gynec. 21, 597—602 (1963).

CHAUDHURI, M. R.: Bronchial carcinosarcoma. J. thorac. cardiovasc. Surg. 61, 319 (1971).

CHEVALLIER, J., MANNÈS, P., RENAULT, P.: Lymphosarcome primitif du poumon. Sem. Hôp. Paris 1957, 3652—3657.

CHURCHILL, E. D.: Malignant lymphoma of the lung and pulmonary coccidioidomycosis: a clinical lesion with consolidation. Surg. Clin. N. Amer. 27, 1113 (1947).

CLERF, L. H.: Melanoma of bronchus; metastasis simulating bronchogenic neoplasm. Ann. Otol. (St. Louis) 43, 887—891 (1934).

COENEN, H.: Über Mutationsgeschwülste und ihre Stellung im onkologischen System. Bruns' Beitr. klin. Chir. 68, 605—617 (1910).

COLLIER, E. H.: Sarcoma of the lung. Brit. med. J. 1931 I, 666.

CONQUEST, H. F., et al.: Primary pulmonary rhabdomyosarcoma. Ann. Surg. 161, 688 (1965).

COOLEY, J. C., McDONALD, J. R., CLAGETT, O. T.: Primary lymphoma of the lung. Ann. Surg. 143, 18—28 (1956).

CORNIL, A., DURIEN, H., MALAISSE-LAGAE, F., PAYFA, M.: Obstruction bronchique par un sarcome xanthomateux. Presse méd. 72, 893—898 (1964).

CORNIL, RANVIER: Manuel d'histologie pathologique, 2. édit., Tome. II. Paris 1882.

COTE, G. L.: Un cas de sarcome primitif du poumon. Laval méd. 10, 487—499 (1945).

CRIMM, P., KIECHLE, F. L.: Fibrosarcoma of the diaphragm. J. thorac. Surg. 23, 360—366 (1952).

CROW, E. A., BROGDON, B. G.: Cystic lung lesions from metastatic Sarcoma. Amer. J. Roentgenol. 81, 303—304 (1959).

CURRY, J. J., FUCHS, J. E.: Expectoration of a fibrosarcoma. J. thorac. Surg. 19, 135—137 (1950).

CURTISS, C., KOSINSKI, A. A.: Primary melanoma of the larynx. Report of a case and review of the literature. Cancer (Philad.) 8, 961—963 (1955).

D'ABREU, A. L.: A practice of thoracic surgery. London: Ed. Arnold & Co. 1953.

DAHLGREN, S. E., OVENFORS, C. O.: Primary malignant lymphoma of the lung. Acta radiol. (Stockh.), Therapy, Physics, Biology 8, 401—408 (1969).

DANCIGER, J. A., WARREN, J. W.: Rhabdomyosarcoma. Case report. J. Pediat. 19, 223—228 (1941).

D'AUNOY, R., ZOELLER, A.: Primary tumors of the trachea. Report of a case and review of the literature. Arch. Path. 11, 589—600 (1931).

DELLER: Zit. n. LORBECK, W.: Zur Frage der Fibrosarkome der Lunge. Thoraxchirurgie 2, 142 (1954).

DIACONITA, G., SARULEANU, O.: Beiträge zum Studium des Carcinosarkoms der Lunge. Frankfurt. Z. Path. 76, 102—106 (1966).

DIRKSTEIN, E. A.: Patologichkaja anatomija pervichnogo raka legkoge. Rostov-on-Don: 1939.

DIVELEY, W., DANIEL, R. A.: Primary solitary neurogenic tumors of the lungs. J. thorac. Surg. 21, 194—197 (1954).

DIVIS, G.: Ein Beitrag zur operativen Behandlung der Lungengeschwülste. Acta chir. scand. 1927, 329.

DOCIMO, C.: Su un singolare reperto di duplicità neoplastica: reticolosarcoma del polmone associato a carcinoma bronchiale. G. Pneumol. 4, 319 (1960).

DOLGOFF, S., HANSEN, R. H.: Pulmonary cavitation following expectoration of neoplastic tissue. Amer. J. clin. Path. 20, 974—976 (1950).

DREWES, J., GREMMEL, H.: Neurogene Tumoren der Lunge. Thoraxchirurgie 7, 40—51 (1959).

DREWES, J., WILLMANN, K. H.: Das primäre Lungensarcom. Langenbecks Arch. klin. Chir. 274, 95—106 (1935).

DRURY, R., STIRLAND, R.: Carcinosarcomatous tumors of the respiratory tract. J. Path. Bact. 77, 543—554 (1939).

DUDGEON, L. S., WRIGLEY, C. H.: On the demonstration of particles of malignant growth in the sputum by means of the wetfilm method. J. Laryng. 50, 752 (1935).

DUME, T., HUEBER, R.: Primäres Osteochondrosarkom der Lunge. Dtsch. med. Wschr. 93, 1235—1237 (1968).

DUNNING, W. F., CURTIS, M. R., MAUN, M. E.: Spontaneous malignant mixed tumor of the rat, and successful transplantation and reparation of both components from mammary tumor. Cancer Res. 5, 644—651 (1945).

DURGIN, B., INGLEBY, H.: Primary sarcoma of pulmonary artery. Clinics 5, 182—189 (1946).

DWISCHKA, P., ELJASCHEW, J.: Primäres Lungensarkom und Silikose. Vop. Onkol. 3, 638 (1957).

DWOŘÁČEK, C., ČERMÁK, M.: Primary lymphosarcoma of lungs. Lék. Listy 7, 545 (1952).

DYSON, B. C., TRENTALANCE, A. E.: Resection of pulmonary sarcoma. Review of literature and report of a case associated with pulmonary asbestosis. J. thorac. cardiovasc. Surg. 47, 577—589 (1964).

DZIEMBOWSKY, S. DE: Sur le traitement des sarcomes du poumon. Verh. 11. Kongr. internat. Ges. Chir. 2, 560 (1939).

ECK, H.: Angioplastische und hämopoetische Lungengeschwulst. Zbl. allg. Path. path. Anat. 91, 184 (1954).

ECK, H., HAUPT, R., ROTHE, G.: Die gut- und bösartigen Lungengeschwülste. In: UEHLINGER, E. (Hrsg.), Handbuch der speziellen pathologischen Anatomie und Histologie, Bd. III/4, S. 1—401. Berlin-Heidelberg-New York: Springer 1969.

ECK, H., WAGNER, W.: „Selbstheilungs"vorgänge bei einem Lungensarkom. Frankfurt. Z. Path. 71, 283—289 (1961).

ECKERSDORF: Zwei Fälle von primärem Sarkom der Lunge. Zbl. allg. Path. path. Anat. 17, 355 (1906).

EDWARDS, A. T.: Intrathoracic new growths. An account of seven operable cases. Brit. J. Surg. 14, 607 (1927).

EDWARDS, A. T., TAYLOR, A. B.: Vascular endothelioma of the lung. Brit. J. Surg. 25, 487 (1938).

EERLAND, L. D.: Long- en pleura-sarcom. Ned. T. Geneesk. 99, 759—770 (1955).

EHRENSTEIN, F.: Primary pulmonary lymphoma. Review of the literature and two case report. J. thorac. cardiovasc. Surg. **52**, 31—39 (1966).

ELKAN, J.: Über primäre Sarkome der Lunge im Anschluß an einen Fall von primärem Sarkom der linken Lunge. Inaug.-Diss. München 1903.

ELLIS, R. C.: Primary sarcoma of the lung with brain metastasis. J. Kans. med. Soc. **40**, 243 (1939).

ELPHINSTONE, R. H., SPECTOR, R. G.: Sarcoma of the pulmonary artery. Thorax (Lond.) **14**, 333—340 (1959).

ERGIN, M., KEMLER, R. L.: Primary lymphosarcoma of the lung: review of the literature and report of a case. Arch. Surg. **80**, 1005 (1960).

ESKENASY, A.: Les réticulosarcomes primitifs du poumon. Ann. path. Anat., N. S. **12**, 35—48 (1967).

ESSBACH, H.: Zur Frage der Lungensarkome. Verh. dtsch. path. Ges. **31**, 415 (1939).

EWERT, E. G.: Lungensarkom. Z. Tuberk. **114**, 196—198 (1960).

EWING, J.: Neoplastic diseases, 4th edit., p. 883. Philadelphia: W. B. Saunders Co. 1948.

FALCONER, E. H., LEONARD, M. E.: Hodgkin's disease of the lung. Amer. J. med. Sci. **191**, 780—788 (1936).

FASSKE, E.: Über ein Hamartochondrosarkom der Lunge. Zbl. allg. Path. path. Anat. **107**, 514 (1965).

FEDOROFF, S. P.: Ein operierter Fall von Lungensarkom. Zbl. Chir. **57**, 707—712 (1930).

FELDMAN, P. A.: The pulmonary sarcoma. Brit. J. Tuberc. **51**, 331 (1957).

FERRERO, P. A., MASSA, L., TARDY, A.: Considerazioni anatomo-cliniche su due casi di fibromixosarcoma bronco-polmonare. Chir. torac. **15**, 232—248 (1962).

FISCHER, W.: Die Gewächse der Lunge und des Brustfells. In: Handbuch der speziellen pathologischen Anatomie und Histologie, Bd. III/3, S. 509—606. Berlin: Springer 1928.

FISCHER, W.: Zur Kenntnis des Lungenkrebses. Acta Un. int. Cancr. **3**, 221—231 (1938).

FLEMING, H. A., HOWIE, J. B.: Pulmonary lymphosarcoma: a report of a case. New Zealand med. J. **50**, 368 (1951).

FOJANINI, G., ARMENICO, S.: Il fibrosarcoma del polmone. Arch. ital. Chir. **75**, 87—111 (1952).

FOULDS, L.: The histological analysis of tumors — a critical review. Amer. J. Cancer **39**, 1—22 (1940).

FRANK, A.: Ein Karzinosarkom der Lunge. Schmidt's Jb. ges. Med. **322** (Erg.-Heft), 149—161 (1915).

FRANKENBERG, B.: Ablation d'un sarcom du poumon. Chirurgija **5**, 61 (1940).

FREIRICH, K., BLOMBERG, A., LANGS, E. W.: Primary bronchogenic leiomyosarcoma. Dis. Chest **19**, 354—358 (1951).

FREY, E. K., LÜDEKE, H.: Bösartige Lungengeschwülste. In: E. DERRA, Handbuch der Thoraxchirurgie, Bd. III/2, S. 554—668. Berlin-Göttingen-Heidelberg: Springer 1958.

FRIED, B. M.: Tumors of the lungs and mediastinum. Philadelphia: Lea & Febiger 1958. London: Kimpton 1959.

FRIEDMANN, L.: Ein Fall von rhabdomyoplastischem Sarkom geringer Gewebsreife. Med. Klin. **25**, 1326 (1929).

FRUHLING, L., SPEHLER, H.: Contribution à l'étude anatomo-clinique des tumeurs de la trachée à propos de 5 cas de tumeurs primitives et 24 cas de tumeurs secondaires de la trachée. Ann. Otolaryng. (Paris) **68**, 543—564 (1951).

FUCHS, F.: Beiträge zur Kenntnis der primären Geschwulstbildungen der Lunge. Inaug.-Diss. München 1896.

GALL, E. A., MALLORY, T. B.: Malignant lymphoma — a clinico-pathological survey of 618 cases. Amer. J. Path. **18**, 381 (1942).

GALY, P.: Tumeurs broncho-pulmonaires. Paris: Masson éd. 1955.

GALY, P., TOURAINE, R. G.: Les tumeurs conjunctives primitives et isolées des poumons et des bronches. J. franç. Méd. Chir. thor. **10**, 168 (1956).

GAULTIER-D'AURIAC, WANGERMEZ, J., WANGERMEZ, A., BISCH, X.: Mésenchymome à évolution sarcomateuse: cas clinique. J. Radiol. Électrol. **49**, 265—268 (1968).

GHERARDI, G. J.: Sarcomas with epitheliomatous elements bearing on the problem of mixed neoplasia. Bull. Tufts-New Engl. med. Cent. **6**, 150—158 (1960).

GIACOMELLI, V.: Sur un caso di sarcoma del polmone. G. intern. chir. thor. **2**, 311 (1950).

GIESE, W.: Lungensarkome. In: KAUFMANN-STAEMMLER: Lehrbuch der speziellen pathologischen Anatomie, 11. u. 12. Aufl., S. 1908ff. Berlin: W. De Gruyter 1960.

GIRAUD, J., BERNARD, P., MÉTRAS, A., ORSINI, A.: Tumeur maligne du poumon développée au depens d'un Kyste aérien. Arch. franç. Pédiat. **4**, 44 (1947).

GLASS, E.: Gemischtzelliges Lungensarkom mit zahlreichen Riesenzellen. Dtsch. med. Wschr. **1920**, 1421.

GLENNIE, J. S., HARVEY, P., JEWSBURY, P.: Two cases of leiomyosarcoma of the lung. Thorax (Lond.) **14**, 327—332 (1959).

GNASSI, A. M., PRICE, P.: Malignant giant cell tumor of the lung. Amer. J. Roentgenol. **53**, 582—584 (1945).

GOLWALLA, A. F.: Fibrosarcomatous desposit in lung masking as massive pleural effusion. Indian Practit. **9**, 899—901 (1956).

GORDON, L. Z., BOSS, H.: Primary rhabdomyosarcoma of lung Report of a case. Cancer (Philad.) **8**, 588—591 (1955).

GRACE, C. C.: Malignant melanoma of the nasal mucosa. Arch. Otolaryng. **46**, 195—210 (1947).

GRAY, H. K., WHITESELL, F. B.: Primary fibrosarcoma of the lung. Surg. Clin. N. Amer. **30**, 1185 (1950).

GREENSPAN, E. B.: Primary osteoid chondrosarcoma of the lung: report of a case. Amer. J. Cancer **18**, 603 (1933).

GRENWAL, R. S., LAHRI, B., WAHI, P. N.: Carcinosarcoma of the upper part of the respiratory tract. Report of a case. J. int. Coll. Surg. **38**, 557—560 (1962).

GRIMES, O. F., WEIRICH, W., STEPHENS, H. B.: Primary lymphosarcoma of the lung. J. thorac. Surg. **27**, 378—383 (1954).

GUBLER, R.: Primäres polypöses Spindelzellsarkom der Bronchialschleimhaut bei einem 9jährigen Mädchen. Thoraxchirurgie **5**, 320—331 (1958).

GUÉRIN, J. C., ODE, L., BRUNET, H., BERARD, J.: Maladie de Kaposi localisation pulmonaire. Poumon **23**, 341—347 (1967).

GUIMARÃES, U. P.: Treatment of miscellaneous malignant tumors of the lung. Alveolar-cell carcinoma, sarcoma, hamartoma, and mesothelioma. In: PACK, G. T., ARIEL, I. M., Treatment of cancer and allied diseases, 2nd edit. Vol. IV, p. 465—475. New York: Harper & Row 1964.

HAAG, S.: Das primäre Lungensarkom. Inaug.-Diss. Heidelberg 1961.

HAALAND, M.: Contributions to the study of the development of sarcoma under experimental conditions. Sci. Rep. Invest. Imp. Cancer Res. Fund **3**, 175—261 (1908).

Hall, E. M.: A malignant hemangioma of the lung with multiple metastases. Amer. J. Path. 11, 343 (1935).

Hall, E. R., Blades, B.: Primary lymphosarcoma of the lung. Dis. Chest 36, 571—578 (1959).

Hamperl, H.: Die Morphologie der Tumoren. In: Handbuch der allgemeinen Pathologie, Bd. VI/3, S. 18—106. Berlin-Göttingen-Heidelberg: Springer 1956.

Hartleib, J.: Klinische und anatomische Beobachtungen an 5 seltenen Lungenerkrankungen. Thoraxchirurgie 15, 361—370 (1967).

Harvey, W. F., Hamilton, T. D.: Carcinosarcoma: Study of the microscopic anatomy and the meaning of a peculiar cancer. Edinb. med. J. 42, 337—378 (1935).

Havard, C. W. H., Hansbury, W. J.: Leiomyosarcoma of the lung. Lancet 1960 II, 902—904.

Havens, F. Z., Parkhill, E. M.: Tumors of the larynx others than squamous cell epithelioma. Arch. Otolaryng. 34, 1113—1122 (1941).

Hayward, R. H., Carabasi, R. J.: Malignant hamartoma of the lung: fact or fiction? J. thorac. Surg. 53, 457—466 (1967).

Hazel, W. van, Jensik, R. J.: Lymphoma of the lung and pleura. J. thorac. Surg. 31, 19 (1956).

Helbing, C.: Über ein Rhabdomyom an der Stelle der linken Lunge. Zbl. allg. Path. path. Anat. 9, 433 (1898).

Henschel, C.: À propos d'une tumeur rare de la trachée (réticuloendothéliome). Acta otorhinolaryng. belg. 11, 301—306 (1957).

Hering, N., Templeton, J. Y., Haupt, J. G., Theodos, P. A.: Primary sarcoma of the lung. Dis. Chest 42, 315 (1962).

Herrnheiser, G.: Primäres Lungensarkom und metastatisches Mediastinalsarkom. Med. Klin. 33, 1128—1131, 1166—1168 (1952).

Hertz: Zit. n. Adler, J.: Primary malignant growths of the lungs and bronchi, p. 42. New York: Longmans, Green & Co. 1912.

Herxheimer, G., Reinke, G.: Carcinoma sarcomatodes. (Pathologie des Krebses.) Ergebn. allg. Path. path. Anat. 16, 280—282 (1912).

Herzmann, K.: Über einen Fall von solitären Spindelzellsarcom der Lunge bei einem 11jährigen Mädchen. Z. Kinderheilk. 59, 236 (1937).

Hess, J.: Primary pulmonary sarcoma. Pol. Przegl. chir. 31, 79—87 (1959).

Hesse, Härting: Der Lungenkrebs, die Bergkrankheit in den Schneeberger Gruben. Vjschr. gerichtl. Med. 30, 236 (1875); 31, 213 (1876).

Hewlett, T. H., McCarthy, J. E.: Pulmonary leiomyosarcoma. Arch. Surg. 76, 81—86 (1958).

Hicks, H. G.: Bronchogenic leiomyosarcoma — a case report with necropsy findings. Dis. Chest 32, 338—340 (1957).

Higginson, J. F.: A study of exised pulmonary metastatic malignancies. Amer. J. Surg. 90, 241—252 (1955).

Hilbish, T. H.: Roentgen manifestation of malignant melanoma. Amer. J. Roentgenol. 78, 769—779 (1957).

Hochberg, L. A., Crastnopol, P.: Primary sarcoma of the bronchus and lung. Arch. Surg. 73, 74—98 (1956).

Hochberg, L. A., Grayzel, D., Berson, S. L., Rosenberg, S.: Multiple primary tumors with fibrosarcoma and coexisting carcinoma of lung. Arch. Surg. 59, 166—175 (1949).

Holinger, P. H., Johnston, K. D., Grossweiler, N., Hirsch, E. C.: Primary fibrosarcoma of the bronchus. Dis. Chest 37, 137—143 (1960).

Holinger, P. H., Novak, F. J., Johnston, K. D.: Laryngoscope (St. Louis) 60, 1086 (1950).

Holinger, P. H., Slaughter, D. B., Novak, F. J.: Unusual tumors obstructing the lower respiratory tract of infants and children. Trans. Amer. Acad. Ophthal. Otolaryng. 34, 223 (1950).

Holzner, J. A., Zeitlhofer, J.: Primäres Retothelsarkom der Lunge. Krebsarzt (Wien) 17, 433 (1962).

Homann, E.: Lungenkrebs und Lungensarcom. Klin. Wschr. 1929, 1720.

Homann, E.: Lungenkrebs und Lungensarcom. Ergebn. inn. Med. Kinderheilk. 35, 206 (1929).

Hood, R. R., Good, C. A., Clagett, O. T.: Solitary circumscribed lesions of the lung. J. Amer. med. Ass. 152, 1185 (1953).

Hsü Ch'ang-Wen, Wu Sung-Ch'ang, Ch'en Ch'i-San: Melanoma of the lung. Chin. med. J. 81, 263—266 (1962).

Huber, A.: Über Lungensarkom. Z. klin. Med. 17, 341 (1890).

Hueck, O., Matzander, U.: Bericht über ein primäres Leiomyosarkom der Lunge. Thoraxchirurgie 5, 494—498 (1958).

Hueper, W. C.: The estimation of histologic malignancy from bioptic sections. Amer. J. Obstet. Gynec. 17, 733 (1929).

Huzly, A.: Atlas der Bronchoskopie. Stuttgart: G. Thieme 1960.

Ignatovic, R. D.: Zur Kenntnis des primären Lungensarkoms. Inaug.-Diss. Rostock 1930.

Ingersoll: Primary sarcoma of the trachea. Ann. Otol. (St. Louis) 23, 633 (1914); Trans. Amer. Laryngol. 36, 90 (1914); Virginia med. Semimonthly 19, 230 (1914/15).

Iverson, L.: Bronchopulmonary sarcoma. J. thorac. Surg. 27, 130—148 (1954).

Jackson, C.: Malignant growths of the lung. Bronchoscopic diagnosis. Arch. Otolaryng. 12, 747—752 (1932).

Jackson, C.: Bronchooesophagology. Philadelphia-London: W. B. Saunders 1950.

Jaumes, F., Verhet, J., Voisin, G., Py, M.: Sarcomes primitives du poumon. J. Radiol. Électrol. 43, 105—107 (1962).

Jenkins, B. J.: Carcinosarcoma of the lung. Report of a case and review of the literature. J. thorac. cardiovasc. Surg. 55, 657—662 (1968).

Jensen, O. A., Egedorf, J.: Primary malignant melanoma of the lung. Scand. J. respir. Dis. 48, 127—135 (1967).

Jessop, W. J. E.: Sarcoma of the lung. Irish J. med. Sci. 6, 171 (1928).

Johns, E. P., Sharpe, W. C.: Primary pulmonary sarcoma. Amer. J. Cancer 23, 45—51 (1935).

Johnson, E. K., Mangiardi, J. L., Jacobs, J. B.: Primary leiomyosarcoma of the lung treated by pneumonectomy. Surgery 32, 1010—1013 (1952).

Jones: Endothelioma or sarcoma of trachea. J. Laryng. 33, 242 (1918).

Jores, L.: Über die Verbindung einer Dermoidzyste mit einem malignen Zystosarkom der linken Lunge. Virchows Arch. path. Anat. 133, 66 (1893).

Kahlau, G.: Carcinosarkom der Lunge. Ergebn. allg. Path. path. Anat. 37, 322—324 (1954).

Kahlau, G.: Der Lungenkrebs. Ergebn. allg. Path. path. Anat. 37, 258—419 (1954).

Kahler, O.: Indications and contraindications of bronchoscopy and esophagoscopy. Trans. Internat. Laryng. Congr. 1911, 145.

Keibel, E., u. Mitarb.: Über das Retothelsarkom der Lungen. Beitr. path. Anat. 126, 454 (1962).

Kepes, J.: Congenitalis cystikus bronchiektasiabol klindulo carcinosarcoma. Kiserl. Orvostud. (Budap.) **6**, 574—577 (1954).

Kern, W. H., Crepeau, A. G., Jones, J. C.: Primary Hodgkin's disease of the lung. Cancer (Philad.) **14**, 1151 (1961).

Killingsworth, W. P., McReynolds, G. S., Harrison, A. W.: Pulmonary leiomyosarcoma in a child. J. Pediat. **42**, 466—470 (1953).

King, D. S., Castleman, B.: Bronchial involvement in metastatic pulmonary malignancy. J. thorac. Surg. **12**, 305 (1943).

Kobylinski, A.: Über primäre Sarcome der Lunge. Diss. Greifswald 1904.

Kontkowsky, B.: Das primäre Lungensarkom. Inaug.-Diss. Königsberg 1911.

Koukel, A. S.: A case of primary sarcoma of the lung. Vestn. Khir. **55**, 766—769 (1938).

Kress, M., Brantigan, O.: Primary lymphosarcoma of the lung. Ann. intern. Med. **55**, 582 (1962).

Kryse, B.: Primary sarcoma of the trachea. Čas. Lék. čes. **66**, 529 (1927).

Kühn, H.: Über die primären Lungensarkome. Zbl. allg. Path. path. Anat. **110**, 222—233 (1967).

Kühn, H., Haupt, R., Oertel, W. H.: Über primäre gefäßbildende Geschwülste der Lunge. Z. Tuberk. **1969**.

Kühn, H., Haupt, R., Oertel, W. H.: Über bösartige vasoformative Neoplasién anhand eines Angiosarkoms der Lunge. Zbl. allg. Path. path. Anat. **1969**.

Künzler, R.: Ein Fall von Hämangioendotheliom der Lunge. Schweiz. Z. Tuberk. **11**, 401—416 (1954).

Kunkel, O. F., Torrey, E.: Report of a case of primary melanotic sarcoma of lung presenting difficulties in differentiating from tuberculosis. New York St. J. Med. **16**, 198—201 (1916).

Kuyjer, P. J.: Een geval van maligne degenererend long hamartoom. Ned. T. Geneesk. **99**, 1884 (1955).

Lagergren, C., Lindbom, A., Söderberg, G.: Vascularization of fibromatous and fibrosarcomatous tumors. Acta radiol. (Stockh.) **53**, 1—16 (1960).

Lagergren, C., Lindbom, A., Söderberg, G.: The blood vessels of chondrosarcomas. Acta radiol. (Stockh.) **55**, 321—328 (1961).

Lagergren, C., Lindbom, A., Söderberg, G.: The blood vessels of osteogenic sarcomas. Acta radiol. (Stockh.) **55**, 161—176 (1961).

Lane, N.: Pseudosarcoma (polypoid sarcoma-like masses) associated with squamous cell carcinoma of the mouth, fauces and larynx. Cancer (Philad.) **10**, 19—41 (1957).

Lang, Häupl: Über Granulationstumoren. Z. Krebsforsch. **26**, 113—129 (1928).

Lang, H. B., Zuerhut, H.: Retothelsarcomatose bei einem 7 Jahre alten Kind. Öst. Z. Kinderheilk. **4**, 225 (1950).

Latienda, R. I., Itoiz, O. A.: Mixoliposarcoma del pulmón. Arch. Soc. argent. Anat. **8**, 563—570 (1946).

Lavnikova, G. A.: Kartsinosarkoma legkogo. Vopr. Onkol. **4**, 345 (1958).

Lavnikova, G. A.: Carcinosarcoma of the lung. Probl. Oncol. (N.Y.) **4**, 366—371 (1958).

Lazer, M.: Zur Klinik und Differentialdiagnose des primären Lungensarkoms. Z. Tuberk. **13**, 79—83 (1933).

Lecoeur, J.: Les maladies des bronches. Paris: Vigot frères 1950.

Legg, Q. J., Fitch, W. M.: Hemangioendothelioma. Review of the literature with report of two cases. Sth. Surg. **16**, 803 (1950).

Legler, U.: Über ein atypisches als „Asthma bronchiale" verlaufendes primäres Lymphosarkom der Trachea. Beih. z. Z. Hals-, Nas.- u. Ohrenheilk. **1**, 365 (1949).

Lehndorff, H.: Primäres Lungensarkom im Kindes alter. Wien. med. Wschr. **59**, 1772, 1842 (1909).

Leiger, J. F.: Carcinosarcoma of the upper respiratory tract. Report of two cases and review of the literature. Ann. Otol. (St. Louis) **71**, 173—183 (1962).

Lemon, W. S.: Rare intrathoracic tumors. Med. Clin. N. Amer. **15**, 17—46 (1931).

Leo: Nachweis eines Osteosarkoms der Lungen durch Röntgenstrahlen. Berl. klin. Wschr. **1898**, 349.

Leroux, R., Bariéty, M., Monod, O., Coury, C.: Étude anatomique d'une tumeur mésenchymateuse maligne intrathoracique. Réticulo-angiome embryonnaire. Bull. Soc. méd. Hôp. Paris **1944**, 427—430.

Lewis, I.: Sarcoma of the bronchus. Proc. roy. Soc. Med. (Lond.) **40**, 119—120 (1946).

Liebow, A. A.: Tumors of the lower respiratory tract. Washington: Armed Forc. Inst. Path. 1952.

Lilienthal, H.: Pneumonectomy for sarcoma of the lung in a tuberculous patient. J. thorac. Surg. **2**, 600 (1933).

Lindskog, G. E., Liebow, A. A.: Thoracic surgery and related pathology. New York: Appleton Century Crofts 1953.

Linser, P.: Über einen Fall von congenitalem Lungen-Adenom. Arch. path. Anat. (Berl.) **157**, 281 (1899).

Lorbeck, W.: Zur Frage der Fibrosarcome der Lunge. Thoraxchirurgie **2**, 142—146 (1954).

Loring, W. E., Wolman, S. R.: Idiopathic hemorrhagic sarcoma of lung (Kaposi's Sarcoma). New York St. J. Med. **65**, 668 (1965).

Loughead, J. R.: Malignant melanoma of the larynx. Ann. Otol. (St. Louis) **61**, 154—158 (1952).

Louria, M., Lederer, M., Herz, L.: Neurofibromatosis with sarcoma of the lung. J. thorac. Surg. **9**, 612 (1940).

Lowell, L. M., Tuhy, J. E.: Primary chondrosarcoma of the lung. J. thorac. Surg. **18**, 476—483 (1949).

Ludford, R. J., Barlow, H.: Sarcomatous transformation of the stroma of mammary carcinomas that stimulated fibroblastic growth in vitro. Cancer Res. **5**, 257—264 (1945).

Lüdin, M.: Der solitäre, umschriebene, rundliche Schatten im Lungenröntgenogramm. (Primäres Lungensarkom; primäres Lungenkarzinom; intrathorakale Struma; Lungenechinokokkus; interlobäres Empyem; Lungenabszeß; Lungenaktinomykose; Lungeninfarkt). Fortschr. Röntgenstr. **34**, 899—904 (1926).

Lutembacher, R.: Sarcome du poumon propagé à la veine cave superieure. Arch. Mal Cœur **27**, 94—97 (1934).

Lyssunkin, J. J.: Über primäre Pleura- und Lungensarcome. Frankfurt. Z. Path. **46**, 107 (1933).

Lyssunkin, J. J.: Zur Frage der primären Bindegewebsgeschwülste der Lungen. (Entwicklung eines xanthomatösen Fibrosarkoms aus einem Fibrom der Lunge.) Beitr. path. Anat. **94**, 491 (1934).

Mackenzie-Booth: Brit. med. J. **1886/I**, 499. Zit. n. W. Boschowsky, Über primäres Lungensarkom. Frankfurt. Z. Path. **9**, 239 (1912).

McCormack, L. J., Gallivan, W. F.: Hemangiopericytoma. Cancer (Philad.) **7**, 595—601 (1954).

McEachern, C. R., Sullivan, E., Arata, J. E., Griest, D. W., Smith, R. B.: Fibrosarcoma of the bronchus. Report of a case. J. thorac. Surg. 30, 368 (1955).

Maier, H. C.: Primary lymphosarcoma of the lung. J. thorac. Surg. 17, 841 (1948).

Mallory, T. B.: Fibrosarcoma of lung with metastases. Case No. 22441: Case records of the Massachusetts General Hospital. New Engl. J. Med. 215, 837—839 (1936).

Mallory, T. B., Churchill, E. D.: Fibrosarcoma of the right main bronchus with ulceration. Case No. 24202: Case records of the Massachusetts General Hospital. New Engl. J. Med. 218, 843—845 (1938).

Mallory, T. B., Churchill, E. D.: Fibrosarcoma of the lung, probably primary. Case No. 24472: Case records of the Massachusetts General Hospital. New Engl. J. Med. 219, 854 (1938).

Marčiński, A., Trzebiński, A.: Lung hemangiopericytoma in an 11 years old child. Pol. Przegl. radiol. 31, 513—520 (1967).

Martin, J. F., Levrat, M.: Rhabdomyosarcome de rein généralisé au poumon et à la surrénale. Lyon méd. 153, 577 (1934).

Maschio, C.: Rhabdomyosarcoma pulmonis. Riv. Anat. pat. 11, 1161 (1956).

Mason, M. K., Azeem, P. S.: Primary leiomyosarcomata of the lung. Thorax (Lond.) 20, 13 (1965).

Massachusetts General Hospital: Case No. 27471. New Engl. J. Med. 225, 833 (1941).

Matteis, A. de, Angeletti, C. A.: Primary fibrosarcoma of the lung. Path. et Microbiol. (Basel) 27, 129 (1964).

Mayer, E.: Diagnostische Schwierigkeiten an bronchopulmonalen Tumoren (kleinzelliges Karzinom, Sarkom, Lymphosarkom, Lymphogranulomatose). Zbl. allg. Path. path. Anat. 35, 11 (1924).

Melville, F.: X-rays in the diagnosis of intrathoracic growths. Lancet 1927, 604; Brit. med. J. 1927, 725.

Mercader, N.: Consideraciones clínicas sobre un caso de sarcoma de pulmón. Rev. Asoc. méd. argent. 49, 366—372 (1935).

Merritt, J. W., Parker, K. R.: Intrathoracic leiomyosarcoma. Canad. med. Ass. J. 77, 1031—1033 (1957).

Mészáros, G., Simársky, J.: Primer leiomyosarkoma a tüdöben. Tuberkulózis 1959, 144—148.

Mészáros, G., Simárski, J.: Primäres Leiomyosarkom der Lunge. Z. Tuberk. 115, 83—89 (1960).

Meyer, P.: Über Lungensarcome. Inaug.-Diss. München 1900.

Minivalla, S. P., Parry, W. R.: A case of primary malignant melanoma of the esophagus. Brit. J. Surg. 48, 461—462 (1961).

Minton, R. F.: Pulmonary lymphosarcoma. Report of a case. Amer. J. Roentgenol. 42, 503—507 (1939).

Mishkin, J. A.: Primary myosarcoma of lung. New York J. Med. 51, 1746—1748 (1951).

Moegen, P.: Über einen primären sarkomatösen Tumor der Pulmonarterie mit ausgedehnten Metastasen in der rechten Lunge. Z. Kreisl.-Forsch. 40, 150—160 (1951).

Moersch, H. J., Clagett, O. T.: Pulmonary resection for metastatic tumors of the lung. Surgery 50, 579—585 (1961).

Mohr, H., Nothdurft, H.: Bindegewebskapseln um subkutan eingeheilte Fremdkörper und ihre Entartung zu Sarkomen. Klin. Wschr. 36, 493 (1958).

Moore, E. S., Martin, H.: Melanoma of the upper respiratory tract and oral cavity. Cancer (Philad.) 8, 1167—1176 (1955).

Moore, S. W., Cole, D. R.: Primary malignant neoplasms of the lung. Ann. Surg. 141, 457—468 (1955).

Moore, T. C.: Carcinomasarcoma of the lung. Surgery 50, 886—893 (1961).

Mülly, K.: Die Geschwülste der Lunge, Pleura und Brustwand. In: Handbuch der inneren Medizin, 4. Aufl. Bd. IV/4, S. 143—151. Berlin-Göttingen-Heidelberg: Springer 1956.

Müthler, G.: Ein Fall von Bronchostenose, durch ein Sarkom bedingt. Inaug.-Diss. Berlin 1873.

Mylins, E. A., Aakhus, T.: Primary pulmonary leiomyosarcoma. Acta path. microbiol. scand., Suppl. 148, 149—160 (1961).

Mysh, V. E.: Operative description of cases of primary sarcoma of the lung. Sovet. Klin. 19, 433 (1933).

Naclerio, E. A.: Bronchopulmonary diseases. New York: Hoeber, Harper & Bros. 1957.

Nedjalkov, A., Kanazirski, P.: Primäres Lungensarkom. Sov. Med. (Sofia) 7, 103—105 (1956).

Neumann, R.: Leiomyosarkom der Lunge. Frankfurt. Z. Path. 52, 566—589 (1938).

Nilsson, H.: Primärt Lungsarkom. Nord. Med. 45, 440—442 (1951).

Noehren, Th. H., McKee, F. W.: Sarcoma of the lung. Dis. Chest 25, 663—678 (1954).

Nosanchuk, J. S., Weatherbee, L.: Primary osteogenic sarcoma in lung. J. thorac. cardiovasc. Surg. 58, 242 (1969).

Nothdurft, H.: Experimentelle Sarkomauslösung durch eingeheilte Fremdkörper. Strahlentherapie 100, 192 (1956).

Nowicki, W.: Karzinom und Sarkom als Kollisionsgeschwulst. Virchows Arch. path. Anat. 289, 564—574 (1933).

Nylander, P. E. A., Aukee, S.: Keuhkojen primäärsista sarkoomista. Duodecim (Helsinki) 71, 99 (1955).

Obiditsch-Mayer, I., Zeitlhofer, J.: Über das maligne Hamartom der Lunge. Krebsarzt (Wien) 17, 102 (1962).

O'Brien, E. J., Tuttle, W. M., Ferkaney, J. E.: The management of pulmonary "coin" lesions. Surg. Clin. N. Amer. 28, 1313 (1948).

Ochsner, A., de Bakey, M., Dixon, L.: Primary pulmonary malignancy treated by resection. Ann. Surg. 125, 522—540 (1947).

Ochsner, A., de Bakea, M., Dunlop, Ch., Richman, J.: Primary pulmonary malignancy. J. thorac. Surg. 17, 573 (1948).

Ochsner, S., Ochsner, A.: Primary sarcoma of the lung. Ochsner Clin. Rep. 3, 105—110 (1957).

Ochsner, S., Ochsner, A.: Pneumonectomy for leiomyosarcoma. Patient well 21 years later. J. thorac. Surg. 35, 768—770 (1958).

Ogawa, K.: Über einen Fall von sehr seltenem primären Carcinosarkom der Lunge, mit besonderer Berücksichtigung der histologischen Untersuchungen. Folia orient. int. Med. 11, 133—134 (1929); Ref. Z. Krebsforsch. 31, 53 (1930).

Ohe, W. von der: Lungentuberkulose und Tumor im Röntgenbild. (Über einen Fall von Tuberkulose und Rundzellensarkom der Lunge). Röntgenpraxis 13, 69—74 (1941).

Ohly, G. F.: Über Karzinosarkome der Lunge. Diss. Frankfurt/M. 1969.

Olsen, G.: The malignant melanoma of the skin. New theories based on a study of 500 cases. Dan. med. Bull. 14, 229—238 (1967).

Opitz, H. K.: Über ein Angioretikulom der Lunge mit sekundärer abszedierender Leptothrix-Infektion. Samml. seltener klin. Fälle, Heft 2 (1952).

Orbán, T., Boros, T.: Über das pulmonale myogene Sarkom. Orv. Hétil. 106, 259 (1965).

Ovens, J. M., Russell, W. O.: Concurrent leiomyosarcoma and squamous carcinoma of the esophagus. Arch. Path. 51, 560—564 (1951).
Pack, G. T., Miller, T. R.: Metastatic melanoma with indeterminate primary site. Report of two instances with long term survival. J. Amer. med. Ass. 176, 55—56 (1961).
Parker, J. C., Payne, W. S., Woolner, L. B.: Pulmonary blastoma (embryoma). Report of two cases. J. thorac. cardiovasc. Surg. 51, 694—699 (1966).
Parker, R. G.: The treatment of apparent solitary pulmonary metastases. J. thorac. Surg. 36, 81—87 (1958).
Pascuzzi, C. A.: Zit. nach Parker, J. C., Payne, W. S., Woolner, L. B.: Pulmonary blastoma (embryoma). J. thorac. cardiovasc. Surg. 51, 694—699 (1966).
Peabody, C. N.: Carcinosarcoma of the lung of peripheral origin. J. thorac. Surg. 37, 766—770 (1959).
Pearlman, S. J.: So-called carcino-sarcoma of esophagus. Ann. Otol. (St. Louis) 49, 805—820 (1940).
Pee, D.: Über einen Fall von Karzinosarkom der Lunge mit Kalkkugeln. Inaug.-Diss. Kiel 1936.
Pelz, L.: Über einen sogenannten Kollisionstumor der Lunge. Frankfurt. Z. Path. 71, 485—491 (1962).
Pensado Iglesias, E. A.: Consideraciones sobre los tumores malignos primitivos de la traquea. Acta oto-rino-laring. ib.-amer. (Barcel.) 6, 381—396 (1955).
Perkins, C. W., Bowers, R. F.: Liposarcoma of the mediastinum and lung. Amer. J. Roentgenol. 42, 341—344 (1939).
Pétriat, A., Cornet, L., Léger, H.: Neurinome primitif intrapulmonaire. Presse méd. 1953, 1526—1528.
Pick, L.: Zur traumatischen Genese der Sarkome. Med. Klin. 1921, 406.
Pilot, I.: Mesenchymatous tumors of lung and pleura. Radiology 14, 391 (1930).
Pimentel, J. C., Brazette, M. M.: Giant-cells tumour of the lung. Characteristics and possibilities of its diagnosis by biopsy and cytologic study. Pneumologia (Lisboa) 1, 15—28 (1970).
Plaut, A.: Hemangioendothelioma of the lung. Report of two cases. Arch. Path. 29, 517 (1940).
Pollak, B. S., Cohen, S., Borrone, M. G., Gnassi, A.: Primary sarcoma of the bronchus. Amer. J. Roentgenol. 41, 909—914 (1939).
Pritchard, J. S.: An unusual case of pulmonary neoplasm. Amer. J. Roentgenol. 8, 555 (1921).
Prive, L., Tellen, M., Meranze, D. R., Chodoff, R. D.: Carcinosarcoma of the lung. Arch. Path. 72, 351—357 (1961).
Procházka, J., Fingerland, A., Mydlil, F.: Thoraxchirurgie 5, 17 (1957).
Randall, W. S., Blades, B.: Primary bronchogenic leiomyosarcoma. Arch. Path. 42, 543—548 (1946).
Ransdall, J. T., Bailey, A. N., Ellison, R. G.: Primary reticulum cell sarcoma of the lung arising in the wall of pulmonary cyst. Ann. Surg. 17, 689 (1951).
Rapaport, H., Winter, W. J., Hicks, E. B.: Follicular lymphoma. Cancer (Philad.) 9, 792 (1956).
Ratzenhofer, M.: Granuläre falsche Neurome (sog. Myoblastenmyome) und sekundäre invasive Wucherung des Deckepithels. Virchows Arch. path. Anat. 320, 138 (1951).
Reed, R. J., Kent, E. M.: Solitary pulmonary melanoma. Two case reports. J. thorac. cardiovasc. Surg. 48, 226—231 (1964).

Reid, J. D., Mehta, V. T.: Melanoma of the lower respiratory tract. Cancer (Philad.) 19, 627—631 (1966).
Remê, H.: Nichtkrebsige Lungengeschwülste. Zbl. Chir. 89, 1134 (1964).
Remmele, W., Gruenagel, R.: Kollisionstumoren der Lunge. Dtsch. med. Wschr. 93, 1583—1586 (1968).
Ribbert, H.: Geschwulstlehre. Bonn: Cohen 1914.
Rink, H.: Das primäre Lungensarkom. In: Der Lungenkrebs, S. 30ff. Stuttgart: F. K. Schattauer 1965.
Roberts, O. W.: A case of pulmonary sarcoma. Lancet 1931, 917.
Rock, D. A., Hall, J. W.: Squamous cell carcinoma of the bronchus and spindle cell sarcoma of the lung. Abstr. Proc. New York path. Soc. 1942—1945, 16—19.
Rössle, H.: Stufen der Malignität. S.-B. Dtsch. Akad. Wiss. Berlin: Akademie-Verlag 1950.
Roger, V. N.: Fibrosarcoma polipoide endobrónquico. Medicina 13, 291 (1953).
Rogers, W. L.: Zit. nach Reed, J., Kent, E. M.: Solitary pulmonary melanoma. J. thorac. cardiovasc. Surg. 48, 226—231 (1964).
Rolleston, H. D., Trevor, R. S.: A case of primary sarcoma of the lung simulating empyema. Brit. med. J. 1901, 361.
Romeo, M.: Sulla pretesa primitiva di alcuni sarcomi del polmone. Riv. Chir. 8, 105 (1942).
Ronchese, F., Kern, A. B.: Bone lesions in Kaposi's sarcoma. Arch. Derm. Syph. (Chic.) 70, 342—346 (1954).
Rosen, A., Christensen, A. H., Jamplis, R. W.: Primary leiomyosarcoma of the lung. Dis. Chest 45, 425 (1964).
Rosenberg, D., Medlar, E., Douglas, R.: Concurrent primary leiomyosarcoma and carcinoma of the bronchus. J. thorac. Surg. 30, 44—48 (1955).
Rosenberg, L. M., Polanco, G. B., Blank, S.: Multiple tracheobronchial melanomas with tenyear survival. J. Amer. med. Ass. 192, 717—719 (1965).
Rosenberg, S. S., et al.: Lymphosarcoma. A review of 1269 cases. Medicine (Baltimore) 40, 31 (1961).
Rosenblum, P., Gasul, B. M.: Case of primary sarcoma of lung in infant 29 months in age. Arch. Pediat. 48, 63—65 (1931).
Rostoski, O., Saupe, Schmorl, G.: Die Bergkrankheit der Erzbergleute in Schneeberg in Sachsen (Schneeberger Lungenkrebs). Z. Krebsforsch. 23, 360 (1926).
Roth, L.: Über primäres Lungensarkom, mit einem kasuistischen Beitrag. Inaug.-Diss. München 1904.
Rothe, G.: Erfahrungen und Irrtümer in der Sarkomdiagnostik. Zbl. Chir. 77, 1303 (1952).
Rothe, G.: Resektionen beim primären Lungensarkom. Zbl. Chir. 90, 883—890 (1965).
Rotte, K. H., Wildner, J. P., Wolf, M.: Karzinosarkom der Lunge. Bericht über 2 eigene Fälle und Literaturübersicht. Arch. Geschwulstforsch. 31, 376—386 (1961).
Rubin, A.: Histogenesis of carcinosarcoma as revealed by tissue culture studies. Amer. J. Obstet. Gynec. 77, 269—274 (1959).
Rübe, W.: Der Lungenrundherd. Klinik, Kasuistik, Pathogenese und röntgenologische Differentialdiagnostik. Fortschr. Röntgenstr., Erg.-Bd. 95, 1—131 (1967).
Russolillo, M.: Sopra un caso di condromixosarcoma del polmone. Riv. Chir. 2, 128—141 (1936).

SACHS, L.: Über die primären malignen Lungentumoren. Schweiz. med. Wschr. **1924**, 1156.
SALM, R.: A primary malignant melanoma of the bronchus. J. Path. Bact. **85**, 121—126 (1963).
SALTYKOW, S.: Beiträge zur Kenntnis des Karzinosarkoms. Verh. dtsch. path. Ges. **17**, 351—363 (1914).
SALTZSTEIN, S.: Pulmonary malignant lymphomas and pseudolymphosarcomas: classification, prognosis and therapy. Cancer (Philad.) **16**, 928 (1963).
SANTA, P.: J. franç. Méd. Chir. thor. **7**, 491 (1953).
SAPHIR, O., VASS, A.: Carcinosarcoma. Amer. J. Cancer. **33**, 331—361 (1938).
SARGENT, E. N., BARNES, R. A., SCHWINN, C. P.: Multiple pulmonary fibroleiomyomatous hamartomas: report of a case review of the literature. Amer. J. Roentgenol. **110**, 694—700 (1970).
SARTORARI: Su di un case di sarcoma primitivo del polmone. Tumori **10**, Heft 4 (1924).
SCHAMONI: Karzinome und Sarkome. Z. Krebsforsch. **22**, 24 (1925).
SCHECH, P.: Das primäre Lungensarkom. Dtsch. Arch. klin. Med. **47**, 411 (1891).
SCHEIDEGGER, S.: Eine seltene Lungengeschwulst. Z. Krebsforsch. **35**, 193 (1912).
SCHEIDEGGER, S.: Karzinom und Sarkom der gleichen Lunge; Beitrag zur Entstellung multipler Primärtumoren. Beitr. path. Anat. **104**, 402—419 (1940).
SCHEIDEGGER, S.: Induktionstumoren. Bull. schweiz. Akad. med. Wiss. **11**, 352 (1955).
SCHEIDEGGER, S.: Zur Frage der Gut- und Bösartigkeit aus pathologisch-anatomischer Sicht. In: BARTELHEIMER, H., MAURER, H.-J. (Hrsg.), Diagnostik der Geschwulstkrankheiten, S. 15—45. Stuttgart: G. Thieme 1962.
SCHELL, H. W.: The solitary pulmonary metastasis. J. thorac. cardiovasc. Surg. **42**, 540—545 (1961).
SCHIØDT, T., JENSEN, K. G.: Malignant teratoid tumour of the lung? Malignant hamartoma? Thorax (Lond.) **15**, 120 (1960).
SCHMIDT, H. E.: Hämangioendotheliosarkom der Trachea. Fortschr. Röntgenstr. **106**, 469—470 (1967).
SCHMIDT, P. G.: Differentialdiagnose der Lungenkrankheiten. Leipzig: J. A. Barth 1954.
SCHMIDTMANN, M.: Melanotische Gewächse der Nasennebenhöhle. In: HENKE-LUBARSCH, Handbuch der speziellen pathologischen Anatomie und Histologie, Bd. III/1, S. 242. Berlin: Springer 1926.
SCHMITT, W.: Posttraumatisches Sarkom 5 Jahre nach reaktionslos verheiltem Unterkieferschußbruch. Arch. Geschwulstforsch. **4**, 251—257 (1952).
SCHMORL, G.: Über den Schneeberger Lungenkrebs. Verh. dtsch. path. Ges. **19**, 192 (1923).
SCHNICK, K.: Ein Fall von primären Spindelzellsarkom der Lunge, gepaart mit Tuberkulose. Inaug.-Diss. Greifswald (1899).
SCHRÖDER, K.-J.: Zur Diagnose und Klinik intrathorakaler Sarkome. Z. Tuberk. **117**, 307 (1961).
SCHÜTZ, W., KÖHN, K.: Das primäre Retothelsarkom der Lunge. Thoraxchirurgie **4**, 272 (1959).
SCHULZ, H.: Carcino-Sarkom des Bronchus. Zbl. allg. Path. path. Anat. **107**, 582 (1965).
SCHULZ, H., RUMMELD, R.: Carcino-Sarkom des Bronchus. Frankfurt. Z. Path. **74**, 721—732 (1965).
SCHULZE, W.: Schichtuntersuchungen über das Substrat der röntgenologischen Lungenveränderungen bei krupposer Pneumonie. Kongr.-Ber. Med. Ges. f. Röntgenologie d. DDR 1955, Bd. 1, S. 110—119. Leipzig: A. Barth 1956.
SCHULZE, W.: Das primäre Lymphosarkom der Lunge. Fortschr. Röntgenstr. **91**, 457—469 (1959).

SCHULZE, W.: Ventilationsstörungen der Lunge. In: Handbuch der medizinischen Radiologie, Bd. IX/3, S. 1—600. Berlin-Heidelberg-New York: Springer 1968.
SCHULZE, W., BECKER, R.: Differentialdiagnose und klinische Bedeutung der chronischen Mittellappen-(Lingula-)Verdichtung. Münch. med. Wschr. **97**, 285—289, 299—320, 329—331, 358—360 (1955).
SCHWYTER, M.: Über das Zusammentreffen von Tumoren und Mißbildungen der Lungen. Frankfurt. Z. Path. **36**, 146—172 (1928).
SEBESTÉNYI, G., HORÁNYI, J.: Zbl. Chir. **78**, 817 (1953).
SEEMANN: Primäres Bronchussarkom. Ref. Zbl. allg. Path. path. Anat. **46**, 169 (1929).
SELYE, H.: Über zwei bemerkenswerte Fälle von Karzinosarkom. Med. Klin. **24**, 1197—1198 (1928).
SEMB, C.: In: KIRSCHNER-NORDMANN: Die Chirurgie, 2. Aufl., Bd. V.Wien: Urban & Schwarzenberg 1941.
SEREBRIANNIKOVA, E. M.: Arkh. pat. anat. pat. fiziol. **1940**, 1—2. Zit. nach SCHULZ, H. u. RUMMELD, R.: Carcino-Sarkom des Bronchus. Frankfurt. Z. Path. **74**, 721—732 (1965).
SERRA, V.: Contributo allo studio dei tumori polmonari con speciale riguardo ai sarcomi primitivi. Policlinico (Palermo), **37** (1930).
SHATZ, B. B., BERGMANN, M., GRAY, S. H.: Sputum cell study for pulmonary carcinoma as a routine laboratory test. J. Lab. clin. Med. **33**, 1588—1593 (1948).
SHAW, R. R., PAULSON, D. L., KEE, J. L., LOVETT, V. F.: Primary pulmonary leiomyosarcoma. J. thorac. Surg. **41**, 430—436 (1961).
SHIKARA, Y., FUJISUE, Y., NEKAMURA, Y., UMIMOTO, S., TSUJITA, M., SAWADA, A.: A case of primary leiomyosarcoma of the lung with recovery following lobectomy. Arch. jap. Chir. **26**, 812 (1957).
SHUSTEROV, B. G.: X-ray diagnosis of primary sarcoma of the lung. Vestn. Rentgenol. Radiol. (Mosk.) **46**, 21—28 (1971).
SHUSTEROV, B. G., LYSENKO, E. R., KOVALENKO, V. L.: Anatomo-roentgenological and clinical variations of primary sarcoma of the lung. Vopr. Onkol. **15**, 38—46 (1969).
SICHEL, D., OUDET, P., KOEBELE, F., HUTT, J. P., WITZ, H.: Diverses formes de sarcomes endothoraciques. J. Radiol. Électrol. **35**, 913—917 (1954).
SILBERBERG, M.: Primäres Lungensarkom. Frankfurt. Z. Path. **28**, 235 (1922).
SIMON: Die Sarkome. Neue deutsche Chirurgie, Bd. 43. Stuttgart: F. Enke 1928.
SIMON, M. A., BALLON, H. C.: An unusual hamartoma (so-called chondroma) of the lung. J. thorac. Surg. **16**, 379 (1947).
SIMONSSON, B., MALMBERG, R.: Differentiation between localized and generalized airway obstruction. Thorax (Lond.) **19**, 416 (1964).
SJOLTE, J. P.: Primäre maligne Tumoren der Lunge bei Tieren. Carcinoma et Carcino-sarcoma pulmonum primum. Virchows Arch. path. Anat. **312**, 35 (1944).
SKOKAN, Z. V.: Ein ungewöhnlicher Fall eines primären Lungensarkoms. Radiol. austriaca **9**, 177—181 (1957).
SOBIN, H.: Carcinosarcoma of the lung. Pat. pol. **13**, 389—395 (1962).
SOULAS, A., MOUNIER-KUHN, P.: Bronchologie. Paris: Masson éd. 1955.
SOUZA, R. C., PEASLEY, E. D., TAKARO, T.: Pulmonary blastomas: a distinct group of carcinosarcoma of the lung. Ann. thorac. Surg. **1**, 259 (1965).

Spain, B. M.: Diagnosis and treatment of tumours of the chest. New York and London: Grune & Stratton 1960.
Spassukotzky: Ref. Z. Chir. **25**, 104 (1924).
Spatt, S. D., Grayzel, D. M.: Primary lymphosarcoma of the lung. Ann. intern. Med. **27**, 632 (1947).
Spencer, H.: Pulmonary blastomas. J. Path. Bact. **82**, 161 (1961).
Spencer, H.: Pathology of the lung (Excluding pulmonary tuberculosis), p. 660, 769. New York: The Macmillan Comp. 1962.
Spitz, P.: Das primäre Lungensarkom. Radiologe **8**, 244—249 (1968).
Steiner, F. A.: Retikuläres Lungensarkom. Oncologia (Basel) **9**, 310 (1956).
Stephanopoulos, C., Catsaras, H.: Myxosarcoma complicating a cystic hamartoma of the lung. Thorax (Lond.) **18**, 144 (1963).
Sternberg, C.: Der heutige Stand der Lehre von den Geschwülsten, 2. Aufl. Wien: Springer 1926.
Sternberg, W. H., Sidransky, H., Ochsner, S.: Primary malignant lymphomas of the lung. Cancer (Philad.) **112**, 806 (1959).
Stevens, A. A.: Malignant disease of the lung with special reference to sarcoma. Amer. J. med. Sci. **144**, 193 (1922).
Steward, W. D.: Sarcoma of the lung. Amer. Rev. Tuberc. **40**, 224—228 (1939).
Stewart, D. E., Hay, L. J., Varco, R. L.: Malignant melanomas: 92 cases treated at the University of Minnesota Hospitals since January 1st 1932. Int. Abstr. Surg. **97**, 209—227 (1953).
Stewart, F. W., Copeland, M. M.: Neurogenic sarcoma. Amer. J. cancer. **15**, 1235 (1931).
Stewart, H. L., Grady, H. G., Andervont, H. B.: Development of sarcoma at site of serial transplantation of pulmonary tumors in inbred mice. J. nat. Cancer Inst. **7**, 207—225 (1946/47).
Stewart, T. S.: Nasal malignant melanoma. J. Laryng. **65**, 560—574 (1951).
Stigliani, R., Scilabra, G.: Sui tumori muscolari primitivi del polmone. Arch. De Vecchi Anat. pat. **51**, 447—472 (1968).
Stohr, R., Sachs, W.: Zur Klinik und Pathologie des primären Lungensarkoms. Dtsch. Z. Chir. **249**, 481 (1937).
Storey, C. F.: Fibrosarcoma of the bronchus. Report of three cases diagnosed by bronchoscopy and treated by resection. J. thorac. Surg. **24**, 16—33 (1952).
Stout, A. P.: Fibrosarcoma: the malignant tumor of fibroblasts. Cancer (Philad.) **1**, 30—63 (1948).
Stout, A. P.: Human cancer. London: Kimpton 1932.
Stout, A. P., Humphrey, G. H., Rottenberg, L. A.: A case of carcinosarcoma of the esophagus. Amer. J. Roentgenol. **61**, 461—469 (1949).
Strimmel, W. H., Hansell, J. R., Bindie, R.: Primary pulmonary fibrosarcoma. J. Germantown Hosp. **3**, 63—72 (1962).
Struppler, V.: Sarkom der Trachea. Zbl. Chir. **83**, 1679—1685 (1958).
Stutz, E., Vieten, H.: Die Bronchographie. Stuttgart: G. Thieme 1955.
Sugarbaker, E. D., Craver, L. F.: Lymphosarcoma. A study of 196 cases with biopsy. J. Amer. med. Ass. **115**, 17—23, 112—117 (1940).
Sweet, R. H.: Fibrosarcoma of lung. (Massachusetts General Hospital Case No. 31271). New Engl. J. Med. **233**, 18 (1945).
Swierenga, J.: Ned. T. Geneesk. **99**, 1882 (1955).
Taiana, J. A., Aracam Zorraquin, V.: Pulmonary hamartomas. West. J. Surg. **70**, 265 (1962).

Taylor, H. E., Rae, M. V.: Endobronchial carcinosarcoma. J. thorac. Surg. **24**, 93—100 (1952).
Taylor, H. L., Caine, C. E.: Sarcoma of the lung. Minn. Med. **1**, 141 (1918).
Themel, K. G.: Über ein Karzinom und Sarkom als Kollisionstumoren in einer tuberkulösen Lungennarbe. Zbl. allg. Path. path. Anat. **93**, 155—160 (1955).
Teschendorf, W.: Lehrbuch der röntgenologischen Differentialdiagnostik, 4. Aufl., Bd. I. Erkrankungen der Brustorgane. Stuttgart: G. Thieme 1958.
Thierbach, R., Gerlach, H.: Bösartige Mischgeschwülste in der Lunge. Zbl. allg. Path. path. Anat. **107**, 271—279 (1965).
Thompson, J. R.: Carcinosarcoma of the esophagus. J. thorac. Surg. **25**, 261 (1953).
Thornton, T. F., Adams, W. E., Bloch, R. G.: Solitary circumscribed tumors of the lung. Surg. Gynec. Obstet. **78**, 364 (1944).
Tocker, A. M., de Haan, C., Stofer, B. E.: Primary pulmonary leiomyosarcoma. Dis. Chest **31**, 328—334 (1957).
Todd, F. W.: Two cases of melanotic tumors in the lungs. J. Amer. med. Ass. **11**, 53—54 (1888).
Toureilles, J. F., Pagés, J. M., Piernes, A.: A proposito de un caso de fibrosarcomatosis. Semana méd. **2**, 1527 (1935).
Üner, R., Balim, A. J., Ötkem, K.: Mediastinal liposarcoma. Dis. Chest **43**, 103—105 (1963).
Ungeheuer, E., Hartel, W.: Operative Behandlung der Geschwülste der Lungen und des Mediastinums. In: Holder, E. (Hrsg.), Therapie maligner Tumoren, Hämoblastome und Hämoblastosen, Bd. II. Die operative Behandlung der Geschwülste, S. 406—477. Stuttgart: F. Enke 1967.
Versé, M.: Die Lymphogranulomatose der Lunge und des Brustfells. In: Henke, F., Lubarsch, O., Handbuch der speziellen pathologischen Anatomie und Histologie, Bd. III/3, 280—343. Berlin: Springer 1931.
Verstraeten, J. M., Boels, W.: À propos d'un cas de sarcoma fusocellulaire pulmonaire. Acta tuberc. belg. **42**, 471—477 (1951).
Vieta, J. O., Craver, L. F.: Intrathoracic manifestations of the lymphomatoid diseases. Radiology **37**, 138—158 (1941).
Vieten, H.: Chirurg **24**, 101 (1953).
Vinson, P.: Primary malignant disease of tracheobronchial tree. J. Amer. med. Ass. **107**, 258 (1936).
Virchow, R.: Die krankhaften Geschwülste. Dreißig Vorlesungen. Bd. II, S. 181ff. Berlin: A. Hirschwald 1864/65.
Voss, W.: Frankfurt. Z. Path. **49**, 138 (1936).
Votta, E. A.: Pseudosarcoma supurado del pulmón. Rev. Cirug. (B.Aires) **15**, 561 (1936).
Waddell, W. R.: Organoid differentiation of the fetal lung: a histologic study of the differentiation of mammalian fetal lung in utero and in transplants. Arch. Path. **47**, 227—247 (1949).
Walther, H. E.: Krebsmetastasen. Basel: Benno Schwabe 1948.
Watanabe, M., Ishiguro, J., Nagabuchi, K.: A case of chondromatous hamartoma of the lung. Jap. J. thorac. Surg. **10**, Abstr. I—II (1957).
Watson, W. L., Anlyan, A. J.: Primary leiomyosarcoma of the lung. Cancer (Philad.) **7**, 250—258 (1954).
Webb, W. R., Hare, W. V.: Primary fibrosarcoma of the bronchus. Amer. Rev. Resp. Dis. **84**, 881—889 (1961).
Webb-Johnson, A. E., MacLeod, C. E. A.: Metastasis of melanotic cancer eighteen years after removal of eyeball. Brit. J. Surg. **1924**, 314.

Weber, F.: Ein Karzinosarkom der Lunge. Zbl. allg. Path. path. Anat. 72, 113—117 (1939).
Weber, H.: Lungenlymphogranulomatose. Beitr. path. Anat. 84, 1 (1930).
Wegelin, C.: Der Bronchial- und Lungenkrebs. Häufigkeit, pathologische Anatomie und Ätiologie. Schweiz. med. Wschr. 72, 1053 (1942).
Weichselbaum, A.: Adenosarkom der Lungen. Virchows Arch. path. Anat. 85, 559 (1881).
Weigert, C.: Der Lungenkrebs, die Bergkrankheit in den Schneeberger Gruben. Vjschr. gerichtl. Med. 30/31, 213, 236 (1875).
Weissman, I., Christie, I. M.: Primary lymphosarcoma of the lung. Report of a case. Arch. Surg. 62, 129—133 (1951).
Wells, H. G.: Occurrence and significance of congenital malignant neoplasms. Arch. Path. 30, 535—601 (1940).
Wilbur, D. L., Hartmann, H. R.: Malignant melanoma with delayed metastatic growths. Ann. intern. Med. 5, 201—211 (1931).
Wilkins, E. W., Burke, J. F., Head, J. M.: The surgical management of metastatic neoplasms in the lung. J. thorac. cardiovasc. Surg. 42, 298—309 (1961).
Willis, R. A.: Pathology of tumours. London: Butterworth & Co. 1948.
Willis, R. A.: Pathology of tumours, 3rd edit. London: Butterworth & Co. 1960.
Wittig, G.: Die Wege der Krebsbehandlung mit besonderer Rücksicht auf den Abwehrmechanismus des Organismus. Dtsch. Gesundh.-Wes. 1961, 557.
Wollstein, M.: Malignant hemangioma of lung with multiple visceral foci, report of a case. Arch. Path. 12, 562 (1931).
Womack, N. A., Graham, E. A.: Mixed tumors of the lung. Arch. Path. 26, 165 (1938).
Wüst, G.: Das primäre Lungensarcom. (Ein kasuistischer Beitrag.) Zbl. allg. Path. path. Anat. 90, 205—209 (1953).
Yacoubian, H., Connolly, J. E., Wylie, R. H. W.: Leiomyosarcoma of the lung. Ann. Surg. 147, 116—123 (1958).
Yaşargil, E. C.: Freie Kutislappenplastik der thorakalen Trachea bei Hämangio-Endothelio-Sarkom. Thoraxchirurgie 15, 386—391 (1967).
Zimmermann, J.: Beitr. path. Anat. 3, 355 (1951).

II. Semimaligne Primärtumoren der Bronchien und Lungen

1. Die sog. Lungenadenomatose
(„Alveolarzell-Karzinom", „Bronchiolar-Karzinom")

Abbott, J. E.: Pulmonary adenomatosis and alveolar cell tumor. Tex. St. J. Med. 47, 826 (1951).
Abrahamson, S., O'Connor, M. H., Abrahamson, M. L.: Bilateral alveolar lung carcinoma associated with the injection of thorotrast. Irish J. med. Sci. 6, 229—235 (1950).
Acevedo, R. C., Giuntini, L. S., Croxatto, O. C.: Consideration about a case of pulmonary adenomatosis. An. Cáted. de pat. y clin. tuberc. 6, 345 (1944).
Adams, W. E., Steiner, P. E., Block, R. G.: Malignant adenoma of the lung. Surgery 11, 503—526 (1942).
Adamson, J. D., Beanish, R. E.: Clinical differentiation in syndrome called atypical pneumonia. Canad. med. Ass. J. 56, 361—366 (1947).
Albertini, A. v.: Histologische Geschwulstdiagnostik. Stuttgart: G. Thieme 1955.
Alexander, C. M., Foo Chu: Pulmonary adenomatosis complicated by lobar pneumonia. Arch. Path. 43, 92 (1947).
Aly, F. W.: Die alveoläre Lungenproteinose. In: Hausser, R. (Hrsg.), Blasige Lungenerkrankungen usw. Stuttgart: G. Thieme 1968.
Ameuille, P., Pruvost, P., Lemoine, J. M., Depierre, R., Schweisguth: Épithéliomatose respiratiore diffuse. Bull. Soc. méd. Hôp. Paris 62, 176—178 (1946).
Amorin, M.: Beitr. path. Anat. 97, 184 (1936).
Anacker, H.: Das Alveolarzell-Karzinom: In: Lungenkrebs und Bronchographie, S. 7. Stuttgart: G. Thieme 1955.
Anacker, H., Stender, H. S.: Krankheiten der Lunge. XII. Geschwülste. 2. Semimaligne Lungen- und Bronchialgeschwülste. In: Haubrich, R., Klinische Röntgendiagnostik innerer Krankheiten, Bd. I, S. 470—474. Berlin-Göttingen-Heidelberg: Springer 1963.
Andervont, H. B.: Primary tumors in mice. Publ. Hlth Rep. (Wash.) 49, 620 (1934); 50, 1211 (1935); 52, 212, 304, 347—355, 1584 (1937); 53, 232 (1938).
Andervont, H. B.: Dibenzanthracene tumors in mice. Publ. Hlth Rep. (Wash.) 52, 637, 1931 (1937).
Andosca, J. B., Moloney, A. M.: Differential diagnosis of diffuse pulmonary infiltrations. Postgrad. Med. 1955, 28—37.
Andrews, E. C.: Five cases of an undescribed form of pulmonary interstitial fibrosis caused by obstruction of the pulmonary veins. Bull. Johns Hopk. Hosp. 100, 28 (1957).
Anspach, W. E.: "Miliary" pulmonary hemorrhages on necropsy roentgenograms of children. Amer. J. Roentgenol. 30, 768—773 (1933).
Anton, H. C., Gray, B.: Pulmonary alveolar proteinosis presenting with pneumothorax. Clin. Radiol. (Edinb.) 18, 428—431 (1967).
Appel, M., Bronk, T. T.: Tumor cells in bronchial secretions. Amer. J. clin. Path. 19, 320 (1949).
Arany, L. S.: Bronchiolar (alveolar cell) carcinoma. Failure to cause symptoms for more than 12 years. Amer. Rev. Tuberc. 78, 632 (1958).
Arbuckle, R. K.: Solitary tumors of the chest. The differential diagnosis in fifty proved cases. Amer. J. Roentgenol. 62, 52—64 (1949).
Arendt, J.: The roentgenologic aspect of infectious mononucleosis. Amer. J. Roentgenol. 64, 950 (1950).
Arkin, A., Wagner, D. M.: Primary carcinoma of the lung. A diagnostic study of one hundred and

thirty-five cases in 4 years. J. Amer. med. Ass. **106**, No. 8 (1936).
ARNDT, H., BALTZER, G., DOMBROWSKI, H.: Röntgenuntersuchung und Blutgasanalyse zur Diagnose des Lungenödems. Dtsch. med. Wschr. **92**, 2258—2263 (1967).
ARNDT, H., BALTZER, G., LÖHR, E.: Gasanalytische Untersuchungen und röntgenologischer Thoraxbefund beim interstitiellen Lungenödem Nierenkranker. Dtsch. med. Wschr. **91**, 1960—1963 (1966).
ARNSPERGER, L.: Über Spätrezidive maligner Tumoren, zugleich ein Beitrag zur Frage der Impfmetastasen. Beitr. path. Anat. (Suppl.) **7**, 283 (1905).
ASCHOFF, L.: Über den Lungenacinus. Frankfurt. Z. Path. **48**, 449—455 (1935).
ASCHOFF, L.: Pathologische Anatomie, 8. Aufl. Jena: G. Fischer 1936.
ASSIS FIGUEIREDO, M. DE, TORLONI, H.: Bronchiolar carcinoma (alveolar carcinoma) of the lung. Rev. paul. Med. **51**, 1—36 (1957).
AUERBACH, O.: Acute generalized miliary tuberculosis. Amer. J. Path. **20**, 121—136 (1944).
AUFSES, A. H., NEUHOF, H.: Minute carcinoma of the major bronchi: a follow-up report. J. thorac. Surg. **23**, 219—223 (1952).
AUSTRIAN, C. R., BROWN, W. H.: Miliary diseases of lungs. Amer. Rev. Tuberc. **45**, 751—755 (1942).
AUSTRIAN, R., MCCLEMENT, J. H., RENZETTI, A. D., DONALD, K. W., RILEY, R. L., COURNAND, A.: Clinical and physiologic features of some types of pulmonary disease with involvement of alveolarcapillary diffusion. The syndrome of "alveolarcapillary block". Amer. J. Med. **11**, 667 (1951).
AYNAUD, M.: Origine vermineuse du cancer pulmonaire de la brebis. C. R. Soc. Biol. (Paris) **95**, 1540 (1926).
AYNAUD, M., PEYRON, A., FALCHETTI, E.: On cancer of the lung in sheep and etiologic comparisons with parasitic and infectious lesions. C. R. Acad Sci. (Paris) **195**, 342 (1932).
BALÓ, J.: Der Alveolarzellkrebs der Lunge. Frankfurt. Z. Path. **68**, 530 (1957).
BALÓ, J.: Lungenkarzinom und Lungenadenom. Budapest: Verlag der ungarischen Akademie der Wissenschaften, 1961.
BALÓ, J., KARÁDY, G.: Lungenadenomatose des Menschen. Zbl. allg. Path. path. Anat. **97**, 242—248 (1957).
BALÓ, J., LESZLER, A.: Beiträge zur Frage der menschlichen multiplen Lungenadenomatose. Magy. Radiol. **7**, 198—205 (1955).
BARGMANN, W.: Über die Zellauskleidung der Lungenalveole und die Alveolarphagozyten. Frankfurt. Z. Path. **49**, 448—451 (1936).
BARGMANN, W.: Die Lungenalveole. In: W. v. MÖLLENDORFFS Handbuch der mikroskopischen Anatomie, Bd. 5, S. 799. Berlin: Springer 1936.
BARLA-SZABÓ, L., PETRANYI, G.: Beiträge zur Pathologie der Mikrolithiasis alveolaris miliaris pulmonum. Acta morph. Acad. Sci. hung. **6**, 177—189 (1955).
BARNARD, W. G., DAY, D. T.: The development of the terminal air passage of the human lung. J. Path. **45**, 67 (1937).
BARONE, L., AMELI, M., COGLIOLO, A., BARILE, E.: Elementi di diagnostica differenziale broncografica. Torino: Minerva Medica 1966.
BARRETT, R. J., DAY, J. C., O'ROURKE, P. V., CHAPMAN, P. T., SADEGHI, H., PERRY, R. W., TUTTLE, W. M.: Primary carcinoma of the lung: experience with 1312 patients. J. thorac. cardiovasc. Surg. **46**, 292 (1963).
BASS, H. E., SINGER, E.: Co-existing lobar adenocarcinoma and cystic disease of the lung. Ann. intern. Med. **34**, 498—507 (1951).
BATSAKIS, J. G., JOHNSON, H. A.: Generalized scleroderma involving lungs and liver with pulmonary adenocarcinoma. Arch. Path. **69**, 633—638 (1960).
BATTAGLIA, F.: Über das primäre Endotheliom der Lungen. Virchows Arch. path. Anat. **261**, 87 (1926).
BATTAGLIA, S.: Beitrag zur Frage der Aspirationsmetastasen. Zbl. allg. Path. path. Anat. **90**, 272—277 (1953).
BAUER, K. H.: Das Krebsproblem. Berlin-Göttingen-Heidelberg: Springer 1949.
BAUMANN, T.: Zur Klinik und Pathogenese der Niemann-Pick'schen Krankheit. Klin. Wschr. **14**, 1743—1746 (1935).
BAYLIN, G. J.: Pulmonary changes in chronic cystic pancreatic disease. Amer. J. Roentgenol. **52**, 303—306 (1944).
BEAVER, D. L., SHAPIRO, J. L.: A consideration of chronic pulmonary parenchymal inflammation and alveolar cell carcinoma with regard to a possible etiologic relationship. Amer. J. Med. **21**, 879—887 (1956).
BELGRAD, R., GOOD, C. A., WOOLNER, L. B.: Alveolarcell carcinoma (terminal bronchiolar carcinoma). A study of surgically excised tumors with special emphasis on localized lesions. Radiology **79**, 789—798 (1962).
BELL, E. T.: A textbook of pathology. 4th edition. Philadelphia: Lea & Febiger 1941.
BELL, E. T.: Hyperplasia of the pulmonary alveolar epithelium in disease. Amer. J. Path. **19**, 901—907 (1943).
BELLION, B., CONCINA, E., PERACINO, E.: Rapports existants entre l'endoscopie et la radiologie dans l'étude de la trachée et des grosses bronches. Bronches **11**, 237—252 (1961).
BENARD, H., RAMBERT, P., PÉQUIGNOT, H., TISSIER, GALISTIN, P.: Microlithiase alveolaire diffuse. Bull. Soc. méd. Hôp. Paris **66**, 482—485 (1950).
BENDA, R., FRANCHEL, F., DUPPERAT, B.: Cancer pulmonaire à forme de nodules disséminés sécondaire à un cancer du pancréas latente. J. franç. Méd. Chir. thor. **2**, 268—272 (1948).
BENHAMOU, E.: Les formes métastasiques du cancer du pancréas. Ann. Méd. **30**, 421 (1931).
BENSLEY, R. D., BENSLEY, S. H.: Studies of the lining of the pulmonary alveolus of normal lungs of adults animals. Anat. Rec. **64**, 41—43 (1935/36).
BERG, G., ZACHRISSON, C. G.: Cystic-lungs of rare origin — tuberous sclerosis. Acta radiol. (Stockh.) **22**, 425—436 (1941).
BERG, R., BURFORD, T. H.: Pulmonary paraffinoma (lipoid pneumonia). A critical study. J. thorac. Surg. **20**, 418—428 (1950).
BERGER, D.: Alveolar carcinoma of the lung. 11. Internat. Congr. of Radiology, Rom 23. 9. 1965.
BERKHEISER, S. W.: Bronchiolar proliferation and metaplasia associated with bronchiectasis, pulmonary infarcts, and antracosis. Cancer (Philad.) **12**, 499—508 (1959).
BERKHEISER, S. W.: Bronchiolar proliferation and metaplasia associated with thromboembolism. Cancer (Philad.) **16**, 205—211 (1963).
BERKMEN, Y. M.: The many facts of alveolar-cell carcinoma of the lung. Radiology **92**, 793—798 (1969).
BERNSTEIN, J., NOLKE, A. C., REED, J. O.: Extrapulmonic stenosis of the pulmonary veins. Circulation **19**, 891 (1959).

Bernstein, S. S., Sussman, M. L.: Thoracic manifestations of sarcoidosis. Radiology 44, 37—43 (1945).

Bertalan, K., Zoltán, M.: Über das alveolarzellige Lungenkarzinom. Orv. Hétil. 107, 1309 (1966).

Biancalana, L., Masenti, E., Orlandi, O., Paletto, A. E., Viglione, F.: Étude analytique des signes cliniques et radiologiques des tumeurs epithéliales malignes primitives des bronches: incidences sur le pronostic. I. Bronchi 12, 39 (1962).

Bihss, F. E., Berland, H. I.: Roentgenological manifestations of pleurapulmonary involvement in tularemia. Radiology 41, 431—437 (1943).

Billroth, A.: Die allgemeine chirurgische Pathologie und Therapie, S. 908. Berlin: G. Reimer 1899.

Bindelglass, I. L., Trubowitz, S.: Pulmonary vein obstruction: an uncommon sequel to chronic mediastinitis. Ann. intern. Med. 48, 876—891 (1958).

Blair, L. G.: Disseminated lung lesions. J. Fac. Radiol. (Lond.) 6, 1—11 (1954).

Bliss, T. L.: Bronchorrhea, its occurrence in a case of bronchogenic carcinoma. J. thorac. Surg. 6, 660 (1936).

Bloch, R. G., Adams, W. E., Thornton, T. F., Bryant, J. E.: Difficulties in the differential diagnosis of bronchogenic carcinoma. J. thorac. Surg. 14, 83—97 (1945).

Bloom, W.: In: Maximow, A.: Text-Book of histology. Philadelphia: W. B. Saunders Co. 1930.

Blumgart, H. L., McMahon, H. E.: Bronchiolitis fibrosa obliterans; clinical and pathologic study. Med. Clin. N. Amer. 13, 197—214 (1920).

Boecker, E.: Virchows Arch. Path. Anat. 202, 38 (1910).

Bonne, C.: Morphological resemblance of pulmonary adenomatosis (Jaagziekte) in sheep and certain cases of cancer of the lung in man. Amer. J. Cancer 35, 491—501 (1939).

Bonoff, C. P.: Acute primary pulmonary blastomycosis. Radiology 54, 157—164 (1950).

Born, E., Löliger-Müller, B.: Zbl. allg. Path. path. Anat. 94, 340 (1955/56).

Borrell, A.: Épithélioses infectieuses et épithéliomas. Ann. Inst. Pasteur 17, 81—122 (1903).

Borrmann, R.: Zur Frage der Impf- und Abklatschmetastasen bei bösartigen Geschwülsten. Virchows Arch. path. Anat. 284, 623 (1932).

Borst, M.: Pathologie maligner Geschwülste. Leipzig: S. Hirzel 1924.

Bothelo, G.: Edema agudo du pulmão por vapores nitrosos. Rev. bras. Tuberc. 18, 371—378 (1950).

Boticelli, J. T., Schlueter, D. P., Lange, R. L.: Pulmonary venous and arterial hypertension due to chronic mediastinitis: hemodynamics and pulmonary functions. Circulation 33, 862—871 (1966).

Boyd, D. P., Smedal, M. J., Kirtland, H. B., Kelley, G. E., Trump, J. A.: Carcinoma of the lung. A report of 403 cases. J. thorac. Surg. 28, 392—411 (1954).

Boyland, E., Horning, E. S.: The induction of tumours with nitrogen mustard. Brit. J. Cancer 3, 118—123 (1949).

Bracci, G.: Sull' accertamento radiologico delle formazioni neoplastiche del polmone. Nunt. radiol. (Firenze) 6, 431—466 (1938).

Brain, W.: The neurological complications of neoplasms. Lancet 1963 I, 179—184.

Braun, H., Brugger, E.: Adenomatose und Tuberkulose der Lunge bei gleichzeitig bestehendem Dünndarmkarzinoid. Tuberk.-Arzt 16, 304—308 (1962).

Braun, H., Weicksel, P.: Zur röntgenologischen Differentialdiagnose multipler grobknotiger Lungenherde. Tuberk.-Arzt 7, 533—537 (1953).

Brednow, W.: Zur Klinik der Lungenadenomatose. Med. Klin. 57, 128—131, 144 (1962).

Breig, R.: Zur Differentialdiagnose miliarer Fleckschatten der Lunge. Röntgenpraxis 13, 385 (1950).

Bremer, J. L.: Postnatal development of alveoli in the mammalian lung in relation to the problem of the alveolar phagocyte. Contribut. Embryol. Carneg. Instn. 25, 85—110 (1935).

Briese: Zur Kenntnis des primären Lungenkarzinoms, mit statistischen Angaben. Frankfurt. Z. Path. 23, 48—55 (1920).

Brindley, G. V.: Primary malignant tumors of the lung other than bronchogenic carcinoma. Ann. Surg. 149, 936—948 (1959).

Brobeck, O.: Pulmonary adenomatosis (alveolar cell tumor). A brief survey and a case report. Acta radiol. (Stockh.) 37, 208 (1952).

Bronk, T. T., Appel, M.: Intratracheal transplantation with the Brown-Pierce carcinoma. Cancer Res. 9, 228 (1949).

Brooks, W. D. W., Davidson, M., Price-Thomas, C., Robson, K., Smithers, D. W.: Carcinoma of the bronchus; a report on the first 5 years work of the joint consultation clinic for neoplastic diseases of the Brompton Hospital and the Royal Cancer Hospital. Thorax (Lond.) 6, 1 (1951).

Brooksher, W. R.: Blastomycosis of lungs. Sth. med. J. (Bgham, Ala.) 25, 412—415 (1932).

Brunner, A.: Verschattung im Thoraxbild. Schweiz. med. Wschr. 100, 609—617 (1970).

Bryson, C. C., Spencer, H.: Carcinoma of the bronchus. A clinical and pathological survey of 866 cases. Quart. J. Med., N. S. 20, 173—186 (1951).

Bubis, S., Erwin, J. H.: Pulmonary adenomatosis. Amer. J. Med. 7, 336—344 (1949).

Buchberg, A., Lubliner, R., Rubin, E. H.: Carcinoma of the lung: duration of life of individuals not treated surgically. Dis. Chest 20, 257—272 (1951).

Bucher, R.: Beitrag zur Lehre vom Carcinom. Zur Kasuistik und Beurteilung der multiplen Carcinome. Beitr. path. Anat. 14, 71 (1893).

Büngeler, W.: Die Metastasenbildung bei bösartigen Geschwülsten. Med. Welt 1938, 1587, 1625.

Bürger, M.: Klinische Fehldiagnosen, 2. Aufl. Stuttgart: G. Thieme 1954.

Burtin, P. U. E.: Cancer alvéolaire du poumon (adénomatose pulmonaire). Thèse de Paris 1953.

Buschmann, A.: Das Alveolarzellkarzinom. Eine klinisch-röntgenologische Studie. Med. Welt, N.F. 21, 1096—1104 (1970).

Caffey, J.: Pediatric x-ray diagnosis. A textbook for students and practitioners of pediatries, 2nd edition. Chicago: Year book Publishers Inc. 1950.

Cain, H.: Die pneumonische Form der carcinomatösen Lungenmetastasen. Virchows Arch. path. Anat. 323, 194—205 (1953).

Cain, H.: Aerogene intrapulmonale Geschwulstausbreitung. Z. Krebsforsch. 62, 337—346 (1958).

Cain, J. C., Devins, E. J., Downing, J. E.: Unusual pulmonary disease. Arch. intern. Med. 79, 626—641 (1947).

Camiel, M. R., Berkan, H. S.: Inhalation pneumonia from nitric fumes. Radiology 42, 175—182 (1944).

Cannon, P., Ferguson, R. L.: The influence of local immunisation of the lungs of guinea pigs upon intratracheal infection with bacillus tuberculosis. Amer. Rev. Tuberc. 33, 328 (1936).

CAPLAN, H.: Honeycomb lungs and malignant pulmonary adenomatosis in scleroderma. Thorax (Lond.) 14, 89—96 (1959).
CARDON, L., LEMBERG, L., GREENEBAUM, R. S.: Acute suppurative bronchitis and bronchiolitis in chronic pulmonary disease: diagnosis and management. Ann. intern. Med. 34, 559—591 (1951).
CARLSON, D. J., MASON, E. W.: Pulmonary alveolar proteinosis: diagnosis of probable case by examination of sputum. Amer. J. clin. Path. 33, 48 (1960).
CARNEIRO, J. F.: Ein Fall von Lungenadenomatose. Rev. bras. Tuberc. 23, 119—124 (1955).
CARPINISAN, C., DIACONTITA, G., ESKENASY, A., SCUREI, A.: Tuberculose pulmonaire, cancer, ou granulome pulmonaire. Ftiziologia (Bukarest) 4, 35—43 (1955).
CARTER, H. F., WEDD, G., D'ABRERA, V. S. A.: The occurrence of mites (acarina) in human sputum and their possible significance. Indian med. Gaz. 79, 163 (1944).
CARTER, R. A.: Pulmonary mycotic infections. Radiology 26, 551—562 (1936).
CARTER, R. A.: Miliary lesions of lung roentgenographically considered. Calif. west. Med. 50, 94—98 (1939).
CARTER, R. A.: Roentgen diagnosis of fungous infections of lungs with special reference to coccidioidomycosis. Radiology 38, 649—659 (1942).
CASALE, N.: Il carcinoma alveolare. Contributo anatomo-clinico. Gazz. int. Med. Chir. 73, 2589—2620 (1968).
CASHKING, J., CARROLL, D. S.: Pulmonary adenomatosis. Radiology 59, 669—680 (1952).
CASILLI, A. R., WHITE, H. J.: Rare forms of primary malignant lung tumors. Amer. J. clin. Path. 10, 623 (1940).
CAUSSADE, G., ISIDOR, P.: Prolifération de l'épithélium bronchique du lapin infecté. Bull. Soc. méd. Hôp. Paris 1933, 437.
CECCARELLI, R., BRUNI, F.: Carcinomi alveolari del polmone. Lotta c. Tuberc. 26, 169—176 (1956).
CECCONI, F.: L'adenomatosi polmonare maligna. Ann. ital. Chir. 32, 243—267 (1955).
CHEEK, J. H., MUIRHEAD, E. E.: Bronchial adenoma producing an alveolar cell carcinoma pattern. Arch. Path. 46, 529—535 (1948).
CHIODI, V.: Sulla natura delle cellule libere del polmone e del rivestimento dell' alveolo polmonare. Arch. Anat. 8, 313 (1928).
CLAGETT, O. T., ALLEN, T. H., PAYNE, W. S., WOOLNER, L. B.: The surgical treatment of pulmonary neoplasms: a 10 year experience. J. thorac. cardiovasc. Surg. 48, 391 (1964).
CLARA, M.: Vergleichende Histobiologie des Nierenglomerulus und der Lungenalveole. (Nach Untersuchungen beim Menschen und beim Kaninchen). Z. mikr.-anat. Forsch. 40, 147—280 (1936).
CLARA, M.: Zur Histologie des Bronchialepithels. Z. mikr.-anat. Forsch. 41, 321 (1937).
CLARK, D., GILMORE, J. H.: Study of 100 cases with positive coccidioidin skin test. Ann. intern. Med. 24, 40—59 (1946); Correction 24, 519 (1946).
CLAUDY, W. D.: Pneumonia associated with varicella; review of literature and report of fatal case with autopsy. Arch. intern. Med. 80, 185—192 (1947).
COCCHI, U.: Lungen-Lymphogranulomatose. In: SCHINZ-BAENSCH-FRIEDL-UEHLINGER, Lehrbuch der Röntgendiagnostik, 5. Aufl., Bd. III, S. 2440—2446. Stuttgart: G. Thieme 1952.
COCCHI, U.: Lungen-Parasiten. In: SCHINZ-BAENSCH-FRIEDL-UEHLINGER, Lehrbuch der Röntgendiagnostik, 5. Aufl., Bd. III, S. 2447—2454. Stuttgart: G. Thieme 1952.
COHEN, R., BURNIP, R.: Miliary coccidioidomycosis of the lungs: report of a case in a child. Ann. west. Surg. 3, 413 (1949).
COHRS, P.: Verh. dtsch. path. Ges. 111 (1956).
COLE, G. C.: Structural changes in the lungs of drug addicts. Arch. intern. Med. 64, 1039—1052 (1939).
COLLINS, D. H., DARKE, C. S., DODGE, O. G.: Scleroderma with honeycomb lungs and bronchiolar carcinoma. J. Path. Bact. 76, 531—540 (1958).
CONTA, G. V.: Periarteritis nodosa im Lungenröntgenbild. Fortschr. Röntgenstr. 47, 506 (1933).
CONTIS, G., FUNG, R. H., VAWTER, G. F., NADAS, A. S.: Stenosis and obstruction of pulmonary veins associated with pulmonary artery hypertension. Amer. J. Cardiol. 20, 718—724 (1967).
COOPER, E. R. A.: A histologic investigation of the development and structure of the human lung. J. Path. Bact. 47, 105—114 (1938).
CORDIER, V., CROIZAT, P., LAGÈZE, P.: Cyanose extrême et prolongée par cancer pulmonaire massif révélé par l'histologie. Lyon méd. 1937, 225.
COSTERO, I., BARROSO-MIGUEL, R., CHÉVENEZ, A., MONROY, G., CONTRERAS, R.: Principales variedados histogeneticas de esclerosis pulmonar. Arch. Inst. Cardiol. Méx. 28, 565—591 (1958).
COUCH, R. S. C., FLEMING, P. R., HARRISON, R. T. T.: A case of alveolar cell tumour of the lung. Middlesex Hosp. J. 45—47, 33 (1945/47).
COWDRY, E. V.: Studies on the etiology of jaagziekte. I. The primary lesions. II. Origin of the epithelial proliferations and the subsequent changes. J. exp. Med. 42, 323—333, 335—345 (1925).
COWDRY, E. V.: A textbook of histology. Functional significance of cells and intercellular substances, 2nd. edit. Philadelphia: Lea & Febiger 1938.
COWDRY, E. V., MARSH, H.: Comparative pathology of South African jaagziekte and montana progressive pneumonia of sheep. J. exp. Med. 45, 571—585 (1927).
CRANE, J. T., GRIMER, O. F.: Isolated pulmonary venous sclerosis: a cause of cor pulmonale. J. thorac. cardiovasc. Surg. 40, 410 (1960).
CUBA-CAPARO, A., DE LA VEGA, E., COPAIRA, M.: Pulmonary adenomatosis of sheep-Metastasizing bronchiolar tumors. Amer. J. vet. Res. 22, 673—682 (1961).
CULVER, G. J.: Miliary carcinosis of the lungs secondary to primary cancer of the gastrointestinal tract. Amer. J. Roentgenol. 54, 474—482 (1945).
D'ABRERA, V. S. A.: Indian med. Gaz. 86, 414 (1946).
DACIE, J. V., HOYLE, C.: Malignant adenomatosis (alveolar cell tumour) of the lung. Brit. J. Tuberc. 36, 158—165 (1942).
D'AUNOY, R., PEARSON, B., HALPERT, B.: Carcinoma of the lung. An analysis of seventy-four autopsies. Amer. J. Path. 15, 567 (1939).
DAVIS, E. W., PEABODY, J. W., KATZ, S.: The solitary pulmonary nodule. J. thorac. Surg. 32, 728—771 (1956).
DAVIS, M. W., SIMON, T.: Alveolar cell tumor of the lung. Amer. Rev. Tuberc. 62, 594—609 (1950).
DECKER, H. R.: Diskussion zu STEPHENS, H. B., SHIPMAN, S. J.: Pulmonary adenomatosis, cancerous pulmonary adenomatosis, alveolar-cell carcinoma of the lung, jaagziekte? J. thorac. Surg. 19, 599 (1950).
DECKER, H. R.: Alveolar-cell carcinoma of the lung (pulmonary adenomatosis). A study of 155 cases, 10 reported for the first time. J. thorac. Surg. 30, 230—247 (1955).

Deckert, T., Madsen, H. E.: Bronchiolare carcinosis. Ugeskr. Laeg. 121, 211—415 (1959).

Delarue, J., Depierre, R., Houdard, Y.: La métaplasie bronchique mucipare et ciliée du revêtement de l'alvéole pulmonaire. À propos d'un poumon polykystique et adénomateux. J. franç. Méd. Chir. thor. (Marseille) 2, 352—375 (1949).

Delarue, J., Paillas, J.: Classification anatomopathologique des cancers bronchiques. Arch. Méd. gén. trop. (Marseille) 31, 243—272 (1954).

Delarue, N. C., Graham, E. A.: Alveolar cell carcinoma of the lung (pulmonary adenomatosis, jaagsiekte?). A multicentric tumor of epithelial origin. J. thorac. Surg. 18, 237 (1949).

Dennis, J. M.: Pulmonary adenomatosis. Ann. intern. Med. 36, No. 2 (1952).

Dennis, J. M., Raby, W. T., Hildenbrand, E. J. C.: Pulmonary adenomatosis. Ann. intern. Med. 36, 667—678 (1952).

Despierres, G., Bonnet, P. A., Phelip, H., Pfante, M.: Cancer alvéolaire et inhalation d'huiles industrielles. J. franç, Méd. Chir. thor. 19, 561—566 (1965).

Dias da Costa, P., Rocha, G., Bragadias, L.: Gaz. méd. port. 12, 259 (1959).

Dietrich, A.: Lungencarcinom mit Ausbreitung in Form einer diffusen Krebspneumonie. Z. Krebsforsch. 51, 296—304 (1941).

Diviš, J., Škorpil, F.: Klinischer und pathologisch-anatomischer Beitrag zur einseitigen Lobektomie wegen Lungenkrebses alveolar-epithelialer Abstammung. Langenbecks Arch. klin. Chir. 202, 611 (1941).

Donohue, W. L., Laski, B., Uchida, I., Munn, J. D.: Familial fibrocystic pulmonary dysplasia and its relation to Hamman-Rich syndrome. Pediatrics 24, 786—813 (1959).

Dozois, R. R., Bernatz, P. E., Woolner, L. B., Andersen, H. A.: Sclerosing mediastinitis involving major bronchi. Proc. Mayo Clin. 43, 557—569 (1968).

Drymalski, G. W., Thompson, J. R., Sweaney, H. C.: Pulmonary adenomatosis: a report of three cases. Amer. J. Path. 24, 1083—1093 (1948).

Dubois-Ferrière, H.: Le poumon leucémique. Schweiz. med. Wschr. 75, 11 (1945).

Dufourt, A., Santy, P., Galy, P., Touraine, R. G., Riffat, G.: Adénomatose ou cancer alvéolaire — démembrement des aspects de prolifération épithéliale de type bronchique intra-alvéolaire. J. franç. Méd. Chir. thor. 7, 384—388 (1953).

Dufourt, A., Santy, P., Galy, P., Touraine, R. G., Riffat, G.: Adénomatosis et soi-disant cancer alvéolaire. Les proliférations épithéliales intraalvéolaires de type bronchique. Sem. Hôp. Paris 30, 1208—1219 (1954).

Dungal, N.: Epizootic adenomatosis of lungs of sheep: its relation to verminous pneumonia and jaagziekte. Proc. roy. Soc. Med. (Lond.) 31, 497—505 (1938).

Dungal, N.: Experiments with jaagziekte. Amer. J. Path. 22, 737 (1946).

Dungal, N., Gislason, G., Taylor, E. L.: Epizootic adenomatosis in the lungs of sheep — comparisons with jaagziekte, verminous pneumonia and progressive pneumonia. J. comp. Path. 51, 46 (1948).

Dunham, H. H., Smith, V. G.: Terminal bronchiolar or "alveolar cell" carcinoma of lung. J. Kans. med. Soc. 53, 117 (1952).

Duprez, A., Mattheiem, H. W.: L'adénomatose pulmonaire maligne. (Symposium de chirurgie thoracique). Acta chir. belg., Suppl. 11, 57—68 (1955).

Duran-Reynals, F., Jungherr, E., Cuba-Caparo, A., Rafferty, K. A., Helmboldt, C. F.: The pulmonary adenomatosis complex in sheep. Ann. N.Y. Acad. Sci. 70, 726—742 (1958).

Dyer, N. H., and coll.: Bronchiolar carcinoma: a case report with pulmonary function studies. Thorax (Lond.) 22, 260 (1967).

Eck, H.: Über Miniatur- und Mikrokarzinome. Zbl. allg. Path. path. Anat. 86, 306 (1950).

Eck, H.: Über das Lungenkarzinom. Z. ges. inn. Med. 7, 721 (1952).

Eck, H.: „Stumme" Primärtumoren. Zbl. Chir. 79, 1219 (1954).

Eck, H.: Weitere Beobachtungen über das sog. Alveolarzellkarzinom („Lungenadenomatose"). Zbl. allg. Path. path. Anat. 93, 396 (1955).

Eck, H.: Bemerkenswerte Metastasierung eines soggenannten Alveolarzellcarcinoms („Lungenadenomatose"). Zbl. allg. Path. path. Anat. 93, 489 (1955).

Eck, H.: Über den sog. „Alveolarzellkrebs" („Lungenadenomatose"). Z. Krebsforsch. 60, 433 (1955).

Eck, H.: „Alveolarzell-Carcinom" und Krebsausbreitung auf dem Schleimhautwege. Zbl. allg. Path. path. Anat. 94, 152 (1955).

Eck, H.: Über den sog. „Alveolarzellkrebs" („Lungenadenomatose"). Schlußwort zur obigen Stellungnahme Kahlaus. Z. Krebsforsch. 61, 96 (1956).

Eck, H.: Zur Pathogenese des sog. Alveolarzellkarzinoms. Verh. dtsch. path. Ges. 40 (1957).

Eck, H.: Das sog. Alveolarzellkarzinom („Lungenadenomatose"). Leipzig: VEB Thieme 1957.

Eck, H., Haupt, R., Rothe, G.: Die gut- und bösartigen Lungengeschwülste. In: Uehlinger, E. (Hrsg.), Handbuch der speziellen pathologischen Anatomie und Histologie, Bd. III/4, S. 1—401. Berlin-Heidelberg-New York: Springer 1969.

Eder, H., Hawn, C. V., Thorn, G. W.: Report of case of acute interstitial fibrosis of lungs. Bull. Johns Hopk. Hosp. 76, 163—171 (1945).

Editorial: Cholesterol granuloma of the lung. Brit. med. J. 1969 I, 396.

Edwards, J. E.: Congenital stenosis of pulmonary veins. Pathologic and developmental considerations. Lab. Invest. 9, 46 (1960).

Edwards, J. E., Burchell, H. B.: Multilobar pulmonary venous obstruction with pulmonary hypertension: "protective" arterial lesions in the involved lobes. Arch. intern. Med. 87, 372—378 (1951).

Effert, S.: Über das primäre diffuse Alveolarepithelkarzinom der Lunge. Zbl. allg. Path. path. Anat. 85, 162—166 (1949).

Egidy, H. v., Bässler, R., Tilling, W.: Beitrag zur Alveolarproteinose der Lungen. Beitr. Klin. Tuberk. 134, 365—380 (1967).

Eichengrün, W., Esser, A.: Statistik über die in den Jahren 1912 bis 1926 im Pathologischen Institut des Augusta-Hospitals in Köln obduzierten Karzinomfälle. Z. Krebsforsch. 24, 63 (1927).

Eismayer, G.: Über ein primäres Gallertkarzinom der Lunge. Z. Krebsforsch. 21, 203—219 (1924).

Elkeles, A., Glynn, L. E.: Serial roentgenograms of chest in periarteritis nodosa as aid to diagnosis, with notes on pathology of pulmonary lesions. Brit. J. Radiol. 17, 368—373 (1944).

Ellman, P., Gee, A.: Pulmonary hemosiderosis. Brit. med. J. 1951 II, 384—390.

Engelhard, G., Loehlein, M.: Dtsch. Arch. klin. Med. 75, 112 (1903).

Engelmann, E.: Inaug.-Diss. Berlin 1959.

ERBSE, H.: Über die Entwicklung sekundärer Karzinome durch Implantation. Inaug.-Diss. Halle/S. 1884.

ESSELIER, H. F., SCHWARZ, E., HORBER, E.: Helv. med. Acta, Ser. A **18**, 241 (1951).

EVEN, R., LECOEUR, J., SORS, C., RENAUX, J.: Pneumopathies aigues par les acides nitriques et nitreux. Bull. Soc. méd. Hôp. Paris **62**, 536 (1946).

EVEN, R., ROUJEAU, J.: Sem. Hôp. Paris **37**, 78 (1961).

FAIR, E. E., McDONALD, J. R., CLAGETT, O. T.: Production of mucus in primary neoplasms of the lung. J. thorac. Surg. **15**, 127 (1945).

FANCONI, A.: Inaug.-Diss. Zürich 1956.

FANCONI, A.: Lungenadenomatose. Schweiz. med. Wschr. **1956**, 408—412 u. 434—437.

FARBER, S. M.: Lung cancer. Springfield, Ill.: C. C. Thomas 1954.

FARBER, S. M.: Pulmonary adenomatosis. Surg. Gynec. Obstet. **99**, 483 (1954).

FARBER, S. M., McGRATH, A. K., BENIOFF, M. A., ESPEN, L. W.: The early diagnosis of primary lung cancer by cytologic methods. Dis. Chest **20**, 237—256 (1951).

FARNESS, O. J.: Coccidioidomycosis. J. Amer. med. Ass. **116**, 1749—1752 (1941).

FASANO, E., MICELI, E.: Adenomatosi maligna sistematica dei polmoni. Studio anatomo-clinico. Riv. Pat. Clin. Tuberc. **27**, 257—285 (1954).

FAUST, H.: Zur Differentialdiagnose des Alveolarzellkarzinoms (Bronchialkarzinom bzw. maligne Lungenadenomatose). Fortschr. Röntgenstr. **105**, 670—678 (1966).

FAVOUR, C. B., SOSMAN, M. C.: Erythema nodosum. Arch. intern. Med. **80**, 435—453 (1947).

FELDMAN, H. A., SABIN, A. B.: Pneumonitis of unknown etiology in group of men exposed to pigeon excreta. J. clin. Invest. **27**, 533 (1948).

FELSON, B.: Acute miliary diseases of the lung. Radiology **59**, 32—48 (1952).

FELSON, B.: The roentgen diagnosis of disseminated pulmonary alveolar disease. Seminar Roentgen **2**, 3—21 (1967).

FELSON, B., JONES, G. F., ULRICH, R. P.: Roentgenologic aspects of diffuse miliary granulomatous pneumonitis of unknown etiology; report of 12 cases with eighteen months follow-up. Amer. J. Roentgenol. **64**, 740—746 (1950).

FELSON, H., HEUBLEIN, G. W.: Some observations on diffuse pulmonary lesions. Amer. J. Roentgenol. **59**, 59—81 (1948).

FERRARI, DOLFINI: Sopra un caso di carcinosi dello scheletro di probabile origine da neoplasia polmonare pressoche latente. Clin. med. ital. **65**, 915—944 (1934).

FERRIER, P., CHAUVET, M.: L'adénomatose pulmonaire. Helv. med. Acta **23**, 192 (1956).

FEYRTER, F.: Zur Pathologie des Polysaccharidstoffwechsels im Epithel. II. Bronchialepithel und Alveolarepithel der menschlichen Lunge. Virchows Arch. path. Anat. **329**, 610—627 (1957).

FINESTONE, A. J.: Esophageal carcinoma with alveolar cell tumor of the lung. Dis. Chest **23**, 304 (1953).

FINLAND, M., JOLLIFFE, L. S., PARKER, F., JR.: Pneumonia and erythema multiforme exsudativum; report of 4 cases and 3 autopsies. Amer. J. Med. **4**, 473—492 (1948).

FINLAY, D., PARKER, R. W.: A case of primary cylindrical epithelioma of the lung. Lancet **1877 I**, 838.

FISCHER, L., REICHENOW, E.: Protozoenkrankheiten. In: Handbuch der inneren Medizin, 4. Aufl., Bd. I/2, S. 421—719. Berlin-Göttingen-Heidelberg: Springer 1952.

FISCHER, W.: Die Gewächse der Lunge und des Brustfelles. In: Henke-Lubarsch, Handbuch der speziellen pathologischen Anatomie und Histologie, Bd. III/3. Berlin: Springer 1931.

FISCHER, W.: Adenomatose und Krebsbildung bei chronischer Pneumonie des Meerschweinchens. Zbl. allg. Path. path. Anat. **94**, 555 (1956).

FISCHER-WASELS, B.: Allgemeine Geschwulstlehre. In: BETHE, Handbuch der normalen und pathologischen Physiologie, Bd. XIV/2, S. 1744. Berlin: Springer 1927.

FISCHL, J.: Severe hypertrophic pulmonary osteoarthropathy. Amer. J. Roentgenol. **64**, 42 (1950).

FISHER, J. H., HOLLEY, W. J.: Primary alveolar cell carcinoma of lung. Arch. Path. **55**, 162 (1953).

FISHMAN, A. P., EPSTEIN, B. S., GRAYZEL, D. M.: Primary alveolar cell carcinoma of the lung with pulmonary sclerosis and right heart failure. Amer. Heart J. **30**, 309—313 (1945).

FITZPATRICK, H. F., MILLER, R. E., EDGAR, M. S., BEGG, C. F.: Bronchiolar carcinoma of the lung. J. thorac. Surg. **42**, 310 (1961).

FLEISCHNER, F. G.: Der sichtbare Bronchialbaum, ein differentialdiagnostisches Symptom im Röntgenbild der Pneumonie. Fortschr. Röntgenstr. **36**, 319—323 (1927).

FORT, R. LE, BÉGHIN, R., DECOULX, P.: Cancer alvéolaire du poumon avec métastases cutanés phagédéniques. Ann. Anat. path. **15**, 59 (1938). Zit. n. MÜLLY, K.: Handbuch der inneren Medizin, 4. Aufl., Bd. IV/4, S. 266. Berlin-Göttingen-Heidelberg: Springer 1956.

FORTUNI, M. T.: Contributo alla conoscenza della forma circoscritta dell' adenomatosi polmonare primitiva. Riv. Tuberc. **12**, 117 (1964).

FRAIMOW, W., CATHCART, R. T., KIRSHNER, J. J., TAYLOR, R. C.: Pulmonary alveolar proteinosis: a correlation of pathological and physiological findings in a case followed with serial lung biopsies. Amer. J. Med. **28**, 458—467 (1960).

FRAIMOW, W., CATHCART, R. T., TAYLOR, R. C.: Physiology and clinical aspects of pulmonary alveolar proteinosis. Ann. intern. Med. **52**, 1177—1194 (1960).

FREEDMAN, B.: Pulmonary adenomatosis. Amer. Rev. Tuberc. **60**, 258—263 (1949).

FREESE, H.: Beginnende osteoplastische Lungenmetastasen eines osteogenen Sarkoms. Fortschr. Röntgenstr. **81**, 87 (1954).

FREY, E. K., LÜDEKE, H.: Adenokarzinome. Im Kapitel: Bösartige Lungengeschwülste. In: DERRA, E. (Hrsg.), Handbuch der Thoraxchirurgie, Bd. III/2, S. 580—583. Berlin-Göttingen-Heidelberg: Springer 1958.

FREY, W.: Die korpuskulären Zerfallsprodukte von Radon und die Lunge. Zbl. biol. Aerosol-Forsch. **12**, 1—11 (1964).

FRICSAY-TELBISZ, M. v.: Die pulmonale Form des Lupus erythematodes disseminatus acutus. Schweiz. med. Wschr. **1956**, 269—273.

FRIED, B. M.: The origin of macrophages in the lung. Arch. Path. **3**, 721 (1927).

FRIED, B. M.: The defensive and metabolic apparatus of the lungs. Arch. Path. **16**, 1008 (1928).

FRIED, B. M.: Primary carcinoma of the lung. Medicine (St. Louis) **10**, 373 (1931).

FRIED, B. M.: The lungs and the macrophage system. Arch. Path. **17**, 76 (1934).

FRIED, B. M.: Tumors of the lungs and mediastinum. Philadelphia: Lea & Febiger 1958.

FRIEDBERG, S. A.: Hemoptysis secondary to chronic mediastinal venous obstruction. Ann. Otol. (St. Louis) **57**, 897—909 (1948).

Friederici, L., Solbach, A.: Primäres Lungenalveolarkarzinom mit bemerkenswerten klinischen Erscheinungen. Zbl. allg. Path. path. Anat. **89**, 109 (1952).

Frissell, L. F., Knox, L. C.: Primary carcinoma of the lung. Amer. J. Cancer **30**, 219 (1937).

Fruhling, L., Horrenberger, D.: Symposium sur le cancer du poumon. Strasbourg méd. **3**, 345—372 (1952).

Fütterer: Über die Ätiologie der Carcinome. Wiesbaden: Bergmann 1901.

Furcolow, M. L.: Development of calcification in pulmonary lesions associated with sensitivity to histoplasma. Publ. Hlth Rep. (Wash.) **64**, 1363—1393 (1949).

Furcolow, M. L.: Further observations on histoplasmosis; mycology and bacteriology. Publ. Hlth Rep. (Wash.) **65**, 965—994 (1950).

Furcolow, M. L., Mantz, H. L., Lewis, I.: Roentgenographic appearance of persistent pulmonary infiltration associated with sensitivity to histoplasmin. Publ. Hlth Rep. (Wash.) **62**, 1711—1718 (1947).

Furth, J.: Experiments on the spread of neoplastic cells through the respiratory passages. Amer. J. Path. **22**, 1101—1107 (1946).

Fux, B. B.: Intrabronchial dissemination of malignant adenomatosis of the lung. Arch. Path. **19**, 46 (1957).

Gadekar, N. G.: Radiological diagnosis of primary lung tumours. Indian J. Radiol. **12**, 1—15 (1958).

Gagné, F.: Epithélioma alvéolaire primitif diffus du poumon. Une nouvelle observation. Bull. Ass. franç. Cancer **37**, 260—272 (1950).

Galuzzi, S., Payne, P. M.: Bronchial carcinoma: a statistical study of 741 necropsies with special reference to the distribution of blood-borne metastases. Brit. J. Cancer **9**, 511—527 (1955).

Galy, P.: Tumeurs broncho-pulmonaires. Paris: Masson éd. 1955.

Galy, P., Baud, C. A., Duprez, A.: Prolifération épithéliale bronchique intraalvéolaire (Adénomatose et cancer). Bull. Histol. appl. Lyon **9**, 175 (1947).

Gardiol, D.: Le carcinome pulmonaire de type alvéolaire. Poumon **9**, 519—545 (1953); Thèse de Lausanne 1954.

Gardiol, D., Jallut, O.: Étude histologique du carcinome pulmonaire de type alvéolaire, à propos d'un cas à structure épidermoïde. Ref.: Ber. allg. spez. Path. **33**, 56 (1957).

Gay, F. P.: Tissue resistance and immunity. J. Amer. med. Ass. **97**, 1943 (1931).

Gazayerli, M. El: On the nature of the pulmonary alveolar lining and the origin of the alveolar phagocyte. J. Path. Bact. **43**, 357—366 (1936).

Geever, F. E.: Miliary calcification of the lung. Amer. J. Roentgenol. **49**, 777—782 (1943).

Geever, E. F., Carter, H. R., Neubuerger, K. T., Schmidt, E. A.: Roentgenologic and pathologic aspects of pulmonary tumors probably alveolar in origin. With report of 6 cases one of them complicated by torulosis of the central nervous system. Radiology **44**, 319—327 (1945).

Geever, E. F., Neubuerger, K. T., Davis, C. L.: The pulmonary alveolar lining under various pathologic conditions in man and animals. Amer. J. Path. **19**, 913—930 (1943).

Geever, E. F., Neubuerger, K. T., Rutledge, E. K.: Atypical pulmonary inflammatory reactions. Dis. Chest **19**, 325—338 (1951).

Gellis, S. S., Reinhold, J. L. D., Green, S.: Use of aspiration lung puncture in diagnosis of idiopathic pulmonary hemosiderosis. Amer. J. Dis. Child. **85**, 303—307 (1953).

Georgii, A., Eymer, K. P.: Über die alveoläre Lungenproteinose. Ergebn. inn. Med. Kinderheilk. **20**, 258 (1963).

Gepts, W.: Pulmonary adenomatosis; report of a case demonstrating peculiar histologic changes in certain bronchioles. Arch. Path. **52**, 473—479 (1951).

Geschickter, C. F., Denison, R.: Primary carcinoma of the lung. Amer. J. Cancer **22**, 854—877 (1934).

Giese, W.: Die Atemorgane. In: Kaufmann, E., Staemmler, M., Lehrbuch der speziellen pathologischen Anatomie, 11. u. 12. Aufl., Bd. II/3, S. 1417—1984. Berlin: W. de Gruyter 1960.

Glancy, D. L., Frazier, P. D., Robert, W. C.: Pulmonary parenchymal cholesterol-ester granulomas with pulmonary hypertension. Amer. J. Med. **45**, 198 (1968).

Gloor, W.: Beitrag zur Differentialdiagnose der Miliartuberkulose und der miliaren Carcinosis der Lunge. Schweiz. med. Wschr. **1929**, 151.

Godlee, R. J.: Two cases in which epithelioma recurred in the lung. Trans. path. Soc. Lond. **32**, 27 (1881).

Gödel, A.: Primäres diffuses Lungenkarzinom. Frankfurt. Z. Path. **29**, 392—397 (1923).

Golden, A.: Pathologic anatomy of "atypical pneumonia, etiology undetermined"; acute interstitial pneumonitis. Arch. Path. **38**, 187—202 (1944).

Goldman, A.: Carcinoma of the lung of long duration. Medico-surgical tributes to G. Brunn. Berkeley: Univ. California Press 1942.

Good, C. A., McDonald, J. R., Clagett, O. T., Griffith, E. R.: Alveolar cell tumors of the lung. Amer. J. Roentgenol. **64**, 1—19 (1950).

Good, H.: Diagnose und Therapie der benignen und malignen Lungentumoren. HNO (Berl.) **2**, 340 (1951).

Goodwin, T. C.: Lipoid cell pneumonia. Amer. J. Dis. Child. **48**, 309—336 (1934).

Gordon, A. K.: Note on a case of primary diffuse alveolar carcinoma of the lung. Lancet **1920 II**, 501—502.

Gordon, C. E., Brandt, D. H., Holl, J. M.: Pulmonary neoplasm, a symposium. III. Analysis of a series occuring on a thoracic surgery service. Tex. J. Med. **45**, 812 (1949).

Gorianowa, R. G., Schabad, L. M.: Zur Frage der multiplen primären Geschwülste. Z. Krebsforsch. **33**, 594 (1931).

Gornack, K. A., Timofeeva, A. P., Schtyren, M. J.: Zum Problem der malignen Lungenadenomatose. Klin. Med. (Mosk.) **32**, 66 (1954).

Gozzuti, G.: Polmone cistico e neoplasia di origine alveolare. Clin. med. ital. **68**, 497 (1937).

Graber, K.: Beitrag zur Histopathologie des primären Lungenkrebses. Zbl. allg. Path. path. Anat. **77**, 93 (1941).

Graber, K.: Alveolar cell tumor of the human lung. Arch. Path. **33**, 551—569 (1942).

Grady, H. G., Stewart, H. L.: Histogenesis of induced pulmonary tumors in a strain of mice. Amer. J. Path. **16**, 417 (1940).

Graef, I.: Studies in lipid pneumonia. Arch. Path. **28**, 613—667 (1939).

Gräff, S.: Das Kavernenkarzinom, seine Bedeutung für den Arzt und für die Begutachtung. Dtsch. med. Wschr. **1947**, 465.

Graham, E. A.: Symposium on clinical surgery: problem of bronchiogenic carcinoma. Surg. Clin. N. Amer. **30**, 1259—1277 (1950).

GRAY, S. H., CORDONNIER, J.: Early carcinoma of the lung. Arch. Surg. 19, 1618—1626 (1929).
GREENSPAN, R. H.: Chronic disseminated alveolar disease of the lung. Seminar Roentgen 2, 77—97 (1967).
GRIFFIN, A. C., BRANDT, E. L., TATUM, E. L.: Induction of tumors with nitrogen mustard. Cancer Res. 11, 253 (1951).
GRIFFITH, E. R.: Alveolar cell carcinoma of the lung. Thesis Graduate School, Univ. of Minnesota 1949.
GRIFFITH, E. R., MCDONALD, J. R., CLAGETT, O. T.: Alveolar cell tumors of the lung. J. thorac. Surg. 20, 949—960 (1950); Collected papers of the Proc. Mayo Clin. 42, 456—458 (1950).
GROPUZZO, P., FERRANTI, G.: Considerazioni su due casi di adenomatosi polmonare (o carcinoma e cellule alveolare). Chir. torac. 21, 136 (1968).
GRUMBACH, A.: Tumeurs épithéliales du poumon chez le cobaye à la suite d'injection d'un coryné — bacille diphtheroide. Bull. Ass. franç. Cancer (Paris) 15, 213—237 (1926).
GRUNZE, H.: Klinische Zytologie von Tumorkrankheiten. Stuttgart: F. Enke 1955.
GRUNZE, H.: Tumoren der Thoraxorgane. In: BARTELHEIMER, H., u. MAURER, H.-J. (Hrsg.), Diagnostik der Geschwulstkrankheiten, S. 358—492. Stuttgart: G. Thieme 1962.
GSELL, O.: Miliare generalisierte Granulomatose mit eingelagertem Amyloid. Beitr. path. Anat. 81, 426—440 (1928).
GÜTHERT, H.: Die alveolarzellige Pneumonie bei Psittakose. Virchows Arch. path. Anat. 302, 707—716 (1938).
GUIMARÃES, U. P.: Treatment of miscellaneous malignant tumor of the lung. Alveolar cell carcinoma, sarcoma, hamartoma, and mesothelioma. In: PACK, G. T., and ARIEL, I. M. (eds.), Treatment of cancer and allied diseases, 2nd edit., vol. IV, p. 465—475. New York: Harper & Row 1964.
GUIYSSEL-PÉLISSIER, A.: Origine épithéliale de la cellule à poussière des alvéoles poumon. C. R. Soc. Biol. (Paris) 82, 1215 (1919).
GUNKEL, P.: Epithelmetaplasie der Lungenalveolen auf entzündlicher Basis. Virchows Arch. path. Anat. 226, 310 (1927).
GYEPES, M. T., BENNETT, L. R., HASSAKIS, P. C.: Regional pulmonary blood flow in cystic fibrosis. Amer. J. Roentgenol. 106, 567—575 (1969).
HABERLAND, U.: Das periphere Alveolar-(Bronchiolar)zellkarzinom in Lungennarben. Inaug.-Diss. Berlin 1964.
HACKL, H.: Über die Metastasen bei 1000 obduzierten Bronchuskarzinomen. Med. Mschr. 23, 490—494 (1969).
HAEMMERLI, U.: Diffuse progressive interstitielle Lungenfibrose (Hamman-Rich). Schweiz. med. Wschr. 85, 597 (1955).
HAENSELT, V.: Das Narbenkarzinom in der Lunge. Habil.-Schr. Erfurt 1966.
HAENSELT, V.: Das periphere Narbenkarzinom der Lunge. Med. Bild 10, 80 (1967).
HAM, A. W., BALDWIN, K. W.: A histological study of the development of the lung with particular reference to the nature of the alveoli. Anat. Rec. 81, 363 (1941).
HAMBACH, R.: Über ein schleimbildendes Pankreaskarzinom mit Lungenmetastasen. Zbl. allg. Path. Anat. 94, 455 (1956).
HAMIL, B. M.: Bronchopulmonary mycosis: simultaneous primary occurrence in four children and their mother with subsequent healing by diffuse miliary calcification after twelve year observation. Amer. J. Dis. Child. 79, 233—271 (1950).

HAMMAN, L., RICH, A. R.: Acute diffuse interstitial fibrosis of lungs. Bull. Johns Hopk. Hosp. 74, 177—212 (1944).
HAMMER, O.: Über die seltene Syntropie von Retothelsarkomatose mit Magentuberkulose und Lungenadenomatose (Alveolarkarzinom) mit Lungentuberkulose. Med. Welt 1962, 1097—1103.
HAMPERL, H.: Über gutartige Bronchialgeschwülste (Cylindrome und Carcinoide). Virchows Arch. path. Anat. 300, 46 (1937).
HAMPERL, H.: Lungengeschwülste. Strahlentherapie 86, 377 (1952).
HAMPERL, H.: Die Morphologie der Tumoren. In: Handbuch der allgemeinen Pathologie, Bd. VI/3, S. 18—106. Berlin-Göttingen-Heidelberg: Springer 1965.
HAMPTON, A. O., PRANDONI, A. G., KING, J. T.: Pulmonary embolism from obscure sources. Bull. Johns Hopk. Hosp. 76, 245—273 (1945).
HANBURY, W. J., HILL, I. M.: Localized "alveolar cell" tumour with bronchial involvement. Thorax (Lond.) 11, 135—140 (1956).
HANSEMANN, D. v.: Die mikroskopische Diagnose der bösartigen Geschwülste. Berlin: 1897.
HANSEMANN, D. v.: Die Lymphangitis reticularis der Lungen als selbständige Erkrankung. Virchows Arch. path. Anat. 220, 311 (1915).
HANSSEN, N.: Transitory lung infiltration with eosinophilia. Acta radiol. (Stockh.) 18, 207—212 (1937).
HARRISON, B. B.: Influenzal pneumonia recent experiences. Brit. J. Radiol. 24, 392—397 (1951).
HARRISON, E. G., DIVERTIE, M. B., OLSEN, A. M.: Pulmonary alveolar proteinosis. Report of a case with fatal outcome. J. Amer. med. Ass. 173, 327—332 (1960).
HASLHOFER, L.: Mukoides Adenokarzinom mit diffuser Metastasierung in den Lungen. Zbl. allg. path. Anat. 90, 149 (1953).
HATFIELD, W. H., HILL, J. E.: Pulmonary adenomatosis with a new laboratory finding. Amer. J. Roentgenol. 62, 525—530 (1949).
HAUBRICH, R.: Über einseitige Lungenstauung. Fortschr. Röntgenstr. 71, 571—577 (1949).
HAUBRICH, R.: Über die miliare Lungenhämosiderose mit partieller Verknöcherung. Fortschr. Röntgenstr. 81, 440 (1954).
HAUBRICH, R., HARMS, I.: Das Alveolarzell-Carcinom. Radiologe 11, 169—179 (1971).
HAUBRICH, R., VERSEN, E.: Über die miliare Lungenhämosiderose (I). Fortschr. Röntgenstr. 81, 345—354 (1954).
HAWKINS: Miliary carcinoma of the lung. Brit. J. Tuberc. 41, 48 (1947).
HAWKINS, J. A., HANSEN, J. E., HOWBERT, J.: A clinical study of bronchiolar carcinoma. Amer. Rev. resp. Dis. 88, 1 (1963).
HAWKINS, J. E., SAVARD, E. V., RAMIREZ-RIVERA, J.: Pulmonary alveolar proteinosis. Amer. J. clin. Path. 48, 14 (1967).
HAYEK, H. v.: Über Bau und Funktion der Alveolarepithelzellen. Anat. Anz. 93, 149 (1942).
HAYEK, H. v.: Die menschliche Lunge. Berlin-Göttingen-Heidelberg: Springer 1953.
HECK, H.: Alveolarzellkarzinom und Lungenfibrose. Zbl. allg. Path. path. Anat. 104, 495 (1963).
HECKER, H. v., KELLNER, F.: Zur Diagnostik der Lungenzystizerkose beim Lebenden. Fortschr. Röntgenstr. 39, 624 (1929).
HEDINGER, E.: Über ungewöhnlich verlaufende primäre Lungenkarzinome. Schweiz. med. Wschr. 1923, 165.

HEDINGER, E.: Über Multiplizität von Geschwülsten, periodisches Wachstum und Geschwulstbildung. Schweiz. med. Wschr. **1923**, 1016.

HEGGLIN, R.: Differentialdiagnose innerer Erkrankungen. Stuttgart: G. Thieme 1963.

HEIMAN, H. L., SAMUEL, E.: Pulmonary adenomatosis. Case report. S. Afr. med. J. **1953**, 934.

HEIMANN, R., GOMPEL, G.: Le carcinome alvéolaire du poumon. Présentation de 3 cas suivie d'une discussion critique du concept. Bull. Ass. franç. Cancer **47**, 96 (1960).

HEINE, J.: Mikrokarzinome der Lunge. Z. ges. inn. Med. **7**, 331 (1952).

HELLY, K.: Ein seltener primärer Lungentumor. Z. Heilk., Abt. path. Anat. **28**, 105—110 (1907).

HENNIG, K., WOLLER, P., THOMAS, E.: Szintigraphische und ergospirographische Untersuchungsergebnisse bei der Lungensarkoidose (M. Boeck). Z. Erkr. Atmungsorg. **130**, 227—236 (1969).

HENSEL, F. G.: Miliares Lungenröntgenogramm als Ausdruck einer Fibrose und Granulombildung bei Lungenmykose. Samml. seltener klin. Fälle, Heft 11. Leipzig: VEB Thieme 1955.

HERBUT, P. A.: Bronchiolar origin of "alveolar cell tumor" of the lung. Amer. J. Path. **20**, 911—929 (1944).

HERBUT, P. A.: "Alveolar cell tumors" of the lungs. Further evidence of its bronchiolar origin. Arch. Path. **41**, 175—184 (1946).

HERMANN, B., HEIM, W.: Carcinoma bronchialare multiplex. Beitrag zur Entstehung des Narbenkrebses. Z. ges. inn. Med. **17**, 322 (1962).

HERRNHEISER, G.: Zur Röntgendiagnostik des Lungenödems. Fortschr. Röntgenstr. **89**, 125—135 (1958).

HESTON, W. E.: Relationship between susceptibility to induced pulmonary tumors and certain known genes in mice. J. nat. Cancer. Inst. **2**, 127—132 (1941).

HESTON, W. E.: Carcinogenic action of the mustards. Cancer Res. **10**, 224 (1950).

HEWER, T. F.: The metastatic origin of alveolar cell tumours of the lung. J. Path. Bact. (Edinb.) **81**, 323 (1961).

HEWLETT, T. H., GOMEZ, A. C., ARONSTAM, E., STEER, A.: Bronchiolar carcinoma of the lung. J. thorac. cardiovasc. Surg. **48**, 614 (1964).

HILDEBRAND, E.: Pulmonary adenomatosis. Amer. Rev. Tuberc. **57**, 281—286 (1948).

HINSHAW, H. C., GARLAND, L. H.: Diseases of the chest. Philadelphia and London: W. B. Saunders Co. 1965.

HIRSCH, E. F., COLEMAN, G. H.: Acute miliary torulosis of the lungs. J. Amer. med. Ass. **92**, 437—438 (1929).

HIRSCHBOECK, J. S.: Unusual manifestations of infectious mononucleosis. Marquette med. Rev. **13**, 45—48 (1948).

HITZ, H. B., OESTERLIN, E.: A case of multiple papillomata of the larynx with aerial metastases to lungs. Amer. J. Path. **8**, 333—338 (1932).

HOAGLAND, R. J., GILL, E.: Die diagnostischen Kriterien der infektiösen Mononukleose. Dtsch. med. Wschr. **80**, 214—216 (1955).

HOESSLY, G. F.: Über Differenzierung in oat-cell Carcinomen der Lunge. Schweiz. Z. Path. **10**, 302—308 (1947).

HOLLÓSI, K., SZÁM, I.: Über die Entwicklung eines Lungenkrebses auf Grund sklerodermischer Lungenfibrose. Wien. Z. inn. Med. **41**, 434—440 (1960).

HOLLÓSI, K., SZÁM, I., GERÖ, A.: Sklerodermische Lungenfibrose und Lungencarcinom. Orv. Hétil. **101**, 1108—1111 (1960).

HORN, O.: Primäres Adeno-Carcinom der Lunge mit Flimmerepithel in der Lunge. Hospitals tidende März 1907; Ref. Zbl. allg. Path. path. Anat. **28**, 623 (1907).

HORRELL, J. B., HOWE, J. S.: Multiple microscopic primary bronchiolar carcinomas. Cancer (Philad.) **5**, 911—920 (1952).

HUECK, W.: Über Verkalkung der Alveolarepithelien. Zbl. allg. Path. path. Anat. **24**, 148—156 (1913).

HUEPER, W.: Primary gelatinous cylindrical cell carcinoma of the lung. Amer. J. Path. **2**, 81 (1926).

HUFFORD, C. E., APPLEBAUM, A. A.: Atypical pneumonia of probable virus origin. Radiology **40**, 351—360 (1943).

HUGONOT, FERRABOUC, L., GUICHÊNE, P., PARNET, J.: Métastase pulmonaire fébrile, expression clinique d'un cancer méconnu du pancréas. Soc. méd. milit. France 11. Juni 1936.

HUGUENIN, A., CHARLES, VENEZIA, F.: Images pseudotuberculeuses micronodulaires au cours d'une pneumopathie aigué. Algérie méd. **536**, 157—160 (1949).

HUGUENIN, R., DELARUE, J.: Remarques sur les épithéliomes primitifs du poumon à cellules mucipares. Ann. Anat. path. **10**, 440—444 (1933).

HUTCHINSON, H. E.: Pulmonary adenomatosis and alveolar cell carcinoma. A review. Cancer (Philad.) **5**, 884—907 (1952).

HUTCHINSON, H. E., FRASER, K.: Pulmonary adenomatosis. Brit. J. Surg. **41**, 1 (1953).

IDSTROM, L. G., ROSENBERG, B.: Primary atypical pneumonia. Bull. U. S. Army med. Dep. **81**, 88—92 (1944).

IKEDA, K.: Lipoid pneumonia of the adult type (paraffinoma of the lung). Report of five cases. Arch. Path. **23**, 470—492 (1937).

IKEDA, K.: Alveolar cell carcinoma of the lung. Amer. J. clin. Path. **15**, 50—63 (1945).

INGEGNO, A. P., D'ALBORA, J. B., EDSON, J. N., CIANQUINTO, P. J.: Pneumonia associated with acute salmonellosis; report of case of salmonella bronchopneumonia and 14 cases of interstitial pneumonia. Arch. intern. Med. **81**, 476—484 (1948).

INVALDI, A., RAZZETTA, E. N.: Imagenes radiográficas nodulares en el sarampion. Arch. argent. Pediat. **23**, 28—30 (1952).

ISRAEL: Virchows Arch. path. Anat. **74**, 15 (1878); **78**, 421 (1879).

JACKMAN, R. J., GOOD, C. A., CLAGETT, O. T., WOOLNER, L. B.: Survival rates in peripheral bronchogenic carcinomas up to four centimeters in diameter presenting as solitary pulmonary nodule. J. thorac. cardiovasc. Surg. **57**, 1—8 (1969).

JACOBAEUS, U., OLHAGEN, B., RUDHE, U., VESTIN, B.: Pulmonary alveolar adenomatosis with report of a case diagnosed in Sweden. Acta med. scand. **145**, 278—286 (1953).

JACOBSON, G., DENLINGER, R. B., CARTER, R. A.: Roentgen manifestations of Q-fever. Radiology **53**, 739—748 (1949).

JAEDKE, W., BEHRENS, D.: Verkalkende Lebermetastasen eines Magenkarzinoms. Zugleich ein Beitrag zur Frage der Kalkablagerung in schleimbildenden Karzinomen. Fortschr. Röntgenstr. **98**, 542—548 (1963).

JAFFÉ, R.: The primary carcinoma of the lung. J. Lab. clin. Med. **20**, 1227 (1935).

JAFFÉ, R.: Histological findings in lungs and livers of rats treated with ethyl urethane. Cancer Res. **7**, 111 (1947).

JAFFÉ, R.: Possible linkage between the development of local tumors and pulmonary adenomas induced by methylcholanthrene in non-inbred mice. Cancer Res. 7, 117—119 (1947).

JAKOB, W.: Die Pathologie der Lungenadenomatose des Schafes im Vergleich zu den Alveolarzelltumoren des Menschen. Gegenbaurs morph. Jb. 109, 63—65 (1966).

JELLINGER, K., ZEITLHOFER, J.: Krebsarzt (Wien) 18, 323 (1963).

JENNINGS, G. H.: Lung alveolar tumors: a report of two cases. Thorax (Lond.) 3, 174—184 (1948).

JOHANSEN, C., OLSEN, S.: "Alveolar-cell" carcinoma. Intraalveolar propagation of primary and secondary tumours in the lung. Acta path. microbiol. scand. 41, 187 (1957).

JOHNSON, C. C., HANSON, N. O., GOOD, C. A.: Erythema nodosum: The possible significance of associated pulmonary hilar adenopathy. Ann. intern. Med. 34, 983—997 (1951).

JONSSON, S. M., HOUSER, J. M.: Scleroderma (progressive systemic sclerosis) associated with cancer of the lung. New Engl. J. Med. 255, 413—416 (1956).

JORDE, W.: Über die pulmonale alveoläre Proteinose. In: HAUSSER, R. (Hrsg.), Blasige Lungenerkrankungen. Stuttgart: G.Thieme 1968.

JOSEPH, H. O.: Ein Beitrag zur Lungenadenomatose (Alveolarzellkarzinom). Ärztl. Wschr. 11, 934 (1956).

KAHLAU, G.: Experimentelle Erzeugung von Lungentumoren durch Radiumemanation. Verh. dtsch. path. Ges. 1948, 379.

KAHLAU, G.: Der Lungenkrebs. Erg. allg. Path. path. Anat. 37, 258—419 (1954).

KAINBERGER, F.: Klin. Med. 8 (1955).

KAINBERGER, F.: Ein Beitrag zur malignen Lungenadenomatose. Fortschr. Röntgenstr. 85, 576—579 (1956).

KAISER, A.: Polyphänie miliarer und pseudomiliarretikulärer Bilder. Kinderärztl. Praxis 18, 452—466 (1950).

KARSNER, H. T.: Human pathology, 7th. edition. Philadelphia: I. B. Lippincott & Co. 1949.

KELLER, A. E., HILLSTROM, H. T., GASS, R. S.: The lungs of children with ascaris: roentgenologic study. J. Amer. med. Ass. 99, 1249—1251 (1932).

KELLNER, B.: Die Diagnose der Krebsmetastasen auf Grund des histologischen Befundes der Primärgeschwulst. Z. Krebsforsch. 51, 36—56 (1941).

KELLNER, B.: Die Morphologie der Carcinome mit besonderer Rücksicht auf die Disjunktion der Geschwulstzellen. Z. Krebsforsch. 49, 633 (1950).

KENAWY, M. R.: Syndrome of cardiopulmonary schistosomiasis (Cor pulmonale). Amer. Heart J. 39, 678—696 (1950).

KENNAMER, R.: Pulmonary adenomatosis. J. Amer. med. Ass. 145, 815 (1951).

KENT, J. V.: Primary alveolar cell carcinoma of the lung. Brit. J. Radiol. 24, No. 280 (1951).

KERLEY, P.: Etiology of erythema nodosum. Brit. J. Radiol. 16, 199—204 (1943).

KERN, R. A., LEWINSKY, W. J., CURRAN, R. A.: Fluid, electrolyte and protein depletion secondary to bronchorrhea of pulmonary adenomatosis — a complication heretofore unreported. Amer. J. med. Sci. 223, 512 (1952).

KESSLER, C. R.: Amer. Surg. 24, 793 (1958).

KING, D. S.: Non-tuberculous miliary lesions of the lung. Int. Clin. 1, 115—118 (1938).

KING, D. S.: Roentgenograms of diffuse pulmonary lesions. Amer. Rev. Tuberc. 60, 536—538 (1949).

KING, J. C., CAROLL, D. S.: Pulmonary adenomatosis. Radiology 55, 669—679 (1950).

KING, L. S.: Atypical proliferation of bronchiolar epithelium. Arch. Path. (Chicago) 58, 59—70 (1964).

KIRKLIN, J. W., MCDONALD, J. R.: Med. Clin. N. Amer. 38, 1139 (1954).

KISCHKEL, U.: Über die Diagnose „Alveolarzellkarzinom der Lunge". Inaug.-Diss. Leipzig 1958.

KISCHKEL, U.: Unter dem Bild eines sog. Alveolarzellkarzinoms metastasierende Hypernephrome. Zbl. allg. Path. Anat. 98, 385 (1958).

KITTREDGE, R. D., SHERMAN, R. S.: Roentgen findings in terminal bronchiolar carcinoma. Amer. J. Roentgenol. 87, 875—883 (1962).

KLATSKIN, G., YESNER, R.: Hepatic manifestations of sarcoidosis and other granulomatous diseases. A study based on histological examination of tissue obtained by needle biopsy of the liver. Yale J. Biol. Med. 23, 207—248 (1950).

KLOTZ, M. O.: Primary carcinoma of the lung. Amer. J. med. Sci. 196, 436—454 (1938).

KNIERIEM, H.: Über ein primäres Lungencarcinom. Verh. dtsch. path. Ges. 13, 407—410 (1909).

KNUDSON, R. J., HATCH, H. B., MITCHELL, W. T., OCHSNER, A.: Unusual cancer of the lung. II. Bronchiolar carcinoma of the lung. Dis. Chest 48, 628—633 (1965).

KOCK, G. DE: Are the lesions of jaagziekte in sheep of nature of a neoplasm? Amer. Rep. Dis. Vet. Service, Sect. V—IX 2, 611 (1929).

KOLTOWER, A. N.: Arch. Path. 13, 52 (1952).

KORNBLUM, D., FIENBERG, R.: Roentgen manifestation of necrotizing granulomatosis and angiitis of the lungs. Amer. J. Roentgenol. 74, 587—592 (1955).

KOTIN, P., FALK, H. L.: II. The experimental induction of pulmonary tumors in strain-A mice after their exposure to an atmosphere of ozonized gasoline. Cancer (Philad.) 9, 910—917 (1956).

KOTIN, P., FALK, H. L., MCCAMMON, C. J.: III. The experimental induction of pulmonary tumors and changes in the respiratory epithelium in C 57 BL mice following their exposure to an atmosphere of ozonized gasoline. Cancer (Philad.) 11, 473—481 (1958).

KRESS, M. B., ALLAN, W. B.: Bronchiolo-alveolar tumors of the lung. Bull. Johns Hopk. Hosp. 112, 115—142 (1963).

KRETSCHMER, W. H.: Über ein primäres Lungencarcinom. Inaug.-Diss. Leipzig 1904.

KRETSCHMER, W. H.: Alveolar cell tumor of the lung. Arch. Path. 33, 551—569 (1942).

KREYBERG, L.: One hundred consecutive primary epithelial lung tumors. Brit. J. Cancer 6, 112—119 (1952).

KREYBERG, L.: Main histological types of primary epithelial lung tumours. Brit. J. Cancer 15, 206—210 (1961).

KREYBERG, L., SAXÉN, E.: A comparison of lung tumour types in Finland and Norway. Brit. J. Cancer 15, 211—214 (1961).

KRIENITZ, W.: Ein Fall von Adenom der Lunge. Inaug.-Diss. Halle/S. 1903.

KRÜCKENMEYER, K.: Über ein Mikrokarzinom des Bronchus. Ärztl. Wschr. 1955, 1036.

KURPAT, D., ROTHE, G., BAUDREXL, A.: Pathologie und Klinik des als Rundherd in Erscheinung tretenden Alveolarzellcarcinoms. Z. Tuberk. 127, 161 (1967).

LACKEY, R. W.: Pulmonary adenomatosis (alveolarcell tumors). A report of two cases. Radiology 58, 215—220 (1952).

LA DUE, J. S.: Bronchiolitis fibrosa obliterans; report of case. Arch. intern. Med. 69, 663—673 (1941).

LAGÈZE, P., TOURAINE, R. G.: L'épithélioma bronchique périphérique primitif de type glandulaire avec lymphangite cancéreuse pulmonaire diffuse. J. franç. Méd. Chir. thor. 9, 357—362 (1959).

LAIPPLY, T. C.: Bronchiolar (alveolar cell) tumors of the lung. In: WARTMANN, W. B. (ed.), Year book of pathology and clinical pathology 1953/54, p. 109—115. Chicago: Year Book Publishers 1954.

LAIPPLY, T. C., FISHER, C. I.: Primary alveolar-cell tumors of the lung. Arch. Path. 48, 107—118 (1949).

LAIPPLY, T. C., SHERRICK, J. C., CAPE, W. E.: Bronchiolar (alveolar cell) tumors. Arch. Path. 59, 35—50 (1955).

LAMPE, I., ZATZKIN, H.: Lungenmetastase eines pseudoadenomatösen Basalzellencarcinoma (Schleim- und Speicheldrüsentumor). Radiology 53, 379 (1949).

LANDES, G., LEICHER, F.: Zum Krankheitsbild der Mikrolithiasis alveolaris pulmonum. Ärztl. Wschr. 3, 692 (1948).

LANDIS, F. B., ROSE, H. D., STERNLIEB, R. O.: Pulmonary alveolar proteinosis: a case report with unusual clinical and laboratory manifestations. Amer. Rev. resp. Dis. 80, 249 (1959).

LANG, F. G.: Über Gewebskulturen der Lunge. Arch. exp. Zellforsch. 2, 93 (1925).

LANG, F. J.: The reaction of lung tissue to tuberculous infection in vitro. J. infect. Dis. 37, 430—442 (1925).

LANGE: Untersuchungen über das Epithel der Lungenalveolen. Frankfurt. Z. Path. 3, 170 (1909).

LANGER, E.: Lungenadenomatose. Beitr. Klin. Tuberk. 124, 39—45 (1961).

LANGER, E.: Lungenadenomatose. (Morphologie und Pathogenese). Verh. Ber. Dtsch. Tuberk.-Tgg 1960, S. 39. Berlin-Göttingen-Heidelberg: Springer 1961.

LANGER, E., GUSMANO, G.: Zur Morphologie epithelialer Lungengeschwülste nach Untersuchungen am Operationsmaterial. Z. Krebsforsch. 60, 259—277 (1955).

LANGER, F., WILLMANN, K. H.: Beitrag zum sog. Alveolarzellkarzinom (Lungenadenomatose). Fortschr. Röntgenstr. 82, 64 (1955).

LAPP, H., LÜTHGERATH, F.: Über das diffuse schleimbildende Zylinderzellkarzinom der Lunge. Tuberk.-Arzt 8, 333—340 (1954).

LARSON, R. K., GORDINIER, R.: Pulmonary alveolar proteinosis. Report of six cases. Review of the literature and formulation of a new theory. Ann. intern. Med. 62, 292 (1965).

LAUCHE, A.: Entzündungen der Lunge. In: HENKE, F., LUBARSCH, O. (Hrsg.), Handbuch der speziellen pathologischen Anatomie und Histologie, Bd. III/1. Berlin: Springer 1928.

LEFORT, R., BÉGHIN, R., DECOULX, P.: Alveoläres Lungenkarzinom mit Hautmetastasen. Ann. d' Anat. path. (Paris) 19, 59 (1938).

LEICHER, F.: Über eine generalisierte Lungenerkrankung mit Konkrementbildung (Microlithiasis alveolaris polmonum). Zbl. allg. Path. Anat. path. 85, 49—62 (1949).

LELL, W. A., CRANE, A. R.: Pulmonary alveolar adenomatosis. Report of 5 cases. Ann. Otol. (St. Louis) 63, 1099 (1954).

LENNARTZ, K. J., THEUNE, J. H., VENRATH, H.: Lungenfunktion und anatomische Besonderheiten bei dem Alveolarzellkarzinom (Lungenadenomatose). Beitr. Klin. Tuberk. 131, 121—130 (1965).

LESBOURIES, BONNAC: La bouchite du mouton. Rec. Méd. vét. 1940, 116.

LESCHKE, H.: Die Zunahme des Bronchialkarzinoms in einer Sektionsstatistik (1895—1950). Virchows Arch. path. Anat. 321, 101—120 (1952).

LESTER, W. P., JUHL, J.: Pulmonary adenomatosis: Further roentgen observations. Radiology 55, 681 (1950).

LESTER, W. P., RITCHIE, G.: Radiology 47, 334 (1946).

LETULLE, M., JACQUELIN, A.: Les embolies bronchiques cancéreuses. Presse méd. 84, 825—826 (1924).

LEUBA, E.: Sur les tumeurs congénitales de poumon. Adénome congénital. Thèse de Génève 1909.

LEVINSON, D. C., GIBBS, J., BEARDWOOD, J. T.: Ornithosis as cause of sporadic atypical pneumonia. J. Amer. med. Ass. 126, 1079—1084 (1944).

LEVINSKY, W. J.: Fluid, electrolyte, and protein depletion secondary to the bronchorrhea of pulmonary adenomatosis. Amer. J. med. Sci. 223, 512 (1952).

LIAVAAG, K.: So-called alveolar cell tumor. Nord. Med. 42, 1276—1277 (1949).

LIEBAU, H.: Benigne und semimaligne Tumoren der Bronchien und der Lungen. In: Lungenerkrankungen im Röntgenbild, Bd. II, S. 119—138. Stuttgart: G. Thieme 1958.

LIEBOW, A. A.: Tumors of the lower respiratory tract: Atlas of tumor pathology. Sect. V, Fasc. 17, p. 53ff. Washington: Armed Forces Inst. Pathol. 1952.

LIEBOW, A. A.: Bronchiolo-alveolar carcinoma. Advanc. intern. Med. 10, 329—358 (1960).

LINDBERG, K.: Formale Genese des Lungenkarzinoms. Arb. path. Inst. Univ. Helsingfors 9, 1 (1935).

LINDER, F., JAGDSCHIAN, V.: Der pulmonale Rundherd. Ärztl. Fortbild. 10, 1—4 (1960).

LINDIG, W.: Ein klinisch-röntgenologischer Beitrag zum Krankheitsbild der „Mikrolithiasis alveolaris pulmonum". Fortschr. Röntgenstr. 75, 678 (1951).

LINDIG, W.: Differentialdiagnose der seltenen chronischen Lungenkrankheiten unter Berücksichtigung klinischer Gesichtspunkte. Beitr. klin. Tuberk. 124, 113—129 (1961).

LINDSKOG, G. E., LIEBOW, A. A.: Thoracic surgery and related pathology. New York: Appleton Century Crofts 1953.

LINSER, P.: Über einen Fall von congenitalem Lungenadenom. Virchows Arch. path. Anat. 157, 281 (1899).

LITTMANN, M. L., WICKER, E. H., WARREN, A. S.: Amer. J. Path. 24, 339 (1948).

LÖFFLER, W., MOESCHLIN, S.: Über miliare Pneumonie von eigenartig schwerem Verlauf (miliare Viruspneumonien). Schweiz. med. Wschr. 76, 815—818 (1946).

LOEFFLER, W., MOESCHLIN, S., WILLA: Ergebn. inn. Med. Kinderheilk. 63, 714 (1943).

LÖFFLER, W., MORONI, D. L.: Die Brucellose. In: Handbuch der inneren Medizin, 4. Aufl., Bd. I/2, S. 100—202. Berlin-Göttingen-Heidelberg: Springer 1952.

LÖHLEIN, M.: Cystisch-papillärer Lungentumor. Verh. dtsch. path. Ges. 12, 111—115 (1908).

LOOSLI, C. G.: The structure of the respiratory portion of the mammalian lung, with notes on the lining of the frog lung. Amer. J. Anat. 62, 375—425 (1937).

LUCAM, F.: La bouchite ou lymphomatose maligne du mouton. Rec. Méd. vét. 1942, 118.

LUCAS, E., POLLACK, H.: Beitrag zur Diagnostik der Lymphangitis carcinomatosa in der Lunge. Fortschr. Röntgenstr. 41, 865—872 (1930).

Lucas, E., Pollack, H.: Zur Erkennung der Lymphangitis carcinomatosa in der Lunge. Dtsch. med. Wschr. 57, 533 (1931).

Luchsinger, R.: Zur Kasuistik der primär multiplen malignen Tumoren. Frankfurt. Z. Path. 40, 417 (1930).

Ludes, H.: Fehldiagnosen bei Lungenkrankheiten. Diagnostik 2, 445—448 (1969).

Luehti, M. L.: Vergleichende Untersuchungen über die Häufigkeit der verschiedenen Typen des Bronchialcarcinoms im pathologisch-anatomischen und im chirurgischen Material. Inaug.-Diss. Zürich 1949.

Lull, G. F., Beyer, J. C., Maier, J. G., Morss, D. F., Jr.: Pulmonary alveolar proteinosis. Amer. J. Roentgenol. 82, 76—83 (1959).

Luna, F. D., Bracco, A. N.: Pseudo-pneumonic lung cancer (Ewing's diffuse alveolar cancer). Bol. An. Soc. tisiol. Hosp. nac. centr. 1943, 98.

Lunetta, Q., Sidari, A.: Inconsueta immagine scissurale de metastasi nell' interlobo di epithelioma alveolare del polmone. Ann. med. Sondalo 12, 461—470 (1964).

Luschnitz, E., Dieckmann, B.: Röntgenologischer Beitrag zur Pathogenese der sogenannten Lungenadenomatose. Fortschr. Röntgenstr. 103, 533—539 (1965).

Mackie, T. T.: Parasitic infections of lung. Dis. Chest 14, 894—905 (1948).

Macklin, C. C.: Pulmonic alveolar epithelium. A round table conference. J. thorac. Surg. 6, 82—88 (1936—1937).

Macklin, C. C.: Observations on epicytes of the alveolar wall of the cat's lung, and their reactions when stimulated with osmium tetroxide. Anat. Rec. 70, (Suppl.) 53 (1937/38).

Macklin, C. C.: Residual epithelial cells on the pulmonary alveolar walls of mammals. Trans. roy. Soc. Can., Inst. 40, 93 (1946).

Macklin, C. C.: The pulmonary alveolar mucoid film and the pneumonocytes. Lancet 1954I, 1099.

Macklin, C. C., Macklin, M. T.: Does chronic irritation cause primary carcinoma of the human lung ? Arch. Path. 30, 924 (1940).

Mainzer, F.: On latent pulmonary disease revealed by x-ray in intestinal bilharziasis (Schistosoma mansoni). Puerto Rico J. publ. Hlth 15, 111—123 (1939).

Malassez, L.: Examen histologique d'un cas de cancer encéphaloïde du poumon (épithélioma). Arch. physiol. norm. et path., sér. 3, 353—372 (1876).

Malkwitz, F.: Beitrag zur Kenntnis polypöser Bronchialkarzinome. Frankfurt. Z. Path. 26, 189—199 (1922).

Manz, A.: Mikrolithiasis der Lungen mit Pilzbefall. Beitr. Klin. Tuberk. 1954, 598—627.

Marchioni, C. F., Monzali, A., Loschi, G. C., Veluti, G.: Osservazioni clinico-patogeniche sul cancro alveolare primitivo del polmone. Cancro (Torino) 16, 398—413 (1963).

Mariani, R., Bisetti, A.: Les diverses syndromes cliniques des néoplasies alvéolaires du poumon. Formes primitives et secondaires (non métastatiques). Méd. thorac. 24, 237—254 (1967).

Marner, I. L., Roin, J.: Bronchorrhoe bei Adenomatosis pulmonum. Ugeskr. Læg. 128, 834—836 (1966).

Martinez-Maldonado, M., Ramirez de Arellano, G.: Pulmonary alveolar proteinosis, nocardiosis and chronic granulocytic leukemia. Sth. med. J. (Bgham, Ala.) 59, 901—905 (1966).

Maser, W.: Beitr. path. Anat. 111, 598 (1954).

Massaro, D., et al.: Alveolar cells: protein biosynthesis. Amer. Rev. resp. Dis. 96, 957 (1967).

Mather, C. L., Hamlin, G. B.: Pulmonary alveolar proteinosis: A case followed from diagnosis to recovery. New Engl. J. Med. 272, 1156 (1965).

Matthes, T., Wirbatz, W., Lessel, A.: Zur Differentialdiagnose der kleinfleckigen Verschattungen im Röntgenbild der Lunge. Dtsch. Gesundh.-Wes. 16, 1524—1532 (1961).

Maximow, A. A., Bloom, W. A.: A text-book of histology, 4th edition. Philadelphia-London: W. B. Saunders 1942.

McArthur, J. E.: Bilateral alveolar cell carcinoma. Canad. med. Ass. J. 72, 451—453 (1955).

McCallum, R. J.: Alveolar cell tumor of the lung. Brit. J. Tuberc. 42/43, 90—97 (1948/49).

McCallum, W. G.: A textbook of pathology, 7th edition. Philadelphia-London: W. B. Saunders 1940.

McCarthy, P. V.: Primary atypical pneumonia of unknown etiology. Radiology 40, 344—346 (1943).

McCort, J. J.: Infectious mononucleosis, with special reference to roentgenologic manifestations. Amer. J. Roentgenol. 62, 645—654 (1949).

McCoy, J. I.: ,,Alveolar-cell" carcinoma of the lung. Ann. intern. Med. 34, 968—982 (1951).

McDonald, J. R., Ehrenpreis, B.: Clinical and roentgenographic manifestations of primary atypical pneumonia, etiology unknown. Ann. intern. Med. 24, 153—169 (1946).

McDonald, J. R., Woolner, L. B.: Cytologic examination of sputum and bronchial secretion in diagnosis of bronchogenic carcinoma. Surg. Gynec. Obstet. 88, 676 (1949).

McDonald, S., Woodhouse, D. L.: On the nature of mouse lung adenomata, with special reference to evidence of atmospheric dust on incidence of these tumors. J. Path. Bact. 54, 1—12 (1942).

McKusick, V. A., Fisher, A. M.: Congenital cystic disease of the lung with progressive pulmonary fibrosis and carcinomatosis. Ann. intern. Med. 48, 774—790 (1958).

Mears, T. W., Kirklin, J. W., Woolner, L. B.: The fate of patients with alveolar-cell tumor of the lung. J. thorac. Surg. 27, 420—424 (1954).

Mello, A., Mello, N. R.: Kollagenose und Krebs. Arqu. Hosp. S. Casa S. Paulo 14, 245—250 (1968).

Melnitzky, F.: Zur Diagnose der Alveolarkarzinose (der sogenannten malignen Lungenadenomatose). Radiol. austriaca 12, 55—70 (1961).

Metzner: Histochemie der Alveolarphagozyten. Anat. Anz. 87, 22 (1938).

Meyer, E. C., Liebow, A. A.: Relationship of interstitial pneumonia honeycombing and atypical epithelial proliferation to cancer of the lung. Cancer (Philad.) 18, 322—351 (1965).

Meyer, R.: Geschwulstmetastasen in den Lungen bei Männern und Frauen. Z. Krebsforsch. 62, 356—360 (1958).

Meyer zum Buschenfelde, K. H., Kob, K., Heim, R., Hempel, K. J.: Metastasierendes Lungencarcinom aus juveniler Lungenadenomatose. Beitr. Klin. Tuberk. 131, 338 (1965).

Micheels, K.-H., Weiss, F.: Beitrag zur Differentialdiagnose der kleinfleckigen, diffusen Lungenverschattungen. Dtsch. Gesundh.-Wes. 21, 1692—1695 (1966).

Michel, J. C., Coleman, D. H., Kirby, W. M. M.: Pneumonia associated with chickenpox; report of a patient treated with aureomycin. Amer. Practit. 2, 57—59 (1951).

Miller, W. S.: The lung. Springfield, Ill.: Ch. C. Thomas 1937.

MILNER, R.: Gibt es Impfkarzinome? Arch. klin. Chir. 74, 669—722, 1009—1113 (1904).
MITCHEL, A. G., FLETCHER, E. G.: Studies on varicella; age and seasonal incidende, recurrences, complications and leukocyte counts. J. Amer. med. Ass. 89, 279—280 (1927).
MITCHEL, N.: Latent primary carcinoma of the thyroid gland. Arch. Path. 39, 331 (1945).
MITCHELL, D. T.: Investigations into jaagziekte or chronic catarrhal-pneumonia of sheep. Union South Africa, Deptm. Agricult., Rep. of Dir. of Vet. Research 3/4, 585—614 (1915).
MÖLLER, A.: Zur Entstehung der Lungenmischgeschwülste. Virchows Arch. path. Anat. 291, 478 (1933).
MOERTEL, C. G., WOOLNER, L. B., BERNATZ, P. E.: Pulmonary alveolar proteinosis: report of a case. Proc. Mayo Clin. 34, 152 (1959).
MOESCHLIN, S.: Klinische Demonstrationen: Differentialdiagnostisch interessante chronische Lungeninfiltrate. Schweiz. med. Wschr. 94, 1228—1235 (1964).
MOHR, W.: Toxoplasmose. In: Handbuch der inneren Medizin, 4. Aufl., Bd. I/2, S. 730. Berlin-Göttingen-Heidelberg: Springer 1952.
MOHR, W.: Die Mykosen. In: Handbuch der inneren Medizin, 4. Aufl., Bd. I/1, S. 827—942. Berlin-Göttingen-Heidelberg: Springer 1952.
MOHR, W., WESTPHAL, A.: Med. Klin. 1950 II, 1167.
MOLNÁR, J.: Diffuses alveoläres Lungenkarzinom. Schweiz. Z. allg. Path., Suppl. 18, 328 (1955).
MONTES, M., ADLER, R. H., BRENNAN, J. C.: Bronchiolar apocrine tumor. Amer. Rev. resp. Dis. 93, 946—950 (1966).
MONTGOMERY, R., STIRLING, G., HAMER, N.: Bronchiolar carcinoma in progressive systemic sclerosis. Lancet 1964 I, 506.
MORNET, J., RENARD, J.: Le syndrome granulique des cardiopathies fébriles. Arch. Mal. Cœur 39, 75—76 (1946).
MOXON, W.: Case of transplantation of epithelial cancer from the trachea to the pulmonary tissue, probably by descent of cancer germs down the bronchial tubes. Trans. path. Soc. Lond. 20, 28 (1869).
MOYER, J. H.: Pulmonary alveolar adenomatosis. Report of a case. Amer. Rev. Tuberc. 61, 131—137 (1950).
MOYER, J. H., ACKERMAN, A. J.: Bronchogenic carcinoma as a differential diagnostic problem in pulmonary diseases. Amer. Rev. Tuberc. 63, 399—416 (1951).
MÜLLY, K.: Die Geschwülste der Lunge, Pleura und Brustwand. In: Handbuch der inneren Medizin, 4. Aufl., Bd. IV/4, S. 133—143. Berlin-Göttingen-Heidelberg: Springer 1956.
MUNNELL, E. R., LAWSON, R. C., KELLER, D. F.: Solitary bronchiolar (alveolar cell) carcinoma of the lung. J. thorac. cardiovasc. Surg. 52, 261—270 (1966).
MURPHY, J. R., KRAINER, P., GERSON, M. J.: Scleroderma with pulmonary fibrosis. J. Amer. med. Ass. 116, 499—501 (1941).
MUSSER, J. H.: Primary carcinoma of the lung. Univ. Pennsylvania M. Bull. 16, 289 (1903—1904).
MUSSHOFF, K. J., WEINREICH, J.: Differentialdiagnose seltener Lungenkrankheiten im Lungenbild. Berlin-Heidelberg-Göttingen: Springer 1964.
NARDI, J. M., VAN ORDSTRAND, H. S., CARMODY, M. G.: Acute dermatitis and pneumonitis in beryllium workers: review of 406 cases in eight-year period with follow-up on recoveries. Ohio St. med. J. 45, 567—575 (1949).

NEEDLES, R. J., GILBERT, P. D.: Primary atypical pneumonia: report of 125 cases, with autopsy observations in one fatal case. Arch. intern. Med. 73, 113—122 (1944).
NESSA, C. B., RIGLER, L. G.: Roentgenological manifestations of pulmonary edema. Radiology 37, 35—46 (1941).
NETTLESHIP, A., HENSHAW, P. S.: Induction of pulmonary tumors in mice with ethyl carbamate. J. nat. Cancer. Inst. 4, 309—319 (1943).
NEUBUERGER, K. T.: Primary multiple alveolar-cell tumor of the human lung. J. thorac. Surg. 10, 557—565 (1941).
NEUBUERGER, K. T., GEEVER, E. F.: Alveolar-cell tumor of the human lung. Arch. Path. 33, 551—569 (1942).
NICAUD, P., SICARD, A.: Épithélioma malpighien du poumon. Image radiologique. Bull. Soc. méd. Hôp. Paris 58, 309—311 (1942).
NICHOLAS, J. J., AUCHINCLOSS, J. H., RUDOLPF, L.: Pulmonary alveolar proteinosis. Ann. intern. Med. 62, 358 (1965).
NICHOLS, B. H.: Clinical effects of inhalation of nitrogen dioxide. Amer. J. Roentgenol. 23, 516—520 (1930).
NICHOLSON, G. W.: Über lokale Destruktion und multiple Lungenmetastasen beim Pseudomuzinkystom des Eierstockes. Z. Geburtsh. Gynäk. 64, 252 (1904).
NORRIS, R. F.: Pulmonary adenomatosis resembling jaagziekte in guinea pig. Arch. Path. 43, 553 (1947).
OBERDALHOFF, H., VIETEN, H., KARCHER, H.: Klinische Röntgendiagnostik chirurgischer Erkrankungen, Bd. I, S. 129. Berlin-Göttingen-Heidelberg: Springer 1959.
OBERNDORFER, S.: Zellmutationen und multiple Geschwulstentstehungen in den Lungen. Virchows. Arch. path. Anat. 275, 728—737 (1930).
OKINAKA, A. J., GLENN, F.: Amer. J. Surg. 108, 856 (1964).
OLSEN, T. J.: 148 Fälle von Lungenmetastasen. Nord. Med. 1839, 499.
OLSON, B. J., WRIGHT, W. H., NOLAN, M. O.: Epidemiological study of calcified pulmonary lesions in an Ohio country. Publ. Hlth Rep. (Wash.) 56, 2105—2126 (1941).
ORR: Multiple malignant neoplasms. J. Path. Bact. 33, 283 (1930).
OSSERMAN, K. E., NEUHOF, H.: Mucocellular papillary adenocarcinoma of the lung. Lobectomy, five-years follow up. J. thorac. Surg. 19, 875 (1950).
OTTO, H.: Die Alveolarsekretion. In: HAUSSER, R. (Hrsg.), Blasige Lungenerkrankungen usw. Stuttgart: G. Thieme 1968.
OUDET, P.: À propos des cancers alvéolaires du poumon 19, 1115 (1963).
OVERHOLT, R. H.: The value of exploration in silent lung disease. Dis. Chest 20, 111—125 (1951).
OVERHOLT, R. H., MEISSNER, W. H., DELMONICO, J. E.: Favorable bronchiolar carcinoma. Dis. Chest 27, 403—413 (1955).
OVERHOLT, R. H., SCHMIDT, I. C.: Survival in primary carcinoma of the lung. New Engl. J. Med. 240, 491—497 (1949).
OVERHOLT, R. H., SCHMIDT, I. C.: Silent phase of cancer of the lung. J. Amer. med. Ass. 141, 817—820 (1949).
OWEN: Multiple malignant neoplasms. J. Amer. med. Ass. 76, 1329 (1921).
PÄSSLER, H.: Über das primäre Carcinom der Lunge. Virchows Arch. path. Anat. 145, 191 (1896).

Palmer, D. M.: The lung of a human foetus of 170 mm C. R. length. Amer. J. Anat. 58, 59—72 (1936).
Pape, O.: Lungentrübung bei Purpura. Fortschr. Röntgenstr. 47, 491 (1933).
Paul, L. W.: Roentgenologic diagnosis of acute bronchiolitis (capillary bronchitis) in infants. Amer. J. Roentgenol. 45, 41—49 (1941).
Paul, L. W., Juhl, J. H.: Pulmonary adenomatosis: Further roentgen observations. Radiology 55, 681—691 (1950).
Paul, L. W., Ritchie, G.: Pulmonary adenomatosis. Radiology 47, 334—343 (1946).
Paulson, D. L.: Diskussion zu Brindley, G. V.: Primary malignant tumors of the lung other than bronchogenic carcinoma. Ann. Surg. 149, 949 (1959).
Payseur, C. R., Konwaler, B. E., Hyde, L.: Pulmonary alveolar proteinosis: a progressive, diffuse fatal pulmonary disease. Amer. Rev. Tuberc. 78, 906 (1958).
Pekelis, E.: Beitrag zur Erforschung der pathologischen Anatomie der primären Karzinome der Lungen. Zbl. allg. Path. path. Anat. 52, 192 (1931).
Pellet, J. R., Gale, J. W.: The solitary pulmonary lesion: What is it? What is the treatment? Arch. Surg. 83, 81—92 (1961).
Pépere, A.: Über eine seltene makroskopische Form von Lungenkrebs. Zbl. Path. path. Anat. 15, 948—950 (1904).
Perl, H.: Lungengeschwülste. Strahlentherapie 86, 377 (1952).
Pernod, J., Sors, C., Chambatte, C., Bousquet, C., Batime, J.: Sclérodermie et cancer du poumon de typ dit "alvéolaire". Presse méd. 70, 1265—1268 (1962); J. franç. Méd. Chir. thor. 16, 515 (1962).
Petersen, A. B., Hunter, W. C., Sneeden, V. D.: Histological study of five minute pulmonary neoplasms believed to represent early bronchogenic carcinoma. Cancer (Philad.) 2, 991—1004 (1949).
Peterson, E. W., Houghton, J. D.: Pulmonary adenomatosis. New Engl. J. Med. 244, 429—433 (1951).
Petrányi, G., Zsebök, Z.: Mikrolithiasis alveolaris miliaris pulmonum. Radiol. clin. (Basel) 23, No. 4 (1952).
Pfeiffer, K.: Verlaufsbeobachtungen bei Fluid lung. 47. Tagg d. Dtsch. Röntgengesellschaft, Berlin 21. 5. 1966.
Pick, L.: Zur Kritik der primären Lungenadenome. Z. Geburtsh. Gynäk. 64, 270 (1909).
Piekarski, G.: Lehrbuch der Parasitologie. Berlin-Göttingen-Heidelberg: Springer 1954.
Plauchu, M.: Sclérose et réactions tissulaires. Thèse de Lyon 1934.
Plenk, H. P., Swift, S. A., Chambers, W. L., Peltzer, W. E.: Pulmonary alveolar proteinosis. A new disease? Radiology 74, 928—938 (1960).
Pohl, R.: Das Alveolarzellkarzinom der Lunge (Lungenadenomatose). Fortschr. Röntgenstr. 82, 70—73 (1955).
Pohl, R.: Zur Genese und Diagnostik der Alveolarzellkarzinome der Lunge (Lungenadenomatose). Fortschr. Röntgenstr. 89, 527—533 (1958).
Policard, A.: Les nouvelles idées sur la disposition de la surface respiratoire pulmonaire. Presse Med. 37, 1293 (1929).
Policard, A.: Le poumon. Paris: Masson & Cie. 1938.
Porte, J.: The nature of the alveolar cells of the lung. Publicationes del centro de investigationes tisiologicas. Buenos Aires med. J. 7, 349 (1943).
Potts, W. L., Davidson, H. B.: Bronchiogenic neoplasm masquerading as alveolar cell carcinoma. With report of a case clarified only by autopsy. J. thorac. Surg. 21, 402—420 (1951).
Primer, G., Quarz, W.: Zum Erscheinungsbild seltener intrathorakaler Tumoren. Z. Tuberk. 126, 267—276 (1967).
Puhr, L.: Mikrolithiasis alveolaris miliaris pulmonum. Virchows Arch. path. Anat. 290, 156—160 (1933).
Quarz, W.: Zur bronchologischen Diagnostik von benignen und semimalignen Lungengeschwülsten. Z. Tuberk. 117, 10—18 (1961).
Quinlan, J. J., Schaffner, V. D., Hiltz, J. E.: Bronchiolar carcinoma — A report of six cases. Canad. med. Ass. J. 94, 121—125 (1966).
Rabin, C. B.: Radiology of the chest. In: Ross Golden (ed.), Diagnostic roentgenology. New York: Thomas Nelson & Sons 1950.
Raeburn, C., Spencer, H.: A study of the origin and development of lung cancer. Thorax (Lond.) 8, 1—10 (1953).
Rahn, K. H., El Mohamed, A., Hahn, B.: Gleichzeitiges Auftreten einer Lungenadenomatose bei Mutter und Tochter. Med. Welt, N.F. 19, 1165—1168 (1968).
Rajewski, B., Schraub, A., Kahlau, G.: Experimentelle Geschwulsterzeugung durch Einatmung von Radiumemanation. Naturwissenschaften 1943 II, 14.
Rakowsky, M., Knickerbocker, T. W.: Roentgenological manifestations of primary pulmonary coccidioidomycosis. Amer. J. Roentgenol. 56, 141—155 (1946).
Ramirez, J.: Pulmonary alveolar proteinosis. A roentgenologic analysis. Amer. J. Roentgenol. 92, 571—577 (1964).
Ramirez, J., Nyka, W., McLaughlin, J.: Pulmonary alveolar proteinosis: diagnostic technics and observations. New Engl. J. Med. 268, 165—171 (1963).
Ranft, C.: Zur Frage der unizentrischen Entstehung des sogenannten Alveolarzellkarzinoms. Z. Tuberk. 114, 194—196 (1960).
Ransom, B. H.: A newly recognized cause of pulmonary disease, ascaris lumbricoides. J. Amer. med. Ass. 73, 1210—1219 (1919).
Ray, E. S., Fisher, H. P.: Hypertrophic osteoarthropathy in pulmonary malignancies. Ann. intern. Med. 38, 239 (1953).
Reimann, H. A.: The pneumonias. Philadelphia: W. B. Saunders Co. 1938.
Reinberg, S. A.: Zur Röntgendiagnose der Lungenzystizerkose. Fortschr. Röntgenstr. 33, 382 (1925).
Renander, A.: Röntgenologisch beobachtete reversible Veränderungen bei nitrösem Gasschaden an den Lungen. Acta radiol. (Stockh.) 17, 152—160 (1936).
Renzetti, A., Eastman, G., Auchincloss, J. H.: Chronic disseminated histiocytosis (Schüller-Christian disease) with pulmonary involvement and impairment of alveolar-capillary diffusion. Amer. J. Med. 22, 834 (1957).
Resink, J. E. J.: Is a roentgenogram of fine structure a summation image or a real picture? Acta radiol. (Stockh.) 32, 391—403 (1949).
Reuss, H.: Über zwei Fälle multizentrisch entstandener Lungenkrebse. Inaug.-Diss. Hamburg 1934.
Rey, J. C., Rubinstein, P.: Gelatinous cancer of the lung in bronchorrheal form. Pren. méd. argent. 34, 575 (1947).
Rey, R.: Contribution à l'étude radiomorphologique des formes alvéolaires des cancers bronchiques: La pneumonie cancéreuse. Thèse de Génève 1954.

REYE, R. D. K.: Congenital stenosis of the pulmonary veins in their extrapulmonary course. Med. J. Aust. 1951 I, 801.

RIBBERT, H.: Geschwulstlehre. Bonn: Cohen 1914.

RICHARDS, R. L., MILNE, J. A.: Cancer of the lung in progressive systemic sclerosis. Thorax (Lond.) 13, 238—245 (1958).

RICHARDSON, G. O.: Adenomatosis of the human lung. J. Path. Bact. 51, 297—298 (1940).

RIEMANN, H.: Über die Lungenadenomatose. Radiologe 1, 69—73 (1961).

RIFFAT, G.: Proliférations épithéliales intra-alvéolaires de type bronchique. Thèse de Lyon 1952.

RIGLER, L. G.: Outline of roentgen diagnosis. Philadelphia: J. B. Lippincott & Co. 1938.

RIGLER, L. G.: The chest. In: Handbook of roentgen diagnosis. Chicago: Year Book Publishers 1946.

RIGLER, L. G.: The origin and development of bronchiolo-alveolar cell carcinoma of the lung. XI. Internat. Congr. Radiology, Rom 23. 9. 1965.

RIGLER, L. G., O'LOUGHLIN, B. J., TUCKER, R. C.: The duration of carcinoma of the lung. Dis. Chest 23, 50—73 (1953).

RINDFLEISCH, E.: Über Cirrhosis cystica pulmonum. Verh. Ges. dtsch. Naturforsch. 1897, 22.

RINK, H.: Der Lungenkrebs. Stuttgart: F. K. Schattauer 1965.

ROBERTSON, O. H.: Phaygocytosis of foreign material in the lung. Physiol. Rev. 112 (1941).

ROBINSON, C. L. N., JACKSON, C. A.: Multiple primary cancer of the lung. J. thorac. Surg. 36, 166—173 (1958).

ROELSEN, E., LUND, T., SØNDERGAARD, T., MØLLER, B., MYSCHETZKY, A.: Primary alveolar carcinomatosis (carcinoma) of the lung (so-called pulmonary adenomatosis or alveolar-cell tumor); review and report of 12 cases. Acta med. scand. 163, 367—384 (1959).

ROELSEN, E., LUND, T., SØNDERGAARD, T., MOLLER, B., MYSCHETZKY, A.: Primäres lungenalveolocarcinöses Carcinom, sogenannte pulmonale Adenomatose oder Alveolenzelltumor. Eine Übersicht und 12 eigene Fälle. Ugeskr. Læg. 121, 397—407 (1959).

RÖSSLE, R.: Studien der Malignität. Die Ausbreitung bösartiger Geschwülste auf dem Schleimhautwege und ihre Bedeutung für das Problem der Malignität. Virchows Arch. path. Anat. 316, 501 (1949).

RÖSSLE, R.: Studien über die Malignität. S.-B. dtsch. Akad. Wiss., Berlin 1949.

ROMAN, B.: Diffuse Carcinomatosis of the lungs. Arch. Path. 3, 1061 (1927).

ROOKE, G. B.: Pulmonary adenomatosis (alveolar cell tumour). Brit. J. Tuberc. 49, 70 (1955).

ROSEMOND, G. P., BOUCOUT, K. R., AEGERTER, E.: Solitary pulmonary adenoma (focal pulmonary adenomatosis): a 3-year-follow-up after resection. J. thorac. Surg. 22, 99—103 (1951).

ROSEN, S. H., CASTLEMAN, B., LIEBOW, A. A.: Pulmonary alveolar proteinosis. New Engl. J. Med. 258, 1123—1142 (1958).

ROSENBAUM, H. D., ALAVI, S. M., BRYANT, L. R.: Pulmonary parenchymal spread of juvenile laryngeal papillomatosis. Radiology 90, 654—660 (1968).

ROSS, I. S.: Pulmonary epithelium and proliferative reactions in the lung. Arch. Path. 27, 478 (1939).

ROTTE, K.-H.: Zur Klinik, Diagnose und Therapie des Alveolarzellkrebses. Arch. Geschwulstforsch. 22, 131 (1963).

ROUS, P.: Viruses tumors. Virus disease. New York: 1943.

ROWLAND, S.: Xanthomatosis and the reticuloendothelial system. Correlation of an unidentified group of cases described as defects in membranous bones, exophthalmus and diabetes insipidus (Christian's syndrom). Arch. intern. Med. 4, 611 (1928).

RUBINSTEIN: Zit. nach KAISER, A.: Polyphämie miliarer und pseudomiliar-retikulärer Bilder. Kinderärztl. Praxis 18, 452—466 (1960).

RÜBE, W.: Der Lungenrundherd. Klinik, Kasuistik, Pathogenese und röntgenologische Differentialdiagnostik. Fortschr. Röntgenstr., Erg.-Bd. 95, 1—131 (1967).

SAMSSONOW, M.: Über den experimentellen Lungenkrebs. Z. Krebsforsch. 49, 525 (1940).

SAMUEL, E.: Roentgenology of parasitic calcification. Amer. J. Roentgenol. 63, 512 (1950).

SANTE, L. R.: Roentgen manifestations of adult toxoplasmosis. Amer. J. Roentgenol. 47, 825—829 (1942).

SANTE, L. R.: The fate of oil particles in the lung and their possible relationship to the development of bronchiogenic carcinoma. Amer. J. Roentgenol. 62, 788—797 (1949).

SANTE, L. R., HUFFORD, C. E.: Annular shadows of unusual type associated with acute pulmonary infection. Amer. J. Roentgenol. 50, 719—732 (1943).

SANTE, L. R., WYATT, J. P.: Roentgenological and pathological observations in antigenic pneumonitis. Its relationship to the collagen diseases. Amer. J. Roentgenol. 66, 527—544 (1951).

SANTY, P., BÉRARD, M., GALY, P., TOURAINE, R., UGNAT: Tumeurs bronchiques à cellules myoépithéliales. J. franç. Méd. Chir. thor. 7, 494—497 (1953).

SANTY, P., PALIARD, BÉRARD, M., GALY, P., DUPREZ, A.: Adénocarcinoma mucipare des bronches. (Le cancer du poumon chez la femme). J. franç. Méd. Chir. thor. 2, 360—371 (1948).

SAXÉN, E., JÄRVI, O., RITAMA, V., SETÄLA, K., TEIR, H., UOTILA, U.: Technical report of the World Health Organization. Nr. 192 (1960).

SAYAGO: Sobre un caso de tumor primitivo del pulmón (carcinoma alveolar). Pren. méd. argent. 19, 545—550 (1932).

SCADDING, J. G.: Chronic lung disease with diffuse nodular or reticular radiographic shadows. Tubercle (Lond.) 33, 352—365 (1952).

SCARINCI, C.: Adénomatose pulmonaire et soi-disant cancer alvéolaire. Presse méd. 1956, 1754—1756.

SCHABAD, L. M.: Experimentelle atypische Epithelwucherungen nach intratracheobronchialer Einführung des Steinkohlenteers in die Lunge. Z. Krebsforsch. 38, 154—177 (1933).

SCHABAD, L. M.: Quelques données expérimentales sur les tumeurs du poumon. Acta Un. int. Cancr. 3, 189—195 (1938); Arch. biol. Nauk. 51, 16—24 (1938).

SCHÄFER, G.: Multizentrische Krebsentstehung in einer Cystenlunge. Frankfurt. Z. Path. 53, 263 (1939).

SCHEIDEGGER, S.: Induktionstumoren. Bull. schweiz. Akad. med. Wiss. 11, 352 (1955).

SCHEIDEGGER, S.: Zur Frage der Gut- und Bösartigkeit aus pathologisch-anatomischer Sicht. In: BARTELHEIMER, H., MAURER, H.-J. (Hrsg.), Diagnostik der Geschwulstkrankheiten, S. 15—45. Stuttgart: G. Thieme 1962.

SCHILDKNECHT, O.: Zur Pathogenese verkalkter Schichtungskugeln, sog. „Corpora amylacea" in der Lunge. Virchows Arch. path. Anat. 285, 466—480 (1932).

SCHLIERBACH, P.: Ein Fall von Echinococcus alveolaris der Leber mit Lungenmetastasen. Röntgenpraxis 10, 164 (1938).

Schiller, W.: Ausbreitung der Oberflächenkarzinome durch Assimilierung. Wien. klin. Wschr. **1953**, 278.
Schlungbaum, W.: Zur sogenannten Lungenadenomatose. Fortschr. Röntgenstr. **86**, 679—690 (1957).
Schlungbaum, W., Stein, F.: Zur Kenntnis des Alveolarzellencarzinoms der Lunge. Ärztl. Wschr. **13**, 565—572 (1958).
Schmidt, F.: Über Tumorübertragung durch Aspiration und deren Bedeutung. Naturwissenschaften **42**, 104 (1955).
Schmidt, M. B.: Die Verbreiterungswege der Karzinome und die Beziehung generalisierter Sarkome zu den leukämischen Neubildungen. Jena: G. Fischer 1903.
Schmidt, M. B.: Dtsch. med. Wschr. **39**, 59 (1913).
Schmidt, W., Kahlau, G.: Über ein Alveolarkarzinom mit ungewöhnlicher Metastasierung. Ärztl. Forsch. **19**, 118—126 (1965).
Schmiedt, E.: Lungenmetastasen bei Prostata-Carcinom. Z. Urol. **51**, 58—59 (1958).
Schmincke, A.: Zur Kasuistik primärer Multiplizität maligner Tumoren. Virchows Arch. path. Anat. **183**, 160 (1906).
Schmincke, A.: Demonstration zur Geschwulstpathologie: 2 Fälle von diffusem, primären Lungenkarzinom. Zbl. allg. Path. path. Anat. **33**, 17—18 (1922).
Schmorl, G.: Über den Schneeberger Lungenkrebs. Verh. dtsch. path. Ges. **19**, 192 (1923).
Schoen, D., Aly, F. W.: Die alveoläre Lungenproteinose. Fortschr. Röntgenstr. **108**, 450—457 (1968).
Schuermann, H.: Progressive Sklerodermie, Dermatomyositis, Lupus erythematodes acutus. In: Fortschritte praktischer Dermatologie und Venerologie. Berlin-Göttingen-Heidelberg: Springer 1952.
Schuermann, H.: Dermatomyositis und Sklerodermien. Verh. dtsch. Ges. inn. Med. **65**, 116 (1959).
Schuermann, H., Hornstein, O.: Dermatomyositis (Polymyositis). In: Gottron-Schoenfeld: Dermatologie und Venerologie, Bd. II/1. Stuttgart: G. Thieme 1958.
Schulten, H.: Tularämie. In: Handbuch der inneren Medizin, 4. Aufl., Bd. I/2, S. 224—305. Berlin-Göttingen-Heidelberg: Springer 1952.
Schulze, W.: Schichtuntersuchungen über das Substrat der röntgenologischen Lungenveränderungen bei kruppöser Pneumonie. Kongr.-Ber. Med. Ges. f. Röntgenologie d. DDR 1955, Bd. I, S. 110—119. Leipzig: J. A. Barth 1957.
Schulze, W.: Das primäre Lymphosarkom der Lungen. Fortschr. Röntgenstr. **91**, 457—469 (1959).
Schulze, W.: Abnorme Füllung der pulmonalen Sammelvenen und ihre Bedeutung für die Differentialdiagnose kardio-pulmonaler Erkrankungen. 47. Tagg. d. Dtsch. Röntgenges. Berlin 1966. Teil A, S. 91—97. Stuttgart: G. Thieme 1967.
Schulze, W.: Ventilationsstörungen der Lunge. In: Handbuch der medizinischen Radiologie, Bd. IX/3, S. 1—600. Berlin-Heidelberg-New York: Springer 1968.
Schulze, W.: Lungengerüsterkrankungen im Röntgenbild. Frühjahrstagg. d. Bayerischen Röntgengesellschaft Lindau a. Bodensee 8. 6. 1969.
Schulze, W.: Die Röntgenpathologie des Lungengerüsts. Tagg. Hessische Ges. f. Med. Strahlenkunde, Frankfurt/M. 5. 2. 1972.
Schwarz, J., Baum, G. L.: Blastomycosis. Amer. J. clin. Path. **21**, 999—1029 (1951).
Schweisguth, O.: L'épithéliomatose respiratoire diffuse. Thèse de Paris 1946.
Seemann, G.: Histobiologie der Lungenalveole. Jena: Gustav Fischer 1931.
Seidel, H.: Die Klinik der Lungenadenomatose. Beitr. Klin. Tuberk. **124**, 45—62 (1961).
Selahattin, M.: Ein Fall von Zystizerkose der Lunge. Röntgenpraxis **6**, 601—603 (1934).
Selbie, F. R., Thackray, A. C.: Lung adenomas induced by urethane in CBA mice. Brit. J. Cancer **2**, 380 (1948).
Seyss, R.: Verkalkte Weichteilmetastasen eines schleimbildenden Adenokarzinoms der Lunge. Dtsch. med. J. **18**, 123—124 (1967).
Shanks, S. C., Kerley, P.: A textbook of x-ray diagnosis by British authors, 2nd edition. Philadelphia: W. B. Saunders Co. 1951.
Sharp, M. E., Danino, E. K.: An unusual form of pulmonary calcification: „Mikrolithiasis alveolaris pulmonum". J. Path. Bact. **65**, 388—399 (1953).
Sherwin, R. P., Laforet, E. G.: The enigma of bronchiolar carcinoma-Histopathological clues in 53 cases. Dis. Chest **43**, 504—512 (1963).
Shibel, E. M., Tisi, G. M., Moser, K. M.: Pulmonary photoscan-roentgenographic comparisons in sarcoidosis. Amer. J. Roentgenol. **106**, 770—777 (1969).
Shimkin, M. B.: Production of lung tumors in mice by intratracheal administration of carcinogenic hydrocarbons. Amer. J. Cancer **35**, 538—542 (1939); Arch. Path. **29**, No. 2 (1940).
Shipman, S. J., Stephens, H. J., Binkley, F. M.: Pulmonary alveolar adenomatosis. Amer. Rev. Tuberc. **60**, 788—793 (1949).
Shone, J. D., Amplatz, K., Anderson, R. C., Adams, P., Edwards, J. E.: Congenital stenosis of individual pulmonary veins. Circulation **26**, 574 (1962).
Sielaff, H. J.: Kleiner Kreislauf. A. Lungenarterien und Lungenvenen. In: Handbuch der medizinischen Radiologie, Bd. X/3, S. 1—224. Berlin-Heidelberg-New York: Springer 1964.
Sieracki, J. C., Horn, R. C. Jr., Day, S.: Pulmonary alveolar proteinosis: report of three cases. Ann. intern. Med. **51**, 728 (1959).
Silverman, F. N.: Pulmonary calcification tuberculosis? Histoplasmosis? Amer. J. Roentgenol. **64**, 747—764 (1950).
Silverman, F. N., Steigman, A. J., Furcolow, M. L., Durta, F. R., Girdany, B.: Panel discussion on the stippled lung. Meeting of American Academy of Pediatrics, Cincinnati 26.—28. 6. 1951.
Silverman, G., Angrist, A.: Lobar adenocarcinoma of the lung simulating pneumonia. Report of two cases. Brit. intern. Med. **81**, 369 (1948).
Simon, M. A.: Diffuse primary alveolar carcinoma of the lung. Amer. J. clin. Path. **17**, 783—796 (1947).
Simon, M. A.: So-called adenomatosis and "alveolar cell tumors". Amer. Path. **23**, 413—428 (1947).
Simon, M. A.: Hamartomas of lung and so-called "pulmonary adenomatosis". Amer. J. med. Sci. **216**, 333—342 (1948).
Simonds, J. P., Curtis, J. S.: Lesions induced in the lung by intravenous injection of tar. Arch. Path. **19**, 287 (1935).
Simrock, W.: Beitrag zur Kenntnis der „diffusen Lungencarcinome". Inaug.-Diss. Frankfurt/M. 1938.
Sims, J. L.: Multiple bilateral pulmonary adenomatosis in man. Arch. intern. Med. **71**, 403—409 (1943).
Singer, A. L.: Contribution à l'étude radiomorphologique des proliférations épithéliales bronchiolo-alvéolaires de type adénomateux. Diss. Genève 1955.

Škorpil, F.: Beitrag zur Pathologie und Histologie des Alveolarepithelkarzinoms. Frankfurt. Z. Path. **55**, 347 (1941).

Škorpil, F.: Pathologie und Histologie des Alveolarepithelkarzinoms. Zbl. allg. Path. path. Anat. **80**, 91 (1942/43).

Slaughter, D. P.: Multiplicity of origin of malignant tumours; collective review. Int. Abstr. Surg. **79**, 89 (1944).

Slikke, L. B. van der, Orie, N. G. M.: Alveolar cell carcinoma of the lung. A case report. Arch. chir. neerl. **5**, 311—316 (1953).

Smith, D. T.: Fungus diseases of the lungs. Springfield, Ill.: Ch. C. Thomas 1947.

Smith, L. W., Gault, E. S.: Essentials of pathology, 3rd edit. Philadelphia: The Blakiston Co. 1948.

Smith, R. A.: Long survival in untreated lung carcinoma. Brit. J. Tuberc. **48**, 311—317 (1954).

Smith, R. R., Knudtson, K. P., Watson, W.: Terminal bronchiolar or "alveolar cell" cancer of the lung. A report of twenty cases. Cancer (Philad.) **2**, 972—990 (1949).

Smith, W. E.: The neoplastic potentialities of mouse embryo tissues. V. The tumors elicited with methylcholanthrene from pulmonary epithelium. J. exp. Med. **91**, 87 (1950).

Sobbe, A., Mayer, G.: Alveolarzellkarzinom. Fortschr. Röntgenstr. **111**, 541—551 (1969).

Sövényi, E., Bencze, G.: Lungenveränderungen bei systematischem Lupus erythematodes. Fortschr. Röntgenstr. **86**, 17—24 (1957).

Soysa, E., Jayawardena, M. D. S.: Pulmonary acariasis: a possible cause of asthma. Brit. med. J. **1946**, No 4383, 1.

Spain, D. M.: Diagnosis and treatment of tumours of the chest. New York and London: Grune & Stratton 1960.

Spain, D. M.: The association of terminal bronchiolar interstitial inflammation and fibrosis of the lungs. Amer. Rev. Tuberc. **76**, 559—567 (1957); Amer. J. Path. **33**, 582 (1957).

Spain, D. M., Parsonnet, V.: Multiple origin of minute bronchiologenic carcinomas. Report of a case. Cancer (Philad.) **4**, 277 (1951).

Spencer, H.: Benign and malignant pulmonary adenomatosis. In: Pathology of the lung. Oxford-London-New York-Paris: Pergamon Press 1962.

Spencer, H.: Pathology of the lung (excluding pulmonary tuberculosis). New York: Mac Millan Co. 1962.

Spencer, H., Raeburn, C.: Atypical proliferation of bronchiolar epithelium. J. Path. Bact. **67**, 187—193 (1954).

Spencer, H., Raeburn, C.: Pulmonary bronchiolar adenomatosis. J. Path. Bact. **71**, 145—154 (1956).

Staehelin, R.: Die Klinik des Bronchus- und Lungenkrebses. Schweiz. med. Wschr. **1942**, 1063.

Stahel-Stehli, J.: Cholesterin-Fremdkörper-Granulomatose der Lungen bei Diabetes mellitus. Virchows Arch. path. Anat. **304**, 352 (1939).

Stapleton, J. G., Janes, E. C.: J. Canad. Ass. Radiol. **2**, 28 (1951).

Staudacher, V., Baroldi, G.: Il tumore alveolare del polmone. Minerva med. (Torino) **12** (Suppl. 11), 1 (1957).

Stephens, H. B., Shipman, S. J.: Pulmonary alveolar adenomatosis, cancerous pulmonary adenomatosis, alveolar-cell carcinoma of the lung, jaagziekte? J. thorac. Surg. **19**, 589 (1950).

Stewart, M. J., Allison, P. R.: A microscopic focus of oat cell carcinoma in a bronchiectatic lung. J. Path. Bact. **55**, 105—107 (1943).

Stickler, G. B., Ludwig, J.: Unusual interstitial pneumonia. Proc. Mayo Clin. **44**, 342—354 (1969).

Stobbe, H.: Über Krebsmetastasierung in die Lungen und aus den Lungen und deren differentialdiagnostische Schwierigkeiten unter besonderer Berücksichtigung der primären Multiplizität der Lungenkarzinome. Z. ges. inn. Med. **7**, 279 (1952.)

Stobbe, H.: Psammokarzinom der Lunge. Zbl. allg. Path. path. Anat. **92**, 105—110 (1954).

Storey, C. F.: Bronchiolar carcinoma. (Alveolar cell tumor-pulmonary adenomatosis). Amer. J. Surg. **89**, 515—525 (1955).

Storey, C. F., Knudtson, K. P., Lawrence, B. J.: Bronchiolar ("alveolar cell") carcinoma of the lung. J. thorac. Surg. **26**, 331—406 (1953).

Straub, M.: The microscopical changes in lungs of mice infected with influenza virus. J. Path. Bact. **45**, 75—78 (1937).

Strauce, J. G.: Pulmonary adenomatosis and its relationship to the problem of malignant tumors of the lung. Amer. Surg. **18**, 655 (1952).

Svirčević, A., Popović, L.: Metastatischer Lungenkrebs unter dem Bilde der Lungenadenomatose. Med. Pregl. **11**, 31—35 (1958).

Swan, L. L.: Pulmonary adenomatosis. Arch. Path. **47**, 517—544 (1949).

Sweaney, H. C.: A so-called alveolar cell carcinoma of lung. Arch. Path. **19**, 203—207 (1935).

Tabahasaki, T.: Experimental studies on lung tumor by implantation of tumor cells through the air passage. Gann **57**, 337—352 (1966).

Tabershaw, I. R.: Beryllium. New Engl. J. Med. **240**, 508—516 (1949).

Taft, E. B., Nickerson, D. A.: Pulmonary mucous epithelial hyperplasia (pulmonary adenomatosis), a report of 2 cases. Amer. J. Path. **20**, 395—411 (1944).

Tauchi, H.: Über die Pathologie des primären Lungenkrebses. Ber. allg. spez. Path. **32**, 59 (1956).

Tauchi, H., Goto, S.: On the histogenesis of primary cancer of the lung. Nagoya med. J. **1**, 265 (1953).

Tedeschi, C.: Reazioni proliferative nell' alveolo polmonare. Riv. Pat. Clin. Tuberc. **8**, 15 (1934).

Teschendorf, H. J.: Die Hand-Schüller-Christiansche Erkrankung. Ergebn. med. Strahlenforsch. **7**, 46 (1936).

Teschendorf, W.: Lehrbuch der röntgenologischen Differentialdiagnostik. 4. Aufl., Bd. I, Erkrankungen der Brustorgane. Stuttgart: G.Thieme 1958.

Teufel, R.: Frankf. Z. Path. **50**, 326 (1937).

Theiler, A.: In: Seventh and eight report of the director of veterinary research department of agriculture, Union of South Africa **1918**, 59.

Tillett, R. S., Hirsch, E. F.: So-called pulmonary adenomatosis of the lungs. Illinois med. J. **101**, 232 (1952).

Tompkin, G. H.: Systemic sclerosis associated with carcinoma of the lung. Brit. J. Derm. **81**, 213—216 (1969).

Tschistovitch, N.: Le phénomène de phagocytose dans le poumon. Ann. Inst. Pasteur **3**, 337 (1889).

Tucker, R. M., Brown, A. L.: Goodpasture's syndrome. Proc. Mayo Clin. **43**, 449—463 (1968).

Turiaf, J., Marland, P., Sors, C.: Carcinose alvéolaire du poumon radiologiquement muette. J. franç. Méd. Chir. thor. **11**, 115—125 (1957).

Uehlinger, E.: Der primäre Lungenkrebs in der Schweiz in den Jahren 1948—1952. Internat. Ges. geogr. Path. 1952.

Uehlinger, E.: Kollagenkrankheiten des Lungengerüstes. Stuttgart: G. Thieme 1957.

UEHLINGER, E.: Mikrolithiasis, Amyloidose und Proteinose der Lungen. Beitr. Klin. Tuberk. **132**, 130—147 (1965).

UEHLINGER, E.: 4. Die pulmonalen Cholesteringranulome. In: Die pathologische Anatomie, Diagnose und Differentialdiagnose der progressiven interstitiellen Lungenfibrome (HAMMAN-RICH). Fortbildg. in Thoraxkrankheiten **4**, 93—127 (1970).

UNGEHEUER, E., HARTEL, W.: Operative Behandlung der Geschwülste der Lungen und des Mediastinums. In: E. HOLDER (Hrsg.), Therapie maligner Tumoren, Hämoblastome und Hämoblastosen, Bd. II. Die operative Behandlung der Geschwülste, S. 406—477. Stuttgart: F. Enke 1967.

UNNEWEHR, F.: Durch Radoninhalation hervorgerufene Tumorbildung und Gewebsveränderung. (Tierexperimentelle Untersuchungen an Mäusen.) Strahlentherapie **108**, 421—427 (1959).

USPENSKY, A.: Ein Fall von alveolärem Lungenkrebs, im Laufe von 8 Jahren beobachtet. Röntgenpraxis **9**, 38 (1937).

VALENTINE, J. C., WYNN-WILLIAMS, N.: Pulmonary adenomatosis. Brit. J. Tuberc. **46**, 37 (1952).

VANĚK, J.: Multinodular carcinoma of the lungs. Acta radiol. bohemosl. **4**, 97—119 (1949).

VANĚK, J.: Interstitielle, nicht eitrige Pneumonie. (Diffuse Lungenfibrose und Lungenzirrhose). Zbl. allg. Path. path. Anat. **92**, 405—416 (1954).

VERGA, P., BOTTERI, G.: Il carcinoma primitivo del polmone. Bologna: Cappelli 1931.

VIDAL, J., GUIBERT, H. L.: Étude histologique d'un cancer bronchiolaire primitif diffus avec métastases multiples chez un sujet de 27 ans. Bull. Ass. franç. Cancer **36**, 210 (1949).

VIRAGH, Z., WOODS, J. R.: Alveolar carcinoma of the lung. Med. Thorac. **19**, 129 (1962).

VIRCHOW, R.: Virchows Arch. path. Anat. **8**, 103 (1855); **9**, 618 (1856).

VIRZHIKOVSKAYA, M. F., LEPSKAYA, E. S., OKULICH, T. A.: Contributions to the roentgenological diagnosis of pulmonary adenomatosis. Vestn. Rentgenol. Radiol. **33**, 3—7 (1958).

VISWANATHAN, R.: Pulmonary eosinophilosis. Quart. J. Med. **17**, 257—270 (1948).

VISWANATHAN, R.: Pulmonary alveolar microlithiasis. Thorax (Lond.) **17**, 251—256 (1962).

VOGEL, H., MINNING, W.: Wurmkrankheiten. In: Handbuch der inneren Medizin, 4. Aufl., Bd. I/2, S. 784—1008. Berlin-Göttingen-Heidelberg: Springer 1952.

VOLUTER, G.: Microcarcinomes et cancer scicatriciels du poumon. Ann. Méd. **57**, 147—197 (1956).

VOLUTER, G., KAPANCI, Y.: Micro-adéno-carcinomes multiloculaires intracicatriels du poumon. J. Radiol. Électrol. **37**, 427—433 (1956).

VOLUTER, G., MORARD, J. CL.: Contribution à la morphologie radiologique de l'adénomatose pulmonaire. J. Radiol. Électrol. **36**, 959—962 (1955).

VOLUTER, G., RYLWIN, A.: Cancer alvéolaire primitif unilatéral du poumon. J. Radiol. Électrol. **30**, 826 (1952).

VOLUTER, G., ZÜRCHER, W.: Contribution à l'étude radio-morphologique et anatomo-clinique de l'adénomatose pulmonaire. Radiol. clin. (Basel) **26**, 59—74 (1957).

VORZIMMER, J., PERLA, D.: An instance of adamantinoma of the jaw with metastases to the right lung. Amer. J. Path. **8**, 445—453 (1932).

WADDELL, W. R.: Organoid differentiation of the fetal lung. A histological study of the differentiation of mammalian fetal lung in utero and in transplants. Arch. Path. **47**, 227 (1949).

WÄTJEN, J.: Das Bronchialkarzinom. Med. Klin. **1940**, 349—351.

WÄTJEN, J.: Zur Kenntnis der Metastasierung bösartiger Gewächse auf dem Schleimhautwege. Zbl. allg. Path. path. Anat. **92**, 222 (1954).

WAGNER, J. H.: Bronchiolitis obliterans following the inhalation of acid fumes. Amer. J. med. Sci. **154**, 511—522 (1917).

WALTHER, G., HEUCK, F.: Die Klinik und Differentialdiagnose des Alveolarzellencarcinoms. Internist (Berl.) **3**, 378—386 (1962).

WALTHER, H. E.: Untersuchungen über Krebsmetastasen. VIII. Mitteilung: Die sog. ,,Embolie bronchique''. Schweiz. Z. Tuberk. **4**, 319 (1947).

WALTHER, H. E.: Krebsmetastasen. Basel: Benno Schwabe & Co. 1948.

WALTHER, M.: Dtsch. Gesundh.-Wes. **18**, 1846 (1963).

WARE, G. W.: Alveolar carcinoma of the lung. Ber. allg. spez. Path. **20**, 318 (1954).

WARING, J. J., NEUBUERGER, K. T., GEEVER, E. F.: Severe forms of chickenpox in adults, with autopsy observations in case with associated pneumonia and encephalitis. Arch. intern. Med. **69**, 384—408 (1942).

WASCH, M., MACLEDERER, G., EPSTEIN, B. S.: Bronchialkarzinom von 7 Jahren Dauer bei einem 11 Jahre alten Knaben. J. Pediat. **17**, 521 (1940).

WASHBURN, A. M., TOOHY, J. H., DAVIS, E. L.: Cave sickness; New disease entity? Amer. J. publ. Hlth **38**, 1521—1526 (1948).

WATANABE, Y.: Über einen Fall von diffusem Lungenkrebs, aussehend wie gangränöse Pneumonie. Gann **33**, 286 (1939); Ref.: Z. Krebsforsch. **51**, 88 (1940).

WATSON, T. A.: Incidence of multiple cancer. Cancer (Philad.) **6**, 365—371 (1953).

WATSON, W. L., SMITH, R. R.: Terminal bronchiolar or "alveolar cell" cancer of the lung. J. Amer. med. Ass. **147**, 7 (1951).

WATTS, C. F., MCDONALD, J. R.: Pulmonary alveolar lining in bronchiectasis. Arch. Path. **45**, 742—751 (1948).

WEARS, T. W., KIRKLIN, J. W., WOOLNER, L. B.: The fate of patients with alveolar cell tumors of the lung. J. thorac. Surg. **27**, 420 (1954).

WEAVER, A. L.: The lung in scleroderma: A clinicalpathological study. Thesis Graduate School University of Minnesota 1966.

WEAVER, A. L., DIVERTIE, M. B., TITUS, J. L.: The lung in scleroderma. Proc. Mayo Clin. **42**, 754—766 (1967).

WEGELIN, C.: Der Bronchial- und Lungenkrebs. Schweiz. med. Wschr. **1942**, 1053.

WEGENER: Mitteilungen von zwei Fällen sogenannter Lungenadenomatose bei einer 70jährigen Frau und einem 48 Jahre alten Mann. Zbl. allg. Path. path. Anat. **90**, 142—143 (1953).

WEICKER, B.: Multiples kleinknotiges Lymphogranulom der Lunge. Fortschr. Röntgenstr. **48**, 485 (1933).

WEICKSEL, P., CAIN, H.: Zur Klinik und Pathologie der Lungenadenomatose. Z. klin. Med. **155**, 310 (1958).

WEINGÄRTNER, L.: Zur röntgenologischen Differentialdiagnose der miliaren Lungenherde. Fortschr. Röntgenstr. **75**, 194 (1951).

WEINGÄRTNER, L.: Metastasierendes Schilddrüsenadenom. (Ein Beitrag zur Differentialdiagnose der Miliartuberkulose). Mschr. Kinderheilk. **107**, 449—450 (1959).

WEIR, A. B.: Pulmonary adenomatosis. Arch. intern. Med. **85**, 806 (1950).

WEISS, F. H.: Grenzen röntgenologischer Differentialdiagnostik bei hämatogen entstandenen Lun-

genkrankheiten. Fortschr. Röntgenstr. 56, 27 (1937).
WEISSMANN, S.: Über das diffuse primäre Alveolarepithelkarzinom der Lunge. Frankfurt Z. Path. 47, 534—551 (1935).
WELLER, C. V.: The pathology of primary carcinoma of the lung. Arch. Surg. 7, 478 (1929).
WELLINGTON, J. C.: Bronchiolar (alveolar cell) carcinoma of the lung. Canad. med. Ass. J. 87, 755—761 (1962).
WELLS, H. G., SLYE, M., HOLMES, H. F.: The occurrence and pathology of spontaneous carcinoma of the lung in mice. Cancer Res. 1, 259—261 (1941).
WENGER, F.: Sobre un caso de tumor de las céllulas alveolares del pulmón. Pren. méd. argent. 32, 44—48 (1945).
WERNER, H.: Zur Morphogenese des miliar-nodulären Lungenkarzinoms. Zbl. allg. Path. path. Anat. 88, 115 (1951).
WERNER, W.: Zu den Miniatur- und Mikrokarzinomen der Bronchien und ihren Beziehungen zum „Alveolarzellkarzinom" der Lunge. Zbl. allg. Path. path. Anat. 90, 1—14 (1953).
WERTHEMANN, A.: Virchows Arch. path. Anat. 255, 719 (1925).
WESTWOOD, L. A., LEVIS, S.: The eosinophilic lung. Tubercle (Lond.) 32, 98—107 (1951).
WEYER, F.: Arthropoden als Krankheitserreger und -überträger. In: Handbuch der inneren Medizin, 4. Aufl., Bd. I/2, S. 771—782. Berlin-Göttingen-Heidelberg: Springer 1952.
WEYLMAN, W. T.: Case report: alveolar proteinosis. New Engl. J. Med. 271, 1242 (1964).
WHEELER, W. E., FRIEDMAN, V., SASLAW, S.: Simultaneous nonfatal systemic histoplasmosis in two cousins. Amer. J. Dis. Child. 79, 806—819 (1950).
WHITAKER, P. H.: Investigation into radiological appearances of chests of workers engaged in production of toxic gases. Brit. J. Radiol. 19, 158—164 (1946).
WHITE, F. C., HILL, H. E.: Disseminated pulmonary calcification; report of 114 cases, with observations of antecedent pulmonary disease in 15 individuals. Amer. Tuberc. 62, 1—16 (1950).
WHITE, J. N., MADDING, G. F., HERSHBERGER, L. R.: Alveolar cell tumor of the lung. Dis. Chest 21, 655 (1952).
WICHMANN, H. J.: Sogenannte Kalkmetastasen der Lunge. Fortschr. Röntgenstr. 90, 762—763 (1959).
WILLIAMS, G., GREVILLE, E., MEDLEY, D. R. K., BROWN, R.: Pulmonary alveolar proteinosis. Lancet 1960 I, 1385—1388.
WILLIAMS, R. C.: Dermatomyositis and malignancy: a review of the literature. Ann. intern. Med. 50, 1174—1181 (1959).
WILLIAMS, W. J.: Alveolar metaplasia: Its relationship to pulmonary fibrosis in industry and the development of lung cancer. Brit. J. Cancer 11, 30—42 (1957).
WILLIS, H. S., BRUTSEART, P.: Tumor-like structures in lungs of guinea pigs, artificially exposed to silica dust. Amer. Rev. Tuberc. 17, 268 (1928).
WILLIS, R. A.: Metastatic tumors in the thyroid gland. Amer. J. Path. 7, 187 (1931).
WILLIS, R. A.: The spread of tumours in the human body. London: Churchill 1934.
WILLIS, R. A.: Pathology of tumours, 3rd edition. London: Butterworth & Co., Ltd. 1960.
WILSON, J. J., SALISBURY, C. J.: Fat embolism in war surgery. Brit. J. Surg. 31, 364—382 (1944).
WINN, W. A., JOHNSON, G. H.: Primary coccidioidomycosis; roentgenographic study of 40 cases. Ann. intern. Med. 17, 407—422 (1942).

WINTERNITZ, M. C., SMITH, G. H., MCNAMARA, F. P.: Effect of intrabronchial insufflation of acid. J. exp. Med. 32, 199—204 (1920).
WITTEKIND, D.: Über primär multiple Bronchialkarzinome. Verh. dtsch. path. Ges. 37, 309 (1954).
WOLF, M., MATTHES, T., ROTTE, K. H., WILDNER, G. P.: Zur Chirurgie und Prognose des Alveolarzellkarzinoms. Dtsch. Gesundh.-Wes. 23, 1202—1206 (1968).
WOLINSKY, H., LIN, A., WILLIAMS, M. H.: Lung perfusion in bronchiolo-alveolar carcinoma. A case report. Amer. Rev. resp. Dis. 99, 585—589 (1969).
WOOD, D. A., PIERSON, P. H.: Pulmonary alveolar adenomatosis in man. Is this the same disease as jaagziekte in sheep? Amer. Rev. Tuberc. 51, 205 (1945).
WOOD, E. H.: Unusual case of carcinoma of both lungs associated with lipoid pneumonia. Radiology 40, 193—195 (1943).
WOODRUFF, J. H., OTTOMAN, R. E., ISAAC, F.: Bronchiolar cell carcinoma. Radiology 70, 335—348 (1959).
WORATZ, G.: Miliare Metastasierung eines Grawitztumors in den Lungen. Zbl. allg. Path. path. Anat. 89, 141 (1952).
WYLLIE, W. G., SHELDON, W., BODIAN, M., BARLOW, A.: Quart. J. Med. 13, 25 (1948).
YAMAGIWA, H., ITOH, K., ITO, H., TAKEUCHI, T., HANEDA, Y.: Calcification in mucinous cell carcinoma of the stomach. Mie med. J. 17, 47—55 (1967).
YOUNG, J. S.: Further experiments on production of hyperplasia in alveolar epithelium of the lung of the rabbit. J. Path. Bact. 31, 705 (1928).
YOUNG, J. S.: Epithelial proliferation in the lung of a rabbit, brought about by intrapleural injection of solution of electrolytes — a physico-chemical interpretation of the phenomenon. J. Path. Bact. 33, 363—381 (1930).
YU, J. K., ALLEN, A. R., MARCY, G. E.: Pulmonary adenomatosis versus bronchiolar carcinoma. Dis. Chest 29, 542—555 (1956).
ZALKA, E. v.: Über Aspirations- (Implantations-) Metastasen in den Bronchien und der Lunge im Falle von Kehlkopfkrebs. Arch. Ohr.-Nas.- u. Kehlk.-Heilk. 138, 164 (1934).
ZANARDI, S., FONTANA, L.: Carcinoma bronchioloalveolare ed asbestosi polmonare. Cancro (Torino) 19, 441—452 (1966).
ZATUCHNI, J., CAMPBELL, W. N., ZARAFONETIS, C. J. D.: Pulmonary fibrosis and terminal bronchiolar ("alveolar-cell") carcinoma in scleroderma. Cancer (Philad.) 6, 1147—1158 (1953).
ZDANSKY, E.: Röntgenpraxis 5, 248 (1933).
ZEERLEDER, R.: Differentialdiagnostik des Lungenröntgenbildes, 3. Aufl. Bern und Stuttgart: Hans Huber 1953.
ZHEUTLIN, N., LASSER, E. C., RIGLER, L. G.: Bronchographic abnormalities in alveolar-cell carcinoma of the lung. Dis. Chest 25, 5 (1954).
ZIEGLER, G.: Verkalkendes Alveolarzellkarzinom der Lunge. Fortschr. Röntgenstr. 82, 780—784 (1955).
ZISKIND, M. M., WEILL, H., PAYZANT, A. R.: Recognition and significance of acinus filling processes of lungs. Amer. Rev. resp. Dis. 87, 551—559 (1963).
ZSCHIECHE, H.: Über das sog. Alveolarzellkarzinom der Lunge. Fortschr. Röntgenstr. 86, 691—695 (1957).
ZUR, G.: Zystizerkosis der Lungen und Leber. Fortschr. Röntgenstr. 75, 186—193 (1951).

2. Die Bronchialadenome

Abbott, O. A.: Discussion "on malignant nature of bronchial adenoma". J. thorac. Surg. 18, 156 (1949).

Abbott, O. A.: Discussion of adenoma of trachea and bronchi. J. thorac. Surg. 28, 430 (1954).

Abbott, O. A., Alexander, A.: Adenoma of the bronchus. (Discussion.) J. thorac. Surg. 18, 149 (1949).

Aceto, J. N., Chacravaty, S.: Co-existence of bronchial adenoma with pulmonary tuberculosis. Dis. Chest 30, 106 (1956).

Ackerman, L. V.: Surgical pathology, 1st edit., p. 172—174. St. Louis (Mo.): C. V. Mosby & Co. 1955.

Ackerman, L. V., Regato, J. A.: Cancer: diagnosis, treatment and prognosis, 2nd edit., p. 437—475. St. Louis (Mo.): C. V. Mosby & Co. 1954.

Adam, R.: Primary lung tumors. J. Amer. med. Ass. 130, 547—553 (1946).

Adams, R.: Discussion of the so called adenoma of the bronchus. J. thorac. Surg. 14, 119 (1945).

Adams, W. E., Steiner, P. E., Bloch, R. G.: Malignant adenoma of the lung. Surgery 11, 503—526 (1942).

Adler, H.: Über das polypöse Bronchialcarcinom und seine Operabilität. Klin. Wschr. 1932, 1755.

Aebli, L.: Die Röntgendiagnose des Bronchialadenoms. Klin. Wschr. 1952, 1755.

Ahlborn, H. E.: Mucous and salivary gland tumours: clinical study with special reference to radiotherapy, based on 254 cases treated at Radium-Hemmet, Stockholm. Acta radiol. (Stockh.), Suppl. 23, 1—452 (1935).

Albertini, A. v.: Über das sogenannte Bronchialadenom. Schweiz. Wschr. 1945, 355, 422.

Albertini, A. v.: Zur pathologischen Anatomie des Bronchialadenoms. Schweiz. Z. Path. Bakt. 8, 162—184 (1945).

Albertini, A. v.: Pathologisch-anatomisches Kurzreferat zum Thema Lungenkrebs. Schweiz. med. Wschr. 81, 659 (1951).

Albertini, A. v.: La position nosologique de l'adénome bronchique de Jackson. Bronches 4, 212—227 (1954).

Albertini, A. v.: Histologische Geschwulstdiagnostik. Stuttgart: G. Thieme 1955.

Alexander, E. W.: Discussion on malignant nature of bronchial adenoma. J. thorac. Surg. 18, 157 (1949).

Alexander, J.: Discussion of so-called adenoma of the bronchus. J. thorac. Surg. 14, 122 (1945).

Alstead, S.: A simple bronchial neoplasm. Lancet 1932 II, 339.

Anacker, H.: Das Bronchialadenom. In: Lungenkrebs und Bronchographie, S. 7. Stuttgart: G. Thieme 1955.

Anacker, H., Stender, H. St.: Krankheiten der Lunge. XII. Geschwülste. 2. Semimaligne Lungen- und Bronchialgeschwülste. In: Haubrich, R., Klinische Röntgendiagnostik innerer Krankheiten, Bd. I, S. 470—474. Berlin-Göttingen-Heidelberg: Springer 1963.

Anderson, W. A. D.: A synopsis of pathology, 2nd edition. St. Louis (Mo.): C. V. Mosby & Co., 1946.

Anderson, W. M.: Bronchial adenoma with metastasis of the liver. J. thorac. Surg. 12, 351 (1942).

Arnsperger, H.: Über verästelte Knochenbildungen in der Lunge. Beitr. path. Anat. 21, 141 (1897).

Ashbury, H. E.: Recurrent massive collapse of the lung due to benign intrabronchial tumor. Amer. J. Roentgenol. 21, 452—459 (1929).

Askergren, A., Hillenius, L.: Acta med. scand. 175, 43 (1964).

Anlyan, W. G., Hargrove, M. D., Ruffin, J. M., Wallace, D. K., Weaver, W. T., Kirschner, N.: Metastasizing bronchial adenoma, occurrence in patient with the functioning carcinoid syndrome. J. Amer. med. Ass. 174, 415 (1960).

Ausbüttel, F.: Über zwei Fälle gutartiger Bronchialtumoren (Bronchialcarcinoide). Frankfurt. Z. Path. 53, 46 (1939).

Azzopardi, J. G., Bellau, A. R.: Carcinoid syndrome and oat-cell carcinoma of the bronchus. Thorax (Lond.) 20, 393 (1965).

Bablik, L.: Zur Diagnose und Therapie des Bronchusadenoms. Mschr. Ohrenheilk. 86, 1 (1952).

Bade, H.: Symptomlose und symptomarme Geschwülste der Brusthöhle. Fortschr. Röntgenstr. 68, 224 (1943).

Bässler, R.: Karzinoidsyndrom bei Bronchialadenom. Zbl. allg. Path. path. Anat. 100, 351 (1959).

Baló, J.: Lungenkarzinom und Lungenadenom. Budapest: Verlag der ungarischen Akademie d. Wissenschaften 1961.

Balzer, H., Greeff, K., Westermann, E.: Die bronchokonstriktorische Wirkung des Serotonins. Klin. Wschr. 34, 1204 (1956).

Bariéty, M., Paillas, J.: Les épithéliomas glandulaires bronchique à stroma remanié et à evolution prolongée. J. franç. Méd. Chir. thor. 1, 356 (1947).

Barnard, W. G., Robb-Smith, A. H. T.: In: Kettle's Pathology of tumours, 3. Aufl. London: H. K. Lewis 1945.

Barret, N. R., Barnard, W. G.: Some unusual thoracic tumors. Brit. J. Surg. 32, 447—457 (1945).

Bassermann, F. J.: Röntgendiagnostische Probleme der Lungenzystizerkose. Prax. Pneumol. 25, 669—676 (1971).

Bateson, E. M., Whimster, W. F., Woo-Ming, M.: Ossified bronchial adenoma. Brit. J. Radiol. 43, 570—573 (1970).

Bateson, J. F., Gale, J. W., Hickey, R. C.: Bronchial adenomata. A clinical résumé. Arch. Surg. 92, 623 (1966).

Bauer, W. H., Fox, R. A.: Adenomyoepithelioma (cylindroma) of palatal mucus glands. Arch. Path. 39, 96—102 (1945).

Baumgarten, F.: Bronchustumor. Zbl. allg. Path. path. Anat. 67, 349 (1937).

Bean, W. B., Funk, D.: The vasculo-cardiac syndrome of metastatic carcinoid. Arch. intern. Med. 103, 189—199 (1959).

Bean, W. B., Olch, D., Weinberg, H. B.: The syndrome of carcinoid and acquired valve lesions of the right side of the heart. Circulation 12, 1 (1955).

Beaton, E. J.: Metastasizing carcinoid; with a case report of the carcinoid syndrome. Canad. med. Ass. J. 80, 281—284 (1959).

Beck, J. C., Guttmann, M. R.: Basalioma or so-called cylindroma of the air passage. Ann. Otol. (St. Louis) 45, 618 (1936).

Belsey, R., Valenstine, J. C.: Cylindromatous mucous gland tumors of the trachea and bronchi: A report of three cases. J. Path. Bact. 63, 377—387 (1951).

Bensch, K. G., Gordon, G. B., Miller, L. R.: Electron microscopic and biochemical studies on the bronchial carcinoid tumor. Cancer (Philad.) 18, 592—602 (1965).

Bérard, J.: Curieuse évolution d'une dilatation des bronches. Épistome ignoré. J. franç. Méd. Chir. thor. 4, 240—242 (1950).

BEREZOVSKAJA, E. K.: Gutartige Tumoren der Bronchien und der Lunge. Klin. Med. (Moskau) 30, 47 (1952).

BERGER, S. M., BOREADIS, A., KREMANS, V.: Bronchial adenoma. J. Pediat. 43, 417—420 (1953).

BERKHEISER, S. W.: Bronchial adenoma of carcinoid type with distant metastases. Dis. Chest 37, 449 (1960).

BERKMAN, Y. M.: Rare tumors in children. Amer. J. Roentgenol. 95, 65—75 (1965).

BERNHEIMER, H., EHRINGER, H., HEISTRACHER, P., KRAUPP, O., LACHNIT, V., OBIDITSCH-MAYER, I., WENZL, M.: Biologisch aktives, nicht metastasierendes Bronchuscarcinoid mit Linksherzsyndrom. Wien. klin. Wschr. 72, 867—873 (1960).

BERNING, H.: Zur Klinik der benignen Bronchialtumoren, insbesondere der sog. Bronchialadenome. Neue med. Welt 1950 I, 352—355.

BEUTEL, A.: Zur bronchographischen Diagnostik der Bronchuspolypen. Fortschr. Röntgenstr. 48, 198 (1933).

BEUTEL, A.: Sind Bronchialkarzinoide rein bronchographisch diagnostizierbar? Med. Klin. 47, 1483 (1952); Praxis (Bern) 1953, 504.

BEUTEL, A., STRNAD, F.: Die strahlentherapeutisch bedingten Veränderungen der Bronchustumoren im Bronchogramm. Strahlentherapie 59, 497—512 (1937).

BEUTEL, A., STRNAD, F.: Die Analyse und Differentialdiagnose der raumbeschränkten Prozesse im Bronchogramm. Fortschr. Röntgenstr. 55, 118 (1937).

BEUTIN, H., WEISSWANGE, W.: Die Darstellung der Bronchusstenose im Tomogramm und ihre Bedeutung für die Strahlenbehandlung der Bronchialkarzinome. Röntgenpraxis 15, 161 (1943).

BIETO-REIMANN, E., REVENTOS-FARREROS, J.: El adenoma bronquial. Med. clín. (Barcelona) 15, 7 (1950).

BIGGER, J. A., ALEXANDER: Discussion: The problem of the so-called bronchial adenoma. J. thorac. Surg. 14, 106 (1945).

BILLROTH, T.: Beobachtungen über Geschwülste der Speicheldrüsen. Virchows Arch. path. Anat. 17, 357, 375—387 (1859).

BIOCCA, P.: "Adenoma" della biforcazione tracheale. Arch. Chir. Torace 13, 401—436 (1956).

BIÖRCK, G., AXÉN, O., THORSON, A.: Unusual cyanosis in a boy with congenital pulmonary stenosis and tricuspid insufficiency. Amer. Heart J. 44, 143—148 (1952).

BLUMBERG, A., DUBACH, U. C., KREIS, W., MÜLLER, H. R.: Klinische und biochemische Untersuchungen beim Karzinoidsyndrom. Dtsch. med. Wschr. 87, 921—929 (1962).

BOCK, K. D., DENGLER, H., KUHN, H. M., MATTHES, K.: Die Wirkung von 5-Hydroxytryptamin auf Blutdruck, Haut- und Muskeldurchblutung des Menschen. Naunyn-Schmiedebergs Arch. exp. Path. Pharmak. 230, 257—273 (1957).

BOEMKE, F.: Über ein bösartiges polypöses Bronchialgewächs. Virchows Arch. path. Anat. 288, 641 (1933).

BOEMKE, F., MORITZ, W.: Beitrag zur Kenntnis der Cylindrome der Luftröhre. Z. Hals-, Nas.- u. Ohrenheilk. 45, 228 (1939).

BOHN, H.: Über endokrin-nervöse Enteropathie (sog. chronische Enteritis). Verh. dtsch. Ges. inn. Med. 52, 454—458 (1940).

BOHN, H., FEYRTER, F.: Zur Klinik und Pharmakologie der Darmcarcinoide. Klin. Wschr. 21, 757—759 (1942).

BOIRON, M.: Sur quelques problèmes posés par les adénomes bronchiques de Jackson. Sem. Hôp. Paris 1955, 3102.

BOLLINI, V.: Confronti fra quadri stratigrafici e broncografici nei tumori broncopolmonari primitivi. Radiol. med. (Torino) 41, 693 (1955).

BONTE, G., MARCQ, F.: Possibilités de la tomographie dans le diagnostic des affections bronchiques. J. Radiol. Électrol. 29, 231—237 (1948).

BORGSCHULTE, F.: Über das Vorkommen von primären Tumoren (Cylindromen) in der Trachea. Arch. Ohr.-, Nas.- u. Ohrenheilk. 162, 432 (1953).

BOWER, G.: Bronchial adenoma. A review of twenty-eight cases. Amer. Rev. resp. Dis. 92, 558 (1965).

BODY, W.: Introduction 2: Classification and routes of spread of thoracic and intrathoracic tumors. In: PACK, G. T., and I. M. ARIEL (eds.), Treatment of cancer and allied diseases, 2nd ed., vol. IV, p. 249—265. New York: Harper & Row 1964.

BOYLAND, E., GASSON, J. E., WILLIAMS, D. C.: 5-Hydroxytryptamine excretion in patients with carcinoma of the larynx and bronchus. Lancet 1956 II, 975—976.

BOYLAND, E., WILLIAMS, D. C.: Tryptophan metabolism in patients with carcinoid and other tumours. Proc. roy. Soc. Med. 50, 451—542 (1957).

BRADSHAW, H. H., SHAFFNER, L. DES, DEATON, W. R. Bronchial adenoma; case report. J. thorac. Surg. 23, 388 (1952).

BRANWOOD, A. W., BAIN, A. D.: Carcinoid tumour of small intestine with hepatic metastases, pulmonary stenosis and atypical cyanosis. Lancet 267, 1259—1261 (1954).

BRAUN, H., BRUGGER, E.: Adenomatose und Tuberkulose der Lunge bei gleichzeitig bestehendem Dünndarmkarzinoid. Tuberk.-Arzt 16, 304—308 (1962).

BREA, M. M. J., AGUILAR, F., SANTAS, A. A.: Adenomas bronquiales, estudio clinico-radiológico y relato de 6 observaciones. Pren. méd. argent. 37, 412 (1950).

BREDT, H.: Grenzfälle gutartiger Bronchialtumoren. Arch.-Geschwulstforsch. 2, 301 (1951).

BRENNAN, M. J., PRYCHODKO, W., HORELAND, S.: Quantitative studies in growth of spontaneous tumors. In: BRENNAN, M. J., and W. L. SIMPSON (eds.), International symposium on biological interactions in normal and neoplastic growth, p. 739—748. Boston: Little, Brown & Co. 1962.

BREWER, L. A., JONES, W. M. G., DOLLEY, F. S.: Nonmalignant intrathoracic lesions simulating bronchogenic carcinoma. J. thorac. Surg. 17, 439 (1948).

BRIDGES, J. M., GIBSON, J. B., LOUGHRIDGE, L. W., MONTGOMERY, D. A. D.: Carcinoid syndrome with pellagrous dermatitis. Brit. J. Surg. 45, 117—122 (1957).

BROCK, R. C.: Pulmonary new growths; pathology, diagnosis and treatment. Lancet 1938, 1041—1044, 1103—1109.

BROCK, R. C.: Adenoma of the bronchus treated by pneumonectomy. Proc. roy. Soc. Med. 34, 556 (1941).

BROSMAN, S. A., BRADFORD, P. F., HUGHES, F. W.: Modification of renal lesions produced by 5-hydroxytryptamine (serotonin). Amer. J. clin. Path. 32, 457—464 (1959).

BROWN, A. L.: Bronchial tumors: thoraco-bronchotomy. Surgery 28, 579—582 (1950).

BRUNETTI, F.: Epistoma tracheo-bronchiale o adenoma pleiomorfo del sistema aerifero inferiore. Arch. ital. Otol. 61 (Suppl. 4), 1 (1950).

Brunn, H.: Bronchial adenoma. Leahy Birthday Volume, p. 99—108. Springfield, Ill.: Charles C. Thomas (1940).
Brunn, H.: Two interesting benign tumors of contradictory histopathology. J. thorac. Surg. 9, 119 (1940).
Brunn, H.: The surgical treatment of bronchial adenoma. Dis. Chest 13, 321 (1947).
Brunn, H., Goldman, A.: The differentiation of benign from malignant polypoid bronchial tumors. Surg. Gynec. Obstet. 71, 703 (1940).
Brunn, H., Goldman, A.: Bronchial adenoma. Amer. J. Surg. 54, 179—192 (1941).
Brunner, A.: Über das sogenannte Bronchialadenom. Schweiz. med. Wschr. 1945, 355.
Bruns, P. v.: Neubildungen in der Luftröhre. In: Handbuch für Laryngologie. Bd. I. 1898.
Büchner, F.: Allgemeine Pathologie, 3. Aufl. München: Urban & Schwarzenberg 1959.
Caldarola, V. T., Harrison, E. G., Clagett, O. T., Schmidt, H. W.: Benign tumors and tumorlike conditions of the trachea and bronchi. Ann. Otol. (St. Louis) 73, 1042 (1964).
Caliceti, G.: La via endobronchiale nel trattamento degli adenomi di Jackson. Bronches 4, 245 (1954).
Canepari, C., Franchini, C., Masera, N.: Degenerazione maligna di adenoma bronchiale a sindrome pleuro-cavitaria? Ann. Vill. sanat. Sondalo 1, 301 (1953).
Carlens, E., Wiklund, T., Bergstrand, A.: Bronchial adenoma. A report of 70 cases and a critical analysis of the literature. Acta chir. scand., Suppl. 185, 1 (1954).
Carstens, M.: Ein Beitrag zur Klinik der gutartigen Bronchialtumoren. Ein Fall von Bronchuscylindrom. Fortschr. Röntgenstr. 71, 230—238 (1949).
Castilli, A. R., White, H. J.: Rare forms of primary malignant lung tumors. Amer. J. clin. Path. 10, 623 (1940).
Cawley, L. P.: Carcinoid syndrome: a tumor causing bouts of diarrhea, cutaneous flushs, intermittant abdominal cramps and valvular heart disease. J. Kans. med. Sci. 59, 393—395 (1958).
Chamberlain, J. M., Daniels, C. F.: Treatment of bronchial adenomas. In: Pack, G. T., Ariel, I. M. (eds.), treatment of cancer allied diseases, 2nd edit., vol. IV, p. 318—322. New York: Harper & Row 1964.
Chamberlain, J. M., Gordon, J.: Bronchial adenoma treated by pulmonary resection. J. thorac. Surg. 14, 144 (1945).
Chauvet, M., Lassere, R.: À propos des adénomes bronchiques de Jackson. Schweiz. med. Wschr. 1955, 49—53.
Cheek, J. H., Muirhead, E. E.: Bronchial adenoma producing an "alveolar cell carcinoma" pattern. Arch. Path. 46, 529—535 (1948).
Chiari, H.: Über das sogenannte Karzinoidsyndrom. Ciba Symp. 5, 192—198 (1958).
Chiari, O.: Zur Kenntnis der Bronchialgeschwülste. Prag. med. Wschr. 1883, 497.
Christian, H. J., Currens, J. H.: The carcinoid syndrome and related cardiac disease; report of a case with predominant tricuspid disease. New Engl. J. Med. 260, 629—633 (1959).
Christy, N. P.: Adrenocorticotrophic activity in the plasma of patients with Cushing's syndrome associated with pulmonary neoplasma. Lancet 280, 85 (1961).
Churchill, E. A.: Lobectomy and pneumonectomy in bronchiectasis and cystic disease. J. thorac. Surg. 6, 286 (1937).
Clagett, O. T.: Symposium of certain tumors of the bronchi (adenomas and cylindromas) and on tumors of the trachea. Surgical aspects. Proc. Mayo Clin. 21, 427 (1946).
Clagett, O. T., Payne, J. H.: Complications and treatment of bronchial adenoma. Surg. clin. N. Amer. 26, 920—933 (1946).
Clara, M.: Über die Morphologie und Histochemie der basalgekörnten Zellen. Acta neuroveg. (Wien) 16, 294—312 (1957).
Clark, P. L., Clagett, O. T., McDonald, J. R.: Cylindroma of the trachea. Proc. Mayo Clin. 28, 513 (1953).
Clerf, L. H.: Adenoma of the bronchus. Trans. Amer. broncho-esoph. Ass. 1948, 122.
Clerf, L. H., Bucher, C. J.: Adenoma (mixed tumor) of bronchus (35 cases). Ann. Otol. (St. Louis) 51, 836—850 (1942).
Clerf, L. H., Crawford, B. L.: Benign glandular bronchogenic tumors. Amer. J. Cancer. 26, 188 (1936); Trans. Stud. Coll. Phycns Philad. 4, 6 (1936).
Cocchi, U.: Semimaligne Lungengeschwülste. Solitäres Bronchusadenom. In: Schinz-Baensch-Friedl-Uehlinger, Lehrbuch der Röntgendiagnostik, 5. Aufl., Bd. III, S. 2369—2373. Stuttgart: G. Thieme 1952.
Cocchi, U.: La diagnosi dell' adenoma bronchiale. Settim. Giorn. med. Trieste 1954, 10—12.
Cocchi, U.: Die Diagnose des Bronchialadenoms. Strahlentherapie 97, 175—187 (1955).
Cocchi, U., Aebli, L.: Zur Diagnose des Bronchialadenoms. Oncologia (Basel) 4, 227—239 (1951/52).
Cohen, R. B., Toll, G. D., Castleman, B.: Bronchial adenoma in Cushing's syndrome: Their relation to thymomas and oat cell carcinomas associated with hyperadrenocorticism. Cancer (Philad.) 13, 812—817 (1960).
Coleman, A., Conner, C. L.: Benign tumors of the lung with special reference to adenomatous bronchial tumors. Dis. Chest 17, 644 (1950).
Coleman, B., Neuhof: Adenoma of the bronchus. J. thorac. Surg. 18, 149 (1949).
Connolly, J. E., Chamberlain, J. M.: Bronchial adenoma treated by sleeve resection of the mainstem bronchus. J. thorac. Surg. 35, 372—377 (1958).
Copland, S. M.: Carcinoid disease. Dis. Colon Rect. 1, 471—476 (1958).
Crafoord, C.: Discussion on the "malignant nature of bronchial adenoma". J. thorac. Surg. 18, 159 (1949).
Crafoord, C., Davis, E. W., Jackson, C. L.: Discussion: Adenoma of the bronchus. J. thorac. Surg. 18, 149 (1949).
Crafoord, C., Lindgren, A. G.: Mucous and salivary gland tumours in the bronchus and trachea, formerly generally called bronchial adenomata. Acta chir. scand. 92, 481 (1945).
Currens, J. H., Kinney, T. D., White, P. D.: Pulmonary stenosis with intact ventricular septum; report of eleven cases. Amer. Heart J. 30, 491—510 (1945).
D'Abreu, A. L., McHale, S. I.: Bronchial "adenoma" treated by local resection and reconstruction of the left main bronchus. Brit. J. Surg. 39, 355 (1952).
D'Arcangelo, D., Morgagni, W.: Contribution clinique à l'adénome bronchique. Bronches 4, 404 (1954).
Daróczy, J.: Die Bronchusadenome. Zbl. Chir. 83, 1356—1364 (1958).
Davey, P. W., Hardy, A. W.: Metastasizing bronchial adenomas. Canad. med. Ass. J. 70, 650 (1954).

DAVIDSON, M.: The diagnosis and treatment of intrathoracic growths. London: Oxford Univ. Press 1951.
DAVIS, E. W.: Discussion on "malignant nature of bronchial adenoma". J. thorac. Surg. 18, 159 (1949).
DAVIS, E. W., KATZ, S., PEABODY, J. W.: Calcification within the solitary pulmonary nodule. Amer. Rev. Tuberc. 74, 106 (1956).
DAVIS, E. W., PEABODY, J. W., KATZ, S.: The solitary pulmonary nodule. J. thorac. Surg. 32, 728—771 (1956).
DELARUE, N. C.: Bronchial adenoma. Analysis of 26 cases. J. thorac. Surg. 21, 535—542 (1951).
DELARUE, N. C., DEPIERRE, R., PAILLAS, J.: Les prétendus adénomes bronchiques sont des "epithéliomas a stroma remanié". Identification d'une tumeur bronchique à cellules myo-épithéliales. Presse méd. 1952, 469.
DENCK, H., WUKETICH, S.: Bronchiales Karzinoid vergesellschaftet mit aktiver Lungentuberkulose. Beitr. Klin. Tuberk. 126, 243 (1963).
DENHOVEN, M.: Zur Frage der Diagnose, Differentialdiagnose und Therapie des Bronchusadenoms. Inaug.-Diss. Düsseldorf 1950.
DERSÖ, K.: Von den Symptomen der Bronchostenose. Mschr. Ohrenheilk. 81, 225 (1947).
DIETZEL, K.: Das endoskopische Bild des Bronchialadenoms. HNO (Berl.) 4, 357—363 (1955).
DOCKERTY, M. B., MAYO, W. C.: "Cylindroma" (adenocarcinoma, cylindroma type). Report of two cases with metastasis. Surgery 13, 416 (1943).
DOCKERTY, M. B., McGOON, D. C., FONTANA, R. S., SOUDAMORE, H. H.: Metastasizing bronchial carcinoid with hyperserotonemia and the carcinoid syndrome: report of a case. Med. Clin. N. Amer. 42, 975—979 (1958).
DOCKERTY, M. B., SCHEIFLY, C. H.: Metastasizing carcinoid; report of an unusual case with episodic cyanosis. Amer. J. clin. Path. 25, 770—774 (1955).
DONAHUE, J. K., WEICHERT, R. F., OCHSNER, J. L.: Bronchial adenoma. Ann. Surg. 167, 873—885 (1968).
DONATELLI, R., PELLEGRINI, A., SCOCCIA, S.: L' adenoma bronchiale. Osservazioni di trenta casi. Osped. maggiore 58, 309—331 (1963).
DONNA, A., ABRATE, M.: Un caso di adenoma bronchiale in polmone malformato. Cancro (Torino) 19, 377—382 (1966).
DORENBUSCH, A. A.: Leiomyoma of the trachea. Arch. Otolaryng. 61, 470 (1955).
DOTY, R. D.: Bronchial adenoma. Nomenclature and present methods of treatment. J. thorac. Surg. 21, 349—361 (1952).
DOWLING, E. A., MILLER, R. E., JOHNSON, I. M., COLLIER, F. C. D.: Mucoepidermoid tumors of the bronchi. Surgery 52, 600—609 (1962).
DU MESNIL DE ROCHEMONT, R., LAUTH, G.: Beitrag zur Klinik und Therapie des solitären und metastasierenden Bronchialcarcinoids. Strahlentherapie 113, 1 (1960).
DUMONT, A., DURIEU, H., DE CLERCQ, F., DUPREZ, A.: Adénomes bronchiques. Tumeurs polypoïdes d'évolution lente. Acta chir. belg. 51, 23—43 (1952).
DUPREZ, A.: L'adénome bronchique, tumeur d'évolution lente, mais à potentialités malignes. Acta chir. belg. 47, 35 (1948).
EBER, O., LEMBECK, F., HEUHOLD, K.: Zur Diagnostik von Karzinoiden. Die Hydroxyindolessigsäure-Bestimmung im Harn. Wien. klin. Wschr. 68, 631—634 (1956).
ECK, H., HAUPT, R., ROTHE, G.: Die gut- und bösartigen Lungengeschwülste. In: UEHLINGER, E. (Hrsg.), Handbuch der speziellen pathologischen Anatomie u. Histologie, Bd. III/4, S. 1—401. Berlin-Heidelberg-New York: Springer 1969.
EGGERS, C.: Discussion. Adenoma of the Bronchus. J. thorac. Surg. 18, 149 (1949).
EHRENHAFT, J. L., WOMACK, N. A.: Mixed tumors of the lung: a re-appraisal. Ann. Surg. 136, 90—110 (1952).
EIKEN, v.: Cancroid des Bronchus. Berliner Oto-Laryng. Ges. 1938. Zbl. Hals-, Nas.- u. Ohrenheilk. 31, 235 (1939).
ELOESSER, L.: Transthoracic bronchotomy for removal of benign tumors of the bronchi. Ann. Surg. 112, 1067 (1940).
ENGEL, D.: Sind die Carcinoide Progonoblastome? Virchows Arch. path. Anat. 244, 38—44 (1923).
ENGEL, J.: Die Diagnose des Bronchusadenoms. Dtsch. med. Wschr. 93, 219—220 (1968).
ENGEL, J.: Röntgenbefunde beim Bronchusadenom. Prax. Pneumol. 22, 25—36 (1968).
ENGELBRETH-HOLM, J.: Benign bronchial adenoma. Acta chir. scand. 90, 383—407 (1944).
ENTERLINE, H. T., SCHOENBERG, H. W.: Carcinoma (cylindromatous type) of trachea and bronchi and bronchial adenoma. Cancer (Philad.) 7, 663 (1954).
EPSTEIN, I.: Bronchial adenoma in a supernumerary tracheal lobe. Report of an unusual case. J. thorac. Surg. 21, 362—369 (1951).
ERSAMER, V., ASERO, B.: Identification of enteramine, the specific hormone of the enterochromaffin cell system, as 5-hydroxytryptamine. Nature (Lond.) 169, 800—801 (1952).
ESCHAPASSE, H., DUFRANC, P., BOLLINELLI, R., BOLLINELLI, M.: Problèmes posés par un cylindrome trachéobronchique étendu. Bronches 11, 356—360 (1961).
ESCOVITZ, W. E., REINGOLD, J. M.: Functioning malignant bronchial carcinoid with Cushing's syndrome and recurrent sinus arrest. Ann. intern. Med. 54, 1248 (1961).
ESSER, C.: Über Bronchialcarcinoide (-adenome). Fortschr. Röntgenstr. 71, 217—229 (1949).
EWING, J.: Neoplastic diseases. Philadelphia: W. B. Saunders & Co. 1940.
FEIN, S. B., KNUDTSON, K. P.: The malignant carcinoid syndrome, a case report with biochemical studies. Cancer (Philad.) 9, 148—151 (1956).
FELDMAN, F. T., BIRYUKOV, Y. V.: Concerning the x-ray diagnosis of adenoma of the bronchi. Vestn. Rentgenol. Radiol. (Mosk.) 44, 26—31 (1969).
FELSON, B.: Fundamentals of chest roentgenology. Philadelphia: W. B. Saunders 1960.
FELTON, W. L., LIEBOW, A. A., LINDSKOG, G. E.: Peripheral and multiple bronchial adenomas. Cancer (Philad.) 6, 555—567 (1953).
FERREIRA, C. L.: Contribution à l'étude du cylindrome et du carcinome primitif de la trachée. Thèse de Génève 1919.
FEYRTER, F.: Zur Frage der Karzinoide. Verh. dtsch. path. Ges. 26, 286—289 (1931).
FEYRTER, F.: Zur Geschwulstlehre. Beitr. path. Anat. 86, 663 (1931).
FEYRTER, F.: Carcinoid und Carcinom. Ergeb. allg. Path. path. Anat. 28, 305—489 (1934).
FEYRTER, F.: Über diffuse endokrine epitheliale Organe. Leipzig: J. A. Barth 1938.
FEYRTER, F.: Über das enterale und bronchiale Karzinoid. Langenbecks Arch. klin. Chir. 296, 549 (1951).
FEYRTER, F.: Zur Lehre von den peripheren endokrinen (parakrinen) Drüsen des Menschen. Wien. med. Wschr. 106, 515—516 (1956).
FEYRTER, F.: Über die peripheren endokrinen (parakrinen) Drüsen. Medizinische 1957, 663—669.

FEYRTER, F.: Zur Frage der Endokrinie des argyrophilen Helle-Zellen-Organs im menschlichen Bronchialbaum. Dtsch. med. Wschr. 83, 958—963 (1958).

FEYRTER, F.: Über das Karzinoidproblem. Wien. med. Wschr. 108, 1099—1103 (1958).

FEYRTER, F.: Über das Bronchuscarcinoid. Virchows Arch. path. Anat. 332, 25 (1959).

FEYRTER, F.: Über das Cylindrom (mucipares Adenom) des Bronchialbaums. Virchows Arch. path. Anat. 332, 44 (1959).

FEYRTER, F.: Über Mikrokarzinoidose. Arch. ital. Pat. (Modena) 5 (1959).

FEYRTER, F.: Über das bronchiale und das pulmonale Karzinoid. Über die bronchiale und die pulmonale Mikrokarzinoidose. Wien. klin. Wschr. 72, 386—392 (1960).

FEYRTER, F.: Über die Typen des bronchialen Adenoms. Zbl. allg. Path. path. Anat. 101, 489 (1960).

FEYRTER, F.: Über die peripheren endokrinen (parakrinen) Drüsen und ihre Geschwülste, insbesondere das enterale und das bronchiale Carcinoid. Verh. dtsch. Ges. inn. Med. 68, 161—182 (1962).

FEYRTER, F., HERTTING, G., HORNYKIEWICZ, O.: Über die biologische Wirksamkeit von Extrakten aus Bronchuskarzinoiden. Wien. klin. Wschr. 71, 317—320 (1959).

FEYRTER, F., UNNA, K.: Über den Nachweis eines blutdrucksteigernden Stoffes im Carcinoid. Virchows Arch. path. Anat. 298, 187—194 (1937).

FINKE, H.: Beiträge zum Krankheitsbild des Bronchialadenoms. Fortschr. Röntgenstr. 74, 659—667 (1951).

FISCHER, W.: Die Gewächse der Lunge und des Brustfelles. In: HENKE, F., LUBARSCH, O. (Hrsg.), Handbuch der speziellen Pathologie und Histologie, Bd. III/3. Berlin: Springer 1931.

FLETCHER, G. H., LOMBARD, M. S.: A case of bronchial adenoma without signs of bronchial obstruction, concomitant with minimal pulmonary tuberculosis. Amer. J. Roentgenol. 61, 209—211 (1949).

FONTANA, R. S., TYCE, G. M., FLOCK, E. V., DOCKERTY, M. B.: Serotonin und das Carcinoid-Syndrom bei Patienten mit Bronchialtumoren. In: Mayo-Report, Aktuelle Medizin 1964, S. 329—330. Stuttgart-Wien-Basel: Medica Verlag 1965.

FOOTE, F. W., FRAZELL, E. L.: Tumors of the major salivary glands. In: Atlas of tumor pathology, Sect. 4, Fasc. 11. Washington: Armed Forces Inst. of Path. 1954.

FOREMAN, R. C.: Carcinoid tumors: a report of 38 cases. Ann. Surg. 136, 838—855 (1952).

FOSTER-CARTER, A. F.: Bronchial adenoma. Quart. J. Med. 10, 139—174 (1941).

FRED, H. L., EIBAND, J. M., COLLINS, L. C.: Calcifications in intra-abdominal and retroperitoneal metastases. Report of the roentgenographic features. Amer. J. Roentgenol. 91, 138—148 (1964).

FREY, E. K., LÜDEKE, H.: Über die chirurgische Behandlung der Bronchialcarcinoide und das Problem ihrer Malignität. J. int. Chir. 13, 1 (1953).

FREY, E. K., LÜDEKE, H.: Bösartige Lungengeschwülste. In: DERRA, E. (Hrsg.), Handbuch der Thoraxchirurgie, Bd. III/2, S. 554—668. Berlin-Göttingen-Heidelberg: Springer 1958.

FRIED, B. M.: Adenoma of the bronchial mucous glands. Arch. Otolaryng. 20, 375—381 (1934).

FRIED, B. M.: Bronchiogenic adenoma, benign tumor of the bronchus. Arch. intern. Med. 79, 291 (1947).

FRIED, B. M.: Bronchogenic carcinoma and adenoma. Baltimore: William & Wilkins Co. 1948.

FRIED, B. M.: Tumors of the lung and mediastinum. Philadelphia: Lea & Febiger 1958; London: Kimpton 1959.

FRITSCHY, W.: Über das Bronchialadenom. Praxis (Bern) 1948, 404.

FRÖHLICH, F.: Die „Helle Zelle" der Bronchialschleimhaut und ihre Beziehungen zum Problem der Chemorezeptoren. Frankfurt. Z. Path. 60, 517—559 (1949).

FRUHLING, L., SPEHLER, H.: Contribution à l'étude anatomo-clinique des tumeurs de la trachée. À propos de 5 cas des tumeurs primitives et de 24 cas de tumeurs secondaires de la trachée. Ann. Otolaryng. (Paris) 68, 543—564 (1951).

GABRILOVE, J. L., NICOLLS, G. L., KIRSCHNER, P. A.: Cushing's syndrome in association with carcinoid tumor. Ann. Surg. 169, 240—248 (1969).

GÄNSSLEN, M.: Carcinoidmetastase im rechten Vorhof verursacht eine funktionelle Tricuspidalstenose. Med. Klin. 53, 609—614 (1958).

GALY, P.: Tumeurs broncho-pulmonaires. Paris: Masson éd. 1955.

GALY, P., DUPREZ, A.: Adénome bronchique de type périphérique. Tumeur mixte bronchopulmonaire. Bull. Soc. méd. Hôp. Paris 1951, 15.

GALY, P., RENAULT, P.: Place nosologique des adénomes bronchiques de Jackson. Bronches 4, 192 (1954).

GEBAUER, A.: Die Bedeutung der Röntgenschichtuntersuchung für die Erkennung von Bronchialtumoren. Radiologe 1, 58—69 (1961).

GEBAUER, P. W.: Reconstructive surgery of the trachea and bronchi: late results with dermal grafts. J. thorac. Surg. 22, 568—584 (1951).

GEBAUER, P. W.: Reconstructive tracheobronchial surgery. Surg. Clin. N. Amer. 36, 893—911 (1956).

GEEVER, E. F., WILLIAMS, W. S., McWILLIAMS, J. E.: Bronchial adenoma with cancerous transformation. Amer. J. clin. Path. 19, 836 (1949).

GEIPEL, P.: Zur Kenntnis der gutartigen Bronchialtumoren. Frankfurt. Z. Path. 42, 516 (1931).

GELŠTEIN, V. E., ŽISLINA, M. M., SPASSKAJA, P. A., STEPANOVA, T. V.: Zur Frage der intrabronchialen Adenome, der Bronchialkarzinoide und des Karzinoidsyndroms. Radiol. diagn. (Berl.) 9, 675—685 (1968).

GERLINGS, P. G.: Benign tumors of the bronchi. Ned. T. Geneesk. 80, 5126 (1936).

GERLINGS, P. G., ROEGHOLT, M. N.: Mixed tumor of the posterior wall of the trachea. J. Laryng. 54, 194 (1939).

GERŐK, W., MÜLLER, A. A.: Bronchialcarcinoid mit Serotoninbildung. Med. Klin. 55, 1246—1351 (1960).

GERŐK, W., MÜLLER, A. A.: Zur Arbeit über „Bronchialcarcinoid mit Serotoninbildung" (Mitteilung des Obduktionsbefundes). Med. Klin. 56, 320 (1961).

GERRIE, J.: Adenoma of the trachea. J. Laryng. 62, 705 (1948).

GERRIE, J., GAULD, W. R.: Two unusual causes of stridor. J. Laryng. 63, 457 (1949).

GEVELIN, A.: 2 Fälle von Trachealtumoren. Odeskij. med. Z. [Russ.] 1927, 68.

GIESE, W.: Die Atemorgane. In: KAUFMANN, E., STAEMMLER, M., Lehrbuch der speziellen pathologischen Anatomie, 11. u. 12. Aufl., Bd. II/3, S. 1417—1984. Berlin: W. De Gruyter 1960.

GILBERT, J. G., MAZZARELLA, L. A.: FEIT, L. J.: Primary tracheal tumors in the infant and adult. Arch. Otolaryng. 58, 1 (1953).

GILMAN, R. A., et al.: Mucous gland adenoma of bronchus. Amer. J. clin. Path. 26, 151 (1956).

Giustra, P. E., Stassa, G.: The multiple presentation of bronchial adenoma. Radiology **93**, 1013—1019 (1969).

Goldman, A.: Polypoid bronchial tumors with special reference to bronchial adenoma. Calif. west. Med. **53**, 123 (1940).

Goldman, A.: The surgical treatment of bronchial adenoma. Dis. Chest **13**, 321 (1947).

Goldman, A., Adams, R.: Endobronchial probing combined with serial selective bronchography, fluoroscopically controlled. Ann. Surg. **106**, 976 (1937).

Goldman, A., Conner, C. L.: Benign tumors of the lungs with special reference to adenomatous bronchial tumors. Dis. Chest **17**, 644—680 (1950).

Goldman, A., Hills, B.: The malignant nature of bronchial adenoma. J. thorac. Surg. **18**, 137 (1949).

Goldman, A., Stephens, H. B.: Polypoid bronchial tumors with special reference to bronchial adenoma. J. thorac. Surg. **10**, 327—353 (1941).

Gombert, H. J.: Seltene Ursachen oder Formen intermittierender und konstanter Atelektasen. Fortschr. Röntgenstr. **79**, 599—613 (1953).

Good, C. A., Harrington, S. W.: Asymptomatic bronchial adenoma. Proc. Mayo Clin. **21**, 577—586 (1953).

Goodner, J. T., Berg, J. W., Watson, W. L.: The nonbenign nature of bronchial carcinoids and cylindromas. Cancer (Philad.) **14**, 539 (1961).

Gordisevskij, T. I.: Über Cylindrome und Adenome der Trachea. Chirurgija (Mosk.) **1952**, 12.

Gordon, J.: Discussion: Adenoma of the bronchus. J. thorac. Surg. **18**, 158 (1949).

Gowar, F. J. S.: Adenoma of the bronchus. Proc. roy. Soc. Med. **30**, 39 (1937).

Gowenlock, A. H., Platt, D. S., Campbell, A. C. P., Wormsley, K. G.: Oat cell-carcinoma of the bronchus secreting 5-hydroxytryptophan. Lancet **1964I**, 304.

Graham, E. A.: Discussion on "The malignant nature of bronchial adenoma". J. thorac. Surg. **18**, 155 (1949).

Graham, E. A., Womack, N. A.: The problem of the so-called bronchial adenoma. J. thorac. Surg. **14**, 106—119 (1945).

Gramlich, F., Wiethoff, E. O.: Das Carcinoidsyndrom, unter Mitteilung eines metastasierenden Bronchialcarcinoids. Dtsch. med. Wschr. **85**, 1750—1756 (1960).

Grasso, M., Melanotte, P.: L'adenoma bronchiale. Minerva med. (Torino) **103**, 1467 (1952).

Greenfield, L. J., Howe, J. S.: Bronchial adenoma within the wall of a bronchogenic cyst. J. thorac. cardiovasc. Surg. **49**, 398—404 (1965).

Greineder, K.: Die Tomographie der normalen Lunge. Fortschr. Röntgenstr. **52**, 443 (1935).

Greineder, K.: Das Schichtbild der Lunge, des Trachealbaums und des Kehlkopfs. Leipzig: G. Thieme 1941.

Grunze, H.: Tumoren der Thoraxorgane. In: Bartelheimer, H., Maurer, H.-J. (Hrsg.), Diagnostik der Geschwulstkrankheiten, S. 358—492. Stuttgart: G. Thieme 1962.

Gürich, H. G.: Schleimbildende cystische Bronchialadenome. Zbl. allg. Path. path. Anat. **107**, 294 (1954).

Guimarães, U. P.: In: Pack, G. T., Ariel, I. M.: Treatment of cancer and allied diseases, vol. IV, p. 465—475. New York: Harper & Row 1964.

Gullino, D., Ferrero: Il problema nosologico dell' adenoma bronchiale. Chir. torac. **15**, 1—55 (1962).

Guttman, M. R.: Primary adenocystic carcinoma or cylindroma of the trachea. Ann. Otol. (St. Louis) **45**, 894 (1936).

Halleman, N., Turunen, M.: Bronchial adenoma in a ten-year old girl. Ann. Paediat. Fenn. **1**, 265—271 (1954/55).

Hallén, A.: Fall av carcinoid. Svenska Läk.-Tidn. **51**, 3358—3360 (1954).

Hamm, H., Gaensler, E. A.: Einseitig helle Lunge. Radiologe **2**, 333—347 (1962).

Hampeln, P.: Zur Symptomatologie und Diagnostik der primären malignen Lungentumoren. Mitt. Grenzgeb. Med. Chir. **31**, 672 (1919).

Hamperl, H.: Über gutartige Bronchustumoren und Carcinoide. Virchows Arch. path. Anat. **300**, 46—48 (1937).

Hamperl, H.: Die pathologische Anatomie der Lungentumoren. Wien. klin. Wschr. **62**, 109—113 (1950).

Hamperl, H.: Über argyrophile Zellen. Virchows Arch. path. Anat. **321**, 482 (1952).

Hamperl, H.: Die Morphologie der Tumoren. In: Handbuch der allgemeinen Pathologie, Bd. VI/3, S. 18—106. Berlin-Göttingen-Heidelberg: Springer 1956.

Hampton, A. O., King, D. S.: The middle lobe of the right lung; its roentgen appearance in health and disease. Amer. J. Roentgenol. **35**, 721—739 (1936).

Harrington, S. W., et al.: Symposium on certain tumors of bronchi (adenomas and cylindromas) and on tumors of trachea. Proc. Mayo Clin. **21**, 409—430 (1946).

Harris, H. E.: Adenoma of the bronchus. Cleveland Clin. Quart. **12**, 73—81 (1945).

Harris, P. F., Maness, G. M., Ward, P. H.: Leiomyoma of the larynx and trachea. Sth. med. J. (Bgham, Ala.) **60**, 1223 (1967).

Harris, W. H.: Histologic analogy of bronchial adenoma to late and early structures. Arch. Path. **35**, 85 (1943).

Harris, W. H., Schattenberg, H. J.: Anlagen and rest tumors of lung inclusive of "mixed tumors". In discussion on N. A. Womack and E. A. Graham. Amer. J. Path. **18**, 955—967 (1942).

Harris, W. H., Schattenberg, H. J.: Anlagen and "rest" tumors of the lung. Their protean histologic patterns in bronchiogenic neoplasia. New Orleans med. surg. J. **94**, 333—338 (1942).

Harrison, M. R., Montgomery, D. A., Robertson, J. H., Ramsey, A. S., Welbourne, R. B.: Cushing's syndrome with carcinoma of the bronchus and with features suggesting carcinoid tumor. Lancet **1957I**, 23—25.

Hart, C., Mayer, E.: Kehlkopf, Luftröhre und Bronchien. In: Henke, F., Lubarsch, O. (Hrsg.), Handbuch der speziellen pathologischen Anatomie und Histologie, Bd. III/1, S. 288. Berlin: J. Springer 1928.

Hasche, E.: Beitrag zur Klinik der endobronchialen Tumoren. Zbl. Chir. **77**, 2303 (1952).

Hasche, E., Gleichmann, H. G.: Zur Klinik und Pathologie der Bronchuskarzinoide. Bruns' Beitr. klin. Chir. **192**, 468 (1952).

Haslinger, F.: Die organischen Stenosen der unteren Trachealabschnitte und der Bronchien. Mschr. Ohrenheilk. **63**, 357 (1929).

Hastings-James, R.: Radiological appearances following haemoptysis. J. Fac. Radiol. (Lond.) **4**, 44—53 (1952).

Hazel, W. van, Holinger, P. H., Jensik, R. J.: Adenoma and cylindroma of the bronchus. Dis. Chest **16**, 146—166 (1949).

Head, J. R.: The problem of the so-called bronchial adenoma. J. thorac. Surg. **14**, 106 (1945).

Heck, W.: Über primäres polypöses Bronchialkarzinom. Diss. Bonn 1916.

HEDINGER, C.: Endokrine Begleiterscheinungen der Karzinoide. Schweiz. Z. allg. Path. 18, 1184—1188 (1955).
HEDINGER, C.: Karzinoidsyndrom und Serotonin. Helv. med. Acta 25, 351—381 (1958).
HEDINGER, C.: Karzinoidsyndrom. Schweiz. med. Wschr. 89, 1362—1364 (1959).
HEDINGER, C.: Pathologische Anatomie des Karzinoidsyndroms. Verh. Dtsch. Ges. inn. Med. 69, 182—194 (1962).
HEDINGER, C.: Die Pathologie des Carcinoidsyndroms und seiner Grenzgebiete. In: NOWAKOWSKI, H., Gewebs- und Neurohormone, Physiologie des melanophoren Hormons, S. 67. Berlin-Göttingen-Heidelberg: Springer 1962.
HEDINGER, C., GLOOR, R.: Metastasierende Dünndarmkarzinoide, Trikuspidalklappenveränderungen und Pulmonalstenose — ein neues Syndrom. Schweiz. med. Wschr. 84, 942 (1954).
HEGGLIN, R.: Differentialdiagnose innerer Erkrankungen. Stuttgart: G. Thieme 1963.
HEIDENBLUT, A.: Beitrag zur Kenntnis des Trachealbronchus. Fortschr. Röntgenstr. 95, 77—85 (1962).
HEILMEYER, L.: Das metastasierende Darmkarzinoid. Med. Klin. 53, 606—609 (1958).
HEILMEYER, L., KÜHN, H. A., CLOTTEN, R., LIPP, A.: Metastasierendes Dünndarmkarzinoid mit Nachweis von 5-Oxyindolessigsäure im Blut und Harn durch Hochspannungselektrophorese. Dtsch. med. Wschr. 81, 501—503 (1956).
HEIMARK, J. J., PARKIN, T. W.: Syndrome associated with metastatic carcinoid tumor: report of a case. Proc. Mayo Clin. 31, 56—61 (1956).
HEIMBURGER, I. L., KILMAN, J. W., BATTERSBY, J. S.: Peripheral bronchial adenomas. J. thorac. cardiovasc. Surg. 52, 542—549 (1966).
HEINE, J.: Über eine primäre gestielte Bronchialgeschwulst. Verh. dtsch. path. Ges. 22, 293 (1927).
HEIZER, H., KOSS, F. H.: Die gutartigen Tumoren der Lunge. Chirurg 23, 509 (1952).
HELLWEG, G., RICKEN, D.: Über einen Mukoepidermoid-Tumor des Bronchus. Z. Krebsforsch. 62, 133 (1957).
HENSCHEL, E.: Das Bronchusadenom, ein semimaligner Tumor des Bronchialsystems. Med. Klin. 60, 1441 (1965).
HERINK, M., LINDER, F.: Zur Diagnostik und Prognose der malignen Rundherde in der Lunge. Dtsch. med. Wschr. 86, 576 (1961).
HERMANN, B., HEIM, W.: Z. ges. inn. Med. 17, 322 (1962).
HESSE, R.: Drei Fälle von sog. benigner Bronchostenose. Fortschr. Röntgenstr. 72, 540 (1949).
HILLS, E. A.: Adenocarcinoma of the bronchus with Cushings's syndrome, carcinoid-syndrome, neuromyopathy and urticaria. Dis. Chest 62, 88—92 (1968).
HINSHAW, H. C., GARLAND, L. H.: Diseases of the chest. Philadelphia and London: W. B. Saunders Co. 1965.
HOCHBERG, L. A., SCHACTER, B.: Benign tumors of bronchus and lung. Amer. J. Surg. 89, 425—438 (1955).
HOFSTETTER, J. R., HAHAIM, C., SAEGESSER, F.: Un cas de carcinoidose (carcinoid malin de l'intestin grêle avec métastases). Gastroenterologia (Basel) 92, 203—206 (1959).
HOLINGER, P. H.: Clinic on bronchial tumors. Pract. otol. (Basel) 9, 247 (1947).
HOLINGER, P. H., ANDREWS, A. H.: Bronchial obstruction. Signs, symptoms and diagnosis. Amer. J. Surg. 54, 193—210 (1941).
HOLINGER, P. H., RADNER, B.: Über die Klinik der Bronchialtumoren. Pract. otol. (Basel) 12, 236 (1950).
HOLLE, F., SCHAUTZ, R.: Zur Kenntnis des Bronchialadenoms. Langenbecks Arch. klin. Chir. 281, 583—597 (1956).
HOLLEY, S. W.: Bronchial adenomas. Milit. Surg. 99, 528—554 (1946).
HOLLMANN, W.: Zur Differentialdiagnose der nichttuberkulösen Hämoptoe. Tuberk.-Arzt 5, 647—654 (1951).
HOLUB, E., ŠIMEČEK, C., ADAMIK, F.: Bronchial adenomas. Pol. Przegl. chir. 39, 191—199 (1967).
HOLZKNECHT, G.: Ein neues radiologisches Verfahren bei Bronchialstenose und Methodisches. Wien. klin. Rdsch. 1899, 45.
HOOD, R. T., GOOD, C. A., CLAGETT, O. T., McDONALD, J. R.: Solitary circumscribed lesions of the lung; study of 156 cases in which resection was performed. J. Amer. med. Ass. 152, 1185—1191 (1953).
HORÁNYI, J.: Bronchiale Adenose. Acta morph. Acad. Sci. hung. 3, 363—375 (1953).
HORÁNY, J.: Adatok a bronchialis adenosis diagnosztikai nehézségeihez. Tuberkulózis 8, 235—240 (1960).
HORÁNYI, J., HORLAY, B., MOLNÁR, J.: Die Unterscheidung des Bronchusadenoms von der bronchialen Adenose. Mschr. Ohrenheilk. 96, 28—37 (1962).
HORÁNYI, J., KERÉNYI, I.: Tuberkulöse Veränderung im Bronchusadenom. Tuberk.-Arzt 1955, 649.
HORÁNYI, J., VAJKÓCZY, A.: Gemeinsames Vorkommen einer bronchialen Adenose mit einem endobronchialen Bronchioma adenochondromatosum. Zbl. Chir. 90, 378 (1965).
HOWARTH, W.: Mixed tumor of the trachea. J. Laryng. 54, 205 (1939).
HOWENSTINE, J. A., GYDESEN, F. R.: The carcinoid syndrome. Rocky Mtn med. J. 55, 36—41 (1958).
HOWES, W. E.: Bronchial adenoma. Dis. Chest 14, 427 (1948).
HUEPER, W. C.: The estimation of histologic malignancy from bioptic sections. Amer. J. Obstet. 17, 733 (1929).
HÜSSELMANN, H., WENDT, K. H.: Metastasierendes Bronchusadenom vom Carcinoidtyp mit atypischem Carcinoidsyndrom. Münch. med. Wschr. 103, 663 (1961).
HUG, H.: Klinik und Pathogenese des Bronchialadenoms. Schweiz. Z. Tuberk. 11, 36 (1954).
HUGUENIN, R., LEMOINE, J. M., HUG, H.: La place nosologique des adénomes de Jackson. Bronches 4, 228 (1954).
HUIZINGA, E.: Het parabuccale menggezwel in den luchtweg. Ned. T. Geneesk. 85, 2569 (1941).
HUIZINGA, E., IWEMA, J.: Adenoma of the bronchus. Ann. Otol. (St. Louis) 60, 290 (1951).
HUIZINGA, E., SMELT, G. J.: Bronchography. Assen: Van Gorcum & Co. 1949.
HUSFELDT, E.: Bronchialt adenom. Nord. Med. 12, 2873—2875 (1941).
HUSFELDT, E.: Benign bronchial growths. Three operated cases. Acta chir. scand. 87, 80 (1942)
HUSSEY, H. H.: Carcinoid and serotonin. Gen. Practit. (Kansas) 14, 80—82 (1956).
HUZLY, A.: Atlas der Bronchoskopie. Stuttgart: G. Thieme 1960.
HYMAN, G. A., WELLS, J.: Bronchuscarcinoid with osteoblastic metastases. Cases with carcinoid syndrome. Arch. intern. Med. 114, 541—546 (1964).
ISLER, P., HEDINGER, C.: Metastasierendes Dünndarmkarzinoid mit schweren, vorwiegend das rechte Herz betreffenden Klappenfehlern und Pulmonal-

stenose — ein eigenartiger Symptomenkomplex. Schweiz. med. Wschr. 83, 4—7 (1953).

IWEMA, J.: Ein besonderer Fall gutartiger Bronchusgeschwulst. Ned. T. Geneesk. 1943, 554.

JACKSON, C.: Endothelioma of the right bronchus removed by peroral bronchoscopy. Amer. J. med. Sci. 153, 371 (1917).

JACKSON, C.: Bronchial adenoma. Follow-up report after 35 years. Dis. Chest 20, 347—352 (1951).

JACKSON, C., JACKSON, C. L.: Benign tumors of the trachea and bronchi, with especial reference to tumorlike formations of inflammatory origin. J. Amer. Ass. 99, 1747 (1932).

JACKSON, C., JACKSON, C. L.: Bronchial obstruction with special reference to endobronchial tumors. Penn. med. J. 37, 740 (1934).

JACKSON, C., JACKSON, C. L.: Bronchoesophagology. Philadelphia: W. B. Saunders 1950.

JACKSON, C., KONZELMANN, F. W.: Bronchoscopic aspects of bronchial tumors, with special reference to so-called bronchial adenoma (report of 12 cases). J. thorac. Surg. 6, 312 (1937).

JACKSON, C., KONZELMANN, F. W.: So-called adenoma of the bronchus. Ann. Otol. (St. Louis) 50, 1264 (1941).

JACKSON, C., KONZELMANN, F. W., NORRIS, C. M.: Bronchial adenoma. J. thorac. Surg. 14, 98—105 (1945).

JACKSON, C., MANTCHIK, H.: Les tumeurs bronchopulmonaires et la bronchoscopie. Rev. méd. Suisse rom. 62, 833 (1942).

JACKSON, C. L.: Adenoma bronchiale. Valsalva 13, 430 (1937).

JACKSON, C. L., NORRIS, C. M.: The role of bronchoscopy in the diagnosis and treatment of bronchial adenoma. Dis. Chest 20, 353—364 (1941).

JACOB, P., DELARUE, J., GAULTIER, M.: Sténose bronchique de longue durée par tumeur benigne bronchique (cylindrome). Reperméabilisation de la bronche après une curie-thérapie intratumorale. Bull. Soc. méd. Hôp. Paris 55, 525—534 (1939).

JACOB, P., DELARUE, J., GAULTIER, M.: Tumeur intrinsique de la bronche souche droite traité avec succés par le radium. Bull. Ass. franç. Cancer 28, 408 (1939).

JAEGER, J.: Über das Bronchialcarcinoid. Z. Krebsforsch. 59, 623 (1954).

JENNY, R. H.: Ist das Bronchialadenom ein gutartiger Tumor? Schweiz. med. Wschr. 1949. 604.

JENNY, R. H.: Klinik und Therapie des Bronchialadenoms. Wien klin. Wschr. 65, 169 (1953).

JOHNSON, J. H. P.: An unusual case of bronchial adenoma. Brit. J. Tuberc. 49, 145 (1955).

JONES, R., MCKENZIE, K. W., BIDDLE, E.: Bronchogenic neoplasm in boy of 10. Brit. J. Tuberk. 37, 113—115 (1943).

JONES, W. P. G.: Serotonin and the carcinoid syndrome. Canad. Anaesth. Soc. J. 6, 130—140 (1959).

JOSEPH, M., TAYLOR, R. R.: Argentaffinoma of the lung with carcinoid syndrome. Brit. med. J. 1960 II, 568—571.

KÄHLER, H. J.: Das Karzinoid. Klinik, Endokrinologie, pathologische Anatomie, Pathogenese und Therapie. Berlin-Heidelberg-New York: Springer 1967.

KÄHLER, H. J., HEILMEYER, L.: Klinik und Pathophysiologie des Carcinoids und Carcinoidsyndroms unter besonderer Berücksichtigung der Pharmakologie des 5-Hydroxytryptamins. Ergebn. inn. Med. Kinderheilk. 16, 292 (1961).

KÄLLQVIST, I.: Bronchial adenoma with total destruction of the lung. Nord. Med. 48, 1306 (1952).

KAHLAU, G.: Das Bronchialadenom. Erg. allg. Path. path. Anat. 37, 399—401 (1954).

KAHLAU, G.: Der Lungenkrebs. Erg. allg. Path. path. Anat. 37, 258—419 (1954).

KAPPERT, A.: Das Krankheitsbild und die Differentialdiagnose des Bronchialadenoms. Schweiz. med. Wschr. 1948, 26.

KASSAY, D.: Pitfalls in removing bronchial adenomas. Eye, Ear, Nose Thr. Monthly 45, 59—67 (1966).

KASSAY, D., BIKFALVI, A., BALÓ, J.: Bronchialadenome. Thoraxchirurgie 3, 24 (1955).

KATÓ, L., GÖZSZY, B.: Action of serotonin on conversion of fibrinogen to fibrin. Amer. J. Physiol. 195, 66—68 (1958).

KAY, S.: Histologic and histogenetic observations on the peripheral adenoma of the lung. Arch. Path. 65, 395 (1958).

KERNAN, J. D.: Treatment of a series of cases of so-called carcinoid tumors of the bronchi by diathermy. Trans. Amer. laryng. Ass. 57, 243 (1935).

KERNAN, J. D.: Treatment of cases of so-called carcinoid tumors of the bronchus by diathermy. Ann. Otol. (St. Louis) 44, 1167 (1935).

KERNAN, J. D.: Clinical symposium. I. Two cases of early carcinoma of the larynx. II. A number of cases of so-called adenoma of the bronchi, apparently cured by diathermy. Laryngoscope (St. Louis) 45, 760 (1935).

KIERLAND, R. R., SAUER, W. G., DEARING, W. H.: The cutaneous manifestations of the functioning carcinoid. Arch. Dermat. Syph. (Chic.) 77, 86—88 (1958).

KIRBERGER, E.: Differentialdiagnostische Überlegungen bei vermehrter 5-Hydroxyindolessigsäureausscheidung im Harn. Dtsch. med. Wschr. 87, 929—934 (1962).

KIRCH, E.: Über stenosierende Bronchialgeschwülste mit konsekutiver Bronchiektasenbildung. Zbl. allg. Path. path. Anat. 28, 545 (1917).

KIRSCHNER, H., KNY, W.: Zur Klinik und Pathologie der Bronchialadenome. Thoraxchirurgie 3, 362 (1955).

KLEIN, G. OSTERRIETH, D.: Ein Beitrag zur Klinik der Bronchialadenome. Chirurg 22, 516 (1951).

KLEIN, H.: Über ein benignes Bronchialadenom („Carcinoid") mit mehrfachem Rezidiv nach 10 Jahren. Zbl. allg. Path. path. Anat. 86, 294 (1950).

KNOFLACH, E., MARCHESANI, W.: Über ein netzknorpeliges papilläres Bronchialadenom. Frankfurt. Z. Path. 28, 551 (1922).

KOESTER, K.: Kankroid mit hyaliner Degeneration (Cylindroma Billroths). Virchows Arch. path. Anat. 40, 468 (1867).

KORN, H. A.: Über semimaligne Bronchialtumoren. (Das Bronchuszylindrom.) Z. ärztl. Fortbild. 52, 144—149 (1958).

KOWLESSAR, O. D., LAW, D. H., SLEISENGER, M. H.: Malabsorption syndrome associated with metastatic carcinoid tumor. Amer. J. Med. 27, 673 (1959).

KRAMER, R.: Adenoma of the bronchus. Ann. Otol. (St. Louis) 39, 369 (1930).

KRAMER, R., SOM, M.: Further study of adenoma of the bronchus. Ann. Otol. (St. Louis) 44, 861—878 (1935).

KRAMER, R., SOM, M.: Cylindroma of the upper air passage. Arch. Otolaryng. 29, 356 (1939).

KREYBERG, L.: Main histological types of primary epithelial lung tumours. Brit. J. Cancer. 15, 206—210 (1961).

KREYBERG, L., SAXÉN, E.: A comparison of lung tumour types in Finland and Norway. Brit. J. Cancer 15, 211—214 (1961).

Krienitz, C. D. W.: Ein Fall von Adenoma der Lunge. Inaug.-Diss. Halle/S. 1903.
Krikler, D. M., Lackner, H., Sealy, R.: Malignant argentaffinoma and the carcinoid syndrome. Sth. Afr. med. J. 32, 514—520 (1958).
Kroe, D. J., Pitcock, J. A.: Benign mucous gland adenoma of the bronchus. Arch. Path. 84, 539—542 (1967).
Krompechner, E.: Über die Basalzellentumoren der Zylinderepithelschleimhäute mit besonderer Berücksichtigung der „Karzinoide" des Darms. Beitr. path. Anat. 65, 97—107 (1919).
Krompechner, E.: Der Basalzellenkrebs. Jena: G. Fischer 1903.
Kugel, E., Lüdeke, H.: Gutartige Bronchuscarcinoide. Med. Klin. 1956, 530—535.
Kund, Auker, Thomson: Adenoma of the trachea with metastases to the lung. Acta Oto-Rhino-Laryng. 43, 636 (1953).
Lachnit, V., Wenzl, M., Bernheimer, H., Ehringer, H., Heistracher, P., Kraupp, O., Obiditsch-Mayer, I.: Ein Fall eines Karzinoids mit ungewöhnlicher Lokalisation und Symptomatik. Münch. med. Wschr. 102, 710—711 (1960).
Laff, H. I.: Benign tumors of bronchi with special reference to vascular adenoma. Arch. Otolaryng. 31, 148 (1940).
Laff, H. I., Neubuerger: Bronchial adenoma with metastasis. Arch. Otolaryng. 40, 487 (1944).
Lampe, I.: Pseudo-adenomatous basal-cell carcinoma of the tongue (salivary gland tumor). Radiology 39, 54—61 (1942).
Landon, J., et al.: Cushing's syndrome associated with a "corticotrophin"-producing bronchial neoplasma. Acta endocr. (Kbh.) 56, 321 (1967).
Langemann, H.: Oxytryptamin (Serotonin) als neues Hormon, mit besonderer Berücksichtigung seiner Beziehung zum Syndrom des metastasierenden Karzinoids. Schweiz. med. Wschr. 85, 957—961 (1955).
Langer, E.: Demonstration eines Bronchialkarzinoids. Zbl. allg. Path. path. Anat. 89, 39 (1952/53).
Langston, H. T., Fox, R. T.: The indication for posterior transpleural bronchotomy in the management of intrabronchial tumors. Surg. Gynec. Obstet. 86, 192—196 (1948).
Larson, R. E., Woolner, L. B., Payne, W.: Mucoepidermoid tumors of the trachea. J. thorac. cardiovasc. Surg. 50, 131 (1965).
Laustela, E.: Coincidential occurrence of bronchial adenoma and pulmonary tuberculosis. Dis. Chest 36, 444 (1959).
Leblanc, G.: Adénoma bronchique. Acta tuberc. belg. 42, 545 (1951).
Lecco, V., Franciosi, A.: Sur un cas d'adénome bronchique. Bronches 3, 183—192 (1953).
Lecoeur, J.: Un cas de bronchiome (tumeur mixte des bronches). Bull. Soc. méd. Hôp. Paris 59, 63—65 (1943).
Lecoeur, J: Les maladies des bronches. Paris: Vigot frères 1950.
Leegard, T. M.: On benign bronchial tumours. Acta oto-laryng. (Stockh.) 30, 383 (1942).
Lemaitre: Étude anatomo-clinique des tumeurs dites cylindromes. Ann. Oto-rhino-laryng. 57, 185 (1938).
Lembeck, F.: 5-Hydroxytryptamine in a carcinoid-tumour. Nature (Lond.) 172, 910—911 (1953).
Lembeck, F.: Das enterale und bronchiale Karzinoid. Med. Welt 1961, 1074—1075.
Lembeck, F.: Biochemie und Pharmakologie der Carcinoide. Verh. dtsch. Ges. inn. Med. 68, 194—211 (1962).

Lembeck, F., Leicht, E., Möbius, G., Zuber, O.: Metastasierendes Bronchialkarzinoid mit Karzinoidsyndrom. Dtsch. med. Wschr. 1963, 2006.
Lemoine, J. M.: Clinical aspects and treatment of 62 personal cases of Jackson's bronchial tumors. 5. Kongr. internat. Assoc. Bronchology, Stockholm 18. u. 19. Juni 1955.
Lemoine, J. M., Duroux, A., Fourstier, M.: Les tumeurs bronchiques dites bénignes et les tumeurs bronchiques bénignes. J. franç. Méd. Chir. thor. 5, 56 (1951).
Lemoine, J. M., Duroux, A., Fourestier, M.: Les épitheliomes bronchiques chirurgiquement bénins. Acta Un. int. Cancr. 8, 456 (1952).
Le Mon, C. P., Clagett, O. Th., McDonald, J. R.: Cylindroma of the trachea. Proc. Mayo Clin. 28, 513 (1953).
Lenk, R.: Die Röntgendiagnostik der intrathorakalen Tumoren und ihre Differentialdiagnose. Wien: Springer 1929.
Lenk, R.: Die spezielle Röntgensymptomatologie der Erkrankungen des Mediastinums. Radiol. Rundsch. 5, 286 (1937).
Lenk, R.: Die Grundregeln der röntgenologischen Mediastinaldiagnostik. Fortschr. Röntgenstr. 48, 657—666 (1933).
Lentino, A. S.: Tumores mixtos del pulmon (adenomas bronquiales). Bol. Inst. Clín. quir. (B. Aires) 21, 113 (1945).
Leonardelli, G. B., Pizzetti, F.: I cilindromi. Arch. ital. Otol. 64, 318 (1953).
Leroux, R., Leroux, I., Robert: Les tumeurs dites «mixtes» des glandes salivaires. Ann. Oto-Rhino-Laryng. 2, 8 (1936).
Leschke, H.: Über nur regionär bösartige und über krebsig entartete Bronchusadenome und Carcinoide. Virchows Arch. path. Anat. 328, 635 (1956).
Leuba, E.: Sur les tumeurs congénitales du poumon. Adénome congenital. Thèse de Génève 1909.
Levis, F., Mussa, L.: Considerazioni su due casi di adenoma bronchiale. Minerva méd. (Torino) 1955 II, 1329—1343.
Liebau, H.: Benigne und semimaligne Tumoren der Bronchien und der Lungen. In: Lungenerkrankungen im Röntgenbild, Bd. II, S. 119—138. Stuttgart: G. Thieme 1958.
Linder, F., Jagdschian, V.: Rundherde der Lunge. Langenbecks Arch. klin. Chir. 292, 371—392 (1959).
Lindgren, A. D. H.: Benignant polypous bronchial tumors. Acta oto-laryng. (Stockh.) 27, 183 (1939).
Lipsett, M. B., Odell, W. D., Rosenberg, L. E., Waldmann, T. A.: Humoral syndrome associated with non-endocrine tumors. Ann. intern. Med. 61, 733 (1964).
Lloyd, M. S.: Report of two chest cases with features of special interest. N.Y. St. J. Med. 31, 471—472 (1931).
London, S. B., Winter, W. J.: Calcification within carcinoma of the lung. Arch. intern. Med. 94, 161 (1954).
Lowry, T., Rigler, L. G.: Adenoma of bronchus. Clinical and roentgenologic study with report of 7 cases. Radiology 43, 213—229 (1944).
Ludin, H.: Erfahrungen mit der visceralen Arteriographie. Wissenschaftl. Tagg. d. Vereinigg. Südwestdtsch. Röntgenologen u. d. Hessischen Ges. f. Med. Strahlenkunde. Freiburg i. Br. 24. 9. 1966.
Ludin, H., Fahrländer, H. J., Renggli, I.: Zur Darstellung von Karzinoid-Lebermetastasen mittels visceraler Arteriographie. Schweiz. med. Wschr. 96, 1642—1648 (1966).

Lütkehölter, G.: Kasuistischer Beitrag zur Klinik der Bronchialadenome. Z. Tuberk. **120**, 155 (1963).

Luparello, F. J., McAllister, J. D.: The association of metastasizing bronchial adenoma and the functioning carcinoid syndrome. Ann. intern. Med. **54**, 1266—1272 (1961).

Madelung, I.: Zur Kasuistik der gutartigen Bronchialtumoren. Arch. Ohr.-, Nas.- u. Kehlk.-Heilk. **150**, 188 (1941).

Madlener, M.: Gutartige Lungen- und Bronchialgeschwülste. Medizinische **1953**, 991.

Maier, H. C., Fischer, W. W.: Adenomas arising from small bronchi not visible bronchoscopically. J. thorac. Surg. **16**, 392—398 (1947).

Majcher, S. J., Lee, E. R., Reingold, I. M., Boyle, J., Haverbrack, B. J.: Carcinoid syndrome in bronchogenic carcinoma. Arch. intern. Med. **117**, 57—63 (1966).

Malkwitz, F.: Beitrag zur Kenntnis polypöser Bronchialkarzinome. Frankfurt. Z. Path. **26**, 189—199 (1922).

Mallory, T. B.: Case records of the Massachusetts General Hospital. Case No. 24091. New Engl. J. Med. **218**, 391—396 (1938).

Manzocchi, L.: A proposito dei tumori epiteliali circoscritti dei bronchi. Chirurgia (Milano) **5**, 407 (1950).

Markel, S. F., Abell, M. R., Haight, C., French, A. J.: Neoplasms of bronchus commonly designated as adenomas. Cancer (Philad.) **17**, 590—608 (1964).

Mason, D. G., Cobert, T.: Adenoma of the bronchus, with successful pneumonectomy. Arch. Surg. **45**, 542 (1942).

Massachusetts General Hospital: Case records of the Massachusetts General Hospital. Case No. 44491. New Engl. J. Med. **259**, 1128 (1958).

Mathey, J.: Tumeur bénigne de l'éperon trachéal; résection et refection du carrefour trachéobronchique. Sem. Hôp. Paris **27**, 2699—2703 (1951).

Mathey, J., Binet, J. P., Galey, J. J., Evrard, C., Lemoine, G., Denis, B.: Tracheal and tracheobronchial reconstruction. Technique and results in 20 cases. J. thorac. cardiovasc. Surg. **51**, 1—11 (1965).

Mattingly, T. W.: The functioning carcinoid tumor, a new clinical entity; review of the clinical features of the non-functioning and functioning carcinoid, including a review of thirty-eight cases from literature. Med. Ann. D. C. **25**, 239—254 (1956).

Mayo Jr., L. E.: Benign bronchial adenoma. Report of a peripheral lesion of the middle lobe. Virginia med. Mth. **69**, 550 (1942).

McBurney, R. P., Clagett, O. T., McDonald, J. R.: Obstructive pneumonitis secondary to bronchial adenoma. J. thorac. Surg. **24**, 411—419 (1952).

McBurney, R. P., Kirklin, J. W., Woolner, L. B.: Metastasizing bronchial adenomas. Surg. Gynec. Obstet. **96**, 482—492 (1953).

McCabe, W. R.: The functioning carcinoid syndrome. J. Okla. med. Ass. **51**, 530—538 (1958).

McCart, H.: Adenoma of the trachea. Ann. Otol. (St. Louis) **58**, 1217 (1949).

McConaghie, R. J.: The malignant carcinoid syndrome associated with a metastasizing bronchial adenoma. Report of a case. J. thorac. cardiovasc. Surg. **43**, 303 (1962).

McDonald, J. R.: Symposium on certain tumors of bronchi and tumors of trachea. Adenomas and cylindromas. Pathologic aspects. Proc. Mayo Clin. **21**, 416—426 (1946).

McDonald, J. R., Harrington, S. W., Clagett, O. T.: Obstructive pneumonitis of neoplastic origin. An interpretation of one form of so-called atelectasis and its correlation according to presence or absence of sputum. J. thorac. Surg. **18**, 97—112 (1949).

McDonald, J. R., Moersch, H. J., Tinney, W. S.: Cylindroma of the bronchus. J. thorac. Surg. **14**, 445 (1945).

McFarland, J.: The mysterious mixed tumors of the salivary glands. Surg. Gynec. Obstet. **76**, 23—24 (1943).

McKusick, V. A.: Carcinoid cardiovascular disease. Bull. Johns Hopk. Hosp. **98**, 13—36 (1956).

McReynolds, G. S., Parish, R. E.: Adenoma of the bronchus. Ann. Otol. (St. Louis) **56**, 766 (1947).

Méan, A.: Beitrag zur Röntgendiagnose des Bronchusadenoms. Acta radiol. (Stockh.) **33**, 187 (1950).

Meckstroth, C. V., Davidson, H. B., Kress, G. O.: Muco-epidermoid tumor of the bronchus. Dis. Chest **40**, 652 (1961).

Meffert, W. G., Lindskog, G. E.: Bronchial adenoma. J. thorac. cardiovasc. Surg. **58**, 588—602 (1970).

Melletier, J. le: Épistome (Épithelioma bronchique à stroma remanié) et tuberculose bronchique intriqués. J. franç. Méd. Chir. thor. **6**, 441 (1952).

Melnon, K. L., Sjoerdsma, A., Matson, D. T.: Distinctive clinical and therapeutic aspects of the syndrome associated with bronchial carcinoid tumors. Amer. J. Med. **39**, 568—581 (1965).

Merlo, G., Fornara, G., Lazanio, V.: L'adenoma bronchiale come problema di clinica pneumologica. Bronches **4**, 235 (1954).

Métras, H., Laval, P., Gregoire, P., Payan, H.: Bronchotomie pour adénoma bronchique. J. franç. Méd. Chir. thor. **6**, 77 (1952).

Meyenburg, H. v.: Über eine Basalzellengeschwulst der Trachea mit teilweiser Differenzierung zu Pflaster- und Zylinder- bzw. Flimmerepithel. Zbl. allg. Path. path. Anat. **30**, 577 (1920).

Meyer, A.: Peripheral bronchial adenomas with myoepithelial cells. 5. Kongr. internat. Assoc. Bronchology Stockholm, 18./19. Juni 1955.

Meyer, A., Liot, F.: Une nouvelle varieté d'épithéliomas bronchiques à stroma remanié: les tumeurs bronchiques à cellules myo-épithéliales. France méd. **17**, 5—9 (1954).

Miller, J. W.: Non-cancerous epithelial tumor obstructing the bronchus of the upper lobe of the left lung. Arch. Otolaryng. **21**, 703—706 (1935).

Millman, S.: Tricuspid stenosis and pulmonary stenosis complicating carcinoid of the intestine with metastasis to the liver. Amer. J. Surg. **25**, 391 (1943).

Mills, G. Y.: The syndrome of intestinal carcinoid, pulmonary stenosis and cutaneous flush. Ann. intern. Med. **45**, 1213—1221 (1956).

Moersch, H. J.: Symposium on certain tumors of the bronchi (adenomas and cylindromas) and on tumors of the trachea. Clinical aspects. Proc. Mayo Clin. **21**, 410 (1946).

Moersch, H. J., McDonald, J. R.: Bronchial adenoma. J. Amer. med. Ass. **142**, 299 (1950).

Moersch, H. J., Tinney, W. S., McDonald, J. R.: Adenoma of bronchus. Surg. Gynec. Obstet. **81**, 551 (1945).

Molander, J.: Carcinoidosis; en översikt jämte redogörelse för två fall av metastaserende tunntarms carcinoid. Nord. Med. **55**, 96—100 (1956).

Monod, R., Kourilsky, R.: Déductions thérapeutiques concernant les tumeurs endobronchiques (de

la variété épistome à propos d'un cas traité avec succès par la lobectomie précoce). Mém. Acad. Chir. 68, 385 (1942).
Mores, L., Poggioli, J., Eschapasse, H., Fort, S., Girard, M.: Adénome trachéal et plastie de la trachée. Poumon 11, 581 (1955).
Morlock, H. V., Pinchin, A. J. S.: Benign neoplasms of the bronchus with records of nine cases. Brit. med. J. 1933 I, 911; 1935 I, 332.
Morse, W. I., Kerényi, N., Nelson, D. H.: Prolonged hyperadrenocorticotrophism and pigmentation associated with bronchial carcinoid tumours. Canad. med. Ass. J. 96, 104—109 (1967).
Mostécky, H., Mildeová, E., Lichtenberg, J.: An unusual case of bronchial adenoma. Stud. pneum. phthiseol. čsl. 30, 277—280 (1970).
Mounier-Kuhn, P., Lagèze, P., Galy, P., Méreaud, P., Persillon, A.: La radiologie dans le diagnostic des adénomes de Jackson. J. franç. Oto-rhino-laryng. 6, 735—740 (1957).
Mrazek, R. G.: Carcinoid tumors. Surg. Gynec. Obstet. 96, 661 (1953).
Mülly, K.: Clinical aspects and surgical treatment of bronchial adenomas. 5. Kongr. internat. Assoc. Bronchology Stockholm, 18./19. Juni 1955.
Mülly, K.: Aspects cliniques et traitment chirurgical de l'adénome bronchique. Bronches 6, 226—282 (1956).
Mülly, K.: Die Geschwülste der Lunge, Pleura und Brustwand. In: Handbuch der inneren Medizin, 4. Aufl., Bd. IV/4, S. 152—164. Berlin-Göttingen-Heidelberg: Springer 1956.
Mulligan, R. M.: Metastasis of mixed tumors of the salivary glands. Arch. Path. 35, 357—365 (1943).
Myerson, M. C.: Benign neoplasms of the bronchus. Amer. J. med. Sci. 176, 720—726 (1928).
Naclerio, E. A.: Bronchopulmonary diseases. New York: Hoeber, Harper & Broths. 1957.
Naclerio, E. A., Langer, L.: Adenoma of the bronchus. Review of cases. Amer. J. Surg. 75, 532—547 (1948).
Nager, F. R.: Über das sog. Bronchialadenoma. Schweiz. med. Wschr. 1942, 575; 1945, 355.
Nager, F. R.: Zur Klinik des Bronchialadenoms. Pract. oto-rhino-laryng. (Basel) 7, 102 (1945).
Nathanson, L.: Calcified metastatic deposits in the peritoneal cavity, liver and right lung field from papillary cystadenocarcinoma of the ovary. Amer. J. Roentgenol. 64, 467—469 (1950).
Nelius, A.: Über Verknöcherungen in den Lungen von Mensch und Tier. Virchows Arch. path. anat. 232, 433 (1921).
Neugebauer, W.: I. Beitrag zur Problematik der gutartigen Lungentumoren. Z. ärztl. Fortbild. 49, 217—223 (1955).
Nissen, V. R.: Extrakorporale Zirkulation für langdauernde (30 Minuten) Atemunterbrechung zur Operation bifurkationsnaher Trachealgeschwülste. Schweiz. med. Wschr. 91, 957 (1961).
Nunez, V., Spjut, H., Rosenberg, H.: Bronchial adenomas in children. Tex. St. J. Med. 61, 683 (1965).
Oates, J. A., Melmon, K., Sjoerdsma, A., Gillespie, L., Mason, D. T.: Release of a kinetin peptide in the carcinoid syndrome. Lancet 1964 I, 514.
Ochsner, R., Davis, W. D.: Bronchial adenoma with hepatic metastases. Ochsner Clin. Rep. 2, 29 (1956).
Ochsner, S., Ochsner, A.: Bronchial adenomas. Problems in diagnosis and treatment with particular reference to roentgenologic aspects. Sth. med. J. (Bgham, Ala.) 50, 1089—1095 (1957).
Odstrčil, B.: Gutartige Luftröhrengeschwülste. Čas. Lék. čes. 1938, 718.
Ojala, L.: Bronchial adenoma. Duodecim (Helsinki). 67, 304 (1951).
O'Keefe, M. E., Good, C. A., McDonald, J. R.: Calcification in solitary nodules of the lung. Amer. J. Roentgenol. 77, 1023—1033 (1957).
Olesen, K. N.: Carcinoid i tyntarmen; tilfaelde med levermetastaser, hoejresidig hjerteklapfejl og en usaedvanlig form for cyanose-et nyt syndrom. Ugeskr. Læg. 117, 635—639 (1955).
Omodei Zorini, A.: La sindrome clinica del cosidetto adenoma bronchiale. Minerva med. (Torino) 71, 291 (1952).
Omodei Zorini, A.: La clinica dei considetti adenomi bronchiali. Riv. Tuberc. 5, 407 (1954).
Omodei Zorini, A.: The clinical syndroma of the so-called bronchial adenomata. Dis. Chest 25, 154 (1954).
Omodei Zorini, A.: Sur les «adénomes bronchiques de Jackson». Bronches 6, 179—225 (1956).
O'Riordan, J. L. H., Branshard, G. P., Moxham, A., Nabarro, J. D. N.: Corticotrophin-secreting carcinomas. J. Med. 35, 136 (1966).
Overholt, R. H., Bougas, J. A., Morse, D. P.: Bronchial adenomas: a study of 60 patients with resections. Amer. Rev. Tuberc. 75, 865 (1957).
Overholt, R. H., Langer, L.: The technique of pulmonary resection. Springfield, Ill.: C. C. Thomas 1949.
Ozlu, C., Christopherson, W. M., Allen, J. D.: Muco-epidermoid tumors of the bronchus. J. thorac. cardiovasc. Surg. 42, 24—31 (1961).
Paliard, Galy, Richard: Tumeur broncho-pulmonaire du type dit cylindrome. Évolution lente locale. Métastase osseuse. Lyon méd. 1950, 65.
Paredes, C. G. de, Pierce, W. S., Groff, D. B., Waldhausen, J. A.: Bronchogenic tumors in children. Arch. Surg. 100, 574—576 (1970).
Pariente, R.: Étude ultrastructurale des carcinoides bronchiques. Presse méd. 75, 221 (1967).
Parish, D. J., et al.: The secretion of 5-hydroxytryptamine by a poorly differentiated carcinoma. Thorax (Lond.) 19, 62 (1964).
Patterson, E. J.: Benign bronchial neoplasm. Arch. Otolaryng. 12, 739—746 (1930).
Payne, W. S., Ellis, F. H., Woolner, L. B., Moersch, H. J.: The surgical treatment of cylindroma (adenoid cystic carcinoma) and muco-epidermoid tumors of the bronchus. J. thorac. Surg. 38, 709 (1959).
Payne, W. S., Schier, J., Woolner, L. B.: Mixed tumors of the bronchus (salivary gland type). J. thorac. cardiovasc. Surg. 49, 663—668 (1965).
Pearson, C. M., Fitzgerald, P. J.: Carcinoid tumors —a re-emphasis of their malignant nature. Review of 140 cases. Cancer (Philad.) 2, 1005 (1949).
Pellet, J. R., Gale, J. W.: The solitary pulmonary lesion. What ist it? What is the treatment? Arch. Surg. 83, 81—92 (1961).
Peräsalo, O.: Observations on the clinical features and treatment of bronchial adenoma. Ann. Chir. Gynaec. Fenn. 41, 86—107 (1952).
Peroni, A.: Tumori benigni dei bronchi. Arch. ital. Otol. 45, 463 (1953).
Peterson, H. O.: Benign adenoma of the bronchus. Amer. J. Roentgenol. 36, 836—843 (1936).
Phelps, K.: Benign adenoma of the bronchus. Minn. Med. 23, 375 (1940).
Phillips, F. J., Basinger, C. E., Adams, W. E.: Bronchogenis carcinoma. I. A pathologic clinical correlation study of full-size mounts from operated carcinomas. J. thorac. Surg. 19, 680—698 (1950).

Piazza, G.: Studio radiografico e stratigrafio dell' atelettasia e del enfisema nei tumori del mediastino e del polmone. Ann. radiol. diagn. 29, 203 (1947).

Pietrantoni, L., Leonardelli, G. B.: La malignité des cylindromes. Rev. Oto-laryng. (1956).

Pigorini, L., Tricomi, G.: Il contributo dell' esame radiologico alla diagnosi del cosidetto adenoma bronchiale. Radiol. med. (Torino) 39, 113—130 (1953).

Pock-Steen, O. C.: Bronchial adenoma. Acta radiol. (Stockh.) 51, 266 (1959).

Pohl, R.: Der Narbenkrebs der Lunge. Fortschr. Röntgenstr. 103, 515—532 (1965).

Pollak, K.: Formen und Ursachen multipler Knochenbildung in der menschlichen Lunge. Fortschr. Röntgenstr. 91, 234—243 (1959).

Pollard, A., Grainger, R. G., Fleming, O., Meachim, G.: An unusual case of metastasizing bronchial "adenoma" associated with the carcinoid syndrome. Lancet 1962 II, 1084.

Price-Thomas, C.: Benign tumors of the lung. Lancet 1954 I, 1—20.

Prunty, F. T. G., Brooks, R. V., Durpe, J., Gimlette, T. M. D., Hutchinson, J. S. M., McSwinney, R. R., Mills, I. H.: Adrenocortical hyperfunction and potassium metabolism in patients with "non-endocrine" tumors and Cushings's syndrome. J. clin. Endocr. 23, 737 (1963).

Pruvost, P., Delarue, P. J., Depierre: Sur une forme particulière d'épithéliome des grosses bronches. Les «épistomes» bronchiques. Presse méd. 1940, 1140.

Pütz, T.: Zur röntgenologischen Diagnose und Differentialdiagnose solitärer verkalkter intrathorakaler Tumoren. Röntgenpraxis 12, 266 (1940).

Quarz, W.: Zur bronchologischen Diagnostik von benignen und semimalignen Lungengeschwülsten. Z. Tuberk. 117, 10—18 (1961).

Quattlebaum, F. W., Dockerty, M. B., Mayo, C. W.: Adenocarcinoma, cylindroma type, of the parotid gland: a clinical and pathological study of 21 cases. Surg. Gynec. Obstet. 82, 342—347 (1946).

Rabin, C. B.: Discussion on the malignant nature of bronchial adenoma. J. thorac. Surg. 18, 162 (1949).

Rabin, C. B., Moolton, S.: Pathology of adenoma of the bronchus. Ass. Amer. Path. Bact. Meeting 1935.

Rabin, C. B., Neuhof, H.: Adenoma of the bronchus. J. thorac. Surg. 18, 149—154 (1949).

Ramsey, J. H., Reimann, D. L.: Bronchial adenomas arising in mucous glands. Amer. J. Path. 29, 339 (1953).

Ratzenhofer, M.: Die Klassifizierung der Karzinoide. Acta neuroveg. (Wien) 16, 313—323 (1957).

Ratzenhofer, M.: Der gegenwärtige Stand der Karzinoidforschung: pathologisch-anatomisches Referat. Krebsarzt (Wien) 13, 180—195 (1958).

Ratzenhofer, M., Messerklinger, W., Lembeck, F.: Zur Frage der Endokrinie der Bronchialadenome (-karzinoide). Wien. klin. Wschr. 34, 612—615 (1957).

Rawson, A. J., Howard, J. M., Royster, H. P., Horn Jr., R. C.: Tumors of the salivary glands; a clinico-pathological study of 160 cases. Cancer (Philad.) 3, 445—458 (1950).

Reggiani, G.: Sull' adenoma bronchiale. Radiologica (Roma) 12, 983—1007 (1956).

Rehn, J., Gruenagel, H. H., Schmidt, M.: Zur Klinik des Bronchialkarzinoids. Med. Welt 1962, 1140.

Reichle, F. A., Rosemond, G. P.: Mucoepidermoid tumors of the bronchus. J. thorac. cardiovasc. Surg. 51, 443—448 (1966).

Reid, J. D.: Adenoid cystic carcinoma (cylindroma) of the bronchial tree. Cancer (Philad.) 5, 685—694 (1952).

Reisner, D.: A case of intrabronchial polypoid adenoma with review of the literature. Arch. Surg. 16, 1201—1213 (1928).

Reitter, H.: Die gutartigen Geschwülste der Lunge und der Bronchien. Langenbecks Arch. klin. Chir. 289, 581 (1958).

Reitter, H.: Zur Klinik und Therapie der Bronchialadenome. Z. Tuberk. 112, 257 (1959).

Reynolds, M., Parrish, R. E.: Adenoma of the Bronchus. Ann. Otol. (St. Louis) 56, 766 (1947).

Richter, O. H.: Cylindroma der Trachea. HNO (Berl.) 1, 177 (1948).

Riederer, J.: Diagnostische Schwierigkeiten bei einem Fall von metastasierendem Bronchuscarcinoidsyndrom. Verh. dtsch. Ges. inn. Med. 68, 237—241 (1962).

Riggs, B. L., Spague, R. G.: Association of Cushing's syndrome and neoplastic disease. Arch. intern. Med. 108, 841 (1961).

Rigler, L. G.: The chest. In: Handbook of roentgen diagnosis. Chicago: The Yearbook Publishers. Inc. 1946.

Rigler, L. G.: Discussion. The problem of the socalled bronchial adenoma. J. thorac. Surg. 14, 106 (1945).

Rigler, L. G., Heitzman, E. R.: Planigraphy in the differential diagnosis of the pulmonary nodule. With particular reference to the notch sign of malignancy. Radiology 65, 692—702 (1955).

Riordan, D. C., Richards, V.: Bronchial adenoma; report of an unusual case and review of literature. Stanf. med. Bull. 2, 63 (1944).

Ritama, V., Ojala, L.: Die Bronchialadenome. Geschwülste mit potentieller Bösartigkeit. Acta path. scand. (København) 32, 402 (1953).

Roberts, K. D.: Bronchial adenoma in childhood. Arch. Dis. Childh. 29, 360 (1954).

Roesener: Stenosierende Bronchialpolypen mit Bronchiektasenbildung sind selten. Med. Klin. 1930, 833.

Rössle, R.: Studien über die Malignität. S.-B. Dtsch. Akad. Wissensch. Berlin 1949.

Rolland, J.: Les bronchiomes polymorphes. À propos des tumeurs dites «épistomes» ou «hamartomes». Bull. Soc. méd. Hôp. Paris 59, 73—75 (1943).

Rolland, J., Lecoeur, J., Blanchard, J.: Un cas d'emphysème pulmonaire obstructif par tumeur bronchique non cancéreuse chez un adulte. Bull. Soc. méd. Hôp. Paris 59, 127—129 (1943).

Rosenblum, P., Klein, R. I.: Adenomatous polyp of the right main bronchus producing atelectasis. J. Pediat. 7, 791—796 (1935).

Rossel, G.: Pneumothorax spontané benign, premier symptom d'un adénome de la grosse bronche gauche. Rev. med. Suisse rom. 64, 449 (1944).

Rossi, G.: L'adenoma di tipo salivare della trachea. Torino: Ediz. Minerva 1953.

Rothe, G., Kläring, W.: Gutartige Bronchusgeschwülste. Zbl. Chir. 1955, 786—792.

Rozenštrauch, L. S., Sulaeva, Z. A.: Zur Röntgendiagnostik der benignen Adenome der Bronchien. Vestn. Rentgenol. Radiol. (Mosk.) 31, 37—38 (1958).

Rübe, W.: Der Lungenrundherd. Klinik, Kasuistik, Pathogenese und röntgenologische Differentialdiagnostik. Fortschr. Röntgenstr., Erg.-Bd. 95, 1—131 (1967).

Sachs, B. A.: Endocrine disorders produced by nonendocrine malignant tumors. Bull. N.Y. Acad. Med. 41, 1069—1086 (1965).

Sacrez, R., Burghard, G., Oudet, P., Witz, J. P.: Deux nouveaux cas d'adénome bronchique chez l'enfant. Arch. franç. Pediat. 15, 1348—1356 (1958).

Sada, E.: À propos d'un cas d'«adénome pur» de la trachee. Bronches 7, 426—434 (1957).

Salzer, G.: Das enterale und bronchiale Karzinoid. Chirurgische Aspekte der Karzinoide des Magen-Darmtraktes und der Lunge. Med. Welt **1961**, 1072—1074.

Sandler, M., Scheuer, P. J., Watt, P. J.: 5-hydroxytryptophan secreting bronchial carcinoid tumor Lancet **1961 II**, 1067.

Sano, M. E., Meade, R.: Five types of co-called bronchial adenoma. A histopathologic study. Arch. Path. **43**, 235 (1947).

Santoro, E., Ricci, C., Moretti, M.: Sulla individualità clinica dell' adenoma bronchiale a sede periferica. Nunt. radiol. (Firenze) **31**, 1531—1541 (1965).

Santy, P.: Exploration chirurgicale et exérèse des tumeurs bronchiques. Rev. Prat. (Paris) **2**, 1077 (1952).

Santy, P.: Les tumeurs polypoïdes des bronches. Bronches **3**, 5 (1953).

Santy, P., Barbier, Bérard, M., Galy, P., Pont: Adénome bronchique. Pneumonectomy totale. Décès huit mois après par généralisation néoplasique. Lyon méd. Juin 1945.

Santy, P., Bérard, M.: Tumeurs végétantes endobronchiques guéries par pneumonectomie totale. Presse méd. **1942 II**, 709.

Santy, P., Bérard, M., Galy, P., Duprez, A.: Tumeurs intrapulmonaires d'origine glandulaire bronchique (du type adénome ou tumeur mixte). J. thorac. Surg. **25** (1947).

Santy, P., Bérard, M., Galy, P., Touraine, R.: Les tumeurs polypoïdes des bronches. Étude anatomo-pathologique et nosologique à propos d'une statistique de 59 observations. Bronches **3**, 5—42 (1953).

Santy, P., Bérard, M., Galy, P., Touraine, R., Ugnat: Tumeurs bronchiques a cellules myoépitheliales. J. franç. Méd. Chir. thorac. **7**, 494—497 (1953).

Santy, P., Galy, P., Dupres, A.: Adénome bronchique de siège périphérique. Tumeur mixte bronchopulmonaire. Bull. Soc. méd. Hôp. Paris **67**, 15 (1951).

Santy, P., Noël, M., Bérard, M., Galy, P.: Tumeurs polypoïdes bronchiques; étude anatomique sur pièces de pneumonectomie. Bull. Soc. méd. Hôp. Paris **1944**, 403.

Sashegyi, B., Kovács, J., Matus, L.: Eine zur Fehldiagnose führende sekundäre Aspergillose bei Bronchus-Adenom. Tuberkulózis **21**, 282—283 (1968).

Sauer, W. G., Dearing, W. H., Flock, E. V.: Diagnosis and clinical management of functioning carcinoids. J. Amer. med. Ass. **168**, 139—147 (1958).

Sauer, W. G., Dearing, W. H., Flock, E. V., Waugh, J. M., Dockerty, M. B., Roth, G. M.: Functioning carcinoid tumors. Gastroenterology **34**, 216—230 (1958).

Scheidegger, S.: Zur Frage der Gut- und Bösartigkeit aus pathologisch-anatomischer Sicht. In: Bartelheimer, H., Maurer, H.-J. (Hrsg.), Diagnostik der Geschwulstkrankheiten, S. 15—45. Stuttgart: G. Thieme 1962.

Schlungbaum, U.: Klinik und Therapie des Bronchuscarcinoids. Berl. Med. **7**, 114—117 (1956).

Schmid, E., Witte, S., Stern, J.: Erhöhung der Serotoninkonzentration im Blut bei Ausschluß eines Carcinoidsyndroms. Klin. Wschr. **37**, 1073—1075 (1959).

Schneckloth, R. E., McIsaac, W. M., Page, I. H.: Serotonin metabolism in carcinoid syndrome with metastatic bronchial adenoma. J. Amer. med. Ass. **170**, 1143—1147 (1959).

Schneider, H.: Die Psychopathologie des 5-Hydroxytryptamin (Serotonin)-Stoffwechsels, speziell beim Dünndarmkarzinoid. Schweiz. Arch. Neurol. Psychiat. **81**, 344—359 (1958).

Schneider, W.: Über einen Fall von Metastasenbildung eines Carcinoids der Bronchialschleimhaut. Virchows Arch. path. Anat. **309**, 60 (1942).

Schönlebe, H.: Kasuistische Beiträge zu den Luftröhrengeschwülsten. Zbl. Chir. **1943**, 1137.

Schreiber, H. W., Dietmann, K.: Über die Pathologie und Klinik der Bronchialadenome. Bruns' Beitr. klin. Chir. **192**, 436 (1956).

Schröder, K. J.: Vortäuschung einer primären bzw. subprimären Tuberkulose im Kindesalter durch ein Bronchusadenom. Z. Tuberk. **111**, 333—336 (1958).

Schröder, W.: Das Bronchusadenom. Münch. med. Wschr. **92**, 1365 (1950).

Schulz, U.: Röntgenologische Erscheinungsformen des Bronchusadenoms. Ärztl. Forsch. **17**, 225—232 (1963).

Schulze, W.: Röntgendiagnostische Probleme umschriebener Ventilationsstörungen der Lungen. 107. Frankfurter Röntgenabend 7. 2. 1964.

Schulze, W.: Ventilationsstörungen der Lunge. In: Handbuch der medizinischen Radiologie, Bd. IX/3, S. 1—600. Berlin-Heidelberg-New York: Springer 1968.

Schulze, W.: Röntgendiagnostische Irrtümer als Ursache vermeidbarer thoraxchirurgischer Fehlindikationen. 87. Tagg Dtsch. Ges. Chirurgie, München, 2. 4. 1970. Langenbecks Arch. Chir. **327**, 541—546 (1970).

Schulze, W., Becker, R.: Differentialdiagnose und klinische Bedeutung der chronischen Mittellappen-(Lingula-)Verdichtung. Münch. med. Wschr. **97**, 285—289, 329—331, 358—360 (1955).

Schwartz, L.: Adenoma of the trachea and bronchus. Arch. Otolaryng, **39**, 231 (1944).

Scott, B. F.: Cylindromatous adenoma of the bronchus in a four-year old child. Dis. Chest **44**, 547—549 (1963).

Secrétan, J. P.: À propos de néoplasmes bronchiques. Rev. méd. Suisse rom. **70**, 193 (1950).

Secrétan, J. P., Weck, L. de: D'un neurinome de la trachée et de quelques cas de tumeurs bronchiques. Schweiz. med. Wschr. **1953**, 1119.

Sedlezky, I.: Malignant pulmonary lesions with calcification. J. Canad. Ass. Radiol. **6**, 65—67 (1955).

Sempler, J., West, L. R.: Calcified pulmonary metastases from testicular and ovarian tumours. A report of two cases with long survival. Thorax (Lond.) **10**, 287—292 (1955).

Sery, Z., Cermak, M.: Bronchiale Adenome. Rozhl. Chir. Gynaek. **30**, 122 (1952).

Shaw, R. R., Paulson, D. L.: The treatment of bronchial neoplasms. Springfield, Ill.: C. C. Thomas 1959.

Sherman, F., Neville, J., Kent, E.: Bronchial adenomas occuring in childhood. J. Pediat. **49**, 583 (1956).

Simon, N., Warner, R. P., Baron, M. G., Rudavsky, A. Z.: Intra-arterial irradiation of carcinoid tumors of the liver. Amer. J. Roentgenol. **102**, 552—561 (1968).

Simone, F. de, Lucarelli, R.: L'atelettasia polmonare intermittente nella diagnosi dell' adenoma

bronchiale. Arch. Radiol. (Napoli) **4**, 277—295 (1955).
SIMONSSON, B., MALMBERG, R.: Differentiation between localized and generalized airway obstruction. Thorax (Lond.) **19**, 416 (1964).
SJOERDSMA, A., MATTINGLY, T. W., UDENFRIED, S.: Cardiovascular disease and abnormal tryptophan metabolism associated with malignant carcinoid. Circulation **12**, 776 (1955).
SJOERDSMA, A., TERRY, L. L., UDENFRIED, S.: Malignant carcinoid: a new metabolic disorder. Scientific exhibits. Arch. intern. Med. **99**, 1009—1012 (1957).
SKORUPKE, M.: Über gutartige intrathorakale Tumoren (Zylindrome u. Karzinoide) Berl. Med. **7**, 423—425 (1956).
ŠKRÁMEK, Z.: Adenoma of the bronchus. Lék. Listy **8**, 345—348 (1953).
SMITH, A. N., NYHUS, L. M., DALGLIESH, C. E., DUTTON, R. W., LENNOX, B., MACFARLANE, P. S.: Further observations on the endocrine aspects of argentaffinoma. Scot. med. J. **2**, 24—38 (1957).
SMITH, M. T.: Adenoma of the trachea. Arch. Otolaryng. **46**, 405 (1947).
SMITH, R. A.: Bronchial carcinoid tumours. Thorax (Lond.) **24**, 43—50 (1969).
SMITH, R. L., DAHLIN, D. C., WAITE, D. E.: Mucoepidermoid carcinomas of the jawbones. J. oral Surg. **26**, 387—393 (1968).
SMOLLER, A., MAYNARD, A. DE L.: Adenoma of bronchus in a nine-year-old child. Amer. J. Dis. Child. **82**, 587—592 (1951).
SNIFFEN, R. L., SOUTTER, L., ROBBINS, L. L.: Mucoepidermoid of the bronchus arising from surface epithelium. Amer. J. Path. **34**, 671 (1958).
SOBOTA, J. T., REED, R. J.: Multiple bronchial adenomas, Cushing's syndrome and hypochloremic alkalosis. Dis. Chest **46**, 367 (1964).
SOKÓL, S., JUNGOWKA, A., WRZOLKOWA, T.: Adenoma bronchi. Pol. Przegl. chir. **32**, 901—917 (1960).
SOM, M. L.: Adenoma of the bronchus: endoscopic treatment in selected cases. J. thorac. Surg. **18**, 462—472 (1949).
SORS, C., CHAMBATTE, C., ROUJEAU, J.: Les tumeurs dites «mixtes» des bronches. Rev. Tuberc. (Paris) **29**, 5—22 (1965).
SOSSI, O.: Considérations sur deux cas d'adénome bronchique. Bronches **2**, 437 (1953).
SOUDERS, C. R., KINGSLEY, J. W.: Bronchial adenoma. New Engl. J. Med. **239**, 459—466 (1948).
SOULAS, A.: Rôle de la bronchoscopie dans la chirurgie des tumeurs et des abscès du poumon. J. Chir. (Brux.) **7**, 233 (1938).
SOULAS, A.: À propos de l'évolution de la bronchoscopie e de celle des «soi-disant adénomes bronchiques». Presse méd. **61**, 1751 (1953).
SOULAS, A., BOUCHER, H., LEMERCIER, J. P., DUBOIS, J. M., DE MONTREYNAUD: The significance of endobronchial cinematography in the diagnosis of bronchial adenoma. 5. Congr. internat. Assoc. Bronchology, Stockholm 18./19. Juni 1955.
SOULAS, A., MOUNIER-KUHN, R.: Bronchologie. Paris: Masson & Cie. 1949.
SOULAS, A., MOUNIER-KUHN, P.: Bronchologie. Technique endoscopique et pathologie trachéo-bronchique. Paris: Masson & Cie. 1950.
SOULAS, A., MOUNIER-KUHN, P.: Tumeurs bénignes des bronches. Proc. 5. Internat. Congr. Oto-Rhino-Laryng. 1955, p. 9—21.
SOUNDERS, C. R., KINGSLEY, J. W.: Bronchial adenoma. New Engl. J. Med. **238**, 459 (1948).
SOUTTER, L.: A thirty-one year hospital experience with the bronchoscopic approach to bronchial adenoma. Ann. Otol. (St. Louis) **63**, 509 (1954).

SOUTTER, L., SNIFFEN, R., ROBBINS, L.: A clinical survey of adenoma of the trachea and bronchus in a General Hospital. J. thorac. Surg. **28**, 412, 428 (1954).
SPACEK, B.: Ein Fall eines Bronchusadenoms. Čas. Lék. čes. **91**, 1065 (1952).
SPAIN, B. M.: Diagnosis and treatment of tumors of the chest. New York-London: Grune & Stratton 1960.
SPENCER, H.: Pathology of the lung. London: Pergamon Press 1962.
SPERLING, E.: Beitrag zur Therapie der Bronchusadenome. Chirurg **32**, 273 (1961).
SPRENGER, F.: Über das Bronchusadenom. Schweiz. med. Wschr. **81**, 686 (1951).
STADLER, L.: Das Carcinoid des Bronchialbaumes. Z. klin. Med. **146**, 338—343 (1950).
STANFORD, W. R., DAVIS, J. E., GUNTER, J. U., HOBART, S. G.: Bronchial adenoma (carcinoid type) with solitary metastasis and associated functioning carcinoid syndrome. Sth. med. J. (Bgham, Ala.) **51**, 449 (1958).
STEEL, K., BAERG, R. O., ADAMS, D. O.: Cushing's syndrome in association with an carcinoid tumor of the lung. J. clin. Endocr. **27**, 1285—1289 (1967).
STEELE, J. D.: The solitary pulmonary nodule. Springfield, Ill.: Ch. C. Thomas 1964.
STEGER, C.: Peut-on parler de carcinoide bronchique? Bronches **7**, 481—499 (1957).
STEINMANN, E. P.: Un cylindrome de la trachée. Bronches **11**, 353—355 (1961).
STELLER, K.: Möglichkeiten und Grenzen der Bronchographie als Hilfsmittel bei der Diagnostik und Differentialdiagnostik intrathorakaler Erkrankungen. Röntgenpraxis **15**, 41 (1943).
STEVENSEN, K., PHILLIPS, L. H., MOTTET, K.: Primary bilateral bronchial adenoma. Case report. Amer. J. Surg. **108**, 910 (1964).
STEWART, F. W., et al.: Mucoepidermoid tumors of salivary glands. Ann. Surg. **122**, 820 (1945).
STOUT, A. P.: Cellular origin of bronchial adenoma. Arch. Path. **35**, 803 (1943).
STRÄULI, P.: Gut- und Bösartigkeit von Tumoren. In: Handbuch der Medizinischen Radiologie, Bd. XVIII, S. 1—75. Berlin-Heidelberg-New York: Springer 1967.
STROBEL, H.: Zur Prognose der Zylindrome. Z. Laryng. Rhinol. **45**, 33—40 (1966).
STROTT, C. A., NUGENT, C. A., TYLER, F. A.: Cushing's syndrome caused by bronchial adenomas. Amer. J. Med. **44**, 97 (1968).
STUTZ, E., VIETEN, H.: Die Bronchographie. Stuttgart: G. Thieme 1955.
TCHERTKOFF, I. G., KLOSK, E.: Adeoma of bronchus. Bull. Sea-View Hosp. **4**, 202 (1938).
TEMME, N.: Das Bronchuscarcinoid in seinen morphologischen und histochemischen Beziehungen zum Carcinoidproblem. Inaug.-Diss. München 1958.
TEMME, N.: Zur Frage der histochemischen Identität der Carcinoidtumoren. Klin. Wschr. **36**, 876 (1958).
TERRACOL, J.: La place nosologique des adénomes bronchiques de Jackson: Conséquences thérapeutiques. Bronches **4**, 230 (1954).
TESCHENDORF, W.: Lehrbuch der röntgenologischen Differentialdiagnostik. 4. Aufl. Bd. I. Erkrankungen der Brustorgane. Stuttgart: G. Thieme 1958.
THOMAS, B. M.: Three unusual carcinoid tumours, with particular reference to osteoblastic bone metastasis. Clin. Radiol. (Edinb.) **19**, 221—225 (1968).
THOMAS, C. P., MORGAN, A. D.: Ossifying bronchial adenomas. Thorax (Lond.) **13**, 386 (1958).

THORNTON, T. F., ADAMS, W. E., BLOCH, R. G.: Solitary circumscribed tumors of the lung. Surg. Gynec. Obstet. 78, 364 (1944).

THORSON, Å. H.: Hemodynamic changes during flush in carcinoidosis; the carcinoid syndrome. Amer. Heart J. 52, 444—461 (1956).

THORSON, Å. H., BIÖRCK, G., WALDENSTRÖM, J.: Malignant carcinoid of the small intestine with metastases to the liver, valvular disease of the right side of the heart (pulmonary stenosis and tricuspidal regurgitation without septal defects), peripheral vasomotor symptoms, bronchoconstriction, and an unusual type of cyanosis. A clinical and pathologic syndrome. Amer. Heart J. 47, 795—817 (1954).

THORSON, Å. H.: Studies on carcinoid disease. Acta med. scand. 161 (Suppl. 334), 1—132 (1958).

TINNEY, W. S.: Symposium on certain tumors of bronchi (adenomas and cylindromas) and on tumors of the trachea. Diagnostic aspects and bronchoscoic treatment. Proc. Mayo Clin. 21, 414—416 (1946).

TINNFELDT, N.: Knochenbildungen in der Lunge. Inaug.-Diss. Bonn 1921.

TOOMEY, F. B., FELSON, B.: Osteoblastic bone metastasis in gastrointestinal and bronchial carcinoids. Amer. J. Roentgenol. 83, 709 (1960).

TORRES, E. T.: Adenoma do bronquio. Rev. bras. Cir. (B. Aires). 20, 907 (1950).

TROISIER, J., BROUET, G., DELARUE, J., ORTHOLAN, J., LACORNE, J.: Adénome de la bronche souche chez une tuberculeuse. Obstruction bronchique aiguë mortelle. Bull. Soc. méd. Hôp. Paris 57, 618—623 (1941).

TUCKER, R. B. K., YODAIKEN, R. E.: A malignant bronchial adenoma presenting as a carcinoid-syndrome. Sth. Afr. med. J. 37, 555—558 (1963).

TURNER, P. S.: Benign tumors of the bronchus with special reference to early diagnosis. 2 case reports. Kentucky med. J. 31, 423—426 (1933).

TYSON, M. D., MILIKEN, N. T.: Total pneumonectomy for benign bronchial adenoma. Amer. J. Surg. 67, 111 (1945).

UMIKER, W., STOREY, C. F.: Adenocarcinoma developing in a peripheral bronchial adenoma. J. thorac. Surg. 24, 420—426 (1952).

UNGEHEUER, E., HARTEL, W.: Operative Behandlung der Geschwülste der Lungen und des Mediastinums. In: HOLDER, E. (Hrsg.), Therapie maligner Tumoren, Hämoblastome und Hämoblastosen, Bd. II. Die operative Behandlung der Geschwülste S. 406—477. Stuttgart: F. Enke 1967.

VAGO, A.: L'adénome bronchique. Bronches 4, 249 (1954).

VAGO, A.: L'adenoma bronchiale. Contributo allo studio isto-morphologico, istogenetico clinico e terapeutico a proposito di 9 casi. Arch. ital. Otol. 65, 482—535 (1954).

VALDONI, P.: Il cosidetto adenoma bronchiale. Riv. Tuberc. 1, 243 (1954).

VANPEPERSTRAETE, F.: Tumeurs bénignes et adénomes bronchiques. Étude clinique de 58 cas. Acta med. belg. (Suppl. II) 1955, 69—82.

VERSKA, J. J., CONOLLY, J. E.: Bronchial adenomas in children. J. thorac. cardiovasc. Surg. 55, 411—417 (1968).

VERSTEEGH, D.: Adénomes bronchiques. Bronches 4, 189—191 (1954).

VIKING, B.: Large bronchial adenoma. Report of a case. Acta chir. scand. 102, 378 (1952).

VINNER, M. G., SHULUTKO, M. L.: Diagnostik und Differentialdiagnostik der gutartigen Tumoren und tumorartigen Neubildungen der Lunge. (Hamartochondrome, Adenome, Retentionszysten). Radiol. diagn. (Berl.) 9, 453—477 (1968).

VIRTAMA, P., JÄNKÄLÄ, E.: Pulmonary arterial response to serotonin and reserpine as visualized by pulmonary arteriography in the rabbit. Angiology 12, 77—79 (1961).

VOGT-MOYKOPF, I.: Gutartige Tumoren der Lungen. Thoraxchirurgie 15, 510—519 (1967).

VOLLHABER, H. H.: Ein Beitrag zum Bronchuskarzinoid. Beitr. Klin. Tuberk. 117, 229—243 (1957).

VOS, NOOSTEN: Over parabuccale menggezwelen, in het bezonder over cylindromen der bovenkaaksholte. Geneesk. Ned.-Ind. 73, 1453 (1933).

WACHNER, G.: Zur Differentialdiagnose metastatischer Lungentumoren. Röntgenpraxis 9, 413—416 (1937).

WADA, A., MATSUDA, M., SUGIYAMA, T., HATTORI, S.: Bronchial tumor originated in the mucous gland. A report of two cases. Ann. Rep. The Center for Adult Diseases 3, 112 (1963).

WALCOTT, C. C.: La place nosologique des épistomes bronchiques—épitheliomas à stroma remanié. J. franç. Méd. Chir. thor. 6, 160—166 (1952).

WALDENSTRÖM, J.: Karzinoidose. 20. Tagg. Dtsch. Ges. f. Verdauungs- u. Stoffwechselkrankht., Kassel 14.—17. 10. 1959.

WALDENSTRÖM, J.: Klinik des Carcinoidsyndroms. Verh. dtsch. Ges. inn. Med. 68, 211—221 (1962).

WALDENSTRÖM, J., PERNOW, B., SILVER, H.: Case of metastasizing carcinoma (argentaffinoma?) of unknown origin showing peculiar red flushing and increased amounts of histamine and 5-hydroxytryptamine in blood and urine. Acta med. scand. 152, 311—331 (1955).

WARD, D. E., BRADSHAW, H. H., PRICE-THOMAS, C.: Bronchial adenoma in children. A case report of a seven years old boy. J. thorac. Surg. 27, 295 (1954).

WARNER, R. R. P., KIRSCHNER, P. A., WARNER, G. M.: Serotonin production by bronchial adenomas without the carcinoid syndrome. J. Amer. med. Ass. 178, 1175 (1961).

WARNER, R. R. P., SOUTHREN, A. L.: Carcinoid syndrome produced by metastasizing bronchial adenoma. Amer. J. Med. 29, 903 (1958).

WARREN, A., GATES, O.: Multiple primary and malignant tumors. A survey of the literature and statistical study. Amer. J. Cancer 16, 1358 (1932).

WARREN, L. F., LIEBOW, A. A., LINDSKOG, G. E.: Peripheral and multiple bronchial adenomas. Cancer (Philad.) 6, 555 (1953).

WATERMAN, D. H.: Discussion. Adenoma of the bronchus. J. thorac. Surg. 18, 149 (1949).

WEICHSELBAUMER, W.: Das Karzinoid des Bronchialbaumes. Krebsarzt (Wien) 19, 332—336 (1964).

WEINBERGER, M. A., KATZ, S., DAVIS, E. W.: Peripheral bronchial adenoma of mucous gland type; clinical and pathologic aspects. J. thorac. Surg. 29, 626—635 (1955).

WEISEL, W., LELPLEY, D.: Tracheal and bronchial adenomas in childhood. Pediatrics 28, 394 (1961).

WEISS, L., INGRAM, M.: Adenomatoid bronchial tumors: A consideration of the carcinoid tumors and the salivary tumors of the bronchial tree. Cancer (Philad.) 14, 161 (1961).

WENGER, R.: Die Herzveränderungen beim Carcinoidsyndrom. Verh. dtsch. Ges. inn. Med. 68, 228—233 (1962).

WESSLER, H., RABIN, C. B.: Benign tumors of the bronchus. Amer. J. med. Sci. 183, 164—180 (1932).

WIKLUND, T.: Benign tumours of the lung. Bronchial adenoma. In: Handbuch der Thoraxchirurgie, Bd. III/2, S. 530 ff. Berlin-Göttingen-Heidelberg: Springer 1958.

WIKLUND, T., CARLENS, E.: Bronchial adenoma. 5. Congr. int. Assoc. Bronchology. Stockholm 18./19. Juni 1955.
WILKINS, E. W., DARLING, C., SOUTTER, L., SMITTEN, R. C.: A continuing clinical survey of adenomas of the trachea and bronchus of a general hospital. J. thorac. cardiovasc. Surg. **46**, 279 (1963).
WILLIAMS, E. D., AZZOPARDI, J. G.: Tumours of the lung and the carcinoid syndrome. Thorax (Lond.) **15**, 30—36 (1960).
WILLIAMS, E. D., CELESTIN, L. R.: Association of bronchial carcinoids and pluriglandular adenomatosis. Thorax (Lond.) **17**, 120 (1962).
WILLIS, R. A.: Pathology of tumours, 3rd edit. London: Butterworth & Co. 1960.
WOLFE, H. R. I., DAVIES, A., MATHIAS, A. P., SCHACHTER, M.: Metastatic argentaffinoma secreting 5-hydroxytryptamine in a patient with a patent foramen ovale. Brit. med. J. **1960**, 925—929.
WOMACK, N. A., GRAHAM, E. A.: Mixed tumors of the lung, so-called bronchial or pulmonary adenoma. Arch. Path. **26**, 165—206 (1938).
WÜLFING, D., KREUTZBERG, B.: Klinik und Behandlung des Bronchusadenoms. Internist. Prax. **8**, 47—52 (1968).
YANKAUER, S.: Two cases of lung tumor treated bronchoscopically. N.Y. med. J. **115**, 741 (1922).
YANKAUER, S.: Benign tumor of bronchus. Laryngoscope (St. Louis) **39**, 549 (1929).
ZADEK, I.: Differentialdiagnose der Lungenkrankheiten. Leipzig: G. Thieme 1948.
ZAMORA, A. M.: Two benign growths removed by bronchoscopy. J. Laryng. **46**, 829—833 (1931).
ZAMORA, A. M., SCHUSTER, N.: Vascular adenoma of the bronchus. J. Laryng. **52**, 337 (1937).
ZARAFONETIS, C. J. D., LOCHNER, S. H., HANSON, S. M.: Association of functioning carcinoid syndrome and scleroderma. Amer. J. med. Sci. **236**, 1—14 (1958).
ZEERLEDER, R.: Differentialdiagnostik des Lungenröntgenbildes, 3. Aufl. Bern u. Stuttgart: Hans Huber 1953.
ZELLOS, S.: Bronchial adenoma. Thorax (Lond.) **17**, 61—68 (1962).
ZIEGAN, J.: Bronchus-Epidermoidtumoren. Zbl. allg. Path. path. Anat. **109**, 367 (1966).
ZOLLINGER, H. W.: Gut- und Bösartigkeit der Geschwülste. Vjschr. Naturforsch. Ges. Zürich **41**, 81 (1946).
ZUPPINGER, A.: Les opacités pulmonaires par obstruction bronchique. Bronches **7**, 107—118 (1957).
ZYLKA, W., KÖHLER, T.: Anwendung verschiedener Methoden zum quantitativen Nachweis von 5-Hydroxytryptamin und 5-Hydroxyindolessigsäure bei einem Fall von metastasierendem Dünndarm-Karzinoid. Klin. Wschr. **35**, 622—626 (1957).
ZYLKA, W., KÖHLER, T., ACHENBACH, W.: Laboratoriumsdiagnostik beim Carcinoidsyndrom. Verh. dtsch. Ges. inn. Med. **63**, 570—573 (1957).

3. Das primäre Lymphosarkom (lymphozytäre Lymphoblastom) der Lunge

ÅHREN, C., ZETTERGREN, L.: Primärt lymfosarkom i lungorna. Opusc. med. (Stockh.) **8**, 255 (1963).
AGRIFOGLIO, M.: I tumori reticolo-endoteliali del polmone. Rass. ital. Chir. Med. **4**, 1—14 (1955).
AISENBERG, A. G.: Lymphocytopenia in Hodgkin's disease. Blood **25**, 1035 (1965).
ALBERTINI, A. v.: Schweiz. med. Wschr. **1951**, 659.
ALBERTINI, A. v.: Histologische Geschwulstdiagnostik. Stuttgart: G. Thieme 1955.
ALBOT, G., DECOURT, P., SOULAS, A.: Bull. Soc. méd. Hôp. Paris, Ser. III, **47**, 77 (1931).
ALTMANN: Über ein krebsähnlich wachsendes Lymphogranulom der Lunge. Sitzg. Vereinigg. path. Anat. Wien 30. 5. 1927; Wien. klin. Wschr. **29**, 957 (1929).
ANALYAN, A. J., LOVINGOOD, C. G., KLASSEN, K. P.: Primary lymphosarcoma of lung. Report of a case. Surgery **27**, 559 (1950).
ARNOLD, J.: Über das Vorkommen lymphatischen Gewebes in den Lungen. Virchows Arch. path. Anat. **80**, 315 (1880).
ARONS, I.: Mediastinal tumors and malignant lymphoma. Radiology **26**, 605 (1936).
ATKIN, E. E.: Primary carcinoma of the bronchi. J. Path. Bact. **34**, 343 (1931).
AUFSES, A. H.: Pneumonectomy for localized primary lymphoma. J. Mt Sinai Hosp. **17**, 693—699 (1951).
AUFSES, A. H.: Diskussion zu: VAN HAZEL, W., JENSIK, R. J.: Lymphoma of the lung and pleura. J. thorac. Surg. **31**, 19 (1956).
AZAR, H. A., HILL, W. T., OSSERMAN, E. F.: Malignant lymphoma and lymphatic leucemia associated with myeloma-type serum proteins. Amer. J. Med. **23**, 239 (1957).
BAEHR, G.: The clinical and pathological picture of follicular lymphoblastoma. Trans. Ass. Amer. Phycns **47**, 320—338 (1932).
BAEHR, G., ROSENTHAL, N.: Malignant lymph follicle hyperplasia of spleen and lymph nodes. Amer. J. Path. **3**, 550 (1927).
BALDRIDGE, C. W., AWE, C. D.: Lymphoma. A study of 150 cases. Arch. intern. Med. **45**, 161—190 (1930).
BARON, M. G., WHITEHOUSE, W. M.: Primary lymphosarcoma of the lung. Amer. J. Roentgenol. **85**, 294—308 (1961).
BECK, W. C., REGANIS, J. C.: Primary lymphoma of the lung. J. thorac. Surg. **22**, 323—328 (1961).
BECKER, J., GAUWERKY, F. (Hrsg.): Maligne Lymphome. Interdisziplinäre Diskussionen — Deutscher Röntgenkongress 1968. — Strahlentherapie, Sonderband **69**. München-Berlin-Wien: Urban & Schwarzenberg 1969.
BEGEMANN, H.: Die Lymphogranulomatose. In: Handbuch der inneren Medizin, 5. Aufl., Bd. II. Berlin-Göttingen-Heidelberg: Springer 1965.
BELDING, H. W., DALAND, G. A., PARKER, F.: Histiocytic and monocytic leukemia. Cancer (Philad.) **8**, 237—252 (1955).
BERGHUIS, J., CLAGETT, O. T., HARRISON, E. G.: The surgical treatment of primary malignant lymphoma of the lung. Dis. Chest **40**, 29—44 (1961).
BERGHUIS, J., CLAGETT, O. T., HARRISON, E. G.: Primary lymphoma of the lung. In: PACK, G. T., ARIEL, I. M. (eds.), Treatment of cancer and allied diseases, vol. IX, p. 234. New York: P. B. Hoeber Inc. 1964.
BERNATZ, P. E., HARRISON, E. G., CLAGETT, O. T.: J. thorac. cardiovasc. Surg. **42**, 424 (1961).
BETANCOURT, M. A.: Linfosarcoma del pulmón. Rev. cuba. Cir. **4**, 331—335 (1965).
BILGER, R.: Das großfollikuläre Lymphoblastom. (Die Brill-Symmerssche Krankheit.) Ergebn. inn. Med. Kinderheilk. **1954**, 642.
BLOMQUIST, H.: Hyperplastic mediastinal lymph nodes resembling thymoma. Acta chir. scand. **126**, 66 (1963).
BLUM, R.: Fortschr. Röntgenstr. **37**, 445 (1928).

Bollag, W., Schwarz, E.: Die Lymphogranulomatose des Mediastinums und der Lungen. In: Handbuch der inneren Medizin, 4. Aufl., Bd. IV/3, S. 908ff. Berlin-Göttingen-Heidelberg: Springer 1956.

Bossuet, G.: Nodules et ganglious lymphatiques de la surface externe du poumon. J. Méd. Bordeaux 35, 257 (1905).

Bower, G. C.: Pulmonary lymphosarcoma with alveolar-capillary block and associated coccidioidomycosis. Amer. Rev. Tuberc. 78, 468—473 (1958).

Brill, N. E., Baehr, G., Rosenthal, N.: Generalized giant lymph follicle hyperplasia of the lymph nodes and spleen. A hitherto undescribed type. J. Amer. med. Ass. 84, 668—671 (1925).

Brindley, G. V.: Primary malignant tumors of the lung other than bronchogenic carcinoma. Ann. Surg. 149, 936—948 (1959).

Brouet, G., Marche, J., Chrétien, J., Hugues, F. C.: Les lymphocytosarcomes pulmonaires isolés. J. franç. Méd. Chir. thor. 17, 341—362 (1963).

Brunschwig, A., Kandel, E.: A correlation of the histologic changes and clinical symptoms in irradiated Hodgkin's disease and lymphoblastoma of lymph nodes. Radiology 23, 315—326 (1934).

Bürger, M.: Klinische Fehldiagnosen, 2. Aufl., S. 145ff. Stuttgart: G. Thieme 1954.

Callender, G. R.: Tumors and tumor-like conditions of the lymphocyte, the myeolcyte, the erythrocyte and the reticulum cell. Amer. J. Path. 10, 443—465 (1934).

Castex, M. R., Pavlovsky, A., Valotta, J.: Lesiones pulmonares de la linfogranulomatosis maligna. Medicina (B. Aires) 2, 117—137 (1942).

Castleman, B.: Tumors of the thymus gland. In: Atlas of tumor pathology. Sect. V, Fasc. 19. Washington: D. C. Armed Forces Institute of Pathology 1955.

Castleman, B., et al.: New Engl. J. Med. 250, 26 (1954).

Castleman, B., Iverson, L., Mendenez, P.: Cancer (Philad.) 9, 822 (1956).

Cavanaugh: Case of lymphosarcoma of the mediastinum suggesting a foreign body in the right bronchus. J. Laryng. Otol. 39, 702 (1924).

Cazal: Aspects cliniques et hématologiques de la réticulose maligne. Acta haemat. (Basel) 7, 65—85 (1952).

Charr, R., Wascolomis, A.: Pulmonary lesions in Hodgkin's disease. J. Amer. med. Ass. 116, 2013—2014 (1941).

Chevallier, J., Mannès, P., Renault, P.: Lymphosarcome primitif du poumon. Sem. Hôp. Paris 1957, 3652—3657.

Churchill, E. D.: Malignant lymphoma of the lung and pulmonary coccidioidomycosis: a clinical lesion with consolidation. Surg. Clin. N. Amer. 27, 1113 (1947).

Cicero, P.: Sarcoma primitivo del polmone. Patologica 44, 9 (1952).

Clagett, O. T., Allen, T. H., Payne, W. S., Woolner, L. B.: The surgical treatment of pulmonary neoplasms: a 10-year experience. J. thorac. cardiovasc. Surg. 48, 391—400 (1964).

Cocchi, U.: Lungen-Lymphogranulomatose. In: Schinz-Baensch-Friedl-Uehlinger, Lehrbuch der Röntgendiagnostik, 5. Aufl., Bd. III, S. 2440—2446. Stuttgart: G. Thieme 1952.

Cooley, J. C., McDonald, J. R., Clagett, O. T.: Primary lymphoma of the lung. Ann. Surg. 143, 18—28 (1956).

Craver, L. F., Braund, R. R., Tyler, J. J.: Lesions of the lungs in lymphomatoid diseases. Amer. J. Roentgenol. 45, 342 (1941).

Custer, R. F., Berhard, W. G.: The interrelationship of Hodgkin's disease and other lymphatic tumors. Amer. J. med. Sci. 216, 625 (1948).

Dahlgren, S. E., Ovenfors, C. O.: Primary malignant lymphoma of the lung. Acta radiol. Diagn. (Stockh.) 8, 401—408 (1969).

D'Amato, Latienda, Pizzaro: zit. n. Hochberg, L. A., Crastnopol, P.: Primary sarcoma of the bronchus and lung. Arch. Surg. 73, 74 (1956).

Davis, E. W., Peabody, J. W., Katz, S.: The solitary pulmonary nodule. J. thorac. Surg. 32, 728—771 (1956).

Docimo, C.: Su un singolare reperto di duplicità neoplastica: reticolosarcoma del polmone associato a carcinoma bronchiale. G. Pneumol. 4, 319 (1960).

Downey, H.: Monocytic leukemia and leucemic reticulo-endotheliosis. In: Downey, H. (ed.), Handbook of hematology, vol. II, p. 1275—1333. New York: P. B. Hoeber 1938.

Dvořáček, C., Čermák, M.: Primární lymfosarkom plic. Lék. Listy 7, 545—549 (1952).

Eck, H.: Haupt, R., Rothe, G.: Die gut- und bösartigen Lungengeschwülste. In: Handbuch der speziellen pathologischen Anatomie und Histologie, Bd. III/4, S. 1—401. Berlin-Heidelberg-New York: Springer 1969.

Efskind, L., Wexels, P.: Hodgkin's disease of the lung with cavitation. Report of three cases. J. thorac. Surg. 23, 377 (1952).

Ehrenstein, F.: Primary pulmonary lymphoma. Review of the literature and two case report. J. thorac. cardiovasc. Surg. 52, 31—39 (1966).

Ehrlich, J. C., Gerber, I. E.: The histogenesis of lymphosarcomatosis. Amer. J. Cancer 24, 1—35 (1935).

Ellison, R. G., Bailey, A. W., Yeh, T. J., Corpe, R. F., Liang, J., Stergus, I.: Amer. Surg. 30, 737 (1964).

Ennuyer, A., Cailleret, M., Hélary, J.: Les localisations pulmonaires de la lymphogranulomatose maligne. Ann. Radiol. 1, 635—658 (1958).

Ergin, M., Kemler, R. L.: Primary lymphosarcoma of the lung. Review of the literature and report of a case. Arch. Surg. 80, 1005—1012 (1960).

Eskenasy, A.: Les réticulosarcomes primitifs du poumon. Ann. Anat. path. N. S. 12, 35—48 (1967).

Ewald, O.: Die leukämische Reticuloendotheliose. Dtsch. Arch. klin. Med. 142, 222—228 (1923).

Ewing, J.: Neoplastic diseases, 3rd edition. Philadelphia: W. B. Saunders 1928.

Fabre, J., Bouissou, H., Pailloncy, B.: Les réticulosarcomes ganglionaires (à propos de 6 cas). Toulouse méd. 51, 167 (1950).

Falconer, E. H., Leonard, M. E.: Hodgkin's disease of the lung. Amer. J. med. Sci. 191, 780—788 (1936).

Fellows, K. E., Abell, M. R., Martel, W.: Intrapulmonary lymph node detected roentgenologically. Amer. J. Roentgenol. 106, 601—603 (1969).

Felson, B., Rosenberg, L. S., Hamburger, M.: Roentgen findings in acute Friedlander's pneumonia. Radiology 53, 559—565 (1949).

Felton, W. L.: Localized intrathoracic lymphoma. Amer. Surg. 29, 457 (1963).

Ficari, A., Cappelini, G.: Aspetti neoplastiformi del linfogranuloma maligne a localizzazione polmone. Atti VII Congr. Naz. Chir. Tor. 1960, vol. II. p. 216. Milano: Ediz. Chir. tor. 1961.

Fischedick, O., Sieckel, L.: Bronchographische Befunde bei Pneumonien mit verzögerter Lösung. Fortschr. Röntgenstr. 86, 203—210 (1957).

Fischer, W.: Die Gewächse der Lunge und des Brustfells. In: Henke-Lubarsch, Handbuch der speziellen pathologischen Anatomie und Histologie, Bd. III/3, S. 522ff. Berlin: Springer 1931.

FLEISCHNER, F.: Der sichtbare Bronchialbaum, ein differentialdiagnostisches Symptom im Röntgenbild der Pneumonie. Fortschr. Röntgenstr. 36, 319 (1927).

FLEMING, H. A., HOWIE, J. B.: Pulmonary lymphosarcoma: a report of a case. New Zeal. med. J. 50, 368 (1951).

FOOT, N. C.: Pathology in surgery. Philadelphia: J. B. Lippincott & Co. 1945.

FORKNER, C. E.: Leukemia and allied disorders. New York: The Macmillan Co. 1938.

FRIED, B. M.: Tumors of the lungs and mediastinum. Philadelphia: Lea & Febiger 1958.

GALL, E. A., MALLORY, T. B.: Malignant lymphoma: a clinico-pathologic study of 618 cases. Amer. J. Path. 18, 381 (1942).

GALL, E. A., MORRISON, H. R., SCOTT, A. T.: The follicular type of malignant lymphoma; a survey of 63 cases. Ann. intern. Med. 14, 603—647 (1938).

GALLIAN, P., ROUJEAU, J.: Arch. Anat. path. 7, 373 (1959).

GARRISON, C. O., DINES, D. E., HARRISON, E. G., DOUGLAS, W. W., MILLER, W. E.: The alveolar pattern of pulmonary lymphoma. Proc. Mayo Clin. 44, 260—271 (1969).

GESSNER, G.: Über die Lymphogranulomatose der Lunge. Zbl. allg. Path. path. Anat. 110, 423—427 (1967).

GIBBONS, H. W.: The relation of Hodgkin's disease to lymphosarcoma. Amer. J. med. Sci. 132, 692 (1906).

GIESE, W.: Die Atemorgane. In: KAUFMANN, E., STAEMMLER, M., Lehrbuch der speziellen pathologischen Anatomie, 11. u. 12. Aufl., Bd. II/3, S. 1417—1984. Berlin: De Gruyter 1960.

GIRAUD, P., BERNARD, R., MÉTRAS, A., ORSINI, A.: Tumeur maligne du poumon développée aux depens d'un kyste aérien. Arch. franç. Pédiat. 4, 44 (1947).

GLÄSER, A.: Die Lymphoblastome der Lunge. Langenbecks Arch. klin. Chir. 300, 123—136 (1962).

GLÄSER, A., REICHMANN, J.: Retroperitoneales Lymphoblastom im kleinen Becken. Zbl. Chir. 88, 715—717 (1963).

GODDEN, J. O., CLAGETT, O. T., ANDERSEN: Sensitivity to alcohol as a symptom of Hodgkin's disease. J. Amer. med. Ass. 160, 1274 (1956).

GREENBERG, H. B.: Benign subpleural lymph node appearing as a pulmonary coin lesion. Radiology 77, 97—99 (1961).

GREENFIELD, H., JELASO, D. V.: Peripheral intrapulmonary lymph node metastasis. Brit. J. Radiol. 38, 955 (1965).

GRIMES, O. F., WEIRICH, W., STEPHENS, H. B.: Primary lymphosarcoma of the lung. A report of two cases. J. thorac. Surg. 27, 378—383 (1954).

GUIMARÃES, U. P.: In: PACK, G. T., ARIEL, I. M. (eds.), Treatment of cancer and allied diseases, vol. IV, p. 469. New York: P. B. Hoeber 1960.

HALL, E. R., BLADES, B.: Primary lymphosarcoma of the lung. Dis. Chest 36, 571—578 (1959).

HAMPTON, A., O., BICKHAM, C. E., WINSHIP, T.: Lipoid pneumonia. Amer. J. Roentgenol. 73, 938—949 (1955).

HARRISON, E. G., BERNATZ, P. E.: Arch. Path. 75, 284 (1963).

HARTLEIB, J.: Klinische und anatomische Beobachtungen an 5 seltenen Lungenerkrankungen. Thoraxchirurgie 15, 361—370 (1967).

HARTUNG, A.: Pulmonary involvement in the lymphoblastomas; with special reference to roentgen aspects. Radiology 34, 311 (1940).

HAUPT, R., GLÖCKNER, R.: Das primäre Lymphosarkom der Lunge. Z. Tuberk. 126, 253—265 (1967).

HAVARD, C. W. A., NICHOLS, I. B., STANSFELD, A. G.: Thorax (Lond.) 17, 190 (1962).

HAZEL, W. VAN, JENSIK, R. J.: Lymphoma of the lung and pleura. J. thorac. Surg. 31, 19—44 (1956).

HEATLEY, C. A.: Localized pulmonary Hodgkin's disease. Ann. Otol. (St. Louis) 59, 705—711 (1950).

HEERDEN, J. A. VAN, HARRISON, E. G., BERNATZ, P. E., KIELY, J. M.: Mediastinal malignant lymphoma. Dis. Chest 57, 518—529 (1970).

HEINE, S.: Lymphocytom der Lunge und generalisierte Plastomozytose. Zbl. allg. Path. path. Anat. 96, 16 (1957).

HELLER, A.: Über subpleurale Lymphdrüsen. Dtsch. Arch. klin. Med. 55, 141 (1895).

HELLY, K.: Leukämien. In: HENKE, F., LUBARSCH, O., Handbuch der speziellen pathologischen Anatomie und Histologie, Bd. I, S. 1028—1030. Berlin: Springer 1927.

HERING, N., TEMPLETON, I. Y., HAUPT, G. J., THEODOS, P. A.: Dis. Chest 42, 315 (1962).

HEUCK, F.: Die Strahlenbehandlung der pulmonalen Form der Lymphogranulomatose. Radiol. Austriaca 18, 211 (1968).

HILBUN, B. M., CHAVEZ, C. M.: Lymphoma of the lung. J. thorac. cardiovasc. Surg. 53, 721—725 (1967).

HINSHAW, H. C., GARLAND, L. H.: Diseases of the chest. Philadelphia and London: W. B. Saunders Co. 1965.

HIPPE, L.: Das Lymphozytom. zit. n. HORÁNYI, J., KERÉNYI, J., VARGA, Z.: Lymphocytom in der Lunge. Zbl. Chir. 86, 2602 (1961).

HIRSCHFELD, H.: Leukämie und verwandte Zustände. In: Handbuch der Krankheiten des Blutes und der blutbildenden Organe, S. 517ff. Berlin-Göttingen-Heidelberg: Springer 1952.

HOLZNER, J. A., ZEITLHOFER, J.: Primäres Retothelsarkom der Lunge. Krebsarzt (Wien) 17, 433 (1962).

HORÁNYI, J., KERÉNYI, I.: Thoraxchirurgie 3, 245 (1955/1956).

HORÁNYI, J., KERÉNYI, I., VARGA, Z.: Lymphocytom der Lunge. Zbl. Chir. 86, 2602 (1961); Magy. Sebész. 14, 171—176 (1961).

HUECK, O.: Lymphblastom der Lunge. Thoraxchirurgie 15, 379—385 (1967).

HUECK, W.: Morphologische Pathologie, S. 284ff. Leipzig: G. Thieme 1937.

HUTCHINSON, W. B., FRIEDENBERG, M. J., SALTZSTEIN, S.: Primary pulmonary pseudolymphoma. Radiology 82, 48—56 (1964).

IVERSON, L.: Bronchopulmonary sarcoma. J. thorac. Surg. 27, 130—148 (1954).

JACKSON, C.: Malignant growths of the lungs. Arch. Otolaryng. 12, 747 (1930).

JACKSON, H.: The classification and prognosis of Hodgkin's disease and allied disorders. Surg. Gynec. Obstet. 64, 465—467 (1937).

JACKSON, H.: Hodgkin's disease and allied disorders. New Engl. J. Med. 220, 26—30 (1939).

JACKSON, H., PARKER, F., Jr.: Hodgkin's disease. VII Treatment and prognosis. New Engl. J. Med. 234, 103 (1946).

JACKSON, H., PARKER, F.: Hodgkin's diseases and allied disorders. New York: Oxford Univ. Press 1947.

JACOB, P., LEBLOIS, MAYER, C.: Lymphogranulomatose à debut pulmonaire. Bull. Soc. méd. Hôp. Paris 53, 258 (1937).

JACOBS, M. L.: Malignant lymphomas and their management. In: Recent results of cancer research, vol. 16, p. 1—55. Berlin-Heidelberg-New York: Springer 1968.
JACOX, H. W., PEIRCE, C. B., HILDRETH, R. C.: Roentgenologic considerations of lymphoblastoma. II. Roentgen therapy of Hodgkin's disease. Amer. J. Roentgenol. 36, 165—168 (1936).
JUSTIN-BEZANÇON, L., MOUTIER, F., LEMOINE, J. M., CORNET, A., MAGDALAINE, M.: Lymphomatose maligne à localisations viscérales successives: survie de huit années. Bull. Soc. méd. Hôp. Paris 75, 759-766 (1959).
KEIBL, E., u. Mitarb.: Über das Retothelsarkom der Lunge. Beitr. path. Anat. 126, 454 (1962).
KERN, W. H., CREPEAU, A. G., JONES, J. C.: Primary Hodgkin's disease of the lung. Cancer (Philad.) 14, 1151—1165 (1961).
KINDLER, W.: Leukosarkomatose der tieferen Luftwege und ihre differentialdiagnostischen Schwierigkeiten. Z. Hals-, Nas. -u. Ohrenheilk. 21, 276 (1928).
KIRKLIN, J. W., McDONALD, J. R., CLAGETT, O. T., MOERSCH, H. J., GAGE, R. P.: Bronchogenic carcinoma: cell type and other factors relating to prognosis. Surg. Gynec. Obstet. 100, 429—438 (1955).
KIRKLIN, R. B., HEFKE, H. W.: Roentgenologic studies of intrathoracic lymphoblastoma. Amer. J. Roentgenol. 26, 681 (1931).
KLEMPERER, P.: The relationships of the reticulum to diseases of the hematopoetic system. In: Libman anniversary volumes, vol. 2, p. 665. New York: The International Press 1932.
KLUGE, A.: Pathologische Anatomie intrathorakaler Manifestationen der Lymphogranulomatose. Med. Klin. 63, 321—327 (1968).
KOLÁŘ, J., KÁCL, J., PALEČEK, L.: Die Miterkrankung der Brustorgane bei malignen Lymphomen. Med. Klin. 54, 1690—1692 (1959).
KRESS, M., BRANTIGAN, O.: Primary lymphosarcoma of the lung. Ann. intern. Med. 55, 582 (1962).
KRESS, M. B., HIRSCHFELD, J. H.: Primary reticulum cell sarcoma of the lung with endobronchial involvement. Dis. Chest 45, 436 (1964).
KÜHBÖCK, J., LOTENWEIN, E., RIEGLER, E.: Retothelsarkom der Lunge. Med. Klin. 63, 670 (1968).
KUNDRAT: Über Lympho-Sarkomatosis. Wien. klin. Wschr. 6, 211—213, 234—239 (1893).
LANG, H. B., ZUERHUT, H.: Retothelsarcomatose bei einem 7 Jahre alten Kind. Öst. Z. Kinderheilk. 4, 225 (1950).
LANGER, E., WILLMANN, K. H.: Beitrag zum sogenannten Alveolarzellenkarzinom (Lungenadenomatose). Fortschr. Röntgenstr. 82, 64—73 (1955).
LEGLER, U.: Über ein als atypisches „Asthma bronchiale" verlaufendes primäres Lymphosarkom der Trachea. Beih. z. Z. Hals-, Nas.- u. Ohrenheilk. 1, 365 (1949).
LENK, R.: Röntgendiagnostik der intrathorakalen Tumoren und ihre Differentialdiagnose. Wien: Springer 1929.
LENK, R.: Die Lymphogranulomatose der Lungen. In: Handbuch der theoretischen und klinischen Röntgenkunde. Wien: Springer 1929.
LENNERT, K.: Arch. Ohr.-, Nas.- u. Kehlk.-Heilk. 182, 1 (1963).
LESZLER, A., PEREDI, G.: Einige seltenere röntgenologische Erscheinungsformen der Hodgkin'schen Krankheit. Magy. Radiol. 11, 144—151 (1959).
LIESER, H.: Die kavernöse Lymphogranulomatose der Lunge. Beitr. Klin. Tuberk. 135, 377—387 (1967).

LOEW, M.: Lymphogranulomatöse Rundherde der Lunge. Radiologe 2, 263—270 (1962).
LUCAS, D., PLATZBECKER, H., REICHARDT, H. P.: Zur Lungenbeteiligung bei der Retikulo- und Lymphosarkomatose. Z. Erkr. Atmungsorg. 132, 11—15 (1970).
LÜDERS, C.: Inaug.-Diss. Kiel 1892.
LUMB, G.: Tumours of lymphatic tissue. Edinburgh and London: E. & S. Livingstone 1954.
MAIER, H. C.: Primary lymphosarcoma of the lung. J. thorac. Surg. 17, 841 (1948).
MAIER, H. G.: Cancer Seminar 1, 89 (1952).
MAIER, H. G.: The pulmonary and pleural lymphatics: A challenge to the thoracic explorer. J. thorac. cardiovasc. Surg. 52, 155—163 (1966).
MAURER, K.: Die Lymphogranulomatose der Bronchien. Inaug.-Diss. Frankfurt/M. 1954.
MAYER, E.: Diagnostische Schwierigkeiten an bronchopulmonalen Tumoren (kleinzelliges Karzinom, Sarkom, Lymphosarkom, Lymphogranulomatose). Zbl. allg. Path. path. Anat. 35, 11 (1924).
McDONALD, J. R.: Case 21: Primary malignant lymphocytic lymphoma. In: CASTLEMAN, B., McDONALD, J. R., Seminar on diseases of the lower respiratory tract and mediastinum. In: Proc. 25th Sem. Amer. Soc. Clin. Path., 11.9.1959. Amer. Soc. Clin. Path. 1960, 9.
McNAMARA, J. J., KINGSLEY, W. B., PAULSON, D. L., DANDADE, P. B., RACE, G. J., URSCHEL, H. C.: Primary lymphosarcoma of the lung. Ann. Surg. 169, 133—140 (1969).
MELVILLE: X-rays in the diagnosis of intrathoracic growths. Brit. med. J. 1927 I, 725.
MEYER, O. O.: Follicular lymphoblastoma. Blood 3, 921 (1948).
MIELECKI, T., PYZIOL, A.: Pulmonary changes in the course of lymphogranulomatosis maligna. Pol. Przegl. radiol. 34, 483—494 (1970).
MILLER, W. S. The distribution of lymphoid tissue in the lung. Anat. Rec. 5, 99 (1911).
MILLER, W. S.: The pulmonary lymphoid tissue in old age. Amer. Rev. Tuberc. 9, 519 (1924).
MILLER, W. S.: The lung. 2nd edit. Springfield, Ill.: Ch. C. Thomas 1947.
MINTON, R. F.: Pulmonary lymphosarcoma. Report of a case. Amer. J. Roentgenol. 42, 503—507 (1939).
MLOSEK, K.: Radiological patterns of lymphogranulomatosis maligna of the lungs. Pol. Przegl. radiol. 34, 23—31 (1970).
MÖBIUS, G., SCHÜTZ, E.: Zur Klinik und Pathologie des lokalisierten benignen Lymphoms (angiofollikuläre Lymphknotenhyperplasie). Chirurg 38, 1—3 (1967).
MOLANDER, D. W., LACAYO, G.: Malignant lymphoma: patterns of progression and factors influencing recurrence. Amer. J. Roentgenol. 108, 348—353 (1970).
MONAHAN, D. T.: Hodgkin's disease of the lung. J. thorac. cardiovasc. Surg. 49, 173—175 (1965).
MOOLTEN, S. E.: Hodgkin's disease of the lung. Amer. J. Cancer 21, 253—294 (1934).
MOORE, R. A.: A textbook of pathology. Philadelphia: W. B. Saunders 1944.
MORELLINI, M., INGRAO, F., BELLI, N., COPPOLA, G.: Su alcuni aspetti delle localizzazioni polmonari del granuloma di Hodgkin. Ann. Ist. Forlanini 21, 3 (1961).
MORRISON, D. A.: Ann. Surg. 138, 140 (1953).
MÜLLY, K.: Die Geschwülste der Lunge, Pleura und Brustwand. In: Handbuch der inneren Medizin, 4. Aufl., Bd. IV/4, S. 168. Berlin-Göttingen-Heidelberg: Springer 1956.

MUNSCHECK, H.: Das bilaterale Lymphosarkom der Lungen. Thoraxchirurgie **14**, 210—215 (1966).

MUSSHOFF, K., RENEMANN, H., BOUTIS, L., AFKHAM, J.: Die extranoduläre Lymphogranulomatose. Diagnose, Therapie und Prognose bei zwei unterschiedlichen Formen des Organbefalls. Fortschr. Röntgenstr. **109**, 776—786 (1968).

NATARO, M., SHAPIRO, D., GORDON, A. T.: Acute primary Klebsiella-pneumonia. J. Amer. med. Ass. **144**, 12 (1950).

NEUBUERGER, K.: Cancer Seminar **2**, 249 (1960).

NEWALL, J., et al.: Extra-lymph-node reticulum-cell sarcoma. Radiology **91**, 708 (1968).

NOEHREN, T. H., MCKEE, F. W.: Dis. Chest **25**, 663 (1954).

NOVAK, D., HILWEG, D.: Häufigkeit und Formen intrathorakaler Manifestation maligner Lymphome. Dtsch. med. Wschr. **96**, 230 (1971).

OCHSNER, S., OCHSNER, A.: Primary sarcoma of the lung. Ochsner Clin. Rep. **3**, 105 (1957).

O'DONNELL, T. J.: Two cases of lymphosarcoma of lung. Irish J. med. Sci. **1926**, 324.

OLMER, J., GASCARD, E., DARCOURT, G.: Formes pulmonaires pseudo-cancéreuses de la maladie de Hodgkin. Presse méd. **61**, 1745—1747 (1953).

OPITZ, K.: Über das sogenannte Lymphoblastom der Lunge. Zbl. allg. Path. path. Anat. **98**, 207 (1958).

OVERHOLT, BETTS: Zit. nach BECK, W. C., REGANIS, J. C.: Primary lymphosarcoma of the lung. J. thorac. Surg. **22**, 323—328 (1951).

PAPAIOANNOU, A. N., WATSON, W. L.: Primary lymphoma of the lung: An appraisal of its natural history and a comparison with other localized lymphomas. J. thorac. cardiovasc. Surg. **49**, 373—387 (1965).

PAULSON, D. L.: Diskussion zu BRINDLEY, G. V.: Primary malignant tumors of the lung other than bronchogenic carcinoma. Ann. Surg. **149**, 936—948 (1959).

PEIRCE, C. B., JACOX, H. W., HILDRETH, R. C.: Roentgenologic considerations of lymphoblastoma. I. Roentgen pulmonary pathology of the Hodgkin type. Amer. J. Roentgenol. **32**, 145—164 (1936).

PEKELIS, E.: Linfosarcoma peribronchiale con sviluppo prevalentemente intrapolmonare rapido. Pathologica **23**, 66 (1931).

PERESLEGIN, J. A., et al.: Clinico-roentgenological diagnosis of lymphogranulomatosis of the lung. Vestn. Rentgenol. Radiol. (Mosk.) **43**, 43—50 (1968).

PESCATORI, F.: Due casi di sarcoma (reticuloma) primitivo del polmone. Riv. clin. med. **32**, 273 (1931).

PIETRA, G.: Die angio-plasmazelluläre Lymphknotenhyperplasie nach Castleman im Röntgenbild. Fortschr. Röntgenstr. **101**, 665—667 (1964).

PIETRA, G.: Schweiz. med. Wschr. **94**, 1755 (1964).

POLETTI, T., NARCISI, M.: Le localizzazioni polmonari del linfogranuloma maligno. Cancro (Torino) **12**, 83—137 (1959).

PRICHARD, R. W., BRADSHAW, H. H.: Primary lymphoid tumors of the lung. Arch. Path. **71**, 420 (1961).

RANSDALL, H. T., BAILEY, A. W., ELLISON, R. G.: Primary reticulum-cell sarcoma of the lung arising in the wall of a pulmonary cyst. Amer. Surg. **17**, 689 (1951).

RAPAPORT, H., WINTER, W. J., HICKS, E. B.: Follicular lymphoma. Cancer (Philad.) **9**, 792 (1956).

RATKÓCZY, N.: Die Pathologie und Therapie der Lymphogranulomatose. Leipzig: G. Thieme 1940.

REINERMANN, T.: Lymphoblastoma pulmonis. Fortschr. Röntgenstr. **105**, 421—422 (1966).

REMÉ, H.: Nichtkrebsige Lungengeschwülste. Zbl. Chir. **89**, 1134 (1964).

RHOADS, C. P.: The reticulo-endothelial system—a general review. New Engl. J. Med. **198**, 76—78 (1928).

RIBBERT, H.: Über Lymphome der Lungen. Virchows Arch. path. Anat. **102**, 452—466 (1885).

ROBBINS, L. L.: The roentgenologic appearance of parenchymal involvement of the lung by malignant lymphoma. Cancer (Philad.) **6**, 80—88 (1953).

ROBBINS, R., PEALE, A. R., AL-SALEEM, T.: Pseudolymphomas. Amer. J. Roentgenol. **108**, 149—153 (1970).

ROLLY: Tumor der linken Lunge (Lymphosarkom). Med. Gesellschaft Leipzig Sitzung v. 2. 5. 1921. Ref.: Münch. med. Wschr. **68**, 829 (1921).

ROSE, A.: Primary lymphosarcoma of the lung. J. thorac. Surg. **33**, 254—263 (1957).

ROSENBERG, S. A., et al.: Lymphosarcoma. A review of 1269 cases. Medicine (Baltimore) **40**, 31 (1961).

ROSENBERG, S. A., DIAMOND, H. D., DARGEON, H.W., CRAVIER, L. F.: Lymphosarcoma in childhood. New Engl. J. Med. **259**, 505 (1958).

ROTHE, G.: Zbl. Tuberk. **123**, 99 (1965).

ROTHE, G.: Resektionen beim primären Lymphosarkom. Zbl. Chir. **90**, 883 (1965).

ROTTE, K. H., BAUKE, G., SCHRÖDER, H.: Über die Lymphogranulomatose der Lunge. Arch. Geschwulstforsch. **33**, 383—394 (1969).

ROUVIÈRE, H.: Anatomie des lymphatiques de l'homme. Paris: Masson & Cie. 1932.

ROUVIÈRE, H.: Anatomy of the human lymphatic system. A compendium translated from the original "Anatomie des lymphatiques de l'homme" and rearranged for the use of students and practitioners by M. J. TOBIAS. Ann. Arbor, Mich.: Edward Bros., 1938.

RULAND, L.: Zum Problem der extramedullären Plasmozytome. Langenbecks Arch. klin. Chir. **277**, 490 (1953).

SACHS, H. W.: Ein Fall von primärer Lymphogranulomatose der Lunge. Med. Klin. **1935**, 271.

SALTZSTEIN, S. L.: Pulmonary malignant lymphomas and pseudolymphomas. Classification, prognosis and therapy. Cancer (Philad.) **16**, 928—955 (1963).

SAMUELS, M. L., HOWE, C. D., DODD, G. D., FULLER, L. M., SHULLENBERGER, C. C., LEARY, W. L.: Endobronchial malignant lymphoma: report of five cases in adults. Amer. J. Roentgenol. **85**, 97 (1961).

SANTO, L. W. DE, WEILAND, L. H.: Malignant lymphoma of the larynx. Laryngoscope (St. Louis) **80**, 966—978 (1970).

SÁRI, A., KUTARŇA, A., ADAMEC, K., DYTTERT, V.: Lymphogranuloma of the lungs. Čs. Rentgenol. **16**, 201—209 (1962).

SAROKHAN, J., MORRISON, D. A.: Primary lymphosarcoma of the lung. Ann. Surg. **131**, 140—142 (1950).

SCHAEFER, A., WURM, H.: Lymphogranulom der Lunge mit Kavernenbildung. Fortschr. Röntgenstr. **47**, 254—263 (1933).

SCHARKOFF, T.: Zbl. Chir. **93**, 478 (1968).

SCHARKOFF, T.: Zum Begriff „Lymphoblastom der Lunge". Zbl. Chir. **94**, 287—296 (1969).

SCHEIDEGGER, S.: Zur Frage der Gut- und Bösartigkeit aus pathologisch-anatomischer Sicht. In: BARTELHEIMER, H., MAURER, H.-J. (Hrsg.), Diagnostik der Geschwulstkrankheiten, S. 15—45. Stuttgart: G. Thieme 1962.

SCHEUERLEN, P.: Die intrathorakale Manifestation der Lymphogranulomatose. Prax. Pneumol. **21**, 609 (1967).

SCHNETZER, J.: Primäre Lymphoblastome der Lunge. Wien. med. Wschr. 118, 382 (1968).
SCHOUTENS, A., et coll.: Un cas de lymphosarcome pulmonaire primitif. Acta tuberc. pneumol. belg. 59, 190 (1965).
SCHRÖDER, H.: Zur Klinik der Lungensarkome. Zbl. Chir. 88, 158—165 (1963).
SCHÜTZ, W., KÖHN, K.: Das primäre Retothelsarkom der Lunge. Thoraxchirurgie 4, 272 (1956/57).
SCHULZE, W.: Schichtuntersuchungen über das Substrat der röntgenologischen Lungenveränderungen bei kruppöser Pneumonie. Kongr.-Ber. 1. Kongr. Med. Gesellsch. Röntgenol. der DDR, Leipzig 24.—26. 3. 1955, Bd. I, S. 110—119. Leipzig: J.A. Barth 1957.
SCHULZE, W.: Das primäre Lymphosarkom der Lunge. Fortschr. Röntgenstr. 91, 457—469 (1959).
SCHULZE, W.: Ventilationsstörungen der Lunge. In: Handbuch der medizinischen Radiologie, Bd. IX/3, S. 1—600. Berlin-Heidelberg-New York: Springer 1968.
SCHULZE, W.: Röntgendiagnostische Irrtümer als Ursache vermeidbarer thoraxchirurgischer Fehlindikationen. Vortrag a. d. 87. Tagg. d. Dtsch. Ges. Chirurgie München, 2. 4. 1970. Langenbecks Arch. Chir. 327, 541—546 (1970).
SCHUMANN, H. J.: Zbl. allg. Path. path. Anat. 109, 67 (1966).
SCHWARZ, D. L., PIERRE, R. V., SCHEERER, P. P., REED, E. C., LINMAN, J. W.: Lymphosarcoma cell leukemia. Amer. J. Med. 38, 778—786 (1965).
SEBESTÉNYI, M., BESZNYÁK, J.: Über das primäre Retikulosarkom der Lunge. Thoraxchirurgie 20, 137—141 (1972).
SEMB, C.: In: KIRSCHNER-NORDMANN: Die Chirurgie, 2. Aufl. Bd. V. Wien: Urban & Schwarzenberg 1941.
SHALLENBERGER, P. L., FISHER, P., BECK, W. C., DE WAN, C. H.: Concurrent lymphoma of lung and stomach; follow-up on previously reported cases. J. thorac. Surg. 24, 637—641 (1952).
SHAPIRO, R., WILSON, G., GABRIELE, O. F.: The roentgen-ray diagnosis of intrapulmonary lymph nodes. Dis. Chest 51, 621—624 (1967).
SHEINMEL, A., ROSWIT, B., LAWRENCE, L. R.: Hodgkin's disease of lung. Roentgen appearance and therapeutic management. Radiology 54, 165—179 (1950).
SIMON, G.: Intra-thoracic Hodgkin's disease. I. Less common intrathoracic manifestations of Hodgkin's disease. Brit. J. Radiol. 40, 926—929 (1967).
SIMSON, F. W., STRACHAN, A. S.: Sth. Afr. med. Res. 4, 231 (1931).
SOUDERS, C. R., GREENSPAN, J.: Diagnostic procedures in intrathoracic lymphoma. Lahey Clin. Bull. 11, 238—247 (1960).
SPAIN, D. M.: Tumors of the lung. New York: Grune & Stratton 1960.
SPATT, S. D., GRAYZEL, D. D.: Primary lymphosarcoma of the lung. Ann. intern. Med. 27, 632 (1947).
STAHEL, R.: Über großfollikuläres Lymphoblastom (Brill-Symmers-Disease). Helv. med. acta 15, 448 (1948).
STARICHKOV, M. S.: Difficulties and errors possible in clinico-roentgenologic diagnosis of cancer of the lungs and lung lymphogranulomatosis. Acta Un. int. Cancr. 19, 1300—1302 (1963).
STARKEY, G. W. B.: Diskussion zu: VAN HAZEL, W., JENSIK, R. J.: Lymphoma of lung and pleura. J. thorac. Surg. 31, 19 (1956).
STEEL, S. J.: Hodgkin's disease of the lung with cavitation. Amer. Rev. resp. Dis. 89, 736 (1964).

STEINER, F. A.: Retikulozytäres Lungensarkom. Oncologia (Basel) 9, 310 (1956).
STEPHANOPOULOS, C.: Lymphosarcome primitif du poumon chez un tuberculeux pulmonaire. J. franç. Méd. Chir. thor. 16, 407—414 (1962).
STERNBERG, C.: Über Leukosarkomatose. Wien. klin. Wschr. 21, 475—480 (1908).
STERNBERG, C.: Der heutige Stand der Lehre von den Geschwülsten, 2. Aufl. Wien: Springer 1926.
STERNBERG, C.: Lymphogranulomatose und Retikuloendotheliose. Ergebn. allg. Path. path. Anat. 30, 1 (1936).
STERNBERG, W. H., SIDRANSKY, H., OCHSNER, S.: Primary malignant lymphomas of the lung. Cancer (Philad.) 12, 806—819 (1959).
STOBBE, H.: Die Massenblutung beim Bronchialkarzinom. Zbl. allg. path. path. Anat. 90, 394 (1953).
STOLBERG, H. O., PATT, N. L., MacEWEN, K. F., WARRICK, H. O., BROWN, T. C.: Hodgkin's disease of the lung: Roentgenologic-pathologic correlation. Amer. J. Roentgenol. 92, 96—115 (1964).
STOUT, A. P.: Results of treatment of lymphosarcoma. N. Y. St. J. Med. 47, 158 (1947).
STRANG, C., SIMPSON, J. A.: Carcinomatous abscess of the lung. Thorax (Lond.) 8, 11—28 (1953).
STRICKLAND, B.: Intrathoracic Hodgkin's disease. II. Peripheral manifestation of Hodgkin's disease in the chest. Brit. J. Radiol. 40, 930—938 (1967).
SUGARBAKER, E. D., CRAVER, L. F.: Lymphosarcoma. A study of 196 cases with biopsy. J. Amer. med. Ass. 115, 17—23, 112—117 (1940).
SYMMERS, D.: Follicular lymphadenopathy with splenomegaly. A newly recognized disease of the lymphatic system. Arch. Path. 3, 816—820 (1927).
SYMMERS, D.: Giant follicular lymphadenopathy with or without splenomegaly. Its transformation into polymorphous cell sarcoma of the lymph follicles and its association with Hodgkin's disease, lymphatic leukemia and an apparently unique disease of the lymph nodes and spleen — a disease entity believed heretofore undescribed. Arch. Path. 26, 603—647 (1939).
TALAL, N., BUNIM, J. J.: The development of malignant lymphoma in the course of Sjögren's syndrome. Amer. J. Med. 36, 529 (1964).
THIERBACH, R., HUTH, J.: Frankfurt. Z. Path. 73, 127 (1963).
THORNTON, T. F., ADAMS, W. E., BLOCH, R. G.: Solitary circumscribed tumors of the lung. Surg. Gynec. & Obstet. 78, 364 (1944).
TICHOLOV, M., NITSCHEV, V.: Fiziatria (Sofia) 3, 101 (1966).
TRAPNELL, D. H.: Recognition and incidence of intrapulmonary lymph nodes. Thorax (Lond.) 19, 44—50 (1964).
UEHLINGER, E.: Follikuläre Bronchitis und Bronchiektasie. Med. thorac. 24, 30 (1967).
UEHLINGER, E.: Pathologische Anatomie und Entwicklungstendenzen der Bronchitis. Bibl. tuberc. med. thor. 25, 154—170 (1969).
UEHLINGER, E.: 3. Follikuläre Bronchitis, lymphoide interstitielle Pneumonie Liebow, Adenolymphom. In: Die pathologische Anatomie, Diagnose und Differentialdiagnose der progressiven interstitiellen Lungenfibrose (HAMMAN-RICH). Fortbild. Thoraxkrankh. 4, 93—127 (1970).
UEHLINGER, E.: Briefliche Mitteilung 22. 10. 1970.
UNGEHEUER, E., HARTEL, W.: Operative Behandlung der Geschwülste der Lungen und des Mediastinums. In: HOLDER, E. (Hrsg.), Therapie maligner Tumoren, Hämoblastome und Hämo-

blastosen, Bd. II. Die operative Behandlung der Geschwülste, S. 406—477. Stuttgart: F. Enke 1967.
VAUGHAN, B. F.: Endobronchial Hodgkin's disease. Brit. J. Radiol. 31, 45—49 (1958).
VENEZIALE, C. M., SHERIDAN, L. A., PAYNE, S. W., HARRISON, E. G.: Angiofollicular lymph-node hyperplasia of the mediastinum. J. thorac. Surg. 47, 111 (1964).
VERSÉ, M.: Die Lymphogranulomatose der Lunge und des Brustfells. In: HENKE, F., LUBARSCH, O., Handbuch der speziellen pathologischen Anatomie und Histologie, Bd. III/3, S. 280—343. Berlin: Springer 1931.
VIEIRA, A. P.: Lymphom. Vorkommen, Diagnose und Behandlung. Bol. Acad. nac. Med. (Rio de Jan.) 133, 5 (1962); Ref.: Zentr.-Org. ges. Chir. 173, 65 (1964).
VIETA, J. O., CRAVER, L. F.: Intrathoracic manifestations of the lymphomatous diseases. Radiology 37, 138—158 (1941).
VINSON, P.: Primary malignant disease of tracheobronchial tree. J. Amer. med. Ass. 107, 258 (1936).
VOGT-MOYKOPF, I.: Gutartige Tumoren der Lungen. Thoraxchirurgie 15, 510—519 (1967).
VOLLHABER, H. H.: Lymphogranulomatose der Lunge. In: HAUSSER, R. (Hrsg.), Blasige Lungenerkrankungen usw. Stuttgart: G. Thieme 1968.
VOTH, H.: Dtsch. Arch. klin. Med. 204, 123 (1957).
VOTH, H.: Zur Röntgendiagnostik lymphatisch-retikulärer Systemkrankheiten, besonders der Lymphogranulomatose. Folia haemat. (Frankfurt), N.F., 8, 170—189 (1963).
WACHNER, G.: Über die Lymphogranulomatose der Lungen. Fortschr. Röntgenstr. 49, 620—631 (1934).
WALTHARD, B.: Pathologische Anatomie des Lymphogranuloms, Lymphosarkoms und Retikulosarkoms. Radiol. clin. (Basel) 20, 224—254 (1951).
WARTHIN, A. S.: The genetic neoplastic relationships of Hodgkin's disease, aleukaemic and leukaemic lymphoblastoma, and mycosis fungoides. Ann. Surg. 93, 153—161 (1931).
WEBB, W. R.: Diskussion zu BRINDLEY, G. V.: Primary malignant tumors of the lung other than bronchogenic carcinoma. Ann. Surg. 149, 936—948 (1959).
WEBER, H.: Lungenlymphogranulomatose. Beitr. path. Anat. 84, 1 (1930).
WEICKER, B.: Multiples kleinknotiges Lymphogranulom der Lunge. Fortschr. Röntgenstr. 48, 485—488 (1933).
WEISS, L.: Isolated multiple nodular pulmonary amyloidosis. Amer. J. clin. Path. 33, 318—329 (1960).
WEISS, W., EISENBERG, G. M., ALEXANDER, J. D. Jr., FLIPPIN, H. F.: Klebsiella pulmonary disease. Amer. J. Med. Sci. 229, 148—155 (1954).
WEISSMANN, I., CHRISTIE, J. M.: Primary lymphosarcoma of the lung. Report of a case. Arch. Surg. 62, 129 (1951).
WESSLER, H., GREENE, G. M.: Intrathoracic Hodgkin's disease; its roentgen diagnosis. J. Amer. med. Ass. 74, 445—448 (1920).
WETHERLY-MEIN, G., et al.: Follicular lymphoma. Quart. J. Med. 21, 327 (1952).
WIGH, R., MONTAGUE, E. D.: Evaluation of intrapulmonic adenopathy in sarcoidosis. Radiology 64, 810—817 (1955).
WILLIAMS, E. R.: Radiological study of intrathoracic lymphogranuloma and lymphosarcoma. Brit. J. Radiol. (N. S.) 8, 265 (1935).
WILLIS, R. A.: Pathology of tumours, 3rd edition. London: Butterworths 1960.
WISEMAN, B. K.: Lymphopoeiesis, lymphatic hyperplasia, and lymphemia: fundamental observations concerning the pathologic physiology and interrelationships of lymphatic leukemia, leukosarcoma and lymphosarcoma. Ann. intern. Med. 9, 1303—1329 (1935/36).
WOLPAW, S. E., HIGLEY, C. S., HAUSER, H.: Intrathoracic Hodgkin's disease. Amer. J. Roentgenol. 52, 374 (1944).
YARDUMIAN, K., MYERS, L.: Primary Hodgkin's disease of the lung. Arch. intern. Med. 86, 233—244 (1950).
ZADEK, I.: Differentialdiagnose der Lungenkrankheiten. Leipzig: G. Thieme 1948.
ZETTERGREN, L.: Probably neoplastic proliferation of lympoid tissue (follicular lympho-reticuloma). Acta path. microbiol. scand. 51/52, 113 (1961).

4. Das primäre Plasmozytom der Lunge und Bronchien

ACKERMAN, L. V.: Surgical pathology, p. 208. St. Louis, (Mo.): C. V. Mosby Co. 1953.
ALCOZER, G., ANTOGNETTI, P. F., GIORDANO, G.: Su un particolare aspetto del polmone plasmocitomatoso. Radiol. med. (Torino) 43, 886—899 (1957).
ANDERSEN, P.: Extramedullary plasmocytoma. Acta radiol. scand. 32, 365—374 (1949).
APITZ, K.: Über die Bildung Russell'scher Körperchen in den Plasmazellen multipler Myelome. (2. Beitrag zur Pathologie des Zellkerns). Virchows Arch. path. Anat. 300, 113—129 (1937).
APITZ, K.: Die neuen Anschauungen vom Plasmocytom des Knochenmarks, dem sogen. multiplen Myelom. Klin. Wschr. 19, 1025 (1940).
APITZ, K.: Die Paraproteinosen. (Über die Störung des Eiweißstoffwechsels bei Plasmocytom). Virchows Arch. path. Anat. 306, 631—699 (1940).
ASOFSKY, R., THORBECKE, G. J.: Sites of formation of immune globulins and of a component of C'2: II. Production of immunoelectrophoretically identified serum proteins by human and monkey tissue in vitro. J. exp. Med. 114, 471 (1961).
AUBERT, L., DETOLLE, P., SORS, CH.: Maladie de Waldenström à forme bronchopulmonaire. J. franç. Méd. Chir. thor. 16, 709—721 (1962).
BARÁNY, E.: Naso-sinusal plasmocytomas. Acta otolaryng., Suppl. 1937, 26—29.
BAYRD, E. D., BENNETT, W. A.: Amyloidosis complicating myeloma. Med. Clin. N. Amer. 34, 1151 (1950).
BENCE-JONES, H.: Papers on chemical pathology, prefaced by Gulstonian lecture at Royal College of Physicians 1846. Lancet 1847 II, 288.
BENDA, R., MOSSÉ, A.: Sur une "forme pulmonaire" de maladie de Waldenström. J. franç. Méd. Chir. thor. 16, 703—708 (1962).
BENIRSCHKE, K., BROWNHILL, L., EBAUGH, F. G.: Chromosomal abnormalities in Waldenström's macroglobulinemia. Lancet 1962 I, 594.
BERNER, A.: Un cas de plasmocytome primitivement solitaire avec hyperglobulinémie β. Schweiz. med. Wschr. 1947, 1104.
BISMUTH, V., DREYFUS, B., CHOMETTE, G., VAUGIER, G., SULTAN, C., ESCOURELLE, R., BLERY, M.: Myélomes multiples avec ostéocondensation diffuse. Ann. Radiol. (Paris) 14, 769 (1971).

Bottura, C., Ferrari, I., Veiga, A. A.: Chromosome abnormalities in Waldenström's macroglobulinemia. Lancet **1961 I**, 1170.

Boucher, H., Darbon, Steiger, Prat: Maladie de Kahler localisée au thorax avec atteinte pleurale bilatérale depistée par radio-systématique. J.franç. Méd. Chir. thor. **4**, 396—398 (1950).

Boyes-Korkis, F.: Plasma cell tumours of the upper respiratory tract. J. Laryng. (Lond.) **68**, 517—522 (1954).

Braun, H.: Über einen seltenen Befund bei Plasmozytom. Fortschr. Röntgenstr. **82**, 274 (1955).

Brocard, H., Thoyer, G., Chaubin, F., Bouvier, L.-M., Turpin, M. G.: Plasmocytome bronchique. Bull. Soc. méd. Hôp. Paris **117**, 841—851 (1966).

Büngeler, W.: Verh. dtsch. Ges. Path. **35**, 10 (1952).

Carson, C. P., Ackerman, L. V., Maltby, J. D.: Plasma cell myeloma — clinical, pathologic and roentgenologic review of 90 cases. Amer. J. clin. Path. **25**, 849—888 (1955).

Cathcart, E. S., Comerford, F. R., Cohen, A. S.: Immunologie studies on a protein extracted from human secondary amyloid. New Engl. J. Med. **273**, 143 (1965).

Cavazzuti, F., Marani, L., Vecchi, G. P.: Plasmocitoma associato ad osteosclerosi diffusa. Minerva med. (Torino) **58**, 4165—4169 (1967).

Charette, E. E., Mariano, A. V., Laforet, E. G.: Solitary mast cell "tumor" of lung. Its place in the spectrum of mast cell disease. Arch. intern. Med. **118**, 358—362 (1966).

Childress, W. G., Adie, G. C.: Plasmacell tumors of the mediastinum and lung. Report of 2 cases. J. thorac Surg. **19**, 794—799 (1950).

Childress, W. G., Adie, G. C.: Recurrent plasmocytoma of the lung. J. thorac. Surg. **29**, 480—487 (1955).

Claiborn, L. N., Ferris, H. W.: Plasma cell tumors of the nasal and nasopharyngeal mucosa. Arch. Surg. **23**, 477—499 (1931).

Cohen, D. M., Svien, H. J., Dahlin, D. C.: Long-term survival of patients with myeloma of the vertebral column. J. Amer. med. Ass. **187**, 914—917 (1964).

Corinaldesi, A., D'Ettorre, A.: Aspetti radiografici poco frequenti di lesioni plasmocitomatose costali. Nunt. radiol. (Firenze) **28**, 12—19 (1962).

Cotton, B. H., Penido, J. R.: Plasma cell tumors of the lung. Report of a case. Dis. Chest **21**, 218—221 (1952).

Cross, R. J. (ed.): Multiple myeloma: Current clinical and chemical concepts. Amer. J. Med. **23**, 283 (1957).

Diviš, G., Šikl, H.: Über erfolgreiche operative Entfernung einer eigenartigen Lungengeschwulst (Plasmozytom). Acta chir. scand. **63**, 207 (1928).

Dolin, S., Dewar, J. P.: Extramedullary plasmocytoma. Amer. J. Path. **32**, 83—103 (1956).

Dutcher, T. F., Fahey, J. L.: The histopathology of the macroglobulinemia of Waldenström. J. nat. Cancer Inst. **22**, 887 (1959).

Dutcher, T. F., Fahey, J. L.: Immunocytochemical demonstration of intra-nuclear localization of 185 gamma macroglobulin in macroglobulinemia of Waldenström. Proc. Soc. exp. Biol. (N.Y.) **103**, 452 (1960).

Editorial: Primary systemic amyloidosis and myeloma. J. Amer. med. Ass. **175**, 1098 (1961).

Edwards, T.: Malignant diseases of the lung. Brit. med. J. **1931 I**, 129.

Ellinger, E.: Zur Röntgendiagnose der Trachealtumoren. Fortschr. Röntgenstr. **54**, 226—230 (1936).

Ennuyer, A., Bataïni, P., Chavanne, G., Hélary, J.: Les plasmocytomes des voies aéro-digestives supérieures. Ann. Radiol. (Paris) **6**, 741—768 (1963).

Evison, G., Evans, K. T.: Bone sclerosis in multiple myeloma. Brit. J. Radiol. **40**, 81 (1967).

Ewing, M. R., Foote, F. W.: Plasma-cell tumors of the mouth and upper air passages. Cancer (Philad.) **5**, 499 (1952).

Fagraeus, A.: Antibody production in relation to development of plasma cells. Acta med. scand. **130** (Suppl. 204), 3 (1948).

Fahey, J. L.: Antibodies and Immunoglobulins: T. Structure and function. J. Amer. med. Ass. **194**, 71—81 (1965).

Figi, F. A., Broders, A. C., Havens, F. Z.: Plasma cell tumors of the upper part of the respiratory tract. Ann. Oto-laryng. **54**, 283—297 (1945).

Forger, B. G., Squires, J. W.: Waldenström's macroglobulinemia with generalized amyloidosis. Arch. intern. Med. **118**, 363—375 (1966).

Franklin, E. C., Lowenstein, J.: Multiple myeloma. II. Protein abnormalities associated with proliferative disorders of plasma cells and lymphocytes. Seminars Hemat. **1**, 144 (1964).

Freeman, Z.: Myelomatosis with extensive pulmonary involvement. Thorax (Lond.) **16**, 378—381 (1961).

Fruhling, L., Chadli, A.: Le sarcome plasmocytaire extra-squelettique. Ann. Anat. path. (Paris) **8**, 317 (1963).

Galy, P.: Tumeurs bénignes et pseudo-tumeurs inflammatoires pulmonaires et pleurales. Acta med. belg., Suppl. **2**, 5—27 (1955).

Gassner, C., Bittar, E. E., Parrish, A. E.: Macroglobulinemia and amyloid nephrosis. Med. Ann. D. C. **30**, 342 (1961).

Gaston, E. A., Dollinger, M. R., Strong, E. W., Hajdu, S. I.: Primary plasmocytoma of lymph nodes. Lymphology **2**, 7—15 (1969).

Gastpar, H.: Lokalisierte Manifestation von Plasmozytomen im HNO-Bereich. HNO (Berl.) **11**, 191 (1963).

Geschickter, C. F., Copeland, M. M.: Multiple myeloma. Arch. Surg. **16**, 807—863 (1928).

Gilroy, J. A., Adams, A. B.: Extraosseous infiltration in multiple myeloma. Radiology **73**, 406—409 (1959).

Glauser, O.: Über tumorförmiges Amyloid der Lungen. Beitrag zur dystopischen Knochenbildung. Schweiz. Z. allg. Path. **18**, 42—65 (1955).

Gonzales, G., Boggino, J.: Malignant plasmocytoma (plasmocytosarcoma) with intrathoracic development. Case simulating pleural tumor. Bol. Inst. Méd. exp. Cancer (B. Aires) **18**, 757 (1941).

Gordon, J., Walker, G.: Plasmocytoma of the lung. Arch. Path. **37**, 222—224 (1944).

Grabar, P., Williams, C. A.: Méthode permettant l'étude conjugée des propriétés électrophorétiques et immunochimiques d'un mélange de proteines: Application au serum sanguin. Biochim. biophys. Acta (Amst.) **10**, 193 (1953).

Grant, I. W. B., Ross, J. D.: Plasma cell tumour of the trachea. Brit. J. Tuberc. **52**, 299—303 (1958).

Grüneis, P.: Über ein scheinbares solitäres Myelom. Röntgenpraxis **9**, 190—192 (1937).

Harmer, I. L.: Bronchustumor (Plasmozytom). (Obduktionsbefund.) Mschr. Ohrenheilk. **63**, 583 (1929).

Hayes, D. W., Bennett, W. A., Heck, F. J.: Extramedullary lesions in multiple myeloma. Arch. Path. **53**, 262 (1952).

Heilmeyer, L.: Das Myelom (Kahler'sche Krankheit, Plasmocytom). In: Handbuch der inneren Medizin, 4. Aufl., Bd. II, S. 735—755. Berlin-Göttingen-Heidelberg: Springer 1951.

Hellwig, C. A.: Extramedullary plasma cell tumor as observed in various locations. Arch. Path. **36**, 95—115 (1943).

Herskovic, T., Andersen, H. A., Bayrd, E. D.: Intrathoracic plasmocytomas. Dis. Chest **47**, 1 (1965).

Hill, L. D., White, M. L.: Plasmocytoma of the lung. J. thorac. Surg. **25**, 187—193 (1953).

Hinz, W.: Polypöses Plasmozytom des linken Hauptbronchus mit örtlicher Amyloidablagerung. Frankfurt. Z. Path. **55**, 509 (1941).

Hodler, J.: Über das Vorkommen osteoplastischer Knochenveränderungen bei der Kahlerschen Krankheit. Schweiz. med. Wschr. **88**, 1065 (1958).

Imhof, J. W., Baars, H., Verloop, M. C.: Clinical and haematological aspects of macroglobulinemia Waldenström. Acta med. scand. **163**, 349 (1959).

Jäger, E.: Das extramedulläre Plasmozytom. Z. Krebsforsch. **52**, 349 (1942).

Keilhack, H., Linck, K.: Über die Plasmazellenleukämie. Dtsch. Arch. klin. Med. **188**, 88 (1941).

Kennedy, J. D., Kneafsey, D. F.: Two cases of plasmocytoma of the lower respiratory tract. Thorax (Lond.) **14**, 353 (1959).

Kernen, J. A., Meyer, B. W.: Malignant plasmocytoma of the lung with metastases. J. thorac. Surg. **51**, 739—744 (1966).

Kilburn, J., Schmidt, A. M.: Intrathoracic plasmocytoma. Report of a case and review of the literature. Arch. intern. Med. **106**, 862—869 (1960).

Kindler, U.: Über das extraossale Plasmozytom. Dtsch. med. Wschr. **90**, 1043—1049 (1965).

Klose, H.: Über das Plasmocytom der Pleura. Bruns' Beitr. klin. Chir. **74**, 20 (1911).

Kobayashi, S., et al.: An autopsy case of macroglobulinemia showing amyloid degeneration and endocarditis verrucosa (pathological aspects). Acta haemat. jap. **26**, 751 (1963).

Koletsky, S., Stecher, R. M.: Primary systemic amyloidosis. Arch. Path. **27**, 267—288 (1939).

Kozima, K., et al.: A case of macroglobulinemia associated with amyloidosis and endocarditis (clinical aspects). Acta haemat. jap. **26**, 743 (1963).

Krc, C., Wiedermann, B., Vykydal, J., Soyka, O.: Solitäre, multiple und diffuse Knochensklerose im Verlauf des Plasmozytoms. Radiol. diagn. (Berl.) **8**, 339—351 (1967).

Kreibig, W.: Über die Plasmozytome der Bindehaut. Arch. Ophthal. **131**, 89—101 (1931).

Kuley, M., Kuntman, O.: A case of plasmocytoma of the lung. Dis. Chest **19**, 227—233 (1951).

Kyle, R. A., et al.: Diagnostic criteria for electrophoretic patterns of serum and urinary proteins in multiple myeloma: Study of 165 multiple myeloma patients and 71 non-myeloma patients with similar electrophoretic patterns. J. Amer. med. Ass. **163**, 349 (1960).

Kyle, R. A., Byrd, E. D.: "Primary" systemic amyloidosis and myeloma: discussion of relationship and review of 81 cases. Arch. intern. Med. **107**, 344—353 (1961).

Lane, J. D., Krohn, Koloszi, Whitehead: Plasma cell granuloma of lung. Dis. Chest **27**, 216—221 (1955).

Larcan, A., Rauber, C., Streiff, F.: Les manifestations rénales de la maladie de Waldenström. J. Urol. Néphrol. **68**, 57 (1962).

Lisoskij, A., Goindzhilija, V.: A case of plasmocytoma of the lung. Khirurgiya (Mosk.) **38**, 129—130 (1962).

Mackay, I. R., et al.: Cryo- and macroglobulinemia: Electrophoretic, ultracentrifugal and clinical studies. Amer. J. Med. **20**, 564 (1956).

Magnus-Levy, A.: Multiple Myelome: Etwas vom Eiweißhaushalt der Geschwülste und des Knochenmarks, von Nephrosen und vom Amyloid. Dtsch. med. Wschr. **57**, 703 (1931).

Magnus-Levy, A.: Multiples Myelom. Z. klin. Med. **116**, 510 (1931); **119**, 307 (1932); **120**, 313 (1932); **121**, 533 (1932); **126**, 62 (1933).

Magnus-Levy, A.: Amyloidosis in multiple myeloma: progress noted in 50 years of personal observation. J. Mt Sinai Hosp. **19**, 8 (1952).

Mathews, W. H.: Primary systemic amyloidosis. Amer. J. med. Sci. **228**, 317 (1954).

Maurer, R.: Die multiplen Plasmozytome im Bereich der oberen Luftwege. J. Laryng. Rhinol. Otol. **30**, 63 (1951).

Mészáros, G., Simársky, J.: Endobronchiales extramedulläres Plasmozytom. Tuberkulózis **14**, 55—57 (1961).

Miceli, R., Rimondi, C., Teofili, B.: I tumori maligni primitivi dell'osso; studia radiodiagnostico e radioterapico. III. Plasmocitoma ad esordio monostico. Radiobiol. Radioter. Fis. med. **22**, 221—240 (1967).

Moeschlin, S.: Klinische Demonstrationen: Differentialdiagnostisch interessante chronische Lungeninfiltrate. Schweiz. med. Wschr. **94**, 1228—1235 (1964).

Musshoff, K., Weinreich, J.: Differentialdiagnose seltener Lungenerkrankungen im Röntgenbild. Berlin-Göttingen-Heidelberg: Springer 1962.

Nick, et al.: Macroglobulinémie de Waldenström avec neuropathie amyloide. Rev. neurol. **109**, 21 (1963).

Oltersdorf, U.: Das Schleinhaut-Plasmozytom. Z. Laryng. Rhinol. **34**, 425—431 (1955).

Osserman, E. F.: Plasma-cell myeloma. II. Clinical aspects. New Engl. J. Med. **261**, 952, 1006 (1959).

Osserman, E. F.: The plasmocytic dyscrasias: Plasma cell myeloma and primary macroglobulinemia. Amer. J. Med. **31**, 671 (1961).

Osserman, E. F.: Amyloidosis: tissue proteinosis: gammaloidosis. Ann. intern. Med. **55**, 1033 (1961).

Osserman, E. F., Takatsuki, K.: Plasma cell myeloma: Gamma globulin synthesis and structure: A review of biochemical and clinical data with the description of a newly-recognized and related syndrome, "$H\gamma^2$-chain (Franklin's) disease". Medicine (Baltimore) **42**, 357 (1963).

Osserman, E. F., Takatsuki, K.: Clinical and immunochemical studies of four cases of heavy (H-gamma$_2$) chain disease. Amer. J. Med. **37**, 351 (1964).

Osserman, E. F., Takatsuki, K., Talal, N.: Multiple myeloma. I. The pathogenesis of "amyloidosis". Seminars Hemat. **1**, 3 (1964).

Osserman, E. F., Talal, N., Takatsuki, K.: The pathogenesis of paramyloidosis. Acta Un. int. Cancr. **20**, 1115 (1964).

Pear, B. L.: The plasma cell in radiology. Amer. J. Roentgenol. **102**, 908—915 (1968).

Plenk, A., Pretl, K.: Peripheres endobronchiales Plasmozytom der Lunge mit Osteopathia hypertrophicans. Wien. med. Wschr. **103**, 450 (1953).

Priest, R. E.: Extramedullary plasma cell tumors of the nose, pharynx and larynx. Laryngoscope (St. Louis) **62**, 277—283 (1952).

Rawson, A. J., Eyler, P. W., Horn, R. C.: Plasma cell tumors of the upper respiratory tract. Amer. J. Path. **26**, 444—461 (1950).

Ribbert, H.: Über das Myelom. Zbl. allg. Path. path. Anat. 15, 337 (1904).
Ringertz, N.: Pathology of malignant tumors arising in the nasal and paranasal cavities and maxilla. Acta oto-laryng. (Stockh.), Suppl. 27, 243—249, 382—387 (1938).
Ritzmann, S. E., et al.: The syndrome of macroglobulinemia. Arch. intern. Med. 105, 939—965 (1960).
Robson, A. O., Knudsen, A.: Plasmocytoma of lung and stomach. Dis. Chest 53, 62—67 (1959).
Rohr, K.: Das menschliche Knochenmark, 2. Aufl. Stuttgart: G. Thieme 1949.
Romanoff, H., Mildwidsky, H.: Primary plasmocytoma of the lung. Dis. Chest 56, 139 (1962).
Rowlands, B., Shaw, N.: Extramedullary plasmocytoma. Brit. med. J. 1954 I, 1302.
Rozsa, S., Frieman, H.: Extramedullary plasmocytoma of the lung. Amer. J. Roentgenol. 70 982—986 (1953).
Ruland, L.: Zum Problem der extramedullären Plasmozytome. Langenbecks Arch. klin. Chir. 277, 490—500 (1954).
Sandkühler, S., Roemheld, L.: Myelome mit plasmozytärem Pleuraerguss. Acta haemat. (Basel) 18, 403 (1957).
Schneider, R., Lauth, G.: Röntgendiagnostischer Beitrag zum intrathorakalen Plasmozytom. Fortschr. Röntgenstr. 105, 282—284 (1966).
Schulze, W.: Ventilationsstörungen der Lunge. In: Handbuch der medizinischen Radiologie, Bd. IX/3, S. 1—600. Berlin-Heidelberg-New York: Springer 1968.
Scuderi, R.: Contributo allo studio dei tumori plasmocitari delle prime vie aeree. Tumori 16, 13—18 (1942).
Sherwin, R. P., Kern, W. H., Jones, J. C.: Solitary mast cell granuloma (histiocytoma) of the lung. Cancer (Philad.) 18, 634 (1965).
Snapper, I., Turner, L. B., Moscovitz, H. L.: Multipe myeloma, p. 29. New York: Grune & Stratton 1953.
Solomon, A., Fahey, J. L., Malmgren, R. A.: Immunohistologic localisation of γ_1-macroglobulins, β_2-myeloma proteins, and Bence-Jones proteins. Blood 21, 403 (1963).
Spencer, H.: Pathology of the lung. New York: The Macmillan Comp. 1962.
Sperling, E., Wendt, F.: Isoliertes Plasmocytom der Lunge. Thoraxchirurgie 9, 543—547 (1962).
Spyker, M., Kay, S.: Plasma cell granuloma of a mediastinal lymph node with extension to the right lung. J. thorac. Surg. 31, 211—216 (1956).
Stewart, F. W.: Solitary plasmocytoma of the lung. Zit. in Childress and Adie: J. thorac. Surg. 17, 794 (1950).
Stout, A., Kenney, F. R.: Primary plasma-cell tumors of the upper air passages and oral cavity. Cancer (Philad.) 2, 261—278 (1949).
Sverov, V. S., et al.: Pulmonary plasmocytoma. Vestn. Khir. (Mosk.) 90, 14 (1963).
Thierbach, R., Huth, J.: Solitäres Plasmozytom der Lunge. Zbl. Chir. 89, 1840 (1964).
Thomas, G.: Solitary plasmocytoma of the upper air passages. J. Laryng. 79, 498—510 (1965).
Titus, J. L., Harrison, E. G., Clagett, O. T., Anderson, M. W., Knaff, L. J.: Xanthomatous and inflammatory pseudotumors of the lung. Cancer (Philad.) 15, 522—538 (1962).
Umiker, W. O., Iverson, L.: Postinflammatory "tumors" of the lung. Report of four cases simulating xanthoma, fibroma, or plasma cell tumor. J. thorac. Surg. 28, 55—63 (1954).
Urrestarazu, J.: Manifestaciones pulmonares en el curso de la enfermedad de Kahler o mieloma multiple. Tórax 6, 384—389 (1957).
Vaquez, J. J., Dixon, F. J.: Immunohistochemical analysis of amyloid by fluorescence technique. J. exp. Med. 104, 727 (1956).
Voegt, H.: Extramedulläre Plasmocytome. Virchows Arch. path. Anat. 302, 497—508 (1938).
Vogt-Moykopf, I.: Gutartige Tumoren der Lungen. Thoraxchirurgie 15, 510—519 (1967).
Wachter, H.: Ein Fall von multiplem Plasmozytom der oberen Luftwege. Arch. Laryng. Rhin. (Berl.) 28, 69—73 (1913/14).
Wagner, A.: Röntgenbefunde beim Plasmocytom. Fortschr. Med. 82, 285—288 (1964).
Wagner, K.: Retikulose mit Übergang in diffuses Plasmozytom und Plasmazellleukämie. Krebsarzt 10, 34 (1955).
Waldenström, J.: Incipient myelomatosis or "essential" hyperglobulinemia with fibrinogenopenia—new syndrome? Acta med. scand. 117, 216 (1944).
Waldenström, J.: Diseases associated with abnormal plasma proteins. Proc. roy. Soc. Med. 53, 789 (1960).
Waldenström, J.: Studies of conditions associated with disturbed gamma globulin formation (gammopathies). Harvey Lect. 56, 211 (1961).
Waltner, J. G.: Plasma cell tumors of the nasopharynx. Ann. Otol. (St. Louis) 56, 911 (1947).
Webb, H. E., Harrison, E. G., Masson, J. K., Remine, W. H.: Solitary extramedullary myeloma (plasmocytoma) of upper part of respiratory tract and oropharynx. Cancer (Philad.) 15, 1142—1155 (1962).
Weiss, L.: Isolated multiple nodular pulmonary amyloidosis. Amer. J. clin. Path. 33, 318 (1960).
Wenzl, M.: Plasmocytom der Lunge. (Zur Frage der „bedingt" malignen Lungentumoren.) Thoraxchirurgie 1, 471 (1953/54).
Willis, R. A.: Pathology of tumours. London: Butterworths & Co., Ltd. 1960.

5. Das primäre „Mastozytom" der Lunge

Barrié, J., Galy, P., Roulet, A., Mazaré, Y.: À propos d'un histiocytome pulmonaire. J. franç. Méd. Chir. thor. 9, 214—218 (1955).
Burton, A. L.: Studies on living normal mast cells. Ann. N.Y. Acad. Sci. 103, 245—262 (1963).
Charrette, E. E., Mariano, A. V., Laforet, E. G.: Solitary mast cell "tumor" of lung. Its place in the spectrum of mast cell disease. Arch. intern. Med. 118, 358—362 (1966).
Demis, J. D.: The mastocytosis syndrome: clinical and biological studies. Ann. intern. Med. 59, 194—206 (1963).
Downey, H.: Die Entstehung von Mastzellen aus Lymphozyten und Plasmazellen. Verh. anat. Ges. 25, 74 (1911).
Ellis, J. M.: Urticaria pigmentosa. Report of a case without autopsy. Arch. Path. 48, 426—435 (1949).
Ende, N., Chernis, E. J. L.: Splenic mastocytosis. Blood 13, 631—641 (1958).
Holczabek, M.: Die Mastzellen der Lunge des Menschen. Dtsch. Z. Ges. gerichtl. Med. 54, 175 (1963).
Imamaura, M., et al.: Malignant histiocytosis: a case of generalized histiocytosis with infiltration of Langerhans' granule-containing histiocytes. Cancer (Philad.) 28, 465 (1971).

Kaplan, G., Edgardo, E. F.: Malignant fibrohistiocytoma (fibroxanthoma). Case report. Radiology **100**, 155—156 (1971).

Lambird, P. A., Ashton, P. R.: Exfoliative cytopathology of a primary pulmonary malignant histiocytoma. Acta cytol. (Philad.) **14**, 83—86 (1970).

Liberti, del Porto, G.: Sullo pneumoreticuloistiocytoma. Riv. osped. **34**, 135 (1952).

Michels, N. A.: The mast cells. In: Handbook of hematology 1938.

Nettleship, E.: Rare forms of urticaria. Brit. med. J. **1869 II**, 323—324.

Sauer, R., Eugenidis, N., Endrei, E.: Die zystische Erscheinungsform maligner Tumoren der Lunge. Fortschr. Röntgenstr. **114**, 190—197 (1971).

Selye, H.: The mast cells. London: Butterworths & Co., Ltd. 1965.

Sherwin, R. P., Kern, W. H., Jones, J. C.: Solitary mast cell granuloma (histiocytoma) of the lung. A histopathologic, tissue culture and time-lapse cinematographic study. Cancer (Philad.) **18**, 634—641 (1965).

Szweda, J. A., Abraham, J. P., Fine, G., Nixon, R. K., Rupe, C. E.: Systemic mast cell disease. A review and report of 3 cases. Amer. J. Med. **32**, 227—239 (1962).

Unna, P. G.: The histopathology of the skin, p. 955. New York: The Macmillan Co., Publishers 1896.

III. Gutartige Primärtumoren der Bronchien und Lungen

Aakhus, T., Mylius, E. A.: Leiomyoma of the lung. Acta chir. scand. **124**, 372 (1962).

Aaron, B. L.: Intradiaphragmatic cyst: a rare entity. J. thorac. cardiovasc. Surg. **49**, 531—534 (1965).

Abadie, J.: Dix cas de kystes hydatiques du poumon. Bull. Soc. Nat. Chir. **57**, 124 (1931).

Abd el-Hakim, M.: Parasitic lung disease. Dis. Chest **48**, 580—583 (1965).

Abel, J.: Röntgenologische Beobachtung eines multiplen Echinokokkus der Lunge, vergesellschaftet mit Tuberkulose. Röntgenpraxis **13**, 455 (1941).

Abeles, H., Chaves, A.: Significance of calcification in pulmonary coin lesion. Radiology **58**, 199—203 (1952).

Abeles, H., Ehrlich, D.: Single circumscribed intrathoracic densities. New Engl. J. Med. **244**, 85—88 (1951).

Abell, M. R.: Mediastinal cysts. Arch. Path. **61**, 360 (1956).

Abell, M. R.: Lymphonodal hamartoma versus thymic choristoma of pulmonary hilum. Arch. Path. **64**, 584—588 (1957).

Abernathy, R. S.: Clinical manifestations of pulmonary blastomycosis. Ann. intern. Med. **51**, 707—727 (1959).

Abrikossoff, A. I.: Über Myome, ausgehend von der quergestreiften willkürlichen Muskulatur. Virchows Arch. path. Anat. **260**, 215—233 (1926).

Abrikossoff, A. I.: Weitere Untersuchungen über Myoblastenmyome. Virchows Arch. path. Anat. **280**, 723—740 (1931).

Accard, J. L., Patte, F., Boscus, M., Naghavi, H., Chevat, J., Parrot, R.: Zwei Tumoren bei pulmonaler Sarkoidose. J. franç. Méd. Chir. thor. **25**, 511 (1971).

Ackerman, L. V., Elliott, G. V., Alanis, M.: Localized organizing pneumonia: its resemblance to carcinoma. A review of its clinical, roentgenographic and pathologic features. Amer. J. Roentgenol. **71**, 988—996 (1954).

Ackerman, L. A., Phelps, C. R.: Malignant granular cell myoblastoma of the gluteal region. Surgery **20**, 511—519 (1946).

Ackerman, L. V., Taylor, F. H.: Neurogenous tumors within the thorax: A clinico-pathological evaluation of 48 cases. Cancer (Philad.) **4**, 669—691 (1951).

Ackermann, A. J.: Primary tumors of the diaphragm roentgenologically considered. Amer. J. Roentgenol. **47**, 711 (1942).

Ackermann, A. J.: Pulmonary and osseous manifestations of tuberous sclerosis with some remarks on their pathogenesis. Amer. J. Roentgenol. **51**, 316 (1944).

Acree, P. W., de Camp, P. T., Ochsner, A.: Pulmonary blastomycosis. J. thorac. Surg. **28**, 175—193 (1954).

Acuna, R. T.: Endoscopic aspects of bronchial scleroma (rhinoscleroma). Ann. Otol. (St. Louis) **57**, 894 (1948).

Adams, H.: Tumors of the mediastinum. Surg. Clin. N. Amer. **18**, 629 (1938).

Adams, H. D.: Pleurobiliary and bronchobiliary fistulas. J. thorac. Surg. **30**, 255—262 (1955).

Adams, M. J. T.: Pulmonary hamartoma (the cartilaginous type). Thorax (Lond.) **12**, 268 (1957).

Adams, W. E.: Chronic nonspecific suppurative pneumonitis. Surgery **22**, 723—724 (1947).

Adams, W. E.: Bilateral resection for arteriovenous fistula of the lung. Proc. Inst. Med. Chicago **18**, 294 (1951).

Adams, W. E.: The comparative morphology of the carotid body and carotid sinus. Springfield, Ill.: Ch. C. Thomas 1958.

Adams, W. E., Bloch, R. G.: Haemangioma of mediastinum. Report of case. Arch. Surg. **48**, 126 (1944).

Adams, W. E., Thornton, T. F.: Bronchogenic cyst of the mediastinum. J. thorac. Surg. **12**, 503—516 (1943).

Adams, W. E., Thornton, T. F., Eichelberger, L.: Cavernous hemangioma of the lung (arterio-venous fistula). Arch. Surg. **49**, 51—58 (1944).

Adamski, S.: Das angeborene arterio-venöse Pulmonalisaneurysma. Arb.Tagg. Sekt. Thoraxchirurgie d. Ges. f. Chirurgie d. DDR, Zschadrass 1. 10. 1971.

Adamson, C. A., Carlson, E.: Svenska Läk.-Tidn. **59**, 2756 (1963).

Adler, B.: Über gummöse Lungenlues. Fortschr. Röntgenstr. **55**, 487 (1937).

Adler, D.: Benign neoplasma of the lung. Sth. Afr. med. J. **32**, 1057—1062 (1958).

Adler, D., Mantz, F. H., Ware, P. F.: Middle lobe syndrome; relationship to middle lobe disease. J. thorac. Surg. **29**, 283—295 (1955).

ADLER, E., BIRCKS, W., MAURER, H. J.: Die Pulmarteriographie in der Diagnostik der Lungenembolie. Münch. med. Wschr. 110, 1625—1629 (1968).

AGAHI, M., BUSCHMANN, O. H.: Das Röntgenbild der Lungenmykosen. Röntgen-Bl. 23, 68—73 (1970).

AGATI, G., DE ROSA, G.: Considerazioni clinico-radiologici sulle broncopneumoniti tubercolari aerogene da perforazione gangliobronchiale. Minerva med. (Torino) 54, 2357—2366 (1963).

AGGARWAL, M. L.: Hydatid disease of the lung. Indian J. Radiol. 10, 10—17 (1956).

AGNOS, J. W., STARKEY, G. W. B.: Primary leiomyosarcoma and leiomyoma of the lung. New Engl. J. Med. 258, 12—17 (1958).

AGOSTINI, V.: Masse patologiche incapsulate del polmone. Riv. Pat. Appar. resp. 14, 751—760 (1959).

AGOSTINI, V., BENUSSI, G.: Calcificazione a guscio di linfonodi toracici nella silicosi. Morfologia radiologica ed aspetti clinici relativi a 21 casi. G. ital. Tuberc. 15, 332—351 (1961).

AGRIFOGLIO, M.: Tumori mesenchimali nel quadro delle neoplasie polmonari. Boll. Soc. Triveneta di Chirurgia 9. 2. 1955.

AGRIFOGLIO, M.: I tumori reticolo-endoteliali del polmone. Rass. ital. Chir. Med. 4, 1—14 (1955).

AHLENDORF, W.: Silikose und Bronchialcarcinom. Krebsforsch. Krebsbekämpfg. 3, 125—129 (1959).

AHLFELD, F.: Beiträge zur Lehre von den Zwillingen. Der Epignathus. Arch. Gynäk. 7, 210 (1875).

AHLSTRÖM, C. G., LIEDHOLM, K., TRUEDSON, E.: Respiratory-renal type of polyarteritis nodosa. Acta med. scand. 144, 323 (1953).

AHN, C., KILMAN, J. W., VASKO, J. S., ANDREWS, N. C.: The therapy of cavitary pulmonary histoplasmosis. J. thorac. cardiovasc. Surg. 57, 42—50 (1969).

AITA, J. A.: Neurocutaneous diseases. Springfield, Ill.: Ch. C. Thomas 1966.

AITCHISON, J. D., McKAY, J. M.: Pulmonary artery occlusion demonstrated by angiography. Brit. J. Radiol. 29, 398—399 (1956).

AKOVBIANTZ, A., GERMANN, W.: Kasuistischer Beitrag zur Behandlung pleuro-(thoraco-)pulmonaler Formen der Aktinomykose. Thoraxchirurgie 5, 508 (1958).

ALBERTINI, A. v.: Schweiz. med. Wschr. 1951, 659.

ALBERTINI, A. v.: Histologische Geschwulstdiagnostik. Stuttgart: G. Thieme 1955.

ALBERTINI, A. v.: Allgemeine Systematik der Geschwülste. In: Handbuch der allgemeinen Pathologie, Bd. VI/3, S. 1—17. Berlin-Göttingen-Heidelberg: Springer 1956.

ALBERTSON, H. A.: Broncho-subdiaphragmatic fistula: with a report of 2 cases. J. thorac. Surg. 25, 505 (1953).

ALBOT, G., DECOURT, P., SOULAS, A.: Bull. Soc. méd. Hôp. Paris, Ser. III. 47, 77 (1931).

ALBRECHT, E.: Über Hamartome. Verh. dtsch. path. Ges. 7, 153—157 (1904).

ALBRECHT, E.: Entwicklungsmechanische Fragen der Geschwulstlehre. Verh. dtsch. path. Ges. 8, 89 (1905).

ALBRECHT, E.: Durch fehlerhafte Gewebsmischung entstandene Tumoren (Hamartome, Hamartoblastome). Frankfurt. Z. Path. 1, 235 (1907).

ALCOLT, D., McCORT, J. I.: Cancer seminar, Colorado Springs 2, 6 (1961).

ALEGRE, J. A., DENST, J.: Xanthoma as a coin lesion of the lung. Dis. Chest 33, 427—431 (1958).

ALEMÁN, E., ROUCO, J. M., RIVERO, E.: La exploración broncográfica en la perforación gangliobronquial. Arch. Méd. Enf. 23, 222—237 (1954).

ALETRAG, A., BJÖRK, V. O., FORS, B.: "Benign" bronchopulmonary neoplasms. Dis. Chest 44, 498 (1963).

ALEXANDER, W. S.: Hemangioma of the lung. New Zeal. med. J. 44, 180 (1945).

ALFORD, J. E.: Congenital bronchogenic cyst of the mediastinum. Pediatrics 11, 550 (1937).

ALLEN, A. R., MOEN, C. W.: Wegener's granulomatosis. Case report and evaluation of the diagnostic technique used in disease of the chest. J. thorac. cardiovasc. Surg. 49, 388—397 (1965).

ALLEN, M. L.: Bronchiogenic carcinoma associated with pneumoconiosis. A report of two cases. J. industr. Hlth 16, 346—347 (1934).

ALLISON, R. G.: Pulmonary syphilis. Amer. J. Roentgenol. 22, 21—24 (1929).

ALLOUCHE: Bronchite segmentaire et atélectasie du lobe moyen. Rev. Tuberc. (Paris) 18, 424 (1954).

ALSTEAD, S.: A simple bronchial neoplasm. Lancet 1932 II, 399.

ALSTYNE, W. K. VAN: Hemangio-endothelioma of the diaphragm. Amer. J. Roentgenol. 53, 373 (1945).

ALTENBURGER, K., PFEIFFER, K.: Beitrag zum Krankheitsbild Granuloma gangraenescens. Med. Klin. 57, 1940—1946 (1962).

ALTH, H.: Tumorartige Mißbildungen der Lunge. Frankfurt. Z. Path. 30, 463 (1924).

ALTMANN, F.: Beiträge zur Lehre von den Lungenmißbildungen. Beitr. path. Anat. 82, 199 (1929).

ALZNAUER, R. L., ROLLE, C., Jr., PIERCE, W. F.: Analysis of focalized pulmonary granulomas due to coccidioides imitis. Arch. Path. 59, 641 (1955).

AMBROSIČ, F.: L'echinococcose multiple primitive. Acta chir. iugosl. 9, 123—131 (1962).

AMBROSINI, A., LONGO, T., FASSATI, L. R.: Le lesioni infiammatorie croniche aspecifiche pseudoneoplastiche del polmone. Chirurgia (Milano) 20, 109 (1965).

AMEUILLE, P., FAUVET, J.: Deux cas de perforations bronchiques d'un ganglion caséeux. Hémoptysie foudroyante. Bull. Soc. méd. Hôp. Paris. 1944, 370.

AMEUILLE, P., LEMOINE, J. M.: Études de la pathologie bronchique. Lissabon: Livraria Luso-Española 1948.

AMEUILLE, P., WILMOTH, P., KUDELSKI, C.: Méningocèle rachidienne à développement intrapleural. Bull. Soc. méd. Hôp. Paris 56, 608 (1940).

AMISTANI, B., SANDRI, O.: Neurofibroma solitario primitivo del polmone. Chirurgia (Milano) 7, 46 (1952).

AMORIM, M.: Beitr. path. Anat. 97, 184 (1936).

ANACKER, H.: Die röntgenologischen Merkmale des Lymphknoteneinbruchs in den Bronchus. Zugleich Mitteilung über 2 Fälle einer Bronchialperforation bei Lymphogranulomatose. Fortschr. Röntgenstr. 87, 588—597 (1957).

ANACKER, H., LINDEN, G.: Differentialdiagnose zwischen Karzinom und Entzündung im Lungenmantel mit Hilfe des Bronchogramms. Fortschr. Röntgenstr. 93, 665—673 (1960).

ANACKER, H., STENDER, H. S.: Krankheiten der Lunge. In: HAUBRICH, R., Klinische Röntgendiagnostik innerer Krankheiten, Bd. I, S. 238—525. Berlin-Göttingen-Heidelberg: Springer 1963.

ANDERSON, H. J., CHURCHILL-DAVIDSON, H. C., RICHARDSON, A. T.: Bronchial neoplasma and myasthenia: Prolonged apnea after administration of succinylcholine. Lancet 1953 II, 1291.

ANDERSON, J. S., SHERMAN, I.: A neuroblastoma of the thoracic cavity. J. Path. Bact. 26, 545 (1923).

ANDREJEW, O.: Beiträge zur Pathogenese und Klinik der Gefäßgeschwülste. Dtsch. Z. Chir. 201, 320—333 (1927).

ANDRÉN, L., DYMLING, J. F., ELLNER, A., HOGEMAN, K. E.: Maffucci's syndrome. Report of four cases. Acta chir. scand. **126**, 397—405 (1963).

ANDRITSAKIS, G. D., SOMMERS, S. C.: Criteria of thymic cancer and clinical correlations of thymic tumors. J. thorac. Surg. **37**, 273 (1959).

ANDRUS, W. DE WITT: Über ein Neuroepitheliom der Lunge. Zbl. allg. Path. path. Anat. **54**, 195 (1932).

ANDRUS, W. DE WITT: Tumors of the chest derived from elements of the nervous system. J. thorac. Surg. **6**, 381 (1937).

ANDRUS, W. DE WITT, FOOT, N. C.: J. thorac. Surg. **6**, 648 (1937).

ANGELIS, C. E. DE, ROBERTO, A., SOCHAN, O.: A case of pure endobronchial chondrome. J. thorac. Surg. **39**, 593 (1960).

ANTUNES, M. L., VIERA DA LUZ, J. M.: Primary diffuse tracheo-bronchial amyloidosis. Thorax (Lond.) **24**, 307 (1969).

APITZ, K.: Die Paraproteinosen. (Über die Störung des Eiweißstoffwechsels bei Plasmocytom). Virchows Arch. path. Anat. **306**, 631 (1940).

APOSTOL, A., DUMETRESCO, N., OPREA, N., TUCHILA, J., APOSTOL, E.: Rapports tomographiques et bronchoscopiques entre les foyers nodulaires apicaux et les tuberculomes. Rev. Tuberc. (Paris), Sér. V, **21**, 962 (1957).

ARBUCKLE, R. K.: Solitary tumors of the chest. The differential diagnosis in 50 proved cases. Amer. J. Roentgenol. **62**, 52—64 (1949).

ARCHER, F. L., HARRISON, R. W., MOULDER, P. V.: Granular-cell myoblastoma of the trachea and carina treated by resection and reconstruction. J. thorac. cardiovasc. Surg. **45**, 539—547 (1963).

ARCOMANO, J. P., AZZONI, A. A.: Intralobar pulmonary sequestration and intralobar enteric sequestration associated with vertebral anomalies. J. thorac. Surg. **53**, 470—476 (1967).

ARCOMANO, J. P., BARNETT, J. C., BOTTONE, J. J.: Spontaneous disappearance of pulmonary metastases following nephrectomy for hypernephroma. Amer. J. Surg. **96**, 703—704 (1958).

ARDAO, H. A.: La suppuración perivascular en el quiste hidatídico del pulmón. Soc. de Cirurgía Montevideo 5. 8. 1942. Montevideo: Monteverde & Cia 1942.

ARDAU, B.: Su un caso di angiomatosi polmonare artero-venosa ipossiemizzante. Rass. ital. Chir. Med. **2**, 205 (1953).

AREAN, V. M., WHEAT, M. W.: Sclerosing hemangioma of the lung. A case report and review of the literature. Amer. Rev. resp. Dis. **85**, 261—271 (1962).

ARENDT, J.: Das Chorionepitheliom des Mannes. Fortschr. Röntgenstr. **43**, 728—735 (1931).

ARENDT, J.: Chorionepithelioma in the male and female as observed roentgenologically. Amer. J. Roentgenol. **47**, 591 (1942).

ARENDT, J., ROSENBERG, M.: Thromboembolism of the lungs. Amer. J. Roentgenol. **81**, 245—254 (1959).

ARISI, C., COLOMBO, L., DE MEDICI, A.: Considerazioni su due casi di aspergilloma polmonare. Boll. Soc. med.-chir. Pavia **79**, 815—830 (1965).

ARKLESS, H., CHODOFF, R. J.: Middle lobe syndrome due to sarcoidosis. Dis. Chest **30**, 351—353 (1956).

ARLT, K.: Das Sturge-Weber-Krabbe-Syndrom. Operationsindikation und Operationstechnik. Chir. Praxis **12**, 171—177 (1968).

ARMAND UGON, C. V.: Equinococosis pleural secundaria. Arch. int. Hidatid. **1**, 219 (1934).

ARMAND UGON, C. V.: Neumotorax hidático. Arch. int. Hidatid. **2**, 143 (1935).

ARMENGAUD, M.: Les bilharzioses. Rev. Prat. (Paris) **8**, 267—278 (1958).

ARMENTROUT, H. L., UNDERWOOD, F. J.: Familial hemorrhagic teleangiectasis with associated pulmonary arterio-venous aneurysm. Amer. J. med. Sci. **8**, 246 (1950).

ARNAUD, L., PEBRIER, A., COURTOIS, B.: Kyste bronchogénique du médiastin chez un nourisson de 18 mois. Mém. Acad. Chir. **88**, 167 (1962).

ARNDT, H. J.: Das Verhalten der Lunge und des Brustfells bei Lepra und die leprösen Lungen- und Brustfellerkrankungen. In: HENKE-LUBARSCH, Handbuch der speziellen pathologischen Anatomie und Histologie, Bd. III/3, S. 384. Berlin: Springer 1931.

ARNDT, T., WITTEKIND, D.: Ein ungewöhnlicher Fall von Periarteritis nodosa unter dem Bild eines Lungentumors. Ärztl. Wschr. **1955**, 63.

ARNESEN, K.: Hydatid cyst of the lung. T. norske Lægeforln. **73**, 132—134 (1955).

ARNHEIM, E. E.: Congenital hernia of the diaphragm with special reference to right-sided hernia of the liver and intestines. Surg. Gynec. Obstet. **95**, 293—307 (1952).

ARNSPERGER, H.: Über verästelte Knochenbildungen in der Lunge. Beitr. path. Anat. **21**, 141 (1897).

ARNSTEIN, A.: Über indurierende Bronchialdrüsentuberkulose als Ursache schwerer Hämoptoe bei älteren Leuten. Beitr. Klin. Tuberk. **78**, 55—63 (1931).

ARNSTEIN, A.: Die Mediastinaldrüsentuberkulose im Greisenalter. Wien. klin. Wschr. **47**, 1345—1383 (1934).

ARNSTEIN, A.: Indurative und Zerfallsvorgänge in den mediastinalen Lymphknoten im höheren Alter mit Schädigung der benachbarten Organe. Beitr. Klin. Tuberk. **85**, 197—222, 343—363 (1934).

ARVIDSSON, H.: Anomalous pulmonary vein entering the inferior vena cava examined by selective angiocardiography. Acta radiol. (Stockh.) **41**, 156—162 (1954).

ASCHOFF, L.: Die Tracheopathia osteoplastica. Verh. dtsch. path. Ges. **14**, 125 (1910).

ASCHOFF, L.: Lehrbuch der pathologischen Anatomie. Jena: S. Fischer 1913.

ASENJO, A.: Die Klassifizierung der Gefäßmißbildungen und Gefäßtumoren des Gehirns. In: BAUER, Medizinische Grundlagenforschung, Bd. III, S. 21—37. Stuttgart: G. Thieme 1960.

ASHBURY, H. E.: Recurrent massive collapse of the lung due to a benign intrabronchial tumor. Amer. J. Roentgenol. **21**, 452 (1929).

ASHE, W. M., MCDONALD, J. R., CLAGETT, O. TH.: Nonspecific pneumonitis of the left upper lobe (simulating the "middle lobe syndrome" and producing an early superior pulmonary sulcus syndrome). J. thorac. Surg. **21**, 1 (1951).

ASHLEY, D. J. B., EVANS, C. J.: Intrathoracic carotid-body tumour (chemodectoma). Thorax (Lond.) **21**, 184—185 (1966).

ASHMORE, P. G.: Papilloma of the bronchus. J. thorac. Surg. **27**, 293 (1954).

ASKANAZY, M.: Teratom und Chorionepitheliom der Zirbel. Verh. dtsch. path. Ges. **10**, 58 (1906)

ASKANAZY, M.: Die Teratome nach ihrem Bau, ihrem Verlauf, ihrer Genese und im Vergleich zum experimentellen Teratoid. Verh. dtsch. path. Ges. **11**, 39—82 (1907).

ASKANAZY, M.: Beiträge zu den Beziehungen zwischen Miß- und Geschwulstbildung anläßlich einer Beobachtung einer eigenartigen Schädelhernie mit Lungengliomen. Arb. path.-anat. Inst. Tübingen **6**, 433 (1908).

Asztalos, E.: Lymphdrüsenperforation in die Bronchien. Okklusion eines Bronchus. Lungenatelektase. Svenska Laek.-Tidn. **1954**, 356—360.

Atkins, J. P., Eisman, S. H.: Wegener's granulomatosis. Ann. Otol. (St. Louis) **68**, 524—547 (1959).

Auer, K. H.: Zur Bronchitis circumscripta non specifica. Fortschr. Röntgenstr. **82**, 209 (1955).

Auerbach, O., Green, H.: Pathology of clinically healed tuberculous cavities. Amer. Rev. Tuberc. **42**, 707—730 (1940).

Aufses, A. H.: Differential diagnosis between early infiltrate or tuberculoma and carcinoma of the lung. Tuberculology **10**, 72 (1949).

Aufses, A. H., Oseasohn, R.: Mesothelial cyst of the diaphragm. J. Mt Sinai Hosp. **16**, 125—127 (1949).

Aurola-Carillo: Intrapleurale parapulmonale Bronchuscyste bei Fehlen des rechten Mittellappens. Frankfurt. Z. Path. **54**, 118 (1939).

Averous, M.: Formes anatomo-cliniques du bronchocèle tuberculeux. Thèse de Paris 1962.

Axler, M. M., Rehermann, R. L.: Partial eventration of the right diaphragm. J. Pediat. **42**, 320—324 (1953).

Ayas, E.: Carcinoma broncopulmonar evidenciado por un quiste broncogenetico preexistente complicado. Pren. méd. argent. **1952**, 2181.

Azmy, S., Effat, S., Sorour, M. F.: Pulmonary arteriosclerosis of bilharzial nature. J. Egypt. med. Ass. **15**, 87 (1932).

Azzopardi, J. G.: Histogenesis of the granular-cell "myoblastoma". J. Path. Bact. **71**, 85 (1956).

Azzopardi, J. G., Lehner, T.: Systemic amyloidosis and malignant disease. J. clin. Path. **19**, 539—548 (1966).

Baar, H. S., D'Abreu, A. L.: Duplications of the foregut. Brit. J. Surg. **37**, 220 (1949).

Babenko: Gummata pulmonis sinistri et pneumonia catarrhalis dextra. Objazat pat.-anat. izlied. stud. med. imp. Charkov Univ. **1890**, 218.

Babes, V., Moscuna: La lèpre pulmonaire. Arch. Méd. exp. **11**, 238 (1948).

Badawi, H., Effat, H., Khalil, H., No Meir, A. M., Salah, M.: Alexandria med. J. **7**, 523 (1961).

Bade, H.: Symptomlose und symptomarme Geschwülste der Brusthöhle. Fortschr. Röntgenstr. **68**, 224 (1943).

Bade, P.: Über Gummiknoten in der Lunge Erwachsener. Inaug.-Diss. München 1890.

Bader, G.: Die viszeralen Mykosen. Jena: VEB Fischer 1965.

Baer, S., Behrend, A., Golgburgh, H.: Arteriovenous fistulas of the lungs. Circulation **1**, 602 (1950).

Bagg, H. J.: Experimental production of teratoma testis in the fowl. Amer. J. Cancer **26**, 96 (1936); Science (Suppl.) **85**, 92 (1937).

Bagnoud, F.: Coagulopathies et carcinomes riches en muscopolysaccharides. Thrombos. Diathes. haemorrh. (Stuttg) **15**, 143—160 (1966).

Bahk, Y. W.: Dyschondroplasie and hemangiomata (Maffucci's syndrome). Report of a case. Radiology **82**, 407—410 (1964).

Baker, C., Trounce, J. R.: Arteriovenous aneurysm of the lung. Brit. Heart J. **11**, 109 (1949).

Baker, J. M., Curtis, G. M.: Intrathoracic meningocele. West. J. Surg. **61**, 209 (1953).

Balás, A.: Akute Eingriffe am Thorax bei Kindern. (Perforation einer Cystenlunge. Enterogene Mediastinalcyste.) Thoraxchirurgie **7**, 604—611 (1960).

Balás, A.: Contribution to the surgery of mediastinal, paratracheal or tracheal cysts anociated with congenital cartilage defect. Thoraxchirurgie **10**, 608—622 (1963).

Balás, A.: Über die Klinik und Chirurgie der Bronchialcysten des Mediastinums. Chirurg **34**, 65—71 (1963).

Balás, A., Bikfalvi, A.: Über Klinik und chirurgische Behandlung des Lungenechinococcus mit Berücksichtigung atypischer Fälle. Thoraxchirurgie **2**, 197—216 (1954).

Balás, A., Bikfalvi, A.: Klinische Erfahrungen über die sogenannte „intralobäre Sequestration". Magy. Sebész. **1955**.

Balás, A., Kalmár, M.: Über die Bronchus-Cyste des Diaphragma. Thoraxchirurgie **9**, 513—516 (1962); Tuberkulózis **15**, 12—14 (1962).

Balgairies, E., de Clercq, G., Jary, J. J., Nadiras, P.: Les formes pseudotumorales de la silicose. Étude radiologique. Considérations étiopathogéniques. Rev. méd. mini. **2**, 12—16 (1948).

Ballantyne, A. J.: Extrapulmonary oil granulomas secondary to oleothorax. Proc. Mayo Clin. **27**, 250 (1952).

Ballon, D. H., Ballon, H. C.: Effect of injection of lipiodol and rate of its disappearance in normal and diseased lungs. Canad. med. Ass. J. **17**, 410—416 (1927).

Balmès, A., Thévenet, A.: Opacités de la base thoracique droite. Sem. Hôp. Paris **1955**, 41.

Balmès, A., Thévenet, A.: Les aspects radiologiques du kyste hydatique du poumon. Montpellier méd. **50**, 233—243 (1956).

Baló, J., Juhász, E., Temes, J.: Pulmonary infarcts and pulmonary carcinoma. Cancer (Philad.) **8**, 918—922 (1956).

Balogh, A.: Diagnose der Bronchuszysten mittels Thorakoskopie. Tuberk.-Arzt **8**, 733—740 (1954).

Balogh, A.: Endoskopisch diagnostiziertes Angiom der Lunge. Beitr. Klin. Tuberk. **113**, 195—198 (1955).

Balser, W.: Tracheo- und Bronchostenose mit Amyloid in der Wandung der Luftwege. Virchows Arch. path. Anat. **91**, 67—76 (1883).

Bangle, R. J.: A morphological and histochemical study of the granular-cell myoblastoma. Cancer (Philad.) **5**, 950—965 (1952).

Bangle, R. J.: Early granular-cell myoblastoma confined within small peripheral myelinated nerve. Cancer (Philad.) **6**, 790 (1953).

Banna, M., Parwani, G. S.: Multiple sarcomas in Maffucci's syndrome. Brit. J. Radiol. **42**, 304—307 (1969).

Banse: Über intrathorakale Fibrome, Neurome und Fibrosarkome. Inaug.-Diss. Greifswald 1908.

Banyai, A. L., Peabody, J. W.: Congenital diseases of the lung. Pulmonary features of tuberous sclerosis. In: Banyai, A. L., Nontuberculous diseases of the chest. Springfield, Ill.: C. C. Thomas, 1954.

Barbaini, S., Longoni, F.: Considerazioni sugli ematomi polmonari in traumi del torace non penetranti. Atti 23. Congr. Naz. Soc. Ital. Radiol. Padova, 5.—8. 5. 1968, vol. IV.

Barbaini, S., Longoni, F.: Considerazioni sugli ematomi polmonari in traumi del torace non penetranti. Atti 59. Raduno Gruppo C. M. J. Soc. Italiana Radiologia Bari, 25. 5. 1969.

Barbouti, M., Köhler, K.: Zur Röntgendiagnostik der Lungenveränderungen bei Bilharziose. Fortschr. Röntgenstr. **112**, 212—219 (1970).

Barer, G. R., Nusser, E.: Parts played by bronchial muscles in pulmonary reflexes. Brit. J. Pharmacol. **83**, 315 (1953).

BARIÉTY, M., COURY, C.: Essai de classification des tumeurs intrathoraciques primitives. Frequence-Particularités anatomo-cliniques. Sem. Hôp. Paris 23, 2602—2613 (1947).

BARIÉTY, M., COURY, C.: Les lipomes du médiastin. Sem. Hôp. Paris 1950, 1958—1975.

BARIÉTY, M., COURY, C.: Le médiastin et sa pathologie. Paris: Masson & Cie. 1958.

BARIÉTY, M., COURY, C., GIMBERT, J. L.: Anomalies thymiques, myasthénie grave et médiastinographie gazeuze. Sem. Hôp. (Paris) 1956, 3445—3458.

BARIÉTY, M., COURY, C., POULET, J., CABANNE: Les tumeurs chorio-carcinomateuses du médiastin. Sem. Hôp. (Paris) 36, 1063—1075 (1960).

BARIÉTY, M., MONOD, M., CHOUBRAC, P., JOLY, P.: Le poumon exclu: (syndrome d'amputation de l'artère pulmonaire à l'angiopneumographie). Presse méd. 59, 711—712 (1951).

BARIÉTY, M., POULET, J., MONOD, O., DE BRUX, J.: Aspergillose aiguë, purement pulmonaire à forme de cancer bronchique. Bull. Soc. méd. Hôp. Paris 73, 397—411 (1957).

BARIÉTY, M., POULET, J., PAILLAS, J., LEGRENDRE, R.: Cancers bronchiques et infarctus pulmonaires. J. franç. Méd. Chir. thor. 12, 213—228 (1958).

BARNARD, W. G.: A paraganglion related to the ductus arteriosus. J. Path. Bact. 58, 631—632 (1946).

BARNARD, W. G.: Embryoma of lung. Thorax (Lond.) 7, 299—301 (1952).

BARNARD, W. G., ROBB-SMITH, A. T. H.: In: KETTLE's Pathology of tumours, 3rd edit. London: H. K. Lewis 1945.

BARNES, C. G., FATTI, L., PRYCE, D. M.: Arteriovenous aneurysma of the lung. Thorax (Lond.) 3, 148 (1948).

BARNES, J.: Endometriosis of the pleura and ovaries. J. Obstet. Gynaec. Brit. Emp. 60, 823—824 (1953).

BARNES, J. M., STEDEM, D. E.: Multiple aneurysms of the smaller branches of the pulmonary artery. Amer. J. Roentgenol. 30, 443—448 (1933).

BARONE, L., GIUNTI, C. N., ADAMOLI, S., BARILE, E.: Diagnostica radiologica differenziale delle masse e dei noduli polmonari solitari, con particolare riguardo al criterio terapeutico chirurgico. Radiol. med. (Torino) 52, 865—895 (1966).

BARONE, L., PESSAGNO, A.: Le deformazioni del profilo diaframmatico e le formazioni radiopache della base polmonare. Contributo casistico, considerazioni e techniche di indagine radiologica. Ann. radiol. diagn. (Bologna) 31, 354—378 (1958).

BARR, J. R., KNOX, F. F.: Embolic obstruction of major pulmonary arteries producing chronic cor pulmonale. Dis. Chest 29, 225—229 (1956).

BARRÉ, E., DANRIGAL, A., MARUELLE, R., ROLLAND, L.: Lipome thoracique antéro-inférieur droit. J. franç. Méd. Chir. thor. 8, 501—504 (1954).

BARRETT, N. R., BARNARD, W. G.: Some unusual thoracic tumours. Brit. J. Surg. 32, 447—457 (1945).

BARRETT, N. R., THOMAS, D.: Pulmonary hydatid disease. Brit. J. Surg. 40, 222—244 (1952).

BARRIÉ, J., GALY, P., ROULET, A., MAZARÉ, Y.: À propos d'un histiocytome pulmonaire. J. franç Méd. Chir. thor. 9, 214—218 (1955).

BARRIE, J. D.: Intrathoracic tumours of carotid body type (chemodectoma). Thorax (Lond.) 16, 78 (1961).

BARTELHEIMER, E. W., SCHÜRMEYER, E.: Spontaner Größenwechsel von Mediastinalzysten. Med. Welt 1964, 2485—2486.

BARTH, K. M.: Über die menschlichen Organmykosen mit besonderer Berücksichtigung der Lungenmykosen. Z. Tuberk. 109, 257—276 (1957).

BARTLETT, J. P., ADAMS, W. E.: Solitary primary neurogenic tumor of the lung. J. thorac. Surg. 15, 251—260 (1946).

BARTMANN, K.: Med. thorac. (Basel) 20, 341 (1963).

BARTON, A., SVASTITS, E.: Die Pneumomyelographie der intrathorakalen Meningocele. Fortschr. Röntgenstr. 115, 603—609 (1971).

BARTONE, L.: Syndrome of pulmonary schistosomiasis with hemoptysis. A case in Cyrenaica. Acta med. ital. Mal. infett. 5, 341 (1950).

BARTRAM, C., STRICKLAND, B.: Pulmonary varices. Brit. J. Radiol. 44, 911 (1971).

BARTSCH, H. (Herausg.): Lungenmykosen. Stuttgart: G. Thieme 1971.

BARUFFALDI, O., RICCI, V.: Riv. Anat. pat. oncol. (Parma) 7, 367 (1953).

BASS, H. E.: Recent advances in knowledge of fungous diseases of the lungs. J. Amer. med. Ass. 143, 1041 (1950).

BASSERMANN, F. J.: Beitrag zur Kasuistik der chronischen Paraffinölschädigung der Lunge (Lungensteatose). Röntgenpraxis 17, 256—260 (1948).

BASSERMANN, F. J.: Späte pleuropulmonale Defektzustände nach kontusionellen Gewalteinwirkungen. Tuberk.-Arzt 17, 103—113 (1963).

BAŠTECKÝ, J.: Benigní nádory plicní. Čas. Lék. čes. 97, 533 (1958).

BATES, J. C., LEAVER, F. Y.: Pericardial celomic cysts. Presentation of five new cases and five similar cases illustrating difficulty of diagnosis. Radiology 57, 330—338 (1951).

BATES, M., CRUICKSHANK, G.: Thoracic actinomycosis. Thorax (Lond.) 12, 99 (1957).

BATES, T., HULL, O. H.: Histiocytoma of the bronchus. Amer. J. Dis. Child. 95, 53—56 (1958).

BATESON, E. M.: The solitary circumscribed bronchogenic carcinoma: a radiological study of 100 cases. Brit. J. Radiol. 37, 598—607 (1964).

BATESON, E. M.: Cartilage-containing tumours of the lung. Relationship between the purely cartilaginous type (chondroma) and the mixed type (so-called hamartoma): an unusual case of multiple tumours. Thorax (Lond.) 22, 256—259 (1967).

BATESON, E. M., ABBOTT, E. K.: Mixed tumours of the lung, or hamartochondromas. A review of the radiological appearances of cases published in the literature and a report of fifteen new cases. Clin. Radiol. (Edinb.) 11, 232—247 (1960).

BAUDINET, V., et al.: Manifestations pulmonaires du lupus érythèmatodes disséminé. Acta tuberc. pneumol. (Basel) 57, 218 (1966).

BAUDREXL, A., BAUDREXL, L.: Ergebnisse bei 326 resezierten solitären Lungenrundherden. Z. Tuberk. 128, 107—125 (1968).

BAUER, H.: Beitrag zur Kenntnis der chronischen Pneumonie. Fortschr. Röntgenstr. 54, 443 (1937).

BAUER, K. H.: Klin. Wschr. 1923, 2.

BAUER, K. H.: Das Krebsproblem. Heidelberg: Springer 1949.

BAUER, K. H., STOFFREGEN, J.: Geschwülste des Mediastinums. In: Handbuch der Thoraxchirurgie, Bd. III/2, S. 796—859. Berlin-Göttingen-Heidelberg: Springer 1958.

BAUM, G. L., SCHWARZ, J.: Pulmonary histoplasmosis. New Engl. J. Med. 258, 677—684 (1958).

BAUM, G. L., SCHWARZ, J.: Chronic pulmonary histoplasmosis. Amer. J. Med. 33, 873 (1962).

BAUMANN, W.: Zur Semiotik der perikardialen Coelomzysten. Fortschr. Röntgenstr. 90, 686—691 (1959).

BAXTER, S. G., MEAKINS, J. F.: Developmental bronchial cysts. Ann. intern. Med. 38, 967—980 (1953).

Bayer, J.: Zysten und Divertikel des Herzens. Virchows Arch. path. Anat. 306, 43 (1940).
Bayer, O., Loogen, F., Wolter, H. H.: Der Herzkatheterismus bei angeborenen und erworbenen Herzfehlern. Stuttgart: G. Thieme 1954.
Bayer, R.: Beitrag zur Kenntnis der sogenannten Lungenchondrome. Virchows Arch. path. Anat. 274, 350—353 (1929).
Bayrd, E. D., Bennett, W. A.: Amyloidosis complicating myeloma. Med. Clin. N. Amer. 34, 1151 (1950).
Bazan, P., Damiani, S., Filosto, G.: Il tubercoloma polmonare. Radiol. prat. (Palermo) 17, 615—634 (1967).
Bazan, P., Filosto, G., Finazzo, V.: Aspetti radiologici atipici dell' idatosi polmonare. Radiol. prat. (Palermo) 17, 235—255 (1967).
Beal, Gray: A case of pulmonary neoplasm of cavernous type. Brit. J. Radiol. 1, 151 (1928).
Bean, W. B.: Dyschondroplasia and hemangiomata (Maffucci's syndrome). Arch. intern. Med. 95, 767—778 (1955); 102, 544—550 (1958).
Beardsley, J. M.: Major surgery in amyloidosis. J. thorac. Surg. 12, 590—600 (1943).
Beaton, A. H., Heatly, C. A.: Fat in the tracheobronchial tree with report of a case of true lipoma of the bronchus. Ann. Otol. (St. Louis) 61, 1206—1215 (1952).
Beatson: The thoracic lipomas. Glasg. med. J. 1899, 57.
Beattie, J. M., Hall, A. J.: Multiple embolic aneurysms of pulmonary arteries from veins of leg: Death from rupture of aneurysms into lung. Proc. roy. Soc. Med. 5, Part. III, 145—155 (1911/1912).
Beatty, H. R., Byron, F. X.: Mucocele, congenital bronchiectasis, and bronchiogenic cyst. J. thorac. Surg. 26, 21—29 (1953).
Beaujeu, M. J. de: La séquestration pulmonaire kystique avec artère anormale d'origine aortique. À propos de six nouveaux cas. Poumon 10, 409 (1954).
Beck, H.: Atelektase durch anthrakotischen Lymphknoten. Fortschr. Röntgenstr. 71, 935—937 (1949).
Beck, W. C., Reganis, J. C.: Primary lymphoma of the lung. Review of the literature. Report of one case and addition of eight other cases. J. thorac. Surg. 22, 323 (1951).
Beck, Scholz: Karzinom und Amyloid des Larynx. Arch. Laryng. Rhin. (Berl.) 21, (1909).
Beck, W. C., Straub, R. E.: Pericardial coelomic cysts. Guthrie Clin. Bull. (Sayre) 18, 153—156 (1949).
Becker: Über einen seltenen Fall von Dermoidcyste mit Durchbruch in die Lunge. Beitr. Klin. Tuberk. 66, 679 (1927).
Becker, B. J. P.: zit. n. Firestone, F. N., Joison, J.: Amyloidosis. J. thorac. cardiovasc. Surg. 51, 292—299 (1966).
Becker, C., Becker, H.-W.: Beitrag zur vasculoossalen Dysembryoplasie nach Klippel-Trénaunay mit Fehlen der tiefen Venen. Fortschr. Röntgenstr. 107, 258—262 (1967).
Becker, W. H.: Zur Klinik der Mediastinalzysten. Bruns' Beitr. klin. Chir. 180, 111 (1950).
Bedford, D. E., Aidaros, S. M., Girgis, B.: Bilharzial heart disease in Egypt.; cor pulmonale due to bilharzial pulmonary endarteritis. Brit. Heart J. 8, 87 (1946).
Bednář, B.: Polypous hypertrophy of the bronchial mucosa. Čas. Lék. čes. 87, 1174 (1948).
Behrendt, H.: Über den Bronchialdrüsendurchbruch. Fortschr. Röntgenstr. 75, 318—322 (1951).

Beidleman, B.: Wegener's granulomatosis. J. Amer. med. Ass. 186, 827—830 (1963).
Beirne, M. F., Berkheiser, S. W.: Benign epicardial cyst. A case report. J. thorac. Surg. 27, 603—604 (1954).
Beitzke, H.: Die pathologisch-anatomischen Unterlagen für die Diagnose „Hilusdrüsentuberkulose". In: Blümels Handbuch der Tuberkulose-Fürsorge, Bd. I. München 1926.
Beitzke, H.: Spätverkäsungen von Lymphdrüsen und die Rankesche Stadieneinteilung. Z. Tuberk. 47, 449 (1927).
Beitzke, H.: In: Aschoff, L., Lehrbuch der pathologischen Anatomie, 8. Aufl. Jena: S. Fischer 1936.
Beitzke, H.: Pathologische Anatomie des Tracheobronchialdrüsendurchbruchs. Ergebn. ges. Tuberk.-Forsch. 12, 17—46 (1954).
Belcher, J. R.: Pulmonary lesions simulating carcinoma. Acta chir. belg., Suppl. 2, 28 (1955).
Bell, E. T.: Tumors of the thymus in myasthenia gravis. J. nerv. ment. Dis. 45, 130—143 (1917).
Belleli, V.: Les œufs de bilharzia haematobia dans les poumons. Un. méd. Egypt. 1, 1—3 (1885).
Belot, Peuteuil: Le signe du décollement pathognomonique du kyste hydatique du poumon. Bull. Soc. méd. Hôp. Paris 24, 533 (1936).
Belsey, R.: Functional disease of the esophagus. J. thorac. Surg. 52, 164—168 (1966).
Belt, T. H.: Thrombosis and pulmonary embolism. Amer. J. Path. 10, 129—144 (1934).
Belt, T. H.: Late sequelase of pulmonary embolism. Lancet 1939 II, 730.
Belt, T. H.: Autopsy incidence of pulmonary embolism. Lancet 1939, 1259—1260.
Benassi, E.: Aspetti ingannevoli delle cisti da echinococco polmonare, specie se appoggiate al diaframma. Atti XV. Congr. Naz. Soc. Ital. Radiol. Med., Cortina d'Ampezzo 1948.
Benda, C.: Venen. In: Henke, F., Lubarsch, O., Handbuch der speziellen pathologischen Anatomie und Histologie, Bd. II, S. 787—932. Berlin: Springer 1924.
Benda, R.: La bronchite chronique syphilitique. Paris: O. Doin 1927.
Benda, R., Franchel, F., Lécuyer, G.: Syphilis pulmonaire. J. franç. Méd. Chir. thor. 3, 238 (1949).
Bendandi, G.: Die moderne Ansicht über die chirurgische Behandlung der pulmonalen Echinokokkuszysten. J. int. Coll. Surg. 18, 22 (1952).
Bender, F.: Die Pulmonalvenentransposition und ihre Beziehungen zum Vorhofseptumdefekt. Arch. Kreisl.-Forsch. 33, 310—363 (1960).
Bendich, R. A., Camier, M. R.: Massive conglomerate lesions of silicosis differentiated from pulmonary neoplasm. J. thorac. Surg. 12, 686 (1942/43).
Bengochea: Kyste coelomique du péricarde. Poumon 1952, Nr. 4.
Benninghoff, A.: Lehrbuch der Anatomie des Menschen, Bd. II: Eingeweide. Berlin-München: Urban & Schwarzenberg 1948.
Benninghoven, C. D., Carleton, B. P.: Primary chondroma of the lung. Amer. J. Roentgenol. 29, 805—812 (1933).
Benson, W. R.: Granular cell tumors (myoblastomas) of the tracheobronchial tree. J. thorac. cardiovasc. Surg. 52, 17—30 (1966).
Benton, C., Gerard, P.: Thymolipoma in a patient with Graves' disease. Case report and review of the literature. J. thorac. cardiovasc. Surg. 51, 428—433 (1966).

BERBLINGER, W.: Gummöse Syphilis der Lunge und der Cava superior mit Thrombose dieser. Med. Klin. **1927**, 1330.

BERBLINGER, W.: Zunahme des Lungenkrebses und der Staublungenerkrankungen. Med. Klin. **27**, 1337—1342 (1931).

BERCOVITZ, Z.: Clinical studies on human lung fluke disease (endemic hemoptysis) caused by paragonimus westermani infestation. Amer. J. trop. Med. **17**, 101 (1937).

BERDONNEAU, R., GARCIN, D.: À propos d'un cas de bilharziose pulmonaire à schistosoma mansoni. Bull. Soc. Path. Exotique **49**, 1167—1171 (1956).

BERETTA, A., PINO, G.: La broncografia nell'echinococco polmonare. Minerva med. (Torino) **1956**, 1323—1334.

BEREZOVSKAJA, E. K.: Gutartige Tumoren der Bronchien und der Lungen. Klin. Med. (Mosk.) **30**, 47—53 (1952).

BERG, G., NORDENSKJÖLD, A.: Pulmonary alterations in tuberous sclerosis. Acta med. scand. **125**, 428—450 (1946).

BERG, G., VEJLENS, G.: Maladie kystique du poumon et sclérose tubereuse du cerveau. Acta paediat. (Stockh.) **26**, 16—30 (1939).

BERG, G., ZACHRISSON, C. G.: Cystic lungs of rare origin. Tuberous sclerosis. Acta radiol. (Stockh.) **22**, 425—436 (1941).

BERGENGRUEN, P.: Die lepröse Erkrankung des Larynx und der Trachea. In: HEYMANNS Handbuch der Layngologie und Rhinologie, Bd. I/2, S. 1241. Wien 1898.

BERGER, R. L., RYAN, T. J., SIDD, J. S.: Diagnosis and management of massive pulmonary embolism. Surg. Clin. N. Amer. **48**, 311—325 (1968).

BERGERHOFF, W.: Interstitielle Lungenlues. Fortschr. Röntgenstr. **42**, 478—485 (1930).

BERGMAN, F., LINDER, E.: Tumor-forming amyloidosis of the lung. J. thorac. Surg. **35**, 628—637 (1958).

BERGMANN, G., WIEDEMANN, E.: Beobachtungen an vier Sippen mit Teleangiectasia hereditaria haemorrhagica (Oslersche Krankheit). Dtsch. Arch. klin. Med. **202**, 26—51 (1955).

BERGMANN, H.: Über das Bronchuslipom. Klin. Med. (Wien) **14**, 221 (1959).

BERGMANN, L.: Zur Pathogenese des Aspergilloms. Beitr. Klin. Tuberk. **124**, 88—100 (1961).

BERGMANN, M., FLANCE, I. J.: Vascular changes in bronchopulmonary sequestration. J. thorac. Surg. **31**, 199 (1956).

BERGSTRAND, A.: Les tumeurs mesenchymales et les malformations dans les bronches. Acta Un. int. Cancr. **8**, 436 (1952).

BERKHEISER, M. F., BERKHEISER, S. W.: Benign epicardial cyst. J. thorac. Surg. **27**, 603 (1954).

BERKHEISER, S. W.: Bronchiolar proliferation and metaplasia associated with bronchiectasis, pulmonary infarcts and anthracosis. Cancer (Philad.) **12**, 499—508 (1959).

BERKHEISER, S. W.: Bronchiolar proliferation and metaplasia associated with thromboembolism. Cancer (Philad.) **16**, 205—211 (1963).

BERLIN, H. S., STEIN, J., POPPEL, M.H.: Congenital superior ectopia of the kidney. Amer. J. Roentgenol. **78**, 508—517 (1957).

BERMAN, L.: Extragenital chorionepithelioma. Amer. J. Cancer **37**, 23 (1940).

BERNARD, E., COURY, C., RAMBERT: Intrathorakale Tumoren nervalen Ursprungs. Sem. Hôp. Paris **24**, 1265 (1948).

BERNARD, E., RUDLER, J. C., FRAIN, C., RENAULT, P., BOUVIER, R.: Schwannome du seconde ganglion sympathique thoracique droit. J. franç. Méd. Chir. thor. **9**, 225—231 (1955).

BERNARDI, E. DE: Considerazioni su alcuni casi di echinococco polmonare. Radiologia (Roma) **5**, 361 (1949).

BERNARDI, E. DE: Pulmonary hydatid disease in man. Acta radiol. (Stockh.) **36**, 234—240 (1951).

BERNARDO, G. DI, PALOZZI, M. L.: Su alcuni aspetti pseudoneoplastici di occlusioni bronchiali ad etiopatogenesi tubercolare. Riv. Tuberc. **9**, 556—573 (1961).

BERNATZ, P. E., CLAGETT, O. T.: Exploratory thoracotomy in diagnosis and management of certain pulmonary lesions. J. Amer. med. Ass. **152**, 379—381 (1953).

BERNOU, A.: Les "cavernes pleines". Presse méd. **61**, 883 (1953).

BERNOU, A.: Observations de lobes séquestrés. Poumon **10**, 449 (1954).

BERNOU, A., GOYER, R., MARÉCAUX, L., TRICOIRE, J., JOUBAUT, P.: Tuberculose bronchique «en Massue» et broncho-pyocèle. Rev. Tuberc. Pneum. **26**, 267—275 (1962).

BERNOU, A., GOYER, R., OGER, L., TRICOIRE, J.: Diagnostic des lipomes intrathoraciques antéro-inférieurs. J. franç. Méd. Chir. thor. **9**, 269—275 (1959).

BERNOU, A., TRICOIRE, J., TOURNIER, J., COAUT, F.: Étude tomographique des rapports entre bronches et infiltrats ronds. Bronches **3**, 418—435 (1953).

BERNSTEIN, A., KLOSK, E., SIMON, E., BRODKIN, H. A.: Large thymic tumor simulating pericardial effusion. Circulation. **3**, 508 (1951).

BERTONI, L., TOAIARI, E.: Infarto polmonare simulante una forma neoplastica. Gazz. int. Med. Chir. **63**, 6 (1958).

BERTRAND: Distomatose pulmomaire ou hémoptysie pulmonaire à paragonimus. Ann. Soc. belge Méd. trop. **27**, 1 (1947).

BESSOLO, R. J., MADDISON, F. E.: Scimitar syndrome. Amer. J. Roentgenol. **103**, 572—576 (1968).

BESZNYÁK, J., PADÁNYI, A., PINTÉR, E.: Intrathorakales Vagus-Neurinom. Thoraxchirurgie **16**, 210 (1968).

BETOULIERES, P., PALEIRAC, R., BASSEDE, J.: Pneumopéritoine et tomographie associés dans le diagnostic des kystes hydatiques hépato-pulmonaires. Soc. Électroradiol. Med. Littoral Médit. 26.—27. 7. 1952.

BETTMAN, R. B.: Benign fibroma of the lung. Surg. Clin. N. Amer. **12**, 1271 (1932).

BEUTEL, A.: Die Papillomatose der Trachea und der Hauptbronchien. Röntgenpraxis **6**, 287 (1934).

BEUTEL, A.: Ergebnisse der Bronchographie. Neue dtsch. Klin. (Erg. Bd.) **1954**, 512. Fortschr. Röntgenstr. **51**, 309 (1935).

BEUTEL, A.: Die Bedeutung der Bronchographie für die Erkennung der Lungenkrankheiten. Med. Welt **1940**, 785.

BEUTEL, A.: Sind Bronchialcarcinoide rein bronchographisch diagnostizierbar? Med. Klin. **1952**, 1483—1486.

BEUTEL, A., PÓR, F.: Klinische und röntgenologische Erscheinungen bei der Perforation anthrakotisch indurierter Lymphknoten in den Bronchus. Beitr. Klin. Tuberk. **81**, 659 (1932).

BEUTEL, A., STRNAD, F.: Die Analyse und Differentialdiagnose des raumbeschränkenden Prozesses im Bronchogramm. Fortschr. Röntgenstr. **55**, 118—155 (1937).

BAYER, A., RICHTER, K.: Zwei seltene Formen arteriovenöser Fisteln der Lunge. Fortschr. Röntgenstr. **98**, 269—278 (1963).

Beyers, C. F.: A case of subpleural lipoma in a child. Lancet **1923** I, 283—284.

Bezançon, F., Delarue, J., Valet-Bellot, M.: Le sort du lipiodol dans le parenchyme pulmonaire chez l'homme. Ann. Anat. path. **12**, 229 (1935).

Bianchetti, C. F., Bermond, M.: Emangioma cavernoso costale. Boll. Soc. Piemont Chir. **9**, 721 (1939).

Biasi, W. di: Schwere Silikose. Pathologisch-anatomischer Teil. In: Handbuch der Unfallheilkunde, Bd. II, S. 123ff. Stuttgart: F. Enke 1933.

Biasi, W. di: Pathologische Anatomie der Silikose. Beitr. Silikose-Forsch. **1949**, Heft 3.

Biasi, W. di: Über den Standpunkt des pathologischen Anatomen bei der Begutachtung von Staublungenerkrankungen. Wissenschaftl. Forsch.-Ber. Naturwiss. Reihe **60**, 102 (1950). Darmstadt: Th. Steinkopff 1950.

Biasi, W. di: Zur pathologischen Anatomie der Talkumstaublunge. Virchows Arch. path. Anat. **319**, 505 (1951).

Bickford, B. F.: Mediastinal cysts of gastric origin. Brit. J. Surg. **36**, 410 (1949).

Biedl, A., Wiesel, J.: Über die funktionelle Bedeutung der Nebenorgane des Sympathicus (Zuckerkandl) und der chromaffinen Zellgruppen. Arch. ges. Physiol. **91**, 434—461 (1902).

Bielschowsky, M.: Zur Histologie und Pathogenese der tuberösen Sklerose. J. Psychol. Neurol. (Lpz.) **30**, (1924).

Bielschowsky, M.: In: Cytology and cellular pathology of the nervous system. New York: P. B. Hoeber 1932.

Bienengräber, A.: Über Geschwulstmetastasierung. Arch. Geschwulstforsch. **2**, 66 (1950).

Bierschenk, H.: Der spezifische Syphilisnachweis durch den Nelson-Test. Dtsch. Gesundh.-Wes. **10**, 130—133 (1955).

Bieto, E., Palou, J.: Tumeur bronchique bénigne à fibroblastes. J. franç. Méd. Chir. thor. **10**, 193—197 (1956).

Bikfalvi, A.: Weitere fünf Fälle von intralobarer Sequestration infolge einer anormalen Lungenarterie. Thoraxchirurgie **3**, 411 (1955).

Bikfalvi, A., Balas, A.: Über anormale, im klinischen Bilde als chronische Lungeneiterungen erscheinende, „intralobärer Sequestration" vergesellschaftete Lungenarterien. Thoraxchirurgie **1**, 446—463 (1953/54).

Bikfalvi, A., Kassay, D., Takacs-Nagy, L.: Zur Frage intrabronchialer Fettgeschwülste. Zbl. Chir. **84**, 2051 (1956).

Bikfalvi, A., Molnár, J., Horányi, J.: Pathologie und Klinik der Hamarto-Chondrome der Lunge. Thoraxchirurgie **2**, 123—142 (1955).

Billing, L.: Ungewöhnlicher Röntgenbefund bei einem Fall mit gestieltem Lungenfibrom. Acta radiol. (Stockh.) **23**, 592—594 (1942).

Binet, L., Betourne, C., Aubert, P.: À propos d'un cas très trompeur de bilharziose pulmonaire observé à Paris. Presse méd. **60**, 1829—1830 (1952).

Binet, L., Burstein, M.: Poumon et système nerveux végétatif. Étude physiologique. J. franç. Méd. Chir. thor. **2**, 101—122 (1948).

Binet, L., Verne, J.: La stéatose pulmonaire. Ann. Anat. path. **15**, 867 (1938).

Binford, C. H.: Histoplasmosis; tissue reactions and morphologic variations of the fungus. Amer. J. clin. Path. **25**, 25 (1955).

Biocca, P.: "Adenoma" della biforcazione tracheale. Arch. Chir. Torace **8**, 401—436 (1956).

Biondetti, P.: Visualizazzione broncografica di ghiandole bronchiali. Radiologia (Roma) **9**, 905 (1953).

Birch, H. W., Sondag, D. R.: Granular-cell myoblastoma of the vulva. Obstet. and Gynec. **18**, 442 (1961).

Bircher: Primäres Karzinom einer intratrachealen Struma. Arch. Laryng. Rhin. (Berl.) **20** (1908).

Bird-Acosta, J.: Pulmonary suppuration secondary to cardiospasm. Amer. J. Roentgenol. **52**, 481—486 (1944).

Biressi, P. C., Momo, D.: Considerazioni su di un caso di sarcoma alveolare delle parti molli. Paraganglioma non cromaffine. Cancro **8**, 303—316 (1960).

Birsner, J. W.: The roentgen aspects of five-hundred cases of pulmonary coccidioidomycosis. Amer. J. Roentgenol. **72**, 556—573 (1954).

Bischoff, M. E.: Noninfectious necrotizing granulomatosis—pulmonary and roentgen signs. Radiology **75**, 752—756 (1960).

Bisgard, J. D.: Pulmonary cavernous hemangioma with arteriovenous fistula. Surgical management. Case report. Ann. Surg. **126**, 965—972 (1947).

Bishop, G. G. C.: Oil aspiration pneumonia and pneumolipoides. Ann. intern. Med. **13**, 1327—1359 (1940).

Björck, G., Crafoord, C.: Arterio-venous aneurysm of the pulmonary artery simulating patent ductus arteriosus. Thorax (Lond.) **2**, 65 (1947).

Björk, H.: Inflammatory bronchial polypus. Acta oto-laryng. **42**, 329—333 (1952).

Björk, L., Ansusinha, T.: Angiographic diagnosis of acute pulmonary embolism. Acta radiol. Diagn. (Stockh.) **3**, 129 (1965).

Björk, V. O.: The surgical treatment of benign lung tumours. J. int. Chir. **9**, 542 (1949).

Björk, V. O.: Treatment of benign lung tumors including pulmonary cysts. In: Pack, G. T., Ariel, I. M. (eds.), Treatment of cancer and allied diseases, 2nd. edit., vol. IV, p. 302—317. New York: Harper & Row 1964.

Björk, V. O.: Local exstirpation of multiple pulmonary arteriovenous aneurysms. J. thorac. Surg. **53**, 292—296 (1967).

Björk, V. O., Intonti, F., Aletras, H., Madsen, R.: Varieties of pulmonary arteriovenous aneurysmas. Acta chir. scand. **125**, 69—76 (1963).

Black, H.: Fibrosarcoma of the bronchus. J. thorac. Surg. **19**, 123—314 (1950).

Black, H., Ackerman, L. V.: Clinical and pathologic aspects of tuberculoma of lung. Analysis of 18 cases. Surg. Clin. N. Amer. **30**, 1279—1297 (1950).

Black, H. R., Black, S. O.: Pulmonary teratoma. Ann. Surg. **67**, 73—79 (1918).

Black, R. A., Benjamin, E. L.: Enterogenous abnormality (cyst and diverticula). Amer. J. Dis. Child. **51**, 1126 (1936).

Blackman, J., Cantril, S. T., Lund, P. K.: Sparkman, D.: Tracheo-bronchial papillomatosis treated by roentgen irradiation. Report of two cases. Radiology **73**, 598—606 (1959).

Blades, B.: Mediastinal tumors. Report of cases treated at army thoracic surgery centers in the United States. Ann. Surg. **123**, 749—765 (1946).

Blades, B.: Relative frequency and site of predilection of intrathoracic tumors. Amer. J. Surg. **54** 139—148 (1948).

Blades, B., Dugan, D. J.: Resection of left vagus nerve for multiple intrathoracic neurofibromas. J. Amer. med. Ass. **123**, 409 (1943).

Blaha, H.: Über intrathorakale Echinokokkenzysten. Schweiz. Z. Tuberk. **12**, 279—292 (1955).

BLAHA, H.: Verletzungen des Brustkorbs und der Lungen. In: Handbuch der Medizinischen Radiologie, Bd. IX/1, S. 493—578. Berlin-Heidelberg-New York: Springer 1969.

BLAIR, T. C., McELVEIN, R. B.: Hamartoma of the lung: a clinical study of 25 cases. Dis. Chest 44, 296—302 (1963).

BLALOCK, A.: Tumors of the thymic region and myasthenia gravis. Amer. J. Surg. 54, 149 (1941).

BLALOCK, A.: Thymectomy in the treatment of myasthenia: report of 20 cases. J. thorac. Surg. 13, 316—339 (1944).

BLALOCK, A., MASON, M. F., MORGAN, H. J., RIVEN, S. S.: Myasthenia gravis and tumors of the thymic region. Ann. Surg. 110, 544—561 (1939).

BLECHER, S.: Über die klinische Bedeutung der Bronchialekchondrome. Mitt. Grenzgeb. Med. Chir. 21, 837 (1910).

BLENKINSOPP, W. K., HOBBS, J. T.: Pedunculated haemangiopericytoma attached to the thoracic aorta. Thorax (Lond.) 21, 193 (1966).

BLEYER, J. M., MARKS, J. H.: Tuberculomas and hamartomas of the lung. Comparative study of 66 proved cases. Amer. J. Roentgenol. 77, 1013—1022 (1957).

BLOCH, R. G.: Tuberculous calcification: a clinical and experimental study. Amer. J. Roentgenol. 59, 853 (1948).

BLOCK, M. A., DOCKERTY, M. B., WAUGH, J. M.: Nonchromaffine paraganglioma. Report of a case. Cancer (Philad.) 8, 97—100 (1955).

BLOEDNER, C. D.: Zur Differentialdiagnose des hämorrhagischen Lungeninfarkts. Med. Mschr. 4, 688 (1950).

BLUM, R.: Fortschr. Röntgenstr. 37, 445 (1928).

BOBRETZKAJA, W. N., HEINISMANN, J. I.: Beiträge zur Röntgendiagnostik der mediastinalen Neurinome. Fortschr. Röntgenstr. 52, 191 (1935).

BOBROWITZ, I. D.: Round densities within cavities. Lung lesions simulating the pathognomonic roentgen signs of echinococcus cyst. Amer. Rev. Tuberc. 50, 305—312 (1944).

BODMER, H., KALLOS, P.: Über schwere Lungenschädigung infolge Aspiration von Paraffinöl bei therapeutischer Anwendung. Schweiz. med. Wschr. 1933, 618.

BÖCK, G., RICHTER: Dtsch. Gesundh.-Wes. 18, 2047 (1963).

BÖGER, A., VOIT, K.: Zur Kenntnis der gutartigen Neubildungen der Lunge. Klin. Wschr. 1934 I, 526—529.

BOENIG, H.: Leitfaden der Entwicklungsgeschichte des Menschen, 4. Aufl. Leipzig: VEB Thieme 1950.

BOEREMA, I., BRILMAN, R. P.: Een "blue baby" door een aneurysma arterio-venosum van de longvaten. Ned. T. Geneesk. 91, 2736 (1947).

BOEREMA, I., BRILMAN, R. P.: Cavernous haemangioma of the right lung. J. thorac. Surg. 17, 705—708 (1948).

BÖSS, K.: Kongenitale mit Magenschleimhaut ausgekleidete Mediastinalzyste mit in die Lunge penetrierendem Ulcus pepticum. Virchows Arch. path. Anat. 300, 166—179 (1937).

BOGAERT, L. VAN: La dysplasie à tendence blastomateuse. In: Traité de médicine. Tom. 15, p. 77. Paris: Masson & Cie. 1949.

BOGDONOFF, M. L.: The radiologic anatomy and physiology of lung embolus and infarction. Radiology 87, 16—22 (1966).

BOHLIG, H.: Zur Symmetrie des Röntgenbildes der Silikosen. Fortschr. Röntgenstr. 86, 10—17 (1957).

BOHLIG, H.: Radiologische Probleme bei der Myasthenie. Z. ges. inn. Med. 12, 697—700 (1957).

BOHLIG, H.: Zur klinischen Bedeutung der Bronchopathia osteoplastica. Fortschr. Röntgenstr. 100, 454—459 (1964).

BOHLIG, H., JACOB, G., KIVILUOTO, R., MÜLLER, H.: Staublungenerkrankungen und ihre Differentialdiagnose. Stuttgart: G. Thieme 1964.

BOHNSDORFF, B. v.: Atypical amyloidosis. Finska Läk.-Sällsk. Handl. 75, 447—505 (1933).

BOKOR, L., KESZTHELYI, M.: Lungenaspergillom. Magy. Radiol. 18, 72—75 (1966).

BOLCK, F.: Zur Frage der Entstehung von Nebenlungen. Virchows Arch. path. Anat. 319, 20—43 (1950).

BONAKHDARPOUR, A.: Roentgen manifestation of hydatid cyst in different parts of the body. Thesis, Teheran University School of Medicine 1954.

BONAKHDARPOUR, A.: Echinococcus disease. Report of 112 cases from Iran and a review of 611 cases from the United States. Amer. J. Roentgenol. 99, 660—667 (1967).

BONARD, E. C., VASEY, H.: Schweiz. med. Wschr. 90, 866 (1966).

BONI, A. DI, PERDOMO, F., DE FERNANDEZ, E.: Formas pseudo-tumorales de la pneumonitis cronica. Tórax 7, 339 (1958).

BONMATI, J., ROGERS, J. V., HOPKINS, W. A.: Pulmonary cryptoccosis. Radiology 66, 188—194 (1956).

BONNEAU, H., PAYAN, H.: À propos de 4 observations de tumeurs broncho-pulmonaires rares. Congr. de l'Union Méd. Mediterran. Toulouse 17. 5. 1952.

BOREK, Z., MACHOLDA, F.: Über einige Kennzeichen der Malignität von peripheren Lungenherden. Congr. fthiseol. Čech. 1965, 38.

BOREL, G. A., FASEL, J., RYNCKI, P. V., MAGNENAT, P.: Le diagnostic de l'echinococcose alvéolaire. Gastroenterologia (Basel) 108, 80—84 (1967).

BORELIUS, J., SJOVALL, E.: Eine operative Mischgeschwulst organoiden Charakters in der linken Lunge. Nord. med. Ark. 12, 48 (1915).

BOROWICZ, J., KORDYS, J.: zit. n. FIRESTONE, F. N., JOISON, J.: Amyloidosis. J. thorac. cardiovasc. Surg. 51, 292—299 (1966).

BORRIS, F.: Fifty thoracic hydatid cysts. Brit. J. Surg. 50, 268—287 (1962).

BORRIS, W.: Über primäres Chorionepitheliom der Lunge. Arb. path.-anat. Inst. Tübingen 6, 539 (1908).

BORST, M.: Allgemeine Pathologie der malignen Geschwülste. Leipzig: S. Hirzel 1924.

BORST, M.: Pathologische Histologie, 3. Aufl. Berlin: Springer 1938.

BORST, W.: Die Lehre von den Geschwülsten. Wiesbaden: Bergmann 1902.

BORST, W.: Über Wesen und Ursachen der Geschwülste. Würzburger Abhandlg. aus dem Gesamtgebiet der prakt. Medizin. 1906, 249.

BORST, W.: Die Teratome und ihre Stellung zu anderen Geschwülsten. Verh. dtsch. path. Ges. 11, 83—104 (1907).

BOSWELL, W. L.: Roentgen aspects of blastomycosis. Amer. J. Roentgenol. 81, 224—230 (1959).

BOTHÉN, N. F.: The roentgen picture in cases of lung mycosis. Acta radiol. (Stockh.) 36, 35 (1951).

BOUCHER, H.: Bronchite segmentaire et primo-infection tuberculeuse chez l'adulte. J. franç. Méd. Chir. thor. 3, 5 (1949).

BOUCHER, H., PINET, F., PHILLIPPON, GAUBERT, Y., ROUMAGOUX, J., PETITJEAN, R.: Pseudoneurinome thoracique: intérêt de l'angiocardiographie. Sem. Hôp. Paris 1958, 1791—1792.

BOURASSA, M. G.: The scimitar syndrome: report of two cases of anomalous venous return from a hypoplastic right lung to the interior vena cava. Canad. med. Ass. J. **88**, 115—120 (1963).

BOURDET, P., DELAHAYE, R. P., ALLAIN, Y. M., COMBES, A.: Les hématomes pulmonaires. J. Radiol. Électrol. **51**, 101—114 (1970).

BOURDET, P., DELAHAYE, R. P., FOURNIER, F.: L'hydatidose pulmonaire. (À propos de 53 observations.) Ann. Radiol. (Paris) **5**, 309—334 (1962).

BOURNEVILLE: Contribution à l'étude de l'idiotie. Sclérose tubéreuse des circonvolutions cérébrales; idiotie et épilepsie hémiplégique. Arch. Neurol. (Paris) **1880**, 81.

BOURNEVILLE: Sclérose cérébrale, hypertrophie ou tubéreuse compliquée de meningite. Progr. méd. (Paris) **1896**, 129.

BOURNEVILLE: Idiotie symptomatique de sclérose tubéreuse ou hypertrophique. Progr. méd. (Paris) **1899**, Nr. 41; Arch. Neurol. (Paris) **2**, 29 (1900); Récherches etc. **19**, 183 (1899), **20**, 182 (1900).

BOUTIN, C., SERRADIMIGNI, A., ARNAUD, A., BORY, M., CHARPIN, J.: Aspects angiographiques dans l'infarctus pulmonaire. J. franç. Méd. Chir. thor. **22**, 269—280 (1968).

BOWERS, W. F.: Rupture of visceral hemangioma as cause of death with report of case of hemangioma. Nebrasca St. med. J. **21**, 55 (1936).

BOYD, D. P., MIDELL, A. J.: Mediastinal cysts and tumors. An analysis of 96 cases. Surg. Clin. N. Amer. **48**, 493—503 (1968).

BOYD, W.: Introduction 2: Classification and routes of spread of thoracic and intrathoracic tumors. In: PACK, G. T., ARIEL, I. M., Treatment of cancer and allied diseases, vol. IV, p. 249—265. New York: P. B. Hoeber 1964.

BOYDEN, E. A.: Bronchogenic cysts and the theory of intralobar sequestration: New embryologic data. J. thorac. Surg. **35**, 604—616 (1958).

BRACHER, A. N., KOONTZ, A. R.: Mediastinal bronchogenic cyst and Klippel-Feil-syndrome. J. Amer. med. Ass. **150**, 1006—1009 (1952).

BRACKERTZ: Über Knochenbildung in der Lunge. Z. allg. Path. path. Anat. **45**, 129 (1929).

BRADFORD, M. L., MAHON, H. W., GROW, J. B.: Mediastinal cysts and tumors. Surg. Gynec. Obstet. **85**, 467—491 (1947).

BRADLEY, D. F.: Gumma of lung; report of a case. Arch. Derm. **58**, 484 (1948).

BRADLEY, J. E., GREINER, D. J.: Diaphragmatic hernia. Amer. J. Dis. Child. **66**, 43 (1943).

BRADSHAW, H. H., CHODOFF, R. J.: Anthracosilicosis simulating pulmonary carcinoma. Amer. Rev. Tuberc. **39**, 817—824 (1939).

BRAEUNING, H., REDEKER, F.: Phthisische Entwicklungen. Tuberkulose-Bibliothek Nr. 39. Leipzig: J. A. Barth 1931.

BRAGG, E. A., LEVENE, G.: Hamartoma of the lung. Radiology **54**, 227—235 (1950).

BRAHDY, L.: Leiomyoma of the lung; early course of tuberculosis. Amer. Rev. Tuberc. **43**, 429—434 (1941).

BRAHMS, O., KLOSTERMANN, G., VOTH, H.: Die Röntgensymptomatik der sogenannten Kollagen-Krankheiten. Radiologe **3**, 315—324 (1963).

BRAMANN, C. v., PLENGE, K., ZADEK, I.: Intrathorakale Zysten. Dtsch. med. J. **8**, 149—167 (1957).

BRANCATO, U., SAITTA, E., MADERA, R.: Il neurofibrosarcoma del polmone. Contributo clinico. Gazz. int. Chir. **72**, 187—202 (1967).

BRANDT, H., ROESING, P.: Über Wabenlunge und diffuse Myomatose der Lunge unter dem klinischen Bild eines rezidivierenden Chylothorax. Ärztl. Wschr. **1951**, 902.

BRANDT, H.-J.: Beiträge zur Materialgewinnung für die cytologische Untersuchung bei Thoraxkrankheiten. In: Klinische Zytologie der Thoraxkrankheiten. Stuttgart: F. Enke 1955.

BRANDT, M.: Parasitäre Lungenfibrose durch Oxyuris (Enterobius) vermicularis. Tuberk.-Arzt **3**, 685 (1949).

BRANDT, M.: Über Angiomyomatose der Lungen mit Wabenstruktur. Virchows Arch. path. Anat. **321**, 585—598 (1952).

BRANDT, M.: Über Herzzysten. Frankfurt. Z. Path. **62**, 149—154 (1951).

BRANDY, L.: Leiomyoma of the lung. Amer. Rev. Tuberc. **43**, 429 (1941).

BRANTIGAN, O. C., HADIDIAN, C. Y., SCHIMERT, G.: Mediastinal tumors. Med. Ann. D. C. **23**, 71—84 (1954).

BRASCHE, P.: Die Lungenmetastasen bei malignem Chorionepitheliom mit besonderer Berücksichtigung eines eigenartigen Falles. Virchows Arch. path. Anat. **215**, 106 (1914).

BRASS, K.: Über einen Fall von intrathorakalem Enterokystom, zugleich ein Beitrag zur Pathogenese. Frankfurt. Z. Path. **50**, 26—33 (1936).

BRASS, K.: Die Leiomyome der Lunge. Zugleich ein Beitrag zur allgemeinen Pathologie der Leiomyome. Frankfurt. Z. Path. **55**, 525—547 (1941).

BRASS, K.: Zur histologischen Diagnostik der Pilzerkrankungen. Schweiz. med. Wschr. **84**, 1273 (1954).

BRAUN, H.: Über einen seltenen Befund bei Plasmozytom. Fortschr. Röntgenstr. **82**, 274 (1955).

BRAUNBEHRENS, H. v.: Das Wassermann-positive Lungeninfiltrat. Fortschr. Röntgenstr. **73**, 136 (1950).

BRAUNSTEIN, J., BUERGER, L.: A study of the histochemical staining characteristics of amyloid. Amer. J. Path. **35**, 791 (1959).

BRÉA, M. M.: À propos de l'aspergillome bronchiectasiant. J. franç. Méd. Chir. thor. **6**, 514—515 (1952).

BREAKEY, A. S., DOTTER, C. T., STEINBERG, I.: Pulmonary complications of cardiospasm. New Engl. J. Med. **245**, 441—447 (1951).

BREDNOW, W.: Internist (Berl.) **3**, 339 (1962).

BREDT, H.: Grenzfälle gutartiger Bronchialtumoren. Arch. Geschwulstforsch. **2**, 301 (1950).

BREM, T. H., COHN, H. A.: Paragonismus westermani: a case report. Radiology **46**, 511 (1946).

BRENNAN, M. J., PRYCHODKO, W., HORELAND, S.: Quantitative studies on growth of spontaneous tumors. In: BRENNAN, M. J., SIMPSON, W. L. (eds.), International symposium: Biological interactions in normal and neoplastic growth, Henry Ford Hospital, p. 739—748. Boston: Little, Brown & Co. 1962.

BRENNER, F., URBAN, F. F.: Zur Kenntnis der „Paraffinlunge". Wien. klin. Wschr. **50**, 1248 (1937).

BRETON, A., GAUDIER, B., DELACROIX, R., DUPONT, A., POINGT, O.: Neurinomes intrapulmonaires primitifs. À propos de deux observations. Arch. franç. Pédiat. **18**, 26—40 (1961).

BRETON, A., GAUDIER, B., PONTÉ, C., SAVINEL, E.: Tumeurs bronchiques chez l'enfant. Pédiatrie **1958**, 43—56.

BREWER, D. B., BROOKES, V. S., VALTERIS, K.: Adenochondroma of the lung. Brit. J. Tuberc. **47**, 156 (1953).

BREWER, L. A., DOLLEY, F. S.: Tumors of the mediastinum. Amer. Rev. Tuberc. **60**, 419 (1949).

BREWER, L. A., JONES, W. M. G., DOLLEY, F. S.: Nonmalignant lesions simulating bronchiogenic carcinoma. J. thorac. Surg. **17**, 439 (1948).

Brewin, E. G.: A case of lipoma of the bronchus treated by transpleural bronchotomy. Brit. J. Surg. 40, 282 (1952).

Brews, A.: Endometriosis of diaphragm and Meig's syndrome. Proc. roy. Soc. Med. 47, 461 (1956).

Brigand, H. le: Séquestrations pulmonaires et artères anormales. Poumon 10, 421 (1954).

Brigand, H. le, Germain, A., Renault, P., Hourtoule, R., George, P.: Ossification pulmonaire massive. Presse méd. 62, 1298—1301 (1954).

Brigand, H. le, Granjon, A., Renault, P., Chrétien, J., Hourtoule, R., Ianotti, C.: À propos de cinq cas de chorio-épithéliomes pulmonaires. J. franç. Méd. Chir. thor. 13, 511—546 (1959).

Brindley, G. V.: Glomus tumors of mediastinum. J. thorac. Surg. 18, 417 (1949).

Brindley, G. V.: Primary malignant tumors of the lung other than bronchogenic carcinoma. Ann. Surg. 149, 936—948 (1959).

Brines, O. A., Johnson, M. H.: Hibernoma, a special fatty tumor. Amer. J. Path. 25, 467—479 (1949).

Brink, A. J.: Teleangiectasis of the lungs with two case reports of hereditary haemorrhagic teleangiectasia with cyanosis. Quart. J. Med. 19, 239—248 (1950).

Brinkmann, O.: Gesteinstaublunge und Krebs. Med. Mschr. 1957, 532—535.

Brobeck, O.: A case of arterio-venous aneurysm of the lung cured by resection. Acta radiol. (Stockh.) 30, 371 (1948).

Brocard, H., Brincourt, J., Brunel, M. A.: Deux cas de kystes hydatiques interpleuropariétaux. J. franç. Méd. Chir. thor. 7, 541 (1953).

Brocard, H., Gallouédec, C.: Les formes anatomoradiologiques et étiologiques des bronchocèles isolées. Bull. Mém. Soc. méd. Hôp. Paris 113, 1074—1092 (1962).

Brocard, H., Gallouédec, C.: La bilharziose pulmonaire. Rev. Prat. (Paris) 14, 277—286 (1964).

Brocard, H., Gallouédec, C., Arnal, J.: Hypertension pulmonaire bilharzienne avec hypovascularisation et hyperclarté d'un lobe pulmonaire. Bull. Soc. méd. Hôp. Paris 115, 145—158 (1964).

Brocard, H., Gallouédec, C., Vannier, R.: Les retours veineux pulmonaires anormaux vers la veine cave inférieure. J. franç. Méd. Chir. thor. 21, 87—105 (1967).

Brocard, H., Gallouédec, C., Vannier, R., Arnal, J., Lemaire, R., Patte, F.: Les anomalies et les modifications unilatérales de la circulation pulmonaire. Coeur Méd. int. 6, 275—309 (1967).

Brocard, H., Renaud, C., Poulet, J., Perdu, J.: Le diagnostic des opacités arrondies du cul-de-sac costo-diaphragmatique droit. Bull. Soc. méd. Hôp. Paris 1953 757—763.

Brocard, H., Renaud, C., Poulet, J., Perdu, J.: Sur les opacités arrondies de l'angle cardiophrénique antérieur droit. J. franç. Méd. Chir. thor. 8, 507 (1954).

Brocard, H., Roche, G., Daumet, P.: Epiplocèle de la fente de Larrey. Bull. Soc. méd. Hôp. Paris 1953, 753—757.

Brocard, H., Vannier, R., Gallouédec, C.: Circulation à contre-courant dans l'artère pulmonaire de poumons non injectés à l'angiocardiopneumographie par voie droite. J. franç. Méd. Chir. thor. 21, 263—280 (1967).

Brochier, M., Boivin, J. M., Ecarlat, B., Lanfranchi, J., Chatelain, B., Fauchier, J. P.: Un diagnostic radiologique facile: le syndrome du cimeterre. Ann. Cardiol. Angéiol. 18, 167—172 (1969).

Brock, R. C.: Post-tuberculous bronchostenosis and bronchiectasis of the middle lobe. Thorax (Lond.) 5, 5—39 (1950).

Brock, R. C., Cann, R. J., Dickinson, J. R.: Tuberculous mediastinal lymphadenitis in childhood. Secondary effects on lungs. Guy's Hosp. Rep. 87, 295 (1937).

Brody, H.: Anomalous drainage of the pulmonary veins into the right side of the heart. Arch. Path. 33, 221 (1942).

Brody, H.: Focal lipid granulomatosis of lung following instillation of iodized poppy seed oil. Arch. Path. 35, 744—749 (1943).

Brofman, B. L., Charms, B. L., Kohn, P. M., Elder, J., Newman, R. N., Rizika, M.: Unilateral pulmonary artery occlusion in men. J. thorac. Surg. 34, 206 (1957).

Broman, T.: Redogörelse för et fall or morbus Osler med neurologiska symptom. Nord. Med. 33, 1502 (1944).

Bromer, R. S., Wolman, I. J.: Lipoid pneumonia in infants and children. Radiology 32, 1—7 1939).

Bronson, S. M., Schwarz, J.: Roentgenographic patterns in histoplasmosis. Amer. Rev. Tuberc. 76, 173—194 (1957).

Brouet, G., Coury, C.: La présomption de la malignité dans les dysembryomes intrathoraciques. J. franç. Méd. Chir. thor. 4, 93—95 (1950).

Brouet, G., Paley, P. Y., Chrétien, J., Gravalleau, D.: Angiomatose hémorrhagique diffuse à manifestations bronchopulmonaires prédominantes. J. franç. Méd. Chir. thor. 7, 172—180 (1954).

Brouet, G., Paley, P. Y., Marche, J., Castillon, M.: Intérêt de l'employ systématique de l'hyperpression pulmonaire (Méthode de Valsalva) en radiologie thoracique. J. franç. Méd. Chir. thor. 4, 73 (1952).

Brouwer, van der Hoeve, Mahoney: A fourth type of phakomatosis, Sturge-Weber syndrome. Arch. Akad. Amsterdam 2. Ser. 28, Nr. 4 (1937).

Brown, A., Fine, A.: Diaphragm; roentgen study in 3 dimensions. Radiology 50, 157—160 (1948).

Brown, A. L.: Fate of iodized oil (lipiodol) in lungs. Surg. Gynec. Obstet. 46, 597—601 (1928).

Brown, A. L.: Lipoid pneumonia resulting from a dermoid cyst. J. thorac. Surg. 20, 260—265 (1950).

Brown, A. L.: Bronchial tumors: thoraco-bronchotomy. Surgery 28, 578 (1950).

Brown, A. L., Biskind, G. R.: Differential diagnosis between lipid pneumonia and pulmonary neoplasms. J. Amer. med. Ass. 117, 4 (1941).

Brown, H. A., Woolner, L. B.: Findings referable to the upper part of the respiratory tract in Wegener's granulomatosis. Ann. Otol. (St. Louis) 68, 810—830 (1960).

Brown, J.: Primary amyloidosis. Clin. Radiol. (Edinb.) 15, 358—367 (1964).

Brown, J. D., Friedman, P. S.: Pulmonic contusion in the intact thorax; report of a case. Pennsylv. med. J. 46, 352 (1943).

Brown, R. B., Dunn, R. G.: Lymphogenous cysts of the mediastinum. Cystic hygromas, pericardial cysts, and pericardial diverticulums. U.S. armed Forces med. J. 2, 1651—1667 (1951).

Brown, R. K., Mosely, V., Pratt, T. D., Pratt, J. H.: The early diagnosis of pancreatic carcinoma. Amer. J. med. Sci. 223, 349 (1952).

Brown, R. K., Robbins, L. L.: The diagnosis and treatment of bronchiogenic cysts of the mediastinum and lung. J. thorac. Surg. 13, 84—105 (1944).

Brown, R. W.: Case of bilateral parasternal diaphragmatic hernia. Thorax (Lond.) 7, 266 (1952).

BROWN, W. J., JOHNSON, L. C.: Postinflamatory "tumors" of the pleura. Three cases of pleural fibroma of the interlobar fissure. Milit. Surg. 109, 415—424 (1951).

BROWNLEE, R. T., DAFOE, C. S.: Complete reduplication of the right lung. J. thorac. cardiovasc. Surg. 55, 653—656 (1968).

BRUCK, H., LORBECK, W.: Gutartige und bösartige Tumoren des Perikards. Klin. Med. (Wien) 9, 453—457 (1954).

BRÜCKNER, L., ROSMANITH, J.: Caplansches Syndrom bei Bergleuten des Ostrau-Karwiner Kohlenreviers. Radiol. diagn. (Berl.) 3, 1—12 (1962).

BRÜGGER, H.: Die anatomischen Grundlagen der großen gutartigen Verschattungen bei der kindlichen Primärtuberkulose. Beitr. Klin. Tuberk. 103, 153 (1959).

BRÜGGER, H.: Die großen gutartigen Lungenverschattungen bei der kindlichen Primärtuberkulose (Epituberkulose und ihre Pathogenese). Mschr. Kinderheilk. 98, 123 (1950).

BRÜNNER, S. A.: Intralobular bronchopulmonal sequestration. Nord. Med. 60, 1202—1206 (1958).

BRÜNNER, S. A.: Bronchogenic carcinoma arising in a lung cyst. Report of a case. Acta radiol. (Stockh.) 51, 117—120 (1959).

BRUMPT, E.: Précis de parasitologie, 6e. édit. Paris: Masson & Cie. 1949.

BRUMPT, E., NEVEU-LEMAIRE, M.: Praktischer Leitfaden der Parasitologie des Menschen, 2. Aufl. Berlin-Göttingen-Heidelberg: Springer 1951.

BRUN, J., JAUBERT DE BEAUJEU, BÈGE: Évolution rapide d'un kyste pulmonaire avec formation d'images de décollement. J. Radiol. Électrol. 22, 495 (1938).

BRUN, J., MOINDROT, M.: Perforation endobronchique d'un ganglion caséeux chez un sujet de 50 ans. Rev. Tuberc. (Paris) 10, 762 (1946).

BRUN, J., PERRIN-FAYOLLE, M., CASSAN, G., TOMMASI, M.: La cirrhose musculaire lisse (léiomyomatose) des poumons empussièrés. J. franç. Méd. Chir. thor. 17, 325—340 (1963).

BRUNER, H. D.: The bronchial artery in pulmonary infarction. N. C. med. J. 8, 306—310 (1947).

BRUNN, H.: Two interesting benign tumors of contradictory histopathology. J. thorac. Surg. 9, 119—131 (1940).

BRUNN, H., GOLDMAN, A.: The differentiation of benign from malignant polypoid tumors. Surg. Gynec. Obstet. 71, 703 (1940).

BRUNNER, A.: Das Tuberkulom in seiner praktischen Bedeutung. Thoraxchirurgie 1, 4 (1953).

BRUNNER, A.: Die Rundherde in der Lunge in ihrer praktischen Bedeutung. Dtsch. med. Wschr. 80, 14—16 (1955).

BRUNNER, A.: Der Rundherd der Histoplasmose. Thoraxchirurgie 15, 227—232 (1967).

BRUNNER, A.: Verschattung im Thoraxbild. Schweiz. med. Wschr. 100, 609—617 (1970).

BRUNNER, E., ELLEGAST, H.: Kleine arteriovenöse Verbindungen der funktionellen Lungenstrombahn. Fortschr. Röntgenstr., Beih. 1967, 87—90.

BRUNNER, W., TANNER, E.: Über die primäre chronische Pneumonie. Schweiz. Z. Tuberk. 16, 142—155 (1959).

BRUNNER-SCHARPF, W.: Die Resektionsbehandlung des Tuberkuloms. Schweiz. Z. Tuberk. 10, 243 (1953).

BRUNS, P. v.: Über Kropfgeschwülste im Inneren des Kehlkopfs und der Luftröhre und ihre Entfernung. Bruns' Beitr. klin. Chir. 41, 1 (1904).

BRUNSTING, L. A.: Dermatomyositis. In: CONN, H. F.: Current therapy. Ed. 16., p. 447. Philadelphia. W. B. Saunders 1964.

BRUWER, A. J.: Posteroanterior chest roentgenograms in two types of anomalous pulmonary venous connection. Proc. Mayo Clin. 28, 480—485 (1953).

BRUWER, A. J.: Intralobar bronchopulmonary sequestration. Amer. J. Roentgenol. 71, 751—761 (1954).

BRUWER, A. J.: Intralobar bronchopulmonary sequestration. Amer. J. Surg. 89, 1035—1041 (1955).

BRUWER, A. J.: Roentgenologic findings in total anomalous pulmonary venous connection. Proc. Mayo Clin. 31, 171—176 (1956).

BRUWER, A. J.: Posterior-anterior chest roentgenogram in two types of anomalous pulmonary venous connection. J. thorac. Surg. 32, 119 (1956).

BRUWER, A. J., CLAGETT, O. T., MCDONALD, J. R.: Anomalous arteries to the lung associated with congenital pulmonary abnormality. J. thorac. Surg. 19, 957—972 (1950).

BRUWER, A. J., HODGSON, C. A., CALLAHAN, J. A.: Diseases of the heart and great vessels: thoracic roentgenographic demonstration. Amer. J. Roentgenol. 80, 264—296 (1958).

BRUWER, A. J., KIERLAND, R. R., SCHMIDT, H. W.: Pulmonary tuberous sclerosis. Report of a case. Amer. J. Roentgenol. 75, 748—750 (1956).

BRYANT, L. R., SPENCER, F. C., GREENLAW, R. H., PRATHNADI, P., BOWLIN, J. W.: Postoperative changes in regional pulmonary blood flow. J. thorac. Surg. 53, 64—75 (1967).

BRYK, D., LEVIN, E. J.: Pulmonary varicosity. Radiology 85, 834—837 (1965).

BUCHBERGER, R.: Gutartige Lungengeschwülste. Langenbecks Arch. klin. Chir. 321, 19 (1965).

BUCK, A. A., SADUN, E. H., LIESKE, H., LEE, B. K., HAAGE, H.: Zur Differentialdiagnose von Lungentuberkulose und Paragonimiasis durch die Einbeziehung immundiagnostischer Methoden. Z. Tropenmed. Parasit. 9, 328 (1958).

BUCKBERG, G. D., HERRMANN, C., DILLON, J. B., MULDER, D. G.: A further evaluation of thymectomy for myasthenia gravis. J. thorac. Surg. 53, 401—411 (1967).

BUCKLES, M. D., LAWLESS, E. C.: Pneumonectomy in a case of Loeffler's syndrome. Dis. Chest 18, 312—323 (1950).

BUDDE, M.: Beitrag zum Teratomproblem. Beitr. path. Anat. 68, 512—551 (1921).

BUDZINSKI, R.: Leiomyoma malignum in a hitherto undescribed site in the trachea. Acta oto-laryng. (Stockh.) 49, 183 (1958).

BUECHNER, H. A.: Clinical aspects of fungus diseases of the lungs including laboratory diagnosis and treatment. In: BANYAI, A. L., GORDON, B. L., Advances in cardiopulmonary diseases, vol. III, p. 123—158. Chicago: Year Book Medical Publishers, Inc. 1966.

BUECHNER, H. A., ANDERSON, A. E., STRUG, L. H., SEABURY, J. H., PEABODY, J. W., JR.: Pulmonary resection in blastomycosis. J. thorac. Surg. 25, 468 (1953).

BUECHNER, H. A., STRUG, L. H.: Lipoid granuloma of the lung of exogenous origin. Dis. Chest 29, 402—415 (1956).

BÜNGELER, W., SILVEIRA, D. F.: zit. n.: LATTES, R., SHEPARD, F., TOVELL, H., WYLIE, R.: Clinical and pathological study of endometriosis of the lung. Surg. Gynec. Obstet. 103, 552 (1956).

BÜRGER, M.: Klinische Fehldiagnosen, 2. Aufl. Stuttgart: G. Thieme 1954.

BUFFMIRE, D. K., CLAGETT, O. T., MCDONALD, J. R.: Papillomas of the larynx, trachea and bronchi. Report of a case. Proc. Mayo Clin. 25, 595—600 (1950).

BUGDEN, W. F.: Asymptomatic and circumscribed lesions of the chest. Amer. Rev. Tuberc. **62**, 512 (1950).
BUGDEN, W. F.: Two cases of intrathoracic kidney. Dis. Chest **17**, 357—359 (1950).
BUHL: Lungenentzündung, Tuberkulose und Schwindsucht, 2. Aufl., S. 58. München: 1872.
BULGRIN, J. G., DUBOIS, E. L., JACOBSON, G.: Chest roentgenographic changes in systemic lupus erythematodes. Radiology **74**, 42—49 (1960).
BULL, P.: Über mediastinale Dermoidcysten und teratoide Geschwülste. Norsk. Mag. Lægevidensk. **90**, 329 (1929).
BULL, P.: Dermoid cysts and teratoid tumors of the mediastinum. Acta chir. scand. **78**, 281 (1936).
BULLO, E., DONATO, E. DE, ROCK, T., SIRTORI, C.: Considerazioni anatomo-cliniche e radiologiche sulle neoplasie del timo. (Contributo casistico.) Tumori **45**, 429—471 (1959).
BUMPUS, H. C.: The apparent disappearance of pulmonary metastases in a case of hypernephroma following nephrectomy. J. Urol. (Baltimore) **20**, 185—191 (1928).
BUNNELL, I. L., FURCOLOW, M. L.: A report of ten proved cases of histoplasmosis. Publ. Hlth Rep. (Wash.) **63**, 299 (1948).
BUNNER, R.: Lateral intrathoracic meningocele. Acta radiol. (Stockh.) **51**, 1 (1959).
BUONO, M. S., DEL, OSACAR, E. M.: Intrathoracic meningocele associated with cutaneous neurofibromatosis. Acta neurochir. (Wien) **9**, 37 (1961).
BURACZEWSKI, J., LEWINSKI, T.: Drei Fälle von Thymuszysten. Fortschr. Röntgenstr. **104**, 507—510 (1966).
BURCHELL, H. B.: Total anomalous pulmonary venous drainage: clinical and physiological patterns. Proc. Mayo Clin. **31**, 161—167 (1956).
BURCHELL, H. B., CLAGETT, O. T.: The clinical syndrome associated with pulmonary arteriovenous fistulas, including a case report of a surgical cure. Amer. Heart J. **34**, 151 (1947).
BURREL, L. S. T., TREIL, R. R.: A case of fibroma of the bronchus. Lancet **1927**, 1180.
BURROWS, H., HIEGER, I., KENNAWAY, E. L.: Experiments in carcinogenic effect of subcutaneous and intraperitoneal injection of lard, olive oil and other fatty materials in rats and mice. Amer. J. Path. **34**, 419 (1936).
BUSINCO, O.: La roentgendiagnostica della cisti da echinococco. Relaz. XIV. Congr. Soc. Ital. Radiol. Med., Aquila 1947.
BUSINCO, O.: Sulle condizioni che regolano l'accrescimento dell' idatide intrapolmonare. Radiol. sperimentale (Parma) **2**, 303 (1948).
BUSSE, O.: Über ein Chondro-Myxo-Sarcoma pleurae dextrae. Virchows Arch. path. Anat. **198**, 1 (1097).
BUSTINZA, P. P.: Ein Fall von intrathorakalem Angiom. Rev. clín. esp. **3**, 46 (1941).
BUTLER, C., KLEINERMANN, J.: Pulmonary hamartoma. Arch. Path. **88**, 584—592 (1969).
BUTT, E. M., HOFFMAN, A. M.: Healed or arrested pulmonary coccidioidomycosis; correlation of coccidioidin skin tests with autopsy findings. Amer. J. Path. **21**, 485 (1945).
BUTT, H.: Ein solitäres Lungenaspergillom. Wien. med. Wschr. **112**, 775—776 (1962).
BUTZ, A.: Über Erscheinungsformen des Glomustumors. Chirurg **12**, 97—104 (1940).
BUYERS, R. A., EMERY, F. B.: Pericardial celomic cysts. Arch. Surg. **60**, 1002—1005 (1950).
BUYTENDIJK, F. J. A.: Thoracale meningokele. Ned. T. Geneesk. **105**, 1019 (1961).
BUZZI, F.: Beitrag zur Kenntnis der angeborenen Geschwülste der Sacrococcygealgegend. Virchows Arch. path. Anat. **109**, 9—20 (1887).
BYRD, R., DIVERTIE, M. B., SPRITTEL, J. A.: Bronchogenic carcinoma and thromboembolic disease. J. Amer. med. Ass. **202**, 1019 (1967).
BYRNE, J. J.: Carotid body and allied tumors. Amer. J. Surg. **95**, 371—384 (1958).
BYRON, F. X., ALLING, E. E., SAMSON, P. C.: Intrathoracic meningocele. J. thorac. Surg. **18**, 294 (1949).
CABELLO CAMPOS, J. M.: Meningocele intrathorácica: consideraçoẽs em torno de dois casos. Bol. San. São Lucas **8**, 40 (1946).
CABELLO CAMPOS, J. M.: Roentgenologic syndrome in the diagnosis of intrathoracic meningocele. Amer. J. Roentgenol. **74**, 615—617 (1955).
CAEIRO, J. A., GOYENA, J. R.: Quiste hidatídico del lóbulo superior del pulmón izquierdo. Bol. y Trab. Soc. Cir. de Buenos Aires **17**, 537—552 (1933).
CAFFEY, J.: Pediatric x-ray diagnosis, 5th edit. Chicago: Year book Publ. Inc. 1967.
CAGGIOLI, P., ZALTRON, D.: Il quadro radiologico polmonare nella sindrome di Wegener. Riv. Radiol. **7**, 1077—1093 (1967).
CALAMARI, F., CODECASA, A., RADAELLI, G., REGGIO, O.: Le disembriopatie eteroplastiche a localizzazione mediastinica. Rassegna della letteratura e presentazione di quattro casi rilevati presso il C. P. A. di Milano. Riv. Ist. vaccin. antituberc. **17**, 372—391 (1967).
CALDAROLA, V. T., HARRISON, E. G., CLAGETT, O. T., SCHMIDT, H. W.: Benign tumors and tumor-like conditions of the trachea and bronchi. Trans. Amer. broncho-esoph. Ass. **44**, 49 (1964); Ann. Otol. (St. Louis) **73**, 1042 (1964).
CALL, J. D., VINSON, P. P.: Accumulation of blood simulating primary bronchial cancer. Amer. J. Roentgenol. **59**, 227—228 (1948).
CALSEYDE, P. VAN DE, GYSELEN, A.: 3 0000 bronchoscopies en milieu sanatorial et hospitalier. Bronches **7**, 290—310 (1957).
CAMARRI, E., MARINI, G.: La circulation bronchique à l'état normal et pathologique. Paris: Doin édit. 1965.
CAMBIER, J.: Le syndrome de Wegener et les formes «respiratoires» de la periartérite noueuse. Presse méd. **63**, 821 (1955).
CAMERER, I. W.: Beobachtungen bei einer rechtsseitigen parasternalen Zwerchfellhernie. Fortschr. Röntgenstr. **62**, 262 (1940).
CAMERON, A. H., MCMILLAN, D. H.: Lipomatosis of skeletal muscle in Maffucci's syndrome (dyschondroplasia with hemangiomata). J. Bone Jt Surg. B **38**, 692—698 (1956).
CAMPBELL, A. M. G.: Hereditary familial teleangiectasis and migraine. Lancet **1944 II**, 502.
CAMPBELL, D. C., SMITH, E. P., HOOD, R. H., DOMINEY, D. E., DOOLEY, B. N.: Benign granular-cell myoblastoma of the bronchus. Dis. Chest **46**, 729 (1964).
CAMPBELL, E., FRADKIN, N., LIPETZ, B.: Myasthenia gravis treated by removal of thymic tumor. Report of 2 cases. Trans. Amer. neurol. Ass. **67**, 14—15 (1941).
CAMPBELL, M., GARDNER, F.: Radiological features of enlarged bronchial arteries. Brit. Heart J. **12**, 183 (1950).
CAMPITELLI, M.: L'angiopneumostratigrafia nelle cisti da echinococco e nei tumori polmonari. Radiol. med. (Torino) **39**, 1126 (1953).
CAMPITELLI, M.: L'angiopneumostratigrafia nella diagnosi differenziale delle cisti da echinococco

e nei tumori a palla del polmone. Arch. Radiol. (Napoli) **28**, 389 (1953).
CANALE, M., ESPINO VELA, J., RUBIO, V., RUIZ, C., UZUN-HAENDEL, T.: Desembocadura anomala de las venas pulmonares. Arch. Inst. Cardiol. Méx. **30**, 583—608 (1960).
CANDIANI, G.: zit. n. FIRESTONE, F. N., JOISON, J.: Amyloidosis. J. thorac. cardiovasc. Surg. **51**, 292—299 (1966).
CANIATNO, P., CASALENA, M., MONACO, L.: Rilievi e considerazioni su alcuni segni radiologici del cancro primitivo del polmone di tipo periferico. Riv. Tuberc. **13**, 199—211 (1965).
CANNON, P. R.: Problem of lipid pneumonia. J. Amer. med. Ass. **115**, 2176—2179 (1940).
CAPELLI, L.: L'escavazione nel tumore polmonare. Riv. Tuberc. **10**, 135 (1962).
CAPLAN, A.: Thorax (Lond.) **8**, 29 (1953).
CAPLAN, A., COWEN, E. D. H., COUGH, J.: Thorax **13**, 181 (1958).
CAPLAN, A., PAYNE, R. B., WITHEY, J. L.: A broader concept of Caplan's syndrome related to rheumatoid factors. Thorax (Lond.) **17**, 205—212 (1962).
CAPPELL, D. F., MONTGOMERY, G. L.: On rhabdomyoblastoma. J. Path. Bact. **44**, 517 (1937).
CAPPON: Versprengte Schilddrüsenkeime in den oberen Luftwegen. Inaug.-Diss. Berlin 1911.
CAPURRO, F. G., BELLINI, M. A.: Pseudocystic shadows of the right pulmonary base due to diaphragmatic omental hernia. Radiology **59**, 410—414 (1952).
CARDIS, F.: Les petits foyers ronds et les tuberculomes du poumon. Rev. méd. Suisse rom. **77**, 773, 855 (1957).
CARDIS, F., WIPF, R., TADDEI, M.: J. franç. Méd. Chir. thor. **11**, 479 (1957).
CAREY, J. P., BRADLEY, R. L.: Arch. Surg. **87**, 897 (1963).
CAREZ, C., BRUNINX, W.: Les perforations ganglionnaires au cours des périodes primaire et secondaire de la tuberculose. Rev. méd. Liège **5**, 88—94 (1950).
CARLETON, A., ELKINGTON, J. S. C., GREENFIELD, J. G., ROBB-SMITH, A. H. T.: Maffucci's syndrome (dyschondroplasia with hemangiomata). Quart. J. Med. **11**, 203—228 (1942).
CARLISLE, J. C., LEARY, W. V., MCDONALD, J. R.: Endobronchial lipoma: report of a case. Proc. Mayo Clin. **26**, 103—106 (1951).
CARLO, J. DE, TRAMER, A., STARTZMAN, H. H.: Iodized oil aspiration in newborn. J. Dis. Child. **84**, 442—445 (1952).
CARLSEN, C. J., KIAER, W.: Chondromatous hamartoma of the lung. Thorax (Lond.) **5**, 283 (1950).
CARLSON, H. A.: Congenital cysts of mediastinum. J. thorac. Surg. **12**, 376—393 (1943).
CARLSON, V., MARTIN, J. E., KEEGAN, J. M., DAILEY, J. E.: Roentgenographic features of mucoid impaction of the bronchi. Amer. J. Roentgenol. **96**, 947—952 (1966).
CARPINISAN, C., DIACONITA, G., ESKENASY, A., SCUREI, A.: Tuberculose pulmonaire, cancer ou granulome pulmonaire. Ftiziologia (Bukar.) **4**, 35—43 (1955).
CARRERA, J. L.: A pathologic study of the lungs in 152 autopsy cases of syphilis. Amer. J. Syph. **4**, 1 (1920).
CARRIÈRE, G., HURIEZ, C.: Les neurinomes intrathoracique au cours de la maladie de Recklinghausen (neurofibromatose et tumeurs du médiastin). Ann. Anat. path. **14**, 277 (1937).
CARRIÈRE, G., VANDENDORP, F., VERHAEGHE, A., PARIS, J.: Cancer broncho-pulmonaire developpé dans une lobite scléreuse supérieure droite chez un syphilitique. Bull. Ass. franç. Cancer **28**, 615—626 (1939).
CARRINGTON, C. B., LIEBOW, A. A.: Limited form of angiitis and granulomatosis of Wegener's type. Amer. J. Med. **41**, 497—527 (1966).
CARSTENS, M.: Probleme der Pneumokoniosen. Leipzig: J. A. Barth 1961.
CARSWELL, J. R.: Arterio-venous fistula of the lung. J. thorac. Surg. **19**, 789 (1950).
CARTER, R. A.: Coccidioidal granuloma; roentgen diagnosis. Amer. J. Roentgenol. **25**, 715 (1931).
CARTER, R. A.: Pulmonary mycotic infections. Radiology **26**, 551 (1936).
CARTER, R. W., VAUGHN, H. M.: Congenital pulmonary lymphangiectasis. Amer. J. Roentgenol. **86**, 576—578 (1961).
CASARINI, A., MORONE, C.: Condroma maligno in polmone silico-tubercolotica. Boll. Soc. med.-chir. Pavia **63**, 221—256 (1949).
Case Records of the Massachusetts General Hospital: New Engl. J. Med. **245**, 575 (1951).
CASPERS, F.: Über die Entstehung und den röntgenologischen Nachweis von Brustraum-Bauch-Fisteln. Fortschr. Röntgenstr. **75**, 322—328 (1953).
CASSOU, R.: Neurinomes intrapulmonaires. J. Radiol. Électrol. **31**, 578—579 (1950).
CASTELLANI, A.: Notes on certain bronchomycosis, which may simulate pulmonary tuberculosis. Amer. Rev. Tuberc. **16**, 541 (1927).
CASTELLANOS, A., GARCIA, O., RODRIGUES-DIAZ, A. ANIDO, H.: Aneurisma arteriovenoso de la circulacion pulmonar. J. int. Chir. **10**, 223 (1950).
CASTELLANOS, A., MERCADO, H., ALTMAN, D. H.: Unequal or asynchronic segmentary pulmonary angiographic transit time. Trans. VII. Interamerican Congr. of Cardiology Lima (Peru), 21.—27. 4. 1968, S. 1—12. Miami, Florida: Variety Children's Hosp. 1968.
CASTEX, M. R., MAZZZEI, E. S., DREYER, PEDACE, E. A.: Neumopatias per aspiración accidentel de nafta. Pren. méd. argent. **1948**.
CASTLEMAN, B.: Healed pulmonary infarction. Arch. Path. **30**, 130—142 (1940).
CASTLEMAN, B.: Case records of the Massachusetts General Hospital. Case No. 29462. New Engl. J. Med. **229**, 789—793 (1943).
CASTLEMAN, B.: Tumors of the thymus. In: Atlas of tumor pathology. Sect. V, fasc. 19. Washington: Armed Forces Institute of Pathology 1955.
CASTLEMAN, B., NORRIS, E. H.: The pathology of the thymus in myasthenia gravis. Medicine (Baltimore) **28**, 27—58 (1948).
CATALANO, D., VITA, G.: Das „Scimitar-Syndrom": Diagnostischer Wert der direkten Röntgenuntersuchung. Radiologe **7**, 324—326 (1967).
CATTANEO, C.: I tumori neurogeni benigni a sviluppo endotoracico nell' infanzia. Res. med. (Roma) **1**, 121—128 (1957).
CATTENOZ, F.: Le granulome tuberculeux bronchique. Bronches **7**, 194—195 (1957).
CAULET, T., LE MELLETIER, J.: Tumeurs à cellules granuleuses à localisation bronchique et lingulae associées. Ann. Anat. path. **4**, 154 (1959).
CAUSSADE, G., DECOURT, DURVISEL: Mediastinales Dermoidkystom. Pulmonale Form mit Hämoptysen. Ausgang mit septisch-metastatischer Encephalitis. Arch. méd.-chir. Appar. resp. **8**, 246 (1933).
CAUSSADE, G., SURMONT, J., LACAPÈRE, J.: Un cas d'enchondrome de la bronche droite. Bull. Soc. méd. Hôp. Paris **41**, 1299 (1925).

Cavalcanti, I. L., Thompson, G., Souza, N., Barbosa, E. S.: Pulmonary hypertension in schistosomiasis. Brit. Heart J. **24**, 363—371 (1962).

Cavalo, F.: Sopra un caso di amartoma condromatoso del polmone. Riv. Anat. pat. **5**, 509 (1952).

Cavin, E., Masters, J. H., Moody, J.: Hamartoma of the lung. Report of one malignant and three benign cases. J. thorac. Surg. **35**, 816 (1958).

Cazeilles, M., Ruzie, J., Javel, R., Schmidt, R.: Hernie diaphragmatique paramédiane droite antérieur par la fente de Larrey. J. Radiol. Électrol. **33**, 473—476 (1952).

Ceccamea, A., Zoppini, A.: La «sindrome di Maffucci» (discondroplasia con angiomatosis); rassegna sintetica e contributo casistico. Med. clin. sper. **14**, 1—46 (1964).

Cecconi, F.: I tumori connettivali del polmone. Bologna: Capelli Ediz. 1957.

Ceelen, W.: Die Kreislaufstörungen der Lunge. In: Henke-Lubarsch, Handbuch der speziellen pathologischen Anatomie und Histologie, Bd. III/3., S. 1—163. Berlin: Springer 1931.

Cetrullo, C., Fasano, E.: Tuberculosis gangliobronchiale. Riv. Pat. Clin. Tuberc. **31**, 597—611 (1958).

Cévese, P. G., Grapulin, G., D'Ambrosio, G.: Valore dell' indagine radiologica nella diagnostica dell' idatosi polmonare complicata. Acta chir. ital. **15**, 815—853 (1959).

Chadourne, P., Renault, P., Duchet-Suchaux, L., Joannou, I., Pinelli, A.: Tuberculomes et noyaux caséeux persistants. Rev. Tuberc. (Paris) **16**, 355—365 (1952).

Chambatte, C. H., Pernod, J., Léderente, A., Loubiere, R.: Actinomycose broncho-pulmonaire pseudo-tumorale apparement primitive traitée par exérèse lobaire. J. franç. Méd. Chir. thor. **15**, 477 (1961).

Champeau, D., Couespel, A.: Leiomyome bronchique. Ann. Oto-laryng. (Paris) **70**, 183—190 (1953).

Chandler, A., Herzberger, E. E.: Lateral intrathoracic meningocele. Case report with preoperative diagnosis. Amer. J. Roentgenol. **90**, 1216—1219 (1963).

Chandler, F. G.: Achalasia with pleural effusion simulating mediastinal growth. Brit. med. J. **1939**, 398.

Chapman, D. W., Gugle, L. J., Wheeler, P. W.: Experimental pulmonary infarction. Abnormal pulmonary circulation as a prerequisite for pulmonary infarction following an embolus. Arch. intern. Med. **83**, 158—163 (1949).

Chapman, D. W., Wheeler, P. A.: Experimental pulmonary embolism. J. Lab. clin. Med. **32**, 1417 (1947).

Charbon, B. C., Adams, W. E., Carlson, R. F.: Surgical treatment of multiple arteriovenous fistulas in the right lung in a patient having undergone a left pneumonectomy seven years earlier for the same disease. J. thorac. Surg. **23**, 188 (1952).

Chardack, W. M., Waite, G. L.: Chondromatous hamartoma of a main bronchus. Surgery **34**, 92—97 (1953).

Charette, E. E., Mariano, A. V., Laforet, E. G.: Solitary mast cell "tumor" of lung. Its place in the spectrum of mast cell disease. Arch. intern. Med. **118**, 358—362 (1966).

Charles, D.: Endometriosis and hemorrhagic pleural effusion. Obstet. and Gynec. **10**, 309 (1957).

Charlton, R. W., Du Plessis, L. A.: Multiple pulmonary artery aneurysms. Thorax (Lond.) **16**, 364—371 (1961).

Charmandarjan, Schliefer: Die Röntgendiagnostik der Mediastinaltumoren. Vestn. Rentgenol. Radiol. (Mosk.) **11**, 170 (1929); Ref. Zentr.-Org. ges. Chir. **63**, 611 (1933).

Charpin, J., Payan, H., Reboud, E., Marchioni, C.: Une tumeur bronchique rare: la tumeur à cellules granuleuses d'Abrikossoff. Poumon **20**, 1069 (1964).

Charpin, J., Reboux, E., Payan, H., Lieutaud, R.: Bronchiectasies pseudo-tumorales. Poumon **28**, 137—145 (1962).

Chatillon, J., Rutishauser, E., Morard, J. C.: L'angéite de Wegener. Rev. franç. Étud. clin. biol. **1**, 418 (1956).

Chébat, J., Averous, M.: Les bronchocèles. Clinique (Paris) **571**, 249 (1962).

Chébat, J., Israël-Asselain, R.: Les bronchocèles. Cah. Coll. Méd. Hôp. Paris **7**, 529—531 (1966).

Cheesman, R. J.: Hodgson, C. H., Bernatz, P. E., Weed, L. A.: Surgical resection in the treatment of pulmonary histoplasmosis. Dis. Chest **37**, 356 (1960).

Chester, M. H., Tully, J. B.: Acute pericardial fat necrosis. J. thorac. cardiovasc. Surg. **38**, 62 (1959).

Chesterman, J. T.: Lipoid pneumonia due to iodized oil. J. Path. Bact. **54**, 385—386 (1942).

Chevrot, L., Houël, J., Dor, V., Dor, P., Malmejac, C., Noirclerc, M., Roux, G., Lavieille, J., Kandelman, M.: Étapes radiologiques schématisées des kystes hydatiques endopulmonaires. J. Radiol. Électrol **50**, 675—678 (1969).

Chiari, H.: Über chronische abzsedierende Schaumzellenpneumonie. Langenbecks Arch. klin. Chir. **125**, 268 (1951).

Chiari, O.: Über einen Fall von Osteom der Trachea. Wien. med. Wschr. **1878**, 913.

Chiari, O.: Stenose bei Rhinosklerom. Wien. med. Jb. **1882**.

Chiari, O.: Zur Kenntnis der Bronchialgeschwülste. Prag. med. Wschr. **8**, 497 (1883).

Chiarolanza, R.: Sulle cisti e tumori del polmone. Verh. 11. Kongr. internat. Ges. Chir. Bd. 2, S. 586—598 (1939).

Chiarotti, F., Picchio, C.: Sifilide polmonare (Insorgenza e regressione di gomme in corso di trattamento). Radiol. med. (Torino) **36**, 478 (1950).

Ch'ien Mu-Han: Roentgenological diagnosis of paragonimiasis. Chin. med. J. **73**, 37—46 (1955).

Child, C. G., Harmon, G. S., Dotter, C. T., Steinberg, I.: Liver herniation simulating intrathoracic tumor. J. thorac. Surg. **21**, 391—393 (1951).

Childers, R. W., Ranniger, K., Rabinowitz, M.: Intrahepatic arteriovenous fistula with pulmonary vascular obstruction in Osler-Rendu-Weber's disease. Amer. J. Med. **43**, 304—312 (1967).

Childress, W. G., Adie, G. C.: Plasmacell tumor of the mediastinum and lung. J. thorac. Surg. **19**, 794—799 (1950).

Chiodi, N., Siegel, I. A., Guerin, P. F., MacCaughan, D.: Granular cell myoblastoma of the vulva and lower respiratory tract: report of a case. Obstet. and Gynec. **9**, 472 (1957).

Chrisholm, J. C., Lang, E. R.: Solitary circumscribed pulmonary nodule. An unusual manifestation of sarcoidosis. Arch. intern. Med. **118**, 376—378 (1966).

Christ, H.: Ein Beitrag zur Genese der Perikardzysten. Zbl. Chir. **79**, 1763—1769 (1954).

Christensen, H. E., Hjort, G. H., Berteslen, S.: The cellular origin of amyloid. Amer. J. clin. Path. **8**, 307 (1963).

Christian, H. K.: Fibrinous bronchitis. Med. Clin. N. Amer. **2**, 1255 (1919).

Christie, G. S.: Diaphragmatic deformation of the liver. Aust. New Zeal. J. Surg. 20, 289—303 (1951).
Christoforidis, A. J.: Radiologic manifestations of histoplasmosis. Amer. J. Roentgenol. 109, 478—490 (1970).
Christoforidis, A. J., Nelson, S. W., Pratt, P. C.: Bronchiolar dilatation with muscular hyperplasia: polycystic lung. Emphasis on the roentgenologic findings. Amer. J. Roentgenol. 92, 513—520 (1964).
Christopherson, J. C.: Intrathoracic gastric cyst. Acta chir. scand. 96, 12 (1947).
Christopherson, W. M., Foote, F. W., Stewart, F. W.: Alveolar soft-part sarcomas: structurally characteristic tumors of uncertain histogenesis. Cancer (Philad.) 5, 100—111 (1952).
Chrysospathis, P.: Echinococcus of the lung. Dis. Chest 49, 278—283 (1966).
Chudáček, Z., Kohoutek, V., Cajzl, L.: Die Bedeutung der Pneumangiographie in der Diagnostik der Lungenembolien. Fortschr. Röntgenstr. 110, 366—371 (1969).
Chung Huei-Lan, Weng, H. C., Hon, T. C., Ho, L. Y.: The value of complement fixation test and intradermal test in the diagnosis of paragonimiasis. Chin. med. J. 73, 47 (1955).
Churchill, E. D.: Cabot case 23492. New Engl. J. Med. 217, 958 (1937).
Churton, H.: Multiple aneurysms of the pulmonary artery. Brit. med. J. 1897I, 1223.
Ciagla, P.: Intrathoracic meningocele. J. thorac. Surg. 23, 283 (1952).
Cid, J. M.: Hamarcio-condromas pulmonares. An. de cir. (españ.) 6, 285—297 (1940).
Cid, J. M., Bonilla, J. L.: Giant cell tumor of the trachea. J. thorac. Surg. 11, 210—215 (1941).
Citron, K. M., Scadding, J. G.: Stenosing noncaseating tuberculosis (sarcoidosis) of the bronchi. Thorax (Lond.) 12, 10 (1957).
Cittadini, G. F., Passariello, R.: La syndrome di Klippel-Trénaunay-Parkes-Weber. Riv. Radiol. 7, 383—423 (1967).
Claessen, G.: The roentgen diagnosis of echinococcus tumors. Acta radiol. (Stockh.), Suppl. 6 (1928).
Claessen, G.: On echinococcus of the lung. Acta radiol. (Stockh.) 16, 601—615 (1935).
Clagett, O. T., Eaton, L. M.: Surgical treatment of myasthenia gravis. J. thorac. Surg. 16, 62—80 (1947).
Clagett, O. T., Hausmann, P. F.: Huge intrathoracic fibroma, report of a case. J. thorac. Surg. 13, 6—15 (1944).
Clagett, O. T., McDonald, J. R.: Bronchiectasis and lipoid pneumonitis associated with large aberrant pulmonary artery. Proc. Mayo Clin. 20, 1—5 (1945).
Clagett, O. T., McDonald, J. R.: Intrathoracic gastric cyst. J. thorac. Surg. 15, 318—323 (1946).
Clagett, O. T., Moersch, H. J., Grindlay, J. H.: Intrathoracic tracheal tumors: development of surgical technics for their removal. Ann. Surg. 136, 520—532 (1952).
Clairmont: Die geschlossene intrapulmonale Bronchuszyste. Dtsch. Z. Chir. 100, 157—169 (1927).
Clara, M.: Entwicklungsgeschichte des Menschen. Leipzig: Quelle & Meyer 1938.
Clauss, R. H., Wilson, D. W.: Pancreatic pseudocyst of the mediastinum. J. thorac. Surg. 35, 795 (1958).
Clay, R. C., Hanlon, C. R.: Pneumoperitoneum in the differential diagnosis of diaphragmatic hernia. J. thorac. Surg. 21, 57 (1951).
Cleland, W. P.: Cavernous hemangioma of the lung. Report of a case. Thorax (Lond.) 3, 48 (1948).
Cleve, E. A., Correa, J.: Bronchobiliary fistula secondary to amebic abscess of liver. Gastroenterology 34, 320 (1958).
Cliffton, E. E., Das Gupta, T., Pool, J. L.: Bilateral pulmonary resection for primary or metastatic lung cancer. Cancer (Philad.) 17, 86 (1964).
Cliffton, E. E., Pool, J. L.: Treatment of lung metastases in children with combined therapy (surgery and/or irradiation and chemotherapy). J. thorac. cardiovasc. Surg. 54, 403—420 (1967).
Cloetta: Über das Vorkommen einer Dermoidcysta in der Lunge. Virchows Arch. path. Anat. 20, 42 (1861).
Cloné, B.: Ungewöhnliche Symptomatik und Verlauf eines mediastinalen Chemodektoms. Fortschr. Röntgenstr. 104, 567—570 (1966).
Clough, D. M., Beirne, M. T.: Benign mesothelial cyst of the diaphragm. J. thorac. Surg. 29, 212—216 (1955).
Cmyral, R.: Über einen Fall von intrathorakaler bilateraler Meningocele. Radiol. austriaca 5, 23 (1952).
Coadok, L.: Moules bronchiques (bronchites plastiques). Thèse de Paris 1962.
Cobet, H., Richter, K., Willamowski: Eosinophile Pneumonien. Dtsch. Gesundh.-Wes. 23, 111—118 (1968).
Coblentz: Quelques considérations à propos d'un cas de diverticule inflammatoire du péricarde. Thèse de Paris 1940.
Cocchi, U.: Zirkulationsstörungen der Lunge. In: Schinz-Baensch-Friedl-Uehlinger, Lehrbuch der Röntgendiagnostik, 5. Aufl., Bd. III, S. 2106—2125. Stuttgart: G. Thieme 1952.
Cocchi, U.: Lungensyphilis. In: Schinz-Baensch-Friedl-Uehlinger; Lehrbuch der Röntgendiagnostik, 5. Aufl., Bd. III, S. 2436—2440. Stuttgart: G. Thieme 1952.
Cocco, G.: Il valore del «segno dello scollamento della membrana» nella diagnosi radiologica delle cisti da echinococco del polmone. Radiol. med. (Torino) 29, 30—37 (1942).
Codesca, A., Calamari, F., Radaelli, G., Reggio, O.: Gli amartocondromi del polmone. Riv. Ist. vaccin. antituberc. 17, 393—411 (1967).
Cohen, A. G.: Atelectasis of the right middle lobe resulting from perforation of tuberculous lymph nodes into bronchi in adults. Ann. intern. Med. 35, 820—835 (1951).
Cohen, S. I.: The right pericardial fat pad. Radiology 60, 391—393 (1953).
Cohen, S. J., King, F. H.: Relation between myasthenia gravis and exophthalmic goiter. Arch. Neurol. Psychiat. 28, 1338—1345 (1932).
Cohlan, S. Q.: Pericytoma (Glomus type): Clinical report and review of pediatric cases in the literature. Amer. J. Dis. Child 103, 608—612 (1962).
Cohn, F.: Ein Fall von diffuser Knochenbildung in der Lunge. Virchows Arch. path. Anat. 101, 165 (1885).
Cohnheim, J.: Untersuchungen über die embolischen Prozesse, S. 112ff. Berlin: A. Hirschwald 1872.
Cohnheim, J., Litten, M.: Über die Folgen der Embolie der Lungenarterien. Virchows Arch. path. Anat. 65, 99—115 (1875).
Coirault, R., Coudreau, H., Girard, J.: Les manifestations suppurées intrathoraciques de l'amibiase. Sem. Hôp. Paris 1955, 1603—1617.
Cokkalis, P.: Über angeborene Zysten. Dtsch. Z. Chir. 251, 400 (1938).
Colberg, J. E.: Granular cell myoblastoma. Int. Abstr. Surg. 11, 205 (1962).

Colberg, J. E., Hubay, C. A.: Granular-cell myoblastoma: A problem in diagnosis. Surgery 53, 226—237 (1963).

Coldwater, B., Dirks, R.: Chemodectoma of the glomus intravagale. Report of two cases, one with regional lymph node metastase. Surgery 40, 1069 (1956).

Cole, F. H., Alley, F. H., Jones, R. S.: Aberrant systemic arteries to the lower lungs. Surg. Gynec. Obstet. 93, 589—596 (1951).

Coley, D. A., McNamara, D. G.: Pulmonary teleangiectasia. Report of a case proved by pulmonary biopsy. J. thorac. Surg. 27, 614 (1954).

Collins, L. H., Kornblum, K.: Chronic pulmonary infection due to Friedländer Bacillus; clinical and roentgenologic study. Arch. intern. Med. 43, 351—362 (1929).

Collins, M. D., Fisher, H.: A case of generalized hemangiosarcomatosis erroneously considered as general tuberculosis. Amer. Rev. Tuberc. 61, 257—262 (1950).

Colmers, R. A.: Parasternal diaphragmatic hernia with report of a case on the right side. Radiology 37, 733—739 (1941).

Comer, T. P., Clagett, O. T.: Surgical treatment of hernia of the foramen of Morgagni. J. thorac. cardiovasc. Surg. 52, 461—468 (1966).

Comino, E., Musso, M.: Aspetti radiologici dell' aspergilloma polmonare. Radiol. med. (Torino) 54, 865—887 (1968).

Compte, P. M. le: Tumors of the carotid body. Amer. J. Path. 24, 305—321 (1948).

Compte, P. M. le: Tumors of the carotid body and related structures (Chemoreceptor system). In: Atlas of tumor pathology, Sect. IV, Fasc. 16, p. 40ff. Washington: Armed Forces Inst. of Pathology 1951.

Comroe, J. H.: The location and function of the chemoreceptors of the aorta. Amer. J. Physiol. 127, 176—191 (1939).

Condon, R. E., Pinkham, R. D., Hames, G. H.: Primary isolated nodular pulmonary amyloidosis-report of a case. J. thorac. cardiovasc. Surg. 48, 498—505 (1964).

Congiu, A.: Il segno del galleggiamento della membrana nella diagnosi della cisti da echinococco aperta del polmone. Radiologia (Roma) 5, 99(1949).

Conklin, W. S.: Tumors and cysts of the mediastinum. Dis. Chest 17, 715—740 (1950).

Connar, R. G., Ferguson, T. B., Sealy, W. C., Conant, N. F.: Nocardiosis. Report of a single case with recovery. J. thorac. Surg. 22, 424—433 (1951).

Conner, L.: Syphilis of the trachea and bronchi. An analysis of 128 recorded cases and report of a case of syphilitic stenosis of the bronchi. Amer. J. med. Sci. 126, 57 (1903).

Conolly, J. E., Smith, J. W.: Massive pulmonary infarction simulating carcinoma of the lung. Dis. Chest 39, 429—432 (1961).

Conrad, F. G., Saslaw, S., Atwell, R. J.: The protean manifestations of histoplasmosis as illustrated in 23 cases. Arch. intern. Med. 104, 692 (1959).

Conrozier, M., Magnin, J.: Les images tumorales de la silicose. J. Radiol. Électrol. 21, 433—443 (1937).

Conta, G. v.: Periarteriitis nodosa der Lungengefäße und Lungenröntgenbild. Fortschr. Röntgenstr. 47, 506—510 (1933).

Cooke, F. N., Evans, J. M., Kistin, A. D., Blades, B.: Anomaly of pulmonary veins. J. thorac. Surg. 21, 452 (1951).

Cooley, D. A., McNamara, D. G.: Pulmonary teleangiectasis: report of case proved by pulmonary biopsy. J. thorac. Surg. 27, 614—622 (1954).

Cooley, J. C.: Intralobar bronchopulmonary sequestration. Dis. Chest 42, 95—99 (1962).

Cooper, G., Archer, V. W., Mapp, J. R.: Mesothelial mediastinal cysts ("pericardial cysts"). Sth. med. J. (Bgham, Ala.) 41, 285—295 (1948).

Cooper, N. S.: Acute bronchopneumonia due to aspergillus fumigatus Fresenius. Arch. Path. 42, 644—648 (1945).

Cooper, T., Barker, N. W.: Recurrent venous thrombosis: early complication of obscure visceral carcinoma. Minn. Med. 27, 31—36 (1944).

Coopmans de Yoldi, G., Lattuada, A.: Considerazioni sulla semeiotica broncografia dei carcinomi periferici. G. ital. Mal. tor. 20, 245—260 (1966).

Cooray: Thymic tumors. Arch. Path. 43, 611 (1947).

Cope, G. C.: The development of arterio-venous aneurysms in the lung. Brit. J. Tuberc. 47, 166 (1953).

Corcoran, W. J.: Anthraco-silicosis. Radiology 50, 751 (1948).

Cornell, A., Blumberg, M. L., Sarot, J. A.: Cysts of the oesophagus. Case report and review of literature. Gastroenterology 15, 260 (1950).

Cornell, S. H.: Calcium in the fluid of mediastinal bronchogenic cyst: a new roentgenographic finding. Radiology 85, 825—828 (1965).

Cornet, E., Kerneis, J. P., Moigneteau, C. R., Dupon, H., Coiffard, P.: Un cas d'aspergillome bronchiectasant précocement infecté. Poumon 13, 221—230 (1957).

Cornet, V., Barrière: Anévrysme traumatique du lobe pulmonaire inférieur droit. Séquelle du plaie transfixiante par éclat lobectomie — guérison. J. franç. Méd. Chir. thor. 9, 259—264 (1959).

Cornil, A., Durieu, H., Malaisse-Lagae, F., Payfa, M.: Obstruction bronchique par un sarcome xanthomateux. Presse méd. 72, 893—898 (1964).

Cornog, J. L., Enterline, H. T.: Lymphangioma, a benign lesion of the chyliferous lymphatics synonymous with lymphangiopericytoma. Cancer (Philad.) 19, 1909—1930 (1966).

Coroller, J., et al.: Aspergillome greffé sur un foyer cavitaire sarcoidosique. J. franç. Méd. Chir. thor. 20, 789 (1966).

Corper, H. J., Freed, H.: Intratracheal injection of oil for diagnostic and therapeutic purposes. J. Amer. med. Ass. 79, 1739 (1922).

Cortes, F. M., Winters, W. L.: Schistosomiasis cor pulmonale. Amer. J. Med. 31, 808—812 (1961).

Coryllos, P. N.: Mechanics and biology of tuberculous cavities. Amer. Rev. Tuberc. 33, 639—660 (1936).

Cospite, M., Palazzolo, F., Ballo, M., Bruno, S.: La compromissione polmonare nella poliarterite nodosa. Rif. med. 82, 677—680 (1968).

Coste, F., Bolgert, M.: Image radiologique arrondie. Infarctus pulmonaire (?). Bull. Soc. méd. Hôp. Paris Sér. III 49, 1362—1368 (1933).

Cotton, B. H., Birsner, J. W.: Surgical treatment in pulmonary coccidioidomycosis; preliminary report of 30 cases. J. thorac. Surg. 20, 429 (1950).

Cotton, R. E., Jackson, J. W.: Localized amyloid "tumours" of the lung simulating malignant neoplasms. Thorax (Lond.) 19, 97—103 (1964).

Coulshed, N., Jones, E. W., Temple, L. J.: Cyst of thymus. Report of a case presenting as idiopathic cardiomegaly. Brit. J. Radiol. 331, 95—99 (1958).

Coury, C.: Les «kystes dermoïdes» intrathoraciques (dysembryomes hétéroplastiques). Paris: G. Doin & Cie. 1945.

Coury, C.: Hippocratisme digital, osté-arthropathie hypertrophiante et tumeurs intra-thoraciques. Rev. méd. franç. 5, 77—84 (1946).

Coury, C., Monod, O., Tournier, I.: Coexistence chez un enfant de deux kystes bronchogéniques du médiastin et d'un incoalescence partielle du péricarde: dysembryoplasie homoplastique complexe. J. franç. Méd. Chir. thor. 10, 271 (1956).

Coury, C., Saigot, T., Delepierre, F.: Les dysembryomes homoplastiques. Vie méd. 51, 3483—3492 (1970).

Couvelaire: Dégénérescence kystique du poumon. Rev. mens. Mal. l'enfant 22 (1904).

Cox, A. J., Smith, C. E.: Arrested pulmonary coccidioidal granuloma. Arch. Path. 27, 717—734 (1939).

Cracovaner, A. J.: Chondroma of the lung; report of two cases. Laryngoscope (St. Louis) 48, 346—355 (1938).

Craddock, W. L.: Cysts of the pericardium. Amer. Heart J. 40, 619—623 (1950).

Cragg, R. W.: Concurrent tumors of the left carotid body and both Zuckerkandl bodies. Arch. Path. 18, 635—645 (1934).

Crane, A. R., Carrigan, P. T.: Primary subpleural intrapulmonic thymoma. J. thorac. Surg. 25, 600—605 (1953).

Crane, A. R., Tremblay, S.: Myoblastoma (granular cell myoblastoma) or myoblastic myoma. Amer. J. Path. 21, 357 (1945).

Crane, P., Lerner, H. H., Lawrence, E. A.: The syndrome of arterio-venous fistula of the lung. Amer. J. Roentgenol. 62, 418—431 (1949).

Crastnopol, P., Franklin, W. D.: Fibroleiomyoma of the lung. Ann. Surg. 145, 128 (1957).

Crausaz, P. H.: Surgical treatment of the hydatid cyst of the lung and hydatid disease of the liver with intrathoracic evolution. J. thorac. Surg. 53, 116—129 (1967).

Craver, L. F., Blady, J. V.: An unusual case of bilateral pulmonary apical dermoid cysts. Amer. J. Roentgenol. 39, 205 (1938).

Craver, W. L.: Solitary amyloid tumor of the lung. A case report. J. thorac. cardiovasc. Surg. 49, 860—867 (1965).

Crews, A. B., Jacobs, M. L.: The roentgenographic spectrum of pulmonary embolism and infarction. J. Newark Beth-Israel Hosp. 14, 3 (1963).

Crile, G. W., Ball, R. P.: Primary nerve tumors of the neck and mediastinum. Surg. Gynec. Obstet. 38, 419 (1929).

Crimm, P. D., Kiechle, F. L.: Fibroma of the lung. Case report. J. thorac. Surg. 23, 205—209 (1952).

Crinquette, J., Saout, J., Delacroix, R., Bouchez, J.: Un cas de papillom solitaire de la bronche. Bronches 19, 203—208 (1969).

Crispin, R. H., Logan, W. D., Abbott, O. A.: Mediastinal gastroenteric cyst with vertebral anomaly. Dis. Chest 47, 346 (1965).

Croff, P. B.: Abnormal responses to muscle relaxants in carcinomatous neuropathy. Brit. med. J. 1958 I, 181.

Crofton, J. W., Livingstone, J. L., Oswald, N. C., Roberts, A. T. M.: Pulmonary eosinophilia. Thorax (Lond.) 7, 1—35 (1952).

Croizier, L., Martin, E., Policard, A.: La fibrose pulmonaire des mineurs, vol. I. Paris: Masson & Cie. 1938.

Cross, G. O., Reavis, J. R., Saunders, W. W.: Lateral intrathoracic meningocele. J. Neurosurg. 6, 423 (1949).

Crotte, A.: Thyroid, parathyroids and thymus, 3rd ed., p. 370—387. Philadelphia: Lea & Febinger 1938.

Crozier, L., Ode, L., Roche, L.: Lésions artérielles des blocs silicotiques. Presse méd. 53, 638—639 (1954).

Cruciani, V., Loi, G.: Rilievi anatomo-clinici sul papilloma bronchiale. Gazz. int. Med. Chir. 70, 2476—2486 (1966).

Cruciani, V., Loi, G.: L'adenoma bronchiale. Osservazioni anatomo-cliniche. Gazz. int. Med. Chir. 72, 299—309 (1967).

Cruickshank, D. B.: Primary intrathoracic neurogenic tumours. J. Fac. Radiol. (Lond.) 8, 369—380 (1957).

Cruickshank, D. B., Harrison, G. K.: A case of pulmonary cryptococcosis. Thorax (Lond.) 7, 182—184 (1952).

Cruickshank, D. B., Harrison, G. K.: Diffuse fibroleiomyomatous hamartoma of the lung. Thorax (Lond.) 3, 316 (1953).

Cruickshank, G., Cruickshank, D. B.: Intradiaphragmatic mesothelial cysts. Thorax (Lond.) 6, 145—153 (1951).

Crummy, A. B., Juhl, J. H.: Calcified gastric leiomyoma. Amer. J. Roentgenol. 87, 727—728 (1962).

Crutcher, R. R., Waltuch, T. L., Ghosh, A. K.: Bronchial lipoma. Report of a case and literature review. J. thorac. cardiovasc. Surg. 55, 422—425 (1968).

Cruz, E., Schüler, P., Oyanguren, H., Salvestrini, H., Del Solar, E.: Silicomas: grandes nódulos silicóticos que simulan tumor pulmonar. Rev. méd. Chile 88, 875—882 (1960).

Čsermely, H.: Xanthofibroma pulmonis. Zbl. allg. Path. path. Anat. 78, 118—121 (1941).

Cubillo-Herguera, E., McAkister, W. H.: The pulmonary meniscus sign in a case of bronchogenic carcinoma. Radiology 92, 1299—1300 (1969).

Cubillos, L.: Die Perikard- und Pleurazölomzysten. Inaug.-Diss. Düsseldorf 1958.

Culiner, M. M., Grimes, O. F.: Localized emphysema in association with bronchial cysts or muco- celes. J. thorac. cardiovasc. Surg. 41, 306—313 (1961).

Culver, G. J., Concannon, J. P., Mac Manus, J. E.: Pulmonary tuberculomas, pathogenesis and management. J. thorac. Surg. 20, 798—822 (1950).

Cumbo, E.: Cisti idatidea polmonare. Radiol. med. (Torino) 13, 911 (1926).

Cummins, W. T., Smith, J. K., Halliday, C. H.: Coccidioidal granuloma; epidemiologic survey with a report of 24 additional cases. J. Amer. med. Ass. 93, 1046 (1929).

Curry, T. S., Curry, G. C.: Atresia of the bronchus to the apical-posterior segment of the left upper lobe. Amer. J. Roentgenol. 98, 350—353 (1966).

Curreri, A. R., Gale, J. W.: Mediastinal tumors. Arch. Surg. 59, 797 (1949).

Curtillet, E.: Les kystes hydatiques dits «centraux» du poumon. J. franç. Méd. Chir. thor. 4, 151—156 (1950).

Curtillet, E.: Aspects chirurgicaux nouveaux des suppurations pulmonaires. Les évidements lobaires. Les suppurations pseudo-tumorales. J. franç. Méd. Chir. thor. 4, 162—168 (1950).

Curtillet, E., Portier, J.: Cancer bronchique du lobe moyen et bronchite segmentaire. J. franç. Méd. Chir. thor. 2, 422—431 (1948).

Cushing, E. H.: Diverticulum of the pericardium. Arch. intern. Med. 59, 56—64 (1937).

Dabbs, C. H., Berg, R., Peirce, E. C.: Intrapericardial bronchogenic cysts. Report of two cases and probable embryologic explanation. J. thorac. Surg. 34, 718 (1957).

DABBS, C. H., PEIRCE, E. C., RAWSON, F. L.: Intrapericardial intraatrial teratoma (bronchogenic cyst). New Engl. J. Med. 256, 541 (1957).

D'ABREU, A. L.: A practice of thoracic surgery. London: Ed. Arnold & Co. 1953.

DAFOE, C. S., ROSS, C. R.: Intrathoracic neurogenic tumours. Canad. med. Ass. 74, 629—633 (1956).

DAHL-IVERSEN, E., MØLLER, P. F.: Differential diagnosis and treatment of tuberculomas in lung. Acta chir. scand. 94, 243—258 (1946).

DAHM, K.: Die thorakalen Teratome unter besonderer Berücksichtigung der Lungenteratome. Zbl. allg. Path. path. Anat. 97, 340—345 (1957/58).

DAHM, M., VOLBEDING, K. H.: Zur Beteiligung der Hauptbronchien bei luetischen Prozessen im Mittelfellraum. Röntgenpraxis 11, 146—156 (1939).

DAL CO, C.: L'angiomatosi arterovenosa polmonare nel quadro della malattia di Rendu-Osler. Arch. Pat. Clin. med. 30, 209 (1952).

D'ALFONSO, G.: Le localizzazioni polmonari della micosi di Lutz. (Rivista sintetica). Arch. Tisiol. 8, 327—345 (1953).

D'ALLAINES, F., DONZELOT, E., DUBOST, C., DURAND, M., MÉTIANU, C., HEIM DE BALSAC, R.: Aneurysmes artério-veineux pulmonaires. Diagnostic par angiocardiographie. Interventions. Mém. Acad. Chir. 76, 713 (1950).

DALQUEN, P.: Das Zwerchfellipom — Fehlbildung oder Hernie? Thoraxchirurgie 20, 112—115 (1972).

D'ALO, R., VECCHI, C.: Difficoltà di interpretazione radiologica di immagini tumorali della toracica destra. Radiol. med. (Torino) 38, 529—531 (1952).

DAMBRIN, P., LAGARDE, J. L., ESCHAPASSE, H., GOURDON, J., MOREAU, G., PICQ, J.: Sur un cas de lymphangiome kystique juxtapéridardiaque. Presse méd. 1954, 790.

DANEMANN, H. A., COHEN, D. B., SNIDER, G. L.: Syphilitic gumma of the lung. Arch. intern. Med. 108, 897—902 (1961).

DANGSCHAT, B.: Beiträge zur Genese, Pathologie und Diagnose der Dermoidcysten und Teratome im Mediastinum anticum. Beitr. klin. Chir. 38, 692 (1903).

DANIS, P. G.: Pulmonary arterio-venous shunt and its clinical implications. Sth. med. J. (Bgham, Ala.) 44, 217 (1951).

DANN, D. S., LOCKWOOD, I. J., NEIBLING, H. A., WALKER, J. W.: A teratoid tumor of the chest: a case report. Radiology 44, 585—587 (1945).

DAPRÀ, L., AASALDI, A., MONATERI, P., PICCO, S.: Tumori e pseudo-tumori polmonari. Cancro 12, 171 (1959).

D'ARCANGELO, D.: Fibrochondro-lipoma bronchique avec atélectasie du sommet du lobe inférieur droit exstirpé par voie endobronchique. Bronches 5, 165 (1955).

D'ARCY-HART, P., ASLETT, A.: Chronic pulmonary disease in South Wales coalminers. Med. Res. Counc. Spec. Rep. Ser. 243, 1—202 (1942).

D'ARRIGO, S.: zit. n.: FIRESTONE, F. N., JOISON, J.: Amyloidosis. J. thorac. cardiovasc. Surg. 51, 292—299 (1966).

DAS, J. B., DODGE, O. G., FAWCETT, A. W.: Intralobar sequestration of lung, associated with foregut diverticulum (oesophagobronchial fistula) and an aberrant artery. Brit. J. Surg. 46, 582 (1958).

D'ASTE, G.: Fibroma del polmone. Minerva chir. (Torino) 10, 505 (1955).

DAUMET, P.: Tumeurs et pseudo-tumeurs thoraciques antéro-inférieurs. J. franç. Méd. Chir. thorac. 5, 490—500 (1954).

D'AUNOY, ZOELLER, A.: Primary tumor of the trachea. Report of a case and review of the literature. Arch. Path. 11, 589 (1931).

DAUSSY, M., ABELANET, R.: Modifications circulatoires de certains poumons pathologiques. Données hémodynamiques. J. franç. Méd. Chir. thor. 10, 305—311 (1956).

DAUST, W.: Über verästelte Knochenspangenbildung in der Lunge. Franfurt. Z. Path. 37, 313 (1929).

DAVIDSOHN, C.: Über muskuläre Lungencirrhose. Berl. klin. Wschr. 44, 33 (1907).

DAVIDSON, L. R.: Hydatid cysts of the lung. Amer. J. Surg. 89, 1042—1053 (1955).

DAVIDSON, L. R., BROWN, L.: Gastrogenous mediastinal cyst. J. thorac. Surg. 16, 458 (1947).

DAVIDSON, L. R., STERN, S. H.: Hamartoma simulating ipsilateral metastasis of primary bronchogenic carcinoma. Dis. Chest 26, 210—216 (1954).

DAVIDSON, M.: A case of primary chondroma of the bronchus. Brit. J. Surg. 28, 571—574 (1941).

DAVIDSON, M., LEDLIE, R. C. B.: A case of primary chondroma of the bronchus with secondary bronchiectases. Brit. J. Surg. 16, 198 (1928).

DAVIES, J. H. T., HELLIER, F. F., KLABER, R.: The glomus tumour: doubts and difficulties in diagnosis. Brit. J. Derm. 51, 312—318 (1939).

DAVIS: Mediastinal symphathicoblastomas. Virg. med. 74, 76 (1947).

DAVIS, C., BROWN, G.: Intrathoracic neurofibroma of the vagus nerve associated with diaphragmatic hernia. J. thorac. Surg. 33, 532 (1957).

DAVIS, E. W.: Significance of solitary intrapulmonary tumors. Ann. Meet. Amer. Coll. Chest Physicians Atlantic City 8. 6. 1947.

DAVIS, E. W., HAMPTON, A. O., BICKHAM, C. E., WINSHIP, T.: Lipoid pneumonia simulating tumor. J. thorac. Surg. 28, 212—219 (1954).

DAVIS, E. W., KATZ, S., PEABODY, J. W.: Surgical procedures in the diagnosis and treatment of bronchogenic carcinoma. Amer. J. Roentgenol. 74, 429—436 (1955).

DAVIS, E. W., KATZ, S., PEABODY, J. W.: Surgical implications of solitary tumors of the lung. Amer. J. Surg. 89, 402 (1955).

DAVIS, E. W., KATZ, S., PEABODY, J. W.: Calcification within the solitary pulmonary nodule; a fallible sign of benignity. Amer. Rev. Tuberc. 74, 106 (1956).

DAVIS, E. W., KLEPSER, R. G.: Symposium on diagnosis and treatment of premalignant conditions: Significance of solitary intrapulmonary tumors. Surg. Clin. N. Amer. 30, 1707—1715 (1950).

DAVIS, E. W., PEABODY, J. W., KATZ, S.: The solitary pulmonary nodule; a ten-year study based upon 215 cases. J. thorac. Surg. 32, 728—771 (1956).

DAVIS, E. W., SALKIN, D.: Intrathoracic gastric cysts. J. Amer. med. Ass. 135, 218 (1947).

DAVIS, F. E., BUTT, E. M.: Study of cell groups in the hypophysis and their relation to granular cell myoblastoma. Amer. J. Path. 31, 566—567 (1955).

DAVIS, K. S.: Roentgenographic changes following the introduction of mineral oil in the lung with report of 3 cases. Radiology 26, (1936).

DAVIS, W. C., SNOW, W. T.: Antraco-silicosis presenting as a solitary pulmonary lesion. J. thorac. Surg. 36, 185—189 (1958).

DAVISON, T. C.: Intrathoracic tumors. Report on observed cases. Arch. Surg. 21, 1393 (1930).

DAWSON, J.: Pulmonary tuberous sclerosis and its relationship to other forms of the disease. Quart. J. Med., N. S. 23, 113—145 (1954).

DAY, H. B.: Pulmonary bilharziasis. Roy. Soc. Trop. Hyg. 30, 575—582 (1937).

DE, D. C., BHATTACHARYA, A. K., GUPTA, S. K.: Skiagrams of the quarter (3 unusual cases of intrathoracic tumours). Indian J. Radiol. **22**, 166—170 (1968).
DEBRÉ, R., SÉE, G., NORMAND, E.: La stéatose pulmonaire. Presse méd. **1933**, 412.
DEBRÉ, R., THIEFFRY, S., BRISSAUD, H.: La bronchite localisée, obstructive, subaïgue de l'enfant. Ann. Méd. **47**, 406—417 (1946).
DECHOUX, J., RUYSSEN, L.: Syndrome de Caplan. Première observation dans le Bassin houiller Lorrain. Strasbourg méd., N. S. **7**, 399—403 (1956).
DECROIX, G., LOUVIER, M.: Hernies transdiaphragmatiques du foie à forme pseudotumorale. Bull. Soc. méd. Hôp. Paris **114**, 311—314 (1963).
DEHN, O.: Ein Fall von Lungentumor mit ungewöhnlichem Röntgenbefund. Fortschr. Röntgenstr. **34**, 333 (1926).
DEIST: Zur Differentialdiagnose zwischen Lungentumor und chronischer Pneumonie. Klin. Wschr. **1923**, 550.
DELAGE, J., MOLINA, C., CHEMINAT, J. C., FONCK-CUSSAC, Y., PASSEMARD, N.: Les granulomes pulmonaires diffuses exogènes. Sem. Hôp. Paris **44**, 855—863 (1968).
DELARUE, J.: Diagnostic et traitement de l'actinomycose médiastino-pulmonaire Sem. Hôp. Paris **30**, 917 (1954).
DELARUE, J., DEPIERRE, R., ROUJEAU, J.: Lymphangiectasie pulmonaire et pneumonie chyleuse. Sem. Hôp. Paris **26**, 4906—4917 (1950).
DELARUE, J., LUDWIG, F.: Les stéatoses pulmonaires endogènes. J. franç. Méd Chir. thor. **5**, 291 (1951).
DELARUE, J., SORS, C., MIGNOT, J., PAILLAS, J.: Les modifications vasculaires au cours des bronchiectasies. J. franç. Méd. Chir. thor. **7**, 225 (1953).
DELARUE, J., SORS, C., MIGNOT, J., PAILLAS, J.: Lésions broncho-pulmonaires et modifications circulatoires. Presse méd. **63**, 173—177 (1955).
DELORD, M., BESSON, F.: Silicose à forme pseudotumorale unilatérale: Aspect pleuroscopique, son importance diagnostique. J. franç. Méd. Chir. thor. **2**, 552—556 (1948).
DEMIRLEAU, J.: Considérations sur le traitement des kystes hydatiques du poumon d'après 130 observations. Valeur de la kystectomie. Sem. Hôp. Paris **28**, 2508 (1952).
DEMKOV, S.: Klinik und chirurgische Behandlung von Dermoid-Cysten und Teratomen des Mediastinums. Ref.: Dtsch. Gesundh.-Wes. **4**, 277 (1949).
DEMOS, N. J., YADUSKY, R. J., TIMMES, J. J., POULOS, P. P.: Thymoma associated with megaesophagus. J. thorac. cardiovasc. Surg. **51**, 708—713 (1966).
DEMPSTER, A. G.: Adenomatoid hamartoma of the lung in neonate. J. clin. Path. **22**, 401—406 (1969).
DENOLIN, H., LEQUIME, J., JONNART, L.: L'anévrysme arterio-veineux pulmonaire. Étude physio-pathologique. Acta cardiol. (Brux.) **5**, 144—155 (1950).
DEPISCH, D., DINSTL, K., KEMINGER, K.: Zur Diagnostik und Therapie intratrachealer Strumen. Wien. med. Wschr. **1969**, 301.
DERISCHANOFF, S. M.: Multiple tuberöse Osteome der Lunge. Frankfurt. Z. Path. **40**, 485 (1930).
DEROW, H. A., SCHLESINGER, M. J., PERSKY, L.: Myasthenia gravis: a clinical and a pathological study of a case associated with a primary mediastinal thymoma and a solitary secondary intrapulmonary thymoma. New Engl. J. Med. **243**, 478—482 (1950).
DERRA, E.: Mediastinaltumoren. Tagg. d. Vereinigg. Niederrhein.-Westfäl. Chirurgen. Düsseldorf 1951.
DERRA, E.: Die angeborene arterio-venöse Pulmonalfistel und ihre Operationsmöglichkeit. Zbl. Chir. **76**, 1362 (1951).
DERRA, E., GANZ, P.: Operationsindikation und -ergebnis bei Mediastinaltumoren. Med. Klin. **1954**, 589, 609.
DERRA, E., GANZ, P., VIETEN, H.: Mediastinaltumoren. Bruns' Beitr. klin. Chir. **183**, 96 (1951).
DERRA, E., RINK, H.: Segmentresektion bei Lungentuberkulose. Dtsch. med. Wschr. **78**, 317—320 (1953).
DESAIVE, P.: Les hamartomes pulmonaires. Acta chir. belg. **44**, 551 (1952).
DESAIVE, P.: Les tumeurs du médiastin. Acta chir. belg. (Suppl.) **1949**, 5—227.
DESAIVE, P.: Les difficultés du diagnostic différentiel entre tumeurs bénignes et malignes et granulomes chroniques intrathoraciques. Acta chir. belg., Suppl. **2**, 43 (1955).
D'ESHONGUES, I. R., HOUËL, I.: Syndrome de Pancoast-Tobias d'origine echinococcique. Bull. Soc. méd. Hôp. Paris, Sér. IV, **70**, 59—62 (1954).
DEUSSING, R.: Multiple primäre Myome der Lunge. Diss. München 1912.
DEUTSCH, F.: Ein Beitrag zur Röntgendiagnostik der Lungensyphilis. Fortschr. Röntgenstr. **24**, 541 (1917).
DEUTSCHBERGER, O., MAGLIONE, A. A., GILL, J. J.: An unusual case of intrathoracic fibroma associated with pulmonary hypertrophic osteoarthropathy. Amer. J. Roentgenol. **69**, 738 (1954).
DÉVÉ, F.: Le pneumokyste hydatique du poumon. Rev. Chir. (Paris) **1925**, 245.
DÉVÉ, F.: Le signe radiologique de la calotte aérienne n'est-pas rigoureusement pathognomonique du kyste hydatique du poumon. Sem. méd. (B. Aires) **19**, 5 (1938); An. Inst. Modelo Clin. Méd. **18**, 7—23 (1938).
DÉVÉ, F.: L'é chinococcose secondaire. Paris: Masson & Cie. 1946.
DÉVÉ, F.: L'échinococcose primitive (maladie hydatique). Paris: Masson & Cie. 1949.
DIACONITZA, G.: Les tumeurs broncho-pulmonaires dysembryoplasiques. Étude morphopathologique et statistique sur 35 cas. Poumon **25**, 907—921 (1969).
DIAZ-RIVERIA, R. S., RAMOS-MORALES, F., KOPPISCH, E., et al.: Acute Manson's schistosomiasis. Amer. J. Path. **21**, 918—943 (1956).
DIBLE, J. H.: Silicosis and malignant disease. Lancet **1934 I**, 982—983.
DICKERSON, W. W.: Characteristic roentgen changes associated with tuberous sclerosis. Arch. Neurol. Psychiat. (Chicago) **53**, 199—204 (1945).
DICKINSON, D. W., WHEELING, W., KIPP, H. A.: Solitary benign neurofibroma of the lung coexistent with pulmonary tuberculosis. J. thorac. Surg. **33**, 551—556 (1957).
DICKSON, E. C.: Oidiomycosis in California, with especial reference to coccidioidal granuloma including 9 new cases of coccidioidal granuloma and one of systemic blastomycosis. Arch. intern. Med. **16**, 1028 (1915).
DICKSON, J. A., CLAGETT, O. T., MCDONALD, J. R.: Intrathoracic gastric cyst. J. thorac. Surg. **15**, 318 (1946).
DIENST, C.: Zur Lungensyphilis der Erwachsenen. Röntgenpraxis **1932**, 703.
DIETHELM, L.: Zur Differentialdiagnose der intrathorakalen Tumoren. Österr. Röntgenkongress Mai 1954.
DIETHELM, L.: Die Tumoren der Wirbelsäule im Röntgenbild. Radiologe **5**, 477—484 (1965).

DIHLMANN, W.: Pleuropulmonale Äquivalente der primär chronischen Polyarthritis. Fortschr. Röntgenstr., Beih. 1967, 75—78.

DIJK: Dermoidzyste im rechten Thoraxraume. Geneesk. Gids 1, 37 (1923).

DILL, P. J.: Rhinoscleroma. Ann. Otol. (St. Louis) 52, 496—500 (1943).

DILLER, W. F., ENDREI, E.: Posttraumatische Rundherde der Lunge. Fortschr. Röntgenstr. 96, 364—370 (1962).

DISS, A.: Un nouveau type de tumeur musculaire: le rhabdomyome granulocellulaire. Bull. Ass. franç. Cancer 16, 863 (1927).

DISSMANN, E.: Ein Fall von intrathorakalem Lipom der Thoraxkuppel. Fortschr. Röntgenstr. 73, 102 (1950).

DIVELEY, W., DANIEL, R. A.: Primary solitary neurogenetic tumors of the lung. J. thorac. Surg. 21, 194—201 (1951).

DIVELEY, W., MCCRACKEN, R.: Cavitary pulmonary histoplasmosis treated by pulmonary resection. Ann. Surg. 163, 921 (1966).

DIXON, F. W.: Scleroma (of trachea) — case report. Arch. Otolaryng. 36, 937 (1942).

DOBROWOLSKI, J., KORYCKI, J., SZYSZKO, S.: Rare co-existence of pulmonary hematoma and pneumothorax after chest injury. Pol. Przegl. radiol. 34, 323—328 (1970).

DODGE, W. F., TRAVIS, L. B., DAESCHNER, C. W.: Anaphylactic purpura, polyarteritis nodosa and purpura fulminans. Pediat. Clin. N. Amer. 10, 879—897 (1963).

DÖDERLEIN, A.: Spezielle Untersuchungen über eosinophile Leukozyten beim Krebs. Arch. Geschwulstforsch. 8, 111—125 (1955).

DOEPFMER, R.: Der Nelson-Test. (Treponema pallidum-Immobilisierungstest). Hautarzt 3, 97—101 (1952).

DOEPFMER, R.: Über die Technik des Nelson-Tests. Z. Haut- u. Geschl.-Kr. 16, 72 (1953).

DOEPPER, T., SCHREYER, W.: Du diagnostic différential des tumeurs paracardiaques. Confrontatione radio-anatomo-pathologiques. Ann. Radiol. (Paris) 6, 251—281 (1963).

DOERR, W.: Pathologische Anatomie der angeborenen Herzfehler. In: Handbuch der inneren Medizin, 4. Aufl., Bd. IX/3. Berlin-Göttingen-Heidelberg: Springer 1960.

DOESEL, H.: Das Bild der Lymphknotenkompression und -Penetration nebst der floriden und in Abheilung befindlichen Fistel im Bronchogramm. Thoraxchirurgie 5, 331—337 (1958).

DOESEL, H.: Intrabronchiales psammöses Neurofibrom. Thoraxchirurgie 8, 657 (1961).

DOGLIONI, L.: Su tre casi di silicosi associata a carcinoma polmonare. Riv. Anat. path. 8, 1137—1163 (1954).

DOHRN, W.: Über Fettgewebsentwicklung an und in der Lunge. Virchows Arch. path. Anat. 206, 163 (1911).

DOLLEY, F. S., BREWER, L. A.: The diagnosis and treatment of primary intrathoracic tumors. J. Amer. med. Ass. 121, 1130—1136 (1943).

DOMANSKY, K., HOLIK, F., LINHARTOVA, A.: Mediastinale Thymuszyste. Zbl. Chir. Chir. 84, 1363 (1959).

DOMENICI, A., LOPEZ, M.: Amartoma racemoso delle arterie bronchiale. Tumori 38, 149 (1952).

DONALD, G. J.: Mediastinal cysts. Sth. Surg. 13, 148 (1947).

DONZELOT, E., BARDIN, HEIM DE BALSAC, R.: Un nouveau cas de «diverticule du péricarde»? Arch. Mal. Cœur 1944, 60.

DONZELOT, E., DUBOST, C., DURAND, M., METIANU, C.: Hémangiome pulmonaire. Diagnostic par angiocardiographie, intervention. Arch. Mal. Cœur 43, 511 (1950).

DOPPMANN, J., WILSON, G.: Cystic pulmonary hamartoma. Brit. J. Radiol. 38, 629—631 (1965).

DOR, J.: À propos des connections adventitielles du kyste hydatique du poumon. Poumon 10, 57 (1954).

DORAN, W. T., LESTER, C. W.: Mediastinal teratomata. With report of an unusual case. J. thorac. Surg. 8, 309—315 (1939).

DORENBUSCH, A. A.: Leiomyoma of the trachea. Arch. Otolaryng. 61, 470 (1955).

DORMER, B. A., FRIEDLANDER, J., WILLES, F. J., SIMPSON, F. W.: Tumor of the lung due to cryptococcus histolyticus (Blastomycosis). J. thorac. Surg. 14, 322 (1945).

DOTTER, C. T., HARDISTY, N. M., STEINBERG, I.: Anomalous right pulmonary vein entering the inferior vena cava: 2 cases diagnosed during life by angiocardiography and cardiac cathetherization. Amer. J. med. Sci. 218, 31—36 (1949).

DOUB, H. P.: The roentgenologic aspects of bronchomycosis. Radiology 34, 267 (1940).

DOUB, H. P., GOODRICH, B. E., GISH, J. R.: The pulmonary aspects of polyarteritis (periarteritis) nodosa. Amer. J. Roentgenol. 71, 785—793 (1954).

DOVERBORGER, W. V., ELSTUN, W.: Endobronchial hamartoma. Amer. J. Med. 30, 965—971 (1962).

DRASH, E. C., HYER, H. J.: Mesothelial mediastinal cysts. Pericardial celomic cysts of Lambert. J. thorac. Surg. 19, 755—768 (1950).

DREVVATNE, T., FRIMANN-DAHL, J.: Peripheral bronchial carcinomas. A radiological and pathological study. Brit. J. Radiol. 34, 180—186 (1961).

DREWES, J.: Die Lungenlues. In: Handbuch der Thoraxchirurgie, Bd. III, S. 518—528. Berlin-Göttingen-Heidelberg: Springer 1958.

DREWES, J., GREMMEL, H.: Neurogene Tumoren der Lungen. Thoraxchirurgie 7, 40—51 (1959).

DROUET, P. L., FAIVRE, G., DE REN, G., SADOUL, P.: Tumeurs de l'angle cardiophrenique antérieur. Les hernies diaphragmatiques du foie simulant des tumeurs mediastinales. J. franç. Méd. Chir. thor. 5, 74—77 (1951).

DRUCKMANN: Die Röntgendiagnose des verkalkten Echinokokkus. Fortschr. Röntgenstr. 37, 697 (1929).

DUCHET-SUCHAUX, L., TOURNIER, J., IOANNOU, J., PINELLI, A.: Hamartochondrome bronchique. J. franç. Méd. Chir. thor. 17, 191 (1963).

DUCUING, I., DAMBRIN, P.: Sur un cas de neurinome intrathoracique. J. Radiol. Électrol. 29, 71 (1948).

DUDIK, E.: Kasuistischer Beitrag zur Differentialdiagnose des Bronchialcarcinoms. Ärztl. Wschr. 1954, 446—447.

DÜNNER, L., BAGNALL, D. J. T.: Pneumoconiosis in graphite workers. Brit. J. Radiol. 22, 373 (1949).

DÜNNER, L., LEESER, BLUME: Die Lungensyphilis des Erwachsenen. Leipzig: J. A. Barth 1931.

DÜRK: Flimmerepithelzyste des Oesophagus. Münch. med. Wschr. 1907, 2156.

DUFOUR, H., MOURRET: Kyste de la partie supérieure du péricarde chez une femme de quatre-vingt-six ans. Bull. Soc. méd. Hôp. Paris 35, 1478 (1929).

DUFOURT, A., DEPIERRE, A.: Klinik des Tracheobronchialdurchbruchs. Ergebn. ges. Tuberk.-Forsch. 12, 47—120 (1954).

DUFOURT, A., DESPEIGNES, H., OLLAGNIER, C., TOURAINE, H.: Atélectasie suivié de dissémination bronchique par fistule ganglionnaire au cours de la primo-infection. Rev. Tuberc. (Paris) 14, 551 (1950).

DUFOURT, A., GALY, P.: Sur les ruptures endobronchiques des ganglions du complexe primaire. Presse méd. **1944**, 149.
DUFOURT, A., GALY, P.: Primo-infection tuberculeuse et syndrome radio-clinique de perforation ganglionnaire dans les bronches. Arch. Tisiol. **4**, 301 (1949).
DUFOURT, A., MOUNIER-KUHN, P.: Les sténoses bronchiques de la période primosecondaire. Rev. Tuberc. (Paris) **11**, 68 (1947).
DUFOURT, A., MOUNIER-KUHN, P.: Les infiltrations secondaires d'origine ganglionnaire. Rev. Tuberc. (Paris) **11**, 155 (1947).
DUFOURT, A., OLLAGNIER, C.: Des perforations ganglionnaires endobrochiques considérées en dehors de la primo-infection. Rev. Tuberc. (Paris) **17**, 765—783 (1953).
DUFOURT, A., PAVIOT, J. J., ROMAIN, L., BONNET: Évolution radio-clinique des fistules ganglio-bronchiques au cours de la primo-infection. Rev. Tuberc. (Paris) **14**, 958 (1950).
DUISENBERG, C. E., ARISMENDI, L.: The angiographic demonstration of pulmonary arterio-venous fistula. Radiology **53**, 66—74 (1949).
DUKE, M.: Tumoral amyloidosis of the lungs. Arch. Path. **67**, 110 (1959).
DUMAS, L. W., GREGORY, R. L., OZER, F. L.: Case of rheumatoid lung with cavity formation. Brit. med. J. **1963**I, 383—384.
DUMAZER, R., HOUËL, J.: Les aspects anatomiques et radiologiques du kyste hydatique compliqué du poumon. J. Radiol. Électrol. **33**, 69—75 (1952).
DUNCAN, D. K., MCDONALD, J. R.: Chemodectoma (non-chromaffin paraganglioma) of the mediastinum. Report of two cases. Amer. J. clin. Path. **21**, 515 (1951).
DUNN, T. B., GREEN, A. W.: Cysts of the epididymis, cancer of the cervix, granular cell myoblastoma, and other lesions after estrogen injections in newborn mice. J. nat. Cancer Inst. **31**, 425 (1963).
DURAND, LAUNAY: Chondrome pédiculé du poumon. Ann. Anat. path. **5**, 1010 (1928).
DUROUX, JARNIOU: Pronostic des infiltrats arrondies tuberculeux du poumon. Soc. franç. tuberc. Mai **1952**.
DURST, K. H.: Über die gutartigen Bronchialtumoren unter besonderer Berücksichtigung der Genese von Knorpelgeschwülsten. Med. Diss. Erlangen 1957.
DUVOIR, M., PICOT, G., POLLET, L., GAULTIER, M.: Angiome du poumon, lipomatose et malformations digitales. Étude clinique et radiologique. Bull. Soc. méd. Hôp. Paris **55**, 603—617 (1939).
DYGGRE: 3 Fälle von intrathorakalen Neurinomen. Finska Läk. Sällsk. Handl. **79**, 133 (1936).
DYKE, J. H. VAN: On the origin of accessory thymus tissue. Thymus IV. Occurrence in man. Anat. Rec. **79**, 179—209 (1941).
EAST, T., BARNARD, W. G.: Pulmonary atresia and hypertrophy of the bronchial arteries. Lancet **1938**I, 834—837.
EATON, L. H., CLAGETT, O. T.: Thymectomy in the treatment of myasthenia gravis. Results in 72 cases compared with 142 control cases. J. Amer. med. Ass. **149**, 963 (1950).
EATON, L. M., CLAGETT, O. T., GOOD, C. A., MCDONALD, J. R.: Thymectomy in the treatment of myasthenia gravis. Arch. Neurol. Psychiat. (Chicago) **61**, 467—498 (1949).
EBERT, C. F.: Zur Entwicklung der Epitheliome. (Cholesteatome der Pia und der Lunge). Virchows Arch. path. Anat. **49**, 51 (1870).

ECK, H.: Angioplastische und haematopoetische Lungengeschwulst. Zbl. allg. Path. path. Anat. **91**, 184—190 (1954).
ECK, H., HAUPT, R., ROTHE, G.: Die gut- und bösartigen Lungengeschwülste. In: UEHLINGER, E. (Hrsg.), Handbuch der speziellen pathologischen Anatomie und Histologie, Bd. III/4, S. 1—401. Berlin-Heidelberg-New York: Springer: 1969.
ECKER, R. R., TIMMES, J. J., MISCALL, L.: Neurogenic tumors of the intrathoracic vagus nerve. Arch. Surg. **86**, 222 (1963).
EDEIKEN, J., LEE, K. F., LIBSHITZ, H.: Intrathoracic meningocele. Amer. J. Roentgenol. **106**, 381—384 (1969).
EDEIKEN, ROSE: Beseitigung angina pectoris-ähnlicher Beschwerden durch Ausräumung eines intratrachealen nicht toxischen Kropfs. Amer. J. med. Sci. **196**, 395 (1938).
Editorial: Myasthenia gravis and the thymus. Lancet **1942**, 673—674.
Editorial: Pulmonary coin lesions. Radiology **54**, 116 (1950).
Editorial: "Primary" systemic amyloidosis and myeloma. J. Amer. med. Ass. **175**, 1098 (1961).
Editorial: Cholesterol granuloma of the lung. Brit. med. J. **1969**I, 396.
Editorial: Tuberous sclerosis and lungs. Brit. med. J. **1971**, 64.
EDLIN, P.: Mediastinal pseudocyst of pancreas. Gastroenterology **17**, 96 (1951).
EDLING, N. P. G.: Ein sogenanntes Lungenchondrom. Acta radiol. (Stockh.) **19**, 44 (1938).
EDWARDS, A. T., TAYLOR, A. B.: Vascular endothelioma of the lung. Brit. J. Surg. **25**, 487—495 (1938).
EDWARDS, E. A.: Migrating thrombophlebitis associated with carcinoma. New Engl. J. Med. **240**, 1031—1035 (1949).
EDWARDS, J. E.: Pathologic and developmental considerations in anomalous pulmonary venous connection. Proc. Mayo Clin. **28**, 441—452 (1953).
EDWARDS, J. E.: A classification of total anomalous pulmonary venous connection based on developmental considerations. Proc. Mayo Clin. **31**, 151—160 (1956).
EDWARDS, J. L.: Lipoma of the bronchus. J. Path. Bact. **67**, 609—610 (1954).
EDWARDS, W. M., COX, R. S., GARLAND, L. H.: The solitary nodule (coin lesion) of the lung. Amer. J. Roentgenol. **88**, 1020 (1962).
EERLAND, L. D.: Über Zysten und Geschwülste des Mediastinums. Mededelingen de Chir. Univ. Klin. te Groningen **7**, 9 (1946).
EERLAND, L. D.: Diagnosis and treatment of pulmonary cysts. Arch. chir. neerl. **3**, 203—237 (1951).
EERLAND, L. D.: Arteriovenöse Lungenfisteln. Ned. T. Geneesk. **1953**, 720.
EERLAND, L. D., ORIE, N. G. M.: Bronchiectasis. In: Handbuch der Thoraxchirurgie, Bd. III/2, S. 233—310. Berlin-Göttingen-Heidelberg: Springer 1958.
EFFAT, S.: Bilharzial cor pulmonale (bilharzial Ayerza). J. Egypt. med. Ass. **36**, 728 (1953).
EFFLER, D. B., BLADES, B., MARKS, E.: The problem of solitary lung tumors. Surgery **24**, 917 (1948).
EFFLER, D. B., MCCORMACK, L. J.: Thymic neoplasm. J. thorac. Surg. **31**, 60—82 (1956).
EFFLER, D. B., SCHEID, J. E.: Pulmonary hamartoma: report of three cases. Cleveland Clin. Quart. **18**, 6 (1951).
EFSKIND, L., LIAVAAG, K.: Intrathoracic neurogenic tumors. J. thorac. Surg. **20**, 13—20 (1950).
EGGIMANN, P., WOLTZ, B.: Adenoleiomyomes multiples des deux poumons. Radiol. clin. (Basel) **18**, 335 (1949).

EGIDY, H. v., BÄSSLER, R., KÜMMERLE, F., HAHN, B.: Endometriose der Lunge. Ein Beitrag zur Differentialdiagnose ungewöhnlicher Hämoptysen. Dtsch. med. Wschr. **92**, 1200—1225 (1967).

EHLER, A. A., ALTWELL, S.: Gastric cysts of the mediastinum. J. thorac. Surg. **17**, 809 (1948).

EHLERS, H. W. E.: Die Kenntnis der intrathorakalen Flimmerepithelzysten. Dtsch. Z. Chir. **213**, 189 (1929).

EHRENHAFT, J. L., WOMACK, N. A.: Mixed tumors of the lung. Ned. T. Geneesk. **136**, 90 (1952).

EHRHARDT, W.: Differentialdiagnostik von Silikose und Lungenkrebs und die Frage der ursächlichen Beziehungen beider Erkrankungen. Z. ärztl. Fortbild. **43**, 143, 208 (1949).

EHRHARDT, W., GÜTHERT, H.: Zur Klinik und pathologischen Anatomie der tumorförmigen Talkum-Staublunge. Int. Arch. Gewerbepath. Gewerbehyg. **19**, 465—486 (1962).

EICHBAUM, F.: Geschwulstartige Aktinomykose der Lunge des vorderen Mediastinums. Fortschr. Röntgenstr. **43**, 346—357 (1931).

EICKEN, V.: Ekchondrom des linken Hauptbronchus. Arch. Laryng. Rhin. (Berl.) **15**, 371 (1904); Verhdlg. d. Vereinigg. Süddtsch. Laryngologen 1907, S. 410.

EICKEN, V.: Cancroid des Bronchus. Berl. oto-laryng. Gesellsch. 1938. Ref. Zbl. Hals-, Nas.- u. Ohrenheilk. **31**, 235 (1939).

EIGLER, W.: Über endothorakale Cysten. Dtsch. Z. Chir. **199**, 133 (1926).

EISLER, F.: Zur Röntgendiagnostik der Mediastinalerkrankungen. Fortschr. Röntgenstr. **21**, 462 (1914).

EKEHORN, G.: Die Dermoidzysten des Mediastinum anticum. Arch. clin. Chir. **56**, 107 (1898).

EKERT, F.: Demonstration eines Gummakarzinoms der Lunge. Sitzg. Münchener ärztl. Röntgenvereinigung 14. 6. 1949. Fortschr. Röntgenstr. **71**, 1009 (1949).

EKLÖF, O., GOODING, C. A.: Intrathoracic neuroblastoma. Amer. J. Roentgenol. **100**, 202—207 (1967).

EL DIN, G. N., BAZ, K. K.: Sputum examination in the diagnosis of bilharziasis of lungs. J. Egypt. med. Ass. **37**, 75 (1954).

ELIASCHEWITSCH, P. A.: Ein Fall von Perikardzyste. Virchows Arch. path. Anat. **270**, 868—872 (1928).

ELKELES, A.: Spring water cyst of the pericardium. Brit. J. Radiol. **25**, 220—221 (1952).

ELKELES, A., BUTLER, N. R.: Transitory pulmonary infiltrations and apical cavitation associated with eosinophilia. Brit. J. Radiol. **19**, 512 (1946).

ELKELES, A., GLYNN, L. E.: Disseminated parenchymatous ossification in the lungs in association with mitral stenosis. J. Path. Bact. **58**, 517—523 (1946).

ELLINGER, E.: Paraffinolschädigung der Lunge. Fortschr. Röntgenstr. **49**, 397 (1934); ibid. **57**, 84 (1938).

ELLINGER, E.: Zur Röntgendiagnose der Trachealtumoren. Fortschr. Röntgenstr. **54**, 226—230 (1936).

ELLIOT, G. B., BELKIN, A., DONALD, W. A. J.: Cystic bronchial papillomatosis. Clin. Radiol. (Edinb.) **13**, 62—67 (1962).

ELLIS, F. H.: Hemangioma of the mediastinum. J. thorac. Surg. **30**, No. 2 (1955).

ELLIS, F. H., GRINDLAY, J. H., EDWARDS, J. E.: The bronchial arteries. II. Their role in pulmonary embolism and infarction. Surgery **31**, 167—179 (1952).

ELLIS, R. W. B.: Actinomycosis of lung. Proc. roy. Soc. Med. **26**, 513 (1933).

ELLIS, R. W. B.: Neoplasm of lung (Teratoma?). Proc. roy. Soc. Med. **28**, 145—147 (1934).

EL MALLAH, S. H., HASHEM, M.: Localized bilharzial granuloma of the lung simulating a tumour. Thorax (Lond.) **8**, 148—151 (1953).

ELMENDORFF, H. v.: Über ein solitäres Lungenaspergillom. Zbl. Chir. **90**, 2047—2049 (1965).

ELMORE, S. M., CANTRELL, W. C.: Maffucci's syndrome. Case report with a normal karyotype. J. Bone Jt Surg. **A48**, 1607—1613 (1966).

ELOESSER, L.: Congenital cystic disease of the lung. Surg. Clin. N. Amer. **8**, 1361 (1928).

ELOESSER, L.: Blocked cavities in pulmonary tuberculosis. J. thorac. Surg. **7**, 1—22 (1937).

ELPHINSTONE, R. H., SPECTOR, R. G.: Sarcoma of the pulmonary artery. Thorax (Lond.) **14**, 333—340 (1959).

ELSASSER, W.: Differentialdiagnose und Behandlung der Nebenlungen. Zbl. Chir. **81**, 1281—1290 (1956).

EMERSON, G. L.: Supradiaphragmatic thoracic -duct cyst: an unusual mediastinal tumor. New Engl. J. Med. **242**, 575 (1950).

EMMRICH, J.: Die Differentialdiagnostik der Lungenrundherde. Röntgen-Bl. **22**, 394—411 (1969).

ENGELBERG, H., FREIMAN, D., MERRIT, W.: Oil aspiration (lipid) pneumonia in adults. Arch. intern. Med. **66**, 11 (1940).

ENGELL, H. C.: Cancer cells in the blood. A five to nine years follow-up study. Ann. Surg. **149**, 457 (1959).

ENJALBERT, A., GÉDÉON, A., ESCHAPASSE, H., MATHÉ, J., PUEL, P.: Les retours veineux pulmonaires anormaux droits dans la veine cave inférieure. (Le syndrome broncho-vasculaire du poumon droit). Ann. Chir. (Paris) **5**, 904—917 (1966).

ENJOJI, M., HISAMOTO, H.: Chondromatous hamartoma of the lung. Acta med. Univ. Kagoshima. **8**, 35—40 (1966).

ENTZ, B., OROSZ, D.: Über die intrathorakalen Zystenbildungen. Frankfurt. Z. Path. **40**, 229 (1930).

EPPINGER, E.: Narbige Obliteration der Vena cava superior. Prag. med. Wschr. **1876**.

ERDSTEIN, S.: Das eosinophile Lungensyndrom. Wien. klin. Wschr. **1954**, 605—607.

ERF, L. A., FOLDES, J., HAZLETON, PICCIONE, F. V., WAGNER, F. B.: Pulmonary hemangioma with pulmonary artery-aortic septal defect. Amer. Heart J. **38**, 766 (1949).

ERFAN, M.: Bilharzia ova in the sputum. J. Egypt. med. Ass. **33**, 97 (1950).

ERFAN, M., DEEB, A. A.: The radiological features of chronic pulmonary schistosomiasis. Brit. J. Radiol. **22**, 263 (1949).

ERFAN, M., ERFAN, H., MOUSSA, A. H., DEEB, A. A.: Chronic pulmonary schistosomiasis: a clinical and radiological study. Trans. roy. Soc. trop. Med. Hyg. **42**, 477 (1949).

ERNST, F.: Ein Beitrag zum entzündlichen Perikarddivertikel. Röntgenpraxis **7**, 754—759 (1935).

ERRION, A. R., HOUK, V. N., KETTERING, D. L.: Pulmonary hematoma due to blunt, nonpenetrating thoracic trauma. Amer. Rev. resp. Dis. **88**, 384—392 (1963).

ESCHBACH, H.: Das chronisch entzündliche Perikarddivertikel. Dtsch. med. Wschr. **64**, 840—843, 878—881 (1939).

ESCUDERO, E.: Kystes hydatiques du poumon. Paris: 1912.

ESCUDERO, E., CHASAUNE, J.: Quiste hidatidico pulmonar. Arch. Intern. Hidatidosis. **9**, 895 (1949).

Escudero, E., Garcia, G.: Hidatidosis hepatopulmonar. Arch. intern. Hidatidosis **9**, 313 (1949).
Eskelund, V.: A possible case of oedematous fibroma with inflammatory changes. Thorax (Lond.) **6**, 154 (1951).
Eskildsen, P., Flemming-Møller, P.: Om porcellansilikosens begyndelsestadier. Ugeskr. Læg. **109**, 219 (1947).
Essbach, H.: Zur Frage der Lungensarkome. Verh. dtsch. path. Ges. **31**, 415—421 (1938).
Esselier, A. F.: Zur Klinik der eosinophilen Pneumonien, zugleich ein Beitrag zur Pathophysiologie des eosinophilen Zellsystems. Berlin-Göttingen-Heidelberg: Springer 1956.
Esselier, A. F.: Die eosinophilen Lungeninfiltrate. In: Handbuch der inneren Medizin, 4. Aufl., Bd. IV/1, S. 1442—1548. Berlin-Göttingen-Heidelberg: Springer 1956.
Essselier, A. F., Jeanneret, P.: Die parasitären Lungenkrankheiten. In: Handbuch der inneren Medizin, 4. Aufl., Bd. IV/3, S. 549—628. Berlin-Göttingen-Heidelberg: Springer 1956.
Essselier, A. F., Koszewski, B. J.: Zur Differentialdiagnose des flüchtigen Lungeninfiltrats mit Bluteosinophilie. Schweiz. med. Wschr. **81**, 247 (1951).
Ettinger, A., Magendantz, H., Russo, E. A.: Arteriovenous aneurysm of the lung. Radiology **53**, 261—267 (1949).
Evan, R.: Lipoid pneumonia of adult. Bull. Soc. méd. Hôp. Paris **63**, 200—204 (1947).
Evans, A.: Developmental enterogenous cysts and diverticula. Brit. J. Surg. **65**, 34 (1930).
Evans, B. H.: Myxochondroma of the trachea. J. thorac. Surg. **22**, 585—590 (1951).
Evans, N., Ball, H. A.: Coccidioidal granuloma; analysis of 50 cases. J. Amer. med. Ass. **93**, 1881 (1929).
Evans, W. A.: Echinococcus cyst of the lung. Radiology **40**, 362—366 (1943).
Evans, W. A., Witwer, E. R.: A roentgen consideration of mediastinal tumors. Amer. J. Roentgenol. **24**, 463 (1935).
Even, R.: Cancer et opacités radiologiques pulmonaires arrondies et uniques. Cah. Coll. Méd. Hôp. Paris **4**, 65—69 (1963).
Even, R., Frain, C., Roujeau, J., Marlois, Talamas: La tomographie frontale-oblique dans l'étude des opacités tumorales bronchopulmonaires. J. franç. Méd. Chir. thor. **9**, 326—330 (1959).
Ewing, J.: Neoplastic diseases, 4. edit., p. 161. Philadelphia: W. B. Saunders Co. 1940.
Exalto, J., Waldeck, K.: Bronchogenic cysts of the mediastinum. J. thorac. Surg. **18**, 132 (1949).
Fabian, G.: Über Diagnose und Therapie der Lungenaktinomykose des Menschen. Ärztl. Forsch. **9**, 42 (1955).
Fábián, M. S., Fehér, I. V., Csepregi, E. B., Hoffmann, J., Korom, I. V.: Intraspinale extensive Meningocele. Fortschr. Röntgenstr. **113**, 597—602 (1970).
Fabris, A.: Die chronischen Cholesterinentzündungen. Clin. nuova **7**, 293 (1948).
Fahey, J. L., Leonhard, E., Churg, J., Godman, G.: Wegener's granulomatosis. Amer. J. Med. **17**, 168—179 (1954).
Fajnblat, B. J.: Über Pericard-Cysten. Khirurgiya (Mosk.) **1955**, 21.
Falck, I.: Das arteriovenöse Aneurysma der Lunge. Samml. selt. klin. Fälle (1952), Heft III, 3—18.
Falck, I.: Die Beteiligung des Lungeninterstitiums und der Pleura bei den Kollagenkrankheiten. Dtsch. Arch. Klin. Med. **205**, 326—341 (1958).

Fallon, M.: Lung injury in intact thorax, with report of case. Brit. J. Surg. **28**, 39—49 (1940).
Fallon, M., Gordon, A. R. G., Lendrum, A. C.: Mediastinal cysts of foregut origin associated with vertebral anomalies. Brit. J. Surg. **41**, 520—533 (1954).
Fanger, H., McAndrew, R.: Extragenital chorionepithelioma in a female arising from a mediastinal teratoma. Rhode Isl. med. J. **35**, 259 (1952).
Faquet, J., Langeard: Deux cas d'opacités pulmonaires du lobe moyen chez les chanteurs (pneumonie huileuse probable). Bull. Soc. méd. Hôp. Paris **63**, 200—204 (1947).
Farafontieva, A. A.: Die Lungenaktinomykose im Röntgenbild. Vestn. Rentgenol. Radiol. (Mosk.) **32**, 37—42 (1957).
Faria, J. L. de: Pulmonary schistosomiasis arteriovenous fistula producing a new cyanotic syndrome in Manson's schistosomiasis. Amer. Heart J. **58**, 556—567 (1959).
Farid, Z., Greer, J. W., Ishak, K. G., El Nagah, A. M., Legolvan, P. C., Mousa, A. H.: Chronic pulmonary schistosomiasis. Amer. Rev. Tuberc. **79**, 119—133 (1959).
Fariñas, L., Orero, E. D., Pereiras, R., Panisello, S.: Quistes congénitos del pulmón. Arch. Med. infant **7**, 271 (1938).
Farrell, G. E., Oden, P. W.: Pulmonary actinomycosis resembling bronchogenic carcinoma. West. Virgin. med. J. **58**, 170 (1962).
Farrell, J. T.: Pulmonary abscess, bronchiectasis and pulmonary neoplasms: roentgenologic aspect. Radiology **20**, 360—365 (1933).
Fasanotti, A., Zannini, G.: Xantoma isolato del polmone. Riv. Anat. pat. **8**, 151—173 (1954).
Fassbaender, C. W., Mohr, P.: Die Bedeutung der Röntgendiagnostik bei der lokalisierten Form der Lungenaspergillose (Aspergillom). Med. thorac. (Basel) **23**, 95—114 (1966).
Fasske, E.: Über ein Hamartochondrosarkom der Lunge. Zbl. allg. Path. path. Anat. **107**, 514 (1965).
Faust, E. C.: Human helminthology, 3rd. edit. Philadelphia: Lea & Febiger 1949.
Faust, E. C.: Schistosomiasis. In: Cecil, R. L., Loeb, R. F.: A textbook of medicine, 8th ed., p. 410—414. Philadelphia: W. B. Saunders 1951.
Favacchino, G.: Le cisti da echinococco multiple e bilaterali del polmone. Arch. Chir. Torace **11**, 681—755 (1954).
Favre, Palasse, Roubier, Guichard: Formations nodulaires du poumon à tissue multiples. J. Méd. Lyon **1935**, 783.
Fawcett, A. W.: Large fibroma arising from the pulmonary pleura of the right lower lobe. Brit. med. J. **1945**, 425.
Fawcitt, R.: The roentgenological recognition of certain bronchomycoses involving occupational risks. Amer. J. Roentgenol. **39**, 19 (1938).
Fayos, J. V., Lampe, I.: Cardiac apical mass in Hodgkin's disease. Radiology **99**, 15 (1971).
Fegiz, G. F.: Problemi di attualità in tema di ombre rotonde del polmone. Progr. med. (Napoli) **16**, 288 (1960).
Fehr, A.: Pleuracyste, eine Lungenmetastase vortäuschend. Dtsch. Z. Chir. **246**, 244—247 (1936).
Feinberg, S. B.: Posterior mediastinal hemangioma. Radiology **68**, 90—93 (1957).
Feindt, H. R.: Beitrag zur Röntgendiagnostik der Thymome. Fortschr. Röntgenstr. **85**, 409—422 (1956).
Felder, M. E.: Intradiaphragmatic cyst. Amer. J. Surg. **98**, 95 (1959).

Feldman, F., Seaman, W. B.: Primary thoracic hemangiopericytoma. Radiology **82**, 998—1009 (1964).

Felix, R., Geisler, P.: Zum „anämischen" Lungeninfarkt. Fortschr. Röntgenstr. **106**, 755—756 (1967).

Feller, A.: Über ein lipomähnliches Hamartom der Lunge. Virchows Arch. path. Anat. **236**, 470—480 (1922).

Fellmann, N., Alpstäg, H., Del Buono, M.: Z. Rheumaforsch. **17**, 217 (1958).

Felson, B.: Uncommon patterns of pulmonary sarcoidosis. Dis. Chest **34**, 357 (1958).

Felson, B.: Less familiar roentgen patterns of pulmonary granulomas: sarcoidosis, histoplasmosis, and non-infectious necrotizing granulomatosis (Wegener's syndrome). Amer. J. Roentgenol. **81**, 211 (1959).

Felson, B.: Fundamentals of chest roentgenology. Philadelphia: W. B. Saunders 1960.

Felton, W. L.: Reaction of pulmonary tissue to lipiodol. J. thorac. Surg. **25**, 530—542 (1953).

Ferencz, C.: Congenital abnormalities of pulmonary vessels and their relation to malformations of the lung. Pediatrics **28**, 993—1010 (1961).

Ferguson, J. O., Clagett, O. T., McDonald, J. R.: Hemangiopericytoma (glomus tumor) of the mediastinum. Surgery **36**, 220—236 (1954).

Fernández, A. A., Monserrat, J. L. E.: Nódulos dolores de la oreja (tumor glómico; neuro-mioangioma). Semana méd. **38**, 1693—1700 (1931).

Ferrané, J., Guermonprez, J. L., Vasile, N., Maurice, P.: Silhouette cardiaque anormale et tumeurs thymiques. J. Radiol. Électrol. **51**, 207—216 (1970).

Ferrané, J., Peuteuil, G., Browns, S.: Opacités thoraciques d'origine vasculaire. J. Radiol. Électrol. **42**, 310—326 (1961).

Ferranini, M.: Sopra un caso di corioepitelioma extra-genitale maschile. Arch. ital. Anat. Istol. pat. **72**, 363 (1940).

Ferris, E. J., Stanzler, R. B., Rourke, J. A., Blumenthal, J., Messer, J. V.: Pulmonary angiography in pulmonary embolic disease. Amer. J. Roentgenol. **100**, 355—363 (1967).

Fershtand, J. B., Shaw, R. R.: Malignant tumor of thymus gland, myasthenia gravis developing after removal. Ann. intern. Med. **34**, 1025—1035 (1951).

Feyrter, F.: Über das Muttergewebe der granulären neurogenen Gewächse. Beitr. path. Anat. **110**, 181 (1949).

Feyrter, F.: Über die Pathologie der vegetativen nervösen Peripherie und ihrer ganglionären Regulationsstätten. Wien: W. Maudrich 1951.

Feyrter, F.: Über die granulären Neurome (sog. Myoblastenmyome). Virchows Arch. path. Anat. **322**, 66 (1952).

Fiandra, O., Barcia, A., Cotes, R., Stanham, J.: Partial anomalous pulmonary venous drainage into the inferior vena cava. Acta radiol. (Stockh.) **57**, 301—310 (1962).

Ficara, P.: Cisti mesoteliali del mediastino. Arch. Chir. Torace **1956**, 115—138.

Ficari, A., Ricceri, R.: Xantogranuloma a localizzazione polmonare. Arch. Chir. Torace **1959**, 623—642.

Fietz, H.: Kasuistischer Beitrag zur Diagnostik von Verschattungen im rechten Herzzwerchfellwinkel. Radiologe **2**, 81—85 (1962).

Figi, F. A.: Excision of amyloid tumors of the larynx and skin graft: report of a case. Proc. Mayo Clin. **17**, 239—240 (1942).

Figi, F. A., Broders, A. C., Havens, F. Z.: Plasma cell tumors of the upper part of the respiratory tract. Ann. Otol. (St. Louis) **54**, 283—297 (1945).

Figueroa Taboada, M. de: Eosinofilia pulmonar. Rev. esp. Tuberc. **22**, 471—486 (1953).

Filipo, D.: Cisti da echinococco del polmone asportata mediante broncoscopia con esito in guarigione. Clin. Oton. (Roma) **5**, 3 (1953).

Filippi, P.: Contributo alla conoscenza istomorfologica ed istogenetica dei condromi broncopolmonari primitivi. Riv. Anat. pat. **7**, 125 (1953).

Filippo, A. di, Lorenzoni, E.: Tuberculoma del polmone. (Descrizione di un particolare caso clinico con riscontro anatomo-patologico). Rass. int. Clin. Ter. **46**, 1009—1021 (1966).

Findlay, C. W., Lehman, W. L., Rottenberg, L. A.: Gumma of the lung; report of a case treated by lobectomy. Ann. Surg. **129**, 274 (1949).

Findlay, C. W., Maier, H. C.: Anomalies of the pulmonary vessels and their surgical significance, with review of the literature. Surgery **29**, 604—639 (1951).

Fine, E. H.: Intrathoracic lipoma. Sth. Afr. med. J. **27**, 809 (1953).

Fine, M. J., Jaso, J. V.: Silicosis and primary carcinoma of the bronchus. J. Amer. med. Ass. **104**, 40—43 (1935).

Fine Licht, E. de: Über Lungencysten, Bronchiektasen und Lungenfibrosen, insbesondere tuberöse Sklerose. Acta radiol. (Stockh.) **23**, 151—164 (1942).

Fingerland, A.: Histiozytome der Lunge. Zbl. allg. Path. path. Anat. **97**, 202 (1957); Verh. dtsch. path. Ges. **41**, 399 (1958).

Fink, D. L.: Coin lesions of the lung. Minnes. Med. **34**, 554—555 (1951).

Fink, D. L., Asta, S. S.: Differential diagnosis of pulmonary coin lesions. Bull. Univ. Minnesota Hosp. **23**, 30 (1952).

Fink, R.: Ein Beitrag zur Kenntnis der Thymusgeschwülste. Schweiz. med. Wschr. **1950 I**, 892.

Finke, H.: Die Differenzierung gutartiger Bronchostenosen und ihre Beziehung zu Atelektasen. Fortschr. Röntgenstr. **82**, 217—223 (1955).

Finsterbusch, W., Stolzer, H.: Mediastinale gastrogene Cyste. Thoraxchirurgie **2**, 469—478 (1955).

Fiorenzi, O.: Cisti da echinococco del polmone a caratteri atipici. Radiol. Fisiol. Med. **1934**, 183.

Fiori, C., Salomoni, I.: Sulle opacità rotonde del polmone (Tubercoloma—condroma—cancro a palla). Radiol. med. (Torino) **43**, 1—19 (1957).

Fiori, E.: Sulla bronchite cronica muco-plastica. Riv. Pat. Clin. Tuberc. **2**, 95 (1928).

Firestone, F. N., Joison, J.: Amyloidosis. A cause of primary tumors of the lung. J thorac. cardiovasc. Surg. **51**, 292—299 (1966).

Fischedick, O.: Bronchographische Befunde bei schwerer Silikose. Vortrag Rhein.-Westfäl. Röntgengesellsch. Düsseldorf 8. 11. 1952.

Fischedick, O., Sieckel, L.: Bronchographische Befunde bei Pneumonien mit verzögerter Lösung. Fortschr. Röntgenstr. **86**, 203—210 (1957).

Fischer, A.: Lehrbuch der Entwicklungsgeschichte des Menschen. Berlin: Springer 1929.

Fischer, A.: Ein Fall von gummöser Lungensyphilis. Dtsch. med. Wschr. **1929**, 1721.

Fischer, B.: Über experimentelle Erzeugung großer Flimmerepithelblasen der Lunge. Frankfurt. Z. Path. **27**, 98 (1922).

Fischer, E.: Frühformen der verästelten Lungenverknöcherungen. Fortschr. Röntgenstr. **86**, 455—459 (1957).

FISCHER, E. J.: Diagnostik und Bedeutung von Lymphknoteneinbrüchen in das Bronchialsystem. Schweiz. med. Wschr. 83, 999—1012 (1953).
FISCHER, E. J.: Über die Kavernisierung des sog, Lungentuberkuloms. Beitr. Klin. Tuberk 110, 573 (1954).
FISCHER, F., MÜLLER, J. H. A.: Isolierte Paramyloidknoten in der Lunge. Zugleich ein Beitrag zur Röntgendifferentialdiagnostik der multiplen Lungenrundherde. Münch. med. Wschr. 107, 617—623 (1965).
FISCHER, H.: Chondrom der Lunge. Fortschr. Röntgenstr. 76, 118—120 (1952).
FISCHER, L., REICHENOW, E.: Protozoenkrankheiten. In: Handbuch der inneren Medizin, 4. Aufl., Bd. I/2, S. 421—719. Berlin-Göttingen-Heidelberg: Springer 1952.
FISCHER, P. A.: Zur Morphologie, Häufigkeit und pathogenetischen Bedeutung tuberkulöser lymphadenogener Bronchialwandschädigungen. Beitr. Klin. Tuberk. 113, 1 (1955).
FISCHER, W.: Die Gewächse der Lunge und des Brustfells. In: HENKE-LUBARSCH, Handbuch der speziellen pathologischen Anatomie und Histologie, Bd. III/3, S. 509—606. Berlin:Springer 1928.
FISCHER, W.: Über eine Cyste in der rechten Pleurahöhle. Virchows Arch. path. Anat. 275, 711 (1930).
FISCHER, W.: Lipoidpneumonie durch Sagrotan. Zbl. allg. Path. path. Anat. 76, 241 (1941).
FISCHER, W.: Chronische Pneumonie und Lungenkrebs. Zbl. allg. Path. path. Anat. 90, 342—343 (1953).
FISCHER-WASELS, B.: Tödliche Lungenschrumpfung durch Gebrauch von Mentholöl. Frankfurt. Z. Path. 44, 412—425 (1933).
FISHER: Hemangiopericytoma: A review of twenty cases. Canad. med. Ass. J. 83, 1136 (1960).
FISHER, E. R.: Histochemical observation on an alveolar soft-part sarcoma with reference to histogenesis. Amer. J. Path. 32, 721—731 (1956).
FISHER, E. R., BEYER, F. B.: Post-inflammatory tumor (xanthoma) of the lung. Dis. Chest 36, 43 (1959).
FISHER, E. R., WECHSLER, H.: Granular cell myoblastoma — a misnomer; electron microscopic and histochemical evidence concerning its Schwann cell derivation and nature (granular cell Schwannoma). Cancer (Philad.) 15, 936—954 (1962).
FISHER, J. H., CHILD, C. G.: Myasthenia gravis developing acute after partial removal of a thymoma. New Engl. J. Med. 252, 891—893 (1955).
FISHER, M. M., HOCHBERG, L. A., WOLENSKY, N. D.: Recurrent thrombophlebitis in obscure malignant tumor of the lung. J. Amer. med. Ass. 147, 1213 (1951).
FITE, F.: Granuloma due to radiographic contrast medium. Arch. Path. 59, 673—676 (1955).
FIUMICELLI, C., PIGNOTTI, L.: Immagini di tracheobroncopatia osteoplastica. Riv. Tuberc. 14, 391—399 (1966).
FLAVELL, G.: The problem of the small round lesions. Tubercle (Lond.) 35, 54 (1954).
FLEISCHNER, F.: Stenosen und Perforationen der großen Bronchien in ihrer Bedeutung für die Lungenpathologie. Wien. klin. Wschr. 48, 983—1015 (1935).
FLEISCHNER, F.: Atelektase und atelektatische Pneumonie bei Ausstoßung oder Durchbruch eines tuberkulösen Drüsenherdes in den Bronchus. Beitr. Klin. Tuberk. 86, 72—83 (1935).
FLEISCHNER, F. G.: Unilateral pulmonary embolism with increased compensatory circulation through the unoccluded lung. Radiology 73, 591—597(1959).
FLEISCHNER, F. G.: Unilateral pulmonary embolism with increased compensatory circulation through the unoccluded lung. Roentgen observations. Trans. IX. Intern. Congr. Radiol. München 1959, p. 476—478. Stuttgart: G. Thieme, u. München u. Berlin: Urban & Schwarzenberg 1960.
FLEISCHNER, F. G.: Pulmonary embolism. Clin. Radiol. (Edinb.) 13, 169—182 (1962).
FLEISCHNER, F. G.: Angiographic diagnosis of pulmonary embolism in the mitral lung. Radiology 87, 705 (1966).
FLEISHMAN, S. J., DAVIDSON, J. F.: Vicarious menstruation, a likely case of pulmonary endometriosis. Lancet 1959II, 88.
FLEMMA, J., ANLYAN, W. G.: Tuberculous bronchobiliary fistula. Report of an unusual case with demonstration of the fistulous tract by percutaneous transhepatic cholangiography. J. thorac. cardiovasc. Surg. 49, 198—201 (1965).
FLEMMING-MØLLER, P.: Studien über embolische und autochthone Thromben in der Arteria pulmonalis. Beitr. path. Anat. 71, 27 (1923).
FLEMMING-MØLLER, P.: On silicosis in porcelain workers, from the roentgenological and some clinical points of view. Acta radiol. (Stockh.) 15, 587 (1934).
FLETCHER, C. M.: Pneumoconiosis of coal-miners. Brit. med. J. 1948, 1015.
FLETCHER, C. M., MANN, K. J., DAVIES, I., COCHRANE, A. C., GILSON, J. C., HUGH-JONES, P.: The classification of radiographic pictures in the pneumoconiosis of coal-miners. J. Fac. Radiol. (Lond.) 1949I, 40.
FLORIS, A.: Ombra rotonda isolata nel polmone, da probabile ematoma polmonare spontaneo. Confronto con un ematoma polmonare traumatico. Ann. Radiol. diagn. (Bologna) 40, 127—154 (1967).
FLORIS, M.: Sopra un caso di probabile corioepitelioma polmonare consecutive. Soc. Ital. ostetr. 35 (Suppl. 6), 548—551 (1939).
FLYNN, M. W., FELSON, B.: The roentgen manifestations of thoracic actinomycosis. Amer. J. Roentgenol. 110, 707 (1970).
FOCHEM, K.: Solitäre Lungenzysten und ihre Differentialdiagnose. Z. Tuberk. 101, 193 (1952).
FONT, J. H.: Laryngotracheobronchial papillomatosis of children: Report of a case. Arch. Otolaryng. 64, 270—274 (1956).
FONTAINE, R., BUCK, P., WARTER, P., MULLER, J. N.: Tératome kystique du médiastin antérieur développé dans l'hémithorax droit. Exstirpation par voie transpleurale. Guérison. J. Radiol. Électrol. 30, 217 (1949).
FONTAINE, R., FORSTER, E., FRANK, P., STOLL, G., HOLDERBACH, L.: Kyste tératoïde dans un thymus aberrant au niveau du hile pulmonaire gauche. Ablation. Guérison. Poumon 9, 571 (1953).
FONTAINE, R., FRANK, P., STOLL, G.: Kyste tératoïde du thymus à siège médiastinal antérieur operée avec succès. Presse méd. 1952, 1425—1426.
FONTAINE, R., REDON, H. (unter Mitarbeit von GREIMER-OSWALD, A.): Identification et traitement des embolies pulmonaires. 49. Congr. franç. de Chir. 1946 (Presse Univ. France).
FORD, W. B., KENT, E. M., NEVILLE, J. F., FISHER, D. L.: Coin lesions of the lung. Amer. Rev. Tuberc. 73, 135 (1956).
FORD, W. B., THOMPSON, C. W., BLADES, B.: Xanthoma of the lung. Postgrad. med. J. 8, 48—50 (1950).
FORGET, B. G., SQUIRES, J. W.: Waldenström's macroglobulinemia with generalized amyloidosis. Arch. intern. Med. 118, 363—375 (1966).

Forkel, W.: Ein Fall von Fibromyom der Lunge. Z. Krebsforsch. 8, 390 (1909).

Forni, G., Morelli, L.: I cosidetti tumori benigni del polmone. Bologna: Ediz. Capelli 1955.

Foroughi, E.: Leiomyoma of the trachea. Dis. Chest. 42, 230 (1962).

Forrester, J. S., Houston, R. A.: Haemangiopericytoma with metastases. Arch. Path. 51, 651 (1951).

Fors, B., Ryden, L.: Tumoral amyloidosis of the lung. Acta path. microbiol. scand. 61, 1—12 (1964).

Forsee, J H., Farinacci, C. J., Blake, H. A.: Ectopia of primary thymic tumors. Ann. Surg. 138, 922—924 (1953).

Porsee, J. H., Mahon, W., James, L. A.: Cavernous hemangioma of the lung. Ann. Surg. 131, 418—423 (1950).

Forsee, J. H., Perkins, R. B.: Focalized pulmonary coccidioidomycosis. J. Amer. med. Ass. 155, 1223 (1954).

Forsee, J. H., Puckett, T. F., Hagman, F. E.: Surgical considerations in focalized pulmonary histoplasmosis. J. thorac. Surg. 26, 131—139 (1953).

Forster, E.: À propos d'un cyste gastrique intrathoracique. J. Radiol. Électrol. 34, 641 (1953).

Forster, E.: Critères anatomo-radio-cliniques des hématomes post-traumatiques intra-pulmonaires. Ann. Chir. (Paris) 20, 1195—1196 (1966).

Forster, E., Lux, H.: Kystes intra-médiastinaux d'origine aéro-digestive. (À propos de deux cas). Strasbourg Méd. 1953, 1—6.

Fossati, F.: Alterazioni polmonari da traumi chiusi del torace. Minerva radiol. (Torino) 14, 222—229 (1969).

Fossemale, J. R., Tarallo, N. H., Selica Piovano de Lista: Hamartoma de pulmón. A propósito de quince observaciones. Tórax 15, 137—157 (1966).

Fouche, J. W.: Primary intrathoracic nonpulmonary tumors. Amer. Surg. 21, 909—920 (1955).

Fouché, R. F., D'Silva, J. L.: Hypertransradiancy of one lung field and its experimental production by unilateral miliary embolization of pulmonary artery in cats. Clin. Radiol. 11, 100—105 (1960).

Fourestier, M., De Saint-Germain, E., Fournier, A.: Tumeur inflammatoire obstructive du rameau de la bronche lobaire inférieure droite. J. franç. Méd. Chir. thor. 5, 191 (1951).

Fournier, P.: Contribution à l'étude de la pneumoconiose des mineurs de charbon. L'excavation aseptique des fibroses massives. Les formes simples. Les formes radiologiques muettes. Thèse de Lille 1955.

Fox, J. P., Hospers, C. A.: Solid teratoid tumors in the anterior mediastinum. Amer. J. Cancer 28, 273 (1936).

Fränkel, A.: Zur Diagnostik der Brusthöhlengeschwülste. Dtsch. med. Wschr. 51 (1891).

Francesconi, G., Benincasa-Stagni, E.: Aspetti radiologici della sclerosi tuberosa. Lav. neuropsichiat. 30, 3 (1962).

Franco, C.: Considerazioni anatomo-patologiche e cliniche su alcuni casi di amartoma condromatose e di condroma puro del polmone. Arch. ital. Chir. 83, 125 (1958).

Franco, E. E.: Sopra un rarissimo voluminoso leiomyoma del polmone. Tumori 15, 27 (1929).

Franco, P. M.: Interno alla sifilide del polmone. Folia med. (Napoli) 14, 802—818, 877—893 (1928).

Frank, J., Piper, P. G.: Congenital pulmonary cystic lymphangiectasis. J. Amer. med. Ass. 171, 1094—1098 (1959).

Frank, R. C., Paul, L. W.: Congenital reduplication of esophagus. Radiology 53, 417—419 (1949).

Franzen, J., Tilling, W.: Zum Röntgenbild der pulmonalen Histoplasmose. Fortschr. Röntgenstr. 79, 633—638 (1953).

Frassineti, A.: Aspetto pseudocistico di neoplasia polmonare cavitata. Casi rari e di difficile interpretazione dell' apparato respiratorio. Minerva med. (Torino) 1958, 581—590.

Frattini, G.: Fisiopatologia delle fistole arteriovenose Minerva chir. (Torino) 9, 273 (1953).

Fred, H. L., Burdinejv, J. A., Gonzalez, D. A., Lockhardt, R. W., Peabody, C. A., Alexander, J. K.: Arteriographic assessment of lung scanning in the diagnosis of pulmonary thromboembolism. New Engl. J. Med. 275, 1026 (1966).

Fred, H. L., Eiband, J. M., Collins, L. C.: Calcifications in intra-abdominal and retroperitoneal metastases. Report of the roentgenographic features. Amer. J. Roentgenol. 91, 138—148 (1964).

Freedlander, S. O., Gebauer, P. W.: Disease of aberrant intrathoracic tissue. J. thorac. Surg. 8, 581 (1939).

Freedlander, S. O., Wolpaw, S. E.: Chronic inflammatory lesions of the lung simulating bronchogenic carcinoma. J. thorac. Surg. 9, 530—543 (1940).

Freedlander, S. O., Wolpaw, S. E., Mendelsohn, H. J.: Surgical experiences with asymptomatic intrathoracic growths. Radiology 55, 700—711 (1950).

Freedman, E.: Congenital cysts of the lung. Amer. J. Roentgenol. 35, 44 (1936).

Freedman, E.: Inflammatory diverticula of the pericardium. (Encapsulated pericardial effusion). Amer. J. Roentgenol. 37, 733—738 (1937).

Freedman, E., Higley, C. S.: Syphilitic gumma of the lung. Amer. J. Roentgenol. 31, 333—339 (1934).

Freeman, R. G.: Multiple gummata of the lung. Proc. N.Y. path. Soc. 1891, 82.

Freese, H.: Beginnende osteoplastische Lungenmetastasen eines osteogenen Sarkoms. Fortschr. Röntgenstr. 81, 87—90 (1954).

Freilich, J. K.: Papilloma of the trachea. Geriatrics 21, 173—176 (1966).

Freiman, D. G., Engelberg, H., Merrit, W. H.: Oil aspiration (lipoid) pneumonia in adults. Arch. intern. Med. 66, 11—38 (1940).

Freire de Sequeira, O., Marcos-Martins, O., Netto, M. B., Janinis, J. B. M.: Bronchiallipom. Rev. bras. Cir. (Rio de Jan.) 51, 379—384 (1966).

Freireich, K., Bloomberg, A., Langs, E. W.: Primary bronchogenic leiomyoma. Dis. Chest 19, 354—358 (1951).

Frenckner, P.: The occurrence of so-called myoblastomas in the mouth and upper air passages. Acta oto-laryng. (Stockh.) 26, 689 (1938).

Fréour, P., Carrère, G.: Bronchopneumopathie localisée à forme pseudotumorale. J. franç. Méd. Chir. thor. 5, 267 (1951).

Freudenthal, W.: Recurrent teratomatous growth of trachea. Laryngoscope (St. Louis) 28, 690 (1918); N.Y. med. J. 108, 582 (1918).

Frey, E. K.: Chirurgie des Herzens. Neue Deutsche Chirurgie, Bd. 61. Stuttgart: F. Enke 1939.

Frick, K.: Das Bronchialcarcinom im Sektionsmaterial des Pathologischen Instituts der Bergbau-Berufsgenossenschaft in Bochum. Inaug.-Diss. Kiel 1952.

Fried, B. M.: Tumors of the lung and mediastinum. Philadelphia: Lea & Febiger 1958. London: Kimpton 1959.

FRIEDMAN, C.: Ein Fall von rhabdomyoplastischem Sarkom geringer Gewebsreife. Med. Klin. **25**, 1326—1328 (1929).
FRIEDMAN, C., MISHKIN, S., LUBLINER, K.: Pulmonary resection for aspergillus abscess of the lung. Dis. Chest **30**, 345—350 (1956).
FRIEDMAN, M., EGAN, J. W.: Irradiation of hemangiopericytoma of Stout. Radiology **74**, 721—730(1960).
FRIEDMAN, N. B.: Germinoma of pineal: its identity with germinoma ("seminoma") of testis. Cancer (Philad.) **7**, 363—368 (1947).
FRIEDMAN, N. B.: Comparative morphogenesis of extragenital and gonadal teratoid tumors. Cancer (Philad.) **4**, 265—276 (1951).
FRIEDMAN, N. B.: Tumors of the thymus. J. thorac. cardiovasc. Surg. **53**, 163—182 (1967).
FRIEDMAN, P. S., SOLIS-COHEN, L., LEVINE, S.: Accessory lobe of liver and its significance in roentgen diagnosis. Amer. J. Roentgenol. **57**, 601—603 (1947).
FRIEDRICH, H., VEIEL, E.: Röntgendiagnose des Echinococcus alveolaris. Fortschr. Röntgenstr. **57**, 366—374 (1938).
FRISCH, A. v.: Zur Ätiologie des Rhinoskleroms. Wien. med. Wschr. **32**, 969—972 (1882).
FRITZ, H.: Zur Frage der sarkomatösen Umwandlung bei der Neurofibromatose. Röntgenpraxis **13**, 299—302 (1941).
FRITZE, E., DICKMANS, H.: Rundherdpneumokoniose. Radiologe **2**, 270—274 (1962).
FRITZE, E., HOLLING, J.: Lungenveränderungen bei Staubexposition und rheumatoider Arthritis. Radiologe **5**, 144—146 (1965).
FROBOESE, C.: Emboliformes Sarkom des Hauptstammes der Pulmonalarterie. Zbl. allg. Path. path. Anat. **44**, 148 (1928).
FROBOESE, C.: Mediastinum. In: DOERR, W., SEIFERT, G., UEHLINGER, E. (Hrsg.), Spezielle pathologische Anatomie, Bd. IV. Berlin-Heidelberg-New York: Springer 1969.
FROMENT, R., BAILLY, E., PERRIN, A., BRUN, F.: L'oblitération cancéreuse des troncs artériels pulmonaires avec retentissement ventriculaire droit. Poumon **15**, 573—588 (1959).
FROMME: Über die operative Heilung einer intrathorakalen Cyste (Bronchuscyste). Zbl. Chir. **54**, 3191 (1927).
FROMMHOLD, W.: Coelomcyste im hinteren Mediastinum. Fortschr. Röntgenstr. **78**, 358 (1953).
FRUHLING, L., OPPERMANN, A.: Cancer pulmonaire et silicose pulmonaire. Strasbourg méd. **3**, 389—394 (1952).
FRUHLING, L., SPEHLER, H.: Contribution à l'étude anatomo-clinique des tumeurs de la trachee. À propos de 5 cas de tumeurs primitives et de 24 cas de tumeurs secondaires de la trachée. Ann. Otolaryng. (Paris) **68**, 543—564 (1951).
FRY, W., ARNOLD, H. S., MILLER, E. W.: Bronchial cysts associated with anomalous artery. Ann. Surg. **138**, 892 (1952).
FRY, W., KLEIN, C., BARTON, H. C.: Malignant mediastinal teratoma simulating cardiovascular disease. Dis. Chest **27**, 537 (1955).
FUCHS, H.: Lues der Lungen. Tuberk.-Arzt **1/2**, 565 (1947/48).
FUCHS, H.: Die Differentialdiagnose der Mediastinaltumoren. Fortschr. Röntgenstr. **71**, 938—941 (1949).
FULDE, E.: Über das intrathorakale Lipom. Dtsch. Z. Chir. **251**, 207—229 (1939).
FUNCH, R. B., WENGER, D. S.: Preoperative diagnosis of pericardial celomic cyst. A case report. Amer. J. Roentgenol. **73**, 584—589 (1955).

FURCOLOW, M. L., BRASHER, C. A.: Chronic progressive (cavitary) histoplasmosis as a problem in tuberculosis sanatoriums. Amer. Rev. Tuberc. **73**, 609 (1956).
FURRER, E. D., FOX, J. R.: Perineural fibrosarcoma of the left vagus sheath. West. J. Surg. **48**, 584 (1940).
FUST, J. A., CUSTER, R. P.: On the neurogenesis of so-called granular-cell myoblastoma. Amer. J. clin. Path. **19**, 522—535 (1949).
GADEKAR, N. G.: Intra-thoracic manifestations of hydatid disease. Indian J. Radiol. **1955**, 1—14.
GAFFNEY, J. O.: Carotid-body-like tumors of the jugular bulb and middle lar. J. Path. Bact. **66**, 157—170 (1953).
GAHAGAN, TH., GALE, H. H., ORMOND, R.: Pulmonary angiogramm in the management of pulmonary embolism. Amer. J. Surg. **111**, 718—722 (1966).
GALE, J. W., EDWARDS, S. R.: Malignant tumors of the diaphragm. J. thorac. Surg. **9**, 185—193 (1939).
GALERA, H., PASCUAL, E., ROMAS, J., ZAMORANO, L.: Los hamartomas pulmonares. Rev. clín. esp. **113**, 245—252 (1969).
GALLAS, J., TOMÁNEK, A.: Diagnostik von Lymphknoten-Bronchusperforationen durch Schichtaufnahmen. Fortschr. Röntgenstr. **88**, 699—702 (1958).
GALLI, E., MINETTO, E., FAZIO, M.: Granulomi tubercolari pseudotumorali dei bronchi. Minerva med. (Torino) **52**, 930—937 (1961).
GALLIVAN, G. J., DOLAN, C. T., STAM, R. E., EGGERTSEN, B. S., TOVEY, J. D.: Granularcell myoblastoma of the bronchus. Report of a case. J. thorac. cardiovasc. Surg. **52**, 875—881 (1966).
GALLOWAY, R. W., EPSTEIN, E. J., COULSHED, N.: Pulmonary ossific nodules in mitral valve disease. Brit. Heart J. **23**, 297—307 (1961).
GALLWAS, K.: Differentialdiagnostische Betrachtungen von reversiblen Lungenherden bei Bronchialkarzinom. (Rundherdige Tumorbegleitpneumonie.) Prax. Pneumol. **21**, 265—275 (1967).
GALY, P.: Les tumeurs bénignes du poumon. Traité de Médécine. Paris: Éd. Masson & Cie. 1948.
GALY, P.: Évolution anatomique et clinique des tuberculomes du poumon. Sem. Hôp. Paris **30**, (1954).
GALY, P.: Tumeurs broncho-pulmonaires. Paris: Éd. Masson & Cie. 1955.
GALY, P.: Tumeurs bénignes et pseudo-tumeurs inflammatoires pulmonaires et pleurales. Documentation anatomo-clinique. (Symposium de chirurgie thoracique). Acta chir. belg., Suppl. **11**, 5—27 (1955).
GALY, P.: Les bronchocèles tuberculeux. Schweiz. Z. Tuberk. **16**, 16—22 (1959).
GALY, P., BARRIÉ, J., SOURNIA, J. C., TOURAINE, R. G.: Fibromes et leiomyomes bronchiques et pulmonaires. J. franç. Méd. Chir. thor. **9**, 330 (1955).
GALY, P., BÉRARD, M.: Étude anatomique et pathogénique des tuberculomes du poumon. Rev. Tuberc. (Paris) **12**, 678—695 (1948).
GALY, P., BÉRARD, M., ROMAIN, J. H., TOURAINE, R. G.: Les pièces d'exérèse de poumons opaques tuberculeux. Rev. Tuberc. (Paris) **15**, 28—59 (1951).
GALY, P., BRUNE, J., D'HEUREUX, P.: Valeur diagnostique de la bronchographie lipiodolée dans les pneumopathies à résolution retardée et les pneumonies chroniques. J. franç. Méd. Chir. thor. **18**, 477—489 (1964).

Galy, P., Brune, J., Loire, R., Collombel, G.: L'infarctus pulmonaire au cours de l'évolution des cancers bronchiques. Poumon 23, 323 (1967).

Galy, P., Duprez, A., Touraine, R. G.: Les hamartochondromes bronchiques et pulmonaires. J. franç. Méd. Chir. thor. 7, 329 (1953).

Galy, P., Duprez, A., Touraine, R. G. Ugnat: Les tumeurs nerveuses intrapulmonaires. J. franç. Méd. Chir. thor. 7, 400 (1953).

Galy, P., Germain, J., Raton, Minette, A : Les broncho-pyocèles ou abscès froids intrabronchiques. Rev. Tuberc. (Paris) 19, 286—293 (1955).

Galy, P., Pellet, M.: Hémangiomes sclérosants du poumon. Arch. Anat. path. 12, 300—304 (1964).

Galy, P., Perol, L.: Séquelles et complications tardives locales de la primoinfection tuberculeuse. Paris: Doin éd. 1952.

Galy, P., Touraine, R. G.: Les tumeurs conjunctives primitives et isolées des poumons et des bronches. J. franç. Méd. Chir. thor. 10, 168 (1956).

Galy, P., Touraine, R., Pellet, M.: Les pneumonies chroniques pseudo-tumorales. J. franç. Méd. Chir. thor. 16, 589—600 (1962).

Gander: Ein Beitrag zur Frage der verästelten Lungenverknöcherungen. Fortschr. Röntgenstr. 44, 448 (1930).

Gander, G.: Rhabdomyome granulo-cellulaire de la langue. Bull. Ass. franç. Cancer 24, 56 (1935).

Gannon, W. E., Greenfield, H.: Fibrin body in an old abscess cavity simulating a new growth. Radiology 66, 564—566 (1956).

Ganz, P.: Über die Chirurgie der kongenitalen Zysten des Mediastinums. Langenbecks Arch. klin. Chir. 274, 326—346 (1953); ibid. 276, 427—428 (1953).

Ganz, P.: Die Nervengeschwülste des Thoraxinnenraumes (18 eigene Beobachtungen). Chirurg 25, 58—63 (1954).

Ganz, P., Franke, H.: Die Thymusgeschwülste und ihre chirurgische Bedeutung. Chirurg 24, 110—113 (1953).

Garabedian, G. A., Matossian, R. M., Duidan, F. G.: Correlative study of immunological tests for diagnosis of hydatid disease. Amer. J. trop. Med. 8, 67—71 (1959).

Garbarini, I., Price, H.: Calcified leiomyoma of the stomach. New Engl. J. Med. 243, 406—407 (1950).

Garcia Capurro, F.: La dislocacion bronchique. Día méd. 1942, 29.

Garcia Capurro, F., Bellini, M. A.: Pseudo-cystic shadows of the right pulmonary base due to diaphragmatic omental hernia. Radiology 59, 410—414 (1952).

Garciá-Palmieri, M. R., Marcial-Rojas, R. A.: Protean manifestations of schistosomiasis mansoni: clinicopathological correlation. Ann. intern. Med. 57, 763—775 (1962).

Garcin, D., Berdonneau, R.: À propos d'un cas de bilharziose pulmonaire. Bull. Soc. Méd. Hôp. Paris 75, 547—550 (1959).

Gardiol, D.: Das isoliert auftretende Papillom des Bronchus bei Erwachsenen. Oncologia (Basel) 12, 304 (1959).

Gardner, D. L.: Pathology of connective tissue diseases. Baltimore: Williams & Wilkins Co. 1965.

Gardner, L. U.: Etiology of pneumoconiosis. J. Amer. med. Ass. 111, 1925 (1938).

Gardner, L. U.: The pathology and roentgenographic manifestations of pneumoconiosis. J. Amer med. Ass. 114, 535 (1940).

Garkel, V., Minkovsky, A.: A rare pathologic anatomic finding (gumma of trachea and bronchus). Laryngoscope (St. Louis) 41, 711 (1931).

Garland, H. G. S., Annig, S. T.: Hereditary hemorrhagic teleangiectasia. Brit. med. J. 1950, 700.

Garland, H. L.: Solitary pulmonary nodules. A new method for diagnosis of solitary lesions of the lung. Ariz. Med. 17, 261 (1960).

Garneau, R., Fournier, M.: Hamartomes et choristomes lymphovasculaires. Ann. Anat. path. 9, 223 (1964).

Garwin, C. F.: Lipoid pneumonia. Arch. intern. Med. 64, 586—589 (1939).

Gasch, J.: Über Lungenchondrome (sogenannte Hamartochondrome). Fortschr. Röntgenstr. 93, 513—515 (1960).

Gasperi, A. de, Nicolei de: Malformazione cistica dei lobi polmonari inferiori con vaso anomalo di origine aortica. Osped. maggiore (Milano) 41, 59—88 (1953).

Gaudino, F., Melella, A.: Le localizzazioni scheletriche della neurofibromatosi. Ann. radiol. diagn. (Bologna) 42, 155—176 (1969).

Gaultier-D'Auriac, Wangermez, J., Wangermez, A., Bisch, X.: Mésenchymome à evolution sarcomateuse: cas clinique. J. Radiol. Électrol. 49, 265—268 (1968).

Gautam, H. P.: Intrapulmonary malignant teratoma. Amer. Rev. resp. Dis. 100, 863—865 (1969).

Gay, B. B., Bonmati, J.: Primary neurogenic tumors of the lung and interlobar fissures. Radiology 63, 43—47 (1954).

Gayola, G., Janis, M., Weil, P. H.: Intrathoracic sheath tumor of the vagus. J. thorac. cardiovasc. Surg. 49, 412—418 (1965).

Gdalina, T. G.: Über die Simulierung maligner Neubildungen durch eosinophile Infiltrate. Khirurgiya (Mosk.) 1954, 47.

Gebauer, A.: Arteriovenöse Fisteln und Anomalien der Lungenvenen. In: Gebauer, A., Muntean, E., Vieten, H., Das Röntgenschichtbild, S. 394—400. Stuttgart: G. Thieme 1959.

Gebauer, A., Muntean, E., Vieten, H.: Das Röntgenschichtbild. Stuttgart: G. Thieme 1959.

Gebauer, A., Schanen, A.: Das transversale Schichtverfahren. Stuttgart: G. Thieme 1955.

Gebauer, P. W.: A case of osteochondroma of the bronchus. Ohio St. med. J. 34, 398—399 (1938).

Gee, W., Foster, E. D., Doohen, D. J.: Mediastinal pancreatic pseudocyst. Ann. Surg. 169, 420—429 (1969).

Geevner, E. P.: Pulmonary vascular lesions in silicosis and related pathologic changes. Amer. J. med. Sci., N. S. 214, 292—304 (1947).

Géher, F.: Über runde Lungenschatten mit doppelter Kontur. Orv. Hétil. 1953, 1366—1368.

Géher, F.: Über Paragonimiase. Beiträge zur Röntgendiagnostik und Einteilung der Lungenparagonimiase. Fortschr. Röntgenstr. 87, 313—321 (1957).

Geipel, P. J.: Zur Kenntnis der gutartigen Bronchialtumoren. Frankfurt. Z. Path. 42, 516 (1931).

Geisler, R.: Der periphere Lungenrundherd. In: Breu, K., Pneumonien-Lungenkrebs-Behandlung und Bekämpfung der Tuberkulose, S. 61. Stuttgart: G. Thieme 1964.

Geisler, R., Haan, R.: Der Lungenrundherd. Bruns' Beitr. klin. Chir. 208, 97—121 (1964).

Gelfand, M.: Paraffin pneumonia. Brit. med. J. 1949 II, 1151—1152.

Gemeinhardt, H.: Zur Mykologie des Lungen-Aspergilloms. Mykosen Nr. 4, 253 (1969).

Génissel, Le: À propos des voussures du dôme hepatique. J. Radiol. Électrol. 28, 510 (1947).

Génissel, Le, Houël, J.: À propos de quelques causes d'erreur dans le diagnostic radiologique du kyste hydatique du poumon. J. Radiol. Électrol. **33**, 80—88 (1952).

GENZ, H.: Pilzerkrankungen der Lunge. In: OPITZ, H., SCHMID, F. (Hrsg.), Handbuch der Kinderheilkunde, Bd. VII, S. 238—243. Berlin-Heidelberg-New York: Springer 1966.

GERACI, J. E., DONOGHUE, F. E., ELLIS, F. H., WITTEN, D. M., WEED, L. A.: Focal pulmonary cryptococcosis: evalution of necessity of amphotericin B therapy. Proc. Mayo Clin. **40**, 552 (1965).

GERAMI, S., et al.: Obstructive emphysema due to mediastinal bronchogenic cysts in infancy. Poumon **25**, 432 (1969).

GERBODE, F., MARGULIES, G. S.: Neurofibromatosis with intrathoracic neurofibromas of vagus nerve. J. thorac. Surg. **25**, 429 (1953).

GERLACH, U., STEIN, A.: Leitsymptom „Adenoma sebaceum" in der Diagnostik von Nierenerkrankungen (Morbus Bourneville-Pringle). Med. Klin. **54**, 1503—1506 (1959).

GERLACH, W.: Die Staublunge des Mansfelder Bergmanns, zugleich ein Beitrag zur Frage Staublunge und Lungentuberkulose. Arch. Gewerbepath. Gewerbehyg. **2**, 105 (1931).

GERLINGS, R. G.: Benign tumors of the bronchi. Ned. T. Geneesk. **80**, 5126 (1936).

GERNEZ-RIEUX, C., BALGAIRIES, E., BONTE, G., DELWAULLE, P.: Images cavitaires intra-pulmonaires non-tuberculeuses chez les silicotiques. J. franç. Méd. Chir. thor. **6**, 283—290 (1952).

GERNEZ-RIEUX, C., BALGAIRIES, E., FOURNIER, P., SAVINEL, E.: Les bronches dans la silicose. Actes de la 7e réunion des «Journées Méd. Triestines» 10.—12. Sept. 1954.

GERNEZ-RIEUX, C., BALGAIRIES, E., FOURNIER, P., VOISIN, C.: Une manifestation souvent méconnue de la pneumoconiose des mineurs: la liquéfaction aseptique des formations pseudotumorales. Sem. Hôp. (Paris) **1958**, 1081—1089.

GERNEZ-RIEUX, C., LEPAUL, G.: Les méningocèles à développement intrathoracique. J. franç. Méd. Chir. thor. **8**, 633 (1954).

GERNEZ-RIEUX, C., LEPAUL, G.: Méningocèle intrathoracique. J. Radiol. Électrol. **36**, 57 (1955).

GERNEZ-RIEUX, C., SAVINEL, E.: Les kystes pleuropéricardiaques. J. franç. Méd. Chir. thor. **5**, 474—490 (1951).

GERNEZ-RIEUX, C., VOISIN, C., MACQUET, V., SPY, E.: Les images pulmonaires labiles post-traumatiques. Ann. Radiol. (Paris) **5**, 457—466 (1962).

GERNEZ-RIEUX, C., VOISIN, C., MEVEAN, J., MACQUET, V., MARGER, M.: Tumeurs et pseudotumeurs graisseuses du médiastin antérieur. J. franç. Méd. Chir. thor. **14**, 459 (1960).

GERRITS, J. C.: Coin lesions. J. belge Radiol. **39**, 696—705 (1956).

GERSHON-COHEN, J., BRINGHURST, L. S., BYRNE, R. N.: Roentgenography of kerosene poisoning (chemical pneumonitis). Amer. J. Roentgenol. **69**, 557—562 (1953).

GERSIG: Ein Fibrolipom des Mediastinums unter dem klinischen Bild eines Aortenaneurysmas. Wien. klin. Wschr. **56**, 564—566 (1943).

GERSTL, B., WEIDMAN, W. H., NEWMAN, A. V.: Pulmonary aspergillosis. Ann. intern. Med. **28**, 632—671 (1948).

GERY, L.: Zit. nach FIRESTONE, F. N., JOISON, J.: Amyloidosis. J. thorac. cardiovasc. Surg. **51**, 292—299 (1966).

GESCHICKTER, C. F.: Lipoid tumors. Amer. J. Cancer **21**, 617 (1934).

GESCHICKTER, C. F.: Mesothelial tumors. Amer. J. Cancer **26**, 378 (1936).

GEY, R.: Die Bronchitis deformans. Virchows Arch. path. Anat. **255**, 528—539 (1925).

GIAMMALVO, J. T.: Congenital lymphangiomatosis of the lung: a form of cystic disease. Lab. Invest. **4**, 450—456 (1955).

GIAMPALMO, A.: L'angiomatosi polmonare arteriovenosa ipossiemizzante. Patologica (Genova) **40**, 61 (1948).

GIAMPALMO, A.: The arteriovenous angiomatosis of the lung with hypoxaemia. Acta med. scand. (Stockh.) **139**, Suppl. 248, 1—71 (1950).

GIAMPALMO, A., GIAMPALMO, V.: Su un caso di angiomatosi polmonare arterovenosa ipossiemizzante. Arch. E. Maragliano Pat. Clin. **4**, 67 (1949).

GIANELLI, F.: Mioblastoma a cellule granulose nei bronchi di un equino. Ateneo parmense **28**, 5 (1957).

GIEDION, A., MÜLLER, W. A., MOLZ, G.: Angeborene Lymphangiektasie der Lungen; eine radiologisch erkennbare Ursache des Atemnotsyndroms beim Neugeborenen. Helv. paediat. Acta **22**, 170—180 (1967).

GIESE, W.: Quarzstaub, Schwielenlunge und Lungentuberkulose. Veröffentl. Gew. u. konstit.-Path. **7**, Heft 28 (1931).

GIESE, W.: Die schwielige Induration der Lungenlymphknoten. Beitr. Path. Anat. **90**, 555—622 (1933).

GIESE, W.: In: Die Staublungenerkrankungen, Bd. 3, S. 471. Darmstadt: Th. Steinkopff 1958.

GIESE, W.: Die Atemorgane. In: KAUFMANN, E., STAEMMLER, M., Lehrbuch der speziellen pathologischen Anatomie, 11. u. 12. Aufl., Bd. II/3, S. 1417—1984. Berlin: W. de Gruyter 1960.

GILBERT, J. G., KAUFMANN, B., MAZZARELLA, L. A.: Tracheal tumors in infants and children. J. Pediat. **35**, 63 (1949).

GILBERT, J. G., MAZZARELLA, L. A., FEIT, L. J.: Primary tracheal tumors in the infant and adult. Arch. Otolaryng. **58**, 1 (1953).

GILBERTSEN, V. A., LILLEHEI, C. W.: Bilateral intrathoracic neurofibromas of the vagus nerve with a note on the physiologic effect of cervicothoracic vagectomy in man: A case report. J. thorac. Surg. **28**, 78 (1954).

GILCHRIST, R. K., PARROTT, J.: Spontaneous biliobronchial fistula formation following common duct obstruction. Surgery **45**, 403 (1959).

GILLESPIE, S. R., MARTINSON, L. F.: Pericardial celomic cysts. Northw. Med. (Seattle) **49**, 107—110 (1950).

GILLIS, D. A., REYNOLDS, D. P., MERRITT, J. W.: Chemodectoma of an aortic body. Brit. J. Surg. **43**, 585 (1956).

GILMOUR, J. R.: Embryology of the parathyroid glands, the thymus and certain associated rudiments. J. Path. Bact. **45**, 507—522 (1937).

GILMOUR, J. R.: Some developmental abnormalities of the thymus and parathyroids. J. Path. Bact. **52**, 213—218 (1941).

GIL-TURNER, C.: Fibroma del pulmón. Communicacion de un caso. Rev. clín. esp. **41**, 111 (1951).

GIMES, B.: Die radiologischen Beziehungen der Myasthenia gravis. Fortschr. Röntgenstr. **94**, 643—650 (1961).

GIMES, B., HORVÁTH, F.: Über die Varikosität der Pulmonalvene. Fortschr. Röntgenstr. **89**, 545—548 (1958).

GIROUX, M., DESMEULES, R.: Dysembryome thoracique et chorio-épithéliome chez un enfant de 12 ans. Laval méd. **12**, 851—862 (1947).

GIUBILEI, D., LUCCIOLI, M., MOLTONI, G.: In tema di tumori benigni del polmone. Gli amartocondromi. Gazz. int. Med. Chir. **72**, 384—421 (1967).

GIULIANI, G.: Il quadro radiologico dell 'ilo e del mediastino in tre casi di silicosi polmonare controllata autopticamente. Ann. Radiol. diagn. (Bologna) 30, 447—465 (1957).

GIUNTINI, C. N., VITALE, V.: Importanza dell' esame radiografico dell' apparato respiratorio nei traumatizzati toracici. Rass. Arch. Chir. 6, 297—311 (1968).

GLÄSER, A.: Zur Pathologie des Tracheobronchialbaumes. Thoraxchirurgie 5, 337—342 (1958).

GLÄSER, A., KERRINNES, C.: Thoraxchirurgie 7, 383 (1959).

GLANCY, D. L., FRAZIER, P. D., ROBERT, W. C.: Pulmonary parenchymal cholesterolester granulomas with pulmonary hypertension. Amer. J. Med. 45, 198 (1968).

GLAUDEMANS, P. W.: Pulmonary hematoma caused by nonpenetrating chest injury. J. belge Radiol. 48, 730—742 (1965).

GLAUSER, O.: Über tumorförmiges Amyloid der Lungen. Beitrag zur dystopischen Knochenbildung. Schweiz. Z. allg. Path. 18, 42—65 (1955).

GLEESON, J. A., STOVIN, P. G. I.: Mediastinal enterogenous cysts associated with vertebral anomalies. Clin. Radiol. 12, 41 (1961).

GLENN, F., HARRISON, C. S., STEINBERG, I.: Pulmonary arteriovenous fistula occuring in siblings; report of 2 cases. Ann. Surg. 138, 886—891 (1953).

GLENNER, G. G., CROUT, J. R., ROBERTS, W. C.: A functional carotid-body-like tumor. Arch. Path. 73, 230, (1962).

GLENNIE, J. S., HARVEY, P., JEWSBURY, P.: The cases of leiomyosarcoma of the lung. Thorax (Lond.) 14, 327—332 (1959).

GLOCKNER, A.: Über lokales tumorförmiges Amyloid des Larynx, der Trachea und der großen Bronchien mit dadurch bedingter Laryngo-Tracheostenose. Virchows Arch. path. Anat. 160, 583—602 (1900).

GLOVER, L. B., BARCIA, A., REEVES, T. J.: Congenital absence of the pericardium. A review of the literature with demonstration of a previously unreported fluoroscopic finding. Amer. J. Roentgenol. 106, 542—549 (1969).

GLOYNE, S. R.: Pneumoconiosis. A histologic survey of necropsy material in 1205 cases. Lancet 1951, 810—814.

GLOYNE, S. R., MARSHALL, G., HAYLE, C.: Pneumoconiosis due to graphite dust. Thorax (Lond.) 4, 31 (1949).

GOBLENTZ: Quelques considérations à propos d'un cas de diverticule inflammatoire du péricarde. Thèse de Paris 1940.

GODDEN, J. O., CLAGETT, O. T., ANDERSEN, H. A.: Sensitivity to alcohol as a symptom of Hodgkin's disease. J. Amer. med. Ass. 160, 1274 (1956).

GODWIN, J. T., WATSON, W. L., POOL, J. L., CAHN, W. G., NARDFIELLO, V. A.: Primary intrathoracic neurogenic tumors. J. thorac. Surg. 20, 169—194 (1950).

GOEDEL, A.: Intratrachealer Kropf. Langenbecks Arch. klin. Chir. 23, 825 (1922).

GOEDEL, A.: Zur Kenntnis des primären Lungenschlagadersarkoms. Frankfurt. Z. Path. 49, 1 (1936).

GÖRGÉNYI, O.: Die Tuberkulose der endothorakalen Lymphknoten. Budapest: Akadémiai Kiadó 1958.

GÖRGÉNYI, O., HORÁNYI, J., SZÖTS, I.: Súlyos vérzést okozó bronchus arterioma a gyermekkorban. Tuberkulózis 19, 200 (1966).

GÖRGÉNYI-GÖTTCHE, O., HORÁNYI, J., SZÖTS, I.: Über Bronchusarteriome. Prax. Pneumol. 22, 157—164 (1968).

GÖRGÉNYI-GÖTTCHE, O., KASSAY, D.: Die Bedeutung der Bronchusperforation in der Tuberkulose der endothorakalen Lymphknoten. Ann. paediat. (Basel) 168, 245—270, 311—332 (1947).

GÖTTSCHING, C.: Über Speiseaspiration. Inaug.-Diss. Freiburg i. Br. 1947.

GOLD: Über Bronchuszysten und deren Entstehung. Beitr. path. Anat. 68, 278 (1921).

GOLD, E.: Myasthenia gravis und Thymustumor. Wien. klin. Wschr. 48, 694—698 (1935).

GOLDBERG, H. M.: Carotid body tumours. Brit. J. Surg. 34, 295 (1947).

GOLDENBERG, G. J., GREENSPAN, R. H.: Middle-lobe atelectasis due to endobronchial sarcoidosis with hypercalcemia and renal impairment. New Engl. J. Med. 262, 1112—1116 (1960).

GOLDMAN, A.: Surgical treatment of bronchial adenoma. Dis. Chest 13, 321—331 (1947).

GOLDMAN, A.: Cavernous hemangioma of the lung; secondary polycythemia. Dis. Chest 9, 479 (1943).

GOLDMAN, A.: Pulmonary arteriovenous fistula with secondary polycythaemia occuring in 2 brothers; cure by pneumonectomy. J. Lab. clin. Med. 32, 330—331 (1947).

GOLDMEIER, E., RODRIGUEZ-DELGADO, H.: The early appearance of coin lesions. Dis. Chest 41, 638—644 (1962).

GOLDSTEIN, H. J.: Heredofamilial angiomatosis. Arch. intern. Med. 27, 102 (1921).

GOLDSTONE, B.: A case of carotid body tumor. Sth. Afr. med. J. 26, 780 (1952).

GOLDSWORTHY, N. E.: Chondroma of the lung (Hamartoma chondromatosum pulmonis). J. Path. 39, 291—298 (1934).

GOLTSMAN, G. V., et al.: Certain peculiarities of retention bronchial cysts defected in prolonged roentgenological observation. Vestn. Rentgenol. Radiol. (Mosk.) 1971, 31.

GOMBERT, H. J.: Beitrag zur Röntgendiagnose und -therapie der Lungenaktinomykose. Fortschr. Röntgenstr. 77, 578—581 (1952).

GOOD, C. A.: Roentgenologic findings in myasthenia gravis associated with thymic tumor. Amer. J. Roentgenol. 57, 305 (1947).

GOOD, C. A.: Fungous diseases of the lungs; review of roentgenologic manifestations. Tex. St. J. Med. 47, 817—825 (1951).

GOOD, C. A., CLAGETT, O. T., WEED, L.: Granuloma of the lung: A problem of differential diagnosis. Trans. nat. Ass. Tuberc. (Lond.) 47, 294—302 (1951).

GOOD, C. A., HOOD, R. T., MCDONALD, J. R.: Significance of a solitary mass in the lung. Amer. J. Roentgenol. 70, 543—554 (1953).

GOOD, C. A., WILSON, T. W.: The solitary circumscribed pulmonary nodule. J. Amer. med. Ass. 166, 210 (1958).

GOOD, H.: Diagnose und Therapie der benignen und malignen Lungentumoren. HNO (Berl.) 2, 340 (1951).

GOODING, C. J.: Pneumoconiosis in South Wales antracite miners. Lancet 1946 I, 891—896.

GOODOFF, I. I., LISCHER, C. E.: Tumor of the carotid body and the pancreas. Arch. Path. 35, 906—911 (1936).

GOODPASTURE, E. W.: The significance of certain pulmonary lesions in relation of the etiology of influenza. Amer. J. med. Sci. 158, 863—870 (1919).

GOODWIN, T. C.: Lipoid cell pneumonia. Amer. J. Dis. Child. 48, 309—326 (1934).

GOORWICH, J., MADOFF, I.: Capillary hemangioma of the lung. Dis. Chest 28, 98—103 (1955).

GORALEWSKI: Seltenes Bild einer Staublunge. Röntgenpraxis 13, 355 (1941).
GORDON, J.: Zwei bemerkenswerte Teratome des Mediastinums. Frankfurt. Z. Path. 40, 224 (1930).
GORDON, J. A.: Case of tumor in the anterior mediastinum containing bone and teeth. Med. Chir. Transactions 13, 12 (1823).
GORDON, L. Z., BOSS, H.: Primary rhabdomyosarcoma of lung. Report of a case. Cancer (Philad.) 8, 588—591 (1955).
GORDON, W.: Amyloid deposits in the bronchi. Brit. med. J. 1955, 825—826.
GOTTESMAN, L., WEINSTEIN, A.: Varicosities of the pulmonary veins: case report and survey of the literature. Dis. Chest 35, 322—327 (1959).
GOTTLIEB, BAER, JORDAN: Mediastinal lipoma simulating cardiac enlargement. J. Amer. med. Ass. 152, 908 (1953).
GOUGH, J.: Pneumoconiosis in coal miners in Wales. Occup. Med. 4, 86—97 (1947).
GOUGH, J.: Pneumoconiosis in coal miners. Postgrad. med. J. 25, 611—618 (1949).
GOUGH, J., RIVERS, D., SEAL, R. M. E.: Thorax (Lond.) 10, 9 (1955).
GOULD, D. M., MCAFEE, J. G., TORRANCE, D. J.: Roentgenographic signs of pulmonary artery occlusion. Amer. J. med. Sci. 237, 651 (1959).
GOYER, BERNOU, TRICOIRE: Un nouveau cas de lipome du médiastin. J. franç. Méd. Chir. thor. 8, 678—682 (1954).
GRAEF, I.: Pulmonary changes due to the aspiration of lipids and mineral oil. Amer. J. Path. 11, 862—866 (1935).
GRAEF, I.: Studies in lipid pneumonia 1. Lipid pneumonia due to cod liver oil. 2. Lipid Pneumonia due to liquid petrolatum. Arch. Path. 28, 613—667 (1939).
GRAHAM, E. A., BURFORD, T. H., MAYER, J. H.: The middle lobe syndrome. Postgrad. Med. 4, 29—34 (1948).
GRAHAM, E. A., SINGER, J. J.: Three cases of resection of calcified pulmonary abscess (or tuberculosis) simulating tumor. J. thorac. Surg. 6, 173—183 (1936).
GRAHAM, E. A., WIESE, E. R.: Lipoma of the mediastinum. Arch. Surg. 16, 380 (1928).
GRAHAM, J. B.: Pheochromocytoma and hypertension: an analysis of 207 cases. Surg. Gynec. Obstet. 92, 105 (1951).
GRAMIAK, R., KOERNER, H.-J.: A roentgen diagnostic observation in subpleural lipoma. Amer. J. Roentgenol. 98, 465—467 (1966).
GRANDE, F., ROTOLI, B., SALVATORE, D., STROLLO, G.: Tumori timici aberranti; considerazioni su di un caso di linfoepitelioma sopraioideo. Arch. ital. Laring. 77, 227—235 (1969).
GRAUL, E. H.: Die Subsumption von Morbus Sturge-Weber, Morbus Klippel-Trénaunay und Morbus Parkes-Weber unter der Bezeichnung „ektoneurodermale Hamartome". Hautarzt 4, 510 (1953).
GRAUMANN, H. W., GRAUMANN, T., SHIN, S. W.: Pulmonary and extrapulmonary paragonimiasis in 311 cases in Korea. J. Kor. nat. Tuberc. Ass. 4, 117 (1957).
GRAUMANN, W., BRABAND, H.: Die Kombination intrathorakaler Meningozelen mit der Neurofibromatosis generalisata Recklinghausen. Fortschr. Röntgenstr. 97, 484—493 (1962).
GRAWITZ, P.: Über angeborene Bronchiektasie. Virchows Arch. path. Anat. 82 (1880).
GRAWITZ, P.: Zystische Entartungen beider Lungen. Dtsch. med. Wschr. 1913, 1335.

GRAY, H. K., SHEPARD, D. V., DOCKERTY, M. B.: Mediastinal ganglioneuroma. Arch. Surg. 48, 208 (1944).
GRAY, S. H., GRUENFELD, G. E.: Myoblastoma. Amer. J. Cancer 30, 699 (1937).
GRAY, W., JANKELSON, I. R.: Cardiospasm as cause of pneumonitis. New Engl. J. Med. 231, 522—525 (1944).
GRAY, W., JANKELSON, I. R.: Cardiospasm as cause of pneumonitis. New Engl. J. Med. 231, 522—525 (1944).
GRAYZEL, D. M., DU MORTIER, J. J.: Pneumonia in children following aspiration of oil and fat. A clinical and pathological report of two cases. Yale J. Biol. Med. 6, 399 (1934).
GRAYZEL, D. M., FRIEDMANN, H. H.: Myoblastom der Brustwand. Arch. Path. 31, 512 (1941).
GREEN, B.: The radiological evaluation of histiocytoma of the lung. 11. Internat. Congr. Radiology Rom 23. 9. 1965.
GREEN, G. J.: The radiology of tuberous sclerosis. Clin. Radiol. (Edinb.) 19, 135—147 (1968).
GREENBERG, H. B.: Benign subpleural lymph node appearing as a pulmonary "coin" lesion. Radiology 77, 97—99 (1961).
GREENBERG, S. D., BEALL JR., A. C., GONZALEZ-ANGULO, A. A.: Granular-cell myoblastoma producing bronchial obstruction. Report of a case. Dis. Chest 44, 320—324 (1963).
GREENFIELD, H., HERMAN, P. G.: Papillomatosis of trachea and bronchi. Amer. J. Roentgenol. 89, 45—50 (1963).
GREENFIELD, I., STEINBERG, I., TOUROFF, A. S. W.: "Spring water" cyst of the mediastinum. J. thorac. Surg. 12, 495—502 (1943).
GREENING, R., KYNETTE, A., HODES, P. J.: Unusual pulmonary changes secondary to chest trauma. Amer. J. Roentgenol. 77, 1059—1065 (1957).
GREENSPAN, E. B.: Primary osteoid chondrosarcoma of the lung. Report of a case. Amer. J. Cancer 18, 603 (1933).
GREER, A. E.: Mucoid impaction of the bronchi. Ann. intern. Med. 46, 506—522 (1957).
GREER, A. E., CAHEY, J. M., ZUHDI, N.: Expeditious evaluation of circumscribed pulmonary shadows. J. Amer. med. Ass. 171, 1783 (1959).
GREER, A. E., WINN, G. L.: Leiomyoma of the trachea. J. thorac. Surg. 33, 237 (1957).
GREER, S. J., FORSEE, J. H., MAHON, H. W.: Surgical management of pulmonary coccidioidomycosis in focalized lesions. J. thorac. Surg. 18, 591—604 (1949).
GREGOR, W. M., LUCKE, H. H.: Amyloidosis of bronchus resembling carcinoma. Canad. med. Ass. J. 99, 912—914 (1968).
GREIFELT, A., GREGORCZYK, K., DOEPFMER, R.: Zur Technik des Nelson-Tests und deren neueren Modifikationen. Arch. Derm. Syph. (Berl.) 197, 105—118 (1954).
GRELLAND, R.: Aneurysma of pulmonary artery. Acta med. scand. (Stockh.) 137, 374 (1950).
GREMMEL, H., SCHULTE-BRINKMANN, W., VIETEN, H.: Ann. Radiol. (Paris) 2, 529 (1959).
GREMMEL, H., SCHULTE-BRINKMANN, W., VIETEN, H.: Differentialdiagnostische Besonderheiten neurogener Mediastinaltumoren. Radiologe 3, 37—42 (1963).
GREMMEL, H., SCHULTE-BRINKMANN, W., VIETEN, H.: Das intrathorakale Chemodektom (nicht chromaffines Paragangliom). Strahlentherapie 129, 161 (1966).
GREMMEL, H., VIETEN, H.: Röntgendiagnostik krankhafter Veränderungen des rechten Herz-

Zwerchfellwinkels. Z. Tuberk. **117**, 114—134 (1961).
GREMMEL, H., VIETEN, H.: Zur Klinik- und Röntgendiagnostik der Thymusgeschwülste. Ann. Radiol. **4**, 669—690 (1961).
GREMMEL, H., VIETEN, H.: Extrahiatale Zwerchfellbrüche. Radiologe **1**, 147—156 (1961).
GREMMEL, H., VIETEN, H.: Stumpftraumatische Thoraxverletzungen. Röntgen-Bl. **19**, 65—75 (1966).
GRENADE, A.: Les kystes dermoïdes et les tumeurs teratoïdes intrathoraciques. Acta chir. belg. **62**, 112 (1933).
GRENVILLE-MATHERS, R.: The natural history of the so-called tuberculoma. J. thorac. Surg. **23**, 251 (1952).
GREWE, H. E., SCHLITTER, H. E.: Die praktische Bedeutung der Bluteosinophilie bei malignen Tumoren. Med. Klin. **50**, 1695—1697 (1955).
GREYERZ, W. v.: On hernia diaphragmatica retrosternalis. Acta radiol. (Stockh.) **18**, 428—438 (1937).
GRIDLEY, M. F.: A stain for fungi in tissue sections. Amer. J. clin. Path. **23**, 303 (1953).
GRIER, G. S.: Importance of bronchography in cases of unresolved pneumonia. Arch. intern. Med. **73**, 444—448 (1944).
GRIESSER, G.: Über lymphangiomatöse Tumoren im Herzbeutelbereich. Thoraxchirurgie **2**, 479—491 (1954/55).
GRIESSMANN, H.: Erfolgreich operativ entfernte teratoide Zyste des Zwerchfells. Zbl. Chir. **17**, 785 (1952).
GRIFFIN, E. H., GUILFOIL, P. H.: Mediastinal lipoma; a case report. Ann. Surg. **128**, 1038—1040 (1948).
GRILL, C.: Acta med. scand. (Stockh.) **171**, 329 (1962).
GRILL, W.: In: Die geschlossenen und offenen Verletzungen des Brustkorbs und der Brustorgane. Stuttgart: F. Enke 1966.
GRILLI, A.: Le ombre rotonde del polmone all' indagine stratigrafica. Chir. torac. **2**, 381 (1949).
GRILLI, A.: Cancro periferico del polmone interpretato radiologicamente per cisti da echinococco. Radiol. med. (Torino) **35**, 832 (1949).
GRILLI, A.: La diagnosi radiologica delle cisti di echinococco del polmone. Riv. Radiol. **1**, 5—26 (1961).
GRIMES, O. F., RAPHAEL, R. L., STEPHENS, H. B.: Cavernous hemangioma of the posterior mediastinum. J. thorac. Surg. **25**, 324—325 (1953).
GRIMMINGER, A.: Über Bronchialveränderungen bei Morbus Boeck. (Bronchoskopisches Bild und Verlauf.) Tuberk.-Arzt **9**, 539—545 (1955).
GRISHMAN, A., POPPEL, M. H., SIMPSON, R. S., SUSSMAN, M. L.: The roentgenographic and angiocardiographic aspects of 1. aberrant insertion of pulmonary veins associated with interatrial septal defect and 2. congenital arterio-venous aneurysm of the lung. Amer. J. Roentgenol. **62**, 500 (1949).
GROCOTT, R. G.: A stain for fungi in tissue sections and smears; using Gomori's methenamine silver nitrate technic. Amer. J. clin. Path. **25**, 975 (1955).
GROEDEL, F.: Lungensyphilis. In: KRAUS-BRUGSCH, Spezielle Pathologie und Therapie innerer Erkrankungen, Bd. III. Berlin-Wien: Urban & Schwarzenberg 1924.
GRONIOWSKI, J., GLADYSZ, B.: Veränderungen in den Bronchien beim Lungentuberkulom. Fortschr. Röntgenstr. **86**, 1—9 (1957).
GROSS, A.: Knotige Knochenbildung bei chronischer kardialer Lungenstauung. Fortschr. Röntgenstr. **59**, 429—439 (1939).

GROSS, E. R., WOLBACH, S. B.: Sclerosing hemangioma. Amer. J. Path. **19**, 533 (1943).
GROSS, P., BROWN, J. H. U., HATCH, T. F.: Experimental endogenous lipoid pneumonia. Amer. J. Path. **29**, 913 (1952).
GROSS, R.: Thromboembolische Erkrankungen der Lunge. In: NAEGELI-MATIS-GROSS-RUNGE-SACHS, Die thromboembolischen Erkrankungen. Stuttgart: F. K. Schattauer 1960.
GROSS, R. E., HURWITT, E. S.: Cervicomediastinal and mediastinal cystic hygroma. Surg. Gynec. Obstet. **87**, 599—610 (1948).
GROSS, R. E., NEUHAUSER, E. B. D., LONGINO, L. A.: Thoracic diverticula which originate from the intestine. Ann. Surg. **131**, 363—375 (1950).
GROSS, S., WOOD: Hibernoma. Cancer (Philad.) **6**, 159 (1959).
GROSSE, H.: Mischstaubinduration der Hiluslymphknoten und Lungenkrebs. Frankfurt. Z. Path. **67**, 220—231 (1956).
GROSSE, H.: Besteht Unabhängigkeit zwischen Silikose und Lungenkrebs. Mitt.-Dienst Ges. Bekämpfg. Krebskrankht. Nordrhein-Westf. **2**, Heft 3/4 (1961).
GROSSE-BROCKHOFF, F.: Hämodynamik der Lungenkreislaufstörungen. Verh. dtsch. Ges. Kreisl.-Forscc. **17**, 34—67 (1951).
GROSSE-BROCKHOFF, F., JANKER, R., NEUHAUS, G., SCHAEDE, A.: Zur Diagnostik der angeborenen Herzfehler. Ärztl. Wschr. **1951**, 872.
GROSSE-BROCKHOFF, F., LOOGEN, F., SCHAEDE, A.: Herzwanddivertikel. In: Handbuch der inneren Medizin, 4. Aufl., Bd. IX/3. Berlin-Göttingen-Heidelberg: Springer 1960.
GROSSE-BROCKHOFF, F., LOOGEN, F., VIETEN, H.: Die Symptomatologie der angeborenen arteriovenösen Lungenfistel. Dtsch. med. Wschr. **82**, 134—137 (1957).
GROTTING, A.: Thyroid and thymus. Philadelphia: Lea & Febiger 1918.
GROW, J. B., BRADFORD, M. L., MAHON, H. W.: Exploratory thoracotomy in the management of intrathoracic disease. J. thorac. Surg. **17**, 480 (1948).
GRUENFELD, G., SIELIG, M. G.: The nature of so-called xanthoma. Arch. Path. **17**, 546 (1934).
GRUNDMANN, G., FISCHER, R., GRIESSER, G.: Kongenitale Herzbeutelzysten. Thoraxchirurgie **2**, 492—504 (1954/55).
GRUNZE, H.: Tumoren der Thoraxorgane. In: BARTELHEIMER, H., MAURER, H.-J. (Hrsg.), Diagnostik der Geschwulstkrankheiten, S. 358—492. Stuttgart: G. Thieme 1962.
GSELL, O.: Der hämorrhagische Lungeninfarkt und seine Komplikationen (Infarktpleuritis, Infarktpneumonie, Infarktkaverne etc.). Dtsch. med. Wschr. **1935**II, 1317.
GUARINI, C.: Diagnosi radiologica delle cisti idatiche del polmone. Arch. Radiol. (Napoli) **13**, 460—462 (1938).
GUDBJERG, C. E.: Anomalies of right dome of diaphragm; report of two unusual cases. Acta radiol. (Stockh.) **37**, 253—257 (1952).
GUDBJERG, C. E.: Pulmonary hamartoma. Amer. J. Roentgenol. **86**, 842—849 (1961).
GUDJONS, F.: Beitrag zur „Hernia diaphragmatica parasternalis". Fortschr. Röntgenstr. **77**, 330—334 (1952).
GUEDJ, P.: L'incarcération de la membrane hydatique au niveau du poumon. Problèmes de diagnostic et de traitement. J. Chir. (Paris) **72**, 536—564 (1956).
GUEDJ, P., MORVAN, F., SOLASSOL, A., GUIDOUM, Y.: Les fistules bilio-bronchiques, complication sévère

des kystes hydatiques du foie. Lyon chir. **64**, 161—183 (1968).
GUEFT, B., CHIDONI, J. J.: The site of formation and ultrastructure of amyloid. Amer. J. Path. **43**, 837 (1963).
GÜNSEL, E.: Über die Lungenlues der Erwachsenen. Fortschr. Röntgenstr. **71**, 407—410 (1949).
GÜRICH, W.: Der torpide Rundherd (Tuberkulom) bei Lungentuberkulose. Beitr. Klin. Tuberk. **114**, 553 (1955).
GUGLIELMO, L. DI, CITRONI, G. A., CHIAPPA, S.: I difetti di riempimento in broncografia. Radiol. med. (Torino) **41**, 833—848 (1955).
GUICHARD, A., GALY, P., PELLET, M.: Les pneumonies chroniques pseudo-tumorales. Étude anatomo-pathologique et pathogénique. Ann. Anat. path. (Paris) **6**, 27 (1961).
GUIJOSA PERNUS, J.: Die Differentialdiagnose zwischen Gangrän und Carcinom der Lunge. Medicina (Madr.) **9**, 296—310 (1941).
GUILLERY, H.: Eine in die Wirbelsäule eingewachsene mediastinale Zyste (Vorderdarmzyste). Zbl. allg. Path. path. Anat. **69**, 49 (1937).
GUIMARÃES, U. P.: Treatment of miscellaneous malignant tumors of the lung. Alveolar-cell carcinoma, sarcoma, hamartoma and mesothelioma. In: PACK, G. T., ARIEL, I. M. (ed.), Treatment of cancer and allied diseases, 2nd edit., vol. IV, p. 465—475. New York: Hoeber Med. Div., Harper & Row 1964.
GULLY, H. M. J.: Contribution à l'étude des kystes gastriques intra-thoraciques. Thèse de Strasbourg 1953.
GUMPEL, F.: Über zwei Fälle von Glomustumoren. Zbl. Chir. **66**, 2467—2470 (1939).
GUNNELS, J. C., MILLER, D. E., JACOBY, W. J., MAY, R. L.: Thymolipoma simulating cardiomegaly: Opacification of the tumor by cineangiocardiography. Amer. Heart J. **66**, 670—674 (1963).
GURNEY, R., COHEN, L.: An unusual case of multiple chondroma of the lung. Radiology **46**, 48 (1946).
GUSSENBAUER: Beitrag zur Kenntnis des subpleuralen Lipoms. Langenbecks Arch. klin. Chir. **43**, 322 (1892).
GUT, H.: Anthracosis pulmonum, Lungentumor vortäuschend. Beitr. Klin. Tuberk. **87**, 157 (1935/36).
HAAG, W., WICHELS, R.: Formen und Behandlung des Abrikossoff-Tumors. Langenbecks Arch. klin. Chir. **300**, 613 (1962).
HAARDT, W.: Luftröhrengeschwülste bei Strumen. Wien. klin. Wschr. **68**, 62—64 (1956).
HAAS, H.: Solitäre Torulome der Lunge, eine seltene Mykose. Fortschr. Röntgenstr. **107**, 425 (1967).
HAAS, L.: Diverticulum pericardii. Acta radiol. (Stockh.) **20**, 228 (1938).
HABER, S.: Retroperitoneal and mediastinal chemodectoma. Amer. J. Roentgenol. **92**, 1029—1041 (1964).
HACKENSELLNER, H. A., PAPE, R.: Über Meningokelen bei Neurofibromatosis Recklinghausen. Fortschr. Röntgenstr. **81**, 66 (1954).
HADJIDEVOC, G., GERASSIMOV, P.: Formes rares et atypiques de la silicose pulmonaire. Radiol. diagn. (Berl.) **4**, 515—522 (1963).
HAEFLIGER, E.: Die Rückbildung der Kaverne über den Rundherd. Schweiz. Z. Tuberk. **5**, 106 (1948).
HAEFLIGER, E., MARK, G.: Lungenphthise. In: Handbuch der inneren Medizin, 4. Aufl., Bd. IV/3, S. 249—348. Berlin-Göttingen-Heidelberg: Springer 1956.
HAEHLING, G. V., KUGEL, E.: Zur Differentialdiagnose von Chylangiomen. Münch. med. Wschr. **114**, 963—967 (1972).

HAFSTRÖM, T.: Mycosis pulmonum. Svenska Laek.-Tidn. **19**, 203 (1931).
HAGEN, H., HEINZ, K.: Varixknoten im Lingulaast der Vena pulmonalis. Fortschr. Röntgenstr. **93**, 151—159 (1960).
HAGER, C., MEHRUPUYAN, T., BÜHLMEYER, K.: Lungenmißbildungen: Vergleichende Befunde des Röntgenbildes und der Pulmonalisangiographie. Radiologe **8**, 327—331 (1968).
HAHN, B.: Das Aspergillom als Komplikation in tuberkulösen Kavernen. Fortschr. Röntgenstr. **112**, 366—368 (1970).
HALASZ, N. A., HALLORAN, K. H., LIEBOW, A. A.: Bronchial and arterial anomalies with drainage of the right lung vein into the inferior vena cava. Circulation **14**, 826—846 (1956).
HALES, M. R.: Multiple small arteriovenous fistulae of the lungs. Amer. J. Path. **32**, 927—943 (1956).
HALL, E. M.: Malignant hemangioma of the lung with multiple metastasis. Amer. J. Path. **11**, 343 (1935).
HALL, E. R., BLADES, B.: Lymphangioma of the mediastinum. Dis. Chest **32**, 207—213 (1957).
HALL, R.: A case of gumma of the entire left lung. Lancet **96**, 779 (1918).
HALL, W. C.: The roentgenologic significance of hamartoma of the lung. Amer. J. Roentgenol. **60**, 605—611 (1948).
HALLE, S., BEITZ, O.: Eroding calcified mediastinal lymph nodes. Amer. Rev. Tuberc. **62**, 213—218 (1950).
HALLERMANN, W.: Frankfurt. Z. Path. **36**, 471 (1928).
HALLERVORDEN, J.: Die tuberöse Hirnsklerose. In: Handbuch der inneren Medizin, 4. Aufl., Bd. V/3, S. 965—975. Berlin-Göttingen-Heidelberg: Springer 1953.
HALLERVORDEN, J., KRÜCKEIN, W.: In: LUBARSCH, O., HENKE, F., RÖSSLE, R., UEHLINGER, E., Handbuch der speziellen pathologischen Anatomie und Histologie, Bd. XIII/4, S. 602. Berlin-Göttingen-Heidelberg: Springer 1956.
HALONEN, P. I., LAITINEN, H.: Pericardial diverticula. Ann. chir. Fenn. **42**, 23 (1953).
HALPERN, M., TURNER, A. F., CITRON, B. P.: Angiodysplasia of the abdominal viscera associated with hereditary hemorrhagic teleangiectasia. Amer. J. Roentgenol. **102**, 783—798 (1968).
HAMM, J., FINKE, H.: Das arterio-venöse Aneurysma der Pulmonalgefäße. Medizinische **1956**, 78—82.
HAMMAN, L.: Chronic non-tuberculous basal infections of the lungs. Amer. Rev. Tuberc. **40**, 363—377 (1939).
HAMMAR, C. H.: Dignität und Histogenese der Myoblastenmyome. Inaug.-Diss. Mainz 1957.
HAMMER: Les chondromes du poumon. Ann. Anat. path. (Paris) **1927**, 949.
HAMMER, H.: Über Lungensyphilis. Röntgenpraxis **3**, 301—307 (1931).
HAMPERL, H.: Zur Kenntnis der neurogenen Tumoren des Mediastinums. Wien. med. Wschr. **77**, 217 (1927).
HAMPERL, H.: Über gutartige Bronchialtumoren. Virchows Arch. path. Anat. **300**, 46 (1937).
HAMPERL, H.: Lehrbuch der allgemeinen Pathologie und der pathologischen Anatomie, 24. u. 25. Aufl. Berlin-Göttingen-Heidelberg: Springer 1960.
HAMPERL, H.: Die Morphologie der Tumoren. In: BÜCHNER, F., LETTERER, E., ROULET, F., Handbuch der allgemeinen Pathologie, Band VI/3, S. 18—106. Berlin-Göttingen-Heidelberg: Springer 1965.
HAMPERL, H., LATTES, R.: A study of the argyrophilia of non-chromaffin paragangliomas and

granular-cell myoblastomas. Cancer (Philad.) 10, 408 (1957).
HAMPTON, A. O., BICKHAM, C. E., WINSHIP, T.: Lipoid pneumonia. Amer. J. Roentgenol. 73, 938—949 (1955).
HAMPTON, A. O., CASTLEMAN, B.: Correlation of postmortem teleroentgenogram with autoptic findings: with special reference to pulmonary embolism and infarction. Amer. J. Roentgenol. 43, 305—326 (1940).
HAMPTON, A. O., PRANDONI, A. G., KING, J. T.: Pulmonary embolism from obscure sources. Bull. Johns Hopk. Hosp. 76, 245—273 (1945).
HANBURY, W. J., CURETON, R. J. R., SIMON, G.: Pulmonary infarcts associated with bronchogenic carcinoma. Thorax (Lond.) 9, 304 (1954).
HANSEN, J. L., MATHIESEN, F. R.: Retrosternal diafragma-hernia. Ugeskr. Læg. 114, 50 (1952).
HANSEN, J. L., SCHMIDT, C. M.: Bronchostenosis of presumably unspecific inflammatory origin. Acta med. scand. (Stockh.) 239, 309 (1950).
HANTEN, S. J., KEYES, T., MEYER, R. R.: Spontaneous rupture of mediastinal dermoid cysts into the pleural cavity. Report of two cases. Radiology 64, 348 (1955).
HARANGHY, L.: Allgemeine Pathologie, Bd. I, S. 540. Budapest: Akademie-Verlag 1950.
HARDER, J., KOSMAOGLU, V.: Über posttraumatische Lungenrundherde. Radiologe 7, 321—324 (1967).
HARDISTY, N. M., KEARNEY, E. A., BROOKS, F. P.: Report of a case of an anomalous lobe of the liver. Amer. J. Roentgenol. 60, 486—489 (1948).
HARDY, L. M.: Bronchogenic cysts of the mediastinum. Pediatrics 4, 108 (1949); Amer. J. Dis. Child. 78, 136 (1949).
HARE, H. A.: Pathology, clinical history and diagnosis of affections of mediastinum. Philadelphia: Blakiston 1889.
HARLEY, H. R. S., DREW, C. E.: Cystic hygroma of mediastinum. Thorax (Lond.) 5, 105—115 (1950).
HAMMER, J., SORGO, L.: Peritheliom des linken Bronchus. Mschr. Ohrenheilk. 62, 225 (1928).
HARMS: Das subpleurale Lipom. Zbl. Chir. 1920, 668.
HARMSEN, A. E.: Tuberculoma pulmonalis. Thesis Utrecht 1950.
HARPER, F. R.: Benign chondromas of ribs. J. thorac. Surg. 9, 132 (1940).
HARPER KEMP, P. A.: The investigation of thymic tumour in myasthenia gravis. J. Fac. Radiol. (Lond.) 3, 164—175 (1952).
HARRELL, E. R., CURTIS, A. C.: North American blastomycosis. Amer. J. Med. 27, 750 (1959).
HARRINGTON, S. W.: Anterior mediastinal fetal parasite; its surgical removal. Report of a case. J. thorac. Surg. 1, 663—671 (1932).
HARRINGTON, S. W.: Mediastinal teratoid tumors. J. thorac. Surg. 7, 191 (1937).
HARRINGTON, S. W.: Surgical treatment in eleven cases of mediastinal and intrathoracic teratomas. J. thorac. Surg. 3, 82 (1934).
HARRINGTON, S. W.: Surgical treatment in 14 cases of mediastinal or intrathoracic perineural fibroblastoma. J. thorac. Surg. 3, 590 (1934).
HARRINGTON, S. W.: Subcostosternal diaphragmatic hernias (foramen of Morgagni). Surg. Gynec. Obstet. 73, 601—614 (1941).
HARRINGTON, S. W.: Roentgenologic considerations in diagnosis and treatment of diaphragmatic hernia. Amer. J. Roentgenol. 49, 185—196 (1943).
HARRINGTON, S. W.: Various types of diagphragmatic hernia treated surgically. Surg. Gynec. Obstet. 86, 735—755 (1948).
HARRINGTON, S. W.: Intrathoracic extrapulmonary tumors: diagnosis and surgical treatment. Postgrad. Med. 6, 6—21 (1949).
HARRINGTON, S. W.: The surgical treatment of circumscribed intrathoracic lesions. Dis. Chest 19, 255 (1951).
HARRINGTON, S. W., KIRKLIN, B. R.: Clinical and roentgen manifestations and surgical treatment of diaphragmatic hernia, with review of 131 cases. Radiology 30, 147 (1938).
HARRIS, J. H.: Die pulmonalen Arterien und Venen. Ihre Erkennung im Röntgenbild. Med. Radiogr. Photogr. 1965, 12—33.
HARRIS, P. F., MANESS, G. M., WARD, P. H.: Leiomyoma of the larynx and trachea. Sth. med. J. (Bgham, Ala.) 60, 1223 (1967).
HARRIS, W. H., SCHATTENBERG, H. J.: Anlagen and rest tumors of lung inclusive of "mixed tumors" (N. A. WOMACK and E. A. GRAHAM). Amer. J. Path. 18, 955—967 (1942).
HARRIS, W. H., SCHATTENBERG, H. J.: Anlagen and "rest" tumors of the lung. Their protean histologic patterns in bronchogenic neoplasia. New Orleans med. surg. J. 94, 333—338 (1942).
HARRISON, E. G., BERNATZ, P. E.: Angiofollicular mediastinal lymph node hyperplasia resembling thymoma. Arch. Path. 75, 284—292 (1963).
HART, C.: Über die primären Enchondrome der Lunge. Z. Krebsforsch. 4, 578 (1906).
HART, C., MAYER, E.: Kehlkopf, Luftröhre und Bronchien. In: HENKE-LUBARSCH, Handbuch der speziellen pathologischen Anatomie und Histologie, Bd. III/1. Berlin: Springer 1928.
HARTLEIB, J.: Klinische und anatomische Beobachtungen an 5 seltenen Lungenerkrankungen. Thoraxchirurgie 15, 361—370 (1967).
HARTMANN, G.: Tuberkulöse Verkalkungsringschatten in einem Bronchialcarcinom. Thoraxchirurgie 3, 504—506 (1956).
HARTMANN, G., SCHAUDIG, E.: Diagnostische Irrtümer beim Bronchialcarcinom, zugleich ein Beitrag zur Klinik und Pathologie des Lungengummas. Thoraxchirurgie 1, 531—541 (1954).
HARTUNG, A.: Pulmonary involvement in the lymphoblastomas, with special reference to roentgen aspects. Radiology 34, 311 (1940).
HARTUNG, A., FREDMAN, J.: Pulmonary syphilis. J. Amer. med. Ass. 98, 1969—1972 (1932).
HARTUNG, H., KÖRNER, K., STREICHER, H. J.: Zum Problem der intrathorakalen Rundherde. Bruns' Beitr. klin. Chir. 211, 261—270 (1965).
HARTZ, P. H.: So-called granular cell myoblastoma of the thigh with organoid structure. Amer. J. clin. Path. 14, 582—585 (1944).
HARTZ, P. H.: Occurence of decidua-like tissue in lung: Report of a case. Amer. J. clin. Path. 26, 48 (1956).
HARVEY, C., BLACKET, R. B., READ, J.: Mucoid impaction of bronchi. Austral. Ann. Med. 6, 16—28 (1957).
HASCHE, E.: Zur Symptomatologie bronchogener Zysten. Zbl. Chir. 77, 1738 (1952).
HASCHE, E.: Beitrag zur Klinik endobronchialer Tumoren. Zbl. Chir. 77, 2303 (1952).
HASCHE, E.: Diagnostik und Therapie intrathorakaler zystischer Tumoren. Bruns' Beitr. klin. Chir. 187, 149—170 (1953).
HASCHE, E.: Zur Klinik der Hamarto-Chondrome der Lunge. Thoraxchirurgie 3, 507—512 (1956).
HASCHE, E., HAENSELT, V.: Die Hamartome der Lunge. Z. Tuberk. 116, 1—23 (1960).
HASCHE-KLÜNDER, R.: Über Lungengewebsschädigungen durch Jodipinöl. Zbl. allg. Path. path. Anat. 1943.

HASLHOFER, F.: Die organischen Stenosen der unteren Trachealabschnitte und der Bronchien. Mschr. Ohrenheilk. **63**, 357, 560, 617, 782 (1929).

HASLHOFER, L.: Multiple Bronchusmischtumoren. Vereinigg. d. Pathol. Anatomen Wien 29. 11. 1960. Ref.: Zbl. allg. Path. path. Anat. **102**, 577 (1961).

HASNER, E., WESTENGARD, E.: Thymomas. Acta chir. scand. **126**, 58 (1963).

HASPER: Leiomyomatosis pulmonum disseminata. Sitzg. d. Arbeitsgemeinschaft Rhein.-Westfäl. Pathologen Düsseldorf 18. 1. 1964.

HASTINGS-JAMES, R.: Radiologic appearances following haemoptysis. J. Fac. Radiol. (Lond.) **4**, 44—53 (1952).

HAUBRICH, R.: Über die miliare Lungenhämosiderose mit partieller Verknöcherung (II). Fortschr. Röntgenstr. **81**, 440—448 (1954).

HAUBRICH, R.: Zwerchfellpathologie im Röntgenbilde. Berlin-Göttingen-Heidelberg: Springer 1956.

HAUBRICH, R.: Zwerchfell. In: Handbuch der medizinischen Radiologie, Bd. IX/6, S. 1—192. Berlin-Heidelberg-New York: Springer 1970.

HAUBRICH, R., VERSEN, E.: Das Tomogramm der Bronchialverkalkung. Fortschr. Röntgenstr. **76**, 797 (1952).

HAUBRICH, R., VERSEN, E.: Über die miliare Lungenhämosiderose (I). Fortschr. Röntgenstr. **81**, 345—354 (1954).

HAUCH, H. J., BERGMEYER, M., HURLBRINK, D., NITSCHKE, M., WENDE, U.: Zur Klinik des gemeinsamen Vorkommens von arteriovenösen Aneurysmen im großen und kleinen Kreislauf. Fortschr. Röntgenstr. **110**, 410—415 (1969).

HAUCH, H. J., HERTZ, C. W.: Das arteriovenöse Lungenaneurysma. Thoraxchirurgie **1**, 411—429 (1953/54).

HAUGEN, R. K., BAKER, R. D.: The pulmonary lesions in cryptococcosis with special reference to subpleural nodules. Amer. J. clin. Path. **24**, 1381 (1954).

HAUPT, R., GLÖCKNER, C., KÜNSTLER, M.: Über Hamartome der Lunge. Thoraxchirurgie **15**, 125—132 (1967).

HAUSEGGER, K., VOGLER, E.: Ganglioneurom der Lumbalregion unter dem Bild eines Sanduhrtumors. Radiol. austriaca **1961**, 99.

HAUSFELDT, E., CARLSEN, C. J.: Diagnostic thoracotomy for solid pulmonary infiltrates. Thorax (Lond.) **5**, 229 (1950).

HAUSMAN, R.: Granular cells in musculature of the appendix. Arch. Path. **75**, 360 (1963).

HAUSMANN, P. F.: Pulmonary aspergilloma. J. thorac. Surg. **35**, 538—541 (1958).

HAWKINS, J. A.: Cavitary pulmonary cryptococosis. Amer. Rev. resp. Dis. **84**, 579—582 (1961).

HAWKINS, T. D.: Glomus jugular and carotid body tumours. Clin. Radiol. (Edinb.) **12**, 199—213 (1961).

HAWLEY, CH., FELSON, B.: Roentgen aspects of intrathoracic blastomycosis. Amer. J. Roentgenol. **75**, 751—757 (1956).

HAYES, J. N., GARDENER: Oil pneumonia. Experimental and clinical report of 3 cases. Trans. Amer. Linn. and Climatol. Soc. **59**, 122 (1934).

HAYNES, A. L., CLAGETT, O. TH., MCDONALD, J. R.: Tumorforming amyloidosis of the lung. Surgery **24**, 120 (1948).

HAYWARD, J., REID, L.: Cavernous pulmonary teleangiectasis. Thorax (Lond.) **4**, 137—146 (1949).

HAYWARD, R. H., CARABASI, R. J.: Malignant hamartoma of the lung: fact or fiction? J. thorac. cardiovasc. Surg. **53**, 457—466 (1967).

HEALY, R. J.: Bronchogenic cysts. Radiology **57**, 200 (1951).

HEBERER, G., RAU, G., LÖHR, H. H.: Aorta und große Arterien. Berlin-Heidelberg-New York Springer 1966.

HEBERT, W. M., SEALE, R. H., SAMSON, P. C.: Primary granular-cell myoblastoma of the bronchus. Report of a case with resection. J. thorac. Surg. **34**, 409—413 (1957).

HECKENBACH, G.: Intrapulmonale neurogene Tumoren. Med. Diss. Düsseldorf 1961.

HECKLINGER, P.: Über einen klinisch erkannten Fall von Lungen- oder Pleurahämangiom. Med. Klin. **1952**, 584—586.

HEDBLOM, C. A.: The selective surgical treatment of diaphragmatic hernia. Ann. Surg. **94**, 776—785 (1931).

HEDBLOM, C. A.: Intrathoracic dermoid cysts and teratomata with a report of 6 personal cases and 185 cases collected from the literature. J. thorac. Surg. **3**, 22 (1933).

HEDBLOM, C. A.: Diaphragmatic hernia. Ann. intern. Med. **8**, 156 (1934).

HEDINGER: Demonstration eines Lungen-Varix. Verh. dtsch. path. Ges. **2**, 303 (1907).

HEDINGER, C., HITZIG, W. H.: Arterio-venöse Lungenaneurysmen bei Oslerscher Krankheit. Helv. med. Acta **17**, 528—531 (1950).

HEDINGER, C., HITZIG, W. H., MARMIER, C.: Über arterio-venöse Lungenaneurysmen und ihre Beziehung zur Oslerschen Krankheit. Schweiz. med. Wschr. **81**, 367 (1951).

HEDVALL, E.: Transitory lung infiltration with bloodeosinophilia. Acta tuberc. scand. **16**, 1—26 (1942).

HEGARAT, R. LE, VIE, A., ALLAIN, Y. M., ANTONNY, R.: L'épaississement des parois, signe précoce et peu connu dans l'aspergillome pulmonaire. J. Radiol. Électrol. **47**, 535—545 (1966).

HEGGLIN, R.: Differentialdiagnose innerer Krankheiten, 6. Aufl. Stuttgart: G. Thieme 1959.

HEIJL, C.: Die Morphologie der Teratome. Virchows Arch. path. Anat. **229**, 561—627 (1922).

HEILMANN: Raumbeengende intrathorakale Krankheitsbilder. Wien. med. Wschr. **1941** I, 479.

HEIM, K.: Das Krankheitsbild der Endometriose. Sonderheft Geburtsh. u. Frauenheilk. **8**, 366—404 (1941).

HEIM, K.: Zur weiteren Entwicklung der Endometriose. Bibl. gynaec. (Basel) **9**, 1—99 (1959).

HEIN, J.: Die Differentialdiagnose und Therapie der Rundherde. Internist (Berl.) **1**, 54—64 (1960).

HEIN, J.: Zur Problematik des tuberkulösen Rundherdes. Beitr. Klin. Tuberk. **124**, 208—219 (1961).

HEINE, F., HILLEBRAND, H.: Intrapleurale Lipome als Ursache einer Verschattung des rechten Herzzwerchfellwinkels im Röntgenbild. Beitr. Klin. Tuberk. **118**, 446—460 (1958).

HEINE, J.: Zbl. allg. Path. path. Anat. **96**, 16 (1957).

HEINERMANN: Lungenmetastasen beim Chorionepitheliom. Röntgenpraxis **9**, 52 (1937).

HEINRICH, A.: Alternsvorgänge im Röntgenbild. Leipzig: G. Thieme 1941.

HEISE: Über Schilddrüsentumoren im Inneren des Kehlkopfes und der Trachea. Bruns' Beitr. klin. Chir. **3**, 109 (1888).

HEISS, B. R.: Über die frühe Entwicklung der menschlichen Lunge, nebst einem Versuch einer mechanischen Begründung. Anat. Anz. **41**, 62 (1912).

HEISS, B. R.: Bau und Entwicklung der Wirbeltierlunge. Ergebn. Anat. Entwickl.-Gesch. **24**, 244 (1923).

HEIZER, H., KOSS, F. H.: Die gutartigen Tumoren der Lunge. Chirurg **25**, 509—514 (1952).

Helbing, C.: Über ein Rhabdomyom an Stelle der linken Lunge. Zbl. allg. Path. path. Anat. 9, 433—439 (1898).

Held, A.: Fortschr. Röntgenstr. 41, 191 (1930).

Heldermann, C.: Ein Fall von Lymphangioma cysticum mediastini. Mschr. Kinderheilk. 25, 9—18 (1957).

Heller, E., Househelder, J. H., Benshoff, A. M.: Bronchogenic cysts. Manifestation of congenital polycystic disease of lungs. Amer. J. clin. Path. 23, 121 (1953).

Hellweg, G., Ricken, D.: Über einen Mukoepidermoid-Tumor des Bronchus. Z. Krebsforsch. 62, 133 (1957).

Helly, K.: Ein seltener primärer Lungentumor. Z. Heilk. Abt. path. Anat. 28, 105 (1907).

Helms, P.: Pulmonale Moniliasis. Die Frequenz von Candida albicans in Expektoraten. Ugeskr. Læg. 1956, 379—382.

Helpap, E., Helpap, B.: Klinik, Therapie und Morphologie der Tumoren der nichtchromaffinen Paraganglien. Dtsch. med. Wschr. 91, 493—498 (1966).

Heni, F.: Über den Wert der biologischen Reaktionen beim Echinococcus alveolaris. Dtsch. Arch. klin. Med. 184, 458 (1939).

Henoch: Über eine eigentümliche Form von Purpura. Berl. klin. Wschr. 11, 641—643 (1974).

Henschel, C.: À propos d'une tumeur rare de la trachée (réticuloendothéliome). Acta oto-rhino-laryng. belg. 11, 301—306 (1957).

Henschel, E.: Differentialdiagnostische Schwierigkeiten bei der Beurteilung eines intrathorakalen Tumors. Fortschr. Röntgenstr. 100, 777—778 (1964).

Hepburn, J., Dauphinee, J. A.: Successful removal of hemangioma of the lung followed by disappearance of polycythemia. Amer. J. med. Sci. 204, 681—685 (1942).

Heppleston, A. G.: A carotid-body-like tumor in the lung. J. Path. Bact. 75, 461—464 (1958).

Herbig, H., Ganz, P., Vieten, H.: Die Mediastinaltumoren und ihre chirurgische Bedeutung. Ergebn. Chir. Orthop. 37, 225—323 (1952).

Herink, M., Linder, F.: Zur Diagnostik und Prognose der malignen Rundherde in der Lunge. Dtsch. med. Wschr. 86, 576—579, 582 (1961).

Herlitzka, A. J., Gale, J. W.: Tumors and cysts of the mediastinum. Arch. Surg. 76, 697 (1958).

Hermel, M. B., Gershon-Cohen, J.: Inspissated tuberculous cavities. Amer. J. Roentgenol. 67, 57—62 (1952).

Herrera-Llerandi, R.: Thoracic repercussions of amebiasis. J. thorac. cardiovasc. Surg. 52, 361—375 (1966).

Herrmann, H.: Die Bedeutung der röntgenologischen Symptome für die Diagnose des Myzetoms. Z. Tuberk. 119, 234—237 (1963).

Herrmann, W. R., Walther, H.: Pneumopathia osteoplastica racemosa. Fortschr. Röntgenstr. 95, 73—77 (1961).

Herter, K.: Tuberkulome der Lunge. Tuberk.-Arzt 6, 459—466 (1952).

Hertzog, A. J., Smith, T. S., Goblin, M.: Acute pulmonary aspergillosis. Report of a case. Pediatrics 4, 331—335 (1949).

Hertzog, P., Israël, R., Toty, L., Personne, C., Gilbert, J., Lemarchal, A.: Une forme radiologique inhabituelle pseudo-tumorale des bronchiéctasies remplies de sécretions en amont d'une sténose bronchique. Bull. Mém. Soc. Méd. Hôp. Paris 69, 298—302 (1953).

Herxheimer, G.: Virchows Arch. path. Anat. 174, 130 (1903).

Herxheimer, G., Reinhardt, A.: Über lokale Amyloidosis (insbesondere die sogenannten Amyloidtumoren). Berl. klin. Wschr. 50, 1648 (1913).

Hescheler, K.: Beitrag zur Differentialdiagnose der Verschattungen am rechten Herzrand. Röntgen-Bl. 13, 330—336 (1960).

Heschl: Osteom der Lunge. Zit. nach Seydel: Über Operabilität von Lungen- und Pleuratumoren. Münch. med. Wschr. 57, 452 (1910).

Hess, G. H.: Sub-pleural fibrolipoma. Radiology 6, 525—527 (1926).

Hesse, R.: Drei Fälle von sogenannter benigner Bronchostenose. Fortschr. Röntgenstr. 72, 540 (1950).

Heublein, G. W., Pendergrass, E. P., Widman, B. P.: Roentgenographic findings in the neuro-cutaneous syndromes. Radiology 51, 647—663 (1948).

Heuer, G. H.: The thoracic lipomas. Ann. Surg. 98, 801—819 (1933).

Heuer, G. J.: The surgery of mediastinal dermoids based upon an experience with four cases and a review of the literature. Ann. Surg. 90, 692 (1929).

Heuer, G. J.: The so-called hour-glass tumors of the spine. Arch. Surg. 18, 935 (1929).

Heuer, G. J., De Witt Andrus, W.: The surgery of mediastinal tumors. Amer. J. Surg. 50, 143—234 (1940).

Heyde, E. C.: Hereditary hemorrhagic teleangiectasia: a report of pulmonary arterio-venous fistula in mother and son. Medical (hormonal) and surgical therapy of this disease. Arch. intern. Med. 41, 1042—1054 (1953).

Heymans, C. J. F., Bouckaert, J. J.: C. R. Soc. Biol. (Paris) 112, 1240 (1933).

Heymans, C. J. F., Bouckaert, J. J.: La sensibilité reflexogène des vaisseaux aux existants chimiques. Paris: Hermann 1934.

Heymans, C. J. F., Neil, E.: Reflexogenic areas of the cardiovascular system. London: J. & A. Churchill Ltd. 1958.

Hickey, P. M., Simpson, W. M.: Primary chondroma of the lung. Acta radiol. (Stockh.) 5, 475—500 (1926).

Hickie, J. B., Gimlette, T. M. D., Bacon, A. P. C.: Anomalous pulmonary venous drainage. Brit. Heart J. 19, 365 (1956).

Hierl: Wert der Schichtaufnahme zur Feststellung von Bronchusstenosen. Dtsch. Tuberk.-Blatt 14, Heft 11 (1940).

Higgins, G. A.: Mediastinal cyst with esophageal communication. J. thorac. Surg. 37, 393 (1959).

Higginson, J. F., Hinshaw, D. B.: Pulmonary coin lesion. J. Amer. med. Ass. 157, 1607—1609 (1955).

Hildenbrandt, S.: Das Tuberkulom der Lunge unter besonderer Berücksichtigung seiner operativen Behandlung. Inaug.-Diss. Halle/S. 1956.

Hilke, H., Konrad, R. M.: Langenbecks Arch. klin. Chir. 290, 48 (1958).

Hill, L. D., White, M. L.: Plasmacytoma of the lung. J. thorac. Surg. 25, 187 (1953).

Hillenius, H. D., McCarthy, H. H.: Intrathoracic meningocele. J. thorac. Surg. 37, 261 (1959).

Hillerdal, O.: Tuberculoma of the lung. Acta tuberc. scand. (Suppl.) 34, 1—191 (1954).

Hinkel, C. L.: Unresolved pneumonia. An exclusion diagnosis. Amer. J. Roentgenol. 61, 335—340 (1949).

Hinshaw, H. C., Garland, L. H.: Diseases of the chest. Philadelphia and London: W. B. Saunders Co. 1965.

Hinson, K. F., Moon, A. J., Plummer, N. S.: Broncho-pulmonary aspergillosis. A review and a

report of 8 new cases. Thorax (Lond.) **7**, 317—333 (1952).
HIPONA, F. A., CRUMMY, A. B.: Congenital pericardial defect associated with tetralogy of Fallot: Herniation of normal lung into the pericardial cavity. Circulation **29**, 132 (1964).
HIROSE, F., HENNINGAR, G.: Intrabronchial leiomyoma. J. thorac. Surg. **29**, 502 (1955).
HIRSCH: Cavernous hemangioma of the lung. Radiology **26**, 469 (1936).
HIRSCH, D., ROBBINS, S. L., HOUGHTON, J. D.: Mediastinal chorionepithelioma in a male; case report. Amer. J. Path. **22**, 833—845 (1946).
HIRSCH, M., BAZINI, J.: Blast injury of the chest. Clin. Radiol. (Edinb.) **20**, 362—370 (1969).
HITZ, H. B., OESTERLIN, E.: A case of multiple papillomata of the larynx with aerial metastases to lungs. Amer. J. Path. **8**, 333—338 (1932).
HOBBS, J. E., BORTNICK, A. R.: Endometriosis of the lung. An experimental and clinical study. Amer. J. Obstet. Gynec. **49**, 832—840 (1940).
HOBBY, A. W.: Pulmonary mycosis. Dis. Chest **15**, 174 (1949).
HOCH, C. W.: Wegener's granulomatosis. Arch. Otolaryng. **63**, 120—123 (1956).
HOCHBERG, L. A., GRIFFIN, E. H., BICUNAS, A. D.: Segmental resection of the lung for aspergillosis. Amer. J. Surg. **80**, 364—367 (1950).
HOCHBERG, L. A., PERNIKOFF, M.: Primary chondroma of the lung. Dis. Chest **17**, 337—346 (1950).
HOCHBERG, L. A., SCHACTER, B.: Benign tumors of the bronchus and lung. Amer. J. Surg. **89**, 425—438 (1955).
HOCHE, O., QUASTLER, H.: Zur Diagnostik und Therapie abgekapselter intrapulmonaler Tumoren. Langenbecks Arch. klin. Chir. **188**, 567 (1937).
HOCHSTETTER: Kavernenblutung und Aushusten eines großen, derben Blutgerinnsels. Tod durch Luftembolie. Beitr. Klin. Tuberk. **73**, 835 (1930).
HODES, P. J., WOOD, F. C.: Eosinophilic lung (tropical eosinophilia). Amer. J. med. Sci. **210**, 288—295 (1945).
HODGES, F. V.: Hamartoma of the lung. Dis. Chest **33**, 43—51 (1958).
HODGSON, C. H.: Solitary circumscribed pulmonary lesions. Amer. J. Surg. **1955**, 417.
HODGSON, C. H.: Pulmonary embolism and infarction. Dis. Chest **47**, 577—588 (1965).
HODGSON, C. H., et al.: The diagnosis and management of solitary circumscribed lesions of the lungs. Dis. Chest **24**, 289 (1953).
HODGSON, C. H., GOOD, C. A.: Pulmonary embolism and infarction. Med. Clin. N. Amer. **48**, 977 (1964):
HODGSON, C. H., WEED, L. A., CLAGETT, O. T.: Pulmonary histoplasmosis. Review of published cases and report of an unusual case. J. thorac. Surg. **20**, 97—104 (1950).
HODGSON, E. H., BURCHELL, H. B., GOOD, C. A., CLAGETT, O. T.: Hereditary hemorrhagic teleangiectasis and pulmonary arteriovenous fistula. Survey of a large family. New Engl. J. Med. **261**, 625 (1959).
HÖFFKEN, W.: Das Aspergillom der Lunge. Fortschr. Röntgenstr. **84**, 397—407 (1956).
HOEL, J.: Diffuse myomatose og cystedannelse i lungene. Nord. Med. **42**, 1273 (1949).
HÖRING, F. O.: Zum Thema: rezidivierendes flüchtiges eosinophiles Lungeninfiltrat. Med. Klin. **42**, 381 (1947).
HÖVEL, H.: Wirbelsäulenmißbildung und Enterokystom — fälschlich als Tuberkulose gedeutet. Fortschr. Röntgenstr. **71**, 639 (1949).

HOFFMANN, K., CHILKO, A. J.: Subcostosternal diaphragmatic hernia. Ann. intern. Med. **41**, 616—629 (1954).
HOFFMANN, L.: Hämangiom der Trachea. Z. Hals-, Nas.- u. Ohrenheilk. **44**, 435 (1938).
HOFFMANN, R.: Thyreoidea accessoria intratrachealis. Z. Ohrenheilk. u. Krankht. d. Luftwege **59**, 373 (1917).
HOFFMANN, R.: Rechtsseitige Larreysche Hernien. Dtsch. med. J. **5**, 522 (1954).
HOFFMEISTER, W.: Die Pilzerkrankungen der Lunge. Dtsch. med. J. **1954**, 309—312.
HOFMANN, S.: Tracheal- und Bronchialzysten im Säuglings- u. Kleinkindesalter. Thoraxchirurgie **11**, 637—648 (1964).
HOLCOMB, G. W., MATSON, D. D.: Thoracic neurenteric cysts. Surgery **35**, 115 (1954).
HOLIN, S. M., DWORK, R. E., GLASER, S., RIKLI, A. E., STOCKTEN, J. B.: Solitary pulmonary nodules found in a community — wide chest roentgenographic survey. A 5-year follow-up study. Amer. Rev. Tuberc. **79**, 427 (1959).
HOLINGER, P. H.: So-called "unresolved pneumonia": bronchoscopic aspects. Med. Clin. N. Amer. **22**, 97—106 (1938).
HOLINGER, P. H., NOVAK, F. J., JOHNSTON, K. C.: Tumors of the trachea. Laryngoscope (St. Louis) **60**, 1086 (1950).
HOLLANDER, A. G., DUGAN, D. J.: Herniation of the liver. J. thorac. Surg. **29**, 357—367 (1955).
HOLLE, O.: Beitr. path. Anat. **105**, 49 (1941).
HOLLINSHEAD, W. H.: Chromaffin tissue and paraganglia. Quart. Rev. Biol. **15**, 156—171 (1940).
HOLLINSHEAD, W. H.: Chemoreceptors in the abdomen. J. comp. Neurol. **74**, 269—285 (1941).
HOLLINSHEAD, W. H.: A comparative study of the glomus coccygeum and the carotid body. Anat. Rec. **84**, 1—16 (1942).
HOLMAN, E.: Arterio-venous aneurysm. Abnormal communication between the arterial and venous circulations. New York: Macmillan & Co. 1937.
HOLMAN, E., PIERSON, P.: Carcinoma of the lung simulating inflammatory disease. J. Amer. med. Ass. **113**, 108 (1939).
HOLMES SELLORS, T., HICKEY, M. D.: Excision of the lung for pulmonary tuberculosis. Thorax (Lond.) **4**, 82 (1949).
HOLSTEIN, E.: Silikose und Lungenkrebs. Ärztl. Sachverst.-Ztg. **47**, 85—92 (1941).
HOLSTEIN, J., STECKEN, A.: Zur Frage der Gefäßbeteiligung bei verästelten Lungenverknöcherungen. Fortschr. Röntgenstr. **91**, 717—724 (1959).
HOLSTEN, D. R.: Beitrag zur Röntgendiagnose der Lungenmykosen. Fortschr. Röntgenstr. **107**, 477—484 (1967).
HOLSTI: Mediastinaltumoren und periphere nicht canceröse Lungentumoren. Zbl. Chir. **1940**, 1644.
HOLT, F. J.: Epicardial fat sadows in differential diagnosis. Radiology **48**, 472—479 (1947).
HOMMA, H.: Intrathorakale neurogene Tumoren. Wien. klin. Wschr. **61**, 421 (1949).
HOMMERICH, K. W.: Zit. nach FIRESTONE, F. N., JOISON, J.: Amyloidosis J. thorac. cardiovasc. Surg. **51**, 292—299 (1966).
HONDO: Über kongenitale Bronchiektasie. Zbl. allg. Path. path. Anat. **15** (1904).
HONIG, A.: Ein lipomartiges Gebilde des linken Stammbronchus. Mschr. Ohrenheilk. **68**, 155—167 (1934).
HOOD, R. T., MC BURNEY, R. P., CLAGETT, O. T.: Metastatic lesions of the lungs treated by pulmonary resection; a report of 43 cases. J. thorac. Surg. **30**, 1 (1955).

HOOD, R. T., GOOD, C. A., CLAGETT, O. TH., MC DONALD, J. R.: Solitary circumscribed lesions of the lung; study of 156 cases in which resection was performed. J. Amer. med. Ass. **152**, 1185—1191 (1953).
HOPE, J. W., BORNS, P. T., KOOP, C. E.: Radiological diagnosis of mediastinal masses in infants and children. Radiol. Clin. N. Amer. **1**, 17—50 (1963).
HOPPE, DIETHELM, L.: Angeborene Bronchialcysten. Chirurg **21**, 517 (1950).
HORÁNYI, J.: Bronchiale Adenose. Acta morph. Acad. Sci. hung. **3**, 363 (1953).
HORÁNYI, J.: Operativ geheilter Fall eines schweren Blutungen verursachenden Angioma racemosum der Bronchien. Acta med. Acad. Sci. hung. **8**, 251 (1955).
HORÁNYI, J., ERDÉLYI, M., SZÖTS, I.: Selten vorkommendes Lungenhamartom (Bronchioloma chondromatosum seu bronchiolo-bronchioma). Magy. Sebész. **13**, 59—63 (1960).
HORÁNYI, J., HORLAY, B., KERÉNYI, I.: Endobronchiales Leiomyoblastom. Tuberkulózis **14**, 153—155 (1961); Ref.: Mschr. Ohrenheilk. **95**, 135 (1961).
HORÁNYI, J., KERÉNY, I.: Thymoma intrapulmonale im Kindesalter. Thoraxchirurgie **3**, 245—249 (1955).
HORÁNYI, J., KERÉNYI, I.: Az endobronchialis bronchiomaról (hamartochondromáról). Magy. Sebész. **17**, 45 (1964).
HORÁNYI, J., KERÉNYI, I.: Über das Bronchiolom. Magy. Sebész. **17**, 109—116 (1964).
HORÁNYI, J., MOLNÁR, J.: Extrapulmonales Bronchiom. Beitr. Klin. Tuberk. **123**, 312—316 (1961).
HORÁNYI, J., SZÖTS, I.: Bronchus arterioma a gyermekkorban. Orv. Hétil. **97**, 410 (1956).
HORÁNYI, J., SZÖTS, I.: Bronchusarteriom im Kindesalter. Thoraxchirurgie **3**, 410—415 (1956).
HORÁNYI, J., SZÖTS, I.: A valódi bronchioma és elkülönítése a hamartochondromáról. Magy. Sebész. **17**, 51 (1964).
HORÁNYI, J., VAJKÓCZY, A.: Gemeinsames Vorkommen einer bronchialen Adenose mit einem endobronchialen Bronchioma adenochondromatosum. Zbl. Chir. **90**, 378 (1965)
HORGAN, J. B.: Fibroma of the trachea. Brit. med. J. **1918**, 653.
HORN, J.: Zur Differentialdiagnose der hilären Schattengebilde benigner pleuraler oder pulmonaler Tumoren. Z. Tuberk. **92**, 305—307 (1949).
HORN, R. C., STOUT, A. P.: Granular cell myoblastoma. Surg. Gynec. Obstet. **76**, 315 (1943).
HORNBERGER, L.: Hilusdrüsenbeteiligung bei Lues II. Fortschr. Röntgenstr. **73**, 553 (1950).
HORNE, W. J.: Papilloma at the bifurcation of the trachea. Proc. roy. Soc. Med. (Sect. Laryng.) **13**, 35 (1919/20).
HORTON, B. T., GHORMLEY, R. K.: Congenital arteriovenous fistula. Proc. Mayo Clin. **8**, 773 (1933).
HOSEMANN, SCHWARTZ, LEHMANN, POSSELT: Die Echinokokkenkrankheit. Stuttgart: F. Enke 1928.
HOSOÏ, K.: Multiple neurofibromatosis (von Recklinghausen's disease) with special reference to malignant transformation. Arch. Surg. **22**, 258 (1931).
HOSOÏ, K.: Pulmonary embolism and infarction. Ann. Surg. **95**, 67 (1932).
HOSSLI, G.: Seltene intrathorakale Zysten, die mit dem Verdauungstrakt in Verbindung stehen. Langenbecks Arkl. chin. Chir. **265**, 551 (1951).
HOUËL, J., D'ESHOUGUES, J. R.: La rupture intrapleurale du kyste hydatique du poumon. Ann. Chir. (Paris) **16**, 207—215 (1962).
HOUËL, J., DUMAZER, R.: Asepcts anatomo-radiologiques du kyste hydatique du poumon. J. franç. Méd. Chir. thor. **7**, 17—32 (1953).
HOUGHTON, J. D.: Malign teratoma of mediastinum. Amer. J. Path. **12**, 349 (1936).
HOUYEZ, P.: Enormous fibroma of the superior lobe of the left lung. Ann. Soc. méd. chir. Liège **46** (1938).
HOWANIETZ, L. F.: Über lokales tumorartiges Amyloid der unteren Luftwege. Zbl. allg. Path. path. Anat. **97**, 527—534 (1957/58).
HOWARD, C. P.: Pulmonary syphilis. Amer. J. Path. **8**, 1—33 (1924).
HOWE, C. W., WARREN, S.: Myoblastoma. Surgery **16**, 319—347 (1944).
HOWLAND, W. J., GOOD, C. A.: The radiographic features of tracheopathia osteoplastica. Radiology **71**, 847—850 (1958).
HRADSKÝ, M.: Polyarteriitis nodosa with pulmonary infiltration. Čas. Lék. čes. **99**, 417—421 (1960).
HU, C. K., FRAZIER, C. N., HSIEH, C. K.: Syphilis of the lung. A report of three cases observed in North China. Chin. med. J. **56**, 431—440 (1939).
HUBAY, C. A., HOLDEN, C. A.: Venous thrombosis, necrosis and neoplasia. Surg. Gynec. Obstet. **98**, 309 (1954).
HUBER, K.: Lungenaspergillose, ein kasuistischer Beitrag. Praxis **1953**, 245—247.
HUBER, P.: Das stumpfe Thoraxtrauma und seine Komplikationen. Inaug.-Diss. Düsseldorf 1962.
HUDSON, J. I., CATANZARO, F. P., BLOODWORTH, A. F., TOPP, O. W.: Malignant thymoma (lymphocytic type). J. Pediat. **59**, 197—201 (1956).
HUEBER, F., POZZA, E.: Singolare iconografia in corso di ascesso polmonare: l'immagine di sequestro. Radiol. med. (Torino) **34**, 172 (1948).
HÜBSCHMANN, P.: Pathologische Anatomie der Tuberkulose. Berlin: Springer 1928.
HUECK, O., MATZANDER, U.: Bericht über ein primäres Leiomyosarkom der Lunge. Thoraxchirurgie **5**, 494—498 (1958).
HÜCKEL, R.: Über Gliaektopien in der Lunge bei angeborener vorderer Hirnhernie. Verh. dtsch. path. Ges. **24**, 272—279 (1929).
HÜCKSTÄDT, O.: Über ein peripheres Aneurysma der Pulmonalarterie. Fortschr. Röntgenstr. **74**, 593 (1951).
HÜLSHOFF, T.: Neurofibromatose Recklinghausen und Knochenveränderungen. Fortschr. Röntgenstr. **92**, 246—260 (1960).
HUET, P. C.: À propos d'un chondrome bronchique. Ann. Oto-laryng. (Paris) **66**, 93—100 (1949).
HUETER, C.: Über angeborene Bronchiektasie und angeborene Wabenlunge. Beitr. path. Anat. **58**, 520 (1914).
HUG: Un cas de goitre intratrachéal. Rev. Laryng. (Bordeaux) **48**, 143 (1927).
HUGH, REID, MARCUS: Thymomas. Report on 5 cases. Brit. J. Surg. **36**, 271 (1949).
HUGHES, F. A., GOURLEY, R. D., BURWELL, J. R.: Primary pulmonary aspergillosis: report of an unusual case successfully treated by lobectomy. Ann. Surg. **144**, 138—143 (1956).
HUGHES, J. P., STOVIN, P. G. I.: Segmental pulmonary aneurysms with peripheral venous thrombosis. Brit. J. Dis. Chest **53**, 19—27 (1959).
HUIZINGA, E.: Bronchiektasie nach Bronchialverschluß durch eine tuberkulöse Hilusdrüse. Acta radiol. (Stockh.) **21**, 392—398 (1940).
HUMPHREY, E. M.: Atypical amyloidosis. Arch. Path. **17**, 134 (1934).
HUNT: Lipoma of the trachea. London Laryngol. Ass., March 1907.

Hurst, A., Bassin, S.: Megaesophagus as cause of mediastinal widening. Amer. J. Roentgenol. 52, 598—606 (1944).

Hurwitz, A., Conrad, R., Selvage Jr., I. L., Orbezon, E. A.: Hypertrophic lobar emphysema secondary to a paratracheal cysts in an infant. J. thorac. cardiovasc. Surg. 51, 412—416 (1966).

Husfeldt, C., Carlsen, C. J.: Diagnostic thoracotomy for solid pulmonary infiltrates. Thorax (Lond.) 5, 229 (1950).

Husfeldt, E.: Benign bronchial growths. Three operated cases. Acta chir. scand. 87, 80 (1942).

Husfeldt, E., Gerner-Smith, M.: Twenty-five operated cases of intrathoracic nerve tumors. Acta chir. scand. 104, 485 (1953).

Husten, K.: Die Staublungenerkrankung der Bergleute im Ruhrkohlenbezirk (Ergebnisse pathologisch-anatomischer Untersuchungen). Veröff. Gew.- u. konstitut.-Path. 7, 29 (1931).

Hutcheson, J. B., Ashe, W. M., Paulson, D. L.: Lipomas of bronchus: a presentation of two cases and an analysis of the literature. J. thorac. Surg. 35, 638—642 (1958).

Huth, J., Bohley, P.: Trachealzyste und ihre Behandlung. Thoraxchirurgie 9, 207 (1961).

Hutter, H. J.: Syphilitic infection of the lung. Amer. J. Roentgenol. 24, 427—429 (1930).

Huzly, A.: Posttuberkulöses Mittellappensyndrom. Tuberk.-Arzt 8, 70—81 (1954).

Huzly, A.: Granulationstumoren des Bronchus. Fortschr. Röntgenstr. 81, 327—335 (1954).

Huzly, A.: Atlas der Bronchoskopie. Stuttgart: G. Thieme 1960.

Huzly, A.: Bronchusveränderungen bei Lipoidpneumonie. 53. Dtsch. Röntgenkongress Stuttgart 1972,

Huzly, A., Hofmann, A.: Die selbständigen blasigen Lungenerkrankungen. Klinik. In: Hausser, R. (Hrsg.), Blasige Lungenerkrankungen usw. Stuttgart: G. Thieme 1968.

Hynes, A. L., Clagett, O. T., McDonald, J. R.: Tumor-forming amyloidosis of the lung. Surgery 24, 120 (1948).

Ibrahim, M., Girgis, B.: Bilharzial cor pulmonale. A clinico-pathological report of 50 cases. J. trop. Med. Hyg. 63, 55—58 (1960).

Ickert, F.: Staublunge und Staublungentuberkulose. Berlin: Springer 1928.

Ideka, K.: Pathology of oil aspiration pneumonia (lipoid pneumonia). Amer. clin. Path. 5, 89—101 (1935).

Ideka, M., Neyazaki, T., Chiba, S., Yoneti, M., Suzuki, C.: Bronchial vascular of various pulmonary diseases, with particular emphasis on its diagnostic value in pulmonary cancer. J. thorac. cardiovasc. Surg. 55, 642—652 (1968).

Ikeda, K.: Lipoid pneumonia of the adult type (paraffinoma of the lung). Report of five cases. Arch. Path. 23, 470—492 (1937).

Ikram-Ul-Haq, Tait, G. B., Stuart, C. E.: Maffucci's syndrome. J. int. Coll. Surg. 43, 133—140 (1965).

Iliovici, E.: Des chondromes pulmonaires primitifs. Thèse de Paris 1932.

Imamaura, M., et al.: Malignant histiocytosis: a case of generalized histiocytosis with infiltration of Langerhans' granule-containing histiocytes. Cancer (Philad.) 28, 465 (1971).

Indra, K. J., Bery, K., Chawla, S.: Dyschondroplasia with multiple haemangiomata—Maffucci's syndrome. Brit. J. Radiol. 36, 697—698 (1963).

Ingram, F. L.: Gummatous stenosis of the bronchus. Brit. J. Radiol. 25, 116 (1950).

Irmer, W., Mohr, H., Rotthoff, F., Willmann, K. H.: Solitäre Rundschatten der Lunge. Z. Tuberk. 111, 270—278 (1958).

Irmer, W., Schulte-Brinkmann, W.: Solitäre Rundherde, Riesenrundherde, Riesenringschatten und isolierte Ringschatten. Z. Tuberk. 117, 135—147 (1961).

Irwin, A.: Radiology of the aspergilloma. Clin. Radiol. (Edinb.) 18, 432—438 (1967).

Isaac, F.: Roentgen findings in amebic diseases of the liver. Radiology 45, 581 (1945).

Isaac, F., Ottoman, R. E.: Cavitary form of pulmonary neoplasm. Radiology 52, 662—668 (1949).

Iselin, H., Suter, F.: The role of perforation of hilar lymph nodes into the bronchial tree of adults. Dis. Chest 25, 302—313 (1954).

Ising, U., Lindner, E.: Fibroxanthoma of the lung with bronchial involvement. Acta path. microbiol. scand. 51, 103 (1961).

Israel, H. L., Gosfield, E.: Fatal hemoptysis from pulmonary arterio-venous fistula: report of a case in a patient with hereditary hemorrhagic teleangiectasis. J. Amer. med. Ass. 152, 40 (1953).

Israël, R., Hertzog, P.: Tumeur d'allure neurinomateuse presque libre dans une scissure pulmonaire. J. franç. Méd. Chir. thor. 10, 230—231 (1956).

Israël, R., Hertzog, P., Personne, C.: L'angiopneumographie dans le cancer et les pneumopathies chroniques localisées. Distinction entre amputation organique des artères et simple raréfication fonctionelle de la circulation pulmonaire. Bull. Soc. Méd. Hôp. Paris 68, 227 (1952).

Israël-Asselain, R., Chebat, J.: Les bronchocèles. Bull. Soc. méd. Hôp. Paris 114, 207—224 (1963).

Israël-Asselain, R., Chebat, J.: Étude radioclinique et statistique des foyers ronds isolés du parenchyme pulmonaire. J. franç. Méd. Chir. thor. 19, 267—279 (1965).

Israël-Asselain, R., Chebat, J., Lechien, J.: Un cas de mucoviscidose à détermination bronchique prédominante et à évolution prolongée chez un jeune adulte. J. franç. Méd. Chir. thor. 15, 457—467 (1961).

Istre, B.: Pulmonary chondroma. Nord. Med. 45, 363 (1951).

Itkin, A. B., Lapeyrolerie, F. M.: Haemangiopericytoma; report of a case. Oral Surg. 23, 207—212 (1967).

Ivanessevich, O., Ferrari, R. C.: Diagnostico radiologico de los quistes hidatídicos del pulmón. Semana méd. 2, 825 (1937).

Ivanessevich, O., Risolia, A. A., Piñero, A., Rivas, C. I.: Secuelas cavitarias de los quistes hidatídicos del pulmón. Semana méd. 2, 591 (1938).

Iverson, L.: Thymoma. A review and classification. Amer. J. Path. 32, 695—719 (1956).

Izdebska-Makosa, Z., Radziukiewicz-Byszewska, D., Szymczyk, E.: Bronchial perforation of tuberculous lymph nodes in adults (broncho-nodular fistula). Gruźlica Choroby Pluc. 37, 165—170 (1969).

Jablakow, V., Rubnitz, M.: Endobronchial lipoma and a review of the literature. Illinois med. J. 129, 57 (1966).

Jaccard, G.: Erkrankungen der Pleura. In: Handbuch der inneren Medizin, 4. Aufl., Bd. IV/4, S. 300—390. Berlin-Göttingen-Heidelberg: Springer 1956.

Jacchia, P.: Phlebektasie im Lungenparenchym. (Ein Beitrag zu den isolierten Rundschatten in der Lunge.) Acta radiol. (Stockh.) 17, 74—78 (1936).

Jach, S.: Venous acinar angioma. Pol. Przegl. radiol. 28, 45—52 (1964).

Jackson, C.: Solitary chondroma of the trachea. Trans. path. Soc. Chic. **7**, 234 (1907—1909).
Jackson, C.: Endothelioma of the right bronchus removed by peroral bronchoscopy. Amer. J. med. Sci. **153**, 371 (1917).
Jackson, C., Jackson, C. L.: Benign tumors of trachea and bronchi, with especial reference to tumor-like formations of inflammatory origin. J. Amer. med. Ass. **99**, 1747—1754 (1932).
Jackson, C., Jackson, C. L.: Diseases and injuries of the larynx. 2nd ed. New York: Macmillan 1942.
Jackson, C. L.: Bronchooesophagology. Philadelphia-London: W. B. Saunders 1950.
Jackson, C. L.: Bronchial obstruction. Dis. Chest **17**, 125 (1950).
Jackson, C. L., Konzelman, F. W.: Bronchoscopic aspects of bronchial tumors. J. thorac. Surg. **6**, 312 (1937).
Jackson, E., Babcock, W. W.: Intrathoracic ganglioneuroma. Surg. Clin. N. Amer. **11**, 1231 (1931).
Jackson, L., Mantshik, H.: Les tumeurs bronchopulmonaires et la bronchoscopie. Rev. méd. Suisse rom. **62**, 833 (1942).
Jackson, R. C., Clagett, O. T., McDonald, J. R.: Pericardial fat necrosis. J. thorac. Surg. **33**, 723 (1957).
Jacob, P., Foures, A., Louis, R., Pousteau, M., Milhiet, H., Treps, P.: Volumineuse masse incluse dans cavité ancien d'un abscès du poumon, simulant un aspergillome. J. franç. Méd. Chir. thor. **8**, 432—439 (1954).
Jacob, P., Lemoine, J. M., Lousteau-Chartrez, Treps, P.: Les hernies ganglionnaires bronchiques. Rev. Tuberc. (Paris) **20**, 701—709 (1956).
Jacobi, M.: Aneurysms of the bronchial arteries. Amer. Heart J. **5**, 795—800 (1930).
Jacobsz, F. P.: Oesophageal hiatus hernia of the cardiac end of the stomach, associated with a second oesophageal hiatus hernia containing omentum. Report of an unusual case. Sth. Afr. med. J. **24**, 105—106 (1950).
Jaederholm, K. B.: Über Perikarddivertikel. Acta chir. scand. **71**, 517 (1932).
Jaeger, L.: Contribution à l'étude des hamartomes pulmonaires (hamartochondromes et hamartokystomes). Thèse de Paris 1934.
Jaeger, L.: À propos de quelques cas de "chondromes pulmonaires" (les hamartomes pulmonaires: hamarto-chondromes et hamarto-kystomes). Ann. Anat. path. **12**, 811—822 (1935).
Jaensch: Über das Röntgenbild der Pneumokoniosen, insbesondere ihre grobknotige Form. Fortschr. Röntgenstr. **28**, 299 (1922).
Jaffé, R., Leicher, H., Pfeiffer, W.: Tumoren. In: Blumenfeld u. Jaffé: Pathologie der oberen Luft- und Speisewege. Leipzig: Kabitzsch 1931.
Jaffé, R. H.: Multiple hemangiomas of skin and internal organs. Arch. Path. **7**, 44—54 (1929).
Jagdschian, V.: Zur chirurgischen Behandlung seltener Lungenerkrankungen. Thoraxchirurgie **15**, 661—663 (1967).
Jais, M., et al.: Sur un cas de bronchiectasie kystique avec anomalies de la circulation pulmonaire. J. franç. Méd. Chir. thor. **20**, 799 (1966).
Jakob, A., Krisch, E.: Über die Histoplasmose mit besonderer Berücksichtigung der Lungenhistoplasmose. Fortschr. Röntgenstr. **78**, 287—290 (1953).
Jakobi, H.: Die Larynxpapillomatose und ihre Behandlung. Habil.-Schr. Halle/S. 1954.
Jaksch-Wartenhorst: Über Dermoidcysten der Lunge. Sitzg. d. Ver. dtsch. Ärzte Prag 11. 12. 1925. Ref. Fortschr. Röntgenstr. **34**, 572 (1926).
Jaksch-Wartenhorst: Dermoidcyste der linken Lunge, Trommelschlägelfinger. Sitzg. d. Ver. dtsch. Ärzte Prag 5. 11. 1926. Ref.: Münch. med. Wschr. **74**, 171 (1927).
Jakubiuk, B., Kucharczyk, R.: On the problem of the so-called disappearing pulmonary tumours. Pol. Tyg. lek. **25**, 621—622 (1970).
Jallet, J.: Étude radiologique sur le kyste hydatique du poumon. Rev. méd. Franç. du Moyen-Orient **3**, 47—59 (1944).
James, T. G., Matheson, N. M.: Thrombophlebitis in cancer. Practitioner **134**, 683 (1935).
Jamison, H. W.: Roentgen observations on primary atypical pneumonia. Radiology **45**, 15 (1945).
Janes, R. M.: Abscess of the lung. Canad. med. Ass. J. **47**, 540—545 (1942).
Janes, R. M.: Multiple cavernous hemangiomas of lungs successfully treated by local resection of the tumours. Brit. J. Surg. **31**, 270—272 (1944).
Janes, R. M.: Lipoid pneumonia simulating bronchogenic carcinoma. J. thorac. Surg. **16**, 451—457 (1947).
Janisch, K.: Intrathorakales Sanduhrsympathikoblastom. Zbl. Chir. **84**, 1529—1537 (1959).
Janker, R.: Die verästelten Knochenbildungen in der Lunge. Fortschr. Röntgenstr. **53**, 260 (1936).
Jansen, H. H.: Tumoren der nichtchromaffinen Paraganglien (Chemodektome). Im Kapitel „Innervation des Herzens". In: Bargmann, W., Doerr, W., Das Herz des Menschen, Bd. I, S. 253—255. Stuttgart: G. Thieme 1963.
Jansson, G.: Beitrag zur Röntgendiagnostik beim Pericarddivertikel. Acta radiol. (Stockh.) **12**, 50—58 (1931).
Jansson, G.: On intrathoracic neurinomata. Acta radiol. (Stockh.) **16**, 411—419 (1935).
Jarniou, A. P., Dieudonné, P., Moreau, A., Tardieu: Les tumeurs nerveuses primitives du poumon (à propos de 2 nouvelles observations). J. franç. Méd. Chir. thor. **12**, 184—196 (1958).
Jarniou, A. P., Moreau, A.: Les parasitoses respiratoires frequentes. Paris: Vigot édit. 1958.
Jarniou, A. P., Moreau, A., Garrigou, J., Bourdet, P.: Les localisations pleurales isolées de l'amébiase. J. franç. Méd. Chir. thor. **13**, 129 (1959).
Jarry, J. J., Balgairies, E., Masure, P. L., Lenoir, L.: Silicoses atypiques à forme gangliopulmonaire. Maroc. méd. **40**, 437—441 (1961).
Jaubert de Beaujeu, M.: Les kystes intrathoraciques pleuropéricardiaques. Thèse de Lyon 1945.
Jaubert de Beaujeu, M., Marmet, A., Touzard, J., Boucher, H.: La séquestration pulmonaire kystique avec artère anormale d'origine aortique. À propos de six nouveaux cas. Poumon **10**, 409—421 (1954).
Jaubert de Beaujeu, M., Pinet, F., Larbre, F., Amiel, M., Clermont, A.: Angiome pulmonaire decouvert derrière une image radiologique peu évocatrice. J. Radiol. Électrol. **50**, 470—471 (1969).
Javett, S. N., Webster, I., Braudo, J. L.: Congenital dilatation of pulmonary lymphatics. Pediatrics **31**, 416—425 (1963).
Jeanneret, P., Sommer, E.: Über kurzdauernde Atelektasen des Mittellappens Radiol. clin. (Basel) **21**, 332—336 (1952).
Jeanneret, R.: À propos du chorion-épithélioma malin chez l'homme. Lausanne: Réumies 1928.
Jelihovsky, T., Grant, A. F.: Endometriosis of the lung. Thorax (Lond.) **23**, 434 (1968).

JELINEK, R.: Über das Auftreten einer Nebenlunge, als Mediastinaltumor operiert. Krebsarzt (Wien) 6, Heft 9/10 (1951).

JENNINGS, W. K., RUSSELL, W. O.: Phlebothrombosis associated with mucin-producing carcinomas of tail and body of pancreas; clinico-pathologic study of 2 cases with necropsy. Arch. Surg. 56, 186—198 (1948).

JEUNE, M., MOUNIER-KUHN, P., BÉTHENOD, M.: Constance des lésions bronchiques hautes et sténoses d'origine ganglionnaire dans les condensations lobaires et segmentaires au cours de la primoinfection tuberculeuse de l'enfant. Pédiatrie 1, 192 (1951).

JOHANNSON, L.: Diseases of the pericardium. In: DERRA, E., Handbuch der Thoraxchirurgie, Bd. II/1. Berlin-Göttingen-Heidelberg: Springer 1959.

JOHNSON, C. R., CLAGETT, O. T., GOOD, C. A.: The importance of exploratory thoracotomy in the diagnoses of certain pulmonary lesions. Surgery 25, 218—230 (1949).

JOHNSON, E. K., MANGIARDI, J. L.: Subcostosternal diaphragmatic hernia. Amer. J. Surg. 84, 245—248 (1952).

JOHNSON, F. E., KERNAN, J. D.: Actinomycosis of the lung. Report of a case in which bronchoscopy and injections of iodized oil 40% were used. Amer. J. Dis. Child. 36, 508—514 (1928).

JOHNSON, H. E., BASTON, R.: Benign histoplasmosis. A case report with a brief review of the literature. Dis. Chest 14, 517 (1948).

JOHNSON, J. L., WEBSTER, J. R., SIPPY, H. I.: Maffucci's syndrome (dyschondroplasia with hemangiomas). Amer. J. Med. 28, 864—866 (1960).

JOHNSON, S.: A case of Wegener's granulomatosis. Acta path. scand. 25, 573 (1948).

JOHNSTON, J. H., TWENTE, G. E.: Pulmonary hydatid (echinococcus) cyst: report of a native case. Ann. Surg. 136, 305—308 (1952).

JOLIE, R. J., STREUMER, J.: Das Lungenaspergillom. Besprechung von 12 Fällen. Acta tuberc. belg. 54, 227—248 (1963).

JONES, C. J.: Unusual hamartoma of the lung in newborn infant. Arch. Path. 48, 150—154 (1949).

JONES, E. M., PECK, W. M., WOODRUFF, C. E., WILLIS, H. S.: Relationships between tuberculosis and bronchiectasis. A study of clinical and of postmortem material. Rev. Tuberc. 61, 387 (1950).

JONES, E. R., MACARTHUR, A. M.: Benign granular cell myoblastoma of the bronchus. Brit. J. Surg. 46, 420 (1959).

JONES, J. C., THOMPSON, W. P.: Arterio-venous fistula of the lung. A report of a patient cured by pneumonectomy. J. thorac. Surg. 13, 357—376 (1944).

JONES, J. C., THOMPSON, W. P.: Arterio-venous fistula of lung. Thorax (Lond.) 20, 142—150 (1950).

JONES, W. A.: The solitary pulmonary focus carcinomatous or otherwise, with particular reference to histoplasmosis. J. Canad. Ass. Radiol. 4, 15—19 (1953).

JONSSON, U., DOUGHTRY, D. C.: Wegener's granulomatosis. Amer. Practit. 10, 46—52 (1959).

JORDAN, H. E.: Respiratory malformations. Amer. Rev. Tuberc. 53, 56—70 (1946).

JORDAN, H. E.: Textbook of histology, 9th edit., p. 220. New York: Appleton Century Crofts, Inc. 1952.

JORES, L.: Über die Verbindung einer Dermoidzyste mit einem malignen Zystosarkom der linken Lunge. Virchows Arch. path. Anat. 133, 66 (1893).

JORES, L.: In: Handbuch der speziellen pathologischen Anatomie u. Histologie, Bd. II, S. 759. Berlin: Springer 1924.

JOSEPH, W. L., MURRAY, J. F., MULDER, D. G.: Mediastinal tumors — problem in diagnosis and treatment. Dis. Chest 50, 150—161 (1966).

JOYCE, T. M.: On the occurrence of substernal and intratracheal goitres. Arch. Surg. 41, 364 (1940).

JUDD, A. R.: Syphilitic "tumor" of the right bronchus. Ann. Otol. (St. Louis) 57, 858 (1948).

JUMEAU, A.: Contribution à l'étude des kystes intrathoraciques pleuropéridardiaques. Thèse de Nancy 1947.

JUSTIN-BESANÇON, L., LAMY, M., JAMET, M. L., LEMOINE, J. M., PALEY, P. Y.: La rupture des ganglions dans la trachée et dans les bronches. J. franç. Méd. Chir. thor. 3, 80—83 (1949).

JUSTIN-BESANÇON, L., PÉQUIGNOT, H., ÉTIENNE, J. P., LEBORGNE, P.: Syndrome de Maffucci-Kast. Sem. Hôp. Paris 38, 2001—2005 (1962).

JUVERA, J., MANESCO, G., VASILESCO, D.: Les fistules bilio-bronchiques d'origine hydatique. Lyon chir. 54, 405—417 (1958).

KÄDING, K.: Klinische Besonderheiten, bei röntgenologisch tumorartiger Verschattung der Lunge. Fortschr. Röntgenstr. 44, 279 (1931).

KAESTLE: Beitrag zur Kenntnis der Dermoide des Mediastinum anterius. Münch. med. Wschr. 56, 1952 (1909).

KAESTLE: Die Röntgenuntersuchung der Atmungsorgane. In: SCHITTENHELM, Lehrbuch der Röntgendiagnostik. Berlin: Springer 1924.

KAGANSKII, V. E.: Sluckae kisty diafragmy. (Case of diaphragmatic cyst). Vopr. Onkol. 5, 368 (1959).

KAHLAU, G.: Tuberk.-Arzt 8, 698 (1954).

KAHLAU, G.: Der Lungenkrebs. Erg. allg. Path. path. Anat. 37, 258—419 (1954).

KAHLAU, G.: Die pathologische Morphologie des großen tuberkulösen Rundherdes (Tuberkulom) der Lunge. Tagg. Wiss. Ges. südwestdtsch. Tuberk.-Ärzte Wildbad/Schw. 7./8. 5. 1954. Ref.: Z. Tuberk. 105, 308 (1955).

KAHLAU, G.: Pathologisch-anatomische und tierexperimentelle Untersuchungen zur Frage Silikose und Lungenkrebs. Frankfurt. Z. Path. 71, 3—13 (1961).

KAINDL, F., KOTSCHER, E., LOBENWEIN, E.: Zur Radiologie pulmonaler Gefäßfehlbildungen. Radiologe 11, 189—198 (1971).

KALBAK, K.: Et tilfaelde af hernia diafragmatica vera med størstedelen af intestinum crassum som inhold. Hospitalstidn. 81, 416 (1938).

KALBIAN, V. V.: Bronchial involvement in pulmonary sarcoidosis. Thorax (Lond.) 12, 18 (1957).

KALISH, P. E.: Primary intrapulmonary thymoma. N.Y. St. J. Med. 63, 1705 (1963).

KALSBEEK, F.: Diagnostische und therapeutische Probleme des runden solitären Lungentumors. Ned. T. Geneesk. 1952, 2535—2540.

KAMBERG, S., LOITMAN, B. S., HOLTZ, S.: Amyloidosis of the tracheobronchial tree. New Engl. J. Med. 266, 587 (1962).

KANIAK, E. G., KÜMMERLE, F.: Intrabronchiales Chondrom. Thoraxchirurgie 6, 27 (1958/59).

KANONY, P.: Les retours veineux pulmonaires anormaux du poumon droit dans la veine cave inférieure. Thèse de Paris 1965.

KANTOR, M., MORROW, C. S.: Caplan's syndrome. A perplexing pneumoconiosis with rheumatoid arthritis. Amer. Rev. Tuberc. 78, 274—284 (1958).

KANTROWITZ, R. A.: Extragenital chorioepithelioma in a male. Amer. J. Path. 10, 531—543 (1934).

KAPLAN, G. EDGARDO, E. F.: Malignant fibrohistiocytoma (fibroxanthoma). Case report. Radiology 100, 155—156 (1971).
KAPLAN, L.: Combined cod liver oil and liquid petrolatum pneumonia in a child. Amer. J. Dis. Child. 62, 1217 (1941).
KAPLAN, S.: Un leiomyofibrome de la veine pulmonaire gauche. Rev. franç. Pédiat. 10, 664 (1934).
KARÁDY, G.: Über intrapulmonale neurogene Geschwülste. Thoraxchirurgie 6, 242—250 (1958).
KARÁDY, G.: Intrapulmonale neurogene Tumoren. Magy. Onkol. 3, 114—124 (1959).
KARLISH, A. J.: Hereditary hemorrhagic teleangiectasia with arterio-venous aneurysma of the lung. Report of a case with a family study. Proc. roy. Soc. Med. 56, 170 (1963).
KARSHNER, R. G.: Syphilis of the lung, an analysis of 120 selected cases of the literature. Ann. Med. 1, 371 (1920).
KARSNER, H. T., ASH, J. E.: Studies in infarction. II. Experimental bland infarction of the lung. J. med. Res. 27, 205—224 (1912).
KARSNER, H. T., GHOREYEB, A. A.: Studies in infarction. III. The circulation in experimental pulmonary embolism. J. exp. Med. 18, 507—511 (1913).
KAST, A., RECKLINGHAUSEN v., F. D.: Ein Fall von Enchondrom mit ungewöhnlicher Multiplikation. Virchows Arch. path. Anat. 118, 1 (1889).
KASTRUP, H.: Aspergillose der Lunge. Ther. d. Gegenw. 91, 425 (1952).
KASTRUP, H., KNY, W., WILHELM, E.: Zur Klinik, Pathologie und Therapie der Thymustumoren. Thoraxchirurgie 2, 163—182 (1954/55).
KATASE, A.: Ein seltener Fall von Lungenteratom. Zbl. allg. Path. path. Anat. 23, 146—156 (1912).
KATZ, H. J., WILLIAMS, A. J.: Accessory lobes of liver and their significance in roentgen diagnosis. Ann. intern. Med. 36, 880—883 (1952).
KATZ, S.: Chronic fibrocavitary histoplasmosis. GP (Kansas) 21, 137 (1960).
KAUDE, J., CHANG, T. T.: Angiography in the evaluation of tuberous sclerosis complex. Radiologe 10, 105—107 (1970).
KAUFFMANN, S. L., LYNFIELD, J., HENNIGAR, G. R.: Mycotic aneurysms of the intrapulmonary arteries. Circulation 35, 90—99 (1967).
KAUFHOLD: Beitrag zur chirurgischen Behandlung von Sympathicus-Tumoren der Brust und Brusthöhle (Ganglioneurom). Bruns' Beitr. klin. Chir. 180, 185 (1950).
KAUFMAN, G., KLOPSTOCK, R.: Papillomatosis of the respiratory tract. Amer. Rev. resp. Dis. 88, 839—846 (1963).
KAUFMANN, E.: Lehrbuch der speziellen pathologischen Anatomie, 9. u. 10. Aufl., Bd. I. Berlin-Leipzig: W. de Gruyter 1931.
KAY, E. B.: Bronchiectasis following atypical pneumonia. Arch. intern. Med. 75, 89—104 (1945).
KAY, E. B.: Bronchopulmonary actinomycosis. Ann. intern. Med. 26, 581—593 (1947).
KAY, J., COHEN, G., SANDLER, A., TABATZNIK, B.: Massive pulmonary embolism without infarction. Brit. J. Radiol. 31, 326—330 (1958).
KAY, S.: Tissue reactions to barium sulphate contrast medium; histopathologic study. Arch. Path. 57, 279—284 (1954).
KAYSER: Röntgenologischer Beitrag zur Klinik der Lungensyphilis. Fortschr. Röntgenstr 22, 2 (1914).
KEELEY, J. L., GUMBINER, S. H., GUZAUSKUS, A. C., ROONEY, J. A.: Mediastinal lipoma: the successful removal of 1700 gram mass. Case report and review of recent literature of intrathoracic lipomas. J. thorac. Surg. 25, 316 (1953).
KEENE, C. H., COPELMAN, B.: Traumatic right diaphragmatic hernia. Case with delayed herniation liver and gall bladder. Ann. Surg. 122, 191 (1943).
KEERS, R. Y., SMITH, F. A.: A case of multiple pulmonary "hamartomata" of unusual type. Brit. J. Dis. Chest 54, 349—352 (1960).
KEGEL, R. F. C., FATEMI, A.: The ruptured pulmonary hydatid cyst. Radiology 76, 60—64 (1961).
KEHLER, E.: Die zirkumskripte zervikale Zwerchfellähmung. Tuberkulosearzt 9, 82—84 (1955).
KEIL, P. G., SCHISSEL, D. J.: Differential diagnosis of unresolved pneumonia and bronchiogenic carcinoma by pulmonary angiography. J. thorac. Surg. 20, 62—65 (1950).
KEISER, D. v.: Ein neues Röntgensymptom beim Echinococcus cysticus. Röntgenpraxis 14, 405—409 (1942).
KEITH, J. D., ROWE, R. D., VLAD, P., O'HANLEY, J. H.: Complete anomalous venous drainage. Amer. J. Med. 16, 23—38 (1954).
KELLER, H.: Intrathorakale xanthomatöse Neubildungen. Inaug.-Diss. Zürich 1939.
KELLER, H. L., KALLERT, S.: Die Genauigkeit der röntgenologischen Bestimmung der Verdoppelungszeit von Rundherden der Lunge. Fortschr. Röntgenstr. 109, 315—318 (1968).
KELLER, W. L., CALLENDER, G. R.: Neurofibroma arising on the pericardial pleura. Ann. Surg. 92, 666 (1930).
KELLY, K. A., BASSETT, D. L.: An anatomic reappraisal of the hernia of Morgagni. Surgery 55, 495 (1964).
KEMPF, F. K.: Vorderdarmzysten des Mediastinums unter besonderer Berücksichtigung einer Trachealzyste. Thoraxchirurgie 1, 114—122 (1953).
KEMPF, F. K.: Solitäre bronchiektatische Cystenbildung. Thoraxchirurgie 3, 294 (1955).
KEMPF, F. K.: Zur Differentialdiagnose des Bronchialcarcinoms: Die solitäre silikotische Schwielenbildung („Das Silikom"). Thoraxchirurgie 5, 244—255 (1957).
KENAWY: Syndrome of cardiopulmonary schistosomiasis (Cor pulmonale). Amer. Heart J. 39, 678—696 (1950).
KENNEY, L. J., EYLER, W. R.: Preoperative diagnosis of sequestration of the lung by aortography. J. Amer. med. Ass. 160, 1464—1465 (1956).
KENNEY: The association of carcinoma of the body and tail of the pancreas with multiple venous thrombi. Surgery 14, 600—609 (1943).
KENT, E. M., BLADES, B., VALLE, A. R., GRAHAM, E. A.: Intrathoracic neurogenic tumors. J. thorac. Surg. 13, 116 (1944).
KENT, K. H.: Hemangiopericytoma: Report of a case with special reference to roentgen therapy. Amer. J. Roentgenol. 77, 347—356 (1957).
KENWELL, VOGEL: Unusual case of thymoma. Amer. J. Surg. 52, 331 (1941).
KERBRAT, A., CELLERIER: Actinomycose bronchopulmonaire à forme tumorale. J. franç. Méd. Chir. thor. 5, 555—561 (1954).
KERÉNYI, I., KERÉNYI, A.: Über die operative Behandlung der Bronchusperforation bei Hilusdrüsentuberkulose. Thoraxchirurgie 2, 460—468 (1955).
KERFELEC, J., PAPINUTTO, J. P., GARETTA, L., DUCLOUX, J. M.: Aspects radio-cliniques de la distomatose pulmonaire. À propos de 24 cas observés au Cameroun occidental. Ann. Radiol. (Paris) 11, 515—524 (1968).

KERGIN, F. G.: Congenital cystic disease of the lung associated with anomalous arteries. J. thorac. Surg. 23, 55 (1952).
KERGIN, F. G.: Silicotic and tuberculo-silicotic lesions simulating bronchogenic carcinoma. J. thorac. Surg. 24, 545—567 (1952).
KERLEY, P.: The nature of round intrapulmonary tumours. Acta radiol. (Stockh.), Suppl. 116, 256—262 (1954).
KERN, W. H., CREPEAU, A. G., JONES, J.: Primary Hodgkins disease of the lung. Cancer (Philad.) 14, 1151 (1961).
KERNAN, J. D.: Three unusual endoscopic cases. Laryngoscope (St. Louis) 37, 62—64 (1927).
KERNODLE, J., PEMBERTON, W., VINSON, P.: Syphilis of the lung. Virginia med. Mth. 69, 267 (1942).
KERRINNES, E., KERRINNES, C.: Zur Diagnostik pulmonaler Rundherde. Med. Klin. 48, 1928—1929 (1953).
KERSHNER, R. D., ADAMS, W. E.: Chronic nonspecific suppurative pneumonitis. J. thorac. Surg. 17, 495—513 (1948).
KERTES, I., KULKA, F.: Gleichzeitiges Vorkommnis von Tracheopathia osteoplastica und cystischem Lappen. Tuberkulózis 14, 276—278 (1961).
KESSEL, A. W. L.: Intrathoracic meningocele, spinal deformity and multiple neurofibromatosis. J. Bone Jt Surg. B 33, 87 (1951).
KESSELRING, F., ZOLLINGER, H. U.: Die Wegenersche Granulomatose. Ergebn. inn. Med. Kinderheilk., N. F. 16, 41—78 (1961).
KESSLER, G.: Über Lungenteratome. Inaug.-Diss. Heidelberg 1956.
KESSLER, H. J., MAIER, H. C.: Intradiaphragmatic cysts. J. thorac. Surg. 30, 159 (1955).
KESZTELE, V.: Zur Differentialdiagnose des Bronchuskarzinoms und der unspezifischen Pneumonie. Wien. med. Wschr. 105, 514—516 (1955).
KEVEŠ, E. L.: Röntgendiagnose des Alveolarechinococcus der Lungen. Vestn. Rentgenol. Radiol. (Mosk.) 1954, 45—50.
KEVESCH, L. E., PRIBYLOVSKI, S. L.: Die Röntgendiagnostik der Alveolokokkose der Lungen. Radiol. diagn. (Berl.) 11, 191—204 (1970).
KEYNES, G.: Rhabdomyoma of the tongue. Brit. J. Surg. 13, 570 (1926).
KEYNES, G.: Surgery of the thymus gland. Brit. J. Surg. 33, 201—214 (1946).
KHADZHIDEKOV, G., NAUMOV, G.: Sindrom na Maffucci. Suvr. Med. 14, 69—76 (1963).
KHANOLKAR, V. R.: Granular cell myoblastoma. Amer. J. Path. 23, 721—739 (1947).
KIENBÖCK, R.: Zur Differentialdiagnose der rechtsseitigen extrakardialen Sinusaneurysmen der Aorta und der abgesackten cystischen Perikardexsudate. Ges. inn. Med. Wien 3. März 1927; Ref. Wien. med. Wschr. 1927, 558.
KIENBÖCK, R.: Bronchiektatische Kaverne unter dem Bild eines Tumors. Demonstr. Ges. inn. Med. Wien 4. Mai 1928.
KIENBÖCK, R.: Zystoide Massen im Brustkorb. Fortschr. Röntgenstr. 45, 308 (1932).
KIENBÖCK, R., WEISS, K.: Über das entzündliche Perikarddivertikel. Fortschr. Röntgenstr. 40, 389 (1929).
KIERLAND, R. R.: Lupus erythematosus. In: CONN, H. F.: Current therapy. Ed. 16, p. 461 ff. Philadelphia: W. B. Saunders Co. 1964.
KIERLAND, R. R.: Dermatologic clinics. 3. The collagenoses: the transitional form of lupus erythematodes, dermatomyositis and scleroderma. Proc. Mayo Clin. 1966.

KILLINGWORTH, W. P., REYNOLD, G. S., HARRISON, A. W.: Pulmonary leiomyosarcoma in a child. J. Pediat. 42, 466—470 (1953).
KILPATRICK, G. S., HEPPLESTON, A. C., FLETCHER, C. M.: Cavitation in the massive fibrosis of coal workers pneumoconiosis. Thorax (Lond.) 9, 260—272 (1954).
KIMBALL, K. G.: Amyloidosis in association with neoplastic disease. Ann. intern. Med. 55, 958 (1961).
KING, J. C., HARRIS, L. C.: Congenital lung cyst. J. Amer. med. Ass. 108, 274 (1937).
KING, L. S.: Atypical amyloid disease, with observations and a new silver stain for amyloid. Amer. J. Path. 24, 1095 (1948).
KINNEY, V. R., OLSEN, A. M., HEPPER, N. G. G., HARRISON, E. G.: Wegener's granulomatosis. Arch. intern. Med. 108, 269—278 (1961).
KINSELLA, T. J.: Thoracic tumors. In: BAILEY, Diagnosis and treatment of the thoracic patient. Philadelphia: Lipincott 1945.
KIRCHNER, J. A.: Papilloma of the larynx with extensive lung involvement. Laryngoscope (St. Louis) 61, 1022—1029 (1951).
KIRCHNER, K.: Chemodectoma of the vagus nerve. Radiology 88, 94—95 (1967).
KIRKLIN, B. R.: Lipoid pneumonitis. Radiology 35, 261—267 (1940).
KIRKLIN, B. R., FAUST, L. S.: Clinical and roentgenological consideration of pulmonary infarction. Amer. J. Roentgenol. 23, 265—275 (1930).
KIRKLIN, J. W.: Surgical treatment of anomalous pulmonary venous communication (partial anomalous venous drainage). Proc. Mayo Clin. 28, 476—479 (1953).
KIRSCHNER, H.: Hamartoblastom der Lunge. Thoraxchirurgie 10, 107—112 (1962).
KIRSCHNER, H., KNY, W.: Beitrag zur Kenntnis der Pathologie und Klinik der Hamartochondrome der Lunge. Thoraxchirurgie 5, 111 (1957).
KISHKOVSKY, A. N., BASKAKOV, V. P.: X-ray diagnosis of endometriosis of the lungs. Vestn. Rentgenol. Radiol. (Mosk.) 38, 44—46 (1963).
KISSNER, W. H., REGANIS, J. C.: Pericardial celomic cyst with symptoms. Case report. J. thorac. Surg. 19, 779—782 (1950).
KITAMURA, S., MAEDA, M., KAWASHIMA, Y., MASAOKA, A., MANABE, H.: Leiomyoma of the intrathoracic trachea. J. thorac. Surg. 57, 126—133 (1969).
KITTLE, C. F., BOLEY, J. O., SCHAEFER, P. W.: Resection of an intrathoracic "hibernoma". J. thorac. Surg. 19, 830—836 (1950).
KITTREDGE, R. D., FINBY, N.: Pericardial cysts and diverticula. Amer. J. Roentgenol. 99, 668—673 (1967).
KJAER, HANSEN, J. L., SCHMIDT, C. M.: Bronchostenosis of inflammatory, probably non specific origin. Postgrad. Med. 6, 274 (1949).
KJELLBERG, S. R., OLSSON, S. E.: Roentgenologic studies of experimental pulmonary embolism without complicating infarction in dog. Acta radiol. (Stockh.) 33, 507—514 (1950).
KLÄRING, W., ROTHE, G.: Über eine operativ behandelte Lungensyphilis (Syphilom). Zbl. Chir. 80, 1945 (1955).
KLAGES, F.: Über Chondrome der Lunge. Bruns' Beitr. Chir. 151, 661—671 (1931).
KLAUS, J.: Die Lungenembolie. Ergebn. inn. Med. Kinderheilk., N.F. 14, 178—198 (1960).
KLEBS, F.: Allgemeine Pathologie. 2. Teil. Jena: 1889.
KLEINE, H. O.: Angeborene gestielte Lungenzyste. Münch. med. Wschr. 1930, 110.

KLEINSORGE, H.: Pilzförmiger Leberprolaps in einer kongenitalen Zwerchfellhernie. Fortschr. Röntgenstr. **74**, 238 (1951).

KLEITSCH, W., MUNGER, A., JOHNSON, W.: Diaphragmatic hernia with complete evisceration of the liver. Ann. Surg. **130**, 1079—1084 (1949).

KLEMM, F. W.: Postoperative und posttraumatische Lungenverschattungen im Röntgenbild. Zbl. Chir. **83**, 1837—1844 (1958).

KLIMKOVICH, I. G., PIKALEVA, E. E., GORBULEVA, T. N.: Tumors and neoplastic diseases of the lungs in children. Khirurgiya (Mosk.) **43**, 12—24 (1967).

KLINCK, G. H., HUNT, H. D.: Pulmonary varix with spontaneous rupture and death. Report of a case. Arch. Path. **15**, 227—237 (1933).

KLINGE, F.: Über die sogenannten unreifen, nicht quergestreiften Myoblastenmyome. Verh. dtsch. path. Ges. **23**, 376 (1928).

KLINGE, F.: Das sogenannte Myoblastenmyom und seine Bedeutung für die Praxis. Münch. med. Wschr. **100**, 437 (1958).

KLINGER, N.: Grenzformen der Periarteritis nodosa. Frankfurt. Z. Path. **42**, 455—480 (1931).

KLINNER, W.: Das Lungentuberkulom. Langenbecks Arch. klin. Chir. **281**, 537 (1956).

KLIPPEL, M., TRÉNAUNAY, P.: Du naevus variqueux ostéohypertrophique. Arch. gén. Méd. **3**, 641 (1900).

KLOTZ, O. M.: The association of silicosis and carcinoma of the lung. Amer. J. Cancer. **35**, 38—49 (1939).

KLOTZ, O. M., SIMPSON, W.: Silicosis and carcinoma of lung. Emanuel Libman Anniversary **2**, 685—695 (1932).

KNACK: Fall von Bronchiektasenbildung infolge eines Fibroms an der Abgangsstelle des unteren Hauptbronchus. Dtsch. med. Wschr. **1918**, 1007.

KNAPP, E.: Häufigkeit des Skleroms in Deutschland. Bericht über 4 Fälle. Z. Hals-, Nas.- u. Ohrenheilk. **45**, 67—76 (1938).

KNAPPE, J., HASCHE, E., EGER, H. et al.: Seltene Verlaufsanomalien intrathorakaler Körpervenen und Lungenvenen. Fortschr. Röntgenstr. **109**, 309—315 (1968).

KNAPS: Doppelringbildung in einer tuberkulösen Kaverne durch Einschmelzung und Ausstopfung der Kavernenwand. Fortschr. Röntgenstr. **81**, 530 (1954).

KNIGHT, J. S., BUNTING, W. P.: Fibroma of the trachea. Arch. Otolaryng. **47**, 67—70 (1948).

KNOEPP, L. F.: Unusual diaphragmatic hernia with displaced liver. J. thorac. Surg. **21**, 394—397 (1951).

KNOFLACH, E., MARCHESANI, W.: Über ein netzknorpelhaltiges Bronchialadenom. Frankfurt. Z. Path. **28**, 551 (1922).

KNUTSEN, F.: On intrathoracic neurinomata. Acta radiol. (Stockh.) **12**, 388 (1931).

KOATE, P., BAO, O., BOURGEADE, A., DIOUF, D.: À propos du cœur pulmonaire bilharzien au Sénégal. Méd. Afr. noire **10**, 345—351 (1963).

KOBOTH, I.: Geschwulstartige Fehlbildungen eines Lungenlappens bei einer Frühgeburt. Frankfurt. Z. Path. **50**, 10 (1937).

KOCH, M.: Über einen Spirochätenbefund bei kavernöser Lungensyphilis und Pachymeningitis haemorrhagica interna productiva. Verh. dtsch. path. Ges. **11**, 275 (1907).

KOCHSIEK, K., SCHIMANSKI, J., VOTH, H.: Verlaufsbeobachtungen bei Wegenerscher Granulomatose. Med. Welt **1964**, 842—850.

KOCK, L. L., DE: The carotid body system of the higher vertebrates. Acta anat. (Basel) **37**, 265(1959).

KOCOUREK, M.: Lungenparenchymschäden nach stumpfen Brustkorbverletzungen. Zbl. Chir. **90**, 1238 (1965).

KOFLER, W.: „Neuromyoarterieller Glomustumor" (Masson) des Nagelbettes und der „Steißdrüse". Frankfurt. Z. Path. **49**, 236—246 (1936).

KOHLHARD, M., FEINEMANN, G., FRIEDERISZICK, F. K.: Nebenlungen als Mediastinalzysten. Med. Welt **1962**, 2688—2690.

KOHLMANN, G.: Die Klinik und Röntgendiagnose des Lungeninfarkts. Fortschr. Röntgenstr. **32**, 1—12 (1924).

KOLETSKY, S., STECHER, R. M.: Primary systemic amyloidosis. Arch. Path. **27**, 267—288 (1939).

KOLLMEIER: Silikose und Lungenkrebs. Inaug.-Diss. Bonn 1934.

KOLLWITZ, A. A.: Relaxatio diaphragmatica mit thorakaler Nierendystopie. Z. Urol. **53**, 645—648 (1960).

KOLMAR, D., STOLTZE, T.: Nachweis und Differentialdiagnose fehlmündender Lungenvenen. Ärztl. Forsch. **17**, 296 (1963).

KOLOSKI, E. L., SHALLENBERGER, P. L., HAWK, G. W.: Large partially calcified gastric leiomyoma. Amer. J. Surg. **80**, 245—248 (1950).

KOLPAK, A.: Dermoid des vorderen Mediastinums mit Perforation in die Aorta. Zbl. Chir. **76**, 1022—1027 (1951).

KOMMEL, R. M., BERNSTEIN, J.: Granular cell myoblastoma of the bronchus: report of a case. Harper Hosp. Bull. **18**, 20 (1960).

KONJETZNY, G. E.: Tuberkulom der Lunge. Totale Lobektomie. Chirurg **20**, 151—155 (1949).

KÓNYA, L., SCHNITZLER, J., ARANYOSI, J., SZOKOL, M.: Leiomyome der Lunge. Tuberkulózis **17**, 221—223 (1964).

KOPP, K.: Syphilis der Trachea und der Bronchien. Pneumonia syphilitica. Dtsch. Arch. klin. Med. **32**, 303 (1883).

KOPPISCH, E.: Diseases of trematodes. In: ANDERSON, W. A. D., Pathology, p. 417—425. St. Louis, Mo.: C. V. Mosby 1948.

KORN, D., BENSCH, K., LIEBOW, A. A., CASTLEMAN, B.: Multiple minute pulmonary tumors resembling chemodectomas. Amer. J. Path. **37**, 641—672 (1960).

KORNBLUM, D., FIENBERG, R.: Roentgen manifestations of necrotizing granulomatosis and angiitis of the lungs. Amer. J. Roentgenol. **74**, 587—592 (1955).

KORNBLUM, K., STEPHENSON, G. W.: Anomalous enlargement of liver and dissecting hamartoma of phrenic nerve. Amer. J. Roentgenol. **24**, 38—41 (1930).

KOSANOVIČ, B., DORDEVIČ, Z.: Cystic dermoides pulmonum congenita. Med. Pregl. **7**, 46—50 (1954).

KOSS, F., VIETEN, H., WILLMANN, K. H.: Morphologie, Diagnose und Therapie der Zwerchfellbrüche. Dtsch. Z. Chir. **266**, 467 (1950).

KOSTER, J. P. DE, AROUETTE, A., VERSTRAETEN, J., ENGELHOLM, L.: À propos de six cas d'aspergillose pulmonaire. Acta clin. belg. **24**, 206—222 (1969).

KOURIAS, B.: Pneumothorax spontané chronique et kyste hydatique du poumon. Arch. intern. Hidatidosis **12**, 375 (1951).

KOURILSKY, R.: Les suppurations broncho-pulmonaires. J. franç. Méd. Chir. thor. **4**, 113—140 (1950).

KOURILSKY, R., FOURESTIER, M., ISELIN, M.: Kyste bronchique intra-pulmonaire, à cholestérine, congénital, chez une jeune fille de 24 ans. Lobectomie. Guérison. Bull. Soc. méd. Hôp. Paris **1947**, 419—425.

Kourilsky, R., Lemoine, J. M., Fourestier, Le Boucher: Migration à travers la paroi bronchique des calcifications ganglionnaires. Acta tuberc. scand. **24**, 88 (1950).

Kourilsky, R., Regaud, J., Decroix, G.: Anthracose ganglionnaire localisée, simulant un cancer du poumon. J. franç. Méd. Chir. thor. **7**, 284—291 (1953).

Kovács, K.: Z. Tuberk. **124**, 16 (1965).

Kovarik, J. L., Ashe, S. M. P.: Intrapulmonary fibroma. Amer. Rev. resp. Dis. **88**, 539 (1963).

Kozonis, Wiggers, Golden: Primary liposarcoma of the mediastinum. Ann. intern. Med. **35**, 703 (1951).

Kozuka, T., Nosaki, T.: A pulmonary vein anomaly: unusual connection and tortuosity of the right lower lobe vein. Brit. J. Radiol. **41**, 232—234 (1968).

Kraft: Lungeninfarkt unter dem Bild eines Echinokokkus. Fortschr. Röntgenstr. **31** (Kongreßheft), 40 (1923).

Krahl, E.: Le cisti bronchogene. Arch. Chir. Torace **7**, 201 (1951).

Kramer, R.: Myoblastoma of the bronchus. Ann. Otol. **48**, 1083 (1939).

Kraus, A. R., Melnick, P. J., Weinberg, J. A.: Myoblastoma of the bronchus. J. thorac. Surg. **17**, 382—389 (1948).

Kraus, N., Müller, E.: Z. ges. inn. Med. **18**, 298 (1963).

Kraus, R.: Zur Problematik, Diagnose und Differentialdiagnose der primären Lungenaktinomykose. Bruns' Beitr. klin. Chir. **188**, 72—79 (1954).

Kraus, R., Klemencic, J., Keller, R.: Erkrankungen und Tumoren des Mediastinums. In: Handbuch der medizinischen Radiologie, Bd. IX/6, S. 193—470. Berlin-Heidelberg-New York: Springer 1970.

Kraus, R., Strnad, F.: Der „Herzzwerchfellwinkel" im Blickpunkt des Röntgenologen. Radiologe **2**, 47—53 (1962).

Krause, G. R.: Roentgen diagnosis of pulmonary infarcts. Radiology **45**, 107 (1945).

Krause, P.: Über Lungensyphilis. Fortschr. Röntgenstr. **46**, 606 (1932).

Krauss, H.: Die Enthülsung der Speiseröhre bei Stenosen nach Paraffinplomben. Dtsch. med. Wschr. **77**, 1144—1146 (1952).

Krautwald, A., Renger, F., Kunz, G.: Zur Diagnose des Perikarddivertikels. Dtsch. Gesundh.-Wes. **1953**, 509—518.

Kreyberg, L.: Main histological types of primary epithelial lung tumours. Brit. J. Cancer **15**, 206—210 (1961).

Kreyberg, L., Saxén, E.: A comparison of lung tumour types in Finland and Norway. Brit. J. Cancer **15**, 211—214 (1961).

Krienitz, C. D. W.: Ein Fall von Adenoma der Lunge. Inaug.-Diss. Halle/S. 1903.

Krimova, K. B.: Verknöcherungen in den Lungen bei erworbenen Herzfehlern. Vestn. Rentgenol. Radiol. (Mosk.) **4**, 41 (1966).

Krumbholz, S., Hankowitz, M., Schyra, B.: Differentialdiagnose extraduraler Zysten im Spinalkanal. Zbl. Neurochir. **27**, 118—125 (1966).

Kruml, J., Metyš, R., Šnajdr, V., Roubková, H.: Plicní chondrohamartomy. Rozhl. Tuberk. **24**, 162 (1964).

Kruml, J., Tománek, A., Šnajdr, V., Metyš, R., Roubková, H.: Les tumeurs cartilagineuses primitives des poumons. Bronches **19**, 273—291 (1969).

Kschischko, P.: Virchows Arch. path. Anat. **209**, 464 (1912).

Kubicz, S., Boron, P.: Paraffinosis of the lungs. Pol. Tyg. lek. **8**, 752—756 (1953).

Kubicz, S., Porarowska, W., Janizewski, M.: Observations on congenital anomalies of the pulmonary blood vessels in children. Ann. Radiol. **9**, 159 (1966).

Kudlich, Schuh: Ein Beitrag zum myoplastischen Sarkom der Lungenschlagader. Virchows Arch. path. Anat. **294**, 113 (1934).

Kudósz, J., Besznyák, J.: Über die gastroenterogenen Zysten der Brusthöhle. Bruns' Beitr. klin. Chir. **210**, 52 (1965).

Küchler, W.: Über tuberkulöse Rundherde der Lungen. Praxis (Bern) **43**, 721 (1954).

Kühl, J.: Z. Ges. inn. Med. **15**, 1000 (1960).

Kühn, H., Haupt, R., Oertel, W. H.: Über primäre Hämangioperizytome der Lunge und Pleura. Beitr. klin. Tuberk. **1969**.

Kühne, F.: Cysten des Oesophagus. Virchows Arch. path. Anat. **158**, 351 (1899).

Kümmerle, F.: Zur Differentialdiagnose der Verschattungen im rechten Herzzwerchfellwinkel. Dtsch. med. Wschr. **84**, 549—551, 559—560 (1959).

Kümmerle, F.: The differential diagnosis of radiological opacities in the right cardio-phrenic angle. Germ. med. Mth. **4**, 225—226, 238—240 (1959).

Kümmerle, F., Zittel, R. X.: Zur Klinik und Therapie der Tracheal- und Bronchuszysten. Med. Klin. **57**, 642—645 (1962).

Kuenast, W.: Über die intralobäre Sequestration der Lunge; Bericht eines Falles. Fortschr. Röntgenstr. **87**, 476—482 (1957).

Künzler, R.: Ein Fall von Hämangioendotheliom der Lunge. Schweiz. Z. Tbk. **11**, 401—416 (1954).

Kufs: Über den Erbgang der tuberösen Sklerose. Z. ges. Neurol. Psychiat. **144**, 562 (1933).

Kugel, E., Harlacher, A., Hueck, O.: Bemerkungen zur Differentialdiagnose und Therapie der Lungenaktinomykose. Thoraxchirurgie **1**, 206—214 (1953).

Kugel, E., Pöschl, M.: Die Mißbildungen der Pulmonalvenen. Fortschr. Röntgenstr. **80**, 467 (1954).

Kugel, E., Pöschl, M.: Das Tuberkulom der Lunge, röntgendiagnostische und therapeutische Gesichtspunkte. Fortschr. Röntgenstr. **82**, 212—216 (1955).

Kuhlmann, F.: Beitrag zur Klinik des Paraffinoms. Med. Mschr. **9**, 251 (1955).

Kuhn, E.: Ein walnußgroßer Gummiknoten der Lunge. Charité. Ann. **29**, 438 (1905).

Kukowska: Zur Differentialdiagnose der Mediastinaltumoren. Röntgenpraxis **5**, 932 (1933).

Kulisch, G.: Zur Genese der Gummata syphilitica. Dtsch. med. Wschr. **28**, 883 (1902).

Kulka, F., Barabás, M.: Clinical aspects and x-ray diagnosis of paragonimiasis. Acta med. I—VII, Fasc. 3—4, 371 (1955).

Kunkel, W. M., Weed, L. A., McDonald, J. R., Clagett, O. T.: North American blastomycosis-Gilchrist's disease: a clinico-pathologie study of ninety cases. Int. Abstr. Surg. **99**, 1 (1954).

Kunz, H.: Leiomyoma adenomatosum der Lunge. Dtsch. Z. Chir. **249**, 109 (1937).

Kunz, H.: Rundherde in der Lunge. Ther. Umsch. **16**, 324 (1959).

Kurrus, F. D., Cohn, J. H.: Endobronchial hamartoma. J. thorac. cardiovasc. Surg. **50**, 138 (1965).

Kuyjer, P. J.: Een geval van maligne degenererend long hamartoom. Ned. T. Geneesk. **99**, 1884 (1955).

Lackey, R. W., Leaver, F. Y., Farinacci, C.: Eosinophilic granuloma of the lung. Radiology **59**, 504—513 (1952).

LACKNER, J.: Mediastinaltumoren im Kindesalter. Fortschr. Röntgenstr. 93, 429—444 (1960).

LADD, W. E., SCOTT, H. W.: Oesophageal duplications or mediastinal cysts of enteric origin. Surgery 16, 815 (1944).

LAFITTE, H.: Embryome tératoïde intra-pulmonaire. Excérèse en un temp. Mém. Acad. Chir. 63, 1076 (1937).

LA FOND, D. J., THATCHER, D. S., HANDEYSIDE, R. G.: Alveolar hydatid disease. J. Amer. med. Ass. 186, 35—37 (1963).

LAFORET, E. G., LAFORET, M. T.: Non-tuberculous cavitary diseases of the lungs. Dis. Chest 31, 665—679 (1957).

LAGÈZE, P., BÉRARD, M., GALY, P., TOURAINE, R. G.: Le mégamycétome pulmonaire ou aspergillome intracavitaire. J. franç. Méd. Chir. thor. 7, 648 (1953).

LAGÈZE, P., MOUNIER-KUHN, P., PASSA, J.: À propos des sténoses bronchiques inflammatoires autonomes. Lyon méd. 16, 261 (1948).

LAGZÈE, P., TOURAINE, R. G., PATIN, R.: Aspergillome pulmonaire développé dans une caverne tuberculeuse fibreuse. Lyon méd. 1953, 132.

LAGOS, J. C., HOLMAN, C. B., GOMEZ, M. R.: Tuberous sclerosis: neuroroentgenologic observations. Amer. J. Roentgenol. 104, 171—176 (1968).

LAGOS GARCIA, H., SEGERS, J.: Consideraciones sobre un caso di quiste hidatídico pulmonar abierto en bronquios. Semana méd. 1924.

LAHOURCADE, M.: Path. et Biol. 9, 17 (1961).

LAIPPLY, T. C.: Cysts and castic tumors of mediastinum. Arch. Path. 39, 135 (1945).

LAIPPLY, T. C., SHIPLEY, R.: Extragenital choriocarcinoma in male. Amer. J. Path. 21, 921—933 (1945).

LAIRD, C. A., CLAGETT, O. T.: Mediastinal pseudocyst of the pancreas in a child. Surgery 60, 465 (1966).

LAITINEN, H., TURUNEN, M.: Diagnosis of intrathoracic meningocele. Dis. Chest 27, 547 (1955).

LAKIN, C. E.: Solitary chondroma of the lung. Arch. Middlesex Hosp. 25, 37 (1912).

LALLI, A., CARLSON, R. F., ADAMS, W. E.: Intralobar pulmonary sequestration. Arch. Surg. 69, 797—805 (1954).

LAM, C. R.: Pericardial celomic cysts. Radiology 48, 329 (1947).

LAMBERT, A. S. V.: Etiology of thin-walled thoracic cysts. J. thorac. Surg. 10, 1 (1940).

LAMBERT, S. W., KNOX, L. C.: Intrathoracic teratomata. Trans. Ass. Amer. Physcns 35, 17—62 (1920).

LAMBIRD, P. A., ASHTON, P. R.: Exfoliative cytopathology of a primary pulmonary malignant histiocytoma. Acta cytol. (Baltimore) 14, 83—86 (1970).

LAME, J. D., KROHN, S., KOLOSZI, W., WHITEHEAD, R. E.: Plasmacell granuloma of the lung. Dis. Chest 29, 216 (1954).

LAMPIRIS, S.: Die Bedeutung der serodiagnostischen und biologischen Reaktionen für die Diagnose des Echinococcus. Dtsch. Z. Chir. 237, 383 (1932).

LANDAU, A., DELOFF, L., BRAUN, R.: Hernie diaphragmatique droite. La non-specifité de l'épreuve de Casoni dans le kyste hydatique. Arch. Mal. Appar. dig. 29, 531 (1939).

LANDAU, G.: Beitrag zur Differentialdiagnose und Therapie der chronischen Pneumonie. Dtsch. med. Wschr. 1938, 225.

LANDMANN, H.: Die Paragonimiasis der Lungen. Z. Tuberk. 117, 267—280 (1961).

LANDMANN, H., DANG VAN NGU, DO DUONG THAI: Paragonimiasis in Vietnam. Dtsch. Gesundh.-Wes. 16, 1355—1364 (1961).

LANE, J. D., et al.: Plasma cell granuloma of lung. Dis. Chest 27, 216— 221 (1955).

LANE, N., MURRAY, M. R., FRASER, G. C.: Neurilemmoma of the lung confirmed by tissue culture. Cancer (Philad.) 6, 780—785 (1953).

LANG, HÄUPL: Über Granulationstumoren. Z. Krebsforsch. 26, 113—129 (1928).

LANGE, C. DE, DE VRIES-ROBLES, G. B.: Über Lungen-Angiome bei einem Säugling. Z. Kinderheilk. 3, 304 (1923).

LANGE, M. J.: Surgical aspects of myasthenia gravis. Proc. roy. Soc. Med. 61, 751—754 (1968).

LANGER: Die viszerale Neurinomatose mit besonderer Berücksichtigung der Lungen. Zbl. allg. Path. path. Anat. 90, 60—61 (1953).

LANGER, E., REHRMANN, A.: Das nicht chromaffine Paragangliom des Paraganglion caroticum (Glomus caroticum). Dtsch. Zahn-, Mund- u. Kieferheilk. 27, 104 (1957).

LANGSTON, H. T.: Collective review: benign endobronchial tumors. Int. Abstr. Surg. 91, 521—535 (1950).

LANGSTON, H. T., FOX, R. T.: The indication for posterior transpleural bronchotomy in management of intrabronchial tumors. Surg. Gynec. Obstet. 86, 192—196 (1948).

LANSDOWN, F. S.: Necrosing granuloma of the lung. A case with pathologic features suggesting Wegener's granulomatosis. Amer. Rev. resp. Dis. 84, 422—430 (1961).

LAPP, H.: Über die Sperrarterien der Lunge und die Anastomosen zwischen A. bronchialis und A. pulmonalis, über ihre Bedeutung, insbesondere für die Entstehung des hämorrhagischen Infarktes. Frankfurt. Z. Path. 62, 537—550 (1951).

LAPP, H.: Pathologisch-anatomischer Beitrag zur Pathogenese und nosologischer Stellung des malignen Granuloms der Nase. Virchows Arch. path. Anat. 331, 487 (1958).

LARCAN, A., RAUBER, C., STREIFF, F.: Les manifestations rénales de la maladie de Waldenström. J. Urol. Néphrol. 69, 57 (1962).

LARGHERO YBARZ, P.: Equinococcis heterotopica pleural. Bol. Soc. Cirug. Urug. 21, 271 (1950).

LARGHERO YBARZ, P.: Equinocoosis costal. Tórax 1, 199 (1952).

LARGHERO YBARZ, P., FERREIRA BERRUTTI, P.: Pioneumoquiste y pioneumotórax hidatico sofocante. Bol. Soc. Cirug. Urug. 18, 450 (1947).

LARGHERO YBARZ, P., PURRIEL, P.: Equinococosis pleural. Soc. de Cirugía de Montevideo 19. 8. 1942. Montevideo: Monteverde y Cia. 1942.

LARGHERO YBARZ, P., PURRIEL, P., ARDAO, H. A.: Pioneumotórax hidatico. Estudio clinico, anatomopatologico, radiologico, terapeutico. Montevideo: Mercant 1935.

LARSON, R. E., BERNATZ, P. E., GERACI, J. E.: Results of surgical and nonoperative treatment for pulmonary North American blastomycosis. J. thorac. cardiovasc. Surg. 51, 714—723 (1966).

LARSON, R. E., WOOLNER, L. B., PAYNE, W.: Mucoepidermoid tumors of the trachea. J. thorac. Surg. 50, 131 (1965).

LASTHAUS, M.: Die echten Cysten. Ergebn. Chir. Orthop. 34, 472 (1943).

LATTERI, S.: Amartoma condromatoso del polmone. Arch. Chir. Torace 9, 465 (1952).

LATTES, R.: Nonchromaffine paraganglioma of ganglion nodosum, carotid body and aortic arch bodies. Cancer (Philad.) 3, 667—694 (1950).

LATTES, R.: Thymoma and other tumors of the thymus. An analysis of 107 cases. Cancer (Philad.) 15, 1224 (1962).

Lattes, R., Pachter, M. R.: Benign lymphoid masses of probable hamartomatous nature. Analysis of 12 cases. Cancer (Philad.) 15, 197—202 (1962).

Lattes, R., Shepard, F., Tovell, H., Wylie, R.: A clinical and pathological study of endometriosis of the lung. Surg. Gynec. Obstet. 103, 552—558 (1956).

Lattes, R., Waltner, J. G.: Nonchromaffin paraganglioma of the middle ear (carotis-body-like tumor; glomus-jugulare tumor). Cancer (Philad.) 2, 447 (1949).

Lauche, A.: Sind die sog. „Myoblastenmyome" Speicherzellgeschwülste? Virchows Arch. path. Anat. 312, 335 (1944).

Lauer, W.: Zur Kasuistik der angeborenen Perikard-Divertikel. Zbl. allg. Path. path. Anat. 36, 353 (1925/26).

Laugeri, A., Perona Capietto, P., Uva, F.: Morfologia ed aspetti evolutivi della pneumoconiosi massiva: rilievi clinico-radiologici. Ann. Radiol. diagn. (Bologna) 41, 192—221 (1968).

Laughlen, G. H.: Studies on pneumonia following naso-pharyngeal injections of oil. Amer. J. Path. 1, 407—414 (1925).

Laumonier, P., Depaulis, J.: Kystes bronchiques du médiastin. Presse méd. 74, 1586 (1952).

Laumonier, P., Monmayou, H., Fréour, P., Leger, H., Kermarec, J., Couraud, L., Germouty, J.: À propos des deux hamarto-chondromes pulmonaires. Discussion sur leur origine. J. franç. Méd. Chir. thor. 16, 770 (1962).

Laur, A.: Akutes Cor pulmonale. 43. Tagg. d. Dtsch. Röntgengesellschaft Köln a/Rh. 7.—10. 5. 1962.

Laur, A., Diller, W.: Diagnostik der Lungenembolie. Dtsch. med. Wschr. 1962, 720—725.

Laurence, K. M.: Congenital pulmonary cystic lymphangiectasis. J. Path. Bact. 70, 325—333 (1955).

Laustela, E.: Arch. chir. gynaec. Fenn. 48, 505 (1959).

Lautmann, F.: Stéatose pulmonaire et pneumonie lipoide du nourrisson. Rev. franç. Puéricult. 6, 63—68 (1939).

Lavender, H., Prentice, H. R.: Intrathoracic neurofibroma. Acta Surg. 40, 973 (1940).

Lavenne, F.: Le rétentissement cardiovasculaire de la silicose et de l'anthraco-silicose. Rev. belge Path. (Suppl. 6) 21, 1—264 (1951).

Lavenne, F., Belayew, D.: Radiographie et tomographie de l'artère pulmonaire dans l'anthraco-silicose. 10. Internat. Kongr. f. Arbeitsmedizin Lissabon 1951.

Lawrence, E. A., Rümel, W. R.: Arteriovenous fistula of the lung. J. thorac. Surg. 20, 142—150 (1950).

Lawson, H. M.: Disseminated ossification of lungs in association with mitral stenosis. Brit. med. J. 1949I, 433—434.

Leagus, C. J., Gregorski, R. F., Crittenden, J. J., Johnson, W. D., Lepley, D.: Giant intrapericardial bronchogenic cyst. A case report. J. thorac. cardiovasc. Surg. 52, 581—587 (1966).

Leahy, L. J., Butsch, W. L.: Surgical management of respiratory emergencies during the first weeks of life. Arch. Surg. 59, 466 (1949).

Leahy, L. J., Culver, G. J.: Pericardial celomic cysts. J. thorac. Surg. 16, 695—700 (1947).

Leb, A.: Die Röntgenbronchographie in der Differentialdiagnostik zwischen tumorbedingten und entzündlichen Infiltraten der Lungenperipherie. Fortschr. Röntgenstr. 84 (Beih. 38), 67 (1956).

Lebert, H.: Physiologic pathologique. Paris: Baillière 1845.

Lechner, G.: Die Bedeutung der Angiographie für die Analyse von Fehlbildungen der Lungengefäße. 48. Kongreß der Dtsch. Röntgengesellschaft Baden-Baden 20.—23. April 1967.

Leclercq, J., Balgairies, E., Bonte, G., Declercq, G.: Tomographies des images tumorales silicotiques. Rev. méd. mini. 4, 23—27 (1948).

Lecoeur, J.: Un cas de bronchiome (Tumeur mixte des bronches). Bull. Soc. méd. Hôp. Paris 59, 63—65 (1943).

Lecoeur, J: Les maladies des bronches. Paris: Vigot frères 1950.

Lecoeur, J., Libert, A., Abric, J.: Moniliase pulmonaire associée à une mycose à mycotorula pseudobronchialis. J. franç. Méd. Chir. thorac. 4, 277—279 (1950).

Lee, W. E., Ritter, J. A.: Intrathoracic neuroblastoma. Ann. Surg. 117, 93 (1943).

Leegaard, T. M.: On benign bronchial tumors. Acta oto-laryng. (Stockh.) 30, 383 (1942).

Leegaard, T. M.: Bronchitis circumscripta non specifica. Acta oto-laryng. (Stockh.) 33, 391 (1945).

Legg, Q. J., Fitch, W. M.: Hemangioendothelioma: review of the literature with a report of two cases. Sth. Surg. 16, 803 (1950).

Leggat, P. O.: Plastic bronchitis. Dis. Chest 26, 464 (1954).

Leggat, P. O., Walton, E. W.: Wegener's granulomatosis. Thorax (Lond.) 11, 94 (1956).

Leicher, F.: Über die Silikose der mediastinalen Lymphknoten und ihre Komplikationen. Virchows Arch. path. Anat. 315, 341 (1948).

Leigh, T.: Calcified gastric leiomyoma: report of a case. Radiology 55, 419—422 (1950).

Leitner, S.: Klinik und Pathogenese der flüchtigen hyperergischen (eosinophilen) Lungeninfiltrate. Ergebn. ges. Tuberk.-Forsch. 10, 277 (1941).

Leitner, S.: Intrabronchiale Perforation von tuberkulösen Lymphknoten. Beitr. Klin. Tuberk. 103, 257 (1950).

Lell, W. A.: Report of a case of fibrolipoma of right main bronchus: bronchoscopic removal. Ann. Otol. (St. Louis) 58, 1124—1134 (1949).

Lemire, P., Trepanier, A., Herbert, G.: Bronchocele and blocked bronchiectasis. Amer. J. Roentgenol. 110, 687—693 (1970).

Lemke, G., Bonse, G.: Über Lungenveränderungen bei Erythema nodosum und Erythema exsudativum multiforme. Ärztl. Wschr. 1955, 921—922.

Lemoine, J. M.: Les calcifications ganglionnaires bronchiques et leur rétentissement bronchopulmonaire. Bull. Soc. méd. Hôp. Paris 1949, 771.

Lemoine, J. M.: La bronchoscopie dans les tumeurs bronchiques. Rev. Prat. (Paris) 1952, 1067.

Lemoine, J. M.: Les opacites pulmonaires par obstruction bronchique. Bronches 7, 119—129 (1957).

Lemoine, J. M., de Leobardy, J.: La clinique des bronchites circonscrites. Presse méd. 57, 404 (1949).

Lemoine, J. M., Rose, Y.: Sténose bronchique par inflammation non spécifique. J. franç. Méd. Chir. thor. 4, 254—256 (1950).

Lemoine, J. M., Vicaire, J., Lemanissier, A. F.: Anthracose bronchique. Bronches 7, 545—561 (1957).

Lemon, W. E., Good, C. A.: Hamartoma of the lung. The improbability of preoperative diagnosis. Radiology 59, 692—699 (1952).

Lemon, W. S.: Lipoma of the mediastinum. Med. Clin. N. Amer. 8, 1247 (1925).

LENDRUM, A. C., MACKEY, W. A.: Glomangioma. Brit. med. J. **1939**, 676.

LENÈGRE, J., HATT, P. Y., CAROUSO, G.: Études angiocardiopneumographiques des embolies pulmonaires. Congr. mond. Cardiol. Paris **1**, 512—515 (1950) (Paris: Baillière 1951).

LENÈGRE, J., MATHIVAT, A., CAROUSO, G., DE BRUX, J.: Infarctus et embolies des cardiaques. Bull. Soc. méd. Hôp. Paris **65**, 219—231 (1949).

LENÈGRE, J., NÉEL, J.: Embolies pulmonaires sans infarctus. Arch. Mal. Cœur **43**, 385—409 (1950).

LENÈGRE, J., NÉEL, J.: Embolies et infarctus pulmonaire. Paris méd. **40**, 534—542 (1950).

LENK, R.: Die Bedeutung des künstlichen Pneumothorax für die Diagnose von intrathorakalen, besonders mediastinalen Tumoren. Fortschr. Röntgenstr. **38**, 88—91 (1928).

LENK, R.: Röntgendiagnostik der intrathorakalen Tumoren und ihre Differentialdiagnose. In: Handbuch der Röntgenkunde, Bd. 1. Wien: Springer 1929.

LENK, R.: Die spezielle Röntgensymptomatologie der Erkrankungen des Mediastinums. Radiol. Rdsch. **5**, 286 (1931).

LENKEIT, W.: Zysten des Epi- und Perikards. Zbl. allg. Path. path. Anat. **44**, 97—100 (1928).

LEO: Nachweis eines Osteosarkoms der Lunge durch Röntgenstrahlen. Berl. klin. Wschr. **1898**, 349.

LEONE, A.: Contributo allo studio della echinococcosi polmonare infantile. Rassegn. med. sarda **50**, 105 (1948).

LEON-KINDBERG, M., PARAT, M., NETTER, H.: Tumeur mycosique du poumon (aspergillose pulmonaire primitive pseudo-cancéreuse). Presse méd. **92**, 1834 (1926).

LEOPOLD, R. S.: A case of massive lipoma of mediastinum. Arch. intern. Med. **26**, 274—278 (1920).

LEQUIME, J., DENOLIN, H., DELCOURT, R., VERNIORY, A., CALLEBAUT, C.: Anévrysmes artério-veineux pulmonaires et angiomatose généralisée. Acta Radiol. (Brux.) **5**, 63 (1950).

LESCHKE, E.: Die Erkrankungen des Herzbeutels. In: KRAUS, F., BRUGSCH, R., Spezielle Pathologie und Therapie innerer Krankheiten, Bd. IV/2, S. 992ff. Berlin-Wien: Urban & Schwarzenberg 1925.

LESSER, A.: Ein Fall von Enchondroma osteoides mixtum der Lunge mit partieller Amyloidentartung. Virchows Arch. path. Anat. **69**, 404 (1877).

LESTER, J. P., LANE, J. C., KERN, W. H., JONES, J. C.: Surgical treatment of isolated pulmonary cryptococcosis. J. thorac. cardiovasc. Surg. **44**, 207—215 (1962).

LESZCZYŃSKI, S., PAWLICKA, L.: Les signes radiologiques de l'hypoventilation pulmonaire causée par une sténose bronchique. À propos de 15 observations. Ann. Radiol. (Paris) **7**, 11—30 (1964).

LESZLER, A.: Über das Lungenaneurysma unter besonderer Berücksichtigung seiner röntgenologischen Symptome. Radiol. diagn. (Berl.) **1**, 600—609 (1960).

LETTERER, E.: Some new aspects of experimental amyloidosis. J. Path. Bact. **61**, 496 (1949).

LETULLE, M.: Bilharziose urinaire et pulmonaire. Bull. Soc. anat. Paris **9**, 675 (1907).

LETULLE, M.: Syphilis pulmonaire chez l'adulte. Bull. Acad. Méd. (Paris) **89**, 438 (1923).

LETULLE, M.: Trois formes «larvées» de la syphilis pulmonaire. Pneumopathie paucilobulaire, à prédominance bronchique. La corticopleurite mutilante insulaire. La pneumonie ardoisée syphylitique (cortico-pleurite scléro-gummeuse). Ann. Derm. Syph. (Paris) **8**, 129 (1927).

LETULLE, M., JACQUELIN, G.: Cancer primitif du poumon avec pachypleurite ancienne. Bull. Soc. Anat. Paris **1920**, 332.

LEUBA, E.: Sur les tumeurs congénitales du poumon. Adénome congénital. Thèse de Genève 1909.

LEUPOLD, E.: Amyloid und Hyalin. Erg. allg. Path. path. Anat. **21**, 120 (1925).

LEUROX, R., BARIÉTY, M., MONOD, O., COURY, C.: Étude anatomique d'une tumeur mésenchymateuse maligne intrathoracique. Réticulo-angiome embryonnaire. Bull. Soc. méd. Hôp. Paris **1944**, 427—430.

LEVA, A.: Hamartomas pulmonares. Clin. d. Tórax **6**, 133 (1954).

LEVIN, B.: Neurofibromatosis: Clinical and roentgen manifestations. Radiology **71**, 48 (1958).

LEVIN, B., BORDEN, C. W.: Anomalous pulmonary venous drainage into the left vertical vein. Radiology **6**, 317—324 (1954).

LEVIN, D. C.: The "P.I.E." syndrome. Pulmonary infiltrates with eosinophilia. A report of 3 cases with lung biopsy. Radiology **98**, 461 (1967).

LEVIN, D. C.: Proper interpretation of pulmonary roentgen changes in systemic lupus erythematodes. Amer. J. Roentgenol. **111**, 510 (1971).

LEVIN, E. J.: Pulmonary intracavitary fungus ball. Radiology **66**, 9—16 (1956).

LEVINGER: Multiple Osteome der Luftröhre. Münch. med. Wschr. **1910**, 46.

LEVINSON, B., JONES, R. S., WINTROBE, M. M., CARTWRIGHT, G. E.: Thrombocythemia and pulmonary intraalveolar coagulum in a young woman. Blood **13**, 959 (1958).

LÉVI-VALENSI, A., MOLINA, C., ZAFFRAN, A.: Les perforations ganglio-bronchiques tuberculeuses en dehors de la primo-infection. Presse méd. **66**, 523—524 (1958).

LÉVI-VALENSI, A., SUDAKA, P., NÉGRI, R.: La bronchographie lipiodolée dans un cas de syphilis pulmonaire (observation anatomo-clinique). Arch. méd.-chir. Appar. résp. **12**, 368 (1937).

LEWIS, D., GESCHICKTER, C. F.: Tumors of the sympathetic nervous system: neuroblastoma. Arch. Surg. **28**, 16 (1934).

LEWIS, D., GESCHICKTER, C. F.: Glomus tumors (arterial angioneuromyoma of Masson). J. Amer. med. Ass. **105**, 775—778 (1935).

LEWIS, J. E., HURWITZ, A.: Pulmonary echinococcus cyst. Arch. Surg. **69**, 746—751 (1954).

LEWIS, P. D., DAYAN, A. D.: "Paraffinosis" secondary to bilateral oleothorax. Thorax (Lond.) **20**, 435 (1965).

LIARAS, HOUËL, J., PÉLISSIER, G.: Le traitement du kyste hydatique du poumon. Mise au point basée sur les directives tirées de l'examen de pièces d'exérèse. J. Chir. (Paris) **71**, 219—239 (1955).

LIAVAAG, K.: Loeffler's syndrome simulating bronchiogenic carcinoma. Nord. Med. **48**, 1585—1587 (1952).

LIAVAAG, K., VINJE, Ø. L.: Pulmonary arterio-venous aneurysm. T. Norske Lægeforen **77**, 902—905 (1957).

LIBERTI, DEL PORTO, G.: Sullo pneumoreticuloistiocytoma Riv. osped. **34**, 135 (1952).

LIEBAU, H.: Benigne und semimaligne Tumoren der Bronchien und der Lungen. In: Lungenerkrankungen im Röntgenbild, Bd. II, S. 119—138. Stuttgart: G. Thieme 1958.

LIEBOW, A. A.: Tumors of lower respiratory tract. In: Atlas of tumor pathology, sect. V, fasc. 17. Washington: Armed Forces Inst. of Pathology 1952.

LIEBOW, A. A., HALES, M. R., LINDSKOG, G. E., BLOOMER, W. E.: Plastic demonstration of pulmonary pathology. J. techn. Meth. 27, 116—129 (1947).
LIEBOW, A. A., HUBBELL, D. S.: Sclerosing hemangioma (histiocytoma, xanthoma) of the lung. Cancer (Philad.) 9, 53 (1956).
LIEBOW, A. A., LORING, W. E., FELTON, W. L.: The musculature of the lungs in chronic pulmonary disease. Amer. J. Path. 29, 885 (1953).
LIENER, H., JAHN, O.: Beiträge zur Problematik der Rundherde. Radiol. austriac. 14, 179 (1963).
LIESKE, H.: Paragonimiasis (Lungenegelerkrankung). Med. Bild-Dienst Roche 1961, 22—30.
LIESS, G.: Ein beachtenswertes Zeichen für die Röntgendiagnose des chronischen Lungenabszesses. Fortschr. Röntgenstr. 79, 613 (1953).
LIEVEN, A.: Die Syphilis der Lungen und des Mediastinums. In: JADASSOHN, Handbuch der Haut- und Geschlechtskrankheiten, Bd. XVI, 2. Berlin: J. Springer 1931.
LILIENTHAL, H.: Diagphragmatic hernia of the liver. Surg. Clin. N. Amer. 11, 475 (1931).
LILIENTHAL, H.: Hemangiosarcoma of mediastinum. Ann. Surg. 104, 1107 (1936).
LILLIE, W. I., MCDONALD, J. R., CLAGETT, O. T.: Pericardial celomic cysts and pericardial diverticula. Concept of etiology and report of cases. J. thorac. Surg. 20, 494—504 (1950).
LIM, R., DIVERTIE, M., HARRISON, E., BERNATZ, P.: Cervico-mediastinal cystic hygroma. Dis. Chest 40, 265 (1961).
LINA, A.: Considerazioni su di un caso di echinococcosi multiple. Contributo della stratigrafia. Ann. Radiol. diagn. (Bologna) 19, 368 (1947).
LINDEMANN, B.: Die Aktinomykose-,,Pneumonie". Fortschr. Röntgenstr. 71, 727—735 (1949).
LINDEN, G.: Über diagphragmale Netzhernien und partielle Relaxationen der rechten Zwerchfellhälfte mit Leberbuckel. Radiologe 1, 157—161 (1961).
LINDER, F., JAGDSCHIAN, V.: Rundherde der Lunge. Langenbecks Arch. klin. Chir. 292, 371 (1959).
LINDER, F., JAGDSCHIAN, V.: Der pulmonale Rundherd. Mkurse ärztl. Fortbild. 10, 214—217 (1960).
LINDGREN, A. G. H.: Benignant polypous bronchial tumors. Acta oto-laryng. (Stockh.) 27, 183—191 (1939).
LINDGREN, E.: Roentgen diagnosis of arterio-venous aneurysm of the lung. Acta radiol. (Stockh.) 27, 585—600 (1946).
LINDIG, W., NEEF, W.: Die Lungentuberkulose in der Differentialdiagnose chronischer Lungenkrankheiten unter besonderer Berücksichtigung atypischer Formen und Verläufe. Z. Tuberk. 111, 305—319 (1959).
LINDQUIST, N., WULFF, H. B.: Mediastinal enterocystoma. Report of a case in a seven-month-old child with impending suffocation, operation and recovery. J. thorac. Surg. 16, 468—476 (1947).
LINDSKOG, G. E.: Cystic thymoma — the possibility of confusion with tuberculoma. Amer. Rev. Tuberc. 70, 155—160 (1954).
LINDSKOG, G. E., LIEBOW, A., KAUSEL, H., JANZEN, A.: Pulmonary arterio-venous aneurysma. Ann. Surg. 132, 591—606 (1950).
LINGUITI, L., ZULLO, G.: La polmonite colesterinica. (Rilievi clinico-radiologici ed istologici.) Nunt. radiol. (Firenze) 1966, 337—360.
LINK, R., STRNAD, F.: Tumoren des Bronchialsystems unter besonderer Berücksichtigung bronchoskopischer und röntgenologischer Untersuchungsmethoden. Berlin-Göttingen-Heidelberg: Springer 1956.

LINSER, P.: Über einen Fall von congenitalem Lungen-Adenom. Virchows Arch. path. Anat. 157, 281—296 (1899).
LIPKOVICH, S. A.: A tear of the lung without external injuries. Vestn. Rentgenol. Radiol. (Mosk.) 34, 68—69 (1959).
LISCHI, G.: Silicosi massive iperplastico-granulomatose. Ann. Radiol. diagn. (Bologna) 21, 318—322 (1949).
LITTLEFIELD, J. B., DRASH, E. C.: Myxoma of the lung. J. thorac. Surg. 37, 745 (1959).
LIVINGSTON, S. K.: Primary chondrom of the lung. Case report. Virginia med. Mth. 62, 589 (1936).
LOB, A.: Zur Klassifizierung der intrathorakalen (mediastinalen) Cysten. Langenbecks Arch. klin. Chir. 269, 377 (1951).
LODIN, H.: Tomographic analysis of arterio-venous aneurysms in lung; report of case confirmed at autopsy. Acta radiol. (Stockh.) 38, 205—211 (1952).
LODIN, H.: Roentgen diagnosis of pulmonary mycoma. Acta radiol. (Stockh.) 47, 23—28 (1957).
LOECKELL, H.: Rundherdähnliche Infiltrate (Mycetome) bei Lungenmykosen. Radiologe 2, 255—260 (1962).
LÖFFLER, W., ESSELIER, A. F., DE MEYER, G., MORANDI, L.: Flüchtige Lungeninfiltrate mit Bluteosinophilie nach therapeutischen Ölinjektionen. Schweiz. med. Wschr. 1952, 777—785.
LÖFFLER, W., JACCARD, G.: Über einen Fall von Chyloptoe mit pseudomiliarem Bild. Schweiz. med. Wschr. 84, 1335 (1954).
LÖFFLER, W., MAIER, C.: Das flüchtige Lungeninfiltrat mit Bluteosinophilie. Erg. inn. Med. Kinderheilk. 63, 195 (1943).
LÖFFLER, W., MORONI, D. L.: Die Brucellose. In: Handbuch der inneren Medizin, 4. Aufl., Bd. I/2, S. 100—202. Berlin-Göttingen-Heidelberg: Springer 1952.
LÖHR, B.: Paramediastinale Zysten mit Parotisfermenten als Inhalt, mit differentialdiagnostischer Diskussion der Mediastinalzysten und ihrer chirurgischen Behandlung. Langenbecks Arch. klin. Chir. 269, 461—470 (1951).
LÖHR, B., SODER, E.: Diagnostik und Operationsindikation bei soliden solitären Rundschatten der Lunge. Dtsch. med. Wschr. 78, 1186—1190 (1953).
LÖHR, B., SODER, E.: Über das Kontusionssyndrom und die funktionellen Spätschäden nach stumpfen Thoraxtraumen. Langenbecks Arch. klin. Chir. 281, 10 (1955).
LOEHR, W. H.: Pericardial cysts. Amer. J. Roentgenol. 68, 584—609 (1952).
LOEW, M.: Lymphogranulomatöse Rundherde der Lunge. Radiologe 2, 263—270 (1962).
LOEWEN, D. F., PROCKNOW, J. J., LOOSLI, C. G.: Chronic active pulmonary histoplasmosis with cavitation. Amer. J. Med. 28, 252 (1960).
LOGAN, A., NICHOLSON, H.: Echinococcus of the lung. Thorax (Lond.) 3, 1 (1948).
LOGAN, A., NICHOLSON, H.: Non-specific suppurative pneumonia. Thorax (Lond.) 4, 125—133 (1949).
LOGAN, W. D., ROHDE, F. D., ABBOTT, O. A., MELTZER, H. D.: Multiple pulmonary fibroleimyomatous hamartoma. Report of a case and review of the literature. Amer. Rev. resp. Dis. 91, 101 (1965).
LOHRER: Ein Fall von vollkommener Ausstopfung der Trachea durch verkäste und gelöste bronchiale Lymphknoten nach Perforation in den Anfangsteil des rechten Bronchus. Münch. med. Wschr. 1904, 1205.
LOHSE, R.: Zur klinischen Diagnose der Periarteritis nodosa. Ärztl. Forsch. 6, 270 (1952).

Lojacona, L., Calzavara, F.: Angioma amartomatose del polmone. Considerazioni istologiche ed istopatogenetiche. Riv. Anat. pat. **11**, 1007 (1956).

Lombard, Baldenweck: Sur un cas de fibro-adénome de la trachée. Ann. Mal. Oreil. Larynx **40**, 491 (1914).

Longin, F.: Die anomale Einmündung von Lungenvenen in die Vena cava inferior. Tagg. Rhein.-Westfäl. Röntgengesellschaft Dortmund 26. 9. 1959.

Longin, F., Peppmeier, G.: Beitrag zur anormalen Lungenveneneinmündung in die Vena cava inferior. Fortschr. Röntgenstr. **88**, 386—400 (1958).

Loogen, F., Rippert, R.: Anomalien der großen Körper- und Lungenvenen. Z. Kreisl.-Forsch. **47**, 677 (1958); **48**, 136 (1959).

Loogen, F., Wolter, H. H.: Über einen ungewöhnlichen arteriovenösen Kurzschluß im Lungenkreislauf. Z. Kreisl.-Forsch. **46**, 328 (1957).

Loop, J. W., Akeson, W. H., Clawson, D. K.: Acquired thoracic abnormalities in neurofibromatosis. Amer. J. Roentgenol. **93**, 416—424 (1965).

Lossen, H.: Beitrag zu den erworbenen spätsyphilitischen Lungenerscheinungen vor allem im Röntgenbild erwachsener Phthisiker. Beitr. Klin. Tuberk. **66**, 761 (1927).

Lottsfeldt, F. J., Good, R. A.: Juvenile xanthogranuloma with pulmonary lesions — A case report. Pediatrics **33**, 233—238 (1964).

Loubeyre, J., Farkas, Grandgaud, P.: Sur un cas d'echinococcose pulmonaire métastatique. J. Radiol. Électrol. **33**, 88—89 (1952).

Louhimo, I., Virkkula, L.: Hamartoma of the lung. A clinical and pathological study of twelve surgically-treated cases. Ann. Chir. Gynaec. Fenn. **50**, 120—131 (1961).

Lourd, R., Le, Lourd, F. Le: Actinomycose pulmonaire pseudo-tumorale avec foyers métastatiques cutanés, musculaires et osseux. Poumon **22**, 89—104 (1966).

Louria, M., Lederer, M., Herz: Neurofibromatosis with sarcoma of the lung. J. thorac. Surg. **9**, 612 (1940).

Louvier, M.: In: Encyclopédie médico-chirurgical. Cahier spécialisé 61: Poumon. Plèvre-Médiastin. Receuil Nr. 43. Paris: Edit. Techniques (Encyclopédie méd.-chir.) 1970.

Lowbeer, L.: "Granular cell myoblastomas" of unusual locations (bronchus, breast, chest wall). Amer. J. Path. **29**, 611 (1953).

Lowell, Tuhy: Primary chondrosarcoma of lung. J. thorac. Surg. **18**, 476—483 (1949).

Lowman, R. M., Reardon, F. A., Hipona, F. A., Stern, H., Toole, A. L.: The role of pulmonary angiography in pulmonary embolism. A comprehensive review of the roentgen findings. Angiology **18**, 291—305 (1967).

Lowry, T., Moorman, L. J.: Accessory stomach in the right thorax. Amer. Rev. Tuberc. **38**, 27—31 (1938).

Lubarsch, O.: Zur Kenntnis ungewöhnlicher Amyloidablagerungen. Virchows Arch. path. Anat. **271**, 867 (1929).

Lubarsch, O., Plenge, K.: Die krankhaften Ablagerungen und Speicherungen. In: Henke, F., Lubarsch, O., Handbuch der speziellen pathologischen Anatomie und Histologie, Bd. III/3, S. 627—633. Berlin: Springer 1931.

Luccioli, G. M., Luca G. de: La sindrome de Klippel-Trénaunay. Aspetti clinici. Gazz. int. Med. Chir. **75**, 1269—1312 (1970).

Ludes, H.: Fehldiagnosen bei Lungenkrankheiten. Diagnostik **2**, 445—448 (1969).

Lübbers, P.: Lungenlues. Dtsch. med. Wschr. **1947**, 296.

Lüdeke, H., Pöschl, M.: Nebenlunge mit Verbindung zum Bronchialsystem. Fortschr. Röntgenstr. **89**, 548—551 (1958).

Lüder, M.: Zbl. Chir. **87**, 782 (1963).

Lüders, C. J.: Weitere Beiträge zur Pathologie und Häufigkeit der peripheren Narbenkrebse. Berl. Med. **10**, 93—100 (1959).

Lüdin, M.: Der solitäre, umschriebene, rundliche Schatten im Lungenröntgenogramm. (Primäres Lungensarkom; primäres Lungenkarzinom; intrathorakale Struma; Lungenechinokokkus; interlobäres Empyem; Lungenabszeß; Lungenaktinomykose; Lungeninfarkt.) Fortschr. Röntgenstr. **34**, 899—904 (1926).

Lukianchenko, B. Y.: On multiple intrathoracic neurogenous tumours. Vestn. Rentgenol. Radiol. (Mosk.) **32**, 43—45 (1957).

Lund, F., Poulson, T.: Intrathoracic meningocele. Review of the literature and report of a case. Acta chir. scand. **114**, 159 (1958).

Lundin, P., Simonsson, B., Winberg, T.: Pneumonopleural amyloid tumour. Acta radiol. (Stockh.) **55**, 139—144 (1961).

Lunzenauer, K.: Über Amyloid-„Tumoren" der Lungen. Frankfurt. Z. Path. **63**, 519 (1952).

Luton, P., Champeix, J., Jourdain, Hilleret: Images radiologiques pulmonaires et poussières de talc ou de stéarate de zinc. J. franç. Méd. Chir. thor. **7**, 316—321 (1953).

Luton, P., Jaquement: Hamartome de la bronche gauche. J. franç. Méd. Chir. thor. **7**, 627 (1953).

Luton, P., Mory, F.: Sténose inflammatoire de la bronche souche droite consécutive à un infarctus pulmonaire postopératoire. J. Méd. Chir. thor. **7**, 624—627 (1953).

Lutz, P.: Zur röntgenologischen Differentialdiagnose der Zwerchfellbuckel. Klin. Med. (Wien) **4**, 565 (1950).

Lutzki, A. v.: Ein malignes Bronchuspapillom. Thoraxchirurgie **1**, 349 (1953).

Luy, B., Lüchtrath, H.: Das Reticulocytom des Nasen-Rachenraumes. Frankfurt. Z. Path. **74**, 716 (1965).

Lynch, E. C., Freed, H. L., Greenberg, S. D.: Pulmonary cavitation in Wegener's granulomatosis. Amer. J. Roentgenol. **92**, 521—527 (1964).

Lynch, M. J. G., Blewett, G. L.: Choriocarcinoma arising in the male mediastinum. Thorax (Lond.) **8**, 157 (1953).

Lynn, R. B.: Arterio-venous fistula. In: Martin, P., Lynn, R. B., Dible, J. H., Aird, I.: Peripheral vascular disorders. Edinburgh and London: Churchill 1956.

Lyonnet, J.: Localisation pulmonaire kystique de la sclérose tubereuse de Bourneville. Thèse de Lyon 1947.

Lyons, H. A., Calrey, G. L., Sammon, B. P.: The diagnosis and classification of mediastinal masses: A study of 782 cases. Ann. intern. Med. **51**, 897 (1959).

Lyons, H. A., Mannix, E. P.: Successful resections for bilateral pulmonary arteriovenous fistulas. New Engl. J. Med. **254**, 969—974 (1956).

Lyssunkin, J. J.: Zur Frage der primären Bindegewebsgeschwülste der Lungen. Entwicklung eines xanthomatösen Fibrosarkoms aus einem Fibrom. Beitr. path. Anat. **94**, 491 (1935).

Maassen, W.: Verschattungen im Herz-Zwerchfellwinkel. Dtsch. med. Wschr. **93**, 35—57 (1968).

Maassen, W., Ohligschläger, G.: Über die Prognose des Lungentuberkuloms. Thoraxchirurgie **2**, 304 (1955).

Macarini, N., Reggiani: Le calcificazioni bronchiali. Inform. med. (Genova) 10, 193 (1953).

MacDonald, R. A.: A carotid-body-like tumor on the left subclavian artery. Arch. Path. 62, 107—111 (1956).

Machado, Filho, J., Miranda, J. L.: Das cavernas cisticas nas micoses e em especial na blastomicose Sulamericana. Arch. Inst. bras. Invest. Tuberc. (Bahia) 19, 78—83 (1960).

Machol: Beitrag zur operativen Behandlung der Lungengeschwülste. Zbl. Chir. 54, 3199 (1927).

Mack, J. F., Moss, A., O'Louglin, B. J.: The bronchial arteries in cystic fibrosis. Zit. nach Newton, T. H., Preger, L.: Radiology 84, 1043—1051 (1965).

MacKenzie, Clagett, O. T.: Unusual aneurysm of the pulmonary artery. J. thorac. Surg. 25, 524—529 (1953).

MacKenzie, D. H.: Amyloidosis presenting as lymphadenopathy. Brit. med. J. 1963, 1449—1450.

MacLean, L. D., Shibata, H. R., McLean, A. P. H., Skinner, G. B., Gutelius, J. R.: Pulmonary embolism: the value of bedside scanning, angiography and pulmonary embolectomy. Canad. med. Ass. J. 97, 991—1000 (1967).

MacLeod, J. G., Grant, J. W. B.: A clinical, radiographic and pathologic study of pulmonary embolism. Thorax (Lond.) 9, 71—83, 147—153 (1954).

MacLeod, W. M., Tait Smith, A.: Some observations on the historical appreciation, pathological development, and behaviour of round tuberculous foci. Thorax (Lond.) 7, 334—353 (1952).

Macrez, C.: Anevrysmes artério-veineux du poumon. E. M. C. Poumon fasc. 6008 A 10, 1966.

Madani, M. A., Dafoe, C. S., Ross, C. A.: Multiple hamartomata of the lung. Thorax (Lond.) 21, 468 (1966).

Madden, T. J.: Mediastinal chemodectoma. Ann. Surg. 148, 943—950 (1958).

Madelung, I.: Zur Kasuistik der gutartigen Bronchialtumoren. Arch. Ohr.-, Nas.- u. Kehlk.-Heilk. 150, 188 (1941).

Madlener, A.: Atelektasen-Pneumonie. Gutartige Lungen- und Bronchialgeschwülste. Medizinische 1953, 991—995.

Maffucci, A.: Di un caso di encondroma ed angioma multiple. Contribuzione alla genesi embrionali dei tumori. Movimento Medico-Chirurgico 3, 399—412 (1881).

Maggio, P.: À propos de nouveaux signes radiologiques dans le diagnostic du kyste hydatique du poumon. G. ital. Chir. 2, 298—306 (1946).

Magnin, F., Tacon, J. Le, Levrel, Bassargette, Bourdeix, J. L.: Du bronchopycèle au kyste bouchons de mucus. J. franç. Méd. Chir. thor. 10, 67—76 (1956).

Magnus-Levy, A.: Amyloidosis in multiple myeloma: progress noted in 50 years of personal observation. J. Mt Sinai Hosp. 19, 8 (1952).

Magovern, G. J., Blades, B.: Primary extragenital chorionepithelioma in the male mediastinum. J. thorac. Surg. 35, 378—383 (1958).

Mahon, H. W., Forsee, J. H.: The surgical treatment of round tuberculous pulmonary lesions (tuberculomas). J. thorac. Surg. 19, 724 (1950).

Mahoudeau, D., Lemoine, J. M., Poulet, J., Dubrisay, J.: Mycoses respiratoires pseudotumorales (Aspergillose et géotrochose). J. franç. Méd. Chir. thor. 9, 53—61 (1955).

Maidman, L., Barnett, R. N.: Congenital dilatation of pulmonary lymphatics. Arch. Path. 64, 104—106 (1957).

Maier, H. C.: Pulmonary cysts. Amer. J. Surg. 54, 68 (1941).

Maier, H. C.: Cysts and teratomas of mediastinum with unusual features. Arch. Surg. 57, 154 (1948).

Maier, H. C.: Bronchogenic cyst of the mediastinum. Ann. Surg. 127, 476—502 (1948).

Maier, H. C.: Intrathoracic pheochromocytoma with hypertension. Ann. Surg. 130, 1059—1069 (1969).

Maier, H. C.: Lymphatic cysts of the mediastinum. Amer. J. Roentgenol. 73, 15—18 (1955).

Maier, H. C.: The pulmonary and pleural lymphatics: A challenge to the thoracic explorer. J. thorac. cardiovasc. Surg. 52, 155—163 (1966).

Maier, H. C., Haight, C.: Large infected solitary pulmonary cysts simulating empyema. J. thorac. Surg. 9, 471—494 (1940).

Maier, H. C., Himmelstein, A., Riley, R. L., Bunin, J. J.: Arterio-venous fistula of the lung. J. thorac. Surg. 17, 13 (1948).

Maier, H. C., Humphreys, G. H.: Intrathoracic pheochromocytoma. Including a case of multiple paragangliomas of the functional and nonfunctional type. J. thorac. Surg. 36, 625 (1958).

Maier, I.: Maligne Entartung bestrahlter juveniler Larynxpapillome. Z. Laryng. Rhinol. 47, 862—869 (1968).

Maier, O.: Über intratracheale Schilddrüsengeschwülste. Langenbecks Arch. klin. Chir. 122, 825 (1922).

Mainzer, F.: Sur la bilharziose pulmonaire, maladie des poumons simulant la tuberculose. Acta med. scand. 85, 538 (1935).

Mainzer, F.: Über isolierte Lungenbilharziose, besonders im Röntgenbild und ihre Differentialdiagnose gegenüber Lungentuberkulose. Fortschr. Röntgenstr. 54, 154 (1936).

Mainzer, F.: On latent pulmonary disease revealed by x-ray in intestinal bilharziasis (schistosoma mansoni). Puerto Rico J. publ. Hlth 15, 111—123 (1939).

Mainzer, F., Yaloussis, E.: Über latente Lungenerkrankung bei manifester Blasenbilharziose (nach Röntgenuntersuchungen). Fortschr. Röntgenstr. 54, 373 (1936).

Majano, V. L.: Diagnosis of hydatic pulmonary cyst. Dis. Chest 28, 67 (1955).

Major, H.: Angeborenes arteriovenöses Pulmonalisaneurysma. In: Handbuch der Thoraxchirurgie, Bd. III/2, S. 14—28. Berlin-Göttingen-Heidelberg: Springer 1958.

Makka, W. E.: Zur Diagnose und Behandlung der intrathorakalen Tumoren neurogenen Ursprungs. Bruns' Beitr. klin. Chir. 159, 276 (1934).

Makkas, M.: Statistique de l'echinococcose en Grèce. Arch. int. Hidatid. 12, 61 (1951).

Makler, P. T., Zion, D.: Multiple pulmonary hemangiomata. Amer. J. med. Sci. 211, 261—266 (1946).

Maksim, G., Henthorne, J. C., Allenbach, H. K.: Neurofibromatosis with malignant thoracic tumor and metastasis in child. Amer. J. Dis. Child. 57, 381 (1939).

Malik, S. K., Pardee, N., Martin, C. J.: Involvement of the lungs in tuberous sclerosis. Chest 58, 538—540 (1970).

Mallah, S. M. el: Cervico-mediastinal hygroma. J. Egypt. med. Ass. 36, 41 (1953).

Mallah, S. H. el, Hashem, M.: Localized bilharzial granuloma of the lung simulating a tumor. Thorax (Lond.) 8, 148—151 (1953).

Mallory, T. B.: A group of metaplastic and neoplastic bone- and cartilage-containing tumors of soft parts. Amer. J. Path. (Suppl.) 9, 765 (1935).

MALMROSS, H., HEDVALL, E.: Studien über die Entstehung und Entwicklung der Lungentuberkulose. Tuberk.-Bibliothek Nr. 68. Leipzig: J. A. Barth 1938.

MANAFOV, S. S.: Concerning roentgenodiagnosis of atypical coelomic cysts of the pericardium. Vestn. Rentgenol. Radiol. (Mosk.) **42**, 56—63 (1967).

MANAS, M. A.: Interesting case of acute silicosis: Bagassosis. Rev. mex. Tuberc. **7**, 391—396 (1945).

MANFREDI, D., MARTINELLI, V.: I tumori neurogenici intratoracici. Gazz. int. Med. Chir. **59**, 1203—1232 (1954).

MANKIN, H. T., BURCHELL, H. B.: Clinical considerations in partial anomalous pulmonary venous connection: report of 2 unusual cases. Proc. Mayo Clin. **28**, 463—472 (1953).

MANN, L.: Myasthenia gravis und Mediastinaltumor. Zbl. Chir. **61**, 2384—2386 (1934).

MANN, L. T.: Spontaneous disappearance of pulmonary metastases after nephrectomy for hypernephroma. Four-year follow-up. J. Urol. (Baltimore) **59**, 564—566 (1948).

MANNÈS, P., DERRIKS, R.: Les lésions bronchiques de la primo-infection tuberculeuse. Étude bronchographique. Acta tuberc. belg. **48**, 57—76 (1957).

MANNÈS, P., DERRIKS, R., BOULANGER, E.: Les complications bronchiques de la tuberculose de primo-infection. Bronches **7**, 449—456 (1957).

MANNÈS, P., SÉVERIN, A.: Manifestations récidivants d'obstruction bronchique par de volumineux bouchons de mucus. J. franç. Méd. Chir. thor. **12**, 164—169 (1958).

MANNIX, E. P., HAIGHT, C.: Anomalous pulmonary arteries and cystic disease of the lung. Medicine (Baltimore) **34**, 193—231 (1955).

MANZOCCHI, E. L.: L'osteocondromatosi polmonare, Osservazioni su di un caso trattato con pneumonectomia. Chirurgia (Milano) **10** (1955).

MAPP, E. M., KROUSE, T. B., FOX, E. F., VOCI, G.: Chemodectoma of the anterior mediastinum. Report of a case of probable aortic body origin with arteriographic findings. Radiology **92**, 547—548 (1969).

MARANGOS, G.: Zur operativen Behandlung der Lungenechinokokken. Langenbecks Arch. klin. Chir. **275**, 50—61 (1953).

MARCHAND: Breslauer ärztl. Zschr. **1881**, 251.

MARCHAND: Beitrag zur Kenntnis der Dermoid-Geschwülste. 22. Bericht d. Oberhessischen Ges. f. Natur- u. Heilkde. Giessen 1883.

MARCHAND: Mißbildungen. In: EULENBURG, Realenzyklopädie. 1899.

MARCHAND, E. J., MARCIAL-ROSAS, R. A., RODRIGUEZ, R., POLANCO, G., DIAZ-RIVEIRA, R. S.: The pulmonary obstruction syndrome in schistosoma Mansoni pulmonary endariitis. Arch. intern. Med. **100**, 965—980 (1957).

MARCHIONINI, A., MEINICKE, K.: Die Bedeutung des Nelson-Tests für die Lues-Serologie. Münch. med. Wschr. **1953**, 907—909.

MARČIŃSKI, A., TRZEBIŃSKI, A.: Lung hemangiopericytoma in an 11 years old child. Pol. Przegl. radiol. **31**, 513—520 (1967).

MARCOZZI, G., MESSINETTI, S.: I tumori aberranti di timo. Gaz. int. Med. Chir. **61**, 2291—2316 (1956).

MARCUS, E.: Hamartoma of the lung. J. int. Coll. Surg. **21**, 578 (1954).

MARIN, A., REYNAUD, C. A., VITANI, C.: Les images cavitaires de la silicose pulmonaire. Rev. Prat. (Paris) **10**, 71—81 (1960).

MARKS, A.: Diffuse interstitial pulmonary fibrosis (Symposium). Med. Clin. N. Amer. **51**, 439—457 (1967).

MARKS, J. H.: Diaphragmatic hernia and associated conditions. Amer. J. Roentgenol. **37**, 613—632 (1937).

MARMET, A., GALY, P., PLANE, J., HERAN, J.: À propos d'un hamartochondrome. J. franç. Méd. Chir. thor. **10**, 96 (1956).

MARMIER, C., HITZIG, W. H.: Multiple arterio-venöse Lungenaneurysmen bei Morbus Osler. Radiol. clin. (Basel) **19**, 333—338 (1950).

MARSHALL, G., PERRY, K.: Diseases of the chest. London: Butterworths 1952.

MARSHALL, W.: Cases of spurious melanosis of the lungs and phthisis melanotica. Lancet **1833**, 271—274.

MARSTEN, J. L., COOPERS, A. G., ANKENEY, C. L.: Perforation of a benign mediastinal teratoma into the cardial sac. J. thorac. Surg. **51**, 5 (1966).

MARTEL, W., ABELL, M. R., MIKKELSEN, W. M., WHITEHOUSE, W. M.: Pulmonary and pleural lesions in rheumatoid disease. Radiology **90**, 641—653 (1968).

MARTEN, J., COLRAT, A.: Cancer primitif du poumon et syphilis. J. Méd. Lyon **2**, 1049 (1921); Ref.: Kongr.-Zbl. ges. inn. Med. **20**, 473 (1921).

MARTIN, E., ROCHE, L.: Les formes pseudo-tumorales à limite nette dans la silicose. Bull. Soc. méd. Hôp. Paris **62**, 122—123 (1946).

MARTIN, E., ROCHE, L.: Les formes pseudo-tumorales de la pneumoconiose des mineurs. Arch. méd. prof. **1946**, 312.

MARTINELLI, L., MAGGI, N.: Su due casi di cisti celomica del mediastino. Nunt. radiol. (Firenze) **32**, 1401—1416 (1966).

MARTINELLI, L., MAGGI, N.: Le ombre rotonde del polmone. Riv. Radiol. **10**, 3—49 (1970).

MARTINEZ, C., BITTNER, J. J.: Effect of cortisone on lung metastasis production by a transplanted mammary adenocarcinoma in mice. Proc. Soc. exp. Biol. (N.Y.) **89**, 569 (1955).

MARTINEZ FABRE, C., SECHI SIMONI, A., DE LA LLATA, M.: Aspectos radiológicos del nódulo pulmonar solitario. Rev. mex. Radiol. **22**, 217—225 (1968).

MARTINI, D.: Broncografia e cisti da echinococco del polmone. Radiologia (Roma) **2**, 207 (1946).

MASER, W.: Beitr. path. Anat. **111**, 598 (1954).

MASON, M. K., AZEEM, P. S.: Primary leiomyosarcomata of the lung. Thorax (Lond.) **20**, 13 (1965).

MASON, M. L., WEIL, A.: Tumor of a subcutaneous glomus: tumeur glomique; tumeur du glomus neuromyoartériel; subcutaneous painful tubercle; angio-myo-neurome; subcutaneous glomal tumor. Surg. Gynec. Obstet. **58**, 807 (1934).

MASON, W. E., KEATS, T. E., BAKER, G. F.: Inflammatory pseudotumor of the lung. A case report. Radiology **81**, 824—827 (1963).

Massachusetts General Hospital Reports: Basal cell papilloma of the bronchus. Case No. 33 151. New Engl. J. Med. **236**, 542—545 (1947).

MASSHOFF, W., HÖFER, W.: Die selbständigen blasigen Lungenerkrankungen. Pathologische Anatomie. In: HAUSSER, R. (Hrsg.), Blasige Lungenerkrankungen usw. Stuttgart: G. Thieme 1968.

MASSON, M., CAMBIER, J.: Thymus et myasthénie. Presse méd. **71**, 1373—1376 (1963).

MASSON, P.: Le glomus neuro-myo-artériel des regions tactiles et ses tumeurs. Lyon chir. **21**, 257 (1924).

MASSON, P.: Experimental and spontaneous schwannomas (perineural gliomas). Amer. Path. **8**, 367 (1932).

MASSON, P.: Les glomus cutanés de l'homme. Bull. Soc. franç. Dermat. **42**, 1174 (1935).

Massumi, R. A., Alwan, A. O., Hernandez, T. J., Just, H. G., Tawakkol, A. A.: The scimitar syndrome. A physiologic explanation for the associated dextroposition of the heart, maldevelopment of the right lung and its artery, and for the systemic collateral supply to the lung. J. thorac. cardiovasc. Surg. 53, 623—633 (1967).

Materna, A.: Lymphangiectasiae vesiculosae pleurae et pulmonis und andere Erkrankungen der pulmonalen und pleuralen Gefäße. Frankfurt. Z. Path. 6, 1 (1911).

Matheson, W. J., Cruickshank, A.: Gastric cysts of the mediastinum. Arch. Dis. Childh. 27, 533—538 (1952).

Mathews, W. H.: Primary systemic amyloidosis. Amer. J. med. Sci. 228, 317 (1954).

Mathey, J.: Traitement chirurgical des suppurations pulmonaires. J. franç. Méd. Chir. thor. 4, 328—344 (1950).

Mathias: Über eine Tracheobronchialcyste im Perikard. Verh. dtsch. path. Ges. 1923, 306.

Mathière, Sichel, D.: Tumeurs du médiastin antérieur. J. Radiol. Électrol. 30, 644 (1949).

Matl, Z., Horaček, V., Talacko, O., Vavroušek, J.: Die Behandlung lobärer Atelektasen bei Kindertuberkulose mittels endobronchialer Evakuation kaseöser Massen und tuberkulöser Granulationen. Rozhl. Tuberk. 17, 344—348 (1957).

Matras, A.: Über ein Adenofibrochondrolipoma myxomatodes der Lunge. Wien. klin. Wschr. 1929, 1369.

Matthiesen, D. E.: The surgical significance of solitary circumscribed lung nodules in histoplasmosis report of three cases. Amer. Rev. Tuberc. 69, 829 (1954).

Mattioli, V.: Su un caso di mixo-condroma bronchiale. Boll. Mal. Orecch. 75, 610—617 (1957).

Maurer: Considérations sur les tumeurs intrabronchique d'origine nerveuse. Bull. Soc. méd. Hôp. Paris 25, 108 (1947).

Maurer, E. R., Schaal, J. A., Mendez, F. L.: Chronic recurring spontaneous pneumothorax due to endometriosis of the diaphragm. J. Amer. med. Ass. 168, 2013 (1958).

Maus, H.: Leiomyomatosis pulmonum disseminata maligna. Frankfurt. Z. Path. 69, 95 (1958).

Maximow, A.: Bindegewebe und blutbildende Gewebe. In: Handbuch der mikroskopischen Anatomie des Menschen, Bd. II/1. Berlin: Springer 1927.

Maxwell, J.: Silicosis and carcinoma of the lung. Med. J. Australia 2, 168—169 (1934).

May, I. A., Rose, K., Dugan, D. G.: Solitary pulmonary lesion. Calif. Med. 80, 9—12 (1954).

Maycock, R. L., Dillon, R. F., Stead, W. W.: Roentgenographic simulation of cavitation by caseous material in lung lesions. Amer. Rev. Tuberc. 71, 529—543 (1955).

Mayo, P.: Concomitant bronchogenic carcinoma and tuberculosis of the lung occurring in a solitary coin lesion. J. thorac. cardiovasc. Surg. 47, 174—177 (1964).

Mazer, M. L.: True pericardial diverticulum: Report of a case with safe operative removal. Amer. J. Roentgenol. 55, 27—29 (1946).

Mazzoni, G., Pietro, D. di: La sindrome di Ciuffini-Pancoast-Tobias da cisti d'echinococco. Policlinico, (Palermo) Sez. chir. 64, 299—307 (1957).

McBurney, R. P., Clagett, O. T., McDonald, J. R.: Primary intrapulmonary neoplasm (thymoma) associated with myasthenia gravis. Proc. Mayo Clin. 26, 345—353 (1951).

McBurney, R. P., Jamplis, R. W., Hedberg, G.: Oil granuloma and lipoid pneumonitis: a complication of oleothorax. Report of seven cases. J. thorac. Surg. 29, 271—276 (1955).

McCall, R. E., Harrison, W.: Intrabronchial lipoma. A case report. J. thorac. Surg. 29, 317—322 (1955).

McClintock, J. T., McFee, J. L., Quimby, R. L.: Pancreatic pseudocyst presenting as a mediastinal tumor. J. Amer. med. Ass. 192, 573 (1965).

McCloskey: Liquefaction necrosis in bilateral symmetrical conglomerate lesions of anthracosilicosis of the lung. Amer. J. Roentgenol. 50, 42 (1943).

McClure, C. D., Boucot, K. R., Shipman, G. A., Gilliam, A. G., Milmore, B. K., Lloyd, J. W.: The solitary pulmonary nodule and primary lung malignancy. Arch. environm. Hlth 3, 127—139 (1961).

McCord, M. C., Hyman, H. L.: Pulmonary sarcoidosis with roentgenologic appearances of metastatic neoplasm. Amer. J. Roentgenol. 67, 259 (1952).

McCorkle, R. G., Hoerth, C. J.: Diagnosis of intrathoracic tumors. Tex. St. J. Med. 39, 194—197 (1943).

McCorkle, R. G., Hoerth, C. J., Donaldson, J. M.: Intrathoracic lipoma. J. thorac. Surg. 6, 89 (1936).

McCorkle, R. G., Hoerth, C. J., Donaldson, J. M.: Thoracic lipomas. J. thorac. Surg. 9, 568—582 (1940).

McCormack, L. J., Gallivan, W. F.: Hemangiopericytoma. Cancer (Philad.) 7, 595—601 (1954).

McCort, H.: Tracheal and bronchial papillomatous implant showing malignant changes. Ann. Otol. (St. Louis) 61, 498—499 (1954).

McCurk, F. M.: Primary bronchial amyloidosis. Brit. J. Radiol. 41, 795—797 (1968).

McDonald, J. B., Edwards, R. W.: "Wegener's granulomatosis" — a triad. J. Amer. med. Ass. 173, 1205 (1960).

McDonald, J. R., Harrington, S. W., Clagett, O. T.: Hamartoma (often called chondroma) of the lung. J. thorac. Surg. 14, 128—143 (1945).

McDonald, J. R., Hodgson, C. H.: The problem of lipoid pneumonia or granuloma of the lung. Med. Clin. N. Amer. 1954, 989.

McDonald, O. G., Aufderheide, A. C., Fuller, J.: Chemodectoma (non-chromaffin paraganglioma) of mediastinum. Ann. Surg. 140, 254—256 (1954).

McDowell, C., Robb, D., Indyk, J. S.: Two cases of intralobar sequestration of the lung. Thorax (Lond.) 10, 73—78 (1955).

McFarland, J.: Malignant myoma. Amer. J. Cancer. 25, 530 (1935).

McGibbon, J. E. G., Baker-Bates, E. T., Mather, J. H.: Importance of bronchoscopy in unresolved pneumonia. Lancet 1939 I, 183—188.

McGlade, T. H.: Fibro-lipoma of the bronchus: Report of a case. Ann. Otol. (St. Louis) 48, 240—243 (1939).

McGlumphy, C. B.: A special form of chondroma of the lung. J. Cancer Res. 8, 482—498 (1924).

McGregg, D.: Some radiological aspects of primary intrathoracic neurogenic tumours. J. Fac. Radiol. (Lond.) 8, 385—395 (1957).

McIntyre, M. C.: Pulmonary syphilis. Arch. Path. 11, 258—280 (1931).

McIvie, J.: Roentgenological observations on pleuropulmonary tularemia. Amer. J. Roentgenol. 74, 466—471 (1955).

McKendry, J. B. J., Lindsay, W. K., Gerstein, M. C.: Congenital defects of lymphatics in infancy. Pediatrics 19, 21—35 (1957).

McKusick, V. A., Cooley, R. N.: Drainage of right pulmonary vein into inferior vena cava: Report of a case with radiologic analysis of the principal

types of anomalous venous return from the lung. New Engl. J. Med. **252**, 291 (1955).
McSwain, H. T., Siebel, E. K.: Spontaneous pneumothorax associated with menstruation or endometriosis. Ann. Meet. South. Thorac. Surg. Ass. 1964.
Meade, R. H., Ravdin, I. S.: Nontraumatic hernia through the right parasternal foramen of Morgagni. Ann. Surg. **102**, 465—471 (1935).
Meckler, L. D.: Dyschondroplasia and hemangiomata. A case report of Maffucci's syndrome. Ohio St. med. J. **60**, 672—675 (1964).
Meckstroth, C. V.: Surgery for solitary lesions of the lung. Arch. Surg. **69**, 220 (1954).
Meckstroth, C. V., Davidson, H. B., Kress, G. O.: Muco-epidermoid tumor of the bronchus. Dis. Chest **40**, 652 (1961).
Meiklejohn, A.: Silicosis in sandstone workers. Some observations based on 275 necropsies. Brit. J. industr. Med. **6**, 241—244 (1949).
Meinicke, K.: Technik des Treponema pallidum-Immobilisierungs-Tests (T.P.I.-Nelson-Test). Hautarzt **4**, 268—272 (1953).
Melchior, E.: Zur Kenntnis der kongenitalen tracheo-bronchialen Zysten der Lunge. Zbl. Chir. **1929**, 2626.
Meleney, H. E.: Pulmonary histoplasmosis. Report of two cases. Amer. Rev. Tuberc. **44**, 240 (1941).
Melletier, J. le, Caulet, T. R.: Moules bronchiques. J. franç. Méd. Chir. thor. **12**, 237—248 (1958).
Melletier, J. le, Daumet, P., Garnier, C., Caulet, T. R.: Bronchiectasie-pleine à contenu solide. Aspect pseudo-tumoral. J. franç. Méd. Chir. thor. **12**, 485—490 (1958).
Melnick, G. S.: Angiographic demonstration of acute pulmonary emboli. Angiology **14**, 491—493 (1963).
Melville, F.: X-rays in the diagnosis of intrathoracic growths. Lancet **1927 I**, 604; Brit. med. J. **1927 I**, 725.
Mendelow, H., Slobodkin, M.: Cancer (Philad.) **10**, 1008 (1957).
Mendelsohn, H. J., Kay, E. B.: Intrathoracic meningocele. J. thorac. Surg. **18**, 124 (1949).
Mendiola, R.: Histopathology of scleroma of the upper respiratory tract. Laryngoscope (St. Louis) **56**, 677—686 (1946).
Menge, G.: Zur Diagnose von Residuen von tuberkulösen Bronchial-Lymphknotenperforationen im Bronchialbaum. Schweiz. Z. Tuberk. **12**, 446—467 (1955).
Menon, A. N. K.: Hydatid disease in the lung with special reference to radiological features. Indian J. Radiol. **7**, 150—156 (1953).
Menon, A. N. K., Krishnan: X-ray appearance of the lungs in cases of eosinophilia. Indian J. Radiol. **6**, 53—56 (1952).
Menz, R.: Das Mycetom der Lunge. Dtsch. med. Wschr. **1958**, 1200—1207.
Menzel: Zur Diagnose der Lymphangiome des Larynx. Arch. Laryng. Rhinol. **15** (1903).
Meredith, J. M., Kay, S., Bosher, L. H.: Case of granular-cell myoblastoma (organoid type) involving arm, lung and brain, with 20 years survival. J. thorac. Surg. **35**, 80—90 (1958).
Merica, F. W.: Acute fibrinous bronchitis with massive atelectasis. Ohio St. med. J. **46**, 1079 (1950).
Mersch, F.: Zur Diagnose der Lungensyphilis. Thoraxchirurgie **15**, 456—460 (1967).
Métras, H., Thomas, P.: "L'image en grelot" en radiologie pulmonaire. Presse méd. **54**, 644—645 (1946).

Mettyš, R.: Schwierigkeit und Möglichkeit der Diagnostik des Lungenhamartoms im Röntgenbild. Fortschr. Röntgenstr. **95**, 60—72 (1961).
Metyš, R.: Die Röntgensymptomatologie von Chondrohamartomen der Lunge. Fortschr. Röntgenstr. **106**, 90—101 (1966).
Metyš, R., Šnajdr, V., Kruml, J., Roubková, H.: Pulmonary chondromatous hamartomas. Med. thorac. **21**, 168 (1964).
Meyer: Chronic pneumonia or tumor of the lung? Arch. Surg. **10**, 431 (1925).
Meyer, A.: Über Bronchitis fibrinosa. Klin. Wschr. **16**, 1126—1127 (1937).
Meyer, A., Delarue, J., Monod, O., Raugel, M.: Tumeur bénigne de la bronche gauche (Hamartoma?) traité par bronchotomie après biopsie extemporanée. J. franç. Méd. Chir. thor. **6**, 182 (1952).
Meyer, A., Liot, F.: Eine neue Varietät von Bronchialepitheliomen aus verwandtem Stroma: Bronchialtumoren aus myoepithelialen Zellen. France méd. **17**, 5 (1954).
Meyer, A., Rapaud, G.: Atélectasie pulmonaire par aspergillose bronchique obstructive. J. franç. Méd. Chir. thor. **16**, 757—768 (1962).
Meyer, E.: Erkrankungen der oberen Luftwege. In: Handbuch der inneren Medizin, 2. Aufl., Bd. II/1, S. 818—820. Berlin: Springer 1928.
Meyer, O.: Über lokales tumorförmiges Amyloid in den Lungen. Frankfurt. Z. Path. **8**, 304—318 (1911).
Meyer, R.: Adenoma pulmonis congenitum et hydrops universalis. Zbl. Gynäk. **48**, 356 (1924).
Meyer, R.: Die Endometriose. In: Henke, F., Lubarsch, O., Handbuch der speziellen pathologischen Anatomie und Histologie, Bd. VII/1, S. 249—327. Berlin: Springer 1930.
Meyer, R.: Die Endometriose. In: Stoeckel: Handbuch der Gynäkologie, Bd. VI/1, S. 356—669. München: Bergmann 1930.
Meyer, R.: Myoblastentumoren (Myoblastenmyome Abrikossoff). Virchows Arch. path. Anat. **287**, 55 (1933).
Meyerding, H. W.: The diagnosis and treatment of Ewing's tumor (endothelial myeloma; solitary diffuse endothelioma; hemangio-endothelioma). Trans. west. surg. Ass. **48**, 183 (1939).
Meyerson, M. C.: Benign neoplasms of bronchus. Report of a case of fibro-lipoma of the left main bronchus removed through the bronchoscope. Amer. J. med. Sci. **176**, 720 (1928).
Miall, W. E., Caplan, A., Cochrane, A. L., Kilpatrick, G. S., Oldham, P. D.: An epidemiologic study of rheumatoid arthritis associated with characteristic chest x-ray appearances in coal-workers. Brit. med. J. **1953**, 1231—1236.
Miceli, E.: La lipoidosi carotenica del polmone. Arch. E. Maragliano Pat. Clin. **8**, 1311 (1953).
Miceli, R.: Contributo radiologico allo studio dei diverticoli del pericardio. Ann. Radiol. diagn. (Bologna) **27**, 23—26 (1954).
Michael, M.: Sarcoidosis, disease or syndrome. Amer. J. med. Sci. **235**, 148—153 (1958).
Michaelis, O.: Die intrathorakalen cystischen Lymphangiome. Dtsch. Z. Chir. **242**, 250 (1934).
Michalijlicenko, V. A.: Verknöchertes Angiofibrom der Lunge. Vestn. Khir. (Mosk.) **74**, 74 (1954).
Michas, P. A.: Intrathorakale Fibrome. Thoraxchirurgie **1**, 245—254 (1953).
Michel, J., Néel, J. L.: Les aspects radiologiques pseudo-tumoraux des embolies pulmonaires des cardiaques et du poumon cardiaque. Ann. Radiol. (Paris) **5**, 589—602 (1962).

MICHTER, W.: Isolierte Lungenamyloidose mit Pleuraplaques und ungewöhnlichen Lungengefäßreaktionen. Z. ges. inn. Med. **24**, 723—727 (1969).

MIDDELDORPF, K.: Zur Chirurgie der intrathorakalen Cysten. Dtsch. Z. Chir. **242**, 600 (1934).

MIDDLEMISS, H.: Schistosomiasis. In: MIDDLEMISS, H. (edit.): Tropical radiology, p. 98—103. New York: Intercontinental Medical Book Corporat. 1961.

MIECH, G., GILLET, M., MORAND, G., WITZ, J. P.: Diagnostic et évolution radiologique des hématomes pulmonaires post-traumatiques. À propos de 5 observations. J. Radiol. Électrol. **49**, 104—108 (1968).

MILEWICZ, Z., KOZLOWSKA, I.: Diagnostic problems of "round" opacities in the lungs. Pol. Przegl. Radiol. **28**, 417—421 (1964).

MILLAR, R. E., ROBERTSON, G.: Enterocystoma. Brit. J. Surg. **67**, 373 (1930).

MILLEDGE, R. D., GERALD, B. E., CARTER, W. J.: Pulmonary manifestations of tuberous sclerosis. Amer. J. Roentgenol. **98**, 734—738 (1966).

MILLER, F. L., WALKER, R.: The roentgen characteristics of pulmonary paragonimiasis. Radiology **65**, 231—235 (1955).

MILLER, J. J., WILBUR, D. L.: Paragonimiasis (endemic hemoptysis). Nav. med. Bull. **42**, 108 (1944).

MILLER, M. J.: Lipoid cell pneumonia. Dis. Chest **23**, 452 (1953).

MILLER, R. F., GRAUB, M., PASHUCK, E. T.: Bronchogenic cysts. Anomalies resulting from maldevelopment of the primitive foregut and midgut. Amer. J. Roentgenol. **70**, 771—785 (1953).

MILLER, S. E., REDISCH, W.: Malignant thymoma in a case of myasthenia gravis. Ann. intern. Med. **26**, 440—448 (1947).

MILLER, W. T., CORNOG, J. L., SULLIVAN, M. A.: Lymphangiomatosis. Amer. J. Roentgenol. **111**, 565 (1971).

MILLIGAN, W.: Fibro-papilloma of the trachea; removal by external operation, recovery. Proc. roy. Soc. Med., Sect. Laryng. **11**, 52 (1918).

MILNE, E., DICK, A.: Circumscribed intrapulmonary hematoma. Brit. J. Radiol. **34**, 587—595 (1961).

MILNE, L. S.: Chronic pneumonia (including a discussion of 2 cases of syphilis of the lung). Amer. J. med. Sci. **142**, 408—438 (1911).

MILONE, S.: L'ernia diaframmatica del fegato. Minerva chir. (Torino) **7**, 231—236 (1952).

MINETTO, E., CONCINA, E.: Le stenosi bronchiali infiammatorie nelle suppurazioni polmonari. Minerva med. (Torino) **42**, 573—582 (1951).

MINETTO, E., CONCINA, E.: Pneumopatie allergiche da penicillina. Minerva med. (Torino) **41**, 1—15 (1950).

MINETTO, E., PRINOTTI, C., BERUTTI, C., SEGRE, E.: Aspergillosi ostruttiva dei grossi bronchi. Riv. Tuberc. **14**, 207—212 (1966).

MINNIGERODE, W.: Die Geschwülste der Luftröhre und Bronchien. In: DENKER-KAHLER, Handbuch der Hals-, Nasen- und Ohrenheilkunde, Bd. V, S. 543. Berlin: Springer 1928.

MISHKIN, J. A.: Primary myosarcoma of the lung. N.Y. St. J. Med. **51**, 1746 (1951).

MITCHELL, N., ANGRIST, A.: Myo-epithelial hamartoma of gastro-intestinal tract (Clarke). Ann. intern. Med. **19**, 952—964 (1943).

MITCHELL, R. S.: Late results of treatment of the solitary dense tuberculous pulmonary focus (tuberculoma) without resection or chemotherapy. Ann. intern. Med. **39**, 471 (1953).

MITTELBACH, F., VAN DE WEYER, K. R.: Infarktkavernen. Eine klinisch-röntgenologische Studie. Fortschr. Röntgenstr. **99**, 56 (1963).

MITTMANN, O.: Statistisches zur Frage Silikose und Lungenkrebs. Verh. dtsch. path. Ges. **1959**, 320—323.

MIXTER, C. G., CLIFFORD, S. H.: Congenital mediastinal cysts of gastrogenic and bronchogenic origin. Ann. Surg. **90**, 714—729 (1929).

MIYAGAWA, T., YAMADA, A., ISAKI, A., MORISHITA, T.: Röntgenologische Studien über den Echinococcus cysticus pulmonum. Yokohama med. Bull. **10**, 206—227 (1959).

MIYAKE, H.: Beitrag zur Röntgendiagnostik der Lungenparagonimiasis. Scr. Soc. radiol. jap. **7**, 307—316 (1939).

MIYAKE, H., MOMOSA, T., AMO, K., MASUSAKI, M., KAHO, T.: Beitrag zur Röntgendiagnostik der Lungenegelseuche. Tokushima J. exp. Med. **1**, 63 (1954).

MIYASHIMA, T., et al.: One operative case report of pulmonary paragonimiasis. Kyôbu Geka **9**, 17 (1956).

MOBBS, G. A., PFANNER, D. W.: Endometriosis of the lung. Lancet **1963 I**, 472.

MOBITZ, W.: Über das flüchtige eosinophile Lungeninfiltrat. Med. Klin. **43**, 189 (1948).

MOEGEN, P.: Über einen primären sarkomatösen Tumor der Pulmonalarterie mit ausgedehnten Metastasen in der rechten Lunge. Z. Kreisl.-Forsch. **40**, 150—160 (1951).

MOEL, M., TAYLOR, H. K.: Oil aspiration pneumonia. Amer. J. Roentgenol. **49**, 177—184 (1943).

MÖLLER, A.: Zur Entstehung der Lungenmischgeschwülste. Virchows Arch. path. Anat. **291**, 478—490 (1933).

MÖLLER, P.: Congenital thoracic cysts and lung deformities in the roentgen picture. Acta radiol. (Stockh.) **9**, 460 (1928).

MÖNCKEBERG, J. G.: Die Tumoren der Glandula carotica. Jena: G. Fischer 1905.

MÖNCKEBERG, J. G.: Die Erkrankungen des Herzbeutels. In: HENKE, F., LUBARSCH, O., Handbuch d. speziellen Pathologie und Histologie, Bd. II. Berlin: Springer 1924.

MÖRL, F.: Die geschlossenen Thoraxverletzungen und ihre Behandlung. Zbl. Chir. **90**, 1218 (1965).

MOERSCH, H. J., CLAGETT, O. T.: Pulmonary cysts. J. thorac. Surg. **16**, 179—194 (1947).

MOERSCH, H. J., WEED, L. A., MCDONALD, J. R.: Bacteriologic examination of tissues surgically removed as an aid in the diagnosis of diseases of the chest. Dis. Chest **15**, 125 (1949).

MOESCHLIN, S.: Klinische Demonstrationen: Differentialdiagnostisch interessante chronische Lungeninfiltrate. Schweiz. med. Wschr. **94**, 1228—1235 (1964).

MOFTY, A. EL: Clinical aspects of bilharziasis. Ciba symposium on bilharziasis, p. 189—197. London: Churchill 1962.

MOGAVERO, N., BALBI, M., REALE, A., PITTONI, G.: Osservazioni cliniche, emodinamiche, radiologiche in tre casi di angioma cavernoso del polmone. Recentia med. (Roma) **24**, 145—148 (1959).

MOHR, R.: Über Flimmerepithelzysten des Oesophagus. Beitr. path. Anat. **45**, 333 (1909).

MOHR, W.: Die Mykosen. In: Handbuch der inneren Medizin, 4. Aufl., Bd. I/1, S. 827—942. Berlin-Göttingen-Heidelberg: Springer 1952.

MOHR, W.: Lepra. In: Handbuch der inneren Medizin, 4. Aufl., Bd. I/2, S. 306—363. Berlin-Göttingen-Heidelberg: Springer 1952.

MOLAC, M.: Le bronchopyocèle tuberculeux. Thèse de Paris 1957.

MOLFINO, F., PESCE, G.: Indagini broncoscopiche e broncografiche nella silicosi. Rass. Med. industr. A **21**, 2 (1952).

MOLL, H.: Bronchuszyste und Dysraphie. Radiologe **8**, 331—332 (1968).

MOLLOW, W.: Über Lungenechinokokkus. Verh. dtsch. Ges. inn. Med. **41**, 238—242 (1929).

MOLNÁR, J., CSABÁNÉ, B.: Die röntgenologische Differentialdiagnose von Rundschatten in der Lunge. Z. ges. inn. Med. **23**, 43—48 (1968).

MOLNÁR, J., JUHÁSZ, J., BIKFALVI, J.: Gleichzeitiges Vorkommen von Lungenhamartom und Bronchialkarzinom. Schweiz. med. Wschr. **86**, 1310—1311 (1956).

MONACO, L.: Dimostrazione broncografica di ritenzione di membrana nella cisti da echinococco polmonare. Gazz. int. Med. Chir. **62**, 1861—1869 (1957).

MONACO, L.: Intervento in discussione sulla communicazione di BARBAINI, S., LONGONI, F.: Considerazioni sugli ematomi polmonari in traumi del torace non penetranti. Atti 23. Congr. Naz. Soc. Ital. Radiol. Padova, 5.—8. 5. 1968, Vol. IV.

MONACO, L.: La sindrome post-traumatica del polmone. Quadri clinico-radiologici e rilievi anatomici dall' osservazione di 28 casi. Classificazione. Atti 59. Raduno del Gruppo C.M.I. della Società Italiana di Radiologia, Bari 25. 5. 1969.

MONACO, L., STORNIELLO, G.: Osservazioni anatomo-radiologiche sulla evoluzione del carcinoma bronchiale ad insorgenza periferica in rapporto al tipo istologico. Atti 59. Raduno del Gruppo C.M.I. della Società Italiana di Radiologia, Alghero 27.—28. 5. 1967.

MONEY, R. A.: A cyst of the mediastinum. Med. J. Australia **24**, 473 (1937).

MONLIBERT, L., FROEHLICH, C., PARMENTIER, F.: Hernie hépatique simulant une tumeur intrapulmonaire droite. Ann. Chir. (Paris) **17**, 356—369 (1963).

MONOD, O.: À propos de la séquestration. Poumon **10**, 451 (1954).

MONOD, O., GIROND, J., LEIBINSON, A.: Un cas de stéatose pulmonaire endogène. J. franç. Méd. Chir. thor. **6**, 32 (1952).

MONOD, O., PESLE, LABEQUÉRIE: L'aspergillome bronchiectasiant. J. franç. Méd. Chir. thor. **6**, 229 (1952).

MONOD, O., WEIL, J.: Les kystes hydatiques du médiastin. Poumon **2**, 75—89 (1945).

MONOD, R., AZOULAY, R.: Eventration diaphragmatique droite avec anomalie du foie simulant un kyste hydatique. Mém. Acad. Chir. **1943**, 19.

MONOD, R., KOURILSKY, R., SOBERANO, R.: Contribution à l'étude des kystes hydatiques pulmonaires ouverts dans les bronches. Arch. méd.-chir. Appar. resp. **13**, 362—391 (1938).

MONRO, R. S.: The morphology of the brachial glomera and their tumours, with a report of a case of aortico-pulmonary glomus tumour. Brit. J. Surg. **38**, 105 (1950).

MOORE: Multiple cysts of the lung. Ann. Otol. (St. Louis) **36**, 263 (1927).

MOORE, R. A.: Über ein polypöses Chondrom des Bronchus. Zbl. allg. Path. path. Anat. **55**, 321—324 (1932).

MOORE, R. L., LATTER, R.: Papillomatosis of larynx and bronchi: Case report with 34-year follow-up. Cancer (Philad.) **12**, 117—126 (1959).

MOORE, W. R., SCANNELL, J. G.: Pulmonary actinomycosis simulating cancer of the lung. J. thorac. cardiovasc. Surg. **55**, 193—195 (1968).

MORAND, P., LAFFOND, H., VAILLAUD, J. G., HOUËL, J.: Étude de la circulation bronchique dans les lésions pulmonaires étendues unilatérales. Apport de l'aortographie rétrograde. J. franç. Méd. Chir. thor. **17**, 369—392 (1963).

MORAWETZ, F.: Der Lungeninfarkt. Radiol. austriaca **17**, 179—194 (1967).

MORAWETZ, F.: Der Lungeninfarkt. Klinik und besondere Verlaufsformen. Beitr. Klin. Tuberk. **137**, 277—287 (1968).

MORAWETZ, F., SCHNETZ, E.: Zur Problematik des Caplan-Syndroms. Wien. med. Wschr. **120**, 103—105 (1970).

MORCZEK, A.: Diagnose und Differentialdiagnose der Hernia und Relaxatio diaphragmatica. Dtsch. Gesundh.-Wes. **7**, 857 (1952).

MOREAU, R., PIERRE-BOURGEOIS, VIC-DUPONT, BLATRIX, C., BRIZARD, J.: Ostéochondrome primitif du poumon (hamartome). Sem. Hôp. Paris **29**, 949—953 (1953).

MOREL, POGGIOLI, BÉNARD: Kyste pleuropéricardique. Vérification pleuroscopique. Toulouse méd. **1952**, 233—236.

MORETTI: Sur un tuberculome bronchique. J. Méd. Bordeaux **26**, 361 (1949).

MORGAN, A. D.: Intrathoracic hibernoma. Thorax (Lond.) **21**, 186 (1966).

MORGAN, A. D., LLOYD, W. E., PRICE-THOMAS, C.: Tertiary syphilis of the lung and its diagnosis. Thorax (Lond.) **7**, 125—133 (1952).

MORIN, G. J., HERNANDEZ, J., PICARD, J. M.: Tumeurs et pseudotumeurs du médiastin antéro-inférieur d'origine extra-thoracique. Ann. Chir. **31**, 11 (1955).

MORLOCK, H. V., PINCHIN, A. J. S.: Benign neoplasms of the bronchus with records of nine cases. Brit. med. J. **1933**I, 911; **1935**II, 332—334.

MORNEX, R.: Tumeurs endocriniennes intrathoraciques. Poumon **19**, 129—145 (1963).

MORONE, C., ORLANDONI, A., FORNI, E.: Sugli aspetti clinici e morfo-radiologici pseudoneoplastici delle flogosi polmonari. Chir. thorac. **20**, 138—153 (1967).

MORQUIO, L., BONABA, J., SOTO, J. A.: El neumoquiste perivesicular a minima reparable. Nuevo signo radiológico del quiste hidatico del pulmón. Arch. pediat. Urug. **5**, 353—373 (1934); Arch. intern. Hidatid. **9**, 11 (1949).

MORRISON, I. M.: Tumors and cysts of the mediastinum. Thorax (Lond.) **13**, 294 (1958).

MORROW, C. S., ARMEN, R. N.: Nontuberculous pulmonary cavitation in anthracosilicosis. Ann. intern. Med. **45**, 598—613 (1956).

MORTON, D. L., ITABASHI, H. H., GRIMES, O. F.: Nonmetastatic neurological complications of bronchogenic carcinoma: The carcinomatous neuromyopathies. J. thorac. cardiovasc. Surg. **51**, 14—28 (1966).

MORTON, J. J., PHILLIPS, E. G.: Bronchobiliary fistula. Arch. Surg. **16**, 697 (1928).

MORVAY, E.: Das Röntgenbild der karnifizierten Pneumonie. Fortschr. Röntgenstr. **71**, 945—954 (1949).

MOSER, E.: Multiple Venenthrombosen als Frühsymptom von Karzinomen. Münch. med. Wschr. **80**, 2022 (1933).

MOSER, K. M., TISI, G. M., RHODES, P. G., LANDIS, G. A., MIALE, A.: Correlation of lung photo-scans with pulmonary angiography in pulmonary embolism. Amer. J. Cardiol. **18**, 810—820 (1966).

MOSES, C.: Role of stasis in the development of pulmonary infarcts. Arch. Path. **41**, 319—321 (1946).

Mosetitsch, W.: Amyloid-„Tumoren" der Lungen. Fortschr. Röntgenstr. 93, 579—587 (1961).
Mostecký, H.: A non-chromaffine paraganglioma of the lung. Thorax (Lond.) 21, 205 (1966).
Mosto, D., Radice, J. C.: Hibernoma de Gery. Rev. Méd. Cienc. afin. (B. Aires) 4, 61—68 (1942).
Mottura, G.: Alterazioni collaterali nel polmone silicotico (con particolare riguardo all' enfisema ed al compartamento dei bronchi e dei vasi). L'Assist. Soc. A 15, Nr 4 (1941).
Mounier-Kuhn, P.: Primo-infection tuberculeuse et syndrôme radio-clinique de perforation ganglionnaire dans les bronches. Arch. Tisiol. 4, 301 (1949).
Mounier-Kuhn, P.: La maladie de Rendu-Osler, maladie bronchique. Ann. Oto-laryng. (Paris) 70, 191 (1953).
Mounier-Kuhn, P., Jeune, M., Bertoye, A., Béthenod, P.: Fréquence et signification des granulomes bronchiques au cours de la primo-infection. Ann. Oto-laryng. (Paris) 71, 241—246 (1954).
Mouquin, M., Hebrard, H., Damasio, R., Jouvet, P., Durand, M., Piequet, J.: Varice du poumon diagnostiquée par l'angiocardiographie. Bull. Soc. méd. Hôp. Paris 67, 1091—1094 (1951).
Mourgue-Molines, A., Balmes, A., Guibert, H. L.: Chondrohamartome du poumon. Mém. Acad. Chir. 1948, 360.
Movers, F.: Die Endometriose. Stuttgart: F. Enke 1971.
Moyer, J. H., Ackerman, A. J.: Hereditary hemorrhagic teleangiectasis associated with arteriovenous fistula in two members of a family. Ann. Intern. Med. 29, 775—802 (1948).
Moyer, R. R., Cramer, H. R., Duncan, G. G.: Intrathoracic meningocele. Amer. J. Med. 22, 334 (1957).
Moyes, E. N.: Tuberculoma of the lung. Thorax (Lond.) 6, 238—259 (1951).
Muchleston, H.: On so-called multiple osteomas of the tracheal muscular membrane. Laryngoscope (St. Louis) 1909. Ref.: Zbl. Laryng. 26, 331 (1910).
Müller, C.: Endometriose. Entstehung, Klinik und Behandlung. Praxis (Bern) 25, 509—651 (1953).
Müller, H.: Mißbildungen der Lunge und Pleura. In: Henke, F., Lubarsch, O., Handbuch der speziellen pathologischen Anatomie und Histologie, Bd. III/1, S. 53ff. Berlin: Springer 1928.
Müller, H.: Angeborene Cystenbildung der Lunge. In: Henke-Lubarsch, Handbuch der speziellen pathologischen Anatomie und Histologie, Bd. III/1, S. 550. Berlin: J. Springer 1928.
Müller, H.: Staublungenveränderungen bei Graphitarbeitern. Fortschr. Röntgenstr. 76, 452 (1952).
Müller, H.: Zystenbildungen in Graphitstaublungen. Fortschr. Röntgenstr. 79, 205 (1953).
Müller, R. W.: Der Lymphknotendurchbruch bei der Tuberkulose. Münch. med. Wschr. 1950, 55—62.
Müller, R. W.: Zur Entstehung der großen tuberkulösen Konglomerat-Kalkherde in der Lunge. Fortschr. Röntgenstr. 74, 345—347 (1951).
Mülly, K.: Die Geschwülste der Lunge, Pleura und Brustwand. In: Handbuch der inneren Medizin, 4. Aufl., Bd. IV/4, S. 164—180. Berlin-Göttingen-Heidelberg: Springer 1956.
Muendel, H. J., Yelin, G.: Primary chondroma of the lung. Dis. Chest 28, 103 (1955).
Mu-Han, Ch'ien: Roentgenological diagnosis of paragonimiasis. Chin. med. J. 73, 37—46 (1955).
Mukerjee, S.: Congenital partial left pericardial defect with a broncogenic cyst. Thorax (Lond.) 19, 175 (1964).

Mullaney, P. J., Godfrey, L. B.: Granular cell myoblastoma of the bronchus. Irish J. med. Sci., Sixth ser., No 427, 311 (1961).
Mulligan, R. M.: Chemodectoma in the dog. Amer. J. Path. 26, 680—681 (1950).
Munk, E.: Calcifications multiples disseminées dans les poumons dans la maladie mitrale. J. Radiol. Électrol. 23, 58—62 (1939).
Munnell, E. R., Lawson, R. C., Keller, D. F.: Solitary bronchiolar (alveolar cell) carcinoma of the lung. J. thorac. cardiovasc. Surg. 52, 261—270 (1966).
Muri, J. W.: Arteriovenous fistula of the lung. Dis. Chest 24, 49—61 (1953); Amer. J. Surg. 89, 265—271 (1955).
Murphy, G. H., Dockerty, M. B., Broders, A. C.: Myoblastoma. Amer. J. Path. 25, 1157—1181 (1949).
Murha, J. D., Bornstein, S.: Mucor-mycosis of the lung. Ann. intern. Med. 33, 442 (1950).
Murray, M. R., Stout, A. P.: The glomus tumor. Investigation of its distribution and behaviour, and the identity of its "epithelioid" cell. Amer. J. Path. 18, 183—203 (1942).
Murray, N. A., McDonald, J. R.: Tumors of the thymus in myasthenia gravis. Amer. J. clin. Path. 15, 87—94 (1945).
Musgrave, W. E.: Paragonimiasis in the Philippines. Philipp. J. Sci. 2, 15 (1907).
Musshoff, K., Weinreich, J.: Differentialdiagnose seltener Lungenkrankheiten im Röntgenbild. Berlin-Göttingen-Heidelberg: Springer 1964.
Muto, V.: Amartocondroma del polmone. Arch. Radiol. (Napoli) 4, 320—326 (1955).
Myerson, M. C.: Benign neoplasms of the bronchus. Report of a case of fibrolipoma of the left main bronchus removed through the bronchoscope. Amer. J. med. Sci. 176, 720—726 (1928).
Naclerio, E. A.: Bronchopulmonary diseases. New York: Hoeber, Harper & Bros. 1957.
Nadean, P. J., Ellis, F. H., Harrison, E. G., Fontana, R. S.: Primary pulmonary histiocytoma X. Dis. Chest 37, 325—339 (1960).
Naef, Nicod: Deux cas d'éventration diaphragmatique droite avec ascension pseudo-tumorale d'un lobe du foie. J. franç. Méd. Chir. thor. 8, 157 (1954).
Naib, Z. M., Attar, S.: Exfoliative cytology and clinical study of a case of endobronchial hamartoma of the lung. Dis. Chest 41, 468 (1962).
Naib, Z. M., Goldstein, H. G.: Exfoliative cytology of a case of bronchial granular cell myoblastoma. Dis. Chest 42, 645 (1962).
Nakasone, K.: Zur Lehre der Kombination primärer Lungentumoren und foetaler Atelektase. Frankfurt. Z. Path. 29, 468—476 (1923).
Nanson, E. M.: Thoracic meningocele associated with neurofibromatosis. J. thorac. Surg. 33, 650 (1957).
Nardone: Ménisque aérien du poumon et escarre pendulaire intracavitaire. Presse méd. 62, 1019 (1954).
Narr, F. C., Wells, A. H.: Intrathoracic myxolipoma. Amer. J. Cancer. 18, 912—918 (1933).
Nathan, M. H., Collins, V. P., Adams, R. A.: Differentiation of benign and malignant pulmonary nodules by growth rate. Radiology 79, 221—232 (1962).
Nathanson, L., Frenkel, D., Jacobi, M.: Diagnosis of lipoid pneumonia by aspiration biopsy. Arch. intern. Med. 72, 627—634 (1934).
Naumov, V. I.: X-ray-diagnosis of intrathoracic neurogenic tumors with the employment of tomography. Vestn. Rentgenol. Radiol. (Mosk.) 33, 18—21 (1958).

NAUWERCK, C.: Lungenvarix und Hämoptoe. Münch. med. Wschr. 70, 1084 (1923).
NAVARRO, L. D.: Cir. Ginec. Urol. (Madrid) 11, 230 (1957).
NAVASQUEZ, S. DE, HASLEWOOD, G. A. D.: Endogenous lipoid pneumonia with special reference to carcinoma of the lung. Thorax (Lond.) 9, 35 (1954).
NAVASQUEZ, S. DE, TROUNCE, J. R., WAYTE, A. B.: Lipoid pneumonia (non-inhalation) in carcinoma of the lung treated by radiotherapy. Lancet 1951I, 1206.
NAZAROVA, G. F., et al.: Myoma from myoblasts with localization in the trachea. Vest. Oto-rinolaring. (Mosk.) 25, 99 (1963).
NEEF, W.: Röntgentopographische Segmentbeziehungen silikotischer Ballungsherde. Tuberk.-Arzt 15, 614—622 (1961).
NÈGRE, E., MARTIN, G., LOUBATIÈRES, R.: Les chondro-hamartomes pulmonaires. Poumon 1, 1—17 (1954).
NEHRKORN, O.: Außergewöhnliche silikotische Schwielenbildung. Fortschr. Röntgenstr. 78, 91 (1953).
NEHRKORN, O., WOLFERT, E.: Generalisierte Knochenhämangiomatose mit Lungenbeteiligung. Fortschr. Röntgenstr. 104, 107—112 (1966).
NEILL, C., FERENCZ, C., SABISTON, D., SHELDON, M.: The familial occurence of hypoplastic right lung with systemic arterial supply and venous drainage. ("Scimitar syndrome".) Bull. Johns Hopk. Hosp. 107, 1—21 (1960).
NELIUS, A.: Über Verknöcherungen in den Lungen von Mensch und Tier. Virchows Arch. path. Anat. 232, 433 (1921).
NELSON, W. P., HALL, R. J., GARCIA, E.: Varicosities of the pulmonary veins simulating arterio-venous fistula. J. Amer. med. Ass. 195, 13—17 (1966).
NEMENOV: Roentgendiagnostic de l'echinocoque. Ann. Électr. Radiol. 2, 1 (1926).
NEPRJACHIN, G. G.: Zur Frage über das perikardiale Divertikel. Zbl. allg. Path. path. Anat. 39, 548—551 (1927).
NESE, G.: Intrathoracic neurogenic tumors. Acta chir. scand. 114, 10—17 (1957).
NEUGEBAUER, W.: I. Beitrag zur Problematik der gutartigen Lungentumoren. Z. ärztl. Fortbild. 49, 217—223 (1955).
NEUHAUSER, E. B. D., HARRIS, G. B. C., BERRETT, A.: Roentgenographic features of neurenteric cysts. Amer. J. Roentgenol. 79, 235 (1958); ibid. 84, 3 (1960).
NEUMANN, K.: Leiomyosarkom der Lunge. Frankfurt. Z. Path. 52, 566 (1938).
NEVILLE, W. E., MUNZ, C. W.: Pulmonary resection for infarction simulating bronchogenic carcinoma. Dis. Chest 27, 447 (1955).
NEW, G. B.: Amyloid tumors of the upper air passages. Laryngoscope (St. Louis). 29, 327—341 (1919).
NEW, G. B., ERICH, J. B.: Benign tumors of the larynx. A study of seven hundred and twenty-two cases. Arch. Otolaryng. 28, 841—910 (1938).
NICHOL, W. W., DEAN, G. O.: Pericardial celomic cysts. U.S. armed Forces med. J. 2, 473—478 (1951).
NICHOLLS, M. F.: Intrathoracic cyst of intestinal structure. Brit. J. Surg. 28, 137 (1940).
NICHOLSON, G. W.: The histogenesis of teratomata. J. Path. Bact. 32, 365 (1929).
NICHOLSON, G. W.: The teratomata. Guy's Hosp. Rep. 80, 384 (1930).
NICHOLSON, G. W.: A foetiform ovarian teratoma. Guy's Hosp. Rep. 84, 389 (1934); ibid. 85, 8, 379 (1935).
NICHOLSON, H.: Suppurative pneumonia. Lancet 1950, 549—554, 605—611.
NICHOLSON, H.: Endometriosis of the pleura. Thorax (Lond.) 6, 75 (1951).
NICOD, J. L.: Silicose et cancer. Schweiz. med. Wschr. 97, 365 (1967).
NICOLI: Réflexions au sujet de 4 observations de pneumopathie lipidique à forme tumorale. Sem. Hôp. Paris 1956, 1199—1206.
NIDA, S. V.: Perikardzysten, ein kasuistischer Beitrag zu intrathorakalen Tumoren. Münch. med. Wschr. 96, 166—167 (1954).
NIELSEN, P. B.: Intralobar bronchopulmonary sequestration. Review of the literature and report of 2 cases. Amer. J. Roentgenol. 92, 547—556 (1964).
NIEMAN, B. H.: Varix of pulmonary vein. Amer. J. Roentgenol. 32, 608—612 (1934).
NIENHUIS, J. H.: Polyp der Bronchialschleimhaut nach Durchbruch eines Pleuraempyems in den Luftweg. Ned. T. Geneesk. 1936, 4526—4528.
NISSEN, R., LISA, J. R., ELKAN, W.: Osteochondroma of bronchus. Amer. J. Surg. 85, 694—697 (1953).
NISSEN, R., PFEIFFER, K. M.: Zwerchfellhernien. Klinik. Indikation. Chirurgie. Technik. Bern: H. Huber 1968.
NÖLLER, F.: Perikardzysten. Zbl. Chir. 78, 913 (1953).
NOGRETTE, P.: Anévrysmes artério-veineux pulmonaires. Presse méd. 1953, 25—26.
NONIDEZ, J. F.: Identification of the receptor areas in the venae cavae and pulmonary veins which initiate reflex cardiac acceleration (Bainbridge's reflex). Amer. J. Anat. 61, 203 (1937).
NORA, P., NOVAK, G. M., HOLMES, G. W.: Granular cell myoblastoma of the bronchus. Report of two cases and review of the literature. J. int. Coll. Surg. 35, 651 (1961).
NORRIS, E. H.: The thymoma and thymic hyperplasia in myasthenia gravis with observations on the general pathology. Amer. J. Cancer 27, 421—433 (1936).
NOSSEN, H.: Tod unter dem Bild der Lungenembolie durch Zyste im Perikard. Dtsch. med. Wschr. 51, 1150 (1925).
NOUÈNE, J. LE, SARREMEJEAN, P., SECOUSSE, J. P.: Aspergillomes bilatéraux. J. franç. Méd. Chir. thor. 11, 274—281 (1957).
NOVAK, E.: Gynecologic and obstetric pathology. 3rd edition. Philadelphia: W. B. Saunders Co. 1952.
NOVI, I.: Intrathoracic aberrant thymic nodules. Arch. ital. Chir. 80, 277 (1955).
NOVI, I.: Chondromatous hamartoma and pure chondroma of the lung. Arch. ital. Chir. 79, 315 (1955).
NUBOER, J. F.: Lung resection in pulmonary tuberculosis. In: Handbuch der Thoraxchirurgie, Bd. III, S. 474—517. Berlin-Göttingen-Heidelberg: Springer 1958.
NYLANDER, P. E. A.: Lymphangioma of the diaphragm. Zbl. Chir. 69, 929 (1942).
NYLANDER, P. E. A., TOIVONEN, S., TURUNEN, M., HJELT, L.: Teratoid tumours of the mediastinum. Ann. Chir. Gynaec. Fenn. 42, 141—156 (1953).
NYLANDER, P. E. A., VIIKARI: A study of intrathoracic cyst arising from the diaphragm. Ann. Chir. Gynaec. Fenn. 37, 99 (1948).
NYST, P. M. E.: Angeboren bronchogene Cyste van het mediastinum. Ned. T. Geneesk. 85, 1809 (1941).
OBERDALHOFF, H., VIETEN, H., KARCHER, H.: Klinische Röntgendiagnostik chirurgischer Erkrankungen, Bd. I, S. 115ff. Berlin-Göttingen-Heidelberg: Springer 1959.

OBERHOFER, B., ALTARAS, J.: Einige Formen des Bronchialcarcinoms als isolierte Rundtumoren der Bronchialperipherie. Med. Przegl. **6**, 513—519 (1953).

OBERLING, C.: Retroperitoneal xanthogranuloma. Amer. J. Cancer **23**, 477 (1935).

OBIDITSCH-MAYER, J.: Über das Vorkommen von Glomustumoren in der Lunge. Zbl. allg. Path. path. Anat. **89**, 51 (1952).

OBIDITSCH-MAYER, J., u. Mitarb.: Zur Klinik und Pathologie des „Histiozytoms" (histiozytären Granuloms) der Lunge. Langenbecks Arch. klin. Chir. **294**, 354 (1960).

OBIDITSCH-MAYER, J., ZEITLHOFER, J.: Über das maligne Harmartom der Lunge. Krebsarzt (Wien) **17**, 102 (1962).

O'BRIEN, E. J., TUTTLE, W. M., FERKANEY, J. E.: Managemant of the pulmonary "coin" lesion. Surg. Clin. N. Amer. **28**, 1313 (1948).

O'BRIEN, P., BRASFIELD, R. D.: Hemangiopericytoma. Cancer (Philad.) **18**, 249 (1965).

OCHSNER, A., BAKEY, M. DE: Pleuropulmonary complications of amebiasic. An analysis of 153 collected and 15 personal cases. J. thorac. Surg. **5**, 225 (1936).

OCHSNER, A., BAKEY, M. E. DE, DIXON, L.: Primary pulmonary malignancy treated by resection. Ann. Surg. **125**, 522—540 (1947).

OCHSNER, J. L., OCHSNER, S. F.: Congenital cysts of the mediastinum: 20-year experiences with 42 cases. Ann. Surg. **163**, 909—920 (1966).

OCHSNER, S., CAMP, P. T. DE: Hemangiopericytoma of the lung. Amer. Rev. Tuberc. **77**, 496—500 (1958).

OCHSNER, S., LEJEUNE, F. E., OCHSNER, A.: Lipoma of the bronchus. J. thorac. Surg. **33**, 371—378 (1957).

OBERITER, V.: Tularemia. Pulmonal and oculoglandular form. Arh. Zastitu Majke Djeteta **5**, 23—26 (1961).

ODY, R., BERGER, H.: Bournville-Pringlesche Phakomatose mit Situs inversus, Doppelniere beiderseits und rezidivierendem Spontanpneumothorax. Dtsch. med. Wschr. **91**, 488—492 (1966).

OESTERN, H. F.: Beitrag zur Kenntnis der intrathorakalen Lipome. Zbl. Chir. **72**, 591—596 (1947).

OGER, L., LOISANCE, Y.: La tomographie dans les lésions nodulaires du poumon. J. Radiol. Électrol. **31**, 367—368 (1950).

OGLE, C.: Dermoid growth in the lung. Trans. path. Soc. Lond. **48**, 37—39 (1897).

O'KEEFE, J. J.: Primary tuberculoma of the bronchus. Ann. Otol. (St. Louis) **60**, 824—827 (1951).

O'KEEFE, M. E.: Calcification in solitary nodule of lung. Thesis, Graduate School of Medicine, Univ. of Minnesota 1956.

O'KEEFE, M. E., GOOD, C. A., MCDONALD, J. R.: Calcification in solitary nodules of the lung. Amer. J. Roentgenol. **77**, 1023—1033 (1957).

OLASH, F. A.: Chronic Friedlander's pneumonia. Dis. Chest **28**, No. 2 (1955).

OLDHAM, H. N., SABISTON, D. C.: Primary tumors and cysts of the mediastinum abnormalities. Arch. Surg. **96**, 71—75 (1968).

OLDHAM, H. N., YOUNG, W. G., SEALY, W. C.: Hamartoma of the lung. J. thorac. cardiovasc. Surg. **53**, 735—742 (1967).

OLENIK, J. L., TANDATNICK, J. W.: Congenital cysts of foregut origin. Amer. J. Dis. Child. **71**, 466 (1946).

OLIVA, L., ALBERTIS, P. DE: Diagnostische Möglichkeiten und Gefahren des Pneumomediastinums bei Mediastinaltumoren. Radiologe **3**, 58—65 (1963).

OLIVA, L., SECONDO, S.: I tubercolomi: criteri diagnostici differenziali radiologici. Minerva med. (Torino) **49**, 2431 (1958).

OLIVA, L., VIGNOLINI, R., BESIO, G. L.: La stratigrafia dei bronchi. Torino: Minerva Medica 1959.

OLKEN, H. G.: Congenital gastroenteric cyst of the mediastinum. Amer. J. Path. **20**, 997 (1944).

OLSON, G. W.: Scleroma. Résumé of the literature. Report of 3 cases. Ann. Otol. (St. Louis) **59**, 186—196 (1950).

OOSTHUIZEN, S. F., FAINSINGER, M. A.: Pulmonary actinomycosis. Brit. J. Radiol. **22**, 152—155 (1949).

OOSTHUIZEN, S. F., FAINSINGER, M. A.: Hydatid disease. Radiology **53**, 248 (1949).

OPITZ, H. K.: Über ein Angioretikulom der Lunge mit sekundärer abszedierender Leptotrix-Infektion. Samm. selt. klin. Fälle **1952**, Heft 2, 3—18.

OPITZ, K.: Zbl. allg. Path. **98**, 207 (1958).

OPREA, N., POPESCU, E., TUCHILA, I., CONSTANTINESCU, S.: Das bronchogene Tuberkulom mit extracapsulärer Höhlenbildung. Oncol. Radiol. **1**, 341—352 (1963).

OPSAHL, T., BERMAN, E. J.: Bronchogenic mediastinal cysts in infants: Case report and review of the literature. Pediatrics **30**, 372—377 (1962).

ORDSTRAND, H. S. VAN: Pulmonary aspergillosis, with report of a case. Cleveland Clin. Quart. **1940**, 66—73.

OREO, G. A. DE: Arch. Derm. **81**, 169 (1960).

ORLANDI, O., CONCINA, E., BELLION, B.: Quadri broncografici nella silicosi e nella silico-tubercolosis. Rass. Med. industr. A **20**, 6 (1941).

ORMOND, R. S., GALE, H. H., DRAKE, E. H., GAHAGAN, T.: Pulmonary angiography and pulmonary embolism. Radiology **86**, 658—662 (1966).

ORNATSKII, V. V.: Mioma legkogo. Vopr. Onkol. **4**, 343 (1958).

ORNSTEIN, G.: Pulmonary syphilis. N.Y. St. J. Med. **26**, 541—545 (1926).

ORR, T. G.: Myoblastoma, case report. Ann. Surg. **122**, 122 (1945).

ORSMOND, E.: Zit. nach FIRESTONE, F. N., JOISON, J.: Amyloidosis. J. thorac. cardiovasc. Surg. **51**, 292—299 (1966).

ORTMANN, H.: Ein Beitrag zur Abgrenzung entzündlicher Lungeninfiltrationen von malignen Neoplasmen. Ärztl. Wschr. **7**, 151—153 (1952).

OSLER, W.: On a family form of recurrent epistaxis with multiple teleangiectasis of the skin and mucous membranes. Bull. Johns Hopk. Hosp. **12**, 128 (1901).

OSSERMAN, E. F.: Amyloidosis: tissue proteinosis: gammaloidosis. Ann. intern. Med. **55**, 1033 (1961).

OSSERMAN, E. F., TALAL, N., TAKATSUKI, K.: The pathogenesis of paramyloidosis. Acta Un. int. Cancr. **20**, 1115 (1964).

OSSERMAN, K. E.: Myasthenia gravis. New York: Grune & Stratton 1958.

OSSOWSKA, K., PAWLICKA, L., SZYMÁNSKA, D.: Pulmonary infarctions in the course of bronchial carcinoma. Pol. Przegl. radiol. **34**, 457—465 (1970).

OSTEN, H., VUCKOVIĆ, Z.: Bronchitis plastica. Prax. Pneumol. **26**, 164—169 (1972).

OSTERMANN, L.: Ein Fall von Bronchuscyste. (Beitrag zur Diagnose der Mediastinalcysten.) Radiol. clin. (Basel) **10**, 365—380 (1941).

OSTERWALD, K. H.: Über die Häufigkeit eines vaskulären Kurzschlusses bei Lungenerkrankungen. Klin. Wschr. **32**, 269 (1954).

OTTANI, G.: Meningocele intratoracico. Ann. radiol. diagn. **23**, 416—419 (1951).

Otto, H., Breining, H.: Die Silikose in der Porzellanindustrie. (Bericht über die Auswertung von 723 Obduktionsfällen der Jahre 1945—1958.) Berufskrankht. in d. keramischen und Glasindustrie **1959**, Heft 5.

Otto, K.: Über intrabronchiale Hamartome mit einer eigenen Beobachtung. Zbl. allg. Path. path. Anat. **97**, 559—568 (1957/58).

Oudet, P., Petitjean, R., Weitzenblum, E.: Les anastomoses artérielles bronchopulmonaires. Étude par radiocinématographie de l'injection de pièces d'exérèse. Valeur de la méthode. J. franç. Méd. Chir. thor. **21**, 147—156 (1967).

Oudet, P., Witz, J. P., Ruebsamen, A., Weiss, A. G.: Diagnostic différentiel des images pulmonaires d'aspect tumoral. Intéret de la bronchographie dirigée. Poumon **12**, 261—269 (1956).

Oury, M.: La séquestration pulmonaire. Rev. Prat. (Paris) **5**, 135 (1955).

Overholt, R. H.: Pneumonectomy for suppurative diseases. J. thorac. Surg. **9**, 17—61 (1939).

Overholt, R. H.: The value of exploration in silent lung disease. Dis. Chest **20**, 111—125 (1951).

Overholt, R. H., Ramsay, B. H., Meissner, W. A.: Intrathoracic pheochromocytoma: report of a case. Dis. Chest **17**, 55 (1950).

Overholt, R. H., Souders, C. R.: Benign intrathoracic tumors. Surg. Clin. N. Amer. **17**, 905 (1949).

Owen, W. R., Thomas, W. A., Castleman, B., Bland, E. F.: Unrecognized emboli to the lungs with subsequent cor pulmonale. New Engl. J. Med. **249**, 919—926 (1953).

Ozlu, C., Christopherson, W. M., Allen, J. D.: Muco-epidermoid tumors of the bronchus. J. thorac. cardiovasc. Surg. **42**, 24—31 (1961).

Pachter, M. R.: J. thorac. Surg. cardiovasc. **45**, 152 (1963).

Pachter, M. R., Lattes, R.: Mediastinal cysts: a clinico-pathological study of 20 cases. Dis. Chest **44**, 79—87 (1963).

Packard, G. B., Waring, J. J.: Arteriovenous fistula of lung treated by ligation of pulmonary artery. Arch. Surg. **56**, 725—740 (1948).

Padlina, G., Gartman, J. C.: Über entzündliche, nicht tuberkulöse Bronchusstenosen. Schweiz. Z. Tuberk. **18**, 227—235 (1961).

Padula, R. T., Stayman, J. W.: Chronic interstitial pneumonia: cholesterol type. J. thorac. Surg. **54**, 272—278 (1967).

Page, U. S., Bigelow, J. C.: A mediastinal gastric duplication leading to pneumonectomy. J. thorac. cardiovasc. Surg. **54**, 291—294 (1967).

Paglucci: Considerazioni diagnostiche e clinico-terapeutiche in due casi di cisti dermoide ed uno di cisti echinococco gigante del mediastino. Arch. ital. Chir. **2**, 200—207 (1946).

Paklin, R., Lamonica, J.: Fistules pulmonaires artério-veineuses. Canad. med. Ass. J. **94**, 361—367 (1966).

Palasse, Despeignes: Tuberculose et cancer du poumon. Syphilis concomitante. Lyon méd. **1924**, 53.

Pampari, D., Lacerenza, C.: Intrathoracic pheochromocytoma. J. thorac. Surg. **36**, 174—181 (1958).

Pampari, D., Lacerenza, C.: A case of neurofibroma of the intrathoracic vagus nerve in a woman with Recklinghausen's disease. Surgery **45**, 470 (1959).

Pampari, D., Lacerenza, C.: Ectopia intratoracica di un lobo accessorio del fegato. Arch. Chir. Torace **18**, 557—565 (1961).

Pancoast, H. K., Pendergrass, E. P.: Roentgenologic aspects of pneumoconiosis and its differential diagnosis. J. Amer. med. Ass. **101**, 587 (1933).

Paneth, M.: Pulmonary embolectomy. J. thorac. cardiovasc. Surg. **57**, 77—81 (1967).

Pansa, E., Maggi, G.: La polmonite cronica. Arch. Chir. torace **12**, 113—148 (1959).

Paola, D. de, Medeiros, J. A. de, Rocha, G., Sesana, W., Satuff, A.: Mioblastoma multiplo do bronquio. Rev. bras. Cirurg. **41**, 197 (1961).

Paolucci, R., Fojanini, G.: Cianosi da aneurisma artero-venoso del polmone. Arch. ital. Chir. **75**, 6 (1952).

Paolucci, R., Tosatti, E.: Sopra un caso di hamartoma chondromatosum pulmonis. Clin. chir. **47**, 63 (1948).

Papadopoulos, J.: À propos de dix cas d'échinococcose pulmonaire. Poumon **8**, 299 (1952).

Papagni, L.: Diagnosi differenziale delle opacità rotondeggianti isolate del polmone. Minerva med. (Torino) **61**, 2156—2179(1970).

Pape, O.: Lungentrübungen bei Purpura. Fortschr. Röntgenstr. **47**, 491 (1933).

Papillon, J., Dargent, M., Montbarbon, J. F., Chassard, J. L.: Le traitement des tumeurs du testicule. Bases anatomo-cliniques d'après une statistique de 140 observations. J. Radiol. Électrol. **40**, 368—376 (1959).

Pappenheimer: Über einen Fall von primärer Bronchitis fibrinosa chronica. Med. Klin. **1922**, 1557.

Parella, G. S.: Neurofibrosarcoma of the vagus nerve. New Engl. J. Med. **242**, 324 (1950).

Parenti, G. B.: Ciste congenita mediastinea del pericardio simulante assma bronchiale. Chirurgia (Milano) **4**, 105 (1949).

Park, W. W.: Occurence of decidual tissue within lung: report of a case. J Path. Bact. **47**, 563 (1954).

Parkes Weber, F.: Notes on the association of extensive hemangiomatous naevus of the skin with cerebral hemangioma. Proc. roy. Soc. Med. **22**, 25 (1928).

Parkes Weber, F.: Some teleangiectatic and other anomalous groups, especially those of dysplastic origin. Med. Press **210**, 219 (1943).

Parkin, T. W., Rusted, I. E., Edwards, J. E.: Hemorrhagic and interstitial pneumonia with nephritis. Amer. J. Med. **18**, 220—236 (1955).

Pastor, M. F., Herrero, J. J.: Tumores benignos intrabronquiales. An. cient. Asoc. méd. Cent. gall. B. Aires **9**, 14—18 (1960).

Patterson, E. J.: Benign bronchial neoplasms. Bronchoscopic aspects. Arch. Otolaryng. **12**, 739 (1930).

Patterson, J. L. H.: Experimental study of pneumonia following aspiration of oily substances: lipoid cell pneumonia. J. Path. Bact. **46**, 51 (1938).

Patterson, R. L., Heller, E. L.: Aberrant thymic tissue in lung with bronchial compression and sudden death during anesthesia. Anesthesiology **4**, 233—237 (1943).

Paul, F.: Bronchostenose durch ein polypöses Myxochondrom des Bronchus. Mschr. Ohrenheilk. **64**, 669 (1930).

Paul, R.: Pulmonary coin lesion of unusual pathology. Radiology **75**, 118—121 (1960).

Paul, R.: Tuberkulöses Lungeninfiltrat mit Übergang ein Kaseom (Tuberkulom). Viata med. (Bukarest) **8**, 605—606 (1961).

Paulson, D. L.: The importance of the pulmonary nodule. Minn. Med. **39**, 127 (1956).

Paviot, M.: Un cas d'angiomatose bronchique. J. franç. Méd. Chir. thor. **7**, 185 (1952).

Pawel, I.: Ein Fall von Verschluß der Vena cava superior. Inaug.-Diss. Leipzig 1910.

Pawlicka, L.: Tumoren des Herz-Zwerchfellwinkels. Pol. Przegl. radiol. 27, 303—319 (1963).

Pawlicka, L., Sitkowski, W.: Benign tumors of the lungs. Pol. Przegl. radiol. 31, 499—511 (1967).

Payet, M., Berte, E., Camain, R., Pene, P.: Accidents cardiaques aigues de la bilharziose à schistosoma haematobium. À propos de deux observations. Bull. Soc. Path. exotique 46, 688—700 (1953).

Payet, M., Camain, R.: Pneumopathie aiguë à schistosoma haematobium. Bull. Soc. Path. exotique 45, 680—687 (1952).

Payne, W. S., Ellis, F. H., Woolner, L. B., Moersch, H. J.: The surgical treatment of cylindroma (adenoid cystic carcinoma) and mucoepidermoid tumors of the bronchus. J. thorac. Surg. 38, 709 (1959).

Peabody, J. W.: Mediastinal tumors. Arch. intern. Med. 93, 875 (1954).

Peabody, J. W., Davis, E. W., Katz, S.: The solitary pulmonary nodule. Med. Ann. D. C. 26, 1—7 (1957).

Peabody, J. W., Katz, S., Davis, E. W., Stone, J. C.: The so-called tuberculoma —a reappraisal. Bull. Georgetown Univ. med. Cent. 10, 141—146 (1957).

Peabody, J. W., Murphy, J. D., Seabury, J. H.: Demonstration of fungi by periodic acid-Schiff-stain in pulmonary granuloma. J. Amer. med. Ass. 157, 885 (1955).

Pear, B. L.: Idiopathic disseminated pulmonary ossification. Radiology 91, 746—748 (1968).

Pearse, A. G. E.: The histogenesis of the granular-cell myoblastoma (granular-cell perineural fibroblastoma ?). J. Path. Bact. 62, 351—362 (1950).

Pearson, E. F.: Nonparasitic cystic disease of lung; its clinical recognition and treatment. J. thorac. Surg. 4, 84 (1934).

Pearson, F. G., Thompson, D. W., Delarue, N. C.: Experience with the cytologic detection, localization, and treatment of radiographically undemonstrable bronchial carcinoma. J. thorac. cardiovasc. Surg. 54, 371—382 (1967).

Pearson, R. S. B., Navasquez, S. de: Syphilis of the lung. Brit. J. vener. Dis. 14, 243 (1938); Guy's Hosp. Rep. 88, 1 (1938).

Pedoja, G., Rigat, L.: Semeiotica radiologica dell' infarto polmonare. Radiol. med. (Torino) 52, 40—55 (1966).

Peláez Redondo, J., Gonzalez de Vega, N., Morata García, F.: Patogenia y formas evolutivas del tuberculoma del pulmón. Méd. clín. (Barcelona) 38, 87—102 (1962).

Peleg, H., Pauzner, Y.: Benign tumors of the lung. Dis. Chest 47, 179—186 (1965).

Pellet, J. R., Gale, J. W.: The solitary pulmonary lesion. What is it ? What is the treatment ? Arch. Surg. 83, 81—92 (1961).

Pellet, M.: Les pneumonies chroniques pseudotumorales. Thèse de Lyon 1957.

Pendergrass, E. P.: Silicosis and a few of the other pneumoconioses. Observations on certain aspects of the problem, with emphasis on the role of the radiologist (Caldwell Lecture, 1957). Amer. J. Roentgenol. 80, 1—41 (1958).

Penfield, W.: The encapsulated tumors of the nervous system. Surg. Gynec. Obstet. 45, 178 (1927).

Penido, J. R. F., et al.: Tumors of the vagus nerve. Proc. Mayo Clin. 32, 239 (1957).

Penkovsky, K. I.: Some features peculiar to the x-ray changes in intra-paravertebral tumors of varied histologic structure. Vestn. Rentgenol. Radiol. (Mosk.) 44, 68 (1969).

Peräsalo, O.: Mediastinal haemangioma. Thorax (Lond.) 7, 178 (1952).

Peräsalo, O.: On the pericardial diverticula and their differential diagnosis. Acta chir. scand. 106, 283 (1953).

Peräsalo, O., Tala, P.: Solitary pulmonary tumours. Acta chir. scand., Suppl. 245, 119 (1959).

Peräsalo, O., Turunen, M.: Bronchogenic mediastinal cysts. Ann. Chir. Gynaec. Fenn. 45, 1—17 (1956).

Pere, R. H. le, Kohler, C. M., Klinger, P., Lowry, J. K.: Intrathoracic venous anomalies. J. thorac. cardiovasc. Surg. 49, 599—614 (1965).

Pere, R. H. le, Mani, G. C.: Dis. Chest 40, 643 (1961).

Perez, P. E., Harrison, Jr., E. G., Remine, W. H.: Vagal-body tumor (chemodectoma) of the glomus intravagale). New Engl. J. Med. 261, 1116 (1960).

Perkins, C. W., Bowers, R. F.: Liposarcoma of the mediastinum and lung. Amer. J. Roentgenol. 42, 341—344 (1939).

Perkins, R. B., Bradshaw, H. H.: Pulmonary infarction mistaken for bronchogenic carcinoma. J. Amer. med. Ass. 151, 545—548 (1953).

Pernis, B.: Zit. nach Riemann, H., Jungbluth, H.: Carcinomatöser Rundherd (Narbencarcinom) bei Lungen-Berylliose. Radiologe 2, 261—263 (1962).

Peroni, A.: Tumori benigni dei bronchi. Arch. ital. Otol. 4, 463 (1933).

Peroni, A.: Inflammatory tumors of the bronchi. Arch. Otolaryng. 19, 1 (1934).

Perotti, F.: Neoplasie polmonari periferiche e flogosi croniche carnificanti. Difficoltà della diagnosi differenziale radiologica: suoi limiti e possibilità. G. ital. Tuberc. 11, 243 (1957).

Perruchio, P., Bruel, R., Lagarde, L., Delpy, J.: Le torulome bronchiectasiant. Une nouvelle forme clinique de la torulose réspiratoire. Presse méd. 67, 387 (1959).

Perry, D. C.: Tracheo-bronchial and pulmonary chondro-adenoma (hamartoma). Brit. med. J. 1959 I, 527.

Pesle, G. D., Monod, O.: Bronchiectasis due to aspergilloma. Dis. Chest 25, 172—183 (1954).

Peters, R.: Über das sogenannte Lungenchondrom. Beitr. path. Anat. 89, 484 (1932).

Peterson, K. L., Fred, H. L., Alexander, J. K.: Pulmonary arterial webs. A new angiographic sign of previous thromboembolism. New Engl. J. Med. 277, 33—35 (1967).

Peterson, P. A., Soule, E. A., Bernatz, P. E.: Benign granular-cell myoblastoma of the bronchus. Report of two cases. J. thorac. Surg. 34, 95 (1957).

Petrén, G., Sjövall, E.: Ein Fall von plötzlichem Tod während der Operation infolge Tumor an der Bifurkation der Trachea. Bruns' Beitr. klin. Chir. 132, 1 (1924).

Petriat, A., Cornet, L., Leger, H., Castaing, R., Tessier, R.: Neurinome primitif intrapulmonaire. Presse méd. 1953, 1526—1528.

Petrović, J.: L'echinococcose pulmonaire et la radiophotographie. Plućne Bol. Tuberc. 22, 224—228 (1970).

Pettet, J. R., Woolner, L. B., Judd, E. S.: Carotid body tumors (chenodectomas). Ann. Surg. 137, 465—477 (1953).

Peveling-Schlüter: Kongenitale Cysten des Mediastinums. Inaug.-Diss. Düsseldorf 1950.

Pezzuoli, G., Belli, L., Marzo, D. de: La sequestrazione intralobare del polmone. (Contributo clinico.) Chirurgia (Milano) 12, 93—111 (1957).

Pezzuoli, G., Bencini, A.: Osservazioni su di un caso di "amartoma condromatoso" del polmone. Minerva chir. (Torino) 9, 85 (1954).

Pfahler, G. E.: Roentgen diagnosis of mediastinal tumors and their differentiation. Amer. J. Roentgenol. 31, 458 (1934).

Pfeiffer, W.: Das Jakobson-Holzknechtsche Phänomen bei einseitiger Bronchostenose durch Fibrom und seine künstliche Erzeugung. Dtsch. med. Wschr. 1920, 1298.

Pfister, A. K., Goodwin, A. W., Squire, E. W., Ellison, A. B. C., Walker, J. H.: Pulmonary blastomycosis: roentgenographic clues to the diagnosis. Sth. med. J. (Bgham, Ala.) 59, 1441—1447 (1966).

Phemister, D. B., Steen, W. B., Volerauer, J. C.: A roentgenologic criterion of dermoid cyst. Amer. J. Roentgenol. 30, 111 (1936).

Philips, B.: Intrathoracic pheochromocytoma. Arch. Path. 30, 916 (1940).

Phillips, E. W.: Intrathoracic xanthomatous new growths: report of two cases and the colletion of similar cases in the literature. J. thorac. Surg. 7, 74—95 (1937).

Phillips, L. A.: Mediastinal chemodectoma and thoracic aortography. A case report. Clin. Radiol. (Edinb.) 14, 129—132 (1963).

Phillips, T., Hanson, A.: The problem of circumscribed lung opacities. Brit. J. Dis. Chest 56, 17—22 (1962).

Piaggio Blanco, R. A., Dighiero, J. C., Garcia Capurro, F.: Un nuevo caso de silicosis a forme tumoral. Rev. Tuberc. Urug. 8, 209 (1939).

Piaggio Blanco, R. A., Garcia Capurro, F.: Equinococcosis pulmonar. Buenos Aires: El Ateneo 1939.

Piaggio-Blanco, R. A., Sayagues, C.: Lipoma intratorácico del mediastino anterior. Arch. urug. Med. Cir. 19, 297—310 (1941).

Piazza, A., Bocaccio, R.: Processi infiammatori e neoplastici dell' apparato polmonare, errori radiologici controllati autopticamente. Radiologia (Roma) 10, 501—519 (1954).

Piazza, G.: Occlusione bronchiale da cancro in silicosi. Radiol. med. 41, 307 (1955).

Pick, L.: Zur Kritik der primären Lungenadenome. Z. Geburtsh. Gynäk. 64, 270 (1909).

Pickhardt, O. C.: Pleurodiaphragmatic cysts. Ann. Surg. 99, 814 (1934).

Piekarski, G.: Lehrbuch der Parasitologie. Berlin-Göttingen-Heidelberg: Springer 1954.

Pierce, W. F., Alznauer, R. L., Rolle, C.: Leiomyoma of the lung. Report of a case. Arch. Path. 58, 443—448 (1954).

Pierson, J. W.: Pneumonia due to aspiration of lipoid. J. Amer. med. Ass. 99, 1163 (1932).

Pierson, J. W.: Some unusual pneumonias associated with the aspiration of fats and oils in the lungs. Amer. J. Roentgenol. 27, 572—579 (1932).

Pierucci, L., Fishman, N. H., McKeown, J. J.: Echinococcal disease of lung: giant solitary pulmonary cyst. J. Amer. med. Ass. 187, 64—67 (1964).

Pietri, P., Salvaneschi, S., Peracchia, A., Gallo, G.: Tumori rari del polmone. Pavia: Ed. Enzo Cortina 1957.

Pigorini, F.: Considerazioni sul quadro radiologico del cosidetto tubercoloma del polmone. Riv. Tuberc. 8, 364 (1960).

Pigorini, L.: Pseudo-segno di scollamento ed immagine a doppio contorno in processi non idatidei del polmone. Atti XV. Congr. Naz. Soc. Ital. Radiol. Med., Cortina d'Ampezzo 1948.

Pigorini, L.: Considerazione sul quadro radiologico del cosidetto tubercoloma del polmone. Riv. Tuberc. 8, 364 (1960).

Pigorini, L., Canitano, P., Casalena, M.: Sopra un segno radiologico delle opacità rotonde polmonari ad etiologia infiammatoria: le strie radiali. Riv. Tuberc. 5, 379 (1966).

Pilot, I.: Mesenchymatous tumors of lung and pleura. Radiology 14, 391 (1930).

Piñeyro, J., Fischer, T. M.: Abscessos primarios estafilocóccios del pulmón. Tórax 10, 30—39 (1961).

Pinkerton, H.: Oils and fats -their entrance into and fate in the lungs of infants and children. Amer. J. Dis. Child. 33, 259—285 (1927).

Pinkerton, H.: The reaction of oils and fats in the lung. Arch. Path. 5, 380—401 (1928).

Pinkerton, H., Moragues, V.: Paraffinoma of the lung with secondary tubercle-like lesions in liver and spleen. Arch. Path. 29, 691—699 (1940).

Pinner, M.: Pneumonitis. Amer. Rev. Tuberc. 38 (1938).

Pirani, C. L., Ewart, P. E., Wilson, A. L.: Thromboendarteriitis with multiple mycotic aneurysms of branches of the pulmonary artery. Amer. J. Dis. Child. 77, 460—473 (1949).

Pittman, H. S., Kane, L. W.: Fungus infections of the lungs. Med. Clin. N. Amer. 35, 1323—1331 (1951).

Pitzorno, P.: Su di un caso di idatosi bronchiale secondaria broncogena. Riv. Radiol. 2, 748—756 (1962).

Plachta, A., Hershey, H.: Lipoma of the lung. Review of the literature and report of a case. Amer. Rev. resp. Dis. 86, 912—916 (1962).

Placitelli, G.: Fibromixoma del polmone asportato ad un bambino di 8 anni. Minerva pediat. (Torino) 5, 554—558 (1953).

Plaut, A.: Hemangioendothelioma of lung. Arch. Path. 29, 517—529 (1940).

Plenk, A., Pretl, K.: Peripheres endobronchiales Plasmozytom der Lunge mit Osteopathia hypertrophicans. Wien. med. Wschr. 1953, 450.

Plessinger, V. A., Jolly, P. N.: Rasmussen's aneurysms and fatal hemorrhage in pulmonary tuberculosis. Amer. Rev. Tuberc. 60, 589—603 (1949).

Pliess, G.: Zur Morphologie und Syndromatik heteroplastischer Dysembryome des Mediastinums. Frankfurt. Z. Path. 65, 111—126 (1954).

Plíkal, V.: Thorax (Lond.) 19, 104 (1964).

Plugh, D. L., Jones, Martin: "Tuberculoma" of the lung. Tubercle (Lond.) 33, 184 (1952).

Plummer, N. S., Angel, J. H., Shaw, D. B., Hinson, K. F. W.: Respiratory granulomatosis with polyarteritis nodosa (Wegener's syndrome). Thorax (Lond.) 12, 57 (1957).

Poer, D. H.: Effect of removal of malignant thymic tumor in case of myasthenia gravis. Ann. Surg. 115, 586—595 (1942).

Pohl, R.: Meningokele im Brustraum unter dem Bild eines intrathorakalen Rundschattens. Röntgenpraxis 5, 747—749 (1933).

Pohle, E. A., Ritchie, G.: Silicosis and tuberculosis roentgenologically simulating a neoplasm. Amer. J. Roentgenol. 43, 42 (1940).

Pohlmann, D.: Über zwei ungewöhnliche intrathorakale Cystenbildungen. Frankfurt. Z. Path. 62, 1—12 (1951).

Pokorny-Weil, L.: Zur Kenntnis der grobknotigen Form der Pneumokoniose. Fortschr. Röntgenstr. 31, 22 (1923).

Pol: Dysontogenetisches mediastinales Bronchom (malignes Bronchom). Münch. med. Wschr. **1927**, 1208.

Poli, E., Gianni, A.: Non commune reperto di laboratorio in aiuto alla diagnosi di echinococcosi polmonare. Minerva med. (Torino) **44**, No. 40 (1953).

Policard, A., Collet, A., Martin, E.: Sur le développement histopathologique des masses fibrohyalines de la silicose pseudotumorale. Presse méd. **61**, 1503—1505 (1953).

Policard, A., Croizier, L., Martin, E.: Structure et mode de formation des blocs fibraux du poumon dans les pneumoconioses minérales. Ann. Anat. path. **16**, 97—132 (1939).

Pollak, B. S., Cohen, S., Gnassi, A.: Inflammatory bronchial tumors. Report of a case and review of the literature. Arch. Otolaryng. **27**, 426 (1938).

Pollak, K.: Formen und Ursachen multipler Knochenbildung in der menschlichen Lunge. Fortschr. Röntgenstr. **91**, 234—243 (1959).

Poller, S., Wholey, M. H.: Pulmonary varix: Evaluation by selective pulmonary angiography. Radiology **86**, 1078—1081 (1966).

Pomerantz, R. M., Twigg, H. L.: Intrathoracic omental herniation. J. thorac. cardiovasc. Surg. **52**, 735—736 (1966).

Poncher, H. G., Milles, G.: Cysts and diverticula of intestinal origin. Amer. J. Dis. Child. **45**, 1064—1078 (1933).

Ponsoye: À propos d'un cas d'hamartome pulmonaire. Thèse de Montpellier 1949.

Ponti, C. de: Fibrolinfangioma del diaframma. Radiol. med. (Torino) **38**, 426—429 (1952).

Pope, T.: Laryngeal myoblastoma. Arch. Otolaryng. **81**, 80 (1965).

Popović, L.: Echinokokkus der Pleura. Liječn. Vjesn. **43**, 255 (1921).

Popović, L., Vlaković, J.: Zu dem Symptom Escudero-Nemenov. Röntgenpraxis **3**, 83 (1931).

Poppe, H.: Hernia diaphragmatica dextra. Acta radiol. (Stockh.) **27**, 505 (1946).

Poppe, H.: Die sternokostale Enterocele. Fortschr. Röntgenstr. **80**, 723—726 (1954).

Poppe, J. K.: Cryptococcosis of the lung. J. thorac. Surg. **27**, 608—613 (1954).

Popper, M., Kaufmann, S., Zibalis, S.: Die Röntgendiagnose des Lungentuberkuloms. Radiologia (Buc.) **1**, 121—128 (1956).

Porstmann, W., Hasche, E.: Zum Krankheitsbild der „intralobären Sequestration". Thoraxchirurgie **4**, 144—149 (1956).

Porstmann, W., Witter, H., Schönfeld, G.: Metastasierendes retroperitoneales Chemodektom (nicht chromaffines Paragangliom). Fortschr. Röntgenstr. **106**, 811—821 (1967).

Porta, C.: On roentgen diagnosis of intrathoracic neurinoma. Radiol. med. (Torino) **32**, 281 (1946).

Portwich, F.: Der Internist **6**, 225 (1965).

Postel, E., Laas, E.: Periarteriitis nodosa. Ein Bericht über 2 Fälle mit Beteiligung der Lunge. Z. Kreisl.-Forsch. **33**, 543 (1941).

Postlethwait, R. W., Hagerty, R. F., Trent, J. C.: Endobronchial polypoid hamartochrondroma: Review of the literature and report of a case. Surgery **24**, 732 (1948).

Pouley, E. L.: Chondroma de pulmón. Arch. urug. Med. Cir. **17**, 93—99 (1940).

Powell, E. B.: Granular cell myoblastoma. Arch. Path. **42**, 517 (1946).

Prenschoff, P.: Zur Klinik und Röntgendiagnostik des vielkammerigen Echinokokkus der Leber. Fortschr. Röntgenstr. **48**, 306 (1933).

Press, P.: Le diagnostic des infiltrats pulmonaires non tuberculeux. Praxis (Bern) **44**, 545 (1955).

Prete, A., Marogna, L.: Rapporti delle cisti idatidee del polmone con i peduncoli bronco-vascolari dei segmenti. Studi sassaresi **36**, 62—76 (1958).

Pretl, K.: Gutartige Bronchusgeschwülste. Wien. med. Wschr. **1953**, 481.

Preuss: Über Bronchuscysten. Dtsch. med. Wschr. **51**, 1823 (1925).

Prévôt, R.: Zur röntgenologischen Diagnose der Lungenlues. Röntgenpraxis **7**, 686 (1935).

Price-Thomas, C.: Intrathoracic tumours. Bristol: John Wright & Sons 1950.

Price-Thomas, C.: Benign tumours of the lung. Lancet **1954I**, 1—20.

Price-Thomas, C.: Gutartige Tumoren der Lunge. Münch. med. Wschr. **97**, 975—980 (1955).

Prichard, M. L.: Peripheral ischaemia of the lung. Brit. J. Radiol. **27**, 93 (1954).

Primer, G., Quarz, W.: Zum Erscheinungsbild seltener intrathorakaler Tumoren. Z. Tuberk. **126**, 267—276 (1967).

Pringle, J. J.: A case of congenital adenoma sebaceum. Brit. J. Dermat. **1890 II**, 1.

Pringle, J. J.: Über einen Fall von kongenitalem Adenoma sebaceum. Mschr. prakt. Derm. **10**, H. 5 (1890).

Prinotti, C., Belli, E., Bruno, G.: Osservazioni su rari casi di amebiasi bronco-polmonare. Riv. Tuberc. **14**, 200—206 (1966).

Pritzker, H. G., MacKay, J. S.: Pulmonary actinomycosis simulating bronchogenic carcinoma. Canad. med. Ass. J. **88**, 785—791 (1963).

Priviteri, Ch. A., Gay, B.: Aneurysm of the pulmonary artery. A case diagnosed by angiocardiography. Radiology **55**, 247 (1950).

Procházka, V., u. Mitarb.: Intrabronchiales Leiomyom. Thoraxchirurgie **5**, 17 (1957).

Protar, M., Bouscher, H., Papet, R.: Les opacités pulmonaires: Maladie de Hodgkin simulant un dysembryome du mediastin antérieur. J. Radiol. Électrol. **31**, 66 (1950).

Protzek, K.: Differentialdiagnostischer Beitrag zur Klinik der Lungentumoren im Rahmen der heutigen Thoraxchirurgie. Dtsch. med. Wschr. **75**, 1357—1360 (1950).

Prowse, C. B.: Amyloidosis of the lower respiratory tract. Thorax (Lond.) **13**, 308—320 (1958).

Prozorov, A. E.: Die Veränderungen im Lungengewebe und in den intrathorakalen Lymphdrüsen bei der glandulär-pulmonalen Form der Tularämie. Klin. Med. (Mosk.) **22**, 50—59 (1944).

Pruszewicz, A., Jaroszewski, F., Szmeja, A.: Radiologische Lungenveränderungen beim Wegenerschen Syndrom. Fortschr. Röntgenstr. **112**, 204—211 (1970).

Prutzman, I. D., Flick, J. B.: Pulmonary arteriovenous fistula with extensive thoracic wall collateral circulation. Bull. Ayer clin. Lab. Pennsylv. Hosp. **4**, 23—29 (1954).

Pruvost, P.: Talcose à forme pseudotumorale. Bull. Acad. Méd. (Paris) **1946**, 102.

Pryce, D. M.: Lower accessory pulmonary artery with intralobar sequestration of the lung: A report of 7 cases. J. Path. Bact. **58**, 457—467 (1946).

Pryce, D. M., Sellors, T. H., Blair, L. G.: Intralobar sequestration of lung associated with an abnormal pulmonary artery. Brit. J. Surg. **35**, 18—29 (1947).

Prym, P.: Ein Teratom im vorderen Mediastinum. Frankfurt. Z. Path. **15**, 181 (1914).

Psenner, L., Schönbauer, E.: Das Krankheitsbild der tuberösen Sklerose mit besonderer Berück-

sichtigung der röntgenologischen Symptomatik. Fortschr. Röntgenstr. 89, 301—318 (1958).
PUCHETTI, V., JONESCU, L., CUBILLOS, L.: Gastroenterogene Mediastinalcysten. Thoraxchirurgie 6, 251—261 (1958).
PUCKETT, T. F.: Pulmonary histoplasmosis; a study of 22 cases with identification of H. capsulatum in resected lesions. Amer. Rev. Tuberc. 67, 453—476 (1953).
PUCKETT, T. F.: Pulmonary histoplasmosis. Amer. J. Surg. 90, 92 (1955).
PÜTZ, T.: Zur röntgenologischen Diagnose und Differentialdiagnose solitärer verkalkter intrathorakaler Tumoren. Röntgenpraxis 12, 266 (1940).
PUGH, D. G.: Pulmonary cysts. Amer. J. med. Sci. 208, 673—681 (1944).
PUGH, D. L., JONES, E. R., MARTINI, W. J.: "Tuberculoma" of the lung. Tubercle (Lond.) 33, 184—188 (1952).
PURRIEL, M. P.: Echinococcose cardiaque. Poumon 11, 41 (1955).
QUARZ, W.: Zur bronchologischen Diagnostik von benignen und semimalignen Lungengeschwülsten. Z. Tuberk. 117, 10—18 (1961).
RABIN, C. H.: In: GOLDEN, R. (editor): Diagnostic roentgenology. New York: Th. Nelson & Sons 1947.
RABINOVICH, I. I., ARENBERG, A. A.: Sindrom Maffucci s perekhodom v khondrosarkomu. Khirurgiya (Mosk.) 39, 51—56 (1963).
RABINOVITCH, J., LEDERER, M.: Lipoid pneumonia. Arch. Path. 17, 160 (1934).
RABONI, F., MERELLI, B.: Sul quadro radiologico delle broncopneumopatie stafilococciche dell' adulto. G. Clin. med. 42, 868—898 (1961).
RADENBACH, K. L.: Große solitäre tuberkulöse Rundherde (Tuberkulome) der Lunge. Beitr. Klin. Tuberk. 106, 539 (1952).
RADENBACH, K. L.: Beitrag zum großen tuberkulösen Rundherd (Tuberkulom) der Lunge. Ann. Tuberc. (Tenri) 5, 50 (1954).
RADENBACH, K. L.: Das lobuläre Lungeninfiltrat, ein wichtiger tuberkulöser Frührundherd. Prax. Pneumol. 18, 135—151 (1964).
RADENBACH, K. L., JUNGBLUTH, H.: Tuberkulöse Rundherde und Tuberkulome der Lunge. Radiologe 2, 233—246 (1962).
RADESTOCK: Ein Fall von Struma intratrachealis. Beitr. path. Anat. 3, 289 (1888).
RAISON, J. C. A.: Intrathoracic meningocele. Thorax (Lond.) 11, 334 (1956).
RAJKOVITS, K., BRASCH, G.: Intrabronchialis chondroma uraemiához vezető amylodosissal. Tuberk. és Tüdöbetegs. 17, 122 (1964).
RAKOFSKY, M., KNICKERBOCKER, T. W.: Roentgenological manifestations of primary pulmonary coccidioidomycosis. Amer. J. Roentgenol. 56, 141—155 (1946).
RAMSAY, B. H.: Mucocele of the lung due to congenital obstruction of a segmental bronchus. Dis. Chest 24, 96 (1953).
RAMSAY, B. H., BYRON, F. X.: Mucocele, congenital bronchiectasis and bronchogenic cyst. J. thorac. Surg. 26, 21—29 (1953).
RAMSEY, J. H.: Bronchial granular-cell myoblastoma. Arch. Otolaryng. 62, 81 (1955).
RANDALL, W. S., BLADES, B.: Primary bronchogenic leiomyosarcoma. Arch. Path. 42, 543—549 (1946).
RANKY, L.: Bronchographische Untersuchungen bei Silikose. Magy. Radiol. 7, 22—26 (1955).
RANNIGER, K.: Multiple Lungenhamartome. Fortschr. Röntgenstr. 94, 831 (1961).
RANNIGER, K.: Pulmonary arteriography: a simple method for demonstration of clinically significant pulmonary emboli. Amer. J. Roentgenol. 106, 558—562 (1969).
RANNIGER, K., VALVASSORI, G. E.: Angiographic diagnosis of intralobar pulmonary sequestration. Amer. J. Roentgenol. 92, 540—546 (1964).
RAP, A. A.: Bronchopathia chondroosteoplastica. Ned. T. Geneesk. 96, 1406 (1952).
RAPAPORT, J. L.: Bronchial and pulmonary benign tumors and their relation to pulmonary carcinoma according to the materials of surgical pathology. Acta Un. int. Cancr. 19, 1303—1304 (1963).
RASMUSSEN, R. A., MEAD, R. H., BASINGER, C. E.: Granulomas of the lung. The necessity for early identification. J. Mich. med. Soc. 58, 1791 (1959).
RAŠOVIĆ, L., DJAJA, V., VUJOŠEVIĆ, M., IŠVANESKI, M.: Fibrome der Lunge. Srpski Arhiv celok. Lek. 90, 589—598 (1962).
RASQUIN, P.: Tumeur thyreoidienne intratrachéale. Ann. Oto-laryng. (Paris) 67, 493 (1950).
RATKÓCZY, N.: Die Pathologie und Therapie der Lymphogranulomatose. Leipzig: G. Thieme 1940.
RATON, D.: Tracheal bronchus and bronchogenic cyst. J. franç. Méd. Chir. thor. 3, 447—451 (1949).
RATZENHOFER, M.: Granuläre falsche Neurome (sog. Myoblastenmyome) und sekundäre invasive Wucherung des Deckepithels. Virchows Arch. path. Anat. 320, 138 (1951).
RAU, F.: Flimmerepithelcyste des Oesophagus. Virchows Arch. path. Anat. 153, 26 (1898).
RAUCH, H. W. M.: Anzeigen zur operativen Behandlung und ihre Ergebnisse bei 220 Tuberkulomen der Lunge. Thoraxchirurgie 4, 534 (1956/57).
RAUSCH, F.: Über den röntgenologischen Nachweis von Thymustumoren bei der Myasthenia gravis. Fortschr. Röntgenstr. 85, 222—226 (1956).
RAVAZZONI, C., BARONE, L., ADAMOLI, S., RAMOINO, R.: Aspetti clinico-radiologici dell' ematoma polmonare post-traumatico. Radiol. med. (Torino) 55, 7—15 (1969).
RAVELLI, A.: Zum Bild der Lungenaktinomykose. Z. Tuberk. 92, 174—179 (1949).
RAVELLI, A.: Zum röntgenologischen Erscheinungsbild höherer tierischer Parasiten in der Lunge des Menschen. Med. Klin. 44, 603 (1949).
RAVELLI, A.: Zur röntgenologischen Differenzierung des tuberkulösen Rundherdes in der Lunge von parasitären Gebilden. Beitr. Klin. Tuberk. 102, 373 (1949/50).
RAVELLI, A.: Der einzelne Rundschatten im Röntgenbild des Thorax. Radiol. clin. (Basel) 20, No. 3 (1951).
RAVICH, A., STOUT, A. P., RAVICH, R. A.: Malignant granular cell myoblastoma involving urinery bladder. Ann. Surg. 121, 361—372 (1945).
RAVINA, A.: Angiomatose héréditaire hémorrhagique. Anévrysme artério-veineux du poumon. Presse méd. 57, 776—777 (1949).
RAVITCH, M. M., HANDELSMAN, J. C.: Defects in right diaphragma of infants and children with herniation of liver. Arch. Surg. 64, 794—802 (1952).
RAYMOND, F.: Syphilis tertaire des voies réspiratoires, larynx, trachée et premiers bronches; bronchopneumonie et pleurésie; adénopathie péritrachéale etc. Bull. Soc. méd. Hôp. Paris 7, 379 (1890).
RAZEMON, P., RIBET, M., GAUTIER, C.: Les hématomes pulmonaires. Ann. Chir. (Paris) 2, 78—87 (1963).
READING, B.: Case of congenital teleangiectasis of lung, complicated by brain abscess. Tex. St. J. Med. 28, 462—464 (1932).
REBOUD, H., BONNEAU, DE CUTOLLI, OTTAVIOLI: Hamartome de la bronche lobaire supérieure gauche. Presse méd. 60, 1809—1810 (1952).

Recklinghausen, F. D. v.: Multiple Enchondrome der Knochen in Verbindung mit multiplen phlebogenen cavernösen Hämangiomen der betreffenden Weichteile. Virchows Arch. path. Anat. 118, 4 (1888).
Recklinghausen, F. D. v.: Über die multiplen Ecchondrosen der großen Luftwege. Verh. dtsch. path. Ges. 1899, 109.
Reddy, D. B., Rao, N.: Trophoblastic tumours. I. Hydatiform mole. Review based on a study of 135 cases. Indian J. med. Sci. 23, 527—531 (1969).
Reddy, D. B., Rao, N.: Trophoblastic tumours. II. Chorio-carcinoma. A review of 50 cases. Indian J. med. Sci. 23, 532—537 (1969).
Redi, R.: Criteri di diagnostica e terapia nelle cisti da echinococco del polmone. Relaz. T. Congr. Naz. Soc. Chir. Tor. 3, 173 (1950).
Redlich: Wien. med. Wschr. 76, 737—746 (1926).
Redondo, J., Pelaez, Gonzales de Vega, N., Morata Garcia, F.: Patogenia y formas evolutivas del tuberculoma del pulmón. Med. clín. (Barcelona) 38, 87—102 (1962).
Reech, R.: Über Geschwülste des retikulären Systems der Lunge anhand eines Retikulozytoms. Zbl. allg. Path. path. Anat. 110, 113 (1967).
Reeder, W. H., Goodrich, B. E.: Pulmonary infiltration with eosinophilia (PIE-Syndrome). Ann. intern. Med. 36, 1217—1240 (1952).
Reeves, R. J.: The incidence of bronchomycosis in the South. Amer. J. Roentgenol. 45, 513 (1941).
Rehbein, F.: Gastrogene Cyste im Mediastinum mit Klippel-Feil-Syndrom. Mschr. Kinderheilk. 102, 452 (1959).
Reich: Über die Amyloidtumoren der Trachea. Bruns' Beitr. klin. Chir. 69 (1909).
Reich, L.: Zur Kasuistik der Hernia diaphragmatica dextra hepatis. Fortschr. Röntgenstr. 34, 481—484 (1926).
Reiche: Tumor der rechten Lunge. Berl. klin. Wschr. 1921. 1050.
Reichle, F. A., Rosemond, G. P.: Mucoepidermoid tumors of the bronchus. J. thorac. cardiovasc. Surg. 51, 443—448 (1966).
Reichlin, S., Loveless, M. H., Kane, E. G.: Loeffler's syndrome following penicillin therapy. Arch. intern. Med. 38, 113—120 (1953).
Reid, H., Marcus, R.: Thymoma. With report of 5 cases. Brit. J. Surg. 36, 271—279 (1948/49).
Reid, J. D., Cairney, P. C., Oliver, A. P.: Cholesterol pneumonitis. New Zeal. med. J. 60, 134—143 (1961).
Reimann, H. A., Koucky, R. F., Eklund, C. M.: Primary amyloidosis limited to tissue of mesodermal origin. Amer. J. Path. 11, 977—988 (1935).
Reinhardt, K.: À propos d'un cas de lymphangiectasis pulmonaire. Radiol. clin. (Basel) 22, 162 (1953).
Reinhardt, K.: Die gefüllte Kaverne. Fortschr. Röntgenstr. 82, 321—327 (1955).
Reinhardt, K.: Das Mycetom. Stuttgart: E. Enke 1967.
Reinhardt, K.: Das Lungenmycetom und seine Differentialdiagnose. Dtsch. med. Wschr. 94, 2045—2049 (1969).
Reinhardt, K.: Aufhellungen innerhalb und in Umgebung von Tumorverschattungen der Lunge. Radiologe 11, 179—186 (1971).
Reinhardt, K.: Der Röntgenbefund der Narrenschelle (Image en grelot) bei malignen Lungentumoren. Radiol. clin. (Basel) 40, 305—317 (1971).
Reinhardt, K., Schermuly, W.: Der nicht durch Pilzbefall verursachte Röntgenbefund der Narrenschelle (Image en grelot). Fortschr. Röntgenstr. 114, 184—189 (1971).
Reisner, K., Huzly, A.: Die sogenannten Perikardzysten, ihre Differentialdiagnose und Ätiologie. Fortschr. Röntgenstr. 103, 1—20 (1965).
Reitan, H.: Beitrag zur Röntgendiagnose der Perikarddivertikel und der abgesackten Perikardexsudate. Fortschr. Röntgenstr. 58, 195—213 (1938).
Reitano, R.: I „cosidetti" tumori ossei del polmone. Boll. Soc. med.-chir. Catania 4, 591 (1936).
Reitter, H.: Die primäre pleuro-pulmonale Aktinomykose. Zbl. Chir. 79, 993—1001 (1954).
Reitter, H.: Chirurgische Probleme bei der chronischen Pneumonie. Thoraxchirurgie 3, 340—351 (1955).
Reitter, H.: Die gutartigen Geschwülste der Lunge und der Bronchien. Langenbecks Arch. klin. Chir. 289, 581 (1958).
Renault, P.: La tuberculose pulmonaire en foyer rond et plein, unique et isolée. Bull. méd. (Paris) 55, 473 (1947).
Renault, P., Mathey, J., Bourgin, H.: Dilatations des bronches simulant des abcès du poumon. J. franç. Méd. Chir. thor. 4, 300—311 (1950).
Rendich, R. A., Camiel, M. R.: Massive conglomerate lesions of silicosis differentiated from pulmonary neoplasm. J. thorac. Surg. 12, 686 (1943).
Rendu: Épistaxis répétés chez un sujet porteur de petits anévrysmes cutanés et muqueux. Bull. Soc. méd. Hôp. Paris 13, 731 (1896).
Renovanz, H. D.: Der tuberkulöse Rundherd — ein röntgenologisches Symptom. Fortschr. Röntgenstr. 84, 536—550 (1956).
Reuter, G.: Über das Syndrom des Klippel-Trénaunay-Parkes-Weber. Bericht über 2 klinikeigene Fälle. Z. Kinderchir. 5, 251—258 (1967).
Reventos, J., Busquets, J., Rubio, J.: Über ein maligne entartetes Schwannom der Lunge. Thoraxchirurgie 14, 204—209 (1966).
Rewell, R. E.: Lipoid pneumonia, pitfall in diagnosis. Brit. med. J. 1947 I, 409—411.
Rey, A. J., Rey, J. C., Masse, R. J.: Tuberculosis pulmonar de forma pseudotumoral. Rev. argent. Tuberc. 4, 185—189 (1938).
Rey, J. C., Rubinstein, P., Gröbli, C. W.: Silicosis pulmonar de forma tumoral. Pren. méd. argent. 1957, 2157—2162.
Reynes, C. J., Love, L.: Mediastinal pseudocyst. Radiology 92, 115—116 (1969).
Reynolds, C. A., Carrigan, P. T.: Primary subpleural intrapulmonic thymoma. J. thorac. Surg. 25, 600 (1953).
Ribbert, H.: Geschwulstlehre. Bonn: Cohen 1904.
Ricceri, R., Maurizi-Enrici, M.: Il valore della broncografia nella precisazione diagnostica delle immagini ad aspetto rotondeggiante del torace. Arch. Chir. Torace 13, 478 (1956).
Richert, J. H., Krakaur, R. B.: Diffuse pulmonary schistosomiasis. Report of two cases proved by lung biopsy. J. Amer. med. Ass. 169, 1302—1306 (1959).
Richman, S., Barry, W. F.: Localized bulge of the right diaphragm simulating neoplasm. Amer. J. Roentgenol. 72, 22—28 (1954).
Rieche, K.: Blutgerinnungsstörungen bei menschlichen Geschwulsterkrankungen. Arch. Geschwulstforsch. 32, 262—276 (1968).
Rieche, K.: Blutgerinnung und Tumormetastasierung. Arch. Geschwulstforsch. 33, 66—75 (1969).
Riedeberger, J., Wehner, W.: Das Maffucci-Syndrom (Dyschondroplasie mit multiplen Hämangiomen). Med. Bild 10, 170—173 (1967).

Rieder, W.: Diskussion zu Obiditsch-Mayer, I.: Über das Vorkommen von Glomustumoren in der Lunge. Zbl. allg. Path. path. Anat. 89, 51 (1952).

Riemann, H.: Lungenveränderungen bei Kollagenosen. Frühjahrstagg. d. Bayerischen Röntgenges. Lindau a. Bodensee 6.—8. 6. 1969.

Rienhoff, W. F., Shelley, W. M., Cornell, W. P.: Lymphangiomatous malformation of thoracic duct associated with chylous pleural effusion. Ann. Surg. 159, 180—184 (1964).

Rienzo, S. di, Weber, H. H.: Radiologische Exploration des Bronchus. Stuttgart: G. Thieme 1960.

Riera Zubillaga, A., Sanoja, Th.: Manifestatiónes pleuro-pulmonares de la infección por estafilococos en el niño. Arch. venez. Pueric. 21, 261—288 (1958).

Riggs, T. F., Good, I. I.: Ganglioneuroma of mediastinum. Arch. Surg. 19, 309 (1929).

Rigler, L. G.: Density of central shadow in diagnosis of intrathoracic lesions. Radiology 32, 316—324 (1939).

Rigler, L. G.: The chest. In: Handbook of roentgen diagnosis. Chicago: The Yearbook Publishers Inc. 1946.

Rigler, L. G.: A new roentgen sign of malignancy in the solitary pulmonary nodule. J. Amer. med. Ass. 157, 907 (1955).

Rigler, L. G., Heitzmann, E. R.: Planigraphy in the differential diagnosis of the pulmonary nodule, with particular reference to the notch sign of malignancy. Radiology 65, 692—702 (1955).

Riley, E. A., Tennenbaum, J.: Pulmonary aspergilloma or intracavitary fungus ball. Report of five cases. Ann. intern. Med. 56, 896—910 (1962).

Rindfleisch, E.: Fibroma pulmonum multiplex. Virchows Arch. path. Anat. 81, 516 (1880).

Ringertz, N., Lindholm, S. O.: Mediastinal tumors and cysts. J. thorac. Surg. 31, 458—487 (1956).

Ringler, W.: Arteriovenöse Fisteln der Lunge. Thoraxchirurgie 15, 481—487 (1967).

Rink, H.: Die gutartigen Geschwülste. In: Rink, H.: Der Lungenkrebs, S. 280ff. Stuttgart: F. K. Schattauer 1965.

Riou, J.: La bilharziose pulmonaire. Marseille-méd. 99, 769—776 (1962).

Ripstein, C. B., Rohman, M., Wallach, J. B.: Endometriosis involving the pleura. J. thorac. Surg. 37, 464 (1959).

Rist, E., Ameuille, P., Lemoine, J. M.: Bronchite segmentaire. Presse méd. 55, 173 (1947).

Rist, E., Lemoine, J. M.: Bronchites segmentaires du lobe moyen masquant un cancer bronchique. J. franç. Méd. Chir. thor. 1, 161 (1947).

Ritchie, W.: A case of plastic bronchitis. Edinb. med. J. 15, 117 (1904).

Rizk, G., et al.: Bilateral pulmonary varicosities associated with coarctation of the aorta. Thorax (Lond.) 25, 97 (1970).

Rizzi, I.: Le cisti endotoraciche. A proposito di una ciste bronchiale del mediastino. Arch. ital. Anat. Istol. pat. 8, 689 (1938).

Robbins, L. L.: The roentgenologic appearance of "bronchiogenic" cysts. Amer. J. Roentgenol. 50, 321—333 (1943).

Robbins, L. L.: The roentgenologic diagnosis of parasternal omental hernia. Radiology 41, 378—382 (1943).

Robbins, L. L.: X-ray diagnosis of pulmonary lesions. New Engl. J. Med. 239, 779—786 (1948).

Robbins, L. L.: The roentgenographic appearance of benign lesions of the bronchus and lung. Acta radiol. (Stockh.), Suppl. 116, 263—275 (1954).

Robbins, L. L., Sniffen, R. C.: Correlation between the roentgenologic and pathologic findings in chronic pneumonitis of the cholesterol type. Radiology 53, 187—202 (1949).

Roberts, D. J., Hutchinson, J. E.: Symptomless pulmonary arteriovenous aneurysms or fistulas. Amer. J. Roentgenol. 66, 743—746 (1951).

Robertson, C. K.: Arterio-venous aneurysm of the lung with pulmonary tuberculosis. Report of case. Brit. J. Tuberc. 44, 58 (1950).

Robinson, G. L.: Filaria-Komplementbindungs-Reaktion bei tropischer pulmonaler Eosinophilie mit Ascaris-Antigen. J. clin. Path. 21, 394 (1968).

Robinson, W. W.: Pulmonary syphilis in adults with report of a case. Radiology 25, 596—599 (1935).

Rocha Passos, C. da: Südamerikanische Blastomykose. Hospital (Rio de J.) 70, 127—152 (1966).

Roche, G.: Tumeurs et pseudo-tumeurs du thorax antéro-inférieur d'origine sus-diaphragmatique. J. franç. Méd. Chir. thor. 5, 449—489 (1954).

Roche, G.: Les kystes pleuro-péricardiques. Presse méd. 1955, 326—328.

Roche, G., Daumet, P.: Hernies diaphragmatiques rétro-costo-xiphoïdiennes et position de Trendelenburg. J. franç. Méd. Chir. thor. 9, 439—444 (1959).

Roche, G., Konos, J. B., Dreyer Dufer: Opacité pseudo-kystique de la base droite par hernie épiploïque. J. franç. Méd. Chir. thor. 8, 147—155 (1954).

Roche, G., Paillas, J., Daumet, P.: Considérations sur le diagnostic et le traitement des kystes pleuropéri-cardiaques (à la suite de la communication de Gernez et Savinel). J. franç. Méd. Chir. thor. 6, 37—39 (1952).

Roche, L., Naudin, T., Tolot, F.: La tomographie dans la silicose pulmonaire. Rev. méd. mini. 7, 5—9 (1949).

Rodes, C. B.: Cavernous hemangioma of lung with secondary polycythemia. J. Amer. med. Ass. 110, 1914 (1938).

Rodman, M. H., Jones, C. W.: Catamenial hemoptysis due to bronchial endometriosis. New Engl. J. Med. 266, 805 (1962).

Rodriguez, H. F., Riveira, E.: Pulmonary schistosomiasis. New Engl. J. Med. 258, 1196—1199 (1958).

Roe, B. B.: Myasthenia gravis secondary to thymic neoplasm. Report of a case in which symptoms developed six weeks after total thymectomy. J. thorac. Surg. 33, 770—775 (1957).

Roebel, J., Petzel, H.: Arteriovenöse Fisteln in der Lunge. Fortschr. Röntgenstr. 111, 448—449 (1969).

Rössle, G.: Talkumgranulom aus chirurgischen Handschuhen. Dtsch. Gesundh.-Wes. 4, 213 (1949).

Rössle, R.: Über die Lungensyphilis des Erwachsenen. Münch. med. Wschr. 36, 992 (1918).

Rössle, R.: Über die Tuberkulose der Staubarbeiter, im besonderen im Porzellangewerbe. Beitr. Klin. Tuberk. 47, 325 (1921).

Rössle, R.: Die pathologisch-anatomischen Grundlagen der Epituberkulose. Virchows Arch. path. Anat. 296, 1—38 (1936).

Roger, H., Alliez, J.: Les petites tumeurs sous-cutanées bénignes à type d'hyperalgie hyperdiffusante (Tumeurs glomiques de Masson). Monde méd. 48, 71—75 (1938).

Roger, V. N.: Hamartoma de pulmón. Rev. Asoc. méd. argent. 66, 75 (1952).

Rogers, J. V., Leigh, T. F.: Differential diagnosis of right cardiophrenic angle masses. Radiology 61, 871—878 (1953).

Rogers, J. V., Roberto, A. E.: Circumscribed pulmonary lesions in periarteriitis nodosa and Wegener's granulomatosis. Amer. J. Roentgenol. **76**, 88—93 (1956).

Roghair, G. D., Ross, P.: Wegener's granulomatosis. Brit. J. Radiol. **43**, 216—217 (1970).

Rogstad, K.: Lymphadenitis tuberculosa bronchostenotica. Acta tuberc. scand. **25**, 305—325 (1951).

Rohn, A.: Über Divertikel und Zystenbildungen am Perikard. Prag. med. Wschr. **28**, 461 (1903).

Rohner, R. F., Prior, J. T., Sipple, J. H.: Mucinous malignancies, venous thrombosis and terminal endocarditis with emboli. A syndrome. Cancer (Philad.) **19**, 1805—1812 (1966).

Rojer, C. L.: Multicentric endobronchial myoblastomas. Arch. Otolaryng. **82**, 652 (1965).

Rokitansky, C.: Handbuch der pathologischen Anatomie. Bd. III. Wien: Braumüller u. Seidel 1842.

Rokitansky, C.: A manual of pathological anatomy. Vol. I, p. 196. London: Sydenham Society 1854.

Rolland, J.: Les bronchiomes polymorphes. À propos des tumeurs dites «épistomes» ou «hamartomes». Bull. Soc. méd. Hôp. Paris **59**, 73—75 (1943).

Rolland, J., Tsoutis, N. G.: Abscès du poumon consécutif à un mégaoesophage. Presse méd. **48**, 1024 (1940).

Rolland, L.: Une cause rare d'opacité du cul-de-sac cardiophrénique droit, le lipome du médiastin. Thèse de Paris 1953.

Romagnoli, M., Caspani, F., Piatti, A., Panzetta, A.: Granulomes endobronchiques tuberculeux par perforation ganglionnaire chez l'adulte. Bronches **7**, 408—425 (1957).

Romain, J. M.: Les perforations intrabronchiques des adénopathies tuberculeuses. Acta méd. belg. **1**, 39 (1952).

Romanski, R.: Chemodectoma (non-chromaffinic paraganglioma) of the carotid body with distant metastases. Amer. J. Path. **30**, 1 (1954).

Rooke, E. D., Eaton, L. M., Lambert, E. H., Hodgson, C. H.: Myasthenia and malignant intrathoracic tumor. Med. Clin. N. A. **44**, 977 (1960).

Roosenburg, J. G.: Les opacités pulmonaires par bronchite circonscrite. Bronches **7**, 139—142 (1957).

Roosenburg, J. G., Deenstra, H.: Bronchitis circumscripta. Dis. Chest **29**, 572 (1956).

Roque, F. T., Ludwick, R. W., Bell, C.: Pulmonary paragonimiasis. A review with case reports from Korea and the Philippines. Ann. intern. Med. **38**, 1206—1221 (1953).

Roques, P., Sohier, H.: Lobe accessoire de la face convexe du foie. Ann. Anat. path. **12**, 953—959 (1953).

Rose, G. A., Spencer, H.: Polyarteritis nodosa. Quart. J. Med. **26**, 43—48 (1957).

Rosenbaum, H. D., Alavi, S. M., Bryant, L. R.: Pulmonary parenchymal spread of juvenile laryngol papillomatosis. Radiology **90**, 654—660 (1968).

Rosenbluth, S. B, Steinberg, I., Dotter, C. T.: Abscesses of myocardium due to suppurative mediastinal dermoid: angiocardiography and pathologic study. Ann. intern. Med. **37**, 1064—1077 (1952).

Rosendahl, F.: A case of diffus myomatosis and cyst formation in the lung. Acta radiol. (Stockh.) **23**, 138—146 (1942).

Rosenwasser, H.: Carotid body tumour of the middle ear and mastoid. Arch. Otolaryng. **41**, 64 (1945).

Rosetti, M.: Rechtsseitiger hypophrenischer Abszeß mit Perforation in den Bronchialbaum. (Thorakale Symptome und diaphrenische Komplikationen eines selten gewordenen Krankheitsbildes). Radiol. clin. (Basel) **23**, 109—115 (1954).

Rosetti, M.: Über die partielle Relaxatio der rechten Hemidiaphragma. Radiol. clin. (Basel) **23**, 210 (1954).

Ross, C. A., Ramos, A. G.: Giant pericardial cyst. Amer. Rev. resp. Dis. **85**, 985—997 (1962).

Ross, J. M.: Hemorrhage into lungs in cases of death due to trauma. Brit. med. J. **1941 I**, 79—80.

Ross, R. C., Miller, T. R., Foote, F. W.: Malignant granular-cell myoblastoma. Cancer (Philad.) **5**, 112—121 (1952).

Rossier, P. H., Bühlmann, A.: Eine Ölpneumonie nach jahrelangem Gebrauch von flüssigem Paraffin als Nasentropfen. Schweiz. med. Wschr. **1949**.

Roth, F.: Pleuropulmonale Perforation eines Oleothorax. Frankfurt. Z. Path. **54**, 131 (1940).

Roth, F.: Jodipinschäden der Lunge. Frankfurt. Z. Path. **60**, 97 (1949).

Roth, M.: Über Mißbildungen im Bereich des Ductus omphalo-mesentericus. Virchows Arch. path. Anat. **86**, 371—390 (1881).

Roth, O.: Zur Pathogenese und Behandlung der Bronchitis fibrinosa. Klin. Wschr. **1938**, 1798—1800.

Rothe, G.: Klinik und Therapie der Hamartochondrome. Arbeitstagg. d. Sekt. Thoraxchir. d. Ges. f. Chirurgie d. DDR, Zschadrass 1. 10. 1971.

Rothe, G., Kläring, W.: Gutartige Bronchusgeschwülste. Zbl. Chir. **1955**, 786—792.

Rothe, G., Kläring, W., Barth, W., Matzel, W., Potel, J.: Das Tuberkulom der Lunge. Tuberk.-Bibl. Nr. 96. Leipzig: J. A. Barth 1960.

Rothe, G., Melzer, L.: Zur Klinik der Lungenchondrome. Zbl. Chir. **84**, 12 (1958).

Rothschild, D.: Über Lungensyphilis im Sekundärstadium. Münch. med. Wschr. **1918**, 1199.

Rotta, C.: Osservazioni cliniche ed istopatologiche nei focolai rotondi del polmone. Minerva med. (Torino) **26**, 34 (1945).

Rotte, K. H.: Zur Röntgensymptomatologie der Chondrohamartome der Lunge. Radiol. diagn. (Berl.) **10**, 689—695 (1969).

Rotte, K. H., Eichhorn, H. J.: Zum Problem der Differentialdiagnose und der Therapie-Indikation bei sogenannten peripheren Rundherden. Dtsch. Gesundh.-Wes. **20**, 1783—1790 (1965).

Roujeau, J.: Hamarto-chondrome broncho-pulmonaire. Rev. Tuberc. (Paris) **25**, 991 (1961).

Roujeau, J., Delarue, J., Depierre, R.: Lymphangiectasie pulmonaire diffuse, pneumonie chyleuse et chylothorax, après thrombose puerpérale de la veine sousclavière gauche. J. franç. Méd. Chir. thor. **4**, 488—502 (1950).

Roujeau, J., Hertzog, P., Brux, J. de: Les pseudotumeurs inflammatoires du poumon. À propos de trois observations anatomo-cliniques. Rev. Tuberc. (Paris) **27**, 571—588 (1963).

Roulet, F.: Die infektiösen spezifischen Granulome. In: Handbuch der allgemeinen Pathologie, Bd. VII/1. Berlin-Göttingen-Heidelberg: Springer 1956.

Rouquès, L.: Thymus et myasthénie. Presse méd. **1947**, 327—329.

Rousselot: Les kystes du pédicule pulmonaire. Thèse de Lyon 1945.

Roussy, G.: Le cancer. Nouveau traité de méd. **5**, 2 (1929).

Roussy, G., Laroux, R.: Diagnostique des tumeurs. Paris: Masson & Cie. 1921.

Roux, B. T. le: Pericardial coelomic cysts. Thorax (Lond.) **14**, 27—35 (1959).

Roux, B. T. le: Spherial radiological opacities in anterior cardiophrenic angle. J. roy. Coll. Surg. Edinb. 5, 158—163 (1960).

Roux, B. T. le: Intralobar pulmonary sequestration. Thorax (Lond.) 17, 77—84 (1962).

Roux, B. T. le: Intrathoracic duplication of the foregut. Thorax (Lond.) 17, 357—362 (1962).

Roux, B. T. le: Pulmonary "hamartomata". Thorax (Lond.) 19, 236 (1964).

Roux, B. T. le: Supraphrenic herniation of perinephric fat. Thorax (Lond.) 20, 376 (1965).

Roux, M., Robin, le Bihan: Arthrose cervicale et hernie diaphragmatique. J. franç. Méd. Chir. thor. 9, 181—187 (1959).

Roux-Berger, J. L., Debroise, G.: Tumeur bénigne du poumon (Hamartome ?). Mém. Acad. Chir. 62, 654 (1936).

Roux-Berger, J. L., Roux-Berger, B.: Kystes et faux kystes intrathoraciques. Mém. Acad. Chir. 1942, 392—400.

Rowlands, D. T.: Fibroepithelial polyps of the bronchus: a case report and review of the literature. Dis. Chest 37, 199 (1960).

Royce, B.: The criteria for clinical diagnosis of syphilis of the lung. Ann. intern. Med. 33, 700—707 (1950).

Royer, J., Gloaguen, A.: Syphilis pulmonaire à forme pseudotumorale. Syphilome diffus du poumon. J. franç. Méd. Chir. thor. 7, 268—272 (1953).

Rozenštrauch, L. S., Golubewa, K. A.: O gammartomach ili chondromach ljochkowo. Khirurgiya (Mosk.) 32, 24 (1956).

Rozenštrauch, L. S., Rybakova, N. I.: Klinische Röntgendiagnostik der Paragonimiasis. Moskau: Medgiz 1963.

Rubagotti, M.: Su un caso di megamicetoma broncopolmonare. Minerva radiol. fisioter. radiobiol. (Torino) 10, 121—125 (1965).

Rubenstein, L., Gutstein, W. H., Lepow, H.: Pulmonary muscular hyperplasia (muscular cirrhosis of the lungs). Ann. intern. Med. 42, 36—43 (1955).

Rubin, E. H., et al.: Circumscribed sclerosing hemangiomas of lung appearing as "coin" lesions. Cancer (Philad.) 11, 713 (1958).

Rubin, E. H., Aronson, W.: Primary neurofibroma of lung. Amer. Rev. Tuberc. 41, 801—805 (1940).

Rubin, E. H., Gordon, M., Thelmo, W. L.: Nodular pleuropulmonary rheumatoid disease. Report of two cases and review of the literature. Amer. J. Med. 42, 567—581 (1967).

Rubin, E. L., Whitwell, D., Waddington, J. K. B.: On the perivesicular air-cap of pulmonary hydatid cysts. Brit. J. Radiol. 27, 676—679 (1954).

Rubin, H., Furcolow, M. L., Yates, J. L., Brasher, C. A.: The course and prognosis of histoplasmosis. Amer. J. Med. 27, 278 (1959).

Rubin, M., Berkmann, J.: Chondromatous hamartoma of the lung. J. thorac. Surg. 23, 393—408 (1952).

Rubin, S., Stratemeier, E. H.: Intrathoracic meningocele. A case report. Radiology 58, 552 (1952).

Rubino, M.: La polmonite cronica simulante il carcinoma bronchiale (descrizione di un caso). Gazz. int. Med. Chir. 61, 2449—2458 (1956).

Ruckes, J., Stallkamp, B.: Über ein ungewöhnlich großes Neurinom der Lunge. Zbl. allg. Path. path. Anat. 110, 306—313 (1967).

Rübe, W.: Zur Differentialdiagnose der nichtspezifischen chronischen Pneumonie. Tuberk.-Arzt 8, 668 (1954).

Rübe, W.: Der Lungenrundherd. Klinik, Kasuistik, Pathogenese und röntgenologische Differentialdiagnostik. Fortschr. Röntgenstr., Erg.-Bd. 95, 1—131 (1966).

Rübe, W.: Der Lungenrundherd. 2. Radiologisches Fortbildungsseminar d. Rhein.-Westfäl. Röntgengesellschaft, Leverkusen 1. 7. 1967.

Rüter, E.: Die intratracheale Struma. Arch. Ohr.-, Nas.- u. Kehlk.-Heilk. 126, 224 (1930).

Rüttimann, A., Suter, F.: Das Tuberkulom der Lunge. Schweiz. med. Wschr. 83, 591—600 (1953).

Rüttner, J. R.: Kann der Silikose eine ätiologische Bedeutung für die Geschwulstbildung zugesprochen werden ? Oncologia (Basel) 2, 115—222 (1949).

Ruge, R.: Tropische Haut- und Geschlechtskrankheiten. In: Ruge-Mühlens-zur Verth, Krankheiten und Hygiene der warmen Länder, 4. Aufl., S. 436. Leipzig: G. Thieme 1938.

Ruland, L.: Malignes Teratoblastom der Lunge. Thoraxchirurgie 4, 119 (1956/57).

Rumpf: Syphilis der Bronchialdrüsen mit Usur der Trachea und bronchopneumonischen Herden. Internationale Beiträge zur inneren Medizin, Bd. I, S. 513. Berlin: August Hirschwald 1902.

Rumrich, A.: Zur Klinik und Therapie der Bronchusaktinomykose. Dtsch. med. Wschr. 78, 854—855 (1953).

Rundles, R. W.: Hemorrhagie teleangiectasis with pulmonary artery aneurysma. Amer. J. med. Sci. 210, 76—81 (1945).

Runge, H. G.: Die entzündlichen Erkrankungen der Nase. K) Sklerom. In: Henke-Lubarsch, Handbuch der speziellen pathologischen Anatomie und Histologie, Bd. III/1, S. 171—174. Berlin: Springer 1928.

Runström, G., Sigroth, K.: Two cases of vascular anomalies in lung. Acta med. scand., Suppl. 246, 176—186 (1950).

Rupnow, G.: Die Diagnose der thymogenen Geschwülste und ihre Bedeutung für die Myasthenia gravis. Radiologe 6, 515—518 (1966).

Russy, N. L.: Dermoid cysts and teratomata of the mediastinum. J. thoracic Surg. 13, 169 (1943—1944).

Rusby, N. L., Sellors, T. H.: Deficiency of the pericardium associated with a bronchogenic cyst. Brit. J. Surg. 32, 357 (1944/45).

Rusby, N. L., Wilson, C.: Lung purpura with nephritis. Quart. J. Med. 29, 501—511 (1960).

Rusche, W., Niedobitek, F.: Teratom und Karzinom in der Lunge. Zbl. Path. 90, 1857—1865 (1965).

Russell, D. S.: Pinealoma: its relationship to teratoma. J. Path. Bact. 56, 145—150 (1944).

Russell, D. S., Rubenstein, L. J., Lumsden, C. E.: Pathology of tumors of the nervous system. London: E. Arnold Ltd., 1959.

Rusznyák, J., Földi, M., Szabó, G.: Physiologie und Pathologie des Lymphkreislaufs, S. 481 u. 626. Jena: G. Fischer 1957.

Rutishauser, E.: Ein Lungenknoten aus schilddrüsenähnlichem Gewebe. Schweiz. med. Wschr. 1938, 852.

Rutishauser, E., Feuardent, R.: Schnittrekonstruktion glomusartiger Bildungen (Anastomositis) der Lunge. Schweiz. Z. Path. Bakt. 15, 641 (1952).

Rutishauser, M.: Die maligne Lungenkaverne. Schweiz. med. Wschr. 95, 349 (1965).

Rybakova, N. I.: X-ray diagnosis of pulmonary paragonimiasis. Vest. Rentgenol. Radiol. (Mosk.) 33, 7—11 (1958).

Saavedra, J. A., Dimas, M. A., Peniche, J., Monter, H. M.: Sindrome de Maffucci. Comunicacion

de 2 casos con estudios citogeneticos. Rev. méd. Hosp. gen. (Méx.) **27**, 571—578 (1964).
SABISTON, D. C., SCOTT, H.: Primary neoplasms and cysts of the mediastinum. Ann. Surg. **136**, 777—797 (1952).
SACCO, F.: Sulle stenosi inflammatorie aspecifiche dei grossi bronchi. Minerva med. (Torino) **1954 II**, 1409—1413.
SACK, H.: Das Phäochromozytom. Stuttgart: G. Thieme 1951.
SACREZ, R., FONTAINE, R., WARTER, P., LAUSECKER, C., KIM, M., KIENY, R.: Angiomatose artério-veineuse, congénitale et diffuse, des deux poumons ou simples canaux dérivatifs artério-veineux du type glomique avec cyanose. À propos d'une observation personelle. Sem. Hôp. Paris **30**, 3585—3588 (1954).
SAEGESSER, F., BOUMGHAR, M.: Neurogene endothorakale Tumoren beim Kind und beim Erwachsenen. Thoraxchirurgie **14**, 307 (1966).
SAENZ, A., CANETTI, G.: Le problème de la «pneumonie huileise» chez l'adult et chez l'enfant. Arch. méd.-chir. Appar. résp. **14**, 161 (1941).
SAGEL, S. S., ABLOW, R. C.: Hamartoma: on occasion a rapidly growing tumor of the lung. Radiology **91**, 971—972 (1968).
SAGEL, S. S., GREENSPAN, R. H.: Minute pulmonary arterio-venous fistulas demonstrated by magnification pulmonary angiography. Radiology **97**, 529 (1970).
ŠÁLEK, J., PAZDERKA, S., SVATOŇ, V., FLEISCHHANS, B.: Bronchial polypus of inflammatory origin. Rozhl. Chir. **33**, 523 (1954).
ŠÁLEK, J., PAZDERKA, S., ŽÁK, F.: Solitary bronchial polyps of inflammatory origin. A report of two cases treated by operation. J. thorac. Surg. **35**, 807—815 (1958).
ŠÁLEK, J., ŽŽAHOUREK, V., PRÁŠIL, K.: Chronisch indurative Pneumonie unter dem Bild eines Lungenkarzinoms. Zbl. Chir. **81**, 753—772 (1956).
SALFELDER, K., REYES DE LISCANO, T., ROMANOVICH, J., MONCADAR, F.: Über einen Fall von Lungenhistoplasmom mit möglicher Infektion in Italien. Mykosen **6**, 29—34 (1963).
SALINGER, H.: Die Knochenbildungen in der Lunge mit besonderer Berücksichtigung der tuberösen Formen. Fortschr. Röntgenstr. **46**, 269—275 (1932).
SALKIN, D., CADDEN, A. V., McINDOE, R. B.: Blocked pulmonary cavity; anatomical, roentgenological and clinical study. Amer. Rev. Tuberc. **34**, 634—638 (1936).
SALMON, M. A.: Pulmonary hydatidosis. Dis. Chest **40**, 61—68 (1961).
SALMON-BONNEAUD, A.: Les kystes hématiques pleuro-pulmonaires. Thèse de Paris 1944.
SALVINI, E.: I tumori benigni del polmone. Radiol. med. (Torino) **48**, 326—344 (1962).
SALYER, J. M., BLAKE, H. A., FORSEE, J. H.: Pulmonary hematoma. J. thorac. Surg. **25**, 336 (1953).
SAMES, S., MacMANUS, J. E., SHATCHARD, G. N.: Cystic lymphangioma of the mediastinum. J. thorac. Surg. **14**, 253 (1945).
SAMI, A. A., GOMAA, T., EL-ALAMI, M.: Parenchymatous (bronchopulmonary) manifestations of pulmonary bilharziasis. Dis. Chest **38**, 528—532 (1960).
SAMPSON, D. A.: Lung abscess due to esophageal overflow. New Engl. J. Med. **219**, 982—985 (1938).
SAMUEL, E.: Roentgenology of parasitic calcification. Amer. J. Roentgenol. **63**, 512 (1950).
SAMUELSEN, E.: Tuberous sclerosis with changes in lung and bones. Acta radiol. (Stockh.) **23**, 373—386 (1942).

SANBORN, E. B.: Chronic pneumonitis simulating bronchogenic carcinoma. Dis. Chest **33**, 363 (1958).
SANDA, E.: Fibrinous bronchitis, clinical and x-ray picture. Comparative study with bronchial cancer. Čs. Rentgenol. **17**, 35—42 (1963).
SANDERS, J. S., CARNES, V. M.: Leiomyoma of the trachea. New Engl. J. Med. **264**, 277 (1961).
SANDERUD, K.: Myomatosis of the lung. Report of case with possible unilateral localization. Acta path. microbiol. scand. **36**, 331—336 (1955).
SANDLER, B. P., MATTHEWS, J. R., BORNSTEIN, S.: Pulmonary cavitation due to polyarteritis. J. Amer. med. Ass. **144**, 754—757 (1950).
SANDOZ, E.: Über zwei Fälle von „fetaler Bronchiektasie". Beitr. path. Anat. **41**, 495 (1907).
SANQUIRICO, G.: Tentativo di classificazione radiologica dei tumori pleuropolmonari. Radiol. med. (Torino) **8**, 415—456 (1952).
SANTE, L. R.: Cystic disease of the lung. Radiology **33**, 152—165 (1939).
SANTE, L. R.: The fate of oil particles in the lung and their possible relationship to the development of bronchiogenic carcinoma. Amer. J. Roentgenol. **62**, 788—797 (1949).
SANTE, L. R., WYATT, J. P.: Roentgenological and pathological observations in antigenic pneumonitis. Its relationship to the collagen diseases. Amer. J. Roentgenol. **66**, 527—544 (1951).
SANTY, M.: Anévrysme artério-veineux intrapulmonaire. Guérison par pneumonectomie. Presse méd. **1949**, 411.
SANTY, P.: Exploration chirurgicale et exérèse des tumeurs bronchiques. Rev. Prat. (Paris) **2**, 1077 (1952).
SANTY, P.: Les tumeurs polypoïdes des bronches. Bronches **3**, 5 (1953).
SANTY, P., BÉRARD, M.: Kyste bronchique du médiastin. Lyon chir. **35**, 373 (1938).
SANTY, P., BÉRARD, M.: Les kystes du pédicule pulmonaire. J. franç. Méd. Chir. thor. **1**, 67—90 (1947).
SANTY, P., BÉRARD, M., BRET, J., MARION, P., SOURINA: Anévrysmes pulmonaires artério-veineux. Mém. Acad. Chir. **76**, 314 (1950).
SANTY, P., BÉRARD, M., BRETON, GALY, P.: Tumeurs cartilagineuses intra-pulmonaires: hamarto-chondroostéochondrome. J. franç. Méd. Chir. thor. **5**, 248 (1951).
SANTY, P., BÉRARD, M., GALY, P.: Les kystes pleuropéricardiaques. Poumon **1945**, No. 2.
SANTY, P., BÉRARD, M., GALY, P.: Kystes séreux du poumon, lymphangiom kystique. J. franç. Méd. Chir. thor. **1**, 4 (1947).
SANTY, P., BÉRARD, M., GALY, P.: Les tumeurs chirurgicals du médiastin. J. franç. Méd. Chir. thor. **4**, 1—37 (1950).
SANTY, P., BÉRARD, M., GALY, P., HUU, N.: La séquestration pulmonaire kystique avec artère anormale d'origine aortique; à propos de six cas. J. franç. Méd. Chir. thor. **6**, 101—139 (1952).
SANTY, P., GALY, P., JAUBERT DE BEAUJEU: Lymphangiomes kystiques du médiastin. (À propos de deux cas. Diagnostic des localisations antérieur basses avec les kystes pleuropericardiaques). J. franç. Méd. Chir. thor. **5**, 278—284 (1951).
SANTY, P., GALY, P., TOURAINE, R. G.: Les hamartochondromes bronchiques et pulmonaires. J. franç. Méd. Chir. thor. **7**, 329—345 (1953).
SANTY, P., GALY, P., TOURAINE, R. G., UGUAT: Les tumeurs nerveuses primitives intra-pulmonaires. J. franç. Méd. Chir. thor. **7**, 490—495 (1953).
SANTY, P., PAPILLON, J., BRET: À propos d'un cas d'anévrysme artério-veineux pulmonaire. J. Radiol. Électrol. **31**, 581 (1950).

Santy, P., Papillon, J., Sournia, J. C.: Le diagnostic angiopneumographique des opacités arrondies du poumon. J. Radiol. Électrol. **34**, 12—17 (1953).

Sappington, S. W., Davie, J. H., Horneff, J. A.: Primary amyloidosis of the lungs. J. Lab. clin. Med. **27**, 882—889 (1942).

Sargent, E. N., Barnes, R. A., Schwinn, C. P.: Multiple pulmonary fibroleiomyomatous hamartomas; report of a case and review of the literature. Amer. J. Roentgenol. **110**, 694—700 (1970).

Sargnon, Vignard, Vincent: Papillomes suffocants de la trachée; opération laryngo-fissure. Lyon méd. **134**, 362 (1924).

Sauer, R., Eugenidis, N., Endrei, E.: Die zystische Erscheinungsform maligner Tumoren in der Lunge. Fortschr. Röntgenstr. **114**, 190—197 (1971).

Sauerbruch, F.: Mediastinalcyste. Ärztl. Vereinigg. München 12. 11. 1919; Ref.: Berl. klin. Wschr. **57**, 335 (1920).

Sauerbruch, F.: Chirurgie der Brustorgane. Bd. II. Berlin: Springer 1925.

Saupe, E.: Über die Beziehungen zwischen Lungenkrebs und Staublungenerkrankung. Zbl. ges. inn. Med. **54**, 825—833 (1933).

Saupe, E.: Über das Chondrom der Lunge. Fortschr. Röntgenstr. **54**, 179 (1936).

Saupe, E.: Gleichzeitiges Vorkommen von ungewöhnlich lokalisiertem Lungenkarzinom und Lungenchondrom. Med. Klin. **1939**, 142.

Sauvage, R., Delafontaine, P.: Les hématomes pleuro-pulmonaires enkystés. Sem. Hôp. Paris **13**, 513—517 (1952).

Sauvage, R., Garby, S.: Pseudo-cancers bronchiques. À propos de quelques erreurs de diagnostic. Presse méd. **62**, 14 (1954).

Savelsberg, W.: Die Phakomatosen im Kindesalter. Ärztl. Wschr. **9**, 121 (1954).

Savinel, E.: Les kystes pleuropéricardiaques. Thèse de Lille 1951.

Sawyer, K. C., Woodruff, R.: Cystic hygromas of the neck. Arch. Surg. **63**, 83—91 (1951).

Scadding, J. G.: Chronic diffuse broncho-pneumonia. Brit. J. Tuberc. **30**, 186—204 (1936).

Scadding, J. G.: Chronic pneumonias. Proc. roy. Soc. Med. **31**, 1259—1271 (1938).

Scarinci, C.: Nova sindrome pseudotubercolare relativamente frequente nell' età infantile: l'addensamento atelettasio lobare da bronchite circoscritta, ostruttiva, subacuta. Minerva med. (Torino) **1**, 59—63 (1952).

Scarinci, C.: Syndrome de condensation rétracté du lobe moyen par tuberculose bronchique solitaire à forme pseudotumorale. Ann. Otolaryng. (Paris) **70**, 626 (1953).

Scarinci, C.: Sindrome de lobo medio "ad eclissi" da bronchite circoscritta ostruttiva recidivante. Minerva med. (Torino) **1953**, 1581—1582.

Scarrow, G. D., Galloway, R. W.: Non-traumatic hematomata of lungs. Brit. J. Radiol. **39**, 629 (1966).

Schaaf, J.: Paraffingranulome im Thoraxbild. Fortschr. Röntgenstr. **83**, 887 (1955).

Schaefer, J.: Zur Pathologie, Diagnostik und Therapie der chondromatösen Hamartome der Lunge. Thoraxchirurgie **3**, 60—66 (1955).

Schaffner, V. D., Kentville, N. S., Smith, P. R., Taylor, H. E.: Primary neurogenic tumors of the mediastinum. J. thorac. Surg. **12**, 247 (1942).

Schairer, E.: Über eine besondere Art der Lymphknotenverkalkung (Eierschalen) bei der Silikose. Arch. Gewerbepath. Gewerbehyg. **10**, 37 (1940).

Schaub, C.: Die Lungenaktinomykose im Röntgenbild. Radiol. clin. (Basel) **14**, 233—261 (1945).

Schauer, P. W., Hodge, G. B.: Mediastinal lipoma with inclusion of remnants of thymus gland. Amer. J. Surg. **77**, 336—379 (1949).

Scheibe, F. W.: Ein großes Fibrom der Lunge. Zbl. allg. Path. path. Anat. **89**, 93 (1952).

Scheicher: Intratracheale Struma. Zbl. Chir. **1940**, 922.

Scheid, K. F.: Über Erweichungsvorgänge und Höhlenbildungen in Staublungen und Staublungentuberkulose. Veröff. Gew. Konstitut. Path. (Jena) **1931**, 33—48.

Scheidegger, S.: Eine seltene Lungengeschwulst. Z. Krebsforsch. **35**, 172—177 (1932).

Scheidegger, S.: Zur Frage der Gut- und Bösartigkeit aus pathologisch-anatomischer Sicht. In: Bartelheimer, H., Maurer, H.-J. (Herausg.): Diagnostik der Geschwulstkrankheiten, S. 15—45. Stuttgart: G. Thieme 1962.

Scheidemandel: Zur Symptomatologie des Chorionepithelioms, insbesondere der Lungenmetastasen. Berl. klin. Wschr. **1908**, 740.

Schein: Über Tumoren der Lunge und des Mediastinums. Med. Mschr. **4**, 659 (1950).

Schein, C. J.: Cyst of the pericardium. Amer. J. Surg. **78**, 411—413 (1949).

Schenk, S. G.: Congenital cystic disease of the lungs. Amer. J. Roentgenol. **35**, 604 (1936).

Schermuly, W., Weber, R.: Das chronische Cor pulmonale bei Lungenembolie. Hess. Ärztebl. **30**, 723—726 (1969).

Schillhammer, W. R., Tyson, D. M.: Mediastinal thymogenous cysts. Arch. Surg. **85**, 410—417 (1962).

Schilling, C.: Die Lungensyphilis des Erwachsenen. Fortschr. Röntgenstr. **37**, 343—358 (1928).

Schilling, C., Perger, H.: Neurofibrom der Lunge bei Recklinghausenscher Erkrankung. Röntgenpraxis **1**, 802—809 (1929).

Schinz, H. R., Cocchi, U.: Das Bronchogramm bei Silikose. Vjschr. Naturforsch. Ges. Zürich **1950**, Beihefte 2/3, 26.

Schinz, H. R., Gasser, E.: Mediastinallipom. Röntgenpraxis **5**, 821—822 (1933).

Schiødt, T., Jensen, K. G.: Malignant teratoid tumour of the lung: malignant hamartoma? Thorax **15**, 120 (1960).

Schirmer, H.: Über die arteriovenösen „Aneurysmen" in der Lunge. Bruns' Beitr. klin. Chir. **188**, 159 (1954).

Schirmer, O.: Über Perikarddivertikel. Zbl. allg. Path. path. Anat. **34**, 61 (1923).

Schlager, K.: Internist (Berl.) **3**, 346 (1962).

Schlanger, P. M., Schlanger, H.: Hydatid disease and its roentgen picture. Amer. J. Roentgenol. **60**, 331—347 (1948).

Schlierbach, P.: Ein Fall von Echinococcus alveolaris der Leber mit Lungenmetastasen. Röntgenpraxis **10**, 164—168 (1938).

Schlotter, L.: Zum Röntgenbild aneurysmatischer und ektatischer Erweiterungen der Pulmonalisgefäße. Thoraxchirurgie **3**, 376—392 (1956).

Schludermann, H.: Über kongenitale und erworbene periphere Aneurysmen der Arteria pulmonalis. Fortschr. Röntgenstr. **76**, 8—24 (1952).

Schlumberger, H. G.: Teratomata of the anterior mediastinum in the group of military age: study of 16 cases and review of theories of genesis. Arch. Path. **41**, 398—444 (1946).

Schlumberger, H. G.: Tumors of mediastinum. In: Atlas of tumor pathology. Sect. V., Fasc. 18. Washington, D. C.: Armed Forces Institute of Pathology 1951.

Schlumberger, W., Schondorf, K.-W.: Gibt es einen für die Malignität solitärer pulmonaler

Rundherde pathognomonischen Röntgenbefund? Radiologe **2**, 246—255 (1962).
SCHMID, F.: Lungenveränderungen bei Stoffwechselerkrankungen. In: Handbuch der medizinischen Radiologie, Bd. IX/3, S. 739—767. Berlin-Heidelberg-New York: Springer 1968.
SCHMIDT, UNHOLTZ: Die Hämoptoe im Röntgenbild. Z. Tuberk. **78**, 1 (1937).
SCHMIDT, C. F., COMROE, J. H., JR.: Functions of the carotid and aortic bodies. Physiol. Rev. **20**, 115 (1940).
SCHMIDT, F.: Silikose und Lungenkrebs. Inaug.-Diss. Münster/W. 1946.
SCHMIDT, H.: Über Fibrome der Lungenpleura. Inaug.-Diss. Greifswald 1903.
SCHMIDT, H. W., CLAGETT, O. T., MCDONALD, J. R.: Broncholithiasis. J. thorac. Surg. **19**, 226—245 (1950).
SCHMIDT, H. W., HARGRAVES, M. M., ANDERSEN, H. A., DAUGHERTY, G. W.: Pulmonary changes in lung purpura and some other collagen diseases. Canad. med. Ass. J. **88**, 658—665 (1963).
SCHMIDT, H. W., MCDONALD, J. R., CLAGETT, O. T.: Amyloid tumors of the lower part of the respiratory tract and mediastinum. Ann. Otol. (St. Louis) **62**, 880—893 (1953).
SCHMIDT, K. E. A.: Über Relaxatio diaphragmatica dextra mit laparoskopischer und operativer Kontrolle. Fortschr. Röntgenstr. **78**, 37—43 (1953).
SCHMIDT, M. B.: Dtsch. med. Wschr. **39**, 59 (1913).
SCHMIDT, P. G.: Differentialdiagnose der Lungenkrankheiten. Leipzig: J. A. Barth 1954.
SCHMIDT, P. G.: Die Lungentuberkulose. Diagnose und Therapie, 3. Aufl., S. 51 u. 180. Stuttgart: G. Thieme 1956.
SCHMIEDEN, v.: Über die Operationsbehandlung der Teratome im vorderen Mediastinum. Langenbecks Arch. klin. Chir. **129**, 657 (1924).
SCHMINCKE, A.: Intramesenteriale und intrathorakische Enterokystombildung kombiniert mit abnormer Lungenlappung und durch Keilwirbelbildung bedingter kongenitaler Skoliose der oberen Hals- und Brustwirbelsäule. Virchows Arch. path. Anat. **1920**, 227.
SCHMITZ-DRÄGER, H. C.: Generalisierte Wandverknöcherung von Trachea und großen Bronchien. Fortschr. Röntgenstr. **97**, 107—109 (1962).
SCHMORL, G.: Diskussionsbemerkung zu KOCH, M.: Über einen Spirochätenbefund bei kavernöser Lungensyphilis etc. Verh. dtsch. path. Ges. **11**, 281 (1907).
SCHMORL, G.: Über die Beziehungen anthrakochalikotischer bronchialer Lymphknoten zu Bronchialerkrankungen und über Bronchitis deformans. Münch. med. Wschr. **62**, 757—758 (1925).
SCHNEIDER, J.: Les maladies tropicales dans la pratique médicale courante. Paris: Masson édit. 1962.
SCHNEIDER, L.: Pulmonary hazard of the ingestion of mineral oil in the apparently healthy adult. A clinico-roentgenologic study, with report of 5 cases. New Engl. J. Med. **240**, 284—291 (1949).
SCHNEIDER, L. V.: Bronchial occlusion due to tuberculous lymphadenitis. Amer. Rev. Tuberc. **38**, 320—324 (1938).
SCHNEIDER, P.: Die Mißbildungen der Atmungsorgane. In: SCHWALBE, E., Die Morphologie der Mißbildungen des Menschen und der Tiere, Bd. III/2, S. 763—857. Jena: G. Fischer 1912.
SCHOCH, E. O.: Harmfulness of preparations containing paraffin and vaseline. Mschr. Krebsbekämpf. **11**, 31 (1943).

SCHOCH, H.: Silikose und Lungenkrebs, bearbeitet auf Grund des Krankengutes der Schweizerischen Unfallversicherungsanstalt von 1932—1953. Z. Unfallmed. Berufskr. **47**, 138—157, 184—195 (1954).
SCHÖNHOF: Ein Beitrag zur Kenntnis des lokalen tumorförmigen Amyloids. Frankfurt. Z. Path. **12** (1913).
SCHÖNLEIN, J. L.: Allgemeine und spezielle Pathologie und Therapie. Herisau, Lit.-Compt. Vol. **2**, 45 (1837).
SCHOPPER, W.: Das Chorionepitheliom des Uterus, ein Implantationstumor und seine Vorstufen. Hess. Ärztebl. **30**, 695—701 (1969).
SCHORN, J.: Adiponecrosis pericardii. Im Kapitel „Pathologie der Herzhüllen". In: BARGMANN, W., DOERR, W., Das Herz des Menschen, Bd. II, S. 888. Stuttgart: G. Thieme 1963.
SCHORR, S., SCHWARZ, A.: The roentgenologic manifestations of amebiasis of the liver with concomittant findings in the chest. Amer. J. Roentgenol. **66**, 546—554 (1951).
SCHOTTENFELD, A., ARNOLD, L. M., GRUHN, J. G., ETESS, A. D.: Localized amyloid deposition in the lower respiratory tract. Amer. J. Med. **11**, 770 (1951).
SCHRIDDE, H.: Die Entwicklungsgeschichte des menschlichen Speiseröhrenepithels. Wiesbaden: Bergmann 1907.
SCHROETTER, W.: Kasuistischer Beitrag zur pulmonalen Form der Oslerschen Krankheit. Beitr. Klin. Tuberc. **113**, 185—189 (1955).
SCHUBACK: Operativ entferntes Lipom des Hauptbronchus. Zbl. allg. Path. path. Anat. **88**, 221 (1952).
SCHÜLLER, A., UIBERALL, H.: A case of neurofibromatosis Recklinghausen combined with lateral spinal meningocele. Confin. neurol. (Basel) **1**, 312 (1938).
SCHÜLLER, H.: Dis. Chest **42**, 58 (1962).
SCHÜLLER, J., BOLIN, H., LINDER, E.: Tumor forming amyloidosis of the lower respiratory system. Dis. Chest **42**, 58 (1962).
SCHUERMANN, H.: Die Bedeutung des Nelson-Tests für die praktische Medizin. Z. Haut- u. Geschl.-Kr. **16**, 65—71 (1953).
SCHUERMEYER, A., SECKFORT, H.: Klinik und pathologische Anatomie sackförmiger Perikardveränderungen unter besonderer Berücksichtigung der Differentialdiagnose zum Herzaneurysma. Dtsch. med. Rundsch. **2**, 329—335 (1948).
SCHULTE, G.: Pneumokoniosen der Ruhrbergleute und Lungenkarzinom. Fortschr. Röntgenstr. **41**, 444—445 (1930).
SCHULTE, G., HUSTEN, K.: Röntgenatlas der Staublungenerkrankungen der Ruhrbergleute. Leipzig: G. Thieme 1936.
SCHULTE, H. D., BIRCKS, W., WILKE, K. H.: Angeborene Defekte des Herzbeutels. Thoraxchirurgie **17**, 271 (1969).
SCHULTEN, H.: Tularämie. In: Handbuch der inneren Medizin, 4. Aufl., Bd. I/2, S. 224—242. Berlin-Göttingen-Heidelberg: Springer 1952.
SCHULZ, F. H., RIESSBECK, F. H.: Zur Frühdiagnose des Lungenkrebses. Arch. Geschwulstforsch. **3**, 114—123 (1951).
SCHULZE, H.: Leiomyome oder teratoide Geschwülste der Lunge? (Eigenartige ungeklärte Röntgenbilder bei gleichzeitiger Tuberkulose). Beitr. Klin. Tuberk. **97**, 694—701 (1942).
SCHULZE, H.: Zum Thema: flüchtige eosinophile Lungeninfiltrate. Med. Klin. **43**, 339 (1948).

SCHULZE, M.: Höhlenbildungen in den Mansfelder Staublungen. Pathologisch-anatomische Untersuchungen an 67 Fällen. Arch. Gewerbepath. Gewerbehyg. **5**, 158 (1934).

SCHULZE, W.: Über Nebenlungen und Lungenhamartome. Radiol. clin. (Basel) **23**, 137—148 (1954).

SCHULZE, W.: Zur Diagnose der Thymusgeschwülste. Tagg Med.-wissensch. Ges. inn. Med. Univ., Leipzig 30. 10. 1954.

SCHULZE, W.: Die entzündlich-narbige Bronchostenose und ihre Folgen. Verh. dtsch. Ges. inn. Med. **62**, 76—80, 98—99 (1956).

SCHULZE, W.: Anwendung und diagnostische Bedeutung der Tomographie bei Gefäßanomalien und -erkrankungen im Brustraum. Fortschr. Röntgenstr. **84**, 164—175 (1956).

SCHULZE, W.: Röntgendiagnostik und -differentialdiagnostik thymogener Geschwülste. Tagg Rhein.-Westfäl. Röntgengesellsch., Köln a. Rh. 14. 6. 1958.

SCHULZE, W.: Röntgensymptomatologie und -differentialdiagnostik der Zwerchfellerkrankungen. Fortbildgs.-Tagg d. Rhein-Westf. Röntgengesellschaft, Essen 15. 11. 1958.

SCHULZE, W.: Das primäre Lymphosarkom der Lunge. Fortschr. Röntgenstr. **91**, 457—469 (1959).

SCHULZE, W.: Morphologische und dynamische Zeichen bronchopulmonaler Belüftungsstörungen in der Röntgendiagnostik. Tagg. Rhein.-Westfäl. Röntgen-Ges., Dortmund 26. 9. 1959.

SCHULZE, W.: Irrtumsmöglichkeiten in der Röntgendiagnostik des Herzens und der großen Gefäße. Tagg Rhein.-Westfäl. Röntgengesellsch., Essen 11. 6. 1960.

SCHULZE, W.: Röntgenologische Aspekte des oligämischen Obstruktionssyndroms im Lungenkreislauf bei chronischer massiver Pulmonalarterienthrombose. Radiologe **1**, 37—42 (1961).

SCHULZE, W.: Zur Röntgendiagnose der Lungenembolie und des Lungeninfarktes. Tagg Med.-Naturwissensch. Ges. Univ. Münster/W. 12. 12. 1962. Ref.: Westfäl. Ärztebl. **17**, Nr. 2 (1963).

SCHULZE, W.: Die radiologische Früherkennung thymogener Tumoren. 45. Dtsch. Röntgenkongreß, Wiesbaden 1964. Teil A, S. 189—194. Stuttgart: G. Thieme 1965.

SCHULZE, W.: Abnorme Füllung der pulmonalen Sammelvenen und ihre Bedeutung für die Differentialdiagnose kardio-pulmonaler Erkrankungen. 47. Dtsch. Röntgenkongreß, Berlin 21. 5. 1966. Teil A, S. 91—97. Stuttgart: G. Thieme 1967.

SCHULZE, W.: Ventilationsstörungen der Lunge. In: Handbuch der medizinischen Radiologie, Bd. IX/3, S. 1—600. Berlin-Heidelberg-New York: Springer 1968.

SCHULZE, W.: Lungengerüsterkrankungen im Röntgenbild. Frühjahrstagg d. Bayerischen Röntgengesellschaft, Lindau a. Bodensee 8. 6. 1969.

SCHULZE, W.: Röntgendiagnostische Irrtümer als Ursache vermeidbarer thoraxchirurgischer Fehlindikationen. Langenbecks Arch. Chir. **327**, 541—546 (1970).

SCHULZE, W.: Die Röntgenpathologie des Lungengerüsts. Tagg. Hess. Ges. f. Med. Strahlenkunde, Frankfurt a.M. 4. 2. 1972.

SCHULZE, W., BECKER, R.: Differentialdiagnose und klinische Bedeutung der chronischen Mittellappen-(Lingula-)Verdichtung. Münch. med. Wschr. **97**, 285—289, 299—320, 329—331, 358—360 (1955).

SCHULZE, W., SCHÜRMEYER, E., BENDER, F.: Über arterio-venöse Fisteln im Bauchraum. Med. Welt **46**, 2450—2456 (1960). In: Festschrift zum 75. Geburtstag von Prof. Dr. Dr. h. c. MAX BÜRGER. Stuttgart: F. K. Schattauer 1960.

SCHUMACHER: Glomustumor und Angiomyom der Haut. Zbl. allg. Path. path. Anat. **90**, 142 (1953.)

SCHWALBE, E.: Teratome (teratoide Geschwülste, Embryome), Mischgeschwülste. In: Morphologie der Mißbildungen des Menschen und der Tiere. 2. Teil, Kap. XX, S. 375—384. Jena: G. Fischer 1907.

SCHWARTZ, B.: Histoplasmosis of lungs. Arch. intern. Med. **94**, 970 (1954).

SCHWARTZ, H., WILLIAMS, C. S.: Thoracic gastric cysts (report of two cases with a review of the literature). J. thorac. Surg. **12**, 117 (1942).

SCHWARTZ, P.: Einbrüche tuberkulöser Lymphknoten in das Bronchialsystem und ihre pathogenetische Bedeutung. Beitr. Klin. Tuberk. **103**, 182—191 (1950).

SCHWARZ, E.: Atypical pulmonary sarcoidosis: roentgenologic study. J. Amer. med. Ass. **176**, 811 (1961).

SCHWARZ, E.: Regional roentgen manifestations of histoplasmosis. Amer. J. Roentgenol. **87**, 865—874 (1962).

SCHWARZ, J., BAUM, G. L.: Fungus diseases of the lungs. Seminars Roentgenol. **5**, 3—10 (1970).

SCHWARZ, J., BAUM, G. L., STRAUB, M.: Cavitary histoplasmosis complicated by fungus ball. Amer. J. Med. **31**, 692 (1961).

SCHWARZ, O. H.: Diskussion zu COUNSELLOR, V. S.: Endometriosis, a clinical and surgical review. Amer. J. Obst. Gynec. **36**, 887—888 (1938).

SCHWARZHOFF, E., REITTER, H.: Cystische Lungenveränderungen. In: DERRA, E. (Hrsg.), Handbuch der Thoraxchirurgie, Bd. III/2, S. 311—341. Berlin-Göttingen-Heidelberg: Springer 1958.

SCHWYTER, M.: Über das Zusammentreffen von Tumoren und Mißbildungen der Lungen. Frankfurt. Z. Path. **36**, 146—172 (1928).

SCHWYZER, F.: Sektionsbericht zu Seiferts Fall von syphilitischer Bronchostenose. Münch. med. Wschr. **43**, 337 (1896).

SCOLARI, R.: Laryngopathie ostéoplastique. Bronches **19**, 243—257 (1968).

SCOPPETTA, F. P., MAZZA, A.: La micosi polmonare primitiva. Stud. clin. radiologico. Bassini **9**, 297—336 (1964).

SCOTT, E., PALMER, D. M.: Intrathoracic sympaticoblastoma. Amer. J. Cancer **16**, 903 (1932).

SCOTT, H. W., MORROW, PAYNE, A. P. B.: Solitary xanthoma of the lung. J. thorac. Surg. **17**, 821—825 (1948).

SEABURY, J. H., PEABODY, J. W., JR., LIBERMAN, M. J.: The usefulness of the Hotchkiss-McManusstain for the diagnosis of the deep mycoses. Dis. Chest **25**, 54 (1954).

SEALY, W. C.: Contusions of the lung from non-penetrating injuries to the thorax. Arch. Surg. **59**, 882—887 (1949).

SEALY, W. C., COLLINS, J. P., MENEFEE, E. E.: Pulmonary blastomycosis. J. thorac. Surg. **27**, 238—243 (1954).

SEAMAN, W. B., GOLDMAN, A.: Roentgen aspects of pulmonary arteriovenous fistula. Arch. intern. Med. **89**, 70 (1952).

SEARS, A. D., CLAYTON, R. S., SIEBEL, E.: Intrathoracic meningocele not associated with neurofibromatosis. J. thorac. Surg. **26**, 101 (1953).

SEBESTÉNYI, G.: Über einige seltenere Mediastinaltumoren. Zbl. Chir. **78**, 1425 (1953).

SEBESTÉNYI, G., HORÁNYI, J.: Primäre neurogene Geschwulst in der Lunge. Zbl. Chir. **78**, 817 (1953).

SEDLEZKY, I.: Malignant pulmonary lesions with calcification. J. Canad. Ass. Radiol. 6, 65—67 (1955).

SEGAL, E. L., STARR, G. F., WEED, L. A.: Study of surgically excised pulmonary granulomas. J. Amer. med. Ass. 170, 515 (1959).

SEGERS, M., REGNIER, M., DENOLIN, H.: Tumeur pulsatile du poumon avec shunt artério-veineux. Acta cardiol. (Brux.) 5, 156—162 (1950).

SEGURA, ZUBIZARETTA, H.: Bleeding papilloma of lower third of trachea. Sem. méd. Paris 2, 125 (1924).

SEIDLER: Über Perikarddivertikel. Wien. klin.Wschr. 1921, 592.

SEIFERT, E.: Über ein erfolgreich operiertes Chondrom der Lunge. Zbl. Chir. 1942, 1275.

SELLORS, T. H.: Congenital cystic disease of lung. Tubercle (Lond.) 20, 49 (1938).

SEMANS, J. H., TAUSSIG, H. B.: Congenital "aneurysmal" dilatation of the left auricle. Bull. Johns Hopk. Hosp. 63, 404 (1939).

SEMB, C.: Die Chirurgie der Lungen. In: KIRSCHNER-NORDMANN: Die Chirurgie, Bd. V, S. 341—592. Berlin-Wien: Springer 1944.

SENGPIEL, G. W., RUZICKA, F. F., LODMELL, E. A.: Lateral intrathoracic meningocele. Radiology 50, 515 (1948).

SEPKE, G.: Die tumoröse Silikose bei Polyarthritis rheumatica. Tuberk.-Arzt 11, 154—158 (1957).

SEPULVEDA, G., LUKAS, D. S., STEINBERG, I.: Anomalous drainage of pulmonary veins. Amer. J. Med. 18, 883—899 (1955).

SERGENT, E.: Syphilis et tuberculose. Paris: Masson & Cie. 1907.

SERGENT, E.: Die bronchialen Formen der tertiären Syphilis. Arch. tisiol. (B.Aires) 5, 105 (1928).

SERGENT, E.: Suppurations bronchiques, pulmonaires, pleurales et médiastinales. Paris: Masson & Cie. 1940.

SERGENT, E., BENDA, R.: Les formes bronchiques de la syphilis tertiaire. Bull. Acad. Méd. (Paris) 97, 297 (1927).

SERGENT, E., DURAND, H.: Contribution à l'étude de la syphilis pulmonaire. Bull. Acad. Méd. (Paris) 89, 482 (1923).

SERGENT, E., DURAND, H., KOURILSKY, R., PATALANU: Les kystes congénitaux isolés et suppurés du poumon. Arch. méd.-chir. Appar. resp. 10, 142 (1935).

SERGENT, E., PRUVOST, A.: Note sur servir à l'étude clinique des kystes hématiques de la plèvre et du poumon. Bull. Soc. Méd. Hôp. Paris 1919, 497.

SERI, I.: Aktivitätsbeurteilung der bei Röntgenreihenuntersuchung gefundenen tuberkulösen Lungenherde. Prax. Pneumol. 22, 496—505 (1968).

SERRÉ, R.: Contributions à l'étude des localisations viscérales de la maladie de Recklinghausen (tumeurs pleuro-pulmonaires). Thèse de Paris 1923.

SESSIONS, R. T., McSWAIN, B., CARLSON, R. I., SCOTT, H. W.: Surgical experiences with tumors of the carotid body, glomus jugulare and retroperitoneal nonchromaffin paraganglia. Ann. Surg. 150, 808 (1959).

SEUSING, J.: Die primäre chronische Pneumonie. Ärztl. Wschr. 8, 55—58 (1953).

SEYBOLD, W. B., CLAGETT, O. T.: Presternal cysts. J. thorac. Surg. 14, 217 (1945).

SEYBOLD, W. D., McDONALD, J. R., CLAGETT, O. T., GOOD, C. A.: Tumors of the thymus. J. thorac. Surg. 20, 195—215 (1950).

SEYBOLD, W. D., McDONALD, J. R., CLAGETT, O. T., HARRINGTON, S. W.: Mediastinal tumors of blood vascular origin. J. thorac. Surg. 18, 503—517 (1949).

SEYDL, G. N.: Eine kongenitale Magenwandcyste im Mediastinalraum mit in die Lunge perforiertem Ulcus pepticum. Frankfurt. Z. Path. 52, 346 (1938).

SEYFARTH, H.: Zur Diagnose und Therapie der Lungencysten. Bruns' Beitr. klin. Chir. 188, 137 (1954).

SHALLENBERGER, P. L., FISHER, P., BECK, W. C., DE WAN, C. H.: Concurrent lymphoma of the lung and stomach. J. thorac. Surg. 24, 637 (1952).

SHAMASKIN, A.: The inspissated cavity. Amer. Rev. Tuberc. 44, 310—322 (1941).

SHANK, S. C., KERLEY, P., TWINING, E. W.: A textbook of x-ray diagnosis. London: Lewis 1943.

SHAPIRO, R., RIGLER, L.: Pulmonary embolism without infarction. Amer. J. Roentgenol. 60, 460—465 (1948).

SHAPIRO, R., WILSON, G., GABRIELE, P. F.: The roentgen-ray diagnosis of intrapulmonary lymph nodes. Dis. Chest 51, 621—624 (1967).

SHARMA, R. K., AGARWALA, G. R., BHARGAVA, S. C., BOTHRA, V. C., MATHUR, K. C.: Primary intrathoracic sympathicoblastoma: a case report. Indian J. Radiol. 21, 156—159 (1967).

SHARNOFF, J. G., SCHNEIDER, L.: Wegener's granulomatosis. Amer. Rev. resp. Dis. 86, 553—556 (1962).

SHARP, D. V., KINSELLA, T. J.: The significance of the isolated pulmonary nodule. Minn. Med. 33, 886 (1950).

SHAW, A. F. B., GHAREEB, A. A.: The pathogenesis of pulmonary schistosomiasis in Egypt with special reference to Ayerza'a disease. J. Path. Bact. 46, 401—424 (1938).

SHAW, K. M., KENNEDY, J. D.: Chemodectoma (nonchromaffin paraganglioma) of the ninth intercostal space. Thorax (Lond.) 11, 57 (1956).

SHAW, R. R.: Mucoid impaction of the bronchi. A study of thirty cases. J. thorac. Surg. 22, 149—163 (1951).

SHAW, R. R., PAULSON, D. L., KLEE, J. L.: Mucoid impaction of the bronchi. A study of 36 cases. Amer. Rev. Tuberc. 76, 970—982 (1957).

SHEEHAN, V. A., SCHONFELD, M. D.: Mucoid impaction simulating tumor. Report of a case. Radiology 80, 811—813 (1963).

SHEFT, D. J., MOSKOWITZ, H.: Pulmonary muscular hyperplasia. Amer. J. Roentgenol. 93, 836—849 (1965).

SHEFTS, L.: Diskussion zu MAIER u. Mitarb. J. thorac. Surg. 17, 24 (1948).

SHENSTONE, N. S.: Cavernous angioma. Experiences with total pneumonectomy. J. thorac. Surg. 11, 503—507 (1942).

SHENSTONE, N. S.: Report of case of cavernous angioma of lung. Brunn. Med.-Surg. Tributes 1942, 503—507.

SHERMAN, R. S., MALONE, B. H.: A roentgen study of muscle tumors primary in the lung. Radiology 54, 507 (1950).

SHERRICK, J. C.: Endobronchial hamartoma. Quart. Bull. Northw. Univ. med. Sch. 26, 171—175 (1952).

SHERWIN, R. P., KERN, W. H., JONES, J. C.: Solitary mast cell granuloma (histiocytoma) of the lung. Cancer (Philad.) 18, 634 (1965).

SHERWOOD, K. K., SHERWOOD, H. H.: Enchondromata of the lung with report of a fatal case. Lancet 52, 395—398 (1932).

SHIDA, T., TSUBOTY, V., HASHIMOTO, K.: Three cases of hamartoma of the lung. Jap. J. thorac. Surg. 24, 733—737 (1971).

SHIELDS, D. O., SHAPMAN, J. S., CARSWELL, J., WOLLENMAN, O. J.: Nodular tuberculosis. J. thorac. Surg. 24, 568—577 (1952).

Shields, J. O., Meadok, R. S., Dubose, H. M., Richborg, P. L.: Differential diagnosis of bronchogenic carcinoma and pneumonia in patients more than forty years old. Amer. Rev. Tuberc. **76**, 47 (1957).

Shingu, S.: Zur pathologischen Anatomie multipler Lungengummen. Wien. klin. Arch. **23**, 970 (1910).

Shinoi, K., Shiraishi, U., Yahata, J. I.: Amyloid tumor of the trachea and lung resembling bronchial asthma. Dis. Chest **42**, 442 (1962).

Shlimovitz, N., van Brown, D.: Extragenital chorionepithelioma in the male. Surgery **28**, 755 (1950).

Shorp, H. S.: Hemangioma of the trachea in an infant. J. Laryng. **63**, 413 (1949).

Short, D. S.: A radiological study of pulmonary infarction. Quart. J. Med. N. S. **20**, 233 (1951).

Shoshkers, M., Lovelock, F. J.: Post-traumatic diaphragamatic herniation of a segment of the liver simulating an anomalous lobe of the liver. Amer. J. Roentgenol. **70**, 572—575 (1953).

Shulaeva, Z. A.: Significance of bronchography in differential diagnosis of round formations in the lungs. Vestn. Rentgenol. Radiol. (Mosk.) **1971**, 17.

Sias, A., Spanu, G.: Modificazioni dell' idatide polmonare non operata. Ann. radiol. Diagn. **21**, 258 (1949).

Sichel, D., Oudet, Koebele, Voegtlin: Trois cas de tumeurs bronchiques dites benignes. J. Radiol. Électrol. **33**, 698 (1952).

Sick, W.: Histoplasmose der Lunge. Prax. Pneumol. **23**, 761—765 (1969).

Siebert, F. T., Fisher, E. R.: Bronchiolar emphysema. So-called muscular cirrhosis of the lung. Amer. J. Path. **33**, 1137—1161 (1957).

Siegert, F.: Über primäre Geschwülste der unteren Luftwege. Virchows Arch. path. Anat. **129**, 413 (1892).

Sielaff, H. J.: Internistische Röntgendiagnostik in Klinik und Praxis. Stuttgart: F. Enke 1963.

Sielaff, H. J.: Kleiner Kreislauf. A. Lungenarterien und Lungenvenen. In: Handbuch der Medizinischen Radiologie, Bd. X/3, S. 1—224. Berlin-Heidelberg-New York: Springer 1964.

Sielaff, H. J.: Zirkulationsstörungen der Lungen. In: Handbuch d. medizinischen Radiologie, Bd. IX/3, S. 601—722. Berlin-Heidelberg-New York: Springer 1968.

Sieniewicz, D. J., Martin, J. R.: Cavitating rheumatoid nodules in the lung: follow-up report. J. Canad. Ass. Radiol. **18**, 401—403 (1967).

Silver, M. D., Mason, W. E. H., Robinson, C. L. N., Blank, F.: Pulmonary aspergillosis. Canad. med. Ass. J. **87**, 579—583 (1962).

Silverstein, C. M., Mitchell, G. L.: Tuberous sclerosis; report of a case with unusual pulmonary manifestations. Amer. J. Med. **16**, 764—768 (1954).

Šíma, V.: The roentgenological diagnosis of pulmonary hydatid disease. I. The roentgenographic image of pulmonary hydatid cysts. II. The roentgenological differential diagnosis of pulmonary hydatid cysts. III. The value of scanning as a diagnostic method in pulmonary hydatid disease. Stud. pneum. phthiseol. čsl. **30**, 302—315 (1970).

Simon, M. A.: Hamartoma of the lung and so-called "pulmonary adenomatosis". Amer. J. med. Sci. **216**, 333—342 (1948).

Simon, M. A., Ballon, H. C.: An unusual hamartoma (so-called chondroma) of the lung. J. thorac. Surg. **16**, 379—391 (1947).

Simonetta, B.: Amarto-condroma bronchiale in polmone policistico. Boll. Mal. Orecch. **70**, 143—150 (1952).

Simonin, P., Girard, J., Sadoul, P., Dechoux, J., Mertz, C.: Images pulmonaires anormales chez les mineurs de fer du basson de Lorraine. Presse méd. **61**, 1227—1228 (1953).

Simonsson, B., Malmberg, R.: Differentiation between localized and generalized airway obstruction. Thorax (Lond.) **19**, 416 (1964).

Simpson, W. M.: Primary chondroma of the lung. Acta radiol. (Stockh.) **5**, 475 (1926).

Singer, D. B., Greenberg, D. S., Harrison, G. M.: Papillomatosis of the lung. Amer. Rev. resp. Dis. **94**, 777—783 (1966).

Singer, J. J.: Tumors and cysts of the lungs: diagnostic methods. Calif. west. Med. **45**, 313—317 (1936).

Singer, J. J., Tragermann, L. J.: Lipoid pneumonia. Report of a case simulating bronchial carcinoma. Amer. Rev. Tuberc. **43**, 738—747 (1941).

Singhdeo, R., Ghosh, S. K.: Massive lung collapse due to bronchial cast. Indian J. Radiol. **19**, 167—168 (1965).

Sirry, A.: Radiological study of bilharzial cor pulmonale. J. Egypt. med. Ass. **31**, 146 (1948).

Sisson, J. H., Murphy, G. E., Newman, E. V.: Multiple congenital arterio-venous aneurysms in pulmonary circulation. Bull. Johns Hopk. Hosp. **76**, 93—111 (1945).

Sisti, F., Lorenzoni, E.: Rilievi clinico-radiologici sulle modalità di costituzione e sul destino nel tempo del tubercoloma del polmone. Rass. int. Clin. Ter. **46**, 1022—1036 (1966).

Sivak, M.: Das Sklerom in der Slowakei. Mschr. Ohrenheilk. **75**, 55, 183 (1941).

Skeer, J.: Adenoma sebaceum (Pringle), von Recklinghausen's disease, subungual fibromatosis associated with epilepsy or tuberous sclerosis. A symptom complex. Urol. cutan. Rev. **42**, 110—114 (1938).

Skinner, E. F., Carr, D., Kessler, C. R., Denman, W. E.: Chest injuries in civilian practice. Dis. Chest **18**, 363—375 (1950).

Skinner, E. F., Hobbs, M. E.: Intrathoracic cystic lymphangioma. J. thorac. Surg. **6**, 98 (1936/37).

Skinner, E. F., Isbell, H., Carr, D.: Case report — An unusual mediastinal cyst. J. thorac. Surg. **23**, 502—507 (1952).

Skobel, P.: Zwerchfell-Komplikationen bei Endometriose und Meigs-Syndrom. Z. Tuberk. **120**, 22 (1963).

Skokan, Z. V., Stolz, J.: Bronchiogene intrathorakale mediastinothymische Zyste. Radiol. clin. (Basel) **25**, 266—273 (1956).

Škorpil, F.: Über das Herzbeuteldivertikel. Frankfurt. Z. Path. **58**, 47 (1944).

Slaughter, D. P., Stephens: Pulmonary teratoma. J. Amer. med. Ass. **88**, 1998 (1927).

Slaviero, A.: Teratom des vorderen Mediastinums mit linksseitigem Lungenabszeß. Clin. chir. **10**, 329 (1934).

Slesinger, N. A.: Primary cancer of the thymic gland. J. Lab. clin. Med. **22**, 151 (1936).

Sloan, R. D., Cooley, R. N.: Congenital pulmonary arteriovenous aneurysm. Amer. J. Roentgenol. **70**, 183—210 (1953).

Smart, J.: Intrathoracic and intra-bronchial lipomata. Brit. J. Tuberc. **47**, 26—31 (1953).

Smart, J., Thompson: Intrathoracic lipomata. Thorax (Lond.) **2**, 163 (1947).

Smart, K.: Large thymic cyst successfully removed from the anterior mediastinum. Brit. J. Tuberc. **41**, 84 (1947).

Smetana, J. F., Scott, W. F.: Malignant tumors of non-chromaffin paraganglia. Milit. Surg. **109**, 330—349 (1951).

SMID, A. C., ELLIS, F. H., LOGAN, B., OLSEN, A. M.: Partial respiratory obstruction in an infant due to a bronchogenic cyst: report of a case. Proc. Mayo Clin. 30, 282—287 (1955).

ŠMID, J., MARTINČIK, J.: Beitrag zur röntgenologischen Diagnostik der akuten Lungenembolie ohne Infarkt. Zbl. Gynäk. 90, 188—206 (1968).

SMITH, A. M., BECKER, J. A.: Malignant mesenchymoma of the retroperitoneum. Amer. J. Roentgenol. 104, 389—393 (1968).

SMITH, D. T.: Fungus diseases of the lungs. Springfield, Ill.: Ch. C. Thomas 1947.

SMITH, E. M. G., HANSON, S.: Alveolar echinococcus: Case report with discussion of the ecology of the disease. Amer. J. clin. Path. 35, 160—165 (1961).

SMITH, H. L., HORTON, B. T.: Arterio-venous fistula of the lung associated with polycytaemia vera. Report of a case in which diagnosis was made clinically. Amer. Heart J. 18, 589 (1939).

SMITH, M. J.: Roentgenographic aspects of complete and incomplete pulmonary infarction. Dis. Chest 23, 532 (1953).

SMITH, R. A.: A theory of the origin of interlobar sequestration of the lung. Thorax (Lond.) 11, 10—24 (1956).

SMITH, R. E.: Case of latent carcinoma causing multiple migratory venous thrombosis. Guy's Hosp. Rep. 82, 437—439 (1932).

SMITH-FOUSHEE, J. H., NORRIS, F. G.: Pulmonary aspergillosis — a case report. J. thorac. Surg. 35, 542—548 (1958).

SMOLINSKI, E.: Zysten und Primärtumoren des Thoraxraumes im Kindesalter. Bruns' Beitr. klin. Chir. 212, 278—309 (1966).

SNELLEN, H. A., ALBERS, F. H.: The clinical diagnosis of anomalous pulmonary venous drainage. Circulation 6, 801—806 (1952).

SNIFFEN, R. L., SOUTTER, L., ROBBINS, L. L.: Mucoepidermoid tumors of the bronchus arising from surface epithelium. Amer. J. Path. 34, 671 (1958).

SNIJDER, J.: Het long-tuberculoom. Amsterdam: Scheltema & Holkema 1953.

SNYDER, E. H., DOAN, C. A.: Studies in human inheritance. XXV. Is the homozygous form of multiple teleangiectasia lethal ? J. Lab. clin. Med. 29, 1211 (1944).

SOBBE, A., LOUVEN, B., KREUTZBERG, B., SCHAEFER, H. E.: Riesendivertikel des linken Herzohres. Fortschr. Röntgenstr. 107, 206—212 (1967).

SOBEL, H. J., CHURG, J.: Granular cells and granular cell lesions. Arch. Path. 77, 132 (1964).

SODEMAN, W. A., STUART, B. M.: Lipoid pneumonia in adults. Ann. intern. Med. 24, 233 (1946).

SOER, J. J.: Pulmonary manifestations following ingestion of kerosene. Maandschrift voor Kindergeneeskunde Leyden 17, 118—121 (1949).

SÖVÉNYI, F., BALÁZS, V. V., DAVID, M.: Verschluß der Hauptäste der Lungenschlagader ohne Infarktbildung, mit der Entwicklung eines subakuten Cor pulmonale. Fortschr. Röntgenstr. 89, 30—33 (1958).

SOKOLOV, J. N., ROSDESTVENSKAJA, A. I.: Zur Differentialdiagnose tumorverdächtiger Verschattungen im Diaphragma-Bereich. Radiol. diagn. (Berl.) 5, 319—334 (1964).

SOLIANI, F.: Neurinomi primitivi intrapolmonari. Policlinico (Palermo), Sez. prat. 66, 53—55 (1959).

SOLIT, R. W., FRAIMOW, W., WALLACE, S., COHN, H. E.: The effect of intralobar pulmonary sequestration on cardiac output. J. thorac. cardiovasc. Surg. 49, 844—853 (1965).

SOLOMON, A., FAHEY, J. L., MALMGREN, R. A.: Immunohistologic localization of γ_1-macroglobulins, β_2-myeloma proteins, and Bence-Jones proteins. Blood 21, 403 (1963).

SOLOMON, S.: Chronic Freedlander infection of the lung: seventeen cases. J. Amer. med. Ass. 115, 1527—1536 (1940).

SOM, M. L., FEUERSTEIN, S. S.: Endoscopic removal of lipoma of the bronchus. Arch. Otolaryng. (Chic.) 54, 341—346 (1951).

SOMMER, E.: Das Tuberkulom der Lunge, seine Entwicklung und Behandlung. Schweiz. Z. Tuberk. 10, 211 (1953).

SOPHIAN, L.: Mediastinal ganglioneuroma. Ann. Surg. 101, 827 (1935).

SØRENSEN, J. R.: Primary isolated nodular amyloidosis of the lung. Acta chir. scand., Suppl. 283, 162 (1961).

SOTER, C., BERKMEN, Y., GÜR, H., HADZIDAKIS, A. A., GILMORE, J. H.: Ossifying pneumonitis and calcinosis. Acta radiol. (Stockh.) 54, 195 (1960).

SOTO BLANCO, J.: Supuración perihidatídica en un quiste hidatídico pulmonar. Arch. urug. Méd. 21, 639 (1942).

SOUCHERAY, P. H., O'LOUGHLIN, B. J.: Cavitation within bland pulmonary infarcts. Dis. Chest 24, 180 (1953).

SOULAS, A., MOUNIER-KUHN, R.: Bronchologie. Paris: Masson & Cie. 1949.

SOULIÉ, P., MATHEY, J., TRICOT, R., VERNANT, P., PITON, A., BIEDER, E.: Les angiomas pulmonaires et leur traitement chirurgical. (À propos de deux cas opérés avec succès.) Bull. Soc. Med. Hôp. Paris 4, 291—314 (1954).

SOURNIA, J. C.: Quelle est la place de l'echinococcose secondaire dans la clinique humaine ? Lyon chir. 55, 551—558 (1959).

SOUSA, M. A. DE: Tuberkulome der Lunge. Basel-Stuttgart: B. Schwabe & Co. 1956.

SOUSTEK, Z.: Das achromaffine hamartogene Paraganglion (sogenanntes myoblastisches Myom Abrikossoffs oder granuläres Neurom Feyrters). Zbl. allg. Path. path. Anat. 87, 703 (1963).

SPAIN, D. M.: Diagnosis and treatment of tumours of the chest. New York-London: Grune & Stratton 1960.

SPAIN, D. M., BARRETT, R. C.: Amyloidosis in atypical sites (caradiac valves, larynx). Arch. Path. 38, 203—206 (1944).

SPAIN, D. M., MOSES, J. B.: Thrombosis and embolism of pulmonary vessels. Amer. J. med. Sci. 212, 707—712 (1946).

SPECHT, R. C., WALKER, J. H., FAXON, H. H.: Rhabdomyosarcoma of the chest wall. Arch. Surg. 68, 689 (1954).

SPENCER, H.: Pathology of the lung (excluding pulmonary tuberculosis). Oxford: Pergamon Press 1962.

SPERLING, E., LETZSCH, A., LIEBESKIND, R.: Hamartome der Lunge. Med. Klin. 56, 260 (1961).

SPIER, B.: Über Pilzerkrankungen der Lunge. Inaug.-Diss. Hamburg 1940.

SPIESS, G.: Ein Fall von hochgradiger Dyspnoe infolge eines Polypen im rechten Bronchus. Münch. med. Wschr. 19 10, 2095.

SPIESS, G.: Ekchondrom des rechten Hauptbronchus. Münch. med. Wschr. 40 (1910).

SPILSBURY, B. W., JOHNSTONE, F. R. C.: Clinical course of actinomycotic infections. Canad. J. Surg. 5, 33 (1962).

SPINK, W. W., MCCULLOUGH, N. B., HUTCHINS, L. M., MINGLE, C. K.: Diagnostic criteria of human brucellosis. J. Amer. med. Ass. 149, 805 (1952).

SPÖRLEIN, S.: Schützt die Silikose vor Lungenkrebs ? Zbl. allg. Path. path. Anat. 89, 197—200 (1952).

Springer, D. W., Geiger, P. E., Langston, H. T.: Rounded intrathoracic lesions. Amer. J. Roentgenol. 74, 827—849 (1955).
Sproul, E. E.: Carcinoma and venous thrombosis (pancreas). Amer. J. Cancer 34, 566 (1938).
Spühler, O.: Zur Differentialdiagnose der Perikarddivertikel und -zysten. Cardiologia (Basel) 8, 225 (1944).
Spühler, O.: Das Perikarddivertikel. Schweiz. med. Wschr. 75, 120 (1945).
Spyker, M. A., Kay, S.: Plasma cell granuloma of a mediastinal lymph node with extension to right lung. J. thorac. Surg. 31, 211—216 (1956).
Srouji, M., Mulhim, R., Wilson, J. L.: Hydatic cyst of the lung with bronchographic evaluation of treatment by internal suture of the pericyst. J. thorac. Surg. 35, 779—794 (1958).
Stähelin-Burckhardt, A.: Über eine mit Magenschleimhaut versehene Cyste des Oesophagus. Arch. Verdauungs-Kr. 15, 584 (1909).
Staemmler, M.: Perikard. In: Kaufmann-Staemmler, Lehrbuch der speziellen pathologischen Anatomie, 11. u. 12. Aufl., Bd. I/1, S. 1. Berlin: W. de Gruyter 1955.
Staffieri, D., Minhaar, T. C., Luppi, J. E.: Benign tumor (fibroma) of the lung. Riv. med. Rosario 29, 247 (1931).
Stahel-Stehli, J.: Cholesterin-Fremdkörper-Granulomatose der Lungen bei Diabetes mellitus. Virchows Arch. path. Anat. 304, 352 (1939).
Stahl: Fibrom der Lunge. Zbl. Chir. 1936, 1536.
Stahl, J., Stephan, F.: Thrombose veineuses multiples et tumeurs néoplasiques. Presse méd. 55, 466 (1947).
Stanford, W., Givler, R., Lawrence, M. S.: Mediastinal lymph node hyperplasia. Report of a case with growth over on eight year period. J. thorac. cardiovasc. Surg. 52, 303—308 (1966).
Stanton, M. F., Blackwell, R.: Induction of epidermoid carcinoma in lung of rats: A "new" method based upon deposition of methylcholanthrene in areas of pulmonary infarction. J. nat. Cancer Inst. 27, 375 (1961).
Stark, D. B., Gordon, B. N.: Amyloid tumors of the larynx, trachea and bronchi. Ann. Otol. (St. Louis) 58, 117 (1947).
Stark, D. B., McDonald, J. R.: Amyloid tumors of the trachea and bronchi. Amer. J. clin. Path. 18, 778 (1948).
Starzl, T. E., Britain, R. S., Hermann, G., Marchioro, T. L., Waddell, W. R.: Pseudotumors due to pulmonary infarction. Amer. J. Surg. 106, 619—627 (1963).
Stecken, A.: Über Varizen der Lunge. Fortschr. Röntgenstr. 82, 54—63 (1955).
Stecken, A.: Beitrag zur Differentialdiagnose der bandförmigen pathologischen Gefäßveränderungen in der Lunge. Fortschr. Röntgenstr. 82, 454—461 (1955).
Stecken, A.: Zur Differentialdiagnose rundlichovaler Verschattungen im Übersichtsbild der Lungen. Ein weiterer Beitrag zu pathologischen pulmonalen Gefäßveränderungen. Fortschr. Röntgenstr. 83, 20—26 (1955).
Stecken, A.: Pathologisch veränderte Lungengefäße als Ursache für röntgenologische Fehldeutungen von Lungenerkrankungen. Dtsch. Intern.-Tag. Leipzig 1956, 224—231.
Stecken, A.: Lungengefäßanomalie unter besonderer Berücksichtigung der Schichtdiagnostik. Kongr.-Ber. 1. Tagg Med.-wiss. Ges. f. Röntgenologie der DDR Leipzig 24.—26. 3. 1955, S. 92—93. Leipzig: J. A. Barth 1957.
Stecken, A.: Beitrag zur partiellen Lungenvenentransposition. Fortschr. Röntgenstr. 86, 710—720 (1957).
Stecken, A.: Der pathologische Gefäßfaktor im Röntgenbild der Lunge. In: Lungenkrankheiten im Röntgenbild, Bd. 2, S. 153—247. Leipzig: VEB Thieme 1958.
Stecken, A.: Zur Differentialdiagnose pathologischer Hilusgefäße. Kongr.-Ber. 2. Tgg med.-wiss. Ges. Röntgenol. DDR, S. 89—115 (1958).
Stecken, A.: Die Tomographie fehleinmündender Lungenvenen in zwei Schichtebenen. Fortschr. Röntgenstr. 91, 582 (1959).
Stecken, A., Opitz, H.: Über das kombinierte Auftreten eines arteriovenösen Lungenaneurysmas bei Teleangiectasia haemorrhagica hereditaria (M. Osler) mit einer Osteopoikilie. Fortschr. Röntgenstr. 80, 236—241 (1954).
Steele, J. D.: The solitary pulmonary nodule. Springfield, Ill.: Ch. C. Thomas 1964.
Steele, J. D., Schmitz, J.: A mediastinal cyst of gastric origin. J. thorac. Surg. 14, 403 (1945).
Steen, L. H., Newell, W. G.: Calcified gastric leiomyoma. Gastroenterology 24, 124—129 (1953).
Stefănescu, N., Lupsa, M.: Charakteristische Röntgenbilder der Hydatidenzysten. Med. interna (Buc.) 14, 733—739 (1962).
Steib, L.: Über luetischen Verschluß der Vena cava superior. Inaug.-Diss. Frankfurt/M. 1920.
Steiger, R.: Ergebnisse der Untersuchung einer großen bernischen Sippe mit Teleangiectasia haemorrhagica hereditaria Osler. Schweiz. med. Wschr. 1945, 73.
Stein, A. A., Volk, B. M.: Papillomatosis of the trachea and lung. Report of a case. Arch. Path. 68, 468—472 (1959).
Stein, J., Colmore, H. P., Green, R. A.: Diaphragmatico-pericardial tear with intrapericardial herniation of the transverse colon. Radiology 60, 417—420 (1953).
Stein, J., Jacobson, H. G., Poppel, M. H., Lawrence, L. R.: Pulmonary hamartoma. Amer. J. Roentgenol. 70, 971—981 (1953).
Stein, J., Poppel, M. H.: Hamartoma of the lung. Amer. Surg. 89, 439—446 (1955).
Stein, P. D., O'Connor, J. F., Dalen, J. E., Pur-Shahriari, A. A., Hoppin, F. G., Hammond, D. T., Haynes, F. W., Fleischner, F. G., Dexter, L.: The angiographic diagnosis of acute pulmonary embolism: Evaluation of criteria. Amer. Heart J. 73, 730 (1967).
Steinberg, I., Finby, N.: Roentgen manifestation of pulmonary arteriovenous fistula: diagnosis and treatment of four cases. Amer. J. Roentgenol. 78, 234—246 (1957).
Steinberg, I., Maisel, B., Vogel, F. S.: Pulmonary arteriovenous fistula associated with capillary teleangiectasia (Rendu-Osler-Weger-disease). Report of a case illustrating use of metal casting for demonstrating the lesion. J. thorac. Surg. 35, 517—522 (1958).
Steinberg, I., McClenahan, J.: Pulmonary arteriovenous fistula; angiocardiographic observations in nine cases. Amer. J. Med. 19, 549—568 (1955).
Steiner, P.: À propos des fistules intrabronchiques des adénites hilaires tuberculeuses. Schweiz. med. Wschr. 1949, 116.
Steiner, P., Geissberger, M.: 3 cas de perforation endobronchique d'adénite tuberculeuse hilaire avec élimination de séquestres ganglionnaires. Schweiz. med. Wschr. 1943, 1232.
Steiner, P. E., Stanger, D. W., Bolyard, M., Marcovich, A. W.: The quantity of focal (tu-

bercle) calcium in human lungs. Amer. Rev. Tuberc. **49**, 129 (1944).
STEINMANN, B., DEUEL, H.: Beitrag zum entzündlichen Perikarddivertikel. Radiol. clin. (Basel) **15**, 315—322 (1946).
STELLER, K.: Möglichkeiten und Grenzen der Bronchographie als Hilfsmittel bei der Diagnostik und Differentialdiagnostik intrathorakaler Erkrankungen. Röntgenpraxis **15**, 41—56 (1943).
STENDER, H. S., SCHERMULY, W.: Röntgendiagnostik der Atemorgane. In: Handbuch der medizinischen Radiologie, Bd. IX/1, S. 81—329. Berlin-Heidelberg-New York: Springer 1969.
STENDER, H. S., SCHERMULY, W.: Allgemeine Röntgensymptomatologie der Lungenerkrankungen. In: Handbuch der Medizinischen Radiologie, Bd. IX/1, S. 226—329. Berlin-Heidelberg-New-York: Springer 1969.
STEPHANOPOULOS, C., CATSARAS, H.: Myxosarcoma complicating a cystic hamartoma of the lung. Thorax (Lond.) **18**, 144 (1963).
STEPHENS, F. G., ROBERTS, S. M., WOLCOTT, M. W.: Peripheral lymphangioma of the lung. J. thorac. Surg. **36**, 182 (1958).
STEUER, K.: Über Lungensyphilis. Langenbecks Arch. klin. Med. **194**, 156 (1948).
STEVENS, E., TEMPLETON, A. W.: Traumatic nonpenetrating lung contusion. Radiology **85**, 247—252 (1965).
STEVENSON, J. G., REID, J. M.: Malignant occlusion of the pulmonary artery in bronchial carcinoma. Thorax (Lond.) **12**, 300—303 (1957).
STEVENSON, J. S., et al.: Arteriovenous malformation of the lung. Radiology **99**, 157 (1971).
STEWART, H. L., BAUER, E. L.: Tuberous sclerosis. Arch. Path. **14**, 799—809 (1932).
STEWART, J. S.: The roentgenologic manifestations of parasternal omental hernia. J. thorac. Surg. **19**, 399—404 (1950).
STEWART, W. H., ILLICK, H. E.: Orderly procedure in the roentgen diagnosis of intrathoracic tumors. Amer. J. Roentgenol. **36**, 180—182 (1936).
STIÉNON, E.: Les tumeurs médiastinales para-cardiaques. Arch. Mal. Cœur **27**, 7—41 (1934).
STIESS, A.: Große Bronchuscyste mit Kalksedimentspiegel. Fortschr. Röntgenstr. **68**, 106 (1943).
STIGLIANI, R., SCILABRA, G.: Sui tumori muscolari primitivi del polmone. Arch. De Vecchi Anat. pat. **51**, 447—472 (1968).
STILLING, H.: Eine Flimmerepithelcyste im Mediastinum anticum. Virchows Arch. path. Anat. **114**, 557 (1888).
STIPA, V., PAOLA, M. DI: I disembriomi vascolari del torace. Arch. Chir. Torace **17**, 89—109 (1963).
STIVELMAN, B. P., MALEV, M.: Rasmussen aneurysm: Its roentgenologic appearance. Report of a case with necropsy. J. Amer. med. Ass. **110**, 1829—1831 (1938).
STOEBER, H.: Die Entwicklung des Speiseröhrenepithels in einer kongenitalen Cyste des Oesophagus. Beitr. path. Anat. **52**, 512 (1912).
STÖCKER, E.: Leiomyomatosis pulmonum disseminata maligna. Zbl. allg. Path. path. Anat. **99**, 143 (1959).
STOECKL, K. H.: Über einen Fall von intrathorakaler Enterodermcyste im Mediastinum posterius bei einem Neugeborenen. Inaug.-Diss. Berlin 1935.
STOERCK, O.: Über angeborene blasige Mißbildung der Lunge. Wien. klin. Wschr. 1897, 25.
STÖSSEL, E. V.: Über muskuläre Cirrhose der Lunge. Beitr. klin. Tuberk. **90**, 432—442 (1937).
STOKES, A.: Lipoid pneumonia. Amer. Rev. Tuberc. **47**, 348—350 (1943).

STOLTZE, E.: Gestielter Lungentumor in der Pleurahöhle. In: Samml. seltener klinischer Fälle, Heft 14. Leipzig: VEB Thieme 1958.
STOLTZE, T.: Zur Diagnostik abnormer Verschattungen der vorderen Herzzwerchfellräume. Radiologe **9**, 69—74 (1969).
STONEHILL, S.: Massive lipoid granuloma of the lung and its treatment. Ann. intern. Med. **42**, No. 2 (1955).
STONEY, W. S., ADAMS, J. E.: The diagnosis of acute pulmonary embolism by arteriography. Amer. Rev. respir. Dis. **83**, 26 (1961).
STORCK, W. J.: Pulmonary arteriovenous fistula. Amer. J. Roentgenol. **74**, 441—454 (1955).
STOREY, C. F., GRANT, R. A., ROTHMAN, B. F.: Coin lesions of the lung. Surg. Gynec. Obstet. **97**, 95—104 (1953).
STOREY, C. F., KNUDTSON, K. P.: Liposarcoma of the mediastinum; report of a case with associated lipomas of the mediastinum and subcutaneous tissues. J. thorac. Surg. **22**, 300 (1951).
STORRS, R. P., MCDONALD, J. R., GOOD, C. A.: Lipoid granuloma following bronchography with iodized oil. J. thorac. Surg. **18**, 361 (1949).
STOUT, A. P.: Ganglioneuroma of the cervical and thoracic sympathetic ganglions. J. Amer. med. Ass. **82**, 1770 (1924); Amer. J. Cancer **24**, 751 (1935).
STOUT, A. P.: Tumors of the neuromyoarterial glomus. Amer. J. Cancer **24**, 255—272 (1935).
STOUT, A. P.: Hemangioendothelioma: a tumor of blood vessels featuring vascular and endothelial cells. Ann. Surg. **118**, 445 (1943).
STOUT, A. P.: Hemangiopericytoma: A study of twenty-five new cases. Cancer (Philad.) **2**, 1027 (1949).
STOUT, A. P.: Tumors of the soft tissue. In: Atlas of tumor pathology, Sect. II, Fasc. 5. Washington, D. C.: Armed Forces Inst. of Pathology 1953.
STOUT, A. P.: Tumor featuring pericytes: Glomus tumor and hemangiopericytoma. Lab. Invest. **5**, 217 (1956).
STOUT, A. P., CARSON, W.: The peripheral manifestation of the specific nerve sheath tumor (neurilemmoma). Amer. J. Cancer **24**, 751 (1935).
STOUT, A. P., MURRAY, M. R.: Hemangiopericytoma: a vascular tumor featuring Zimmermann's pericytes. Ann. Surg. **116**, 26—33 (1942).
STOWENS, D.: Pediatric pathology, 2nd edit. Baltimore: Williams & Wilkins Co. 1966.
STRAETEN, M. VAN DER: Lungentumor und Pseudolungentumor. Belg. T. Geneesk. **10**, 183 (1954).
STRAUBE, W.: Zur Klinik und Therapie von Soormykosen der Lunge. Dtsch. med. Wschr. **80**, 753 (1955).
STREIT, H.: Das Sklerom. In: DENKER-KAHLER, Handbuch der Hals-, Nasen-Ohrenheilkunde, Bd. IV, S. 348. Berlin: Springer 1928.
STRNAD, F.: Einleitung zum Thema: Herzzwerchfellwinkel. Radiologe **2**, 47 (1962).
STROBEL, H.: Zur Prognose der Zylindrome. Z. Laryng. Rhinol. **45**, 33—40 (1966).
STROTKÖTTER, H.: Verästelte Knochenbildung in den Lungen. Inaug.-Diss. Heidelberg 1923; Beitr. path. Anat. **73**, 182 (1924).
STRUPPLER, V.: Sarkom der Trachea. Zbl. Chir. **83**, 1679—1685 (1958).
STUCKI-MURALT, P. V.: Die Abdominalhernien im Röntgenbild. Radiol. clin. (Basel), Suppl. zu Bd. **24**, 1—78 (1955).
STUDY, R. S., MORGENSTERN, P.: Prognosis of inspissated cavities. Amer. Rev. Tuberc. **59**, 53—67 (1949).

STURZENEGGER, H.: Lungenendometriose unter dem Bild des Rundschattens. Schweiz. Z. Tuberk. **17**, 259—266 (1960).

STUTSCHINSKI, B. G.: Dermoide Zystenteratome des Mediastinums. Khirurgiya (Mosk.) **10**, 42 (1950); Ref.: Arch. Geschwulstforsch. **4**, 73 (1951).

STUTZ, E., VIETEN, H.: Die Bronchographie. Stuttgart: Georg Thieme 1952.

SUCHANEK, E.: Submuköse Exstirpation von intratrachealen Strumen. Langenbecks Arch. klin. Chir. **140**, 266 (1926).

SÜLE, T., GOFMAN, L., CZIGNER, J.: Mit bronchoskopischem Eingriff beseitigtes endobronchiales Ekchondrom. Z. Laryng. Rhinol. **48**, 257—263 (1969).

SÜSSE, H. J., OELSSNER, W., HERBST, M., KUNDE, G.: Das arteriovenöse Aneurysma der Lunge und die Darstellung seiner Kreislaufdynamik durch kinematographische Pneumangiographie. Fortschr. Röntgenstr. **79**, 498—505 (1953).

SULLIVAN, J. J., FERRARO, L. R., MANGIARDI, J., JOHNSON, E. K.: Cholesteraol pneumonitis. Dis. Chest **39**, 71 (1961).

SULLIVAN, J. J., MANGIARDI, J. L.: Chondrosarcoma in the posterior mediastinum. J. thorac. Surg. **36**, 744 (1958).

SULTAN: Bronchuscyste. Zbl. Chir. **52**, 869 (1925).

SUNDER-PLASSMANN, P.: Klinik und Neuromorphologie der Glomustumoren. Langenbecks Arch. klin. Chir. **265**, 115 (1950).

SUSMAN, M. P.: Hydatid cyst of the lung. Two unusual cases. Aust. New Zeal. J. Surg. **21**, 297—299 (1952).

SUSMAN, M. P.: Hydatid disease as it affects the thoracic surgeon. J. thorac. Surg. **26**, 111—130 (1953).

SUSSMAN, M. L.: Non-putrid pulmonary suppuration. Amer. J. Roentgenol. **40**, 22—36 (1938).

SUSSMAN, M. L.: The roentgen aspects of non-putrid pulmonary suppuration. Amer. J. Roentgenol. **44**, 345—349 (1940).

SUTER, F., ISELIN, H.: Hat die tuberkulöse Hiluslymphknotenperforation beim Erwachsenen praktische Bedeutung? Schweiz. med. Wschr. **1952**, 273—283.

SUTHERLAND: A case of myxoma of the lung. Radiology **3**, 161 (1924).

SUTHERLAND, J. C., CALLAHAN, W. P.: Hibernoma: a tumor of brown fat. Cancer (Philad.) **5**, 364—368 (1952).

SUTHERLAND, T. W., AYLWIN, J. A., BREWIN, E. G.: Endobronchial chondromatous hamartoma. A report of two cases. J. Path. Bact. **65**, 93 (1953).

SUTLIFF, W. D., HUGHES, F., ULRICH, E., BURKETT, L. L.: Active chronic pulmonary histoplasmosis. Arch. intern. Med. **92**, 571 (1953).

SUTTON, D., PRATT, A. E.: Angiography of hemangiopericytoma. Clin. Radiol. (Edinb.) **18**, 324—329 (1967).

SVANBERG, L.: Arterio-venöses Aneurysma und Hämagniom in den Lungen. Svenska Läk.-Tidn. **47**, 1511 (1950).

SWANSON, E., STEINBERG, I.: Roentgen features of the atrial appendages. Amer. J. Roentgenol. **91**, 311 (1964).

SWEANEY, H. C.: Pathologic interpretation of roentgeologic shadows in pneumoconiosis. J. Amer. med. Ass. **106**, 1959 (1936).

SWEENEY, A. R., BAGGENSTOSS, A. H.: Pulmonary lesions of periarteriitis nodosa. Proc. Mayo Clin. **24**, 35 (1945).

SWEET, R. S.: Pulmonary leiomyoma. Amer. J. Roentgenol. **107**, 823—826 (1969).

SWEETMAN, W. R., HARTLEY, L. J., BAUER, A. J., SALYER, J. M.: Postinflammatory "tumor" of the lung. J. thorac. Surg. **35**, 802—806 (1958).

SWEIGERT, C. F., TURNER, J. W., GILLESPIE, J. B.: Clinical a. roentgenologic aspects of coccidioidomycosis. Amer. J. med. Sci. **212**, 652—673 (1946).

SWENSON, P. L., LEAMING, R. H.: Chest lesions often confused with primary carcinoma of the lung. Amer. J. Roentgenol. **63**, 629—645 (1950).

SWIERINGA, J.: Die Bedeutung der Angiokardiographie für die Klinik der Lungenkrankheiten. Ned. T. Geneesk. **97**, 667 (1953).

SWIFT, E. A., NEUHOF, H.: Cervico-mediastinal lymphangioma with chylothorax. J. thorac. Surg. **1946**, 173—181.

SWINEFORD, O., HARKRADER, C. J.: Intrathoracic lipoma. Ann. intern. Med. **17**, 125—129 (1942).

SWOBODA, W., WOLF, H. G.: Der „Zwerchfell-Leberbuckel" beim Kind. Röntgendiagnostik und Ätiologie einer angeborenen Formanomalie. Fortschr. Röntgenstr. **81**, 778 (1954).

SYMMERS, D.: Malignant tumors and tumorlike growths of the thymic region. Ann. Surg. **95**, 544—572 (1932).

SZE-PIAO YANG, C. S., CHENG-GHEN, K. M.: X-ray findings and some clinical aspects in pulmonary paragomimiasis. Dis. Chest **27**, 88 (1955).

SZÖTS, I., et al.: Bronchusarteriom. Z. Kinderchir. **3**, 541 (1966).

SZÖTS, I., HORÁNYI, J.: Endobronchiales Hamartom im Draigebronchus. Tuberkulózis **11**, 169—171 (1958).

SZUTRÉLYI, G., ERDÉLYI, M.: A tüdőerek arteriovenous fistulája. Magy. Radiol. **3**, 145—152 (1951).

TACON, J. LE, MAGNIN, F.: Nature et evolution des bronchopyocèles. Bronches **7**, 350—353 (1957).

TAHERY, S. A., CARBERRY, D. M., ROSE, C. A.: Lipoma of the bronchus. N.Y. med. J. **60**, 3310—3312 (1960).

TAIANA, J. A., ARACAMA ZORRAQUIN, V.: Pulmonary hamartomas. West. J. Surg. **70**, 265 (1965).

TAIANA, J. A., SCHIEPPATI, E., ARACAMA ZORRAQUIN, V.: Pulmonary echinococcus. Surgical treatment in 124 hydatid cysts. Dis. Chest **26**, No. 6 (1954).

TAKAHIRO, KOZUKA, TADAHARU, NOSAKI: Brit. J. Radiol. **41**, 232 (1968).

TAKARO, T.: Mycotic infections of interest to thoracic surgeons. Ann. thorac. Surg. **3**, 71 (1967).

TAKARO, T., WALKUP, H. E., MATTHEWS, J. H.: The place of excisional surgery in the treatment of pulmonary mycotic infections. Dis. Chest **36**, 19 (1959).

TAKATS, G. DE, FENN, G. K., JENKINSON, E. C.: Reflex pulmonary atelectasis. J. Amer. med. Ass. **120**, 686—690 (1942).

TALA, P., LAUSTELA, E.: Lung cysts. Ann. Chir. Gynaec. Fenn., Suppl. **70** (1957).

TALBOT, T. J., SILVERMAN, J. J.: Asymptomatic arteriovenous fistula of the lung. Arch. intern. Med. **90**, 569 (1952).

TALNER, L. B.: Pleuropulmonary pseudotumors in childhood. Amer. J. Roentgenol. **100**, 208—213 (1967).

TALNER, L. B., et al.: The syndrome of bronchial mucocele and regional hyperinflation of the lung. Amer. J. Roentgenol. **110**, 675 (1970).

TAMA, L., ELLIS, F. H., HODGSON, C. H., DOCKERTY, M. B.: J. thorac. Surg. **43**, 585 (1962).

TAMAYO, J. L., ROJAS, M. C.: Granular cell myoblastoma (granular cell schwannoma) of the right upper bronchus coexisting with a bronchogenic carcinoma. J. thorac. cardiovasc. Surg. **62**, 268 (1971).

TANNER, E.: Das Mittellappensyndrom. Die Lingulaatelektase. In: Die Tracheobronchialtuberkulose der Erwachsenen, S. 98—103. Berlin-Göttingen-Heidelberg: Springer 1957.

TAPIE: Epithélioma primitif et ostéome du poumon. Midi méd. Toulouse 1, 358 (1892).

TARASCA, J. J.: Case report of a postinflammatory pseudotumor of the trachea. J. thorac. cardiovasc. Surg. 51, 279—282 (1966).

TAVARES DE LIMA, M. L. M., ZERBINI, E. J., BRITTENCOURT, D.: Hamartome der Lunge. Rev. paul. Med. 47, 143—156 (1955).

TAYLOR, M. T., EVANS, P. V.: Arch. Surg. 77, 242 (1958).

TAYLOR, R. G.: Coccidioidal granuloma. Amer. J. Roentgenol. 10, 551 (1923).

TAYLOR, R. R., RIVKIN, L. N., SALYER, J. M.: The solitary pulmonary nodule. A review of 236 consecutive cases, 1944 to 1956. Ann. Surg. 147, 197 (1958).

TEILUM, G.: Pathogenesis of amyloidosis. Acta path. microbiol. scand. 61, 21 (1964).

TEIXIDOR, H. S., BACHMAN, A. L.: Multiple amyloid tumors of the lung. Amer. J. Roentgenol. 111, 525 (1971).

TELLESSON, W. G.: Rheumatoid pneumoconiosis (Caplan's syndrome) in an asbestos worker. Thorax (Lond.) 16, 372—377 (1961).

TEMPLE, J., JONES, G. P.: Two cases of giant intrathoracic fibroma. Thorax (Lond.) 9, 112 (1954).

TENG, P., EASTMAN, P.: Intrathothoracic meningocele. Neurology (Minneap.) 8, 153 (1958).

TENNSTEDT, A.: Frankfurt. Z. Path. 68, 205 (1957).

TERAMO, M.: Sifilide gommosa del polmone. Lotta c. Tuberc. 13, 107—119 (1942).

TERPLAN, K.: Ein Beitrag zu den Teratomen der Brusthöhle. Virchows Arch. path. Anat. 240, 166—177 (1923).

TERPLAN, K.: The pathogenesis of tuberous bone formation in the lung. Amer. J. Path. 22, 632 (1946).

TERPLAN, K., HYDE, E.: Bronchial obstruction in pulmonary tuberculosis in children. Its relationship to epituberculosis. Amer. Rev. Tuberc. 42, Suppl. 63 (1940).

TESCHENDORF, W.: Lehrbuch der röntgenologischen Differentialdiagnostik, 4. Aufl., Bd. I, Erkrankungen der Brustorgane. Stuttgart: G.Thieme1958.

TESLER, U. F., MOMBELLONI, G., PANZERI, E.: Le cisti celomatiche ed i diverticoli del pericardio. Considerazioni su 15 casi operati. Arch. ital. Chir. 93, 473—513 (1967).

TESSERAUX, H., ZACHMANN, L.: v. Recklinghausensche Neurofibromatose mit enormer, die rechte Lunge und die Leber betreffender Geschwulstbildung. Zbl. allg. Path. path. Anat. 91, 190—196 (1954).

TESSMANN, D., KOCHAN, E.: Bronchogenes granuläres Neurom mit syntopischem Plattenepithelkarzinom. Thoraxchirurgie 11, 702—709 (1964).

TEUFEL, R.: Frankfurt. Z. Path. 50, 326 (1937).

THAL, W., KLAER, U.: Bronchite fibrineuse plastique de l'enfant. Bronches 20, 433 (1970).

THANNHAUSER, S. J., MAGENDANTZ, H.: The different clinical groups of xanthomatous diseases; a clinical physiological study of 22 cases. Ann. intern. Med. 11, 1662 (1938).

THEODOS, P. A., GORDON, B., LANG, L. P., MOTLEY, H. L.: Studies in the clinical evaluation of disability in anthracosilicosis. Dis. Chest 17, 249 (1950).

THIELE, H. G.: Lungenparagonimiasis. Dtsch. med. Wschr. 84, 752 (1952).

THIERBACH, R., GERLACH, H.: Bösartige Mischgeschwülste in der Lunge. Zbl. allg. Path. path. Anat. 107, 271—279 (1965).

THINGSTAD, R.: Verknöcherungen in der Lunge bei Mitralstenose. Nord. Med. 44, 1143 (1950).

THOENES, E.: Multiple Venenthrombosen, ein bisher unbekanntes Frühsymptom bei Pankreaskarzinom. Münch. med. Wschr. 79, 1677 (1932).

THOMAS, C. P., MORGAN, A. D.: Ossifying bronchial adenomas. Thorax (Lond.) 13, 386 (1958).

THOMAS, H. M., RIENHOFF, W. F.: Lipoid cell pneumonia. Adult type (case) simulating lung tumor. South. med. J. (Bgham, Ala.) 32, 1077—1080 (1939).

THOMAS, M. R.: A cystic hamartoma of the lung in a new-born infant. J. Path. Bact. 61, 599—606 (1949).

THOMAS, N. K., CHESSER, I. M.: Cavernous hemangioma of the mediastinum. J. thorac. Surg. 20, 315—324 (1950).

THOMAS, R.: Un cas de papillomatose d'emblée de la trachée. Ann. Oto-laryng. (Paris) 68, 8—9 (1951).

THOMAS, T. V.: Nonparalytic eventration of the diaphragm. J. thorac. cardiovasc. Surg. 55, 586—593 (1968).

THOMAS, W. S., JEWETT, C. H.: Pneumonia following the aspiration of fats from the esophagus dilated as a result of cardiospasm. Clifton med. Bull. 12, 130 (1926).

THOMERET, ROLLIN: À propos de deux opacités rondes de la base droit. J. franç. Méd. Chir. thor. 8, 155 (1954).

THOMPSON, C. M., RODGERS, L. R.: Analysis of 157 autoptically verified cases of pancreatic carcinoma with special reference to the incidence of thromboembolism. Amer. J. med. Sci. 223, 469 (1952).

THOMPSON, J. A.: Gumma of the lung. Med. Rec. 44, No. 17 (1893).

THOMPSON, V. C.: Tumours of the lung. London: Butterworths & Co. 1950.

THOMSON, A. P.: Thrombosis of peripheral veins in visceral cancer. Clin. J. 67, 137—140 (1938).

THOMSON, W.: On black expectoration and the disposition of black matter in the lungs particularly as occuring in coal miners and moulders in iron work. Med. Chir. Transactions 20, 230 (1837); 21, 340—400 (1838).

THORBAN, W., FASSBAENDER, C. W.: Zur Diagnostik und Therapie verschiedener Verlaufsformen der Lungenaspergillose. Thoraxchirurgie 12, 399—408 (1965).

THORBURN, J. D., STEPHENS, H. B., GRIMES, O. F.: Benign thynoma of the hilus of the lung. J. thorac. Surg. 24, 540—543 (1952)

THORÉN, L.: On the nature and pathogenesis of the so-called Abrikossoff-tumor. Upsala Läk.-Fören. Förh. 55, 125 (1950).

THORNTON, T. F., ADAMS, W. E., BLOCH, R. G.: Solitary circumscribed tumors of the lung. Surg. Gynec. Obstet. 78, 364 (1944).

TILLIER, H.: À propos d'une erreur de diagnostique entre kyste hydatique et cancer du poumon. J. Radiol. Electrol. 33, 89—90 (1952).

TILLMANN, A. J. B., PHILLIPS, H. S.: Pulmonary paragonimiasis. Amer. J. Med. 5, 167 (1948).

TIMOSSI, C.: Su di un caso di amartoma polmonare. Arch. Radiol. (Napoli) 4, 355—359 (1955).

TING, Y. M.: Pulmonary contusion. 11. Internat. Congr. of Radiology, Rom 23. 9. 1965.

TING, Y. M.: Pulmonary parenchymal findings in blunt trauma to the chest. Amer. J. Roentgenol. 98, 343—349 (1966).

TINGAUD, R.: Les neurinomes intrathoraciques. Presse méd. **61**, 39 (1953).

TINNEFELDT, N.: Knochenbildungen in der Lunge. Inaug.-Diss. Bonn 1921.

TINNEY, W. S., MOERSCH, H. J., McDONALD, J. R.: Tumors of the trachea. Arch. Otolaryng. **41**, 284—290 (1954).

TISSOT, T.: Syphilitic bronchopathies of the second period. Urol. cutan. Rev. **30**, 290 (1926).

TITUS, J. L., HARRISON, E. G., CLAGETT, O. T., ANDERSON, M. W., KNAFF, L. J.: Xanthomatous and inflammatory pseudotumors of the lung. Cancer (Philad.) **15**, 522—538 (1962).

TJADEN, H. F.: Zystische Fehlbildungen des Respirationstraktes betrachtet unter dem Gesichtspunkt chirurgischer Behandlung. Thoraxchirurgie **2**, 505—511 (1954/55).

TOBIN, J. R., WILDER, T. C.: Pulmonary arterio-venous fistula associated with hereditary hemorrhagic teleangiectasis: A report of their occurrence in a father and son. Ann. Intern. Med. **38**, 868 (1953).

TOCKER, A. M., HAAN, D. DE, STOFER, B. E.: Primary pulmonary leiomyosarcoma. Dis. Chest **31**, 328—334 (1957).

TÖNNIS, W., NITTNER, K.: Sanduhrgeschwülste des Wirbelkanals. Zbl. Neurochir. **14**, 238 (1954).

TOISON, G., CARLIER, C.: À propos du diverticule du péricarde. J. Radiol. Électrol. **1953**, 423.

TOMÁNEK, A.: Les opacités pulmonaires par obstruction bronchique. Bronches **7**, 180—182 (1957).

TOMMASEO, T., PELLEGRINO, F.: Il micetoma del polmone. Arch. Chir. torac. cardiovasc. **28**, 41—76 (1971).

TOMŠIKOVÁ, A., SACH, J., HOŘEJŠI, M., MECL, A., MALÝ, V., NOVÁČKOVÁ, D.: Z. ges. inn. Med. **17**, 872 (1962).

TONNO, F.: Considerazioni radiologiche su cisti da echinococco in varia sede. Ann. Ist. Osped. Aquilani, L'Aquila **1**, 1 (1946/47).

TOONE, E.: Inflammatory bronchial obstruction with unusual clinical manifestations. J. Amer. med. Ass. **155**, 1049 (1954).

TORNER-SOLER, M., CARRASCO AZEMAR, J., PERET RIERA, J.: Obstrucción de las ramas principales de la arteria pulmonar. Estudio clinico y angiocardiográfico de tres casos. Arch. esp. Méd. interna **5**, 357—364 (1959).

TORRANCE, D. J.: Roentgenographic signs of pulmonary artery occlusion. Amer. J. med. Sci. **237**, 651—662 (1959).

TOSATTI, E., GRAVEL, J. A.: Two cases of bronchogenic cyst associated with anomalous artery from the thoracic aorta. Thorax (Lond.) **6**, 82 (1951).

TOUROFF, A. S. W., SAPIN, S. O.: Solitary intrathoracic neurofibroma. Surgery **26**, 787—788 1949).

TOUROFF, A. S. W., SELEY, G. P.: Lipoma of the bronchus and the lung. Report of two unusual cases. Ann. Surg. **134**, 244—250 (1951).

TOUROFF, A. S. W., SELEY, G. P.: Chronic chylothorax associated with hygroma of the mediastinum. J. thorac. Surg. **26**, 318 (1953).

TRALKA, G. A., KATZ, S.: Hemangioendothelioma of the lung. Amer. Rev. resp. Dis. **87**, 107—115 (1963).

TREMBLAY, G. M., SASAHARA, A. A.: L'angiographie et la maladie thrombo-embolique pulmonaire: Indications et contre-indications. Canad. med. Ass. J. **95**, 1066—1071 (1966).

TREVOR, P., HANSON, A.: The problem of circumscribed lung opacities. Brit. J. Dis. Chest **56**, 17 (1962).

TRICOIRE, J.: Fistulisations ganglionnaires (loin de la primo-infection) en rapport avec une tuberculose des orifices bronchiques lobaires. Bronches **7**, 311—315 (1957).

TRICOMI, G., MONACO, L.: Possibilità e limiti della broncografia nella diagnosi dei tumori polmonari periferici. Riv. Tuberc. **9**, 525—536 (1961).

TRICOMI, G., MONACO, L.: Possibilités et limites de la bronchographie dans le diagnostic des tumeurs pulmonaires périphériques. Bronches **12**, 85—86 (1962).

TRIGLIANOS, A.: Quelques remarques bronchoscopiques sur les mycoses broncho-pulmonaires. Poumon **10**, 759 (1955).

TRIMBLE, H. G.: Pulmonary coin lesions. Dis. Chest **23**, 634 (1953); Amer. J. Surg. **89**, 408 (1955).

TROCMÉ, P.: Hémoptysies répétées chez un enfant cyanosé. Angiome du poumon. J. franç. Méd. Chir. thor. **4**, 478—483 (1950).

TROCMÉ, P., PLICHEVIN, A., BORDAT, S.: Un cas de sporotrichose broncho-pulmonaire et cutanée. J. franç. Méd. Chir. thor. **4**, 570—575 (1950).

TROCMÉ, P., SOULIÉ, P.: Un cas d'angiome du poumon avec cyanose. Arch. Mal. Cœur **43**, 161 (1950).

TROISIER, J., BARIÉTY, M., MONOD, O.: Les neurinomes intrathoraciques. Poumon **3**, 97 (1947).

TROSSMAN, C. M.: Push up stridor caused by a bronchogenic cyst. Amer. J. Dis. Child. **107**, 293 (1964).

TROY, M. A.: Granular cell myoblastoma in a dog. J. Amer. vet. med. Ass. **126**, 397 (1953).

TRUCKENBRODT, H., GALL, F.: Die intralobäre Lungensequestration. Ein Beitrag zur Differentialdiagnose intrathorakaler Rundherde. Radiologe **8**, 318—320 (1968).

TRUTENY, N. I., MIKLAJEV, J. J.: Neiroepitelioma legkogo. Khirurgiya (Mosk.) **1**, 58—61 (1955).

TSCHERTKOFF, I. G., ORNSTEIN, G. G.: Bronchopulmonary disease attribution to the use of intranasal instillation of oily substance. Report of 10 cases. Quart. Bull. Sea View Hosp. **1**, 139 (1936).

TSIPELZON, A. M., RUSSEN, E. V.: The roentgenological picture of pulmonary changes in Wegener's granulomatosis. Klin. Med. (Mosk.) **43**, 35—39 (1965).

TSUNODA, T.: Über das Vorkommen von Riesenzellen in amyloiden Organen und die Beziehungen zwischen dem ischämischen Infarkt und der Amyloidose. Virchows Arch. path. Anat. **202**, 407 (1910).

TU, C. L., HSIEH, C. K.: Tuberculoma of the diaphragm. Amer. J. Roentgenol. **63**, 822 (1950).

TUCH, A. I.: Reticulocytom des Nasen-Rachenraumes. Vestn. Oto-rino-laring. (Mosk.) **19**, 97 (1957).

TUCKER, A. S.: Lymphangiectasis. Amer. J. Roentgenol. **91**, 1104—1113 (1964).

TUCKER, R. M., BROWN, A. L.: Goodpasture's syndrome. Proc. Mayo Clin. **43**, 449—463 (1968).

TUFFIER, T.: Calcul du poumon. Bull. Soc. Chir. Paris **1909**, 15.

TUFFIER, T.: Angiome du poumon. Bull. Soc. Chir. Paris **34**, 897 (1909).

TUHY, J. E., MAURICE, G. L., NILES, N. R.: Wegener's granulomatosis. Amer. J. Med. **25**, 638—646 (1958).

TURK, L. N., LINDSKOG, G. E.: The importance of angiographic diagnosis of intralobar pulmonary sequestration. J. thorac. cardiovasc. Surg. **41**, 299 (1961).

TURKINGTON, S. I., SCOTT, G. A., SMILEY, T. B.: Leiomyoma of the bronchus. Thorax (Lond.) **5**, 138—143 (1950).

Turnbull, F.: Removal of a malignant thymoma in a case of myasthenia gravis. Arch. Neurol. Psychiat. 48, 938—945 (1942).
Turner, G. A.: Pulmonary bilharziasis. J. trop. Med. Hyg. 12, 35 (1909).
Turner, P. S.: Benign tumors of the bronchus with special reference to early diagnosis. 2 case reports. Kentucky med. J. 31, 423—426 (1933).
Turner, W. M.: Precapillary systemic pulmonary anastomoses. Thorax (Lond.) 18, 225—237 (1963).
Turunen, M.: Intrathoracic meningocele. Acta chir. scand. 106, 299 (1953).
Turunen, M., et al.: Sclerosing hemangioma of lung. Acta tuberc. scand. 33, 276 (1957).
Turunen, M., Kyllönen, K. E. I.: Über Herzsymptome bei teratoiden Mediastinaltumoren. Medizinische 47, 1572—1574 (1954).
Tuttle, W. M., Barrett, R. J., Hertzler, J. H.: The importance of surgery in the management of the pulmonary coin lesion. Amer. J. Surg. 89, 422—424 (1955).
Tuttle, W. M., Sanai, V., Harms, H. P.: Intrathoracic neurofibroma of the vagus nerve. J. thorac. Surg. 31, 632 (1956).
Twort, J. M., Lyth, R.: The concentration of carcinogenic materials in mineral oils by destillation processes. J. Hyg. (Lond.) 39, 161—169 (1939).
Tyson, M. D.: Surgical management of solitary cysts or cyst-like structures of pulmonary origin. Ann. Surg. 118, 50 (1943).
Udvardy, L.: Über die in den Lungen sichtbaren Rundschatten. Röntgenpraxis 1934, 713.
Uehlinger, A.: Skeletveränderungen bei Neurofibromatose. In: Handbuch der medizinischen Radiologie, Bd. V/3, S. 390—406. Berlin-Heidelberg-New York: Springer 1968.
Uehlinger, E.: Die Epidemiologie des Bronchialdurchbruches tuberkulöser Lymphknoten. Beitr. Klin. Tuberk. 110, 128—141 (1953).
Uehlinger, E.: Kollagenkrankheiten des Lungengerüsts. Stuttgart: G. Thieme 1957.
Uehlinger, E.: Die Kollagenkrankheiten der Lungen. Bibl. tuberc. (Basel) 14, 144 (1959).
Uehlinger, E.: Mikrolithiasis, Amyloidose und Proteinose der Lungen. Beitr. Klin. Tuberk. 132, 130—147 (1965).
Uehlinger, E.: Die pulmonalen Cholesteringranulome. In: Die pathologische Anatomie, Diagnose und Differentialdiagnose der progressiven interstitiellen Lungenfibrose (Hamman-Rich). Fortbild. Thoraxkrankheiten 4, 93—127 (1970).
Uehlinger, E., Zollinger, R.: Die klinische Bedeutung der silikotischen Gefäßverschlüsse. Bull. schweiz. Akad. med. Wiss. 2, 176 (1946).
Ulrich, K.: Endobronchiales Hamartochondrom. Ein Beitrag zur Lehre von den gutartigen Lungengeschwülsten. Arch. Ohr.-, Nas.- u. Kehlk.-Heilk. 149, 478 (1941).
Umansky: Dyschondroplasia with hemangiomata (Maffucci's syndrome). Early case with mild osseous manifestations. Bull. Hosp. Jt Dis. (N.Y.) 7, 59 (1946).
Umiker, W. O., Iverson, L.: Postinflammatory "tumors" of the lung. Report of four cases simulating xanthoma, fibroma or plasma cell tumor. J. thorac. Surg. 28, 55—63 (1954).
Umlauff, W.: Thrombose und Pankreaskarzinom. Münch. med. Wschr. 80, 607 (1933).
Ungeheuer, E., Dalichau, H.: Angeborene Mißbildungen der Atemwege und ihre Operabilität. Stuttgart: F. Enke 1965.
Ungeheuer, E., Hartel, W.: Operative Behandlung der Geschwülste der Lungen und des Mediastinums. In: Holder, E. (Hrsg.), Therapie maligner Tumoren, Hämoblastome und Hämoblastosen, Bd. II. Die operative Behandlung der Geschwülste, S. 406—477. Stuttgart: F. Enke (1967).
Unger, E.: Krebs des Ductus thoracicus. Virchows Arch. path. Anat. 145, 581—587 (1896).
Unger, L.: The recognition of non allergic asthma. Dis. Chest 22, 671 (1952).
Unseld, D. W.: Die Lungentoxoplasmose. Dtsch. med. Wschr. 80, 173 (1955).
Urech, A.: Infarktkavernen der Lunge mit Ausgang in Heilung. Schweiz. med. Wschr. 1945, 1004.
Uszpenszkij, L. B.: Nevrofibroma visceralnoj plevri. Klin. Med. (Mosk.) 3, 52 (1953).
Uyttenhove, P., Pannier, R., van Loo, A., Vuylsteeck, K., Blancquaert, A.: Les veines pulmonaires aberrantes. Acta cardiol. (Brux.) 8, 594—602 (1953).
Uzzan, D., et al.: Papillomatose trachéo-bronchique diffuse et primoinfection tuberculeuse. J. franç. Méd. Chir. thor. 15, 309 (1960).
Vaccarezza, R. F., Singer, E.: Neumopatia crónica consecutiva a instalaciones intratraqueales de aceite mineral. An. Cat. Pat. Tuberc. (B. Aires) 17, 127—135 (1956).
Vaccarezza, R. F., Viola, A. R., Vaccarezza, A. O., Ugo, A. V., Vicario, D. J., Zuffardi, E. A.: Verification of the collateral systemic circulation in pulmonary pathology. Dis. Chest 49, 130—138 (1966).
Vaccato, A. E., Ziliotto, P.: Fibro-linfo-angioma « a calco » del polmone. Acta chir. ital. 15, 267—290 (1958).
Vacher, Denis: Goitre intrachéal. Rev. Laryng. (Bordeaux) 48, 761 (1927).
Vachiere, E., Hillman, D. C.: Solitary pulmonary hydatid cast, report of case and discussion of its differential diagnosis. Pediatrics 35, 699—703 (1965).
Vailland, J. C., Morand, P., Houël, J.: Apport de l'aortographie retrograde à l'étude «in vivo» de la circulation bronchique et intercostale dans les lésions pulmonaires tuberculeuses étendues. Rev. Tuberc. Pneum. 30, 599—601 (1966).
Vaksvik, P.: Bronchialglandelperforasjoner. Nord. Med. 47, 50 (1952).
Valach, V.: Die extraadrenalen Paragangliome. Zbl. allg. Path. path. Anat. 97, 251—263 (1957).
Valk, F. A. van der: Het syndroom van Maffucci. Ned. T. Geneesk. 108, 823—824 (1964).
Valle, A., White, M. L.: Thoracic gastric cyst. Ann. Surg. 123, 377 (1946).
Vallebona, A.: Infiltrazione iodo-oleosa postbroncografia del polmone (pneumopatia conseguente a broncografia). Radiol. med. (Torino) 23, 736 (1936).
Valmaggiore, R. di, Fojanini, G.: Cianosi da aneurisma artero-venoso del polmone. Arch. ital. Chir. 75, 455 (1952).
Vance, J. W., Good, C. A., Hodgson, C. H., Kirklin, J. W., Gage, R. P.: The solitary circumscribed pulmonary lesion due to bronchogenic carcinoma: A 3-year follow-up study of 94 surgically treated patients. Dis. Chest 36, 231 (1959).
Vanetti, A., Evrard, C., Du Boys, Y., Galey, J., Mathey, J.: Traitement des anévrysmes artérioveineux du poumon. À propos de 6 observation. J. Chir. (Paris) 94, 143—164 (1967).
Vannier, R., Colvez, P., Fellous, M., Brocard, H.: Circulation à contre-courant dans l'artère pulmonaire d'un poumon atteint de séquelles d'abscès à bacilles de Friedländer. Bull. Soc. méd. Hôp. Paris 117, 1111—1120 (1966).

Vannier, R., Gallouédec, C., Savier, C. H., Durepaire, H. L., Brocard, H.: Vascularisation d'origine systemique d'un poumon bronchiectasique avec retour sanguin par l'artère pulmonaire. Bull. Soc. méd. Hôp. Paris 116, 581—592 (1965).

Vanpeperstraete, F.: Tumeurs bénignes et adénomes bronchiques. Étude clinique de 58 cas. Acta chir. belg., Suppl. 11, 69—82 (1955).

Vanzetti, E.: Su di un tumore misto encondromatoso del polmone. Arch. Sci. med. 51, 401 (1927).

Vaquez, J. J., Dixon, F. J.: Immunohistochemical analysis of amyloid by fluorescence technique. J. exp. Med. 104, 727 (1956).

Varró, V., Sövényi, E.: Ein Fall von Periarteriitis nodosa mit Veränderungen der Lungen und Verdauungsorgane. Z. ärztl. Fortbild. 50, 366 (1956).

Vásquez, J. J., Herranz, P.: Sobre el origin neural del blamado mioblastoma de células granulares. Rev. Univ. Navarra 10, 253—260 (1966).

Vejlens, G.: Specific pulmonary alterations in tuberous sclerosis. Acta path. microbiol. scand. 18, 317—330 (1941).

Velios, F., Crawford, A. S., Gatzimos, C. D., Haynes, E.: Bronchial aspergillosis occurring as an intracavitary "fungus ball". Amer. J. clin. Path. 27, 68—75 (1957).

Vengsarkar, A. S., Kincaid, O. W., Weidman, W. H.: Selective angiocardiography in diagnosis of varicosity of the pulmonary veins. Report of a case. Amer. Heart J. 66, 396—398 (1963).

Verbeke, R.: Das Aspergillom der Lunge. Belg. T. Geneesk. 9, 723—732 (1953).

Verco, P. W.: The radiology of primary atypical pneumonia. Thorax (Lond.) 4, 152 (1949).

Verga, P.: I condromi del polmone. Pathologica (Genova) 24, 1—22 (1932).

Verhaeghe, A., Lemaitre, G., Lebeurre, R., Defouilloy, A., Delcambre, B.: Aspects radiologiques pleuropulmonaires au cours de la polyarthrite rhumatoïde de l'adulte. Probème du «poumon rhumatoïde». J. belg. Rhum. Méd. phys. 21, 262—279 (1966).

Verhagen, A. D.: Bilateral glomus caroticum tumor. Arch. chir. neerl. 6, 12 (1954).

Vermeij, J., Hüpscher, D. N.: Quelques cas de maladie de Wegener. Ann. Radiol. (Paris) 6, 683—694 (1963).

Verneiges, P.: Les opacités arrondies intra-thoraciques pseudo-tumorales. Thèse de Paris 1952.

Versé, M.: Syphilis, Lymphogranulomatose, Rotz der Lunge und des Brustfells. In: Henke-Lubarsch, Handbuch der speziellen Anatomie u. Histologie, Bd. III/3, S. 161ff. Berlin: Springer 1931.

Vezendi, S., Pongor, F.: Die eosinophile Granulomatose der Lunge. Orv. Hétil 113, 370—373 (1972).

Viamonte, M., Ravel, R., Politano, V., Bridges, B.: Angiographic findings in a patient with tuberous sclerosis. Amer. J. Roentgenol. 98, 723 (1966).

Vielle, C. J. La, Campbell, D. A.: Neurofibromatosis and intrathoracic meningocele. Radiology 70, 62 (1958).

Vierling, A.: Syphilis der Trachea und Bronchien. Dtsch. Arch. klin. Med. 21, 325 (1878).

Viets, H. R.: Myasthenia gravis. Springfield, Ill.: Ch. C. Thomas 1961.

Viets, H. R., Schwab, R. S.: Thymectomy for myasthenia gravis. Springfield, Ill.: Ch. C. Thomas 1960.

Vigliani, E. C.: Diagnosi clinica della silicosi. Atti Conv. Silicosi Torino: Ediz. Enpi 1941.

Viikari, S. J.: On pericardial coelomic cysts. Ailalauskirjasta 12, 966 (1948).

Villar, T. G., Pinmentel, J. C., Freitas, M., Costa: The tumour-like forms of aspergillosis of the lung (pulmonary aspergilloma). Thorax (Lond.) 17, 22—38 (1962).

Villaret, M., Justin-Besançon, L., Bardin, P.: Embolies et chocs pulmonaires. Bull. Soc. méd. Hôp. Paris 54, 515 (1938).

Villegas, A. H., Sala, C. A.: Pulmonary actinomycosis of pseudotumoral form. J. thorac. cardiovasc. Surg. 49, 677—683 (1965).

Vinner, M. G.: The bronchographic picture in peripheral lung carcinoma. Vopr. Onk. (Mosk.) 10, 15—24 (1964).

Vinner, M. G.: Possibilities of segmental bronchography in the differential diagnosis of tuberculoma and peripheral cancer of the lung. Vestn. Rentgenol. Radiol. (Mosk.) 40, 21—24 (1965).

Vinner, M. G.: Differential diagnosis of tuberculosis and peripheral cancer of the lung. Probl. Tuberk. 1968, Nr 9, 23.

Vinner, M. G., Gitelmann, G. J., Korobov, W. I.: Röntgendiagnostik von Bronchialsteinen. Radiol. diagn. (Berl.) 10, 311—321 (1969).

Vinner, M. G., Krzhivitskaya, V. P.: Chondroma and hamartochondroma of the lung and their differential diagnosis. Klin. Med. (Mosk.) 43, 25—30 (1965).

Vinner, M. G., Shulutko, M. L.: Diagnostik und Differentialdiagnostik der gutartigen Tumoren und tumorartigen Neubildungen der Lunge (Hamartochondrome, Adenome, Retentionszysten). Radiol. diagn. (Berl.) 9, 453—477 (1968).

Vinson, P. P., Pembleton, W. E.: Lipoma of the left main bronchus. Report of case and review of literature. Arch. Otolaryng. 35, 868—870 (1942).

Viola, A. R., Ugo, A. V., Vaccarezza, A. O., Diaz, G., Vicario, D. J.: Pulmonary collateral circulation in chronic lung disease. Clinical, hemodynamic, angiopneumographic, surgical and anatomic studies. J. thorac. cardiovasc. Surg. 46, 232—241 (1963).

Viranuvatti, V., Bovornkitti, S., Prijyanonda, B.: Early diagnosis of intrathoracic involvement of amebiasis by intrahepatic instillation of radioopaque material. A case report. Amer. J. Proctol. 17, 507—510 (1966).

Virchow, R.: Virchows Arch. path. Anat. 8, 103 (1855); 9, 618 (1856).

Virchow, R.: Die krankhaften Geschwülste, Bd. I, S. 474. Berlin: Hirschwald 1861.

Virchow, R.: Teratoma myomatodes mediastini. Virchows Arch. path. Anat. 53, 444—454 (1871).

Virchow, R.: Zit. nach Muendel, H. J., Yelin, G.: Primary chondroma of the lung. Dis. Chest 28, 103 (1955).

Vischer, W.: Teleangiectasia haemorrhagica hereditaria: pathologisch anatomischer Befund und Blutgruppenuntersuchung. Acta haemat. (Basel) 5, 168 (1951).

Viswanathan, R.: Pulmonary eosinophilia. Indian med. Gaz. 80, 392 (1945).

Viswanathan, R.: Pulmonary eosinophilosis. Quart. J. Med. 17, 257—270 (1948).

Vivas, J. R., Crabtree, S. E.: The significance of size and radiographic density of solitary lesions in the lungs. Amer. Practit. 4, 857 (1953).

Vivoli, D.: Formas anatomo-clinicas de la sifilis pulmonar del adulto. Buenos Aires: Ed. "Las Ciencias" 1935.

Vogel, H.: Von Würmern und Arthropoden hervorgerufene Krankheiten. In: Ruge-Mühlens-Zur Verth, Krankheiten und Hygiene der warmen Länder, 4. Aufl., S. 347—407. Leipzig: G. Thieme 1938.

VOGEL, H., MINNING, W.: Wurmkrankheiten. In: Handbuch der inneren Medizin, 4. Aufl. Bd. I/2, S. 784—1008. Berlin-Göttingen-Heidelberg: Springer 1952.

VOGEL, K. H.: Beitrag zur Differentialdiagnose von Thorax-Röntgenbildern. Fortschr. Röntgenstr. 94, 450—454 (1961).

VOGEL, K. H., FLINK, E.: Über Veränderungen im Röntgenbild des Thorax bei der Periarteriitis nodosa. Fortschr. Röntgenstr. 92, 501—507 (1960).

VOGLER, E.: Syphilis der Lunge. Fortschr. Röntgenstr. 74, 107 (1951).

VOGLER, E., AMON, R.: Zur Röntgensymptomatologie der sog. isolierten Rundtumoren, einer besonderen Wachstumsform der Bronchuscarcinome. Fortschr. Röntgenstr. 76, 45—51 (1952).

VOGT, A.: Rezidivierender, 10 Jahre beobachteter maligner Thymustumor. Röntgenpraxis 11, 318 (1939).

VOGT, A.: Über den kymographischen Nachweis der herznahe gelegenen sekretgefüllten Echinokokkuszyste. Fortschr. Röntgenstr. 74, 174 (1951).

VOGT, A.: Zur Frage der Selbstheilung des cystischen Lungenechinococcus. Fortschr. Röntgenstr. 74, 566 (1951).

VOGT, E. C.: A mediastinal cyst causing obstruction of a bronchus. Case report. Amer. J. Roentgenol. 21, 364—365 (1929).

VOGT, H.: Zur Pathologie und pathologischen Anatomie der verschiedenen Idiotieformen. II. Tuberöse Sklerose. Mschr. Psychiat. Neurol. 24, 106—150 (1908).

VOGT-MOYKOPF, I.: Gutartige Tumoren der Lungen. Thoraxchirurgie 15, 510—519 (1967).

VOGT-MOYKOPF, I., KRUMHAAR, D., HECKER, W. C.: Kongenitale cystische Lungenkrankheiten. Münch. med. Wschr. 108, 414—419 (1966).

VOIGT, K. G., SCHRÖDER, H.: Zur Klinik und Diagnostik benigner Lungentumoren. Arch. Geschwulstforsch. 30, 237—244 (1967).

VOLK, B. W., LOSNER, S., LEWITAN, A., NATHANSON, L.: Diagnosis of lipoid pneumonia. Amer. J. Surg. 89, 158—165 (1955).

VOLUTER, G.: Épisodes radiologiques de la perforation ganglio-bronchique au cours de la primoinfection. J. Radiol. Électrol. 37, 738—749 (1956).

VOORST VADER, P. A. J. VAN, VOSSENAAR, T.: Tumeurs cartilagineuses primitives dans le poumon. Bronches 4, 337 (1954).

VORWALD, A. J.: Cavities in silicotic lung. Pathologic study with clinical correlation. Amer. J. Path. 17, 709—718 (1941).

VORWALD, A. J., KARR, J. W.: Pneumoconiosis and pulmonary carcinoma. Amer. J. Path. 14, 49—58 (1938).

VOSSSCHULTE, K.: Über die Exstirpation tuberkulöser Mediastinaldrüsen bei drohendem Bronchusdurchbruch. Chirurg 22, 310—314 (1951).

VOTH, H.: Dtsch. Arch. klin. Med. 204, 123 (1957).

VOTH, H.: Röntgenologische Verlaufsbeobachtungen Wegener'scher Granulomatose. 11. Internat. Congr. Radiology, Montreal 26. 8.—1. 9. 1962.

WACHNER, G.: Zur Differentialdiagnose metastatischer Lungentumoren. Röntgenpraxis 9, 413—416 (1937).

WACHNER, G.: Die solitären Rundherde im Lungenröntgenbild. Fortschr. Röntgenstr. 60, 187 (1939).

WACHS, E.: Zur chirurgischen Behandlung der chronischen Obstruktionspneumonitis. Zbl. Chir. 77, 2218—2227 (1952).

WACHS, E.: Zur Klinik der Nebenlungen. Langenbecks Arch. klin. Chir. 275, 567—580 (1953).

WADDELL, W. R., SNIFFEN, R. C., SWEET, R. H.: Chronic pneumonitis: its clinical and pathologic importance. J. thorac. Surg. 10, 707—737 (1949).

WADDELL, W. R., SNIFFEN, R. C., WHYTEHEAD, L. L.: The etiology of chronic interstitial pneumonitis associated with lipid deposition. J. thorac. Surg. 28, 134 (1954).

WADDELL, W. R., SNIFFEN, R. C., WHYTEHEAD, L. L.: The influence of blood lipid levels on inflammatory response in lung and muscle. Amer. J. Path. 30, 757 (1954).

WÄTJEN, J.: Durch Schimmel- und Sproßpilze bedingte Erkrankungen der Lunge. In: HENKE, F., LUBARSCH, O., Handbuch der speziellen pathologischen Anatomie und Histologie, Bd. III/3, S. 481—508. Berlin: Springer 1931.

WÄTJEN, J.: Zur Pathologie der Mansfelder Staublunge. Arch. Gewerbepath. Gewerbehyg. 4, 310 (1933).

WAGEN-VOORT, C. A., HEATH, D., EDWARDS, J. E.: The pathology of the pulmonary vasculation. Vol. I, 494. Springfield, Ill.: Ch. C. Thomas edit. 1964.

WAGNER: Osteom der Lunge. Arch. physiol. Heilk. 1859.

WAGNER, A.: Four cases of diaphragmatic intumescence. Acta radiol. (Stockh.) 26, 239—247 (1945).

WAGNER, E.: Das Syphilom der Respirationsorgane. Arch. Heilk. 4, 356 (1863).

WAGNER, J. C., ADLER, I., FULLER, D. N.: Foreign body granulomata of the lungs due to liquid paraffin. Thorax (Lond.) 10, 157—170 (1955).

WAHL, H. R.: Neuroblastoma, with a study of a case illustrating the three types that arise from the sympathetic system. J. med. Res. 30, 205 (1924).

WAHL, H. R., ROBINSON, D. W.: Neuromablastoma of mediastinum with pheochromoblastomatous elements. Arch. Path. 35, 571 (1943).

WAIBEL, E., BOCK, K.: Anwendung der Mikrophotographie zur Beurteilung von Lungenrundherden. Fortschr. Röntgenstr. 104, 650—664 (1966).

WALDORP, LUNA: Mächtige intrathorakale doppelseitige Lipome. Zentr.-Org. ges. Chir. 75, 638 (1936).

WALKER, C. I.: 2 cases of fibrinous bronchitis with a review of the literature. Amer. J. med. Sci. 159, 825 (1920).

WALKER, D., WILSON, I. V.: Pulmonary infarction simulating bronchial carcinoma. Clin. Radiol. 18, 218—224 (1967).

WALKER, R. M.: Mediastinal lipoma. J. thorac. Surg. 6, 89—97 (1936).

WALKER, W. J., JAMES, E. C.: Pulmonary histoplasmosis. Canad. med. Ass. J. 81, 486 (1959).

WALL, N. M.: Anthracosilicosis with special reference to pulmonary cavitation. Amer. Rev. Tuberc. 71, 544—555 (1955).

WALLGREN, A.: Sur l'infiltration épituberculeuse d'origine ganglionnaire. Acta radiol. (Stockh.) 7, 595—603 (1926).

WALTON, E. W.: Giant-cell granuloma of respiratory tract (Wegener's granulomatosis). Brit. med. J. 1958 II, 256—270.

WALTON, E. W., LEGGAT, P. O.: Wegener's granulomatosis. J. clin. Path. 9, 31—37 (1956).

WANG, C. C.: Roentgen features of pulmonary tuberculoma. Radiology 60, 536—544 (1953).

WANG, S. H., HSIEN, C. K.: Roentgenologic study of paragonimiasis of lungs. Chin. med. J. 52, 829—884 (1937).

WARD, I. M., KRAHL, J. B.: Enterogenous pulmonary cyst. Amer. J. Dis. Child. 63, 924 (1942).

WARD, P. H., OSHIRO, H.: Granular cell myoblastoma. Arch. Otolaryng. 76, 239 (1962).

WARE, G. W., CONRAD, H. A.: Diverticula of the pericardium. Amer. J. Surg. 88, 918—921 (1954).
WARREN, S., GATES, O.: Radiation pneumonitis. Arch. Path. 30, 440—460 (1940).
WARRING, F. C., RILANCE, A. B.: Chronic indurative pneumonia resulting from cardiospasm; case with nonpathogenic acid-fast bacilli in sputum. J. Lab. clin. Med. 28, 1591—1595 (1943).
WASSNER, U. J.: Mediastinalgeschwülste. Häufigkeit, Klinik, Gestalt und Charakter. Stuttgart-New York: F. K. Schattauer 1970.
WATANABE, M., ISHIGURO, J., NAGABUCHI, K.: A case of chondromatous hamartoma of the lung. Jap. J. thorac. Surg. 10, 1—11 (1957).
WATSON, W. L.: Pulmonary arterio-venous aneurysma. A new surgical disease. Surgery 29, 919—929 (1947).
WATSON, W. L., ANLYAN, A. J.: Primary leiomyosarcoma of the lung. Cancer (Philad.) 7, 250—258 (1954).
WATSON, W. L., URBAN, J. A.: Mediastinal lipoma. J. thorac. Surg. 13, 16—29 (1944).
WATTS, C. F., CLAGETT, O. T., MCDONALD, J. R.: Lipoma of the bronchus. Discussion of benign neoplasms and report of a case of endobronchial lipoma. J. thorac. Surg. 15, 132—144 (1946).
WATZKA, M.: Die Paraganglien. In: Handbuch der mikroskopischen Anatomie des Menschen, hrsg. v. W. v. MÖLLENDORFF, Bd. IV/4. Berlin: Springer 1943.
WEBB, W.: Papillomata of the larynx. Laryngoscope (St. Louis) 66, 871 (1956).
WEBER, F. P.: Angioma formation in connection with hypertrophy of limbs and hemi-hypertrophy. Brit. J. Dermat. 19, 231 (1907).
WEBSTER, B. H.: Pulmonary geotrichosis. Amer. Rev. Tuberc. 76, 286—290 (1957).
WEDLER, H. W.: Multiple mykotische Aneurysmen an den Hauptästen der Arteria pulmonalis. Fortschr. Röntgenstr. 68, 188 (1944).
WEEKS, R. E., BERNATZ, P. E., HOLLEY, K. E.: Goodpasture syndrome. Résumé of case. (Clinicopathologic conference). Proc. Mayo Clin. 43, 449—463 (1968).
WEENS, H., THOMPSON, E.: The pulmonary air meniscus. Radiology 54, 700—705 (1950).
WEGELIN, C.: Über Bronchitis obliterans nach Fremdkörperaspiration. Beitr. path. Anat. 43, 438—454 (1908).
WEGELIN, C.: Schilddrüse. In: HENKE, F., LUBARSCH, O., Handbuch der speziellen pathologischen Anatomie und Histologie, Bd. VIII. Berlin: Springer 1926.
WEGELIN, C.: 2. Das Hämangioendotheliom. 3. Das Lymphangioendotheliom. In: HENKE, F., LUBARSCH, O., Handbuch der speziellen pathologischen Anatomie und Histologie, Bd. VIII, S. 297 u. 302. Berlin: Springer 1926.
WEGELIN, C.: Die Natur der sog. Myoblastentumoren. Schweiz. Z. allg. Path. 10, 631 (1947).
WEGENER, F.: Über generalisierte, septische Gefäßerkrankungen. Verh. dtsch. path. Ges. 29, 202—209 (1936).
WEGENER, F.: Über eine eigenartige rhinogene Granulomatosis mit besonderer Beteiligung des Arterien-Systems und der Nieren. Beitr. path. Anat. 102, 36—38 (1936).
WEGMANN, T.: Blastomykose und andere Pilzerkrankungen der Lunge. Dtsch. Arch. klin. Med. 199, 192—205 (1952).
WEGMANN, T.: Die Pilzerkrankungen der Lunge. In: Handbuch der inneren Medizin, 4. Aufl., Bd. III, S. 629—695. Berlin-Göttingen-Heidelberg: Springer 1956.
WEGMANN, T.: In: POLEMANN, G.: Klinik und Therapie der Pilzkrankheiten. Stuttgart: G. Thieme 1961.
WEICKER, H.: Tumoren des Kindesalters. Die Tumoren des Thorax. In: BARTELHEIMER, H., MAURER, H.-J. (Hrsg.), Diagnostik der Geschwulstkrankheiten, S. 875. Stuttgart: G. Thieme 1962.
WEIL: Drei Fälle von Lungentumoren mit ungewöhnlichem Röntgenbefunde. Fortschr. Röntgenstr. 19, 146 (1912/13).
WEIL, J., RENAULT, P., SAINT-FLORENT, G., DELAVIÈRE, P.: Tumeur bronchique rare: leiomyome à cellules granuleuses d'Abrikossoff. J. franç. Méd. Chir. thor. 15, 657 (1961).
WEILGONI, M.: Zwerchfell-Lipom. Übersicht und Bericht über 7 verifizierte Fälle. Radiologe 3, 401—404 (1963).
WEINBERG, F., DEGNER, E.: Beitrag zur Kenntnis des Lungenechinokokkus. Fortschr. Röntgenstr. 24, 319 (1916).
WEINGARTEN, W., GORDON, G.: Thymoma: diagnosis and treatment. Ann. intern. Med. 42, 283—295 (1955).
WEISE, H.: Beitrag zur Röntgendiagnostik multipler Aneurysmen der Pulmonalarterie. Fortschr. Röntgenstr. 72, 345 (1949).
WEISEL, W., CLAUDON, D. B., WILSON, D. M.: Neurolemmoma of the diaphragm. J. thorac. Surg. 31, 750 (1956).
WEISEL, W., GLICKLICH, M., LANDIS, F. B.: Pulmonary hamartoma, an enlarging neoplasm. Arch. Surg. 71, 128—135 (1955).
WEISEL, W., LANDIS, F. B.: Endobronchial lesions in pulmonary blastomycosis. J. thorac. Surg. 25, 570—581 (1953).
WEISMANN, R. E., CLAGETT, O. T., MCDONALD, J. R.: Amyloid disease of the lung treated by pneumonectomy. J. thorac. Surg. 16, 269—281 (1947).
WEISS, E., GASUL, B. M.: Pulmonary arteriovenous fistula and teleangiectasia. Ann. intern. Med. 41, 989—1002 (1954).
WEISS, F. H.: Seltene benigne Thoraxtumoren. Röntgenpraxis 11, 85 (1939).
WEISS, L.: Isolated multiple nodular pulmonary amyloidosis. Amer. J. clin. Path. 33, 318—329 (1960).
WEISSMAN, H.: Lipoid pneumonia. Amer. Rev. Tuberc. 64, 572 (1951).
WEISSMAN, H.: Silicosis and bronchogenic carcinoma. Amer. Rev. Tuberc. 76, 1088—1093 (1957).
WELCH, C. S., ETTINGER, A. E., HECHT, P.: Recklinghausen's neurofibromatosis associated with intrathoracic meningocele. New Engl. J. Med. 238, 622 (1948).
WELCH, W. H., HALL, F. P.: Experimental study of hemorrhagic infarction. Papers and adresses 1920, p. 77.
WELIN, S.: Tracheal- und Bronchialfremdkörper, Bronchialsteine. In: SCHINZ-BAENSCH-FRIEDL-UEHLINGER, Lehrbuch der Röntgendiagnostik, 5. Aufl., Bd. III. Stuttgart: G. Thieme 1952.
WELKIND, A.: Intrapulmonary hematoma due to nonpenetrating injury; report of a case. J. med. Soc. N. J. 47, 501—503 (1950).
WELLAUER, J.: Abnorme Gefäßversorgung und Sequestration eines Lungenabschnittes. Fortschr. Röntgenstr. 92, 278 (1960).
WELLAUER, J.: Die Lungensequestration und die Herzwerchfellwinkel. Radiologe 2, 74—81 (1962).
WELLAUER, J.: Die Mischgeschwülste des Mediastinums. Radiologe 3, 16—30 (1963).
WELLENS, P., SWARTEMBROEKX, A.: Le kyste pleuropéricardiaque. J. belge Radiol. 33, 27—43 (1950).

Wells, A. L.: Pulmonary vascular changes in coalworker's pneumoconiosis. J. Path. Bact. 68, 573—587 (1954).
Wells, H. G.: Adipose tissue, a neglected subject. J. Amer. med. Ass. 114, 2177—2184, 2284—2289 (1940).
Wells, L., et al.: Right diaphragmatic hernia with supradiaphragmatic lobe of liver without persistence of pleuroperitoneal channel. Anat. Rec. 100, 233 (1948).
Welti, J. J., Nedey, R.: Un cas d'anomalie veineuse pulmonaire droite diagnostiquée sur un cliché thoracique standard: Drainage dans la veine cave inférieure. Arch. Mal. Cœur 43, 464—467 (1950).
Wenger, R., Hupka, K., Kriehuber, E., Mösslacher, H.: Zur Diagnostik abnorm mündender Lungenvenen. Z. Kinderheilk. 85, 440—454 (1961).
Wenz, W.: Zur Röntgendiagnostik der intratrachealen Struma. Fortschr. Röntgenstr. 98, 605—609 (1963).
Wenz, W., Wolter, H. H., Trede, M.: Das „Scimitar-Syndrom": Fehleinmündende rechte Lungenvene, Dextroversion des Herzens und Hypoplasie der Lunge. Fortschr. Röntgenstr. 105, 177—184 (1966).
Wenzl, M.: Aberrante intrathorakale Strumen. Wien. klin. Wchr. 1951, 200—202.
Wenzl, M.: Plasmocytom der Lunge. Zur Frage der „bedingt" malignen Lungentumoren. Thoraxchirurgie 1, 471 (1953).
Werdt, F. v.: Lokales Amyloid im gesamten Respirationstrakt. Beitr. path. Anat. 43, 329 (1908).
Wermbter, F.: Angeborene Hypoplasie des Lungengewebes mit gleichzeitigem „Hydrops universalis". Virchows Arch. path. Anat. 255, 26 (1925).
Wessen, N.: An intrathoracic tumor of xanthomatous character. Acta chir. scand. 53, 621 (1921).
Wessler, H., Rabin, C. B.: Benign tumors of the bronchus. Amer. J. med. Sci. 185, 164—180 (1932).
West, S.: Plastic bronchitis, extreme displacement of the heart and mediastinum by collapse of the lung. Lancet 1908 I, 489—490.
Westerheide, R. L.: An unusual complication of a bronchogenic cyst. J. thorac. cardiovasc. Surg. 47, 389—393 (1964).
Westermann, E.: Häufigkeit und klinische Symptomatologie des Lungenkrebses bei Silikosen. Beitr. Silikose-Forsch. 12, 3—33 (1951).
Westermark, N.: On the roentgen diagnosis of lung embolism. Acta radiol. (Stockh.) 19, 285—336, 357—372 (1938).
Westermark, N.: On tuberculosis of bronchial lymph-glands. Acta radiol. (Stockh.) 21, 399—442 (1940).
Westermark, N.: On epituberculosis and lung atelectasis. Acta radiol. (Stockh.) 22, 501—510 (1941).
Westermark, N.: Roentgenologic investigation into traumatic lung changes arisen through blunt violence to thorax. Acta radiol. (Stockh.) 22, 331—345 (1941).
Westermark, N.: On the influence of the intraalveolar pressure on the normal and pathologic structure of the lungs. Acta radiol. (Stockh.) 25, 874 (1944).
Westermark, N.: A method for determining the blood pressure in the pulmonary artery. Acta radiol. (Stockh.) 26, 902 (1945).
Westermark, N.: Roentgen studies of the lungs and heart. Minneapolis: Univ. Minnesota Press 1948.
Westermark, N.: Importance of intra-alveolar pressure in diagnosis of pulmonary diseases. Radiology 50, 610—617 (1948).
Westphal, C.: Über anämische aputride Nekrose großer Lungenpartien nach Verstopfung von Lungenarterien. Inaug.-Diss. München 1907.

Westwood, L. A., Levis, S.: The eosinophilic lung. Tubercle (Lond.) 32, 98—107 (1951).
Wetzel, U.: Über die schwere Form des Löfflerschen eosinophilen Lungeninfiltrats. Ärztl. Wschr. 9, 1218—1221 (1954).
Wetzel, U., Heuck, F.: Ein Beitrag zur Kenntnis des arterio-venösen Aneurysmas der Lunge und ähnlicher Fehlbildungen. Fortschr. Röntgenstr. 77, 335—343 (1952).
Weyer, F.: Arthropoden als Krankheitserreger und -überträger. In: Handbuch der inneren Medizin, 4. Aufl., Bd. I/2, S. 770—783. Berlin-Göttingen-Heidelberg: Springer 1952.
Weyer, K. H., Van de: Zur Röntgendiagnostik arterio-venöser Lungenfisteln. Fortschr. Röntgenstr. 102, 393—400 (1965).
Whalen, E. J.: Lipoma of the bronchus. Ann. Otol. (St. Louis) 56, 811—818 (1947).
Wheeler, D.: Dermoid cyst of the mediastinum with rupture into the pleural cavity. Canad. med. Ass. J. 41, 235—236 (1939).
Whitaker, W.: Cavernous hemangioma of the lung. Thorax (Lond.) 2, 58—64 (1947); New Engl. J. Med. 236, 951 (1947).
Whitaker, W.: Total pulmonary venous drainage trough a persistent left superior vena cava. Brit. Heart J. 16, 177—188 (1954).
White, E. G.: Die Struktur des Glomus caroticum, seine Pathologie und Physiologie und seine Beziehung zum Nervensystem. Beitr. path. Anat. 96, 176 (1935).
White, J. G., Krivit, W.: Surgical excision of pulmonary metastases. Pediatrics 29, 927 (1962).
Whiteside, J. H.: Hamartoma of the lung. Canad. med. Ass. J. 63, 383—384 (1950).
Whitwell, F.: Localized amyloid infiltrations of the lower respiratory tract. Thorax (Lond.) 8, 309—315 (1953).
Wichmann, G.: Die Amyloiderkrankung. Beitr. path. Anat. 13, 486—628 (1896).
Wiedemann, E.: Das flüchtige eosinophile Lungeninfiltrat. Münch. med. Wschr. 1952, 817—820, 883—888.
Wiener, S. N., Edelstein, J., Charms, B. L.: Observations on pulmonary embolism and the pulmonary angiogram. Amer. J. Roentgenol. 98, 859—873 (1966).
Wieners, H.: Über die Lungenmanifestation der Wegenerschen Granulomatose. Fortschr. Röntgenstr., Beih. 1967, 85—87.
Wieners, H., Hilweg, D.: Lungenveränderungen bei der „Pneumogenen Granulomatose" (PG) (Wegenersche Granulomatose). Fortschr. Röntgenstr. 106, 77—89 (1967).
Wigand, Mattes: Helminthen und Helminthiosen des Menschen. Jena: Fischer 1958.
Wigh, R., Gilmore, F. R.: Solitary pulmonary necrosis. Radiology 56, 708 (1951).
Wiklund, T.: Benign tumours of the lung. Bronchial adenoma. In: Handbuch der Thoraxchirurgie, Bd. III/2, S. 530ff. Berlin-Göttingen-Heidelberg: Springer 1958.
Wild, C.: Goitre intralaryngotrachéal operé et guéri. Soc. Med. du Bas-Rhin 29. 4. 1950.
Wile, U. J., Marshall, C. G.: Visceral syphilis; syphilis of the lung. Arch. Derm. Syph. (Chic.) 4, 37 (1921).
Wilhelm, E.: Intrathorakale neurogene Tumoren. Thoraxchirurgie 1, 315 (1953).
Wilhelm, E.: Meningocele des Brustraumes (Beitrag zur Differentialdiagnose der Tumoren im hinteren Mediastinum). Thoraxchirurgie 2, 147 (1954).

WILKENS, G. D.: Ein Fall von multiplen Pulmonalisaneurysmen. Beitr. Klin. Tuberk. **38**, 1 (1918).
WILKINS, E. W.: The asymptomatic isolated pulmonary nodule. New Engl. J. Med. **252**, 515—520 (1955).
WILL, G.: Zur Pathogenese der Lungen-Enchondrome. Schweiz. Z. Path. Bakt. **2**, 193—203 (1939).
WILLIAMS, C. F., FLINK, B.: Hereditary hemorrhagic teleangiectasis in association with cerebral manifestations and pulmonary aneurysm. J. Lab. clin. Med. **32**, 1401 (1947).
WILLIAMS, D. F.: Nodular densities in the lung. Med. Bull. U. S. Army, Europe **10**, 32 (1953).
WILLIAMS, I. G.: Thymic tumour associated with myasthenia gravis with special reference to the effects of x-ray-therapy. J. Fac. Radiol. (Lond.) **3**, 176—185 (1952).
WILLIAMS, J. F., WILLIAMS, J. B., HARPER, J. W.: Thoracic endometriosis. Amer. J. Obstet. Gynec. **84**, 1512—1515 (1962).
WILLIAMS, J. R.: Das Lungenhämatom als Folge einer stumpfen Thoraxverletzung. IX. Internat. Kongreß für Radiologie, München 1959.
WILLIAMS, J. R.: The vanishing lung tumor, pulmonary hematoma. Amer. J. Roentgenol. **81**, 296—302 (1959).
WILLIAMS, J. R., STEMBRIDGE, V. A.: Pulmonary contusion secondary to non-penetrating chest trauma. Amer. J. Roentgenol. **91**, 284—290 (1964).
WILLIAMS, M. H., JOHNSON, J. F.: Mediastinal gastric cysts: successful excision in an eight week old infant. Arch. Surg. **64**, 138—147 (1952).
WILLIAMS, R. B., DANIEL, R. A.: Leiomyoma of the lung. J. thorac. Surg. **19**, 806—810 (1950).
WILLIAMS, W. R.: Teratoid tumors. With special reference to the sacro-coccygeal group. London: 1935.
WILLIS, A. G., BIRRELL, H. H. W.: The structure of a carotid body tumor. Acta anat. (Basel) **25**, 220 (1955).
WILLIS, R. A.: The structure of teratomata. J. Path. Bact. **40**, 1 (1935); **45**, 49 (1937).
WILLIS, R. A.: Teratomas. In: Atlas of tumor pathology, Sect. III, p. 7—58. Washington: Armed Forces Institute of Pathology 1951.
WILLIS, R. A.: In: Pathology seminars, p. 151—153. St. Louis, Mo.: C. V. Mosby Co. 1955.
WILLIS, R. A.: The borderland ef embryology and pathology. London: Butterworths Co. 1958.
WILLIS, R. A.: Pathology of tumours. 3rd edition. London: Butterworths & Co. 1960.
WILLMANN, K. H.: Die Tumorform der Lungentuberkulose (Tuberkulom). 107. Tagg d. Vereinigg. Niederrhein-Westf. Chir., Bad Neuenahr 19.—20. 9. 1952.
WILLMANN, K. H.: Über das Lungentuberkulom. Fortschr. Röntgenstr. **78**, 281—287 (1953).
WILMS, M.: Entwicklung der Dermoidcysten. Inaug.-Diss. Breslau 1869.
WILMS, M.: Die teratoiden Geschwülste des Hodens mit Einschluß der sog. Cystoide und Enchondrome. Beitr. path. Anat. **19**, 233 (1896).
WILMS, M.: Die Mischgeschwülste. Leipzig: 1900.
WILSON, E. S.: Neurenteric cyst of the mediastinum. Amer. J. Roentgenol. **107**, 641—646 (1969).
WILSON, H. E., ERNST, R. W.: Massive hemothorax caused by an intrathoracic meningocele: A case report. J. thorac. Surg. **37**, 387 (1959).
WILSON, H. T. H.: Tropical eosinophilia in East Africa. Brit. med. J. **1947** I, 801.
WILSON, S. J., CARES, R.: Mediastinal teratoma. Arch. Path. **39**, 113—116 (1945).
WILSON, W.: Mucoid impaction of bronchi. Brit. J. Radiol. **37**, 590—597 (1964).

WINDHOLZ, F.: Perikardzyste. (Diskussion zu DENK). Wien. klin. Wschr. **1926**, 1319.
WINDHOLZ, F.: Über erworbene knotige Syphilis der Lunge. Virchows Arch. path. Anat. **272**, 76 (1929).
WINDSOR, A. M., SHANAHAN, M. X.: Unusual aneurysms of the root of the aorta. J. thorac. cardiovasc. Surg. **53**, 830—836 (1967).
WINGE, E. F. A.: Om de hos syphilitiske iagttagne Forandringer i de indvendige Organes. Stockholm: 1865.
WINKELBAUER, A.: Malignes kavernöses Hämangiom des Mediastinums. Wien. klin. Wschr. **1929**, 58.
WINKLER, K.: Lymphgefäße. D. Die primären Gewächse des Lymphsystems. In: HENKE, F., LUBARSCH, O., Handbuch der speziellen pathologischen Anatomie und Histologie, Bd. II, S. 938—1078. Berlin: Springer 1924.
WINN, W. A.: Pulmonary mycoses — coccidioidomycosis and pulmonary cavitation. Arch. intern. Med. **87**, 541—550 (1951).
WINN, W. A., JOHNSON, G. H.: Primary coccidioidomycosis: a roentgenographic study of 40 cases. Ann. intern. Med. **17**, 407—422 (1942).
WINTER, F. S.: Persistent left superior vena cava: survey of world literature and report of 30 additional cases. Angiology **5**, 90—132 (1954).
WIPER, T. B., MILLER, J. M.: Intrathoracic mediastinal lipoma. Amer. J. Surg. **66**, 90—96 (1944).
WISE, R. P.: Myasthenic syndrome complicating bronchial carcinoma. Anesthesia **17**, 488 (1962).
WISSLER, H.: Totalatelektase einer Lunge mit Bronchiektasen als Folge einer Hilusdrüsentuberkulose. Schweiz. Z. Tuberk. **5**, 1—10 (1948).
WISSLER, H.: Über Bronchialdrüsenperforation. Acta davos. **7**, 1 (1948).
WISSLER, H.: Arteriovenöses Aneurysma der Lunge und Teleangiectasia haemorrhagica hereditaria Osler. Helv. paediat. Acta **8**, 111 (1953).
WITTE, H.: Über intrathorakale Lipome. Inaug.-Diss. Düsseldorf 1950.
WITTE, STECKEN, A.: Lungenvarikosis. Fortbildungslehrgang Herz- und Kreislauferkrankungen, Berlin 1957.
WITZ, J. P., MIECH, G.: Opacités pulmonaires arrondies isolées et cancer bronchique. À propos de 200 observations. Strasbourg méd., N. S. **14**, 335—342 (1963).
WODEHOUSE, G. E.: Hemangioma of the lung. J. thorac. Surg. **17**, 408—415 (1948).
WÖRN, V. H.: Zystisches Lymphangiom der Lunge als Ursache eines rezidivierenden Spannungspneumothorax. Tuberk.-Arzt **6**, 729—733 (1952).
WOESNER, M. E., GARDINER, G. A., STILSON, W. L.: Pulmonary embolism does not necessarily mean pulmonary infarction. Amer. J. Roentgenol. **69**, 380—384 (1953).
WOESNER, M. E., SANDERS, I., WHITE, G. W.: The melting sign in resolving transient pulmonary infarction. Amer. J. Roentgenol. **111**, 782 (1971).
WOLF, H.: Menstruelles Lungenbluten aus einer Lungencyste. Tuberk.-Arzt **1**, 759—761 (1947/48).
WOLFF, G.: Die Bedeutung der Verdoppelungszeit für die Differentialdiagnose von Rundherden. Fortschr. Röntgenstr. **101**, 366—370 (1964).
WOLFF, G.: Über das Wachstum menschlicher Geschwülste. Arch. Geschwulstforsch. **29**, 98 (1966·)
WOLFF, G., SCHWARZ, H., BOHN, K. J.: Über das Wachstum von benignen Lungengeschwülsten und Lungenmetastasen. Med. Klin. **59**, 1817—1823 (1964).
WOLFF, K.: Über Klinik und Pathologie der isolierten Rundherde der Lungen. Anatomischer Teil. Beitr. Klin. Tuberk. **85**, 123 (1934).

Wolff, M. H., Berndt, H.: Die chronische Pneumonie. Z. Tuberk. **120**, 282 (1963).
Wolfson, S. A., Goldman, A.: Strangulating diaphragmatic hernia of the liver. Surgery 24 846—852 (1948).
Wollheim, E., Braun, A.: Pilzinfektionen der Lunge mit septischem Verlauf. Dtsch. med. Wschr. **1957**, 1397—1399, 1423—1424.
Wollheim, E., Zissler, J.: Krankheiten der Gefäße. In: Handbuch der inneren Medizin, 4. Aufl., Bd. IX/6. Berlin-Göttingen-Heidelberg: Springer 1960.
Wollstein, M.: Malignant hemangioma of the lung with multiple visceral foci. Arch. Path. **12**, 562 (1931).
Wolman, I. J., Bayard, A. B.: Experimental aspiration pneumonia fluorescence and pathology. Amer. J. med. Sci. **202**, 542—553 (1941).
Womack, N. A., Graham, E. A.: Mixed tumors of the lung, so-called bronchial or pulmonary adenoma. Arch. Path. **26**, 165—206 (1938).
Wood, E. H.: Unusual case of carcinoma of both lungs associated with lipoid pneumonia. Radiology **40**, 193—195 (1943).
Wood, F. G.: The value of radiology in the elucidation of hemoptysis. Brit. med. J. **1938**, 211—213.
Woodruff, C. E., Nahas, H. C.: Pulmonary tuberculosis, bronchiectasis, and calcification as related to bronchogenic carcinoma. Amer. Rev. Tuberc. **64**, 620—629 (1951).
Woodruff, C. E., Sen-Gupta, N. C., Wallace, S., Chapman, P. T., Martineau, P. C.: Anatomic relationship between bronchogenic carcinoma and calcified nodules in the lung. Amer. Rev. Tuberc. **66**, 151—160 (1952).
Woodruff, W., Kelley, W. O.: Case of massive conglomerate tuberculo-silicosis simultating neoplasm. J. thorac. Surg. **16**, 282—290 (1947).
Woods, L. P.: Mediastinal histoplasma granuloma causing tracheal compression in a 4-year old child. Surgery **58**, 448 (1965).
Woolley, P. B.: Massive atelectasis due to fibrinous bronchitis. Thorax (Lond.) **8**, 301—302 (1953).
Woolner, L. B., Jamplis, R. W., Kirklin, J. W.: Seminoma (germinoma) apparently primary in the anterior mediastinum. New Engl. J. Med. **252**, 653—657 (1955).
Worth, G.: Bronchographische Studien bei Silikose. Beitr. Silikose-Forsch. **1952**, Heft 17.
Worth, G.: Klinik und Röntgenologie der Silikose. Radiologe **5**, 118—127 (1965).
Worth, G.: Pneumokoniosen. In: Handbuch der medizinischen Radiologie, Bd. IX/2, S. 255—344. Berlin-Heidelberg-New York: Springer 1969.
Worth, G., Schiller, E.: Die Pneumokoniosen, Bd. I, S. 898. Köln/Rh.: Staufen-Verlag 1954.
Worth, G., Zorn, O.: Die Bedeutung der selektiven Angio- und Bronchographie für die Beurteilung der Silikose. Arch. Gewerbepath. Gewerbehyg. **13**, 285—300 (1954).
Wuketich, S., Denck, H.: Solitärer papillärer fibroepithelialer Bronchuspolyp. Mschr. Ohrenheilk. **101**, 472—478 (1966).
Wulff, H.: On the occurrence of cavities in silicosis. Acta path. microbiol. scand., Suppl. **16**, 599 (1933).
Wychlis, A. R., et al.: Pericardial cysts, tumors and fat necrosis. J. thorac. cardiovasc. Surg. **62**, 294 (1971).
Wylie, P. E., Blase, J. A. De: Bronchopulmonary moniliasis. J. Amer. med. Ass. **125**, 463 (1944).
Wyllie, W. G., Pilcher, R. S.: Intrathoracic cysts of intestinal and bronchial structure. Arch. Dis. Childh. **18**, 34 (1943).

Wyman, S. M., Eyler, W. R.: Anomalous pulmonary artery from the aorta associated with intrapulmonary cysts (intralobar sequestration of lung); its roentgenologic recognition and clinical significance. Radiology **59**, 658 (1952).
Wyss, H. v.: Zur Kenntnis der heterologischen Flimmerepithelcysten. Virchows Arch. path. Anat. **51**, 143 (1870).
Yacoubian, H., Connolly, J. E., Wylie, R. H.: Leiomyosarcoma of the lung. Ann. Surg. **147**, 116—123 (1958).
Yadeau, R. E., Clagett, O. T., Divertie, M. B.: Intrathoracic meningocele. J. thorac. cardiovasc. Surg. **49**, 202—209 (1965).
Yakovlev-Guthrie: Congenital ectodermoses (neurocutaneous syndrome) in epileptic patients. Arch. Neurol. Psychiat. (Chic.) **26**, 244 (1931).
Yamaji, K.: Roentgenologic studies of pulmonary paragonimiasis. Bull. Osaka med. School. **4**, 57—69 (1958).
Yang, S. P., Cheng, C. S., Chen, K. M.: Chest x-ray findings and some clinical aspects in pulmonary paragonimiasis. A study of 100 cases observed in Taiwan. J. Formosa med. Ass. **51**, 451—458 (1952); Dis. Chest **27**, 88 (1955).
Yang, S. P., Cheng, C. S., Huang, C. T.: X-ray findings of pulmonary paragonimiasis. 3rd. Intern. Congr. Dis. Chest Barcelona 4.—8. 10. 1952.
Yang, S. P., Huang, C. T., Cheng, C. S., Chiang, L. C.: The clinical and roentgenological courses of pulmonary paragonimiasis. Dis. Chest **36**, 494—508 (1959).
Yaşargil, E. C.: Freie Kutislappenplastik der thorakalen Trachea wegen Hämangio-Endothelio-Sarkom. Thoraxchirurgie **15**, 386—391 (1967).
Yater, W. M.: Cyst of the pericardium. Amer. Heart J. **6**, 710—712 (1931).
Yater, W. M., Finnegan, J., Giffin, H. M.: Pulmonary arteriovenous fistula (varix). Review of the literature and report of two cases. J. Amer. med. Ass. **141**, 581—589 (1949).
Yater, W. M., Lyddane, E. S.: Lipoma of the mediastinum. Amer. med. Sci. **180**, 79—84 (1930).
Yeh, T. J.: Endometriosis within the thorax: metaplasia implantation, or metastasis? J. thorac. Surg. **53**, 201—203 (1967).
Yelling, G., Abraham, A.: Pericardial celomic cyst. Dis. Chest **13**, 285—287 (1953).
Yeoh, C. B., Ford, J. M., Lattes, R., Wylie, R. H.: Intrapulmonary thymoma. J. thorac. cardiovasc. Surg. **51**, 131—136 (1966).
Yesner, R., Hurwitz, A.: A report of a case of localized bronchopulmonary aspergillosis, successfully treated by surgery. J. thorac. Surg. **20**, 310—314 (1950).
Yoshimatsu, O., Uchida, M., Ojima, A.: Two cases of thymic teratoma, one originated in the lung, the other in the mediastinum. Arch. jap. Chir. **34**, 167—181 (1965).
Young, A. M., Applebaum, H. S., Wasserman, P. B.: Lipoid pneumonia. J. Amer. med. Ass. **112**, 2406—2409 (1939).
Young, J. M., Jones, E., Hughes, F. A., Foley, F. E., Fox, J. R.: Endobronchial hamartoma. J. thorac. Surg. **27**, 300—305 (1954).
Yurick, B. S., Ottoman, R. E.: Primary mediastinal choriocarcinoma. Radiology **75**, 901 (1960).
Zadek, I.: Differentialdiagnose der Lungenkrankheiten. Leipzig: G. Thieme 1948.
Zadek, I., Riegel, H.: Die Lungencysten. Pathologie und Klinik. Berlin: W. de Gruyter 1958.
Zahne, W.: Flimmerepithelcysten der Oesophaguswand. Virchows Arch. path. Anat. **143**, 170 (1896).

Zák, F., Herdegen, L., Klunitz, A.: Endobronchiální granulární pseudotumor, tzv. Abrikossovuv, myoblástický myom, u. čtrnactiletého chlapce. Čes. Pediat. 14, 22 (1959).
Zakelj, V.: The injuries of the chest. Zdrav. Vestn. 35, 136—147 (1966).
Zaky, H. A.: Aneurysm of the pulmonary artery due to schistosomiasis. Dis. Chest 21, 194—204 (1952).
Zaky, H. A., El Heneidy, A. R., Tawfick, I. M., Gemei, Y., Khadr, A. A.: Bronchopulmonary shunts in schistosoma cor pulmonale. Dis. Chest 36, 164—172 (1959).
Zamora, A. M.: Two benign growths removed by bronchoscopy. J. Laryng. 46, 829—833 (1931).
Zamorano, G., Reed, E., Bourquez, H., Lermanda, V.: Estudio clinico-radiologico y tratamiento quirurgico del quiste hidatidico pulmonar. Rev. méd. Valparaíso 3, 8 (1950).
Zanetti, E., Romagnoli, M.: Résultats de l'examen bronchographique effectué sur un group de silicotiques. Bronches 4, 359—372 (1954).
Zaoli, G.: À propos d'un cas de mycose bronchique. Bronches 3, 193—201 (1953).
Zaoli, G.: Les hamartomes endobronchiques. Bronches 7, 625—645 (1957).
Zapatero-Dominguez, J.: Micosis y calcificaciones pulmonares. Enferm. Tórax 1, 625—649 (1952).
Zappata, A.: Qualche considerazioni sui problemi della silicosi, della tubercolosi e del cancro. Accad. med. 65, 462—471 (1950).
Zawadowski, W.: Radiodiagnosis of the varices, aneurysma and the arteriovenous fistulae of the lung. Postepy. Radiol. 2, 30—45 (1956).
Zdansky, E.: Über die herdförmige karnifizierende und abszedierende Pneumonie und ihre diagnostische Abgrenzung gegen das Bronchuskarzinom. Radiol. clin. (Basel) 25, 193—206 (1956).
Zdansky, E.: Röntgendiagnostik des Herzens und der großen Gefäße, 3. Aufl. Wien: Springer 1962.
Zdansky, E.: Röntgenpathologie der Lungentuberkulose. Wien: Springer 1968.
Zech, K.: Zur Differentialdiagnose der geschwulstartigen Silikose. Dtsch. med. Wschr. 68, 405—407 (1942).
Zeerleder, R.: Lungenröntgenbilder, die mit den Bildern der Lungentuberkulose verwechselt werden können. Bern: H. Huber 1944.
Zeerleder, R.: Differentialdiagnostik des Lungenröntgenbildes, 3. Aufl. Bern u. Stuttgart: Hans Huber 1953.
Zehbe, R.: Über Lungen- und Pleuraechinokokkus. Fortschr. Röntgenstr. 24, 63 (1916/17).
Zehmisch, H.: Betrachtungen zum Larynxpapillom und Katanamnese kindlicher Papillomträger. Med. Diss. Plauen/Vogtl. 1963.
Zeitler, E.: Die Myelographie mit einer neuen Kontrastmittelsuspension. In: Ergebn. der medizinischen Radiologie, Bd. II, S. 43—91. Stuttgart: G. Thieme 1969.
Zeitlhofer, J.: Zur Kenntnis der Chondrome (Hamartome) der Lunge. Beitr. path. Anat. 114, 271 (1954).
Zeitlin, A.: Über ein eigenartiges Verkalkungsbild im Thoraxraum. Röntgenpraxis 2, 1083—1087 (1930).
Zentner, P.: Das Hamarto-Chondrom der Lunge. Ergebn. Chir. Orthop. 48, 84—102 (1966).
Zettergren, L.: Probably neoplastic proliferation of lymphoid tissue (follicular lympho-reticuloma). Acta path. microbiol. scand. 51/52, 113 (1961).
Ziegan, J.: Endometriom der Lunge im Resektionspräparat. Zbl. allg. Path. path. Anat. 110, 442—448 (1967).

Ziegler, E.: Lehrbuch der speziellen pathologischen Anatomie. Jena: G. Fischer 1902.
Zierhut, E.: Zur röntgenologischen Darstellung von Organen und Tumoren des hinteren Mediastinums. Fortschr. Röntgenstr. 80, 591—597 (1954).
Zilberman, S. N.: Differential diagnosis of sequestral forms of tuberculoma of the lungs. Vestn. Rentgenol. Radiol. (Mosk.) 46, 16—21 (1971).
Zimmerman, L. E.: Etiology of so-called pulmonary tuberculoma. Med. Ann. Distr. Columb. 23, 423 (1954).
Zimmerman, L. E.: Demonstration of histoplasma and coccidioides in so-called tuberculomas of lung; preliminary report on thirty-five cases. Arch. intern. Med. 94, 690 (1954).
Zimmerman, R. A., Miller, W. T.: Pulmonary aspergillosis. Amer. J. Roentgenol. 109, 505—515 (1970).
Zimmermann, K. W.: Der feinere Bau der Blutcapillaren. Z. Anat. Entwickl.-Gesch. 68, 29—109 (1923).
Zinikhina, E. A.: Clinico-roentgenological diagnosis of the mediastinal epithelial cysts. Vestn. Rentgenol. Radiol. (Mosk.) 39, 7—12 (1964).
Zinn, W. F.: Fibroma of the left bronchus. Ann. Otol. (St. Louis) 36, 278—282 (1927).
Zipkin, R.: Über ein Adeno-Rhabdomyom der linken Lunge und Hypoplasie der rechten Lunge bei einer totgeborenen Frucht. Verh. dtsch. path. Ges. 1906, 35; Virchows Arch. path. Anat. 187, 244—264 (1907).
Ziskind, M. M.: Effects of calcified lymph nodes perforating in the bronchial tree. New Orleans med. surg. J. 104, 640 (1952).
Ziter, F. M. H., Bramwit, D. N., Holloman, K. R., Conte, P. J.: Calcified mediastinal bronchogenic cyst. Radiology 93, 1025—1026 (1969).
Zittel, R. X.: Die Zysten im Brustraum. Münch. med. Wschr. 103, 1666—1671 (1961).
Zittel, R. X.: Aneurysmen der Lungen und der Thoraxwand. Thoraxchirurgie 15, 324—330 (1967).
Zittel, R. X.: Lungenzysten und kongenitales lokalisiertes (lobäres) Lungenemphysem. Thoraxchirurgie 15, 473—481 (1967).
Zollinger, H. U., Hensler, L.: Die alte massive Lungenembolie. Schweiz. med. Wschr. 88, 1227—1233 (1958).
Zollinger, H. W.: Gut- und Bösartigkeit der Geschwülste. Vjschr. Naturforsch. Ges. Zürich 41, 81 (1946).
Zorn, O., Worth, G.: Staublungen im Röntgenbild. Köln: Staufen-Verlag 1952.
Zsebök, Z.: Ein seltener Fall des akzessorischen Leberlappens. Radiol. clin. (Basel) 24, 62—64 (1955).
Zucconi, C., Munari, E.: Le sindromi da calcificazione endo- e peribronchiali. G. ital. Tuberc. 6, 215—223 (1952).
Zuckerkandl, E.: Über Nebenorgane des Sympathicus im Retroperitonealraum des Menschen. Verh. dtsch. anat. Ges. 15, 95—107 (1901).
Zülch, K. J.: Biologie und Pathologie der Hirngeschwülste. In: Zülch-Christensen, Handbuch der Neurochirurgie, Bd. III. Berlin-Göttingen-Heidelberg: Springer 1956.
Zundel, W. E., Prior, A. P.: An amyloid lung. Thorax (Lond.) 26, 357—363 (1971).
Zuppinger, A.: Erkrankungen des Mittelfells. In: Schinz-Baensch-Friedl-Uehlinger, Lehrbuch der Röntgendiagnostik, Bd. II. Stuttgart: Georg Thieme 1952.
Zweifel, C.: Der Zwerchfellhochstand beim Lungeninfarkt. Fortschr. Röntgenstr. 52, 222—227 (1935).

IV. Sekundäre maligne Tumoren der Bronchien und Lungen

1. Sekundäre Bronchialkrebse

AINSWORTH, J.: Bronchial fistula secondary to carcinoma of the bronchus. Brit. J. Radiol. 30, 503—504 (1957).
AMEUILLE, P.: Cancer broncho-oesophagien. Bull. Soc. méd. Hôp. Paris 58, 113—115 (1942).
BAJTAI, A., PINTÉR, E., BESZNYÁK, I., JUHÁSZ, J.: Über unsere Beobachtungen bei Narbenkarzinomen der Lunge. Prax. Pneumol. 23, 118—129 (1969).
BARIÉTY, M., PAILLAS, J.: Cancers secondaires des grosses bronches. Bull. Soc. méd. Hôp. Paris 1947, 581—583.
BARNEY, J. D., CHURCHILL, E. D.: Adenocarcinoma of the kidney with metastasis to the lung cured by nephrectomy and lobectomy. J. Urol. (Baltimore) 42, 269—276 (1939).
BARRIÉ, J., GALY, P., ROULET, A., MAZARÉ, Y.: À propos d'un histiocytome pulmonaire. J. franç. Méd. Chir. thor. 9, 214—218 (1955).
BERNARD, E., WEIL, J., SOULAS, A.: Cancer bronchique avec fistule broncho-oesophagienne. J. franç. Méd. Chir. thor. 8, 211—213 (1954).
BOREK, Z., MACHOLDA, F., LHOTKA, H.: Aktuální klinické problémy bronchogenního karcinomu. Praha: Avicenum, Zdravotnické nakladatelství 1970.
BOREK, Z., MACHOLDA, F., ŽÁK, F.: Die primäre Pleurageschwulst und ihre Symptomatologie, besonders im Initialstadium. Radiologe 5, 244—252 (1965).
CAIN, H.: Die pneumonische Form der carcinomatösen Lungenmetastasen. Virchows Arch. path. Anat. 323, 194—205 (1953).
CAIN, H.: Hämatogene Geschwulstzellenausbreitung in der Lunge, unter besonderer Berücksichtigung sog. regelwidriger Fälle. Z. Krebsforsch. 62, 323—336 (1958).
CAIN, H.: Aerogene intrapulmonale Geschwulstausbreitung. Z. Krebsforsch. 62, 337—346 (1958).
CARVALHO, L. DE, LEMOINE, J. M., ROSE, Y.: Cancers bronchiques secondaires à symptomatologie des cancers bronchiques primitifs. J. franç. Méd. Chir. thor. 2, 156—161 (1948).
CLERF, L. H.: Melanoma of bronchus: metastasis simulating bronchogenic carcinoma. Ann. Otol. (St. Louis) 43, 887—891 (1934).
CONCINA, E., ORLANDI, O.: Considerazioni sul quadro radiobroncologico dei tumori bronchiali secondari. Cancro 11, 3 (1958).
DELARUE: Diskussion zu LOPO DE CARVALHO u. Mitarb.: J. franç. Méd. Chir. thor. 2, 160 (1948).
DIETHELM, L.: Die Oesophagusform des Bronchial-Karzinoms. Bruns' Beitr. klin. Chir. 193, 113—128 (1956).
DIETHELM, L.: Zur Behandlung des Oesophaguskarzinoms. Strahlentherapie 109, 268 (1959).
DUMON, G., CHARPIN, J., AMALRIC, CHOUX, J.: Les cancers secondaires du poumon et de la plèvre. Formes radio-cliniques. J. franç. Méd. Chir. thor. 10, 591—606 (1956).
DURA, J., PODZIMEK, A., ŠIMEČEK, C.: Perforation of malignant lymph node metastasis into the middle lobe bronchus producing the middle lobe syndrome. Rozhl. Tuberk. 29, 363—365 (1969).
ELLIS, F. H., WOOLNER, L. B., SCHMIDT, H. W.: Metastatic pulmonary malignancy. A study of factors involved in exfoliation of malignant cells. J. thorac. Surg. 20, 125—134 (1950).
ERBSE, H.: Über die Entwicklung sekundärer Karzinome durch Implantation. Inaug.-Diss. Halle/S. 1884.
EVEN, R., LECOEUR, J.: Métastases endobronchiques à symptomatologie de cancer primitif des bronches. J. franç. Méd. Chir. thor. 2, 147—151 (1948).
EVEN, R., SORS, C., REDON, M.: Le cancer secondaire pleuro-pulmonaire. Sem. Hôp. Paris 1952, 3213—3220.
FARRELL, J. T.: Primary bronchial carcinoma and pulmonary metastasis compared clinically and roentgenographically. Radiology 28, 445 (1937).
FISCHER, W.: Die Gewächse der Lunge und des Brustfells. In: HENKE, F., LUBARSCH, O., Handbuch der speziellen pathologischen Anatomie und Histologie, Bd. III/3, S. 594ff. Berlin: Springer 1931.
FREEDLANDER, S. O., GREENFIELD, J.: Hemoptysis in metastatic tumors of the lung simulating bronchogenic carcinoma. A report of two cases. J. thorac. Surg. 12, 109—116 (1942).
FRIED, M. B.: Metastases to bronchi. In: Bronchogenic carcinoma and adenoma, p. 103—104. Baltimore: William & Wilkins Co. 1948.
FRIK, W., HESSE, R.: Spontan-Pneumomediastinum als Zeichen eines Tumordurchbruchs. Fortschr. Röntgenstr. 84, 754—756 (1956).
GAL, Y. LE, BAUER, W. C.: Second primary bronchogenic carcinoma. J. thorac. Surg. 41, 114—124 (1961).
GASCARD, E., LALLEMAND, M., BARBE, A., SANTAMARIA, F.: Cancer secondaire du poumon. Diagnostic différentiel. J. franç. Méd. Chir. thor. 10, 625—638 (1956).
GERLE, R., FELSON, B.: Metastatic endobronchial hypernephroma. Dis. Chest 44, 225—233 (1963).
GREENBERG, B. E., YOUNG, J. M.: Pulmonary metastases from occult primary sites resembling bronchogenic carcinoma. Dis. Chest 33, 496 (1958).
HALL, E. W., SHERA, A. G., FOX, E. O.: Secondary bronchial carcinoma simulating a strangulated femoral hernia. Brit. med. J. 1950, 1469—1470.
HARRIS, T. J., FORBES, H. H.: Primary carcinoma of the trachea with secondary involvement of the esophagus and unilateral nerve paralysis. Trans. Amer. laryng. Ass. 46, 173 (1924).
HAUPT, R., STOLPER, H.: Lokalisation, Wuchsform und Metastasierung des Bronchialkarzinoms. Ein Vergleich zwischen Sektions- und Operationsgut. a) Das Bronchialkarzinom im Sektionsgut. b) Das Bronchialkarzinom im Operationsgut und Vergleich. Zbl. allg. Path. path. Anat. 111, 192—202 (1968).
HELLENDALL, H.: Ein Beitrag zur Diagnostik der Lungengeschwülste. Z. klin. Med. 37, 435 (1899).
HOOD, R. T., MCBURNEY, R. P., CLAGETT, O. T.: Metastatic malignant lesions of the lungs treated by pulmonary resection. J. thorac. Surg. 30, 81—89 (1955).
HUZLY, A.: Atlas der Bronchoskopie. Stuttgart: G. Thieme 1960.
JAFFÉ, LEICHER, PFEIFFER: Tumoren. In: BLUMENFELD-JAFFÉ, Pathologie der oberen Luft- und Speisewege. Leipzig: C. Kabitzsch 1931.

Jucker, C.: L'interessamento tracheo-bronchiale nella evoluzione del cancro esofageo: accertamento diagnostico e limiti della radioterapia. Radioter. Radiobiol. Fis. med., Ser. 3, **16**, 278—295 (1961).

Keefer, C. S.: Pleural and pulmonary complications of carcinoma of oesophagus. Ann. intern. Med. **8**, 72 (1934).

Kellner, B.: Die Diagnose der Krebsmetastasen auf Grund des histologischen Befundes der Primärgeschwulst. Z. Krebsforsch. **51**, 36—56 (1941).

King, D. S., Castleman, B.: Bronchial involvement in metastatic pulmonary malignancy. J. thorac. Surg. **12**, 305—315 (1943).

Kourilsky, M.: Diskussion zu Even, R., Lecoeur, J.: J. franç. Méd. Chir. thor. **2**, 151 (1948).

Lamarque, P., Giubert, P., Betoulières, Bongarel: Biopsie spontanée d'un cancer secondaire du poumon. Arch. Soc. Sci. méd. et biol. Montpellier **17**, 351 (1936).

Lecoeur, J.: Diskussion zu Lopo de Carvalho u. Mitarb.: J. franç. Méd. Chir. thor. **2**, 160 (1948).

Lemoine, J. M.: Diskussion zu Even, R., Lecoeur, J.: J. franç. Méd. Chir. thor. **2**, 151 (1948).

Levy, J. I.: Carcinoma of the esophagus presenting as pulmonary disease in chest radiography. Sth. Afr. J. Radiol. **4**, 5—8 (1966).

Link, R., Strnad, F.: Tumoren des Bronchialsystems, S. 123 und 202—205 (Fall 39 und 40). Berlin-Göttingen-Heidelberg: Springer 1956.

Madsen, E.: Dysphagia in bulbar and pseudobulbar lesions simulating oesophageal carcinoma. Acta radiol. (Stockh.) **41**, 517 (1954).

Maytum, C. K., Vinson, P. P.: Pulmonary metastasis from hypernephroma with ulceration into the bronchus simulating primary bronchial carcinoma. Arch. Otolaryng. **23**, 101 (1936).

Meyer, A.: Les bases thérapeutiques du cancer secondaire broncho-pulmonaire. 4. Internat. Kongr. f. Erkrankungen der Thoraxorgane, Köln/Rh. 19. bis 23. 8. 1956.

Middlemass, I. B. D.: Deformity of the oesophagus in bronchogenic carcinoma. J. Fac. Radiol. (Lond.) **5**, 121—125 (1953).

Milner, R.: Gibt es Impfkarzinome ? Langenbecks Arch. klin. Chir. **74**, 669—1009 (1904).

Moersch, H. J.: Clinical significance of hemoptysis. J. Amer. med. Ass. **148**, 1461—1465 (1952).

Monaco, L., Canitano, P., Casalena, M.: Considerazioni sui segni radiologici del cancro primitivo periferico del polmone in relazione al tipo istologico. Riv. Tuberc. **12**, 362—372 (1964).

Morel, L., Pogglioli, J., Espitalier, P.: Cancer secondaire du lobe moyen à type de cancer primitif. J. franç. Méd. Chir. thor. **6**, 384—387 (1952).

Müller, E.: Zur funktionellen Pathologie der Sperrarterien und der arteriovenösen Kurzschlüsse der Lunge am Beispiel der Geschwulstzellenembolie. Frankfurt. Z. Path. **64**, 459 (1953).

Nofsinger, C. D., Vinson, P. P.: Intrabronchial metastasis of hypernephroma simulating primary bronchial carcinoma. J. Amer. med. Ass. **119**, 944 (1942).

Olson, K. B.: Primary carcinoma of the lung. Amer. J. Path. **11**, 449 (1941).

Paillas, J.: Diskussion zu Lopo de Carvalho u. Mitarb.: J. franç. Méd. Chir. thor. **2**, 160 (1948).

Parker, R. G.: The treatment of apparent solitary pulmonary metastases. J. thorac. Surg. **36**, 81—87 (1958)

Pellicer-Erasco, J. A.: Imáges broncoscópicas en la carcinosis bronquial. Vias de metástasis intramucosa, submucosa y peribronquial. Rev. Med. Univ. Navarra **10**, 35—46 (1966).

Pendergrass, E. P., Hodes, P. J.: Unusual type of pulmonary metastases in hypernephroma. Radiology **26**, 99 (1936).

Pendergrass, R. C.: Metastatic cancer of the lung. Sth. med. J. (Bgham, Ala.) **42**, 303—310 (1949).

Pierre-Bourgeois, Lemoine, J. M., Vic-Dupont: Carcinose généralisée aux poumon et aux bronches. J. franç. Méd. Chir. thor. **9**, 99—101 (1959).

Poth, A.: Klinisch-diagnostische Betrachtungen über das Krankheitsbild der primären multiplen bösartigen Geschwülste. Strahlentherapie **89**, 175—192 (1953).

Radner, S.: Intrathoracic hypernephroma metastases simulating primary pulmonary disease. Contribution to the differential diagnosis in cases of hilus lymphomas. Transpleural gland biopsy. Acta med. scand. **112**, 246—276 (1942).

Raine, F.: Metastatic carcinoma of the lung invading and obstructing a bronchus. J. thorac. Surg. **11**, 216—218 (1941).

Rastelli, F.: Carcinoma esofageo complicato da penetrazione degli ingesti nelle vie respiratorie (indagine fisiopatologica del fenomeno). Riforma med. **52**, 1245 (1936).

Rist, E.: Diskussion zu Even, R., Lecoeur, J.: J. franç. Méd. Chir. thor. **2**, 151—161 (1948).

Rosenblatt, M. B., Lisa, J. R.: Simulation of lung cancer by metastases. Amer. Geriat. Soc. **15**, 921—930 (1967).

Rosenblatt, M. B., Lisa, J. R., Trinidad, S.: Metastatic lung cancer masquerading as bronchogenic carcinoma. Geriatrics **21**, 139—145 (1966).

Russo, P. E., Cavanaugh, C. J.: Diagnosis of pulmonary metastases. Radiology **60**, 198—201 (1953).

Santy, P., Bérard, M., Galy, P., Larbre, Bethenod: L'exérèse des tumeurs métastatiques pulmonaires à type de masse périphérique. Poumon **4**, 283—297 (1952).

Scarinci, C.: Forma bronco-polmonare di un cancro esofagico ignorato. Radiol. med. (Roma) **39**, 277—280 (1953).

Schulze, W.: Über das Mittellappen- und Lingulasyndrom (Probleme der Diagnose und Differentialdiagnose). Radiologe **3**, 64—74 (1962).

Schulze, W.: Ventilationsstörungen der Lunge. In: Handbuch der medizinischen Radiologie, Bd. IX/3, S. 1—600. Berlin-Heidelberg-New York: Springer 1968.

Schulze, W., Becker, R.: Differentialdiagnose und klinische Bedeutung der chronischen Mittellappen- (Lingula-)Verdichtung. Münch. med. Wschr. **97**, 285—289, 299—320, 329—331, 358—360 (1955).

Soulas, A.: Diskussion zu Lopo de Carvalho u. Mitarb. J. franç. Méd. Chir. thor. **2**, 160 (1948).

Soulas, A.: Cancer oesophagien avec extension trachéobronchique. J. franç. Méd. Chir. thor. **8**, 209—211 (1954).

Spencer, H.: Pathology of the lung. London: Pergamon Press 1962.

Stelzner, F.: Die Entstehung der generalisierten Carcinose. Chirurg **19**, 203 (1948).

Stobbe, H.: Über Krebsmetastasierung in die Lungen und aus den Lungen und deren differentialdiagnostische Schwierigkeiten unter besonderer Berücksichtigung der primären Multiplizität der Lungenkarzinome. Z. ges. inn. Med. **7**, 279 (1952).

Tinney, W. S., McDonald, J. R.: Pulmonary metastasis of carcinoma diagnosed by bronchoscopy. Minn. med. J. **28**, 554—558 (1945).

Turiaf, J., Rose, Y., Blanchon: J. franç. Méd. Chir. thor. **2**, 462—466 (1948).

Vinson, P. P., Martin, W. J.: Pulmonary metastasis from hypernephrome diagnosed by bronchoscopy. Arch. Otolaryng. 15, 368 (1938).

Walzel, P.: Lungentumoren mit Einschluß von auf die Lunge übergreifenden Mediastinaltumoren und Thoraxwandgeschwülsten. Bruns' Beitr. klin. Chir. 158, 654 (1933).

Weiss, E.: The differential diagnosis of primary and secondary carcinoma of the bronchi. Amer. J. med. Sci. 177, 487 (1929).

Wiklund, T.: Bronchogenic carcinoma. A clinical study of 259 cases, 100 of which were resected. Follow-up-study of the resected cases. Acta chir. scand., Suppl. 162, 1—152 (1951).

Wittekind, D., Strüder, R.: Beitrag zur Histogenese des Bronchialcarcinoms. II. Über die Beziehungen zwischen Epithelmetaplasie und Carcinombildung im Bronchialbaum. Frankfurt. Z. Path. 64, 405—437 (1953).

Woratz, G.: Lungenmetastasen oder Bronchialkarzinom? Radiol. diagn. (Berl.) 6, 609 (1965).

Zadek, I.: Die Differentialdiagnose der Lungenkrankheiten. Leipzig: G. Thieme 1948.

Zalka, E. von: Über Aspirations-(Implantations-) Metastasen in den Bronchien und der Lunge im Falle von Kehlkopfkrebs. Arch. Ohr.-, Nas.- u. Kehlk.-Heilk. 138, 164 (1934).

Zenker: Virchows Arch. path. Anat. 29, 487 (1890).

2. Sekundäre maligne Lungengeschwülste

Abbes, M.: La visualisation des anastomoses lymphatico-veineuses par la lymphographie. Presse méd. 1966, 1379—1384.

Abbes, M., Juillard, G.: Étude de 27 communications lymphoveineuses observées en lymphographie chez l'homme. Ann. Radiol. 12, 107—115 (1969).

Abernathy, R. S.: Clinical manifestations of pulmonary blastomycosis. Ann. intern. Med. 51, 707—727 (1959).

Abrams, H. L., Spiro, R., Goldstein, N.: Metastases in carcinoma; an analysis of 1000 autopsied cases. Cancer (Philad.) 3, 74—85 (1950).

Abt, A. F., Denenholz, E. J.: Letterer-Siewe's disease: splenohepatomegaly associated with widespread hyperplasia of nonlipoid-storing macrophages: Discussion on the so-called reticuloendothelioses. Amer. J. Dis. Child. 51, 499—522 (1936).

Acar, J., Delavierre, P., Gay, J., Dupagne, J., Benomar, M.: Le coeur pulmonaire subaigu néoplasique. Cœur et Méd. interne 6, 311—323 (1967).

Accard, J. L., Patte, F., Boscus, M., Naghavi, H., Chevat, J., Parrot, R.: Zwei Tumoren bei pulmonaler Sarkoidose. J. franç. Méd. Chir. thor. 25, 511 (1971).

Ackerman, A. J.: Pulmonary and osseous manifestations of tuberous sclerosis with some remarks on their pathogenesis. Amer. J. Roentgenol. 51, 316 (1944).

Ackermann, B.: Über die Häufigkeit maligner Doppeltumoren. Inaug.-Diss. Dresden 1959.

Acree, P. W., Camp, P. T. de, Ochsner, A.: Pulmonary blastomycosis. J. thorac. Surg. 28, 175—193 (1954).

Adamson, C. A., Ehrner, L., Lindstedt, J. A., Nordenstam, H.: Intrapulmonary cavities in chronical pulmonary sarcoidosis (MB Schaumann). Acta tuberc. scand. 38, 131 (1960).

Adamson, J. D., Beamish, R. E.: Clinical differentiation in syndrome called atypical pneumonia. Canad. med. Ass. J. 56, 361—366 (1947).

Adelman, A. G., Cherktow, G., Hayton, R. C.: Familial fibrocystic pulmonary dysplasia: a detailed family study. Canad. med. Ass. J. 95, 603—610 (1966).

Adhikari, P. K., Bianchi, F. A., Boushy, S. F., Sakamato, A., Lewis, B. M.: Pulmonary function in scleroderma: Its relation to changes in the chest roentgenogram and in the skin of the thorax. Amer. Rev. resp. Dis. 86, 823—831 (1962).

Adler, E., Günther, D.: Multiple runde Lungeninfarkte. Fortschr. Röntgenstr. 106, 296—297 (1967).

Adolfsson, G.: Hypernephroma metastasis in the lung with no demonstrable primary tumor. J. Urol. (Baltimore) 97, 221—224 (1967).

Agahi, M., Buschmann, O. H.: Das Röntgenbild der Lungenmykosen. Röntgen-Bl. 23, 68—73 (1970).

Agostinelli, O., D'Acunto, F.: Il quadro clinicoradiologico della microlitiasi alveolare polmonare in fase avanzata. Gazz. int. Med. Chir. 74, 1984—1996 (1969).

Ajello, L., Bignami, A.: Proteinosi alveolare polmonare. Policlinico, (Roma) 69, 1433 (1962).

Alaníz-Camino, F., De la Huerta Sanchez, R.: Reticuloendotheliosis of the lung. Case report. Radiology 97, 527—528 (1970).

Alarcón-Segovia, D.: Manifestaciones viscerales del lupus eritematoso diseminado. Thesis, Universidad Nacional Autónoma de México 1959.

Alarcón-Segovia, D.: Drug-induced lupus syndromes. Proc. Mayo Clin. 44, 664—681 (1969).

Alarcón-Segovia, D., Alarcón, D. G.: Pleuropulmonary manifestations of systemic lupus erythematosus. Dis. Chest 39, 7—17 (1961).

Alarcón-Segovia, D., Worthington, J. W.: Nuevos conceptos sobre el lupus eritomatoso diseminado. Rev. Fac. Med. (México) 6, 297—302 (1964).

Alarcón-Segovia, D., Worthington, J. W., Ward, L. E., Wakim, K. G.: Lupus diathesis and the hydralazine syndrome. New Engl. J. Med. 272, 462—466 (1965).

Albot, G., Decourt, P., Soulas, A.: Bull. Soc. méd. Hôp. Paris, Ser. III, 47, 77 (1931).

Alè, G.: Alterazioni dell'apparato respiratorio nelle malattie del collagene. Minerva med. (Torino) 61, 2258—2272 (1970).

Alexander, C. P., Johnson, V. W.: Hypertrophic pulmonary osteoarthropathy associated with pulmonary metastases removed surgically. Postgrad. med. J. 38, 173—175 (1962).

Alexander, J.: Diskussion zu Seiler u. Mitarb.: Pulmonary resection for metastatic malignant lesions. J. thorac. Surg. 19, 676 (1950).

Alexander, J., Haight, C.: Pulmonary resection for solitary metastatic sarcomas and carcinomas. Univ. Hosp. Ann. Arbor 12, 117 (1946); Surg. Gynec. Obstet. 85, 129—146 (1947).

Alexander, R. F., Spriggs, A. I.: The differential diagnosis of tumour cells in circulating blood. J. clin. Path. 13, 414 (1960).

Allara, A.: Metastatizzazione e metastasi polmonari. Minerva med. (Torino) 61, 2146—2155 (1970).

Alther, E.: Das System des Ductus thoracicus und die Erkrankungen der regionalen Gefäße. Basel und Stuttgart: B. Schwabe 1960.

ALTMANN: Über ein krebsähnlich wachsendes Lymphogranulom der Lunge. Sitzg. Vereinigg. path. Anat. Wien 30. 5. 1927; Wien. klin. Wschr. **29**, 957 (1929).

ALTSCHULE, M. D.: Acute pulmonary edema. New York: Grune & Stratton 1954.

ALTUG, M., CARMICHAEL, F. A., HENRY, C. L., STOCKTON, R. W.: Wilms tumor in an adult: long-time survival with palliative resection of lung and brain metastases. J. Urol. (Baltimore) **91**, 212 (1964).

ALWALL, N.: Therapeutic and diagnostic problems in severe renal failure. Lund 1963.

ALWALL, N., LUNDERQUIST, A., OLSSON, O.: Uremilunga-vätske lunga? Nord. med. **49**, 211 (1953).

ALY, F. W.: Die alveoläre Lungenproteinose. In: HAUSSER, R. (Hrsg.), Blasige Lungenerkrankungen usw. Stuttgart: G. Thieme 1968.

AMORIM, M.: Beitr. path. anat. **97**, 184 (1936).

AMORT, H., EINBRODT, H. J.: Chemische Untersuchungen bei hochgradiger Lungenkalzinose ohne auffälligen Röntgenbefund. Prax. Pneumol. **24**, 172—179 (1969).

AMSLER, LEONET, SOURICE: La carcinose miliaire du poumon. Arch. méd.-chir. Appar resp. **10**, 297 (1935).

ANACKER, H.: Die solitäre Lungenmetastase im Bronchogramm. In: Lungenkrebs und Bronchographie, S. 62. Stuttgart: G. Thieme 1955.

ANACKER, H., STENDER, H. S.: Krankheiten der Lunge. XII. Geschwülste. d. Sekundäre Lungengeschwülste. In: HAUBRICH, R., Klinische Röntgendiagnostik innerer Krankheiten, Bd. I, S. 499—501. Berlin-Göttingen-Heidelberg: Springer 1963.

ANAVERI, G.: Studio sulla localizzazione del linfogranuloma maligno al parenchima polmonare. Nunt. radiol. (Firenze) **32**, 677—699 (1966).

ANDERSEN, B. R., ECKLUND, R. E., KELLOW, W. F.: Pulmonary alveolar proteinosis with systemic nocardiosis. J. Amer. med. Ass. **174**, 28 (1960).

ANDERSON, A. E., FORAKER, A. G.: Morphological aspects of interstitial pulmonary fibrosis. Arch. Path. **70**, 79 (1960).

ANDERSON, H. E., BISGARD, J. D., GREENE, A. M.: Metastatic chorionepithelioma of lung with nitrogen mustard therapy. Arch. Surg. **68**, 829—837 (1954).

ANDERSON, R. K.: Diodrast studies of vertebral and cranial venous system to show their probable role in cerebral metastases. Ann. N.Y. Acad. Sci. **63**, 938 (1956).

ANDOSCA, J. B., MOLONEY, A. M.: Differential diagnosis of diffuse pulmonary infiltratious. Postgrad. Med. **1955**, 28—37.

ANDOSCH, J. B., MOLONEY, A. M.: Differential diagnosis of diffuse pulmonary infiltrations. Postgrad. Med. **17**, 28—37 (1955).

ANDREWS, E. C.: Five cases of an undescribed form of pulmonary interstitial fibrosis caused by obstruction of the pulmonary veins. Bull. Johns Hopk. Hosp. **100**, 28 (1957).

ANDREWS, J. T.: Spontaneous disappearance of pulmonary metastases in carcinoma of the kidney. Med. J. Austral. **1965 II**, 241—242.

ANDRIOLE, V. T., BALLAS, M., WILSON, G. L.: The association of nocardiosis and pulmonary alveolar proteinosis. Ann. intern. Med. **60**, 266 (1964).

ANGELESIO, E., BELLION, B.: Granulia luetica pulmonum. Minerva med. (Torino) **1950**, 76.

ANSPACH, W. E.: "Miliary" pulmonary hemorrhages on necropsy roentgenograms of children. Amer. J. Roentgenol. **30**, 768—773 (1933).

ANTON, H. C., GRAY, B.: Pulmonary alveolar proteinosis presenting with pneumothorax. Clin. Radiol. (Edinb.) **18**, 428—431 (1967).

AOKI, S., OTANI, I., TOKUNAGA, M., HIROTA, K., NISHIMURA, H.: A case report of pulmonary alveolar proteinosis. J. Jap. Soc. intern. Med. **50**, 471 (1961).

APPEL, M., BRONK, T. T.: Tumor cells in bronchial secretions. Amer. J. clin. Path. **19**, 320 (1949).

APPELMAN, A. C.: Formation of cavities in lungs during Besnier-Boeck disease. Ned. T. Geneesk. **91**, 2985 (1947).

APT, L., POLLYCOVE, M., ROSE, J. F.: Idiopathic pulmonary hemosiderosis: study of anemia and iron distribution using radioiron and radiochromium. J. clin. Invest. **36**, 1150 (1957).

ARCAMANO, J. P., BARNETT, J. C., BOTTONE, J. J.: Spontaneous disappearance of pulmonary metastases following nephrectomy for hypernephroma. Amer. J. Surg. **96**, 703 (1958).

ARCHER, V. W., BLACKFORD, S. D., WISSLER, J. E.: Pulmonary manifestations in human tularemia. Roentgenological study based on 34 unselected cases. J. Amer. med. Ass. **104**, 895—898 (1935).

ARDRAN, G. M., KEMP, F. H.: Protection of laryngeal airway during swallowing. Brit. J. Radiol. **25**, 406—416 (1952).

ARENDT, J.: Das Chorionepitheliom des Mannes. Fortschr. Röntgenstr. **43**, 728 (1930).

ARENDT, J.: The roentgenologic aspect of infectious mononucleosis. Amer. J. Roentgenol. **64**, 950 (1950).

ARESU, G., PERRA, L.: Gli aspetti radiologici dell'emosiderosi polmonare idiopatica. Riv. Radiol. **8**, 1053—1096 (1968).

ARMANIS, L.: Arch. Radiol. **3**, 576 (1927).

ARMSTRONG, G. E., OERTEL, H.: Localization of tumor metastases. Amer. J. med. Sci. **158**, 354—360 (1919).

ARNDT, H., BALTZER, G., DOMBROWSKI, H.: Röntgenuntersuchung und Blutgasanalyse zur Diagnose des Lungenödems. Dtsch. med. Wschr. **92**, 2258—2263 (1967).

ARNDT, H., BALTZER, G., LÖHR, E.: Gasanalytische Untersuchungen und röntgenologischer Thoraxbefund beim interstitiellen Lungenödem Nierenkranker. Dtsch. med. Wschr. **91**, 1960—1963 (1966).

ARNDT, T., WITTEKIND, D.: Ein ungewöhnlicher Fall von Periarteriitis nodosa unter dem Bild eines Lungentumors. Ärztl. Wschr. **1955**, 63—68.

ARNETT, L. A., SCHULZ, D. M.: Primary pulmonary eosinophilic granuloma. Radiology **69**, 224—230 (1957).

ARNOLD, J.: Über rückläufigen Transport. Virchows Arch. path. Anat. **124**, 385—408 (1891).

ARNOLD, M., BAINBOROUGH, A. R.: Subacute cor pulmonale following trophoblastic pulmonary emboli. Canad. med. J. **76**, 478 (1957).

ARONOFF, A., BYWATERS, E. G. I., FEARNLEY, G. R.: Lung lesions in rheumatoid arthritis. Brit. med. J. **1955 I**, 228.

ASHBA, J. K., GHANEM, M. H.: The lungs in systemic sclerosis. Dis. Chest **47**, 52—64 (1965).

ASHWOOD, T. R.: Australia med. J. **14**, 146 (1869).

ASK-UPMARK, E.: On the location of malignant metastases with special reference to the behaviour of the primary malignant tumour of the lung. Acta path. microbiol. scand. **9**, 239—248 (1932).

ASSMANN, H.: Erfahrungen über die Röntgenuntersuchung der Lungen unter besonderer Berücksichtigung anatomischer Kontrollen. Jena: F. Fischer 1913.

ASSMANN, H.: Die Bedeutung der Röntgenuntersuchung von Lungen und Mediastinum für die innere Medizin. Fortschr. Röntgenstr. **36**, 543 (1927).

Assmann, H.: Die klinische Röntgendiagnostik der inneren Erkrankungen, 6. Aufl., Bd. I. Berlin: F. C. W. Vogel 1949.

Asvall, J., Sanderud, A., Nitter, L.: Treatment of isolated lung metastases. Acta radiol. (Stockh.) Ther. Phys. Biol. **6**, 351—360 (1967).

Atanasyan, L. A., Marinbakh, E. B., Poddubny, B. K., Borison, V. J.: Metastatic pulmonary new-growths (clinical picture, diagnosis, and medicamentous therapy). Vestn. Akad. med. Nauk **23**, 82—90 (1968).

Auerbach, O.: Acute generalized miliary tuberculosis. Amer. J. Path. **20**, 121—136 (1944).

Auerbach, O., Stout, A. P., Hammond, E. C., Garfinkel, L.: Multiple primary bronchial carcinomas. Cancer (Philad.) **20**, 699—705 (1967).

Auerbach, S. H., Mims, O. M., Goodpasture, E. W.: Pulmonary fibrosis secondary to pneumonia. Amer. J. Path. **28**, 69 (1952).

Auersbach, K., Grunze, H., Trautmann, F.: Zytologische Diagnostik unklarer isolierter Hiluserkrankungen durch gezielte Punktion. Tuberk.-Arzt **7**, Heft 3 (1953).

Aufdermaur, M.: Wirbelsäule, Knochen und Gelenke bei Wegenerscher Granulomatose. Z. Rheumaforsch. **27**, 417—424 (1968).

Aufses, A.: Diskussion zu Seiler und Mitarb.: Pulmonary resection for metastatic malignant lesions. J. thorac. Surg. **19**, 678 (1950).

Auld, D.: Pathology of eosinophilic granuloma of the lung. Amer. J. Dis. Child. **95**, 53—56 (1958).

Austrian, C. R., Brown, W. H.: Miliary diseases of lungs. Amer. Rev. Tuberc. **45**, 751—755 (1942).

Austrian, R., McClement, J. H., Renzetti, A. D., Donald, K. W., Riley, R. L., Cournand, A.: Clinical and physiologic features of some types of pulmonary disease with involvement of alveolar-capillary diffusion. The syndrome of "alveolar-capillary block". Amer. J. Med. **11**, 667 (1951).

Axelrad, A., Klein, G.: Differences in histocompatibility requirements between primary tumors and their metastases. Transplant. Bull. **3**, 100 (1956).

Ayas, E.: Carcinoma broncopulmonar evidenciado por un quiste broncogenetico preexistente complicado. Pren. méd. argent. **1952**, 2181.

Azen, E. A., Clatanoff, D. V.: Prolonged survival in Goodpasture's syndrome. Arch. intern. Med. **114**, 453 (1964).

Bade, H.: Symptomlose und symptomarme Geschwülste der Brusthöhle. Fortschr. Röntgenstr. **68**, 224 (1943).

Badger, T. L., Gottlieb, L., Gaensler, E. A.: Pulmonary alveolar microlithiasis or calcinosis of the lungs. New Engl. J. Med. **253**, 709 (1955).

Baensch, W.: Über die Beziehungen der Metastasen zum Primärtumor in der Strahlentherapie. Fortschr. Röntgenstr. **29**, 499 (1922).

Bäumer, A.: Calcinosis universalis, grobwabiger Knochenumbau und Lipodystrophie bei einer Patientin mit Kaposi-Libman-Sacks-Syndrom. Z. Rheumaforsch. **17**, 1—12 (1958).

Baggenstoss, A. H.: Visceral lesions in disseminated lupus erythematodes. Proc. Mayo Clin. **27**, 412 (1952).

Bagshawe, K. D., Brooks, W. D.: Subacute pulmonary hypertension due to chorion-epithelioma. Lancet **1959**, 653—658.

Bagshawe, K. D., Garnett, E. S.: Radiological changes in the lungs of patients with trophoblastic tumours. Brit. J. Radiol. **36**, 763—679 (1963).

Balás, A., Bikfalvi, A.: Über Klinik und chirurgische Behandlung des Lungenechinokokkus mit Berücksichtigung atypischer Fälle. Thoraxchirurgie **2**, 197—216 (1954).

Baldus, F.: Über den Nachweis von Tumorzellen im strömenden Blut. Klin. Wschr. **38**, 945 (1960).

Baldwin, E. F., Cournand, A., Richards, D. W., Jr.: Pulmonary insufficiency. II. A study of thirty-nine cases of pulmonary fibrosis. Medicine (Baltimore) **28**, 1—25 (1949).

Balikian, J. P., Fuleihan, F. J. D., Nucho, C. N.: Pulmonary alveolar microlithiasis. Report of five cases with special reference to roentgen manifestations. Amer. J. Roentgenol. **103**, 509—518 (1968).

Balmès, A., Thévenet, A.: Les metastases pulmonaires controlatérales du cancer bronchique. Presse méd. **63**, 1297—1301 (1955).

Bamey, J. J. D.: Twelve year cure following nephrectomy for adenocarcinoma and lobectomy for solitary metastasis. J. Urol. (Baltimore) **52**, 406 (1944).

Banyai, A. L.: Metastatic tumors of the lung. Dis. Chest **17**, 681—690 (1950).

Banyai, A. L.: Pulmonary features of tuberous sclerosis. In: Banyai, A. L., Non-tuberculous diseases of the chest. Springfield (Ill.): Ch. C. Thomas 1954.

Bard, L.: La lymphangite pulmonaire cancéreuse généralisée. Sem. méd. Paris **26**, 145—147 (1906).

Bard, L.: Du diagnostic de la lymphangite pulmonaire cancéreuse généralisée. Rev. méd. Suisse rom. **1918**, No. 1.

Barden, R. P.: Pulmonary edema: correlation of roentgenologic appearance and abnormal physiology. Amer. J. Roentgenol. **92**, 495 (1964).

Barden, R. P., Cooper, D.: The roentgen appearance of the chest in diseases affecting the peripheral vascular system of the lungs. Radiology **51**, 44 (1948).

Bariéty, M., Monod, O., Coury, C., Choubrac, P., Paillas, J.: Les granulomes éosinophiles isolés des poumons. J. franç. Méd. Chir. thor. **16**, 381—406 (1962).

Barla-Szabó, L., Petrányi, G.: Beiträge zur Pathologie der Mikrolithiasis alveolaris miliaris pulmonum. Acta morph. Acad. Sci. hung. **6**, 177—189 (1955).

Barnes, J. M., Stedem, D. E.: Multiple aneurysms of the smaller branches of the pulmonary artery. Amer. J. Roentgenol. **30**, 443—448 (1933).

Barney, J. D., Churchill, E. D.: The spread of tumor in the human body. London: J. & A. Churchill 1929.

Barney, J. D., Churchill, E. D.: Adenocarcinoma of the kidney with metastasis to the lung cured by nephrectomy and lobectomy. J. Urol. (Baltimore) **42**, 269—276 (1939).

Barney, J. D., Churchill, E. D.: 12-years cure following nephrectomy for adenocarcinoma and lobectomy for solitary metastasis. J. Urol. (Baltimore) **52**, 406—407 (1944).

Barrié, J., Galy, P., Roulet, A., Mazaré, Y.: À propos d'un histiocytome pulmonaire. J. franç. Méd. Chir. thor. **9**, 214—218 (1955).

Barrin, J. de: Hémopneumothorax spontané dans une métastase pulmonaire de sarcome osseux. Bull. Soc. Radiol. méd. France **25**, 73—76 (1937).

Barter, G. A., Corridan, J. P., Magner, J. W.: Letterer-Siwe's disease. (Report of a case with pulmonary manifestations). Brit. J. Tuberc. **49**, 139 (1955).

Barth, K. M.: Über die menschlichen Organmykosen mit besonderer Berücksichtigung der Lungenmykosen. Z. Tuberk. **109**, 257—276 (1957).

BARTHELS, C.: Struma maligna. Ergebn. Chir. Orthop. **1931**, 24.

BARTLEY, O., HULTQUIST, G. T.: Acta path. microbiol. scand. **27**, 448 (1950).

BARUFFALDI, O., RICCI, V.: Riv. anat. pat. Parma **7**, 367 (1953).

BASIC, M., REINER, I., VAN: Beitrag zur Diagnostik leukämischer Lungenveränderungen. Rad. med. Fak. Zagrebu **7**, 9—16 (1959).

BASSET, F., NESELOF, C.: Anatomie pathologique de l'histiocytose x, ultrastructure et approche étiologique. Poumon **25**, 651 (1969).

BASSET, G.: Protéinose alvéolaire pulmonaire. Poumon **18**, 167 (1962).

BASSLER, R., BUCHWALD, W.: Lungenfibrose nach Röntgenbestrahlung. Radiologie, Klinik und Untersuchungen zur Pathomorphogenese. Radiologe **6**, 95—103 (1966).

BATESON, E. M.: Cartilage-containing tumours of the lung. Relationship between the purely cartilaginous type (chondroma) and the mixed type (so-called hamartoma): an unusual case of multiple tumours. Thorax (Lond.) **22**, 256—259 (1967).

BATSON, C. V.: The function of the vertebral veins and their role in the spread of metastases. Ann. Surg. **112**, 138 (1940).

BATSON, J. F., GALE, J. W., HICKEY, R. C.: Bronchial adenomata: a clinical résumé. Arch. Surg. **92**, 623 (1966).

BAUDACH, H., MAGDON, E.: Ein Beitrag zur Nachweismethodik zirkulierender Tumorzellen im peripheren Blut. Folia haemat. (Lpz.) **87**, 153—177 (1967).

BAUDINET, V., et al.: Manifestations pulmonaires du lupus erythématodes disséminé. Acta tuberc. pneumol. (belg.) **57**, 218 (1966).

BAUDISCH, E.: Zu den Strahlenreaktionen der Lungen bei Brustkrebspatienten. Strahlentherapie **114**, 135—146 (1961).

BAUER, K. H.: Vorläufige Ergebnisse der Resektion von Lungenmetastasen. Langenbecks Arch. klin. Chir. **270**, 213 (1951).

BAUER, R.: Zur Kenntnis der Strahlenschädigung der menschlichen Lunge. Strahlentherapie **64**, 249 (1939).

BAUMANN, T.: Zur Klinik und Pathogenese der Niemann-Pickschen Krankheit. Klin. Wschr. **14**, 1743—1746 (1935).

BAUMGARTEN, P.: Ein Fall von einfachem Ovarialkystom mit Metastasen. Virchows Arch. path. Anat. **97**, 1 (1884).

BAUMGARTNER, O.: Das Lymphogranulom der Lunge. Röntgenpraxis **4**, 119—122 (1932).

BAYLIN, G. J.: Pulmonary changes in chronic cystic pancreatic disease. Amer. J. Roentgenol. **52**, 303—306 (1944).

BEAMS, A. J., HARMOS, O.: Diffuse progressive interstitial fibrosis of the lungs. Amer. J. Med. **7**, 425 (1949).

BEATTIE, J. M., HALL, A. J.: Multiple embolic aneurysms of pulmonary arteries from veins of leg: Death from rupture of aneurysm into lung. Proc. roy. Soc. Med. **5**, Part III, 145—155 (1911/1912).

BECK, E. G.: Case report of sarcoma metastasis in the lung 17 years after primary growth. Arch. Surg. **10**, 469 (1925).

BECK, W., REGANIS, J.: Primary lymphoma of the lung: Review of the literature, report of a case, and addition of eight cases. J. thorac. Surg. **22**, 323 (1951).

BECKER, R.: Die Spätform der Hand-Schüller-Christianschen Erkrankung. Dtsch. Z. Verdau- u. Stoffwechselkr. **14**, 275—282 (1954).

BECKER, R.: Mykosis fungoides. Fortschr. Röntgenstr. **85**, 349—350 (1956).

BEER, E.: Some aspects of malignant tumors of the kidney. Surg. Gynec. Obstet. **65**, 433—446 (1937).

BEESON, P. B.: Nocardiosis as a complication of pulmonary alveolar proteinosis. Ann. intern. Med. **60**, 314 (1964).

BEGEMANN, H.: Die Lymphogranulomatose. In: Handbuch der inneren Medizin, Bd. II. Berlin-Göttingen-Heidelberg: Springer 1965.

BEHRENS, W., FANCONI, A.: Bronchiolitis obliterans chronica. Beitr. Klin. Tuberk. **117**, 539—556 (1957/58).

BEHRMANN, A.: Münch. med. Wschr. **1936**, 39.

BELÁN, A., MÁLEK, P., KOLC, J.: Röntgenkinematographischer Nachweis lymphovenöser Verbindungen im Versuch in vivo. Fortschr. Röntgenstr. **99**, 168—172 (1963).

BELCHER, J. R.: The pulmonary complications of dysphagia. Thorax (Lond.) **4**, 44—56 (1949).

BELL, F. G.: Structural variation in thyroid metastases in bone, with reference to benign metastatic goitre. Brit. J. Surg. **12**, 331 (1924).

BELL, J. W., GIBBONS, G. E., TOLSTED, G. E.: Abdominal exploration prior to thoracotomy for bronchogenic carcinoma. Ann. Surg. **157**, 427(1963).

BELSEY, R.: Functional disease of the esophagus. J. thorac. cardiovasc. Surg. **52**, 164—188 (1966).

BELTZ, L., FRITZ, K. W.: Das Lungenödem beim akuten und chronischen Nierenversagen. Fortschr. Röntgenstr. **111**, 204—220 (1969).

BELTZ, L., GRENZMANN, M.: Lympho-venöse Verbindungen bei tumoröser lymphatischer und venöser Obstruktion. 49. Dtsch. Röntgenkongreß, Hamburg 1968. Stuttgart: G. Thieme 1969.

BEM, Z.: Calcification of the pulmonary tissue in generalized scleroderma. Pol. Przegl. radiol. **31**, 337—340 (1967).

BENARD, H., RAMBERT, P., PÉQUIGNOT, H., TISSIER, GALLISTIN, P.: Microlithiase alvéolaire diffuse. Bull. Soc. méd. Hôp. Paris **66**, 482—485 (1950).

BENCZE, G.: Untersuchungen zum L.E.-Faktor. Med. Mschr. **23**, 494—497 (1969).

BENCZE, G., CSERHÁTI, I., KOVÁCS, J., TIBOLDI, T.: Production of L.E.-cells in vivo by transfusion of systemic lupus erythematosus plasma. Ann. rheum. Dis. **17**, 426 (1958).

BENCZE, G., KOVÁCS, J., CSERHÁTI, I.: Two types of lupus erythematosus cell factor, shown by induced L.E. cell phenomenon in man. Brit. med. J. **1959 II**, 864.

BENCZE, G., LAKATOS, L.: Die zwei Typen des Lupus erythematosus-Plasmafaktors. Acta rheum. scand. **8**, 52 (1962).

BENCZE, G., LAKATOS, L., LUDÁNYI, M.: Two types of lupus erythematosus cell factor, shown by induced L.E. cell phenomenon in dog. Brit. med. J. **1960 I**, 1707.

BENDA, R., FRANCHEL, F., DUPPERAT, B.: Cancer pulmonaire à forme de nodules disséminés secondaire à un cancer du pancréas latente. J. franç. Méd. Chir. thor. **2**, 268—272 (1948).

BENHAMOU, E.: Les formes métastasiques du cancer du pancréas. Ann. Méd. **30**, 421 (1931).

BENNEK, J.: Mycosis fungoides innerer Organe. Zbl. Haut- u. Geschl.-Kr. **60**, 1 (1938).

BENOIT, F. L., RULON, D. B., THEIL, G. B., DOOLAN, P. D., WATTEN, R. H.: Goodpasture's syndrome—a clinicopathological entity. Amer. J. med. Sci. **37**, 424 (1964).

BENSON, W. R.: Granular cell tumors (myoblastomas) of the tracheobronchial tree. J. thorac. cardiovasc. Surg. **52**, 17—30 (1966).

Bérard, Dunet: Cancer thyrioidien. Paris: Masson 1924.
Berg, V., Vejlens, G.: Maladie kystique du poumon et sclerose tubereuse du cerveau. Acta paediat. (Uppsala) 26, 16 (1939).
Berg, G., Zachrisson, C. G.: Cystic-lungs of rare origin-tuberous sclerosis. Acta radiol. (Stockh.) 22, 425—436 (1941).
Berggreen, P.: Verlaufweisen der Mycosis fungoides. Arch. Derm Syph. (Chic.) 178, 501 (1939).
Berghuis, J., Clagett, O. T., Harrison, E. G.: The surgical treatment of primary malignant lymphoma of the lung. Dis. Chest 40, 29—44 (1961).
Berghuis, J. Clagett, O. T., Harrison, E. G.: Primary lymphoma of the lung. In: Pack, G. T., Ariel, I. M. (eds.): Treatment of cancer and allied diseases, vol. IX, p. 234. New York: P. B. Hoeber Inc. 1964.
Bergmann, F., Linell, F.: Cryptococcosis as a cause of pulmonary alveolar proteinosis. Acta path. microbiol. scand. 53, 217 (1961).
Bernard, Cain, A.: La lymphangite cancéreuse généralisée du poumon. Arch. Méd. exp. 25, 333 (1913).
Bernard, E., Segrestaa, J. M., Renault, P., Weil, J.: Maladie de Hodgkin limitée au poumon et à évolution cavitaire. Poumon 22, 63—75 (1966).
Bernstein, J., Nolke, A. C., Reed, J. O.: Extrapulmonar stenosis of the pulmonary veins. Circulation 19, 891 (1959).
Bernstein, S. S.: Miliary form of pulmonary sarcoidosis. J. Mt Sinai Hosp. 12, 1045—1049 (1946).
Bernstein, S. S., Sussman, M. L.: Thoracic manifestations of sarcoidosis. Radiology 44, 37—43 (1945).
Bertalanffy, L. von, Masin, M., Masin, F.: Acridinoorange fluorescent in cell physiology, cytochemistry and medicine. Protoplasma (Wien) 57, 52—53 (1963).
Besznyák, I., Padányi, A., Pintér, E.: Ein Fall von Tumor nachahmender Tularämie. Tuberkulózis 21, 276—279 (1968).
Betoulières, P., Jaumes, F., Adra, A.: Aspects radiologique du poumon hodgkinien. Sem. méd. (Paris) (Suppl. à Sem. Hôp. Paris No. 91) 1952, 811—818.
Beumer, H. M., Porton, W. M.: Diffuse eosinophilic granuloma of the lungs. Acta tuberc. scand. 46, 153—158 (1965).
Bhardwaj, O. P., Saha, M. M., Ghosh, S.: Pulmonary histiocytosis X. A report of three cases. Indian J. Radiol. 20, 67—74 (1966).
Bhaskaracharya, B., Venkataraman, M. S., Padma, C., Sundararaman, S.: Direct lymphatico-venous communication demonstrated by lymphangiography. J. Indian med. Ass. 46, 483—84 (1966).
Bianco, S., Tomatis, L.: Proteinosi alveolare polmonare. Pathologia 52, 85 (1960).
Bianucci, P., Ferro, P.: Considerazioni clinico-statistiche sulle metatasi tumorali. Cancro 20, 285, 305 (1968).
Bichel, J.: Mediastinal tumors in leucosis. Acta radiol (Stockh.) 28, 81 (1947).
Bienengräber, A.: Über Geschwulstmetastasierung. Arch. Geschwulstforsch. 2, 66—80 (1950).
Bihss, F. E., Berland, H. I.: Roentgenological manifestations of pleurapulmonary involvement in tularemia. Radiology 41, 431—437 (1943).
Bijenga, G., Cohen, D., Ferrigan, L., Altera, K. P.: The use of acridin orange fluorescent staining of peripheral blood cells as a rapid method for the detection of abnormal proliferation of hemapoetic tissues. Bull. Wld Hlth Org. 26, 688 (1962).

Bindelglass, I. L., Trubowitz, S.: Pulmonary vein obstruction: an uncommon sequel to chronic mediastinitis. Ann. intern. Med. 48, 876—891 (1958).
Bird-Acosta, J.: Pulmonary suppuration secondary to cardiospasm. Amer. J. Roentgenol. 52, 481—486 (1944).
Bjornstad, R. T.: Progressive Boeck's sarcoid with protracted destructive tuberculosis. Acta tuberc. scand. 22, 142 (1948).
Blades, B., Adkins, P. C.: Modern approach to metastatic tumors of the lung. In: Banyai, A. L., Gordon, B. L., Advances in cardiopulmonary diseases, vol. III, p. 203—215. Chicago: Year Book Medical Publishers, Inc. 1966.
Blaha, H.: Verletzungen des Brustkorbs und der Lungen. In: Handbuch der Medizinischen Radiologie, Bd. IX/1, S. 493—578. Berlin-Heidelberg-New York: Springer 1969.
Blair, L. G.: Disseminated lung lesions. J. Fac. Radiol. (Lond.) 6, 1—11 (1954).
Blankenhorn, M. A.: Periarteritis nodosa: recognition and clinical symptoms. Ann. intern. Med. 41, 887 (1954).
Blay Rosenfeld: La lymphangite carcinomateuse pulmonaire. Thèse de Lyon 1959.
Bloom, J., Rubin, J. H.: Transient pulmonary manifestations in rheumatoid arthritis. Canad. med. Ass. J. 63, 355—357 (1950).
Bluefarb, S. M., Steinberg, H. S.: Pulmonary manifestations of mycosis fungoides. Ann. intern. Med. 36, 625 (1952).
Blum, R.: Zur Differentialdiagnose miliarer Lungenprozesse und sekundärer Lungentumoren. Münch. med. Wschr. 1924, Nr. 17.
Blumgart, H. L., MacMahon, H. E.: Bronchiolitis fibrosa obliterans. Clinical and pathological study. Med. Clin. N. Amer. 13, 197—214 (1929).
Bochu, M., Buffard, P.: Les manifestations ostéoarticulaires au cours de la sclérodermie. J. Radiol. Électrol. 50, 415—418 (1969).
Bofinger, U.: Über die Abheilung von Lungenmetastasen maligner Geschwülste. Arb. Path. Inst. Freiburg i.Br. 1952.
Bogsch, A.: Röntgenologische Beobachtungen bei infektiöser Mononukleose. Fortschr. Röntgenstr. 82, 785—789 (1955).
Bohlig, H., Jacob, G., Kiviluoto, R., Müller, H.: Staublungenerkrankungen und ihre Differentialdiagnose. Stuttgart: G. Thieme 1964.
Bohut, V., Votava, V., Dienstbier, Z., Janko, J., Pospišil, J., Schlupek, A.: Scintilymphadénographie directe des ganglions médiastinaux. Bronches 17, 385—393 (1967).
Boll, J.: Tumorzellnachweis im strömenden Blut und Knochenmark. Fortschr. Med. 80, 383 (1962).
Bollag, W., Schwarz, E.: Die Lymphogranulomatose des Mediastinums und der Lungen. In: Handbuch der inneren Medizin, 4. Aufl., Bd. IV/3, S. 908ff. Berlin-Göttingen-Heidelberg: Springer 1956.
Bollini, V., Frassineti, A.: Le metastasi neoplastiche del polmone dal punto di vista della diagnosi radiologica. Radioter. Radiobiol. Fis. med., Ser. 3, 10, 433—474 (1955).
Bonakhdarpour, A.: Echinococcus disease. Report of 112 cases from Iran and a review of 611 cases from the United States. Amer. J. Roentgenol. 99, 660—667 (1967).
Bonanni, P. P., Frymoyer, J. W., Jacox, R. F.: A family study of idiopathic pulmonary fibrosis. A possible dysproteinemic and genetically determined disease. Amer. J. Med. 39, 411—421 (1956).

Bonard, E. C., Vasey, H.: Schweiz. med. Wschr. **90**, 866 (1966).
Bono, M., Del Vasaturo, G.: À propos de protéinose alvéolaire pulmonaire. Arch. Tisiol. **20**, 303 (1965).
Bonoff, C. P.: Acute primary pulmonary blastomycosis. Radiology **54**, 157—164 (1950).
Bonse, Karg: Röntgenbefunde bei Angiomatosis Kaposi (sarcoma idiopathicum haemorrhagicum multiplex). Fortschr. Röntgenstr. **78**, 456—460 (1953).
Bopp, K. P.: Die idiopathische Lungenhämosiderose des Erwachsenen. Med. Welt **1963**, 1306.
Bordes, B.: Les métastases pulmonaires au cours des affections cancéreuses du pharyngo-larynx. Dissertat. Toulon 1956.
Borel, G. A., Fasel, J., Ryncki, P. V., Magnenat, P.: Le diagnostic de l'échinococcose alvéolaire. Gastroenterologia (Basel) **108**, 80—84 (1967).
Borgström, K. E., Lunderquist, A.: Pulmonary edema. In: Handbuch der medizinischen Radiologie, Bd. IX/3, S. 723—738. Berlin-Heidelberg-New York: Springer 1969.
Born, E., Löliger-Müller, B.: Zbl. allg. Path. path. Anat. **94**, 340 (1955/56).
Borris, W.: Über primäres Chorionepitheliom der Lunge. Arb. path. anat. Inst. Tübingen **6**, 539 (1908).
Borrmann, R.: Das Wachstum und die Verbreitungswege des Magenkarzinoms. Jena: F. Fischer 1901.
Borrmann, R.: Metastasenbildung bei histologisch gutartigen Geschwülsten. (Fall von metastasierendem Angiom.) Beitr. path. Anat. **40**, 372 (1907).
Borrmann, R.: Zur Frage der Metastasenbildung bei histologisch gutartigen Tumoren. (Zwei Fälle von Enchondroma malignum.) Verh. dtsch. path. Ges. **19**, 196 (1923).
Borrmann, R.: Zur Frage der Impf- und Abklatschmetastasen bei bösartigen Geschwülsten. Virchows Arch. path. Anat. **284**, 623 (1932).
Bose, H. M. du, Meador, R. S., McCain, B. E.: Pulmonary fibrosis due to chronic granulomatous pneumonitis of unknown etiology. Amer. J. Med. **17**, 151—159 (1954).
Bosma, J. F., Brodie, D. R.: Disabilities of the pharynx in amyotrophic lateral sclerosis as demonstrated by cineradiography. Radiology **92**, 97—103 (1969).
Bosma, J. F., Brodie, D. R.: Cineradiographic demonstration of pharyngeal area in myotonic dystrophy patients. Radiology **92**, 104—109 (1969).
Bosse, M. D.: Rhabdomyosarcomatous pulmonary metastases from a teratoma of the testis. Amer. J. Cancer **39**, 343 (1940).
Bothelo, G.: Edema agudo du pulmão por vapores nitrosos. Rev. bras. Tuberc. **18**, 371—378 (1950).
Bothén, N. F.: The roentgen picture in cases of lung mycosis. Acta radiol. (Stockh.) **36**, 35—46 (1951).
Boticelli, J. T., Schlueter, D. P., Lange, R. L.: Pulmonary venous and arterial hypertension due to chronic fibrous mediastinitis: hemodynamics and pulmonary functions. Circulation **33**, 862—871 (1966).
Botsztejn, C., Zollinger, H.: Metastasierender hypernephroider Nierentumor mit ungewöhnlich langem Krankheitsverlauf. Oncologia (Basel) **1**, 165 (1948).
Botsztejn, C., Zollinger, H.: Rippenmetastasen unter dem Bild hämatogener Lungenmetastasen. Oncologia (Basel) **2**, 62 (1949).
Botti, G.: Aspetti radiologici e risultati lontani postroentgenterapici di metastasi pleuropolmonari da tumori di utero. Oncologia (Roma) **22**, 390 (1948).

Boucot, K. R., Weiss, W., Cooper, D. A.: Second pulmonary neoplasm among long term survivors of lung carcinoma. Amer. Rev. resp. Dis. **92**, 767—774 (1965).
Bouslog, J., Wasson, W. W.: Hodgkin's disease with cavity formation in the lung. Arch. intern. Med. **49**, 589 (1932).
Boyd, W.: The spontaneous regression of cancer. Springfield, Ill.: Ch. C. Thomas 1966.
Brahms, O., Kleinsorg, H., Kochsiek, K., Voth, H.: Zur röntgenologischen Beurteilung der pulmonalen Hypertension bei Mitralvitien. Klin. Wschr. **42**, 1005—1011 (1964).
Brahms, O., Klostermann, G., Voth, H.: Die Röntgensymptomatik der sogenannten Kollagen-Krankheiten. Radiologe **3**, 315—324 (1963).
Braibanti, T., Prevedi, G.: Sul «polmone irradiato». L'importanza della stratigrafia nella diagnosi differenziale. Ann. Radiol. diagn. **24**, 27—52 (1952).
Brandt, H.-J.: Die Thorakoskopie bei Erkrankungen der Pleura und des Mediastinums. Internist (Berl.) **5**, 391—395 (1964).
Brandt, H. J.: Die Hämoptyse. Dtsch. med. Wschr. **92**, 2233—2234 (1967).
Brandt, H. J., Kund, H.: Die Leistungsfähigkeit der diagnostischen Thorakoskopie. Prax. Pneumol. **18**, 304—322 (1964).
Brandt, M.: Tuberk.-Arzt **3**, 685 (1949).
Brasche, P.: Die Lungenmetastasen beim malignen Chorionepitheliom mit besonderer Berücksichtigung eines eigenartigen Falles. Virchows Arch. path. Anat. **215**, 106 (1914).
Braun, H.: Die Lungenmetastasen eines sarkomatösen Tumors der Arteria pulmonalis dextra. Fortschr. Röntgenstr. **74**, 360 (1951).
Braun, H., Weicksel, P.: Zur röntgenologischen Differentialdiagnose multipler grobknotiger Lungenherde. Tuberk.-Arzt **7**, 533—537 (1953).
Breakey, A. S., Dotter, C. T., Steinberg, I.: Pulmonary complications of cardiospasm. New Engl. J. Med. **245**, 441—447 (1951).
Brednow, W.: Internist (Berl.) **3**, 339 (1962).
Breig, R.: Zur Differentialdiagnose miliarer Fleckschatten der Lunge. Röntgenpraxis **13**, 385—389 (1950).
Brenner, M. W., Holsti, L. R., Perttala, Y.: The study by graphical analysis of the growth of human tumours and metastases of the lung. Brit. J. Cancer **21**, 1—13 (1967).
Breslow, A., Snow, P., Rosenberg, M. H.: Pulmonary alveolar proteinosis and chronic lymphatic leucemia. Med. Ann. Distr. Columb. **34**, 209 (1965).
Brett, A.: Die herdförmigen Pneumonien bei Leukämien. Inaug.-Diss. Tübingen 1942.
Brettner, A., Heitzman, E. R., Woodin, W. G.: Pulmonary complications of drug therapy. Radiology **96**, 31—38 (1970).
Breur, K.: Growth rate and radiosensitivity of human tumours. Thesis, Den Haag 1965; Europ. J. Cancer **2**, 175 (1966).
Brewer, L. A.: III. Surgical management of lesions of the thoracic duct: the technic and indication for retroperitoneal anastomosis of the thoracic duct to the hemiazygos vein. Amer. J. Surg. **90**, 210—225 (1955).
Brezina, P. S., Lindskog, G. E.: Total pneumonectomy for metastatic uterine carcinoma. J. thorac. Surg. **12**, 728—733 (1943).
Brigand, H. le, Grandjon, A., Renault, P., Roussel, A., Chrétien, J., Hourtoule, R., Ianotti, C.: À propos de cinq cas de chorio-épitheliomes pulmonaires. J. franç. Méd. Chir. thor. **13**, 511—546 (1959).

Brill, I. C., Robertson, T. D.: Subacute cor pulmonale. Arch. intern. Med. **60**, 1043—1057 (1937).
Brito, A.: Lymphogranuloma et caverne pulmonaire. J. méd. Porto **17**, 429 (1951).
Britt, C. J., et· al.: Bilateral simultaneous squamous cell carcinoma of the lung. J. thorac. Surg. **40**, 102 (1960).
Brocard, H., Choffel, C.: Le diagnostic étiologique des pleurésies sérofibrineuses. Rev. Prat. (Paris) **9**, 127—146 (1959).
Brocard, H., Choffel, C., Haag, L.: Epithélioma bronchique primitif rélévé par une métastase pulmonaire contro-latérale. J. franç. Méd. Chir. thor. **9**, 337 (1955).
Brocard, H., Gallouédec, C.: Les réticuloses pulmonaires, formes pulmonaires des réticuloses X. Rev. Prat. (Paris) **11**, 273—283 (1961).
Brodsky, I., Mayock, R. L.: Pulmonary alveolar proteinosis: remission after therapy with trypsin and chymotrypsin. New Engl. J. Med. **265**, 935 (1961).
Bronson, S. M.: Idiopathic pulmonary hemosiderosis in adults; report of case and review of literature. Amer. J. Roentgenol. **83**, 260—273 (1960).
Brooksher, W. R.: Blastomycosis of lungs. Sth med. J. (Bgham, Ala.) **25**, 412—415 (1932).
Brouet, G., et al.: J. franç. Méd. Chir. thor. **15**, 697 (1961).
Brouet, G., Chrétien, J., Roussel, A.: Les chorioépithéliomes intrathoraciques. Paris: Éd. Expansion Scientifique 1959.
Brouet, G., Paley, P. Y., Marche, J., Lavergne, H.: La ponction pour cytodiagnostic des adénopathies peri-trachéobronchiques isolées. J. franç. Méd. Chir. thor. **7**, 393—398 (1953).
Brown, C. E., Warren, S.: Visceral metastasis from rectal carcinoma. Surg. Gynec. Obstet. **66**, 611 (1938).
Brown, J. H.: The results of resection of pulmonary metastases. Med. J. Australia **1963I**, 496—498.
Brown, W. H., Pearce, L.: Studies based on a malignant tumor of the rabbit—metastases. J. exp. Med. **21**, 155 (1924).
Brückner, L., Rosmanith, J.: Radiol. diagn. (Berl.) **3**, 1 (1962).
Brun, J., Collas, R., Coudert, I., Peniou-Castaing, J.: J. franç. Méd. Chir. thor. **15**, 719 (1961).
Brun, J., Perrin-Fayolle, M., Thomasi, M., Quentin, R., Pozzetto, H.: Protéinose alvéolaire mortelle associée à une fibrose pulmonaire. Rev. lyon. Méd. **11**, 491 (1962).
Brun, J., Viallier, J.: Maladie de Besnier-Boeck-Schaumann à forme pulmonaire avec images kystiques. J. franç. Méd. Chir. thor. **4**, 53 (1950).
Brunner, A.: Verschattung im Thoraxbild. Schweiz. med. Wschr. **100**, 609—617 (1970).
Brunner, E.: Die Bedeutung des Ductus thoracicus als Metastasierungsweg bösartiger Geschwülste. Schweiz. med. Wschr. **90**, 554 (1960).
Brunner, E.: Die Entstehung lymphogener Metastasen im Ductus thoracicus. Virchows Arch. path. Anat. **333**, 241 (1961).
Brunner, E., Kucsko, L.: Über abnorme arteriovenöse pulmonale Verbindungen. Beitr. path. Anat. **120**, 84 (1959).
Brunshwig, A., Hamann, A.: Palliative irradiation of metastatic pulmonary tumors. Surgery **68**, 457 (1939).
Brusori, G.: Il quadro radiologico del granuloma maligno mediastino-pulmonare. Radiol. med. (Torino) **40**, fasc. 10 (1954).
Bruwer, A. J., Kennedy, R. L., Edwards, J. E.: Recurrent pulmonary hemorrhage with hemosiderosis: so-called idiopathic pulmonary hemosiderosis. Amer. J. Roentgenol. **76**, 98 (1956).
Brux, J. de, Ancla, M.: Detection of cancer cells in circulating blood. Presse méd. **68**, 1397 (1960).
Bücheler, E., Heymer, B.: Kalzifizierte Lungenmetastasen eines osteogenen Sarkoms des Os ilium. Fortschr. Röntgenstr. **105**, 418—421 (1966).
Buechner, H. A.: The differential diagnosis of miliary disease of the lungs. Med. Clin. N. Amer. **43**, 89 (1959).
Buehler, H. G., Bettaglio, A., Kavan, L. C.: Disappearance of metastases following nephrectomy for carcinoma. J. Okla. med. Ass. **53**, 674—677 (1960).
Büngeler, W.: Die Metastasenbildung bei bösartigen Geschwülsten. Med. Welt **45**, 1587, 1625 (1938).
Büngeler, W., Alayon, F. L.: O problema da formação de metastases nos tumores malignos. Arch. Cirurg. clín. exp. **2**, 147 (1938).
Buerger, L., Hathaway, J.: Idiopathic pulmonary haemosiderosis with allergic pulmonary vasculitis. Thorax (Lond.) **19**, 311 (1964).
Bürger, M.: Die Lipoidosen. In: Handbuch der inneren Medizin, 3. Aufl., Bd. VI/2. Berlin: Springer 1944.
Bürger, M.: Klinische Fehldiagnosen, 2. Aufl. Stuttgart: G. Thieme 1954.
Bulgrin, J. G., Dubois, E. L., Jacobson, G.: Chest roentgenographic changes in systemic lupus erythematodes. Radiology **74**, 42—49 (1960).
Bumpus, H. C.: The apparent disappearance of pulmonary metastases in a case of hypernephroma following nephrectomy. J. Urol. (Baltimore) **20**, 185 (1928).
Buraczewski, J.: Retrosternal infiltrations in neoplastic and allied diseases and their radiologic picture. Pol. Przegl. radiol. **16**, 185—208 (1952).
Burbank, B., Morrione, T. G., Cutler, S. S.: Pulmonary alveolar proteinosis and nocardiosis. Amer. J. Med. **28**, 1002 (1960).
Burrows, F. G. O.: Pulmonary nodules in rheumatoid disease. Brit. J. Radiol. **40**, 256—261 (1967).
Byrdy, R. B., Schanzer, B.: Pulmonary sequelae in procaine amide induced lupus-like syndrome. Dis. Chest **55**, 170—172 (1969).
Caffey, J.: Pediatric x-ray diagnosis. A textbook for students and practitioners of pediatries, 2nd edition. Chicago: Year book Publishers, Inc. 1950.
Caggioli, P., Zaltron, D.: Il quadro radiologico polmonare nella sindrome di Wegener. Riv. Radiol. **7**, 1077—1093 (1967).
Cahan, W. G.: The ambiguity of a solitary lung shadow in the presence of a primary cancer elsewhere. Med. Sci. **4**, 398 (1958).
Cahan, W. G., Butler, F. S., Watson, W. L., Pool, J. L.: Multiple cancers; primary in the lung and other sites. J. thorac. Surg. **20**, 335—349 (1950).
Cahan, W. H., Allen, R. E.: The excision of metastases to the lung. Ann. Meet. James Ewing Society April 1967.
Cain, H.: Die pneumonische Form der carcinomatösen Lungenmetastasen. Virchows Arch. path. Anat. **323**, 194—205 (1953).
Cain, H.: Hämatogene Geschwulstzellenausbreitung in der Lunge unter besonderer Berücksichtigung sog. regelwidriger Fälle. Z. Krebsforsch. **62**, 323—336 (1958).
Cain, H.: Aerogene intrapulmonale Geschwulstausbreitung. Z. Krebsforsch. **62**, 337—346 (1958).
Cain, J. C., Devins, E. J., Downing, J. E.: Unusual pulmonary disease. Arch. intern. Med. **79**, 626—641 (1947).

CALL, J. D., VINSON, P. P.: Accumulation of blood simulating primary bronchial cancer. Amer. J. Roentgenol. **59**, 227—228 (1948).
CALLAHAN, W. P., SUTHERLAND, J. C., FULTON, J. K., KLINE, J. R.: Acute diffuse interstitial fibrosis of the lungs. Arch. intern. Med. **90**, 468—482 (1952).
CALNAN, J. S., REIS, N. D., RIVERO, O. R., COPENHAGEN, H. J., MERCURIUS-TAYLOR, L.: The natural history of lymph node-to-vein anastomoses. Brit. J. plast. Surg. **20**, 134—145 (1967).
CAMERON, A. H.: Pulmonary hemosiderosis associated with bronchiectasis. Thorax (Lond.) **11**, 105—112 (1956).
CAMIEL, M. R., BERKAN, H. S.: Inhalation pneumonia from nitric fumes. Radiology **42**, 175—182 (1944).
CAMINO ALANÍZ, F., SANCHEZ DE LA HUERTA, R.: Reticuloendotheliosis of lung. Radiology **97**, 527 (1970).
CAMMORANES, L., FLORIO, L. DE, ROVERSI, R.: Le metastasi polmonari escavate. Radiobiol. Radioter. Fis. med. **24**, 277—290 (1969).
CAMP, G. DE: Kritisches zur Verwendung der Corticosteroide als differentialdiagnostisches Hilfsmittel bei unklaren Lungenerkrankungen unter besonderer Berücksichtigung miliarer Veränderungen. Beitr. Klin. Tuberk. **125**, 167—177 (1962).
CAMPITELLI, M.: L'angiopneumostratigrafia nella diagnosi differenziale delle cisti da echinococco e nei tumori a palla del polmone. Arch. Radiol. (Napoli) **28**, 389 (1953).
CANFIELD, C. J., DAVIS, T. E., HERMAN, R. H.: Hemorrhagic pulmonary-renal syndrome; report of three cases. New England J. Med. **268**, 230—234 (1963).
CARABASI, R. J., BARTA, L. L.: Atypical pneumonitis with interstitial fibrosis; an unusual case recieving prolonged corticosteroid therapy. Dis. Chest **36**, 209 (1959).
CARABASI, R. J., BARTA, L. L.: Pulmonary alveolar proteinosis. Tuberculology **20**, 178 (1962).
CARDIS, F., WIPF, R., TADDEI, M.: J. franç. Méd. Chir. thor. **11**, 479 (1957).
CARDON, L., LEMBERG, L., GREENEBAUM, R. S.: Acute suppurative bronchitis and bronchiolitis in chronic pulmonary disease: diagnosis and management. Ann. intern. Med. **34**, 559—591 (1951).
CARDOZO, D. W., CLAU, P. L., CHEN, I., THURLOW, A. A.: Cystic pulmonary metastasis complicating angiosarcoma of the scalp. Calif. Med. **105**, 210—214 (1966).
CARLENS, E.: Mediastinoscopy. A method for inspection and tissue biopsy in the superior mediastinum. Dis. Chest **36**, 343—352 (1959).
CARLSON, D. J., MASON, E. W.: Pulmonary alveolar proteinosis. Diagnosis of probable case by examination of sputum. Amer. J. clin. Path. **33**, 48 (1960).
CARLSON, E. T., HILL, R. B., ROWLANDS, D. T.: Nocardiosis and pulmonary alveolar proteinosis. Ann. intern. Med. **60**, 275 (1964).
CARMAN, R. D.: The roentgenologic aspect of pulmonary metastasis. J. Radiol. **2**, 1 (1921).
CARMICHAEL, A. H., BLAKE, D. D., FELTS, J. H.: Intrathoracic manifestations of malignant lymphomatous disease. Dis. Chest **38**, 630—637 (1960).
CARRINGTON, C. B., LIEBOW, A. A.: Limited forms of angiitis and granulomatosis of Wegener's type. Amer. J. Med. **41**, 497—527 (1966).
CARSTENS, M.: Probleme der Pneumokoniosen. Leipzig: J. A. Barth 1961.
CARTER, H. F., WEDD, G., D'ABRERA, V. S. A.: The occurrence of mites (acarina) in human sputum and their possible significance. Indian med. Gaz. **79**, 163 (1944).
CARTER, R. A.: Pulmonary mycotic infections. Radiology **26**, 551—562 (1936).
CARTER, R. A.: Miliary lesions of lung roentgenographically considered. Calif. west. Med. **50**, 94—98 (1939).
CARTER, R. A.: Roentgen diagnosis of fungous infections of lungs with special reference to coccidioidomycosis. Radiology **38**, 649—659 (1942).
CARVALHO, S. DE, ASHBY, M., DOMOTOR, M. T.: Detection of circulating abnormal cells by the collodion membrane method in 400 patients. Trans. Amer. Cytol. Soc., St. Louis Meeting 1962.
CASTLEDEN, L. I. M., HAMILTON-PATERSON, J. L.: Bagassosis. An industrial lung disease. Brit. med. J. **1942 II**, 478—480.
CASTLEMAN, B.: Alveolar proteinosis. New Engl. J. Med. **270**, 1242 (1964).
CAVINA, C., CAPPELLINI, M.: Quadri radiologici delle alterazioni polmonari nelle leucosi e nelle disprotidemie maligne. Riv. Radiol. **7**, 1095—1121 (1967).
CAWLEY, E. P., CURTIS, A. C., LEACH, J. E.: Is mycosis fungoides a reticulodudothelial entity? Arch. Derm. Syph. (Chic.) **64**, 255 (1951).
CAZAL: Réticuloses en pathologie pulmonaire. Gaz. Hôp. (Paris) **1943**, No. 6.
CEELEN, W.: Über einen Fall von Thrombarteriitis pulmonum carcinomatosa. Med. Klin. **1920**, 95.
CEELEN, W.: Die Kreislaufstörungen der Lunge. In: HENKE, F., LUBARSCH, O., Handbuch der speziellen pathologischen Anatomie und Histologie, Bd. III/3, S. 20ff. Berlin: Springer 1931.
CELIS, A., KUTHY, J., DEL CASTILLO, E.: The importance of the thoracic duct in the spread of malignant disease. Acta radiol. (Stockh.) **45**, 169—177 (1956).
CERANKE, P.: Miliarcarcinose. Mitt. Ges. inn. Med. **1921**, 9.
CHABOT, J.: L'histiocytose x de l'adulte. Poumon **25**, 695 (1969).
CHANDLER, F. G., MORLOCK, H. D.: Thorascopy in diagnosis. Brit. med. J. **1938 II**, 982.
CHANDLER, G. M., TELLING, M.: Lymphangitis carcinomatosa. Brit. med. J. **1952**, 639.
CHANTRAINE, H.: Ist das Röntgenbild eine echte Abbildung oder nur eine Summationswirkung? Eine Prüfung der Frankeschen Summationstheorie. Fortschr. Röntgenstr. **66**, 89—96 (1942).
CHARLTON, R. W., DU PLESSIS, L. A.: Multiple pulmonary aneurysms. Thorax (Lond.) **16**, 364—371 (1961).
CHATGIDAKIS, C. B.: Primary hemosiderosis (Ceelen's disease). Sth. Afr. J. Lab. clin. Med. **1955 I**, 166—177.
CHAUVERGNE, J., LAGARDE, C., LACOSTE, G., RAGNI, R.: Chimiothérapie des métastases pleuro-pulmonaires. Bull. Cancer **55**, 269—292 (1968).
CHAUVET, M., FEUARDENT, R.: Cancer bronchique bilatéral. J. franç. Méd. Chir. thor. **8**, 377—380 (1954).
CHAVES, A. D., ABELES, H.: Disseminated nodular pulmonary infiltration of an indeterminate nature in apparently healthy persons. Amer. Rev. Tuberc. **65**, 128—141 (1952).
CHAVEZ, C. M.: The clinical significance of lymphaticovenous anastomosis. Vasc. Dis. (N.Y.) **5**, 35—47 (1968).
CHAVEZ, C. M., CONN, J. H.: J. thorac. cardiovasc. Surg. **51**, 724—728 (1966).
CHÁVEZ, J. I., ALTAMIRANO DIMAS, M., ALONSO VIVEROS, P., CÉLIS SALAZAR, A.: Metastasis intratoráci-

cas de cáncer del mama. Rev. mex. Radiol. 22, 317—336 (1968).
CHEEVER, A. W., VALSAMIS, M. P., RABSON, A. S.: Necrotizing toxoplasmic encephalitis and herpetic pneumonia complicating treated Hodgkin's disease. New Engl. J. Med. 272, 26—29 (1965).
CHEVALLIER, P., BERNARD, J., CHRISTOL, D., BOIRON, M.: Maladie de Hodgkin avec granulomatose du myocarde et du poumon à forme cavitaire. Sang 1952, 704—708.
CH'IEN MU-HAN: Roentgenological diagnosis of paragonimiasis. Chin. med. J. 73, 37—46 (1955).
CHODOWSKA, S., PIOTROWSKI, M.: Alveolarproteinose der Lungen. Pol. Arch. Med. wewnęt. 35, 565 (1965).
CHONE, B., BECKER, J.: Klinische Ergebnisse der Tumorzelldiagnostik im strömenden Blut. Strahlentherapie 115, 404 (1961).
CHRISHOLM, J. C., LANG, G. R.: Solitary circumscribed pulmonary nodule. An unusual manifestation of sarcoidosis. Arch. intern. Med. 118, 376—378 (1966).
CHRISTIAN, H. A.: Defects in membranous bones, exophthalmos and diabetes insipidus; an unusual syndrome of dyspituitarism. Med. Clin. N. Amer. 3, 849—871 (1920).
CHRISTMANN, F. E., SCHAPOSNIK, F., DESCHAMPS, J. H.: Neumotórax espontáneo en el curse de metástasis pulmonares de un endothelioma de calcaneo. Día méd. 22, 2426—2428 (1950).
CHURCH, R. E., ELLIS, A. R. P.: Cystic pulmonary fibrosis in generalized scleroderma. Lancet 1950 I, 392—394.
CHUTE, R., IRELAND, E. F., HOUGHTON, J. D.: Solitary distant metastasis from unsuspected renal carninomas. J. Urol. (Baltimore) 80, 420 (1958).
CIONI, A.: La ponction-biopsie transpariétale tumeurs du poumon par la technique de Condorelli. J. franç. Méd. Chir. thor. 4, 417—423 (1950).
CLAGETT, O. T., ALLEN, T. H., PAYNE, W. S., WOOLNER, L. B.: J. thorac. cardiovasc. Surg. 48, 391 (1964).
CLAGETT, O. T., MOERSCH, H. J., GRINDLAY, J. H.: In: PACK, G. T., ARIEL, I. M., Treatment of cancer and allied diseases, vol. IV, S. 290. New York: Harper & Row 1964.
CLAIRMONT, P.: Einige Fälle von seltenen Geschwulstmetastasen. Langenbecks Arch. klin. Chir. 89, 513 (1909).
CLARK, D., GILMORE, J. H.: Study of 100 cases with positive coccidioidin skin test. Ann. intern. Med. 24, 40—59, 519 (1946).
CLAUDY, W. D.: Pneumonia associated with varicella; review of literature and report of fatal case with autopsy. Arch. intern. Med. 80, 185—192 (1947).
CLAUSNITZER, W., ALBER, H.: Bericht über 4 Chorionepitheliome bei Frauen unseres Krankenguts in der Zeit von 1946—1964. Strahlentherapie 129, 176—181 (1966).
CLEMENS, H. J.: Die Venensysteme der menschlichen Wirbelsäule. Berlin: W. de Gruyter 1961.
CLERF, L. H.: Melanoma of bronchus: metastasis simulating bronchogenic neoplasm. Ann. Otol. (St. Louis) 43, 887—891 (1934).
CLIFFTON, E. E., AGOSTINI, D.: Factors affecting the development of metastatic cancer. Cancer (Philad.) 15, 276 (1962).
CLIFFTON, E. E., DAS GUPTA, T., POOL, J. L.: Bilateral pulmonary resection for primary or metastatic lung cancer. Cancer (Philad.) 17, 86—94 (1964).
CLIFFTON, E. E., POOL, J. L.: Treatment of lung metastases in children with combined therapy. Surgery and/or irradiation and chemotherapy. J. thorac. cardiovasc. Surg. 54, 403—421 (1967).
CLOSE, H. P.: Lung biopsy for the diagnosis of disseminated pulmonary disease. Amer. J. Surg. 89, 166—169 (1955).
COBET, H., RICHTER, K., VILLAMOWSKI: Eosinophile Pneumonien. Dtsch. Gesundh.-Wes. 23, 111—118 (1968).
COCCHI, U.: Lungen-Lymphogranulomatose. In: SCHINZ-BAENSCH-FRIEDL-UEHLINGER, Lehrbuch der Röntgendiagnostik, 5. Aufl., Bd. III, S. 2440—2446. Stuttgart: G. Thieme 1952.
COCCHI, U.: Lungen-Parasiten. In: SCHINZ-BAENSCH-FRIEDL-UEHLINGER, Lehrbuch der Röntgendiagnostik, 5. Aufl., Bd. III, S. 2447—2454. Stuttgart: G. Thieme 1952.
COCKSHOTT, W. P., DE V. HENDRICKSE, J. P.: Pulmonary calcification at the site of trophoblastic metastases. Brit. J. Radiol. 42, 17—20 (1969).
COHEN, R., BURNIP, R.: Miliary coccidioidomycosis of the lungs: report of a case in a child. Ann. West Surg. 3, 413 (1949).
COHNHEIM, J.: Einfacher Gallertkropf mit Metastasen. Virchows Arch. path. Anat. 68, 547 (1876).
COHNHEIM, J.: Vorlesungen über allgemeine Pathologie. Berlin: Hirschwald 1877.
COHRS, P.: Verh. dtsch. path. Ges. 111 (1956).
COLBERG, J. E.: Granular cell myoblastoma. Int. Abstr. Surg. 11, 205 (1962).
COLBERG, J. E., HUBAY, C. A.: Granular-cell myoblastoma: a problem in diagnosis. Surgery 53, 226—237 (1963).
COLE, G. C.: Structural changes in the lungs of drug addicts. Arch. Intern. Med. 64, 1039—1052 (1939).
COLE, W. H., McDONALD, G. O., ROBERTS, S. S., SOUTHWICK, H. W.: Dissemination of cancer. New York: Appleton Century Crofts 1961.
COLE, W. H., ROBERTS, S., WATNE, A., McDONALD, G., McGREW, E.: The dissemination of cancer cells. Bull. N. Y. Acad. med. Sci. 34, 163 (1958).
COLLINS, M., FISHER, H.: A case of generalized hemangiosarcomatosis erroneously considered as generalized tuberculosis. Amer. Rev. Tuberc. 61, 257—262 (1950).
COLLINS, V. P.: Bone involvement in cryptococcosis (torulosis). Amer. J. Roentgenol. 63, 102 (1950).
COLLINS, V. P.: Time of occurence of pulmonary metastases from carcinoma of colon and rectum. Cancer (Philad.) 15, 387 (1962).
COLLINS, V. P., LOEFFLER, R. K., TIVEY, H.: Observations on growth rates of human tumors. Amer. J. Roentgenol. 76, 988 (1956).
COLOMBO, C., ROLFO, F., MAGGI, G.: Further research on the isolation of tumour cells from the circulating blood. Panminerva med. 2, 14 (1960).
COMAN, D. R.: Mechanisms responsible for the origin and distribution of blood-borne tumor metastases: A review. Cancer Res. 13, 397—403 (1953).
COMAN, D. R., DE LONG, R. P.: Role of vertebral venous system in metastasis of cancer to spinal column. J. Amer. Cancer Soc. 4, 610 (1951).
CONDORELLI, S., LOMBARDI, D., PISANO, L.: Composizione lipidica di alcune neoplasie maligne umane, delle loro metastasi e dei loro ressuti di origine. Cancro 19, 319—368 (1966).
CONNER, P. K., BASHOUR, F. A.: Cardiopulmonary changes in scleroderma: A physiologic study. Amer. Heart J. 61, 494—499 (1961).
CONTA, G. v.: Periarteriitis nodosa der Lungengefäße und Lungenröntgenbild. Fortschr. Röntgenstr. 47, 506—510 (1933).
CONTIS, G., FUNG, R. H., VAWTER, G. F., NADAS, A. S.: Stenosis and obstruction of pulmonary veins as-

sociated with pulmonary artery hypertension. Amer. J. Cardiol. 20, 718—724 (1967).
COOLEY, J. C., MCDONALD, J. R., CLAGETT, O.: Primary lymphoma of the lung. Ann. Surg. 143, 18—28 (1967).
CORDERA PASTOR, A., LANA, A. C., CASAB RUEDA, H.: Exploración radiológica de las metástasis pulmonares. Rev. mex. Radiol. 22, 227—232 (1969).
COROLLER J., et al.: Aspergillome greffé sur un foyer cavitaire sarcoidosique. J. franç. Méd. Chir. thor. 20, 789 (1966).
COSINEAU, L., WHALLEY, R. L., FISHER, G. S.: Cancer cells in the peripheral blood. Grace Hosp. Bull. (Detroit) 39, 3 (1961).
COSMACINI, G.: Aspetti clinico-radiologici delle fibrosi polmonari. Minerva med. (Torino) 61, 2127—2145 (1970).
COSPITE, M., PALAZZOLO, F., BALLO, M., BRUNO, S.: La compromissione polmonare nella poliarterite nodosa. Rif. med. 82, 677—680 (1968).
COSTA, F., PAPAGNINI, L.: Estratto da «Rheumatismo» 3, 3—15 (1955).
COSTEDOAT, A.: La lymphangite cancéreuse du poumon à forme suffocante. Presse méd. 41, 745 (1933).
COTTIER, H.: Über die unterschiedliche Schädigung des Lungengewebes durch therapeutische Röntgenbestrahlung. Strahlentherapie 100, 385 (1956).
COTTON, B. H.: Differential diagnosis of primary and metastatic malignancy of the lung. Amer. J. Surg. 54, 173—178 (1941).
COURY, C.: Les manifestations rheumatismales au cours des cancers primitifs et secondaires du poumon. Sem. Hôp. Paris 1964, 2095.
COX, T. R., KAHL, J. M.: Diffuse fibrosing interstitial pneumonitis (interstitial fibrosis of the lungs). Amer. J. clin. Path. 22, 770—776 (1952).
CRANE, J. T., CRIMER, O. F.: Isolated pulmonary venous sclerosis: a cause of cor pulmonale. J. thorac. cardiovasc. Surg. 40, 410 (1960).
CRAVER, L. F.: The simulation of acute respiratory disease by secondary lung tumors. Amer. J. med. Sci. 169, 792 (1925).
CRAVER, L. F., BINKLEY, J. S.: Aspiration biopsy of tumors of the lung. J. thorac. Surg. 8, 436 (1939).
CRAVER, L. F., BRAUND, R. R., TYLER, J. J.: Lesions of the lungs in lymphomatoid diseases. Amer. J. Roentgenol. 45, 342 (1941).
CRAVER, W. L.: Solitary amyloid tumor of the lung. J. thorac. cardiovasc. Surg. 49, 860—867 (1965).
CRILE: Zit. n. KIRSCH, R., SCHMIDT, D.: Klinische und experimentelle Erfahrungen mit der Mehrschritt-Therapie. Zbl. Chir. 91, 1297—1312 (1966).
CRINQUETTE, J., GIARD, P., DANES, J., BERGER, A.: Granulome éosinophile osseux et réticulose pulmonaire compliqués de cœur pulmonaire chronique et de tuberculose pulmonaire. Rev. Tuberc. (Paris) 27, 551—570 (1963).
CROFTON, J. W., LIVINGSTONE, J. L., OSWALD, N. C., ROBERTS, A. T. M.: Pulmonary eosinophilia. Thorax (Lond.) 7, 1—35 (1952).
CROSS, C. E., SHAVER, J. A., WILSON, R. J., ROBIN, E. D.: Mitral stenosis and pulmonary fibrosis. Special reference to pulmonary edema and lung lymphatic function. Arch. intern. Med. 125, 248—254 (1970).
CROSS, K. R.: Diffuse interstitial pneumonitis. Acute, fibrosing and focal healing patterns. Arch. Path. 63, 132—148 (1957).
CROW, E. A., BROGDON, B. G.: Cystic lung lesions from metastatic sarcoma. Amer. J. Roentgenol. 81, 303—304 (1959).

CRUICKSHANK, J. G., PARKER, R. A.: Pulmonary hemosiderosis with severe renal lesions (Goodpasture's syndrome). Thorax (Lond.) 16, 22 (1961).
CUDKOWICZ, L., ARMSTRONG, J. B.; The blood supply of malignant pulmonary neoplasms. Thorax (Lond.) 8, 152—156 (1953).
CULVER, G. J.: Miliary carcinosis of the lungs secondary to primary cancer of the gastrointestinal tract. Amer. J. Roentgenol. 54, 474—482 (1945).
CUNNINGHAM, G. J., PARKINSON, T.: Diffuse cystic lungs of granulomatous origin. A histological study of six cases. Thorax (Lond.) 5, 43—58 (1950).
CUPPS, R. E., AHMANN, D. L., SOULE, E. H.: Treatment of pulmonary metastatic disease with radiation therapy and adjuvant actinomycin D: preliminary report. Cancer (Philad.) 24, 719—723 (1969).
CURRAN, J. D., MACCARTHY, J. M. T.: Cavitating pulmonary metastases. Case report. J. Fac. Radiol. (Lond.) 10, 166—168 (1959).
CURTIS, B. F.: Carcinomatous metastases developing over three years after removal of the breast without local recurrence. Ann. Surg. 43, 216 (1906).
D'ABRERA, V. S. A.: Indian med. Gaz. 86, 414 (1946).
D'ABREU, A. L.: A practice of thoracic surgery. London: Ed. Arnold & Co. 1953.
DAHLIN, D. C.: Bone tumors. Springfield, Ill.: Ch. C. Thomas, 1957.
D'ALFONSO, G.: Le localizzazioni polmonari della micosi di Lutz. (Rivista sintetica.) Arch. Tisiol. 8, 327—345 (1953).
D'AMATO, G.: Il quadro radiologico dei tumori metastatici del polmone. Radiol. med. (Torino) 13, 370—380 (1926).
D'ANGIO, G. J., JANNACCONE, G.: Spontaneous pneumothorax as a complication of pulmonary metastasis in malignant tumors of childhood. Amer. J. Roentgenol. 86, 1092—1102 (1961).
DANIELSSON, H.: Demonstration of tumour cells in circulating blood with a spiral centrifuge. Svenska Läk.-Tidn. 58, 140 (1961).
DAPRÀ, L.: Patogenesi delle metastasi crociate polmonari del carcinoma bronchiale. Minerva med. (Torino) 58, 435 (1967).
DARCIS, L.: Les lesions parenchymateuses de la lymphogranulomatose maligne. J. belge Radiol. 60, 763—772 (1957).
DARGENT, M., FAUCON, M., CONTI, C., POMMATAU, E., MAYER, M.: About cancer cells in blood circulation. Acta Un. int. Cancr. 19, 1095 (1963).
DARKE, C. S., LEWTAS, N. A.: Selective bronchial arteriography in the demonstration of abnormal systemic circulation in the lung. Clin. Radiol. 19, 357—367 (1968).
DAVIDSOHN, C.: Über muskuläre Lungencirrhose. Berl. klin. Wschr. 44, 33 (1907).
DAVIDSON, L., STERN, S. H.: Hamartoma simulating ipsilateral metastasis in a case of primary bronchogenic carcinoma. Dis. Chest 26, 210—216 (1954).
DEBĂU, M., ZISSU, I., DEBĂU, M., IONESCU, M.: Wert der Röntgenuntersuchung bei der Lungendistomatose. Oncol. Radiol. 6, 505—512 (1967).
DECHAUME, J.: La granulie pulmonaire syphilitique. Arch. méd.-chir. Appar. resp. 5, 127 (1930).
DECKER, D. G., WARREN, J. W., CLAGETT, O. T., DAHLIN, D. C.: Treatment of pulmonary tumors metastatic from pelvic cancer. Amer. J. Obstet. Gynec. 84, 192—197 (1962).
DECROIX, G., PIÉRON, R.: La protéinose alvéolaire du poumon. Progr. méd. (Paris) 92, 173 (1964).
DEELMANN, H. T.: Het metastatisch carcinoom van longen en milt in verband met de verspreiding van

het carcinoom door het lichaam. Thesis Amsterdam 1918.
DEGREZ, H., KIRSCH, J.: Die röntgenbestrahlte Lunge oder die Wirkungen der Röntgenbehandlung auf die Lunge. Poumon 6, 413 (1950).
DEHN: Ein Fall von Lungentumor mit ungewöhnlichem Röntgenbefund. Fortschr. Röntgenstr. 34, 333 (1926).
DELAGE, J., MOLINA, C., CHEMINAT, J. C., FONCK-CUSSAC, Y., PASSEMARD, N.: Les granulomes pulmonaires diffuses exogènes. Sem. Hôp. Paris 44, 855—863 (1968).
DELARUE, J., ABELANET, R., CHOMETTE, G.: La vascularisation des tumeurs malignes. Presse méd. 73, 1517 (1965).
DELARUE, J., ABELANET, R., DEPIERRE, R., HOUDARD, Y., POINTILLART, J., CAPITAINE, R.: Coéxistence d'un cancer épidermoide sur cavité résiduelle d'abscès pulmonaire et d'un aspergillome intracavitaire. J. franç. Méd. Chir. thor. 18, 283 (1964).
DELARUE, J., MIGNOT, J., PAILLAS, J., SORS, C.: Étude sur la vascularisation des cancers bronchiques. J. franç. Méd. Chir. thor. 8 545 (1954); C. R. Sic. Biol. (Paris) 148, 846 (1954).
DELARUE, J., SORS, C., MIGNOT, J., PAILLAS, J.: Lésions broncho-pulmonaires et modifications circulatoires. Presse méd. 63, 173 (1955).
DELARUE, N. C., STRASBERG, S. M.: The rationale of intensive preoperative investigation in bronchogenic carcinoma. J. thorac. cardiovasc. Surg. 51, 391—411 (1966).
DELARUE, N. C., WATTERS, N., ANDERSON, W. E., THOMPSON, D., BROWN, T. C., FALK, R. E., LANSKY, G. S., FIELDEN, R. H. N., STEELE, D.: Circulating "cancer cells": clinical significance. Arch. Surg. 89, 392 (1964).
DELORME, G., TREUT, A. LE, TESSIER, J. P., VIGNAUX, J.: Le pneumothorax spontané dans l'évolution de tumeurs à localisation pulmonaire secondaire. Ann. Radiol. 9, 347—354 (1966).
DEMING, C. L., LINDSKOG, G. E.: Papillomatosis of the bladder and entire urethra; infiltrating cancer of bladder. Late pulmonary metastasis. Successful pneumonectomy. Trans. Amer. Ass. gen.-urin. Surg. 37, 39 (1944).
DEMME, H.: Beobachtungen über Carcinosis miliaris acuta. Schweiz. Mschr. prakt. Med. 3, 161 (1858).
DENK, W.: Vorläufige Ergebnisse der Resektion von Lungenmetastasen. Langenbecks Arch. klin. Chir. 270, 207 (1951).
DENOIX, P. (Edit.): Mechanisms of invasion in cancer. Berlin-Heidelberg-New York: Springer 1967.
DENOLIN, H.: Le cœur pulmonaire chronique en médecin interne. Verh. dtsch. Ges. Kreisl.-Forsch. 31, 217—279 (1956).
DEPIERRE, R., ABELANET, R., GANTER, P., CHOMETTE, G., DELARUE, J.: Protéinose alvéolaire pulmonaire. J. franç. Méd. Chir. thor. 16, 447 (1962).
DEPIERRE, R., POINTILLART, J., VERLEY: Pneumothorax spontané secondaire à un carcinom pulmonaire métastasique. J. franç. Méd. Chir. thor. 11, 173—175 (1957).
DE SANCTIS, P. N.: Pulmonary alveolar proteinosis: A review of the findings and theories to date. Boston med. Quart. 13, 19 (1962).
DESJARDINS, A. U.: The reaction of the lungs and pleura to roentgen rays. Amer. J. Roentgenol. 16, 444 (1926).
DESJARDINS, A. U.: Action of roentgen rays and radium on the heart and lungs. Amer. J. Roentgenol. 28, 156—160, 168—178, 701—720 (1932).

D'ETTORE, A., BABINI, L.: Il pneumotorace da tumori metastatici polmonari. Contributo casistico. Ann. Radiol. diagn. (Bologna) 38, 595—601 (1966).
D'HALLUIN, BELLE, J.: Diagnostic radiologique et traitement des metastases pleuropulmonaires. J. Sci. méd. Lille 52, 161 (1934).
DIAMOND, N.: Pulmonary cavitation: Difficulty in differential diagnosis by x-ray. Dis. Chest 12, 422 (1946).
DICK, W.: Über die Nachsorge für operierte Krebskranke. Medizinische 1958, 1851.
DICKSON, R., SMITHAM, J.: Cavitation of lung lesions in Hodgkin's disease; report of 2 cases. Brit. J. Radiol 25, 48—52 (1952).
DIDDLE, A. W., KINLAW, S. H., WATTS, J.: Cytologic studies on peripheral blood and urinary sediment: cervical carcinoma. Amer. J. Obstet. Gynec. 84, 1502 (1962).
DIDDLE, A. W., SHOLES, D. M., HOLLINGSWORTH, J., KINLAW, S.: Cervical carcinoma: cancer cells in the circulating blood. Amer. J. Obstet. Gynec. 78, 582 (1959).
DIEHL, KUHLMANN: Die Knochenbildungen in der Lunge mit besonderer Berücksichtigung der tuberösen Form. Fortschr. Röntgenstr. 48, Heft 2 (1933).
DIETZ, W.: Über den röntgenologischen Nachweis von Genitalcarcinomen der Frau. Z. Krebsforsch. 62, 316—322 (1958).
DIHLMANN, W.: Pleurapulmonale Äquivalente der primär chronischen Polyarthritis. Fortschr. Röntgenstr., Beih. 1967, 75—84.
DIMITROV, M.: Doppelseitiges bronchogenes Carcinom mit allgemeiner Lungenlymphangiose. Chirurgija (Sofia) 8, 914—918 (1955).
DINER, W. C.: Hypertrophic osteoarthropathy: relief of symptoms by vagotomy in patient with pulmonary metastases from lympho-epithelioma of nasopharynx. J. Amer. med. Ass. 181, 555—557 (1962).
DINKEL, L., FISCHER, H.: Röntgenbefunde bei Mycosis fungoides. Fortschr. Röntgenstr. 100, 634—638 (1964).
DITTO, W. R., OGNIBENE, A. J.: Idiopathic pulmonary hemosiderosis without anaemia. Arch. intern. Med. 114, 490 (1964).
DIVERTIE, M. B.: Lung involvement in the connective-tissue disorders. Med. Clin. N. Amer. 48, 1015—1042 (1964).
DIVIS, G.: Ein Beitrag zur operativen Behandlung der Lungengeschwülste. Acta chir. scand. 62, 329 (1927).
DIXON, D.: Eosinophilic granuloma of bone with diffuse pulmonary involvement. Calif. Med. 69, 51 (1948).
DOBEK, J., TYBORSKI, H.: Kritische Betrachtung über die radiologische Beurteilung der pulmonalen Hypertonie bei Mitralstenose. Fortschr. Röntgenstr. 98, 409—418 (1963).
DOBSON, L.: Amer. J. Surg. 92, 162 (1956).
DOCIMO, C.: Su un singolare reperto di duplicità neoplastica: reticolosarcoma del polmone associato a carcinoma bronchiale. G. Pneumol. 4, 319 (1960).
DODD, G. D., BOYLE, J. J.: Excavating pulmonary metastases. Amer. J. Roentgenol. 85, 277—293 (1961).
DODGE, W. F., TRAVIS, L. B., DAESCHNER, C. W.: Anaphylactic purpura, polyarteritis nodosa and purpura fulminans. Pediat. Clin. N. Amer. 10, 879—897 (1963).
DÖBRÖSSY, L.: Observations on tumour cells in the circulating blood before and after chemotherapy. Europ. J. Cancer 3, 531—535 (1968).

DOERING, P.: Die idiopathische Lungenhämosiderose. Ergebn. inn. Med. Kinderheilk., N.F. 14, 482 (1960).

DOMBROWSKI, H.: Die Röntgendiagnostik der Sarkoidose (Morbus Besnier-Boeck-Schaumann). Internist (Berl.) 10, 305—312 (1969).

DOMENICIS, R. DE: Il dotto toracico. Anatomia radiologica e sua importanza nella diffusione dei processi metastatici. Nunt. radiol. (Firenze) 12, 1248 (1957).

DON, C., GRAY, D. G.: Cavitating secondary carcinoma of the lung. Canad. Ass. Radiol. 19, 310—315 (1967).

DONIACH, I., MORRISON, B., STEINER, R. E.: Lung changes during hexamethonium therapy for hypertension. Brit. Heart J. 16, 101 (1954).

DONOHUE, W. L., LASKI, B., UCHIDA, I., MUNN, J. D.: Familial fibrocystic pulmonary and its relation to the Hamman-Rich syndrome. Pediatrics 24, 786—813 (1959).

DOUB, H. P.: Roentgenologic aspects of bronchomycosis. Radiology 34, 267—275 (1940).

DOUB, H. P., GOODRICH, B. E., GISH, J. R.: The pulmonary aspects of polyarteritis (periarteritis) nodosa. Amer. J. Roentgenol. 71, 785—793 (1954).

DOWNS, E. E.: Lung changes subsequent to irradiation in cancer of breast. Amer. J. Roentgenol. 36, 61—64 (1936).

DOYLE, A. P., BALCERZAK, S. P., WELLS, C. L., CRITTENDEN, J. O.: Pulmonary alveolar proteinosis with hematologic disorders. Arch. intern. Med. 112, 940 (1963).

DOZOIS, R. R., BERNATZ, P. E., WOOLNER, L. B., ANDERSEN, H. A.: Sclerosing mediastinitis involving major bronchi. Proc. Mayo Clin. 43, 557—569 (1968).

DRAGONI, G., et al.: Su i tumori doppi del polmone. Minerva med. (Torino) 52, 1188 (1961).

DRASH, E. C., NIORD, R. N. DE: Bilateral primary simultaneous bronchogenic carcinoma. Dis. Chest 34, 226—228 (1958).

DRESCHER, H.: Über seltene Metastasenformen der weiblichen Genitalcarcinome. Strahlentherapie 78, 349—372 (1949).

DRESSLER, M.: Über die Lungenbeteiligung bei der Granulomatosis benigna (Besnier-Boeck-Schaumannsche Krankheit). Ergebn. inn. Med. Kinderheilk. 62, 282 (1942).

DREWES, J.: Die Lungenlues. In: Handbuch der Thoraxchirurgie, Bd. III, S. 518 ff. Berlin-Göttingen-Heidelberg: Springer 1958.

DRYE, J. C., RUMAGE, W. T., ANDERSON, D.: Prognostic import of circulating cancer cells after curative surgery. A long time follow up study. Ann. Surg. 155, 733 (1962).

DUBOIS-FERRIÈRE, H.: Le poumon leucémique. Schweiz. med. Wschr. 75, 11 (1945).

DU BOSE, H. M., MEADOR, R. S., MCCAIN, B. E.: Pulmonary fibrosis due to chronic granulomatous pneumonitis of unknown etiology. Amer. J. Med. 17, 151—159 (1954).

DUE, J. S. LA: Bronchiolitis fibrosa obliterans; report of case. Arch. intern. Med. 68, 663—673 (1941).

DÜNNER, L., LEESER, BLUME: Die Lungensyphilis des Erwachsenen. Leipzig: J. A. Barth 1931.

DUFF, G. L.: The diffuse collagen diseases: morphological correlation. Canad. med. Ass. J. 58, 317 (1948).

DUKE, M.: Tumoral amyloidosis of the lungs. Arch. Path. 67, 110 (1959).

DUKES, C. E., BUSSEY, H. J. R.: Venous spread in rectal cancer. Proc. roy. Soc. Med. 34, 571 (1941).

DUMON, G., CHARPIN, J., AMALRIC, CHOUX, J.: Les cancers secondaires du poumon et de la plèvre. Formes radio-cliniques. J. franç. Méd. Chir. thor. 10, 591—606 (1956).

DURHAM, J. R., ASHLEY, P. F., DORENCAMP, D.: Cor pulmonale due to tumor emboli. Review of literature and report of a case. J. Amer. med. Ass. 175, 757—760 (1961).

DUROUX, A., JARNIOU, A., CÉLERIER, R.: Carcinomatose pulmonaire generalisée, secondaire à un cancer primitif du jejunum. Bull. Soc. méd. Hôp. Paris, Sér. 4, 68, 224—227 (1952).

DUROUX, A., MARTY, J.: Cancer secondaire du poumon à forme lymphatique pure. Bull. Soc. méd. Hôp. Paris 65, 281 (1949).

DUTRA, F. R.: Needle biopsy of the lung. J. Amer. med. Ass. 155, 21 (1954).

DVORAK, H.: Implantation malignancy of the abdominal wall. Surg. Gynec. Obstet. 50, 907 (1930).

DWORACEK, H.: Zur Metastasierung des Larynxkarzinoms. Mschr. Ohrenheilk. 89, 130 (1955).

DYKE, S. C.: Metastasis of the benign giant-cell tumour of bone (osteoclastoma). J. Path. Bact. 34, 259 (1931).

EBNER, H. J., SCHOEN, H. R., SANDRITTER, W.: Wert der routinemäßigen, auf drei verwertbare Einsendungen begrenzten Sputumzytologie für die Diagnose des Bronchialkarzinoms. Thoraxchirurgie 15, 337 (1967).

ECK, H.: Weitere Beobachtung über das sog. Alveolarzellkarzinom („Lungenadenomatose"). Zbl. allg. Path. path. Anat. 93, 396 (1955).

ECK, H.: Über den sog. Alveolarkrebs („Lungenadenomatose"). Z. Krebsforsch. 60, 433 (1955).

ECK, H.: Zur Pathogenese des sog. Alveolarzellkarzinoms. Verh. dtsch. path. Ges. 40, 341 (1956).

ECK, H., HAUPT, R., ROTHE, G.: Die gut- und bösartigen Lungengeschwülste. In: UEHLINGER, E. (Hrsg.), Handbuch der speziellen pathologischen Anatomie und Histologie, Bd. III/4, S. 1—401. Berlin-Heidelberg-New York: Springer 1969.

EDER, H., HAWN, C. V., THORN, G. W.: Report of case of acute interstitial fibrosis of lungs. Bull. Johns Hopk. Hosp. 76, 163—171 (1945).

EDGE, J. R., et al.:: The radiological appearances of the chest in persons of advanced age. Brit. J. Radiol. 37, 764—774 (1964).

EDGE, J. R., WAIND, A. P. B.: Idiopathic pulmonary haemosiderosis in adult. Thorax (Lond.) 14, 85—88 (1959).

Editorial: The reticuloses. Amer. J. Roentgenol. 67, 301—304 (1952).

Editorial: Collagen diseases. J. Amer. med. Ass. 150, 220—221 (1952).

Editorial: Alveolar proteinosis. New Engl. J. Med. 258, 1171 (1958).

Editorial: Idiopathic pulmonary haemosiderosis. Lancet 1963 I, 979—980.

Editorial: Cholesterol granuloma of the lung. Brit. med. J. 1969 I, 396.

EDLICH, R. F., SHEA, M. A., FOKER, J. E., GRONDIN, J., CASTENEDA, A. R., VARCO, R. L.: A review of 26 years' experience with pulmonary resection for metastatic cancer. Dis. Chest 49, 587 (1966).

EDMONDSON, W. R., GERE, J. B.: Pulmonary alveolar proteinosis. Ann. intern. Med. 52, 1310 (1960).

EDWARDS, A. T.: Surgical treatment of intrathoracic new growths. Brit. med. J. 1932, 827.

EDWARDS, J. E.: Congenital stenosis of pulmonary veins. Pathologic and developmental considerations. Lab. Invest. 9, 46 (1960).

EDWARDS, J. E., BURCHELL, H. B.: Multilobar pulmonary venous obstruction with pulmonary hypertension: "protective" arterial lesions in the involved lobes. Arch. intern. Med. 87, 372—378 (1951).
EERLAND, L. D.: Extragenital(?) chorionepithelioma in the male in the appearance of primary lung tumor. Arch. chir. neerl. 1, 91 (1949).
EFFLER, D. B.: Solitary lung metastasis. Cleveland Clin. Quart. 16, 196 (1949).
EFFLER, D. B., BLADES, B.: Surgical treatment of solitary lung metastasis. J. thorac. Surg. 17, 27—37 (1948).
EFFLER, D. B., ORDSTRAND, H. S. VAN, MCCORMACK, L. J., GANCEDO, H. A.: Lung biopsy. Amer. Rev. Tuberc. 71, 668—675 (1955).
EFSKIND, L., WEXELS, P.: Hodgkin's disease of the lung with cavitation. Report of 3 cases. J. thorac. Surg. 23, 377—387 (1952).
EGER, W., GREGI, A.: Die Strahlenpneumonitis. Experimentelle Grundlagen. Klinik und Therapie. Stuttgart: Hippokrates Verlag 1965.
EGGIMANN, P., WOLTZ, B.: Multiple Adenoleiomyome beider Lungen. Radiol. clin. (Basel) 18, 355 (1949).
EGIDY, H. v., BÄSSLER, R., TILLING, W.: Beitrag zur Alveolarproteinose der Lungen. Beitr. Klin. Tuberk. 134, 365—380 (1967).
EHRENHAFT, I. L.: Pulmonary resections for metastatic lesions. Arch. Surg. 63, 326 (1951).
EICHENGRÜN, W., ESSER, A.: Statistik über die in den Jahren 1912 bis 1926 im Pathologischen Institut des Augusta-Hospitals in Köln obduzierten Karzinomfälle. Z. Krebsforsch. 24, 63 (1927).
EICHLER, P., ROTTMANN, H. G.: Zur Frage des Wesens der „Metastasen" bei Mycosis fungoides. Arch. Derm. Syph. (Chic.) 154, 300 (1928).
EIMAN, J., GOULEY, B. A.: Rheumatic pneumonia. J. Amer. med. Ass. 87, 142 (1926).
EIMER, K., KESTERMANN, E.: Über besondere Verlaufs- und Erscheinungsformen metastatischer Lungentumoren. Fortschr. Röntgenstr. 45, 407 (1932).
ELKE, M.: Speicherung von öligem Kontrastmittel in Lungenmetastasen eines hypernephroiden Karzinoms nach Lymphographie. Fortschr. Röntgenstr. 103, 625—627 (1965).
ELKE, M., HODEL, C.: Lipidspeicherung in Hypernephrommetastasen der Lunge nach Lymphographie. Z. Krebsforsch. 69, 253—259 (1967).
ELKELES, A., GLYNN, L. E.: Serial roentgenograms of chest in periarteritis nodosa as aid to diagnosis, with notes on pathology of pulmonary lesions. Brit. J. Radiol. 17, 368—373 (1944).
ELKELES, A., GLYNN, L. E.: Disseminated parenchymatous ossification in the lungs in association with mitral stenosis. J. Path. Bact. 58, 517—523 (1946).
EL-KHOURY, S. A., DUNMORE, L. A., WASHINGTON, W. J.: Pulmonary alveolar proteinosis: Report of a case with lung biopsies and oral enzyme therapy. Med. Ann. D.C. 33, 615 (1964).
ELLIS, F.: Needle biopsy in the clinical diagnosis of tumor. Brit. J. Surg. 34, 240 (1947).
ELLIS, F. H., WOOLNER, L. B., SCHMIDT, H. W.: Metastatic pulmonary malignancy: A study of factors involved in exfoliation of malignant cells. J. thorac. Surg. 20, 125—135 (1950).
ELLIS, K., RENTHAL, G.: Pulmonary sarcoidosis. Roentgenographie observations on course of disease. Amer. J. Roentgenol. 88, 1070—1083 (1962).
ELLMAN, P., BALL, R. E.: Rheumatoid disease with joint and pulmonary manifestations. Brit. med. J. 1948 II, 816.

ELLMAN, P., CUDKOWICZ, L.: Pulmonary manifestations of diffuse collagen diseases. Thorax (Lond.) 9, 46—57 (1954).
ELLMAN, P., GEE, A.: Pulmonary hemosiderosis. Brit. med. J. 1951 II, 384—390.
ELMER, C., LODMELL, M. C., CAPPS, S. C.: Spontaneous pneumothorax associated with metastatic sarcoma. Radiology 52, 88 (1949).
EMANUEL, D. A., WENZEL, F. J.: Farmerlunge. Historischer Überblick und allgemeine Übersicht. Klin. Wschr. 47, 343 (1969).
EMDEN, A. VON DER: Differentialdiagnose der Lungenzeichnung. Radiologe 9, 265—273 (1969).
ENGELHARD, G., LOEHLEIN, M.: Dtsch. Arch. klin. Med. 75, 112 (1903).
ENGELL, H. C.: Cancer cells in the circulating blood. A clinical study. Acta chir. scand. 201, 1 (1955).
ENGELL, H. C.: Cancer cells in the blood: a five to nine year follow up study. Ann. Surg. 149, 457—461 (1959).
ENGELSTAD, R. B.: Über die Wirkungen der Röntgenstrahlen auf die Lungen. Acta radiol. (Stockh.), Suppl. 19, 1 (1934).
ENGELSTAD, R. B.: Pulmonary lesions after roentgen and radium irradiation. Amer. J. Roentgenol. 43, 676—681 (1940).
ENGELSTAD, R. B.: Über die Reaktion der Lungen auf Röntgenbestrahlung. Strahlentherapie 52, 299 (1955).
ENGEST, A.: The route of peripheral lymph to the blood stream. An x-ray study of the barrier theory. J. Anat. (Lond.) 93, 96 (1959).
ENGLE, R. B.: Spontaneous pneumothorax complicating pulmonary metastasis of sarcoma. Calif. Med. 89, 287 (1958).
ENGLERT, E., PHILLIPS, A. W.: Acute diffuse pulmonary granulomatosis in bridge workers. Amer. J. Med. 15, 733—740 (1953).
ENNUYER, A., CAILLERET, M., HÉLARY, J.: Les localisations pulmonaires de la lymphogranulomatose maligne. Ann. Radiol. (Paris) 1958, 635—658.
ENRIQUEZ, P., DAHLIN, D. C., HAYLES, A. B., HENDERSON, E. D.: Histiocytosis x: a clinical study. Proc. Mayo Clin. 42, 88—99 (1967).
ENTICKNAP, J. B.: An analysis of 1.000 cases of cancer with special reference to metastasis. Guys' Hosp. Rep. 101, 273—279 (1952).
ERBSE, H.: Über die Entwicklung sekundärer Karzinome nach Implantation. Inaug.-Diss. Halle 1884.
ERDENEN, S., JAEGER, J.: Über den Nachweis von Tumorzellen im strömenden Blut bei gynäkologischen Malignomen. Zbl. Gynäk. 85, 785 (1963).
ERDSTEIN, KIENBÖCK, R.: Zur Differentialdiagnose zwischen myeloischer Leukämie und karzinomatöser Metastasenbildung. Med. Klin. 1930, Nr. 50.
ERICHSEN, J.: Zwei Fälle von Carcinosis acuta miliaris. Virchows Arch. path. Anat. 21, 465 (1861).
ERICKSON, O.: Method for cytological detection of cancer cells in blood. Cancer (Philad.) 15, 171 (1962).
ERNST, H., HEINE, H.: Schilddrüsenkarzinom: Szintigraphischer Nachweis von Fernmetastasen bei negativem Röntgenbefund. Fortschr. Röntgenstr. 94, 832—833 (1961).
ERSTEIN, S.: Das eosinophile Lungensyndrom. Wien. klin. Wschr. 1954, 605—607.
ESPOSITO, M. J.: Amer. J. Roentgenol. 73, 351 (1955).
ESSELIER, A. F.: Die eosinophilen Lungeninfiltrate. In: Handbuch der inneren Medizin, 4. Aufl.,

Bd. IV/1, S. 1442—1548. Berlin-Göttingen-Heidelberg: Springer 1956.

ESSELIER, A. F., SCHWARZ, E., HORBER, E.: Helv. med. Acta, Ser. A **18**, 241 (1951).

EVANS, W. A., LEUCUTIA, T.: Deep roentgentherapy of neoplastic pulmonary metastases. Amer. J. Roentgenol. **11**, 35 (1924).

EVANS, W. A., LEUCUTIA, T.: Intrathoracic changes induced by heavy radiation. Amer. J. Roentgenol. **13**, 203—220 (1925).

EVEN, R., LECOEUR, J., SORS, C., RENAUX, J.: Pneumopathies aiguës par les acides nitriques et nitreux. Bull. Soc. méd. Hôp. Paris **62**, 536 (1946).

EVEN, R., SORS, C., REDON, M.: Cancer secondaire pleuropulmonaire. Sem. Hôp. Paris **1952**, 3213—3220.

EVERSON, J. T., COLE, W. H.: Brit. J. Surg. **144**, 366 (1956); J. Amer. med. Ass. **169**, 1758 (1958).

EVERSON, J. T., COLE, W. H.: Spontaneous regression of cancer. Philadelphia: W. B. Saunders Co. 1966.

EWERT, E. E.: Apparently unilateral solitary pulmonary metastasis from renal cell carcinoma. Surg. Clin. N. Amer. **1954**, 801—808.

FABEL, H.: Chronisch-interstitielle Lungenerkrankungen und pulmonale Hypertonie. Med. Welt **23** (N.F.), 1033—1035 (1972).

FAILLÈRES, J., ALIBERT, G.: Métastase pulmonaire d'un cancer du col. J. Radiol. Électrol. **30**, 727 (1949).

FAKKRUDDIN, M.: Beitrag zur Röntgendiagnose atypischer Pneumonien. Dtsch. med. J. **21**, 1243—1248 (1970).

FALCK, I.: Die Beteiligung des Lungeninterstitiums und der Pleura bei den Kollagenkrankheiten. Dtsch. Arch. klin. Med. **205**, 326—341 (1958).

FALCK, I.: Die Lungenfibrosen als Folge von Antigen-Antikörperreaktionen. Z. Tuberk. **115**, 19—35 (1960).

FALCONER, E. H., LEONARD, M. E.: Pulmonary involvement in lymphosarcoma and lymphatic leucemia. Amer. J. med. Sci. **195**, 295 (1937).

FALCONER, E. H., LEONARD, M. E.: Hodgkin's disease of the lung. Amer. J. med. Sci. **191**, 780—788 (1937j.)

FARGUES: La forme lymphangitique de la carcinose secondaire aigue du poumon. Thèse de Paris 1924.

FARINACCI, C. J., JEFFREY, H. C., LACKEY, R. W.: Eosinophilic granuloma of the lung: Report of two cases. U.S. armed Forces med. J. **2**, 1085 (1951).

FARNESS, O. J.: Coccidioidomycosis. J. Amer. med. Ass. **116**, 1749—1752 (1941).

FARRELL, J. T.: Pulmonary metastasis, a pathologic, clinical, roentgenologic study based on 78 cases seen at necropsy. Amer. J. Roentgenol. **24**, 444—451 (1935).

FARRELL, J. T.: Primary bronchial carcinoma and pulmonary metastasis compared clinically and roentgenologically. Radiology **28**, 445—449 (1937).

FARRELL, W. J.: Lymphangiographic demonstration of lymphovenous communication after radiotherapy in Hodgkin's disease. Radiology **87**, 630—634 (1966).

FARRIS, G.: Contributo personale alla conoscenza della paracoccidioidomicosi (cosidetta blastomicosi brasiliana). G. ital. Derm. Sif. **1955**, 1—40.

FARRIS, G., MACARINI, N.: Le manifestazioni della micosi di Lutz. Minerva med. (Torino) **1955**, 1272—1283.

FAUCON, M., DARGENT, M., POMMATAU, E.: Récherche des cellules tumorales dans le sang. Rev. lyon. Méd. **10**, 943 (1961).

FAURÉ, C., BEAUFILS, F.: Manifestations osseuses de l'histiocytose x (signes radiologiques). Poumon **25**, 787 (1969).

FAUVET, J., COMPAGNE, J., CHARY, A., PIET, G.: Rev. Prat. (Paris) **10**, 2349 (1960).

FAVACCHINO, G.: Le cisti da echinococco multiple e bilaterali del polmone. Arch. Chir. Torace **11**, 681—755 (1954).

FAVOUR, C. B., SOSMAN, M. C.: Erythema nodosum. Arch. intern. Med. **80**, 435—453 (1947).

FAVRE, M., CONTAMIN, N.: La syphilis pulmonaire granulique. Formes anatomiques et cliniques. Lyon méd. **142**, 121 (1928).

FAVRE, M., PALASSE, ROUBIER, C., GUICHARD, A.: Formations nodulaires du poumon à tissues multiples. Interprétation de leur nature: tumeurs benignes, malformations, néoproductions inflammatoires. J. Méd. Lyon **1935**, 783.

FAWCETT, D. W., VALLEE, B. L.: Some new approaches to the cytological diagnosis of cancer from serous fluids. Bull. New Engl. Med. Cent. **12**, 224 (1950).

FAWCETT, D. W., VALLEE, B. L., SOULE, M. H.: A method for concentration and segregation of malignant cells from bloody, pleural and peritoneal fluids. Science **113**, 34 (1950).

FAWCETT, D. W., VALLEE, B. L., SOULE, M. H.: Studies of the separation of cell types from serosanguinous fluids, blood and vaginal fluids by flotation on bovine plasma albumine. J. Lab. clin. Med. **39**, 354 (1952).

FAWCITT, R.: The roentgenologic recognition of certain bronchomycoses involving occupational risks. Amer. J. Roentgenol. **39**, 19 (1938).

FEHR, A.: Pleuracyste, eine Lungenmetastase vortäuschend. Dtsch. Z. Chir. **246**, 244—247 (1936).

FEINERMAN, B., HARRIS, L. E.: Unusual interstitial pneumonitis: Report of two cases occuring in children. Proc. Mayo Clin. **32**, 637—640 (1957).

FELDMAN, H. A., MILLER, L. T.: Serological study of toxoplasmosis prevalence. Amer. J. Hyg. **64**, 320—335 (1956).

FELDMAN, H. A., SABIN, A. B.: Pneumonitis of unknown etiology in group of men exposed to pigeon excreta. J. clin. Invest. **27**, 553 (1948).

FELSON, B.: Acute miliary diseases of the lung. Radiology **59**, 32—48 (1952).

FELSON, B.: Uncommon patterns of pulmonary sarcoidosis. Dis. Chest **34**, 357 (1958).

FELSON, B.: Less familiar roentgen patterns of pulmonary granulomas; sarcoidosis, histoplasmosis, and non-infectious necrotizing granulomatosis (Wegener's Syndrome). Amer. J. Roentgenol. **81**, 211 (1959).

FELSON, B.: Disseminated interstitial diseases of the lung. Ann. Radiol. **9**, 325—345 (1966).

FELSON, B.: The roentgen diagnosis of disseminated pulmonary alveolar disease. Semin. Roentgenol. **2**, 3—21 (1967).

FELSON, B., FELSON, H.: Acute diffuse pneumonia in asthmatics. Amer. J. Roentgenol. **74**, 235—241 (1955).

FELSON, B., JONES, G. F., ULRICH, R. P.: Roentgenologic aspects of diffuse miliary granulomatous pneumonitis of unknown etiology. Report of 12 cases with eighteen months' follow-up. Amer. J. Roentgenol. **64**, 740—746 (1950).

FELSON, B., WEINSTEIN, A. S., SPITZ, H. B.: Röntgenologische Grundlagen der Thoraxdiagnostik, 2. Aufl. Stuttgart: G. Thieme 1970.

FELSON, H., HEUBLEIN, G. W.: Some observations on diffuse pulmonary lesions. Amer. J. Roentgenol. **59**, 59—81 (1948).

Felton, W. L., Liebow, A. A., Lindskog, G. E.: Peripheral and multiple bronchial adenomas. Cancer (Philad.) **6**, 555—567 (1953).

Fengler, A.: Hämoptoe durch Chorionepithelmetastasen in der Lunge bei einem Mann. Z. ges. inn. Med. **16**, 309—312 (1961).

Ferrari, M., Caubarrère, N. L., Botinelli, M. D., Mendilaharsu, C., Giudice, D.: Neumofibrosis intersticial evolutiva: ¿Una nueva entidad? Hoja tisiol. **9**, 207—211 (1949).

Ferreira-Berutti, P.: Extragenital (pulmonary) chorionepithelioma in male. Rev. sudamer. morf. **4**, 163—173 (1946).

Fetzer, H.: Das metastasierende Schilddrüsenadenom. Fortschr. Röntgenstr. **74**, 426—434 (1951).

Ficari, A., Capellini, G.: Aspetti neoplastiformi del linfogranuloma maligno a localizzazione polmone. Atti VII. Congr. Naz. Chir. Tor. 1960, vol. II, p. 216. Milano: Ediz. Chir. tor. 1961.

Ficarra, B. J.: Post-mortem observations 20 years after bilateral mastectomy. J. Amer. med. Ass. **150**, 478—479 (1952).

Fiebelkorn, H. J.: Spontanrückbildung von Lungenmetastasen eines Myxochondrosarkoms. Arch. Geschwulstforsch. **7**, 326—329 (1954).

Fienberg, R.: Necrotizing granulomatosis and angiitis of the lungs and its relationship to chronic pneumonitis of the cholesterol type. Amer. J. Path. **29**, 913—931 (1953).

Fiesinger, N., Fauvet, J.: Le poumon leucémique. Presse méd. 1941, 449.

Finck, E. F., Gleave, H. H.: A case of osteoclastoma (myeloid sarcoma, benign giant-cell tumour) with pulmonary metastases. J. Path. Bact. **29**, 399 (1926).

Findlay, C. W., Lehman, W. L., Rottenberg, L. A.: Gumma of lung; report of a case treated by lobectomy. Ann. Surg. **129**, 274 (1949).

Finkbiner, R. B., Decker, J. P., Cooper, D. A.: Pulmonary alveolar microlithiasis. Amer. Rev. Tuberc. **75**, 122—134 (1957).

Finkelstein, M. O.: Khirurgiya (Mosk.) **37**, 116 (1961).

Finland, M., Jolliffe, L. S., Parker, F.: Pneumonia and erythema multiforme exsudativum; report of 4 cases and 3 autopsies. Amer. J. Med. **4**, 473—492 (1948).

Firestone, F. N., Joison, J.: Amyloidosis. A cause of primary tumors of the lung. J. thorac cardiovasc. Surg. **51**, 292—299 (1966).

Firusian, N., Gallmeier, W., Schmidt, C. G.: Unilaterale pulmonale Metastasierung eines Mammakarzinoms. Med. Klin. **65**, 885—887 (1970).

Fischer, A.: Ein Fall von gummöser Lungensyphilis. Dtsch. med. Wschr. **1929**, 1721.

Fischer, B.: Multiple Hypernephrommetastasen 6½ Jahre nach Exstirpation eines malignen Nierentumors. Münch. med. Wschr. **1910**, 101.

Fischer, F., Müller, J. H. A.: Isolierte Paramyloidknoten in der Lunge. Zugleich ein Beitrag zur Röntgendifferentialdiagnostik der multiplen Lungenrundherde. Münch. med. Wschr. **107**, 617—623, 643 (1965).

Fischer, H.: Klinische Beziehungen zwischen Haut und Lungen. In: Gottron-Schönfeld, Dermatologie und Venerologie, Bd. V/1, S. 247—368. Stuttgart: 1963.

Fischer, H., Dinkel, L.: Die Lungenveränderungen der Mykosis fungoides im Röntgenbild. Med. Klin. **60**, 1984—1991 (1965).

Fischer, L., Reichenow, E.: Protozoenkrankheiten. In: Handbuch der inneren Medizin, 4. Aufl., Bd. I/2, S. 421—719. Berlin-Göttingen-Heidelberg: Springer 1952.

Fischer, W.: Die Geschwulstmetastasierung. Zbl. Chir. **77**, 1852 (1952).

Fischer, W.: Über „Abwehr"-vorgänge im Körper bei Geschwülsten. Zbl. allg. Path. path. Anat. **91**, 301—310 (1954).

Fisher, E. R., Turnbull, R. B., Jr.: The cytologic demonstration and significance of tumour cells in the mesenteric blood in patients with colorectal carcinoma. Surg. Gynec. Obstet. **100**, 102 (1955).

Fleischner, F. G.: The butterfly patterns of acute pulmonary edema. Amer. J. Cardiol. **20**, 39—46 (1967).

Fleischner, F. G., Reiner, L.: Linear x-ray shadows in acquired pulmonary hemosiderosis and congestion. New Engl. J. Med. **250**, 900—905 (1954).

Fleishman, S. J., Bosman, A. R., Fuller, D. N.: Diffuse interstitial fibrosis of the lungs. Amer. J. Med. **24**, 823 (1958).

Flemming, F., Warnke, H.: Die retrograde Röntgenkontrastdarstellung des Ductus thoracicus bei thoraxchirurgischen Kranken. Chirurg **34**, 157—160 (1963).

Fletcher, W. S., Stewart, J. W.: Tumor cells in the blood with special reference to the pre- and posthepatic blood. Brit. J. Cancer **13**, 33 (1959).

Florian, J.: Zur Klinik der idiopathischen Lungenhaemosiderose des Erwachsenen. Münch. med. Wschr. **47**, 1597 (1956).

Fond, D. J. La, Thatcher, D. S., Handley, G. G.: Alveolar hydatid disease. J. Amer. med. Ass. **186**, 35—37 (1963).

Foot, C. N., Holmquist, N. D.: Supravital staining of sediments of serous effusions. A simple technique for rapid cytological diagnosis. Cancer (Philad.) **11**, 151 (1958).

Ford, W. B., Giacobine, J. W., Madoff, H. R., Sachs, M.: Interstitial pulmonary fibrosis. J. thorac cardiovasc. Surg. **47**, 799—808 (1964).

Forschbach: Lungenbefund bei Lymphogranulomatose. Fortschr. Röntgenstr. **28**, 87 (1921).

Forschbach, G.: Die Byssinose. In: Hausser, R. (Hrsg.), Blasige Lungenerkrankungen, poststenotisches Bronchussyndrom, alveoläre Proteinose, Tuberkulostatika zweiter Ordnung, S. 76—81. Stuttgart: G. Thieme 1968.

Foss, O. P.: Scleroderma with pulmonary fibrosis. Nord. Med. **52**, 917 (1954).

Foss, O. P., Messelt, O. T., Efskind, L.: Isolation of cancer cells from blood and thoracic duct lymph by filtration. Surgery **53**, 241 (1963).

Fossati, F., Pompili, G., Alé, G.: Aspetti radiologici di alterazioni viscerali e scheletriche nel lupus eritematoso sistemico. Radiol. med. (Torino) **56**, 307—328 (1970).

Fracchia, P.: La fibrosi polmonare reumatoide. Contr. clin. Riv. Pat. clin. **20**, 1111—1131 (1965).

Fraimow, W., Cathcart, R. T., Taylor, R. C.: Physiology and clinical aspects of pulmonary alveolar proteinosis. Ann. intern. Med. **52**, 1177—1194 (1960).

Fraimow, W., Cathcart, R. T., Kirshner, J. J., Taylor, R. C.: Pulmonary alveolar proteinosis: a correlation of pathological and physiological findings in a case followed with serial lung biopsies. Amer. J. Med. **28**, 458—467 (1960).

Fraimow, W., Taylor, R. C.: Physiologoc and clinical aspects of pulmonary alveolar proteinosis. Ann. intern. Med. **52**, 1177 (1960).

Franke, H.: Ist das Röntgenbild eine echte Abbildung oder nur eine Summationswirkung? Antwort

auf die Erwiderung Chantraines. Fortschr. Röntgenstr. **66**, 96—98 (1942).
FRANZEN, J., TILLING, W.: Zum Röntgenbild der pulmonalen Histoplasmose. Fortschr. Röntgenstr. **79**, 633 (1953).
FRAUCHINGER, R.: Zur Frage der Spontanheilung von Carcinomen. Z. Krebsforsch. **29**, 516—548 (1929).
FRED, H. L., EIBAND, J. M., COLLINS, L. C.: Calcification in intraabdominal and retroperitoneal metastases; review of the roentgenographic features. Amer. J. Roentgenol. **91**, 138—148 (1964).
FREED, J. H., PENDERGRASS, E. P., CARNWATH, J. W.: Androgen therapy in the control of pulmonary metastasis from adenocarcinoma of the corpus uteri. Amer. J. Roentgenol. **65**, 596 (1951).
FREEDBERG, S., URELESS, A. L., LESSES, M. F., GARGILL, S. L.: Pulmonary metastatic lesions successfully treated with active jodine. J. Amer. med. Ass. **144**, 16 (1954).
FREEDLANDER, S. O., GREENFIELD, J.: Hemoptysis in metastatic tumors of the lung simulating bronchiogenic carcinoma. J. thorac. Surg. **12**, 109—116 (1942).
FREEDMAN, A., DEATON, W. R.: Diffuse interstitial fibrosis of the lungs (Hamman-Rich syndrome): successful palliation of a case with steroid therapy. Dis. Chest **34**, 557 (1958).
FREEMAN, R. G.: Multiple gummata of the lung. Proc. N. Y. path. Soc. **1891**, 82.
FREESE, H.: Beginnende osteoplastische Lungenmetastasen eines osteogenen Sarkoms. Fortschr. Röntgenstr. **81**, 87—90 (1954).
FREID, J. R.: Skeletal and pulmonary metastases from cancer of the kidney, prostate and bladder. Amer. J. Roentgenol. **55**, 153 (1946).
FREID, J. R., GOLDBERG, H.: Postirradiation changes in the lungs and thorax. Amer. J. Roentgenol. **43**, 877 (1940).
FREISE, G., SCHÜLER, W.: Probeexzision und Probepunktion beim Bronchialkarzinom. Münch. med. Wschr. **107**, 947 (1965).
FRESEN, O.: Pathologische Anatomie und Abgrenzung der Hämoblastosen und Retikulosen. Strahlentherapie **91**, 1 (1955).
FRESEN, O.: Bemerkungen zur Nosologie der Mycosis fungoides. Hautarzt **6**, 111 (1955).
FRESEN, O.: Ergebn. inn. Med. Kinderheilk. **9**, 373 (1958).
FRICSAY-V. TELBISZ, M.: Die pulmonale Form des Lupus erythematosus disseminatus acutus. Schweiz. med. Wschr. **86**, 269—273 (1956).
FRIDEN-KILL, L., MINDER, W. H.: Récherche des cellules cancéreuses dans le sang circulant. Schweiz. med. Wschr. **92**, 915 (1962).
FRIED, B. M.: Tumors of the lungs and mediastinum Philadelphia: Lea & Febiger 1958.
Fried, B. M.: Primary multiple cancers. Arch. Surg. **77**, 730—741 (1958).
FRIED, K. H.: Zur Seitendifferenz der röntgenologisch nachweisbaren Lungenveränderungen bei der Boeckschen Krankheit. Tuberk.-Arzt **8**, 110—111 (1954).
FRIEDBERG, S. A.: Hemoptysis secondary to chronic mediastinal venous obstruction. Ann. Otol. (St. Louis) **57**, 897—909 (1948).
FRIEDEL, H., HOPKES, J., KIRSCH, M., LOHSE, A.: Tuberkelbazillennachweis durch gezielte Bronchialsekretgewinnung. Mschr. Tuberk.-Bekämpf. **4**, 174—193 (1961).
FRIEDMAN, B. J.: Pulmonary alveolar proteinosis. Med. Sci. **14**, 26 (1963).
FRIEDMAN, B. J., STRICKLAND, C. E.: Pulmonary alveolar proteinosis. J. Tenn. med. Ass. **51**, 507 (1958).

FRIEDRICH, H., VEIEL, E.: Röntgendiagnose des Echinococcus alveolaris. Fortschr. Röntgenstr. **57**, 366—374 (1938).
FRIEDRICH, W.: Morphologisch schwer differenzierbares Doppelkarzinom des Bronchialbaumes. Zbl. allg. Path. path. Anat. **97**, 446 (1958).
FRITZE, E., HOLLING, J.: Lungenveränderungen bei Staubexposition und rheumatoider Arthritis. Radiologe **5**, 144—146 (1965).
FROST, J. K.: Cancer cells in the circulating blood. A comparison with cytologic criteria for other sites. Acta cytol. (Philad.) **9**, 83 (1965).
FUCHS, H.: Lues der Lungen. Tuberk.-Arzt **112**, 565 (1947/48).
FUCHS, U.: Zur Frage der Lungen-Doppelkarzinome. Langenbecks Arch. klin. Chir. **285**, 29 (1957).
FUNK, E. H., CRAWFORD, B. L.: Miliary carcinosis. N. Y. St. J. Med. **118**, 101 (1923).
FURBANK, F.: Lung cancer, unspecified as primary or secondary. In: Patterns of cancer mortality in the United States, 1950—1967, p. 208—216. Washington, D.C.: U.S. Government Printing office 1971.
FURCOLOW, M. L.: Development of calcification in pulmonary lesions associated with sensitivity to histoplasma. Publ. Hlth Rep. **64**, 1363—1393 (1949).
FURCOLOW, M. L.: Further observations on histoplasmosis; mycology and bacteriology. Publ. Hlth Rep. **65**, 965—994 (1950).
FURCOLOW, M. L., MANTZ, H. L., LEWIS, I.: Roentgenographic appearance of persistent pulmonary infiltrates associated with sensitivity to histoplasmin. Publ. Hlth Rep. **62**, 1711—1718 (1947).
FURST, W. E., BELL, B. M., IRONS, G. V.: Asymptomatic pulmonary alveolar proteinosis. Amer. J. Med. **28**, 453 (1960).
FURSTENBERG, N. E.: Diffuse interstitial fibrosis of the lung. Postgrad. Med. **27**, 24 (1960).
FURTH, J.: Experiments of the spread of neoplastic cells through respiratory passages. Amer. J. Path. **22**, 1101—1107 (1946).
FURUYA, Y., KUROKAWA, S., KOBAYASHI, S.: Roentgenological and pathological studies of leukemic pneumopathy. Nippon Acta radiol. **29**, 1066—1080 (1969).
GADEKAR, N. G.: Radiological diagnosis of primary lung tumours. Indian J. Radiol. **12**, 1—15 (1958).
GÄDEKE, R.: Anatomische Veränderungen bei frühgeneralisierter Lungenlues: das Problem der miliaren Syphilis. Klin. Wschr. **1950**, 741.
GAENSLER, E. A.: Diagnostic techniques in diffuse or miliary lung diseases: experience with 381 patients. In: BANYAI, A. L., GORDON, B. L., Advances in cardiopulmonary diseases, vol. III, p. 81—122. Chicago: Year Book Medical Publishers, Inc. 1966.
GAENSLER, E. A., MARKS, A., ROBIN, E. D.: Description physio-pathologique de la protéinose alvéolaire pulmonaire. Poumon **16**, 1095 (1960).
GAENSLER, E. A., MOISTER, M. V. B., HAMM, J.: Open-lung biopsy in diffuse pulmonary disease. New Engl. J. Med. **1964**, 1318—1331.
GAL, Y. LE, BAUER, W. C.: Second primary bronchogenic carcinoma: a complication of successful lung cancer surgery. J. thorac. Surg. **41**, 114—124 (1961).
GALE, J. W., BROOKS, J. W.: Pulmonary resection for metastatic lesions to the lung. Wis. med. J. **1957**.
GALGANO, A. R.: Long survival in malignant melanoma. Report of a case. J. Amer. med. Ass. **152**, 518—519 (1953).
GALL, F. A., MALLORY, T. B.: Malignant lymphoma: clinico-pathological study of 618 cases. Amer. J. Path. **18**, 381—429 (1942).

Gallian, P., Roujeau, J.: Arch. Anat. path. 7, 373 (1959).
Galluzi, S., Payne, P. M.: Bronchial carcinoma: A statistical study of 741 necropsies with special reference to the distribution of blood-borne metastases. Brit. J. Cancer 9, 511—527 (1955).
Gallwas, K.: Differentialdiagnostische Betrachtungen von reversiblen Lungenrundherden beim Bronchialkarzinom (Rundherdige Tumorbegleitpneumonie). Prax. Pneumol. 21, 265—275 (1967).
Garbsch, H.: Zum Nachweis sekundärblastomatöser Lungenveränderungen beim Schilddrüsenkarzinom. Radiol. austriaca 15, 48—52 (1964).
Garland, L. H.: Pulmonary sarcoidosis; early roentgen findings. Radiology 48, 333—352 (1947).
Garland, L. H., Coulsen, W., Wollin, E.: Cancer (Philad.) 16, 694 (1963).
Garland, L. H., Sisson, M. A.: Roentgen findings in the collagen diseases. Amer. J. Roentgenol. 71, 581—598 (1954).
Garland, L. H., Sisson, M. A.: Pulmonary roentgenologic changes in the collagen diseases. Amer. J. Surg. 90, 63—67 (1955).
Garrison, C. O., Dines, D. E., Harrison, E. G., Douglas, W. W., Miller, W. E.: The alveolar pattern of pulmonary lymphoma. Proc. Mayo Clin. 44, 260—271 (1969).
Gascard, E., Lallemand, M., Barbe, A., Santamaria, F.: Cancer secondaire du poumon, diagnostic différentiel. J. franç. Méd. Chir. thor. 10, 625—638 (1956).
Gass, R. S., Zeidberg, L. D., Hutcheson, R. H.: Chronic pulmonary histoplasmosis complicated by pregnancy and spontaneous pneumothorax. Amer. Rev. Tuberc. 75, 111 (1957).
Gastpar, H.: Zur Frage der Methodik und des Nachweises von Tumorzellen im peripheren Venenblut. Münch. med. Wschr. 103, 2416 (1961).
Gayarre, C. Gil, Martinez Morillo, M., Gil Gayarre, M.: Las metástasis pulmonares en la radiografía sistemática del tórax en los enfermos neoplásicos: nota previa a propósito de 4000 casos. Acta ibér. radiol. cancer. 23, 155—164 (1968).
Gaza, B. v.: Zur Kenntnis der Geschwulstmetastasen. Z. Krebsforsch. 55, 57 (1944).
Gdalina, T. G.: Über die Simulierung maligner Neubildungen durch eosinophile Infiltrate. Khirugiya (Mosk.) 1954, 47.
Geever. F. E.: Miliary calcification of the lung. Amer. J. Roentgenol. 49, 777—782 (1943).
Géher, F.: Über Paragonimiase. Beiträge zur Röntgendiagnostik und Einteilung der Lungenparagonimiase. Fortschr. Röntgenstr. 87, 313—321 (1957).
Gellis, S. S., Reinhold, J. L. D., Green, S.: Use of aspiration lung puncture in diagnosis of idiopathic pulmonary hemosiderosis. Amer. J. Dis. Child 85, 303—307 (1953).
Georgii, A., Eymer, K. P.: Über die alveoläre Lungenproteinose. Ergebn. inn. Med. Kinderheilk., N.F. 20, 285 (1963).
Geraci, C. L., Brizzolara, L. G.: Use of the thoracoscope in the diagnosis of certain intrathoracic neoplasms. J. thorac. Surg. 27, 266—270 (1954).
Gerhartz, H.: Die generalisierte hämatogene arterielle Metastasierung in Gestalt der Krebszellensepsis am Beispiel des Seminoms. Virchows Arch. path. Anat. 321, 599 (1952).
Gérin-Lajoie, L.: A case of chorion-epithelioma of the lung. Amer. J. Obstet. Gynec. 68, 391—401 (1954).
Gernez-Rieux, C., Voisin, C., Leduc, M.: Apport de la biopsie pulmonaire chirurgicale au diagnostic des pneumopathies professionelles. Poumon 18, 723—730 (1962).
Gerstenberg, E.: Die Wachstumsrate maligner Tumoren. Münch. med. Wschr. 106, 670 (1964).
Gerstenberg, E.: Die Tumorverdoppelungszeit, ihre röntgenologische Bestimmung und ihre Bedeutung für die Röntgendiagnostik. Fortschr. Röntgenstr. 101, 39—46 (1964).
Gessner, G.: Über die Lymphogranulomatose der Lunge. Zbl. allg. Path. path. Anat. 110, 423—427 (1967).
Getzowa, S.: Cystic and compact pulmonary sclerosis in progressive scleroderma. Arch. Path. 40, 99—106 (1945).
Giannandrea, G., Papa, G.: Il quadro radiologico dell'edema polmonare cronico. Riv. Radiol. 6, 869—895 (1966).
Gibbs, D. D., Schiller, K. F. R., Stovin, P. G. I.: Lung metastases heralded by hypertrophic pulmonary osteoarthropathy. Lancet 1960 I, 623—625.
Giese, W.: Die Ätiologie der interstitiellen plasmacellulären Säuglingspneumonie. Mschr. Kinderheilk. 101, 147 (1952).
Giese, W.: Pathogenese und Ätiologie der interstitiellen plasmacellulären Säuglingspneumonie. Verh. dtsch. path. Ges. 36, 284 (1953).
Giese, W.: Die Atemorgane. In: Kaufmann, E., Staemmer, M., Lehrbuch der speziellen pathologischen Anatomie, 11. u. 12. Aufl., Bd. II/3, S. 1417—1894. Berlin: W. De Gruyter 1960.
Gil, C.: Über einige seltenere Formen von Lymphogranulomatose der Lungen. Fortschr. Röntgenstr. 53, 246 (1936).
Giles, R. G.: Pulmonary metastatic malignancy; analysis of radiologic findings in 71 cases. Tex. St. J. Med. 28, 414—416 (1932).
Gilchrist, R. K.: Fundamental factors governing lymphatic spread of carcinoma. Ann. Surg. 111, 630—639 (1940).
Gilliar, E.: Doppelseitiges Bronchialkarzinom. Fortschr. Röntgenstr. 89, 768—769 (1958).
Gillison, J. A., Taylor, F.: Bagassosis. Further notes on 4 cases. Brit. med. J. 1942 II, 577—578.
Gimes, B.: Die Strahlenpneumonitis als Komplikation der Strahlenbehandlung des Mammakarzinoms. Fortschr. Röntgenstr. 108, 638—643 (1968).
Ginstra, P. E., Stassa, G.: The multiple presentation of bronchial adenoma. Radiology 93, 1013—1019 (1969).
Girode, J.: La lymphangite cancéreuse pleuropulmonaire sans cancer du poumon. Arch. gén. Méd. 1, 50—65 (1889).
Glancy, D. L., Frazier, P. D., Robert, W. C.: Pulmonary parenchymal cholesterolester granulomas with pulmonary hypertension. Amer. J. Med. 45, 198 (1968).
Glay, A., Rona, G.: The pulmonary-renal syndrome of Goodpasture; case report. Radiology 83, 314 (1964).
Gledhill, E. Y., Spriggs, I. B., Binford, C. H.: Needle aspiration in the diagnosis of lung carcinoma. Amer. J. clin. Path. 19, 235 (1949).
Glennie, J. S., Harvey, P. W., Salama, J.: Multiple primary carcinomas of the bronchus. J. thorac. cardiovasc. Surg. 48, 40—48 (1964).
Gliedman, M. L., Horowitz, S., Lewis, F. J.: Lung resection for metastatic cancer: 29 cases from the University of Minnesota and a collected review of 264 cases. Surgery 42, 521—532 (1957).
Gloor, W.: Beitrag zur Differentialdiagnose der Miliartuberkulose und der miliaren Carcinosis der Lunge. Schweiz. med. Wschr. 10, 151 (1929).

Godden, J. O., Clagett, O. T., Andersen, H. A.: Sensitivity to alcohol as a symptom of Hodgkin's disease. J. Amer. med. Ass. **160**, 1274 (1956).

Göbbeler, T., Magnus, L.: Lymphatischer Block der unteren Extremitäten und des Beckens nach retroperitonealer Lymphknotentuberkulose. Fortschr. Röntgenstr. **108**, 681—683 (1968).

Görxpe, A., Kuyumcuyan, K., Ercan, H.: Pulmonary alveolar proteinosis. Istanbul Üniv. Tıp. Fak. Mec. **27**, 72 (1964).

Goetz, R. H., Berne, M. B.: The pathology of progressive systemic sclerosis (generalized scleroderma). With special reference to changes in the viscera. Clin. Proc. **4**, 337—392 (1945).

Goldblatt, S. A., Nadel, E. M.: Cancer cells in the circulating blood. In: Raven, R. W. (ed.), Cancer progress 1963, p. 119. London: Butterworths & Co. 1953.

Goldblatt, S. A., Nadel, E. M.: Cancer cells in the circulating blood. A critical review. Acta cytol. (Philad.) **9**, 6 (1965).

Golden, A.: Pathologic anatomy of "atypical pneumonia, etiology undetermined" — acute interstitial pneumonitis. Arch. Path. **38**, 187—202 (1944).

Golden, A., Bronk, T. T.: Diffuse interstitial fibrosis of lungs: Form of diffuse angiosis and reticulosis of the lungs. Arch. intern. Med. **92**, 606—614 (1953).

Golden, A., Tullis, I. F., Jr.: Diffuse interstitial fibrosis of the lungs. Milit. Surg. **105**, 130 (1949).

Golding, F. C.: The reticuloses. Brit. J. Radiol. **14**, 285, 478 (1952).

Goldman, E. E.: Anatomische Untersuchungen über die Verbreitungswege bösartiger Geschwülste. Bruns' Beitr. klin. Chir. **18**, 595 (1897).

Goldmeier, E.: Limits of visibility of bronchogenic carcinoma. Amer. Rev. resp. Dis. **91**, 232—239 (1965).

Goldsmith, H. S., Baily, H. D., Callahan, E. L., Beatie, E. J.: Pulmonary lymphangitis metastases from breast carcinoma. Arch. Surg. **94**, 483—488 (1967).

Gombert, H.-J.: Zum klinischen und röntgenologischen Bild einer chronischen Lungen-Toxoplasmose. Fortschr. Röntgenstr. **78**, 728—731 (1953).

Gombert, H.-J., Kloppe, W.: Zur Diagnose des metastasierenden Schilddrüsenadenoms. Fortschr. Röntgenstr. **86**, 567—575 (1957).

Gonick, P., Jackiw, N. M.: Regression of pulmonary metastasis from renal adenocarcinoma. J. Urol. (Baltimore) **92**, 270—277 (1964).

Goodbody, R. A., Davidson, J. M.: Pulmonary alveolar proteinosis. Lancet **1965 I**, 601.

Goodpasture, E. W.: The significance of certain pulmonary lesions in relation to the etiology of influenza. Amer. J. med. Sci. **158**, 863—870 (1919).

Goodrich, W. A.: Pulmonary edema. A correlation of x-ray appearance and physiological changes. Radiology **51**, 58 (1948).

Gool, J.: Pulmonaire alvéolaire protéinose. Folia med. neerl. **1**, 180 (1958).

Gordy, J.: Metastases pulmonaires après chorio-épithéliomes utérins. Diss. Toulon 1956.

Gotsch, E.: Über röntgenologisch nachweisbare Veränderungen bei diffuser Sklerodermie. Fortschr. Röntgenstr. **82**, 247 (1955).

Gough, J.: Generalized and primary fibrosis of the lungs. Brit. J. Radiol. **29**, 641—645 (1956).

Gough, J., Rivers, D., Seal, R. M. E.: Thorax (Lond.) **10**, 9 (1955).

Gould, D. M., Dalrymple, G. V.: Radiological analysis of disseminated lung disease. Amer. J. med. Sci. **238**, 621 (1959).

Gould, D. M., Daves, M. L.: A review of roentgen findings in systemic lupus erythematosus (SLE). Amer. J. med. Sci. **235**, 596—610 (1958).

Gould, D. M., Torrance, D. J.: Pulmonary edema. Amer. J. Roentgenol. **73**, 366 (1955).

Graeber, F., Gastpar, H., Herrmann, A.: Der Nachweis von Tumorzellen im zirkulierenden Blut. Arch. Ohr.-, Nas.- u. Kehlk.-Heilk. **176**, 802 (1960).

Graham, E. A., Singer, J. J., Ballon, H. C.: Surgical diseases of the chest. Philadelphia: Lea & Febiger 1935.

Graham, J. B., Wolfson, E. P.: The follow-up of cancer patients. Cancer (Philad.) **8**, 872 (1955).

Grainger, R. G.: Interstitial pulmonary oedema and its radiological diagnosis: sign of pulmonary and capillary hypertension. Brit. J. Radiol. **31**, 201—217 (1958).

Grandmaison, de: Maladie de Gaucher. Presse méd. **24**, 59—85 (1951).

Grant, I. W. B., Hillis, B. R., Davidson, J.: Diffuse interstitial fibrosis of the lungs (Hamman-Rich syndrome). Amer. Rev. Tuberc. **74**, 485 (1956).

Grant, L. G., Trivedi, S. A.: Open lung biopsy for diffuse pulmonary lesions. Brit. med. J. **1960 II**, 17—21.

Grant, L. J., Ginsburg, J.: Eosinophilic granuloma (honeycomb lung) with diabetes insipidus. Lancet **1955 I**, 529—532.

Graubner, E., Maršová, M., Urbančik, B.: Der Röntgenschwellenwert bei interstitiellen Lungenfibrosen. Beitr. Klin. Tuberk. **135**, 99—102 (1967).

Grauer, F. W.: Pancreatic carcinoma; a review of thirty-four autopsies. Arch. intern. Med. **63**, 884—898 (1939).

Gray, J. J.: Relation of lymphatic vessels to spread of cancer. Brit. J. Surg. **26**, 462 (1939).

Grebe, S. F.: Die Diagnostik von dystopisch gelegenem jodspeicherndem Gewebe mit Radioisotopen. Röntgen-Bl. **22**, 303 (1969).

Grebe, S. F.: Ergänzende nuklearmedizinische Untersuchungen zur Röntgendiagnostik. Der Nachweis von jodspeicherndem Gewebe. Radiologe **10**, 403 (1970).

Green, N., Osmer, J. C.: Small bone changes secondary to systemic lupus erythematosus. Radiology **90**, 118—120 (1968).

Green, R. A.: Nodular aspirational pulmonary hemosiderosis. Amer. J. Roentgenol. **92**, 561—570 (1964).

Greenberg, B. E., Young, J. M.: Pulmonary metastasis from occult primary sites resembling bronchogenic carcinoma. Dis. Chest **33**, 496—505 (1958).

Greenfield, H., Jelaso, D. V.: Peripheral intrapulmonary lymph node metastasis. Brit. J. Radiol. **38**, 955—956 (1965).

Greening, R. R., Pendergrass, E. P.: Postmortem roentgenography with particular emphasis upon the lung. Radiology **62**, 720—725 (1954).

Greenspan, E. B.: Carcinomatous endarteriitis of the pulmonary vessels resulting in failure of right ventricle. Arch. intern. Med. **54**, 625—644 (1934).

Greenspan, R. H.: Chronic disseminated alveolar diseases of the lung. Semin. Roentgen **2**, 77—97 (1967).

Greifenstein, A.: Dauerheilung eines malignen Granuloms nebst einem differentialdiagnostischen Beitrag zur Mycosis fungoides der Schleimhäute. Arch. Ohr.-, Nas.- u. Kehlk.-Heilk. **143**, 315 (1937).

Grunzmann, M., Beltz, L.: Die lympho-venösen Anastomosen. Fortschr. Röntgenstr. **109**, 564—574 (1968).

GRIFFIN, G. C., PHILLIPS, A. W., ASHER, C.: Pneumonitis occuring in rheumatic fever. Amer. J. med. Sci. **212**, 22—30 (1946).

GRILL, C., SZÖGI, S., BOGREN, H.: Fulminant idiopathic pulmonary haemosiderosis; report of a case. Acta med. scand. **171**, 329—334 (1962).

GRILLI, A.: Cancro periferico del polmone interpretato radiologicamente per cisti da echinococco. Radiol. med. **35**, 832 (1949).

GRILLI, A.: Diagnostica radiologica delle metastasi del polmone. Settim. med. **47**, 189 (1959).

GRIMES, O. F., STEPHENS, H. B.: Adamantinoma of the maxilla metastatic to the lung. Ann. Surg. **128**, 999—1005 (1948).

GRIMMINGER, A.: Cholesteringranulome der Lunge. In: HAUSSER, R. (Hrsg.), Blasige Lungenerkrankungen, poststenotisches Bronchussyndrom, alveoläre Proteinose, Tuberkulostatika zweiter Ordnung, S. 131—134. Stuttgart: G. Thieme 1968.

GRINBERG, J.: Hémosidérose essentielle pulmonaire. J. belge Radiol. **53**, 286—290 (1970).

GROEDEL, F. M.: Lungensyphilis. In: KRAUS-BRUGSCH, Spezielle Pathologie und Therapie innerer Krankheiten, Bd. III. Berlin u. Wien: Urban & Schwarzenberg 1924.

GROSSE-BROCKHOFF, F.: Interstitielle Lungenfibrose (Hamman und Rich). Beitr. Klin. Tuberk. **124**, 21—38 (1961).

GROVES, L. K., EFFLER, D. B.: Surgery for metastatic neoplastic disease in the lung: Review of 38 cases. Cleveland Clin. Quart. **23**, 16—27 (1956).

GRUBER, G.: In: Naturforschung und Medizin in Deutschland, Bd. 68/III. Wiesbaden 1948.

GRUBINA, V. N.: Bullous inflation of the lungs in Besnier-Boeck-Schauman's disease (sarcoidosis). Vestn. Rentgenol. Radiol. (Mosk.) **45**, 74—77(1970).

GRUNZE, H.: Tumoren der Thoraxorgane. In: BARTELHEIMER, H., u. H.-J. MAURER (Hrsg.), Diagnostik der Geschwulstkrankheiten, S. 358—492. Stuttgart: G. Thieme 1962.

GSELL, O.: Miliare generalisierte Granulomatose mit eingelagertem Amyloid. Beitr. Path. Anat. **81**, 426—440 (1928).

GUMPERT, T. E.: Miliary appearances in lungs in mitral stenosis; endogenous pulmonary haemosiderosis. Brit. med. J. **1947 II**, 488—489.

GURKAN, K. I.: Bilateral bronchogenic carcinoma; report of a case. J. int. Coll. Surg. **29**, 763 (1958).

GURTNER, H. P.: Pulmonale Hypertonie nach Appetitszüglern. Med. Welt **23** (N. F.), 1036—1041 (1972).

GURWITSCH, Z.: Über Symptome der sekundären malignen Lungentumoren, insbesondere über die Dyspnoe bei der generalisierten karzinomatösen Lymphangiitis. Schweiz. med. Wschr. **9**, 981 (1928).

HAAN, E. VON, STEVENSON, T.: Cancer cell detection in the peripheral blood. T. Comparison of techniques using cadaver blood. Acta cytol. (Philad.) **9**, 100 (1965).

HABEIN, H. C., CLAGETT, O. T., McDONALD, J. R.: Pulmonary resection for metastatic tumors. Arch. Surg. **78**, 716—723 (1959).

HABERMANN, P.: Pseudomiliares Lungenbild bei Morbus Gaucher. Arch. Kinderheilk. **144**, 268—272 (1952).

HABICHT, B.: Bioptische Untersuchungsmethoden bei Erkrankungen der Lunge, der Pleura und des Mediastinums. In: KNIPPING-RINK, Klinik der Lungenkrankheiten. Stuttgart: Schattauer 1964.

HACHE, L., WOOLNER, L. B., BERNATZ, P. E.: Idiopathic fibrous mediastinitis. Dis. Chest **41**, 9—25 (1962).

HACKL, H.: Zusammenhänge zwischen der Größe von Primärtumoren und ihren Metastasen. Zbl. allg. Path. path. Anat. **99**, 459—461 (1959).

HAEMMERLI, U.: Diffuse progressive interstitielle Lungenfibrose (Hamman-Rich-Syndrom). Schweiz. med. Wschr. **85**, 597—601 (1955).

HÄSSLER, E.: Speicherkrankheiten. In: Handbuch der medizinischen Radiologie, Bd. V/3, S. 306—389. Berlin-Heidelberg-New York: Springer 1968.

HAGEN, H.: Zur Metastasierung beim Chorionepitheliom. Zbl. Gynäk. **87**, 209—215 (1965).

HALL, G. F.: Pulmonary alveolar proteinosis. Lancet **1960**, 1383.

HALLAHAN, J. D.: Spontaneous remission of metastatic renal cell adenocarcinoma. A case report. J. Urol. (Baltimore) **81**, 522—525 (1959).

HALLER, J. D., BRON, K. M., WHOLEY, M. H., POLLER, S., ENERSON, D. M.: Selective bronchial artery catheterization for diagnostic and physiologic studies and chemotherapy for bronchogenic carcinoma. J. thorac. cardiovasc. Surg. **51**, 143—152 (1966).

HALPERT, B., RUSSO, P. E., HACKNEY, V. C.: Osteogenic sarcoma with multiple sceletal and visceral involvement. Cancer (Philad.) **2**, 41 (1956).

HAMBACH, R.: Über ein schleimbildendes Pankreaskarzinom mit Lungenmetastasen. Zbl. allg. Path. path. Anat. **94**, 455 (1956).

HAMIL, B. M.: Bronchopulmonary mycosis: simultaneous primary occurrence in four children and their mother with subsequent healing by diffuse miliary calcification; twelve year observation. Amer. J. Dis. Child. **79**, 233—271 (1950).

HAMMAN, L., RICH, A. R.: Fulminating diffuse interstitial fibrosis of the lungs. Trans. Amer. clin. climat. Ass. **51**, 154—163 (1935).

HAMMAN, L., RICH, A. R.: Acute diffuse interstitial fibrosis of lungs. Bull. Johns Hopk. Hosp. **74**, 177—212 (1944).

HAMMERSCHLAG, B., FRITZ, K. W.: Ein Beitrag zum Goodpasture-Syndrom. Med. Klin. **64** (1968).

HAMPERL, H.: Lungengeschwülste. Strahlentherapie **86**, 377—382 (1952).

HAMPERL, H.: Pneumocystis infection and cytomegaly of the lungs in the newborn and adult. Amer. J. Path. **32**, 1 (1956).

HAMPERL, H.: Über heilende und abortive Pneumocystis-Pneumonie. Virchows Arch. path. Anat. **330**, 325 (1957).

HAMPERL, H.: Die Morphologie der Tumoren. In: Handbuch der allgemeinen Pathologie, Bd. IV/3, S. 18. Berlin-Göttingen-Heidelberg: Springer 1965.

HAMPTON, A. O., PRANDONI, A. G., KING, J. T.: Pulmonary embolism from obscure sources. Bull. Johns Hopk. Hosp. **76**, 245—273 (1945).

HANBURY, W.: Two histologically different carcinomas in the same lung. J. Path. Bact. **81**, 540—541 (1961).

HAND, A.: General tuberculosis. Trans. path. Soc. Philad. **16**, 282—284 (1893).

HANDLEY, W. S.: Cancer of the breast. New York: P. B. Hoeber 1922.

HANES, F. M., LAMBERT, R. R.: Amöboide Bewegungen von Krebszellen als ein Faktor der Invasion und des Wachstums maligner Tumoren. Virchows Arch. path. Anat. **209**, 12 (1912).

HANSEMANN, D. v.: Die Lymphangitis reticularis der Lungen als selbständige Erkrankung. Virchows Arch. path. Anat. **220**, 311 (1915).

HANSEN, K. F.: Idiopathic fibrosis of the mediastinum as a cause of superior vena caval obstruction. Radiology **85**, 433—438 (1965).

Hanssen, N.: Transitory lung infiltration with eosinophilia. Acta radiol. (Stockh.) 18, 207—212 (1937).

Harden, K. A., Barthakur, A.: "Cavitary" lesions in sarcoidosis. Dis. Chest 35, 607 (1959).

Harder, J., Kosmaoglu, V.: Über posttraumatische Lungenherde. Radiologe 7, 321—324 (1967).

Hardin, B. L.: Case of Hodgkin's disease with massive collapse and cavitation of the lung. Amer. J. med. Sci. 197, 92 (1939).

Hargraves, M. M.: Production in vitro of the L.E.-cell phenomenon: use of normal bone marrow elements and blood plasm from patients with acute disseminated lupus erythematodes. Proc. Mayo Clin. 24, 234—237 (1949).

Hargraves, M. M.: Discovery of the LE-cell and its morphology. Proc. Mayo Clin. 44, 579—599 (1969).

Hargraves, M. M., Richmond, H., Morton, R.: Presentation of two bone marrow elements: the "tart" cell and the "L.E."-cell. Proc. Mayo Clin. 23, 25—28 (1948).

Harley, H. R.: Radiological changes in pulmonary venous hypertension, with special reference to root shadows and lobular pattern. Brit. Heart J. 23, 75—87 (1961).

Harold, J. T.: Lymphangitis carcinomatosa of the lungs. Quart. J. Med. 21, 353 (1952).

Harper, R. A. K., Jackson, D. C.: Progressive systemic sclerosis. Brit. J. Radiol. 38, 825—834 (1965).

Harris, L. E.: Zit. nach: Midwinter, R. E., Apley, J., Burman, D.: Diffuse interstitial pulmonary fibrosis with recovery. In: Gellis, S. S., The year book of pediatrics, 1967/1968, p. 205. Chicago: Year Book Medical Publishers, Inc. 1967/1968.

Harrison, B. B.: Influenzal pneumonia; recent experiences. Brit. J. Radiol. 24, 392—397 (1951).

Harrison, E. G., Divertie, M. B., Olsen, A. M.: Pulmonary alveolar proteinosis. Report of a case with fatal outcome. J. Amer. med. Ass. 173, 327—332 (1960).

Hart, C.: Adenomyom des Uterus mit benignen Metastasen in der Lunge. Frankfurt. Z. Path. 10, 78 (1912).

Hartleib, J.: Klinische und anatomische Beobachtungen an 5 seltenen Lungenerkrankungen. Thoraxchirurgie 15, 361—370 (1967).

Hartsock, R. J., Fisher, R. E.: Bilateral primary invasive carcinoma of the lung. Dis. Chest 39, 421 (1961).

Hartung, A., Freedman, J.: Pulmonary syphilis; report of three cases of acquired lungs syphilis in adults, with particular reference to roentgen aspects. J. Amer. med. Ass. 98, 1969 (1932).

Hartung, W.: Pathologie der Lungenfibrosen. Hippokrates (Stuttg.) 35, 617—624 (1964).

Hartweg, H.: Über die Boecksche Krankheit der Lungen. (Lymphogranulomatosis benigna pulmonum.) Fortschr. Röntgenstr. 72, 385—408 (1949/50).

Hartweg, H.: Zur Frage der formalen Pathogenese der Boeckschen Krankheit. Dtsch. med. Wschr. 76, 114 (1951).

Hartweg, H.: Das Röntgenbild des Thorax bei den chronischen Leukosen. Fortschr. Röntgenstr. 92, 477—490 (1960).

Harvey, N. A.: Kidney tumors. A clinical and pathological study, with special reference to the "hypernephroid" tumor. J. Urol. (Baltimore) 57, 669—692 (1947).

Harvey, A. M.: Modern concepts of systemic lupus erythematous: a review of 126 cases. J. chron. Dis. 1, 317—334 (1955).

Haserick, J. R., Long, R.: Systemic lupus erythematosus preceded by false-positive serologic tests for syphilis: presentation of five cases. Ann. intern. Med. 37, 559—565 (1952).

Haslhofer, L.: Mukoides Adenokarzinom mit diffuser Metastasierung in die Lungen. Zbl. allg. Path. path. Anat. 90, 149 (1953).

Haslhofer, L.: Multiple Bronchusmischtumoren. Vereinigg d. Pathol. Anatomen Wien 29. 11. 1960. Ref.: Zbl. allg. Path. Anat. 102, 577 (1961).

Hastings-James, R.: Radiological appearances following haemoptysis. J. Fac. Radiol (Lond.) 4, 44—53 (1952).

Haubrich, R.: Über einseitige Lungenstauung. Fortschr. Röntgenstr. 71, 571—577 (1949).

Haubrich, R.: Über die miliare Lungenhämosiderose mit partieller Verknöcherung. (II). Fortschr. Röntgenstr. 81, 440—448 (1954).

Haubrich, R., Versen, E.: Über die miliare Lungenhämosiderose im Röntgenbild. (I.) Fortschr. Röntgenstr. 81, 345—354 (1954).

Haug, P., Stephan, G., Franke, H.: Diagnose und Differentialdiagnose der Lymphangiosis carcinomatosa und Strahlenfibrose. Fortschr. Röntgenstr., Beih. 1967, 97—100.

Haupt, R., Kühn, H.: Vernarbungen in Krebsmetastasen der Lunge. Z. Krebsforsch. 1969.

Hauser, T. E., Steer, A.: Lymphangitic carcinomatosis of the lungs; six case reports and a review of the literature. Ann. intern. Med. 34, 881—898 (1951).

Hausser, R.: Über die diagnostische gezielte Gewebspunktion bei unklaren Lungen-, Pleura- und Mediastinalprozessen. Dtsch. med. Wschr. 90, 1809—1819 (1965).

Hauswirth, H.: Klassische Metastasierungswege. Radiologe 8, 158—161 (1968).

Havard, E., Rather, L. J., Faber, H. K.: Nonlipoid reticuloendothelioses (Letterer-Siwe's disease). Pediatrics 5, 474—485 (1950).

Hawes, L. E., Soule, A. B.: Pulmonary changes in cardiospasm. Amer. J. Roentgenol. 53, 124—128 (1954).

Hawk, W. A., Hazard, J. B.: Factors in the mechanism of metastasis: A review. Cleveland Clin. Quart. 20, 389—393 (1953).

Hawkins: Miliary carcinoma of the lung. Brit. J. Tuberc. 41, 48 (1947).

Hawkins, J. E., Savard, E. V., Ramirez-Rivera, J.: Pulmonary alveolar proteinosis. Amer. J. clin. Path. 48, 14 (1967).

Hawley, C., Felson, B.: Roentgen aspects of intrathoracic blastomycosis. Amer. J. Roentgenol. 75, 721—757 (1956).

Hayman, L. D., Hunt, R. E.: Pulmonary fibrosis in generalized scleroderma. Dis. Chest 21, 691 (1952).

Hazel, W. van: Diskussion zu Seiler u. Mitarb.: Pulmonary resection for metastatic malignant lesions. J. thorac. Surg. 19, 678 (1950).

Hazel, W. van, Jensik, R. J.: Lymphoma of lung and pleura. J. thorac. Surg. 31, 19 (1956).

Heaton, T. G.: Cardiospasm associated with pulmonary disease. Dis. Chest 14, 425 (1948).

Hecker, H. v., Kellner, F.: Zur Diagnostik der Lungenzystizerkose beim Lebenden. Fortschr. Röntgenstr. 39, 624 (1929).

Hedinger, E.: Über Intima-Sarcomatose von Venen und Arterien in sarcomatösen Strumen. Virchows Arch. path. Anat. 164, 199 (1901).

Hedvall, E.: Transitory lung infiltration with blood eosinophilia. (Löffler's syndrome.) Acta tuberc. scand. 16, 1—26 (1942).

HEEREN, J. G.: Beitrag zur Ursache der verschiedenen Formen der Lungenmetastasen. Z. Krebsforsch. 57, 14—20 (1950).

HEGEMANN, G.: Metastasenproblem in der Chirurgie. Dtsch. Krebskongreß, München 24. 2. 1966.

HEGGLIN, R.: Die rheumatische Pneumonie. Die Zirkulationsstörungen der Lunge. In: Handbuch der inneren Medizin, 4. Aufl., Bd. IV/2. Berlin-Göttingen-Heidelberg: Springer 1956.

HEGGLIN, R.: Die Pneumonien. In: Handbuch der inneren Medizin, 4. Aufl., Bd. IV/2., S. 1077 ff. Berlin-Göttingen-Heidelberg: Springer 1956.

HEGGLIN, R.: Differentialdiagnose innerer Krankheiten, 6. Aufl. Stuttgart: G. Thieme 1959.

HEGGLIN, R.: Lupus erythematodes visceralis. Verh. dtsch. Ges. inn. Med. 65, 91 (1959).

HEGGLIN, R.: Die viszeralen Erscheinungen der Kollagenosen. Z. Rheumaforsch. 20, 99 (1961).

HEILMEYER, L., WURM, K., REINDELL, H.: Klinik des Morbus Boeck. Beitr. klin. Tuberk. 114, 46 (1955).

HEIMBURG, P., OCHWALD, B., SCHOEDEL, W.: Über die Durchblutung broncho-pulmonaler Gefäßverbindungen. Pflügers Arch. ges. Physiol. 273, 264 (1961).

HEIMBURGER, I. L., KILMAN, J. W., BATTERSBY, J. S.: Peripheral bronchial adenomas. J. thorac. cardiovasc. Surg. 52, 542—549 (1966).

HEINE, F.: Die Probeexzision aus Veränderungen im Thoraxraum und Lunge unter thorakoskopischer Sicht. Beitr. Klin. Tuberk. 116, 615—627 (1957).

HEINE, F., SCHÜRMEYER, E.: Hohlraumbildung bei Sarkoidose der Lunge. Beitr. Klin. Tuberk. 138, 185—199 (1968).

HEINERMANN: Lungenmetastasen beim Chorionepitheliom. Röntgenpraxis 9, 52 (1937).

HEINZE, V., KLUTHE, R., DIEBER, P., GESSLER, U.: Lungenbluten mit Glomerulonephritis. Med. Klin. 61, 425 (1966).

HEITZMAN, E. R., ZITER, F. M.: Acute interstitial pulmonary edema. Amer. J. Roentgenol. 98, 291 (1966).

HEITZMAN, E. R., ZITER, F. M., MARKARIAN, B., MCCLENNAN, B. L., SHERRY, H. S.: Kerley's interlobular septal lines: roentgen pathologic correlation. Amer. J. Roentgenol. 100, 578 (1967).

HELD, A.: Die Hodgkinsche Krankheit der Lungen. Fortschr. Röntgenstr. 41, 191—206 (1930).

HELLER, E. L., HOUSEHOLDER, J. H.: Amer. J. clin. Path. 22, 883 (1952).

HELLNER, HANS: Experimentell durch Radiumbestrahlung erzeugtes osteogenes Sarcom mit Lungenmetastasen. Langenbecks Arch. klin. Chir. 189, 454 (1937).

HENDERSON, E. D., DAHLIN, D. C., BICKEL, W. H.: Eosinophilic granuloma of bone. Proc. Mayo Clin. 25, 534—541 (1950).

HENKIN, R. I., MAXWELL, M. H., MURRAY, J. F.: Uremic pneumonitis, clinical physiological study. Ann. intern. Med. 57, 1001 (1962).

HENKIN, R. L.: Lung clearance in pulmonary alveolar proteinosis. New Engl. J. Med. 268, 1088 (1963).

HENNEFORD, J., BASERGA, R., WARTMAN, W. B.: The time of appearance of metastases after surgical removal of the primary tumor. Brit. J. Cancer 16, 599 (1962).

HENOCH: Über eine eigenthümliche Form von Purpura. Berl. klin. Wschr. 11, 641—643 (1874).

HENRIQUES, C. R.: The veins of the vertebral column and their role in the spread of cancer. Ann. roy. Coll. Surg. Engl. 31, 1 (1962).

HENSEL, F. G.: Miliares Lungenröntgenogramm als Ausdruck einer Fibrose und Granulombildung bei Lungenmykose. Sammlg. seltener klinischer Fälle, Heft 11. Leipzig: VEB Thieme 1955.

HEPPLESTON, A. G.: Chronic diffuse interstitial fibrosis of the lungs. Thorax (Lond.) 6, 426—432 (1951).

HEPPLESTON, A. G.: The pathology of honeycomb lung. Thorax (Lond.) 11, 77—93 (1956).

HEPPLESTON, A. G.: Discussion on the lungs as an index of systemic disease. Proc. roy. Soc. Med. 51, 649—665 (1958).

HERBEUVAL, H., FORT, M., HETTRICH, C., HERBEUVAL, R.: Endothelial cells and circulating blood clumps: differential diagnosis. Acta cytol. (Philad.) 9, 68 (1965).

HERBEUVAL, H., HERBEUVAL, R., DUHEILLE, J., CUNY, G.: Récherches des cellules cancéreuses dans le sang périphérique. Sang 31, 776 (1960).

HERBEUVAL, R., DUHEILLE, J., GOEDERT-HERBEUVAL, C.: Diagnosis of unusual blood cells by immuno-fluorescence. Acta cytol. (Philad.) 9, 73 (1965).

HERBEUVAL, R., HERBEUVAL, H., CUNY, G., DUHEILLE, J.: Récherche des cellules cancéreuses dans le sang et les liquids d'exsudats par la leucoconcentration. Presse méd. 69, 149 (1961).

HERBEUVAL, R., HERBEUVAL, H., DUHEILLE, J.: Technique de récherche de cellules cancéreuses dans le sang: la leucoconcentration. Triangle (Fr.) 6, 47 (1963).

HERBEUVAL, R., HERBEUVAL, H., DUHEILLE, J.: Technique nouvelle en leucoconcentration. Bull. schweiz. Akad. med. Wiss. 20, 27 (1964).

HERLYHI, W. F.: Revisions of the venous system: the role of the vertebral veins. Med. J. Austral. 1947 I, 661.

HERMELINK, B.: Verschleierung des klinischen Bildes der Tuberkulose durch eine generalisierte Moniliasis. Tuberk.-Arzt 5, 718 (1951).

HERMANN, B., HEIM, W.: Z. ges. inn. Med. 17, 322 (1962).

HERRMAN, W. G.: Pulmonary changes in case of periarteritis nodosa. Amer. J. Roentgenol. 29, 607—611 (1933).

HERRMANN, A.: Klinische und experimentelle Untersuchungen über den Nachweis von Tumorzellen im strömenden Blut. Arch. Ohr.-, Nas.- u. Kehlk.-Heilk. 176, 536 (1960).

HERRNHEISER, G.: Zur Röntgendiagnostik des Lungenödems. Fortschr. Röntgenstr. 89, 125—135 (1958).

HERRNHEISER, G., HINSON, K. F. V.: An anatomical explanation of the formation of butterfly shadows. Thorax (Lond.) 9, 198—210 (1954).

HERTZOG, A. J., ANDERSON, F. G., BEEBE, G. W.: Reticuloendotheliosis with lipoid storage. Arch. Path. 29, 120—124 (1940).

HEYDE, L. B., HEYDE, B., KORNY, C. P.: Disease of the lungs (honeycomb lung). Dis. Chest 19, 190 (1951).

HIGGINSON, J. F.: A study of excised pulmonary metastatic malignancies. Amer. J. Surg. 90, 241—252 (1955).

HILTON, H. D., CALHOUN, O. V., PURVIS, D.: Pulmonary resection for metastatic fibrosarcoma. Surgery 30, 722 (1951).

HINSHAW, H. C., GARLAND, L. H.: Diseases of the chest. Philadelphia and London: W. B. Saunders Co. 1965.

HIRONO, I.: Ameboid motility of the ascites hepatoma cells and its significance for their invasiveness and metastatic spread. Cancer Rev. 18, 1345 (1958).

HIRSCH, E. F., COLEMAN, G. H.: Acute miliary torulosis of the lungs. J. Amer. med. Ass. 92, 437—438 (1929).

Hirschboeck, J. S.: Unusual manifestations of infectious mononucleosis. Marquette med. Rev. 13, 45—48 (1948).

Hitz, H. B., Oesterlin, E.: A case of multiple papillomata of the larynx with aerial metastases to lungs. Amer. J. Path. 8, 333—338 (1932).

Hoagland, R. J., Gill, E.: Die diagnostischen Kriterien der infektiösen Mononukleose. Dtsch. med. Wschr. 80, 214—216 (1955).

Hochberg, L. A., Grayzel, D., Berson, S. L., Rosenberg, S.: Multiple primary tumors with fibrosarcoma and coexisting carcinoma of the lung. Arch. Surg. 59, 166 (1949).

Hodes, P. J., Griffith, J. Q.: Chest roentgenograms in polycythemia vera and polycythemia secondary to pulmonary arteriosclerosis. Amer. J. Roentgenol. 46, 52—58 (1941).

Hodes, P. J., Groff, R. A.: Interstitial emphysema and pulmonary collapse complicating fractures of the skull. Amer. J. Roentgenol. 54, 54—56 (1945).

Hodes, P. J., Wood, F. C.: Eosinophilic lung (tropical eosinophilia). Amer. med. Sci. 210, 288—295 (1945).

Hodgson, J. T., Kennedy, R. L., Camp, J. D.: Reticulo-endotheliosis (Hand-Schüller-Christian-disease). Radiology 57, 642 (1951).

Hoel, J.: Diffuse myomatose og cystedannelse i lungene. Nord. med. 42, 1273 (1949).

Hoffman, L., Cohn, J. E., Gaensler, E. A.: Respiratory anomalies in eosinophilic granuloma of the lung: Long-term study of five cases. New Engl. J. Med. 267, 577 (1962).

Hoigné, R., Zimmermann, H., Bürk, K.: Helv. Acta med. 29, 622 (1962).

Holsti, L. R., Rytilä, A.: Treatment of metastatic thyroid cancer with radioiodine. Ann. Med. intern. Fenn. 48, 35—49 (1959).

Höltkermeier, H.: Zur Kenntnis der Mycosis fungoides. Arch. Derm. Syph. (Chic.) 169, 13 (1933).

Hoff, H. R.: The Hamman-Rich syndrome. New Engl. J. Med. 259, 81 (1958).

Holsten, D. R.: Beitrag zur Röntgendiagnose der Lungenmykosen. Fortschr. Röntgenstr. 107, 477—484 (1967).

Holzel, A., Fawcitt, J.: Pulmonary changes in acute glomerulonephritis in childhood. J. Pediat. 57, 695 (1960).

Hood, R. T., McBurney, R. P., Clagett, O. T.: Metastatic malignant lesions of the lungs treated by pulmonary resection. J. thorac. Surg. 30, 81—89 (1955).

Hornberger, W.: Hilusdrüsenbeteiligung bei Lues II. Fortschr. Röntgenstr. 73, 553 (1950).

Horst, W.: Radiojod in Diagnostik und Therapie der Schilddrüsenneoplasmen. In: Schwiegk, H., Turba, F., Künstliche radioaktive Isotope in Physiologie, Diagnostik und Therapie. Berlin-Heidelberg-New York: Springer 1961.

Horváth, J., Villányi, G., Mózsa, S.: Knochenveränderungen, verursacht durch Lymphogranulomatose. Magy. Radiol. 22, 87—94 (1970).

Howard, S. A., Williams, M. J.: Bilateral simultaneous occurrence of primary squamous cell carcinoma of the lung. Cancer (Philad.) 10, 1182 (1957).

Hsieh, C. K., Kimm, H. T.: Changes in the lungs and pleura following irradiation of extrathoracic tumors. Amer. J. Roentgenol. 37, 802 (1937).

Hubeny, M. J., Mass, M.: Roentgenologic aspects of metastases. Radiology 35, 315 (1940).

Hublin, H. E., Ramsey, J. H.: Atypical pulmonary patterns of congestive failure in chronic lung disease. The influence of preexisting disease on the appearance and distribution of pulmonary edema. Radiology 93, 995—1006 (1969).

Hueck, W.: Über Verkalkung der Alveolarepithelien. Zbl. allg. Path. path. Anat. 24, 148—156 (1913).

Hufford, C. E., Applebaum, A. A.: Atypical pneumonia of probable virus origin. Radiology 40, 351—360 (1943).

Hughes, R. K., Blades, B.: Multiple primary bronchogenic carcinomas. J. thorac. cardiovasc. Surg. 41, 421—429 (1961).

Hugonot, Ferrabouc, L., Guichène, P., Parnet, J.: Métastase pulmonaire fébrile, expression clinique d'un cancer méconnu du pancréas. Soc. Méd. milit. franç. Bull. 1936, fasc. 6.

Huguenin, A., Charles, Venezia, F.: Images pseudotuberculeuse micro-nodulaires au cours d'une pneumopathie aiguë. Algérie méd. 536, 157—160 (1949).

Huguenin, R.: Les syndromes metastatiques aigues. Cancer (Brux.) 12, 213 (1935).

Huguenin, R., Delarue, J.: Étude des granulies cancéreuses. Ann. Anat. path. 7, 524—527 (1930).

Huhn, F. O.: Morphologie der Tumormetastasierung. Dtsch. Krebskongreß, München 24. 2. 1966.

Hujimoto, K.: An autopsy case of chronic pneumonia with alveolar lipoid-proteinosis. J. Kumamoto med. Soc. 39, 40 (1965).

Hume, R., West, J. T., Malmgren, R. A., Chu, E. A.: Quantitative observations of circulating megacaryocytes in the blood of patients with cancer. New Engl. J. Med. 270, 111 (1964).

Hunter, O., Brown, N.: Morphology of benign cells as observed through the acridine orange fluorescent technique. Acta cytol. (Philad.) 5, 250 (1961).

Hurst, A.: Respiratory complications of achalasia of cardia with megaesophagus. Guy's Hosp. Rep. 22/23, 68—73 (1943).

Hurtado-Gomez, L., Sangüeza, P.: Proteinosis pulmonar. Pediat. panamer. 10, 101 (1965).

Hutás, I.: Das Röntgenbild der essentiellen pulmonalen Hämosiderose. Magy. Radiol. 9, 154—160 (1957).

Hutcheson, J. B.: Metastatic cyst adenocarcinoma of ovary 33 years after removal of primary growth. Arch. Path. 54, 314—318 (1952).

Hutchinson, H. E.: Irradiation pneumonitis; report of a case with description of the histological findings. Glasg. med. J. 1953, 299.

Huth, E.: Die Rolle der bakteriellen Infektionen bei der Spontanremission maligner Tumoren und Leukosen. In: Lampert, H., Selawry, O., Körpereigene Abwehr und bösartige Geschwülste, S. 23—37. Ulen: K. F. Haug 1957.

Idstrom, L. G., Rosenberg, B.: Primary atypical pneumonia. Bull. U. S. Army med. Dep. 81, 88—92 (1944).

Ihringer, G.: Über das Schicksal embolisierter Tumorzellen in den Lungen. Z. allg. Path. path. Anat. 90, 123—128 (1953).

Imamura, I.: Roentgenologic study of fine abnormal densities of chest. Nippon Acta radiol. 31, 25—43 (1971).

Imhäuser, K.: Über eine Spätform der pulmonalen Tularämie. Dtsch. med. Wschr. 78, 1021—1022 (1953).

Ingegno, A. P., D'Albora, J. B., Edson, J. N., Gianquinto, P. J.: Pneumonia associated with acute salmonellosis; report of case of salmonella bronchopneumonia and 14 cases of interstitial pneumonia. Arch. intern. Med. 81, 476—484 (1948).

Invaldi, A., Razzetta, E. N.: Imagenes radiográficas nodulares en el sarampion. Arch. argent. Pediat. 23, 28—30 (1952).

Ishikawa, Y., Fukushima, M., Uno, H.: Studies on the estimatlon of cancer cells in blood by acridine orange fluorescence microscope method. Tohoku J. exp. Med. **77**, 164 (1962).

Ishikawa, Y., Fukushima, M., Uno, H.: Observations on cancer cells in the blood of patients with carcinoma after operation and chemotherapy. Tohoku J. exp. Med. **78**, 25 (1962).

Israel: Virchows Arch. path. Anat. **74**, 15 (1878); **78**, 421 (1879).

Israel, M. S., Harley, B. J. S.: Spontaneous pneumothorax in scleroderma. Thorax **11**, 113—118 (1956).

Iwasaki, T.: Histological and experimental observations on the destruction of tumor cells in blood vessels. J. Path. Bact. **20**, 85—105 (1915).

Jackson, C., Jackson, C. L.: Pulmonary symptoms due to esophageal disease. Arch. Otolaryng. **18**, 731—745 (1933).

Jackson, F.: The radiology of acute pulmonary oedema. Brit. Heart J. **13**, 503 (1951).

Jackson, H., Parker, F.: Hodgkin's disease. VII. Treatment and prognosis. New Engl. J. Med. **234**, 103—110 (1946).

Jackson, H., Parker, F.: Hodgkin's disease and allied disorders. New York: Oxford Univ. Press 1947.

Jackson, J. F.: Supravital blood studies using acridin orange fluorescence. Blood **17**, 643 (1961).

Jackson, J. F.: Histological identification of megacaryocytes from peripheral blood examined for tumor cells. Cancer (Philad.) **156**, 259 (1962).

Jacob, P., Leblois, Mayer, C.: Lymphogranulomatose à début pulmonaire. Bull. Soc. méd. Hôp. Paris **53**, 258 (1937).

Jacobelli, G., Grechi, G.: Metastasi da tumori primitivi latenti. Cancro **20**, 771—776 (1967).

Jakobson, G., Denlinger, R. B., Carter, R. A.: Roentgen manifestations of Q-fever. Radiology **53**, 739—748 (1949).

Jaedke, W., Behrens, D.: Verkalkende Lebermetastasen eines Magenkarzinoms. Zugleich ein Beitrag zur Frage der Kalkablagerung in schleimbildenden Karzinomen. Fortschr. Röntgenstr. **98**, 542—548 (1963).

Jaeger, R.: Über Strumametastasen. Bruns' Beitr. klin. Chir. **19**, 493 (1897).

Jaffe, H. L.: Skeletal manifestations of leukemia and malignant lymphoma. Bull. Hosp. Jt Dis. (N.Y.) **13**, 217—238 (1952).

Jaffe, H. L.: Tumors and tumorous conditions of the bones and joints. Philadelphia: Lea & Febiger 1964.

Jaffe, H. L., Lichtenstein, L.: Eosinophilic granuloma of bone; a condition affecting one, several or many bones, but apparently limited to the skeleton, and representing the mildest clinical expression of the peculiar inflammatory histiocytosis also underlying Letter-Siwe disease and Schüller-Christian disease. Arch. Path. **37**, 99—118 (1944).

Jaffe, R. H.: The primary carcinoma of the lung. J. Lab. clin. Med. **20**, 1227 (1935).

Jagdschian, V.: Zur chirurgischen Behandlung seltener Lungenerkrankungen. Thoraxchirurgie **15**, 661—663 (1967).

Jaksch-Wartenhorst, V. v.: Med. Klin. **20**, 5 (1924).

James, A. E., Dixon, G. D., Johnson, H. F.: Melioidosis: a correlation of the radiologic and pathologic findings. Radiology **89**, 230—235 (1967).

Jamison, H. W., Carter, R. A.: Roentgen findings in early coccidiomycosis. Radiology **48**, 323—332 (1947).

Janssen, T., Roulet, F.: Kasuistischer Beitrag zur Kenntnis der chronischen interstitiellen Pneumonie mit Emphysem, mit Berücksichtigung der Differentialdiagnose. Beitr. Klin. Tuberk. **88**, 132 (1936).

Jarniou, A. P., Durand-Delacre, Garrigou: Cancer secondaire du poumon et tuberculose. J. franç. Méd. Chir. thor. **9**, 425 (1955).

Jarniou, A. P., Moreau, A., Bourdet, P., Legrand, A.: Biopsie rétroclaviculaire et cancer secondaire du poumon. J. franç. Méd. Chir. thor. **11**, 32—39 (1957).

Jenkins, G. D.: Regression of pulmonary metastasis following nephrectomy for hypernephroma. Eight year follow-up. J. Urol. (Baltimore) **82**, 37—40 (1959).

Jensen: Zit. nach Kirsch, R., Schmidt, D., Klinische und experimentelle Erfahrungen mit der Mehrschritt-Therapie. Zbl. Chir. **91**, 1297—1312 (1966).

Jensik, R. J., Hazel, W. van: Surgical treatment of metastatic pulmonary lesions. Surgery **43**, 1002 (1958).

Jerry, A., Spiegel, D. M.: Endarterial choriocarcinoma of the lung. Obstet. and Gynec. **24**, 740 (1964).

Jirka, F. J., Scudri, C. S.: Fat embolism; experimental study of value of roentgenograms of chest in diagnosis. Arch. Surg. **33**, 708—713 (1936).

Jírovec, O.: Über die durch Pneumocystis Carinii verursachte interstitielle Pneumonie des Säuglings. Mschr. Kinderheilk. **102**, 476 (1954).

Jírovec, O., Vaněk, J.: Zur Morphologie der Pneumocystis Carinii und zur Pathogenese der Pneumocystis-Pneumonie. Zbl. allg. Path. path. Anat. **92**, 424 (1954).

Johnsen, T. S.: Pulmonale Metastasen aus osteogenem Sarkom operativ behandelt. Ugeskr. Læg. **123**, 516—519 (1961).

Johnson, C. C., Hanson, N. O., Good, C. A.: Erythema nodosum: The possible significance of associated pulmonary hilar adenopathy. Ann. intern. Med. **34**, 983—997 (1951).

Johnson, H. E., Batson, R.: Benign pulmonary histoplasmosis. Dis. Chest **14**, 517 (1948).

Johnson, T. H.: Radiology and honeycomb lung disease. Amer. J. Roentgenol. **104**, 810—821 (1968).

Johnson, T. H., Gajaraj, A., Feist, J. H.: Patterns of pulmonary interstitial disease. Amer. J. Roentgenol. **109**, 516—521 (1970).

Johnson, W. R.: Spontaneous and complete regression of extensive pulmonary metastases in case of chorionepithelioma. Amer. J. Obstet. Gynec. **61**, 701—704 (1951).

Jones, C.: Rib defects simulating pulmonary cavitation. Radiology **25**, 533 (1935).

Jones, C. C.: Pulmonary alveolar proteinosis with unusual complicating infections: report of two cases. Amer. J. Med. **29**, 713 (1960).

Jordan, W. P.: Hemorrhagic pulmonary-renal syndrome of Goodpasture. N. C. med. J. **25**, 368 (1964).

Jorde, W.: Über die pulmonale alveoläre Proteinose. In: Hausser, R. (Hrsg.), Blasige Lungenerkrankungen. Stuttgart: G. Thieme 1968.

Jorens, Robins: The diagnosis of bronchiectasis. Dis. Chest **10**, 489 (1944).

Juchems, R.: Pulmonale alveoläre Proteinose. Münch. med. Wschr. **104**, 936 (1962).

Jucker, C.: L'interessamento tracheo-bronchiale nella involuzione del cancro esofageo: accertamento diagnostico e limiti della radioterapia.

Radiobiol. Radioter. Fis. med., Ser. 3, 16, 278—295 (1961).
KABANCHIK, M., KLEIMANS, M.: Pulmón urémico. Prens. méd. argent. 38, 2143 (1951).
KAĆL, J., KOLÁŘ, J.: Rare findings of pulmonary metastases of carcinoma of the mammary gland. Čs. Rentgenol. 13, 51—153 (1959).
KAGAN, A.: Pulmonary alveolar proteinosis. Lancet 1965 I, 906.
KAHLAU, G.: Über chronisch-interstitielle fibroplastische Pneumonie bei Osteodystrophia deformans Paget. Frankfurt. Z. Path. 57, 329—366 (1943).
KAINBERGER, F.: Über einen Fall von doppelten primären Bronchuscarcinomen. Klin. Med. (Wien) 10, 351 (1955).
KAINDL, F., MANNHEIMER, E., PELEGER-SCHWARZ, L., THURNER, B.: Lymphographie und Lymphadenographie der unteren Extremitäten. Stuttgart: G. Thieme 1960.
KAISER, A.: Morbus Gaucher-spezifische Lungeninfiltrationen unter dem Bild einer Miliartuberkulose. Mschr. Kinderheilk. 98, 252—255 (1950).
KAISER, A.: Polyphänie miliarer und pseudomiliarretikulärer Lungenzeichnung. Kinderärztl. Prax. 18, 452—466 (1950).
KALKOFF, K. W.: Zur Seitendifferenz der röntgenologisch nachweisbaren Lungenveränderungen bei der Boeckschen Krankheit. Tuberk.-Arzt 7, 588—591 (1953); Hautarzt 7, 348—349 (1956).
KANTROWITZ, A. R.: Extragenital chorionepithelioma in a male. Amer. J. Path. 10, 531—544 (1934).
KAPLAN, I. I., BELL, D.: Pleuro-pulmonitis following irradiation. Amer. J. Roentgenol. 39, 387—392 (1938).
KARCK, G.: Röntgenologische Lungenveränderungen bei Hand-Schüller-Christianschen Krankheit. Fortschr. Röntgenstr. 99, 48—56 (1963).
KARGER, J. v.: Zur Statistik der multiplen Primärgeschwülste. Arch. Geschwulstforsch. 11, 211 (1957).
KARITZKY, B.: Ruhende und wuchernde Metastasen. Langenbecks Arch. klin. Chir. 274, 17—23 (1952).
KARLIN, M. I., MOGILNITZKY, B. N.: Wirkung von Röntgenstrahlen auf Lungen und Herz. Frankfurt. Z. Path. 43, 434—447 (1932).
KARNOFSKY, D. A.: Treatment of the inoperable pulmonary cancer, primary and metastatic. Amer. J. Surg. 1955, 526.
KARSHNER, R. G.: Syphilis of the lung, an analysis of 120 selected cases from the literature. Ann. Med. 1, 371 (1920).
KARTAGENER, M.: Die Bronchiektasen. In: Handbuch der inneren Medizin, 4. Aufl., Bd. IV/2. Berlin-Göttingen-Heidelberg: Springer 1956.
KARTAGENER, M., FISCHER, H.: Z. klin. Med. 1932, 119.
KARTAGENER, M., LANDIS, J. C., STRÄULI, P., UEHLINGER, E.: Die bronchiolitische Lungenfibrose. Beitr. Klin. Tuberk. 129, 338 (1964).
KASS, E. H., et al.: Toxoplasmosis in human adult. Arch. intern. Med. 89, 759—782 (1952).
KASYMOV, D. K., VERETENNIKOVA, V. P.: Metastases of chorionepithelioma into the lungs. Klin. Med. (Mosk.) 43, 21—25 (1965).
KATSURA, S., MIYAKAWA, K.: A case of pulmonary proteinosis. Acta path. jap. 10, 471 (1960).
KATZ, H. L.: Thoracic manifestation in Marfan's syndrome (arachnodactyly). Quart. Bull. Sea View Hosp. 13, 95—106 (1952).
KATZ, H. L., AUERBACH, O.: Diffuse interstitial fibrosis of the lungs. Dis. Chest 20, 366 (1951).
KATZ, K.: Über die Metastasen der bösartigen Geschwülste. Z. Krebsforsch. 57, 288—338 (1951).

KATZEV, H., BASS, H. E.: Cavitation in metastatic pulmonary neoplasm. Dis. Chest 27, 225—227 (1955).
KAY, S.: Histologic and histogenetic observations on the peripheral adenoma of the lung. Arch. Path. 65, 395 (1958).
KAY, S., REED, W. G.: Chorionepithelioma of the lung in a female infant seven months old. Amer. J. Path. 29, 555—567 (1953).
KAZEMI, H., CASTLEMAN, B.: Case records of the Massachusetts General Hospital. New Engl. J. Med. 277, 147—154 (1967).
KEATS, T. E.: Cystic changes of the lungs in histiocytosis. Amer. J. Dis. Child. 88, 764 (1954).
KEATS, T. E.: Rib erosions in scleroderma. Amer. J. Roentgenol. 100, 530—532 (1967).
KEEFER, C. S.: Pleural and pulmonary complications of carcinoma of oesophagus. Ann. intern. Med. 8, 72 (1934).
KEERS, R. Y., SMITH, F. A.: A case of multiple pulmonary "hamartomata" of unusual type. Brit. J. Dis. Chest 54, 349—352 (1960).
KEHL, R.: Über Tularämie. Med. Klin. 47, 765 (1952).
KEHLER, E.: Ein Fall von zystischer Lungensarkoidose. Tuberk.-Arzt 17, 113—116 (1963).
KELLER, A. E., HILLSTROM, H. T., GASS, R. S.: The lungs of children with ascaris; roentgenologic study. J. Amer. med. Ass. 99, 1249—1251 (1932).
KELLER, H. L., KALLERT, S.: Die röntgenologischen Ermittlungen der Wachstumsrate bei metastatischen Rundherden in der Lunge, ihre Bedeutung und Folgerungen. Fortschr. Röntgenstr. 104, 504 (1966).
KELLNER, B.: Die Diagnose der Krebsmetastasen auf Grund des histologischen Befundes der Primärgeschwulst. Z. Krebsforsch. 51, 36—56 (1940).
KELLNER, F.: Beitrag zur Frage der multiplen Rundschatten im Röntgenbild der Lungen. Röntgenpraxis 5, 806—809 (1933).
KELLY, C. R., LANGSTON, H. T.: The treatment of metastatic pulmonary malignancy. J. thorac. Surg. 31, 298—315 (1956).
KENAWY, M. R.: Syndrome of cardiopulmonary schistosomiasis (Cor pulmonale). Amer. Heart J. 39, 678—696 (1950).
KERESTECI, A. J.: Squamous cell carcinoma of the kidney presenting as a solitary pulmonary nodule. J. Reprod. Fertil. 11, 176—180 (1966).
KERGIN, F. G.: The treatment of secondary tumors of lung. Surg. Gynec. Obstet. 99, 115 (1954).
KERLEY, P.: Significance of radiological manifestations of erythema nodosum. Brit. J. Radiol. 15, 155—165 (1942).
KERLEY, P.: Etiology of erythema nodosum. Brit. J. Radiol. 16, 199—204 (1943).
KERN, W. H., CREPEAU, A. G., JONES, J. C.: Primary Hodgkin's disease of the lung. Report of 4 cases and review of the literature. Cancer (Philad.) 14, 1151—1165 (1961).
KESSEL, L.: Spontaneous disappearance of bilateral pulmonary metastases. Report of a case of adenocarcinoma of kidney after nephrectomy. J. Amer. med. Ass. 169, 1737—1739 (1959).
KESSELRING, F., ZOLLINGER, H. U.: Die Wegenersche Granulomatose. Ergebn. inn. Med. Kinderheilk., N.F. 16, 41—78 (1961).
KETCHAM, A. S., RYAN, J. J., WEXLER, H.: The shedding of viable circulating tumor cells by pulmonary metastases in mice. Ann. Surg. 169, 297—299 (1969).
KETCHAM, A. S., WEXLER, H., MINTON, J. P.: Experimental study of metastases. J. Amer. med. Ass. 198, 157 (1966).

Keveš, L. E.: Röntgendiagnose des Alveolarechinococcus der Lungen. Vestn. Rentgenol. Radiol. (Mosk.) **1954**, 45—50.

Keveš, L. E., Pribylovski, S. L.: Die Röntgendiagnostik der Alveolokokkose der Lungen. Radiol. diagn. (Berl.) **11**, 191—204 (1970).

King, D. S.: Non-tuberculous miliary lesions of the lung. Int. Clin. **1**, 115—118 (1938).

King, D. S.: Sarcoid disease as revealed in chest roentgenogram. Amer. J. Roentgenol. **45**, 505—512 (1941).

King, D. S.: Pulmonary fibrosis; clinical aspects. Radiology **51**, 477 (1948).

King, D. S.: Roentgenograms of diffuse pulmonary lesions. Amer. Rev. Tuberc. **60**, 536—538 (1949).

King, D. S., Castleman, B.: Bronchial involvement in metastatic pulmonary malignancy. J. thorac. Surg. **12**, 305—315 (1943).

Kirchner, J. A.: Papilloma of the larynx with extensive lung involvement. Laryngoscope (St. Louis) **61**, 1022—1029 (1951).

Kirklin, B. R.: Roentgenological signs and differential diagnosis of the principal malignant diseases of the lungs and mediastinum. Wis. med. J. **31**, 95—99 (1932).

Kirklin, R. B., Hefke, H. W.: Roentgenologic studies of intrathoracic lymphoblastoma. Amer. J. Roentgenol. **26**, 681 (1931).

Kirklin, B. R., Morton, S. A.: Roentgenologic changes in sarcoid and related lesions. Radiology **16**, 328—333 (1931).

Kirshner, J. J., Breckenridge, R. L., Allbritten, F. A., Theodos, P. A.: Diffuse interstitial fibrosing pneumonitis. J. Amer. med. Ass. **154**, 336—338 (1954).

Kirszenbaum, A. L., Tres, L. L.: Differential diagnosis of megacaryocytes from cancer cells in peripheral blood. Acta cytol. (Philad.) **8**, 91 (1964).

Kischkel, U.: Unter dem Bild eines sog. Alveolarzellkarzinoms metastasierende Hypernephrome. Zbl. allg. Path. path. Anat. **98**, 385—389 (1958).

Kittredge, R. D.: Alveolar proteinosis. Amer. J. Roentgenol. **103**, 519—521 (1968).

Kittredge, R. D., Geller, A., Finby, N.: The reticuloendothelioses in the lung. Amer. J. Roentgenol. **100**, 588—592 (1967).

Klassen, K. P., Anlyan, A. J., Curtis, G. M.: Biopsy of diffuse pulmonary lesions. Arch. Surg. **59**, 694—704 (1949).

Klatskin, G., Yesner, R.: Hepatic manifestations of sarcoidosis and other granulomatous diseases. A study based on histological examination of tissue obtained by needle biopsy of the liver. Yale J. Biol. Med. **23**, 207—248 (1950).

Klatte, E. C., Yardley, J., Smith, E. B., Rohn, R., Campbell, J. A.: The pulmonary manifestations and complications of leukemia. Amer. J. Roentgenol. **89**, 598—609 (1963).

Klaus, J.: Die Lungenembolie. Ergebn. inn. Med. Kinderheilk., N.F. **14**, 178—198 (1960).

Klemm, J.: Ergebnisse der Lungenszintigraphie bei Lungengerüstprozessen. Frühjahrstagg. d. Bayerischen Röntgengesellschaft, Lindau a. Bodensee 6.—8. 6. 1969.

Klima, R., Beyreder, J., Lampar, J.: Zur Methodik der morphologischen Blutuntersuchung im Leukozytenkonzentrat. Wien. med. Wschr. **99**, 358 (1948).

Klümper, A., Strey, M., Willing, W., Hohmann, B.: Das Krankheitsbild des Morbus Gaucher mit besonderer Berücksichtigung der ossären Form. Fortschr. Röntgenstr. **109**, 640—646 (1968).

Kluge, A.: Pathologische Anatomie intrathorakaler Manifestationen der Lymphogranulomatose. Med. Klin. **63**, 321—327 (1968).

Kneeland, Y., Smetana, H. F.: Current bronchopneumonia of unusual character and undetermined etiology. Bull. Johns Hopk. Hosp. **67**, 229—267 (1940).

Knick, B., Schilling, F.: Klinische und elektronenmikroskopische Untersuchungen bei idiopathischer Lungenhämosiderose. Klin. Wschr. **1962**, 231.

Knoche, E., Rink, H.: Die Mediastinoskopie. Bioptische Exploration des oberen Mediastinums nach E. Carlens. Stuttgart: F. K. Schattauer 1964.

Knoflíček, E. J.: Über das Chorionepitheliom des Mannes. Fortschr. Röntgenstr. **58**, 57 (1938).

Knott, J. L., MacHaffie, R. A., Lin, T. K., Loomis, G. W., Brody, A. W.: Pulmonary alveolar proteinosis: Case with cardiac catheterization and pulmonary studies. Ann. intern. Med. **55**, 481 (1961).

Knudson, R. J., Hatch, H. B., Ochsner, A., Lejeune, F. E.: Multiple carcinomas of the lung and upper respiratory tract. Dis. Chest **48**, 140—144 (1965).

Koch, K. M.: Das Goodpasture-Syndrom. Öffentl. Antrittsvorlesung, Med. Fakultät d. Univ. Frankfurt/M., 11. 2. 1971.

Kochsiek, K., Schimanski, J., Voth, H.: Verlaufsbeobachtungen bei Wegener'scher Granulomatose. Med. Welt **1964**, 842—850.

Kolář, J., Bek, V., Jakoubková, J., Paleček, L., Vančura, J.: Spontanschwund von Lungenmetastasen eines Nierenkarzinoms. Fortschr. Röntgenstr. **95**, 710—712 (1961).

Kolář, J., Kácl, J., Paleček, L.: Die Miterkrankung der Brustorgane bei malignen Lymphomen. Med. Klin. **54**, 1690—1692 (1959).

Kolář, J., Potocký, V.: Spontanpneumothorax beim Lungenkrebs und Metastasen. Radiol. diagn. (Berl.) **1**, 610—615 (1960).

Kolodny, A.: The relation of the bone marrow to the lymphatic system. Its role in the spreading of carcinomatous metastases throughout the skeleton. Arch. Surg. **11**, 690—707 (1925).

Konstantinowa, B. P.: On the problem of pulmonary alveolar proteinosis. Sǔvr. Med. **14**, 3 (1963).

Koppenstein, E., Farkas, K.: Beiträge zur Punktionsdiagnostik der Brustorgane. Fortschr. Röntgenstr. **85**, 563—576 (1956).

Korn, H. A.: Über semimaligne Bronchialtumoren. (Das Bronchuszylindrom.) Z. ärztl. Fortbild. **52**, 144—149 (1958).

Kornblum, D., Fienberg, R.: Roentgen manifestations of necrotizing granulomatosis and angiitis of the lungs. Amer. J. Roentgenol. **74**, 587—592 (1955).

Kost, G. F. W.: Das Schicksal eingeschwemmter Zellen in der Lunge. Z. Krebsforsch. **43**, 293—305 (1936).

Kourilsky, R., Beauregard, J. M., Provost, G., Pieron, R., Brille, D., Sultan, L., Sultan, Y.: Nouvelle observation de protéinose alvéolaire. Bull. Soc. méd. Hôp. Paris **114**, 835 (1963).

Kourilsky, R., Decroix, G., Verley, Voisin, G., Matossy, Y.: La fibrose pulmonaire interstitielle diffuse primitive (syndrome de Hamman-Rich). J. franç. Méd. Chir. thor. **13**, 637—674 (1959).

Kourilsky, R., Pieron, R., Bonnet, J., Jacquillat, C., Dernay, C., Lévy, E., Hivet, M., Verley, J.: Vagotomie bilatérale et hypophysectomie dans un cas d'ostéoarthropathie hypertrophiante pneumique due à cancer secondaire

des poumons. Bull. Soc. Méd. Hôp. Paris **77**, 113 (1961).
KOZUKA, T., KOTAKE, TACHIIRI, H., MURAI, T.: Roentgenologic findings of the chest of the laryngectomized patient. XII. Internat. Congr. of Radiology, Tokyo 7. 10. 1969.
KRAUS, N., MÜLLER, E.: Z. ges. inn. Med. **18**, 298 (1963).
KRAUSE, P.: Über Lungensyphilis. Fortschr. Röntgenstr. **46**, 606 (1932).
KRAUTER, S., BRAUN, O.: Lungeninfiltrate bei Polyarteriitis nodosa. Wien. klin. Wschr. **78**, 99—100, 105 (1966).
KRISCHKE, W., HOFFMANN, M., GRAFFI, A., SCHNEIDER, I.: Experimentelle Untersuchungen zur Beeinflussung hämatogener Metastasenbildungen durch Überwärmungstherapie. In: LAMPERT, H., SELAWRY, O., Körpereigene Abwehr und bösartige Geschwülste. Ulm: K. F. Haug 1957.
KROEKER, E. J., KORFMACHER, S.: Pulmonary alveolar proteinosis: Report of a case with application of a special sputum examination as an aid to diagnosis. Amer. Rev. resp. Dis. **87**, 416 (1963).
KROKOWSKI, E.: Die Verdoppelungszeit von bösartigen Tumoren, ihr Wert für die Krebsbekämpfung. Wien. klin. Wschr. **77**, 258—259 u. 261—262 (1965).
KROKOWSKI, E.: Praktische Folgerungen aus der dynamischen Betrachtung des Geschwulstwachstums. Radiobiol. Radiother. (Berl.) **6**, 505—509 (1965).
KRÜGER, G., RUCKES, J.: Zur Morphologie des Tumorbefalls der A. pulmonalis beim Bronchial-Carcinom. Frankfurt. Z. Path. **76**, 81—86 (1966).
KRYGIER, J. J., BILL, I. C.: Subacute cor pulmonale due to metastatic carcinomatous lymphangitis of lungs. Northw. Med. (Seatle) **1942**, 319.
KUCHÁR, F., MADAS, E.: Disseminiertes eosinophiles Granulom in der Lunge. Orv. Hétil. **110**, 2170—2172 (1969).
KUCKUCK, W.: Ein Beitrag zur Lymphogranulomatose der Lunge. Röntgenpraxis **3**, 79—82 (1931).
KÜHNE, W., KOBER, H.: Differentialdiagnostische Schwierigkeiten bei der Beurteilung von interstitiellen Erkrankungen der Lungen. Z. Tuberk. **121**, 345—352 (1964).
KÜNZLER, R.: Ein Fall von Hämangioendotheliom der Lunge. Schweiz. Z.Tuberk. **11**, 401—416 (1954).
KÜTTNER, H.: Über die perforierenden Lymphgefäße des Zwerchfells. Zbl. Chir. **30**, 65 (1903).
KUHLMANN, F.: Miliarkarzinose und Lungenstauung. Klin. Wschr. **13**, 770 (1934).
KULCHAR, G. V., WINDHOLZ, F.: The clinical, radiological and pathologic aspects of late pulmonary syphilis. Effects of penicillin therapy. Amer. J. Syph. **31**, 166 (1947).
KULKA, F., BARABÁS, M.: Clinical aspects and x-ray diagnosis of paragonimiasis. Acta med. I—VII, Fasc. 3—4, 371 (1955).
KUPER, S. W. A., BIGNALL, J. R.: Tritiated-thymidine uptake by tumour cells in blood. Lancet **1964**, 1412.
KUPER, S. W. A., BIGNALL, J. R., LUCKOCK, E. D.: A quantitative method for studying tumour cells in blood. Lancet **1961 I**, 852.
KUSCHFELDT, R.: Das Schicksal eingeschwemmter Krebszellen in den Lymphknoten. Z. Krebsforsch. **46**, 247—253 (1937).
KUZMA, J. F.: Pulmonary changes in collagen diseases. Dis. Chest **32**, 265—273 (1957).
KUZNITZKY, E.: Über Lungenbefunde bei Mycosis fungoides und ihre Bedeutung. Arch. Derm. Syph. (Berl.) **123**, 453 (1916).

LACHMANN, E.: Atypische Tuberkulose, Lungenmetastasen vortäuschend. Fortschr. Röntgenstr. **43**, 407 (1931).
LACK, H., HANDREKE, O. L.: Xeroderma pigmentosum blastomatosum mit Lungenbefall. Strahlentherapie **113**, 264—271 (1960).
LACK, H., POHL, W. H.: Über verschiedenartige Verlaufsformen der Lymphogranulomatose bei Befall des Lungenparenchyms im Röntgenbild. Berl. Med. **9**, 437—441 (1958).
LACKEY, R. W., LEAVER, F. Y., FARINACCI, C. J., Eosinophilic granuloma of the lung. Radiology **59**, 504—513 (1952).
LAFORET, E. G., LAFORET, M. T.: Non-tuberculous cavitary diseases of the lungs. Dis. Chest **31**, 665—679 (1957).
LAGÈZE, P., TOURAINE, R. G.: La lymphangite cancéreuse métastatique pulmonaire. (Le cancer miliaire du poumon.) J. franç. Méd. Chir. thor. **9**, 342 (1955).
LAGÈZE, P., TOURAINE, R. G.: Épithélioma bronchique périphérique primitif de type glandulaire avec lymphangite cancéreuse pulmonaire diffuse. J. franç. Méd. Chir. thor. **9**, 357—362 (1952).
LAGÈZE, P., TOURAINE, R. G., RIFFAT, G., NORMAND, J.: Carcinose pulmonaire diffuse d'origine pancréatique. (À propos de 3 observations.) Lyon méd. **1954**, 17—24.
LAGOS, F. M.: Parasitäre Erkrankungen der Lunge. In: Handbuch der Thoraxchirurgie, Bd. III, S. 205 ff. Berlin-Göttingen-Heidelberg: Springer 1958.
LAINWAND, I., DURYEE, A. W., RICHTER, M. N.: Scleroderma (based on a study of over 150 cases). Ann. intern. Med. **41**, 1003—1041 (1954).
LAIPPLY, T. C., SHIPLEY, R.: Extragenital choriocarcinoma in male. Amer. J. Path. **21**, 921—933 (1945).
LALLEMAND, M., OLMER, J.: Aspects cliniques et radiologiques des atteintes réspiratoires de la maladie de Hodgkin. J. franç. Méd. Chir. thor. **18**, 97—108 (1946).
LAMARQUE, P., GUIBERT, P., BETOULIÈRES, BONGAREL: Biopsie spontanée d'un cancer secondaire du poumon. Arch. Soc. Sci. méd. biol. Montpellier **17**, 351 (1936).
LAMBERT, A.: Diskussion zu SEILER u. Mitarb.: Pulmonary resection for metastatic malignant lesions. J. thorac. Surg. **19**, 679 (1950).
LAMBIE, C. G., COLLIER, J.: Generalized lymphatic carcinomatosis of the lungs with special reference to miliary carcinomatosis and the syndrome of "granulie froide". Med. J. Austral. **1946 II**, 439—446.
LAMPE, I., ZATZKIN, H.: Pulmonary metastases of pseudo-adenomatous basal-cell carcinoma. Radiology **53**, 379 (1949).
LAMPERT, F.: Lungenveränderungen bei der akuten lymphoblastischen Leukämie. Radiologe **8**, 308—310 (1968).
LAMPERT, H., SELAWRY, O.: Körpereigene Abwehr und bösartige Geschwülste. In: Verh.-Ber. 1. Tagg, Tumorbeeinflussung durch Hyperthermie und Hyperämie. Schriftenreihe: Tagg d. Weserbergland-Klinik in Höxter. Ulm: K. F. Haug 1957.
LANARI, C. F., MUNDT, G. J.: El pulmón en la insuficiencia renal aguda. Estudio radiológico. Medicina (B. Aires) **28**, 78—79 (1968).
LANDELL, N. E., SILVAN, A., ZAJIZEK, J.: Atypical cells in the peripheral blood in 100 cases of mammary carcinoma and 100 controls. Acta cytol. (Philad.) **7**, 91 (1959).

Landes, G., Leicher, F.: Zum Krankheitsbild der Mikrolithiasis alveolaris pulmonum. Ärztl. Wschr. 3, 692 (1948).

Landis, F. B., Rose, H. D., Sternlieb, R. O.: Pulmonary alveolar proteinosis: a case report with unusual clinical and laboratory manifestations. Amer. Rev. resp. Dis. 80, 249 (1959).

Landmann, Dang Van Ngu, Do Duong Thai: Paragonimiasis in Vietnam. Dtsch. Gesundh.-Wes. 16, 1355 (1961).

Lang, E. K., Anschütz, W. M.: Alveolar proteinosis. J. Indiana med. Ass. 56, 437 (1963).

Langsch, H. G., Uhlig, M.: Carcinometastasierung in verschiedenem Lebensalter. Z. Krebsforsch. 63, 575 (1960).

Langston, H. T.: Biopsy procedures in the diagnosis of pulmonary disease. Med. Clin. N. Amer. 43, 291—296 (1959).

Langston, H. T.: Surgical treatment of metastases to the lung. In: Treatment of cancer and allied diseases, 2nd edit., vol. IV, p. 413—423. New York: Harper & Row 1964.

Langston, H. T., Sherrick, J. C.: Bilateral simultaneous bronchogenic carcinoma: report of case of surgical excision. J. thorac. cardiovasc. Surg. 43, 741—751 (1962).

Lansdown, F. S.: Necrosing granuloma of the lung. A case with pathologic features suggesting Wegener's Granulomatosis. Amer. Rev. resp. Dis. 84, 422—430 1961).

Lapis, K., et al.: Recherches expérimentales sur le rôle des substances chimiothérapiques influençant la formation des métastases tumorales. Bull. Ass. franç. Cancer 44, 519 (1957).

Larson, R. K.: Pulmonary alveolar proteinosis. Tuberculology 22, 55 (1965).

Larson, R. K., Gordinier, R.: Pulmonary alveolar proteinosis: Report of six cases, review of the literature and formulation of a new theory. Ann. intern. Med. 62, 292 (1965).

Laugeri, R., Uva, F.: Aspetti radiografici toracici in corso di collagenopatie. Ann. Radiol. diagn. (Bologna) 38, 417—448 (1966).

Laure, L., Puy, G.: Cancer secondaire des poumons évoluant sept ans après un cancer du rein. Marseille méd. 2, 769 (1932).

Laurence, K. M.: Congenital pulmonary lymphangiectasis. J. clin. Path. 12, 62—69 (1959).

Laval, P.: Fibroses pulmonaires et insuffisances réspiratoires chroniques. Paris: Édit. Masson 1958.

Lavender, J. P., Doppman, J., Shawdon, H., Steiner, R. E.: Pulmonary veins in left ventricular failure and mitral stenosis. Brit. J. Radiol. 35, 293—302 (1962).

Lawrence, E. A., Moore, D. B., Bernstein, G. I.: The ability of the pulmonary vascular system to influence the spread of tumor emboli. J. thorac. Surg. 26, 233—240 (1953).

Leafstedt, S. W., Sweetman, W. R., Chester, C. L., Thorpe, J. D.: Multiple primary neoplasms of the lungs. J. thorac. cardiovasc. Surg. 55, 626—633 (1968).

Leborgne, F. E.: Laboratorio de radioisótopos. Tórax 3, 312—322 (1954).

Lehman, J. A., Gross, F. S.: Bilateral multiple carcinoma of the lung. Cancer (Philad.) 19, 1931—1936 (1966).

Leicher, F.: Über eine generalisierte Lungenerkrankung mit Konkrementbildung (Microlithiasis alveolaris pulmonum). Zbl. allg. Path. path. Anat. 85, 49—62 (1949).

Leidel, G.: Ein Fall von Doppelkarzinom der Lunge. Münch. med. Wschr. 1929, 611.

Leigh, T. F., Thompson, E. A.: Pulmonary metastatic sarcoma with associated pneumothorax. Amer. J. Roentgenol. 66, 900—902 (1951).

Leitner, S.: Der Morbus Besnier-Boeck-Schaumann, 2. Aufl. Basel: B. Schwabe & Co. 1949.

Lemahieu, S. F., Lamiroy, H., Pannier, R., Brabandre, R.: Manifestations pulmonaires des chorio-carcinomes. J. belge Radiol. 41, 195—220 (1958).

Lemke, G., Bonse, G.: Über Lungenveränderungen bei Erythema nodosum und Erythema exsudativum multiforme. Ärztl. Wschr. 1955, 921—922.

Lendrum, A. C.: Symposium on pulmonary circulation and respiratory function. Dundee: Thomas 1956.

Lendrum, A. C.: Pulmonary hemosiderosis; pathological aspects. Proc. roy. Soc. Med. 53, 338—340 (1960).

Lenk, R.: Klin. Wschr. 1928 II, 1414.

Lenk, R.: Die Lymphogranulomatose der Lungen. In: Handbuch der theoretischen und klinischen Röntgenkunde. Wien: Springer 1929.

Lenoble, E.: Ann. Derm. Syph. (Paris) 1908, Heft 6, zit. n.: Fischer, H., Dinkel, L., Die Lungenveränderungen der Mykosis fungoides im Röntgenbild. Med. Klin. 60, 1984—1991 (1965).

Leschke, W., Bechtelsheimer, H.: Zur Frage der essentiellen Lungenhämosiderose. Verh. dtsch. Ges. Pat. 44, 241 (1960).

Leschke, W., Wagner, S.: Zum Krankheitsbild der essentiellen Lungenhämosiderose. Arch. Kinderheilk. 155, 284 (1957).

Lessen, W. van, Seidel, K.: Multiple Kavernenbildungen bei Lungenlymphogranulomatose. Fortschr. Röntgenstr. 86, 523—525 (1957).

Leszler, A.: Röntgenologische Beobachtungen bei der akrosklerotischen Form der generalisierten Sklerodermie. Fortschr. Röntgenstr. 83, 353—365 (1955).

Leszler, A., Peredi, G.: Einige seltenere röntgenologische Erscheinungsformen der Hodgkinschen Krankheit. Magy. Radiol. 11, 144—151 (1959).

Letterer, E.: Aleukämische Retikulose. (Ein Beitrag zu den proliferierenden Erkrankungen des Retikuloendothelialapparates.) Frankfurt. Z. Path. 30, 377—394 (1924).

Letulle, M., Jacquelin, A.: Les embolies bronchiques cancéreuses. Presse méd. (Paris) 84, 825—826 (1924).

Levin, B.: On the recognition and significance of pleural lymphatic dilatation. Amer. Heart J. 49, 521 (1955).

Levin, B.: Subpleural interlobular lymphectasia reflecting metastatic carcinoma. Radiology 72, 682—688 (1959).

Levin, D. C.: The "P.I.E." syndrome—pulmonary infiltrates with eosinophilia. A report of 3 cases with lung biopsy. Radiology 89, 461 (1967).

Levin, D. C.: Proper interpretation of pulmonary roentgen changes in systemic lupus erythematodes. Amer. J. Roentgenol. 111, 510 (1971).

Levin, H. G.: Case of chicken-pox pneumonia with x-ray findings suggesting metastatic carcinoma. New Engl. J. Med. 257, 461—462 (1957).

Levin, I., Sittenfeld, M. J.: On the mechanism of formation of metastases in malignant tumors. J. exp. Med. 14, 148—157 (1911).

Levine, H.: Pulmonary alveolar proteinosis. New Engl. J. Med. 266, 207 (1962).

Levinson, D. G., Gibbs, J., Beardwood, J. T.: Ornithosis as cause of sporadic atypical pneumonia. J. Amer. med. Ass. 126, 1079—1084 (1944).

Levy, J. I.: Carcinoma of the esophagus presenting as pulmonary disease in the chest radiography. Sth. Afr. J. Radiol. 4, 5—8 (1966).
Liang, D. D.: Über die Lymphangiosis carcinomatosa der Lungen. Inaug.-Diss. Hamburg 1932.
Liavaag, K.: Pneumonectomy for pulmonary metastases from cancer of uterus 10 years after hysterectomy. Acta chir. scand. 96, 420 (1948).
Lichtenstein, H.: Zur Differentialdiagnose des Bronchialkarzinoms. Röntgenpraxis 2, 322 (1930).
Lichtenstein, H.: Kavernenbildung in der Lunge bei atypischer pulmonaler und ossaler Lymphogranulomatose. Z. Tuberk. 64, 429—436 (1932).
Lichtenstein, L.: Histiocytosis X: Integration of eosinophilic granuloma of bone, "Letterer-Siwe disease" and "Schüller-Christian disease" as related manifestations of a single nosological entity. Arch. Path. 56, 84—102 (1953).
Lichtenstein, L.: Bone tumors. St. Louis, Mo.: C. V. Mosby Comp. 1959.
Lichtenstein, L.: Histiocytosis X (eosinophilic granuloma of bone, Letterer-Siwe disease and Schüller-Christian disease): Further observations of pathological and clinical importance. J. Bone Jt Surg. A 46, 76—90 (1964).
Lichtenstein, L., Jaffe, H. L.: Eosinophilic granuloma of bone; with report of a case. Amer. J. Path. 16, 595—604 (1940).
Liebow, A. A.: Interstitial pneumonias. New concepts and entities in pulmonary disease. In: Liebow, A. A., Smith, D. E., The lung, p. 332—365. Baltimore: William & Wilkins Co. 1968.
Liebow, A. A., Loring, W. E., Felton, W. L., Jr.: The musculature of the lungs in chronic pulmonary disease. Amer. J. Path. 29, 885 (1953).
Liebow, A. A., Steer, A., Billingsley, A. G.: Desquamative interstitial pneumonia. Amer. J. Med. 39, 369 (1965).
Liechti, E.: Über Tumoren innerer Organe bei Mykosis fungoides. Arch. Derm. Syph. (Berl.) 154, 246 (1928).
Lieser, H.: Die kavernöse Lymphogranulomatose der Lungen. Beitr. Klin. Tuberk. 135, 377—387 (1967).
Lignac, G. O. E.: Waaraan is de patient eigenlijk overleden? Ned. T. Geneesk. 95, 2454—2458 (1951).
Lindig, W.: Ein klinisch-röntgenologischer Beitrag zum Krankheitsbild der „Mikrolithiasis alveolaris pulmonum". Fortschr. Röntgenstr. 75, 678 (1951).
Lindig, W.: Der Morbus Boeck der Lungen. Derm. Stud. 28, 33—38 (1956).
Lindig, W.: Differentialdiagnose der selteneren chronischen Lungenkrankheiten unter Berücksichtigung klinischer Gesichtspunkte. Beitr. Klin. Tuberk. 124, 113—129 (1961).
Lindskog, G. E., Liebow, A. A.: Thoracic surgery and related pathology. New York: Appleton Century Crofts 1953.
Linenthal, H., Talkov, R.: Pulmonary fibrosis in Raynaud's disease. New Engl. J. Med. 224, 682—684 (1941).
Lissauer, M.: Ein Fall von Chorionepitheliom mit Metastase der Lungenarterie. Z. Krebsforsch. 3, 287 (1905).
Littmann, M. L., Wicker, E. H., Warren, A. S.: Amer. J. Path. 24, 339 (1948).
Livingston, H. J.: Eosinophilic granuloma of the lung. New Engl. J. Med. 259, 959—963 (1958).
Livingston, S. F., Klemperer, P.: Malignant angiomas. Arch. Path. 1, 899 (1926).
Livingstone, J. L., Lewis, G. J., Reid, L., Jefferson, K. E.: Lung fibrosis. Diffuse interstitial pulmonary fibrosis. Quart. J. Med. 33, 71 (1967).

Ljunggren, E., Holm, S., Karth, B., Pompeius, R.: Some aspects of renal tumors, with special reference to spontaneous regression. J. Urol. (Baltimore) 82, 553—557 (1959).
Llewellyn, T., Jansen, C., Ridings, G. R., Coffman, W. J.: Roentgenographically undetectable pulmonary metastases from thyroid carcinoma demonstrated by lung scan. Radiology 91, 753—754, 756 (1968).
Lloyd, W. E., Tonkin, R. D.: Pulmonary fibrosis in generalized scleroderma. Thorax (Lond.) 3, 241 (1948).
Lodge, T.: Pulmonary fibrosis and the collagen diseases: radiological aspects. Brit. J. Radiol. 29, 645—656 (1956).
Lodmell, E. A., Capps, S. C.: Spontaneous pneumothorax associated with metastatic sarcoma. Report of 3 cases. Radiology 52, 88—93 (1949).
Löffler, W.: Über die Boecksche Krankheit. Helv. med Acta 4, 747 (1937).
Löffler, W., Behrens, W.: Morbus Boeck. In: Handbuch der inneren Medizin, 4. Aufl., Bd. IV/3, Teil II, S. 466—548. Berlin-Göttingen-Heidelberg: Springer 1956.
Löffler, W., Esselier, A. F., Meyer, G. de, Morandi, L.: Flüchtige Lungeninfiltrate mit Bluteosinophilie nach therapeutischer Ölinjektion. Schweiz. med. Wschr. 82, 777—785 (1952).
Löffler, W., Moeschlin, S.: Über miliare Pneumonie mit eigenartig schwerem Verlauf (miliare Viruspneumonien). Schweiz. med. Wschr. 76, 815—818 (1946).
Löffler, W., Moeschlin, S., Willa: Ergebn. inn. Med. Kinderheilk. 63, 714 (1943).
Löffler, W., Moroni, D. L.: Die Brucellose. In: Handbuch der inneren Medizin, 4. Aufl., Bd. I/2, S. 100—202. Berlin-Göttingen-Heidelberg: Springer 1952.
Löfgren, S.: Primary pulmonary sarcoidosis. Early signs and symptoms. Acta med. scand. 145, 424—431 (1953j.
Löfgren, S.: Morbus Besnier-Bock-Schaumann (sarcoidosis). A clinical survey. Nord. Med. 52, 976—981 (1954).
Löfgren, S.: Tuberculosis immunity in sarcoidosis studied with the aid of radioactive BCG vaccine. Acta paediat. (Uppsala) 43 (Suppl. 100) (1954).
Löfgren, S.: Das bilaterale Hilusdrüsensyndrom (BHL) als Anfangsstadium der Sarkoidose. Beitr. klin. Tuberk. 114 (1955).
Löfgren, S.: Foreign-body granulomas and sarcoidosis. A clinical and histopathological study. Acta chir. scand. 108, 405 (1955).
Löfgren, S.: Definition and diagnostic criteria of sarcoidosis. Acta tuberc. scand., Suppl. 45, 15—18 (1959).
Löfgren, S., Lindgren, Å. G. H.: Cavern formation in pulmonary sarcoidosis. Acta chir. scand., Suppl. 245, 113—118 (1959).
Löfgren, S., Lundbäck, H.: The bilateral hilar lymphoma syndrome. A study of the relation to tuberculosis and sarcoidosis in 212 cases. Acta med. scand. 142, 265—273 (1952).
Loepfer, Turpin: La forme embolique massive de la carcinomatose secondaire aiguë du poumon. Arch. méd.-chir. Appar. resp. 1926.
Loew, M.: Lymphogranulomatöse Rundherde der Lunge. Radiologe 2, 263—270 (1962).
Logan, W. D., Rohde, F. C., Abbott, O. A., Meltzer, H. D.: Multiple pulmonary fibroleiomyomatous hamartomatas. Report of a case and review of the literature. Amer. Rev. resp. Dis. 91, 101 (1965).

Lomonossowa, S. A.: Über Metastasen eines gutartigen Schilddrüsentumors in den Lungen. Klin. Med. (Mosk.) **31**, 55—57 (1953).

Long, L., Jonasson, O., Roberts, S., McGrath, R., McGrew, E., Cole, W.: Cancer cells in blood—results of a simplified isolation technique. Arch. Surg. **80**, 910 (1960).

Long, L., Roberts, S., McGrath, R., McGrew, E., Cole, W.: Simplified technique for separation of cancer cells from blood. J. Amer. med. Ass. **170**, 1785 (1959).

Long, L., Roberts, S., McGrath, R., McCrew, E., Cole, W.: Cancer cells in blood stream. Surgery **80**, 639 (1960).

Loosli, C. G., Procknow, J. J., Tanzi, F., Grayston, J. T., Combs, L. W.: Pulmonary histoplasmosis in a farm family: a three-year follow up. J. Lab. clin. Med. **43**, 669—695 (1954).

Lorenz, H.: Lymphogene Lungencarcinose. Fortschr. Röntgenstr. **28**, 430—431 (1921/22).

Loubeyre, J., Farkas, Grangaud, P.: Sur un cas d'échinococcose pulmonaire métastatique. J. Radiol. Électrol. **33**, 88—89 (1952).

Love, F. M., Fashena, G. J.: Eosinophilic granuloma of bone and Hand-Schüller-Christian disease. J. Pediat. **32**, 46—54 (1948).

Lovette, J. B., Magovern, G. J., Kent, E. M.: Alveolar proteinosis. Arch. intern. Med. **108**, 611 (1961).

Lubarsch, O.: Nierengewächse. In; Henke, F., Lubarsch, O., Handbuch der speziellen pathologischen Anatomie und Histologie, Bd. VI, S. 1. Berlin: Springer 1925.

Lucas, D., Platzbecker, H., Reichardt, H. P.: Zur Lungenbeteiligung bei der Retikulo- und Lymphosarkomatose. Z. Erkr. Atmungsorg. **132**, 11—15 (1970).

Lucas, E., Pollack, H.: Beitrag zur Diagnostik der Lymphangitis carinomatosa in der Lunge. Fortschr. Röntgenstr. **41**, 865—872 (1930).

Lucas, E., Pollack, H.: Zur Erkennung der Lymphangitis carcinomatosa in der Lunge. Dtsch. med. Wschr. **57**, 533 (1931).

Lucius, K.: Zwei schwere Verlaufsformen von Morbus Besnier-Boeck-Schaumann. Z. Haut- u. Geschl.-Kr. **13**, 121—128 (1952).

Lucké, B., Breedis, C., Woo, Z. P., Berwick, L., Nowell, P.: Differential growth of metastatic tumors in liver and lung. Cancer Res. **12**, 734 (1952).

Luckock, E.: The concentration of tumour cells in blood. J. med. Lab. Technol. **18**, 32 (1961).

Ludwig, J.: Tumorzellen in Blut und Lymphe. Oncologia (Basel) **14**, 174—185 (1961).

Ludwig, J.: Die Lymphgefäßverbindungen zwischen Ductus thoracicus und supraklavikulären Lymphknoten und ihre Bedeutung für die Krebsmetastasierung. Frankfurt. Z. Path. **71**, 436—442 (1961).

Ludwig, J.: Geschwulstzellen im Leichenblut. Virchows Arch. path. Anat. **334**, 419 (1961).

Ludwig, J.: Über Kurzschlußwege der Lymphbahnen und ihre Beziehung zur lymphogenen Krebsmetastasierung. Path. et Microbiol. (Basel) **25**, 329—334 (1962).

Lüdeke, H.: Vorläufige Ergebnisse der Resektion von Lungenmetastasen. Langenbecks Arch. klin. Chir. **270**, 212 (1951).

Lüdin, H.: Die Organpunktion in der klinischen Diagnostik. Bibl. haemat. (Basel) 1955, Fasc. 1.

Lüdin, M.: Der solitäre, umschriebene, rundliche Schatten im Lungenröntgenogramm. Fortschr. **34**, 899 (1926).

Lüdin, M., Werthemann, A.: Lungenveränderungen nach experimenteller Röntgenbestrahlung. Strahlentherapie **38**, 684 (1930).

Lull, G. F., Beyer, J. C., Maier, J. G., Morss, D. F.: Pulmonary alveolar proteinosis: report of two cases. Amer. J. Roentgenol. **82**, 76—83 (1959).

Lungeau, M., Pană, I., Hîncu, E.: Betrachtungen zum Röntgenbild der Lungenmanifestation bei Kollagenosen. Oncol. Radiol. **8**, 121—127 (1969).

Lundholm, L., Macher, W.: Beitr. Klin. Tuberk. **79**, 647 (1932).

Lundin, P., Simonsson, B., Winberg, T.: Pneumopleural amyloid tumor. Acta radiol. (Stockh.) **55**, 139 (1961).

Luton, P., et al.: Images radiologiques pulmonaires et poussières de talc ou de stéarate de zinc. J. franç. Méd. Chir. thor. **8**, 316 (1954).

Lynch, M. J. G., Blewett, G. L.: Choriocarcinoma arising in the male mediastinum. Thorax (Lond). **8**, 157 (1953).

Lyons, C. G., Brogan, A. J., Sawyer, J. G.: Syphilis of the lung. Amer. J. Roentgenol. **47**, 877 (1942).

Maassen, W.: Die Mediastinoskopie (Biopsie nach Carlens), eine neue diagnostische Methode bei Thoraxerkrankungen. Dtsch. med. Wschr. **87**, 2004—2009 (1962).

Maassen, W.: Ergebnisse und Bedeutung der Mediastinoskopie und anderer thoraxbioptischer Verfahren. In: Die Tuberkulose und ihre Grenzgebiete in Einzeldarstellungen, Bd. XIX. Berlin-Heidelberg-New York: Springer 1967.

Maassen, W., Kirsch, M., Thümmler, M.: Indikationen und vorläufige Ergebnisse bei 300 Mediastinoskopien. Prax. Pneumol. **18**, 65—77 (1964).

Maassen, W., Müller, W.: Methodik und Ergebnisse der Katheterbiopsie nach Friedel (Kombinierte röntgenologisch-endoskopische Herdsondierung) beim peripheren Bronchialkarzinom. 45. Dtsch. Röntgenkongreß, Wiesbaden 1964. Stuttgart: G. Thieme 1965.

Machnik, G., Günther, E.: Z. ges. inn. Med. **19**, 781 (1964).

Mackie, T. T.: Parasitic infections of lung. Dis. Chest **14**, 894—905 (1948).

Macmillan, J. M.: Familial pulmonary fibrosis. Dis. Chest **20**, 426—436 (1951).

Madani, M. A., Dafoe, C. S., Ross, C. A.: Multiple hamartomata of the lung. Thorax (Lond.) **21**, 468 (1966).

Madden, R. E., Karpas, C. M.: Arrest of circulating tumor cells versus metastases formation. Arch. Surg. **94**, 307—312 (1967).

Maddison, F. E., Lim, R. C., Blaisdell, F. W., Amberg, J. R.: Pulmonary microembolism—radiologic findings. Radiology **90**, 1176—1180 (1968).

Madsen, E.: Dysphagia in bulbar and pseudobulbar lesions simulating oesophageal carcinoma. Acta radiol. (Stockh.) **41**, 517—524 (1954).

Magarey, F. R.: Experimental pulmonary haemosiderosis. J. Path. Bact. **63**, 729—734 (1951).

Magari, S.: Grundlagen und neue Ergebnisse der Erforschung des Lymphgefäßsystems insbesondere in der Frage seines Ursprungs sowie seiner Beziehung zum Venensystem. Z. naturwiss.-med. Grundlagenforsch. **1**, 1—38 (1962).

Magdon, E., Gummel, H., Baudach, H.: Zirkulierende Tumorzellen im Blut. Dtsch. Gesundh.-Wes. **21**, 1846—1877 (1966).

Magovern, G. J., Blades, B.: Primary extragenital chorionepithelioma in the male mediastinum. J. thorac. Surg. **35**, 378—383 (1958).

Mahnert, A., Moser, H., Ratzenhofr, M.: Generalisierung des Carcinoms. Wien: Hollinck 1950.

Maier, H. C., Taylor, H. C.: Metastatic chorionepithelioma of lung treated by lobectomy. Amer. J. Obstet. 53, 674 (1947).
Mainzer, F.: Fortschr. Röntgenstr. 54, 154 (1936).
Mainzer, F.: On latent pulmonary disease revealed by x-ray in intestinal bilharziasis (Schistosoma mansoni). Puerto Rico J. Publ. Hlth 15, 111—123 (1939).
Mainzer, F., Yaloussis: Fortschr. Röntgenstr. 54, 373 (1936).
Maki, T., Majima, S., Yoshida, K., Takahashi, T.: Cancer cell dissemination during surgical manipulation. Tohoku J. exp. Med. 79, 319 (1963).
Mallory, T. B.: Pathology of pulmonary fibrosis including chronic pulmonary sarcoidosis. Radiology 51, 468—474 (1968).
Malmgren, R. A., Potter, J. F.: Cancer cells in the circulating blood. Sth med. J. (Bgham, Ala.) 52, 1359 (1959).
Malmgren, R. A., Pruitt, J. C., Del Vecchio, P. R., Potter, J. F.: A method for the cytologic detection of tumor cells in whole blood. J. nat. Cancer Inst. 20, 1203 (1958).
Manas, M. A.: Interesting case of acute silicosis: Bagassosis. Rev. mex. Tuberc. 7, 391—396 (1945).
Mandel, W., Thomas, J. H.: Simultaneous occurrence of squamous and adenocarcinoma of the lung. Calif. Med. 91, 358 (1959).
Mandeville, F. B.: Roentgen and clinical problems in so-called solitary metastatic tumors in chest. Amer. J. Surg. 71, 669 (1946).
Manfredi, F., Buckley, C. E., Patrick, R. L., Barry, W. F., Sieker, H. H.: Lung needle biopsy in the evaluation of diffuse pulmonary disease. Amer. Rev. resp. Dis. 82, 800—806 (1960).
Manfredi, F., Rosenbaum, D., Behnke, R. H., Williams, J. F.: Pulmonary alveolar proteinosis. Amer. J. med. Sci. 242, 51 (1961).
Mann, L. T.: Spontaneous disappearance of pulmonary metastases after nephrectomy for hypernephroma. Four-year follow-up. J. Urol. (Baltimore) 59, 564—566 (1948).
Mannes, D. R.: La chimiothérapie prolongée, légère et lourde des tumeurs thoraciques primitives et secondaires. Acta tuberc. pneumol. belg. 57, 171 (1966).
Mannes, P., Moens, R.: La chimiothérapie des tumeurs malignes thoraciques primitives es secondaires. Acta tuberc. belg. 53, 94—110 (1962).
Mannix, E. P.: Resection of multiple pulmonary metastases fourteen years after amputation for osteochondrogenic sarcoma of tibia; apparent freedom from recurrence two years later. J. thorac. Surg. 26, 544—549 (1953).
Manson-Bahr: Zit. nach Kaiser, A., Polyphänie miliarer und pseudomiliar-retikulärer Bilder. Kinderärztl. Prax. 18, 452—466 (1960).
Manz, A.: Mikrolithiasis der Lungen mit Pilzbefall. Beitr. Klin. Tuberk. 1954, 598—627.
Marangos, G.: Zur operativen Behandlung des Lungenechinokokkus. Langenbecks Arch. klin. Chir. 275, 50—61 (1953).
Marie, J., Salet, J., Hébert, S., Eliachar, E.: La réticulose cutanée et pulmonaire du nourisson. (Varieté clinique de la maladie de Letterer-Siwe.) Sem. Hôp. Paris 1952, 2800—2808.
Markert, J., Reddemann, H.: Zur Problematik der generalisierten eosinophilen Granulomatose. Arch. Kinderheilk. 74, 53—61 (1966).
Markewitz, M., Taylor, D. A., Veenema, R. J.: Spontaneous regression of pulmonary metastases following palliative nephrectomy. Case report. Cancer (Philad.) 20, 1147—1154 (1967).

Marks, J. L.: Metastatic tumors of the lung. Dis. Chest 17, 63—73 (1950).
Marrogu, F., Cossu, F.: Veno-lymphatic communication during lymphography. Acta radiol. (Stockh.) Diagn. 2, 205—208 (1964).
Marsella, A.: Contributo allo studio del cosidetto «adenoma metastatizzante» della tiroide. Nunt. radiol. (Firenze) 29, 3—22 (1963).
Martel, W., Abell, M. R., Mikkelsen, W. M., Whitehouse, W. M.: Pulmonary and pleural lesions in rheumatoid disease. Radiology 90, 641—653 (1968).
Martenstein: Röntgenologischer Lungenbefund bei Mycosis fungoides. Ref.: Fortschr. Röntgenstr. 34, 765 (1925).
Martin, E., Fallet, G. H.: Pneumopathies chroniques et rhumatisme. Schweiz. med. Wschr. 83, 773 (1953).
Martin, H. E., Ellis, E. B.: Biopsy by needle puncture and aspiration. Ann. Surg. 92, 169 (1930).
Martin, J. F., Croizat, P.: La granulie pulmonaire cancéreuse. Lyon méd. 1940, 381—392.
Martin, J. F., Levrat, M.: Rhabdomyosarcome de rein généralisé au poumon et à la surrénale. Lyon méd. 153, 577 (1934).
Martines, F., Ascenti, E., Benness, G., Ruggeri, A.: La microlitiasi endoalveolare del polmone. Criteri diagnostici e differenziali in due casi a riscontro familiare. Nunt. radiol. (Firenze) 32, 1465—1476 (1966).
Martinez, C., Bittner, J. J.: Effect of cortisone on lung metastasis production by a transplanted adenocarcinoma in mice. Proc. Soc. exp. Biol. (N.Y.) 89, 569 (1955).
Martinez, C., Miroff, G., Bittner, J. J.: Effect of size and/or rate of growth of a transplantable mouse adenocarcinoma on lung metastasis production. Cancer Res. 16, 313—315 (1956).
Martinez-Maldonado, M., Ramirez de Arellano, G.: Pulmonary alveolar proteinosis, nocardiosis and chronic granulocytic leukemia. Sth. med. J. (Bgham, Ala.) 59, 901—905 (1966).
Masaoka, A., et al.: Diagnosis and surgical indication of metastatic lung cancer. Jap. J. thorac. Surg. 23, 467—478 (1970).
Maser, W.: Beitr. path. Anat. 111, 598 (1954).
Masson, O., Riopelle, J. L., Martin, P.: Poumon rhumatismal. Ann. Anat. path. 14, 359 (1937).
Mather, C. L., Hamlin, G. B.: Pulmonary alveolar proteinosis. A case followed from diagnosis to recovery. New Engl. J. Med. 272, 1156 (1965).
Matsaniotis, N., Karpouzas, J., Apostolopoulou, E., Messaritakis, J.: Idiopathic pulmonary hemosiderosis in children. Arch. Dis. Childh. 43, 307—309 (1968).
Matson, R. C.: The significance of thoracoscopy for the diagnosis and treatment of pulmonary neoplasms. Surg. Gynec. Obstet. 63, 617 (1936).
Matthes, T., Wirbatz, W., Lessel, A.: Zur Differentialdiagnose der kleinfleckigen Verschattungen im Röntgenbild der Lunge. Dtsch. Gesundh.-Wes. 16, 1524—1532 (1961).
Matzel, W.: Die idiopathische Lungenhaemosiderose bei einer Erwachsenen. Dtsch. med. Wschr. 82, 2194 (1957).
Maurath, J., Werber, M.: Wert und Gefahren der Thorakotomie in der Lungenchirurgie. Thoraxchirurgie 1, 342—348 (1953/54).
Maurer, H.-J.: Allgemeines zur Metastasensuche. In: Barthelheimer, H., Maurer, H. J. (Hrsg.), Diagnostik der Geschwulstkrankheiten, S. 156—159. Stuttgart: G. Thieme 1962.

Maxwell, W. M., Campbell, P. E.: Hamman-Rich syndrome. (Diffuse interstitial pulmonary fibrosis.) Med. J. Austral. **47**, 616 (1960).

May, I. A., Garfinkle, J. M., Dugan, D. J.: Eosinophilic granuloma of lung: report of three cases. Ann. intern. Med. **40**, 549—562 (1954).

May, M. le, Piro, J.: Cavernous pulmonary metastases. Ann. intern. Med. **62**, 59—66 (1965).

Mayburg, B. C., Dyke, S. C.: Some unusual manifestations of spread by implantation of papilloma in the urinary tract. Brit. J. Surg. **13**, 377 (1925).

Mayo, W. J.: Grafting and traumatic dissemination of carcinoma in the course of operations for malignant disease. J. Amer. med. Ass. **60**, 512 (1913).

Mayock, R. L., Bertrand, P., Morrison, L., Scott, J. H.: Manifestation of sarcoidosis. Amer. Rev. Tuberc. **35**, 67 (1963).

Maytum, C. K., Vinson, P. P.: Pulmonary metastasis from hypernephroma with ulceration into the bronchus simulating primary bronchial carcinoma. Arch. Otolaryng. **23**, 101 (1936).

Mazer, C.: Amer. J. Obstet. Gynec. **26**, 195 (1933).

Mazet, R.: Skeletal lesions in coccidioidomycosis. Arch. Surg. **70**, 497 (1955).

Mazze, R. J., Sellers, R. D., May, R. L., Timmes, J. J., Karlson, K. E.: Pulmonary eosinophilic granuloma. Dis. Chest **39**, 146—149 (1961).

Mazzoni, P., Teramo, M.: Le indagini broncologiche come prova di malattia: broncoscopia e broncografia. Arch. Med. mutual. (Roma) **32**, 9—84 (1963).

McAlister, W. H., Gleason, D. C.: Alveolar diseases in children. Semin. Roentgen **2**, 98—99 (1967).

McCarthy, P. V.: Primary atypical pneumonia of unknown etiology. Radiology **40**, 344—346 (1943).

McCaughey, W. T. E., Thomas, B. J.: Pulmonary hemorrhage and glomerulonephritis: Relation of pulmonary hemorrhage to certain types of glomerular lesions. Amer. J. clin. Path. **38**, 577—589 (1962).

McCord, M. C., Hyman, H. L.: Pulmonary sarcoidosis with roentgenologic appearances of metastatic neoplasm. Amer. J. Roentgenol. **67**, 259—262 (1952).

McCordock, H. A., Muckenfuss, R. S.: The similarity of virus pneumonia in animals to epidemic influenza and interstitial broncho-pneumonia in man. Amer. J. Path. **9**, 221 (1933).

McCormack, L. J., Gallivan, W. F.: Hemangiopericytoma. Cancer (Philad.) **7**, 595 (1954).

McCort, H.: Tracheal and bronchial papillomatous implant showing malignant changes. Ann. Otol. (St. Louis) **61**, 498 (1954).

McCort, J. J.: Infectious mononucleosis with special reference to roentgenologic manifestations. Amer. J. Roentgenol. **62**, 645—654 (1949).

McCullough, N. B.: Eosinophilic granuloma with multiple osseous and soft-tissue lesions in an adult. Arch. intern. Med. **88**, 243—251 (1951).

McCutcheon, M., Coman, D. R.: Spreading factor in human carcinoma. Cancer Res. **7**, 379 (1947).

McDonald, J. R., Ehrenpreis, B.: Clinical and roentgenographic manifestations of primary atypical pneumonia, etiology unknown. Ann. intern. Med. **24**, 153—169 (1946).

McDowell, C., Williams, S. E., Hinds, J. R.: Pulmonary alveolar proteinosis. Aust. Ann. Med. **8**, 137 (1959).

McGrath, E. J., Gall, E. A., Kessler, D. P.: Bronchogenic carcinoma, a product of multiple sites of origin. J. thorac. Surg. **24**, 271—283 (1952).

McGrew, E.: Concentration of cells from body fluids for cytologic study. Amer. J. clin. Path. **24**, 1025 (1954).

McGrew, E.: Criteria for the recognition of malignant cells in circulating blood. Acta cytol. (Philad.) **9**, 58 (1965).

McGrew, E., Romsdahl, M. M., Valaities, J.: Differentiation of hematopoetic elements from tumor cells in the blood. Acta cytol. (Philad.) **6**, 551 (1962).

McIntosh, H. C.: Changes in lungs and pleura following roentgen treatment of cancer of breast by prolonged fractional method. Radiology **23**, 558—566 (1934).

McIntosh, H. C., Spitz, S.: A study of radiation pneumonitis. Amer. J. Roentgenol. **41**, 605—615 (1939).

McIvie, J.: Roentgenological observations on pleuropulmonary tularemia. Amer. J. Roentgenol. **74**, 466—471 (1955).

McLaughlin, J. S., Ramirez, J.: Pulmonary alveolar proteinosis: treatment by segmental flooding. Amer. Rev. resp. Dis. **89**, 745 (1964).

McLean, J., Sugiura, K.: Does aspiration biopsy of tumors cause distant metastasis? J. Lab. clin. Med. **22**, 1254 (1937).

Meessen, H.: Über Lungencirrhose. Beitr. path. Anat. **110**, 1 (1949).

Meister, H.: Die Beziehungen der diffusen interstitiellen Fibrose zur idiopathischen Hämosiderose der Lunge. Zbl. allg. Path. path. Anat. **105**, 74 (1963).

Melamed, A., Fine, J. M.: Ornithotic pneumonia. Amer. J. Roentgenol. **51**, 548—554 (1944).

Melillo, G.: Lesioni polmonari consecutive ad irradiazioni penetranti sul torace. Radiol. med. (Torino) **38**, 1067 (1952).

Mello, R. R. de: Identification of neoplastic cells in the circulating blood of patients with malignant tumours. Hospital (Rio de J.) **56**, 457 (1959).

Mello, R. R. de: The detection of cancer cells in the peripheral blood by means of a fluorochromultraviolet microscopy. Hospital (Rio de J.) **57**, 119 (1960).

Mello, R. R. de, Kastner, M. R.: Importance and identification of neoplastic cells in peripheral blood. Sangre (Barcelona) **7**, 404 (1962).

Mendenhall, E., Solu, S., Eason, H. F.: Pulmonary alveolar proteinosis. Amer. Rev. resp. Dis. **84**, 876 (1961).

Menon, A. N. K., Krishnan: X-ray appearances of the lungs in cases of eosinophilia (increased eosinophilic count). Indian J. Radiol. **6**, 53—56 (1952).

Mermann, A. C., Dargeon, H. W.: The management of certain nonlipid reticuloendothelioses. Cancer (Philad.) **8**, 112—122 (1955).

Mersch, F.: Zur Diagnose der Lungensyphilis. Thoraxchirurgie **15**, 456—460 (1967).

Meyenburg, H. v.: Zur Kenntnis der Lymphangitis carcinomatosa von Lungen und Pleura. Korresp.-Bl. schweiz. Ärz. **49**, 1668 (1919).

Meyer, A.: Les bases therapeutiques du cancer secondaire bronchopulmonaire. 4. Internat. Kongr. f. Erkrankungen der Thoraxorgane, Köln/Rh. 19.—23. 8. 1956.

Meyer, A., Chrétien, J.: Diagnostic des images radiologiques miliaires du poumon. Rev. Prat. (Paris) **1955**, 3059—3072.

Meyer, A., Chrétien, J., Schimmel, H.: Maladie de Besnie-Boeck-Schaumann avec atteinte rénale. Bull. Soc. méd. Hôp. Paris, Sér. 4, **72**, 19—28 (1956).

Meyer, A., Delarue, J., Nico, P. N.: Cancer pulmonaire métastatique à calcosphérites décelés par biopsie bronchoscopique. J. franç. Méd. Chir. thor. **7**, 434—438 (1953).

Meyer, A., Fauvet, M. J., Renault, M. P., Charpin, M. J., Weil, J., Eschapasse, H., Lemoin, G., Marcier, R.: Prognostic et traitment des cancers secondaire du poumon. Rev. Tuberc. (Paris) **29**, 595—643 (1965).

Meyer, K. K.: Direct lymphatic connections from the lower lobes of the lung to the abdomen. J. thorac. Surg. **35**, 726—733 (1958).

Meyer, R.: Geschwulstmetastasen in den Lungen bei Männern und Frauen. Z. Krebsforsch. **62**, 356—360 (1958).

Meyer-Borstel: Multiple tuberkulöse Rundherde in der Lunge. Röntgenpraxis **5**, 321 (1933).

Meyers, H., Sala, A. M.: Bronchogenic carcinoma with breakdown of primary and metastatic foci in lungs. Dis. Chest **30**, 673—677 (1956).

Meyer zum Büchenfelde, K. H., Kob, K., Heim, R., Hempel, K. J.: Metastasierendes Lungencarcinom aus juveniler Lungenadenomatose. Beitr. Klin. Tuberk. **131**, 338 (1965).

Michael, M.: Sarcoidosis — disease or syndrome ? Trans. Amer. clin. climat. Ass. **69**, 20 (1957).

Michael, S. R., Vural, I. L., Bassen, J. A., Schaefer, L.: The hematologic aspects of disseminated (systemic) lupus erythematosus. Blood **6**, 1059—1072 (1951).

Michel, J. C., Coleman, D. H., Kirby, W. M. M.: Pneumonia associated with chickenpox; report of a patient treated with aureomycin. Amer. Practit. **2**, 57—59 (1951).

Micheels, K. H., Weiss, F.: Beitrag zur Differentialdiagnose der kleinfleckigen diffusen Lungenverschattungen. Dtsch. Gesundh.-Wes. **21**, 1692—1695 (1966).

Michelassi, P., Sbragia, A.: Considerazioni clinicoradiologiche su due casi di pneumotorace spontaneo ed apparentemente idiopatico, secondario a metastasi polmonari. Ann. Radiol. diagn. (Bologna) **33**, 39—52 (1960).

Mider, G., et al.: Multiple cancer. Cancer (Philad.) **5**, 1104 (1952).

Midwinter, R. E., Apley, J., Burman, D.: Diffuse interstitial pulmonary fibrosis with recovery. In: Gellis, S. S., The year book of pediatrics, 1967/1968, p. 205. Chicago: Year Book Medical Publishers, Inc. 1967/1968.

Mielecki, T., Pyziol, A.: Pulmonary changes in the course of lymphogranulomatosis maligna. Pol. Przegl. radiol. **34**, 483—494 (1970).

Millén, B.: Alveolär lungproteinos. Svenska Läk.-Tidn. **60**, 1338 (1963).

Miller, F. L., Walker, R.: The roentgen characteristics of pulmonary paragonimiasis. Radiology **65**, 231—235 (1955).

Miller, H. C., Woodruff, M. W., Gambacorta, J. P.: Spontaneous regression of pulmonary metastases from hypernephroma. Ann. Surg. **156**, 852—856 (1962).

Miller, W. T., Cornog, J. L., Sullivan, M. A.: Lymphangiomatosis. Amer. J. Roentgenol. **111**, 565 (1971).

Mills, E. S., Mathews, W. H.: Interstitial pneumonitis in dermatomyositis. J. Amer. med. Ass. **160**, 1467 (1956).

Milne, E. N. C.: Physiological interpretation of plain radiograph in mitral stenosis, including review of criteria for radiological estimation of pulmonary arterial and venous pressures. Brit. J. Radiol. **36**, 902—913 (1963).

Milne, E. N. C.: Circulation of primary and metastatic pulmonary neoplasms. A postmortem microarteriographic study. Amer. J. Roentgenol. **100**, 603—619 (1967).

Milne, E. N., Noonan, C. D., Margulis, A. R., Stoughton, J.: Circulation of pulmonary metastases: attempted correlation between angiographic circulatory pattern and histologic type. Zit. nach Milne, E. N., Amer. J. Roentgenol. **100**, 603—619 (1967).

Milne, E. N., Noonan, C. D., Margulis, A. R., Stoughton, J. A.: Vascular supply of pulmonary metastases. Experimental study in rats. Invest. Radiol. **4**, 215—229 (1969).

Milner, R.: Gibt es Impfkarzinome ? Langenbecks Arch. klin. Chir. **74**, 669—722, 1009—1113 (1904).

Minetto, E., Concina, E.: Pneumopatie allergiche da penicillina. Minerva med. (Torino) **41**, 1—15 (1950).

Minor, G. R.: Clinical and radiologic study of metastatic pulmonary neoplasms. J. thorac. Surg. **20**, 34—42 (1950).

Minton, J. P., Andrews, N. C., Jesseph, J. E.: Pulsed laser energy in the management of multiple pulmonary metastases. J. thorac. Surg. **54**, 707—713 (1967).

Mitchell, A. G., Fletcher, E. G.: Studies on varicella; age and seasonal incidence, recurrences, complications and leukocyte counts. J. Amer. med. Ass. **89**, 279—280 (1927).

Mitchum, W. R., Brady, B. M.: Differential diagnosis of fibrosing lung lesions. Radiology **68**, 36—47 (1957).

Miyake, H.: Beitrag zur Röntgendiagnostik der Lungenparagonimiasis. Scr. Soc. radiol. jap. **7**, 307—316 (1939).

Mlosek, K.: Radiological patterns of lymphogranulomatosis maligna of the lungs. Pol. Przegl. radiol. **34**, 23—31 (1970).

Mlzoch, F.: Die Thorakoskopie als diagnostischer Eingriff. Wien. Z. inn. Med. **36**, 141—168 (1955).

Mlzoch, F.: Die Lunge als Spiegel von Allgemeinerkrankungen. Ges. d. Ärzte Wien 4. 10. 1963.

Mlzoch, F.: Die Lungenfibrosen. Versuch einer Einteilung. Beitr. Klin. Tuberk. **138**, 173—177 (1968).

Moersch, H. J., Clagett, O. T.: Pulmonary cysts. J. thorac. Surg. **16**, 179 (1947).

Moersch, R. N., Bickel, W. H., Clagett, O. T.: Surgical resection of pulmonary metastatic lesions secondary to tumors of the head, trunc or extremities. J. Bone Jt Surg. A **45**, 1030—1041 (1963).

Moersch, R. N., Clagett, O. T.: Pulmonary resection for metastatic tumors of the lungs. Surgery **50**, 579—585 (1961).

Moertel, C. G.: Multiple primary malignant neoplasms. Their incidence and significance. In: Rentchnick, P., Allfrey, V. G., Allgöver, M., Bauer, K. H. (eds.), Recent results in cancer research, vol. 7, p. 1—108. Berlin-Heidelberg-New York: Springer 1966.

Moertel, C. G., Woolner, L. B., Bernatz, P. E.: Pulmonary proteinosis: Report of a case. Proc. Mayo Clin. **34**, 152 (1959).

Moeschlin, S.: Klinische Demonstrationen: Differentialdiagnostisch interessante chronische Lungeninfiltrate. Schweiz. med. Wschr. **94**, 1228—1235 (1964).

Mohr, W.: Lepra. In: Handbuch der inneren Medizin, 4. Aufl., Bd. I/2, S. 306—363. Berlin-Göttingen-Heidelberg: Springer 1952.

Mohr, W.: Toxoplasmose. In: Handbuch der inneren Medizin, 4. Aufl., Bd. I/2, S. 730 ff.. Berlin-Göttingen- Heidelberg: Springer 1952.

Mohr, W.: Die Mykosen. In: Handbuch der inneren Medizin, 4. Aufl., Bd. I/1, S. 827—942. Berlin-Göttingen-Heidelberg: Springer 1952.

Mohr, W., Westphal, A.: Med. Klin. **1950**II, 1167.

Molnár, J., Juhász, J., Bikfalvi, J.: Gleichzeitiges Vorkommen von Lungenhamartom und Bronchialkarzinom. Schweiz. med. Wschr. 86, 1310—1311 (1956).

Monaco, L., Storniello, G.: Osservazioni anatomo-radiologiche sulla evoluzione del carcinoma bronchiale ad insorgenza periferica in rapporto al tipo istologico. Atti 59. Raduno del Gruppo C.M.J. della Società Italiana di Radiologia, Alghero, 27.—28. 5. 1967.

Monahan, D. T.: Hodgkin's disease of the lung. J. thorac. cardiovasc. Surg. 49, 173—175 (1965).

Mone, D. V. le, Scott, W. G., Moore, S., Koven, A. L.: Bagasse disease of lungs. Radiology 49, 556—567 (1947).

Monod, O., Houyoun: Biopsies extemporanées dans les tumeurs pulmonaires de nature incertaine. J. franç. Méd. Chir. thor. 9, 117—120 (1959).

Montgomery, H., McCreight, W. G.: Disseminated lupus erythematodes. Arch. Derm. (Chic.) 60, 356—372 (1949).

Moody, D. L., Edlich, R. F., Gedgaudas, E.: The roentgenologic identification of pulmonary metastases: evaluation of an operatively-proved series. Dis. Chest 51, 306—310 (1967).

Moolten, S. E.: Hodgkin's disease of the lung. Amer. J. Cancer 21, 253—294 (1934).

Moore: Multiple cysts of the lung. Ann. Otol. (St. Louis) 36, 263 (1927).

Moore, G. E.: The spread of cancer. Gastroenterology 33, 313 (1957).

Moore, G. E.: The spread of malignant cells; a review. Univ. Mich. med. Bull. 25, 191 (1959).

Moore, G. E.: The significance of tumor cells in the blood. Surg. Gynec. Obstet. 110, 360 (1960).

Moore, G. E.: Tumor cells and their spread. Canad. med. Ass. J. 84, 1051 (1961).

Moore, G. E., Perese, D. M., Staubitz, W. J.: Survival following removal of multiple brain and lung metastases from teratocarcinoma of testis. Surgery 39, 997 (1956).

Moore, G. E., Sandberg, A., Shubarg, J. R.: Clinical and experimental observations of the occurrence and fate of tumor cells in the blood stream. Ann. Surg. 146, 580—587 (1957).

Moore, G. E., Sandberg, A., Watne, A. L.: The spread of malignant cells: A review. Univ. Mich. med. Bull. 25, 191—202 (1959).

Morawetz, F.: Die progressive interstitielle Lungenfibrose (Hamman-Rich-Syndrom). Bericht über 5 Fälle. Wien. Z. inn. Med. 47, 125—142 (1966).

Morawetz, F.: Die Lungenmanifestationen des Rheumatismus, der Sklerodermie und der Dermatomyositis. Pneumologie (Berl.) 145, 244—254 (1971).

Morellini, M., Ingrao, F., Belli, N., Coppola, G.: Su alcuni aspetti delle localizzazioni polmonari del granuloma di Hodgkin. Ann. Ist. Forlanini 21, 3 (1961).

Moretti, G., Leger, H., Staeffen, J., Gatanzano, G., Favarel-Garrigues, J., Broustet, A.: Forme suffocante aïgue de «protéinose» alveolaire à extension plurivisceralé. Presse méd. 72, 1849 (1964).

Morgan, A. D.: The pathology of subacute cor pulmonale in diffuse carcinomatosis of the lungs. J. Path. Bact. 61, 75—84 (1949).

Morgan, A. D., Lloyd, W. E., Price-Thomas, C.: Tertiary syphilis of the lung and its diagnosis. Thorax (Lond.) 7, 125—133 (1952).

Morgan, W. K.: The lungs and pleura in rheumatoid arthritis. Amer. J. Roentgenol. 98, 344—342 (1966).

Morison, J. E.: Surgical biopsies and neoplastic disease. Brit. J. Surg. 42, 426 (1955).

Mornet, J., Renard, J.: Le syndrome granulique des cardiopathies fébriles. Arch. Mal. Cœur 39, 75—76 (1946).

Mornex, R.: Tumeurs endocriniennes intrathoraciques. Poumon 19, 129—145 (1963).

Morrow, J. D., Schroeder, H. A., Perry, H. M.: Studies on the control of hypertension by Hyphex. II. Toxic reactions and side effects. Circulation 8, 829 (1953).

Mortensson, W., Larsson, L. E., Lindquist, B.: Pulmonary hemorrhage in renal disease. Acta radiol. (Stockh.) Diagn. 7, 457—469 (1968).

Moseley, J. E., Bass, M. H.: Sclerosing osteogenic sarcomatosis. Radiology 66, 41 (1956).

Moxon, W.: Case of transplantation of epithelial cancer from the trachea to the pulmonary tissue, probably by descent of cancer germs down the bronchial tubes. Trans. path. Soc. Lond. 20, 28 (1869).

Müller, E.: Zur funktionellen Pathologie der Sperrarterien und der arteriovenösen Kurzschlüsse der Lunge am Beispiel der Geschwulstzellenembolie. Frankfurt. Z. Path. 64, 459 (1953).

Mueller, H. P., Sniffen, R. C.: Roentgenologic appearance and pathology of intrapulmonary lymphatic spread of metastatic cancer. Amer. J. Roentgenol. 53, 109—123 (1945).

Müller, M.: Beitrag zur Kenntnis der Metastasenbildung maligner Tumoren, nach Zusammenstellungen aus den Sektionsprotokollen des Bernschen pathologischen Instituts. Inaug.-Diss. Bern: L. Scheim 1892.

Mülly, K.: Die Geschwülste der Lunge, Pleura und Brustwand. In: Handbuch der inneren Medizin, 4. Aufl., Bd. IV/4, S. 180—196. Berlin-Göttingen-Heidelberg: Springer 1956.

Mu-Han, Ch'ien: Roentgenological diagnosis of paragonomiasis. Chin. med. J. 73, 37—46 (1955).

Muir, R.: Text-book of pathology, 4th edit. Baltimore: William Wood & Co. 1936.

Muller, G. P.: Tumors of the lung, secondary to kidney tumors. Ann. Surg. 100, 476 (1934).

Mundt, E., Kriegel, E. M.: Die idiopathische Lungenhämosiderose. Ceelen-Gellerstedtsches Syndrom. Dtsch. Arch. klin. Med. 189, 275—283 (1952).

Murphy, J. R., Krainin, P., Gerson, M. J.: Scleroderma with pulmonary fibrosis. J. Amer. med. Ass. 116, 499—501 (1941).

Muschenheim, C.: Some observations on the Hamman-Rich disease. Amer. J. med. Sci. 241, 279 (1961).

Musshoff, K., Rennemann, H., Boutis, L., Afkham, J.: Die extranoduläre Lymphogranulomatose. Diagnose, Therapie und Prognose bei 2 unterschiedlichen Formen des Organbefalls. Fortschr. Röntgenstr. 109, 776—786 (1968).

Musshoff, K., Weinreich, J.: Differentialdiagnose seltener Lungenkrankheiten im Röntgenbild. Berlin-Göttingen-Heidelberg: Springer 1964.

Nabar, B.: A study in isolating circulating cancer cells from the blood. J. clin. Path. 15, 380 (1962).

Naclerio, E. A.: Bronchopulmonary diseases. New York: Hoeber, Harper & Broths 1957.

Nadal, Tailhefer, Piequet: Sur une métastase pulmonaire d'un épithéliom de la base de la langue. J. Radiol. Électrol. 29, 142 (1948).

Nadeau, P. J., Ellis, F. H., Harrison, E. G., Fontana, R. S.: Primary pulmonary histiocytosis X. Dis. Chest 37, 325—339 (1960).

NADEL, E. M.: A cautionary note to those concerned with circulating cancer cells in the blood. J. nat. Cancer Inst. 29, 1023—1024 (1962).

NADEL, E. M.: Prefatory remarks for symposium issue of Acta Cytologica. The circulating cancer cell cooperative (CCCC) slide seminar. Prospice: tumor cells in the circulating blood. Acta cytol. (Philad.) 9, 3, 21, 185 (1965).

NAGAHAMA, F.: Pulmonary alveolar proteinosis. Jap. J. clin. Tuberc. 18, 541 (1959).

NAGAI, K.: Contribution to the etiology and pathology of so-called alveolar proteinosis of the lung. Tohoku J. exp. Med. 84, 360 (1965).

NAGY, K. P.: A study of normal, atypical and neoplastic cells in the white cell concentrate of peripheral blood. Acta cytol. (Philad.) 9, 61 (1965).

NAHMIAS, B. B., CAURCHWELL, A. G., BOWLES, F. N.: Diffuse interstitial fibrosis (Hamman-Rich syndrome). Amer. J. Med. 31, 154 (1961).

NALLE, B. C.: Distant metastases of 58 renal neoplasms; a case report of secondary metastatic pulsations from a renal tumor. J. Urol. (Baltimore) 57, 662—668 (1947).

NARDI, J. M. DE, ORDSTRAND, H. S. VAN, CARMODY, G. G.: Acute dermatitis and pneumonitis in beryllium workers. Review of 406 cases in eight-year period with follow-up on recoveries. Ohio St. med. J. 45, 567—575 (1949).

NATHAN, M. H., COLLINS, V. P., ADAMS, R. A.: Differentiation of benign and malignant pulmonary nodules by growth rate. Radiology 79, 221 (1962).

NATHANSON, L.: Calcified metastatic deposits in the peritoneal cavity, liver and right lung field from papillary cystadenocarcinoma of the ovary. Amer. J. Roentgenol. 64, 467—469 (1950).

NATHANSON, L., MORGENSTERN, P.: Non-tuberculous pulmonary cavitation. Amer. J. Roentgenol. 51, 44—52 (1944).

NAUEN, R., KORNS, R. F.: A localized epidemic of acute miliary pneumonitis, associated with the handling of pigeon manure. Ann. Meet. Amer. Publ. Health Ass. Okt. 1944.

NAVASQUEZ, S. DE: Aneurysm of pulmonary artery and fibrosis of lung due to syphilis. J. Path. Bact. 53, 315 (1942).

NEDELKOFF, B., CHRISTOPHERSSON, W.: A millipore filter technique for cytologic examination of body fluids. Amer. J. clin. Path. 37, 97 (1962).

NEDELKOFF, B., CHRISTOPHERSSON, W. M., HARTER, J. S.: A method for demonstrating malignant cells in the blood. Acta cytol. (Philad.) 5, 203 (1961).

NEDELKOFF, B., CHRISTOPHERSSON, HARTER, J. S.: A study of abnormal cells in the peripheral circulation of patients with lung cancer. Acta cytol. (Philad.) 6, 203 (1962).

NEEDLES, R. J., GILBERT, P. D.: Primary atypical pneumonia: report of 125 cases, with autopsy observations in one fatal case. Arch. intern. Med. 73, 113—122 (1944).

NEGOITA, C., TROSC, V., DOBRE, D.: Die idiopathische Lungenhämosiderose eine immunologische Krankheit? Med. interna (Basel) 15, 1085 (1963).

NEHRKORN, O., WOLFERT, E.: Generalisierte Knochenhämangiomatose mit Lungenbeteiligung. Fortschr. Röntgenstr. 104, 107—112 (1966).

NEIMANN, N., PIERSON, M., GENTIN, G., DUPREZ, A.: Hémosidérose pulmonaire idiopathique. Arch. franç. Pédiat. 21, 541 (1964).

NEIMANN, N., ROULER, G., DUPREZ, A.: Protéinose alvéolaire pulmonaire. Arch. Anat. path. 12, 231 (1964).

NEPTUNE, W. B., WOODS, F. M., OVERHOLT, R. H.: Reoperation for bronchogenic carcinoma. J. thorac. cardiovasc. Surg. 52, 342—349 (1966).

NESSA, C. B., RIGLER, L. G.: Roentgenological manifestations of pulmonary edema. Radiology 37, 35—46 (1941).

NEU, O.: Das Röntgen-Thoraxbild bei idiopathischer Lungenhämosiderose und Goodpasture-Syndrom. Tagg d. Hessischen Gesellsch. f. Strahlenkunde u. d. Vereinigg. Südwestdeutscher Röntgenologen, Frankfurt/M.-Höchst 18. 11. 1967.

NEU, O., SCHUBERT, H.: Über die verschiedenen Stadien der Röntgenmorphologie bei der essentiellen Lungenhämosiderose. Radiologe 11, 186—189 (1971).

NEUTSCH, W. D.: Ergebnisse der prätherapeutischen transthorakalen Punktionszytodiagnostik peripherer Lungentumoren. Dtsch. Krebskongreß, München 26. 2. 1966.

NEUTSCH, W. D., BUTTENBERG, H.: Technik und Ergebnisse zytodiagnostischer Punktionen peripherer Lungentumoren. Radiolbiol. Radiother. (Berl.) 4, 675—684 (1963).

NEUTSCH, W. D., BUTTENBERG, H.: Röntgendiagnostische Möglichkeiten für die frühe Erkennung intrathorakaler Tumoren. Z. ärztl. Fortbild. 59, 882—884 (1965).

NEWELL, R. R., GARNEAU, G.: The threshold visibility of pulmonary shadows. Radiology 56, 409—415 (1951).

NEWMAN, W., ADKINS, P. C.: Three primary carcinomas of the lung arising in left lower lobe with metastases of two of the tumors. A case report. J. thorax. Surg. 35, 474—482 (1966).

NEWTON, T. H., PREGER, L.: Selective bronchial arteriography. Radiology 84, 1043—1051 (1965).

NEYAZAKI, T., KUPIC, E. A., MARSHALL, W. H., ABRAMS, H. L.: Collateral lymphaticovenous communications after experimental obstruction of the thoracic duct. Radiology 85, 423—432 (1965).

NICE, C. M., MENON, A. N. K., RIGLER, L. G.: Clinical and roentgenological signs of collagen disease involving the thorax. Dis. Chest 35, 634 (1959).

NICE, C. M., MENON, A. N. K., RIGLER, L. G.: Pulmonary manifestations in collagen diseases. Amer. J. Roentgenol. 81, 264—279 (1959).

NICHOLAS, J. J., AUCHINCLOSS, J., RUDOLPH, L.: Pulmonary alveolar proteinosis. Ann. intern. Med. 62, 358 (1965).

NICHOLLS, M. F., SIDDONS, A. H. M.: Spontaneous disappearance of lung metastases in a case of kidney carcinoma (hypernephroma). Brit. J. Surg. 47, 531—533 (1960).

NICHOLS, B. H.: Clinical effects of inhalation of nitrogen dioxide. Amer. J. Roentgenol. 23, 516—520 (1930).

NICHOLSON, G. W.: Über lokale Destruktion und multiple Lungenmetastasen beim Pseudomuzinkystom des Eierstockes. Z. Geburtsh. Gynäk. 64, 252 (1904).

NICKLING, H. G., HOMMERICH, K. W.: Die Mediastinoskopie zur differentialdiagnostischen Klärung disseminierter Lungenkrankheiten. Münch. med. Wschr. 33, 1440 (1964).

NICOD, J. L., GARDIOL, D.: La cancérisation large ou multicentrique du carcinome bronchique à structure épidermoide. Bull. schweiz. Akad. med. Wiss. 13, 518 (1957).

NISSEN, H. H.: Die idiopathische Lungenhämosiderose und ihr Schichtbild. Fortschr. Röntgenstr. 108, 115—117 (1968).

NITSCHEFF, W., STEREFF, ST.: Familiäres Auftreten der Pulmolithiasis endoalveolaris diffusa. Beschreibung von 3 Fällen in einer Familie. Radiol. diagn. (Berl.) **7**, 159—166 (1966).

NOFSINGER, C. D., VINSON, P. P.: Intrabronchial metastasis of hypernephrom simulating primary bronchial carcinoma. J. Amer. med. Ass. **119**, 944 (1942).

NOONAN, C. D., MARGULIS, A. R., WRIGHT, R.: Bronchial arterial patterns in pulmonary metastases. Radiology **84**, 1033—1042 (1965).

NORA, P., NOVAK, G. M., HOLMES, G. W.: Granular cell myoblastoma of the bronchus. Report of two cases and review of the literature. J. int. Coll. Surg. **35**, 651 (1961).

NORTHROP, G. T., PATTEN, S. F., REAGAN, J. W.: A comparison experimental study of techniques for tumor cell isolation from blood. Acta cytol. (Philad.) **9**, 134 (1965).

NOUÈNE, J. LE, SARREMEJEAN, P., SECOUSSE, J. P.: Aspergillomes bilatéraux. J. franç. Méd. Chir. thor, **11**, 274—284 (1957).

NOVAK, D., HILWEG, D.: Häufigkeit und Formen intrathorakaler Manifestation maligner Lymphome. Dtsch. med. Wschr. **96**, 230 (1971).

NOVEL, PONTHUS, TALHADES: Un cas de cancer secondaire du poumon. Arch. Éléctr. méd. **1931**, 463.

OBERITER, V., REINER-BABOVAC, Z.: Tularemija. (Pulmonalni i okuloglandularni oblik.) Arh. Zaštitu Majke Djeteta **5**, 23—26 (1961).

OBERDALHOFF, H., VIETEN, H., KARCHER, H.: Klinische Röntgendiagnostik chirurgischer Erkrankungen, Bd. I, S. 131 ff. Berlin-Göttingen-Heidelberg: Springer 1959.

OBERNDORFER, U.: Demonstration eines Grawitzschen Tumors der linken Niere mit Einbruch in die Vena renalis und kontinuierlicher Wucherung des Geschwulstthrombus bis in die Arteria pulmonalis. Verh. dtsch. path. Ges. **11**, 263 (1907).

OBERNDORFER: Miliare Karnifikationen der Lungen. Fortschr. Röntgenstr. **37**, 235 (1927).

OBIDITSCH, R. A.: Ein Beitrag zur Frage der retrograden Ausbreitung des Krebses auf dem Lymphweg bei Verschluß des Ductus thoracicus. Z. Krebsforsch. **48**, 298 (1939).

OBIDITSCH-MAYER, I.: Pulmonale Hypertonie nach Appetitszüglern. Med. Welt **23** (N. F.), 1043—1044 (1972).

OCHSNER, A.: In discussion of BURFORD, T. H., CENTER, S., FERGUSON, T. B., SPJUT, H. H.: Results in the treatment of bronchogenic carcinoma: An analysis of 1008 cases. J. thorac. Surg. **36**, 316 (1958).

OCHSNER, A., CLEMMONS, E. F., MITCHELL, W. T.: Treatment of metastatic pulmonary malignant lesions. Lancet **1963**, 16—24.

OCHSNER, S., CAMP, P. T. DE: Hemangiopericytoma of the lung. Amer. Rev. Tuberc. **77**, 496—500 (1958).

O'COLLINS, W. J. B.: Multiple carcinomata of the lung. Brit. J. Dis. Chest **56**, 144 (1962).

OELSSNER, W.: Veränderungen des Thoraxröntgenbildes bei Brustkrebspatientinnen. Leipzig: VEB Thieme 1955.

OERTEL, H.: On a peculiar vascular transportation and generalisation of carcinoma without local metastasis. J. Path. Bact. **40**, 323 (1935).

OESER, H.: Strahlenbehandlung der Geschwülste. München-Berlin: Urban & Schwarzenberg 1954.

OESER, H., KROKOWSKY, E., GERSTENBERG, E.: Die Bedeutung der Verdoppelungszeit von Tumoren für die Krebsbekämpfung. Münch. med. Wschr. **106**, 675—680 (1964).

OGILVIE, R. W., BLANDING, J. D., JR., WOOD, M. L., KUISELY, W. H.: The arterial supply to experimental metastatic VX and XY tumors in rabbit lungs. Cancer Res. **24**, 1418 (1964).

OGRYZLO, M. A.: The L.E. (lupus erythematodes) cell reaction. Canad. med. Ass. J. **75**, 980—983 (1956).

OKA, S., KANAGAMI, K., NASU, S.: Pulmonary alveolar proteinosis. Amer. Rev. resp. Dis. **83**, 878 (1961).

OLDHAM, H. N., YOUNG, W. G., SEALY, W. C.: Hamartoma of the lung. J. thorac. cardiovasc. Surg. **53**, 735—742 (1967).

OLENIACZ, W., WITKOWSKA, L.: Changes in the lung parenchyma as a sign of rheumatic fever. Pol. Tyg. lek. **21** 1376—1378 (1966).

OLMER, J., GASCARD, E., DARCOURT, G.: Formes pulmonaires pseudo-cancéreuses de la maladie de Hodgkin. Presse méd. **61**, 1745—1747 (1953).

OLSON, B. J., WRIGHT, W. H., NOLAN, M. O.: Epidemiological study of calcified pulmonary lesions in an Ohio country. Publ. Hlth Rep. (Wash.) **56**, 2105—2126 (1941).

OLSEN, T. J.: One hundred forty-eight cases of pulmonary metastases. Nord. Med. **1**, 499—507 (1939).

O'NEILL, R. P., COHN, J. E., PELLEGRINO, E. D.: Pulmonary alveolar microlithiasis; a family study. Ann. intern. Med. **67**, 957—967 (1967).

ONUIGBO, W. I. B.: Patterns of metastasis in lung cancer; a review. Cancer Res. **21**, 1077 (1961).

ONUIGBO, W. I. B.: A criticism of haematogenous theory of cancer metastasis. Z. Krebsforsch. **65**, 30 (1962).

ONUIGBO, W. I. B.: Multiple carcinomata of the lung. (A case with three primary tumours.) Brit. J. Dis. Chest **56**, 144—146 (1962).

OPIE, L. H.: The pulmonary manifestations of generalized scleroderma (Progressive systemic sclerosis). Dis. Chest **28**, 665—680 (1955).

ORABONA, M. L., ALBANO, O.: Systemic progressive sclerosis (or visceral scleroderma): Review of the literature and report of cases. Acta med. scand. **160** (Suppl. 333), 1—170 (1958).

ORDSTRAND, H. S. VAN, EFFLER, D. B., McCORMACK, L. J., HAZARD, J. B.: The value of lung biopsy in the diagnosis of occupational pulmonary diseases. Arch. industr. Hlth **12**, 26—32 (1955).

OREO, G. A. DE: Arch. Derm. **81**, 169 (1960).

OSTADAL, J.: Biopsie und Punktion. München: J. A. Barth 1966.

OSWALD, N.: Pulmonary changes in the reticuloses. Proc. roy. Soc. Med. **43**, 208—213 (1950).

OSWALD, N., PARKINSON, T.: Honeycomb lungs. Quart. J. Med. **18**, 1—20 (1949).

OTT, A., TITSCHER, R.: Das primäre Doppelkarzinom der Lunge. Fortschr. Röntgenstr. **110**, 793—799 (1969).

OTTEN: Zur Röntgendiagnostik der Lungengeschwülste. Fortschr. Röntgenstr. **15**, 1 (1910).

OTTEN: Zur Diagnose der Lungengeschwülste. Verh. dtsch. Röntg.-Ges. **30**, 60 (1922).

OTTO, H.: Die Alveolarsekretion. In: HAUSSER, R. (Hrsg.), Blasige Lungenerkrankungen usw. Stuttgart: G. Thieme 1968.

OTTO, H., BREINING, H.: Die Beteiligung der Lungen an rheumatischen Erkrankungen mit besonderer Berücksichtigung des Goodpasture-Syndroms. Praxis Pneumol. **20**, 593 (1966).

OUDET, P., BOHNER, C., WEITZENBLUM, E.: Les cancers pulmonaires primitifs doubles simultanés et successifs. J. franç. Méd. Chir. thor. **19**, 729—744 (1965).

OUDET, P., ROEGEL, E., DELAGE, J., MARTIN, G.: La protéinose alvéolaire pulmonaire. J. franç. Méd. Chir thor. **16**, 825 (1962).

Overholt, E. L., Tigertt, W. D.: Roentgenographic manifestations of pulmonary tularaemia. Radiology 74, 758—764 (1960).
Overholt, R. H., Bougas, J. A., Morse, D. P.: Bronchial adenomas: a study of 60 patients with resections. Amer. Rev. Tuberc. 75, 865 (1957).
Ozgelen, F., Brodsky, F. L., Groat, A. de: An examination of the merits and the intrinsic limitations of exfoliative cytology in 465 cases of lung cancer. J. thorac. cardiovasc. Surg. 49, 221—230 (1965).
Pacini, G., Taddel, L.: Le metastasi polmonari escavate. Contributo casistico. Revisione della letteratura. Nunt. radiol. (Firenze) 30, 1085—1109 (1964).
Padilha Gonçalves, A., Bardy, C.: Aspectos clinicos e radiologicos de blastomicosis brasileira pulmonar. Soc. Bras. Dermat. Sif. Belo Horizonte: Imprensa Ofic. 1947, p. 143.
Pagets, S.: The distribution of secondary growth in cancer of the breast. Lancet 1889, 571.
Paglici, A.: Tumori metastatici del polmone. Studio su 152 casi. Radiol. med. (Torino) 42, 184—192 (1956).
Palasse, P.: Le cancer miliaire du poumon. Thèse de Lyon 1943.
Paltauf, R., Scherber, A.: Ein Fall von Mycosis fungoides mit Erkrankung der Nerven und mit Lokalisation in den inneren Organen. Virchows Arch. path. Anat. 222, 9 (1916).
Paltauf, R., Zumbusch, L. v.: Mycosis fungoides der Haut und innerer Organe. Arch. Derm. Syph. (Wien) 118, 699 (1914).
Pancoast, H. K., Pendergrass, E. P.: A review of pneumoconiosis; further roentgenological and pathological studies. Amer. J. Roentgenol. 26, 556—614 (1931).
Pancoast, H. K., Pendergrass, E. P.: Roentgenologic aspect of pneumoconiosis and its differential diagnosis. J. Amer. med. Ass. 101, 587—591 (1933).
Pantlen, H.: Zur Differentialdiagnose und Genese tumorbildender Leukämien. Münch. med. Wschr. 1952, 1025—1030.
Paola, D. de, Medeiros, J. A. de, Rocha, G., Sesana, W., Satuff, A.: Mioblastoma multiplo do bronquio. Rev. bras. Cururg. 41, 197 (1961).
Paoletti, M.: Das röntgenologische und klinische Bild der endolymphatischen Carcinose der Lungen. Radiol. med. (Torino) 36, fasc. 12 (1950).
Papaioannou, A. N., Watson, W. L.: Primary lymphoma of the lung. An appraisal of its natural history and a comparison with other localized lymphomas. J. thorac. cardiovasc. Surg. 49, 373—387 (1965).
Papavasiliou, C. G.: Pulmonary metastases from cancer of the nasopharynx associated with hypertrophic osteoarthropathy. Brit. J. Radiol. 36, 680—684 (1963).
Pape, O.: Lungentrübungen bei Purpura. Fortschr. Röntgenstr. 47, 491 (1933).
Park, W. W., Lees, J. C.: Choriocarcinoma: general review, with analysis of 516 cases. Arch. Path. 49, 73—104, 205—241, 361 (1950).
Parker, B. M., Andrasen, D. C., Smith, J. B.: Observations of arteriovenous communications in lungs of dogs. Proc. Soc. exp. Biol. (N.Y.) 98, 306 (1958).
Parker, E. F.: Hemoptysis, its significance and method of study. Dis. Chest 21, 677 (1952).
Parker, R. G.: The treatment of apparent solitary pulmonary metastases. J. thorac. Surg. 36, 81—87 (1958).
Parkin, T. W., Rusted, I. E., Burchell, H. B., Edwards, J. E.: Hemorrhage and interstitial pneumonitis with nephritis. Amer. J. Med. 18, 220 (1955).
Parkinson, T.: Eosinophilic xanthomatous granuloma with honeycomb lungs. Brit. med. J. 1949 I, 1029—1030.
Passariello, R.: Localizzazione polmonare in corso di micosi fungoide. Riv. Radiol. 7, 981—990 (1967).
Patterson, C. D., Harville, W. E., Pierce, J. A.: Ann. intern. Med. 62, 685 (1965).
Paul, J.: Atypische Pneumonien bei Toxoplasmose. Ein Beitrag zur Frage der Beziehungen zwischen Toxoplasmose und Tuberkulose. Beitr. Klin. Tuberk. 112, 430—434 (1954).
Paul, L. W.: Roentgenologic diagnosis of acute bronchiolitis (capillary bronchitis) in infants. Amer. J. Roentgenol. 45, 41—49 (1941).
Paulete-Vanrell, J.: Atypical cells in the peripheral blood. A cytological study applied to cancer research. Oncology 23, 49—87 (1969).
Pavone, G., Rolfino, R.: Fluorescence microscopy in the identification of circulating neoplastic cells in the peripheral blood. Clin. Obstet. Gynec. 65, 475 (1963).
Pawlicka, L.: The radiological examination in pulmonary sarcoidosis. Pol. Przegl. radiol. 33, 279—289 (1969).
Payne, W. S., Clagett, O. T., Harrison, E. G.: Surgical management of bilateral malignant lesions of the lung. J. thorac. cardiovasc. Surg. 43, 279—290 (1962).
Payseur, C. R., Konwaler, B. E., Hyde, L.: Pulmonary alveolar proteinosis. A progressive, diffuse, fatal pulmonary disease. Amer. Rev. Tuberc. 78, 906 (1958).
Peabody, H. D., Moersch, J. H., Edwards, J. E.: Clinically indeterminate pulmonary fibrosis: Pathologic study. J. thorac. Surg. 21, 519—531 (1951).
Peabody, J. W., Buechner, H. A., Anderson, A. E.: Hamman-Rich syndrome: Analysis of current concepts and report of 3 precipitous deaths following cortisone and corticotropin (ACTH) withdrawal. Arch. intern. Med. 92, 806—824 (1933).
Peabody, J. W., Peabody, J. W., Jr.: Diffuse fibrosing interstitial pneumonitis (Hamman-Rich syncrome). Dis. Chest 26, 709 (1954).
Peabody, J. W., Peabody, J. W., Hayes, E. W., Hayes, E. W., Jr.: Idiopathic pulmonary fibrosis: Its occurrence in identical twin sisters. Dis. Chest 18, 330—344 (1950).
Pear, B. L.: Idiopathic disseminated pulmonary ossification. Radiology 91, 746—748 (1968).
Pearson, F. G., Thompson, D. W., Delarue, N. C.: Experience with the cytologic detection, localization, and treatment of radiographically undemonstrable bronchial carcinoma. J. thorac. Surg. 54, 371—382 (1967).
Peightal, T. C.: Amer. J. Obstet. Gynec. 28, 435 (1934).
Peirce, C. B., Jacox, H. W., Hildreth, R. C.: Roentgenologic considerations of lymphoblastoma. I. Roentgen pulmonary pathology of the Hodgkin type. Amer. J. Roentgenol. 32, 145—164 (1936).
Pendergrass, E. P.: Metastatic pulmonary carcinoma. Amer. J. Surg. 17, 422—426 (1932).
Pendergrass, E. P.: Some considerations concerning the roentgen diagnosis of pneumoconiosis and silicosis. Amer. J. Roentgenol. 48, 571—594 (1942).
Pendergrass, E. P.: Some considerations concerning the roentgen diagnosis of carcinoma of the lung. Ala. J. med. Sci. 4, 166—179 (1967).

Pendergrass, E. P., Hodes, P. J.: An unusual type of pulmonary metastasis in hypernephroma. Radiology **26**, 99 (1936).

Pendergrass, E. P., Neuhauser, E. B. D.: Pleural lesions in hemophilia; report of case. Amer. J. Roentgenol. **48**, 147—151 (1942).

Pendergrass, E. P., White, G.: Pulmonary metastasis and pneumonitis following radiation therapy for cancer of the breast. Amer. J. Roentgenol. **50**, 491—498 (1943).

Pendergrass, R. G.: Metastatic cancer of the lung. J. med. Ass. Ga **37**, 85—88 (1948); Sth. med. J. (Bgham, Ala.) **42**, 303—310 (1949).

Pepys, J.: Hypersensitivity disease of the lungs due to fungi and organic dust. Basel-New York: S. Karger 1969.

Pereslegin, I. A., Filkova, E. M., Khmelevskaya, Z. I.: Clinico-roentgenological diagnosis of lymphogranulomatosis of the lungs. Vestn. Rentgenol. Radiol. (Mosk.) **43**, 43—50 (1968).

Perry, D. C.: Tracheo-bronchial and pulmonary chondro-adenoma (hamartoma). Brit. med. J. **1959 I**, 527.

Perry, H. M., Schroeder, H. A.: Syndrome simulating collagen disease caused by hydralazine (apresoline). J. Amer. Med. Ass. **154**, 670 (1954).

Perttala, Y., Leppänen, M., Wiljasalo, M.: Needle biopsy of pulmonary tumours with the aid of transverse tomography and television fluoroscopy. Ann. med. intern. Fenn. **55**, 43—47 (1966).

Pestel, M., Pette, F., Ponclet, J., Guize, L.: Evolution inhabituelle et prolongée d'un cancer sigmoïdien: métastases pulmonaires et osseuses. Sem. Hôp. Paris **42**, 515—520 (1966).

Peterson, B. E., Peragov, A. I., Smulevich, V. B.: Simultaneous bilateral lobectomy—a case of bilateral primary cancer of the lungs. J. thorac. cardiovasc. Surg. **45**, 705—712 (1963).

Petrányi, G.: Differentialdiagnostische Probleme des Hamma-Rich-Syndroms. Tuberk.-Arzt **13**, 185—191 (1959).

Petrányi, G., Zsebök, Z.: Mikrolithiasis alveolaris miliaris pulmonum. Radiol. clin. (Basel) **23**, No. 4 (1954).

Petríková, J. E., Polák, E., Stoltz, J.: Contribution à l'étiopathogenie du cancer bronchique primitif en se basant sur la duplicité successive. Bronchus **19**, 292—305 (1969).

Pfeffer, S. H., Hamm, J., Gaensler, E. A.: Offene Lungenbiopsie bei diffusen Lungenerkrankungen. Dtsch. Ärztebl. **63**, 2021—2026 (1966).

Pfeiffer, K.: Verlaufsbeobachtungen bei Fluid Lung. Fortschr. Röntgenstr. Beih. **1967**, 81—84.

Philipovici, J.: Verschwinden von Tumormetastasen bei Urämie. Zbl. Chir. **61**, 626 (1934).

Phillips, W. J., Constance, T. J.: Pulmonary alveolar proteinosis. Med. J. Aust. **2**, 357 (1963).

Picard, J. D., Benozio, M., Fontaine, Y., Szigeti, B.: Les images radiologiques des métastases pulmonaires. Vie méd., Enquête **49**, 1409—1423 (1968).

Piccellini, A.: La carcinosi secondaria endolinfatica generalizzata dei polmoni. Radiol. e Fisiol. med. **1**, 127—148 (1934).

Pick, L.: Ergebn. inn. Med. Kinderheilk. **29**, 519 (1933).

Piekarski, G.: Lehrbuch der Parasitologie. Berlin-Göttingen-Heidelberg: Springer 1954.

Pierce, J. A.: Rheumatology and the lungs. J. Amer. Geriat. Soc. **16**, 514—522 (1968).

Pierre-Bourgeois, Lemoine, J. M., Vic-Dupont: Carcinose generalisée aux poumon et aux bronches. J. franç. Méd. Chir. thor. **9**, 99—101 (1955).

Pinney, C. T., Harris, H. W.: Hamman-Rich syndrome. Amer. J. Med. **20**, 308 (1956).

Piper, W. N., Helwig, E. B.: Progressive systemic sclerosis: visceral manifestations in generalized scleroderma. Arch. Derm. **72**, 535—546 (1955).

Pirani, C. L., Ewart, F. E., Wilson, A. L.: Thromboendarteriitis with multiple mycotic aneurysms of branches of the pulmonary artery. Amer. J. Dis. Child. **77**, 460—473 (1949).

Pischin, E. M., et al.: X-ray diagnosis of chorionepithelioma metastases in the lungs. Vestn. Rentgenol. Radiol. (Mosk.) **43**, 27 (1968).

Pitt, L. P.: Pulmonary alveolar proteinosis. Review of the literature and report of a case. J. thorac. cardiovasc. Surg. **39**, 252 (1960).

Plenge, K.: Zur Frage des extragenitalen Chorionepithelioms beim Mann. Virchows Arch. path. Anat. **312**, 643—651 (1944).

Plenk, H. P., Swift, S. A., Chambers, W. L., Peltzer, W. E.: Pulmonary alveolar proteinosis—a new disease? Radiology **74**, 928—938 (1960).

Plíhal, V., Jedličková, Z., Viklický, J., Tománek, A.: Multiple bilateral pulmonary aspergillomata. Thorax (Lond.) **19**, 104—111 (1964).

Podgorski, J., Ströder, J.: Massive, regressive Lungenkalzinose bei einem Säugling. Fortschr. Röntgenstr. **109**, 390—392 (1968).

Pokorny, C., Hellweg, C. A.: Diffuse interstitial fibrosis of the lungs. Arch. Path. **59**, 382—387 (1955).

Polayes, S. H., Taft, H.: A case of hypernephroma with tumor thrombosis of vena cava and heart. Amer. J. Path. **7**, 63 (1931).

Poletti, T., Narcisi, M.: Le localizzazioni polmonari del linfogranuloma maligno. Cancro **12**, 83—137 (1959).

Pollack, A. D.: Visceral and vascular lesions in scleroderma. Arch. Path. **29**, 859—861 (1940).

Pollak, V. E.: Antinuclear antibodies in families of patients with systemic lupus erythematosus. New Engl. J. Med. **271**, 165—171 (1964).

Pollice, L., Pirelli, A.: La microlitiasi endoalveolare del polmone. Recenti Progr. Med. **48**, 64—96 (1970).

Pompili, G.: Aspetti radiologici dell'apparato respirativo nelle emolinfopatie sistemiche. Minerva med. (Torino) **61**, 2273—2282 (1970).

Pool, E. H., Dunlop, G. R.: Cancer cells in the blood stream. Amer. J. Cancer **21**, 99 (1934).

Portmann, J.: Über das ektopische Chorionepitheliom beim Mann. Beitr. path. Anat. **120**, 474—482 (1959).

Portwich, F.: Internist (Berl.) **6**, 225 (1965).

Portwich, F., Encke, A.: Lungenbluten und Glomerulonephritis (Goodpasture-Syndrom). Dtsch. Arch. klin. Med. **210**, 48 (1965).

Postel, E., Laas, E.: Periarteriitis nodosa. Ein Bericht über zwei Fälle mit Erkrankung der Lunge. Z. Kreisl.-Forsch. **33**, 543 (1941).

Postuma, H. S.: Selectieve chirurgische verwijdering van een longmetastase by niercarcinoom. Ned. T. Geneesk. **115**, 1519 (1971).

Potamba, P. B.: J. Urol. (Baltimore) **85**, 488 (1961).

Potter, B. P., Gerber, I. E.: Acute interstitial fibrosis of the lungs; report of a case. Arch. intern. Med. **82**, 113—124 (1948).

Potter, J. F., Longenbough, G., Chu, E., Dillon, J.: The relationship of tumour type and resectability to the incidence of cancer cells in the blood. Surg. Gynec. Obstet. **110**, 734 (1960).

Potter, J. F., Malmgren, R. A.: A new technique for the detection of tumour cells in the blood stream and its application to the study of the dissemination of cancer. Surg. Forum **9**, 580 (1959).

Potts, W. L., Davidson, H. B.: Bronchiogenic neoplasm masquerading as alveolar cell carcinoma. J. thorac. Surg. 21, 402—420 (1951).
Pradier, R., Sako, K.: Evaluation of methods for tumor cell recovery from bloody fluids—an experimental study. Cancer (Philad.) 17, 314 (1964).
Prager, W., Taubert, W.: Vortäuschung pulmonaler Verschattungen durch Weichteilveränderungen der Thoraxwand. Dtsch. Gesundh.-Wes. 23, 1129—1133 (1968).
Preger, L.: Pulmonary alveolar proteinosis. Radiology 92, 1291—1295 (1969).
Preger, L., et al.: Roentgenographic sceletal changes in the glycogen storage diseases. Amer. J. Roentgenol. 107, 840 (1969).
Prentiss, R. J., et al.: Hypernephroma — disappearance of metastasis after nephrectomy. Calif. Med. 97, 235—236 (1962).
Pressman, J. J., Simon, M. B.: Experimental evidence of direct communications between lymph nodes and veins. Surg. Gynec. Obstet. 113, 537 (1961).
Preuschoff, P.: Zur Klinik und Röntgendiagnostik des vielkammerigen Echinokokkus der Leber. Fortschr. Röntgenstr. 48, 306 (1933).
Prévôt, R.: Zur röntgenologischen Diagnose der Lungenlues. Röntgenpraxis 7, 686 (1935).
Price, C. H. G., Truscott, D. E.: Multifocal osteogenic sarcoma. J. Bone Jt Surg. 39, 524 (1957).
Prignot, J., Francis, C.: La ponction transtrachéobronchique. Acta tuberc. belg. 56, 221—225 (1965).
Prinotti, C., Belli, E., Bruno, G.: Osservazioni su rari casi di amebiasi broncopolmonare. Riv. Tuberc. 14, 200—206 (1966).
Prinzmetal, M., Ornitz, E., Simkin, B., Bergman, H. C.: Arterio-venous anastomosis in liver, spleen and lungs. Amer. J. Physiol. 152, 48 (1948).
Proske, E.: Untersuchungen über Ösophagusmetastasen. Strahlentherapie 64, 227 (1939).
Protopopov, A. N., Ivanova, L. I.: Roentgenological picture of essential hemosiderosis of the lungs. Vestn. Rentgenol. Radiol. (Mosk.) 43, 17 (1968).
Prozorov, A. E.: Die Veränderungen im Lungengewebe und in den intrathorakalen Lymphdrüsen bei der glandulär-pulmonalen Form der Tularämie. Klin. Med. (Mosk.) 22, 50—59 (1944).
Pruitt, J. C., Hilberg, A. W., Morchead, R. P., Mengell, H. F.: Quantitative study of malignant cells in local and peripheral circulating blood. Surg. Gynec. Obstet. 114, 179 (1962).
Pruitt, J. C., Powell, R. V., Prater, T. F. K.: Quantitative comparison of processing techniques for study of circulating malignant cells. Acta cytol. (Philad.) 9, 116 (1965).
Pruszcwicz, A.: Radiologische Lungenveränderungen beim Wegenerschen Syndrom. Fortschr. Röntgenstr. 112, 204 (1970).
Prym, R.: Spontanheilung eines bösartigen, wahrscheinlich chorion-epitheliomatösen Gewächses im Hoden. Virchows Arch. path Anat. 265, 239—258 (1927).
Psenner, D. W.: Cancer (Philad.) 6, 776 (1953).
Psenner, L., Schönbauer, E.: Das Krankheitsbild der tuberösen Sklerose mit besonderer Berücksichtigung der röntgenologischen Symptomatik. Fortschr. Röntgenstr. 89, 301—318 (1958).
Pütz, T. K.: Zur röntgenologischen Diagnose und Differentialdiagnose solitärer verkalkter intrathorakaler Tumoren. Röntgenpraxis 12, 266 (1940).
Pütz, T. K.: Zur röntgenologischen Diagnose und Differentialdiagnose multipler intrapulmonaler Rundschatten. Röntgenpraxis 12, 425—433 (1940).

Pugh, D. G.: Roentgenologic manifestations of scleroderma. Amer. J. med. Sci. 216, 571—580 (1948).
Pugh, D. G., Kvale, W. F., Margulies, H.: Scleroderma with involvement of the viscera. Proc. Mayo Clin. 20, 410 (1945).
Puhr, L.: Mikrolithiasis alveolaris miliaris pulmonum. Virchows Arch. path. Anat. 290, 156—160 (1933).
Quensel, U.: Zur Kenntnis des Vorkommens von Geschwulstzellen im zirkulierenden Blut. Upsala Läk.-Fören. Förh. 26, 5—6 (1921).
Rabin, C. B.: Radiology of the chest. In: Ross-Golden (eds.), Diagnostic roentgenology. New York: Thomas & Nelson & Sons 1950.
Rabin, C. B., Selikoff, I. J., Kramer, R.: Paracardial biopsy for evaluation of operability of cancer. Arch. Surg. 65, 822—830 (1952).
Radenbach, K. L.: Pleura- und Lungenveränderungen bei systematisiertem Lupus erythematodes. Berl. Med. 16, 267—277 (1965).
Radenbach, K. L., Jungbluth, H.: Tuberkulöse Rundherde und Tuberkulome der Lunge. Radiologe 2, 233—246 (1962).
Radner, S.: Intrathoracic hypernephroma metastases simulating primary pulmonary disease. Contribution to the differential diagnosis in cases of hilus lymphomas. Transpleural gland biopsy. Acta med. scand. 112, 264—276 (1942).
Raine, F.: Metastatic carcinoma of the lung invading and obstructing a bronchus. J. thorac. Surg. 11, 216—218 (1941).
Rake, G.: On the pathology and pathogenesis of scleroderma. Bull. Johns Hopk. Hosp. 48, 212—227 (1931).
Raker, J. W., Skinner, D. B.: A method for measurement of passage of tumor cells through the isolated pulmonary circulation. Ann. Surg. 158, 877—883 (1963).
Raker, J. W., Taft, P., Edmonds, E.: Significance of megakaryocytes in the search for tumour cells in the peripheral blood. New Engl. J. Med. 263, 993 (1960).
Rakov, H. L., Taylor, J. S.: Acute disseminated lupus erythematodes without cutaneous manifestations and with heretofore undescribed pulmonary lesions. Arch. intern. Med. 70, 88 (1942).
Rakowsky, M., Knickerbocker, T. W.: Roentgenological manifestations of primary pulmonary coccidioidomycosis. Amer. J. Roentgenol. 56, 141—155 (1946).
Ramin, D. v., Tackmann, W.: Lympho-lymphatische und lympho-venöse Shunt-Variationen, dargestellt an einer intrahepatischen Lipoidoldeponierung nach Lymphographie. Radiologe 8, 162—167 (1968).
Ramirez, J.: Pulmonary alveolar proteinosis. A roentgenologic analysis. Amer. J. Roentgenol. 92, 571—577 (1964); Biochem. Clin. 4, 165 (1964).
Ramirez, J., Buddemeyer, E. U.: Pulmonary clearance of radio-iodinated serum albumin. J^{131}. J. Amer. med. Ass. 63, 429 (1965).
Ramirez, J., Campbell, G. D.: Pulmonary alveolar proteinosis: Endobronchial treatment. Ann. intern. Med. 63, 429 (1965).
Ramirez, J., Nyka, W., McLaughlin, J.: Pulmonary alveolar proteinosis: diagnostic technics and observations. New Engl. J. Med. 268, 165—171 (1963).
Ramirez, R., Schultz, R. B., Dutton, R. E.: Pulmonary alveolar proteinosis. Arch. intern. Med. 112, 419 (1963).
Randerath, E.: Münch. med. Wschr. 1943, 32; Virchows Arch. path. Anat. 312, 165 (1944).

Ranninger, K.: Multiple Lungenhamartome. Fortschr. Röntgenstr. **94**, 831 (1961).
Ransom, B. H.: A newly recognized cause of pulmonary disease, ascaris lumbricoides. J. Amer. med. Ass. **73**, 1210—1219 (1919).
Ratkóczy, N.: Die Pathologie und Therapie der Lymphogranulomatose. Leipzig: G. Thieme 1940.
Ratkóczy, N.: Lungenmetastasen bei Lungenkrebsen. Radiol. clin. (Basel) **22**, 347—361 (1953).
Ratti, A.: Il quadro radiologico del linfogranuloma maligno del polmone. Radiol. med. (Torino) **24**, 903—907 (1937).
Ravazzoni, C., Melis, M.: Contributo allo studio del megaesofago e delle complicanze polmonari a tipo di Hamman-Rich. Arch. E. Maragliano Pat. Clin. **15**, 579—610 (1959).
Ravelli, A.: Zum röntgenologischen Erscheinungsbild metastatischer Lungengeschwülste; ein Fall von Lymphangiosis metastatica rhabdomyosarcomatosa. Krebsarzt **3**, 55 (1948).
Ray, E. S., Fisher, H. P.: Hypertrophic osteoarthropathy in pulmonary malignancies. Ann. intern. Med. **38**, 239 (1953).
Ray, R. L., Salm, R.: A fatal case of pulmonary proteinosis. Thorax (Lond.) **17**, 257 (1962).
Raynaud, M.: Mémoire sur l'angioleucite generalisé des poumons. Bull. Soc. méd. Hôp. Paris **11**, 66 (1874).
Read, J.: The pathogenesis of the Hamman-Rich syndrome; a review from the standpoint of possible allergic etiology. Amer. Rev. Tuberc. **78**, 353 (1958).
Rebello, E., Rocha, U.: Identification de cellules néoplasiques dans le sang courant. Acta Un. int. Cancr. **19**, 1127 (1963).
Recavarren, S., Benton, C., Gall, E. A.: The pathology of acute alveolar diseases of the lung. Semin. Roentgen **2**, 22—32 (1967).
Recklinghausen, F. v.: Über die venöse Embolie und den retrograden Transport in den Venen und Lymphgefäßen. Virchows Arch. path. Anat. **100**, 503 (1885).
Redon, M.: Cancer secondaire pleuro-pulmonaire. Thèse de Paris 1951.
Reeder, W. H., Goodrich, B. E.: Pulmonary infiltration with eosinophilia (PIE-syndrome). Ann. intern. Med. **36**, 1217—1240 (1952).
Reeves, R. J.: Pulmonary histoplasmosis. Amer. J. Roentgenol. **72**, 769 (1954).
Regato, J. A. del, Ackerman, L. V.: Cancer, p. 725. St. Louis, Mo: Mosby 1954.
Reich, H., Bonse, G.: Über Skelettbeteiligung bei Mycosis fungoides. Arch. Derm. Syph. (Berl.) **196** 176 (1953).
Reimann, H. A.: The pneumonias. Philadelphia: W. B. Saunders Co. 1938.
Reinberg, S. A.: Zur Röntgendiagnose der Lungenzystizerkose. Fortschr. Röntgenstr. **38**, 382 (1925).
Reindell, H., Begemann, H., Berg, W.: Zur Differentialdiagnose der intrathorakalen Lymphogranulomatose und Lymphknoten und Lungentuberkulose. Med. Mschr. **5**, 682—692 (1951).
Reindell, H., Doll, E., Stein, H., Wurm, K., Keul, J.: Zur funktionellen Diagnostik der Lungenerkrankungen (II. Mitteilung). Das Röntgenbild der Lunge bei der pulmonalen Hypertension. Fortschr. Röntgenstr. **104**, 625—649 (1966).
Reindell, H., Doll, E., Wurm, K.: Zur funktionellen Röntgendiagnostik der Lungenerkrankungen. Fortschr. Röntgenstr. **100**, 342 (1964).
Reinhardt, K.: Fleckig-netzförmige Verschattungen der Lunge bei der Periarteriitis nodosa. Radiol. clin. (Basel) **29**, 74—82 (1960).
Reinhardt, K.: Lungenmetastasen mit Höhlenbildungen. Röntgen-Bl. **24**, 67—72 (1971).
Reinke, J.: Zwei Fälle von Krebsimpfungen in Punktionskanälen bei karzinomatöser Pleuritis. Virchows Arch. **15**, 391 (1870).
Reisner, D.: Carcinomatous cavities of the lung. Quart. Bull. Sea View Hosp. **1**, 322—336 (1936).
Reiss, R.: Demonstration of carcinoma cells in the blood stream. J. Mt Sinai Hosp. Bull. **26**, 171 (1959).
Remington, J. S., Jacobs, L., Kaufman, H. E.: Toxoplasmosis in the adult. New Engl. J. Med. **262**, 180—186, 237—241 (1960).
Renander, A.: Röntgenologisch beobachtete reversible Veränderungen bei nitrösem Gasschaden an den Lungen. Acta radiol. (Stockh.) **17**, 152—160 (1936).
Renaudeaux, Lejard: Presentation d'un cliché de cancer miliaire secondaire du poumon. Bull. Soc. Radiol. France **17**, 147 (1929).
Rendnich, R. A., Levy, A. H., Cove, A. M.: Pulmonary manifestations of azotemia. Amer. J. Roentgenol. **46**, 802—808 (1941).
Renzetti, A., Eastman, G., Auchincloss, J. H.: Chronic disseminated histiocytosis (Schüller-Christian-disease) with pulmonary involvement and impairment of alveolar-capillary diffusion. Amer. J. Med. **22**, 834 (1957).
Renzo, R. di: Metastasi polmonari escavate di carcinoma renale. Riv. Radiol. **1**, 782—786 (1961).
Rescigno, B.: I radioisotopi in pneumologia. II. Cancro primitivo e metastasi neoplastiche nel polmone. Arch. Tisiol. **22**, 300—342 (1967).
Resink, J. E. J.: Is a roentgenogram of fine structures a summation image or a real picture? Acta radiol. (Stockh.) **32**, 391—403 (1949).
Rey, R.: Contribution à l'étude radiomorphologique des formes alvéolaires des cancers bronchiques: La pneumonie cancéreuse. Thèse de Génève 1954.
Reye, R. D. K.: Congenital stenosis of the pulmonary veins in their extrapulmonary course. Med. J. Austral. **1951 I**, 801.
Reynolds, E. S., Walls, K. W., Pfeiffer, R. I.: Generalized toxoplasmosis following renal transplantation. Arch. intern. Med. **118**, 401—405 (1966).
Rich, A. R., Gregory, J. E.: On anaphylactic nature of rheumatic pneumonitis. Bull. Johns Hopk. Hosp. **73**, 465—478 (1943).
Rieder, W.: Bösartige Geschwülste verschiedener Art in zeitlichen Abständen bei demselben Kranken. Langenbecks Arch. klin. Chir. **135**, 719 (1925).
Riehl, G.: K. u. K. Ges. d. Ärzte in Wien vom 13. 1. 1893, ref.: Intern. klin. Rundschau 1893, Nr. 4. Zit. nach Fischer, H., Dinkel, L., Die Lungenveränderungen der Mykosis fungoides im Röntgenbild. Med. Klin. **60**, 1984—1991 (1965).
Riemann, H.: Lymphogranulomatose der Lungen. In: Bericht über die 46. Tagg. d. Dtsch. Röntgengesellschaft 29. 4.—2. 5. 1965 in Würzburg. Teil A, S. 82—85. Stuttgart: G. Thieme 1966.
Riemann, H.: Lungenveränderungen bei Kollagenosen. Frühjahrstagg. d. Bayerischen Röntgenges., Lindau a. Bodensee 6.—8. 6. 1969.
Rigler, L. G.: Outline of roentgen diagnosis. Philadelphia: J. B. Lippincott 1938.
Rigler, L. G.: The chest. In: Handbook of roentgen diagnosis. Chicago: Year book Publishers 1946.
Rigler, L. G.: Possibilities and limitations of roentgen diagnosis. (Pancoast lecture.) Amer. J. Roentgenol. **61**, 743—761 (1949).
Rigler, L. G.: Roentgen examination of the chest. Its limitations in the diagnosis of disease. J. Amer. med. Ass. **142**, 773—777 (1950).

Rindfleisch, E.: Fibroma pulmonum multiplex. Virchows Arch. path. Anat. 81, 516 (1880).

Rindfleisch, E.: Über Cirrhosis cystica pulmonum. Verh. Ges. dtsch. Naturforsch. 1897, 22.

Ritchie, B.: Pulmonary function in scleroderma. Thorax (Lond.) 19, 28—36 (1964).

Rittmeyer, K.: Lungenmetastasen bei Osteosarkomen. Versuch einer quantitativen Auswertung unter dem Aspekt der Tumorwachstumsgeschwindigkeit. Fortschr. Röntgenstr. 110, 785—792 (1969).

Rivero, O., Calnan, J. S., Reis, N. D., Mercurius-Taylor, L.: Experimental peripheral lymphovenous communications. Brit. J. plast. Surg. 20, 124—133 (1967).

Robb, D.: Pulmonary resection for metastatic malignancy. Brit. J. Surg. 36, 200 (1949).

Robbins, L. L.: Idiopathic pulmonary fibrosis. Roentgenologic findings. Radiology 51, 459—466 (1948).

Robbins, L. L.: X-ray diagnosis of pulmonary lesions. New Engl. J. Med. 239, 779—786 (1948).

Robbins, L. L.: The roentgenological appearance of parenchymal involvement of the lung by malignant lymphoma. Cancer (Philad.) 6, 80—88 (1953).

Robb-Smith, A. H. T.: Reticulosis and reticulosarcoma; histological classification. J. Path. Bact. 47, 457—480 (1938).

Roberts, S.: Techniques and results of isolation of cancer cells from circulating blood. Arch. Surg. 76, 334 (1958).

Roberts, S., Jonasson, O., Long, L., McGrew, E., McGrath, R., Cole, W.: Relationship of cancer cells in the circulating blood to operation. Cancer 15, 232 (1962).

Robertson, H. E.: Pulmonary alveolar proteinosis. Canad. med. Ass. J. 93, 980 (1965).

Robinson, C. L. N., Jackson, C. A.: Multiple primary cancer of the lung. J. thorac. Surg. 36, 166—173 (1958).

Robinson, K. P., McGrath, R., McGrew, E.: Circulating cancer cells in patients with lung tumors. Surgery 53, 630 (1963).

Robinson, W. W.: Pulmonary syphilis in adults with report of case. Radiology 25, 596—599 (1935).

Robson, A. O., Jeniffe, A.: Medical arsenic poisoning and lung cancer. Brit. med. J. 1963 II, 207.

Rock, D. A., Hall, J. W.: Squamous cell carcinoma of the bronchus and spindle cell sarcoma of the lung. Abstr. Proc. N.Y. path. Soc. 1942—1945, 16—19.

Rodman, G. P., Bendek, T. G.: An historical account of the study of progressive systemic sclerosis (Diffuse scleroderma). Ann. intern. Med. 57, 305—319 (1962).

Rössle, R.: Studien der Malignität. Die Ausbreitung bösartiger Geschwülste auf dem Schleimhautwege und ihre Bedeutung für das Problem der Malignität. Virchows Arch. path. Anat. 316, 501 (1949).

Rogers, J. V., Roberto, A. E.: Circumscribed pulmonary lesions in periarteritis nodosa and Wegener's granulomatosis. Amer. J. Roentgenol. 76, 88 (1956).

Rojer, C. L.: Multicentric endobronchial myoblastoma. Arch. Otolaryng. 82, 652 (1965).

Roll, A., Missmahl, H. P.: Beitrag zur Zytologie des strömenden Blutes bei Tumorkranken. Med. Klin. 59, 47 (1964).

Roman, B.: Diffuse carcinomatosis of the lungs. Arch. Path. 3, 1061 (1927).

Romsdahl, M., Chu, E., Hume, R., Smith, R.: The time of metastasis and release of circulating tumor cells as determined in an experimental system. Cancer (Philad.) 14, 883 (1961).

Roos: Zit. nach Kaiser, A., Polyphänie miliarer und pseudomiliar-retikulärer Bilder. Kinderärztl. Prax. 18, 452—466 (1960).

Roque, F. T., et al.: Pulmonale Paragonimiasis: Ein Überblick und Mitteilungen aus Korea und von den Philippinen. Ann. intern. Med. 38, 1206 (1953).

Rose, G. A., Spencer, H.: Polyarteritis nodosa. Quart. J. Med. 26, 43—48 (1957).

Rosemond, G. P., Burnett, W. E., Hall, J. H.: Value and limitations of aspiration biopsy for lung lesions. Radiology 52, 506 (1949).

Rosen, S. H.: Pulmonary alveolar proteinosis. U.S. armed Forces med. J. 11, 1507 (1960).

Rosen, S. H., Castleman, B., Liebow, A. A.: Pulmonary alveolar proteinosis. New Engl. J. Med. 258, 1123—1142 (1958).

Rosenbaum, H. D., Alavi, S. M., Bryant, L. R.: Pulmonary parenchymal spread of juvenile laryngeal papillomatosis. Radiology 90, 654—660 (1968).

Rosenberg, B. F., Spjut, H. J., Gedney, M. M.: Exfoliative cytology in metastatic cancer of the lung. New Engl. J. Med. 264, 226 (1959).

Rosenblatt, M. B., Lisa, J. R.: Simulation of lung cancer by metastases. Amer. Geriat. Soc. 15, 921—930 (1967).

Rosenblatt, M. B., Lisa, J. R., Trinidad, S.: Metastatic lung cancer masquerading as bronchogenic carcinoma. Geriatrics 21, 139—145 (1966).

Rosendal, T.: Diffuse myomatosis and cyst formation in lung. Acta radiol. (Stockh.) 23, 128 (1942).

Rosival, V., Pronay, K., Stangel, W., Zatkalik, M.: Die Wirkung des Prednisons auf den Eisenstoffwechsel bei der idiopathischen Lungenhämosiderose. Wien. Z. inn. Med. 47, 101 (1966).

Ross, C. F.: Diffuse pulmonary lymphatic carcinomatosis due to a renal carcinoma showing cytoplasmic inclusion. Brit. J. Urol. 23, 263 (1951).

Ross, J. K.: Thorax (Lond.) 16, 12 (1961).

Rossi, E.: Lungenfibrosen. In: Handbuch der inneren Medizin, 4. Aufl., Bd. IV/2, S. 1398ff. Berlin-Göttingen-Heidelberg: Springer 1956.

Rossi, G.: Proteinosi endoalveolare del polmone. Riv. Pat. Clin. Tuberc. 34, 77 (1961).

Rossoni, R., Migliorini, M.: Ulcerous nodular pulmonary lymphogranulomatosis with atypical course. Boll. Mem. Soc. tosc.-umbr. chir. 14, 624—632 (1953).

Rothermund, A.: Z. ges. inn. Med. 19, 569 (1964).

Rothstein, E., Pirkle, H. B.: Pulmonary disease secondary to cardiospasm with acid-fast bacilli in sputum. Dis. Chest 12, 232—237 (1946).

Rotte, K. H.: Höhlenbildende Lungenmetastasen. Arch. Geschwulstforsch. 33, 275—282 (1969).

Rotte, K. H., Bauke, G., Schröder, H.: Über die Lymphogranulomatose der Lunge. Arch. Geschwulstforsch. 33, 383—394 (1969).

Roubier, C., Plauchau, M.: Sur certains aspects radiographiques de l'oedème pulmonaire chez les cardio-rénaux azotémiques. Arch. méd.-chir. Appar. resp. 3, 189 (1934).

Roujeau, J., Delarue, J., Depierre, R.: Lymphangiectasie pulmonaire diffuse, pneumonie chyleuse et chylothorax, après thrombose puerpérale de la veine sousclavière gauche. J. franç. Méd. Chir. thor. 4, 488—502 (1950).

Roujeau, Sors: Les diagnostics abusifs de maladie de Besnier-Boeck-Schaumann à localisation médiastinale, pulmonaire ou médiastino-pulmonaire. J. franç. Méd. Chir. thor. 7, 141—147 (1953).

Rouvière, H.: Variations dans la disposition des lymphatiques de la base des lobes inferieurs de poumons. Ann. Anat. path. 5, 1002 (1938).

Roux, B. T. le: Pulmonary "harmartomata". Thorax (Lond.) 19, 236 (1964).
Rowland, R. S.: Xanthomatosis and the reticuloendothelial system. Correlation of an unidentified group of cases described as defects in membranous bones, exophthalmus and diabetes insipidus (Christian's syndrome). Arch. intern. Med. 42, 611 (1928).
Rowlandson, R.: The surgical treatment of pulmonary metastases. Brit. J. Tuberc. 52, 190 (1958).
Roy, P. H., Carr, D. T., Payne, W. S.: The problem of chylothorax. Mayo Clin. Proc. 42, 457—466 (1967).
Royce, B. F.: The criteria for clinical diagnosis of syphilis of the lung. Ann. intern. Med. 33, 700—707 (1950).
Royer, J., Gloaguen, A.: Syphilis pulmonaire à forme pseudo-tumorale. Syphilome diffus du poumon. J. franç. Méd. Chir. thor. 7, 268—272 (1953).
Rubenstein, L., Gutstein, W. H., Lepow, H.: Pulmonary muscular hyperplasia (muscular cirrhosis of the lungs). Ann. intern. Med. 42, 36—43 (1955).
Rubin, E. H.: Diffuse interstitial fibrosis of the lungs. Ann. intern. Med. 36, 827—844 (1952).
Rubin, E. H.: Pulmonary lesions in "rheumatoid disease" with remarks on diffuse interstitial pulmonary fibrosis. Amer. J. Med. 18, 569 (1955).
Rubin, E. H.: The lung as a mirror of systemic disease. Springfield, Ill.: Ch. C. Thomas Publishers 1956.
Rubin, E. H., Gordon, M., Thelmo, W. L.: Nodular pleuropulmonary rheumatoid disease. Report of two cases and review of the literature. Amer. J. Med. 42, 567—581 (1967).
Rubin, E. H., Kahn, B. S., Pecker, D.: Diffuse interstitial fibrosis of the lungs. Ann. intern. Med. 36, 827—844 (1952).
Rubin, E. H., Lubliner, R.: The Hamman-Rich syndrome. Medecine (Baltimore) 36, 397 (1957).
Rubinstein: Tuberkuloseprobleme 25, 4 (1948) [Russisch]. Zit. nach Kaiser, A., Polyphänie miliarer und pseudomiliar-retikulärer Bilder. Kinderärztl. Prax. 18, 452—466 (1960).
Ruckensteiner, E.: Über das eosinophile Skelettgranulom mit Lungenveränderungen. Radiol. austriaca 11, 191 (1961).
Rudström, P.: Is radical lung surgery justified in cases of tumor metastasis? Acta chir. scand. 100, 169 (1950).
Rübe, W.: Spontanrückbildung von Lungenmetastasen eines Chorionepithelioms. Fortschr. Röntgenstr. 81, 638 (1954).
Rübe, W.: Der Lungenrundherd. Klinik, Kasuistik, Pathogenese und röntgenologische Differentialdiagnostik. Fortschr. Röntgenstr., Erg.-Bd. 95, 1—131 (1967).
Rupe, C. E., Nickel, S. N.: New clinical concept of systemic lupus erythematosus: analysis of 100 cases. J. Amer. med. Ass. 171, 1055—1061 (1959).
Rusby, N. L., Wilson, L.: Lung purpura with nephritis. Quart. J. Med. 29, 501—511 (1960).
Russo, P. E., Cavanaugh, C. J.: Diagnosis of pulmonary metastases. A study of 105 cases. Radiology 60, 198 (1953).
Rusznyak, I., Földi, M., Szabó, G.: Physiologie und Pathologie des Lymphkreislaufs. Jena: G. Fischer 1957.
Rybakova, N. I.: X-ray diagnosis of pulmonary paragonimiasis. Vestn. Rentgenol. Radiol. 33, 7—11 (1958).
Rybakova, N. I.: Pulmonary metastases of tumors of the kidneys and adrenal glands. Vestn. Rentgenol. Radiol. (Mosk.) 41, 31—37 (1966).
Rybakova, N. I.: Clinical and roentgenological peculiarities of testis tumours metastasizing into the lungs. Vopr. Onkol. 9, 57—64 (1963).
Saccamonno, Kleinschmidt, Murphy: A case of "lymphangitic carcinoma" of the lung diagnosed by sputum smear examination. Dis. Chest 1950, 273.
Sachs, H. W.: Ein Fall von primärer Lymphogranulomatose der Lunge. Med. Klin. 1935, 271.
Sackner, M. A.: The visceral manifestations of scleroderma: historical essay. Arthr. and Rheum. 5, 184—194 (1962).
Sackner, M. A., Akgun, N., Kimbel, P., Lewis, D. H.: The pathophysiology of scleroderma involving the heart and respiratory system. Ann. intern. Med. 60, 611—630 (1964).
Saenger, E. L., Johansmann, R. J.: Letterer-Siwe's disease. Amer. J. Roentgenol. 71, 473—483 (1954).
Sakula, A.: Spontaneous regression of pulmonary metastases secondary to carcinoma of kidney. Brit. J. Dis. Chest 57, 147—152 (1963).
Sakurai, M., Klassen, K. P., Selbach, G. J.: The presence of malignant cells in the blood of patients with carcinoma of the lung. Acta cytol. (Philad.) 6, 314 (1962).
Salgado, I., Hopkirk, J. F., Ritchie, R. C., Ritchie, S., Webster, D. R.: Tumor cells in the blood. Canad. med. Ass. J. 81, 619 (1959).
Saltzman, P. W., West, M., Chomet, B.: Pulmonary hemosiderosis and glomerulonephritis. Ann. intern. Med. 56, 409—421 (1962).
Saltzstein, S.: Pulmonary malignant lymphomas and pseudolymphomas: classification, prognosis and therapy. Cancer (Philad.) 16, 928 (1963).
Salzman, E., Reid, J. H., Ogura, G. I.: Cavernous metastatic pulmonary carcinoma. A report of two cases. Dis. Chest 23, 678—685 (1953).
Samellas, W., Marks, A. R.: Apparent spontaneous regression of pulmonary metastases following nephrectomy for adenocarcinoma of kidney. J. Urol. (Baltimore) 85, 494—496 (1961).
Samuel, E.: Roentgenology of parasitic calcification. Amer. J. Roentgenol. 63, 512 (1950).
Samuels, L. D.: Lung scanning with Sr^{87m} in metastatic osteosarcoma. Amer. J. Roentgenol. 104, 766—769 (1968).
Samuels, L. D., Bass, J. C.: ^{51}Cr lung scan in idiopathic pulmonary hemosiderosis. J. nucl. Med. 10, 106—107 (1969).
Samuelsen, E.: Tuberous sclerosis with changes in lung and bones. Acta radiol. (Stockh.) 23, 373—386 (1942).
Sandberg, A. A., Moore, G. E.: Examination of blood for tumor cells. J. nat. Canc. Inst. 19, 1 (1957).
Sanders: Zit. nach Magdon, E., Gummel, H., Baudach, H., Zirkulierende Tumorzellen im Blut. Dtsch. Gesundh.-Wes. 21, 1846 (1966).
Sanders, M., Kahan, M., Sbar, S.: Pulmonary alveolar proteinosis. Dis. Chest 42, 437 (1962).
Sanderud, K.: Myomatosis of the lung. Report of case with possible unilateral localization. Acta path. microbiol. scand. 36, 331—336 (1955).
Sandkühler, S., Roemheld, L.: Mylome mit plasmozytärem Pleuraerguß. Acta haemat. (Basel) 18, 403 (1957).
Sandler, B. P., Matthews, J. H., Bornstein, S.: Pulmonary cavitation due to polyarteritis. J. Amer. med. Ass. 144, 754—757 (1950).

Sanger, P. W.: Surgical treatment of bronchogenic carcinoma. Presented at postgraduate course: Thoracic neoplasm. Ann. Meet. Amer. Coll. Surg., Atlantic City, N.Y., 18. 10. 1962.
Sanguigno, N., Camposi, C.: Proteinosi alveolare ad evoluzione in sclerosi polmonare di tipo clinicamente idiopatico. Riv. Tuberc. **9**, 463 (1961).
Sante, L. R.: Pulmonary infection in tularemia. Amer. J. Roentgenol. **25**, 241—242 (1931).
Sante, L. R.: Roentgen manifestations of adult toxoplasmosis. Amer. J. Roentgenol. **47**, 825—829 (1942).
Sante, L. R., Hufford, C. E.: Annular shadows of unusual type associated with acute pulmonary infection. Amer. J. Roentgenol. **50**, 719—732 (1943).
Sante, L. R., Wyatt, J. P.: Roentgenological and pathological observations in antigenic pneumonitis. Its relationship to the collagen diseases. Amer. J. Roentgenol. **66**, 527—544 (1951).
Santy, P., Bérard, M., Galy, P., Larbre, Béthenod: L'exérèse des tumeurs métastatiques pulmonaires à type de masse périphérique. Poumon **4**, 283—297 (1952).
Saphir, O.: The transfer of tumor cells by the chirurgical knife. Surg. Gynec. Obstet. **63**, 775 (1936).
Saphir, O.: The fate of carcinoma emboli in the lung. Amer. J. Path. **23**, 245—249 (1947).
Sappington, S. W., Davie, J. H., Horneff, J. A.: Primary amyloidosis of the lungs. J. Lab. clin. Med. **27**, 882 (1942).
Sargent, E. N., Barnes, R. A., Schwinn, C. P.: Multiple pulmonary fibroleiomyomatous hamartomas: report of a case and review of the literature. Amer. J. Roentgenol. **110**, 694—700 (1970).
Sarre, H., Sieberth, H., Noltenius, H.: Das Goodpasture-Syndrom. Glomerulonephritis mit Lungenbluten. Dtsch. med. Wschr. **89**, 2405 (1964).
Sato, H.: Cancer cells in the circulating blood—with reference to cancer metastases. Bull. Wld Hlth Org. **26**, 675 (1962).
Sattler, A.: Moderne Biopsie als Methode zur Förderung von Forschung, Diagnostik und Therapie in der Lungenpathologie. Wien. klin. Wschr. **63**, 761—763 (1951).
Sauer, R., Eugenidis, N., Endrei, E.: Die zystische Erscheinungsform maligner Tumoren in der Lunge. Fortschr. Röntgenstr. **114**, 190—197 (1971).
Sauer, W. G., Dearing, W. H., Flock, E. V.: Diagnosis and management of functioning carcinoids. J. Amer. med. Ass. **168**, 139 (1958).
Saupe, E.: Über Lungenbefunde bei Lymphogranulomatose. Klin. Wschr. **24**, 514 (1937).
Saupe, E.: Gleichzeitiges Vorkommen von ungewöhnlich lokalisiertem Lungenkarzinom und Lungenchondrom. Med. Klin. **1939**, 142.
Scadding, F. H.: Pulmonary alveolar proteinosis. Curr. Med. Drugs **4**, 3 (1963).
Scadding, J. G.: Chronic diffuse broncho-pneumonia. Brit. J. Tuberc. **30**, 186—204 (1936).
Scadding, J. G.: Chronic pneumonias. Proc. roy. Soc. Med. **31**, 1259—1271 (1938).
Scadding, J. G.: Sarcoidosis with special reference to lung changes. Brit. med. J. **1950**, 745.
Scadding, J. G.: Chronic lung disease with diffuse nodular or reticular radiographic shadows. Tubercle (Lond.) **33**, 352—365 (1952).
Scadding, J. G.: In: Marshall, G., Perry, K. M. A.: Diseases of the chest, vol. II, p. 187. London 1952.
Scadding, J. G.: Pulmonary fibrosis and collagen diseases of the lung. A symposium. I. Clinical problems of diffuse pulmonary fibrosis. Brit. J. Radiol. **29**, 633—641 (1956).
Scadding, J. G.: The lungs in rheumatoid arthritis. Proc. roy. Soc. Med. **62**, 227—238 (1969).
Scadding, J. G., Hinson, K. F. W.: Diffuse fibrosing alveolitis (diffuse interstitial fibrosis of the lungs); correlation of histology at biopsy with prognosis. Thorax (Lond.) **22**, 291—304 (1967).
Scannell, S. G., Myers, G. S., Friedrich, A. L.: Significance of pulmonary hypertension in constrictive pericarditis. Surgery **32**, 184—194 (1952).
Scarrow, G. D., Galloway, R. W.: Non-traumatic hematomata of lungs. Brit. J. Radiol. **39**, 629 (1966).
Schäfer, H.: Extragenitales Chorionepitheliom bei einem Mann. Strahlentherapie **108**, 283—297 (1959).
Schäfer, H.: Über das maligne Chorionepitheliom und seine Behandlung. Dtsch. med. Wschr. **84**, 2006—2013 (1959).
Schaefer, A., Wurm, H.: Lymphogranulom der Lunge mit Kavernenbildung. Fortschr. Röntgenstr. **47**, 254—262 (1933).
Schafer, P. W., Scott, O. B.: Should solitary pulmonary "metastases" be resected? J. thorac. Surg. **16**, 524—529 (1947).
Schairer, E., Krombach, E.: Röntgenstrahlenschädigung der Lungen mit tödlichem Ausgang. Strahlentherapie **64**, 267 (1939).
Schattenberg, H. J., Ryan, J. F.: Lymphangitic carcinomatosis of the lungs: Case report with autopsy findings. Ann. intern. Med. **14**, 1710—1721 (1941).
Schecter, M. M.: Diffuse interstitial fibrosis of the lungs. Amer. Rev. Tuberc. **68**, 603—614 (1953).
Scheidegger, S.: Zur Frage der Gut- und Bösartigkeit aus pathologisch-anatomischer Sicht. In: Barthelheimer, H., Maurer, H.-J. (Hrsg.), Diagnostik der Geschwulstkrankheiten, S. 15—45. Stuttgart: G. Thieme 1962.
Scheidemandel: Zur Symptomatologie des Chorionepithelioms, insbesondere der Lungenmetastasen. Berl. klin. Wschr. **1908**, 740.
Scheinin, T. M.: The effect of surgery upon the occurrence of circulating malignant cells in lung cancer. Acta chir. scand. **124**, 286 (1962).
Schell, H. W.: The solitary pulmonary metastasis. J. thorac. cardiovasc. Surg. **42**, 540—545 (1961).
Schermuly, W.: Der Inhalt der Lungenzeichnung beim Boeck. 47. Tagg d. Dtsch. Röntgengesellschaft, Berlin 21. 5. 1966.
Schermuly, W.: Vermeidung einiger Fehldiagnosen bei röntgenologischer Lungendiagnostik. 15. Fortbildungskurs in klinischer Radiologie, Gießen 21.—24. 10. 1971.
Schermuly, W., Behrend, H.: Die räumliche Ordnung der Lungenstrukturen bei der Sarkoidose. Fortschr. Röntgenstr. **104**, 607—624 (1966).
Schermuly, W., Behrend, H., Hamm, J., Fabel, H., Wilke, K. H.: Das röntgenologisch erkennbare anatomische Substrat der gestörten Lungenfunktion. Untersuchungen bei Sarkoidose-Patienten. Fortschr. Röntgenstr. **104**, 206—226 (1966).
Schermuly, W., Hettler, M.: Das zentrale Lungenödem. Hess. Ärztebl. **29**, 659—660, 662 (1968).
Schermuly, W., Nieth, H., Biskamp, K.: Das Lungenödem bei Nierenkranken. 44. Tagg Dtsch. Röntgengesellschaft 1963. Fortschr. Röntgenstr. (Beiheft) **1964**, 197.
Scheuerlen, P.: Die intrathorakalen Manifestationen der Lymphogranulomatose. Prax. Pneumol. **21**, 609 (1967).
Schiedat, M.: Über den Untergang maligner Geschwulstmetastasen in der Lunge, Leber und Lymphknoten. Inaug.-Diss. Königsberg 1909.

Schiessle, W., Germeshausen, H.: Interne bioptische Methoden von Lungen-, Pleura- und Mediastinalkrankheiten. Med. Klin. 57, 913—918 (1962).

Schildknecht, O.: Zur Pathogenese verkalkter Schichtungskugeln, sogen. „Corpora amylacea" in der Lunge. Virchows Arch. path. Anat. 285, 466—480 (1932).

Schilling, C.: Die Lungensyphilis des Erwachsenen. Fortschr. Röntgenstr. 37, 343—358 (1928).

Schinz, H. R., Botsztejn, C.: Der elektive Metastasierungstypus bei Malignomen. Oncologia (Basel) 2, 65 (1949).

Schlager, K.: Internist (Berl.) 3, 346 (1962).

Schlierbach, P.: Ein Fall von Echinococcus alveolaris der Leber mit Lungenmetastasen. Röntgenpraxis 10, 165—168 (1938).

Schmähl, D.: Die Metastasierung der Tumoren und ihre Beeinflussung. Med. Welt 1964, 544—549.

Schmähl, D.: Experimentelle Grundlage der Tumormetastasierung. In: Krebsforschung und Krebsbekämpfung, Bd. VI, S. 176—188. München-Berlin-Wien: Urban & Schwarzenberg 1967.

Schmähl, D.: Tumormetastasierung. Med. Mschr. 21, 5—8 (1967).

Schmid, F.: Das Lungenbild bei Speicherkrankheiten. Tagg Rhein.-Westfäl. Röntgengesellschaft, Dortmund 26. 9. 1959.

Schmid, F.: Lungenveränderungen bei Stoffwechselerkrankungen. In: Opitz, H., Schmid, F. (Hrsg.), Handbuch der Kinderheilkunde, Bd. VII, S. 273—281. Berlin-Heidelberg-New York: Springer 1966.

Schmid, F.: Lungenveränderungen bei Stoffwechselerkrankungen. In: Handbuch der medizinischen Radiologie, Bd. IX/3, S. 739—767. Berlin-Heidelberg-New York: Springer 1968.

Schmidt, F.: Über Tumorübertragung durch Aspiration und deren Bedeutung. Naturwissenschaften 42, 104 (1955).

Schmidt, H. W., Hargraves, M. M., Andersen, H. A., Daugherty, G. W.: Pulmonary changes in lung purpura and some other collagen diseases. Canad. med. Ass. J. 88, 658—665 (1963).

Schmidt, M. B.: Über Krebszellenembolien in den Lungenarterien. Zbl. allg. Path. path. Anat. 8, 860—869 (1897).

Schmidt, M. B.: Über Krebszellenembolien in den Lungenarterien. Verh. Ges. dtsch. Naturforscher u. Ärzte 1897, 11.

Schmidt, M. B.: Die Verbreitungswege der Karzinome und die Beziehung generalisierter Sarkome zu den leukämischen Neubildungen. Jena: G. Fischer 1903.

Schmidt, M. B.: Dtsch. med. Wschr. 39, 59 (1913).

Schmidt, P. G.: Differentialdiagnose der Lungenkrankheiten. Leipzig: J. A. Barth 1954.

Schmidt, R.: Zur klinischen Diagnostik der Miliarkarzinose der Lungen. Med. Klin. 1913, 2059.

Schmidt, R.: Bronchuskarzinome, sekundäre Lungengeschwülste, maligne Pleura- und Mediastinaltumoren. Med. Klin. 1926, 1869.

Schmiedt, E.: Lungenmetastasen bei Prostata-Carcinom. Z. Urol. 51, 58—59 (1958).

Schmoller, D.: Die Grundlage der Diagnose der Lungentumoren. Fortschr. Röntgenstr. 31, 399 (1924).

Schmorl, G.: Über die Beziehungen anthrakosilikotischer bronchialer Lymphknoten zu Bronchialerkrankungen und über Bronchitis deformans. Münch. med. Wschr. 1925, 757—759.

Schmorl, G., Novak, E.: J. Amer. med. Ass. 78, 1771 (1922).

Schneider, R.: Das mediastino-pulmonale Lymphogranulom. Versuch einer Einteilung nach röntgenmorphologischen Gesichtspunkten und nach Stadien. Dtsch. Arch. klin. Med. 207, 46—57 (1961).

Schoedel, W., Baltzer, G.: Einstrom und Ausstrom von Blut über bronchopulmonale Gefäßverbindungen. Pflügers Arch. ges. Physiol. 275, 539 (1962).

Schoedel, W., Baltzer, G., Gade, G., Piper, J.: Über die Durchblutung prä- und postpapillärer Verbindungen zwischen Bronchial- und Pulmonalgefäßen. Pflügers Arch. ges. Physiol. 273, 272 (1961).

Schoen, D., Aly, F. W.: Die alveoläre Lungenproteinose. Fortschr. Röntgenstr. 108, 449—457 (1968).

Schoen, D., Feine, U.: Höhlenbildung in Lungenmetastasen. Med. Welt 1963, 2686—2688.

Schoen, H. R.: Der Chylothorax. Thoraxchirurgie 16, 444—455 (1968).

Schoen, I., Reingold, I. M., Meister, L.: Relapsing nodular nonsuppurative panniculitis with lung involvement: clinical and autopsy findings, with notes on pathogenesis. Ann. intern. Med. 49, 687 (1958).

Schönlein, J. L.: Allgemeine und spezielle Pathologie und Therapie. Herisau, Lit.-Compt. Vol. 2, 45 (1837).

Schopper, W.: Das Chorionepitheliom des Uterus, ein Implantationstumor und seine Vorstufen. Hess. Ärztebl. 30, 695—701 (1969).

Schröder: Münch. med. Wschr. 1919, 49.

Schröder, G., Andersch, H.: Beitrag zur diffusen progressiven interstitiellen Lungenfibrose (Hamman-Rich-Syndrom). Fortschr. Röntgenstr. 84, 706—709 (1954).

Schubert, G., Höhne, G.: Strahlenschädigungen. In: Handbuch der inneren Medizin, 4. Aufl., Bd. VI/2, S. 195. Berlin-Göttingen-Heidelberg: Springer 1954.

Schubert, J. C. F., Schubert, H., Neu, O.: Successful immunosuppressive treatment of a patient with essential pulmonary haemosiderosis. Germ. med. Mth. 15, 76—81 (1970).

Schüller, A.: Über eigenartige Schädeldefekte im Jugendalter. Fortschr. Röntgenstr. 23, 12—18 (1915/16).

Schüller, A.: Dysostosis hypophysaria. Brit. J. Radiol. 31, 156—158 (1926).

Schuermann, H.: Progressive Sklerodermie, Dermatomyositis, Lupus erythematodes acutus. In: Fortschritte der praktischen Dermatologie und Venerologie. Berlin-Göttingen-Heidelberg: Springer 1952.

Schuermann, H.: Dermatomyositis und Sklerodermien. Verh. dtsch. Ges. inn. Med. 65, 116 (1959).

Schuermann, H., Hornstein, O.: Dermatomyositis (Polymyositis). In: Gottron-Schoenfeld, Dermatologie und Venerologie, Bd. II/1. Stuttgart: G. Thieme 1956.

Schuknecht, H. F., Perlman, H. B.: Hand-Schüller-Christian disease and eosinophilic granuloma of the skull. Ann. Otol. (St. Louis) 57, 643—676 (1948).

Schulten, H.: Tularämie. In: Handbuch der inneren Medizin, 4. Aufl., Bd. I/2, S. 224—305. Berlin-Göttingen-Heidelberg: Springer 1952.

Schulze, H.: Leiomyome oder teratoide Geschwülste der Lunge? (Eigenartige ungeklärte Röntgenbilder bei gleichzeitiger Tuberkulose.) Beitr. Klin. Tuberk. 97, 694 (1942).

Schulze, W.: Abnorme Füllung der pulmonalen Sammelvenen und ihre Bedeutung für die Differentialdiagnose kardio-pulmonaler Erkrankungen. 47. Tagg d. Dtsch. Röntgenges. Berlin 1966, Teil A, S. 91—97. Stuttgart: G. Thieme 1967.

Schulze, W.: Ventilationsstörungen der Lunge. In: Handbuch der medizinischen Radiologie, Bd. IX/3, S. 1—600. Berlin-Heidelberg-New York: Springer 1968.

Schulze, W.: Lungengerüsterkrankungen im Röntgenbild. Frühjahrstagg. d. Bayerischen Röntgengesellschaft, Lindau a. Bodensee 8. 6. 1969.

Schulze, W.: Röntgendiagnostische Irrtümer als Ursache vermeidbarer thoraxchirurgischer Fehlindikationen. Vortrag 87. Tagg d. Dtsch. Ges. Chirurgie München, 2. 4. 1970. Langenbecks Arch. klin. Chir. **327**, 541—546 (1970).

Schulze, W.: Röntgenpathologie des Lungengerüsts. Tagg Hessische Ges. f. Medizin. Strahlenkunde, Frankfurt/M., 4. 2. 1972.

Schumann, G.: Über die Anwendung der Sternal- und Lungenpunktion bei der Diagnostik von Lungentumoren. Z. ges. inn. Med. **10**, Nr. 15/16 (1955).

Schwab, W.: Über morphologische und funktionelle Veränderungen am Atmungstrakt nach Laryngektomie. Arch. Ohr.-, Nas.- u. Kehlk.-Heilk. **166**, 444—475 (1955).

Schwartz, M.: A biomathematical approach to clinical tumor growth. Cancer (Philad.) **14**, 1272 (1961).

Schwarz, E.: Atypical pulmonary sarcoidosis. Roentgenologic study. J. Amer. med. Ass. **176**, 811—812 (1961).

Schwarz, J., Baum, G. L.: Blastomycosis. Amer. J. clin. Path. **21**, 999—1029 (1951).

Schwarzmann, A.: Über generalisierte carcinomatöse Lymphangitis der Lungen. Acta radiol. (Stockh.) **15**, 491—501 (1934).

Schwedenberg, T.: Über die Karzinose des Ductus thoracicus. Virchows Arch. path. Anat. **181**, 295—338 (1905).

Schweisguth, O.: Metastases of neuroblastoma in children: possibilities of therapy, surgery, radiotherapy and Actinomycin D. Arch. franç. Pédiat. **22**, 939 (1965).

Schwörer, I.: Das Goodpasture-Syndrom aus radiologischer Sicht. Radiologe **9**, 79—82 (1969).

Scott, R. B.: The reticuloses. Some clinical aspects of the reticuloses. Brit. J. Radiol. **14**, 285, 475 (1954).

Seal, S. H.: A method for concentrating cancer cells suspended in large quantities of fluid. Cancer (Philad.) **9**, 866 (1956).

Seal, S. H.: Silicone flotation: a simple method for the isolation of free floating cancer cells from the blood. Cancer (Philad.) **12**, 590 (1959).

Seal, S. H.: A sieve for the isolation of cancer cells and other large cells from the blood. Cancer (Philad.) **17**, 637 (1964).

Seaman, W. B., Arneson, A. N.: Solitary pulmonary metastases in carcinoma of cervix. Obstet. and Gynec. **1**, 165—176 (1953).

Seiler, H. H., Clagett, O. T., McDonald, J. R.: Pulmonary resection for metastatic malignant lesions. J. thorac. Surg. **19**, 655—679 (1950).

Selahattin, M.: Ein Fall von Zystizerkose der Lunge. Röntgenpraxis **6**, 601—603 (1934).

Selawry, O.: Hyperthermie und kombinierte Wärme-Röntgenbehandlung des Ehrlich-Carcinoms unter besonderer Berücksichtigung der Metastasierungsgefahr. Int. Rundsch. physikal. Med. **10**, 162—164 (1957).

Selbach, G. J., Bondar, M., Klassen, K. P.: The detection of malignant cells in the arterial blood. Acta cytol. (Philad.) **8**, 341 (1964).

Seldin, D. W., Kaplan, H. S., Bunting, H.: Rheumatic pneumonia. Ann. intern. Med. **26**, 496 (1947).

Semisch, R.: Neue Ansichten über die periphere Lungenzirkulation und ihre Folgerungen bezüglich der Metastasierung, Fett- und Thromboseembolie. Langenbecks Arch. klin. Chir. **292**, 294—301 (1959).

Semple, J., West, L. R.: Calcified pulmonary metastases from testicular and ovarian tumours, a report of 2 cases with long survival. Thorax (Lond.) **10**, 287—292 (1955).

Seusing, J., Röhrl, W.: Über Lungenbefunde bei Leukämien. Ärztl. Wschr. **1952**, 916—919.

Seyderhelm: Demonstration eines Falles von Lymphangitis carcinomatosa der Lungen. Münch. med. Wschr. **74**, Nr. 12 (1932).

Seyss, R.: Verkalkte Weichteilmetastasen eines schleimbildenden Adenokarzinoms der Lunge. Dtsch. med. J. **18**, 123—124 (1967).

Shanks, S. C., Kerley, P. (eds.): A textbook of x-ray diagnosis. 2nd edition, vol. II, p. 404. London: H. K. Lewis & Co. 1951.

Shapiro, H., Lowman, R. M.: Roentgen manifestations of erythema exsudativum multiforme (Stevens-Johnson syndrome). Dis. Chest **32**, 334 (1957).

Sharp, G. S.: The diagnosis of primary carcinoma of the lung by aspiration. Amer. J. Cancer **15**, 863 (1931).

Sharp, M. E., Danino, E. K.: An unusual form of pulmonary calcification: "Mikrolithiasis alveolaris pulmonum". J. Path. Bact. **65**, 388—399 (1953).

Shaw, A. B.: Spontaneous pneumothorax from secondary sarcoma of lung. Brit. med. J. **1951 I**, 278—280.

Sheft, D. J., Moskowitz, H.: Pulmonary muscular hyperplasia. Amer. J. Roentgenol. **93**, 836—849 (1965).

Sheinmel, A., Roswit, B., Lawrence, L. R.: Hodgkin's disease of lung. Roentgen appearance and therapeutic management. Radiology **54**, 165—179 (1950).

Sherman, J. O., Staley, C. J., Shields, T. W.: Double primary tumors of the larynx and lungs. Arch. Surg. **94**, 550—558 (1967).

Sherman, R. S., Brant, E. E.: X-ray study of spontaneous pneumothorax due to cancer metastases to lungs. Dis. Chest **26**, 328—337 (1954).

Shibata, H. R., Ritchie, A. C., Hopkirk, J. F., Long, R. C.: Tumor cells in the circulating blood of patients with carcinoma of the breast and of the gastrointestinal tract. J. Canad. med. Ass. **89**, 863 (1963).

Shields, T. W., Drake, C. T., Sherrick, J. C.: Bilateral primary bronchogenic carcinoma. J. thorac. cardiovasc. Surg. **48**, 401—413, 416—417 (1964).

Shingu, S.: Zur pathologischen Anatomie multipler Lungengummen. Wien. klin. Arch. **23**, 970 (1910).

Shinohara, S.: Roentgenologic and logetronic diagnosis of metastatic pulmonary cancer. XII. Internat. Congr. of Radiology, Tokyo 7. 10. 1969.

Shivas, A. A., Finlayson, N. D. C.: The resistence of arteries to tumour invasion. Brit. J. Cancer **19**, 486 (1965).

Shlimovitz, N., Van Brown, D.: Extragenital chorionepithelioma in the male. Surgery **28**, 755 (1950).

Shone, J. D., Amplatz, K., Anderson, R. C., Adams, P., Edwards, J. E.: Congenital stenosis of individual pulmonary veins. Circulation **26**, 574 (1962).

Shorvon, L.: Pulmonary metastases from tumours of the testis. Brit. J. Radiol. **18**, 363 (1945).

Shuford, W. H., Seaman, W. B., Goldman, A.: Pulmonary manifestations of scleroderma. Arch. intern. Med. **92**, 85—97 (1953).

SICHEL, D., OEDET, P., KOEBELE, F., HUTT, J. P., WITZ, H.: Diverses formes de sarcomes endothoraciques. J. Radiol. Électrol. 35, 913—917 (1954).

SICHER, K.: Sternal swelling as presenting symptom of Hodgkin's disease. Brit. med. J. 1948 II, 824.

SIEBERT, F. T., FISHER, E. R.: Bronchiolar emphysema. So-called muscular cirrhosis of the lung. Amer. J. Path. 33, 1137—1161 (1957).

SIELAFF, H. J.: Internistische Röntgendiagnostik in Klinik und Praxis. Stuttgart: F. Enke 1963.

SIELAFF, H. J.: Kleiner Kreislauf. A. Lungenarterien und Lungenvenen. In: Handbuch der Medizinischen Radiologie, Bd. X/3, S. 1—223. Berlin-Heidelberg-New York: Springer 1964.

SIENIEWICZ, D. J., MARTIN, J. R.: Cavitating rheumatoid nodules in the lung: follow-up report. J. Canad. Ass. Radiol. 18, 401—403 (1967).

SIENIEWICZ, D. J., MARTIN, J. R., MOORE, S., MILLER, A.: Rheumatoid nodules in the lung. J. Canad. med. Ass. 13, 73—80 (1962).

SIERACKI, J. C., HORN, R. C., JR., DAY, S.: Pulmonary alveolar proteinosis: report of three cases. Ann. intern. Med. 51, 728 (1959).

SILTZBACH, L. E.: Pulmonary sarcoidosis. Amer. J. Surg. 1955, 556.

SILVERMAN, F. N.: Pulmonary calcification: Tuberculosis? Histoplasmosis? Amer. J. Roentgenol. 64, 747—764 (1950).

SILVERMAN, F. N., STEIGMAN, A. J., FURCOLOW, M. L., DURTA, F. R., GIRDANA, B.: Panel discussion on the stippled lung. Meeting of American Academy of Pediatrics, Cincinnati 26.—28. 6. 1951.

SILVERMAN, J. J., TALBOT, T. J.: Diffuse interstitial pulmonary fibrosis camouflaged by hypermetabolism and cardiac failure: antemortem diagnosis with biopsy and catheterisation studies. Ann. intern. Med. 38, 1326—1338 (1953).

SILVERSTEIN, C. M., MITCHELL, G. L.: Tuberous sclerosis; report of a case with unusual pulmonary manifestations. Amer. J. Med. 16, 764—768 (1954).

SILVERSTEIN, M.: Pulmonary manifestations of leptospirosis. Radiology 61, 327—334 (1953).

SILVERSTEIN, M. N., KELLY, P. J.: Osteoarticular manifestations of Gaucher's disease. Amer. J. med. Sci. 253, 569—577 (1967).

ŠÍMA, V.: The roentgenological diagnosis of pulmonary hydatid disease. I. The roentgenographic image of pulmonary hydatid cysts. II. The roentgenological differential diagnosis of pulmonary hydatid cysts. III. The value of scanning as a diagnostic method in pulmonary hydatid disease. Stud. pneum. phtiseol. čsl. 30, 203—215 (1970).

SIMEONE, L.: Contributo alla conoscenza della sindrome di Goodpasture. Associazione di emosiderosi polmonare con glomerulonefrite. Nunt. radiol. (Firenze) 35, 139—149 (1969).

SIMON, G.: Intra-thoracic Hodgkin's disease. I. Less common intrathoracic manifestations of Hodgkin's disease. Brit. J. Radiol. 40, 926—929 (1967).

SIMON, M.: Pulmonary veins in mitral stenosis. J. Fac. Radiol. (Lond.) 9, 25—32 (1958).

SIMON, M.: Pulmonary vessels in incipient left ventricular decompensation: radiologic observations. Circulation 24, 185—190 (1961).

SIMON, M.: Pulmonary vessels: their hemodynamic evaluations using routine radiographs. Radiol. Clin. N. Amer. 1, 363—376 (1963).

SIMPSON, W. M.: Three cases of thyroid metastasis to bone; with a discussion as to the existence of the so-called "benign metastazising goiter". Surg. Gynec. Obstet. 42, 489—507 (1926).

SIMROCK, W.: Beitrag zur Kenntnis der „diffusen" Lungencarcinome. Inaug.-Diss. Frankfurt/M. 1938.

SINCLAIR, D. J., GRAVELLE, I. H.: Abdominal presentation of bronchogenic carcinoma. Brit. J. Radiol. 40, 441—445 (1967).

SINCLAIR, J. D.: Diffuse interstitial pulmonary diseases. J. Indian med. Prof. 13, 5782—5790 (1966).

SINGER, D. B., GREENBERG, S. D., HARRISON, G. M.: Papillomatosis of the lung. Amer. Rev. resp. Dis. 94, 777—783 (1966).

SINGER, J. J.: The lymphatic drainage of the pleura as demonstrated by thorotrast. Calif. west. Med. 57, 28 (1942).

SINNER, W.: Wert und Bedeutung des Tumorzellnachweises im strömenden Blut. Praxis 52, 1343—1347 (1963).

SINNER, W., SCHINZ, H. R.: Metastasenstraßen. In: Ergebnisse der medizinischen Strahlenforschung, N. F., Bd. I, 415—486. Stuttgart: G. Thieme 1964.

SIRAK, H. D., SARTAWI, I. A., KIM, Y. T.: The hemorrhagic pulmonary-renal syndrome of Goodpasture. J. thorac. cardiovasc. Surg. 52, 54—60 (1966).

SIRRI: La granulie pulmonaire cancéreuse. Thèse de Lyon 1939.

SIRSI, M., BUCHER, K.: Studies on arterio-venous anastomosis in the lungs. Experientia (Basel) 9, 217 (1953).

SIWE, S. A.: Die Retikuloendotheliose: ein neues Krankheitsbild unter den Hepatosplenomegalien. Z. Kinderheilk. 55, 212—247 (1933).

SIWE, S. A.: The reticulo-endothelioses in children. In: LEVINE, S. Z., BUTTER, A. M., HOLT, L. E., WEECH, A. A., Advances in pediatrics, vol. 4, p. 117—143. New York: Interscience Publishers, Inc., 1949.

SKINNER, E. F.: Disseminated lymphoblastoma resembling pulmonary tuberculosis; temporary dramatic response to nitrogen mustard therapy. Dis. Chest 25, 585 (1954).

SLAVIN, P.: Failures in the diagnosis of neoplastic disease. Quart. Bull. Sea View Hosp. 16, 86—94(1956).

SLOPER, J. C.: Diffuse interstitial pulmonary fibrosis. Lancet 269, No. 6889 (1955).

SLUTZKER, B., KNOLL, H. C., ELLIS, F. E., SILVERSTONE, I. A.: Pulmonary alveolar proteinosis. Arch. intern. Med. 107, 264 (1961).

SLUTZKER, B., PERRYMAN, P. H.: Pulmonary alveolar proteinosis: Response to nebulized enzyme therapy. Arch. intern. Med. 109, 406 (1962).

SLYCK, E. J. VAN: Diffuse interstitial pulmonary fibrosis (Hamman-Rich syndrome). Dis. Chest 31, 593 (1957).

SMITH, A. M., BECKER, J. A.: Malignant mesenchymoma of the retroperitoneum. Amer. J. Roentgenol. 104, 389—393 (1968).

SMITH, D. T.: Fungus diseases of the lungs. Springfield, Ill.: Ch. C. Thomas 1947.

SMITH, E. M. G., HANSON, S.: Alveolar echinococcus: Case report with discussion of ecology of the disease. Amer. J. clin. Path. 35, 160—165 (1961).

SMITH, J. F.: Disseminated focal necrosis with eosinophilia and arteritis in case of asthma (Loeffler's syndrome?). J. Path. Bact. 60, 481 (1948).

SMITH, J. W., PARSONS, H. G., DANIELS, A. C.: Scalene node, parietal pleura, and lung biopsy in the diagnosis of intrathoracic disease. J. thorac. Surg. 37, 611—620 (1959).

SMITH, K. V.: Chronic diffuse interstitial pneumonia and diffuse interstitial fibrosis. Med. J. Aust. 1961 II, 244.

SMITH, M. J.: Error and variation in diagnostic radiology. Springfield, Ill.: Ch. C. Thomas 1967.

SMITH, R. A.: Development and treatment of fresh lung carcinoma after successful lobectomy. Thorax (Lond.) 21, 1—20 (1966).

Smith, W. W., Rothermich, N. O.: Diffuse interstitial fibrosis complicating rheumatoid arthritis. Ohio St. med. J. 53, 773 (1957).

Smithers, D. W.: A clinical prospect of the cancer problems. Edinburgh: Livingstone 1960.

Snider, T. H., Wilner, F. M., Lewis, B. M.: Cardiopulmonary physiology in a case of pulmonary alveolar proteinosis. Ann. intern. Med. 52, 1318 (1960).

Sobota, J. T., Reed, R. J.: Multiple bronchial adenomas, Cushing's syndrome and hypokaliemic alkalosis. Dis. Chest 45, 367 (1964).

Sodeman, W. A., Haynie, T. P.: Hepatic photo scanning in hydatid liver cysts. J. Amer. med. Ass. 188, 318—320 (1964).

Soergel, K. H., Sommers, S. C.: Idiopathic pulmonary hemosiderosis and related syndromes. Amer. J. Med. 32, 499 (1962).

Soergel, K. H., Sommers, S. C.: The alveolar epithelial lesions of idiopathic pulmonary hemosiderosis. Amer. Rev. resp. Dis. 85, 540—552 (1962).

Sövényi, E., Bencze, G.: Lungenveränderungen bei systematischem Lupus erythematodes. Fortschr. Röntgenstr. 86, 17—24 (1957).

Solomon, M.: Interstitial pulmonary fibrosis secondary to pulmonary venous hypertension. J. Amer. med. Ass. 174, 464 (1960).

Sommer, F.: Das metastasierende Schilddrüsenadenom (Metastasierende Kolloidstruma Langhans). Fortschr. Röntgenstr. 66, 184—193 (1942).

Sommer, G. N. J.: Diskussion zu Seiler u. Mitarb.: Pulmonary resection for metastatic malignant lesions. J. thorac. Surg. 19, 677 (1950).

Soost, H. J.: Über das Vorkommen von Tumorzellen im zirkulierenden Blut. Dtsch. med. Wschr. 85, 893 (1960).

Soper, R. T.: Management of recurrent or metastatic Wilm's tumor. Surgery 50, 555 (1961).

Sosman, M. C., Dodd, G. D., Jones, W. D., Pillmore, G. U.: Familial occurrence of pulmonary alveolar microlithiasis. Amer. J. Roentgenol. 77, 947—1012 (1957).

Sossai, M.: Anastomosi transtoraciche fra grande e piccolo circolo; dimostrazione anatomo-radiologica. Quad. Radiol. 27, 3 (1962).

Soter, C., Berkmen, Y., Gür, H., Hadzidakis, A. A., Gilmore, J. H.: Ossifying pneumonitis and calcinosis. Report of a case. Acta radiol. (Stockh.) 54, 195—203 (1960).

Soucheray, P. H., O'Loughlin, B. J.: Cavitation within bland pulmonary infarcts. Dis. Chest 24, 180 (1953).

Sousa, O. M. De: Sur les variations du drainage lymphatique du lobe inférieur du poumon chez l'homme. Acta anat. (Basel) 21, 342—348 (1954).

Sousa, O. M. De: Über das Vorhandensein von pulmonalen Lymphsammelgefäßen, die nach den abdominellen Lymphknoten ziehen. Rev. bras. Tuberc. 23, 89—94 (1955).

Soysa, E., Jayawardena, M. D. S.: Pulmonary acariasis: a possible cause of asthma. Brit. med. J. 1946, No. 4383, 1.

Spain, D. M.: Patterns of pulmonary fibrosis as related to pulmonary function. Ann. intern. Med. 33, 1150 (1950).

Spain, D. M.: Tumors of the lung. New York: Grune & Stratton 1960.

Speed, K.: Postmetastatic survival in osteogenic sarcoma. Surg. Gynec. Obstet. 76, 139—146 (1943).

Spencer, H.: The development and spread of lung cancer. Thesis London University 1954.

Spencer, H.: Pathology of the lung. Oxford-London-New York: Pergamon Press 1963.

Sperling, E.: Bilaterale Bronchialkarzinome. Thoraxchirurgie 9, 488—497 (1962).

Spillane, J. D.: Four cases of diabetes insipidus and pulmonary disease. Thorax (Lond.) 7, 134—147 (1952).

Spink, W. W., McCullough, N. B., Hutchins, L. M·, Mingle, C. K.: Diagnostic criteria of human brucellosis. J. Amer. med. Ass. 149, 805 (1952).

Spirig, M.: Langfristig metastasierendes Schilddrüsenadenom. Oncologia (Basel) 1, 246 (1948).

Spittle, M. F., Heal, J., Harmer, C., White, W. F.: The association of spontaneous pneumothorax with pulmonary metastases in bone tumours of children. Clin. Radiol. (Edinb.) 19, 400—403 (1968).

Spratt, J. S., Ackerman, L. V.: Amer. J. Surg. 27, 23 (1961).

Spratt, J. S., Spjut, H. J., Roper, C. L.: Frequency distribution of rates of growth and estimated duration of primary pulmonary carcinoma. Cancer (Philad.) 16, 687—693 (1963).

Spratt, J. S., Spratt, T. L.: Ann. Surg. 159, 161 (1964).

Spratt, J. S., Ter-Pogossian, M., Long, R. T. L.: The detection and growth of intrathoracic neoplasms. Arch. Surg. 86, 283 (1963).

Sprecace, G. A.: Idiopathic pulmonary hemosiderosis. Amer. Rev. resp. Dis. 88, 330 (1963).

Stadelmann, O.: Lungenhämosiderose als rheumatische Gefäßerkrankung. Zbl. allg. Path. path. Anat. 108, 382 (1965).

Stadelmann, O., Breining, H.: Interstitielle Gewebsverkalkung als Folge eines sekundären Hyperparathyreoidismus bei chronischer Nephropathie. Fortschr. Med. 86, 123 (1968).

Stadelmann, O., Frik, W., Breining, H.: Goodpasture-Syndrom. Vergleich von röntgenologischem und morphologischem Befund. Fortschr. Röntgenstr. 108, 457—464 (1968).

Stahel-Stehli, J.: Cholesterin-Fremdkörper-Granulomatose der Lungen bei Diabetes mellitus. Virchows Arch. path. Anat. 304, 352 (1939).

Stahlmann, W., Worth, G.: Differentialdiagnose der Staublungenerkrankungen. Radiologe 5, 128—136 (1965).

Stansifer, P. H. D., Bourgeois, C.: Pulmonary alveolar proteinosis. Amer. J. clin. Path. 44, 539 (1965).

Staple, T. W., Ragsdale, E. F., Ogura, J. H.: The chest roentgenogram following supraglottic subtotal laryngectomy. Amer. J. Roentgenol. 100, 583—587 (1966).

Starichkov, M. S.: Difficulties and errors possible in clinico-roentgenological diagnosis of cancer of the lungs and lung lymphogranulomatosis. Acta Un. int. Cancr. 19, 1300—1302 (1963).

Steel, S. J.: Hodgkin's disease of the lung with cavitation. Amer. Rev. resp. Dis. 89, 736—744 (1964).

Stein, A. A., Harding, R., Mauro, J.: A simple method for identification of circulating cancer cells. Acta cytol. (Philad.) 6, 273 (1962).

Stein, A. A., Volk, B. M.: Papillomatosis of trachea and lung: Report of a case. Arch. Path. 68, 468—472 (1959).

Stein, H. L., Evans, J. A.: Percutaneous transthoracic lung biopsy utilizing images amplification. Radiology 87, 350 (1966).

Stein, J., Sheinmel, A.: Cavitary disease of the lungs (due to less frequent etiological factors). Radiology 54, 219—226 (1950).

Steinbrinck, W.: Verkalkende Ovarialcarcinom-Metastase in der Nebenniere. Fortschr. Röntgenstr. 81, 90 (1954).

STEINER, B.: Essential pulmonary haemosiderosis as immuno-haematological problem. Arch. Dis. Childh. **29**, 391—397 (1954).
STEINER, B., NABRADY, J.: Immunoallergic lung purpura treated with azathioprine. Lancet **1965 I**, 140.
STEINER, P. E.: Histopathological basis for x-ray diagnosability of pulmonary miliary tuberculosis. Amer. Rev. Tuberc. **36**, 692—705 (1937).
STELLBACHER, H. R., WEGMANN: Schweiz. med. Wschr. **79**, 337 (1949).
STELZNER, F.: Die Entstehung der generalisierten Carcinose. Chirurg **19**, 203 (1948).
STEMMER, E. A., CALVIN, J. W., CHANDOR, S. B., CONNOLLY, J. E.: Mediastinal biopsy for indeterminate pulmonary and mediastinal lesions. J. thorac. Surg. **49**, 405—411 (1965).
STENDER, H. S.: Das normale und pathologisch veränderte Interstitium der Lunge im Röntgenbild. 47. Dtsch. Röntgenkongreß, Berlin 21. 5. 1966.
STENDER, H. S.: Lungenveränderungen nach Inhalation von tierischen Antigenen. 53. Dtsch. Röntgenkongreß. Stuttgart 1972.
STENDER, H. S., SCHERMULY, W.: Das interstitielle Lungenödem im Röntgenbild. Fortschr. Röntgenstr. **95**, 461 (1961).
STENDER, H. S., SCHERMULY, W.: Allgemeine Röntgensymptomatologie der Lungenerkrankungen. In: Handbuch der Medizinischen Radiologie, Bd. IX/1, S. 226—329. Berlin-Heidelberg-New York: Springer 1969.
STENTON, M. C., TANGE, J. D.: Goodpasture's syndrome (pulmonary hemorrhage associated with glomerulonephritis). Austral. Ann. Med. **7**, 132 (1958).
STEPHAN, G., HAUG, P.: Diagnose und Differentialdiagnose der Lymphangiosis carcinomatosa der Lunge. Radiologe **7**, 288—294 (1967).
STERN, A.: Das Schicksal eingeschwemmter Geschwulstzellen in der Lunge. Virchows Arch. path. Anat. **241**, 219—231 (1923).
STERN, H., BOND, W. F., LAIOS, N. C.: Pulmonary alveolar proteinosis. Dis. Chest **39**, 82 (1961).
STERNBERG, W. H., SIDRANSKY, H., OCHSNER, S.: Primary malignant lymphomas of the lung. Cancer (Philad.) **112**, 806 (1959).
STEVENS, M., WEIGEN, J. F., LILLINGTON, G. A.: Needle aspiration biopsy of localized pulmonary lesions with amplified fluoroscopic guidance. Amer. J. Roentgenol. **103**, 561 (1968).
STEVENS, W. M.: The dissemination of intra-abdominal malignant disease by means of the lymphatics and thoracic duct. Brit. med. J. **1907 I**, 306—310.
STEVENSEN, K., PHILLIPS, L. H., MOTTET, K.: Primary bilateral bronchial adenoma. Case report. Amer. J. Surg. **108** 910 (1964).
STEVENSON, D. T., HAAN, E. VON: Cancer cell detection in the peripheral blood. II. Comparison of techniques using seeded specimens. Acta cytol. (Philad) **9**, 111 (1963).
STEWART, F. W.: Factors influencing the curability of cancer. In: Proc. 3rd Nat. Canc. Conf., p. 62—72.
STICKLER, G. B., LUDWIG, J.: Unusual interstitial pneumonia. Proc. Mayo Clin. **44**, 342—354 (1969).
STIRRAT, J. H.: Concerning the mode of spead of carcinoma. Thesis Glasgow University 1945.
STOBBE, H.: Die Krebsmetastasierung in die Lungen und aus den Lungen und deren differentialdiagnostische Schwierigkeiten unter besonderer Berücksichtigung der primären Multiplizität der Lungenkarzinome. Z. ges. inn. Med. **7**, 279 (1952).
STÖGER, R.: Zur Verhütung einer Propagation und metastatischen Ausbreitung von Tumorzellen nach einer Operation bzw. Probeexzision. Arch. Geschwulstforsch. **5**, 252—256 (1953).
STÖSSEL, E. v.: Über muskuläre Cirrhose der Lunge. Beitr. Klin. Tuberk. **90**, 432—442 (1937).
STOFBERG, A. M. M.: The significance of the leucocyte concentrate in the demonstration of tumour cells in the blood. Acta haemat. (Basel) **29**, 65 (1963).
STOLBERG, H. O., PATT, N. L., MACEWEN, K. F., WARWICK, O. H., BROWN, T. C.: Hodgkin's disease of the lung: Roentgenologic-pathologic correlation. Amer. J. Roentgenol. **92**, 96—115 (1964).
STOLTZE, T.: Zur Diagnostik der Lungengerüstverdichtungen. Radiologe **7**, 281—288 (1967).
STOLZE, T.: Zur Röntgendiagnostik entzündlicher Lungengerüstprozesse. 47. Tagg Dtsch. Röntgengesellschaft, Berlin 21. 5. 1966.
STOLZENBERG, J., CLEMENTS, J. P.: Bilateral simultaneous pneumothorax during radiation therapy for metastatic disease from osteogenic sarcoma. Radiol. clin. (Basel) **39**, 437—442 (1970).
STOREY, C. F., REYNOLDS, B. M.: Biopsy techniques in the diagnosis of intrathoracic lesions. Dis. Chest **23**, 357—382 (1953).
STORSTEIN, O.: Circulation failure in metastatic carcinoma of the lung; a physiologic and pathologic study of its pathogenesis. Circulation (N.Y.) **4**, 913—919 (1951).
STOUT, A. P.: Human cancer. London: Kimpton 1932; Philadelphia: Lea & Febiger 1932.
STOUT, A. P.: Hemangiopericytoma: a study of twenty-five new cases. Cancer (Philad.) **2**, 1027 (1949).
STOWELL, R. E., SACHS, E., RUSSELL, W. O.: Primary intracranial chorionepithelioma with metastasis to lungs. Amer. J. Path. **21**, 787—801 (1945).
STRÄULI, P.: Erreichte und erstrebte Ziele der Metastasenforschung. Oncologia (Basel) **15**, 123—128 (1962).
STRÄULI, P.: Das System des Ductus thoracicus und seine Bedeutung für die Krebsmetastasierung. Schweiz. med. Wschr. **92**, 180 (1962).
STRASSMAN, G.: Formation of hemosiderin in lungs; experimental study. Arch. Path. **38**, 76—81 (1944).
STRAUSS, J. F., SAPHIR, O.: The possible significance of altered blood coagulability on the spread of carcinoma cells. Proc. Inst. Med. Chic. **17**, 263 (1949).
STRICKLAND, B.: Pulmonary appearances of polyarteritis nodosa. J. Fac. Radiol. (Lond.) **6**, 201—208 (1955).
STRICKLAND, B.: Intrathoracic Hodgkin's disease. II. Peripheral manifestations of Hodgkin's disease in the chest. Brit. J. Radiol. **40**, 930—938 (1967).
STUART, B. M., GARDNER, J. W., LE MONE, D. V., RAVENSWAY, A. C. VAN: Pulmonary histoplasmosis. J. Missouri med. Ass. **45**, 417 (1948).
STUART, B. M., PULLEN, R. L.: Tularemic pneumonia; review of American literature and report of 15 additional cases. Amer. J. med. Sci. **210**, 223—236 (1945).
STUDDER, T. O.: Farmer's lung. Brit. med. J. **1953**, 1305.
STÜTTGEN, G., MEISTERERNST, W.: Mycosis fungoides. In: JADASSOHN, Handbuch der Haut- und Geschlechtskrankheiten, Erg.-Werk Bd. III/1, S. 715—835.
STURZENEGGER, H.: Lungenendometriose unter dem Bild des Rundschattens. Schweiz. Z. Tuberk. **17**, 259—266 (1960).
SUGARBAKER, E. D., CRAVER, L. F.: Lymphosarcoma. A study of 196 cases with biopsy. J. Amer. med. Ass. **115**, 17—23, 112—117 (1940).

Sullivan, M. A., Miller, D. K.: Pulmonary manifestations in collagen disease. Arch. intern. Med. 110, 769—781 (1962).

Sutton, M.: Prolonged survival with pulmonary metastases. Brit. med. J. 1961I, 290.

Svanberg, T.: Roentgenographical pulmonary changes in periarteriitis nodosa. Acta radiol. (Stockh.) 26, 307—312 (1945).

Svirčević, A., Popović, L.: Metastatischer Lungenkrebs unter dem Bilde der Lungenadenomatose. Med. Pregl. 11, 31—35 (1958).

Swaye, P., Ordstrand, H. S. van, McCormack, L. J., Wolpaw, S. E.: Familial Hamman-Rich syndrome: Report of eight cases. Dis. Chest 55, 7—12 (1969).

Sweeney, A. R., Baggenstoss, A. H.: Pulmonary lesions of periarteritis nodosa. Proc. Mayo Clin. 24, 35—43 (1949).

Sweet, R. H.: Zit. nach Seiler u. Mitarb., Pulmonary resection for metastatic malignant lesions. J. thorac. Surg. 19, 655 (1950).

Sweigert, C. F., McLaughlin, E. F., Heath, E. M.: Carcinoma of the pancreas with pulmonary lymphatic carcinosis simulating bronchial asthma. Ann. intern. Med. 27, 301—308 (1947).

Swierenga, J.: L'hémosidérose «idiopathique» du poumon chez des adultes. J. franç. Méd. Chir. thor. 18, 5 (1964).

Symmers, D.: The metastasis of tumors. Amer. J. med. Sci. 154, 225—240 (1917).

Symmers, W. S. C.: Arch. Path. 50, 475 (1950).

Symmers, W. S. C.: The reticuloses. Part I. 1. Some comments on the pathology of the reticuloses. Brit. J. Radiol. 24, 469—475 (1951).

Tabahasaki, T.: Experimental studies on lung tumor by implantation of tumor cells through the air passage. Gann 57, 337—352 (1966).

Tabershaw, I. R.: Beryllium. New Engl. J. Med. 240, 508—516 (1949).

Tachiiri, H., et al.: An outline of our study on the lung of the persons, breathing through the opening of the trachea after laryngectomy with special reference to radiologic findings of the chest. Jap. J. Chest. Dis. 24, 347—357 (1965).

Tachiiri, H., Murai, T., Kotake, T., Kozuka, T., Nosaki, T., Machi, S.: Veränderungen der Thoraxorgane bei laryngektomierten Patienten. Fortschr. Röntgenstr. 107, 81—89 (1967).

Tacquet, A., Clay, A., Voisin, C., Lelièvre, G., Leduc, M., Verclytte, A.: Aspects radiologiques des lymphangites pulmonaires néoplasiques. J. Radiol. Électrol. 50, 431—434 (1969).

Taddei, L., Pistocchi, F.: Regressione e scompare di metastasi polmonari di ipernephrome. Contributo casistico. Nunt. radiol. (Firenze) 32, 899—910 (1966).

Tait, G. B., Corridan, M.: Idiopathic pulmonary haemosiderosis. Thorax (Lond.) 7, 302—304 (1952).

Takahashi, M.: An experimental study of metastasis. J. Path. Bact. 20, 1—13 (1915).

Takahashi, M., Martel, W., Oberman, H. A.: The variable roentgenographic appearance of idiopathic histiocytosis. Clin. Radiol. (Edinb.) 17, 48—53 (1966).

Talbott, H. J., Ferrandis, R. M.: Collagen diseases. New York and London: Grune & Stratton 1956.

Taleghani-Far, M., Barber, J. B., Sampson, C., Harden, K. H.: Cerebral nocardiosis and alveolar proteinosis. Amer. Rev. resp. Dis. 89, 561 (1964).

Tan, C.: Pattern of pulmonary metastases in children with Wilms' tumor. Ann. Meet. Hames Ewing Soc. April 1966.

Tarnowski, G. E.: One hundred consecutive lymphgland biopsies by Daniel's method in cases of obscure pulmonary disease. Acta tuberc. pneumol. scand. 41, 192 (1962).

Taubert, M.: Zur Klinik der Lungenhämosiderose. Ärztl. Wschr. 7, 1049 (1952).

Taxay, E. P., Montgomery, R. D., Wildish, D. M.: Studies of pulmonary alveolar microlithiasis and pulmonary alveolar proteinosis. Amer. J. clin. Path. 34, 532 (1960).

Teixidor, H. S., Bachman, A. L.: Multiple amyloid tumors of the lung. Amer. J. Roentgenol. 111, 525 (1971).

Teschendorf, H. J.: Die Hand-Schüller-Christiansche Krankheit. Ergebn. med. Strahlenforsch. 7, 46 (1936).

Teschendorf, H. J.: Bedeutung und Behandlung der Strahleninduration der Lungen. In: Holfelder, H., Die Röntgentiefentherapie. Leipzig: G. Thieme 1938.

Teschendorf, W.: Lehrbuch der röntgenologischen Differentialdiagnostik. 4. Aufl., Bd. I. Erkrankungen der Brustorgane. Stuttgart: G. Thieme 1958.

Tesseraux, H.: Über pulmonale alveoläre Proteinose (Lipoproteinose). Zbl. allg. Path. path. Anat. 106, 56 (1964).

Teufel, R.: Frankfurt. Z. Path. 50, 326 (1937).

Thannhauser, S. J.: Lipoidoses. New York and London: Grune & Stratton 1958.

Theodos, P. A.: Chronic pulmonary beryllosis. J. Amer. med. Ass. 158, No. 16 (1955).

Theodos, P. A., Albritten, F. F., Breckenridge, R. L.: Lung biopsy in diffuse pulmonary disease. Dis. Chest 27, 637—648 (1955).

Thomas, C. P., Morgan, A. D.: Ossifying bronchial adenomas. Thorax (Lond.) 13, 386 (1958).

Thomas, H.: Die interstitielle plasmazelluläre Pneumonie, klinische Krankheitsstadien und röntgenologische Eigenarten. Habil.-Schr. Univ. Leipzig 1957.

Thomas, H.: Frühkindliche Lungenerkrankungen. In: Lungenkrankheiten im Röntgenbild, Bd. I, S. 221 bis 274. Leipzig: VEB Thieme 1957.

Thomas, W. S., Jewett, C. H.: Pneumonia following the aspiration of fats from the esophagus dilated as a result of cardiospasm. Clifton Med. Bull. 12, 130 (1926).

Thomford, N. R., Woolner, L. B., Clagett, O. T.: Surgical treatment of metastatis tumors in lungs. J. thorac. Surg. 49, 357—363 (1965).

Thomison, J. B.: Combination of millipore filtration and fluorescence microscopy in cytologic examination. Amer. J. clin. Path. 35, 407—410 (1961).

Thompson, W. B.: Pulmonary microlithiasis. Thorax (Lond.) 14, 76—81 (1959).

Thorek, M.: In: Field, J. B. (ed.), Cancer: diagnosis and treatment. London: Churchill 1959.

Thorell, I.: Pulmonary changes in cases of disseminated lupus erythematodes. Acta radiol (Stockh.) 37, 8—16 (1952).

Thornton, T. F., Bigelow, R. R.: Pneumothorax due to metastatic sarcoma. Report of 2 cases. Arch. Path. 37, 334—336 (1944).

Threefoot, S. A.: Lymphatico-venous communications in man. 1st Symposion on lymphology, Zürich 19.—23. 7. 1966.

Threefoot, S. A., Kent, W. T., Hatchett, B. F.: Lymphatico-venous and lymphatico-lymphatic communications demonstrated by plastic corrosion models of rats and by postmortem lymphangiography in man. J. Lab. clin. Med. 61, 9—22 (1963).

Thümmler, M.: Ergebnisse von Mediastinoskopie und gleichzeitig ausgeführter präskalenischer Lymphknotenbiopsie. Beitr. Klin. Tuberk. **130**, 101—118 (1965).

Tilling, W., Severin, G.: Zum Krankheitsbild der Mikrolithiasis alveolaris pulmonum. Med. Klin. **56**, 51 (1961).

Tinney, W. S., McDonald, J. R.: Pulmonary metastasis of carcinoma diagnosed by bronchoscopy. Minn. Med. **28**, 554—558 (1945).

Tischendorf, W.: Kollagenkrankheiten. Darmstadt: Th. Steinkopff 1959.

Tivenius, L.: Benign pleural lesions simulating tumour. Thorax (Lond.) **18**, 39—44 (1963).

Tobin, E. C.: Human pulmonic lymphatics. Anat. Rec. **127**, 611—624 (1957).

Tobin, E. C., Zariquiey, M. O.: Arterio-venous shunts in the human lungs. Proc. Soc. exp. Biol. (N.Y.) **75**, 827 (1950).

Töndury, G., Weibel, E.: Über das Vorkommen von Blutgefäßanastomosen in der menschlichen Lunge. Schweiz. med. Wschr. **86**, 265 (1956).

Törnell, E.: Thresher's lung: fungoid disease resembling tuberculosis or Morbus Schaumann. Acta med. scand. **135**, 219 (1947).

Tomashefski, J. F.: Pulmonary edema. In: Banyai, A. L., Gordon, B. L., Advances in cardiopulmonary diseases, vol. III, p. 159—165. Chicago: Year Book Medical Publishers, Inc. 1966.

Tomasi, T. B., Fudenberg, H. B., Finby, N.: Possible relationship of rheumatoid factors and pulmonary disease. Amer. J. Med. **33**, 234 (1962).

Torek, E.: Removal of metastatic of the lung and mediastinum; suggestions as to technic. Arch. Surg. **21**, 1416 (1930).

Toricelli, A., Canossi, C.: Pneumotorace spontaneo come prima manifestazione di metastasi polmonare da tumore Ewing. Radiol. med. (Torino) **44**, 952—958 (1958).

Torsoli, A., Baschieri, I., Pavoni, P., Maio, G. de: Metastasi polmonari da carcinoma della tiroide. Minerva nucl. (Torino) **7**, 157—161 (1963).

Totten, R. S., Reid, D. H., Davis, H. D., Moran, T. J.: Farmer's lung. Report of two cases in which lung biopsies were performed. Amer. J. Med. **25**, 803—809 (1958).

Tranquada, R. E., Simmonds, D. H., Miller, J. H.: Pulmonary fibrosis in scleroderma: Report of a case with pulmonary function studies to evaluate corticosteroid and relaxin therapy. Arch. intern. Med. **105**, 607—612 (1960).

Trapnell, D. H.: The peripheral lymphatics of the lung. Brit. J. Radiol. **36**, 660 (1963).

Trapnell, D. H.: Radiological appearances of lymphangitis carcinomatosa of the lung. Thorax (Lond.) **19**, 251 (1964).

Traut, E. F.: Rheumatic diseases. Diagnosis and treatment. St. Louis, Mo.: C. V. Mosby 1952.

Trense, E.: Zur Frage der Pneumokoniose bei Getreideumschlagarbeiten. Bundesarbeits-Bl. **5**, 926 (1955).

Treutlein, A.: Über die Verbreitung der Geschwulstmetastasen in der Lunge. Zbl. allg. Path. path. Anat. **13**, 520 (1902).

Treutler, H.: Beitrag zur Röntgendiagnostik der männlichen Chorionepitheliome. Fortschr. Röntgenstr. **82**, 338—341 (1955).

Trinez, G., Carton, F. X., Mahieu, A., Donne, Y., Baillet, J.: Une forme radiologique atypique de la maladie de Hand-Schüller-Christian. J. Radiol. Électrol. **46**, 910—914 (1965).

Trinidad, S., Lisa, J. R., Rosenblatt, M. B.: Cancer (Philad.) **16**, 1521 (1963).

Trinkle, J. K.: Fibrous mediastinitis presenting as mitral stenosis. J. thorac. cardiovasc. Surg. **62**, 161 (1971).

Troisier, E.: Recherches sur les lymphangites pulmonaires. Thèse de Paris 1874.

Troisier, E.: Note sur la lymphangite cancéreuse de la plèvre et du poumon. Arch. Physiol. **6**, 354 (1874).

Troisier, M.: Cancer de l'estomac, cancer secondaire des poumons, lymphangite pulmonaire généralisée. Bull. Soc. Anat. Paris **48**, 834 (1873).

Trucci, E., Barberi, G.: Regressione spontanea di metastasi polmonari da nefroepitelioma dopo nefrectomia. Gazz. int. Med. Chir. **75**, 589—600 (1970).

Tsipelzon, A. M., Russen, E. V.: The roentgenological picture of pulmonary changes in Wegener's granulomatosis. Klin. Med. (Mosk.) **43**, 35—39 (1965).

Tsukerman, O. A.: Roentgenological picture of leucemic changes in the lungs, pleura and thoracic lymph nodes in acute (subacute) leucemia. Vestn. Rentgenol. Radiol. (Mosk.) **38**, 26—30 (1963).

Tucker, R. M., Brown, A. L.: Goodpasture's syndrome. Proc. Mayo Clin. **43**, 449—463 (1968).

Tuffanelli, D. L., Winkelmann, R. K.: Systemic scleroderma: a clinical study of 727 cases. Arch. Derm. **84**, 359—371 (1961).

Tuft, L., Girsh, L. S.: Diffuse interstitial pulmonary fibrosis (Hamman-Rich syndrome) in an allergic patient. Amer. J. med. Sci. **235**, 60 (1958).

Tumulty, P. A.: The clinical course of systemic lupus erythematosus. J. Amer. med. Ass. **156**, 947 (1954).

Tureen, L.: J. Amer. med. Ass. **107**, 1365 (1936).

Turiaf, J.: L'histiocytose X pulmonaire. Poumon **25**, 725 (1969).

Turiaf, J.: Les déterminations ganglio-médiastinales et pulmonaires de la sarcoïdose de Besnier-Boeck-Schaumann. Rev. Prat. (Paris) **1953**, 277—296.

Turiaf, J.: In: Encyclopédie médico-chirurgical. Cahier spécialisé 61: Poumon-Plèvre-Médiastin. Receuil Nr. 43. Paris: Edit. Techniques (Encyclopédie méd.-chir.) 1970.

Turiaf, J., Basset, G., Marland, P., Georges, R.: Les images rondes opaques et homogènes d'aspect cancéreux métastatique de la sarcoïdose pulmonaire. Bull. Soc. méd. Hôp. Paris **115**, 683—691 (1964).

Turiaf, J., Brun, J.: Classification et aspects anatomo-cliniques des formes fondamentales de la sarcoïdose médiastino-pulmonaire. Bull. Soc. méd. Hôp. Paris **71**, 987—990 (1955).

Turiaf, J., Brun, J.: La sarcoïdose endothoracique de Besnier-Boeck-Schaumann. Exp. Sci. franç. (Paris) 1955.

Turiaf, J., Thibier, R., Basset, F., Roucou, Y., Duroux, P.: Les cavités nécrotiques intrafocales de la sarcoïdose pulmonaire. J. franç. Méd. Chir. thor. **19**, 139 (1965).

Turner, J. W., Jaffe, H. L.: Metastatic neoplasms; clinical and roentgenological study of involvement of skeleton and lung. Amer. J. Roentgenol. **43**, 479—492 (1940).

Turner, M., Doniach, D.: Auto-antibody studies in interstitial pulmonary fibrosis. Brit. med. J. **1965 I**, 886.

Turner, P.: Brit. Heart J. **26**, 821 (1964).

Tyler, A. F., Blackman, J. R.: Effect of heavy radiation on pleura and lungs. J. Radiol. **3**, 469—475 (1922).

Udani, P. M., Mukerji, S.: Pulmonary alveolar proteinosis. Indian J. Child Hlth **12**, 256 (1963).

UEHLINGER, A., FUCHS, W. A., BÜHLMANN, A., UEHLINGER, E.: Über Lungenfibrosen. Klinik, Radiologie, Pathophysiologie und pathologische Anatomie. Dtsch. med. Wschr. **85**, 1829, 1847 (1960).

UEHLINGER, E.: Über Knochen-Lymphogranulomatose. Virchows Arch. path. Anat. **288**, 36 (1933).

UEHLINGER, E.: Die pathologische Anatomie des Morbus Boeck. Beitr. Klin. Tuberk. **114**, 17 (1955).

UEHLINGER, E.: Kollagenkrankheiten des Lungengerüsts. Stuttgart: G. Thieme 1957.

UEHLINGER, E.: Pathologische Anatomie und Klinik des Morbus Boeck (Sarkoidose). Regensburg. 76. ärztl. Fortbild. **6**, 385 (1958).

UEHLINGER, E.: Die Kollagenkrankheiten der Lungen. Bibl. tuberc. (Basel) **14**, 144 (1959).

UEHLINGER, E.: Mikrolithiasis, Amyloidose und Proteinose der Lungen. Beitr. Klin. Tuberk. **132**, 130—147 (1965).

UEHLINGER, E.: Lungenfibrosen. Ergebn. ges. Tuberk.-Forsch. **18**, 1 (1968).

UEHLINGER, E.: 4. Die pulmonalen Cholesteringranulome. In: Die pathologische Anatomie, Diagnose und Differentialdiagnose der progressiven interstitiellen Lungenfibrose (HAMMAN-RICH). Fortbild. Thoraxkrankheiten **4**, 93—127 (1970).

UEHLINGER, E., SCHOCH, G.: Zur Diagnose und Differentialdiagnose der Lungengerüsterkrankungen. In: SCHINZ-GLAUNER-UEHLINGER, Röntgendiagnostik, Ergebnisse 1952 bis 1956, S. 307—372. Stuttgart: G. Thieme 1957.

ULLMAN, S. B.: The function of the lymphatic system in cancer. Oncologia (Basel) **16**, 1 (1963).

UNGEHEUER, E., HARTEL, W.: Operative Behandlung der Geschwülste der Lunge und des Mediastinums. In: HOLDER, E. (Hrsg.), Therapie maligner Tumoren, Hämoblastome und Hämoblastosen, Bd. II. Die operative Behandlung der Geschwülste, S. 406—477. Stuttgart: F. Enke 1967.

UDSELD, D. W.: Lungentoxoplasmose. Dtsch. med. Wschr. **80**, 173 (1955).

URTHALER, F.: Ätiologie und Diagnostik der Lungenfibrose. Dtsch. med. Wschr. **94**, 2290—2291 (1969).

UTHGENANNT, H., WEINREICH, J., KÜSTNER, W., SCHIRMER, W. D.: Röntgenologische Verlaufsbeobachtungen von diffuser progressiver Lungenfibrose. Fortschr. Röntgenstr. **111**, 750—762 (1969).

VANĚK, J.: Multinodular carcinoma of the lungs. Acta radiol. bohemosl. **4**, 117—119 (1949).

VANĚK, J.: Interstitielle, nicht eitrige Pneumonie. (Diffuse Lungenfibrose und Lungenzirrhose.) Zbl. allg. Path. path. Anat. **92**, 402—416 (1954).

VANĚK, J., JÍROVEC, O.: Parasitäre Pneumonie. Interstitielle Plasmazellenpneumonie der Frühgeburten, verursacht durch Pneumocystis Carinii. Zbl. Bakt., I. Abt. Orig. **158**, 120 (1952).

VEER, A. DE: Lungenmetastasen eines neurinoplastischen Sarkoms wahrscheinlich der Schilddrüse mit Rückbildungstendenz. Fortschr. Röntgenstr. **93**, 796—798 (1960).

VEJLENS, G.: Specific pulmonary alterations in tuberous sclerosis. Acta path. microbiol. scand. **18**, 317 (1941).

VERGAZOVA, R. U., KORSUNSKY, V. M.: Changes in the lung as a result of roentgentherapy of cancer of the mammary gland. Vopr. Onkol. **14**, 35—37 (1968).

VERHAEGHE, A., LEMAITRE, G., LEBEURRE, R., DEFOUILLOY, A., DELCAMBRE, B.: Aspects radiologiques pleuropulmonaires au cours de la polyarthrite rhumatoïde de l'adulte. Problème du «poumon rhumatoïde». J. belge Méd. phys. Rhum. **21**, 262—279 (1966).

VERSÉ, M.: Die Lymphogranulomatose der Lungen und des Brustfells. In: HENKE, F., LUBARSCH, O., Handbuch der speziellen pathologischen Anatomie und Histologie, Bd. III/3, S. 280—343. Berlin: Springer 1931.

VERSTRAETEN, J. M.: Les granulomatoses pulmonaires (sarcoïdose, berylliose, miliaire tuberculeuse). Acta tuberc. belg. **45**, 584—617 (1954).

VIAMONTE, M., RAVEL, R., POLITANO, V., BRIDGES, B.: Angiographic findings in a patient with tuberous sclerosis. Amer. J. Roentgenol. **98**, 723—733 (1966).

VIDEBAEK, A.: Acta paediat. (Uppsala) **27**, Heft 2 (1949).

VIERTH, K.: Über rückläufige Metastasen in den Lymphbahnen. Beitr. path. Anat. **18**, 515 (1895).

VIETA, J. O., CRAVER, L. F.: Intrathoracic manifestations of the lymphomatous diseases. Radiology **37**, 138—158 (1941).

VINSON, P. P., MARTIN, W. J.: Pulmonary metastasis from hypernephrom diagnosed by bronchoscopy. Arch. Otolaryng. **15**, 368—370 (1938).

VIRCHOW, R.: Virchows Arch. path. Anat. **8**, 103 (1855); **9**, 618 (1856).

VIRCHOW, R.: Die krankhaften Geschwülste. Berlin: Hirschwald 1864/65.

VISWANATHAN, R.: Pulmonary eosinophilosis. Quart. J. Med. **17**, 257—270 (1948).

VISWANATHAN, R.: Pulmonary alveolar microlithiasis. Thorax (Lond.) **17**, 251—256 (1962).

VITERBO, F., ALBANO, O.: Eccezionale reperti radiologici nel granuloma maligno polmonare. Radiologia (Roma) **14**, 177—192 (1958).

VITZTHUM, H.: Z. Parasitenk. (Berl.) **2**, 595 (1930); **4**, 48 (1932).

VOGEL, H.: Von Würmern und Arthropoden hervorgerufene Krankheiten. In: RUGE-MÜHLENS-ZUR VERTH, Krankheiten und Hygiene der warmen Länder, 4. Aufl., S. 347—407. Leipzig: G. Thieme 1938.

VOGEL, H., MINNING, W.: Wurmkrankheiten. In: Handbuch der inneren Medizin, 4. Aufl., Bd. I/2, S. 784—1008. Berlin-Göttingen-Heidelberg: Springer 1952.

VOGEL, K. H.: Beitrag zur Differentialdiagnose von Thorax-Röntgenbildern. Fortschr. Röntgenstr. **94**, 450—454 (1961).

VOGEL, K. H., FLINK, E.: Über Veränderungen im Röntgenbild des Thorax bei der Periarteriitis nodosa. Fortschr. Röntgenstr. **92**, 501—507 (1960).

VOGLER, E.: Syphilis der Lunge. Fortschr. Röntgenstr. **74**, 107 (1951).

VOLLHABER, H. H.: Lymphogranulomatose der Lungen. In: HAUSSER, R. (Herausg.): Blasige Lungenerkrankungen usw. Stuttgart: G. Thieme 1968.

VOLLHABER, H. H.: Farmerlunge. Bemerkungen zur klinischen, radiologischen und histologischen Diagnostik und zur Begutachtung. Pneumologie (Berl.) **142**, 20—41 (1970).

VOLPÉ, R., OGRYZLO, M. A.: The cryoglobulin inclusion cell. Blood **10**, 493—496 (1955).

VORZIMMER, J., PERLA, D.: An instance of adamantinoma of the jaw with metastases to the right lung. Amer. J. Path. **8**, 445—453 (1932).

VOTH, H.: Dtsch. Arch. klin. Med. **204**, 123 (1957).

VOTH, H.: Die pathogenetische Bedeutung der Lungenzeichnung im Röntgenbild. Habil.-Schr. Göttingen 1959.

VOTH, R.: Röntgenbefunde bei progressiver Sklerodermie. Verh. dtsch. Ges. inn. Med. **65**, 392 (1959).

VOTH, H.: Röntgenologische Verlaufsbeobachtung Wegenerscher Granulomatose. 11. Internat. Congr. Radiology, Montreal 26. 8.—1. 9. 1962.

VOTH, H.: Zur Röntgendiagnostik lymphatisch-retikulärer Systemkrankheiten, besonders der Lymphogranulomatose. Folia haemat. (Frankfurt), N.F. 8, 170—189 (1963).

VOTH, H.: Zur Pathogenese, Klinik und Röntgendiagnostik der Lungenfibrosen. Med. Welt, N.F. 18, 242—249 (1967).

VUORINEN, P., KALLIOMÄKI, J. L.: Intrathorakale Veränderungen bei Lupus erythematodes disseminatus im Röntgenbild. Röntgen-Bl. 18, 520—524 (1965).

WACHNER, G.: Über die Lymphogranulomatose der Lungen. Fortschr. Röntgenstr. 49, 620—631 (1934).

WACHNER, G.: Zur Differentialdiagnose metastatischer Lungentumoren. Röntgenpraxis 9, 413—416 (1937).

WÄTJEN, J.: Zur Kenntnis der Metastasierung bösartiger Gewächse auf dem Schleimhautwege. Zbl. allg. Path. path. Anat. 92, 222 (1954).

WAGNER, J. H.: Bronchiolitis obliterans following the inhalation of acrid fumes. Amer. J. med. Soc. 154, 511—522 (1917).

WAGNER, K.: Isolierte progrediente Lungenhämosiderose. Beitrag zur Differentialdiagnose hypochromer Anämien. Medizinische 1955, 117.

WALD, B.: Morphogenese und Röntgenmorphologie der Lungenmetastasen des Mammakarzinoms. IX. Internat. Kongreß für Radiologie, München 1959.

WALD, LE: Newgrowths of the lungs, primary and secondary. Radiology 4, 212 (1925).

WALKER, J. M., JOEKERS, A. M.: Survival after hemoptysis and nephritis. Lancet 1963 I, 1199.

WALLACE, A. C.: Metastasis as an aspect of cell behaviour. Canad. Cancer Conf. 4, 139 (1961).

WALLACE, A. F.: Multiple primary malignant neoplasms. Brit. J. Surg. 45, 165—170 (1957).

WALLACE, W. S.: Reticulo-endotheliosis. Hand-Schüller-Christian disease and the rarer manifestations. Amer. J. Roentgenol. 62, 189—207 (1949).

WALLGREN, A.: Systemic reticuloendothelial granuloma: non lipoid reticuloendotheliosis and Schüller-Christian disease. Amer. J. Dis. Child. 60, 471—500 (1940).

WALSH, J. R., ZIMMERMAN, H. J.: The demonstration of the "L.E."-phenomenon in patients with penicillin hypersensitivity. Blood 8, 65—71 (1953).

WALSKE: zit. nach MAGDON, E., GUMMEL, H., BAUDACH, H., Zirkulierende Tumorzellen im Blut. Dtsch. Gesundh.-Wes. 21, 1846 (1966).

WALTHARD, B.: Pathologische Anatomie des Lymphogranuloms, Lymphosarkoms und Reticulosarkoms. Radiol. clin. (Basel) 20, 224—254 (1951).

WALTHARD, B., ZUPPINGER, A.: Das eosinophile Granulom des Knochens. Schweiz. med. Wschr. 79, 618 (1949).

WALTHER, H.: Primäres Bronchusdoppelkarzinom. Z. ges. inn. Med. 23, 539—541 (1968).

WALTHER, H. E.: Untersuchungen über Krebsmetastasen. Z. Krebsforsch. 46, 313—333 (1937).

WALTHER, H. E.: Untersuchungen über Krebsmetastasen. II. Miiteilung. Die Streufähigkeit als Maß der Bösartigkeit einer Geschwulst. Z. Krebsforsch. 48, 468 (1939).

WALTHER, H. E.: Untersuchungen über Krebsmetastasen. III. Mitteilung. Radiol. clin. (Basel) 8, 69 (1939).

WALTHER, H. E.: Untersuchungen über Krebsmetastasen. IV. Mitteilung. Grundsätzliche Betrachtungen zur kombinierten radio-chirurgischen Behandlung des Brustkrebses. Schweiz. med. Wschr. 1947, 958.

WALTHER, H. E.: Untersuchungen über Krebsmetastasen. VIII. Mitteilung. Die sog. „Embolie bronchique". Schweiz. Z. Tuberk. 4, 319 (1947).

WALTHER, H. E.: Krebsmetastasen. Basel: Benno Schwabe & Co. 1948.

WALTHER, H. E.: Gleichzeitiges Vorkommen von bösartigen Geschwülsten und Systemerkrankungen. Radiol. clin. (Basel) 20, 405—412 (1951).

WALZEL, P.: Lungentumoren mit Einschluß von auf die Lunge übergreifenden Mediastinaltumoren und Thoraxwandgeschwülsten. Beitr. klin. Chir. 158, 654 (1933).

WANG, S. H., HSIEH, C. K.: Roentgenologic study of paragonimiasis of lungs. Chin. med. J. 52, 829—884 (1937).

WARING, J. J., NEUBUERGER, K. T., GEEVER, E. F.: Severe forms of chickenpox in adults, with autopsy observations in case with associated pneumonia and encephalitis. Arch. intern. Med. 69, 384—408 (1942).

WARREN, M. F., DRINKER, C. K.: Flow of lymph from lungs of dogs. Amer. J. Physiol. 136, 207—221 (1942).

WARREN, S.: Effects of radiation on normal tissue. V. Effects on the respiratory system. Arch. Path. 34, 917 (1942).

WARREN, S.: Neoplasms. In: ANDERSON, W. A. D., Pathology, p. 443. London: Kimpton 1953.

WARREN, S., GATES, O.: Multiple primary and malignant tumors. A survey of the literature and statistical study. Amer. J. Cancer 16, 1358—1403 (1932).

WARREN, S., GATES, O.: The fate of intravenously injected tumor cells. Amer. J. Cancer 27, 485—492 (1936).

WARREN, S., GATES, O.: Radiation pneumonitis. Experimental and pathological observations. Arch. Path. 30, 440 (1940).

WARREN, S., SPENCER, J.: Radiation reaction in the lung. Amer. J. Roentgenol. 43, 682—701 (1940).

WARREN, S., WITHAM, E. M.: Studies on tumor metastasis: the distribution of metastases in cancer of the breast. Surg. Gynec. Obstet. 57, 81—85 (1933).

WASHBURN, A. M., TOOHY, J. H., DAVIS, E. L.: Cave sickness; new disease entity? Amer. J. publ. Hlth 38, 1521—1526 (1948).

WATHANABE, S.: The metastasizability of tumor cells. Cancer (Philad.) 7, 215—223 (1945).

WATERMAN, D. H.: Diskussion zu SEILER u. Mitarb.: Pulmonary resection for metastatic malignant lesions. J. thorac. Surg. 19, 675 (1950).

WATNE, A. L.: Isolation of tumor cells from blood: approaches to technic comparison. Acta cytol. (Philad.) 9, 123 (1965).

WATNE, A. L., HATIBOGLU, I., MOORE, G. E.: A clinical and autopsy study of tumor cells in the thoracic duct lymph. Surg. Gynec. Obstet. 110, 339—345 (1960).

WATNE, A. L., ROBERTS, S., McGREW, E., COLE, W.: The occurrence of cancer cells in the circulating blood and their response to surgery and chemotherapy. Acta Un. int. Cacr. 16, 790 (1960).

WATNE, A. L., SANDBERG, A., MOORE, G. E.: Prognostic implications of tumor cells in the blood. Amer. Ass. Cancer Res. 3, 160 (1960).

WATNE, A. L., SANDBERG, A., MOORE, G. E.: The prognostic value of tumor cells in the blood. Arch. Surg. 18, 190 (1961).

WATSON, A. J., CAMERON, E. A., PERCY, J. S.: Multiple primary bronchial carcinoma. Report of two

cases and a review. Brit. J. Dis. Chest **58**, 181—197 (1964).
WATSON, R. R., LEPLEY, D., WEISEL, W.: Pulmonary biopsy. Arch. Surg. **85**, 587—593 (1962).
WATSON, T. A.: Incidence of multiple bronchial carcinoma. Verh. dtsch. Ges. Path. **37**, 309 (1954).
WATSON, T. A.: Multiple primary bronchial carcinoma. Brit. J. Dis. Chest **58**, 181 (1964).
WATSON, W. L.: Ten-year survival in lung cancer. A study of 56 cases. Cancer (Philad.) **18**, 133—135 (1965).
WEAVER, A. L.: The lung in scleroderma: A clinical-pathological study. Thesis, Graduate School University of Minnesota 1966.
WEAVER, A. L., DIVERTIE, M. B., TITUS, J. L.: The lung in scleroderma. Proc. Mayo Clin. **42**, 754—766 (1966).
WEBB-JOHNSON, A. E., MACLEOD, C. E. A.: Metastasis of melanotic cancer eighteen years after removal of eyeball. Brit. J. Surg. **1924**, 314.
WEBER, H.: Lungenlymphogranulomatose. Beitr. path. Anat. **84**, 1 (1930).
WEBER, W. N., MARGOLIN, F. R., NIELSEN, S. L.: Pulmonary histiocytosis X. A review of 18 patients with report of 6 cases. Amer. J. Roentgenol. **107**, 280—289 (1969).
WEDLER, H. W.: Die alveoläre Lungenproteinose, eine neue Krankheit. Kongr.-Ber. Nordwestdtsch. Ges. inn. Med. 56. Tagg. Hamburg 27.—28. 1. 1961.
WEEKS, R. E., BERNATZ, P. E., HOLLEY, K. E.: Goodpasture syndrome. Résumé of case. (Clinicopathologic conference). Mayo Clin. Proc. **43**, 449—463 (1968).
WEGELIN, C.: In: Handbuch der speziellen pathologischen Anatomie und Histologie, Bd. VIII. Berlin: Springer 1926.
WEGMANN, T.: Blastomykose und andere Pilzerkrankungen der Lunge. Dtsch. Arch. klin. Med. **199**, 192—205 (1952).
WEICKER, B.: Multiples kleinknotiges Lymphogranulom der Lunge. Fortschr. Röntgenstr. **48**, 485—488 (1933).
WEIGERT, C.: Krebs des Ductus thoracicus. Virchows Arch. path. Anat. **79**, 387—390 (1880).
WEIL, A.: Miliarcarcinose der Lunge. Fortschr. Röntgestr. **25**, 240 (1918).
WEINGÄRTNER, L.: Zur röntgenologischen Differentialdiagnose der miliaren Lungenherde. Fortschr. Röntgenstr. **75**, 194—196 (1951).
WEINGÄRTNER, L.: Metastasierendes Schilddrüsenadenom. Ein Beitrag zur Differentialdiagnose der Miliartuberkulose. Mschr. Kinderheilk. **107**, 449—450 (1959).
WEINSTEIN, A., FRANCIS, H. C., SPROFKIN, B. F.: Eosinophilic granuloma of bone; report of case with multiple lesions of bone and pulmonary infiltration. Arch. intern. Med. **79**, 176—184 (1947).
WEISBERGER, A., DUMM, R.: Involvement of bone marrow in diffuse pulmonary disease. Arch. intern. Med. **91**, 212—223 (1953).
WEISMAN-NETTER, R., ORCEL, L., LÉVY, R., TEXIER, J.: Vascularité nécrotisante suraiguë à dominance pulmonaire et renale. Maladie de Wegener décapité. Bull. Soc. méd. Hôp. Paris **75**, 869 (1959).
WEISS, E.: The differential diagnosis of primary and secondary carcinoma of the bronchi. Amer. J. med. Sci. **177**, 487 (1929).
WEISS, F. H.: Grenzen röntgenologischer Differentialdiagnostik bei hämatogen entstandenen Lungenerkrankungen. Fortschr. Röntgenstr. (Kongreßheft) **56**, 27 (1937).
WEISS, L.: Isolated multiple nodular pulmonary amyloidosis. Amer. J. clin. Path. **33**, 318 (1960).

WELCH, A.: Gutartige Verlaufsform einer pulmonalen alveolären Proteinose. Dtsch. med. Wschr. **94**, 2438 (1969).
WELIN, S.: Die röntgenologische Differentialdiagnose zwischen Lungentuberkulose und sekundären Tumoren sowie sog. Strahlenfibrose. Nord. Med. **42**, 1155 (1949).
WELLENS, P.: Aspects radiologiques inhabituels des métastases pulmonaires. J. belge Radiol. **39**, 339—343 (1956).
WELLER, C. V.: The pathology of primary carcinoma of the lung. Arch. Path. **7**, 478—519 (1929).
WENGER, M. E., DINES, D. E., AHMANN, D. L., GOOD, C. A.: Primary mediastinal choriocarcinoma. Proc. Mayo Clin. **43**, 570—575 (1968).
WERKENTIN, M.: The roentgenological aspect of lung edema. Amer. J. Roentgenol. **41**, 183 (1939).
WERTH, J.: Über Lungenröntgenbefunde bei Mycosis fungoides. Arch. Derm. Syph. (Berl.) **181**, 299 (1940).
WERTHEMANN, A.: Virchows Arch. path. Anat. **255**, 719 (1925).
WESSLER, H., GREENE, G. M.: Intrathoracic Hodgkin's disease; its roentgen diagnosis. J. Amer. med. Ass. **74**, 445—448 (1920).
WEST, J. T., HILLMAN, F. J., RAUSCH, R. L.: Alveolar hydatid disease of liver: rationale and technics of surgical treatment. Ann. Surg. **157**, 548—559 (1963).
WEST, J. T., HUME, R., KINDURYS, A.: A one-step filtration technic for recovery of tumor cells from blood. Amer. J. clin. Path. **41**, 27 (1964).
WESTWOOD, L. A., LEVIS, S.: The eosinophilic lung. Tubercle (Lond.) **32**, 98—107 (1951).
WETTENGEL, R., FABEL, H., DEICHER, H.: Med. Klin. **64**, 1969 (1969).
WETTENGEL, R., FABEL, H., KRETH, W.: Allergische Alveolitis durch inhalierte Wellensittichproteine (Vogelhalterlunge). Med. Klin. **67**, 160 (1972).
WEXLER, H.: Accurate identification of experimental pulmonary metastases. J. nat. Cancer Inst. **36** 641 (1965).
WEYER, F.: Arthropoden als Krankheitserreger und -überträger. In: Handbuch der inneren Medizin, 4. Aufl., Bd. I/2, S. 770—783. Berlin-Göttingen-Heidelberg: Springer 1952.
WEYLMAN, W. T.: Case report: alveolar proteinosis. New Engl. J. Med. **271**, 1242 (1964).
WHANG, J.: Concerning cancer cells in blood and bone marrow. Z. Krebsforsch. **62**, 397 (1958).
WHEELER, W. E., FRIEDMAN, V., SASLAW, S.: Simultaneous nonfatal systemic histoplasmosis in two cousins. Amer. J. Dis. Child. **59**, 806—819 (1950).
WHITAKER, P. H.: Investigation into radiological appearances of chests of workers engaged in production of toxic cases. Brit. J. Radiol. **19**, 158—164 (1946).
WHITE, C. P.: The pathology of growth: tumours. London: Constable 1913.
WHITE, F. C., HILL, H. E.: Disseminated pulmonary calcification; report of 114 cases with observations of antecedent pulmonary disease in 15 individuals. Amer. Rev. Tuberc. **62**, 1—16 (1950).
WHITE, J. G., KRIVIT, W.: Surgical excision of pulmonary metastases. Pediatrics **29**, 927 (1962).
WHITEFIELD, A. G. W., BOND, W. A., ARNOTT, W. M.: Radiation reaction in the lung. Quart. J. Med. **25**, 67 (1956).
WICHMANN, H. J.: Sogenannte Kalkmetastasen der Lunge. Fortschr. Röntgenstr. **90**, 762 (1959).
WIDMAN, B. P.: Irradiation pulmonary fibrosis. Amer. J. Roentgenol. **47**, 24 (1942).
WIENERS, H.: Über die Lungenmanifestation der Wegenerschen Granulomatose. Fortschr. Röntgenstr., Beih., **1967**, 85—87.

WIENERS, H., HILWEG. D.: Lungenveränderungen bei der „Pneumogenen Granulomatose" (PG) (Wegenersche Granulomatose). Fortschr. Röntgenstr. 106, 77—89 (1967).

WIGH, R., GILMORE, F. R.: Solitary pulmonary necrosis. A comparison of neoplastic and inflammatory conditions. Radiology 56, 708—717 (1951).

WILBUR, D. L., HARTMANN, H. R.: Malignant melanoma with delayed metastatic growths. Ann. intern. Med. 5, 201—211 (1931).

WILDBERGER, H. L., BARCLAY, W. R.: Diffuse interstitial pulmonary fibrosis. Ann. Inern. Med. 43, 1127 (1955).

WILHELM, E.: Hilusform der Boeckschen Erkrankung unter dem Bild einer primären Mediastinalgeschwulst. Bruns' Beitr. klin. Chir. 190, 316 (1955).

WILKENS, G. D.: Ein Fall von multiplen Pulmonalis-Aneurysmen. Z. Klin. Tuberk. 38, 1 (1971).

WILKINS, E. W.: The asymptomatic isolated pulmonary nodule. New Engl. J. Med. 252, 515 (1955).

WILKINS, E. W., BURKE, J. F., HEAD, J. M.: The surgical management of metastatic neoplasms in the lung. J. thorac. cardiovasc. Surg. 42, 298—309 (1961).

WILLIAMS, A. W., DUNNINGTON, W., BERTE, S. J.: Pulmonary eosinophilic granuloma—a clinical and pathologic discussion. Ann. intern. Med. 54, 30—45 (1961).

WILLIAMS, G. E. G., MEDLEY, D. R. K., BROWN, R.: Pulmonary alveolar proteinosis. Lancet 1960 I, 1385; 1960 II, 733.

WILLIAMS, M. J.: Extensive carcinoma in situ in the bronchial mucosa associated with two invasive bronchial carcinomas. Report of case. Cancer (Philad.) 5, 740—747 (1952).

WILLIS, R. A.: The spread of tumours in the human body. London: Butterworths & Co. 1952.

WILLIS, R. A.: The modes of spread of malignant tumours. In: RAVEN, R. W. (ed.), Cancer, vol. II, p. 45—57. London: Butterworths & Co., Ltd. 1958.

WILLIS, R. A.: Pathology of tumours. London: Butterworths & Co., Ltd. 1960.

WILSON, J. J., SALISBURY, C. J.: Fat embolism in war surgery. Brit. J. Surg. 31, 364—382 (1944).

WILSON, R. J., RODMAN, G. P., ROBIN, E. D.: An early pulmonary physiologic abnormality in progressive systemic sclerosis (diffuse scleroderma). Amer. J. Med. 36, 361—369 (1964).

WINDHOLZ, F.: Über erworbene knotige Syphilis der Lunge. Virchows Arch. path. Anat. 272, 76 (1929).

WINKELMANN, R. K.: Classification and pathogenesis of scleroderma. Proc. Mayo Clin. 46, 83—91 (1971).

WINKLER, K.: Über die Beteiligung des Lymphgefäßsystems an der Verschleppung bösartiger Geschwülste. Virchows Arch. path. Anat. 151 (Suppl.), 195—271, 1898.

WINN, W. A., JOHNSON, G. H.: Primary coccidioidomycosis; roentgenographic study of 40 cases. Ann. intern. Med. 17, 407—422 (1942).

WINTER, R.: Über die Entstehung von Thromben im rechten Herzen und in den Ästen der Lungenschlagader auf dem Boden von Krebszellenembolien. Virchows Arch. path. Anat. 282, 99 (1931).

WITT, R., BAUM, G. L., TANABE, F.: Pulmonary alveolar proteinosis. Ohio St. med. J. 59, 1104 (1963).

WITTEKIND, D.: Über primär multiple Bronchialcarcinome. Verh. dtsch. path. Ges. 37, 309 (1954).

WOLF, A., KAUFMAN, M. A., COWEN, D.: Adult toxoplasmosis—Report and review. Trans. Amer. neurol. Ass. 78, 284—286 (1953).

WOLFEL, D. A.: Lymphatico-venous communications. A clinical realty. Amer. J. Roentgenol. 95, 766—768 (1965).

WOLF, G.: Die Bedeutung der Verdoppelungzeit für die Differentialdiagnose von Rundherden. Fortschr. Röntgenstr. 101, 366—370 (1964).

WOLFF, G.: Über das Wachstum menschlicher Geschwülste. Arch. Geschwulstforsch. 29, 98—108 (1966).

WOLFF, G., SCHWARZ, H., BOHN, K. J.: Über das Wachstum von benignen Lungengeschwülsten und Lungenmetastasen. Med. Klin. 59, 1817—1823 (1964).

WOLFF, G., WILDNER, G. P., BERNDT, H.: Dtsch. Gesundh.-Wes. 17, 768 (1962).

WOLMAN, L.: The cerebral complications of pulmonary alveolar proteinosis. Lancet 1961 II, 733.

WOLPAW, S. E., HIGLEY, C. S., HAUSER, H.: Intrathoracic Hodgkin's disease. Amer. J. Roentgenol. 52, 374—387 (1944).

WOOD, J. S., HOLYOKE, E. D., CLASON, W. P. C., SOMMERS, S. C., WARREN, S.: An experimental study of the relationship between tumor size and number of lung metastases. Cancer (Philad.) 7, 437 (1954).

WOOD, J. S., HOLYOKE, E. D., YARDLEY, J. H.: An experimental study on the influence of adrenal steroids, growth hormone, and anticoagulants on pulmonary metastasis formation in mice. Proc. Amer. Ass. Cancer Res. 2, 157 (1956).

WOOD, J. S., HOLYOKE, E. D., YARDLEY, J. H.: Mechanisms of metastasis production by bloodborne cancer cells. Canad. Cancer Conf. 4, 167 (1961).

WOOLF, C. R.: Applications of aspiration lung biopsy with a review of the literature. Dis. Chest 25, 286 (1954).

WOOLNER, L. B., JAMPLIS, R. W., KIRKLIN, J. W.: Seminoma (germinoma) apparently primary in the anterior mediastinum. New Engl. J. Med. 252, 653—657 (1955).

WORATZ, G.: Miliare Metastasierung eines Grawitztumors in den Lungen. Zbl. allg. Path. path. Anat. 89, 141 (1952).

WORATZ, G.: Lungenmetastase oder Bronchialkarzinom? Radiol. diagn. (Berl.) 6, 609 (1965).

WRIGHT, R. D.: The blood supply of abnormal tissues in the lungs. J. Path. Bact. 47, 489 (1938).

WU, T. T.: Generalized lymphatic carcinosis ("lymphangitis carcinomatosa") of lungs. J. Path. Bact. 43, 61—76 (1936).

WÜST, G.: Über das Vorkommen von Megakaryozyten im strömenden Blut. Folia haemat. (Frankfurt), N.F. 8, 421—435 (1963).

WÜST, G., BIRK, G.: Nachweis und Häufigkeit von Geschwulstzellen im strömenden Blut des Menschen. Med. Welt 17, 922—928 (1962).

WÜST, G., BIRK, G.: Über das Vorkommen von Krebszellen im strömenden Blut. Hippokrates (Stuttg.) 35, 537—542 (1964).

WUKETICH, S.: Pulmonale alveoläre Proteinose. Frankfurt. Z. Path. 72, 571 (1963).

WURM, H.: Beitrag zur Kenntnis der chronisch interstitiellen Lungenfibrose (Hamman-Rich). Beitr. Klin. Tuberk. 116, 515—522 (1957).

WURM, K., REINDELL, H.: Zur röntgenologischen Differentialdiagnose von Sarkoidose (M. Boeck) und Lymphogranulomatose. Radiologe 2, 134—139 (1962).

WURM, K., REINDELL, H.: Charakteristika und Besonderheiten der Lungensarkoidose im Röntgenbild. Radiologe 8, 103—107 (1968).

Wurm, K., Reindell, H., Heilmeyer, H.: Der Lungenboeck im Röntgenbild. Stuttgart: G. Thieme 1958.

Wylie, P. E., Blase, J. A. de: Bronchopulmonary moniliasis. J. Amer. med. Ass. **125**, 463 (1944).

Wyllie, W. G., Sheldon, W., Bodian, M., Barlow, A.: Quart. J. Med. **13**, 25 (1948).

Yacoub, M. H., Simon, G., Ohnesorge, J.: Hypertrophic pulmonary osteoarthropathy in association with pulmonary metastases from extrathoracic tumours. Thorax (Lond.) **22**, 226—231 (1967).

Yamagiwa, H., Itoh, K., Ito, H., Takeuchi, T., Yoshimi, H., Haneda, Y.: Calcification in mucinous cell carcinoma of the stomach. Mie med. J. **17**, 47—53 (1967).

Yang, S. P.: The clinical and roentgenological courses of pulmonary paragonimiasis. Dis. Chest **36**, 494—509 (1959).

Yang, S. P., Cheng, C. S., Ghen, K. M.: Chest x-ray findings and some clinical aspects in pulmonary paragonimiasis. Dis. Chest **27**, 88—95 (1955).

Yardumian, K., Myers, L.: Primary Hodgkin's disease of the lung. Arch. intern. Med. **86**, 233—244 (1950).

Yater, W. M.: Non-traumatic chylothorax and chylopericardium: review and report of a case due to carcinomatous thrombangiitis obliterans of the thoracic duct and upper great veins. Ann. intern. Med. **9**, 600—616 (1935).

Yeh, T. J.: Endometriosis within the thorax: metaplasia, implantation, or metastasis? J. thorac. Surg. **53**, 201—203 (1967).

Yellin, H. J., Masur, W., Nadelhaft, J., Slodki, S.: Clinical pathological conference: epigastric mass, hepatic calcification, diarrhea, abdominopelvic mass, pyuria and sudden death. Chic. Med. School Quart. **3**, 48—62 (1963).

Young, J. M.: The thoracic duct in malignant disease. Amer. J. Path. **32**, 253—270 (1956).

Young, L. W., Smith, D. I., Glasgow, L. A.: Pneumonia of atypical measles—residual nodular lesions. Amer. J. Roentgenol. **110**, 439 (1970).

Zadek, I.: Differentialdiagnose der Lungenkrankheiten. Leipzig: G. Thieme 1948.

Zadek, I., Karp: Zytodiagnostik des Karzinoms aus Punktaten und Sekreten. Dtsch. med. Wschr. **1932**, Nr. 27.

Zahn, F. W.: Über paradoxe Embolie und ihre Bedeutung für die Geschwulstmetastase. Virchows Arch. path. Anat. **115**, 71 (1889).

Zalka, E. von: Über Aspirations-(Implantations-) Metastasen in den Bronchien und der Lunge im Falle von Kehlkopfkrebs. Arch. Ohr., Nas.- u. Kehlk.-Heilk. **138**, 164 (1934).

Zander, W.: Mitteilung eines Falles von Lymphogranulomatose mit Bronchialkarzinom. Ärztl. Forsch. **17**, 334 (1963).

Zdansky, E.: Über das Röntgenbild des Lungenödems, gleichzeitig ein Beitrag zur Pathogenese des Lungenödems. Röntgenpraxis **5**, 248 (1933).

Zeerleder, R.: Lungenröntgenbilder, die mit den Bildern der Lungentuberkulose verwechselt werden können. Bern: H. Huber 1944.

Zeerleder, R.: Differentialdiagnostik des Lungenröntgenbildes. 3. Aufl. Bern u. Stuttgart: Hans Huber 1953.

Zeidman, I.: Experimental studies on the spread of cancer in the lymphatic system. III. Tumor emboli in thoracic duct. The pathogenesis of Virchow's node. Cancer Res. **15**, 719—721 (1955).

Zeidman, I.: Metastasis: A review of recent advances. Cancer Res. **17**, 157—162 (1957).

Zeidman, I.: Experimental studies on the spread of cancer in the lymphatic system. IV. Retrograde spread. Cancer Res. **19**, 1114—1117 (1959).

Zeidman, I.: The fate of circulating tumor cells. 1. Passage of cells through capillaries. Cancer Res. **21**, 38—39 (1961).

Zeidman, I., Buss, J. M.: Transpulmonary passage of tumor cell emboli. Cancer Res. **12**, 731 (1952).

Zeidman, I., Buss, J. M.: Experimental studies on the spread of cancer in the lymphatic system. I. Effectiveness of the lymph node as a barrier to the passage of embolic tumor cells. Cancer Res. **14**, 403 (1954).

Zeidman, I., Copeland, B. E., Warren, S.: Experimental studies on the spread of cancer in the lymphatic system. II. Absence of lymphatic support in carcinoma. Cancer (Philad.) **8**, 123 (1955).

Zeidman, I., Gamble, W. J., Clovis, W. L.: Immediate passage of tumor cell emboli through the liver and kidney. Cancer Res. **16**, 814 (1956).

Zeidman, I., McCutcheon, M., Comani, D. R.: Factors affecting the number of tumor metastases. Experiments with a transplantable mouse tumor. Cancer Res. **10**, 357—359 (1950).

Zeifer, H. D., Antzis, E.: Hydatid cyst of liver. N.Y. St. J. Med. **64**, 1024—1031 (1964).

Zenker, K.: Die Lehre von der Metastasenbildung der Sarkome. Virchows Arch. path. Anat. **120**, 68 (1890).

Zgliczynski, S. L., Sabat, E., Dabrowska, H., Komitowski, D.: Granuloma fungoides der Haut und der Lunge. Fortschr. Röntgenstr. **108**, 684—687 (1968).

Ziemiański, A., Wierzchowiecki, M.: Pulmonary patterns in lupus erythematodes disseminatus. Pol. Przegl. radiol. **33**, 297—302 (1969).

Zinkham, W. H., Conley, C. L.: Some factors influencing the formation of L.E. cells. A method for enhancing L.E. cell production. Bull. Johns Hopk. Hosp. **98**, 102 (1956).

Ziskind, M. M., Weil, H., Payzant, A. R.: Recognition and significance of acinus-filling processes of lungs. Amer. Rev. resp. Dis. **87**, 551—559 (1963).

Zollinger, H., Hegglin, R.: Die idiopathische Lungenhämosiderose als pulmonale Form der Purpura Schönlein-Henoch. Schweiz. med. Wschr. **88**, 439 (1958).

Zorn, G.: Zur Frage der doppelten primären Bronchialkarzinome. Zbl. Chir. **78**, 1041—1048 (1953).

Zschieche, W.: Morphologische Untersuchungen zur metastatischen Carcinose des Ductus thoracicus. Z. Krebsforsch. **65**, 5—10 (1962).

Zschieche, W., Waller, H.: Morphologische Untersuchungen zur Tumormetastasierung über dem Ductus thoracicus. Verh. dtsch. path. Ges. **45**, 249 (1961).

Zuckner, J., Martin, J.: Unique chest roentgenograms in scleroderma. Amer. J. Roentgenol. **111**, 605—606 (1971).

Zuppinger, A.: Die Strahlenveränderungen der Lunge. In: Handbuch der inneren Medizin, 4. Aufl., Bd. IV/2, S. 1438—1442. Berlin-Göttingen-Heidelberg: Springer 1956.

Zuppinger, A., Frank, L.: Neueres zur Thorax-Röntgenuntersuchung. Fortschr. Röntgenstr. **86**, 419—431 (1957).

Zur, G.: Zystizerkosis der Lunge und Leber. Fortschr. Röntgenstr. **75**, 186 (1951).

Zwaveling, A.: Implantation metastases. Cancer (Philad.) **15**, 790 (1962).

Zwicker, M.: Beitrag zur Resektionsbehandlung metastatischer Lungentumoren. Thoraxchirurgie **7**, 299 (1959).

Zweiter Teil: Die Geschwülste der Pleura

AABYE, R.: Diaphragmatic hernia. Right-sided subcostosternal type in a patient with a large gibbus. Acta chir. scand. 108, 6—12 (1954).

AARON, B. L.: Intradiaphragmatic cyst: a rare entity. J. thorac. cardiovasc. Surg. 49, 531—534 (1965).

ABAZA, A.: La biopsie pleurale. Acta phthisiol. (Paris) 8, 2—23 (1959).

ABBOTT, A. C., WEBB, W. G. S.: A case of intrathoracic lipoma. Canad. med. Ass. J. 33, 660—661 (1935).

ABRAMSON, J. R., FRIEDMAN, N. B.: Intrapulmonary stromal mesothelioma. J. thorac. Surg. 51, 300 (1966).

ACKERMANN, A. J.: Primary tumors of the diaphragm roentgenologically considered. Amer. J. Roentgenol. 47, 711 (1942).

ADAMI, G.: Contributo clinico ed anatomico allo studio dei sarcomi endoperiteliali della pelle. Tumori 12, 189—216 (1926).

ADAMOLI, S., PETRUSSA, I.: Aspetto radiologico inconsueto di una cisti da echinococco della parete toracica. Rass. Arch. Chir. 3, 370—377 (1965).

ADAMSON, C. A., CARLSON, E.: Svenska Läk.-Tidn. 59, 2756 (1963).

ADERHOLT, SIERING: Atlas der Nativcytomorphologie maligner Tumoren. Jena: G. Fischer 1956.

AGOSTINI, U., SIDARI, A.: Carcinomi del polmone: quadri radiologici interessanti la diagnosi differenziale con processi tubercolari. Riv. Pat. Appar. resp. 16, 49 (1959).

AGUILAR, O. P., FERRADAS, J. B.: Hemopneumotórax espontaneo. Sem. méd. (Paris) 42, 1135 (1935).

AHLSTRÖM, C. G.: Nord. Med. 6, 1129 (1940).

ALBERTINI, A. v.: Histologische Geschwulstdiagnostik. Stuttgart: G. Thieme 1955.

ALFIERI, E.: Fibrosarcoma pleurico con aspetto cistico. G. ital. Tuberc. 19, 12—20 (1965).

ALNOR, P. C., WANKE, R.: Die Probeentnahme von Gewebe. In: BARTELHEIMER-MAURER, Diagnostik der Geschwulstkrankheiten. Stuttgart: G. Thieme 1962.

ALSTON, E. F., PAULSON, D. L.: Mesenchymoma of the pleura. A case report. J. thorac. Surg. 18, 518—525 (1949).

ALSTYNE, W. K. VAN: Hemangio-endothelioma of the diaphragm. Amer. J. Roentgenol. 53, 373 (1945).

AMBROSI, G., D'ARAGONA, G. G.: Ciste da echinococco del diaframma. Chir. torac. 7, 89 (1954).

ANEZIRIS, N., DONTAS, N.: Neoplastic pleural effusion treated with talcum powder and endoxan. Acta chir. hellen. 1969, 214—223.

ANGELUCCI, W.: Sequestrazione polmonare intralobare in polmone sinistro privo di scissura interlobare. Riv. Radiol. 7, 1273—1282 (1967).

ANTON, H. C.: Multiple pleural plaques. Brit. J. Radiol. 40, 685—690 (1967); 41, 341 (1968).

ARCE, J., TOBIAS, J. W.: Bösartige und entzündliche Geschwülste, welche das Diagphragma einschließen. Diaphragmatico-parietales Syndrom. Bol. Inst. quir. Univ. Buenos Aires 14, 367 (1938).

ARKLESS, H. A.: Coincidence of rhabdomyofibroma of the diaphragm, idiopathic hypoglycemia, and retroperitoneal sarcoma. Med. Bull. Veterans' Adm. (Wash.) 19, 225 (1942).

ARMAND UGON, C. V.: Equinococcosis pleural secundaria. Arch. int. Hidatid. 1, 219 (1934).

ARMAND UGON, C. V.: Neumotorax hidático. Arch. int. Hidatid. 2, 143 (1935).

ARMENIO, S.: Sulla entita anatomica e clinica del fibroma pleurico. Chir. torac. 8, 316—324 (1955).

ARNDT, H. J.: Die aktinomykotischen Veränderungen der Lunge und des Brustfells bei Aktinomykose. In: HENKE, F., LUBARSCH, O., Handbuch der speziellen pathologischen Anatomie und Histologie, Bd. III/3, S. 397. Berlin: Springer 1931.

ARNHEIM, E. E.: Congenital hernia of the diaphragm with special reference to right-sided hernia of the liver and intestines. Surg. Gynec. Obstet. 95, 293—307 (1952).

ARST, D. B., LAHEY, W. J., KUNKEL, P.: Spontaneous hemopneumothorax. Report of two cases. Ann. intern. Med. 33, 718 (1950).

ARTZT, G.: Tumorbildung an der Wand einer Pneumolysenhöhle. Fortschr. Röntgenstr. 86, 797—798 (1957).

ASHE, W. M., MCDONALD, J. R., CLAGETT, O. T.: Nonspecific pneumonitis of the left upper lobe (simulating the "middle lobe syndrome" and producing an early superior pulmonary sulcus syndrome). J. thorac. Surg. 21, 1—6 (1951).

ASK-UPMARK, E.: Tumor simulating intrathoracic heterotopia of bone-marrow. Acta radiol. (Stockh.) 26, 425—440 (1945).

ASSMANN, H.: Die klinische Röntgendiagnostik der inneren Erkrankungen. Berlin: Springer 1949.

AUBERTIN, E., MARTIN, P., CASTAING, R.: Pleurésies enkystées interlobaires des cardiaques. J. Méd. Bordeaux 130, 493—496 (1963).

AUFSES, A., OSEASOHN, R.: Mesothelial cyst of the diaphragm. J. Mt Sinai Hosp. 16, 125—127 (1949).

AUGUSTE, C.: Sur la formation de corps fibrineux dans la cavité du pneumothorax artéficiel. Rev. Tuberc. (Paris) No. 8, 821; zit. nach SCHNEIDER, V., ZIMMERMANN, H. D., WALZ, L., Fortschr. Röntgenstr. 113, 437—442 (1970).

AULER, H., MEYER, P.: Über einige Eigenschaften des Pleuraexsudates bei an Brustkrebs erkrankten Menschen. Z. Krebsforsch. 30, 186 (1930).

AURORA-CARILLO: Intrapleurale parapulmonale Bronchuscyste bei Fehlen des rechten Mittellappens. Frankfurt. Z. Path. 54, 118 (1939).

AUSTRIAN, C. R.: Encapsulated hydrothorax in association with myocardial insufficiency. Int. Press 1, 101—112 (1932).

AXLER, M. M., REHERMANN, R. L.: Partial eventration of the right diaphragm. J. Pediat. 42, 320—324 (1953).

BABOLINI, G., BLASI, A.: La forma pleurica del cancro primitivo del polmone. Arch. Tisiol. 10, 597 (1955).

BABOLINI, G., BLASI, A.: The pleural forms of primary cancer of the lung. Dis. Chest 29, 314—323 (1956).

BADE, H.: Symptomlose und symptomarme Geschwülste der Brusthöhle. Fortschr. Röntgenstr. 68, 224 (1943).

BAGANZ, H. M., EHRICH, W. E.: Cytological and chemical study of pleural fluid with special reference to the cell-block technic. J. Philad. Gen. Hosp. 1, 79—84 (1950).

BAHRENBURG, L. P. H.: On the diagnostic results of the microscopical examination of the ascitic fluid in two cases of carcinoma involving the peritoneum. Cleveland med. Gaz. 11, 274—278 (1896).

BALÁS, A., KALMÁR, M.: Über die Bronchus-Cyste des Diaphragma. Thoraxchirurgie 9, 513—516 (1962); Tuberkulózis 15, 12—14 (1962).

Balás, A., Nyiredi, G.: Das diffuse pleurale Mesotheliom. Chirurg **33**, 106—111 (1962).

Baldry, P. E.: Carcinomatous infiltration of the wall of an extrapleural space, with special reference to the pathogenesis. Brit. J. Tuberc. **47**, 98 (1953).

Ballon, H. C., Spector, L.: Lipoma of the diaphragm. Canad. med. J. **41**, 487 (1939).

Balmès, A., Salager, A., Thévenet, A., Guibert, H.: Tumeurs malignes de la plèvre. Montpellier méd., Sér. 3, **50**, 224—232 (1956).

Balmès, A., Thévenet, A.: Les opacités de la base thoracique droite. Sem. Hôp. Paris **1955**, 2428—2440.

Balmès, A., Thévenet, A.: Pleurésies enkystées pseudo-tumorales. J. Radiol. Électrol. **37**, 569—573 (1956).

Bancale, A., Bergnach, A., Hilke, H.: Beitrag zum Fibrom der Pleura visceralis. Thoraxchirurgie **5**, 364 (1957/58).

Bangma, P. J., Roosenburg, J. G.: Localized interlobar effusion. Ned. T. Geneesk. **103**, 2601—2606 (1959).

Banse: Über intrathorakale Fibrome, Neurome und Fibrosarkome. Inaug.-Diss. Greifswald 1908.

Bantz, E.: Über die malignen Pleurageschwülste. Klin. Wschr. **1938**, 1051.

Barbaini, S., Longoni, F.: Considerazioni sugli ematomi polmonari in traumi del torace non penetranti. Atti 23. Congr. Naz. Soc. Ital. Radiol. Padova, 5.—8. 5. 1968, Vol. IV.

Barcan, F.: Das röntgenologische Bild der eingekapselten Pleuraergüsse. Oncol. Radiol. **3**, 213—224 (1964).

Bard, L.: Du diagnostic de la lymphangite pulmonaire cancéreuse généralisée. Sem. méd. (Paris) **1906**, 145.

Barett, N. R., Elkington, S. C.: Two cases of endothelioma of the pleura. Brit. J. Surg. **26**, 314 (1938).

Bariéty, M., Coury, C.: Les maladies de la plèvre. In: Encyclopédie médico-chirurgicale; poumon, plèvre, mediastin, vol. II. Paris: Masson & Cie. 1954.

Barkley, H., Cardozo, R. H.: A myxomatous tumour of pleuro-pulmonary origin. Thorax (Lond.) **12**, 264 (1957).

Barnard, W. G., Robb-Smith, A. H. T.: In: Kettle's pathology of tumours, 3rd ed. London: H. K. Lewis 1945.

Barnes, J.: Endometriosis of the pleura and ovaries. J. Obstet. Gynaec. Brit. Emp. **60**, 823—824 (1953).

Barone, L., Pessagno, A.: Le deformazioni del profilo diaframmatico e le formazioni radiopache della base polmonare. Contributo casistico, considerazioni e techniche di indagine radiologica. Ann. radiol. diagn. (Bologna) **31**, 354—378 (1958).

Barré, E.: Tumeur bénigne de la plèvre. Rev. Tuberc. (Paris) **10**, 146—147 (1946).

Barré, E., Danrigal, A., Maruelle, R., Rolland, L.: Lipome thoracique antéro-inférieur droit. J. franç. Méd. Chir. thor. **5**, 501—504 (1954).

Barrett, N. R.: Hemothorax. Lancet **1945 I**, 103.

Barry, W. F.: Infrapulmonary pleural effusion. Radiology **66**, 740—743 (1956).

Bassermann, F. J.: Späte pleuropulmonale Defektzustände nach kontusionellen Gewalteinwirkungen. Tuberk.-Arzt **17**, 103—113 (1963).

Battaglia, F.: Über das primäre Endotheliom der Lungen. Virchows Arch. path. Anat. **261**, 87 (1926).

Bauche, M.: Sindrome da Pancoast-Tobias da carcinoma primitivo esofageo. Minerva med. **1**, 615 (1948).

Baum, G., Grasser, H.: Über die Hernia diaphragmatica parasternalis dextra. Fortschr. Röntgenstr. **78**, 750—751 (1953).

Baumgärtner, O.: Beitrag zur Diagnostik interlobärer Ergüsse. Röntgenpraxis **1932**, 70.

Baur: Med. Mschr. **3**, 273 (1949). Zit. von Lob, A., Weiss, A., Zur Klinik und Diagnostik maligner Pleurageschwülste. Med. Klin. **47**, 468—470 (1952).

Baylac, M. J.: Pleurésie hémorrhagique volumineuse et intarissable consécutive à un cancer primitif de la plèvre. Presse méd. **1924**, 383.

Beatty, G. A., Frelick, R. W.: Spontaneous hemopneumothorax: New concepts in treatment. Delaware St. med. J. **23**, 93 (1951).

Becker, H. W., Becker, C.: Mesotheliome der Pleura im Röntgenbild. Radiol. clin. (Basel) **33**, 349—370 (1964).

Becker, T.: Röntgenuntersuchungen bei Hernia und eventratio diaphragmatica. Fortschr. Röntgenstr. **17**, 183 (1911).

Beckmann, A.: Blutdruckdifferenzen an den oberen Extremitäten und ihre differentialdiagnostische Bedeutung. Z. ges. inn. Med. **6**, 741—747 (1951).

Bedford, D. E., Lovibond, J. R.: Hydrothorax in heart failure. Brit. Heart J. **3**, 93 (1941).

Behrmann, A.: Zur Symptomatologie der Zwerchfellhernien. Tuberk.-Arzt **6**, 535—537 (1952).

Bellion, B.: Sindrome toracica apicale da linfogranuloma maligno. Minerva med. (Torino) **1953 II**, 1473—1479.

Benda, C.: Über das primäre Karzinom der Pleura. Dtsch. med. Wschr. **1897**, 324.

Benda, R., Aubin, H., Orinstein, E., Orcel, L.: Un cas de tumeur maligne papillaire diffuse de la plèvre. J. franç. Méd. Chir. thor. **9**, 395—402 (1959).

Benedetti, G.: Contributo casistico alla sindrome di Pancoast. Ann. Radiol. **20**, 146—166 (1948).

Beneke, R.: Über freies Wachstum metastatischer Geschwulstelemente in serösen Höhlen. Dtsch. Arch. klin. Med. **64**, 237 (1898).

Bengochea, J.: Mesothélioma de la plèvre. Poumon **9**, 253—255 (1953).

Benoit, H. W., Ackerman, L. V.: Solitary pleural mesotheliomas. J. thorac. Surg. **25**, 346 (1953).

Benvenuti, M.: La roentgenchimografia nelle pleuriti saccate. Ann. Ist. Forlanini **5**, 562—566 (1941).

Bérard, M., Fraisse, P., Dumarest: Les pleurésies interlobaires. J. franç. Méd. Chir. thor. **1**, 369—385 (1947).

Berg, R.: Arthralgia as a first symptom of pulmonary lesions. Dis. Chest **16**, 483 (1949).

Bergenfeldt, E., Feldman: Omental diaphragmabrack. Nord. Med. **8**, 1775 (1940).

Bergmark, G., Quensel, U.: Ein Fall von primärem Lungenkarzinom mit akutem Verlauf unter dem Bild der karzinomatösen Pleuritis. Acta med. scand. **59**, 710 (1923).

Berlin, H. S., Stein, J.: Congenital superior ectopia of the kidney. Amer. J. Roentgenol. **78**, 508—517 (1957).

Berliner, K.: Hemorrhagic pleural effusion: An analysis of 120 cases. Ann. intern. Med. **14**, 2266 (1941).

Bergqvist, S.: Differential diagnosis of acute pleurisy with effusion. Nord. Med. **57**, 547—550 (1957).

Bernard: Zur Kenntnis der Pleurasarkome. Virchows Arch. path. Anat. **211**, 156 (1913).

Berne, A. S., Heitzman, E. R.: Roentgenological signs of pedunculated pleural tumors. Amer. J. Roentgenol. **87**, 892—895 (1962).

Bernstein, A., Klosk, E., Simon, E., Brodkin, H. A.: Large thymic tumor simulating pericardial effusio. Circulation **3**, 508 (1951).

Bertholet, E.: Un cas de perithéliome de la plèvre. Thèse de Lausanne 1909.
Bertoni, L., Toaiari, E.: Su di un case de linfogranuloma maligno a localizzazione polmonare con sindrome de Pancoast e Tobias. Rif. med. 69, 68—72 (1955).
Bertram, W., Zezschwitz, F. J. v.: Zur Symptomatologie und Differentialdiagnose pleuro-mediastinaler Ergüsse und Schwarten. Beitr. Klin. Tuberk. 112, 247 (1954).
Besznyák, I., Üveges, J., Nemes, A.: Über das solitäre, lokalisierte fibröse Mesotheliom der Pleura. Orv. Hétil. 113, 446—448 (1972).
Bétoulières, P., Paleirac, R., Bassède, J.: Pneumopéritoine et tomographie associés dans le diagnostic des kystes hydatides hépato-pulmonaires. J. Radiol. Électrol. 34, 89 (1953).
Beutel, A.: Zur Therapie sarkomatöser Pleura- und Hilusmetastasen. Fortschr. Röntgenstr. 48, 110 (1933).
Beyers, C. F.: A case of "subpleural" lipoma in a child. Lancet 1923 I, 283—284.
Billing, L.: Ungewöhnlicher Röntgenbefund bei einem Fall mit gestieltem Lungenfibrom. Acta radiol. (Stockh.) 23, 592—594 (1942).
Binney, H.: Tumor of the diaphragm. Ann. Surg. 94, 524—527 (1931).
Birch, C. A.: A fatal case of spontaneous hemopneumothorax. Brit. J. Tuberc. 30, 99 (1940).
Birge, R. F., McMullen, T., Davis, S. K.: A rapid method for paraffin section study of exfoliated neoplastic cells in bodily fluids. Amer. J. clin. Path. 18, 754 (1948).
Birkner, R., Brandt, M.: Über Doppelseitigkeit und ungewöhnliche Durchbruchsarten von Pancoast- und Ausbrecherformen des Bronchialkarzinoms. Fortschr. Röntgenstr. 72, 641—653 (1950).
Birnbaum, G. L.: Primary mesothelioma of the pleura. Quart. Bull. Sea View Hosp. 4, 462 (1939).
Bishop, C. A., Lipin, R. J.: Primary cyst (mesothelial) of the diaphragm. J. thorac. Surg. 29, 577 (1955).
Bismuth, V.: Apport de la radiologie au diagnostic des tumeurs primitives de la plèvre. France méd. 27, 37—40 (1964).
Blaha, H.: Verletzungen des Brustkorbs und der Lungen. In: Handbuch der Medizinischen Radiologie, Bd. IX/1, S. 493—578. Berlin-Heidelberg-New York: Springer 1969.
Blix, G.: Hyaluronic acid in the pleural and peritoneal fluids from a case of mesothelioma. Acta Soc. Med. upsalien. 56, 47 (1951).
Bloch, M.: Les néoplasies malins primitifs de la plèvre. Thèse de Paris 1905.
Blount, H. C.: Localized mesothelioma of the pleura. A review with 6 cases. Radiology 67, 822 (1956).
Bobbio, A.: Contributo alla patologia ed alla terapia chirurgica delle lesioni primitive del diaframma. A proposito di un caso di cisti idatidee multiple del diaframma. Minerva med. (Torino) 5, 493 (1950).
Boch, E.: Zur mikroskopischen Diagnose von Geschwülsten der Pleura aus Punktionsflüssigkeit. Klin. Wschr. 1925, 651.
Bochdalek, V.: Einige Betrachtungen über die Entstehung des angeborenen Zwerchfellbruches. Als Beitrag zur pathologischen Anatomie der Hernien. Vjschr. prakt. Heilk. 19, 89 (1848).
Bock: Zur mikroskopischen Diagnose von Geschwülsten der Pleura aus Punktionsflüssigkeit. Klin. Wschr. 1925, 651.
Böhm, F., Sula, L.: Über einen Fall von als Empyem imponierendem Pleuraendothelium. Beitr. Klin. Tuberk. 92, 608 (1939).

Böhme, M.: Primäres Sarko-Karzinom der Pleura. Virchows Arch. path. Anat. 81, 181 (1880).
Bogardus, G. M., Knudtson, K. P., Mills, W. H.: Pleural mesothelioma, report of four cases. Amer. Rev. Tuberc. 71, 281—290 (1955).
Boharas, S., Criep, G. H.: Interlobar effusion associated with congestive heart failure. Ann. intern. Med. 23, 426 (1945).
Bohlig, H.: Zur Differentialdiagnose intrapulmonaler Verkalkungen. Münch. med. Wschr. 110, 1657—1659 (1968).
Bohlig, H.: Berufs- und Umgebungsgefährdung durch Asbest. Dtsch. med. Wschr. 93, 1529 (1969).
Bohlig, H., Jacob, G., Müller, H.: Die Asbestose der Lungen. Genese-Klinik-Röntgenologie. Stuttgart: G. Thieme 1960.
Boland, E. S.: Idiopathic pneumohemothorax with recovery after aspiration. Boston med. surg. J. 142, 321 (1900).
Bolck, F.: Die Endotheliome. Leipzig: VEB Thieme 1952.
Bolivar, J.: Quiste ciliado intradiafragmatico. Bol. Liga Cáncer (Habana) 27, 110 (1952).
Bonamy, R.: Cinq fibro-myomes du diaphragme simulantes un kyste hydatique du foie. Soc. chir. Paris 4, 1051 (1912).
Bondavalli, W., Corato, P., Dall'Oglio, D., Grifa, P.: Rilievi eziapatogenetici, clinico-radiologici e terapeutici nelle calcificazioni della pleura. Riv. Pat. clin. Tuberc. 40, 945—958 (1967).
Bonheim, P.: Über sog. primäre Pleuraendotheliome. Münch. med. Wschr. 1904, 741.
Borek, Z., Macholda, F., Žák, F.: Die primäre Pleurageschwulst und ihre Symptomatologie, besonders im Initialstadium. Radiologe 5, 244—252 (1965).
Boucher, H., Darbon, Steiger, Prat: Maladie de Kahler localisée au thorax avec atteinte pleurale bilatérale dépistée par radio-systématique. J. franç. Méd. Chir. thor. 4, 369—398 (1950).
Boucher, L., Beaupere: Hémopneumothorax spontané. Lyon méd. 138, 283 (1926).
Bouquin, Y., Horeau, J., Géffriaud, M.: Sur un image thoracique anormale due à une hernie retroxi-phoidienne. Presse méd. 1954, 131.
Bourdet, P., Delahaye, R. P., Allain, Y. M., Combes, A.: Les hématomes pulmonaires. J. Radiol. Électrol. 51, 101—114 (1970).
Boyd, W.: Introduction 2: Classification and route of spread of thoracic and intrathoracic tumors. In: Pack, G. T., Ariel, I. M. (eds.), Treatment of cancer and allied diseases, 2nd edit., vol. IV, p. 249—265. New York: Harper & Row 1964.
Braco, J. A., Braco, A. N.: Un caso d'emopneumotorace spontaneo. Arch. Tisiol 2, 347 (1935).
Braibanti, T., Borsella, C.: Osservazioni comparative anatomo-stratigrafiche nel carcinoma primitivo del polmone. Ann. Radiol. diagn. (Bologna) 6, 453 (1953).
Brandenburg, W.: Die Multipotenz des Mesothels. Jena: G. Fischer 1953.
Brandt, H.-J.: Die Thorakoskopie bei Erkrankungen der Pleura und des Mediastinums. Internist 5, 391—395 (1964).
Brandt, H. J., Kund, H.: Die Leistungsfähigkeit der diagnostischen Thorakoskopie. Prax. Pneumol. 18, 304—322 (1964).
Brandt, M.: Über freie Körper im Pleuraraum. Virchows Arch. path. Anat. 263, 574 (1927).
Brandwood, A. W., Glazebrook, A. J.: Sarcoma of the diaphragm with intraaortic metastasis. J. Path. Bact. 58, 286 (1946).

BRAUDE, H.: Über die primären Karzinome der serösen Häute. Inaug.-Diss. Breslau 1911.

BRAUER, L.: Diagnose von Pleuratumoren. Münch. med. Wschr. **59**, 1192 (1912).

BRAUER, L.: Exakte Diagnose der Pleuratumoren, resp. Pleurametastasen. Dtsch. med. Wschr. **1912**, 1768.

BRAUER, L.: Die Röntgendiagnose der Pleuraerkrankungen. In: GRÖDEL, F. M., Atlas und Grundriß der Röntgendiagnostik. München: J. F. Lehmann 1914.

BRAUN-WOTKE, I.: Über den gleichzeitigen Verschluß des Oberlappen- und Unterlappenbronchus als typisches bronchographisches Zeichen bei Kompressionsatelektase der Lunge. Wien. klin. Wschr. **105**, 393—394 (1955).

BRAY, E. S. DU, ROSSON, F. B.: Primary mesothelioma of the pleura. Arch. intern. Med. **26**, 715 (1920).

BREA, M. M., POLAK, M., SANTAS, A. A.: Fibroma de la pleura visceral. A proposito de cuarto observaciones. Bol. Acad. argent. cir. **35**, 323 (1951).

BREA, M. M., TAIKA, J. E., CANONICA, A.: Toracoscopia — su valor en el diagnostico de los tumores pleurales. Dia méd. **11**, 113 (1939); **12**, 325 (1940).

BRECKLER, A., HOFMAN, M. C., HILL, H. E., HENSLER, N. M., HUKILL, P. B.: Pleural biopsy. New Engl. J. Med. **255**, 690—694 (1956).

BREDNOW, W.: Med. Klin. **57**, 4182 (1962).

BRET, CHATIN: Du sarcome primitif de la plèvre. Provence méd. 1895.

BREWS, A.: Endometriosis of diaphragm and Meigs' syndrome. Proc. roy. Soc. Med. **47**, 461 (1956).

BROCARD, H., BRINCOURT, J., BRUNEL, M. A.: Deux cas de kystes hydatiques interpleuro-pariétaux. J. franç. Méd. Chir. thor. **7**, 541—546 (1953).

BROCARD, H., CHOFFEL, C.: Le diagnostic étiologique des pleurésies sérofibrineuses. Rev. Prat. (Paris) **9**, 127—146 (1959).

BROCARD, H., RENAUD, C.: Sur les opacités arrondies de l'angle cardiophrénique anterieur droite. J. franç. Méd. Chir. thor. **8**, 507 (1954).

BROCARD, H., ROCHE, G., DAUMET, P.: Epiplocèle de la fente de Larrey. Bull. Soc. méd. Hôp. Paris **1935**, 753—757.

BROCK, R. C.: Recurrent and chronic spontaneous pneumothoryx. Thorax (Lond.) **3**, 88 (1948).

BROHÉE: Les tumeurs primitives du diaphragme. Acta chir. belg. **46**, 497 (1947).

BROMAN, I.: Muskulöses Diaphragmadivertikel als wahrscheinliche Folge eines Lipoms. Beitr. path. Anat. **27**, 371 (1900).

BROMME, W., NELSON, H. P., FINLEY, T.: Case of delayed metastatic sarcoma of pleura illustrating diagnostic value of artificial pneumothorax. Amer. J. Cancer **24**, 334—339 (1935).

BROUET, G., CHRÉTIEN, J., PARIENTE, R.: Etude des pleurésies chroniques après la cinquantaine. France méd. **26**, 325—329 (1963).

BROWN, J. D., FRIEDMAN, P. S.: Pulmonic contusion in the intact thorax; report of a case. Penn. med. J. **46**, 352 (1943).

BROWN, R. B., DUNN, R. G.: Lymphogenic cysts of the mediastinum; cystic hygromas, pericardial cysts, and pericardial diverticulums. U.S. armed Forces med. J. **2**, 1651—1667 (1951).

BROWN, R. W.: A case of bilateral parasternal diaphragmatic hernia. Thorax (Lond.) **7**, 266 (1952).

BROWN, W. J., JOHNSON, L. C.: Postinflamatory "tumors" of the pleura. Three cases of pleural fibroma of the interlobar fissure. Milit. Surg. **109**, 415—424 (1951).

BRUNEL, M. A.: Kystes hydatiques inter-pleuro-pariétaux. Thèse de Paris 1952.

BRUNNER, A.: Die Diagnose der Pleuraschwarte und ihre Bedeutung für die Chirurgie. Helv. med. Acta **1**, 306 (1934/35).

BRUNNER, A.: Beitrag zur Kenntnis der sogenannten Pleura-Riesentumoren. Helv. med. Acta **5**, 916 (1938).

BRUNNER, A.: Die sogenannten Pleuraschwarten und die Behandlung der chronischen Pleuritis. Schweiz. med. Wschr. **1952**, 1049—1053.

BRUNNER, A.: Chirurgie der Lungen und des Brustfelles. Darmstadt: D. Steinkopff 1964.

BRUNNER, W.: Pleuraendotheliome und ihre chirurgische Behandlung. Oncologia (Basel) **11**, 125 (1958).

BÜNGELER, W., SILVEIRA, D. F.: zit. nach LATTES, R., SHEPARD, F., TOVELL, H., WYLIE, R., Clinical and pathological study of endometriosis of the lung. Surg. Gynec. Obstet. **103**, 552 (1956).

BÜRGER, M.: Zur Klinik der Leberdystopie. Klin. Wschr. **4**, 102—107 (1925).

BÜRGER, M.: Pathologische Physiologie, 4. Aufl. Leipzig: VEB Thieme 1953.

BÜRGER, M.: Klinische Fehldiagnosen, 2. Aufl. Stuttgart: G. Thieme 1954.

BÜRGI, H., WYSS, F.: Nadelbiopsie von Pleura und Lunge. Schweiz. med. Wschr. **91**, 1369—1372 (1961).

BUFFONI, L., POSENTI, B.: Sarcoma endotoracico d'origine pleuropolmonare in un sogetto della prima infanzia. Minerva med. (Torino) **8**, 1608 (1956).

BUDGEN, W. F.: Two cases of intrathoracic kidney. Dis. Chest **17**, 357—359 (1950).

BULGRIN, J. C.: Eventration of the diaphragm with high renal ectopia. Radiology **64**, No. 2 (1955).

BURNEVILLE-HOLMES, E., BRODY, W.: Primary angiofibrome of the diaphragm. Amer. J. med. Sci. **183**, 679 (1932).

BURR, R. E.: Primary mesothelioma of the pericardium. Amer. J. Dis. Child. **108**, 98 (1964).

BUSHBY, T.: A case of spontaneous hemopneumothorax. Brit. med. J. **1913 II**, 1624.

BUSSE, O.: Über ein Chondromyxosarcoma pleurae dextrae. Virchows Arch. path. Anat. **189**, 1 (1907).

BUXTON, P. H., WILCOX, A.: Endothelioma of pleura. Brit. med. J. **1950**, 281.

CABITT, H. L.: Hemothorax: its relation to primary carcinoma of the lung. J. thorac. Surg. 10, 590—599 (1941).

CAFFREY, P. R., LUCIDO, J. L.: Clinical and pathologic aspects of pleural mesotheliomas. Surgery **49**, 690—695 (1961).

CALL, J. D., VINSON, P. P.: Accumulation of blood simulating primary bronchial cancer. Amer. J. Roentgenol. **59**, 227—228 (1948).

CAMERER, J. W.: Beobachtung einer rechtsseitigen parasternalen Zwerchfellhernie. Fortschr. Röntgenstr. **62**, 262 (1940).

CAMPBELL, D. C., SACASA, C. F., CAMP, J. D.: Chronic hypertrophic osteo-arthropathy. Proc. Mayo Clin. **13**, 708—713 (1938).

CAMPBELL, W. N.: Pleural mesothelioma. Amer. J. Path. **26**, 473 (1950).

CAMPO, A.: Mesothéliome de la plèvre. Poumon **9**, 847—853 (1953).

CANOZA, LORENZO, F.: Contribution à l'étude des cancers primitifs de la plèvre. Thèse de Paris 1939.

CAPDEHOURAT, E. L., MAZZEI, E. S.: Die Bronchographie bei Geschwülsten des Brustfells. Arch. argent. Enferm. Apar. dig. **4**, 209 (1936).

CAPELLO, G., NAI FOVINO, G.: Sulle differenze del profilo diaframmatico destro. Minerva med. (Torino) **43**, 277 (1952).

Capurro, F. G., Bellini, M. A.: Pseudo-cystic shadows of the right pulmonary base due to diaphragmatic omental hernia. Radiology 59, 410—414 (1952).
Cardenas, F. C., Orrett, S., Rodriguez Abra, J. R.: Hemopneumotórax espontaneo benigno. Rev. cién. méd. Habana 1938, 65.
Carloni, V., Falugiani, F.: Considerazioni sull'aspetto radiologico di versamenti pleurici saccati. Osped. ital. Chir. 20, 397—416 (1969).
Carter, B. N., Giuseffi, J., Felson. B.: Traumatic diaphragmatic hernia. Amer. J. Roentgenol. 65, 56 (1951).
Cascelli, G.: Über die Pathogenese der Verkalkungsherde der Pleurablätter. Beitr. Klin. Tuberk. 92, 519 (1939).
Castex, M. R., Mazzei, E. S.: Hemopneumotórax espontaneo. Pren. méd. argent. 22, 939 (1935).
Catron, L. B. S: Leiomyosarcoma of the pleura. Report of a case. Arch. Path. 11, 847 (1931).
Catuogno, S.: Hemopneumotórax espontaneo benigno. Sem. méd (Paris) 1937, 613.
Cazeilles, M., Ruzie, J., Javel, R., Schmitt, R.: Hernie diaphragmatique paramédiane droite antérieur par la fente de Larrey. J. Radiol. Électrol. 33, 473—476 (1952).
Cecchini, A.: I residui della suppurazione della pleura. Studie clin. soc. Fisiol. 6, 42 (1939).
Centeno, A. M., Richieri, A., Portela, C. F.: Hemopneumotórax espontaneo. Pren. méd. argent. 23, 60 (1936).
Cestan, Morel, L.: Contribution à l'étude des tumeurs épithéliales primitives de la plèvre. Arch. med.-chir. Appar. resp. 8, 11—18 (1933).
Chandler. F. G., Morlock, H. D.: Thoracoscopy in diagnosis. Brit. med. J. 1938 II, 982.
Chaptal, J. A., Campo, R. J., Campo, C.: Endothéliome pleural diffus chez l'enfant. Poumon 12, 341 (1956).
Chapman, C. B., Whalen, E. J.: The examination of serous fluids by the cellblock technic. New Engl. J. Med. 237, 215—220 (1947).
Charles, D.: Endometriosis and hemorrhagic pleural effusion. Obstet. and Gynec. 10, 309 (1957).
Charpin, J., Taranger, J.: Kystes hydatiques «fantomes». Un typ particulier de déformation diaphragmatique. Presse méd. 1951, 93.
Chevat, H., Dupeyron, P., Merlen, J. F.: À propos d'une manifestation encore inconnue de la maladie de Rendu-Osler. Fibro-angiome capillaire monstreux du diaphragme. Bull. Soc. méd. Hôp. Paris 67, 393 (1951).
Chiari, O.: zit. b. Gussenbauer, C., Ein Beitrag zur Kenntnis der subpleuralen Lipome. Langenbecks Arch. klin. Chir. 43, 322—327 (1892).
Child, C. H., Harmon, G. S., Dotter, C. T., Steinberg, I.: Liver herniation simulating intrathoracic tumor. J. thorac. Surg. 21, 391—393 (1951).
Childress, W. G., Adie, G. C.: Plasma-cell tumors of the mediastinum and lung. J. thorac. Surg. 19, 794 (1950).
Chlopin, N. G.: Über Regenerationsprozesse im Mesothel und die Bedeutung der Serosadeckzellen. Beitr. path. Anat. 98, 35—64 (1936/37).
Choffel, C., Chrétien, J.: Étude de 65 ponctions-biopsies de la plèvre pariétale à l'aiguille. J. franç. Méd. Chir. thor. 14, 201—216 (1960).
Choffel, C., Chrétien, J.: Étude critique de 250 ponctions-biopsies de la plèvre pariétale à l'aiguille d'Abrams. J. franç. Méd Chir. thor. 16, 571—587 (1962).
Choffel, C., Chrétien, J.: La ponction-biopsie à l'aiguille dans le diagnostic étiologique des épanchements pleuraux. Rev. Prat. (Paris) 12, 1787—1802 (1962).
Choffel, C., Tabre, C.: Ponction biopsie de la plèvre. Rev. Prat. (Paris) 15, 588 (1965).
Christea, J.: Contribution à l'étude du cancer primitif du poumon à forme pleurale. Thèse méd., Nancy 1932/1933.
Christiansen, N.: Et sjaeldent tilfaelde af hernia diafragmatica. DanskRadiol. Selskabs Forh. 20 (1929).
Christie, G. S.: Diagnostic deformation of liver. Austral. New Zeal. J. Surg. 20, 289—303 (1951).
Christopherson, W. N., Collier, H. S.: Primary benign liver-cell tumors in infancy and childhood. Cancer (Philad.) 6, 853 (1953).
Churg, J., Rosen, S., Moolten, S., Selikoff, I. J.: Mesothelioma associated with pulmonary asbestosis. Amer. J. Path. 46, 13 (1965).
Cincotti, J. J., Allison, S. T., Nilsson, J. M.: Pleural effusion simulating elevated diaphragm. Amer. Rev. Tuberc. 58, 554—561 (1948).
Clagett, O. T., Haussman, P. F.: Huge intrathoracic fibroma. Report of a case. J. thorac. Surg. 13, 6—15 (1944).
Clagett, O. T., Johnson, M. A.: Tumors of the diaphragm. Amer. J. Surg. 78, 526—530 (1949).
Clagett, O. T., McDonald, J. R., Schmidt, H. W.: Localized fibrous mesothelioma of the pleura. J. thorac. Surg. 24, 213—230 (1952).
Clairmont: Die interlobäre Pleuritis. Dtsch. Arch. klin. Chir. 111, 335 (1919).
Clark, N. F.: Subpleural lipoma of the diaphragm. Trans. path. Soc. Lond. 38, 224 (1886/1887).
Clark, W. C.: Experimental mesothelium. Anat. Rec. 10, 301—316 (1961).
Clay, R. C., Hanlon, C. R.: Pneumoperitoneum in the differential diagnosis of diaphragmatic hernia. J. thorac. Surg. 21, 57 (1951).
Clementi, T.: Considerazioni clinico-radiologiche sull'evoluzione dei fibrosarcomi circoscritti della pleura. Nunt. radiol. (Firenze) 32, 1689—1704 (1966).
Clerc, A., Crinquette, J., Payelleville, J.: Pleurésie interlobaire limitée simulant une tumeu-intra-thoracique. Intérêt de l'incidence radiographique de profil. J. Sci. méd. Lille 75, 99 (1957).
Clerens, J.: Les calcifications pleurales dans l'asbestose. Acta tuberc. belg. 55, 88 (1964).
Clough, D. M., Beirne, M. T.: Benign mesothelial cyst of the diaphragm. J. thorac. Surg. 29, 212—216 (1955).
Cocchi, U.: Pancoast-Syndrom. Kasuistische Mitteilung. Oncologia (Basel) 3, 60—64 (1950).
Cocchi, U.: Differentialdiagnose der Erkrankungen von Lunge, Pleura, Mediastinum und Zwerchfell. In: Schinz-Baensch-Friedl-Uehlinger, Lehrbuch der Röntgendiagnostik, 5. Aufl., Bd. III, S. 2646—2678. Stuttgart: G. Thieme 1952.
Cohen, M.: Ein Fall von primärem Fibrosarkom der Pleura. Diss. Würzburg 1895.
Collet, C.: Du cancer primitif de la plèvre. Thèse de Lyon 1913.
Collins, T. F. B.: Pleural reaction associated with asbestos exposure. Brit. J. Radiol. 41, 655—661 (1968).
Comer, T. P., Clagett, O. T.: Surgical treatment of hernia of the foramen of Morgagni. J. thorac. cardiovasc. Surg. 52, 461—468 (1966).
Cope, C., Bernhardt, H.: Hook-needle biopsy of pleura, pericardium, peritoneum and synovium. Amer. J. Med. 35, 189—195 (1965).
Cornil, Audibert, Montel, Mossinger: Considérations anatomiques sur le cancer de la plèvre. Bull. Ass. franç. Cancer 27, 51—89 (1938).

COSGRIFF, S. W.: Study of the coagulation mechanism of pleural blood in hemopneumothorax. Amer. J. Med. 8, 57 (1950).

COTTON, B. H., PENIDO, J. R. F.: Pleuropulmonary resection with hemidiaphragmectomy. J. thorac. Surg. 22, 474 (1951).

COULTER, W. W.: Pleural mesothelioma with report of a case presenting some unusual aspects. Med. Rec. (Houston) 40, 1376 (1946).

COURY, C.: Hippocratisme digital, ostéo-arthropathie hypertrophiante et tumeurs intra-thoraciques. Rev. Méd. (Paris) 5, 77—84 (1946).

COYON, A., CLARET, M.: Volumineux sarcome de la cavité pleurale droite. Arch. int. Méd. exp. 21, 221 (1909).

CRADDOCK, W. L.: Cysts of the pleura. Dis. Chest 19, 121 (1951).

CRAIG, J. W.: Hypertrophic pulmonary osteoarthropathy as first symptom of pulmonary neoplasm. Brit. med. J. 1937, 750—752.

CRANE, A. R., CARRIGAN, P. T.: Primary subpleural intrapulmonary thymoma. J. thorac. Surg. 25, 600—605 (1953).

CRAWFORD, A. M., SHAFAR, J.: Spontaneous hemothorax. Brit. med. J. 1946I, 88.

CREIX-REBOUL, J., MARTIN, P. L., DELORME, R., PÈNE, J.: Un nouveau cas de pleurésie interlobaire chez un cardiaque. J. Radiol. Électrol. 33, 306 (1952).

CRESPO, A., ALFONSO, I., PORTELLA, M.: Großes Lipom der Pleura. Ann. Med. intern. Fenn. 2 (1933).

CREYSSEL, P., MORGUES, F. DE: Syndrome de Pancoast-Tobias par métastase d'un cancer épidermoïde du col uterine. Lyon chir. 46, 886 (1951).

CREYSSEYL, A., MAILLET, P., BERTOYE, P.: Hernie diaphragmatique de fente de Larrey. Lyon chir. 1949, 368.

CRIMM, P. D., KIECHLE, F. L.: Fibroma of the lung. J. thorac. Surg. 23, 205—209 (1952).

CRIMM, P. D., KIECHLE, F. L.: Fibrosarcoma of the diaphragm. Report of a case. J. thorac. Surg. 23, 360—366 (1952).

CRISTODOULOS, P.: Contribution àl'anatomie pathologique des tumeurs de la plèvre. Thèse de Marseille 1939.

CRUCHET, R., LAUTIER, R.: Pleurésies et hydrothorax cardiaques. Presse méd. 18, 525 (1910).

CRUICKSHANK, G.: Diaphragmatic herniation of the kidney. Brit. J. Tuberc. 46, 223 (1952).

CRUICKSHANK, G., CRUICKSHANK, D. B.: Intradiaphragmatic mesothelial cysts. Thorax (Lond.) 6, 145—153 (1951).

CUBILLOS, L.: Die Perikard- und Pleurozölomzysten. Inaug.-Diss. Düsseldorf 1958.

CUNNINGHAM, J. A. K.: Spontaneous hemopneumothorax. New Zeal. med. J. 49, 708 (1950).

CURRI, D.: Ein Fall von nicht eingeklemmter operierter Hernia diaphragmatica parasternalis dextra vera. Bruns' Beitr. klin. Chir. 149, 446 (1930).

CURTILLET, E., AUBANIAC, R.: Les hernies diaphragmatiques droites à forme pseudo-tumorale. Contribution à l'étude des opacités de la base droite d'origine abdominale. J. Chir. (Paris) 66, 257 (1950).

D'ABREU, A. L.: Primary pleural cysts. Brit. J. Surg. 25, 317 (1937).

DAHM, M.: Zur Frage der Geschwülste der oberen Lungenfurche. Fortschr. Röntgenstr. 58, 536 (1938).

D'ALO, R., VECCHI, C.: Difficoltà di interpretazione radiologica di immagini tumorali della toracica destra. Radiol. med. (Torino) 38, 529—531 (1952).

DALQUEN, P. A., DABBERT, A. F., HINZ, I.: Zur Epidemiologie der Pleuramesotheliome. Vorläufiger Bericht über 119 Fälle aus dem Hamburger Raum. Prax. Pneumol. 23, 547 (1969).

DALQUEN, P., DABBERT, A. F., HINZ, I.: The epidemiology of pleural mesothelioma. A preliminary report on 119 cases from the Hamburg area. Germ. med. Mth. 15, 89—95 (1970).

DALZELL: Primary sarcoma of the diaphragm with secondary deposits in skull and femur leading to facture of the latter. Glasg. med. J. 27, 298 (1887).

DANIELLO, L.: Das Röntgenbild der abgesackten linksseitigen Pleuritis diaphragmatica. Fortschr. Röntgenstr. 56, 540 (1937).

D'ASTE, G., FRANCESCHI, C., SCOTTI-DOUGLAS, R.: Particolare tecnica di biopsia endoscopica per la diagnosi dei tumori della pleura. Rass. ital. Chir. Med. 9, 521—528 (1960).

DAVIDSON, M., SIMPSON, C. K.: Spontaneous hemothorax. Lancet 1949I, 547.

DAVIES, H. M.: Surgery of the lung and pleura, p. 234. London: Oxford University Press 1930.

DAVIS, E. W., PEABODY, J. W., KATZ, S.: The solitary pulmonary nodule. J. thorac. Surg. 32, 728—771 (1956).

DAWE, C., WOOD, M.: Diffuse fibrous mesothelioma of the pericardium. Cancer (Philad.) 6, 794 (1953).

DECROIX, G., LOUVIER, M.: Hernies transdiaphragmatiques du foie à forme pseudotumorale. Bull. Soc. méd. Hôp. Paris 114, 311—314 (1963).

DEISS, W. P., GALE, J. W., BROWN, J. W.: Spontaneous hemopneumothorax. Amer. Rev. Tuberc. 62, 543 (1950).

DELARUE, J., DEPIERRE, R.: Contribution à l'étude des pleurésies cancéreuses cliniquement primitives. Intérêt de la biopsie sous pleuroscopie. J. franç. Méd. Chir. thor. 10, 633—663 (1956).

DELL'ACQUA, G.: Zur Frage der primären Perikardtumoren. Z. klin. Med. 141, 619 (1942).

DELL'ACQUA, G.: Mesoteliomi della pleura. Polimesoteliomi. Accad. med. 66, 133 (1951).

DEMIRAL, B., JUCKER, P.: Scheinbarer Zwerchfellhochstand infolge von Flüssigkeitsansammlung zwischen Zwerchfell und Lunge. Beitrag zur Röntgenpathologie des Zwerchfells. Acta davos. 11, 6—12 (1952).

DEMOLE, V.: Le carcinome papillaire primitif de la plèvre. Thèse de Genève 1918.

DEMY, N. G., ADLER, H.: Asbestosis and malignancy. Amer. J. Roentgenol. 100, 597—602 (1967).

DENISART, P.: De la varieté retro-costo-xiphoidienne des hernies diaphragmatiques. J. Chir. (Paris) 67, 407 (1951).

DESAI, M. G., PAREKH, J. G., TRALSHAWALLA, J. M.: Roentgenological features in hereditary haemolytic and other extramedullary haemopoetic disorders. Indian J. Radiol. 22, 14—18 (1968).

DESAIVE, P., DUMONT, A.: Les tumeurs du médiastin. Acta chir. belg. 1949, 5—349.

DESAIVE, A., CLOSON, J.: Fibro-lipo-myxome du diaphragme. J. int. Chir. 12, 272 (1952).

DESBORDES, M. M., TAYOT, J., VERET, ERNOULT, DUHAMEL, BARTOLETTI, DAUTY, DOUCET: Cancer primitif de la plèvre chez les asbestosiques. J. franç. Méd. Chir. thor. 21, 106 (1967).

D'ESHOUGUES, J. R., HOUËL, J.: Syndrome de Pancoast-Tobias d'origine echinococcique. Bull. Soc. méd. Hôp. Paris, Ser. 4, 70, 59—62 (1954).

DEUCHER, F.: Spontaneous hemopneumothorax and indications for thoracotomy. Helv. chir. Acta 17, 170 (1950).

DEUTSCHBERGER, O., MAGLIONE, A. A., GILL, J. J.: An unusual case of intrathoracic fibroma asso-

ciated with pulmonary hypertrophic osteoarthropathy. Amer. J. Roentgenol. **69**, 738—744 (1954).
D'HALLOUIN, BELLE, J.: Diagnostique radiologique et traitement des metastases pleuropulmonaires. J. Sci. méd. Lille **52**, 161 (1934).
D'HOUR, H.: Pleurésie enkystée simulant un abscès pulmonaire au decours d'une appendicectomie. J. Sci. méd. Lille **20**, 441 (1948).
DIAS, A. R., ZERBINI, E. J., CURI, N.: Pleural stone. A case report. J. thorac. cardiovasc. Surg. **56**, 120 (1968).
DIETLEN, H.: Über interlobäre Pleuritis. Ergebn. inn. Med. Kinderheilk. **12**, 196—217 (1913).
DILLON: Über einseitigen persistierenden Zwerchfellhochstand. Ergebn. med. Strahlenforsch. **3**, 289 (1928).
DISSEZ, J.: Un nouveau cas d'eventration diaphragmatique gauche du diaphragm. J. Radiol. Électrol. **31**, 168 (1950).
DISSMANN, E.: Ein Fall von intrathorakalem Lipom der Pleurakuppel. Fortschr. Röntgenstr. **73**, 102 (1950).
DONOHOE, R. F., KATZ, S., MATTHEWS, M. J.: Aspiration biopsy of the parietal pleura. Amer. J. Med. **22**, 883—893 (1957).
DONOHOE, R. F., KATZ, S., MATTHEWS, M. J.: Pleural biopsy as an aid in the etiologic diagnosis of pleural effusion: Review of the literature and report of 132 biopsies. Ann. intern. Med. **48**, 344—362 (1958).
DORENDORF, H.: Demonstration eines großen Pleuratumors. Dtsch. med. Wschr. **1914**, 225.
DORIA, R.: Spontaneous hemopneumothorax with blocked effusion. Rif. med. **44**, 552 (1928).
DORSET, V. J., TERRY, L. L.: Spontaneous hemopneumothorax with recovery. Amer. J. Med. **6**, 135 (1949).
DOUB, H. P., JONES, H. C.: Endothelioma of the pleura: clinical and roentgenologic study of three cases. Radiology **39**, 27—32 (1942).
DRASH, E. C., HYER, H. J.: Mesothelial mediastinal cysts. Pericardial celomic cysts of Lambert. J. thorac. Surg. **19**, 755—768 (1950).
DREWES, J., WILLMANN, K.: Die primären Tumoren des Zwerchfells. Thoraxchirurgie **3**, 75—85 (1955).
DRIESSENS, BRETON, GAUTIER: Lente evolution d'un sarcome de la plèvre. Lille chir. **1946**, 210—213.
DROUET, P. L., FAIVRE, G., DE REN, G., LAMY, P., ANTOINE: Le pneumopéritoine, moyen de diagnostic des malformations hépato-diaphragmatiques et des tumeurs hépatiques. J. Radiol. Électrol. **32**, 845 (1950).
DROUET, P. L., FAIVRE, G., REN, G. DE, RAUBER, G., ARNOLD, G.: Syndrome de Pancoast-Tobias par fibro-sarcome d'origine pleurale. Rev. méd. Nancy **75**, 1—15 (1950).
DROUET, P. L., FAIVRE, G., REN, G. DE, SADOUL, P.: Tumeurs de l'angle cardiophrenique antérieur. Les hernies diaphragmatiques du foie simulant des tumeurs médiastinales. J. franç. Méd. Chir. thor. **5**, 74—77 (1951).
DU BRAY, E. S., ROSSON, F. B.: Primary mesothelioma of the pleura. Arch. intern. Med. **26**, 715 (1920).
DÜLL, W.: Vorkommen von Blut-Fibrinkugeln im Pneumothoraxraum. Beitr. Klin. Tuberk. **60**, 307 (1925).
DUFOURT, A., BÉRARD, M., FRAISSE, P.: Pleurésie interlobaire à forme pseudotumorale. Intervention et guérison. Soc. méd. Hôp. Lyon Juin 1946; Lyon méd. **176**, 283—285 (1946).
DUFOURT, A., BRUN, J.: Pleurésies interlobaires. Traite de médecine. Paris: Masson & Cie. 1948.

DUFOURT, A., OLLAGNIER, C., PRIGNOT, R.: Chylothorax et épanchements opalescents intrathoraciques. Poumon **7**, 491 (1951).
DUFOURT, A., SANTY, P., GALY, P.: Un cas de tumeur circonscrite de la plèvre. Exérèse. J. franç. Méd. Chir. thor. **5**, 427—430 (1951).
DUMITTAN, S. H.: Étude critique de 55 biopsies par ponction de la plèvre pariétale. Helv. med. Acta **31**, 47—65 (1964).
DUMITTAN, S. H.: La ponction-biopsie pleurale à l'aiguille d'Abrams. Schweiz. med. Wschr. **94**, 1244—1250 (1964).
DUMON, G., CHARPIN, J., AMALRIC, CHOUX, J.: Les cancers secondaires du poumon et de la plèvre. Formes radio-cliniques. J. franç. Méd. Chir. thor. **10**, 591—606 (1956).
DURKOVSKY, T.: Apikalne tumory pl'uc s Pancoastovym syndromom. Lék. Listy Bratislavské **31**, 554—561 (1951).
DUROUX, A., MARTY, J., JARNIOU, P.: Fausses tumeurs intrathoraciques par pleurésies encystées. J. franç. Méd. Chir. thor. **4**, 405—408 (1950).
DUTILH, P.: Le diagnostic radiologique des cancers apparement primitifs de la plèvre. J. Radiol. Électrol. **36**, 833—844 (1956).
DYCK, P.: Seltene Metastasierung beim Pleuramesotheliom. Zbl. Chir. **90**, 903 (1965).
ECK, H.: Über das Lungencarcinom. Z. ges. inn. Med. **7**, 721 (1952).
ECK, H.: Bemerkungen zu Löblichs „neurogener Gruppe der Tumoren mit Pancoast-Syndrom". Z. Krebsforsch. **59**, 479—482 (1953).
ECK, H.: Der „Pancoast-Tumor". Arch. Geschwulstforsch. **7**, 247—257 (1954).
ECK, H., HAUPT, R., ROTHE, G.: Die gut- und bösartigen Lungengeschwülste. In: Handbuch der speziellen pathologischen Anatomie und Histologie, Bd. III/4, S. 1—401. Berlin-Heidelberg-New York: Springer 1969.
EDDINGER, S. I., REUBEN, E. H.: Spontaneous hemopneumothorax: Report of three cases. Canad. med. Ass. J. **67**, 43 (1952).
EDER, J., KÖLE, W.: Exstirpation eines in mehrfacher Hinsicht bemerkenswerten Pleuratumors. Thoraxchirurgie **6**, 87 (1958).
Editorial: Asbestos and neoplasia. Sth Afr. med. J. **42**, 325—326 (1968).
EDWARDS, A. T.: Cancer of the lungs and pleura. Practitioner **143**, 29 (1939).
EERLAND, L. D.: Long- en pleura-sarcom. Ned. T. Geneesk. **99**, 759—770 (1955).
EHRENHAFT, J. L., TANIGUCHI, R., SENSENIG, D. M., LAWRENCE, M. S.: Mesothelioma of pleura. J. thorac. cardiovasc. Surg. **40**, 393—409 (1960).
EHRLICH, P.: Beiträge zur Aetiologie und Histologie pleuritischer Ergüsse. Charité-Ann. **7**, 199—230 (1882).
EISELSBERG, A. v.: Protokoll der Gesellschaft der Ärzte in Wien. Wien. klin. Wschr. **1922**, 509.
ELMES, P. C., MCCAUGHEY, W. T. E., WADE, O. L.: Diffuse mesotheliomas of the pleura and asbestosis. Brit. med. J. **1965 I**, 350—353.
ELROD, P. D., MURPHY, J. D.: Spontaneous hemopneumothorax treated by decortication. J. thorac. Surg. **17**, 401 (1948).
ENDRYS, J., KODOUSEK, R.: Die Biopsie der parietalen Pleura mit der Nadel von Vim-Silverman. Rozhl. Tuberk. **18**, 108—112 (1958).
ENGEL, G.: Das subpleurale Fett im Röntgenbild. Tuberk.-Arzt **8**, 242 (1954).
EPPINGER, H.: Allgemeine und spezielle Pathologie des Zwerchfells. Suppl. zu NOTHNAGEL, Spezielle

Pathologie und Therapie. Wien u. Leipzig: Hölder 1911.

Eppinger, H.: Allgemeine und spezielle Zwerchfellpathologie. In: Handbuch der inneren Medizin, 2. Aufl., Bd. II/1, S. 673—744. Berlin: Springer 1928.

Eschbach, H.: Der Pancoasttumor, ein Sonderfall des Bronchuskrebses. Pathologie-Röntgenologie-Klassifizierung. Z. ges. inn. Med. **3**, 35—45 (1948).

Eschbach, H., Finsterbusch, R.: Die Ausbrecherform des Bronchuskrebses. Ein Beitrag zur Frage der Pancoast-Tumoren. Ergebn. inn. Med. Kinderheilk. **65**, 60 (1945).

Espitalier, P.: Du cancer primitif de la plèvre. Thèse de Toulouse 1951.

Euges, J.: Spontaneous hemopneumothorax resulting from the rupture of apical blebs. Rev. Ass. med. Digest **52**, 243 (1938).

Euphrat, E. J., Beck, F.: Fibrin body following traumatic pneumothorax. Amer. J. Roentgenol. **74**, 86 (1955).

Evander, L. C.: Pleural fat pads. Amer. Rev. Tuberc. **57**, 495 (1948).

Even, R., Sors, C., Redon, M.: Le cancer secondaire pleuro-pulmonaire. Sem. Hôp. Paris **1952**, 3213—3220.

Evans, T. S., Swirsky, M. J., Chernoff, H. M.: Primary endothelioma of the pleura. Report of a case in patient with chronic lymphatic leukemia. Ann. intern. Med. **24**, 262 (1946).

Ewing, J.: Neoplastic diseases, 4th ed. Philadelphia: W. B. Saunders 1940.

Fahr, T.: Zur Frage des sogen. Pleuraendothelioms. Virchows Arch. path. Anat. **295**, 502 (1935).

Fallscheer, K.: Über einen Fall von Chondrosarkom der Pleura. Inaug.-Diss. Bonn 1909.

Fariñas, P. L.: Beitrag zur Serienbronchographie mit 40%igem Jodipin Merck zur Differentialdiagnose der pleuralen und pleuro-pulmonalen Neoplasmen. Fortschr. Röntgenstr. **55**, 333 (1937).

Faulkner, W. B., Faulkner, E. C.: Diagnostic pneumothorax: an aid in the diagnosis of pleural tumors. Radiology **18**, 1023—1027 (1932).

Fawcett, A. W.: Large fibroma arising from the pulmonary pleura of the right lower lobe. Brit. med. J. **1945**, 425.

Fawcett, D. W., Vallee, B. L.: Some new approaches to the cytological diagnosis of cancer from serous fluids. Bull. New Engl. med. Cent. **12**, 224 (1950).

Fawcett, D. W., Vallee, B. L., Soule, M. H.: A method for concentration and segregation of malignant cells from bloody, pleural and peritoneal fluids. Science **111**, 34—36 (1950).

Feder, B. H., Wilk, S. P.: Localized interlobar effusion in heart failure. Phantom lung tumor. Dis. Chest **30**, 289—297 (1956).

Fehr, A.: Pleuracyste, eine Lungenmetastase vortäuschend. Dtsch. Z. Chir. **246**, 244—247 (1936).

Fehre, W.: Über doppelseitige Pleuraverkalkungen infolge beruflicher Staubeinwirkungen. Fortschr. Röntgenstr. **85**, 16 (1956).

Fehre, W.: Erkrankungen der Pleura. In: Lungenkrankheiten in Röntgenbildern, Bd. II, S. 253—322. Stuttgart: G. Thieme 1958.

Felder, M. E.: Intradiaphragmatic cyst. Amer. J. Surg. **98**, 95 (1959).

Feldman, D. J.: Localized interlobar pleural effusion in congestive heart failure. J. Amer. med. Ass. **146**, 1408—1409 (1951).

Feldmann, L., Davidsohn, L., Danelius, G.: The so-called superior pulmonary sulcus tumor. Ann. intern. Med. **12**, 1507 (1939).

Felson, B.: The lobes and interlobar pleura: fundamental roentgen considerations. Amer. J. med. Sci. **230**, 572—584 (1955).

Felson, B.: Fundamentals of chest roentgenology, p. 205—215. Philadelphia: W. B. Saunders 1960.

Ferland, L. O.: Hernie diaphragmatique vraie parasternale droite de manifestation comme teratodermoid du médiastin antérieur. Ned. T. Geneesk. **90**, 1450 (1946).

Ferrara, L., Balbo, G.: Le anomalie circoscritte della faccia convessa del lobo destro del fegato. Minerva chir. (Torino) **1963**, 1—15.

Fetzer: Fibrinkörper im Pneumothoraxraum. Röntgenpraxis **1929**, 314.

Fietz, H.: Kasuistischer Beitrag zur Diagnostik von Verschattungen im rechten Herzzwerchfellwinkel. Radiologe **2**, 81—85 (1962).

Finby, N., Steinberg, I.: Roentgen aspects of pleural mesothelioma. Radiology **65**, 169—182 (1955).

Fischer, W.: Über eine Cyste in der rechten Pleurahöhle. Virchows Arch. path. Anat. **275**, 711 (1930).

Fischer, W.: Gewächse der Lunge und des Brustfells. In: Henke, F., Lubarsch, O., Handbuch der speziellen pathologischen Anatomie und Histologie, Bd. III, S. 558 ff. Berlin: Springer 1931.

Fischer-Wasels, B.: Allgemeine Geschwulstlehre. In: Handbuch der normalen und pathologischen Physiologie, Bd. XIV/2. Berlin: Springer 1927.

Fischer-Wasels, B.: Die sogenannten Endotheliome der Pleura. In: Henke-Lubarsch, Handbuch der speziellen pathologischen Anatomie und Histologie, Bd. III/3, S. 568. Berlin: Springer 1931.

Fischer-Wasels, B.: Über die primären malignen Geschwülste der Serosadeckzellen. Z. Krebsforsch. **37**, 21 (1932).

Fischer-Wasels, B.: Zur Kenntnis der Lungenkrebse. Acta Un. int. Cancr. (Paris) **3**, 221 (1938).

Fisher, E. R., Beyer, F. B.: Postinflammatory tumor (xanthoma) of the lung. Dis. Chest **36**, 43 (1959).

Fiumicelli, A.: Le opacità rotondeggianti omogene del polmone. Policlinico, Sez. prat. **71**, 521—542 (1964).

Fiumicelli, C.: L'empiema peripeduncolare nel controllo radiologico dopo exeresi polmonare per tbc. Riv. Radiol. **5**, 311—324 (1965).

Fix, L. W.: Carcinoma of the lung. Report of a case simulating pleural mesothelioma. U.S. armed Forces med. J. **1950**, 269.

Fleischner, F.: Die lamelläre Pleuritis. Fortschr. Röntgenstr. **36**, 120 (1927).

Fleischner, F.: Kugelförmiges Gebilde in der Pleurahöhle bei Pneumothorax. Mitt. Ges. inn. Med. Kinderheilk., Wien **21**, 94 (1922).

Fleischner, F.: Das Röntgenbild der interlobären Pleuritis und seine Differentialdiagnose. Ergebn. med. Strahlenforsch. **2**, 197 (1926).

Fleischner, F.: Fortschr. Röntgenstr. **36**, 319 (1927).

Fleischner, F. G., Sanden: Über Lokalisation freier Pleuraexsudate. Wien. klin. Wschr. **1926**, 642.

Fletcher, D. E., Edge, J. R.: The early radiological changes in pulmonary and pleural asbestosis. Clin. radiol. (Edinb.) **21**, 355—365 (1970).

Foord, A. G., Youngberg, G. E., Wetmore, V.: The chemistry and cytology of serous fluids. J. Lab. clin. Med. **14**, 417—428 (1929).

Foot, N. C.: The identification of tumor cells in sediments of serous effusions. Amer. J. Path. **13**, 1—12 (1937).

Foot, N. C.: Identification of types and primary sites of metastatic tumors from exfoliated cells in serous effusions. Amer. J. Path. **30**, 661—677 (1954).

Foot, N. C.: Identification of mesothelial cells in sediments of serous effusions. Cancer (Philad.) 12, 429—437 (1959).

Foot, N. C., Holmquist, N. D.: Supravital staining of sediments of serous effusions. A simple technique for rapid cytological diagnosis. Cancer (Philad.) 11, 151 (1958).

Forest, J. L., Kozonis, M.: Primary mesothelioma of the pericardium. Amer. J. Cardiol. 5, 126 (1960).

Forschbach, G.: Ostéoarthropathie hypertrophiante pneumique. Langenbecks Arch. klin. Chir. 281, 18 (1955).

Forster, E.: Critères anatomo-radio-cliniques des hématomes post-traumatiques intra-pulmonaires. Ann. Chir. 20, 1195—1196 (1966).

Fort, V.: Les tumeurs localisées primitives de la plèvre. Thèse de Lyon 1953.

Foster, E. A., Ackerman, L. V.: Localized mesotheliomas of the pleura. Amer. J. clin. Path. 34, 349 (1960).

Fouche, J. W.: Primary intrathoracic nonpulmonary tumors. Amer. Surg. 21, 909—920 (1955).

Fourestier, M., Duret, M.: Nécessité de la biopsie pleurale pour le diagnostic de l'endothéliome de la plèvre. Presse méd. 51, 467 (1943).

Fowler, P. B. S., Sloper, J. C., Warner, E. C.: Exposure to asbestes and mesothelioma of pleura. Brit. med. J. 1964 II, 211—213.

Fraenkel, A.: Zur Diagnostik der Brusthöhlengeschwülste. Dtsch. med. Wschr. 1891, 1345.

Fraenkel, A.: Über primären Endothelkrebs (Lymphangitis proliferans) der Pleura. Berl. klin. Wschr. 1892, 497 u. 534.

Fraenkel, A.: Zur Klinik der Lungen- und Pleurageschwülste (Endothelioma pulmonum). Dtsch. med. Wschr. 1911, 531; Allg. med. Zentral-Ztg 10, 134 (1911).

Fraenkel, M.: Über abgekammerte, insbesondere interlobäre Pleuraexsudate, nebst Bemerkungen über Empyema putridum. Ther. d. Gegenw. 51, 337 (1910).

Francis, N. De, Klosk, E., Albano, E.: Needle biopsy of parietal pleura; preliminary report. New Engl. J. Med. 252, 948 (1955).

Franklin, J.: Spontaneous hemopneumothorax: Report of a case occurring in a soldier. Ann. Intern. Med. 23, 437 (1945).

Fraser, C. G.: Accessory lobes of the liver. Ann. Surg. 135, 127 (1952).

Freedman, E.: Roentgenological appearance of interlobar and mediastinal encapsulated effusion in the thorax. Radiology 16, 14 (1931).

Fregonara, G.: Contributo clinico, radiologico ed istopatologico allo studio della sindrome di Pancoast. Minerva med. (Torino) 21, 504—508 (1947).

Fregonara, G., Pisani, G.: Osteoartropatia ipertrofica di Pierre-Marie e disacromelie d'origine toracica. Minerva med. (Torino) 1955 II, 1344—1365.

Frenzel, H., Kirschner, H.: Intrathorakale Nierendystopie. Intern. Praxis 3, 233—237 (1963); Pädiat. Praxis 3, 57—61 (1964).

Freund, J., Hicks, H. R.: Spontaneous hemopneumothorax occurring in a female. Virginia med. Mth. 80, 162 (1953).

Freundlich, I. M., Greening, R. R.: Asbestosis and associated medical problems. Radiology 89, 224—229 (1967).

Frey, J. L.: A case of spontaneous hemopneumothorax. J. Amer. med. Ass. 104, 1395 (1935).

Fried, B. M.: Sternoclavicular branchioma. Amer. J. Cancer 25, 738 (1935).

Fried, B. M.: Chronic pulmonary osteoarthropathy; dispituitarism as probable cause. Arch. intern. Med. 72, 565—580 (1943).

Fried, B. M.: Tumors of the lungs and mediastinum. Philadelphia: Lea & Febiger 1958.

Friedman, L. L.: Tumors of the pleura. Dis. Chest 17, 756—763 (1950).

Friedman, P. S., Solis-Cohen, L., Levine, S.: Accessory lobe of the liver and its significance in roentgen diagnosis. Amer. J. Roentgenol. 57, 601—603 (1947).

Friedman, R. L.: Infrapulmonary pleural effusions. Amer. J. Roentgenol. 77, 613—623 (1954).

Froideraux, L.: Paravertebraler Abszeßschatten vorgetäuscht durch eine Carcinomschwarte. Z. Orthop. 66, 7 (1937).

Froman, A.: The value of routine chest x-ray film in detecting diaphragmatic hernia: a report of 53 cases. Dis. Chest 26, 457 (1954).

Frommhold, W., Lagemann, K., Lindlar, F.: Pleuraverkalkung und Malignom als Spätfolgen der Asbestose. Fortschr. Röntgenstr. 111, 769—778 (1969).

Frost, J., Georg, J., Möller, P. F.: Asbestosis with pleural calcification among insulation workers. Dan. med. Bull. 3, 202 (1956).

Frost, T. T., Wolpaw, S. E.: Intrathoracic sympathicoblastoma producing symptomatology of a superior pulmonary sulcus tumor (Pancoast). Amer. J. Cancer 26, 483 (1936).

Frueh, A.: Über gutartige Tumoren der Lunge. Inaug.-Diss. Berlin 1917.

Fry, W., Rogers, W. L., Crenshaw, G. L., Barton, H. C.: The surgical treatment of spontaneous idiopathic hemopneumothorax. A review of the published experience with a report of thirteen additional cases. Amer. Rev. Tuberc. 71, 30—55 (1955).

Fuchs, H.: Die Differentialdiagnose der Mediastinaltumoren. Fortschr. Röntgenstr. 71, 938—941 (1949).

Fusia, D. A., Cook, W. L.: Spontaneous hemopneumothorax. Amer. Rev. Tuberc. 65, 744 (1952).

Fusonie, D., Molnar, W.: Anomalous pulmonary venous return, pulmonary sequestration, bronchial atresia, aplastic right upper lobe, pericardial defect and intrathoracic kidney: an unusual complex of congenital anomalies in one patient. Amer. J. Roentgenol. 97, 350—354 (1966).

Gadekar, N. G., Sarin, G. S.: Unusual pleural effusions. Indian J. Radiol. 14, 61—82 (1960).

Gale, J. W., Edwards, S. R.: Malignant tumors of the diaphragm. J. thorac. Surg. 9, 185—193 (1939).

Gall, E. A., Benett, G. A., Bauer, W.: Generalized hypertrophic osteoarthropathy. Amer. J. Path. 27, 349—381 (1951).

Galy, P.: Tumeurs bénignes et pseudo-tumeurs inflammatoires pulmonaires et pleurales. Documentation anatomo-clinique. (Symposium de chirurgie thoracique.) Acta chir. belg., Suppl. 11, 5—27 (1955).

Galy, P., Duprez, A., Touraine, R. G., Riffat, G., Fort, V.: Les tumeurs primitives localisées de la plèvre. Sem. Hôp. Paris 30 (1954).

Galy, P., Ollagnier, C.: Sur les tumeurs mésenchymateuses de la plèvre. J. franç. Méd. Chir. thor. 5, 335—339 (1951).

Galy, P., Touraine, R.: Die Diagnose der klinisch primären Pleuratumoren. Röntgen-Europ (Paris) Nr. 4, 39—54 (1962).

Garcia Capurro, F., Bellini, A. M.: Pseudo-cystic shadows of the right pulmonary base due to diaphragmatic omental hernia. Radiology 55, 410—414 (1950).

GARRÉ, C.: Demonstration eines großen Pleuratumors. Verh. dtsch. Ges. Chir. **38** (1909).
GASSER, N., THURNER, B.: Wien. klin. Wschr. **1947**, 596.
GAULTIER-D'AURIAC, WANGERMEZ, J., WANGERMEZ, A., BISCH, X.: Mésenchymome à évolution sarcomateuse: cas clinique. J. Radiol. Électrol. **49**, 265—268 (1968).
GAY, B. B., BONMATI, J.: Primary neurogenic tumors of the lung and interlobar fissures. Radiology **63**, 43—47 (1954).
GEFTER, W. J., BOUCOT, K. R., MARSHALL, E. W.: Localized interlobar effusion in congential heart failure. Vanishing tumor of the lung. Circulation **2**, 336—343 (1950).
GEMMI, M., JACCARINO, A., IDONE, A.: Deformazione diaframmatica de relaxatio segmentaria. Arch. Tisiol. **5**, 709 (1950).
GEMMI, M., NASO, A., RICKLER, R.: L'aspetto anatomico della pleurite exsudativa tubercolare all'osservazione pleuroscopica. Arch. Tisiol. **5**, 985(1950).
GÉNISSEL, LE: À propos des voussures du dôme hepatique. Soc. Franç. d. Électr. Med. Algier 15. 2. 1947.
GERACI, C. L., BRIZZOLARA, L. G.: Use of the thoracoscope in the diagnosis of certain intrathoracic neoplasms. J. thorac. Surg. **27**, 266—270 (1954).
GERHARDT, D.: Über interloläre Pleuritis. Berl. klin. Wschr. **1833**, Nr. 33; Münch. med. Wschr. **1907**, 911.
GERMAIN, A., CHERTIN, F., AUREGAN, A.: Un cas de cancer primitif de la plèvre du type fibrosarcomateux à évolution rapide. Bull. Soc. méd. Hôp. Paris **1946**, 351—354.
GERNEZ-RIEUX, C., SAVINEL, E.: Les kystes pleuropéricardiques. J. franç. Méd. Chir. thor. **5**, 474—490 (1951).
GERUNDO, M.: Tumors of the pleura and peritoneum. Anatomo-histological study; summary. J. Kans. med. Soc. **42**, 18 (1941).
GESCHICKTER, C. F.: Mesothelial tumors. Amer. J. Cancer **26**, 378 (1936).
GIESE, W.: Die Atemorgane. In: KAUFMANN-STAEMMLER, Lehrbuch der speziellen pathologischen Anatomie, 11. u. 12. Aufl., Bd. II/3, S. 1417—1984. Berlin: W. De Gruyter 1960.
GIRAUD, P., BERNARD, R., COIGNET, J.: Le cancer primitif de la plèvre chez l'enfant. Marseille-méd. **1951**, 226.
GIUNTINI, C. N., VITALE, V.: Importanze dell'esame radiografico dell'apparato respiratorio nei traumatizzati toracici. Rass. Arch. Chir. **6**, 297—311 (1968).
GLÄSER, A., KERRINNES, C.: Thoraxchirurgie **7**, 383 (1959).
GLATZEL, H., WERNER, J. W.: Zur Klinik des Pleurakarzinoms (Pleuraendothelioms). Dtsch. Arch. klin. Med. **190**, 272 (1943).
GLOCKNER, A.: Über den sog. Endothelkrebs der serösen Häute (Wagner-Schulz). Z. Heilk. **18**, 209 (1897).
GODWIN, M. C.: Diffuse mesotheliomas: with comment of their relation to localized fibrous mesotheliomas. Cancer (Philad.) **10**, 298—319 (1957).
GÖTTING: Über einen Fall von primärem Carcinom der Pleura. Z. Krebsforsch. **7**, 223 (1909).
GOLD, H., CARRIE, A.: The detection of malignant cells in pleural and ascitic fluids. Canad. med. Ass. J. **62**, 84—85 (1950).
GOLDMAN, A.: Cytology of serous effusions, with special reference to tumor cells. Arch. Surg. **19**, 1672—1678 (1929).
GOLDMAN, A.: Diagnosis and treatment of pleural effusions. Med. Clin. N. Amer. **29**, 502—512 (1945).

GOLDONI, M., GELLI, G., MALAGUZZI VALERI, F.: Contributo casistico alla conoscenza delle pleuriti circoscritte ed incistate. G. Pneumol. **5**, 566 (1961).
GOLJAJEW, A. W.: Zur Frage der freien Fibrinkörper in der Pleurahöhle. Frankfurt. Z. Path. **38**, 75 (1929).
GOMEZ, C.: Variations de la contour du diaphragme. Son mécanisme et maladies qu'elles simulent. Rev. esp. Enferm. Appar. dig. **7**, 1 (1948).
GONZALES, G., BOGGINO, J.: Malignant plasmocytoma (plasmocytosarcoma) with intrathoracic development. Case simulating pleural tumor. Bol. Inst. Med. exp. Cancer (B. Aires) **18**, 757—764 (1941).
GOODWIN, M. D.: Diffuse mesotheliomas with comment on their relation to localized fibrous mesotheliomas. Cancer (Philad.) **3**, 298—319 (1957).
GORDON, S. S., GILCHRIST, M.: Simulated infiltration of the lung due to pleural thickening. Amer. J. Roentgenol. **92**, 1373—1379 (1964); 11. Internat. Congress of Radiology, Rom 23. 9. 1965.
GOTTLIEB, BAER, JORDAN: Mediastinal lipoma simulating cardiac enlargement. J. Amer. med. Ass. **152**, 908 (1953).
GRABOW: Über einen Fall von auffallend mächtigem Sarkom der Pleura mit Verkalkung nach primärem Sarkom der Tibia. Berl. klin. Wschr. **1910**, 1625.
GRAHAM, G. G., MCDONALD, J. R., CLAGETT, O. T., SCHMIDT, H. W.: Examination of pleural fluid for carcinoma cells. J. thorac. Surg. **25**, 366—370(1953).
GRAHAM, G. S.: The cancer cells of serous effusions. Amer. J. Path. **9**, 701 (1933).
GRAMIAK, R., KOERNER, H. J.: A roentgen diagnostic observation in subpleural lipoma. Amer. J. Roentgenol. **98**, 465—467 (1966).
GRANADEIRO, N.: Fatal spontaneous hemopneumothorax. Rev. Proc. Med. **7**, 418 (1950).
GRANCHER, M.: Tumeur végétante du centre phrénique du diaphragme. Bull. Soc. anat. Paris **43**, 385 (1874).
GREENFIELD, G. B., SCHORSCH, H. A., SHKOLNIK, A.: The various roentgen appearances of pulmonary hypertrophic osteoarthropathy. Amer. J. Roentgenol. **101**, 927—931 (1967).
GREMMEL, H., VIETEN, H.: Extrahiatale Zwerchfellbrüche. Radiologe **1**, 147—156 (1961).
GREMMEL, H., VIETEN, H.: Röntgendiagnostik krankhafter Veränderungen des rechten Herz-Zwerchfellwinkels. Z. Tuberk. **117**, 114—134 (1961).
GRIESSMANN, H.: Erfolgreich operativ entfernte teratoide Zyste des Zwerchfells. Zbl. Chir. **77**, 785 (1952).
GRIMALDI, A. A.: Un caso d'emotorace spontaneo. Rif. med. **65**, 717 (1951).
GROEDEL, F. M.: Abgekapselte Pleuritis im Röntgenbild. Fortschr. Röntgenstr. **28**, 137 (1921).
GRONQVIST, Y. K. J., CLAGETT, O. T., MCDONALD, J. R.: Involvement of the thoracic wall in bronchogenic carcinoma. J. thorac. Surg. **33**, 487—495 (1957).
GROSS, H.: Dtsch. Z. Chir. **109**, 425—442 (1911).
GROSS, R.: Zur Klinik des Bronchialkarzinoms. Hippokrates (Stuttg.) **38**, 16—26 (1967).
GROSSEK, R.: Die Deckzellen der serösen Häute und ihre primären malignen Geschwülste. Z. Krebsforsch. **35**, 435 (1932).
GROW, J. B., BRADFORD, M. L., MAHON, H. W.: Exploratory thoracotomy in the management of intrathoracic disease. J. thorac. Surg. **17**, 480 (1948).
GRUBER, G. B.: Über Zwerchfellücken, Zwerchfellhernien und Zwerchfelldefekte. (Zugleich Mitteilung einiger Vorkommnisse von Zwerchfellverletzung). Bruns' Beitr. klin. Chir. **186**, 129—138(1933).

GRÜNEIS, P.: Zur Differentialdiagnose flächenhafter Pleuratumoren. Fortschr. Röntgenstr. 68, 206 (1943).

GRUETERS, W.: Pleuraendotheliom im Kindesalter. Arch. Kinderheilk. 118, 92 (1938).

GRUNDMANN, G., FISCHER, R., GRIESSNER, G.: Kongenitale Herzbeutelzysten. Thoraxchirurgie 2, 492—504 (1954/55).

GRUNDNER, G.: Zur Kasuistik der freien Fibrinkugeln (Blut-Fibrinkugeln) im Pleuraraum. Röntgenpraxis 1932, 36.

GRUNZE, H.: Klinische Zytologie der Thoraxkrankheiten. Stuttgart: E. Enke 1955.

GRUNZE, H.: Tumorzellen, Phagozyten und Speicherzellen in Punktaten und Abstrichen. In: Handbuch der gesamten Hämatologie, 2. Aufl., Bd. I, S. 333ff. München-Berlin-Wien: Urban & Schwarzenberg 1957.

GRUNZE, H.: Tumoren der Thoraxorgane. In: BARTELHEIMER, H., H.-J. MAURER (Hrsg.), Diagnostik der Geschwulstkrankheiten, S. 358—492. Stuttgart: G. Thieme 1962.

GRZAN, C. J.: Die zervikale Zwerchfellparese. (Ein Beitrag zur Pathogenese der sog. Relaxatio diaphragmatica.) Fortschr. Röntgenstr. 79, 369—382 (1953).

GUDBJERG, C. E.: Anomalies on the right dome of the diaphragm. Report of two unusual cases. Acta radiol (Stockh.) 37, 253—257 (1952).

GUDJONS, F.: Beitrag zur Hernia diaphragmatica parasternalis. Fortschr. Röntgenstr. 77, 330 (1952).

GUENIN, R.: Führt der N. phrenicus marklose Nervenfasern? Z. Anat. Entwickl.-Gesch. 92, 73 (1930).

GUEZENNEC, L.: Contribution à l'étude clinique du cancer primitif du poumon à symptomatologie pleurale. Thèse méd., Paris 1940.

GUGLIELMO, L. DI, CATTANEO, L.: Il valore della broncografia nello studio delle pleuriti circoscritte. Bronchi 9, 504—526 (1959).

GUILLERM, H.: Un cas de volumineuse hernie diaphragmatique retrosternale d'origine traumatique. J. Radiol. Électrol. 31, 283 (1950).

GUIMARÃES, U. P.: Treatment of miscellaneous malignant tumors of the lung. Alveolar-cell carcinoma, sarcoma, hamartoma, and mesothelioma. In: PACK, G. T., ARIEL, I. M. (eds.), Treatment of cancer and allied diseases, 2nd edit., vol. IV, p. 465—475. New York: Harper & Row 1964.

GULLINO, D., MASENTI, E., TROTTI-MAINA, G.: I tumori primitivi della pleura. I tumori mesoteliali o mesoteliomi. (Considerazioni anatomo-cliniche su 67 casi.) Arch. Chir. Torace 25, 1—57 (1968).

GUNNELLS, J. C.: Thymolipoma simulating cardiomegaly: opacification of the tumor by cineangiography. Amer. Heart J. 66, 670 (1963).

GUSSENBAUER, L.: Beitrag zur Kenntnis des subpleuralen Lipoms. Langenbecks Arch. klin. Chir. 43, 322 (1892).

GUTMANN, C.: Beitrag zur Kenntnis der primären malignen Tumoren der Pleura. Dtsch. Arch. klin. Med. 75, 337 (1903).

HABEIN, H. C., MILLER, J. M., HENTHORNE, J. C.: Tumors of the pulmonary apices and adjacent regions involving the brachial plexus. Ann. intern. Med. 11, 1806 (1938).

HABICHT, B.: Bioptische Untersuchungsmethoden bei Erkrankungen der Lunge, der Pleura und des Mediastinums. In: KNIPPING, H. W., RINK, H., Klinik der Lungenkrankheiten. Stuttgart: F. K. Schattauer 1964.

HACKL, H.: Über die Metastasen bei 1000 obduzierten Bronchuskarzinomen. Med. Mschr. 23, 490—494 (1969).

HAFFERL, A.: Die Anatomie der Pleurakuppel. Ein anatomischer Beitrag zur Thoraxchirurgie. Berlin: 1939.

HAGER, E., LANGEBECKMANN, F.: Beobachtung kugeliger Gebilde im Pneumothoraxraum. Z. Tuberk. 63, 90 (1931).

HAIN, E.: Berufsbedingte Krebse der Atmungsorgane. Fortbild. Thoraxkrankh. 5, 101—112 (1971).

HAINES, J. O., COLLINS, R. B.: Bochdalek hernia in an adult simulating a pleural effusion. Radiology 95, 277—278 (1970).

HALTER, J., STUCKI, P.: Umschriebene Interlobärergüsse bei Herzinsuffizienz oder sogenannte Phantomtumoren der Lunge. Praxis (Bern) 57, 1486—1492 (1968).

HAMM, J.: Ungewöhnliche Formen des Bronchialcarcinoms (Pancoastsyndrom). Dtsch. Arch. klin. Med. 199, 388—401 (1952).

HAMPERL, H.: Die Morphologie der Tumoren. In: Handbuch der allgemeinen Pathologie, Bd. VI/3, S. 18—106. Berlin-Göttingen-Heidelberg: Springer 1956.

HANAU, A.: Erfolgreiche experimentelle Übertragung von Karzinom. Fortschr. Med. 9, 5 (1889).

HANKE, R.: Rundatelektasen (Kugel- und Walzenatelektasen). Ein Beitrag zur Differentialdiagnose intrapulmonaler Rundherde. Fortschr. Röntgenstr. 114, 164—183 (1971).

HANSEN, J. L.: Spontaneous hemopneumothorax. Acta med. scand. 132, 517 (1949).

HANSEN, J. L., MATHIESEN, F. R.: Retrosternalt diafragmahernie. Ugeskr. Læg. 114, 50 (1950).

HANSSON, C. J., SÖDERSTRÖM, N.: Celothelioma of the epicardium. Acta radiol. (Stockh.) 24, 183—189 (1943).

HANTEN, S. J., KEYES, T., MEYER, R. R.: Spontaneous rupture of mediastinal dermoid cyst into the pleural cavity. Report of two cases. Radiology 64, 348 (1955).

HARDISTY, N. M., KEARNEY, E. E., BROOKS, F. P.: Report of case of anomalous lobe of liver. Amer. J. Roentgenol. 60, 486—489 (1948).

HARMS: Das subpleurale Lipom. Zbl. Chir. 1920, 668.

HARRINGTON, L., FRELICK, R. W.: Spontaneous hemopneumothorax. Delaware St. med. J. 19, 197 (1947).

HARRINGTON, S. W.: Diagnosis and treatment of various types of diaphragmatic hernia. Amer. J. Surg. 50, 377—446 (1940).

HARRINGTON, S. W.: Intrathoracic extrapulmonary tumors. Diagnosis and surgical treatment. Postgrad. Med. 6, 6—21 (1949).

HARRINGTON, S. W.: Subcostosternal diaphragmatic hernias. Surg. Gynec. Obstet. 73, 601—614 (1941).

HARRINGTON, S. W.: Roentgenologic considerations in the diagnosis and treatment of diaphragmatic hernia. Amer. J. Roentgenol. 49, 185 (1943).

HARRINGTON, S. W.: Intrathoracic extrapulmonary tumors. Postgrad. Med. 6, 6 (1949).

HARRINGTON, S. W.: Traumatic diaphragmatic hernia. Surg. Clin. N. Amer. 30, 961 (1950).

HARRINGTON, S. W., KIRKLIN, B. R.: Clinical and roentgenologic manifestations and surgical treatment of diaphragmatic hernia with a review of 131 cases. Radiology 30, 174 (1938).

HARRIS, F. J., MEYER, M. A.: Pleural effusion associated with ovarian fibroma (Meigs syndrome). Surgery 9, 87 (1941).

HARRIS, M. S., HYMAN, M. M., NEVIUS, D. B.: A resectable form of multiple mesothelioma. Dis. Chest 35, 127—133 (1959).

HARRISON, C. V.: Clinical disorders of the pulmonary circulation. London: Churchill 1960.

HARTWEG, H.: Über einen unter dem Bild eines Pleuramesothelioms verlaufenden Fall von chronisch hämorrhagischer Pleuritis. Fortschr. Röntgenstr. 74, 204 (1951).

HARTZELL, H. C.: Spontaneous hemopneumothorax. Ann. intern. Med. 17, 496 (1942).

HARVEY, C.: Two cases of primary pleural neoplasm. Proc. roy. Aust. Coll. Phycns 5, 46 (1950).

HAUBRICH, R.: Zwerchfellpathologie im Röntgenbild. Berlin-Göttingen-Heidelberg: Springer 1956.

HAUBRICH, R.: Interlobäre Pleuratranssudate bei Herzinsuffizienz. XII. Internat. Congr. of Radiology, Tokyo 10. 10. 1969.

HAUBRICH, R.: Die Röntgendiagnostik des Pleuraergusses (und der Pleuraschwarte). In: Handbuch der medizinischen Radiologie, Bd. IX/6, S. 494—568. Berlin-Heidelberg-New York: Springer 1970.

HAUBRICH, R.: Zwerchfell. In: Handbuch der medizinischen Radiologie, Bd. IX/6, S. 1—192. Berlin-Heidelberg-New York: Springer 1970.

HAUCH, E. W., SITTER, W. W.: Fibromyxoma of pleura. Dis. Chest 16, 616—624 (1949).

HAUSSER, R.: Über die diagnostisch gezielte Gewebspunktion bei unklaren Lungen-, Pleura- und Mediastinalprozessen. Dtsch. med. Wschr. 90, 1809—1819 (1965).

HAWTHORNE, H. R., FROBESE, A. S.: Benign fibroma of the pleura. Dis. Chest 17, 588—596 (1950).

HAZEL, W. VAN, JENSIK, R. J.: Lymphoma of lung and pleura. J. thorac. Surg. 31, 19 (1956).

HEACOCK, G. H., NESS, E. B. VAN: Fibrin bodies in pneumothorax cavities. Sth.med. J.(Bgham., Ala.) 25, 133 (1932).

HEAD, J. R.: Hemorrhage into the pleural cavity. Surg. Gynec. Obstet. 65, 485 (1937).

HEALY, T. R.: Symptoms observed in fifty-three cases of non-traumatic diaphragmatic hernia. Amer. J. Roentgenol. 13, 266 (1925).

HECKLINGER, P.: Über einen klinisch erkannten Fall von Lungen- oder Pleurahämangiom. Med. Klin. 47, 584—586 (1952).

HECKMANN, K.: Der lokalisierte Pleuraerguß. Fortschr. Röntgenstr. 84, 176—184 (1956).

HEDBLOM, C. A.: Diaphragmatic hernia. In: LEWIS, D.: Practice of surgery, vol. V, Chapt. 7, p. 1—66. Hagerstown, Med.: W. F. Prior Co. 1930.

HEDBLOM, C. A.: Diaphragmatic hernia. Ann. intern. Med. 8, 156 (1934).

HEDBLOM, C. A.: Diaphragmatic hernia, a study of 375 cases in which operation was performed. J. Amer. med. Ass. 85, 947 (1952).

HEES, C. A.: Spontaneous hemopneumothorax. Ned. T. Geneesk. 1938, 5302.

HEINE, F.: Die Probeexzision aus Veränderungen im Thoraxraum und Lunge unter thorakoskopischer Sicht. Beitr. Klin. Tuberk. 116, 615—627 (1957).

HEINE, F.: Die Pneumothoraxatelektasen. Habil.-Schr. Münster/W. 1960.

HEINE, F.: Faltungsphänomene der Lunge. Internist (Berl.) 3, 357—363 (1962).

HEINE, F.: Pneumothoraxatelektasen. Ergebn. ges. Tuberk.-Forsch. 17, 1—71 (1967).

HEINE, F., HILLEBRAND, H.: Intrapleurale Lipome als Ursache einer Verschattung des rechten Herzzwerchfellwinkels im Röntgenbild. Beitr. Klin. Tuberk. 118, 446—460 (1958).

HEISE, F. D., TRUDEAU, F. B.: Primary pleural mesothelioma; case with pneumothorax and mediastinal hernia first symptoms. Amer. Rev. Tuberc. 16, 92—99 (1927).

HELLER, R. M., JANOVER, M. L., WEBER, A. L.: The radiological manifestations of malignant pleural mesothelioma. Amer. J. Roentgenol. 108, 53—59 (1970).

HELLWIG, F. B.: Tumor cells in body fluids, an evaluation in diagnosis. J. Missouri St. med. Ass. 39, 73 (1943).

HELM, F.: Zur Röntgendiagnostik der interlobären Prozesse. Fortschr. Röntgenstr. 25, 169 (1917).

HELWIG, F. C., SCHMIDT, E. C. H.: Fatal spontaneous hemopneumothorax: Review of the literature and report of a case. Ann. intern. Med. 26, 608 (1947).

HENSEL, G.: Das Kugelexsudat. Beitr. Klin. Tuberk. 103, 431—435 (1950).

HEPP, J., COURY: À propos d'un cas de fibrome du médiastin. Sem. Hôp. Paris 42, 1184—1188 (1945).

HERBUT, P. A., WATSON, J. S.: Tumors of the thoracic inlet producing the Pancoast syndrome. Report of 17 cases and review of the literature. Arch. Path. 42, 88—103 (1946).

HERRNHEISER, G.: Zur Frage der kostomedialen bzw. mediastinalen Schwarten und Ergüsse. Fortschr. Röntgenstr. 36, 581 (1927).

HERTZOG, A. J., RILEY, J.: Mesothelioma of pleura. Minn. Med. 78, 209 (1945).

HERXHEIMER, G.: Über primäre und sekundäre Pleuratumoren. Verh. dtsch. Naturforsch. 83, 35 (1911).

HESS, G. H.: Subpleural fibrolipoma, report of a case. Radiology 6, 525—527 (1926).

HESSEN, J.: Roentgen examination of pleural fluid; study of localization of free effusions, potentialities of diagnosing minimal quantities of fluid and its existence under physiological conditions. Acta radiol. (Stockh.), Suppl. 86, 1 (1951).

HEUER, G.: The thoracic lipomas. Ann. Surg. 98, 901 (1933).

HEUER, G. J.: Intrathoracic tumors: experience with 8 cases with tumor of the thoracic wall, pleura and mediastinum. Ann. Surg. 79, 670 (1924).

HEUER, G. J.: Surgery of thorax. Primary malignant tumors of the pleura. In: Nelson's surgery, vol. IV, p. 522—530. New York: 1937.

HEYMER, A.: In: Denning, Lehrbuch der inneren Medizin, Bd. I, S. 1016. Leipzig: G. Thieme 1954.

HIBLER, V.: Endothelkrebs der Pleura im Kindesalter. Jb. Kinderheilk. 59, 367 (1904).

HIGGINS, J. A., JUERGENS, J. L., BRUWER, A. J., PARKIN, T. W.: Loculated interlobar pleural effusion due to congestive heart failure. Arch. intern. Med. 96, 180 (1955).

HILDEBRANDT, E., CHEATLE, E. L.: Paraffin sections to demonstrate cellular elements in body fluids. Amer. J. clin. Path. 16 (tech. sect. 10), 63—64 (1946).

HILL, H. E., HENSLER, N. M., BECKLER, I. A.: Pleural biopsy in diagnosis of effusions. Results in 50 cases of pleural disease observed consecutively. Amer. Rev. Tuberc. 78, 8—16 (1958).

HILL, R. P.: Malignant fibrous mesothelioma of the peritoneum. Cancer (Philad.) 6, 1182 (1953).

HIRSCH, C.: Zur klinischen Diagnose der Zwerchfellhernie. Münch. med. Wschr. 47, 996 (1900).

HITZENBERGER, K.: Das Zwerchfell im gesunden und kranken Zustand. Wien: Springer 1927.

HOCHBERG, L. A.: Endothelioma (mesothelioma) of the pleura. A review with a report of seven cases, four of which were exstirpated surgically. Amer. Rev. Tuberc. 63, 150—173 (1951).

HOCHBERG, L. A., EPSTEIN, I. G., PERNIKOFF, M.: Endothelioma (mesothelioma) of pleura. Dis. Chest 13, 621 (1947).

HODGSON, C. H., CALLAHAN, J. A., BRUWER, A. J., BULBULIAN, A. H.: Misleading thoracic roentgenograms. Cardiovascular abnormalities that may

simulate diseases of the lung, bony thorax or mediastinum. Arch. intern. Med. 105, 277—297 (1960).
HOFFMANN, K. F., CHILKO, A. J.: Subcostosternal diaphragmatic hernia. Ann. intern. Med. 41, 616—629 (1954).
HOFFMANN, R.: Rechtsseitige Larreysche Hernien. Dtsch. med. J. 5, 522—525 (1954).
HOFMOKL, J.: Über ein ca. mannskopfgroßes sog. Endothelsarkom der rechten Pleura eines 7jährigen Knaben. Arch. Kinderheilk. 7, 81 (1885).
HOLCZINGER, L.: Elsödegles rekesztumor. Orv. Hétil. 1955, 1060.
HOLDEN, W. B.: Two cases of pneumohemothorax. West J. Surg. 43, 445 (1935).
HOLLANDER, A. G., DUGAN, D. J.: Herniation of the liver. J. thorac. Surg. 29, 357—367 (1955).
HOLLOWAY, J. B., SPIER, R. C., SANDLER, R. N.: Spontaneous hemopneumothorax requiring thoracotomy: Report of a case. Amer. Surg. 18, 518 (1952).
HOLT, J. F.: Epicardial fat shadows in differential diagnosis. Radiology 48, 472—479 (1947).
HOLMQUIST, D. G., PAPANICOLAOU, G. N.: Evaluation of mitosis in smears. In: Proceedings, Symposium exfoliative cytology, 23.—24. Okt. 1951. New York, p. 139—145. New York: Amer. Canc. Soc., Inc. 1953.
HOLZKNECHT, G.: Die röntgenologische Diagnostik der Erkrankungen der Brusteingeweide. Hamburg: L. Gräfe & Sillem, 1901.
HONIGMAN, A. H.: Significance of cancer cells in serous effusions. Surg. Gynec. Obstet. 81, 295 (1945).
HOPKINS, H. W.: Spontaneous hemopneumothorax: Report of three cases with review of the literature. Amer. J. med. Sci. 193, 763 (1937).
HORN, R. C., LEWIS, G. C.: Mesothelioma of female genital tract; review of literature and report of 5 cases involving uterus. Amer. J. clin. Path. 21, 251—259 (1951).
HOUART, E.: Pseudo-cancers du poumon et de la plèvre. Acta chir. belg., Suppl. 11, 90—92 (1955).
HOUSDEN, E. G., PIGGOTT, A.: Spontaneous hemopneumothorax with unusual postmortem findings. Brit. med. J. 1931 II, 941.
HUEPER, W. C.: Occupational and environmental cancers of the respiratory system. In: Fortschritte Krebsforsch., Bd. III, S. 38—55. Berlin-Göttingen-Heidelberg: Springer 1966.
HUGUENIN-DUMITTAN, S. A.: Les mésotheliomes pleuraux. Schweiz. med. Wschr. 98, 215—227 (1968).
HUISMANS, L.: Zur Klinik und pathologisch-anatomischen Diagnose maligner Pleuratumoren. Dtsch. med. Wschr. 1912, 1278.
HUIZINGA, E., SMELT, G. J.: Bronchography. Assen (Niederl.): Van Gorcum & Co. 1949.
HUNTER, W. C., RICHARDSON, H. L.: Cytologic recognition of cancer in exfoliated material from various sources; useful medifications of the Papanicolaou technique. Surg. Gynec. Obstet. 85, 275—280 (1947).
HURXTHAL, L. M.: An individual case of spontaneous idiopathic hemopneumothorax with certain features resembling an acute surgical abdomen. New Engl. J. Med. 198, 687 (1928).
HUSS, H. J.: Spontaneous hemopneumothorax. Conn. med. J. 17, 101 (1953).
HUTCHINSON, W. B., FRIEDBERG, M. J.: Intrathoracic mesothelioma. Radiology 80, 937—945 (1963).
HYDE, L., HYDE, B.: Benign spontaneous hemopneumothorax. Amer. Rev. Tuberc. 63, 417 (1951).

HYMAN, M. A., LEDERER, M.: Fibrosarcoma of the diaphragm. Arch. Path. 31, 204 (1941).
ILES, A. J. H.: Case of thoracic fibroma: death from gastric carcinoma. Brit. J. Radiol. 5, 460 (1932).
INOUYE, K.: Darstellung von Flüssigkeitsansammlungen und Verdickungen der Pleura im Röntgenbild durch Schrägaufnahme. Fortschr. Röntgenstr. 55, 471 (1937).
IRVIN, R. A., ROBERTSON, W. B.: Spinal cord compression in malignant lymphomas. Brit. med. J. 1964 I, 1354—1356.
IRWIN, H. R.: Death due to spontaneous hemopneumothorax. Med. Bull. Army European Command 63, 417 (1951).
ISAAC, F., WILKINS, F. B., WEINBERG, J.: Traumatic and other types of diaphragmatic hernias. Radiology 55, 527 (1950).
ISELIN, H. C.: Beitrag zur Durchleuchtungstechnik des Zwerchfells. Schweiz. med. Wschr. 1945, 659.
ISRAËL, R., HERTZOG, P.: Tumeur d'allure neurinomateuse presque libre dans une scissure pulmonaire. J. franç. Méd. Chir. thor. 10, 230—231 (1956).
JACCARD, G.: Erkrankungen der Pleura. In: Handbuch der inneren Medizin, 4. Aufl., Bd. IV/4, S. 300—390. Berlin-Göttingen-Heidelberg: Springer 1956.
JACOB, ALLISON: Pleurome diffus. J. franç. Méd. Chir. thor. 3, 3 (1949).
JACOB, P., JAIS, M., ALLISON, M.: Un cas de tumeur maligne primitive de la plèvre. J. franç. Méd. Chir. thor. 3, 254—260 (1949).
JACOBAEUS, H. C.: Die Thorakoskopie und ihre praktische Bedeutung. Dtsch. med. Wschr. 47, 703—705 (1921).
JACOBAEUS, H. C.: The practical importance of thoracoscopy in surgery of the chest. Surg. Gynec. Obstet. 34, 289 (1922).
JACOBAEUS, KEY: Some experiences of intrathoracic tumors, their diagnosis and their operative treatment. Acta chir. scand. 53, 573 (1921).
JACOBI, M., BOLKER, H.: Sarcoma-like tumor of the pleura. Arch. Path. 13, 534 (1932).
JAGDSCHIAN, V.: Tumoren der Pleura. Pathologie, Klinik, Therapie an Hand von 26 eigenen Beobachtungen. Ergebn. Chir. Orthop. 44, 201—246 (1962).
JAGDSCHIAN, V.: Das Pleuramesotheliom — Häufigkeit und Behandlung. Thoraxchirurgie 18, 428—432 (1970).
JAKUBIUK, B., KUCHARCZYK, R.: On the problem of the so-called disappearing pulmonary tumours. Pol. Tyg. lek. 25, 621—622 (1970).
JARNIOU, A. P., MOREAU, A., ENJALBERT, M.: Le diagnostic difficile de certains états sequelles pleuraux. Sem. Hôp. Paris 35, 382 (1959).
JARNIOU, A. P., MOREAU, A., GARRIGOU, J., BOURDET, P.: Les localisations pleurales isolées de l'amibiase. J. franç. Méd. Chir. thor. 13, 129 (1959).
JAUBERT DE BEAUJEU, M.: Les kystes intrathoraciques pleuropéricardiaques. Thèse de Lyon 1945.
JECKELER: Über sog. Endotheliome der Pleura. Med. Klin. 1931, 640.
JENNINGS, A. F.: Spontaneous hemopneumothorax. Trans. Amer. clin. climat. Ass. 57, 107 (1940).
JENNY, R. H.: Sarcom der Pleura mit Spontanpneumothorax. Thoraxchirurgie 3, 54 (1955).
JENNY, R. H., ULSPERGER, O.: Die intrathorakalen sogenannten Endotheliome. Langenbecks Arch. klin. Chir. 278, 376 (1954).
JETER, H., EPPS, C., HART, M. S.: The examination of paracentetic fluids for malignancy. Sth. med. J. (Bgham,, Ala.) 35, 519—523 (1942).

JOHNSON, E. K., MANGIARDI, J. L.: Subcostosternal diaphragmatic hernia. Amer. J. Surg. 84, 245—248 (1952).
JOHNSON, W. W.: Diaphragmatic hernia through the foramen Morgagni. N.Y.St. J. Med. 49, 1842—1844 (1949).
JONES, D. B.: Basal pleural fluid accumulations resembling elevated diaphragm. Radiology 50, 227—233 (1948).
JONES, O. R., GILBERT, C. J.: Spontaneous hemopneumothorax. Amer. Rev. Tuberc. 33, 165 (1936).
JOSEFSON, A.: Primär lungkancer and svulstceller i pleuraexsudat och sputum. Hygiea (Stockh.) 63, 435—445 (1901).
JOSSELEVICH, M., CASSANO, H. M., SUCARI, L.: Hemotórax espontaneo. Pren. méd. argent. 38, 1153 (1951).
JUMEAU, A.: Contribution à l'étude des kystes intrathoraciques pleuropéricardiaques. Thèse de Nancy 1947.
JUSTIN-BESANÇON, L., BROUET, G., CHRÉTIEN, J.: Deux observations d'hémopneumothorax spontané révélateur de tumeur maligne de la plèvre. J. franç. Méd. Chir. thor. 8, 616—632 (1954).
KABELITZ, H. J.: Zytologie des Pleuraergusses. Internist. Prax. 7, 381—384 (1967).
KAGANSKII, V. E.: Sluckae kisty diafragmy. (Case of diaphragmatic cyst.) Vopr. Onkol. (Leningrad) 5, 368 (1959).
KAHLAU, G.: Über cytologische Untersuchungen von Expectoraten und Punktionsflüssigkeiten mittels der Methode von L. SILVERSTOLPE. Klin. Wschr. 28, 574 (1950).
KAHLER, EPPINGER: Ein Fall von intrathorakischem Tumor. Prag. med. Wschr. 1882.
KAISER: Über die sog. Pleuraendotheliome. Schweiz. Z. Tuberk. 4, 189 (1948).
KARP, H.: Cytodiagnostik maligner Tumoren aus Punktaten und Sekreten. Z. Krebsforsch. 36, 579 (1932).
KARPATI, A.: Zusammenfassendes zur Röntgenologie der normalen Pleura und des „Pleuraendothelioms". Med. Mschr. 4, 422—438 (1950).
KASTIL, W. H.: Spontaneous hemopneumothorax. Dis. Chest 22, 226 (1952).
KATZ, H. J., WILLIAMS, A. J.: Accessory lobes of liver and their significance in roentgen diagnosis. Ann. intern. Med. 36, 880—883 (1952).
KATZ, S., REED, H. R.: Unusual pleural effusions. Radiology 45, 147—155 (1945).
KAUFMANN, STOUT, A.: Cancer (Philad.) 17, 539 (1964).
KAUNITZ, J.: Liquid levels and other liquid surfaces in pleural effusions. J. thorac. Surg. 4, 300—309 (1935).
KEEFER, C. S.: The diaphragm: some reflections on its function and its diseases. Bull. Johns Hopk. Hosp. 100, 147—172 (1957).
KEELEY, G., GUMBINER, S. H., GUZAUSKUS, A. C., ROONEY, J. A.: Mediastinal lipoma. J. thorac. Surg. 25, 316 (1953).
KEENE, C. H., COPELMAN, B.: Praumatic right diaphragmatic hernia. Case with delayed herniation of liver and gall bladder. Ann. Surg. 122, 191 (1943).
KEHLER, E.: Die zirkunskripte zervikale Zwerchfelllähmung. Tuberk.-Arzt 9, 82 (1955).
KEIRNS, M. M.: Two unusual tumors of the diaphragm. Radiology 58, 542—547 (1952).
KELLER, W. L., CALLENDER, G. R.: Neurofibroma arising on the pericardial pleura. Ann. Surg. 92, 666 (1930).

KENDALL, B., CHAPLIN, M.: Pleural calcification. Brit. J. Dis. Chest 61, 126—130 (1967).
KENT, E. M., MOSES, C.: Radioactive isotopes in the palliative management of carcinomatosis of the pleura. J. thorac. Surg. 22, 503—515 (1951).
KERNAU, T.: Beitrag zur Kenntnis der Zwerchfellbrüche. Ein seltener Fall von beidseitiger parasternaler Zwerchfellhernie. Röntgenpraxis 12, 28 (1940).
KERRINNES, C.: Fibrinkörper im Thorax als Ursache von Fehldiagnosen. Fortschr. Röntgenstr. 84, 652—654 (1956).
KERRINNES, C., GLÄSER, A.: Lokalisierte Mesotheliome der Pleura. Bruns' Beitr. klin. Chir. 198, 377 (1959).
KESSLER, H. J., MAIER, H. C.: Intradiaphragmatic cysts. J. thorac. Surg. 30, 159 (1955).
KEYNES, G.: Brit. J. Surg. 131, 201 (1936); Brit. med. J. 1949, 611; Lancet 1954, 1197; Brit. J. Surg. 175, 29 (1955).
KIAER, R.: A case of spontaneous hemopneumothorax. Hospitalstidende 66, 759 (1923).
KIDD, P., HABERSON, S. H.: Primary myxosarcoma of the pleura. Trans. path. Soc. Lond. 49, 15 (1898).
KIECKENS, R.: A case of spontaneous hemopneumothorax treated by decortication. Acta chir. belg. 51, 172 (1952).
KINDBERG, NETTER: Fibrome sous-pleural endothoracique. Rev. Tuberc. (Paris) 3, 574 (1937).
KIRKLIN, B. R., HODGSON, J. R.: Roentgenologic characteristics of diaphragmatic hernia. Amer. J. Roentgenol. 58, 77 (1947).
KIRSCHBAUM, J. O.: Myosarcoma of the diaphragm. Amer. J. Cancer 25, 730 (1935).
KISER, E. F.: Pleural effusion associated with congestive heart failure localized in an interlobar space. Amer. Heart J. 4, 481 (1928).
KIVILUOTO, R.: Pleural calcification as roentgenologic sign of non-occupational endemic anthophyllite-asbestosis. Acta radiol. (Stockh.), Suppl. 194 (1960).
KLAASSEN, C. H., PERSIJN, O. H. VAN, MEERTEN VAN, JAGER, H. DE: Een patient met asbestosis pulmonum en mesothelioma pleurae et peritonei met hematogene metastasen. Ned. T. Geneesk. 113, 612 (1969).
KLASSEN, K. P., PATTON, R., BEMIN, F. M.: Neurofibroma of the diaphragm. J. thorac. Surg. 14, 407 (1945).
KLEIN, H., RAREI, B.: Zur Frage der Deckzellengewächse. Z. Krebsforsch. 53, 69 (1942).
KLEINFELD, M., MESSITE, J., SHAPIRO, J.: Clinical radiological and physiological findings in asbestosis. Arch. intern. Med. 117, 813 (1966).
KLEINSORGE, H.: Pilzförmiger Leberprolaps in einer kongenitalen Zwerchfellhernie. Fortschr. Röntgenstr. 74, 238 (1951).
KLEITSCH, W., MUNGER, A., JOHNSON, W.: Diaphragmatic hernia with complete evisceration of the liver. Ann. Surg. 130, 1079—1084 (1949).
KLEMM, F. W.: Postoperative und posttraumatische Lungenverschattungen im Röntgenbild. Zbl. Chir. 83, 1837—1844 (1958).
KLEMPERER, P., RABIN, C. B.: Primary neoplasms of the pleura; report of five cases. Arch. Path. 11, 385—412 (1931).
KLEMPERER, P., TEDESCHI, C.: Pleural mesothelioma. J. Mt Sinai Hosp. 8, 710 (1941).
KLEMPMAN, S.: Exfoliative cytology of pleural mesothelioma. Cancer (Philad.) 15, 691—704 (1962).
KLINE, E. M.: Hypertrophic osteo-arthropathy. Amer. J. Roentgenol. 54, 519—523 (1945).

KLINKOWSTEIN, J., BELAJEWA, N.: Fibrinkugeln im Pneumothoraxraum. Beitr. Klin. Tuberk. **63**, 313 (1926).

KLOCKNER, A.: Über den sog. Endothelialkrebs der serösen Häute. Z. Heilkunde **18**, 209 (1897).

KLOSE, H.: Über das Plasmocytom der Pleura. Bruns' Beitr. klin. Chir. **74**, 20—30 (1911).

KNOBLICH, R.: Extramedullary hematopoiesis presenting as intrathoracic tumors: report of case in patient with thalassemia minor. Cancer (Philad.) **13**, 462—468 (1960).

KNOEPP, L. F.: Unusual diaphragmatic hernia with displaced liver. J. thorac. Surg. **21**, 394—397 (1951).

KNORR, G.: Zur Kenntnis des Lungenkarzinoms. Erscheinungsbild und Pathologie bestimmter extrapulmonal vordringender Lungenkarzinome. Z. ges. inn. Med. **5**, 275 (1950).

KNUTSSON, F.: Normale Röntgenologie der Pleura parietalis. Acta radiol. (Stockh.) **13**, 638 (1932).

KOCK, M. A. DE, WASSERMANN, H. P.: Pleurale biopsie. Ned. T. Geneesk. **36**, 223—225 (1962).

KOLLWITZ, A. A.: Relaxatio diaphragmatica mit thorakaler Nierendystopie. Z. Urol. **53**, 645—648 (1960).

KOPP, H.: Zur Diagnose der Pleuraerkrankungen mittels Nadelbiopsie. Münch. med. Wschr. **105**, 504—507 (1963).

KOPSTEIN, E.: Die geteilte und die doppelte Zwerchfellkontur. Fortschr. Röntgenstr. **85**, 747 (1956).

KORNITZER, E.: Zur Kenntnis der Pleuratumoren. Leiomyom der linken, Endotheliom der rechten Pleura. Berl. klin. Wschr. **1919**, 1039.

KOROL, E.: Hemorrhagic pleurisy of tuberculous origin and hemopneumothorax. Amer. Rev. Tuberc. **33**, 185 (1936).

KOSENOW, W.: Vieldeutige Röntgenbilder: Relaxatio diaphragmatica dextra. Kinderärztl. Prax. **22**, 519—525 (1954).

KOSS, F., REITTER, H.: Erkrankungen des Zwerchfells. In: Handbuch der Thoraxchirurgie, Bd. II/1. Berlin-Göttingen-Heidelberg: Springer 1959.

KOSS, H., VIETEN, H., WILLMANN, K. H.: Morphologie, Diagnose und Therapie der Zwerchfellbrüche. Langenbecks Arch. klin. Chir. **266**, 467 (1950).

KOSS, L. G.: Diagnostic cytology and its histopathologic bases. Philadelphia: J. B. Lippincott Co. 1961.

KOURILSKY, R., KALMANSON, D., VERLEY, J.-M., PIÉRON, R.: Les mésothéliomes pleuraux. À propos de 10 cas. Cœur Méd. inter. **5**, 51—68 (1966).

KOVÁTS, F., NYIREDY, G.: Der späte chronische Pyothorax. Orv. Hétil. **101**, 1626—1628 (1960).

KRAMER, S. P.: Chondrome des Zwerchfells. Virchows Arch. path. Anat. **156**, 188 (1899).

KRAMPF, F., SAUERBRUCH, F.: Bronchien, Lunge, Pleura, Mediastinum (Thymus), Herz und Herzbeutel. In: ZWEIFEL-PAYR, Die bösartigen Geschwülste, Bd. II, S. 1—41. Leipzig: S. Hirzel 1927.

KRATZEISEN, E.: Retrosternale Zwerchfellhernien. Virchows Arch. path. Anat. **232**, 227—231 (1921).

KRAUS: Die Röntgenuntersuchung der Pleuraerkrankungen. In: RIEDER-ROSENTHAL, Lehrbuch der Röntgendiagnose. Leipzig: J. A. Barth 1913.

KRAUS: Vielkammerige Pleuraexsudate im Röntgenbilde. Wien. klin. Wschr. **1918**, Nr. 18.

KRAUS, R., STRNAD, F.: Der „Herzzwerchfellwinkel" im Blickpunkt des Röntgenologen. Radiologe **2**, 47—53 (1962).

KRUMBEIN, C.: Über die Natur der Deckzellen der serösen Häute, untersucht an Hand eines primären Pleuracarcinoms. Virchows Arch. path. Anat. **249**, 400 (1924).

KRUMHAAR, D., ZINSMEIER, M.: Beitrag zur Klinik angeborener Zwerchfellfehlbildungen. Dtsch. Ärztebl. **65**, 1437—1444 (1968).

KRUMP, J. E., HENGSTMANN, H.: Zur Klinik und Problematik der Pancoast-Tumoren. Z. klin. Med. **154**, 126—154 (1956).

KUBAT, A.: Das Substrat der Begleitstreifen in der Seitenkrümmung der mittleren und unteren Rippen (lamelläre Pleuritis). Fortschr. Röntgenstr. **53**, 53 (1936).

KUMLIN, T., SEUDERLING, Y.: Traumatic diaphragmal hernia. Nord. Med. **47**, 278—280 (1952).

KUNTZ, E.: Die Pleuraergüsse. München. Urban & Schwarzenberg 1968.

KURÉ, K.: Über den Spinalparasympaticus. Z. Zellforsch. **13**, 249 (1931).

KURÉ, K., et al.: Über den Zwerchfelltonus. Naunyn-Schmiedebergs Arch. exp. Path. Pharmak. **194**, 481, 577 (1922); Z. exp. Med. **26**, 164 (1922).

KURÉ, K., SHIMBO, M.: Trophischer Einfluß des Sympathicus auf das Zwerchfell. Z. exp. Med. **26**, 190 (1922).

KURÉ, K., SHIMOSAKI, T., et al.: Die doppelte tonische und trophische Innervation der willkürlichen Muskeln. Z. exp. Med. **28**, 244 (1922).

KUX, E.: Zur Kenntnis der primären Geschwülste des Brustfells. Virchows Arch. path. Anat. **272**, 650 (1929).

LÄSER, S.: Die Röntgenuntersuchung des Thorax in Seitenlage. Radiologia clin. (Basel) **19**, 399 (1950).

LAGÈZE, LATARGET, CHASSAGNON, MAYER, RIFFAT: Tumeur circonscrite de la plèvre pariétale. Poumon **9**, 257—261 (1953).

LAMA: Cisti da echinococco interlobare del polmone sinistro. Valore diagnostico di radiografia. Rif. med. **38**, 392 (1922).

LAMBRECHT, O.: Beitrag zur Kenntnis des primären Pleurakrebses. Inaug.-Diss. Greifswald 1903.

LAMERON, C., LENÈGRE, J., BACH, C.: Indications thérapeutiques actuelles dans les pleurésies purulentes interlobaires. Lyon chir. **46**, 869—874 (1951).

LAMY, P.: Les atelectasies compliques; le syndrome atélectasie-pleurésie. Bronches **7**, 155—161 (1957).

LANDAU, A., DELOFF, L., BRAUN, R.: Hernie diaphragmatique droite. La non-specifité de l'épreuve de Casoni dans le kyste hydatique. Arch. Mal. Appar. dig. **29**, 531 (1939).

LANDSEN, F. T., FALOR, W. H.: "Diagnostic small thoracotomy" in idiopathic pleural effusion. J. Amer. med. Ass. **170**, 1375—1379 (1959).

LANE, H., MURRAY, M. R., FRASER, G. C.: Neurilemmoma of the lung confirmed by tissue culture. Cancer (Philad.) **6**, 780 (1953).

LARGHERO YBARZ, P., PURRIEL, P.: Equinococosis pleural. Soc. de Cirurgía de Montevideo 19.8.1942. Montevideo: Monteverde y Cia 1942.

LARGHERO YBARZ, P., TERREIRA BERUTTI, P.: Pioneumoquiste y pioneumotórax hidatico sofocante. Bol. Soc. Cirug. Uruguay **18**, 450 (1947).

LARGHERO YBARZ, P., PURRIEL, P., ARDAO, H. A.: Pioneumotórax hidatico. Estudio clinico, anatomopatologico, radiologio, terapeutico. Montevideo: Mercant 1935.

LARGHERO YBARZ, P.: Equinococosis heterotopica pleural. Bol. Soc. Cirug. Uruguay **21**, 271 (1950).

LARGHERO YBARZ, P.: Equinococosis costal. Tórax **1**, 199 (1952).

LARIZZA, P., ZELASCHI, C.: Contributo clinico e radiologico alla conoscenza della sindrome di Pancoast. Giorn. Clin. med. (Parma) **29**, 442—480 (1948).

Laubry, C., Lenègre, J.: Il polmone cardiaco. Progr. med. 6, 33 (1950).

Laubry, C., Lenègre, J., Bach, C.: Les images radiologiques scissural chez les cardiaques. Arch. Mal. Cœur 35, 1 (1942).

Lauche, A.: In: Henke-Lubarsch: Handbuch der speziellen pathologischen Anatomie und Histologie, Bd. III/1, S. 893. Berlin: Springer 1928.

Lauche, A.: Zur Kenntnis von Pathologie und Klinik der Geschwülste mit Synovialmembran-artigem Bau (Synovialome oder synoviale Endothelio-Fibrome und Sarkome). Frankfurt. Z. Path. 59, 2—29 (1947/48).

Lauffer, S. T.: Interlobar effusion associated with heart disease. N. S. med. Bull. 25, 453—457 (1946).

Laval, P., Métras, H., Payan, H., Gras, A., Nauran, J.: Les tumeurs de la plèvre (à propos de 16 observations). J. franç. Méd. Chir. thor. 7, 515—524 (1953).

Laval, P., Payan, H., Bonneau, H., Clément, R., Amalric, R., Laurent, C.: Cancer de l'apex pulmonaire. J. franç. Méd. Chir. thor. 17, 231—238 (1963).

Lawson, J. P.: Pleural calcification as a sign of asbestosis. A report of 3 cases. Clin. Radiol. (Edinb.) 14, 414—417 (1963).

Lea, R. G.: Spontaneous hemopneumothorax. Canad. med. Ass. J. 46, 371 (1942).

Leggett, E. A., Myers, J. A., Levine, J.: Spontaneous pneumothorax. Amer. Rev. Tuberc. 29, 348 (1934).

Legré, J., Bonnal, J.: Syndrome de Pancoast-Tobias d'origine échinococcique. J. Radiol. Électrol. 39, 557—558 (1958).

Leigh, T., Weens, S.: The mediastinum. Springfield, Ill.: Ch. C. Thomas 1959.

Leitner, E.: Pleurales Mesotheliom. Tuberkulózis 19, 83—84 (1966).

Lejeune, A.: À propos d'un cas de hernie diaphragmatique congénitale. J. belge Radiol. 35, 508 (1952).

Lenègre, J.: Les épanchements pleuraux des cardiaques. Presse méd. 60, 870 (1952).

Lenk, R.: Die Bedeutung des künstlichen Pneumothorax für die Diagnose von intrathorakalen, besonders mediastinalen Tumoren. Fortschr. Röntgenstr. 38, 88 (1928).

Lenk, R.: Röntgendiagnostik der intrathorakalen Tumoren und ihre Differentialdiagnose. Wien: Springer 1929.

Lenz, H., Rohr, H.: Zur radikulären Genese der sogenannten Relaxatio diaphragmatica. Fortschr. Röntgenstr. 103, 540—549 (1965).

Léri, Moulin de Theyssieu: Les paralysies douloureuses du plexus brachial par tuberculose pleuro-pulmonaire du sommet. Bull. Soc. méd. Hôp. Paris 1917, 1309.

Levin, B.: Neurofibromatosis: Clinical and roentgen manifestations. Radiology 71, 48 (1958).

Levin, B.: Subpleural interlobular lymphangiectasia reflecting metastatic carcinoma. Radiology 72, 682—688 (1959).

Levrat, Devic, Despierre, A.: Tumeur circonscrite de la plèvre, confrontation anatomo-pathologique. Lyon méd. 5, 14 (1950).

Lewis, W. H.: Mesenchyme and mesothelium. J. exp. Med. 38, 257—262 (1923).

Lichtenstein, H.: Die Klinik und Pathologie der primären Pleuratumoren. Dtsch. Z. Chir. 233, 29 (1931).

Lilienthal, H.: Giant sarcoma of the pleura; a report of two cases. Arch. Surg. 21, 1379 (1930).

Lilienthal, H.: Diaphragmatic hernia of the liver. Surg. Clin. N. Amer. 11, 475 (1931).

Linden, G.: Über diaphragmale Netzhernien und partielle Relaxationen der rechten Zwerchfellhälfte mit Leberbuckel. Radiologe 1, 157—161 (1961).

Lindquist, S., Bergstrand, H.: Zur Klinik und Pathologie des primären begrenzten Pleuramesothelioms. Acta chir. scand. 72, 115—133 (1932).

Linquette, M., Goudemant, M., Warot, P., Fossati, P.: Les images rondes pulmonaires révélatrices de pleurésie interlobaire des cardiaques. Écho méd. Nord 25, 36 (1954).

Lipkovich, S. A.: A tear of the lung without external injuries. Vestn. Rentgenol. Radiol. (Mosk.) 34, 68—69 (1959).

Lipschuetz, O.: Pseudo-diaphragmatic shadow due to pleural fluid. Minn. Med. 22, 638—641 (1939).

Liston, J. M., Lamberti, C. E.: Hemopneumotórax espontaneo. Día méd. 15, 1416 (1943).

Lloyd, M. S.: Thoracoscopy and biopsy in the diagnosis of pleurisy with effusion. Quart. Bull. Sea View Hosp. 14, 128—133 (1953).

Lob, A.: Über primäre Pleura- und Lungenrandkrebse. Langenbecks Arch. klin. Chir. 273, 530—534 (1953).

Lob, A., Weiss, A.: Zur Klinik und Diagnostik maligner Pleurageschwülste. Med. Klin. 1952, 468—470.

Lockey, S. D., Lapinski, E. M., Johnson, J. R.: Pleural empyema due to bacteroides. Arch. intern. Med. 118, 466—470 (1966).

Löblich, H. J.: Über sogenannte Pancoast-Tumoren. Zbl. allg. Path. path. Anat. 90, 373 (1953).

Löblich, H. J.: Die neurogene Gruppe der Tumoren mit Pancoast-Syndrom. Z. Krebsforsch. 58, 576—588 (1952); 59, 483—484 (1953).

Löffler, W., Moroni, D. L.: Die Brucellose. In: Handbuch der inneren Medizin. 4. Aufl., Bd. I/2, S. 100—202. Berlin-Göttingen-Heidelberg: Springer 1952.

Lorbacher, W.: Die eitrige Pleuritis. Tuberk.-Arzt 5, 433 (1951).

Loretz: Gangliöses Neurom der linken Pleura. Virchows Arch. path. Anat. 49. Zit. nach: Lenk, R., Röntgendiagnostik der intrathorakalen Tumoren. Wien: J. Springer 1924.

Lorey, A.: Über den Wert des Röntgenverfahrens bei abgesackten Pleuraergüssen. Z. Tuberk. 15 (1921).

Lorey, A.: Die abgesackte Pleuritis im Röntgenbild. Fortschr. Röntgenstr. 29, 690—706 (1922).

Longrée, H.: Tumeurs kystiques bénignes du diaphragme. Acta chir. belg. 54, 827 (1955).

Louria, M. R.: Spontaneous hemopneumothorax with report of five cases and one autopsy. Quart. Bull. Sea View Hosp. 4, 44 (1938).

Louvier, M.: In: Encyclopédie médico-chirurgicale. Cahier specialisé 61: Poumon-Plèvre-Médiastin. Receuil Nr. 43. Paris: Edit. Techniques (Encyclopédie méd.-chir.) 1970.

Lubarsch, O.: Über den primären Krebs der Pleura nebst Bemerkungen über das gleichzeitige Vorkommen von Krebs und Tuberkulose. Virchows Arch. path. Anat. 111, 280—317 (1888).

Lucchelli, P. D., Pedoja, G.: Il versamento pleurico interlobar isolato o prevalente nei cardiopatici. Cardiol. prat. (Firenze) 15, 405—430 (1964).

Lübbers, P.: Der Phosphataseindex in der Differentialdiagnose des Ascites. Klin. Wschr. 33, 462 (1955).

Lübbers, P.: Alkalische Phosphatasen in Punktionsflüssigkeiten und ihre Bedeutung für die Diagnostik von Serosacarcinosen. Dtsch. Arch. klin. Med. 202, 122—132 (1955).

Lüdeke, H.: Zur Differentialdiagnose der Geschwülste der Pleurakuppel. Langenbecks Arch. klin. Chir. 273, 526 (1953).

LÜDIN, M.: Demonstration von Thoraxröntgenbildern (incl. Zwerchfelltumoren). Schweiz. med. Wschr. **1950**.

LÜDIN: Organpunktion in der klinischen Diagnostik. Basel: S. Karger 1955.

LUNDIN, P., SIMONSSON, B., WINBERG, T.: Pneumonopleural amyloid tumour. Report of a case. Acta radiol. (Stockh.) **55**, 139—144 (1961).

LUSCHER, M.: Zu den parasternalen Zwerchfellhernien. Langenbecks Arch. klin. Chir. **1951**.

LUSE, S. A., REAGAN, J. W.: A histological study of effusions. I. Effusions not associated with malignant tumors. II. Effusions associated with malignant tumors. Cancer (Philad.) **7**, 1155—1166, 1167—1181 (1954).

LUSE, S. A., SPJUT, H. J.: An electron microscopic study of an solitary pleural mesothelioma. Cancer (Philad.) **17**, 1546 (1964).

LUTZ, P.: Zur röntgenologischen Differentialdiagnose der Zwerchfellbuckel. Klin. Med. (Wien) **4**, 565 (1950).

LYSSUNKIN, J. J.: Über primäre Pleura- und Lungensarcome. Frankfurt. Z. Path. **46**, 107 (1933).

MAASSEN, W.: Verschattungen im Herz-Zwerchfellwinkel. Dtsch. med. Wschr. **93**, 35—57 (1968).

MACCAUGHNEY, et al.: Exposure to asbestos dust and diffuse pleural mesothelioma. Brit. med. J. **1962 II**, 1397.

MACHOWSKI, J., FIDELSKI, R., RUCKA, A.: Pericardial mesothelioma. Pol. Tyg. lek. **1956**, 1837.

MAESTRALI, A.: Contribution à l'étude de pleurésies interlobaires. Thèse de Paris 1927.

MAGGI, N.: Ombra rotonda del polmone di difficile interpretazione radiologica ed a rara patogenesi. Nunt. radiol. (Firenze) **35**, 485—492 (1969).

MAGHETTI, F.: I tumori primitivi della pleura: il mesotelioma localizzato. Ann. ital. Chir. **44**, 81—103 (1967).

MAGNIN, T., TISCA, WEIL: Hématome pleural spontané ou tumeur hémorrhagique. J. franç. Méd. Chir. thor. **4**, 446—449 (1950).

MAHOUDEAU, D., COURJARET, J.: Un cas de syndrome de Pancoast et Tobias provoqué par un abscès froid tuberculeux. Sem. Hôp. Paris **42**, 1196—1199 (1945).

MAIER, H.: In: SPAIN, B. M.: Diagnosis and treatment of tumours of the chest. New York-London: Grune & Stratton 1960.

MAINDL: Über seltene Formen der Exsudatbildung beim Pneumothorax. Beitr. Klin. Tuberk. **61**.

MAIO, M. DI: Multiple localized pleural effusions as a manifestation of congestive heart failure. Report of a case. New Engl. J. Med. **238**, 502 (1948).

MALAMOS, B., PAPAVASILIOU, C., AVRAMIDIS, A.: Tumor simulating intrathoracic extramedullary hemopoiesis: report of a case. Acta radiol. (Stockh.) **58**, 227—231 (1962).

MANAFOV, S. S.: Concerning roentgenodiagnosis of atypical coelomic cysts of the pericardium. Vestn. Rentgenol. Radiol. **42**, 56—63 (1967).

MANDELBAUM, F. S.: The diagnosis of malignant tumors by paraffin sections of centrifugated sediments. J. Lab. clin. Med. **2**, 580 (1917).

MANFREDI, F., ROSENBAUM, D., CHILDRESS, R. H.: Diffuse malignant mesothelioma of pleura. Amer. Rev. resp. Dis. **92**, 269—279 (1965).

MARCHAND, F.: Die Veränderungen der peritonealen Deckzellen nach Einführung kleiner Fremdkörper. Beitr. path. Anat. **69**, 1 (1921).

MARCHESE, S., PAGLIARA, P. F., SCARPONI, F.: Beitrag zur Kenntnis des interlobären Pleuraergusses. Riv. Ist. vaccin. antituberc. **16**, 461 (1966).

MARCOLONGO, F., FERABOLI, P. C.: Fibroma del mediastino con sindrome di Pancoast. Minerva med. (Torino) **25**, 612 (1948).

MARIANI, R., SALVETTI, F.: Considerazioni sui tumori epiteliali primitivi della pleura. G. ital. Tuberc. **7**, 203 (1953).

MARINI, A.: I mesoteliomi pleurici circoscritti. Riv. Radiol. **1**, 300—318 (1961).

MARINO, C., BINI, P.: Le opacità pleuriche pseudotumorali, quale espressione radiologica di pleuriti saccate extrascissurali. Minerva med. (Torino) **59**, 409—418 (1968).

MARINOV, M.: Über einige Besonderheiten im Röntgenbild der Asbestose in Bulgarien. Radiol. diagn. (Berl.) **3**, 439 (1958).

MARKS, C.: Diaphragmatic hernia. Sth. Afr. med. J. **28**, 850 (1954).

MARQUES, P., HEMOUS, G., PLANEL, H.: Syndrome de Pancoast-Tobias. Première manifestation d'un Hodgkin-Sternberg. J. Radiol. Électrol. **33**, 716—718 (1952).

MARTENS, G.: Über multiple Carvernome der Pleura. Frankfurt. Z. Path. **44**, 272—276 (1932).

MARTIN, H. E., ELLIS, E. B.: Biopsy by needle puncture and aspiration. Ann. Surg. **92**, 169 (1930).

MARTINI, A. DE, RAVAZZONI, C.: I tumori primitivi della pleura nei loro aspetti clinico-radiologici. Arch. E. Maragliano Pat. Clin. **11**, 557—625 (1955).

MASENTI, E.: Mesotelioma fibroso peduncolato della pleura. Chirurgia (Milano) **10**, 375 (1957).

MASENTI, E., MOLLO, F.: Mesotelioma pleurico insorto in corrispondenza di una pseudocisti polmonare. Chir. torac. **16**, 124—133 (1963).

MASSENTI, S., RACUGNO, V.: Sindrome di Ciuffini-Pancoast da cisti da echinococco apicale extrapleurica. Radiol. med. (Torino) **43**, 63—73 (1957).

MASSON, P.: Diagnostics de laboratoire. 2. Tumeurs. Paris: Masson 1923.

MATHEY, MANNES: Kystes pleuraux hémorragiques. J. franç. Méd. Chir. thor. **4**, 446 (1950).

MATHEY-CORNAT, R., FLEURIAN, DE: Sur la pathologie et le diagnostic radiologique du cancer apical pulmonaire et des tumeurs malignes périapicales (Syndrome de Pancoast et Tobias). Acta radiol. (Stockh.) **29**, 19 (1948).

MATTEO, G. DI, BELTRAMI, V.: L'empiema peripeduncolare conseguente ad exeresi polmonare per tubercolosi. Riv. Tuberc. **10**, 189—194 (1962).

MATTHES, M., CURSCHMANN, H.: Lehrbuch der Differentialdiagnose innerer Krankheiten, 10. Aufl., S. 313—314. Berlin: Springer 1942.

MATTINA, M., LEONE, G.: Polmone e pleura cardiaci. Riv. sicil. Tuberc. **6**, 6 (1952).

MATZEL, W.: Zur klinischen Diagnose schwartiger Pleuratumoren. Münch. med. Wschr. **102**, 918—921 (1960).

MATZEL, W.: Können Malignome der Pleura mit internistischen Mitteln exakt diagnostiziert werden? Med. Klin. **58**, 363—366 (1963).

MAUER, E. F.: On etiology of clubbing of fingers. Amer. Heart J. **34**, 852—859 (1947).

MAURER, E. R., SCHAAL, J. A., MENDEZ, F. L.: Chronic recurring spontaneous pneumothorax due to endometriosis of the diaphragm. J. Amer. med. Ass. **168**, 2013 (1958).

MAXIMOW, A.: Bindegewebe und blutbildende Gewebe. In: Handbuch der mikroskopischen Anatomie des Menschen, Bd. II/1. Berlin: Springer 1927.

MAXIMOW, A.: Über das Mesothel (Deckzellen der serösen Häute) und die Zellen der serösen Exsudate. Untersuchungen an entzündlichem Gewebe und an Gewebskulturen. Arch. exp. Zellforsch. **4**, 1 (1927).

Maximow, A., Bloom, W.: Textbook of histology, 5. Aufl. Philadelphia: W. B. Saunders Co. 1942.
Maxwell, J.: Spontaneous hemopneumothorax. Brit. med. J. **1938I**, 778.
May, E. A.: Bilateral diaphragmatic hernia. Radiology **20**, 275 (1933).
Mazzoni, G., Pietro, D. di: La sindrome di Ciuffini-Pancoast-Tobias da cisti d'echinococco. Policlinico (Palermo), Sez. chir. **64**, 299—307 (1957).
McCarty, W. C., Haumeder, E.: Has cancer cell any differential characteristics? Amer. J. Cancer **20**, 403—407 (1934).
McCaughey, W. T. E.: Primary tumors of pleura. J. Path. Bact. **76**, 517—529 (1958).
McCorkle, R. G., Koerth, C. J., Donaldson, J. M.: Thoracic lipomas. J. thorac. Surg. **9**, 568—582 (1940).
McDonald, J. R., Broders, A. S.: Malignant cells in serous effusions. Arch. Path. **27**, 53—60 (1939).
McMahon, H. E., Mallory, G. K.: Fibrosarcoma of the pleura. Amer. J. Path. **4**, 387 (1928).
McMyn, J. K.: Spontaneous hemopneumothorax. Brit. med. J. **1947II**, 19.
McNamara, W. L., Sargent, W. F., Kostick, K. J.: Giant sarcoma of the pleura. Arch. Surg. **55**, 632—636 (1947).
McPeak, E. M., Levine, S. A.: The preponderance of right hydrothorax in congestive heart failure. Ann. intern. Med. **25**, 916 (1946).
McSwain, H. T., Siebel, E. K.: Spontaneous pneumothorax associated with menstruation or endometritiosis. Ann. Met. South. thorac. Surg. Ass. 1964.
Medlar, E. M.: Variation in interlobar fissures. Amer. J. Roentgenol. **57**, 723 (1947).
Meer, R. van der: Spontaneous hemopneumothorax. Case report. Amer. Rev. Tuberc. **54**, 283 (1946).
Mehrdorf, R.: Fibro-sarcoma myxomatodes pleurae permagnum. Virchows Arch. path. Anat. **193**, 92 (1908).
Meigs, J. V.: Hydrothorax and ascites in association with fibroma of the ovary. Amer. J. Obstet. Gynec. **33**, 249—267 (1937).
Meigs, J. V.: A further contribution to the syndrome of fibroma of the ovary with fluid in the abdomen and chest. Amer. J. Obstet. Gynec. **46**, 19—36 (1943).
Meigs, J. V., Cass, J. W.: Fibroma of the ovary with ascites and hydrothorax: with a report of seven cases. Amer. J. Obstet. Gynec. **33**, 249 (1937).
Meinardus, K.: Das Röntgenbild geformter Exsudatmassen und Blutkoagula in der Pleurahöhle nach Thoraxoperationen. Fortschr. Röntgenstr. **86**, 592—597 (1957).
Melick, D. W., Spooner, M.: Experimental hemothorax. J. thorac. Surg. **14**, 461 (1945).
Melletier, J. Le: Pleurésies interlobaires et condensations parenchymateuses segmentaires. J. franç. Méd. Chir. thor. **9**, 218 (1955).
Melletier, J. le, Veslot, J., Brack., M.: Les pleurésies interlobaires; diagnostic trop oubliés. Sem. Hôp. Paris **31** 2524—2534 (1955).
Memorandum: Problems arising from the use of asbestos. London: Her Majesty's Stationary Office 1967.
Mende, P.: Freie Körper in der Pleurahöhle. Beitr. Klin. Tuberk. **66**, 293—296 (1927).
Mendlowitz, M.: Clubbing and hypertrophic osteoarthropathy. Medicine (Baltimore) **21**, 269—306 (1942).
Mériel, P., Galinier, F., Desandre, M.: Formes atypiques des épanchements interlobaires chez les cardiaques. J. Radiol. Électrol. **35**, 545—549 (1954).
Metelmann, U.: Über freischwimmende Geschwulstmetastasen. Inaug.-Diss. Tübingen 1940.
Métras, H., Warnery, M., Grégoire, M., Goupil, A., Corolleur, J.: Le traitement actuel des pleurésies purulentes chroniques. Presse méd. **1951**, 1554.
Meyer, H. W.: Diaphragmatic hernia. J. thorac. Sug. **20**, 235 (1950).
Meyer, K., Chaffee, E.: Hyaluronic acid in pleural fluid associated with a malignant tumor involving the pleura and peritoneum. J. biol. Chem. **133**, 83 (1940).
Meyler, L., Huizinga, E.: Temporary high position of the diaphragm. J. thorac. Surg. **19**, 283 (1950).
Mezzetti, M., Augusti, A.: Il fibrosarcoma della pleura. Contributo alla conoscenza delle neoplasie pleuriche primitive circoscritte. Arch. ital. Chir. **95**, 544—555 (1969).
Michas, A.: Intrathorakale Fibrome. Thoraxchirurgie **1**, 245 (1955).
Michel, J., Néel, J. L.: Les aspects radiologiques pseudotumoraux des embolies pulmonaires des cardiaques et du poumon cardiaque. Ann. radiol. **5**, 589—602 (1962).
Michter, W.: Isolierte Lungenamyloidose mit Pleuraplaques und ungewöhnlichen Lungengefäßreaktionen. Z. ges. inn. Med. **24**, 723—727 (1969).
Middleton, W. S.: The saucer deformity of the diaphragm with an inquiry into its origin. Amer. J. Roentgenol. **17**, 630 (1930).
Miech, G., Gillet, M., Morand, G., Witz, J. P.: Diagnostic et évolution radiologique des hématomes pulmonaires post-traumatiques. À propos de 5 observations. J. Radiol. Électrol. **49**, 104—108 (1968).
Milanovič, D., Rao, S.: Primarni tumor dijafragme: povodon jednog slučaja fibromyoma diaphragmatis u nas. Vojnosanit. Pregl. **13**, 73 (1956).
Milhorat, A. T.: Spontaneous hemothorax with some simulation of acute surgical abdominal condition. Amer. J. Surg. **13**, 315 (1931).
Miller, J., Wynn, W. H.: A malignant tumor arising from the endothelium of the peritoneum and producing a mucoid ascitic fluid. J. Path. **12**, 267 (1908).
Miller, J. L.: Transsudates and exsudates, with report of 75 fluids. Amer. Med. (Philad.) **8**, 835—843 (1904).
Miller, J. M., Long, P. H.: The treatment of hemothorax. U.S. armed Forces med. J. **5**, 1061 (1952).
Miller, O. O.: Interlobar pleurisy with serous effusion. Kentucky med. J. **30**, 295—297 (1932).
Milne, E., Dick, A.: Circumscribed intrapulmonary haematoma. Brit. J. Radiol. **34**, 587—595 (1961).
Milone, S.: L'ernia diaframmatica del fegato. Minerva chir. (Torino) **7**, 231—236 (1952).
Mini, M.: Echinococco multisacculare del diaframma. Estirpazione per via transpleurica anterolaterale. Guarizione. Ann. ital. Chir. **27**, 588 (1950).
Ministry of Labour, H. M., Factory Inspectorate: Problems arising from the use of asbestos. Memorandum of the Senior Medical Inspector's Advisory Panel. London: H. M. Stationary Office 1967.
Miridjanian, A., Ambruoso, V. N., Derby, B. M., Tice, D. A.: Massive bilateral hemorrhagic pleural effusions in chronic relapsing pancreatitis. Arch. Surg. **98**, 62—66 (1969).
Misgeld, V.: Das Mesotheliom. Med. Mschr. **21**, 256—265 (1967).

Misra, S. S., Sharma, U. C.: Pleural biopsy with the Vim-Silverman needle. Tubercle (Lond.) **40**, 54—57 (1959).

Misumi, J.: Über die Genese des metastatischen Karzinoms des Peritoneums. Virchows Arch. path. Anat. **196**, 371 (1909).

Mitchell, F., Ferrel, M., Bacharach, T., Aronstam, E. M.: Pleural biopsy as a diagnostic method. U.S. armed Forces med. J. **10**, 157—160 (1959).

Mlzoch, F.: Die Thorakoskopie als diagnostischer Eingriff. Wien. Z. inn. Med. **36**, 141—168 (1955).

Mönckeberg, J. G.: Endotheliom. Ergebn. allg. Path. path. Anat. **10**, 789 (1904).

Moersch, H. J., Hinshaw, H. C., Wilson, J. H.: Apical lung tumors or so-called superior pulmonary sulcus tumors. Minn. Med. **23**, 221 (1940).

Monaco, L.: Sui fibrinomi pleurici. Nunt. radiol. (Firenze), Suppl. **1964**, 1—10.

Monaco, L.: Intervento in discussione sulla communicazione di Barbaini, S., Longoni, F.: Considerazioni sugli ematomi polmonari in traumi del torace non penetranti. Atti 23. Congr. Naz. della Società di Radiologia, Padova 5.—8. 5. 1968, Vol. IV.

Monaco, L.: La sindrome post-traumatica del polmone. Quadri clinico-radiologici e rilievi anatomici dall' osservazione di 28 casi. Classificazione. Atti 59. Raduno del Gruppo C.M.J. della Società Italiana di Radiologica, Bari, 25. 5. 1969.

Monaco, L., Storniello, G.: Osservazioni anatomoradiologiche sulla evoluzione del carcinoma bronchiale ad insorgenza periferica in rapporto al tipo istologico. Atti 57. Raduno del Gruppo C.M.I. della Società Italiana di Radiologia, Alghero 27.—28. 5. 1967.

Monges, J., Poinso, R., Provansal, J.: Pleurésie purulente interlobaire partielle. Image radiologique arrondie. Marseille-méd. **1935**, 270.

Monod, R.: Un cas démonstratif de pleurésie sérofibrineuse contrastée simulant un kyste plein du poumon. Poumon **1**, 5 (1949).

Monod, R., Azoulay, R.: Eventration diaphragmatique droite avec anomalie du foir simulant un kyste hydatique. Mém. Acad. Chir. **1943**, 19.

Montoro, O., Alderegina, G.: Hemopneumotórax espontaneo. Arch. Soc. Estud. clín. Habana **39**, 389 (1945).

Moraes, P. V. de: Derrame pleural simulando diafragma elevado. Rev. paul. Med. **36**, 217 (1950).

Morawetz, F.: Über die „Pleuritis diaphragmatica". Wien. Z. inn. Med. **44**, 140—149 (1963).

Morawetz, F.: Special problems in pleural mesothelioma. IX. Internat. Congress on Diseases of the Chest, Copenhagen 1966.

Morawetz, F.: Die Zytologie des Pleurapunktates. Wien. Z. inn. Med. **1**, 7 (1969).

Morczek, A.: Diagnose und Differentialdiagnose der Hernia und Relaxatio diaphragmatica. Dtsch. Gesundh.-Wes. **7**, 857 (1952).

Morel, Poggioli, Bernard: Kyste pleuropéricardiaque. Vérification pleuroscopique. Toulouse méd. **1952**, 233—236.

Morgana, A.: Tumori maligni dell' apice polmonare e tubercolosi pseudotumorale. Radiologia (Roma) **8**, 353—370 (1952).

Morgagni, G. B.: The seats and causes of diseases investigated by anatomy, vol. III, p. 210. London: A. Miller & T. Cadell 1769.

Morin, G. J., Hernandez, J., Picard, J. M.: Tumeurs et pseudotumeurs du médiastin antéroinférieur d'origine extra-thoracique. Ann. Chir. **31**, 11 (1955).

Morr, H.: Zur Frage des Röntgenbildes der „abgesackten Pleuritis diaphragmatica". Fortschr. Röntgenstr. **58**, 66 (1938).

Morris, J. H., Arken, D. E.: The superior pulmonary sulcus tumor of Pancoast in relation to Hare's syndrome. Ann. Surg. **112**, 1 (1940).

Moser, M.: Spontaneous hemopneumothorax. Treatment by early thoracocentesis. Dis. Chest **19**, 399 (1951).

Müller, H.: Mißbildungen der Lunge und Pleura. In: Henke, F., Lubarsch, O., Handbuch der speziellen pathologischen Anatomie und Histologie, Bd. III/1, S. 53 ff. Berlin: Springer 1938.

Müller, H.: Pleuraverkalkungen bei der Asbeststaublunge. Radiol.diagn. (Berl.) **3**, 33 (1962).

Müller, W.: Myoblastengeschwulst des Zwerchfells. Zbl. allg. Path. path. Anat. **58**, 353 (1933).

Mülly, K.: Die Geschwülste der Lunge, Pleura und Brustwand. In: Handbuch der inneren Medizin, 4. Aufl., Bd. IV/4, S. 196—212. Berlin-Göttingen-Heidelberg: Springer 1956.

Mülly, K.: Die Erkrankungen und Geschwülste des Mediastinums. In: Handbuch der inneren Medizin, 4. Aufl., Bd. IV/4, S. 391—566. Berlin-Göttingen-Heidelberg: Springer 1956.

Muñoz Moratorio, L.: Considerations in two cases of spontaneous hemopneumothorax. Rev. Tuberc. Urug. **1936**, 577.

Muro, G. di: Sul linfosarcoma primitivo della pleura. Clinica (Bologna) **20**, 93—102 (1960).

Murrah, T. A.: Primary mesothelioma of the peritoneal cavity. Bull. Charlotte mem. Hosp. **1**, 12 (1944).

Mussa, L., Pezzinati, S.: I versamenti pleurici infrapolmonari. Minerva med. (Torino) **1955 II**, 756—765.

Mussy, G. de: Pleurésies purulentes diaphragmatiques. Arch. gén. Méd. **1897**, 5.

Mutu, I., Manolin, R. A., Gradinaru, P., Diaconescu, C.: Runde Lungenverschattungen bei Herzinsuffizienz. Oncol. Radiol. **7**, 513—518 (1968).

Muus, N.: Eine Geschwulst der Pleura, von aberrierendem Lungegewebe ausgegangen. Virchows Arch. path. Anat. **176** (1904).

Myers, R. T., Johnson, F. R., Bradshaw, H. H.: Spontaneous hemopneumothorax: Report of a case treated by thoracotomy. Ann. Surg. **133**, 413 (1951).

Naef, A. P.: Le fibrosarcoma thoracique. Poumon **1954**, 133.

Nalls, W. L., Matthews, J.: Idiopathic hemopneumothorax: An evaluation of its treatment and report of three cases. Dis. Chest **15**, 612 (1949).

Nardone, B.: Tumore dell' apice polmonare. Sindrome apico-costovertebrale di Pancoast. Rif. med. **1942**, 1059.

Nario, C., Bermudez, O., Espasandi, R.: Surgical treatment of spontaneous hemopneumothorax. Arch. urug. Med. **35**, 303 (1949); Bol. Soc. Cirurg. Urug. **19**, 612 (1948).

Narr, F. C., Wells, A. H.: Intrathoracic myxolipoma. Amer. J. Cancer **18**, 912—918 (1933).

Naylor, B.: The exfoliative cytology of diffuse malignant mesothelioma. J. Path. Bact. **86**, 293—298 (1963).

Negovsky, N. P., Tavonius, K. E., Vinner, M. G.: Roentgen diagnosis of cancerous pleurisy. Sovetsk. Med. **25**, 9—15 (1961).

Ness, R. B., Allan, G. A.: Hemopneumothorax without traumatism: Recovery. Brit. med. J. **1910 I**, 744.

Neugebauer, W.: Über das Vorkommen von Fettwülsten in der normalen Pleura parietalis. Fortschr. Röntgenstr. **53**, 61 (1936).

NEUHOF, H., COPLEMAN, B.: Encapsulated empyema. Amer. J. Surg. 54, 39—49 (1941).

NEUMANN, U.: Über einen im Kindesalter noch nicht beschriebenen Fall von sarkomatösem Pleuratumor. Arch. Kinderheilk. 98, 139 (1933).

NEUMANN, W.: Die Klinik der Tuberkulose Erwachsener, 2. Aufl., S. 466. Wien: Springer 1930.

NEVINNY, H.: Beitrag zur Kasuistik der expansiv wachsenden Pleurariesensarkome. Mitt. Grenzgeb. Med. Chir. 40, 277 (1927/28).

NEVIUS, D. B., FRIEDMAN, N. B.: Mesotheliomas and extraovarian thecomas with hypoglycemic and nephrotic syndromes. Cancer (Philad.) 12, 1263—1264 (1959).

NEWHOUSE, M. L., THOMPSON, H.: Mesothelioma of pleura and peritoneum following exposure to asbestos in the London area. Brit. J. industr. Med. 22, 261 (1965).

NEWMAN, W., JACOBSON, H. G.: Bizarre pulmonary roentgenographic manifestations in heart disease. Amer. Heart J. 42, 184 (1951).

NICAUD, P., MONOD, D.: Cancer primitif de la plèvre (endothéliome angioblastique). Bull. Soc. Méd. Hôp. Paris 30/31, 1072—1075 (1948).

NICAUD, P., RAVINA: Réticuloendothéliosarcome de la plèvre à évolution rapide. Bull. Soc. Méd. Hôp. Paris 1935, 5.

NICHOLSON, F., WHITEHEAD, R.: Tumours of the diaphragm. Brit. J. Surg. 43, 633 (1956).

NICHOLSON, H.: Endometriosis of the pleura. Thorax (Lond.) 6, 75 (1951).

NICOLA, R. R. DE, WASH, R., VRAZIER, D.: Diaphragmatic hernia through foramen of Morgagni. J. Pediat. 36, 100—104 (1950).

NICOLE, P.: Un cas d'endothéliome vasculaire malin du médiastin antérieur. Thèse de Lausanne 1937.

NIDEN, A. H., BURROWS, B., KASIK, J. E., BARCLAY, W.: Percutaneous pleural biopsy with a curetting needle. Amer. Rev. resp. Dis. 84, 37—41 (1961).

NISSEN, R., PFEIFFER, K. M.: Zwerchfellhernien. Klinik. Indikation. Chirurgie. Technik. Bern: H. Huber 1968.

NOODT, H.: Pancoast-Tumoren. Münch. med. Wschr. 97, 759—761 (1955).

NYLANDER, P. E. A.: Lymphangioma of the diaphragm. Zbl. Chir. 69, 929 (1942).

NYLANDER, P. E. A., ELFRING, G., VIIKARI, S. J.: A study of intrathoracic cysts arising from the diaphragm. Ann. Chir. Gynaec. Fenn. 37, 99 (1948).

NYLANDER, P. E. A., VIIKARI, S. J.: Zur Genese der dünnwandigen Zysten des Diaphragma. Thoraxchirurgie 4, 300 (1956).

OATWAY, W. H.: Fibrin-bodies in pneumothorax. Amer. Rev. Tuberc. 44, 112 (1941).

OBERDALHOFF, H., VIETEN, H., KARCHER, H.: Klinische Röntgendiagnostik chirurgischer Erkrankungen, Bd. I, S. 180ff. Berlin-Göttingen-Heidelberg: Springer 1959.

OBERNDORFER: Zwerchfellschüsse und Zwerchfellhernien. Münch. med. Wschr. 1918, 1426.

O'DONNELL, W. M., MANN, R. H., GROSH, J. L.: Asbestos an extrinsic factor in the pathogenesis of bronchogenic carcinoma and mesothelioma. Cancer (Philad.) 19, 1143 (1966).

OESER, H.: Kugeliges Pleuraempyem. Fortschr. Röntgenstr. 74, 235—236 (1951).

OESTERN, H. F.: Beitrag zur Kenntnis der intrathorakalen Lipome. Zbl. Chir. 72, 591—596 (1947).

O'HOURIHANE, D. B., LESSOF, L., RICHARDSON, P. C.: Hyaline und verkalkte Pleura-Plaques als Index für eine Asbest-Exposition. Untersuchung der röntgenologischen und pathologischen Entwicklung bei 100 Fällen; Betrachtung über die Epidemiologie. Brit. med. J. 1966I, 1069.

OLDHAM, H. N., SABISTON, D. C.: Primary tumors and cysts of the mediastinum. Lesions presenting as cardiovascular abnormalities. Arch. Surg. 96, 71—75 (1968).

OLDHAM, H. N., YOUNG, W. G., SEALY, W. C.: Hamartoma of the lung. J. thorac. cardiovasc. Surg. 53, 735—742 (1967).

OLLINO, P.: Le reazioni pleuriche nel quadro radiologico dell' asbestosi polmonare. Arch. Sci. med. 100, 403—413 (1955).

ORSI, A.: Hemopneumotórax espontaneo. Rev. Asoc. méd. argent. 62, 78 (1948).

OUDET, P., SICHEL, D., WAGNER, J. P., HUTT, J. P., RUEBSAMEN, G.: Pleurésies purulentes torpides enkystées. Formes pseudo-tumorales. J. Radiol. Électrol. 37, 385—391 (1956).

OWEN, D., EWER, T. F., KLINETAKER, P. H.: Apical bronchogenic carcinoma. Brit. med. J. 1938, 1360.

OWEN, W. G.: Diffuse mesothelioma and exposure to asbestos dust in Merseyside area. Brit. med. J, 1964II, 214—218.

OZGELEN, F., BRODSKY, S. L., GROAT, A. DE: An examination of the merits and the intrinsic limitations of exfoliative cytology in 465 cases of lung cancer. J. thorac. Surg. 49, 221—230 (1965).

OZZELLO, L., SPEER, F. D.: Malignant diffuse mesothelioma of the pleura. Cancer (Philad.) 3, 1015—1020 (1957).

PALLASSE, F., ROUBIER, C.: Les tumeurs primitive de la plèvre. Ann. Méd. 3, 43 (1926).

PALLONE, M., PASQUINI, F.: Relaxazione diaframmatica segmentaria: diagnosi differenziale con l'ernia dello hiatus esofageo. Riv. Radiol. 7, 1283—1286 (1968).

PAMPARI, D., LACERENZA, C.: Ectopia intratoracica di un lobo accessorio del fegato. Arch. Chir. Torace 18, 557—565 (1961).

PÁMPARI, G. C.: I tumori del diaframma. Osped. ital. Chir. 16, 341—352 (1967).

PANAS, A.: Contribution à l'étude des aspects pseudotumoraux de la pleurésie interlobaire. Thèse de Paris 1953; Sem. Hôp. Paris 31, 2534 (1955).

PANCOAST, H. K.: Importance of careful roentgen ray investigation of apical chest tumors. J. Amer. med. Ass. 83, 1407—1411 (1924).

PANCOAST, H. K.: Superior pulmonary sulcus tumor. Tumor characterized by pain, Horner's syndrome, destruction of bone and atrophy of hand muscles. J. Amer. med. Ass. 99, 1391—1396 (1932).

PAOLINO, W., TRONZANO, L.: Sulla frequenza di segni radiologici di pleurite interlobare nelle pneumoconiosi. Minerva med. 50, 2748 (1959).

PAPAVASILIOU, C. G.: Tumor-simulating intrathoracic extramedullary hemopoiesis. Clinical and roentgenologic considerations. Amer. J. Roentgenol. 93, 695—702 (1965).

PAPAVASILIOU, C. G.: Tumor-simulating marrow heterotopia in thalassemia — a new radiological entity. 11. Internat. Congr. Radiology, Rom 23.9. 1965.

PAPAVASILIOU, C. G., SFINKAKIS, P.: Tumoursimulating intrathoracic marrow heterotopia in thalassemia major. Thorax (Lond.) 19, 121—124 (1964).

PARAF, J., ZIVY, P.: L'étude des épanchements pleuraux par la radiographie en position latérodéclive. Les pleurésies invisibles. La disposition des épanchements en plèvre libre. La signe du soulèvement pulmonaire. Bull. Soc. méd. Hôp. Paris 55, 66 (1939).

Parmeggiani, D., Liguori, R.: La decorticazione circoscritta nell' empiema cronico latero-basale. Chir. torac. **20**, 155 (1967).

Paroni, F.: Contributo allo studio radiologico del profilo diaframmitico destro. Ann. Radiol. diagn. (Bologna) **23**, 157 (1951).

Parsonnet, A. E., Klosk, E. E., Bernstein, A.: Pleural transsudates: unusual roentgenological configuration associated with congestive heart failure. Amer. Rev. Tuberc. **53**, 599 (1946).

Paul, L. W.: Neurogenic tumors of the pulmonary apex. Dis. Chest **11**, 643 (1945).

Payn, S. B., Lief, V. F.: Spontaneous hemopneumothorax. Bull. U.S. Army med. Dep. **84**, 94 (1945).

Pazzaglia, P. G.: Opacità rotondeggiante omogenea del polmone da versamento pleurico saccato nell' interlobo medico. Riv. Radiol. **10**, 113—116 (1970).

Pedoja, G.: Il significate dei versamenti scissurali nei cardiopatici. Radiol. prat. **16**, 243—252 (1966).

Pélissier, A., Quary, P.: À propos de quelques tumeurs des séreuses: du mésothéliome ou synovialom et de la tumeur à histioplaxes des gaines synoviales. Presse méd. **60**, 1788—1789 (1952).

Pendergrass, E. G.: Some considerations concerning the roentgen diagnosis of carcinoma of the lung. Ala. J. med. Sci. **4**, 166—179 (1967).

Pendergrass, E. P., Edeiken, J.: Peritoneal mesothelioma. Cancer (Philad.) **7**, 899 (1954).

Pendergrass, E. P., Neuhauser, E. B. D.: Pleural lesions in hemophilia; report of case. Amer. J. Roentgenol. **48**, 147—151 (1942).

Pendl, O.: Klin. Med. **3**, 447, 497 (1948).

Perenice, H., Kuchen, C.: Rechtsseitig gelagerte Zwerchfellhernien. Röntgenpraxis **11**, 24 (1939).

Perry, K. M. A.: Spontaneous hemothorax. Lancet **1938 II**, 829.

Perry, T. M., Smith, W. A.: Rhabdomyosarcoma of the diaphragm. Amer. J. Cancer **35**, 316 (1939).

Petacci, M.: Sul sarcoma primitivo del diaframma. Policlinico (Palermo), Sez. chir. **47**, 136 (1940).

Petersen, J. A.: Recognition of infrapulmonary pleural effusion. Radiology **74**, 34—41 (1960).

Petitjean, R., Pierson, B.: Mésothéliome pleural malin localisé. Presse méd. **78**, 1865 (1963).

Pfeifer, W.: Der primäre Rippenfellkrebs. Med. Klin. **48**, 1765 (1953).

Pfeifer, W., Weiss, A.: Das Röntgenbild des primären Pleurakrebses. Fortschr. Röntgenstr. **76**, 460—467 (1952).

Philipps, E. W.: Intrathoracic xanthomatous new growths. J. thorac. Surg. **7**, 74 (1937).

Philipps, S. K., McDonald, J. R.: An evaluation of various examinations performed on serous fluids. Amer. J. med. Sci. **216**, 121—128 (1948).

Piaggio Blanco, R. A., Sayagues, C.: Lipoma intratorácico del mediastino anterior. Arch. urug. Med. **19**, 146—153 (1941).

Piatt, A. D.: Primary mesothelioma (endothelioma) of the pleura. Amer. J. Roentgenol. **55**, 173—180 (1946).

Picard, R., et al.: Sur un cas de hernie diaphragmatique antérieur. Arch. Mal. Appar. dig. **41**, 100 (1952).

Picciochi, A., Pisano, M.: Su due casi di sindrome incompleta di Ciuffini-Pancoast-Tobias da tubercolosi pleuropolmonare dell' apice. Riv. Tuberc. **14**, 165—170 (1966).

Pickhardt, O. C.: Pleuro-diaphragmatic cyst. Ann. Surg. **99**, 814—816 (1934).

Pies, A.: Beitrag zur Kenntnis der röntgenologischen Erscheinungsformen der Pleuritis. Beitr. Klin. Tuberk. **73**, 799—807 (1930).

Pilot, I.: Mesenchymatous tumors of lung and pleura. Radiology **14**, 391 (1930).

Pinner, M., Moerke, G.: Pleural effusions. Laboratory findings and clinical correlations. Amer. Rev. Tuberc. **22**, 121 (1930).

Pirera, A.: Contributi alla diagnosi radioscopica dei tumori pleuropulmonari. Il Tomasi Nr. 30, 640 (1913).

Pirkner, F.: Beitrag zur Histogenese des primären Endothelkrebses der Pleura. Inaug.-Diss. Greifswald 1895.

Pisapia, M.: Aspetti clinici e possibilità terapeutiche delle neoplasie pleuriche. Chir. ge. (Roma) **14**, 151—175 (1965).

Pitt, G. N.: A case of rapidly fatal hemopneumothorax, apparently due to the rupture of an emphysematous bulla. Trans. clin. Soc. Lond. **33**, 95 (1900).

Pliess, G.: Zur Morphologie der Serosageschwülste. Frankfurt. Z. Path. **65**, 350 (1954).

Plonskier, M.: Über tumorförmige (extramedulläre heterotope) subpleurale Knochenmarksherde. Virchows Arch. path. Anat. **277**, 804 (1930).

Pohl, R.: Das periphere Bronchuskarzinom. Fortschr. Röntgenstr. **66**, 51—74 (1942).

Poindecker, H.: Fibrinkugeln im Pneumothoraxraum. Beitr. Klin. Tuberk. **61**, 243 (1925).

Polgár, F.: Beiträge zur Verschiebungsprobe der pleuralen Ergüsse. Fortschr. Röntgenstr. **35**, 618 (1926).

Polgár, F.: The "cut off" of the diaphragm line: A new diagnostic symptom in chest radiography. Acta radiol. (Stockh.) **20**, 219 (1939).

Poli, E.: Contribuzione alla conoscenza d'emopneumotorace spontaneo. Rif. med. **53**, 638 (1937).

Policard, A., Galy, P.: La plèvre. Mécanismes normaux et pathologiques. Paris: Édit. Masson 1942.

Pollmann, L.: Ein Endotheliom der Pleura und des Peritoneum mit eigenartiger Ausbreitung in den Blutgefäßen, namentlich der Leber und der Milz. Beitr. path. Anat. **26**, 37 (1899).

Pomelzoff, K.: Über freie Fibrinkörper im Pleuraraum. Beitr. Klin. Tuberk. **69**, 492 (1928).

Pomeranz, R.: Horner's syndrome. Roentgen manifestations. Radiology **56**, 363—369 (1951).

Pomorski: Ein Fall von Rankenneurom der Interkostalnerven mit Fibroma molluscum und Neurofibromen. Virchows Arch. path. Anat. **3**, 60 (1888).

Ponce, G.: Mesotelioma pleural. Enferm. de Tórax **25**, 178 (1960).

Ponti, C. de: Fibrolinfangioma del diaframma. Radiol. med. (Torino) **38**, 426—429 (1952).

Popovič, L.: Echinokokkus der Pleura. Liječn. Vjesn. **43**, 255 (1921).

Poppe, H.: Hernia diaphragmatica dextra. Acta radiol. (Stockh.) **27**, 505 (1946).

Poppe, H.: Die sternokostale Enterocele. Fortschr. Röntgenstr. **80**, 723—726 (1954).

Porter, J. M., Cheek, J. M.: Pleural mesothelioma. Review of tumor histogenesis and report of 12 cases. J. thorac. cardiovasc. Surg. **55**, 882—890 (1968).

Postoloff, A. V.: Mesothelioma of the pleura. Arch. Path. **37**, 286 (1944).

Poulsen, T., Sorensen, B.: Pleural mesothelioma. Acta radiol. (Stockh.) Suppl. **188**, 216—233 (1959).

Price-Thomas, C., Drew, C. E.: Fibroma of the visceral pleura. Thorax (Lond.) **8**, 180—188 (1953).

Pricolo, V., Lomonaco, F.: Mesotelioma peduncolato della pleura. Tumori **4**, 296 (1953).

Prinos, G.: Das solitäre Pleuramesotheliom. Röntgen-Bl. **23**, 425—429 (1970).

Pruvost, E., Hautefeuille, G., Thoyer, G., Roman: Eventration du diaphragme ayant simulé

un kyste hydatique et ayant été precisée par un pneumopéritoine. Bull. Soc. méd. Hôp. Paris **59**, 166 (1943).
Pruvost, P., Teyssier, P., Isorni, J., Lemercier, P., Gosset, A., Cellerier, R.: Pleurésies interlobaires séro-fibrineuses. J. franç. Méd. Chir. thor. **5**, 401 (1951).
Quensel, U.: Cytologische Untersuchungen von Ergüssen der Brust- und Bauchhöhle mit besonderer Berücksichtigung der karzinomatösen Exsudate. Upsala: Almquist & Wiksells 1928. Acta med. scand. **68**, 458—501 (1928).
Quensel, U.: Zur Frage der Zytodiagnostik der Ergüsse seröser Höhlen. Acta med. scand. **68**, 427 (1928).
Quereilhac, H., Lopéz Rinaldi, A. J.: Estudio radiologico sobre tres casos de hernia traumatica del diafragma. Arch. argent. Tisiol. **28**, 124—137 (1952).
Quincke, H.: Über fetthaltige Transsudate. Hydrops chylosus und Hydrops adiposus. Dtsch. Arch. klin. Med. **16**, 121—139 (1875).
Quincke: Über die geformten Bestandteile von Transsudaten. Dtsch. Arch. klin. Med. **30**, 580 (1882).
Quinlan, H.: Spontaneous hemopneumothorax. Brit. med. J. **1940 II**, 643.
Rabinova, A.: Diagnostic radiologique des pleurésies interlobaires. Probl. Tuberc. **3**, 35—41 (1950).
Race, G. A., Scheifley, C. H., Edwards, J. E.: Hydrothorax in congestive heart failure. Amer. J. Med. **22**, 83 (1957).
Radner, S.: Acta chir. scand. **88**, 335 (1942).
Raimondi, A. A., Boffi, L.: Hemopneumotórax espontaneo. Arch. argent. Tisiol. **19**, 331 (1943).
Ramsey, T. L., Chomet, B.: Mesothelioma (endothelioma) of the peritoneum. Arch. Path. **35**, 292 (1943).
Ramström, S., Hellsten, H.: Surgical treatment of three cases of pleural sarcoma. J. thorac. Surg. **21**, 116—124 (1951).
Ratti, A.: Sui caratteri dei versamenti pleurici secondari a tumori. Radiol. med. (Torino) **18**, 1027 (1931).
Ratzer, E. R., Pool, J. L., Melamed, M. R.: Pleural mesotheliomas. Clinical experiences with thirty-seven patients. Amer. J. Roentgenol. **99**, 863—880 (1967).
Raunio, V.: Occurence of unusual pleural calcification in Finland. Studies on atmospheric pollution caused by asbestos. Ann. Med. intern. Fenn. **55**, Suppl. **47**, 1, 61 (1966).
Rausch, W.: Primärer Zwerchfelltumor. Fortschr. Röntgenstr. **78**, 88—89 (1953).
Ravazzoni, C., Barone, L., Adamoli, S., Ramoino, R.: Aspetti clinico-radiologici dell' ematoma polmonare post-traumatico. Radiol. med. (Torino) **55**, 7—15 (1969).
Ravazzoni, C., Cacioppo, A.: L'agobiopsia della pleura parietale. G. ital. Tuberc. **14**, 327—337 (1960).
Ravera, J. J.: Equinococcosis heterotópica pleural con neumotórax espontáneo. Tórax **1**, Nr. 3 (1952).
Ray, B. S.: Tumors of the apex of the chest. Surg. Gynec. Obstet. **67**, 577 (1938).
Razemon, P., Ribert, M., Fournier, P.: Fibromyxome de la plèvre. J. franç. Méd. Chir. thor. **11**, 141 (1955).
Reals, W. J., Russum, B. C., Egan, W. J.: Mesothelioma of the pleura in a child. Amer. J. Dis. Child. **80**, 85 (1950).
Reboul, J., Martin, P. L.: Pleurésie interlobaire chez un cardiaque. J. Radiol. Électrol. **32**, 112—113 (1951).

Redoy, D. J.: Mesothelioma pleof ura. Indian J. Surg. **12**, 305—309 (1950).
Reddy, D. J., Indira, C.: Needle biopsy of the parietal pleura in the etiological diagnosis of pleural effusion. J. Indian med. Ass. **40**, 6—11 (1963).
Reich, L.: Hernia diaphragmatica parasternalis dextra. Fortschr. Röntgenstr. **30**, 305 (1923).
Reich, L.: Zur Kasuistik der Hernia diaphragmatica dextra hepatis. Fortschr. Röntgenstr. **34**, 481—484 (1926).
Reiche, F.: Die chemische Zusammensetzung tuberkulöser Pleuraexsudate und anderer Ergüsse in die Brusthöhle. Beitr. Klin. Tuberk. **74**, 652 (1930).
Reichelt, A.: Zur besonderen Zytomorphologie des solitären Pleuramesothelioms. Zbl. allg. Path. path. Anat. **106**, 138 (1964).
Reid, J.: Edinb. med. surg. J. **3**, 893 (1836).
Reisner, K.: Verlaufsformen und Differentialdiagnose des Pleuramesothelioms. Ber. 46. Dtsch. Röntgenkongreß, Nürnberg 1965. Teil A, S. 94—95. Stuttgart: G. Thieme 1966.
Reisner, K., Huzly, A.: Die sogenannten Perikardzysten, ihre Differentialdiagnose und Ätiologie. Fortschr. Röntgenstr. **103**, 1—20 (1965).
Reisner, K., Huzly, A.: Pleurogene Tumoren und Pseudotumoren der Pleura. Die Mesotheliome und ihre Einordnung. Fortschr. Röntgenstr. **106**, 775—789 (1967); **107**, 68—80 (1967).
Reitter, H.: Die primäre pleuro-pulmonale Aktinomykose. Zbl. Chir. **79**, 993 (1954).
Remacle, P., Bruart, J.: À propos d'un cas de mésothéliome pleural. Acta tuberc. belg. **59**, 387 (1968).
Rémond, A., Colombiès, H.: Les néoplasmes primitifs de la plèvre. Rév. Méd. (Paris) **39**, 424 (1922).
Rest, A.: Persistant fibrin body: A problem in diagnosis. Amer. J. Roentgenol. **43**, 360—363 (1940).
Révèsz, V.: Interlobäre Exsudate, zu verwechseln mit Lungentumoren. Gyögyaszat **1921**, 196—197; Ref.: Zbl. Tuberk. **16**, 389 (1922).
Ribbert, H.: Über Pleuratumoren. Virchows Arch. path. Anat. **196**, 341 (1909).
Ribbert, H.: Geschwulstlehre. Bonn: Cohen 1914.
Ricard, M.: Volumineuse sarcome intrathoracique d'origine pleurale. Bull. Soc. int. Chir. **34**, 804 (1908).
Richart, R., Sherman Jr., C. D.: Prolonged survival in diffuse pleural mesothelioma treated with Au[198]. Cancer (Philad.) **12**, 799—805 (1959).
Richman, S., Barry, W. F.: Localized bulge of the right diaphragm simulating neoplasm. Amer. J. Roentgenol. **72**, 22—28 (1954).
Riedel, W.: Ein Fall von primärem papillärem Endotheliom der Pleura. Inaug.-Diss. Greifswald 1898.
Rigatti, D.: Sul reperto di cellule neoplastiche negli exsudati pleurici. Settim. med. **25**, 569—570 (1942).
Rigler, L. G.: Atypical distribution of pleural effusions. Radiology **26**, 543—550 (1936).
Rigler, L. G.: The chest. In: Handbook of roentgen diagnosis. Chicago: The Year Book Publishers. Inc. 1946.
Rigler, L. G.: Roentgen examination of the chest: Its limitations in the diagnosis of disease. J. Amer. med. Ass. **142**, 773—777 (1950).
Riker, W. L.: Congenital diaphragmatic hernia. Arch. Surg. **69**, 291 (1954).
Rimondini, C., Serafini, F.: Studio clinico-radiologico delle complicanze delle calcificazioni pleuriche. Riv. Pat. Clin. Tuberc. **32**, 783 (1959).

Ripstein, C. B., Rohman, M., Wallach, J. B.: Endometriosis involving the pleura. J. thorac. Surg. **37**, 464 (1959).

Rist, E., Hautefeuille, E.: Étude radio-cinématique d'un épanchement interlobaire. Bull. Soc. méd. Hôp. Paris **51**, 922—927 (1935).

Rist, E., Worms, R.: Un cas d'hemopneumothorax spontané. Bull. Soc. méd. Hôp. Paris **56**, 272 (1940).

Ritama, V.: Pathological aspects of the needle biopsy of pleura. Duodecim (Helsinki) **79**, 506—508 (1963).

Robbins, L. L.: The roentgenologic diagnosis of parasternal omental hernia. Radiology **41**, 378—382 (1943).

Robbins, L. L.: The roentgenographic appearance of benign lesions of the bronchus and lung. Acta radiol. (Stockh.), Suppl. **116**, 263—275 (1954).

Roberts, E. E. P. de, Nowinski, W. W., Saez, F. A.: General cytology. Philadelphia: W. B. Saunders Co. 1948.

Roberts, G. H.: Diffuse pleural mesothelioma. A clinical and pathological study. Brit. J. Dis. Chest **64**, 201—211 (1970).

Robertson, H. E.: Primary "endothelioma" of the large serous cavities. J. med. Res. **44**, 115 (1923).

Robertson, H. E.: Endothelioma of the pleura. J. Cancer Res. **8**, 317 (1924).

Robertson, R. F.: Interlobar hydrothorax in cardiac failure. Brit. Heart J. **13**, 112 (1951).

Robins, S. A., Jores, M. H.: Intrapleural fibrin bodies; observation on their development during pneumothorax treatment. Amer. Rev. Tuberc. **37**, 81—87 (1938).

Robinson, A. E., Rosse, W. F., Goodrich, J. K.: Intrathoracic extramedullary hematopoiesis: a scan diagnosis. J. nucl. Med. **9**, 416—419 (1968).

Robson, K., Collis, J. L.: Tumours of the diaphragm with report of a diaphragmatic cyst. Brit. J. Tuberc. **38**, 3—6 (1944).

Roche, F., Delanoë, Y., Génévrier, R.: Opacités pseudo-tumorales après pleurésies séro-fibrineuses de la grand cavité. J. franç. Méd. Chir. thor. **19**, 789—808 (1965).

Roche, G.: Tumeurs et pseudo-tumeurs du thorax antéro-inférieur d'origine sus-diaphragmatique. J. franç. Méd. Chir. thor. **8**, 449—489 (1954).

Roche, G., Konos, Dreyer-Dufer: Opacité pseudocystique de la base droit par hernie epiploïque. J. franç. Méd. Chir. thor. **8**, 147 (1954).

Roche, G., Paillas, J., Daumet, P.: Considérations sur le diagnostic et le traitement des kystes pleuropéricardiaques (à la suite de la communication de Gernez, Savinel). J. franç. Méd. Chir. thor. **6**, 37—39 (1952).

Roche, G., Parent, J., Daumet, P.: Atélectasies parcellaires du lobe inférieur et du lobe moyen au cours du pneumothorax thérapeutique. Rev. Tuberc. (Paris) **5**, sér. 20, 87—94 (1956).

Rodriguez Pastor, J., Arruza, J. P.: Hemopneumotórax espontaneo. Bol. Asoc. méd. Puerto Rico **33**, 315 (1941).

Röhrig, H.: Kongenitale thorakale Ektopie der rechten Niere. Fortschr. Röntgenstr. **89**, 371—373 (1958).

Röthig, W.: Pleuramesotheliom bei Silikose. Dtsch. Gesundh.-Wes. **23**, 2183 (1968).

Rogers, J. C., Houseworth, J. H.: Large fibrogenic tumors and hypoglycemia. J. Amer. med. Ass. **178**, 1132—1135 (1961).

Rogers, J. V., Leigh, T. F.: Differential diagnosis of right cardiophrenic angle masses. Radiology **61**, 871—878 (1953).

Roitzsch, E.: Über Koinzidenz von Asbestose und Mesotheliom. 4. Tagg d. Arbeitsgemeinschaft Morphologie, DDR, Leipzig 1964.

Roitzsch, E.: Zur Frage der Koinzidenz von Asbestose und Mesotheliom. Zbl. allg. Path. path. Anat. **108**, 521 (1966).

Rokitansky: Lehrbuch der pathologischen Anatomie. Wien: 1855 und 1861.

Rolland, L.: Une cause rare d'opacité du cul-de-sac cardiophrénique droit, le lipome du médiastin. Thèse de Paris (1953).

Rollandi, A.: L'ernia diaframmatica del Morgagni. Radiol. med. (Torino) **36**, 468 (1950).

Rolleston, H. D.: A case of fatal hemopneumothorax of unexplained origin. Trans. clin. Soc. Lond. **33**, 90 (1900).

Romano, N., Eyherabide, R.: The apical form of bronchopulmonary cancer. Amer. J. Roentgenol. **61**, 457—460 (1949).

Roques, P., Solier, H.: Lobe accessoire de la face convexe du foie. Ann. Anat. path. **12**, 953—959 (1935).

Rosenbaum, S.: Beitrag zur Frage der onkologischen Stellung des sog. Endothelkrebses der Pleura. Z. Krebsforsch. **14**, 543 (1914).

Rosenberger, C.: Über primäres Sarkom der Pleura, insbesondere über eine chirurgisch wichtige Form dieser Neubildungen. Inaug.-Diss. Berlin 1916.

Rosenthal, M., Frissell, B. P.: Mesothelioma of the diaphragm. Ariz. Med. **2**, 231 (1945).

Rosetti, M.: Über einen Fall von Carcinom der Pleura. Radiol. clin. (Basel) **23**, 35—41 (1954).

Rosetti, M.: Über die partielle Relaxation des rechten Hemidiaphragma. Radiol. clin. (Basel) **23**, 210 (1954).

Rosetti, M.: Linksseitige Zwerchfellkonturveränderung durch Milztumor (bei Retothelsarkom). Radiol. clin. (Basel) **23**, 281 (1954).

Rosolleck, H., Stritzky, A. v.: Endotheliome der serösen Häute. Med. Welt, N. F. **18**, 2368—2376 (1967).

Ross, C. A.: Spontaneous hemopneumothorax. J. thorac. Surg. **23**, 582 (1952).

Ross, J., Dugan, D., Faber, J. E.: Spontaneous hemopneumothorax with early thoracotomy. Dis. Chest **23**, 577 (1953).

Ross, P., Logan, W.: Roentgen findings in extramedullary hematopoiesis. Amer. J. Roentgenol. **106**, 604—613 (1969).

Rossi, R.: Sul mesotelioma pleurico e suo trattamento chirurgico. Arch. Chir. Torace **7**, 215 (1953).

Rossier, G.: Contribution à l'étude du cancer primitif diffus de la plèvre. Beitr. path. Anat. **13**, 103 (1893).

Rothsein, E., Landis, F. B.: Infrapulmonary pleural effusions. Brit. J. Radiol. **23**, 490—492 (1950).

Rothstein, E., Landis, F. B.: Infrapulmonary pleural effusion simulating elevation of diaphragm. Amer. J. Med. **8**, 46—52 (1950).

Rothstein, E., Landis, F. B.: Infrapulmonary pleural effusions. Brit. J. Radiol. **23**, 490—492 (1950).

Roujeau, J., Delarue, J., Depierre, E.: Lymphangiectasie pulmonaire diffuse pneumonic chyleuse et chylothorax, après thrombose puerpérale de la veine sousclavière gauche. J. franç. Méd. Chir. thor. **4**, 488—502 (1950).

Rouvière, H., Huc, E.: Les lymphatiques de la plèvre diaphragmatique. Ann. Anat. path. **5**, 326—329 (1928).

Roux, B. T. le: Spherical radiological opacities in the anterior cardiophrenic angle. J. roy. Coll. Surg. Edinb. **5**, 158—163 (1960).

Roux, B. T. le: Pleural tumours. Thorax (Lond.) 17, 111—119 (1962).
Roux, G., Nègre, Bories-Azeau: Hernie diaphragmatique rétro-xiphoïdienne. Mém. Acad. Chir. 1951.
Roy, P. H., Carr, D. T., Payne, W. S.: The problem of chylothorax. Proc. Mayo Clin. 42, 457—466 (1967).
Ryan, E. J.: Rhabdomyosarcoma of the diaphragm. Cleveland Clin. Quart. 6, 304 (1939).
Sabrazes, Mutaret, L.: Myxome lipomateux intrathoracique. Arch. Méd. exp. 21, 580 (1909).
Saccone, A., Coblenz, A.: Endothelioma of pleura. Amer. J. clin. Path. 13, 186—207 (1943).
Sachs, W.: Blutfibrinkugeln im Pneumothoraxraum. Beitr. Klin. Tuberk. 67, 773 (1927).
Sachs, W.: Blutfibrinkugeln im Pneumothorax. Z. Tuberk. 49, 354 (1928).
Sági, T., Polgár, E.: Malignes degeneriert-umschriebenes fibröses Mesotheliom der Pleura. Orv. Hétil. 104, 128—130 (1963).
Sala, A. M.: Large fibrosarcoma (?) of the pleura. Arch. Path. 9, 950 (1930).
Salaris, C.: On two cases of spontaneous hemopneumothorax. Rev. Asoc. méd. argent. 52, 243 (1947).
Salmon-Bonneaud, A.: Les kystes hématiques pleuro-pulmonaires. Thèse de Paris 1944.
Salvati, C.: Su di una neoformazione della pleura parietale di difficile interpretazione clinica. G. ital. Chir. 17, 433 (1961).
Salvini, L., Caggioli, P.: Evoluzioni atipiche di versamenti pleurici: i corpi fibrinosi. Quad. Radiol. 24, 24 (1959).
Salyer, J. M., Blake, H. A., Forsee, J. H.: Pulmonary hematoma. J. thorac. Surg. 25, 336 (1953).
Salzer, G.: Die diffusen Pleuratumoren als chirurgisches Problem. Thoraxchirurgie 7, 377 (1959).
Salzer, G.: Weitere Erfahrungen mit der chirurgischen Behandlung der diffusen Mesotheliome der Pleura. Wien. klin. Wschr. 75, 374—375 (1963).
Salzstein, H. C., Linken, L. M., Scheinberg, S.: Subcostosternal diaphragmatic hernia. Arch. Surg. 63, 750 (1951).
Samaden, R.: La pleurite infrapolmonare (o pseudosollevamento del diaframma). G. ital. Tuberc. Mal. torace 14, 302 (1960).
Sampson, J. A.: Implantation peritoneal carcinomatosis of ovarian origin. Amer. J. Path. 7, 423 (1931).
Sampson, J. A.: The origin and significance of newly formed lymph vessels in carcinomatous peritoneal implants. Amer. J. Path. 12, 437 (1936).
Samson, P. C., Childress, M. E.: Primary neurofibrosarcoma of diaphragm. J. thorac. Surg. 20, 901—910 (1950).
Samuels, M. L., Old, J. W., Howe, C. D.: Needle biopsy of the pleura. Cancer (Philad.) 11, 980—983 (1958).
Sanders, D. E.: Pleural mesothelioma. J. Canad. Ass. Radiol. 19, 64—73 (1968).
Sandkühler, S., Roemheld, L.: Myelome mit plasmozytärem Pleuraerguß. Acta haemat. (Basel) 18, 403 (1957).
Sano, M. E.: The diagnostic value of tissue culture studies of pleural effusions. Surg. Gynec. Obstet. 97, 665 (1953).
Sano, M. E., Weiss, E., Gault, E.: Pleural mesothelioma; further evidence of its histogenesis. J. thorac. Surg. 19, 783—788 (1950).
Sanquirico, G.: Tentativo di classificazione radiologica dei tumori pleuro-polmonari. Radiol. med. (Torino) 8, 415—456 (1952).
Santy, P., Bérard, M.: Subdiaphragmatic dermoid cyst; case with recovery following operation. Lyon. chir. 37, 335 (1941/42).
Santy, P., Bérard, M., Galy, P.: Les kystes pleuropéricardiaques. Poumon 1945, No. 2.
Santy, P., Galy, P., Touraine, R. G., Riffat, G., Fort, V.: Les tumeurs primitives localisées de la plèvre. À propos de 7 cas. Sem. Hôp. Paris 30, 1233—1253 (1954).
Santy, P., Léobardy, J. de, Galy, P.: Pleurésie interlobaire enkystée à forme pseudo-tumorale. J. franç. Méd. Chir. thor. 5, 276—278 (1951).
Santy, P., Margotton, R.: Hernies diaphragmatiques de la fente de Larrey (à propos de 9 observations). Lyon chir. 46, 391 (1951).
Saphir, O.: Neoplasms of the peridardium and heart. In: Gould, S. E., Pathology of the heart, 2nd. edition, p. 859ff. Springfield, Ill.: Ch. C. Thomas 1960.
Saphir, O.: Cytological diagnosis of cancer from pleural and peritoneal fluids. Amer. J. clin. Path. 19, 309—314 (1949).
Sarot, I. A.: Fibrosarcoma of the pleura mechanically causing congestive cardiac failure: successfull surgical removal. Quart. Bull. Sea View Hosp. 10, 109—121 (1948).
Sarrouy, R., Phillipon, J.: Opacités arrondies du thorax d'origine pleurale. J. Radiol. Électrol. 38, 254—256 (1957).
Sattenspiel, E.: Cytological diagnosis of cancer in transsudates and exsudates: a comparison of the Papanicolaou method and the paraffin block technique. Surg. Gynec. Obstet. 89, 478—484 (1949).
Sattler, A.: Die pleurale Biopsie. Ergebnisse und Bedeutung für die Praxis. Ciba-Symposium 9, 109 (1961).
Sattler, A.: Zur Diagnose und Differentialdiagnose blastomatöser Pleuraergüsse vermittels pleuraler Biopsie (mit Vorweisung von thorakoskopischen Farbphotographien). Krebsarzt (Wien) 18, 90—94 (1963).
Sauerbruch, F.: Die Chirurgie der Brustorgane. Berlin: Springer 1931.
Sauter, C.: Diagnostische Bedeutung von Zellkulturen aus Pleuraergüssen und Aszites. Schweiz. med. Wschr. 101, 1245 (1971).
Sauvage, R., Delafontaine, D.: Les hématomes pleuropulmonaires enkystés. Sem. Hôp. Paris 13, 513—517 (1952).
Savinel, E.: Les kystes pleuropéricardiaques. Thèse de Lille 1951.
Savy, P.: Pes pleurésies médiastinales. Progr. méd. (Paris) 27, 310 (1910).
Scagliosi: Über den primären Krebs der Pleura. Dtsch. med. Wschr. 1904, 1715.
Scalfi, G.: Istogenesi e classificazione dei tumori maligni primitivi della pleura. Boll. Soc. med.-chir. Pavia 65, 1 (1951).
Scarinci, C., Gramazio, V.: Un cas démonstratif de pleurésie interlobaire enkystée à forme pseudotumorale. Sem. Hôp. Paris 33, 1679—1680 (1953).
Scarrow, G. D., Galloway, R. W.: Non-traumatic hematomata of lungs. Brit. J. Radiol. 39, 629(1966).
Schamaun, M.: Die Problematik der chirurgischen Behandlung des diffusen Mesothelioms durch Pleuropneumonektomie. Helv. chir. Acta 29, 7 (1962).
Scharkoff, Th.: Das solitäre Pleuramesotheliom. Zbl. Chir. 90, 2289—2301 (1965).
Schaub, R.: Nadelbiopsie der Lunge und Pleura mit einer modifizierten Menghini-Nadel. Med. Welt 52, 2689—2692 (1963).

Scheer, K. E., Becker, J., Franz, L.: Behandlungsergebnisse der Pleura- und Peritoneal-Karzinose mit Au^{198}-Kolloid. Nucl.-Med. (Stuttg.) **2**, 410—420 (1962).

Scheidegger, S.: Über die sog. Endotheliome der Pleura. Z. Krebsforsch. **42**, 93 (1935).

Scheidegger, S.: Zur Frage der Gut- und Bösartigkeit aus pathologisch-anatomischer Sicht. In: Bartelheimer, H., Maurer, H.-J. (Hrsg.), Diagnostik der Geschwulstkrankheiten, S. 15—45. Stuttgart: G. Thieme 1962.

Schenken, J. R., McCord, W. M.: A method for the examination of the cellular elements of body fluids; a collodium sac for concentration and paraffin-embedding. Amer. J. clin. Path. **9** (techn. sect. 3) 176—178 (1939).

Schickedanz, H.: Impfmetastasen nach Lungen- und Pleurapunktionen beim Bronchialkarzinom. Arch. Geschwulstforsch. **28**, 347 (1967).

Schiessle, W., Germeshausen, H.: Interne bioptische Methoden zur Diagnose von Lungen-, Pleura- und Mediastinalkrankheiten. Med. Klin. **57**, 913—918 (1962).

Schlein, F. J.: Dermoid cyst of the pleural cavity. J. Amer. med. thorac. **84**, 1038 (1925).

Schlesinger, M. J.: Carcinoma cells in thoracic and abdominal fluids. Arch. Path. **28**, 283—297 (1939).

Schless, J. M., Harrison, H. N., Wier, J. A.: The role of thoracotomy in the differential diagnosis of pleural effusion. Ann. intern. Med. **50**, 11—33 (1959).

Schmid, H.: Dtsch. Z. Verd.- u. Stoffwechselkr. **9**, 294 (1949).

Schmidt, H.: Über Fibrome der Lungenpleura. Inaug.-Diss. Greifswald 1903.

Schmidt, R.: Bronchuskarzinome, sekundäre Lungengeschwülste, maligne Pleura- und Mediastinaltumoren. Med. Klin. **1926**, 1869.

Schmitt, G. H.: Knochenmetastasen im oberen Thoraxbereich. Fortschr. Röntgenstr. **71**, 411—415 (1949).

Schneider, J.: Ein anatomisch und klinisch umschriebener Typus des Pleurasarkoms. Virchows Arch. path. Anat. **252**, 706 (1924).

Schneider, K.: Tumor oder abgesacktes Exsudat im hinteren mediastinalen Pleuraraum. Fortschr. Röntgenstr. **72**, 736 (1949/50).

Schneider, V., Zimmermann, H. D., Walz, L.: Über Corpora libera der Pleurahöhle. Fortschr. Röntgenstr. **113**, 437—442 (1970).

Schnetz, H., Salis, R.: Beitrag zur Klinik der Geschwülste der oberen Lungenfurche (Pancoast-Tumoren). Wien. klin. Wschr. **59**, 89—92 (1947).

Schnetzer, J.: Die diffusen Mesotheliome der Pleura. Prax. Pneumol. **20**, 533—538 (1966).

Schoen, R.: Bösartige Geschwülste der Bronchien und Lungen, des Mittel- und Brustfells. In: Auler-Martius, Diagnostik der bösartigen Geschwülste, Kap. III, S. 75—86. München-Berlin: J. F. Lehmann 1941.

Schopper, W.: Explantationsstudien an Blutgefäßen und serösen Häuten. (Untersuchungen am normalen und entzündlich veränderten Netz, an weichen Hirnhäuten und an großen Gefäßen junger Meerschweinchen.) Beitr. path. Anat. **88**, 451—537 (1932).

Schott, E.: Morphologische und experimentelle Untersuchungen über die Bedeutung und Herkunft der Zellen der serösen Höhlen und sog. Makrophagen. Arch. mikr. Anat. **74**, 143—241 (1909).

Schröder, K. J.: Bilder zur Differentialdiagnose des Bronchialkarzinoms. Chir. Prax. **6**, 545—555 (1962).

Schubert, R., Breitinger, H.: Diagnostische Schwierigkeiten bei malignen Pleuratumoren. Med. Welt **1961**, 711—713.

Schümmelfeder, N.: Umfaltungen und Verwachsungen an freien Lungenrändern. Beitr. path. Anat. **116**, 422—435 (1956).

Schulz, C. H.: Über Erfahrungen mit der Pleurastanze. Med. Klin. **55**, 2320—2322 (1960).

Schulz, R.: Das Endothelcarcinom. Arch. Heilkd. **17**, 1—35 (1876).

Schulze, W.: Über Nebenlungen und Lungenhamartome. Radiol. clin. (Basel) **23**, 137—148 (1954).

Schulze, W.: Röntgendiagnostik und -differentialdiagnostik thymogener Geschwülste. Tagg Rhein.-Westfäl. Röntgengesellschaft, Köln a.Rh. 14. 6. 1958.

Schulze, W.: Röntgensymptomatologie und -differentialdiagnostik der Zwerchfellerkrankungen. Fortbildungstagg d. Rhein.-Westfäl. Röntgengesellsch., Essen 15. 11. 1958.

Schulze, W.: Irrtumsmöglichkeiten in der Röntgendiagnostik des Herzens und der großen Gefäße. Wissenschaftl. Tagg d. Rhein.-Westfäl. Röntgengesellsch., Essen 11. 6. 1960.

Schulze, W.: Über das Mittellappen- und Lingulasyndrom. (Probleme der Diagnose und Differentialdiagnose.) Radiologe **2**, 64—74 (1962).

Schulze, W.: Die radiologische Früherkennung thymogener Tumoren. 45. Dtsch. Röntgenkongreß, Wiesbaden 1964. Teil A, S. 189—194. Stuttgart: G. Thieme 1965.

Schulze, W.: Ventilationsstörungen der Lunge. In: Handbuch der medizinischen Radiologie, Bd. IX/3, S. 1—600. Berlin-Heidelberg-New York: Springer 1968.

Schulze, W.: Röntgendiagnostische Irrtümer als Ursache vermeidbarer thoraxchirurgischer Fehlindikationen. Langenbecks Arch. Chir. **327**, 541—546 (1970).

Schulze-Vellinghausen, A.: Beitrag zur Kenntnis des primären Endothelkrebses der Pleura. Münch. med. Wschr. **1900**, 647.

Schwalbe: Zur Lehre der primären Lungen- und Brustgeschwülste. Dtsch. med. Wschr. **1891**, 1238.

Schwartz, H.: Roentgen diagnosis of pleural mesothelioma (endothelioma). Amer. J. Roentgenol. **63**, 530—535 (1950).

Scott, O. B., Morton, D. R.: Primary cystic tumor of the diaphragm. Arch. Path. **41**, 645—650 (1946).

Seidel, K.: Der Serum-Stickstoff/Aszites-Stickstoff-Quotient, ein differentialdiagnostischer Hinweis. Dtsch. med. Wschr. **79**, 1089—1091 (1954).

Seley, G. P., Neuhof, H.: Spontaneous hemopneumothorax. J. thorac. Surg. **21**, 600 (1951).

Selikoff, I. J., Bader, R. A., Bader, M. E., Churg, J., Hammond, E. C.: Asbestosis and neoplasia. Amer. J. Med. **42**, 487—496 (1967).

Selikoff, I. J., Churg, J., Hammond, E. C.: Asbestos exposure and neoplasia. J. Amer. med. Ass. **188**, 22—26 (1964).

Selikoff, I. J., Churg, J., Hammond, E. C.: Relation between exposure to asbestos and mesothelioma. New Engl. J. Med. **272**, 560—565 (1965).

Sellors, T. H.: Hemothorax. Lancet **1945 I**, 143.

Semb, G.: Diffuse malignant pleural mesothelioma: clinicopathological study of 10 fatal cases. Acta chir. scand. **126**, 78—91 (1963).

Sénéchal, J.: Hémopneumothorax spontané révélateur d'une tumeur maligne de la plèvre. Thèse de Paris 1953.

Sergent, E.: Suppurations bronchiques, pulmonaires, pleurales et médiastinales. Paris: Masson & Cie. 1940.

Sergent, E., Kourilsky, R.: Endothélioma pleurale. Presse méd. **1939**, 14.

Sergent, E., Kourilsky, R.: Contribution à l'étude de l'endothéliome pleural. Presse méd. **27**, 257—259 (1939).

Sergent, E., Pruvost, A.: Note sur servir à l'étude clinique des kystes hématiques de la plèvre et du poumon. Bull. Soc. méd. Hôp. Paris **1919**, 497.

Serrano, S., Vallebona, D.: La diffusione pleurica dei tumori polmonari primitivi. Rass. Arch. Chir. **4**, 349—367 (1966).

Serré, R.: Contribution à l'étude des localisations viscérales de la maladie de Recklinghausen (tumeurs pleuro-pulmonaires). Thèse de Paris 1923.

Seybold, W. D., McDonald, J. R., Clagett, O. T., Harrington, S. W.: Mediastinal tumors of vascular origin. J. thorac. Surg. **18**, 503—507 (1949).

Seydel: Über Operabilität von Lungen- und Pleuratumoren. Münch. med. Wschr. **57**, 452—459 (1910).

Shamarin, P. I.: On clinical detection of the pleural mesothelioma. Klin. Med. (Mosk.) **36**, 48—54 (1958).

Shanks, S. C., Kerley, P.: Textbook of x-ray diagnosis, 3rd edit., vol. II, p. 922—926. Philadelphia: W. B. Saunders 1962.

Shanks, W.: Malignant tumours of the lungs and pleura. In: Raven, R. W. (ed.), Cancer vol. V, p. 316—327. London: Butterworths & Co. 1959.

Short, D. S.: Radiology of the lung in severe mitral stenosis. Brit. Heart J. **17**, 33 (1955).

Short, D. S.: Radiology of the lung in heart failure. Brit. Heart J. **18**, 233 (1956).

Shoshkes, M., Lovelock, F. L.: Post-traumatic diaphragmatic herniation of a segment of the liver simulating an anomalous lobe of the liver. Amer. J. Roentgenol. **70**, 572—575 (1953).

Sielmann, H.: Ein Fall von Hernia diaphragmatica dextra parasternalis (vera). Fortschr. Röntgenstr. **32**, 426 (1924).

Silverstolpe, L.: Cytological findings in exsudates and transsudates. Acta path. scand. **25**, 87 (1948).

Silvestrini, P., Bianchi, M., Vezzosi, E.: Considerazioni su un caso di ernia di Bochdalek congenita nell' adulto. Riv. Pat. Clin. **20**, 1332—1350 (1965).

Silvia, S. M.: Tumores do mediastino, tumores da pleura. Tumor de Pancoast. Hospital (Rio d. J.) **33**, 165 (1948).

Simer, P. H.: Drainage of pleural lymphatics. Anat. Rec. **113**, 269—283 (1952).

Simonin, P., Florentin, P., Girard, J., Sadoul, P., Grilliat, J. P.: Deux cas de cancer primitif de la plèvre. Considérations anatomo-cliniques. Méd. Chir. thor. **9**, 187—195 (1955).

Simons, A.: Endotheliom der Pleura nach Trauma. Inaug.-Diss. Leipzig 1903.

Simpson, J. F.: Horner's syndrome due to an osteochondroma of the first rib. Canad. med. Ass. J. **59**, 152—155 (1942).

Singer: Zur klinischen und röntgenologischen Differentialdiagnose des interlobären Empyems. Fortschr. Röntgenstr. **28**, 431 (1921).

Singer, J. J.: The lymphatic drainage of the pleura as demonstrated by thorotrast. Calif. west. Med. **57**, 28 (1942).

Sinner, M. v.: Über kautschukartiges Hyalin in Strumen und serösen Höhlen. Virchows Arch. path. Anat. **219**, 279 (1915).

Sison, B. S., Weiss, W.: Needle biopsy of parietal pleura in patients with pleural effusion. Brit. med. J. **1962**, 298—300.

Skobel, P.: Zwerchfell-Komplikationen bei Endometriose und Meigs-Syndrom. Z. Tuberk. **120**, 22 (1963).

Sleggs, C. A., Marchand, P., Wagner, J. C.: Diffuse pleural mesotheliomas in South Africa. Sth. Afr. med. J. **35**, 28—34 (1961).

Sloer, M.: Spontaneous hemopneumothorax of coronary form: Case simulating coronary thrombosis. Rev. méd. de Rosario **29**, 575 (1939).

Small, M. J., Landman, M.: Etiological diagnosis of pleural effusion by pleural biopsy. J. Amer. med. Ass. **158**, 907 (1955).

Smart, J.: Intrathoracic and intra-bronchial lipomata. Brit. J. Tuberc. **47**, 26—31 (1953).

Smith, J. W., Parsons, H. G., Daniels, A. C.: Scalene node, parietal pleura, and lung biopsy in the diagnosis of intrathoracic disease. J. thorac. Surg. **37**, 611—620 (1959).

Smithy, H. G.: Traumatic hemothorax with special reference to chronic persistent types. J. thorac. Surg. **12**, 338 (1943).

Snively, D., Shuman, H., Snively, W. D.: Spontaneous hemopneumothorax. Ann. intern. Med. **16**, 349 (1942).

Söderlund, G.: Beitrag zur Klinik der primären Zwerchfelltumoren, besonders zur Diagnostik. Acta radiol. (Stockh.) **18**, 388—398 (1937).

Sokolov, Y. N., Spasskaya, P. A.: Differential diagnosis of parietal tumor-like formations of the chest. Vestn. Rentgenol. Radiol. (Mosk.) **1971**, 3.

Solovay, J.: Spontaneous hemopneumothorax: Etiological considerations and report of a case. Radiology **53**, 256 (1949).

Sørensen, F.: Über bösartige Primärgeschwülste des Brustfelles. Klin. Wschr. **1938**I, 571—574.

Sorgo, J.: Zur Differentialdiagnose der primären und sekundären Pleuratumoren mit besonderer Berücksichtigung der Ergebnisse der Probepunktion. Z. Heilk. (inn. Med.) **23**, 299 (1902).

Sorrentino, M.: Un caso di mesotelioma della pleura. Riv. Chir. **7**, 368—375 (1941).

Soto Vergara, M.: Un caso de lipoma de la cava toracica del diafragma. J. int. Coll. Surg. **6**, 146 (1943).

Spath, F.: Die Chirurgie des Zwerchfells. Stuttgart: F. Enke 1958.

Spath, F.: Rippenfell. K. Geschwülste. In: Derra, Handbuch der Thoraxchirurgie, Bd. II, S. 169—190. Berlin-Göttingen-Heidelberg: Springer 1959.

Spjut, H. J., Hendrix, V. J., Ramirez, G. A., Roper, C. L.: Carcinoma cells in pleural cavity washings. Cancer (Philad.) **11**, 1222 (1958).

Spriggs, A. J.: Malignant cells in serous effusions complicating bronchial carcinoma. Thorax (Lond.) **9**, 26—34 (1954).

Spühler, O.: Die Erkrankungen des Zwerchfells. In: Handbuch der inneren Medizin, 4. Aufl., Bd. IV/4, S. 573—693. Berlin-Göttingen-Heidelberg: Springer 1956.

Staffieri, D.: Hemopneumotórax espontaneo. Rev. méd. de Rosario **25**, 29 (1935).

Staffieri, D.: Hemopneumotórax espontaneo y traumatico. Rev. méd. de Rosario **33**, 244 (1943).

Stecken, A.: Zur Differentialdiagnose rundlichovaler Verschattungen im Übersichtsbild der Lungen. Ein weiterer Beitrag zu pathologischen pulmonalen Gefäßveränderungen. Fortschr. Röntgenstr. **83**, 20—26 (1955).

STEELE, J. M.: Report of two cases of localized pleural effusion in heart failure. Amer. Heart J. **7**, 212 (1931).
STEIN, I. D., SCHWEDEL, J. B.: Interlobar effusions in patients with heart disease. Amer. med. J. **10**, 230—239 (1934).
STEIN, I. D., WEINSTEIN, J.: Localized pulmonary fluid collections in congestive failure simulating tumors. Phantom tumors of the lung. Amer. J. Cardiol. **5**, 117 (1960).
STEINBERG, I., BLUTH, I., STEGER, B.: Idiopathic diaphragmatic paralysis. Amer. J. Roentgenol. **104**, 590—593 (1968).
STEINER, R. E.: Radiological appearances of the pulmonary vessels in pulmonary hypertension. Brit. J. Radiol. **31**, 188 (1958).
STEINER, R. E.: Il quadro radiologico polmonare nella cardiopatia mitralica e nella insufficienza del cuore sinistro. Progr. Pat. cardiovasc. **2**, 255 (1959).
STEINHOFF, F.: Bemerkungen zur Diagnose der Zwerchfellbrüche mit Magen- und Dickdarmektopien an Hand der Röntgen-Reihenuntersuchung in Niedersachsen. Beitr. Klin. Tuberk. **112**, 265 (1954).
STEPHENS, H. B.: Pulmonary hemorrhage associated with endothelioma of lung and pleura. Med. Surg. Tributes **1942**, 525.
STEUER, K.: Hernia diaphragmatica parasternalis dextra. Röntgenpraxis **9**, 788 (1937).
STEWART, H. J.: Pleural effusion localized in an interlobar space: report of a case of heart failure together with autopsy. Amer. Heart J. **4**, 227 (1928).
STEWART, J. S.: The roentgenologic manifestations of parasternal omental hernia. J. thorac. Surg. **19**, 399—404 (1950).
STOCKLER, A. L.: Hemopneumotórax espontaneo. Med. Cirurg. Farm. **129**, 696 (1947).
STÖFFEL: Fibrinkörper im Pneumothoraxraum. Radiology **18**, 5 (1932).
STOLPMAN, M. J.: Elektronenmikroskopische Untersuchung des Hyalins der Pleura und Milzkapsel. Frankfurt. Z. Path. **77**, 213 (1967).
STOLZ, A.: Gleichzeitiges Vorkommen einer metastasierenden Pleurageschwulst und eines Neurocytoms. Med. Rundsch. **1949**, 817—819.
STOLZE, E.: Gestielter Lungentumor in der Pleurahöhle. Sammlg. seltener klin. Fälle, Heft XIV. Leipzig: VEB Thieme 1958.
STOREY, C. F.: Encapsulated pleural effusion simulating mediastinal tumor. Radiology **58**, 408—414 (1952).
STORNIELLO, G., SCHMID, G.: Sulla forma pleurica del cancro primitivo del polmone. Atti XVII Congr. Naz. di Tisiologia. Napoli 1964.
STOUT, A. P.: Mesenchymoma, the mixed tumor of mesenchymal derivation. Ann. Surg. **127**, 278 (1948).
STOUT, A. P.: Solitary fibrous mesothelioma of peritoneum. Ann. Surg. **133**, 50—64 (1951).
STOUT, A. P.: Tumors of the pleura. Harlem Hosp. Bull. **5**, 54—57 (1952).
STOUT, A. P.: Les mesothéliomes de la plèvre, du peritoine et du pericard. Sem. Hôp. Paris **1954**, 115—119.
STOUT, A. P.: Solitary fibrous mesothelioma of the peritoneum. Cancer (Philad.) **3**, 820—825 (1957).
STOUT, A. P., HIMADI, G. M.: Solitary (localized) mesothelioma of pleura. Ann. Surg. **133**, 50—64 (1951).
STOUT, A. P., MURRAY, M. R.: Localized pleural mesothelioma: Investigation of its characteristics and histiogenesis by the method of tissue culture. Arch. Path. **34**, 951—964 (1942).
STREICHER, H. J.: Die Bedeutung der Zytologie für die Diagnose und therapeutische Kontrolle bei Pleurakarzinom. Langenbecks Arch. klin. Chir. **273**, 535 (1953).
STREICHER, H.-J., SANDKÜHLER, S.: Klinische Zytologie. Stuttgart: G. Thieme 1953.
STRICKER: Un cas de hernie diaphragmatique gauche traumatique. Thoraco-phréno-laparatomie. Guérison. Mem. Accad. Chir. 1949.
STRODE, E. C.: Herniation of the right diaphragm secondary to trauma. Ann. Surg. **137**, 609 (1953).
STRODE, J. E.: Localized fibrous mesothelioma of the pleura. Report of a case. Proc. Clin. Honolulu **19**, 54 (1953).
STUMPF, H. H.: Diffuse mixed-type mesothelioma of the peritoneum; a case demonstrating the multipotentiality of the malignant mesothelial cells. Cancer (Philad.) **7**, 142 (1954).
STUMPHIUS, J.: Asbest en een bedrijfsbevolking. (Een onderzoek naar het voorkomen van asbestlichaampjes en mesotheliomen op een scheepswerf on machinefabriek.) Assen: Van Gorcum & Co. 1969.
SUSMAN, M. P.: Intrathoracic fibroma. Austral. New Zeal. J. Surg. **10**, 194—197 (1940).
SUTLIFF, W. D., HUGHES, F., RICE, M. L.: Pleural biopsy. Dis. Chest **26**, 551 (1954).
SWANSON, H. A.: Infra-pulmonary effusions. Canad. med. Ass. J. **79**, 8—10 (1958).
SWEET, R. H.: Thoracic surgery. Philadelphia: W. B. Saunders Co. 1951.
SWEET, R. H., GEPHARDT, T.: Neurofibroma of the diaphragm. New Engl. J. Med. **249**, 939 (1953).
SWINEFORD, O., HARKRADER, C. J.: Intrathoracic lipoma. Ann. intern. Med. **17**, 125—129 (1942).
SWOBODA, W.: Zur Röntgensymptomatologie des Zwerchfells. Wien. klin. Wschr. **1947**, 211.
SWOBODA, W.: Der Zwerchfell-Leberbuckel im Rahmen multipler Fehlbildungen. Radiol. clin. (Basel) **24**, 214 (1955).
SWOBODA, W., WOLF, H. G.: Der „Zwerchfell-Leberbuckel" beim Kind. Röntgendiagnostik und Ätiologie einer angeborenen Formanomalie. Fortschr. Röntgenstr. **81**, 778 (1954).
SYLLA, A.: Lungenkrankheiten einschließlich der Erkrankungen der oberen Luftwege und des Brustfells, 2. Aufl. München u. Berlin: Urban & Schwarzenberg 1955.
TACHIRI, H.: Lung cancer from the standpoint of roentgen diagnosis. Nippon Acta radiol. **21**, 1226 (1962).
TAGUCHI, J. T., DRESSLER, S.: Infrapulmonary effusion masquerading as elevated diaphragm. Radiology **50**, 223—226 (1948).
TALNER, L. B.: Pleuropulmonary pseudotumors in childhood. Amer. J. Roentgenol. **100**, 208—213 (1967).
TANDON, R. K.: The significance of pleural effusions associated with bronchial carcinoma. Brit. J. Dis. Chest **60**, 48 (1966).
TANNENBAUM, M.: Spontaneous hemopneumothorax: Report of a case. Dis. Chest **8**, 178 (1942).
TANNHAUSER, S.: Suggested modification of the Mandlebaum method of examining body fluids for cells. Arch. Path. **32**, 450—451 (1941).
TAYOT, J., DESBORDES, J., ERNOULT, J. L., POTOINE, B.: Mésothéliome pleural et asbestose. J. franç. Méd. Chir. thor. **20**, 757 (1966).
TEITELBAUM, H., CROXATTO, O. C., RONCORONI, A. J.: Valór diagnóstic de la punción biopsia de pleura

con aguja de Vim-Silverman. Medicina **17**, 173—183 (1957).
TEIXEIRA, J., COSTA, N., PAOLA, D.: Tumores pediculados de pleura visceral (Communicacão de dois casos tradados pela excisao cirurgico). Med. Cirurg. Farm. **207**, 273 (1953).
TELLGMANN: Leuzin und Tyrosin im Sputum bei Bronchial- und Pleurakarzinom. Dtsch. med. Wschr. **1923**, 1521.
TEMPLE, H. L., JASPIN, G.: Hypertrophic osteoarthropathy. Amer. J. Roentgenol. **60**, 232—245 (1948).
TEMPLE, L. J., JONES, G. P.: Two cases of giant intrathoracic fibroma. Thorax (Lond.) **9**, 112—115 (1954).
TENNANT: Partial atrophy of the diaphragm. Edinb. med. J. 1894.
TERRY, A. H.: A case of hemopneumothorax of uncertain etiology. N.Y. St. J. Med. **30**, 1100 (1930).
TESCHENDORF, D.: Differentialdiagnostik der röntgenologisch sichtbaren Zwerchfellveränderungen. Stuttgart: G. Thieme 1950.
TESCHENDORF, W.: Lehrbuch der röntgenologischen Differentialdiagnostik. 4. Aufl., Bd. I. Erkrankungen der Brustorgane. Stuttgart: G. Thieme 1958.
THIELE, G.: Zur Röntgendiagnostik der Pleuratumoren. Med. Bild **1**, 52—55 (1958).
THOMAS, E.: Anatomisch-physiologische Grundlagen der Bogenunterteilung des Zwerchfelles im Röntgenbild. Dtsch. med. Wschr. **1922**, 688.
THOMAS, T. V.: Nonparalytic eventration of the diaphragm. J. thorac. cardiovasc. Surg. **55**, 586—593 (1968).
THOMERET, ROLLIN: À propos de deux opacités rondes de la base droit. J. franç. Méd. Chir. thor. **8**, 155 (1954).
THOMSON, J. C.: Exposure to asbestos dust and diffuse pleural mesotheliomas. Brit. med. J. **1963 I**, 123.
THORELL, E.: Fall av hernia diaphragmatica i Larreys rum. Nord. Med. **28**, 2561 (1945).
TIETZE, A.: Über eine eigenartige Häufung von Fällen mit Dystrophie der Rippenknorpel. Berl. klin. Wschr. **58**, 829 (1921).
TILOT, H., LUSTMANN, F., HENRY, M.: Des effects radiologiques pulmonaires inhabituels dans la décompensation cardiaque. J. belge Radiol. **48**, 631—639 (1965).
TINNEY, W. S., OLSEN, A. M.: Significance of fluid in pleural space; study of 274 cases. J. thorac. Surg. **14**, 248—252 (1945).
TIVENIUS, L.: Benign pleural lesions simulating tumour. Thorax (Lond.) **18**, 39—44 (1963).
TOBIAS, J. W.: Tumores primitives de la pleura. Buenos Aires: El Ateneo 1928.
TOBIAS, J. W.: Sindrome ápico-costo-vertebral doloroso por tumor apexiano. Su valor diagnóstico en el cancer primitivo pulmonar. Rev. méd. lat.-amer. (B. Aires) **17**, 1522 (1932).
TODD, J. C., SANFORD, A. H., STILWELL, G. G.: Peritoneal, pleural and pericardial fluids. In: Clinical diagnosis by laboratory methods, 11th ed., p. 607—612. Philadelphia u. London: W. B. Saunders Co. 1948.
TOJY, G., MARIANI, R.: Sul carcinoma primitivo della pleura. (Semeiologia radiologica ed endoscopica in due casi.) Minerva med. **1**, 20 (1948).
TORELLI: Beitrag zur Kenntnis kleiner abgesackter supradiaphragmatischer Flüssigkeitsansammlungen beim Pneumothorax. Fortschr. Röntgenstr. **48**, Heft 2 (1933).
TOTI, A.: Endotelioma pendulo nel cavo pleurico. Radiol. med. (Torino) **37**, 12 (1951).

TOURAINE, R.: La pleuroscopie dans le diagnostic des pleurésies cancéreuses. J. franç. Méd. Chir. thor. **14**, 735—744 (1960).
TOURAINE, R.: La pleuroscopie dans le diagnostic des épanchements pleuraux. Rev. Prat. (Paris) **12**, 1805—1808 (1962).
TOURAINE, R.: La pleuroscopie. Rev. Prat. (Paris) **15**, 547 (1965).
TOUŠEK, M.: Punktionsbiopsie in der Differentialdiagnose der Pleuritis exsudativa. Schweiz. med. Wschr. **90**, 782—785 (1960).
TOUŠEK, M.: Der infrapulmonale Pleuraerguß. Z. ges. inn. Med. **17**, 1020—1025 (1962).
TOUŠEK, M., DURA, J.: The significance of needle biopsy for the differential diagnosis of pleurisy with effusion. Vnitřní Lek. **6**, 425—431 (1960).
TRAMUJAS, A., ARTIGAS, G. V.: Malignant mesothelioma of the pleura. Dis. Chest **32**, 340 (1957).
TRIZZINO, E.: Sarcoma mesoteliale della pleura. Pathologica **39**, 57 (1947).
TRIZZINO, E.: Contributo allo studio delle pleuriti. II. Le modificazioni anatomo-istologiche subite della pleura partiale, della pleura del seno sottodiaframmatico, da quella diaframmatica e dai tessuti peripleurici, nei processi infiammatori specifici del cavo. Arch. De Vecchi Anat. pat. **14**, 915 (1950).
TROISIER, J., BARIÉTY, M., DUGAS: Hémopneumothorax spontané benin. Bull. Soc. méd. Hôp. Paris **42**, 984 (1936).
TU, C. L., HSIEH, C. K.: Tuberculoma of the diaphragm. Amer. J. Roentgenol. **63**, 822 (1950).
TURIAF, J., BASSET, F., BATTESTI, J. P., CALVET, J. M.: Le rôle de l'asbest dans la provocation des tumeurs malignes diffuses de la plèvre («mesothéliome pleural»). Presse méd. **73**, 2199 (1965).
TURIAF, J., BLANCHON, P., GALLOUÉDEC, C.: Deux cas de pleurésie interlobaire, séro-fébrineuse, autonome à virus grippal. Bull. Soc. méd. Hôp. Paris **73**, 241 (1957).
TURTON, E.: The cytodiagnosis of pleural and cerebro-spinal fluids. Practitioner **74**, 497—509 (1905).
TWINING, E. W.: A text-book of x-ray diagnosis by British authors. London: H. K. Lewis & Co., Ltd. 1951.
TYLER, A. F.: Diseases of the pleura. Amer. J. Roentgenol. **41**, 915—925 (1939).
UDVARDY, L.: Über die in den Lungen sichtbaren Rundschatten. Röntgenpraxis **1934**, 713.
ULRICH, K.: Über Verkalkungen von Pleuraschwarten. Röntgenpraxis **2**, 212 (1930).
ULRICH, K.: Der Druck im Lungenraum und sein Einfluß auf die Gestaltung einiger Pleuraergußbilder. Fortschr. Röntgenstr. **17**, 206 (1948).
UNVERRICHT: Beiträge zur klinischen Geschichte der krebsigen Pleuraergüsse. Z. klin. Med. **4**, 79 (1882).
VALLEBONA, D.: Ulteriore contributo allo studio della diffusione neoplastica linfatica polmone-pleura (segno del ponte). Radiol. med. (Torino) **54**, 529—541 (1968).
VERGOZ, LAQUIÈRE: Des déformations radiologiques du diaphragme au cours de l'évolution des kystes hydatiques de la convexité du foie. Presse méd. **1950**, 1472.
VERSÉ, M.: Syphilis der Lunge und des Brustfells. In: HENKE-LUBARSCH, Handbuch der speziellen pathologischen Anatomie und Histologie, Bd. III/3, S. 270. Berlin: Springer 1931.
VERSÉ, M.: Die Lymphogranulomatose der Lunge und des Brustfells. In: HENKE, F., LUBARSCH, O., Handbuch der speziellen pathologischen Anatomie

und Histologie, Bd. III/3, S. 280—343. Berlin: Springer 1931.
VERSÉ, M.: Hämangiome der Lunge und der Pleura. Dtsch. Z. Chir. **257**, 684 (1943).
VESELL, H.: Interlobar pleural effusion in heart failure. Med. J. Rec. **135**, 576 (1932).
VESNER, R.: Localized pleural mesothelioma of epithelial type. J. thorac. Surg. **26**, 325 (1953).
VIALA, J. J., PALIARD, P., REVOL, L., CROIZAT, P.: Pleurésie purulente enkystée médiastino-interlobiare simulant radiologiquement une tumeurs médiastinale. J. Radiol. Électrol. **43**, 214—220 (1962).
VIDAL, J., SALAGER, J.: Forme pseudo-tumorale de l'hydrothorax interlobaire. Montpellier méd., Sér. 3, **68**, 1—11 (1965).
VIGANOTTI, G., VOLTERRANI, F.: Il mesotelioma della pleura. Radiol. med. (Torino) **56**, 246—257 (1970).
VIO, E.: Emopneumotorace spontaneo. Policlinico, Sez. prat. **43**, 144 (1936).
VITKUS, J. T.: Pleural mesothelioma. Ohio St. med. J. **33**, 1007 (1937).
VOGT, A.: Über den kymographischen Nachweis der herznahe gelegenen sekretgefüllten Echinokokkuszyste. Fortschr. Röntgenstr. **74**, 174 (1951).
VOGT-MOYKOPF, I., BÖKE, E., ZENTGRAF, U.: Chirurgische Diagnostik von Pleuraergüssen. Dtsch. Ärztebl. **68**, 941—944 (1971).
VOOG, B., CONTAMIN, C., MARTIN, H., CHAMPETIER, J., FAURE, H., THERY, J. P., BRABANT, A.: Abgekapselte intrapleurale posttraumatische Hämatome. J. franc. Méd. Chir. thor. **25**, 523 (1971).
VRIES, W. M. DE: Über freie Metastasen in der Bauchhöhle bei Ovarialkrebs. Beitr. path. Anat. **93**, 198 (1934).
WACHTLER, F.: Atypische freie Pleuraergüsse. Radiol. austriaca **7**, 125 (1954).
WAELLI, E.: Über kongenitale Hernien des Foramen Morgagni und ihre Röntgendiagnose. Langenbecks Arch. klin. Chir. **97**, 952—967 (1912).
WAGNER, A.: Röntgenbefunde beim Plasmocytom. Fortschr. Med. **82**, 285—288 (1964).
WAGNER, E.: Der Krebs der Lymphgefäße, der Pleura und der Lungen. Arch. Heilk. **4**, 538 (1863).
WAGNER, E.: Das tuberkelähnliche Lymphadenoma. Arch. Heilk. **11**, 495 (1870).
WAGNER, J. C.: Experimental production of mesothelial tumours of the pleura. Nature (Lond.) **196**, 180 (1962).
WAGNER, J. C., BERRY, G.: Mesothelioma in rats following inoculation with asbestos. Brit. J. Cancer **23**, 567—581 (1969).
WAGNER, J. C., SLEGGS, C. A., MARCHAND, P.: Diffuse pleural mesothelioma and asbestos exposure. Brit. J. industr. Med. **17**, 260—271 (1960).
WALKER, R. M.: Mediastinal lipoma. J. thorac. Surg. **6**, 89—97 (1936).
WALTHER, H. E.: Das Brustfell. In: Krebsmetastasen, S. 342ff. Basel: Benno Schwabe & Co. 1948.
WALZEL, P.: Epipleurales Neurofibrom. Wien. med. Wschr. **1931**, 297.
WARING, J. J.: Spontaneous hemopneumothorax. Clinics **4**, 940 (1945).
WARREN, L. F.: The diagnostic value of mitotic figures in the cells of serous exsudates. Arch. intern. Med. **8**, 648—658 (1911).
WARWICK-BROWN, R.: A case of retrosternal diaphragmatic hernia. Thorax (Lond.) **8**, 162 (1953).
WASSERMANN, H. P.: Needle biopsy of the pleura. Sth. Afr. med. J. **10**, 201—204 (1959).
WATKINS, D., HARPER, F. R., CONDON, W. B.: Diaphragmatic hernias with visceral complications. Arch. Surg. **65**, 95—107 (1952).

WATSON, W. C., URBAN, J. A.: Mediastinal lipoma. J. thorac. Surg. **13**, 16—29 (1944).
WEENS, H. S., BROWN, C. E.: Atrophy of terminal phalanges in clubbing and hypertrophic osteoarthropathy. Radiology **45**, 27—30 (1945).
WEENS, H. ST., JOHNSTON, M. H.: Thoracic renal ectopia. Amer. J. Roentgenol. **70**, 793—796 (1953).
WEICKER, H.: Tumoren des Kindesalters. Die Tumoren des Thorax. In: BARTELHEIMER, H., MAURER, H. J. (Hrsg.), Diagnostik der Geschwulstkrankheiten, S. 875. Stuttgart: G. Thieme 1962.
WEIL, A.: Drei Fälle von Lungentumoren mit ungewöhnlichem röntgenologischem Befund. Fortschr. Röntgenstr. **19**, 142 (1912).
WEILGONI, M.: Zwerchfell-Lipom. Übersicht und Bericht über 7 verifizierte Fälle. Radiologe **3**, 401—404 (1963).
WEISE, H. J.: Atypisches rezidivierendes Interlobärtranssudat bei dekompensiertem Aortenklappenfehler. Med. Bild **2**, 31—32 (1959).
WEISEL, W., CLAUDON, D. B., WILSON, D. M.: Neurilemmoma of the diaphragm. J. thorac. Surg. **31**, 750 (1956).
WEISS, A., VAN LESSEN, W.: Zur anatomisch sicheren Diagnose primärer, bösartiger Pleurageschwülste in der Klinik. Z. klin. Med. **149**, 362—372 (1952).
WEISS, A.: Pleurakrebs bei Lungenasbestose. Medizinische **93** (1953).
WEISS, K.: Zur Röntgensymptomatologie des Pleuraendothelioms. Fortschr. Röntgenstr. **69**, 228 (1944).
WEISS, W.: Needle biopsy of the parietal pleura in tuberculosis. Amer. Rev. Tuberc. **78**, 17—20 (1958).
WEISS, W., BOUCOT, K. R., GEFTER, W. I.: Localized interlobar effusion in congestive heart failure. Ann. intern. Med. **38**, 1117—1186 (1953).
WEISS, A., LESSEN, W. VAN: Zur anatomisch sicheren Diagnose primärer bösartiger Pleurageschwülste in der Klinik. Z. klin. Med. **149**, 362—372 (1952).
WEISSMANN, H.: Primary endothelioma of the pleura. Dis. Chest **12**, 562—570 (1946).
WELLENS, P.: La hernie diaphragmatique séquelle de blessure de guerre. J. Radiol. Électrol. **28**, 220 (1955).
WELLENS, P., SWARTEMBROEKX, A.: Le kyste pleuropéricardiaque. J. belge Radiol. **1950**, 27—73.
WELLS, A. H.: Papillomatosis peritonei. Amer. J. Path. **11**, 1011 (1935).
WENDEL, H., KOCHAN, E., KRÖGER, W.: Beitrag zur Klinik der malignen Pleuritis. Radiol. diagn. (Berl.) **11**, 647—653 (1970).
WESSEN, N.: An intrathoracic tumor of xanthomatous character. Acta chir. scand. **53**, 621 (1920/21).
WESTERKAMP, H.: Zur Differentialdiagnose der Lungentumoren (Pleuritis exsudativa interlobaris). Z. Tuberk. **92**, 182—184 (1949).
WESTERMARK, N.: The situation of the pleural exsudates in obstructive atelectasis of the lung. Acta radiol. (Stockh.) **16**, 345 (1935).
WHIPPLE, H. E. (Editor): Biological effects of asbestos. Ann. N. Y. Acad. Sci. **132**, 1—766 (1965).
WHITE, P. D., AUGUST, S., MICHIE, C. R.: Hydrothorax in congestive heart failure. Amer. J. med. Sci. **214**, 243 (1947).
WHITEHEAD, R. E.: Mesothelioma of the pleura. Dis. Chest **17**, 569—577 (1950).
WICHERN, H.: Über primäre Endotheliome der Pleura-Peritonealhöhle. Inaug.-Diss. Tübingen 1902.
WICHTL, O.: Röntgenpraxis **16**, 193 (1944).

WICHTL, O.: Über Lungenspitzencarcinome und Tumoren der oberen Lungenfurche (Pancoast-Tumoren). Wien. klin. Wschr. **58**, 228—235 (1946).

WICHTL, O.: Tumoren mit Pancoast-Syndrom. Ärztl. Wschr. **4**, 680—684 (1949); Radiol. austriaca **2**, 4 (1949).

WIDAL, RAVAUT: Applications cliniques de l'étude histologique des épanchements séro-fibrineux de la plèvre (pleurésies tuberculeuses) (pleurésies mécaniques) (pleurésien infectieuses aigues). C.R. Soc. Biol. (Paris) **52**, 648—651, 651—653, 653—655 (1900).

WIHMAN, G.: A contribution to the knowledge of the cellular content in exsudates and transsudates. Acta med. scand. **130** (Suppl. 205), 1—124 (1948).

WILLIAMS, J. F., WILLIAMS, J. B., HARPER, J. W.: Thoracic endometriosis. Amer. J. Obstet. Gynec. **84**, 1512—1515 (1962).

WILLIAMS, R. G., TILLINGHAST, A. J.: Diaphragmatic herniation of the kidney. Radiology **53**, 566—568 (1949).

WILLIAMSON, C. S.: A case of hemopneumothorax. Med. Clin. Chic. **2**, 1159 (1917).

WILLIOT, J.: Opacité sous-diaphragmatique due à une hernie intrathoracique du pôle superior d'un rein. Acta tuberc. belg. **59**, 413 (1968).

WILLIS, R. A.: A metastatic deposit of bronchial carcinoma in hydrocele misdiagnosed as "endothelioma". J. Path. **47**, 35 (1938).

WILLIS, R. A.: Pathology of tumours. London: Butterworths & Co. 1948.

WILLIS, R. A.: Pathology of tumours. 3rd. edition. London: Butterworths & Co., Ltd. 1960.

WILSON, J. L.: Spontaneous hemopneumothorax: Report of two cases. Trans. Amer. clin. climat. Ass. **51**, 123 (1935).

WILSON, J. W.: Diagnosis of infrapulmonary pleural effusion. J. Amer. med. Ass. **158**, 1423—1427 (1955).

WIPER, T. B., MILLER, J. M.: Intrathoracic mediastinal lipoma. Amer. J. Surg. **66**, 90—96 (1944).

WISCHNOWITZER, L.: Fibrinkörper im Pneumothoraxraum. Beitr. Klin. Tuberk. **67**, 773 (1927).

WOLF, E.: Die reitenden Pleuraexsudate. Röntgenpraxis **1930**, 806.

WOLFF, G.: Zur Frage der Pleuramesotheliome. Wiss. Z. Humboldt Univ. Berlin, Math.-nat. Reihe **9**, 205—210 (1960).

WOLFSON, S. A., GOLDMAN, A.: Strangulating diaphragmatic hernia of the liver. Surgery **24**, 846—852 (1948).

WOLL, J.: Spontanpneumothorax ohne erkennbare Ursache. Dtsch. med. Wschr. **59**, 1469 (1953).

WOOLSEY, J. H.: Diaphragmatic hernia. J. Amer. med. Ass. **89**, 2245—2248 (1927).

WORTH, G.: Pneumokoniosen. In: Handbuch der medizinischen Radiologie, Bd. IX/2, S. 255—344. Berlin-Heidelberg-New York: Springer 1969.

WRIGHT, G. W.: Asbestos and health. Amer. Rev. resp. Dis. **100**, 467 (1969).

WUHRMANN, F.: Zur Diagnostik von Geschwülsten aus Punktaten und Sekreten. Münch. med. Wschr. **84**, 860 (1937).

WURMA, W.: Zur Frage der Sonderstellung des sogenannten Pancoast-Tumors. Bruns' Beitr. klin. Chir. **188**, 59 (1954).

WYSS, S.: Die Pleurabiopsie in der Diagnostik von Pleuraergüssen. Dtsch. med. Wschr. **88**, 1625—1627 (1963).

YATER, W. M.: Non-traumatic chylothorax and chylopericardium: review and report of a case due to carcinomatous thrombangiitis obliterans of the thoracic duct and upper great veins. Ann. intern. Med. **9**, 600—616 (1935).

YATER, W. M., LYYDANE, E. S.: Lipoma of the mediastinum. Amer. J. med. Sci. **180**, 79—84 (1930).

YATER, W. M., RODIS, I.: Unusual case of pleural effusion simulating elevation of diaphragm. Amer. J. Roentgenol. **29**, 813—814 (1933).

YEH, T. J.: Endometriosis within the thorax: metaplasia implantation, or metastasis? J. thorac. Surg. **53**, 201—203 (1967).

YESNER, R., HURWITZ, A.: Localized pleural mesothelioma of the epithelial type. J. thorac. Surg. **26**, 325—329 (1953).

YOSHIDA, T.: Gleichzeitige Papillomatose der Pleura und des Peritoneums, zugleich ein Beitrag zur Frage des primären Carcinoms der serösen Häute. Virchows Arch. path. Anat. **299**, 363 (1937).

YOUNG, J. M., GOLDMAN, I. R.: Tumor metastases to the heart. Circulation **9**, 220 (1954).

ZACH, J.: Die Cytologie der serösen Höhlen. Internist (Berl.) **11**, 401—412 (1970).

ZADEK, I.: Die Differentialdiagnose der Lungenkrankheiten. Leipzig: G. Thieme 1948.

ZADEK, I., KARP, H.: Zytodiagnostik des Karzinoms aus Punktaten und Sekreten. Dtsch. med. Wschr. **58**, 1043 (1932).

ZAKOFF, S. B.: The so-called "Pancoast-tumours". Vest. Rentgenol. Radiol. **32**, 56—60 (1957).

ZALKA, E. v.: Nachweis der Geschwulstzellen in Punktaten und im Sputum. Dtsch. med. Wschr. **59**, 132 (1933).

ZALKA, E. v.: Histologischer Nachweis von Geschwulstzellen in Punktaten und im Sputum. Mitt. II. Internat. Kongr. Krebsforsch., Brüssel, vol. 2, S. 248 (1937).

ZANARDI, S., BOGETTI, B.: Mesotelioma pleurico ed asbestosi. Cancro **19**, 537—544 (1966).

ZAVOD, W. A.: Fibrin bodies in the pleural space in a case of artificial pneumothorax. Amer. Rev. Tuberc. **33**, 48 (1936).

ZECKWER, I.: Mesothelioma of the pleura. Arch. intern. Med. **34**, 191 (1924).

ZEERLEDER, R.: Differentialdiagnostik des Lungenröntgenbildes, 3. Aufl. Bern u. Stuttgart: Hans Huber 1953.

ZEHBE, R.: Über Lungen- und Pleuraechinokokkus. Fortschr. Röntgenstr. **24**, 63 (1916/17).

ZEITLER, E., HUTH: Diagnose und Therapie der Pleuramesotheliome. Fortschr. Röntgenstr. **94**, 437—449 (1961).

ZEMANSKY, A. P.: The examination of fluids for tumor cells. Analysis of 113 cases checked against. Subsequent examination of tissue. Amer. J. med. Sci. **175**, 489—504 (1928).

ZITTEL, R. X., KESSLER, E.: Klinik und Differentialdiagnose der Pleuratumoren (Mesotheliome). Thoraxchirurgie **11**, 433—447 (1964).

ZIVY, P., HÉLIE, P.: Pleuritis. Scissurités. Syndrome pleurétique. Formes étiologiques. Épanchements liquides enkystés. Encycl. méd.-chir., Radiologie III, 32505 A-10, 32510 A-30, 32515 A-10, 10(1958).

ZSEBÖK, Z.: Ein seltener Fall des akzessorischen Leberlappens. Radiol. clin. (Basel) **24**, 62—64 (1955).

ZUCKSCHWERDT, C., ZETTEL, H.: Das Pleuraempyem und seine Folgezustände, mit besonderer Berücksichtigung der Dekortikation. Dtsch. med. Wschr. **1952**, 896.

ZÜHLKE, R., MATTHES, T.: Zur Differentialdiagnose der Erkrankungen des Zwerchfells und seiner Umgebung. Dtsch. Gesundh.-Wes. **19**, 1889—1899 (1964).

ZUPPINGER, A.: Probleme der Röntgenuntersuchung des Thorax. Helv. med. Acta **17**, 13 (1950).
ZUPPINGER, A.: Pleuratumoren. In: SCHINZ-BAENSCH-FRIEDL-UEHLINGER, Lehrbuch der Röntgendiagnostik, 5. Aufl., Bd. III, S. 2543ff. Stuttgart: G. Thieme 1952.
ZUPPINGER, A.: Pleuraerkrankungen. In: SCHINZ-BAENSCH-FRIEDL-UEHLINGER, Lehrbuch der Röntgendiagnostik, 5. Aufl., Bd. III, S. 2456—2548. Stuttgart: G. Thieme 1952.
ZUPPINGER, A.: Das Zwerchfell. In: SCHINZ-BAENSCH-FRIEDL-UEHLINGER, Lehrbuch der Röntgendiagnostik, 5. Aufl., Bd. III, S. 2580—2604. Stuttgart: G. Thieme 1952.
ZUPPINGER, A.: Erkrankungen des Mittelfells. In: SCHINZ-BAENSCH-FRIEDL-UEHLINGER, Lehrbuch der Röntgendiagnostik, 5. Aufl., Bd. III, S. 2604—2646. Stuttgart: G. Thieme 1952.
ZUPPINGER, A., FRANK, L.: Neueres zur Thorax-Röntgenuntersuchung. Fortschr. Röntgenstr. **86**, 419—431 (1957).
ZWICKER, M.: Ergebnisse mit der zytologischen Tumordiagnostik in Brust- und Bauchfellergüssen. Dtsch. med. J. **6**, 195 (1955).

Nachtrag zum Literaturverzeichnis

Erster Teil. I.3

SACERDOTI, C., PELLEGRINI, A., BELLONI, P. A., DI FABIO, D., SCOCCIA, S.: Il sarcoma primitivo del polmone. Osped. maggiore **65**, 703—743 (1970).

Erster Teil. II.1

BASSERMANN, F. J.: Röntgendiagnostische Probleme der Lungenzystizerhose. Prax. Pneumol. **25**, 669—676 (1971).

Erster Teil. II.3

MUKAI, K., KANO, M.: A case of lymphoma of the left upper lobe. Jap. J. thorac. Surg. **24**, 742—745 (1971).

Erster Teil. III

ABDULLAEV, G. I., MANAFOV, S. S., MAMEDKHANOV, G. S.: Bronchography in echinococciasis of the lungs. Vestn. Rentgenol. Radiol. (Mosk.) **47**, 41—46 (1972).
CONTI, A., TRENTINI, G. P., GALASSO, U.: Il lipoma bronchiale. Nosografia e contributo clinico. Gazz. int. Med. Chir. **77**, 593—616 (1972).
FLYNN, M. W., FELSON, B.: The roentgen manifestations of thoracic actinomycosis. Amer. J. Roentgenol. **110**, 707 (1970).
KAUFMAN, G., GOLDBERG, M., TYAGI, N. S.: Non-neoplastic sclerotic pulmonary lesion (sclerosing hemangioma). Report of a case. Amer. Rev. resp. Dis. **104**, 742—746 (1971).
KWAK, D. L., STORK, W. J., GREENBERG, S. D.: Partial defect of the pericardium associated with a bronchogenic cyst. Radiology **101**, 287—288 (1971).
PEAR, B. L.: The radiographic manifestations of amyloidosis. Amer. J. Roentgenol. **111**, 821—832 (1971).
PÉREZ-BUSTAMANTE GONZÁLEZ, J. F., MILLER, W. T.: Neumonía lípida primaria. Radiología (Madr.) **13**, 207—222 (1971).
ROTTE, K. H., SCHREMMER, C. N.: Zur isolierten Amyloidose der Lunge. Z. Erkr. Atemorg. **135**, 281—288 (1971).
SCHULZE, W.: Möglichkeiten und Grenzen radiologischer Bronchialkrebs-Frühdiagnostik. Münchener Röntgenabend 26. 1. 1973.

Erster Teil. IV.1

SCHOENBAUM, S., VIAMONTE, M.: Subepithelial endobronchial metastases. Radiology **101**, 63—69 (1971).

Erster Teil. IV.2

HARGREAVE, F., HINSON, K. F., REID, L., MCCARTHY, D. S.: The radiological appearance of allergic alveolitis due to bird sensitivity. Bird fancier's lung. Clin. Radiol. (Eding.) **23**, 1—10 (1972).
MEINDERS, A. E.: Spontaneous regression of pulmonary metastases in a patient with a renal clear-cell carcinoma. Fol. med. neerl. **14**, 53—61 (1971).
SCHOENBAUM, S., VIAMONTE, M.: Subepithelial endobronchial metastases. Radiology **101**, 63—69 (1971).

Zweiter Teil

OELS, H. C., HARRISON, E. G., CARR, D. T., BERNATZ, P. E.: Diffuse malignant mesothelioma of the pleura: a review of 37 cases. Chest **60**, 564—570 (1971).
SHABANAH, F. H., SAYEGH, S. F.: Solitary (localized) pleural mesothelioma. Chest **60**, 558—563 (1971).

Sachverzeichnis

(Deutsch-Englisch)

Bei gleicher Schreibweise in beiden Sprachen sind die Stichwörter nur einmal aufgeführt

Abszeß, Lunge, Differentialdiagnose, *abscess of lung, differential diagnosis* 289, 312
—, paravertebraler, Differentialdiagnose, *abscess, paravertebral, differential diagnosis* 501
Adenokarzinom, Altersverteilung, *adenocarcinoma, age distribution* 48
—, Unterlappen, *adenocarcinoma, lower lobe* 139, 385
Adenolymphom, pulmonales, Differentialdiagnose, *adenolymphoma, pulmonary, differential diagnosis* 160
Adenomatöses Hamartom, Lunge, Bronchus, *adenomatous hamartoma, of lung, bronchus* 201
Adenorhabdomyosarkom, Lunge, *adenorhabdomyosarcoma of lung* 7
„Adeno-Syndrom", obstruktives, Bronchialadenom, *"adeno-syndrome", obstructive, bronchial adenoma* 111
Ätiologie, Bronchialadenom, *etiology, bronchial adenoma* 95
—, chronische Pneumonie, *etiology, chronic pneumonia* 315
—, Lungenadenomatose, *etiology, pulmonary adenomatosis* 49
—, Lungensarkom, *etiology, pulmonary sarcoma* 7
—, Melanom, obere Luftwege, *etiology, melanoma of upper airways* 14
—, Silikokarzinom, *etiology, silicocarcinoma* 347
—, unbekannte, Lungengranulomatose, *etiology, unknown, pulmonary granulomatosis* 417
Aktinomykose, Lunge, *actinomycosis of lung* 306
Altersverteilung, Bronchialadenom, *age distribution, bronchial adenoma* 94
—, Bronchialkarzinom, *age distribution, bronchial carcinoma* 48
—, bronchopulmonales Lipom, *age distribution, broncho-pulmonic lipoma* 180
—, Hamartom, Bronchialbaum, *age distribution, hamartoma, bronchial tree* 207, 208
—, Karzinosarkom, *age distribution, carcinosarcoma* 21
—, Lungenadenomatose, *age distribution, pulmonary adenomatosis* 47, 48
—, Lungensarkom, *age distribution, pulmonary sarcoma* 9
—, Lymphosarkom der Lunge, *age distribution, lymphosarcoma of lung* 145
—, neurogene Tumoren, *age distribution, neurogenic tumours* 192
—, Plasmocytom der Lunge, *age distribution, pulmonary plasmocytoma* 162
—, Pleuramesotheliom, *age distribution, pleura mesothelioma* 473, 474
—, Pleurasarkom, *age distribution, sarcoma of pleura* 537
Alveolarproteinose, Differentialdiagnose, *alveolar proteinosis, differential diagnosis* 87, 88
Alveolarzell-Karzinom, *alveolar cell carcinoma* 43—90

Amöbenabszeß, Leber, Durchbruch in die Lunge, *amoebiasis, liver abscess, perforation into the lung* 342, 343
Amyloid-Tumoren, endotracheale, Differentialdiagnose, *amyloid tumours, endotracheal, differential diagnosis* 131
—, Lunge, Bronchus, *amyloid tumours, of lung, bronchus* 350
Amyloidose, miliare, Lunge, *amyloidosis, miliary, of lung* 86
Aneurysma spurium, Aortenwurzel, Differentialdiagnose, *aneurysma spurium, aortal root, differential diagnosis* 258
Anfangsbefunde, Lungenadenomatose, *initial findings, pulmonary adenomatosis* 69
Angeborene Bronchiektasen, Lungenadenomatose, *congenital bronchiectasis, pulmonary adenomatosis* 78
— Lymphangiektasie, Lunge, *congenital lymphangiectasia, of lung* 234, 235
Angiographie, Lungenadenomatose, *angiography, pulmonary adenomatosis* 83, 84
Angiokardiopathien, angeborene, a.v. Fisteln der Lunge, *angiocardiopathies, congenital, a.v. fistulas of lung* 218
Angiom, Bronchialarterien, *angioma, bronchial arteries* 188
Angioma bronchopulmonale, *angioma bronchopulmonale* 92
Angiomatöse Mißbildungen, Lunge, *angiomatous malformations, of lung* 186—190, 217
Angiomyomatose der Lunge, *angiomyomatosis of lung* 236
Angioretikulom, Lunge, Tumorkaverne, *angioreticuloma, of lung, tumour cavern* 27
Angiosarkom, Lunge, *angiosarcoma, lung* 7, 10, 13
Anthrako-Silikose, Differentialdiagnose, *anthracosilicosis, differential diagnosis* 347
Arteriektasie, isolierte, Differentialdiagnose, *arteriectasia, solitary, differential diagnosis* 231
Arteriographie, Bronchial-, Differentialdiagnose, *arteriography, bronchial, differential diagnosis* 295, 296
Arterio-venöser Kurzschluß, angiomatöse Mißbildungen der Lunge, *arterio-venous shunt, angiomatous malformations of lung* 217
Asbestose, Lunge, *asbestosis, of lung* 472, 473
Asbeststaublunge, Adenomatose, *asbestosis, of lung, adenomatosis* 49
Aspergillom, Lunge, *aspergilloma, of lung* 303, 305
Aspergillose, Lunge, Differentialdiagnose, *aspergillosis, of lung, differential diagnosis* 87
Aspirationsmetastasen, Lungenadenomatose, *aspiration metastases, pulmonary adenomatosis* 60
Atelektase, Bronchussarkom, *atelectasis, bronchial sarcoma* 39
—, Lungenadenomatose, *atelectasis, pulmonary adenomatosis* 49

Atelektase, Teil-, Bronchialadenom, *atelectasis, partial, bronchial adenoma* 125, 136
—, Unterlappen, Chondro-Hamartom, *atelectasis, lower lobe, chrondro-hamartoma* 216
Autochthone Lungentumoren, Chorionepitheliom, *autochthonous lung tumours, chorionepithelioma* 5

Begriffsbestimmung, Bronchialadenom, *definition, bronchial adenoma* 90
—, Lungenadenomatose, *definition, pulmonary adenomatosis* 43
—, Lymphosarkom der Lunge, *definition, lymphosarcoma of lung* 140
—, „Mastozytom" der Lunge, *definition, "mastocytoma" of lung* 167
—, Plasmocytom der Lunge, *definition, plasmocytoma of lung* 161
—, Pleuramesotheliom, *definition, mesothelioma of pleura* 460
Behandlung s. Therapie, *treatment see therapy*
Belüftung, Störung, Bronchialadenom, *ventilation, disturbance, bronchial adenoma* 134, 135
Berufskrebs, Pleura, *professional cancer, of pleura* 473
Berylliose, Lunge, Differentialdiagnose, *berylliosis, of lung, differential diagnosis* 86
Bifurkationsstenose, partielle, Zylindrom, *stenosis of tracheal bifurcation, partial, cylindroma* 128
Bilharziose, Lunge, Differentialdiagnose, *bilharziosis, of lung, differential diagnosis* 332
Bilobektomie, Bronchialadenom, *bilobectomy, bronchial adenoma* 106
—, Leiomyom, fibroplastisches Sarkom, *bilobectomy, leiomyoma, fibroplastic sarcoma* 443
—, Lungenadenomatose, *bilobectomy, pulmonary adenomatosis* 67
—, Lungensarkom, *bilobectomy, lung sarcoma* 30
—, Lymphosarkom der Lunge, *bilobectomy, lymphosarcoma of lung* 151, 157
Biopsie s. Probeexcision
—, Lunge, transthorakale, *biopsy, of lung, transthoracic* 394
—, Pleuramesotheliom, *biopsy, pleura mesothelioma* 482
Blasenmole, Metastasen, *hydatide mole, metastases* 3
Blutaspiration, pulmonaler Rundherd, *blood aspiration, round focus of lung* 320, 321
Blutungsherde, mikronoduläre, Lunge, *hemorrhagies, micronodular, of lung* 86
Branchiogene Tumoren, intrapulmonale, *branchiogenous tumours, intrapulmonic* 239
Brill-Symmers, Lymphadenose, *Brill-Symmers, lymphadenosis* 144
Bronchialadenom, *bronchial adenoma* 90—140
—, Ätiologie, *bronchial adenoma, etiology* 95
—, Begriffsbestimmung, *bronchial adenoma, definition* 90
—, Bronchialkarzinom, Unterschiede, *bronchial adenoma, bronchial carcinoma, differences* 110
—, Differentialdiagnose, *bronchial adenoma, differential diagnosis* 289
—, Häufigkeit, *bronchial adenoma, incidence* 93
—, Histogenese: Hamartom, *bronchial adenoma, histogenesis, hamartoma* 203
—, Klinik, Prognose, Therapie, *bronchial adenoma, clinical picture, prognosis, therapy* 110—120
—, Lagebeziehung zur Bronchuswand, *bronchial adenoma, topographical relation to the bronchial wall* 104
—, Lungentuberkulose, Koinzidenz, *bronchial adenoma, pulmonary tuberculosis, coincidence* 111
— metastasierendes, *bronchial adenoma, metastasising* 91

Bronchialadenom, topographische Verteilung im Tracheobronchialbaum, *bronchial adenoma, topographic distribution in the tracheobronchial tree* 102
Bronchialarterien, Angiom, *bronchial artery, angioma* 188
Bronchialarteriographie, Differentialdiagnose: Rundherde, *bronchial arteriography, differential diagnosis: Round focus of lung* 295, 453
Bronchialasthma, Bronchuszyste, *bronchial asthma, bronchus cyst* 275
Bronchialbaum, Hamartom, *bronchial tree, hamartoma* 207
Bronchialkarzinom, Altersverteilung, *bronchial carcinoma, age distribution* 48
—, Bronchusadenom, Unterschiede, *bronchial carcinoma, bronchial adenoma, differences* 110
—, Differentialdiagnose, *bronchial carcinoma, differential diagnosis* 41, 42, 68, 157, 289, 312, 316
—, —: Pleuratumor, *bronchial carcinoma, differential diagnosis: Pleura tumour* 460, 461
—, Koinzidenz: Hamartom, *bronchial carcinoma, coincidence: Hamartoma* 206
—, kontralaterale Lungenmetastasen, *bronchial carcinoma, contralateral pulmonary metastases* 419
—, latentes, Lungeninfarkt, *bronchial carcinoma, latent, pulmonary infarction* 327, 328
—, Lungenechinokokkus, *bronchial carcinoma, pulmonary hydatide cyst* 339
—, Lymphangiosis carcinomatosa, *bronchial carcinoma, lymphangiosis carcinomatosa* 421
—, Metastasierungshäufigkeit, *bronchial carcinoma, incidence of metastases* 67
—, miliare Lungenkarzinose, *bronchial carcinoma, miliary carcinosis of lung* 431
—, mittlere Überlebensdauer, *bronchial carcinoma, mean survival rates* 65
—, multiples, primäres, *bronchial carcinoma, multiple, primary* 442
—, „Oat cell-Typ", *bronchial carcinoma, oat cell type* 56
—, Pleuraempyem, *bronchial carcinoma, empyema* 507
—, Pleuramesotheliom, *bronchial carcinoma, pleura mesothelioma* 486
—, Tuberkulom, Differentialdiagnose, *bronchial carcinoma, tuberculoma, differential diagnosis* 291
—, „Tumorverdopplungszeit", *bronchial carcinoma, "tumour doubling time"* 298
—, unbehandeltes, Überlebenszeiten, *bronchial carcinoma, untreated, survival rates* 29
—, Verkalkung, *bronchial carcinoma, calcification* 215
—, xanthomatöse Pneumonie, *bronchial carcinoma, xanthomatous pneumonia* 316
Bronchialstenose, entzündliche, *bronchial stenosis, inflammatory* 282
Bronchiektasen, Bronchialadenom, *bronchiectasis, bronchial adenoma* 111, 129, 135
—Lungenadenomatose, *bronchiectasis, pulmonary adenomatosis* 50, 78
—, regionale, Bronchussarkom, *bronchiectasis, regional, bronchial sarcoma* 39
Bronchiolar-Karzinom, *bronchiolar carcinoma* 43—90
Bronchiolo-Bronchiom, Pathologie, *bronchiolo-bronchioma, pathology* 205
Bronchitis, chronische, follikuläre, Differentialdiagnose, *bronchitis, chronic, follicular, differential diagnosis* 160
—, —, Lungenadenomatose, *bronchitis, chronic, pulmonary adenomatosis* 50

Bronchitis, kapilläre, Differentialdiagnose, *bronchitis, capillary, differential diagnosis* 87
— circumscripta non specifica, *bronchitis circumscripta non specifica* 281
— deformans, Silikokarzinom, *bronchitis deformans, silicocarcinoma* 347
Bronchographie, Bronchialadenom, *bronchography, bronchial adenoma* 115, 125, 130, 131, 134
—, Bronchuscyste, *bronchography, bronchial cyst* 272
—, Chondro-Hamartom, *bronchography, chondrohamartoma* 216
—, diffuse Papillomatose, *bronchography, diffuse papillomatosis* 174
—, intrabronchiales Lipom, *bronchography, intrabronchial lipoma* 180
—, Karzinosarkom des rechten Stammbronchus, *bronchography, carcinosarcoma of right stem bronchus* 22
—, Lungenadenomatose, *bronchography, pulmonary adenomatosis* 83
—, Lungengranulome nach —, *bronchography, pulmonary granulomata* 319
—, Lymphosarkom der Lunge, *bronchography, lymphosarcoma of lung* 155
—, Melanom, rechter Unterlappen, *bronchography, melanoma of right lower lobe* 16
—, Mukozele nach Segmentresektion, *bronchography, mucoid impaction after segmental resection* 314
—, Neurofibrom, rechter Unterlappen, *bronchography, neurofibroma, right lower lobe* 194
—, primäres Bronchusadenom, *bronchography, primary bronchial sarcoma* 36
—, Silikose, *bronchography, silicosis* 346
—, Teratom der Lunge, *bronchography, teratoma of lung* 246
—, tuberkulöser Lymphknoten, *bronchography, tuberculous lymph node* 286
Bronchomukozele, nach Segmentresektion, *mucoid impaction, of bronchus, after segmental resection* 314
Broncho-pulmonale Mykosen, *broncho-pulmonic mykoses* 303—307
Broncho-pulmonales Hamartom, maligne Entartung, *broncho-pulmonic hamartoma, malignant degeneration* 205
— Karzinosarkom, *broncho-pulmonic carcinosarcoma* 15, 21
— Lipom, *broncho-pulmonic lipoma* 180
— Melanoblastom, *broncho-pulmonic melanoblastoma* 14, 15
— Plasmocytom, *broncho-pulmonic plasmocytoma* 163
— Sarkom, *broncho-pulmonic sarcoma* 5—42
Bronchoskopie, Bronchialadenom, *bronchoscopy, bronchial adenoma* 113
—, Lungenadenomatose, *bronchoscopy, pulmonary adenomatosis* 64
—, Melanom, *bronchoscopy, melanoma* 16
Bronchostenose, Myoblastom, *bronchostenosis, myoblastoma* 200
—, zunehmende, Bronchialcarcinom, *bronchostenosis, progressive, bronchial adenoma* 110
Bronchotomie, Bronchialadenom, *bronchotomy, bronchial adenoma* 120
Bronchus, Adenom, *bronchus, adenoma* 90—140
—, Amyloidtumor, *bronchus, amyloid tumour* 350
—, „Arteriom", *bronchus, "arterioma"* 188
—, Granularzellblastom, *bronchus, granular cell blastoma* 21
—, gutartige Primärtumoren, *bronchus, benign primary tumours* 171—357
—, Hamartom, *bronchus, hamartoma* 201—234

Bronchus, Karzinoid, Histologie, *bronchus, carcinoid tumour, histology* 101
—, —, histochemische Eigenschaften, *bronchus, carcinoid tumours, histochemical properties* 102, 103
—, Lungenadenomatose, *bronchus, pulmonary adenomatosis* 83
—, Melanom, *bronchus, melanoma* 15, 28
—, Metastasen, *bronchus, metastases* 358
—, Mukoepidermoidtumoren, *bronchus, mucoepidermoid tumours* 90, 92
—, neurogene Tumoren, *bronchus, neurogenous tumours* 190—201
—, polypöse Hyperplasie, *bronchus, polypous hyperplasia* 284
—, primäre Muskelgeschwülste, *bronchus, primary myomata* 184
—, primäres Plasmocytom, *bronchus, primary plasmocytoma* 161—167
—, Sarkom, *bronchus, sarcoma* 5—42
—, —, klinische Symptomatologie, *bronchus, sarcoma, clinical symptomatology* 30—32
—, —, makroskopischer Befund, *bronchus, sarcoma, macroscopic findings* 27
—, —, Prognose und Behandlung, *bronchus, sarcoma, prognosis and therapy* 28
—, —, Überlebenszeiten, *bronchus, sarcoma, survival rates* 29
—, semimaligne Tumoren, *bronchus, semimalignant tumours* 43—171
—, Verschluß, Adenom, *bronchus, occlusion, adenoma* 111
—, Zyste, Differentialdiagnose, *bronchus, cyst, differential diagnosis* 229, 230, 258, 289
Bronchuscysten, geschlossene, *bronchial cyst, closed* 271, 272
Bronchussarkom, Differentialdiagnose, *bronchial sarcoma, differential diagnosis* 137
Brustwand, Geschwülste, Differentialdiagnose, *thoracic wall, tumours, differential diagnosis* 262
—, Pleurasarkom, *thoracic wall, pleural sarcoma* 537
—, Tumoren, *thoracic wall, tumours* 519

Caplan-Syndrom, Pneumokoniose, Polyarthritis *Caplan's syndrome, pneumoconiosis, polyarthritis* 344
Carcinoma in situ, Lungenadenomatose, *carcinoma in situ, pulmonary adenomatosis* 50
Carcino-Sarkom, Lunge, *carcino-sarcoma, lung* 10—26
Chemodektom, endothorakale, *chemodectoma, endothoracic* 195, 196
—, Nomenklatur, *chemodectoma, nomenclature* 186, 195
Cholesterinpneumonitis, *cholesterine pneumonitis* 312, 313
Chondro-Fibro-Myxo-Angiosarkom, Pulmonalarterie, *chondro-fibro-myxo-angiosarcoma, pulmonary artery* 7, 378
Chondrohamartom, Lunge, Bronchus, *chondrohamartoma, lung, bronchus* 201—217
Chondrom, linker Unterlappen, *chondroma, left lower lobe* 182
Chondrosarkom, primäres, Lunge, *chondrosarcoma, primary, lung* 12
Chorionepitheliom, Lunge, *chorionepithelioma, of lung* 3—5, 378
—, Brustraum, *chorionepithelioma, thoracic cavity* 243
Chronische Obstruktionspneumonie, Bronchialadenom, *chronic obstructive pneumonia, bronchial adenoma* 129

Chylothorax, Angiomyomatose der Lunge, *chylothorax, angiomyomatosis of lung* 236
Cor pulmonale, Lungenadenomatose, *cor pulmonale, pulmonary adenomatosis* 89, 90
Cushing-Syndrom, paraneoplastisches, *Cushing's syndrome, paraneoplastic* 118

Definition, Bronchialadenom, *definition, bronchial adenoma* 90
—, Lungenadenomatose, *definition, pulmonary adenomatosis* 43
—, Lungensarkom, *definition, pulmonary sarcoma* 5
Dermoidcyste, Lunge, *dermoid cyst, lung* 7, 247, 248
Diagnose, Bronchialadenom, *diagnosis, bronchial adenom* 120
—, endothorakale Magenzyste, *diagnosis, endothoracic cyst of stomach* 267
—, kavernöses Hämangiom der Lunge, *diagnosis, cavernous hemangioma of lung* 220, 225
—, Leiomyomatose, *diagnosis, leiomyomatosis* 184, 185
—, Lungenadenomatose, *diagnosis, pulmonary adenomatosis* 63, 68
—, Lymphosarkom der Lunge, *diagnosis, lymphosarcoma of lung* 152
—, Perikardzyste, *diagnosis, pericardial cyst* 254
—, Plasmocytom der Lunge, *diagnosis, pulmonary plasmocytoma* 165
—, Pleuramesotheliom, *diagnosis, pleuramesothelioma* 483
Differentialdiagnose, Bronchialadenom, *differential diagnosis, bronchial adenoma* 120, 129, 137
—, Bronchialkarzinom, *differential diagnosis, bronchial carcinoma* 41, 42, 68, 157, 289, 312, 316
—, Bronchuszyste, *differential diagnosis, bronchial cyst* 279
—, gutartige Bronchusgeschwülste, *differential diagnosis, benign tumours of bronchus* 137
—, kavernöses Hämangiom der Lunge, *differential diagnosis, cavernous hemangioma of lung* 226
—, Lipoid-, Cholesterinpneumonitis, *differential diagnosis, lipoid-, cholesterine pneumonitis* 313
—, Lungenadenomatose, *differential diagnosis, pulmonary adenomatosis* 44, 45, 68, 78, 84
—, Lungensarkom, *differential diagnosis, pulmonary sarcoma* 32, 41
—, Lymphom, *differential diagnosis, lymphoma* 141, 144
—, Lymphosarkom der Lunge, *differential diagnosis, lymphosarcoma of lung* 155, 157
—, miliare Tuberkulose, Karzinose, *differential diagnosis, miliary tuberculosis, carcinosis* 426
—, Mykosis fungoides, *differential diagnosis, mycosis fungoides* 441
—, Neurofibromatose, *differential diagnosis, neurofibromatosis* 194
—, Pilzerkrankungen der Lunge, *differential diagnosis, mykotic diseases of lung* 303—308
—, Pleuraerguß, *differential diagnosis, pleural effusion* 497, 504
—, Pleuramesotheliom, *differential diagnosis, pleura mesothelioma* 483
—, —, Bronchialkarzinom, *differential diagnosis, mesothelioma of pleura, bronchial carcinoma* 460, 461
—, Rundherd der Lunge, *differential diagnosis, round focus of lung* 5, 77, 153, 155, 214, 289
—, Plasmocytom der Lunge, *differential diagnosis, pulmonary plasmocytoma* 165
—, Staublungenerkrankungen, *differential diagnosis, pneumoconioses* 86, 343
—, Strahlenpneumonie, *differential diagnosis, radiation induced pneumonitis* 419

Differentialdiagnose, Tuberkulom, Hamartom, *differential diagnosis, tuberculoma, hamartoma* 213
—, Tumorstenose, Bronchialbaum, *differential diagnosis, tumour stenosis, bronchial tree* 137
—, Verschattungen, Herz-Zwerchfellwinkel, *differential diagnosis, cardiophrenic angle masses* 251
—, Zoonosen, *differential diagnosis, zoonoses* 332
Diffuse Leiomyomatose, Lunge, *diffuse leiomyomatosis, of lung* 184, 185
— Lungensarkomatose, Differentialdiagnose, *diffuse pulmonary sarcomatosis, differential diagnosis* 152, 153
— Papillomatose, Klinik, Differentialdiagnose, *diffuse papillomatosis, clinical picture, differential diagnosis* 173
Disseminierte Leiomyomatose, Lunge, *disseminated leiomyomatosis, lung* 11, 12
— Lungenadematose, Differentialdiagnose, *disseminated adenomatosis of lung, differential diagnosis* 87
— Lungenhydatidose, *disseminated pulmonary hydatidosis* 336
Ductus thoracicus, Lymphangiom, *ductus thoracicus lymhangioma* 263
Dünndarm, Enterokystom, intrathorakales, *small intestine, enterokystoma, intrathoracic* 265, 270
Dysembryogenetische Blastome, Lunge, Bronchus, *dysembryogenetic blastomas, of lung and bronchus* 201—280
Dysgerminom, Definition, *dysgerminoma, definition* 3
—, homo-, heteroplasmatisches, *dysgerminoma, homo-, heteroplastic* 244
Dysontogenetische Teratome, Lunge, *dysontogenetic teratoma, lung* 7
— Tumoren, Einteilung, *dysontogenetic tumours, classification* 243

Echinokokkus, Lunge, Differentialdiagnose, *echinococcus, of lung, differential diagnosis* 289, 336, 449
Ektopische Dysgerminome, Formalgenese, *ectopic dysgerminomas, formal genesis* 4
Embryoblastom, endothorakales, *embryoblastoma, endothoracic* 242, 243
Embryonalgeschwülste, Lunge, Pleura, Bronchus, *embryonal tumours, of lung, pleura, bronchus* 245
Empyem, Pleura, *empyema, pleura* 499, 500, 504
Endobronchiale Hamartome, *endobronchial hamartomata* 207
Endobronchiales Chondro-Hamartom, *endobronchial chondro-hamartoma* 216, 217
— Fibrom, Häufigkeit, *endobronchial fibroma, incidence* 175, 176
— Hämangiom, *endobronchial haemangioma* 187
— Lipom, *endobronchial lipoma* 178, 179, 180
— „Myoblastom", *endobronchial "myoblastoma"* 185
Endokardfibrose, Bronchusadenom, *endocardial fibrosis, bronchial adenoma* 138
Endokrines Karzinoidsyndrom, Kardiopathie, *endocrinologic carcinoid syndrome, cardiopathy* 138, 139
Endometriose, pulmonale, *endometriose, pulmonary* 240, 242
Endophlebitis, syphilitische, Lungensyphilom, *endophlebitis, luetic, pulmonary syphiloma* 309
Endotheliom, Pleura, *endothelioma, of pleura* 460—536
Endothorakale Magen-Darmzysten, *endothoracic cysts of digestive tract* 266

Endotrachealer Polyp, Bronchialadenom, *endotracheal polyp, bronchial adenoma* 127
Enterokystom, Dünndarm, Klippel-Feil-Syndrom, *enterokystoma, of small intestine, Klippel-Feil's syndrome* 265, 270
Ento-mesodermale Darmzysten, *ento-mesodermal cysts of intestinum* 263, 265
Entzündliche Granulationstumoren, Differentialdiagnose, *inflammatory granulation tumours, differential diagnosis* 137
Enukleation, Bronchusneurinom, *enucleation, bronchial neurinoma* 200
—, Fibrom der Lunge, *enucleation, fibroma of lung* 176
—, Hamartom der Lingula, *enucleation, hamartoma of lingula* 206
Eosinophiles Lungeninfiltrat, Differentialdiagnose, *eosinophil pulmonary infiltration, differential diagnosis* 450
Epitheliale gutartige Tumoren, Lunge, Bronchus, *epithelial benign tumours, of lung, bronchus* 172—174
Erguß, Pleuramesotheliom, *effusion, pleuramesothelioma* 530
Erythematodes disseminatus subacutus, Differentialdiagnose, *erythematodes disseminatus subacutus, differential diagnosis* 160
Escudero-Nemenowsches Zeichen, Lungenechinokokkus, *Escudero-Nemenow's sign, pulmonary hydatide cyst* 339
Exspiratorischer Ventileffekt, Bronchialadenom, *exspiratory valve effect, bronchial adenoma* 127
Extrabronchiales, ossifiziertes Bronchialadenom, *extrabronchial, ossificated bronchial adenoma* 136
Extraossales Plasmocytom, Lokalisation, *extraossal plasmocytoma, localization* 161
„Extrapleurales" Zeichen nach Felson, Unterlappenkarzinom, *"extrapleural sign" of Felson, lower lobe carcinoma* 519
Extrapulmale Bronchuszyste, *extrapulmonic bronchial cyst* 274, 275
Elektrolythaushalt, Störung, Bronchialadenom, *electrolyte metabolism, disturbance, bronchial adenoma* 117
Embryom, Karzinosarkom, *embryoma carcinosarcoma* 26
Embryonalkarzinome, Entwicklung, *embryonal carcinoma, development* 3
Endobronchiales Karzinosarkom, *endobronchial carcinosarcoma* 21
— Sarkom, Häufigkeit, *endobronchial sarcoma, frequency* 9
Endoskopie, Bronchialadenom, *endoscopy, bronchial adenoma* 114
Endoskopische Resektion, Zylindrom, *endoscopic resection, cylindroma* 128
Entwicklung, Lungenadenomatose, *development, pulmonary adenomatosis* 74, 75
Extragonadale Chorionepitheliome, *extragonadal chorionepitheliomas* 4

Fernprognose, Lungensarkom, *late prognosis, lung sarcoma* 30
Fibrinkörper, Pleurahöhle, *fibrin bodies, pleural cavity* 488, 489
Fibro-Angiom, Lunge, *fibro-angioma, of lung* 187
Fibro-Leiomyom, Lunge, *fibro-leiomyoma, of lung* 184
Fibro-Lipo-Chondrom, Lingula, *fibro-lipo-chondroma, of lingula* 206
Fibro-Lipom, endobronchiales, *fibro-lipoma, endobronchial* 178
Fibrom, endobronchiales, Häufigkeit, *fibroma, endobronchial, incidence* 175, 176
—, Pleura, *fibroma, pleura* 542

Fibrosarkom, Lunge, *fibrosarcoma, lung* 6, 10, 17, 27
—, Lunge, Behandlungsergebnisse, *fibrosarcoma, lung, results of therapy* 29, 30
—, Pleura, *fibrosarcoma, pleura* 494, 535
Fibrosarkomatöse Entartung, „Embryom", *fibrosarcomatous degeneration, "embryoma"* 17
Folliküläres Lymphom, *follicular lymphoma* 141
Freie Körper, Pleurahöhle, *corpora libera, pleural cavity* 488
Fremdkörper, Aspiration, Bronchialkarzinom, *foreign body, aspiration, bronchial carcinoma* 317
„frozen hemithorax", Pleuramesotheliom, *"frozen hemithorax", pleuramesothelioma* 478
Frühdiagnose, Bronchialadenom, *early diagnosis, bronchial adenoma* 113
—, primäres Bronchussarkom, *early diagnosis, primary bronchial sarcoma* 37

Gastrogene Zysten, Brustraum, *gastrogenous cysts, endothoracic* 266
Generalisiertes Plasmozytom, Differentialdiagnose, *generalized plasmocytoma, differential diagnosis* 167
Germinome, Entwicklung, *germinomas, development* 3
Geschlechtsverteilung, bronchopulmonales Lipom, *sex distribution, broncho-pulmonic lipoma* 180
—, Hamartome der Lunge, *sex distribution, hamartomata of lung* 207, 208
—, Karzinosarkom, *sex distribution, carcinosarcoma* 21
—, Lungenadenomatose, *sex distribution, pulmonary adenomatosis* 47
—, Lungensarkom, *sex distribution, pulmonary sarcoma* 9
—, Lymphosarkom der Lunge, *sex distribution, lymphosarcoma of lung* 145
—, Plasmocytom der Lunge, *sex distribution, pulmonary plasmocytoma* 162
Geschwulstartige Mißbildungen, Lunge, Bronchus, *tumourlike malformations, of lung and bronchus* 201
Gliaektopie, multiple, Lunge, *gliaectopia, multiple, of lung* 238
Glomustumoren, der Lunge, *glomus tumours, of lung* 195
Gonadotropin-Ausscheidung, Chorionepitheliom der Lunge, *gonadotropine excretion, chorionepithelioma of lung* 5
Goodpasture-Syndrom, mikronoduläre Blutungsherde, *Goodpasture's syndrome, micronodular hemorrhagies* 86, 415
Granularzellblastom, Bronchus, *granular cell blastoma, of bronchus* 21
—, Lunge, *granular cell blastoma, of lung* 311
Granularzelliges Myoblastom, *granular cell myoblastoma* 198, 199
Granulom, Verkalkung, *granuloma, calcification* 215
Granulome, Lunge, nicht-neoplastischer Genese, *granulomata, of lung, of non-neoplastic origin* 286—350
Granulomatose, Wegener, *granulomatosis, of Wegener* 328—332
Großfollikulläres Lymphoblastom, Lunge, *macrofollicular lymphoblastoma, of lung* 144
Gumma, Lunge, *gumma, lung* 307, 308
„Gumma-Karzinom", syphilitisches, Lungenprozeß, *gumma carcinoma, syphilitic changes of lung* 309

Hämangioendotheliom, Lunge, *hemangioendothelioma, lung* 10, 13
—, hämatogene Lungenmetastasierung, *hemangioendothelioma, hematogenous pulmonary metastases* 427

Hämangioendotheliom, Lunge, Tumorkaverne, *hemangioendothelioma, lung, tumour cavern* 27
Hämangiofibrom, Pleura, *hemangiofibroma, pleura* 543
Hämangiom, Lunge, *hemangioma, of lung* 186, 289
Hämangio-Perizytom, Lunge, *haemangio-pericytoma, of lung* 187
Hämatom, posttraumatisches, Oberlappen, *hematoma, posttraumatic, of upper lobe* 322
Hämatothorax, traumatischer, Pleurahyalinose, *hematothorax, traumatic, hyalinosis of pleura* 493
Hämorrhagischer Lungeninfarkt, *hemorrhagic pulmonary infarction* 325
Häufigkeit, Bronchialadenom, *incidence, bronchial adenoma* 93
—, Hamartom, Lunge, *incidence, hamartoma of lung* 207
—, Lungenadenomatose, *incidence, pulmonary adenomatosis* 46, 47
—, Lungenmetastasen, *incidence, pulmonary metastases* 376
—, Lymphangiosis der Lunge, *incidence, pulmonary lymphangiosis* 383
—, Lymphosarkom der Lunge, *incidence, lymphosarcoma of lung* 145
—, Metastasierung, Lungenadenomatose, *incidence, metastases, pulmonary adenomatosis* 56
—, Lungensarkom, *incidence, pulmonary sarcoma* 8, 14
—, Plasmocytom der Lunge, *incidence, pulmonary plasmocytoma* 162
—, Pleuramesotheliom, *incidence, pleural mesothelioma* 473
—, Pleuratumoren, *incidence, pleura tumours* 459
—, Pleuritis carcinomatosa, *incidence, carcinomatous pleurisy* 479
Hamartochondrom, Altersverteilung, Lokalisation, *hamartochondroma, age distribution, localization* 208
Hamartom, Bronchialadenom, *hamartoma, bronchial adenoma* 95
—, Bronchialbaum, *hamartoma, bronchial tree* 207
—, chondromatöses, *hamartoma, chondromatous* 182
—, Differentialdiagnose: Tuberkulom, *hamartoma, differential diagnosis: Tuberculoma* 213, 289
—, endobronchiales, Differentialdiagnose, *hamartoma, endobronchial, differential diagnosis* 130
—, Koinzidenz: Bronchialkarzinom, *hamartoma, coincidence: Bronchial carcinoma* 206
—, Lunge, *hamartoma, lung* 7, 12, 201—234
—, —, Histogenese, *hamartoma, of lung, histogenesis* 175
—, —, maligne Entartung, *hamartoma, of lung, malignant degeneration* 205
—, vaskuläres, *hamartoma, vascular* 217
—, Verkalkung, *hamartoma, calcification* 215
Hauptbronchus, bronchogenes Neurinom, *main bronchus, bronchogenic neurinoma* 198
—, Kompressionsstenose, Bronchuszyste, *main bronchus, compression stenosis, bronchial cyst* 274
—, Lymphknoteneinbruch, *main bronchus, impression, lymph nodes* 286
—, Stenose, Bronchialadenom, *main bronchus, stenosis, bronchial adenoma* 127, 132
—, Zylindrom, *main bronchus, cylindroma* 138
Haut, Plasmocytom, *skin, plasmocytoma* 161
Hernie, Zwerchfell, *hernia, diaphragm* 512, 513
Herz, Veränderungen, Bronchialkarzinoid, *heart, changes, bronchial carcinoid* 116
Herzbeutel, Metastasen, Bronchialadenom, *pericardium, metastases, bronchial adenoma* 109

Herzbeutel, Divertikel, *pericardium, diverticulum* 251
—, Zyste, Lokalisation, *pericardium, cyst, localization* 251
Herzohr, Prolaps, *cardial auricle, prolapsus* 257
Herz-Zwerchfellwinkel, Perikardzyste, *cardiophrenic angle, pericardial cyst* 252, 253
—, Verschattungen, Differentialdiagnose, *cardiophrenic angle, masses, differential diagnosis* 251, 255—258
Hilus, bronchopulmonale Blastomykose, *hilus, bronchopulmonic blastomycosis* 302
—, juxtabronchiale Adenome, *hilus, iuxtabronchial adenoma* 126
—, Metastasen, Bronchialadenom, *hilus, metastases, bronchial adenoma* 109, 136
—, Sarkoidose, *hilus, sarcoidosis* 430
—, zystisches Lymphangiom, *hilus, cystic lymphangioma* 263
Hiluslymphknoten, Lungenadenomatose, *hilar lymph nodes, pulmonary adenomatosis* 78
—, Lymphosarkom der Lunge, *hilar lymph nodes, lymphosarcoma of lung* 158
Hiluslymphome, einseitige, Bronchialadenom, *hilar lymphomas, unilateral, bronchial adenoma* 126
—, Sarkoidose, *hilary lymphomas, sarcoidosis* 447
Histiozytom, Lunge, Differentialdiagnose, *histiocytoma, of lung, differential diagnosis* 161, 169, 177
Histogenese, Angiom der Lunge, *histogenesis, angioma of lung* 187
—, Bronchialadenom, *histogenesis, bronchial adenoma* 97
—, Lungenadenomatose, *histogenesis, pulmonary adenomatosis* 43—45, 57
—, Lungensarkom, *histogenesis, pulmonary sarcoma* 6, 10, 26
—, Melanom, *histogenesis, melanoma* 14
—, mesodermale Geschwülste, *histogenesis, mesodermal tumours* 175, 176
—, neurogene Tumoren, *histogenesis, neurogenous tumours* 190
—, Pleuramesotheliom, *histogenesis, mesothelioma of pleura* 463
Histologie, Alveolarzellkarzinom, *histology, aveolar cell carcinoma* 51, 60
—, Bronchialadenom, *histology, bronchial adenoma* 96—103
—, Fibrosarkom der Pleura, *histology, fibrosarcoma of pleura* 535
—, Hämangioendotheliom der Lunge, *histology, haemangioendothelioma of lung* 13
—, Hämangioperizytom, *histology, haemangiopericytoma* 188
—, Histiocytom der Lunge, *histology, histiocytoma of lung* 179
—, Hypernephrommetastase der Lunge, *histology, pulmonary metastasis of hypernephroma* 45
—, intrapulmonales Neurinom, *histology, intrapulmonic neurinoma* 191
—, Karzinosarkom der Lunge, *histology, carcinosarcoma of lung* 23
—, Lipoidpneumonitis, *histology, lipoidpneumonitis* 319
—, Lungenadenomatose, *histology, pulmonary adenomatosis* 53, 54
—, Lungennarbenkarzinom, *histology, lung, scar, carcinoma* 50
—, Lymphangiosis carcinomatosa der Lunge, *histology, lymphangiosis carcinomatosa of lung* 402, 403
—, Lymphosarkom der Lunge, *histology, lymphosarcoma of lung* 141, 147, 149
—, ,,Mastozytom" der Lunge, *histology, "mastocytoma" of lung* 170

Histologie, Melanom der Lunge, *histology, melanoma of lung* 17
—, metastasierendes Bronchialadenom, *histology, metastasising bronchial adenoma* 91
—, „Myoblastom", Oberlappen, *histology, "myoblastoma", upper lobe* 196, 198
—, Pleuramesotheliom, *histology, mesothelioma of pleura* 466
—, pulmonale Endometriose, *histology, pulmonary endometriosis* 240, 242
—, Retikulozytom der Lunge, *histology, reticulocytoma of lung* 178
—, Wegenersche Granulomatose, *histology, Wegener's granulomatosis* 330, 331
Histologischer Typ, Malignitätsgrad, Bronchusadenom, *histological type, malignancy, bronchial adenoma* 110
— —, —, Sarkom der Lunge, *histological type, malignancy, lung sarcoma* 29
Histoplasmose, Lunge, Differentialdiagnose, *histoplasmosis, of lung, differential diagnosis* 87, 305
Hochdruck, im kleinen Kreislauf, Lungenadenomatose, *hypertension, pulmonary, adenomatosis of lung* 89, 90
Hodgkin, Lunge, *Hodgkin's disease, lung* 11
Hodgkin-Sarkom, Lunge, *Hodgkin's sarcoma, of lung* 141
Hyalinose, Pleura parietalis, *hyalinosis, parietal pleura* 490
Hydatidenblase, Escudero-Nemenovsches Symptom, *hydatide cyst, Escudero-Nemenov's symptom* 259
Hydatidenkrankheit, Differentialdiagnose, *hydatide disease, differential diagnosis* 335
Hypernephrom, Lungenmetastase, *hypernephroma, pulmonary metastasis* 45, 378
—, „Tumorverdopplungszeit", *hypernephroma, "tumour doubling time"* 298
„Hyperserotonismus", Bronchialadenom, *hyperserotonism, bronchial adenoma* 117
Hypoglykämie, Pleuramesotheliom, *hypoglycemia, pleural mesothelioma* 466, 477
Hypoprothrombinämie, „Karzinoidsyndrom", *hypoprothrombinemia, "carcinoid syndrome"* 116

Idiopathische Lungenhämosiderose, Differentialdiagnose, *idiopathic hemosiderosis of lung, differential diagnosis* 86
Infarkt, Kaverne, *infarction, cavern* 300
Infektiöse Lungenadenomatose, *infectious adenomatosis of lung* 52, 87
Infiltration, infektiöse, Lungenadenomatose, *infiltration, infectious, pulmonary adenomatosis* 79
—, Lunge, mit Eosinophie, *infiltration, of lung, with eosinophilia* 332
Infrapulmonaler Pleuraerguß, Differentialdiagnose, *infrapulmonic pleural effusion, differential diagnosis* 506, 507
Interlobär-Empyem, Differentialdiagnose, *interlobar empyema, differential diagnosis* 497
Interlobium, Pleuramesotheliom, *interlobium, pleura mesothelioma* 499
Intermittierende Atelektase, Bronchialadenom, *intermittent atelectasis, bronchial adenoma* 135
Intraarterielle Strahlenbehandlung, Bronchialadenom, Metastasen, *intraarterial radiotherapy, bronchial adenoma, metastases* 120
Intrabronchiales Hamartom, *intrabronchial hamartoma* 202
Intrapulmonale Echinokokkuszyste, *intrapulmonic hydatide cyst* 341
Invasive metaplastische Zellproliferation, Karzino-Sarkom, *invasive metaplastic cell proliferation, carcino-sarcoma* 17

„Jackson-Adenom", Histologie, Behandlung, *Jackson's adenoma, histology, therapy* 99, 125, 133

„Kalkmetastase", der Lunge, *calcified metastasis, of lung* 182
Kapilläres Angiom, Lunge, *capillary angioma, of lung* 186
Kapilläre Bronchitis, Differentialdiagnose, *capillary bronchitis, differential diagnosis* 87
Kardiopathie, endokrines Karzinoid-Syndrom, *cardiopathy, endocrinological carcinoid syndrome* 138, 139
Karzinoid, Bronchus, Ätiologie, *carcinoid tumour, of bronchus, etiology* 95
—, —, Histologie, *carcinoid tumour, of bronchus, histology* 101
Karzinoide, Begriffsbestimmung, *carcinoid tumours, definition* 90
—, Bronchus, Metastasen, *carcinoid tumours, bronchus, metastases* 109
„Karzinoidsyndrom", Endokrinologie, *"carcinoid syndrome", endocrinology* 116, 118, 138
Karzinom, Hamartom der Lunge, *carcinoma, hamartoma of lung* 205
—, latentes, Lungeninfarkt, *carcinoma, latent, pulmonary infarction* 327, 328
Karzinosarkom, Lunge, *carcinosarcoma, lung* 5—42
—, Morphogenese, *carcinosarcoma, morphogenesis* 15, 17
—, operative Behandlungsergebnisse, *carcinosarcoma, results of surgery* 21, 24
—, Röntgenbild, Operationspräparat, *carcinosarcoma, radiography, surgical specimen* 20, 22
Karzinose, miliare, Tuberkulose, Differentialdiagnose, *carcinosis, miliary, tuberculosis, differential diagnosis* 426
Kaverne, tuberkulöse, Differentialdiagnose, *cavern, tuberculous, differential diagnosis* 289
Kavernöses Hämangiom, Lunge, *cavernous hemangioma, of lung* 219, 220
Kavernom, Lunge, *cavernoma, of lung* 186
Keilresektion, Lymphosarkom der Lunge, *"wedge resection", lymphosarcoma of lung* 151
Kind, Pleuramesotheliom, *child, pleura mesothelioma* 473
Klassifizierung, gutartige Primärtumoren der Lunge, *classification, benign primary tumours of lung* 172
—, Lungensarkom, *classification, lung sarcoma* 10
Klinische Symptomatologie, Bronchialadenom, *clinical symptomatology, bronchial adenoma* 110—120
— —, Bronchussarkom, *clinical symptomatology, bronchial sarcoma* 30—32
— —, kavernöses Hämangiom der Lunge, *clinical symptomatology, cavernous hemangioma of lung* 220
— —, Lungenadenomatose, *clinical symptomatology, pulmonary adenomatosis* 63—65
— —, Lungenhamartom, *clinical symptomatology, pulmonary hamartoma* 208, 209
— —, Lungenteratome, *clinical symptomatology, pulmonary teratomata* 246, 247
— —, mesodermale Geschwülste, *clinical symptomatology, mesodermal tumours* 175
— —, Perikardzyste, *clinical symptomatology, pericardial cyst* 253
— —, Plasmocytom der Lunge, *clinical symptomatology, pulmonary plasmocytoma* 164
Klinisches Bild, Lymphosarkom der Lunge, *clinical picture, lymphosarcoma of lung* 149
— —, Pleuramesotheliom, *clinical picture, pleura mesothelioma* 475

Klippel-Feil-Syndrom, Enterokystom des Dünndarms, *Klippel-Feil's syndrome, enterokystoma of small intestine* 265, 270
Knochen, Metastasen, Bronchialadenom, *bone, metastases, bronchial adenoma* 109, 117
Kollagenose, pulmonale, Differentialdiagnose, *collagenosis, lung, differential diagnosis* 87, 89, 160
Kollateralbelüftung, Bronchialadenom, *collateral ventilation, bronchial adenoma* 135
„Kollisionsgeschwülste", Karzinom, Sarkom, *"collision growth", carcinoma, sarcoma* 21
Komplikationen, Bronchialadenom, *complications, bronchial adenoma* 135
—, kavernöses Hämangiom der Lunge, *complications, cavernous hemangioma of lung* 220
—, lipogranulomatöse, nach Thorakotomie, *complications, lipogranulomatous, after thoracotomy* 319
—, Lungenechinokokkus, *complications, pulmonary hydatide cyst* 340
—, Lungenhamartom, *complications, pulmonary hamartoma* 209
„Kompositionstumoren", Karzinom, Sarkom, *"composition tumours", carcinoma, sarcoma* 21
Kongenitale respiratorische Zysten, *congenital respiratory cysts* 270, 271
Kongenitales arteriovenöses Pulmonalisaneurysma, *congenital arterio-venous aneurysma of pulmonary artery* 219
Krebsembolus, Lungenmetastase, *cancerous embolus, pulmonary metastasis* 383
Kymographie, mediastinale Thymuszyste, *kymography, mediastinal cyst of thymus* 249

Leber, Metastasen, Bronchialadenom, *liver, metastases, bronchial adenoma* 109
—, —, Lymphosarkom, *liver, metastases, lymphosarcoma* 147
—, Prolaps, *liver, prolapsus* 54
Leberprolaps, pseudotumoraler, Differentialdiagnose, *liver prolapsus, pseudotumoral, differential diagnosis* 259
Leiomyom, Unterlappen, *leiomyoma, lower lobe* 183
Leiomyomatose, diffuse, Lunge, *leiomyomatosis, diffuse, of lung* 184
Leiomyomatosis pulmonum, Differentialdiagnose, *pulmonary leiomyomatosis, differential diagnosis* 86
Leiomyosarkom, Lunge, *leiomyosarcoma, lung* 11, 12
—, Tumorkaverne, *leiomyosarcoma, lung, tumour cavern* 27
Lingula, Hamartom, *lingula, hamartoma* 206, 212
Lipoidpneumonitis, Differentialdiagnose, *lipoidpneumonitis, differential diagnosis* 158, 313, 411
—, tumorähnliches Bild, *lipoidpneumonitis, tumour-like picture* 318
Lipom, endobronchiales, *lipoma, endobronchial* 178, 180
—, Lunge, Differentialdiagnose, *lipoma, of lung, differential diagnosis* 289
—, Lungenperipherie, *lipoma, of lung periphery* 181
—, subpleurales, *lipoma, subpleural* 526
Liposarkom, Lunge, *liposarcoma, lung* 10, 12, 13
Lobektomie, Bronchialadenom, *lobectomy, bronchial adenoma* 120, 125
—, Bronchuszyste, *lobectomy, bronchial cyst* 272, 273
—, intrapulmonales Neurinom, *lobectomy, intrapulmonic neurinoma* 191
—, Jackson-Adenom, *lobectomy, Jackson's adenoma* 133
—, Karzinosarkom, *lobectomy, carcinosarcoma* 25

Lobektomie, Leiomyom, *lobectomy, leiomyoma* 183
—, Lipoidpneumonitis, *lobectomy, lipoidpneumonitis* 318
—, Lungenadenomatose, *lobectomy, pulmonary adenomatosis* 67, 73, 75
—, Lungensarkom, *lobectomy, lung sarcoma* 30
—, Lymphogranulomatose, *lobectomy, lymphogranulomatosis* 143
—, Lymphosarkom der Lunge, *lobectomy, lymphosarcoma of lung* 151, 153, 159
—, „Myoblastom", *lobectomy "myoblastoma"* 196
—, Retikulumzellsarkom der Lunge, *lobectomy, reticulum cell sarcoma of lung* 142
„Löffler-Syndrom", Differentialdiagnose, *Loeffler's syndrome, differential diagnosis* 332
Lokalisation, Bronchial-Amyloidose, *localization, bronchial amyloidosis* 352
—, endobronchiales Lipom, *localization, endobronchial lipoma* 180
—, Hamartochondrom, *localization, hamartochondroma* 208
—, Lungenadenomatose, *localization, pulmonary adenomatosis* 70
—, Lymphosarkom der Lunge, *localization, lymphosarcoma of lung* 146
—, mesodermale Geschwülste, Lunge, Bronchus, *localization, mesodermal tumours, of lung, bronchus* 174, 180
—, Metastasen, Bronchialadenom, *localization, metastases, bronchial adenoma* 109
—, Plasmocytom der Lunge, *localization, plasmocytoma of lung* 161
Lues, Lunge, *lues, lung* 307, 308
Lunge, Abszeß, Sequester, *lung, abscess, sequester* 301
—, Amöbenabszeß, Durchbruch, *lung, amoebiasis, liver abcess, perforation* 342, 343
—, Amyloidtumor, *lung, amyloid tumour* 350
—, angeborene Lymphangiektasie, *lung, congenital lymphangiectasia* 234, 235
—, angiomatöse Mißbildungen, *lung, angiomatous malformations* 217, 236
—, Asbestose, *lung, asbestosis* 472, 473
—, Chorionepitheliom, *lung, chorionepithelioma* 3—5
—, Dermoidzyste, *lung, dermoid cyst* 247, 248
—, Echinokokkus, *lung, hydatide cyst* 289, 336
—, Endometriose, *lung, endometriosis* 240, 242
—, eosinophiles Infiltrat, *lung, eosinophil infiltration* 450
—, Glomustumoren, *lung, glomus tumours* 195
—, Granulome nicht-neoplastischer Genese, *lung, granulomata of non-neoplastic origin* 286—350
—, gutartige Primärtumoren, *lung, benign primary tumours* 171—357
—, — Veränderungen, Differentialdiagnose, *lung, benign changes, differential diagnosis* 405, 417
—, Hamartom, *lung, hamartoma* 201—234
—, Infarktkaverne, *lung, infarction, cavern* 300
—, Kollagenose, Adenomatose, *lung, collagenosis, adenomatosis* 50
—, Lues, *lung, lues* 307, 308
—, Lymphadenose Brill-Symmers, *lung, lymphadenosis of Brill-Symmers* 144
—, Lymphangiosis carcinomatosa, *lung, lymphangiosis carcinomatosa* 393, 394, 399, 401
—, Lymphogranulomatose, *lung, lymphogranulomatosis* 143
—, Metastasen, Bronchialadenom, *lung, metastases, bronchial adenoma* 109
—, Metastasen, Differentialdiagnose, *pulmonary metastases, differential diagnosis* 366, 367
—, Microlithiasis alveolaris miliaris, *lung, microlithiasis alveolaris miliaris* 410

Lunge, neurogene Geschwülste, *lung, neurogenous tumours* 190—201
—, Pilzerkrankungen, *lung, mycotic diseases* 303—308
—, primäre Muskelgeschwülste, *lung, primary myomata* 184
—, primäres Lymphosarkom, *lung, primary lymphosarcoma* 140—160
—, primäres „Mastozytom", *lung, primary "mastocytoma"* 167
—, primäres Plasmocytom, *lung, primary plasmocytoma* 161—167
—, Retikulumzellsarkom, *lung, reticulum cell sarcoma* 142
—, Rundherd, Differentialdiagnose, *lung, round focus, differential diagnosis* 5, 77, 153, 286, 287, 289, 324
—, semimaligne Tumoren, *lung, semimalignant tumours* 43—171
—, Teratom, *lung, teratoma* 244, 246
—, vaskuläre Tumoren, *lung, vascular tumours* 186—190
—, Zoonosen, *lung, zoonoses* 332, 333
Lungenabszeß, Differentialdiagnose, *lung abscess, differential diagnosis* 158
Lungenadenomatose, *pulmonary adenomatosis* 43—90
—, Ätiologie, *pulmonary adenomatosis, etiology* 49
—, Häufigkeit, Alters-, Geschlechtsverteilung, *pulmonary adenomatosis, incidence, age-, sex distribution* 46
—, pathologische Anatomie, *pulmonary adenomatosis, pathologic anatomy* 52
—, Differentialdiagnose, *pulmonary adenomatosis, differential diagnosis* 68, 84, 86
—, Therapie, Prognose, *pulmonary adenomatosis, therapy, prognosis* 65—68
Lungenanlage, primitive, Embryom, *lung anlage, primitive, embryoma* 26
Lungenarterie, Sarkom, *pulmonary artery, sarcoma* 188—190
Lungenbiopsie, transthorakale, *lung biopsy, transthoracic* 394
Lungenembolie, ohne Infarkt, *pulmonary embolus without infarction* 327
Lungenfibrose, Adenomatose, *pulmonary fibrosis, adenomatosis* 49
Lungengangrän, Bronchialadenom, *pulmonary gangrene, bronchial adenoma* 135
Lungengranulom nach Bronchographie, *pulmonary granuloma after branchography* 319
Lungengefäße, Angioblastom, *pulmonary vessels, angioblastoma* 188—190
Lungengranulomatose unbekannter Ursache, *pulmonary granulomatosis of unknown etiology* 417
Lungenhämatom, posttraumatisches, *pulmonary haematoma, posttraumatic* 323
Lungenhämosiderose, Differentialdiagnose, *pulmonary hemosiderosis, differential diagnosis* 227, 405, 407
—, idiopathische, *pulmonary hemosiderosis, idiopathic* 86
Lungenherd, verschiedene Verkalkungsformen, *pulmonary focus, different forms of calcification* 215
Lungenhydatidose, primäre, *pulmonary hydatidosis, primary* 289, 335, 336
Lungeninfarkt, Adenomatose, *lung, infarction, adenomatosis* 50, 79
—, hämorrhagischer, *lung, infarction, hemorrhagic* 325
—, latentes Karzinom, *lung, infarction, latent carcinoma* 327

Lungeninfarkte, multiple, *pulmonary infarctions, multiple* 446
Lungeninfiltrat, mit Eosinophilie, *pulmonary infiltration with eosinophilia* 332
Lungenkarzinom s. Bronchialkarzinom, *pulmonary carcinoma see bronchial carcinoma*
Lungenkarzinose, Differentialdiagnose, *pulmonary carcinosis, differential diagnosis* 419
Lungenmelanom, primäres, *pulmonary melanoma, primary* 14, 16
Lungenmetastase, Spontanpneumothorax, *pulmonary metastasis, spontaneous pneumothorax* 457
Lungenmetastasen, Differentialdiagnose, *pulmonary metastases, differential diagnosis* 431, 434, 439
—, Häufigkeit, *pulmonary metastases, incidence* 377
—, maligne Retikulosen, *pulmonary metastases, malignant reticuloses* 423
—, solitäre, Resektion, *pulmonary metastases, solitary, resection* 394, 395
—, Spontanrückbildung, *pulmonary metastases, spontaneous regression* 377
—, Wachstumsgeschwindigkeit, *pulmonary metastases, growing speed* 434, 435
—, Zahl, Größe des Primärtumors, *pulmonary metastases, number of, size of primary tumour* 386
Lungennekrose, ischämische, *pulmonary necrosis, ischemic* 323
Lungenödem, Differentialdiagnose, *pulmonary edema, differential diagnosis* 414
Lungenparasiten, Verkalkung, *pulmonary parasites, calcification* 439
Lungenresektion s. Pneumonektomie, Lobektomie, Segmentresektion, *lung resection see pneumonectomy, lobectomy, segmental resection*
—, Hamartom, *lung resection, harmartoma* 202
—, Karzinosarkom, *lung resection, carcinosarcoma* 20, 22
—, Lungenadenomatose, *lung resection, pulmonary adenomatosis* 67, 68
—, Lungensarkom, *lung resection, lung sarcoma* 30
—, Rundherd, Differentialdiagnosem *lung resection, round focus, differential diagnosis* 289
—, Solitärmetastasen, *lung resection, solitary metastases* 14, 394, 395
—, Verkalkungen, Formen, *lung resection, calcification, different forms* 215
Lungenretikulose, Differentialdiagnose, *pulmonary reticulosis, differential diagnosis* 419
Lungensarkom, Ätiologie, *pulmonary sarcoma, etiology* 7
—, Alters-, Geschlechtsverteilung, *pulmonary sarcoma, age-, sex distribution* 8, 9
—, Diagnose, Differentialdiagnose, *pulmonary sarcoma, diagnosis, differential diagnosis* 32, 41, 289
—, Histologie, Einteilung, *pulmonary sarcoma, histology, classification* 10, 11
—, klinische Symptomatologie, *pulmonary sarcoma, clinical symptomatology* 30
—, makroskopischer Befund, *pulmonary sarcoma, macroscopic findings* 26—28
—, Multiplizität, *pulmonary sarcoma, multiplicity* 26
—, Prognose, Therapie, *pulmonary sarcoma, prognosis, therapy* 28
Lungensarkomatose, diffuse, *pulmonary sarcomatosis, diffuse* 152, 153
Lungensyphilis, Differentialdiagnose, *pulmonary syphilis, differential diagnosis* 87
Lungentuberkulose, Bronchialadenom, Koinzidenz, *pulmonary tuberculosis, bronchial adenoma, coincidence* 111

Lungentumoren, Bronchialarteriographie: Differentialdiagnose, *pulmonary tumours, bronchial arteriography: Differential diagnosis* 296
—, sekundäre, maligne, *pulmonary tumours, secondary, malignant* 372—457
Lungenvarizen, Differentialdiagnose, *pulmonary varicosis, differential diagnosis* 227
Lungenvenentransposition, Phlebektasie, *transposition of pulmonary veins, phlebectasia* 233
Lymphadenose, Brill-Symmers, *lymphadenosis of Brill-Symmers* 144
Lymphadenose, leukotische, Silikose, *lymphadenosis, leukotic, silicosis* 407
Lymphangiectasia congenita cystica, *lymphangiectasia congenita cystica* 86, 234, 235
Lymphangiom, Mediastinum, *lymphangioma, mediastinal* 262, 263, 264
Lymphangiomatosis, Lunge, *lympangiomatosis of lung* 234
Lymphangiosis carcinomatosa pulmonis, *lymphangiosis carcinomatosa pulmonis* 393, 394, 399, 421
—, Lunge, Häufigkeit, *lymphangiosis of lung, incidence* 383
Lymphknoten, tuberkulöse, Einbruch in den Hauptbronchus, *lymph node, tuberculous, impression of main bronchus* 286
Lymphknotenhyperplasie, Differentialdiagnose, *lymph nodes, hyperplasia, differential diagnosis* 160
Lymphoblastisches Lymphom, *lymphoblastic lymphoma* 141
Lymphoblastom, großfollikuläres, Lunge, *lymphoblastoma, macrofollicular, of lung* 144
Lymphogranulom, Mediastinum, *lymphogranuloma of mediastinum* 145
Lymphogranulomatose der Lunge, *lymphogranulomatosis of lung* 11, 143, 456
—, Lungenmetastasen, Differentialdiagnose, *lymphogranulomatosis, pulmonary metastases, differential diagnosis* 439
—, parakardiale, Differentialdiagnose, *lymphogranulomatosis, paracardial, differential diagnosis* 258
Lymphom, Differentialdiagnose, *lymphoma, differential diagnosis* 141, 144
Lymphosarkom, Lunge, Differentialdiagnose, *lymphosarcoma, lung, differential diagnosis* 6, 9, 11
—, Prognose, Behandlungsergebnisse, *lymphosarcoma, lung, prognosis, results of therapy* 28, 29
—, Lunge, Tumorkaverne, *lymphosarcoma, lung, tumour cavern* 27
—, primäres, Lunge, *lymphosarcoma, primary, of lung* 140—160

Maffucci-Syndrom, Chondrodysplasie, multiple Angiome, *Maffucci's syndrome, chondrodysplasia, multiple angiomata* 237
Magen-Darmkanal, Oesophagus-, Zysten, *digestive tract, esophagus, cysts* 267, 270
—, Plasmocytom, *digestive tract, plasmocytoma* 161
Makroskopischer Befund, Bronchialadenom, *macroscopic findings, bronchial adenoma* 103
— —, Lungensarkom, *macroscopic findings, lung sarcoma* 26—28
Malabsorptionssyndrom, „Karzinoidsyndrom", *malabsorption syndrome, "carcinoid syndrome"* 116
Malignitätsgrad, Bronchialadenom, *malignancy, bronchial adenoma* 106—110
—, endobronchiales, pulmonales Sarkom, *malignancy endobronchial, pulmonary sarcoma* 29, 377
Mammakarzinom, Lymphangiosis carcinomatosa, *breast cancer, lymphangiosis carcinomatosa* 420

Mammakarzinom, Metastase, Tumorverdopplungszeit, *breast cancer, metastases, tumour doubling time* 387
—, Metastasen der Pleura, *breast cancer, metastases of pleura* 555
„Mastozytom", primäres, Lunge, *"mastocytoma", primary, of lung* 167
Mediastinallymphknoten, Bronchialadenom, *mediastinal lymph nodes, bronchial adenoma* 136
—, Lungenadenomatose, *mediastinal lymph nodes, pulmonary adenomatosis* 78
—, Lymphosarkomatose, *mediastinal lymph nodes, lymphosarcomatosis* 145
Mediastinaltumor, Differentialdiagnose, *mediastinal tumour, differential diagnosis* 453
Mediastinaltumoren, dysontogenetische, *mediastinal tumours, dysontogenetic* 247, 248
Mediastinalwandern, Bronchialadenom, *mediastinal shifting, bronchial adenoma* 127
Mediastinalzyste, bronchogene, *mediastinal cyst, bronchogenous* 276, 278
Mediastinum, angeborene Tracheo-Bronchialzyste, *mediastinum, congenital tracheo-bronchial cyst* 267
—, Dysgerminom, *mediastinum, dysgerminoma* 244, 245
—, ento-mesodermale Darmzysten, *mediastinum, ento-mesodermal cysts of intestinum* 265
—, Hämangioperizytom, *mediastinum, haemangiopericytoma* 195
—, Lymphangiom, *mediastinum, lymphangioma* 262, 264
—, Lymphknoten-Tuberkulose, *mediastinum, lymph node tuberculosis* 428
—, Lymphogranulom, *mediastinum, lymphogranuloma* 145
—, Metastasen, Bronchialadenom, *mediastinum, metastases, bronchial adenoma* 109
Melanom, Histogenese, *melanoma, histogenesis* 14
—, primäres, des rechten Unterlappens, *melanoma, of right lower lobe* 16
—, pulmonale Spätmetastase, *melanoma, pulmonary late metastasis* 378, 384
Melanosarkom, Lunge, *melanosarcoma, lung* 10, 14
Meningozele, thorakale, Neurofibromatose, *meningocele, thoracic, neurofibromatosis* 268
Mesenchymale Trachealtumoren, Differentialdiagnose, *mesenchymal tumours of trachea, differential diagnosis* 129
Mesodermale gutartige Geschwülste, Lunge, Bronchus, *mesodermal benign tumours of lung, bronchus* 174—186
Mesotheliom, Pleura, *mesothelioma of pleura* 460—536
—, —, Differentialdiagnose, *mesothelioma, pleura, differential diagnosis* 41, 289
—, sarkomatöses, *mesothelioma, sarcomatous* 527
Mesothelzyste, Pleura, *mesothelial cyst, pleura* 508, 509
Mesothelzysten, Einteilung, *mesothelial cyst, classification* 250, 251
Metastase, „Kalk"-, Lunge, *metastasis, calcified, of lung* 182
—, Pleura, *metastasis, pleura* 551
—, pulmonale, Hypernephrom, *metastasis, pulmonary, hypernephroma* 45
—, Verkalkung, *metastasis, calcification* 215
Metastasen, Bronchialkarzinom, kontralaterale Lungen- —, *metastases, bronchial carcinoma, contralateral pulmonary* — 419
—' Bronchialadenom, *metastases, bronchial adenoma* 106—110
—, Bronchus, *metastases, bronchus* 358
—, Differentialdiagnose: Lungenadenomatose, *metastases, differential diagnosis: Pulmonary adenomatosis* 79

Metastasen, Karzinosarkom, *metastases, carcinosarcoma* 25, 26
—, Lunge, Differentialdiagnose, *metastases, lung, differential diagnosis* 41, 289, 377
—, Lungenadenomatose, *metastases, pulmonary adenomatosis* 56, 66
—, Lymphosarkom der Lunge, *metastases, lymphosarcoma of lung* 147
—, malignes „Myoblastom", *metastases, malignant "myeloblastoma"* 186
—, Pleuramesotheliom, *metastases, mesothelioma of pleura* 471
—, primäres Bronchussarkom, *metastases, primary bronchial sarcoma* 28
Metastasierendes Bronchialadenom, *metastasising bronchial adenoma* 91, 109
Microlithiasis alveolaris miliaris, *microlithiasis alveolaris miliaris* 410
Mikronoduläre Blutungsherde, Lunge, Differentialdiagnose, *micronodular hemorrhagies of lung, differential diagnosis* 86
Mikroverkalkungen, Lungenmetastasen, *microcalcifications, pulmonary metastases* 402
Miliare Amyloidose, Lunge, *miliary adenomatosis of lung* 86
— Lungenadenomatose, *miliary adenomatosis of lung* 84, 85
— Pneumonie, Differentialdiagnose, *miliary pneumonia, differential diagnosis* 87
— Tuberkulose, Karzinose, Differentialdiagnose, *miliary tuberculosis, carcinosis, differential diagnosis* 426
Miliar-noduläre Aussaat, Lungenadenomatose, *miliary-nodular dissemination, pulmonary adenomatosis* 74, 75, 83
Milz, Eventration, *spleen, eventration* 514
Mißbildungen, angiomatöse, Lunge, *malformations, angiomatous, of lung* 186, 217
—, geschwulstartige, Lunge, Bronchus, *malformations, tumourlike, of lung and bronchus* 201
Mitralfehler, Lungenhämosiderose, *mitral vitium, pulmonary hemosiderosis* 86
Mittellappen, Bronchialadenom, *middle lobe, bronchial adenoma* 124
—, Lungenadenomatose, *middle lobe, pulmonary adenomatosis* 80
—, Lymphosarkom, *middle lobe, lymphosarcoma* 156, 157
—, Syndrom, entzündliches Granulationsgewebe, *middle lobe, syndrome, inflammatory granulation tissue* 287
„Mondsichel-Phänomen", Lungenechinokokkus, *"signe de décollement", pulmonary hydatide cyst* 341
Morbus Boeck, endobronchiale Wucherungen, *Boeck's disease, endobronchial vegetations* 281
— —, Lungenveränderungen, *Boeck's disease, pulmonary changes* 412
— Bourneville-Pringle, Differentialdiagnose, *Bourneville-Pringle's disease, differential diagnosis* 86, 236, 237
— Kahler, Lunge, *Kahler's disease of lung* 161, 164
— Klippel-Trénaunay, *Klippel-Trénaunay's disease* 237
— Rendu-Osler-Weber, *Rendu-Osler-Weber's disease* 218
— Sturge-Weber, Parkes-Weber, *Sturge-Weber's, Parkes-Weber's disease* 237
— Waldenström, Differentialdiagnose, *Waldenstroem's disease, differential diagnosis* 167
Morphogenese, Karzinosarkom, *morphogenesis, carcinosarcoma* 15
—, Lungenadenomatose, *pulmonary adenomatosis* 57—62

Morphogenese, primäres pulmonales Lymphosarkom, *primary lymphosarcoma of lung* 144
—, Pleuramesotheliom, *pleural mesothelioma* 463—466
Morphologie, Lungenadenomatose, *morphology, pulmonary adenomatosis* 52—62
—, Lungensarkom, *morphology, lung sarcoma* 10—30
Mukoepidermoidtumoren, Bronchus, *mucoepidermoid tumours, of bronchus* 90, 92, 98
Mukozele, Differentialdiagnose, *mucoid impaction, differential diagnosis* 313
Multilokuläre Ausbreitung, Lungenadenomatose, *multilocular dissemination, pulmonary adenomatosis* 50, 57, 78
— Lungenfisteln, Morbus Osler, *multilocular pulmonary fistulas, Osler's disease* 218
Multilokulärer Echinococcus alveolaris, *multilocular echinococcus alveolaris* 336
Multiple Chondro-Hamartome, Lunge, *multiple chondro-hamartomata, of lung* 214
— Hamartome, Lunge, Bronchus, *multiple hamartomata, of lung, bronchus* 205
Multiples Plasmozytom, biologisches Spektrum, *multiple plasmocytoma, biological spectrum* 168
Multiplizität, myo-, lympho-, angioblastische Sarkome, *multiplicity, myo-, lympho-, angioblastic sarcomas* 26
Muskelgeschwülste, primäre, Lunge, Bronchus, *myomata, primary, of lung, bronchus* 184
Myelom, endothorakales, Differentialdiagnose, *myeloma, endothoracic, differential diagnosis* 161
Myeloplastische Lungentumoren, *myeloplastic tumours of lung* 11, 12
Mykosis fungoides, Differentialdiagnose: Lungenmetastasen, *mycosis fungoides, differential diagnosis: Pulmonary metastases* 441
Mykotische Granulome, Lunge, *mykotic granulomata, of lung* 302, 303
Myofibrosarkom, Zwerchfell, *myofibrosarcoma, diaphragm* 515
Myoplastisches Sarkom, Lunge, Behandlungsergebnisse, *myoplastic sarcoma, lung, results of treatment* 29, 30
„Myoblastom", endobronchiales, *"myoblastoma", endobronchial* 185
Myzetom, Lunge, *mycetoma, of lung* 303

„Nabelungsphänomen", Rundherd, *"notch sign", round focus* 294
Nahrungsaspiration, Lungenveränderungen, *food aspiration, pulmonary changes* 317
Nebenlunge, Hamartom, *accessory lung, hamartoma* 204
—, intra-, extrapulmonale, *accessory lung, intra-, extrapulmonic* 279
—, tracheale, *accessory lung, tracheal* 271
Nekrobiotische Adenomatose, sekundäre Verkalkung, *necrobiotic adenomatosis, secondary calcification* 90
Nephritis, Goodpasture-Syndrom, *nephritis, Goodpasture's syndrome* 415
Neurinom, interkostales, *neurinoma, intercostal* 545
—, intrapulmonales, *neurinoma, intrapulmonic* 191
—, Syntopie: Plattenepithelkrebs, *neurinoma, syntopia: Squamous cell carcinoma* 21
Neurofibromatose, Lunge, *neurofibromatosis, of lung* 193, 289, 451
—, Meningozele, retroperitoneales Fibro-Sarkom, *neurofibromatosis, meningocele, retroperitoneal fibro-sarcoma* 268
Neurofibrosarkom, Lunge, *neurofibrosarcoma, lung* 10, 11
Neurogene Geschwülste, Lunge, Bronchus, *neurogenic tumours, of lung, bronchus* 190—201

Neurogene Sarkome, Lunge, *neurogenic sarcomas, lung* 9, 27, 378
Nomenklatur, Bronchialadenom, *nomenclature, bronchial adenoma* 92
—, Lungenadenomatose, *nomenclature, pulmonary adenomatosis* 43
—, Lymphosarkom der Lunge, *nomenclature, lymphosarcoma of lung* 140, 141, 144
—, „Myoblastome", *nomenclature, "myoblastoma"* 185

„Oat cell-Typ", Bronchialadenom, *oat cell type, bronchial adenoma* 90
„—", Bronchialkarzinom, *oat cell type, bronchial carcinoma* 56
Oberlappen, Bronchialadenom, *upper lobe, bilobectomy* 107, 108, 125
—, Bronchussarkom, *upper lobe, bronchial sarcoma* 38
—, Bronchuszyste, *upper lobe, bronchial cyst* 272
—, chondromyxomatöses Hamartom, *upper lobe, chondromyxomatous hamartoma* 202
—, Hamartom, *upper lobe, hamartoma* 206
—, intrapulmonale Dermoidzyste, *upper lobe, intrapulmonic dermoid cyst* 248
—, Karzinosarkom, *upper lobe, carcinosarcoma* 24
—, Lungenadenomatose, *upper lobe, pulmonary adenomatosis* 70
—, „Mastozytom", *upper lobe, "mastocytoma"* 169
—, „Myoblastom", *upper lobe, "myoblastoma"* 196
—, Phlebektasie, *upper lobe, phlebectasia* 227
—, Plasmozytom der Lunge, *upper lobe, plasmocytoma of lung* 166
—, posttraumatisches Hämatom, *upper lobe, posttraumatic haematoma* 322
—, „Silikom", *upper lobe, "silicoma"* 348
—, Trifurkation, Jackson-Adenom, *upper lobe, trifurcation, Jackson's adenoma* 133
—, Tuberkulom, *upper lobe, tuberculoma* 294, 295
—, Tuberkulose, Adenomatose, *upper lobe, tuberculosis, adenomatosis* 79, 80
Obstruktionsemphysem, Bronchialadenom, *obstructive emphysema, bronchial adenoma* 127
Obstruktionspneumonie, Bronchialadenom, *obstructive pneumonia, bronchial adenoma* 111, 129, 135
Oesophagus, Karzinom, Lungenveränderungen, *esophageal, carcinoma, pulmonary changes* 362
—, Magen-Darmzysten, *esophagus, cysts of digestive tract* 266, 270
Operationspräparat, chondromyxomatöses Hamartom, *surgical specimen, chondromyxomatous hamartoma* 202
—, Karzinoid des Unterlappenbronchus, *surgical specimen, carcinoid tumour of lower lobe bronchus* 130, 137
—, Neurofibrom der Lunge, *surgical specimen, neurofibroma of lung* 194
Operative Behandlungsergebnisse, Bronchialadenom, *results of surgery, bronchial adenoma* 113, 119
— —, Karzinosarkom, *results of surgery, carcinosarcoma* 21
— —, Lungenadenomatose, *results of surgery, pulmonary adenomatosis* 66, 67
— —, Lymphosarkom der Lunge, *results of surgery, lymphosarcoma of lung* 151
— —, primäres Bronchussarkom, *results of surgery, primary bronchial sarcoma* 29, 30
Oslersche Krankheit, a.v. Fisteln der Lunge, *Osler's disease, a.v. fistulas of lung* 218, 220
Ossifikation, Stroma, Bronchusadenom, *ossification, stroma, bronchial adenoma* 100
Ostéoarthropathie hypertrophiante pneumonique, Bronchussarkom, *ostéoarthropathie hypertrophiante pneumonique, bronchial sarcoma* 31

Ostéoarthropathie hypertrophiante pneumonique, Pleuramesotheliom, *ostéoarthropathie hypertrophiante pneumonique, pleura mesothelioma* 476, 477
Osteoid-Chondrosarkom, Lunge, *osteoid-chondrosarcoma, lung* 10, 13
Osteosarkom, primäres, Lunge, *osteosarcoma, primary, lung* 12

Pancoast-Syndrom, Differentialdiagnose, *Pancoast's syndrome, differential diagnosis* 527
Pankreaskarzinom, multiple Lungeninfarkte, *pancreatic carcinoma, multiple pulmonary infarctions* 446
Pankreaskopfkarzinom, Lungenmetastasen, *carcinoma of pancreatic head, pulmonary metastases* 425
Panzerherz, Lungenhämosiderose, *concretio pericardii, pulmonary hemosiderosis* 86, 405
Papillom, tracheo-bronchiales, *papilloma, tracheobronchial* 172
„Paraffinom", Differentialdiagnose, *paraffinoma, "differential diagnosis"* 320
Paragangliome, endothorakale, *paraganglioma, endothoracic* 195, 196
Paragonimiasis pulmonum, *paragonimiasis pulmonum* 333, 334
Paramesotheliom, Pleura, *paramesothelioma, pleura* 465, 485
Parasternale Zwerchfellhernie, Differentialdiagnose, *parasternal diaphragmal hernia, differential diagnosis* 258, 260
Pathologische Anatomie, Bronchialadenom, *pathological anatomy, bronchial adenoma* 196—110
— —, Lungenadenomatose, *pathological anatomy, pulmonary adenomatosis* 52—62
— —, Lungensarkom, *pathological anatomy, lung sarcoma* 10—30
— —, Lymphosarkom der Lunge, *pathologic anatomy, lymphosarcoma of lung* 146—149
— —, „Mastozytom" der Lunge, *pathological anatomy, "mastozytoma" of lung* 168
— —, Melanom, *pathological anatomy, melanoma* 14, 15
— —, Plasmocytom der Lunge, *pathologic anatomy, plasmocytoma of lung* 164
— —, Pleuramesotheliom, *pathologic anatomy, mesothelioma of pleura* 463—472
Perforation, Leber-Echinokokkuszyste, Brustraum, *perforation, hydatide cyst of liver, into the thoracic cavity* 343
Perikarddivertikel, entzündliches, Differentialdiagnose, *pericardial diverticulum, inflammatory, differential diagnosis* 259
Perikardzyste, rechter Herz-Zwerchfellwinkel, *pericardial cyst, right cardiophrenic angle* 252, 253
Peripheres Bronchuskarzinoid, *peripheral bronchial carcinoid tumour* 121
Peritheliom, endobronchiales, *perithelioma, endobronchial* 188
Phäochromocytom, Differentialdiagnose, *phaeochromocytoma, differential diagnosis* 192
Pharmakodynamische Effekte, Bronchialadenom, *pharmaco-dynamic effects, bronchial adenoma* 117
Phlebektasie, Oberlappen, *phlebectasia, upper lobe* 227, 228
—, Pulmonalvenentransposition, *phlebectasia, transposition of pulmonary veins* 232
„Pie-Syndrom", pulmonary infiltration with eosinophilia, *"Pie-syndrome", pulmonary infiltration with eosinophilia* 332
Pigmentsarkom Kaposi, Lungenmetastasen, *Kaposi's pigmented sarcoma, lung metastases* 15

Pilzerkrankungen, Lunge, *mykotic diseases, of lung* 303—308
Plasmazell-Granulom, Lunge, Differentialdiagnose, *plasma cell granuloma, of lung, differential diagnosis* 161
Plasmazell-Krankheiten, biologisches Spektrum, *plasma cell diseases, biological spectrum* 168
Plasmocytom, extramedulläres, Bronchialbaum, *plasmocytoma, extramedullary, bronchial tree* 137
—, primäres, Lunge, *plasmocytoma, primary, lung* 161—167
Plattenatelektase, Bronchusadenom, *plate like atelectasis, bronchial adenoma* 134
Plattenepithelkrebs, Syntopie: Bronchiales Neurinom, *squamous cell carcinoma, syntopia: Bronchial neurinoma* 21, 200
Pleura, Berufskrebs, *pleura, professional cancer* 473
—, Fibrom, *pleura, fibroma* 542
—, Fibrosarkom, *pleura, fibrosarcoma* 494
—, gutartige Geschwülste, *pleura, benign tumours* 541—560
—, Hämatozele, *pleura, hematocele* 494, 495
—, Mesotheliom, Perforation, *pleura, mesothelioma, perforation* 363, 364
—, Mesothelzyste, *pleura, mesothelial cyst* 508, 509
—, Metastasen, Bronchialadenom, *pleura, metastases, bronchial adenoma* 109
—, primäre, maligne Tumoren, *pleura, primary malignant tumours* 459—536
—, — Sarkome, *pleura, primary sarcomas* 536—540
—, Punktion, Zytologie, *pleura, puncture, cytology* 480, 481
—, Schwarte, Lungenadenomatose, *pleura, thickening, pulmonary adenomatosis* 49
—, Tumoren, *pleura, tumours* 459—560
—, mediastinalis, Mesotheliom, *mediastinal pleura, mesothelioma* 528
— parietalis, Hyalinose, *parietal pleura, hyalinosis* 490
— visceralis, Metastasen, *visceral pleura, metastases* 433
Pleuraerguß, Differentialdiagnose, *pleural effusion, differential diagnosis* 497, 505
—, Lymphosarkom der Lunge, *pleural effusion, lymphosarcoma of lung* 153
Pleurahöhle, freie Körper, *pleural cavity, corpora libera* 488
Pleuritis carcinomatosa, Häufigkeit, *pleuritis carcinomatosa, incidence* 479
Pleuromediastinalsinus, Erguß, *pleuromediastinal sinus effusion* 503
Pleuro-parietales Plasmozytom, Differentialdiagnose, *pleuro-parietal plasmocytoma, differential diagnosis* 166, 167
Pleuro-perikardiale Mesothelzysten, *pleuro-pericardial mesothelial cysts* 251
Pneumangiogramm, Lungenechinokokkus, *pulmonary angiogram, pulmonary hydatide cyst* 340
Pneumangiographie, kavernöses Hämangiom der Lunge, *pulmonary angiography, kavernous hemangioma of lung* 226
Pneumokoniosen, *pneumoconioses* 343—349
Pneumonektomie, Lungenadenomatose, *pneumonectomy, pulmonary adenomatosis* 67
—, Lungensarkom, *pneumonectomy, lung sarcoma* 30, 38
—, Lymphosarkom der Lunge, *pneumonectomy, lymphosarcoma of lung* 151
—, Melanom, *pneumonectomy, melanoma* 15
—, Neurilemmoblastom, *pneumonectomy, neurilemmoblastoma* 193

Pneumonie, chronische, Differentialdiagnose, *pneumonia, chronic, differential diagnosis* 158, 289, 312
—, Differentialdiagnose: Lungenadenomatose, *pneumonia, differential diagnosis: Pulmonary adenomatosis* 79, 86, 87
—, xanthomatöse, *pneumonia, xanthomatous* 312
Pneumonitis, Differentialdiagnose, *pneumonitis, differential diagnosis* 87
Pneumoradiographie, thorako-abdominelle, Differentialdiagnose, Verschattungen des Herzzwerchfellwinkels, *pneumoradiography, thoraco-abdominal, differential diagnosis of cardiophrenic angle masses* 261, 262
Pneumothorax, Echinokokkusruptur, *pneumothorax, rupture of hydatide cyst* 338
—, Lungenmetastase, Fibrosarkom, *pneumothorax, pulmonary metastasis of fibrosarcoma* 457
—, Pleuramesotheliom, *pneumothorax, pleura mesothelioma* 484
Polyarthritis, Staublungenerkrankung, *polyarthritis, pneumoconiosis* 393
Polypose, Lunge, Bronchus, *polyposis, of lung, bronchus* 175
Polypöse Hyperplasie, Bronchus, *polypous hyperplasia, of bronchus* 284
Portio uteri, Lungenmetastasen, *portio uteri, pulmonary metastases* 434
Postoperative Röntgenbestrahlung, Lungensarkom, *postoperative radiotherapy, lung sarcoma* 30
Poststenotische Bronchiektasie, Bronchialadenom, *poststenotic bronchiectasis, bronchial adenoma* 135
Posttraumatische Lungenherde, *posttraumatic pulmonary lesions* 448
— Omentumhernie, *posttraumatic hernia of omentum* 513
Posttraumatisches Hämatom, Oberlappen, *posttraumatic hematoma, upper lobe* 322
Präkanzerose, Neurinom: Plattenepithelkrebs, *praecancerosis, neurinoma: Squamous cell carcinoma* 21
Primäre Karzinosarkome, Literaturübersicht, *primary carcinosarcoma, review of literature* 18, 19, 21
— Lungenteratome, klinische Symptomatologie, *primary teratomata of lung, clinical symptomatology* 246, 247
— Lungentumoren, *primary lung tumours* 1—42
— Nervengeschwülste, Lunge, Bronchus, *primary neurogenous tumours, of lung, bronchus* 190—201
— pulmonale Dermoidzyste, *primary pulmonic dermoid cyst* 247, 248
Primäres Lungensarkom, Klinik, *primary lung sarcoma, clinical picture* 10, 26, 29
— Lymphosarkom, der Lunge, *primary lymphosarcoma, of lung* 140—160
— „Mastozytom", Lunge, *primary "mastocytoma", of lung* 167
— Plasmozytom, Lunge, Bronchus, *primary plasmocytoma, lung, bronchus* 161
Primärtumor, Größe, Zahl der Lungenmetastasen, *primary tumour, size, number of pulmonary metastases* 386
Primitive Lungenanlage, Embryom, *primitive lung anlage, embryoma* 26
Probeexcision, Bronchialadenom, *biopsy, bronchial adenoma* 113
—, Jackson-Adenom, *biopsy, Jackson's adenoma* 133
—, Lungenadenomatose, *biopsy, pulmonary adenomatosis* 64
—, Lymphknoten, Scalenus, *biopsy, lymph nodes of scalenus muscle* 393
—, Lymphosarkom der Lunge, *biopsy, lymphosarcoma of lung* 150

Probeexcision, Microlithiasis alveolaris miliaris pulmonis, *biopsy, microlithiasis alveolaris miliaris pulmonis* 410
—, Neurinom des Bronchus, *biopsy, neurinoma of bronchus* 198
—, Saugbiopsie: Differentialdiagnose, *biopsy, suction-, differential diagnosis* 299
Probethorakotomie, Bronchialadenom, *explorative thoracotomy, bronchial adenoma* 121
Prognose, Bronchialadenom, *prognosis, bronchial adenoma* 110—120
—, Lungenadenomatose, *prognosis, pulmonary adenomatosis* 65—68
—, Lymphosarkom der Lunge, *prognosis, lymphosarcoma of lung* 149, 151, 152
—, Plasmocytom der Lunge, *prognosis, pulmonary plasmocytoma* 164
—, Pleuramesotheliom, *prognosis, pleura mesothelioma* 474
—, primäres Bronchussarkom, *prognosis, primary bronchial sarcoma* 28
Prolaps, Leber, *prolapsus, liver* 511
Proteinose, alveoläre, Differentialdiagnose, *proteinosis, alveolar, differential diagnosis* 87, 88
Pseudotumor, Aktinomykose der Lunge, *pseudotumour, actinomycosis of lung* 306
—, Lipoidpneumonitis, *pseudotumour, lipoid pneumonitis* 318
Pseudotumoren, entzündliche, *pseudotumours, inflammatory* 280—286
—, plasmacelluläre, Differentialdiagnose, *pseudotumours, plasmacellular, differential diagnosis* 161
—, Staublungenerkrankungen, *pseudotumours, pneumoconioses* 343—349
Pulmonale Thesaurismosen, Differentialdiagnose, *pulmonary thesaurismoses, differential diagnosis* 86
Pulmonaler Hypertonus, Lungenadenomatose, *pulmonary hypertension, pulmonary adenomatosis* 89, 90
Pulmonalaneurysma, posttraumatisches, *aneurysma of pulmonary artery, posttraumatic* 323
Pulmonalstenose, endokrines Karzinoid-Syndrom, *pulmonary stenosis, endocrinological carcinoid syndrome* 140

Radiumemanation, Lungenadenomatose, *radiumemanation, pulmonary adenomatosis* 49
„Randkerbung", Lungenadenomatose, *"notch sign" of Rigler, pulmonary adenomatosis* 74
Rechter Herz-Zwerchfellwinkel, Verschattungen, Differentialdiagnose, *right cardiophrenic angle, masses, differential diagnosis* 251, 255—258
Relaxatio diaphragmatica, Differentialdiagnose, *relaxatio diaphragmatica, differential diagnosis* 259, 510
Resezierte Solitärmetastasen, Prozentanteil, *resected solitary metastases, percentage quote* 14
Respiratorische Zysten, angeborene, *respiratory cysts, congenital* 270, 271
Retentionspneumonie, Bronchussarkom, *retention pneumonia, bronchial sarcoma* 39
Reticulumzellsarkom, Lunge, *reticulum cell sarcoma, of lung* 142
Retikulo-endotheliale Speicherkrankheiten, *reticulo-endothelial thesaurismoses* 411—413
Retikulosarkom, Metastasen, *reticulosarcoma, metastases* 436
Retikulose, Differentialdiagnose: Lungenadenomatose, *reticulosis, differential diagnosis: Pulmonary adenomatosis* 79

Retikulose, maligne, Lungenmetastasen, *reticulosis, malignant, pulmonary metastases* 423
—, maligne, Lungenveränderungen, *reticuloses, malignant, pulmonary changes* 412
Retikulozytom, Lunge, Bronchus, *reticulocytoma, of lung, bronchus* 177
Retothelsarkom, Lunge, *retothelial sarcoma, lung* 11
—, Lungenmetastasen, *retothelial sarcoma, pulmonary metastases* 424, 440
—, primäres, pulmonales, *retothelial sarcoma, primary, pulmonary* 141
Rhabdomyosarkom, Lunge, *rhabdomyosarcoma, of lung* 185
Rheumatismus, Lungenveränderungen, *rheumatism, pulmonary changes* 416
Rhino-pharyngeales Melanom, Häufigkeit, *rhinopharyngeal melanoma, incidence* 14
Rhinosklerom, broncho-pulmonale Veränderungen, *rhinoscleroma, broncho-pulmonic changes* 310
Riesenzellgeschwülste, mesenchymalen Ursprungs, *giant cell growth, of mesenchymal origin* 13
Röntgenologische Diagnose, Bronchialadenom, *roentgenological diagnosis, bronchialadenom* 120
— —, diffuse Leiomyomatose, *roentgenological diagnosis, diffuse leiomyomatosis* 185
— —, endothorakale Magenzyste, *roentgenologic diagnosis, endothoracic cyst of stomach* 267
— —, kavernöses Hämangiom der Lunge, *roentgenological diagnosis, cavernous hemangioma of lung* 220, 225
— —, Lungenadenomatose, *roentgenological diagnosis, pulmonary adenomatosis* 68
— —, Lungenhamartom, *roentgenological diagnosis, pulmonary hamartoma* 209
— —, Lungensarkom, *roentgenological diagnosis, pulmonary sarcoma* 32
— —, Lymphosarkom der Lunge, *roentgenological diagnosis, lymphosarcoma of lung* 152
— —, neurogene Tumoren der Lunge, *roentgenological diagnosis, neurogenous tumours of lung* 193
— —, Perikardzyste, *roentgenological diagnosis, pericardial cyst* 254
— —, Pilzerkrankungen der Lunge, *roentgenological diagnosis, mykotic diseases of lung* 303—307
— —, Plasmocytom der Lunge, *roentgenological diagnosis, plasmocytoma of lung* 165
— —, Pleuramesotheliom, *roentgenological diagnosis, pleura mesothelioma* 483
— —, pulmonaler Echinokokkus, *roentgenological diagnosis, pulmonary hydatide cyst* 339, 341
Rundherd, Amyloidtumor, *round focus, amyloid tumour* 350
—, Blutaspiration, *round focus, blood aspiration* 320
—, Chondrom, Unterlappen, *round focus, chondroma, lower lobe* 182
—, Differentialdiagnose, *round focus, differential diagnosis* 286, 287, 324
—, Hamartom der Lingula, *round focus, hamartoma of lingula* 206
—, intrapulmonales Fibrom, *round focus, intrapulmonic fibroma* 176
—, kavernöses Hämangiom der Lunge, *round focus, kavernous hamangioma of lung* 223
—, Leiomyom, Unterlappen, *round focus, leiomyoma, lower lobe* 183
—, Lungenadenomatose, *round focus, pulmonary adenomatosis* 77
—, Lungenechinokokkus, *round focus, pulmonary hydatide cyst* 339, 341
—, Lymphosarkom der Lunge, *round focus, lymphosarcoma of lung* 153, 160
—, malignes Bronchusadenom, *round focus, malignant bronchial adenoma* 104, 121

Rundherd, Plasmocytom der Lunge, *round focus, plasmocytoma of lung* 163
—, tuberkulöser, *round focus, tuberculous* 293, 294
—, „Tumor-Verdopplungszeit", *round focus, "tumour doubling time"* 298
—, verschiedene Verkalkungsformen, *round focus, different forms of calcification* 215
Rundzellsarkom, Lunge, *roundcell sarcoma, lung* 10, 11
Ruptur, Echinokokkus, *rupture, of hydatide cyst* 338

Sarcoma idiopathicum multiplex haemorrhagicum Kaposi, *sarcoma idiopathicum multiplex haemorrhagicum Kaposi* 15
Sarkoidose, disseminierte Lungenherde, *sarcoidosis, disseminated pulmonary lesions* 447
—, hilo-pulmonale, *sarcoidosis, hilo-pulmonic* 430
—, Hilus, Differentialdiagnose, *sarcoidosis, hilary, differential diagnosis* 87
Sarcom, Hamarton der Lunge, *sarcoma, hamartoma of lung* 205
—, Lunge, *sarcoma, lung* 5—42
—, Lungenmetastasen, *sarcoma, pulmonary metastases* 377
—, Multiplizität, *sarcoma, multiplicity* 26
—, Pleura, *sarcoma, of pleura* 536—540
Sarkomatose, Lunge, Differentialdiagnose, *sarcomatosis, of lung, differential diagnosis* 152, 153
Sarkomknoten, solitärer, Differentialdiagnose, *sarcomatous node, solitary, differential diagnosis* 155
Saugbiopsie, Differentialdiagnose: Rundherd, *suction biopsy, differential diagnosis: Round focus* 299
Schichtaufnahme s. Tomogramm
Schilddrüse, Carcinoma sarcomatodes, *thyroid gland, carcinoma sarcomatodes* 374
—, intratracheale, Differentialdiagnose, *goiter, intratracheal, differential diagnosis* 130
Schilddrüsenkarzinom, Lungenveränderungen, *thyroid carcinoma, pulmonary changes* 365
Schistosomiasis, kardio-pulmonale, *schistosomiasis, cardio-pulmonic* 333
Segmentresektion, Bronchomukozele nach —, *segmental resection, mucoid impaction after* 314
—, Lungenadematose, *segmental resection, pulmonary adenomatosis* 67
Sekundäre Pleurageschwülste, *secondary tumours of pleura* 550—560
Seminom, Metastase der Lingula, *seminoma, metastasis of lingula* 453
—, „Tumor-Verdopplungszeit", *seminoma, "tumour doubling time"* 298
Seminomartige Germinome, *seminomalike germinomas* 4
Sequester, Lungenabszeß, *sequester, lung, abscess* 301
Serotonin, pharmakodynamische Wirkungen, *serotonin, pharmaco-dynamic effects* 117
Siliko-Karzinom, Ätiologie, *silicocarcinoma, etiology* 347
Siliko-Tuberkulose, Mittellappensyndrom, *silicotuberculosis, middle lobe syndrome* 349
Silikose, Diagnose, *silicosis, diagnosis* 345, 346
—, leukotische Lymphadenose, *silicosis, leukotic lymphadenosis* 407
—, Lungensarkom, *silicosis, lung sarcoma* 7
Sklerodermale Kollagenose, Lungenademomatose, *sclerodermal collagenosis, pulmonary adenomatosis* 50
Sklerose, tuberöse, Lungenveränderungen, *sclerosis, tuberous, pulmonary changes* 86
Solitärherd, kavernöses Hemangiom der Lunge, *solitary focus, cavernous hemangioma of lung* 223

Solitärknoten, Lunge, *solitary node, of lung* 5, 77, 104, 135, 160, 163
—, Chondrom, Unterlappen, *solitary node, chondroma, lower lobe* 182
—, Hamartom der Lingula, *solitary node, hamartoma of lingula* 206
—, intrapulmonales Fibrom, *solitary node, intrapulmonic fibroma* 176
—, Lungenademomatose, *solitary node, pulmonary adenomatosis* 70
—, primäres Bronchussarkom, *solitary node, primary bronchial sarcoma* 32
Solitärmetastase, Lungenresektion, *solitary metastasis, lung resection* 14
Spätmetastasen, Melanom, *late metastases, melanoma* 15
Speicherkrankheiten, retikulo-endotheliale, *thesaurismoses, reticulo-endothelial* 411—413
Spindelzellsarkom, Lunge, *spindle-cell sarcoma, lung* 10, 35
Spontanpneumothorax, Echinokokkusruptur, *spontaneous pneumothorax, rupture of hydatide cyst* 338
—, Lungenademomatose, *spontaneous pneumothorax, pulmonary adenomatosis* 78
—, Lungenmetastase, Fibrosarkom, *spontaneous pneumothorax, pulmonary metastasis of fibrosarkoma* 457
—, Lungensarkom, *spontaneous pneumothorax, bronchial sarcoma* 41
Spontanrückbildung, Lungenmetastasen, *spontaneous regression, pulmonary metastases* 379
Stammbronchus, Chondro-Hamartom, *stem bronchus, chondro-hamartoma* 216
—, Karzinosarkom, *stem bronchus, carcinosarcoma* 22
Staublungenerkrankungen 343—349
Stenose, Bronchus, *stenosis, bronchial* 284, 285
—, Hauptbronchus, Bronchialadenom, *stenosis, main bronchus, bronchial adenoma* 127
—, Hauptbronus, Bronchuszyste, *stenosis, main bronchus, bronchial cyst* 274
—, Mittellappenbronchus, Bronchialadenom, *stenosis, middle lobe bronchus, bronchial adenoma* 136, 137
—, Syndrom, Bronchusneurinom, *stenosis, syndrome, bronchial neurinoma* 200
Stickstofflost, Lungenademomatose, *nitrogen mustard, pulmonary adenomatosis* 49
Strahlenbehandlung, Bronchialadenom, *radiotherapy, bronchial adenoma* 120
—, Plasmozytom der Lunge, *radiotherapy, plasmocytoma of lung* 166
Strahlenpneumonie, Differentialdiagnose, *radiation induced pneumonitis, differential diagnosis* 419
Strahlenpneumonitis, Lungenademomatose, *radiation induced pneumonitis, pulmonary adenomatosis* 51
Strahlentherapie, Lungensarkom, *radiotherapy, lung sarcoma* 30
Struma maligna, Lungenmetastasen, *malignant goiter, pulmonary metastases* 432
Subpleurales Fibrom, gestieltes, *subpleural fibroma, pedunculated* 176
Synovialom, Lungenmetastase, *synovialoma, pulmonary metastasis* 452
Syphilom, Unterlappen, *syphiloma, lower lobe* 308
Szintigramm, Chondrom des Unterlappens, *scan, chondroma of lower lobe* 182
—, Lungenademomatose, *scan, pulmonary adenomatosis* 84

Teleangiectasia haemorrhagica hereditaria, *teleangiectasia haemorrhagica hereditaria* 217
Teratoblastom, Lunge, *teratoblastoma, of lung* 243, 244, 246
Teratom, Tracheal-, Differentialdiagnose, *teratoma, tracheal, differential diagnosis* 131
Terminale miliare Lungenmetastasierung, *terminal miliary metastases of lung* 431
Thekom, *thecoma* 465
Therapie, Bronchialadenom, *therapy, bronchial adenoma* 110—120
—, Bronchusneurinom, *therapy, bronchial neurinoma* 200
—, kavernöses Hämangiom der Lunge, *therapy, cavernous hemangioma of lung* 220
—, Lungenadenomatose, *therapy, pulmonary adenomatosis* 65—68
—, Lymphosarkom der Lunge, *therapy, lymphosarcoma of lung* 149
—, Plasmocytom der Lunge, *therapy, plasmocytoma of lung* 164
—, Pleuramesotheliom, *therapy, pleura mesothelioma* 474
—, primäres Bronchussarkom, *therapy, primary bronchial sarcoma* 28
Thorakoskopie, Pleuramesotheliom, *thoracoscopy, pleura mesothelioma* 482
Thorakotomie, Bronchialadenom, *thoracotomy, bronchial adenoma* 113
—, Probe-, Bronchialadenom, *thoracotomy, explorative, bronchial adenoma* 121
— — Lungenadenomatose, *thoracotomy, explorative, pulmonary adenomatosis* 65
„Thoraxmagen", *endothoracic dystopy of stomach* 267
Thorotrastschaden, Lungenadenomatose, *thorotrast damage, pulmonary adenomatosis* 52
Thrombose, Lungenarterie, latentes Karzinom, *thrombosis, pulmonary artery, latent carcinoma* 327
Thymom, lymphoretikuläres, Lunge, *thymoma, lymphoreticular, of lung* 239, 241
Thymus, Zyste, mediastinale, *thymus, cyst, mediastinal* 249
Tomogramm, Anyloidtumor, *tomogram, anyloid tumour* 350
—, arterio-venöse Lungenfisteln, *tomogram, arteriovenous pulmonary fistulas* 218
—, Bronchuskarzinoid, *tomogram, carcinoid tumour of bronchus* 106, 121, 127
—, Bronchussarkom, *tomogram, bronchial sarcoma* 38, 39
—, Bronchuszyste, *tomogram, bronchial cyst* 275
—, Brustwandtumoren, *tomogram, tumours of thoracic wall* 520, 521
—, Fibrom der Lunge, *tomogram, pulmonary fibroma* 176
—, Hämatom, Oberlappen, *tomogram haematoma, upper lobe* 322
—, Hamartom der Lingula, *tomogram, hamartoma of lingula* 206
—, Hilus, Lymphangiom, *tomogram, of hilus, lymphangioma* 263
—, intrapulmonale Dermoidcyste, *tomogram, intrapulmonic dermoid cyst* 248
—, Karzinosarkom, *tomogram, carcinosarcoma* 24, 25
—, kavernöses Hämangiom der Lunge, *tomogram, cavernous hemangioma of lung* 223, 225
—, Lipoidpneumonitis, *tomogram, lipoidpneumonitis* 318
—, Lungenadenomatose, *tomogram, pulmonary adenomatosis* 72, 75, 79, 80

Tomogramm, Lungennekrose, *tomogram, pulmonary necrosis* 324
—, Lymphosarkom der Lunge, *tomogram, lymphosarcoma of lung* 153, 154, 157
—, „Mastozytom" der Lunge, *tomogram, "mastocytoma" of lung* 169
—, multiple Chondro-Hamartome, *tomogram, multiple chondro-hamartomata* 214
—, Perikardzyste, *tomogram, pericardial cyst* 252, 253
—, Plasmocytom der Lunge, *tomogram, plasmocytoma of lung* 166
—, Pleurahyalinose, *tomogram, pleural hyalinosis* 491, 492
—, Pulmonalvenenektasie, *tomogram, ectasia of pulmonary veins* 233
—, Retikulumzellsarkom der Lunge, *tomogram, reticulum cell sarcoma of lung* 142
—, Silikose, *tomogram, silicosis* 346
—, Tuberkulom, *tomogram, tuberculoma* 292, 295
—, Tumorkaverne, *tomogram, tumour cavern* 437
—, xantomatöse Pneumonie, *tomogram, xanthomatous pneuminia* 312
—, Zylindrom, partielle Bifurkationsstenose, *tomogram, cylindroma, partial stenosis of tracheal bifurcation* 128
Tomographie, Pleuramesotheliom, *tomography, pleura mesothelioma* 483
Topographie, benignes „Myoblastom", *topography, benign "myoblastoma"* 196
—, Bronchialadenom, *topography, bronchial adenoma* 102, 129
—, endobronchiales Lipom, *topography, endobronchial lipoma* 180
Trachea, Plasmocytom, *trachea, plasmocytoma* 163
Tracheale Bifurkation, Knorpelverknöcherung, *tracheal bifurcation, ossification of cartilage* 181
— —, Schichtaufnahme, Bronchialadenom, *tracheal bifurcation, tomogram, bronchial adenoma* 127
— —, —, Lymphosarkom der Lunge, *tracheal bifurcation, tomogram, lymphosarcoma of lung* 157
Tracheale Nebenlunge, *tracheal accessory lung* 271
Trachealsarkom, makroskopischer Befund, *tracheal sarcoma, macroscopic findings* 27
Trachealtumoren, Differentialdiagnose, *tracheal tumours, differential diagnosis* 129
Trachealzysten, *tracheal cysts* 271, 272
Tracheobronchialbaum, benigne Tumoren, *tracheobronchial tree, benign tumours* 185, 186
—, Lokalisation des Bronchialadenoms, *tracheobronchial tree, localization of bronchial adenoma* 102
—, Myoblastom, *tracheobronchial tree, myoblastoma* 199
Tracheobronchialwand, Angiom, *tracheobronchial wall, angioma* 188
Tracheobronchialwinkel, extrapulmonale Zysten, *tracheobronchial angle, extrapulmonic cysts* 271
Tracheobronchialzyste, angeborene, Mediastinum, *tracheobronchial cyst, congenital, of mediastinom* 267
Tracheobronchiales Adenom, *tracheobronchial adenoma* 111
— Melanom, *tracheobronchial melanoma* 15
— Papillom, *tracheobronchial papilloma* 172
Transthorakale Lungenbiopsie, *transthoracic lung biopsy* 394
— Nadelbiopsie, Lymphosarkom der Lunge, *transthoracal needle biopsy, lymphosarcoma of lung* 150
Trauma, Lunge, Hämatom, *trauma, of lung, haematoma* 322, 323

Trauma, Lungenrundherde, *trauma, pulmonary lesions* 448
—, Lungensarkom, *trauma, lung sarcoma* 7
—, Milzeventration, *trauma, eventration of spleen* 514
Traumatischer Hämatothorax, Pleurahyalinose, *traumatic hematothorax, hyalinosis of pleura* 493
Trigonum parasternale, Hernie, Differentialdiagnose, *trigonum parasternale, hernia, differential diagnosis* 260
Tuberkulom, Differentialdiagnose, *tuberculoma, differential diagnosis* 188, 213, 289, 291
—, Klinik, *tuberculoma, clinical picture* 291, 293
—, multilokuläres, *tuberculoma, multilocular* 445
Tuberkulose, Bronchialadenom, Differentialdiagnose, *tuberculosis, bronchial adenoma, differential diagnosis* 137
—, —, Koinzidenz, *tuberculosis, bronchial adenoma, coincidence* 111
—, Differentialdiagnose: Lungenadenomatose, *tuberculosis, differential diagnosis: Pulmonary adenomatosis* 78, 87, 89
—, Lungensarkom, *tuberculosis, lung sarcoma* 7
—, Lymphknoten, Hauptbronchus, *tuberculosis, lymph nodes, main bronchus* 286
—, miliare, Karzinose, Differentialdiagnose, *tuberculosis, miliary, carcinosis, differential diagnosis* 426
—, Pleuraerguß, *tuberculosis, pleural effusion* 505
—, Silikose, *tuberculosis, silicosis* 347, 349
—, Tuberkulom, *tuberculosis, tuberculoma* 289—299
Tuberöse Sklerose, Lungenveränderungen, *tuberous sclerosis, pulmonary changes* 86, 237
Tumor, Rundherd, pathologische Anatomie, *tumour, round focus, pathologic anatomy* 289
—, „Verdopplungszeit", *tumour, doubling time* 296, 298, 387
Tumoren, branchiogenen Ursprungs, *tumours, of branchiogenic origin* 239
—, dysontogenetischen Ursprungs, *tumours, of dysontogenetic origin* 243
—, Zwerchfell, *tumours, diaphragm* 516
Tumorkaverne, Lungenadenomatose, *tumour cavern, pulmonary adenomatosis* 77, 78, 79
—, peripheres Lungenkarzinom, *tumour cavern, peripheral pulmonary carcinoma* 437
Tumorkavernen, Differentialdiagnose, *tumour caverns, differential diagnosis* 27, 42
Tumorstenose, endobronchiales Adenom, *tumour stenosis, endobronchial adenoma* 137

Überlebenszeit, Bronchialadenom, *survival time, bronchial adenoma* 107
Unterlappen, Adenokarzinom, *lower lobe, adenocarcinoma* 139
—, Chondrohamartom, *lower lobe, chondrohamartoma* 210
—, Chondrom, *lower lobe, chondroma* 182
—, Hämangioperizytom, *lower lobe, hamangiopericytoma* 188
—, Karzinoid, *upper lobe, carcinoid tumour* 114, 130
—, Karzinosarkom, *lower lobe, carcinosarcoma* 25
—, kavernöses Hämangiom der Lunge, *lower lobe, cavernous hemangioma of lung* 222, 223
—, Leiomyom, *lower lobe, leiomyoma* 183
—, Lungenadenomatose, *lower lobe, pulmonary adenomatosis* 70
—, Lungeninfarkt, *lower lobe, pulmonary infarction* 325
—, Lymphosarkom der Lunge, *lower lobe, lymphosarcoma of lung* 159
—, Nekrose, Rundherd, *lower lobe, necrosis, round focus* 324

Unterlappen, Neurilemmoblastom, *lower lobe, neurilemmoblastoma* 193
—, primäres Melanom, *lower lobe, primary melanoma* 16
—, Synovialom-Metastase, *lower lobe, metastasis of synovialoma* 452
—, Syphilom, *lower lobe, syphiloma* 308
—, Tuberkulom, *lower lobe, tuberculoma* 292

V. cava inferior, thrombotischer Verschluß, *V. cava inferior, thrombotic occlusion* 309
Varizen, Lunge, Differentialdiagnose, *varicosis, of lung, differential diagnosis* 227, 229
Vaskuläre Hamartome, Lunge, *vascular hamartomas, lung* 217—234
— Tumoren, Lunge, *vascular tumours, of lung* 186—190
Ventilation, Störung, Bronchialadenom, *ventilatory disturbance, bronchial adenoma* 111
Ventilstenose, Bronchialadenom, *valvular stenosis, bronchial adenoma* 127
Verdauungstrakt, Melanom, Ätiologie, *digestive tract, melanoma, etiology* 14
Verdopplungszeit, Tumor-, *doubling time, tumour* 296, 297, 298, 387
Verkalkung, Lungenhamartom, *calcification, pulmonary hamartoma* 209, 214
—, Lungenmetastasen, *calcification, pulmonary metastases* 402, 438
—, sekundäre, Lungenadenomatose, *calcification, secondary, pulmonary adenomatosis* 90
—, Tuberkulom, *calcification, tuberculoma* 295
—, verschiedene Formen, Lungenherde, *calcification, different forms, pulmonary foci* 215
Verknöcherung, Lungenhamartom, *ossification, pulmonary hamartoma* 209, 215
—, Lungenmetastasen, *ossification, pulmonary metastases* 438
Virus, Ätiologie, Lungenadenomatose, *virus, etiology, pulmonary adenomatosis* 52

Wachstumsgeschwindigkeit, Lungenmetastasen, *growing speed, pulmonary metastases* 434, 435
Wachstumsrate, Bronchialkarzinoide, *growing rate, bronchial carcinoid* 93
Wasserhaushalt, Störung, Bronchialadenom, *water metabolism, disturbance, bronchial adenoma* 117
Wasserlunge, Differentialdiagnose, *fluid lung, differential diagnosis* 87, 413
Wegenersche Granulomatose, *Wegener's granulomatosis* 328—332
Wirbel, Mißbildungen, Magen-Darmzysten, *vertebral body, malformations, cysts of digestive tract* 266

Xanthomatöse Pneumonie, *xanthomatous pneumonia* 312

^{90}Y-Behandlung, Lebermetastasen, Bronchialadenom, *^{90}Y-therapy, liver metastases, bronchial adenoma* 120

Zellproliferation, metaplastische, *cell proliferation, metaplastic* 17
Zigarettenrauch, Lungenadenomatose, *cigarette smoke, pulmonary adenomatosis* 51
Zirkulationsstörung, „Karzinoidsyndrom", *circulatory disturbance, "carcinoid syndrome"* 116
Zoonosen, Lunge, Differentialdiagnose, *zoonoses, of lung, differential diagnosis* 332
Zylindrom, Ätiologie, Histogenese, *cylindroma, etiology, histogenesis* 95

Zylindrom, Begriffsbestimmung, *cylindroma, definition* 90
—, Histologie, *cylindroma, histology* 98
—, Metastasen, *cylindroma, metastases* 109
Zyste, Bronchus, Differentialdiagnose, *cyst, of bronchus, differential diagnosis* 229
—, Dermoid, intrapulmonale, *cyst, dermoid, intrapulmonic* 248
—, dysontogenetische, Einteilung, *cyst, dysontogenetic, classification* 250
—, Echinokokkus, *cyst, hydatide —* 336—343
—, Herzbeutel, *cyst, pericardium* 251—255
—, Lymphangiom, *cyst, lymphangioma* 250
—, Thymus, Mediastinum, *cyst, of thymus, mediastinal* 249
—, Tracheo-Bronchial-, *cyst, tracheo-bronchial* 267
Zysten, Darm-, ento-mesodermale, *cysts, interstinal, ento-mesodermal* 263, 265
—, endothorakale, Oesophagus-Magen-Darm, *cysts, endothoracic, esophagus, digestive tract* 266
—, pleuro-perikardiale Mesothel-, *cysts, pleuropericardial mesothelial* 251
—, respiratorische, angeborene, *cysts, respiratory, congenital* 270, 271
Zysten, Tracheobronchialwinkel, *cyste, tracheobronchial angle* 271
Zystische Hamartome, Morphologie, *cystic hamartoma, morphology* 203
Zystisches Bronchusadenom, Histologie, *cystic bronchial adenoma, histology* 100
— Lymphangiom, Mediastinum, *cystic lymphangioma, mediastinal* 262, 263
Zytologie, Bronchialadenom, *cytology, bronchial adenoma* 113
—, Bronchussarkom, *cytology, bronchial sarcoma* 31
—, Lymphosarkom der Lunge, *cytology, lymphosarcoma of lung* 150, 155, 157
—, Pleurapunktion, *cytology, puncture of pleura* 480, 484
Zytostatische Therapie, Lungenadenomatose, *cytostatic therapy, pulmonary adenomatosis* 68
Zwerchfell, Myofibrosarkom, *diaphragm, myofibrosarcoma* 515
—, Relaxatio, Differentialdiagnose, *diaphragm, relaxatio, differential diagnosis* 510
—, Tumoren, *diaphragm, tumours* 516
Zwerchfellhernie, parasternale, Differentialdiagnose, *diaphragmal hernia, parasternal, differential diagnosis* 258, 260, 512

Subject Index

(English-German)

Where English and German spelling of a word is identical, the German version is omitted

abscess of lung, differential diagnosis, *Abszeß, Lunge, Differentialdiagnose* 289, 312
—, paravertebral, differential diagnosis, *Abszeß, paravertebraler, Differentialdiagnose* 501
accessory lung, hamartoma, *Nebenlunge, Hamartom* 204
— —, intra-, extrapulmonic, *Nebenlunge, intra-, extrapulmonale* 279
— —, tracheal, *Nebenlunge, tracheale* 271
actinomycosis of lung, *Aktinomykose, Lunge* 306
adenocarcinoma, age distribution, *Adenokarzinom, Altersverteilung* 48
—, lower lobe, *Adenokarzinom, Unterlappen* 139, 385
adenolymphoma, pulmonary, differential diagnosis, *Adenolymphom, pulmonales, Differentialdiagnose* 160
adenomatous hamartoma, of lung, bronchus, *adenomatöses Hamartom, Lunge, Bronchus* 201
adenorhabdomyosarcoma of lung, *Adenorhabdomyosarkom, Lunge* 7
"adeno-syndrome", obstructive, bronchial adenoma, *„Adeno-Syndrom", obstruktives, Bronchialadenom* 111
age distribution, bronchial adenoma, *Altersverteilung, Bronchialadenom* 94
— —, bronchial carcinoma, *Altersverteilung, Bronchialkarzinom* 48
— —, broncho-pulmonic lipoma, *Altersverteilung, bronchopulmonales Lipom* 180
— —, carcinosarcoma, *Altersverteilung, Karzinosarkom* 21
— —, hamartoma, bronchial tree, *Altersverteilung, Hamartom, Bronchialbaum* 207, 208
— —, lymphosarcoma of lung, *Altersverteilung, Lymphosarkom der Lunge* 145
— —, neurogenous tumours, *Altersverteilung, neurogene Tumoren* 192
— —, pleural mesothelioma, *Altersverteilung, Pleuramesotheliom* 473, 474
— —, pulmonary adenomatosis, *Altersverteilung, Lungenadenomatose* 47, 48
— —, — plasmocytoma, *Altersverteilung, Plasmocytom der Lunge* 162
— —, — sarcoma, *Altersverteilung, Lungensarkom* 9
— —, sarcoma of pleura, *Altersverteilung, Pleurasarkom* 537
alveolar cell carcinoma, *Alveolarzell-Karzinom* 43—90
— proteinosis, differential diagnosis, *Alveolarproteinose, Differentialdiagnose* 87, 88
amoebiasis, liver abscess, perforation into the lung, *Amöbenabszeß, Leber, Durchbruch in die Lunge* 342, 343
amyloid tumours, endotracheal, differential diagnosis *Amyloid-Tumoren, endotracheale, Differentialdiagnose* 131
— —, of lung, bronchus, *Amyloid-Tumoren, Lunge, Bronchus* 350

amyloidosis, miliary, of lung, *Amyloidose, miliare, Lunge* 86
aneurysma of pulmonary artery, posttraumatic, *Pulmonalaneurysma, posttraumatisches* 323
— spurium, aortal root, differential diagnosis, *Aneurysma spurium, Aortenwurzel, Differentialdiagnose* 258
angiocardiopathies, congenital, a. v. fistulas of lung, *Angiokardiopathien, angeborene, a.v. Fisteln der Lunge* 218
angiography, pulmonary adenomatosis, *Angiographie, Lungenadenomatose* 83, 84
angioma, bronchial arteries, *Angiom, Bronchialarterien* 188
— bronchopulmonare, *Angioma bronchopulmonare* 92
angiomatous malformations, of lung, *angiomatöse Mißbildungen, Lunge* 186—190, 217
angiomyomatosis of lung, *Angiomyomatose der Lunge* 236
angioreticuloma, of lung, tumour cavern, *Angioretikulom, Lunge, Tumorkaverne* 27
angiosarcoma, lung, *Angiosarkom, Lunge* 7, 10, 13
anthraco-silicosis, differential diagnosis, *Anthrako-Silikose, Differentialdiagnose* 347
arteriectasia, solitary, differential diagnosis, *Arteriektasie, isolierte, Differentialdiagnose* 231
arteriography, bronchial, differential diagnosis, *Arteriographie, Bronchial-, Differentialdiagnose* 295, 296
arterio-venous shunt, angiomatous malformations of lung, *arterio-venöser Kurzschluß, angiomatöse Mißbildungen der Lunge* 217
aspergilloma, of lung, *Aspergillom, Lunge* 303, 305
aspergillosis, of lung, differential diagnosis, *Aspergillose, Lunge, Differentialdiagnose* 87
asbestosis, of lung, *Asbestose, Lunge* 472, 473
—, —, adenomatosis, *Asbeststaublunge, Adenomatose* 49
aspiration metastases, pulmonary adenomatosis, *Aspirationsmetastasen, Lungenadenomatose* 60
atelectasis, bronchial sarcoma, *Atelektase, Bronchussarkom* 39
—, lower lobe, chondro-hamartoma, *Atelektase, Unterlappen, Chondro-Hamartom* 216
—, partial, bronchial adenoma, *Atelektase, Teil-, Bronchialadenom* 125, 136
—, pulmonary adenomatosis, *Atelektase, Lungenadenomatose* 49
autochthonous lung tumours, chorionepithelioma, *autochthone Lungentumoren, Chorionepitheliom* 5

berylliosis, of lung, differential diagnosis, *Berylliose, Lunge, Differentialdiagnose* 86
bilharziosis, of lung, differential diagnosis, *Bilharziose, Lunge, Differentialdiagnose* 332
bilobectomy, leiomyoma, fibroplastic sarcoma, *Bilobektomie, Leiomyom, fibroplastisches Sarkom* 443

bilobectomy, bronchial adenoma, *Bilobektomie, Bronchialadenom* 106
—, lung sarcoma, *Bilobektomie, Lungensarkom* 30
—, lymphosarcoma of lung, *Bilobektomie, Lymphosarkom der Lunge* 151, 157
—, pulmonary adenomatosis, *Bilobektomie, Lungenadenomatose* 67
biopsy, bronchial adenoma, *Probeexcision, Bronchialadenom* 113
—, Jackson's adenoma, *Probeexcision, Jackson-Adenom* 133
—, of lung, transthoracic, *Biopsie, Lunge, transthorakale* 394
—, lymph nodes of scalenus muscle, *Probeexcision, Lymphknoten, Scalenus* 393
—, lymphosarcoma of lung, *Probeexcision, Lymphosarkom der Lunge* 150
—, microlithiasis alveolaris miliaris pulmonis, *Probeexcision, Microlithiasis alveolaris miliaris pulmonis* 410
—, neurinoma of bronchus, *Probeexcision, Neurinom des Bronchus* 198
—, pleural mesothelioma, *Biopsie, Pleuramesotheliom* 482
—, pulmonary adenomatosis, *Probeexcision, Lungenadenomatose* 64
—, suction-, differential diagnosis, *Probeexcision, Saugbiopsie: Differentialdiagnose* 299
blood aspiration, round focus of lung, *Blutaspiration, pulmonaler Rundherd* 320, 321
Boeck's disease, endobronchial vegetations, *Morbus Boeck, endobronchiale Wucherungen* 281
— —, pulmonary changes, *Morbus Boeck, Lungenveränderungen* 412
bone, metastases, bronchial adenoma, *Knochen, Metastasen, Bronchialadenom* 109, 117
Bourneville-Pringle's disease, differential diagnosis, *Bourneville-Pringle, Differentialdiagnose* 86, 236, 237
branchiogenic tumours, intrapulmonic, *branchiogene Tumoren, intrapulmonale* 239
breast cancer, lymphangiosis carcinomatosa, *Mammakarzinom, Lymphangiosis carcinomatosa* 420
— —, metastases of pleura, *Mammakarzinom, Metastasen der Pleura* 555
— —, tumour doubling time, *Mammakarzinom, Metastasen, Tumorverdopplungszeit* 387
Brill-Symmers, lymphadenosis, *Brill-Symmers, Lymphadenose* 144
bronchial adenoma, *Bronchialadenom* 90—140
— —, bronchial carcinoma, differences, *Bronchialadenom, Bronchialkarzinom, Unterschiede* 110
— —, clinical picture, prognosis, therapy, *Bronchialadenom, Klinik, Prognose, Therapie* 110—120
— —, definition, *Bronchialadenom, Begriffsbestimmung* 90
— —, differential diagnosis, *Bronchialadenom, Differentialdiagnose* 289
— —, etiology, *Bronchialadenom, Ätiologie* 95
— —, histogenesis, hamartoma, *Bronchialadenom, Histogenese: Hamartom* 203
— —, incidence, *Bronchialadenom, Häufigkeit* 93
— —, metastasising, *Bronchialadenom, metastasierendes* 91
— —, pulmonary tuberculosis, coincidence, *Bronchialadenom, Lungentuberkulose, Koinzidenz* 111
— —, topographic distribution in the tracheobronchial tree, *Bronchialadenom, topographische Verteilung im Tracheobronchialbaum* 102
— —, topographical relation to the bronchial wall, *Bronchialadenom, Lagebeziehung zur Bronchuswand* 104

bronchial artery, angioma, *Bronchialarterien, Angiom* 188
— arteriography, differential diagnosis: Round focus of lung, *Bronchialarteriographie, Differentialdiagnose: Rundherde* 295, 453
— carcinoma, age distribution, *Bronchialkarzinom, Altersverteilung* 48
— —, bronchial adenoma, differences, *Bronchialkarzinom, Bronchusadenom, Unterschiede* 110
— —, calcification, *Bronchialkarzinom, Verkalkung* 215
— —, coincidence: Hamartoma, *Bronchialkarzinom, Koinzidenz: Hamartom* 206
— —, contralateral pulmonary metastases, *Bronchialkarzinom, kontralaterale Lungenmetastasen* 419
— —, differential diagnosis, *Bronchialkarzinom, Differentialdiagnose* 41, 42, 68, 157, 289, 312, 316
— —, — —: Pleural tumour, *Bronchialkarzinom, Differentialdiagnose: Pleuratumor* 460, 461
— —, empyema, *Bronchialkarzinom, Pleuraempyem* 507
— —, incidence of metastases, *Bronchialkarzinom, Metastasierungshäufigkeit* 67
— —, latent, pulmonary infarction, *Bronchialkarzinom, latentes, Lungeninfarkt* 327, 328
— —, lymphangiosis carcinomatosa, *Bronchialkarzinom, Lymphangiosis carcinomatosa* 421
— —, mean survival rates, *Bronchialkarzinom, mittlere Überlebensdauer* 65
— —, miliary carcinosis of lung, *Bronchialkarzinom, miliare Lungenkarzinose* 431
— —, multiple, primary, *Bronchialkarzinom, multiples, primäres* 442
— —, oat cell type, *Bronchialkarzinom, „Oat cell-Typ"* 56
— —, pleuramesothelioma, *Bronchialkarzinom, Pleuramesotheliom* 486
— —, pulmonary hydatide cyst, *Bronchialkarzinom, Lungenechinokokkus* 339
— —, tuberculoma, differential diagnosis, *Bronchialkarzinom, Tuberkulom, Differentialdiagnose* 291
— —, "tumour doubling time", *Bronchialkarzinom, „Tumorverdopplungszeit"* 298
— —, untreated, survival rates, *Bronchialkarzinom, unbehandeltes, Überlebenszeiten* 29
— —, xanthomatous pneumonia, *Bronchialkarzinom, xanthomatöse Pneumonie* 316
— cyst, closed, *Bronchuscysten, geschlossene* 271, 272
— sarcoma, differential diagnosis, *Bronchussarkom, Differentialdiagnose* 137
— stenosis, inflammatory, *Bronchialstenose, entzündliche* 282
— tree, hamartoma, *Bronchialbaum, Hamartom* 207
bronchial asthma, bronchial cyst, *Bronchialasthma, Bronchuszyste* 275
bronchiectasis, bronchial adenoma, *Bronchiektasen, Bronchialadenom* 111, 129, 135
—, pulmonary adenomatosis, *Bronchiektasen, Lungenadenomatose* 50, 78
—, regional, bronchial sarcoma, *Bronchiektasen, regionale, Bronchussarkom* 39
bronchiolar carcinoma, *Bronchiolar-Karzinom* 43—90
bronchiolo-bronchioma, pathology, *Bronchiolo-Bronchiom, Pathologie* 205
bronchitis, capillary, differential diagnosis, *Bronchitis, kapilläre, Differentialdiagnose* 87
—, chronic, follicular, differential diagnosis, *Bronchitis, chronische, follikuläre, Differentialdiagnose* 160

bronchitis, capillary, pulmonary adenomatosis, *Bronchitis, chronische, Lungenadenomatose* 50
— circumscripta non specifica, *Bronchitis circumscripta non specifica* 281
— deformans, silicocarcinoma, *Bronchitis deformans, Silikokarzinom* 347
bronchography, bronchial cyst, *Bronchographie, Bronchuscyste* 272
—, — adenoma, *Bronchographie, Bronchialadenom* 115, 125, 130, 131, 134
—, carcinosarcoma of right stem bronchus, *Bronchographie, Karzinosarkom des rechten Stammbronchus* 22
—, chondro-hamartoma, *Bronchographie, Chondro-Hamartom* 216
—, diffuse papillomatosis, *Bronchographie, diffuse Papillomatose* 174
—, intrabronchial lipoma, *Bronchographie, intrabronchiales Lipom* 180
—, lymphosarcoma of lung, *Bronchographie, Lymphosarkom der Lunge* 155
—, melanoma of right lower lobe, *Bronchographie, Melanom, rechter Unterlappen* 16
—, neurofibroma, right lower lobe, *Bronchographie, Neurofibrom, rechter Unterlappen* 194
—, primary bronchial sarcoma, *Bronchographie, primäres Bronchussarkom* 36
—, pulmonary adenomatosis, *Bronchographie, Lungenadenomatose* 83
—, — granulomata, *Bronchographie, Lungengranulome nach* — 319
—, mucoid impaction after segmental resection, *Bronchographie, Mukozele nach Segmentresektion* 314
—, silicosis, *Bronchographie, Silikose* 346
—, teratoma of lung, *Bronchographie, Teratom der Lunge* 246
—, tuberculous lymph node, *Bronchographie, tuberkulöser Lymphknoten* 286
broncho-pulmonic carcinosarcoma, *broncho-pulmonales Karzinosarkom* 15, 21
— hamartoma, malignant degeneration, *bronchopulmonales Hamartom, maligne Entartung* 205
— lipoma, *broncho-pulmonales Lipom* 180
— melanoblastoma, *broncho-pulmonales Melanoblastom* 14, 15
— mykoses, *broncho-pulmonale Mykosen* 303—307
— plasmocytoma, *broncho-pulmonales Plasmocytom* 163
— sarcoma, *broncho-pulmonales Sarkom* 5—42
bronchoscopy, bronchial adenoma, *Bronchoskopie, Bronchialadenom* 113
—, melanoma, *Bronchoskopie, Melanom* 16
—, pulmonary adenomatosis, *Bronchoskopie, Lungenadenomatose* 64
bronchostenosis, myoblastoma, *Bronchostenose, Myoblastom* 200
—, progressive, bronchial adenoma, *Bronchostenose, zunehmende, Bronchialadenom* 110
bronchotomy, bronchial adenoma, *Bronchotomie, Bronchialadenom* 120
bronchus, adenoma, *Bronchus, Adenom* 90—140
—, amyloid tumour, *Bronchus, Amyloidtumor* 350
—, "arterioma", *Bronchus, ,,Arteriom"* 188
—, benign primary tumours, *Bronchus, gutartige Primärtumoren* 171—357
—, carcinoid tumour, histology, *Bronchus, Karzinoid, Histologie* 101
—, — tumours, histochemical properties, *Bronchus, Karzinoid, histochemische Eigenschaften* 102, 103
—, cyst, differential diagnosis, *Bronchus, Zyste, Differentialdiagnose* 229, 230, 258, 289

bronchus, granular cell blastoma, *Bronchus, Granularzellblastom* 21
—, hamartoma, *Bronchus, Hamartom* 201—234
—, melanoma, *Bronchus, Melanom* 15, 28
—, metastases, *Bronchus, Metastasen* 358
—, mucoepidermoid tumours, *Bronchus, Mukoepidermoidtumoren* 90, 92
—, neurogenous tumours, *Bronchus, neurogene Tumoren* 190—201
—, occlusion, adenoma, *Bronchus, Verschluß, Adenom* 111
—, polypous hyperplasia, *Bronchus, polypöse Hyperplasie* 284
—, primary myomata, *Bronchus, primäre Muskelgeschwülste* 184
—, — plasmocytoma, *Bronchus, primäres Plasmocytom* 161—167
—, pulmonary adenomatosis, *Bronchus, Lungenadenomatose* 83
—, sarcoma, *Bronchus, Sarkom* 5—42
—, —, clinical symptomatology, *Bronchus, Sarkom, klinische Symptomatologie* 30—32
—, —, macroscopic findings, *Bronchus, Sarkom, makroskopischer Befund* 27
—, —, prognosis and therapy, *Bronchus, Sarkom, Prognose und Behandlung* 28
—, —, survival rates, *Bronchus, Sarkom, Überlebenszeiten* 29
—, semimalignant tumours, *Bronchus, semimaligne Tumoren* 43—171

calcification, different forms, pulmonary foci, *Verkalkungen, verschiedene Formen, Lungenherde* 215
—, pulmonary hamartoma, *Verkalkung, Lungenhamartom* 209, 214
—, — metastases, *Verkalkung, Lungenmetastasen* 402, 438
—, secondary, pulmonary adenomatosis, *Verkalkung, sekundäre, Lungenadenomatose* 90
—, tuberculoma, *Verkalkung, Tuberkulom* 295
calcified metastasis, of lung, *,,Kalkmetastase", der Lunge* 182
cancerous embolus, pulmonary metastasis, *Krebsembolus, Lungenmetastasen* 383
capillary angioma, of lung, *kapilläres Angiom, Lunge* 186
— bronchitis, differential diagnosis, *kapilläre Bronchitis, Differentialdiagnose* 87
Caplan's syndrom, pneumoconiosis, polyarthritis, *Caplan-Syndrom, Pneumokoniose, Polyarthritis* 344
"carcinoid syndrome", endocrinology, *,,Karzinoidsyndrom", Endokrinologie* 116, 118, 138
— tumour, of bronchus, etiology, *Karzinoid, Bronchus, Ätiologie* 95
— —, —, histology, *Karzinoid, Bronchus, Histologie* 101
— tumours, bronchus, metastases, *Karzinoide, Bronchus, Metastasen* 109
— —, definition, *Karzinoide, Begriffsbestimmung* 90
carcinoma, hamartoma of lung, *Karzinom, Hamartom der Lunge* 205
—, latent, pulmonary infarction, *Karzinom, latentes, Lungeninfarkt* 327, 328
— of pancreatic head, pulmonary metastases, *Pankreaskopfkarzinom, Lungenmetastasen* 425
— in situ, pulmonary adenomatosis, *Carcinoma in situ, Lungenadenomatose* 50
carcino-sarcoma, lung, *Carcino-Sarkom, Lunge* 5—42
—, morphogenesis, *Karzinosarkom, Morphogenese* 15, 17

carcino-sarcoma, radiography, surgical specimen, *Karzinosarkom, Röntgenbild, Operationspräparat* 20, 22
—, results of surgery, *Karzinosarkom, operative Behandlungsergebnisse* 21, 24
carcinosis, miliary, tuberculosis, differential diagnosis *Karzinose, miliare, Tuberkulose, Differentialdiagnose* 426
cardial auricle, prolapsus, *Herzohr, Prolaps* 257
cardiopathy, endocrinological carcinoid syndrome *Kardiopathie, endokrines Karzinoid-Syndrom* 138, 139
cardiophrenic angle, masses, differential diagnosis, *Herz-Zwerchfellwinkel, Verschattungen, Differentialdiagnose* 251, 255—258
— —, pericardial cyst, *Herz-Zwerchfellwinkel, Perikardzyste* 252, 253
cavern, tuberculous, differential diagnosis, *Kaverne, tuberkulöse, Differentialdiagnose* 289
cavernoma, of lung, *Kavernom, Lunge* 186
cavernous hemangioma, of lung, *kavernöses Hämangiom, Lunge* 219, 220
cell proliferation, metaplastic, *Zellproliferation, metaplastische* 17
chemodectoma, endothoracic, *Chemodektom, endothorakale* 195, 196
—, nomenclature, *Chemodektom, Nomenklatur* 186, 195
child, pleural mesothelioma, *Kind, Pleura mesotheliom* 473
cholesterinpneumonitis, *Cholesterinpneumonitis* 312, 313
chondro-fibro-myxo-angiosarcoma, pulmonary artery *Chondro-Fibro-Myxo-Angiosarkom, Pulmonalarterie* 7
chondrohamartoma, lung, bronchus, *Chondrohamartom, Lunge, Bronchus* 201—217
chondroma, left lower lobe, *Chondrom, linker Unterlappen* 182
chondrosarcoma, primary, lung, *Chondrosarkom, primäres, Lunge* 12, 378
chorionepithelioma, of lung, *Chorionepitheliom, Lunge* 3—5, 378
—, thoracic cavity, *Chorionepitheliom, Brustraum* 243
chronic obstructive pneumonia, bronchial adenoma, *chronische Obstruktionspneumonie, Bronchialadenom* 129
chylothorax, angiomyomatosis of lung, *Chylothorax, Angiomyomatose der Lunge* 236
cigarette smoke, pulmonary adenomatosis, *Zigarettenrauch, Lungenadenomatose* 51
circulatory disturbance, "carcinoid syndrome", *Zirkulationsstörung, „Karzinoidsyndrom"* 116
classification, benign primary tumours of lung, *Klassifizierung, gutartige Primärtumoren der Lunge* 172
—, lung sarcoma, *Klassifizierung, Lungensarkom* 10
clinical picture, lymphosarcoma of lung, *klinisches Bild, Lymphosarkom der Lunge* 149
— —, pleural mesothelioma, *klinisches Bild, Pleuramesotheliom* 475
— symptomatology, bronchial adenoma, *klinische Symptomatologie, Bronchialadenom* 110—120
— —, — sarcoma, *klinische Symptomatologie, Bronchussarkom* 30—32
— —, cavernous hemangioma of lung, *klinische Symptomatologie, kavernöses Hämangiom der Lunge* 220
— —, mesodermal tumours, *klinische Symptomatologie, mesodermale Geschwülste* 175
— —, pericardial cyst, *klinische Symptomatologie, Perikardzyste* 253

clinical picture, pulmonary adenomatosis, *klinische Symptomatologie, Lungenadenomatose* 63—65
— —, — hamartoma, *klinische Symptomatologie, Lungenhamartom* 208, 209
— —, — plasmocytoma, *klinische Symptomatologie, Plasmocytom der Lunge* 164
— —, — teratomata, *klinische Symptomatologie, Lungenteratome* 246, 247
collagenosis, lung, differential diagnosis, *Kollagenose, pulmonale, Differentialdiagnose* 87, 89, 160
collateral ventilation, bronchial adenoma, *Kollateralbelüftung, Bronchialadenom* 135
"collision growth", carcinoma, sarcoma, *„Kollisionsgeschwülste", Karzinom, Sarkom* 21
complications, bronchial adenoma, *Komplikationen, Bronchialadenom* 135
—, cavernous hemangioma of lung, *Komplikationen, kavernöses Hämangiom der Lunge* 220
—, lipogranulomatous, after thoracotomy, *Komplikationen, lipogranulomatöse, nach Thorakotomie* 319
—, pulmonary hamartoma, *Komplikationen, Lungenhamartom* 209
—, — hydatide cyst, *Komplikationen, Lungenechinokokkus* 340
"composition tumours", carcinoma, sarcoma, *„Kompositionstumoren", Karzinom, Sarkom* 21
concretio pericardii, pulmonary hemosiderosis, *Panzerherz, Lungenhämosiderose* 86, 405
congenital arterio-venous aneurysma of pulmonary artery, *kongenitales arterio-venöses Pulmonalisaneurysma* 219
— bronchiectasis, pulmonary adenomatosis, *angeborene Bronchiektasen, Lungenadenomatose* 78
— lymphangiectasia, of lung, *angeborene Lymphangiektasie, Lunge* 234, 235
— respiratory cysts, *kongenitale respiratorische Zysten* 270, 271
corpora libera, pleural cavity, *freie Körper, Pleurahöhle* 488
cor pulmonale, pulmonary adenomatosis, *Cor pulmonale, Lungenadenomatose* 89, 90
Cushing's syndrome, paraneoplastic, *Cushing-Syndrom, paraneoplastisches* 118
cylindroma, definition, *Zylindrom, Begriffsbestimmung* 90
—, etiology, histogenesis, *Zylindrom, Ätiologie, Histogenese* 95
—, histology, *Zylindrom, Histologie* 98
—, metastases, *Zylindrom, Metastasen* 109
cyst, of bronchus, differential diagnosis, *Zyste, Bronchus, Differentialdiagnose* 229
—, dermoid, intrapulmonic, *Zyste, Dermoid, intrapulmonale* 248
—, dysontogenetic, classification, *Zyste, dysontogenetische, Einteilung* 250
—, hydatide-, *Zyste, Echinokokkus* 336—343
—, lymphangioma, *Zyste, Lymphangiom* 250
—, pericardium, *Zyste, Herzbeutel* 251—255
—, of thymus, mediastinal, *Zyste, Thymus, Mediastinum* 249
—, tracheo-bronchial, *Zyste, Tracheo-Bronchial-* 267
cystic bronchial adenoma, histology, *cystisches Bronchusadenom, Histologie* 100
— hamartoma, morphology, *cystische Hamartome, Morphologie* 203
— lymphangioma, mediastinal, *cystisches Lymphangiom, Mediastinum* 262, 263
cysts, endothoracic, esophagus, digestive tract, *Zysten, endothorakale, Oesophagus-Magen-Darm* 266
—, intestinal, ento-mesodermal, *Zysten, Darm-, ento-mesodermale* 263, 265

Subject Index

cysts, pleuro-pericardial mesothelial, *Zysten, pleuroperikardiale Mesothel-* 251
—, respiratory, congenital, *Zysten, respiratorische, angeborene* 270, 271
—, tracheobronchial angle, *Zysten, Tracheobronchialwinkel* 271
cytology, bronchial adenoma, *Zytologie, Bronchialadenom* 113
—, — sarcoma, *Zytologie, Bronchussarkom* 31
—, lymphosarcoma of lung, *Zytologie, Lymphosarkom der Lunge* 150, 155, 157
—, puncture of pleura, *Zytologie, Pleurapunktion* 480, 481
cytostatic therapy, pulmonary adenomatosis, *zytostatische Therapie, Lungenadenomatose* 68

definition, bronchial adenoma, *Begriffsbestimmung, Bronchialadenom* 90
—, — —, *Definition, Bronchialadenom* 90
—, lymphosarcoma of lung, *Begriffsbestimmung, Lymphosarkom der Lunge* 140
—, "mastocytoma" of lung, *Begriffsbestimmung, „Mastozytom" der Lunge* 167
—, mesothelioma of pleura, *Begriffsbestimmung, Pleuramesotheliom* 460
—, plasmocytoma of lung, *Begriffsbestimmung, Plasmocytom der Lunge* 161
—, pulmonary adenomatosis, *Begriffsbestimmung, Lungenadenomatose* 43
—, — —, *Definition, Lungenadenomatose* 43
—, — sarcoma, *Definition, Lungensarkom* 5
dermoid cyst, lung, *Dermoidcyste, Lunge* 7, 247, 248
development, pulmonary adenomatosis, *Entwicklung, Lungenadenomatose* 74, 75
diagnosis, bronchial adenoma, *Diagnose, Bronchialadenom* 120
—, cavernous hemangioma of lung, *Diagnose, kavernöses Hämangiom der Lunge* 220, 225
—, endothoracic cyst of stomach, *Diagnose, endothorakale Magenzyste* 267
—, leiomyomatosis, *Diagnose, Leiomyomatose* 184, 185
—, lymphosarcoma of lung, *Diagnose, Lymphosarkom der Lunge* 152
—, pericardial cyst, *Diagnose, Perikardzyste* 254
—, pleuramesothelioma, *Diagnose, Pleuramesotheliom* 483
—, pulmonary adenomatosis, *Diagnose, Lungenadenomatose* 63, 68
—, — plasmocytoma, *Diagnose, Plasmocytom der Lunge* 165
diaphragm, myofibrosarcoma, *Zwerchfell, Myofibrosarkom* 515
—, relaxatio, differential diagnosis, *Zwerchfell, Relaxatio, Differentialdiagnose* 510
—, tumours, *Zwerchfell, Tumoren* 516
diaphragmal hernia, parasternal, differential diagnosis, *Zwerchfellhernie, parasternale, Differentialdiagnose* 258, 260, 512
differential diagnosis, benign tumours of bronchus, *Differentialdiagnose, gutartige Bronchusgeschwülste* 137
— —, bronchial adenoma, *Differentialdiagnose, Bronchialadenom* 120, 129, 137
— —, — carcinoma, *Differentialdiagnose, Bronchialkarzinom* 41, 42, 68, 157, 289, 312, 316
— —, — cyst, *Differentialdiagnose, Bronchuszyste* 279
— —, cardiophrenic angle masses, *Differentialdiagnose, Verschattungen, Herz-Zwerchfellwinkel* 251, 255—258
— —, cavernous hemangioma of lung, *Differentialdiagnose, kavernöses Hämangiom der Lunge* 226

differential diagnosis, lipoid-, cholesterinpneumonitis, *Differentialdiagnose, Lipoid-, Cholesterinpneumonitis* 313
— —, lymphoma, *Differentialdiagnose, Lymphom* 141, 144
— —, lymphosarcoma of lung, *Differentialdiagnose, Lymphosarkom der Lunge* 155, 157
— —, mesothelioma of pleura, bronchial carcinoma, *Differentialdiagnose, Pleuromesotheliom, Bronchialkarzinom* 460, 461
— —, miliary tuberculosis, carcinosis, *Differentialdiagnose, miliare Tuberkulose, Karzinose* 426
— —, mycosis fungoides, *Differentialdiagnose, Mykosis fungoides* 441
— —, mykotic diseases of lung, *Differentialdiagnose, Pilzerkrankungen der Lunge* 303—308
— —, neurofibromatosis, *Differentialdiagnose, Neurofibromatose* 194
— —, pleural mesothelioma, *Differentialdiagnose, Pleuramesotheliom* 483
— —, pleural effusion, *Differentialdiagnose, Pleuraerguß* 497, 504
— —, pneumoconioses, *Differentialdiagnose, Staublungenerkrankungen* 86, 343
— —, pulmonary adenomatosis, *Differentialdiagnose, Lungenadenomatose* 44, 45, 68, 78, 84
— —, — plasmocytoma, *Differentialdiagnose, Plasmocytom der Lunge* 165
— —, — sarcoma, *Differentialdiagnose, Lungensarkom* 32, 41
— —, radiation induced pneumonitis, *Differentialdiagnose, Strahlenpneumonie* 419
— —, round focus of lung, *Differentialdiagnose, Rundherd der Lunge* 5, 77, 153, 155, 214, 289
— —, tuberculoma, hamartoma, *Differentialdiagnose, Tuberkulom, Hamartom* 213
— —, tumour stenosis, bronchial tree, *Differentialdiagnose, Bronchialbaum* 137
— —, zoonoses, *Differentialdiagnose, Zoonosen* 332
diffuse leiomyomatosis, of lung, *diffuse Leiomyomatose, Lunge* 184, 185
— papillomatosis, clinical picture, differential diagnosis, *diffuse Papillomatose, Klinik, Differentialdiagnose* 173
— pulmonary sarcomatosis, differential diagnosis, *diffuse Lungensarkomatose, Differentialdiagnose* 152, 153
digestive tract, esophagus, cysts, *Magen-Darmkanal, Oesophagus-, Zysten* 267, 270
— —, melanoma, etiology, *Verdauungstrakt, Melanom, Ätiologie* 14
— —, plasmocytoma, *Magen-Darmkanal, Plasmocytom* 161
disseminated adenomatosis of lung, differential diagnosis, *disseminierte Lungenadenomatose, Differentialdiagnose* 87
— leiomyomatosis, lung, *disseminierte Leiomyomatose, Lunge* 11, 12
— pulmonary hydatidosis, *disseminierte Lungenhydatidose* 336
doubling time, tumour, *Verdopplungszeit, Tumor-* 296, 297, 298, 387
ductus thoracicus, lymphangioma, *Ductus thoracicus, Lymphangiom* 263
dysembryogenetic blastomas, of lung and bronchus, *dysembryogenetische Blastome, Lunge, Bronchus* 201—280
dysgerminoma, definition, *Dysgerminom, Definition* 3
—, homo-, heteroplastic, *Dysgerminom, homo-, heteroplastisches* 244
dysontogenetic teratoma, lung, *dysontogenetische Teratome, Lunge* 7
— tumours, classification, *dysontogenetische Tumoren, Einteilung* 243

early diagnosis, bronchial adenoma, *Frühdiagnose, Bronchialadenom* 113
— —, primary bronchial sarcoma, *Frühdiagnose, primäres Bronchusadenom* 37
echinococcus, of lung, differential diagnosis, *Echinokokkus, Lunge, Differentialdiagnose* 289, 336, 449
ectopic dysgerminomas, formal genesis, *ektopische Dysgerminome, Formalgenese* 4
effusion, pleuramesothelioma, *Erguß, Pleuramesotheliom* 530
electrolyte metabolism, disturbance, bronchial adenoma, *Elektrolythaushalt, Störung, Bronchialadenom* 117
embryoblastoma, endothoracic, *Embryoblastom, endothorakales* 242, 243
embryoma, carcinosarcoma, *Embryom, Karzinosarkom* 26
embryonal carcinoma, development, *Embryonalkarzinome, Entwicklung* 3
— tumours, of lung, pleura, bronchus, *Embryonalgeschwülste, Lunge, Pleura, Bronchus* 245
empyema, pleura, *Empyem, Pleura* 499, 500, 504
endobronchial carcinosarcoma, *endobronchiales Karzinosarkom* 21
— chondro-hamartoma, *endobronchiales Chondro-Hamartom* 216, 217
— fibroma, incidence, *endobronchiales Fibrom, Häufigkeit* 175, 176
— haemangioma, *endobronchiales Hämangiom* 187
— hamartomata, *endobronchiale Hamartome* 207
— lipoma, *endobronchiales Lipom* 178, 179, 180
— "myoblastoma", *endobronchiales „Myoblastom"* 185
— sarcoma, frequency, *endobronchiales Sarkom, Häufigkeit* 9
endocardial fibrosis, bronchial adenoma, *Endokardfibrose, Bronchusadenom* 138
endocrinologic carcinoid syndrome, cardiopathy, *endokrines Karzinoidsyndrom, Kardiopathie* 138, 139
endometriose, pulmonary, *Endometriose, pulmonale* 240, 242
endophlebitis, luetic, pulmonary syphiloma, *Endophlebitis, syphilitische, Lungensyphilom* 309
endoscopic resection, cylindroma, *endoskopische Resektion, Zylindrom* 128
endoscopy, bronchial adenoma, *Endoskopie, Bronchialadenom* 114
endothelioma, of pleura, *Endotheliom, Pleura* 460—536
endothoracic cysts of digestive tract, *endothorakale Magen-Darmzysten* 266
— dystopy of stomach, *„Thoraxmagen"* 267
endotracheal polyp, bronchial adenoma, *endotrachealer Polyp, Bronchialadenoma* 127
enterokystoma, of small intestine, Klippel-Feil's syndrome, *Enterokystom, Dünndarm, Klippel-Feil-Syndrom* 265, 270
ento-mesodermal cysts of intestinum, *ento-mesodermale Darmzysten* 263, 265
enucleation, bronchial neurinoma, *Enukleation, Bronchusneurinom* 200
—, fibroma of lung, *Enukleation, Fibrom der Lunge* 176
—, hamartoma of lingula, *Enukleation, Hamartom der Lingula* 206
eosinophil pulmonary infiltration, differential diagnosis, *eosinophiles Lungeninfiltrat, Differentialdiagnose* 450
epithelial benign tumours, of lung, bronchus, *epitheliale gutartige Tumoren, Lunge, Bronchus* 172—174

erythematodes disseminatus subacutus, differential diagnosis, *Erythematodes disseminatus subacutus, Differentialdiagnose* 160
Escudero-Nemenow's sign, pulmonary hydatide cyst, *Escudero-Nemenowsches Zeichen, Lungenechinokokkus* 339
esophageal, carcinoma, pulmonary changes, *Oesophagus, Karzinom, Lungenveränderungen* 362
esophagus, cysts of digestive tract, *Oesophagus, Magen-Darmzysten* 266, 270
etiology, bronchial adenoma, *Ätiologie, Bronchialadenom* 95
—, chronic pneumonia, *Ätiologie, chronische Pneumonie* 315
—, melanoma of upper airways, *Ätiologie, Melanom, obere Luftwege* 14
—, pulmonary adenomatosis, *Ätiologie, Lungenadenomatose* 49
—, — sarcoma, *Ätiologie, Lungensarkom* 7
—, silicocarcinoma, *Ätiologie, Silikokarzinom* 347
—, unknown, pulmonary granulomatosis, *Ätiologie, unbekannte, Lungengranulomatose* 417
explorative thoracotomy, bronchial adenoma, *Probethorakotomie, Bronchialadenom* 121
exspiratory valve effect, bronchial adenoma, *exspiratorischer Ventileffekt, Bronchialadenom* 127
extrabronchial, ossificated bronchial adenoma, *extrabronchiales, ossifiziertes Bronchialadenom* 136
extragonadal chorionepitheliomas, *extragonadale Chorionepitheliome* 4
extraossal plasmocytoma, localization, *extraossales Plasmocytom, Lokalisation* 161
"extrapleural sign" of Felson, lower lobe carcinoma, *„extrapleurales Zeichen" nach Felson, Unterlappenkarzinom* 519
extrapulmonic bronchial cyst, *extrapulmonale Bronchuszyste* 274, 275

fibrin bodies, pleural cavity, *Fibrinkörper, Pleurahöhle* 488, 489
fibro-angioma, of lung, *Fibro-Angiom, Lunge* 187
fibro-leiomyoma, of lung, *Fibro-Leiomyom, Lunge* 184
fibro-lipo-chondroma, of lingula, *Fibro-Lipo-Chondrom, Lingula* 206
fibro-lipoma, endobronchial, *Fibro-Lipom, endobronchiales* 178
fibroma, endobronchial, incidence, *Fibrom, endobronchiales, Häufigkeit* 175, 176
—, pleura, *Fibrom, Pleura* 542
fibrosarcoma, lung, *Fibrosarkom, Lunge* 6, 10, 17, 27
—, —, results of therapy, *Fibrosarkom, Lunge, Behandlungsergebnisse* 29, 30
—, pleura, *Fibrosarkom, Pleura* 494, 535
fibrosarcomatous degeneration, embryoma, *fibrosarkomatöse Entartung, „Embryom"* 17
fluid lung, differential diagnosis, *Wasserlunge, Differentialdiagnose* 87, 413
follicular lymphoma, *follikuläres Lymphom* 141
food aspiration, pulmonary changes, *Nahrungsaspiration, Lungenverängerungen* 317
foreign body, aspiration, bronchial carcinoma, *Fremdkörper, Aspiration, Bronchialkarzinom* 317
"frozen hemithorax", pleuramesothelioma, *„frozen hemithorax", Pleuramesotheliom* 478

gastrogenous cysts, endothoracic, *gastrogene Zysten, Brustraum* 266
generalized plasmocytoma, differential diagnosis, *generalisiertes Plasmozytom, Differentialdiagnose* 167

germinomas, development, *Germinome, Entwicklung* 3
giant cell growth, of mesenchymal origin, *Riesenzellgeschwülste, mesenchymalen Ursprungs* 13
gliaectopia, multiple, of lung, *Gliaektopie, multiple, Lunge* 238
glomus tumours, of lung, *Glomustumoren, der Lunge* 195
goiter, intratracheal, differential diagnosis, *Schilddrüse, intratracheale, Differentialdiagnose* 130
gonadotropine excretion, chorionepithelioma of lung, *Gonadotropin-Ausscheidung, Chorionepitheliom der Lunge* 5
Goodpasture's syndrome, micronodular hemorrhagies *Goodpasture-Syndrom, mikronoduläre Blutungsherde* 86, 415
granular cell blastoma, of bronchus, *Granularzellblastom, Bronchus* 21
— — —, of lung, *Granularzellblastom, Lunge* 311
— — myoblastoma, *granularzelliges Myoblastom* 198, 199
granuloma, calcification, *Granulom, Verkalkung* 215
granulomata, of lung, of non-neoplastic origin, *Granulome, Lunge, nicht-neoplastischer Genese* 286—350
granulomatosis, of Wegener, *Granulomatose, Wegener* 328—332
growing rate, bronchial carcinoid, *Wachstumsrate, Bronchialkarzinoide* 93
— speed, pulmonary metastases, *Wachstumsgeschwindigkeit, Lungenmetastasen* 434, 435
gumma, lung, *Gumma, Lunge* 307, 308
— carcinoma, syphilitic changes of lung, *,,Gumma-Karzinom", syphilitisches, Lungenprozeß* 309

haemangio-pericytoma, of lung, *Hämangio-Perizytom, Lunge* 187
hamartochondroma, age distribution, localization, *Hamartochondrom, Altersverteilung, Lokalisation* 208
hamartoma, bronchial adenoma, *Hamartom, Bronchialadenom* 95
—, — tree, *Hamartom, Bronchialbaum* 207
—, calcification, *Hamartom, Verkalkung* 215
—, chondromatous, *Hamartom, chondromatöses* 182
—, coincidence: Bronchial carcinoma, *Hamartom, Koinzidenz: Bronchialkarzinom* 206
—, differential diagnosis: Tuberculoma, *Hamartom, Differentialdiagnose: Tuberkulom* 213, 289
—, endobronchial, differential diagnosis, *Hamartom, endobronchiales, Differentialdiagnose* 130
—, lung, *Hamartom, Lunge* 7, 12, 201—234
—, —, histogenesis, *Hamartom, Lunge, Histogenese* 175
—, —, malignant degeneration, *Hamartom, Lunge, maligne Entartung* 205
—, vascular, *Hamartom, vaskuläres* 217
heart, changes, bronchial carcinoid, *Herz, Veränderungen, Bronchialkarzinoid* 116
hemangioendothelioma, hematogenous pulmonary metastases, *Hämangioendotheliom, hämatogene Lungenmetastasierung* 427
—, lung, *Hämangioendotheliom, Lunge* 10, 13
—, —, tumour cavern, *Hämangioendotheliom, Lunge, Tumorkaverne* 27
hemangiofibroma, pleura, *Hämangiofibrom, Pleura* 543
hemangioma, of lung, *Hämangiom, Lunge* 186, 289
hematoma, posttraumatic, of upper lobe, *Hämatom, posttraumatisches, Oberlappen* 322
hematothorax, traumatic, hyalinosis of pleura, *Hämatothorax, traumatischer, Pleurahyalinose* 493

hemorrhagic pulmonary infarction, *hämorrhagischer Lungeninfarkt* 325
hemorrhagies, micronodular, of lung, *Blutungsherde, mikronoduläre, Lunge* 86
hernia, diaphragm, *Hernie, Zwerchfell* 512, 513
hilar lymph nodes, lymphosarcoma of lung, *Hiluslymphknoten, Lymphosarkom der Lunge* 158
— — —, pulmonary adenomatosis, *Hiluslymphknoten, Lungenadenomatose* 78
— lymphomas, unilateral, bronchial adenoma, *Hiluslymphome, einseitige, Bronchialadenom* 126
hilary lymphomas, sarcoidosis, *Hiluslymphome, Sarkoidose* 447
hilus, bronchopulmonic blastomycosis, *Hilus, bronchopulmonale Blastomykose* 302
—, cystic lymphangioma, *Hilus, zystisches Lymphangiom* 263
—, iuxtabronchial adenoma, *Hilus, juxtabronchiale Adenome* 126
—, metastases, bronchial adenoma, *Hilus, Metastasen, Bronchialadenom* 109, 136
—, sarcoidosis, *Hilus, Sarkoidose* 430
histiocytoma, of lung, differential diagnosis, *Histiozytom, Lunge, Differentialdiagnose* 161, 169, 177
histogenesis, angioma of lung, *Histogenese, Angiom der Lunge* 187
—, bronchial adenoma, *Histogenese, Bronchialadenom* 97
—, melanoma, *Histogenese, Melanom* 14
—, mesodermal tumours, *Histogenese, mesodermale Geschwülste* 175, 176
—, mesothelioma of pleura, *Histogenese, Pleuramesotheliom* 463
—, neurogenous tumours, *Histogenese, neurogene Tumoren* 190
—, pulmonary adenomatosis, *Histogenese, Lungenadenomatose* 43—45, 57
—, — sarcoma, *Histogenese, Lungensarkom* 6, 10, 26
histological type, malignancy, bronchial adenoma, *histologischer Typ, Malignitätsgrad, Bronchusadenom* 110
— —, —, lung sarcoma, *histologischer Typ, Malignitätsgrad, Sarkom der Lunge* 29
histology, alveolar cell carcinoma, *Histologie, Alveolarzellkarzinom* 51, 60
—, bronchial adenoma, *Histologie, Bronchialadenom* 96—103
—, carcinosarcoma of lung, *Histologie, Karzinosarkom der Lunge* 23
—, fibrosarcoma of pleura, *Histologie, Fibrosarkom der Pleura* 535
—, haemangioendothelioma of lung, *Histologie, Hämangioendotheliom der Lunge* 13
—, haemangiopericytoma, *Histologie, Hämangioperizytom* 188
—, histiocytoma of lung, *Histologie, Histiocytom der Lunge* 179
—, intrapulmonic neurinoma, *Histologie, intrapulmonales Neurinom* 191
—, lipoidpneumonitis, *Histologie, Lipoidpneumonitis* 319
—, lung, scar, carcinoma, *Histologie, Lungennarbenkarzinom* 50
—, lymphangiosis carcinomatosa of lung, *Histologie, Lymphangiosis carcinomatosa der Lunge* 402, 403
—, lymphosarcoma of lung, *Histologie, Lymphosarkom der Lunge* 141, 147, 149
—, "mastocytoma" of lung, *Histologie, ,,Mastozytom" der Lunge* 170
—, melanoma of lung, *Histologie, Melanom der Lunge* 17
—, mesothelioma of pleura, *Histologie, Pleuramesotheliom* 466

histology, metastasising bronchial adenoma, *Histologie, metastasierendes Bronchialadenom* 91
—, "myoblastoma", upper lobe, *Histologie, „Myoblastom", Oberlappen* 196, 198
—, pulmonary adenomatosis, *Histologie, Lungenadenomatose* 53, 54
—, — endometriosis, *Histologie, pulmonale Endometriose* 240, 242
—, — metastasis of hypernephroma, *Histologie, Hypernephrommetastase der Lunge* 45
—, reticulocytoma of lung, *Histologie, Retikulozytom der Lunge* 178
—, Wegener's granulomatosis, *Histologie, Wegenersche Granulomatose* 330, 331
histoplasmosis, of lung, differential diagnosis, *Histoplasmose, Lunge, Differentialdiagnose* 87, 305
Hodgkin's disease, lung, *Hodgkin, Lunge* 11
— sarcoma, of lung, *Hodgkin-Sarkom, Lunge* 141
hyalinosis, parietal pleura, *Hyalinose, Pleura parietalis* 490
hydatide cyst, Escudero-Nemenov's symptom, *Hydatidenblase, Escudero-Nemenovsches Symptom* 259
— disease, differential diagnosis, *Hydatidenkrankheit, Differentialdiagnose* 335
— mole, metastases, *Blasenmole, Metastasen* 3
hypernephroma, pulmonary metastasis, *Hypernephrom, Lungenmetastase* 45
—, "tumour doubling time", *Hypernephrom, „Tumorverdopplungszeit"* 298
hyperserotonism, bronchial adenoma, *Hyperserotonismus, Bronchialadenom* 117
hypertension, pulmonary, adenomatosis of lung, *Hochdruck, im kleinen Kreislauf, Lungenadenomatose* 89, 90
hypoglycemia, pleural mesothelioma, *Hypoglykämie, Pleuramesotheliom* 466, 477
hypoprothrombinemia, "carcinoid syndrome", *Hypoprothrombinämie, „Karzinoidsyndrom"* 116

idiopathic hemosiderosis of lung, differential diagnosis, *idiopathische Lungenhämosiderose, Differentialdiagnose* 86
incidence, bronchial adenoma, *Häufigkeit, Bronchialadenom* 93
—, carcinomatous pleurisy, *Häufigkeit, Pleuritis carcinomatosa* 479
—, hamartoma of lung, *Häufigkeit, Hamartom, Lunge* 207
—, lymphosarcoma of lung, *Häufigkeit, Lymphosarkom der Lunge* 145
—, metastases, pulmonary adenomatosis, *Häufigkeit, Metastasierung, Lungenadenomatose* 56
—, pleural tumours, *Häufigkeit, Pleuratumoren* 459
—, pleural mesothelioma, *Häufigkeit, Pleuramesotheliom* 473
—, pulmonary adenomatosis, *Häufigkeit, Lungenadenomatose* 46, 47
—, — lymphangiosis, *Häufigkeit, Lymphangiosis der Lunge* 383
—, — metastases, *Häufigkeit, Lungenmetasasent* 376
—, — plasmocytoma, *Häufigkeit, Plasmocytom der Lunge* 162
—, — sarcoma, *Häufigkeit, Lungensarkom* 8, 14
infarction, cavern, *Infarkt, Kaverne* 300
infectious adenomatosis of lung, *infektiöse Lungenadenomatose* 52, 87
infiltration, infectious, pulmonary adenomatosis, *Infiltration, infektiöse, Lungenadenomatose* 79
—, of lung, with eosinophilia, *Infiltration, Lunge, mit Eosinophilie* 332
inflammatory granulation tumours, differential diagnosis, *entzündliche Granulationstumoren, Differentialdiagnose* 137

infrapulmonic pleural effusion, differential diagnosis, *infrapulmonaler Pleuraerguß, Differentialdiagnose* 506, 507
initial findings, pulmonary adenomatosis, *Anfangsbefunde, Lungenadenomatose* 69
interlobar empyema, differential diagnosis, *Interlobär-Empyem, Differentialdiagnose* 497
interlobium, pleural mesothelioma, *Interlobium, Pleuramesotheliom* 499
intermittent atelectasis, bronchial adenoma, *intermittierende Atelektase, Bronchialadenom* 135
intraarterial radiotherapy, bronchial adenoma, metastases, *intraarterielle Strahlenbehandlung, Bronchialadenom, Metastasen* 120
intrabronchial hamartoma, *intrabronchiales Hamartom* 202
intrapulmonic hydatide cyst, *intrapulmonale Echinokokkuszyste* 341
invasive metaplastic cell proliferation, carcinosarcoma, *invasive metaplastische Zellproliferation, Karzino-Sarkom* 17

Jackson's adenoma, histology, therapy, *„Jackson-Adenom", Histologie, Behandlung* 99, 125, 133

Kahler's disease of lung, *Morbus Kahler, Lunge* 161, 164
Kaposi's pigmented sarcoma, lung metastases, *Pigmentsarkom Kaposi, Lungenmetastasen* 15
Klippel-Feil's syndrome, enterokystoma of small intestine, *Klippel-Feil-Syndrom, Enterokystom des Dünndarms* 265, 270
Klippel-Trénaunay's disease, *Morbus Klippel-Trénaunay* 237
kymography, mediastinal cyst of thymus, *Kymographie, mediastinale Thymuszyste* 249

late metastases, melanoma, *Spätmetastasen, Melanom* 15
— prognosis, lung sarcoma, *Fernprognose, Lungensarkom* 30
leiomyoma, lower lobe, *Leiomyom, Unterlappen* 183
leiomyomatosis, diffuse, of lung, *Leiomyomatose, diffuse, Lunge* 184
leiomyosarcoma, lung, *Leiomyosarkom, Lunge* 11, 12
—, —, tumour cavern, *Leiomyosarkom, Lunge, Tumorkaverne* 27
lingula, hamartoma, *Lingula, Hamartom* 206, 212
lipoidpneumonitis, differential diagnosis, *Lipoidpneumonitis, Differentialdiagnose* 158, 313, 411
—, tumourlike picture, *Lipoidpneumonitis, tumorähnliches Bild* 318
lipoma, endobronchial, *Lipom, endobronchiales* 178, 180
—, of lung, differential diagnosis, *Lipom, Lunge, Differentialdiagnose* 289
—, — periphery, *Lipom, Lungenperipherie* 184
—, subpleural, *Lipom, subpleurales* 526
liposarcoma, lung, *Liposarkom, Lunge* 10, 12, 13
liver, metastases, bronchial adenoma, *Leber, Metastasen, Bronchialadenom* 109
—, metastases, lymphosarcoma, *Leber, Metastasen, Lymphosarkom* 147
—, prolapsus, *Leber, Prolaps* 54
— prolapsus, pseudotumoural, differential diagnosis, *Leberprolaps, pseudotumoraler, Differentialdiagnose* 259
lobectomy, bronchial adenoma, *Lobektomie, Bronchialadenom* 120, 125
—, bronchial cyst, *Lobektomie, Bronchuszyste* 272, 273
—, carcinosarcoma, *Lobektomie, Karzinosarkom* 25

Subject Index

lobectomy, intrapulmonic neurinoma, *Lobektomie, intrapulmonales Neurinom* 191
—, Jackson's adenoma, *Lobektomie, Jackson-Adenom* 133
—, leiomyoma, *Lobektomie, Leiomyom* 183
—, lipoidpneumonitis, *Lobektomie, Lipoidpneumonitis* 318
—, lung sarcoma, *Lobektomie, Lungensarkom* 30
—, lymphogranulomatosis, *Lobektomie, Lymphogranulomatose* 143
—, lymphosarcoma of lung, *Lobektomie, Lymphosarkom der Lunge* 151, 153, 159
—, "myoblastoma", *Lobektomie, „Myoblastom"* 196
—, pulmonary adenomatosis, *Lobektomie, Lungenadenomatose* 67, 73, 75
—, reticulum cell sarcoma of lung, *Lobektomie, Retikulumzellsarkom der Lunge* 142
localization, bronchial amyloidosis, *Lokalisation, Bronchial-Amyloidose* 352
—, endobronchial lipoma, *Lokalisation, endobronchiales Lipom* 180
—, hamartochondroma, *Lokalisation, Hamartochondrom* 208
—, lymphosarcoma of lung, *Lokalisation, Lymphosarkom der Lunge* 146
—, mesodermal tumours, of lung, bronchus, *Lokalisation, mesodermale Geschwülste, Lunge, Bronchus* 174, 180
—, metastases, bronchial adenoma, *Lokalisation, Metastasen, Bronchialadenom* 109
—, plasmocytoma of lung, *Lokalisation, Plasmocytom der Lunge* 161
—, pulmonary adenomatosis, *Lokalisation, Lungenadenomatose* 71
Loeffler's syndrome, differential diagnosis, *„Löffler-Syndrom", Differentialdiagnose* 332
lower lobe, adenocarcinoma, *Unterlappen, Adenokarzinom* 139
— —, carcinosarcoma, *Unterlappen, Karzinosarkom* 25
— —, cavernous hemangioma of lung, *Unterlappen, kavernöses Hämangiom der Lunge* 222, 223
— —, chondrohamartoma, *Unterlappen, Chondrohamartom* 210
— —, chondroma, *Unterlappen, Chondrom* 182
— —, hemangiopericytoma, *Unterlappen, Hämangiopericytom* 188
— —, leiomyoma, *Unterlappen, Leiomyom* 183
— —, lymphosarcoma of lung, *Unterlappen, Lymphosarkom der Lunge* 159
— —, metastasis of synovialoma, *Unterlappen, Synovialom-Metastase* 452
— —, necrosis, round focus, *Unterlappen, Nekrose, Rundherd* 324
— —, neurilemmoblastoma, *Unterlappen, Neurilemmoblastom* 193
— —, primary melanoma, *Unterlappen, primäres Melanom* 16
— —, pulmonary adenomatosis, *Unterlappen, Lungenadenomatose* 70
— —, — infarction, *Unterlappen, Lungeninfarkt* 325
— —, syphiloma, *Unterlappen, Syphilom* 308
— —, tuberculoma, *Unterlappen, Tuberkulom* 292
lues, lung, *Lues, Lunge* 307, 308
lung, abscess, sequester, *Lunge, Abszeß, Sequester* 301
—, amebiasis, liver abscess, perforation, *Lunge, Amöbenabszeß, Durchbruch* 342, 343
—, amyloid tumour, *Lunge, Amyloidtumor* 350
—, angiomatous malformations, *Lunge, angiomatöse Mißbildungen* 217, 236

lung, asbestosis, *Lunge, Asbestose* 472, 473
—, benign changes, differential diagnosis, *Lunge, gutartige Veränderungen, Differentialdiagnose* 405, 417
—, — primary tumours, *Lunge, gutartige Primärtumoren* 171—357
—, chorionepithelioma, *Lunge, Chorionepitheliom* 3—5
—, collagenosis, adenomatosis, *Lunge, Kollagenose, Adenomatose* 50
—, congenital lymphangiectasia, *Lunge, angeborene Lymphangiektasie* 234, 235
—, dermoid cyst, *Lunge, Dermoidzyste* 247, 248
—, endometriosis, *Lunge, Endometriose* 240, 242
—, eosinophil infiltration, *Lunge, eosinophiles Infiltrat* 450
—, glomus tumours, *Lunge, Glomustumoren* 195
—, granulomata of non-neoplastic origin, *Lunge, Granulome nicht-neoplastischer Genese* 286—350
—, hamartoma, *Lunge, Hamartom* 201—234
—, hydatide cyst, *Lunge, Echinokokkus* 289, 336
—, infarction, adenomatosis, *Lungeninfarkt, Adenomatose* 50, 79
—, —, cavern, *Lunge, Infarktkaverne* 300
—, —, hemorrhagic, *Lungeninfarkt, hämorrhagischer* 325
—, —, latent carcinoma, *Lungeninfarkt, latentes Karzinom* 327
—, lues, *Lunge, Lues* 307, 308
—, lymphadenosis of Brill-Symmers, *Lunge, Lymphadenose Brill-Symmers* 144
—, lymphangiosis carcinomatosa, *Lunge, Lymphangiosis carcinomatosa* 393, 394, 399, 401
—, lymphogranulomatosis, *Lunge, Lymphogranulomatose* 143
—, metastases, bronchial adenoma, *Lunge, Metastasen, Bronchialadenom* 109
—, microlithiasis alveolaris miliaris, *Lunge, Microlithiasis alveolaris miliaris* 410
—, mycotic diseases, *Lunge, Pilzerkrankungen* 303—308
—, neurogenous tumours, *Lunge, neurogene Geschwülste* 190—201
—, primary lymphosarcoma, *Lunge, primäres Lymphosarkom* 140—160
—, — "mastocytoma", *Lunge, primäres „Mastozytom"* 167
—, — myomata, *Lunge, primäre Muskelgeschwülste* 184
—, — plasmocytoma, *Lunge, primäres Plasmocytom* 161—167
—, reticulum cell sarcoma, *Lunge, Retikulumzellsarkom* 142
—, round focus, differential diagnosis, *Lunge, Rundherd, Differentialdiagnose* 5, 77, 153, 286, 287, 289, 324
—, semimalignant tumours, *Lunge, semimaligne Tumoren* 43—171
—, teratoma, *Lunge, Teratom* 244, 246
—, vascular tumours, *Lunge, vaskuläre Tumoren* 186—190
—, zoonoses, *Lunge, Zoonosen* 332, 333
— abscess, differential diagnosis, *Lungenabszeß, Differentialdiagnose* 158
— anlage, primitive, embryoma, *Lungenanlage, primitive, Embryom* 26
— biopsy, transthoracic, *Lungenbiopsie, transthorakale* 394
— resection, calcification, different forms, *Lungenresektion, Verkalkungen, Formen* 215
— —, carcinosarcoma, *Lungenresektion, Karzinosarkom* 20, 22
— —, hamartoma, *Lungenresektion, Hamartom* 202

lung, *resektion*, lung sarcoma, *Lungenresektion, Lungensarkom* 30
— —, pulmonary adenomatosis, *Lungenresektion, Lungenadenomatose* 67, 68
— —, round focus, differential diagnosis, *Lungenresektion, Rundherd, Differentialdiagnose* 289
— —, solitary metastases, *Lungenresektion, Solitärmetastasen* 14, 394, 395
— —, see pneumonectomy, lobectomy, segmental resection, *Lungenresektion s. Pneumonektomie, Lobektomie, Segmentresektion*
lymph node, tuberculous, impression of main bronchus, *Lymphknoten, tuberkulöse, Einbruch in den Hauptbronchus* 286
— —, hyperplasia, differential diagnosis, *Lymphknotenhyperplasie, Differentialdiagnose* 160
lymphadenosis of Brill-Symmers, *Lymphadenose, Brill-Symmers* 144
—, leukotic, silicosis, *Lymphadenose, leukotische, Silikose* 407
lymphangiectasia congenita cystica, *Lymphangiectasia congenita cystica* 86, 234, 235
lymphangioma, mediastinal, *Lymphangiom, Mediastinum* 262, 263, 264
lymphangiomatosis of lung, *Lymphangiomatosis, Lunge* 234
lymphangiosis, carcinomatosa pulmonis, *Lymphangiosis, carcinomatosa pulmonis* 393, 394, 399, 421
— of lung, incidence, *Lymphangiosis, Lunge, Häufigkeit* 383
lymphoblastic lymphoma, *lymphoblastisches Lymphom* 141
lymphoblastoma, macrofollicular, of lung, *Lymphoblastom, großfollikuläres, Lunge* 144
lymphogranuloma of mediastinum, *Lymphogranulom, Mediastinum* 145
lymphogranulomatose of lung, *Lymphogranulomatose der Lunge* 11, 143, 456
lymphogranulomatosis, paracardial, differential diagnosis, *Lymphogranulomatose, parakardiale, Differentialdiagnose* 258
—, pulmonary metastases, differential diagnosis, *Lymphogranulomatose, Lungenmetastasen, Differentialdiagnose* 439
lymphoma, differential diagnosis, *Lymphom, Differentialdiagnose* 141, 144
lymphosarcoma, lung, differential diagnosis, *Lymphosarkom, Lunge, Differentialdiagnose* 6, 9, 11
—, lung, prognosis, results of therapy, *Lymphosarkom, Lunge, Prognose, Behandlungsergebnisse* 28, 29
—, lung, tumour cavern, *Lymphosarkom, Lunge, Tumorkaverne* 27
—, primary, of lung, *Lymphosarkom, primäres, Lunge* 140—160

macrofollicular lymphoblastoma, *großfollikuläres Lymphoblastom, Lunge* 144
macroscopic findings, bronchial adenoma, *makroskopischer Befund, Bronchialadenom* 103
— —, lung sarcoma, *makroskopischer Befund, Lungensarkom* 26—28
Maffucci's syndrome, chondrodysplasia, multiple angiomata, *Maffucci-Syndrom, Chondrodysplasie, multiple Angiome* 237
main bronchus, bronchogenic neurinoma, *Hauptbronchus, bronchogenes Neurinom* 198
— —, compression stenosis, bronchial cyst, *Hauptbronchus, Kompressionsstenose, Bronchuszyste* 274
— —, cylindroma, *Hauptbronchus, Zylindrom* 138

main bronchus, impression, lymph nodes, *Hauptbronchus, Lymphknoteneinbruch* 286
— —, stenosis, bronchial adenoma, *Hauptbronchus, Stenose, Bronchialadenom* 127, 132
mal absorption syndrome, "carcinoid syndrome", *Malabsorptionssyndrom, „Karzinoidsyndrom"* 116
malformations, angiomatous, of lung, *Mißbildungen, angiomatöse, Lunge* 186, 217
—, tumourlike, of lung and bronchus, *Mißbildungen, geschwulstartige, Lunge, Bronchus* 201
malignancy, bronchial adenoma, *Malignitätsgrad, Bronchialadenom* 106—110
—, endobronchial, pulmonary sarcoma, *Malignitätsgrad, endobronchiales, pulmonales Sarkom* 29
malignant goiter, pulmonary metastases, *Struma maligna, Lungenmetastasen* 432
"mastocytoma", primary, of lung, *„Mastozytom", primäres, Lunge* 167
mediastinal cyst, bronchogenous, *Mediastinalzyste, bronchogene* 276, 278
— lymph nodes, bronchial adenoma, *Mediastinallymphknoten, Bronchialadenom* 136
— — —, lymphosarcomatosis, *Mediastinallymphknoten, Lymphosarkomatose* 145
— — —, pulmonary adenomatosis, *Mediastinallymphknoten, Lungenadenomatose* 78
— pleura, mesothelioma, *Pleura mediastinalis, Mesotheliom* 528
— shifting, bronchial adenoma, *Mediastinalwandern, Bronchialadenom* 127
— tumour, differential diagnosis, *Mediastinaltumor, Differentialdiagnose* 453
— tumours, dysontogenetic, *Mediastinaltumoren, dysontogenetische* 247, 248
mediastinum, congenital tracheo-bronchial cyst, *Mediastinum, angeborene Tracheo-Bronchialzyste* 267
—, dysgerminoma, *Mediastinum, Dysgerminom* 244, 245
—, ento-mesodermal cysts of intestinum, *Mediastinum, ento-mesodermale Darmzysten* 265
—, haemangiopericytoma, *Mediastinum, Hämangioperizytom* 195
—, lymphangioma, *Mediastinum, Lymphangiom* 262, 264
—, lymph node tuberculosis, *Mediastinum, Lymphknoten-Tuberkulose* 428
—, lymphogranuloma, *Mediastinum, Lymphogranulom* 145
—, metastases, bronchial adenoma, *Mediastinum, Metastasen, Bronchialadenom* 109
melanoma, histogenesis, *Melanom, Histogenese* 14
—, primary, of right lower lobe, *Melanom, primäres, des rechten Unterlappens* 16
—, pulmonary late metastasis, *Melanom, pulmonale Spätmetastase* 378, 384
melanosarcoma, lung, *Melanosarkom, Lunge* 10, 14
meningocele, thoracic, neurofibromatosis, *Meningozele, thorakale, Neurofibromatose* 268
mesenchymal tumours of trachea, differential diagnosis, *mesenchymale Trachealtumoren, Differentialdiagnose* 129
mesodermal benign tumours of lung, bronchus, *mesodermale gutartige Geschwülste, Lunge, Bronchus* 174—186
mesothelial cyst, pleura, *Mesothelzyste, Pleura* 508, 509
— —, classification, *Mesothelzysten, Einteilung* 250, 251
mesothelioma of pleura, *Mesotheliom, Pleura* 460—536
—, pleura, differential diagnosis, *Mesotheliom, Pleura, Differentialdiagnose* 41, 289

mesothelioma sarcomatous, *Mesotheliom,
sarkomatöses* 527
Bronchialadenom 106—110
—, — carcinoma, contralateral pulmonary —,
*Metastasen, Bronchialkarzinom, kontralaterale
Lungen* — 419
—, bronchus, *Metastasen, Bronchus* 358
—, carcinosarcoma, *Metastasen, Karzinosarkom* 25, 26
—, differential diagnosis: pulmonary adenomatosis,
*Metastasen, Differentialdiagnose: Lungen-
adenomatose* 79
—, lung, differential diagnosis, *Metastasen, Lunge,
Differentialdiagnose* 41, 289, 378
—, lymphosarcoma of lung, *Metastasen, Lymphosarkom der Lunge* 147
—, malignant "myoblastoma", *Metastasen, malignes
"Myoblastom"* 186
—, mesothelioma of pleura, *Metastasen, Pleuramesotheliom* 471
—, primary bronchial sarcoma, *Metastasen, primäres
Bronchussarkom* 28
—, pulmonary adenomatosis, *Metastasen, Lungenadenomatose* 56, 66
metastasis, calcification, *Metastase, Verkalkung* 215
—, calcified, of lung, *Metastase, "Kalk"-, Lunge* 182
—, pleura, *Metastase, Pleura* 551
—, pulmonary, hypernephroma, *Metastase,
pulmonale, Hypernephrom* 45
metastasising bronchial adenoma, *metastasierendes
Bronchialadenom* 91, 109
microcalcifications, pulmonary metastases, *Mikroverkalkungen, Lungenmetastasen* 402
microlithiasis alveolaris miliaris, *Microlithiasis
alveolaris miliaris* 410
micronodular hemorrhagies of lung, differential
diagnosis, *mikronoduläre Blutungsherde, Lunge,
Differentialdiagnose* 86
middle lobe, bronchial adenoma, *Mittellappen,
Bronchialadenom* 124
— —, lymphosarcoma, *Mittellappen, Lymphosarkom* 156, 157
— —, pulmonary adenomatosis, *Mittellappen,
Lungenadenomatose* 80
— —, syndrome, inflammatory granulation tissue,
*Mittellappen, Syndrom, entzündliches Granula-
tionsgewebe* 287
miliary adenomatosis of lung, *miliare Amyloidose,
Lunge* 86
— — —, *miliare Lungenadenomatose* 84, 85
miliary-nodular dissemination, pulmonary adenomatosis, *miliar-noduläre Aussaat, Lungenadenomatose* 74, 75, 83
miliary pneumonia, differential diagnosis, *miliare
Pneumonie, Differentialdiagnose* 87
— tuberculosis, carcinosis, differential diagnosis,
*miliare Tuberkulose, Karzinose, Differential-
diagnose* 426
mitral vitium, pulmonary hemosiderosis, *Mitralfehler, Lungenhämosiderose* 86
morphogenesis, carcinosarcoma, *Morphogenese,
Karzinosarkom* 15
—, pulmonary adenomatosis, *Morphogenese, Lungenadenomatose* 57—62
—, pleural mesothelioma, *Morphogenese, Pleuramesotheliom* 463—466
—, primary lymphosarcoma of lung, *Morphogenese,
primärpulmonales Lymphosarkom* 144
morphology, lung sarcoma, *Morphologie, Lungensarkom* 10—30
—, pulmonary adenomatosis, *Morphologie, Lungenadenomatose* 52—62
mucoepidermoid tumours, of bronchus, *Mukoepidermoidtumoren, Bronchus* 90, 92, 98
mucoid impaction, of bronchus, after segmental
resection, *Bronchomukozele, nach Segmentresektion* 314

mucoid impaction, differential diagnosis, *Mukozele,
Differentialdiagnose* 313
multilocular dissemination, pulmonary adenomatosis,
multilokuläre Ausbreitung, Lungenadenomatose
50, 57, 78
— echinococcus alveolaris, *multilokulärer Echinococcus alveolaris* 336
— pulmonary fistulas, Osler's disease, *multilokuläre
Lungenfisteln, Morbus Osler* 218
multiple chondro-hamartomata, of lung, *multiple
Chondro-Hamartome, Lunge* 214
— hamartomata, of lung, bronchus, *multiple
Hamartome, Lunge, Bronchus* 205
— plasmocytoma, biological spectrum, *multiples
Plasmozytom, biologisches Spektrum* 168
multiplicity, myo-, lympho-, angioblastic sarcomas,
*Multiplizität, myo-, lympho-, angioblastische
Sarkome* 26
mycetoma, of lung, *Myzetom, Lunge* 303
mycosis fungoides, differential diagnosis: pulmonary
metastases, *Mykosis fungoides, Differentialdiagnose: Lungenmetastasen* 441
myeloma, endothoracic, differential diagnosis,
Myelom, endothorakales, Differentialdiagnose
161
myeloplastic tumours of lung, *myeloplastische
Lungentumoren* 11, 12
myfibrosarcoma, diaphragm, *Myofibrosarkom,
Zwerchfell* 515
mykotic diseases, of lung, *Pilzerkrankungen, Lunge*
303—308
— granulomata, of lung, *mykotische Granulome,
Lunge* 302, 303
"myoblastoma", endobronchial, *"Myoblastom",
endobronchiales* 185
myomata, primary, of lung, bronchus, *Muskelgeschwülste, primäre, Lunge, Bronchus* 184
myoplastic sarcoma, lung, results of treatment,
*myoplastisches Sarkom, Lunge, Behandlungs-
ergebnisse* 29, 30

necrobiotic adenomatosis, secondary calcification,
nekrobiotische Adenomatose, sekundäre Verkalkung
90
nephritis, Goodpasture's syndrome, *Nephritis,
Goodpasture-Syndrom* 415
neurinoma, intercostal, *Neurinom, interkostales*
545
—, intrapulmonic, *Neurinom, intrapulmonales* 191
—, syntopia: Squamous cell carcinoma, *Neurinom,
Syntopie: Plattenepithelkrebs* 21
neurofibromatosis, of lung, *Neurofibromatose, Lunge*
193, 289, 451
—, meningocele, retroperitoneal fibro-sarcoma,
*Neurofibromatose, Meningozele, retroperitoneales
Fibro-Sarkom* 268
neurofibrosarcoma, lung, *Neurofibrosarkom, Lunge*
10, 11
neurogenic sarcomas, lung, *neurogene Sarkome,
Lunge* 9, 27
— tumours, of lung, bronchus, *neurogene Geschwülste,
Lunge, Bronchus* 190—201
nitrogen mustard, pulmonary adenomatosis, *Stickstofflost, Lungenadenomatose* 49
nomenclature, bronchial adenoma, *Nomenklatur,
Bronchialadenom* 92
—, lymphosarcoma of lung, *Nomenklatur, Lymphosarkom der Lunge* 140, 141, 144
—, "myoblastoma", *Nomenklatur, "Myoblastome"*
185
—, pulmonary adenomatosis, *Nomenklatur, Lungenadenomatose* 43
"notch sign" of Rigler, pulmonary adenomatosis,
"Randkerbung", Lungenadenomatose 74
— —, round focus, *"Nabelungsphänomen",
Rundherd* 294

oat cell type, bronchial adenoma, „Oat cell-Typ",
  Bronchialadenom 90
— — —, — carcinoma, „Oat cell-Typ",
  Bronchialkarzinom 56
obstructive emphysema, bronchial adenoma,
  Obstruktionsemphysem, Bronchialadenom
  127
— pneumonia, bronchial adenoma, Obstruktionspneumonie, Bronchialadenom 111, 129, 135
Osler's disease, a.v. fistulas of lung, Oslersche Krankheit, a.v. Fisteln der Lunge 218, 220
ossification, pulmonary hamartoma, Verknöcherung,
  Lungenhamartom 209, 215
—, — metastases, Verknöcherung, Lungenmetastasen
  438
—, stroma, bronchial adenoma, Ossifikation,
  Stroma, Bronchusadenom 100
osteoarthropathie hypertrophiante pneumonique,
  bronchial sarcoma, Osteoarthropathie hypertrophiante pneumonique, Bronchussarkom 31
— — —, pleuramesotheliom, Osteoarthropathie
  hypertrophiante pneumonique, Pleuramesotheliom
  476, 477
osteoid-chondrosarcoma, lung, Osteoid-Chondrosarkom, Lunge 10, 13
osteosarcoma, primary, lung, Osteosarkom, primäres,
  Lunge 12

Pancoast's syndrome, differential diagnosis,
  Pancoast-Syndrom, Differentialdiagnose 527
pancreatic carcinoma, multiple pulmonary infarctions, Pankreaskarzinom, multiple Lungeninfarkte
  446
papilloma, tracheo-bronchial, Papillom, tracheobronchiales 172
paraffinoma, "differential diagnosis", „Paraffinom",
  Differentialdiagnose 320
paraganglioma, endothoracic, Paragangliome, endothorakale 195, 196
paragonimiasis pulmonum, Paragonimiasis
  pulmonum 333, 334
paramesothelioma, pleura, Paramesotheliom, Pleura
  465, 485
parasternal diaphragmal hernia, differential diagnosis,
  parasternale Zwerchfellhernie, Differentialdiagnose
  258, 260
parietal pleura, hyalinosis, Pleura parietalis,
  Hyalinose 490
pathologic anatomy, lymphosarcoma of lung, pathologische Anatomie, Lymphosarkom der Lunge
  146—149
— —, mesothelioma of pleura, pathologische Anatomie, Pleuramesotheliom 463—472
— —, plasmocytoma of lung, pathologische Anatomie, Plasmocytom der Lunge 164
pathological anatomy, bronchial adenoma, pathologische Anatomie, Bronchialadenom 96—110
— —, lung sarcoma, pathologische Anatomie,
  Lungensarkom 10—30
— —, "mastozytoma" of lung, pathologische Anatomie, „Mastozytom" der Lunge 168
— —, melanoma, pathologische Anatomie, Melanom
  14, 15
— —, pulmonary adenomatosis, pathologische Anatomie, Lungenadenomatose 52—62
perforation, hydatide cyst of liver, into the thoracic
  cavity, Perforation, Leber-Echinokokkuszyste,
  Brustraum 343
pericardial cyst, right cardiophrenic angle,
  Perikardzyste, rechter Herz-Zwerchfellwinkel
  252, 253
— diverticulum, inflammatory, differential diagnosis
  Perikarddivertikel, entzündliches, Differentialdiagnose 259
pericardium, cyst, localization, Herzbeutel, Zyste,
  localization 251

pericardium, diverticulum, Herzbeutel, Divertikel
  251
—, metastases, bronchial adenoma, Herzbeutel,
  Metastasen, Bronchialadenom 109
peripheral bronchial carcinoid tumour, peripheres
  Bronchuskarzinoid 121
perithelioma, endobronchial, Perithelioma, endobronchiales 188
phaeochromocytoma, differential diagnosis, Phäochromocytom, Differentialdiagnose 192
pharmaco-dynamic effects, bronchial adenoma,
  pharmakodynamische Effekte, Bronchialadenom
  117
phlebectasia, transposition of pulmonary veins,
  Phlebektasie, Pulmonalvenentransposition
  232
—, upper lobe, Phlebektasie, Oberlappen 227, 228
"Pie-Syndrome", pulmonary infiltration with
  eosinophilia, „Pie-Syndrom" 332
plasma cell diseases, biological spectrum, Plasmazell-
  Krankheiten, biologisches Spektrum 168
— — granuloma, of lung, differential diagnosis,
  Plasmazell-Granulom, Lunge, Differentialdiagnose
  161
plasmocytoma, extramedullary, bronchial tree,
  Plasmocytom, extramedulläres, Bronchialbaum
  137
—, primary, lung, Plasmocytom, primäres, Lunge
  161—167
plate like atelectasis, bronchial adenoma, Plattenatelektase, Bronchusadenom 134
pleura, benign tumours, Pleura, gutartige Geschwülste
  541—560
—, fibroma, Pleura, Fibrom 542
—, fibrosarcoma, Pleura, Fibrosarkom 494
—, hematocele, Pleura, Hämatozele 494, 495
—, mesothelial cyst, Pleura, Mesothelzyste
  508, 509
—, mesothelioma, perforation, Pleura, Mesotheliom,
  Perforation 363, 364
—, metastases, bronchial adenoma, Pleura, Metastasen, Bronchialadenom 109
—, primary malignant tumours, Pleura, primäre,
  maligne Tumoren 459—536
—, primary sarcomas, Pleura, primäre Sarkome
  536—540
—, occupational cancer, Pleura, Berufskrebs
  473
—, puncture, cytology, Pleura, Punktion, Zytologie
  480, 481
—, thickening, pulmonary adenomatosis, Pleura,
  Schwarte, Lungenadenomatose 49
—, tumours, Pleura, Tumoren 459—560
pleural cavity, corpora libera, Pleurahöhle, freie
  Körper 488
— effusion, differential diagnosis, Pleuraerguß,
  Differentialdiagnose 497, 505
— —, lymphosarcoma of lung, Pleuraerguß,
  Lymphosarkom der Lunge 153
pleuritis carcinomatosa, incidence, Pleuritis carcinomatosa, Häufigkeit 479
pleuromediastinalsinus, effusion, Pleuromediastinalsinus, Erguß 503
pleuro-parietal plasmocytoma, differential diagnosis,
  pleuro-parietales Plasmocytom, Differentialdiagnose 166, 167
pleuro-pericardial mesothelial cysts, pleuro-perikardiale Mesothelzysten 251
pneumoconioses, Pneumokoniosen 343—349
pneumonectomy, lung sarcoma, Pneumonektomie,
  Lungensarkom 30, 38
—, lymphosarcoma of lung, Pneumonektomie,
  Lymphosarkom der Lunge 151
—, melanoma, Pneumonektomie, Melanom 15
—, neurilemmoblastoma, Pneumonektomie, Neurilemmoblastom 193

pneumonectomy, pulmonary adenomatosis, *Pneumonektomie, Lungenadenomatose* 67
pneumonia, chronic, differential diagnosis, *Pneumonie, chronische, Differentialdiagnose* 158, 289, 312
—, differential diagnosis: Pulmonary adenomatosis, *Pneumonie, Differentialdiagnose: Lungenadenomatose* 79, 86, 87
—, xanthomatous, *Pneumonie, xanthomatöse* 312
pneumonitis, differential diagnosis, *Pneumonitis, Differentialdiagnose* 87
pneumoradiography, thoraco-abdominal, differential diagnosis of cardiophrenic angle masses, *Pneumoradiographie, thorako-abdominelle, Differentialdiagnose, Verschattungen des Herzzwerchfellwinkel* 261, 262
pneumothorax, pleura mesothelioma, *Pneumothorax, Pleura mesotheliom* 484
—, pulmonary metastasis of fibrosarcoma, *Pneumothorax, Lungenmetastase, Fibrosarkom* 457
—, rupture of hydatide cyst, *Pneumothorax, Echinokokkusruptur* 338
polyarthritis, pneumoconiosis, *Polyarthritis, Staublungenerkrankung* 344
polyposis, of lung, bronchus, *Polypose, Lunge, Bronchus* 175
polypous hyperplasia, of bronchus, *polypöse Hyperplasie, Bronchus* 284
portio uteri, pulmonary metastases, *Portio uteri, Lungenmetastasen* 434
postoperative radiation therapy, lung sarcoma, *postoperative Röntgenbestrahlung, Lungensarkom* 30
poststenotic bronchiectasis, bronchial adenoma, *poststenotische Bronchiektasie, Bronchialadenom* 135
posttraumatic hematoma, upper lobe, *posttraumatisches Hämatom, Oberlappen* 322
— hernia of omentum, *posttraumatische Omentumhernie* 513
— pulmonary lesions, *posttraumatische Lungenherde* 448
praecancerosis, neurinoma: Squamous cell carcinoma *Präkanzerose, Neurinom: Plattenepithelkrebs* 21
primary carcinosarcoma, review of literature, *primäre Karzinosarkome, Literaturübersicht* 18, 19, 21
— lung sarcoma, clinical picture, *primäres Lungensarkom, Klinik* 10, 26, 29
— — tumours, *primäre Lungentumoren* 1—42
— lymphosarcoma, of lung, *primäres Lymphosarkom der Lunge* 140—160
— "mastocytoma", of lung, *primäres „Mastozytom", Lunge* 167
— neurogenous tumours, of lung, bronchus, *primäre Nervengeschwülste, Lunge, Bronchus* 190—201
— plasmocytoma, lung, bronchus, *primäres Plasmozytom, Lunge, Bronchus* 161
— pulmonic dermoid cyst, *primäre pulmonale Dermoidzyste* 247, 248
— teratomata of lung, clinical symptomatology, *primäre Lungenteratome, klinische Symptomatologie* 246, 247
— tumour, size, number of pulmonary metastases, *Primärtumor, Größe, Zahl der Lungenmetastasen* 386
primitive lung anlage, embryoma, *primitive Lungenanlage, Embryom* 25
professional cancer, of pleura, *Berufskrebs, Pleura* 473
prognosis, bronchial adenoma, *Prognose, Bronchialadenom* 110—120
—, lymphosarcoma of lung, *Prognose, Lymphosarkom der Lunge* 149, 151, 152

prognosis, pleural mesothelioma, *Prognose, Pleura mesotheliom* 474
—, primary bronchial sarcoma, *Prognose, primäres Bronchussarkom* 28
—, pulmonary adenomatosis, *Prognose, Lungenadenomatose* 65—68
—, — plasmocytoma, *Prognose, Plasmocytom der Lunge* 164
prolapsus, liver, *Prolaps, Leber* 511
proteinosis, alveolar, differential diagnosis, *Proteinose alveoläre, Differentialdiagnose* 87, 88
pseudotumour, actinomycosis of lung, *Pseudotumor, Aktinomykose der Lunge* 306
—, lipoid pneumonitis, *Pseudotumor, Lipoidpneumonitis* 318
pseudotumours, inflammatory, *Pseudotumoren, entzündliche* 280—286
—, plasmacellular, differential diagnosis, *Pseudotumoren, plasmacelluläre, Differentialdiagnose* 161
—, pneumoconioses, *Pseudotumoren, Staublungenerkrankungen* 343—349
pulmonary adenomatosis, *Lungenadenomatose* 43—90
— —, differential diagnosis, *Lungenadenomatose, Differentialdiagnose* 68, 84, 86
— —, etiology, *Lungenadenomatose, Ätiologie* 49
— —, incidence, age-, sex distribution, *Lungenadenomatose, Häufigkeit, Alters-, Geschlechtsverteilung* 46
— —, pathologic anatomy, *Lungenadenomatose, pathologische Anatomie* 52
— —, therapy, prognosis, *Lungenadenomatose, Therapie, Prognose* 65—68
— angiogramm, pulmonary hydatide cyst, *Pneumangiogramm, Lungenechinokokkus* 340
— angiography, kavernous hemangioma of lung, *Pneumangiographie, kavernöses Hämangiom der Lunge* 226
— artery, sarcoma, *Lungenarterie, Sarkom* 188—190
— carcinoma see bronchial carcinoma, *Lungenkarzinom s. Bronchialkarzinom*
— carcinosis, differential diagnosis, *Lungenkarzinose, Differentialdiagnose* 419
— edema, differential diagnosis, *Lungenödem, Differentialdiagnose* 414
— embolus without infarction, *Lungenembolie, ohne Infarkt* 327
— fibrosis, adenomatosis, *Lungenfibrose, Adenomatose* 49
— focus, different forms of calcification, *Lungenherd, verschiedene Verkalkungsformen* 215
— gangrene, bronchial adenoma, *Lungengangrän, Bronchialadenom* 135
— granuloma after bronchography, *Lungengranulom und Bronchographie* 319
— granulomatosis of unknown etiology, *Lungengranulomatose unbekannter Ursache* 417
— haematoma, posttraumatic, *Lungenhämatom, posttraumatisches* 323
— hemosiderosis, differential diagnosis, *Lungenhämosiderose, Differentialdiagnose* 227, 405, 407
—, idiopathic, *Lungenhämosiderose, idiopathische* 86
— hydatidosis, primary, *Lungenhydatidose, primäre* 289, 335, 336
— hypertension, pulmonary adenomatosis, *pulmonaler Hypertonus, Lungenadenomatose* 89, 90
— infarctions, multiple, *Lungeninfarkte, multiple* 446
— infiltration with eosinophilia, *Lungeninfiltrat, mit Eosinophilie* 332

pulmonary leiomyomatosis, differential diagnosis, *Leiomyomatosis pulmonum, Differentialdiagnose* 86
— melanoma, primary, *Lungenmelanom, primäres* 14, 16
— metastases, differential diagnosis, *Lunge, Metastasen, Differentialdiagnose* 366, 367, 431, 434, 439
— —, growing speed, *Lungenmetastasen, Wachstumsgeschwindigkeit* 434, 435
— —, incidence, *Lungenmetastasen, Häufigkeit* 376
— —, malignant reticuloses, *Lungenmetastasen, maligne Retikulosen* 423
— —, number of, size of primary tumour, *Lungenmetastasen, Zahl, Größe des Primärtumors* 386
— —, solitary, resection, *Lungenmetastasen, solitäre, Resektion* 394, 395
— —, spontaneous regression, *Lungenmetastasen, Spontanrückbildung* 379
— metastasis, spontaneous pneumothorax, *Lungenmetastasen, Spontanpneumothorax* 457
— necrosis, ischemic, *Lungennekrose, ischämische* 323
— parasites, calcification, *Lungenparasiten, Verkalkung* 439
— reticulosis, differential diagnosis, *Lungenretikulose, Differentialdiagnose* 419
— sarcoma, age-, sex distribution, *Lungensarkom, Alters-, Geschlechtsverteilung* 8, 9
— —, clinical symptomatology, *Lungensarkom, klinische Symptomatologie* 30
— —, diagnosis, differential diagnosis, *Lungensarkom, Diagnose, Differentialdiagnose* 32, 41, 289
— —, etiology, *Lungensarkom, Ätiologie* 7
— —, histology, classification, *Lungensarkom, Histologie, Einteilung* 10, 11
— —, macroscopic findings, *Lungensarkom, makroskopischer Befund* 26—28
— —, multiplicity, *Lungensarkom, Multiplizität* 26
— —, prognosis, therapy, *Lungensarkom, Prognose, Therapie* 28
— sarcomatosis, diffuse, *Lungensarkomatose, diffuse* 152, 153
— stenosis, endocrinological carcinoid syndrome, *Pulmonalstenose, endokrines Karzinoid-Syndrom* 139, 140
— syphilis, differential diagnosis, *Lungensyphilis, Differentialdiagnose* 87
— thesaurismoses, differential diagnosis, *pulmonale Thesaurismosen, Differentialdiagnose* 86
— tuberculosis, bronchial adenoma, coincidence, *Lungentuberkulose, Bronchialadenom, Koinzidenz* 111
— tumours, bronchial arteriography: Differential diagnosis, *Lungentumoren, Bronchialarteriographie: Differentialdiagnose* 296
— —, secondary, malignant, *Lungentumoren, sekundäre, maligne* 372—457
— varicosis, differential diagnosis, *Lungenvarizen, Differentialdiagnose* 227
— vessels, angioblastoma, *Lungengefäße, Angioblastom* 188—190

radiation induced pneumonitis, differential diagnosis, *Strahlenpneumonie, Differentialdiagnose* 419
— — —, pulmonary adenomatosis, *Strahlenpneumonitis, Lungenadenomatose* 51
— therapy, lung sarcoma, *Strahlentherapie, Lungensarkom* 30
radiotherapy, bronchial adenoma, *Strahlenbehandlung, Bronchialadenom* 120

radiotherapy, plasmocytoma of lung, *Strahlenbehandlung, Plasmozytom der Lunge* 166
radium emanation, pulmonary adenomatosis, *Radiumemanation, Lungenadenomatose* 49
relaxatio diaphragmatica, differential diagnosis, *Relaxatio diaphragmatica, Differentialdiagnose* 259, 510
Rendu-Osler-Weber's disease, *Morbus Rendu-Osler-Weber* 218
resected solitary metastases, procentual quote, *resezierte Solitärmetastasen, Prozentanteil* 14
respiratory cysts, congenital, *respiratorische Zysten, angeborene* 270, 271
results of surgery, bronchial adenoma, *operative Behandlungsergebnisse, Bronchialadenom* 113, 119
— —, carcinosarcoma, *operative Behandlungsergebnisse, Karzinosarkom* 21
— —, lymphosarcoma of lung, *operative Behandlungsergebnisse, Lymphosarkom der Lunge* 151
— —, primary bronchial sarcoma, *operative Behandlungsergebnisse, primäres Bronchussarkom* 29, 30
— —, pulmonary adenomatosis, *operative Behandlungsergebnisse, Lungenadenomatose* 66, 67
retention pneumonia, bronchial sarcoma, *Retentionspneumonie, Bronchussarkom* 39
reticulocytoma, of lung, bronchus, *Retikulozytom, Lunge, Bronchus* 177
reticulo-endothelial thesaurismoses, *retikulo-endotheliale Speicherkrankheiten* 411—413
reticulosarcoma, metastases, *Retikulosarkom, Metastasen* 436
reticuloses, malignant, pulmonary changes, *Retikulose, maligne, Lungenveränderungen* 412
reticulosis, differential diagnosis: Pulmonary adenomatosis, *Retikulose, Differentialdiagnose: Lungenadenomatose* 79
—, malignant, pulmonary metastases, *Retikulose, maligne, Lungenmetastasen* 423
reticulum cell sarcoma, of lung, *Reticulumzellsarkom, Lunge* 142
retothelial sarcoma, primary, pulmonary, *Retothelsarkom, primäres, pulmonales* 141
—, lung, *Retothelsarkom, Lunge* 11
—, pulmonary metastases, *Retothelsarkom, Lungenmetastasen* 424, 440
rhabdomyosarcoma, of lung, *Rhabdomyosarkom, Lunge* 185
rheumatism, pulmonary changes, *Rheumatismus, Lungenveränderungen* 416
rhino-pharyngeal melanoma, incidence, *rhinopharyngeales Melanom, Häufigkeit* 14
rhinoscleroma, broncho-pulmonic changes, *Rhinosklerom, broncho-pulmonale Veränderungen* 310
right cardiophrenic angle, masses, differential diagnosis, *rechter Herz-Zwerchfellwinkel, Verschattungen, Differentialdiagnose* 251, 255—258
roentgenologic diagnosis, endothoracic cyst of stomach, *röntgenologische Diagnose, endothorakale Magenzyste* 267
roentgenological diagnosis, bronchial adenoma, *röntgenologische Diagnose, Bronchialadenom* 120
— —, cavernous hemangioma of lung, *röntgenologische Diagnose, kavernöses Hämangiom der Lunge* 220, 225
— —, diffuse leiomyomatosis, *röntgenologische Diagnose, diffuse Leiomyomatose* 185
— —, lymphosarcoma of lung, *röntgenologische Diagnose, Lymphosarkom der Lunge* 152
— —, mykotic diseases of lung, *röntgenologische Diagnose, Pilzerkrankungen der Lunge* 303—307
— —, neurogenic tumours of lung, *röntgenologische Diagnose, neurogene Tumoren der Lunge* 193

roentgenological diagnosis, pericardial cyst, *röntgenologische Diagnose, Perikardzyste* 254
— —, plasmocytoma of lung, *röntgenologische Diagnose, Plasmocytom der Lunge* 165
— —, pleura mesothelioma, *röntgenologische Diagnose, Pleuramesotheliom* 483
— —, pulmonary adenomatosis, *röntgenologische Diagnose, Lungenadenomatose* 68
— —, — hamartoma, *röntgenologische Diagnose, Lungenhamartom* 209
— —, — hydatide cyst, *röntgenologische Diagnose, pulmonaler Echinokokkus* 339, 341
— —, — sarcoma, *röntgenologische Diagnose, Lungensarkom* 32
round focus, amyloid tumour, *Rundherd, Amyloidtumor* 350
— —, blood aspiration, *Rundherd, Blutaspiration* 320
— —, chondroma, lower lobe, *Rundherd, Chondrom, Unterlappen* 182
— —, different forms of calcification, *Rundherd, verschiedene Verkalkungsformen* 215
— —, differential diagnosis, *Rundherd, Differentialdiagnose* 286, 287, 324
— —, hamartoma of lingula, *Rundherd, Hamartom der Lingula* 206
— —, intrapulmonic fibroma, *Rundherd, intrapulmonales Fibrom* 176
— —, kavernous hemangioma of lung, *Rundherd, kavernöses Hämangiom der Lunge* 223
— —, leiomyoma, lower lobe, *Rundherd, Leiomyom, Unterlappen* 183
— —, lymphosarcoma of lung, *Rundherd, Lymphosarkom der Lunge* 153, 160
— —, malignant bronchial adenoma, *Rundherd, malignes Bronchusadenom* 104, 121
— —, plasmocytoma of lung, *Rundherd, Plasmocytom der Lunge* 163
— —, pulmonary adenomatosis, *Rundherd, Lungenadenomatose* 77
— —, — hydatide cyst, *Rundherd, Lungenechinokokkus* 339, 341
— —, tuberculous, *Rundherd, tuberkulöser* 293, 294
— —, "tumour doubling time", *Rundherd, „Tumor-Verdopplungszeit"* 298
roundcell sarcoma, lung, *Rundzellsarkom, Lunge* 10, 11
rupture, of hydatide cyst, *Ruptur, Echinokokkus* 338

sarcoidosis, disseminated pulmonary lesions, *Sarkoidose, disseminierte Lungenherde* 447
—, hilary, differential diagnosis, *Sarkoidose, Hilus, Differentialdiagnose* 87
—, hilo-pulmonic, *Sarkoidose, hilo-pulmonale* 430
sarcoma, hamartoma of lung, *Sarkom, Hamartom der Lunge* 205
sarcoma idiopathicum multiplex haemorrhagicum Kaposi, *Sarcoma idiopathicum multiplex haemorrhagicum Kaposi* 15
—, lung, *Sarkom, Lunge* 5—42
—, multiplicity, *Sarkom, Multiplizität* 26
—, of pleura, *Sarkom, Pleura* 536—540
—, pulmonary metastases, *Sarkom, Lungenmetastasen* 378
sarcomatosis, of lung, differential diagnosis, *Sarkomatose, Lunge, Differentialdiagnose* 152, 153
— node, solitary, differential diagnosis, *Sarkomknoten, solitärer, Differentialdiagnose* 155
scan, chondroma of lower lobe, *Szintigramm, Chondrom des Unterlappens* 182

scan, pulmonary adenomatosis, *Szintigramm, Lungenadenomatose* 84
schistosomiasis, cardio-pulmonic, *Schistosomiasis, kardio-pulmonale* 333
sclerodermal collagenosis, pulmonary adenomatosis, *sklerodermale Kollagenose, Lungenadenomatose* 50
sclerosis, tuberous, pulmonary changes, *Sklerose, tuberöse, Lungenveränderungen* 86
secondary tumours of pleura, *sekundäre Pleurageschwülste* 550—560
segmental resection, mucoid impaction after, *Segmentresektion, Bronchomukozele nach —* 314
— —, pulmonary adenomatosis, *Segmentresektion, Lungenadenomatose* 67
seminoma, metastasis of lingula, *Seminom, Metastase der Lingula* 453
—, "tumour doubling time", *Seminom, „Tumor-Verdopplungszeit"* 298
seminomalike germinomas, *seminomartige Germinome* 4
sequester, lung, abscess, *Sequester, Lungenabszeß* 301
serotonin, pharmaco-dynamic effects, *Serotonin, pharmakodynamische Wirkungen* 117
sex distribution, broncho-pulmonic lipoma, *Geschlechtsverteilung, bronchopulmonales Lipom* 180
— —, carcinosarcoma, *Geschlechtsverteilung, Karzinosarkom* 21
— —, hamartomata of lung, *Geschlechtsverteilung, Hamartome der Lunge* 207, 208
— —, lymphosarcoma of lung, *Geschlechtsverteilung, Lymphosarkom der Lunge* 145
— —, pulmonary adenomatosis, *Geschlechtsverteilung, Lungenadenomatose* 47
— —, — plasmocytoma, *Geschlechtsverteilung, Plasmocytom der Lunge* 162
— —, — sarcoma, *Geschlechtsverteilung, Lungensarkom* 9
"signe de décollement", pulmonary hydatide cyst, *„Mondsichel-Phänomen", Lungenechinokokkus* 341
silicocarcinoma, etiology, *Siliko-Karzinom, Ätiologie* 347
silicosis, diagnosis, *Silikose, Diagnose* 345, 346
—, leukotic lymphadenosis, *Silikose, leukotische Lymphadenose* 407
—, lung sarcoma, *Silikose, Lungensarkom* 7
silico-tuberculosis, middle lobe syndrome, *Siliko-Tuberkulose, Mittellappensyndrom* 349
skin, plasmocytoma, *Haut, Plasmocytom* 161
small intestine, enterokystoma, intrathoracic, *Dünndarm, Enterokystom, intrathorakales* 265, 270
solitary focus, cavernous hemangioma of lung, *Solitärherd, kavernöses Hämangiom der Lunge* 223
— metastasis, lung resection, *Solitärmetastase, Lungenresektion* 14
— node, chondroma, lower love, *Solitärknoten, Chondrom, Unterlappen* 182
— —, hamartoma of lingula, *Solitärknoten, Hamartom der Lingula* 206
— —, intrapulmonic fibroma, *Solitärknoten, intrapulmonales Fibrom* 176
— —, of lung, *Solitärknoten, Lunge* 5, 77, 104, 135, 160, 163
— —, pulmonary adenomatosis, *Solitärknoten, Lungenadenomatose* 70
— —, primary bronchial sarcoma, *Solitärknoten, primäres Bronchussarkom* 32
spindle-cell sarcoma, lung, *Spindelzellsarkom, Lunge* 10, 35

spleen, eventration, *Milz, Eventration* 514
spontaneous pneumothorax, bronchial sarcoma, *Spontanpneumothorax, Lungensarkom* 41
— —, pulmonary adenomatosis, *Spontanpneumothorax, Lungenadenomatose* 78
— —, metastasis of fibrosarkoma, *Spontanpneumothorax, Lungenmetastase, Fibrosarkom* 457
— —, thorax, rupture of hydatide cyst, *Spontanpneumothorax, Echinokokkusruptur* 338
— regression, pulmonary metastases, *Spontanrückbildung, Lungenmetastasen* 379
stem bronchus, carcinosarcoma, *Stammbronchus, Karzinosarkom* 22
— —, chondro-hamartoma, *Stammbronchus, Chondro-Hamartom* 216
stenosis, bronchial, *Stenose, Bronchus* 284, 285
—, main bronchus, bronchial adenoma, *Stenose, Hauptbronchus, Bronchialadenom* 127
—, — bronchus, bronchial cyst, *Stenose, Hauptbronchus, Bronchuszyste* 274
—, middle lobe bronchus, bronchial adenoma, *Stenose, Mittellappenbronchus, Bronchialadenom* 136, 137
—, syndrome, bronchial neurinoma, *Stenose, Syndrom, Bronchusneurinom* 200
— of tracheal bifurcation, partial, cylindroma, *Bifurkationsstenose, partielle, Zylindrom* 128
Sturge-Weber's, Parkes-Weber's disease, *Morbus Sturge-Weber, Parkes-Weber* 237
subpleural fibroma, pedunculated, *subpleurales Fibrom, gestieltes* 176
suction biopsy, differential diagnosis: Round focus, *Saugbiopsie, Differentialdiagnose: Rundherd* 299
surgical specimen, carcinoid tumour of lower lobe bronchus, *Operationspräparat, Karzinoid des Unterlappenbronchus* 130, 137
— —, chondromyxomatous hamartoma, *Operationspräparat, chondromyxomatöses Hamartom* 202
— —, neurofibroma of lung, *Operationspräparat, Neurofibrom der Lunge* 194
squamous cell carcinoma, syntopia: Bronchial neurinoma, *Plattenepithelkrebs, Syntopie: Bronchiales Neurinom* 21, 200
survival time, bronchial adenoma, *Überlebenszeit, Bronchialadenom* 107
synovialoma, pulmonary metastasis, *Synovialom, Lungenmetastase* 452
syphiloma, lower lobe, *Syphilom, Unterlappen* 308

Teleangiectasia haemorrhagica hereditaria, *Teleangiectasia haemorrhagica hereditaria* 217
teratoblastoma, of lung, *Teratoblastom, Lunge* 243, 244, 246
teratoma, tracheal, differential diagnosis, *Teratom, Tracheal-, Differentialdiagnose* 131
terminal miliary metastases of lung, *terminale miliare Lungenmetastasierung* 431
thecoma, *Thekom* 465
therapy, bronchial adenoma, *Therapie, Bronchialadenom* 110—120
—, — neurinoma, *Therapie, Bronchusneurinom* 200
—, cavernous hemangioma of lung, *Therapie, kavernöses Hämangiom der Lunge* 220
—, lymphosarcoma of lung, *Therapie, Lymphosarkom der Lunge* 149
—, plasmocytoma of lung, *Therapie, Plasmocytom der Lunge* 164
—, pleura mesothelioma, *Therapie, Pleuramesotheliom* 474
—, primary bronchial sarcoma, *Therapie, primäres Bronchussarkom* 28

therapy, pulmonary adenomatosis, *Therapie, Lungenadenomatose* 65—68
thesaurismoses, reticulo-endothelial, *Speicherkrankheiten, retikulo-endotheliale* 411—413
thoracic wall, pleural sarcoma, *Brustwand, Pleurasarkom* 537
— —, tumours, *Brustwand, Tumoren* 519
— —, tumours, differential diagnosis, *Brustwand, Geschwülste, Differentialdiagnose* 262
thoracoscopy, pleura mesothelioma, *Thorakoskopie, Pleuramesotheliom* 482
thoracotomy, bronchial adenoma, *Thorakotomie, Bronchialadenom* 113
—, explorative, bronchial adenoma, *Thorakotomie, Probe-, Bronchialadenom* 121
—, —, pulmonary adenomatosis, *Thorakotomie, Probe-, Lungenadenomatose* 65
thorotrast damage, pulmonary adenomatosis, *Thorotrastschaden, Lungenadenomatose* 52
thrombosis, pulmonary artery, latent carcinoma, *Thrombose, Lungenarterie, latentes Karzinom* 327
thymoma, lymphoreticular, of lung, *Thymom, lymphoretikuläres, Lunge* 239, 241
thymus, cyst, mediastinal, *Thymus, Zyste, mediastinale* 249
thyroid carcinoma, pulmonary changes, *Schilddrüsenkarzinom, Lungenveränderungen* 365
— gland, carcinoma sarcomatodes, *Schilddrüse, Carcinoma sarcomatodes* 374
tomogram, amyloid tumour, *Tomogramm, Amyloidtumor* 350
—, arterio-venous pulmonary fistulas, *Tomogramm, arterio-venöse Lungenfisteln* 218
—, bronchial cyst, *Tomogramm, Bronchuszyste* 275
—, — sarcoma, *Tomogramm, Bronchussarkom* 38, 39
—, carcinoid tumour of bronchus, *Tomogramm, Bronchuskarzinoid* 106, 121, 127
—, carcinosarcoma, *Tomogramm, Karzinosarkom* 24, 25
—, cavernous hemangioma of lung, *Tomogramm, kavernöses Hämangiom der Lunge* 223, 225
—, cylindroma, partial stenosis of tracheal bifurcation, *Tomogramm, Zylindrom, partielle Bifurkationsstenose* 128
—, ectasia of pulmonary veins, *Tomogramm, Pulmonalvenenektasie* 233
—, haematoma, upper lobe, *Tomogramm, Hämatom, Oberlappen* 322
—, hamartoma of lingula, *Tomogramm, Hamartom der Lingula* 206
—, of hilus, lymphangioma, *Tomogramm, Hilus, Lymphangiom* 263
—, intrapulmonic, dermoid cyst, *Tomogramm, intrapulmonale Dermoidcyste* 248
—, lipoidpneumonitis, *Tomogramm, Lipoidpneumonitis* 318
—, lymphosarcoma of lung, *Tomogramm, Lymphosarkom der Lunge* 153, 154, 157
—, "mastocytoma" of lung, *Tomogramm, „Mastozytom" der Lunge* 169
—, multiple chondrohamartomata, *Tomogramm, multiple Chondro-Hamartome* 214
—, pericardial cyst, *Tomogramm, Perikardzyste* 252, 253
—, plasmocytoma of lung, *Tomogramm, Plasmocytom der Lunge* 166
—, pleural hyalinosis, *Tomogramm, Pleurahyalinose* 491, 492
—, — fibroma, *Tomogramm, Fibrom der Lunge* 176
—, — adenomatosis, *Tomogramm, Lungenadenomatose* 72, 75, 79, 80

tomogram, pleural necrosis, *Tomogramm, Lungennekrose* 324
—, reticulum cell sarcoma of lung, *Tomogramm, Retikulumzellsarkom der Lunge* 142
—, silicosis, *Tomogramm, Silikose* 346
—, tuberculoma, *Tomogramm, Tuberkulom* 292, 295
—, tumour cavern, *Tomogramm, Tumorkaverne* 437
—, tumours of thoracic wall, *Tomogramm, Brustwandtumoren* 520, 521
—, xanthomatous pneumonia, *Tomogramm, xantomatöse Pneumonie* 312
tomography, pleural mesothelioma, *Tomographie, Pleuramesotheliom* 483
topography, benign "myoblastoma", *Topographie, benignes „Myoblastom"* 196
—, bronchial adenoma, *Topographie, Bronchialadenom* 102, 129
—, endobronchial lipoma, *Topographie, endobronchiales Lipom* 180
trachea, plasmocytoma, *Trachea, Plasmocytom* 163
tracheal accessory lung, *tracheale Nebenlunge* 271
— bifurcation, ossification of cartilage, *tracheale Bifurkation, Knorpelverknöcherung* 181
— —, tomogram, bronchial adenoma, *tracheale Bifurkation, Schichtaufnahme, Bronchialadenom* 127
— —, lymphosarcoma of lung, *tracheale Bifurkation, Schichtaufnahme, Lymphosarkom der Lunge* 157
— cysts, *Trachealzysten* 271, 272
— sarcoma, macroscopic findings, *Trachealsarkom, makroskopischer Befund* 27
— tumours, differential diagnosis, *Trachealtumoren, Differentialdiagnose* 129
tracheobronchial adenoma, *tracheobronchiales Adenom* 111
— angle, extrapulmonic cysts, *Tracheobronchialwinkel, extrapulmonale Zysten* 271
— cyst, congenital, of mediastinum, *Tracheobronchialzyste, angeborene, Mediastinum* 267
— melanoma, *tracheobronchiales Melanom* 15
— papilloma, *tracheobronchiales Papillom* 172
— tree, benign tumours, *Tracheobronchialbaum, benigne Tumoren* 185, 186
— —, localization of bronchial adenoma, *Tracheobronchialbaum, Lokalisation des Bronchialadenoms* 102
— —, myoblastoma, *Tracheobronchialbaum, Myoblastom* 199
— wall, angioma, *Tracheobronchialwand, Angiom* 188
transthoracic lung biopsy, *transthorakale Lungenbiopsie* 394
transthoracal needle biopsy, lymphosarcoma of lung, *transthorakale Nadelbiopsie, Lymphosarkom der Lunge* 150
trauma, eventration of spleen, *Trauma, Milzeventration* 514
—, lung sarcoma, *Trauma, Lungensarkom* 7
—, of lung, haematoma, *Trauma, Lunge, Hämatom* 322, 323
—, pulmonary lesions, *Trauma, Lungenrundherde* 448
transposition of pulmonary veins, phlebectasia, *Lungenvenentransposition, Phlebektasie* 233
traumatic hematothorax, hyalinosis of pleura, *traumatischer Hämatothorax, Pleurahyalinose* 493
treatment see therapy, *Behandlung s. Therapie*
Trigonum parasternale, hernia, differential diagnosis, *Trigonum parasternale, Hernie, Differentialdiagnose* 260
tuberculoma, clinical picture, *Tuberkulom, Klinik* 291—293

tuberculoma, differential diagnosis, *Tuberkulom, Differentialdiagnose* 188, 213, 289, 291
—, multilocular, *Tuberkulom, multilokuläres* 445
tuberculosis, bronchial adenoma, coincidence, *Tuberkulose, Bronchialadenom, Koinzidenz* 111
—, bronchial adenoma, differential diagnosis, *Tuberkulose, Bronchialadenom, Differentialdiagnose* 137
—, differential diagnosis: Pulmonary adenomatosis, *Tuberkulose, Differentialdiagnose: Lungenadenomatose* 78, 87, 89
—, lung sarcoma, *Tuberkulose, Lungensarkom* 7
—, lymph nodes, main bronchus, *Tuberkulose, Lymphknoten, Hauptbronchus* 286
—, miliary, carcinosis, differential diagnosis, *Tuberkulose, miliare, Karzinose, Differentialdiagnose* 426
—, pleural effusion, *Tuberkulose, Pleuraerguß* 505
—, silicosis, *Tuberkulose, Silikose* 347, 349
—, tuberculoma, *Tuberkulose, Tuberkulom* 289—299
tuberous sclerosis, pulmonary changes, *tuberöse Sklerose, Lungenveränderungen* 86, 237
tumour, doubling time, *Tumor, „Verdopplungszeit"* 296, 298, 387
—, round focus, pathologic anatomy, *Tumor, Rundherd, pathologische Anatomie* 289
— cavern, peripheral pulmonary carcinoma, *Tumorkaverne, peripheres Lungenkarzinom* 437
— —, pulmonary adenomatosis, *Tumorkaverne, Lungenadenomatose* 77, 78, 79
— caverns, differential diagnosis, *Tumorkavernen, Differentialdiagnose* 27, 42
— stenosis, endobronchial adenoma, *Tumorstenose, endobronchiales Adenom* 137
tumourlike malformations, of lung and bronchus, *geschwulstartige Mißbildungen, Lunge, Bronchus* 201
—, diaphragm, *Tumoren, Zwerchfell* 516
tumours, diaphragm, *Tumoren, Zwerchfell* 516
—, of branchiogenic origin, *Tumoren, branchiogenen Ursprungs* 239
—, of dysontogenetic origin, *Tumoren, dysontogenetischen Ursprungs* 243

upper lobe, bilobectomy, *Oberlappen, Bronchialadenom* 107, 108, 125
— —, bronchial cyst, *Oberlappen, Bronchuszyste* 272
— —, — sarcoma, *Oberlappen, Bronchussarkom* 38
— —, carcinoid tumour, *Unterlappen, Karzinoid* 114, 130
— —, carcinosarcoma, *Oberlappen, Karzinosarkom* 24
— —, chondromyxomatous hamartoma, *Oberlappen, chondromyxomatöses Hamartom* 202
— —, hamartoma, *Oberlappen, Hamartom* 206
— —, intrapulmonic dermoid cyst, *Oberlappen, intrapulmonale Dermoidzyste* 248
— —, "mastocytoma", *Oberlappen, „Mastozytom"* 169
— —, "myoblastoma", *Oberlappen, „Myoblastom"* 196
— —, phlebectasia, *Oberlappen, Phlebektasie* 227
— —, plasmocytoma of lung, *Oberlappen, Plasmozytom der Lunge* 166
— —, posttraumatic haematoma, *Oberlappen, posttraumatisches Hämatom* 322
— —, pulmonary adenomatosis, *Oberlappen, Lungenadenomatose* 71
— —, "silicoma", *Oberlappen, „Silikom"* 348

upper lobe, trifurcation, Jackson's adenoma, *Oberlappen, Trifurkation, Jackson-Adenom* 133
— —, tuberculoma, *Oberlappen, Tuberkulom* 294, 295
— —, tuberculosis, adenomatosis, *Oberlappen, Tuberkulose, Adenomatose* 79, 80

V. cava inferior, thrombotic occlusion, *V. cava inferior, thrombotischer Verschluß* 309
valvular stenosis, bronchial adenoma, *Ventilstenose, Bronchialadenom* 127
varicosis, of lung, differential diagnosis, *Varizen, Lunge, Differentialdiagnose* 227, 229
vascular hamartomas, lung, *vaskuläre Hamartome, Lunge* 217—234
— tumours, of lung, *vaskuläre Tumoren, Lunge* 186—190
ventilation, disturbance, bronchial adenoma, *Belüftung, Störung, Bronchialadenom* 111, 134, 135
vertebral body, malformations, cysts of digestive tract, *Wirbel, Mißbildungen, Magen-Darmzysten* 266

virus, etiology, pulmonary adenomatosis, *Virus, Ätiologie, Lungenadenomatose* 52
visceral pleura, metastases, *Pleura visceralis, Metastasen* 433

Waldenstroem's disease, differential diagnosis, *Morbus Waldenström, Differentialdiagnose* 167
water metabolism, disturbance, bronchial adenoma, *Wasserhaushalt, Störung, Bronchialadenom* 117
"wedge resection", lymphosarcoma of lung, *Keilresektion, Lymphosarkom der Lunge* 151
Wegener's granulomatosis, *Wegenersche Granulomatose* 328—332

Xanthomatous pneumonia, *yanthomatöse Pneumonie* 312

^{90}Y-therapy, liver metastases, bronchial adenoma, ^{90}*Y-Behandlung, Lebermetastasen, Bronchialadenom* 120

Zoonoses, of lung, differential diagnosis, *Zoonosen, Lunge, Differentialdiagnose* 332